Klaus Macharzina | Joachim Wolf

Unternehmensführung

Klaus Macharzina | Joachim Wolf

Unternehmensführung

Das internationale Managementwissen

Konzepte – Methoden – Praxis

6., vollständig überarbeitete
und erweiterte Auflage

GABLER

Bibliografische Information der Deutschen Nationalbibliothek
Die Deutsche Nationalbibliothek verzeichnet diese Publikation in der Deutschen Nationalbibliografie; detaillierte bibliografische Daten sind im Internet über <http://dnb.d-nb.de> abrufbar.

Professor em. Dr. Profs. h. c. Dres. h. c. Klaus Macharzina war Inhaber des Lehrstuhls für Unternehmensführung, Organisation und Personalwesen und leitet weiterhin die Forschungsstelle für Export- und Technologiemanagement (EXTEC) der Universität Hohenheim in Stuttgart. Er ist außerdem Honorary Editor der Zeitschrift „mir – Management International Review“.

Professor Dr. Joachim Wolf ist Inhaber des Lehrstuhls für Organisation der Christian-Albrechts-Universität zu Kiel. Er ist außerdem Co-Editor der Zeitschrift „mir – Management International Review“.

1. Auflage 1993
2. Auflage 1995
3. Auflage 1999
Nachdruck 2001
4. Auflage 2003
5. Auflage 2005
6. Auflage 2008

Lektorat: Ulrike Lörcher

Gabler ist Teil der Fachverlagsgruppe Springer Science+Business Media.
www.gabler.de

Umschlaggestaltung: Ulrike Weigel, www.CorporateDesignGroup.de
Druck und buchbinderische Verarbeitung: Lego Print, Lavis
Gedruckt auf säurefreiem und chlorfrei gebleichtem Papier
Printed in Italy

ISBN 978-3-8349-1119-3

Unternehmensführung verantwortet das Ganze.

Vorwort zur 6. Auflage

Seit Erscheinen der fünften Auflage dieses Lehrbuchs sind im In- und Ausland zahlreiche konzeptionelle und empirische Arbeiten zu den Gestaltungsbereichen der Unternehmensführung vorgelegt worden. Aufgrund der hieraus resultierenden dynamischen Weiterentwicklung des Wissensbestands war erneut eine grundlegende Überarbeitung des Lehrbuchs erforderlich. Wir haben uns bei der Anfertigung der Neuauflage von dem Ziel leiten lassen, die Stärken des Buches so weit wie möglich auszubauen und seine Schwachstellen auszumerzen. Von den in der sechsten Auflage enthaltenen zahlreichen Neuerungen sollen hier nur die wichtigsten eine explizite Erwähnung finden.

- Das Kapitel zu Theorien der Unternehmensführung wurde gestrafft und durch aktuelle Entwicklungen ergänzt.
- In das Kapitel Unternehmensverfassung und Corporate Governance wurden aktuelle rechtliche Entwicklungen sowie sich abzeichnende internationale Trends eingearbeitet.
- Das Kapitel Formulierung von Strategien wurde um aktuelle Instrumente zur Strategieentwicklung wie das VRIO-Modell oder das Competitive-Intelligence-Konzept ergänzt und es wurde eine kritische Würdigung der Erfolgsfaktorenforschung aufgenommen.
- In das Organisationskapitel wurde ein Abschnitt zur prozessorientierten Organisationsgestaltung eingearbeitet.
- Mit Coaching, Empowerment und Teamführung sowie Führungskräfte-Anreizsystemen wurden aktuelle Konzepte der personenorientierten Führung berücksichtigt.
- Im Kapitel zur interkulturellen Unternehmensführung wurden die bestehenden Abschnitte aktualisiert. Weiterhin wurden mit dem Modell N (Skandinavien) sowie dem Modell R (Russland) kulturbezogene Managementkonzepte aufgenommen, die zukünftig von wachsender Bedeutung sein dürften.
- Weiterhin wurde ein völlig neues Schlusskapitel zur Unternehmensethik verfasst, das neben dem zu diesem Bereich vorliegenden State-of-

the-Art auch aktuelle Entwicklungen der (inter-)nationalen Unternehmenspraxis berücksichtigt.

- Außerdem wurde das Spektrum der Praxis- und Fallbeispiele aktualisiert. Im Mittelpunkt der neu aufgenommenen Beispiele stehen die Porsche Automobil Holding SE, die Schenker Deutschland AG, die Color Line AS, das Institut für Weltwirtschaft, die Sauer-Danfoss Inc., die Volkswagen AG sowie die Communicatio AG. Diese Beispiele beziehen sich auf Gestaltungsfelder der Unternehmensführung, zu denen bislang noch keine Praxis- und Fallbeispiele vorlagen.
- Schließlich wurde der Text an vielen Stellen aktualisiert und gestrafft, was dazu geführt hat, dass das Buch trotz zahlreicher Ergänzungen nicht wesentlich umfangreicher wurde.

Bei der Anfertigung der vorliegenden Neuauflage haben wir wiederum wertvolle Hilfe erfahren. Die Herren Dipl.-Kfm. Till Dunemann und Dipl.-Kfm. Sebastian Metz, neu am Lehrstuhl für Organisation der Universität zu Kiel, sowie die langjährige Sekretärin an diesem Lehrstuhl, Frau Doris Harder, haben größere Teile des Manuskripts auf Rechtschreibfehler korrekturgelesen. Herr Metz hat überdies die Anfertigung der neu in das Lehrbuch aufgenommenen Abbildungen übernommen. Ihnen allen gebührt hierfür unser herzlichster Dank.

Bedanken möchten wir uns weiterhin bei den Kolleginnen und Kollegen der Universitäten und Hochschulen sowie den Persönlichkeiten aus der Wirtschafts- und Beratungspraxis dafür, dass sie die "Unternehmensführung" so rege in ihren Lehrveranstaltungen und ihren anderweitigen Tätigkeitsfeldern nutzen. Wir würden uns freuen, wenn sie dem Werk auch in der neuen Auflage treu bleiben und uns mit ihren kritischen Hinweisen behilflich wären.

Last but not least wollen wir uns namentlich bei zwei studentischen Lesern bedanken, die unser Angebot wahrgenommen haben, uns ihre Kritik auf dem E-Mail-Wege zukommen zu lassen. Es sind dies Frau Janina Pekrun, die wichtige Hinweise zum Abschnitt über die empirische Organisationsforschung beigesteuert hat, sowie Herr Thorsten Kleimann. Sein gleichermaßen wertvoller Hinweis bezog sich auf den Abschnitt der normativen Konzepte der Personalführung. Als kleines Dankeschön für diese beiden besten Verbesserungsvorschläge werden wir Frau Pekrun und Herrn Kleimann je ein Freiexemplar des vorliegenden Buches zukommen lassen.

KLAUS MACHARZINA — JOACHIM WOLF

klausmac@uni-hohenheim.de — wolf@bwl.uni-kiel.de

Vorwort zur 1. Auflage

An vorderster Stelle möchte ich meinem langjährigen Mitarbeiter am Lehrstuhl für Unternehmensführung, Organisation und Personalwesen sowie an der Forschungsstelle für Export- und Technologiemanagement (EXTEC) der Universität Hohenheim, Stuttgart, Herrn Dipl.-Kfm. Joachim Wolf („JoWo"), für seine Einsatzbereitschaft und wertvolle Hilfe danken, die er dem vorliegenden Werk hat angedeihen lassen. Er war mein ständiger Wegbegleiter bei dessen Erstellung und hat mich mit großem Fleiß sachkundig, kenntnisreich und kritisch bei der Sammlung und Auswertung der doch recht umfangreichen Literatur sowie der inhaltlichen und technischen Aufbereitung der verschiedenen Entwürfe zu dem Manuskript unterstützt.

Das Lehrbuch zur „Unternehmensführung" versucht, erneut den State-of-the-Art des internationalen Managementwissens wiederzugeben, wie es eine unserer Altvorderen, nämlich Mary Parker Follett, anlässlich einer Rede vor 70 Jahren in New York gefordert hat und dieses vor 40 Jahren von Lyndall F. Urwick bei einem Vortrag in London wiederholt und seither von vielen Kollegen in hervorragender Weise unternommen worden ist. Dabei ist es sicher vernünftig, wenn man ein Lehrbuch nicht in den jungen Jahren seiner Laufbahn als Hochschullehrer vorlegt, sondern das Hauptaugenmerk zunächst auf die Forschung richtet. Da ich in diesem Jahr auf nunmehr 25 Berufsjahre in der Betriebswirtschaftslehre zurückblicken kann, glaubte ich einen solchen Schritt wagen zu können. Dem Lehrbuch liegen so gesehen das Managementwissen und die geronnene Erfahrung zugrunde, die ich in dieser Zeit in der Lehre, Forschung und Beratung über gewisse Strecken auch an internationalen Standorten sowie in vier Jahren Universitätsmanagement erwerben und gewinnen konnte. Nicht unbeträchtlich habe ich in dieser Hinsicht auch von der Tätigkeit als Herausgeber der Fachzeitschrift mir – „Management International Review" profitiert.

Das Lehrbuch trägt den Titel „Unternehmensführung" und bewusst nicht „Management", um zu signalisieren, dass sein Inhalt an konkreten Problemen der Unternehmenspraxis ausgerichtet ist und nicht in den Verdacht geraten möchte, „allgemeine Schwebeklasse" (Definition von Management nach einem bekannten deutschen Unternehmensführer) darzustellen. Es wendet sich gleichwohl an „Manager" im erweiterten Sinn, nämlich den zukünftigen Führungsnachwuchs, der sich auf Aufgaben im Management vorbereitet – fortgeschrittene Studierende also, und Führungskräfte in Wirtschaft und Verwaltung, die nach einer Zeit universitärer Enthaltsamkeit im Berufsleben Lust verspüren, ihr Wissen aufzufrischen und sich mit dem neuesten Stand der Managementforschung vertraut zu machen, sich an den neuen Erkenntnissen zu reiben und sie anhand ihres Tagesgeschäfts zu problematisieren. Selbstverständlich möchte ich aber auch meine Kollegen von der Zunft einladen, von der Schrift Kenntnis zu nehmen, den in ihr angelegten neuartigen Zugang zu den Problemen der Unternehmensführung einer kritischen Prüfung zu unterziehen und bei positiver Aufnahme auch an ihre Studierenden weiter zu vermitteln.

Dieser Zugang eröffnet zugleich die programmatische Perspektive des Lehrbuchs in der Explizitmachung der Umweltproblematik als wesentlicher Bestimmungsgröße und Herausforderung zukünftiger Unternehmensführung. Als deren Kernaufgabe wird die Handhabung und Bewältigung der Unternehmens-Umwelt-Koordination gesehen. Den theoretischen Ausgangspunkt zur Erklärung des damit verbundenen Handelns bildet der interpretative Ansatz; die methodischen Grundlagen der Mustererkennung, vermittelt im Gestaltansatz, liefern den konzeptionellen Hintergrund für den Aufschluss über das gestaltungsorientierte Ergebnis dieses Handelns in Form von prognostizierbaren, konkreten Strategien und Strukturen unter Einsatz der Instrumente, die heute in vielfältigen und wohlerprobten Methoden, Techniken und Werkzeugen verfügbar sind. Somit ist das Spannungsfeld zwischen Person (der handelnde Manager) und Struktur (eine bestimmte Unternehmens-Umwelt-Konfiguration) theoretisch und methodisch umrissen.

Diesem programmatischen Profil entsprechen auch die Schwerpunkte der Schrift, nämlich Funktionen, Unterstützungssysteme und Umweltanforderungen. Funktionen bilden das modellmäßige Konstrukt des Managementhandelns, welches seinen Niederschlag in Unternehmenszielen und -grundsätzen, Strategien, Controllingsystemen, Organisationsstrukturen sowie in Formen und Stilen der Personal- und Verhandlungsführung, schließlich im übergreifenden Zusammenhang einer Unternehmenskultur findet. Eine effiziente und effektive Ausfüllung der Funktionen bedarf des Rückgriffs auf Unterstützungssysteme in Form von Gestaltungskonzepten, Techniken sowie Informations- und Kommunikationssystemen. Daher wird diesen relativ breiter Raum gewidmet. Die Zeiten, in denen die Stützung auf ein „Managementmodell" wie das Harzburger oder vergleichbarer Modelle genügte, gehören der Vergangenheit an. Den realen Problemen entsprechend ist heute konzeptionelle Vielfalt gefordert. Daher erfolgt die Behandlung ausgewählter Gestaltungskonzepte in problemorientierter Sichtweise; sie konzentriert sich auf das Strategische Management, das Risk Management, das Krisenmanagement, das M & A-Management, das Innovationsmanagement und das Qualitätsmanagement. Bei den Techniken der Unternehmensführung stehen Kostenmanagementtechniken sowie quantitative und qualitative Prognose- und Planungstechniken im Vordergrund. Schließlich wird dem Informationsmanagement seiner faktischen Bedeutung entsprechend zentrales Augenmerk zugemessen. Die Bearbeitung dieser Problemfelder erfolgt auf den Grundlagen des eklektischen Theoriegerüsts der vorliegenden facettenreichen Ansätze zur Beschreibung, Erklärung und Gestaltung der Unternehmensführung sowie des verfassungsmäßigen Ordnungsrahmens, welcher durch die Rechtsnormen zur Spitzenorganisation und Mitbestimmung auf nationaler und europäischer Ebene gestiftet wird und den Handlungsspielraum der Unternehmensführung kanalisiert, dadurch aber auch einschränkt. Als Antworten auf die Anforderungen, welche die Unternehmensumwelt angesichts des globalen Wettbewerbs aktuell bereithält, werden Markteintritts- und Wettbewerbsstrategien, Strukturformen und Steuerungssysteme der internationalen Unternehmensführung einschließlich der interkulturellen Aspekte der Auseinandersetzung mit Führungsproblemen und Managementsystemen fremder Kulturen des nah- und fernöstlichen Einzugsbereichs diskutiert. Der inhaltliche Kreis schließt sich entsprechend der programmatischen Klammer der Schrift, indem detailliert auf die neue Herausforderung einer ökologisch orientierten Unternehmensführung eingegangen wird. Mit diesem „capstone" will die Schrift nicht nur die Aufmerksamkeit der Studierenden auf den perspektivischen Schwerpunkt ihrer zukünftigen Aufgabe im Berufsfeld lenken, sondern auch einigen unter den heutigen Managern klarmachen, dass die – leider in jüngerer Zeit häufiger vernommene – Hoffnung trügt, mit der Ökologieproblematik sei ein Kelch gegeben, der ähnlich demjenigen der „gesellschaftlichen Verantwortung" in den siebziger Jahren bald wieder an ihnen vorübergehen würde.

Eine beständige Herausforderung anderer Art spiegelt die jüngst im Rahmen eines Interviews von einem Nachrichtenmagazin an einen der großen deutschen Unternehmensführer gestellte Frage „Gelingt es Ihnen gelegentlich noch, die Kluft zwischen Theorie und Praxis zu überwinden?" wider. Die Antwort lautete: „Dies ist ein ewiges Dilemma der Unternehmensführung." Das Interessante an diesem Frage-Antwort-Spiel ist, dass dieser Mangel, welcher ja immer wieder der Wissenschaft vorgeworfen wird, offensichtlich auch die Praxis beschwert, welche dann davon zeugt, dass sie „aufgeklärt (er)" ist. Um dieses Dilemma von unserer Seite mindern zu helfen, haben wir uns in der vorliegenden Schrift bemüht, der Praxis so nahe wie möglich zu kommen, ohne dabei den wissenschaftlichen Anspruch aufzugeben. Dieses wurde neben der bereits angesprochenen Problemorientierung dadurch realisiert, dass bestimmten Kapiteln oder Abschnitten Praxis- oder Fallbeispiele vorgeschaltet wurden; dieses didaktische Mittel dient dazu, den Leser über die praktische Perspektive auf den realen Problemgehalt des jeweils nachfolgenden Textes einzustimmen und zum Teil auch zu belegen, dass Theorie und („gute") Praxis so weit nicht voneinander entfernt sind und sich gegenseitig befruchten. Daneben wurde versucht, den Text durch zahlreiche praktische Hinweise und weitere Beispiele anzureichern. Schließlich wurden, wo verfügbar, theoretische Wissensbestandteile mit empirischen Befunden der Realitätskontrolle konfrontiert – so in geballter Form der Härtetest des modellmäßigen Funktionenkonstrukts in Kapitel 9 „Was tun sie in Wirklichkeit?"

Um den Text neben der Praxisorientierung didaktisch so studentenfreundlich wie möglich zu gestalten, wurden ferner zahlreiche Querverweise aufgenommen, jedem Kapitel vertiefende Literaturhinweise sowie Fragen und Aufgaben zur Kontrolle zugeordnet. Letztere dienen der Wissenskontrolle und Nachbereitung und können somit auch als Prüfungsfragenkatalog verwendet werden. Bei Durchsicht vor dem Studium eines Abschnitts dienen sie der Orientierung und Detailstrukturierung des Textes. 250 Abbildungen und das umfangreiche Stichwortregister unterstreichen das didaktische Bemühen.

Eingangs wurde der internationale Hintergrund für das mit dieser Schrift vorliegende Wissen angesprochen. Daneben ist das Lehrbuch aber auch vordergründig international, genauer triadengeprägt. So sind dessen wesentliche Teile vor Ort an drei schönen Plätzen der Triade entstanden: der erste Entwurf während eines Forschungssemesters am International Institute of Studies and Training (IIST) am Fuße des Fujiyama in Japan, die Hauptarbeit am Manuskript im europäischen Schloß Hohenheim und die letzten Striche in Wahrnehmung einer Senior Research-Professur an der University of Hawaii im US-amerikanischen Honolulu. Da das Buch weitgehend „im Doppelpass" und unter Einsatz moderner Textverarbeitungstechnik erstellt wurde, betrifft der sonst übliche, viele Mitarbeiter umfassende abschließende Dank in diesem Fall nur wenige weitere Personen. Entsprechend sei Herrn Dipl.-Kfm. Dietmar Brodel für die hilfreiche „Leseprobe" einer der letzten Fassungen des Gesamtmanuskripts und meiner langjährigen Sekretärin, Frau Sylvia Ludwig, für die wie immer hocheffiziente Erstellung einiger Teile des Textes ebenso gedankt wie Herrn Dr. Reinhold Roski und Frau Dipl.-Kfm. Gudrun Böhler für die kompetente verlagsseitige Betreuung. Herzlicher Dank gebührt schließlich meiner Familie, die das beständige Murren über die häufige Abwesenheit des „Arbeiters" nicht nur bei den internationalen Einsätzen, sondern auch zu Hause nicht in noch schärfere Formen des Protests umgemünzt hat. Aus diesen, aber auch anderen Gründen widme ich Anja und Vicky dieses Werk.

KLAUS MACHARZINA

Inhaltsübersicht

Inhaltsverzeichnis

Abbildungsverzeichnis

6 Controlling

7 Organisation

10 Gestaltungskonzepte der Unternehmensführung

Verzeichnis der Praxis- und Fallbeispiele

Teil 1

Grundlagen der Unternehmensführung

Praxisbeispiel:

Bayer Schering Pharma AG

Die Weltwirtschaft 2006 weiterhin im Aufschwung

Die Weltwirtschaft setzte im Jahr 2006 die dynamische Entwicklung des Vorjahres fort, allerdings hat sich der Aufschwung im Jahresverlauf etwas verlangsamt. Der deutliche Ölpreisanstieg in der ersten Jahreshälfte – als Folge der kräftigen Rohstoffnachfrage vor allem in Asien und den USA sowie politischer Instabilitäten in einigen Erdölförderländern – hatte dämpfende Effekte auf die globale Konjunktur. Das Wirtschaftswachstum blieb dennoch bemerkenswert robust. Es wurde von den nach wie vor günstigen monetären Rahmenbedingungen und dem sinkenden Ölpreis in der zweiten Jahreshälfte gestützt. Die positive Wirtschaftsentwicklung hat in den großen Industrieländern die Arbeitsmärkte belebt und infolgedessen den Privatkonsum gestärkt. Die nachlassende Dynamik in den USA konnte durch die beschleunigte Expansion in Europa teilweise kompensiert werden. In den Schwellenländern blieb das Wachstum im Jahresverlauf im Großen und Ganzen stabil.

Verlangsamtes Wachstum des weltweiten Pharma-Markts

Im Jahr 2006 wuchs der weltweite Pharma-Markt um rund 6 Prozent. Die Umsätze mit pharmazeutischen Produkten in den USA, dem größten Pharma-Markt, stiegen um knapp 7 Prozent. Der europäische Pharma-Markt stieg um etwa 5 Prozent, während der japanische Markt nur um gut 1 Prozent zunahm. Die lateinamerikanischen Märkte verzeichneten ein Wachstum von insgesamt 13 Prozent, das vor allem auf die dortige wirtschaftliche Erholung zurückzuführen ist.

2006: Starke Wachstumsdynamik

Das Geschäftsjahr 2006 war für die Bayer Schering Pharma AG erneut sehr erfolgreich. Die Unternehmensgruppe erwirtschaftete Umsatzerlöse in Höhe von 5.667 Mio. €, was einem – um Kurs- und Struktureffekte bereinigten – Anstieg von 10 Prozent entspricht. Dieses Wachstum haben wir mit unserem spezialisierten Produktportfolio erreicht; es dokumentiert die nachhaltige Stärke unserer Geschäftstätigkeit. In unserem größten Segment, der Region Europa, stiegen die Umsätze um 7 Prozent. Neben Umsatzzuwächsen in den wichtigen Märkten Deutschland, Frankreich und Spanien erzielten wir vor allem in Osteuropa starke Wachstumsraten. In den USA erzielten wir ein zweistelliges Wachstum von 17 Prozent. In Japan sank unser Umsatz um 7 Prozent. Ein erfreuliches Umsatzwachstum verzeichneten wir in der Region Lateinamerika/Kanada mit 23 Prozent und in der Region Asien/Pazifik, in der wir einen Umsatzanstieg von 16 Prozent erwirtschaftet haben.

Währungsschwankungen haben im Geschäftsjahr 2006 den Konzernumsatz mit 1 Prozent insgesamt negativ beeinflusst.

Region Europa

Im Berichtszeitraum waren Deutschland, Frankreich und Italien unsere drei umsatzstärksten Märkte in dieser Region. Allein auf diese Länder entfielen 42 Prozent der im Jahr 2006 innerhalb des Segments erzielten Umsätze. In der Region Europa erhöhte sich der Umsatz im Jahr 2006 insgesamt um 3 Prozent auf 2.525 Mio. €. Bereinigt um negative Struktureffekte aus dem Verkauf unseres Radiopharmaka-Geschäfts sowie der Veräußerung unserer 50-prozentigen Beteiligung an der deutschen ALK-Scherax Arzneimittel GmbH stieg der Umsatz um 7 Prozent. Allgemein wurde der Umsatz der Region Europa durch zunehmende staatliche Preisregulierung sowie einen intensiveren generischen Wettbewerb beeinflusst. In den wichtigen Märkten konnten wir Umsatzzuwächse erzielen. So stieg der Umsatz in Deutschland um 2 Prozent, in Frankreich um 5 Prozent und in Spanien um 6 Prozent. In Italien (- 6 Prozent) wurde unser Geschäft dagegen durch staatlich angeordnete Preissenkungen beeinträchtigt. Starke Wachstumsimpulse kamen insbesondere aus den Ländern Osteuropas; allein in Russland stieg der Umsatz um 85 Prozent im Zusammenhang mit der Erhöhung der Gesundheitsbudgets.

Region USA

Der Umsatz in der Region USA erhöhte sich im Jahr 2006 insgesamt um 14 Prozent auf 1.209 Mio. €. Dabei führte die Abwertung des US-Dollar gegenüber dem Euro zu einem negativen Kurseinfluss von 2 Prozent. Bereinigt um Kurs- und Struktureffekte stieg der Umsatz um 17 Prozent. Im Geschäftsbereich Gynäkologie & Andrologie zählten die Produkte zur Empfängnisverhütung bei der Frau, Yasmin® (+ 34 Prozent) und Mirena® (+ 45 Prozent), zu den Produkten mit dem stärksten Wachstum. Absolut betrugen die Umsätze dieser Produkte 369 Mio. € beziehungsweise 129 Mio. €. Wie schon im Vorjahr ist Yasmin® in den USA weiterhin das erfolgreichste orale Kontrazeptivum mit einem Marktanteil von inzwischen 15 Prozent im Jahr 2006. Der Geschäftsbereich Diagnostische Bildgebung verzeichnete einen Umsatzrückgang bei Magnevist® (- 4 Prozent) und Ultravist® (- 18 Prozent). Im Geschäftsbereich Spezial-Therapeutika konnte Betaseron® seine Position in einem wettbewerbsintensiven Umfeld mit einem Umsatzanstieg von 16 Prozent auf insgesamt 339 Mio. € behaupten. Der Umsatz im Geschäftsbereich Onkologie stieg um 12 Prozent. Leukine® verzeichnete einen Umsatzanstieg von 19 Prozent, während der Umsatz bei Campath® um 9 Prozent stieg.

Region Japan

Der Umsatz in der Region Japan sank im Jahr 2006 insgesamt um 13 Prozent auf 379 Mio. €, während wir in lokaler Währung einen Rückgang von 7 Prozent verzeichneten. Dieser Rückgang war überwiegend auf seit April 2006 wirksame, staatlich angeordnete Preisreduzierungen zurückzuführen. Die Umsatzerlöse im Geschäftsbereich Diagnostische Bildgebung, auf den 69 Prozent der Umsatzerlöse in dieser Region im Berichtsjahr entfielen, gingen um 9 Prozent zurück. Wesentlicher Grund waren die erwähnten Preisreduzierungen. Mit unserem wichtigsten Produkt in dieser Region, Iopamiron®, verzeichneten wir einen Umsatzrückgang in Höhe von 5 Prozent. Mit 183 Mio. € erzielten wir mit diesem Röntgenkontrastmittel 48 Prozent des Gesamtumsatzes in der Region Japan. Der Umsatz von Magnevist®, unserem zweitstärksten Produkt in der Region, sank im Vergleich zum Vorjahr um 2 Prozent. Im Geschäftsbereich Spezial-Therapeutika entwickelte sich dagegen Betaferon® mit einem Umsatzanstieg von 14 Prozent weiterhin sehr erfreulich.

Region Lateinamerika/Kanada

Der Umsatz in der Region Lateinamerika/Kanada stieg im Jahr 2006 insgesamt um 24 Prozent auf 577 Mio. €. In lokaler Währung war ein Anstieg von 23 Prozent zu verzeichnen, der vor allem auf höheren Absatzmengen beruhte. Deutlich steigern konnten wir den Umsatz in unseren drei größten Märkten dieser Region, Brasilien (+ 15 Prozent), Mexiko (+ 32 Prozent) und Kanada (+ 18 Prozent). Den Umsatz von Yasmin®, das mittlerweile in allen Ländern dieser Region vermarktet wird und dort unser umsatzstärkstes Produkt ist, konnten wir mit einem Anstieg von 55 Prozent auf insgesamt 102 Mio. € erheblich steigern. Auch bei Diane® (+ 13 Prozent) konnten wir den Umsatz erhöhen. Der Umsatz von Microgynon® stieg im Vergleich zum Vorjahr um 12 Prozent. Im Geschäftsbereich Diagnostische Bildgebung stieg der Umsatz von Iopamiron® auf Grund von zunehmenden Absatzmengen um 11 Prozent im Vergleich zum Vorjahr. Im Geschäftsbereich Spezial-Therapeutika erzielten wir mit Betaferon® ein Wachstum von 22 Prozent auf insgesamt 78 Mio. €.

Region Asien/Pazifik

Der Umsatz in der Region Asien/Pazifik stieg im Jahr 2006 insgesamt um 18 Prozent auf 293 Mio. €. Währungsbereinigt konnten wir den Umsatz, bedingt durch Volumensteigerungen, um 16 Prozent steigern. In Australien, dem größten Einzelmarkt dieser Region, auf den rund ein Drittel der Umsatzerlöse entfallen, verzeichneten wir Umsatzsteigerungen von 4 Prozent. Die Länder mit dem höchsten Umsatzzuwachs waren China (+ 45 Prozent) und Südkorea (+ 24 Prozent). Im Geschäftsbereich Gynäkologie & Andrologie war Yasmin® in dieser Region besonders erfolgreich. Mit diesem Produkt konnte der Umsatz 2006 um 44 Prozent auf insgesamt 21 Mio. € gesteigert werden. Zudem konnten wir im Bereich Empfängnisverhütung bei der Frau die Umsätze von Diane® (+ 10 Prozent), Microgynon® (+ 17

Prozent) und Mirena® (+ 17 Prozent) insbesondere auf Grund höherer Absatzmengen deutlich ausweiten. Im Geschäftsbereich Diagnostische Bildgebung erzielten wir mit unserem Kontrastmittel Ultravist® einen Umsatzanstieg in Höhe von 17 Prozent. Mit einem Anteil von 27 Prozent am Gesamtumsatz ist Ultravist® der Hauptumsatzträger in dieser Region. In China und Südkorea war die Produktion von Ultravist® vom freiwilligen Rückruf der Formulierung 370 mgl/ml im Jahr 2006 nicht betroffen; die lokale Auslieferung von Ultravist® 370 wurde fortgesetzt. Im Geschäftsbereich Spezial-Therapeutika erzielte Betaferon® in dieser Region einen Umsatzzuwachs von 3 Prozent.

Weltweit Marktführer mit Produkten zur Empfängnisverhütung bei der Frau

Die Bayer Schering Pharma AG ist seit Jahren Marktführer im Bereich oraler Kontrazeptiva und hielt im Geschäftsjahr 2006 einen Marktanteil von 30 Prozent. Diese Position wird durch unser erfolgreichstes Produkt in diesem Bereich, Yasmin®, gestärkt. Es wurde im Jahr 2000 in den Markt eingeführt und ist heute weltweit das führende orale Markenkontrazeptivum. Ende 2006 betrugen die weltweiten Marktanteile von Yasmin® fast 17 Prozent. Das Umsatzwachstum von Yasmin® setzte sich 2006 mit + 37 Prozent fort.

Multiple Sklerose: Wachstum von Betaferon® setzt sich fort

Im Geschäftsbereich Spezial-Therapeutika erzielte unser umsatzstärkstes Produkt Betaferon® eine hohe Wachstumsrate von + 15 Prozent. Maßgeblich hierfür waren vor allem die anhaltenden Umsatzsteigerungen in den USA und Europa, aber auch die starke Nachfrage in den übrigen Märkten. Im Jahr 2006 lag der Marktanteil von Betaferon® in den USA bei rund 15 Prozent und in den übrigen Regionen bei rund 28 Prozent.

Forschungs- und Entwicklungsaktivitäten

Im Zuge der Integration der Bayer Schering Pharma AG in den Bayer-Konzern wird die Forschungs- und Entwicklungspipeline einer Neubewertung unterzogen. Daher werden nur beispielhafte Projekte dargestellt:

Empfängnisverhütung bei der Frau: Aufbau der YAZ®-Produktfamilie: In klinischen Studien untersuchen wir YAZ® mit der Zielsetzung, unser erstes orales Kontrazeptivum mit Langzyklus-Anwendung zu entwickeln. Ein flexibles Dosierungsschema soll YAZ® von anderen oralen Kontrazeptiva mit Langzyklus-Anwendung deutlich abheben.

Menopause Management: Um die Optionen für eine individuelle Hormontherapie zu erweitern, entwickeln wir derzeit weitere niedrig dosierte Kombinationen, zum

Beispiel eine mikrodosierte transdermale Östrogentherapie zur Linderung vasomotorischer Symptome mit niedrigstmöglicher Dosierung. Wir arbeiten darüber hinaus an mehreren vielversprechenden F&E-Projekten, die potenziell zu neuen Paradigmen beim Menopause Management führen könnten – beispielsweise durch gewebespezifische Präparate.

Gynäkologische Therapie: Das Geschäftsfeld der Therapie gynäkologischer Erkrankungen soll unsere Position im Bereich der Gesundheitsversorgung von Frauen stärken. Die Synergien mit unseren anderen gynäkologischen Indikationsgebieten und unserer langjährigen gynäkologisch-endokrinologischen Expertise sollen zu unserem Erfolg beitragen.

Risikomanagement in der Bayer Schering Pharma AG Gruppe

Als global agierendes Unternehmen ist die Bayer Schering Pharma AG in ihrer Geschäftstätigkeit weltweit Risiken unterschiedlichster Art ausgesetzt. Der Vorstand der Bayer Schering Pharma AG erkennt seine Verantwortung für ein angemessenes Risikomanagement-System an. Operatives Risikomanagement muss dort ansetzen, wo Risiken zuerst identifiziert werden können und detaillierte Informationen für die Risikoanalyse und Planung von Gegenmaßnahmen zur Verfügung stehen. Unsere konzernweite Risikomanagement-Richtlinie verpflichtet daher die einzelnen Geschäftsfunktionen, ihre Risikofelder zu identifizieren und Prozesse für die Erfassung, die Überwachung und das Management von bedeutenden Risiken für ihre Geschäftsfunktion und den Konzern zu unterhalten. Dieses dezentrale Risikomanagement ist die Grundlage des Risikomanagement-Prozesses in der Bayer Schering Pharma AG Gruppe. Die Funktion Corporate Risk Management überwacht und koordiniert die Risikomanagement-Aktivitäten. Der Abschlussprüfer hat das Risikomanagement-System der Bayer Schering Pharma AG Gruppe geprüft und festgestellt, dass es geeignet ist, Entwicklungen, die den Fortbestand des Unternehmens gefährden können, frühzeitig zu erkennen.

Innerhalb der Bayer Schering Pharma AG Gruppe ist die global aufgestellte Funktion für Arzneimittelsicherheit dafür zuständig, die Sicherheit von Entwicklungsprojekten und auf dem Markt befindlichen Produkten kontinuierlich zu überwachen, zu beurteilen und darüber zu berichten, wie dies nach internationalen Standards erforderlich ist und auch den „Good Business Practices" der Pharmaindustrie entspricht. Zusätzlich untersucht ein internes Prüfungsgremium regelmäßig und einzelfallbezogen die Sicherheit und Wirksamkeit der vertriebenen Produkte und entscheidet über Sicherheitsmaßnahmen wie die Aufnahme neuer Sicherheitsinformationen in die Produktbeschreibung. Fragen der Produktqualität werden von den Funktionen Arzneimittelsicherheit und -qualität geprüft, die dann das notwendige Vorgehen festlegen. Unser Ziel ist es, eventuelle Risiken so früh wie möglich zu erkennen, um frühzeitig geeignete Gegenmaßnahmen zum Schutz des Endverbrauchers einleiten zu können.

Entsprechenserklärung zum Deutschen Corporate Governance Kodex

Im Dezember 2006 haben Vorstand und Aufsichtsrat die Entsprechenserklärung gemäß §161 AktG abgegeben. Die Erklärung wurde im Internet unter www.schering.de veröffentlicht. Nähere Informationen können dem Kapitel „Corporate Governance" des Geschäftsberichts entnommen werden.

Ertragsprognose erfüllt

Das berichtete Betriebsergebnis betrug im Jahr 2006 2.635 Mio. €. Bereinigt um Sondereffekte aus Unternehmensverkäufen sowie übernahme- und integrationsbedingten Aufwendungen stieg das Betriebsergebnis um 24 Prozent auf 1.149 Mio. €. Dies entspricht einer operativen Marge von 20,3 Prozent gegenüber 17,5 Prozent im Jahr 2005. Der berichtete Konzerngewinn betrug im Jahr 2006 2.378 Mio. €. Bereinigt um die beschriebenen Sondereffekte stiegen der Konzerngewinn auf 783 Mio. € und das Ergebnis je Aktie (basic) auf 4,11 € (jeweils + 26 Prozent). Zu Beginn des Geschäftsjahrs 2006 hatte der Vorstand ein wechselkursbereinigtes Umsatzwachstum im mittleren bis hohen einstelligen Prozentbereich sowie eine operative Marge von 18 Prozent prognostiziert. Auf Basis einer anhaltend positiven Geschäftsentwicklung und positiver Effekte unseres Programms zur Effizienzsteigerung (FOCUS) hatten wir im Juli 2006 die Erwartung geäußert, dass die operative Marge im Jahr 2006 im Bereich von 18,5-19 Prozent liegen wird (ohne Effekte aus dem Kauf oder Verkauf von Geschäftsaktivitäten und übernahmebedingte Aufwendungen). Mit den vorliegenden Geschäftsergebnissen haben wir unsere finanziellen Ziele für das Jahr 2006 erreicht.

Quelle

BAYER SCHERING PHARMA AG (HRSG.), Geschäftsbericht 2006, Berlin 2007.

1 Unternehmens-Umwelt-Koordination als Kernaufgabe der Unternehmensführung

„Success has never been more fragile.“ (Gary Hamel, 2003)

1.1 Faktische Bedeutung der Unternehmens-Umwelt-Perspektive

Geschäftsberichte mit ausführlichen Darstellungen der Tätigkeit eines Unternehmens gehören zu den wichtigsten Quellen der Berichterstattung und Rechenschaftslegung der Unternehmensführung. Nach § 264 I HGB haben Kapitalgesellschaften den Jahresabschluss neben Bilanz und GuV um einen dritten Teil, den *Anhang*, zu erweitern und außerdem einen eigenständigen *Lagebericht* zu erstellen. Beiden Instrumenten der Berichterstattung kommt eine zusätzliche Informationsfunktion in sachlicher und zeitlicher Hinsicht zu. Mit ihrer Hilfe soll eine bessere Gesamtbeurteilung der wirtschaftlichen Situation und Entwicklung des Unternehmens im Hinblick auf ein den tatsächlichen Verhältnissen entsprechendes Bild (§ 289 I HGB) vermittelt werden (Krawitz [Lagebericht]).

Lagebericht als Informationsquelle

Für den wissenschaftlich an übergeordneten Problemen der Unternehmensführung Interessierten erfüllen solche Instrumente darüber hinaus eine Dokumentationsfunktion über eine der wichtigsten Institutionen von Wirtschaft und Gesellschaft, nämlich Unternehmen. Deren Zweckerfüllung hängt im Wesentlichen vom Erfolg der Unternehmensführung ab. So gesehen bieten diese Dokumente die Möglichkeit, sich über typische Rahmenbedingungen sowie durch diese beeinflusste Problemfelder, Handlungsmuster und -konsequenzen der Unternehmensführung zu informieren.

Für Außenstehende gestaltet sich die Analyse von Lageberichten insofern schwierig, als die Berichterstattung auf andernorts dokumentierten Ereignissen der Unternehmensgeschichte aufbaut und Rahmenbedingungen, Problemfelder, Handlungsmuster und -konsequenzen in wechselnder Reihenfolge dargelegt werden. In Abbildung 1-1 sind die im einleitenden Praxisbeispiel wiedergegebenen Lagebericht angesprochenen Veränderungsprozesse zu *umweltbezogenen und unternehmensbezogenen Entwicklungen* zusammengefasst, wobei auf eine nach inhaltlichen Gesichtspunkten durchgeführte Zusammenfassung der Trends bewusst verzichtet wurde. Es wird deutlich, dass *umweltbezogene und unternehmensbezogene Entwicklungen im Mittelpunkt der Entscheidungen und Handlungen der Unternehmensführung stehen.* Im nachfolgenden Abschnitt wird gezeigt, dass die Unternehmens-Umwelt-Perspektive in der Unternehmensführungslehre nicht immer im Vordergrund stand und dieses auch bis heute noch nicht durchgängig der Fall ist, obwohl eine an der Realität orientierte Betrachtungsweise eigentlich dafür spricht.

Abbildung 1-1 *Unternehmensführungsrelevante Entwicklungen in der Bayer Schering Pharma AG und ihrer Umwelt*

Umweltentwicklungen	Unternehmensentwicklungen
– Wachstum des Pharmamarktes um 6 Prozent – Negativer Einfluss von Währungsschwankungen, insbesondere Abwertung des US-Dollar – Zunehmende staatliche Preisregulierung in Europa – Starke Wachstumsimpulse aus den Ländern Osteuropas – Erhöhung des Gesundheitsbudgets in Russland – Wirksamwerden staatlich angeordneter Preisreduzierungen in Japan sowie unterdurchschnittliche Entwicklung des japanischen Marktes – Integration der Bayer Schering Pharma AG in den Bayer-Konzern – Weltweites Wirksamwerden von Risiken unterschiedlichster Art – Etablierung von „Good Business Practices“ in der Pharmaindustrie – Gültigkeit des Deutschen Corporate Governance Kodex	– Umsatzsteigerung um 10 Prozent – Besonders hohe Wachstumsraten in den Märkten Deutschland, Frankreich, Spanien, Osteuropa sowie den Regionen Lateinamerika/Kanada sowie Asien/Pazifik – Ausbau der Marktanteile verschiedener Präparate – Weltmarktführer im Bereich der Fertilitätskontrolle – Rückgang der Marktanteile verschiedener Produkte auf dem japanischen Markt – Neubewertung der Forschungs- und Entwicklungspipeline – Arbeit an mehreren vielversprechenden F&E-Projekten – Implementierung einer weltweiten Risikomanagement-Richtlinie – Dezentrale Handhabung von Risiken – Abgabe eine Entsprechenserklärung durch Vorstand und Aufsichtsrat

1.2 Sukzessive Perspektivenerweiterung der Unternehmensführungslehre

Die *herkömmliche Betrachtungsweise* des Gegenstands der Unternehmensführung ist stark auf die Innenbeziehungen des Unternehmens gerichtet. Die primäre Aufgabe der Unternehmensführung besteht demzufolge darin, die produktiven Faktoren des Unternehmens zum Zweck der optimalen Leistungserstellung oder der *bestmöglichen Faktorkombination* zu koordinieren. Diese traditionelle Auffassung über Unternehmensführung wird von einem interessenmonistischen Grundkonzept getragen, nach dem die Anteilseigner die alleinige Entscheidungsgewalt im Unternehmen besitzen. In diesem Zusammenhang wird auch von einem *Shareholder-Ansatz* gesprochen, der in den vergangenen Jahren im Zuge der Diskussion um das Shareholder-Value-Konzept und die wertorientierte Unternehmensführung eine gewisse Renaissance erfahren hat (Bühner/Stiller/Tuschke [Legitimität] 715 ff.; Macharzina/Neubürger [Unternehmensführung] VII f.). Im Schrifttum zur Unternehmensführung lassen sich jedoch schon frühzeitig vereinzelte Ansätze zu einer *Erweiterung der Perspektive der Unternehmensführung* feststellen (Dorow/Blazejewski [Entwicklung] 198 ff.). Die *Öffnung* der unternehmensinternen Untersuchungsperspektive und Thematisierung der Außenbeziehungen des Unternehmens erfolgte allerdings zögerlich und *schrittweise*.

Shareholder Value

Eine *erste Erweiterung* der Perspektive ist mit dem Nachvollziehen des in einigen Unternehmen bereits in der zweiten Hälfte des 19. Jahrhunderts vonstatten gegangenen *Auseinanderfallens der Unternehmerfunktion in Eigentum und Verfügungsgewalt* gegeben. Diese Entwicklung ist für die Unternehmensführung deshalb von besonderer Bedeutung, da hierdurch neben den Anteilseignern und dem Management eine weitere Interessengruppe Zugang zur unternehmenspolitischen Arena erlangt hat. Angesichts dieser Bedeutung ist verwunderlich, mit welch großer zeitlicher Verzögerung dieses Realphänomen in Forschung und Lehre der Unternehmensführung Eingang gefunden hat (Berle/Means [Corporation]; Jensen/Meckling [Theory]; Kräkel [Ownership]) (vgl. Abschn. 2.2.4.3) diskutiert wird.

Eine *zweite Erweiterung* der Perspektive der Unternehmensführung besteht darin, dass neben den Anteilseigner- und Managerinteressen auch *Interessen anderer Gruppen* wie Arbeitnehmer, Gläubiger oder Kunden als legitimierte Anspruchsgruppen der Unternehmensführung anerkannt werden. Wird von der rechtstatsächlichen Situation der Unternehmensverfassung (vgl. Kapitel 3) ausgegangen, so besitzt dieses auch als *Stakeholder-Ansatz* bezeichnete Modell heute noch in der Mehrzahl der Unternehmen, in denen neben Anteilseignervertretern und Managern allenfalls Arbeitnehmervertreter an der Gestaltung von Unternehmensführungsentscheidungen mitwirken, eine eher geringe Relevanz und genießt daher vornehmlich theoretische Bedeu-

Stakeholder Value

tung. Berücksichtigt man jedoch auch die vielfältigen externen von Staat, Interessenverbänden oder Verbrauchergruppen gestalteten Einflussnahmen auf die Unternehmensführung, dann muss dem Stakeholder-Ansatz eine hohe faktische Relevanz hinsichtlich der Entscheidungsfindung in Unternehmen zugebilligt werden (Gomez [Stakeholder] 425 ff.). Zudem erhalten Banken über Aufsichtsratmandate, in denen sie eine Vielzahl von Kleinaktionären repräsentieren, Einfluss auf Entscheidungen des Top-Managements. Der Stakeholder-Ansatz erfährt im interessenpluralistisch ausgerichteten *Koalitionsmodell* (Cyert/March [Theory]; Steinmann [Großunternehmen]) seine stärkste Ausweitung. Das Unternehmen wird hier als eine Koalition aufgefasst, in der unterschiedliche Interessengruppen ihre Ziele bestmöglich zu erreichen suchen. Wie in Abbildung 1-2 dargelegt, stimmen die Interessen der beteiligten Gruppen nur teilweise überein. Auf diesen Minimalkonsens gestützt ist es die Aufgabe der Unternehmensführung, gleichsam treuhänderisch einen Interessenausgleich herbeizuführen. Obwohl im Koalitionsmodell bereits „externe" Koalitionäre zugelassen sind, ist seine Anwendung primär darauf ausgerichtet, die *Entscheidungsprozesse innerhalb des Unternehmens* zu erklären.

Umwelt-orientierung

Seit den 1960er Jahren finden sich dann konzeptionelle Ansätze wie derjenige des *Strategischen Managements,* in denen nicht mehr der Ausgleich der am Unternehmen beteiligten Interessen, sondern die *Bewältigung der Umweltanforderungen durch das Unternehmen* Kern des Erklärungsbemühens ist. Das Unternehmen als Ganzes hat sich einerseits auf die diskontinuierlich verlaufenden Umweltentwicklungen einzustellen, beeinflusst andererseits aber auch die Umwelt dergestalt, dass die Unternehmensziele optimal erfüllt werden. Das in Kapitel 5 ausführlicher dargestellte Strategische Management unterscheidet sich von den vorausgehenden Konzeptionen insbesondere dadurch, dass nicht nur die auch als Task Environment bezeichneten unmittelbaren marktlichen Interaktionspartner des Unternehmens, sondern auch die politisch-rechtlichen, sozialen, technischen, ökonomischen und ökologischen Aspekte der allgemeinen Umwelt bei der Analyse und Gestaltung berücksichtigt werden. Ein weiteres wichtiges Merkmal des Strategischen Managements besteht darin, dass die Unternehmensumwelt nicht als Datum, sondern als von der Unternehmensführung beeinflussbar und somit gestaltbar angesehen wird.

Internatio-nalisierung

Diese beiden Besonderheiten lassen es gerechtfertigt erscheinen, das Denkmodell des Strategischen Managements als eine *dritte Erweiterung* der Perspektive der Unternehmensführung zu begreifen. Die Notwendigkeit und Relevanz des strategischen Modells der Unternehmensführung wird durch mehrere grundlegende Entwicklungstrends begründet. Ein erster ist die verstärkte Internationalisierung der Unternehmenstätigkeit (Macharzina [Theorie] 111 ff.), die die Herausforderungen der Bewältigung stark zugenommener Komplexität im globalen Wettbewerb und der Auseinandersetzung mit fremdartigen Kulturen mit sich bringt (vgl. Kapitel 13 und 14).

Interessen interner und externer Koalitionspartner

Abbildung 1-2

Koalitionspartner	Typische Interessen
■ Top-Management	Einfluss auf das Unternehmen und seine Umwelt (Macht); Prestige; hohes Einkommen; Verwirklichung schöpferischer Ideen
■ Bereichsleitung/ Spezialisten	Einfluss auf den eigenen und andere Unternehmensbereich(e) sowie das Top-Management; Anwendung und Erweiterung professioneller Kenntnisse und Fähigkeiten; Prestige; hohes Einkommen
■ Übrige Mitarbeiter	hohes Einkommen; soziale Sicherheit; Selbstentfaltung am Arbeitsplatz; zufriedenstellende Arbeitsbedingungen und zwischenmenschliche Beziehungen
■ Eigenkapitalgeber	hohe Gewinnausschüttung; Teilnahme an Wertsteigerung durch Kursentwicklung und günstige Angebote bei Kapitalerhöhungen; Einfluss auf das Top-Management
■ Fremdkapitalgeber (Gläubiger)	hohe Verzinsung; Sicherheit und pünktliche Rückzahlung des zur Verfügung gestellten Kapitals
■ Lieferanten	günstige Lieferkonditionen; Zahlungsfähigkeit; anhaltende Liefermöglichkeiten
■ Kunden	qualitativ hochstehende Leistungen zu günstigen Preisen; Nebenleistungen wie Konsumentenkredite, Service, Ersatzteile oder Beratung; gesicherte Versorgung
■ Kommunalbehörden	Bereitstellung von Arbeitsplätzen; Beiträge zur Infrastruktur und zu Kultur- und Bildungsinstitutionen
■ Staat	Einhaltung gesetzlicher Vorschriften; hohes Exportniveau; Steuereinnahmen
■ Gewerkschaften	Anerkennung der Gewerkschaftsvertreter als Verhandlungspartner; Verhandlungsfairness; Möglichkeit, Gewerkschaftsanliegen im Unternehmen zu artikulieren und Mitglieder zu werben
■ Arbeitgeberverbände	Ausrichtung unternehmerischer Entscheidungen an eigenen Interessen; Beitragszahlung

Technologieorientierung

Allianzenbildung

Ökologieorientierung

Ein weiterer Entwicklungstrend ist mit dem zunehmenden Technologieeinfluss und der damit einhergehenden Notwendigkeit zu deren Handhabung gegeben. Ein Dritter beinhaltet die verstärkte Tendenz zum Eingehen unternehmensübergreifender Kooperationen. Eine der Letzten stellt die ökologische Herausforderung der Unternehmensführung dar. Unabhängig vom konkreten Gestaltungsbereich geht es im Strategischen Management prinzipiell darum, eine Abstimmung oder Entsprechung – den so genannten *„Fit"* – zwischen internen und externen Einflussgrößen herzustellen.

Diese beherrschenden betriebswirtschaftlich relevanten Trends bestimmen das Modell der realen Welt, die die übergeordneten Anforderungen an die Unternehmensführung bildet. Die Grundannahme, dass Unternehmensführungsentscheidungen im Spannungsfeld von Anforderungen und den sich aus ihrem Zusammenspiel ergebenden internen und externen Entwicklungen zu treffen sind, stiftet die Perspektive und das Selbstverständnis dieses Lehrbuchs. Dem *Interpretationsansatz* (vgl. Abschn. 2.4) folgend wird davon ausgegangen, dass *Unternehmensführungsentscheidungen das Ergebnis von Informationsinterpretationsprozessen* sind.

Interpretation von Umweltinformationen

Von diesen Überlegungen ist der Aufbau des einführenden Kapitels des vorliegenden Lehrbuchs geprägt. Zunächst erfolgt eine auf der Basis der traditionellen Betriebswirtschaftslehre angelegte Merkmalsbeschreibung des Unternehmens. Dann werden die wesentlichen für das Unternehmen relevanten Teilsegmente der Unternehmensumwelt analysiert. Schließlich werden die theoretischen Erklärungsbemühungen der Unternehmensführung, wie sie bislang das Schrifttum hervorgebracht hat, nach Unternehmens- und Umweltbezug differenziert und diskutiert.

1.3 Das Unternehmen als Gegenstand der Unternehmensführung

Die Bemühungen in der Betriebswirtschaftslehre, eine Wesensbestimmung des Unternehmens vorzunehmen, haben *mehrdeutige Begrifflichkeiten* entstehen lassen. Die Begriffe „Unternehmen" und „Unternehmung" werden in der betriebswirtschaftlichen Literatur mehrheitlich synonym verwendet. So erscheint die Bevorzugung der einen oder anderen Begriffsversion letztendlich von der akademischen Herkunft der jeweiligen Fachvertreter bestimmt. Die jahrelangen Auseinandersetzungen um die Zweckmäßigkeit der beiden Varianten werden daher aus Gründen der mangelnden Ergiebigkeit in dieser Schrift nicht wieder aufgegriffen. Vielmehr wird, auch um den interdisziplinären Zugang nicht zu erschweren – die Juristen bevorzugen bekanntlich den Begriff *„Unternehmen"* –, diesem der Vorzug gegeben.

1.3.1 Konstitutive Merkmale des Unternehmensbegriffs

Um ein komplexes Phänomen wie das des Unternehmens in seiner Vielschichtigkeit begreifen zu können, bedient man sich zweckmäßigerweise der Beschreibung wichtiger Merkmale dieses Phänomens. Hierbei ist jedoch in Rechnung zu stellen, dass mit Merkmalen allenfalls bestimmte Aspekte, „Charakteristika" eines zu klärenden Begriffs wiedergegeben werden können, jedoch nie das dahinterstehende reale Phänomen in seiner Ganzheit erfasst werden kann.

Wirtschaftseinheit

Im Rahmen der Merkmalsbeschreibung von Unternehmen ist zunächst in Erinnerung zu rufen, dass das Unternehmen vielfach als *eine vom Unternehmer geführte Wirtschaftseinheit* verstanden wird (Grochla [Betrieb] Sp. 376). In diesem, weitgehend vom klassischen Unternehmertyp ausgehenden Erklärungsversuch wird das Unternehmen gleichsam als Hort der unternehmerischen Tätigkeit des Inhabers interpretiert. Da Eigentum und Verfügungsgewalt in zahlreichen Unternehmen nicht bzw. nicht mehr in einer Hand sind, stellt sich jedoch die Frage, ob diesem Begriffsmerkmal auch heute noch eine hohe Erklärungskraft zukommen kann. Inzwischen hat sich die Auffassung weitgehend durchgesetzt, dass Unternehmen zur *Fremdbedarfsdeckung* betrieben werden (Köhler/Küpper/Pfingsten [Betriebswirtschaftslehre] 132). In Unternehmen laufen demnach werteschaffende Prozesse ab, die der Transformation von Input- in Outputgrößen dienen. Der Fremdbedarfsdeckungsauftrag von Unternehmen wird jedoch nur dann erfüllt, wenn sich an die Transformationsprozesse Transaktionsprozesse in Form von Marktbeziehungen anschließen. Die Fremdbedarfsdeckung wird vielfach auch *als Zweck des Unternehmens* bezeichnet (Ulrich [Unternehmung] 161).

Fremdbedarfsdeckung

Institution in der Gesellschaft

Unternehmen wird ferner ein *gesellschaftsbezogener Charakter* zugeschrieben, da sie neben der Fremdbedarfsdeckung noch weitere gesellschaftliche Aufgaben erfüllen (Sachs [Gesellschaft]). Die Bedeutung dieses Merkmals wird daran ersichtlich, dass Unternehmen nicht nur Produkte oder Dienstleistungen erstellen, sondern auch gesellschaftlich verwertbares Wissen entwickeln, Mitarbeiter ausbilden und karitative, kulturelle oder sportliche Aktivitäten unterstützen und so Teilaufgaben des Staates oder der Kommunen übernehmen, deren Erfüllung letztlich der Gemeinschaft aber auch den Unternehmen über Öffentlichkeitswirkungen und Steuerersparnis nützt.

Wirtschaftliche Selbstständigkeit

Des Weiteren sind Unternehmen durch *wirtschaftliche Selbstständigkeit*, gemessen an Eigeninitiative und Verantwortung, eigener Planung und eigenen ökonomischen Überlegungen (Gutenberg [Betriebswirtschaftslehre I] 507 f.), charakterisiert. Dieses Merkmal wird nachfolgend bei der Klärung des Unterschieds zwischen Unternehmen und Betrieb eingehender diskutiert. Dabei darf die wirtschaftliche Selbstständigkeit von Unternehmen nicht dergestalt verstanden werden, dass diese unabhängig vom situativen Kontext tun und lassen können, was sie wollen und in der Lage sind, die das gesellschaftliche Geschehen bestimmenden Faktoren vollständig zu beherrschen (Ulrich [Gesellschaft] 4).

Freiheit der Zielbestimmung

Ein weiteres, eng damit verbundenes Merkmal von Unternehmen besteht darin, dass sie weitgehende *Freiheit bei der Bestimmung ihrer eigenen Ziele* besitzen (Ulrich [Unternehmung] 161 f.). Diese Freiheit kann als Herzstück der wirtschaftlichen Selbstständigkeit von Unternehmen begriffen werden. Obgleich unterschiedliche Modelle über das Zustandekommen von und die gegenseitige Stellung zwischen Unternehmenszielen bestehen (vgl. Kapitel 4), ist deren handlungsstiftende und -orientierende Eigenschaft unbestritten.

Risiko

Die wirtschaftliche Selbstständigkeit ist zum einen Ursache für das wirtschaftliche Risiko, zum anderen Folge der Bereitschaft, ein solches Risiko zu tragen. Mit dem Merkmal des *wirtschaftlichen Risikos* ist vor allem das freiwillig übernommene Marktrisiko (Kosiol [Einführung] 30) sowohl auf der Beschaffungs- als auch auf der Absatzseite angesprochen.

Ressourcen

Ferner ist festzustellen, dass die wesentlichen Objekte bzw. Ressourcen des Unternehmens in *Menschen, Sachmitteln, Energie, Informationen und Rechten* gegeben sind. In dieser Sichtweise gelten die relativ dauerhaft nutzbaren Objekte als *produktive Elemente*. Der hohe Stellenwert der im Unternehmen agierenden Individuen wird dadurch zum Ausdruck gebracht, dass dieses als *produktives soziales System* (Ulrich [Unternehmung] 155) bezeichnet wird.

Strukturen

Zudem zeichnen sich Unternehmen durch *Strukturen* aus (Ulrich [Unternehmung] 157 f.). Diese bilden die Gesamtheit der Beziehungszusammenhänge zwischen den personalen und sachlichen Elementen eines Unternehmens und seiner Umwelt. Die Organisationsstruktur (vgl. Kapitel 7) stellt das Grundgerüst zur zielgerichteten Koordination der einzelnen Aktivitäten dar, die im Unternehmen ablaufen.

Dynamischer Charakter

Die Prozesse in der Umwelt und im Unternehmen bedingen dessen *dynamischen Charakter*, wobei auch die strukturellen Beziehungen im Unternehmen laufend oder schubweise überformt werden. Überdies kristallisiert sich die Gestalt des Unternehmens durch seine *Rechtsträger* heraus, zumal diese und nicht das Unternehmen selbst als Subjekt der das Unternehmen betreffenden Rechte und Pflichten angesehen werden. Wird ein Unternehmen in Form einer Personen- oder einer Kapitalgesellschaft betrieben, sind diese, beispielsweise die OHG oder die AG, die Rechtsträger des Unternehmens.

1.3.2 Betrieb und Unternehmen

Die Begriffe Betrieb und Unternehmen werden sowohl im betriebswirtschaftlichen als auch im rechtswissenschaftlichen Schrifttum unterschiedlich verwendet (vgl. zum Betriebsbegriff Grochla [Betrieb] 376 ff.). Eine Auseinandersetzung mit den gängigen Auffassungen ist nicht zuletzt deshalb erforderlich, da im Gesellschafts- und Mitbestimmungsrecht zwischen Unternehmens- und Betriebsverfassung differenziert wird (vgl. Abschn. 3.2.1). Die Diskussion wird von *zwei* gegensätzlichen *Sichtweisen* beherrscht.

Betrieb als Oberbegriff

Der *Betrieb wird zunächst als übergeordneter Begriff*, das Unternehmen als eine Form von Betrieben und damit als Unterbegriff angesehen. Diese Sichtweise wurde vor allem von Gutenberg vertreten, der das Unternehmen als System produktiver Faktoren verstanden hat (Gutenberg [Betriebswirtschaftslehre I] 507 ff.). Gutenberg hat seine grundlegenden Schriften in der Nachkriegszeit vorgelegt, als der Unterscheidung zwischen markt- und zentralverwaltungswirtschaftlichen Systemen noch eine größere Bedeutung zukam als heute. Er vertrat die Auffassung, dass Betriebe in beiden Systemen existieren würden.

Betriebe lassen sich daher durch drei *systemindifferente Merkmale* charakterisieren:

- *Kombination von Produktionsfaktoren und Leistungen*, insbesondere menschliche Arbeit, Betriebsmittel und Werkstoffe,
- Gültigkeit des *Wirtschaftlichkeitsprinzips*, wonach Aufwand und Ertrag in einem vernünftigen Verhältnis zueinander stehen müssen,
- *Prinzip des finanziellen Gleichgewichts*, nach dem die jederzeitige Liquidität des Unternehmens gesichert sein muss.

Unternehmen als marktwirtschaftliche *Spezialformen* von Betrieben zeichnen sich durch drei weitere, so genannte *systembezogene Merkmale* aus:

- Prinzip der *Autonomie*, wonach Unternehmen eine weitgehende Unabhängigkeit von staatlichen Einflüssen aufweisen,
- Prinzip der *Alleinbestimmung*, nach dem die alleinige Verfügungsgewalt bei den Anteilseignern liegt,
- *Erwerbswirtschaftliches Prinzip*, das das Streben nach Rendite beinhaltet.

Gutenbergs Bezugsrahmen hat zur begrifflichen Strukturierung nützliche Dienste geleistet; gleichwohl bildet er vor allem aufgrund der Tatsache, dass die Verfügungsgewalt über Unternehmen durch das Voranschreiten der Mitbestimmung zunehmend verlagert wurde, heute das Realphänomen nicht mehr hinreichend ab.

Unternehmen als Oberbegriff

Die zweite Sichtweise begreift das *Unternehmen als Oberbegriff* und den Betrieb als Unterbegriff, wobei das *Unternehmen als rechtlich-wirtschaftliche Einheit*, der *Betrieb als technisch-organisatorische Einheit* (vgl. zum Beispiel Wöhe [Einführung] 2 ff.) und somit als der Ort der Faktorkombination (Betriebs- oder Produktionsstätte, Werk) gilt. Nach diesem Verständnis kann ein Unternehmen aus mehreren Betrieben bestehen. Diese Sichtweise spielt auch im Gesellschafts- und Mitbestimmungsrecht eine wichtige Rolle, wo zwischen Unternehmens- und Betriebsverfassung (vgl. Kapitel 3) differenziert wird. Während die Unternehmensverfassung die Normen für das Gesamtsystem beinhaltet, regelt die Betriebsverfassung die Mitwirkung der Arbeitnehmer über ihre Vertreter am Ort der Faktorumsetzung, dem Betrieb.

1.4 Die Unternehmensumwelt als Gegenstand der Unternehmensführung

Die Tatsache, dass Unternehmen nicht nur innerhalb ihrer Grenzen operieren, sondern über Input- und Outputbeziehungen in enger Verflechtung mit den für sie relevanten Märkten stehen, ist implizit wohl immer mitgedacht, ausdrücklich jedoch erst im neueren Schrifttum berücksichtigt worden. In den „klassischen“ Theorien (vgl. Abschn. 2.2.1) wurde bis auf wenige Ausnahmen Unternehmensführung als vorwiegend unternehmensinternes Problem bei relativ stabilen Umweltbeziehungen begriffen. Externe Einflussgrößen wurden demnach weitgehend ausgeblendet (Farmer/Richman [Progress] 5). So hat die Erkenntnis, dass *neben den Input-Output-Verbindungen noch vielfältige andere Umweltbeziehungen bestehen*, eigentlich erst mit der systemorientierten Betrachtungsweise (vgl. Abschn. 2.3.1) Einzug in die Lehre der Unternehmensführung gehalten.

Dabei wird die Umwelt formal als Umsystem charakterisiert, das wiederum in Untersysteme gegliedert ist, wobei in zahlreichen Modellen nur die unmittelbaren Interaktionspartner des Unternehmens Berücksichtigung finden. Mit fortschreitender Ausrichtung der Unternehmen auf die Umwelt und mit Zunahme der Umweltanforderungen an die Unternehmen wird es jedoch *notwendig, die Umweltperspektiven explizit auszuweiten* und sie einer systematischen Analyse zu unterziehen.

Klassifikation der Umweltfaktoren

Zu den ersten Vertretern, die ausdrücklich auf die Umweltbezogenheit des Managementprozesses aufmerksam gemacht haben, zählen Farmer und Richman ([Progress]). Von ihnen wurde ein weithin verbreiteter *Klassifikationsrahmen zur Ordnung unternehmensführungsrelevanter Umweltvariablen* (vgl. Abbildung 1-3) vorgestellt, der neben der ökonomischen Umwelt die Umweltsegmente des Bildungsstands, der gesellschaftlichen Merkmale sowie der politischen und rechtlichen Dimensionen unterscheidet.

Diskontinuität der Umweltentwicklung

Überdies haben Arbeiten zur Unternehmensführung, die die Unternehmensumwelt in den Mittelpunkt ihrer Analysen rücken, Bestätigung durch reale Entwicklungen erfahren, da sich der Umweltwandel nicht nur fortwährend beschleunigt, sondern auch durch ein erhöhtes Maß an Diskontinuitäten auszeichnet (Macharzina [Bedeutung]). Mit *Diskontinuitäten* werden Umweltentwicklungen beschrieben, die durch unstetig verlaufende Entwicklungsmuster gekennzeichnet sind (vgl. Abschn. 5.6.1.7). Bei extremen Schwankungen kann das gesamte System des Unternehmens aus dem Gleichgewicht geraten und – wenn überhaupt – erst nach gewisser Zeit in einen neuen Gleichgewichtszustand zurückfinden. Diskontinuitäten zeichnen sich durch

- zunehmenden Neuigkeitsgrad des Wandels,
- wachsende Intensität der Umweltverbindungen,
- steigende Geschwindigkeit des Umweltwandels sowie
- erhöhte Komplexität der Umwelt

aus (Ansoff [Management] 17 ff.).

Gefahr von Fehlanpassungen

Besondere Gegebenheiten der kognitiven Informationsverarbeitung wie beschränkte Verarbeitungskapazität und -geschwindigkeit, Bindung der Perzeption an bereits vorhandene Gedankenstrukturen oder das Streben nach Dissonanzreduktion bilden Barrieren im Hinblick auf eine prompte Formulierung adäquater Reaktionsstrategien der Unternehmensführung auf Diskontinuitäten. Sie bergen so die Gefahr von Fehlanpassungen der Strategie-, Struktur- und anderweitigen unternehmensführungsrelevanten Variablen im Hinblick auf die veränderte Umweltlage in sich. Dies führt dazu, dass heute immer mehr Unternehmen immer häufiger in Schieflage geraten, da die Umweltturbulenzen schneller und gewaltiger zunehmen, als das Management in der Lage ist, diese abzufedern und strategisch zu transformieren.

1.4.1 Umweltdifferenzierung

Die unmittelbare Beziehung zwischen Unternehmen und Umwelt ist originär durch *Marktverbindungen* gegeben. Bedeutsam sind jedoch nicht nur die Beschaffungs- und Absatzmarktverbindungen, sondern auch die *Eingliederung der gesamten Wertschöpfungskette (vgl. Abbildung 5-7) in sämtliche Sphären der Unternehmensumwelt.*

Abbildung 1-3

Einflussgrößen der generellen Umwelt

Umweltsegment 1: Bildungsstand	
1.1	Anteil der Bevölkerung und der Arbeitnehmer, der lesen und schreiben kann sowie Grundrechenarten beherrscht; Dauer der Schulpflicht
1.2	Stand der Berufsausbildung und der übrigen weiterführenden Bildungsangebote; Ausmaß, angebotene Typen und Qualität von Bildungsaktivitäten, die nicht von Wirtschaftsunternehmen durchgeführt werden; Relation von Lehrpersonal zu Auszubildenden
1.3	Anteil der Höherqualifizierten in der Bevölkerung; Anteil der Personen mit Hochschulabschluss; Persönlichkeitsmerkmale der Höherqualifizierten
1.4	Angebot spezieller Managementausbildung außerhalb der Wirtschaftsunternehmen im Hinblick auf Qualität, Umfang und Zielgruppen; Anzahl und Qualität der (potenziellen) Manager, die derartige Programme durchlaufen haben
1.5	Einstellung in der Bevölkerung gegenüber Bildung und Wissenserwerb; Einstellung in der Bevölkerung gegenüber dem Bildungssystem
1.6	Bedarfsorientiertheit des Bildungssystems; Entsprechung von Bildungsangebot und Qualifikationsanforderungen auf den verschiedenen hierarchischen Ebenen in Wirtschaftsunternehmen

Umweltsegment 2: Gesellschaftliche Merkmale	
2.1	Einstellung gegenüber Management generell und insbesondere gegenüber dem Management von Wirtschaftsunternehmen; Einstellung gegenüber der Art und Weise, wie Manager ihre Tätigkeit handhaben und diese beurteilen
2.2	Einstellung gegenüber hierarchischen Strukturen, insbesondere Einstellung gegenüber Autorität und Untergebenheit; Übereinstimmung mit der Auffassung von Managern zu diesen Sachverhalten
2.3	Form der Zusammenarbeit gegenüber Wirtschaftsorganisationen; Ausmaß, in dem Unternehmen, die öffentliche Verwaltung, Gewerkschaften, Bildungseinrichtungen und andere relevante Institutionen miteinander kooperieren, um die Effizienz und den wirtschaftlichen Fortschritt zu erhöhen
2.4	Einstellung gegenüber Leistung und Arbeit; allgemeine Wertschätzung von Einzel- und Gruppenleistung in Wirtschaftsunternehmen
2.5	Klassenbildung in der Gesellschaft; Klassenstruktur und persönliche Mobilität; Möglichkeit der Überwindung der Klassenzugehörigkeit
2.6	Einstellung gegenüber Wohlstand und materiellen Werten; Erwünschtheit der Unternehmen als Wohlstandsstifter; Bedeutung von Sachvermögen in der Gesellschaft
2.7	Einstellung gegenüber wissenschaftlicher Arbeit und neuen Erkenntnissen; generelle und herrschende Einstellung zu rationalen Prognosemethoden als Instrument der Geschäftstätigkeit und zur Lösung wirtschaftlicher, technischer, ökologischer und sozialer Probleme
2.8	Einstellungen in Risikosituationen; Beurteilung von individuellen sowie gemeinschaftlichen Risikosituationen; Wertschätzung der Risikohaltung von Wirtschaftsunternehmen; Bedeutung des Fatalismus in Risikosituationen
2.9	Einstellungen gegenüber Veränderungen; kulturelle Beurteilung sozialer Veränderungen, die das Wirtschaftsleben beeinflussen; Einstellung der Arbeitnehmer zu Veränderungen

Umweltsegment 3: Politische und rechtliche Merkmale	
3.1	Relevante Normen der Gesetzgebung; Qualität, Effizienz und Effektivität des Rechtssystems, speziell im Hinblick auf das Wirtschaftsrecht, das Arbeitsrecht und das Steuerrecht; Ausmaß der Anwendung rechtlicher Normen; Verlässlichkeit des Rechtssystems
3.2	Verteidigungspolitik; Einfluss der Verteidigungspolitik auf die Wirtschaftsunternehmen, besonders im Hinblick auf deren wirtschaftliche Beziehungen zu Partnern aus anderen Verteidigungsblöcken
3.3	Außenpolitik; Einfluss der Außenpolitik auf die Wirtschaftsunternehmen, bezüglich Handelsbeschränkungen, Quotenregelungen, Zölle, Zollunion, Wechselkursbestimmungen
3.4	Politische Stabilität; Einfluss von Revolutionen oder Regierungswechseln auf die Wirtschaftsunternehmen; längerfristige Stabilität des politischen Systems
3.5	Organisation des politischen Systems; Struktur der politischen Organe; Zentralisationsgrad politischer Entscheidungen; Ausmaß der Bürokratie; Zügigkeit der Arbeitsweise politischer Organe; Prognostizierbarkeit der Verhaltensweisen der öffentlichen Verwaltung; Bedeutung und Einfluss externer Einflussgruppen; konstitutive und programmatische Merkmale der politischen Parteien
3.6	Flexibilität der Gesetzgebung und Flexibilität der Rechtsprechung; Ausmaß, in dem Rechtsnormen, die für das Management von Bedeutung sind, verändert werden können; Dauer solcher Veränderungsprozesse; Vorhersagbarkeit und Verlässlichkeit der Rechtsprechung
Umweltsegment 4: Ökonomische Merkmale	
4.1	Allgemeines wirtschaftliches Umfeld; grundlegende Faktoren wie die Art des Wirtschaftssystems (Marktwirtschaft, soziale Marktwirtschaft, Zentralverwaltungswirtschaft)
4.2	Zentralbanksystem und Geldpolitik; Organisation und Handlungsweise der Zentralbank, beispielsweise im Hinblick auf die Kontrolle der Geschäftsbanken oder im Hinblick auf die Fähigkeit, die Geldmenge zu kontrollieren
4.3	Fiskalpolitik; Handhabung von Staatsausgaben und Staatsverschuldung im Hinblick auf deren Umfang, Fristigkeit und Wirksamkeit; Gesamtanteil der Staatsausgaben am Bruttosozialprodukt
4.4	Wirtschaftliche Stabilität; Anfälligkeit der Wirtschaft gegenüber Konjunkturschwankungen; Preisstabilität; Wachstumssicherheit
4.5	Organisation der Kapitalmärkte; Existenz organisierter Kapitalmärkte wie der Wertpapierbörse; Zuverlässigkeit, Wirksamkeit und Bedeutung der Börse; Größe und Bedeutung des Geschäftsbankensektors; Kreditvergaberestriktionen; Existenz weiterer Kapitalressourcen (beispielsweise Sparkassen)
4.6	Verfügbarkeit von Produktionsfaktoren; Angebot an Kapital und Boden (landwirtschaftliche Erzeugnisse und Rohstoffe); Bevölkerungsdichte und Gesundheitszustand der Bevölkerung
4.7	Absatzmarktgröße; gesamte, effektive Kaufkraft des Landes; erschließbare Exportmärkte
4.8	Energieversorgung und Infrastruktur; Verfügbarkeit diverser Energieträger; Ausbau des Kommunikationssystems; privates und öffentliches Transportwesen; öffentliches Lagerwesen; Wohnungsbausituation

Umweltbezogenheit der gesamten Wertschöpfungskette

Herkömmliche Input-Output-Analysen legen das Schwergewicht auf die Basisaktivitäten und vernachlässigen die unterstützenden Aktivitäten, die mit weiteren für die Erfüllung der Unternehmensaufgabe unmittelbar bedeutsamen Umweltsegmenten in Beziehung stehen (vgl. Abschn. 5.6.1.2). Eine Vernachlässigung unterstützender Aktivitäten erscheint dabei problematisch, da durch die Infrastruktur des Unternehmens ebenso wichtige Umweltverbindungen unterhalten werden.

Weitere Schnittstellen der Infrastruktur zur Unternehmensumwelt bestehen sowohl auf der ökonomischen wie auch auf der rechtlichen, sozialen, technologischen und ökologischen Ebene. *Eine modellmäßig wünschenswerte, strikte definitorische Unterscheidung zwischen Unternehmen und Unternehmensumwelt ist somit nicht möglich,* da die Entwicklung des Unternehmens in der Unternehmensumwelt und auch die Gestalt der Umwelt vom Einfluss des Unternehmens geprägt werden. Die Unternehmensumwelt muss somit anhand ihrer Wirkungen für das Unternehmen analysiert werden (Picot/Reichwald/Wigand [grenzenlose Unternehmung]).

1.4.1.1 Aufgabenumwelt und allgemeine Umwelt

Mit der Einbeziehung der Umwelt als zu koordinierendes Variablensystem der Unternehmensführung wird klärungsbedürftig, welche Umweltelemente Einfluss auf die Unternehmensführung nehmen oder durch Führungsentscheidungen beeinflussbar sind (Kubicek/Thom [Umsystem] 3983 ff.). Zu diesem Zweck wurde die *Unterscheidung in Aufgabenumwelt* (Task Environment, Operating Environment) *und allgemeine Umwelt* (Macro Environment, Global Environment, General Environment) eingeführt.

Aufgabenumwelt

Die *Aufgabenumwelt* beschreibt die Struktur, das Verhalten und die Handlungsergebnisse von Institutionen, Interessengruppen und Einzelpersonen, mit denen das Unternehmen *direkt* interagiert (Thomas [Analysis] 27). Hierzu zählen vor allem Lieferanten, Kunden, Kapitaleigner und -geber sowie Arbeitnehmer. Obwohl die Beeinflussbarkeit der Aufgabenumwelt durch das Unternehmen von dessen jeweiliger Stellung im Markt und der Branche abhängig ist, dürfte sie insgesamt vom Unternehmen eher beeinflussbar sein als die nachfolgend dargestellte allgemeine Umwelt (vgl. Abbildung 1-3). Da die konkrete Ausgestaltung der aufgabenbezogenen Umwelt sehr stark von der individuellen Situation des Unternehmens abhängt, wird diese im Schrifttum entweder einzelfallbezogen oder relativ abstrakt beschrieben. Letzteres gilt insbesondere für veränderungsbezogene Aspekte. Beispiele hierfür bilden die These vom Wandel von Verkäufer- zu Käufermärkten oder einem zunehmend differenzierter werdenden Käuferverhalten.

Unter der *allgemeinen Umwelt* werden weitere Umweltfaktoren beschrieben, die einen eher *mittelbaren Einfluss* auf die Unternehmensführung haben. Üblicherweise wird hier zwischen Einflussfaktoren sozialer, politisch-rechtlicher, technischer, ökonomischer und ökologischer Art unterschieden.

Allgemeine Umwelt

Angesichts des weitreichenden Einflusses der Umwelt auf die Unternehmen und ihre Führung ist es nützlich, signifikante Veränderungen im Bereich der allgemeinen Unternehmensumwelt zu beschreiben. Eine derartige Charakterisierung ausgewählter allgemeiner Umweltentwicklungen erfolgt in den nachfolgenden Abschnitten im Hinblick auf die ökonomische, rechtliche, gesellschaftliche, technische, politische und ökologische Dimension.

1.4.1.2 Ökonomische Umwelt

Die ökonomische Umwelt ist primär durch die gesamtwirtschaftliche Entwicklung einschließlich der wirtschaftlichen Entwicklung der Export- und Importländer charakterisiert. Für die Bundesrepublik Deutschland gilt, ähnlich wie für die meisten Industrieländer, dass die vergangenen Jahrzehnte in der Gesamttendenz von *abnehmenden Wachstumsraten des Bruttonationaleinkommens* (früher: Bruttosozialprodukt) gekennzeichnet waren (Statistisches Bundesamt [Jahrbuch]). Aufgrund des zurückgehenden Wirtschaftswachstums wurden zahlreiche Unternehmen zu grundlegenden strukturellen, prozessualen und personalen Veränderungen veranlasst, deren Notwendigkeit insbesondere während der rezessiven Entwicklung der Wirtschaft zu Beginn der 1990er Jahre und der Jahrtausendwende offensichtlich wurde. Trotz der Wiederbelebung der Wirtschaft im Verlauf der vergangenen Jahre bleibt für Unternehmen die Notwendigkeit zur Anpassung überkommener Strukturen und Prozesse erhalten. Da sich der Anstieg der Bruttowertschöpfung vor allem im tertiären Bereich der Dienstleistungen vollzieht, müssen die Zukunftsaussichten einzelner, insbesondere industrieller Wirtschaftsbereiche skeptisch beurteilt werden.

Wirtschaftswachstum

Damit wird ersichtlich, dass die *Branchenentwicklung* einen grundlegenden Einfluss auf die Unternehmensführung ausübt. Viele Führungsprobleme sind branchenspezifischer Natur, wie sie aus den seit den frühen 1980er Jahren anhaltenden schwierigen Situationen des Bergbaus, der Stahlindustrie, des Textil- oder Bauhauptgewerbes sowie des Schiffbaus bekannt sind. Aber auch die in den 1990er Jahren stark boomende Finanzbranche ist von einer Talfahrt besonderen Ausmaßes ergriffen, die in der US-amerikanischen Subprime Mortgage Financial Crisis 2007 ihren vorläufigen Tiefpunkt fand und den Bankensektor weltwei schwer belastet hat. Diese strukturellen Besonderheiten müssen bei negativer Ausprägung auch weitgehend für das trotz der merklichen Verbesserung immer noch hohe Niveau der *Arbeitslosigkeit* verantwortlich gemacht werden.

Branchenentwicklung

Entwicklung der Kapitalmärkte

Gleichermaßen hat sich für viele Unternehmen in den vergangenen Jahren die *Finanzierungssituation* verändert (Deutsche Bundesbank [Geschäftsbericht] 65 ff.). Ein globaler Trend besteht darin, dass ein zunehmender Anteil des gesamtwirtschaftlichen Finanzierungsvolumens über Wertpapiermärkte abgewickelt wird. Andererseits haben die Deregulierung und die zunehmende Internationalisierung der Kapitalmärkte zu einem hohen Finanzierungsrisiko für viele Unternehmen geführt, da das Zinsniveau des heimischen Kapitalmarktes stärker als zuvor von der Entwicklung ausländischer Kapitalmärkte mit stark gestiegenen Renditeerwartungen beeinflusst wird.

1.4.1.3 Rechtliche Umwelt

Der rechtlichen Umwelt kommt, obwohl diese im Schrifttum zur Unternehmensführung lange Zeit kaum beachtet wurde, eine besondere Bedeutung im Hinblick auf die Gestaltung von Führungsentscheidungen zu. Rechtssysteme werden für viele Unternehmen zunächst dadurch zum Problemfeld, dass sie nicht nur länderspezifisch differieren, sondern auch innerstaatlich (vgl. die US-amerikanische Staaten- und Bundesebene) nach unterschiedlichen Rechtsnormen verfahren wird. Zudem steigen die Anzahl und Reichweite unternehmenspolitisch relevanter Normen wie etwa im Steuerrecht, Umwelt- oder Verbraucherrecht beständig an.

Unternehmensverfassung

Beispiele für Rechtseinfluss von unternehmenspolitisch weitreichender Relevanz finden sich im Hinblick auf die *Unternehmensverfassung*. Diese ist vom bundesdeutschen Gesetzgeber in der Nachkriegszeit mehrfach durch Mitbestimmungsnormen dahingehend ergänzt worden, dass die Arbeitnehmer zunehmend an den Entscheidungsprozessen im Unternehmen beteiligt werden (vgl. Abschn. 3.4.2). Die unternehmenspolitische Relevanz dieser, die klassischen Verfügungsrechtestrukturen fundamental berührenden Normen lässt sich anhand der von Arbeitgeber- und Arbeitnehmerseite kontrovers und zum Teil heftig geführten Diskussionen bemessen. Auch wird die unternehmenspolitische Bedeutung von Mitbestimmungsnormen daran ersichtlich, dass die Reichweite des Arbeitnehmereinflusses selbst innerhalb der EU sehr unterschiedlich ist und daher ein wichtiges Entscheidungskriterium bei Standortfragen darstellt (Macharzina [Wettbewerbsfähigkeit] 472 ff.).

Auch im Bereich des *Patentrechts* sind durch den Abschluss des seit Januar 2007 in einer neuen Fassung gültigen Europäischen Patentübereinkommens erste Schritte zu einem einheitlichen europäischen Patentrecht vollzogen worden. Neben der Harmonisierung, die ein einheitliches Anmeldeverfahren sowie die Möglichkeit vorsieht, ein internationales Patent in einem Anmeldeakt zu beantragen, liegt der besondere Wert des Abkommens in der

Ausweitung der schutzfähigen Erfindungen auf biologische Erfindungen und Verfahren (www.epo.org sowie www.dpma. de).

1.4.1.4 Gesellschaftliche Umwelt

Zwischen Unternehmen und deren sozialer Umwelt besteht ein *doppeltes Wirkungsgefüge.* Einerseits übernehmen Unternehmen eine Versorgungsfunktion für die Mitglieder der Gesellschaft; andererseits sind auch Letztere am Prozess der Leistungserstellung in Unternehmen sowie an dessen Veränderung beteiligt. Damit rückt der „Sozialbezug" in den Mittelpunkt des Wertschöpfungsprozesses von Unternehmen. Aus der Vielzahl der unternehmenspolitisch relevanten soziokulturellen Veränderungen seien hier ebenfalls nur wenige beispielhaft herausgegriffen.

Werthaltungen

Ein Eckdatum gesellschaftlicher Rahmenbedingungen stellen die in der sozialen Umwelt bestehenden *Wertvorstellungen* dar. Deshalb wird es für Unternehmen zunehmend wichtiger, die Entwicklung der Werthaltungen zu beobachten, um ihre Handlungsprogramme darauf einstellen zu können. In der soziologischen Wertediskussion wird auf eine globale Verschiebung der Wertestrukturen vom Materialismus über den Postmaterialismus zum Hedonismus hingewiesen (Inglehart [Revolution]), wofür auch die Befunde des World Values Survey sprechen (Inglehart/Welzel [Modernization]). Weiterhin scheint das Spektrum von Werten und Bedürfnissen eine Tendenz zur zunehmenden Segmentierung aufzuweisen und in der Gesellschaft breiter zu werden (Macharzina/Wolf [Wertetypen] 1241 ff.). Vor diesem Hintergrund müssen sowohl die Marktleistungen des Unternehmens als auch beispielsweise seine Beschäftigungspolitik oder seine Politiken bei der Rohstoffverwendung und Abfallentsorgung neu definiert werden.

Zu den weiteren Einflussfaktoren des sozialen Umfelds, die einer ständigen Überwachung durch die Unternehmensführung unterzogen werden müssen, sind vor allem Veränderungen der *Bevölkerungsstruktur und -dichte,* der *Einkommensverteilung,* des *Bildungssystems,* besonders aber auch der *kulturellen* und *ethnischen Rahmenbedingungen* zu zählen.

1.4.1.5 Technische Umwelt

Erfolgsfaktor Innovation

Aufgrund der relativen Rohstoffarmut der Bundesrepublik ist die Stärke der deutschen Volkswirtschaft vorrangig auf die Qualität und „Intelligenz" ihres Leistungsprogramms zurückzuführen. Dem Technologieniveau kommt für viele Unternehmen eine besondere Bedeutung als Wettbewerbsfaktor zu, da ihr Erfolg entscheidend von ihrer Innovationskraft abhängt. Da ungerichtete oder unkontrollierte Innovationsschübe nicht nur ineffizient, sondern auch existenzgefährdend sein können (vgl. auch die in Abschn. 10.2.2 dargestellten empirischen Befunde), ist mit der Abstimmung von Technologie- und Marktpotenzialen ein entscheidender unternehmenspolitischer Erfolgsfaktor gegeben. Aufgrund der rasanten technologischen Entwicklungen und der unternehmensweiten Bedeutung stellt das *Innovations- und Technologiemanagement eine strategische Aufgabe* (vgl. Abschn. 10.4 und Kapitel 12) dar. Es muss daher im Aufgabenbereich des Top-Managements angesiedelt werden.

Schlüsseltechnologien

Als Schlüsselindikator für das technologische Niveau einer Volkswirtschaft werden häufig ihre relativen Stärken im Bereich der *Informations- und Kommunikationstechniken* genannt, da die Entwicklungschancen anderer technischer Disziplinen grundlegend von diesem Bereich beeinflusst werden (Macharzina [Wettbewerbsfähigkeit] 472 ff.). Die Informations- und Kommunikationstechnik ist eine „Querschnittstechnik", deren Leistungsfähigkeit enorme Werte erreicht hat, wie allein die Verarbeitungskapazität (Core Speed) der neuen Rechnergeneration mit mehreren parallel arbeitenden Prozessoren belegt, wodurch eine Rechnergeschwindigkeit von über 10 Gigahertz (das sind beindruckende 10 Milliarden Rechenoperationen pro Sekunde) erreicht wird. Bemerkenswert ist aber auch die sich in der Volksrepublik China vollziehende rasante technologische Entwicklung. Auf den Gebieten Biotechnologie, Life Science, Verkehrssysteme und Umwelttechnologie beispielsweise haben die westlichen Länder in den letzten Jahren große Anstrengungen unternommen, die auch zu Erfolgen geführt haben. Generell lässt sich anführen, dass die 1000 weltweit technologieintensivsten Unternehmen zwischen 1999 und 2007 ihre Technologieausgaben um jährlich 7,5 Prozent gesteigert haben (Booz, Allen & Hamilton [Unternehmen] 1) und dass diese Unternehmen gegenwärtig etwa zwischen 5 Prozent und 25 Prozent ihres Umsatzes für F&E ausgeben (Fisch [Knowledge] 176).

1.4.1.6 Politische Umwelt

Im Rahmen der Darstellung ausgewählter ökonomischer, technischer wie auch gesellschaftlicher Umweltfaktoren wurde wiederholt auf die Bedeutung rechtlicher Normen als Handlungsrahmen der Unternehmensführung hingewiesen. Gesetze und Vorschriften sind jedoch nichts anderes als Handlungsergebnisse oder konkreter, allgemeinverbindliche Willensbekundungen des politischen Systems eines Staates, weshalb sie auch als „geronnene Politik" charakterisiert werden. Die Bedeutung des politischen Systems für die Unternehmensführung lässt sich jedoch nicht nur über seine bereits wirksamen Rechtsnormen einfangen, da insbesondere die *aktuelle Entwicklung der politischen Meinungsbildung* im Hinblick auf diesen Rechtsrahmen wie auch grundsätzliche Veränderungen beispielsweise des Regierungssystems, der Industriepolitik oder der Subventionspolitik in die Analyse miteinbezogen werden müssen.

Zwar hat sich trotz des durch die Wirtschaftskrise 1966/67 mitbedingten Wechsels zu einer großen Koalition und der Studentenunruhen 1968 die grundsätzliche Frage der *politischen Stabilität* des Regierungssystems in der Bundesrepublik nach dem Zweiten Weltkrieg nicht mehr gestellt; dennoch verdient diese Dimension aufgrund der internationalen Aktivitäten vieler deutscher Unternehmen eine besondere Aufmerksamkeit. Beispielsweise ist in mehreren südamerikanischen und afrikanischen Ländern die Frage nach der Herrschaftsform und damit nach der Rolle ausländischer Unternehmen nicht abschließend geklärt. Wenn auch die empirische Forschung zeigt, dass politische Faktoren in den meisten Desinvestitionsprozessen nicht die letztendlich ausschlaggebenden Faktoren waren (Jansen [Desinvestitionen]; Welge [Ansätze] 149), finden sich immer wieder Fälle, in denen ausländische Investoren, beispielsweise Anlagenbauer im Iran, enteignet wurden oder diese ihre ausländischen Direktinvestitionen aus Gründen eines veränderten politischen Umfelds auflösten.

Instabilität

Die *Subventionspolitik* von Bund, Ländern und Gemeinden ist zu den derzeit besonders heftig und kontrovers diskutierten Umweltfaktoren der Unternehmensführung zu zählen. Mit ihr sollen strukturelle Nachteile einzelner Branchen (Bergbau- und Luftfahrtindustrie, Schiffbau), Regionen oder Unternehmensklassen (Existenzgründungen, Kleinunternehmen) ausgeglichen werden. Damit greift der Staat aktiv in den Wirtschaftskreislauf ein. Die sich in einer Fülle von Programmen dokumentierende Subventionspolitik ist in den vergangenen Jahren vermehrt zur Zielscheibe von Kritik geworden, da ihr insbesondere eine geringe Effizienz, die Stiftung von Komplizierungen und neuen Ungerechtigkeiten oder der Charakter einer Wachstums- und Innovationsbremse zugeschrieben wird. Ein Vergleich dieses industriepolitischen Verhaltens mit anderen Staaten (zum Beispiel Frankreich) zeigt jedoch, dass dort – teilweise aufgrund noch ausgeprägterer branchenspezifischer Ungleichgewichte und Probleme – in noch weitaus stärkerem Maße Subventionszahlungen vorgenommen werden.

Ineffizienz

Umbruch

Ein besonders durchschlagendes Beispiel für politische Veränderungen, die für die Unternehmensführung von höchster Bedeutung sind, ist mit der *Öffnung des Ostblocks* sowie der *Wiedervereinigung Deutschlands* gegeben, wobei sich der mittel- und osteuropäische Raum für westliche Unternehmen sowohl als wichtiger Absatzmarkt als auch als potenzieller Produktionsstandort anbietet (Macharzina/Wolf [Umbruch] 151 ff.). Letzteres setzt jedoch gigantische Investitionen voraus, da die Länder des früheren Ostblocks sowohl in infrastruktureller als auch produktionstechnologischer Hinsicht weit hinter dem westlichen Standard hinterherhinken.

1.4.1.7 Ökologische Umwelt

Zunehmendes ökologisches Bewusstsein

Von größter Bedeutung, da unsere natürlichen Lebensgrundlagen betreffend, dürfte auch für die Unternehmensführung die ökologische Umwelt sein (vgl. Abschn. 10.6). Mit großer Regelmäßigkeit und zunehmender Häufigkeit berichten die Medien über Umweltunfälle, zum Beispiel Kernkraft- und Giftgasunfälle, Verklappungen, in denen Luft, Boden oder Wasser einen teilweise kaum wieder behebbaren Schaden nehmen. An ihre Seite treten Berichte über fahrlässige *Schadstoffemissionen*, die von in- und ausländischen Unternehmen ausgehen. Auf der anderen Seite mehren sich auch die Beispiele, in denen Unternehmen aufgrund der Umweltfreundlichkeit ihrer Produkte Wettbewerbsvorteile erzielen konnten. So fliegt beispielsweise die Lufthansa AG mit besonders treibstoffsparenden Maschinen, ist beteiligt an Flughafen-Terminals mit Solardächern, arbeitet im Catering-Bereich mit umweltfreundlichen Methoden der Zubereitung von Gerichten und gewährt über Internet und Nachhaltigkeitsberichte einen weitgehenden Einblick in ihre umweltbezogenen Maßnahmen.

Es ist daher nur konsequent, wenn das unternehmerische Handeln unter dem Aspekt der Umweltbelastung zunehmend zu einem Gegenstand des öffentlichen Interesses geworden ist. Dies bedeutet, dass Unternehmen den Bereich privatautonomer Entscheidungs- und Gestaltungsfreiheit verlassen und Beeinflussungen sowie Beurteilungskriterien unterworfen werden, die ansonsten nur für öffentliche Organisationen Anwendung finden (Dyllick [Umweltbeziehungen] 195). In einigen Industriezweigen, beispielsweise in der Kfz- und in der Mineralölbranche, finden sich erste Beispiele, wie sich nicht nur die Wertvorstellungen der Konsumenten, sondern auch deren faktisches Kaufverhalten verändert haben.

1.4.2 Umwelteinfluss und Umweltbeeinflussung

Die dargestellten Beispiele von Umweltentwicklungen lassen erkennen, dass diese im Hinblick auf das Kriterium ihrer Vorhersagbarkeit stark streuen. Auch lassen sich die Veränderungen in überwiegender Mehrheit nicht als Ergebnis von Zufälligkeiten oder aufgrund eines naturgesetzlichen Charakters interpretieren, sondern als Ausfluss von Verhaltensweisen unternehmensexterner Institutionen, Individuen oder Anspruchsgruppen.

Damit stellt sich jedoch die Frage, ob derartige Umweltentwicklungen von den Unternehmen passiv hingenommen werden müssen oder ob nicht der Versuch unternommen werden kann oder sogar soll, die in der Unternehmensumwelt ablaufenden Trends im Sinne der Unternehmensziele zu beeinflussen. Im Hinblick auf diesen Sachverhalt besteht ein wesentlicher Unterschied der traditionellen Lehre von der Unternehmensführung im Vergleich zu modernen Ansätzen.

Proaktives Umwelt-management

Während die herkömmlichen Konzeptionen reaktiv angelegt sind, fordern neue Ansätze der Unternehmensführungslehre (zum Beispiel Achleitner [Strategien]; Morgan [Change]) eine *(pro)aktive, umweltbezogene Form des Managements.* Umweltbezogene Unternehmensführung findet dabei in drei Argumenten, die allesamt empirisch erhärtet werden können, ihre *Begründung* (Achleitner [Strategien] 9 ff.):

- Die Einflüsse aus der sozio-politischen Umweltdimension werden auch in Zukunft weitreichende Auswirkungen bis hin zur Gefährdung erfolgversprechender Produkt-Markt-Strategien haben.
- Die potenziellen Kosten sozio-politischer Umweltkonflikte sind wesentlich höher als der Aufwand für ein Umweltmanagement.
- Ein effektives Umweltmanagement kann den Unternehmen wesentliche Wettbewerbsvorteile verschaffen.

Diese drei Argumente begründen die Notwendigkeit einer proaktiven Unternehmensführung auf der *ökonomischen Ebene.* Eine proaktive Unternehmensführung, die die Unternehmensumwelt zu beeinflussen sucht, lässt sich jedoch auch *normativ-ethisch im Sinne einer gesellschaftlichen Aufgabe begründen* (Dyllick [Umweltbeziehungen] 192).

Mit dem Anspruchsgruppen-Management, dem Issue-Management sowie dem Konflikt-Management lassen sich *drei Formen einer proaktiven Unternehmensführung* unterscheiden (vgl. Abbildung 1-4).

Anspruchs-gruppen-Management

Umweltentwicklungen werden von Anspruchsgruppen geprägt. Gegenstand des *Anspruchsgruppen-Managements* (Achleitner [Strategien] 121 ff.) ist es, zu verhindern, dass externe Gruppen mit ihren Ansprüchen den Handlungsspielraum des Unternehmens zur Wahl seiner Aktivitäten beschneiden. Nur so kann das Unternehmen sein eigenes strategisches Konzept verfolgen. Dazu bedarf es einer ständigen Betreuung der Anspruchsgruppen. Im Einzelnen muss das Unternehmen hierzu zunächst seinen *Vertrautheitsgrad mit den erhobenen Ansprüchen erhöhen.* Gängige Mittel können zum Beispiel Informationsanalysen, überlappende Aufsichtsräte oder klärende Verhandlungen mit Anspruchsgruppen sein. Ebenso müssen Wege gesucht werden, mit denen die *Abhängigkeit von gestellten Ansprüchen gesenkt* werden kann. Hierzu dient vor allem die Verlagerung des eigenen Tätigkeitsbereichs, beispielsweise durch Ausweichen auf Auslandsmärkte sowie die Diversifikation oder Bereinigung des Leistungsprogramms. Schließlich besteht das Anspruchsgruppen-Management in einer *Verminderung des Einflussgrads der Anspruchsgruppen.* Gängige Instrumente hierzu sind das Lobbying, gerichtliche Klagen oder die Koalitionsbildungen mit dritten Bezugsgruppen.

Abbildung 1-4 *Proaktive Unternehmensführung*

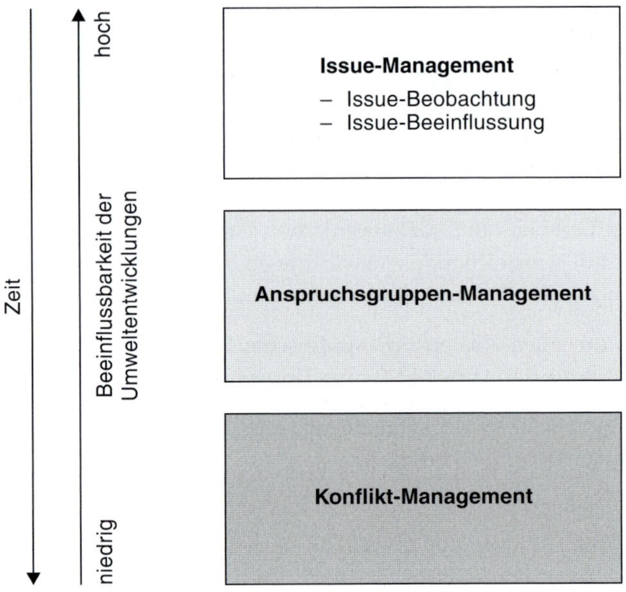

Issue-Management

Das Umweltmanagement wird jedoch nur dann für das Unternehmen Wettbewerbsvorteile stiften, wenn die Aktionen frühzeitig genug ergriffen werden. Sind Gesetzesentwürfe schon zu Gesetzen gediehen, politische Programme zwischenzeitlich im Laufen, Wertvorstellungen in der Gesellschaft bereits verwurzelt, so sind sie von größerer Immunität gegenüber unternehmerischen Einwirkungsversuchen. Das Umweltmanagement muss deshalb zeitlich vorgelagert in der Form eines *Issue-Management* (Nigh/Cochran [Management] 4 ff.) ansetzen. Issues sind sich abzeichnende Anliegen, von denen erwartet werden kann, dass sie sich auf das „Fließgleichgewicht" des Unternehmens mit seiner relevanten Umwelt auswirken werden (Achleitner [Strategien] 134). Issues sind die Ansprüche von morgen. In der Literatur wird gegenwärtig diskutiert, ob Issue-Management lediglich in einer *Analyse der Anliegen* oder auch in einem *die Anliegen beeinflussenden Management* bestehen kann. Während die *strategische Frühaufklärung* (vgl. Abschn. 5.6.1.7) sowie Teile der *Öffentlichkeitsarbeit* eine wichtige Funktion bei der Issue-Analyse erfüllen, sind die Beeinflussung von Massenmedien, Experten, Politikern (Lobbying) oder Intellektuellen, da sie die Weiterentwicklung von Issues zu Ansprüchen beschleunigen, bremsen oder verhindern können, als Ansatzpunkte eines beeinflussenden Issue-Managements zu bezeichnen.

Relationship Management

Im Marketing wird die intensive Pflege langfristiger Beziehungen als *„Relationship Management"* bezeichnet (Stone/Woodcock/Wilson [Relationship]). Neben finanziellen Vorteilen durch lange Kundenbindung werden durch das Vertrauensverhältnis auch Informationen über gegenwärtige und zukünftige Kundenwünsche erhofft. Aber auch *Sponsoring* wird als Instrument des Issue-Managements genutzt. Dieses beinhaltet die Zuwendung von Finanz- oder Sachmitteln und Diensten des Unternehmens an externe Akteure, um deren Aktivitäten passend zu den Unternehmenszielen kommunikativ zu nutzen (Bruhn [Sponsoring]). Mit derartigen Aktivitäten wird jedoch eine Gratwanderung an der Grenze zur Manipulation vollzogen.

Sponsoring

Selbst ein erfolgreiches Anspruchsgruppen- und Issue-Management wird nicht zu einer vollständigen Übereinstimmung zwischen Unternehmenszielen und Umweltansprüchen führen. Wichtiger Bestandteil des Umweltmanagements wird daher stets ein effektives *Konflikt-Management* zur Bewältigung von Umweltkonflikten sein (Oechsler [Konfliktmanagement]). Zwischenzeitlich sind verschiedene Normstrategien des gesellschaftsbezogenen Verhaltens von Unternehmen entwickelt worden (Gladwin/Walter [Multinationals]; Miles [Environment]).

Konflikt-Management

Dass proaktives *Umweltmanagement auch in der Unternehmenspraxis als zunehmend wichtige Aufgabe angesehen* wird, kann anhand empirischer Untersuchungen belegt werden, wenngleich seine absolute Bedeutung immer noch zu gering zu sein scheint. Einen großen Stellenwert innerhalb des proaktiven Umweltmanagements hat in der jüngeren Vergangenheit der Bereich *Investor Relations* (Finanzkommunikation) erlangt. Dessen Ziel besteht darin, Entscheidungsträgern der Finanzmärkte jene Informationen zur Verfügung zu stellen, damit diese zu einer angemessenen Einschätzung des Unternehmenswerts gelangen (Kirchhoff/Piwinger [Investor Relations]).

Investor Relations

Weiterhin zeigt sich, dass in den vergangenen Jahren die Vielfalt der von Unternehmen zum Zweck einer proaktiven Umweltbeeinflussung eingesetzten Medien stark zugenommen hat. Eine verstärkte Nutzung erfahren hat insbesondere das Internet, weil dieses eine weltweit zeitunabhängige Abrufmöglichkeit von Informationen ermöglicht (Schmid/Lyczek [Unternehmenskommunikation]; Westermann [Unternehmenskommunikation]). Im US-amerikanischen Einzugsbereich sind sogenannte „Corporate Blogs" bereits weit verbreitet (Jüch/Stobbe [Blogs]). Es ist zu erwarten, dass diese als Tagebücher aufgemachten Internetseiten auch im deutschsprachigen Raum schnell an Bedeutung gewinnen werden.

Internet

Corporate Blogs

Als weiteres Beispiel eines proaktiven umweltbezogenen Managements kann auf die Gründung verschiedener Fach- und Erfahrungsaustauschgruppen sowie Förderkreise durch Unternehmer und Führungskräfte verwiesen werden. Ein nahe liegendes Beispiel liegt mit dem Förderkreis Um-

Erfahrungsaustauschgruppen

welt future e. V. vor. In ihm haben sich Mittelständler vereinigt, die sich als Vorreiter eines ökologiebewussten Managements verstehen. Sie beschränken ihre Arbeit nicht darauf, ihr eigenes Produktprogramm und Produktionsverfahren auf Umweltverträglichkeit zu überprüfen, sondern versuchen auch, die ökologische Sensibilisierung der Gesellschaft über die Entwicklung von Leitfäden und Schulungsprogrammen, über die Organisation von Symposien und Seminaren sowie über die Zusammenarbeit mit den Kommunen voranzutreiben.

Inhaltliche Schwerpunkte

Anhand empirischer Studen konnte gezeigt werden, in welcher Form die Aufgaben des Umweltmanagements konkretisierbar werden. So berichtet die Studie von Post et al. ([Public Affairs]), dass vor allem die Unterhaltung von Beziehungen zu den Kommunen (84,9 Prozent) und zu der Regierung (83,9 Prozent) von den befragten Unternehmen als Kernaufgaben der Public-Affairs-Funktion genannt werden. Als bedeutende Funktionen des Umweltmanagements müssen aber auch die Abwicklung von Spenden der Unternehmen an Nonprofit-Einrichtungen (71,4 Prozent) oder die Medienpolitik (70,2 Prozent) aufgefasst werden. In der Literatur wird verbreitet auf die enge Verknüpfung zwischen der Public-Affairs-Einheit und der Unternehmensplanung (vgl. Abschn. 6.1) hingewiesen. Dieser Einschätzung entsprechen auch die Befunde, die den Beitrag der Public-Affairs-Einheit für die Unternehmensplanung hauptsächlich in der Issue-Aufklärung sehen (Post et al. [Public Affairs] 15).

Bedeutung soziopolitischer Interessengruppen

Eine empirische Untersuchung von Führungskräften deutscher multinationaler Unternehmen in China, Deutschland, Frankreich, Indien, Russland und den USA zeigt, dass der Einfluss sozio-politischer Interessengruppen insgesamt nur etwas geringer als der marktlicher Interessengruppen eingestuft wird (Berg [Public Affairs] 147 ff.). Die Bedeutung der einzelnen Interessengruppen ist jedoch von Land zu Land sehr unterschiedlich. Im Umgang mit diesen können zwei verschiedene Strategien unterschieden werden. Während in Deutschland, Frankreich und den USA kommunikative Formen wie Lobbying vorherrschen, stehen in China, Indien und Russland eher Strategien der materiellen Beeinflussung im Vordergrund (Berg [Public Affairs] 215 ff.).

Die Studie macht insgesamt deutlich, dass Unternehmen nicht nur als ökonomische Akteure beurteilt, sondern in hohem Maße auch im Hinblick auf ihr politisches, soziales und ökologisches Verhalten wahrgenommen werden (Berg [Public Affairs] 198 ff.). Darüber hinaus gewinnen länderübergreifende Konflikte an Bedeutung. Vor allem die Unternehmen in Deutschland und in den USA gehen davon aus, in Zukunft ihre Aktivitäten im Bereich des Public-Affairs-Management verstärkt weltweit abstimmen zu müssen (Berg [Public Affairs] 297 ff.).

Kontrollfragen und Aufgaben zu Kapitel 1

1. Charakterisieren Sie die herkömmliche Betrachtungsweise des Gegenstands der Unternehmensführung. In welcher Weise ist diese Perspektive erweitert worden?

2. Zeigen Sie die typischen Interessen der an Unternehmen beteiligten Koalitionspartner auf.

3. Welche Merkmale sind geeignet, um den Begriff „Unternehmen" zu charakterisieren?

4. Erläutern Sie unterschiedliche Ansätze zur Explikation der Begriffe „Betrieb" und „Unternehmen". Welcher Sichtweise würden Sie den Vorzug geben? Begründen Sie Ihre Aussage.

5. Was versteht man unter „Aufgabenumwelt" und „genereller Umwelt"? Inwiefern unterscheiden sich diese beiden Umweltsphären? Warum sollte sich das Top-Management nicht nur mit der Aufgabenumwelt, sondern auch mit der generellen Umwelt auseinander setzen?

6. Warum muss es als sinnvoll angesehen werden, dass Unternehmen ihre Umwelt nicht nur als Rahmenbedingungen hinnehmen, sondern versuchen, auf diese gestaltend einzuwirken?

7. In welcher Weise kann eine proaktive Unternehmensführung realisiert werden?

8. Durch welche Merkmale lassen sich Unternehmensführungsentscheidungen charakterisieren? Beurteilen Sie den Erklärungsbeitrag der einzelnen Merkmale.

9. Lassen Sie sich die Geschäftsberichte zweier Großunternehmen unterschiedlicher Branchen zusenden oder suchen Sie deren Website auf. Strukturieren Sie die in den Lageberichten dokumentierten Entwicklungen danach, ob es sich um Umwelt- oder Unternehmensentwicklungen handelt.

10. Zeigen Sie auf, in welcher Form die Umweltentwicklungen für die Unternehmen relevant geworden sind und sich in den Unternehmensführungsentscheidungen niedergeschlagen haben.

11. Welche der Umweltentwicklungen sind in der Aufgabenumwelt, welche in der generellen Umwelt abgelaufen?

12. Differenzieren Sie die Entwicklungen der generellen Umwelt danach, ob es sich um ökonomische, rechtliche, gesellschaftliche, technische, politische oder ökologische Trends handelt.

13. Bestehen Fälle, in denen eine eindeutige Zuordnung unmöglich ist? Wenn ja, erklären Sie die zwischen den Entwicklungen bestehenden Interdependenzen.

14. Vergleichen Sie die in den beiden Geschäftsberichten dokumentierten Entwicklungstrends. Haben die Unternehmen in unterschiedlicher Weise auf gleiche oder ähnliche Entwicklungstrends reagiert? Wenn ja, warum?

15. Zeigen Sie auf, inwieweit für die von Ihnen analysierten Unternehmen Möglichkeiten zur Beeinflussung der Umweltentwicklungen bestehen. Reichen Ihre Beeinflussungsvorschläge über die in den Geschäftsberichten dokumentierten hinaus?

16. Diskutieren Sie den Anwendungsnutzen neuerer Medien, die sich zur aktiven Umweltbeeinflussung anbieten.

Literaturhinweise zu Kapitel 1

ACHLEITNER, P. M., Sozio-politische *Strategien* multinationaler Unternehmen, Bern – Stuttgart 1985.

FREILING, J., RECKENFELDERBÄUMER, M., Markt und Unternehmung – Eine marktorientierte Einführung in die Betriebswirtschaftslehre, 2. Aufl., Wiesbaden 2007.

KÖHLER, R., KÜPPER, H.-U., PFINGSTEN, A. (Hrsg.), Handwörterbuch der Betriebswirtschaft, 6. Aufl., Stuttgart 2007.

MACHARZINA, K., *Bedeutung* und Notwendigkeit des Diskontinuitätenmanagements bei internationaler Unternehmenstätigkeit, in: Macharzina, K. (Hrsg.), Diskontinuitätenmanagement, Berlin 1984, S. 1–18.

SCHERTLER, W., *Umweltanalyse*, strategische, in: Schreyögg, G., Werder, A. v. (Hrsg.), Handwörterbuch Unternehmensführung und Organisation, 4. Aufl., Stuttgart 2004, Sp. 1475-1481.

ULRICH, H., *Unternehmungspolitik*, 3. Aufl., Bern – Stuttgart 1990.

WEBER, W., KABST, R., *Einführung* in die Betriebswirtschaftslehre, 6. Aufl., Wiesbaden 2006.

WELGE, M. K., AL-LAHAM, A., Strategisches *Management* – Grundlagen, Prozess, Implementierung, 5. Aufl., Wiesbaden 2008.

2 Theorien der Unternehmensführung

Statt eines Praxisbeispiels:

„If theory does not fit reality – too bad for reality."

2.1 Begriff der Unternehmensführung

Das Phänomen *Führung* ist in allen hierarchisch aufgebauten Institutionen, seien es Unternehmen, öffentliche Verwaltungen, Kirchen, Verbände oder politische Parteien, anzutreffen. Es tritt aber auch vielfach in nicht-hierarchischen Einheiten wie studentischen Arbeitsgruppen oder Sportmannschaften auf, in denen Personen über Interaktionen, also wechselseitige Handlungen, miteinander verbunden sind. Der Führungsbedarf ergibt sich daraus, dass das Handeln der Personen nach Koordination im Hinblick auf angestrebte Ziele verlangt. In Unternehmen, deren Zweck in der wirtschaftlichen Wertschöpfung besteht, erstreckt sich die Koordination neben den Menschen aber auch auf die im Wertschöpfungsprozess eingesetzten Sachmittel sowie immaterielle Güter, insbesondere Informationen, Werte, Rechte und Pflichten.

2.1.1 Betriebswirtschaftliche und sozialwissenschaftliche Begriffsbestimmung

Im Rahmen der wissenschaftlichen Bemühungen um die Erklärung und Gestaltung dieses Aufgabenfelds sind stark divergierende Ansätze und Empfehlungen vorgelegt worden. Begünstigt wird diese Tendenz dadurch, dass Führung ein soziales und daher nur bedingt messbares Phänomen darstellt und die situationsspezifischen Anforderungsmerkmale im Hinblick auf erfolgsträchtiges Führungsverhalten und -handeln unterschiedlich definiert sind. Das Vorhandensein von in aller Regel komplexen situativen Konstellationen und das Fehlen eines Analyseinstrumentariums, das eine präzise Situationsbestimmung ermöglichen würde, lassen eindeutige Führungsempfehlungen nicht zu. Es bestehen daher unterschiedliche „Führungsmodelle" nebeneinander, die häufig theoretisch und methodisch unzulänglich sowie empirisch ungeprüft oder sogar widerlegt sind. Dieses Problem wird dadurch verschärft, dass unterschiedliche Auffassungen über Führung herrschen, die kaum harmonisierbar erscheinen. Die Meinungsverschiedenheiten beginnen bereits im begrifflichen Bereich. Dieses zeigt ein Blick auf eine Sammlung von Begriffen, die für Unternehmensführung oder das eingedeutschte Synonym Management Verwendung finden:

Begriffe

- Administrer, *c'est prévoir, organiser, commander, coordonner et contrôler* (Fayol [Administration]).
- Management *is the organ of society specifically charged with making resources productive by planning, motivating, and regulating the activities of persons towards the effective and economical accomplishment of a given task* (Drucker [Practice]).
- Management *is the art of working through other people* (Owen [Management]).
- Management *ist eine komplexe Aufgabe: Es müssen Analysen durchgeführt, Entscheidungen getroffen, Bewertungen vorgenommen und Kontrollen ausgeübt werden* (Ansoff [Management-Strategie]).
- Management *ist die schöpferischste aller Künste, denn sein Medium ist das menschliche Talent selbst* (McNamara [Essence]).
- Management *is the process of planning, organizing, leading, and controlling the efforts of organizational members and the use of other organizational resources in order to achieve stated organizational goals* (Stoner [Management]).
- Management *consists of two very basic functions: decision making and influence* (Anthony [Management]).
- The essence of management *is the creation, adaption, and coping with change* (Leontiades [Management]).
- Unternehmensführung ... *ist vor allem die Gestaltung organisatorischer Rahmenbedingungen ... sowie das Management der im Unternehmen eingesetzten Ressourcen ... und aufgebauter (Kern-)Kompetenzen* (Burr et al. [Unternehmensführung]).

Es zeigt sich, dass für den Terminus Unternehmensführung teilweise auch die *Begriffsäquivalente* Management, Unternehmenspolitik sowie Administration verwendet werden. In diesem Zusammenhang ist auch die klassische Unterscheidung zwischen Funktion, Institution und Prozess der Unternehmensführung bedeutsam.

Funktion

Funktionale Merkmale beschreiben die Aufgaben- und Tätigkeitsinhalte der Unternehmensführung, wobei Zielformulierung, Strategieentwurf, Planung, Organisation und Kontrolle zentrale Unternehmensführungsfunktionen darstellen. *Institutionelle Merkmale* heben auf die Träger, Organe oder Personen (Manager) der Unternehmensführung und damit auf strukturelle Beziehungen ab; dabei wird im Fall der Aktiengesellschaft oder der GmbH davon ausgegangen, dass der Vorstand oder die Geschäftsführer sowie der Aufsichtsrat aufgrund der Vorbehaltsgeschäfte nach § 111 IV AktG als hauptsächliche Träger von Unternehmensführungsentscheidungen und damit die Institution „Unternehmensführung" bilden. Durch *prozessuale Merkmale* wird schließlich dem Umstand Rechnung getragen, dass Unternehmensführung als Folge von Vorgängen aufgefasst werden kann, die sich zwischen Individuen oder Gruppen im Zeitablauf durch deren Handeln ergeben.

Institution

Prozess

Eine ähnliche Vielfalt wie in betriebswirtschaftlichen Konzepten zur Unternehmensführung findet sich auch bei den eher *sozialwissenschaftlich orientierten Begriffsbestimmungen der Personalführung*. Es erscheint daher notwendig, begriffliche *Merkmale* herauszuarbeiten, anhand derer die Kerninhalte der Unternehmensführung im Vergleich zur Personalführung deutlich werden (vgl. Abschn. 8.1). Gemeinsam ist beiden Konzepten, dass Führung ein Phänomen darstellt, bei dem Individuen als handelnde Akteure eingreifen. Führung hat damit eine *zwischenmenschliche Dimension,* da Personen als führende bzw. geführte Subjekte betroffen sind, wobei *mindestens zwei Personen,* im Falle der Unternehmensführung üblicherweise zahlreiche Personen in den Führungsprozess einbezogen sind. Führung ist darüber hinaus durch *Beeinflussungshandeln* geprägt. Die traditionelle Führungslehre geht davon aus, dass führende Personen (Führungskräfte) auf die zu führenden Personen (Geführte) einwirken, um bei ihnen eine Verhaltensänderung oder -beibehaltung zu erreichen (Seidel [Führungsformen] 69).

Personalführung

In sozialwissenschaftlich orientierten Ansätzen wie der Rollen- oder Interaktionstheorie der Führung (vgl. Abschn. 8.1.1) wird diese Sichtweise durch die Auffassung relativiert, dass potenziell jedes Mitglied von Arbeitsgruppen, Abteilungen oder Unternehmen andere Mitglieder mehr oder weniger stark beeinflusst, faktisch jedoch eine Asymmetrie der Interaktionsbeziehungen konzediert wird. Diese modifizierte Sichtweise von Führung als *gegenseitigem* Beeinflussungshandeln (Macharzina [Führungstheorien] 35 ff.) wurzelt in der Erkenntnis, dass angesichts dynamischer Veränderungen in den Unternehmen und ihrer Umwelt zwar noch davon ausgegangen werden kann, dass Vorgesetzte ihren Mitarbeitern hierarchisch, aber nicht immer fachlich überlegen sind. Vielmehr weisen Letztere auf ihren Spezialgebieten gegenüber den Vorgesetzten zum Teil erhebliche Wissensvorsprünge auf, die sie bei deren Entscheidungsunterstützung und Beratung einbringen und somit die Vorgesetzten über informationelle Prozesse beeinflussen.

Führung durch Geführte

Laterale Führung

Dass die Auffassung der Gegenseitigkeit des Führungsprozesses auf dem Vormarsch ist, zeigen auch andere neue Ansätze wie der der Vorgesetztenbeurteilung durch die Mitarbeiter, der lateralen Organisation (Galbraith [Organizations]) oder der teamartigen (Netzwerk-)Strukturen in der Organisation (vgl. Abschn. 7.2.3.2 sowie Abschn. 7.4).

Hierarchischer Vorrang

Trotzdem steht die *statische, skalare, hierarchische Komponente* der Führung nach wie vor im Vordergrund der meisten Führungskonstellationen. Wer führt, ist oben und gehört zur Elite. Wie bedeutsam dieses Merkmal auch heute noch ist, zeigen sowohl herkömmliche Organisationsschaubilder, auf denen Führungskräfte oben, die Geführten hingegen unten angesiedelt sind, als auch die Entgeltstruktur von Unternehmen, in der dem Top-Management ein unverhältnismäßig höheres Entgelt zugebilligt wird als den übrigen Beschäftigten.

Zielgerichtetheit

Ein weiteres wesentliches Merkmal von Führung besteht in ihrer *Zielgerichtetheit*. Wer führt, will eine Person oder ein System in Richtung eines ihm oder ihr erstrebenswert erscheinenden Zielzustands bewegen. Dieses gilt gleichermaßen für die Personal- wie die Unternehmensführung.

Willensbildung und -durchsetzung

Vielfach wird Führung in der Metadimension der Entscheidungsfindung phasenorientiert nach den zwei aufeinander folgend gedachten Stufen *Willensbildung und Willensdurchsetzung* (Seidel [Führungsformen] 74 f.) beschrieben. Zum Ausdruck gebracht werden soll damit der Prozesscharakter der Führung; zunächst werden Ziele, dann Strategien und schließlich konkrete Einzelmaßnahmen festgelegt, die nachfolgend von Dritten zu verfolgen und auszuführen sind. Zwar ist die strikte phasenorientierte Trennung in Willensbildung und -durchsetzung aus Gründen der analytischen Systematisierung sinnvoll, jedoch für praktische Zwecke als wenig nützlich zu bezeichnen. So wird durch die scharfe Phasentrennung übersehen, dass Prozesse der Willensbildung und -durchsetzung im Praxiskontext nicht nacheinander, sondern parallel nebeneinander ablaufen (Witte [Phasen-Theorem] 625). Andererseits hat vielleicht auch gerade die Trennung zwischen Willensbildung und -durchsetzung dazu geführt, dass sich die wissenschaftliche Diskussion zur Unternehmensführung vorwiegend mit analytisch-strukturierenden Problemlösungsmethoden zur Willensbildung, diejenige zur Personalführung hingegen in erster Linie mit der Durchsetzung vorgegebener Handlungsprogramme beschäftigt; eine Spezialisierung, die ebenfalls fragwürdig ist.

Führung und Leitung

Bei der Abgrenzung zwischen *Führung und Leitung* wird einerseits die Auffassung vertreten, dass sich der Leitungsbegriff dann empfiehlt, wenn es um technische und administrative Prozesse geht, während der Führungsbegriff im Zusammenhang mit Menschen zu verwenden ist (Korff [Leiten] 17 ff.). Andere Fachvertreter verweisen darauf, dass sich der gezielte Gebrauch der beiden Termini „Führung“ (Leadership) und „Leitung“ (Headship) auch durch inhaltliche Unterschiede begründen lässt (Gibb [Leadership] 213):

- danach wird Leitung durch ein organisiertes System gesichert und nicht durch spontane Anerkennung der Gruppenmitglieder;
- das Gruppenziel wird durch den Leiter der Gruppe gemäß seinen Vorstellungen bestimmt und nicht durch die Gruppenmitglieder;
- bei der Leitung ist nur eine geringe oder gar keine Beteiligung Anderer bei der Verfolgung eines bestimmten Ziels gegeben;
- es besteht eine große soziale Distanz zwischen den Gruppenmitgliedern einerseits und dem Leiter andererseits;
- Leiter benutzen Macht als Quelle ihrer Autorität, während Führer nach spontaner Anerkennung der Gruppenmitglieder streben.

Eine dritte Auffassung zum Verhältnis von Führung und Leitung geht davon aus, dass Führung wie Leitung Handlungen der Willensdurchsetzung beinhalten. Die Leitung beschränkt sich dieser Auffassung zufolge auf diese Aufgabe. Führung ist hingegen weitergehend, indem durch sie bestimmt wird, was die Leitung anzuordnen hat. „Die Leitung ist gewissermaßen die mittelbare Exekutive der Führung“ (Rühli [Unternehmungspolitik] 66). Danach ist Führung das Zentrum der Willensbildung und der Leitung übergeordnet. Schließlich wird darauf hingewiesen, dass der Begriff „Leitung“ vor allem in den vormals sozialistischen Ländern Mittel- und Osteuropas anzutreffen war, wobei dies damit erklärt wird, dass die Vertreter des dortigen Herrschaftssystems aufgrund ihrer negativen Erfahrungen mit dem nationalsozialistischen Führerkult dem (synonymen) Führungsbegriff bewusst und konsequent ausgewichen sind (Weidauer/Wetzel [Kombinate]).

Führung und Herrschaft

Eine ebenfalls tradierte begriffliche Beziehung betrifft das Verhältnis von *Führung und Herrschaft*. Der Begriff Herrschaft kann als ein *Spezialfall oder eine Konkretisierung von Führung* bezeichnet werden. Das wesentliche Merkmal von Herrschaft besteht darin, dass *Macht als Potenzial für die Beeinflussung anderer Personen* eingesetzt wird. Diese Auffassung vertrat schon der große deutsche Soziologe Max Weber, der unter Herrschaft den Sachverhalt verstand, „dass ein bekundeter Wille (‚Befehl‘) des oder der ‚Herrschenden‘ das Handeln anderer (des oder der ‚Beherrschten‘) beeinflussen will und tatsächlich in der Art beeinflusst, dass dieses Handeln ... so abläuft, als ob die Beherrschten den Inhalt des Befehls, um seiner selbst willen, zur Maxime ihres Handelns gemacht hätten (‚Gehorsam‘)“ (Weber [Gesellschaft] 544). Weber unterscheidet mit der *legalen, traditionellen und charismatischen Herrschaft* drei Typen, die auf unterschiedlichen Machtgrundlagen beruhen. Während legale Herrschaft kraft Satzung besteht, stellt der Glaube an tradierte, überkommene Werte die Grundlage für traditionelle Herrschaft dar.

Charismatische Herrschaft beruht hingegen auf der affektiven Hingabe der Beherrschten gegenüber dem Herrschenden. Alle formellen, auf Über-/ Unterordnung beruhenden Führungsbeziehungen erweisen sich somit in irgendeiner Weise als Herrschaftsbeziehungen, die in der Realität häufig durch kombiniertes Auftreten der drei Herrschaftstypen gestiftet werden.

Unternehmens- vs. Personal- führung

Zusammenfassend lassen sich die Unterschiede zwischen *Unternehmensführung und Personalführung* dahingehend festhalten, dass bei Letzterer, die auch als Mitarbeiterführung oder manchmal nur Führung bezeichnet wird, das *unmittelbare Verhältnis zwischen Vorgesetzten und Mitarbeitern* und dabei die Frage im Vordergrund steht, welches interpersonelle Verhalten oder welchen personenbezogenen Beeinflussungsstil die Vorgesetzten anwenden oder anwenden sollten. Bei der *Unternehmensführung* („General Management") geht es hingegen um die *Steuerung des Gesamtsystems.* Sie stellt ein *gestaltendes Eingreifen in den gesamten Wertschöpfungsprozess des Unternehmens dar, das Koordinierungs- und Harmonisierungshandeln* im Hinblick auf sämtliche Elemente der Wertschöpfungskette beinhaltet und nachgelagerte Handlungsbereiche wie diejenigen des Finanzmanagements, des Marketingmanagements oder des Produktionsmanagements richtungsweisend beeinflusst. Personalführung ist somit ein Teilbereich der Unternehmensführung, der die Führung der Mitarbeiter des Unternehmens (vgl. Abschn. 8.1) zum Gegenstand hat. Die Gestaltung der persönlichen Beziehungen zwischen den im Unternehmen arbeitenden Menschen ist allerdings ein für die Unternehmensführung zunehmend wichtiger werdender Aspekt.

2.1.2 Unternehmensführungsentscheidungen und -handlungen

Ein Unternehmen erfolgreich zu führen heißt letztendlich, situationsadäquate Entscheidungen zu treffen sowie Handlungen vorzunehmen, welche diese Entscheidungen konsequent umsetzen. Zur inhaltlichen Klärung des Begriffs der Unternehmensführung erscheint es daher nützlich, Merkmale der Entscheidungen und Handlungen der Unternehmensführung heranzuziehen. Bezogen auf den Entscheidungsaspekt ist dies in der Betriebswirtschaftslehre verschiedenenorts geschehen. Zusammenfassend lassen sich aus den dort gemachten Vorschlägen folgende *konstitutive Merkmale von Unternehmensführungsentscheidungen* entnehmen (Girgensohn [Entscheidungen] 63 ff.):

Konstitutive Merkmale

- Unternehmensführungsentscheidungen zeichnen sich durch ihren *Grundsatzcharakter* aus. Grundsatzentscheidungen lösen einen weiteren Entscheidungsbedarf aus und schränken den Alternativenraum von Folgeentscheidungen ein. An diesem Merkmal gemessen wäre beispielsweise die Entscheidung der Geschäftsführung eines mittelständischen Unternehmens, von der Werkstattfertigung auf eine kontinuierliche Fließfertigung überzugehen, als typische Unternehmensführungsentscheidung zu charakterisieren. Dem Kriterium einer Grundsatzentscheidung würde dagegen die Entscheidung, einem Mitarbeiter einen Tag Urlaub zu gewähren, nicht genügen.

- Darüber hinaus sind Unternehmensführungsentscheidungen durch das Merkmal einer *hohen Bindungswirkung oder Irreversibilität* gekennzeichnet. Irreversible Entscheidungen können überhaupt nicht oder nur unter Inkaufnahme größerer Schwierigkeiten wieder rückgängig gemacht oder korrigiert werden. Ein Beispiel einer bindenden Entscheidung ist mit der Entscheidung über eine grundlegende Reorganisation des Unternehmens gegeben. Dagegen dürfte die Auswahlentscheidung hinsichtlich eines externen Referenten für ein eintägiges Facharbeiterseminar nur geringe Bindungswirkung besitzen.

- Unternehmensführungsentscheidungen sind des Weiteren dadurch gekennzeichnet, dass sie *das gesamte Unternehmen betreffen*. Als Beispiel wäre die Verabschiedung von Unternehmensgrundsätzen zu nennen, die ja nur dann Sinn machen, wenn sie für sämtliche Unternehmensteile verbindlich sind. Eine Entscheidung über die Nutzung von Handelsmittlern wäre nach diesem Merkmal hingegen nicht als Unternehmensführungsentscheidung zu bezeichnen, da sie nur Teile des Unternehmens betrifft.

- Auch das Kriterium des *hohen monetären Werts* ist für Unternehmensführungsentscheidungen bedeutsam. Als Beispiel kann die Entscheidung über eine Beteiligung an einem ausländischen Unternehmen gelten, da hierdurch die Vermögens- und Ertragslage des Akquisiteurs in starkem Maße beeinflusst wird. Die Entscheidung, Bewerber A, B oder C für die Position einer Schreibkraft einzustellen, wäre hingegen nach diesem Merkmal keine Unternehmensführungsentscheidung.

- Ebenso ist das Merkmal der (immateriellen) *Wertebeladenheit* für die Klassifikation als Unternehmensführungsentscheidung heranzuziehen. Bei dieser haben ethische, soziale und politische Normen eine große Bedeutung. Zu nennen ist beispielsweise die Entscheidung über die Verlagerung einer Produktionsstätte ins Ausland, wodurch im Inland Arbeitsplätze verloren gehen. Die Entscheidung über den Einbau eines Aufzugsystems in ein geplantes Verwaltungsgebäude wäre hingegen keine Unternehmensführungsentscheidung in diesem Merkmalsbereich.

- Unternehmensführungsentscheidungen weisen schließlich einen *geringen Strukturierungsgrad* auf. Bei gering strukturierten Entscheidungen ist das zu lösende Problem nicht genau spezifiziert und es ist auch nicht bekannt, über welche Folge von Teilschritten eine Problemlösung möglich ist. Als typische Entscheidung mit einem geringen Strukturierungsgrad kann die Wahl geeigneter Markteintrittsstrategien gelten, während die Lösung von Reihenfolgeproblemen in der Fertigung üblicherweise den Charakter einer wohlstrukturierten Standardentscheidung aufweist und somit nicht als Unternehmensführungsentscheidung zu bezeichnen ist.

In Abbildung 2-1 (Girgensohn [Entscheidungen] 63 ff.) sind weitere Merkmale von Unternehmensführungsentscheidungen dargelegt. Nicht alle dieser Merkmale sind jedoch zweckmäßig. So ist zu fragen, ob wirklich nur die den Aufbau des Unternehmens betreffenden Entscheidungen der Unternehmensführungsfunktion zuzuordnen sind. Ebenso ist diskussionswürdig, ob Unternehmensführungsentscheidungen generell vom Top-Management initiiert werden müssen. Auch erscheint das Merkmal der Dringlichkeit zur Spezifikation von Unternehmensführungsentscheidungen ungeeignet.

Empirischer Befund

Empirische Befunde (Gemünden [Führungsentscheidungen] 49 ff.) zeigen, dass sich Spitzenführungskräfte tatsächlich mit Entscheidungsangelegenheiten auseinandersetzen, die den zuvor erläuterten Merkmalen entsprechen.

Unternehmensführung und Management

Im Gegensatz zu den dargelegten Abgrenzungskriterien für Unternehmensführungsentscheidungen steht das weite Verständnis des anglo-amerikanischen Managementbegriffs. Dieses lässt sich verkürzt dergestalt zusammenfassen, dass *praktisch alle im Unternehmen anstehenden Entscheidungsangelegenheiten zu Management- bzw.* Unternehmensführungsaufgaben erhoben werden und demzufolge der Begriff „Management" bis hinab auf die Meisterebene angewandt wird. Einem solchen undifferenzierten Verständnis soll hier jedoch nicht gefolgt werden, da es zur Verwässerung des Gegenstands führt.

Obwohl eine abschließende Beurteilung der Mehrzahl der in Unternehmen anzutreffenden Entscheidungstatbestände hinsichtlich ihres Grundsatzcharakters, ihrer Bindungswirkung für das gesamte Unternehmen, ihres monetären Werts, ihrer Wertebeladenheit sowie ihres Strukturierungsgrads nicht immer einfach sein dürfte, sollen diese Merkmale zur Kennzeichnung *von Unternehmensführungsentscheidungen herangezogen werden, da sie substanzielle Auswirkungen auf die Erhaltung und weitere Entwicklung des Unternehmens in seiner Umwelt besitzen.*

Abbildung 2-1

Merkmale von Unternehmensführungsentscheidungen

Unternehmensführungsentscheidungen sind jene,	
– die die Vermögens- und Ertragslage des Unternehmens grundlegend beeinflussen (hoher monetärer Wert der Entscheidungen)	Gutenberg
– bei denen ethische, soziale und politische Maßstäbe zur Disposition gestellt werden (hoher immaterieller Wert der Entscheidungen)	Kirsch
– die in die weite Zukunft gerichtet sind (große zeitliche Reichweite der Entscheidungen)	Ulrich
– die eine hohe Bindungswirkung für das Unternehmen haben (irreversible Entscheidungen)	March und Simon
– die vom Top-Management getroffen werden (hochrangige Entscheidungen)	Ulrich
– die vom Top-Management und nicht von Außenstehenden initiiert werden (Initiativentscheidungen)	Bender
– die das ganze Unternehmen betreffen (breiter Geltungsbereich der Entscheidungen)	Gutenberg
– die den Alternativenraum von Folgeentscheidungen eingrenzen (Entscheidungen mit Grundsatzcharakter)	Ulrich sowie Szyperski
– die den Aufbau des Unternehmens betreffen (konstitutive Entscheidungen)	Sandig
– die eine hohe Dringlichkeit aufweisen (Sofortentscheidungen)	Bender
– die neuartige Probleme bewältigen (schlecht-strukturierte Entscheidungen)	Bleicher sowie Kirsch

Unternehmenspolitik

Die Sichtweise, dass Unternehmensführungsentscheidungen grundsätzliche Entscheidungen mit erheblicher Bedeutung für das Unternehmensganze darstellen und dass der Unternehmensführung eine Koordinationsfunktion für sämtliche Elemente der Wertschöpfungskette zukommt, ist in Übereinstimmung mit der herrschenden Meinung im betriebswirtschaftlichen Schrifttum, wonach die Unternehmensführung eine integrierende Klammer über den Funktionsbereichen des Unternehmens (vgl. Teil II) darstellt. Die übergeordnete Koordinationsfunktion wird mancherorts (zum Beispiel Sandig [Betriebswirtschaftspolitik]) allerdings nicht der Unternehmensführung, sondern der *Unternehmenspolitik* zugeordnet. Sandig, der sich als einer der Ersten mit derartigen Fragen beschäftigt hat, hat beispielsweise die Unternehmenspolitik dahingehend charakterisiert, dass sie „die Richtung ... in der

Entwicklung ... einer Organisation von Menschen und Mitteln, bestimmen soll". Nach ihm heißt „Führen ..., einer Gemeinschaft in ihrer Entwicklung ... voranzuschreiten" und „die Verantwortung für die getroffenen Entscheidungen tragen" (Sandig [Betriebswirtschaftspolitik] 54). Die Orientierungs-, Entscheidungs- und Verantwortungsfunktion bilden danach den Kern der Unternehmenspolitik bzw. Unternehmensführung. In ähnlicher Weise argumentiert Ulrich, der der Auffassung ist, dass die geistige Bewältigung der Komplexität als die Kernaufgabe der Unternehmenspolitik bzw. -führung zu bezeichnen ist, wobei das Auslösen und Lenken von Aktivitäten zugunsten der Setzung von Rahmenbedingungen zur Komplexitätsbewältigung in den Hintergrund tritt (Ulrich [Management] 247).

Führungskräfte, die zwar angemessene Entscheidungen treffen, es aber unterlassen, deren Umsetzung (Implementierung) zu initiieren, zu steuern und zu überwachen, sind langfristig zum Scheitern verurteilt. Dies gilt für den Bereich der Unternehmensführung in besonderem Maße, da hier üblicherweise eine große Zahl von Mitarbeitern an der Umsetzung der Entscheidungen mitzuwirken hat und somit die permanente Gefahr einer suboptimalen Umsetzung oder eines Versandens von Entscheidungen gegeben ist. Die für Unternehmen verantwortlichen Führungskräfte müssen somit nicht nur zwischen Alternativen wählen (Entscheiden), sondern diese auch konsequent implementieren. Sie müssen also Entscheiden *und* Handeln. Mit dem Begriff der *Handlung* wird dieser erweiterten Aufgabenstellung der Unternehmensführung (Entscheidungen treffen und zielorientiert umsetzen) Rechnung getragen.

Arbeitsdefinition von Unternehmensführung

Unter Berücksichtigung der vorausgehenden Überlegungen und der programmatischen Perspektive dieser Schrift wird *Unternehmensführung als die Gesamtheit derjenigen Handlungen der verantwortlichen Akteure bezeichnet, die die Gestaltung und Abstimmung (Koordination) der Unternehmens-Umwelt-Interaktion im Rahmen des Wertschöpfungsprozesses zum Gegenstand haben.* Dabei werden nicht sämtliche auf die Unternehmens-Umwelt-Interaktion gerichteten Handlungen zum Gegenstand der Unternehmensführung erhoben, sondern nur diejenigen, die grundsätzlicher Art sind, durch eine hohe Bindungswirkung für das gesamte Unternehmen, einen hohen monetären Wert, starke Wertebeladenheit und niedrigen Strukturierungsgrad gekennzeichnet sind. Die für Unternehmensführungshandlungen verantwortlichen Akteure umfassen die Mitglieder des oberen und obersten Managements.

2.2 Unternehmensorientierte Führungstheorien

Theorien sind übergeordnete, grundsätzliche Aussagensysteme (Wolf [Organisation] 2), in denen die wichtigsten Erkenntnisse der jeweiligen wissenschaftlichen Disziplin zusammengefasst sind. Wissenschaftler greifen auf Theorien zurück, weil hierdurch gehaltvollere Erklärungen bzw. vertiefte Verständnisse der Realität sowie eine Zusammenführung von Partialaussagen zu einem inhaltlich geschlosseneren Wissensbestand möglich werden. Da der Gegenstandsbereich der Unternehmensführungslehre komplex, interpretationsbedürftig und in hohem Maße kreativ ist, sind im Hinblick auf diesen Objektbereich unterschiedliche, teilweise konkurrierende Theorien vorgelegt worden (Kieser [Anleitung] 1; Scherer [Kritik] 2 ff.). Aufgrund ihrer Vorläufigkeit werden diese häufig als *„theoretische Ansätze"* bezeichnet.

Wie in anderen von zwischenmenschlichen Beziehungen geprägten Erkenntnisbereichen wird auch *in der Unternehmensführungslehre durch die Wahl* der Theorie bzw. des Ansatzes *bereits eine inhaltsbestimmende Vorselektion* vollzogen (Kieser [Anleitung] 1 ff.). Insofern gilt Einsteins Hinweis, dass „letztendlich erst die Theorie darüber entscheidet, was man beobachten kann", für den Bereich der Unternehmensführung in besonderem Maße. Diese Wirkung wird beim Vergleich des Inhalts von Unternehmensführungstheorien besonders deutlich. Der nachfolgende Überblick über die zentralen Argumente der bisher in der Unternehmensführungslehre verfolgten Ansätze hat die Zielsetzung, diese Ansatzwahl begründend zu erklären. Eine vertiefte Diskussion dieser Ansätze findet sich in Wolf ([Organisation]).

2.2.1 Prozessansatz

Eng verbunden mit dem Entwurf des Prozessansatzes ist der Name des französischen Mineningenieurs Henri Fayol (Fayol [Administration]). Er stellte bereits zu Beginn des 20. Jahrhunderts fest, dass sich die betriebswirtschaftlichen Konzepte seiner Zeit ungerechtfertigterweise vornehmlich mit dem betrieblichen Leistungserstellungsprozess und dessen Optimierung auseinander setzten. Solche Konzepte, von denen das *Scientific Management* (Taylor [Principles]) die weiteste Verbreitung fand, beschränken sich weitgehend auf das Fabrikmanagement und damit auf Handlungen der operativen Ebene (Breisig [Taylorismus]). Sie befassen sich dagegen nicht mit der Analyse, Gestaltung oder Verbesserung des Verwaltungsbereichs, blenden vor allem die Führung von Unternehmen als Ganzes aus und sind deshalb im vorliegenden Zusammenhang nicht von vordergründigem Interesse.

„Management" des operativen Bereichs

Ersterwähnung des Begriffs „Management"

Eine wesentliche Ursache für die Vernachlässigung des administrativen Bereichs lag darin, dass es vorwiegend Ingenieure waren, die sich zumindest in schriftlich dokumentierter Form mit dem Phänomen „Management" befassten und dort naturgemäß fertigungsorientierte Probleme bearbeiteten. So wird im anglo-amerikanischen Sprachbereich erstmals 1886 von dem Ingenieur und Mitbegründer der Yale Lock Co., Henry R. Towne, über „Management", und zwar im Hinblick auf die Bedeutung des „management of works" (Towne [Engineer] 428) berichtet.

Im Gegensatz hierzu hatte Fayol erkannt, dass neben den in anderen Schriften seiner Zeit bereits aufgegriffenen Funktionsbereichen Produktion, Einkauf, Verkauf, Finanzwirtschaft, Rechnungswesen sowie Werk- und Spionageschutz insbesondere die *Unternehmensführung von entscheidender Bedeutung für den Unternehmenserfolg* ist. Dabei war er der Auffassung, dass Unternehmensführung aus einer Sequenz von Planungs-, Organisations-, Mitarbeiterführungs-, Koordinations- und Kontrolltätigkeiten besteht und somit als *Prozess* zu begreifen ist, der in seinen *Grundstrukturen unabhängig von Unternehmenstyp und -größe sowie Branche* abläuft. Andere Vertreter dieser Prozessauffassung haben Umfang und Anzahl dieser Tätigkeiten ausgedehnt. So hat Gulick ([Notes] 1 ff.) in sein POSDCORB-*Konzept* neben den Funktionen *p*lanning, *o*rganizing, *s*taffing, *d*irecting, *co*o*r*dinating noch das *b*udgeting (Budgetierung) aufgenommen.

Grundsätze der Unternehmensführung

Darüber hinausgehend war Fayol der Auffassung, dass diese „neue" Unternehmensfunktion am besten gehandhabt werden kann, wenn eine Reihe von allgemeinen Prinzipien (Grundsätzen) befolgt wird. Zu den wichtigsten der insgesamt 14 von ihm zusammengestellten Prinzipien gehören eine *weitgehende Arbeitsteilung, ein hohes Maß an Zentralisation, die klare Zuweisung von Autorität und Verantwortung, die Einheit der Auftragserteilung, ein hohes Maß an Disziplin sowie die Unterordnung individueller unter allgemeine Interessen* (vgl. Kapitel 7). Von diesen Prinzipien soll nur in Ausnahmefällen abgewichen werden. Die bekannteste Abweichung stellt wohl die „passerelle" oder „Fayol'sche Brücke" dar; sie bricht insofern mit den Prinzipien des Einliniensystems, als zwischen den unteren Hierarchieebenen horizontale Querverbindungen eingerichtet werden, die eine direkte Abstimmung zwischen den betroffenen Bereichen oder Abteilungen ermöglichen. Da Fayol und einige seiner Anhänger diesen Unternehmensführungsprinzipien Gültigkeit für jedwede Art von Unternehmen unterstellen, werden sie auch als *Universalisten* bezeichnet.

Kritische Würdigung

Unter verschiedenen Einwänden, die gegen das Fayol'sche Konzept geltend gemacht werden (Perridon [Doctrine] 42 f.; Stoner [Management] 42; Wolf [Organisation] 92 ff.), stehen zwei im Vordergrund. Einerseits wird der Universalitätsanspruch der Unternehmensführungsprinzipien bezweifelt. Andererseits werden die Prinzipien als zu wenig konkret bezeichnet, um bei der

Bewältigung der Unternehmensführungsaufgabe eine nützliche Funktion erfüllen zu können. Ihr Spezifikationsniveau und Gestaltungsnutzen entsprächen lediglich demjenigen von unverbindlichen Unternehmensleitbildern (vgl. Abschn. 4.6). Daneben werfen die Kritiker (Stewart [Nature] 325; Luthans [Introduction] 2) Fayol vor, dass

- er personellen und sozialen Aspekten nur geringe Aufmerksamkeit gewidmet habe,
- das zyklisch angelegte Prozessmodell allenfalls unter stark vereinfachenden Annahmen Gültigkeit besitze und
- auf der Basis des Ansatzes, der ein ungeprüftes Hypothesengerüst darstellt, kaum Erkenntnisfortschritte erzielt worden seien.

Obwohl einige der Prinzipien des Prozessansatzes von Führungskräften sicherlich bereits vor Fayol praktiziert wurden, liegt dessen Verdienst darin, sie als Erster ausdrücklich formuliert und zusammengefasst zu haben. Zudem hat Fayol das Augenmerk auf die „Administration" als neuen, den Unternehmenserfolg bestimmenden Untersuchungsgegenstand gerichtet.

Großer Einfluss auf die internationale Managementlehre

Ein halbes Jahrhundert später hatte diesen die deutsche Betriebswirtschaftslehre immer noch ausgeklammert. Fayol und seine Protagonisten haben jedoch nachhaltig die Theorieentwicklung und Praxis der Unternehmensführung im angloamerikanischen Einzugsbereich beeinflusst; so sind einzelne, mit dem Prozessansatz verbundene Merkmale wie die hierarchische Organisationsstruktur, das Konzept der „unité de commandement" (Fayol [Administration] 25) sowie die Autoritätsdelegation in Forschung und Praxis immer wieder aufgegriffen und auch bestätigt worden. Überdies dienen die Führungsfunktionen des Prozessansatzes auch heute noch vielen Lehrbüchern als strukturgebendes Gerüst. Trotzdem muss darauf hingewiesen werden, dass Fayols Forderung, bei der Unternehmensführung streng nach Prinzipien zu verfahren, heute nur noch als begrenzt gültig anzusehen ist. Streng standardisierte und damit inflexible Empfehlungen können, auch wenn sie sehr allgemein abgefasst sind, in Zeiten dynamischer Umweltentwicklungen kaum mehr als Grundlage zur Steuerung komplexer Sozialsysteme herangezogen werden.

Zwei Grundrichtungen

Fayols Gedankengut wurde in den 1920er und 1930er Jahren weiterentwickelt, wobei vor allem amerikanische Fachvertreter eine wichtige Rolle spielten (Kast/Rosenzweig [Organization] 74 ff.). Hierbei lässt sich eine gewisse Konvergenz der vielfältigen Denkschulen in zwei Richtungen feststellen, die schließlich zum quantitativen und zum verhaltenswissenschaftlich orientierten Ansatz in der Theorie der Unternehmensführung heranreiften.

2.2.2 Quantitativer Ansatz

Die Quellen des quantitativen Ansatzes der Unternehmensführung, in dessen Bereich die Anwendung von Methoden des Operations Research und der Management Science fällt, liegen im *Scientific Management.* Diese von Taylor ([Principles]) initiierte Denkrichtung hatte sich die Optimierung des Produktionsbereichs von Unternehmen zur Aufgabe gestellt, wobei das Spektrum an Empfehlungen von der Durchführung von Zeit und Bewegungsstudien, der arbeitsprozessgerechten Standardisierung von Fertigungshilfsmitteln bis hin zur leistungsabhängigen Entlohnung der Arbeitnehmer reichte. Auf der Basis dieser Arbeiten haben die Vertreter des quantitativen Ansatzes versucht, Probleme der Unternehmensführung, insbesondere Entscheidungsprobleme in der *Form formallogischer Modelle zu strukturieren und zu lösen.* Dieser Orientierung folgen vor allem *zwei Denkrichtungen* quantitativer Forschungsbemühungen zur Unternehmensführung (Koontz [Jungle] 25 ff.), die entscheidungsorientierte und die mathematische.

Entscheidungstheorie

Bei der *Decision Theory School* stehen die Abbildung, Erklärung und Gestaltung von Entscheidungsprozessen im Vordergrund. Es handelt sich hierbei um jenen Ansatz, der in der deutschen Betriebswirtschaftslehre als *präskriptive Entscheidungstheorie* oder *Entscheidungslogik* Verbreitung gefunden hat (Laux [Organisationstheorie] 1733 ff.). In dieser wird im Grundsatz davon ausgegangen, dass eine Zielfunktion vorgegeben und alle möglichen Umweltzustände sowie sämtliche der Erreichung dieser Zielfunktion dienenden Handlungsalternativen bekannt sind, sodass sich das Entscheidungsproblem auf die Optimierung des Erwartungswerts dieser Alternativen reduziert (Eisenführ/Weber [Entscheiden] 15 ff.). In Abhängigkeit von der Gewissheit über die Umweltzustände (vgl. Abbildung 10-9) werden dabei verschiedene Typen von Entscheidungsproblemen unterschieden (Macharzina [Planung] 871). Von einer *sicheren Entscheidungssituation* ist zu sprechen, wenn ein bekannter Umweltzustand mit Gewissheit eintritt. In diesem trivialen Fall ist jene Entscheidungsalternative zu wählen, die den höchsten Nutzen stiftet. Sind verschiedene Umweltzustände möglich, deren Eintrittswahrscheinlichkeiten objektiv bekannt sind, dann wird von einwertigen Erwartungen bzw. von einer *risikobehafteten Entscheidungssituation* gesprochen. Zur Lösung dieses Entscheidungsproblems bietet sich die Bayes'sche Regel an, bei der der Erwartungswert einer Alternative i (E_i) nach der Formel

$$E_i = \sum_{j=1}^{n} A_{ij} \cdot W_j$$

berechnet wird, wobei A_{ij} der erwartete Nutzen der Alternative i bei Eintritt des Umweltzustands j und W_j die Eintrittswahrscheinlichkeit des Umweltzustands j ist. Sind Eintrittswahrscheinlichkeiten nicht objektiv, sondern allenfalls subjektiv verfügbar, dann sind die Erwartungen mehrwertig und die *Entscheidungssituationen unsicher*. Hier stehen mehrere Regeln wie die Maximin-Regel, die Maximax-Regel, die Savage-Niehans-Regel, die Hurwicz-Regel oder die Laplace-Regel als Lösungsalgorithmen zur Verfügung (Bamberg/Coenenberg [Entscheidungslehre] 105 ff.), wobei die Wahl der anzuwendenden Regel von der Risikoneigung des Entscheiders bestimmt wird. Die nach diesen Regeln verfahrende Entscheidungslogik will so optimale Handlungsempfehlungen in Entscheidungssituationen bereitstellen.

Mathematische Modelle

Die *Mathematical School* fasst Managementhandeln als einen logischen Prozess auf und verfolgt dessen Abbildung mit mathematischen Modellen, insbesondere Modellen des Operations Research. Dem mathematischen Ansatz ist dabei zunächst jene Richtung zuzuordnen, die sich mit der quantitativen Lösung von Prognoseproblemen beschäftigt. Der Prognosegegenstand wird dabei in der Form von linearen oder nichtlinearen Ein- und Mehrgleichungsmodellen abgebildet. Eingleichungsmodelle sind geeignet, wenn ein einseitiger Wirkungszusammenhang zwischen unabhängigen Faktoren und der Prognosegröße anzunehmen ist. Mehrgleichungsmodelle sind hingegen notwendig, wenn eine Wechselwirkung zwischen den Bestimmungsfaktoren und der Prognosegröße vorliegt. Der gleichen Richtung sind auch die zunehmend zu Prognosezwecken genutzten Simulationsmodelle zuzuordnen. Letztere haben vor allem durch die Entwicklung der elektronischen Datenverarbeitung stark an Bedeutung gewonnen.

Teamtheorie

In die mathematische Richtung der Unternehmensführungstheorie ist auch die Teamtheorie (Marschak/Radner [Theory]) einzureihen (Schüler [Organisationstheorie] 1807 f.). Hier steht die organisatorische Gestaltung arbeitsteiliger Handlungen (vgl. Kapitel 7) im Vordergrund, wobei optimale Handlungsempfehlungen für Entscheidungsgruppen mit gemeinsamer Zielsetzung im Hinblick auf deren Erreichung erzeugt werden sollen. Dieses erfolgt durch kombinierte Anwendung von Informations- und Kommunikationsregeln, um für bestimmte Informationsstrukturen in Entscheidungssituationen mit zufallsbedingten Umweltkonstellationen unter Berücksichtigung von Informations- und Kommunikationskosten optimale Entscheidungsregeln zu formulieren. Dabei wird üblicherweise der mathematische Erwartungswert einer Nutzenfunktion als Entscheidungskriterium verwendet. Die Teamtheorie ist mit Beiträgen von Nojiri ([Team] 256 ff.), Kim/Roush ([Team]) und Camacho/Persky ([Teams] 367 ff.) fortgeführt worden.

Spieltheorie

Zur mathematischen Richtung ist weiterhin die insbesondere von Neumann und Morgenstern ([Spieltheorie]) sowie Nash ([Equilibrium]) entwickelte Spieltheorie zu zählen (vgl. Abschn. 5.6.1.4), die anders als die Teamtheorie unter Aufgabe der Zielharmonieannahme Handlungssituationen untersucht, in denen die Entscheider ihren jeweiligen Zielen entsprechend die anderen Entscheider beeinflussen (Pfähler/Wiese [Unternehmensstrategien]). Untersucht werden also strategische Entscheidungssituationen, in denen die Endzustände oder Ergebnisse von Interaktionen von den Entscheidungen mehrerer autonomer Entscheidungsträger abhängig sind (Langerfeldt [Spieltheorie] 1619). Zufallsbedingte Umwelteinflüsse werden hier weitgehend ausgeklammert; es geht primär um das interaktive Verhalten der Spieler untereinander. Das Ziel der Analyse besteht darin, das individuell rationale Entscheidungsverhalten der Spieler zu bestimmen. Als Ausgangspunkt der Diskussion dient dabei das auf Luce und Raiffa ([Games]) zurückgehende sogenannte Gefangenendilemma. Die Spieltheorie wurde in den letzten Jahren intensiv genutzt und dynamisch weiterentwickelt (vgl. zum Überblick Jost [Spieltheorie]); sie bietet sich unter anderem zur Analyse der Preispolitik von Mehrproduktunternehmen oder zur Beurteilung der Glaubwürdigkeit unternehmenspolitischer Handlungen (Selten [Preispolitik]; Crasselt/Gassen [Spieltheorie] 637 ff.), daneben aber auch zur Analyse des für die Unternehmensführung ebenfalls bedeutsamen Verhandlungsphänomens an (vgl. Abschn. 8.2). Sehr intensiv eingesetzt wird die Spieltheorie im Bereich der Strategieforschung, wo sie insbesondere als Instrument zur Modellierung wettbewerbsstrategischer Reaktionen in oligopolistischen Märkten dient. Dabei wird das Verhalten von Wettbewerbern in der Form von Spielzügen von Spielern modelliert. Einen hohen Bekanntheitsgrad erlangt haben dabei die Arbeiten von Nalebuff und Brandenburger ([Coopetition]) – nicht zuletzt deshalb, weil in ihren Veröffentlichungen der inhaltliche Gehalt und die Anwendbarkeit der spieltheoretisch gewonnenen Erkenntnisse im Vordergrund stehen.

Kritische Würdigung

Die Vorzüge des quantitativen Ansatzes liegen in seiner Strukturierungs- und Ordnungsleistung sowie in seiner hohen Stringenz der Argumentation. Insbesondere der Decision Theory School wird jedoch eine nur mangelhafte theoretische Fundierung vorgeworfen, die offenbar allerdings auch nicht angestrebt wurde (Kast/Rosenzweig [Organization] 87; Wolf [Organisation] 123 ff.). Im Vordergrund steht vielmehr die Entwicklung von Instrumenten, mit denen Entscheidungssituationen analysiert und Handlungsalternativen nach vorgegebenen Kriterien bewertet werden können. Als Mangel muss dabei in Kauf genommen werden, dass durch die Unterstellung rationalen Verhaltens der Entscheider zwar idealtypische Modelllösungen möglich werden; diese besitzen aufgrund der doch beträchtlichen Realitätsferne jedoch häufig nur akademischen Wert. Insofern ist der gestaltungsorientierte Anspruch des quantitativen Ansatzes vor dem Hintergrund des Dilemmas, erfolgreiche Entscheidungsregeln für den idealtypischen Fall bereitgestellt zu haben, die im realen Anwendungsfall wegen der nicht hinreichend modellierbaren Komplexität der realen Welt zu Fehlentscheidungen im Führungsbereich führen (müssen), in Frage gestellt. Insbesondere läuft dem Bemühen um Formulierung einer quantitativ orientierten Unternehmensführungslehre zuwider, dass quantitative Modelle aufgrund ihrer Strukturnähe zum operativen Bereich dort möglicherweise nützlich, jedoch wie gezeigt zur Problembewältigung auf Unternehmensführungsebene kaum fruchtbar sind.

2.2.3 Verhaltensorientierter Ansatz

Human-Relations-Bewegung

Der verhaltensorientierte Ansatz zur Unternehmensführung (Schanz [Ansatz] 229 ff.; Staehle [Management]), bei dem der Mensch und dessen Verhalten im Mittelpunkt der Analyse stehen, findet seine Begründung in der von Mary Parker Follett ([Administration]) vorgetragenen Auffassung, dass Management „getting things done with and through people" sei. Die unterschiedlichen Varianten des verhaltensorientierten Ansatzes wurden unter dem Einfluss der Human-Relations-Bewegung von Mayo, Roethlisberger und Dickson (Roethlisberger/Dickson [Management]) entwickelt. Diese hatten ihrerseits in den so genannten Hawthorne-Experimenten eher zufällig als gezielt die Bedeutung sozialer Aspekte für die Arbeitsleistung von Gruppen entdeckt. Dementsprechend unterscheidet sich das Menschenbild des verhaltensorientierten Ansatzes erheblich von demjenigen des quantitativen Ansatzes. Im Gegensatz zu dem dort vorherrschenden „rational economic man" wird im verhaltensorientierten Verständnis einer „bounded rationality" (Simon [Behavior]) von einem begrenzt rationalen sowie einem unter sozialen Einflüssen stehenden Entscheidungsträger (*„administrative man"*) ausgegangen. Die durch sozial- und organisationspsychologisches Erkenntnisinteresse geprägten verhaltensorientierten Arbeiten lassen sich danach ordnen, ob *motivationale, kognitive oder emotionale Aspekte* menschlicher Aktionen im Vordergrund stehen.

Motivations-theorien

Der eigentliche Schwerpunkt des verhaltensorientierten Ansatzes ist bis heute mit *motivationstheoretischen Arbeiten* gegeben, die darauf hinweisen, dass Leistung und Zufriedenheit der arbeitenden Menschen über Führungsverhalten oder Anreizfaktoren nur dann erreicht werden können, wenn Letztere mit den Motiven und Bedürfnissen der Unternehmensmitglieder abgestimmt sind. Dementsprechend intensiv hat sich die Unternehmensführungsforschung der Theoriesysteme der Arbeits- und klinischen Psychologie bedient, wobei die inhalts- bzw. prozessbezogenen Modelle von Maslow ([Theory] 34 ff.), Herzberg ([Work]) sowie Vroom ([Work]) im Vordergrund der Diskussion stehen. Der praktische Verwertungsnutzen dieser Theorien für Unternehmensführungsfragen muss jedoch insofern stark bezweifelt werden, als sie zu wenig auf die Handlungssituation von Unternehmen bezogen, inhaltlich zu unspezifisch oder empirisch nicht hinreichend erhärtet sind. Insbesondere bleibt der Zusammenhang zwischen Leistung und Zufriedenheit zumindest dahingehend ungeklärt, ob Letztere auch Erstere gewährleistet, wohingegen man relativ sicher prognostiziert, dass Erstere Letztere stiftet. Hoffnungsloser Dissens besteht trotz der Vielzahl der vorgelegten Führungsmodelle über das letztlich gültige Aussagensystem und die Voraussetzungen erfolgreicher Führung (vgl. zur Analyse und Kritik Neuberger [Führungsverhalten]). Auch hier schwankt das Meinungsspektrum zwischen den Extremen der Empfehlung zur Abkehr von der autoritären hin zur kooperativen Führung und der situationsgebundenen Rezeption differenzierter Führungsempfehlungen (Fiedler/Chemmers [Leadership]; Hersey/Blanchard [Management]; Vroom/Yetton [Leadership]) (vgl. Abschn. 8.1). Die Führungspraxis hat es offenbar aufgegeben, in diesem Theoriewirrwarr weiter nach Orientierung zu suchen und scheint eher der Stromlinie der kooperativen Führung zu folgen.

Werteforschung

Eine große Bedeutung hinsichtlich der Schließung der vorhandenen Wissenslücke dürfte hingegen den Ergebnissen der Werteforschung zukommen, zumal es bei der Unternehmensführung weniger darum geht, kurzfristig zu reagieren, sondern unter Berücksichtigung längerfristiger Entwicklungstrends eine Abstimmung unternehmensinterner und -externer Faktoren anzustreben (Macharzina [Krise] 7 ff.; Macharzina/Wolf [Wertetypen] 1241 ff.). Werte, verstanden als übergeordnete Auffassungen vom Erwünschten, sind in diesem Zusammenhang insofern von hoher Relevanz, als sie eine Grundkonstante menschlichen Handelns darstellen und insbesondere die gegenwärtigen und künftigen Bedürfnisstrukturen der unternehmensinternen und -externen Interaktionspartner prägen, wobei die immer stärker werdende Abneigung gegenüber umweltschädlichen Produkten bei den Abnehmern oder die Ablehnung autoritärer Herrschaftssysteme bei Arbeitnehmern Beispiele für das Wirksamwerden von Werten bei ökonomischen Entscheidungen darstellen. Entgegen der hohen faktischen Relevanz hat die Werteforschung in bestehenden Ansätzen der Unternehmensführung allerdings noch nicht die erforderliche Resonanz gefunden. Dies ist insofern bedauerlich, als sie dazu beitragen könnte, die infolge der Tendenz zum (psychologischen) Reduktionismus eingebaute Schwäche des verhaltensorientierten Ansatzes, der im mangelnden Umweltbezug besteht, zu überwinden.

Theorien des Problemlösens

Ein weiterer Schwerpunkt der *kognitionsorientierten Richtung* ist in der Beschäftigung mit dem *menschlichen Denken und Lernen* gegeben. Im Mittelpunkt steht dabei das *Problemlösen*. Das Spektrum der hierzu vorliegenden Arbeiten ist breit gefächert. Zu nennen sind zunächst einfache, behavioristische Konzepte, bei denen das Problemlösen als Sequenz aus Versuchs-Irrtums-Erfolgs-Prozessen begriffen wird (Miller/Galanter/Pribram [Strategien]). In ihrer Grundstruktur gehen diese von dem Test-Operation-Test-Exit-(TOTE-)Modell aus, bei dem komplexe Problemlösungsprozesse bis in kleinste Handlungselemente zerlegt werden. Nach dem Verständnis dieser

Theorieströmung würde beispielsweise die Internationalisierung der Unternehmenstätigkeit dergestalt vollzogen, dass neue Auslandsmärkte so lange gesucht werden, bis ein vorab festgelegtes Ziel erreicht ist. Eine andere Denkrichtung ist mit den Drive x Habit-Modellen gegeben, die das Problemlösungsverhalten insofern besser abbilden, als sie auf die Gewohnheitsmäßigkeit von Handlungen hinweisen (Hull [System]). Dass habituelle Faktoren bei der Unternehmensführung von hoher Bedeutung sind, wird ersichtlich, wenn man sich die Langwierigkeit organisatorischer Änderungsprozesse bewusst macht. Zu nennen sind ferner die Arbeiten der Informationsverarbeitungs- (Newell/Shaw/Simon [Report] 41 ff.) und Kommunikationsforschung (Wiener [Cybernetics]), die insbesondere durch den verstärkten Einsatz von neuen Technologien in Unternehmen stark an faktischer Relevanz gewonnen haben. In die kognitionsorientierte Richtung sind auch diejenigen Arbeiten einzureihen, die die Forschungsergebnisse der Gehirnforschung für betriebswirtschaftliche Fragen nutzbar machen (Murdock [Memory]; Mintzberg [Planning] 49 ff.). Diese Theorieansätze sind für die Unternehmensführungslehre insofern relevant, als sie das Verhalten der Top-Manager zumindest teilweise erklärbar machen. Neuerdings ist die traditionelle Lerntheorie auf Gesamtunternehmensebene im Ansatz des „Organizational Learning" (March/Olsen [Ambiguity] 10 ff.; Cohen/Levinthal [Capacity]) revidiert worden.

Emotionen in Unternehmen

Gering ausgeprägt ist bislang der auf *emotionale Faktoren* ausgerichtete Bereich des verhaltensorientierten Ansatzes (Schreyögg/Sydow [Emotionen]; Weibler/Küpers [Emotionen]). Diese Theorievariante beschäftigt sich mit jenen Ursachen und Konsequenzen von Unternehmensführungsentscheidungen, die mit Gefühlen, Gemütsbewegungen oder Stimmungen zu tun haben (Mandl/Euler [Begriffsbestimmungen] 5; Müller-Golchert [Spannungen] 531 ff.) und in der traditionellen ökonomischen Theorie kurzerhand als irrational ausgeblendet wurden. Im Zuge der verstärkten Diskussion um Stresssituationen in Unternehmen und das Coaching von Führungskräften ist die emotionale Dimension jedoch verstärkt in das Zentrum des Interesses gerückt (Kuhlmann [Coaching] 592 ff.).

Kritische Würdigung

Zweifellos hat der verhaltensorientierte Ansatz die Führungslehre und -praxis stark, jedenfalls wesentlich stärker als der quantitative Ansatz, beeinflusst (Berger/Bernhard-Mehlich [Entscheidungstheorie] 145 ff.). Dieser Einfluss betrifft nicht nur die allgemeine Orientierung, sondern vor allem die grundlegende Überzeugung, dass erfolgreiche Führung nur über die Auseinandersetzung mit und intimer Kenntnis von menschlichen Verhaltensweisen und -mustern möglich ist. Angesichts der Tatsache, dass die verhaltensorientierte Analyse schwerpunktmäßig auf den Ebenen des Individuums und der (Klein-)Gruppe angesiedelt ist, hat sie stärker zur Weiterentwicklung der Personalführungsforschung als der Unternehmensführungsforschung beigetragen. Ein wesentlicher Mangel des verhaltensorientierten Ansatzes besteht allerdings darin, dass – wie am Beispiel der Personalführungsmodelle gezeigt – bis heute nicht geklärt ist, welche der vielen nebeneinander bestehenden Modelle Gültigkeit beanspruchen können. Dieses Grundproblem scheint im Wesentlichen darin begründet zu sein, dass der Mensch in der ganzen Vielschichtigkeit und Individualität seines Verhaltens und Handelns nur äußerst schwierig in allgemeingültigen Aussagesystemen zu beschreiben und zu erklären, geschweige denn in verbindliche Handlungsempfehlungen einzupassen ist.

2.2.4 Informationsökonomischer Ansatz

Vorausgehende Sichtweise der Neoklassik

In den letzten Jahrzehnten hat sich in der Betriebswirtschaftslehre ein „neuer“ Ansatz herausgebildet, der als informationsökonomischer Ansatz, als institutionenökonomischer Ansatz oder auch als New Institutional Economics (NIE) bezeichnet wird. Dieser Ansatz stellt eine Weiterentwicklung der neoklassischen Theorie dar, die die Wirtschaftswissenschaften lange Zeit dominiert hatte. Die neoklassische Theorie ging davon aus, dass wirtschaftliche Akteure aufgrund ihrer unbegrenzten Informationsverarbeitungskapazität jederzeit über alle für das Treffen von Entscheidungen erforderlichen Informationen verfügen und daher immer rational und somit optimal handeln würden (vgl. zu den Grundannahmen der Neoklassik Richter [Aspekte]; Picot/Dietl/Franck [Organisation]; Jansen [Theorie]; Fiedler [Expertise]). Aufgrund der Rationalität der Akteure würden Märkte stets als die idealen, zu bevorzugenden Arenen für ökonomische Transaktionen erachtet.

Alternative Sichtweise des informationsökonomischen Ansatzes

Im Gegensatz hierzu weisen nun die Vertreter des informationsökonomischen Ansatzes darauf hin, dass in der Wirtschaftswelt zahlreiche ökonomische Aktivitäten nicht auf dem Markt, sondern innerhalb von Institutionen (Organisationen, Unternehmen) vollzogen werden. Aus der Sicht der Neoklassik ist dieses Bestehen von Institutionen insofern nicht erklärbar, als die zugrunde gelegte Rationalitätsannahme zu einer generellen Bevorzugung der marktmäßigen Lösung führt. Die Vertreter des informationsökonomischen Ansatzes versuchen diese Erklärungslücke zu schließen, indem sie die Entstehung, Erscheinung und Ausdifferenzierung von Institutionen darauf zurückführen, dass wirtschaftlichen Akteuren aufgrund deren nicht vollkommener Rationalität bei der Tätigung von Geschäften stets – also auch im Falle marktmäßiger Transaktionen – Koordinationskosten entstehen würden. Fähigkeiten, Wissen und Informationen seien unter den wirtschaftlichen Akteuren ungleich verteilt und die Beschaffung, die Nutzung und der Schutz von Informationen somit immer mit Kosten verbunden (Picot [Überblick] 144; Göbel [Information] 13 f.).

Für die wirtschaftlichen Akteure stellt sich somit immer wieder aufs Neue die Frage, in welcher Form (z. B. auf dem freien Markt oder innerhalb des Unternehmens) sie ihre Transaktionen abwickeln sollen. Nach dem informationsökonomischen Ansatz gibt es auf diese Frage keine allgemein gültige Antwort; sie muss in jedem Einzelfall unter Berücksichtigung der jeweils vorliegenden Koordinations- bzw. Informationskosten beantwortet werden. Die große Bedeutung von Informationskosten bei der Wahl wirtschaftlicher Alternativen hat auch die Namensgebung des informationsökonomischen Ansatzes geleitet. Die Bezeichnung „institutionenökonomischer Ansatz" erscheint ebenfalls zweckmäßig, weil es um die Analyse von zuvor nicht erklärbaren Institutionen geht.

Koordinations- bzw. Informationskosten als Kernvariable

Dieses informationsökonomische Denken, das im anglo-amerikanischen Sprachraum in der Mikroökonomie, dem Rechnungswesen, der Prüfungs- aber auch der Organisationstheorie bereits in den 1970er Jahren reges Forschungsinteresse gefunden hat, ist im deutschsprachigen Einzugsbereich erst relativ spät aufgegriffen worden (Picot/Dietl [Transaktionskostentheorie] 178 ff.; Spremann [Agent] 3 ff.). Es hat sich in drei Kernvarianten aufgefächert, die *Verfügungsrechtetheorie* (Property-Rights-Theory), die *Transaktionskostentheorie* sowie den *Agenturansatz* (Prinzipal-Agent-Ansatz; Agency Theory). Diese Varianten unterscheiden sich in zweierlei Hinsicht. Einerseits gehen sie von *unterschiedlichen Annahmen über das Verhalten* der wirtschaftlichen Akteure aus; andererseits beschäftigen sie sich mit *unterschiedlichen Aspekten des Handelns in Institutionen* bzw. Unternehmen. Historisch gesehen haben sich die Transaktionskostentheorie sowie der Agenturansatz aus der Theorie der Verfügungsrechte (Eigentumsrechte, Property Rights) herausgebildet, die ihrerseits auf der Basis der frühen Arbeiten von Berle und Means (Berle/Means [Corporation]) sowie Coase ([Firm]) entwickelt wurde (Williamson [Institutions]).

2.2.4.1 Verfügungsrechteansatz

Analyseschwerpunkt

Der in den 1960er Jahren in den USA entwickelte Verfügungsrechteansatz analysiert Institutionen unter den Aspekten der *Verfügung über und Veränderung von Vermögensgegenstände(n)* sowie der Aneignung der durch sie erzeugten Vermögensströme (Ehrmann [Transaktionskostenökonomie] 24). Er erhebt damit einen allgemeinen Anspruch; auf seiner Grundlage soll beispielsweise die Beurteilung unterschiedlichster Sachverhalte wie „Trennung von Eigentum und Leitung", „Entstehung und Auswirkungen von unternehmensinternen Konflikten" oder „Organisation von Unternehmensnetzwerken" möglich sein (Leipold [Theorie] 518 ff.; Meckl/Kubitschek [Organisation] 289 ff.). Dadurch ist er für die Erklärung von Unternehmensführungsphänomenen bedeutsam. Der Verfügungsrechteansatz wurde als Reaktion auf die starken Vereinfachungen der Gleichgewichtstheorie entwickelt, die in den 1950er Jahren entstand (Richter [Sichtweise] 576). Zu seinen wichtigsten Vertretern zählen Alchian und Demsetz ([Production] 777 ff.); Furubotn und Pejovich ([Rights] 1137 ff.) sowie De Alessi ([Property] 839 ff.).

Grundannahmen

Der Verfügungsrechteansatz basiert auf vier Grundannahmen (Picot [Überblick] 145):

- Die wirtschaftspolitischen Akteure streben nach *individueller Nutzenmaximierung* und damit nach der Verwirklichung ihrer Eigeninteressen.
- Im Mittelpunkt der Analyse stehen nicht die individuellen Handlungen selbst, sondern die damit verbundenen *Verfügungsrechte*. Verfügungsrechte konstituieren die mit Gütern – nicht nur mit dem Eigentum an diesen – einhergehenden rechtlich oder institutionell sanktionierten Handlungsmöglichkeiten und Verhaltensbeziehungen. Verfügungsrechte kennzeichnen somit den Nutzen, den ein Individuum schöpfen kann; Rechte werden als Nutzenmehrer (Gratifikationen), Pflichten als Nutzenminderer (Sanktionen) betrachtet. Hierdurch kommt zum Ausdruck, dass erst die Tatsache, dass mit einem Gut bestimmte Rechte verbunden sind, dieses für Wirtschaftssubjekte interessant macht. Dabei kann der Nutzen im Recht zum Gebrauch eines Gutes (usus), im Recht, die Erträge eines Gutes einzubehalten (usus fructus), ein Gut in seiner Form und Substanz zu verändern (abusus) sowie ein Gut und die mit ihm verbundenen Rechte an andere zu veräußern (Richter [Sichtweise] 575) bestehen. *Diese Sichtweise ist insofern zweckmäßig, als der Besitz eines Gutes, der zu nichts berechtigt, ökonomisch uninteressant ist* (Picot [Beitrag] 157).
- Als Kriterium zur Beurteilung von Handlungen haben *Transaktionskosten* zu gelten. Diese entstehen bei der Anbahnung, Formulierung, Durchsetzung und Kontrolle der vertraglich festgelegten Regelungen entstehen. Transaktionskosten stellen *Kosten der Koordination ökonomischer Aktivitäten* (Bössmann [Unternehmungen] 107) dar.
- Es werden *externe Effekte* berücksichtigt, die entstehen, wenn einem Akteur im Rahmen einer Verfügungsrechtestruktur nicht alle wirtschaftlichen Folgen seiner Ressourcennutzung eindeutig zugeordnet sind (Ehrmann [Transaktionskostenökonomie] 24; Dietl/Royer [Netzwerkeffekte]).

Erklärungsanliegen

Die zentrale Aussage des Verfügungsrechteansatzes besteht darin, dass die Ausgestaltung der Verfügungsrechte die Allokation und Nutzung von wirtschaftlichen Gütern (Ressourcen) auf spezifische und vorhersehbare Weise beeinflusst (Furubotn/Pejovich [Rights] 1139; Richter [Sichtweise] 575). Da gemäß des informationsökonomischen Ansatzes die an Institutionen beteiligten Individuen allesamt nach Nutzenmaximierung streben, setzt der Besitz und Austausch von Gütern Vereinbarungen oder Verträge voraus, durch die die Verfügungsrechte bestimmt, erworben oder ausgeübt werden. Dementsprechend spielt das *Denken in Verträgen* bei der Verfügungsrechtetheorie eine zentrale Rolle, wobei es letztendlich darum geht, eine rationale Begründung für die Vielgestaltigkeit vertraglicher Beziehungen, wie sie in der Realität vorgefunden werden, zu geben (Richter [Sichtweise] 580). Unternehmen werden dabei als aus einem *Netz vollständiger Verträge* bestehend erklärt. Vollständige Verträge sind solche, bei denen nur einmal vor Vertragsbeginn verhandelt wird, in denen sämtliche Teilaspekte der Interaktion detailliert geregelt sind und bei denen somit die Durchsetzung der Vertragspflichten unproblematisch ist (Richter [Aspekte] 406).

Kritische Würdigung

Der Verfügungsrechteansatz hat in der Unternehmensführungsforschung ein breites Echo gefunden, da er Kernfragen der Unternehmensführung behandelt. Andererseits ist insbesondere die für ihn typische Annahme vertraglicher Vollständigkeit kritisch zu reflektieren.

2.2.4.2 Transaktionskostenansatz

Transaktionskosten als Effizienzkriterium

Der Transaktionskostenansatz verwendet ebenfalls die Höhe der Transaktionskosten als Effizienzkriterium. Beurteilt werden soll hier jedoch nicht die Verteilung von Verfügungsrechten über die wirtschaftlichen Akteure hinweg, sondern alternative Formen des Leistungs*transfers* zwischen wirtschaftlichen Akteuren. Es geht generell um den Austausch von Gütern zwischen wirtschaftlichen Akteuren (Langerfeldt [Transaktionskostentheorie] 653). Die Transaktionskostentheorie kann so gesehen auch als eine „interaktionsorientierte Verfügungsrechtetheorie" begriffen werden.

Commons

Ein früher Vertreter der Neuen Institutionenökonomik, nämlich John Commons, hatte allerdings bereits 1931 das handlungsorientierte Konzept der *Transaktion* als kleinster Untersuchungseinheit zur Analyse wirtschaftlich relevanter Entscheidungen anstelle des Güteraustauschs eingeführt und darunter die Übertragung und den Erwerb von Verfügungsrechten verstanden. Er unterscheidet dabei „bargaining transactions, managerial transactions and rational transactions" (Commons [Economics] 652 ff.), die Verhandlungen zwischen wirtschaftlichen Akteuren, Anweisungen in hierarchischen Verhältnissen und Allokationshandlungen eines Kollektivorgans gegenüber Individuen betreffen. Nach ihm sind alle Transaktionsformen gekennzeichnet durch Interessenkonflikte (*conflict*), deren gegenseitige Abhängigkeit (*dependence*) und Ordnung (*order*) als Konfliktregelungsmechanismus. Dieser als *Commons-Triple* bezeichnete Dreifuß bildet die zentrale inhaltliche Analyseebene der *Governance* neben derjenigen des *institutionellen Kontexts* der Transaktionen und kann als Grundmodell der so genannten Governance-Richtung der Transaktionskostentheorie bezeichnet werden (Commons [Foundations]; [Comment] 265).

Coase

Transaktionskosten (information and enforcement cost) werden bei der Anbahnung, Formulierung, Durchsetzung und Kontrolle von Leistungstransfers zwischen wirtschaftlichen Akteuren verursacht. In seiner wichtigen Pionierarbeit zur Transaktionskostentheorie hat Coase ([Firm]) gezeigt, dass es unter Effizienzgesichtspunkten gleichgültig wäre, in welcher Form Geschäfte getätigt werden, wenn die zur Auswahl stehenden Formen (z. B. Markt oder Hierarchie) keine für sie spezifischen Transaktionskosten verursachen würden (Mroß [Theorie] 1408). Ein weiterer Unterschied zum Verfügungsrechteansatz besteht darin, dass der Transaktionskostenansatz die *generelle Annahme vollständiger Verträge aufgibt*. Diese Öffnung stützt sich auf die Beobachtungen des britischen Rechtssoziologen Macaulay, nach denen nur einige der geschäftlichen Transaktionen ex ante in der Form einer detaillierten Planung bzw. rechtlichen Normierung festgeschrieben werden (Richter [Aspekte] 406). Die unvollständigen (relationalen) Verträge sind dadurch gekennzeichnet, dass aus Kostengründen und der Flexibilität wegen absichtlich Lücken in den Vertragsvereinbarungen gelassen werden.

Erklärungsanliegen

Auf das Unternehmen als wirtschaftliche Institution bezogen stellen Transaktionskosten alle Kosten dar, die mit der Bereitstellung und Änderung der Institution und mit der Nutzung der Institution verbunden sind (Richter [Sichtweise] 576). Da diese beiden Aspekte weitgehend von Entscheidungen des Top-Managements bestimmt werden, können Transaktionskosten als Kriterium einer ökonomischen Analyse von Institutionen, deren Strukturen und Koordinationsmechanismen sowie letztendlich des Handelns des Top-Managements herangezogen werden. *Effizienz wird im Transaktionskostenminimum angenommen.* Im Hinblick auf das Problemfeld Unternehmensführung untersucht die Transaktionskostentheorie weniger die Wirkungen von Entscheidungen begrenzter zeitlicher Reichweite, sondern vor allem die Effekte zeitüberdauernder Strukturen, wobei an die Unternehmensverfassung oder die Unternehmensorganisation zu denken ist (zur Vielfalt der Anwendungsfelder der Transaktionskostentheorie siehe Kräkel [Organisation]; Freiling/Reckenfelderbäumer [Markt] 37 ff.).

„Markets are smarter than hierarchies … at least in the long run" (Gary Hamel)

Ein weiteres zentrales Erklärungsanliegen der Transaktionskostentheorie ist die Frage, warum es Unternehmen gibt (Picot/Fiedler [Institutionen] 244 ff.). Die Antwort wird durch Festlegung der Bedingungen dafür gesucht, wann Leistungserstellungsprozesse über den Markt mit dem Preis als Koordinationsmechanismus oder über die Hierarchie (= Unternehmen) mit der Anweisung als Koordinationsmechanismus vorgenommen werden sollen. Die faktische Bedeutung dieses Problems, dem sich 1937 bereits Coase ([Firm]) zugewandt hatte, ist nach wie vor außerordentlich hoch. Gerade heute stehen viele Unternehmen vor der Frage, welche Aktivitäten sie ökonomisch vertretbar externalisieren können (vgl. Abschn. 5.4.2.3). In den 1970er Jahren hat insbesondere Williamson diese Überlegungen wieder aufgegriffen und durch Integration von juristischen, ökonomischen und organisationswissenschaftlichen Aussagekategorien (*Carnegie-Triple*) interdisziplinär erweitert.

Wie in Abbildung 2-2 veranschaulicht, geht Williamson davon aus, dass die Wahl der Koordinationsform bei gegebener Unsicherheit von der *Häufigkeit der Transaktionen* und der *Spezifität der für die Transaktion erforderlichen Investitionen* (Einzweck- oder Mehrzweckinvestitionen in Human- und Sachkapital) abhängt (Williamson [Institutions] 72 ff., insbesondere 79).

Koordination von Transaktionen

Abbildung 2-2

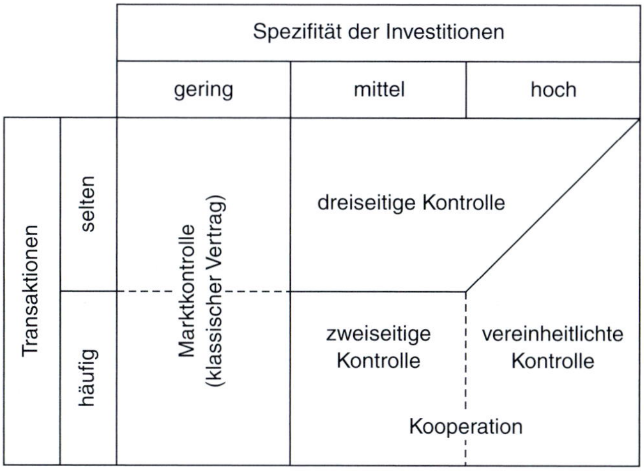

Merkmale des Entscheiders

Im Gegensatz zu älteren Konzeptionen der ökonomischen Theorie vermutet Williamson den wirtschaftlichen Entscheider als nur beschränkt rational, aber opportunistisch im Eigeninteresse handelnd, in das Arglist und Täuschung eingeschlossen sind (Söllner [Behavior] 228 ff.; Kloyer [Opportunismus] 283 ff.). Die Alternative Hierarchie – Williamson spricht von vereinheitlichter Kontrolle – bietet sich bei einer hohen Transaktionshäufigkeit und einer hohen Spezifität der Investitionen, die zur Erstellung der transferierten Leistungen notwendig sind, an. Die Bevorzugung der Hierarchie wird einerseits dadurch erklärt, dass es sich aufgrund der hohen Transaktionshäufigkeit für Unternehmen aus Kostendegressionseffekten lohnen wird, die für die hierarchische Abwicklung typischen, vergleichsweise teuren Investitionen zu tätigen. Andererseits ist sie aber auch dadurch begründet, dass sich bei marktmäßiger Abwicklung in Fällen großer Häufigkeit und hoher Spezifität eine von beiden Seiten als nachteilig wahrgenommene Abhängigkeit einstellen würde. Im gegenteiligen Fall – bei geringer Transaktionshäufigkeit und geringer Investitionsspezifität ist eine marktliche Abwicklung vorteilhaft, da es sich für das abnehmende Unternehmen nicht sinnvoll wäre, die teuren Investitionen zu tätigen. Außerdem kann das liefernde Unternehmen jederzeit seine unspezifischen Leistungen anderweitig am Markt absetzen. Bei mittlerer Spezifität hängt die Koordinationsform von der Transaktionshäufigkeit ab, wobei zwischen der dreiseitigen Kontrolle unter Einschaltung eines neutralen Schiedsgerichts sowie der zweiseitigen Kontrolle in Form von Allianzen (vgl. Abschn. 5.4.1.3) zu wählen ist. Bei geringer Häufigkeit hat die von neutraler Seite überwachte Vertragsabwicklung, bei großer Häufigkeit die Allianz als vorzugswürdig zu gelten. Williamsons wegen seiner Universalität aber auch Ausdifferenzierung häufig rezipiertes Modell ist jedoch nicht ohne Kritik geblieben (Schneider [Unhaltbarkeit] 1237 ff.; Brand [Transaktionskostenansatz] 70 ff.; Grote [Ausnutzung] 15 ff. und 66 ff.). Insbesondere ist zu fragen, ob die Modellaussagen in Zeiten der Verschlankung und Flexibilisierung der Leistungserstellung und insbesondere von Just-in-time-Belieferung (vgl. Abschn. 7.3) noch Gültigkeit besitzen. In zahlreichen Branchen, insbesondere der Automobilindustrie, sind nämlich trotz hoher Transaktionshäufigkeit und großer Investitionsspezifität zunehmende Externalisierungstendenzen erkennbar.

Kritische Würdigung

Die Kritik an der Transaktionskostentheorie (Kaas/Fischer [Transaktionskostenansatz] 693; Ebers/Gotsch [Theorien] 193 ff.; Föhr [Analyse]; Eigler [Transaktionskosten]; Backes-Gellner [Economics]; Alewell/Martin [Transaktionskostenansatz]) setzt neben der beschränkten Rationalitätsannahme und dem unterstellten gleichförmigen Entscheidungsverhalten an der Messung der Schlüsselgröße des Konzepts, der Transaktionskosten, an, zu deren Bestimmung vielfältige Methoden angewandt werden und teilweise sogar versucht wird, die Höhe von Transaktionskosten aus Zahlen der volkswirtschaftlichen Gesamtrechnung (Wallis/North [Measuring] 95 ff., insbesondere 121) abzuleiten. Ungeachtet der Messbarkeit von Transaktionskosten dürfte der Nutzen der Transaktionskostentheorie in ihrem heuristischen Wert liegen, wobei nicht erwartet werden darf, dass eine klare Antwort auf die Frage einer effizienten Institution per se gegeben wird.

Während der Transaktionskostenansatz zur Analyse unterschiedlichster Handlungsarten von Unternehmen herangezogen wird, befasst sich der Agenturansatz (Prinzipal-Agent-Ansatz; Agency Theory) schwerpunktmäßig mit dem wechselseitigen *Verhältnis jener Interessengruppen in Unternehmen, die in einem Auftraggeber-Beauftragten-Verhältnis zueinander stehen*, wobei als Beispiele die Verhältnisse zwischen Anteilseigner und Management oder zwischen Arbeitnehmer und Management zu nennen sind, die Kernprobleme der Unternehmensführung darstellen.

2.2.4.3 Agenturansatz

Gegenstand

Im Mittelpunkt des Agenturansatzes (Prinzipal-Agent-Ansatz; Agency Theory) stehen ebenfalls Bedingungen für die erfolgsstiftende Zusammenarbeit wirtschaftlicher Akteure. Im Gegensatz zu dem Verfügungsrechte- und dem Transaktionskostenansatz geht es hier jedoch um Delegations- oder Beauftragungsbeziehungen, bei denen ein Akteur als Auftraggeber, der andere als Auftragnehmer fungiert. Eine derartige Konstellation liegt insbesondere im Leitungsbereich vieler Großunternehmen vor, in denen die Kapitaleigner die Funktion der Unternehmensführung an Manager delegiert haben (Arnold [Steuerung]). Hierin weichen diese Unternehmen vom traditionellen Unternehmensmodell ab, bei dem die Funktion des Unternehmers (im Sinne der zielführenden Beschaffung erforderlicher Ressourcen, der optimalen Gestaltung des Leistungserstellungsprozesses sowie der Vermarktung der Produkte und Dienstleistungen) und die Funktion des Eigentümers (im Sinne der Risikoübernahme) in einer Person zusammenfallen. Jedoch muss diese Struktur in zunehmendem Maße als atypisch betrachtet werden, da die *Unternehmerfunktion heute vielfach durch die Kapitaleigner auf einen anderen Personenkreis, das Management, übertragen wird*. Die sich dabei ergebenden Probleme und Handlungsspielräume sollen durch den Agenturansatz unter *Rückgriff auf ökonomische Größen* untersucht, bewältigt und gestaltet werden (Laux/ Schenk-Mathes [Belohnungssysteme]).

Erklärungsobjekt

Im Agenturansatz (vgl. zur Entstehung dieses Ansatzes Meinhövel [Principal-Agent-Theorie] 471 f.) wird die Beziehung zwischen Kapitaleigner und Management als *Agenturverhältnis* (Agency Relationship) bezeichnet (Meyer [Prinzipale]). Wegen der strukturellen Gleichartigkeit können darüber hinaus grundsätzlich alle Formen delegativer Handlungen als Agenturverhältnisse gedeutet werden (Macharzina/Dedler [Analyse] 7). Ein solches Verhältnis besteht immer dann, wenn eine oder mehrere Personen (Prinzipal/Eigentümer) andere Personen (Agent/Manager) beauftragen, Dienste im Interesse Ersterer zu leisten, wobei eine Delegation von Entscheidungsbefugnissen auf den Agent erfolgt, das Risiko für Fehlentscheidungen jedoch beim Prinzipal verbleibt. Der Agenturansatz geht weiterhin davon aus, dass das erzielte Ergebnis der Handlungen des Agent von dessen Arbeitseinsatz zwar beeinflusst wird, wegen der Unsicherheit der zukünftigen Ereignisse jedoch nicht vollständig davon abhängt (Elschen [Agency-Theory] 248). Diese in Abbildung 2-3 dargestellte Struktur wird dem typischen managergeführten Unternehmen gerecht.

Verhaltensannahmen

In der gleichen Weise wie der Verfügungsrechte- und der Transaktionskostenansatz verallgemeinert der Agenturansatz die Gewinnmaximierungshypothese der traditionellen neoklassischen Theorie und geht von *nutzenmaximierenden Parteien* aus. Dem Agent stehen prinzipiell zwei Wege offen, über die er seinem Nutzenkalkül entsprechen kann. Seine Nutzenvorstellungen werden zunächst über finanzielle Werte wie Entgelt oder Tantiemen, die unmittelbar aus der Wertschöpfung des Unternehmens finanziert werden, befriedigt. Darüber hinaus können nichtpekuniäre Vorteile aus seiner Agent-Eigenschaft Nutzen stiften, indem er bestimmte Ansprüche an geldwerte Vorteile, beispielsweise in Form von Repräsentativität und Luxus seiner Arbeitsumgebung und der seine Arbeit begleitenden Umstände, stellt. Über den Agenturansatz sollen *Vertragseffizienz*, gegeben im *Agenturkostenminimum*, bzw. das *günstigste Verhältnis der finanziellen und geldwerten Nutzenstifter des Agent bestimmt* werden.

Abbildung 2-3 *Agenturverhältnis*

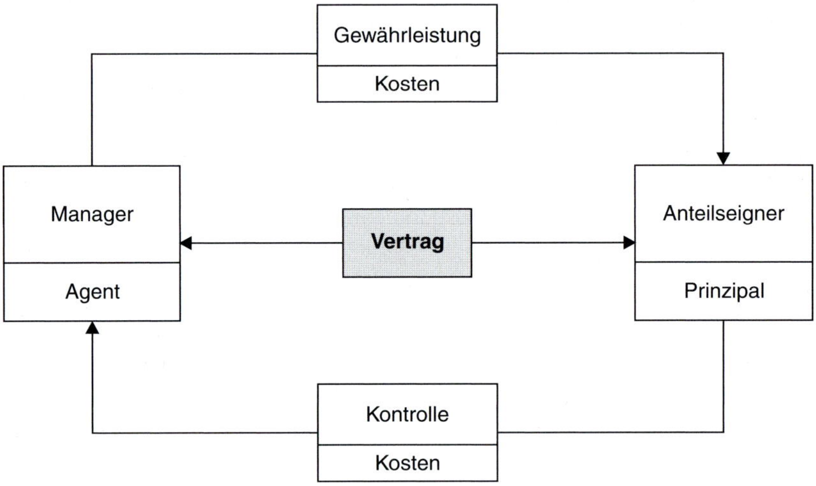

Kernpunkt der Überlegungen ist die Annahme, dass der Agent nicht immer im Interesse des Prinzipals handeln wird, sondern in der Verfolgung seines Eigeninteresses die Ziele des Prinzipals unterläuft (*Moral Hazard*) und versteckte Handlungen *(Hidden Action)* zum Schaden des Prinzipals vornimmt (Lehmann/Fabel [Selection]). Dem Agent ist ein solches Handeln möglich, da in dem zwischen Prinzipal und Agent geschlossenen relationalen Vertrag aus Kostengründen nicht alle künftigen Eventualitäten ex ante geregelt sind.

Agenturkosten als Kriterium

Aus dieser Ungewissheitssituation *entstehen beiden Parteien Kosten (Agenturkosten)*, die ihrem Nutzenmaximierungsziel zuwiderlaufen. Kosten können dem Prinzipal dadurch entstehen, dass er das Handeln des Agent kontrolliert oder ihm entsprechende Anreize in Aussicht stellt, um dessen Verhalten nicht allzusehr von seinen Normvorstellungen abweichen zu lassen (*Überwachungskosten*/monitoring costs). Dem Agent hingegen fallen Kosten an, wenn er entweder auf Handlungen, die dem Prinzipal schaden könnten, verzichtet, oder wenn er bei der Vornahme solcher Handlungen den Prinzipal entschädigt (*Gewährleistungskosten*/bonding costs). Somit wird es weder für den Prinzipal noch für den Agent möglich sein, kostenneutral sicherzustellen, dass der Agent solche Entscheidungen trifft, die aus der Sicht des Prinzipals als optimal gelten können. Trotz des Einsatzes dieser Sicherungsmaßnahmen durch Prinzipal und Agent kann eine vollständige, aus der Sicht des Prinzipals optimale Handlungsanpassung des Agent nicht unterstellt werden, wodurch ein *Residualverlust* (residual loss) in Kauf genommen werden muss. *Agenturkosten sind somit Kosten, die speziell aus dem Vertragsverhältnis zwischen Prinzipal und Agent herrühren.*

Diese Agenturkosten nehmen einen substanziellen Einfluss auf die Relation monetärer und geldwerter Vorteile, die ein Agent (Manager) realisiert, und damit auch auf die Zielerreichung des Prinzipals (Kapitaleigner). Jensen und Meckling ([Theory] 305 ff.) haben jene Vorteilskombination aus monetären und geldwerten Nutzenstiftern quantifiziert, die sowohl für den Kapitaleigner als auch den Manager günstig erscheint. Im Einzelnen zeigt sich, dass der Agent dem Prinzipal ganz bewusst gewisse Kontrollrechte zugesteht, die zwar seine geldwerten Vorteile beschränken, ihm aber letztendlich trotzdem den höchsten realisierbaren Nutzen ermöglichen.

Kritische Würdigung

Der Agenturansatz kann somit als *Konkretisierung der verfügungsrechtlichen Perspektive* für Beauftragungsverhältnisse wie z. B. das Managementhandeln interpretiert werden. Unter ökonomischen Kriterien soll die Lösung des Entscheidungs-, Koordinations- und Verteilungsproblems der Unternehmensführung angestrebt und begründet werden. Diese Operationalisierungsbemühungen müssen jedoch durch eine ganze Reihe in der Unternehmenspraxis schwer erfüllbarer Grundannahmen erkauft werden (Dilger [Theorie] 132 ff.). So dürften insbesondere die Gewährleistungskosten und der Residualverlust kaum einer realitätsgerechten Messung zugänglich sein. Die Aussagekraft des Agenturansatzes ist dort am höchsten einzuschätzen, wo Fragen einer solchen Verfügungsrechtestruktur, also vor allem über das Entscheidungs- und Koordinationsrecht, über das Recht auf Aneignung des Residualgewinns oder das Recht auf Veräußerung der beiden vorgenannten Rechte zur Klärung anstehen.

Stewardship-Ansatz als alternatives Konzept

In der jüngeren Vergangenheit wurde deutliche Kritik am Agenturansatz und insbesondere an seinen Verhaltensannahmen den Agent betreffend geübt (Pietsch [Opportunismus] 1 ff.). Dem Modell des Agent wird ein Modell des „*Stewards*" (Treuhänders) gegenübergestellt und im Rahmen des so genannten Stewardship-Ansatzes ein neues System von Aussagen für die Gestaltung des Verhältnisses von Kapitalgebern und Managern entwickelt (Davis/Schoorman/Donaldson [Stewardship] 20 ff.). Während dem Agent

Maximierung seines individuellen Nutzens unterstellt wird, ist der Steward bestrebt, zum Vorteil des gesamten Unternehmens zu handeln. Das *kollektivistisch orientierte Verhalten* wird über eine gegenüber dem Agent modifizierte Nutzenfunktion erklärt, die Unternehmenszielerreichung höher bewertet als seine individuelle Zielerreichung.

Kritische Würdigung

Obgleich die Grundüberlegungen des Stewardship-Ansatzes durchaus überzeugen können, besteht bei der Unterscheidung von Agent und Steward noch weiterer Klärungsbedarf. Auch müsste näher spezifiziert werden, ob Stewardship-Ansatz und Agenturansatz tatsächlich komplementär sein können, denn dies ist nur der Fall, wenn Harmonie zwischen den Interessen des Unternehmens und den Interessen der Kapitaleigner herrscht. Gleichermaßen sind die Vertreter des Agenturansatzes zur kritischen Auseinandersetzung mit der Argumentation des Stewardship-Ansatzes aufgerufen, dessen Hauptproblem darin besteht, dass ihm konzeptionelle Mängel anhaften (Hendry [Agency] 59).

Insgesamt gilt für alle drei informationsökonomischen Ansätze trotz vereinzelter empirischer Befunde (Kaas/Fischer [Transaktionskostenansatz] 691 f.; Erlei [Institutionen] passim; Gillenkirch [Principal-Agent-Theorie] 348 f.) der Mangel der ausstehenden empirischen Bestätigung. Ob dieses Defizit zufriedenstellend behoben werden kann, bleibt angesichts des hohen Abstraktionsgrades der Ansätze und der damit zusammenhängenden Operationalisierungsproblematik und des schwierigen empirischen Zugangs nach dem derzeitigen Forschungsstand zweifelhaft.

2.2.5 Ressourcenbasierter Ansatz

Der zunächst insbesondere in den USA, zwischenzeitlich aber auch im deutschsprachigen Raum stark diskutierte und von Vertretern der Chicago-Schule favorisierte ressourcenbasierte Ansatz (Resource-based View, RBV) ist trotz früher Vorläuferarbeiten (Penrose [Theory]; Wernerfelt [View] 171 ff.) erst Mitte der 1990er Jahre in das Zentrum des Interesses gerückt.

Sein Bedeutungsgewinn lässt sich vor allem ermessen, wenn man die Ausrichtung der US-amerikanischen Managementforschung während der 1980er Jahre unter dem Einfluss von Vertretern der Harvard Business School berücksichtigt. Insbesondere von Porter wurden Merkmale der Branche, in der das jeweilige Unternehmen tätig ist, und damit *unternehmensexterne Faktoren* als wesentliche Einflussfaktoren des Unternehmensverhaltens und des Unternehmenserfolgs betrachtet. Konkret wurde bei dieser der Volkswirtschaftslehre entstammenden Theorierichtung die Vermutung angestellt, dass die Branchenstruktur das strategische Marktverhalten der Unterneh-

Structure-Conduct-Performance-Paradigma

men und deren Wettbewerbsposition maßgeblich beeinflusst und dass deshalb der Unternehmenserfolg erheblich durch die Branchenzugehörigkeit determiniert ist (Porter [Theory] 99; vgl. Abschn. 5.6.1.3). Das Grundkonzept dieser Forschungsrichtung wird auch mit Begriffen wie „Structure-Conduct-Performance-Paradigma“ (SCP-Paradigma) (Bain [Barriers]) oder „Market-based View“ (Tirole [Industrieökonomik]) umrissen.

Ressourcen als Erfolgsfaktor

An dieser Sichtweise setzt nun die Kritik und Modellbildung der Vertreter des ressourcenbasierten Ansatzes an. Sie bezweifeln die Dominanz umweltorientierter Faktoren als Prädiktoren unternehmerischen Erfolgs und *gehen umgekehrt davon aus, dass der Erfolg oder Nichterfolg von Unternehmen vorrangig durch deren spezifische oder einzigartige Potenziale bestimmt wird*. Diese werden häufig auch als Kernkompetenzen oder allgemein als Ressourcen bezeichnet. Obwohl sich noch kein einheitliches Begriffsverständnis herausgebildet hat, lassen sich Kompetenzen allgemein definieren als die unternehmerische Fähigkeit, den koordinierten Einsatz von Vermögenswerten zur effizienten Zielerreichung aufrechtzuerhalten (Sanchez/Heene/Thomas [Introduction] 8; Burr [Service] 34 ff.). *Kernkompetenzen* umfassen dabei die zentralsten, für den Geschäftserfolg wichtigsten Elemente dieses Fähigkeitsspektrums; sie entstehen aus kollektiven Lernprozessen, etwa wie man ungleiche Produktionsfertigkeiten koordiniert und eine Vielzahl von Technologieströmen zusammenführt (Prahalad/Hamel [Kernkompetenzen] 69). Nahezu axiomatisch nehmen die Vertreter des ressourcenbasierten Ansatzes an, dass in der *Einzigartigkeit* eines Unternehmens hinsichtlich seiner Ressourcen der Schlüssel für nachhaltigen wirtschaftlichen Erfolg zu sehen ist. Die einzigartigen Ressourcen würden die „crown jewels“ von Unternehmen darstellen (Duschek/Sydow [Ansätze] 426), die ihm eine Alleinstellung am Markt ermöglichen. Ressourcen können allgemein definiert werden als die von einem Unternehmen kontrollierten Vermögenswerte, Fähigkeiten, Organisationsprozesse, Unternehmensattribute, Informationen und Wissensinhalte, die dem Management das Konzipieren und Implementieren von Strategien zur nachhaltigen Verbesserung der Effizienz und Effektivität des Gesamtunternehmens ermöglichen (Barney [Resources] 101; Theuvsen [Unternehmensführung] 1645). Eine weitere konzeptleitende Grundannahme besteht darin, dass sich Unternehmen hinsichtlich der Art und Weise ihrer Ressourcenallokation signifikant voneinander unterscheiden (Barney [Resources] 99 ff.). Daher seien sie, wie das Beispiel der Pharmaunternehmen Bayer, Sanofi-Aventis und des Chemieunternehmens BASF belegt, unterschiedlich erfolgreich.

Kernkompetenzen

Streben nach Einzigartigkeit

Als Ziel jeglichen unternehmerischen Handelns und damit Messlatte des Unternehmenserfolgs wird von den Vertretern des ressourcenbasierten Ansatzes eine *dauerhaft fließende Rente* angesehen. Als Rente wird diejenige Rückzahlung bezeichnet, die ein Ressourceneigner für die ihm entstandenen mit wirtschaftlichen Aktivitäten verbundenen Opportunitätskosten erhält (Mahoney/Pandian [View] 364). Der ressourcenbasierte Ansatz hebt sich somit im Hinblick auf die als wesentlich herausgestellten Erfolgsstifter, nicht jedoch hinsichtlich der angestrebten Erfolgsdimensionen fundamental von den Konzeptionen des SCP-Paradigmas ab. Auch dessen Vertreter hatten nämlich zumindest implizit eine langfristige Rentenerzielung als Bezugsgröße unternehmerischen Handelns ausgemacht.

Resources-Conduct-Performance-Paradigma

Der ressourcenbasierte Ansatz wird im Gegensatz zum SCP-Paradigma auch mit dem Kürzel RCP-Paradigma („*Resources*-Conduct-Performance-Paradigma") belegt. Eine Analyse der Wurzeln des Ansatzes zeigt, dass er in wesentlichen Bestandteilen seines Modellentwurfs weit zurückreicht und ebenfalls an volkswirtschaftliche Grundlagenarbeiten, nämlich diejenigen von David Ricardo, anknüpft. Auch dieser hat die begrenzte Verfügbarkeit von Ressourcen als Ursachen ungleich verteilter Renten angenommen (Peteraf [Cornerstones] 180 f.).

Wie wichtig in den USA diese vordergründig unbedeutend erscheinende Auseinandersetzung zwischen Vertretern der Harvard Business School und der University of Chicago erachtet wird, zeigt sich daran, dass in den vergangenen Jahren zahlreiche empirische Untersuchungen mit großzahligen Samples durchgeführt wurden, mit denen herausgefunden werden sollte, ob der Unternehmenserfolg primär von externen oder internen Faktoren bestimmt wird. Besonderen Bekanntheitsgrad haben dabei die Studien von Schmalensee ([Markets] 341 ff.) und Rumelt ([Industry] 167 ff.) erlangt. Sie kommen zu dem Ergebnis, dass Erfolgsstreuungen vorrangig durch Geschäftsfeldeffekte und in einem begrenzten Ausmaß auch durch Brancheneffekte erklärbar sind. *Gesamtunternehmensbezogene Faktoren haben hingegen in keiner der beiden Stichproben eine nennenswerte Rolle gespielt.* Vorgänger- und Nachfolgeuntersuchungen haben allerdings zu abweichenden Ergebnissen geführt, so dass die Frage nach der Stärke des Einflusses von unternehmensexternen und -internen Erfolgsstiftern nach wie vor als unbeantwortet gelten muss.

Ressourcenmanagement

Nach dem ressourcenbasierten Ansatz besteht die zentrale Aufgabe des Top-Managements zunächst einmal darin, *ausgehend von der spezifischen Ressourcensituation* des Unternehmens adäquate Wettbewerbsstrategien für dessen Tätigkeitsbereiche zu entwickeln. Ferner sollen die Ressourcen des Unternehmens dergestalt weiterentwickelt werden, dass sie den Status der „Einzigartigkeit" erlangen. Dabei steht eine sorgfältige Analyse der Ressourcen des jeweiligen Unternehmens am Ausgangspunkt der anzustellenden Überlegungen und Maßnahmen. Je nach relativer Ausprägung der unternehmensspezifischen Ressourcen im Vergleich zu den Wettbewerbern können sich diese als Stärken oder Schwächen herausstellen. Den Modellüberlegungen zufolge ist bei der Ressourcenanalyse zwischen *tangiblen (materiellen)* und *intangiblen (immateriellen)* Ressourcen zu unterscheiden. Erstgenannte bilden explizite bzw. dinglich-physische „Aktiva" oder Vermögenswerte, die über den Markt beschafft oder verwertet werden können. Technische Werksausrüstungen, Roh-, Hilfs- und Betriebsstoffe, Halbzeuge oder Kuppelprodukte fallen in diese vom Unternehmen schwer zu schützende Ressourcenkategorie (Penrose [Theory] 24). Die intangiblen Ressourcen (Zimmermann/Schütte [Intangibles] 315; Moldaschl [Ressourcen]) sind hingegen tief im Unternehmen verwurzelt und in ihrer Verwertung an dieses gebunden. Dementsprechend sind sie nicht oder nur unter größeren Wertverlusten extern beschaffbar oder vermarktbar. Typische intangible Ressourcen sind mit problemspezifischem Wissen, der Lernfähigkeit und dem Qualitätsbewusstsein von Arbeitnehmern, mit dem Know-how-Potenzial von dem Unternehmen freundschaftlich verbundenen Lieferanten oder Handelsmittlern, mit innerhalb und außerhalb des Unternehmens bestehenden informationellen und sozialen Netzwerken, mit dem Unternehmensimage, aber auch mit rechtlich abgesichertem Wissen (Sadowski/Pull [Recht] 50 ff.) gegeben. Da intangible Ressourcen nach außen hin lediglich über ihre ökonomischen Wirkungen, nicht jedoch unmittelbar erkennbar sind, werden sie auch als *tacit* (stillschweigend) oder auch *narrativ* (nicht dokumentierte Erlebnisse und Erfahrungen) bezeichnet. Im Rahmen ressourcenorientierter Strategieentwicklung sollte ihnen Aufmerksamkeit zukommen, da sie, wenn einmal vorhanden, von den Konkurrenten ungleich schwieriger imitiert werden können. Wenn es Unternehmen gelingt, im intangiblen Bereich ein eigenständiges erfolgsstiftendes Profil zu entwickeln, wird es Wettbewerbern kaum möglich sein, die einmal gewonnenen Wettbewerbsvorteile aufzuholen (Bamberger/Wrona [Ressourcenansatz] 135 f. und 147). Der Aufbau rentestiftender Ressourcen wird dann umso leichter fallen, wenn die geschaffenen Ressourcen nicht substituierbar und durch mangelnde Mobilität gekennzeichnet sind (Mahoney/Pandian [View] 372; Rasche/Wolfrum [Unternehmensführung] 503 ff.).

Erfolgsbeitrag immaterieller Ressourcen

Von diesen typischen Merkmalen intangibler, primär erfolgsstiftender Ressourcen sind die Analysefelder des ressourcenbasierten Ansatzes bestimmt (zum Überblick vgl. zu Knyphausen [Firms] 777 ff.). Als rentestiftend werden insbesondere die Unternehmenskultur, die im Unternehmen vorhandenen organisatorischen Konzepte und Managementtechniken, besondere Führungsfähigkeiten, spezifische Forschungs- und Entwicklungsaktivitäten sowie das leistungsprogrammbezogene und regionale Diversifikationsverhalten des Unternehmens gesehen. So wird sich Erstere dann besonders günstig auswirken, wenn sie stark ausgeprägt und durch Merkmale wie Innovativität oder Teamgeist gekennzeichnet ist (vgl. Abschn. 4.7). In der organisatorischen Dimension werden insbesondere die räumliche Verteilung von Wertschöpfungsaktivitäten (Konfiguration) sowie die Strukturierung der unternehmerischen Einheiten anhand der als zentral erachteten Kernkompetenzen thematisiert („*Structure follows Core Competencies*") (Chandler [Functions] 35 ff.). Managementtechniken und -fähigkeiten werden nicht zuletzt deshalb in das Bündel zu unterscheidender erfolgsstiftender Einflussgrößen aufgenommen, weil sie mehrheitlich unternehmensintern zum Einsatz gelangen und damit in besonderem Maße vor Imitationen geschützt sind. Der F&E-Bereich wird in den Mittelpunkt der ressourcenbasierten Analyse gestellt, da ihm das Hervorbringen schutzwürdiger Kompetenzen obliegt. Dabei geht es in erster Linie darum zu verhindern, dass die F&E-Outputs von anderen Unternehmen imitiert werden. Besondere Bedeutung ressourcenbasierter Analyse kommt der leistungsprogrammbezogenen und regionalen Diversifikation zu. Im Hinblick auf die leistungsprogrammbezogene Diversifikation wird eine Eingliederung von solchen Geschäftsfeldern empfohlen, die inhaltlich mit den bisherigen Kernkompetenzen des Unternehmens verwandt sind (vgl. Abschn. 5.4.1.2 und Abschn. 10.3.2). Basierend auf Synergieüberlegungen wird damit die insbesondere zu Beginn der 1980er Jahre stark ausgeprägte Diversifikationseuphorie relativiert (vgl. Abschn. 5.4.1.2). Dieses gilt auch für die räumliche Diversifikation zum Beispiel in der Form der Internationalisierung der Unternehmenstätigkeit, bei der das Merkmal kultureller Ähnlichkeit für die Auswahl von Zielmärkten herangezogen wird.

Dynamic Capabilities

In der jüngsten Vergangenheit ist das Konzept der dynamischen Fähigkeiten („dynamic capabilities") in den Vordergrund der Diskussion um den ressourcenbasierten Ansatz gerückt. Dynamische Fähigkeiten sollen gewährleisten, dass Unternehmen auch in hoch dynamischen Umwelten Wettbewerbsvorteile auf- und ausbauen können. Der Begriff der dynamischen Fähigkeiten umschreibt das Potenzial von Unternehmen, ihre internen und externen Kompetenzen aufzubauen, zu integrieren und zu rekonfigurieren, um eine permanente Abgestimmtheit des Unternehmens mit seiner sich rasch wandelnden Umwelt sicherzustellen (Teece/Pisano/Shuen [Capabilities]; Pfriem [Entwicklungsfähigkeit]; Bouncken [Metakompetenzen]; Proff [Kompetenzentwicklung]; Wilkens/Menzel/Pawlowsky [Black-box]). Dynamische Fähigkeiten bestehen in einem Set spezifischer und identifizierbarer Prozesse (Eisenhardt/Martin [Capabilities]). Ihr Ausmaß ist durch drei Dimensionen bestimmt. Erstens durch sogenannte *Positionen*, die als die spezifische Ressourcenausstattung des jeweiligen Unternehmens verstanden werden. Zweitens durch *Pfade*, womit durch frühere Entscheidungen angelegte strategische Entwicklungsmöglichkeiten bezeichnet werden. Und drittens durch *Prozesse*, worin Muster der Ressourcenkoordination und -integration sowie das Ausmaß organisationaler Lernfähigkeit zu verstehen sind (Eisenhardt/Martin [Capabilities]; Schreyögg/Kliesch [Dynamisierung]; Moldaschl [Kompetenzvermögen]).

Kritische Würdigung

Insgesamt gesehen hat der ressourcenbasierte Ansatz dazu beigetragen, dass die Problemfelder der Unternehmensführung aus einer neuen Perspektive beleuchtet werden. Weiterhin ist sinnvoll, wenn auf die zwischen Konkurrenzunternehmen bestehenden Unterschiede abgestellt wird. Überdies ist nicht von der Hand zu weisen, dass zumindest große Unternehmen durchaus die Möglichkeit besitzen, über Veränderungen ihres Marktverhaltens intendiert auf die Branchenstruktur einzuwirken (v. d. Oelsnitz [Organization] 1312). Allerdings erscheinen Zweifel angebracht, wenn von einigen Fachvertretern der Ansatz ausdrücklich zum Gegenpol des Modells von Porter erhoben wird (Rühli [View] 49 f.; Börner [Porter] 690 ff.). Eine solche kategorisierende Sichtweise wird diesem nicht gerecht, da auch Porter durchaus unternehmensinterne Aspekte einbezieht. In gleicher Weise könnte man den Vertretern des ressourcenbasierten Ansatzes vorhalten, dass sie Einflussgrößen der Branche zu wenig berücksichtigen. Zukünftig sollten ressourcenorientierte Arbeiten stärker darauf abzielen, nicht nur unternehmerische Ressourcen, Potenziale und Kernkompetenzen aufzulisten, sondern zu zeigen, wie derartige Rentestifter geschaffen und geschützt werden können. Die sich in Einzelfallbeschreibungen sowie in „diffusen Kausalzusammenhängen" (Rasche/Wolfrum [Unternehmensführung] 513) niederschlagende Ausgestaltung der bislang verfügbaren ressourcenbasierten Analyse dürfte dabei nicht unwesentlich mit der diesem Theoriesystem anhaftenden begrifflichen Mehrdeutigkeit zusammenhängen. Einerseits sieht sich der ressourcenbasierte Ansatz angesichts der Grundaussage, dass Unternehmen mit wertstiftenden und knappen Ressourcen langfristig nachhaltige Renditen erwirtschaften, dem Vorwurf einer harmlosen Tautologie gegenüber (Lüdeke et al. [Tautologien] 561 ff.), andererseits muss sich erst noch erweisen, ob der Anspruch des Ansatzes überhaupt einlösbar ist. Da den betroffenen Managern vielfach selbst nicht bekannt ist, wie die Wirkungsmechanismen der impliziten erfolgsstiftenden Faktoren funktionieren oder ausgeprägt sind, bleibt offen, ob tief in den Unternehmen verwurzelte verdeckte Potenziale einer rationalen Analyse zugänglich sind. Vermutlich ist der ressourcenbasierte Ansatz auch besser dazu geeignet, den erfolgreichen Unternehmen ihren bereits erreichten Erfolg plausibel zu machen, als etwa den weniger erfolgreichen Unternehmen konkrete Wege zum Erreichen von Erfolg aufzuzeigen. Letztlich wird mit dem Anliegen, das „Tacit Knowledge" oder „Narrative Knowledge" erfolgreicher Unternehmen zu untersuchen, bewirkt, dieses in ein „Public Knowledge" zu überführen, in dessen Verlauf die als Vorbild dienenden Unternehmen jedoch ihre Wettbewerbsvorteile verlieren. Schließlich ist darauf hinzuweisen, dass die Grundaussagen des ressourcenbasierten Ansatzes bislang noch nicht in hinreichendem Maße empirische Bestätigung gefunden haben (Newbert [Research] 121 ff.).

2.3 Umweltorientierte Führungstheorien

2.3.1 Systemansatz

Das Unternehmen als sozio-technisches System

Im Systemansatz wird das Unternehmen als System begriffen. Ein System (Entität) ist eine Gesamtheit von Elementen, die sich in gegenseitigen Wechselwirkungen befinden und die eine Struktur (Beziehungsgefüge) erkennen lassen. Ein System lässt sich in Subsysteme aufgliedern und ist seinerseits Teil eines übergeordneten Systems. Der Grundgedanke des Systemansatzes lässt sich anschaulich anhand eines Beispiels aus der natürlichen Umwelt darstellen. So sind die Organe eines Individuums, das als System begriffen wird, als dessen Subsysteme aufzufassen, die spezielle Hilfsdienste für das Individuum vollbringen. Die Subsysteme setzen sich ihrerseits wiederum aus unterschiedlichen, spezialisierten Gewebearten und somit Sub-Subsystemen zusammen. Das Individuum selbst ist andererseits Element verschiedener Umsysteme wie der Familie, eines Absolventenjahrgangs oder eines Berufsstandes.

Grundaussage des Systemansatzes

Basierend auf diesen Eingangsüberlegungen besteht die Grundaussage des Systemansatzes nun darin, dass innerhalb von Unternehmen sowie in deren Kontext eine Vielzahl an Wirkungsbeziehungen besteht. Hieraus folgt, dass jede Strategie und Maßnahme der Unternehmensführung vielfältige Folgewirkungen im ökonomischen und außerökonomischen Bereich nach sich zieht.

Unternehmen werdenals *offene* Systeme bezeichnet, da sie konstitutiv mit ihrem Umsystem in Interaktionen stehen. Diese Interaktionen beinhalten über die materiellen Verknüpfungen hinaus auch soziale und kulturelle Wechselbeziehungen. *Barnard* ([Functions]), der als Erster die Umformulierung der aus der Biologie stammenden und von Bertalanffy ([History] 407 ff.) in den 1920er Jahren entwickelten Allgemeinen Systemtheorie für die Führungslehre konzipierte, hat daher *Unternehmen als sozio-technische Systeme* gekennzeichnet (Mayrhofer [Theory] 178 ff.); sie weisen nach ihm einen hohen Komplexitätsgrad auf und erfüllen eine Input-Processing-Output-Funktion. Das *Management stellt ein Subsystem dieses Systems dar;* ihm obliegt es, die Koordination im System sowie zwischen System und Umsystem zu vollziehen. Die betriebswirtschaftliche Umsetzung der Allgemeinen Systemtheorie hat sich vor allem in der *Kybernetik und Systemanalyse* niedergeschlagen. Während die kybernetische Betrachtungsweise das Verhalten im Unternehmen als Regelkreisphänomen erklärt, untersucht die Systemanalyse insbesondere Führungstatbestände in der Form einer Handlungsfolge bestehend aus Ist-Analyse, Formulierung eines Soll-Konzepts und dessen Implementierung (Willke [Systemtheorie]).

Interdisziplinarität

Da Unternehmen nicht nur mit anderen Unternehmen interagieren, sondern auch mit Kammern, Verbänden, Gewerkschaften und Institutionen des politisch-öffentlichen Bereichs in Wechselwirkung stehen, sind die Vertreter des Systemansatzes der Auffassung, dass eine vollständige Untersuchung der in und um Unternehmen ablaufenden Prozesse nicht nur einer ökonomischen, sondern darüber hinaus auch einer politisch-rechtlichen, technischen, sozialen und ökologischen Analyse bedarf. Daher wird ein *interdisziplinär angelegter Forschungsansatz*, der ökonomisches, soziologisches, psychologisches, juristisches und technologisches Wissen zur Untersuchung von Unternehmensführungsprozessen verfügbar macht, als sinnvoller Weg zur Erklärung und Gestaltung der Unternehmensführung erachtet.

St.-Galler-Management-Modell

In der deutschsprachigen Betriebswirtschaftslehre wurde das Systemdenken im Wesentlichen durch *Ulrich* ([Unternehmung]) geprägt. Er hat es verstanden, den Systemansatz als umfassende Rahmenkonzeption und Denkgerüst für Führungshandeln in dem von ihm entwickelten und von seinen Anhängern weiter ausgebauten St.-Galler-Management-Modell umzusetzen (Ulrich/Krieg [Modell]). Hiermit wurde ein *wesentlicher Beitrag* zur Entwicklung einer ganzheitlich orientierten Führungslehre geleistet, die die Umweltorientierung der Unternehmensführung herausstellt.

Kernaussagen

Die insgesamt doch recht wenigen konkreteren, materiell-inhaltlichen Aussagen des Systemansatzes lassen sich wie folgt zusammenfassen (Wolf [Organisation] 132 ff.; Seidl [Systems]):

- Erfolgreiche Unternehmen als offene Systeme sind in der Lage, ein Fließgleichgewicht (ready state, Homöostase) herzustellen. Sie haben also insbesondere die Fähigkeit, im Falle von Störungen wieder zu einem Gleichgewichtszustand zurückzukehren.
- Bei erfolgreichen Unternehmen entspricht das Ausmaß der unternehmensinternen Varietät dem Ausmaß der Umweltheterogenität (Ashby [Introduction] 201).
- Die Wirkungszusammenhänge zwischen Unternehmensvariablen sind immer einzelfallspezifisch. Die Erarbeitung nomologischer Erkenntnisse (Immer- und Überall-Erkenntnisse) ist nicht möglich.
- Mit dem von den Unternehmensangehörigen dem Unternehmen vermittelten Sinn (vgl. Abschn. 4.7) ist der vorrangige Koordinationsmechanismus gegeben.
- Wer Systeme studieren will, muss einen ganzheitlichen Untersuchungsansatz wählen, neben ökonomischen Größen also auch soziale, politisch-rechtliche, technische, ökologische usw. untersuchen.

- Zu untersuchen sind insbesondere die Schnittstellen zwischen Unternehmen und ihrer Umwelt sowie zwischen den Teileinheiten des Unternehmens.

Varianten des Systemansatzes

Die Vielfalt der Varianten des Systemansatzes lässt sich zu vier Hauptgruppen zusammenfassen, wobei die ersten drei einen *systematischen* oder systematisierenden, der westlichen Wissenschaftskultur entsprechenden, die vierte dagegen einen *systemischen*, mit der östlichen Denktradition verbundenen Charakter aufweisen (Müller-Merbach [Arten] 855 f.). *Introspektive Systemansätze* weisen eine zerlegende, reduktionistische bzw. analytische Arbeitsweise auf. Es wird in das betrachtete Objekt hineingeschaut und dieses wird durch systemanalytische Schnitte in seine Teile aufgespalten. Dieses Systemverständnis steht bei den Naturwissenschaften im Vordergrund. *Extraspektive Systemansätze* sind zusammenfassend, einend, integrativ und synthetisch angelegt. Hier geht es darum, das Objekt gedanklich in seine Umwelt einzufügen. Die extraspektive Sichtweise ist in den Sozialwissenschaften vorherrschend. *Konstruktive Systemansätze* stellen eine Symbiose aus den vorigen dar. Auf dem Weg einer absteigenden *und* aufsteigenden Reflexion soll eine Gestaltung des Objekts erreicht werden. Die konstruktive Systemtheorie findet sich vor allem in den Ingenieurwissenschaften. *Kontemplative Systemansätze* basieren auf einer holistischen Meditation. Ihre Tugend liegt in einer gewissen Selbstaufgabe durch Einswerdung mit anderem. Das kontemplative Systemverständnis findet sich in fernöstlichen Weisheitslehren (Müller-Merbach [Arten] 866 ff.). Obwohl jede der vier Varianten des Systemansatzes ihre Berechtigung hat, muss jede für sich genommen als einseitig bezeichnet werden.

Kritische Würdigung

Die am Systemansatz und an daraus hervorgegangenen Unternehmensführungskonzepten geübte *Kritik* setzt hauptsächlich am hohen Abstraktionsgrad der systemtheoretischen Betrachtung an. Der systemtheoretische originäre Anspruch der Erklärung spezifischer Beziehungen in und um das Unternehmen bleibt vielfach unerfüllt, wie auch Ursache-Wirkungszusammenhänge inhaltlich selten näher bestimmt werden. Weiterhin hat sich gezeigt, dass Versuche eines disziplinübergreifenden Zugangs insbesondere wegen der unterschiedlichen Wissenschaftssprachen mit großen Schwierigkeiten behaftet sind. Viele Versuche in diese Richtung sind deshalb über Bekenntniserklärungen und vorsichtige interdisziplinäre Annäherungen noch nicht hinausgekommen. Daneben trägt das interdisziplinäre Programm des Systemansatzes dazu bei, dass die Einwände gegenüber verhaltenswissenschaftlichen Konzepten der Unternehmensführung (vgl. Abschn. 2.2.3) auch im Hinblick auf die Systemtheorie Gültigkeit besitzen (Gannon [Management] 41).

Koalitionsansatz

Trotzdem kann kaum bezweifelt werden, dass der Systemansatz in der Betriebswirtschaftslehre über seinen heuristischen Nutzen zu einem erheblichen Erkenntnisfortschritt beigetragen hat. Zu denken ist insbesondere an die *systemtheoretisch begründeten Arbeiten Cyerts und Marchs*, die mit ihrem *koalitionstheoretischen Ansatz* die Theorie der Unternehmensführung nicht nur formal, sondern auch inhaltlich weitergebracht haben (Cyert/March [Theory]). Im Koalitionsansatz wird das Modell der autonomen Unternehmensführung durch ein *Modell der verteilten Entscheidungsgewalt* ersetzt. Die faktische Bedeutung eines derartigen interessenpluralistischen Konzepts des Unternehmens wird mit der Zulassung divergierender, von außen an das Unternehmen herangetragener Interessen verstärkt (vgl. Abschn. 3.4). Insbesondere wird mit dem systemtheoretischen Modell die Bedeutung der Unternehmensführung für die Unternehmens-Umwelt-Koordination explizit gemacht.

2.3.2 Kontingenzansatz

Situative Beeinflusstheit der Unterrnehmensführung

Die Entwicklung des Kontingenz- bzw. Situationsansatzes bindet an der Kritik der Systemtheorie an. Zahlreiche ihr zuzuordnende Arbeiten sind nämlich so allgemein gefasst, dass handlungsleitende Empfehlungen nicht möglich sind. Dieses Defizit will der in den 1960er Jahren entwickelte Kontingenz- bzw. Situationsansatz überwinden, indem er unter Beibehaltung der Annahme einer Umweltbezogenheit unternehmerischer Handlungen Aussagen darüber ableitet, in welchem Zusammenhang die jeweilige Situation oder der jeweilige Kontext mit den Handlungen der Unternehmensführung steht.

Die Vertreter des Kontingenz- bzw. Situationsansatzes gehen davon aus, dass die Art und Weise des Unternehmensführungshandelns nicht unabhängig vom jeweiligen situativen Kontext des Unternehmens gestaltet werden kann, wobei interne und externe Faktoren zu beachten sind. Eine kontingenz- bzw. situationstheoretisch fundierte Aussage ist beispielsweise darin gegeben, dass in asiatischen Ländern ein anderer Führungsstil anzuwenden sei als in mitteleuropäischen Staaten. Hierbei wird die Auffassung vertreten, dass die Vielgestaltigkeit interner und externer Unternehmensbeziehungen es nicht gestattet, die Führung des Unternehmens auf universelle Prinzipien zu gründen. Dieser Sachverhalt lässt sich auf den kurzen Nenner „There is no one best way to manage all organizations" bringen. „The task of managers is to try to identify which technique will, in a particular situation, under particular circumstances, and at a particular time, best contribute to the attainment of managerial goals" (Stoner [Management] 54). Diesem Verständnis folgend werden auf theoretischem Wege *Wenn-Dann-Aussagen* gebildet, die bei empirischer Bestätigung für die von ihnen spezifizierten situativen Konstellationen verallgemeinert werden könnten.

Stimulus-Response-Modell

Seine *Grundlage* findet der Kontingenzansatz im *Stimulus-Response-Modell* organisatorischen Handelns, nach dem Reaktionen immer auf vorgelagerte Auslöser (Stimuli) zurückzuführen sind.

Zentrales Forschungsanliegen

Das übergeordnete Anliegen des Kontingenz- bzw. Situationsansatzes besteht darin, Zusammenhänge zwischen Kontext und Gestaltung oder zwischen Gestaltung und Erfolg zu ermitteln, die nicht nur hinsichtlich eines einzelnen Unternehmens, sondern im Hinblick auf alle Unternehmen bzw. zumindest einen bestimmten Unternehmenstyp bestehen. Hierin unterscheidet er sich wesentlich von dem Systemansatz, der – wie dargelegt – eine Unternehmensspezifität von Variablenbeziehungen vermutet. Aus diesem übergeordneten Anliegen lässt sich die zentrale Forschungsfrage des Kontingenz- bzw. Situationsansatzes ableiten (Wolf [Organisation] 155):

- Sie lautet: In welcher Weise hängen unterschiedliche Kontextfaktoren mit den Gestaltungsformen von Unternehmen zusammen? Oder anders ausgedrückt: Welche Kontextfaktoren vermögen die Existenz unterschiedlicher Gestaltungsformen zu erklären bzw. zu verstehen?

- Um diese Frage beantworten zu können, ist zu klären, auf welche Weise die Situation sowie die Gestaltungsformen von Unternehmen operationalisiert werden können.

- Schließlich wird in einigen situationstheoretisch fundierten Arbeiten gefragt, inwieweit sich unterschiedliche Gestaltungsformen auf den Erfolg von Unternehmen auswirken und inwieweit sich unterschiedliche Situations-Gestaltungs-Konstellationen hinsichtlich ihres Erfolgs voneinander unterscheiden.

Auch bei einer konsensfähigen umweltorientierten Betrachtung der Unternehmensführung gehen die Auffassungen auseinander, ob Unternehmen die Konstellation ihrer Umwelt als nicht veränderbare Rahmenbedingungen hinnehmen müssen oder ob sie ihre Handlungssituation beeinflussen können. Während eine Gruppe von Fachvertretern den Kontext als Datum annimmt, plädiert eine andere für dessen Gestaltbarkeit durch Unternehmen (Freiling/Reckenfelderbäumer [Markt] 25 f.). Im Rahmen dieses Lehrbuchs wird *prinzipiell* von der letztgenannten Auffassung ausgegangen (vgl. Abschn. 1.4.2). Diese Sichtweise entspricht neueren Varianten des Kontingenz- oder Situationsansatzes, die davon ausgehen, dass Unternehmensführungsentscheidungen nicht nur mit *einer* als wichtig erachteten Umweltvariable abgestimmt sein, sondern in einem ausgewogenen Verhältnis mit *allen* relevanten Umweltvariablen stehen müssen (Wolf [Organisation] 156 f.); dabei wird der Entsprechungszustand als *Fit bzw. Co-alignment* bezeichnet.

Kritische Würdigung

Die *Kritik* am situativen oder Kontingenzansatz bündelt sich im Vorwurf der mangelnden Konzeptualisierungsleistung der Forschungspläne und -ergebnisse (vgl. beispielsweise Macharzina [Führungsmodelle] 744 ff.; Schreyögg [Umwelt]; Jenner [Verwendung] 81 ff.). Dieser Einwand ist damit begründet, dass in verschiedenen situativ angelegten empirischen Studien der Unternehmensführung (vgl. Abschn. 7.5) *ohne* weitere *theoretische Begründung* eine Vielzahl von Variablen untersucht wird und man so zu einem Alles-oder-Nichts-Befund „It all depends!" (Lawrence/Lorsch [Environment] 185 ff.) kommt. Bei einer derartigen Handhabung wird der Kontingenz- oder Situationsansatz auf das Anspruchsniveau eines theorielosen Klassifikationsschemas reduziert, das beim Kontingenzansatz zudem durch einen situativen Determinismus, bei dem sich die Manager in einer Opfer-Rolle befinden, beherrscht wird. Weiterhin ist zu bemängeln, dass Situationsveränderungen und deren Ursachen in beiden Varianten nahezu durchweg ausgeblendet bleiben. Viele kontingenz- und situationstheoretische Klassifikationsversuche zeichnen sich schließlich durch eine zu stark vereinfachende Grobmaschigkeit aus. Die vielfach „naiven", wenige Variablen umfassenden Spektren an Situationsvariablen werden dem Anspruch einer realitätsnahen Kontextbestimmung nur marginal gerecht. So wird es einem Praktiker wenig nützen, wenn Wissenschaftler herausfinden, dass Umweltdynamik und organisatorischer Differenzierungsgrad positiv korrelieren; dieses einfach deshalb nicht, da unklar ist, wo „große Dynamik" und „starke Differenzierung" einzusetzen beginnen. Andererseits darf jedoch nicht übersehen werden, dass die situative Denkweise erst die Entwicklung differenzierter Erkenntnisse über die Unternehmensführung ermöglicht hat.

Management als intervenierende Variable

In der aufgeklärten Variante des Situationsansatzes, die über die Einbeziehung des Konzepts der „Social Choice" den Determinismusvorwurf zu entkräften versucht, werden insofern für die Unternehmensführung relevante Fortschritte erzielt, als die Entscheider bzw. das Management als explizite (intervenierende) Variable in das Modell aufgenommen werden (Child [Structure] 1 ff.). Gleichwohl wird die Hoffnung auf den dadurch möglichen Erkenntnisfortschritt nur marginal erfüllt, was nicht zuletzt daran liegt, dass sich ein derartiges Forschungskonzept über empirische Untersuchungen kaum umsetzen lässt (vgl. Abschn. 7.5).

2.3.3 Evolutionstheoretischer Ansatz

Unternehmensentwicklung als Erklärungsanliegen

Eine *Neubelebung* hat die Theorieentwicklung zur Unternehmensführung aus einer Mischung systemtheoretischen und *evolutionsbiologischen Gedankenguts* erfahren (Aldrich [Environments]; Hannan/Freeman [Population]; McKelvey [Systematics]; Malik [Management]; Kieser [Darwin] 603 ff.; Klimecki/Gmür

[Personalmanagement]; Weibler/Deeg [Darwin] 297 ff.; Kieser [Ansätze] 67 ff.; Klimecki/Gmür [Ansätze] 742 ff.). Das Handeln von und in Unternehmen sowie deren Entwicklung werden als evolutionäre Prozesse begriffen, deren Erklärung auf populationsgenetischen Erkenntnissen beruht.

Genotyp und Phänotyp

Biologische Organismen lassen sich generell durch *zwei Merkmale,* ihren *Genotypus* und ihren *Phänotypus,* kennzeichnen. Der *Genotypus* eines Organismus stellt den *inneren Bauplan,* also das bei seiner Entstehung bereits mitgegebene Handlungsprogramm dar, während unter dem *Phänotypus* die *reale, nach außen hin sichtbare Ausprägung des Organismus* zu verstehen ist. Genotyp und Phänotyp eines Organismus können auseinander fallen, da die Umwelt auf den Phänotypus unmittelbar, auf den Genotyp eines Organismus hingegen überhaupt nicht einwirken kann, was durch die Unmöglichkeit der Vererbung erworbener Eigenschaften verdeutlicht wird.

Die Tatsache, dass sich biologische Populationen dennoch an Umweltveränderungen, insbesondere Umweltherausforderungen anpassen können, bildet den Ansatzpunkt der Evolutionsbiologie. Sie konzentriert sich auf die *Beschreibung, Erklärung und Prognose jenes langfristigen Wandels der Phänotypen, der auf die Veränderungen der zugrunde liegenden Genotypen durch einen natürlichen Evolutionsprozess zurückzuführen ist.* Variationen von Phänotypen, die Reaktionen auf Umweltereignisse darstellen, bilden hingegen nicht das Erkenntnisfeld der Evolutionsbiologie; sie bleiben der Entwicklungsbiologie vorbehalten.

Variation, Selektion, Retention

Die Vertreter des evolutionstheoretischen Ansatzes erklären die Weiterentwicklung von Unternehmen unter Rückgriff auf einen einfachen, bereits von Darwin im Hinblick auf natürlichen Organismen beschriebenen *Mechanismus.* Über das Durchlaufen der drei Prozessphasen *Variation, Selektion* und *Retention (Bewahrung)* erfolgt die Veränderung des die Erscheinung des Organismus bestimmenden Programms. Die Variationsphase ist dadurch gekennzeichnet, dass gleichsam zufällig bei der Vererbung der Populationsmitglieder veränderte Erbanlagen weitergegeben werden; zu denken ist an Fehler bei der Vererbung in Form der Mutation oder wenn bei sich sexuell fortpflanzenden Arten neue Informations-, also Erbanlagenkombinationen entstehen. Diese mit neuartigen Erbinformationen versehenen Organismen werden ihrerseits mit der Umwelt konfrontiert. Ihr spezifischer, auch vom Genotyp geprägter Phänotyp kann sich im vorliegenden Umfeld bewähren, er kann sich aber auch als weniger vorteilhaft erweisen. Somit erfolgt in dieser zweiten Phase eine Selektion der Organismen nach der situationsabhängigen Zweckmäßigkeit ihrer Phänotypen. Die dritte Phase schließlich gestattet es erst, von einem abgeschlossenen Evolutionsprozess zu sprechen. Nur dann, wenn der Inhaber eines vorteilhaften Phänotyps zur Vererbung gelangt und seinen somit günstigen Genotyp weitergibt (Retention), kann von einer vollständigen, abgeschlossenen Evolution gesprochen werden. In der Natur wird dies gewährleistet, indem überwiegend erfolgreiche Organismen zur Fortpflanzung gelangen. Durch die Folge solcher Prozesse, die auch als Versuchs-/Irrtumsprozesse bezeichnet werden können, wird eine Fortentwicklung von Populationen dergestalt gesichert, dass ihre Organismen gute Chancen haben, die für sie relevante Umwelt zu bewältigen.

Nun stellt der *Wandel kein alleiniges Spezifikum biologischer Organismen* dar. Deshalb sind verschiedentlich Versuche unternommen worden, die vorliegenden evolutionsbiologischen Erkenntnisse beispielsweise in die Mathematik, die Sprachwissenschaften, hier insbesondere die Linguistik, die Wissenschaftstheorie sowie in die Gesellschaftswissenschaften hineinzutragen, sodass diesbezüglich von Versuchen zu einer *allgemeinen synthetischen Evolutionstheorie* gesprochen werden kann (Segler [Evolution]). In der Unternehmensführung lassen sich zahlreiche Beispiele für die Existenz derartiger evolutionärer Formen der Weiterentwicklung finden. Zu denken ist etwa an die Einführung neuer Managementgestaltungskonzepte wie dem M&A-Management (Abschn. 10.3) oder dem Qualitätsmanagement (Abschn. 10.5), die von einzelnen Unternehmen versuchsweise eingeführt worden sind, ohne dass die diese Unternehmen leitenden Manager von vornherein hinreichend gesicherte Belege für die Erfolgsträchtigkeit dieser Konzepte gehabt hätten. Erst der Erfolg dieser Konzepte in einzelnen Vorreiterunternehmen hat deren Nachahmung durch andere bewirkt.

Kritische Würdigung

Trotzdem stellt sich im vorliegenden Zusammenhang die grundsätzliche Frage, in welcher Form die Erkenntnisse der Evolutionsbiologie auf wirtschaftliche Systeme übertragen werden können und welche Gründe für diesen Transfer sprechen. Zunächst verweist die weitgehende *Parallelität in biologischen und sozial-ökonomischen Systemstrukturen* darauf, das gesamte Gedankengut der Biologie und somit auch die Evolutionstheorie auf seine Anwendbarkeit bei der Analyse von Unternehmen zu überprüfen (Semmel [Unternehmung] 54 ff.). So ließe sich deren Anwendbarkeit auf betriebswirtschaftliche Zusammenhänge etwa am Beispiel der Einführung der Spartenorganisation (vgl. Abschn. 7.2) durch General Motors in den 1920er Jahren als mögliche Form der Unternehmensorganisation zeigen (Chandler [Strategy] 114 ff.). Konfrontiert mit den schlechten wirtschaftlichen Bedingungen aus der Zeit nach dem Ersten Weltkrieg und einem Mangel an Kontrolle der vielfältiger gewordenen Unternehmensaktivitäten, ging man bei GM letztendlich zu einer multidivisionalen Organisationsstruktur über (*Variation*), die das Unternehmen die wettbewerbsbedingte *Selektion* der folgenden Jahre überstehen ließ. Da sich die Spartenstruktur nicht nur für Automobilbauer, sondern generell besonders für Mehrproduktunternehmen als äußerst hilfreich erwies, fand sie sehr rasch auch in anderen Industriezweigen Verbreitung (*Retention*).

Die evolutionstheoretische Sichtweise des Unternehmens fußt jedoch vor allem auf der Erkenntnis, dass die *Ordnung der Gesellschaft und ihrer Institutionen im Wesentlichen nicht das Ergebnis menschlicher Planung und Lenkung,* sondern ein jeweils vorläufiges *Ergebnis ist, das die „Vorwelt" der Institutionen und das interessenbezogene Zusammenwirken der an ihnen beteiligten Personengruppen widerspiegelt* (Malik [Management] 104 ff.). Da Unternehmen in Fortführung dieser Überlegungen als *selbststeuernde und -organisierende Systeme* (vgl. Abschn. 2.3.5) aufgefasst werden, besteht die Aufgabe des Managements darin, in der Form eines Katalysators Rahmenbedingungen zu schaffen, welche den Ablauf der Transformationsprozesse in den Unternehmen begünstigen. Diese Überlegungen sind Grundlage populationsökologischer Managementkonzeptionen wie den evolutionären Modellen von Malik ([Strategie] 48 ff.) oder Servatius ([Führung] 158). Nach deren Auffassung bestehen die *Grundsätze* evolutionstheoretisch geleiteter Unternehmensführung unter anderem darin, dass

Grundsätze evolutionärer Unternehmensführung

- Unternehmensführung nicht die Aufgabe Weniger, sondern die Aufgabe Vieler ist,
- das Management die Transformationsprozesse im Unternehmen nicht direkt, sondern lediglich indirekt durch die Modifikation der Systemstruktur und der im System bestehenden Regeln beeinflussen kann,
- das Handeln des Managements nicht durch das Streben nach Optimierung des kurzfristigen Gewinns, sondern durch den Wunsch nach Verbesserung der Anpassungs- und damit Lebensfähigkeit geleitet sein soll,
- das Management Entscheidungen trifft, die bei veränderten situativen Gegebenheiten wieder revidierbar sind und auch revidiert werden müssen,
- Unternehmensführung eher auf Intuition und Emotionalität als auf Rationalität aufbaut und
- sich Unternehmensführung durch eine Gelassenheit im ungleichgewichtig verlaufenden Prozess auszeichnet und nicht generell nach zwangsweiser Zurückführung zu bestehenden Ordnungsstrukturen strebt.

An diesen Prinzipien wird deutlich, dass der evolutionstheoretische Ansatz ähnlich wie der Systemansatz sehr allgemein gefasst ist und dass die theoretische „Evolution" und Operationalisierung hin zu praktisch verwertbaren Aussagen noch ausstehen.

Evolutorische Ökonomik als Weiterentwicklung

In der jüngeren Vergangenheit hat das evolutionsbiologische Denken noch über eine andere disziplinäre Brücke Einzug in die Theorie der Unternehmensführung gehalten, nämlich die Volkswirtschaftslehre, die insbesondere auf die von Nelson und Winter ([Theory]) entwickelte evolutorische Ökonomik zurück geht. Diese strebt eine Integration des Schumpeterschen Wettbewerbsmodells mit der verhaltensorientierten Unternehmenstheorie (vgl. Abschn. 2.2.3) an. Materiell-inhaltliche Aussagen dieser Theorievariante bestehen beispielsweise darin, dass das Verhalten von Unternehmenseinheiten in starkem Maße routinegeleitet ist, insbesondere der Verlauf von Imitationsprozessen durch Routinen geprägt ist, erfolgreiche Routinen praktizierende Unternehmen vergleichsweise gute Überlebenschancen aufweisen und schließlich wirtschaftlicher Wandel vor allem im Setzen neuer Routinen besteht (Kolb [Wirtschaftstheorie] 631).

2.3.4 Gestaltansatz

Das Unternehmen als komplexe Entität

Die Mehrheit der Untersuchungen, die die Unternehmensführung auf der Basis des Kontingenz- und Situationsansatzes analysieren, erklärt das Führungshandeln im Zusammenhang oder in Abhängigkeit von einzelnen oder wenigen Situationsvariablen. Diese Untersuchungen zeichnen sich weiterhin dadurch aus, dass sie empirisch ausgerichtet sind und sich bei der Analyse der Beziehungen zwischen den herausgegriffenen Variablen auf den Zeitpunkt der Datenerhebung konzentrieren. Das bedeutet, dass mehrseitige Einflussbeziehungen und Verschiebungen oder Umstrukturierungen im Variablenzusammenhang, die sich vor dem Erhebungszeitpunkt zugetragen haben, ausgeklammert bleiben.

Gestalt als umweltstimmige Variablenkonfiguration

Diese Mängel des Kontingenz- und Situationsansatzes sollen vom *Gestaltansatz* überwunden werden. Die Vertreter dieses Ansatzes (insbesondere Miller/Friesen [Organizations]) gehen in Fortführung des Systemdenkens davon aus, dass *Unternehmen komplexe Ganzheiten* (Entitäten) darstellen, wobei die *Entwicklung der Unternehmen von dem Zusammenspiel struktureller und verhaltensbezogener Variablen sowie Umweltfaktoren abhängt* (Macharzina/Engelhard [Paradigm Shift] 23 ff.). Deshalb genügt es nicht, nur einzelne oder wenige Variablen zur Analyse des Unternehmensführungshandelns herauszugreifen. Ein solches Vorgehen, das querschnittsbezogen beispielsweise die Zweckmäßigkeit einer organisatorischen Strukturform nur durch Einzelfaktoren wie die Umweltdynamik oder die Unternehmensgröße (vgl. Abschn. 7.5) untersucht, ist komplexitätsverkürzend und erkenntnisverfälschend. Vielmehr muss angestrebt werden, *gleichzeitig eine Vielzahl von Variablen in die Untersuchung einzubeziehen, die gemeinsam, im strukturellen Gefüge ihrer Ausprägungen, die Unternehmenssituation definieren.* Vom Management formulierte Strategien, realisierte organisatorische Strukturen und installierte Berichtssysteme sind dabei Teile oder Variablen eines übergeordneten Beziehungsgefüges oder -musters, das daneben auch unternehmensexterne und -interne Kontextvariablen beinhaltet (Henselek [Konfigurationseigenschaft] 465 ff.). Auf der Basis dieses zahlreiche externe und interne Größen umfassenden Variablenspektrums lassen sich nun auf theoriegeleitet-intellektualistischem (typologischem) oder empirischem (taxonomischem) Wege (Wolf [Gestaltansatz] 27 ff.) Ausprägungsmuster identifizieren, die als *Konfigurationen* bezeichnet werden. *In sich stimmige Variablenkonfigurationen oder Ausprägungsmuster werden als Archetypen oder Gestalten bezeichnet.*

Erkenntnisziel

Eine Gestalt ist dabei mehr als die Summe der sie beschreibenden Variablen, da sie ihre Eigenart erst durch ihre systemische Ganzheit und Ausgewogenheit erlangt. Ein primäres *Erkenntnisziel der empirischen Richtung des Gestaltansatzes (taxonomischer Zugang) besteht folglich darin, typische in der Unternehmensrealität anzutreffende Variablenkonfigurationen ausfindig zu machen und inhaltlich zu charakterisieren.* Obwohl jede einzelne der zahlreichen Beschreibungsvariablen mehrere Ausprägungen annehmen kann, ist davon auszugehen, dass in der Realität nur eine begrenzte Anzahl von in sich stimmigen Variablenkonfigurationen (Gestalten) besteht (Macharzina/Engelhard [Internationalisierung] 20). Diese gilt es auf empirischem Wege herauszufinden (taxonomischer Strang des Gestaltansatzes). Demgegenüber versuchen die Vertreter des typologischen Stranges, stimmige Variablenkonfigurationen (Gestalten) auf dem Wege der Theoriededuktion sowie der intellektualistischen Schlüssigkeitsprüfung zu finden.

Mustererkennung als Methode

Das Vorgehen bei der empirischen Gestaltidentifikation (taxonomischer Strang) ist stark vereinfacht in Abbildung 2-4 dargestellt. Aus didaktischen Gründen wird angenommen, dass die Unternehmen A bis F erfolgreiche Unternehmen seien. In einem ersten Schritt wird jedes der sechs Unternehmen hinsichtlich der für die Untersuchung ausgewählten Variablen (sechs im Beispiel) analysiert. Im Regelfall werden sich verschiedenartige Variablenkombinationen oder -konfigurationen ergeben, wobei sich einige strukturell gleichen. Die Ermittlung strukturähnlicher Konfigurationen erfolgt über *Verfahren der Mustererkennung, insbesondere der Cluster- und Q-Faktorenanalyse.* Im Beispiel werden die Konfigurationen der Unternehmen A, D und E zu einer Gruppe zusammengefasst, von der sich die Konfigurationen der Unternehmen B, C und F grundlegend unterscheiden. Da Letztere ebenfalls ein höheres Maß an Strukturähnlichkeit aufweisen, können sie ebenfalls einer Gruppe zugeordnet werden. In beiden Gruppen kann nun hinsichtlich jeder Variablen die durchschnittliche, typische Ausprägung bestimmt werden. Die so ermittelten typischen Variablenausprägungen der Gruppen 1 und 2 beschreiben Gestalten, da im Beispiel ausschließlich erfolgreiche Unternehmen untersucht wurden. Die Gestalten sind in Abbildung 2-5 verdeutlicht.

Beispiele realtypischer Konfigurationen

Abbildung 2-4

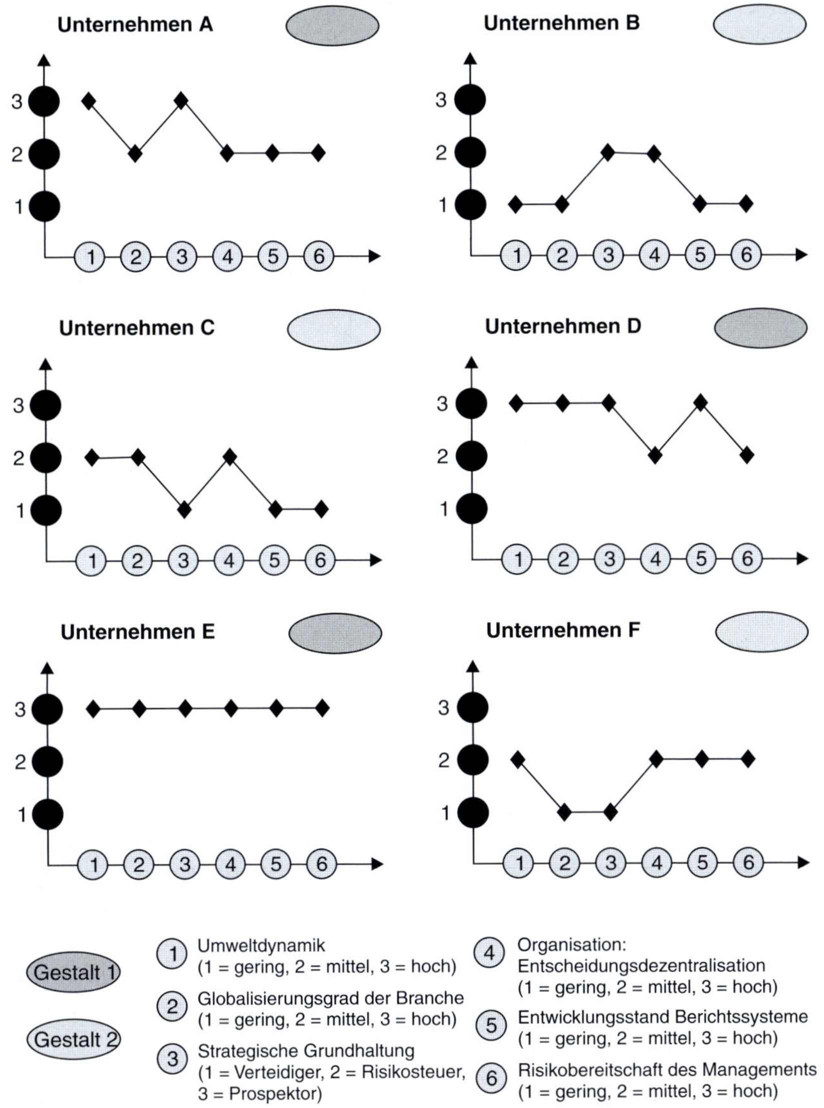

Gestalt und Erfolg

Eine weitere Grundannahme des Gestaltansatzes besteht darin, dass sich die Variablenkonfigurationen erfolgreicher Unternehmen von jenen erfolgloser Unternehmen unterscheiden, wobei die Konfigurationen erfolgreicher Unternehmen durch ein höheres Maß an Stimmigkeit und Entsprechung gekennzeichnet sind. Stimmigkeit und Entsprechung von Variablenausprägungen werden als Voraussetzungen nachhaltigen Unternehmenserfolgs erachtet. Hierin besteht die normative Aussage des Gestaltansatzes, in dem postuliert wird, dass Variablenharmonie Erfolg stiftet.

Abbildung 2-5

Gestalten als Beziehungsmuster von Variablen

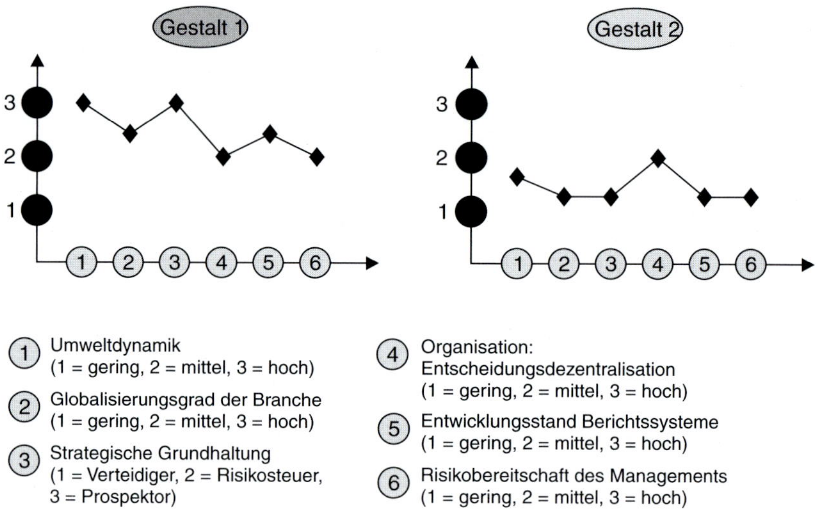

Daher besteht eine zweite Zielsetzung gestalttheoretisch orientierter empirischer Forschung darin, unter Berücksichtigung von Effektivitäts- und Effizienzvariablen erfolgreiche von erfolglosen Konfigurationen zu unterscheiden und somit eine Basis für Handlungsempfehlungen zu erfolgreichem, weil abgestimmtem Handeln zu geben.

Dementsprechend ist die in Abbildung 2-4 und Abbildung 2-5 verdeutlichte empirische Gestaltanalyse dahingehend zu erweitern, dass neben erfolgreichen Unternehmen auch erfolglose untersucht werden.

Angesichts der methodischen Vorgehensweise könnte man der taxonomischen Richtung des Gestaltansatzes vorwerfen, dass die unter Einsatz anspruchsvoller statistischer Verfahren ermittelten Konfigurationen nur eine schlaglichtartige Momentaufnahme der Unternehmensrealität darstellen und daher nicht als Gestalten im Sinne von ausbalancierten, erfolgsstiftenden Beziehungsmustern von Variablen interpretiert werden dürfen. Ebenso könnte der Einwand erhoben werden, dass schon bei Veränderung einer Variablen der Konfiguration eine Gestalt ihren „Gleichgewichtszustand" verlieren kann und eine Anpassung sämtlicher Variablen des Systems erforderlich wird.

Beiden Einwänden wird Rechnung getragen, indem in Verfolgung einer *dritten Zielsetzung* die *Entwicklung der Gestalten im Zeitablauf untersucht und Längsschnittstudien* auf der Basis von Fallstudienanalysen erstellt werden. Die erforderlichen Informationen können über Dokumentenanalysen oder Tiefeninterviews mit Schlüsselexperten erhoben werden. Diese Experten sind in aller Regel Angehörige der oberen Führungsebenen, die mit der Unternehmensgeschichte vertraut sind. Fundiert durch gute Gründe (Wolf [Gestaltansatz] 70 ff.) wird davon ausgegangen, dass die Weiterentwicklung von Gestalten nicht stetig in der Form eines kontinuierlich fließenden Stroms vonstatten geht, sondern *als alternierende Folge aus Ruhe- und Übergangsphasen zu begreifen ist* (Macharzina/Engelhard [Internationalisierung] 31 f.). In den Ruhephasen (Momentum Periods) bleibt die Unternehmens-Umwelt-Gestalt im Wesentlichen erhalten.

Unternehmensentwicklung als Phasenfolge von Ruhe und Übergang

Hingegen zeichnen sich die Übergangsphasen (Transition Periods) durch revolutionäre Veränderungen der bestehenden Gestalt aus, nach deren Abschluss eine neue, im erfolgreichen Fall wiederum gestalthafte Konfiguration erreicht wird (vgl. Abbildung 2-6). Übergangsphasen stellen sich als *Quantensprünge* zwischen Gestalten dar. Die für den Gestaltansatz typische Annahme schubweiser Unternehmensentwicklung ist bis heute allerdings noch nicht abschließend belegt (Engelhard/Dähn [Management] 248).

Gestaltansatz als ganzheitliche veränderungsorientierte Konzeption

Ähnlich dem System- oder Evolutionskonzept, die nicht der Ökonomie entstammen, ist der Gestaltbegriff zwar nicht den Naturwissenschaften, aber anderen wissenschaftlichen Disziplinen, vor allem der Gestaltpsychologie (Tholey [Gestaltpsychologie]), entlehnt. In diesem Zusammenhang ist auch von Interesse, dass die Annahme einer Überlegenheit in sich geschlossener, stimmiger und ausgewogener Muster im Vergleich zu eher unausgewogenen, gegenüber der Umwelt im Missverhältnis (Misfit) stehenden Gebilden zum Basispostulat vieler Wissenschaftsrichtungen wie der Biologie, Architektur sowie den Ingenieurwissenschaften oder der Verfahrenstechnik gehört. Die Suche nach Harmonie, Ausgewogenheit und Stimmigkeit nach innen und außen kann daher als das Metaparadigma jeglicher wissenschaftlicher Betätigung begriffen werden. Daher hat der *Gestaltansatz* als Weiterentwicklung der kontingenz- und situationstheoretischen Perspektive mit systemorientierter Ausprägung für das vorliegende Lehrbuch eine hohe Relevanz; er dient dazu, Phänomene der Unternehmensführung wie die

Entwicklung von Unternehmensstrategien (vgl. Kapitel 5), Organisationsstrukturen (vgl. Kapitel 7) oder internationalen Unternehmenstätigkeit (vgl. Kapitel 13) unter Berücksichtigung von Veränderungen der Umweltsituation in einer ganzheitlichen und veränderungsorientierten Konzeption darzustellen, zu erklären und mit Handlungsempfehlungen anzureichern. Aber auch das Kapitel 10 ist stark vom Gestaltdenken geprägt: In ihm werden Managementgestaltungskonzepte diskutiert, deren vorrangiges Ziel darin besteht, die Nachteile einer sequenziellen, nacheinander auf einzelne Unternehmensführungsfunktionen bezogene Analyseform zu überwinden.

Abbildung 2-6 *Quantensprünge zwischen Gestalten*

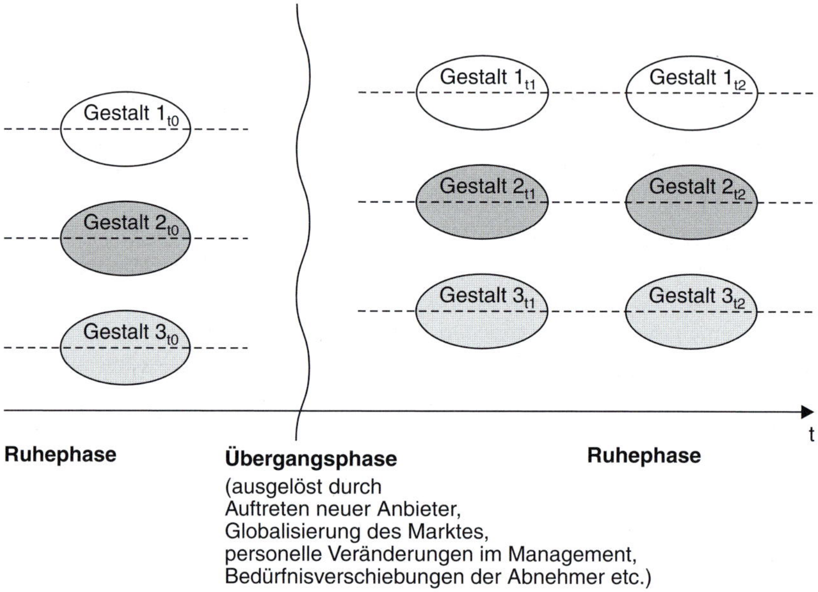

Kritische Würdigung

Der durch seine konzeptionelle Eleganz bestechende und über Querschnittuntersuchungen (Macharzina [Steuerung] 77 ff.; Wührer [Kooperationsfähigkeit] 199 ff.; Franke [Realtheorie]) in unterschiedlichen Bereichen auch schon partiell empirisch umgesetzte Gestaltansatz ist allerdings nicht unumstritten (Perlitz [Management] 132). Neben der zuvor bereits angesprochenen Skepsis gegenüber der Annahme schubweiser Unternehmensentwicklung wird vor allem darauf hingewiesen, dass es mit empirischen Untersuchungen, die mit in der Betriebswirtschaftslehre üblichen Stichprobengrößen von 50 bis 100 Unternehmen arbeiten, kaum möglich sein wird, erfolgsstiftende Gestalten gesichert und trennscharf herauszuarbeiten. Je größer nämlich die Anzahl der im Untersuchungsdesign berücksichtigten externen und internen Variablen ist, desto geringer ist die Wahrscheinlichkeit, dass sich die erfolgreichen Samplemitglieder gleichgerichtet von den erfolglosen unterscheiden. Auch sollten die mit dem Gestaltansatz arbeitenden Forscher stets darauf bedacht sein, das Gefüge ihrer Variablenkonfigurationen *inhaltlich zu interpretieren*, um nicht jenen Argumente zu liefern, die im Gestaltansatz lediglich einen Methodenapparat – der Phänomene entdeckt, aber nicht erklärt –, nicht jedoch eine Theoriekonzeption sehen. Da diese „Kritikpunkte" jedoch allesamt die Umsetzung des Ansatzes betreffen und mit entsprechenden Forschungsanstrengungen prinzipiell überwindbar sind, dürfte dem Gestaltansatz bei sinnvoller Handhabung weiterhin Bedeutung für Erkenntnisfortschritte zukommen.

2.3.5 Selbstorganisationstheoretischer Ansatz

Das Unternehmen als selbststeuerndes System

In den Naturwissenschaften wurde mit dem selbstorganisationstheoretischen Ansatz ein neues Denksystem entwickelt, das nicht nur Wirtschaftswissenschaftler, sondern interessanterweise auch Praktiker fasziniert (Wolf [Selbstorganisationstheorie] 623 ff.). Dessen Kernaussage besteht darin, dass sich eine Dezentralisation von Entscheidungsbefugnissen sowie eine Erhöhung der Eigenverantwortung nachgelagerter Unternehmenseinheiten ökonomisch vorteilhaft auswirken (zu Knyphausen [Unternehmungen] 307 ff.). Inhaltlich begründet werden kann das Interesse an diesem Ansatz damit, dass straffe organisatorische Regelungen, wie sie auch heute noch vielerorts in der Form inflexibel abgegrenzter Aufgabenbereiche oder vielschichtig gestufter hierarchischer Systeme vorzufinden sind, zunehmend an Wirksamkeit verloren haben. Als Ursache hierfür kann wohl die wachsende Umweltdynamik und -komplexität gelten. Das Aufkommen des selbstorganisationstheoretischen Ansatzes dürfte aber auch darauf zurückzuführen sein, dass Praktiker und Wissenschaftler und andere mit ökonomischen Fragen Konfrontierte von manchen auf der Basis traditioneller ökonomischer Theorien gewonnenen Aussagen enttäuscht worden sind (Isenmann [Natur]). Diese gehen gemäß dem Newton'schen Weltbild sowie dem kartesianischen Paradigma implizit davon aus, dass die Natur mit Hilfe der wissenschaftlichen Prinzipien der Mechanik oder der Ökonomie in einer Weise umgestaltet werden kann und muss, dass sie den materiellen Eigeninteressen der Menschen am meisten dienlich ist (Oeser [Evolution] 12). Die traditionellen Theorien unterstellen also eine Unterwerfung der Natur durch den Menschen und damit eine Sichtweise, die heute generell nicht mehr konsensfähig ist (vgl. Absch. 10-6). Der selbstorganisationstheoretische Ansatz scheint hierzu eine interessante Alternative zu bieten. Letztendlich geht es bei ihm um die Frage, ob und in welchem Maß (Teil-)Systeme von außen gesteuert werden müssen und ob es nicht besser ist, auf die selbstregulatorischen, in den Systemen selbst angelegten regelnden Gestaltungskräfte zu vertrauen.

Naturwissenschaftliche Basis

Der selbstorganisationstheoretische Ansatz wurde zur Beantwortung einer zentralen Frage der Naturwissenschaften herangezogen, nämlich wie es der Natur gelingen kann, geordnete Strukturen hervorzubringen und sich immer wieder, in zwar veränderter Form, aber in ungeschmälertem Ordnungsgrad, zu reproduzieren. Diese Frage ist fundamentaler Natur, da mit ihr unter anderem auch das Thema der Entstehung und Evolution des Lebens angesprochen ist. Es konnte gezeigt werden, dass natürliche Systeme Tendenzen zu einer selbststeuernden Organisation aufweisen und ihre Entwicklung im Zeitablauf nicht extern vorgegeben, sondern aus dem System heraus bestimmt wird. Diese gemeinsame Erkenntnis der aufgeklärten Naturwissenschaftler ist für zahlreiche Sozial- und Wirtschaftswissenschaftler Grund für die Vermutung, dass auch in gesellschaftlichen Systemen starke Selbstregelungspotenziale vorhanden sind.

2 Systemtypen

Der selbstorganisationstheoretische Ansatz argumentiert, dass in der realen Welt zwei Typen von Systemen existieren.

Systeme ersten Typs

Dem *ersten Typus* sind Systeme zuzurechnen, die einen *eindeutig definierten, stabilen Gleichgewichtspunkt* aufweisen und die Neigung haben, bei Störfällen von sich aus immer wieder in diesen Gleichgewichtspunkt zurückzukehren. Befinden sie sich einmal im Gleichgewicht, zeigen sie keine systemimmanente Tendenz, dieses zu verlassen. Diese Eigenschaft wird durch eine Regelkreisstruktur mit meist negativer Rückkoppelung der Ausgangsgröße auf den Systemeingang erzeugt, sodass das System einer Veränderung seiner Ausgangsgröße selbst entgegenwirkt.

Regelung

Systeme dieser Art spielen in den Ingenieurwissenschaften eine wichtige Rolle, wenn es darum geht, dass *technische Systeme ohne menschliche Überwachung selbstständig funktionieren* sollen. Ansatzweise findet sich ein derartiges technikorientiertes Denken der Selbstregelung auch im sozialwissenschaftlichen und betriebwirtschaftlichen Bereich. Beispielsweise entspricht das Führungskonzept des Management-by-Objectives (vgl. Abschn. 8.1.3.1) dieser Denkstruktur.

Systeme zweiten Typs

Systeme des *zweiten Typs* sind im Gegensatz zu denen des ersten Typs nicht – wie die Klimaautomatik eines Autos – von außen zur Verfolgung eines exogen definierten Zwecks geschaffen und gestaltet worden, sondern *haben sich selbst entwickelt*. Das bedeutet nicht, dass sie keinen Zweck verfolgen, die Initiative zur Systemgestaltung und -beeinflussung kann jedoch maßgeblich aus dem System selbst kommen, während Systeme des ersten Typs ein solches „Eigenleben" nicht aufweisen.

Eigendynamik

Es finden sich zahlreiche Beispiele für Systeme des zweiten Typs in der Natur, und zwar in Gestalt biologischer Systeme, wie etwa ein Gartenteich. Aber auch im sozialen Bereich sind sie existent. Unsere gesamte Gesellschaft folgt über weite Strecken diesem Organisationsprinzip.

Unterschiede

Aus der unterschiedlichen Genesis der Systeme vom ersten und zweiten Typ lassen sich auch wesentliche *Unterschiede* im Erscheinungsbild dieser Systeme ableiten. Mit der Tatsache, dass Systeme des zweiten Typs sich selbst entwickeln, geht einher, dass sie sich nicht immer wieder in demselben Gleichgewichtszustand einpendeln. Vielmehr *verschieben sich Gleichgewichte* infolge eigener oder fremder Veränderungen, es gibt mehrere Gleichgewichtszustände oder es existiert gar kein Gleichgewicht, sodass das System Gefahr läuft, zugrunde zu gehen. So wenig wie ein bestimmter Gleichgewichtszustand festgelegt ist, steht bei Systemen des zweiten Typs fest, welches Element genau für die Systembeeinflussung zuständig ist. Im Gegensatz zum ersten Typ ist diese auf eine Vielzahl von Elementen verteilt. So ist zum Beispiel in einem Ökosystem kein Element zur Aufrechterhaltung des ökologischen Gleichgewichts allein verantwortlich, und in modernen demokratischen Staaten hat sich eine Gewaltenteilung in Exekutive, Legislative und Judikative etabliert. Mit dieser endogenen, verteilten und impliziten Steuerung (Anpassung) sind Systeme des zweiten Typs selbst überlebensfähig und bedürfen grundsätzlich keiner Außensteuerung. *Auch bilden sie selbst Muster der Ordnung und Organisation* heraus.

Kernaussagen

Während der selbstorganisationstheoretische Ansatz im Bereich der Naturwissenschaften ein relativ markantes, inhaltlich konsistentes Profil aufweist, finden sich im wirtschaftswissenschaftlichen Bereich zahlreiche unter dem Rubrum der Selbstorganisationstheorie vorgelegte Arbeiten, deren Aussagen stark voneinander abweichen (Probst [Selbst-Organisation]; zu Knyphausen [Unternehmungen] 255 ff.; Kasper [Handhabung]; Kieser [Selbstorganisation] 199 ff.; Malik [Selbstorganisation]). Gleichwohl lassen sich die Prämissen des wirtschaftswissenschaftlichen selbstorganisationstheoretischen Ansatzes in *fünf Kernaussagen* zusammenfassen.

Beeinflussbarkeit der Umwelt

- Es wird zunächst davon ausgegangen, dass die *„Welt" beeinflussbar* ist. Die Realtypen von Individuen, Unternehmen oder ganzen Gesellschaften gelten als Ergebnisse des Handelns der in einem Evolutionsprozess stehenden Systeme und Akteure. Im Gegensatz zum Darwin'schen Modell wird jedoch vermutet, dass die Systeme dieses Evolutionsprozesses nicht Opfer ihrer Umwelt sind und sich gemäß dieser weiterentwickeln, sondern dass Veränderungen von den Systemen selbst ausgehen.

Kommunikation

- Die Vertreter des Ansatzes lösen sich von der Vorstellung, dass das wichtigste konstitutive Merkmal wirtschaftlicher und gesellschaftlicher Systeme in einer bloßen Ansammlung oder Pluralität von Menschen besteht. Stattdessen werden die zwischen den Personen oder Gruppen vonstatten gehenden *Kommunikationsprozesse als herausragendes Merkmal wirtschaftli-*

cher und gesellschaftlicher Systeme angesehen. Die Angemessenheit der selbstorganisationstheoretischen Sichtweise von Systemen wird am Beispiel der Unternehmenskultur, die sich ja *zwischen* Individuen herausbildet, offensichtlich. Obwohl sich Unternehmen wie ABB oder Siemens im Hinblick auf ihre „harten" Merkmale wie Branche, Arbeitnehmerzahl oder Umsatz nicht grundlegend voneinander unterscheiden, differieren sie doch erheblich hinsichtlich der von den Arbeitnehmern getragenen Werte, der strategischen Grundhaltung, des Führungsverhaltens, des Zentralisationsgrads von Entscheidungen und damit der Kommunikationsformen zwischen den Systemmitgliedern.

Autopoiese

- Eine weitere fundamentale Annahme des Ansatzes besteht in der Unterstellung einer *Selbstreferenz bzw. Autopoiese sozialen Handelns*. Hiermit wird zum Ausdruck gebracht, dass das Verhalten komplexer Systeme auf das jeweilige System selbst zurückwirkt und zum Ausgangspunkt weiteren Handelns und Verhaltens wird. So beeinflusst die Entscheidung, Spitzenführungspositionen im Personalbereich von Auslandsgesellschaften ausschließlich oder vorwiegend mit Stammlandsangehörigen zu besetzen, eine Vielzahl von Folgeentscheidungen sowohl in der Unternehmenszentrale als auch in den Auslandsgesellschaften. In der Zentrale müssen beispielsweise Entscheidungen über Auswahlkriterien und Vorbereitungsmaßnahmen für die zu entsendenden Führungskräfte oder über die Besetzung von Stammhauspositionen getroffen werden, die durch Entsendungen vakant werden. Unternehmerisches Handeln ist aber auch insofern selbstreferenziell, als die Entscheidungen des Systems dessen Strukturen selbst betreffen.

Selektivität der Umweltwahrnehmung

- Wirtschaftliche Systeme werden in erster Linie auf sich selbst bezogen betrachtet; sie sind *operationell geschlossen*, reagieren auf ihre eigenen Zustände und *nehmen die Umwelt nur selektiv wahr*. Die Kognitionsbiologen Maturana und Varela ([Autopoiesis]) haben dies anhand einer Parabel über den Steuermann eines U-Boots verdeutlicht. In gleicher Weise entwickeln sich auch komplexe Unternehmen; für sie ist ein Zustand der relativen Isolation typisch. Veränderungen der Umwelt erfahren sie vielfach indirekt, gefiltert über Informationen, die in ihren Prognose-, Berichts- und Planungssystemen enthalten sind.

Differenzierung, Dezentralisation und Kontextsteuerung

- Die fünfte Kernaussage richtet sich auf alternative Formen der Verarbeitung von Komplexität in wirtschaftlichen Systemen. Hinsichtlich des Ausmaßes an operationeller Auffächerung der Systeme wird von einer *Überlegenheit stark differenzierter Systeme* ausgegangen, die vor allem bei komplexen Aufgabenstellungen ausgeprägt ist. Je feiner sich ein System ausdifferenziert und je stärker es sich in Subsysteme aufspaltet, desto flexibler und effektiver kann es auf die anstehenden Probleme reagieren. Des Weiteren wird angenommen, dass *dezentrale Entscheidungsstrukturen* einen höheren Anwendungsnutzen bezüglich der Koordination komplexer Systeme aufweisen als zentrale Gestaltungsalternativen mittels Hierarchie oder Bürokratie. Gefordert wird damit ein Übergang von anweisungsorientierten Strukturen hin zu einer netzartigen Verteilung von Entscheidungskompetenzen. In einer dritten Dimension werden Beeinflussungsversuche favorisiert, die an den Kontextbedingungen ansetzen. Derartige, als *Kontextsteuerung* bezeichnete Strategien zur Komplexitätsverarbeitung sind äußerst vielschichtig aufgebaut. Im Kern bedeutet Kontextsteuerung nämlich die reflexive, dezentrale Beeinflussung der Rahmenbedingungen aller Teilsysteme und selbstreferenzielle Steuerung jedes einzelnen Teilsystems, wobei die Kontextbedingungen aus dem *Diskurs* der autonomen Teile konstituiert werden.

Kritische Würdigung

Mit dem selbstorganisationstheoretischen Ansatz liegt ein Theoriegerüst vor, das die zunehmenden Interdependenzen sowie erhöhten Veränderungsgeschwindigkeiten und Strukturbrüche der Ereignisse innerhalb und außerhalb von Unternehmen problematisiert. Er wendet sich dabei von einem einfachen, nur einzelne Verursachungsfaktoren einbeziehenden Denken ab, das in Zeiten zunehmender Vernetztheit von Problemstellungen und Realphänomenen als überkommen angesehen wird. Allein schon die erhöhte Relevanz gesellschaftlicher Veränderungen, wie der Wertewandel für die Entscheidungsprozesse von Unternehmen, mag hierfür als Beleg ausreichen. Diesen Vorzügen stehen jedoch deutliche Mängel gegenüber, die erst noch überwunden werden müssen, bevor der selbstorganisationstheoretische Ansatz im ökonomischen Kontext handlungsleitenden Nutzen stiften kann. So ist zunächst einzuwenden, dass die wirtschaftswissenschaftlichen Varianten der Selbstorganisationstheorie viel unspezifischer als diejenigen der Naturwissenschaften gefasst sind. Vielfach kulminieren die Aussagen nämlich in der lapidaren Feststellung, dass weder ein „Laufen-Lassen der Dinge" noch eine zum Determinismus neigende zentralistische Planung Erfolg versprechen werden, da ja sämtliche gesellschaftlichen Systeme mehr oder weniger komplexe Probleme zu lösen haben. Die Frage, *wie* Führungskräfte die geplante Evolution vorantreiben können und *in welchem Ausmaß* sie dezentralisieren sollten, bleibt dagegen offen. Diese Bruchstückhaftigkeit selbstorganisationstheoretischen Wissens dürfte stark damit zu tun haben, dass die vielfach normativ gefassten Aussagen empirisch bislang kaum abgesichert sind.

2.3.6 Institutionalistischer Ansatz

Die herkömmlichen Theorien der Unternehmensführung sind von der Grundüberlegung geprägt, dass die für Unternehmen verantwortlichen

Manager ihren Entscheidungen klare Effektivitäts- und Effizienzkalküle zu Grunde legen. Es wird angenommen, dass die Manager insofern zu einem rationalen Handeln fähig sind, als sie konktextspezifisch jene Gestaltungsalternativen auswählen, die den größtmöglichen Erfolg versprechen.

Grundgedanke

Mit dieser Grundannahme bricht der aus der US-amerikanischen Soziologie stammende und seit den 1990er Jahren in der Betriebswirtschaftslehre (Walgenbach [Ansätze] 319 ff.; Walgenbach/Beck [Effizienz] 497 ff.; Jörges-Süß/Süß [Ansätze] 316 ff.) diskutierte institutionalistische Ansatz. Die Vertreter dieser auch als „institutionensoziologischer Ansatz" oder „Neoinstitutionalismus" bezeichneten Theorierichtung argumentieren, dass Manager jene Gestaltungsalternativen bevorzugen, welche die größte Chance haben, von den wichtigsten in der Umwelt des Unternehmens angesiedelten Interessengruppen akzeptiert und toleriert zu werden. Als Referenzpunkt des Managerhandelns werden dabei nicht nur die Akteure der ökonomischen Umwelt, sondern primär auch diejenigen der sozialen Umwelt begriffen. Manager streben also nicht primär nach Effizienz und Effektivität, sondern nach *sozialer Legitimation* (Stegner [Transformationsprozess]). Manager tun also das, was realistische Chancen hat, vom sozialen Kontext des Unternehmens geduldet und gut geheißen zu werden – unabhängig davon, ob dieses Verhalten wirtschaftlich vorteilhaft ist oder nicht (Terberger [Ansätze]).

Entstehungsgeschichte

Die Hauptvertreter des institutionalistischen Ansatzes (Meyer/Rowan [Organizations] 340 ff.; Granovetter [Action] 1420 ff.; Scott [Adolescence] 493 ff.; Zucker [Theories] 443 ff.; DiMaggio/Powell [Cage] 63 ff.) kamen zu dieser fernab vom direkten Wirtschaftlichkeitsdenken liegenden Sichtweise, weil es in zahlreichen in den 1970er Jahren in Bildungsinstitutionen durchgeführten empirischen Untersuchungen trotz tragfähiger Konzeptualisierung und solider methodischer Vorgehensweise nicht gelungen war, eindeutige Erfolgswirkungen von entscheiderseitig gewählten Handlungsalternativen aufzuzeigen. In der Praxis scheinen also vielfach unklare Zusammenhänge zwischen Kontext, Gestaltung und Erfolg zu bestehen und es stellt sich somit die Frage, an welchen Angelpunkten die für die Institutionen verantwortlichen Akteure dann überhaupt ihre Wahl von Handlungsalternativen ausrichten können. Nach Auffassung der Vertreter des institutionalistischen Ansatzes können die Erwartungen der Akteure des sozialen Kontexts als derartige Bezugspunkte fungieren.

Institutionalisierungsprozesse

Die mehrheitlich bevorzugte Bezeichnung „institutionalistischer Ansatz" ist insofern angemessen, als Institutionen und Institutionalisierungsprozesse in den Mittelpunkt der Theoriebildung gestellt werden. Institutionalisierungsprozesse sind dabei solche, in deren Verlauf sich in der sozialen Umwelt Erwartungen spezifizieren, konkrete inhaltliche Gestalt annehmen und verfestigen.

In der Betriebswirtschaftslehre hat der institutionalistische Ansatz wohl auch deshalb Fuß fassen können, weil die Kritik an dem in dieser Disziplin insbesondere in den 1970er Jahren vorherrschenden technologieorientierten, machbarkeitsorientierten Paradigma immer lauter geworden ist. Immer mehr Betriebswirte stehen seither der Sichtweise, wonach Institutionen in erster Linie als Produktions- oder Tauschsysteme begriffen werden, ihre Strukturen als von ihrer Technologie angesehen werden und ihre Transaktionen oder machtabhängigen Beziehungsverhältnisse aus solchen Interdependenzen erwachsen (Scott [Adolescence] 507), zunehmend skeptisch gegenüber.

Inhaltliche Teilaussagen

Der zuvor dargelegte Grundgedanke des institutionalistischen Ansatzes, nach dem Unternehmen ihre Verhaltensweisen entsprechend den Erwartungen und Anforderungen der *sozialen* Umwelt gestalten, um sich auf diese Weise Legitimität zu verschaffen, findet in folgenden inhaltlichen Merkmalen und Aussagen eine Konkretisierung (vgl. Hasse/Krücken [Neo-Institutionalismus]; Walgenbach [Ansätze] 319 ff.; Granovetter [Institutionen] 199 ff.; Wolf [Organisation] 389 ff.):

- *Institutionen im Mittelpunkt der Betrachtung.* Der institutionalistische Ansatz begreift den institutionalen Aspekt von Unternehmen als Erkenntnisschwerpunkt. Unternehmen zeichnen sich durch eine dauerhafte Ordnung aus. Diese muss nicht notwendigerweise explizit geschaffen sein; sie kann auch auf impliziten informellen Interaktionsmustern beruhen. Der Begriff "Institution" umfasst somit die Gesamtheit aller interaktionssteuernden Phänomene ungeachtet dessen, ob sie innerhalb oder außerhalb von Unternehmen konstituiert sind. Der institutionalistische Institutionenbegriff ist insofern umfassender angelegt als etwa der juristische oder der informationsökonomische (vgl. Abschn. 2.2.4), als er alle im Umfeld von Unternehmen etablierten Akteure, deren Ansprüche und Beziehungen sowie die von diesen definierten Regeln, Verfahren, Standards, Konventionen, Deutungsmuster und Symbolsysteme einschließt.

- *Eingebettetheit von Institutionen.* Unternehmen sind über vielfältige Weise mit unterschiedlichen Sphären des sozialen und kulturellen Umsystems verbunden. In Unternehmen besteht eine kaum überschaubare Anzahl an starken und schwachen Bindungen zur Umwelt hin (Jungbauer-Gans [Kapital] 189 ff.). Bedeutsam ist dabei, dass es oft die schwachen Bindungen („weak ties") sind, welche in erheblichem Maße tragfähig und handlungsleitend sind (Granovetter [Action] 1420 ff.). Ein besonders starker Einfluss auf die Verhaltensweisen von Unternehmen geht insbesondere von der öffentlichen Meinung aus. Es wird vermutet, dass diese sozialen Bindungen mehr sind als nur Störfaktoren ökonomischer Prozesse. Sie sind insofern positiv zu sehen, als sie ein Mittel zur Lösung des in Unternehmen allgegenwärtigen Ordnungsproblems darstellen.

- *Relativierung der technischen und ökonomischen Erfolgsorientierung.* In Unternehmen bestehen viele Kausalitätsketten, die kaum überblickbar sind. Multikausal bedingt ist insbesondere der Erfolg von Unternehmen. Dies führt dazu, dass sowohl die Erwartungen der Anspruchsgruppen hinsichtlich der Aufgaben von Unternehmen als auch deren Auffassungen über wirksame Ursache-Wirkungs-Zusammenhänge unklar sind. Deshalb kann Erfolg (Effizienz und Effektivität) nicht "hart", absolut und eindeutig, sondern er muss „weich" oder sozial definiert werden.

- *Existenz von Rationalitätsmythen.* In Unternehmen gibt es nicht die allumfassende Rationalität. Unterschiedliche Akteure innerhalb und außerhalb des Unternehmens haben je besondere Auffassungen über die "richtigen" Unternehmensziele und Ziel-Mittel-Ketten. Diese Auffassungen beruhen nicht selten auf schwachen, zu hinterfragenden Logiken; sie sind mehr Glaube als Wahrheit. Die Institutionalisten haben hierfür den Begriff des Rationalitätsmythos geprägt. Walgenbach ([Organisation]) verdeutlicht die faktische Relevanz von Rationalitätsmythen anhand der Frage der Nützlichkeit von Qualitätsmanagement-Zertifizierungen (vgl. Abschn. 10.5), die letztlich nicht eindeutig beantwortet werden kann. Die Führung von Unternehmen gleicht somit einem kollektiven Pfeifen im Walde: Manager tun das, was andere auch tun.

- *Normen, Symbole und Regeln als Bezugspunkte des Verhaltens.* Verhaltensweisen werden vielfach an äußerst allgemein gehaltenen, nicht explizit gefassten Sollaussagen (Normen) sowie an mehrdeutig interpretierbaren Sinnbildern (Symbolen) ausgerichtet (vgl. Kapitel 4). Weiterhin wird das Verhalten auch vorzugsweise an Regeln orientiert. Es besteht eine Neigung zu starker Routinisierung und Programmierung unternehmerischer Gestaltungszusammenhänge. Diese Normen, Symbole und Regeln fungieren als Effizienz- und Effektivitätssubstitute. Zwischen den Verhaltensweisen einerseits und den Normen, Symbolen und Regeln andererseits besteht ein wechselseitiger Zusammenhang.

- *Sozial geprägtes Ähnlicherwerden.* Es wird gezeigt, dass sich die in gleichen sozialen Umwelten agierenden Unternehmen im Zeitablauf in strategischer, struktureller und kultureller Hinsicht immer ähnlicher werden. Als bedeutsam, da von vorausgehenden Theorien viel zu wenig beachtet, wird dabei der *institutionelle Isomorphismus* angesehen. Er sei wichtiger als der von der herkömmlichen Theorie erkannte *kompetitive Isomorphismus.* Gemäß der Idee des institutionellen Isomorphismus erfolgt eine Angleichung aufgrund des Ausgesetztseins identischer, gemeinsam geteilter sozialer Erwartungen. Untervarianten dieser Isomorphismusart sind mit dem *erzwungenen,* dem *mimetischen* und dem *normativen Isomorphismus* gegeben (vgl. DiMaggio/Powell [Cage] 63 ff.).

- *Pfadabhängigkeit der Entwicklung*. Das Verhalten von Unternehmen ist weniger ein Spiegel der aktuellen Umweltbedingungen als eine Fortsetzung seiner früheren Verhaltenweisen und Entwicklung (vgl. Schreyögg [Pfadabhängigkeit] 359 ff.). Es ist nicht zuletzt die im Handlungsfeld üblicherweise bestehende Unbestimmtheit, die Unternehmen dazu verleitet, künftige Verhaltensweisen an den bisherigen auszurichten.

Kritische Würdigung

Der institutionalistische Ansatz ist in der Betriebswirtschaftslehre intensiv diskutiert worden (Walgenbach [Ansätze] 347 ff.; Wolf [Organisation] 407 ff.). Einerseits wird die von ihm vorgenommene Relativierung der oft absoluten Rationalitäts- und Machbarkeitsgläubigkeit positiv bewertet. Überdies ist nützlich, dass der institutionalistische Ansatz den komplexen lebensweltlichen Charakter von Unternehmen akzentuiert. Auch ist unstrittig, dass diese Theorierichtung eine wichtige Grundlage für die Diskussion des faktisch hoch relevanten Phänomens "Unternehmenskultur" (vgl. Abschn. 4.7) bereitgestellt hat. Andererseits ist der Ansatz nicht völlig neu. Da er viel zu erklären, aber wenig Gestaltungshilfen anzubieten vermag, handelt es sich um ein typisch sozialwissenschaftliches Aussagensystem, dessen pragmatisch-handlungsleitende Kraft als nur gering einzuschätzen ist. Dies dürfte nicht zuletzt in der Allgemeinheit des gewählten Sprachspiels und der Unterspezifizierung von Variablenbeziehungen begründet sein.

2.4 Unternehmens- und Umweltorientierung im Interpretationsansatz

2.4.1 Dominanz präskriptiver Theorieansätze in der traditionellen Unternehmensführungslehre

Management-zyklus

Lehrbücher im Allgemeinen und solche zur Unternehmensführung im Besonderen sind *normativ angelegt*. Sie wollen Studierenden sowie Managern zumindest allgemeinere Anhaltspunkte zum Handeln geben. Diesem Bemühen liegt die Annahme zu Grunde, dass Manager ihr Handeln zielgerichtet gestalten können, indem sie ihren Entscheidungsprozess am Managementzyklus ausrichten. Dieser weist im Wesentlichen folgende Teilschritte auf:

- Zunächst wird festgestellt, wo das Unternehmen in der Zukunft stehen soll. Seine Gesamtzielsetzung wird bestimmt.
- Es erfolgt eine Bestandsaufnahme der bisherigen Handhabung eines anstehenden Entscheidungsproblems.

- Die als entscheidungsrelevant erachteten Umwelt- und Unternehmensfaktoren werden analysiert.
- Es werden Handlungsalternativen entwickelt, die die Gesamtzielsetzung begünstigen.
- Es erfolgt eine im Hinblick auf die Zielsetzung weitgehend rationale Bewertung und Auswahl der Alternativen. Es wird also das Handlungsprogramm, das die Zielkriterien am besten erfüllt, ausgewählt.
- Schließlich wird das Handlungsprogramm umgesetzt und zum Zweck der Zielerreichung ein Kontrollmechanismus eingerichtet.

Prämissen der Rationalentscheidung

Es lässt sich zeigen, dass dieser Ablaufplan zielführenden Entscheidens und Handelns in der präskriptiven Entscheidungstheorie (vgl. Abschn. 2.2.2) wurzelt, in deren Mittelpunkt wiederum die *Homo-oeconomicus-Prämisse* des rationalen Entscheidungsverhaltens steht. Von einer rationalen Entscheidung wird dann gesprochen, wenn folgende Bedingungen erfüllt sind:

- Es existiert eine Zielfunktion.
- Sämtliche Umweltzustände, die eintreten können, sind bekannt.
- Alle erfolgversprechenden Handlungsalternativen sind bekannt.
- Die mit jeder Handlungsalternative verbundenen Konsequenzen können zumindest mit subjektiver Wahrscheinlichkeit geschätzt werden.
- Es existiert eine umfassende, kardinal definierte Nutzenfunktion. Es ist also möglich, das Ausmaß von Nutzenunterschieden auszudrücken.
- Es kann über eine endliche Anzahl eindeutiger Verfahrensschritte, die auch als Algorithmen bezeichnet werden, jene Parameterkonstellation ermittelt werden, welche die vorgegebene Zielfunktion optimiert.

Kritik am Modell der Rationalentscheidung

An dieser vereinfachenden Behandlung von Entscheidungsproblemen durch die präskriptive Entscheidungstheorie ist allerdings *wiederholt Kritik geübt worden*; insbesondere wurde ihre Nützlichkeit für die Analyse betriebswirtschaftlichen Problemlösungsverhaltens angezweifelt. Folgende Überlegungen bilden die Basis der Kritik am rationalen Weltbild:

- Die Gültigkeit des Modells des *vollkommen vernunftgeleiteten Individualentscheiders* wird angesichts zahlreicher Fehlentscheidungen in der Unternehmenspraxis *bezweifelt.*
- Ferner besteht Skepsis dahingehend, dass Erkenntnisse über *Individualentscheidungen* problemlos auf die in der Realität eher anzutreffenden *Gruppenentscheidungen* übertragen werden können.

Deskriptive Entscheidungstheorie

Der wohl prominenteste Kritiker am klassischen Entscheidungsmodell, der US-amerikanische Nobelpreisträger *Herbert A. Simon* ([Behavior]), bezeichnet in seinem Verständnis der begrenzten Rationalität eine Handlung bereits dann als vernünftig, wenn sie Ergebnis eines bewusst abwägenden Entscheidungsprozesses ist. Der Optimalitätsanspruch wird aufgegeben. Simons Arbeiten bildeten die Grundlage der sogenannten deskriptiven Entscheidungstheorie, die darum bemüht ist, *die Entscheidungsprozesse in der Unternehmensrealität abzubilden und zu erklären*, um dadurch eine wissenschaftlich fundierte Basis für verbessertes Entscheidungsverhalten zu liefern (vgl. Abschn. 9.1).

Ein wesentlicher Kritikpunkt gegenüber dem Denkansatz der präskriptiven Entscheidungstheorie fußt auf der Erkenntnis, dass bei vielen Entscheidungssituationen des Managements nur unklare bzw. mehrdeutige Informationen über die vorliegende Entscheidungssituation vorliegen. Das nachfolgende Fallbeispiel soll die Relevanz mehrdeutiger Informationen verdeutlichen.

Fallbeispiel:

US-amerikanische und deutsche Automobilindustrie - mit einer Interpretation der Manager der Daimler AG

> *„Der amerikanische Markt ist das Schlachtfeld der Automobilindustrie."*
> *(Dieter Zetsche, 2004)*

Die 1960er und 1970er Jahre: USA

Bis zur Mitte der 1950er Jahre beherrschten die amerikanischen Automobil-Hersteller den Automobil-Weltmarkt. Die großen Unternehmen Detroits verstanden ihr Geschäft und ihre Kunden, was ihnen ihr jahrzehntelanger Erfolg zu bestätigen schien. Für sie war es geradezu ein Glaubensgrundsatz, dass die Amerikaner große, hypermoderne Autos bevorzugen würden. Ein auffälliges Styling – am besten durch einen jährlichen Wechsel aktualisiert – war zu ihrem wichtigsten Verkaufsargument geworden.

Wenige Jahre später, während der Rezession im Jahr 1958, geschah etwas, das bisher noch nie dagewesen war. Kleine Importwagen erreichten auf dem US-amerikanischen Markt 8 Prozent der Zulassungen dieses Jahres. Ebenso verkauften sich zwei neue inländische Modelle der „Kompaktklasse", „Rambler" und „Studebaker Lark", vergleichsweise gut. Die Verantwortlichen in Detroit beobachteten diese

Entwicklung durch ihre „Glaubensbrille". Ihrer Meinung nach war diese Entwicklung Ausdruck dafür, dass die Käufer von Importautos solche Personen sind, die generell positiv gegenüber jeglichem Neuen oder Fremden eingestellt sind und daher ungewöhnliche, andersartige Produkte präferieren. Obwohl die Manager von Ford, Chrysler und General Motors von dieser Entwicklung nicht überzeugt waren, brachten sie eine erste Generation von „Kleinwagen" auf den Markt und landeten dadurch einen leichten Sieg über die ausländischen Importeure, die durch Schwächen in der Distribution und im Service-Netz behindert waren.

Nach dem erfolgreichen Zurückdrängen der ausländischen „Invasion" befanden sich die Verantwortlichen in Detroit in einer ersten entscheidenden Phase. Jahr für Jahr vergrößerten sie die Abmessungen ihrer einstigen Kompaktklasse. In dieser Phase kritisierte Henry Ford II, dass die amerikanischen Automobilbauer wieder größere und teurere Automobile auf den Markt brachten. Mit dieser Auffassung stand er jedoch allein da unter den Top-Managern der amerikanischen Automobilhersteller. Ford vertrat die Auffassung: „Es ist immer das Gleiche, da denkst du, wir würden lernen, aber wir werden es nie tun." Im gleichen Maße, wie die amerikanischen Autos wieder größer wurden, wuchs der Anteil der ausländischen Importwagen.

In den 1960er Jahren erfuhr der Absatz von „Kleinwagen" in den USA durch die beginnende Ökologiebewegung einen Aufschwung. Innerhalb kurzer Zeit verabschiedete der Kongress Sicherheitsrichtlinien und Abgasgrenzwerte für neu in den Markt eingeführte Kraftfahrzeuge. General Motors als der größte Automobilhersteller wurde aufs Energischste kritisiert. In dieser Phase wurden Outside Directors in den Board von General Motors berufen, denen es dann auch gelang, die bisherige Engstirnigkeit des Boards aufzubrechen. Wissenschaftler und Energie-Experten konnten das Management von der Notwendigkeit der Entwicklung kraftstoffsparender Automobile überzeugen. Das Unternehmen entwickelte daraufhin Pläne zur schrittweisen Verbesserung des Kraftstoffwirkungsgrades. Da Ford seinerzeit Marktführer bei den „Kleinwagen" war – eine Eigenschaft, über die man im Hause Ford nicht so recht glücklich war –, stand es weniger im Kreuzfeuer der Kritik. Damals verkaufte Ford in Europa „Kleinwagen" von durchaus guter Qualität; dieses Know-how hätte Ford jetzt auch in den USA einsetzen können. Trotzdem trennte das Ford-Management strikt die europäischen von den amerikanischen Autokäufern und sah deshalb Europa und Amerika als zwei völlig unterschiedliche Märkte an.

1973 überraschte die Öl-Krise mit stark steigenden Benzinpreisen die Welt. Die Amerikaner weigerten sich plötzlich, große „benzinfressende" Autos zu kaufen. Die Herren der Top-Management-Etagen Detroits waren wieder an einem entscheidenden Punkt angelangt. Es wurden Vorschläge gemacht, die mehrere Milliarden Dollar gekostet und die Unternehmen ernsthaft in ihrer Existenz gefährdet hätten. Dem Management fehlten in dieser Phase jedoch zuverlässige, harte Informationen über die neuen Umweltentwicklungen. Aufgrund der Mehrdeutigkeit der Entscheidungslage ergaben sich verschiedene Problemfelder:

- *veränderte Vorlieben und Ängste bei den Verbrauchern,*
- *eine sich schnell verändernde Wirtschaft und starke Schwankungen des Konsumentenvertrauens und der Kaufkraft,*
- *erhöhte Verkaufszahlen von ausländischen Kraftfahrzeugen (Marotte oder fundamentaler Wandel?),*
- *verschiedene Richtlinien der Regierung, die einerseits noch unpräzise, veränderlich und komplex waren und die andererseits jedoch für Bereiche, in denen die Technologie noch unklar war, weitreichende Einschnitte darstellten,*
- *die Unsicherheit über die weitere Verfügbarkeit von Mineralöl sowie über die Entwicklung der Abnehmerpreise für Kraftstoff.*

Der elementare Punkt dieser keineswegs vollständigen Liste ist, dass die Mehrdeutigkeit und Unsicherheit, durch welche die dargestellten Entwicklungen gekennzeichnet sind, kritische Elemente für die Entscheidungsfindung von Managern darstellen. Richard Gerstenberg, damaliger Chairman von General Motors, gab zu, dass „... wir noch keine verlässlichen Informationen haben, was die Leute wollen". Klar war jedoch, dass die Manager ihre bisherige Strategie so nicht weiterführen konnten. So ging es auch Gerstenberg: „Als das Ölembargo verhängt wurde, war ich mir im Klaren, dass wir etwas ganz Grundlegendes tun mussten und dass wir es auf jeden Fall richtig tun mussten".

Die Wirtschaftspresse hat die Entwicklungen auf dem US-amerikanischen Automobilmarkt scharf kritisiert. Nachdem immer weniger Konsumenten große Wagen kauften, berichtete die Presse, dass die heimischen Automobilhersteller deswegen die Kunden verloren hätten, weil sie zu träge waren, um auf die wachsende Nachfrage nach kraftstoffsparenden Autos rechtzeitig zu reagieren. Eine Erklärung für die Fehlentwicklungen bei den amerikanischen Kraftfahrzeugherstellern hat sie damit jedoch nicht gegeben.

Die 1990er Jahre: Deutschland – Die C-Klasse von Mercedes als innovative Lösung

15 Jahre später war die deutsche Automobilindustrie – allerdings unter anderen Vorzeichen – in ähnliche Schwierigkeiten geraten, wobei 1992 und 1993 zu den schwersten Jahren überhaupt gehörten. Wie im Fall der US-amerikanischen Automobilhersteller ist die Krisensituation der deutschen Unternehmen – Umsatzeinbrüche von mehr als 20 Prozent binnen Jahresfrist, besorgniserregende Schrumpfungen der Ergebnisse aus ordentlicher Geschäftstätigkeit sowie überdimensionierte Kostenstrukturen – nicht nur durch abrupt verlaufene negative Umweltentwicklungen, sondern teilweise auch durch „Leistungen" des Top-Managements verursacht worden. Besonders in der Wirtschaftspresse wurden die Spitzenführungskräfte hart kritisiert und ihnen ***gravierende Fehler hinsichtlich der Deutung genereller Umwelttrends*** *vorgeworfen. Die für den Fall der damaligen S-Klasse von Mercedes sicherlich berechtigten Vorwürfe bestanden im Wesentlichen in einer Nichtberück-*

sichtigung des allgemeinen Trends zu kompakteren, umweltverträglichen Fahrzeugen, einer Unterschätzung der Neigung vieler solventer Kunden zu Understatement sowie in einer Überschätzung des Volumens dieses Marktsegments. Dass aus diesen fehlerhaften Bewertungen der Umweltsituation schnell gelernt wurde, belegt das Beispiel der Mercedes C-Klasse, die als ein Vorbild hinsichtlich einer konsequenten Interpretation und Vorwegnahme sich abzeichnender Umweltentwicklungen gelten kann. Die Markteinführung der C-Klasse im Juni 1993 hat schnell zu einer vollen Kapazitätsauslastung geführt. Damit hat sich das Konzept der C-Klasse über den gesamten Produktlebenszyklus als nachhaltiger Erfolg bestätigt.

Der Markterfolg der C-Klasse beruht auf einer ***sorgfältigen Analyse und Interpretation sich abzeichnender Umweltveränderungen*** *und dem Treffen entsprechender Entscheidungen. Während die Entwicklung der vorausgegangenen Mercedes-Modelle vorrangig am Primat des technisch Machbaren ausgerichtet wurde, ist die C-Klasse von produktwertanalytischen Überlegungen geleitet, nach denen Kunden nur dann zur Bezahlung eines erhöhten Preises bereit sind, wenn echte, von ihnen wahrnehmbare und geschätzte Produktvorteile den Mehrpreis rechtfertigen. Zu dieser hoch ausgeprägten Funktionswertorientierung (vgl. Abschn. 11.1.2.1) hat insbsondere eine systematische Analyse von Nichtkaufentscheidungen beim Vorgängermodell geführt. Die C-Klasse gilt heute als ein Symbol, das für einen Neuaufbruch der Mercedes-Benz AG von einem stark technikdominierten Unternehmen zu einem marktorientierten Wettbewerber steht (Walters [Weg] 163).*

Bei der Konzeption der C-Klasse wurde das ganze Spektrum der sich zu dieser Zeit abzeichnenden allgemeinen wettbewerbsstrukturellen, sozialen sowie ökologischen Trends berücksichtigt und zielgerichtet gedeutet. So hatte man im Hinblick auf die ***wettbewerbsstrukturelle*** *Dimension bei der Mercedes-Benz AG erkannt, dass das von der C-Klasse angesprochene Marktsegment außergewöhnlich hart umkämpft und durch starke Sättigungstendenzen gekennzeichnet ist. Ebenso war man sich offenbar darüber im Klaren, dass die Mercedes-Benz AG in diesem Marktsegment angesichts der Kostenvorteile japanischer Konkurrenten nur über eine Differenzierungsstrategie (vgl. Abschn. 5.4.2.1) wettbewerbsfähig sein würde. Inbesondere marktanalytische Überlegungen haben somit zur Bewahrung der angestammten Wettbewerbsstrategie geführt.*

Aber auch die ***soziale*** *Dimension sich abzeichnender Umweltveränderungen wurde bei der Konzeption der C-Klasse voll berücksichtigt. Die Prognose, dass der Anteil weiblicher Käufer an diesem Marktsegment immer größer wird, führte zu einer stärkeren Ansprache dieser Zielgruppe. Verstärkt angesprochen wurden aber auch jüngere Käufer. Hierzu musste die C-Klasse in mehreren Merkmalen (z. B. Formgebung, Ausstattung) deutlich vom Vorgängermodell abgesetzt werden. Die C-Klasse wurde „jugendlicher", „frischer" und „peppiger". Des Weiteren wurde bei der Entwicklung der C-Klasse in Rechnung gestellt, dass sicherheitsorientierte Wertkategorien in den Zielmärkten dieser Baureihe zunehmend an Bedeutung gewinnen. Dementsprechend sollte das Fahrzeug nicht nur über die mittlerweile obligatori-*

schen Fahrer- und Beifahrerairbags, über ein ABS-System, über einen integralen Seitenaufprallschutz sowie über eine elektronische Wegfahrsperre verfügen; es sollte auch hinsichtlich der sicherheitstechnischen Auslegung der gesamten Karosseriestruktur wegweisend sein. Dass dies sehr gut gelungen ist, belegen zahlreiche Crash-Tests und Unfallanalysen, die der C-Klasse ein außergewöhnliches Sicherheitsniveau attestieren. Am stärksten jedoch wurden die sich abzeichnenden sozialen Trends bei der Festlegung der Design- und Ausstattungsvarianten der C-Klasse berücksichtigt. Hier hat man die gesellschaftliche Entwicklung in Richtung Individualisierung voll erkannt und an einer komplexen Marktanalyse ausgerichtet vier „Basislinien" („Classic", „Esprit", „Elegance" und „Sport") bestimmt, die das gesamte Spektrum der C-Klassen-Zielgruppe überspannen. Die so geschaffene Programmdifferenzierung wird nochmals dadurch deutlich gesteigert, dass in sämtlichen Ausstattungspaketen mehrere Motorvarianten verfügbar sind. Weiterhin wird die dem gesellschaftlichen Individualisierungstrend entsprechende Paketbildung durch das Angebot des jugendlichen, freizeitorientierten Kombi- bzw. T-Modells, des ebenfalls auf der C-Klasse basierenden Roadsters SLK sowie des Coupés CLK und des Cabrios CLK abgerundet. Schließlich wurde über das Schwesterunternehmen Daimler-Benz InterServices AG (debis) die Möglichkeit zur Kraftfahrzeugfinanzierung und des Leasings angeboten.

Darüber hinaus wird die C-Klasse auch in der ***ökologischen*** *Dimension den Erfordernissen der Zeit gerecht. Die C-Klasse schneidet in umweltschutzorientierter Hinsicht günstiger ab als die Mehrzahl der Konkurrenzprodukte. Auffällig ist zunächst der überaus sparsame Kraftstoffverbrauch der C-Klassen-Modelle, der erheblich unter dem Standard von Vergleichsmodellen mit ähnlichen Fahrleistungs- und Komfortwerten liegt. Aber auch hinsichtlich des im Produktionsprozess erforderlichen Rohstoffverbrauches gehört die C-Klasse zu den besten ihres Marktsegments. Hierfür dürfte vor allem verantwortlich sein, dass bereits in den frühen Phasen der Produktentwicklung ökologische Zielkategorien in den Mittelpunkt der Gestaltungsarbeit gestellt und – soweit möglich – umweltverträgliche Roh-, Hilfs- und Betriebsstoffe bevorzugt wurden. Überdies gestattete das Haus Mercedes-Benz bereits vor Einführung der Altautorichtlinie seinen C-Klassen-Kunden die Rücknahme und naturverträgliche Recyclierung von Altfahrzeugen. All diese Produkteigenschaften belegen, dass bei der C-Klasse ökologische Standards erreicht wurden, die beim Vorgängermodell noch völlig undenkbar waren (vgl. Abschn. 10.6). Bei der damaligen DaimlerChrysler AG war man gewillt, den mit der C-Klasse eingeschlagenen Weg in Richtung stärkerer Kundenorientierung sowie Erschließung neuer Marktsegmente beizubehalten. Dies belegen die in der Folge eingeführten Modelle, z. B. die A-Klasse, B-Klasse, V-Klasse und der Smart.*

Die aktuelle Situation: Globale Tends verstärken sich - wer die Umweltanforderungen nicht weitsichtig interpretiert und hierzu passend agiert, verliert seine Marktposition und Eigenständigkeit

In den vergangenen Jahren hat die Notwendigkeit zur weitsichtigen Interpretation und zum Entwurf hierzu passender Aktionsmuster weiter zugenommen. Die nachfolgenden Beispiele belegen, dass die Manager der Daimler AG vielfältigste Umwelttrends zeitlich weit vorgelagert erkennen, inhaltlich komplex ausdeuten und sehr frühzeitig ebenso kreative wie passende Handlungsmuster ergreifen. Eingegangen werden soll auf die Behandlung von fünf Umwelttrends.

Umwelttrend: *Die in der Automobilindustrie noch nicht eindeutig beantwortete Frage, ob der Automobilstandort Deutschland vor einer Auslastungskrise steht und ob die Automobilhersteller bereits jetzt Kapazitäten abbauen sollen.*
Interpretation: *Bei der Daimler AG wird dieses negative Szenario durchaus als wahrscheinlich gehalten. Insbesondere nimmt man einen extremen Lohndruck ausgehend von den zentraleuropäischen Ländern und China wahr.*
Aktion: *Deshalb hat man schon früh damit begonnen, im Rahmen einer Kleinserienfertigung (CKO-Fertigung) (Teile von) Mercedes-Benz-PKWs nicht nur an den etablierten Standorten, sondern auch in Thailand, Vietnam, Malaysia, Indonesien, Ägypten, Indien, dem Iran oder China zu fertigen. Gleichwohl geht man dabei dergestalt behutsam vor, dass die Fertigung von High-end-High-tech-Automobilen an den wohldefinierten Standorten verbleibt und es nur unter bestimmten Umständen zu einer Montage an weiteren Standorten kommt. Um flexibel handeln zu können, hat die Daimler AG bestimmte regional und weltweit verteilte Werke stark vernetzt, so dass in kurzer Frist eine Produktionsumverlagerung möglich wird.*

Umwelttrend: *Die in der Automobilindustrie noch nicht eindeutig beantwortete Frage, welche Bedeutung das Premiumsegment auf dem Automobilweltmarkt zukünftig haben wird.*
Interpretation: *Die Strategen der Daimler AG sind davon überzeugt, dass das globale Volumen des Premiumsegments langfristig zurückgehen wird; insbesondere deshalb, weil in Deutschland und anderswo im Automobilgeschäft der Preis eine immer größere Rolle spielen wird. Dies wird vor allem mit der verschlechterten Einkommenssituation von Privathaushalten und Wirtschaftsunternehmen begründet. Zudem wurden in den letzten Jahren viele Eigenschaften von Premiumfahrzeugen in Fahrzeuge des Nicht-Premium-Segments inkorporiert. Insbesondere vermutet man, dass Qualitätsmerkmale zunehmend zu Grundeigenschaften von PKWs werden.*
Aktion: *Die Daimler AG gehörte zu den ersten Anbietern von Premiumfahrzeugen, die ihr Leistungsprogramm „nach unten hin" abgerundet haben (z. B. mit der A-Klasse, dem Smart und jüngst der B-Klasse). Überdies hat man in den letzten Jahren damit begonnen, den Umfang der Grundausstattung der Fahrzeuge ohne eine entsprechende Preiserhöhung zu erweitern. Da Qualität zunehmend zu einer Grundeigenschaft wird, ist die Daimler AG frühzeitig dazu übergegangen, emotio-*

nale, designorientierte Fahrzeugeigenschaften (z. B. der SL, noch viel stärker der SLR) zur Abgrenzung der gehobenen Segmente einzusetzen.

Umwelttrend: *Die in der Automobilindustrie noch nicht eindeutig beantwortete Frage, wie man zukünftig in den weitgehend stagnierenden Triadenmärkten Wachstum generieren kann.*
Interpretation: *Bei der Daimler AG geht man davon aus, dass auf den Triadenmärkten der Wettbewerb primär ein Verdrängungswettbewerb sein wird, da das Wachstumspotenzial begrenzt sein wird. Gleichwohl weiß man, dass es für ein in einem Hochpreisland beheimatetes Unternehmen nicht gelingen kann, auf der Basis eines Kostenwettbewerbs am Markt zu obsiegen.*
Aktion: *Als Ausweg aus dieser schwierigen Situation platziert man immer mehr Neuprodukte im sogenannten „Cross-Over-Segment". Diese stellen, wie das Beispiel der neuen R-Klasse zeigt, Hybride aus zuvor getrennten Fahrzeugkategorien dar (im Fall der R-Klasse: Offroader und Kombi). Das Ziel besteht also darin, verschiedene Kundenerwartungen in einer Fahrzeugklasse zu verschmelzen, so dass Skaleneffekte realisiert werden können. Im Falle eines Markterfolgs der Cross-Over-Fahrzeuge sollen einige etablierte Modelle strategisch aus der Marktregion genommen werden.*

Umwelttrend: *Die in der Automobilindustrie noch nicht eindeutig beantwortete Frage, ob und wenn ja wie schnell die Markentreue von PKW-Kunden weiter zurückgehen wird.*
Interpretation: *Bei der Daimler AG weiß man um diesen Trend. Insbesondere in multikulturellen Metropolen wie Berlin hat man eine geringe Markentreue festgestellt. Man weiß andererseits jedoch auch, dass das Ausmaß der Markentreue der Kunden erheblich von der Stärke der Marke abhängt. Weiterhin erkennt man, da sich die PKWs technologisch und qualitätsmäßig immer mehr annähern, dass Kundentreue am besten auf der Ebene eines nicht zu hektischen Umgangs mit Designtrends und perzipierter Wertanmutung erzielt werden kann. Schließlich ist man davon überzeugt, dass im Automobilgeschäft die Bindung der Kunden letztlich immer über das Produkt selbst gesteuert wird. Als vielversprechend wird daher ein die Kunden begeisterndes Produkt erachtet.*
Aktion: *Daher werden bei der Daimler AG Designeffekte zurückhaltend eingesetzt. Bevorzugt wird eine „Klassische Moderne", die es unterlässt, jedem „Design-Spleen" zu folgen. Zur Steigerung der Wertanmutung wird dem Faktor „Haptik des Innenraums" große Aufmerksamkeit geschenkt.*

Umwelttrend: *Die in der Automobilindustrie noch nicht eindeutig beantwortete Frage, ob das Electronic Commerce im Automobilgeschäft in absehbarer Zukunft eine hohe Bedeutung erlangen wird.*
Interpretation: *Ausgehend von dem empirischen Tatbestand, dass das Electronic Commerce von der Daimler AG im Bereich des Einkaufs von Roh-, Hilfs- und Betriebsstoffen sowie Halbzeugen bereits seit Jahren intensiv genutzt wird, misst man diesem Medium auch im B2C-Geschäft eine hohe und sich schnell weiterentwickeln-*

de Bedeutung zu. Man weiß z. B. um die Möglichkeiten virtueller Showrooms, aber auch um die Unausgereiftheit der Technik der elektronischen, im Kontrahierungsprozess zentral bedeutsamen Unterschrift.
Aktion: *Daher hat die Daimler AG früher als ihre Wettbewerber anspruchsvolle virtuelle Showrooms eingerichtet, welche dem Kunden eine Konfiguration sämtlicher Modelle erlauben. Andererseits ist man sich sicher, dass der virtuelle Showroom das reale Erlebnis des Automobils nicht ersetzen kann. Angesichts der Unausgereiftheit der Technik virtueller Unterschriften präferierte man nach wie vor die Form des Vertragsabschlusses vor Ort. Stark genutzt wird das Instrument B2C auch im Jahreswagengeschäft, wo es dazu dient, dem Kunden einen besseren Überblick über das breit gefächerte Angebot zu verschaffen.*

Quellen

KUHN, J., Der *Global Player-Ansatz* im Automobilbau, in: Zeitschrift für Betriebswirtschaft, 68. Jg., Heft 9, 1998, S. 937–957.

KUHN, L., *Kompaktautos* – doppelter Boden, in: Wirtschaftswoche, 51. Jg., Heft 27, 1997, S. 72–73.

MCCASKEY, M. B., The Executive *Challenge*, Boston et al. *1982*.

o. V., *Wünsche* werden wahr, in: ASU/BSU News, 11. Jg., Heft 5, 1994, S. 4–6.

WALTERS, M., Auf dem *Weg* zu konsequenter Markt- und Kundenorientierung bei Mercedes-Benz – Vom Mercedes 190 zur C-Klasse, in: Bruhn, M., Meffert, H., Wehrle, F. (Hrsg.), Marktorientierte Unternehmensführung im Umbruch – Effizienz und Flexibilität als Herausforderungen für das Marketing, Stuttgart 1994, S. 161–178.

sowie Beiträge aus folgenden Tageszeitungen: Die Welt, Frankfurter Allgemeine Zeitung, Handelsblatt, Stuttgarter Zeitung und Süddeutsche Zeitung.

Anhand dieses Fallbeispiels lässt sich veranschaulichen, wie schwierig es ist, das formalistische Homo-oeconomicus-Modell bei der Gestaltung von Top-Management-Handlungen anzuwenden. Weiterhin zeigt es, dass *zwei auf unterschiedlichen Ebenen wirkende Einflussgrößen* das Handeln des Managements erheblich bestimmen. Zum einen wirkt die *Umwelt* als sowohl verhaltensbeeinflussender als auch vom Verhalten des Unternehmens geprägter Handlungskontext; zum anderen dienen *Informationen* als Grundlage des Handelns. *Die Umwelt als relevanter Handlungskontext ist mehrdeutigen und diskontinuierlichen Veränderungen unterworfen.* Daher müssen Informationen durch die Mitglieder des Managements nicht nur wahrgenommen, sondern vor der Analyse und Auswahl von Handlungsalternativen auch *interpretiert* werden.

Interpretation als Schlüsselaktivität von Managern

Dieser Zusammenhang wird im *Interpretationsansatz* aufgegriffen und theoretisch verarbeitet. Er erfüllt somit die Funktion eines konzeptionellen Bindeglieds zwischen unternehmens- und umweltorientierter Theorie der Unternehmensführung.

2.4.2 Informationsinterpretationsprozesse der Unternehmensführung

Deutungen im Mittelpunkt der Informationsverarbeitung

Die Vertreter des Interpretationsansatzes begreifen Unternehmen als offene informationsverarbeitetende Systeme, in deren Rahmen Prozesse der Interpretation von Informationen von zentraler Bedeutung sind. Demzufolge sind auch die Handlungen der Unternehmensführung über die *Analyse des Informationsverarbeitungsverhaltens* der beteiligten Individuen zu erklären.

Der Interpretationsansatz konkretisiert insofern den allgemeinen Informationsverarbeitungsansatz, als er versucht, die für die Qualität der Managemententscheidung letztendlich ausschlaggebende interpretative Phase des Informationsverarbeitungsprozesses in das Zentrum der Betrachtung zu stellen. Das Novum im Vergleich zum klassischen Informationsverarbeitungsansatz besteht darin, dass der Vorgang der Informationsinterpretation, der sich der Informationsaufnahme anschließt und ein besonderes Merkmal von hoch entwickelten menschlichen Systemen (Personen und Gruppen) ist, in den Mittelpunkt der Betrachtung gerückt wird. Als Interpretation wird der „process of translating events and developing shared understanding and conceptual schemes among members of upper management" (Daft/Weick [Model] 286) bezeichnet. Erst durch die Interpretation, die dem Prozess der organisatorischen Beeinflussung durch Lernvorgänge und Handlungen vorgelagert ist, erhält die Information einen Sinn oder eine Bedeutung.

Interpretationsbegriff

Eine große Erklärungskraft weist der Ansatz von Daft und Weick ([Model] 284 ff.; vgl. auch Putnam [Perspective] 31 ff.; Daft/Steers [Organizations]) auf. Dieser vermag die dem Handeln von Managern zugrunde liegenden Entscheidungsprozesse realitätsnah zu erklären. Den gesamten, auf seine Grundmerkmale reduzierten Zusammenhang des Interpretationsmodells beinhaltet Abbildung 2-7. Die Art und Weise des Interpretationsvorgangs gehorcht situativen Umständen, die in das Interpretationsmodell einfließen. Diese Konstellationen werden im Modell über Kontextvariablen in Form von

- Einschätzungen des Managements im Hinblick auf die Analysierbarkeit der Umwelt und
- den Informationszugang des Managements zur Umwelt

operationalisiert.

Abbildung 2-7 *Grundstruktur des Interpretationsmodells*

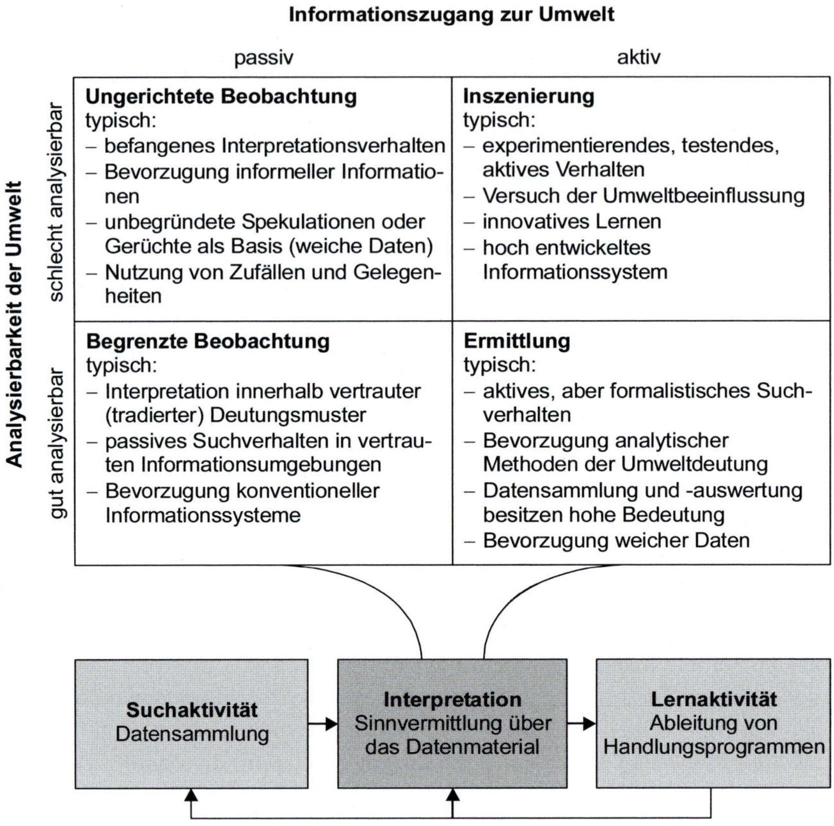

Durch Dichotomisierung der beiden Kontextfaktoren lassen sich *vier grundlegende Interpretationsmuster* unterscheiden:

Grundmuster der Interpretation

1. Das als *Inszenierung* beschreibbare Muster ergibt sich bei einem Informationsverhalten, das die Umwelt aktiv nach Informationen und Feedback absucht, obwohl die Umwelt dem Management kaum analysierbar erscheint. Letztere bildet sich ihr eigenes künstliches Soll-Bild über die relevanten Entwicklungen. Der Wunsch nach Informationen ist stärker als die Einsicht, dass die Situation an und für sich gar nicht vollständig beschreibbar ist.

2. Das Interpretationsmuster der *Ermittlung* verbindet die Merkmale des aktiv suchenden Managements mit einer von ihm als analysierbar ein-

geschätzten Umwelt. Das Interpretationsverhalten des Managements ist auf die Auffindung von „korrekten Antworten" in der Umwelt und somit von Ursache-Wirkungs-Beziehungen ausgerichtet.

3. Die Interpretation in Form der *begrenzten Beobachtung* liegt bei einem rezipierenden Informationsverhalten vor. Obwohl das Management sich der Analysierbarkeit der Umwelt bewusst ist, begrenzt es seine Informationssuche und -interpretation auf die Analyse von Routinedokumenten und bestehenden Informationssystemen.

4. Das Interpretationsmuster der *ungerichteten Beobachtung* wird vom Management gewählt, wenn dessen Informationszugang zur Umwelt passiv rezipierend ist und das Bewusstsein besteht, dass die Umwelt als schlecht analysierbar zu gelten hat. Bevorzugtes Interpretationsobjekt sind hier weiche Daten, die inoffiziellen und Zufallscharakter besitzen und intersubjektiv nicht bestätigt sind.

Sinnvermittlung durch subjektive Zuweisung von Bedeutungsinhalten

Die Interpretation stellt sich somit als Verbindung von Ergebnissen der Informationswahrnehmung mit kausalen Hypothesen bzw. allgemeinen Schlussfolgerungen der Unternehmensführung über Umweltphänomene dar. Die Auseinandersetzung mit Unternehmensführung im Lichte des Interpretationsansatzes hat daher ihren Schwerpunkt in der Untersuchung der Sinngebung konkreter Ereignisse (study of meanings) durch die Entscheidungsträger. Die Zuweisung von Bedeutungsinhalten stützt sich auf die subjektive Art und Weise, in der die Mitglieder des Managements die relevante Umwelt begreifen. Hierin besteht der wesentliche Unterschied zu traditionellen Informationsverarbeitungsansätzen, die den Sachverhalt, dass die Deutung von Informationen immer von subjektiven Erfahrungen abhängig ist, weitgehend ausblenden. So gesehen steht der Informationsinterpretationsansatz der Unternehmensführung auf einer breiteren Bezugsbasis als das einfache, direkte Verknüpfungsmodell der herkömmlichen Informationsverarbeitungstheorie.

2.4.3 Mehrdeutigkeit als Merkmal von Unternehmensführungsentscheidungen

Schlecht-strukturierte Entscheidungsprobleme

Im obigen Fallbeispiel sahen sich die Führungskräfte der US-amerikanischen und deutschen Automobilindustrie offenbar einer Entscheidungssituation gegenüber, die sich durch die präskriptive Entscheidungstheorie deshalb nicht hinreichend modellieren lässt, weil ein *schlecht-strukturiertes Entscheidungsproblem* vorliegt. Schlecht-strukturierte Entscheidungsprobleme enthalten offene Beschränkungen und ihre Definitionen sind mehrdeutig und unpräzise gefasst (Kirsch [Handhabung]). Die angelsächsische Betriebswirtschaftslehre verwendet zur Kennzeichnung dieses Phänomens den Begriff der *„ambiguity“*, den wir mit Mehrdeutigkeit übersetzen.

Mehrdeutigkeit als Regelfall

Auf die Relevanz des Mehrdeutigkeitsproblems bei Führungsentscheidungen haben verschiedene Organisationstheoretiker, an ihrer Spitze James March und Johan Olsen (March/Olsen [Ambiguity]; Katz/Kahn [Organizations] 206 f.), hingewiesen. Für sie sind solche *mehrdeutigen Entscheidungssituationen in Unternehmen der Regelfall. In derartigen mehrdeutigen Entscheidungssituationen ist den Entscheidungsträgern relativ unklar, was sich und warum sich etwas ereignet hat* (Macharzina [Fehlentscheidungen] 77 ff.; Sorg [Informationspathologien] 188). Abbildung 2-8 spezifiziert Merkmale der Mehrdeutigkeit von Entscheidungssituationen und zeigt deren Wirkungen auf.

In diesem Sachverhalt der Mehrdeutigkeit von Entscheidungssituationen findet der Informationsinterpretationsansatz seinen Ausgangspunkt und seine theoretische Legitimation. Mehrdeutigkeit bedingt, dass Vorurteile und Emotionen in Entscheidungsprozessen dominieren. So neigten im obigen Fallbeispiel einige Beteiligte trotz der Mahnungen Henry Fords II dazu, den Markt für Fahrzeuge der Kompaktklasse von vornherein, ohne die zweifellos vorhandenen Markterfolge in den Kalkül einzubeziehen, als nachteilig abzutun.

Ignoranz von Mehrdeutigkeit ist schädlich!

Angesichts der hohen faktischen Bedeutung von Interpretationsprozessen dürfen mehrdeutige Entscheidungssituationen von den Entscheidungsträgern weder ignoriert, gemieden noch zwangsweise rationalisiert werden, da die Mehrdeutigkeit den Facettenreichtum eines Entscheidungsproblems repräsentiert. Auch weist sie, in der Zeitdimension betrachtet, auf Anzeichen eines sich vollziehenden Wandels und damit auf mögliche Veränderungen der Entscheidungssituation hin. Überdies würde eine Ignoranz von Mehrdeutigkeit bedeuten, das eigene Gestaltungshandeln lediglich an einer einseitigen Weltsicht sowie an der Vergangenheit auszurichten. Es geht also darum, dem Mehrdeutigkeitsphänomen bei Entscheidungen nicht auszuweichen, sondern es ausdrücklich zur Grundlage der Problemlösung zu machen (vgl. auch Schneider [Ignoranz]).

Die Einflussfaktoren und Wirkungen dieses Problems werden insbesondere von der konstruktivistischen Philosophie, die auf Kant, Dilthey und Wittgenstein zurückgeht (Störig [Philosophie] 678), der Wahrnehmungspsychologie (Graumann [Bedingungen] 1031 ff.) und der Wissenspsychologie (Berger/Luckmann [Konstruktion]) aufgearbeitet.

Merkmale und Wirkungen von Mehrdeutigkeit

Abbildung 2-8

Merkmale	Beschreibung
Informationen sind vage und unzuverlässig.	Da die Definition des Gestaltungsbereichs unklar ist, wird bereits die Informationssammlung und -ordnung zum Problem. Der Informationsstand ist entweder erdrückend oder völlig unzureichend. Die Daten sind unvollständig und fraglicher Natur.
Verständnis von Ursache-Wirkungs-Zusammenhängen ist gering.	Die Entscheider können nicht zwischen Ursachen und Wirkungen unterscheiden. Selbst wenn sie sich im Klaren sind, welche Wirkungen sie wünschen, sind sie doch unsicher, wie sie diese Wirkungen erreichen können.
Ziele sind unklar, personenverschieden und widersprüchlich.	Den Entscheidungen fehlt ein Leitfaden von klar definierten, verständlichen Zielsetzungen. Entweder sind die Ziele vage oder sie sind zwar wohldefiniert, aber untereinander widersprüchlich.
Unterschiedliche Werthaltungen und Emotionen dominieren.	Da keine objektiven Kriterien vorliegen, beziehen sich die beteiligten Personen in starkem Maße auf ihre persönlichen Werte, um der Situation einen Sinn zu geben.
Erfolgsmaßstäbe fehlen.	Die Entscheider wissen überhaupt nicht, was es heißt, die Situation erfolgreich zu meistern. Oft können sie auch nicht beurteilen, inwieweit sie erfolgreich waren.
Verhaltenserwartungen sind vage; Verantwortlichkeiten unklar.	Die Entscheider haben keinen klar definierten Kompetenzbereich. Insbesondere bei wichtigen Angelegenheiten sind die Entscheidungskompetenzen vage und umstritten.
Entscheidungsträger wechseln.	Der Kreis der Personen, die an den Entscheidungen interessiert sind, ist nicht eindeutig abgegrenzt.
Zeit, Geld und Aufmerksamkeit fehlen.	Die Sachlage wird besonders problematisch, da zumindest eine dieser drei Größen knapp bemessen ist.
Wirkungen	**Beschreibung**
Unterschiedliche Situationsbeurteilung.	Für die vorliegenden Daten entwickeln unterschiedliche Entscheidungsträger sich widersprechende Einschätzungen, da die Tatsachen und ihre Bedeutungen auf voneinander abweichende Weise interpretiert werden können.
Die Problemhaftigkeit der Situation an sich steht in Frage.	Es ist unklar, was das eigentliche Gestaltungsproblem ist; die Entscheider verfügen über unvollständige Problemdefinitionen.
Unvereinbarkeiten und Paradoxien treten auf.	Die Handlungssituation weist inkonsistente Erscheinungsformen, Beziehungen und Anforderungen auf.
Symbole und bildhafte Ausdrucksformen dominieren.	Statt präziser Definitionen und logischer Argumente setzen die Entscheider vorzugsweise auf Symbole und Metaphern, um ihre Auffassungen zum Ausdruck zu bringen.

2.4.4 Rasterbildung als Instrument zur Komplexitätsreduktion

„Geistige Landkarte"

Der Denkrichtung des Interpretationsansatzes zufolge entwickeln und vervollständigen Manager im Laufe ihres Lebens eine *„private Theorie"*, mit der sie die Vielzahl der Umwelteindrücke selektieren, ordnen, deuten und bewerten und darauf aufbauend schließlich handeln. Da dieses Denkraster die konzeptionelle Grundlage des Handelns der Manager darstellt, soll sie im Nachfolgenden als *konzeptionelles Raster* bezeichnet werden (Lehner [Reference Points] 63 ff.). Diese Sichtweise hat der Interpretationsansatz der konstruktivistischen Philosophie sowie der Wahrnehmungspsychologie entlehnt (einen Vorläufer stellen die Arbeiten Tolmans ([Maps] 189 ff.) dar).

Komplexitätsreduktion als Ziel

Mapping als Methode

In der inhaltlichen Dimension präsentieren sich konzeptionelle Raster als vereinfachte Abbilder der Realität. Sie sind *unveröffentlichte, „persönliche" Modelle der Realität* und fungieren als individuelle Filter, durch die der jeweilige Manager die Entscheidungssituation abbildet. Mit Hilfe der Rasterbildung (mapping) lässt sich *die Komplexität*, die durch die Mehrdeutigkeit und Unstrukturiertheit der Entscheidungssituation gegeben ist, auf ein handhabbares Niveau *reduzieren.*

Das konzeptionelle Raster des jeweiligen Entscheiders wird von *verschiedenen Determinanten* beeinflusst, die in einem Beziehungsgeflecht zueinander stehen und sich dadurch verstärken, kompensieren oder neutralisieren können. Zu nennen sind das *Wertesystem* der jeweiligen Person, ihre *Attitüden*, ihre *Motive und Bedürfnisse*, ihre *kognitiven Strukturen*, ihr *Problemlösungstyp* sowie die *strategische Grundhaltung des Unternehmens* und dessen *Kultur* (vgl. Abbildung 2-9).

Werthaltungen des Managers

- Werthaltungen – verstanden als *generelle Auffassungen vom Erwünschten* (Kluckhohn et al. [Values] 388 ff.) – sind bedeutsam, weil Personen im Falle mehrdeutiger Entscheidungssituationen dazu neigen, diese mit ihren übergeordneten Orientierungen in Beziehung zu setzen, um hieraus Kriterien und Präferenzen zur Entscheidung abzuleiten. Diesbezüglich ist davon auszugehen, dass Manager aufgrund des sich in den 1970er und 1980er Jahren vollziehenden Wertewandels zunehmend offen gegenüber pluralen Zieldimensionen sind, welche nicht nur ökonomische, sondern auch ökologische und soziale Dimensionen beinhalten. Dieser Trend scheint sich in den letzten Jahren insofern wieder umgekehrt zu haben, als sich zu Beginn dieses Jahrtausends immer mehr Top-Manager zum Konzept der „wertorientierten Unternehmensführung" (Macharzina/Neubürger [Unternehmensführung]) bekannt haben.

Abbildung 2-9

Determinanten des konzeptionellen Rasters

Determinanten des konzeptionellen Rasters	Inhalt	Wirkung auf die Handhabung mehrdeutiger Entscheidungsprobleme
Wertesystem des Managers	zeitstabile Auffassungen vom Erwünschten	Präferenzordnungen in konkreten Entscheidungssituationen werden aus dem individuellen Wertesystem abgeleitet
Attitüden des Managers	Einstellungen, Gedanken, Gefühle und Handlungsbereitschaften gegenüber einer Person oder einer Sache	bestimmen Sensibilität des Managers für Umweltentwicklungen sowie sein Vertrauen in vorhandene Lösungsansätze
Motive und Bedürfnisse des Managers	aktuelle Triebkräfte des Handelns von Menschen	bestimmen Anspruchsniveau und Art der Aktionspläne
Kognitive Strukturen des Managers	Art und Beschränkung der Informationsverarbeitung von Menschen	bestimmen Informationswahrnehmung und Spektrum alternativer Problemlösungsansätze
Problemlösungstyp des Managers	Problemstrukturierungs- und -lösungsstil	bestimmen Problemlösungsprozess, -methode und -reichweite
Strategische Grundhaltung des Unternehmens	Grundmuster ganzer Unternehmen, die hinter deren Strategien stehen	wirken verhaltensstabilisierend
Unternehmenskultur	Gesamtheit der gesammelten Erfahrungen und Werte des Unternehmens	stabilisiert und normiert Alternativenwahl

Attitüden des Managers

- Weiterhin wird in mehrdeutigen Situationen auf *Attitüden* zurückgegriffen. Diese beinhalten Regelmäßigkeiten der Gefühle, Gedanken und Handlungsbereitschaften gegenüber einer Person oder einer Sache (Secord/Backman [Psychology] 97). Individuen, die grundsätzlich dazu neigen, den sich in ihrem Lebensraum vollziehenden Entwicklungen negative Konsequenzen dramatisch-revolutionären Ausmaßes zuzuordnen, werden auch in ihrer Rolle als Manager von diesem Denkmuster nicht abweichen können. Konsequenzen derartiger Attitüden bestehen zum Beispiel darin, dass strategische Früh*aufklärungs*systeme, deren Aufgabe in der Antizipation von potenziellen Chancen *und* Gefahren besteht, auf strategische Früh*warn*systeme, die auf die Sammlung von Anzeichen für Gefährdungen spezialisiert sind, reduziert werden.

Motive des Managers

- Mit den *Motiven* des jeweiligen Managers (Graumann [Bedingungen] 1078) ist insofern ein außerhalb von Werthaltungen liegender Einflussfaktor angesprochen, da durch das Konstrukt der Motivation die *aktuellen Triebkräfte des Handelns* erfasst werden, während Werte dessen relativ *zeitstabile Grundpositionen* beinhalten. Innerhalb des Spektrums entscheidungsrelevanter Motive und Bedürfnisse kommt im vorliegenden Untersuchungszusammenhang dem *Bedürfnis nach Kontextähnlichkeit* und dem *Bedürfnis nach Machtausdehnung* in Führungsprozessen eine grundlegende Bedeutung zu. Das Streben nach Kontextähnlichkeit kann dazu führen, dass Manager absichtlich entscheidungsrelevante Informationen außer Acht lassen, weil diese ihr Interpretationsschema ins Wanken bringen würden. Hieraus resultiert die Gefahr, dass Vorteile aus sich abrupt veränderten Umweltkonstellationen unrealisiert bleiben. Das *Bedürfnis nach Machtausdehnung* wird dann zum Problem, wenn Informationen aus Gründen der Machterhaltung und -steigerung bewusst oder unbewusst unterdrückt, abgeschottet oder verfälscht werden.

Kognitive Strukturen des Managers

- Mit den *kognitiven Strukturen* ist der Bereich des Denkens und Lernens und damit der *Aspekt des „Könnens“* des jeweiligen Managers angesprochen. Nach den Ergebnissen experimenteller Untersuchungen ist davon auszugehen, dass die individuelle Vorstellungsfähigkeit sowohl von Problemlösungen als auch von künftigen Problemsituationen eng mit dem persönlichen, rekonstruierbaren Erfahrungsbestand verknüpft ist (Milburn [Sources] 17 ff.).

Problemlösungstyp des Managers

- Der Einfluss des *Problemlösungstyps* ist durch Befunde der Gehirnforschung fundiert (Mintzberg [Planning] 49). Basierend auf der Differenzierung zwischen einer vorrangig „sinnesbezogenen“ und einer „intuitiven“ Wahrnehmung sowie der „analytisch-denkenden“ und der „fühlenden“ Beurteilung sind vier Problemlösungstypen gegeneinander abzugrenzen, welche mit dem „Sozialtechnologen“, dem „Strategen“, dem „systematischen Empiristen“ sowie dem „komplexen Theoretiker“ gegeben sind. Hierbei wird angenommen, dass Manager nicht beliebig ihre perzeptiven und kognitiven Informationsverarbeitungsgrundlagen der gerade vorherrschenden Problemart anpassen können (Billings/ Milburn/Schaalman [Model] 313 ff.).

Strategische Grundhaltung des Unternehmens

- Als wichtiger Einflussfaktor der unternehmerischen Ebene sind *strategische Grundhaltungen* anzusprechen. Hierunter versteht man die hinter den einzelnen Unternehmensstrategien (Geschäftsfeld-, Wettbewerbs-, Marketing- oder Personalstrategien) liegenden Konstanten unternehmerischen Verhaltens. Sie kennzeichnen das Verhalten von Unternehmen als Ganzes. Vor allem Rollenzwänge tragen dazu bei, dass Manager nur unter größten Anstrengungen Entscheidungen vorbereiten und treffen können, die im Widerspruch zur bisherigen strategischen Grundhaltung ihres Unternehmens stehen. Basierend auf empirischen Langzeitstudien wurden der „Verteidiger", der „Risikostreuer", der „Anpasser" und der „Prospektor" (Miles/Snow ([Strategy] 29 ff.) als vielfach anzutreffende strategische Grundhaltungen identifiziert (vgl. Abschn. 5.1.2).

- Auch von der Kultur des jeweiligen Unternehmens kann eine Einengung des Interpretations- und Handlungsspielraums bei Problemlösungen erzeugt werden. Unternehmenskulturen erfüllen nämlich über die in gemeinsam geteilten Philosophien, Zielsystemen, Symbolstrukturen, Mythen und Traditionen gespeicherten Handlungsnormen aktivierende, koordinierende und legitimierende Funktionen (vgl. Abschn. 4.7.1). In Anlehnung an Deal und Kennedy ([Cultures]) sind in Abhängigkeit von den beiden Einflussvariablen „Risikograd der geschäftlichen Entscheidungen" und „Feedbackgeschwindigkeit" *vier Normtypen* von Unternehmenskulturen zu unterscheiden, welche in der „Tough-Guy-Macho-Culture", der „Work-Hard, Play-Hard-Culture", der „Bet-Your-Company-Culture" sowie der „Process-Culture" gegeben sind (vgl. Abschn. 4.7.2).

Kultur des Unternehmens

Neben den erläuterten Determinanten lassen sich noch *weitere Faktoren* nachweisen, die die konzeptionellen Raster von Managern prägen. So ist nicht zu bezweifeln, dass der Spezialisierungs- und Formalisierungsgrad der Unternehmensorganisation (vgl. Abschn. 7.2 und 7.3) oder die Struktur der Planungs- und Kontrollsysteme (vgl. Abschn. 6.4) das Interpretationsverhalten von Managern substanziell beeinflussen.

Weitere Einflussfaktoren

2.4.5 Konzeption der Unternehmensführung im Interpretationsansatz

Aus dem Denksystem des Interpretationsansatzes lassen sich mehrere Ansatzpunkte zur konzeptionellen Umgestaltung der Unternehmensführung ableiten. Im Vergleich zu herkömmlichen Modellen der Unternehmensführung, die insgesamt gesehen auf eine „funktionalistische" Aufgabenerfüllung für die Umwelt ausgerichtet sind (vgl. Abbildung 2-10), ergeben sich beispielhaft skizziert folgende *Neuorientierungen* (Smircich [Implications] 226):

(1) *Unternehmenskonzept*
Im funktionalistischen, traditionellen Modell beschränken sich die Aufgaben des Unternehmens, das auch dort mehrheitlich als offenes System begriffen wird, auf eine instrumentelle Verbindung zur Umwelt. Der *Handlungscharakter* des Unternehmens ist primär *passiver, reagierender Natur.*

Passive Reaktion

Aktive Kontextbeeinflussung

Hingegen beinhaltet die Sichtweise von der Unternehmens-Umwelt-Interaktion der Natur nach, dass das Unternehmen aktiv Impulse in seinen Handlungskontext entsendet und diesen zielgerichtet beeinflusst.

(2) *Umweltkonzept*

Umwelt als messbares Datum

Die funktionalistische Sichtweise bestimmt die Umwelt vor allem als Quelle von Ressourcen und der Nachfrage, von Beschränkungen und als Abnehmer von Unternehmensleistungen. Hierbei wird die *Umwelt* in erster Linie *normierend und unveränderlich begriffen*, die aus quantifizierbaren Fakten besteht und eher technokratischer Natur ist. Dies führt zu einem Verständnis von Unternehmensführung als striktes Verfolgen aus der Umweltentwicklung abgeleiteter Pläne und als Berechnen und Einhalten von Budgets mit Top-Down-Entscheidungsmentalität.

Kreative „Inszenierung" der Umwelt

Das im Interpretationsansatz entwickelte Bild der Umwelt unterscheidet sich in doppelter Hinsicht von demjenigen der funktionalistischen Perspektive. *Einerseits* wird die *Umwelt als kontinuierlicher Fluss vielfältiger, auch abrupt verlaufender Entwicklungen* betrachtet; dadurch wird zwangsläufig die Sichtweise hinfällig, dass die Umwelt in ihrer komplexen Vielschichtigkeit vom Top-Management verabsolutierend begriffen und „festgestellt" werden kann. Aus diesem Grunde erscheint es weder sinnvoll noch möglich, Umweltentwicklungen auf passive Weise hinzunehmen. Sobald das Top-Management nämlich glaubt, relevante Umweltveränderungen in ihrem gesamten Wirkungsgefüge erfasst und verstanden zu haben, ist die Entwicklung schon wieder eine Stufe vorangeschritten. Eine Möglichkeit, sich auf dieses ständige Überholtwerden besser einzustellen, besteht darin, dass das Top-Management sich in einem kreativen Prozess *sein* Bild des Handlungskontexts „macht" und die Umwelt sozusagen „inszeniert".[1] Andererseits wird erkannt, dass die vielschichtigen Umweltentwicklungen von Umwelt*akteuren* in Gang gesetzt werden. Aus diesem Grunde erscheint es zweckmäßig, nicht nur die Handlungsprogramme des Unternehmens an das vom Top-Management inszenierte Bild der Umwelt anzupassen, sondern auch den Versuch zu unternehmen, die Umweltentwicklungen im Sinne der Unternehmensziele proaktiv zu beeinflussen.

(3) *Steuerungskonzept*

Steuerung über Kontrollhandeln

Die funktionalistische Sichtweise bedingt, dass *Steuerung und Kontrolle gleichgesetzt* werden. Die instrumentell ausgerichtete Verbindung des Unternehmens zur Umwelt führt dazu, dass das Top-Management in

1 Im Englischen wird hierfür der Begriff „to enact" verwendet, der sich im Deutschen leider nicht in eine ebenso sprechende Formulierung fassen lässt.

erster Linie darauf ausgerichtet ist, die *Kontrolle über externe Ressourcen* zu bewahren, wobei es hautpsächlich darum geht, die bestehenden Beziehungen in und um das Unternehmen zu stabilisieren. In diesem Zusammenhang könnte auch von einer *regulativen Unternehmensführung* gesprochen werden. Hierzu wird ein komplexes Kontrollsystem aufgebaut, das sich in erster Linie auf *bürokratische Formen der Kontrolle* stützt (command-control-system).

Eine völlig anders geartete Ausrichtung findet die Steuerungsfunktion der Unternehmensführung im Interpretationsansatz. Hier erfolgt die *Verbindung der Unternehmensmitglieder* über einen *angestrebten Normenkonsens* und nicht über explizite hierarchische Anweisungen (vgl. Abschn. 4.7). Aus diesem gemeinsamen Normenkonsens heraus sind die Unternehmensmitglieder in der Lage, ein *Bewusstsein der Identität und „Zweckhaftigkeit"* zu entwickeln, weshalb die Unternehmensführungsfunktion streng genommen auf einer Vielzahl von Schultern ruht. Diese Auffassung entspricht dem Konzept des Corporate Entrepreneurship, das ein Unternehmen als aus vielen Unternehmern bestehend begreift (Pinchot III [Intrapreneuring]). In diesem Zusammenhang ist es die Aufgabe des Top-Managements, die Erfahrungen der „Entrepreneure" zu moderieren und zu organisieren. Das Top-Management muss die Situation in einer Art und Weise definieren, die mit seinen Absichten und Werten sowie jenen anderer harmoniert; schließlich muss es in der oben beschriebenen Form zur Kontextgestaltung beitragen. Deshalb ist hier das Konzept zu einem „Management of Context and Meaning" zu erweitern, das es ermöglicht, die Kontrollprozesse im Unternehmen von der engen Überwachung und technischen Kontrolle zu Formen der *Selbstkontrolle und sozialen Kontrolle* sowie deren Integration weiterzuentwickeln.

Steuerung über Normenkonsensus

Corporate Entrepreneurship

Management of Context and Meaning

(4) *Managerkonzept*

Das Managerkonzept stellt das Bindeglied zwischen Unternehmens-, Umwelt- und Steuerungskonzept dar. Das strategische Management wird nach funktionalistischer Auffassung primär von dem Bewusstsein um die *Verantwortung des Top-Managements,* den Inhalt der Unternehmensstrategie zu definieren und für die Bereitstellung der Ressourcen zur Ausführung dieser Strategien zu sorgen, geprägt. Die Unternehmensführung stellt daher auf die retrospektive Analyse der Umweltbedingungen und der Potenziale des Unternehmens ab. Daraus ergibt sich, dass strategisches Management für „Vermitteln" zwischen Umwelt und Unternehmen mit dem Ziel der anpassenden Abstimmung bzw. des „reaktiven Fit" steht. Dies macht in erster Linie analytische und entscheidungsorientierte Fähigkeiten notwendig.

Manager als Analytiker

Abbildung 2-10

Unternehmensführungskonzepte

Funktionalistischer Ansatz	**Interpretationsansatz**
	Unternehmenskonzept
Das Unternehmen wird als offenes System betrachtet, das in der Umwelt eine rein instrumentelle Funktion erfüllt.	Das Unternehmen gilt als soziales, in die Umwelt eingebettetes System, das substanziellen Einfluss auf die Umwelt ausübt.
	Umwelt und strategisches Konzept
Das Unternehmen handelt in einer Umwelt, die als unabhängige Größe vorgegeben ist. Die Umwelt und das Unternehmen üben zwar einen gewissen gegenseitigen Einfluss aufeinander aus; die Aufgabe der Unternehmensführung ist es jedoch, eine reaktive Anpassung an die Umweltzwänge vorzunehmen.	Die Unternehmensmitglieder gestalten auf der Basis ihrer sozialen Interaktionen die Unternehmensumwelt. Die Deutungsmuster der Unternehmensmitglieder stellen das Fundament der Unternehmenssituation dar. Eine wichtige Aufgabe des strategischen Managements besteht im Schaffen eines Bedeutungssystems, an dem die Unternehmensmitglieder ihre Werte und Ziele ausrichten können.
	Managerkonzept
Analytischer Entscheider; Überwacher von Bedingungen der Stabilität, der Umweltunsicherheit als notwendiges Übel begreift.	Gestalter von Kontextbedingungen; Quelle von Interpretationsschemata; Manager begreift mehrdeutige Handlungssituation als Chance für Veränderungen.
	Kontrollkonzept
Handlungsabstimmung aufgrund expliziter Kontrollmechanismen; bürokratische Kontrollformen.	„Kontrollmechanismus" ist in gemeinsamen Werten gegeben; implizite (Eigen-)Verhaltenskontrolle der Unternehmensmitglieder.
	Konzept des Unternehmenswandels
Wandel der externen Kontextfaktoren gilt als unbeeinflussbar; interner Wandel gilt als Ergebnis des eigenen Verhaltens; vor allem über Veränderungen der Strukturen und Prozesse.	Umweltwandel und Wandel des Unternehmens werden als Ergebnis eines gegenseitigen Interaktionsprozesses begriffen.

Manager als Kreatoren

Der Interpretationsansatz hingegen argumentiert, dass Unternehmensführung nicht mehr als rein analytischer, sondern als *kreativer Prozess und als ein Akt des gesellschaftsbezogenen Konstruierens des Unternehmens und seiner Umwelt* verstanden wird. Manager müssen sich daher vom Typ des Analytikers zum Typ des „Kreators" weiterentwickeln. Erfolgreiche Führungskräfte bemühen sich, ein sinngebendes Bild oder eine symbolische Realität in der Dimension einer „Organizational World

View" zu entwickeln, wobei neben ökonomischen auch rechtliche, technische, gesellschafts- und naturwissenschaftliche Grundkenntnisse bedeutsam werden. Manager sind daher nicht nur Spezialisten, sondern werden zu Generalisten neuer Art. Dem Management obliegt es, dem Gestalten eines Mosaiks aus Fragmenten vergleichbar, durch seine *Interpretationsleistung* aus diversen Kanälen und Quellen zusammengeführte Informationen zu einem ganzheitlichen Bild der Realität zu formen. Dieses Sinnvermittlungshandeln der Führungskräfte akzentuiert sich als „Management of Meaning".

2.5 Gesamtbeurteilung der unternehmensführungsbezogenen Theorieentwicklung

Bei den oben dargestellten theoretischen Ansätzen der Unternehmensführung handelt es sich um komplementäre Denksysteme, die in keinem Konkurrenzverhältnis zueinander stehen (vgl. auch Zelewski [Theorien] 217 ff.). Abbildung 2-11 verdeutlicht die Beurteilung der Ansätze anhand der Kriterien „Präzision der Aussagen", „Normativität der Aussagen" und „Breite des Anwendungsfelds" und stellt damit eine Heuristik dar, aus der potenzielle Anwendungsgebiete der Theoriesysteme abgeleitet werden können.

Aus Abbildung 2-12 wird ersichtlich, in welchen zeitlichen Epochen die vorgestellten theoretischen Ansätze entwickelt und als dominante Denkmodelle der Unternehmensführung diskutiert wurden. Auch macht sie deutlich, wie die Ansätze inhaltlich aufeinander aufbauen und miteinander verwandt sind. Die negativen Beziehungssymbole zwischen Prozessansatz und Kontingenzansatz sowie Wissenschaftlicher Betriebsführung und Human-Relations-Bewegung sind dergestalt zu verstehen, dass die jeweils jüngeren die Erkenntnisse der älteren Theorieströmung relativiert oder sogar umgekehrt haben. Schließlich können aus Abbildung 2-12 Anhaltspunkte über die Hauptvertreter des jeweiligen theoretischen Ansatzes entnommen werden.

Ausgehend von der Überzeugung, dass die einzelnen theoretischen Ansätze für sich genommen lediglich Teilbereiche des Unternehmensführungsproblems ausleuchten können, werden *der vorliegenden Schrift mehrere theoretische Fundamente* zugrunde gelegt.

Abbildung 2-11 *Merkmale von Unternehmensführungsansätzen*

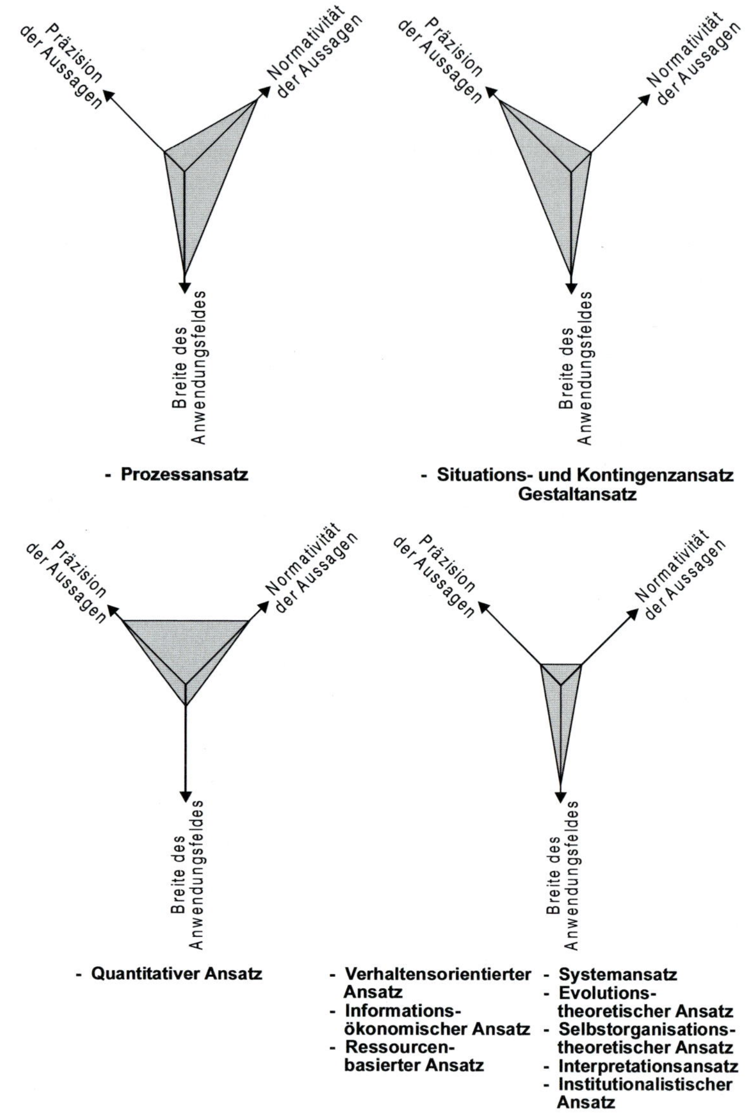

Historische Entwicklung von Unternehmensführungsansätzen **Abbildung 2-12**

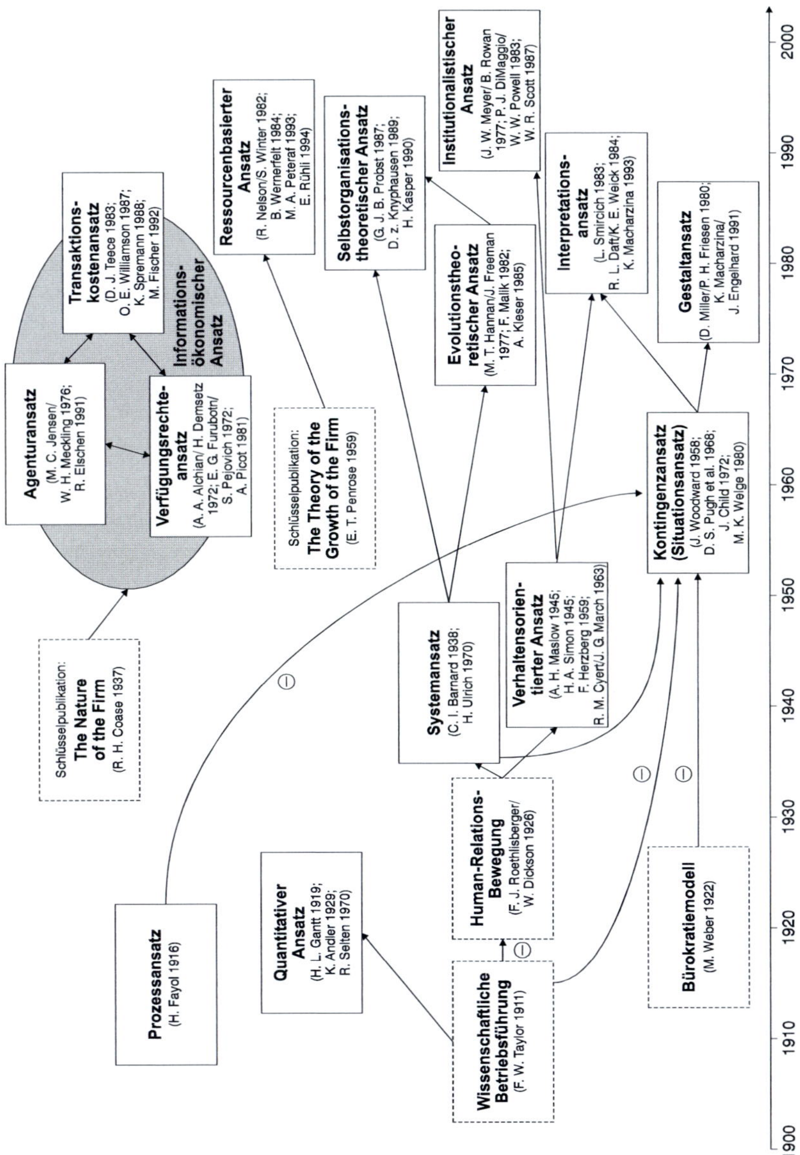

So wird beispielsweise die *informationsökonomische Perspektive* bevorzugt, wenn es darum geht, die Effizienzwirkungen alternativer Gestaltungsvorschläge der Unternehmensverfassung zu analysieren. Das Gedankengut des *Gestaltansatzes* wird herangezogen, um deutlich zu machen, dass Unternehmensführungshandlungen als das Ergebnis eines kontinuierlich fließenden Entscheidungsstromes zu begreifen sind, auf den eine Vielzahl von Kontingenzvariablen einwirken und bei dem es darum geht, eine stimmige Konfiguration der Kontingenz- und Gestaltungsvariablen zu realisieren. Der *Interpretationsansatz* verweist schließlich darauf, dass Unternehmensführungshandlungen nicht als bloße Reaktion der Führungskräfte auf Unternehmens- und Umweltmerkmale, sondern als Ergebnis der Deutung subjektiv perzipierter Kontextausschnitte zu begreifen sind.

Kontrollfragen und Aufgaben zu Kapitel 2

1. Warum wird Fayols theoretischer Ansatz als „Prozessansatz" bezeichnet?

2. Erläutern Sie die wichtigsten Grundsätze in Fayols Theorieansatz.

3. Inwiefern korrespondieren diese Grundsätze mit dem so genannten Einliniensystem?

4. Aus welchem Grund ist Fayols Beitrag bedeutsam für die Forschung und Lehre der Unternehmensführung?

5. Welche Kritik wird an den Prozessansätzen geübt?

6. Wo liegen die Wurzeln der quantitativen Ansätze der Unternehmensführung?

7. Welche Denkrichtungen der quantitativen Ansätze sind zu unterscheiden? Welche Anwendungsgebiete vermögen sie zu erklären?

8. Erläutern Sie Kritikpunkte, die an quantitativen Ansätzen der Unternehmensführung geübt werden.

9. Auf welchen Erkenntnisgegenstand konzentrieren sich verhaltenswissenschaftliche Ansätze der Unternehmensführung?

10. Erklären Sie theoretische Konzepte, die sich der verhaltenswissenschaftlichen Denkrichtung in der Unternehmensführungslehre zuordnen lassen.

11. Ist der Einwand, dass es sich bei der verhaltenswissenschaftlichen Theorieströmung um „Sozialklimbim" handle, gerechtfertigt? Begründen Sie Ihre Aussage.

12. Warum werden die auf den Gedanken von Coase aufbauenden Theoriensysteme auch als „institutionenökonomische Ansätze" oder „informationsökonomische Ansätze" bezeichnet?

13. Skizzieren Sie die gemeinsamen Theoriebestandteile von Verfügungsrechtetheorie, Transaktionskostentheorie und Agenturansatz.

14. Erläutern Sie die Kernaussagen der Verfügungsrechtetheorie, der Transaktionskostentheorie und des Agenturansatzes. Für welche Untersuchungsgegenstände bieten sie sich an? Inwiefern unterscheiden sie sich?

15. Erläutern Sie das Effizienzkriterium des Transaktionskostenansatzes. Mit welchen spezifischen Problemen ist dieses verbunden?

16. Erklären und beurteilen Sie Williamsons Konzept zur theoretischen Fundierung der Markt-Hierarchie-Entscheidung.

17. Was versteht man unter „Monitoring Costs", „Bonding Costs" und „Residual Loss"? Von wem ist „Moral Hazard" zu erwarten?

18. Welche Entscheidungsprobleme vermag der Agenturansatz zu erklären? Wer ist dabei Prinzipal, wer Agent?

19. Beurteilen Sie die Kritik, die an institutionenökonomischen Ansätzen geübt wird.

20. Welche Entwicklungen haben zum Bedeutungsgewinn des ressourcenbasierten Ansatzes beigetragen?

21. Erläutern Sie das Grundkonzept des ressourcenbasierten Ansatzes.

22. Was versteht man unter „Tacit Knowledge"?

23. Welche unternehmensführungsbezogenen Faktoren können sich nach dem Grundmodell des ressourcenbasierten Ansatzes rentestiftend auswirken?

24. Erläutern Sie, warum der ressourcenbasierte Ansatz nicht mehr als eine ressourcenbasierte „View" ist.

25. Erklären Sie die Kerngedanken des Systemansatzes. Welche Sachverhalte vermag er zu erklären?

26. Welchem Systemtyp entsprechen Unternehmen, und welche Begründung wird für gängige Zuordnungen herangezogen?

27. Warum hat die Bedeutung des Systemdenkens in den letzten Jahren nach einem Niedergang in den 1970er Jahren wieder stark zugenommen?

28. Was beinhaltet der Begriff „Kontingenz" im Modelldenken der Unternehmensführungstheorie?

29. Unterscheiden sich Situationsansatz und Kontingenzansatz? Wenn ja, worin?

30. Vergleichen Sie die Aussagensysteme des Prozessansatzes und des Situationsansatzes. Welcher wird den heutigen Verhältnissen besser gerecht? Begründen Sie Ihre Aussage.

31. Was wird in der Unternehmensführungstheorie als ein „Fit" bezeichnet?

32. Suchen Sie nach Praxisbeispielen, in denen ein „Fit" bzw. ein „Misfit" offensichtlich wird.

33. Lässt sich der Situationsansatz mit den Gedanken der proaktiven Unternehmensführung vereinbaren?

34. Welche praktischen Probleme treten bei der Umsetzung des Situationsansatzes auf?

35. Was kennzeichnet den Evolutionsansatz und wie ist er auf Unternehmensführungsprobleme anwendbar?

36. Erklären Sie das Konzept der Variation-Selektion-Retention anhand eines Beispiels aus der Unternehmenspraxis.

37. Was versteht man unter selbstorganisierenden Systemen? Welche Auswirkung hat das Konzept der Selbstorganisation auf die Unternehmensführung?

38. Was bezeichnet eine „Gestalt" im Modelldenken der Unternehmensführungstheorie?

39. Erläutern Sie die Grundkonzeption des Gestaltansatzes. Inwiefern vermag der Gestaltansatz die am klassischen Situationsansatz geübte Kritik zu überwinden?

40. Welches methodische Vorgehen erfordert gestaltorientierte Forschung zur Unternehmensführung? Welche Probleme sind bei deren empirischer Anwendung zu erwarten?

41. Erläutern Sie die Kernthesen der wirtschaftswissenschaftlichen Selbstorganisationstheorie.

42. Inwiefern bindet die wirtschaftswissenschaftliche Selbstorganisationstheorie an das gleichnamige Konzept der Naturwissenschaften an?

43. Welche kritischen Einwände schmälern den Nutzen der Selbstorganisationstheorie als Analyserahmen für Unternehmensführungsprobleme?

44. Warum hat der institutionalistische Ansatz in der Betriebswirtschaftslehre Fuß fassen können?

45. Vergleichen Sie den Institutionenbegriff des institutionalistischen Ansatzes mit demjenigen der informationsökonomischen Theorie.

46. Was versteht man unter einer Eingebettetheit von Unternehmen?

47. Inwiefern relativiert der institutionalistische Ansatz die in der Unternehmensführungslehre sonst vorherrschende Effizienzorientierung?

48. Suchen Sie Beispiele für Rationalitätsmythen. Was versteht man unter einem institutionellen Isomorphismus und welche Arten gibt es?

49. Was ist Pfadabhängigkeit? Sind Studierende pfadabhängig?

50. Erläutern Sie die Prämissen des Homo-oeconomicus-Modells. Zeigen Sie auf, wie sich dieses in der Unternehmensführungslehre niedergeschlagen hat. Welche Kritik ist an diesem Modell zu üben?

51. Was versteht man unter „deskriptiver" und „präskriptiver", „explikativer" und „normativer" Aufgabe der Theorie der Unternehmensführung?

52. Welche faktische Relevanz besitzt der Interpretationsansatz? Inwiefern erweitert er die Perspektive traditioneller Informationsverarbeitungsansätze?

53. Wovon werden nach dem Daft-Weick-Modell die in Unternehmen anzutreffenden Interpretationsmuster beeinflusst?

54. Welche weiteren Faktoren beeinflussen neben den im Daft-Weick-Modell berücksichtigten Faktoren das kognitive Raster?

55. Warum ist das Mehrdeutigkeitsphänomen für die Unternehmensführung bedeutsam? Erläutern Sie Merkmale und Wirkungen von Mehrdeutigkeit.

56. Inwiefern kann die Handlungssituation der Top-Manager der amerikanischen Automobilunternehmen während der 1960er und 1970er Jahre als mehrdeutig bezeichnet werden?

57. Inwiefern unterscheidet sich die Konzeption der Unternehmensführung im Interpretationsansatz von traditionellen Konzeptionen, die von einem funktionalistischen Modell ausgehen?

58. Warum ist die Wahl eines geeigneten Ansatzes bedeutsam für die theoretische Durchdringung des Realphänomens „Unternehmensführung"?

59. Analysieren und interpretieren Sie die Unterschiede in der Ausgangslage und den Rahmenbedingungen der amerikanischen und deutschen Automobilindustrie. Welche strategischen Entscheidungen hätten Sie getroffen?

Literaturhinweise zu Kapitel 2

DAFT, R. L., WEICK, K. E., Toward a *Model* of Organizations as Interpretation Systems, in: Academy of Management Review, 9. Jg., Heft 2, 1984, S. 284–295.

MILLER, D., FRIESEN, P. H., *Organizations* – A Quantum View, Englewood Cliffs 1984.

WOLF, J., *Organisation*, Management, Unternehmensführung – Theorien und Kritik, 3. Aufl., Wiesbaden 2008.

3 Unternehmensverfassung und Corporate Governance

Fallbeispiel:

Porsche Automobil Holding SE

Die in Abbildung 3-1 dargestellte ganzseitige Anzeige, die Porsche am 14.11.2007 in den führenden Tageszeitungen schaltete, ist vor dem Hintergrund der Restrukturierung von Porsche durch Übergang zum Holding-Modell (vgl. Abschn. 7.2.2.4) sowie der Erwartung des Erwerbs der Mehrheitsanteile von über 50 Prozent an der Volkswagen (VW) AG zu sehen. Damit würde die VW AG zum zweiten Teilkonzern neben der Porsche AG werden, die seit dem 13.11.2007 die einzige Tochtergesellschaft der Porsche Automobil Holding SE (zu dieser Rechtsform vgl. Abschn. 3.5.2) ist. Ein Blick in die Satzung des Holdingunternehmens zeigt, dass dieses neben der bloßen Verwaltung von Beteiligungen an Automobilunternehmen die Zusammenfassung von Beteiligungen unter einheitlicher Leitung umfasse, selbst Fahrzeuge und Motoren herstellen und unter anderem Zweigniederlassungen im In- und Ausland errichten und andere Unternehmen gründen kann. Wenn man die Nähe zu den Familienstämmen Porsche und Piëch aus Salzburg heranzieht, die an der Porsche AG allein die stimmberechtigten Stammaktien halten, wird schnell deutlich, dass mit der Mehrheit von Porsche bei der VW AG auch der Wolfsburger Konzern gleichsam zur Familiengesellschaft werden würde. Zu den in der Anzeige angesprochenen Spekulationen zählt vor allem die Vorstellung von der Holding als Machtzentrum des größten europäischen Automobilherstellers, unter dessen Dach neben den zwei Teilkonzernen die früher bereits von der VW AG umworbenen Lastwagenhersteller MAN und die schwedische Scania oder auch der Porsche-Piëch Autohandelsriese Platz hätten.

Zunächst geht es aber um die Aufteilung der Mitbestimmungsrechte in der Besetzung des zukünftigen Aufsichtsrats der Holding, die nach Absprache zwischen dem Betriebsratsvorsitzenden Uwe Hück der Porsche AG und deren Unternehmensleitung eine Verteilung der Sitze der Arbeitnehmervertreter von Porsche und VW im Verhältnis 3:3 vorsieht. Der „Zwerg" mit 12.000 Arbeitnehmern soll demnach dasselbe Einflussrecht haben wie der „Riese" mit nahezu 325.000 Arbeitnehmern. Dagegen laufen die Wolfsburger Arbeitnehmervertreter unter Führung ihres Vorsitzenden Bernd Osterloh Sturm. „Dass das nicht in Ordnung sein kann, versteht sich von selbst."

Abbildung 3-1 *Offener Brief der Porsche Automobil Holding SE an die Mitarbeiter der VW AG*

PORSCHE SE

Offener Brief an die Mitarbeiterinnen und Mitarbeiter des Volkswagen-Konzerns

Der Einstieg von Porsche bei Volkswagen und die aktuelle Beteiligung von knapp 31 Prozent haben bei manchen von Ihnen zu Verunsicherungen geführt. Diese Irritationen gehen auf Gerüchte und Spekulationen zurück, die mit der Realität nichts zu tun haben. Aber wir spüren, dass Sie sich um die Zukunft Ihres Unternehmens und um Ihre Arbeitsplätze sorgen.

Wir nehmen Ihre Sorgen und Ängste ernst. Deshalb wiederholen wir, wofür unser Unternehmen seit Jahren klar und unmissverständlich steht:

- **Porsche steht für Arbeitsplatzsicherung, Standortsicherung und Gehaltssicherung.**
- **Porsche steht für „Made in Germany".**
- **Porsche steht für wirtschaftlichen Erfolg und soziale Verantwortung.**
- **Porsche steht für Produktivitätssteigerung, die Arbeitsplätze schafft.**
- **Porsche steht für soziale Errungenschaften, die nicht in Frage gestellt werden.**
- **Porsche steht für die paritätische Mitbestimmung.**
- **Porsche steht für Tarifautonomie.**
- **Porsche steht für Vertragstreue – auch und gerade bei Tarifverträgen.**
- **Porsche steht für Glaubwürdigkeit.**

Mit dieser Einstellung haben wir die schwere Krise bei Porsche Anfang der 90er Jahre überwunden. Heute ist Porsche der profitabelste Automobilhersteller der Welt, **zahlt hohe Erfolgsprämien an die Mitarbeiter (in diesem Jahr 5.200 Euro)** und verfügt über das beste Image in Deutschland. Darauf sind wir verdammt stolz.

Auch was unsere Position zur Zukunft des Volkswagen-Konzerns sowie zu Fragen der Mitbestimmung anbelangt, beziehen wir klar Stellung:

- **Der Volkswagen-Konzern wird nicht zerschlagen.** Anders als mancher Hedge-Fonds (die sogenannten „Heuschrecken") hat Porsche ein existenzielles Interesse, Ihr Unternehmen in seiner heutigen Form zu erhalten. Es wird auch keine Fusion unserer beiden Unternehmen geben. Das heißt: **Porsche bleibt Porsche und Volkswagen bleibt Volkswagen.**
- **Die Betriebsratsgremien** in den einzelnen Ländern, in denen Volkswagen-Werke sind, **bleiben in ihrer jetzigen Form bestehen.** Auch in Deutschland bleiben Betriebsräte, Gesamtbetriebsrat und Konzernbetriebsrat **unabhängig.** Da wir für Vertragstreue stehen, **werden Tarifverträge und Betriebsvereinbarungen ihre Gültigkeit behalten.**
- Wir haben uns ganz bewusst für die **paritätische Mitbestimmung in der Porsche Automobil Holding SE, einer Aktiengesellschaft nach europäischem Recht, entschieden.** Wir hätten die Holding auch problemlos ins Ausland verlegen und damit die Belegschaftsvertreter aus dem Aufsichtsrat heraushalten können. Aber das ist nicht unser Stil. **Die Mitbestimmung war, ist und wird auch in Zukunft ein entscheidender Erfolgsfaktor für unsere Unternehmen bleiben.**

Keine Frage: Wir sind davon überzeugt, dass Porsche mit Volkswagen und Volkswagen mit Porsche in Zukunft noch erfolgreicher werden. Gemeinsam haben wir alle Chancen, im härter werdenden Konkurrenzkampf mit den anderen europäischen, amerikanischen und asiatischen Wettbewerbern bestehen zu können. Der Trend ist deutlich zu erkennen: Immer mehr Automobilhersteller streben Partnerschaften untereinander an, um ihre Zukunftsfähigkeit zu sichern. **Aber niemand hat so hervorragende Voraussetzungen wie Porsche und Volkswagen – vielleicht auch aufgrund unserer gemeinsamen historischen Wurzeln.**

Ohne Sie, die Mitarbeiterinnen und Mitarbeiter des Volkswagen-Konzerns, werden wir unsere Ziele nicht erreichen.
Nur gemeinsam – in einer fairen und gleichberechtigten Partnerschaft – werden wir ein neues Kapitel Industriegeschichte schreiben können. Dafür haben wir mit unserem Engagement bei Volkswagen sowie der Gründung der Porsche Automobil Holding SE, die die Beteiligungen an der Dr. Ing. h.c. F. Porsche AG und der Volkswagen AG führt, die Weichen in die richtige Richtung gestellt.

Lassen Sie uns gemeinsam Erfolg haben. Ein Erfolg, von dem auch Sie profitieren werden.
Wir haben alle Chancen dieser Welt.

Dr. Wendelin Wiedeking
Vorsitzender des Vorstandes
der Porsche Automobil Holding SE

Holger P. Härter
Stv. Vorsitzender des Vorstandes
der Porsche Automobil Holding SE

Stuttgart, 14. November 2007

Porsche Automobil Holding SE, Sitz der Gesellschaft: Stuttgart
Aufsichtsrat: Dr. Wolfgang Porsche (Vorsitzender), Uwe Hück (stellvertretender Vorsitzender)
Vorstand: Dr. Wendelin Wiedeking (Vorsitzender), Holger P. Härter (stellvertretender Vorsitzender)

Folglich hat er bei der Außenstelle des Stuttgarter Arbeitsgerichts in Ludwigsburg dagegen eine Klage eingereicht und Porsche scharf angegriffen: „Porsche braucht uns, wir brauchen Porsche nicht unbedingt." Die Arbeitnehmer der VW AG fürch-

ten um ihren Einfluss im zukünftigen Aufsichtsrat der Porsche Automobil Holding SE. Hück verhandelt („auf Augenhöhe") dem Vernehmen nach seit einiger Zeit mit seinem Kollegen Osterloh über eine gütliche Lösung. Der kündigt allerdings massiven Widerstand an unter Verweis auf den hohen Organisationsgrad der IG Metall in den VW- und Audi-Werken. Gleichzeitig schießt er auf den Porsche-Vorstandsvorsitzenden Wiedeking: „Er bevorzugt anscheinend aus Prinzip die Konfrontation." Er habe keine Angst vor Wiedeking, es gäbe massive Unterschiede in der Unternehmensführung. Das VW-Prinzip laute: „Schöne Autos bauen und Geld verdienen." Bei Porsche falle ihm eher ein: „Geld verdienen, wenn es sein muss auch ohne Autos." Solcher Polemik möchte Porsche nichts entgegensetzen. Tags darauf brechen die Dämme: Der Chef der Wolfsburger IG Metall Patta kündigt einen „Marsch nach Zuffenhausen" zur Blockade des Porsche-Werks an. Daraufhin signalisiert Hück Kompromissbereitschaft, VW ein Übergewicht im zukünftigen Aufsichtsrat zuzubilligen.

Unterdessen hat Bundesjustizministerin Zypries (SPD) einen Referentenentwurf für ein neues VW-Gesetz vorgelegt, nachdem die Stellung Niedersachsens, das mit gut 20 Prozent zweitgrößter Anteilseigner nach Porsche ist, im VW-Aufsichtsrat gestärkt wird. Das alte VW-Gesetz wurde vom Europäischen Gerichtshof in seinem Urteil bemängelt, (ausländische) Investoren abzuschrecken und den freien Kapitalverkehr zu behindern. Nach dem neuen Gesetz sei politischer Widerstand nicht zu erwarten. Selbst der BDI ergreife keine Partei für Porsche, dessen Chef Wiedeking die Justizministerin aufgefordert hatte, den Referentenentwurf zurückzuziehen.

Quellen

www.porsche.com

sowie Beiträge aus folgenden Tageszeitungen und Magazinen: Die Welt, Frankfurter Allgemeine Zeitung, Handelsblatt, Stuttgarter Zeitung und Süddeutsche Zeitung sowie Focus.

> *Jeder hat soviel Recht, wie er Macht hat.*
> *(Baruch de Spinoza, Tractatus politicus 1677)*

3.1 Interessendivergenz als Bestimmungsfaktor der Unternehmensverfassung und Corporate Governance

Die Unternehmensverfassung und Corporate Governance betreffen den institutionellen Aspekt der Unternehmensführung und bilden deren Handlungsrahmen. Die vorherrschende Begründung der Notwendigkeit von Unternehmensverfassung und Corporate Governance stützt sich auf das Phänomen der Interessendivergenz der an Unternehmen beteiligten Akteure und Gruppen. Diese verfolgen bei einem gewissen Grundkonsens voneinander abweichende Interessen und sind daher darum bemüht, die Entscheidungsprozesse in den Unternehmen zu ihrem Vorteil zu beeinflussen. Da die im Unternehmen erwirtschaftete *Menge an materiellen und immateriellen Werten begrenzt* ist, *können nicht alle Ansprüche der Beteiligten gleichermaßen befriedigt werden*. Es ist somit ein Regulativ erforderlich, das das konkurrenzorientierte Streben nach individuellem Vorteil normiert und zum Ausgleich bringt. Dieser Sachverhalt lässt sich anhand einiger Beispiele auf unterschiedlichen Ebenen wirtschaftlichen Handelns verdeutlichen:

Interessendivergenz

Minimalkonsens

Begrenzte Wertmenge

Praxisbeispiele

- Die deutschen Gewerkschaften befürchten, dass die neue europäische Rechtsform der Europa-AG (SE) von den Unternehmen zur Flucht aus der paritätischen Mitbestimmung genutzt werde.

- Im November 2006 berichteten die Medien, dass Bernd Pischetsrieder, dessen Vertrag kurz zuvor bis 2012 verlängert worden war, nun doch schon zu Beginn des Jahres 2007 als Vorstandsvorsitzender der Volkswagen AG abgelöst werden soll. Obwohl ihm vorgeworfen wurde, dass er die Sanierung der Kernmarke VW nicht energisch genug vorangetrieben habe, solle er bei seinem Ausscheiden eine Abfindung in zweistelliger Millionenhöhe erhalten. Ein Jahr später berichtet das Nachrichtenmagazin Focus, dass Pischetsrieder, der zwischenzeitlich nicht mehr Mitglied des Vorstands ist, weiterhin ein Vorstandsgehalt von 2,5 Millionen Euro pro Jahr bezieht (Özgenc [Mini-Jobber]).

- Obwohl das Handywerk Bochum profitabel arbeitet, hält das finnische Mobilfunkunternehmen Nokia, welches für das Geschäftsjahr 2007 einen Gewinn von 7,2 Milliarden Euro erwirtschaftet hat, auch im Februar 2008 an der umstrittenen Schließung dieses Werkes fest. Nokia will seinen bisher am Standort Bochum beschäftigten Mitarbeitern Arbeitsplätze am Nachfolgestandort Rumänien anbieten. Die Arbeitnehmervertreter sowie die Politiker des Landes Nordrhein-Westfalen intervenieren energisch, jedoch ohne Erfolg.

- Bundeskanzlerin Angela Merkel bekannte sich in ihrer Regierungserklärung zur Aufrechterhaltung des deutschen weltweit einzigartigen Modells der institutionalisierten Mitbestimmung, nahezu gleichzeitig unterschrieb sie im November 2005 jedoch einen Koalitionsvertrag, der vorsieht, dass im Bedarfsfall Anpassungen vorgenommen werden können.

Unternehmensführung im Kontext von Beeinflussung, Macht und Konflikten

Das einleitende Fallbeispiel sowie die vorigen Beispiele zeigen, dass Unternehmensführung

- *Beeinflussungsversuchen Dritter* unterliegt. Die Anspruch erhebenden Gruppen trachten danach, die Entscheidungen der Unternehmensführung je nach Interessenlage zu verändern oder zu stabilisieren;
- ein *machtorientiertes Phänomen* darstellt. Der Erfolg der Beeinflussungsversuche wird nicht nur durch die Kraft des Arguments, sondern unter Nutzung der Machtpotenziale der internen und externen Akteure bestimmt (Nienhüser [Macht]). Macht, „als jede Chance, innerhalb einer sozialen Beziehung den eigenen Willen auch gegen Widerstreben durchzusetzen, gleichviel worauf diese Chance beruht" (Weber [Grundbegriffe] 89), wird zu einer wichtigen Quelle der Interessendurchsetzung;
- durch *Existenz und Austragung von Konflikten* gekennzeichnet ist. In Abschnitt 1.3.2 wurde bereits darauf verwiesen, dass die marktwirtschaftliche Ordnung Konkurrenz und Konflikte als institutionalisierte Prinzipien der Entwicklung vorsieht. Wenn bei der Führung von Unternehmen dieses Grundprinzip weder anerkannt noch der Versuch unternommen wird, divergierende Interessen zum Ausgleich zu bringen, verfehlt Unternehmensführung ihre Zweckbestimmung.

Normierung der Entscheidungspartizipation

Um angesichts eines solchen Sachverhalts die Handlungsfähigkeit des Unternehmens sicherzustellen, ist eine Normierung der Entscheidungspartizipation der Akteure erforderlich. Diese erfolgt durch die Regelungen von Unternehmensverfassung und Corporate Governance.

3.2 Gegenstand von Unternehmensverfassung und Corporate Governance

3.2.1 Unternehmensverfassung als Instrument zur Normierung der Interessenberücksichtigung

Gegenstand

Die Unternehmensverfassung ist auf das Unternehmen als rechtlich-wirtschaftliche Einheit ausgerichtet. Sie hat die Konstituierung der das Unternehmen als Ganzes tragenden Kräfte sowie alle rechtswirksamen Regelungen ihres Zusammenwirkens zum Gegenstand (Witte [Verfassung] 334). Hierbei wird in erster Linie die Modalität des gemeinsamen Handelns von Individuen bei der Erstellung von Gütern und Dienstleistungen geregelt. Die in der Unternehmensverfassung verankerten Normen haben damit letztendlich den Zweck, arbeitsteilige menschliche Arbeitsprozesse zu organisieren und zu koordinieren (Riekhof [Unternehmensverfassungen] 2). Diesbezüglich legt die Unternehmensverfassung fest, mit welchem Potenzial die Interessengruppen in die Unternehmensführungsentscheidungen über die Zielsetzung und -erreichung sowie über die Ergebnisverwendung eingreifen können. Hierzu stehen nicht nur die gesetzlich kodifizierten Normen zur Verfügung, sondern auch andere, zwischen den Interessengruppen auf der Basis des gesetzten Rechts geschaffene bindende Übereinkünfte wie Satzungen, Geschäftsordnungen, Tarifverträge oder Betriebsvereinbarungen.

Kriterium der Einklagbarkeit

Als nützlicher Referenzpunkt zur Festlegung der Reichweite der Unternehmensverfassung erweist sich das Kriterium der *Einklagbarkeit* von Rechten und Pflichten. Prozedurale Regelungen zählen somit nur dann zur Unternehmensverfassung, wenn die Betroffenen die ihnen zugesicherten Rechte gerichtlich erzwingen können. Die Anwendung dieses Kriteriums führt dazu, dass sich die Unternehmensverfassung nicht auf prozedurale Regelungen wie Führungsstile oder faktische Organisationsprinzipien ausdehnt, da hier den Interessengruppen keine rechtliche Absicherung der daraus erwachsenden Vorteile zusteht (Engelhard [Personalpolitik] 69).

Unternehmensverfassung

Die *Unternehmensverfassung* kann in gewisser Hinsicht *analog zur Staatsverfassung* gesehen werden; Letzterer wird häufig eine Vorbildfunktion zur Genese der Unternehmensverfassung zugeschrieben. Die strukturelle Gleichartigkeit der beiden Verfassungstypen wird aus Abbildung 3-2 deutlich (Chmielewicz [Grundstrukturen] 5 f.). Hier wie dort wird eine *Gewaltenteilung* angestrebt. Im Gegensatz zur Staatsverfassung liegt die Unternehmensverfassung jedoch nicht einheitlich kodifiziert vor, da kein geschlossenes Normengefüge besteht, das für alle Unternehmen eine einheitliche Rechtsgrundlage bieten würde. Allgemein kennzeichnet die Unternehmensverfassung jedoch zwei Grundmerkmale:

Abbildung 3-2

Staats- und Unternehmensverfassung

Regelungsgegenstand	Staatsverfassung	Unternehmensverfassung
Grundrechte und -pflichten der Systemmitglieder	Grundrechte und -pflichten der Staatsbürger	Grundrechte und -pflichten der Unternehmensmitglieder (Anteilseigner, Manager, Arbeitnehmer)
Zwecksetzung, Struktur und Kompetenzen der Entscheidungsorgane	Staatsorgane (zum Beispiel Parlament, Regierung)	Unternehmensorgane (zum Beispiel Vorstand, Aufsichtsrat, Hauptversammlung)
Systemziele	Staatsziele (zum Beispiel soziale Fürsorge, finanzielles Gleichgewicht, ggf. Umweltschutz)	Unternehmensziele (zum Beispiel Gewinn, Liquidität, Umsatzwachstum, Kundenzufriedenheit)

Merkmale

- Erstens reglementiert sie die Größe und den Einfluss des Kreises derer, die ihre Interessen in die Zielsetzung und Politik des Unternehmens einbringen können. Damit ist geregelt, welchen Zugang die Interessengruppen zu den Leitungs- und Kontrollorganen des Unternehmens haben. Neben dem ursprünglichen anlegerorientierten, interessenmonistischen Modell hat die Regelungserweiterung des Gesetzgebers im Zeitablauf dazu geführt, dass der Interessenpluralismus über ein entsprechendes Verfassungsmodell in den Unternehmen eine rechtliche Basis gefunden hat.

- Zum Zweiten veranlasst sie, dass die entsprechenden Organe eingerichtet werden, um die angesprochenen Grundsatzentscheidungen, insbesondere Ziele und Politik des Unternehmens, zu treffen und umzusetzen. In dieser Hinsicht wirkt die Unternehmensverfassung strukturbildend, indem sie die Einrichtung und Besetzung verschiedener Entscheidungsgremien vorsieht, über die die Verwirklichung der Interessen in gemeinsam getragenen Unternehmensführungshandlungen vollzogen wird (Steinmann/Gerum [Reform] 3 f.).

Betriebsverfassung

Die *Betriebsverfassung* hingegen beinhaltet Regelungen, die auf das Zusammenwirken der relevanten Interessengruppen im Betrieb als technischer Einheit gerichtet sind. Die Betriebsverfassung ist somit ein Teil der Unternehmensverfassung; sie bestimmt die Mitwirkung der Arbeitnehmer in personellen, sozialen und wirtschaftlichen Angelegenheiten auf der kollektiven Ebene über den Betriebsrat und auf der individuellen Ebene durch die Arbeitnehmer.

3.2.2 Corporate Governance als Ordnungsrahmen für die Leitung und Überwachung des Unternehmens

Die steigende Anzahl von Unternehmenskrisen und Insolvenzen (vgl. Abschn. 10.2) sowie der Missbrauch von Kompetenzen und offensichtliche Managementfehler (im internationalen Kontext z. B. Enron, Merck und Parmalat, in Deutschland z. B. Walter Bau, Siemens und Volkswagen) haben die Diskussion um die Corporate Governance zunächst im angelsächsischen Raum, seit Anfang der 1990er Jahre auch im deutschsprachigen Einzugsbereich intensiviert (Ackermann [Risikomanagement] 13). In Deutschland wurde die Diskussion um die Corporate Governance auf wissenschaftlicher und politischer Ebene zunächst durch das 1998 rechtswirksam gewordene Gesetz zur Kontrolle und Transparenz im Unternehmensbereich (KonTraG) angeregt. Dazu beigetragen hat auch die Vorstellung der OECD-Grundsätze einer Corporate Governance in den Jahren 1999 und 2004 (OECD [Corporate Governance]; OECD [Neufassung]) (vgl. Abbildung 3-3).

Abbildung 3-3 *OECD-Grundsätze der Corporate Governance*

Der Corporate-Governance-Rahmen sollte

I. transparente und leistungsfähige Märkte fördern, mit dem Prinzip der Rechtsstaatlichkeit in Einklang stehen und eine klare Trennung der Verantwortlichkeiten der verschiedenen Aufsichts-, Regulierungs- und Vollzugsinstanzen gewährleisten.

II. die Aktionärsrechte schützen und deren Ausübung erleichtern.

III. die Gleichbehandlung aller Aktionäre, einschließlich der Minderheits- und der ausländischen Aktionäre, sicherstellen. Alle Aktionäre sollten bei Verletzung ihrer Rechte Anspruch auf effektive Rechtsmittel haben.

IV. die gesetzlich verankerten oder einvernehmlich festgelegten Rechte der Unternehmensbeteiligten anerkennen und eine aktive Zusammenarbeit zwischen Unternehmen und Stakeholdern mit dem Ziel der Schaffung von Wohlstand und Arbeitsplätzen sowie der Erhaltung finanziell gesunder Unternehmen fördern.

V. gewährleisten, dass alle wesentlichen Angelegenheiten, die das Unternehmen betreffen, namentlich Vermögens-, Ertrags- und Finanzlage, Eigentumsverhältnisse und Strukturen der Unternehmensführung, zeitnah und präzise offen gelegt werden.

VI. die strategische Ausrichtung des Unternehmens, die effektive Überwachung der Geschäftsführung durch den Board und die Rechenschaftspflicht des Board gegenüber dem Unternehmen und seinen Aktionären gewährleisten.

Corporate Governance als unscharfer Begriff

In der öffentlichen Wahrnehmung wird der angelsächsische Begriff „Corporate Governance" in jüngster Zeit mit einer Vielzahl zum Teil recht verschiedenartiger Themen der Unternehmensführung in Zusammenhang gebracht. Die Unschärfe des Begriffs lässt sich mit den unterschiedlich betrachteten Themenfeldern und eingenommenen Untersuchungsperspektiven begründen. Im internationalen Kontext findet sich recht häufig eine *externe Sichtweise*, wonach die Corporate Governance auf die Einbindung des Unternehmens in seine Umwelt mit der expliziten Berücksichtigung wesentlicher Bezugsgruppen (vgl. Abschn. 1.2) ausgerichtet ist. Demgegenüber wird in der deutschsprachigen Betriebswirtschaftslehre zumeist ein engeres, *intern ausgerichtetes Verständnis* des Begriffs bevorzugt. So bezeichnet von Werder ([Grundfragen] 4) Corporate Governance als den *„rechtlichen und faktischen Ordnungsrahmen für die Leitung und Überwachung eines Unternehmens"*.

Die eigentliche Ursache der Corporate-Governance-Problematik liegt in der klassischen Prinzipal-Agent-Beziehung dergestalt begründet, dass durch den Abschluss unvollständiger Verträge zwischen den beteiligten Akteuren und das Vorliegen von Informationsasymmetrien und Interessendivergenzen Spielräume für opportunistisches Verhalten entstehen und zu Lasten anderer Bezugsgruppen genutzt werden können (vgl. Abschn. 2.2.4.3).

Prinzipien von Corporate-Governance-Systemen

Zur Ausgestaltung der ebenfalls nicht einheitlich kodifizierten Corporate-Governance-Systeme lassen sich folgende *Prinzipien* festhalten (von Werder [Grundfragen] 14 f.; Burr et al. [Unternehmensführung] 56 ff.):

- Wahrung der Interessen verschiedener Bezugsgruppen,
- Appelle an die Bezugsgruppen zur vertrauensvollen Gestaltung der Austauschbeziehungen und zur fairen Werteverteilung,
- Gewaltenteilung in der Unternehmensverfassung,
- Abstimmung der Anreiz- und Motivationsstrukturen sowie
- Maßnahmen zur Sicherstellung von Transparenz.

Zwei Kontrollmechanismen

Organkontrolle

Marktkontrolle

Diese Governance-Prinzipien können zwar interessenharmonisierend wirken, zur Aufdeckung und Sanktionierung möglichen Fehlverhaltens bedarf es jedoch des Einsatzes von *internen* oder *externen Kontrollmechanismen* (Witt [Wettbewerb] 75). Ersterer, auch als *Organkontrolle* bezeichnet, stattet die relevanten Bezugsgruppen mit bestimmten Informations-, Überwachungs- und Entscheidungsrechten aus, um solche Risiken besser identifizieren zu können; ein Beispiel für Organkontrolle ist der Aufsichtsrat einer AG. Letzterer, auch als *Markt für Unternehmenskontrolle* bezeichnet, wirkt über die klassischen Marktkräfte Angebot und Nachfrage (z.B. Eigen- oder Fremdkapitalgeber und Kapitalbedarf des Unternehmens). Beide Mechanismen beruhen auf der „Voice"- und „Exit"-Option (Hirschman [Exit]), die von den beteiligten Akteuren als Verhaltensmuster zur Wahrung der Interessen grundsätzlich eingesetzt werden können, indem sie entweder Einfluss nehmen und ihre Stimme erheben (Voice) oder die Konsequenzen ziehen und die Austauschbeziehung beenden (Exit). Ferner kann geschäftsschädigendes Verhalten auch auf dem juristischen Weg in Form von Schadensersatzklagen, denen in den USA eine hohe Bedeutung zukommt, sanktioniert werden.

Ebenen von Corporate Governance

Gesetze, Statuten und „soft law"

Regelungen zur Corporate Governance können auf *unterschiedlichen Ebenen* im Sinne einer Normenpyramide verankert werden. *Gesetze*, die das Ergebnis eines parlamentarischen Gesetzgebungsverfahrens darstellen, sind für die Adressaten verbindlich und gegebenenfalls mit staatlichen Mitteln durchsetzbar (z. B. Gesetz zur Kontrolle und Transparenz im Unternehmensbereich (KonTraG) (vgl. Abschn. 3.4.1.1). Gesetzlich eingeräumte Wahlrechte und Gestaltungsspielräume können hingegen mit Hilfe von *statutarischen Regelungen* (z. B. Gesellschaftsverträgen und Satzungen) nach individuellen Bedürfnissen ausgestaltet werden. *Untergesetzliche Governance-Standards* – gelegentlich auch „soft laws" genannt (Lutter [Governance] 225) – erfüllen zwar den Status formeller Rechtsregelungen nicht, stellen aber mit den formulierten Empfehlungen und Grundsätzen einen zum geltenden Recht ergänzenden Ordnungsrahmen dar, der im Sinne einer Best-Practice-Orientierung von gut geführten und überwachten Unternehmen beachtet werden sollte; ein Beispiel hierfür ist der Deutsche Corporate Governance Kodex (DCGK) (vgl. Abschn. 3.4.1.2). Trotz des unverbindlichen, freiwilligen Charakters kann die Bindungswirkung eines solchen Kodex, in Abhängigkeit von der vorgesehenen gesetzlichen Einbindung, erheblich variieren. Vorteile derartiger Regelwerke, die international durch unterschiedliche Einrichtungen initiiert wurden, liegen in einer schnellen Anpassungsmöglichkeit an sich ändernde Umweltanforderungen (z.B. Finanzmärkte) und in der immanenten Flexibilität für begründete unternehmensindividuelle Abweichungen.

Kritische Würdigung

Eine in der Theorie und Praxis bislang nicht gekannte Aufmerksamkeit wird den weltweit angestoßenen Aktivitäten zum Thema Corporate Governance zuteil, das angesichts eines breiten Spektrums leitungs- und überwachungsbezogener Fragestellungen auch zukünftig nicht an Bedeutung verlieren wird (vgl. Abschn. 3.5). Die Herausforderung der Praxis, allen voran die der Leitungs- oder Aufsichtsorgane, wird sein, die Ausgestaltung eines zielführenden Corporate-Governance-Systems unter Berücksichtigung öffentlicher Sensibilität weiter zu entwickeln. Die Festschreibung strengerer Corporate-Governance-Regeln verbessert die Qualität der Unternehmensüberwachung nicht per se; vielmehr gilt es, der inhaltlichen und personellen Komponente mehr Beachtung zu schenken.

Die politische Meinung hat sich dabei langsam von einem restriktiven und dirigistischen Ansatz hin zu mehr Kapitalmarktöffnung, Transparenz, Selbstverantwortung der Wirtschaft und Deregulierung durch den Staat gewandelt (Seibert [Unternehmensbereich] 242). Hierdurch wird nicht nur eine effizientere, weil transparentere Unternehmensführung angestrebt, sondern auch die nationale Position im Wettbewerb um internationales Kapital soll durch höheres Vertrauen der Investoren und sonstiger Stakeholder verbessert werden (Claussen [Aktiengesetz] 177).

3.3 Historische Entwicklung der Unternehmensverfassung und Corporate Governance

3.3.1 Vom eigentümergeführten zum managergeführten Unternehmen

Entwicklung zum Trennungsmodell

Die liberale Wirtschaftstheorie und -ordnung ist auf dem Grundsatz der Einheit von Kapitaleigentum, Kapitalrisiko, Verfügungsgewalt und Gewinnanspruch in Form der Einheit von Haftung und Herrschaft aufgebaut (Schreyögg [Managerkontrolle] 154). Bis zur Mitte des 19. Jahrhunderts entsprachen praktisch sämtliche privatwirtschaftlichen Unternehmen diesem Modell, bei dem die Kapitaleigner selbst die Geschäfte ihres Unternehmens führen. Bereits zu jener Zeit hat jedoch die Trennung von Eigentum am und Verfügungsgewalt über das Unternehmen und damit die Verankerung der Unternehmensführung als eigenständiger Institution von Deutschland aus ihre Verbreitung angetreten. Die Grundzüge zu einem Trennungsmodell, das durch ein Auseinanderfallen von Leitungs- und Kontrollorgan gekennzeichnet ist, finden sich bereits im Allgemeinen Deutschen Handelsgesetzbuch (ADHGB) von 1861. Mit diesem Gesetzeswerk wurde erstmals die Institution des Aufsichtsrats im deutschen Aktienwesen geschaffen. Auch in der Unternehmensrealität traten erste Fälle des Trennungsphänomens auf. So zwang Georg von Siemens, der Gründer der Deutschen Bank, die Söhne seines Cousins Werner von Siemens durch Aufkündigungsdrohung der Kredite dazu, die Leitung der von ihrem Vater errichteten und von ihnen an den Rand des Ruins gebrachten Elektrogeräteunternehmen an befähigte Dritte („Manager") zu übertragen. Diesem Beispiel folgten ein wenig später J. P. Morgan, A. Carnegie und J. D. Rockefeller, Sr. in den Vereinigten Staaten. Der deutsche Gesetzgeber hat diese Entwicklung in der Wirtschaft im Aktiengesetz von 1937 durch die Organtrennung in Hauptversammlung, Vorstand und Aufsichtsrat dann weiter konkretisiert beziehungsweise rechtlich kodifiziert (§§ 70 ff. AktG 1937) und damit das Typenmodell der dualistischen Spitzenorganisation deutscher Großunternehmen in der Rechtsform einer Kapitalgesellschaft begründet. Durch die Trennung von Kontrolle und Verfügungsgewalt sollten die Interessen der „abgetrennten" Gruppe der Eigentümer gewahrt werden.

Machtzuwachs des Managements

Es lässt sich zeigen, dass der Anteil der eigentümerkontrollierten Großunternehmen im Zeitablauf immer geringer wurde. Empirischen Untersuchungen (Steinmann/Schreyögg/Dütthorn [Vergleich] 8 ff.; Gerum [Governance-System] 91) zufolge stieg in den Jahren von 1972 bis 2004 der Anteil der managerkontrollierten Unternehmen von 50 auf 74 Prozent an. Darüber hinaus fördert die heutige, auch in der Bundesrepublik Platz greifende Entwicklung zum breit gestreuten Anteilseigentum an Großunternehmen, die vor allem durch die Börseneinführung zahlreicher Unternehmen beschleunigt wurde, die Machtposition des Managements. Der Machtgewinn des Managements ist bedeutsam, da dieses nach Ergebnissen der empirischen Zielforschung (vgl. Abschn. 4.5) durchaus eigenständige Interessen verfolgt. Angesichts dieser Entwicklung ist die Frage von Interesse, inwieweit das Management unabhängig entscheidet, ob das Kontrollorgan trotz des aktienrechtlichen Geschäftsführungsverbots (§§ 76, 111 IV AktG) *aktiv* die Unternehmensführung mitgestalten kann und welche Art von Entscheidungen davon betroffen sind. Ferner ist von Interesse, welche Einflussnahmemöglichkeit der einzelne Manager als Mitglied des Leitungsorgans auf die Entscheidungsfindung hat. Die deutschsprachige Betriebswirtschaftslehre hat im Gegensatz zur amerikanischen Wirtschaftswissenschaft (vgl. Berle/Means [Corporation]) der veränderten Situation zunächst kaum Rechnung getragen. So ist die Frage der Realisierung eigener Ziele durch das Management lange Zeit unbeachtet geblieben. Ein Hauptgrund hierfür war sicherlich, dass die Geschäftsführungsmitglieder managergeführter Unternehmen stillschweigend als Treuhänder der Anteilseignerseite betrachtet wurden.

3.3.2 Gesellschaftsrecht als Regelungsgrundlage

Das jeweils geltende *Gesellschaftsrecht* bildet die Grundlage sämtlicher weitergehender Regelungen, welche das Verhältnis der Unternehmensführung zu den Anteilseignern und anderen Interessengruppen betreffen.

Zersplitterung des Gesellschaftsrechts

Ein einheitlich kodifiziertes Gesellschaftsrecht als Teil des Privatrechts liegt in der Bundesrepublik Deutschland jedoch bislang nicht vor (Kraft/Kreutz [Gesellschaftsrecht] 15). Das Gesellschaftsrecht ist vielmehr auf verschiedene Gesetze zersplittert, die Regelungen für die unterschiedlichen Gesellschaftstypen beinhalten. Die dort jeweils verbrieften Einflussmöglichkeiten der

Anteilseigner auf die Unternehmensführung und -kontrolle weichen dabei zum Teil erheblich voneinander ab. Die einschlägigen Rechtsvorschriften lassen sich überblicksweise der Abbildung 3-4 entnehmen, die eine grobe Dreiteilung der Unternehmen nach dem jeweiligen Differenzierungsgrad ihrer Gremien vorsieht (Chmielewicz [Unternehmensverfassung] 2273).

Gesellschaftsrechtliche Grundstrukturen

Abbildung 3-4

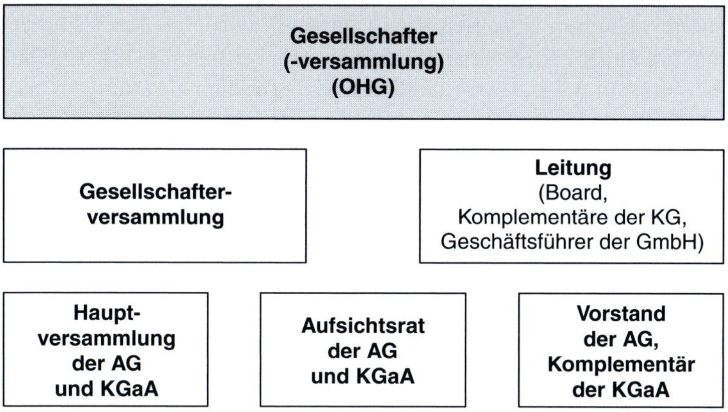

Drei Grundtypen

Dem *ersten Grundtyp* entspricht die OHG. Die Gesellschafter der OHG bilden in ihrer Gesamtheit das Leitungsorgan der Gesellschaft. Wenn auch das Recht zur Einzelgeschäftsführung besteht (§§ 114 f. HGB), wird dem Grundsatz der gemeinschaftlichen Leitung dadurch Rechnung getragen, dass das Einzelgeschäftsführungsrecht durch ein Widerspruchsrecht jedes anderen Gesellschafters beschränkt wird. Beim *zweiten Grundtyp* stimmt der Kreis der Mitglieder des Leitungsorgans des Unternehmens nicht mehr mit dem seiner Gesellschafter überein. Hier wird von der Gesellschafterversammlung eine Leitungsinstanz als zweites Gremium abgespalten (Chmielewicz [Unternehmensverfassung] 2273; von Werder [Führungsorganisation] 151 ff.). Diesem Grundtyp entsprechen die KG, die mitbestimmungsfreie GmbH sowie die US-amerikanische Stock Corporation (vgl. Abschn. 3.5.1). Die Verfassung der GmbH sieht beispielsweise eine normative Aufgabendifferenzierung über die Bildung zweier, zwingend vorgeschriebener Gesellschaftsorgane (Gesellschafterversammlung und Geschäftsführung nach § 6 und § 48 GmbHG) vor. Von dieser Zweiteilung ist ebenso die – gesellschaftsvertraglich nicht abgewandelte – KG geprägt, da dem Kommanditisten nur in Ausnahmefällen ein Widerspruchsrecht nach § 164 HGB, jedoch kein Geschäftsführungsrecht zusteht. Gesellschaften des *dritten Grundtyps* weisen zwischen der Gesellschafterversammlung und dem Leitungsgremium ein Kontrollorgan auf, das das Leitungsorgan des Unternehmens überwacht (Chmielewicz [Unternehmensverfassung] 2273 f.). Diesem Grundtyp entsprechen unter anderem die Aktiengesellschaft, die KGaA sowie die arbeitnehmer-mitbestimmungspflichtige GmbH, bei denen der Aufsichtsrat das Kontrollorgan bildet.

Grundtyp Aktiengesellschaft

Um nicht nur die Präsenz der Interessengruppen in den Unternehmensorganen, sondern auch ihr faktisches Einflusspotenzial verstehen und abschätzen zu können, ist es notwendig, sich zumindest kurz mit den Aufgaben der Unternehmensorgane auseinander zu setzen (vgl. hierzu Kraft/Kreutz [Gesellschaftsrecht] 332 ff.; Schewe [Unternehmensverfassung] 121 ff.). Dies soll hier lediglich am *Beispiel* einer Gesellschaft des dritten Grundtyps – *der Aktiengesellschaft* – erfolgen, da dieser als repräsentativer Typ des Großunternehmens („Publikums-AG") gelten kann und auch bei der Gesetzgebung zur Mitbestimmung der Arbeitnehmer auf Unternehmensebene als Mustertyp anzusprechen ist. Der vom Aufsichtsrat auf höchstens fünf Jahre bestellte *Vorstand* ist das *eigenverantwortliche Leitungsorgan* der AG (§ 76 I AktG). Der Vorstand führt die Geschäfte der Gesellschaft (§ 77 AktG) und kann als das „‚geborene' Unternehmensführungsorgan" gelten. Zu den originären Führungsaufgaben des Vorstandes zählt die Unternehmensplanung, -koordination, -kontrolle sowie die Besetzung von Führungspositionen (Semler [Leitung] 9 f.). Die Geschäftsführungsbefugnis des Vorstands für die AG erstreckt sich somit auf den gesamten Geschäftsbereich der Gesellschaft; dieser Grundsatz kann nur dahingehend eingeschränkt werden, dass in der Satzung einer Aktiengesellschaft Geschäfte enumerativ festgelegt sind, die der Zustimmung des Aufsichtsrats bedürfen (zustimmungspflichtige Geschäfte nach § 111 IV AktG). Hierzu zählen nach empirischen Befunden vor allem der Erwerb, die Veräußerung und Belastung von Beteiligungen, die Expansion von Zweigniederlassungen und Betriebsstätten sowie das Eingehen von Unternehmensverbindungen (Gerum/Steinmann/Fees [Aufsichtsrat] 74 f.).

Vorstand

Kollegialprinzip

Direktorialprinzip

Für den aus mehreren Mitgliedern zusammengesetzten Vorstand gilt prinzipiell der Grundsatz der Gesamtgeschäftsführung nach § 77 I 1 AktG (*Kollegialprinzip).* Damit verfügt auch ein nach § 84 II AktG einsetzbarer Vorstandsvorsitzender rein rechtlich nicht über die im *Direktorialprinzip* des früheren AktG von 1937 vorgesehene alleinige Entscheidungskompetenz. Als prinzipielle Möglichkeiten zur Ausgestaltung der Vorstandsorganisation bestehen das *Sprecher-* sowie das *Ressort- oder Personalunion-Modell* (Oesterle/Krause [Leitungsorganisation] 274). Bei Ersterem beschließt nur das Gesamtgremium, bei Letzterem entscheiden einzelne Vorstandsmitglieder funktionsbereichsgebunden allein im Sinn der nach §§ 76 I, 77 I 2 AktG innerhalb bestimmter Grenzen möglichen Einzel- bzw. Teilentscheidungsbefugnis. Die „Personalunion" ist zwischen Vorstandssitz und Positionsbesetzung auf der zweiten Hierarchieebene zu sehen. Die haftungsrechtlichen Konsequenzen unterscheiden sich bei beiden Modellen entsprechend (von Werder [Organisation] 107 f.). Der Vorstand leitet nicht nur die Gesellschaft nach innen, sondern vertritt auch die AG gerichtlich und außergerichtlich (§ 78 I AktG) nach außen. Empirischen Befunden zufolge wird jedoch trotz der rechtlich vorgesehenen kollegialen Spitzenverfassung in den deutschen Aktiengesellschaften faktisch mehrheitlich direktorial durch den Vorstandsvorsitzenden geführt (Oesterle [Führungswechsel], Oesterle [Entscheidungsfindung] 201 ff.).

Aufsichtsrat

Der in mitbestimmungsfreien Aktiengesellschaften von der Hauptversammlung, in mitbestimmten auch von der Belegschaft bezüglich der Arbeitnehmervertreter auf höchstens vier Jahre bestellte *Aufsichtsrat* ist im Wesentlichen ein *Kontrollorgan* über den Vorstand (§ 111 AktG). Um diese Aufgabe wahrnehmen zu können, hat er das Recht und die Pflicht, den Vorstand zu bestellen und abzuberufen (§ 84 AktG). Seine weiteren Aufgaben bestehen in der Prüfung des Jahresabschlusses, des Gewinnverwendungsvorschlags und des Geschäftsberichts, ferner in der Berichterstattung hierüber an die Hauptversammlung (§ 171 AktG), in der Feststellung des Jahresabschlusses zusammen mit dem Vorstand (§ 172 AktG) sowie in der Vertretung der Gesellschaft gegenüber Vorstandsmitgliedern (§ 112 AktG) und in besonderen Fällen in der Einberufung der Hauptversammlung (§ 111 III AktG). Es ist hervorzuheben, dass die vornehmliche Aufgabe des Aufsichtsrats nicht in der aktiven Beeinflussung der Unternehmensführung besteht. Dies schließt jedoch nicht aus, dass der Aufsichtsrat auf indirektem Weg die Entscheidungsprozesse der Unternehmensführung beeinflusst oder prägt; dieses kann beispielsweise durch enge Zusammenarbeit zwischen den Vorsitzenden der Organe oder dadurch geschehen, dass er spätere Entscheidungen über die Wiederbestellung von Vorständen von deren getroffenen Entscheidungen abhängig macht. Die Macht des Aufsichtsrats ist somit in erster Linie latenter, indirekter Natur (Kirsch/Scholl/Paul [Mitbestimmung] 182; Gerum/Steinmann/Fees [Aufsichtsrat] 26).

Hauptversammlung

Die mindestens einmal jährlich einberufene *Hauptversammlung* ist die *Versammlung aller Aktionäre* der Gesellschaft. Zu den Angelegenheiten der Hauptversammlung gehören alle Fragen, die den verfassungsmäßigen Aufbau und die Kapitalgrundlage der AG betreffen, wie Satzungsänderungen, Auflösung, Fusionen, Maßnahmen der Kapitalbeschaffung und -herabsetzung, sowie im Besonderen die Wahl und Abberufung der Aktionärsvertreter im Aufsichtsrat, die Verwendung des Bilanzgewinns (§ 174 I AktG) und die Entlastung der Vorstands- und Aufsichtsratsmitglieder (§ 120 AktG). Aufgrund dieser weitreichenden Rechte ist die Hauptversammlung zumindest formaljuristisch als das oberste Organ der AG zu bezeichnen. Ihre faktische Bedeutung als höchstes Kontrollorgan wird in der Literatur allerdings nur gering eingeschätzt, was auf das Auseinanderfallen zwischen gesetzgeberischem Interessen- und Kompetenzbild des durchschnittlichen Aktionärs und dessen tatsächlicher „Indolenz" und „Inkompetenz" zurückzuführen ist (Gerum/Steinmann/Fees [Aufsichtsrat] 25; Theisen [Überwachung] 67 ff.). Zwar sind auch bei der Aktiengesellschaft als Beispiel eines Unternehmens des dritten Grundtyps noch fundamentale Entscheidungen bei der Interessengruppe der Anteilseigner belassen, jedoch sind weitgehende Rechte auf andere Personen übertragen, die nicht dem Kreis der Anteilseigner entstammen müssen. Die drei Grundtypen unterscheiden sich also wesentlich darin, dass bei den beiden Letztgenannten das Recht und die Pflicht zur Geschäftsführung von der Gesamtheit der Gesellschafter losgelöst und an einen spezialisierten Personenkreis „delegiert" wurde. Daher ist festzuhalten, dass der Einfluss der Interessengruppe Anteilseigner beim ersten Grundtyp am größten, beim dritten Grundtyp am geringsten ist.

3.4 Einflusspotenzial ausgewählter Interessengruppen auf das Handeln der Unternehmensführung

Interessengruppenspezifische Rechtsnormen

Basierend auf den zuvor dargelegten gesellschaftsrechtlichen Grundstrukturen sind im Zeitablauf mehrere Rechtsnormen geschaffen worden, welche das Verhältnis verschiedener am Unternehmen interessierter Gruppen näher regeln und deren jeweiliges Einflusspotenzial auf die Unternehmensführung bestimmen. Der Einfluss der Anteilseigner auf die Unternehmensführung wird durch das Gesetz zur Kontrolle und Transparenz im Unternehmensbereich (KonTraG) sowie den Deutschen Corporate Governance Kodex (DCGK) näher bestimmt, derjenige der Arbeitnehmer auf die Unternehmensführung resultiert aus verschiedenen Mitbestimmungsgesetzen.

3.4.1 Einfluss der Anteilseigner auf die Unternehmensführung

Das Gesetz zur Kontrolle und Transparenz im Unternehmensbereich (KonTraG) sowie der Deutsche Corporate Governance Kodex (DCGK) stehen im Mittelpunkt der aktuellen Corporate-Governance-Diskussion. Diese beziehen sich auf das Verhältnis zwischen Anteilseigner und Unternehmensführung, indem sie die Aufgaben der Organe der Gesellschaft sowie das Procedere der Abschlussprüfung der Gesellschaft näher spezifizieren.

3.4.1.1 Gesetz zur Kontrolle und Transparenz im Unternehmensbereich (KonTraG)

Ziele

Im Jahre 1998 hat die Bundesregierung mit dem Ziel der Sicherung und Stärkung des Finanzplatzes Deutschland ein umfassendes Reformpaket erlassen, dessen Kernstück das „Gesetz zur Kontrolle und Transparenz im Unternehmensbereich" (KonTraG) darstellt. Das Gesetz soll eine Internationalisierung der deutschen Unternehmensverfassung, eine Selbstorganisation und Flexibilisierung sowie ein präventives Krisenmanagement bewirken. Dabei soll es unter grundsätzlicher Beibehaltung des Trennungsmodells Stärken der deutschen Unternehmensverfassung ausbauen und deren Defizite beheben (Hommelhoff/Mattheus [KonTraG] 249 ff.).

Mit seinen wichtigsten Vorschriften zielt das KonTraG darauf ab, die Kontrollfunktion von Aufsichtsrat und Hauptversammlung zu stärken und die Zusammenarbeit zwischen Abschlussprüfer und Aufsichtsrat sowie die Qualität der Abschlussprüfung zu verbessern. Weiterhin werden Stimmrechtsdifferenzierungen abgebaut und der Einfluss der Banken wird durch Einschränkungen bei der Stimmenakkumulation begrenzt. Zudem wird die Einführung eines Risikomanagement- und Frühaufklärungssystems (vgl. Abschn. 10.1 und 5.6.1.7) verpflichtend. Und schließlich ermöglicht das Gesetz den Einsatz moderner Finanzierungs- und Vergütungssysteme. Von zentraler Bedeutung des Gesetzes sind dabei folgende Vorschriften (vgl. auch Dörner [Gesetz]):

Mittel und Rechtsvorschriften

- Es werden die Informationspflichten des Vorstands gegenüber Aufsichtsrat und Aktionären ausgeweitet. Gegenüber dem Aufsichtsrat besteht seit Inkrafttreten des KonTraG eine Berichtspflicht des Vorstands hinsichtlich der strategischen Unternehmensplanung (§ 90 I Nr. 1 AktG) auf den Gebieten der Finanz-, Investitions- und Personalplanung. Im Geschäftsbericht sind zudem bestandsgefährdende Risiken der künftigen Entwicklung aufzuzeigen. Die verpflichtende Einführung eines Risikomanagementsystems einschließlich interner Revision (§ 91 II AktG) durch den Vorstand stellt das dazu notwendige Steuerungsinstrumentarium dar. Der Abschlussprüfer hat das Risikomanagementsystem hinsichtlich dessen Eignung zur frühzeitigen Erkennung von Risiken und Fehlentwicklungen zu bewerten (§ 321 IV HGB).
- Bei börsennotierten Gesellschaften hat der Aufsichtsrat nun mindestens zwei Mal jährlich zu tagen und bei der Höchstzahl der Aufsichtsrats-

mandate einer Person (unverändert 10) wird der Vorsitz nun doppelt angerechnet.

- Zum Zweck der Straffung und Revitalisierung der Hauptversammlungen sind Mehrfachrechte nun nicht mehr zulässig (§ 12 II AktG). Die Hauptversammlung wird ermächtigt, sich eine Geschäftsordnung zu geben (§ 129 I AktG). Im Falle von Nachteilszufügungen kann die Hauptversammlung eine Sonderprüfung beschließen (§ 315 II AktG).
- Zur Motivation des Managements hat der Gesetzgeber die Möglichkeit geschaffen, direkt Aktienbezugsrechte (stock options) für die Vorstandsvergütung einsetzen zu können, ohne den Umweg über Wandel- oder Optionsschuldverschreibungen gehen zu müssen (§ 192 II Nr. 3 AktG).
- Nach § 111 II AktG erfolgt die Bestellung des Abschlussprüfers nicht mehr durch den Vorstand, sondern durch den Aufsichtsrat. Durch das zusätzliche Recht des Aufsichtsrats, Prüfungsschwerpunkte festzulegen, und die Ausweitung der Prüfungspflicht des Aufsichtsrates auf Konzernabschluss und -lagebericht soll einerseits einer zu großen Nähe zwischen Abschlussprüfer und Vorstand vorgebeugt und andererseits die Stellung der Kontrollinstanz Aufsichtsrat verbessert werden.
- Zur Stärkung der Attraktivität des Finanzplatzes Deutschland und zur Belebung des Börsenhandels ist es den Gesellschaften durch Beschluss der Hauptversammlung nun leichter möglich, eigene Aktien zu erwerben (§ 71 I Nr. 8 AktG).
- Im Hinblick auf die Ausübung des Vollmachtstimmrechts der Banken bringt § 135 I AktG eine wesentliche Veränderung. Nimmt ein Kreditinstitut aufgrund einer Eigenbeteiligung von mehr als 5 Prozent an einer Beschlussfassung der Hauptversammlung teil, darf es keine Vollmachtstimmrechte ausüben. Nur bei einem Verzicht auf die eigenen Stimmen können die Vollmachtstimmrechte ausgeübt werden.

Kritische Würdigung

Eine Bewertung der Neuregelungen des KonTraG muss differenziert erfolgen. Die deutlichere Rollenverteilung zwischen Vorstand und Aufsichtsrat im Hinblick auf die Prüfungspflichten und die Verbesserung der Transparenz der Vorstandsarbeit durch erweiterte Informationspflichten gegenüber dem Aufsichtsrat stellen sicherlich positive Entwicklungen dar. Hierzu zählt auch die verpflichtende Einführung von Frühwarnsystemen, die für viele Unternehmen allerdings kein Novum darstellt, da solche Systeme in den meisten Großunternehmen bereits installiert sind (vgl. Abschn. 5.6.1.7). Insgesamt sind die Maßnahmen des KonTraG weder als revolutionär noch als einschneidend zu bezeichnen, sondern stellen eher eine „Politik der kleinen Schritte“ dar (Westermann [Vollmachtstimmrecht] 256). Vor allem im Hinblick auf die Attraktivität des Finanzplatzes Deutschland ist der Signalwirkung einer kontinuierlichen Weiterentwicklung und Verbesserung des Systems der Unternehmensverfassung aber große Bedeutung beizumessen.

Weiterentwicklungen

Im Zuge weiterer Bemühungen, im Aktienrecht nachzusteuern, hat der deutsche Gesetzgeber 2002 das *Transparenz- und Publizitätsgesetz* (TransPuG) sowie 2004 das *Bilanzrechtsreformgesetz* (BilReG) zur Stärkung der Unabhängigkeit der Abschlussprüfer und zur Einführung internationaler Rechnungslegungsstandards (IAS/IFRS) sowie das *Bilanzkontrollgesetz* (BilKoG) zur Schaffung eines neuen Bilanzkontrollverfahrens unter Einbindung der Bundesanstalt für Finanzdienstleistungen (BaFin) verabschiedet (Schewe [Unternehmensverfassung] 225). Das Ende 2004 in Kraft getretene *Anlegerschutzverbesserungsgesetz* (AnSVG), das den Anlegerschutz mit neuen Vorschriften zur Ad-hoc-Publizität verschärft, führt unter gewissen Umständen dazu, dass unternehmensrelevante Informationen ohne Genehmigung durch die entsprechenden Kontrollgremien veröffentlicht werden müssen und so die Gefahr der „Entmachtung der Aufsichtsräte" besteht, womit das deutsche System der dualen Spitzenverfassung durchlöchert werden würde (Fockenbrock [Entmachtung]).

3.4.1.2 Deutscher Corporate Governance Kodex

Frankfurter Grundsatzkommission

Berliner Initiativkreis

Die Diskussion um die Corporate Governance in Deutschland wurde in ihrer Frühphase vor allem durch die *Frankfurter Grundsatzkommission Corporate Governance* sowie den *Berliner Initiativkreis* beeinflusst. Basierend auf den oben erwähnten OECD-Grundsätzen haben beide Gremien im Jahr 2000 Vorschläge für die Weiterentwicklung der Corporate Governance in Deutschland vorgelegt, wobei besonders der German Code of Corporate Governance (GCCG) des Berliner Initiativkreises aufgrund seines umfassenden Charakters besondere Aufmerksamkeit gefunden hat (Berliner Initiativkreis [German Code]).

Regierungskommission

Parallel dazu ist auch der Gesetzgeber aktiv geworden, demzufolge eine mit Vertretern aus Wissenschaft, Wirtschaft und Gewerkschaften breit besetzte Regierungskommission im Juli 2001 zahlreiche Empfehlungen zur Modernisierung des deutschen Unternehmensrechts vorgelegt hat. Analog zu den Frankfurter und Berliner Initiativen empfahl auch die Regierungskommission die Erarbeitung eines *gesetzesergänzenden Kodex* für die Corporate Governance. Gesetzesänderungen sollten nur in zwingenden Fällen erfolgen.

Best-Practice-Orientierung

Im Gegensatz zum relativ langsamen und daher wenig flexiblen Gesetzgebungsverfahren hat ein Kodex im Sinne einer Best-Practice-Orientierung den Vorteil schnellerer Anpassungsmöglichkeiten an sich dynamisch ändernde Anforderungen der internationalen Finanzmärkte. Dieser Vorteil ist in den vergangenen Jahren in der Form wiederholter Kodex-Modifikationen auch schon genutzt worden. Zudem erlaubt ein Kodex in begründeten Ausnahmefällen ein unternehmensindividuelles Abweichen von seinen Standards. Vom Gesetzgeber vorgeschrieben werden soll lediglich eine jährliche *Selbsterklärung der Unternehmen,* in welchem Umfang sie den Kodex anwenden und in welchen Bereichen sie davon abweichen (Entsprechenserklärung). Dieses als *„comply or explain"* bezeichnete Prinzip bildet die Anwendungsgrundlage eines Kodexes. Damit wird die mit der Weiterentwicklung der Corporate Governance verbundene *Grundidee einer Öffnung des staatlichen Ordnungsrahmens* und eines Übergangs zu verstärkter *Selbstregulierung der Unternehmen* konsequent umgesetzt. Ansatzpunkte für die Weiterentwicklung des Unternehmensrechts sah die Regierungskommission auf folgenden Feldern (Baums [Bericht]):

Comply or Explain

Ansatzpunkte zur Weiterentwicklung

- Eine Stärkung der Unabhängigkeit des Aufsichtsrats unter anderem durch erweiterte Einsichts- und Prüfungsrechte sowie eine stärkere Begrenzung der Anzahl von Aufsichtsratsmandaten.
- Eine Stärkung der Aktionärsrechte und des Anlegerschutzes unter anderem durch Ausweitung der zivilrechtlichen Haftung von Vorstand und Aufsichtsrat und Vereinfachung von Schadensersatzklagen der Gesellschaft gegen Organmitglieder.
- Eine Verbesserung der Transparenz in der Rechnungslegung und Abschlussprüfung unter anderem durch zeitnahe Information der Kapitalmärkte über Quartalsberichte.
- Eine Verbesserung der Unternehmenspublizität im Hinblick auf die Strukturen und Modelle der Managementvergütung sowie über Aktienbesitz der Organmitglieder.
- Eine Erweiterung von Finanzierungs- und Gestaltungsmöglichkeiten unter anderem durch innovative Instrumente wie rückerwerbbare Aktien, Absenkung des Mindestnennbetrags von Aktien oder die Zulassung von Spartenaktien (Gegenstand gesetzlicher Regelungen).
- Einen Einsatz moderner Informations- und Kommunikationstechnologien unter anderem im Hinblick auf die Durchführung von Hauptversammlungen.

Kodex-Kommission

Die konkrete Ausarbeitung des Deutschen Corporate Governance Kodex (DCGK) hat der Gesetzgeber einer weiteren Kommission (*„Kodex-Kommission"*) übergeben, die neben Vertretern aus Wirtschaft, Gewerkschaften und Wissenschaft mit den Vorsitzenden der Frankfurter und Berliner Kreise besetzt ist, um somit eine höchstmögliche Akzeptanz zu gewährleisten. Ende 2001 wurden die Ergebnisse erstmals der Öffentlichkeit vorgestellt und nach Aufnahme sowie Einarbeitung von Änderungswünschen und erneuter Beratung Ende Februar 2002 endgültig verabschiedet und im August 2002 im amtlichen Teil des Bundesanzeigers veröffentlicht. Gegenüber den Empfehlungen der Baums-Kommission zeichnet sich der Deutsche Corporate Governance Kodex (DCGK) durch einen noch offeneren Regelungsrahmen aus, der sehr stark auf unternehmerische Selbstverantwortung und Selbststeuerung im Sinne einer strikten Best-Practice-Orientierung setzt (Regierungskommission Deutscher Corporate Governance Kodex [Kodex]).

Standards guter und verantwortungsvoller Unternehmensführung

Entsprechend den unter Baums erarbeiteten Vorschlägen richtet sich der DCGK an börsennotierte Gesellschaften. Aber auch nicht börsennotierten Gesellschaften wird die Beachtung des Kodex empfohlen. In der Präambel des DCGK (www.corporate-governance-code.de) wird formuliert, dass der Kodex wesentliche gesetzliche Vorschriften zur Leitung und Überwachung deutscher börsennotierter Gesellschaften darstellt und international sowie national anerkannte *Standards guter und verantwortungsvoller Unternehmensführung* enthält. Im Kern wird dem Regelungswerk eine Kommunikations- und Qualitätssicherungsfunktion zugesprochen (von Werder/Talaulicar [Konzeption] 17 f.). Insgesamt soll das deutsche System der Unternehmensverfassung transparent und nachvollziehbar werden, um dadurch das Vertrauen der internationalen Anleger, der Kunden, der Mitarbeiter und der Öffentlichkeit in die Leitung und Überwachung deutscher börsennotierter Gesellschaften zu fördern (Regierungskommission Deutscher Corporate Governance Kodex [Kodex] 1). Der Kodex stellt damit eine Mischung aus gesetzlichen Regelungen sowie deren Präzisierung, Interpretation, aber auch Erweiterung im Hinblick auf aktuelle Anforderungen in börsennotierten Gesellschaften dar.

Drei Kategorien

Der Kodex lässt sich mit Blick auf die Verbindlichkeit in drei unterschiedliche Kategorien unterteilen: Die *Muss-Vorschriften*, die zwingende gesetzliche Regelungen wiedergeben und im Sinne einer kompakten Kommunikation zusätzlich aufgenommen wurden, die *Soll-Empfehlungen*, die einen gesetzesergänzenden Charakter aufweisen sowie die *Sollte-/Kann-Anregungen*, die nach Auffassung der Kodex-Kommission proaktive Anstöße für eine gute Unternehmensführung darstellen, sich bislang allerdings noch nicht auf breiter Front in der Praxis durchgesetzt haben (von Werder [Grundlagen] 802 f.). Insgesamt enthält der Kodex in seiner jüngsten, am 14. Juni 2007 veröffentlichten Fassung über 80 Empfehlungen sowie ca. 20 Anregungen.

Empfehlungen versus Anregungen

Der Unterschied zwischen Empfehlungen und Anregungen ist insofern bedeutsam, als Unternehmen, die gegen Erstere abweichen, dies jährlich offen zu legen haben, wohingegen ein Abweichen gegen Letztere nicht kundgetan werden muss.

Von den Empfehlungen und Anregungen des Kodex werden nachfolgend die wichtigsten herausgegriffen (vgl. auch Pfitzer/Oser [Kodex]; Ringleb et al. [Kommentar]):

- *Aktionäre und Hauptversammlung:* Jede Aktie gewährt grundsätzlich eine Stimme. Aktien mit Mehrstimmrechten oder Vorzugsstimmrechten („golden shares") bestehen nicht. Bei der Ausgabe neuer Aktien haben die Aktionäre grundsätzlich ein ihrem Anteil am Grundkapital entsprechendes Bezugsrecht. Jeder Aktionär ist berechtigt, auf der Hauptversammlung das Wort zu Gegenständen der Tagesordnung zu erheben.

- *Zusammenwirken von Vorstand und Aufsichtsrat:* Vorstand und Aufsichtsrat arbeiten zum Wohle des Unternehmens eng zusammen. Der Vorstand stimmt die strategische Ausrichtung des Unternehmens mit dem Aufsichtsrat ab und erörtert mit ihm in regelmäßigen Abständen den Stand der Strategieumsetzung. Die ausreichende Informationsversorgung des Aufsichtsrats ist gemeinsame Aufgabe von Vorstand und Aufsichtsrat. Letzterer sollte bei Bedarf ohne den Vorstand tagen. Vorstandsmitglieder sollen Nebentätigkeiten, insbesondere Aufsichtsratsmandate außerhalb des Unternehmens, nur mit Zustimmung des Aufsichtsrats übernehmen.

- *Aufgaben, Zuständigkeiten, Zusammensetzung und Vergütung sowie Interessenkonflikte des Vorstands und des Aufsichtsrats:* Der Vorstand sorgt für ein angemessenes Risikomanagement und Risikocontrolling im Unternehmen. Eine Geschäftsordnung soll die Arbeit im Vorstand regeln. Die Vergütungen von Vorständen bestehend aus monetären Vergütungsteilen, Versorgungszusagen und sonstigen Zusagen werden individuell im Detail veröffentlicht. Dem Aufsichtsrat soll eine nach seiner Einschätzung ausreichende Zahl unabhängiger Mitglieder angehören. Der Aufsichtsrat soll zur Steigerung der Effizienz und zur Behandlung komplexer Sachverhalte Ausschüsse bilden. Der Wechsel des bisherigen Vorstandsvorsitzenden oder eines Vorstandsmitglieds in den Aufsichtsrat oder den Vorsitz eines Aufsichtsratsausschusses soll nicht die Regel sein (zum Ausmaß von Aufsichtsratsverflechtungen vgl. Rank [Strukturen] 15 ff.).

- *Transparenz gegenüber Aktionären und Öffentlichkeit:* Alle Aktionäre sollen gleichmäßig informiert werden. Dazu sollen geeignete Kommunikationsmedien, wie etwa das Internet, genutzt werden. Der Vorstand wird Insiderinformationen, die das Unternehmen unmittelbar betreffen, unverzüglich veröffentlichen, soweit er nicht im Einzelfall von der Veröffentlichungspflicht befreit ist.

- *Rechnungslegung und Abschlussprüfung:* Anteilseigner und Dritte sollen während des Geschäftsjahres durch Zwischenberichte unterrichtet werden. Der Aufsichtsrat soll eine Erklärung des vorgesehenen Prüfers einholen, ob und gegebenenfalls welche geschäftlichen, finanziellen, persönlichen und sonstigen Beziehungen zwischen dem Prüfer und dem Unternehmen bestehen, die Zweifel an der Unabhängigkeit begründen können.

Die rechtliche Grundlage für die Anwendung des DCGK wurde im Transparenz- und Publizitätsgesetz (*TransPuG)* von 2002 geschaffen, nach dem unter anderem gemäß einem neuen § 161 AktG Vorstand und Aufsichtsrat einer börsennotierten Gesellschaft jährlich erklären müssen, inwieweit sie den Verhaltensregeln des DCGK entsprechen. Die Erklärung ist den Aktionären dauerhaft zugänglich zu machen. Der Abschlussprüfer ist jedoch nur dazu ermächtigt, die Abgabe und nicht die inhaltliche Richtigkeit einer Erklärung zu testieren (Ringleb et al. [Kommentar] 26). Im TransPuG wurden auch Anregungen der Regierungskommission aufgenommen. Schwerpunkte liegen auf einer Verbesserung der Informationsversorgung und Wirkungsweise des Aufsichtsrats.

Akzeptanz und Weiterentwicklungen

Die Kodexnormen werden in der Regel einmal jährlich vor dem Hintergrund nationaler und internationaler Entwicklungen durch die Kodex-Kommission überprüft und gegebenenfalls angepasst. Im Juni 2007 wurde die letzte Revision verabschiedet. Die ersten Untersuchungen zur Akzeptanz der Empfehlungen und Anregungen des DCGK zeigen, dass der Kodex insgesamt ein hohes Maß an Zustimmung unter den deutschen börsennotierten Unternehmen erfährt (von Werder/Talaulicar [Report 2006]; von Werder/Talaulicar [Report 2007], Schewe [Unternehmensverfassung] 223; Gerum [Governance-System] 393 und 396). So geben die befragten Unternehmen an, dass sie über 80 Prozent der im Kodex enthaltenen Empfehlungen befolgen. Im Bereich der Anregungen, bei denen die Unternehmen im Falle einer Nichtbefolgung keine Offenlegungspflicht haben, ist der Befolgungsgrad allerdings geringer, nämlich bei etwas über 60 Prozent (von Werder/Talaulicar [Report 2006]; von Werder/Talaulicar [Report 2007]). Ebenso konnte festgestellt werden, dass die Zustimmung zwischen den unterschiedlichen Börsensegmenten variiert und tendenziell mit der Größe der Unternehmen steigt. Die bisherige Entwicklung lässt vermuten, dass sich unabhängig vom fortwährenden Anpassungsbedarf der positive Trend einer zunehmenden Etablierung der Kodexnormen in Deutschland fortsetzt.

DCGK und Unternehmenserfolg

Bassen et al. ([Kodex] 375 ff.) haben unlängst empirisch den Zusammenhang zwischen dem Ausmaß der Befolgung des DCGK und dem Erfolg des jeweiligen Unternehmens geprüft. Die agenturkostentheoretisch (vgl. Abschn. 2.2.4.3) fundierte Vermutung einer positiven Beziehung konnte jedoch allenfalls ansatzweise bestätigt werden.

8. EU-Richtlinie

Eine weitere Spezifikation des Deutschen Corporate Governance Kodex ist für die Zeit ab 2009 zu erwarten, da bis zum 1. Januar 2009 der Prozess der Umsetzung der *8. EU-Richtlinie (8. EUR)* in nationales Recht abgeschlossen sein muss. Diese auch als „Euro-SOX" bezeichnete Richtlinie richtet sich an die Abschlussprüfer und deren Aufsichtsbehörden. Die Richtlinie soll eine verbindliche Vorgabe internationaler Prüfstandards bewirken und damit das Vertrauen in die Abschlussprüfung stärken. Zu kritisieren bleibt allerdings, dass die 8. EU-Richtlinie den Aufsichtsbehörden nur relativ geringe Befugnisse zubilligt, keine Strafbestimmungen im Falle eines Fehlverhaltens des Managements vorsieht und keine Verpflichtung erteilt, das Informations- und Kommunikationssystem des Unternehmens regelmäßig zu überprüfen.

Erfolgswirkungen von Corporate Governance Kodizes

Zwischenzeitlich liegen mehrere empirische Untersuchungen über die ökonomischen Wirkungen von Corporate Governance Kodizes vor. Dabei konnte weder in den USA noch in Großbritannien oder Deutschland eine einheitliche positive oder negative Wirkung hinsichtlich des Unternehmenswerts festgestellt werden (Gerum [Governance-System] 45).

3.4.1.3 Aktuelle gesetzliche Entwicklungen

Es hat sich gezeigt, dass die Kodex-Empfehlung zur individualisierten und differenzierten Offenlegung der Vorstandsbezüge, die in der deutschen Öffentlichkeit eine kontroverse Debatte ausgelöst hat, von nur etwa der Hälfte der Unternehmen befolgt wird.

VorstOG

Die damalige Bundesregierung fühlte sich daher veranlasst, diese Kodex-Empfehlung im Jahre 2005 zu einem Vorstandsvergütungs-Offenlegungsgesetz zu erheben, von dem gleichwohl abgewichen werden darf, sofern es die Hauptversammlung des betreffenden Unternehmens mit Dreiviertelmehrheit beschließt. Im Anschluss an das VorstOG hat die Kodexkommission eine neue konkretisierende Empfehlung abgegeben, wonach über das Vergütungssystem für Vorstandsmitglieder in allgemein verständlicher Form berichtet werden soll.

Empirischer Befund

Mit ihrer empirischen Untersuchung zur individualisierten Veröffentlichung der Vorstandsvergütung haben Andres und Theisen ([Vorstandsvergütung]) im deutschsprachigen Raum eine erste systematische Analyse relevanter Einflussfaktoren vorgenommen, die allerdings aufgrund ihres älteren Datensatzes an mangelnder Aktualität leidet. Die Studie kommt zu dem Ergebnis, dass (1) zum Erhebungszeitpunkt (31.12.2002) – heute dürften die Zahlen anders liegen – nur 20 der 146 Unternehmen der Stichprobe die individuellen Vorstandsgehälter vollständig offen legen, (2) eine Börsennotierung des jeweiligen Unternehmens im DAX oder MDAX bzw. an der New York Stock Exchange einen positiven Einfluss auf die Offenlegung ausübt, (3) die

Höhe der Vorstandsvergütung negativ mit der Offenlegungsbereitschaft korreliert und (4) die Eigentümerkonzentration dergestalt mit der Offenlegungsbereitschaft zusammenhängt, dass sie bei mittlerem Streubesitzanteil relativ hoch, bei höherem oder niedrigerem Anteil dagegen geringer ist (Andres/Theisen [Vorstandsvergütung] 176).

UAMG

Ferner führte die bei Hauptversammlungen häufig beklagte Tendenz, dass einzelne Anwesende das Frage- und Rederecht der Aktionäre missbrauchen, um Verfahrensfehler zu provozieren und den Boden für Anfechtungsklagen zu bereiten, zum Erlass des Gesetzes zur Unternehmensintegrität und Modernisierung des Anfechtungsrechts (*UAMG*) von 2005 (§ 131 II AktG n. F.). Danach kann die Hauptversammlung eine angemessene Begrenzung der Frage- und Redezeit – nach Vorstellung der Kodexkommission vier bis sechs Stunden – festlegen.

TUG

Schließlich erlangte das nach EU-Vorgaben ausgestaltete Transparenzrichtlinie-Umsetzungsgesetz (*TUG*), das im Bestreben nach Transparenzverbesserung als grundsätzliche Forderung zum Wohl der Finanzstabilität globalisierter Kapitalmärkte in deutsches Recht umgesetzt wurde, in 2007 Rechtskraft. Es beinhaltet neue Offenlegungspflichten, geänderte Meldeschwellen für Aktienbeteiligungen und die Einführung des Bilanzeids unter Wissensvorbehalt.

3.4.2 Einfluss der Arbeitnehmer auf die Unternehmensführung

Konfliktpotenzial

Der Einfluss der Arbeitnehmer auf die Unternehmensführung wird durch Mitbestimmungs- und Betriebsverfassungsgesetze geregelt. Die Form der in Deutschland institutionalisierten Mitbestimmung kann international als beispielhaft gelten (Streeck/Kluge [Mitbestimmung]). Die Forderung nach und die Auseinandersetzung um eine erweiterte Mitbestimmung der Arbeitnehmer hat über Jahre hinweg wie kaum eine andere die Diskussion um die gesamte Unternehmensverfassung beherrscht. Die Konfliktträchtigkeit dieser Mitbestimmungsregelungen innerhalb der Verfassung des Unternehmens ist in zwei Gründen verankert:

Vorausgehende Situation

- Zum einen hat die Mitbestimmungsidee in Deutschland und von dort ausgehend in Mitteleuropa eine lange Tradition (Himmelmann [Arbeitslehre] 205 ff.; Schewe [Unternehmensverfassung] 230 ff.). So wurde bereits bei der verfassungsgebenden Nationalversammlung im Jahr 1848 die Einsetzung von Fabrikausschüssen gefordert, was freilich seinerzeit politisch noch nicht durchsetzbar war. Doch Tradition allein genügt als Beweggrund für eine solche Beharrlichkeit nicht. Die Diskrepanz der Interessen von Anteilseignern und Arbeitnehmern und der von zahlreichen Arbeitnehmern nach wie vor empfundene geringe Grad der Berücksichtigung ihrer Interessen bestimmt die Umstrittenheit und nach wie vor gegebene Aktualität dieser Verfassungsdimension.

- Zum anderen ist die bis in die Gegenwart hineinreichende, anhaltende Brisanz der Mitbestimmungsdiskussion darin begründet, dass das nationalsozialistische Regime und sein Zusammenbruch geradezu ein Vakuum an Einflusspotenzial für die Arbeitnehmer in den Betrieben geschaffen und hinterlassen hatte, da die Errungenschaften der Arbeiterbewegung aus der Zeit der Weimarer Verfassung, wie sie unter anderem im Betriebsrätegesetz von 1920 realisiert wurden, durch das NS-Regime abgeschafft worden waren. Die Entwicklung der Mitbestimmung musste in der Bundesrepublik daher neu angestoßen werden.

3.4.2.1 Historische Entwicklung der Arbeitnehmer-Mitbestimmung

Historische Entwicklung

Erste Spuren eines Arbeitnehmereinflusses in Aufsichtsräten von Unternehmen reichen bis auf das Jahr 1947 zurück, als in einigen Montanunternehmen Arbeitnehmervertreter in die Aufsichtsräte bestellt wurden. Nach anfänglichem Zögern hat die erste Bundesregierung im Jahr 1951 die Aufsichtsratsmitbestimmung im Montanbereich gesetzlich verpflichtend gemacht (Himmelmann [Arbeitslehre] 208). Nur ein Jahr später wurde durch das Betriebsverfassungsgesetz 1952 bestimmt, dass auch in Unternehmen anderer Branchen Arbeitnehmerinteressen im Ausichtsrat vertreten sein müssen. Damit wurden über das Montanmitbestimmungsgesetz von 1951 und das Betriebsverfassungsgesetz 1952 (abgelöst durch das Drittelbeteiligungsgesetz von 2004) die Arbeitnehmer als zweite am Unternehmen berechtigte Interessengruppe rechtlich anerkannt, allerdings nicht grundsätzlich, sondern nur für Unternehmen des Geltungsbereichs dieser Gesetze und mit unterschiedlichen Chancen zur Interessenberücksichtigung aufgrund unterschiedlicher Kontrollqualitäten. Das Mitbestimmungsgesetz von 1976 hat dann für Kapitalgesellschaften jenseits der Größenschwelle von 2.000 beschäftigten Arbeitnehmern eine Erweiterung deren Interessenberücksichtigung im Aufsichtsrat bewirkt. Der Verabschiedung dieses Gesetzes gingen ebenfalls langjährige Auseinandersetzungen der politischen Parteien, aber auch immer wieder getätigte Versuche der Unternehmen zur Flucht aus der Mitbestimmung voraus, die sich auch nach Wirksamwerden der Norm fortsetzten und erst durch ein Urteil des Bundesverfassungsgerichts vom März 1979 beigelegt bzw. abgeschwächt wurden; in diesem wurde die erweiterte Mitbestimmung nach dem MitbestG von 1976 als mit den Grundrechten der von dem Gesetz erfassten Gesellschaften, der Anteilseigner und der Koalitionen der Arbeitgeber vereinbar erklärt. Auch der Verabschiedung des Betriebsverfassungsgesetzes von 1972 gingen vehemente, kontrovers geführte Diskussionen voraus. Dieses Gesetz regelt allerdings nicht den Einfluss der Arbeitnehmer im Aufsichtsrat, sondern legt in Ergänzung des Fortgeltungsgesetzes von 1952 fest, dass die Arbeitnehmer im Betriebsrat ein Organ wählen können, das ihre Interessen in der partnerschaftlichen Zusammenarbeit mit dem Top-Management vertritt.

Es wird deutlich, dass in Deutschland die Mitbestimmung der Arbeitnehmer prinzipiell auf *zwei verschiedene Arten* verwirklicht werden kann:

Arten der Mitbestimmung

- Zum einen werden die Interessen der Arbeitnehmer in den bestehenden Leitungs- und Kontrollorganen des Unternehmens berücksichtigt oder sind dort repräsentiert. Das MontanMitbestG von 1951, das DrittelbG von 2004 sowie das MitbestG von 1976 enthalten Regelungen zu dieser *Mitbestimmung auf Unternehmensebene.*
- Zum anderen wählen die zum Betrieb – verstanden als technisch-organisatorische Einheit (vgl. Abschn. 1.3.2) – gehörenden Arbeitnehmer entweder eine eigene Interessenvertretung, die ihrerseits „Mitbestimmungsrechte" in personellen, sozialen und wirtschaftlichen Angelegenheiten wahrnimmt, oder sie wirken als einzelne Arbeitnehmer in gewissem Maße bei den sie und ihre Arbeitsplätze betreffenden Angelegenheiten mit. Das im Jahr 2001 novellierte BetrVG von 1972 regelt diese *Mitbestimmung auf Betriebsebene.*

Nach langjährigen Bemühungen der verbandsmäßigen Interessenvertretung der Leitenden Angestellten wurde im Jahr 1989 das Sprecherausschussgesetz erlassen, das ebenfalls die Einflussnahme auf Betriebsebene betrifft. Obwohl in zahlreichen Unternehmen bereits vorher auf freiwilliger Basis Sprecherausschüsse Leitender Angestellter gebildet worden waren, haben die Leitenden Angestellten nach SprAuG nunmehr das Recht, ein eigenes Interessenvertretungsorgan zu wählen. Die übergeordnete Bedeutung dieses Gesetzes besteht darin, dass mit den Leitenden Angestellten neben Anteilseignern, Top-Management und Arbeitnehmern eine vierte Interessengruppe zwar nur beratenden, aber immerhin legalen Zugang zu unternehmensführungsrelevanten Entscheidungsarenen gefunden hat.

3.4.2.2 Inhalt der Mitbestimmungsgesetze

Wie bereits gezeigt wurde, hat der Gesetzgeber nach und nach versucht, durch gesetzliche Regelungen der Forderung nach Mitbestimmung der Arbeitnehmer Rechnung zu tragen (Frick [Mitbestimmung] 870 ff.). Im Wesentlichen sind es vier Gesetze, die die gegenwärtigen Mitbestimmungsrechte der Arbeitnehmer festlegen:

- das Montanmitbestimmungsgesetz von 1951,
- das Drittelbeteiligungsgesetz von 2004 (Novelle des Betriebsverfassungsgesetzes von 1952),
- das Mitbestimmungsgesetz von 1976 und
- das 2001 novellierte Betriebsverfassungsgesetz von 1972.

Hinzu kommt das Sprecherausschussgesetz von 1989, das den Einfluss der leitenden Angestellten regelt.

MontanMitbestG

Das *Montanmitbestimmungsgesetz von 1951* regelt den Einfluss der Arbeitnehmer in *Vorstand und Aufsichtsrat*. Das Gesetz findet auf Unternehmen des Bergbaus und der Eisen und Stahl erzeugenden Industrie Anwendung, die in der Rechtsform einer AG und GmbH betrieben werden und in der Regel mehr als 1.000 Arbeitnehmer beschäftigen (§ 1 MontanMitbestG). Kennzeichnend für den Aufsichtsrat eines vom MontanMitbestG erfassten Unternehmens ist seine *paritätische Besetzung* sowie die Institution des so genannten *neutralen Mitglieds* (vgl. Abbildung 3-5).

Abbildung 3-5 *Unternehmerische Mitbestimmung nach dem MontanMitbestG von 1951*

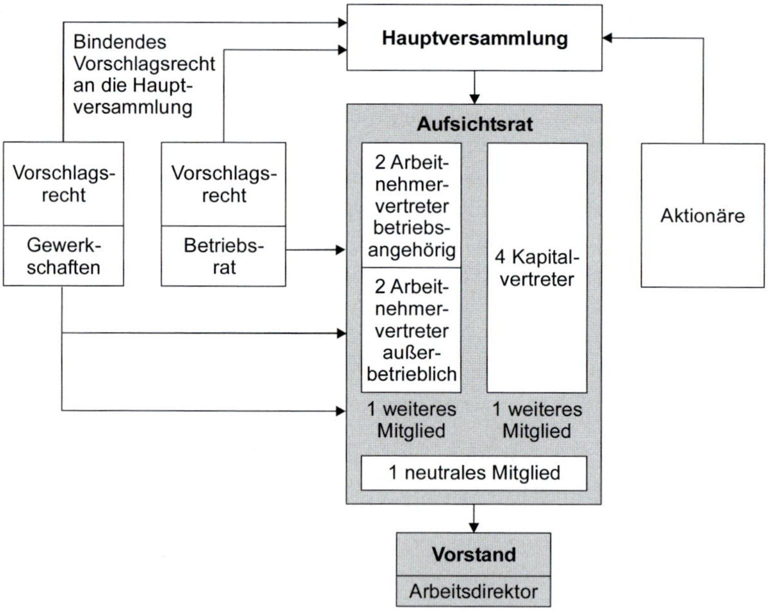

Der Aufsichtsrat besteht üblicherweise aus 11 Mitgliedern; der Handlungsrahmen zu seiner Erweiterung auf 15 oder 21 Mitglieder wird vom Grundkapital der Gesellschaft bestimmt (§ 9 MontanMitbestG). Für die Arbeitnehmerbank, wie auch für die Arbeitgeberseite ist ein so genanntes weiteres Mitglied zu wählen. Diese beiden weiteren Mitglieder zeichnen sich nicht durch Neutralität, sondern lediglich dadurch aus, dass sie die in § 4 II des MontanMitbestG geforderten Bedingungen erfüllen. *Um Pattsituationen zu vermeiden,* die die Beschlussfähigkeit des Aufsichtsrats lähmen würden, wird der Aufsichtsrat der Montanunternehmen durch ein neutrales Mitglied vervollständigt. Dieses Mitglied muss eine Person sein, auf die sich die Arbeitgeber- und Arbeitnehmerseite einigen. Ihr kommt eine erhebliche Bedeutung zu, da sie den Vorsitz des Organs innehat und ihr so vielfach die Rolle des Schlichters zufällt. Der Vorstand von Montanunternehmen muss einen *Arbeitsdirektor* aufweisen (§ 13 MontanMitbestG). Es handelt sich hierbei um ein gleichberechtigtes Vorstandsmitglied, dessen Aufgabenbereich zwar im Gesetz nicht ausdrücklich geregelt, bei dem jedoch davon auszugehen ist, dass ein *Kernbereich* seiner Zuständigkeiten im Bereich der *Personal- und Sozialangelegenheiten* angesiedelt ist. Der Arbeitsdirektor kann im Gegensatz zu den Vorschriften des Mitbestimmungsgesetzes von 1976 nicht gegen die Mehrheit der Stimmen der Arbeitnehmervertreter im Aufsichtsrat bestellt werden (§ 13 I MontanMitbestG). Das MontanMitbestG ist bis heute als jene Norm anzusprechen, die den Arbeitnehmern die am weitesten gehenden Mitbestimmungsrechte zubilligt. Es ist jedoch darauf hinzuweisen, dass das MontanMitbestG nur noch für ca. 40 Unternehmen Gültigkeit besitzt.

Arbeitsdirektor

Durch das *Montanmitbestimmungsergänzungsgesetz* (MontanMitbestErgG) von 1956 wurde die Mitbestimmung der Arbeitnehmer im Konzern geregelt, weshalb auch von der *Holding-Novelle* des MontanMitbestG gesprochen wird. Nach dieser Rechtsnorm haben die Arbeitnehmer eine *paritätische Mitbestimmung* in den Aufsichtsräten jener Unternehmen, die zwar selbst nicht unter das MontanMitbestG fallen, dafür aber mindestens ein anderes Unternehmen beherrschen (vgl. Abschn. 7.2.2.3), das dem MontanMitbestG unterliegt (§ 1 MontanMitbestErgG). Voraussetzung ist allerdings, dass der im Montanbereich erzielte Umsatz mindestens 20 Prozent des Konzernumsatzes ausmacht oder im Montanbereich des Konzerns mindestens 20 Prozent der Arbeitnehmer beschäftigt sind (§§ 2 und 3 MontanMitbestErgG). Zu beachten ist, dass der Konzern-Arbeitsdirektor auch gegen die Mehrzahl der Stimmen der Arbeitnehmervertreter im Konzernaufsichtsrat bestellt werden kann. Das MontanMitbestErgG ist im Schrifttum vor allem im Zusammenhang mit dem damaligen Mannesmann-Konzern („Lex Mannesmann") diskutiert worden. Dieser hat im Jahr 1981 die montanmitbestimmungspflichtigen Mannesmann-Hüttenwerke an die Mannesmannröhrenwerke verpachtet, was vom Top-Management mit Kostensenkungszielen begründet wurde. Von Gewerkschaftsseite wurde hingegen der Verdacht geäußert, dass die

Montan-MitbestErgG

Verpachtung als eine Flucht aus der Montanmitbestimmung zu begreifen sei (Spieker/Strohauer [Jahre] 32 ff.). Während das MontanMitbestErgG noch für die Klöckner Werke AG und die Mannesmann AG galt, findet es, soweit ersichtlich, derzeit keine Anwendung (Nienerza [Mitbestimmung] 9).

DrittelbG

Das erste *Betriebsverfassungsgesetz* der Bundesrepublik Deutschland von *1952* (BetrVG 1952) wurde im Rahmen des „Zweiten Gesetzes zur Vereinfachung der Wahl der Arbeitnehmervertreter in den Aufsichtsrat" durch das *Drittelbeteiligungsgesetz* (DrittelbG) mit Wirkung zum 01.07.2004 abgelöst. Der Kern des Gesetzes, die Regelungen der Repräsentanz von Arbeitnehmervertretern *im Aufsichtsrat* von Unternehmen ohne Montanbezug, bleibt im Sinne eines ergänzenden Auffanggesetzes zur Montanmitbestimmung unberührt. Das DrittelbG gilt für Unternehmen, die in der Rechtsform einer AG, einer KGaA, einer GmbH, einem Versicherungsverein auf Gegenseitigkeit (VvaG) oder einer Erwerbs- und Wirtschaftsgenossenschaft (eG) organisiert sind und jeweils mehr als 500 Mitarbeiter beschäftigen. Ein Mitbestimmungsrecht im Aufsichtsrat besteht auch in einer AG und KGaA mit weniger als 500 Arbeitnehmern, sofern diese vor August 1994 gegründet wurde und keine Familiengesellschaft ist (§ 1 I DrittelbG). Der Aufsichtsrat vorbezeichneter Unternehmen muss sich laut § 4 I des DrittelbG aus einem Drittel Arbeitnehmervertretern zusammensetzen (vgl. Abbildung 3-6); in diesem Zusammenhang wird üblicherweise von einer *Unterparität* gesprochen. Die Größe des Aufsichtsrats orientiert sich am Grundkapital der Gesellschaft und variiert zwischen drei und einundzwanzig Mitgliedern (§ 95 AktG). Eine Repräsentanz von Arbeitnehmerinteressen im Leitungsorgan (Vorstand) wird im Gegensatz zu den anderen unternehmensbezogenen Mitbestimmungsgesetzen nicht gefordert. Die Arbeitnehmervertreter verfügen somit nur über eine sehr begrenzte Einwirkungsmöglichkeit auf die Aufsichtsratsentscheidungen, sodass davon ausgegangen werden muss, dass ihre Stimme lediglich ein beratendes Gewicht aufweist. Aus Arbeitnehmersicht besteht ein wesentlicher Vorzug des Gesetzes jedoch in der frühzeitigen Information über aktuelle Entscheidungsangelegenheiten ihres Unternehmens.

MitbestG

Das *Mitbestimmungsgesetz* von 1976 dehnt den Kreis der auf *Unternehmensebene* arbeitnehmermitbestimmten Unternehmen weiter aus, indem es auf alle Unternehmen mit eigener Rechtspersönlichkeit (Kapitalgesellschaften) Anwendung findet, die in der Regel mehr als 2.000 Arbeitnehmer beschäftigen. Des Weiteren ist es für Kommanditgesellschaften, welche eine Kapitalgesellschaft als Komplementär aufweisen (so genannte kapitalistisch strukturierte Kommanditgesellschaften – vor allem GmbH & Co. KG), rechtsverbindlich. Wie das MontanMitbestG greift das MitbestG in die Besetzung der Kontroll- *und* Leitungsorgane ein. Abbildung 3-7 veranschaulicht, dass das Gesetz *formal* eine *paritätische* Besetzung des Aufsichtsrats vorsieht.

Unternehmerische Mitbestimmung nach dem Drittelbeteiligungsgesetz von 2004

Abbildung 3-6

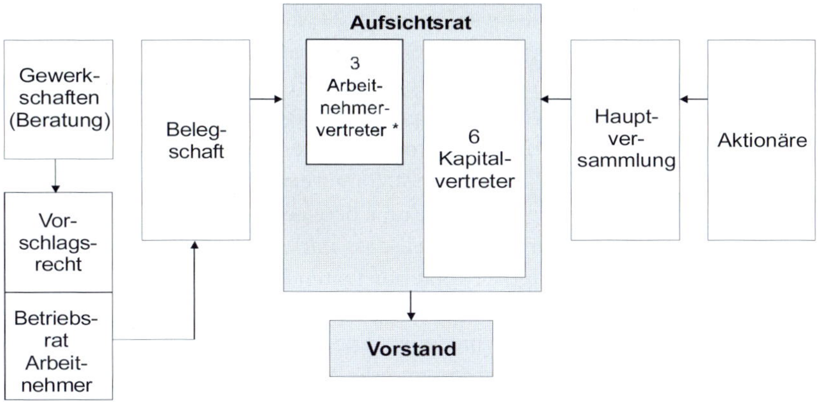

* Mindestens 2 Arbeitnehmervertreter müssen im Unternehmen beschäftigt sein (§ 4 II DrittelbG).

Unternehmerische Mitbestimmung nach dem Mitbestimmungsgesetz von 1976

Abbildung 3-7

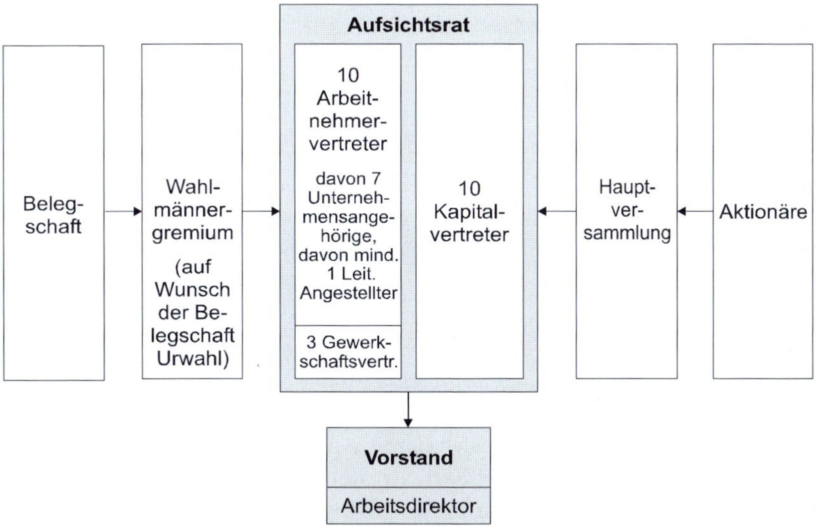

In Abhängigkeit von der Unternehmensgröße, gemessen an der Arbeitnehmerzahl, kann der Aufsichtsrat aus zwölf bis zwanzig Mitgliedern bestehen. Mögliche *Pattsituationen* sollen dadurch gelöst werden, dass dem *Aufsichtsratsvorsitzenden* bei einer Stichwahl gemäß § 29 MitbestG ein *doppeltes Stimmrecht* zugebilligt wird (so genannter *Stichentscheid*). Der Aufsichtsratsvorsitzende wird de facto durch die Arbeitgeberseite bestimmt, da bei einem notwendig gewordenen zweiten Wahlgang die Aufsichtsratsmitglieder der Anteilseigner den Vorsitzenden und die Vertreter der Arbeitnehmer dessen Stellvertreter wählen (§ 27 II MitbestG). Somit erweist sich die Pattsituation *in der Realität* als eine *Scheinparität.* Zur Unausgewogenheit der Interessenrepräsentanz trägt darüber hinaus bei, dass nach dem MitbestG zumindest ein Belegschaftsvertreter der Gruppe der Leitenden Angestellten dem Aufsichtsrat angehören muss (§ 15 I MitbestG); auch bei diesem ist im Regelfall anzunehmen, dass er in verschiedenen Entscheidungslagen eher eine anteilseigner- als eine arbeitnehmerorientierte Position beziehen wird (Theisen [Rechtsprechung] 49 ff.).

Arbeitsdirektor

Analog zum MontanMitbestG fordert das MitbestG weiterhin, dass dem Leitungsorgan ein gleichberechtigtes Mitglied als *Arbeitsdirektor* angehört (§ 33 MitbestG). Die Art und Weise seiner Aufgabenzuständigkeit ist auch hier nicht explizit geregelt, jedoch ist ebenso wie im MontanMitbestG davon auszugehen, dass diese *im Kern* die Zuständigkeit für *Angelegenheiten des Personal- und Sozialwesens* bildet (Wagner [Personalvorstände] 650 ff.). Da der Arbeitsdirektor nach dem MitbestG gegen die Mehrheit der Arbeitnehmervertreter im Aufsichtsrat bestellt werden kann, ist zu erwarten, dass er im Gegensatz zum MontanMitbestG weniger als Repräsentant der Arbeitnehmer im Leitungsorgan zu verstehen ist.

BetrVG von 1972

Das Betriebsverfassungsgesetz von 1972 regelt die *betriebliche* Mitbestimmung der Arbeitnehmer. Dieses über fast 30 Jahre kaum geänderte Gesetz wurde durch das Gesetz zur Reform des Betriebsverfassungsgesetzes (BetrVerf-ReformG) vom 23.7.2001 novelliert.

BetrVerf-ReformG von 2001

Dieses *Reformpaket* beinhaltet neben den Änderungen des Betriebsverfassungsgesetzes von 1972 *auch* dadurch verursachte *Änderungen in weiteren Gesetzen,* wie dem Kündigungsschutzgesetz. Das Reformgesetz 2001 passt viele Einzelregelungen des Betriebsverfassungsgesetzes von 1972 an veränderte Anforderungen und *Bedingungen des modernen Wirtschafts- und Arbeitslebens* an, beinhaltet aber auch *Neuregelungen für die Zusammenarbeit zwischen Betriebsräten und Arbeitgebern.* Das novellierte Gesetz wird nachfolgend als BetrVG abgekürzt und bezieht sich damit auf die Fassung und Bekanntmachung des Gesetzes vom 25.09.2001.

BetrVG

An der grundsätzlichen Ausrichtung der betrieblichen Mitbestimmung der Arbeitnehmer nach dem Gesetz von 1972 hat es durch das Reformgesetz keine Änderungen gegeben. Nach wie vor stellen der Betrieb und die Regelung der Zusammenarbeit zwischen

Arbeitgebern und Arbeitnehmern in den Betrieben den Bezugspunkt des Gesetzes dar. Das Gesetz gilt für alle Betriebe mit in der Regel mindestens fünf ständigen wahlberechtigten Arbeitnehmern (§ 1 BetrVG). *Ausgeschlossen* sind so genannte *Tendenzbetriebe*, die politischen, konfessionellen oder karitativen Bestimmungen dienen oder im Medienbereich meinungsbildend wirken. Den Arbeitnehmern sind nach dem BetrVG zwei Rechtsgüter und Ebenen der Mitbestimmung eingeräumt:

Mitbestimmungsebenen

- Zum einen stehen dem einzelnen Arbeitnehmer in der Form von unmittelbaren Beteiligungs- und Mitwirkungsrechten *Individualrechte* zu (§ 81 bis § 86 BetrVG).
- Andererseits werden den Arbeitnehmern *kollektiv-institutionalisierte Beteiligungsrechte* eingeräumt, die sie über verschiedene Organe oder Rechtsinstitute (vgl. Abbildung 3-8) realisieren können (§ 1 bis § 80; § 87 bis § 113 BetrVG).

Betriebliche Mitbestimmung nach dem Betriebsverfassungsgesetz von 1972

Abbildung 3-8

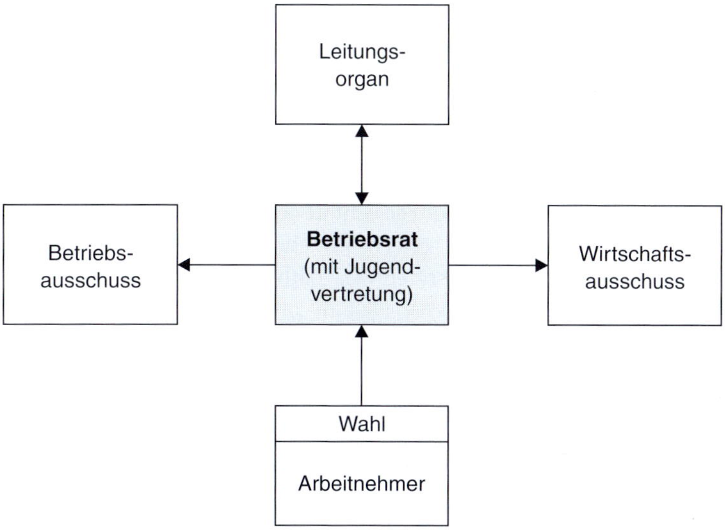

Kollektiv-institutionalisierte Beteiligungsrechte

Obwohl nur für die betriebliche Mitbestimmung geltend, haben aus der Warte der Unternehmensführung gleichwohl vor allem die durch das BetrVG zugestandenen kollektiv-institutionalisierten Beteiligungsrechte der Arbeitnehmer eine hohe Bedeutung. Zur Verfolgung dieser Rechte sieht das BetrVG vor, *Betriebsräte* (§ 1 bis § 41; § 47 bis § 80; § 87 bis § 105; § 111 bis

§ 113 BetrVG) zu wählen, *Betriebsversammlungen* (§ 42 bis § 46 BetrVG) abzuhalten und gegebenenfalls *Wirtschaftsausschüsse* (§ 106 bis § 110 BetrVG) einzurichten. Insbesondere besteht für die Leitung von Unternehmen mit in der Regel mehr als 1.000 ständig Beschäftigten die *vierteljährliche Pflicht zur schriftlichen Information* der Arbeitnehmer über die *wirtschaftliche Lage und Entwicklung des Unternehmens* nach Abstimmung mit Wirtschaftsausschuss und Betriebsrat (§ 110 I BetrVG), die für Unternehmen *unterhalb dieser Größenschwelle* bei mehr als 20 wahlberechtigten, ständig beschäftigten Arbeitnehmern *nur mündlich* zu erfolgen braucht (§ 110 II BetrVG). Davon unbenommen ist die *jährliche Pflicht zur mündlichen Berichterstattung* im Rahmen der Betriebsversammlung *über das Personal- und Sozialwesen* sowie über die *wirtschaftliche Lage und Entwicklung des Betriebs* (§ 43 II BetrVG) (vgl. hierzu ausführlich Macharzina [Informationspolitik] 19 ff. und 99 ff.).

Betriebsrat

Einigungsstelle

Betriebsausschuss

Betriebsversammlung

Über die Gremien Betriebsrat, Betriebsversammlung und Wirtschaftsausschuss, die die gesellschaftsrechtlichen Organe ergänzen, werden den Arbeitnehmern Rechtsinstitute an die Hand gegeben, über die sie ihre das betriebliche Geschehen betreffenden Interessen einbringen können. Unter diesen Gremien ragt der *Betriebsrat* heraus, der von den Arbeitnehmern in geheimer und unmittelbarer Wahl bestimmt wird. Ihm stehen in sozialen, personellen und wirtschaftlichen Angelegenheiten *genau spezifizierte Beteiligungsrechte* zu, die je nach Entscheidungstatbestand *abgestuft* sind (vgl. Abbildung 3-9 – (Deutsche Gesellschaft für Personalführung [Konsequenzen] 89 ff.) unter Einbeziehung von Änderungen durch die Novelle 2001). Können sich Arbeitgeber und *Betriebsrat* bei mitbestimmungspflichtigen Entscheidungen nicht einigen, treten mit der paritätisch besetzten *Einigungsstelle* (§ 76 BetrVG) bzw. dem Arbeitsgericht übergeordnete, beschlussverbindliche Instanzen an ihre Stelle (Oechsler/Schönfeld [Entscheidungsfreiheit] 414 ff.). Zur Führung der laufenden Geschäfte des *Betriebsrats* muss in Sonderfällen, in denen der *Betriebsrat* neun oder mehr Mitglieder hat, ein *Betriebsausschuss* (§ 27 I BetrVG) eingerichtet werden. Die vierteljährlich einzuberufende *Betriebsversammlung* (§§ 42–46 BetrVG) dient der *Aussprache* zwischen Arbeitnehmerschaft und *Betriebsrat,* der zu diesem Anlass auch seinen Tätigkeitsbericht vorlegt. Sie hat im Gegensatz zum *Betriebsrat keine Entscheidungskompetenz.* Erwähnenswert erscheint vor allem, dass der *Betriebsrat* keinerlei imperativem Mandat unterliegt.

Wirtschaftsausschuss

Um auch in größeren Betrieben die Handlungsfähigkeit der Arbeitnehmerorgane auf entsprechendem Kompetenzniveau zu gewährleisten, fordert das BetrVG, dass in Betrieben mit mehr als 100 Arbeitnehmern ein *Wirtschaftsausschuss* (§ 106 I) eingerichtet wird. Dieser wird vom *Betriebsrat* bestimmt und hat die Aufgabe, wirtschaftliche Angelegenheiten mit dem Arbeitgeber zu beraten und den *Betriebsrat* zu unterrichten. Es handelt sich beim Wirtschaftsausschuss um ein *reines Informations- und Beratungsgremium;*

der Wirtschaftsausschuss hat im Gegensatz zum *Betriebsrat* keine Mitentscheidungskompetenz.

Beteiligungsrechte des Betriebsrates nach dem Betriebsverfassungsgesetz

Abbildung 3-9

§ 95 I, II	Auswahlrichtlinien (über 1.000 Arbeitnehmer)	**Mitbestimmung**
§ 112	Sozialplan bei Betriebsänderungen	
§ 85 II	Berechtigung von Beschwerden	
§ 87 I 13	Grundsätze der Durchführung von Gruppenarbeit	
§ 87 I 12	Grundsätze des betrieblichen Vorschlagswesens	
§ 87 I 11	Festlegung von Akkord- und Prämiensätzen und anderer Leistungsentgelte	
§ 87 I 9	Zuweisung und Kündigung von Werkswohnungen	
§ 87 I 8	Form, Ausgestaltung und Verwaltung von Sozialeinrichtungen	
§ 87 I 7	Regelungen zur Verhütung von Arbeitsunfällen und Berufskrankheiten	
§ 87 I 6	Anwendungen von technischen Einrichtungen zur Leistungsüberwachung	
§ 87 I 5	Aufstellung von Urlaubsgrundsätzen und -plänen	
§ 87 I 3	vorübergehende Änderung der Arbeitszeit	
§ 98 I	Durchführung der Berufsbildung	
§ 97 II	Berufliche Qualifikation	
§ 87 I 10	betriebliche Lohngestaltung, insb. Aufstellung von Entlohnungsgrundsätzen	
§ 87 I 4	Auszahlungsmodalitäten der Arbeitsentgelte	
§ 87 I 2	Beginn und Ende der täglichen Arbeitszeit	
§ 87 I 1	Fragen der Ordnung des Betriebs; insb. Arbeitnehmerverhalten	
§ 113 II	Nachteilsausgleich bei Arbeitsplatz- und Ablaufänderungen	**Erzwingbare Initiative**
§ 93	innerbetriebliche Stellenausschreibungen	
§ 98 II	Bestellung bzw. Abberufung von Ausbildern	
§ 98 III, IV	Auswahl von Teilnehmern an Berufsbildungsmaßnahmen	
§ 104	Entlassung bzw. Versetzung betriebsstörender Arbeitnehmer	
§ 94 I, II	Personalfragebögen, Beurteilungsgrundsätze	**Zustimmung**
§ 95 I	Auswahlrichtlinien (über 1.000 Arbeitnehmer)	
§ 103	außerordentliche Kündigung von Mitgliedern betriebl. Organe	
§ 99 II	Einstellungen, Ein- und Umgruppierungen, Versetzungen	**Zustimmungsverweigerung (Veto)**
§ 112 II	Interessenausgleich bei Betriebsänderungen	
§§ 96, 97	Konzeption von Berufsbildungsmaßnahmen	**Beratung**
§ 92a	Beschäftigungssicherung	
§ 92 I, III	geplante Personalmaßnahmen	
§ 90	Planung von Bauten, technischen Anlagen etc.	
§ 106	wirt. Angelegenheiten (über Wirtschaftsausschuss)	
§ 89	Arbeitsschutz	
§ 102	ordentliche und außerordentliche Kündigung	**Anhörung**
§ 92 I	Personalbedarfsplanung	**Information**
§ 105	pers. Veränderung bei ltd. Angestellten	

Änderungen durch Novellierung

Die Novelle des Betriebsverfassungsgesetzes umfasst insgesamt eine erhebliche Anzahl von Änderungen bei Einzelvorschriften. Hier wird lediglich ein Überblick über wichtige Bereiche mit zentralen Änderungen gegeben. Für eine weitergehende und detaillierte Übersicht sämtlicher Neuregelungen wird auf die entsprechenden Kommentare (Gnade et al. [Basiskommentar]) verwiesen.

Obwohl der Begriff des Betriebs nach wie vor als Kriterium gilt, in welchen Organisationseinheiten Betriebsräte gebildet werden dürfen, kommt es im novellierten BetrVG zu signifikanten Erweiterungen des bisherigen Begriffsverständnisses. So wird die Definition des Betriebs als Grundeinheit *eines* Unternehmens aufgegeben. Nach § 1 BetrVG gelten auch so genannte *„gemeinsame Betriebe" mehrerer Unternehmen* als Organisationseinheiten, die betriebsratsfähig sind, wenn Arbeitnehmer und Betriebsmittel gemeinsam eingesetzt werden oder Unternehmensspaltungen vorliegen. Weiterhin ist es nach § 3 BetrVG nunmehr möglich, *mehrere Betriebe eines Unternehmens* zusammenzufassen und *insgesamt nur einen Betriebsrat* zu bilden, falls dies die Bildung von Betriebsräten erleichtert.

Wegfall der Unterscheidung in Arbeiter und Angestellte

Wesentliche Auswirkungen ergeben sich ferner durch die *Abschaffung des Gruppenprinzips* und die damit verbundenen Änderungen für die Betriebsratswahlen. Mit der Aufhebung des § 6 BetrVG und sämtlichen damit in Verbindung stehenden Regelungen wird im Reformgesetz die bereits in kündigungsschutz- und sozialversicherungsrechtlicher Hinsicht *weggefallene Unterscheidung zwischen Arbeitern und Angestellten* auch für den Bereich des Betriebsverfassungsgesetzes nachvollzogen (Dimitriadis et al. [Betriebsverfassungsgesetz] 170). Damit müssen Arbeiter und Angestellte nicht mehr nach ihrem zahlenmäßigen Verhältnis in den Betrieben auch im Betriebsrat vertreten sein.

SprAuG

Dem Erlass des Sprecherausschussgesetzes von 1989 gingen ebenfalls langjährige Auseinandersetzungen der politischen Akteure um den Inhalt der Norm voraus (vgl. hierzu Wiegräbe/Borgwardt [Sprecherausschüsse] 5 ff.). Das Gesetz regelt die Interessenvertretung der „Leitenden Angestellten". Als Leitender Angestellter wird angesehen, wer Arbeitgeberfunktionen in einer Schlüsselstellung ausübt, insbesondere

- zur selbstständigen Einstellung und Entlassung von Arbeitnehmern berechtigt ist oder
- Generalvollmacht oder Prokura besitzt und die Prokura auch im Verhältnis zum Arbeitgeber nicht unbedeutend ist oder
- regelmäßig sonstige Aufgaben wahrnimmt, die für den Bestand und die Entwicklung des Unternehmens oder eines seiner Betriebe von Bedeutung sind und deren Erfüllung besondere Erfahrung und Kenntnisse

voraussetzt; insbesondere dann, wenn er die Entscheidungen im Wesentlichen frei von Weisungen trifft (vgl. § 5 III BetrVG; Halbach et al. 386 ff.).

Begriff der „Leitenden Angestellten"

Um in Fällen, in denen eine Zuordnung zu den Leitenden Angestellten nach § 5 III BetrVG zweifelhaft ist, weitere Entscheidungshilfen zu geben, wurde vom Gesetzgeber parallel zur Entwicklung des Sprecherausschussgesetzes eine *Konkretisierung des Begriffs* der „Leitenden Angestellten" vorgenommen (vgl. neuer § 5 IV BetrVG). Diese besteht in vier Auslegungsnormen. Leitender Angestellter ist demnach, wer

- aus Anlass der letzten Wahl des Betriebsrats, des Sprecherausschusses oder von Arbeitnehmer-Aufsichtsratsmitgliedern oder durch rechtskräftige gerichtliche Entscheidung den Leitenden Angestellten zugeordnet worden ist oder
- einer Leitungsebene angehört, auf der in dem Unternehmen überwiegend Leitende Angestellte vertreten sind, oder
- ein regelmäßiges Jahresarbeitsentgelt erhält, das für Leitende Angestellte in dem betreffenden Unternehmen üblich ist, oder
- ein regelmäßiges Jahresarbeitsentgelt bezieht, das das Dreifache der Bezugsgröße des Sozialgesetzbuches (derzeit ca. 87.000 Euro p. a.) überschreitet.

Das SprAuG sieht vor, dass die Leitenden Angestellten von Betrieben mit in der Regel mindestens zehn Leitenden Angestellten (§ 1 SprAuG) alle vier Jahre *gesetzliche Sprecherausschüsse* wählen (§ 5 I SprAuG). Diese haben Mitwirkungsrechte in Form der Unterrichtung und Beratung, jedoch *keine einklagbaren Mitbestimmungsrechte*. Es wird deutlich, dass aufgrund des Mangels an echten Mitbestimmungsrechten die Wirkung des SprAuG ungleich geringer ist als diejenige des Betriebsverfassungsgesetzes.

Empirische Befunde

Wirkungen der Mitbestimmung bleiben ungewiss

Eine aktuelle Untersuchung zeigt, dass das Mitbestimmungspotenzial der Arbeitnehmer eine deutliche Steigerung erfahren hat, die im Wesentlichen jedoch insofern auf einen rechtspolitischen Eingriff zurückzuführen ist, als seit dem Jahr 2002 die Satzung oder der Aufsichtsrat zustimmungspflichtige Geschäfte auszuweisen hat (Gerum [Governance-System] 336). Im Hinblick auf die ökonomische und soziale Effizienz und Effektivität der Mitbestimmung führen aktuelle Meta-Analysen empirischer Untersuchungen zu dem Befund, dass statistisch sowohl positive als auch negative Effekte der Mitbestimmung bestehen (Gerum [Governance-System] 48 f.).

3.4.3 Aktuelle Entwicklungstendenzen

Reform der Unternehmensmitbestimmung

Die Mitbestimmungsdiskussion zwischen den Sozialpartnern ist durch Phasen des relativ stabilen Konsenses gekennzeichnet, der allerdings auch durch zum Teil heftiges Beben gestört wurde. Dies gilt insbesondere für die Mitbestimmung auf Unternehmensebene („Unternehmensmitbestimmung"), deren Verfassungsmäßigkeit durch die Arbeitgeber auf dem Wege einer Verfassungsbeschwerde angezweifelt wurde, aber nach drei Jahren nach Inkrafttreten des Mitbestimmungsgesetzes von 1976 durch das Bundesverfassungsgericht bestätigt wurde. Rund 30 Jahre nach Erlass dieses Gesetzes zielt ein neuer Vorstoß aus dem Unternehmerlager gegen die dort festgeschriebene institutionalisierte Mitbestimmung; dieses Mal begründet durch einen vermeintlichen „Mitbestimmungsabschlag" der Konkurrenzfähigkeit deutscher Unternehmen im globalen Wettbewerb und aus dem Blickwinkel europarechtlicher Entwicklungen (vgl. Abschn. 3.5.2). Die Stoßrichtung der Arbeitgeber geht angesichts der weltweiten Einzigartigkeit der deutschen paritätischen Mitbestimmung und der höchstens drittelparitätischen Mitbestimmung in den Vorstellungen oder im geltenden Recht anderer mitbestimmungsfreundlicher Länder auf eine Rückführung hin zur Drittelparität.

Biedenkopf-Kommission

Am 26. Juli 2005 hat die damalige rot-grüne Bundesregierung noch kurz vor den Neuwahlen eine Kommission zur Modernisierung der deutschen Mitbestimmung (Biedenkopf-Kommission II) eingerichtet, die sinnigerweise „drittelparitätisch" zwischen Vertretern der Gewerkschaften, der Wirtschaft und der „neutralen" Wissenschaft besetzt wurde. Im Koalitionsvertrag vom 11.11.2005 wurde diese Kommission bestätigt und festgehalten, dass man – soweit erforderlich und geboten – deren einvernehmlich erzielte Ergebnisse aufgreifen und falls nötig Anpassungen der nationalen Unternehmensmitbestimmung vorzunehmen trachte. Hierzu kam es jedoch nicht, denn am 20.12.2006 konnte der Kommissionsvorsitzende Kurt Biedenkopf nur einen „Drittel-Abschlussbericht" der Wissenschaftler an die Bundeskanzlerin abgeben, da die Positionen der Sozialpartner unvereinbar waren. Die Wissenschaftler kamen daher zu dem Ergebnis, dass es keinen Grund gäbe, eine grundlegende Revision der deutschen Unternehmensmitbestimmung vorzuschlagen. Seitdem befindet sich die Reformbewegung wieder im relativen Ruhezustand.

3.5 Unternehmensverfassung und Corporate Governance im internationalen Vergleich

Notwendigkeit eines Vergleichs

Die zunehmende internationale Verflechtung der Unternehmenstätigkeit (vgl. Kapitel 13) und die europäische Integration im Besonderen machen eine Auseinandersetzung mit Unternehmensverfassungen in anderen nationalen Einzugsbereichen notwendig. Dabei sind wegen des internationalen Einflusses die Verfassungsmodelle der Vereinigten Staaten und Großbritanniens – das zweistufige Vereinigungsmodell ist international am weitesten verbreitet (vgl. Abbildung 3-10) und findet sich noch in Belgien, Luxemburg, Schweiz, Irland, Dänemark, Schweden, ferner in Italien, Spanien, Portugal und in Griechenland sowie in Kanada, Singapur, Hongkong, Japan, Australien und in Neuseeland (Engelhard/Schwimbersky [Arbeitnehmermitbestimmung] 2 ff.; Gerum [Vergleich] 173) – einerseits und angesichts der Bedeutung als Wirtschaftsmacht dasjenige Japans sowie die im Statut zur Europa-AG enthaltenen Verfassungsmodelle von besonderem Interesse (vgl. Abbildung 3-10) (Bleicher/Leberl/Paul [Spitzenorganisation] 44 ff.; Gerum [Vergleich] 171 ff.).

3.5.1 Grundelemente und Entwicklungen der anglo-amerikanischen Unternehmensverfassung und Corporate Governance

Grundlagen

US-amerikanisches Modell

Die angelsächsische Unternehmensverfassung weicht in mehrerlei Hinsicht vom deutschen Verfassungsmodell ab (vgl. Abbildung 3-11). Der grundlegende Unterschied liegt in der zweistufigen – häufig irreführenderweise als „monistisch“ bezeichneten – Struktur (Vereinigungsmodell) des anglo-amerikanischen Systems im Gegensatz zum deutschen dreistufigen Modell (Trennungsmodell) der Unternehmensverfassung, das sich nach der dortigen Aktienrechtsreform für die große AG noch in Holland und Österreich findet und in Frankreich möglich ist (vgl. Abbildung 3-10). Das zweistufige System ist tief in der angelsächsischen Rechtstradition verwurzelt.

Abbildung 3-10 *Übersicht über die Corporate-Governance-Struktur und die unternehmerische Mitbestimmung*

Land	Corporate Governance Struktur	Unternehmerische Mitbestimmung Beteiligung der Arbeitnehmer im kompetenten Organ		
		Keine Sitze	Bis zu 1/3 der Sitze	1/3 bis zu 1/2 der Sitze
Belgien	monistisch	X		
Dänemark	monistisch			X
Deutschland	dualistisch			X
Finnland	wahlweise		I.d.R. ¼ Arbeit-nehmervertreter	
Frankreich	wahlweise		X	
Großbritannien	monistisch	X		
Italien	monistisch	X		
Japan	monistisch	X		
Luxemburg	monistisch		X	
Niederlande	dualistisch	X		
Norwegen	wahlweise			X
Österreich	dualistisch			X
Polen	dualistisch	X		
Portugal	monistisch	X		
Schweden	monistisch		X	
Schweiz	monistisch	X		
Slowakei	dualistisch			X
Slowenien	Dualistisch			X
Spanien	Monistisch	X		
Tschechische Republik	Dualistisch			X
USA	Monistisch	X		

Obwohl Unterschiede zwischen den Unternehmensverfassungen in Großbritannien und den USA bestehen (Bleicher/Paul [Vergleich] 263 ff.; Tricker [Governance]; Aurich [Managementkontrolle]), soll Letztere zunächst beispielhaft für das zweistufige System herangezogen und in ihren Grundstrukturen anhand der amerikanischen Stock Corporation, die der deutschen Aktiengesellschaft entspricht, dargelegt und daran anschließend das britische Modell der Corporate Governance aufgegriffen werden.

Corporate-Governance-Strukturen im Vergleich

Abbildung 3-11

	USA (Stock Corporation)	**Deutschland** (Aktiengesellschaft)	**Europa** (Europa-AG)	**Japan** (Kabushiki-kaisha)
Normtypen	Vereinigungsmodell	Trennungsmodell	Optionsmodell	Vereinigungsmodell (erweitert)
Organisation der Führungsstruktur ⋯▶ Überwachungsaufgabe —▶ Führungsaufgabe	**CEO Board**: Outside Directors ⋮ Inside Directors ⋯▶ / —▶ Geschäftsführungsmaßnahmen	**Aufsichtsrat** ▶ **Vorstand** Aufsichtsrat ⋯▶ Geschäftsführungsmaßnahmen; Vorstand —▶ Geschäftsführungsmaßnahmen	Wahlrecht zwischen Vereinigungs- und Trennungsmodell	**Direktorium**: mit/ohne Vertretungsvollmacht; Geschäftsführender Ausschuss —▶ Geschäftsführungsmaßnahmen
Kontrollmechanismen intern	Outside Directors	Aufsichtsrat (Voice-Option)	*Abhängig von den nationalen Ausführungsgesetzen*	Kansayaku-kai oder linkaitou-Secchi-Gaisha; Kontrolle über informelle Regeln und Selbstbindung
extern	Kontrolle über Kapitalmarkt (Exit-Option)			
Interessenberücksichtigung	*Shareholder-Ansatz:* Anteilseigner	*Stakeholder-Ansatz:* Anteilseigner und Arbeitnehmer	Auffanglösung zur Mitbestimmung	*Stakeholder-Ansatz:* "Familieninteresse" (Keiretsu)
Willensbildung	Direktoralprinzip: CEO	Kollegialprinzip: Vorstand	*Abhängig von den nationalen Ausführungsgesetzen*	Ringi-Prinzip (Umlaufverfahren): Geschäftsführender Ausschuss
Unternehmensfinanzierung	marktorientiert (Trennbankensystem); geringe Anteilskonzentrierung	bankorientiert (Universalbankensystem); hohe Anteilskonzentrierung und Kapitalverflechtung		bankorientiert (Hausbank); hohe Anteilskonzentrierung und Kapitalverflechtung

3.5.1.1 Unternehmensverfassung und Corporate Governance in den USA

Amerikanische Stock Corporation

Bei der Stock Corporation bilden, wie im deutschen Modell, neben der lex legata noch der Gründungsvertrag (Charter) sowie die Geschäftsordnung (By-Laws) die verfassungskonstituierenden Säulen. Die Verfassung der amerikanischen Stock Corporation, die auch als *Board-Verfassung* bezeichnet wird, sieht eine zwingende und ausdrückliche Trennung zwischen dem Organ mit Leitungsfunktion und einem solchen mit Kontrollfunktion *nicht* vor. Demzufolge weist die Stock Corporation mit dem *Shareholders' Meeting* und dem *Board of Directors* lediglich zwei Gesellschaftsorgane auf. Während die Leitung der Gesellschaft dem Board of Directors oder einem von ihm Bevollmächtigten (Chief Executive Officer – CEO) obliegt, stellt das Shareholders' Meeting die Versammlung der Anteilseigner dar. Das Board of Directors vereinigt somit Geschäftsführungs-, Vertretungs- und über weite Strecken auch Kontrollelemente in sich.

Zweistufiges Vereinigungsmodell

Board of Directors

Das Board of Directors, aus dessen Mitte ein Vorsitzender („Chairman of the Board") bestellt werden kann, setzt sich aus unternehmensinternen Mitgliedern (Inside Directors; im UK *Executive Directors)* und unternehmensexternen Mitgliedern *(Outside Directors;* im UK *Non-Executive* oder *Independent Directors)* zusammen (vgl. Abbildung 3-12) (Frese [Unternehmensführung] 380 ff.). Seine Aufgaben können in eine Treuhand-(Trustee-)Funktion, die von den Outside Directors wahrgenommen wird, und in eine Management-Funktion aufgeteilt werden. Kontrollelemente sind in Ersterer verankert. Diese bestimmt sein Handeln als Treuhänder der Eigentümerinteressen. Dem Board of Directors kommt somit die Verpflichtung zu, das eigene Handeln selbst zu kontrollieren. Im Mittelpunkt der *Management-Funktion* stehen die Leitung und Vertretung des Unternehmens, wobei es vor allem darum geht, strategische Entscheidungen zu treffen.

Im Einzelnen gehört hierzu die Festlegung der Unternehmensziele und -strategien sowie die Wahl, Beratung, Überwachung und Abberufung der *Officers.* Officers, wie beispielsweise der CEO oder CFO (Chief Financial Officer), sind professionelle leitende Angestellte der Stock Corporation, die als Mitglieder des Top-Managements anzusehen sind, jedoch *kein eigenständiges Organ der Gesellschaft* darstellen. Weitere Aufgaben des Board of Directors im Rahmen seiner Management-Funktion sind in der Entscheidung über die Gewinnverwendung sowie die Berichterstattung an die Aktionäre gegeben. Die Verfassung der amerikanischen Stock Corporation ermöglicht zum Zweck einer board-internen Arbeitsteilung die Bildung verschiedener Ausschüsse, die Management- und Treuhand-Aufgaben übernehmen.

Typische Kompentenzverteilung in der Stock Corporation

Abbildung 3-12

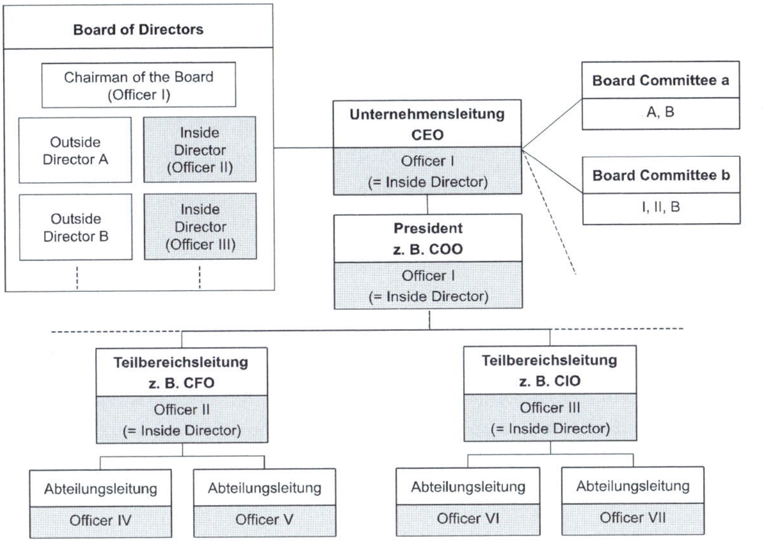

Ausschüsse

Das Executive Committee nimmt in erster Linie Geschäftsführungsaufgaben wahr, das Financial Committee behält stets einen aktuellen Überblick über die Finanzsituation der Gesellschaft, während beispielsweise das Audit Committee die Abschlussprüfung vorbereitet und das Nominating und Compensation Committee sich mit der Anwerbung von und der Gehaltsfindung bei Top-Managern befasst.

Shareholders' Meeting

Die Aufgaben des jährlich einzuberufenden Shareholders' Meeting bestehen vor allem in der Wahl der Mitglieder des Board of Directors, dem Erlass und der Änderung des Gründungsvertrags sowie in Beschlussfassungen über außerordentliche Angelegenheiten wie der Auflösung oder Fusion des Unternehmens (Thomée [Boardsystem] 186 f.). Auch hier ist, wie bei der deutschen AG, jedoch anders als beim britischen Modell, die Aktionärsversammlung von der Geschäftsführung ausgeschlossen.

Konvergenz zum Trennungsmodell

Die jüngste amerikanische Corporate-Governance-Reform hat eine Konvergenz hin zum deutschen Trennungsmodell in Gang gesetzt, deren Stoßrichtung auf die Abschwächung der Machtkonzentration im Leitungsorgan zielt. So konnte mit dem Sarbanes-Oxley Act (SOX) von 2002 und verschärftem Börsen-Enforcement im Jahr 2002 erstmals eine bundeseinheitliche Regelung für die Tätigkeit des Board of Directors geschaffen werden, mit dem insbesondere die Haftungsbedingungen des CEO und CFO verschärft, die Koordination der Ausschüsse verbessert, die Unabhängigkeit der Boardmitglieder erhöht sowie deren Überwachungsaufgaben weiter präzisiert wurden (Glaum/Thomaschewski/Weber [Auswirkungen]; Menzies [Sarbanes-Oxley]); Salzberger [Board] 101). Neben der Quartalsprüfungspflicht des Audit-Committees (SOX Section 301) und der Verpflichtung, einen der Outsidersitze in diesem Ausschuss mit einem Bilanz- und Finanzexperten zu besetzen (SOX Section 407), wurde eine stärkere Trennung der Funktionen des CEO und des Chairman sowie eine Erhöhung der Sitze der unabhängigen Outside-Directors (SOX Section 301) im Board verfolgt. Dieses hat sicherlich Signalwirkung nach innen für das Management und nach außen im Hinblick auf Vertrauensstärkung in den Finanzmärkten und bei den Anlegern, geht aber möglicherweise nicht weit genug.

Empirische Befunde

Dies läst sich am kritischen Problem der Trennung von CEO- und Chairman-Funktion zeigen, die in den USA im Jahr 2001 noch nicht weit verbreitet war und nur zögerlich an Momentum zu gewinnen schien. So haben nach einer Studie die großen im S&P 500-Index vertretenen Unternehmen im Vierjahreszeitraum nach Erlass des Sarbanes-Oxley Acts lediglich zu 8 Prozent und die im NASDAQ 100-Index vertretenen Unternehmen lediglich zu 10 Prozent diese Trennung vollzogen (Russell Reynolds Associates [Board]).

In einer Studie der National Association of Corporate Directors ([Survey]) aus dem Jahr 2007 bestätigt sich, dass insgesamt 47 Prozent der börsennotierten Unternehmen den „split of roles" vorgenommen haben, wobei die Steigerung im NASDAQ-Index im Zweijahreszeitraum 10 Prozentpunkte beträgt, was einer Verdoppelung der Zunahme entspricht.

Erhebliche Kostenbelastung

Andererseits ist jedoch zu berücksichtigen, dass der Sarbanes-Oxley Act zu einem erheblichen unternehmensbezogenen Mehraufwand führt. So werden die den Unternehmen im ersten Jahr entstehenden Kosten der Einrichtung eines speziell auf die Berichterstattung ausgerichteten Internal Control Systems nach SOX Section 404 in der Größenordnung von 4,3 bis 7,8 Millionen US-$ pro Unternehmen beziffert (Reed/Buchman/Wobbekind [Sarbanes-Oxlex Act] 25). Hinzu kommen erhebliche Kosten für externe Beratungsleistungen (plus 66 Prozent) sowie Honorarzahlungen an die diese Systeme testierenden Wirtschaftsprüfer (plus 58 Prozent). Aus deutschen Unternehmen, die an amerikanischen Börsen notiert sind, werden ebenfalls erhebliche Kostenbelastungen in Millionenhöhe berichtet (Glaum/Thomaschewski/Weber [Auswirkungen] 76). Aufgrund der horrenden Mehrbelastungen ist wiederholt die Forderung nach einer Revision der SOX Section 404 laut geworden (Reed/Buchman/ Wobbekind [Sarbanes-Oxlex Act] 26).

Compliance versus Performance

Die neueren Entwicklungen in der Corporate Governance-Diskussion in den USA lassen einen Schwenk von einem bloßen Befolgen vorgegebener Regeln und entsprechender Berichterstattung (Compliance) hin zu einer Realisierung von Maßnahmen, die eine wirkliche Leistungsverbesserung der Leitungsorgane des Unternehmens bedeuten (Performance), erkennen. Nach dem jüngsten Public Company Governance Survey der National Association of Corporate Directors ([Surveys]) haben drei Hauptlinien im Rahmen der „Company Governance" die Compliance abgelöst, nämlich Strategische Planung, Performance und Unternehmensbewertung sowie CEO-Nachfolge. Innerhalb der engeren „Board-Governance" nehmen die Probleme der Leitung des Boards, der Beziehungen zwischen Board und CEO sowie der Board-Kultur (rund 70 Prozent der Nennungen), der Board Effectiveness (66 Prozent), der Financial Oversight (58 Prozent) und der CEO-Evaluation (57 Prozent) die wichtigsten Rangplätze ein, die auch als wichtiger im Hinblick auf die Unternehmenszielsetzung gelten. Erst danach rangieren die das Außenverhältnis betreffenden Probleme der Offenlegung und Regulatory Compliance gegenüber Land (state) und Bund (federal). Insgesamt gesehen scheinen sich die Top-Manager nach fünf Jahren aus dem eisernen Griff der bürokratieüberbordenden Compliance-Dominanz zu lösen und zum proaktiven Verständnis des Strategischen Managements zurückkehren zu wollen.

3.5.1.2 Aktuelle Entwicklungen der Corporate Governance in Großbritannien

Britische Corporate Governance

Während die US-amerikanische Regierung und die Regulierungsbehörden auf die jüngsten spektakulären Unternehmensskandale wie Enron, World Com, Merck, City Group, JP Morgan, Tyco, Xerox oder Arthur Andersen mit der Einführung neuer Gesetze (SOX) und verschärfter Regeln zur Börsennotierung reagierten, zog es die britische Regierung vor, eine unabhängige Studie zur Rolle und Effektivität der Non-executive Directors unter Leitung von Derek Higgs ([Review]) in Auftrag zu geben, die eine Stärkung des Combined Code on Corporate Governance (Financial Reporting Council [Combined Code]) zum Ziel hatte. Damit wird zugleich ein neuer Ansatz verfolgt, der nicht mehr nur auf die Struktur und Zusammensetzung des Boards, sondern auf ein besseres Verständnis von den Bedingungen der Arbeit des Boards und dem Wirken und Zusammenspiel seiner Mitglieder abhebt. Diese Art und Weise der Gewährleistung guter bzw. der Verhinderung schlechter Corporate Governance entspricht ganz der britischen Tradition minimaler gesetzlicher und höchstmöglicher Selbstregulierung durch die wirtschaftlichen, insbesondere marktlichen Institutionen. Insgesamt gesehen stellt sich das britische System der Corporate Governance als ein aus verschiedenen Bausteinen und von Initiatoren der Wirtschaft, der Börsenaufsicht, der Berufsstände der Wirtschaftsprüfer, Anwälte und Berater gestiftetes Regelwerk aus „Principles" and „Guidelines" mit überwiegendem Empfehlungscharakter dar, das von der Regierung kodifiziert die Notierungsvorschriften der Börsenaufsichtsbehörde (früher London Stock Exchange, heute Financial Services Authority, FSA) ergänzt.

comply or explain

soft law versus hard law

Der Combined Code enthält Grundsätze und detaillierte Code Provisions. Die Grundsätze sind äußerst knapp und allgemein gehalten und enthalten Leitlinien für Directors, Directors' Remuneration, Relations with Shareholders, Accountability and Audit und Institutional Investors. Die Unternehmen müssen danach jährlich eine zweistufige Erklärung abgeben, ob und inwieweit sie dem Combined Code folgen und wenn nicht oder nur in manchen Bereichen, warum keine Anwendung erfolgt („comply or explain"). Damit unterscheidet sich das britische System der Corporate Governance trotz ähnlicher Rechtssysteme von demjenigen der USA mit starken „hard law" und auch strafrechtlichen Zügen durch die in Großbritannien verfolgte weitgehende Freiwilligkeit. Auch ist sicherlich die britische Corporate-Governance-Entwicklung die innerhalb Europas wohl prononcierteste, die die Diskussion in anderen Ländern, insbesondere des Commonwealth, aber auch beispielsweise in Deutschland beeinflusst hat (Berrar [Governance] 137). Die Stoßrichtung der Reform der Corporate Governance im Hinblick auf Struktur und Verhalten des Board of Directors ist – anders als die unterschiedliche Schärfe der legislativen Waffen – in Großbritannien die gleiche wie in den USA, indem sie auf eine Trennung der Rollen des CEO und des Chairman, die zahlenmäßige Erhöhung der Sitze der unabhängigen Outsider und deren dominierenden Einfluss im Personnel Committee, Remuneration Committee und Audit Committee des Boards abzielt (Roberts/McNulty/Stiles [Non-Executive] 7).

3.5.2 Europäische Unternehmensverfassung und Corporate Governance

In der Vergangenheit wurden zahlreiche Initiativen für eine gemeinsame europäische Unternehmensverfassung unternommen, so auch für die Rechtsform einer Aktiengesellschaft. Hierbei wurden in den letzten 30 Jahren zwei Ansätze parallel verfolgt:

Stoßrichtungen

- Die Harmonisierung des Aktienrechts der EU-Mitgliedsländer durch mehrere EU- bzw. EG-Richtlinien, wobei der nationale Status der Aktiengesellschaften erhalten bleibt. Im vorliegenden Zusammenhang ist vor allem die *5. EU-Richtlinie (5. EUR)*, die die *Struktur der Aktiengesellschaft* vereinheitlichen soll und daher auch als „Strukturrichtlinie" oder „Organisationsrichtlinie" bezeichnet wird, sowie die Richtlinie „Europäische Betriebsräte" von Bedeutung.

- Die *Konstituierung der Europa-AG*, die auch als Societas Europaea (SE) bezeichnet wird, durch die eine neue, über den nationalen Interessen- und Rechtsgegebenheiten stehende Rechtsform geschaffen wird (SE-Statut).

Historische Entwicklung

Die Entwicklung hin zu einer europäischen Unternehmensverfassung schien ursprünglich (Entwürfe zur 5. EUR 1972 und 1983 sowie zum SE-Statut 1975) unter Vorherrschen des dreistufigen Modells am deutschen Verfassungstyp ausgerichtet zu sein. Diese Dominanz wurde in der Fassung des dritten geänderten Vorschlags der 5. EU-Richtlinie von 1991 aufgegeben und im Vergleich zu den vorausgegangenen Entwürfen durch *ein geringeres Volumen zwingender Gesetzesregelungen* ersetzt (Chmielewicz [Harmonisierung] 17). Angesichts politischer Widerstände fühlte sich die EU-Kommission im Dezember 2001 veranlasst, die Entwürfe zur 5. EUR zurückzunehmen. Das SE-Statut (SE-VO) wurde Ende 2000 mit weitgehenden Staaten- und Unternehmenswahlrechten zwischen einem Aufsichtsrats- und Verwaltungsratssystem, die als ein Zugeständnis zugunsten des zweistufigen Modells gelten müssen und wohl aus Gründen der politischen Durchsetzbarkeit vorgesehen wurden, in einem historischen und völlig unerwarteten Durchbruch im Europäischen Rat – auch als „Wunder von Nizza" (Hirte [Aktiengesellschaft] 1 f.) bekannt – verabschiedet.

3.5.2.1 Harmonisierung des europäischen Gesellschaftsrechts

Der Versuch einer Harmonisierung des Gesellschaftsrechts in Europa kam in der Vergangenheit immer wieder ins Stocken. In der Zwischenzeit sind allerdings zahlreiche EU-Initiativen auf unterschiedlichen Gebieten des Gesellschaftsrechts in Richtlinien verwirklicht worden (beispielsweise die Rechtsform der Europäischen Genossenschaft), andere wiederum befinden sich noch in der Entwurfsphase (etwa die über die Europäische Privatgesellschaft).

Prinzip der Subsidiarität

Die Entwürfe zur 5. EUR sind oftmals aufgrund unüberbrückbarer Differenzen bei den Vorstellungen über die Mitbestimmung der Arbeitnehmer in den Partnerländern stecken geblieben. In deutschen und österreichischen Modellen partizipieren die Arbeitnehmer an den Entscheidungsbefugnissen des Aufsichtsrats, während im Verwaltungsrat der One-board-Systeme in Großbritannien, Irland, Italien und Belgien keine Mitbestimmung der Arbeitnehmer existiert. Die Einführung der Mitbestimmung wird von diesen Ländern kategorisch abgelehnt und als ein aliud angesehen (Lutter [Unternehmensrecht] 17). Im Laufe der Beratungen zur Harmonisierung der Corporate Governance ist bei der Europäischen Kommission allerdings zunehmend Unsicherheit darüber entstanden, ob es vor dem Hintergrund der vollkommen unterschiedlichen Traditionen und sozio-ökonomischen Rahmenbedingungen in den Mitgliedsländern überhaupt sinnvoll sein kann, den Kern der europäischen Unternehmensverfassung in einer Strukturrichtlinie einheitlich zu regeln. Dieser Sinneswandel der Kommission ist sicherlich auch auf das unlängst im Vertrag der EU verankerte *Prinzip der Subsidiarität* zurückzuführen, nach dem stets zu prüfen ist, ob ein gemeinschaftliches Vorgehen angesichts der nationalen, regionalen oder lokalen Handlungsmöglichkeiten wirklich gerechtfertigt erscheint.

Auf dem Weg zu europäischen Corporate-Governance-Prinzipien?

Der Schwerpunkt richtet sich in Übereinstimmung mit den Kritikern der Harmonisierungsbestrebungen nunmehr auf eine verstärkte Deregulierung und die Identifizierung gemeinsamer *Corporate-Governance-Prinzipien* in der EU. Diese veränderte Sichtweise wird mit der Gefahr einer Verunsicherung internationaler Investoren und entsprechend negativen Folgen für die europäischen Finanzmärkte begründet, die aus dem Nebeneinander verschiedener Corporate-Governance-Modelle und vollkommen unterschiedlicher Aktionärsrechte entsteht (Hommelhoff [Corporate Governance] 262). Zu diesem Zweck wurde der Themenbereich der Corporate Governance erstmals im Mai 1999 in einem Finanzmarkt-Aktionsprogramm der Gemeinschaft aufgenommen (Kommission der Europäischen Gemeinschaften [Aktionsplan]) und zugleich eine „Hochrangige Expertengruppe auf dem Gebiet des Gesellschaftsrechts" eingesetzt, um ferner die Frage hinsichtlich der Notwendigkeit eines eigenen europäischen Corporate Governance Kodex zu erörtern. Die Intention der Kommission ist allerdings kritisch dahingehend zu hinterfragen, ob europäische Governance-Regeln angesichts der zunehmenden Anpassung nationaler Standards an internationale Normen noch einen greifbaren Mehrwert erzeugen können, der es lohnt, ein eigenes Regelwerk zu schaffen (Wiesner [Entwicklungen] 4). Vor dem Hintergrund des Wettbewerbs um das internationale Kapital könnte der Mehrwert solch einheitlicher europäischer Governance-Regeln im Aufbau einer (besseren) Alternative zur angelsächsischen Corporate-Governance-Praxis liegen (grundlegende Vorstellungen hierzu finden sich bei Hopt [Europa] 779), denn diese zeigt durchaus Fehlentwicklungen auf. Nennenswert sind hier die Überbetonung der Unabhängigkeit der Boardmitglieder, Vergütungssysteme ohne Benchmarkorientierung, Mehrstimmrechtsaktien sowie die Gefahr der Kurzfristorientierung durch extreme Verfolgung der Shareholder-Value-Maxime (Strenger [Wertorientierung] 124).

Aktionsplan

Die Empfehlungen der Expertengruppe waren Ausgangspunkt für die Erstellung eines separaten und auf mehrere Jahre angelegten *Aktionsplans* zur Modernisierung des Gesellschaftsrechts und Verbesserung der Corporate Governance im Jahr 2003 (Maul/Lanfermann/Eggenhofer [Aktionsplan] 1289 ff.). Die Gruppe unterstützte die mehrheitlich kritisch abgefassten Stellungnahmen der Regierungen und lehnte die Schaffung eines eigenständigen Corporate Governance Kodex ab, billigt der EU aber eine aktive und laufende Koordinationsrolle zu, die nicht nur die Bemühungen der einzelnen Mitgliedstaaten begleitet, sondern auch als Verhandlungspartner gegenüber US-amerikanischen Stellen auftritt, um die positiv zu beurteilenden Harmonisierungseffekte zu realisieren.

European Corporate Governance Forum

Die Kommission nimmt (zurzeit) Abstand vom Ziel der vollständigen Harmonisierung und versucht, durch das Ende 2004 eingerichtete und mit einer strategischen Rolle versehene „European Corporate Governance Forum" – das sich aus Vertretern der Mitgliedstaaten, Aufsichtsbehörden, Emittenten, Anlegern und Wissenschaftlern zusammensetzt – die Einhaltung, Durchsetzung, Konvergenz sowie die gemeinsame Weiterentwicklung der nationalen Kodizes weiter voranzutreiben sowie die Umsetzung einiger wesentlicher europäischer (Mindest-)Standards zu gewährleisten. Dessen Arbeit wird unterstützt durch die 2005 eingerichtete „Advisory Group on Corporate Governance and Company Law", die auf der technischen Ebene professionellen Expertenrat geben soll. Mehrere Studien verdeutlichen die Bedeutung eines solchen Vorgehens. Eine von McKinsey und der Weltbank durchgeführte Studie hat ergeben, dass deutsche Unternehmen mit guter Governance von internationalen Großinvestoren um durchschnittlich 13 Prozent höher bewertet werden (McKinsey & Company [Investor Opinion]). Im Hinblick auf die Bedeutung guter Corporate Governance kommt eine Studie des „National Bureau of Economic Research", die von den Universitäten Harvard und Wharton durchgeführt wurde (Gompers/Ishii/Metrick [Equity Prices]), zu ähnlichen Ergebnissen.

Advisory Group

Der Prozess einer Entwicklung der europäischen Unternehmensverfassung ist weiter offen.

3.5.2.2 Die Europäische Aktiengesellschaft

SE-Statut

Das Statut der Europäischen Aktiengesellschaft (Verordnung [EG] Nr. 2157/2001 des Rates, SE-VO), die auch als Societas Europaea (SE) bezeichnet wird, wurde nach mehr als 30jähriger Debatte am 8.10.2001 verabschiedet. Nach der grundsätzlichen Einigung auf ein Kompromissmodell während des EU-Gipfels in Nizza im Dezember 2000 wurde der Beschluss mit kleinen Änderungen – sowie die Gewährung eines partiellen Opting-out an Spanien im Bereich der Mitbestimmung – vom Europäischen Parlament endgültig gebilligt. Da die gleichfalls verabschiedete Mitbestimmungsrichtlinie (Richtlinie 2001/86/EG des Rates, SE-RL) erst innerhalb von drei Jahren in nationales Recht umgesetzt werden musste und die Verordnung über das Statut der SE nicht ohne sie in Kraft treten konnte, steht die erste supranational-europäische Rechtsform erst seit Oktober 2004 zur Verfügung.

Mitbestimmungsrichtlinie

Das Statut der SE erlangt zwar in jedem Mitgliedstaat unmittelbar Geltung, es dient allerdings aufgrund zahlreicher Regelungsaufträge und Wahlrechte lediglich als grober Handlungsrahmen für die nationalen Gesetzgeber, so dass den einzelnen Ausführungsgesetzen eine nicht unerhebliche Bedeutung zukommt. So ist in Deutschland das „Gesetz zur Einführung der Europäischen Gesellschaft" (SEEG) am 29.12.2004 mit Artikel 1 zur Ausführung der Verordnung über das Statut der Europäischen Gesellschaft (SEAG) und Artikel 2 dem Gesetz über die Beteiligung der Arbeitnehmer in einer Europäischen Gesellschaft (SEBG) in Kraft getreten.

Wesen der SE

Die SE ist eine Gesellschaft europäischen Rechts mit eigener Rechtspersönlichkeit, deren Kapital in Aktien zerlegt und mit einem Grundkapital von mindestens 120.000 Euro ausgestattet ist. Die Aktionäre haften nur bis zur Höhe des von ihnen gezeichneten Kapitals. Die Definition der SE entspricht damit weitgehend derjenigen der deutschen Aktiengesellschaft (§ 1 AktG). Die Gesellschaft muss den Zusatz „SE" voran- oder nachstellen.

Faktische Bedeutung und potenzielle Beweggründe

In Deutschland sind bislang die Großunternehmen Allianz (2005), Fresenius (2006), Porsche (2007) und die BASF (2008) sowie unterhalb des Schwellenwerts von 10.000 Arbeitnehmern etwa zehn und unterhalb desselben von 2.000 Arbeitnehmern fünf Unternehmen zur „neuen" Rechtsform übergegangen. In Österreich finden sich fünf solcher Unternehmen, wovon die Strabag Bauholding bereits 2004 zur SE übergegangen ist. Insgesamt haben in den 27 Mitgliedsstaaten der EU 106 Unternehmen von dieser Option Gebrauch gemacht. Davon haben mehr als zwei Drittel keine Arbeitnehmer oder wirtschaftliche Aktivitäten, was zur Vermutung des „Einfrierens" der Unternehmensmitbestimmung Anlass gibt, zumal es sich dabei vor allem um Familienunternehmen handelt (Köstler/Werner [Eiszeit] 48).

Die Bedeutung des SE-Statuts besteht darin, dass Unternehmen mit Niederlassungen in mehreren Mitgliedstaaten der EU auf der Grundlage von Gemeinschaftsrecht fusionieren und überall in der EU tätig werden können, ohne mit entsprechendem Zeit- und Kostenaufwand ein Netz von Gesellschaften errichten zu müssen, für die jeweils unterschiedliche nationale Vorschriften gelten. Auch lassen sich bestehende komplizierte Konzernstrukturen mit einem Geflecht von Holding- und Tochtergesellschaften vereinfachen. So kann eine in einem Mitgliedstaat A eingetragene SE beispielsweise ihren Satzungssitz in den Mitgliedstaat B verlegen, ohne die Gesellschaft in Mitgliedstaat A auflösen und in B neu gründen zu müssen. Das Einsparpotenzial bei den Verwaltungskosten durch Vereinheitlichung von Rechtsstruktur, Geschäftsleitung und Berichtssystemen wird vom Europäischen Rat für Wettbewerbsfähigkeit auf bis zu 30 Milliarden US-$ jährlich geschätzt (Hopt [Krise und neue Anläufe] 100).

Eine SE kann primär auf vier verschiedene Arten gegründet werden (Art. 2 SE-VO):

Gründungsformen der SE

- Verschmelzung von zwei oder mehr Aktiengesellschaften aus mindestens zwei verschiedenen Mitgliedstaaten,
- Bildung einer SE-Holding-Gesellschaft, an der Aktiengesellschaften oder GmbH aus mindestens zwei verschiedenen Mitgliedstaaten beteiligt sind,
- Gründung einer SE-Tochtergesellschaft durch Gesellschaften aus mindestens zwei verschiedenen Mitgliedstaaten,
- Umwandlung einer Aktiengesellschaft, die seit mindestens zwei Jahren eine Tochtergesellschaft in einem anderen Mitgliedstaat hat.

Zur Abgrenzung der rein nationalen Gesellschaftsformen ist den Gründungsformen der SE die Erfordernis der *Mehrstaatlichkeit* gemein, d.h. mindestens zwei der Gründungsgesellschaften müssen im Allgemeinen dem Recht verschiedener Mitgliedstaaten unterliegen.

Organstruktur der SE

Neben den Vorschriften zur Gründung einer SE (Art. 15–37 SE-VO) legt das Statut der SE grundsätzliche Gestaltungsmöglichkeiten der *Organstrukturen* von Leitungs- und Aufsichtsgremien fest (Art. 38–60 SE-VO). Für das deutsche Gesellschaftsrecht bringt das Statut eine bedeutende Neuerung, indem neben einer dualistischen Organstruktur (Art. 39–42 SE-VO) mit Leitungs- und Aufsichtsorgan auch für eine monistische Struktur (Art. 43–45 SE-VO) mit nur einem Verwaltungsorgan optiert werden kann (vgl. Abbildung 3-11). Das *dualistische System* orientiert sich dabei an der aus dem deutschen System bekannten Aufgabentrennung zwischen Führung der Geschäfte durch das Leitungsorgan und Überwachung der Geschäftsführung durch das Aufsichtsorgan; im Wesentlichen gelten die Bestimmungen des Aktiengesetzes. Im *monistischen System* werden hingegen die Führungs- und Überwachungsaufgaben von einem Organ, dem Board (Verwaltungsrat), wahrgenommen (vgl. Abschn. 3.5.1). Die Leitungsbefugnis des Verwaltungsrates ist allerdings auf die Grundlinien der Geschäftstätigkeit beschränkt. Das Tagesgeschäft wird von geschäftsführenden Direktoren wahrgenommen, die aus dem Kreis des Verwaltungsrates (unter Beibehaltung der Mehrheit der nichtgeschäftsführenden Mitglieder) oder von außen bestellt werden (§ 40 SEAG). Nach dem Konzept des SEAG können sämtliche geschäftsführende Direktoren auch Externe sein; in einem solchen Fall wird die Konvergenz zum dualistischen System deutlich. Die Arbeitsteilung im Verwaltungsrat wird ähnlich wie im Aktienrecht durch einen Katalog zustimmungspflichtiger Geschäfte geregelt (§ 44 SEAG). Der überwiegende Teil der Regelungsmaterie des SEAG (§§ 20-49) besteht aus Vorschriften für die Ausgestaltung eines bislang in Deutschland nicht praktizierten Führungssystems. Die Vorschriften der Richtlinie 2001/86 EG (SE-RL) zur Ergänzung des Statuts der Europäischen Gesellschaft hinsichtlich der Beteiligung der Arbeitnehmer sind relativ komplex, sehen je nach Gründungsform der SE teilweise unterschiedliche Regelungen vor und weisen zahlreiche Ausnahmen auf.

Mitbestimmung in der SE

Prinzipiell sieht das Regelwerk vor, bestehende Mitbestimmungsmöglichkeiten in einzelnen Ländern beim Übergang in eine SE nicht zu mindern („Vorher-Nachher-Prinzip"). Einer Minderung der Mitbestimmungsmöglichkeiten kann nur mit einer Mehrheit von 2/3 der Mitglieder des besonderen Verhandlungsgremiums beschlossen werden. Unter einer Minderung der Mitbestimmungsmöglichkeiten wird dabei jede Veränderung des Anteils der Arbeitnehmer oder ihrer Vertreter in den Aufsichts- oder Verwaltungsorganen der Gesellschaft verstanden, die geringer ist als die höchste in einer der beteiligten Gesellschaften (Art. 3 IV SE-RL).

Verhandlungslösung zur Mitbestimmung

Grundsätzlich soll eine Einigung über die Mitbestimmung der Arbeitnehmer über eine *Verhandlungslösung* zwischen Unternehmensleitung und Arbeitnehmern erfolgen. Dazu wird gemäß Artikel 3 SE-RL ein besonderes Verhandlungsgremium als Vertretung der Arbeitnehmer der betroffenen Gesellschaften eingerichtet, das sich aus Mitgliedern aller beteiligten Gesellschaften zusammensetzt. Dieses Gremium verhandelt die zu realisierende Beteiligung der Arbeitnehmer in den Aufsichts- oder Verwaltungsorganen der SE mit der Geschäftsleitung. Eine Eintragung als SE ohne den Abschluss einer Vereinbarung zur Mitbestimmung der Arbeitnehmer ist nicht möglich.

Die Verhandlungslösung muss binnen sechs Monaten nach Einsetzung des besonderen Verhandlungsgremiums abgeschlossen sein; per einvernehmlichem Beschluss zwischen Geschäftsleitung und Arbeitnehmern kann die Verhandlungsfrist auf ein Jahr ausgedehnt werden (Art. 5 SE-RL).

Auffanglösung zur Mitbestimmung

Im Falle eines Scheiterns der Verhandlungen greift eine gesetzliche *Auffanglösung* zur Sicherung eines Mindestmaßes an Mitbestimmung der Arbeitnehmer (Art. 7 I SE-RL). Dieser Auffangregelung müssen beide Verhandlungsparteien zustimmen, sonst kann das Verfahren zur Eintragung der SE nicht fortgesetzt werden. Grundsätzliche Regelungsinhalte und Mindeststandards für die Auffangregelung sind im Anhang der Mitbestimmungsrichtlinie aufgeführt. Dabei umfasst der Regelungsrahmen Vorschriften für die Zusammensetzung des Organs zur Vertretung der Arbeitnehmer (Auffangregelung Teil 1), Unterrichtung und Anhörung des Vertretungsorgans (Auffangregelung Teil 2) sowie Mitbestimmung der Arbeitnehmer (Auffangregelung Teil 3). Hierbei gelten die weitestreichenden nationalen Mitbestimmungsregelungen der Gründungsgesellschaften, wenn bestimmte Schwellenwerte überschritten sind (§§ 34 ff. SEBG). Im Falle einer Gründung durch Verschmelzung kann das besondere Verhandlungsgremium mit einer Mehrheit von 2/3 der Mitglieder auch beschließen, keine Verhandlungen zur

Neugestaltung der Mitbestimmungsregelungen aufzunehmen oder bereits aufgenommene Verhandlungen abzubrechen. Bei Beteiligung einer inländischen Gesellschaft, die dem MitbestG 1976 unterliegt, wird – vorbehaltlich bestimmter Schwellenwerte – das deutsche Mitbestimmungsmodell eingeführt. Kritische Stimmen sehen in der im Vergleich zu anderen Ländern entstandenen Extremposition (vgl. Abbildung 3-9) eine Diskriminierung deutscher Unternehmen (Reichert/Brandes [Mitbestimmung] 780 f.). Bei grenzüberschreitenden Fusionen in der EU sehen die künftigen Regelungen hingegen eine abgeschwächte Form der Arbeitnehmerbeteiligung vor („Fusionsrichtlinie").

SE-Statut als Minimalkonsens

Das Regelwerk zum Statut der Europäischen Aktiengesellschaft stellt durch das Fehlen eines eigenständigen europäischen Aktiengesetzes und das Auslagern zahlreicher Themenbereiche in das jeweilige nationale Gesellschaftsrecht lediglich einen Minimalkonsens dar, der keine wirkliche Vereinheitlichung von Corporate Governance in der Europäischen Union beinhaltet. Es ist anzunehmen, dass sich in der Rechtspraxis (zunächst) keine einheitliche Form der SE herauskristallisieren, sondern vielmehr eine unerwartete Fülle unterschiedlicher SE-Varianten entstehen wird.

Die unterschiedlichen Mitbestimmungsregelungen auf europäischer Ebene bildeten den wichtigsten Streitpunkt bei der Gestaltung der SE. Eine Angleichung oder gegenseitige Anerkennung der mitbestimmungsrechtlichen Standards für die SE wurde aufgrund unüberbrückbarer Differenzen nicht erreicht. Stattdessen sieht das Modell die Exportfähigkeit der jeweiligen nationalen Regelungen prinzipiell in alle Richtungen vor, wenngleich das gegenwärtige deutsche Modell mit seinen weitreichenden Regelungen zur Arbeitnehmermitbestimmung höchstwahrscheinlich nicht zu einem Exportschlager avancieren wird. Überlebenschancen werden eingeräumt, wenn der Weg der Entbürokratisierung weitergeführt sowie verstärkt auf freiwillige Vereinbarungen gesetzt wird (Franz [Freiwillig]). Das gesamte deutsche Mitbestimmungsmodell steht somit auf dem internationalen Prüfstand, denn grundsätzlich kann die Vertretung der Arbeitnehmer in den Leitungs- oder Aufsichtsorganen der SE sämtliche Formen der derzeit in Europa vertretenen Modelle annehmen. Der Wettbewerb der Unternehmensverfassungen zwischen Board-/Verwaltungsratsmodell und Vorstands-Aufsichtsratsmodell wird unter annähernd vergleichbaren Umweltbedingungen und Rahmenverhältnissen möglich und intensiver als je zuvor. Gerhard Cromme, Vorsitzender der deutschen Corporate-Governance-Kommission, will insbesondere vor dem Hintergrund der Unternehmenszusammenbrüche und Bilanzfälschungen in den USA den damit aufgekommenen Zweifeln an den US-amerikanischen Führungs- und Bilanzregeln den Unternehmen die Wahl zwischen dem einstufigen und dem zweistufigen Führungsmodell überlassen. Beide Systeme hätten ihre Vorteile – nicht alles, was aus den USA komme, sei prinzipiell gut und nicht alles, was aus Europa stamme, per se schlecht, meint er; wobei die Bilanzskandale bei Parmalat, Ahold und in Abstufungen Shell für Europa negativ zu Buche schlagen.

Einfluss der Finanzmärkte

Die Vorgehensweise in der Europäischen Union ist kompatibel mit der Sicht der internationalen Finanzmärkte, denn deren Erwartungen im Hinblick auf Transparenz der Unternehmensführung, Unabhängigkeit und Professionalisierung der Aufsichtsgremien, Information der Aktionäre sowie Intensivierung der Unternehmensprüfung sind vom grundsätzlich gewählten Modell der Unternehmensverfassung unabhängig. Aus diesem Grund ist einerseits auf der Ebene der europäischen Einzelstaaten eine zunehmende Anpassung an internationale Corporate-Governance-Standards wie beispielsweise die OECD Principles of Corporate Governance zu beobachten (vgl. Abschn. 3.4.1.1), andererseits wird auf der Ebene der Europäischen Union im Rahmen des Aktionsplans eine aktive Koordinierung der einzelnen Corporate-Governance-Bemühungen durch das „European Corporate Governance Forum" und die „Advisory Group" angestrebt, um zukünftig eine gemeinsame Weiterentwicklung zu gewährleisten. Hingegen werden EU-Initiativen für einen eigenen europäischen Corporate Governance Kodex, so wie es zeitweise angedacht wurde, mit Verweis auf nationale Besonderheiten und dem Mangel an Flexibilität mehrheitlich kritisch betrachtet.

3.5.3 Japanische Unternehmensverfassung und Corporate Governance

Die Grundlage der japanischen Unternehmensverfassung bildet das dortige Handelsrecht, das Ende des 19. Jahrhunderts nach deutschem Vorbild geschaffen wurde. Auch heute finden sich immer noch viele Parallelen zwischen den gesellschaftsrechtlichen Regelungen beider Länder, die freilich über allmählich entstandene Unterschiede nicht hinwegtäuschen dürfen.

3.5.3.1 Ausgangssituation und Entwicklungsstufen

Goomei-Gaisha (OHG)

Gooshi-Gaisha (KG)

Yuugen-Gaisha (GmbH)

So ist die im japanischen Gesellschaftsrecht ebenfalls bestehende OHG (Goomei-Gaisha) durch eine eigene Rechtspersönlichkeit gekennzeichnet. Auch bei ihr existiert nur ein Gremium, so dass grundsätzlich allen Gesellschaftern das Recht der Geschäftsführung zusteht. Die „Gooshi-Gaisha" entspricht der deutschen KG. Wie in Deutschland sind auch bei ihr allein die Komplementäre zur Geschäftsführung befugt. Weiterhin findet sich in Japan mit der „Yuugen-Gaisha" eine Entsprechung zur deutschen GmbH. Die Geschäftsführung unterliegt wie bei der Gooshi-Gaisha einer Gruppe von

Personen, den Geschäftsführern. Diese werden entweder durch den Gesellschaftsvertrag berufen oder von der Gesellschafterversammlung bestimmt.

Kabushiki-Gaisha (AG)

Schließlich entspricht die „Kabushiki-Gaisha" der deutschen Aktiengesellschaft. Auch sie wies zunächst erhebliche Gemeinsamkeiten zum deutschen Vorbild auf. Im Zuge der amerikanischen Besetzung Japans wurde 1950 jedoch das Recht der „Kabushiki-Gaisha" dergestalt modifiziert, das vom Trennungsmodell zum einstufigen Boardmodell übergegangen wurde. Das Board of Directors wird als „Torishimariyaku-kai" bezeichnet. Im Board herrscht das Direktorialprinzip, wobei der „Shacho" (Präsident) eine vorrangige Position einnimmt. Das zweite elementare Organ der Kabushiki-Gaisha besteht im „Kabunushi Sokai", der Hauptversammlung. Sie bestellt den Torishimariyaku-kai und beruft ihn auch ab. Zwar ist die Hauptversammlung nach dem Gesetz das höchste Organ der Gesellschaft, doch wird in der Praxis der jährlich einzuberufenden Hauptversammlung nur wenig Bedeutung zugemessen. Vielfach wird sie von verschiedenen Unternehmen häufig am gleichen Tag abgehalten und dauert in den meisten Fällen nur dreißig bis vierzig Minuten. Sie hat eher einen zeremoniellen Charakter. In der Kabushiki-Gaisha ist somit der faktische Einfluss der Anteilseigner auf das Top-Management relativ gering (Tricker [Governance]; Demise [Governance}; Aoki [Governance]).

Handelsrechtsreform 1993

Zwei Stufen kennzeichnen die Entwicklung der Spitzenorganisation auf der Basis des 1950 eingeführten Vereinigungsmodells. Die erste Stufe betrifft die Novellierung des Handelsgesetzes von 1993, die die Option des „Kansayaku-Secchi-Gaisha" (KSG) mit sich brachte. Das Kansayaku-System mit im Board integrierten „Prüfern" (Auditors) war zwar bereits 1974 in einem Sondergesetz zum japanischen Handelsgesetz (JHG) eingeführt, die Zusammenfassung der Kansayaku in einem eigenständigen Organ aber erst zwanzig Jahre später vorgenommen worden. Dieses Kansayaku-kai genannte Organ ist zwischen die Hauptversammlung und das Board of Directors (Torishimariyaku-kai) geschaltet und kann als „Board of Auditors" bezeichnet werden (vgl. Abbildung 3-11). Der Kansayaku-kai fungiert als Gesellschaftsprüfungsausschuss, der durch Überprüfung der internen und externen Rechnungslegung die Geschäftsführung überwacht. Ferner kann der Kansayaku-kai in der Hauptversammlung seine Meinung zur Bestellung oder Abberufung von Boardmitgliedern äußern und geschäftsschädigende Tätigkeiten von Boardmitgliedern unterbinden. Die Anzahl der Kansayaku soll mindestens drei Personen umfassen, unter denen mehr als einer ein von der Gesellschaft unabhängiger Outsider sein soll. Sie werden auf Vorschlag des Vorsitzenden des Boards von der Hauptversammlung bestellt. Besetzt wird der Ausschuss vielfach mit verdienten Managern am Ende ihrer Laufbahn. In der Unternehmenswirklichkeit kommt diesem Ausschuss eine eher geringe Bedeutung zu.

Handelsrechtsreform 2002

Die zweite Stufe betrifft die Reform des JHG 2002 mit Rechtskraft 2003, bei der als Option für große Aktiengesellschaften in Anlehnung an den US-amerikanischen Sarbanes-Oxley Act (vgl. Abschn. 3.5.1) ein Ausschussmodell, JHG i. d. F. von 2006 genannt „Iinkai-Secchi-Gaisha" (ISG), eingeführt wurde, das eine gute Corporate Governance ermöglichen und damit die Attraktivität japanischer Aktiengesellschaften für große ausländische institutionelle Investoren erhöhen sollte. Dieses Modell sieht die Einführung von drei Ausschüssen vor, die zwar eine Überwachungsfunktion haben, aber in das Board integriert sind. Der „Shimei-Iinkai" (nominating committee) hat das Vorschlagsrecht für die Bestellung und Abberufung von Boardmitgliedern in der Hauptversammlung; der „Kansa-Iinkai" (audit committee) ist für die Überwachung der Amtsführung und Pflichterfüllung der Boardmitglieder zuständig; der „Hoshu-Iinkai" (remuneration committee) hat das Recht zur Festlegung der Bezüge der Boardmitglieder. Jeder Ausschuss muss aus mindestens drei Direktoren bestehen, wobei die unabhängigen Outsider die Mehrheit bilden sollen. Sie werden auf Vorschlag des Vorsitzenden des Board of Directors von der Hauptversammlung auf ein Jahr bestellt und können gegebenenfalls mehreren Ausschüssen angehören.

Akzeptanz in der Praxis

Nach Berichten der Tokyo Stock Exchange zur Praxis der Corporate Governance der börsennotierten Gesellschaften sind nach Inkrafttreten der Gesetzesnovelle 41 Gesellschaften zum ISG übergegangen, darunter Nissan, Toshiba, Hitachi und Sony; diese Option nicht wahrgenommen haben und beim alten Kansayaku-System verblieben sind unter anderem Toyota, Matsushita, Canon, Nippon Steel und die Großbanken. Es zeigt sich also, dass heute zwei Varianten von Corporate Governance praktiziert werden, das KSG nach dem JHG von 1993 und das ISG nach dem Reformgesetz von 2002 (Murata [Corporate Governance]).

3.5.3.2 Corporate Governance Principles

Japan Corporate Governance Forum

Eine weitere Quelle der Corporate-Governance-Bewegung (Koyama [Experteninterview]) außerhalb der gesetzlichen Normierung ist das Japan Corporate-Governance-Committee – Japan Corporate Governance Forum, welches 1997 als Corporate Governance Committee gegründet wurde und im Mai 1998 „Corporate Governance Principles – A Japanese View" erließ. Seine Vorläuferorganisation, das Corporate Governance Forum of Japan, war bereits 1994 als lockerer Zusammenschluss einflussreicher Top-Manager aus unterschiedlichen Branchen eingerichtet worden, die 1996 den Beschluss zur Formulierung der Corporate Governance Principles fassten und diese Aufgabe einem speziellen Committee übertrugen, in dem auch Wirtschafts- und Rechtswissenschaftler, Anwälte sowie Repräsentanten institutioneller Anleger und der Massenmedien mitarbeiten. Das Committee, bestehend aus 17

Persönlichkeiten, darunter fünf Wissenschaftlern, beschloss 16 Standard Principles unter ausdrücklicher Erwähnung der OECD-Richtlinien und des britischen Hampel-Reports.

Bekenntnis zur Anwendung und Anpassung von Grundsätzen

Das Gremium bekannte sich zur selbstverpflichtenden Anwendung der Grundsätze in den im Forum vertretenen Unternehmen und zur periodischen Review dieser Grundsätze im Sinn der Entwicklung und Pflege eines „Code of Best Practice" einschließlich des hehren Ziels zum Aufbau eines Systems unabhängiger Outside Directors und eines zwischenbetrieblichen „Transfer-Marktes" für unabhängige Direktoren in Japan. Im Oktober 2001 wurde eine revidierte Fassung der Grundsätze mit insgesamt 14 Principles herausgegeben. Diese sollten die „dramatic transformation" widerspiegeln, die die japanischen Unternehmen und ihre Umwelt in den drei Jahren seit 1998 mit spektakulären Pleiten von Großbanken und einer Reihe von Korruptionsfällen auf höchster Ebene erfasst hatte. Interessanterweise wird dort unter Grundsatz 6 das Ausschussmodell des „Iinkaitou-Secchi-Gaisha" empfohlen, welches später die Gesetzesreform von 2002 zum Gegenstand hatte.

Einschätzung der Wirkmächtigkeit

Ob die japanischen Initiativen letztlich zu einer Verbesserung der Corporate Governance geführt haben, lässt sich noch nicht abschließend beurteilen. Auch wurde diese Frage von japanischen Experten in einer eigenen Feldstudie (Macharzina [Systems]) unterschiedlich beantwortet. So finden sich Stimmen, die die Entwicklung zukünftig in zwei Richtungen gehend prognostizieren, nämlich Governance durch den Markt und traditionelle Governance durch Hierarchie in Form der Kontrolle durch die Hausbank (Kikuzawa [Experteninterview]); pessimistische Stimmen sehen unter Berufung auf Schlüsselpersonen und eine Erhebung des Blatts „Nippon Keizai Shinbun" vom 26.06.2003 und unter Berücksichtigung der japanischen Wirtschafts- und Sozialverhältnisse einschließlich der korruptionsgeneigten Sokaiya (Corporate Mafia) jahrelang vertuschter Unternehmensskandale eher eine Verschlechterung der Corporate-Governance-Situation (Shimizu [Experteninterview]; Takahashi [Experteninterview]). Eine dritte Richtung besagt, dass sich der Unternehmenssektor in Japan ändern wird, allerdings nur langsam mit der im Übergang befindlichen öffentlichen Wahrnehmung einhergehend. So scheint neben Signalen zur Aufforderung zu einer guten Governance, die die japanischen Top-Manager aus der Gesellschaft erhalten haben, um sich selbst zu schützen, ein gewisser Druck aus dem Rechtssystem über Aktionärsklagen und etliche Betrugsprozesse gegen Top-Manager verbunden mit hohen Geldstrafen erzeugt worden zu sein. Daneben wird aber der stärkste Druck von Seiten der Finanzanalysten und großen internationalen institutionellen Anleger auf die Unternehmen direkt, aber auch indirekt über die Politiker ausgeübt, die Handels- und Aktiengesetzgebung in einer Weise zu ändern, dass eine gute Corporate Governance gewährleistet ist (Gomi et al. [Experteninterviews]).

Entwicklung in Südostasien

Im südostasiatischen Raum ist die Corporate Governance-Debatte im Wesentlichen durch die finanzielle Krise von 1997/98 ausgelöst worden, die das Ende der Bubble-Ökonomie markierte und zum Erlass entsprechender Corporate-Governance-Codes geführt hat. Dabei hat der britische „Combined Code" sichtbaren Einfluss auf die Codes in Singapur (2001, 2003) und Hongkong (1996), aber auch Thailand (1998) genommen; dagegen ging Malaysia (1999, 2001) einen eigenständigen Weg mit einem ganzheitlichen und proaktiven stakeholderorientierten Code, der in über 300 Sections Richtlinien für eine adäquate Erfüllung der Pflichten von Boardmitgliedern in den Dimensionen „good faith & loyalty" und „reasonable care, skill & diligence" vermittelt und den „Directors" eine umfassende und detaillierte Handlungsanleitung für gute und verantwortungsvolle Boardarbeit bereitstellt.

3.5.4 Internationale Bewertung und globale Trends

Russell Reynolds-Study

Vergleichende internationale Bewertungen von Corporate Governance-Systemen sind relativ selten. Daher interessiert eine solche von Russell Reynolds Associates angestellte Untersuchung in besonderem Maße (Russell Reynolds Associates [Governance]). In ihr werden 145 Vorsitzende von Boards, Aufsichts- oder Verwaltungsräten aus 11 europäischen Ländern über den Nutzen der neu installierten Systeme befragt. Während in Kontinentaleuropa insbesondere die gesteigerte Professionalität des Boards gelobt wird, kritisieren die britischen Befragten die Kosten für Zeit und Ablenkung von strategischen Aufgaben. Die Empfehlung gegen den in Deutschland üblichen Wechsel vom Vorstands- in den Aufsichtsratsvorsitz wird von über 70 Prozent der Befragten als wichtige Maßnahme angesehen. Auch wird die Forderung nach Dominanz der unabhängigen Mitglieder im Board von 70 Prozent begrüßt. 61 Prozent der Befragten befürworten eine Evaluierung der Arbeit des Boards in regelmäßigen Abständen durch unabhängige Organisationen.

Corporate Governance-Normen steigern Board-Professionalität

Vergütung von Aufsichtsräten

Die betriebswirtschaftliche Tradition der Unternehmen aus unterschiedlichen Regionen Europas führt zu markanten Unterschieden in der Ausgestaltung der Vergütungssysteme für die externen Mitglieder der Aufsichtsgremien. Während 70 Prozent der britischen Untersuchungsteilnehmer von Vorteilhaftigkeit der (eigen)kapitalbasierten Vergütung überzeugt sind, halten 63 Prozent der französischen, deutschen und holländischen Teilnehmer diese eher für ungeeignet.

Einstellungen zum Sarbanes-Oxley Act

Schließlich herrscht weitgehende Einigkeit über die Auswirkungen des Sarbanes-Oxley Acts auf die vormalige Attraktivität eines US-Börsengangs. Nahezu 60 Prozent der Chairmen ausländischer an US-Börsen notierter Unternehmen erwägen ein Delisting (zur Situation in Deutschland vgl. Eisele/Walter [Rückzug] 807 ff.). 70 Prozent der Befragten aus nichtbörsennotierten Unternehmen berichten, dass der Sarbanes-Oxley Act sie von einem US-Börsengang abhalten würde.

Corporate Governance steigert nicht die Performance

Auch in einem weiteren Punkt scheint große Übereinstimmung zu herrschen; zwei Drittel aller europaweit Befragten ist der Meinung, dass die neuen Governance-Regeln kaum oder überhaupt nicht zur Verbesserung der Unternehmensleistung beigetragen haben.

Von der Compliance zum „Business Imperative"

Ähnlich wie sich dies für die USA zeigt (vgl. Abschn. 3.5.1), sind auch in anderen Ländern Tendenzen zur Abwendung von der reinen Compliance-Verpflichtung hin zum „Business Imperative" in der Corporate Governance festzustellen, und zwar nicht nur im Verständnis der Top-Manager, sondern auch der Kapitaleigner.

ISS Global Institutional Investor Study

Dies belegt die 2006 ISS Global Institutional Investor Study, die sich auf eine Befragung der Top-Manager von 322 institutionellen Anlegern in 18 Ländern stützt, die knapp ein Drittel des globalen Eigenkapitalvermögens von geschätzt 33 Billionen US-$ repräsentieren (ISS [Corporate Governance]). Im Ergebnis wird von 94 Prozent der Befragten Corporate Governance als für ihre Unternehmen wichtig erachtet und 63 Prozent erwarten, dass diese Bedeutung in den kommenden Jahren noch zunehmen wird.

Fünf Themen

„one size doesn't fit all"

Dabei scheinen sich fünf Themen herauszukristallisieren, unter denen Corporate Governance in ein neues Licht gerückt wird. Darunter ist die Erkenntnis der Verlagerung von Corporate Governance als extern auferlegte Verpflichtung hin zur Eigenverantwortung der Eigentümer von übergeordnetem Rang. Diese wird strategisch als Wettbewerbsinstrument und bei positiver Ausprägung als Wettbewerbsvorteil gesehen. Zum zweiten wird Corporate Governance nicht nur als „Business Imperative" erachtet, sondern ihm wird die Bedeutung eines „globalen Imperativs" zugeschrieben, der einen neuen weltweiten Markt für Corporate Governance initiiere. Dieser Markt sei ein weltweites Phänomen, welches durch eine Streuung der Standards, Praktiken und Einstellungen zwischen den individuellen „Märkten" gekennzeichnet sei. Drittens streben die Anleger nach einer verbesserten Ausgestaltung des Boards, einer Anpassung von Vorstands- und Aktionärsinteressen, höherer Offenlegungsqualität und einer Steigerung der Anforderungen an Unternehmensleistung und CEO-Performance. Zum Vierten sollten auch unterschiedliche Ausprägungen der individuellen Corporate Governance zugelassen und akzeptiert werden. Und schließlich werden innovative Corporate Governance-Ansätze gefordert.

Kontrollfragen und Aufgaben zu Kapitel 3

1. Warum und auf welchen Ebenen ist der Autonomiespielraum für Unternehmensführung durch einen rechtlichen Rahmen eingeschränkt?

2. Was versteht man unter Unternehmensverfassung?

3. Welche Regelungen sind der Unternehmensverfassung zuzuordnen? Begründen Sie Ihre Aussage.

4. Suchen Sie im Wirtschaftsteil Ihrer Tageszeitung sowie in Wirtschaftsmagazinen nach Beispielen, in denen die Bedeutung der Unternehmensverfassung für die Unternehmensführung offensichtlich wird.

5. Ist es gerechtfertigt, von einer Analogie von Staats- und Unternehmensverfassung zu sprechen?

6. In welchem Verhältnis stehen Unternehmens- und Betriebsverfassung zueinander?

7. Was wird unter dem Begriff „Corporate Governance" verstanden und welche Prinzipien sollten bei der Ausgestaltung eines solchen Systems beachtet werden?

8. Skizzieren Sie die historische Entwicklung der Unternehmensverfassung anhand der Merkmale Anteilseignereinfluss, Managereinfluss und Arbeitnehmereinfluss.

9. Durch welche Rechtsnormen wird der Einfluss der Anteilseigner auf die Unternehmensführung geregelt? Welche Grundtypen lassen sich unterscheiden?

10. Welche gesetzlich fixierten Rechte und Pflichten kommen Vorstand, Aufsichtsrat und Hauptversammlung als Organen der Aktiengesellschaft zu?

11. Was versteht man unter Kollegial- und Direktorialprinzip? Welches Prinzip sieht das deutsche Aktienrecht vor und wie ist dieses faktisch umgesetzt?

12. Was sind zustimmungspflichtige Geschäfte? Ist der Kreis dieser Geschäfte gesetzlich erschöpfend festgelegt?

13. Nennen und erläutern Sie wesentliche Inhalte des KonTraG. Wie beurteilen Sie die Vorschriften im Hinblick auf die damit verbundenen Ziele?

14. Was sind die Besonderheiten eines Kodex im Vergleich zu gesetzlichen Vorschriften? Verdeutlichen Sie dies am Beispiel des Deutschen Corporate Governance Kodex.

15. Welche Bereiche der Corporate Governance werden durch den Deutschen Corporate Governance Kodex im Sinne einer Best-Practice-Orientierung erfasst? Verdeutlichen Sie Ihre Aussagen durch Beispiele, die sich auch am „Baums-Bericht“ orientieren können.

16. Worin unterscheidet sich die Unternehmens- von der betrieblichen Mitbestimmung?

17. Vergleichen Sie die Rechtsnormen der Unternehmens-Mitbestimmung bezüglich Geltungsbereich und Reichweite der Mitbestimmung.

18. Warum wird im Hinblick auf das Mitbestimmungsgesetz von 1976 von einer „Scheinparität“ gesprochen?

19. Vergleichen Sie die Rechtsnormen der betrieblichen Mitbestimmung bezüglich Geltungsbereich und Reichweite der Mitbestimmung.

20. Zeigen Sie anhand von Beispielfällen die Abstufung der Mitbestimmung durch den Betriebsrat auf.

21. Welche weiteren Interessenvertretungsorgane sind neben dem Betriebsrat im Betriebsverfassungsgesetz von 1972 vorgesehen? Wie werden sie bestellt und wie sind sie zusammengesetzt?

22. Stellen Sie die wesentlichen Inhalte des BetrVerfReformG im Hinblick auf die betriebliche Mitbestimmung der Arbeitnehmer dar.

23. Welche Aufgabe nimmt die Einigungsstelle wahr?

24. Was sind Leitende Angestellte? Inwiefern ist es gerechtfertigt, dass für sie ein separates Interessenvertretungsorgan geschaffen wurde?

25. Welche Art von Rechten sieht das SprAuG vor?

26. Welche grundsätzlichen Unterschiede bestehen zwischen dem US-amerikanischen und dem deutschen Modell der Unternehmensverfassung auf Spitzenebene?

27. In welchen europäischen Ländern bestehen Unternehmensverfassungskonstruktionen, die der Boardverfassung entsprechen?

28. Erläutern Sie die Rechte und Pflichten der Organe der US-amerikanischen Boardverfassung.

29. Was sind Inside Directors und Outside Directors und wo kommen sie vor?

30. Was versteht man unter der Management-Funktion und der Trustee-Funktion?

31. Beurteilen Sie die Harmonisierungsbestrebungen der EU-Kommission im Zuge der Europäischen Aktiengesellschaft und erläutern Sie in diesem Zusammenhang das Prinzip der Subsidiarität.

32. Welche Voraussetzung muss bei der Gründung einer SE vorliegen?

33. Erläutern Sie das Statut der Europäischen Aktiengesellschaft (SE). Gehen Sie dabei besonders auf die grundlegenden Gestaltungsmöglichkeiten der Organstrukturen ein.

34. Wie wird die erste supranational-europäische Rechtsform auf nationaler Ebene umgesetzt? Was hat der deutsche Gesetzgeber unternommen?

35. Welche Ziele werden mit der Einrichtung des „European Corporate Governance Forums" verfolgt und welche Funktion kommt dabei der europäischen „Advisory Group on Corporate Governance and Company Law" zu?

36. Von welchem Grundgedanken hat sich der deutsche Gesetzgeber bei der gesetzlichen Ausarbeitung des monistischen Systems einer SE leiten lassen?

37. Beschreiben Sie die Funktionsweise der Auffanglösung im Rahmen der Europäischen Aktiengesellschaft. Warum wird in diesem Zusammenhang von einer Diskriminierung deutscher Unternehmen gesprochen?

38. Warum stellt das SE-Statut lediglich einen Minimalkonsens dar?

39. Welche Gesetze sind im Zuge der Corporate-Governance-Diskussion in Deutschland bereits in Kraft getreten und worauf stellen sie jeweils ab?

40. Welche Mitbestimmungsmöglichkeiten für Arbeitnehmer sieht die entsprechende Richtlinie der Europäischen Aktiengesellschaft vor? Welcher Grundgedanke wird dabei verfolgt?

41. Kommentieren Sie die bisherige Verbreitung der Rechtsform der SE unter Einschätzung der hierbei relevanten Motive der Unternehmen.

42. Was versteht man unter der Auffangregelung bei der Gründung einer Europäischen Aktiengesellschaft und welches Ziel wird damit verfolgt?

43. Beurteilen Sie das Statut der Europäischen Aktiengesellschaft im Hinblick auf die Vereinheitlichung der Corporate Governance in der Europäischen Union.

44. Wie beurteilen Sie die Bindungswirkung zwischen Gesetzesvorschriften zur Unternehmensverfassung und Corporate Governance Codes im internationalen Bereich?

45. Welches Gesetz kann in welcher Hinsicht zu einer „Entmachtung“ der Aufsichtsräte führen?

46. Wie entsprechen deutsche Aktiengesellschaften dem DCGK nach jüngeren Studien?

47. Welche Überlegungen führen empirischen Befunden zufolge Unternehmen dazu, die freiwillige individualisierte Offenlegung der Vorstandsgehälter abzulehnen? Welche Bedeutung hat diesbezüglich das VorstOG?

48. Kommentieren Sie unter Heranziehung der einschlägigen Stellungnahmen der Sozialpartner (Arbeitgeberverbände, Gewerkschaften) und Verlautbarungen des Bundesjustizministeriums nach dem 20.12.2006, die im Internet abrufbar sind, das Scheitern der Biedenkopf-Kommission II. Welche Gründe haben dazu geführt und welche möglichen Nachteile erwachsen hierdurch für die deutschen Unternehmen?

49. Welche grundsätzlichen Kosten erwachsen den Unternehmen in der Verfolgung von SOX Section 404 in welcher Höhe? Wodurch sind diese Kosten im Einzelnen verursacht? Wie wird von den Unternehmen der Kosten-Nutzen-Effekt beurteilt?

50. Welcher Wandel zeichnet sich im Hinblick auf neuere Corporate Governance-Entwicklungen a) in den USA und b) weltweit ab? Ziehen Sie bei Ihrer Einschätzung auch empirische Befunde hinzu.

51. Welchen Wandel in der Verfolgung guter Corporate Governance hat der Higgs-Report mit sich gebracht?

52. Wie unterscheidet sich der britische „Combined Code“ vom amerikanischen SOX?

53. Welche Entwicklungsstufen kennzeichnen das japanische System der Corporate Governance?

54. Wie unterscheiden sich das japanische „Kansayaku-Secchi-Gaisha“ und das „Iinkai-Secchi-Gaisha“; gibt es dort Verbindungslinien zu anderen internationalen Corporate Governance-Systemen?

55. Welche Befunde und Einschätzungen bestehen zur Praxis der japanischen Corporate Governance in den großen japanischen Aktiengesellschaften?

Literaturhinweise zu Kapitel 3

AURICH, B., *Managementkontrolle* nach Enron – Fortentwicklung der Managementkontrolle durch Aufsichtsrat und Board in börsennotierten Aktiengesellschaften in Deutschland und in den USA, Baden-Baden 2006.

DIMITRIADIS, S. ET AL., Das neue *Betriebsverfassungsgesetz*, in: Zeitschrift für Betriebsverfassungsrecht, ZBVR Spezial, Heft 9, 2001, S. 170–212.

GERUM, E., Das deutsche Corporate *Governance-System* – Eine empirische Untersuchung, Stuttgart 2007.

GNADE, A., KEHRMANN, K., SCHNEIDER, W., KLEBE, T., Betriebsverfassung – *Basiskommentar* mit Wahlordnung, 10. Aufl., Frankfurt am Main 2002.

RINGLEB, H.-M. ET AL., *Kommentar* zum Deutschen Corporate Governance Kodex – Kodex-Kommentar, 2. Aufl., München 2005.

SCHEWE, G., *Unternehmensverfassung* – Corporate Governance im Spannungsfeld von Leitung, Kontrolle und Interessenvertretung, Berlin – Heidelberg 2005.

THEISEN, M. R., WENZ, M. (Hrsg.), Die *Europäische Aktiengesellschaft* – Recht, Steuern und Betriebswirtschaft der Societas Europaea (SE), Stuttgart 2002.

WAGNER, D., *Personalvorstände* (Arbeitsdirektoren) in mitbestimmten Unternehmen – Human Resource-Management als Top-Management-Aufgabe, in: Die Betriebswirtschaft, 53. Jg., Heft 5, 1993, S. 647–662.

WERDER, A. VON, Ökonomische *Grundfragen* der Corporate Governance, in: Hommelhoff, P., Hopt, K. J., Werder, A. von (Hrsg.), Handbuch Corporate Governance. Leitung und Überwachung börsennotierter Unternehmen in der Rechts- und Wirtschaftspraxis, Stuttgart 2003, S. 3–27.

Teil 2

Funktionen der Unternehmensführung

Fallbeispiel:

Siemens AG

> *„An der Spitze steht kein Gremium, sondern eine verantwortliche Person." (Peter Löscher, Vorstandsvorsitzender der Siemens AG, 2007)*

Abstimmung von Umweltentwicklungen und Unternehmensführungsfunktionen als Erfolgsfaktor

Die Siemens AG ist schwerpunktmäßig in den Bereichen Informations- und Kommunikationstechnik, Anlagentechnik, Medizintechnik sowie Energieerzeugung, -übertragung und -verteilung tätig. Im Geschäftsjahr 2006/2007 hat das Unternehmen mit 398.000 Mitarbeitern einen Weltumsatz von 72,448 Milliarden Euro erzielt. Am Beispiel der Siemens AG lässt sich treffend zeigen, wie sich Umweltentwicklungen, Unternehmensziele und -grundsätze, Unternehmensstrategie und Organisationsstruktur sowie das Controlling gegenseitig beeinflussen und wie diese im Zeitablauf immer wieder erfolgreich aufeinander abgestimmt wurden.

Pionierphase

*Das ursprünglich im Jahr 1847 von Werner von Siemens und Johann Georg Halske als Telegraphenbauanstalt gegründete Unternehmen hat sich in seiner Pionierphase auf den Bereich der Schwachstromtechnik konzentriert und ist dabei bis zum Jahre 1854 schwerpunktmäßig auf dem Inlandsmarkt tätig gewesen. Aufgrund der zunächst geringen Umweltkomplexität konnten nahezu sämtliche Unternehmensführungsentscheidungen von den beiden Eigentümern selbst getroffen werden. Bereits im Jahr 1854 hat sich jedoch die Lage insofern grundlegend verändert, als das Unternehmen einen Großauftrag für den Aufbau eines Telegraphennetzes in Russland zugeschlagen bekam. Mit der Übernahme dieses Großauftrags wurde die mittlerweile als traditionell zu bezeichnende starke internationale Orientierung des Hauses Siemens begründet. Angesichts der durch die Internationalisierung erhöhten Umweltkomplexität und des angestiegenen Geschäftsvolumens mussten sich die Inhaber auf die wichtigsten Unternehmensentscheidungen konzentrieren. Operative Entscheidungen im Produktionsbereich, in der Buchhaltung, im Vertrieb und in der Montage wurden hingegen dezentralisiert. Dies geschah im Zuge einer **ersten** im Jahr 1854 vollzogenen **Reorganisation,** bei der eine funktionale Organisationsstruktur und mit ihr eine zweite Führungsebene eingerichtet wurden. Die funktionale Organisationsstruktur wurde auch beibehalten, als nach dem Ableben der Unternehmensgründer in den Jahren 1890 bzw. 1892 die Nachfahren der Siemens-Familie das Unternehmen leiteten.*

*Die **zweite Reorganisation** des Unternehmens ist ebenfalls durch Umweltentwicklungen sowie auf sie abgestimmte Strategieänderungen ausgelöst worden. Nach der Erfindung des dynamoelektrischen Prinzips hat sich nämlich auch Siemens & Halske gegen Ende des 19. Jahrhunderts verstärkt dem Starkstrombereich zugewandt und damit ein zweites „Geschäftsfeld" aufgebaut. Der Starkstrombereich hat insbesondere im Jahr 1903, als sich das seit 1897 in der Rechtsform einer AG firmierende Unternehmen mehrheitlich an den im Starkstrombereich tätigen Schuckertwerken beteiligte, erheblich an Bedeutung gewonnen. Um Verbundeffekte (Economies of Scope) nutzen zu können, hat man sich bereits damals entschlossen, die Starkstromaktivitäten der Siemens & Halske in die neu gegründete Siemens-Schuckertwerke AG einzubringen. Neben der Unterschiedlichkeit der Technologien dürften vor allem die stark angewachsene Größe des Starkstromgeschäfts, die zunehmende Wettbewerbsintensität und die dynamische Entwicklung der Auslandsmärkte zu der organisatorischen Trennung des Stark- und Schwachstromgeschäfts geführt haben. Die organisatorische Separation von Stark- und Schwachstromgeschäft kann dabei als Vorläufer einer Spartenorganisation angesehen werden, die dem idealtypischen Konzept jedoch insofern nicht entsprach, als das Unternehmen nach wie vor vergleichsweise zentralistisch und damit in einer Weise geführt wurde, die dem Spartenkonzept weitgehend fremd ist. Seit dem Jahr 1924 wurde das Tätigkeitsspektrum durch die Akquisition der Reiniger, Gebbert & Schall AG (später Siemens-Reinigerwerke AG) erweitert und mit der Medizintechnik ein weiteres Standbein geschaffen, welches als dritte Sparte in die Gesamtstruktur des Unternehmens integriert wurde. Die so geschaffene geschäftsbereichsorientierte Grundstruktur des Unternehmens hat mehr als vier Jahrzehnte Bestand gehabt und ist erst anlässlich der Mitte der 1960er Jahre vollzogenen rechtlichen Integration der bis dahin getrennt nebeneinander bestehenden Gesellschaften Siemens & Halske AG, Siemens-Schuckertwerke AG und Siemens-Reinigerwerke AG zu der neuen Siemens AG modifiziert worden.*

Phase starken Unternehmenswachstums

Umweltentwicklungen in der Form eines starken Wachstums auf den Märkten für das Anlagen- und Behördengeschäft, der rasche technologische Wandel mit dem Übergang auf die Computer- und Halbleitertechnik und damit eine Verkürzung der Produktlebenszyklen sowie die beginnende Globalisierung des Geschäfts führten ebenso wie unternehmensbezogene Veränderungen, die zunehmende Größe des Unternehmens und die erhöhte räumliche und leistungsprogrammbezogene Diversifikation zu Überlegungen für eine Reorganisation des Unternehmens. Durch die Neuorganisation mit Wirkung von Herbst 1969 wurde die Siemens AG dergestalt neu gegliedert, dass sechs Geschäftsbereiche („Unternehmensbereiche"), fünf Zentralbereiche, daneben aber auch regionale Einheiten sowie in- und ausländische Beteiligungsgesellschaften in der Organisationsstruktur ihre Berücksichtigung fanden. Mit dieser neuen Struktur sollte das Spartenkonzept insofern deutlicher als zuvor verwirklicht werden, als die sechs Unternehmensbereiche weitgehend selbstständig agieren sollten. Die fünf Zentralbereiche Betriebswirtschaft, Finanzen, Personal, Technik und Vertrieb sollten die Unternehmensbereiche beraten und koordinieren sowie das Top-Management bei der Verwirklichung der Unternehmenspolitik unterstützen. Das Top-Management versprach sich von der Reorganisation insbesondere die Sicherung des Unternehmenswachstums, den Ausbau der Marktstellung, eine hohe Leistungsfähigkeit und -bereitschaft aller Mitarbeiter und damit letztendlich gute Erträge. Bei der faktischen Umsetzung der neuen Organisationsstruktur wurde jedoch vom Spartenkonzept insofern abgewichen, als den Zentralbereichen – wohl aus Gründen der Sicherung einer einheitlichen, bereichsübergreifenden Unternehmenspolitik – bei allen gemeinsamen Fragen eine sehr weitreichende Richtlinienkompetenz eingeräumt wurde. Von unternehmerisch selbstständigen Unternehmensbereichen, wie sie für das Spartenkonzept typisch sind, konnte somit auch jetzt nicht gesprochen werden. Aufgrund der weitreichenden Kompetenzen der Zentralbereiche glich die 1969 in Kraft getretene Organisationsstruktur stärker dem Matrixkonzept als dem Spartenkonzept. Dass dieses durch die ***dritte Reorganisation*** *geschaffene Strukturkonzept aber trotzdem durchaus nützlich gewirkt hat, zeigt sich daran, dass sich das Unternehmen zwischen 1969 und 1989 zu einem Weltunternehmen von beachtlicher Größe und wirtschaftlicher Bedeutung entwickelt hat. So konnte Siemens seinen Umsatz in dieser Zeitspanne von 5,1 Milliarden Euro auf 32,2 Milliarden Euro steigern. Die von der starken Betonung der Zentralbereiche ausgehende intensive Koordination der Unternehmensbereiche dürfte in dieser Phase insbesondere auch deshalb zweckmäßig gewesen sein, da in den 1970er und beginnenden 1980er Jahren noch nicht in demselben Maße wie heute die Notwendigkeit zur Erzielung globaler Skaleneffekte und zu rascher Reaktion auf Marktveränderungen bestand.*

Konsolidierungsphase

Bei der ***vierten Reorganisation*** *im Jahr 1989 hat man sich bei der Siemens AG für die Spartenorganisation unter Beibehaltung des Stammhauskonzepts und nicht für einen lockeren Subsystemverbund in der Form einer Holding-geführten Gesellschaft entschieden, um damit dem hohen Diversifikationsgrad des Unternehmens ebenso wie der Notwendigkeit zur Erzielung von Flexibilitäts- und Effizienzvorteilen sowie dem Wunsch nach einheitlichem Auftreten nach außen hin gerecht zu werden. Schwerpunkte der Geschäftstätigkeit des mittlerweile zu den führenden Technologiekonzernen gehörenden Unternehmens bestanden in der Energietechnik, der Anlagentechnik, der Informations- und Kommunikationstechnik einschließlich entsprechender Softwareprodukte sowie der Medizintechnik. Bei der neuen Organisationsstruktur handelte es sich insofern nunmehr um eine „richtige" Spartenorganisation, als den mittlerweile 17 Geschäftsbereichen ebenso wie den zahlreichen Auslandsgesellschaften ein relativ hohes Maß an Autonomie eingeräumt wurde, wobei die Gewinnsituation der Einheiten als letztendliches Koordinationsmedium diente. Die*

Aufgabe der Zentralbereiche bestand stärker als im Vorgängerkonzept in der Zurverfügungstellung von Serviceleistungen für die Unternehmensbereiche, die diese den eigenen Erfordernissen entsprechend abrufen und nutzbar machen konnten. Um besser auf die Kundenwünsche eingehen zu können, wurde eine weitere Regionalisierung der Vertriebsorganisation realisiert. Diese Maßnahme diente ebenso der Erhöhung der Reaktionsgeschwindigkeit wie die ebenfalls im Zuge der Reorganisation vorgenommene Abflachung der Hierarchie.

Um mit dem raschen technologischen Wandel auf dem Gebiet der Informations- und Kommunikationstechnologie – hervorgerufen insbesondere durch Entwicklungen in der Mikroelektronik, dort vor allem durch eine Miniaturisierung der Bauelemente und Integration der Schaltkreise vorangetrieben – Schritt halten zu können, waren bei der Siemens AG eine Intensivierung der Forschung und Entwicklung, aber auch umfängliche Kapitalinvestitionen erforderlich. So erreichten die Forschungs- und Entwicklungsausgaben bei Siemens innerhalb von fünf Jahren (Geschäftsjahr 1983/84 bis 1988/89) einen Gesamtanstieg um mehr als 80 Prozent. Insgesamt bedeutet dies, dass von 100 Euro Umsatzerlösen fast 20 Euro für Forschung und Bildung verzehrt wurden und ein Achtel der Mitarbeiter im F&E-Bereich tätig war. Um die hohen Forschungs- und Entwicklungsausgaben bei den gegebenen kurzen Produktlebenszyklen tragen zu können, musste die Siemens AG immer größere Produktions- und Absatzmengen erzielen, was wiederum nur durch eine breite, auf den Weltmarkt zugeschnittene Vermarktung der Produkte und Dienstleistungen möglich war.

Wandel der Märkte und Dezentralisierung

In einer zweiten Welle der Globalisierung Anfang der 1990er Jahre sorgten der Niedergang planwirtschaftlicher Systeme, die Welle der Privatisierung und Deregulierung der Märkte sowie der Abbau von Handelshemmnissen durch die Institutionalisierung der GATT, aber auch die rasante Verbesserung der Informations- und Kommunikationswege und der bessere Zugang zum weltweiten Kapital für Schwellen- und Wachstumsländer durch die Liberalisierung der Kapitalmärkte dafür, dass sich die Märkte des Unternehmens um wesentliche Teile Asiens, Südamerikas und Osteuropas vergrößerten. Die zunehmende Internationalisierung erforderte von den weltweit tätigen Unternehmen verstärkt maßgeschneiderte Lösungen, um den Kundenanforderungen auf den unterschiedlichen lokalen und regionalen Märkten gerecht zu werden. Die bisherige Orientierung der Kunden an Produkten wurde zunehmend durch eine Nachfrage nach Dienstleistungen und Lösungen verdrängt. Auf den etablierten Märkten verschärfte sich der Wettbewerb mit ruinösem Preiswettbewerb, verkürzten Technologiezyklen und neuen Konkurrenten aus den bisherigen Schwellenländern. Diese Entwicklung auf dem globalen Markt erforderte auch von der Siemens AG, die im Jahr 2007 einen Auslandsanteil am Gesamtumsatz von 83 Prozent hatte, eine stärkere regionale Präsenz und Kompetenzausstattung, um bei zunehmender Innovationsgeschwindigkeit im Zeitwettbewerb bestehen zu kön-

nen. Dies prägte auch das Bild vom Siemens-Konzern als einem „Global Network of Innovation".

Potenzialbündelung, Kundennähe und klare Verantwortung

Bereits seit einiger Zeit steht der globale Absatz der vom Unternehmen erstellten Leistungen im Mittelpunkt der Unternehmensstrategie. Um die Skalen- und Verbundvorteile zu realisieren, die für einen Erfolg am globalen Markt notwendig sind, hat Siemens auch in der jüngeren Vergangenheit wiederholt mit anderen Unternehmen fusioniert, Bereiche aufgekauft oder ist strategische Partnerschaften mit Wettbewerbern eingegangen. Zu den wichtigsten Transaktionen des Zeitraums zwischen 2000 und 2005 zählt das Joint Venture mit Fujitsu zur Fujitsu Siemens Computers B.V., der Kauf der Shared Medical Systems Corporation und der Acuson Corporation sowie das Joint Venture mit der Drägerwerk AG zur Dräger Medical AG & Co. KgaA. In Bereichen, die strategisch als weniger ertragreich erachtet wurden, wurde während dieser Periode desinvestiert bzw. wurden diese Geschäftsgebiete an die Börse gebracht. Hierzu zählten der Börsengang der Epcos AG (1999) und der Infineon Technologies AG (2000), der Verkauf von Siemens Nixdorf Retail and Banking Systems (1999), der Verkauf von Mannesmann Sachs (2001) und der ehemaligen Atecs-Tochter Rexrodt AG (2002 an Bosch) sowie der sukzessive Verkauf der Anteile von Infineon und eines Großteils der Anteile an der Kordoba Gesellschaft für Bankensoftware mbH & Co. KG (2004). Die hoch defizitäre Handy-Sparte wurde 2005 an den taiwanesischen BenQ-Konzern verkauft.

Die aktuelle Strategie des Unternehmens zielt auf eine Stärkung jener Geschäfte ab, welche eine führende Weltmarktposition aufweisen und sich auf attraktive, durch gesellschaftliche Megatrends wie demographischer Wandel, Urbanisierung und Klimawandel geprägte Märkte beziehen. Passend zu diesem strategischen Grundsatz wurde auch in den vergangenen Jahren das Geschäftsportfolio des Unternehmens nochmals umgebaut. So wurden in den Feldern Energie, Industrie und Gesundheitswesen verschiedene Zukäufe getätigt. Allein im Jahr 2006 hat Siemens für Zukäufe und Beteiligungen mehr als sechs Milliarden Euro aufgewendet. Aufgrund seiner großen strategischen Bedeutung soll hier die Akquisition des US-Diagnostikunternehmens Dade Behring im Jahr 2007 explizit erwähnt werden, mit dem eine weitere Stärkung der Medizintechnik innerhalb des Unternehmensverbunds angestrebt wird. Im Gegenzug wurden auch verschiedene Konzernunternehmen abgegeben, die für die zukünftige Strategie des Unternehmens als weniger bedeutsam erachtet wurden. Eine besondere Hervorhebung verdient hier die im gleichen Jahr vollzogene Veräußerung der VDO Automotive AG an die Continental AG. Ergänzt wurden diese Transaktionen durch mehrere Umschichtungen innerhalb des Siemens-Konzerns wie etwa die Einbringung großer Teile der Telekommunikationstechnik in das Joint Venture Nokia Siemens Networks (NSN) im Jahr 2006.

Die seit dem 01.01.2008 gültige Organisationsstruktur (vgl. Abschn. 7.2) versucht dieser strategischen Akzentsetzung zu entsprechen. Überdies ist die neue Organisationsstruktur von dem Bemühen um eine klare Zuordnung von Geschäftsfeldern sowie eine eindeutige Zuweisung von Verantwortung, dem Streben nach einer Steigerung der im Unternehmen vorhandenen Synergiepotenziale sowie einer generellen Vereinfachung der gesamten Unternehmensorganisation geprägt. Zur Erreichung dieser Ziele wurde zunächst der Unterschied zwischen Zentralvorstand und Vorstand aufgehoben sowie von elf auf acht Mitglieder verkleinert. Weiterhin wurden die Geschäftsfelder im Vergleich zur Vorgängerstruktur noch stärker gebündelt, so dass das Unternehmen, wie Abbildung 4-1 verdeutlicht, nunmehr aus den drei Sektoren „Industry", „Energy" und „Healthcare" besteht. Diese Sektoren, die jeweils von einer Person verantwortet werden, sind direkt im Gesamtvorstand des Unternehmens verankert. Den Sektoren unterstehen 15 Divisionen, die ebenfalls jeweils von einer Person (Siemens verwendet hier den Begriff CEO) verantwortet werden und eigene strategische Businesspläne vorlegen. Weiterhin wurden die Bereichsvorstände abgeschafft, die im Hause Siemens auf eine lange Tradition zurückblicken konnten. Nach dem bislang bestehenden Bereichsvorstandskonzept wurden die Bereiche nicht von Einzelpersonen, sondern von Vorstandskollegien geleitet, die jeweils aus drei bis vier Personen bestanden. In der nunmehr gültigen Organisationsstruktur werden die entsprechenden Einheiten (Sektoren, Divisionen) nicht mehr von Personengruppen, sondern von Einzelpersonen geleitet.

Abbildung 4-1 *Organisationsstruktur der Siemens AG im Jahre 2008*

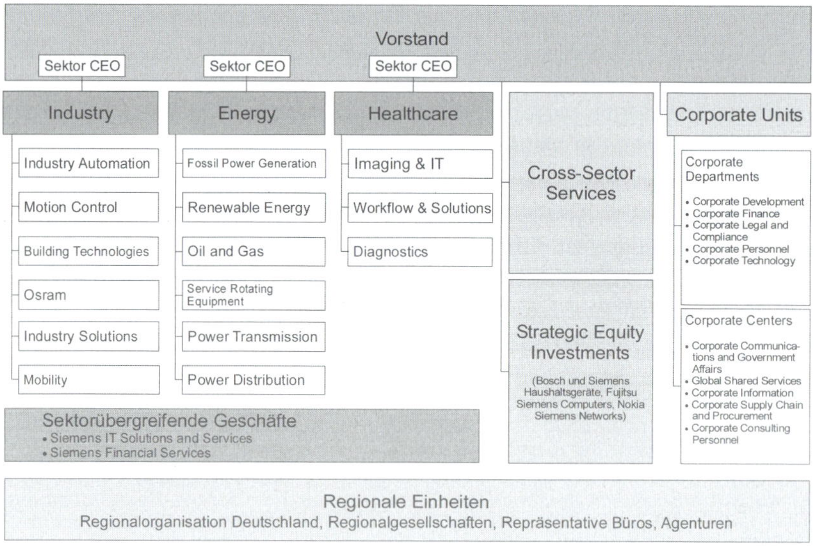

Hierdurch soll eine eindeutigere Verantwortung für Gewinne und Verluste erreicht und der Konzernleitung ein „Volldurchstich" bis hinein in die einzelnen Divisionen ermöglicht werden.

Unterhalb der Divisionen finden sich mehr als 200 Business Units, die aus Übersichtlichkeitsgründen im Organigramm nicht wiedergegeben sind. Aufgrund der Unterschiedlichkeit der Betätigungsfelder werden die eigentlichen Geschäftsstrategien auf dieser Ebene der Business Units entwickelt, da diese die notwendige Nähe zu Markt, Kunden, Technologien und Wettbewerbern aufweisen. Den Regionaleinheiten obliegt es, die Geschäfte in der jeweiligen Region (Deutschland, internationale Marktregionen) zu koordinieren. Weiterhin sollen sie ein hohes Maß an Marktpräsenz und Kundenorientierung gewährleisten. Durch diese Verzahnung von Sektoren und Divisionen einerseits sowie Regionaleinheiten andererseits sind in der neuen Organisationsstruktur Elemente einer Matrixstruktur verankert. Betont werden muss jedoch die in der neuen Struktur vorhandene sogenannte „Vorfahrtsregelung der Weltunternehmer", bei der im Konfliktfall die Sektoren ein höheres Einflussgewicht genießen. Daher weist die neue Organisationsstruktur allenfalls Ansätze einer Matrixstruktur auf.

Ergänzt werden die Sektoren, Divisionen und Regionaleinheiten um sogenannte Cross-Sector Businesses (sektorübergreifende Aktivitäten) (vgl. Abbildung 4-1). Diese bestehen im Wesentlichen aus den Querschnittsfunktionen „IT Solutions und Services (SIS)", „Financial Services (SFS)" und „Real Estate (SRE)", welche Leistungen für die Sektoren und Divisionen sowie teilweise auch für andere Unternehmen bereitstellen. Systemerhaltungsfunktionen erbringen weiterhin die verschiedenen Corporate Units, welche entsprechend dem Zentralbereichskonzept direkt der Unternehmensleitung zugeordnet sind. Schließlich wurden die drei für den Siemens-Konzern strategisch bedeutendsten Joint Ventures in der Einheit „Strategic Equity Investments" gebündelt, welche aufgrund ihrer besonderen Bedeutung ebenfalls direkt dem Konzernvorstand zugeordnet ist.

Die hohe Priorität von Flexibilität und Schnelligkeit äußert sich darin, dass die Verantwortlichen für die Geschäftsfelder weitgehende Entscheidungsautonomie genießen und so die Entscheidung an den Ort des Geschehens verlagert wird. Da die einzelnen Geschäfte sehr unterschiedlich ausgerichtet sind und die Produktlebenszyklen stark variieren, ist eine Heterogenität von Unternehmenskulturen notwendig und gewollt. Die Aufgabe der Unternehmensleitung besteht darin, Finanzmittel und Managementpotenzial optimal einzusetzen, eine ausgeglichene Geschäftsstruktur des gesamten Unternehmens sicherzustellen, die Nutzung bereichsübergreifender Synergien zu garantieren und neue Arbeitsgebiete aufzubauen.

Die zu Beginn des Jahres 2008 in Kraft getretene neue Organisationsstruktur stellt auch eine Reaktion auf die im Jahr 2007 gegenüber Siemens laut gewordenen massiven Korruptionsvorwürfe dar. Einige Siemens-Manager hatten schwarze Kassen unterhalten, aus denen sie Schmiergeldzahlungen an Geschäftspartner leisteten.

Dementsprechend wurden nicht nur Personen ausgetauscht, sondern in der neuen Organisationsstruktur ein neues Vorstandsressort für Recht und Compliance geschaffen und bereits Ende 2007 ein umfassendes Compliance-Programm (vgl. Abschn. 3.4.1) eingeführt. Weiterhin gilt im Unternehmen seit Beginn des Jahres 2008 eine neue Geschäftsordnung, die dem Vorstandsvorsitzenden aber auch den Sektor CEOs mehr Macht verleiht. „Wir können heute anordnen. Früher dagegen haben erst einmal Gremien zeitraubend getagt", so der mächtige CEP Heinrich Hiesinger, der mit seiner Zuständigkeit für den Sektor Industrie die Hälfte aller Siemens-Geschäfte verantwort.

Unter den seit dem Jahr 2007 vollzogenen personellen Veränderungen ragt die Neubesetzung der Position des Vorstandsvorsitzenden heraus. Seit Juli 2007 steht mit Peter Löscher erstmals ein Nicht-Siemensianer an der Spitze des Unternehmens. Löscher will sich in der Zukunft verstärkt auf die fünf Themen Compliance, Führungskultur und Organisationsstruktur, Geschäftsportfolio, Wachstumsmärkte sowie Innovationen konzentrieren. Weiterhin wurde auf der Ebene der Sektoren und Divisionen ein großer Anteil der Leitungspositionen neu besetzt.

Um ein derart komplexes Unternehmen wirtschaftlich erfolgreich zu führen, ist ein präziser Planungs- und Berichtsprozess notwendig. Im April jeden Jahres werden bei der Siemens AG die Rahmenziele von der Unternehmensleitung für das gesamte Unternehmen und die Sektoren festgelegt. Anschließend werden die Geschäftspläne und Budgets in den operativen Einheiten erarbeitet und zum Geschäftsjahreswechsel im September/Oktober mit dem Konzernvorstand abgestimmt.

Das Ziel für alle Business Units, Projekte und Investitionen ist die Steigerung des Economic Value Added, bei Siemens „Geschäftswertbeitrag" genannt. Er wird berechnet, indem man vom Geschäftsergebnis die Kapitalkosten für das eingesetzte Geschäftsvermögen abzieht. Da der Geschäftswert also die Differenz zwischen dem Marktwert und dem investierten Geschäftsvermögen darstellt, reflektiert er die Erwartung des Kapitalmarktes hinsichtlich der zukünftigen Geschäftsentwicklung. Anhand des Strategischen Geschäftsinformationssystems wird die Wirtschaftlichkeit eines jeden Geschäftsfeldes einmal jährlich zur Planungsrunde auf einem standardisierten Datenblatt dargestellt. Dort werden der Gegenstand des jeweiligen Geschäftes, das geschäftliche Umfeld, die strategische Ausgangssituation sowie die Strategien und wirtschaftlichen Zielsetzungen charakterisiert.

Eine regelmäßige systematische Evaluation der Unternehmensziele, Strategie und Organisationsstruktur sowie des Controlling vollzieht Siemens im Rahmen des sogenannten Fit4 2010-Programms. In dessen Rahmen werden weitere strategisch bedeutsame Erfolgsfaktoren wie Personalmanagement („People Excellence"), Innovationsmanagement und Corporate Social Responsibility (vgl. Abschn. 15.1) mit den vorgenannten Parametern abgestimmt.

Quellen

BRONDER, C., *Entwicklung* der Organisationsstruktur bei Siemens – Auf dem Weg zur Holding-Organisation, in: Zeitschrift Führung und Organisation, 60. Jg., Heft 5, 1991, S. 318–323.

LÖSCHER, P., Neue *Konzernstruktur* für Siemens, Pressegespräch, München, 29. November 2007.

MIROW, M., Das strategische Planungs- und *Kontrollsystem* der Siemens AG, in: Welge, M. K., Al-Laham, A., Kajüter, P. (Hrsg.), Praxis des strategischen Managements – Konzepte, Erfahrungen, Perspektiven, Wiesbaden 2000, S. 347–361.

MIROW, M., Globalisierung der *Wertschöpfung*, in: Krystek, U., Zur, E. (Hrsg.), Handbuch Internationalisierung – Globalisierung: Eine Herausforderung für die Unternehmensführung, Berlin 2001, S. 107–124.

NEUBÜRGER, H.-J., SEN, M., *Wertorientierte* Unternehmens- und Geschäftsführung im Siemens Konzern, in: Hahn, D., Hungenberg, H. (Hrsg.), PuK – Wertorientierte Controllingkonzepte, 6. Aufl., Wiesbaden 2001, S. 1035–1102.

SIEMENS AG (Hrsg.), *Geschäftsbericht* 1969, 1993, 1998, 2000-2007, München 1969, 1993, 1998, 2000-2007.

SIEMENS AG (Hrsg.), Siemens gliedert operatives *Geschäft* in drei Sektoren mit insgesamt 15 Divisionen, München 28. November 2007.

SIEMENS AG (Hrsg.), Siemens benennt CEOs der *Divisionen* und CFOs der Sektoren, München 7. Dezember 2007.

Best Practice ist nicht gut genug; wir brauchen Visionen.

Querschnittscharakter der Führungsfunktionen

In Abschn. 2.2.1 wurde bereits darauf hingewiesen, dass Unternehmensführung von den Vertretern der Prozessansätze aus mehreren Funktionen bestehend begriffen wird, wobei unter *Funktionen der Unternehmensführung* Handlungskomplexe wie Planung, Organisation oder Kontrolle verstanden werden. Hierbei handelt es sich um *Querschnittsfunktionen*, die in alle Stufen der Wertschöpfungskette (vgl. Abschn. 5.6.1.2) primärer Art (zum Beispiel Logistik, Produktion oder Marketing) und sekundärer Art (zum Beispiel Personalmanagement oder Technologie- und Verfahrensmanagement) hineinwirken. Die Meinungen darüber, ob sich diese Führungsfunktionen in der Praxis – so wie sie konzeptionell gedacht sind – tatsächlich auffinden lassen oder ob es sich hierbei lediglich um analytische Konstrukte handelt, gehen allerdings auseinander.

Empirische Befunde

Einerseits ist es in empirischen Studien zumindest ansatzweise gelungen, die Existenz von Führungsfunktionen nachzuweisen (Hemphill [Dimensions]; Tornow/Pinto [Development] 410 ff.; Luthans/Larsen [Managers] 161 ff.). Erwähnung verdient hierbei vor allem die Studie von Tornow und Pinto, in welcher die Tätigkeit amerikanischer Führungskräfte untersucht wurde. Hierzu wurden mit einem Fragebogen (Management Position Description Questionnaire, MPDQ), der aus insgesamt 208 Items bestand, 433 Manager unterschiedlicher Hierarchieebenen und Ressorts befragt.

Gestützt auf Faktorenanalysen konnten die in Abbildung 4-2 wiedergegebenen *13 Beschreibungsmerkmale* ermittelt werden, welche die Führungskräftepositionen durch Tätigkeitsinhalte sowie weitere mit ihnen verbundene Phänomene wie Verantwortung oder Stress charakterisieren. Obwohl in diesem Katalog unterschiedliche Beschreibungsebenen von Führungskräftepositionen vermischt werden, vermögen *die Ergebnisse tendenziell die Funktionendifferenzierung der Prozessansätze zu bestätigen*; die drei wichtigsten Faktoren bestanden in Planungs-, Koordinations- und Kontrolltätigkeiten. Die Gültigkeit der Befunde ist jedoch eingeschränkt, da bei der Methode der Befragung letztendlich nicht ausgeschlossen werden kann, dass die interviewten Führungskräfte eher von ihren (theoretischen) Kenntnissen aus Lehrbüchern über die Unternehmensführung als über ihre Führungstätigkeit selbst berichtet haben.

Beschreibungsmerkmale von Führungskräftepositionen

Abbildung 4-2

1. **Planung**
(Formulierung der Produkt-, Absatz- und Finanzstrategie)
2. **Koordination**
(Abstimmung des eigenen Verantwortungsbereichs mit anderen Verantwortungsbereichen des Unternehmens)
3. **Kontrolle**
(Überwachung des Geschäftsablaufs, insbesondere Aufstellen und Überprüfen von Budgets)
4. **Disposition**
(Gestaltung des Leistungserstellungsprozesses des Unternehmens)
5. **„External Networking"**
(Pflege des Kontakts mit Kunden und anderen externen Geschäftspartnern sowie der Öffentlichkeit)
6. **Problemlösungsberatung**
(Erstellung technischer Expertisen für Sonderprobleme)
7. **Hohes Maß an Autonomie**
(erheblicher Ermessensspielraum bei Entscheidungsfindung)
8. **Entscheidung über Investitionsprojekte**
9. **Vorgesetzteninformation**
(Unterrichtung des eigenen Vorgesetzten über Mitarbeiterverhalten, Umweltentwicklungen, Produktionskennzahlen ...)
10. **Personalführung**
(Beeinflussung des Verhaltens der eigenen Mitarbeiter)
11. **Komplexität und Stress**
(Handeln unter Termindruck, im Spannungsfeld unterschiedlicher Interessen aus der beruflichen und privaten Sphäre ...)
12. **Hohe finanzielle Verantwortung**
13. **Hohe personelle Verantwortung**

Kontroverse Diskussion

Die Existenz derartiger Führungsfunktionen in der Unternehmensrealität wird andererseits bestritten (Mintzberg [Nature]), wobei davon ausgegangen wird, dass es sich bei diesen lediglich um Mythen und keine Realphänomene handelt (vgl. Abschn. 9.2). Da ein *abschließendes Urteil zugunsten der einen oder anderen Sichtweise angesichts des Standes der Forschung weder gerechtfertigt noch möglich erscheint,* sollen im Rahmen dieser Schrift beide Denkrichtungen dargelegt werden. Während im vierten Kapitel Bestimmungsfaktoren und Gestaltungsformen klassischer Unternehmensführungsfunktionen wie Zielbildung, Strategieformulierung, Planung, Kontrolle und Organisation behandelt werden, werden die eher auf eine Rollentypologie hinauslaufenden Ergebnisse der deskriptiven Managementforschung in Kapitel neun erörtert.

4 Entwicklung von Unternehmenszielen, Unternehmensgrundsätzen und Unternehmenskultur

> *„Bei uns steht der Kunde an erster Stelle, dann kommen die Mitarbeiter, dann die Geschäftspartner, Lieferanten, Händler und danach die Shareholder. Völlig unangebracht ist es, den Shareholder an die erste Stelle zu setzen. Damit wird die Kraft im Unternehmen beschränkt, man erreicht das Gegenteil, und man bewegt die Spirale nach unten."*
> *(Wendelin Wiedeking, Vorstandsvorsitzender der Porsche AG, 2005)*

4.1 Begriff des Unternehmensziels und Entwicklung der Zieldiskussion

Uneinheitlichkeit der Begriffsverwendung

Der Zielbegriff wird in der Zielforschung nicht einheitlich verwendet. Ausgewählte Definitionen verdeutlichen diesen Sachverhalt (vgl. Abbildung 4-3). Trotz der feststellbaren inhaltlichen Konvergenz bei Definitionsversuchen des Zielbegriffs bleibt die Abgrenzung gegenüber ähnlichen Begriffen wie Motiv, Zweck, Aufgabe, Gebot und Grundsatz unbefriedigend. Dies mag dazu geführt haben, dass das Phänomen „Unternehmensziele" durch Dimensionen (Heinen [Entscheidungen] 59 ff.), Elemente (Kupsch [Unternehmungsziele] 16) oder Merkmale (Kubicek [Unternehmungsziele] 460) definitorisch spezifiziert wird.

Die Untersuchung von Unternehmenszielen hat seit jeher einen zentralen Stellenwert in der betriebswirtschaftlichen Forschung und Lehre eingenommen, wobei mehrere Gründe hierfür ausschlaggebend sind. Einerseits erfordern alle Bemühungen um die Entwicklung betriebswirtschaftlicher Gestaltungsempfehlungen und -instrumente eine Orientierung an Zielen (Kubicek [Unternehmungsziele] 458), sodass der Beginn wirtschaftlicher Aktivitäten die Auswahl von anzustrebenden Zielen aus einer Anzahl möglicher Zielalternativen voraussetzt (Heinen [Entscheidungen] 28). Andererseits erscheint es nützlich, die in Unternehmen angesichts unterschiedlicher interner und externer Umweltkonstellationen vorgenommenen Handlungen unter Bezug auf Ziele zu erklären und zu prognostizieren.

Zielformulierung als Grundfunktion

Die besondere Bedeutung der Zielentscheidung für Unternehmen ergibt sich zudem dadurch, dass durch Formulierung der Zielinhalte die nachfolgenden Entscheidungs- und Realisationsprozesse zu einem gewissen Maß ausgerichtet werden. Schließlich dienen Ziele als Maßstab des Unternehmenserfolgs. So gesehen ist die *Formulierung von Zielen eine der Grundfunktionen von Unternehmen* (Grochla [Einführung] 12).

Abbildung 4-3 *Zielbegriffe*

Ziele

Ziele sind zukünftige Zustände der Realität, die von einem Entscheidungsträger angestrebt werden.
(Hauschildt 1975)

Ziele sind gewünschte Zustände (Zukunftsentwürfe), aus denen sich Kriterien zur Normierung und Messung von Verhaltensweisen bzw. Konsequenzen dieser Verhaltensweisen ableiten lassen.
(Kappler 1975)

Ziele bezeichnen als erstrebenswert angesehene Zustände, die als Ergebnis von bestimmten Verhaltensweisen eintreten sollen.
(Schmidt 1987)

We define goals as internal representations of desired states, where states are broadly construed as outcomes, events, or processes.
(Austin/Vancouver 1996)

If the word goal is used, it usually means a general aim in line with the mission. It may well be qualitative in nature.
(Johnson/Scholes/Whittington 2005)

Maximierung von Gewinn und Rentabilität

Obwohl die Bedeutung der Ziele für Unternehmensführungsentscheidungen und den unternehmerischen Einsatz von Ressourcen in der Betriebswirtschaftslehre früh erkannt wurde, wurde die *systematische Erforschung der damit zusammenhängenden Probleme jedoch lange Zeit vernachlässigt*. Die Zielsetzung bildete nicht den Gegenstand, sondern den Ausgangspunkt der unternehmenstheoretischen Analyse. Das vom Unternehmer verfolgte Ziel wurde also nicht zum hinterfragenswerten Erkenntnisgegenstand erhoben, sondern (ursprünglich) als Datum vorausgesetzt (Heinen [Entscheidungen] 28). So ging die traditionelle Theorie der Unternehmung von dem Konzept des Einmannunternehmens aus. Dabei war der unternehmerische Entscheidungsprozess durch die Prämissen des Modells des rationalen Entscheiders (vgl. Abschn. 2.4.1.1) gekennzeichnet, sodass die Zielbildung als Ergebnis einer intrapersonalen Zielentscheidung des Unternehmenseigners angenommen wurde. Ziel des Unternehmers und damit auch des Unternehmens war das Streben nach Maximalgewinn oder nach maximaler Kapitalrentabilität. Diese Zielannahme stellte sich jedoch aus mehreren Gründen als nicht haltbar heraus. Die Zielmaße Gewinn und Rentabilität waren zunächst nicht operational formuliert, denn die Verwendung der Begriffe ist trotz ihrer definitorischen Klarheit keineswegs eindeutig und einheitlich. Des Weiteren erwiesen sich die Prämissen des Modells des rationalen Entscheiders als wirklichkeitsfremd. Auch war das ursprünglich genannte Ausmaß der Zielerreichung, die Zielmaximierung, umstritten. Daher wurde die ursprüngliche Vorstellung von der Maximierung des Gewinns als alleinigem Kriterium betriebswirtschaftlicher Entscheidungen nach und nach aufgegeben. Trotz dieser Modifikationen konnten die tatsächlich in Unternehmen verfolgten Ziele jedoch nur ansatzweise beschrieben und erklärt werden.

Mehrfachzielsetzungen

In der modernen Unternehmenstheorie wird von der Vorstellung eines interessenpluralistischen Mehrpersonenunternehmens (vgl. Abschn. 1.2) ausgegangen. Zielentscheidungen werden nicht mehr als Datum gesetzt, sondern vielmehr als von Interessengegensätzen beherrschte Prozesse der Suche nach für berechtigte Interessengruppen gemeinsamen, idealerweise konsensfähigen Unternehmenszielen gesehen.

Stakeholder

Seit einigen Jahren hat die Diskussion um die Ziele von Unternehmen unter dem Einfluss des aus dem US-amerikanischen Bereich stammenden Shareholder-Value-Konzepts (vgl. Abschn. 4.5.2) eine gewisse Neuorientierung erfahren. Basierend auf empirischen Befunden, die eine weitgehende Unabhängigkeit von den im Rechnungswesen ermittelten Gewinnen und der Vermögenssituation der Kapitaleigner feststellen, wird argumentiert, dass der Marktwert des Unternehmens und der Wert des Vermögens der Kapitaleigner („Shareholder Value“) den Bezugspunkt von Unternehmensführungsentscheidungen zu bilden haben (Bühner/Weinberger [Cash-Flow] 187; Macharzina/Neubürger [Unternehmensführung] VII ff.). Ob sich der faktische "Zielhorizont" von Top-Managern hierdurch jedoch grundlegend verändern wird, muß noch empirisch hinreichend gesichert werden (vgl. Abschn. 4.5.3).

Shareholder

Im Mittelpunkt der aktuellen theoretischen und empirischen Zielforschung steht aber nach wie vor die Frage, *welche Ziele von welchen Unternehmen angestrebt werden*. Einen weiteren Schwerpunkt bildet die *Analyse der Zielformulierung* bei mehrstufigen multipersonalen Entscheidungsprozessen. Ein dritter Schwerpunkt der heutigen Zielforschung besteht in der *Analyse von Zielkonflikten* zwischen Interessengruppen und der damit verbundenen Frage der bestmöglichen Integration individueller Ziele in ein Zielsystem des Unternehmens. Schließlich geht die Zielforschung der Frage nach, welche Probleme bei ihrer Arbeit selbst, nämlich *der Erforschung von Unternehmenszielen*, auftreten.

4.2 Zieldimensionen

Die Präzisierung von Unternehmenszielen nach den Dimensionen Zielinhalt, Ausmaß der Zielerreichung und zeitlicher Bezug hat in der Zielforschung weite Verbreitung gefunden.

Inhalt

Der *Zielinhalt* bezeichnet die sachliche Festlegung dessen, was angestrebt wird. Zielinhalte werden in der heutigen Zielforschung als beeinflussbare Variablen angesehen, die durch Entscheidungsinstanzen des Unternehmens veränderbar sind. Nach Ergebnissen der empirischen Zielforschung ist die praktische Unternehmensführung durch ein ganzes Bündel inhaltlich verschiedener Ziele wie Gewinn, Umsatz, Wirtschaftlichkeit und Macht gekennzeichnet (vgl. Abschn. 4.5).

Ausmaß

Das *Zielausmaß* legt in absoluter oder relativer Form das im Hinblick auf den Zielinhalt verfolgte Anspruchsniveau fest. Grundsätzlich wird von zwei Varianten ausgegangen. Einerseits ist es denkbar, dass Entscheidungsträger Alternativen zu ermitteln versuchen, für welche die Zielvariablen optimale Werte annehmen. Zum anderen können sie die Lösungssuche bereits dann abbrechen, wenn die Zielvariable einen bestimmten – als befriedigend angesehenen – Wert übersteigt (Heinen [Entscheidungen] 82). Die Frage, welche dieser beiden Möglichkeiten die zutreffende ist und ob Unternehmen als *Optimierer* oder *Satisfizierer* handeln und damit eine bestmögliche oder zufriedenstellende Zielerreichung anstreben sollen, wird in der Betriebswirtschaftslehre seit langem kontrovers diskutiert (zur Kritik der Ziel-, insbesondere Gewinnmaximierung vgl. Bea [Untersuchungen] 56 ff. und 102 ff.).

Zeitlicher Bezug

Der *zeitliche Bezug* bestimmt, bis zu welchem Zeitpunkt ein Ziel erreicht werden soll und damit implizit den Zeitraum, der zur Zielerreichung zur Verfügung steht. Die dabei vorherrschende Standardunterscheidung in kurz-, mittel- und langfristige Ziele entbehrt allerdings nicht einer gewissen Willkür und ist trotz gegebener Konventionen über die damit zusammenhängende konkrete zeitliche Erstreckung zur weiteren Präzisierung unternehmerischer Ziele wenig geeignet. Heute wird davon ausgegangen, dass mit kurzfristigem Ziel das am Geschäftsjahr orientierte Periodenziel, mit mittelfristigem Ziel die zeitliche Erstreckung von zwei bis drei Jahren und mit langfristigem Ziel ein Zeitraum von ca. fünf Jahren verbunden sind.

SMART-Kriterien

Damit Ziele eine hinreichende Motivations- und Koordinationsfunktion entfalten können, sollten sie nicht nur hinsichtlich der drei vorgenannten Dimensionen eindeutig bestimmt sein, sondern überdies den sogenannten SMART-*Kriterien* genügen. *S*pezifisch meint, dass Ziele hinsichtlich des betroffenen Unternehmensbereichs unmissverständlich und eindeutig zu formulieren sind. *M*essbar hebt auf ihre klare Operationalisierung ab. *A*nspruchsvoll bzw. *a*chievable sowie *r*ealistisch mahnen an, dass sie zum Leistungsvermögen des betroffenen Bereichs passen müssen, jedoch idealerweise etwas höher anzusetzen sind als das gegenwärtige Leistungsniveau. Auch müssen sie durch das Handeln des Bereichs *r*ealisierbar sein. *T*erminiert zielt schließlich in die gleiche Richtung wie die Zieldimension „zeitlicher Bezug".

4.3 Funktionen von Zielen

Ziele als Entscheidungskriterium

Die Betriebswirtschaftslehre versteht die Zielformulierung als Voraussetzung betrieblichen Entscheidens. Ziele haben somit die *Funktion eines Entscheidungskriteriums*, was bedeutet, dass sich die Auswahl von Alternativen an zuvor festgelegten Zielen orientiert. Dabei wird grundsätzlich davon ausgegangen, dass die Realisierung gesetzter Ziele nur durch „zielbezogenes" und somit rationales menschliches Handeln möglich ist (Kappler [Zieldurchsetzungsplanung] 88). Sind Ziele operational bestimmt, dann können die Entscheidungsträger die Alternativen nach ihren Zielbeiträgen beurteilen und ordnen. Insofern steuern Ziele menschliches Handeln; ihnen kommt somit eine *Handlungs- oder Orientierungsfunktion* zu.

Orientierung

Weiterhin ermöglichen klar spezifizierte Ziele, dass die von verschiedenen Unternehmenseinheiten in unterschiedlichen Angelegenheiten und oft unabhängig voneinander getroffenen Entscheidungen reibungsarm zusammenwirken. Ziele haben demnach neben der *Steuerungs-* auch eine *Koordinationsfunktion* (Strebel [Zielsysteme] 458). Letztere nimmt einen hohen Stellenwert ein, weil sowohl die Maßnahmenentscheidung als auch -realisierung multipersonale Prozesse darstellen, die eine Abstimmung der Aktivitäten erfordern. Zudem erfüllen Unternehmensziele eine *Legitimationsfunktion*, da Entscheidungsträger ihre Entscheidungen, zum Beispiel über die Anwendung einer unpopulären Maßnahme, gegenüber unternehmensinternen und -externen Akteuren dadurch verdeutlichen und rechtfertigen können, dass sie im Hinblick auf übergeordnete Ziele als formallogisch richtig und daher zielkonform erwiesen sind. Unternehmenszielen ist insofern auch eine wichtige *konfliktlösende Funktion* zu Eigen.

Koordination

Legitimation

Konfliktlösung

Offizielle Ziele

In diesem Zusammenhang muss darauf hingewiesen werden, dass nicht immer eine Kongruenz zwischen *offiziellen* und *realen Unternehmenszielen* gegeben ist. *Offizielle Ziele* sind Willensbekundungen oder Absichtserklärungen gegenüber internen und externen Interessenträgern. Bei einem Blick auf das faktische Unternehmensgeschehen kann man sich hin und wieder des Eindrucks nicht erwehren, dass die offiziellen Ziele eher deklaratorischen Charakter als den einer tatsächlich bindenden Verpflichtung (Müller [Ziele] 4) haben.

Für den Zielforscher ergibt sich dadurch die schwierige Aufgabe festzustellen, inwieweit sich effektive Verpflichtung und reine Deklaration vermischen. Die *realen Ziele* eines Unternehmens leiten hingegen die aktuellen Entscheidungen. Das zentrale Merkmal realer Ziele besteht darin, dass sie von denen, die sie entwickelt haben, als eine Art Selbstverpflichtung verstanden werden.

Reale Ziele

4.4 Zielsysteme als geordnete Zielbündel

4.4.1 Theoretische Grundlagen

Ziele des Unternehmens oder des Top-Managements

Die Handlungen in und von Unternehmen sind im Regelfall auf mehrere Ziele hin ausgerichtet. Dementsprechend handelt es sich um eine vereinfachte Darstellung, wenn im allgemeinen Sprachgebrauch und häufig auch in der wirtschaftswissenschaftlichen Literatur von *den* Zielen eines Unternehmens gesprochen wird, da die Formulierung von Zielen und die Entscheidung über Zielalternativen vom Top-Management und nicht vom Unternehmen vorgenommen werden. Insofern wird es sich immer um Ziele von Menschen und originär nicht um Ziele von Institutionen handeln, obwohl sie sich zu Institutionszielen verfestigen können. Das Problem besteht dabei darin, dass es nur eine geringe Schnittmenge an von allen Mitgliedern des Unternehmens akzeptierten und mitgetragenen Zielen gibt (Seiwert [Zielsystem] 341 ff.). In weiten Teilen der Betriebswirtschaftslehre wird dieses Problem pragmatisch gelöst, indem in modellhafter Form auf die ursprüngliche Vorstellung vom Unternehmen als unipersonalem Entscheidungszentrum zurückgegriffen wird. Die Ziele des Unternehm*ers* werden als Ziele des Unternehm*ens* begriffen. Der Unternehmer oder die von ihm mit der Geschäftsführung betrauten Personen, das Top-Management, bezeichnen die Person oder Gruppe, die im Namen des Unternehmens handeln und für das Unternehmen verbindliche Entscheidungen treffen können. Modellgemäß stellt der Unternehmer die Zielkonformität der anderen Unternehmensmitglieder durch materielle Entschädigung, interne Bekanntgabe der Ziele und Kontrolle des Verhaltens der Unternehmensmitglieder sicher (Müller [Ziele] 3).

Um der Realität besser gerecht zu werden, können die in Unternehmen verfolgten Ziele als nach explizit oder implizit festgelegten Kriterien geordnete Elemente eines *Zielsystems* aufgefasst werden. Dieses besteht in einer *geordneten Gesamtheit von Zielelementen, zwischen denen horizontale und vertikale Beziehungen bestehen* oder hergestellt werden können.

4.4.1.1 Ordnungskriterien in Zielsystemen

Unter den in der Literatur diskutierten *Ordnungskriterien* innerhalb von Zielsystemen (Strebel [Zielsysteme] 459) werden Rang, Präferenz, Zielbeziehungen, Zuordnungsbereich und Planungshorizont genannt. Der *Rang* verdeutlicht den Stellenwert eines Ziels im Verhältnis zu anderen Zielen innerhalb eines hierarchisch aufgebauten Zielsystems. Rangunterschiede werden durch Merkmalsklassen wie Ober-/Unterziele, Haupt-/Nebenziele oder Primär-/Sekundärziele ausgedrückt. Gegenstand von *Präferenz*unterschieden oder Prioritäten ist die Bewertung der Zielinhalte. Was das Verhältnis von Rang und Präferenz angeht, drücken Rangunterschiede stets auch Präferenzunterschiede aus; dies gilt allerdings nicht umgekehrt, da durchaus Präferenzunterschiede bei gleichrangigen Zielen bestehen können. Leisten gleichrangige Ziele unterschiedliche Beiträge zur Erfüllung eines höherrangigen Ziels, so werden jene Ziele mit den höheren Beiträgen zur Oberzielerreichung eine höhere Präferenz besitzen als Ziele mit niedrigeren Beiträgen. Die Präferenzrelationen bestehen hier nicht zwischen Zielinhalten, sondern zwischen Erfüllungsbeiträgen verschiedener gleichrangiger Ziele.

Rang

Präferenz

Zielbeziehungen beschreiben das gegenseitige Verhältnis von Zielen im Hinblick auf sich ergänzende, gleich- oder gegenläufige Wirkungen. Grundsätzlich lassen sich dabei *kompatible* und *konfliktäre* Zielbeziehungen unterscheiden (Strebel [Zielsysteme] 457 ff.; Wild [Grundlagen] 63 f.). Kompatible Zielbeziehungen umfassen verträgliche Zustände der Identität, Komplementarität und Neutralität von Zielen. Bei *Zielidentität* entsprechen sich zwei Ziele inhaltlich derart, dass ein Ziel ein anderes ersetzen kann. Zu denken ist etwa an das Ziel guter Corporate Governance, das sich weitgehend mit demjenigen risikobewusster und transparenter Unternehmensführung überschneidet. *Zielkomplementarität* liegt vor, wenn die Maßnahmen zur Erreichung eines Ziels gleichzeitig zu einem höheren Erreichungsgrad eines anderen Ziels führen. So kann eine werbeträchtige Steigerung des Bekanntheitsgrads des Unternehmens und seiner Produkte zu beachtlichen Umsatzsteigerungen führen. *Zielneutralität* bedeutet, dass die Erreichung eines Ziels die Erreichung eines anderen weder positiv noch negativ beeinflusst. Ein Abbau des Personalbestands hat zum Beispiel keinerlei wesentlichen Einfluss auf die Begrenzung umweltschädlicher Emissionen. Konfliktäre Zielbeziehungen umfassen die Zustände der Zielkonkurrenz und Zielantinomie.

Zielbeziehungen

Identität

Komplementarität

Bei *Zielkonkurrenz* behindert die Erreichung des einen Ziels diejenige eines anderen Ziels; beispielsweise können Unternehmen nicht gleichzeitig liquide und rentabel sein. *Zielantinomie* bezeichnet den Zustand, in dem die Erfüllung eines Ziels nur unter Verzicht auf ein anderes Ziel möglich ist. Wie bei den Zielen Gewinn und völlige Sicherheit liegt somit vollständige oder symmetrische Zielkonkurrenz vor.

Konkurrenz

Antinomie

Zuordnungsbereich

Da nicht immer davon ausgegangen werden kann, dass Ziele für sämtliche Einheiten des Unternehmens gelten, sind *Zuordnungsbereiche* für die Strukturierung eines Zielsystems bedeutsam. Der Zuordnungsbereich bezeichnet die Unternehmenseinheit (zum Beispiel Sparte, Funktionsbereich, Abteilung, Stelle), für die eine Zielsetzung gilt. Entsprechend ergibt sich eine Unterscheidung in Sparten-, Funktionsbereichs-, Abteilungs- und Stellenziele. Wie bereits oben bei der Erörterung der Zieldimensionen dargelegt wurde, können Ziele nach ihrer Fristigkeit unterschieden werden. Diese beziehen sich auf den *Planungshorizont* in Zielsystemen, der sich allgemein kurz-, mittel- und langfristig erstrecken kann.

Planungshorizont

4.4.1.2 Prozess der Bildung von Zielsystemen

Modellhaft kann die Grundstruktur eines Zielsystems bestimmt werden, indem die in einem Zielbildungsprozess ausgehandelten Primär- bzw. Oberziele hierarchisch gestuft in untergeordnete Sekundär- bzw. Unterziele transformiert und damit für die jeweilige Organisationsebene operationalisiert werden. Ausgangspunkt für die Entwicklung von solchermaßen hierarchisch geordneten Zielsystemen ist ein *vereinfachtes Zweck-Mittel-Schema*, das auf der Grundlage von Ursache-Wirkungs-Zusammenhängen Ziele (Wirkungen) mit Mitteln (Ursachen) verbindet, wobei Letztere wiederum als Ziele nachgelagerter Ursache-Wirkungs-Beziehungen angesehen werden können (Kupsch [Unternehmungsziele] 68).

Mittel-Zweck-Schema

Perspektivisch versus inkremental

Die *Anpassung von Zielsystemen im Zeitablauf* wird über die perspektivische oder die inkrementale Methode ermöglicht. Bei der *perspektivischen* Zieleplanung wird zunächst eine langfristige Fernzielkonzeption entwickelt, die durch eine Abfolge von mittel- bzw. kurzfristigen Nahzielkonzeptionen konkretisiert wird. Der vergleichsweise weitreichende zeitliche Bezug der Fernzielkonzeption und der damit verbundene komplexe Informationsbedarf erschweren jedoch die Transformation der Daten in Oberziele mit hinreichendem Operationalisierungspotenzial und damit die Bildung von Zielhierarchien. Andererseits macht die perspektivische Methode jedoch eher die Verfolgung einer stimmigen Unternehmenskonzeption möglich. Bei der *inkrementalen* Zieleplanung wird hingegen das Zielsystem in heuristischer Vorgehensweise laufend geringfügig angepasst und somit gleichsam in die Zukunft hinein vorangetrieben. Die mit dieser Methode verbundenen Schwächen liegen auf der Hand; der durch den „Muddling-through"-Charakter (vgl. Abschn. 9.1.1) hervorgerufene fehlende Weitblick und die Orientierung am jeweils nächstfolgenden Anpassungsschritt verhindern, dass langfristig notwendige Veränderungen im Zielsystem rechtzeitig eingeleitet werden. Perspektivische und inkrementale Zieleplanung bilden zwei idealtypische Ausprägungen und damit die Endpunkte eines Kontinuums möglicher Zielanpassungsmethoden. In der Praxis erfordert die Planung von Zielhierarchien jedoch *sowohl* die Planung von Fernzielkonzeptionen *als auch* eine inkremental angelegte Prüfung, ob die Fernziele auf der Basis des jeweiligen Planungsstatus auch erreicht werden können.

Zentral versus dezentral

Die organisatorische Ausgestaltung eines Zielsystems kann nach institutionellen Gesichtspunkten zentral oder dezentral erfolgen. Bei der *zentralen Zieleplanung* wird die Zielhierarchie von einer hierarchisch übergeordneten Organisationseinheit entwickelt. Bei der *dezentralen Zieleplanung* liegen der hierarchisch nachgeordneten Organisationsebene keine expliziten, zentral getroffenen Zielvorgabeentscheidungen vor; sie entwickelt diese eigenständig.

Autoritativ versus kooperativ

In der Realität stellt die zentrale Zieleplanung jedoch einen idealtypischen Fall dar, da die einheitliche Bestimmung sämtlicher Entscheidungsziele für alle Instanzen letztendlich bedeuten würde, dass der Planungsinstanz die Lösungen sämtlicher Gestaltungsaufgaben bekannt sein müssten, die durch die Vorgabe von Zielen stufenweise erst erarbeitet werden sollen. Eng mit dem Zentralisationsgrad bei der Zieleplanung verbunden ist die Frage, in welchem Maße die nachgeordneten Organisationseinheiten an der Zieleplanung beteiligt werden. Während die *autoritative Zieleplanung* keine Beteiligung nachgelagerter Instanzen vorsieht, ist die *kooperative Zieleplanung* dadurch gekennzeichnet, dass die einzelnen Instanzen die jeweiligen Zielvorgaben für ihre Aufgabenbereiche eigenverantwortlich festlegen (Kupsch [Unternehmungsziele] 102 ff.). Sowohl die autoritative als auch die kooperative Form der Zieleplanung ist durch erhebliche Schwachpunkte gekennzeichnet. So kann Erstere bei hierarchisch-aggregativer Koordination organisatorische Unsicherheiten (Planverzerrungen) bewirken, und zwar umso stärker, je mehr die übergeordneten Pläne von den Planvorstellungen der Untereinheiten abweichen, je größer die Umweltunsicherheit ist und wenn die Zieleplanung mit dem Anreizsystem gekoppelt ist. Die kooperative Zieleplanung ist hingegen mit der Gefahr von Zielmanipulationen seitens der untergeordneten Einheiten verbunden. Die negativen Wirkungen der beiden Planungsformen lassen sich beispielsweise durch den Übergang zur Zielekoordination über Matrixsysteme (vgl. Abschn. 7.2.2.2), in denen die Vorteile der beiden Koordinationsformen miteinander verknüpft werden, ausgleichen (zur Koordinationsproblematik vgl. Macharzina [Reduktion] 39 f.).

Punktuell versus laufend

Hauschildt ([Entscheidungsziele]) hat im Rahmen einer empirischen Analyse 308 Zielbildungsprozesse in der Unternehmenspraxis untersucht. Die Befunde spiegeln insofern die Handlungssituation des Managements gut wider, als es sich um Zielbildungen in innovativen Entscheidungsprozessen handelte. Es konnte festgestellt werden, dass bei innovativen, komplexen Entscheidungen eine problemadäquate Zielsetzung üblicherweise nicht gegeben ist und dass die Zielbildung – sofern vorhanden – kein punktueller, sondern ein zeitverbrauchender Akt ist. Auch hat sich gezeigt, dass sich die idealtypische Annahme, dass Ziele in der ersten Phase des Problemlösungsprozesses artikuliert werden und dessen Verlauf steuern, in der Unternehmenspraxis üblicherweise nicht wiederfindet. Zielbildungsprozesse liefen nämlich während des gesamten Entscheidungsprozesses ab. Was den Inhalt der Zielbildungsprozesse angeht, so zeigte sich, dass kognitive und konfliktbewältigende Problemlösungsaktivitäten eine große Rolle spielen. Interessant erscheint auch der Befund, dass in den Entscheidungsprozessen mehrheitlich überhaupt keine Ziele artikuliert wurden (Hauschildt [Entscheidungsziele] 98 ff. und 248).

4.4.2 Modelle von Unternehmenszielsystemen

Trotz zahlreicher Versuche, Modelle von Unternehmenszielsystemen zu entwickeln, *liegt ein konsensfähiges Modell eines allgemein anerkannten Zielsystems bis heute nicht vor*. In der Praxis sind bereits relativ früh Zielordnungsschemata zum Zweck der Unternehmenssteuerung entwickelt worden, wie das in Abbildung 4-4 wiedergegebene, vom US-amerikanischen Unternehmen DuPont entwickelte Kennzahlenmodell aus dem Jahre 1922 zeigt. Dieses ist später in der Literatur in Form eines so bezeichneten deduktiv orientierten Mittel-Zweck-Schemas nachvollzogen worden, dem ein empirisch gestütztes induktiv orientiertes Mittel-Zweck-Schema gegenübergestellt wurde (Heinen [Entscheidungen] 128 ff.).

Deduktives Zielsystem

Das *deduktiv orientierte Mittel-Zweck-Schema* ergibt sich aus den definitionslogischen Beziehungen zwischen den Unternehmenszielen, wobei zwischen Ober-, Zwischen- und Unterzielen unterschieden wird. In Abbildung 4-5 werden die Beziehungen zwischen übergeordneten und nachgelagerten, sie beeinflussenden Zielgrößen, veranschaulicht. Im Mittelpunkt des deduktiven Schemas steht die Gesamtrentabilität als Oberziel. Dabei ist jedoch zu bemerken, dass nicht auf allen Ebenen des Schemas eine starke, geschweige denn eindeutige Mittel-Zweck-Beziehung vorliegt. Als Beispiel sei auf die beiden Beziehungsketten Gewinn – Umsatz – Kosten sowie Höhe des Eigenkapitals – Marktmacht hingewiesen; so wird die letztere Mittel-Zweck-Beziehung üblicherweise weitaus schwächer ausgeprägt sein als die erstere.

Da aufgrund verfügbarer empirischer Befunde angezweifelt werden kann, dass die Gesamtrentabilität das letztendliche Ziel des Erwerbsstrebens darstellt, hat Heinen das *induktiv orientierte Mittel-Zweck-Schema* skizziert. Hier stellt die Eigenkapitalrentabilität das zentrale Unternehmensziel dar. Da die Gewinnerzielung nicht automatisch zu einer Erhöhung der Liquidität sowie zu Kapitalerhaltung/Wachstum führt – Liquiditätswahrscheinlichkeit bzw. Gewinnverwendungsentscheidung bestimmen als intervenierende Variablen den Grad der kausalen Kopplung zwischen diesen Größen – werden diese beiden Variablen nicht in den Mittelpunkt des Schemas gerückt. Anhand dieses, in Abbildung 4-6 dargestellten Zielsystems wird darüber hinaus deutlich, zwischen welchen Zielen Konkurrenzsituationen auftreten können. Wie beim deduktiven Zielsystem sind natürlich auch hier nur die wichtigsten Zielbeziehungen in die Darstellung aufgenommen worden.

Abbildung 4-4

DuPont-Kennzahlensystem

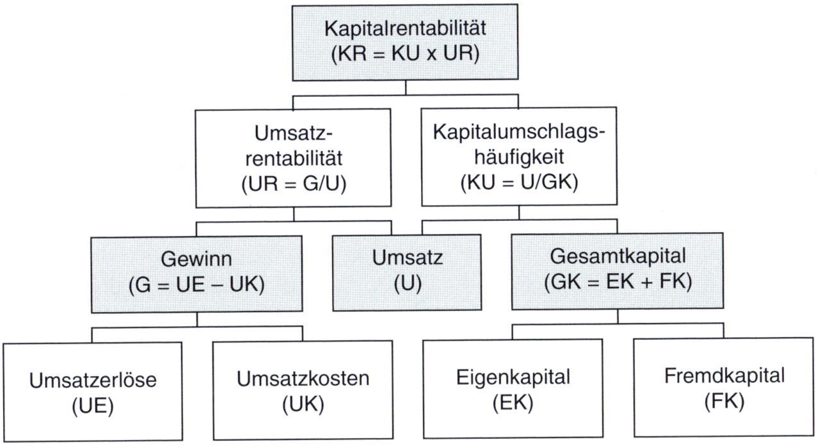

Induktives Zielsystem

ZVEI-System

Ein verfeinertes, in der Praxis entwickeltes Modell stellt das Kennzahlensystem des Zentralverbandes der Elektrotechnik- und Elektronikindustrie (ZVEI) dar, das hauptsächlich zum Zweck des Vergleichs von Unternehmen entwickelt wurde. Anhand von Abbildung 4-7 (Betriebswirtschaftlicher Ausschuss des Zentralverbandes der Elektrotechnik- und Elektronikindustrie [Kennzahlensysteme]) wird ersichtlich, dass sich das ZVEI-System von dem zuvor dargestellten deduktiven Zielsystem darin unterscheidet, dass die Eigenkapitalrentabilität und nicht die Gesamtkapitalrentabilität im Zentrum steht, was angesichts des in den letzten Jahren verstärkten Strebens nach einer Steigerung des Shareholder Values realitätsgerecht erscheint.

Abbildung 4-5 *Deduktiv orientiertes Mittel-Zweck-Schema*

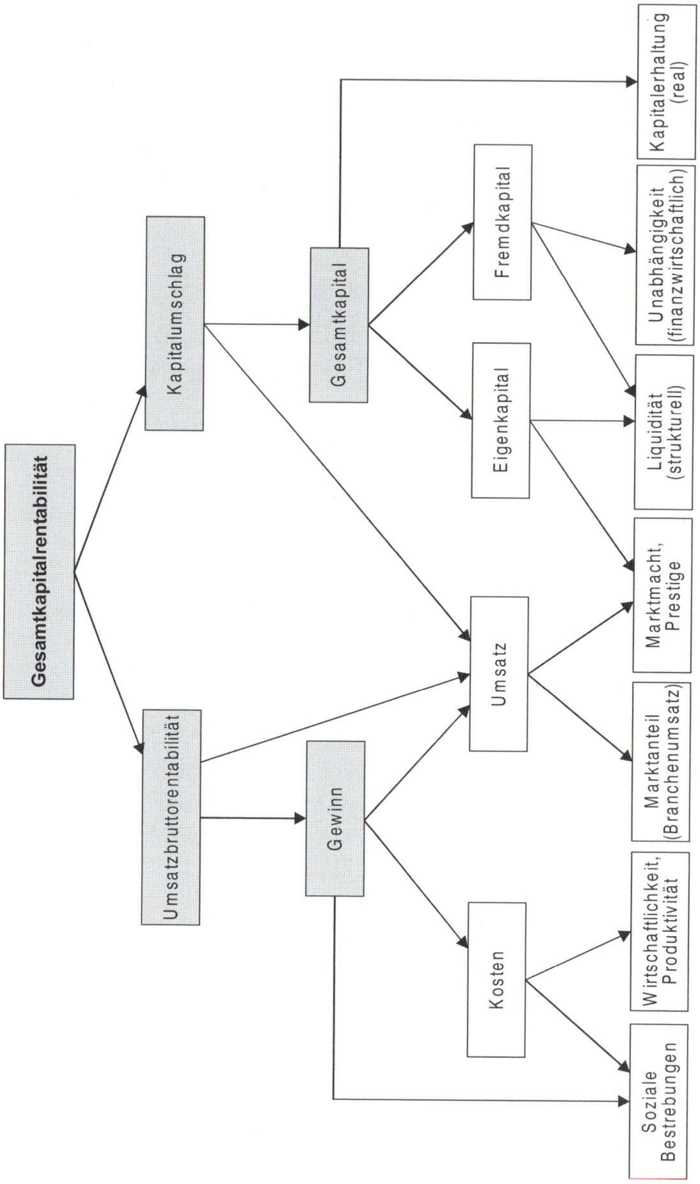

Induktiv orientiertes Mittel-Zweck-Schema

Abbildung 4-6

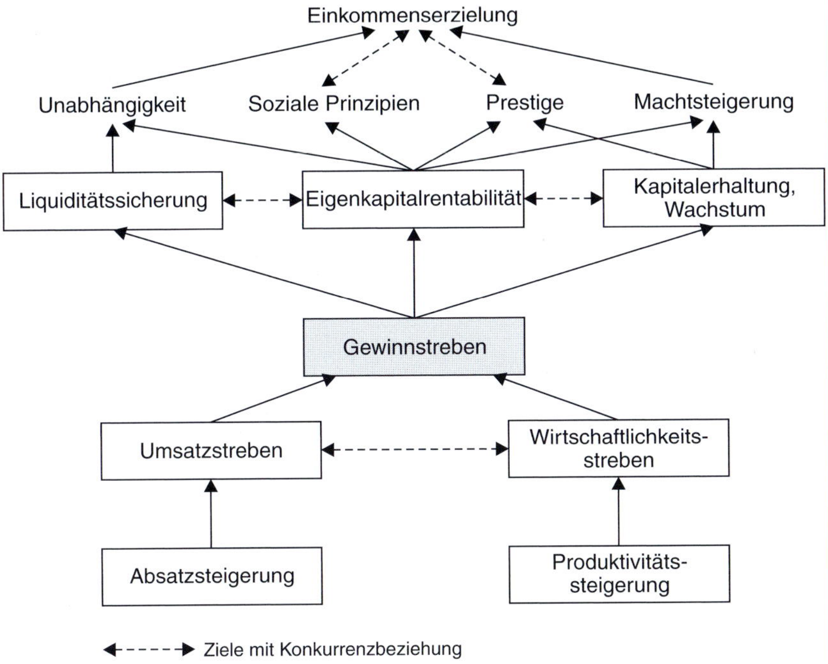

Traditionelle kennzahlenorientierte Zielsysteme wie das DuPont-Kennzahlensystem (deduktiv orientiertes Mittel-Zweck-Schema) und das ZVEI-System beinhalten in erster Linie finanzielle Größen, sie bilden also ein finanzorientiertes Modell des Unternehmens. Selbst wenn die Ziele eines Unternehmens mit finanziellen Kenngrößen treffend beschrieben werden könnten, würde die rein finanzielle Abbildung des Unternehmens auf dem Weg der Zielerreichung kaum ausreichen, denn finanzieller Erfolg ist immer erst das Ergebnis vieler vorgelagerter Aktivitäten. Wird beispielsweise die aktuelle Gewinnsituation gemessen, werden nicht die aktuellen, sondern die vergangenen Aktivitäten des Unternehmens betrachtet. Eine rein finanzorientierte Zielbildung und Zielerreichungsgradmessung sind daher für die Unternehmensführung unzureichend.

Abbildung 4-7 ZVEI-Kennzahlensystem

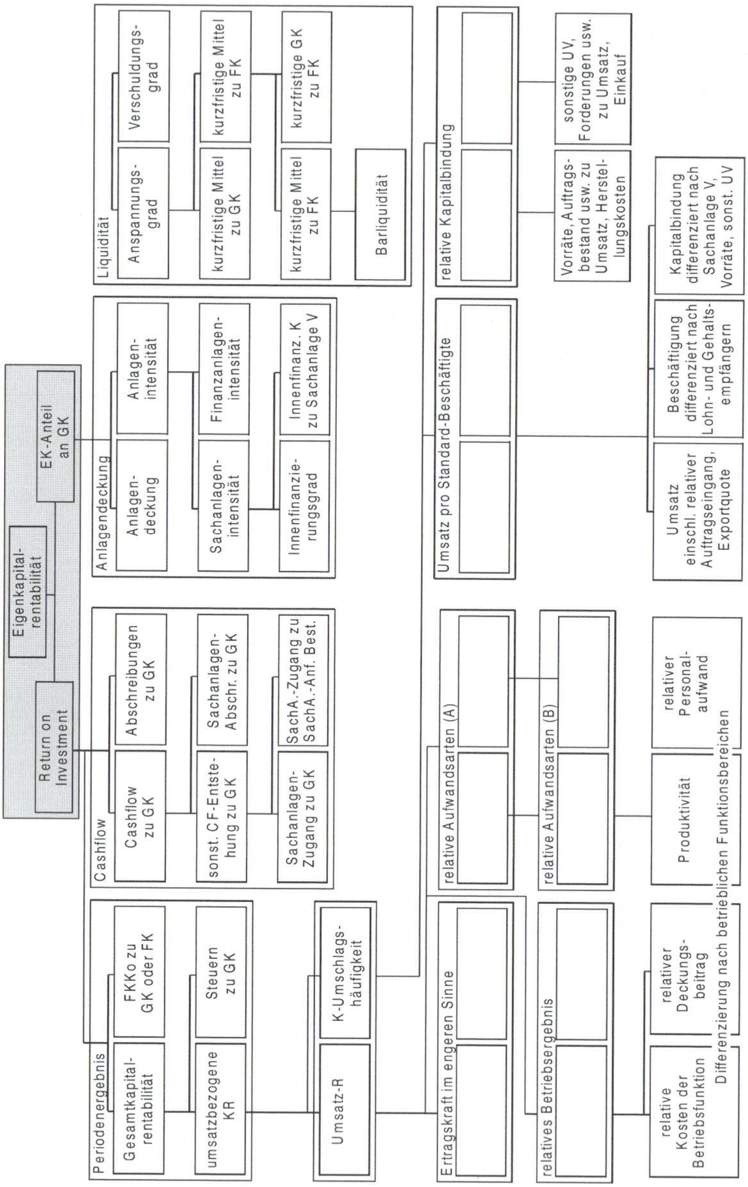

Balanced Scorecard

Kaplan/Norton ([Scorecard] 71 ff., [System] 75 ff.) haben mit der Balanced Scorecard ein Modell zur Entwicklung von Zielsystemen für Unternehmen bereitgestellt, das der zeitlichen Verzögerung zwischen ökonomischer Aktivität und ökonomischem Erfolg Rechnung trägt und damit die Probleme älterer Kennzahlensysteme überwinden hilft. Zugleich ermöglicht die Balanced Scorecard einen umfassenderen Überblick über Unternehmen, als dies Finanzkennzahlenmodelle leisten können, denn sie betrachtet Unternehmen aus vier verschiedenen Perspektiven (vgl. Abbildung 4-8).

Vier Perspektiven

- Die *Aktionärsperspektive* spiegelt das jeweilige Unternehmen in finanzieller Sicht wider. Auf Ziele wie Liquidität und Rentabilität darf nicht verzichtet werden, auch wenn ihre alleinige Betrachtung nicht ausreicht.
- Ermöglicht wird die Erreichung dieser Ziele erst durch die Zahlungen der Kunden. Es empfiehlt sich daher, sich in deren Lage zu versetzen und Unternehmensziele aus der *Kundenperspektive* heraus zu formulieren. In diese Kategorie gehören Ziele wie zum Beispiel Kundenzufriedenheit oder Marktanteil.

Abbildung 4-8

Balanced Scorecard

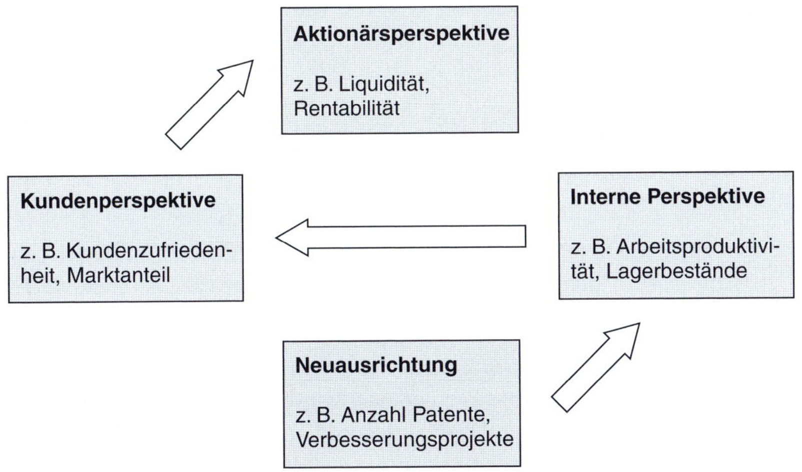

- Ziele der *internen Perspektive* geben vor, welche Leistungen das Unternehmen erbringen muss, um letztlich die Erwartungen der Kunden erfüllen zu können. Hier sind Ziele wie Produktivität und Geschwindigkeit interner Prozesse angesprochen.

- Unter den Bedingungen intensiven Wettbewerbs müssen Unternehmen verstärkt lernfähig und innovativ sein. In der *Perspektive der Neuausrichtung* werden der Wandel des Unternehmens im Sinne einer kontinuierlichen Verbesserung und seine Innovationstätigkeit, gemessen zum Beispiel an der Anzahl und dem Wert der jährlich angemeldeten Patente, beleuchtet.

Kritische Würdigung

Während die Balanced Scorecard mit ihrer „ausgewogenen" Betrachtung verschiedener Zielbereiche gegenüber rein finanziell orientierten Kennzahlensystemen einerseits eine Bereicherung darstellt, fehlt es ihr andererseits an inhaltlicher Präzision. Das Argument, dass es keine allgemeingültige Balanced Scorecard geben kann, weil jedes Unternehmen individuell unterschiedliche Ziele und kritische Erfolgsfaktoren besitzt und somit eine individuell zugeschnittene Balanced Scorecard benötigt, mag zwar teilweise zutreffen. Es darf jedoch nicht darüber hinwegtäuschen, dass die Balanced Scorecard eher eine Heuristik zur Erstellung eines Zielsystems ist. Als Zielsystem im engeren Sinne kann sie hingegen nicht gelten.

In über 200 Projekten ihrer Unternehmensberatung „Balanced Scorecard Collaborative", Lincoln/Massachusetts, USA, stellten Kaplan und Norton fest, dass ihre Klienten die Balanced Scorecard nicht nur als isoliertes Ziel- und Messinstrument einsetzen, sondern sie auch in die übrigen Systeme zur Unternehmenssteuerung einbetten wollten, um eine stärkere Ausrichtung und Fokussierung ihrer Organisation auf die Gesamtstrategie zu erreichen. Diese Beobachtung veranlassten Kaplan und Norton ([Strategic Management] 147 ff.) zur Formulierung von fünf Prinzipien des „strategiefokussierten Unternehmens", mit der ein Brückenschlag vom Performance Measurement zum Strategischen Management (vgl. Abschn. 5.7) gelingen soll.

Fünf Prinzipien erfolgreicher Anwender

- Strategiefokussierte Unternehmen übersetzen ihre Strategien (vgl. Abschn. 5.4) in die Struktur einer Balanced Scorecard, um ihre wachstumskritischen Elemente zu verdeutlichen.
- Sie verknüpfen Geschäftseinheiten, Zentral- und Serviceabteilungen (vgl. Abschn. 7.2) sowie externe Partner wie Kunden und Lieferanten miteinander über abgeleitete Balanced Scorecards.
- In Erweiterung zum traditionellen Management by Objectives-Prozess (vgl. Abschn. 8.1.3.1) brechen strategiefokussierte Unternehmen die Ziele übergeordneter Scorecards bis auf die Ebene der einzelnen Mitarbeiter herunter und verbinden die Erreichung dieser Ziele mit finanziellen Anreizen.
- Parallel zum operativen Budgetierungsprozess, der auf Größen der Balanced Scorecard basiert, wird ein Strategie-Budget vorgesehen, das zum

Aufbau strategischer Fähigkeiten wie dem Erschließen neuer Märkte oder der Verbesserung bisheriger Geschäftsprozesse bestimmt ist.

- Strategiefokussierte Unternehmen nutzen Balanced Scorecard-Programme zur Mobilisierung der Beschäftigten für strukturelle und kulturelle Veränderungen.

Konsequenzen und Anwendung

Aus den Prinzipien, insbesondere dem letztgenannten, wird deutlich, dass die Balanced Scorecard als Basis einer umfassenden Reorganisation dienen kann, deren Auswirkung die der Einführung eines herkömmlichen Zielsystems leicht zu übertreffen vermag. Bei einer solchen Erweiterung und Verallgemeinerung ist allerdings nur noch schwer zu beurteilen, ob es sich bei der Balanced Scorecard um ein inhaltlich abgegrenztes Konzept oder eher einen Markennamen für ein vielerorts angebotenes Beratungsmodell handelt. Die Popularität der Balanced Scorecard verführt Unternehmen zunehmend dazu, dieses Instrument als Allzweckwaffe gegen ihre bisherigen strategischen Versäumnisse einzusetzen. Diese Fehleinschätzung resultiert nur allzuoft in einer Flut vergangenheitsorientierter und vorwiegend interner Finanzkennzahlen, die dem Management aus den einzelnen Unternehmensbereichen zugespielt werden. Einer Studie zufolge beträgt der zahlenmäßige Umfang an Finanzstatistiken für die Balanced Scorecard in einem durchschnittlichen US-amerikanischen Unternehmen neun mal soviel wie für den effektiven Einsatz des Modells eigentlich notwendig wäre (IOMA [Performance Reporting] 4). Eine deutsche Studie (Brunner et al. [Performance Management] 13 ff.) zeigt, dass bei drei Viertel der befragten 70 Unternehmen die Balanced Scorecard entweder bereits in Verwendung (24 Prozent der Unternehmen) oder zumindest in Planung (52 Prozent der Unternehmen) ist. Besonderen Anklang findet das Instrument bei Energieversorgern und Unternehmen der Pharma- und Chemiebranche. Die am häufigsten gemessene finanzielle Größe ist dabei mit der segmentbezogenen Umsatzwachstumsrate gegeben, während bei den Effizienzkennzahlen der Umsatz pro Mitarbeiter und bei den wertorientierten Steuerungskennzahlen der Return on Equity (RoE) sowie der Return on Investment (RoI) dominieren.

Vermeintliche Neukonzeptualisierung von Unternehmenszielen

In aktuellen Publikationen von Unternehmensberatern (Kricsfalussy [Unternehmensziele] 33 ff.) werden diesem Spektrum an Unternehmenszielen die als innovativ bezeichneten Zielkategorien „Wettbewerbsfähigkeit", „Wachstum", „Effektivität und Effizienz", „renditeorientierte Ressourcenallokation" sowie „Zufriedenheit" gegenübergestellt. Obwohl die genannten Zielkategorien inhaltlich sicherlich Sinn machen, sind diese aktuellen Entwürfe den früheren jedoch insofern eindeutig unterlegen, als sie keinerlei Aussagen über die zwischen den fünf Kategorien bestehenden Zusammenhänge unterbreiten. Auch ist kritisch zu hinterfragen, ob die Zielkategorie „Zufriedenheit" wirklich auf der gleichen Ebene angesiedelt ist wie die übrigen Kategorien.

4.4.3 Konfliktregelung in Zielsystemen

Die Analyse unternehmerischer Zielsysteme verdeutlicht die oben bereits angestellte Vermutung, dass keineswegs Konsens hinsichtlich aller Ziele zwischen den am Unternehmen beteiligten Interessengruppen angenommen werden kann, sondern vielmehr der Konfliktcharakter ein typisches Merkmal von Zielsystemen darstellt. Daher ist es von besonderem Interesse, Wege der Integration von individuellen bzw. Gruppenzielen und den autorisierten, für die Unternehmensmitglieder verbindlichen Zielsetzungen zu analysieren und damit Formen von Konfliktregelungen zu untersuchen (Corsten [Zielbildung] 337 ff.). In der Literatur werden das Austauschmodell, das Sozialisationsmodell sowie das Anpassungsmodell (vgl. Abbildung 4-9) unterschieden, nach denen die Zielintegration im Unternehmen erhöht werden kann (Barrett [Ziele] 68 ff.).

Austauschmodell

Im *Austauschmodell* wird zwischen Individuum und Unternehmen eine klare vertragsmäßige, unter Umständen auch stillschweigend getroffene Übereinkunft angenommen, in der die Anreize, die das Unternehmen dem Individuum anbietet, sowie die Beiträge des Individuums an Zeit und Energie als Gegenleistung geregelt sind. Nach diesem Modell erkauft sich das Unternehmen über die Anreize gleichsam die Zustimmung des Individuums zum unternehmerischen Zielsystem. Das Austauschmodell wendet damit das Gedankengut der Anreiz-Beitrags-Theorie von March und Simon ([Organizations]) auf die Zielforschung an. Aus der Grundannahme des Austauschmodells wird allerdings deutlich, dass dieses an sich kein Integrationsmodell, sondern vielmehr ein Modell der gegenseitigen Duldung darstellt.

Sozialisationsmodell

Im *Sozialisationsmodell* wird die Zielintegration durch Prozesse der Einflussnahme abgebildet. In einem mehr oder weniger lang andauernden Lernprozess passt das Individuum seine Ziele an die im Unternehmen als erstrebenswert angesehenen Zustände an. Zum Sozialisationsprozess gehören dabei das Lernen neuer Zielinhalte (positive Sozialisation) wie auch das Aufgeben bislang vertretener, mit den Unternehmenszielen konfligierender Ziele (negative Sozialisation). Die Impulse zur Zielanpassung können dabei von Vorgesetzten als formalen Führern sowie von gleichgestellten oder nachgelagerten Individuen ausgehen. Deshalb ist zwischen Leader-Sozialisation, Peer-Sozialisation und Subordinate-Sozialisation zu unterscheiden.

Anpassungsmodell

Während im Sozialisationsmodell das Individuum das Zielbündel des Unternehmens übernimmt, gestaltet sich nach der Konzeption des *Anpassungsmodells* die Zielintegration als ein Prozess der gegenseitigen Annäherung von Unternehmens- und individuellen Zielen, bei dem eher eine Anpassung der Unternehmensziele an die Individualziele als ein umgekehrter Vorgang angenommen wird. Als Anpassungsmechanismen stehen die individualzielkonforme Rollen- und Arbeitsplanung bzw. eine weitgehende Mitwirkung der Individuen an den Entscheidungsprozessen im Vordergrund.

Zielbildungsprozesse

Abbildung 4-9

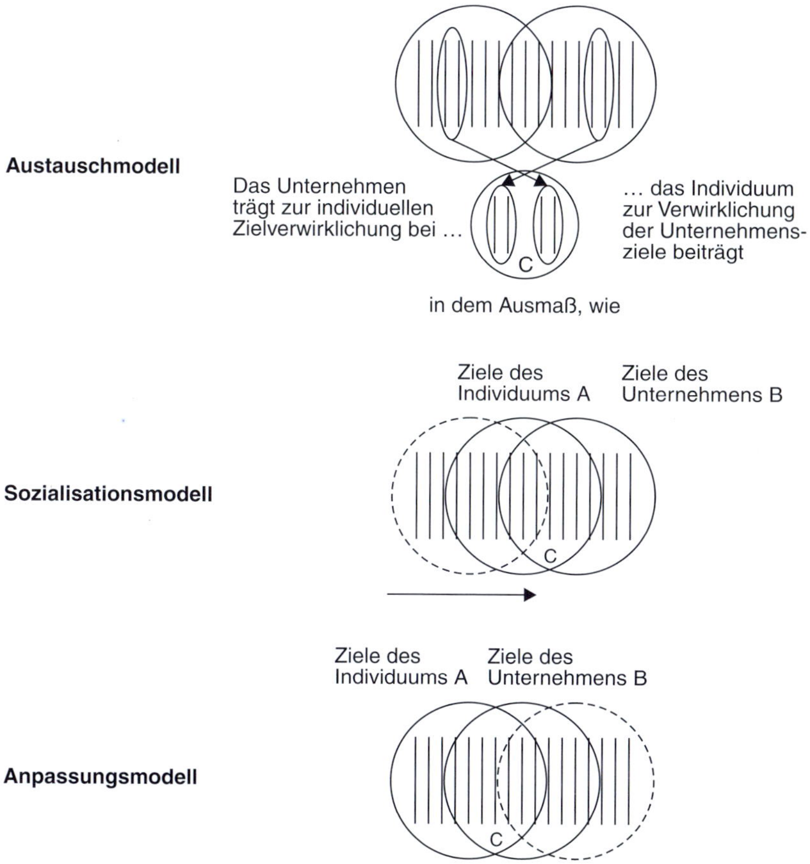

4.5 Tendenzen hinsichtlich der Zielinhalte von Unternehmen

4.5.1 Ältere Befunde

Dominanz ökonomischer Ziele

Im Mittelpunkt der empirischen Zielforschung steht die eingangs dieses Kapitels bereits angesprochene Frage, welche Ziele von den Unternehmen angestrebt werden. Zu den wichtigsten älteren Untersuchungen, die die Zielinhalte von Unternehmen analysiert haben, zählen die Arbeiten von Heinen (1966), Hauschildt (1977) und Shetty (1979). Diesen Untersuchungen zufolge *dominierten in den Unternehmen ökonomische, insbesondere ertragswirtschaftliche Ziele*, womit die Ergebnisse anderer früherer Studien bestätigt wurden (Heinen [Entscheidungen] 37 ff.; Hauschildt [Entscheidungsziele] 37 ff.; Shetty [Look] 71 ff.).

Inhaltliche Auffächerung von Zielen

Weitere *Untersuchungen* aus den 1980er Jahren über Zielinhalte von Unternehmen, die von Töpfer ([Benutzerfreundlichkeit] 241 ff.), Bruhn/Wuppermann ([Position] 426 ff.) und vor allem von der Gruppe um Raffée erstellt wurden, weisen eine veränderte Rangfolge der Wichtigkeit von Unternehmenszielen nach. Die Relativierung des Gewinnziels wurde insbesondere durch die 1987 vorgelegte Studie offenbar (Fritz et al. [Unternehmensführung] 567 ff.). Dort wurden Zielinhalte von 53 Industrieunternehmen untersucht. Wie in Töpfers Untersuchung stellt sich die Erhaltung der Wettbewerbsfähigkeit als zentrales Unternehmensziel heraus, während dem Gewinnziel nur noch eine mittlere Bedeutung zukommt. Die Untersuchung belegt darüber hinaus, dass die Unternehmen die Entwicklungstendenzen zur Einbeziehung der Unternehmensumwelt erkannt und in Form von Zielkategorien wie „Verbraucherversorgung“, „Schonung natürlicher Ressourcen und umweltfreundliche Produktion“ oder „soziale Verantwortung“ in ihr Zielsystem aufgenommen haben.

Kundenorientierung, Unternehmensbestand, Wettbewerbsfähigkeit, Angebotsqualität

In der 1992 veröffentlichten Studie von Raffée und Fritz ([Dimensionen] 303 ff.), der eine Befragung von 144 Industrieunternehmen zugrunde liegt, wird gezeigt, dass mit der Kundenzufriedenheit, der Sicherung des Unternehmensbestandes, der Wettbewerbsfähigkeit und der Qualität des Angebots die wichtigsten Ziele der befragten Unternehmen gegeben sind, während gewinn-, rentabilitäts- und kostenorientierte Ziele erst danach folgen. Als überraschend muss gewertet werden, dass das Unternehmensziel „Umweltschutz“ in der Bedeutung deutlich zurückgefallen ist. Auch zeigt sich, dass die Veränderung der Wichtigkeitsrangfolge von Unternehmenszielen von situativen Faktoren wie dem Einfluss der Branche weitgehend unabhängig ist.

4.5.2 Neuausrichtung durch das Shareholder-Value-Konzept

Konzeptidee des Shareholder-Value-Ansatzes

Die bisher vorgestellten Zielsysteme stellen auf zeitpunkt- bzw. periodenbezogene Größen und Aspekte ab. Im Gegensatz dazu beschäftigt sich der in der Praxis entwickelte *Shareholder-Value-Ansatz* mit dem Marktwert eines Unternehmens, der aus der Ertragskraft des Unternehmens in der Zukunft errechnet wird.

Als Hauptursache für die verstärkt auftretende Diskussion um den Shareholder Value wird neben den speziellen Rahmenbedingungen des US-amerikanischen Kapitalmarkts vielfach die auf Corporate Raider (vgl. Abschn. 10.3.2) zurückzuführende Zunahme von Akquisitionen und der damit in Verbindung stehende Druck der Anteilseigner auf das Top-Management angesehen (Peschke [Value Management] 98 f.). Spätestens wenn aus der Sicht der Anleger der Aktienkurs unter die Summe der Werte der einzelnen Unternehmensteile sinkt, ergibt sich in einem freien Markt für „Corporate Control" das Risiko für eine Übernahme.

In der Literatur insbesondere von Rappaport ([Value]) propagiert und von Beratungsgesellschaften wie McKinsey (Copeland/Koller/Murrin [Valuation]) und Boston Consulting Group (Lewis [Steigerung]) weiterentwickelt sowie gewinnbringend in der Praxis verbreitet, existiert daher eine Vielzahl von Definitionen und Berechnungsmethoden für den Shareholder Value (Bühner [Varianten]).

Berechnungsmethode

Die Grundidee des Shareholder-Value-Konzeptes ist, dass mit dem Zahlungsmittelüberschuss einer getätigten Investition nicht nur die Fremdkapitalkosten für den Gewinnausweis gedeckt sein müssen, sondern auch eine entsprechende Eigenkapitalverzinsung gewährleistet sein muss. Erst wenn die Eigenkapitalgeber mit einer risikoangepassten Rendite berücksichtigt wurden, kann bei einem Zahlungsmittelüberschuss auch von einem Gewinn gesprochen werden. Wird dieser Gewinn nicht ausgeschüttet und beispielsweise für eine Investition in neue Ressourcen verwendet, trägt er zur Steigerung des Unternehmenswertes aus Anteilseignersicht bei (Ries [Unternehmenswert] 17). Üblicherweise errechnet sich der Shareholder Value aus der Summe der über die künftigen Jahre abgezinsten Free Cash-flows, die ein Unternehmen oder ein Unternehmensteil in diesem Zeitraum erwirtschaften wird. Der Free Cash-flow ergibt sich aus den prognostizierten betrieblichen Einzahlungen abzüglich der betrieblichen Auszahlungen, Ersatz- und Erweiterungsinvestitionen, Steuer- und Zinszahlungen (Bühner [Unternehmenssteuerung] 335). Für die Bestimmung des Abzinsungsfaktors wird meist die Capital-Asset-Pricing-Methode verwandt (Sharpe/Sharpe [Portfolio]), welche die Kosten des Fremd- und Eigenkapitals unter Berücksichtigung des Marktzinses für risikofreie Anlagen, der durchschnittlichen Rendite am

Aktienmarkt und eines unternehmensspezifischen Risikofaktors (beta) bestimmt.

Ein Unternehmen oder Unternehmensteil schafft im Sinne des Shareholder-Value-Konzepts genau dann ökonomischen Wert (Economic Value Added, EVA), wenn seine Eigenkapitalrendite größer ist als dieser mit der Capital-Asset-Pricing-Methode bestimmte Zinssatz. In diesem Fall übersteigt der Shareholder Value den Buchwert des Unternehmens, sodass für dessen Aktionäre tatsächlich eine Rendite geschaffen wurde, die über diejenige einer anderweitigen Kapitalanlage hinausgeht. Zunehmender Beliebtheit erfreut sich unter den Shareholder-Value-Kennzahlen insbesondere der Cash Flow Return on Investement (CFRoI). Das vor allem von der Boston Consulting Group propagierte Konzept beinhaltet die Berechnung eines internen Zinsfußes aus früheren Investitionsausgaben und den daraus resultierenden Einnahmen. Der CFRoI ist zwar eine relativ statische und rein vergangenheitsorientierte Kennzahl, ermöglicht aber eine gute Beurteilung des operativen Geschäftes. Des Weiteren ist ein Vergleich von Geschäftseinheiten sowie eine Abschätzung deren Fähigkeit zur Generierung von Cash Flow möglich (Hachmeister [Wertbeitragskennzahlen] 97 ff.). Die Kennzahl scheint daher besonders für breit aufgestellte Konzerne sowie M&A- und Spin-off-Aktivitäten geeignet. Als Beispiel wäre hier die Bayer AG zu nennen, die unter anderem auf Basis des CFRoI zu dem Entschluss kam, sich stärker auf Health Care Produkte zu konzentrieren und die Chemikalien- sowie Teile der Polymersparte als neues Unternehmen unter dem Namen Lanxess an der Börse zu platzieren.

Wirkungen

Das Shareholder-Value-Konzept wird insbesondere verwendet, um Unternehmen an den Interessen der Aktionäre auszurichten (Speckbacher/Ruhner [Performancemaße]) und deren Attraktivität am Kapitalmarkt zu steigern. Fortschritte in der Informations- und Kommunikationstechnologie haben die Transparenz internationaler Kapitalmärkte und die Flexibilität internationaler Kapitalflüsse so weit erhöht, dass der weltweite Markt für Eigenkapital heute „perfekter" ist als früher. Die Aktien der größten Unternehmen werden inzwischen global an vielen bedeutenden Börsenplätzen wie New York, London, Tokyo oder Frankfurt gehandelt; Kursunterschiede zwischen den Börsenplätzen gleichen sich innerhalb kürzester Zeit aus. Große Aktiengesellschaften aus aller Welt stehen daher um die knappe Ressource Eigenkapital miteinander in unmittelbarer Konkurrenz. Mittelbar geraten durch die gestiegene Mobilität des Kapitals jedoch auch kleinere, lokal börsennotierte Aktiengesellschaften unter Druck, bestehende Aktionäre zu halten oder neue zu gewinnen. Im Ergebnis nimmt die weltweite Konkurrenz um Eigenkapitalgeber letztlich alle Kapitalgesellschaften in die Pflicht, ihren Anteilseignern deutlich zu machen, warum sie gerade in ihr Unternehmen investieren sollten und nicht in irgendein anderes Unternehmen in der Welt.

Neben regelmäßigen Dividendenzahlungen interessieren sich Aktionäre insbesondere für eine Kurssteigerung an den Aktienmärkten. Auf der Unternehmensseite entspricht dies einer Steigerung des Unternehmenswerts, des Shareholder Value. Kapitalgesellschaften müssen darum bestrebt sein, den Wert ihres Unternehmens nach außen zu kommunizieren. So scheint sich nach 2004 ein Trend zu wesentlich höheren Dividendenzahlungen bei deutschen Aktiengesellschaften abzuzeichnen. Als Beispiele sind die Deutsche Telekom AG, die BASF AG und auch die Porsche AG zu nennen, die ungewohnt hohe Dividenden an ihre Aktionäre ausgeschüttet haben. Über positive Rückkopplungseffekte erhoffen sich die Unternehmen dadurch zusätzliche Kurssteigerungen. Inwieweit diese Rechnung allerdings aufgeht, bleibt noch abzuwarten.

Die Intensivierung dieses weltweiten Wettbewerbs um Kapital zwingt die Unternehmen zu einem noch effizienteren und erfolgreicheren Wirtschaften. Gleichzeitig sind die Erwartungen der Anleger bezüglich einer angemessenen Verzinsung ihres in diesen Unternehmen gebundenen Kapitals gestiegen. Über die somit notwendige wertorientierte Unternehmensführung gilt es, zeitgerecht den Anlegern und Analysten, die ihre Bewertungsverfahren heute weitgehend an dem Aspekt der Wertsteigerung orientiert haben, umfassend und überzeugend zu berichten.

Value Reporting

Dies geschieht anhand des sogenannten Value Reporting (Ruhwedel/Schultze [Konvergenz] 489 ff.), das insbesondere den Investoren dazu dienen soll, eine bessere Einschätzung des berichtenden Unternehmens vorzunehmen, um zukünftige Investitionsentscheidungen anhand fundierter Informationen treffen zu können. Eine Studie aus den USA zeigt die zunehmende Bereitschaft von Unternehmen zur Abgabe kapitalmarktorientierter Zusatzinformation (Haller/Dietrich [Unternehmensberichterstattung] 206 f.). Beim Value Reporting treten neben die üblichen monetären auch zukunftsorientierte, nicht-monetäre und unternehmenswertorientierte Größen. Damit soll zum einen sichergestellt werden, dass Außenstehende Geschäftsmodell, Chancen und Risiken, insbesondere im Hinblick auf die Zielrendite, sowie Werttreiber des Unternehmens abzuschätzen vermögen (Zimmermann/Schütte [Value Reporting]). Als Werttreiber bzw. Wertgeneratoren, wie das Umsatzwachstum, gelten dabei operative Entscheidungsgrößen, die übergeordnete strategische Ziele in mess- und vor allem von den Geschäftseinheiten beeinflussbare Komponenten herunterbrechen (Fischer/Wenzel [Werttreiber] 305 f.).

Mit einer konsequenten wertorientierten Unternehmensführung und einer Vermeidung diesbezüglicher Informationsdefizite durch ein konsequentes Value Reporting lässt sich den zu Beginn dieses Abschnitts dargelegten Gefahren begegnen (Macharzina/Neubürger [Unternehmensführung] VII f.).

4.5.3 Neuere Befunde zu Unternehmenszielen

Die faktische Bedeutung der Shareholder-Value-Orientierung in der Unternehmenspraxis ist in zahlreichen empirischen Studien geprüft worden.

- Einer Untersuchung *Bühners* ([Controlling] 238 f.) zufolge verwendeten bis 1995 unter den DAX-100-Unternehmen acht, bis 1997 immerhin 29 und bis 1999 bereits 72 wertorientierte Kennzahlen.

- Die Nachfolgestudie von *Bühner, Stiller und Tuschke* ([Legitimität] 715 ff.) aus dem Jahr 2004 zeigt, dass 68 Prozent der Unternehmen wertbasierte Führungssysteme nutzen, wobei der Rückgang im Vergleich zur Vorgängerstudie auf eine zwischenzeitlich vorgenommene Bereinigung des Datensatzes zurückgeführt werden muss. Mehr als die Hälfte der wertorientiert geführten Unternehmen haben Kennzahlen wie EVA, CFRoI und RARoC (Risk-Adjusted Return on Capital) eingeführt; fast die Hälfte berichtete nach internationalen Rechnungslegungsstandards und etwa ein Viertel hat ihren Führungskräften aktienbasierte Vergütungssysteme angeboten.

- Auf Basis der Internetauftritte von Unternehmen zeigen *Chahed, Kaub und Müller* ([Konzernsteuerung] 29 ff.), dass 56 Prozent der deutschen DAX-100- und SDAX-Unternehmen sich öffentlich zur Wertorientierung bekennen.

- *Ruhwedel und Schultze* ([Value Reporting] 602 ff.) finden, dass 60 Prozent der analysierten DAX 100-Unternehmen die Marktwertsteigerung als Konzernziel angeben. Es zeigt sich, dass die Wertorientierung gerade in den Branchen der New Economy nur in sehr geringem Maße verbreitet ist.

- Bezogen auf Deutschlands TOP 500 des F.A.Z.-Instituts ermittelt *Happel* ([Controlling] 163 ff.), dass die Steigerung des Anteilseignervermögens nur einen mittleren Rang hinter anderen Zielen wie Wettbewerbsfähigkeit, Sicherung des Unternehmens und langfristiger Gewinnerzielung einnimmt. Zieht man jedoch den errechneten Mittelwert heran, ist die Differenz zu den vorrangig genannten Zielen nur minimal; im Gegensatz zu Umweltschutz und zur Synergieerzielung genießt die Wertorientierung relativ gesehen allerdings hohe Priorität.

- Auf einer Repräsentativbefragung von 1280 bundesdeutschen Unternehmen beruhend zeigen *Becker und Schwerdtner* ([Gestaltung] 26 ff.), dass mit über 90 Prozent der Nennungen Kundenorientierung und Qualitätsorientierung die wichtigsten Unternehmensziele darstellen. Gleichwohl sind 73 Prozent der Unternehmen finanzwirtschaftliche Kennzahlen wichtig.

- Unter den von *Jörg, Loderer und Roth* ([Maximization] 357 ff.) befragten 313 Schweizer Unternehmen nimmt die Maximierung des Shareholder Value hinter der Kundenzufriedenheit gar den zweiten Platz ein, während Kriterien wie Gewinnmaximierung oder Ausweitung des Marktanteils dahinter zurückblieben. Allerdings zeigt diese Studie, dass die Maximierung des Shareholder Value nur dann eine sehr hohe Priorität besitzt, wenn der Aktienkurs des betreffenden Unternehmens gerade fällt.
- *Haspeslagh, Noda und Boulos* ([Wertmanagement] 58) untersuchen den Zusammenhang von Shareholder-Value-Orientierung und Innovationskraft. Es zeigte sich, dass die Orientierung am Shareholder Value der langfristigen Innovativität von Unternehmen nicht dient.

Aktuelles Gesamtergebnis

Ein Vergleich dieser Studien mit älteren Zieluntersuchungen führt zu dem Ergebnis, dass Anteilseignerziele in den vergangenen beiden Jahrzehnten deutlich an Bedeutung gewonnen haben. In der Praxis scheint also eine Shareholder-Value-Orientierung vorzuherrschen, die insbesondere für die Vertreter einer ethisch orientierten Unternehmensführung (vgl. Kapitel 15) diskussionswürdig ist.

4.5.4 Probleme der empirischen Zielforschung

Die Untersuchung von Unternehmenszielen gehört zu den schwierigsten Aufgaben der Managementforschung, da methodische und inhaltliche Probleme besonderer Art zu lösen sind (Kubicek [Unternehmungsziele] 461 f.).

Methodische Mängel

Abhängig von der Wahl der *Methoden* der Zielerhebung, die im Wesentlichen auf schriftlicher oder mündlicher Befragung, Dokumentenanalyse sowie Beobachtung des faktischen Verhaltens von Unternehmen beruhen, können sich folgende *Probleme* ergeben: Es werden lediglich offizielle, nicht aber faktische Ziele von Unternehmen ermittelt; es erfolgt eine Vermischung von Unternehmenszielen und individuellen Zielinterpretationen der Befragten; vielfach mangelt es den Befunden an Repräsentativität, da die erhobenen Stichproben häufig zu klein sind; es können nur Tendenzaussagen über Veränderungen in Zielsystemen von Unternehmen abgegeben werden, da Querschnittuntersuchungen dominieren. So leiden fast alle der vorliegenden Untersuchungen unter einem Methodenmonismus, da den aus Befragungen gewonnenen Befunden üblicherweise keine Beobachtungen des faktischen Unternehmensverhaltens gegenübergestellt werden. Überdies liegt eine historische Bedingtheit der Befunde dergestalt vor, dass überkommene Zielsetzungen ohne besondere Reflexion fortgeschrieben werden.

Inhaltliche Mängel

Inhaltlich hat die empirische Zielforschung bislang nur einen Teil der offenen Fragen beantworten können. Als keineswegs endgültig beantwortet hat die

Frage der Dominanz ökonomisch „harter“ Ziele wie Gewinn oder Shareholder Value gegenüber anderweitigen Zielen zu gelten. Ausschlaggebend dafür ist, dass zwischen den empirisch erhobenen Zielkategorien Wechselwirkungen bestehen. Als Beispiel sei auf bezugsgruppenorientierte Ziele wie „hohe Qualität des Angebots“ und „Schonung der Umwelt“ hingewiesen, wobei davon auszugehen ist, dass beide zumindest mittelfristig zur Verbesserung der Gewinnsituation sowie des Marktwerts des Unternehmens und damit zur Erreichung „harter“ ökonomischer Ziele beitragen können. In ähnlicher Weise besteht Uneinigkeit darüber, ob Zielinhalte wie „Gesellschaftliche Verantwortung“ Zeugnis eines in den Unternehmen ablaufenden Gesinnungswandels ablegen oder lediglich Ergebnis eines ökonomischen Kalküls sind. Schließlich wird kein Aufschluss darüber geliefert, welchen Zielerreichungsgrad die Unternehmen bei den verschiedenen Zielkategorien anstreben. Daher ist zu vermuten, dass häufig bei den Managern selbst Unklarheit hinsichtlich dieser Frage besteht. In diesem Zusammenhang bleibt die zu großen Auseinandersetzungen innerhalb der Betriebswirtschaftslehre Anlass gebende Grundfrage strittig, ob Unternehmen bzw. Top-Manager als „Satisfizierer“ oder „Maximierer“ zu gelten haben, also nur einen befriedigenden oder maximalen Gewinn zu erwirtschaften trachten.

Praxisbeispiel:

Unternehmensleitbild der Schenker Deutschland AG und dessen Entstehung[1]

Der Name Schenker steht seit über 130 Jahren für die effiziente Organisation und Abwicklung von Warenströmen. Die von Hans-Jörg Hager und seinem fünfköpfigen Vorstandsteam geleitete Schenker Deutschland AG ist ein führender Anbieter für integrierte Logistik im deutschen Markt. Im Jahr 2007 hat das Unternehmen mit fast 12.900 Mitarbeitern an 106 einen Umsatz von etwa 3,2 Milliarden Euro erzielt. Hager ist ebenfalls Mitglied des Vorstandes der Schenker AG und hier verantwortlich für Europa und Landverkehre. Die Schenker AG hat 2007 mit 64.800 Mitarbeitern an rund 1.500 Standorten einen Umsatz von etwa 14,1 Milliarden Euro erzielt.

1 Wir danken Herrn Hans-Jörg Hager, Vorsitzender des Vorstands der Schenker Deutschland AG, für die Zurverfügungstellung von Informationen über das Leitbild seines Unternehmens.

Schenker is Business Excellence

Wer Visionen hat, soll zum Psychiater gehen – das war das Urteil von Altbundeskanzler Helmut Schmidt. Was kann dann ein Unternehmensleitbild beinhalten bzw. charakterisieren? Ein Leitbild, das Belegschaft und Führungskräfte im Interesse der Entwicklung des Unternehmens orientiert, fasziniert und versammelt?! Ein Leitbild, das der Unternehmensführung dient?! Es muss einfach, eindeutig und klar sein. Es muss den Bezug zum Inhalt und der Zukunft der Unternehmenstätigkeit herstellen. Was bedeutet dies für einen Dienstleister und insbesondere einen Dienstleister der Logistikbranche?

Qualität steht im Mittelpunkt von Schenkers „business excellence" und zeichnet unser Unternehmen aus. Höchste Qualität gilt nicht nur im Hinblick auf die Dienstleistungen für unsere Kunden, sondern ebenso für unsere internen Abläufe, unsere Produktivität und kollegiale Zusammenarbeit. Exzellente Qualität – das ist Schenkers Alleinstellungsmerkmal im Markt. Diese sichert uns die Loyalität unserer bestehenden Kunden, nützt der Vertiefung und Ausweitung dieser Beziehungen und ist attraktiv im Hinblick auf Neugeschäfte.

Schenker Deutschland ist in diesem Jahrzehnt stark und groß geworden durch eine existentielle Managemententscheidung. Das war die Entscheidung, die separaten Gesellschaften Schenker Eurocargo mit Schwerpunkt Landverkehr/transportnaher Logistik und Schenker International mit den Schwerpunkten Luft- und Seefracht sowie Branchenlogistik in einer Landesgesellschaft zusammenzuführen. Diese Managemententscheidung wurde 2000 durch den Gesamtbetriebsrat und den Sprecherausschuss der Leitenden Angestellten engagiert unterstützt und begleitet. Kernelemente des neuen Leitbilds sind: „one face to the customer" und „one stop shopping".

Um die Bedeutung dieser Kernelemente unseres Leitbilds zu ermessen, ist ein knapper Rückblick erforderlich: Wie war die Wettbewerbssituation Mitte und Ende der neunziger Jahre? Damals hat eine wettbewerbsfähige Zahl von Unternehmen und mittelständischen Kooperationen die Herausforderungen der Liberalisierung und Deregulierung innerhalb der Europäischen Union („vier Freiheiten") erfolgreich angenommen. Die Schenker Eurocargo AG und Schenker International GmbH gehörten dazu, ab Mitte der neunziger Jahre mit einer starken, aber nicht herausgehobenen Position.

Ende der neunziger Jahre war erkennbar, dass der Markt bzw. die Kunden übergreifende, einheitliche Lösungen für den regionalen, den europäischen und den Weltmarkt benötigten. Eine getrennte Fortführung der erfolgreich sanierten Aktivitäten von Landverkehr, See- und Luftfracht sowie Logistik hätte im Markt nicht die erforderliche Aufmerksamkeit und Attraktivität gefunden. Damals trieben sowohl starke Mittelstandskooperationen wie auch große Konzerne (ABX/DHL) den Kampf um die Marktführerschaft voran.

Eine getrennte Fortführung der Landverkehrsaktivitäten einerseits und See- und Luftfracht andererseits hätte um die Jahrtausendwende herum beide Gesellschaften – die Schenker Eurocargo AG und die Schenker International GmbH – im oberen Mittelfeld belassen.

Unser Ziel war deshalb klar: Schenker muss die Marktführerschaft anstreben. Die Zusammenführung zur Schenker Deutschland AG brachte uns unbestreitbar in diese Position in Deutschland. Dieses Ziel haben wir im Sommer 2000 entwickelt und zum 01.01.2001 konsequent umgesetzt. Seitdem ist Schenker Deutschland der unumstrittene Marktführer in Deutschland. Marktführerschaft ist ein Wert an sich: Der Markt, die Kunden wollen den Besten („The winner takes it all").

Wettbewerb: Im ersten Jahrzehnt des neuen Jahrtausends beobachten wir erhebliche Schwierigkeiten des Mittelstands, der Kooperationen sowie der zusammengekauften Konzerne, mit den Anforderungen des europäischen Marktes, der Globalisierung und der Integration von gekauften Unternehmen erfolgreich umzugehen.

- *Markt: Das erste Jahrzehnt im neuen Jahrtausend ist geprägt durch die Vertiefung der wirtschaftlichen Zusammenarbeit innerhalb Europas, die EU-Osterweiterung 2004 und das Tempo der Globalisierung.*
- *Qualität: Mit der EFQM-Methode realisiert Schenker seit 2000 einen unternehmensintern tiefgreifenden Prozess, der sich nicht nur auf Ablaufprozesse (DIN ISO 9000) bezieht, sondern auch auf die Bewertung, Befragung und Weiterentwicklung des Unternehmens gemäß den Zielen der EFQM.*

Diese Faktoren nutzt Schenker dank seiner Kompetenz für deutliches Wachstum über Marktniveau: Wir schaffen konsequent die „Schenker-Konjunktur", das heißt ein Wachstum, das deutlich über dem Marktniveau liegt.

Weshalb ist die Schenker Deutschland AG in diesen dynamischen, stürmischen Entwicklungen und Zeiten so erfolgreich? Ganz einfach: Wir haben hervorragende, hoch qualifizierte Mitarbeiter. Die Loyalität untereinander wie zu unseren Kunden ist stark ausgeprägt. Das Engagement der Mitarbeiter ist hoch, die Fluktuation niedrig. Das gilt genauso für die Führungskräfte auf allen Ebenen unseres Unternehmens. Bei Schenker wird die umfassende und ganzheitliche Verantwortung des Unternehmens nicht nur von der Hierarchiespitze deutlich gemacht, sondern auf allen Management-Ebenen gelebt. Unser Erfolg beruht weiter auf dem kooperativen, partnerschaftlichen Verhältnis mit unseren Betriebsräten, den Organen des Gesamtbetriebsrates sowie dem Sprecherausschuss der leitenden Angestellten.

Unsere Geschäftsstellen sind „Unternehmen vor Ort". Sie behaupten sich bzw. setzen sich in einer mittelständisch geprägten Branche durch. Unsere Geschäftsleiter sind „Unternehmer vor Ort". Deshalb verbindet die Schenker Deutschland AG in einer unnachahmlichen Weise dezentrale Geschäftsverantwortung mit konsequenter zentraler Steuerung und Entwicklung des Unternehmens.

Insgesamt bleibt festzustellen, dass das Unternehmen gut gerüstet ist für die kommenden Jahre und Herausforderungen. Zukünftig wird es noch mehr um Konsequenz im Hinblick auf Kostenführerschaft, Innovation und Umsetzungsgeschwindigkeit sowie Ergebnisorientierung gehen.

Quelle

www.schenker.de

4.6 Unternehmens- und Führungsgrundsätze

Unternehmensgrundsätze

Unternehmensgrundsätze bestehen in einer Ansammlung von allgemeinen Zwecken, Zielen, Potenzialen und Verhaltensweisen, die gemeinsam und ohne Ausnahme sowohl für Mitarbeiter und Führungskräfte, Eigentümer, Aktionäre und gegenüber der Gesellschaft gelten. In der Unternehmenspraxis werden diese Grundsätze auch als Grundordnungen oder Unternehmensphilosophien bezeichnet. Sie sollen insbesondere eine Verbindung zwischen Markt und Unternehmen schaffen und damit eine Abstimmung von dessen Innen- und Außenwelt ermöglichen (Gabele [Unternehmensgrundsätze] 245). Unternehmensgrundsätze sind in aller Regel verbal formuliert, wobei idealtypisch davon ausgegangen wird, dass sie die Grundlage der Zielfestlegung für das operative Geschäft der Unternehmensführung bilden. Der Konkretisierungsgrad der allgemeinen Grundsätze ist jedoch – wie auch das Praxisbeispiel von Putzmeister zeigt – üblicherweise gering.

Funktionen

Unternehmensgrundsätzen werden verschiedene *Funktionen* (Bleicher [Kodifizierung] 59 ff.) zugeschrieben. Danach tragen sie zur Klärung der Grundhaltungen im Unternehmen bei und schaffen damit eine gemeinsame, unternehmensweite Wertbasis bzw. Unité de doctrine. Sie fungieren als Richtlinie für das künftige Geschehen, indem sie Rahmenbedingungen für die Planung schaffen sowie eine Führung durch Ziele erleichtern. Sie verbessern das Unternehmensimage. Sie kanalisieren gesellschaftlichen Einfluss und Druck. Sie dienen damit letztendlich der Steigerung des Unternehmenserfolgs. Neuere, nachfolgend referierte empirische Untersuchungen über Unternehmensgrundsätze bestätigen tendenziell diesen Funktionskatalog, wobei die Befunde im Gegensatz zur empirischen Zielforschung keine Hinweise enthalten, dass umweltbezogene Wirkungsabsichten im Mittelpunkt der Formulierung von Unternehmensgrundsätzen stehen.

Verbreitung in der Praxis

Trotz dieser Nutzenwirkungen lassen sich bei weitem nicht in allen Unternehmen Unternehmensgrundsätze nachweisen (Hoffmann [Führungsgrundsätze] 171). Praktiker begründen dies mit den Erklärungen der folgenden Art. Es wird als ein schwieriges Unterfangen angesehen, allgemeingültige, zeitlich überdauernde Unternehmensgrundsätze zu formulieren, mit denen die Interessen aller Interessengruppen zum Ausgleich gebracht werden können. Es wird betont, dass es eine Theorie des richtigen oder optimalen Verhaltens nicht gäbe. Die von anderen Unternehmen bekannten Unternehmensgrundsätze werden in ihren Aussagen als zu allgemein und unverbindlich betrachtet. Der mit der Erstellung von Unternehmensgrundsätzen verbundene Aufwand wird als unverhältnismäßig hoch erachtet. Es wird als ausreichend angesehen, mündliche Absprachen mit den Vertretern von Interessengruppen zu treffen. Unternehmensgrundsätze werden als unnötige Einschränkung des Entscheidungs- und Handlungsspielraums erachtet. Unternehmensgrundsätze werden angesichts dynamischer Umweltentwicklungen als sprödes, technomorphes Vehikel angesehen, das zu einer Verminderung der Anpassungsfähigkeit des Unternehmens beiträgt. Es wird vermutet, dass Unternehmensgrundsätze allenfalls zu Public-Relations-Zwecken verwendbar sind, wobei die Auffassung vertreten wird, dass sich hierfür der bereits erwähnte hohe Erstellungsaufwand nicht lohnt. Schließlich wird anhand von Fallbeispielen gezeigt, wie Entscheidungen getroffen werden können, die den gefassten Unternehmensgrundsätzen zuwiderlaufen (Gabele [Unternehmensgrundsätze] 251; Hoffmann [Führungsgrundsätze] 176). Dementsprechend seien Letztere als wirkungslos erwiesen.

Führungsgrundsätze

Mit *Führungsgrundsätzen* sind Leitlinien gegeben, welche die Führung von Mitarbeitern (vgl. Abschn. 8.1) durch die Vorgesetzten betreffen. Sie werden üblicherweise aus den Unternehmensgrundsätzen abgeleitet. Die Funktionen von Führungsgrundsätzen stimmen weitgehend mit denjenigen von Unternehmensgrundsätzen überein.

Grundsätze und Unternehmensethik

In den vergangenen Jahrzehnten sind von seiten der Unternehmenspraxis wiederholt Bemühungen unternommen worden, unternehmensübergreifende Festlegungen hinsichtlich Unternehmens- und Führungsgrundsätzen zu schaffen. Zu nennen sind etwa die von dem Bemühen um eine ethisch verantwortliche Unternehmensführung geleiteten Aktivitäten des World Economic Forum, auf die in Abschn. 15.3 eingegangen wird.

4.7 Unternehmenskultur

In den 1970er Jahren ist zunächst in den USA und mit kurzer zeitlicher Verzögerung auch in Deutschland die Unternehmenskultur als wichtige Einflussvariable des Unternehmenserfolgs erkannt worden. Die Diskussion um die Unternehmenskultur wurde nicht zuletzt durch den Erfolg japanischer Unternehmen auf den Weltmärkten ausgelöst, der in verschiedenen Studien (vgl. Kapitel 14) vorrangig mit einem ausgeprägten „Commitment" der Unternehmensangehörigen und weniger mit harten Variablen wie Strategie, Struktur oder Systeme erklärt wird. Das Wirtschaftsmagazin „Fortune" hat bereits im Jahr 1983 die Unternehmenskultur sogar als „the hula-hoop of the 1980s" (Uttal/Fierman [Culture] 70) bezeichnet. Diese Bedeutungszuweisung ist damit begründbar, dass alle Unternehmen, häufig unbewusst, über eine Kultur verfügen, die jedoch unterschiedlich stark ausgeprägt sein kann. Von der traditionellen Betriebswirtschaftslehre sind kulturelle Aspekte nur insofern berücksichtigt worden, als Unternehmen in ein gesellschaftliches Umfeld eingebettet gesehen wurden, das durch bestimmte kulturelle Merkmale gekennzeichnet ist. Die wissenschaftliche Auseinandersetzung mit der „Eigen-Kultur" von Unternehmen hat hingegen in der Soziologie, Sozialpsychologie, Ethnologie und Anthropologie ihren Ursprung und macht auch dort heute noch erhebliche Fortschritte (Dierkes/von Rosenstiel/Steger [Unternehmenskultur]).

Unternehmenskultur als umstrittenes Phänomen

Betriebswirtschaftliche Fachvertreter (Weber/Mayrhofer [Organisationskultur] 555 ff.; Schreyögg/Oechsler/Wächter [Managing]) beschäftigen sich mit dem Phänomen Unternehmenskultur, weil die Mehrzahl empirischer Untersuchungen zu dem Ergebnis kommt, dass eine positive Beziehung zwischen ihrem Niveau und ihrer Stärke einerseits und dem Unternehmenserfolg besteht. Zu diesem Hauptbefund kommt die aktuelle Metaanalyse von Baetge, Schewe und Mitarbeitern (Baetge et al. [Unternehmenskultur] 215 f.). Für Betriebswirte ist eine Auseinandersetzung mit Unternehmenskultur aber auch deshalb erforderlich, um den Entscheidungsträgern in den Unternehmen Informationen über das Verhältnis zwischen der Unternehmenskultur und den übrigen betriebswirtschaftlichen Gestaltungsvariablen sowie Ansatzpunkte zu ihrer Beeinflussung zur Verfügung zu stellen (Kahle [Unternehmensführung] 1228). Dieses an der Praxis orientierte Ziel wird nämlich in der sozialwissenschaftlichen Betrachtung der Unternehmenskultur selten gesehen.

Baetge-Schewe-Metaanalyse

In jüngerer Zeit ist die Unternehmenskulturdiskussion von der Forschung über das Sozialkapital (Bourdieu [Kapital] 183 ff.; Coleman [Capital] 95 ff.) beeinflusst worden. Hierunter wird die „Gesamtheit der aktuellen und potentiellen Ressourcen verstanden, die mit dem Besitz eines dauerhaften Netzes von mehr oder weniger institutionalisierten Beziehungen gegenseiti-

Unternehmenskultur und Sozialkapital

gen Kennens und Anerkennens verbunden sind" (Jungbauer-Gans [Betrachtungen] 19). Insgesamt belegt die insbesondere in der Soziologie beheimatete empirische Forschung über Sozialkapital, dass dieses in der Tat ein wichtiger Einflussfaktor des Humankapitalstocks ist, was ebenfalls die Hinwendung der Betriebswirtschaftslehre zum Phänomen Unternehmenskultur legitimiert.

4.7.1 Begriff und Merkmale der Unternehmenskultur

Trotz der intensiven Auseinandersetzung mit der Unternehmenskultur ist bislang, ähnlich wie dieses auch bei dem Realphänomen Kultur an sich der Fall ist, kein begrifflicher Konsens festzustellen. So haben Kroeber und Kluckhohn bereits vor 40 Jahren auf der Basis einer umfangreichen Literaturanalyse nahezu 170 Begriffsbestimmungen von Kultur nachgewiesen (Kroeber/Kluckhohn [Culture]); eine Zahl, die sicherlich noch stark gestiegen ist.

Deskriptives versus explikatives Konzept

Diese Vielfalt lässt sich im Grunde zwei Gruppen zuordnen (Kluckhohn/Kelly [Konzept] 68). Einerseits wird unter Kultur die Gesamtheit der angehäuften Schätze menschlicher Schöpfung verstanden, angefangen von Büchern, Gemälden, Plastiken, Gebäuden bis hin zur Sprache, zu Sitten oder Anstandsregeln. Ein derartiges, auf dem wahrnehmbaren Ergebnis von Zivilisation abstellendes Kulturverständnis könnte auch als *deskriptiv* bezeichnet werden, weil es materielle Artefakte beschreibt; andererseits verlangt es nach einer Festlegung dessen, was als wertvoll anzusehen ist. Diesem steht ein *explikatives* Kulturkonzept gegenüber, das den geistigen und normativen Überbau, der die zuvor erwähnten Schätze hervorzubringen hilft, und somit den konzeptionellen Nährboden des Handelns als Kultur bezeichnet. Die Realität würde verkürzt, wenn Kultur nur in dem einen *oder* dem anderen Sinne begriffen würde, zumal sich beide Dimensionen gegenseitig bedingen. In der betriebswirtschaftlichen Diskussion um die Unternehmenskultur wird allerdings das explikative Verständnis eindeutig in den Mittelpunkt gerückt.

Nach dieser Sichtweise lässt sich Unternehmenskultur auch als „collective programming of mind" (Hofstede [Consequences] 13) beschreiben oder, wie es Schein zum Ausdruck gebracht hat, als Muster der grundlegenden Annahmen von Unternehmensangehörigen, die lange genug zusammen waren, um bedeutende Erfahrungen gemeinsam gemacht zu haben (Schein [Awareness] 5). Auch aus einer Auswahl weiterer Begriffsfassungen von Unternehmenskultur, wie sie in Abbildung 4-10 enthalten sind, wird ersichtlich, dass die explikative Sichtweise vorherrscht.

Unternehmenskulturbegriffe

Abbildung 4-10

Unternehmenskultur ist eine Gesamtheit von historisch gewachsenen, wandelbaren und gemeinsam gelebten Werten, Normen, Denkhaltungen und Meinungen, die sichtbar werden im Verhalten, in der Kommunikation, bei Entscheidungen, in Handlungen, in Symbolen, in Artefakten und anderen Manifestationen.
(Sackmann 1983)

Unternehmenskulturen zeichnen sich durch tradierte und dabei wandlungsfähige Normen aus, die von Unternehmensmitgliedern erlernt, von Generation zu Generation weitergetragen und bewusst oder unbewusst als typische Denk- und Verhaltensweisen übernommen werden.
(Hoffmann 1987)

Unternehmenskultur ist ein soziokulturelles, immaterielles unternehmungsspezifisches Phänomen, das die Werthaltungen, Normen und Orientierungsmuster, das Wissen und die Fähigkeit sowie die Sinnvermittlungspotenziale umfasst, die von der Mehrzahl der Unternehmensmitglieder geteilt und akzeptiert werden.
(Schnyder 1989)

Unternehmenskultur ist das implizite Bewusstsein eines Unternehmens, das sich aus dem Verhalten der Unternehmensmitglieder ergibt und das im Gegenzug das Verhalten der Individuen steuert.
(Scholz 2000)

Kulturebenenmodell

Die Mehrdeutigkeit des Kulturbegriffs wird auch bei dem von Schein ([Awareness] 4) entwickelten *Kulturebenenmodell* (vgl. Abbildung 4-11) erschlossen. Danach umfasst die Unternehmenskultur die drei Ebenen der Grundannahmen, der Werthaltungen und der Artefakte. Während Erstere unsichtbar sind und im Unterbewusstsein der Unternehmensangehörigen existieren, weisen Werthaltungen insofern ein gewisses Maß an Offensichtlichkeit auf, als sie sich teilweise in Ge- und Verboten niederschlagen. Sichtbar sind hingegen Artefakte oder Symbole, die jedoch einer Interpretation bedürfen. Die beiden erstgenannten Ebenen sind explikativer Natur, während der letzteren ein deskriptiver Charakter zukommt.

Merkmale von Unternehmenskultur

Zur inhaltlichen Präzisierung von Unternehmenskultur sind in der Literatur folgende Merkmale erarbeitet worden (Kasper [Organisationskultur] 18 ff.; Schnyder [Identity] 261; Martin/Siehl [Culture] 53):

- Die Unternehmenskultur ist *durch die Geschichte des Unternehmens und seiner Umwelt geprägt*. Dabei sind es vielfach herausragende Persönlichkeiten, die die Wahrnehmungs- und Handlungsmuster der Unternehmensangehörigen grundlegend beeinflusst haben. Interessanterweise waren sich diese Persönlichkeiten vielfach gar nicht bewusst, dass ihr Handeln irgendwann einmal zur handlungsleitenden Norm erhoben würde.

- Unternehmenskulturen sind als *Ergebnis des Zusammenspiels der Handlungen vieler* anzusehen. Obwohl die Geschichte und insbesondere die Werte zahlreicher Unternehmen von herausragenden Persönlichkeiten geprägt wurden, sind deren Werthaltungen nur deshalb zum Kern der Unternehmenskultur geworden, weil die Gemeinschaft der Unternehmensangehörigen diese als gut und handlungsleitend akzeptiert hat.
- Die Unternehmenskultur ist *individuell;* sie ist in ihrer komplexen Gestalt genauso einzigartig wie die Persönlichkeiten der Unternehmensangehörigen sowie die Handlungskontexte, in denen die Unternehmen tätig sind. Jedes Unternehmen hat also eine typische und charakteristische Kultur.

Abbildung 4-11 *Unternehmenskulturebenen*

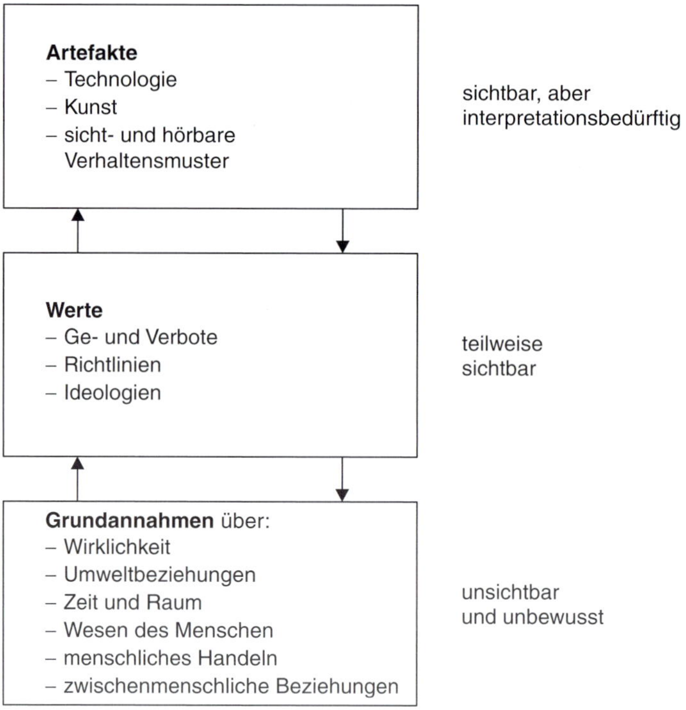

- Die Unternehmenskultur ist *erlernbar.* Die Unternehmensangehörigen übernehmen im Laufe ihrer Unternehmenszugehörigkeit in mehr oder weniger starkem Umfang die in der Unternehmenskultur zusammengefassten Werte. Der mehrheitlich nach dem Muster des Vorbildlernens und im Unterbewusstsein ablaufende Lernprozess zieht sich dabei über längere Zeiträume hinweg.

- Die Unternehmenskultur ist *vorwiegend impliziter Natur*. Die im Unternehmen gültigen Werte werden trotz des zunehmenden Verbreitungsgrads von Unternehmensgrundsätzen, Leitbildern oder Einführungsbroschüren mehrheitlich informell und inoffiziell vermittelt. Oft sind es scheinbar unwichtige Nebensächlichkeiten, in denen die Kultur von Unternehmen manifest wird.

- Die Unternehmenskultur zeigt und materialisiert sich in vielfältigen Ausdrucksformen. Diese können als *Symbole* bezeichnet werden. Bei einem Symbol handelt es sich um etwas Konkretes, das etwas anderes bzw. mehr aussagt, als auf den ersten Blick ersichtlich wird. Symbole können dabei in verbaler, interaktionaler und artifizieller *Erscheinungsform* auftreten. Bei Ersteren werden die Werthaltungen in sprachlicher Form kommuniziert. Unter interaktionalen Erscheinungsformen sind Verfahrensregeln des gegenseitigen Umgangs zu verstehen, während artifizielle Ausdrucksformen Statussymbole, Gebäude, Logos, Druckwerke, Kontrolleinrichtungen oder Maschinen beinhalten (vgl. Abschn. 8.1.4).

- Die Unternehmenskultur ist dadurch gekennzeichnet, dass die in ihr zusammengefassten Werte und Normen *von der Mehrzahl der Unternehmensangehörigen getragen* werden. Werden die Werte und Normen lediglich von einer Teilgruppe der Unternehmensangehörigen verinnerlicht, dann ist von einer Subkultur zu sprechen. Diese können sich in Abhängigkeit regionaler, professioneller und funktionsbezogener Merkmale herausbilden.

- Die Unternehmenskultur weist *affektive Bezüge* auf. Sie spricht die emotionale Ebene des Daseins und Handelns an, ohne die kognitiv-rationalen Dimensionen menschlichen Handelns ganz zu verdrängen.

Corporate Identity als Teil der Unternehmenskultur

Eng verbunden mit der Unternehmenskultur sind weitere Konstrukte, die unter dem Sammelbegriff der *Corporate Identity* diskutiert werden und die Vorstellung einer persönlichkeitsorientierten Analogie des Unternehmens vermitteln wollen (Schneider/Wührer [Unternehmenskultur] 138 ff.; Scheuch [Identity] 33 ff.). Einerseits wird dabei der Außenaspekt der „Persönlichkeit" des Unternehmens beschrieben (Rieder [Unternehmenskultur] 19). Elemente der Corporate Identity sind in dieser Sichtweise die visuelle Gestaltung der Artefakte (*Corporate Design*), die Unternehmenskommunikation nach außen und im Mitarbeiterverhältnis *(Corporate Communications)* und das Handeln und Verhalten des Unternehmens *(Corporate Behavior)*. Diese „Bauteile" der Unternehmensidentität formen insbesondere das Fremdbild *(Corporate Image)*, das das Unternehmen in der Öffentlichkeit vermittelt. Andererseits wird Corporate Identity aber auch als Zustandsbeschreibung derart angesehen, dass die Entscheidungen, Worte und Taten des Unternehmens und seiner Angehörigen in einem ausgewogenen Verhältnis zueinander stehen. Dieses zweite Verständnis von Unternehmensidentität lehnt sich an das Gedankengut der Psychologie an, wonach die Identität einer Person dann gegeben ist, wenn deren Denken, Fühlen und Handeln in sich stimmig ist.

Unternehmensphilosophie als Teil der Unternehmenskultur

Wesentliche Überschneidungen bestehen auch zwischen Unternehmenskultur und dem Konzept der *Unternehmensphilosophie*, die als Insgesamt der Werte und Normen des Unternehmens bezeichnet wird und durch die Abstimmung der individuellen Wertvorstellungen der Manager des Unternehmens entsteht (Ulrich [Bedeutung] 11 ff.). Da sich die Unternehmenskultur aus den Handlungen der Gesamtheit der Unternehmensangehörigen entwickelt, kann die Unternehmensphilosophie als deren Teil gelten.

Unternehmensziele und -grundsätze

Ebenso eng ist damit die Verbindung von *Unternehmenszielen und -grundsätzen* einerseits und der Unternehmenskultur andererseits. Unternehmensziele und -grundsätze können letztendlich nur dann handlungsleitend wirken, wenn sie von den Unternehmensangehörigen verinnerlicht und so Bestandteil der Kultur des Unternehmens werden. Andernfalls würden sie Wort- und Begriffshülsen ohne handlungsleitendes Potenzial darstellen.

4.7.2 Stärke und Ausrichtung von Unternehmenskulturen

Starke versus schwache Unternehmenskultur

In der Diskussion zur Unternehmenskultur hat es sich eingebürgert, von *starken und schwachen Unternehmenskulturen* zu sprechen. Der Unterschied zwischen diesen Ausprägungen lässt sich dabei anhand der Merkmale Prägnanz, Verbreitungsgrad sowie Verankerungstiefe der Werte und Normen festmachen (Schreyögg [Unternehmenskultur] 370 f.). Das Merkmal *Prägnanz* umreißt die Klarheit der von den Unternehmensangehörigen geteilten Werte und Normen. Bei starken Unternehmenskulturen sind die Werte und Normen deutlich ausgeprägt, sodass der Einzelne seine Handlungen daran ausrichten kann. Das Merkmal *Verbreitungsgrad* beschreibt die quantitative Größe des Anteils der Unternehmensangehörigen, die die in der Unternehmenskultur zusammengefassten Werte und Normen teilen. Von einer starken Unternehmenskultur ist demnach zu sprechen, wenn ein großer Teil der Unternehmensangehörigen, im Extremfall sogar alle von den unternehmenskulturell gefassten Werten und Normen überzeugt sind. Die Stärke von Unternehmenskulturen wird schließlich auch noch durch die *Verankerungstiefe* der Normen und Werte bestimmt. Mit diesem Kriterium wird erfasst, ob die Normen und Werte nur vordergründig übernommen sind oder ob sie tief im Bewusstsein der Unternehmensangehörigen wurzeln. Auf der

Grundlage der Erkenntnisse der Sozialisationsforschung kann davon ausgegangen werden, dass die Stärke der Unternehmenskultur von Faktoren wie Länge und Umfang der gemeinsamen Erfahrungen der Unternehmensangehörigen bestimmt wird. Dies zeigen jedenfalls die Befunde von Wilkins und Ouchi, nach denen insbesondere Unternehmen mit langer Tradition, geringer Fluktuation, hoher interner Interaktionsintensität, signifikanten technologischen Vorsprüngen bei der Gründung und weitgehender Unabhängigkeit von kurzfristigen ökonomischen Erfolgen dazu neigen, ihre Subsysteme über gemeinsam getragene und klar definierte Werte und Normen zu steuern (Wilkins/Ouchi [Cultures] 473 ff.). Des Weiteren finden sich starke Kulturen vor allem in Branchen mit einer hohen Entwicklungsdynamik.

Inhaltliche Ausrichtung

Das Erscheinungsbild von Unternehmenskulturen wird neben der Stärke aber auch von ihrer *inhaltlichen Ausrichtung* bestimmt, wobei die Unternehmenskulturforschung hierzu bislang noch relativ wenige gesicherte Erkenntnisse bereitgestellt hat. Dies dürfte vor allem daran liegen, dass die Unternehmenskultur im Wesentlichen *auf unsichtbare Weise* die Wahrnehmungen, Entscheidungen und Handlungen der Unternehmensangehörigen bestimmt. Auch deshalb dominieren im Schrifttum nach wie vor einzelfallbezogene Typologisierungen.

Unter diesen hat die von Deal und Kennedy ([Cultures]) vorgelegte Typologie die größte Beachtung gefunden. In Abhängigkeit von den beiden Einflussvariablen Risikograd der geschäftlichen Entscheidungen des Unternehmens und Feedbackgeschwindigkeit werden *vier Normtypen* von Unternehmenskulturen unterschieden:

- Die *Tough-Guy-Macho-Culture* ist eine risikoorientierte Unternehmenskultur, in der individualistisch orientierte, harte, spekulierende Männer dominieren. Sie bildet sich vor allem in risikobeladenen, schnelllebigen Branchen heraus. Dort ist voller Einsatz gefragt, der sich über Nacht auszahlen kann. Schnelligkeit und Aggressivität sind wichtiger als Ausdauer und Beständigkeit. Die Spannweite von Tough-Guy-Macho-Cultures reicht vom Devisen- und Wertpapierhandel bis zur Filmindustrie.

- Die *Work-Hard, Play-Hard-Culture* findet sich gehäuft in der Massenwarenindustrie. Die Geschäftsrisiken sind hier ungleich geringer als bei der Tough-Guy-Macho-Culture. Die oberste Handlungsmaxime besteht darin, Umsätze zu machen, wobei Quantität oft vor Qualität geht. Da sich der Erfolg in der Work-Hard, Play-Hard-Culture zwar schnell einstellen kann, aber sauer verdient sein will, herrscht eine rege Geschäftigkeit vor.

- Schnelle Geschäfte sind in der *Bet-Your-Company-Culture* kaum zu machen. Die Handlungsbedingungen sind überaus schwierig, da sich der Erfolg von Entscheidungen oft erst nach Jahren herauskristallisiert und zudem das Marktrisiko hoch ist. Daher bedarf es grundlegender, wohlüberlegter Entscheidungen, die Expertentum und Erfahrung voraussetzen. Unternehmen des Maschinen- und (Groß-)Anlagenbaus haben vielfach eine solche Risikokultur.

- Die *Process-Culture* ist durch einen trägen Verwaltungsapparat gekennzeichnet. Sie gedeiht in statischen, risikoarmen Branchen. Ordnung steht vor Kreativität, Formalisierung vor Flexibilität und Spezialisierung vor Teamwork. Der öffentliche Dienst ist der Prototyp der Process-Culture; aber auch im privatwirtschaftlichen Bereich finden sich unter den Versicherungen oder den Unternehmen der Energieversorgung Beispiele dieser Unternehmenskultur.

Diese Typologie ist aufgrund der recht groben Klassifikation nicht kritikfrei geblieben und Ansoff, Handy, Kets de Vries/Miller sowie Bosetzky und Heinrich haben Alternativkonzepte vorgelegt (vgl. zum Überblick Kasper [Organisationskultur] 86 ff.). Mit diesen Typisierungsversuchen gelingt es zwar, gedanklich die Komplexität der kulturellen Vielfalt der realen Welt zu reduzieren und damit den Problemkomplex transparent zu machen. Andererseits sind sie empirisch noch nicht ausreichend überprüft, um dem Anspruch auf Verallgemeinerungsfähigkeit gerecht zu werden.

Empirische Befunde

Unter den empirischen Studien zur Unternehmenskultur kann im deutschsprachigen Einzugsbereich im Verhältnis zu den USA (vgl. zu einem Überblick Wilkins/Ouchi [Cultures] 473 ff.; Deshpande/Webster [Culture] 3 ff.) nur auf wenige Arbeiten zurückgegriffen werden. Hierzu gehört die in Österreich erstellte Untersuchung *Rieders*, die sich allerdings nur auf eine kleine Stichprobe von acht Banken beschränkt. Die Befunde basieren auf einer schriftlichen Befragung, an der Vorstandsmitglieder, Ressortleiter und Betriebsratsobleute teilgenommen haben. Die wichtigsten Elemente der Kultur in diesen Kreditinstituten scheinen danach in der Kundenorientierung, in flexibilitätsbezogenen Werten wie der Berücksichtigung von Marktveränderungen, der Schnelligkeit bei der Reaktion auf eine geänderte Nachfrage sowie in der Differenzierung gegenüber Wettbewerbern zu bestehen, während die Einbeziehung der Mitarbeiter bei Gesamtunternehmensentscheidungen und die Aggressivität beim Auftreten auf dem Markt von geringerer Bedeutung sind (Rieder [Unternehmenskultur] 67 ff.).

Einen anderen methodischen Ansatz hat *Merkens* ([Wertvorstellungen] 9 ff.) gewählt, der die in zwei großen deutschen Tages- oder Wochenzeitungen veröffentlichten Stellen- und Produktanzeigen von Unternehmen unterschiedlicher Branchen mittels einer Wortfeldanalyse ausgewertet hat. Es zeigte sich, dass Industrieunternehmen voneinander abweichender Branchen recht ähnliche Wertemuster vermitteln, von denen sich diejenigen von Banken deutlich abheben. In den Anzeigen der Automobil-, Chemie-, Elektro-, Pharma- und metallverarbeitenden Unternehmen sowie der Büromaschinen- und Computerhersteller dominieren Attribute wie „(High) Technik)“, „Weltunternehmen“ oder „Verantwortung“. Bei den Banken stehen hingegen die Attribute „Kundenorientierung“, „Weltunternehmen“ und „Partnerschaft“ im Vordergrund (Merkens [Wertvorstellungen] 24). Hierbei muss natürlich berücksichtigt werden, dass methodenbedingt nicht die Werte der Unternehmensangehörigen an sich erhoben wurden. Insbesondere handelt es sich bei Werbeanzeigen um nach außen gerichtete Botschaften, deren Wirkung professionell kalkuliert ist und die mit der das Innenverhältnis betreffenden Unternehmenskultur nur wenig zu tun haben können.

Hoffmann ([Unternehmenskultur] 95 ff.) hat die Kulturen von US-amerikanischen und deutschen Unternehmen miteinander verglichen. Hierzu wurden Top-Manager und Mitarbeiter von insgesamt 22 Unternehmen mündlich und schriftlich befragt. Wichtige Werte deutscher Unternehmen scheinen mit Teamgeist, kooperativem Führungsstil, Kunden- und Marktorientierung, Qualitätsbewusstsein, Loyalität und Tradition gegeben zu sein (Benkhoff [Loyalität] 897 ff.); allerdings finden sich auch negativ gefärbte Werte wie Unbeweglichkeit, Datengläubigkeit, Reserviertheit gegenüber Mehrleistungen oder bürokratisches Denken. Die Werte der US-amerikanischen Unternehmen waren hingegen breiter gestreut; dennoch konnten Mitarbeiterorientierung, Ehrlichkeit, Integrität, Fairness und Offenheit als dominante Wertkategorien identifiziert werden. Ungeklärt blieb allerdings, inwieweit die Unternehmenskultur von der Kultur des Landes, in der das Unternehmen tätig ist, beeinflusst wird.

Culture-Bound- versus Culture-Free-These

Echevarría ([Unternehmenskultur]) kommt in seiner ländervergleichenden Analyse des Einflusses von Unternehmenskultur auf Leistungsbereitschaft und Wettbewerbsfähigkeit hingegen zu einem eindeutigen Urteil. Danach ist die (wettbewerbsorientierte) Wirtschafts- und Sozialordnung als Element der Landeskultur eine entscheidende Einflussgröße der (leistungsorientierten) Unternehmenskultur. Die Mehrzahl der Vertreter der kulturvergleichenden Managementforschung (vgl. Kapitel 14) gehen von der *„Culture-Bound-These“* aus, nach der Unternehmenskulturen länderspezifisch variieren. Dieser Auffassung steht die *„Culture-Free-These“* gegenüber, bei der von einer Unabhängigkeit von Landes- und Unternehmenskultur ausgegangen wird (Oberg [Perspectives] 141 ff.).

Kritische Würdigung

Im Gesamturteil wird die empirische Unternehmenskulturforschung jenem Anspruch nur bedingt gerecht, der auf die Erkenntnis des Spezifischen von Unternehmenskulturen, nämlich dem *Ausmaß der Diffusion einheitlicher Werte* bei den Unternehmensangehörigen, abstellt; dieses wird nur selten erhoben. Stattdessen werden üblicherweise lediglich die Perzeptionen einer Teilgruppe der Unternehmensangehörigen, in aller Regel der (höheren) Führungskräfte, ermittelt. Auf diese Weise können allenfalls Unternehmensgrundsätze und -philosophien, nicht jedoch Unternehmenskulturen erfasst werden.

Zur Analyse Letzterer wären repräsentative Befragungen aller Gruppen von Unternehmensangehörigen und eine Gegenüberstellung der Teilbefunde erforderlich.

4.7.3 Funktionen und Risiken starker Unternehmenskulturen

Für die Betriebswirtschaftslehre ist die Auseinandersetzung mit Problemen der Unternehmenskultur insbesondere deswegen bedeutsam, weil diese eine wichtige Funktion zur Erreichung der Ziele von Unternehmen erfüllen kann. Im Mittelpunkt der Diskussion stehen dabei die Funktionen *starker* Unternehmenskulturen, da angenommen wird, dass eine starke Kulturausprägung den Erfolg des Unternehmens steigert. Die Erfolgswirkung lässt sich dabei auf *sechs Teilfunktionen* zurückführen, die hoch interdependent sind (Dill/Hügler [Unternehmenskultur] 147 ff.; Schreyögg [Unternehmenskultur] 371; Weber/Mayrhofer [Organisationskultur] 559; Baetge et al. [Unternehmenskultur] 188 f.):

Funktionen starker Unternehmenskultur

- Eine starke Unternehmenskultur verbessert die *Handlungsfähigkeit* des Einzelnen und damit auch diejenige des gesamten Unternehmens. Handlungen von Personen werden, wie oben gezeigt wurde, wesentlich von deren Interpretationsprozessen bestimmt, die die Handlungsrichtung grundlegend beeinflussen. Eine starke Unternehmenskultur ist für die Interpretationsprozesse daher insofern bedeutsam, als sie ein einheitliches Raster zur Deutung von Informationen und damit zur Reduktion von Komplexität und Mehrdeutigkeit bereitstellt (vgl. Abschn. 2.4.3).
- Eine starke Unternehmenskultur dient der *Koordination* der Unternehmensteileinheiten. Die Koordinationsfunktion der Unternehmenskultur ist von zunehmender Bedeutung, da strukturelle und technokratische Koordinationsmechanismen wie die Organisationsstruktur oder die Standardisierung und Formalisierung von Entscheidungen bei dynamischer Umweltentwicklung und zunehmender Interdependenz der unternehmensinternen und -externen (Teil-)Systeme ineffizient und ineffektiv sind. So konnte in empirischen Untersuchungen (vgl. Kapitel 13) gezeigt werden, dass hoch komplexe internationale Unternehmen ihre Subsysteme zunehmend über gemeinsame Werte und damit über die kulturelle Dimension koordinieren (Martinez/Jarillo [Evolution] 489 ff.; Wolf [Personalmanagement] 547 ff.). Die Unternehmenskultur ist strukturellen und technokratischen Koordinationsformen deshalb überlegen, da hier nicht einzelne, aufgrund der Umweltdynamik bald wieder überholte Einzelfälle des Zusammenwirkens von Subsystemen geregelt werden,

sondern ein Konsens bezüglich übergeordneter, zeitlich überdauernder Ziele herbeigeführt wird.

- Eine starke Unternehmenskultur wirkt *sinnstiftend,* da sie den Unternehmensangehörigen übergeordnete Bezüge liefert und die Notwendigkeit bestimmter Handlungsmuster verdeutlicht. Die sinnstiftende Funktion wird jedoch nur dann erfüllt werden, wenn die in der Unternehmenskultur verankerten Werte und Normen von den *einzelnen* Unternehmensangehörigen als moralisch vertretbar und wünschenswert erachtet werden. Auch muss den Unternehmensangehörigen ersichtlich werden, wie ihr Handeln mit den übergeordneten Kategorien der Unternehmenskultur verbunden ist.

- Die Unternehmenskultur *fördert Identität*. Die Wirksamkeit dieser Funktion wird entscheidend davon abhängen, ob die Ausprägung der Unternehmenskultur mit den anderen Gestaltungsvariablen des Unternehmens wie Strategie, Struktur oder Systeme übereinstimmt. Nach innen bewirkt kulturelle Identität ein positives Betriebsklima und fördert das Zusammengehörigkeitsgefühl der Unternehmensangehörigen. Im Außenverhältnis verbessert die kulturelle Identität das Bild der Öffentlichkeit vom Unternehmen.

- Sind diese Bedingungen erfüllt, dann könnte die Unternehmenskultur auch *motivationsfördernd* wirken (Marr [Unternehmenskultur]). Dies wird insbesondere dann der Fall sein, wenn die Unternehmenskultur von der Mehrzahl der Arbeitnehmer getragen wird und so ein Wir-Gefühl und ein entsprechender Teamgeist entstehen können. Zur Motivationsförderung dürfte auch beitragen, dass Unternehmen mit starken Kulturen nur selten auf komplexe, kostspielige und von einem immer größer werdenden Teil der Arbeitnehmer wenig geschätzte formelle Überwachungssysteme zurückgreifen müssen.

- Obwohl der Einfluss der Unternehmenskultur im Allgemeinen auf den Ablauf von Innovationsprozessen und damit auch den Erfolg von Innovationen unbestritten ist (Hauschildt/Salomo [Innovationsmanagement]), bleibt hingegen ungeklärt, ob eine starke Unternehmenskultur im Besonderen *innovationsfördernd oder -hemmend* wirkt. Die letztendliche Wirkungsrichtung dürfte vom Typ sowohl des Unternehmens als auch der etablierten Unternehmenskultur abhängen. Höhere Innovationspotentiale würden demnach vor allem der organischen Organisation von Burns und Stalker (vgl. Abschn. 7.5.1), Mintzbergs Adhocracy (vgl. Abschn. 7.5.5) sowie der Tough-Guy-Macho-Culture von Deal und Kennedy (vgl. Abschn. 4.7.2) zugeschrieben. Durch Einrichtung einer entsprechend starken Führungs- und Innovationskultur könnte das Innovationsverhalten der Mitarbeiter positiv beeinflußt werden (Poech [Erfolgsfaktor] 135 f.); hinreichende valide empirische Befunde bestehen für diesen Sachzusammenhang allerdings noch nicht (Ernst [Innovationserfolg] 23 ff.).

Risiken starker Unternehmenskulturen

Den positiven Effekten starker Unternehmenskulturen stehen jedoch auch *Risiken* gegenüber. So können das Wertesystem starker Unternehmenskulturen und die aus ihr fließenden Orientierungsmuster leicht zu einer alles beherrschenden Kraft werden (Hedberg [Organizations] 23; Kieser [Werte] 429; Schreyögg [Unternehmenskultur] 371). Diese kann den Blick für Veränderungen in der Unternehmensumwelt versperren. Unternehmen mit starken Kulturen laufen Gefahr, diejenigen Entwicklungen, die im Widerspruch zu der bisherigen Weltsicht stehen, als Störung zu definieren, die es zu negieren gilt (Scholz [Organisationskultur] 243 ff.). Auch dürfte es sich nachteilig auswirken, wenn die Unternehmenskultur explizit in Unternehmensgrundsätzen postuliert wird. In diesem Falle läuft sie nämlich Gefahr, „eingefroren" zu werden und ihren dynamischen Charakter zu verlieren. Auch könnte bei den Unternehmensangehörigen der Eindruck entstehen, ein Wertesystem oktroyiert zu bekommen. Schließlich wird in vielen Unternehmen mit einer starken Kultur auch noch der Fehler begangen, diese bewusst als Legitimations- und Verschleierungsinstrument (Weber/Mayrhofer [Organisationskultur] 561) zu handhaben, mit dem unerwünschte, aber sinnvolle Änderungsvorschläge abgeblockt und bestehende Mängel heruntergespielt werden.

4.7.4 Beeinflussung und Entwicklung der Unternehmenskultur

Die obigen Überlegungen haben deutlich werden lassen, dass die Unternehmenskultur nicht zuletzt unter dem Aspekt ihrer Nützlichkeit zur besseren Erreichung der Unternehmensziele herangezogen wird. Die Frage der „Machbarkeit" oder instrumentellen Beherrschung der Unternehmenskultur ist jedoch umstritten. Ungeklärt ist dabei, in welchem Maß Unternehmenskulturen beeinflusst werden können und ob es überhaupt zweckmäßig ist, diese zu beeinflussen. Drei Sichtweisen stehen dabei einander gegenüber.

Drei verschiedene Sichtweisen:

Unternehmenskultur kann nicht gestaltet werden

Eine *erste Auffassung* geht davon aus, *dass die Unternehmenskultur vom Management nicht gestaltet werden kann.* Die dieser Denkrichtung anhängenden „kulturellen Puristen" (Martin [Culture] 95) sehen Unternehmenskultur als „zähen Stoff" an, der in erster Linie auf Traditionen beruht. Diese sind historisch-gesellschaftlich gewachsen und werden individuell, durch Sozialisation aufgenommen (Bendixen [Machbarkeit] 207). Unternehmenskulturen stellen dabei „Legierungen" dar, deren konkrete Gestalt sich aus dem Zusammenspiel der Werte und Normen der Unternehmensangehörigen herausbildet. Unternehmenskulturen können also nicht „gemacht" bzw. in einem rationalen Gestaltungsprozess geplant werden; sie sind vielmehr das Ergebnis eines Prozesses spontaner Ordnung, an dem alle Unternehmensangehörigen beteiligt sind. Besonders heftig kritisiert wird die Annahme der Machbarkeit von Unternehmenskultur von Westerlund und Sjöstrand ([Organisationsmythen] 97 ff. und 162 f.). Sie vertreten die Auffassung, dass Manager einen gewissen Überoptimismus hinsichtlich der Möglichkeit zur Schau stellen, das Unternehmen und seine Kultur zu verändern. Nach ihrer Ansicht ist es leicht, äußerliche Veränderungen im Verhalten der Unternehmensmitglieder zu erreichen; wesentlich schwieriger ist es jedoch, tiefer gehende Veränderungen ihrer Wertmaßstäbe und Einstellungen zu bewirken. Insofern wird sich die Handhabung von Unternehmenskultur immer als unrealistischer Mythos erweisen. Als wesentlich realitätsnäher wird daher eine Perspektive angesehen, die die Unternehmenskultur als eine große Welle begreift, auf der die Manager reiten, erfolgreiche Verhaltensweisen herauszufinden versuchen und ihre Kunststücke vorführen. Manager würden zwar auf der hohen Kulturwoge surfen, Kulturstrategen seien sie jedoch nicht (Westerlund/Sjöstrand [Organisationsmythen] 163).

Unternehmenskultur kann, sollte aber nicht gestaltet werden

Eine zweite Auffassung besagt, dass die Unternehmenskultur vom Management zwar gestaltet werden kann, derartige Eingriffe aber unterlassen werden sollten, da sie unethisch und darüber hinaus auch dysfunktional sein können. Nach dieser Denkrichtung stellen Kulturinterventionen tief gehende Eingriffe dar, die ungleich stärker die Lebenswelt der Unternehmensangehörigen beeinflussen als beispielsweise Maßnahmen der Reorganisation oder der Arbeitsgestaltung. Insofern muss es als fragwürdig gelten, wenn die Unternehmenskultur vom Management zu gestalten versucht wird und die Werte der Unternehmensangehörigen wie eine Computerfestplatte „formatiert" und instrumentalisiert werden. Die Kultur von Unternehmen sollte auch deshalb nicht beeinflusst werden, da der Verlauf derartiger Beeinflussungsversuche bislang nur unzureichend kalkulierbar ist und dysfunktionale Wirkungen einer Kulturgestaltung nicht ausgeschlossen werden können. So ist es der Unternehmenskulturforschung noch nicht gelungen, hinreichende Kenntnisse über die mit unterschiedlichen Unternehmenskulturtypen und -stärken verbundenen Wirkungszusammenhänge sowie ein adäquates Instrumentarium zur Diagnose von Unternehmenskulturen vorzulegen. Solange derartige Hilfen nicht vorliegen, sind beim Versuch der bewussten und auf ein bestimmtes Ziel hin ausgerichteten Gestaltung der Unternehmenskultur unerwartete und unbeabsichtigte Nebenwirkungen möglich, bei denen beispielsweise nicht ausgeschlossen werden kann, dass die Unternehmensangehörigen auf den Versuch des Managements, das Wir-Gefühl und die Identifikation im Unternehmen zu verstärken, mit der Forderung nach höheren Löhnen reagieren (Weber/Mayrhofer [Organisationskultur] 561).

Unternehmenskultur als Aktionsparameter des Managements

Einer *dritten Auffassung nach kann und sollte das Management Unternehmenskultur beeinflussen.* Diese Denkrichtung offenbart einen „kulturellen Pragmatismus", der die Unternehmenskultur als Mittel zur Verbesserung des Zusammenhalts unter den Unternehmensangehörigen, der Produktivität, der Gewinnsituation oder anderweitiger Ziele des Unternehmens erachtet. Dabei soll den Unternehmensangehörigen dadurch, dass die Unternehmenskultur gesteuert wird, „etwas Gutes getan werden". Eine gesunde Unternehmenskultur habe für die Mitarbeiter eine Integrations-, Orientierungs- und Motivationsfunktion (Schnyder [Identity] 262). Was als gesund oder als Idealtyp der Unternehmenskultur anzusehen ist, bleibt freilich offen.

Modell der Kulturentwicklung von Schein

Am differenziertesten hat sich wohl Schein mit Fragen der Entwicklung und Beeinflussung von Unternehmenskulturen auseinander gesetzt, wobei er die Auffassung vertritt, dass die generelle Form der Kulturentwicklung nicht besteht, sondern dass der jeweils vorherrschende Modus von der Lebensphase eines Unternehmens bestimmt wird (Schein [Culture] 270 ff.). Scheins Entwicklungsmodell ist auch deshalb als umfassend zu bezeichnen, da in ihm geplante und ungeplante Formen der Unternehmenskulturentwicklung beschrieben werden. Im Modell werden mit der „Gründungs- und Wachstumsphase", dem „mittleren Unternehmensalter" und dem „hohen Unternehmensalter" drei in Abbildung 4-12 näher charakterisierte Unternehmenslebensphasen ausdifferenziert.

Herrschaft der Gründer und Nachfolger

In der *Gründungs- und Wachstumsphase* dominieren vier Formen der Unternehmenskulturentwicklung. In Unternehmen, die sich keinen allzu großen Umweltherausforderungen gegenübersehen, wird sich die Unternehmenskultur über einen „natürlichen Evolutionsprozess" entwickeln, bei dem Bewährtes erhalten und kulturell verankert, Unbewährtes dagegen ausgeschieden wird. Bei der „selbstgeleiteten Evolution durch organisatorische Therapie" läuft der kulturelle Evolutionsprozess in expliziter Form dergestalt ab, dass die Stärken und Schwächen der bestehenden Kultur analysiert und Ansätze gesucht werden, mit denen die Schwächen ab- und die Stärken weiter ausgebaut werden können. Die Variante der „geplanten Evolution durch Hybridführungskräfte" bietet sich an, wenn die bestehende Kultur einer grundlegenderen Veränderung bedarf. Hier werden so genannte „kulturell mehrwertige" Führungskräfte zum Zweck der Kulturtransformation in Schlüsselpositionen berufen. Als solche kommen dabei im Unternehmen sozialisierte, dort beschäftigte und von den Unternehmensangehörigen gut akzeptierte Personen in Frage, deren Werte bereits der gewünschten Richtung entsprechen. Bei der „geplanten Revolution durch Outsider" werden die Schlüsselpositionen des Unternehmens mit unternehmensexternen Personen besetzt, die dafür bekannt sind, dass sie über Führungsfähigkeiten und Werte verfügen, die im Unternehmen bislang nicht genügend vorhanden sind. Dieses Modell ist für krisengefährdete Unternehmen geeignet.

Abbildung 4-12

Entwicklung von Unternehmenskultur

Gründungs- und frühe Wachstumsphase Herrschaft der Unternehmensgründer	1. Unternehmenskultur spiegelt die Persönlichkeitsmerkmale der Unternehmensgründer wider. 2. Unternehmenskultur dient der Identitätsfindung für die Unternehmensangehörigen. 3. Unternehmenskultur bildet den organisatorischen „Kitt". 4. Unternehmenskultur wird explizit herausgestellt und intensiv kommuniziert. 5. Individuelle Sozialisation fördert den Zusammenhalt zwischen den Unternehmensangehörigen.
Phase des starken Wachstums Herrschaft der Nachfolgegeneration	1. Die von der Gründergeneration geprägte Unternehmenskultur wird zunehmend zum Streitobjekt zwischen konservativen und progressiven Unternehmensangehörigen. 2. Unternehmenskultur löst sich von den Merkmalen der Unternehmensgründer und wird durch Werte ergänzt, die von den Gründern unabhängig sind.
Mittleres Unternehmensalter Managerherrschaft; Diversifikation des Leistungsprogramms; Marktausdehnung (Internationalisierung); vertikale Integration; M&A	1. Der Geist der Unternehmenskultur löst sich zunehmend in Routinen, Prozeduren und Slogans auf; Unternehmenskultur wird materialisiert und durch formelle Regelungen substituiert. 2. Schlüsselziele und -werte sowie Basisannahmen verlieren allmählich an Bedeutung; Aufkommen einer Identitätskrise. 3. Rückgang der kulturellen Integration und Homogenität; Subkulturen bilden sich heraus. 4. Notwendigkeit eines Unternehmenskulturwandels wird wahrgenommen, insbesondere dann, wenn das Unternehmen oder Unternehmensteile in wirtschaftliche Schwierigkeiten geraten.
Hohes Unternehmensalter Stagnation oder Rückgang der Märkte; zunehmende interne Verkrustung; zunehmender Veränderungswiderstand	1. Viele Unternehmensangehörige hängen an überkommenen Werten; Unternehmenskultur wird zur Innovationsbremse. 2. Unternehmenskultur erschöpft sich im anekdotenhaften Erzählen von Heldentaten aus der Vergangenheit. 3. Unternehmenskultur dient vorwiegend der Rechtfertigung des eigenen Verhaltens.

Herrschaft der Manager

Für Unternehmen im *mittleren Bereich des Lebenszyklus* stehen ebenfalls vier Kulturentwicklungsstrategien zur Verfügung. Die Variante des „geplanten Wandels durch Organisationsentwicklung" gleicht der oben dargelegten „selbstgeleiteten Evolution durch organisatorische Therapie", da auch hier eine systematische Kulturdiagnose und -therapie erfolgt. Die Problemstellung ist jedoch insofern anders, als es im mittleren Unternehmensalter üblicherweise darum geht, die zwischen den widerstreitenden Subkulturen bestehenden Konflikte positiv nutzbar zu machen. Die Variante der „technologischen Verführung" basiert auf der Erkenntnis, dass die Unternehmensangehörigen umso ähnlicher denken, fühlen und handeln, je ähnlicher die Techniken sind, die sie im Rahmen von Qualifizierungs- und anderweitigen Trainingsmaßnahmen kennen lernen bzw. vermittelt bekommen. Deshalb wird hier versucht, einen Großteil der Unternehmensangehörigen durch identische Seminare, zum Beispiel über Personalführungs- oder Moderationstechniken, zu schleusen. Ein „Wandel durch Mythenexplosion" findet sich dort, wo Mythen („espoused theories") existieren, die den realen Verhältnissen („theories-in-use") nicht entsprechen. Ein derartiger Kulturwandel durch Mythenexplosion tritt vielfach ungewollt auf: zum Beispiel dann, wenn eine befähigte Nachwuchsführungskraft überraschend das Unternehmen verlässt, weil sie trotz der Erfüllung der in Mythen glorifizierten „Heldenmerkmale" den Aufstieg in höhere Positionen nicht geschafft hat. Diese Form des Kulturwandels kann jedoch auch gezielt dergestalt gehandhabt werden, dass realitätsfremde Mythen schonungslos offen gelegt werden und das sie umgebende Kulturgewölbe zum Einsturz gebracht wird. Das bevorzugte Interventionsmuster wird eine Strategie der kleinen Schritte sein. Diese Form erscheint auch insofern als Methode der Kulturhandhabung angemessen, als sie der großen Beharrungskraft von Werten entspricht.

In der Phase eines *hohen Unternehmensalters* finden sich drei Formen des Kulturwandels, die aufgrund der Veränderungsnotwendigkeit vergleichsweise drastisch wirken. Bei der „zwangsweisen Überzeugung" wird versucht, die im Unternehmen bestehenden unzweckmäßigen Werte und Überzeugungen dadurch abzubauen, dass die Unternehmensangehörigen künstlich in eine ausweglose Situation gebracht werden. Ihnen wird deutlich, dass ihr Wertesystem zu einer Eskalation destruktiver Wirkungen führt. Dieser Prozess bedarf aber einer feinfühligen Überwachung; insbesondere sollten den Beteiligten psychologischer Beistand und im Lernfall auch hinreichende Anreize angeboten werden, damit sie das Unternehmen nicht verlassen. Mit dem „kulturellen Turnaround" ist kein eigenständiger Mechanismus der kulturellen Transformation, sondern eine Kombination der zuvor dargelegten Methoden gegeben. Bei der als „Reorganisation und Wiedergeburt" bezeichneten Form der Unternehmenskulturentwicklung werden schließlich die in Richtung einer Kulturbewahrung wirkenden „Netzwerke" der Unternehmensangehörigen auf dem Weg einer Reorganisation aufgelöst oder zerschlagen in der Hoffnung, dass sich mit diesem Rundumschlag auch die unerwünschten Wertvorstellungen verflüchtigen.

Kontrollfragen und Aufgaben zu Kapitel 4

1. Was versteht man unter Querschnittfunktionen der Unternehmensführung?

2. Erklären Sie, warum der Entwicklung von Zielen eine zentrale Bedeutung im Handlungsprozess der Unternehmensführung zukommt.

3. Welche Fragen stehen im Mittelpunkt der heutigen theoretischen und empirischen Zielforschung?

4. Erläutern Sie Gemeinsamkeiten und Unterschiede von Unternehmenszielen und Unternehmensgrundsätzen.

5. Erklären Sie anhand von Beispielen Dimensionen, die zur Spezifizierung von Unternehmenszielen erforderlich sind.

6. Welche Funktionen erfüllen Unternehmensziele?

7. Suchen Sie nach Praxisbeispielen, anhand derer die Unterscheidung zwischen offiziellen und realen Zielen besonders deutlich wird.

8. Welche Beziehungen können Unternehmensziele zueinander aufweisen?

9. Ist es zweckmäßig, Unternehmensziele auf dem Weg einer inkrementalen Zieleplanung festzulegen? Begründen Sie Ihre Aussage.

10. Was versteht man unter einem Zielsystem? Vergleichen Sie die dargestellten Zielsysteme hinsichtlich ihres Aufbaus.

11. Erklären Sie anhand von Fallbeispielen die im Austauschmodell, Sozialisationsmodell sowie Anpassungsmodell skizzierte Form der Konfliktregelung in Zielsystemen.

12. Vergleichen Sie die Ergebnisse der älteren und neueren Zielforschung hinsichtlich ihrer Ergebnisse. Erläutern Sie dabei den Zusammenhang zwischen Shareholder- und Stakeholder-Orientierung der Unternehmen. Läßt sich eine Richtung als dominant feststellen?

13. Welche Probleme sind mit der empirischen Zielforschung verbunden?

14. Lassen Sie sich eine Broschüre mit Unternehmensgrundsätzen eines Großunternehmens zusenden. Prüfen Sie, inwiefern die Grundsätze die im Schrifttum diskutierten Funktionen von Unternehmensgrundsätzen erfüllen.

15. Vergleichen Sie die Grundsätze des von Ihnen ausgewählten Unternehmens mit denjenigen des Hauses Siemens und dem Mittelständler Putzmeister.

16. Welches Ziel verfolgt das Davoser Manifest und welche jüngsten Initiativen gehen in eine ähnliche Richtung?

17. Erläutern Sie Fragen, die im Mittelpunkt unternehmensethischer Diskussionen stehen.

18. Zeigen Sie anhand von Fallbeispielen, wie in der Industriegesellschaft der Blick aufs Ganze verloren geht.

19. Erläutern Sie den Begriff und die Merkmale der Unternehmenskultur.

20. In welcher Form hat sich die traditionelle Betriebswirtschaftslehre mit kulturellen Fragen auseinander gesetzt?

21. Warum sollte sich die moderne Betriebswirtschaftslehre mit der Unternehmenskultur beschäftigen?

22. Worin unterscheiden sich das explikative und das deskriptive Kulturverständnis?

23. Erläutern Sie den Aufbau des Scheinschen Kulturebenenmodells. Suchen Sie in der Unternehmenspraxis nach Beispielen für Erscheinungen der Modellebenen.

24. Durch welche Merkmale lässt sich das Wesen der Unternehmenskultur charakterisieren?

25. Worin unterscheidet sich die Unternehmenskultur von Realphänomenen wie Corporate Identity, Corporate Design, Corporate Communications, Corporate Behavior, Corporate Image, Unternehmensphilosophie sowie Unternehmenszielen und -grundsätzen?

26. Anhand welcher Merkmale lassen sich starke und schwache Unternehmenskulturen voneinander abgrenzen? Suchen Sie nach Beispielen für starke und schwache Unternehmenskulturen.

27. Beurteilen Sie die Befunde der empirischen Unternehmenskulturforschung.

28. Was besagen die „Culture-Bound-These“ und „Culture-Free-These“?

29. Welche Nutzenwirkungen und Risiken weisen starke Unternehmenskulturen auf?

30. Beurteilen Sie die Aussage: „Unternehmenskulturen sind gestaltbar.“

31. Welche Methoden der Kulturintervention bieten sich an, wenn von der Gestaltbarkeit der Unternehmenskultur ausgegangen wird?

Literaturhinweise zu Kapitel 4

BAETGE, J. ET AL., *Unternehmenskultur* und Unternehmenserfolg – Stand der empirischen Forschung und Konsequenzen für die Entwicklung eines Messkonzepts, in: Journal für Betriebswirtschaft, 57. Jg., Heft 2, 2007, S. 183-219.

BÜHNER, R., STILLER, P., TUSCHKE, A., *Legitimität* und Innovation – Einführung wertorientierten Managements in Deutschland, in: Zeitschrift für betriebswirtschaftliche Forschung, 56. Jg., Heft 12, 2004, S. 715-736.

ERNST, H., Unternehmenskultur und *Innovationserfolg* – Eine empirische Analyse, in: Zeitschrift für betriebswirtschaftliche Forschung, 55. Jg., Heft 2, 2003, S. 23-44.

HÖFLACHER, S., *Ziele* unternehmerischen Handelns, in: Das Wirtschaftsstudium, 27. Jg., Heft 12, 1998, S. 1421–1427.

NEUBAUER, W., *Organisationskultur*, Stuttgart 2003.

RAFFÉE, H., FRITZ, W., *Dimensionen* und Konsistenz der Führungskonzeptionen von Industrieunternehmen, in: Zeitschrift für betriebswirtschaftliche Forschung, 44. Jg., Heft 4, 1992, S. 303–322.

SCHEIN, E. H., Organizational *Culture* and Leadership – A Dynamic View, San Francisco – Washington – London 1985.

5 Formulierung von Strategien

5.1 Alternative Verständnisse des Strategiebegriffs

Zwei Interpretationen des Strategiebegriffs

Obwohl die Beschäftigung mit Fragen des Strategischen Managements mittlerweile auf eine über 50jährige Geschichte zurückblicken kann (vgl. zu Stadien dieser Entwicklung Eschenbach/Eschenbach/Kunesch [Konzepte] 44 ff.; Welge/Al-Laham [Management] 11 ff.), wird der Strategiebegriff in Wissenschaft und Praxis nach wie vor sehr unterschiedlich verwendet (vgl. zum Überblick über verschiedene Strategieverständnisse Freiling/Reckenfelderbäumer [Markt] 271 f.). Aus der Fülle der gängigen Begriffsfassungen lassen sich zwei grundlegende Strategieverständnisse ableiten, nachdem Strategien einerseits als rational geplante Maßnahmenbündel und andererseits als Grundmuster im Strom unternehmerischer Entscheidungen und Handlungen zu verstehen sind.

5.1.1 Strategien als rational geplante Maßnahmenbündel

Strategie als abgestimmtes Maßnahmenbündel

Die erstere Sichtweise bildet die herrschende Meinung. Sie geht davon aus, dass zur Erreichung eines angestrebten Ziels eine Vielzahl von Einzelmaßnahmen zu realisieren ist, die in einem stimmigen Verhältnis zueinander stehen. So wird ein Unternehmen, das seinen Marktanteil in den nächsten zehn Jahren verdoppeln will, parallel nebeneinander verschiedene Maßnahmen wie die Verbesserung der Produktqualität, die Intensivierung der Forschungs- und Entwicklungsaktivitäten, die organisatorische Verankerung des Qualitätsmanagements oder den Aufbau eines eigenen Distributions- und Servicenetzes ergreifen, die jeweils wiederum aus zahlreichen Einzelmaßnahmen bestehen. Die Maßnahmen(-bündel) werden als Strategien bezeichnet, weil sie wohlüberlegt entworfen worden und abgestimmt sind, sich also gegenseitig ergänzen und in ihrer Wirkung verstärken. Auf der Basis eines derartigen Strategieverständnisses ergeben sich mehrere Einsichten.

Strategie als Gewebe aus vielen Entscheidungen

- Strategien bestehen aus einer *Vielzahl miteinander verwobener Einzelentscheidungen.* Wenn sich das Top-Management eines Tabakwarenherstellers beispielsweise dafür entschließt, in den Markt für Süßwaren zu diversifizieren (vgl. Abschn. 5.4.1.2), so werden von dieser prinzipiellen Entscheidung zahlreiche Folgeentscheidungen ausgelöst. Welche Art von Süßwaren soll angeboten werden? Sollen die Süßwaren selbst hergestellt oder lediglich gehandelt werden? Soll die Diversifikation in den Süßwarenmarkt auf dem Weg einer Neugründung oder durch die Übernahme (vgl. Abschn. 10.3) eines bereits im Markt etablierten Süßwarenherstellers erfolgen? Anhand dieses Merkmals von Strategien wird deutlich, dass die Änderung von Strategien in aller Regel mit einem hohen Aufwand verbunden ist. So führt eine Strategieanpassung vielfach dazu, dass Produktionsanlagen errichtet oder verändert, neue Distributionswege erschlossen sowie Mitarbeiter eingestellt, umgesetzt oder geschult werden müssen. Strategien binden also das Unternehmen auf längere Frist.

Strategie als koordinierter Planungsprozess

- Strategien werden vom Top-Management und nachgelagerten Entscheidungseinheiten *bewusst gestaltet und somit geplant*. Der Strategieformulierungsprozess ist vernunftgeleitet. Das Top-Management trifft seine Grundsatzentscheidung ebenso unter Berücksichtigung der fundamentalen Ziele wie sich die nachgelagerten Unternehmenseinheiten bei der Bestimmung der von ihnen zu realisierenden Alternativen an der übergeordneten Grundsatzentscheidung des Top-Managements orientieren. Dies bedeutet jedoch nicht, dass die von einem Unternehmen beabsichtigte Strategie notgedrungen der Öffentlichkeit gegenüber als solche bekannt gemacht oder gar detailliert beschrieben wird; in vielen Fällen entspricht sie eher einer List, mit der Konkurrenten Marktanteile abgejagt, neue Kundenbedürfnisse geweckt oder staatliche Zuschussmittel gewonnen werden sollen (Mintzberg [Ps] 3 ff.).

Strategie als Maßnahmenfundament

- Strategien sind nicht die zukünftigen Maßnahmen selbst, sondern Planungen oder *Absichten hinsichtlich dieser Maßnahmen*. Zunächst wird darüber nachgedacht, wie sich das Unternehmen in der Zukunft verhalten soll und erst danach wird nach dieser Absicht gehandelt. Die Überlegung steht also vor der Handlung.

Strategie als Weg zum Ziel

- *Strategien sind eher der Weg als das Ziel*; sie werden aus den fundamentalen Unternehmenszielen (vgl. Kapitel 4) abgeleitet. Diese Auffassung vertreten zwar nicht alle, aber doch die Mehrzahl der Fachvertreter. Sie geben damit eine relativ pragmatische Antwort auf eine der viele Jahre umstrittensten Fragen der betriebswirtschaftlichen Strategieforschung. Sind Unternehmensziele den Strategien vorgelagert oder sind sie Teile derselben? Beinhaltet der Strategiebegriff lediglich den Weg zum Ziel oder auch das Ziel selbst? In der Literatur wird überwiegend die Auffassung vertreten, dass die fundamentalen Unternehmensziele unter den Mitgliedern des Top-Managements ausgehandelt werden, worauf die Strategien als Wege zur Zielerreichung bzw. als Prozessbeschreibungen entsprechend dieser fundamentalen Handlungsmaxime formuliert werden.

Strategie als Brücke zur Umwelt

- Strategien *beeinflussen die Interaktion zwischen Unternehmen und Umwelt substanziell*. Die obigen Beispiele haben bereits deutlich werden lassen, dass mit den im Rahmen der Strategieformulierung getroffenen Entscheidungen unternehmensinterne und -externe Transformationsprozesse gestaltet werden. Strategien müssen nicht zwangsläufig eine Veränderung des Status quo bewirken. Neben einer Intensivierung, Abschwächung oder Aufgabe können sie auch die Beibehaltung der bisherigen Handlungsmuster vorsehen. Ein wesentlicher Einflussfaktor der Geltungsdauer von Strategien ist mit der Dynamik der Unternehmensumwelt gegeben. Unternehmen der Zement- oder Nahrungsmittelbranche beispielsweise agieren in vergleichsweise stabilen Umwelten und können daher auch heute noch ihre (Traditions-)Strategien relativ kontinuierlich weiterverfolgen. In einer völlig anderen Situation befinden sich hingegen Unternehmen der EDV-Branche oder des Maschinenbaus, deren Handlungskontext sich äußerst dynamisch weiterentwickelt und somit häufige Strategieanpassungen erfordert. Verfehlt ist demnach die Interpretation des Strategiebegriffs als Pläne, die die Aktionen des Unternehmens in seiner Umwelt auf Jahre oder gar Jahrzehnte hinaus exakt festschreiben und damit nur einen geringen Spielraum zur Variation einräumen. Zutreffender ist hingegen die Auffassung, dass es sich bei Strategien um Rahmenpläne handelt, die vor allem im Fall dynamischer Umweltentwicklung einer kontinuierlichen Überprüfung und gegebenenfalls einer Anpassung bedürfen.

Strategien in dieser ersten Sichtweise stellen somit umfassende, stimmige Maßnahmenbündel dar, die rational geplant werden und deren Formulierung vor der Maßnahmenrealisierung erfolgt.

5.1.2 Strategien als Grundmuster im Strom von Entscheidungen und Handlungen

Die zweite, neuere Sichtweise baut auf der Erkenntnis auf, dass die zunehmende Geschwindigkeit und Diskontinuität des Umweltwandels es immer schwieriger werden lassen, Strategien im Sinne komplexer Maßnahmenbündel, die durch ein hohes Maß an Irreversibilität und Bindungswirkung charakterisiert sind, zu formulieren. Gleichzeitig wird die *prinzipielle Frage* aufgeworfen, ob die Entscheidungsträger von Unternehmen angesichts der dynamischen Umweltentwicklung die Herausforderung der Strategieformulierung überhaupt bewältigen können, oder ob sich, wie viele Praktiker meinen, die *„strategische Zukunft" des Unternehmens als immer weniger „manageable"* erweist. Andererseits wird im Schrifttum jedoch auch die Auffassung vertreten, dass gerade der Umweltwandel als Begründung für die strategische Unternehmensplanung zu gelten hat (Roventa [Analyse] 5). Vor dem Hintergrund des zunehmend turbulenteren Umweltwandels und der Beobachtung des Verhaltens von Unternehmen in der Realität spricht jedenfalls vieles für eine Relativierung des obigen, streng am Ziel-Mittel-Denken orientierten Strategieverständnisses.

Strategie als Element eines Entwicklungsstroms

Einzelne Unternehmensführungsentscheidungen, beispielsweise über die Übernahme eines Zulieferers oder die Ausweitung des internationalen Engagements, werden nämlich nicht isoliert getroffen, sondern sind Bestandteil eines Handlungsstroms, der seinen Ursprung in der Vergangenheit hatte, die Gegenwart bestimmt und sich in der Zukunft weiterentwickeln wird. Dasselbe gilt für Strategien. Auch sie werden auf der Basis der „Vorwelt" des Unternehmens getroffen, wobei die Ereignisse der Unternehmensvergangenheit von den Mitgliedern des Top-Managements interpretiert werden (vgl. Abschn. 2.4). Strategien entwickeln sich also vielfach im Spannungsfeld von abrupten Veränderungen des internen und externen Kontexts; beispielsweise angesichts veränderter Nachfrage, veränderter Interessenlagen oder veränderter politischer Rahmenbedingungen (vgl. Abschn. 1.4.1). Dementsprechend erscheint die Annahme, dass Strategien generell vor der betreffenden Ausführung formuliert werden, ebenso abwegig wie die Unterstellung, dass sie immer bewusst und international entwickelt werden (Mintzberg/McHugh [Adhocracy] 160 ff.).

Strategie als emergentes Handlungsmuster

Unter Würdigung dieser Einwände wurde daher ein *umfassenderer Strategiebegriff* vorgeschlagen, in dem Strategie als *Grundmuster im Strom der Entscheidungen oder Aktivitäten eines Unternehmens* aufgefasst wird (Mintzberg/McHugh [Adhocracy] 161). Von einer Strategie ist demnach zu sprechen, sobald sich im Zeitablauf in den Entscheidungen oder Aktivitäten des Unternehmens ein *konsistentes Bild oder Muster abzeichnet* (Mintzberg [Patterns] 935). Wenn sich beispielsweise ein traditionell in der Schwerindustrie tätiges Unternehmen nacheinander an verschiedenen Unternehmen der Mess- und Regeltechnik, der Nachrichtentechnik, insbesondere der mobilen Kommunikation oder des Anlagenbaus beteiligt, so kann dieses Verhaltensmuster zunächst als Diversifikation bezeichnet, inhaltlich gewendet aber auch als Technologiestrategie des Unternehmens interpretiert werden. *In diesem Verständnis wird das Handeln zur Unternehmensstrategie und das Handeln resultiert somit weniger aus der Strategie.*

In dieser Sichtweise wird demnach die Auffassung fallen gelassen, dass das Top-Management die Stimmigkeit der Entscheidungen und Aktivitäten bewusst von vornherein geplant hat. Stattdessen sind Fälle real existent, in denen sich die Strategie eines Unternehmens graduell, oft sogar unbeabsichtigt (weiter)entwickelt. In diesen Fällen treffen das Top-Management oder andere mit Entscheidungskompetenz ausgestattete Einheiten im Unternehmen Einzelentscheidungen, ohne dass diese in einem Stimmigkeitsverhältnis zur bisherigen Unternehmensstrategie stehen (Mintzberg [Patterns] 935). Kommt es im weiteren Zeitablauf vermehrt zu Entscheidungen und Aktivitäten, die zu der letztgenannten Entscheidung passen oder mit dieser konsistent sind, so hat das Unternehmen seine Strategie (unbewusst) verändert. *Eine Strategie kann sich also unabhängig davon entwickeln, ob die Verantwortlichen diese rational geplant und auf übergeordnete Bezüge abgestimmt haben oder nicht, entscheidend für ihre Entstehung ist nur, dass sich die faktischen Entscheidungen oder Aktivitäten des Unternehmens im Nachhinein als eine konsistente Gesamtheit darstellen.* Nach ihrer Genese lassen sich mit Mintzberg *mehrere Strategievarianten*, die auf der Grundlage von Langzeitstudien in der Unternehmenspraxis entwickelt wurden, unterscheiden (Mintzberg ([Patterns] 945 f.):

Empirische Strategievarianten

Zunächst muss zwischen beabsichtigten und realisierten Strategien unterschieden werden. *Beabsichtigte Strategien* („intended strategies") können als A-priori-Richtlinien zur Lösung künftiger Entscheidungsprobleme verstanden werden. *Realisierte Strategien* („realized strategies") sind diejenigen Maßnahmenbündel, die wirklich ergriffen wurden.

Je nachdem, ob nun beabsichtigte Strategien realisiert werden oder nicht, ergeben sich drei Strategiemuster.

Geplante Strategien

- Beabsichtigte Strategien, die realisiert werden, können als *geplante Strategien* („deliberate strategies") bezeichnet werden. Nur diese geplanten Strategien entsprechen der oben dargestellten ersten Sichtweise, wonach Strategien als bewusst gestaltete Maßnahmenbündel aufzufassen sind.

Nicht realisierte Strategien

- Beabsichtigte Strategien, die nicht umgesetzt werden, sind als *nicht realisierte Strategien* („unrealized strategies") zu bezeichnen. Gründe dafür, dass eine beabsichtigte Strategie nicht umgesetzt wird, können beispielsweise darin liegen, dass zu Beginn des Strategieformulierungsprozesses unrealistische Erwartungen gehegt wurden, dass Fehlbeurteilungen der Umwelt vorgenommen wurden oder dass sich die Umweltsituation drastisch verändert hat. Als Beispielfall für eine (zunächst) nicht realisierte Strategie kann das Vorhaben der Volkswagen AG, zu Beginn der 1970er Jahre ein PKW-Werk in den USA aufzubauen, gelten. Diese im rational ökonomischen Kalkül sinnvolle Strategie wurde nicht zuletzt deshalb beträchtlich verzögert, weil die Arbeitnehmervertreter im Aufsichtsrat des Unternehmens diesem Vorhaben entschieden entgegentraten.

Unbeabsichtigte Strategien

Werden Strategien realisiert, die überhaupt nicht intendiert waren, kann von *unbeabsichtigt entstandenen* oder sich ergebenden *Strategien* („emergent strategies") gesprochen werden. Welche Bedeutung eine zunächst unbeabsichtigte Strategie erlangen kann, lässt sich am Beispiel der Entwicklungsgeschichte der Lurgi GmbH, Frankfurt am Main, einer Tochter der Air Liquide Gruppe zeigen. Das Unternehmen, das seine traditionelle Domäne im Bereich des wärmetechnischen Anlagenbaus hat, nutzte sukzessiv die sich aus der erhöhten Notwendigkeit zum Umweltschutz ergebenden Marktchancen, sodass es sich heute neben dem Emissionsschutz auch auf den Bau von Großanlagen für die recyclingorientierte Abfallaufbereitung spezialisiert hat. Damit hat das Unternehmen zwar die traditionelle Domäne des Anlagenbaus nicht verlassen, jedoch hat es aus vergleichsweise kleinen Anfängen heraus mit der Abfallentsorgung und -verwertung eine weitere wichtige Produktlinie entwickeln können. Die heutige Unternehmensstrategie der Lurgi GmbH kann daher sogar als eine Umweltschutzstrategie bezeichnet werden. Das Beispiel zeigt, dass diese nicht in allen Facetten von langer Hand geplant, sondern aus der Situationsentwicklung heraus entstanden ist. Die Genese von geplanten, unrealisierten und unbeabsichtigten Strategien wird in der Abbildung 5-1 im Spannungsfeld von beabsichtigten und realisierten Strategien verdeutlicht.

Abbildung 5-1 *Geplante, unrealisierte und unbeabsichtigte Strategien*

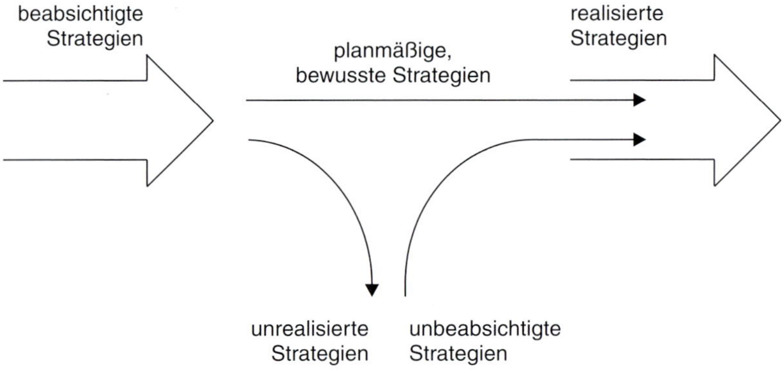

Strategische Grundhaltungen

Empirische Langzeitstudien haben gezeigt, dass Unternehmen als Ganzes in der Tat bestimmte „Handlungsmuster" herausbilden, die als Destillat aus beabsichtigten und unbeabsichtigten Strategien zu begreifen sind. Diese Muster werden als *strategische Grundhaltung* bezeichnet (Miles/Snow [Strategy] 28 ff.; Kirsch/Roventa/Trux [Haarschneideautomaten] 24 ff.). *Strategische Grundhaltungen sind die hinter den einzelnen Strategien (Geschäftsfeld-, Wettbewerbs-, Marketing- oder Personalstrategien) liegenden Grundmuster.*

Die aus vergangenem Verhalten geronnene strategische Grundhaltung beeinflusst das aktuelle Interpretations- und Entscheidungsverhalten von Managern. Vor allem Rollenzwänge tragen dazu bei, dass Manager vielfach nur unter größten Anstrengungen Strategien formulieren und implementieren können, die im Widerspruch zur bisherigen strategischen Grundhaltung ihres Unternehmens stehen. Dies hat sich auch im Fallbeispiel zur US-amerikanischen und deutschen Automobilindustrie gezeigt (vgl. Abschn. 2.4). Die Manager taten sich schwer, als es darum ging, ein neues Produkt, das dem bisherigen Strategiemuster nicht vollständig entsprach, in das Leistungsprogramm aufzunehmen. Strategische Grundhaltungen wirken somit als stabilisierendes Korsett des Entscheidungsverhaltens von Managern.

Typen

Exemplarisch für die verschiedenen Ordnungsraster strategischer Grundhaltungen sei hier auf die von Miles und Snow ([Strategy] 29 ff.) vorgestellten vier Typen verwiesen, die als Verteidiger, Prospektor, Risikostreuer und Anpasser (Reagierer) bezeichnet werden:

- Der *Verteidiger* ist auf begrenzten, gut überschaubaren Märkten tätig, in denen er eine starke Wettbewerbssituation aufzubauen und zu halten versucht. Aufgrund seiner guten Kundenkenntnis und Erfahrung im Geschäftsfeld ist er in der Lage, einen hohen Leistungsstandard mit niedrigen Preisen zu verbinden, insbesondere dann, wenn er ökonomische Skaleneffekte erzielt. Produkt- und prozessbezogene Veränderungen scheut er.

- Der *Prospektor* sucht ständig neue Gelegenheiten im Markt, insbesondere auch außerhalb seines angestammten Geschäftsfelds. Dabei kommt ihm seine Fähigkeit zugute, „first in" in einem Geschäftsfeld zu sein. Wenn andere, nämlich Risikostreuer oder Reagierer, nachziehen, ist er bereits auf der Suche nach neuen Möglichkeiten.

- Der *Risikostreuer* vereint in sich sowohl Merkmale des Verteidigers als auch des Prospektors. Er agiert in beständigen Geschäftsfeldern, die aber breiter als beim Verteidiger gestreut sind. Im angelsächsischen Raum wird er als „analyzer" bezeichnet, da er sorgfältig abwägt, bevor er neue Aktivitäten ergreift. Sein Handlungsmuster kann daher als „second in" bezeichnet werden.

- Der *Anpasser bzw. Reagierer* verfolgt keine Strategie im hier verstandenen Sinn, da er sein Handeln an die Umwelt anpasst, statt eine eigene Konzeption zu verfolgen. Im Wesentlichen vertraut er auf seine Flexibilität.

Welches Strategieverständnis wird wann bevorzugt?

Es zeigt sich, dass das erste Strategieverständnis tendenziell präskriptiv, das zweitgenannte eher deskriptiv ist (vgl. zu dieser Unterscheidung auch Jahns [Management] 593 ff.). Welches der obigen Strategieverständnisse zugrunde gelegt wird, hängt im Wesentlichen davon ab, in welchem Zusammenhang und zu welchem Zweck der Strategiebegriff verwendet wird. Da die vorrangige Intention eines Lehrbuchs darin besteht, das Fachwissen der Leser zu erweitern, empfiehlt es sich, zunächst auf die erste Sichtweise zurückzugreifen, nach der Strategien als bewusst gestaltete Maßnahmenbündel aufzufassen sind. Dieser Strategiebegriff wird insbesondere den Abschn. 5.4 bis 5.6 zugrunde gelegt, in denen es um *idealtypische Formen der Strategieformulierung* geht. Die zweite Sichtweise, Strategien als Grundmuster im Strom von Entscheidungen und Aktivitäten aufzufassen, scheint neben der überfachlichen Anleitung zu problemstrukturierendem, an der Realität orientiertem Denken für die *empirische Strategieforschung* besonders nützlich zu sein, da sie es einerseits ermöglicht, faktische Verhaltensmuster von Unternehmen zu verstehen, ohne andererseits stets darauf angewiesen zu sein, das (teils nicht rationale) realtypische Verhalten quasi „rationalisiert" aus der Vergangenheit erklären zu müssen. Diese Auffassung von Strategien wird in Abschn. 9.1 aufgegriffen, in dem Unternehmensführungsprozesse, wie sie sich in der Realität vollziehen, erörtert werden.

Mintzbergs 5 Ps

Mintzberg ([Concept] 11 ff.) hat noch ein weiteres Raster an alternativen Strategieverständnissen entfaltet, in dem zwischen Plan, List, Muster, Positionierung und Denkhaltung unterschieden wird. Da die entsprechenden Bezeichnungen im Englischen durchweg mit „P" beginnen, wird auch von Mintzbergs „5 Ps" gesprochen. Während sich in den Begriffen „Plan", „List" und „Denkhaltung" das präskriptive Strategiekonzept widerspiegelt, sind die Verständnisse „Muster" und „Positionierung" eher deskriptiv geprägt. Später wurde dieses Raster zu zehn Denkschulen (Mintzberg [Thought] 111 ff.) verfeinert, die jedoch nur eine graduelle Verfeinerung darstellen.

5.2 Zielsetzung der Strategieformulierung

Erfolgspotenzial als strategische Steuerungsgröße

Die übergeordnete Zielsetzung der Unternehmensführung ist nach empirischen Befunden (Fritz et al. [Unternehmensführung] 567 ff.) nicht in der kurzfristigen Gewinnmaximierung, sondern in der *Sicherung des Bestands der langfristigen Unternehmensentwicklung* gegeben (vgl. Abschn. 4.5). Die Erreichung dieses Ziels und damit der Unternehmensführungserfolg sind ganz wesentlich von der Qualität der zur Verfügung stehenden Steuerungsgrößen des Unternehmens abhängig. Vergangenheitsorientierte Steuerungsgrößen wie Liquidität und Ertrag erscheinen als Steuerungsmaße für die Strategieformulierung nicht sehr nützlich. An deren Stelle müssen *zukunftsgerichtete Maßgrößen* treten. Ein solches Maß ist das *Erfolgspotenzial*. Mit diesem Sammelbegriff werden in der betriebswirtschaftlichen Dimension *diejenigen Potenziale eines Unternehmens* abgeschätzt, *die das letztendlich mögliche und er-*

reichbare Maß an ökonomischer Effizienz bestimmen (Gälweiler [Unternehmensplanung] 133; Eschenbach/Eschenbach/Kunesch [Konzepte] 72 f.). Das Erfolgspotenzial wird den Größen Erfolg und Liquidität zeitlich als vorgelagert betrachtet; es soll Aufschlüsse über *zukünftige Erfolgs- und Liquiditätsaussichten* des Unternehmens geben. Die Verwendung des Erfolgspotenzials als strategische Steuerungsgröße fußt auf der Überlegung, dass hohe Gegenwartsgewinne, die vielfach als Erfolgsindikatoren herangezogen werden, nicht unbedingt auf ausgeprägte Leistungsreserven des jeweiligen Unternehmens hinweisen müssen. Die Verbesserung des kurzfristigen Periodenerfolgs kann nämlich auch über materielle und immaterielle Substanzschmälerungen im Unternehmen erreicht werden (Schneider [Investition] 236).

Substanzerhaltungspostulat

Eine Strategieformulierung, die nach einer Steigerung des Erfolgspotenzials strebt, trägt hingegen dem Substanzerhaltungspostulat eher Rechnung. Die Abschätzung des gegenwärtigen Erfolgspotenzials eines Unternehmens kann aus Operationalisierungsgründen nur über *Hilfsgrößen* erfolgen. Gälweiler hat mit den Größen Marktvolumen, Marktpotenzial, Marktwachstum, Marktanteile, Produkt-Lebensdauer und Produkt-Altersverteilung einige erfolgsstiftende Faktoren herausgestellt (Gälweiler [Unternehmensplanung] 325), die durch spezialisierte Untersuchungen wie insbesondere das PIMS-Projekt (vgl. Abschn. 5.6.3.3) differenziert und erweitert wurden.

Die Zielsetzung der Strategieformulierung ist auf den Aufbau und die möglichst weitgehende Ausschöpfung des Erfolgspotenzials gerichtet (vgl. zu dieser Prioritätensetzung auch Eschenbach/Eschenbach/Kunesch [Konzepte] 93 ff.). Vorrangige Aufgabe ist es, das *Erfolgspotenzial zu sichern und zu erweitern,* um den Bestand und die Entwicklung des Unternehmens umfassend und langfristig zu gewährleisten. Die konzeptionelle Gesamtsicht der Unternehmensführung wird hierbei durch die Leitidee geprägt, einen Fortschritt in der Befriedigung der Bedürfnisse und Interessen der von den Unternehmensaktivitäten Betroffenen zu erreichen. Da insbesondere Diskontinuitäten (vgl. Abschn. 5.6.1.7 und 5.7) die Entwicklung der Unternehmen bedrohen und damit das Erfolgspotenzial beeinträchtigen können, bedarf die Sicherung des Erfolgspotenzials der *Handhabung auftretender Diskontinuitäten sowie der Vermeidung solcher, die Umweltentwicklung abrupt verändernder Ereignisse* (von der Oelsnitz [Unternehmensstrategie] 679 und 681). Weiterhin konkretisiert sich die Aufgabe der Entwicklung und Sicherung von Erfolgspotenzialen und dessen Sicherung darin, dass *diese Entwicklungen vom Unternehmen selbst ausgelöst werden,* um die sich bietenden Chancen realisieren zu können (vgl. Abschn. 1.4.2).

Die Idee des Aufbaus und systematischen Verwertung des Erfolgspotenzials ist auch in der internationalen Strategieforschung und -lehre präsent, wenngleich dort mehrheitlich von einem Streben nach bzw. einer Nutzung von nachhaltigen Wettbewerbsvorteilen gesprochen wird.

5.3 Strategieinhalt und Strategieprozess

Strategien lassen sich vornehmlich auf ihren Inhalt („*Strategy Content*") als auch aus der Sicht ihres Entstehungsprozesses („*Strategy Process*") untersuchen.

Strategieinhalt

- Bei der Untersuchung von *Strategieinhalten* ist zu klären, welche Strategien ein Unternehmen zur Erreichung seiner Ziele verfolgen soll. Thematisiert werden Fragen wie: Welche Erfolgswirkung weisen welche Strategien auf? In welchen Situationen empfehlen sich welche Strategien? Existieren Strategien, die generell überlegen sind? (Jenner [Strategieforschung] 342). Fragen dieser Art können als der klassische Untersuchungsbereich der Strategieforschung bezeichnet werden (vgl. hierzu Abschn. 5.4).

Strategieprozess

- Das Erkenntnisinteresse an *Strategieprozessen* hat hingegen erst Mitte der 1980er Jahre stark an Beachtung gewonnen. Dieser Bereich hat sich nicht zuletzt deshalb herausgebildet, weil viele Unternehmen zwar angemessene Strategieinhalte formuliert, diese jedoch nicht in geeigneter Weise umgesetzt hatten. Ein weiterer Grund für die Hinwendung zur Strategieprozessforschung besteht in der zunehmenden Umweltdynamik. Durch beschleunigten Umweltwandel veralten auch Strategieinhalte immer schneller, was dazu führt, dass insbesondere jene Unternehmen erfolgreich sein werden, die herausragende Fähigkeiten hinsichtlich des effektiven Entwurfs neuer Strategiemuster aufweisen. Mit Van de Ven ([Suggestions] 170) lassen sich innerhalb der Strategieprozessforschung drei Schwerpunkte ausmachen: Erstens werden kausale Zusammenhänge zwischen Input- und Outputfaktoren des Strategiegenerierungsprozesses untersucht. Zweitens werden in einer spezielleren Weise die Entscheidungs- und Implementierungsprozesse der mit der Strategieformulierung betrauten Manager und Unternehmenseinheiten analysiert. Schließlich werden drittens mittels Längsschnittuntersuchungen Übergangsmuster zwischen Strategieinhalten erforscht. Diese Untersuchungsfelder können auf der Gruppen- wie auch auf der Individualebene thematisiert werden. Al-Laham ([Strategieprozesse] 27 ff.) ordnet vorliegende Forschungsarbeiten zu diesem Bereich vier Gruppen zu: Arbeiten, die sich mit der begrenzten Rationalität in strategischen Entscheidungsprozessen auseinander setzen, Arbeiten, welche auf die formale Struktur von Entscheidungsprozessen abstellen, Arbeiten, die um eine Identifikation von Realtypen des strategischen Entscheidungsprozesses bemüht sind, und schließlich Arbeiten, welche die Beziehung zwischen Kontext und Strategieformulierungsprozess erhellen. Weitere Ordnungsversuche werden bei Rühli und Schmidt ([Strategieprozessforschung] 536 ff.) diskutiert.

Insgesamt lässt sich feststellen, dass die Strategieprozessforschung eine eher deskriptive Ausrichtung im Vergleich zu der eher präskriptiv angelegten Strategieinhaltsforschung hat. Dieser eher oberflächliche Erkenntnisstand der Strategieprozessforschung ist insofern bedauerlich, als beide Erkenntnisbereiche, sowohl Inhalt als auch Prozess, von ihrer Bedeutung her als gleichwertig zu beurteilen sind und zwischen ihnen eine hohe Interdependenz besteht. Häufig sind nämlich die Strategieinhalte wesentlich durch Besonderheiten des jeweiligen Strategieprozesses, aus dem sie hervorgegangen sind, beeinflusst und erklärbar. Dementsprechend ist der Unternehmenspraxis anzuempfehlen, die Gestaltung von Strategieinhalt und Strategieprozess aufeinander abzustimmen.

Interdependenz von Strategieinhalt und Strategieprozess

5.4 Strategietypen

Drei Ebenen der Strategieformulierung

Die Beschäftigung mit Unternehmensstrategien hat eine Vielzahl von Strategiearten erbracht, die sich insbesondere auf den Typ der modernen diversifizierten Großunternehmen beziehen. Für die Systematisierung dieser Strategievarianten hat sich die Unterscheidung in Strategien auf der Gesamtunternehmens-, der Geschäftsbereichs- und der Funktionsbereichsebene eingebürgert (Hofer/Schendel [Formulation] 18 f.).

5.4.1 Gesamtunternehmensstrategien (Corporate Strategies)

Inhalt von Gesamtunternehmensstrategien

Der Begriff Gesamtunternehmensstrategie (Corporate Strategy) beinhaltet Strategien, die auf der obersten Leitungsebene des Gesamtunternehmens formuliert werden und somit die Strategien der nachgelagerten Ebenen leiten. Als strategisches Grundproblem dominiert hier die Frage, in *welche Produkt- oder Dienstleistungsbereiche* investiert werden soll und welche eher restriktiv, abschöpfend oder sogar auflösend behandelt werden sollen. Überdies gilt es festzulegen, *auf welchen Märkten* die Produkte oder Dienstleistungen angeboten werden sollen. Da diese beiden Entscheidungsprobleme miteinander verknüpft sind und daher nicht unabhängig voneinander gelöst werden können, stehen *Produkt-Markt-Strategien im Mittelpunkt der Strategieformulierung auf der Ebene des Gesamtunternehmens.* Die Entwicklung der Produkt-Markt-Strategie steht insbesondere deshalb im Zentrum der Gesamtunternehmensstrategie, weil mit ihr festgelegt wird, welche Wachstums- und Gewinnziele das Unternehmen verfolgt und welche grundlegenden Handlungsprogramme hinsichtlich Ressourcenallokation, Beteiligungen

Produkt-Markt-Strategie

oder Kooperationen hierzu vorgeschlagen werden. Zur Entwicklung einer geeigneten Produkt-Markt-Strategie sind *verschiedene Analyse- und Entscheidungstechniken* (vgl. Abschn. 5.6) entwickelt worden, von denen die Portfoliotechnik den größten Verbreitungsgrad erlangt hat.

Im Bereich der Gesamtunternehmensstrategie sind insbesondere Wachstums- und Schrumpfungsstrategien, Diversifikations- und Kernkompetenzstrategien sowie Allianzenstrategien zu bestimmen.

5.4.1.1 Wachstums- und Schrumpfungsstrategien

Die Bestimmung des Ausmaßes und der Geschwindigkeit des *Wachstums von Unternehmen* gehört zu den originären strategischen Entscheidungsfeldern des Top-Managements. In diesem Rahmen ist über quantitative und qualitative Aspekte der Zunahme der Größe des betreffenden Unternehmens zu entscheiden (Albach [Theorie] 10). Quantitatives Wachstum liegt vor, wenn sich messbare, das Unternehmen charakterisierende Größen positiv verändern. Qualitatives Wachstum ist hingegen dann gegeben, wenn sich Unternehmen im Hinblick auf ihre Leistungsfähigkeit und damit bezüglich der Kriterien verbessern, die einer direkten Quantifizierung allenfalls mittelbar zugänglich sind (Hutzschenreuter [Wachstumsstrategien] 34; Hommel/Glaum/Thomaschewski [Wachstumsstrategien] 823 ff.; Woywode [Determinanten] 1 ff.).

Quantitatives versus qualitatives Wachstum

Heute besteht weitgehend Einigkeit, dass Unternehmenswachstum ein wünschenswerter Prozess ist, wenngleich jüngere Publikationen eher für eine qualitativ-organische Wachstumsform als für eine reine quantitative Größenausdehnung plädieren (Schindewolf [Wachstum] 36 ff.). Die Bejahung von Wachstum wird durch ein Bündel an mehr oder weniger spezifischen Motiven gespeist. Zu nennen ist etwa, dass das Unternehmenswachstum zu einer besseren Nutzung von Economies-of-Scale-Effekten, einer Vergrößerung der Marktmacht des Unternehmens, seiner allgemeinen Stabilisierung und Überlebenssicherung, einem leichteren Kapitalmarktzugang, mehr unternehmerischer Flexibilität, einer Verringerung des Substitutionsrisikos von Produkten und Dienstleistungen, einer Sicherung von Arbeitsplätzen, einer Befriedigung von Macht, Prestige- und Selbstverwirklichungsbedürfnissen von Managern sowie allgemein einer Steigerung des verteilungsfähigen Unternehmenswerts führt (Starbuck [Growth] 451 ff.; Canals [Growth] 588 ff.). Wolf ([Strategie] 307) zeigt in einer empirischen Längsschnittuntersuchung, dass deutsche Unternehmen zwischen 1955 und 1995 erheblich gewachsen sind. Gemessen an dem inflationsinsensitiven Indikator der Beschäftigtenzahl waren die dort untersuchten 156 Unternehmen nämlich von ca. 6600 auf ca. 14200 angewachsen, was einer jährlichen Zunahme von na-

Wachstumsmotive

hezu 2 Prozent entspricht. In den vergangenen drei Jahren sind die Wachstumsraten der Unternehmen wieder deutlich angestiegen.

Wachstumsstrategien

Abbildung 5-2 (v. Kortzfleisch/Zahn [Wachstum] 434) zeigt, dass entlang der beiden grundsätzlichen Dimensionen des internen und externen Unternehmenswachstums jeweils horizontale, vertikale und diagonale Ausprägungen möglich sind. Während bei horizontalem Wachstum eine Erweiterung durch Umsatzexpansion oder durch Ausdehnung des Leistungssortiments im angestammten Betätigungsfeld erfolgt – dies entspricht der in Abschn. 5.4.1.2 behandelten Diversifikationsstrategie –, werden bei vertikalem Wachstum vor- oder nachgelagerte Wertschöpfungsstufen integriert. Diagonale Wachstumsformen liegen schließlich vor, wenn die Größenerweiterung auf dem Wege der Eroberung neuer Märkte mit neuen Produkten erfolgt (v. Kortzfleisch/Zahn [Wachstum] 434; Schindewolf [Wachstum] 39 ff.).

Abbildung 5-2

Wachstumsstrategien

		Richtung		
		horizontal	vertikal	diagonal
Arten	intern	Umsatzexpansion mit gleichen oder ähnlichen Produkten	Funktionsausweitung	laterale Produktdiversifikation
	extern	Erwerb gleichartiger Unternehmen	vorwärts- und/oder rückwärts gerichtete Integration	gemischte Konzepte

Erfolgsfaktoren des Unternehmenswachstums

Obwohl sich anhand zahlreicher Beispiele zeigen lässt, dass die Richtung und Geschwindigkeit des Unternehmenswachstums in erheblichem Maße durch ein komplexes Zusammenspiel von Kontextfaktoren beeinflusst wird (Hutzschenreuter [Wachstumsstrategien] 48 ff.), ist es auf der Grundlage empirischer Untersuchungen doch möglich, Erfolgsfaktoren eines raschen und nachhaltig erfolgreichen Unternehmenswachstums zu spezifizieren (z. B. Brüderl/Preisendorfer/Ziegler [Erfolg]; Meiren [Herausforderungen] 48;

Wanzenböck [Wachstum] 119 ff.). Demnach verfügen schnell und nachhaltig wachsende Unternehmen über besonders innovative Produkte oder Dienstleistungen, haben eine bessere Branchenerfahrung als ihre Wettbewerber, passen ihre Organisationsstrukturen und -abläufe dynamisch an Kontextveränderungen an und sind besonders erfolgreich hinsichtlich der Rekrutierung und Integration neuer Mitarbeiter. Die aktuelle Untersuchung von Seidenstickers ([Wachstum] 319 ff., insbesondere 321) sucht auf empirischem Wege die Einflussfaktoren nachhaltig schnell wachsender Unternehmen. Diese konzentrieren sich vorwiegend auf ihr Kerngeschäft, haben ihre Wettbewerber systematisch zurückgedrängt und investieren stärker als ihre Konkurrenten in ihr Kerngeschäft.

Schrumpfung als strategische Herausforderung

Genau wie das Wachstum verlangt auch die in einer Marktsättigung, demographischen und technologischen Entwicklungen, dem Wertewandel oder veränderten staatlichen Rahmenbedingungen begründete, auch als Downsizing (McKinley/Zhao/Rust [Downsizing] 227 ff.; Weller/Kabst [Determinanten] 299 ff.) bezeichnete *Schrumpfung von Unternehmen* ein strategisches, rational gestaltetes Vorgehen (Welge/Al-Laham [Management] 619 ff.). Einer sorgfältigen Handhabung bedarf im Einzelnen der Abbau von Überkapazitäten und die Reduktion effizienzschmälernder Kostenblöcke. Die wohl bekannteste Typologie an Schrumpfungsstrategien geht auf Harrigan ([Strategies] 44) zurück, die zwischen Investitionsstrategie, Repositionierungsstrategie und Austrittsstrategie unterscheidet (vgl. hierzu die ähnlich angelegten Strategievarianten der BCG-Matrix in Abschn. 5.6.3.2).

Investitions-, Repositionirungs- und Austrittsstrategie

Was die Frage der Vorteilhaftigkeit von Schrumpfungsstrategien angeht, kommen McKinley, Sanchez und Schick ([Downsizing] 33 f.) in ihrer Synopse empirischer Untersuchungen zu einem gemischten Ergebnis. Es wird gezeigt, dass Schrumpfungsstrategien vielfach die angestrebten Kostensenkungsziele nicht erreichen, ja teilweise sogar Mehrkosten verursachen. Überdies werden die angestrebten Produktivititätssteigerungsziele vielfach verfehlt. Auch gehen häufig die Arbeitsmoral und der Enthusiasmus der Mitarbeiter während Schrumpfungsprozessen zurück. So wundert es nicht, dass viele Unternehmen nach Abschluss eines Schrumpfungsprozesses weniger profitabel sind als zuvor. Eine aktuelle Metanalyse von Gerpott ([Bewertung] 3 ff.) zeigt, dass Kapitalmärkte auf Personalabbauankündigungen sensibel reagieren.

5.4.1.2 Diversifikations- und Kernkompetenzstrategien

Begriffe

Diversifikations- und Kernkompetenzstrategien beinhalten strategische Gegenpositionen. Während Erstere eine unternehmerische Betätigung in unterschiedlichen Produkt-Markt-Bereichen darstellt (Bühner [Unternehmensdiversifikation] 1023), beinhaltet Letztere die Konzentration der Betätigung auf ein vergleichsweise eng gezogenes Spektrum an Produkten und Märkten.

Diversifikation als Wachstumsform

Im Hinblick auf das als *eine Form* unternehmerischen Wachstums zu verstehende Phänomen der Diversifikation ist festzuhalten, dass sich dieses nicht ausschließlich auf die Anzahl oder Unterschiedlichkeit angebotener Marktleistungen (Produkte, Dienstleistungen), sondern überdies auch auf die zugrundeliegende Technologie (Stephan [Diversifikation]) oder den Aspekt der räumlichen Ausdehnung der unternehmerischen Betätigung beziehen kann. Mit der in Kapitel 13 behandelten Internationalisierung der Unternehmenstätigkeit ist die wohl bekannteste Form einer räumlichen Diversifikation gegeben.

Bedeutungsgewinn von Diversifikationsstrategien

Obwohl es schwierig ist, den *Diversifikations*grad von Unternehmen valide zu messen (vgl. zu dieser Problematik Wolf [Strategie] 343 ff.), ist man sich in Wissenschaft und Praxis doch darüber einig, dass der auf das Spektrum der *Marktleistungen* bezogene Diversifikationstrend in der US-amerikanischen Wirtschaft bereits in den 1920er Jahren begonnen hat (Chandler [Strategy] 42 ff.), um sich dann allmählich zu steigern (Rumelt [Strategy] 50 f.) und Ende der 1980er Jahre seinen Gipfelpunkt zu erreichen. Wolfs ([Strategie] 347 f.) Befunde zeigen, dass diese Entwicklung auch für deutsche Unternehmen gültig ist. So stieg der Diversifikationsgrad der untersuchten 156 Unternehmen zwischen 1955 und 1985 relativ beständig und stark an, um sich dann in der letzten Beobachtungsdekade weniger dynamisch weiterzuentwickeln. Seit Beginn der 1990er Jahre scheint der Diversifikationsgrad sogar wieder etwas zurückzugehen, was mit dem nachfolgenden Kernkompetenzkonzept übereinstimmt (vgl. auch Nicolai/Thomas [Activities] 56 ff.). Besondere Prominenz erlangt haben in Deutschland insbesondere die Diversifikationsbemühungen der damaligen Daimler-Benz AG unter der Führung von Edzard Reuter während der 1980er Jahre (vgl. Kapitel 7); dies nicht zuletzt deshalb, weil diese Bemühungen letztlich gescheitert sind.

Diversifikationsarten

Im Spektrum der Diversifikationsstrategien sind im Anschluss an Rumelt [(Strategy] 9 ff.) mehrere Arten zu unterscheiden:

- Fokussiert diversifizierte Unternehmen („dominant product diversifiers") konzentrieren sich auf wenige, einander sehr ähnliche Marktleistungen. Die Thyssenkrupp Marine Systems AG entspricht diesem Diversifkationsmuster. Sämtliche Unternehmen (Blohm & Voss, Thyssen Nordsee-Werke, HDW) dieses im Oktober 2004 geschaffenen Werftenverbunds sind in Segmenten des Schiffbaus wie U-Boote, Marineschiffe, Mega-Yachten oder Containerschiffe tätig.

- Bei verbunden diversifizierten Unternehmen („related diversifiers") weisen die inhaltlich recht unterschiedlichen Marktleistungen einen hohen Verwandtheitsgrad auf. Zu denken ist etwa an die Konzerngesellschaften der Daimler AG mit Automobilgeschäft, Luft- und Raumfahrtindustrie sowie Dienstleistungen.

- Konglomerat diversifizierte Unternehmen („unrelated diversifiers") bieten inhaltlich sehr heterogene Marktleistungen an. So ist beispielsweise die Oetker-Gruppe in der Nahrungsmittelindustrie, im Verlagswesen, in der Hotellerie sowie in der Schifffahrt tätig.

Diversifikationsmotive

Als Ergebnis vieler empirischer Untersuchungen ist ein recht homogenes Spektrum an Motiven aufgefunden worden, die Unternehmen zur Verfolgung von Diversifikationsstrategien geführt haben. Danach wird zu Diversifikationsstrategien vor allem deshalb gegriffen, weil sie sowohl auf der Beschaffungs- als auch auf der Absatzseite eine Risikostreuung bewirken, organisationale Lernprozesse auslösen, eine synergetische Mehrfachverwertung von im Unternehmen verfügbaren Technologien erlauben und die Macht des jeweiligen Unternehmens am Markt steigern helfen. Letztendlich soll mit der Diversifikation der Gewinn des jeweiligen Unternehmens gesteigert werden (vgl. z. B. Lubatkin/Chatterjee [Theory] 110 ff.; Pennings/Barkema/Douma [Learning] 609 f.; Brealey/Myers [Principles]).

Erfolgswirkungen von Diversifikationsstrategien

Letzteres ist jedoch umstritten. Dies ist jedenfalls die Schlussfolgerung, die aus der Vielzahl der Untersuchungen zum Diversifikations-Erfolgs-Zusammenhang zu ziehen ist (Verweise zu zentralen Studien finden sich in Dowling [Unternehmensstrategien] 1552 sowie Hinterhuber et al. [Führung] 1532 ff.). Besondere Erwähnung verdient die von Palich, Cardinal und Miller ([Curvilinearity] 155 ff.) durchgeführte Metaanalyse, die über 55 empirische Untersuchungen zusammenfasst. Nach dieser Studie steigt die Rentabilität von Unternehmen, die in verwandte Geschäfte diversifizierten („related diversifiers"), zunächst an. Sobald die Unternehmen jedoch weiter in den Bereich unverwandter Geschäfte diversifizierten („unrelated diversifiers", konglomerate Diversifikation), geht die Rentabilität wieder zurück.

Kernkompetenzstrategie

Das Merkmal der Verbundenheit von Geschäften bildet auch die Brücke zum Konzept der *Kernkompetenzstrategie*. Dieses wurde zu Beginn der 1990er Jahre auf der Basis des ressourcenbasierten Ansatzes (vgl. Abschn. 2.2.5) entwickelt. Im globalen Wettbewerb wird es für ein diversifiziertes Unternehmen zunehmend schwieriger, in vielen Bereichen gleichzeitig eine Spitzenposition zu halten, auch wenn eine günstige Produkt-Markt-Kombination dafür sprechen würde. Darum empfehlen Hamel und Prahalad ([Future] 333 ff.) und andere Vertreter dieser Denkrichtung, sich auf bestimmte Kernfähigkeiten zu konzentrieren und die Erstellung solcher Leistungen, die das Unternehmen nur ebensogut oder schlechter als der Wettbewerb beherrscht, anderen Unternehmen zu überlassen. Die Gesamtunternehmensstrategie soll sich also an den Kernkompetenzen des Unternehmens orientieren.

Kriterien zur Identifikation von Kernkompetenzen

Prahalad und Hamel ([Kernkompetenzen] 71) sehen drei Kriterien zur Identifizierung von Kernkompetenzen (zur Operationalisierung und Identifikation von Kernkompetenzen siehe auch Faix/Kupp [Operationalisierung]; Bouncken [Kern] 865 ff.). Erstens muss eine Kernkompetenz dem Unternehmen den Zugang zu einem weiten Spektrum von Märkten eröffnen. Zweitens soll sie wesentlich und für den Kunden erkennbar zu den Vorzügen des Produkts beitragen. Drittens sollte sie nur schwer zu imitieren und vor dem Zugriff durch Konkurrenten geschützt sein. Dies ist für die intangiblen Ressourcen der Fall, die der ressourcenbasierte Ansatz herausstellt (vgl. Abschn. 2.2.5). Weiterhin sollte sie mehrere Bereiche und Geschäftsfelder des Unternehmens berühren, also Querschnittsfähigkeiten darstellen (Burr [Service] 36). Beispiele für spezifische Kernkompetenzen können der Abbildung 5-3 (Grant [Analysis] 120) entnommen werden. So verschafft beispielsweise Hondas Kernkompetenz in der Motoren- und Antriebstechnologie dem Unternehmen entscheidende strategische Wettbewerbsvorteile im Geschäft mit Autos, Motorrädern sowie Rasenmähern und Generatoren (Prahalad/Hamel [Kernkompetenzen] 70). Auch die Lufthansa hat sich in den vergangenen Jahren durch den Verkauf ihrer Anteile am Payback Kartenbetreiber Loyalty Partner und der Akquisition von Germanwings und Eurowings noch mehr auf ihre eigentlichen Fähigkeiten konzentriert.

Beispiele von Kernkompetenzen

Abbildung 5-3

Unternehmen	Überlegene Fähigkeiten
BMW	Fähigkeit des Image-Managements auf Basis qualitativ hochwertiger Produkte
Federal Express	Fähigkeiten zur ständigen Optimierung weltweiter Logistik- und Distributionsprozesse
General Electric	Fähigkeit der strategischen Steuerung und Kontrolle eines diversifizierten Unternehmens
Honda	Besondere Fähigkeiten in Forschung, Entwicklung und Vermarktung hochleistungsfähiger Motoren (u.a. Automobile, Motorräder, Rasenmäher)
Procter & Gamble	Ausgeprägte Fähigkeiten des Markenmanagements
Singapore Airlines	Ausgeprägte Kundenorientierung im Sinne von starker Serviceorientierung für Kunden aus unterschiedlichen Kulturen
Sony	Fähigkeiten in der schnellen Entwicklung miniaturisierter, innovativer Elektronikprodukte
Toyota	Fähigkeiten zur kontinuierlichen Verbesserung der Produktionsprozesse (Kaizen)

Kritische Würdingung

So einleuchtend diese Empfehlungen zur Konzentration auf Kernkompetenzen sind, so *schwierig* sind sie allerdings auch *umzusetzen*. Grundvoraussetzung für ein erfolgreiches Kernkompetenzmanagement ist, dass das Unternehmen zuerst über besondere Fähigkeiten verfügt. Dann muss es sie als solche erkennen und – möglichst unbemerkt vom Wettbewerb – pflegen und weiterentwickeln. Schließlich gilt es zu berücksichtigen, dass die Erfolgswirksamkeit einer bestimmten Fähigkeit im Laufe der Zeit vergänglich sein kann. So vermag die Konzentration auf Kernkompetenzen das Unternehmen davor zu bewahren, sich in seiner Diversifikationsstrategie zu verzetteln; eine konkrete Handlungsanweisung zum Aufbau und Erhalt von Kernkompetenzen liefert sie jedoch nicht.

In der jüngsten Vergangenheit ist das Kernkompetenz-Konzept zum Dynamic-Capability-Konzept weiterentwickelt worden. Dieses soll Unternehmen ermöglichen, auch in hoch dynamischen Unternehmensumwelten Wettbewerbsvorteile auf- und ausbauen zu können (vgl. Abschn. 2.2.5).

5.4.1.3 Allianzenstrategien

In direktem Zusammenhang mit der Konzentration auf Kernkompetenzen ist eine weitere Entwicklung im Bereich der Gesamtunternehmensstrategien zu sehen. Die Nachteile, die sich aus dem Rückzug aus Teilen der Wertschöpfungskette bei Kernkompetenzorientierung ergeben, nämlich die Aufgabe einer die gesamte Fertigungstiefe umfassenden Leistungserstellung, lassen sich durch langfristige Bindung an einen Partner wieder aufwiegen, wenn dieser über komplementäre Kompetenzen verfügt. Kooperationen dieser Art werden als *Strategische Allianzen* bezeichnet; sie werden als Kooperationen unter Wettbewerbern definiert (Dowling/Lechner [Wettbewerbsbeziehungen] 86 ff.; Hungenberg [Allianzen] 479 ff.; Royer [Competitors] 445 ff.). Im Gegensatz zur Fusion bleibt bei einer Strategischen Allianz die rechtliche Selbstständigkeit der Partner erhalten; Dauer und Reichweite der Kooperation sind Gegenstand einer mehr oder weniger bindenden Vereinbarung zwischen den Allianzpartnern (Backhaus/Meyer [Allianzen] 332 f.). Die Unternehmen einer solchen Allianz können zum Beispiel in der Form von Joint Ventures oder Lizenz-, Technologie- sowie Managementverträgen miteinander verbunden sein (Morschett [Kooperationen] 377 ff.). Sind wesentlich mehr als zwei Partner an einer Strategischen Allianz beteiligt, spricht man auch von Strategischen Netzwerken, im Fall besonders flexibler Bindungen von virtuellen Organisationen (Miles [Technology 17 ff.; Thorelli [Networks] 37; Ebers/Jarillo [Construction] 3 ff.; Oliver/Ebers [Networking] 549 ff.). Frühe und herausragende Beispiele strategischer Allianzen sind mit der Zusammenarbeit der Kraftfahrzeughersteller wie General Motors und Toyota (NUMMI) oder der gemeinsamen Chipentwicklung von Toshiba,

Begriff

Siemens und IBM gegeben; aktuelle Beispiele betreffen die Kooperation von IBM und Cisco Systems im Bereich integrierter Sicherheitssysteme oder SAP und Siemens im Bereich des Gesundheitswesens.

Motive

Die zunehmende Bedeutung strategischer Allianzen ist insbesondere durch den zunehmenden Wettbewerbsdruck begründet. Unternehmen müssen sich auf ihre spezifischen Fähigkeiten konzentrieren und andere Aktivitäten von Geschäftspartnern erledigen lassen (Brüning [Kooperationen] 456). Neben sich gegenseitig ergänzenden Stärken in der Leistungserstellung werden Strategische Allianzen jedoch auch aus weiteren Gründen eingegangen (Voigt [Allianzen] 246; Bronner/Mellewigt [Allianzen] 730 ff.). Sie ermöglichen den Zugang zu Märkten, auf denen das eine Unternehmen noch keine, das andere Unternehmen hingegen bereits fundierte Erfahrungen hat. Da die Allianzpartner ihre spezialisierten Leistungen nicht nur für sich, sondern auch für die anderen Allianzpartner erbringen, wird erhofft, dass sich relativ schnell Stückkostendegressionseffekte erzielen lassen. Auch wird erwartet, dass für die Abnehmer der Leistungen im Allianzenverbund in geringerem Umfang Fixkosten entstehen. Auf der Beschaffungsseite kann ein Partner den Zugriff auf knappe materielle, finanzielle und personelle Ressourcen erleichtern. Weiterhin besteht im Bereich Forschung und Entwicklung ein starker Anreiz, nach einem Partner für eine Strategische Allianz zu suchen. Steigende F&E-Kosten bei kürzer werdenden Produktlebenszyklen und hohe Verlustrisiken lassen sich besser von mehreren als von einem einzelnen Unternehmen tragen. Überdies tendieren Unternehmen zum Eingehen strategischer Allianzen, da im Gegensatz zu Mergers und Acquisitions (vgl. Abschn. 10.3) die Einzelverantwortlichkeit der Allianzenpartner für den Erfolg erhalten bleibt. Schließlich reduzieren sich durch die bewusst eingegangene Längerfristigkeit der Beziehungen die Transaktionskosten (vgl. Abschn. 2.2.4.2), zumal mit zunehmender Dauer der Kooperation üblicherweise das Vertrauen zwischen den Partnern wächst.

Bedeutungsgewinn

Angesichts der Substanzhaltigkeit dieser Motive verwundert es nicht, dass im Zeitraum von 1985 bis 1999 die Anzahl der weltweit neu gebildeten Strategischen Allianzen von 800 auf 8900 angestiegen ist (Duysters/De Man/Wildeman [Network] 182]). Weiterhin zeigte sich in einer Umfrage von De Man und Duysters ([State] 10), dass 99 Prozent der Unternehmen in den vorausgegangenen fünf Jahren mindestens 6 Strategische Allianzen eingegangen waren. Margulis und Pekár ([Wave] 11) kommen zu dem Befund, dass deutsche Unternehmen im Vergleich zu US-amerikanischen zwar nicht sehr viele, dafür jedoch besonders investitionsintensive Strategische Allianzen eingehen. Auch zeigt diese Untersuchung (Pekár/Margulis [Alliances] 55), dass Strategische Allianzen erwartungsgemäß insbesondere von Unternehmen der Telekommunikations-, Biotechnologie- und Automobilindustrie sowie des Finanzsektors eingegangen werden. Interessant ist schließlich, dass der Allianzenboom seit der Jahrtausendwende praktisch sämtliche Branchen in erheblichem Maße erfasst hat. Der strategische Imperativ „partner or die" scheint somit für sämtliche Wirtschaftsbereiche höchst relevant zu sein. Die Konsequenz dieses ausgeprägten Allianzenbooms besteht darin, dass in vielen Branchen Clusterbildungen zwischen Unternehmen bestehen oder angestrebt werden.

Gefahren

Die grundsätzlich positive Bewertung Strategischer Allianzen wird jedoch von den *Gefahren* getrübt, die solche Zusammenschlüsse mit sich bringen. Das kooperierende Unternehmen riskiert mit der Partnerschaft einen unter Umständen dauerhaften Verlust von Handlungsfreiheit und Eigenständigkeit. Umgekehrt ist es möglich, dass sich der Partner vorzeitig aus der Allianz löst, wenn er sich vom Anderen das erwünschte Know-how beschafft und ihn damit seines Vorteils beraubt hat. Im Übrigen sind Strategische Allianzen aus wettbewerbsrechtlicher Sicht kritisch zu betrachten; die Übergänge von der Strategischen Allianz zu einer wettbewerbsbeschränkenden Absprache, die den Tatbestand der Kartellbildung erfüllt, sind fließend. Empirische Befunde lassen Zweifel an der Erfolgsträchtigkeit strategischer Allianzen berechtigt erscheinen. So liegt nach De Man und Duysters ([Tools]) die durchschnittliche Erfolgsrate (zur Messung des Kooperationserfolgs vgl. Mellewigt/Matiaske [Messung] 125 ff.) von Strategischen Allianzen bei 52 Prozent, wobei erhebliche Streuungen im Kreise der befragten Unternehmen bestehen. 16 Prozent der Respondenten berichten sogar, dass weniger als 20 Prozent der von ihren Unternehmen eingegangenen Strategischen Allianzen erfolgreich waren. Auch kommt eine jüngere Umfrage von KPMG zu dem Ergebnis, dass das Interesse an Strategischen Allianzen abebbt. So haben in 2005 nur 55 Prozent der befragten Vorstände und Geschäftsführer in der Automobilindustrie die Meinung geäußert, Strategische Allianzen seien wichtiger als Fusionen oder Akquisitionen, während dies in 2003 noch 72 Prozent betonten (KPMG [Survey]).

Erfolgsfaktoren

Dies weist darauf hin, dass Strategische Allianzen wahrhaftig keine „Selbstläufer" sind. Sie müssen zielgerichtet unter Nutzung erfolgsrelevanter Handlungsparameter gestaltet werden. Im Schrifttum sind basierend auf empirischen Untersuchungen mehrere Erfolgsfaktoren Strategischer Allianzen spezifiziert worden. Erfolgsrelevant scheinen insbesondere die Auswahl eines adäquaten Partners, der Zeitpunkt für die Bildung der Kooperation, die Ausgliederbarkeit bzw. Integrierbarkeit von Unternehmensaktivitäten, eine klare Ausrichtung an transparent gemachten Kooperationszielen, ein ausgewogenes Anreizsystem, eine positive persönliche Einstellung der Allianzpartner sowie eine besondere Sorgfalt bei der Vorbereitung und Gründung der Strategischen Allianzen zu sein (Haussmann [Nachteile] 472 f.; Hoffmann [Allianz] 18 f.; Sydow/Möllering [Produktion] 209 ff.). Aktuelle Untersuchungen belegen, dass nachhaltiger Erfolg dann eintritt, wenn Unternehmen das Gesamtspektrum ihrer strategischen Allianzen optimieren. Es ist also verfehlt, wenn sie einzeln gehandhabt werden. Auch kommt es auf eine angemessene Co-Evolution des Allianzenportfolios an (Hoffmann [Strategies] 827 ff.).

5.4.2 Geschäftsbereichsstrategien (Business Unit Strategies)

Inhalt von Geschäftsbereichsstrategien

Viele Unternehmen weisen mehrere wirtschaftliche Betätigungsfelder auf und bieten insbesondere unterschiedliche Marktleistungen an. Da sich diese Marktleistungen sowie die für sie jeweils relevanten marktlichen und außermarktlichen Bedingungen im Regelfall erheblich voneinander unterscheiden, sind diese Marktleistungen üblicherweise in unterschiedlichen Geschäftsbereichen des Unternehmens verankert und es müssen für sie spezifische Strategien formuliert werden. Diese Strategien fallen unter den Sammelbegriff der Geschäftsbereichsstrategie (Business Unit Strategy). Hierunter versteht man Strategien, die auf die Produkt-Markt-Situation bzw. die Wettbewerbsposition einer einzelnen strategischen Geschäftseinheit bzw. einer einzelnen Marktleistung gerichtet sind (vgl. Abbildung 5-4) (Bühner [Strategie] 21).

Abbildung 5-4

Funktionsbereichs-, Geschäftsbereichs- und Gesamtunternehmensstrategien

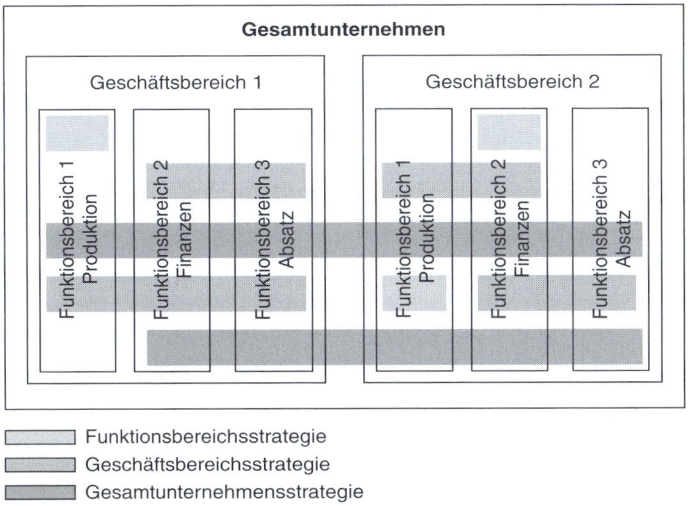

Da die Geschäftsbereichsstrategien mit der Produkt-Markt-Strategie des jeweiligen Gesamtunternehmens abgestimmt sein müssen, ist der Entscheidungsspielraum für die Geschäftsbereichsstrategien in der Regel relativ eng gezogen. Die Methodik bei der Formulierung von Geschäftsbereichsstrategien gleicht derjenigen zur Bestimmung der Produkt-Markt-Strategie des Gesamtunternehmens.

Entscheidungsbereiche

Im Rahmen von Geschäftsbereichsstrategien ist insbesondere zu bestimmen,

- in welcher Weise das Unternehmen im jeweiligen Geschäftsbereich konkurrieren will (Wettbewerbsstrategie),
- mit welcher Geschwindigkeit es mit den Marktleistungen die Märkte betreten will (Markteintrittsgeschwindigkeitsstrategie) und
- in welchem Maße es die zur Erstellung der jeweiligen Marktleistung erforderlichen Leistungserstellungsprozesse auslagern will (Insourcing-or-Outsourcing-Strategie bzw. Make-or-Buy-Strategie).

5.4.2.1 Wettbewerbsstrategien

Begriff

Wettbewerbsstrategien bestimmen, in welcher Form ein Geschäftsbereich mit seinen Wettbewerbern rivalisieren will. Sie beschreiben also, wie der Geschäftsbereich über längere Zeiträume Vorteile für seine Marktleistungen gegenüber relevanten Wettbewerbern erreichen will, sodass sich die Kunden für das eigene Angebot und nicht für dasjenige der Wettbewerber entscheiden (Gerpott [Wettbewerbsstrategien] 1624). Für Porter ([Advantage] 1), welcher die Diskusion um Wettbewerbsstrategien wesentlich beeinflusst hat, ist der Wettbewerb die Keimzelle des Erfolgs oder Misserfolgs von Unternehmen schlechthin. Deshalb muss jedes Unternehmen im Markt die Wettbewerbssituation sowie die eigene Position im Wettbewerb klar definieren, um im Konkurrenzkampf bestehen zu können.

Porter argumentiert, dass ein Geschäftsbereich zwischen drei *Wettbewerbsstrategien* wählen kann ([Advantage] 11 ff.). Diese werden als *Generic Competitive Strategies* bezeichnet und sind in Abbildung 5-5 dargestellt.

Kostenführerschaft

Die Grundidee der Kostenführerschaft (Porter [Advantage] 62 ff.), die auch als Strategie des Kostenvorsprungs genannt wird, besteht darin, dass der jeweilige Geschäftsbereich Wettbewerbsvorteile erringen kann, indem er im Vergleich zur Konkurrenz geringere Kosten aufweist. Hierzu muss der Geschäftsbereich breit am Markt tätig sein und sich nicht auf einzelne Nischen konzentrieren. Hieraus resultieren große Stückzahlen, die Größendegressionseffekte ermöglichen (vgl. auch das in Abschn. 5.6.3.2 dargestellte Konzept der Erfahrungskurve). Die Produkte oder Dienstleistungen von Kostenführern werden in der Regel von nur durchschnittlicher Qualität sein.

Abbildung 5-5

Wettbewerbsstrategien

Voraussetzungen der Kostenführerschaft

Eine erfolgreiche Anwendung der Strategie der Kostenführerschaft setzt verschiedene Merkmale voraus (vgl. Hax/Majluf [Management] 50):

- aggressiver Aufbau von Produktionsanlagen auf Efficient-Scale-Niveau,
- laufende Verfahrensinnovationen zum Zweck der Prozessrationalisierung,
- Einsatz von Gemeinkosten-Wertanalysen (vgl. Abschn. 11.1.1.2),
- Standardisierung der Abläufe,
- hohes Maß an spezialisierender Arbeitsteilung zwischen den Mitarbeitern und Produktion an lohnkostengünstigen Standorten,
- Vereinfachung der Produkte sowie des Produktprogramms,
- weitgehende Konzentration auf Großkunden bei Vermeidung von marginalen Kunden.

Die Strategie der Kostenführerschaft erscheint opportun, wenn in einer Branche oder einem Geschäftsbereich die Economies-of-Scale-Effekte noch nicht ausgeschöpft sind, wenn die Produkte nur geringe, die Produktionsprozesse jedoch große Verbesserungsmöglichkeiten aufweisen und wenn auf dem betreffenden Markt hohe Preiselastizitäten bestehen.

Fallbeispiel:

Ryanair Ltd.

Die 1985 gegründete irische Fluggesellschaft Ryanair (zur Geschichte des Unternehmens vgl. Ryanair [History] 1 ff.) ist die älteste und zugleich zweitgrößte auf dem eurpäischen Luftverkehrsmarkt tätige Billigfluglinie. Im Jahre 2006 hat das Unternehmen mit 2700 Mitarbeitern aus mehr als 25 Ländern auf 436 Flugrouten ca. 43 Millionen Passagiere zwischen 24 europäischen Ländern befördert. Der Gesamtumsatz belief sich auf 1,6 Milliarden Euro. Ryanairs Flotte besteht derzeit aus über 120 Maschinen, mehrheitlich Flugzeuge des Typs Boeing 737-800. Seit 1999 ist das Unternehmen auf dem deutschen Markt tätig. Gegenwärtig werden neun deutsche Flughäfen angeflogen. Ryanair ist wohl der preiswerteste unter den neun auf dem deutschen Markt tätigen Billigfluggesellschaften (Low-Cost Carriers bzw. Airlines). Derartige Fluggesellschaften werden auch als No-Frill-Airlines bezeichnet, weil diese auf die Bereitstellung von „die Flugzeit versüßende Kinkerlitzchen" gänzlich verzichten. Ryanair kann als Prototyp eines Unternehmens mit einer Kostenführerschaftsstrategie verstanden werden. Mit dieser Strategie hat sich das Unternehmen auf dem umkämpften innereuropäischen Flugmarkt sehr gut behaupten können. Ryanairs Kostenführerschaftsstrategie weicht in siebenfacher Hinsicht von den Strategien etablierter Airlines ab:

Elemente der Kostenführerschaftsstrategie

***Fluggerät:** Um eine größtmögliche Flexibilität in der Verwendung der Flugzeuge zu ermöglichen, betreibt das Unternehmen fast durchweg Maschinen eines einheitlichen Typs (Boeing 737-800). Flottenhomogenität wird auch deshalb angestrebt, weil man so in der Zukunft Boeing gegenüber noch höhere Rabatte aushandeln kann als bisher (Streitz [Ryanair] 1). Da die durchschnittlichen Flugzeiten kaum über zwei Stunden betragen, ist es möglich, mehr Flugumläufe durchzuführen als die etablierten Wettbewerber. Dies führt zu minimalen Standzeiten der Flugzeuge. Sicherheitstechnologisch befinden sich Ryanairs Maschinen auf dem höchsten Entwicklungsstand; das Durchschnittsalter der Flotte ist vergleichsweise gering. Die Instandhaltung der Maschinen ist an sehr wenigen Flugplätzen (Dublin, Stanstead, Prestwick und Bergamo) gebündelt. Die Flugzeuge sind äußerst dicht bestuhlt. Die Sitze sind im Gegensatz zu denjenigen der etablierten Anbieter fest in die Maschinen eingebaut, was sowohl den Kaufpreis der Flugzeuge als auch deren Wartungskosten senkt (Walser [Luftnummern] 2). Zum Zweck der Kapazitätssteigerung ist die Anzahl der an Bord befindlichen Toiletten um die Hälfte geringer als bei den Maschinen der etablierten Konkurrenten. Die spartanische, reinigungsminimierende Ausstattung der Flugzeuge kommt auch darin zum Ausdruck, dass sie weder über Sitztaschen noch Sonnenschutzblenden verfügen. Unterhaltungsprogramme in der Form von Audio- und Videokanälen werden während der Flüge nicht angeboten. Da nicht* *angeboten, können Kopfhörer fluggastseitig weder gestohlen noch zerstört werden. Als Illustriertenangebot wird ausschließlich das Ryanair-Magazin offeriert. Multimedial nutzbare Laptops können jedoch seit Ende 2004 fluggastseitig gegen Entgelt ausgeliehen werden. Michael O'Leary, Ryanairs Eigner, sieht hierin ein großes Umsatzpotenzial. Flugzeuge, die schon mehrere Jahre im Dienst sind, werden an Leasingunternehmen weiterverkauft. Pro Maschine kommt Ryanair so schnell und fast risikofrei auf mehrere Millionen Dollar Verkaufserlös. Im Fall von Bedarfsspitzen werden die Maschinen dann von den Leasingunternehmen wieder zurückgemietet (Leaseback-Geschäfte) (Streitz [Ryanair] 2).*

Flugplätze: *Die Flugplatzkosten werden unter anderem dadurch gesenkt, dass spezielle, häufig Regionalflugplätze („secondary airports") angeflogen oder sogar neu eingerichtet werden. Ausgewählt werden ausschließlich Flugplätze, die an wenig kompetitiven Standorten positioniert, jedoch günstig an attraktive touristische Ziele angebunden sind. Diese Flugplätze sind infrastrukturell einfachst ausgestattet (z. B. bestehen in Lübeck-Blankensee die Flugterminals und Wartehallen aus Zelten). Mittelfristig plant Ryanair, auf den Flugplätzen die Gepäckabfertigung gänzlich abzuschaffen, sodass es dann dort weder Gepäckbänder noch Gepäckfahrer geben wird. Jeder Fluggast wird dann sein Gepäck selbst mit ins Flugzeug transportieren müssen.*

Personal: *Im Bereich des Personals geht Ryanair differenziert vor. Während bei den Piloten aus Sicherheitsgründen auf eine radikale Kostenminimierung weitgehend verzichtet wird, werden als Flugbegleiter vorwiegend Personal aus Ländern mit vergleichsweise geringen Lohnkosten eingesetzt. Die Piloten werden sorgfältig ausgewählt, solide trainiert und durchaus ordentlich bezahlt. Im September 2004 ging allerdings das Gerücht um, dass Ryanair gegenüber jenen seiner Piloten Druck ausgeübt hat, die sich gewerkschaftlich organisieren wollten. Diesen sei gedroht worden, aus Trainingsprogrammen für die Bedienung neuester Flugzeuggenerationen ausgegrenzt zu werden (O. V. [Piloten] 1 f.). Das Flugbegleitungspersonal stammt nicht selten aus Ländern der dritten Welt. Bisweilen sind die Kenntnisse der Flugbegleiter in der englischen oder gar deutschen Sprache sehr begrenzt – selbst dann, wenn der Flug nach Großbritannien oder Deutschland führt. Im Vergleich zur Passagierzahl ist die Größe der Cabin Crew gering. Dies ist unter anderem deshalb möglich, weil eine Verköstigung während des Fluges nur gegen Bezahlung angeboten wird. Die Arbeitspläne der Belegschaftsmitglieder sind optimal aufeinander abgestimmt. Ryanairs Mitarbeiter werden produktivitätsabhängig vergütet. Aber auch auf anderen Ebenen wird im Bereich der Cabin Crew extrem gespart; so dürfen die Flugbegleiter und das Bordpersonal ihre Handys neuerdings nicht mehr am Arbeitsplatz aufladen, was Ersparnisse von einem halben Penny pro Mitarbeiter und Arbeitstag erbringt. Auch wird diskutiert, ob die Mitarbeiter ihre Uniformen selbst bezahlen sollten (O. V. [Penny] 1). So wundert es nicht, dass in den letzten Jahren die über das Verhältnis von der Anzahl der Passagiere und der*

Anzahl der Mitarbeiter errechnete Produktivität des Faktors „Arbeit" weiter angestiegen ist.

Preisgestaltung: *Ryanair arbeitet mit einer aggressiven, streng an der Nachfragesituation ausgerichteten Preispolitik. Flüge werden teilweise zu Preisen unter einem Euro angeboten. So warb das Unternehmen zu Beginn des Jahres 2005 mit Lockangeboten wie Flügen zu 0,99 Euro (ohne Steuern und Gebühren) oder 12,59 Euro (einschließlich Steuern und Gebühren). Erwartungsgemäß landet Ryanair in Studien beim Kriterium Preis-Leistungs-Verhältnis auf dem ersten Platz (Multisearch [Höhenflug] 1 ff.). Hinzu kommt eine große, buchungszeitabhängige Spreizung zwischen niedrigstem und höchstem Preis (Beispiel Strecke Dublin – London: preiswertester Flug: 0,99 Euro; teuerster Flug: 199,00 Euro), sodass der Anteil geschäftsstabilisierender Frühbuchungen groß wird. Trotzdem werden bis zu 70 Prozent der Flüge zu einem Preis unter 38 Euro vermarktet (O. V. [Billigflieger] 1). Charakteristisch sind schließlich rasch wechselnde Aktionspreise auf ausgewählten Flugstrecken.*

Vertrieb: *Ryanair verzichtet gänzlich auf den sonst üblichen Vermarktungsweg der Kommissionsgeschäfte mit Reisebüros. Stattdessen wird der Vertriebskanal „Internet" eindeutig präferiert. Hierzu wurden eine eigene „Internet-Facility" und ein auf telefonischem Wege direkt erreichbares „Reservation Center" eingerichtet. Um den Kunden eine Internet-Buchung noch bequemer zu machen, hat man zusammen mit Accenture ein neues Buchungssystem namens „Flightspeed" und eine neue Internetplattform mit dem Namen „Skylights" entwickelt. Im Jahre 2004 wurden sämtliche Flüge auf direktem Wege vermarktet, davon 96 Prozent über das Internet und 4 Prozent auf telefonischem Wege. Im Gegensatz zu etablierten Fluggesellschaften werden sämtliche Flüge als Einfachflüge angeboten; somit wird den Kunden eine größtmögliche Reiseflexibilität ermöglicht. Ryanairs Internet-Plattform ist komfortabel aufgebaut. Eine klare Bedienungsführung ermöglicht eine einfache Ticketbestellung. Der Internetausdruck gilt als Flugticket. Unterstützt wird diese Vorgehensweise durch zahlreiche, in der Regel befristete Sonderaktionen. Zu nennen sind beispielsweise Ticketverlosungen oder sogenannte „Crazy Nights": Die letztgenannte Aktion sieht vor, dass Kunden, die ihren Buchungsvorgang an vordefinierten späten Abendstunden vornehmen, besonders günstige Preise erhalten.*

Kommunikation: *Ryanair hat seine neu eingerichtete Internetplattform über äußerst intensive Promotionsaktionen in Zeitungen, Zeitschriften sowie Fernseh- und Radioprogrammen vorgestellt. Zurückgegriffen wird auch auf kostengünstige Kommunikationswege wie Plakate oder Handzettel. Ein Blick auf die in regionalen und überregionalen Tageszeitungen erscheinenden großformatigen Anzeigen belegt, dass eine aggressive Preiswerbung bevorzugt wird.*

Kundenservice und Sonstiges: *Trotz der strikten Verfolgung einer Kostenführerschaftsstrategie strebt Ryanair ein hohes Maß an Kundenorientierung an. Untersuchungen der Association of European Airlines zeigen, dass Ryanair hinsichtlich*

Pünktlichkeit und Stornierungen von Flügen sowie Anzahl verlorener Gepäckstücke deutlich besser abschneidet als die Wettbewerber in dem Segment für Billigflüge, mehrheitlich sogar signifikant besser als die etablierten Traditions-Fluggesellschaften. So hatten im Jahre 2004 92 Prozent der Ryanair-Flüge eine Verspätung von weniger als 15 Minuten. Lufthansa und Air France „schafften" dagegen nur 84 Prozent (Ryanair [Strategy] 1 f.). Begründet ist dies unter anderem in der Strategie, auf eine direkte Durchleitung von Gepäckstücken bei Anschlussflügen gänzlich zu verzichten („Point-to-Point-Flights").

Ryanair hat sämtliche nur mittelbar mit der Kernleistung verbundene Aktivitäten ausgelagert. Es wurden vertraglich abgesicherte, längerfristig angelegte Kooperationen mit Autovermietungen, Hotels und Pauschalreiseanbietern eingegangen. Diese Kooperationen werden von dem Unternehmen als äußerst zentral für den Geschäftserfolg angesehen. Michael O'Leary hat im Jahre 2004 sogar verkündet, dass Ryanair langfristig (bis zum Jahr 2014) dazu übergehen wird, sämtliche Flugtickets zu verschenken, weil das Unternehmen seine Gewinne aus Kooperationen mit Autovermietern, Hotels und Flughäfen ziehen wolle (O. V. [Tickets] 1).

Konsequenzen der Kostenführerschaftsstrategie

Die Konsequenz dieses Maßnahmenbündels besteht darin, dass Ryanair gegenwärtig lediglich 37,4 Prozent der Kosten pro Platzkilometer konventioneller Fluglinien aufweist. Die Kostendifferenz schlüsselt sich wie folgt auf (Binggeli/Pompeo [Hopes] 90):

- *Einsparung Overhead: 4,2 Prozent,*
- *Einsparung Vertrieb: 14,2 Prozent,*
- *Einsparung Passagierservice: 6,7 Prozent,*
- *Einsparung Crew: 5,0 Prozent,*
- *Einsparung Flughafengebühren incl. Bodenabfertigung: 21,7 Prozent und*
- *Einsparung höhere Sitzplatzdichte: 10,8 Prozent.*

Es zeigt sich, dass an allem gespart wird, was nicht zu Lasten der Sicherheit und Pünktlichkeit von Flügen geht.

Marktanalysen belegen, dass in der Luftfahrtindustrie die Kostenführerschaftsstrategie kundenseitig geschätzt wird. So hat sich der Marktanteil der Low-Cost-Airlines am innereuropäischen Markt zwischen 1998 und 2005 von 2 Prozent auf 14 Prozent erhöht und einige der etablierten Wettbewerber haben begonnen, Teile ihres Unternehmens in Richtung Low-Cost-Airline umzupositionieren. Selbst die Lufthansa hat sich zwischenzeitlich in erheblichem Maße der Internet-Vermarktung von Flügen zugewandt und überdies ein neues Preissystem geschaffen, bei dem internationale Tickets bereits unter 100 Euro angeboten werden.

Zukünftige Entwicklungen

Was die zukünftige Entwicklung anbelangt, so ist davon auszugehen, dass der Markt für Billigflüge in den nächsten Jahren zwar weiter wachsen, dabei jedoch einen starken Konzentrationsprozess durchlaufen wird. Ryanair scheint dabei aufgrund seiner zwischenzeitlich erreichten Größe gut aufgestellt zu sein; externe Beobachter prognostizieren für Ryanair ein großes Wachstumspotenzial. Unter seinen Konkurrenten vermutet O´Leary dagegen ein „Blutbad", vor dem selbst einige der etablierten Anbieter nicht gefeit sind (Streitz [Klingt blöd] 1 ff.). Ryanair formuliert seine Strategie folgendermaßen: „Ryanair intends to follow a manageable growth plan targeting specific markets" (Ryanair [Strategy] 4). In Europa sollen zahlreiche weitere Routen eröffnet und die Flugfrequenz auf den bestehenden Routen gesteigert werden. Weiterhin soll die Möglichkeit der Übernahme von Wettbewerbern geprüft werden (Ryanair [Strategy] 4). Zur Vorbereitung dieser Aktivitäten hat Ryanair im Frühjahr 2005 70 neue Boeing-737-800-Flugzeuge geordert und sich eine Kaufoption auf weitere 70 Maschinen dieses Typs gesichert (Streitz [Ryan-air] 1). Demgegenüber sollen Langstreckenflüge (z. B. nach Übersee) in der absehbaren Zukunft nicht angeboten werden, weil hierdurch die Kostenvorteile gefährdet würden und die Preissensitivität der Kunden in diesem Segment geringer sei.

Im Jahr 2008 zeichnet sich ein Bild ab, dass der harte Preiskampf unter den Billigfliegern Ryanair offenbar mehr zusetzt als erwartet. Zwar hat die Zahl der Fluggäste nochmals erheblich zugenommen, doch ist der Gewinn geringer ausgefallen als in den Vorjahren. Gleichwohl sieht Ryanair – das im Frühjahr 2008 erstmals eine innerdeutsche Verbindung einrichtete – keine Notwendigkeit, seine Kostenführerschaftsstrategie zu relativieren, auch wenn das Unternehmen bei einer im Herbst 2007 durchgeführten Kundenzufriedenheitsstudie am schlechtesten unter acht beurteilten Fluggesellschaften abgeschnitten hat. Es wird davon ausgegangen, dass die Kunden in der Zukunft immer weniger bereit seien, teure Flugtickets zu buchen. So wird die Zukunft auch wohl für den einzelnen Fluggast manche wesentliche Neuerung bringen: O´Leary hält es durchaus für wahrscheinlich, dass es in Zukunft Flugzeuge ohne Sitze geben wird (Streitz [Klingt blöd] 3). Auch in Zügen müsse man hin und wieder mal stehen ...

Quellen

BINGGELI, U., POMPEO, L., Hyped *Hopes* for Europe´s Low-cost Airlines, in: McKinsey Quarterly, o. Jg., 2002, Heft 4, S. 87-97.

MULTISEARCH (HRSG.), Billig-Airlines im *Höhenflug*? Erste Image-Studie über Low Cost-Airlines in Deutschland, http://www.presseportal.de/print.htx?nr=540978, Zugriff am 22.05.2005.

O. V., Bei Ryanair zählt jeder *Penny*, http://www.netzeitung.de/wirtschaft/unternehmen/335146.html, Zugriff am 22.05.2005.

O. V., Die neun großen *Billigflieger* in Deutschland, Spiegel Online, 20. Januar 2005. http://www.spiegel.de/reise/aktuell/0,1518,337715,00.html, Zugriff am 22.05.2005.

O. V., Ryanair will langfristig alle *Tickets* verschenken, http://www.netzeitung.de/reise/296735.html, Zugriff am 22.05.2005.

O. V., Ryanair wird *Opfer* des eigenen Erfolgs, Die Welt, Ausgabe vom 06.06.2007, S. 13.

O. V., Kein Service-*Höhenflug* bei Billig-Airlines, Die Welt, http://www.welt.de/ wirtschaft/article1494772, Zugriff am 01.04.2008b.

RYANAIR (HRSG.), *History* of Ryanair, http://www.ryanair.com/site/EN/about.php, Zugriff am 22.05.2005.

RYANAIR (HRSG.), *Strategy*, http://www.ryanair.com/site/about/invest/docs/Strategy.pdf, Zugriff am 22.05.2005.

STREITZ, M., Wie *Ryanair* zum Flugzeug-Dealer wurde, http://www.spiegel.de/wirtschaft/0,1518,347777,00.html, Zugriff am 22.05.2005.

STREITZ, M., *Klingt blöd* – Machen wir!, http://www.spiegel.de/jahreschronik/0,1518,331413.html, Zugriff am 22.05.2005.

WALSER, J., Dumping-Flüge – Neue *Luftnummern*, http://sueddeutsche-de/reise/artikel/432/30402/, Zugriff am 22.05.2005.

Differenzierung

Die Wettbewerbsstrategie der *(Produkt-)Differenzierung* (Porter [Advantage] 119 ff.) unterscheidet sich von derjenigen der Kostenführerschaft grundlegend. Bei ihr geht es darum, dass sich ein Geschäftsbereich am Markt durch unverwechselbare Anbietereigenschaften auszeichnet, die bei den Kunden eine hohe Wertschätzung genießen, wobei in diesem Zusammenhang auch von einer Unique Selling Proposition (USP) gesprochen wird. Die Produkte oder Dienstleistungen des Geschäftsbereichs müssen folglich Eigenschaften aufweisen, die anderswo nicht zu haben sind. Wenn die Kunden bereit sind, für diese gehobenen Produktmerkmale einen höheren Preis zu bezahlen, dann ergibt sich für den Geschäftsbereich ein Wettbewerbsvorteil. Hierzu ist es für den Geschäftsbereich nicht notwendig, einen besonders hohen Marktanteil zu erreichen. Weiterhin muss die Unique Selling Proposition nicht in faktisch vorhandenen Eigenschaften der Produkte oder Dienstleistungen begründet sein; es reicht vielmehr bereits aus, wenn die *Kunden* den Leistungen des Geschäftsbereichs höherwertige Merkmale zuschreiben.

Voraussetzungen der Differenzierung

Wichtige Voraussetzungen der Differenzierungsstrategie bestehen dabei üblicherweise

- in vorzüglichen Produkteigenschaften (technische Funktionalität, Design),
- im Aufbau eines perfekten Händlernetzes, das einen umfassenden Service bietet,
- in einem hohen Innovationspotenzial und einer hohen Innovationsfreudigkeit,

- in hoch qualifizierten, flexiblen, unternehmerisch denkenden Mitarbeitern,
- in einer intensiven Öffentlichkeitsarbeit (vgl. Hax/Majluf [Management] 50).

Die Differenzierungsstrategie bietet sich an, wenn Skalen- und Verbund-Effekte bereits weitgehend ausgeschöpft sind, wenn die Marktleistungen inhaltlich noch stark verbessert werden können und wenn geringe Preiselastizitäten bestehen.

Fallbeispiel:

Color Line AS[1]

Die Color Line AS, Oslo, ist eines der führenden Fährunternehmen Europas. Die Fährlinien des Unternehmens verbinden den Norden Kontinentaleuropas mit Norwegen. In den vergangenen Jahren hat das Unternehmen auf verschiedenen Linien seine strategische Positionierung grundlegend verändert. Auf der Fährlinie Oslo – Kiel verfolgt das Unternehmen seit 2007 eine klare Differenzierungsstrategie.

Im Mittelpunkt der strategischen Neuausrichtung dieser Linie steht der Übergang von einem Fährbetrieb zum Angebot eines Kreuzfahrtfährbetriebs im täglichen Verkehr zwischen Kiel und Oslo. Während früher das Hauptziel dieser Linie darin bestand, kontinentaleuropäische und skandinavische Touristen von Deutschland nach Norwegen bzw. umgekehrt zu transportieren sowie Frachtgut zu überführen, geht es heute insbesondere um das Schifffahrtserlebnis an sich. Den Fahrgästen werden während der Überfahrt vielfältige interessante Zusatzleistungen angeboten.

Die frühere, auf den reinen Personen- und Warentransport ausgerichtete Strategie war mit dem Nachteil verbunden, dass die beiden über Nacht verkehrenden Schiffe „Kronprins Harald" und „Prinsesse Ragnhild" während der Hochsaison ausgebucht waren, außerhalb dieses Zeitraums jedoch eine geringere Auslastung hatten. Als ersten Ansatz einer Leistungserweiterung hat man schon frühzeitig Kurzreisenangebote mit Übernachtung in Oslo bzw. Kiel ins Leistungsprogramm aufgenommen mit dem Ziel, die Auslastung der Schiffe zu steigern.

Im Jahre 2002 hat sich der Reeder der Color Line, Olav Nils Sunde, zu einer grundlegenden Strategieänderung entschlossen. Er hat mit der „Color Fantasy" (75.000

1 Wir danken Herrn Manfred Jansen, Geschäftsführer der Color Line GmbH, Kiel, für die Bereitstellung von Informationen, die in dieses Praxisbeispiel eingeflossen sind.

BRT; 224 m Länge; 966 Kabinen) ein hochmodernes Schiff in Auftrag gegeben, welches vorrangig für Kurzkreuzfahrtgäste und Konferenzreisende konzipiert worden ist. Natürlich sollte auch das neue Schiff die bisherigen Leistungen (also auch reiner Personen- sowie Frachtguttransport) bereitstellen. Einher ging die Ausweitung des Leistungsangebots mit einer erheblichen Kapazitätsausdehnung. Verfügten die bis zum Strategiewechsel (2004 bzw. 2007) verkehrenden Schiffe „Kronprins Harald" und „Prinsesse Ragnhild" zusammen über 1.060 Kabinen, so haben die beiden neuen Schiffe (im Jahr 2007 wurde mit der „Color Magic" (ebenfalls 75.000 BRT; 224 Länge; 1.016 Kabinen) ein Schwesterschiff der „Color Fantasy" in den Dienst gestellt), zusammen fast 2.000 Kabinen.

Die klare Positionierung der Kreuzfahrtfährlinie Oslo – Kiel als Differenzierungsstrategie wird an den einzelnen Elementen des Leistungsangebots deutlich:

- *Die Kabinen der neuen Schiffe sind sowohl räumlich als auch qualitativ deutlich besser als diejenigen der alten Schiffe. So variiert nun die Kabinengröße zwischen 11 und 35 Quadratmetern, während die früheren Zwei-Sternkabinen lediglich sechs 6 Quadratmeter aufwiesen. Während es auf den früheren Schiffen häufig Kabinen mit Ober- und Unterbetten gab, verfügen die neuen über freistehende und Doppel-Betten. Positiv ist auch, dass sich in den Mehrbettkabinen in der Decke versenkte Zusatzbetten befinden, womit die Wohnlichkeit während der Nichtschlafenszeit erheblich gesteigert wird. Weiterhin wurden die Kabinen, wie im übrigen sämtliche Bereiche der Schiffe, insgesamt hochwertiger und praktischer eingerichtet, was insbesondere für den Nassbereich der Kabinen gilt.*
- *Wahrlich im Mittelpunkt des Schiffes befindet sich die 160 m lange Promenade mit ihren unterschiedlichen Shops, Cafes und Bars. Während der 19,5 Stunden dauernden Überfahrt haben die Fahrgäste nunmehr die Möglichkeit zu einem breit gefächerten Shopping und darüber hinaus gehenden Vergnügungen. Das Kaufangebot ist qualitativ hochwertig und reicht von Nahrungs- und Genussmitteln bis zu hochwertigen Markenaccesoires.*
- *Während die alten Schiffe ein Buffetrestaurant sowie ein À-la-Carte-Restaurant aufwiesen, bieten nunmehr insgesamt acht unterschiedliche Restaurants und Cafés einschließlich einer Tapas-Bar ihre Verköstigungen an. Höchste Feinschmecker-Ansprüche erfüllt das Gourmet-Restaurant mit seinen vier- bis siebengängigen Menus. Ein weiteres Highlight stellt die sogenannte „Observation Lounge" dar, deren Gäste während des Besuches einen umwerfenden Rundumblick genießen können.*
- *Das sich über zwei Decks erstreckende Aqualand bietet den Gästen ein umfassendes Badeerlebnis. Es entspricht sowohl den Bedürfnissen der Fahrgäste im Erwachsenen- als auch im Kindesalter. Ergänzt wird dieses Angebot durch einen Fitnessbereich mit etwa 1600 Quadratmetern. Diesem Fitness-Center ist ein Sauna- und Massagebereich angegliedert.*
- *Weiterhin verfügen die neuen Schiffe über eine große Show-Lounge mit hochwertigen Unterhaltungsprogrammen. Pro Abend finden zwei Vorstellungen ei-*

ner internationalen Show statt, wobei auf der Hin- und Rückfahrt unterschiedliche Programme geboten werden.

- *Auf den Schiffen finden sind auch große Konferenzzentren mit Plenarsälen mit bis zu 360 Sitzplätzen. Daneben gibt es mehrere kleinere Seminarräume. Sämtliche Konferenz- und Seminarräume sind mit modernster Präsentations- und Besprechungstechnik ausgestattet. So können Unternehmen integrierte Tagungspakete buchen, die ein Komplettangebot an Konferenzunterstützungsleistungen beinhalten. Für die Konferenzteilnehmer bietet sich der Vorteil, dass sie zwischen bzw. nach Abschluss ihrer dienstlichen Aktivitäten mit Oslo einen sehr attraktiven Zielort kennen lernen können.*
- *Waren auf den alten Schiffen „an allen Ecken und Enden" des öffentlichen Bereichs einfache Spielautomaten verstreut, so verfügen die neuen Schiffe über ein richtiges Casino. Wer nicht spielorientiert ist, kann sich diesem Angebot völlig entziehen, wer spielen will, kann dies auf hohem Niveau tun. Auch Kinderspiel-Automaten wie z. B. Fahrsimulatoren sind jetzt in einem separaten, abgeschlossenen Bereich platziert.*
- *Außerdem genügen die neuen Schiffe höchsten Sicherheitsstandards. Sie erfüllen die Ansprüche der Klassifikationsgesellschaft „Norske Veritas", welche höchste Sicherheitsforderungen stellt. Dieses Unternehmen bildet den Gegenpol zu Gesellschaften, die auch Schiffe klassifizieren, die unter einer Flagge mit weitaus geringeren Anforderungen fahren. Wird auf manchen Schiffen mit internationaler Besatzung gefahren, die bei großen Kreuzfahrtschiffen aus mehr als 40 Nationen bestehen kann, so sind an Bord der Schiffe der Color Line nahezu ausschließlich norwegische und deutsche Besatzungsmitglieder tätig. Norwegische und englische Sprachkenntnisse sind eine Grundvoraussetzung und alle im Service eingesetzten Kräfte sprechen deutsch. Somit ist auf den Color-Line-Schiffen ausschließlich hochqualifiziertes, kundenfreundliches Personal tätig. Die Besatzungsstärke wurde von 160 auf 320 Personen aufgestockt, wobei die Kopfzahl des seemännischen Personals aufgrund modernerer Technologie gleich bleiben konnte.*
- *Zum hochwertigen Leistungsangebot passen schließlich auch die in Oslo und Kiel befindlichen hochmodernen Terminals, die schon vor einigen Jahren gebaut wurden, sowie die Möglichkeit, die Reisen direkt über die Color-Line-Homepage zu buchen.*

Bemerkenswert ist, dass der Preis für eine Kreuzfahrtfährlinien-Überfahrt kaum höher liegt als derjenige, der auf den alten Schiffen üblich war. Auch bezahlen Unternehmen pro Konferenzteilnehmer und Nacht nicht mehr als wenn sie ein Tagungshotel an einem fixen Ort buchen. Für beide Zielgruppen vermag Color Line attraktive Preise anzubieten, da die Geschäftsprozesse an Bord und an Land unter anderem aufgrund der modernen Technologie und der erhöhten Größe der neuen Schiffe wesentlich effizienter sind als auf den alten Schiffen.

Wichtige ökonomische Eckdaten zeigen, dass Color Lines Differenzierungsstrategie bislang voll aufgegangen ist. So hat sich nach Inbetriebnahme der „Color Fantasy" die Zahl der nach Norwegen mitreisenden Touristen sprunghaft nahezu verdoppelt; ein nachhaltiger Effekt, der von vielen zuvor nicht für möglich gehalten wurde. Viele Fahrgäste entschließen sich ausschließlich für eine Kurzkreuzfahrt; sie fahren mit dem Schiff nach Oslo und am gleichen Tag wieder zurück. In diesem Segment hat sich die Auslastung sogar verdreifacht. Einen ähnlichen Aufschwung vermag der Bereich des Konferenzgeschäfts zu verbuchen; hier lag zwischen 2004 und 2005 die Steigerungsrate bei 170 Prozent, zwischen 2004 und 2007 sogar bei 540 Prozent. Nach nur 2 ¼ Jahren konnte der 100.000ste Tagungsgast auf den neuen Color-Line-Schiffen begrüßt werden. Trotz allem ist die Color Line auch ein Frachtunternehmen geblieben. Das fast immer ausgebuchte Autodeck stellt eine gute Basis für die weitergehenden Geschäfte dar.

Schließlich weist das Unternehmen einen weiteren wesentlichen Vorteil auf. Da ein großer Teil seiner Investitionen in Schiffe und nicht in Immobilien fließen, ist man weitaus weniger als Unternehmen anderer Branchen an einzelne Standorte gebunden. Sollte ein bestimmter Standort bzw. eine bestimmte Fährlinie einmal an Attraktivität einbüßen, dann kann Color Line seine Ressourcen auf andere Strecken umleiten oder sogar ökonomisch attraktiv an andere Reedereien veräußern. Das Unternehmen verfügt also in hohem Maße über Vorteile einer operationalen Flexibilität, wie dies seitens der modernen Theorie des strategischen Managements als Einflussfaktor nachhaltigen Unternehmenserfolgs identifiziert worden ist.

Quelle

www.colorline.de

Nische (Fokus)

Während die Wettbewerbsstrategien der Kostenführerschaft und Differenzierung auf die Bearbeitung des Gesamtmarktes ausgerichtet sind, konzentriert sich die *Nischenstrategie* auf die Bearbeitung von einzelnen Marktsegmenten. Diese Wettbewerbsstrategie beruht auf der Prämisse, dass ein Geschäftsbereich durch Einengung seiner Zielgruppe präziser als seine Konkurrenten auf deren Bedürfnisstrukturen eingehen und daraus Wettbewerbsvorteile erzielen kann. Als Marktsegment oder -nische ist hierbei eine bestimmte Abnehmergruppe oder ein geographisch abgegrenzter Markt zu verstehen. Die Nischenstrategie kann sowohl in der Form einer Kostenführerschaft als auch Differenzierung angelegt sein. Daher ist die Nischenstrategie nicht als eigenständiges Strategiemuster, sondern eher als eine Modifizierung der anderen Strategien anzusprechen.

In Abbildung 5-6 sind Beispiele von Unternehmen mit unterschiedlichen Wettbewerbsstrategien wiedergegeben.

Abbildung 5-6

Beispiele von Unternehmen mit unterschiedlichen Wettbewerbsstrategien

	Differenzierung	Kostenführerschaft	Nische
Automobil	Mercedes-Benz	Daewoo	Smart
Uhren	Rolex	Casio	Glashütte
Lebensmittel-handel	Edeka	Aldi	Reformhäuser
Banken	Geschäftsbanken	Direktbanken	Privatbanken, z.B. Sal. Oppenheim
Reisen	Robinson Club	Neckermann	Sherpa Adventure Travel
Personal Computer	Toshiba	Medion	Asus
Fluggesellschaften	Lufthansa	Ryanair	Rheinair

Bitte keine Mischung von Wettbewerbs-strategien!

Get no stuck in the middle!

Porters Vorschlag kann insofern als Kritik an dem Erfahrungskurvenkonzept (vgl. Abschn. 5.6.3.2.2) angesehen werden, als die dort vertretene Sichtweise, wonach der Erfolg von Unternehmen bzw. Geschäftsbereichen vornehmlich von Lerneffekten abhängt, aufgegeben oder zumindest stark relativiert wird. Stattdessen wird eine Entscheidung dahingehend gefordert, dass sich der jeweilige Geschäftsbereich *entweder* der Kostenführerschaft (Handlung nach Maßgabe des Erfahrungskurvenkonzepts) *oder* der Differenzierung zuwenden. Als wenig erfolgversprechend wird hingegen eine *Mischung der beiden Wettbewerbsstrategien* („stuck in the middle") angesehen (Porter [Nations] 40).

Praxisversuche

Ein Blick in die Praxis zeigt jedoch, dass Unternehmen interessanterweise immer wieder Versuche starten, die Strategie der Kostenführerschaft mit derjenigen der Differenzierung zu verbinden. Zu denken ist etwa an die Volkswagen AG, deren Produktspektrum vom Phaeton (Differenzierungsprodukt) bis zum Fox (Kostenführerschaftsprodukt) reicht, oder an die KarstadtQuelle AG, die in ihrem Geschäftsbereich der Karstadt-Warenhäuser sowohl höherwertige Markenartikel wie Boss-Herrenoberbekleidung oder französische Spitzenweine als auch geringwertige Massenwaren anbietet. Allerdings zeigen die gewählten Beispiele, dass die gleichzeitige Verfolgung der Differenzierungs- und Kostenführerschaftsstrategie – wie von Porter vorhergesagt – mit erheblichen Schwierigkeiten verbunden sein kann. So wurde beispielsweise in der Wirtschaftspresse argumentiert, dass die jüngste Krise der KarstadtQuelle AG nicht unwesentlich in der gleichzeitigen Verfolgung der beiden Wettbewerbsstrategien begründet ist, was dazu führt, dass Karstadt-Warenhäuser weder für Haushalte mit einem hohen noch für solche mit einem geringen Einkommen attraktiv sind. Obwohl der Markterfolg des VW Fox derzeit noch nicht abschließend beurteilt werden kann, lässt sich bereits jetzt feststellen, dass die Absatzzahlen des VW Phaeton bislang weit hinter den Erwartungen von VW und eines manchen Marktbeobachters zurückgeblieben sind. Bisweilen wird argumentiert, dass der Phaeton technologisch zwar Spitze, aber eben doch nur ein Volkswagen sei.

Wechsel von Wettbewerbsstrategien im Zeitablauf

Die Entscheidung für eine Strategie der Kostenführerschaft, der Differenzierung oder eine Nischenstrategie als Grundtypen von Wettbewerbsstrategien bedeutet jedoch nicht, dass ein Geschäftsbereich sich dauerhaft auf eine dieser Wettbewerbsstrategien festlegen muss. Die Vorteile gegenteiligen Handelns haben insbesondere die japanischen Unternehmen verdeutlicht, die zum Eintritt in die westlichen Märkte vielfach eine Strategie der Kostenführerschaft gewählt und sich nach und nach durch verstärktes Angebot höherwertiger Produkte auf dem Weltmarkt in Richtung einer Differenzierungsstrategie weiterentwickelt haben (Cichon [Globalisierung] 68). Im Gegensatz zeigt die Längsschnittuntersuchung von Wolf ([Strategie] 366), dass viele Geschäftsbereiche deutscher Unternehmen im Zeitraum zwischen 1955 und 1995 den von ihnen präferierten Wettbewerbsstrategien relativ treu geblieben sind. Eindeutig vorherrschend sind dabei die Kostenführerschafts- und die Differenzierungsstrategie, die von jeweils rund 45 Prozent der Geschäftsbereiche bevorzugt werden. Die Nischenstrategie wird dagegen von lediglich rund 9 Prozent der Unternehmen präferiert.

Als Analyseinstrument zur strategischen Ausrichtung der Aktivitäten des Unternehmens bietet sich das Konzept der *Wertschöpfungskette* (vgl. Abschn. 5.6.1.2) an.

Kritische Würdigung

Porter kommt das Verdienst zu, darauf aufmerksam gemacht zu haben, dass Unternehmen nicht nur auf dem Weg der Strategie der Kostenführerschaft, sondern auch über eine gezielte Differenzierung sowie Marktnischenbearbeitung erfolgreich sein können. Sein Modell ist jedoch nicht ohne Kritik geblieben und vereinzelt empirisch nicht bestätigt worden (Reitsperger et al. [Quality]). So muss festgehalten werden, dass Porters Auffassung, wonach Unternehmen mit einer Differenzierungs- oder Kostenführerschaftsstrategie erfolgreicher als diejenigen sind, die die beiden Strategietypen verbinden, bislang empirisch noch nicht hinreichend erhärtet ist. Ebenso wenig ist die Frage geklärt, in welcher Weise die Wahl der Wettbewerbsstrategien von der Kontextkonstellation eines Unternehmens beeinflusst wird.

Multiple Wetbewerbsstrategien

Das Konzept der Wettbewerbsstrategien ist wesentlich von der Grundannahme geprägt, dass Geschäftsbereiche auf *gleichen Märkten* miteinander konkurrieren. Es wird also unterstellt, dass Geschäftsbereiche bestimmter Wettbewerber bestimmte Wettbewerbsstrategien wählen, um ihre Konkurrenten auf diesen Märkten „zu schlagen". In den letzten Jahren wurde wissenschaftsseitig jedoch vermehrt berücksichtigt, dass zwischen vielen Unternehmen multiple Wettbewerbsbeziehungen bestehen, nämlich immer dann, wenn diese jeweils mehrere Geschäftsbereiche aufweisen, die jeweils miteinander konkurrieren (Beispiel: Unternehmen A ist im Pharma- und Rohchemikalienmarkt tätig; Unternehmen B ebenfalls). In dieser Konstellation besteht für die Unternehmen die Möglichkeit, den Angriff eines Wettbewerbers in einem anderen Markt zu parieren (zu Einzelheiten derartiger Strategien vgl. Baum/Korn [Dynamics] 251 ff.; Gimeno/Woo [Contact] 239 ff.).

Globalisierung und Wettbewerbsstrategien

Im jüngeren Schrifttum (Salonen et al. [Globalization]) wird anhand von Fallstudien gezeigt, dass Mehrproduktunternehmen heute aufgrund der Globalisierung des Wettbewerbs vermehrt dazu übergehen müssen, in ihren einzelnen Produktlinien unterschiedliche Wettbewerbsstrategien anzuwenden. Durch einen derartigen Ansatz würde das Ziel der klaren Positionierung der einzelnen Produktlinien erhalten. Ein solches Vorgehen erscheint zielführender als die Verfolgung hybrider Wettbewerbsstrategien, die eine unscharfe Positionierung des Unternehmens bewirken (Jenner [Industrie]).

5.4.2.2 Markteintrittsgeschwindigkeitsstrategien

Begriff

Ein weiterer wichtiger, auf Geschäftsbereichsebene angesiedelter Strategietyp bezieht sich auf die von einem Geschäftsbereich verfolgte Geschwindigkeit und Reihenfolge des Markteintritts (Kleinaltenkamp [Strategies] 651 f.). Inhaltlich geht es hierbei um die Frage, zu welchem Zeitpunkt ein Geschäftsbereich im Vergleich zu seinen Wettbewerbern neue Produkte auf den Markt bringen soll. Soll er eine Tendenz zeigen, Produkte einer bestimmten Eigenschaft früher als seine Wettbewerber in die relevanten Märkte einzuführen? Oder soll er gezielt einen späteren Zeitpunkt wählen? Für diese Strategievariante wird der Begriff *„First-Mover Strategy"* (Pionierstrategie; Timingstrategie) und für die daraus entspringenden Vorteile die Bezeichnung *„First-Mover Advantages"* verwendet. Lieberman und Montgomery ([Advantages] 41 ff.), welche die auf die Pionierstrategie bezogene Literatur entscheidend beeinflusst haben (vgl. auch Lieberman/Montgomery [Retrospective] 1111 ff.), verstehen unter First-Mover Advantages die Fähigkeit von Geschäftsbereichen (bzw. Unternehmen), aus ihrer Pionierrolle positive ökonomische Gewinne zu generieren.

First-Mover Advantages

Nach Lieberman und Montgomery ([Advantages] 1111 ff.) entstehen und verstärken sich First-Mover Advantages über einen mehrstufigen Prozess. Dabei wird der Erfolg einer First-Mover-Strategie eines Geschäftsbereichs durch mehrere Einzelfaktoren bestimmt. Zu nennen sind zunächst die Verfügbarkeit einer *nachhaltigen technologischen Führerschaft,* basierend auf einer schnelleren Lernfähigkeit, herausragenden F&E-Potenzialen und inbesonde-

Einflussfaktoren

re Patenten, sowie die Verfügbarkeit von *anderweitigen innovationsrelevanten Inputfaktoren* wie eine starke Präsenz in bestimmten Regionen, eine dominante Position in bestimmten Produktgruppen oder eine hohe Investitionsintensität in bestimmten Produktionsverfahren und -ausrüstungen. Insbesondere Kerin, Varadarajan und Peterson ([Advantage] 39 f.) sowie Fischer ([Timing] 4 ff.) haben gestützt auf Auswertungen theoretischer und empirischer Literatur dieses von Lieberman und Montgomery vorgeschlagene Erklärungsraster erweitert. Danach ist der Erfolg von Geschäftsbereichen, die mit einer Pionierstrategie arbeiten, sowohl durch Merkmale der Geschäftsbereiche selbst als auch durch solche der Umwelt, insbesondere der Märkte, bestimmt.

Vorteile

Die Pionierstrategie ist mit verschiedenen *Vorteilen* verbunden, aber auch mit Nachteilen. Zur Autorengruppe, die Erstere herausstellt, gehören Lieberman/Montgomery ([Retrospective] 1112 ff.), Clement/Litfin/Vanini ([Pionierrolle] 205 ff.) und Fischer ([Timing] 5 ff.). Danach gestattet die First-Mover-Strategie in der ressourcenorientierten Dimension, dass Geschäftsbereiche über Zeitgewinne ihre Monopolstellung am Markt für den Aufbau einer vorteilhaften Betriebsgröße nutzen können. Überdies können sie sich Wettbewerbsvorteile durch einen Erstzugriff auf knappe Ressourcen verschaffen, und sie besitzen klare Vorteile beim Einsatz von Werbe- und anderen Kommunikationsinstrumenten. In der Dimension des Aufbaus von Wettbewerbsbarrieren haben First-Mover-Geschäftsbereiche die Chance, als Technologie- und Qualitätsführer aufzutreten. Überdies haben sie geringere Wechselkosten als die Konkurrenten. Und schließlich steht ihnen eher als der Konkurrenz die Möglichkeit zu einem gezielten Einsatz einer Abschreckungsstrategie (Limitpricing im Sinne der Preissetzung unter Grenzkosten) offen.

Nachteile

Nachteile der Pionierstrategie erwachsen aus Vorteilen einer Folger-Strategie. Mit dieser Variante können Trittbrettfahrer in risikoärmerer Weise bewährte Produkte imitieren (Lieberman/Montgomery [Advantages] 47 ff.). Auch ist zu bedenken, dass die Markt- und Technologierisiken in frühen Marktstadien am größten sind. Hierbei ist insbesondere zu berücksichtigen, dass technologische Standards und kundenbezogene Bedürfnisse in frühen Phasen der Marktentwicklung noch vergleichsweise ungefestigt sind. Für First Movers kann also durchaus die Notwendigkeit entstehen, die getätigten Investitionen später wieder in andere Bereiche umlenken zu müssen – was ressourcenverschlingend ist.

Praxisbeispiele

Dass eine First-Mover-Strategie nicht immer vorteilhaft ist, zeigt die Entwicklung des Marktes für Videorecorder. Dort hatte nämlich Philips seine Produktinnovation (Video-2000-System) wesentlich früher (1969) auf den Markt gebracht als JVC (VHS-System, 1976). Trotzdem hat JVC in diesem Markt eine wesentlich größere Rolle gespielt als Philips. Zumindest in diesem Beispiel wäre es günstiger gewesen, eine Early-Mover-Strategie zu verfolgen, bei der die spezifischen Vorteile eines frühen und späten Folgens miteinander kombiniert werden. Jedenfalls hat das Unternehmen Ebay mit einem derartigen Vorgehen einen großen nachhaltigen Unternehmenserfolg erzielen können. Auf der anderen Seite hat der Brockhaus-Verlag unlängst erfahren müssen, wie wichtig ein frühzeitiger Eintritt in neue Märkte sein kann. Aufgrund der freien Verfügbarkeit der Internet-Enzyklopädie „Wikipedia" ist Brockhaus praktisch der gesamte Markt für seine Hardcopy-Enzyklopädie weggebrochen. Nun versucht der Brockhaus-Verlag, ebenfalls eine Web-Enzyklopädie auf den Markt zu bringen – allerdings gegen Entgelt. Er rechtfertigt sein Bezahlmodell damit, dass die von ihm veröffentlichten Informationen geprüft seien. Allerdings haben Vergleichstests ergeben, dass die Wikipedia-Enzyklopädie durchaus eine hohe Reliabilität aufweist. Es bleibt also abzuwarten, ob sich der Brockhaus-Verlag mit seiner Late-Mover-Strategie wird behaupten können.

Empirischer Befund

Fischer, Himme und Albers ([Pionier] 539 ff.) haben unlängst empirisch getestet, welche Markteintrittsgeschwindigkeitsstrategie für Unternehmen den größten Erfolg stiftet. Sie zeigen, dass – in den untersuchten Märkten – die Frühe Folgerstrategie zu höheren Absätzen führt als die Pionier- sowie die Späte Folgerstrategie. Weitere Untersuchungen werden zu zeigen haben, ob die als superior gefundene Strategie auch zu höheren Gewinnen führt.

Sprinkler- versus Wasserfallstrategie

Eine inhaltliche Verfeinerung erfährt die First-Mover-Problematik im Kontext der Entscheidung zwischen einer *Sprinklerstrategie* und einer *Wasserfallstrategie*. Im Rahmen einer Entscheidung zwischen diesen Alternativen wird untersucht, ob unterschiedliche Teilmärkte (z. B. unterschiedliche Marktsegmente oder Ländermärkte) gleichzeitig oder in zeitversetzter Form betreten werden sollen. Bezogen auf das Feld des internationalen Managements (vgl. Kapitel 13) sieht die Sprinklerstrategie einen gleichzeitigen Eintritt in zahlreiche Auslandsmärkte vor, während die Wasserfallstrategie ein sequenzielles Vorgehen präferiert, bei dem zunächst die räumlich und kulturell nahe liegendsten Auslandsmärkte und erst später die entfernteren Auslandsmärkte betreten werden. Angesichts zunehmender Globalisierungstendenzen ist jedoch die Wasserfallstrategie für viele Wettbewerber zunehmend uninteressanter geworden ist, da die Geschäftsbereiche zum Zwecke der Realisierung ausgeprägter Skaleneffekte auf große Gesamtmarktanteile angewiesen sind.

5.4.2.3 Make-or-Buy-Strategien (Insourcing-Strategien versus Outsourcing-Strategien)

Begriff

Ein weiterer, auf Geschäftsbereichsebene angesiedelter Strategietyp betrifft die Frage, inwieweit spezifische Wertschöpfungsaktivitäten aus dem Geschäftsbereich ausgelagert, hereingenommen bzw. internalisiert werden sollen (Türck [Leistungstiefe] 340 ff.). Es ist also zu entscheiden, ob Wertschöpfungsaktivitäten im Geschäftsbereich selbst durchgeführt („Make") oder von dritter Seite bereitgestellt („Buy") werden sollen. Dabei wird die Auslagerung von Wertschöpfungsaktivitäten üblicherweise als Outsourcing, im grenzüberschreitenden Bereich auch als Offshoring bezeichnet. Unter einem Insourcing ist dagegen die früher dominierende geschäftsbereichsinterne Durchführung dieser Aktivitäten zu verstehen (Sjurts [Outsourcing] 1108 f.). Die Worte „Outsourcing" und „Insourcing" stellen dabei Kunstworte dar, die sich aus den Komponenten „out(in)side", „resource" und „using" zusammensetzen (Matiaske/Mellewigt [Motive] 643).

Herkunft

Die Diskussion um Outsourcing-Strategien ist Mitte der 1980er Jahre in der US-amerikanischen Wirtschaft entstanden, als Unternehmen wie General Motors oder Eastman Kodak ihre Informationsverarbeitungsfunktion an Unternehmen übertragen haben, die hierauf spezialisiert waren. Konzeptionell gleicht die Outsourcing-Insourcing-Diskussion dem in Abschn. 5.4.1.2 dargelegten Kernkompetenz- bzw. Diversifikationsdenken insofern, als bei beiden strategischen Entscheidungsfeldern die Überlegung dominiert, dass Geschäftsbereiche Aktivitätsfelder nur dann selbst ausführen sollten, wenn sie diese besser erledigen können als anderweitige Einheiten innerhalb und außerhalb des eigenen Unternehmens. Der wesentliche Unterschied zwischen den Konzepten besteht jedoch darin, dass im Fall der Diversifikations- bzw. Kernkompetenzdiskussion Entscheidungen über die In- bzw. Externalisierung von ganzen Marktleistungen, im Fall des Out- bzw. Insourcing Entscheidungen über die In- bzw. Externalisierung von Teilfunktionen oder Gliedern der Wertschöpfungskette getroffen werden.

Schwerpunkte

In empirischen Untersuchungen (vgl. zum Überblick Matiaske/Mellewigt [Motive] 645 f.; Freiling/Reckenfelderbäumer [Markt] 90 ff.) ist herausgearbeitet worden, welche Teilfunktionen in der Wirtschaft vorzugsweise externalisiert werden. Geht man von den Untersuchungen von Zahn und Soehnle ([Auswirkungen]), Nagengast ([Outsourcing]) und Schott ([Markt]) aus, dann ist mit der Information and Communikation Technology (ICT) (vgl. Kapitel 11) derjenige Bereich gegeben, der für ein Outsourcing am ehesten in Betracht kommt. Daneben kommen das Umweltmanagement, der gesamte Bereich des Facility Management, insbesondere Versorgungs- und Sicherheitsdienste und die Anlagenwartung, aber auch personalwirtschaftliche Teilfunktionen wie die Personalbeschaffung und -auswahl sowie die Fort- und Weiterbildung in Betracht. Diese Präferenzsetzung ist insofern nicht weiter verwunderlich, als diese sekundären, unterstützenden Elemente der Wertschöpfungskette (vgl. Abbildung 5-15) häufig nicht in der Lage sind, für die Geschäftsbereiche einen nachhaltigen Wettbewerbsvorteil zu stiften.

Motive

Der seit den 1990er Jahren dynamisch sich entwickelnde Outsourcing-Trend scheint von einem ganzen Motivbündel getrieben zu sein. Nach Matiaske und Mellewigt ([Motive] 646 ff.) sind zu nennen:

- Die Erzielung von Kostenvorteilen, beispielsweise durch die Nutzung von Skaleneffekten und Formen der Branchenarbitrage,
- die Konzentration auf strategisch relevante Kompetenzfelder,
- die Steigerung der Qualität der Durchführung der betreffenden Teilfunktion sowie
- das Streben nach Finanzierungsvorteilen und einer Risikobegrenzung.

Dieses Motivbündel ließ sich in empirischen Untersuchungen relativ gut nachweisen. Überdies erfährt es insbesondere durch die in Abschn. 2.2.4.2 dargelegte Transaktionskostentheorie eine relativ solide theoretische Legitimation.

Erfolgswirkungen und Risiken

Zwar plädieren manche Unternehmensberater dafür, viele Teilfunktionen des Unternehmens gänzlich auszulagern (Burgmaier et al. [Grenze] 92 ff.), doch ist unter Fachleuten der Erfolg des Outsourcing umstritten, zumal empirische Untersuchungen zu keinem einheitlichen Ergebnis gekommen sind. Offen bleibt vor allem, inwieweit sich die mit dem Outsourcing angestrebten Ziele wie Komplexitätsreduktion, gesteigerte Flexibilität, Finanzierungsvorteile und Kostenreduktion erreichen lassen. Hinzu kommt, dass Outsourcing-Strategien mit spezifischen Risiken behaftet sind. Zu denken ist etwa an einen unkontrollierten Know-how-Abfluss, an ein opportunistisches Verhalten des Outsourcingnehmers oder an eine Demotivation und Verunsicherung des Personals (Matiaske/Mellewigt [Motive] 649 ff.). Schließlich ist darauf hinzuweisen, dass eine Abstimmung geschäftsbereichsintern *und* -extern vollzogener Wertschöpfungsaktivitäten schwieriger sein dürfte als eine solche, die innerhalb von Geschäftsbereichen gebündelt ist. Angesichts empirischer Befunde, welche darauf hindeuten, dass ca. 50 Prozent der Unternehmen ein Outsourcing der Finanzfunktion in Erwägung ziehen (Freiling/Reckenfelderbäumer [Markt] 91), muss man sich sogar fragen, was ein Unternehmen dann überhaupt noch ausmachen kann.

Jüngere Berichte aus den USA (Wedding [Outsourcing]) bestätigen den ungehemmten Trend, insbesondere in den Dienstleistungsbranchen nach China und in „intelligenten" ICT-nahen Dienstleistungen zunehmend auch nach Indien vornehmlich aus Arbeitskostenvorteilen. Diese Strategie ist häufig unmittelbar mit einem (elektronischen) Re-Import der Leistung verbunden, der über entsprechende Preispolitik am heimischen Markt und über Exporte den bedienten Auslandsmärkten beachtliche Produktivitätszuwächse und im Gesamteffekt Gewinnmargen bringt. Manche europäische Unternehmen gehen sogar noch weiter. So beabsichtigt der dänische Spielzeughersteller

Lego, seine Produktion zum größten Teil auszugliedern und damit rund 1200 Arbeitsplätze einzusparen (O. V. [Lego] 1 f.). Er folgt damit dem Modell des Unternehmens Adidas, dessen Fertigungstiefe schon seit Jahrzehnten unter 5 Prozent liegt.

5.4.3 Funktionsbereichsstrategien (Functional Area Strategies)

Inhalt von Funktionsbereichsstrategien

Funktionsbereichsstrategien (Functional Area Strategies) legen die *grundsätzlichen Ziele und Maßnahmen der Funktionsbereiche* (z. B. Forschung & Entwicklung, Produktion, Marketing, Personalwesen) fest. Im F&E-Bereich haben beispielsweise Entscheidungen über die Verlagerung der Grundlagenforschung ins Ausland oder über die Zusammenarbeit mit externen F&E-Laboratorien strategische Bedeutung. In der Produktion sind z. B. Entscheidungen über den Automatisierungsgrad oder über die Zentralisierung der Produktionssteuerung strategisch relevant; aus dem Bereich des Marketings sind es grundlegende Produkt-, Preis, Promotions- und Distributionsentscheidungen und im Personalwesen beispielsweise Präferenzen hinsichtlich Nationalitätenmuster beim Auslandseinsatz (ethnozentrisch, polyzentrisch, geozentrisch) (vgl. zu weiteren Hinweisen auf Inhalte von Funktionsbereichsstrategien Welge/Al-Laham [Management] 555 ff.). Da diese Funktionsbereichsstrategien auf die Gesamtunternehmens- und die Geschäftsbereichsstrategien abgestimmt sein sollten, müssen sie aus diesen vorgelagerten Strategien abgeleitet werden.

Auch zur Planung von Funktionsbereichsstrategien liegt ein umfangreicher Methodenapparat ähnlich dem der Produkt-Markt-Planung vor (vgl. Abschn. 5.6.3).

5.5 Arbeitsschritte der Strategieformulierung

Vier Schlüsselfragen

Die Strategieformulierung geschieht im Spannungsfeld interner und externer Entwicklungen. Hierbei sind vier grundlegende Fragen zu klären:

- Welche Einflussgrößen der Umwelt und des Unternehmens sind für die Zukunftsentwicklung des Unternehmens von Bedeutung?
- Über welche Quellen können wichtige Umwelt- und Unternehmensinformationen gewonnen werden?

- Welche Techniken der Prognose der Umwelt- und Unternehmensentwicklungen sind zweckmäßig?
- Wie können die Prognoseergebnisse in den strategischen Planungsprozess einfließen? (Pearce II/Robinson [Management] 129 ff.; ein alternatives Spektrum an Fragen findet sich in Welge/Al-Laham [Management] 5)

Die *erste Frage* zielt auf das in Abschn. 1.4 angesprochene Relevanzproblem der Umweltentwicklungen ab. Die Unternehmenspraxis hilft sich hierbei vielfach mit pragmatischen und dadurch auch vergleichsweise willkürlichen Lösungen, wenn sie sich beispielsweise auf Checklisten stützt, die weder theoretisch noch empirisch abgesichert sind. Zu einer Fundierung derartiger Checklisten *könnte* das PIMS-Projekt (vgl. Abschn. 5.6.3.3) beitragen, auf dessen Grundlage ein Katalog empirisch fundierter Erfolgsvariablen entwickelt wurde. Die *zweite Frage* gehört sicherlich zu den schwierigsten der Strategieformulierung überhaupt. Dies liegt insbesondere daran, dass bei der Erfassung und Interpretation von Informationen personenspezifischen und subjektiven Faktoren besonderes Gewicht zukommt. Die subjektive Interpretation spielt gerade dort eine ausgeprägte Rolle, wo die Entscheidungssituation ein hohes Maß an Mehrdeutigkeit aufweist. Dieses ist der für strategische Entscheidungen typische Fall. Der *dritten Frage* wird im Abschn. 11.2.1 nachgegangen, in dem neben gängigen Prognosetechniken auch allgemeingültige Kriterien zu deren Auswahl dargestellt werden, die Anhaltspunkte für die Instrumentenwahl bieten können. Zur Lösung der *vierten Frage* sind strategische Analyseinstrumente vorgeschlagen worden, die Anregungen zur Gegenwarts- und Zukunftsbeurteilung geben und standardisierte Empfehlungen für Unternehmensstrategien bereitstellen.

Arbeitsschritte

Die Formulierung von Strategien kann idealtypisch in *drei Arbeitsschritten* erfolgen:

- *Strategisch orientierte Gegenwarts- und Zukunftsbeurteilung.*
  Das Ziel dieses Arbeitsschritts besteht darin, die Entwicklung interner und externer Rahmenbedingungen der Strategieformulierung zu prognostizieren (vgl. Abschn. 5.6.1).
- *Entwicklung der strategischen Stoßrichtung.*
  Dieser Arbeitsschritt hat das Ziel, die grundlegende Aktionsrichtung des Unternehmens zu bestimmen. Konkrete Strategien werden auf dieser Prozessstufe noch nicht entwickelt (vgl. Abschn. 5.6.2).
- *Formulierung der (Produkt-Markt-)Strategie.*
  Im dritten Arbeitsschritt werden vor allem die künftigen Produkte und Dienstleistungen des Unternehmens, die zu bearbeitenden Zielmärkte sowie der Ressourcentransfer zwischen den strategischen Geschäftseinheiten festgelegt (vgl. Abschn. 5.6.3).

In der Praxis werden die drei Arbeitsschritte vielfach überlappend oder von dieser Abfolge abweichend durchlaufen.

Arbeitsschritte und Instrumente der Strategieformulierung

Abbildung 5-7

Arbeitsschritt	Instrumente		
Strategisch orientierte Gegenwarts- und Zukunftsbeurteilung	– Umweltanalyse – Unternehmensanalyse – Modell der Wertschöpfungskette – Branchenstruktur- und Wettbewerbsanalyse – Chancen-Gefahren-Analyse – Gap-Analyse – strategische Frühaufklärung – Benchmarking – VRIO-Konzept		
Entwicklung der strategischen Stoßrichtung		– Space-Analyse – Produkt-Markt-Matrix – TOWS-Analyse	
Festlegung der (Produkt-/Markt-) Strategie			– Produkt-Markt-Portfolios – Technologieportfolio

5.6 Instrumente zur Strategieformulierung

Zur Unterstützung der Strategieformulierung sind zahlreiche Analyseinstrumente entwickelt worden. In Abbildung 5-7 ist verdeutlicht, wie sich diese den erläuterten drei Arbeitsschritten zuordnen lassen. Der Anwendungsnutzen der Instrumente ist im Hinblick auf den Konkretisierungsgrad der aus ihnen entwickelten strategischen Empfehlungen allerdings recht unterschiedlich. Unter den bisher verfügbaren Analyseinstrumenten scheinen die Gap-Analyse, das Modell der Wertschöpfungskette, vor allem aber die unterschiedlichen Varianten der Portfoliotechniken die größte Verbreitung auch in der Praxis gefunden zu haben (vgl. Abschn. 5.6.3). Der größte Anwendungsnutzen ist jedoch zu erwarten, wenn die Analyseinstrumente in Kombination zur Anwendung gelangen.

Fallbeispiel:

Toshiba K. K.[1]

Toshiba hat sich in den letzten Jahrzehnten der über 130jährigen Unternehmensgeschichte zu einem Weltmarktführer des Elektro- und Elektronik-, IuK-Technologie-, Haushaltsgeräte- sowie Energieerzeugungsbereichs entwickelt. Zusammen mit Intel, Samsung, Taiwan Seminconductor Manufacturing und United Microelectronics gehört Toshiba zu den wichtigsten Chipherstellern der Welt. In der Vergangenheit konnte Toshiba durch das Eingehen zahlreicher Kooperationen als attraktiver Know-how-Partner mit reichen Kenntnissen und Erfahrungen entscheidend die unterschiedlichen Entwicklungsphasen komplexer Speichermedien mit der DRAM-Technologie vorantreiben. Die Neuordnung der Chipsparte durch die weltweit schwierige Wirtschaftslage führte jedoch dazu, dass Toshiba den Bereich des extrem preissensiblen Massengeschäfts mit PC-Speicherchips im Jahr 2001 veräußerte. Der Umsatz der Toshiba Corporation, Tokyo, stieg von 40,5 Milliarden US-Dollar im Jahr 2001/02 auf 68,56 Milliarden US-Dollar im Jahre 2007/08 (Prognosewert veröffentlicht im März 2008); die Mitarbeiterzahl lag im März 2007 konzernweit bei ca. 191.000. Das Leistungsprogramm umfasst die Geschäftsfelder Elektronische Bauelemente, Digitale Produkte und Soziale Infrastruktur. Das heutige Unternehmen hat sich 1939 aus einem Zusammenschluss des Elektromaschinenherstellers Shibaura Engineering Works und des Elektrogeräteherstellers Tokyo Electric Co. mit dem gemeinsamen Namen Tokyo Shibaura Electric Co. entwickelt. Seit 1978 trägt das Unternehmen den offiziellen Namen Toshiba.

Von der Kostenrechnung zur strategischen Planung

Toshibas Ursprung geht auf das Jahr 1875 zurück; das Unternehmen war von Anbeginn in der Elektrotechnik tätig. Vor dem und während des Zweiten Weltkrieg(s) waren interessanterweise 26 Prozent von Toshibas Eigenkapital in US-amerikanischen Händen, gehalten durch General Electric. Dies ist auch der wesentliche Grund, warum Toshiba sich schon sehr früh mit amerikanischen Management-

---

1 K. K. = kabushiki-kaisha (Aktiengesellschaft).
Dank gebührt Herrn Kollegen Professor emeritus Dr. Toyohiro Kono, Gakushuin Universität, Tokyo, für die Übermittlung tieferer Einsichten in die Planung japanischer Unternehmen und die Überlassung von Dokumentationen über die Strategieformulierung der Toshiba K. K.

methoden auseinander setzte und in jener Zeit als eines der wenigen japanischen Unternehmen zu gelten hatte, das sich auch mit theoretischen Entwicklungen auf dem Gebiet der Unternehmensführung beschäftigte. Bereits in der Taisho-Ära hatte Toshiba ein Planungs- und Kontrollsystem eingerichtet, das durch Know-how-Transfer von General Electric übernommen wurde. Hierauf aufbauend wurde in den Elektromaschinenwerken ein frühes „Controllingsystem" und in den Elektrogerätewerken eine Standardkostenrechnung eingerichtet, die eine genaue Untersuchung der Kostenabweichungen ermöglichte. In der Hoch-Inflationszeit kurz nach dem Zweiten Weltkrieg wurde – für japanische Verhältnisse völlig ungewöhnlich – halbjährlich budgetiert und die Einhaltung der Budgetziele sogar monatlich kontrolliert und angepasst. Während des Wiederaufbaus in den 1950er Jahren richtete Toshiba frühzeitig Absatz-/Gewinn- sowie und Produktions-/Gewinnverantwortungsbereiche ein, sodass sich die Organisationsstruktur, einem divisionalisierten Unternehmen ähnlich, aus dem internen Rechnungswesen heraus entwickelte.

In dieser Zeit wurden auch die ersten Überlegungen zu einer Langfristplanung angestellt, zunächst allerdings nur im Absatzbereich, für den eine Fünf-Jahresplanung institutionalisiert wurde. Die erste integrierte Unternehmensplanung, die alle Bereiche erfasste, wurde mit dem zwölften Unternehmensplan im Jahr 1958 eingerichtet. Der 15. Unternehmensplan im Jahr 1973 brachte dann die Einrichtung einer mittelfristigen Planung über drei Jahre, bei der die Planziele für 1974 bereits Ende 1973 erreicht worden waren. Der unerwartete Schock der ersten Ölkrise, der für Japan und die gesamte japanische Industrie einen großen Einbruch erbrachte, führte bei Toshiba zur Überzeugung, dass eine strategische Orientierung notwendig sei. Diese war durch folgende Fragen beeinflusst:

- *Warum machen einige Unternehmen Gewinne, während andere in derselben Branche Verluste schreiben? Ist Toshiba in der Lage, „to win the competition"?*
- *Warum besteht eine Lücke zwischen lang- bzw. mittelfristiger Planung und der Periodenleistung?*
- *Warum erbringen die Ziele, die das Top-Management für die operativen Ebenen formuliert, keine erkennbaren Resultate?*
- *Warum reagiert Toshiba auf Umweltveränderungen immer erst im Nachhinein?*

Anlässlich des 101. Jubiläums im Jahr 1976 seit der Gründung von Toshiba wurden ein neues Unternehmensführungskonzept und ein neues Planungssystem eingeführt. Toshiba hatte von General Electric über deren erfolgreiche Einführung einer strategischen Unternehmensplanung erfahren und modellierte das eigene Planungssystem nach dem amerikanischen Vorbild, wobei strategische Geschäftseinheiten (SGE) und das Produkt-Portfolio-Management (PPM) als Säulen dienten. Instrumente waren dabei das von General Electric übernommene Business-Screens-Produkt-Marktportfolio (vgl. Abschn. 5.6.3.3), das zum ersten Mal 1974 eingeführt worden war, und die PIMS-Analyse der Erfolgsfaktoren (vgl. Abschn. 5.6.3.3), die im Jahr 1975 folgte.

Beide Instrumente wurden zu einem strategischen Geschäftsplan und einem so genannten Profit-Improvement-Program (PIP) verdichtet, das die Kostenreduzierung auf Geschäftsfeldebene durch Anwendung von Sensitivitätsanalysen zum Gegenstand hatte. Die strategische Geschäftsplanung ist, was Ablauf und Planungsschritte angeht, in Abbildung 5-8 verdeutlicht.

Für die Jahre 1976 bis 1978 wurde der erste strategische Geschäftsplan auf der Basis der aus dem Business-Screens-Konzept von GE und McKinsey stammenden Neun-Felder-Matrix (vgl. Abschn. 5.6.3.3) der Produkt-Markt-Kombinationen für die gesamte Unternehmensgruppe eingerichtet, die in jener Zeit 104 unterschiedliche strategische Geschäftseinheiten umfasste. Bald wurde allerdings erkannt, dass diese Analysetechnik nur den gegenwärtigen Planungsstatus und nicht die Dynamik neuer Produktentwicklungen erfasste. Daher wurde unter der Bezeichnung PPP ein Produkt-Planung-Prozess-System auf Formularbasis eingerichtet.

Ab dem Jahr 1981 wurden schließlich große Anstrengungen unternommen, die Effizienz des Verwaltungsbereichs durch Reduzierung der Gemeinkosten zu erhöhen. Auch diese Initiative war wieder von außen angestoßen worden, nämlich durch die Errichtung neuer Gebäude für die Hauptverwaltung. Für die japanische Unternehmenspraxis typisch, wurden diese Bemühungen auf der Grundlage zweier Kampagnen, POWER (Productivity of Office Work Efficiency Revolution) und OA (Office Automation), verfolgt. Diese Programme markierten die Konsolidierungsphase des „Führungssystems" in Form der Einrichtung der strategischen Unternehmensplanung – ein Projekt, das insgesamt ca. sieben Jahre umfasste (vgl. Abbildung 5-9).

Übergang zur Konzeption des strategischen Managements

Die Konzeption der Unternehmensplanung wurde jedoch nicht so belassen, sondern entsprechend neuer Umweltherausforderungen weiterentwickelt und jeweils mit neuen Instrumenten ausgestattet. So wurden die Umweltveränderungen für die 1990er Jahre von Toshiba in drei Schwerpunkten interpretiert:

- *Dritte industrielle Revolution (Vordringen in neue Hochtechnologien wie neue Materialien, Biotechnologie und Energie sowie die so genannte „Knowledge/Information Society"),*
- *Wachstum der Software- und Dienstleistungsbranche,*
- *zunehmende Internationalisierung sowie Handels- und Technologiekonflikte in der Weltwirtschaft.*

Dieser neue Bedingungsrahmen bedeutete für Toshiba die Herausforderung, von der strategischen Unternehmensplanung zu einem Konzept des strategischen Managements überzugehen. Die strategische Managementkonzeption fußt auf zwei Schwerpunkten:

Abbildung 5-8

Process of Strategic Business Planning

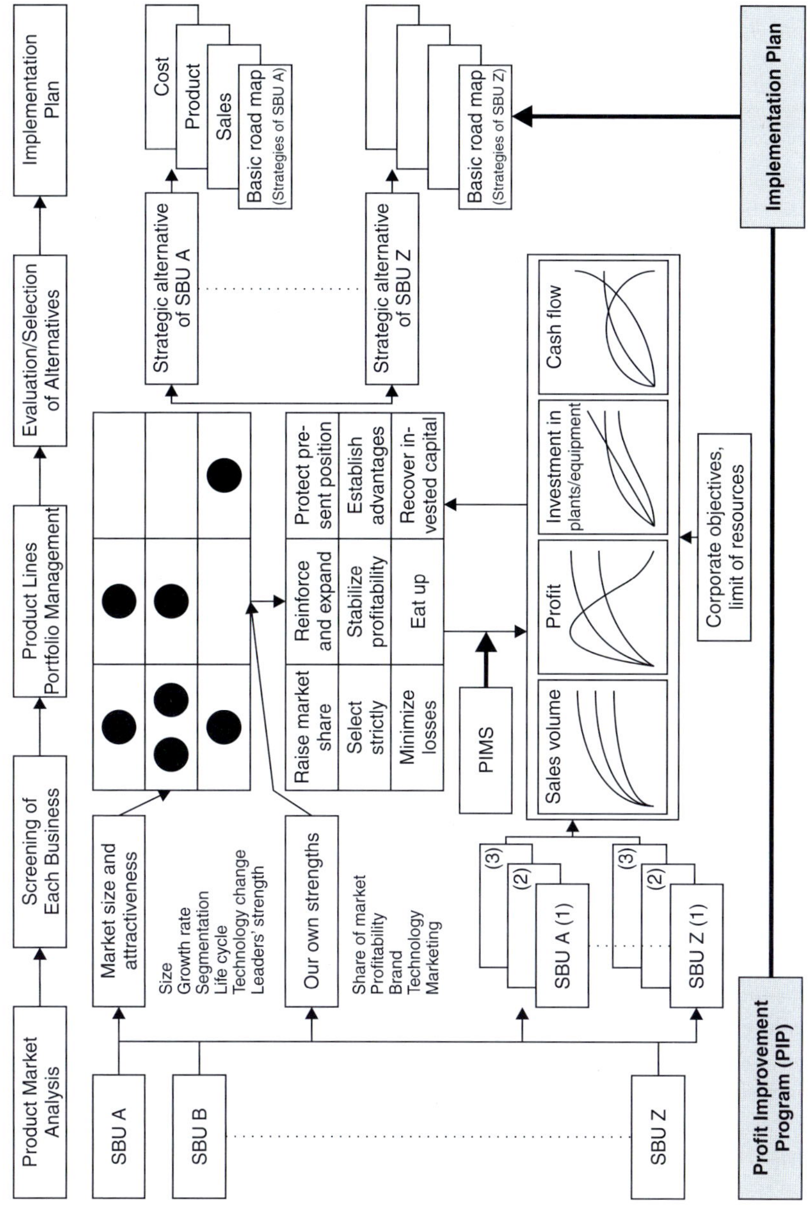

1. *In jedem Geschäftsfeld werden Strategien formuliert und implementiert und von der ganzen Organisation verfolgt, was die Teilnahme an der Strategieformulierung und die Akzeptanz ihrer Ergebnisse durch* ***alle*** *Unternehmensangehörigen bedingt.*

Abbildung 5-9 *Evolution of Planning Systems*

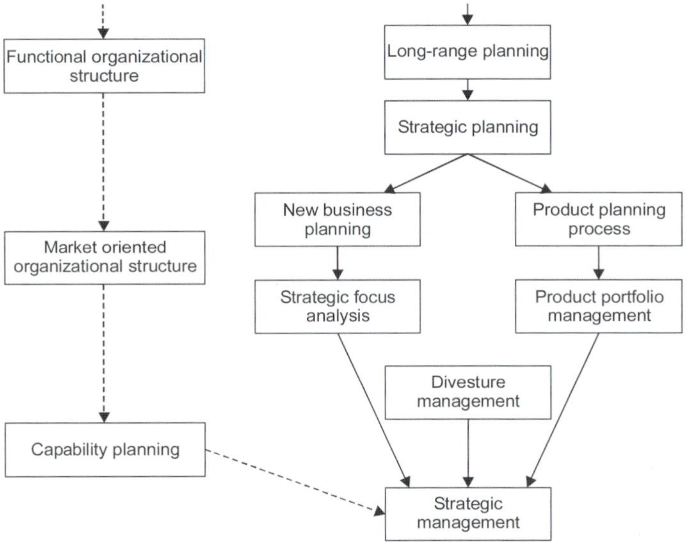

2. *Management selbst wird durch Strategien sogar als Tagesgeschäft betrieben („driven"), was dazu führt, dass strategisches Management zur „Routine" wird.*

Wichtiges Instrument, das dabei Anwendung findet, ist das Diskontinuitätenkonzept (vgl. Abschn. 5.6.1.7) in Anlehnung an Ansoff (vgl. Abbildung 5-10 und Abbildung 5-11). Insgesamt gesehen kann die Entwicklung des „Führungssystems" von Toshiba, beginnend mit einem Vorläufer des Controlling als internes Rechnungssystem ausgestaltet, über die Langfristplanung hin zur strategischen Planung und dem strategischen Management als derzeit neuestem Entwicklungsstand in vier Phasen eingeteilt werden (vgl. Abbildung 5-12).

Das moderne Führungskonzept von Toshiba hat die Fünf-Jahres-Langfristplanung durch mittelfristige Drei-Jahres-Pläne ersetzt. Daneben wird über jeweils zwei Planungsphasen von zusammen sechs Jahren eine strategische „Vision" formuliert, die als Modell des Unternehmens gedacht ist. Dieses dient dazu, potenzielle, noch nicht hinreichend präzisierte Umweltveränderungen proaktiv zu bewältigen, und zwar durch Änderung der Führungsstruktur, der Geschäftsstruktur und der Mentalität der Mitarbeiter derart, dass sie fähig werden, die Herausforderungen einer informations-, international- und dienstleistungsorientierten Gesellschaft zu handhaben. Solche Modelle sind so ausgelegt, dass sie jeweils den bestmöglichen Ausgleich zwischen der Sicherung der Erträge und der Allokation der hierfür erforderlichen Ressourcen zu erzielen suchen.

Abbildung 5-10

Scales of Environmental Turbulence

Scales of turbulence / Traits of change	Stable	Reactive	Anti-cipating	Exploring	Creative
Strength of strategic budget	Low →				High
Predictability	Can sufficiently predict most of the changes →				Surprises happen frequently
Frequency	Low →				High
Responding time	Short →				Long
Novelty (Applicability of existing capabilities)	Can re-spond with existing capabilities	Adjust some of existing capabilities	Enhance some of existing capabilities	Combine new existing capa-bilities	Require new capabilities
Scale of turbulence (Situation of know-ledge for successful responses)	Perfect impact	Initial impact	Forecast of results	Decision of responses or decision of impact	Confirma-tion of causes of perception of turbulence
Applicable methods of prediction	Use con-ventional method	Control	Extrapola-tion	Threats/ opportu-nities analysis	Perception of weak signals

Daher beinhaltet eine strategische Vision die qualitativen Ziele für jeden Geschäftsbereich und nach Möglichkeit deren quantitative Ausformung. Wenn eine derartige vom Top-Management formulierte Strategie von allen Mitgliedern des Unternehmens akzeptiert worden ist, gewinnt sie den Charakter eines „innovativen" strategischen Ziels, nach dem alle Unternehmensmitglieder für einen Zeitraum von etwa zehn Jahren streben und zu dessen gemeinsamer Erreichung sie angespornt werden. Insgesamt stellt sich Toshiba, was Unternehmensstrategie und Controlling angeht, als interessanter und wohl auch seltener Fall eines japanischen Unternehmens dar, das amerikanische Managementkonzepte mit denen des eigenen Landes erfolgreich zu verbinden versteht.

Abbildung 5-11

Scales of Organizational Openness

Organizational Openness / Characteristics	Stable	Reactive	Anti-cipating	Exploring	Creative
Information perceptive	Past	Past	Future (extra-polative)	Future (internatio-nal)	Future (internatio-nal)
Action perceptive	Repetition of well-known experiences	Partial changes of past experi-ences	New alternative predictable from past experiences	New com-bination of known experiences	Innovative experiences

Im März 2006 erwarb Toshiba die Nuklearsparte von Westinghouse und ist seither Weltmarktführer im Kernenergiegeschäft.

Abbildung 5-12

Development Stages of Management Systems

Classification	Phase 1	Phase 2	Phase 3	Phase 4
	Pre-modernistic Control-type Management	Tactical Management	Management Involving Managerial Strategies	Strategic Management
Purpose	Improve efficiency by management by objectives	Efficiently manage day-to-day operations trying to maximize the capabilities of individual organizational units	Management in response to the needs of each business with strategy-oriented approach, transcending day-to-day management	Deal with environmental turbulence by preferentially utilizing limited resources, structurally changing and strategically mobilizing the entire organization
Contents	Experience-oriented management – based on period profits	More interest in medium- and long-range planning than in aggregation of short-range plans of departments and branch offices	Partially introduce strategic problems to medium/long-range planning; respond with mobility, utilizing task forces and project teams	Management focussed on planning through structural changes, resolving problems on priority basis and emphasizing real operation and organizational entity

Quellen

CENTER FOR INTERNATIONAL FINANCIAL ANALYSIS & RESEARCH (Hrsg.), Global Company *Handbook*, 2 Bände, Princeton 1992.

KONO, T., Long Range *Planning* of Japanese Corporations, unveröffentlichtes Manuskript der Gakushuin Universität, Tokyo 1986.

KONO, T., Long Range Planning of Japanese *Corporations*, Berlin – New York 1992.

TOSHIBA K. K. (Hrsg.), *Geschäftsberichte* 1988 bis 2006, Tokyo 1989 bis 2007.

TOSHIBA K. K. (Hrsg.), *www.toshiba.co.jp*.

5.6.1 Instrumente zur strategisch orientierten Gegenwarts- und Zukunftsbeurteilung

5.6.1.1 Traditionelle Umwelt- und Unternehmensanalysen

Der Erfolg der Strategieformulierung hängt aufgrund der gesteigerten Dynamik der Unternehmensumwelt weitgehend davon ab, inwiefern es dem jeweiligen Unternehmen gelingt, sich auf diesen Wandel vorzubereiten. Daher wird die *Beurteilung der gegenwärtigen Lage sowie der Zukunft* zu einem wesentlichen Element des Strategieformulierungsprozesses. Demnach muss es als folgerichtig gelten, dass die Unternehmen vermehrt Anstrengungen zur Prognose

- der Veränderungen der Unternehmensumwelt als auch
- der Entwicklung unternehmensinterner Faktoren (Ziele und Ressourcen des Unternehmens) aufbringen.

Umweltanalyse

Durch *Umweltanalysen* (Environmental Forecasting oder Environmental Scanning) sollen die *relevanten Umweltgrößen identifiziert und analysiert sowie sich abzeichnende Umwelttrends beschrieben* werden, um erste Anhaltspunkte für sich bietende Chancen und Gefahren bestimmen zu können. Üblicherweise werden dabei die politisch-rechtlichen, wirtschaftlichen (economical), sozialen, technologischen und geographischen Umweltfaktoren („PEST-Analyse"), wie sie in Abschn. 1.4 näher dargestellt wurden, einer gesonderten Analyse unterzogen, die noch um ökologische, bildungsbezogene und sicherheitsorientierte Einflüsse erweitert werden sollte. Für diese Analyse steht ein wohl ausgebauter Methodenapparat für die Prognose in Form von Szenariotechniken, Analogieschlussmethoden, Indikatormodellen oder anderen Prognosetechniken der Unternehmensplanung zur Verfügung (vgl. Abschn. 11.2.1). Wie die Checklistentechnik bei der Umweltanalyse ausgestaltet werden kann, ist in Abbildung 5-13 beispielhaft dargestellt.

PEST-Analyse

Unternehmensanalyse

Um die Umweltentsprechung des Unternehmens prüfen zu können, ist es erforderlich, nicht nur ein Zukunftsprofil der Umwelt, sondern auch des Unternehmens zu zeichnen. Dies geschieht im Rahmen einer *Unternehmensanalyse*. Dazu wird unter Berücksichtigung des gegenwärtigen Zustands ein Zukunftsbild strategisch relevanter Unternehmensfaktoren entworfen, weshalb bisweilen auch von einer Potenzialanalyse gesprochen wird. Es handelt sich dabei um diejenigen Faktoren des Unternehmens, die seine zukünftigen Aktivitäten wesentlich bestimmen. Wie bei der Umweltanalyse ist auch hier das Relevanzproblem von ausschlaggebender Bedeutung. Ein beispielhafter Katalog solcher, die Stärken und Schwächen des Unternehmens beschreibender Faktoren ist in Abbildung 5-14 sowie in Abbildung 5-43 des Abschn. 5.6.3.3 zusammengestellt.

Abbildung 5-13

Checkliste zur Umweltanalyse

Ökologie	– Verfügbarkeit von Energie (Erdöl; Gas; Elektrizität; Kohle; andere Energiequellen) – Verfügbarkeit von Rohstoffen – Trends im Umweltschutz (Umweltbewusstsein, -belastung, -gesetzgebung) – Recycling (Verfügbarkeit von Recyclingmaterialien; Recyclingkosten)
Technologie	– Produktionstechnologie (Entwicklungstendenzen in der Verfahrenstechnologie; Innovationspotenzial; Automation/Prozesssteuerung) – Produktinnovation (Entwicklungstendenzen in der Produktionstechnologie bezüglich Hardware und Software; Innovationspotenzial) – Substitutionstechnologien (mögliche Innovationen; Kostenentwicklung) – Recyclingtechnologie
Wirtschaft	– Entwicklungstendenzen des Volkseinkommens/ Wachstums in den relevanten Ländern – Entwicklung des internationalen Handels (Güteraustausch; Wirtschaftsintegration; Protektionismus) – Entwicklungstendenzen der Zahlungsbilanzen – Entwicklung der Wechselkurse – erwartete Inflation – Entwicklung der Kapitalmärkte – Entwicklung der Beschäftigung – zu erwartende Investitionsneigung – zu erwartende Konjunkturschwankungen (Häufigkeit; Ausprägung) – Entwicklung relevanter Wirtschaftssektoren
Demographische und soziale Entwicklungen	– Bevölkerungsentwicklung in den relevanten Ländern (Entwicklung wichtiger Bevölkerungsgruppen; Bevölkerungswanderung) – sozialpsychologische Strömungen (Arbeitsmentalität; Sparneigung; Freizeitverhalten; Einstellung gegenüber der Wirtschaft, der Automation, relevanten Werkstoffen und Produkten)
Politik und Recht	– Globalpolitische Entwicklungstendenzen (Ost-West; Nord-Süd; allgemeine Gefahr lokaler oder internationaler Konflikte; Marktstellung der Rohstoffproduzenten) – parteipolitische Entwicklungen in den relevanten Ländern – Entwicklungstendenzen in der Wirtschaftspolitik – Entwicklungstendenzen in der Sozialgesetzgebung – Entwicklungen im Arbeitsrecht – Bedeutung und Einfluss der Gewerkschaften – Handlungsfreiheit der Unternehmen

Abbildung 5-14 *Checkliste zur Unternehmensanalyse*

Allgemeine Unternehmensentwicklung	– Umsatzentwicklung – Cashflow-Entwicklung – Entwicklung des Personalbestands – Entwicklung der Kosten (fixe Kosten, variable Kosten)
Marketing	– Marketingleistung (Sortiment, vor allem Breite, Tiefe und Bedürfniskonformität des Sortiments; Qualität der Hauptleistungen, vor allem Konstanz und Individualität der Leistungen sowie Fehlerraten; Qualität der Nebenleistungen, zum Beispiel Anwendungsberatung, Garantieleistungen und Lieferservice; Qualitätsimage) – Preis (allgemeines Preisniveau; Rabatte; Zahlungskonditionen) – Marktbearbeitungsaktivitäten (Werbung; Verkauf; Verkaufsförderung; Öffentlichkeitsarbeit; Markenpolitik; Imagepflege) – Distribution (inländische Absatzorganisation; Exportorganisation; Lieferbereitschaft; vor allem Lagerbewirtschaftung und Transportwesen)
Produktion	– Produktionsprogramm – Produktionstechnologie (Zweckmäßigkeit, Modernität und Automationsgrad der Anlagen) – Vertikale Integration – Produktionskapazitäten – Produktivität – Produktionskosten – Einkauf und Versorgungssicherheit
F&E	– Leistungsfähigkeit der F&E (gegenwärtige Aktivitäten sowie geplante Investitionen hinsichtlich Verfahrens-, Produkt- und Softwareentwicklung; F&E-Knowhow; Patente und Lizenzen)
Finanzen	– Kapitalvolumen und Kapitalstruktur (Finanzierungspotenzial; Working Capital) – Kapitalumschlag (Gesamtkapitalumschlag; Lagerumschlag; Debitorenumschlag) – Stille Reserven – Liquidität – Investitionsintensität
Personal	– Qualitative Leistungsfähigkeit der Mitarbeiter (Leistungswille; Betriebsklima; Teamgeist; Wertekonsens) – Entgeltpolitik und Sozialleistungen
Führung und Organisation	– Entwicklungsstand des PuK-Systems – Qualität der Führungskräfte (Entscheidungsgüte und -geschwindigkeit) – Strategie-Struktur-Kultur-Fit – Know-how (bezüglich Kooperationen; Akquisitionen)
Innovationsfähigkeit	– Einführungen neuer Marktleistungen – Erschließung neuer Märkte – Erschließung neuer Absatzkanäle

Dieser Katalog resultiert aus der bereits erwähnten PIMS-Studie. Weitere Verfahren zur auf Wetttbewerber, Technologien und Kunden bezogenen Umweltanalyse werden im Schrifttum diskutiert (Hungenberg [Management] 109 ff.). Diese Verfahren sind ebenfalls eher qualitativ; sie sind durch eine auf Finanzkennzahlen beruhende quantitative Analyse zu ergänzen (vgl. hierzu Coenenberg [Jahresabschluss] 500 ff.).

Kritische Würdigung

Derartige Kataloge sind allerdings zu allgemein, als dass mit ihnen die spezifische Situation des Unternehmens sicher beurteilt werden könnte. Ihre Aussagekraft lässt sich erhöhen, indem die Einschätzung der unternehmensinternen *Stärken und Schwächen* mit sich *in ähnlicher Situation befindlichen Unternehmen*, in der Regel dem bzw. den drei stärksten Konkurrenten, anhand eines einheitlichen Kriterienkatalogs vergleichend beurteilt wird (zur Datenbeschaffung im Rahmen der Konkurrentenanalyse vgl. Aeberhard [Analyse]). Zusätzliche Informationen können durch Dynamisierung solcher Profile für verschiedene zukünftige Zeitpunkte gewonnen werden.

Die Umwelt- und Unternehmensanalyse können als *traditionelle Instrumente* der strategischen Unternehmensplanung bezeichnet werden, die seit nunmehr über 30 Jahren ihre Entsprechung in Form einer angestammten Lehrmethode in der fallstudienorientierten Managementausbildung gefunden haben. In einer *isolierten Vorgehensweise*, ohne Verknüpfung unternehmensinterner und -externer Entwicklungen, werden sie den heutigen Anforderungen an strategische Analyseinstrumente sowie der vorliegenden Grundkonzeption der Unternehmens-Umwelt-Koordination allerdings kaum mehr gerecht. Eine Beurteilung von Umweltentwicklungen ohne Bezugnahme auf unternehmensinterne Potenziale erscheint daher ebenso unzureichend wie die Analyse von unternehmensbezogenen Faktoren ohne eine Relativierung durch allgemeine und aufgabenspezifische Umweltfaktoren.

Deshalb lösen neuere Instrumente der Umwelt- und Unternehmensanalyse wie die *Wertschöpfungskette*, die *Branchenstruktur- und Wettbewerbsanalyse*, das *Benchmarking* oder das *VRIO-Konzept* die strikte Trennung von internen und externen Faktoren bewusst auf.

5.6.1.2 Unternehmensanalyse anhand der Wertschöpfungskette

Herkunft und Ziel

Das Konzept der Wert(schöpfungs)kette wurde von Porter ([Advantage] 33 ff.) als Instrument zur Identifikation von Wettbewerbsvorteilen entwickelt. Hierzu soll nicht nur eine isolierte Betrachtung von internen Abläufen wie Produktionsprozessen, sondern überdies eine branchenbezogene Analyse des Unternehmens im Hinblick auf seine *Wettbewerbsvorteile* erfolgen.

Eine markt- bzw. branchenbezogene Vorgehensweise bei der Analyse von Wettbewerbsvorteilen ist notwendig, da jene Unternehmen am Markt zu den Gewinnern gehören, denen es gelingt, in den für die Kunden wichtigen Leistungsmerkmalen besser zu sein als ihre Konkurrenten. Aus diesem Grund ist mit dem Wertschöpfungskettenkonzept kein geschlossenes Modell ähnlich einer Produktionsfunktion gegeben; es präsentiert sich vielmehr als ein *offenes Modell der Unternehmensanalyse.*

Grundannahmen

Der Denkansatz der Wertschöpfungskette wird von sechs *Grundannahmen* (Porter [Advantage] 36 ff.; Volck [Wertkette] 31 ff.) beherrscht:

- *Der Gesamtwert eines Produkts oder einer Dienstleistung ist derjenige Betrag, den die Kunden dafür anzulegen bereit sind.*
  Dies bedeutet, dass alle zur Leistungserstellung notwendigen Aktivitäten des Unternehmens (Wertschöpfungsaktivitäten) auf ihren Wertbeitrag hin untersucht werden müssen. Im Modell (vgl. Abbildung 5-15) werden daher die Wertschöpfungsaktivitäten des Unternehmens gezielt und differenziert analysiert.

- *Für die Erzielung einer befriedigenden Gewinnspanne ist eine differenzierte Betrachtung und Ausgestaltung der Wertschöpfungsaktivitäten unabdingbar.*
  Die differenzierte Vorgehensweise ist notwendig, da jede einzelne Wertschöpfungsaktivität einen Beitrag zur Verbesserung der Kosten- und Leistungssituation des Unternehmens beisteuern kann.

- *Um zu einem Bezugsrahmen zu gelangen, müssen die Teilaktivitäten entlang des Wertschöpfungsprozesses geordnet werden.*
  Das Wertschöpfungskettenmodell wendet sich gegen traditionelle Wertschöpfungsanalysen, die in pauschaler Form die Differenz zwischen Verkaufspreisen und Einkaufspreisen für Rohstoffe als Wertschöpfungsbetrag begreifen. Zwei verschiedene Kategorien von Aktivitäten tragen zur Wertschöpfung eines Unternehmens bei.

  Primäre (Basis-)Wertschöpfungsaktivitäten befassen sich mit der physischen Herstellung von Produkten oder Dienstleistungen, deren Verkauf und Übermittlung an die Abnehmer sowie dem Kundendienst. Sie stehen in unmittelbarem Zusammenhang mit der Marktversorgung. Hierzu zählen die Eingangslogistik (Tätigkeiten, die mit der Bereitstellung von Roh-, Hilfs- und Betriebsstoffen verbunden sind), Operationen (Tätigkeiten des Produktionsprozesses), die Ausgangslogistik (Tätigkeiten der Auslieferung des Produkts oder der Abgabe der Dienstleistung an die Kunden von Fertigerzeugnislageraufgaben bis zur Auftragsabwicklung), Marketing und Vertrieb (sämtliche Tätigkeiten der Kundenakquisition und -betreuung) sowie der Kundendienst (Dienstleistungen zur Produktpflege bei den Kunden).

Wertschöpfungskette des Unternehmens

Abbildung 5-15

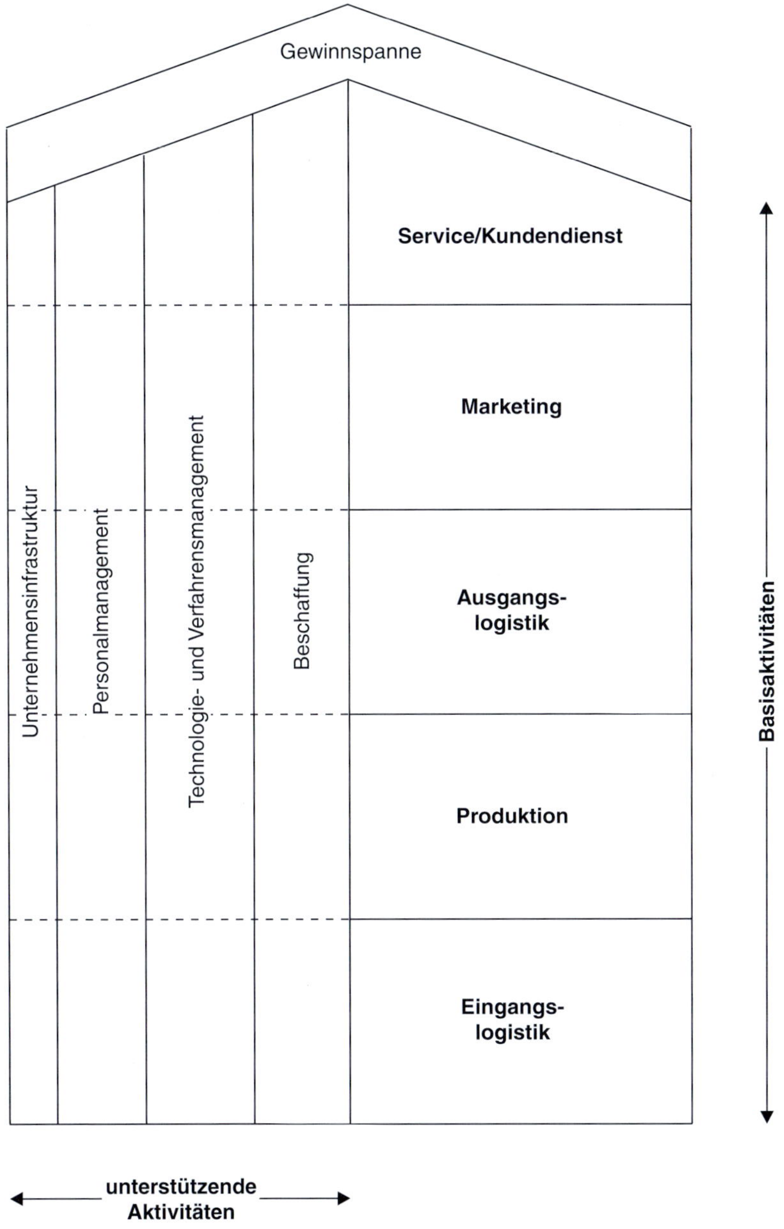

Die *unterstützenden Wertschöpfungsaktivitäten* haben die Aufgabe, den Strom der primären Aktivitäten aufrechtzuerhalten, indem sie für die Verfügbarkeit von Inputs, Technologie, menschlichen Ressourcen und von verschiedenen Funktionen für das ganze Unternehmen sorgen. Zu den unterstützenden Wertschöpfungsaktivitäten sind die Beschaffung (Funktion des Einkaufs der verwendeten Inputs), die Technologieentwicklung (sämtliche im Wertschöpfungsprozess eingesetzte Techniken wie Verfahrenshilfen und Produktverbesserungen) und das Personalmanagement (Personalbeschaffung und -entwicklung sowie Gestaltung des Anreizsystems) zu zählen. Je nach Diversifikationsgrad können diese Aktivitäten mit einzelnen primären Wertschöpfungsaktivitäten verbunden sein oder auch das Gesamtunternehmen bedienen. Zu den unterstützenden Aktivitäten muss jedoch auch die Infrastruktur des Unternehmens (typische Managementaufgaben der Unternehmensführung sowie einzelne Führungsfunktionen wie Finanzwirtschaft, Rechnungswesen oder Political-Affairs-Aufgaben) gerechnet werden. Die Infrastruktur des Unternehmens wirkt auf dessen gesamte Wertschöpfungskette ein.

Zwischen den Wertschöpfungsaktivitäten bestehen *zahlreiche interne und externe Interdependenzen*. Die Bedeutung interner Interdependenzen lässt sich beispielsweise daran zeigen, dass die Beschaffung von Qualitätsrohstoffen die Produktion erleichtern kann. Externe Interdependenzen betreffen Wechselwirkungen zwischen der eigenen Wertschöpfungskette und den Wertschöpfungsketten von Lieferanten, Handelsmittlern oder Abnehmern. Hier sei nur auf das Beispiel verwiesen, dass die F&E-Abteilung eines Unternehmens an kundenspezifischen Problemstellungen arbeitet, was einen über die Unternehmensgrenzen hinausreichenden Informationsaustausch voraussetzt. Porter argumentiert, dass der Unternehmenserfolg in besonderem Maße von der Art der Verknüpfung der Wertschöpfungsaktivitäten abhängt.

- *Der Ausgangspunkt der Analyse ist nicht das Unternehmen allein, sondern die Einbettung seiner Wertschöpfungskette in die Branche.*
  Die Verbindung der Wertschöpfungskette mit vor- und nachgelagerten Aktivitäten wird in die Untersuchung aus den oben genannten Gründen integriert. Die Branche ist als Analyseebene und Referenzpunkt zu wählen, da innerhalb von Branchen nur noch vergleichsweise geringe abnehmer- und regionenbedingte Unterschiede bestehen (zur Kritik dieses Postulats vgl. Abschn. 2.2.5).

- *Das Top-Management muss die Wertschöpfungskette des Unternehmens im Vergleich zu denjenigen der Konkurrenten analysieren und gegebenenfalls im Hinblick auf die Branchenverhältnisse neu definieren.*
  Es wird argumentiert, dass die Branche die relative Wichtigkeit der einzelnen Wertschöpfungsaktivitäten bestimmt. Während für einen Investi-

tionsgüterhersteller die verkehrsgünstige Lage der Ausstellungsräume durchaus von nachrangiger Bedeutung sein kann, ist die Wahl des Standorts der Ausstellungsräume für einen Konsumgüterproduzenten von entscheidender Bedeutung. Um die Bedeutung der einzelnen Wertschöpfungsaktivitäten in der Branche sowie die Quellen der Wettbewerbsvorteile des Unternehmens herausarbeiten zu können, ist es notwendig, den zuvor dargestellten Bezugsrahmen weiter aufzufächern. Die Auffächerung ist jedoch nur so weit voranzutreiben, wie Aktivitäten

- mit unterschiedlichen wirtschaftlichen Zusammenhängen,
- mit einem hohen Differenzierungspotenzial oder
- mit einem erheblichen oder steigenden Kostenanteil

voneinander abgegrenzt werden können. Die Ausdifferenzierung des Bezugsrahmens lässt sich, wie in Abbildung 5-16 dargestellt, exemplarisch anhand der Wertschöpfungskette eines branchentypischen Kopiergeräteherstellers zeigen (Porter [Advantage] 47).

- *Wettbewerbsvorteile bzw. -nachteile eines Unternehmens lassen sich nur ermitteln, wenn nicht nur einzelne Teilaktivitäten strukturiert und dokumentiert, sondern auch die Modi ihrer Erledigung überprüft werden.*
  Die Art und Weise der Erledigung von Wertschöpfungsaktivitäten ist zu spezifizieren, da Wettbewerbsvorteile nicht nur davon abhängen, ob eine Aktivität durchgeführt wird oder nicht, sondern „wie" dieses geschieht. Die Abbildung 5-17 (Esser [Wertkette] 199) zeigt, dass sich die Wertschöpfungsketten herkömmlicher Möbelanbieter einerseits und des Unternehmens IKEA andererseits formal zwar gleichen, dass die Art und Weise der Aufgabenerledigung jedoch recht unterschiedlich ist. Hierbei muss berücksichtigt werden, dass die Art und Weise der Erfüllung der Wertschöpfungsaktivitäten letztendlich durch die Wettbewerbsstrategie des Unternehmens (vgl. Abschn. 5.4.2.1) bestimmt wird.

Kritische Würdigung

Das Modell der Wertschöpfungskette hat als Analyseraster vor allem in der Praxis eine *beachtliche Verbreitung* gefunden. Die Einwände des Konzepts lassen sich in drei Punkten zusammenfassen (Ropella [Synergie] 159 ff.):

- Das *strukturierend-analytische Vorgehen* der Wertschöpfungskette ist als ein nützlicher Ansatz zur Bestimmung von Wettbewerbsstrategien anzusehen, mit dem systematisch nach Prozessverbesserungen und damit Wettbewerbsvorteilen gesucht werden kann.

- Die Wertschöpfungskette ist ein *operationales, ausgefeiltes Instrument* zur Analyse von Verflechtungen zwischen den Geschäftsfeldern eines Unternehmens (gemeinsame Ressourcennutzung) und damit zum Aufspüren von Synergieeffekten.

Abbildung 5-16 *Wertschöpfungskette eines Kopiergeräteherstellers*

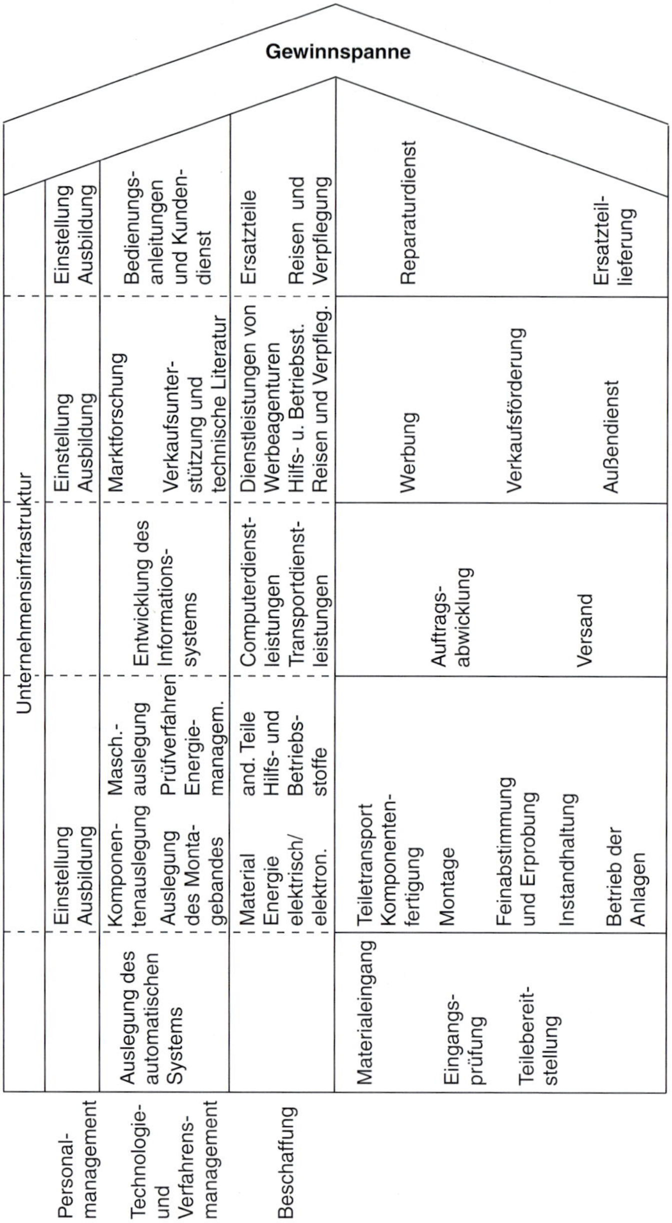

Beispiel für Wertschöpfungsketten bei unterschiedlichen Wettbewerbsstratgien

Abbildung 5-17

	Roh-material	Herstel-lung	Trans-port	Show-room	Liefer-zeit	Anlie-ferung	Mon-tage
Her-kömm-liche Möbel-anbieter	je nach Material geringe bis hohe Kosten	kleine Mengen: hohe Kosten	Luft: hohe Kosten	zentrale Lage: hohe Kosten	kleines Lager: lang	Anliefe-rung durch Möbel-anbieter: hohe Kosten	arbeits-intensiv: hohe Kosten
IKEA	geringe Kosten	große Mengen: geringe Kosten	Land: kompakt zerlegt, geringe Kosten	außer-halb: geringe Kosten	großes Lager: kurz	Abho-lung durch Kunden: keine Kosten	durch Kunden: keine Kosten

- Das Konzept verlässt bei der Erklärung von Wettbewerbsvorteilen die unternehmenszentrierte Betrachtung der Unternehmensführung und berücksichtigt überdies die Einbindung des Unternehmens in seine Aufgabenumwelt, insbesondere die Branche.

Das Konzept wird andererseits als *noch nicht anwendungsreif* bezeichnet, da die überwiegend qualitativen und aus Einzelbeispielen abgeleiteten Aussagen zuvor einer empirischen Überprüfung unterzogen werden müssten.

5.6.1.3 Branchenstruktur- und Wettbewerbsanalyse

Im Bereich der Umweltdimension konzentriert sich Porters Analyse auf die Branche, deren strukturelle Merkmale die Stärke der Wettbewerbskräfte und somit auch die Rentabilität der in der Branche tätigen Unternehmen bestimmen (Porter [Strategy] 4). Das Konzept ist als Branchen*struktur*analyse ausgelegt, da es nicht nur die Einzelmerkmalen der Branche, sondern auch deren Verhältnis untersucht. Zunächst erfolgt die Analyse der Branche insgesamt, dann eine Differenzierung nach strategischen Gruppen (Porter [Strategy] 3 ff und 126 ff.). Die Methodik der *Analyse der Branche* ist in Abbildung 5-18 (Porter [Advantage] 6) dargestellt. Es zeigt sich, dass die Wettbewerbsintensität und Gewinnchancen einer Branche durch fünf Faktoren („Treiber“) determiniert werden (Porter [Strategy] 5 ff.; Porter [Advantage] 4 ff.).

Abbildung 5-18 *Branchenstrukturanalyse*

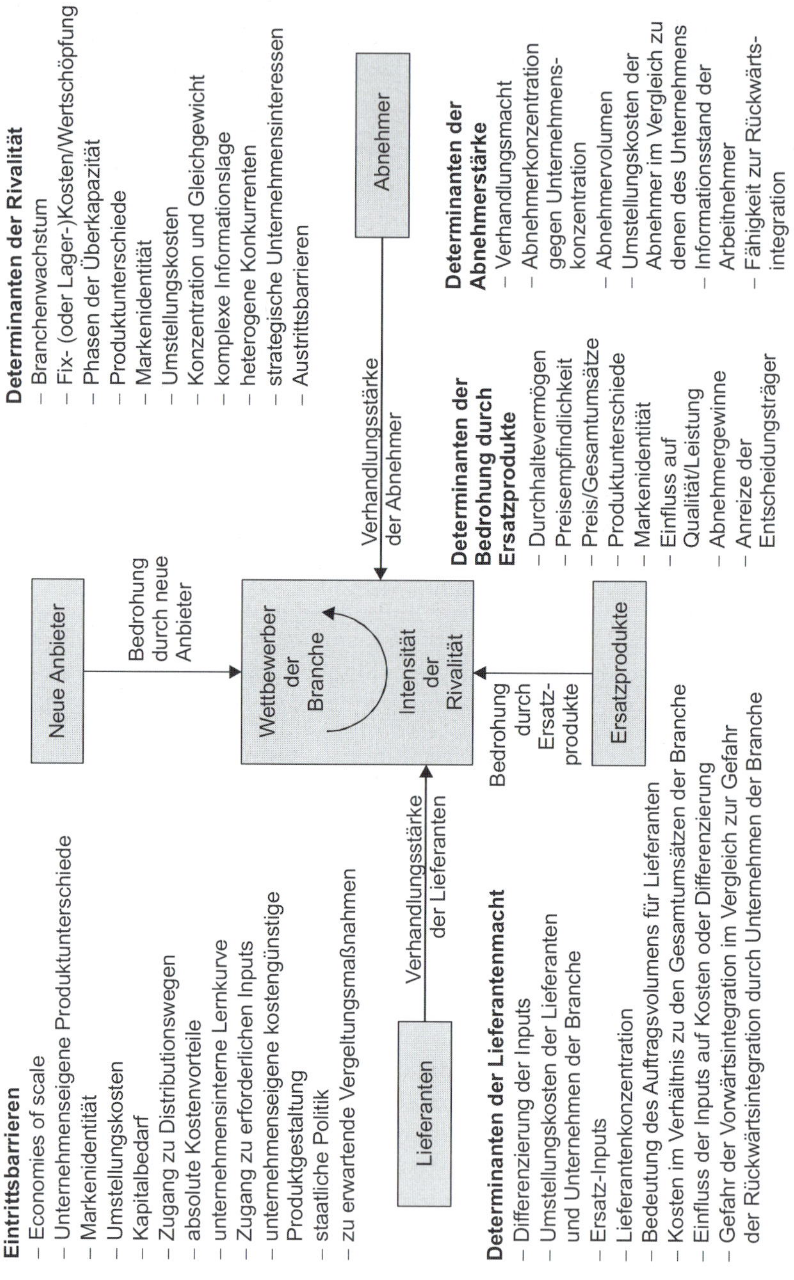

Wettbewerbs- und Gewinntreiber

- *Bedrohung durch neue Konkurrenten.* Die Gefahr des Eintritts neuer Wettbewerber hängt von der Höhe der Markteintrittsbarrieren ab. Als solche zu nennen sind Massenproduktionsvorteile der bereits in der Branche tätigen Unternehmen, der hohe Kapitalaufwand neuer Anbieter sowie hohe Umstellungskosten, die sich für die Kunden bei einem Wechsel zu einem neuen Anbieter ergeben.

- *Rivalität unter den bestehenden Unternehmen der Branche.* Diese Wettbewerbskraft rührt von dem Bestreben der in der Branche bereits tätigen Unternehmen her, ihre Position zu verbessern. Sie ist dann besonders hoch, wenn viele oder gleich große Unternehmen in der Branche tätig sind, wenn die Branche nur langsam wächst oder wenn aufgrund hoher Fixkosten der Zwang zur Kapazitätsauslastung besteht.

- *Verhandlungsmacht der Lieferanten.* Lieferanten können mit der Androhung von Preiserhöhungen oder Qualitätssenkungen Druck auf die Branche ausüben. Die Verhandlungsmacht der Lieferanten wird insbesondere dann hoch sein, wenn oligopolistische Lieferstrukturen bestehen, wenn es keine Substitute für die von ihnen bereitgestellten Leistungen gibt oder wenn die analysierte Branche für die Lieferanten keine allzu hohe Bedeutung besitzt.

- *Verhandlungsmacht der Abnehmer.* Die Abnehmer können Einfluss auf die Attraktivität einer Branche ausüben, da sie mit Nachfrageboykotten drohen können. Die Verhandlungsmacht einzelner Abnehmer ist insbesondere dann hoch, wenn die Abnehmer konzentriert sind, die abgenommenen Produkte einen hohen Anteil an den Gesamtkosten der Abnehmer ausmachen oder die gekauften Produkte standardisiert sind.

- *Bedrohung durch Ersatzprodukte und -dienstleistungen.* Existieren Substitute für die Leistungen der Branche, so bestimmt ihr Preis die Preisobergrenze der Leistungen der analysierten Branche. Das Ausmaß der Bedrohung durch Ersatzprodukte wird durch deren Kosten-Nutzen-Relation, die latente Neigung der Abnehmer zum Umstieg und dabei insbesondere die bei den Abnehmern anfallenden Umstellungskosten bestimmt.

Rivalität als zentraler Treiber

Die Rivalität unter den in der Branche tätigen Unternehmen kann nach Porter als zentrale Triebkraft der betrachteten Branche angesehen werden; sie resultiert letztlich aus der Ausprägung der übrigen vier Driving Forces. Basierend auf dem industrieökonomischen Paradigma (vgl. Abschn. 2.2.5) wird vermutet, dass die relative Wichtigkeit jedes Einzelnen dieser Treiber branchenspezifisch streut (Porter [Strategy] 6).

Strategische Gruppen

Zur Beurteilung des Anwendungsnutzens strategischer Optionen in einer Branche ist jedoch nicht nur die Beurteilung der Gesamtsituation der Branche, sondern eine Analyse der Wirkungskraft von Strategien der Konkurrenten notwendig. Nur so lässt sich die Binnenstruktur der Branche hinreichend beschreiben. Hierzu schlägt Porter die Identifikation bzw. Untersuchung *strategischer Gruppen* vor. Eine strategische Gruppe ist *eine Gruppe von Unternehmen in einer Branche, die dieselbe oder eine ähnliche Wettbewerbsstrategie verfolgen* (Porter [Strategy] 129; Homburg/Sütterlin [Gruppen] 637; Steinle/Schiele [Cluster] 849 ff; Schramm-Klein [Branchenclustern] 531 ff.). Die Identifikation strategischer Gruppen erfordert eine Definition von Dimensionen, anhand derer die Wettbewerber positioniert und daraufhin zu Gruppen zusammengefasst werden können. Dimensionen zur Beurteilung der Wettbewerbsstrategien von Unternehmen sind beispielsweise das Ausmaß der Spezialisierung (bzgl. Produktprogramm, Abnehmer, Region), die Produktqualität und das Ausmaß der vertikalen Integration (interne oder externe Distribution und Kundendienst) (Porter [Strategy] 127 ff.). Abbildung 5-19 zeigt ein Beispiel, wie strategische Gruppen aufgrund der Dimensionen Spezialisierung und vertikale Integration gebildet werden können (zur Kritik des Konzepts strategischer Gruppen vgl. Barney/Hoskisson [Groups] 198 ff.). Eine aktuelle großzahlige Mehrebenenstudie zeigt, dass der Erfolg von Unternehmen nicht nur durch Unternehmens- und Branchencharakteristika, sondern in der Tat auch von der Zugehörigkeit zu strategischen Gruppen bedingt ist (Short et al. [Firm] 147 ff.).

Kritische Würdigung

In zusammenfassender Würdigung muss Porter bescheinigt werden, mit der Branchenstruktur- und Wettbewerbsanalyse den *Methodenapparat zur interdependenten Umwelt- und Unternehmensanalyse* erweitert zu haben. Gerade für die Praxis erscheint es nützlich, dass nunmehr *inhaltliche Aussagen zum Wirkungszusammenhang der Branchensituation und Wettbewerbslage* vorliegen, statt sich nur mit bloßen Checklisten zu strategierelevanten Umweltfaktoren begnügen zu müssen. Auch wenn sich die Analysedimensionen teilweise nicht als trennscharf erweisen, ist der Ansatz, die Wettbewerbssituation anhand strategischer Gruppen zu untersuchen, sicherlich als ein Fortschritt in der Wettbewerbsanalyse anzusehen (vgl. auch Cappallo [Analyse]).

Der Anwendungsnutzen der Branchenstruktur- und Wettbewerbsanalyse ist andererseits jedoch begrenzt, denn für das Zusammenspiel der fünf Einflussfaktoren der Branchenstruktur werden – abgesehen von einzelfallbezogenen Formulierungen oder der doch recht allgemeine Aussage, dass die Rivalität der bestehenden Unternehmen von den übrigen Driving Forces beeinflusst wird – lediglich kasuistische, nicht jedoch allgemein gültige „Wenn-Dann"-Aussagen bereitgestellt. Überdies ähnelt die Systematik der Branchenstruktur- und Wettbewerbsanalyse der abstrahierenden Ceterisparibus-Klausel der herkömmlichen Nationalökonomie, bei der isoliert einzelne Beziehungszusammenhänge untersucht und Schlüsselvariablen des Gesamtzusammenhangs konstant gehalten werden (vgl. Abschn. 2.3.4).

Strategische Gruppen

Abbildung 5-19

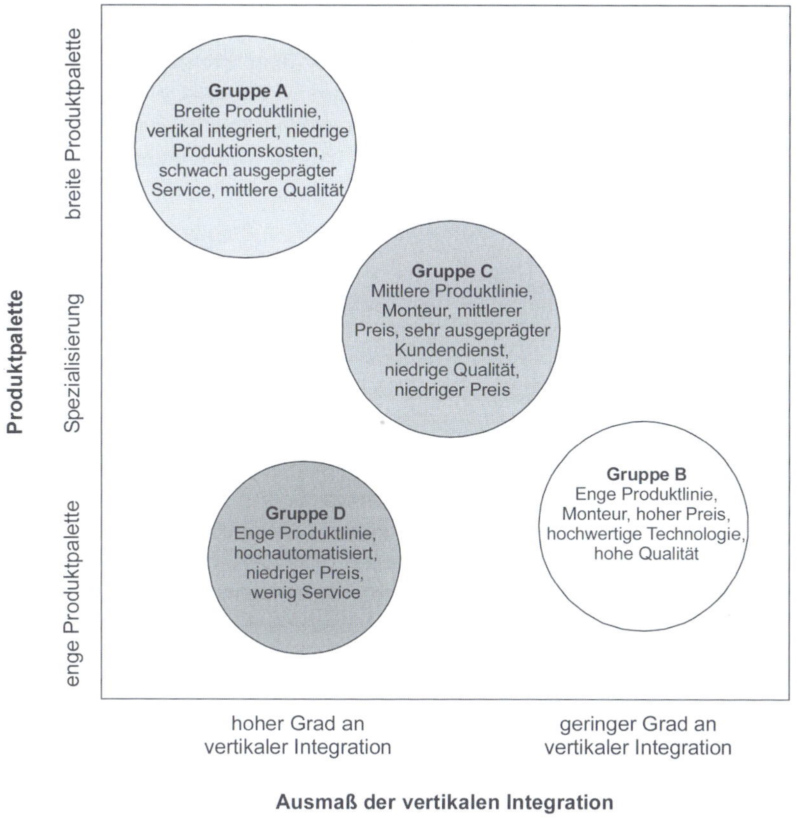

Branchen-dekonstruktion und Hyper-wettbewerb

Weiterhin ist zu bemängeln, dass sich Porter zwar intensiv über einzelne Einflussfaktoren der strategischen Analyse, jedoch nur spärlich über das methodische Vorgehen bei der Beurteilung interner und externer Faktoren äußert. Und schließlich muss gefragt werden, ob die Idee, branchenspezifische Besonderheiten kriteriengeleitet zu bestimmen, in einer Zeit verschwimmender Branchengrenzen (Heuskel [Industriegrenzen] 3 ff.) überhaupt noch Sinn macht. Eher geeignet erscheint ein auf einzelnen Wertschöpfungsstufen ansetzender Unternehmensvergleich. Als Alternative erscheint auch eine dynamische Wettbewerbsanalyse diskussionwürdig, wie sie von D´Aveni ([Hypercompetition]) im Rahmen seines Hyperwettbewerb-Konzepts vorgeschlagen worden ist. Dieses Konzept ist von der Grundannahme geleitet, dass ein stabiler, kontinuierlicher Wettbewerb nur in Ausnahmefällen vorzufinden ist. Wettbewerbsvorteile sind daher nur von kurzer Dauer (vgl. Welge/Al-Laham [Management] 516 ff.). Die normative Aussage des Hyperwettbewerb-Konzepts besteht darin, dass Unternehmen permanent nach neuen Wettbewerbsvorteilen suchen sollten, in impulsartiger Weise Wettbewerbsattacken reiten (z. B. über Preiskriege) und selbst immer wieder die Grundlage ihrer bisherigen Wettbewerbsvorteile hinterfragen, bisweilen sogar bewusst zerstören sollten. Es wird damit ein Vorgehen propagiert, welches demjenigen des First-Mover-Denkens (vgl. Abschn. 5.4.2.2) in vielerlei Hinsicht entspricht.

Ebenso kritisch zu hinterfragen ist das Konzept der strategischen Gruppen, obwohl es in den letzten Dekaden in der Betriebswirtschaftslehre eine breitere Resonanz erfahren hat. Das dort erklärte Ziel, mit dem Konzept einen wichtigen Baustein zur ganzheitlich-vergleichenden Analyse von Unternehmen zur Verfügung zu haben, dürfte nämlich nur dann erreichbar sein, wenn es gelingt, eindeutig festgelegte, aussagekräftige und auch operationalisierbare Kriterien zu bestimmen, anhand derer Unternehmen mit derselben Wettbewerbsstrategie abgegrenzt werden können (Homburg/Sütterlin [Gruppen] 638 f.). Auch sollten jene mahnenden Stimmen berücksichtigt werden, die in der Bezeichnung „strategische Gruppe" sogar einen gefährlichen Begriff sehen, der die Unternehmen dazu verleitet, mögliche Wanderungsbewegungen von Käufern anderer strategischer Gruppen außer Acht zu lassen (Albach [Gruppen] 667).

5.6.1.4 Koopetitionsmodell

Kooperation als Instrument zur Verbesserung der Wettbewerbsposition

Das von Brandenburger und Nalebuff ([Co-opetition]) auf Basis der Spieltheorie (vgl. Abschn. 2.2.2) entwickelte *Koopetitionsmodell* will ebenfalls helfen, die den Wettbewerb bestimmenden Einflussfaktoren zu identifizieren und ein geeignetes Wettbewerbsverhalten abzuleiten. Berücksichtigt werden bei diesem Modell jedoch explizit Unternehmens*kooperationen* mit Wettbewerbern als strategische Option zur Verbesserung der eigenen Position im Wettbewerb (vgl. Abschn. 5.4.1.3 und 7.4.1).

Komplementoren

In dem Modell werden vier Typen von Spielern unterschieden, nämlich Lieferanten, Kunden, Konkurrenten und *Komplementoren.* Letztere stellen das innovative Element des Konzeptentwurfs dar, da sie in alternativen Analyserastern (z. B. der in Abschn. 5.6.1.3 behandelten Branchenstrukturanalyse) keine explizite Berücksichtigung finden und dort implizit eher als Bedrohung denn als Chance angesehen werden. Als Komplementoren werden Unternehmen bezeichnet, die Marktleistungen anbieten, die das eigene Leistungsprogramm zu ergänzen vermögen. Sie kommen als Kooperationspartner in Betracht. Im Fall von McDonalds wäre beispielsweise Coca-Cola ein derartiger Kooperationspartner; im Fall von Porsche der Uhrenhersteller Patek Philippe. Zu nennen ist auch das Unternehmen Intel, das zusammen mit Compaq den Markt für Videokonferenz-Technologie entwickelt hat. Komplementoren sind für das eigene Unternehmen insofern bedeutsam, weil viele Kunden Marktleistungen höher einschätzen, wenn sie zugleich auch dazu passende Marktleistungen eines anderen Unternehmens erwerben können. Komplementoren sind jedoch nicht nur aus der Kunden-, sondern auch aus der Lieferantenperspektive zu definieren. Aus dem letztgenannten Blickwinkel gesehen wäre ein Unternehmen als Komplementor zu bezeichnen, wenn es für einen Lieferanten attraktiver ist, nicht nur eines der beiden Unternehmen, sondern beide zugleich zu beliefern.

Wertnetz

Basierend auf diesen Gedanken bezeichnen Brandenburger und Nalebuff die spezifische Einbindung des betrachteten Unternehmens in das Gefüge von Lieferanten, Kunden, Konkurrenten und Komplementoren als *Wertnetz* („value net“) (Brandenburger/Nalebuff [Co-opetition] 16 ff.). Auf der Grundlage der koopetitiven Sicht werden verschiedene normative Aussagen formuliert (Brandenburger/Nalebuff [Co-opetition] 69 ff.). Zu diesen gehören:

Normative Aussagen

- Das Wertnetz sollte aufgestellt werden, bevor strategische Positionierungsentscheidungen getroffen werden.
- Im Zuge strategischer Positionierungsentscheidungen sollte beachtet werden, dass Wettbewerber üblicherweise mehrfache Rollen spielen. Sie müssen daher differenziert betrachtet werden.
- Am Markt tätige Unternehmen sollten nicht nur als Wettbewerber, sondern auch als potenzielle Komplementoren gesehen werden.
- Es sollte beachtet werden, dass Unternehmen vielfach Komplementoren bei der Schaffung von Märkten und Konkurrenten bei der Aufteilung von Märkten sind.
- Unternehmen sollten sich um eine für sie vorteilhafte Veränderung der Zusammensetzung der Wettbewerber im Wertnetz bemühen.

Kritische Würdigung

Es wird ersichtlich, dass das Koopetitionsmodell Unternehmen dazu anregen will, innerhalb ihrer Märkte gezielt nach Kooperationspartnern Ausschau zu halten. Als wichtige Funktion der Strategieformulierung wird die Identifikation von Unternehmen erachtet, die ergänzende Marktleistungen anbieten. Trotz dieser an und für sich tragfähigen Argumentation bleibt jedoch festzuhalten, dass den bereitgestellten Empfehlungen mehrheitlich ein hinreichendes Maß an Spezifität fehlt. Auch wird durch die Fundierung auf die Spieltheorie ein Maß an Stringenz und Rigorosität signalisiert, welches bei genauerem Hinsehen zumindest nicht immer eingelöst wird.

Market Disruption Analysis

Genauso wie im Bereich der Instrumente zur Unternehmensanalyse sind in den letzten Jahren auch im Hinblick auf die Umweltanalyse zahlreiche neue Verfahren vorgestellt worden. Hierzu gehören beispielsweise Verfahren zur Messung der Kundenzufriedenheit, zur Segmentierung von Kundengruppen oder die sogenannte *Market Disruption Analysis*. Letztere fußt auf dem Konzept der disruptiven Technologien (Bower/Christensen [Technologies]) und versucht, zeitlich vorgelagert Marktentwicklungs- und Technologieschübe zu identifizieren. Das Verfahren der Market Disruption Analysis gleicht in vielerlei Hinsicht der Vorgehensweise der Strategischen Frühaufklärung (vgl. Abschn. 5.6.1.7).

5.6.1.5 Chancen-Gefahren-Analyse

WOTS-UP-Analyse

Bei der Darstellung der traditionellen Instrumente zur Umwelt- und Unternehmensanalyse wurde darauf hingewiesen, dass diese keine Verknüpfung unternehmensinterner und -externer Entwicklungen vorsehen und damit den heutigen Anforderungen an strategische Analyseinstrumente sowie der vorliegenden Grundkonzeption der Unternehmens-Umwelt-Koordination kaum gerecht werden. Eine weitere Technik, in der Umwelt- und Unternehmensbeurteilung miteinander verbunden sind, ist in der *Chancen-Gefahren-Analyse* gegeben. Diese Kopplung wird dadurch erreicht, dass Informationen über die zukünftige Ausprägung der Unternehmensumwelt sowie das zu erwartende Unternehmensprofil verknüpft werden, um im Vorhinein Entwicklungsmöglichkeiten (Chancen) und Bedrohungen (Gefahren) für das Unternehmen bestimmen zu können. Das Instrument ist im anglo-amerikanischen Schrifttum unter der Bezeichnung *WOTS-UP-Analyse* bekannt geworden, wobei die Zusammenführung von „Weaknesses", „Opportunities", „Threats" und „Strengths" zum Ausdruck gebracht werden soll. Wie in Abbildung 5-20 verdeutlicht, wird die Analyse der *Stärken und Schwächen des Unternehmens* über ein *Polaritätenprofil* erhoben und dargestellt. Diesem Profil werden Einschätzungen über die Art und Intensität *zukünftiger Umweltentwicklungen* gegenübergestellt; dabei muss eine *Zuordnung* der Umwelt- und Unternehmensbefunde erfolgen, um die erforderliche *Informationsverdichtung* zu erzielen. Von einer *Chance* des Unternehmens ist zu sprechen, wenn eine ausgeprägte Umweltentwicklung auf eine besondere Stärke des Unternehmens trifft. In diesem Falle kann davon ausgegangen werden, dass das Unternehmen aufgrund seiner Voraussetzungen besser als die Konkurrenzunternehmen in der Lage ist, diese neue Entwicklung zu nutzen. *Gefahren* ergeben sich für das Unternehmen dann, wenn die Umweltentwicklungen jene Bereiche betreffen, in denen es Schwächen offenbart.

Konzeption der WOTS-UP-Analyse

Abbildung 5-20

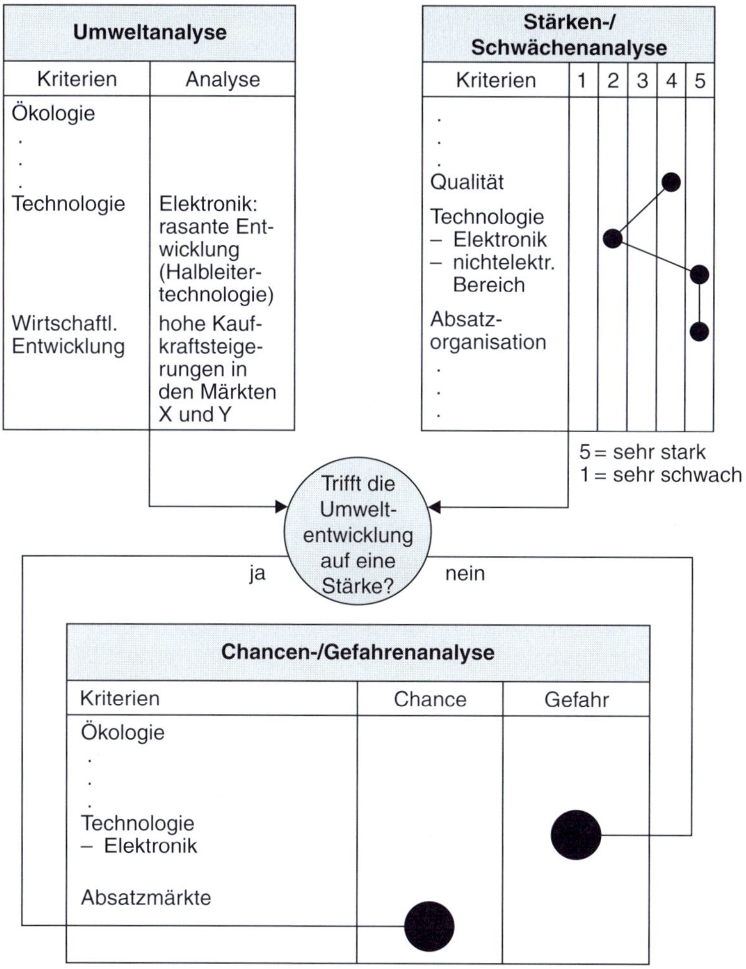

Kritische Würdigung

Wenn es auch zu prüfen gilt, ob sich Chancen und Gefahren für ein Unternehmen wirklich nur in dynamischen Umwelten ergeben können, so ist das Instrument durchaus geeignet, extreme Zukunftssituationen zu erfassen, die strategierelevant sind. Allerdings bleibt anzumerken, dass *Handlungsempfehlungen* für die Zukunftsbewältigung *nicht unmittelbar bereitgestellt werden*. Es werden lediglich Bereiche aufgezeigt, auf die das Unternehmen seine Aufmerksamkeit lenken muss. Vom Grundansatz wird durch das Instrument dem Anwender nahe gelegt, die bestehenden Stärken auch in der Zukunft auszunutzen. In diesem Zusammenhang ist zu kritisieren, dass sich die Unternehmen immer wieder nur auf solche Märkte konzentrieren werden, auf denen sie in der Vergangenheit besondere Stärken entwickelt haben. Innovationsfreudigkeit wird dadurch gehemmt.

5.6.1.6 Gap-Analyse zur Projektion strategischer Lücken

Mit der als klassisches Instrument der Strategieformulierung (Welge [Unternehmungsführung I] 317) zu bezeichnenden Gap-Analyse sollen *erste Anhaltspunkte* ermittelt werden, inwieweit Unternehmen zum Analysezeitpunkt bereits vorgesorgt haben, dass ihre zukünftigen Zielerwartungen realisiert werden können. Hierzu werden *zwei Zukunftsprojektionen miteinander verglichen*. Zum einen werden quantifizierbare Segmente der Unternehmensziele (Gewinne/Umsätze) als Soll-Größen in die Zukunft projiziert; dieser Projektion wird eine Prognose der tatsächlich zu erwartenden Entwicklung dieser Größen unter der Annahme, dass keine neuen Unternehmensaktivitäten initiiert werden, gegenübergestellt. Die letztgenannten Prognosegrößen werden üblicherweise über Extrapolationen der Vergangenheitswerte unter Berücksichtigung des Entwicklungsstadiums der Unternehmensaktivitäten, konzipiert als Einzelprojekte, in ihrem Lebenszyklus gewonnen. Erfüllen diese fortgeschriebenen Ist-Größen nicht zu jedem betrachteten Zukunftszeitpunkt die jeweiligen Gewinn- oder Umsatzerwartungen, muss von einer *ungedeckten* (Gewinn- bzw. Umsatz-)*Lücke* ausgegangen werden. Die Grundstruktur der Gap-Analyse wurde in verschiedener Weise verfeinert. Bekannt geworden ist insbesondere das Gap-Konzept der Fichtel & Sachs AG (vgl. Abbildung 5-21). Dort wurde die Analyse der tatsächlich erwarteten Unternehmensentwicklung differenzierter angelegt als in herkömmlichen Untersuchungskonzeptionen. Die Variante von Fichtel & Sachs differenziert die Gesamtheit der initiierten und laufenden Projekte nach ihrer Marktnähe, die gleichsam als Indikator der Realisierungs- und damit „Deckungsbeitrags"fähigkeit der Projekte steht. Das höchste Potenzial an Zielbeiträgen besitzen die bereits vorhandenen und daneben jene Projekte, die schon weit in ihrer Entwicklung vorangetrieben wurden. Es ist demnach gerechtfertigt, sie zu einer sicheren bzw. starken Basis *(firm base)* zusammenzufassen. Im Vergleich zur Zielplanung sind daneben auch diejenigen, mit höherem Risikogehalt behafteten Projekte zu berücksichtigen, die sich noch in einem frühen Stadium der Entwicklung befinden. Nur dann, wenn auch diese Projekte nicht zur vollständigen Erreichung der Zielwerte beitragen, ist nach dem erweiterten Gap-Konzept von einer ungedeckten Lücke auszugehen.

Gap-Konzept von Fichtel & Sachs

Gap-Analyse der Fichtel & Sachs AG

Abbildung 5-21

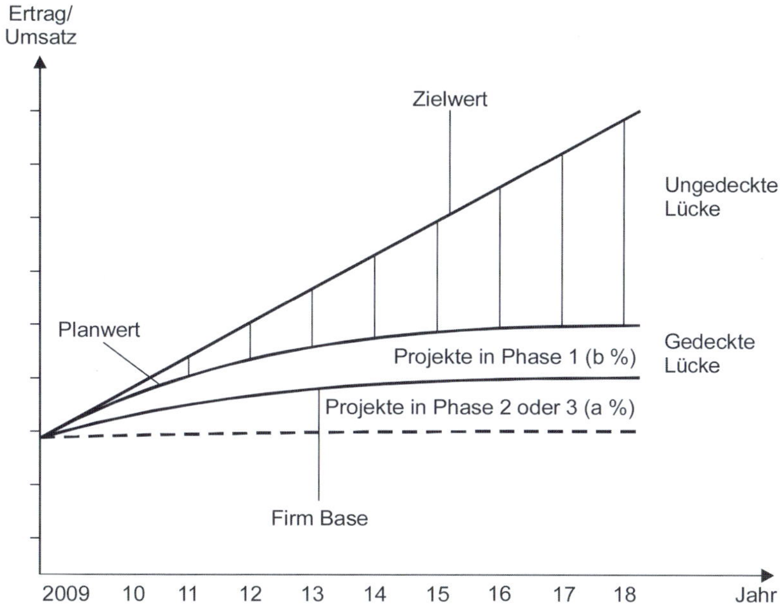

Kritische Würdigung

Die Gap-Analyse wird in der Literatur kontrovers diskutiert. So wird darauf hingewiesen, dass das Instrument geradezu dazu verführt, strategische Überlegungen nur innerhalb der bestehenden Geschäftsbereiche oder Produktlinien anzustellen und die Gesamtbetrachtung des Unternehmens außer Acht zu lassen (Trux/Kirsch [Management] 226). Ein weiterer Mangel der Gap-Analyse ergibt sich aus Messproblemen und damit einhergehend der vermeintlichen Irrelevanz und in der Folge weitgehenden Ausschaltung nicht-quantifizierbarer Größen; deren Bedeutungsgehalt für den strategischen Gestaltungsbereich des Unternehmens wird praktisch unterschlagen.

Kritisch zu hinterfragen bleibt weiterhin, ob die Grundannahme des Gap-Konzepts, dass sich Entwicklungen aus der Vergangenheit auch in die Zukunft hinein fortsetzen werden, Gültigkeit besitzt (vgl. Abschn. 5.6.1.7). Schließlich gibt die ungenügende Berücksichtigung unternehmensexterner Entwicklungen im Konzept der Gap-Analyse Anlass zur Kritik. Diesen offensichtlichen Schwächen der Gap-Analysetechnik stehen jedoch durchaus *Vorteile* gegenüber. So zwingt die Technik dazu, Zielvorstellungen zu artikulieren und in quantitativer Form exakt zu konkretisieren. Dadurch wiederum eröffnet sich die komplexe Extrapolationsverfahren erfordernde Technik der Rechenmöglichkeit über Computereinsatz. Zusammenfassend ist festzuhalten, dass sich die Gap-Analyse auf die Abschätzung und Validierung der erwarteten Zukunftsaussichten des Unternehmens konzentriert, wobei das Instrument kaum mehr als dem gesunden Menschenverstand entspricht und die daraus gewinnbaren Aussagen schon fast Trivialcharakter haben.

Auch ist der Einsatz der Gap-Analyse nur dann nutzenstiftend, wenn ihr bei Auftritt einer ungedeckten Lücke eine intensive Suche nach Alternativen zur Schließung der ungedeckten Lücke folgt. Wohl aus diesem Grund heraus wird vorgeschlagen, die Gap-Analyse um die Alternativensuche zu erweitern (Roventa [Analyse]), obwohl diese sinnvollerweise der *strategischen Suchfeldanalyse* zuzuordnen ist und sich von der Gap-Analyse durch ihren aktiv-gestaltenden Charakter unterscheidet (vgl. Abschn. 5.6.2).

5.6.1.7 Strategische Frühaufklärung

Notwendigkeit

Durch den beschleunigten und unstetiger werdenden Umweltwandel erhöht sich für Unternehmen die Gefahr, dass sie von abrupten Umweltveränderungen überrascht werden. Diese können zwar Chancen, eher jedoch Risiken mit sich bringen. Um dieser Gefahr zu begegnen, müssen Unternehmen ihre Reaktionsfähigkeit erhöhen. Dabei hängt ihre Fähigkeit, rechtzeitig zu reagieren, von der extern vorgegebenen Geschwindigkeit, mit der Bedrohungen und Chancen entstehen und vergehen, und der für die Planung und Ingangsetzung der Reaktion benötigten Zeit ab (Ansoff [Surprise] 133). Unternehmen können nur dadurch genügend Vorlauf zur Entwicklung ihrer strategischen Entscheidungen und damit ein höheres Maß an Reaktionsbereitschaft gewinnen, wenn sie frühzeitig Informationen aufnehmen und verwerten, die auf bevorstehende Diskontinuitäten hinweisen.

Diskontinuitätenmanagement

Erste Ansätze zu einem solchen *Diskontinuitätenmanagement* (Macharzina [Diskontinuitätenmanagement] 1 ff.) hat Ansoff ([Surprise] 129 ff.) mit seinen grundlegenden Arbeiten zur strategischen Frühaufklärung beigetragen. Basierend auf den Arbeiten von Emery und Trist ([Texture] 21 ff.) wird darauf hingewiesen, dass sich einer erhöhten Umweltdynamik entsprechend auch das Repertoire eines Systems zur Bewältigung der Umweltüberraschungen anpassen muss. Es wird gezeigt, dass es in einer turbulenten Umwelt nicht mehr ausreicht, isoliert die interne Konfiguration des Systems zu gestalten und damit seine interne Effizienz sicherstellen zu wollen, sondern dass zur Sicherung des Überlebens der Einfluss des Systems auf seine Umwelt, das Verhalten der Systeme der Umwelt sowie die gegenseitigen Beziehungen mit einbezogen werden müssen.

Konzept der schwachen Signale

Das ebenfalls auf Ansoff ([Surprise] 129 ff.) zurückgehende Konzept der *„schwachen Signale“* soll dazu dienen, auch aus schlecht-strukturierten Informationen, die den Empfänger in einem Stadium hoher Unsicherheit belassen, Aussagegehalt zu extrahieren. Ein solches Bemühen fußt auf der

Grundannahme, dass die für eine Diskontinuität ursächlichen Ereignisse nicht urplötzlich und ohne impulserzeugendes Moment auftreten (Müller [Suchfeldanalyse]), sondern dass sich eine Diskontinuität einem Vulkanausbruch ähnlich über zunächst schwache Signale ankündigt, die von den Entscheidungsträgern aufgegriffen und verarbeitet werden müssen. Schwache Signale haben folgende Eigenschaften:

- Es handelt sich um Informationen aus der Unternehmensumwelt, deren Inhalt noch relativ unstrukturiert ist,
- sie weisen auf bevorstehende Diskontinuitäten beispielsweise in Form radikaler Innovationen oder drastischer Bedürfnisverschiebungen hin,
- sie beziehen sich auf noch vage, utopisch und unrealistisch klingende „Ideen“,
- sie schlagen sich in „weichem“ Wissen und in intuitiven Urteilen nieder, insbesondere sind Kausalzusammenhänge nicht gesichert,
- sie sind in erster Linie qualitativer Natur und haben eine relativ große Streubreite; daher sind sie nicht unmittelbar aus Datenbanken abrufbar,
- sie enthalten keine deterministischen Aussagen über den Eintrittszeitpunkt von Veränderungen und
- erlauben oft keine eindeutige Interpretation, da sie auf unklaren, schlecht-strukturierten Problemen beruhen (Simon [Signale] 18 f.).

Reaktionsstrategien

Um diese Denkweise umzusetzen, sind Informationen, die Diskontinuitäten erwarten lassen, nach ihrem Ungewissheitsgrad zu ordnen. Abbildung 5-22 beinhaltet eine exemplarische Aufteilung von diskontinuitätenvorgelagerten Informationen nach ihrem Ungewissheitsgrad (State of Ignorance) (Ansoff [Surprise] 134 ff.). Der Ungewissheitsgrad von Informationen, die Diskontinuitäten vorausgehen, dient nach dem Konzept der schwachen Signale als Anhaltspunkt, welche Reaktionsstrategie(-Kombination) auszuwählen ist. Als Reaktionsstrategien kommen prinzipiell eine

- Erweiterung der Fähigkeit des Unternehmens, seine Umwelt und sein internes Operationsfeld wahrzunehmen,
- Erhöhung der Fähigkeit des Unternehmens, flexibel auf vage Bedrohungen und Chancen zu reagieren und
- exakte Lokalisierung der Bedrohung mit dem Ziel der unmittelbaren Reaktion

in Betracht. Da diese drei Grundtypen einerseits auf die Beziehung des Unternehmens zur Umwelt und andererseits auf die innere Konstitution des Unternehmens gerichtet sind, lassen sich sechs Reaktionsmuster (Ansoff [Surprise] 137) bilden, wie sie beispielhaft in Abbildung 5-23 gezeigt sind.

Abbildung 5-22 *Ungewissheitsgrade bei Diskontinuitäten*

Ungewissheitsgrade / Informationsgehalt	(1) Anzeichen der Bedrohung oder Chance	(2) Ursache der Bedrohung oder Chance	(3) konkrete Bedrohung oder Chance	(4) konkrete Reaktion	(5) konkretes Ergebnis
Überzeugung, dass Diskontinuitäten bevorstehen	Ja	Ja	Ja	Ja	Ja
Bereich oder Institution als Ursache der Diskontinuität ist bekannt	Nein	Ja	Ja	Ja	Ja
Merkmale der Bedrohung, Art der Wirkung, allgemeiner Wirkungsgrad, Zeitpunkt der Wirkung sind bekannt	Nein	Nein	Ja	Ja	Ja
Reaktion festgelegt: Zeitpunkt, Handlung, Programme, Budgets	Nein	Nein	Nein	Ja	Ja
Wirkung auf den Gewinn und Folgen der Reaktion sind errechenbar	Nein	Nein	Nein	Nein	Ja

Die Bestimmung der im Hinblick auf die vorliegende Situation adäquaten Reaktionsstrategie ergibt sich aus Abbildung 5-24. Danach empfiehlt sich eine erste Beobachtung der Umwelt und des Unternehmens als eine Art von Reaktionsstrategie bereits dann, wenn lediglich ein vages Bewusstsein darüber vorliegt, dass Bedrohungen oder Chancen in Aussicht stehen, die es notwendig machen, sich mit ihnen zu befassen. Sobald die Quelle der Bedrohung oder Chance identifizierbar ist, können deren umfassende Analyse und unter Umständen auch bereits Maßnahmen zur Steigerung der externen Flexibilität eingeleitet werden.

Wie ferner ersichtlich ist, sind beispielsweise direkte Aktionen in begrenztem Umfang ab dem vierten Stadium und ihr voller Einsatz im fünften Stadium der Ungewissheit ratsam. Im Stadium der höchsten Ungewissheit, bei dem lediglich das Bewusstsein vorhanden ist, dass wichtige Änderungen zu erwarten sind, kann aufgrund der Mehrdeutigkeit der Informationen möglicherweise noch nicht unterschieden werden, ob es sich dabei um eine Bedrohung oder eine Chance handelt.

Abbildung 5-23

Alternative Reaktionsstrategien

Reaktionsstrategien / Reaktionsgebiet	Direkte Reaktion	Flexibilität	Aufmerksamkeit
Beziehung zur Umwelt	*Externe Aktion* (strategische Planung und Durchführung) zum Beispiel Betreten neuer Märkte; Risikoverteilung mit anderen Unternehmen; Sicherung knapper Ressourcen; Desinvestition; Rückzug aus bedrohten Gebieten	*Externe Flexibilität* zum Beispiel Balance der Lebenszyklen; Machtbalance; Diversifikation der ökonomischen/technologischen/sozialen/politischen Diskontinuitäten; Langzeitkontrakte; Risikostreuung	*Beobachtung der Umwelt* zum Beispiel Prognosen der wirtschaftlichen Entwicklung, des Absatzes, der strukturellen/technologischen/sozialen/politischen Entwicklung; Modelle der Umgebung
Interne Struktur	*Interne Bereitschaft* (Kontingenzplanung) zum Beispiel Eventualpläne; Erwerb von Technologien, Wissen, Fähigkeiten, Ressourcen; Entwicklung von neuen Produkten und Ressourcen; Anpassung der Strukturen und Systeme	*Interne Flexibilität* zum Beispiel Zukunftsorientierungs- und Problemlösungsfähigkeiten; Risiko- und Wandlungsbereitschaft; Einbau von Elastizitäten; Diversifikation und Liquidität von Ressourcen	*Selbstbeobachtung* zum Beispiel Leistungsanalyse; Ermittlung der Stärken und Schwächen; Kritikinstanzen für Stand und Entwicklungen aller Ressourcen, Finanzierungs- und strategische Modelle

Empirischer Befund

Empirischen Untersuchungen (Coenenberg/Günther [Stand] 459 ff.) zufolge, in denen Einschätzungen von Führungskräften erhoben wurden, setzen bereits 50 Prozent der deutschen Unternehmen strategische Frühaufklärungssysteme ein und weitere 11 Prozent beabsichtigen den Aufbau derartiger Systeme. Weitere, im globalen Kontext durchgeführte Untersuchungen (Bain & Company [Tools]) führen zu gleichgerichteten Befunden. Ob es sich dabei allerdings um strategische Frühaufklärung im hier dargelegten Sinn handelt, ist zumindest angesichts der dabei zur Anwendung kommenden Methoden in Zweifel zu ziehen.

Abbildung 5-24 *Realisierbare Bereiche von Reaktionsstrategien*

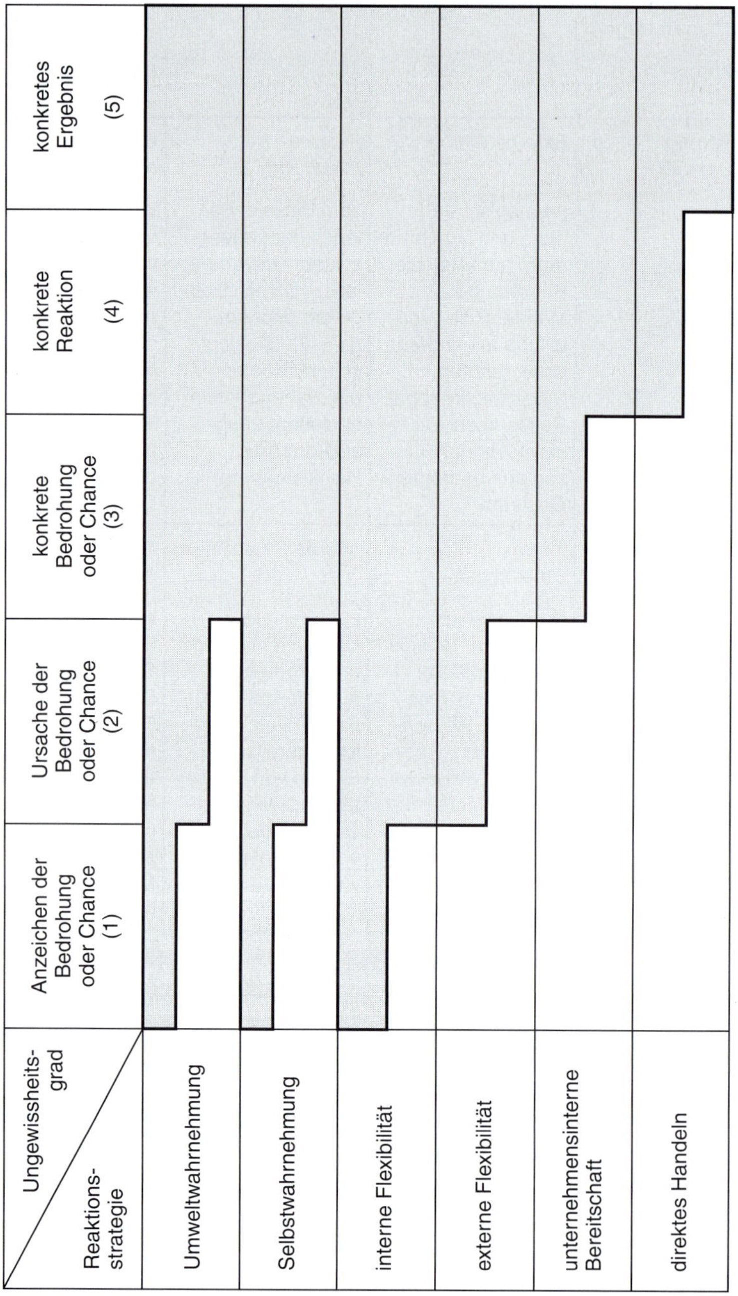

Denn die genannten Analysen von Veröffentlichungen, Projektionen aktueller Daten in die Zukunft, Indikatorsysteme und Szenariotechniken sind mehrheitlich herkömmliche Prognoseverfahren und kaum als Instrumente der Frühaufklärung anzusprechen.

Kritische Würdigung

So plausibel das Konzept der schwachen Signale mit seiner Empfehlung zur abgestuften Reaktion auf Umweltdiskontinuitäten insbesondere aus der Perspektive des Interpretationsansatzes (vgl. Abschn. 2.4) auch erscheint, so problembehaftet ist seine Umsetzung. So lässt sich zwar ex post relativ einfach die Verstärkung eines anfänglich schwachen Signals zu einer Diskontinuität mit einer positiven oder negativen Wirkung in Verbindung bringen, eine eindeutige Prognose bevorstehender Strukturbrüche kann mit diesem Konzept genauso wenig geleistet werden wie mit den anderen Konzepten. Zudem ist zu vermuten, dass der Mensch der Forderung nur begrenzt gerecht werden kann, schwache Signale zu erkennen. Insbesondere „schützt" ihn der Mechanismus der selektiven Wahrnehmung vor einer nicht zu bewältigenden Informationsflut (zu weiteren Kritikpunkten vgl. Eschenbach/Eschenbach/Kunesch [Konzepte] 72 ff.; Schröder/Schiffer [Frühinformationssysteme] 1643).

5.6.1.8 Benchmarking

Herkunft

Zu Beginn der 1990er Jahre hat das Benchmarking im Zuge des schärfer werdenden Wettbewerbs in den Unternehmen Einzug gehalten. Seither erblicken Top-Manager und Unternehmensberater in ihm ein strategisches Analysekonzept, das den Unternehmen zu einer entscheidenden Verbesserung ihrer Wettbewerbsposition verhelfen kann. In Extremfällen wird sogar proklamiert, „dass derjenige, der Benchmarking negiert, aufhört, gut zu sein" (Pieske [Klassenbesten] 149). *Benchmarking stellt ein kontinuierliches Bemühen dar, bei dem Produkte und Dienstleistungen, Prozesse und Methoden wirtschaftlicher Tätigkeit über mehrere Unternehmen oder Bereiche hinweg verglichen werden mit dem Ziel, Unterschiede zu anderen Unternehmen oder Bereichen offen zu legen, Ursachen für Unterschiede aufzuzeigen und wettbewerbsorientierte Zielvorgaben zu ermitteln* (Horváth/Herter [Benchmarking] 5).

Begriff

Ein konstitutives Merkmal des Benchmarking besteht darin, dass die in dem zu analysierenden Bereich *besten* Unternehmen oder Bereiche als Ziel- und Orientierungsgröße herangezogen werden. Dementsprechend wird auch von „Best Practice", einem „Vergleich mit den Besten der Besten" oder von einem „Best-of-Class-Vergleich" (Kollmar/Niemeier [Besten] 31) gesprochen. Im betriebswirtschaftlichen Verständnis geht es darum, einen Fest-, Bezugs-, Referenz-, Abriss- oder Nivellierungspunkt zu bestimmen, an dem die Handlungen des zu untersuchenden Unternehmens oder Bereichs gemessen werden können. Durch Benchmarking-Vergleiche sollen am Wettbewerb

Best Practice

orientierte Ziele entwickelt und bestmögliche Wege zur Erreichung dieser Ziele bestimmt werden. Da in den meisten Benchmarking-Konzepten (Tucker/Zivian/Camp [Best] 8 ff.; Camp [Benchmarking]; McNair [Benchmarking]; Karlöf/Östblom [Benchmarking-Konzept]) die erste dieser Zweckbestimmungen im Vordergrund steht, kann Benchmarking als ein primär deskriptiv-analytisches Konzept der Strategieformulierung bezeichnet werden.

Entwicklungen in der Praxis

Wie viele andere Gestaltungskonzepte und Methoden ist auch das Benchmarking in den USA – vor allem durch den Kopiergerätehersteller Xerox – entwickelt worden. Dort wurden schon in den 1980er Jahren die zuvor gegenüber Canon bestehenden Nachteile im Logistikbereich dadurch überwunden, dass man sich auf der Suche nach Verbesserungen an dem Distributionssystem des kleinen amerikanischen Textilversandhauses L. L. Bean orientiert hat. Der eigentliche Durchbruch des in der Computerindustrie schon längere Zeit zum Zweck des Rechner- und Programmvergleichs benutzten Konzepts erfolgte jedoch erst einige Jahre später, als Unternehmen wie AT&T, Avon, Boeing, DEC, Ford, GTE, Honeywell, IBM, John Deere oder Motorola die Idee übernommen und instrumentell verfeinert hatten. Auch in Europa gewann das „Benchmarken" trotz einer gewissen, kulturell bedingten Zurückhaltung (Kollmar/Niemeier [Besten] 35) rasch an Bedeutung, wobei ABB sowie die schweizerische Hydro Aluminium Extrusion Group zu den konsequentesten Nutzern gehören. Unter den japanischen Anwendern ragen Sony sowie Toyota heraus; das letztgenannte Unternehmen hat dabei insofern unkonventionelle Wege beschritten, als es sich bei der Gestaltung der Teilezulieferung für die Fließbänder der Produktion von US-amerikanischen Supermarktketten hat inspirieren lassen, die in Windeseile die Regale ihrer Märkte auffüllen. Die starke Verbreitung des Benchmarking in den USA dürfte auch darauf zurückzuführen sein, dass es aufgrund der dort herrschenden weitergehenden Offenlegungspflichten relativ einfach ist, die „Klassenbesten" zu identifizieren. Ebenso hat wohl die dortige Gepflogenheit, den von den Unternehmen als besonders attraktiv empfundenen, für herausragende Leistungen im Bereich des Total Quality Management vergebenen Baldridge National Quality Award nur an „transparente" Unternehmen zu vergeben, zur dortigen zügigen Ausbreitung des Benchmarking beigetragen. In einzelnen US-amerikanischen Unternehmen ist dessen Bedeutung sogar so hoch, dass Top-Manager entlassen wurden, weil sie nicht rechtzeitig zu diesem Konzept gegriffen haben, um die Kostensituation ihres Hauses zu verbessern (Fall Kay Whitmore/Kodak). Ähnlich dem US-amerikanischen Vorbild könnte in Europa die wichtiger gewordene Qualitätszertifizierung nach ISO 9000+ dem Benchmarking zu einer dynamischen Entwicklung verhelfen.

Konzept

Getragen wird das Konzept von zwei Grundüberlegungen: Erstens gibt es kein Unternehmen, das in sämtlichen Bereichen Spitzenleistungen erbringt.

Zweitens erscheint es ineffizient, das Rad – also bereits bestehende Leistungen, Prozesse oder Methoden – immer wieder neu zu erfinden. Dementsprechend folgt das Benchmarking dem zentralen Motto, dass „es besser ist, eine Sache gut abzugucken, als diese in schlechter Weise selbst zu erfinden" (Tödtmann [Übung] 42). Es geht also darum, über kontinuierliche Vergleichsprozesse bereits bestehende Lösungen zu übernehmen.

Das Benchmarking-Konzept erweitert die Instrumente der herkömmlichen Unternehmensanalysen und -vergleiche insofern, als es *neben brancheninternen auch branchenübergreifende Vergleiche* vorsieht. In diesem von Praktikern gerne als „Über-den-Zaun-Hinausschauen" oder „Äpfel-mit-Birnen-Vergleich" bezeichneten Ansatz wird die Ursache für den analytischen Mehrwert der Methode vermutet. Durch eine derartige „Suche nach Lehrmeistern, die nicht offensichtlich sind" (Tödtmann [Übung] 43), können nämlich bereits existierende, den jeweiligen Unternehmen oder in Branchen noch nicht bekannte Handlungsweisen erschlossen werden. So kann beispielsweise ein Industrieunternehmen sein Rechnungswesen- und Buchungssystem dadurch verbessern, dass es sich an Kreditkartenunternehmen orientiert, die täglich Zigtausende von Buchungen bearbeiten.

Kritische Würdigung

Der Erfolg des grundsätzlich auf eine Erweiterung der Perspektive ausgerichteten Ansatzes wird entscheidend von der Festlegung geeigneter Beurteilungskriterien sowie von der Auswahl vorbildlicher Referenzunternehmen abhängen. Das bislang verfügbare Schrifttum stellt hierzu in nur sehr eingeschränktem Maße handlungsleitende Informationen bereit, was zunächst zwar bedauerlich erscheint, inhaltlich jedoch damit begründbar ist, dass beide Probleme nur situationsspezifisch zu lösen sind. Im Gegensatz zu diesem, die Umsetzung des Benchmarking-Konzepts betreffenden Einwand ist jener genereller Natur, der am Neuigkeitsgrad des Benchmarking per se zweifelt. So darf nicht übersehen werden, dass die beim Benchmarking vorgesehenen systematischen Vergleiche von der Betriebswirtschaftslehre schon seit jeher gefordert werden. Auch handelt es sich bei den branchenübergreifenden Vergleichen letztendlich um nichts anderes als das, was im Rahmen der analogiebildenden Prognose- und Kreativitätstechniken (vgl. Abschn. 11.2) methodisch schon sehr differenziert vorgedacht worden ist. Schließlich ist auf einer höheren Ebene kritisch zu fragen, ob die von dem Instrument ausgehende stärkere informationelle Verzahnung oder Vernetzung zuvor unabhängig voneinander handelnder Unternehmen mit den übergeordneten Erfolgsprinzipien des marktwirtschaftlichen Systems vereinbar sind, da hierdurch neue Abhängigkeiten entstehen können.

5.6.1.9 VRIO-Konzept

Das von Barney ([Advantage] 145 ff.) entwickelte, in der gegenwärtigen Strategieliteratur weit verbreitete VRIO-Konzept ist ein Instrument, das der praktischen Umsetzung des ressourcenbasierten Ansatzes (vgl. Abschn. 2.2.5) sowie des Kernkompetenzdenkens (vgl. Abschn. 5.4.1.2) dient. Wie in Abbildung 5-25 dargelegt, soll anhand von vier Fragen ermittelt werden, ob die jeweils betrachtete Ressource dem Unternehmen einen dauerhaften Wettbewerbsvorteil und damit nachhaltig fließende Gewinne („Rente") stiften kann.

Abbildung 5-25 *VRIO-Konzept*

Ist die Ressource bzw. Fähigkeit					
wertvoll?	rar?	schwierig zu imitieren?	verwertet durch die Organisation?	Implikationen für den Wettbewerb	Ausmaß des ökonomischen Erfolgs
nein	---	---	nein	Wettbewerbsnachteil	unterdurchschnittlich
ja	nein	---	▲	Wettbewerbspatt	durchschnittlich
ja	ja	nein	▼	zeitlich befristeter Wettbewerbsvorteil	überdurchschnittlich
ja	ja	ja	ja	nachhaltiger Wettbewerbsvorteil	überdurchschnittlich

Das Akronym "VRIO" kürzt dabei diejenigen Merkmale von Ressourcen ab, die einen solchen Wettbewerbsvorteil bewirken können, nämlich "*v*alue", "*r*areness", "non-*i*mitability" und "*o*rganization specifity" ab. Im Einzelnen sind folgende Fragen zu stellen:

- Weist die betrachtete Ressource aus Kundensicht einen strategischen Wert auf? Eine Ressource gilt dann als wertvoll, wenn sie die Kosten senken oder die Erträge steigern hilft. Zu beachten ist hierbei, dass sich der Wert einer Ressource mit der Zeit stark verändern kann.
- Ist die Ressource knapp oder einzigartig? Idealerweise sollte die betrachtete Ressource ausschließlich dem analysierten Unternehmen zur Verfügung stehen. Ist dies nicht der Fall, dann sollte sie das Unternehmen jedoch zumindest in die Lage versetzen, den Kunden einen Nutzen zu erbringen, der über denjenigen der Wettbewerber hinausgeht.

- Ist die Ressource vor Imitationen durch die Wettbewerber geschützt? Falls die betrachtete Ressource imitierbar ist, dann sollte die Imitation für die Wettbewerber jedoch zumindest mit erheblichen Kosten verbunden sein.

- Ist das Unternehmen so organisiert, dass es die in der Ressource angelegten Potenziale ausschöpfen kann? Es ist zu untersuchen, ob das betrachtete Unternehmen die Ressource einsetzen und sich entsprechende Gewinne aneignen kann.

Nur dann, wenn im Hinblick auf die betrachtete Ressource sämtliche Fragen bejaht werden, kann diese als nachhaltig wettbewerbsvorteilsstiftend angesehen werden.

Kritische Würdigung

Das VRIO-Konzept besticht auf den ersten Blick durch seine Einfachheit. Diese Einfachheit bedeutet umgekehrt jedoch eine erhebliche Grobmaschigkeit hinsichtlich des entfalteten Kriterienrasters. Zu hinterfragen ist weiterhin die unterstellte Unabhängigkeit der vier Fragenbereiche.

Competitive Intelligence als Herausforderung der Zukunft

In den vergangenen Jahren ist darauf hingewiesen worden, dass Unternehmen, welche ihre strategisch orientierte Gegenwarts- und Zukunftsbeurteilung zielführend betreiben wollen, sich mit allergrößter Sorgfalt um eine systematische Einholung vielfältiger, die externe Umwelt und insbesondere die Wettbewerber betreffenden Informationen zu bemühen haben. Ihre Informationseinholung muss also ein Ausmaß an Sorgfalt und Akribie aufweisen, wie es für die staatlichen bzw. militärischen Geheimdienste üblich ist (Hannon [Intelligence] 65; Kunze [Intelligence]). Daher bezeichnet man diesen systematischen Prozess der Informationserhebung und -analyse, durch den aus fragmentierten Rohinformationen über Märkte, Wettbewerber und Technologien den Entscheidern ein plastisches Verständnis für ihr Handlungsumfeld und damit eine Entscheidungsgrundlage geliefert wird (Michaeli [Intelligence] 3), auch als Competitive Intelligence. Ein zielführendes Competitive-Intelligence-System besteht dabei nicht aus Ad-hoc-Recherchen, es ist auch nicht subversiv, inoffiziell und opportunistisch, und es bezieht sich auch nicht nur auf Teilbereiche wie bestimmte Unternehmensfunktionen oder Marktregionen. Statt dessen ist es problemorientiert, unternehmensweit, proaktiv und umfassend angelegt (Michaeli [Intelligence] 4). Als Erfolgsfaktor des Competitive Intelligence hat insbesondere die Einrichtung dezentralisierter, beziehungsbasierter Intelligenznetzwerke zu gelten (Hoffjan [Intelligence] 114).

5.6.2 Suchfeldanalytische Instrumente zur Entwicklung der strategischen Stoßrichtung

Der zuvor dargestellte erste Arbeitsschritt, die Gegenwartsanalyse und Prognose der Zukunftsentwicklung interner und externer Rahmenbedingungen, kann als Grundlagenarbeit der Strategieformulierung bezeichnet werden, bei der noch keine Aktionsrichtungen oder gar Strategien des Unternehmens entwickelt werden. *Aktiv gestaltend ist hingegen der zweite Arbeitsschritt* angelegt, in welchem die strategische Stoßrichtung des Unternehmens entwickelt wird. Im neueren Schrifttum wird in diesem Zusammenhang auch von einer *strategischen Suchfeldanalyse* gesprochen, mit der die grundlegende Ausrichtung des Unternehmens bestimmt wird. Der Terminus *strategische Suchfeldanalyse stellt dabei einen Sammelbegriff für Systemkonzeptionen dar, die die Identifikation, Analyse, Bewertung und Auswahl neuer Geschäfte unterstützen*, wobei dieses Instrument prozedural vor der Entwicklung neuer Produkte einzusetzen ist (Müller [Suchfeldanalyse] 7). Die Suche nach neuen Geschäften ist *das* Kernproblem jeder unternehmerischen Betätigung und damit der Strategieformulierung schlechthin.

Begriff

Kernproblem

Um die Suche nach neuen Geschäften nicht dem Zufall zu überlassen, sind zur instrumentellen Unterstützung des Suchprozesses verschiedene Methoden entwickelt worden. Die Mehrzahl der Instrumente beschränkt sich darauf, den *Suchraum potenzieller Geschäftsfelder strukturierend zu ordnen.*

Aus der Vielzahl der Instrumente zur Suchfeldanalyse werden nach dem Kriterium der Verbreitung in der Literatur im Folgenden drei Analysetechniken (Space-Analyse, Produkt-Markt-Matrix sowie TOWS-Analyse) dargestellt.

5.6.2.1 Space-Analyse

Die *Space-Analyse* (Strategic Position and Action Evaluation; Rowe et al. [Management] 143 ff.) dient der Bestimmung einer im Hinblick auf die unternehmensinternen und -externen Faktoren angemessenen strategischen Grundhaltung von Unternehmen. Diese wurde im Abschn. 5.1 als eine wichtige Einflussgröße des Interpretations- und Entscheidungsverhaltens der Unternehmensführung präsentiert. Die *strategische Grundhaltung stellt das Strategien zugrunde liegende Handlungsmuster dar,* wobei die Analysierbarkeit der Unternehmensumwelt und der Informationszugang des Unternehmens zur Umwelt das Interpretationsverhalten des Managements bestimmen.

Konzept

Das Konzept der Space-Analyse sieht vor, dass die strategische Grundhaltung eines Unternehmens sowohl zur Unternehmens- als auch zur Umweltsituation passen muss.

Unternehmensfaktoren

Im Hinblick auf die *Unternehmensfaktoren* wird die Wahl der strategischen Grundhaltung von den *Wettbewerbsvorteilen des Unternehmens* (Competitive Advantage – WV) und auch von der *Finanzkraft des Unternehmens* (Financial Strength – FK) geprägt:

- Hat ein Unternehmen *Wettbewerbsvorteile* gegenüber seinen Konkurrenten in Form von relativ hohen Marktanteilen, besserer Produktqualität, besonderer Kundenloyalität, wird es üblicherweise höhere Gewinnmargen erzielen können. In diesem Falle ist für das Unternehmen eine konservative (Risikostreuer) oder eine verteidigende (Verteidiger) Grundhaltung zweckmäßig, da keine grundsätzliche Notwendigkeit besteht, das bisherige Handlungsmuster wesentlich zu verändern.
- Die *Finanzkraft eines Unternehmens* hat deswegen Einfluss auf seine strategische Grundhaltung, da sie den Verhaltenskorridor des Unternehmens begrenzt, es ihm also mehr oder weniger ermöglicht, beispielsweise Krisen durch eine Diversifikation in attraktivere Geschäftsfelder (vgl. Abschn. 5.4.1.2) oder durch kapitalintensive Produktverbesserungen zu überwinden. Die Finanzkraft begünstigt also eine aggressive (Prospektor) sowie eine konservative (Risikostreuer) Grundhaltung.

Umweltfaktoren

Als externe (Umwelt-)Faktoren gehen in die Space-Analyse Turbulenz- und Branchenmerkmale ein, die über die Stabilität der relevanten Umwelt (Environmental Stability – US) und die Leistungsstärke der Branche (Industry Strength – BS) abgebildet werden:

- Die *Umweltstabilität* steht in einer engen Verbindung mit der Finanzkraft eines Unternehmens, da in einer stabilen Umwelt finanzielle Schwächen eines Unternehmens weit weniger zum Tragen kommen als in einer dynamischen Umwelt. Deshalb werden die Umweltstabilität und die Finanzkraft des Unternehmens auf einer Achse abgetragen. Ein hohes Maß an Umweltstabilität fördert dementsprechend auch die Wahl einer verteidigenden (Verteidiger) und wettbewerbsorientierten (Anpasser) Grundhaltung.
- Die *Branchenstärke* findet ihre achsenmäßige Entsprechung in den Wettbewerbsvorteilen des Unternehmens. Beispielsweise finden selbst Kleinanbieter, sofern sie über erhebliche Wettbewerbsvorteile verfügen, in *leistungsstarken Branchen* mit einer hohen Marktdynamik die Möglichkeit, eine Marktnische ausfindig zu machen und zu erschließen. Andererseits garantiert eine starke Wettbewerbsposition in stagnierenden Märkten weniger einen wirtschaftlichen Erfolg. Daher erfordern leistungsstarke

Branchen eine aggressive (Prospektor) und wettbewerbsorientierte (Anpasser) Grundhaltung.

Umsetzung des Konzepts

Operationalisiert werden die vier Schlüsselvariablen der Space-Analyse durch die vom PIMS-Programm (vgl. Abschn. 5.6.3.3) ausgewiesenen Einflussgrößen der Kapitalrentabilität (RoI). Diese werden den vier Schlüsselvariablen zugeordnet (vgl. Abbildung 5-26). Von daher kann die Space-Analyse auch als Verdichtung der Ergebnisse des PIMS-Programms angesehen werden (Rowe et al. [Management] 145). Die geeignete strategische Grundhaltung eines Unternehmens lässt sich aus dem Zusammenspiel der vier Schlüsselvariablen(-gruppen) ermitteln. Hierzu ist es notwendig, das Unternehmen im Hinblick auf die einzelnen Subfaktoren einzuschätzen, eine Gewichtung vorzunehmen und das Ergebnis jeder Schlüsselvariable im Space-Chart abzutragen (vgl. Abbildung 5-27). Das entstehende Polygon kann zu einem Vektor verdichtet werden, indem die Bewertung der Wettbewerbsvorteile des Unternehmens mit derjenigen der Branchenstärke ebenso aufgerechnet werden wie die Bewertung der Finanzkraft des Unternehmens und der Umweltstabilität. Diese Vorgehensweise lässt sich dadurch rechtfertigen, dass ein gewisser logischer Zusammenhang zwischen den Größen dieser Variablenpaare besteht. Der resultierende Vektor gibt die Richtung der geeigneten strategischen Grundhaltung an.

Die prinzipiellen Stoßrichtungen der vier denkbaren strategischen Grundhaltungen wurden bereits im Abschn. 2.4.5 erläutert; ihre Zuordnung zum Space-Chart wird in Abbildung 5-28 anhand von Beispielfällen verdeutlicht. Die Konzeption der Space-Analyse erlaubt den Einsatz des Instruments als Mittel zur Wettbewerbs- bzw. Konkurrenzanalyse. Abbildung 5-29, in der die Space-Kennlinien von vier Konkurrenten zusammengefasst sind, verdeutlicht diesen Anwendungsbereich der Space-Analyse (Homburg [Strategieformulierung] 62). Während sich für die eigene SGE und Wettbewerber B eine konservative Grundhaltung empfiehlt, sollten die Wettbewerber A und C eine verteidigende Grundhaltung wählen. Inhaltlich ist dies in deren geringerer Finanzkraft begründet.

Abbildung 5-26

Schlüsselvariablen der Space-Analyse

Branchenbeurteilung

1. **Einflussgrößen der Umweltstabilität (US)**
   - Technischer Wandel
   - Inflationsrate
   - Nachfrageverschiebungen
   - Preisniveau der Konkurrenzprodukte
   - Markteintrittsbarrieren
   - Wettbewerbsdruck
   - Preiselastizität der Nachfrage
2. **Einflussgrößen der Branchenstärke (BS)**
   - Wachstumspotenzial
   - Gewinnpotenzial
   - Finanzielle Stabilität
   - Technisches Know-how
   - Ressourcennutzung
   - Kapitalintensität
   - Einfachheit der Markterschließung
   - Produktivität, Kapazitätsauslastung

Unternehmensbeurteilung

3. **Einflussgrößen der Wettbewerbsvorteile (WV)**
   - Marktanteil
   - Produktqualität
   - Produktlebenszyklus
   - Innovationszyklus
   - Kundenloyalität
   - Ausnutzung des Wettbewerbspotenzials
   - Technisches Know-how
   - Vertikale Integration
4. **Einflussgrößen der Finanzkraft (FK)**
   - Return on Investment
   - Leverage
   - Liquidität
   - Kapitalbedarf/Kapitalbestand
   - Cashflow
   - Einfachheit des Marktaustritts
   - Risiko des Geschäftsfelds

Kritische Würdigung

Bei der Beurteilung der Space-Analyse muss zunächst hervorgehoben werden, dass in ihr ein Instrument vorliegt, mit dem strategische Grundhaltungen nicht nur klassifiziert und beschrieben, sondern prinzipiell auch aus der jeweiligen Handlungssituation des Unternehmens abgeleitet werden können. In diesem Zusammenhang wird seitens der Praxis insbesondere geschätzt, dass die Space-Analyse lediglich strategische Stoßrichtungen aufzeigt, die noch hinreichenden Spielraum für die Formulierung konkreter Strategien bieten würden (Homburg [Strategieformulierung] 65). Die Space-Analyse stellt insofern einen wichtigen Fortschritt auf dem Gebiet der *Operationalisierung von strategischen Grundhaltungen* dar.

Abbildung 5-27 *Grundkonzeption der Space-Analyse*

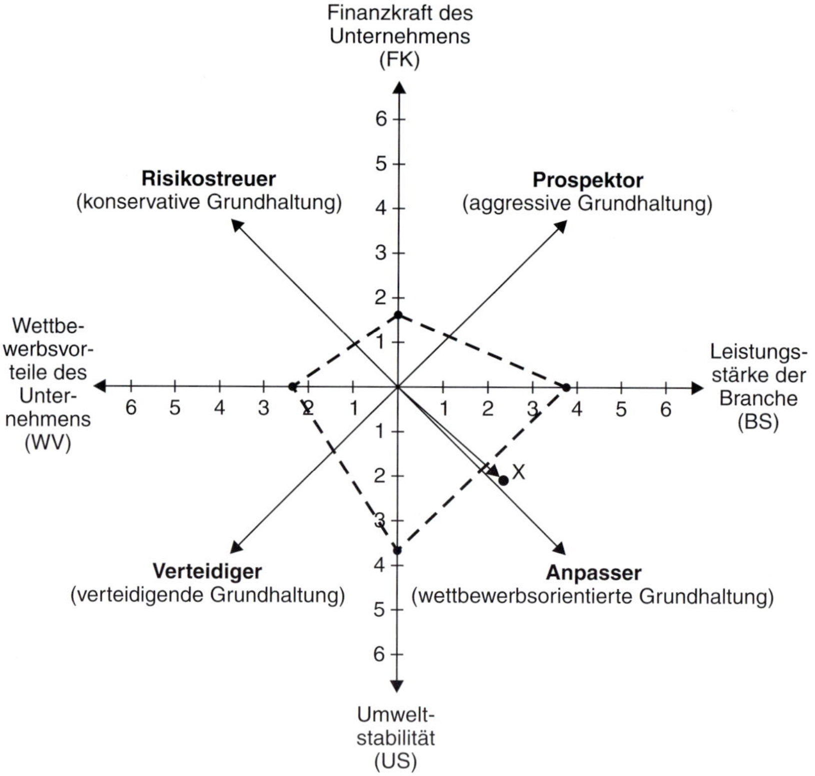

Bestimmung strategischer Grundhaltung mittels Space-Analyse

Abbildung 5-28

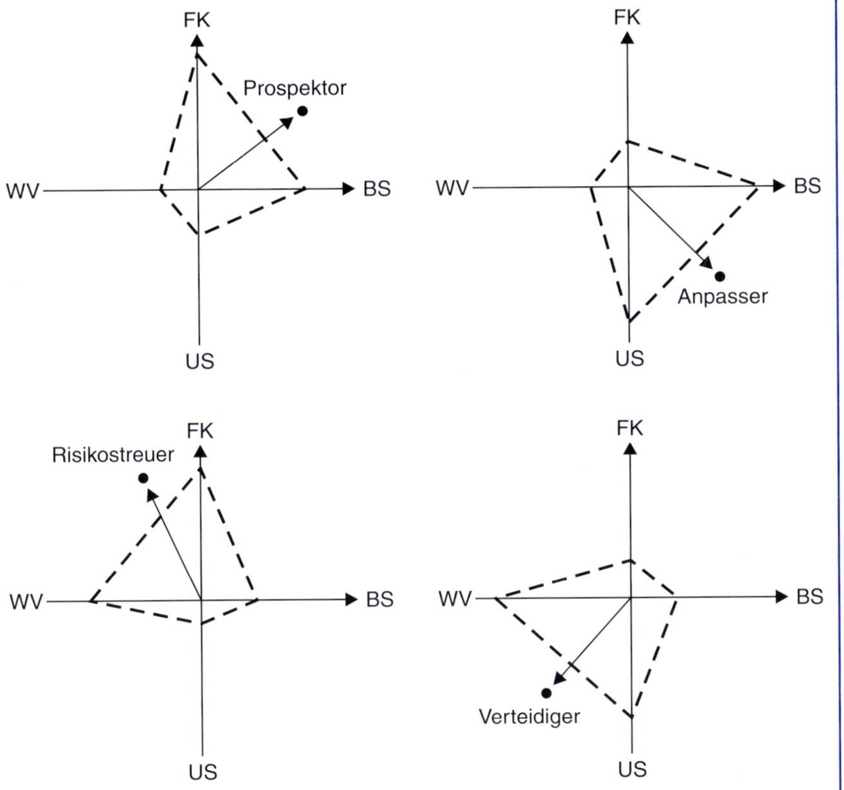

Gleichwohl weist der bisher erreichte Entwicklungsstand der Space-Technik *noch deutliche Mängel* auf. Zwar ist sie nach ihren Urhebern auf das PIMS-Projekt zurückzuführen (Rowe et al. [Management] 145), jedoch ist die von ihnen vorgenommene Zuordnung der PIMS-Einzelfaktoren zu den vier Basisachsen nicht durch das PIMS-Projekt abgedeckt. Nicht gesichert ist zudem der angenommene kausale Zusammenhang zwischen den Wettbewerbsvorteilen des Unternehmens und der Leistungsstärke der Branche einerseits und der Finanzkraft des Unternehmens und der Umweltstabilität andererseits, der im Konzept die Begründung für die Verdichtung der Lagebeurteilung in ein orthogonales System darstellt. Schließlich muss, ohne der Kritik zu den unten erörterten Portfolio-Konzeptionen (vgl. Abschn. 5.6.3) vorgreifen zu wollen, auf die auch dort problematische Variableneinschätzung und -gewichtung als Mängel der Analysetechnik hingewiesen werden. Hierbei ist insbesondere zu beachten, dass die Bewertung der Wettbewerbsposition des Unternehmens mittels eines Scoring-Modells dazu führen kann, dass sich Stärken und Schwächen gegenseitig kompensieren (Homburg [Strategieformulierung] 65).

Abbildung 5-29 *Space-Kennlinien von vier Konkurrenten*

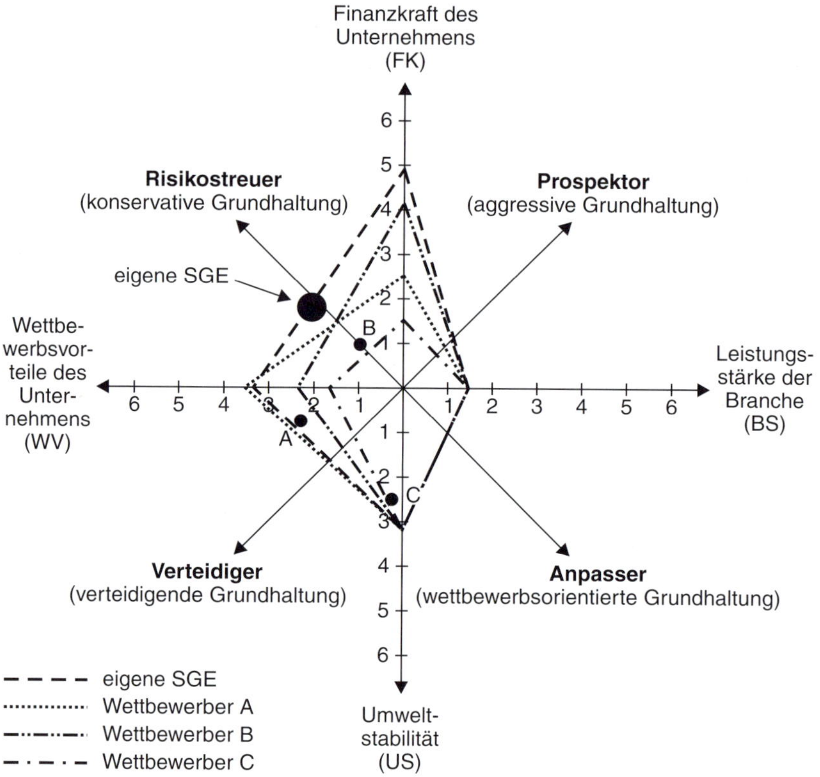

5.6.2.2 Produkt-Markt-Matrix

Konzept

Mit der Produkt-Markt-Matrix ist das wohl bekannteste suchfeldanalytische Instrument gegeben. Sie dient der grundlegenden Strukturierung der künftigen Betätigungsfelder des Unternehmens, wobei aus der Vielzahl der grundsätzlich diskutierfähigen Aktions- und Reaktionsmöglichkeiten die für das Unternehmen erfolgversprechenden ausgewählt werden sollen.

Strategische Stoßrichtungen

Hierzu beschreibt die Produkt-Markt-Matrix *vier über die Achsenkombination einer Matrix standardisierte Absatzkonstellationen* (vgl. Abbildung 5-30), welche Wege zur Schließung ungedeckter Lücken eröffnen. Diese kann über das Angebot an bestehenden oder neuen *Produkten oder Dienstleistungen* (nachfolgend wird der Einfachheit halber von „Produkten" gesprochen) oder durch die Bearbeitung bestehender oder neuer *Märkte* angestrebt werden. In den Feldern der Matrix ergeben sich die strategischen Stoßrichtungen der

Abbildung 5-30

Produkt-Markt-Matrix

Produkte / Märkte	bestehende	Neue
bestehende	Marktdurchdringung (1)	Produkterweiterung (2)
neue	Markterweiterung (3)	Diversifikation (4)

- *Marktdurchdringung* durch ein Verbleiben im bestehenden Markt mit den im Unternehmen bereits vorhandenen Produkten unter gezieltem Einsatz des absatzpolitischen Instrumentariums,
- *Produkterweiterung*, indem auf bestehenden Märkten neue Produkte angeboten werden,
- *Markterweiterung* über die Versorgung neuer Märkte mit den vorhandenen Produkten,
- *Diversifikation*, bei der neue Produkte auf neuen Märkten abgesetzt werden.

In Abbildung 5-31 sind Ansatzpunkte aufgezeigt, wie diese Stoßrichtungen verfolgt werden können (Pearce II/Robinson [Management] 191). Mit der Realisierung der unterschiedlichen Stoßrichtungen ist ein zum Teil erheblicher Mehraufwand verbunden. Mit Vorsicht zu beurteilende Schätzungen veranschlagen beispielsweise die Anstrengungen einer Diversifikationsstrategie bis zum 16fachen einer Marktdurchdringungsstrategie (Aurich/Schröder [Unternehmensplanung] 242).

Gesetz der abnehmenden Synergie

Zur Auswahl einer dieser Stoßrichtungen hat Ansoff ([Strategy] 77 ff.) das *Gesetz der abnehmenden Synergie* vorgeschlagen; dieses ist freilich mehr zwischen einer *Daumenregel* und einer *Heuristik* einzuordnen und weniger als eine Norm zu betrachten, die durch empirische Regelmäßigkeiten fundiert wäre.

Abbildung 5-31

Umsetzung strategischer Stoßrichtungen

Marktdurchdringung

- **Erhöhung der gegenwärtigen Produktnutzungsrate der Kunden**
  - Vergrößerung der Verpackungseinheiten
  - Werbung für neue Gebrauchsmöglichkeiten der Produkte
  - Herbeiführen einer künstlichen Alterung der Produkte
  - Gewährung von Preisnachlässen
- **Gewinnung von Kunden der Konkurrenz**
  - deutliche Differenzierung der eigenen Produkte gegenüber Konkurrenzprodukten
  - Ausbau der Verkaufsförderung
  - Gewährung von Preisnachlässen
- **Akquisition von Neukunden, die bislang kein vergleichbares Produkt gekauft haben**
  - Abschluss von Testkäufen (Proben)
  - Preisauf- oder -abschläge
  - Intensivierung der Werbeaktivitäten

Markterweiterung

- **räumliche Markterweiterung**
  - regionale Expansion
  - nationale Expansion
  - internationale Expansion
- **Gewinnung neuer Marktsegmente**
  - Entwicklung von Produktvariationen
  - Erschließung neuer Distributionskanäle
  - Werbung in bislang ungenutzten Medien

Produkterweiterung

- **Entwicklung neuer Produktmerkmale**
  - grundlegende Anpassung der Produkte an neue Ideen und Entwicklungstrends (veränderter Mechanismus, veränderter Energieträger)
  - äußerliche Anpassung der Produkte (Veränderung von Farbe, Form, Gestalt, Layout, Duft)
- **Entwicklung von Qualitätsvariationen**
  - Produkterweiterung in völlig fremde Produktbereiche

Diversifikation

- **Verbindung von Markt- und Produkterweiterung**

Synergie

Als *Synergieeffekt* wird dabei das Phänomen angesprochen, dass für ein Unternehmen, das in miteinander verwandte Produkte investiert, Einsparungen sowohl in der gesamten anfallenden Investitionssumme als auch bei den laufenden Herstellungskosten entstehen (Ansoff [Strategy] 77 ff.). Solche Synergieeffekte können in analoger Weise im *Absatzbereich* auftreten. Ein ähnliches Phänomen wird auch im Konzept der „Economies of Scope" diskutiert (Goldhar/Jelinek [Scope] 141 ff.). Bei Economies of Scope handelt es sich um Verbundeffekte, die auftreten, wenn Unternehmen flexibel einsetzbare Potenziale aufweisen. Ein Beispiel für derartige Effekte ist in flexiblen Fertigungssystemen gegeben, bei denen ohne größere Umrüstzeiten mehrere verschiedenartige Produkte gefertigt werden können. Unternehmen sind somit nicht mehr darauf angewiesen, ein standardisiertes Produkt in sehr großen Stückzahlen herzustellen. Die *höchste Synergie* ist bei der *Marktdurchdringung,* die *geringsten Vorteile* sind hingegen aus der *Diversifikation* zu schöpfen. Für Unternehmen, deren Erfolge sich durch *Produktionsvorteile* ergeben, dürften im Allgemeinen größere Synergieeffekte auftreten, wenn ihre Produkte auf neuen Märkten angeboten würden *(Markterweiterung).* Somit würde sich dann das Synergiegefälle vom ersten über den dritten zum zweiten und schließlich zum vierten Quadranten der Matrix erstrecken. Für Unternehmen, die ihren Erfolg schließlich auf *Stärken im Absatzbereich* gründen, stellt hingegen die Reihenfolge I, II, III, IV das Gefälle der Synergieeffekte und der entsprechenden Wahl der strategischen Stoßrichtungen dar.

Economies of Scope

Kritische Würdigung

Ansoffs „Gesetz" beeindruckt zunächst durch seine Einfachheit und Plausibilität, aber auch durch die Möglichkeit, zukunftsorientierte Handlungsmuster abzuleiten. Gleichwohl bietet es gerade über seine Plausibilität eine Flanke zur kritischen Würdigung. Diese fußt auf der Einsicht, dass Ansoffs Heuristik nicht mehr zum Ausdruck bringt als die Grundhaltung, dem Bewährten treu zu bleiben. Weiterhin ist darauf hinzuweisen, dass die Produkt-Markt-Matrix als suchfeldanalytisches Instrument lediglich die Formulierung grober strategischer Handlungstendenzen ermöglicht, die auch als „Grand Strategies" (vgl. Abbildung 5-31) bezeichnet werden (Pearce II/Robinson [Management] 189).

In den vergangenen Jahren sind wiederholt alternative Konzeptualisierungen zur Produkt-Markt-Matrix vorgelegt worden. Während Gary Hamel (Revolution] 69 ff.) in der Redefinition von Produkten und Dienstleistungen, der Redefinition von Marktgrenzen sowie der Redefinition von Branchengrenzen drei grundlegende Optionen sieht, kommen Kim und Mauborgne ([Space] 84 ff.) sogar zu sechs verschiedenen Ansatzpunkten.

5.6.2.3 TOWS-Analyse

Konzept

Mit der TOWS-Matrix (auch SWOT-Analyse) ist eine Weiterentwicklung der WOTS-UP-Analyse gegeben (David [Concepts] 209 ff.). Der wesentliche Unterschied zwischen beiden Konzepten besteht darin, dass *mit der TOWS-Matrix die Entwicklung strategischer Stoßrichtungen angestrebt* wird, wohingegen die WOTS-UP-Analyse rein deskriptiver Natur ist. Hierzu werden in einer Matrix (vgl. Abbildung 5-32) die Umweltchancen und -gefahren einerseits und die Unternehmensstärken und -schwächen andererseits abgetragen. Daraufhin werden die Befunde des externen und internen Kontexts einer intensiven vergleichenden Analyse unterzogen, wobei im Matrixkern die geeignet erscheinenden strategischen Stoßrichtungen abgetragen werden. Dies macht eine Zuordnung der strategischen Stoßrichtungen zu den externen und internen Entwicklungen erforderlich. Die TOWS-Analyse ist abgeschlossen, sobald jede externe und interne Entwicklung von zumindest einer strategischen Stoßrichtung erfasst und berücksichtigt ist. Die Anwendung der TOWS-Analyse wird in Abbildung 5-34 am Praxisbeispiel der BMW AG (Umsatz 2006: 49,0 Milliarden Euro bei 106.575 Mitarbeitern) exemplarisch dargestellt, wobei der Analyse öffentlich zugängliche Informationen zugrunde gelegt wurden.

Kritische Würdigung

Der *Vorzug* der TOWS-Analyse besteht darin, dass ihr checklistenartiger Aufbau weitgehend sicherstellt, dass sämtliche wichtigen Kontextveränderungen bei der Bestimmung der strategischen Stoßrichtung Berücksichtigung finden. Strategieexperten mancher Unternehmen meinen allerdings, dass das Instrument der TOWS-Analyse zu reduktionistisch angelegt sei und somit die Komplexität ihrer programmatischen Überlegungen nur unzureichend widerspiegeln könne. Sie formulieren damit jedoch einen Anwurf, der letztendlich jeder strategischen Analysetechnik entgegengebracht werden kann. Zudem muss man sich fragen, ob nicht auch komplexe Überlegungen auf ihren Kerntatbestand reduzierbar sein müssen. Demgegenüber muss man den Einwand gelten lassen, dass die TOWS-Analyse keine Informationen über die jeweiligen Wirkungsbeiträge der Kontextvariablen bereitstelle. *Bemängelt* werden muss überdies, dass die Technik keinerlei Prozessbeschreibungen bereithält, *wie* die Anwender von der Kontextbeurteilung zu strategischen Stoßrichtungen kommen.

TOWS-Analyse

Abbildung 5-32

	Stärken/ Strengths (S)	**Schwächen/ Weaknesses (W)**
	1. 2. 3. 4. Auflisten der 5. Stärken 6. 7. 8.	1. 2. 3. 4. Auflisten der 5. Schwächen 6. 7. 8.
Gelegenheiten/ Opportunities (O)	**SO-Strategien**	**WO-Strategien**
1. 2. 3. 4. Auflisten der 5. Gelegenheiten 6. 7. 8.	1. 2. 3. 4. Einsatz von Stärken zur Nutzung von Gelegenheiten 5. 6. 7. 8.	1. 2. 3. Überwindung der 4. eigenen Schwächen 5. durch Nutzung von 6. Gelegenheiten 7. 8.
Bedrohungen/ Threats (T)	**ST-Strategien**	**WT-Strategien**
1. 2. 3. 4. Auflisten der 5. Bedrohungen 6. 7. 8.	1. 2. 3. 4. Nutzen der eigenen Stärken zur Abwehr von Bedrohungen 5. 6. 7. 8.	1. 2. 3. Einschränkung der 4. eigenen Schwächen 5. und Vermeidung von 6. Bedrohungen 7. 8.

Praxisbeispiel:

BMW AG – TOWS-Analyse

Getragen vom Leitbild „Nachhaltigkeit – Die Weltwirtschaft braucht ein menschlicheres Gesicht" weist das Unternehmen in seinem „System strategischer Zielfelder" Ressourceneffizienz, Risikominimierung und Reputation als strategische Oberziele neben Kunden-, Produkt- und Wettbewerbs-, Zeit- und Wertschöpfungsorientierung sowie Shareholderorientierung aus.

Nach wie vor sieht BMW seine technische Stärke im Bereich des Motorenbaus, bei dem allerdings jüngst der Schulterschluss mit der Konkurrenz, insbesondere der Mercedes Car Group gesucht wird, um die extrem hohen Entwicklungskosten zu senken, die allein ein Viertel der Herstellungskosten verursachen. Die überwiegende Konzentration auf sportliche Limousinen trägt zur klaren Profilierung des Unternehmens und seiner Marken bei, kann im Vergleich zu anderen Automobilherstellern allerdings auch als Schwäche in Gestalt einer – trotz der in 2003 erfolgten Integration von Rolls-Royce Motor Cars Ltd. – immer noch relativ schmalen Produktpalette interpretiert werden. Das nach einer Betonung des Umweltschutzes in den 1980er Jahren zunächst wieder gestiegene Kundeninteresse an automobiler Sportlichkeit ist in den vergangenen Jahren aufgrund stark gestiegener Rohstoffpreise wieder etwas abgeebbt. Daher stellt es nur eine bedingte marktliche Gelegenheit dar, zumal die Politik auf den Druck anderer Interessenorientierungen in der Öffentlichkeit mit verschärften Emissionsvorschriften reagiert hat. Letztere stellen eine Bedrohung für den Absatz von konventionellen Automobilen dar. Die genannten Stärken, Schwächen, Gelegenheiten und Bedrohungen stecken in Abbildung 5-33 das Feld strategischer Stoßrichtungen auf dem Absatzmarkt von BMW ab.

BMW nutzte seine technische Kompetenz im Zusammenhang mit dem gestiegenen Interesse der potenziellen Kundschaft am Motorsport zunächst für einen Wiedereinstieg in die Formel 1 und erzielte auch ansprechende Erfolge. Die Verschiebung der Kundeninteressen von Sportlichkeit zu Vielseitigkeit und Komfort hat unter anderem auch eine Rolle gespielt, als im Jahr 2007 die Kooperation mit Williams wieder aufgegeben wurde. Im Jahr 2008 werden im Formel-1-Bereich BMW-Motoren ausschließlich in Sauber-Fahrzeugen eingesetzt. Der verstärkten Orientierung der Kunden in Richtung Vielseitigkeit und Komfort wird auch durch das Angebot von Touring- und Cabrio-Varianten der leistungsstarken M-Baureihe Rechnung getragen, die mit ihren Verkaufspreisen von mehrheitlich über 80.000 Euro eher auf einen Imagegewinn als auf einen breiten Markterfolg abzielen. In einem anderen Bereich der Sportlichkeit konnte BMW seinen Kunden indessen lange Zeit kein Angebot machen; Interessenten für Sport Utility Vehicles mussten auf Konkurrenzprodukte ausweichen. BMW entwickelte daraufhin eine WO-Strategie. Mit dem X5 und X3 können inzwischen auch BMW-Kunden ihr Mountainbike an die entlegensten Orte der Alpen oder des Murgtals transportieren oder zumindest ein Auto fahren, das ihnen ein entsprechendes Lebensgefühl vermittelt. Diese Strategie wird durch die Einführung des X6 im Jahre 2008 konsequent weiterverfolgt, der dann 2009 mit einem Two Mode Hybrid ausgerüstet werden soll, der einen Verbrennungsmotor mit einem Elektroantrieb kombiniert. Dieses Fahrzeug verbindet die Eleganz eines Coupés mit der Vielseitigkeit eines Sport Utility Vehicles. BMW nahm das Wachstum in diesem Marktsegment als Gelegenheit, seine schmale Produktpalette gezielt zu erweitern. Ähnliches gilt für die in Entwicklung befindlichen kleinen Geländewagen X1 und eine Geländeversion des Mini. Für die Geländemodelle nahm BMW die Unterstützung des Allrad-Spezialisten Steyr-Daimler-Puch (Graz/Österreich) in Anspruch und konnte so die hauseigene Schwäche kompensieren. Weiterhin wurde die in Teilen der Kundschaft bestehende extreme Komfortorientierung mit dem 2003 erfolgten Erwerb der Rolls-Royce Motor Cars Ltd. entsprochen. Der Komfort- und Preisrahmen dieser Fahrzeuge kennt nach oben schier keine Grenzen.

BMW AG – TOWS-Analyse

Abbildung 5-33

	Stärken/Strengths	**Schwächen/Weaknesses**
	Motorenbau	schmale Produktpalette
Gelegenheiten/ Opportunities	**SO-Strategien**	**WO-Strategien**
Verschiebung des Kundeninteresses von Sportlichkeit zu Vielseitigkeit, Komfort und Individualität	Aufkündigung der Formel-1-Kooperation mit Williams Touring- und Cabrio-Varianten der M-Baureihe	X3, X5, X6 Erwerb von Rolls-Royce Motor Cars Ltd.
Bedrohungen/ Threats	**ST-Strategien**	**WT-Strategien**
Emissionsvorschriften	Wasserstoffantrieb Erforschung weiterer klimaschonender Antriebssysteme Valvetronic Efficient Dynamics	Mini „Gelände-Mini" 1er Reihe

Um mit den Bedrohungen durch strengere Emissionsvorschriften umzugehen, hat BMW insbesondere auf dem Wege einer modernen Motorentechnologie sowie „intelligentem Leichtbau" erhebliche Anstrengungen in die Richtung einer Senkung des Flottenverbrauchs unternommen. Mit dem 750 hL präsentierte BMW als erster Hersteller der Welt ein Serienfahrzeug mit Wasserstoff-Verbrennungsmotor. Parallel *kommt im 750 hL eine Brennstoffzelle zum Einsatz, die aus Wasserstoff elektrische Energie zur Versorgung des Bordnetzes erzeugt. Im Bereich der Volumenmodelle von BMW hält, angefangen beim 116 i, sukzessive die neue Valvetronic-Technologie Einzug. Der vollkommen variable Ventilhub der Valvetronic-Zylinderköpfe macht eine herkömmliche Drosselklappe zur Laststeuerung überflüssig. Ähnlich wie Dieselmotoren laufen diese neuen Benzinmotoren im Teillastbereich mit deutlich geringerem Treibstoffkonsum, der sich wiederum in verringertem CO_2-Ausstoß bemerkbar macht. Eine entsprechende Verbrauchsersparnis kann auch mit Benzin-Direkteinspritzern (GDI bei Mitsubishi, FSI bei VW) erreicht werden; bei den so genannten „Mager-Mix"-Motoren sind jedoch noch schwerwiegende Probleme im Emissionsverhalten zu lösen. Mit „Efficient Dynamics" hat BMW einen klaren Wettbewerbsvorteil, der bei der 1er- und der 3er-Baureihe vom Modelljahr 2006 auf 2007 den Treibstoffverbrauch um 23 Prozent zu senken verhalf. Die ST-Strategien von BMW könnten einen dauerhaften technologischen Wettbewerbsvorteil mit sich bringen.*

Verringerte Emissionen verlangen nicht nur nach moderner Motorentechnologie, sondern auch nach kleinen und leichten Fahrzeugen. Traditionell hat BMW dieses Feld kampflos der Konkurrenz überlassen, verfügt inzwischen aber über diesbezügliche WT-Strategien. Im Fall des Mini handelt es sich um ein typisches Beispiel einer emergenten im Gegensatz zu einer intendierten Strategie (vgl. Abschn. 5.1.2); die Marke Mini ist ein Relikt aus der wirtschaftlich gescheiterten Akquisition des britischen Automobilherstellers Rover. Letztlich bietet aber BMW mit dem Mini nun schon seit einigen Jahren ein Fahrzeug in der Kleinwagenklasse an, mit dem der Flottenverbrauch von BMW entsprechend US-amerikanischer Vorschriften gesenkt werden kann. Im gleichen Marktsegment wurde 2004 das 1er-Modell eingeführt, das die Produktpalette nach unten abgerundet hat. Aufgrund des erwähnten Strebens vieler Kunden nach Vielseitigkeit wurden für diese beiden Marken bzw. Baureihen in den vergangenen Jahren zahlreiche Modellvarianten wie Coupés, Cabrios oder Clubmans entwickelt und in den Markt eingeführt.

Innerhalb aller Marktsegmente orientiert sich BMW auch mit den Marken Mini und Rolls-Royce durchgehend an einer Premium-Position und unterscheidet sich damit deutlich vom Hauptkonkurrenten Daimler, der sich mit einigen Marken auch in niedrigeren Preissegmenten positioniert. Im Bereich der Premium-Segmente erwartet BMW größeres Marktwachstum und eine geringere Anfälligkeit gegenüber konjunkturellen Schwankungen. Daher ist auch der Einstieg in ein neues Segment „PAS" (Progressive Activity Sedan) geplant mit einer Limousine mit ganz neuen intelligenten Funktionalitäten. Die klare Ausrichtung von BMW auf fahraktive Automobile („Freude am Fahren") trägt weiterhin zu einer Stärkung der Marken bei, während andere Hersteller Gefahr laufen, ihre Marken durch das Besetzen unterschiedlichster Marktbereiche zu erodieren. So könnte es sich durchaus als strategische Stärke und weniger als modellpolitische Schwäche herausstellen, dass BMW fast als einziger großer Hersteller bislang keinen Kleinbus im Angebot hat.

Insgesamt gesehen könnte die TOWS-Analyse durch den Hinweis auf die Schwächen der schmalen Produktpalette dazu geführt haben, dass BMW, das ursprünglich drei Baureihen angeboten hatte, die Strategie der Ausweitung zunächst um sechs und danach um weit über zehn Baureihen aufstockte. Damit bietet BMW in relativ kurzer Zeit über 30 neue Automobile, was eine strategisch induzierte Komplexitätserhöhung bedeutet, die es in der Umsetzung auch zu verkraften gilt. Mit der neuen Modelloffensive will BMW den Autoabsatz bis zum Jahr 2012 auf 1,8 Millionen und bis 2020 auf 2 Millionen Einheiten steigern.

Quellen

BMW AG (Hrsg.), *Geschäftsberichte* 2006 und 2007, München 2007 und 2008.

KRAUSE, S., Demographischer *Wandel* als Herausforderung für Unternehmensführung, Produkte und Märkte am Beispiel der BMW Group, in: Zeitschrift für betriebswirtschaftliche Forschung, 58. Jg., Heft 7/8, 2006, S. 667-674.

5.6.3 Portfoliotechnik der Strategieformulierung

Zielsetzung

Im dritten und letzten Arbeitsschritt der Strategieformulierung werden die künftigen Produkte und Dienstleistungen des Unternehmens, die zu bearbeitenden Zielmärkte sowie der Ressourcentransfer zwischen den Produkt-Markt-Kombinationen bzw. strategischen Geschäftseinheiten festgelegt. Der dritte Arbeitsschritt basiert auf den beiden vorigen, in denen die Zukunftsentwicklung interner und externer Rahmenbedingungen prognostiziert sowie die strategische Stoßrichtung des Unternehmens bestimmt wurde. Er unterscheidet sich vom zweiten Arbeitsschritt insbesondere darin, dass nicht nur vage Handlungsrichtungen aufgezeigt werden, sondern geklärt wird, welche Strategiealternativen gefördert, welche zurückhaltend gehandhabt und welche aufgegeben werden. Unter den vorliegenden Techniken zur Bestimmung von Produkt-Markt-Strategien hat die *Portfoliotechnik* in verschiedenen Varianten eine zentrale Bedeutung erlangt. Sie kann überall dort eingesetzt werden, wo das Problem zur Lösung ansteht, in welchem Maße und in welchen Formen Ressourcen eingesetzt oder umverlagert werden sollen (Strüven [Grundgedanken] 3 f.). Mit ihrer Hilfe soll sowohl *über die Mittelherkunft als auch über die Mittelverwendung entschieden* werden mit dem Ziel, die Bestandssicherung des Unternehmens zu gewährleisten.

Herkunft und Grundansatz

Die Portfoliotechnik hat ihre *Herkunft in der finanzwirtschaftlichen Portefeuille-Theorie* (Markowitz [Selection]; Tobin [Preference] 65 ff.), die Modelle bereitgestellt hat, die eine Aufteilung des Vermögens von Individuen oder Unternehmen auf verschiedene Anlageformen wie Geldvermögen, Wertpapiere und Sachgegenstände zum Zweck der Ertragsmaximierung und Risikominimierung für den Anleger sicherstellen sollen. Dabei unterscheiden sich die Anlageformen in ihrem Risikogehalt und ihren Gewinnchancen; in aller Regel werden risikoreiche Anlagealternativen höhere Gewinnaussichten beinhalten. Die Portefeuille-Entscheidung ist dabei nicht nur von der individuellen Risikoneigung abhängig, sondern auch von der objektiven Güte der Bestandteile des Portfolios. Über eine Streuung von Ressourcen auf andere als die gewinnmaximale unter mehreren voneinander abhängigen Anlagealternativen kann das Risiko minimiert werden.

Das finanzwirtschaftliche Portefeuille-Konzept kann, entsprechend abgewandelt, auf den Produkt-Markt-Bereich, den Beschaffungsbereich, den personalwirtschaftlichen Bereich oder andere Entscheidungsfelder der Unternehmensführung wie das Auslandsgeschäft, das Technologie- oder Ökologiemanagement übertragen werden. Gemeinsame Grundmerkmale bilden die *Gesamtsicht des Unternehmens* und die Orientierung an einem *Erfolgsbegriff, der mehrdimensional und längerfristig angelegt ist.* Das periodisierende, einzelne Erfolgsobjekte betreffende Gewinn- und Umsatzzieldenken wird zugunsten des Kriteriums zurückgestellt, dass Potenzialobjekte im Portfolio gehalten werden sollen, die langfristig Erfolge zu erwirtschaften versprechen (vgl. Abschn. 5.2). Daneben wird eine Ausgewogenheit im Portfolio angestrebt, was dazu führt, dass neben Verzinsungsziele weitere Auswahlkriterien treten (Steinle/Eggers [Planning] 151). In verschiedenen Versionen der Portfoliotechnik werden die mit den *„Investitionsobjekten" des Unternehmens* verbundenen Finanzströme des Mittelbedarfs und der Mittelherkunft zum Ausgleich gebracht. Generell soll über die Ausgewogenheit der Erfolgsobjekte dazu beigetragen werden, beständig ein *hohes Niveau und Wachstum des Erfolgspotenzials* zu gewährleisten (Lange [Portfolio-Methoden] 51). Gerade in dieser Zielsetzung wird die Anlage der Portfoliotechnik als Instrument zur Unternehmenssicherung deutlich. Portfoliotechniken, die auf dem Gebiet der Strategieformulierung eingesetzt werden können, stellen daneben aber auch auf die Einschätzung von *Produkt- und Marktrisiken* sowie auf die *Nutzungsmöglichkeit von Synergiepotenzialen* ab. Die Portfoliotechnik hat in der Unternehmenspraxis eine *weite Verbreitung* gefunden, da sie in anschaulicher Weise einen Überblick über den gesamten Bestand der Geschäfte von Unternehmen liefert und die Ableitung von Normstrategieempfehlungen zum Zweck der strategischen Orientierung des Unternehmensführungshandelns gestattet.

Merkmale

5.6.3.1 Konzeption und Technik absatzmarktorientierter Portfolios

Konzept

Das Grundkonzept der Portfoliotechnik wurde zu einer systematischen Analyseform für das *Mehrproduktunternehmen* weiterentwickelt, die Aufschlüsse über eine sinnvolle Mittelzuweisung an die einzelnen Produktbereiche oder -kombinationen vermittelt (Becker/Fallgatter [Unternehmensführung]). Dies setzt eine *klare Abgrenzung der Produktlinien* voraus. Es ist erforderlich, das Produktspektrum eines Unternehmens in *strategische Geschäftseinheiten* (Strategische Geschäftsfelder/Strategic Business Units; SGE/SGF/SBU) aufzugliedern. Die General Electric Corporation hat das Denken in SGE als erstes Unternehmen angewandt (Rowe et al. [Management] 192 ff.).

Strategische Geschäftseinheiten bestehen aus einzelnen bzw. einer Kombination von Produkten, die gemeinsam eine Funktion erfüllen und am Markt mit entsprechenden Produkten oder Produktkombinationen von Wettbewerbern in Konkurrenz stehen. Die Abgrenzung einer SGE erfolgt über

- eine klare Definition des unternehmensexternen Marktsegments (Abnehmergruppen, regional abgegrenzter Markt) sowie
- das Merkmal der strategischen Unabhängigkeit (Autonomie) von anderen Geschäftseinheiten (Becker [Marketing-Konzeption] 419).

Strategische Geschäftseinheiten stellen Produkt-Markt-Kombinationen dar, die eigenständiger und spezifischer strategischer Programme bedürfen. Abbildung 5-34 (Dunst [Management] 149) beinhaltet mögliche Variationen einer derartigen strategischen Geschäftsfeldorganisation. Die Festlegung zusammengehöriger strategischer Geschäftseinheiten bedeutet nicht, dass die bestehende Organisationsstruktur eines Unternehmens geändert werden muss; vielmehr wird die „Primärstruktur" vielfach lediglich netzartig von der „Sekundärorganisation" der SGE überlagert.

Zum Zweck der Ermittlung der Erfolgspotenziale der jeweiligen strategischen Geschäftseinheiten werden Umwelt- und Unternehmensinformationen bezogen auf die spezifische SGE, jedoch keineswegs isoliert analysiert. Methodisch wird dabei dergestalt verfahren, dass zunächst das Erfolgspotenzial einer jeden SGE ermittelt und dann, gemessen an ihrem langfristigen Beitrag zum gesamten Erfolgspotenzial des Unternehmens, bewertet wird.

Methodische Umsetzung

Die *methodische Umsetzung* der Portfolio-Konzeption erfolgt trotz ihrer Variantenvielfalt in relativ einheitlicher Weise. Zum Zweck der Analyse und der darauf aufbauenden Strategieformulierung werden die unternehmensinternen und -externen Informationen über die Geschäftseinheiten in einer zweidimensionalen Matrix zusammengefasst. Im Koordinatensystem werden in aller Regel die Umweltinformationen und -beurteilungen auf der vertikalen und die unternehmensbezogenen Informationen und Bewertungen auf der horizontalen Achse abgebildet. Jede einzelne Geschäftseinheit hat deshalb eine zum Analysezeitpunkt für sie spezifische Positionierung im Portfolio (vgl. Abbildung 5-35), die im Wesentlichen die Strategiewahl bestimmt.

Abbildung 5-34

Organisation von strategischen Geschäftseinheiten

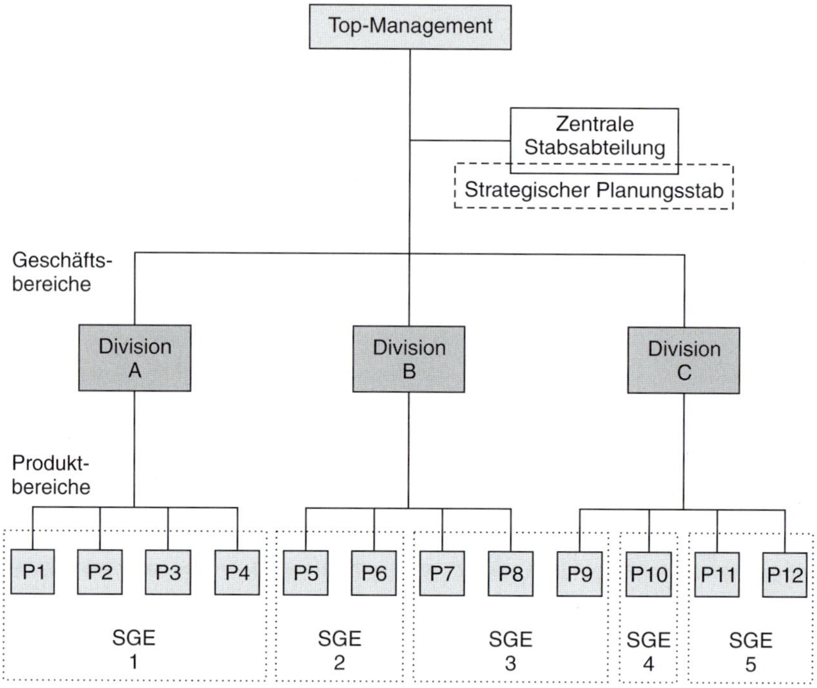

Normstrategien

In dieser Weise lässt sich in einem Portfolio eine Vielzahl von Geschäftsfeldpositionierungen vornehmen, die aus Gründen der besseren Handhabbarkeit mit Hilfe der Formulierung von Normstrategien und deren Zuordnung zu Umwelt- und Unternehmensbewertungen reduziert werden kann. *Alle strategischen Geschäftseinheiten, die in einem wertmäßig abgegrenzten Bereich des Portfolios positioniert sind, werden tendenziell nach der gleichen Normstrategie behandelt,* was sich insbesondere in der Ressourcenallokation auswirkt. Die Identifikation solcher Bereiche im Portfolio wird dadurch erleichtert, dass die möglichen Ausprägungen der Umwelt- und Unternehmensvariablen dichotomisiert (hoch – niedrig), manchmal auch in drei Ausprägungen (hoch – mittel – niedrig) zerlegt werden.

Grundaufbau der Portfoliotechnik

Abbildung 5-35

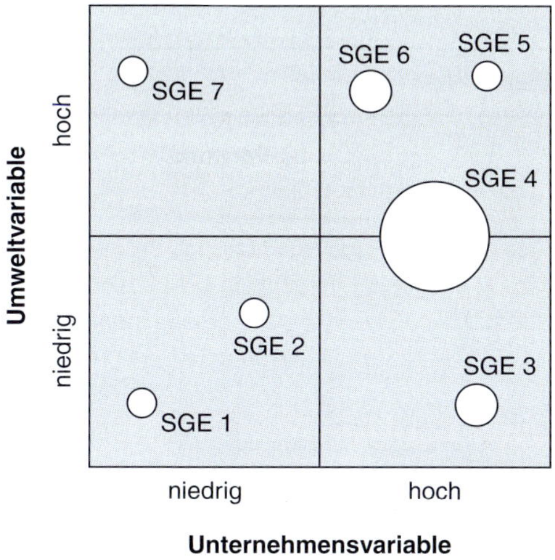

Je nachdem ergeben sich in den gängigen Portfolio-Konzeptionen vier- oder neunfeldrige Matrizen. Die einzelnen strategischen Geschäftseinheiten werden den Matrixfeldern nicht nur entsprechend ihrer Schätzwertkombinationen zugeordnet; ein zusätzlicher Informationswert entsteht darüber hinaus durch ihre kreisförmige Repräsentation in unterschiedlicher Größe. Der Durchmesser des jeweiligen Kreises gibt dabei die derzeitige relative Bedeutung der Geschäftseinheit für das Gesamtunternehmen wieder, die beispielsweise an deren Anteil am Gesamtumsatz gemessen wird. Dem auf diese Weise entwickelten Ist-Portfolio wird üblicherweise ein Soll-Portfolio (vgl. Abbildung 5-36) gegenübergestellt, das die vom Top-Management angestrebte Positionierung der Geschäftseinheiten zum Ausdruck bringt.

Neben dieser gleichförmigen Grundstruktur der gängigen Portfolio-Konzeptionen bestehen häufige Variationen derart, dass

- der Bereich der relevanten Einflussgrößen unterschiedlich weit gefasst wird,
- deren mögliche Ausprägungen unterschiedlich gerastert und gruppiert werden sowie
- verschiedene Normstrategieempfehlungen abgeleitet werden.

Nachfolgend werden stellvertretend für den Vier- bzw. Neun-Feldertyp das weitverbreitete Portfolio-Konzept der Boston-Consulting-Group und das „Business Screens"-Konzept der General Electric Corporation/McKinsey &

Co. dargestellt. Ferner wird das über den Produkt-Markt-Bereich hinausgehende Technologieportfolio vorgestellt.

Abbildung 5-36 *Ist- und Soll-Portfolio*

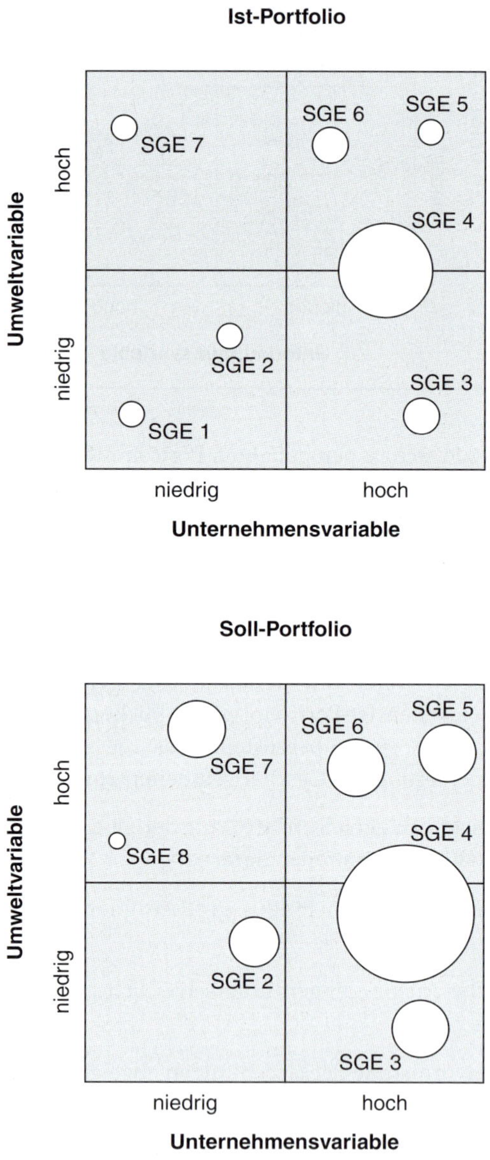

5.6.3.2 Marktanteils-Marktwachstums-Portfolio (BCG-Matrix)

Konzept

Das Portfolio der Boston Consulting Group (BCG) (vgl. hier auch Wheelen/Hunger [Management] 147 ff.) stellt *die einfachste, aber auch am weitesten verbreitete der bekannten Versionen* dar. Es beschränkt sich darauf, die Strategiewahl unter Berücksichtigung lediglich *einer* umweltbezogenen und *einer* unternehmensbezogenen Größe zu begründen. Diese Schlüsselfaktoren bilden das *„durchschnittliche Marktwachstum"* und den *„relativen Marktanteil"*. Dabei wird mit dem durchschnittlichen Marktwachstum die Entwicklung der Märkte der im Unternehmen definierten Geschäftsfelder abgeschätzt, während der relative Marktanteil, beispielsweise der Marktanteil eines Geschäftsfeldes im Verhältnis zum Anteil des stärksten Konkurrenten (häufig auch das Mittel der drei stärksten Konkurrenten) am Markt, Anhaltspunkte über die Bedeutung der eigenen Geschäftsfeldaktivitäten in dem betreffenden Markt geben soll. Beide Variablen werden dergestalt dichotomisiert, dass ein relativer Marktanteil von 1 sowie eine Marktwachstumsrate von 10 Prozent als Trenngröße zwischen hoher und niedriger Ausprägung festgelegt werden. Aus der Kombination der dadurch gegebenen zwei Merkmalsausprägungen beider Kriterien ergibt sich eine *Vier-Felder-Matrix*. Die *theoretische Basis* für die Auswahl und Beschränkung auf diese beiden Schlüsselfaktoren besteht im *Produkt- bzw. Marktlebenszyklusmodell* sowie im lerntheoretisch begründeten *Konzept der Erfahrungskurve*. Diese sollen nachfolgend kurz erläutert werden.

5.6.3.2.1 Produkt-/Marktlebenszyklusmodell

Empirisches Phänomen

Die *meisten Produkte haben eine beschränkte Lebensdauer* und ihre Absatzchancen sind im Zeitablauf einer *typischen zyklenartigen Entwicklung* unterworfen, die dem Produkt- oder Marktlebenszyklus folgen. Obwohl die Zeitdauer der Absetzbarkeit unterschiedlicher Produkte am Markt zum Teil erheblich variiert und die Marktvolumina ebenfalls verschieden ausgeprägt sein können, lassen sich tendenziell ähnliche Pfade der Umsatzverläufe feststellen. So wird davon ausgegangen, dass sich das Umsatzvolumen eines neu am Markt eingeführten Produkts zunächst zögernd, dann schnell zunehmend entwickelt, um nach Überschreiten eines Maximalwerts wieder zurückzugehen. Üblicherweise werden danach Produkte ohne gezielte Eingriffe, beispielsweise durch auf die Verlägerung des Produktlebens abzielende Relaunching-Aktivitäten, nach dem Überschreiten ihres Umsatzmaximums einen stetig abfallenden Umsatzverlauf erfahren. Ebenso wie für die Umsatzentwicklung können für die Gewinn- und Deckungsbeitragsentwicklungen von verschiedenen Produkten entsprechende typische Verläufe angenommen werden (zur empirischen Überprüfung des Produktlebenszykluskonzepts vgl. Bauer/Fischer [Typologisierung] 937 ff.).

Phasen

Wie in Abbildung 5-37 (Pfeiffer/Bischoff [Produktlebenszyklus] 150) dargestellt, werden *üblicherweise vier Phasen* in diesem Marktlebenszyklus eines Produkts unterschieden. Diesen vier Marktlebenszyklusphasen entsprechend verlaufen die typischen Entwicklungen der Größen Umsatz, Kapitalbedarf, Deckungsbeitrag und damit auch die Rentabilität. Aus der Kenntnis der bisherigen Marktentwicklung eines Produkts können somit unter Zuhilfenahme des Produkt- bzw. Marktlebenszykluskonzepts grobe Aufschlüsse über das zukünftige Wachstum des Gesamtmarktes eines bestimmten Produkts oder einer Produktgruppe und damit auch über die erwarteten Absatzchancen der betreffenden Geschäftseinheit im Unternehmen gewonnen werden. Das Konzept deutet also darauf hin, dass die Beurteilung der Zukunftschancen der strategischen Geschäftsfelder im Portfolio eines Unternehmens über die Schlüsselgröße „Marktwachstum" erfolgen kann.

Abbildung 5-37 *Umsatz und Gewinn im Marktlebenszyklus*

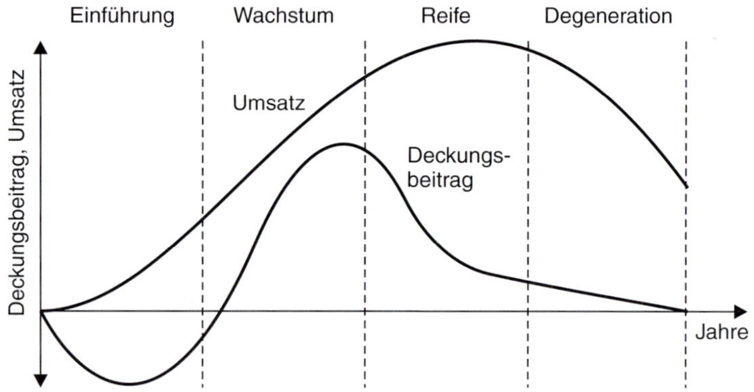

Umsatz	langsam steigend	überproportional steigend	erreicht das Maximum	rückläufig
Kapitalbedarf	hoch	progressiv steigend	rückläufig	relativ gering
Gewinne/ Deckungsbeiträge	stark negativ	erreichen Break-Even und später das Maximum	sinken vom Maximum aus	rückläufig auf ein geringes Niveau
Rentabilität	negativ	gering, da hoher Kapitalbedarf	positiv	sinkt/gering

5.6.3.2.2 *Erfahrungskurveneffekt*

Lerntheoretisch besteht die Grundaussage, dass den Menschen viele Tätigkeiten bei wiederholter Ausübung zunehmend leichter fallen.

Einsparungseffekte durch große Ausbringungsmengen

Dies führt dazu, dass im Wiederholungsfall die Qualität des Ergebnisses der Tätigkeit erhöht sowie die benötigte Zeit und die Zahl der Fehlversuche verringert werden. Darüber hinaus können sich auch für die anderen Einsatzfaktoren (Sachmittel) der betrieblichen Leistungserstellung *bei größeren Herstellungsmengen relative Einsparungen* ergeben. Das ökonomisch messbare Ergebnis dieses Phänomens wird als Skalen- oder Größendegressionseffekt (Economies of Scale) bezeichnet, demzufolge hohe Ausbringungsmengen Stückkostensenkungen sowohl im Produktions- als auch im Verwaltungsbereich von Unternehmen bewirken. In derselben Richtung wirken sich der technische Fortschritt sowie Rationalisierungsmaßnahmen aus, weshalb davon ausgegangen werden kann, dass sich höhere Produktionsstückzahlen in Kostensenkungen niederschlagen. Die *Überprüfung* der Abhängigkeit der Stückkostenentwicklung von der produzierten Menge ist durch die Boston Consulting Group in einer Vielzahl von Unternehmen in verschiedenen Ländern und Branchen (Roventa [Analyse] 133) vorgenommen und in Schätzungen der lernbedingten Stückkostensenkung spezifiziert worden. So wird in vielen Schriften davon ausgegangen, dass *mit jeder Verdoppelung der im Zeitablauf kumulierten Produktionsmenge die Stückkosten eines Produkts potenziell durchschnittlich um 20 bis 30 Prozent zurückgehen* (vgl. Abbildung 5-38). Dieser Zusammenhang, der heute wohl wesentlich schwächer ausgeprägt sein, prinzipiell aber immer noch bestehen dürfte, wird als *Erfahrungskurveneffekt* bezeichnet und auf die Gesamtheit der Lernprozesse als Kostendegressionseffekte im Unternehmen bezogen.

Wenn auch die ursächlichen Beiträge der einzelnen Elemente kaum zu isolieren sind und deshalb die Bestimmung der individuellen Erfahrungskurve für ein Produkt oder eine Produktgruppe schwierig sein dürfte, liegt die Brauchbarkeit des empirisch bestätigten Erfahrungskurvenkonzepts in erster Linie in seiner Zweckmäßigkeit als qualitatives, *grundlegendes Denkschema und idealtypisches Handlungsmodell* (Hammer [Unternehmungsplanung] 146 f.). Nach dem Erfahrungskurvenkonzept kann die Erstellung größerer Produktionsmengen wesentliche Vorteile für das Unternehmen erbringen. Daraus lässt sich folgern, dass der *Faktor „relativer Marktanteil" für die Beurteilung strategischer Geschäftsfelder bedeutsam ist,* zumal er den individuellen Ort des Unternehmens auf der Erfahrungskurve ex definitione positioniert. Schließlich wird auch die *Bedeutung des Marktwachstums für die strategische Planung durch das Erfahrungskurvenkonzept unterstrichen,* da ausgeprägte Marktwachstumsraten die Erweiterung des eigenen Marktanteils begünstigen. In dieser Situation ist es möglich, Marktanteile zu gewinnen, ohne dass Konkurrenzunternehmen Umsatzeinbußen erleiden müssen. Diese grob skizzierten Überlegungen haben zur Stützung der Schlüsselvariablen „Marktwachstum" als vorwiegend unternehmensextern und „relativer Marktanteil" als vorwiegend unternehmensintern bestimmte Größe im BCG-Konzept geführt.

Abbildung 5-38 Erfahrungskurve

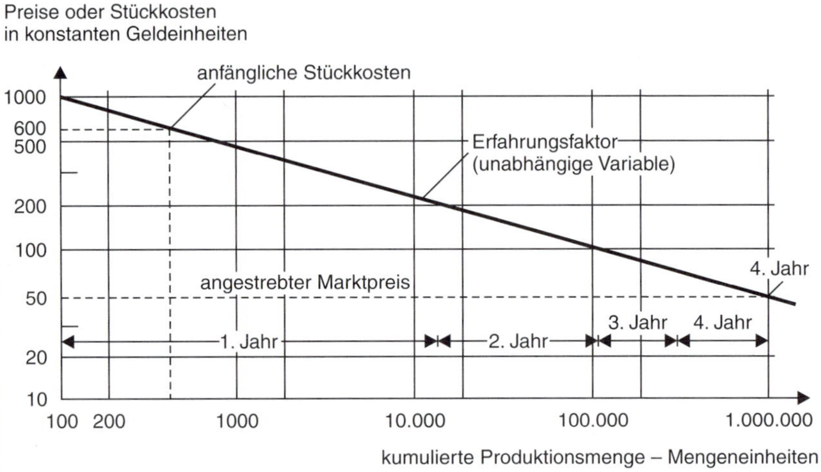

5.6.3.2.3 Normstrategieempfehlungen

Durch die Dichotomisierung der beiden Schlüsselvariablen stellt sich das Marktwachstums-Marktanteils-Portfolio in der in Abbildung 5-39 gezeigten Form dar. Die strategischen Geschäftseinheiten verfügen je nach Positionierung im Portfolio über *unterschiedliche Finanzmittelbedarfe und -rückflüsse.* Tendenziell werden sie der Abschätzung der Saldenbilanz in Abbildung 5-40 entsprechen. Demnach erweisen sich vor allem die Nachwuchsprodukte, aber auch die Starprodukte als Mittel bindend, während eine Mittelfreisetzung von den Cashprodukten zu erwarten ist. Von dieser Überlegung getragen wird *für jedes der vier Felder eine Normstrategie empfohlen.*

Normstrategien

■ Das Nachwuchsprodukt („Question Mark“)

Die aus Nachwuchsprodukten bestehenden Geschäftsfelder sind durch einen *niedrigen relativen Marktanteil und ein hohes Marktwachstum* gekennzeichnet, da sie sich in der *Einführungs- und frühen Wachstumsphase* des Marktlebenszyklus befinden. Aus Abbildung 5-40 ist ersichtlich, dass ihr Mittelrückfluss nicht zur Deckung der für sie notwendigen Investitionen ausreicht. Deshalb wird in der Literatur auch von einer *negativen Cashflow-Bilanz* gesprochen (Hinterhuber [Unternehmungsführung] 118 f.). Diese Geschäftseinheiten werden mit einem „Question Mark“ versehen, weil in diesem Stadium noch nicht geklärt ist, ob sich die Geschäftseinheiten zum „Star“ weiterentwickeln oder sie vorzeitig zum „Poor Dog“ werden. Die Konstellation bietet, dem Unsicherheitsgrad der Nachwuchsprodukte entsprechend, zwei grundsätzliche *Normstrategien* an. Werden die Chancen, das Produkt in ein Starprodukt zu überführen, als gut eingeschätzt, empfiehlt es sich zu investieren, um zusätzliche Marktanteile zur Verbesserung der Wettbewerbsposition zu gewinnen. Andernfalls wird eine rasche Desinvestition (vgl. Abschn. 5.4.1.1), also ein frühzeitiger Rückzug vom Markt vorgeschlagen. Die Konzentration auf wenige ausgewählte zukunftsträchtige Geschäftsfelder ist wegen der begrenzten Ressourcen notwendig. Das Konzept empfiehlt also *Offensivstrategien* in die eine oder andere Richtung.

Marktanteils-Marktwachstums-Portfolio

Abbildung 5-39

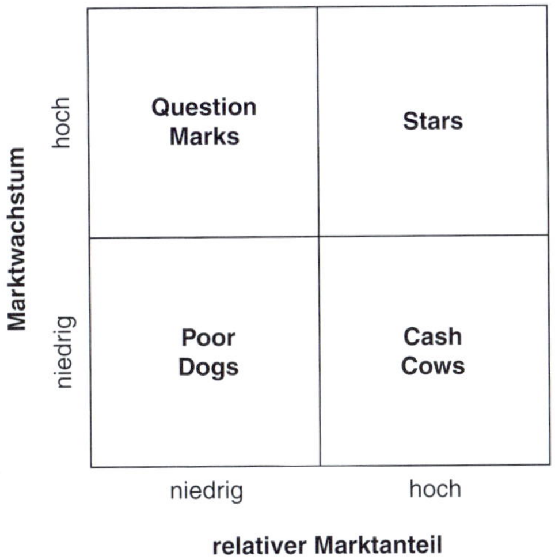

■ Das Starprodukt

Produktgruppen mit einem *hohen relativen Marktanteil* auf *sich rasch entwickelnden Märkten* werden als Starprodukte bezeichnet. Sie befinden sich üblicherweise in der *Wachstumsphase* ihres Marktlebenszyklusses. In diese Geschäftsbereiche sollen weitere Investitionen fließen, um die dominierende Marktstellung zu erhalten oder auszubauen und das dadurch gewonnene Erfolgspotenzial sichern zu können (Lohstöter [Planung] 132). Demnach muss erwartet werden, dass auch hier die Mittelrückflüsse nicht zu einer vollständigen Finanzierung der erforderlichen Investitionen ausreichen. Die Finanzmittelzuführung erscheint sinnvoll, da die Starprodukte den künftigen Cash Flow des Unternehmens erwirtschaften sollen. Tendenziell ist deshalb eine *Investitionsstrategie* für die Starprodukte notwendig, um die Wettbewerbsposition dieser Geschäftsfelder ausbauen zu können.

Abbildung 5-40 *Saldenbilanz des Marktanteils-Marktwachstums-Portfolios*

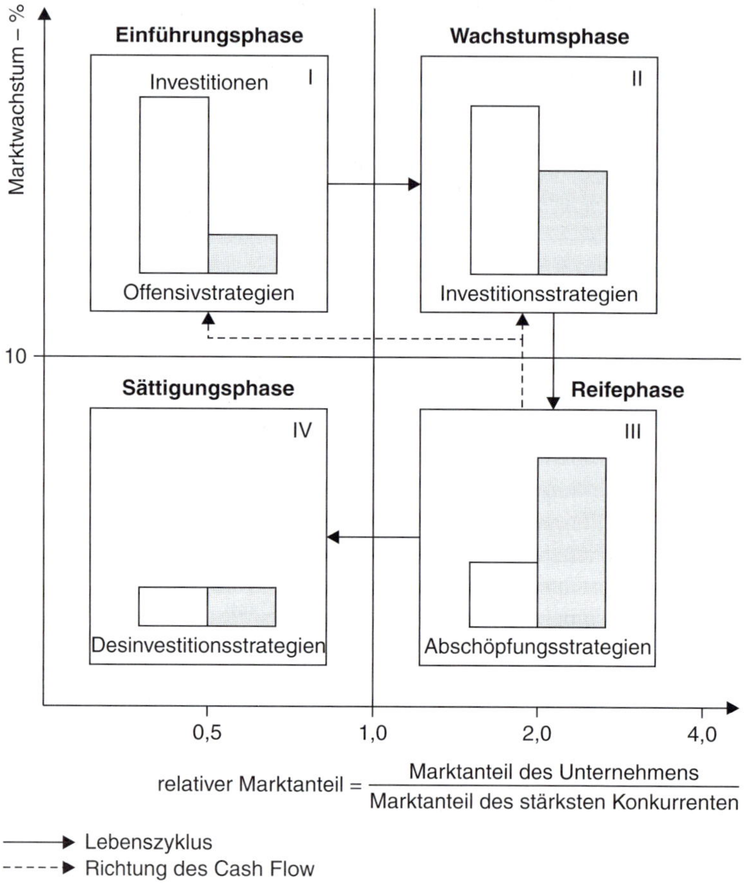

■ *Das Cashprodukt*

Produktgruppen, deren *Märkte nur noch geringfügig wachsen*, können dann als Cashprodukte angesehen werden, wenn das eigene Unternehmen *auf diesen Märkten einen hohen relativen Anteil gewonnen* hat. Diese Produkte befinden sich in der *Reifephase* ihres Marktlebens. Das Lebenszykluskonzept zeigt an, dass trotz des geringen Wachstums aufgrund des stagnierenden Marktes in der Reifephase ein beträchtliches Marktvolumen vorliegt. In Verbindung mit den gewonnenen Marktanteilen ergeben sich also für das Unternehmen günstigste Absatzmöglichkeiten. Das primäre Ziel der strategischen Behandlung muss es demnach sein, den hohen Marktanteil dieser

Produktgruppen zu halten. Hierzu sollten jedoch nur vergleichsweise geringe Investitionen getätigt werden, weil das Ende des Produktlebens schon absehbar ist. Diese Cash-Cow-Produkte tragen ihren Namen deswegen, da über sie Mittel freigesetzt werden. Ein weiteres Ziel strategischer Handlungsprogramme kann die Verlängerung der Verweildauer von Produkten im Cash-Produktstadium sein. Es kann also durchaus sinnvoll sein, den Marktlebenszyklus eines Produkts in dieser Phase zu verlängern (Relaunching, Midlife-Conversion), um die dort vorhandenen Kostenvorteile voll nutzen zu können. Das Ergebnis der Cash-Cow-Strategien soll somit eine Mittelabschöpfung sein. Als Normstrategie wird deshalb eine *Abschöpfungsstrategie* oder auch *Gewinnstrategie* empfohlen.

■ *Das Auslaufprodukt*

Weisen strategische Geschäftsfelder sowohl *geringe Marktwachstumsraten* als auch *niedrige relative Marktanteile* auf, so ist deren Leistungsangebot als Auslaufprodukt anzusehen. Sie befinden sich üblicherweise in der *Sättigungs- oder Degenerationsphase* des Marktlebenszyklusses. Der relative Marktanteil des Unternehmens ist üblicherweise zurückgegangen, weil von der Konkurrenz verbesserte Produkte angeboten werden. Demnach reichen die Umsatzrückflüsse kaum mehr über den Erhaltungsaufwand für den geringen Marktanteil hinaus. Zweierlei ist also festzustellen: Diese Produktgruppen erwirtschaften keine befriedigenden Gewinne, andererseits binden sie Ressourcen. Entsprechend stellt sich die Frage, ob diese Ressourcen nicht an anderer Stelle, beispielsweise für die Marktstrategien der Nachwuchsprodukte gewinnbringender eingesetzt werden. In Abschätzung der individuellen Situation ist deshalb zwischen der bloßen Vermeidung weiterer Investitionen in diesen Bereichen und der Herausnahme aus dem Markt zu wählen. Als Normstrategie empfiehlt sich daher eine *Desinvestitionsstrategie.*

Die aus der Marktanteils-Marktwachstums-Matrix generierten Normstrategien weisen die Gemeinsamkeit auf, dass über eine Einflussnahme auf die individuellen relativen Marktanteile der verschiedenen Geschäftsfelder die Sicherung des Erfolgspotenzials des Gesamtunternehmens angestrebt wird. Somit wird im BCG-Konzept der *relative Marktanteil der Geschäftsfelder zur zentralen Steuerungsgröße erhoben.*

5.6.3.2.4 Erweiterung zur Sechs-Felder-Matrix

Die Ausführungen zum BCG-Portfolio haben gezeigt, dass diese Portfolio-Konzeption nur für Unternehmen, deren Geschäftsbereiche in Märkten mit positiven Wachstumsraten operieren, eingesetzt werden kann. In *Phasen wirtschaftlicher Rezession,* wie sie beispielsweise in den 1970er und den beginnenden 1990er Jahren gegeben waren, *können mit der einfachen BCG-Matrix jedoch keine befriedigenden Strategievorschläge entwickelt werden.* Aus diesem Grunde wurde die BCG-Matrix zu einer Sechs-Felder-Matrix (Gelb et al. [Under-Dog] 8 ff.; Woo/Cooper [Strategies] 301 ff.) erweitert, wobei die beiden zusätzlichen Felder Strategievorschläge für strategische Geschäftseinheiten beschreiben, die in stagnierenden oder sogar schrumpfenden Branchen tätig sind (vgl. Abbildung 5-41). Sie fußt in der Auffassung, dass *auch auf stagnierenden Märkten*, insbesondere im Bereich der Under-Dogs, *noch Geld zu verdienen* ist. Auf der Basis dieser Grundannahme lassen sich folgende Normstrategien skizzieren.

- *Buckets*

Strategische Geschäftseinheiten, die auf *stagnierenden oder schrumpfenden Märkten* einen *relativ hohen Marktanteil* errungen haben, sind als Buckets zu bezeichnen. Für diese SGE empfiehlt sich die Anwendung einer *Verteidigungsstrategie*. Das Ziel muss hierbei sein, auf einen größeren Mitteleinsatz zu verzichten und zu versuchen, Ressourcen so weit wie möglich abzuschöpfen.

- *Under-Dogs*

Als Under-Dogs gelten jene strategischen Geschäftseinheiten, bei denen der *relative Marktanteil gering* ist und zudem die *Märkte stagnieren bzw. schrumpfen*. Man würde zunächst meinen, dass eine zügige Rückzugsstrategie für diese Geschäftseinheiten angemessen sei. Bei genauerer Analyse kann jedoch auch argumentiert werden, dass Under-Dogs eine größere Chance als Dogs haben, in der Zukunft einen höheren Marktanteil zu erwerben. Diese Auffassung begründen sie damit, dass bei Marktstagnation verschiedene Konkurrenten dazu neigen, aus dem Markt auszutreten. Für die eigene Geschäftseinheit (Under-Dog) *kann es sich daher lohnen durchzuhalten*. Als Beispiel dafür, dass diese Rechnung aufgehen kann, führen sie das Beispiel des amerikanischen Kraftstoffhandels an, wo sich in den 1970er Jahren zahlreiche kleinere Anbieter als typische Under-Dogs „durchgebissen" haben. Es muss jedoch darauf hingewiesen werden, dass dieses Vorgehen als waghalsig und überaus ressourcenbindend zu bezeichnen ist. Angesichts der nicht unbeträchtlichen Risiken erscheint jedenfalls eine detaillierte Branchen- und Wettbewerbsanalyse angezeigt, bevor den für den Under-Dog erteilten Ratschlägen gefolgt wird.

5.6.3.2.5 *Kritische Würdigung des BCG-Konzepts*

Kritische Würdigung ...

Der wesentliche Nutzen des BCG-Portfolios dürfte in seiner klaren Grundstruktur sowie in seiner Plausibilität liegen. Gleichwohl ist das BCG-Portfolio trotz der starken Verbreitung mittlerweile in seiner Aussagefähigkeit in Zweifel geraten. Die Kritik an der Konzeption insgesamt richtet sich zunächst auf die herausragende Stellung der Steuerungsgröße *„relativer Marktanteil"*. Obgleich die über das Erfahrungskurvenkonzept erreichbaren

Kosteneffekte im Grundsatz unbestritten sein dürften, hat sich gezeigt, dass ein hoher relativer Marktanteil nicht für sich allein zu einer positiven Geschäftsfeldentwicklung führen muss. Entsprechend ist das Konzept der Erfahrungskurve aus verschiedenen Gründen kritisch zu hinterfragen:

Erweiterte BCG-Matrix

Abbildung 5-41

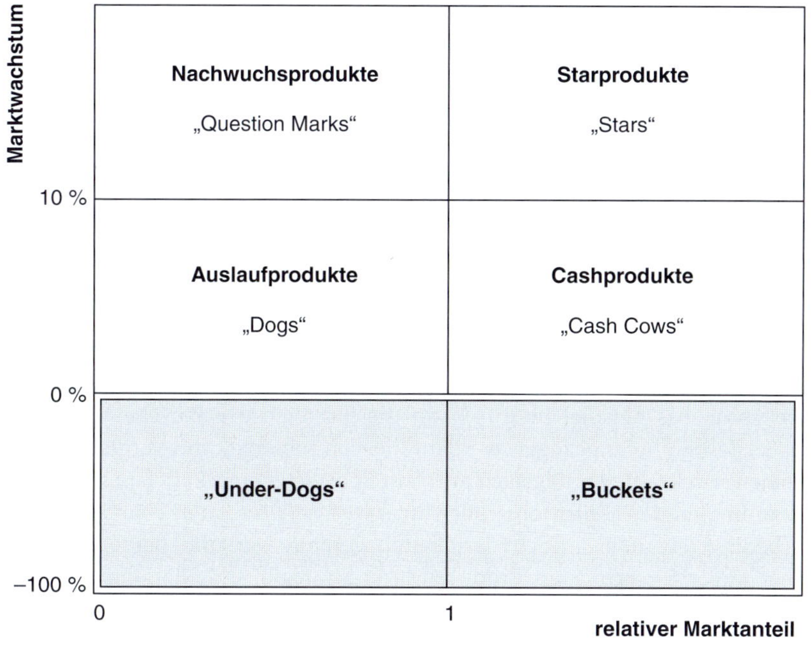

... des Erfahrungskurvenkonzepts

- Das Erfahrungskurvenkonzept ist ein summarisches empirisches Phänomen. Mit ihm ist lediglich ein Kostensenkungs*potenzial*, nicht aber eine gesetzmäßige, zwangsläufig erfolgende Kostensenkung verbunden.
- Die ursächlichen Zusammenhänge des Effekts sind nämlich größtenteils noch nicht geklärt. Beispielsweise bestehen kaum Kenntnisse über die Bedingungen zur Ausschöpfung des Kostensenkungspotenzials und über die durch eine systematische Planung erzielbaren Kostensenkungspotenziale.
- Das Wachstum der kumulierten Menge und nicht das Wertwachstum ist ausschlaggebend für das Ausmaß der potenziellen Kostenersparnis. Da sich die Erfahrungskurve jedoch auf konstante Geldwerte bezieht, gehen inflatorische Wirkungen verfälschend in das Konzept ein.

- Die Hypothesen des Erfahrungskurvenkonzepts wurden implizit für sehr schnell wachsende Märkte entwickelt; offen bleibt jedoch der Kurvenverlauf für andere Wachstumsentwicklungen.

- Bei der Verfolgung des Erfahrungskurveneffekts ergeben sich ein Zwang zur Marktbeherrschung und eine wachsende Exportabhängigkeit; neben den erwünschten Effekten führt dies zu einer Erhöhung der unternehmerischen Risiken.

- Das Erfahrungskurvenkonzept basiert auf dem Vorhandensein einer Reihe situativer Bedingungen wie einer hohen Preiselastizität des Marktes, einer starken Homogenität der Produkte oder der Fähigkeit des Unternehmens zur Kostenreduktion (Lange [Portfolio-Methoden] 60).

Wenn an dieser Stelle auch der durch das Erfahrungskurvenkonzept aufgezeigte *prinzipielle Zusammenhang* von kumulierter Ausbringungsmenge und Stückkosten nicht grundlegend angezweifelt wird, muss aber berücksichtigt werden, dass der Mechanismus der kostengünstigen Produktion bei höheren Marktanteilen nicht immer greift. Dieses gilt beispielsweise für Fälle, in denen Kleinanbieter auf verschiedenen Märkten bewiesen haben, dass durch Verfolgung einer gezielten Nischenpolitik und Wahrung ihrer auch größenbedingten Flexibilität sehr wohl größeren Konkurrenten standgehalten werden kann. Als Beispiel hierfür kann die Strategie der Porsche AG in den 1980er Jahren herangezogen werden, die sich seinerzeit mit vergleichsweise kleinen Stückzahlen erfolgreich auf dem Sportwagenmarkt behaupten konnte, zu Beginn der 1990er Jahre allerdings wechselkurs-, markt- und konjunkturbedingt ebenfalls in Schwierigkeiten geraten war und heute aufgrund einer äußerst geschickten Produkt-Markt-Strategie und Markenpolitik der qualitätsorientierten Nischenstrategie bei hohen Lernerfolgen in der Produktion und damit einer relativ günstigen Kostensituation in der Premiumklasse glänzend dasteht. Zur Aufweichung des engen Zusammenhangs von kumulierter Ausbringungsmenge und Stückkosten dürften jedoch auch die bei Porsche in der Produktion eingesetzen neuen Technologien beitragen. Durch sie wird die maschinelle Ausrüstung vielseitiger einsetzbar und schneller umrüstbar, wodurch die Gesetze der Massenfertigung an Wirkung verlieren.

Ähnlich wie für den Marktanteil ist die besondere Hervorhebung des Marktwachstums als Schlüsselgröße des BCG-Konzepts anzuzweifeln, da auch das *Produkt- bzw. Marktlebenszyklusmodell nicht frei von Kritik* ist (vgl. auch Freiling/Reckenfelderbäumer [Markt] 179 f.).

... des Produktlebenszyklus-Konzepts

- So muss zunächst die Phaseneinteilung des Marktlebenszyklusses als relativ willkürlich bezeichnet werden.

- Auch kann das Marktlebenszykluskonzept keinen Allgemeingültigkeitsanspruch für sich erheben, da sich die dort postulierte Gesetzmäßigkeit aufgrund der Vagheit postulierter Zusammenhänge empirisch nicht belegen lässt.

- Marktlebenszyklen variieren ferner in Abhängigkeit von der zugrunde liegenden Branche, Produktgruppe oder Produktmarke.
- Im Marktlebenszykluskonzept finden so genannte Relaunching- oder Midlife-Conversion-Prozesse zur Verlängerung der Zyklen keine Berücksichtigung; damit wird deutlich, dass das Konzept vernachlässigt, dass Unternehmen den Verlauf des Produktlebens entscheidend beeinflussen können. Als sprechender Beleg mag hierfür der Erfolg der japanischen Automobilhersteller im schon fast tot geglaubten amerikanischen Mittelklassewagenmarkt gelten.
- Die Positionierung eines Produkts im Marktlebenszyklus und eine Vorausbestimmung des weiteren Verlaufs eines Zyklus ist kaum möglich (Dunst [Management] 66 f.; Welge [Unternehmungsführung I] 325 ff.).

Zusammenfassung der Kritik

Fasst man die Kritik zusammen, so muss man zu dem Ergebnis kommen, dass mit dem *Produkt- bzw. Marktlebenszykluskonzept* trotz anderslautender Auffassungen (Hammer [Unternehmungsplanung] 155) *weder eine theoretisch zwingende noch eine empirisch regelmäßig belegbare Gesetzmäßigkeit* vorliegt, durch die konkrete Prognosen über den Verlauf eines Produkts am Markt erwartet werden dürfen. Es hat vielmehr den Charakter *eines rahmenartigen Denkmodells ohne hinreichende prognostische Qualität.*

Insgesamt gesehen sind die theoretischen Fundamente der Konzeption des BCG-Portfolios somit problembehaftet. Danach muss diese Konzeption als theoretisch brüchig, empirisch offen, konzeptionell reduktionistisch und die realen Einflussfaktoren unzulässig vereinfachend beurteilt werden. Daneben ist die geradezu naive Dichotomisierung der Kernvariablen, ferner die fehlende Berücksichtigung von Erfolgsfaktoren in der Entwicklungsphase sowie die am rechtwinkligen Achsensystem orientierte grobe Trennung der Beurteilung der verschiedenen Geschäftsfelder im Portfolio zu bemängeln. So ist die in Abbildung 5-41 wiedergegebene Zuordnung der Normstrategien ebenso viel oder wenig empirisch fundiert wie die Strategieempfehlungen der Boston Consulting Group.

5.6.3.3 Marktattraktivitäts-Wettbewerbsvorteils-Portfolio (McKinsey-Matrix)

Das ebenfalls weit verbreitete Marktattraktivitäts-Wettbewerbsvorteils-Portfolio (vgl. hierzu auch Hax/Majluf [Concept] 303 ff.), das von der General Electric Corporation in Zusammenarbeit mit der Beratungsgesellschaft McKinsey & Co. entwickelt wurde, kann als ein Versuch zur Beseitigung von

Mängeln der einfachen Vier-Felder-Matrix durch eine wesentliche Erweiterung der strategierelevanten Einflussfaktoren sowie eine Ausweitung des Detaillierungsgrads dieser Einflussfaktoren von zwei auf drei Ausprägungen gewertet werden.

PIMS-Studie

Diese sind an der *PIMS-Studie*, einem für Profit Impact of Market Strategies stehenden, am Marketing Science Institute der Harvard Business School durchgeführten Langfristprojekt ausgerichtet (Buzzell/Gale [PIMS-Programm]; Albers/Hildebrandt [Probleme] 4). Die PIMS-Studie zielt auf die empirische branchenübergreifende Ermittlung des Einflusses der unterschiedlichsten Einflussgrößen des Unternehmenserfolgs ab, der über den Return on Investment (RoI) und den Cashflow operationalisiert wird. Das Projekt hat einen beachtlichen Erstreckungsbereich, der beginnend im Jahr 1972 eine Stichprobe von 450 beteiligten Unternehmen mit einer breiten Streuung der analysierten 3.000 Geschäftsfelder abdeckt (Buzzell/Gale [Principles]; Venohr [Marktgesetze]). 1975 wurde PIMS aus dem Marketing Science Institute ausgegliedert und wird seither als autonome Organisation unter dem Namen Strategic Planning Institute weitergeführt. Im PIMS-Projekt wurden 37 Erfolgsfaktoren ausgewiesen, mit denen ungefähr 80 Prozent der Unterschiede in der Kapitalrentabilität der am Projekt beteiligten Unternehmen erklärt werden konnten (Schoeffler/Buzzell/Heany [Impact] 140; Wakerly [PIMS) 95; zur Kritik am PIMS-Programm vgl. Hildebrandt/Annacker [Panelanalysen] 1409 ff.). Einige Haupteinflussgrößen sind in Abbildung 5-42 dargestellt.

Im Marktattraktivitäts-Wettbewerbsvorteils-Portfolio werden *die in der PIMS-Studie bestätigten RoI-Einflussfaktoren nach unternehmensinternen und unternehmensexternen Faktoren gruppiert* und als Bestimmungsgrößen der beiden Achsendimensionen Marktattraktivität und relative Wettbewerbsvorteile verwandt. Diese Zuordnung der Einflussfaktoren ist den Abbildung 5-43 und Abbildung 5-44 zu entnehmen.

Die Verdichtung der Faktoren zu den beiden Schlüsselvariablen erfolgt über eine gewichtende Verknüpfung der relativen Größen in Einzelfaktoren. Durch die Dreifachteilung des Kontinuums möglicher Prozentpunkte ergeben sich die neun Felder der Matrix.

Die neun denkmöglichen *Normstrategieempfehlungen* können wiederum, wie in Abbildung 5-45 dargestellt, zu den drei Typen

- Investitions- und Wachstumsstrategien I_1, I_2, I_3,
- Abschöpfungs- und Desinvestitionsstrategien D_1, D_2, D_3 und
- selektive Strategien S_1, S_2, S_3

zusammengefasst werden.

Abbildung 5-42

Haupteinflussgrößen des RoI

1. Marktattraktivität

- langfristiges Marktwachstum
- kurzfristiges Marktwachstum
- Exportanteil
- Konzentrationsgrad auf der Anbieterseite
- Konzentrationsgrad auf der Abnehmerseite

2. Relative Wettbewerbsposition

- Marktanteil
- relativer Marktanteil
- relatives Gehaltsniveau
- relative Produktqualität

3. Investitionsattraktivität

- Investitions- bzw. Kapitalintensität
- Wertschöpfung/Umsatz (vertikale Integration)
- Umsatz/Beschäftigte (Produktivität)
- Kapazitätsausnutzung

4. Kostenattraktivität

- Marketingaufwand/Umsatz
- Forschungs- und Entwicklungsaufwand/Umsatz
- Rate von Neuprodukteinführungen

5. Allgemeine Unternehmensmerkmale

- Unternehmensgröße
- Diversifikationsgrad

6. Veränderung der Faktoren 1–5

- Marktanteilsänderung
- vertikale Integrationsänderung
- relative Preisänderung
- Produktqualitätsänderung

Abbildung 5-43

Dimensionen der relativen Wettbewerbsvorteile

1. Relative Marktposition

- Marktanteil und dessen Entwicklung
- Größe und Finanzkraft des Unternehmens
- Wachstumsrate des Unternehmens
- Rentabilität (Deckungsbeitrag, Umsatzrendite und Kapitalumschlag)
- Risiko (Grad der Etabliertheit im Markt)
- Marketingpotenzial (Image des Unternehmens und daraus resultierende Abnehmerbeziehungen; Preisvorteile aufgrund von Qualität, Lieferzeiten, Service; Technik, Sortimentsbreite)

2. Relatives Produktionspotenzial

- **A) Prozesswirtschaftlichkeit**
  - Kostenvorteile aufgrund der Modernität der Produktionsprozesse, der Kapazitätsausnutzung, Produktionsbedingungen, Größe der Produktionseinheiten
  - Innovationsfähigkeit und technisches Know-how des Unternehmens
  - Lizenzbeziehungen
- **B) Hardware**
  - Erhaltung der Marktanteile mit den gegenwärtigen oder in Bau befindlichen Kapazitäten
  - Standortvorteile
  - Steigerungspotenzial der Produktivität
  - Umweltfreundlichkeit der Produktionsprozesse
  - Lieferbedingungen, Kundendienst
- **C) Energie- und Rohstoffversorgung**
  - Erhaltung der gegenwärtigen Marktanteile unter den voraussichtlichen Versorgungsbedingungen
  - Kostensituation der Energie- und Rohstoffversorgung

3. Relatives Forschungs- und Entwicklungspotenzial

- Stand der Grundlagenforschung, angewandten Forschung, experimentellen und anwendungstechnischen Entwicklung im Vergleich zur Marktposition des Unternehmens
- Innovationspotenzial und Innovationskontinuität

4. Relative Qualifikation der Führungskräfte und Mitarbeiter

- Professionalität und Urteilsfähigkeit, Einsatz und Kultur der Belegschaft
- Innovationsklima
- Qualität der Führungssysteme
- Gewinnkapazität des Unternehmens, Synergien

Dimensionen der Marktattraktivität

Abbildung 5-44

1. Marktwachstum und Marktgröße

2. Marktqualität

- Rentabilität der Branche (Deckungsbeitrag, Umsatzrendite, Kapitalumschlag)
- Stellung im Marktlebenszyklus
- Spielraum für Preispolitik
- technologisches Niveau und Innovationspotenzial
- Schutzfähigkeit des technischen Know-how
- Investitionsintensität
- Wettbewerbsintensität und -struktur
- Anzahl und Struktur potenzieller Abnehmer
- Verhaltensstabilität der Abnehmer
- Eintrittsbarrieren für neue Anbieter
- Anforderung an Distribution und Service
- Variabilität der Wettbewerbsbedingungen
- Substitutionsmöglichkeiten

3. Energie- und Rohstoffversorgung

- Störungsanfälligkeit in der Versorgung von Energie und Rohstoffen
- Beeinträchtigung der Wirtschaftlichkeit der Produktionsprozesse durch Erhöhung der Energie- und Rohstoffpreise
- Existenz von alternativen Rohstoffen und Energieträgern

4. Umweltsituation

- Konjunkturabhängigkeit
- Inflationsauswirkungen
- Abhängigkeit von der Gesetzgebung
- Abhängigkeit von der öffentlichen Einstellung
- Risiko staatlicher Eingriffe

Die *strukturelle und inhaltliche Ähnlichkeit* der hier angebotenen Normstrategien zu denen der einfachen Vier-Felder-Matrix erlaubt es, die Kernaussagen der Strategien komprimiert in Tabellenform darzustellen (vgl. Abbildung 5-46).

Abbildung 5-45 *Business-Screens-Konzept*

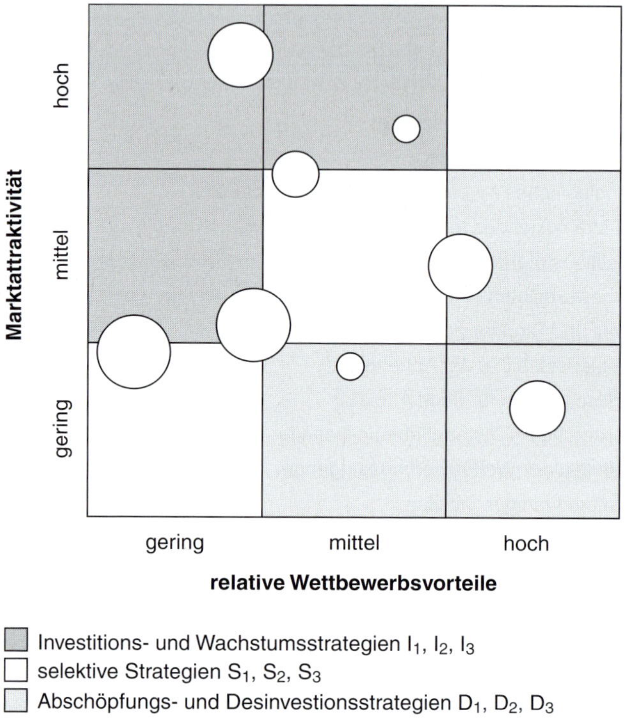

Kritische Würdigung

Die *Kritik* dieses auch als *Business-Screens-Konzept* bezeichneten Portfolios zielt vorwiegend auf die *Auswahl, Messung und Gewichtung der berücksichtigten Erfolgsfaktoren* ab. Nur dann, wenn die Ursache-Wirkungszusammenhänge zwischen einem strategischen Erfolgsfaktor und dem Erfolgspotenzial einer jeden strategischen Geschäftseinheit eindeutig bekannt sind, ist seine Aufnahme in den Faktorenkatalog gerechtfertigt (Lange [Portfolio-Methoden] 98). Es stellt sich also die Frage, ob der kausale Zusammenhang zwischen den ausgewiesenen Faktoren des Marktattraktivitäts-Wettbewerbsvorteils-Portfolios und den Erfolgspotenzialen der SGE durch die PIMS-Studie hinreichend gesichert ist und ob das Set erfolgstiftender Faktoren nicht streut (Bamberger [Advantage] 80 ff.). Die Tatsache, dass die PIMS-Studie als eine kombinierte Querschnitt- und Längsschnittuntersuchung angelegt ist, spricht jedoch tendenziell für ihre Aussagekraft, zumal bislang keine vergleichbare Untersuchung vorliegt.

McKinsey-Portfolio

Abbildung 5-46

	Bezeichnung					
Portfolio-Feld	**I_1, I_2, I_3**	**S_1, S_2, S_3**			**D_1, D_2, D_3**	
Analyse						
Welche SGE?	Marktattraktivität und relative Wettbewerbsvorteile der SGE mittel bis hoch	Marktattraktivität hoch, relative Wettbewerbsvorteile gering	Marktattraktivität und relative Wettbewerbsvorteile mittel	Marktattraktivität gering und relative Wettbewerbsvorteile hoch	Marktattraktivität und relative Wettbewerbsvorteile der SGE mittel bis gering	
Stellung im PLZ?	Wachstumsphase bzw. frühe Reifephase	Einführungsphase	(ungeklärt)	Reifephase	späte Reifephase bzw. Degenerationsphase	
Erfolgspotenzial?	hoch	hoch	offen	abnehmend	noch zufriedenstellend	gering
Strategie						
Was ist zu tun?	erhebliche Investitionen in F&E, Produktionsanlagen, Werbung und Distribution	erheblich investieren oder desinvestieren	Strategie situativ bestimmen ohne wesentlichen Ressourceneinsatz	soweit investieren, dass Wettbewerbsvorteile erhalten bleiben	Rückflüsse maximieren ohne wesentlichen Ressourceneinsatz	Abstoßen der SGE (Desinvestition)
	Investitions- und Wachstumsstrategie	Offensivstrategie	Übergangsstrategie	Defensivstrategie	Abschöpfungsstrategie	Desinvestitionsstrategie
Cashflow	(stark) negativ	stark negativ	–	stark positiv	positiv	–

Selbst wenn man verschiedene Geschäftsfelder aufgrund unterschiedlicher, für sie relevanter Kriterien beurteilt, bleibt die Vergleichbarkeit der positionierten Geschäftseinheiten offenbar erhalten (Roventa [Analyse] 159).

Demnach sind, ähnlich wie bei der BCG-Konzeption, die *Schwächen des Marktattraktivitäts-Wettbewerbsvorteils-Portfolios eng mit seinen Stärken verbunden.* Die Auffächerung der Informationsgrundlage ermöglicht, aber sichert nicht im Sinne eines Automatismus die Prognosegenauigkeit im Strategieformulierungsprozess. Selbst wenn die Auswahl der zu berücksichtigenden Erfolgsfaktoren anerkannt wird, stellt sich die *Problematik der Erhebung ihrer Ausprägung im Einzelfall.* Dabei sind intersubjektiv differierende Auffassungen über die Beurteilung der SGE insbesondere wegen der teilweise sehr offenen und damit Interpretation zulassenden Kriterien zu erwarten. Ebenso belässt die *Gewichtung* der Faktoren untereinander dem Anwender erhebliche Spielräume, die die Analyseergebnisse unterschiedlich beeinflussen können.

Die universelle Gültigkeit der dem Business-Screens-Konzept zugrunde liegenden PIMS-Ergebnisse wird durch neuere empirische Untersuchungen in Frage gestellt. So verweisen die Befunde von Venkatraman und Prescott darauf, dass der Zusammenhang zwischen strategischen Erfolgsfaktoren einerseits und dem RoI andererseits vor allem *von internen und externen Kontextmerkmalen* wie *dem Reifegrad* der von einer Geschäftseinheit erstellten Leistungen sowie *der Umweltstabilität bestimmt* wird (Venkatraman/Prescott [Coalignment] 11 ff.). Von einem einheitlichen, sich über alle Handlungskonstellationen erstreckenden Beziehungsmuster kann demnach nicht die Rede sein. Erfolgreich werden also nur jene Unternehmen sein, die ihre Strategie mit den internen und externen Kontextmerkmalen abstimmen (Venkatraman/Prescott [Coalignment] 15). Von gleichrangiger Wichtigkeit sind jene Untersuchungen, die als deutsche bzw. japanische „Alternative“ (Raffée/Fritz [Führungskonzeption] 1214 ff.; Kotabe et al. [Veracity] 33 ff.) zum PIMS-Programm bezeichnet wurden. Im Gegensatz zu diesem sind beide Studien jedoch mit einer wesentlich kleineren Datenbasis ausgestattet und als Querschnittuntersuchungen angelegt.

Kritik der Erfolgsfaktorenforschung

Die Sinnhaftigkeit der Erfolgsfaktorenforschung ist in jüngster Zeit intensiv diskutiert worden. Prominenz erlangt hat der Disput zwischen Nicolai und Kieser ([Erfolglosigkeit] 579 ff.) einerseits und Homburg und Krohmer ([Fliegenpatsche]) andererseits. Erstere verwerfen die Erfolgsfaktorenforschung unter anderem mit den Argumenten, dass viele Erfolgsfaktorenstudien methodische Schwächen hinsichtlich Operationalisierung der Variablen, Informantenbias und statistischen Verfahren aufweisen, die Zusammenhänge zwischen Erfolgsfaktoren und Erfolg trotz vielfältiger, methodisch verbesserter Studien im Zeitablauf immer unklarer geworden seien, Erfolgsfaktoren stets unternehmensspezifisch streuen würden und Erfolgsfaktorenanalysen insofern überhaupt keinen Sinn machen würden, als Erfolgsfaktoren, sobald sie bekannt seien, ihre Wirksamkeit verlören, weil sie von Wettbewerbern nachgeahmt werden könnten. Letztlich tragen Nicolai und Kieser damit Einwände vor, wie sie schon seit längerem allgemein gegenüber der empirischen situativen Forschung vorgebracht worden sind (zu einem Überblick Wolf [Organisation] 215 ff.). Homburg und Krohmer verteidigen die Erfolgsfaktorenforschung mit dem differenziert ausgearbeiteten Hauptargument, dass Nicolai und Kieser nicht die differenzierte, konzeptionell und methodisch anspruchsvolle Erfolgsfaktorenforschung kritisieren würden, sondern eine von ihnen selbst entworfene unzulässige Vereinfachung derselben. Sie zeigen, dass mehrere der von Nicolai und Kieser vorgebrachten Einwände Pauschalurteile darstellen, so dass die Erfolgsfaktorenforschung bei Licht besehen doch nicht so sinnlos erscheint wie von Nicolai und Kieser attestiert.

5.6.3.4 Technologieportfolio

Notwendigkeit

Dem Forschungs- und Entwicklungsbereich kommt zur Sicherung der langfristigen Unternehmensentwicklung eine besondere Bedeutung zu. So werden in einigen technologieintensiven Branchen wie der Pharmaindustrie bis zu 20 Prozent des Umsatzes wieder zu Forschungs- und Entwicklungszwecken investiert. Ebenso hat sich auch der Forschungs- und Entwicklungsaufwand der deutschen Wirtschaft im Verhältnis zum Bruttoinlandsprodukt deutlich erhöht (1977: 1,44 Prozent des Bruttoinlandsprodukts; 2006: 2,22 Prozent des Bruttoinlandsprodukts; Institut der Deutschen Wirtschaft [Zahlen] Tab. 9.1). Doch ist die Intensität des materiellen Einsatzes allein kein Garant für ein erfolgreiches Technologiemanagement. Vielmehr ist die *Abstimmung zwischen Technologie- und Marktpotenzialen* entscheidend, da die Langfristigkeit und Kapitalintensität das Risikoausmaß von Fehlentscheidungen im Forschungs- und Entwicklungsbereich erhöhen. Die Erkenntnis der Bedeutung dieses Zusammenhangs hat Bemühungen veranlasst, ein *konzeptionelles Instrumentarium für Forschungs- und Entwicklungsstrategien* bereitzustellen, zumal aus den herkömmlichen Produkt-Markt-Konzeptionen kaum Strategieempfehlungen für die Forschungs- und Entwicklungspolitik von Unternehmen abgeleitet werden können.

Konzept

In zu diesem Zweck entwickelten Technologieportfolios, die von der methodischen Seite her betrachtet als Abwandlungen des Produkt-Markt-Konzepts angesehen werden können, wird die Technologie als Schlüsselvariable der Strategieformulierung erfasst. Abbildung 5-47 zeigt ein solches Portfolio zur Bestimmung von Forschungs- und Entwicklungsprioritäten. Dieses wurde von der Beratungsgesellschaft McKinsey & Co. in Zusammenarbeit mit technologieintensiven Unternehmen in den USA und Deutschland entwickelt (Krubasik [Technologie] 30).

Abbildung 5-47 *Technologieportfolio*

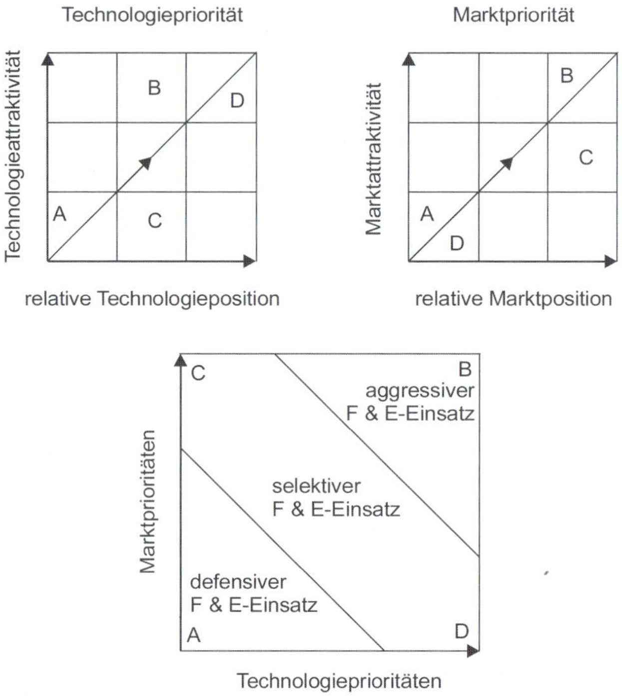

Marktkriterien
1. Attraktivität
   - Marktgrößenentwicklung
   - Wettbewerbsintensität
2. relative Position (im Vergleich zur Konkurrenz)
   - nutzbare Marktposition
   - Renditeaussichten

Technologiekriterie
1. Attraktivität
   - technisches Potenzial
   - typische Kosten für Fortschritt
2. relative Position
   - Know-how-Basis im Vergleich zum Wettbewerb
   - relative Kosten für Fortschritt

Das Technologieportfolio wird dem Marktportfolio gleichgewichtig zur Seite gestellt. Die relevanten Schlüsselgrößen sind die umweltbezogene Technologieattraktivität, die über das „technische Potenzial" sowie „typische Kosten für den Fortschritt" operationalisiert wird, sowie die relative Technologieposition des Unternehmens, die über „Know-how-Basis im Vergleich zum Wettbewerb“ sowie „relative Kosten für den Fortschritt“ gemessen wird. Die beiden Einzelmatrizen werden zu einem Gesamtportfolio aggregiert (vgl. Abbildung 5-47).

Kritische Würdigung

Die Kritik an diesem wie auch anderen vergleichbaren Technologieportfolios richtet sich prinzipiell auf die Wahl der Erfolgsfaktoren des Technologieportfolios sowie die Präzision und Detaillierung der Normstrategien. Diesbezüglich ist zunächst zu betonen, dass die technologischen Normstrategien nur sehr unzulänglich spezifiziert sind. So zeigen bereits die exemplarisch angedeuteten strategischen Arbeitsgebiete (synonym für SGE) A ... D, dass allein unter Marktgesichtspunkten eine teilweise andere Strategie zu empfehlen wäre. *Auch fehlt bislang die aus Gründen des Aussagewerts notwendige empirische Absicherung der technologischen Erfolgsfaktoren.* So geht der Informationsgehalt der Normstrategien in den vorhandenen Publikationen über recht diffuse Aussagen wie „aggressiver F&E-Einsatz“, „selektiver F&E-Einsatz“ bzw. „defensiver F&E- Einsatz“ kaum hinaus.

5.6.3.5 Weiterführende Marktportfolios

Neben den oben dargestellten sind weitere absatzmarkt- und beschaffungsorientierte Portfolios entwickelt worden, von denen in Abbildung 5-48 die wichtigsten in ihren Grundmerkmalen skizziert sind. Beispielsweise handelt es sich bei dem Branchenattraktivitäts-Geschäftsfeldstärken-Portfolio um eine mehrstufige Portfolio-Konzeption, da es über die Aggregation von Einzelmatrizen erstellt wird.

5.6.3.6 Gesamtbewertung der Portfoliotechnik

Anschaulichkeit und Einfachheit der Handhabung lassen sich als *wesentliche Stärken* der Portfoliotechnik herausstellen. Daneben sprechen weitere Argumente für den Einsatz der Portfoliotechnik:

- Viele Portfolio-Versionen berücksichtigen *neben quantitativen auch qualitativ fassbare Einflussfaktoren* der Unternehmenssituation. Diese Eigenschaft wird besonders dann wichtig, wenn im strategischen Entscheidungsfeld „weiche“ Informationen überwiegen.
- Die Portfolio-Analyse stellt die *Sicherheitsziele* von Unternehmen in den Vordergrund. Obwohl die finanzielle Ertragskraft von Unternehmen bei den meisten Varianten nicht explizit als Einflussvariable enthalten ist, erfolgt die Geschäftsfeldkombination implizit unter Berücksichtigung ihrer finanziellen Wirkungen sowohl in der investiven wie in der Rückflussdimension.

Abbildung 5-48 *Portfolio-Konzeptionen*

	Bezeichnung des Portfolios	Aufbau	Aussage	Kritik (Vorteile =V Nachteile = N)	Quellen
Absatzmarktkonzepte	Branchen-attraktivitäts-/ Geschäfts-stärkenportfolio (Branchen-attraktivitäts-/ Unterneh-menspositions-portfolio)	integratives Portfolio-Konzept mit zwei Sub-matrizen (4 Vari-ablen-bereiche)	SGE-Position wird von Branchen-flexibilität, Nachfrage-stabilität, Wettbe-werbs-vorteilen sowie Fi-nanzkraft bestimmt	V: breitge-streute Einfluss-variablen N: Dimensio-nen kaum begründet	Clifford/ Bridgewater/ Hardy 1975; Albach 1978, 1979; Lange 1981
	Markt-/Produkt-lebenszyklus-portfolio (Marktstadien-/ Wettbewerbs-positions-portfolio)	zweidimen-sionales Portfolio mit 20 Feldern (4 PLZ-Phasen; 5 Wettbe-werbsposi-tionen)	differenzierte Normstrate-gieempfeh-lungen in Abhängigkeit der Kombi-nation von PLZ und Wettbe-werbs-position	V: differenzier-te Empfehlun-gen N: keine empirische Fundierung	Thanheiser/ Patel 1977; Lange 1981; Welge 1985
Beschaffungsmarktkonzepte	Beschaffungs-markt-/Unter-nehmensstär-kenportfolio	zweidimen-sionales Portfolio mit zusam-mengesetz-ten Größen	Strategie-empfehlung hängt von den Macht-verhältnis-sen auf dem Beschaf-fungsmarkt ab	V: thematisiert Ökoprobleme N: Informati-onsverlust bei Verdichtung	Kraljic 1977; Lange 1981; Welge 1985
	Ressourcen-portfolio	zweidimen-sionales Portfolio mit einfachen Größen	Verfügbar-keit von Ressour-cen sowie Kostenent-wicklung bestimmen Strategie-wahl	V: thematisiert Ökoprobleme N: fragwürdige Unabhän-gigkeit der Dimensionen	Ansoff/ Leontiades 1976; Lange 1981

- Die Anwender der Portfoliotechnik werden *gezwungen, sich auf das Wesentliche zu konzentrieren* und sich auch über die Bedeutung der verschiedenen Einflussfaktoren Klarheit zu verschaffen.

- Die Portfoliotechnik ist *ursachenorientiert* angelegt. Interessieren bei der Gap-Analyse vornehmlich die Beiträge der Projekte zum Unternehmensziel, so rücken beim Portfolio-Konzept *Erfolgspotenziale als vorgelagerte Größen in den Vordergrund.*

- In der *gesamtunternehmensbezogenen Betrachtungsweise* dokumentiert sich eine Überlegenheit der Portfoliotechnik gegenüber den konventionellen Instrumenten und gewinnt dadurch auch besonders für komplexe Mehrproduktunternehmen an Aussagewert.

- Die Portfolio-Analyse wird schließlich auch der Konzeption des vorliegenden Lehrbuchs gerecht, da bei ihr Informationen über die Unternehmensumwelt und das Unternehmen integrativ verarbeitet werden. Indem Ist-Portfolios, wie oben gezeigt, über Strategieempfehlungen in Soll-Portfolios überführt werden und diese sich auch im Hinblick auf eine veränderte Umwelt- und Unternehmenssituation beurteilen lassen, können mit Hilfe dieser Technik *Entwicklungsprozesse analysiert und abgeschätzt werden.*

Bei der Anwendung des Instrumentariums können sich jedoch unabhängig von der gewählten Konzeption *Probleme* ergeben. Insbesondere ist zu bemängeln, dass die Portfolio-Konzeption nur ansatzweise Lösungen zur Bewältigung nachfolgender Probleme bereitstellt:

- Bei der *Auswahl strategischer Erfolgsobjekte* ist zu entscheiden, welche Produkte und Märkte zu strategischen Geschäftseinheiten zusammengefasst werden können. Abgesehen von den oben dargelegten „Daumenregeln" geben die gängigen Konzeptionen jedoch keine wesentlichen Anhaltspunkte für die Abgrenzung und Strukturierung von SGE.

- Hinsichtlich der *Auswahl der strategischen Erfolgsfaktoren* weisen die dargestellten Ansätze ein Defizit auf, da die verfügbaren Faktorenkataloge vom theoretischen wie empirischen Standpunkt aus angreifbar sind.

- Die *Erfassung der jeweils vorliegenden Ausprägung der strategischen Erfolgsfaktoren* ist weitgehend vom subjektiven Urteil der Anwender der Portfoliotechnik abhängig. Anhaltspunkte bezüglich der Methodik der Datenerhebung werden nicht bereitgestellt.

- Die *Typisierung der strategischen Geschäftseinheiten* erscheint auf den ersten Blick zwar eingängig; sie ist aber vielfach weder theoretisch noch empirisch fundiert. Nicht bestätigt ist insbesondere die Annahme, dass alle SGE, die sich im Business-Screens-Portfolio unterhalb oder überhalb der

Diagonalen befinden, tendenziell gleichartige Strategien erfordern. Auch die Normstrategiegliederung des BCG-Portfolios könnte anders aussehen (vgl. Abbildung 5-49).

- Die meisten Portfoliotechniken berücksichtigen die *Reaktionsmöglichkeiten von Konkurrenten* nicht hinreichend.

Abbildung 5-49 *Alternatives Normstrategiekonzept*

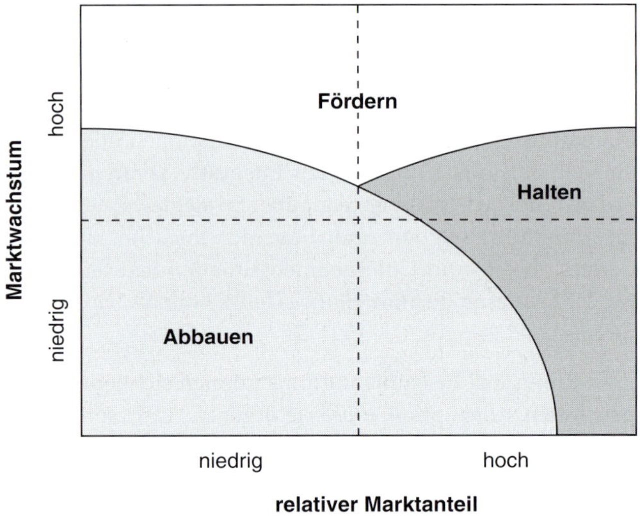

Allgemein und aus der Sicht des Interpretationsansatzes im Besonderen ist daher *vor einer unkritischen, schematischen Anwendung der Portfoliotechniken zu warnen*. Allzu leicht könnte der Eindruck entstehen, dass in dem Instrumentarium ein wohlfunktionierendes System vorliegt, das die Entscheidungsträger von weiteren Überlegungen und Interpretationen entbindet.

Verbreitungsgrad der Instrumente in der Praxis

Coenenberg-Günther-Studie

Unter den strategischen Analyseinstrumenten sind in der Unternehmenspraxis den oben (vgl. Abschn. 5.6.1.7) bereits mit Blick auf das Konzept der Strategischen Frühaufklärung referierten Befunden (Coenenberg/Günther [Stand] 459 ff.) zufolge die BCG-Matrix (72 Prozent der Unternehmen) und die McKinsey-Matrix (55 Prozent) am weitesten verbreitet. Sehr häufig finden sich auch unternehmensindividuelle Portfolio-Konzeptionen (41 Prozent). Technologieportfolios und Matrizen zu Wettbewerbsanalysen (zum Beispiel das Porter'sche Konzept zur Unterscheidung von Wettbewerbsstrategien) lassen sich mittlerweile immerhin in jedem fünften Unternehmen nachweisen, während ressourcenorientierte Portfolios oder die Produkt-Markt-Matrix nur selten genutzt werden.

Al-Laham-Studie

Diese Befunde werden durch Nachfolgeuntersuchungen weitgehend gestützt, gleichwohl auch relativiert. So zeigt die Ende der 1990er Jahre abgeschlossene Untersuchung von Al-Laham ([Strategieprozesse] 159), dass mit der Portfolio-Analyse das in deutschen Unternehmen mit Abstand vorherrschende Instrument der Strategieformulierung gegeben ist (sie wird von 75 Prozent der befragten 48 Unternehmen eingesetzt). Auf den nächsten Plätzen folgen Computer-Simulationen (25 Prozent der Unternehmen) und Szenario-Techniken (14 Prozent der Unternehmen). Es verwundert, dass sich zum Benchmarking dagegen nur ca. vier Prozent, zur Lebenszyklusanalyse sogar nur etwa 2 Prozent der Unternehmen bekannten.

Bain-Survey

Die aktuelle, auf Antworten von ca. 7200 Respondenten aus allen Kontinenten beruhende Umfrage von Bain & Company ([Tools]) ist insofern breiter angelegt, als dort die Anwendungshäufigkeit eines breiteren Spektrums an Management-Instrumenten sowie überdies auch die Anwendung unterschiedlicher Strategietypen (vgl. Abschn. 5.4) erhoben wird. Danach setzten im Jahre 2004 79 Prozent der Unternehmen Instrumente der Strategieformulierung ein. Ein Benchmarking betrieben zu diesem Zeitpunkt bereits 73 Prozent der Unternehmen. Was die Anwendung der Strategietypen anbelangt, so ist festzustellen, dass Outsourcing-Strategien ebenfalls 73 Prozent, Kernkompetenz-Strategien 65 Prozent und Allianzenstrategien 63 Prozent der Unternehmen verfolgen.

5.6.4 Bewertung formulierter Strategien

Ökonomisch ausgerichtete Strategiebewertung

Im Zuge des Strategieformulierungsprozesses sind die Arbeitsschritte "Strategisch orientierte Gegenwarts- und Zukunftsbeurteilung", "Entwicklung der strategischen Stoßrichtung" und „Festlegung der (Produkt-Markt-)Strategie" vollzogen worden (vgl. Abbildung 5-7). Im Anschluss an die Strategieformulierung hat eine primär an ökonomischen Zielgrößen ausgerichtete Bewertung der Strategiealternativen zu erfolgen.

Hierzu stehen eine Reihe von Bewertungstechniken (insbesondere das Activity Based Management, das Weighted-Average-Cost-of-Capital-Modell (WACC), das Economic-Value-Added-Modell (EVA) sowie der Realoptionenansatz zur Verfügung (vgl. Abschn. 11.2.3).

5.7 Von der Strategieformulierung zum Strategischen Management

Notwendigkeit eines Gesamtkonzepts

Die dargestellten Konzepte und Methoden ermöglichen eine zielgerichtete Formulierung von Strategien. Eine rationale Formulierung und Bewertung von Strategien für sich genommen verspricht allerdings noch nicht nachhaltigen Unternehmenserfolg. Dieser wird sich nur dann einstellen, wenn die formulierten Strategien konsequent implementiert (vgl. Galbraith/Kazanjian [Implementation]) und in ein übergeordnetes Gesamtkonzept eingebettet werden, in dessen Rahmen organisatorische, kulturelle und führungsbezogene Gestaltungsentscheidungen getroffen werden, die zu den jeweiligen Strategien passen.

Ein derartiges übergeordnetes Gesamtkonzept ist als *strategisches Management* zu bezeichnen (vgl. stellvertretend für viele Bamberger/Wrona [Management]; Bresser [Management]; Müller-Stewens/Lechner [Management]; Welge/Al-Laham [Management]). Genau so wie die Strategieformulierung selbst ist dieses auf die *Festlegung, Sicherung und Steuerung der langfristigen Unternehmensentwicklung* und damit weniger auf die Erwirtschaftung kurzfristiger Erfolge, sondern vielmehr auf die *Bestandserhaltung des Unternehmens* ausgerichtet. Mit dem Strategischen Management ist jedoch kein völlig neuer Ansatz der Unternehmensführung gegeben; es hat sich lediglich eine Akzentverschiebung durch die eingangs referierte wachsende Komplexität der Unternehmen und ihrer Umwelt sowie deren zunehmende Veränderungsdynamik eingestellt.

Die Notwendigkeit zu einem derartigen integrierten Gesamtkonzept lässt sich anhand von Abbildung 5-50 verdeutlichen. Dieses zeigt die Ereignisfolgen des wirtschaftlichen Zusammenbruchs der RGW-Länder (Rat für gegenseitige Wirtschaftshilfe) auf und berichtet über die dabei auftretenden Kausalitätsketten. Diese bewirkten neue Herausforderungen für die Unternehmen, wobei im Beispielfall vorrangig westliche und insbesondere deutsche Unternehmen betroffen waren. Daher hat im Sinn der Grundkonzeption dieses Lehrbuchs das strategische Management neben der Steuerung der langfristigen Entwicklung des Unternehmens auch die *Beeinflussung der Unternehmensumwelt zum Ziel.* Entsprechend beinhaltet das strategische Management auch das Initiieren von Umweltentwicklungen (vgl. Abschn. 1.4.2). Das aktuelle Beispiel zeigt besonders anschaulich, dass vorrangig *Diskontinuitäten* (vgl. Abbildung 5-51) langfristige Entwicklung des Unternehmens nur schwer bestimmbar und handhabbar machen. Vermutlich wird kaum ein Angehöriger des Managements westlicher Unternehmen Mitte der 1990er Jahre diese Entwicklung in Ost- und Mitteleuropa weder in ihrer Form, noch in ihrem Ausmaß und schon gar nicht in ihrer Geschwindigkeit erwartet haben.

Proaktives Diskontinuitätenmanagement

Beispiel einer Kausalkette

Abbildung 5-50

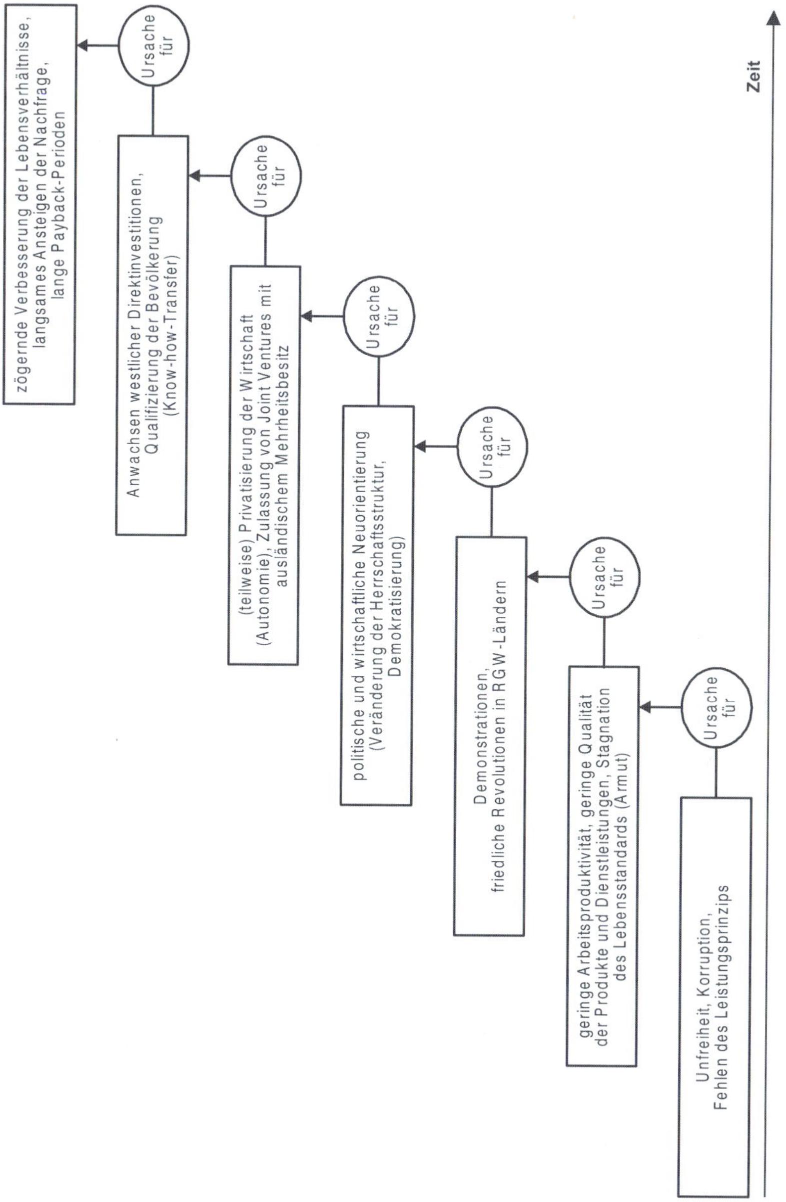

Abbildung 5-51 *Diskontinuitätenkatalog*

Bereiche	Diskontinuitäten
Politik	– deutsche Wiedervereinigung, Zerfall des Realsozialismus – Verhältnis zwischen Israelis und Palästinensern – Zusammenbruch alter Bündnisse (zum Beispiel Libyen/ Ägypten) – zunehmende regionale Kriege (zum Beispiel Falkland, Golfkrieg, Jugoslawien, Tschetschenien, Irak) – nationalstaatlich oder ideologisch motivierte Enteignungen (zum Beispiel Ölunternehmen in den Golfstaaten) – Aufkommen „grüner Parteien" in europäischen Ländern – Terrrorismus (11. September 2001) – Aufkommen der Linkspartei und Bildung neuer Koalitionen
Wirtschaft	– Öffnung der osteuropäischen Märkte – Zahlungsunfähigkeit von Entwicklungsländern – gesetzliche Beschränkungen des freien Marktzugangs (zum Beispiel Japan: Kraftfahrzeuge) – Währungsschwankungen – Immobilien- und Bankenkrise in den USA
Ökologie/ Energieversorgung	– Dramatisches Ansteigen von Schadstoffen – Umweltkatastrophen (zum Beispiel Bhopal, Seveso, Tschernobyl, diverse Öltanker) – vorübergehender Zusammenbruch des Opec-Kartells, Verfall der Rohölpreise – Hurricane Katrina
Technologie	– Entwicklung des Personal Computers – Entwicklung künstlicher Intelligenz – Aufbau von Datenkommunikationsinfrastrukturen (Internet, Intranet) – Mobile Datenübertragung mittels PDA
Kognitive Orientierung	– Wandel der Einstellungen (postmaterialistische sowie individualistische Werte) in westlichen Industrieländern – zunehmender Fundamentalismus in der islamischen Welt

Aus den obigen Überlegungen heraus sind *prinzipiell zwei Wege* denkbar, wie Unternehmen dem Phänomen der Diskontinuitäten begegnen können. Der erste besteht darin, dass sich das Top-Management bemüht, Diskontinuitäten im *latenten* Zustand, also vor ihrem Eintreten, zu erkennen und ihre Eintrittswahrscheinlichkeit herabzusetzen. Oder es erfolgt die Einrichtung eines leistungsfähigen Krisenmanagements, mit dem Wirkungen *akuter*, also bereits eingetretener Diskontinuitäten eingedämmt oder abgebaut werden können. Während erfolgsstiftende Handlungsalternativen des letztgenannten Wegs in Abschn. 10.2 erläutert werden, steht das proaktive Diskontinuitätenmanagement im Mittelpunkt des hier zu behandelnden Konzepts des

Strategischen Managements. Dieses muss auf die *frühzeitige Erkennung sowie die Bewältigung von Diskontinuitäten* gerichtet sein.

Einen ähnlichen Weg hat jüngst Hamel ([Thriving]) vorgeschlagen, indem er die Handhabung von Diskontinuitäten durch das strategische Dreigestirn „resilience, renewal, revolution" zu lösen empfiehlt, wobei ersteres Instrument als Zähigkeit und Spannkraft des Unternehmens zu begreifen ist, sich mit Blick auf Häufigkeit und Ausmaß der Umweltturbulenzen strategisch zu transformieren.

5.7.1 Prozesskonzeption

Das Vorgehen beim strategischen Management erfolgt in mehreren „strategischen" Schritten (Trux/Müller/Kirsch [Programme] 6). Dabei wird davon ausgegangen, dass sich die Evolution des Unternehmens in einer Folge überschaubarer Schritte vollzieht, die von akuten Mängeln ausgelöst werden. Jeder einzelne Schritt knüpft am Status quo an und begründet „Tatsachen", die den Zustand der nachfolgenden Schritte prägen. Damit das Top-Management nicht „Opfer" der jeweiligen Handlungssituation wird und Unternehmensführung als „Muddling-Through" (vgl. Abschn. 9.1.1) begreift, bedarf es einer unternehmerischen Vision, die sich in der konzeptionellen Gesamtsicht der Unternehmensführung konkretisiert (Kirsch/Maaßen [Managementsysteme] 10). Die unternehmerische Vision besitzt die Aufgabe, die Wirkung diskontinuierlicher Umweltentwicklungen abzufedern. Somit sind die jeweiligen strategischen Schritte im Spannungsfeld visionärer Ideen und der akuten Handlungssituation zu bestimmen.

Bemühen um Umweltantizipation

Der hierdurch gekennzeichnete *Prozess* verdeutlicht zugleich die Aufgabenschwerpunkte des strategischen Managements. Sie bestehen in

Funktionen

- der Formulierung und Weiterentwicklung der unternehmerischen Vision sowie der konzeptionellen Gesamtsicht des Top-Managements,
- der systematischen Beobachtung, Analyse und Beurteilung der Umwelt des Unternehmens und
- der Formulierung der jeweils nächsten Schritte in Abstimmung mit der konzeptionellen Gesamtsicht und der Umweltkonstellation.

Die *unternehmerische Vision* sowie die *konzeptionelle Gesamtsicht des Top-Managements* bilden den Handlungsrahmen für die in den jeweiligen Schritten getroffenen strategischen Entscheidungen (Trux/Müller/Kirsch [Programme] 10 f.). Sie umfassen auf unterschiedlichen Konkretisierungsstufen die Entwicklung übergeordneter Ziele und Unternehmensgrundsätze oder Leitbilder (vgl. Kapitel 4) sowie die Verfassung des Unternehmens (vgl. Kapitel 3), die ebenfalls die Herausbildung und Evolution der Kultur des Unternehmens im Sinne ihrer kontextgerechten Identität stark beeinflusst (Trux/Müller/Kirsch [Programme] 8). Eine weitere Kernfunktion des strategischen Managements besteht im *Erkennen und in der Berücksichtigung sich andeutender Gelegenheiten und Gefahren von Umweltentwicklungen*. Diese werden in der Regel als „schwache Signale" wahrgenommen und können höchstens zu schlecht-definierten Informationen verdichtet werden, die das Management in einem Stadium hoher Unsicherheit belassen. Ein wichtiges Element des strategischen Managements stellt daher die *strategische Frühaufklärung* dar (vgl. Abschn. 5.6.1.7). Das dort bedeutsame *Konzept der schwachen Signale* ist darauf ausgerichtet, die *Reaktionsbereitschaft des Unternehmens zu erhöhen*.

Zielsetzung

Die Zielsetzung des strategischen Managements nach einer proaktiven Zukunftsgestaltung lässt sich jedoch nicht nur durch die Anwendung von Frühaufklärungssystemen sicherstellen. Die Implementierung der im strategischen Prozess entwickelten Alternativen erfordert hingegen eine *strategisch orientierte Steuerung der Umsetzung und Durchsetzung der Reaktionsstrategien*.

Dimensionen

Die Dimensionen des strategischen Managements (vgl. Abbildung 5-52) reichen somit über die Formulierung von strategischen Alternativen bis hin zur umfassenden Abstimmung von Umwelt und interner Konfiguration. Letztere umfasst nicht nur die *Unternehmensstrategie und Organisationsstruktur*, sondern auch *Anreiz- und Sanktionssysteme, Informations- und Dokumentationssysteme sowie Ausbildungs-, Weiterbildungs- und Entwicklungssysteme.* Im Zeichen des beschleunigten Umweltwandels erweist sich beispielsweise das einseitige Prinzip, dass Strategien strukturbestimmend seien (Chandler [Strategy]), ebenso problematisch wie der umgekehrte Grundsatz, da der erstgenannte Fall eine reaktive Anpassung der *Organisationsstruktur* beinhaltet und der letztgenannte Fall eine am strukturellen Status quo ausgerichtete Strategieformulierung bedingen würde. Deshalb fordern die Konzeptionen des strategischen Managements die *gegenseitige Abstimmung von Strategie und Organisationsstruktur* (Ansoff/Hayes [Introduction] 1 ff.).

Im Hinblick auf die erhöhte Umweltdynamik erscheinen fließende, anpassungsfähige Strukturen mit eng verbundenen Aktivitäten zweckmäßig (Ansoff/Declerck/Hayes [Planning] 46). Die *Netzwerkorganisation* könnte eine entsprechende Organisationsform darstellen, die solchen Anforderungen gerecht wird (vgl. Abschn. 7.2.3.3). Um die Reagibilität zu gewährleisten, müssen *Anreiz- und Sanktionssysteme* auf ihre strategische Ausrichtung hin überprüft und gegebenenfalls angepasst werden. Solange selbst Top-Manager noch auf der Grundlage des Periodenerfolgs beurteilt und finanziell entgolten werden, kann man es ihnen kaum verübeln, dass sie kurzfristig gewinnmaximierend statt strategisch überlebenssichernd handeln (Becker [Anreizsysteme] 29 ff.). Das *Informations- und Dokumentationssystem* kann als das Nervensystem des strategischen Managements bezeichnet werden. In seinem Grundaufbau muss es dem Unvollständigkeits-, Unsicherheits- und Unbestimmtheitsproblem der Umweltinformationen entsprechen. Es ist offensichtlich, dass das klassische, primär intern und vergangenheitsorientiert ausgerichtete Berichts- und Informationssystem, bestehend aus Buchhaltung, Kostenrechnung und Betriebsergebnisrechnung, nur unzureichend strategisch relevante Informationen bereithalten kann.

Dimensionen des strategischen Managements

Abbildung 5-52

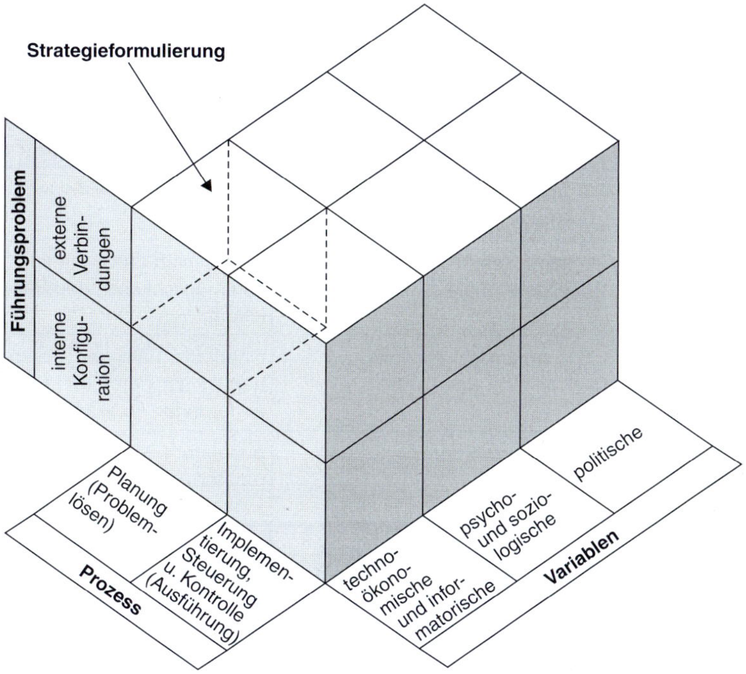

Hohe Bedeutung von Aus- und Weiterbildung

Die *Aus- und Weiterbildung* sämtlicher Unternehmensangehöriger mit und ohne Führungsverantwortung ist im Rahmen des strategischen Managements besonders wichtig, da die Umweltwahrnehmung nicht nur die Angelegenheit einiger weniger im Unternehmen, sondern aller Belegschaftsmitglieder mit und ohne Führungsverantwortung ist. Mit der anzustrebenden Sensibilisierung sollen die Mitarbeiter in die Lage versetzt werden, Umweltveränderungen, die in ihren Zuständigkeitsbereich fallen, zu identifizieren, zu bewerten und sie in ihrem Handeln zu berücksichtigen. Diese und weitere durch das strategische Management bedingte Anpassungsnotwendigkeiten lassen sich durch den *Vergleich der Merkmale* eines traditionellen und eines „strategisch" geführten Unternehmens, wie sie in Abbildung 5-53 skizziert sind, verdeutlichen.

Abbildung 5-53 *Reaktionsanforderungen und Managerprofile*

Variable	Traditionelles Management	Strategisches Management
Organisations-struktur	stabil bzw. stetig expandierend; wenige Verbindungen zwischen Einheiten	fließend, sich strukturell verändernd; eng verbundene Aktivitätsbereiche
Erkennung von Handlungsbedarf	reaktiv; „Probleme" müssen gelöst werden	aktive Suche nach Möglichkeiten
Alternativensuche	wird getragen vom Vertrauen auf bekannte Lösungsansätze	kreative Suche auf „neuen" Gebieten
Risikohaltung	Risikominimierung	Risikobereitschaft
Unternehmens-ziel	Optimierung des Periodenerfolgs	Optimierung des Erfolgspotenzials
Zielbestimmung	angepasste Fortschreibung früherer Ziele	determiniert durch Interaktion von Möglichkeiten und Fähigkeiten
Führungsstil	Popularität; Fähigkeit, Konsens zu erreichen	Charisma; Fähigkeit, Personen zu inspirieren und Veränderungen zu akzeptieren
Vorherrschender Führungskräfte-Typ	populärer Führer	populärer Führer plus charismatischer und politischer Führer
Aufgaben-schwerpunkt	Festlegung von operativen Zielen; Lösung von vertrauten Problemstellungen	Festlegung von übergeordneten und operativen Zielen; Lösung von vertrauten Problemstellungen und neuartigen Aufgaben
Fähigkeiten	Generalist	Generalist-Spezialist sowie professioneller Spezialist
Orientierung	innerhalb des bestehenden Rahmens; auf ökonomische Umwelt beschränkt	auf die gesamte Umwelt bezogen
Selbstverständnis der Top-Manager	Stellvertreter der Anteilseigner	berufsmäßiger Manager; Treuhänder unterschiedlicher Interessen

5.7.2 Implementierungsprobleme

Die erfolgreiche Implementierung des strategischen Managements im Unternehmen hängt weitgehend davon ab, ob und inwieweit zu erwartende Widerstände gegen eine derart umfassende Konzeption abgebaut werden können. Aus der Fülle der Ursachen scheinen *Verhaltenswiderstände* und *Systemwiderstände* als wesentliche Implementierungsbarrieren vorrangige Bedeutung zu besitzen (Ansoff [Methoden] 70). *Verhaltenswiderstände* haben ihre Ursache im unzureichenden Willen und zu geringer Folgebereitschaft einzelner Führungskräfte oder ganzer Gruppen im Unternehmen. Sie liegen im Wesentlichen in dem Bemühen begründet, einmal erreichte Machtpotenziale zu erhalten. Dieser Widerstand ist bei einem „drohenden" Übergang zum strategischen Management deswegen relevant, da dieses eine Machtumschichtung weg von der „legitimierten Macht" hin zur Macht durch *analytische und professionelle Problemlösung sowie Kompetenz* erwarten lässt. *Systemwiderstände* können in eingebauten Dysfunktionalitäten begründet oder auf ein Fehlen an hinreichendem Können zurückzuführen sein. Die Wirkungskette, die durch diesen Widerstandstyp ausgelöst wird, ist in zweierlei Formen denkbar. Zunächst kann das gesamte Unternehmen am kurzfristigen Erfolg ausgerichtet sein, was zu strategischen Unausgewogenheiten und bei Einführung eines strategischen Managements zu Prioritätskonflikten führt. Diese wiederum können zu Lasten der strategischen Potenziale gehen und ein Scheitern intendierter Projekte, ja sogar die Gefährdung des Unternehmens bewirken. Ein treffendes Beispiel hierfür ist mit der auf den US-Markt gerichteten Abschöpfungsstrategie der Porsche AG ohne Berücksichtigung strategischer Unternehmenssicherung in den 1980er Jahren gegeben. Die zweite Variante findet ihren Ausgangspunkt im Fehlen strategischer Fähigkeiten in der Spitzenverantwortung. Hier mag der im Jahr 1989 zu einer Ablösung aus dieser Verantwortung führende Fall des Vorstandsvorsitzenden der Nixdorf AG als Beispiel gelten.

Verhaltensbarrieren

Systembarrieren

In der Konsequenz eines solchen Mangels werden unrealistische, suboptimale Strategieentscheidungen getroffen, die letztlich die Unternehmensexistenz gefährden können (Schneider [Ignoranz]). Hätten die hier exemplarisch genannten Unternehmen über ein strategisches Management und nicht über eine (klassische) Einzelplanungsverantwortlichkeit beim Top-Management verfügt, wäre eine derartige Gefährdung des Unternehmens voraussichtlich vermeidbar gewesen, zumindest jedoch nur abgeschwächt wirksam geworden. Weitere in der Unternehmensrealität anzutreffende Quellen des Widerstands gegenüber einem Übergang zum strategischen Management finden sich in Literaturhinweisen, die auszugsweise in Abbildung 5-54 dargestellt werden (Wilensky [Intelligence] VII ff.; March/Olsen [Choice] 10 ff.; Ansoff [Methoden] 70 ff.; Macharzina [Fehlentscheidungen] 77 ff.; Bronner [Pathologies] 85 ff.; Martin [Commitment]). Möglichkeiten zur *Überwindung solcher*

Fünf Ansätze zur Überwindung von Widerstand:

„Widerstandstypen" und damit Voraussetzungen für eine wirksame Implementierung des strategischen Managements bieten sich nach dem derzeitigen Erkenntnisstand (Ansoff [Methoden] 76 ff.) über den Flexibilitäts-, den Krisen-, den Zwangs-, den Lern- sowie den Lern-Aktions-Ansatz an.

Abbildung 5-54 *Pathologien bei Veränderungsprozessen*

Forscher / Aussagen	Wilensky (1967)	March/Olsen (1976)	Ansoff (1980)	Macharzina (1984)
Objekt (worüber?)	informationelle Stützung von Führungsentscheidungen	Lernverhalten in Organisationen	Implementation neuer Strategiekonzepte	Informationsfluss im internationalen Unternehmen
Ergebnis (Befund)	Informationspathologie (generell)	suboptimales Lernverhalten	Scheitern strategischer Projekte	Informationspathologie in internationalen Unternehmen
Ursache (warum?)	strukturelle Pathologie doktrinbedingte Pathologie	Pathologie durch Rollenzwang Pathologie durch „Aberglaube" Pathologie der Durchsetzung von Beiträgen Pathologie durch Mehrdeutigkeit	Verhaltenswiderstand Systemwiderstand	Pathologiefelder – individuelle Wahrnehmung und Kognition des Entscheiders – Struktur des Informations- und Planungssystems – Unternehmensstrategie – Organisationsstruktur – Unternehmenskultur

Flexibilitäts-Ansatz

Der *Flexibilitäts-Ansatz* ist durch eine Konstellation gekennzeichnet, mit der das Unternehmen in der Lage ist, eine breite Palette von Fähigkeiten zu entwickeln, die eine wirksame Reaktion auf eine Vielzahl möglicher Bedrohungen oder auch Chancen zulassen. Voraussetzung ist daher die Generierung einer Flexibilitätsmentalität bei der Führungsspitze und eines wirtschaftlichen Flexibilitätspotenzials. Diese Denkweise findet in der Praxis durchaus Beachtung. Beispiele hierfür bieten unter anderem die Unternehmen Daimler(-Benz), ABB und Hewlett Packard. Die damalige Daimler-Benz AG hatte sich über Jahre hinweg, bedingt durch gute Geschäfte, ein reichliches Finanzpolster zugelegt. Dieses resultierte letztlich auch aus einer vorsichtigen Unternehmensführung, bei der nicht jede sich bietende Expansionsmöglichkeit genutzt wurde. Stattdessen wurden gezielte Potenzialinvestitionen durch Zukauf von Geschäftsfeldern mit zukünftiger Erfolgsaussicht getätigt, wenngleich nicht alle dieser Geschäftsfelder die gehegten Erwartungen erfüllten (vgl. Kapitel 7). ABB Ltd. beweist überdurchschnittliche Stärken durch sein globales strategisches Netzwerkkonzept im F&E-, aber auch im fertigungswirtschaftlichen und logistischen Leistungsverbund. Das strategische Potenzial der Hewlett Packard Corp. resultiert primär aus einer ausgeprägten Innovationskraft der F&E-Fähigkeiten.

Krisen-Ansatz

Der *Krisen-Ansatz* (vgl. auch Abschn. 10.2) empfiehlt sich zur Anwendung für Führungskräfte, die die Fähigkeit auszeichnet, die notwendigen Veränderungen früher als andere zu erkennen, die jedoch zu wenig Macht haben, um vor Eintritt einer Krise die möglichen Maßnahmen durchzusetzen. Ihnen stehen drei Optionen einer Implementationsstrategie offen. Einerseits kann der Versuch unternommen werden, andere Manager des eigenen Unternehmens durch Hochspielen einer möglichen Krise von der Dringlichkeit von Veränderungen zu überzeugen; ein anderer Weg besteht darin, durch Hinzuziehung Dritter (zum Beispiel Berater) sowie von Mitgliedern des Kontrollorgans die Gefahr einer möglichen Krise vor Augen zu führen. Eine weitere Möglichkeit des Krisen-Ansatzes besteht darin, künstlich eine „Test-Krise" in einem begrenzten Bereich zu erzeugen, um Widerstände gegen die als erforderlich erachteten Veränderungen abzubauen. Die letztgenannte Vorgehensweise hat manipulativen Charakter und würde beispielsweise dergestalt vollzogen, dass Aktivitäten vorgenommen werden, die die Unzulänglichkeit der bisherigen Verhaltensmuster des Testbereichs dramatisch offen legen. Aufgrund des Fehlens von Machtpotenzialen erweist sich der Krisen-Ansatz jedoch nicht selten als Gratwanderung zwischen Karriereruin und steilem Aufstieg in der Unternehmenshierarchie.

Zwangs-Ansatz

Beim *Zwangs-Ansatz* wird dem Unternehmen das neue strategische Verhalten schnell aufgezwungen. Das Implementierungsargument besteht in der reinen Machtausübung; der Ansatz hat „revolutionären" Charakter. Seine Anwendung geht allerdings häufig fehl; insbesondere dann, wenn die Ist-Konstellation des Unternehmens hinsichtlich bestehender Macht(un)gleichgewichte verkannt wird. Auch hier kann die notwendige Machtbasis durch Einschaltung externer Berater dergestalt ausgebaut werden, dass sich eine Gespannstruktur aus Macht durch Wissen einstellt.

Lern-Ansatz

Der *Lern-Ansatz* stellt den Gegenpol zum Zwangs-Ansatz dar. Die Verwendung von Macht wird durch einen wohlüberlegten Prozess zur Verminderung des Widerstands substituiert. Dieses erfolgt dadurch, dass nach einer

Verhaltens-, Fähigkeits- und Kapazitätsdiagnose eine Aufklärung über die Wirkungen und Folgen der Änderung des strategischen Verhaltens und eine Einbeziehung (im eigentlichen Sinn von „Involvement") der betreffenden Führungskräfte betrieben sowie Loyalität gegenüber dem Unternehmen mobilisiert wird. Das Kernstück dieses Ansatzes besteht darin, das vorliegende Potenzialdefizit des Unternehmens durch Lernprozesse in die positive Dimension zu verkehren.

Unter den dargestellten Varianten sollte der Krisen-Ansatz in jenen Fällen angewandt werden, in denen die Krisenhaftigkeit der Situation noch nicht generell bekannt ist und das Top-Management im Fall des Akutwerdens der Krise Unterstützung für eine erforderliche Strategieänderung gewinnen kann. Der Flexibilitäts-Ansatz sollte dazu verwendet werden, die allgemeine Reaktionsbereitschaft des Unternehmens zu vergrößern (Ansoff [Methoden] 80 f.). Daraus wird ersichtlich, dass diese Ansätze im Gegensatz zur Auffassung Ansoffs eigentlich keinen Implementierungscharakter haben, sondern im ersten Fall Eigenständigkeit und im zweiten Organisationsentwicklungscharakter aufweisen. Lern-Ansatz und Zwangs-Ansatz lassen andererseits jedoch, wie dieses in Abbildung 5-55 verdeutlicht wird, bei ihrer Anwendung gravierende Mängel erwarten (Ansoff [Methoden] 83).

Lern-Aktions-Ansatz

Als Ausweg wird daher die Anwendung eines *Lern-Aktions-Ansatzes* empfohlen, der eine Mischform zwischen den beiden vorgenannten Ansätzen darstellt (Ansoff [Change] 5 ff.). Mit ihr soll die Fähigkeit zum frühzeitigen Erkennen von Bedrohungen und Chancen bei begrenzten Kosten des Widerstands erreicht werden. Dies bedingt, dass die Entwicklung der notwendigen Managementfähigkeiten und die Einführung der Strategie gleichzeitig angestrebt werden, was durch die Schaffung einer „Ausgangsplattform" (Launching Platform) erleichtert werden soll.

Diese Vorleistung besteht in einer strategischen Diagnose von Struktur und Dringlichkeit der zu lösenden strategischen Probleme, in einer Verhaltensdiagnose zur Aufdeckung des zu erwartenden Widerstands gegen die Strategieänderung und der zu erhoffenden Unterstützung, in Maßnahmen zur Verringerung des Widerstands und zur Sammlung der Unterstützung sowie im Entwurf eines Ad-hoc-Planungs- und Implementierungsprozesses zur Lösung der vordringlichsten Probleme (Ansoff [Change] 10). Gestützt auf diese „Plattform", die sowohl Verhaltens- als auch Systemkomponenten beinhaltet, soll das Unternehmen für strategische Veränderungen geöffnet werden.

Abbildung 5-55

Ansätze zur Überwindung von Widerstand

Ansatz	Anwendungs-schwerpunkt	Vorteile	Nachteile
Flexibilitäts-Ansatz	turbulente, nicht prognostizierbare Umwelt	universelle Bereitschaft wird gefördert	zu unspezifisch
Krisen-Ansatz	Führungskräfte mit geringem Machtpotenzial	begrenzter Aufwand	hohes Risiko für anwendende Führungskräfte
Zwangs-Ansatz	hohe Dringlichkeit	schnelle Wirkung	unter Umständen großer Widerstand, hohes Risiko, Kosten
Lern-Ansatz	sich stetig entwickelnde, analysierbare Umwelt	geringer Widerstand, zeitliche Verteilung der Kosten	vielfach zu langsam
Lern-Aktions-Ansatz	turbulente Umwelt und hohe Dringlichkeit	geringer Widerstand, bestmögliche Nutzung der im Unternehmen vorhandenen Wissenspotenziale	Komplexität, Kosten

Kritische Würdigung

Eine zusammenfassende Beurteilung des Gestaltungskonzepts des strategischen Managements muss auf seine Natur als Orientierungs- oder Grundkonzeption hinweisen, die nicht den Anspruch auf instrumentelle Handlungsanweisungen erhebt. Auf den Punkt gebracht ließe sich die Botschaft des strategischen Managements auf die einfache, aber schwer realisierbare Formel bringen, *dass erfolgreiches Management vom Vorliegen einer umwelt- und entwicklungsorientierten Konzeption der Unternehmensführung abhängt*. Dementsprechend sind auch die bislang vorliegenden Arbeiten zum strategischen Management angelegt. Sie stellen *Rahmenvorstellungen* dar, die höchstens punktuell und fragmentarisch zu Handlungsempfehlungen gereift sind. Insbesondere steht der empirische Nachweis, welcher die ökonomische Vorteilhaftigkeit des strategischen Managements belegen könnte, noch aus. Schließlich bleibt unbefriedigend, dass die an oberste Stelle gesetzte Kernfunktion und Forderung der aktiven Umweltbeeinflussung konzeptionell uneingelöst bleibt. Es finden sich hierzu kaum operationale Ansätze, was besonders an der sprachlichen Formulierung von „*Reaktionsstrategien*" deutlich wird.

Kontrollfragen und Aufgaben zu Kapitel 5

1. Vergleichen Sie die beiden im Schrifttum dominierenden Verständnisse des Strategiebegriffs. Für welche Anwendungsfelder sind die Strategiebegriffe zweckmäßig?

2. Welche Formen von Strategien sind nach dem Mintzberg'schen Strategieverständnis zu unterscheiden? Erläutern Sie diese Strategieformen anhand von Beispielen aus der Unternehmenspraxis.

3. Erläutern Sie den Begriff des „Erfolgspotenzials" und verdeutlichen Sie dessen Bedeutung für die Strategieformulierung.

4. Was versteht man unter Strategieinhalt und was unter Strategieprozess?

5. Warum ist eine getrennte Betrachtung von Strategieinhalt und Strategieprozess wenig nützlich?

6. Was sind „Corporate Strategies", „Competitive Strategies", „Business Units Strategies" und „Functional Area Strategies"?

7. Erläutern Sie Beispiele für quantitative und qualitative Formen des Unternehmenswachstums.

8. Welche Motive veranlassen Unternehmen zu wachsen?

9. Was versteht man unter Downsizing? Werden die mit Downsizing angestrebten Ziele überwiegend erreicht?

10. Zeigen Sie anhand von Beispielen den Inhalt und Arten von Diversifikationsstrategien auf.

11. Welches sind die wichtigsten Diversifikationsmotive?

12. Erläutern Sie die Kernbefunde der empirischen Forschung über den Diversifikationserfolg.

13. Was versteht man unter einer Kernkompetenzstrategie?

14. Welche Nachteile sind mit Konzentration auf Kernkompetenzen verbunden?

15. Was versteht man unter einer Allianzenstrategie und weshalb neigen viele Unternehmen zu ihr?

16. Welche Gefahren sind mit strategischen Allianzen verbunden?

17. Erläutern Sie die Erfolgsfaktoren strategischer Allianzen.

18. Suchen Sie nach Beispielen für Geschäftsbereiche mit einer Differenzierungs-, einer Kostenführerschafts- und einer Nischenstrategie und prüfen Sie, ob das von diesen Geschäftsbereichen gewählte Vorgehen konsequent ist.

19. Was sind First-Mover Advantages und wie wirken sich diese aus?

20. Erläutern Sie die Ergebnisse empirischer Studien über den Erfolg unterschiedlicher Markteintrittsgeschwindigkeitsstrategien.

21. Was spricht für die Sprinkler- und was für die Wasserfallstrategie?

22. Warum sind Outsourcing-Strategien so beliebt und welche Risiken bergen diese in sich?

23. Welche Schlüsselfragen und Arbeitsschritte der Strategieformulierung sind zu unterscheiden?

24. Erläutern Sie die Vorgehensweise traditioneller Umwelt- und Unternehmensanalysen und zeigen Sie mögliche Schwachpunkte einer derartigen Form der strategischen Analyse auf.

25. Erklären Sie den Zweck und den Aufbau des Modells der Wertschöpfungskette. Vergleichen Sie deutsche und japanische Automobilhersteller anhand der Wertschöpfungskette.

26. Von welchen Triebkräften werden die Wettbewerbsintensität und Gewinnchancen einer Branche nach dem Modell der Branchenstrukturanalyse bestimmt?

27. Stellen Sie die Vorgehensweise bei der Analyse von strategischen Gruppen dar und zeigen Sie Grenzen und Probleme einer derartigen strategischen Analyse auf.

28. Erläutern Sie die methodische Vorgehensweise bei der Chancen-Gefahren-Analyse. Wann ist von einer Chance, wann von einer Gefahr zu sprechen?

29. Stellen Sie den Denkansatz und die Prozesskonzeption der Gap-Analyse dar. Was versteht man unter der „Firm Base"? Welche Probleme haften der Gap-Analyse an?

30. Was sind Diskontinuitäten? Welche Eigenschaften weisen die auf Diskontinuitäten hinweisenden Informationen auf?

31. Suchen Sie nach Beispielen für Umweltdiskontinuitäten im ökonomischen, ökologischen, politisch-rechtlichen, sozialen und technologischen Bereich.

32. Erläutern Sie das Konzept der strategischen Frühaufklärung.

33. Welche prinzipiellen Reaktionsstrategien können nach dem Konzept der schwachen Signale eingesetzt werden?

34. Erläutern Sie die Konzeption des Benchmarking. Inwiefern erweitert das Benchmarking traditionelle Unternehmensvergleiche?

35. Welche Kritik ist am Benchmarking zu üben?

36. Erläutern Sie die vier Merkmale von Ressourcen, die gemäß des VRIO-Konzepts einen Wettbewerbsvorteil bewirken können.

37. Welche Kritik ist am VRIO-Konzept zu üben?

38. Was versteht man unter suchfeldanalytischen Instrumenten? Erläutern Sie Varianten suchfeldanalytischer Instrumente.

39. Erläutern Sie die in der Space-Analyse berücksichtigten Faktoren und erklären Sie den Prozess der Ableitung strategischer Stoßrichtungen. Welche strategischen Stoßrichtungen werden dabei unterschieden?

40. Welche Kritik wird am Konzept der Space-Analyse geübt?

41. Erläutern Sie die im Konzept der Produkt-Markt-Matrix berücksichtigten prinzipiellen Handlungsalternativen.

42. Erläutern und beurteilen Sie das „Gesetz" der abnehmenden Synergie.

43. Was sind Economies of Scope? Warum ist die Bedeutung von Economies of Scope ansteigend, diejenige von Economies of Scale eher abnehmend?

44. Vergleichen Sie die Chancen-Gefahren-Analyse und die TOWS-Analyse anhand frei zu wählender Kriterien. Bilden Sie die strategische Stoßrichtung der Porsche AG in einer TOWS-Matrix ab und ziehen Sie einen Vergleich zur BMW AG.

45. Stellen Sie das Grundkonzept der Portfolio-Analyse dar und gruppieren Sie die Ihnen bekannten Portfolio-Konzeptionen nach frei zu wählenden Kriterien.

46. Was sind strategische Geschäftseinheiten? Welche Aspekte sollten bei ihrer Abgrenzung berücksichtigt werden?

47. Erläutern Sie den Aufbau und die normative Aussage des BCG-Portfolios.

48. Erklären und beurteilen Sie die dem BCG-Portfolio zugrunde liegenden Theoriekonzepte.

49. Zeigen Sie die Vor- und Nachteile des BCG-Konzepts auf.

50. Beurteilen Sie die Zweckmäßigkeit der Normstrategieempfehlungen des erweiterten, sechsfeldrigen BCG-Konzepts.

51. Erklären Sie die Intention des PIMS-Projekts und beurteilen Sie dessen Forschungsergebnisse.

52. Vergleichen Sie die normative Aussage des McKinsey-Portfolios mit derjenigen des BCG-Portfolios.

53. Welche spezifischen Probleme weist das McKinsey-Portfolio auf?

54. Diskutieren Sie die von Nicolai und Kieser sowie Homburg und Krohmer im Hinblick auf die Erfolgsfaktorenforschung vorgebrachten Argumente und wägen Sie diese gegeneinander ab.

55. Stellen Sie die Vorgehensweise bei Anwendung des Technologieportfolios dar.

56. Welche generellen Faktoren sprechen für, welche gegen eine Anwendung der Portfoliotechnik?

57. Führen Sie eine Portfolio-Analyse für die Daimler AG nach Informationen durch, die Sie den einschlägigen Printmedien entnehmen können.

58. Welche strategischen Analyseinstrumente finden in der Unternehmenspraxis die häufigste Anwendung? Durch welche Gründe könnte die geringe Verbreitung der anderen Analyseinstrumente verursacht sein?

59. Beurteilen Sie die strategischen Analyseinstrumente hinsichtlich ihres Anwendungsnutzens als Hilfsmittel zur Unternehmens-Umwelt-Koordination.

60. Wie würden Sie das Führungs- und Planungssystem von Toshiba bewerten? Welche theoretischen Grundlagen dienen Ihnen dabei als Beurteilungskriterium, und welche theoretischen Ansätze verwendet Toshiba als Basis?

61. Zeigen Sie gegenwärtige Beispiele von Diskontinuitäten auf.

62. Vergleichen Sie die Dimensionen des strategischen Managements mit denjenigen des traditionellen Managements.

63. Welche Zielsetzung wird mit der Konzeption des strategischen Managements verfolgt?

64. Inwiefern unterscheiden sich die Manager traditioneller Unternehmen von jenen, die nach dem Konzept des strategischen Managements geführt werden?

65. Inwiefern erweitert das Konzept des strategischen Managements die herkömmliche Form der Strategieformulierung?

66. Welche Formen von Widerständen hemmen die Implementierung des strategischen Managements?

67. Durch welche Ansätze können diese Widerstände überwunden werden? Beurteilen Sie den Anwendungsnutzen der Ansätze.

Literaturhinweise zu Kapitel 5

BAMBERGER, I., WRONA, T., Strategische *Unternehmensführung*, München 2004.

BÜHNER, R., *Strategie* und Organisation – Analyse und Planung der Unternehmensdiversifikation mit Fallbeispielen, 2. Aufl., Wiesbaden 1995.

BUZZELL, R. D., GALE, B. T., The PIMS *Principles* – Linking Strategy to Performance, New York 1987.

JOHNSON, G., SCHOLES, K., WHITTINGTON, R., Exploring Corporate *Strategy* – Text and Cases, 8. Aufl,, Harlow 2005.

MINTZBERG, H., *Patterns* in Strategy Formation, in: Management Science, 24. Jg., Heft 9, 1978, S. 934–948.

PORTER, M. E., Competitive *Advantage*, New York – London 1985.

ROWE, A. J. et al., Strategic *Management* – A Methodological Approach, 4. Aufl., Reading et al. 1994.

WELGE, M. K., AL-LAHAM, A., Strategisches *Management* – Grundlagen, Prozess, Implementierung, 5. Aufl., Wiesbaden 2008.

WOLF, J., *Strategie* und Struktur 1955-1995 – Ein Kapitel in der Geschichte deutscher nationaler und internationaler Unternehmen, Wiesbaden 2000.

6 Controlling

Trotz ihres unterschiedlichen Charakters werden die Planungs- und Kontrollaktivitäten in der Unternehmenspraxis häufig *zu einem geschlossenen Aufgabenkomplex zusammengefasst und einer eigenständigen Funktion* „Controlling" zugewiesen. Anders als beim deutschen Begriff der „Kontrolle" wird mit den englischen Begriffen „to control" und „Controlling" neben dem Bedeutungsinhalt des „Kontrollierens" insbesondere derjenige des „Steuerns" angesprochen und damit ein umfassenderes Verständnis zugrunde gelegt. Ein derartig weitreichendes Verständnis von Controlling erscheint jedoch insofern unzweckmäßig, als dann jede Unternehmenseinheit mit Weisungsbefugnis – und damit auch das Top-Management – als Teil des Controllingsystems zu begreifen wäre. In der hier verfolgten Sichtweise werden daher die Teilfunktionen der Planung und Kontrolle als vornehmliche Aufgaben des Controlling betrachtet und unter dem Aspekt der Informationsversorgung zum Controllingkonzept zusammengefasst.

Controlling als Steuerung versus Controlling als Planung und Kontrolle

6.1 Grundlagen der Planung

6.1.1 Begriff, Merkmale und Funktionen der Planung

Die wechselseitige Verknüpfung zwischen Unternehmen und Umwelt macht wegen der oben dargestellten Kontextkonstellation erhöhter Dynamik und Komplexität im Gegensatz zu früher nicht nur die Gestaltung und Überwachung der unternehmensinternen Wertschöpfungsprozesse und der reaktiven Anpassung des Unternehmens an die Umweltbedingungen, sondern auch die Beeinflussung der Unternehmensumwelt und damit die ausdrückliche Erweiterung der Planungsaktivität auf die Austauschbeziehungen zwischen Unternehmen und Umwelt erforderlich (vgl. Abschn. 1.4.2).

Die Unternehmensplanung bildet schon seit jeher einen zentralen Gegenstand der Betriebswirtschaftslehre. Die Vielzahl der zu diesem Gebiet vorgelegten Schriften hat eine Menge an Planungsbegriffen erzeugt. Daher soll hier auch nur eine Auswahl von Definitionen wiedergegeben werden, die für dieses Spektrum beispielhaft sind (vgl. Abbildung 6-1). Es wird deutlich, dass die in den unterschiedlichen Begriffen enthaltenen Merkmale der Planung idealtypischer Natur sind; sie sollen beschreiben, wodurch sich Planung auszeichnen *sollte*, damit das Problemlösungspotenzial der im Planungsprozess entwickelten Handlungsprogramme in optimaler Weise entfaltet wird (Macharzina [Reduktion] 29 ff.):

Abbildung 6-1 *Planungsbegriffe*

Planung

ist das Entwerfen einer Ordnung, in der ein bestimmter Prozess als sich vollziehend gedacht wird.
(Gutenberg 1951)

ist die Festlegung der Ziele und geistige Antizipation der Aktivitäten zur Erreichung der Ziele.
(Grochla 1973)

bestimmt, wie die Zukunft gestaltet werden soll, damit die Unternehmenszielerreichung möglich wird.
(Macharzina 1975)

bedeutet vorausschauendes, systematisches Durchdenken und Formulieren von Verhaltensweisen, Zielen und Handlungsalternativen, deren optimale Auswahl sowie die Festlegung von Anweisungen zur rationellen Realisierung der ausgewählten Alternative.
(Zangemeister 1976)

means determining what the organization's position and situation should be at some time in the future and deciding how best to bring that situation about.
(Griffin 1984)

Im Rahmen der Planung wird definiert, was erreicht werden soll, und es wird festgelegt, wie das Angestrebte am besten erreicht werden kann.
(Hungenberg/Wulf 2004)

- Ein erstes konstitutives Planungsmerkmal besteht in seiner *Zukunftsgerichtetheit*. Im Rahmen der Planung werden Programme entwickelt, die die Grundlage für das zukünftige Handeln des Unternehmens und seiner Teileinheiten bilden. Da sich der für das Handeln relevante Kontext erst im Zeitablauf ausformen wird, ist es notwendig, dessen Konstellation durch Formulierung von Erwartungen anhand von *Prognosen* einzuschätzen. Die Prognose ist damit insofern Bestandteil der Planung, als letztere auf Prognosen fußt. Im Planungsprozess werden mehrfach sowohl die zukünftigen Umweltzustände als auch die Konsequenzen der Planalternativen prognostiziert. Prognosen vermögen zukünftige Unternehmens-Umwelt-Konstellationen jedoch nur ausschnitthaft und ungewiss vorherzusagen. Daher wird die Planung im Regelfall durch unvollkommene Information gekennzeichnet sein.

- Planung ist ferner durch *Rationalität* (vgl. Abschn. 2.4.1) gekennzeichnet. Danach handeln die Planungsträger idealtypisch bewusst und zielgerichtet. Planung ist bewusstes Handeln, da über die Voraussetzungen und Wirkungen von Handlungsalternativen Informationen gesammelt und ausgewertet werden und die Auswahl der Alternativen unter Berücksichtigung kriteriengestützter Bewertung erfolgt. Der Rationalitätsgrad der Planung wird durch ein derartiges, methodisch-systematisches Vorgehen sowie den Einsatz von Planungstechniken (vgl. Abschn. 11.2) erhöht.

- Planung zeichnet sich weiterhin durch ihren *Gestaltungscharakter* aus. Im Planungsprozess werden Problemfelder und Lösungsvorschläge strukturiert und in Handlungsprogramme umgesetzt. Der Gestaltungscharakter ist das wesentliche Unterscheidungsmerkmal zwischen Planung und Prognose. Durch Prognose wird die zukünftige Ereignisfolge nicht verändert, sondern lediglich eingeschätzt. Planung greift hingegen verändernd in zukünftiges Geschehen ein. Planung geht aus dieser Sicht weiter als Prognose (vgl. Abbildung 6-2). Während Prognose informationell-deskriptiver, also beschreibender Natur ist, dominiert bei der Planung das strukturbildend-präskriptive Moment.

- Planung hat im Gegensatz zu herkömmlicher Betrachtungsweise nicht als einmaliger Entscheidungsakt zu gelten. Vielmehr werden Pläne in regelmäßiger Folge oder auch ad hoc entwickelt, überprüft und verändert. Der *repetitive Charakter der Planung* macht es notwendig, diese als Prozess zu begreifen, der über mehrere Stufen läuft und an dem unterschiedliche Personen teilhaben können. Der Prozesscharakter der Planung bedeutet zweierlei: Zum einen wiederholt sich das Planungshandeln in gewissen periodischen Rhythmen (viertel- bis einjährig), zum anderen zeichnet es sich durch eine gewisse in Form einer zyklischen Abfolge gegebenen Regelmäßigkeit in seiner Durchführung aus. Die Stufen im Planungsprozess können als Zielbildung, Prognose des internen und externen Kontexts, Alternativensuche, -bewertung und -auswahl sowie Plandurchsetzung identifiziert werden. Sie werden idealtypisch in dieser Abfolge durchlaufen, und es bestehen vielfältige vorwärts- und rückwärtsgerichtete informationelle Beziehungen in Form der Vor- oder Rückkoppelung zwischen den Prozessstufen (vgl. Abschn. 6.4.3).

- Auf der Metaebene der Entscheidung wird schließlich der Charakter der Planung als *Informationsverarbeitungsprozess* deutlich. Im Planungsprozess werden in vielfältiger Form Informationen gewonnen, gesammelt, gespeichert, umstrukturiert, verdichtet und übertragen. Dieses Merkmal ist auch gleichzeitig dasjenige, das in der traditionellen Literatur zur reduktionistischen Gleichsetzung von Entscheidung und Planung führte und das in neuerer Auffassung den Zusatznutzen der Erweiterung der Planung stiftet.

Abbildung 6-2 *Zusammenhang zwischen Planung und Prognose*

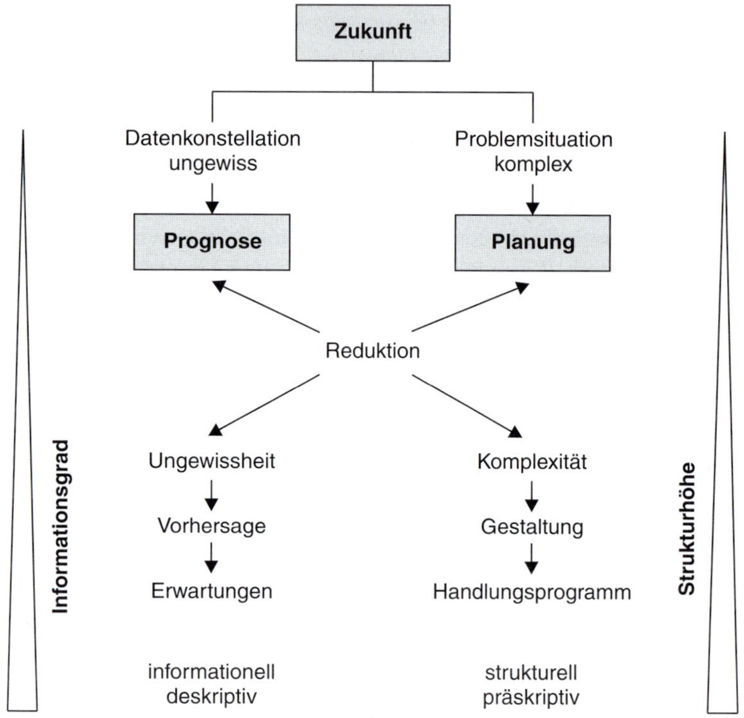

Mit diesen Beschreibungsmerkmalen ist der Begriff der Planung *idealtypisch* als Entwurf von zukunftsgerichteten Handlungsprogrammen umrissen. Soll darüber hinaus auch die *realtypische* Entwicklung und Durchsetzung von Plänen zum Zweck ihrer Realisation begrifflich eingefangen werden, muss als weiteres Merkmal die Bestimmtheit des Planungshandelns durch *machtorientierte Aspekte* einbezogen werden. Dem Machtproblem kommt eine große Bedeutung zu, da zum einen die Planungsprozesse häufig von mehreren Planungsträgern vollzogen werden (interpersonelles Handeln) und zum anderen verschiedene Interessengruppen innerhalb und außerhalb des Unternehmens von den Planungsentscheidungen betroffen sind (multiple Wirkungen). In dem Maße, in dem Macht das Planungshandeln beeinflusst, tritt Rationalität als Beschreibungsmerkmal der Planung in den Hintergrund.

Begriff

Unter Berücksichtigung der oben vorgenommenen Merkmalsbeschreibung kann Planung somit als zukunftsgerichtete Gestaltung der Unternehmens-Umwelt-Interaktion bezeichnet werden; sie erzeugt als mehrstufiger, methodengestützter Prozess zielgerichtete Handlungsprogramme auf dem Weg der Verarbeitung und Interpretation von Informationen über erwartete Konstellationen des inneren und äußeren Kontexts. Ihre Entwicklung und Durchsetzung ist nicht nur von Informationsverarbeitungs- und Interpretationsprozessen, sondern auch von machtbezogenen Einfluss- und Abstimmungshandlungen der Planungsträger bestimmt.

Funktionen

Der Planung werden üblicherweise mehrere *Funktionen* zugeschrieben, die auf theoretischen Überlegungen basieren (vgl. hierzu vor allem Wild [Grundlagen] 15 ff.) und daher eher als *Erwartungen an die Planung* denn als faktisch eingetretene Wirkungen anzusehen sind. Nach diesen Überlegungen ist zu vermuten, dass Planung zur *Risikoerkennung und -reduzierung beiträgt,* da im Planungsprozess systematisch die internen und externen Unternehmensfaktoren analysiert und den Planungsträgern vorteilhaft erscheinende Handlungsalternativen entwickelt werden. Hierdurch trägt die Planung zur *Effektivitätssicherung* und *Effizienzsteigerung* bei. Im idealtypisch konzipierten Planungsverlauf werden Handlungsalternativen anhand ihres Zielbeitrags (= Effektivität) beurteilt, bevor sie zur Realisierung freigegeben werden. Dieses stellt auch sicher, dass die knappen Ressourcen des Unternehmens ergiebig eingesetzt werden (=Effizienz). Planung *eröffnet Handlungsspielräume,* da die Auseinandersetzung mit künftigen Entwicklungen und den hieraus resultierenden Problemfeldern zeitlich vorgelagert erfolgt, also zu einem Zeitpunkt, zu dem noch agiert werden kann und nicht nur reagiert werden muss. Ebenso offensichtlich ist die *Funktion der Verringerung von Komplexität,* da während des Planungsprozesses ein vorliegendes Gesamtproblem in Einzelprobleme, die einerseits überschaubar und für die andererseits bereits Lösungsansätze oder -verfahren bekannt sind, zerlegt und damit strukturiert wird. Planung stiftet jedoch auch *Synergieeffekte,* wenn alle wichtigen Teilbereiche des Unternehmens vom Planungsprozess erfasst und in einen Gesamtplan integriert werden. In diesem Falle trägt Planung dazu bei, dass eine unwirtschaftliche Doppelerfüllung von Aufgabenkomplexen im Unternehmen unterbleibt. Weiterhin wird durch Planung ermöglicht, dass die Aktivitäten der Teilbereiche nicht nur im Hinblick auf die Zielsetzung des betreffenden Bereichs, sondern auch auf die Gesamtziele des Unternehmens abgestimmt werden. Durch Planung werden darüber hinaus *neue Ideen entwickelt,* die in einem der wichtigsten Schritte des Planungsprozesses, der Alternativensuche, gewonnen werden. Die ständige Veränderung der Rahmenbedingungen erfordert, dass Lösungsansätze nicht nur innerhalb, sondern auch außerhalb des abgegrenzten, bisher bekannten Lösungsraums gesucht werden. Schließlich trägt die Planung zur *Konsensbildung* und *Konfliktreduzierung* im Unternehmen bei, da Planungsprobleme transparent gemacht werden und dadurch vorgeschlagene Handlungsalternativen eher einer intersubjektiven Überprüfung geöffnet werden. Eine Voraussetzung hierfür ist jedoch, dass die Planungsprozesse dokumentiert und im Unternehmen bekannt gemacht werden.

6.1.2 Verursachungsfaktoren des Planungsbedarfs

Die vielfältigen Verursachungsfaktoren des Bedarfs zur Planung der Unternehmens-Umwelt-Interaktion lassen sich zu *drei Faktorengruppen* bündeln. Erstens ist davon auszugehen, dass die *Handlungsprozesse in den Unternehmen immer vielschichtiger* werden und gleichzeitig – zweitens – die *Intensität der Wechselbeziehungen zwischen den Unternehmen und ihren Interaktionspartnern* in der Unternehmensumwelt (vgl. Abschn. 1.4) ständig zunimmt. Schließlich sind drittens *unternehmensinterne und -externe Entwicklungen durch eine erhöhte Geschwindigkeit und Strukturbrüche gekennzeichnet.* Wie in Abschn. 5.7 gezeigt wurde, ist die Entwicklung interner und externer Rahmenbedingungen nicht nur durch eine zunehmende Veränderungsgeschwindigkeit, sondern auch durch einen verstärkt diskontinuierlichen Verlauf bestimmt (Macharzina [Diskontinuitätenmanagement]).

Mindestanforderungen

Angesichts dieser Situation sollten wenigstens die folgenden Voraussetzungen erfüllt sein, um die aus der erhöhten Komplexität, Dynamik und Diskontinuität resultierenden erhöhten Anforderungen an die Planung lösen zu können:

- Auch die Planung muss wie die Strategieentwicklung auf ein *frühzeitiges Erkennen von Umweltdiskontinuitäten* ausgerichtet sein (vgl. Abschn. 5.6.1.7).
- Als Grundlage für die Planung müssen alternative Prämissen formuliert werden, da jede Kontextkonstellation in der Zukunft eine abweichende Gestalt und Ausprägung annehmen kann.
- Die in Erwägung gezogenen Handlungsalternativen sollten nicht nur im Hinblick auf ihre ökonomischen, sondern auch auf ihre *gesellschaftlichen, technischen, rechtlichen und ökologischen Wirkungen* hin untersucht werden.
- Im Unternehmen muss eine *integrierte Gesamtplanung* erfolgen, die die einzelnen Teilplanungen (Funktions- bzw. Geschäftsbereiche, Abteilungen) zusammenfasst und aufeinander abstimmt (vgl. Abschn. 6.4).

Der oben vorgenommenen Begriffsbildung folgend dient Planung der umweltorientierten Handlungsprogrammierung des Unternehmens. Zum einen werden Programme für die zukünftige Entwicklung der relevanten Umwelt *aus den Strategien abgeleitet*, zum Zweiten wird das zukünftige Handeln des Unternehmens *auf vorhersehbare Entwicklungen* der Unternehmensumwelt *abgestimmt*, zum Dritten werden *Vorkehrungen* getroffen, um das Unternehmen *gegen unvorhersehbare Einflüsse* in seinem Bestand zu sichern und seine Entwicklung zu gewährleisten.

6.1.3 Inhalt und Umfang der Planung

In der betriebswirtschaftlichen Literatur bestehen bis heute unterschiedliche Auffassungen über Inhalt und Umfang der Planung. Sie werden durch zwei kontrovers diskutierte Fragen beherrscht.

Zielbildung und Planung

Zum einen bewegt die Frage, ob die *Zielbildung Teil der Unternehmensplanung oder ob sie dieser vorgelagert ist.* Damit ist die Frage der Planbarkeit von Zielen angesprochen, die nicht eindeutig beantwortet werden kann. Oben wurde gezeigt, wie Unternehmensziele und Maßnahmen zu ihrer Erreichung in einem Ziel-Mittel-Schema veranschaulicht werden können (vgl. Abschn. 4.4). Jede Maßnahme (Unterziel) ist ihrerseits Mittel zur Erreichung eines Ziels, das selbst wiederum zur Erreichung eines höheren Ziels beiträgt und daher Mittelcharakter hat. *Es lässt sich zeigen, dass die Planbarkeit eines Ziels davon abhängt, auf welcher Ebene der Ziel-Mittel-Hierarchie es angesiedelt ist.* Planbar im engeren entscheidungslogischen Sinn sind alle nachgelagerten Ziele im Unternehmen, da sie in sachrationaler Weise unter dem Kriterium ihres Beitrags zu einer übergeordneten Zielsetzung formuliert werden.

Die grundsätzlichen Ziele eines Unternehmens (vgl. Abschn. 4.6) sind hingegen nicht aus übergeordneten Handlungsmaximen ableitbar und so gesehen auch nicht planbar. Die Entstehung grundsätzlicher Ziele im Unternehmen lässt sich nämlich nicht immer auf logisch angelegte Planungsprozesse zurückführen; sie stellen im Regelfall Grundwertfragen dar und werden zwischen den Mitgliedern des Top-Managements unter Einflussnahme legitimierter Interessengruppen ausgehandelt (vgl. auch Kapitel 15). Trotz dieser Einschränkungen kann davon ausgegangen werden, dass die Mehrzahl der in den Unternehmen festgelegten Ziele nachgelagerter Natur und daher Gegenstand der Unternehmensplanung ist.

Planungsumfang

Zum anderen ist strittig, ob neben den antizipierenden Aktivitäten des Planungsprozesses auch die Auswahl von Handlungsalternativen, die Durchsetzung und Realisierung der ausgewählten Handlungsalternativen sowie die Kontrolle der Handlungsergebnisse Bestandteile der Unternehmensplanung oder ihr nachgelagert sind. Was diese zweite Frage angeht, wird in der betriebswirtschaftlichen Literatur vielfach zwischen der Planaufstellung und Planverabschiedung differenziert (vgl. zum Beispiel Weisser [Planung] 25). Diese Sichtweise lehnt sich an der arbeitsteiligen Durchführung der Planung durch Stab und Linie an (vgl. Abschn. 7.2.1), wobei die Stäbe mit der Planaufstellung beschäftigt sind, während der Linie die Aufgabe der Planverabschiedung zukommt. Aus der faktisch gegebenen arbeitsteiligen Durchführung der Planung kann jedoch nicht geschlossen werden, dass der Begriff der Planung nur auf die Prozessstufen bis zur Bewertung in Erwägung gezogener Handlungsalternativen eingeschränkt wird. Da eine Entscheidungsvorbereitung ohne nachfolgenden Entscheidungsakt ebenso wenig dem ökonomischen Kalkül entspricht wie eine Entscheidung ohne vorausgehende Analyse des Entscheidungsproblems, ist es vorteilhaft, von einem weiten Planungsbegriff auszugehen, der die Auswahl von Handlungsalternativen als Teil der Planung betrachtet. Auch spricht für diese Sichtweise, dass die Planaufstellung nachfolgender Perioden auf der Umsetzung vorgelagerter Pläne beruht.

Im ersten Kapitel wurde bereits darauf hingewiesen, dass sich Führung im „working through people" materialisiert. Mit Blick auf das Planungsphänomen bedeutet dies, dass die Planrealisierung arbeitsteilig erfolgt. Um ein zielkonformes Handeln sicherzustellen, werden die Handlungsalternativen inhaltlich und zeitlich in Form von Teilplänen weiter konkretisiert, die für die operativen Einheiten verbindlich sind. Da auch diesen Aktivitäten ein zukunftsorientierter Gestaltungscharakter zu eigen ist, sind sie ebenso in den Planungsprozess einzubeziehen. Die Einhaltung der Planvorgaben wird durch Überwachung gewährleistet. Planung ist zukunftsgerichtet, während der Überwachung ein ausgeprägter Zukunftsbezug fehlt. Aus diesem Grunde wird *die Überwachung der Realisierung als spezielle Führungsaktivität bezeichnet, die die Planung begleitet oder dieser nachgelagert abläuft.*

Ineinandergreifen von Planung und Kontrolle

In der älteren betriebswirtschaftlichen Denktradition bestand Konsens darüber, dass die Kontrolle ausschließlich die Aufgabe hat zu überprüfen, ob die Ergebnisse der Planrealisierung mit den Zielen der Planung übereinstimmen (Coenenberg/Baum/Günther [Controlling] 113 ff.). Aus unten dargelegten Gründen (vgl. Abschn. 6.3) hat es sich jedoch als unzweckmäßig erwiesen, Kontrollen erst am Ende der Planrealisierung durchzuführen. Vielmehr erscheint es nach heutiger Sicht notwendig, dass bereits in der Planerstellungs- und Realisierungsphase Kontrollen in der Form von Prämissen- oder Planfortschrittsanalysen durchgeführt werden. Die zeitliche Trennung von Planung und nachgelagerter Kontrolle, wie sie im älteren betriebswirtschaftlichen Schrifttum gesehen wurde und auch heute noch vielfach in der Unternehmenspraxis vollzogen wird, erscheint daher nicht mehr sinnvoll. Es ist nämlich von einer engen Wechselwirkung zwischen

Planung und Kontrolle auszugehen, wobei Planung ohne Kontrolle sinnlos, Kontrolle ohne Planung unmöglich ist (Wild [Grundlagen] 44). Dieses Ineinandergreifen wird an den Strukturierungsprinzipien von Planungs- und Kontrollsystemen deutlich, die aus interdependenten Planungs- bzw. Kontrollsequenzen bestehen (vgl. Abschn. 6.4). Ungeachtet dessen besteht ein inhaltlicher Unterschied zwischen Planung und Kontrolle darin, dass *der Kontrolle im Gegensatz zur Planung kein unmittelbarer Gestaltungsaspekt zukommt.*

Abbildung 6-3

Planungsarten

Abgrenzungskriterium	Typen
Führungsebene	– Gesamtunternehmensplanung – Teilbereichsplanung
Funktionsbereiche	– Beschaffungsplanung – Produktionsplanung – Absatzplanung – Finanzplanung – Personalplanung
Zentralisationsgrad der Planerstellung	– zentrale Planung – dezentrale Planung mit zentraler Koordination – dezentrale Planung
Überarbeitungs- bzw. Anpassungsprozesse	– starre Planung – Blockplanung – rollende Planung
Abstimmung der Teilpläne	– Sukzessivplanung – Simultanplanung
Operationalisierung	– quantitative Planung – qualitative Planung
Fristigkeit	– langfristige Planung – mittelfristige Planung – kurzfristige Planung

Planung als Querschnittsfunktion

Die *Planung als zukunftsbezogenes Gestaltungshandeln bildet schließlich eine Querschnitts- bzw. Metafunktion* im Unternehmen. Diese übergeordnete Funktion der Planung wird insbesondere bei der Unterscheidung von Planungsarten (vgl. Abbildung 6-3) deutlich, wenn beispielsweise auf der Gesamtunternehmensebene oder in den verschiedenen Funktions- und Geschäftsbereichen geplant wird oder wenn die Organisationsstruktur, Personalmaßnahmen und der Einsatz von Informations- und Kommunikationstechniken geplant werden. Die *Planung kann demnach als eine Führungsaktivität bezeichnet werden, die sämtliche Tätigkeitsbereiche des Managements durchzieht.*

6.2 Prozess der Unternehmensplanung

Die Unternehmensplanung ist dergestalt als *Prozess* zu begreifen, dass Planungshandeln aus einer Abfolge von Einzelstufen (Planungsphasen) besteht, die nacheinander in einer zeitlich-logischen Abfolge durchlaufen werden, und Planung im Unternehmen kein einmaliger Akt ist, sondern sich in regelmäßiger (zyklischer) oder unregelmäßiger (antizyklischer) Abfolge wiederholt. Die analytische Aufgliederung des Planungshandelns in Phasen oder Stufen erscheint aus verschiedenen Gründen sinnvoll. Insbesondere wird mit einer nach logischen Gesichtspunkten vollzogenen zeitlichen Staffelung von Planungsschritten zu einer Verbesserung der *Zielgerichtetheit* und *Transparenz* des Planungshandelns beigetragen, die durch den arbeitsteiligen Vollzug der Planungsaufgabe leicht verloren gehen können. Planung erfolgt nämlich in doppelter Hinsicht arbeitsteilig, da einerseits Stäbe sowie das Linienmanagement beteiligt sind und andererseits Mitarbeiter unterschiedlicher Abteilungen zusammenwirken.

Die Phasenbildung trägt zudem zur verstärkten Zielgerichtetheit der Planung bei, da ein komplexes Problem besser überblickt werden kann, wenn es – wie im Planungsprozess – in Teilprobleme aufgegliedert wird, für die unter Umständen bereits Standardlösungen vorliegen. In Abbildung 6-4 ist der idealtypische Ablauf der Planung anhand eines *Phasenschemas* wiedergegeben. Um dieses besser an die Realität heranführen zu können, werden im Folgenden die einzelnen Prozessstufen jeweils *anhand des Fallbeispiels der Thermodyn-Cash GmbH erläutert.* Die Zielbildung sowie die Analyse und Prognose der Umweltsituation stellen die Ausgangspunkte der Unternehmensplanung dar.

Zielformulierung

Im Rahmen der *Zielformulierung* (vgl. Kapitel 4) werden für das Gesamtunternehmen, für die Funktions- oder Geschäftsbereiche sowie die einzelnen Abteilungen Sollzustände oder Standards formuliert. Die Zielformulierung erfolgt in der Regel anhand quantitativer Größen wie Kosten, Umsatz, Gewinn, Deckungsbeitrag, aber auch Kapitaleinsatz. Die Ziele sollten einen hohen Operationalisierungsgrad aufweisen und insbesondere hinsichtlich der drei Dimensionen Zielinhalt, Zielausmaß und zeitlicher Bezug (vgl. Abschn. 4.2) präzisiert sowie erreichbar sein. Aus motivationalen Gründen ist die Beteiligung der betroffenen Einheit am Zielbildungsprozess zweckmäßig.

Planung als Prozess

Abbildung 6-4

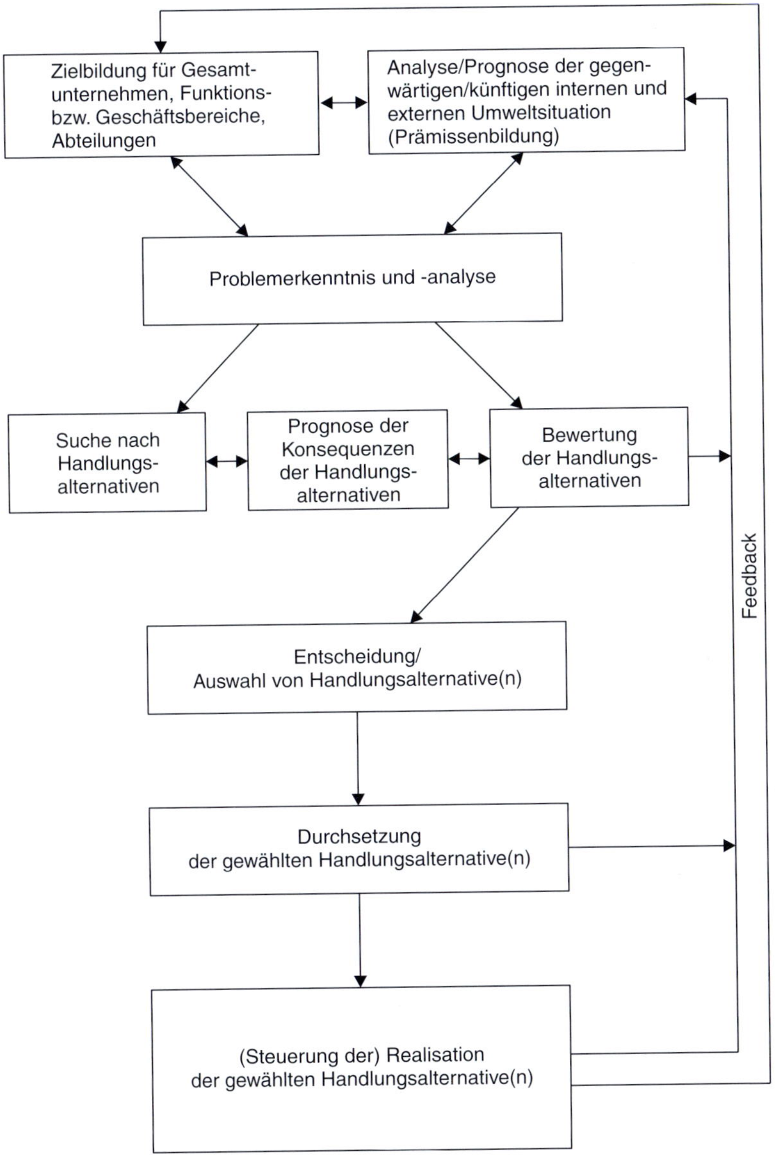

Fallbeispiel:

Thermodyn-Cash GmbH

Die Thermodyn-Cash GmbH ist trotz ihres eigenwilligen Namens ein traditionsreiches deutsches Verlagsunternehmen, das in erster Linie natur- und wirtschaftswissenschaftliche Fachbücher und -zeitschriften publiziert.

Der Verlag hat bis Mitte der 1980er Jahre eine stetige Aufwärtsentwicklung genommen. Der nach funktionalen Gesichtspunkten strukturierte Verlag beschäftigt derzeit rund 300 Mitarbeiter, die im vergangenen Jahr einen Umsatz von 153 Millionen Euro erwirtschaftet haben.

Die bei Thermodyn-Cash erscheinenden Publikationen werden von verschiedenen Druckereibetrieben, mit denen der Verlag schon seit Jahren zusammenarbeitet, endgefertigt. Gemäß der bisherigen Entwicklung kommt die Verlagsleitung mit den Kapitaleignern überein, dass auch in den nächsten Jahren das zentrale Verlagsziel in einer stetigen, von einem gemäßigten Umsatz- und Gewinnwachstum (drei bis fünf Prozent) gekennzeichneten Entwicklung bestehen soll. Die Kunden des Verlags sollen hierbei mit anspruchsvollen Publikationen versorgt werden.

Analyse und Prognose des inneren und äußeren Kontexts

Eine angemessene Zielformulierung setzt voraus, dass sowohl der innere als auch der äußere *Kontext* sorgfältig *analysiert* werden. Die Kontextanalyse bezieht sich auf die Gegenwart (Ist-Zustand), die Prognose auf die Zukunft, wobei verschiedene Techniken zum Einsatz kommen (vgl. Abschn. 11.2.1). Dieser Planungsschritt schließt mit der Prämissenbildung ab.

Fallbeispiel (Fortsetzung):

Vom Planungsstab des Verlags werden fortlaufend Umweltanalysen, die im Verlag als „Issue-Berichte" bezeichnet werden, erstellt. Der Issue-Bericht des laufenden Jahres weist auf folgende Entwicklungen hin:

Verlagsexterne Entwicklungen:

- *der Anteil ausländischer Verlage am deutschen Markt für wissenschaftliche Publikationen ist im vergangenen Jahr sprunghaft von 15 Prozent auf 22 Prozent angestiegen,*
- *der Hauptkonkurrent des Thermodyn-Cash-Verlags hat zwei kleinere Wissenschaftsverlage übernommen,*

- *vor allem anglo-amerikanische Verlagsunternehmen gehen verstärkt dazu über, nicht nur Printmedien, sondern auch neue Medien wie Disketten, CD-ROMs und Internetportale als Informationsträger zu nutzen und zu vertreiben. Auch bieten sie im Internet Hörversionen der Buchpublikationen an,*
- *während der Markt für Publikationen von und für Wissenschaftler stagniert, zeichnet sich der populärwissenschaftliche Markt durch erhebliche Wachstumsraten aus.*

Verlagsinterne Entwicklungen:

- *die Umsatz- und Gewinnentwicklung des Thermodyn-Cash-Verlags blieb mit zwei Prozent bzw. einem Prozent Steigerung hinter den Erwartungen zurück,*
- *drei der fünf Verlagsdirektoren, deren Ressorts unmittelbar unterhalb der Verlagsleitung angesiedelt sind, sind im vergangenen Jahr altershalber ausgeschieden. Die vakanten Positionen wurden von außen neu besetzt.*

Die Verlagsleitung sieht nach Erscheinen dieser Issue-Berichte keine Notwendigkeit, die Verlagsziele umzuformulieren.

Die Prozessstufen der Zielformulierung sowie der Umweltanalyse und -prognose stehen in enger gegenseitiger Wechselwirkung. Die Umweltanalyse und -prognose ist dabei der Zielformulierung sowohl vor- als auch nachgelagert. Sind nämlich die Ziele der Planungseinheit formuliert, so ist es die Aufgabe der Planungsträger, zu prüfen, ob die Ziele auch ohne die Entwicklung und Umsetzung zusätzlicher Handlungsprogramme erreicht werden können. Dies geschieht durch einen Vergleich von den für die Planungseinheit formulierten Zielen mit der am Ende des Planungshorizonts erwarteten Umweltsituation.

Problemerkenntnis und -analyse

Zeigt es sich, dass die gesetzten Ziele nicht ohne die Entwicklung und Umsetzung zusätzlicher Handlungsprogramme erreicht werden können, so ist ein *Problem erkannt* worden. Ein Problem ist allgemein als die Abweichung von einer Norm definiert. Es muss im weiteren Verlauf des Planungsprozesses gelöst werden. Insbesondere dient das im Planungsprozess entwickelte Handlungsprogramm der Beseitigung der Abweichung. Dazu ist zunächst eine *Analyse des Problems* erforderlich, in der eine genaue Beschreibung und eine Einordnung des Problems, beispielsweise als neuartig oder bekannt, sowie eine Untersuchung der problemstiftenden Gründe erfolgt.

Fallbeispiel (Fortsetzung):

Der Vergleich der Umsatz- und Gewinnziele mit der faktischen Umsatz- und Gewinnsituation der vergangenen Jahre zeigt, dass die von der Verlagsleitung gesetzten Ziele nicht erreicht wurden. Für das Problem „Umsatz- und Gewinnzielverfehlung" scheinen mehrere Gründe verantwortlich zu sein:

- *Die öffentliche Hand, die mit ihren Instituten und Bibliotheken ein Hauptabnehmer von natur- und wirtschaftswissenschaftlichen Publikationen ist, hat im vergangenen Jahr eine restriktive Haushaltspolitik verfolgt,*
- *die Schere zwischen Verkaufspreisen wissenschaftlicher Fachpublikationen und den Kosten für Kopien dieser Werke hat sich weiter zuungunsten der Publikationen geöffnet,*
- *die Publikationen des Thermodyn-Cash-Verlags sind rund 10 bis 15 Prozent teurer als vergleichbare Erzeugnisse anderer Verlage,*
- *in die Lehrbuchsammlungen der Universitätsbibliotheken werden verstärkt interaktive Lernmedien eingestellt,*
- *die formale Gestaltung der im Thermodyn-Cash-Verlag erscheinenden Bücher und Zeitschriften entspricht nur bedingt dem heutigen Standard.*

Suche nach Handlungsalternativen

Der Strukturierung des Planungsproblems folgt die *Suche nach Lösungs- oder Handlungsalternativen*. Je nach Problemlage kann hierbei auf bereits bekannte und bewährte Lösungsansätze zurückgegriffen werden. Liegen keine derartigen Lösungen vor, müssen neuartige Wege beschritten und innovative Handlungsalternativen gesucht werden. Es hat sich als vorteilhaft erwiesen, wenn in dieser Phase die Handlungsalternativen nicht sofort auf ihr Problemlösungspotenzial hin geprüft werden. Eine zu frühe Bewertung in dieser Hinsicht könnte die Kreativität und damit die Ideenvielfalt einschränken (vgl. Abschn. 11.2.2).

Fallbeispiel (Fortsetzung):

Im Planungsstab der Thermodyn-Cash werden mehrere Problemlösungsvorschläge als Handlungsalternativen entwickelt; hierzu zählen

a) die Verbesserung der formalen Gestalt der Thermodyn-Cash-Publikationen,

b) die Erweiterung des Leistungsprogramms um Lernprogramme und Hörbücher,

c) der Aufbau eines umfassenden Berichtssystems, um den Umsatz- und Gewinnbeitrag der im Verlag erscheinenden Zeitschriften überprüfen zu können,

d) die Reorganisation des Gesamtverlags, wobei die funktionale Struktur durch ein geschäftsbereichsbezogenes Profit-Center-Konzept [Sparten: 1) Fachzeitschriften, 2) naturwissenschaftliche Bücher, 3) wirtschaftswissenschaftliche Bücher, 4) neue Medien] ersetzt werden soll,

e) die Durchführung einer Gemeinkostenwertanalyse,

f) der langfristige Ausbau und die qualitative Stärkung der Wissenschaftsredaktion, um die Qualität der eingereichten Manuskripte besser beurteilen zu können,

g) der Druck der Publikationen in Billiglohnländern,

h) die Akquisition kleinerer Druckereibetriebe.

Prognose der Konsequenzen der Handlungsalternativen

In einem weiteren Schritt werden die *Wirkungen der einzelnen Lösungsvorschläge prognostiziert.* Hierbei geht es jedoch nicht nur darum, die wirtschaftlichen Folgen der verschiedenen Handlungsalternativen vorauszubestimmen; es müssen daneben auch die sozialen, technischen, politisch-rechtlichen und ökologischen Auswirkungen vorhergesagt werden. Wie bei der Prognose der Umweltsituation ergibt sich für die Planungsträger auch hier das Problem, dass die Konsequenzen der Alternativen nur ausschnitt- und bruchstückhaft abgeschätzt werden können. Daher müssen im Verlauf des Planungsprozesses mehrfach Prognosen durchgeführt werden. Von der methodischen Seite unterscheidet sich die Prognose der Alternativenfolgen nicht von der Prognose der Umweltsituation. Deswegen kommen auch hier die im Abschn. 11.2.1 dargestellten Prognoseverfahren zum Einsatz. Auch in dieser Phase wird ein unmittelbarer, beurteilender Vergleich der Handlungsalternativen noch nicht vorgenommen.

Fallbeispiel (Fortsetzung):

Jede der zuvor aufgezeigten Alternativen des Thermodyn-Cash-Verlags wird zu mehreren Konsequenzen führen. Da das gesamte Spektrum von Alternativenwirkungen hier nicht dargestellt werden kann, erfolgt lediglich eine exemplarische Wirkungsprognose der Alternativen b) und g).

Konsequenzen der Handlungsalternative b)

Erweiterung des Leistungsprogramms um Lernprogramme und Hörbücher:

- *Die Markteinführung neuer Medien wird voraussichtlich in den kommenden fünf Jahren Kosten in Höhe von 130 Millionen Euro verursachen. Gleichwohl*

werden die mit der Markteinführung verbundenen Kosten um so höher sein, je später die Programmerweiterung hin zu neuen Verlagsmedien erfolgt;
- *Marktprognosen ergeben, dass die Umsatzerlöse im gleichen Zeitraum 150 Millionen Euro betragen werden;*
- *um in dem dynamischen Markt für neue Verlagsmedien bestehen zu können, werden umfangreiche personelle Maßnahmen wie Neueinstellungen, Versetzungen und Personalentwicklungsprogramme notwendig sein;*
- *umweltfreundliche papierarme Produkte werden in der Öffentlichkeit Zuspruch erhalten und das Unternehmensimage verbessern.*

Konsequenzen der Handlungsalternative g)

Druck der Bücher und Zeitschriften in Billiglohnländern:

- *Der Druck von Büchern und Zeitschriften im Ausland wird sich vermutlich nachteilig auf die Produktqualität und das Produktimage sowie auf die Lieferprogrammflexibilität des Verlags auswirken;*
- *eine ausländische Fertigung ist mit Kostenvorteilen von bis zu 12 Prozent verbunden;*
- *es ist zu erwarten, dass sich die durch eine ausländische Fertigung entstehenden Kostenvorteile auf das Massengeschäft beschränken; bei den im Wissenschaftsbereich üblichen kleinen Auflagen fallen die Kosteneffekte wesentlich geringer aus;*
- *es ist damit zu rechnen, dass sich die guten Beziehungen zu den Druckereien als langjährige Geschäftspartner verschlechtern werden.*

Um die notwendigen Aktivitäten der einzelnen Handlungsalternativen sowie deren Konsequenzen zu ordnen, entwirft der Planungsstab des Verlags eine Alternativenmatrix (vgl. Abbildung 6-5).

Die exemplarische Fallbeschreibung zeigt, dass die Wirkungen von Lösungsalternativen auf sehr unterschiedlichen Ebenen angesiedelt sein können. Beispielsweise können sich einige Handlungsalternativen durch günstige ökonomische bei eher nachteiligen sozialen, möglicherweise auch ökologischen (Papierverwendung) Wirkungen auszeichnen, während für andere Alternativen eine völlig andersartige Wirkungskonstellation zu prognostizieren ist. Die Planungsträger stehen somit vor der Schwierigkeit, die Handlungsalternativen miteinander vergleichbar zu machen. Dies erfolgt im Rahmen der *Bewertung der Handlungsalternativen.*

Matrix der Handlungsalternativen und ihre Konsequenzen

Abbildung 6-5

Alternativenmix				
	Zu ergreifende Personalmaßnahmen	**Zu tätigende sachliche Maßnahmen**	**Erwartete Umsatzwirkung***	**Erwartete Mitarbeiterakzeptanz**
a) Formale Produktverbesserung	– Schulung diverser MA-Gruppen	– Kauf von EDV-Systemen; → Desk Top Publishing	+10	generell hoch
b) Sortimentserweiterung	– Einstellung neuer MA – Weiterbildung von MA	– umfangreiche Sachinvestitionen, vor allem für Redaktionen und Distribution	+150	**
c) Aufbau eines umfassenden Berichtssystems	– Einstellung neuer MA in begrenztem Umfang – MA-Schulung	– Sachinvestitionen für Büros, Geräteausstattung, Software etc.	0	***
d) Strukturelle Reorganisation → Profit Center	– Einberufung von Projektteams für Reorganisation – Einstellung von Projekt- und weiteren Funktionsmanagern	– Einschaltung eines Beratungsunternehmens	+12	****
e) Durchführung GWA	– Bindung von Personalressourcen	– Einschaltung eines Beratungsunternehmens	–2	äußerst gering
f) Stärkung der Wissenschaftsredaktion	– Einstellung von Nachwuchswissenschaftlern – umfangreiche Schulungsmaßnahmen	– Erweiterung der Verlagsbibliothek – Nutzung von Literaturdatenbanken	+2	generell hoch
g) Druck in Billiglohnländern	keine	keine	+4	eher gering
h) Akquisition Druckerei Meier	Schulung der Druckereimitarbeiter	Ersatzinvestitionen in Druckereibetrieben	+3	generell hoch

* in den nächsten fünf Jahren; in Millionen Euro
** Vorbehalte bei älteren Verlagsmitarbeitern (auch in höheren hierarchischen Positionen)
*** ablehnende Haltung bei den Chefredakteuren einiger Zeitschriften
**** Ablehnung in mehreren Belegschaftsgruppen

Bewertung der Handlungsalternativen

Hierzu müssen die vielschichtigen Wirkungen der einzelnen Alternativen dimensional angepasst und normiert werden. Dabei hat es sich bewährt, Kriterien abzuleiten, anhand derer sämtliche Alternativen beschrieben und beurteilt werden. Diese analytische Vorgehensweise wird auch durch die Anwendung der im Abschn. 11.2.3 dargestellten Bewertungstechniken vollzogen. Der Prozess der Auswahl und Gewichtung von Beurteilungskriterien ist angesichts der unterschiedlichen persönlichen Prämissen und Machtpotenziale der am Planungsprozess beteiligten Personen nicht nur konfliktreich; auch erweist sich die Einschätzung der einzelnen Handlungsalternativen in der Praxis oft als Problem, für das kaum allgemeingültige Lösungsrezepte bereitstehen. Daher können die im Abschn. 11.2.3 dargestellten Verfahren zur Bewertung von Handlungsalternativen nur mit dem Anspruch einer Heuristik, nicht jedoch eines Algorithmus belegt werden.

Fallbeispiel (Fortsetzung):

Die Mitarbeiter des Planungsstabs des Thermodyn-Cash-Verlags versuchen das Bewertungsproblem in den Griff zu bekommen, indem sie zunächst zwei Mindestbedingungen, so genannte K.o.-Bedingungen, aufstellen, die von den Handlungsalternativen erfüllt werden sollten:

- *Die Thermodyn-Cash-Produkte sollen sich auch in Zukunft durch eine hohe inhaltliche und formale Qualität auszeichnen.*
- *Soziale Härten sollen weitgehend vermieden werden, da der überwiegende Teil der Mitarbeiter schon seit vielen Jahren im Verlag tätig ist.*

Die Planer kommen zu dem Ergebnis, dass die Handlungsalternative g) Druck von Publikationen in Billiglohnländern gegen die erste K.-o.-Bedingung verstößt und daher nicht weiter verfolgt werden soll. Nach heftigen Diskussionen wird von der Planungsgruppe beschlossen, die Handlungsalternative e) Durchführung einer Gemeinkostenwertanalyse zunächst zurückzustellen, da erwartet wird, dass diese nicht ohne übermäßige soziale Härten durchzuführen ist.

Die Konsequenzen der verbleibenden Handlungsalternativen werden von den Mitarbeitern des Planungsstabs bewertet, indem sie zunächst die im Zeitraum der nächsten fünf Jahre voraussichtlich entstehenden Kosten- und Umsatzwirkungen der Personal- und sachlichen Maßnahmen ermitteln (vgl. Abbildung 6-6) und des Weiteren ein einfaches Punktbewertungsmodell (vgl. Abbildung 6-7 sowie Abschn. 11.2.3) entwickeln.

Es zeigt sich, dass die vorteilhaftesten Handlungsalternativen des Fallbeispiels mit den Alternativen a) und b) gegeben sind.

Am Fallbeispiel werden die Grenzen von Punktbewertungsverfahren deutlich; positive und negative Wirkungen der Handlungsalternativen werden gegenseitig aufgerechnet, was zu einer nivellierenden Gesamtbewertung der Alternativen und zu einer Verwischung unterschiedlicher Wirkungsdimensionen führt.

Voraussichtliche Kosten- und Umsatzwirkungen

Abbildung 6-6

Kosten-Nutzen-Analyse
Voraussichtliche Kosten und Umsatzwirkungen*
der Personal- und Sachmaßnahmen (diskontiert)

Handlungsalternative	Zusätzliche Personalkosten	Anteilige Abschreibungen für zusätzliche Sachinvestitionen	Summe Personalkosten und Abschreibungen	Erwartete Umsatzwirkungen	Kumulative Gewinne bzw. Verluste
a) Formale Produktverbesserung	5 Mio.	3 Mio.	8 Mio.	+10 Mio.	+2 Mio.
b) Sortimentserweiterung	40 Mio.	90 Mio.	130 Mio.	+150 Mio.	+20 Mio.
c) Aufbau eines umfassenden Berichtssystems	2 Mio.	3 Mio.	5 Mio.	0 Mio.	–5 Mio.
d) Strukturelle Reorganisation à Profit Center	6 Mio.	10 Mio.	16 Mio.	+12 Mio.	–4 Mio.
f) Stärkung der Wissenschaftsredaktion	12 Mio.	2 Mio.	14 Mio.	+2 Mio.	–12 Mio.
h) Akquisition Druckerei Meier	3 Mio.	8 Mio.	11 Mio.	+3 Mio.	–8 Mio.

* in den nächsten fünf Jahren (in Euro)

Entscheidung/ Auswahl der Handlungsalternativen

Nach der Bewertung der Handlungsalternativen folgt im Planungsprozess die *Auswahl von Handlungsalternativen*. Während die zuvor beschriebenen Phasen von der Prognose der Umweltsituation bis zur Bewertung von Handlungsalternativen in vielen Unternehmen von Planungsstäben durchgeführt werden, ist die Entscheidung über Handlungsalternativen ein Schritt, den sich üblicherweise das Linienmanagement selbst vorbehält. Dies kann im idealtypischen Fall so weit gehen, dass den Entscheidungsträgern komplette „Entscheidungspakete" in Form von Alternativenbeschreibungen mit Angabe der voraussichtlichen Konsequenzen jeder Alternative vorgelegt werden, sodass ihnen lediglich der eigentliche Auswahlakt als Finalentscheidung obliegt.

Abbildung 6-7 *Punktbewertungsmatrix*

Punktbewertungsmatrix
Bewertung der Handlungsalternativen
anhand ökonomischer und sozialer Kriterien

Handlungsalternative	Kumulative Gewinne bzw. Verluste	Punktwert Gewinne (Gewichtung 80 %)	Erwartete Mitarbeiterakzeptanz	Punktwert Akzeptanz (Gewichtung 20 %)	Gesamt Punktwert
a) Formale Produktverbesserung	2 Mio.	2	generell hoch	20	5,6
b) Sortimentserweiterung	20 Mio.	20	vereinzelt Ablehnung	–5	15,0
c) Aufbau eines umfassenden Berichtssystems	–5 Mio.	–5	vereinzelt Ablehnung	–5	–5,0
d) Strukturelle Reorganisation → Profit Center	–4 Mio.	–4	breite Ablehnung	–10	–5,2
f) Stärkung der Wissenschaftsredaktion	–12 Mio.	–12	generell hoch	20	–5,6
h) Akquisition Druckerei Meier	–8 Mio.	–8	generell hoch	20	–2,4

Fallbeispiel (Fortsetzung):

Im Anschluss an eine mehrtägige Klausurtagung, an der die Verlagsleitung, die Verlagsdirektoren, die Chefredakteure sowie die Mitglieder des Planungsstabs teilnehmen, entscheidet sich die Verlagsleitung der Thermodyn-Cash GmbH dafür, mit den Alternativen a) Verbesserung der formalen Gestalt der Thermodyn-Cash-Publikationen und b) Erweiterung des Leistungsprogramms um Lernprogramme und Hörbücher zwei der vorgeschlagenen Handlungsalternativen parallel zu realisieren.

Durchsetzung der gewählten Handlungs-alternative(n): Handlungs-programm

Der Planungsprozess kommt mit der *Durchsetzung der gewählten Handlungsalternativen* zum Abschluss. Da die Realisierung des Handlungsprogramms von verschiedenen Einheiten im Unternehmen durchgeführt wird, ist es notwendig,

- Prozessstufen der Realisierung des Handlungsprogramms herauszuarbeiten,
- zeitlich gestaffelte Teilziele (Meilensteine) zu bestimmen,
- Zuständigkeiten (Geschäfts- oder Funktionsbereiche, Abteilungen) festzulegen und
- die ausführenden Einheiten in verbindlicher Form mit der Durchführung der zur Planrealisierung notwendigen Teilaufgaben zu beauftragen.

Die Durchsetzung des Handlungsprogramms kann auch als *Vollzugsplanung* bezeichnet werden. Ein wichtiges Instrument zur Plandurchsetzung, insbesondere zur Festlegung von Zuständigkeiten im Zeitablauf stellen *Budgets* dar. Budgets sind (finanzielle) *Vorgaben* von

- *Zielen oder Soll-Ergebnissen* (Kosten- und Leistungsgrößen) sowie von
- *Einsatz- oder Inputgrößen* (Kapital, Investitionsvolumen),

die in Form von Geldwerten ausgedrückt und sowohl im Hinblick auf eine Entscheidungseinheit wie auch auf die Vollzugsperiode genau festgelegt sind (Dambrowski [Budgetierungssysteme] 18 ff.; Horváth [Controlling] 231; Wild [Grundlagen] 39; Sadowski/Hoffmann/Löcher [Budgetforschung] 7 ff.). Budgets sind demnach Mittel der Planung.

Fallbeispiel (Fortsetzung):

Auch bei Thermodyn-Cash erfolgt die Plandurchsetzung durch Budgetvorgaben. Im Budgetierungssystem des Verlags sind für jeden Funktionsbereich detaillierte Budgets (funktionale Teilbudgets) enthalten. Diese werden zu Beginn des jeweiligen Jahres erstellt und zu einem Unternehmensgesamtbudget aggregiert (vgl. Abbildung 6-8).

Das zu Beginn des darauffolgenden Jahres erstellte Unternehmensgesamtbudget von Thermodyn-Cash, in dem die Umsatz-, Investitions- und Kostenwirkungen der vorgesehenen Handlungsalternativen berücksichtigt sind, hat den in Abbildung 6-8 auszugsweise dargestellten Inhalt (Radtke [Handbuch] 195 ff.). Mit der Durchsetzung des Handlungsprogramms wird der Planungsprozess abgeschlossen.

Empirische Befunde

Es muss nochmals darauf hingewiesen werden, dass die dargestellte *Phaseneinteilung des Planungsprozesses idealtypischer Natur* ist. Witte ([Phasen-Theorem] 626 ff.) hat das Planungsverhalten von Unternehmen untersucht, indem er 233 innovative Entscheidungsprozesse (Erstbeschaffung von EDV-Anlagen) analysiert hat. Dabei konnte gezeigt werden,

Abschied vom Phasenmodell

- dass innovative Entscheidungen multioperative, multitemporale und multipersonale Prozesse darstellen,
- dass innovative Entscheidungen in der Unternehmenspraxis zwar Prozesscharakter haben,
- dass die Planungsphasen jedoch nicht durchweg in der beschriebenen zielgerichteten Reihenfolge durchlaufen werden (Teilphasen wiederholen sich vielfach im Planungsprozess),
- dass andererseits jedoch alle Tätigkeiten den fünf geprüften Phasen zuzuordnen sind und

dass komplexe Entscheidungsprozesse nicht in einem einzigen Finalentscheid kulminieren, sondern eine Mehrzahl von Vor- und Teilentscheidungen beinhalten (Witte [Phasen-Theorem] 631 ff.).

Abbildung 6-8

Unternehmensgesamtbudget

Umsatzstrukturbudget:			
Produktgruppe	Ist-Umsätze (Vorjahr)	Soll-Umsätze (Budgetjahr)	Veränderung
- Bücher	90 Mio. Euro	93 Mio. Euro	+3,3 %
- Zeitschriften	63 Mio. Euro	67 Mio. Euro	+6,3 %
- neue Medien	–	12 Mio. Euro	–
Summe Umsätze	153 Mio. Euro	172 Mio. Euro	+12,4 %

Investitionsstrukturbudget:	
Überhang aus dem Vorjahr	–
+ Neubereitstellungen im Budgetjahr (davon 140 Mio. Euro für neue Medien)	220 Mio. Euro
– Überhang in das Folgejahr	90 Mio. Euro
Budgetwert	130 Mio. Euro

Personalkosten-Strukturbudget:	
- Personalbasiskosten	20 Mio. Euro
- Personalzusatzkosten	
– Löhne und Gehälter für bezahlte Ausfallzeiten	2 Mio. Euro
– soziale Abgaben	5 Mio. Euro
– Altersversorgung und Unterstützung	6 Mio. Euro
– Personalbeschaffungskosten	4 Mio. Euro
– Aus- und Weiterbildungskosten	9 Mio. Euro
- Summe Personalkosten	46 Mio. Euro

Effizienz der Unternehmensplanung

Stellvertretend für die Vielzahl an mittlerweile vorgelegten Studien sei abschließend mit Welge ([Unternehmungsführung I] 563 ff.) in seiner Analyse empirischer Forschungsarbeiten zur institutionellen Effizienz der Planung die Frage gestellt: Lohnt sich formalisierte Planung? Er kommt insgesamt zu einem differenzierten Urteil. Die Studien zur Effizienz formaler Unternehmensplanung müssen dabei in *zwei Gruppen* eingeteilt werden. Ältere Studien versuchen die Planungseffizienz zu ermitteln, indem sie auf der *subjektiven Wahrnehmung* der Befragten aufbauen. Bei diesen Studien wurden die Interviewpartner gefragt, ob sie der Meinung sind, dass der Planungsnutzen den mit der Planung verbundenen Aufwand überwiegt, wobei darauf verzichtet wurde, die geäußerten Vermutungen anhand intersubjektiv überprüfbarer Daten zu validieren. Die Studien lieferten keinen eindeutigen Beleg für eine positive Effizienzwirkung formalisierter Planung. Aufgrund der konzeptionellen Probleme der vorgenannten älteren Studien wird in neueren, *quasi-objektiven* Untersuchungen der Versuch unternommen, einerseits die Intensität vorhandener Planungsaktivitäten zu operationalisieren, andererseits mittels Kennzahlen die Gesamteffizienz der untersuchten Unternehmen zu ermitteln, um schließlich die Befunde miteinander in Beziehung zu setzen. Die Auswertung der von Welge zusammengetragenen neueren Studien zeigt, dass *auch heute noch nicht empirisch fundiert behauptet werden kann, dass institutionalisierte Planung zu einer generellen Effizienzsteigerung in Unternehmen führt*. Umgekehrt ist allerdings davon auszugehen, daß gerade erfolgreiche Unternehmen die Planung nicht als finanzielle Pflichtübung, sondern als einen kontinuierlich zu gestaltenden Prozess begreifen, der kurz- wie langfristige Planungsinstrumente mit einschließt (Williams [Continuous] 17). Die Wertsteigerungsanalyse etwa, die in den USA unter dem Namen Shareholder Value Analysis stark verbreitet ist, scheint diesbezüglich ein geeignetes Konzept darzustellen. Als Instrument der strategischen Planung rückt sie die Maximierung des Unternehmenswertes in den Mittelpunkt unternehmerischen Handelns und stellt mittlerweile einen integrativen Bestandteil im deutschen Unternehmenscontrolling dar (Becker [Analysis] 749 ff.).

6.3 Grundlagen der Kontrolle

6.3.1 Begriff, Merkmale und Funktionen der Kontrolle

Die Kontrolle ist wie die Planung eine *Meta- oder Querschnittsaktivität*, die sich prinzipiell auf alle Prozesse innerhalb und außerhalb des Unternehmens erstrecken kann (Müller [Kontrolle] 1086). Herkömmlicherweise wird Kontrolle als Vergleich zwischen vorgegebenen Sollwerten und ermittelten Istwerten zum Zwecke der Überprüfung der Sollwerteinhaltung verstanden (Wild [Grundlagen] 44). Diese Sichtweise von Kontrolle ist angesichts der zunehmenden Umweltdynamik jedoch dahingehend erweitert worden, dass Kontrolle auch die Überprüfung der im Planungsprozess angenommenen Rahmenbedingungen einschließt (Schreyögg [Verhältnis] 345 ff.).

Begriff der Kontrolle

Insofern bietet es sich an, den Kontrollbegriff *im Sinne von Informationsaktivitäten zur Aufdeckung von Prognosefehlern* zu verwenden (Frese [Unternehmungsführung] 184). Oben wurde bereits auf die enge Verknüpfung von Planung und Kontrolle hingewiesen. Auch sind die *Funktionen* der Kontrolle denen der Planung ähnlich (Zettelmeyer [Management] 212 ff.), wie an den wichtigsten Kontrollfunktionen gezeigt werden kann.

So erfüllt Kontrolle zunächst eine *Beobachtungsfunktion*, indem durch die Ermittlung realisierter Leistungsergebnisse Kenntnisse über tatsächlich eingetretene Handlungsfolgen gewonnen werden. Der Kontrolle kommt ferner eine *Abbildungsfunktion* zu, da faktische Informationen über vergangene, gegenwärtige und künftige Entscheidungsprozesse niedergelegt werden. Weiterhin beinhaltet Kontrolle eine *Beurteilungsfunktion*, da realisierte Leistungen anhand von Normen, Plänen und Sollwerten hinsichtlich ihres Wirkungspotenzials eingeschätzt werden. Schließlich kann der Kontrolle auch eine *Präventivfunktion* zugeschrieben werden, da die Unternehmensmitglieder durch das Bewusstsein um Kontrollmaßnahmen ihr Verhalten zu zielgerichtetem Handeln werden lassen.

6.3.2 Verursachungsfaktoren des Kontrollbedarfs

Verschiedene empirische Befunde, die allerdings im Hinblick auf Grundgesamtheit, Stichprobe und angewandte Methoden heterogen sind, verweisen auf typische *Schwachstellen* der Planung, die Kontrollen erforderlich machen.

Schwachstellen der Planung

- Danach dominiert eine kurz- bis mittelfristige Perspektive im Planungsverhalten vieler Unternehmen. Zwar ist eine Langfristplanung in größeren Unternehmen tendenziell häufiger anzutreffen als in kleineren Unternehmen, jedoch ist der „Diffusionsgrad" langfristiger oder sogar strategischer Unternehmensplanung (vgl. Kapitel 5) auch unter Berücksichtigung neuerer Studien nach wie vor als unbefriedigend zu bezeichnen (Töpfer [Planungs- und Kontrollsysteme] 371).
- In vielen Unternehmen stellt die Planung nur eine Ergebnisvorschau, nicht jedoch eine geistige Durchdringung von Handlungsalternativen dar. In der Praxis fehlt der „Planung" demnach häufig der Gestaltungscharakter, und sie erweist sich daher als eine periodisch wiederkehrende Prognose von Zahlen (Calingo [Excellence] 21 ff.).
- Die Informationsbeschaffung vieler Unternehmen im Planungsprozess ist als unbefriedigend zu bezeichnen. Dieses betrifft vor allem das Prognoseverhalten. So zeigt sich, dass die Auswahl der Datenquellen, die Aufbereitung der vorliegenden Daten und die Datenverwaltung unzulänglich sind (Hüttner [Prognoseverfahren] 293 ff.).
- Die Methodenkenntnis der Planungsträger hinsichtlich Techniken der Prognose, Alternativensuche und -bewertung ist insgesamt unzureichend (Brockhoff [Planung] 840 f.; Rüth [Planungssysteme] 409 f.).
- In zahlreichen Unternehmen wird versäumt, Ziele operational zu formulieren. Als Folge wird von den Planungsträgern keine optimale Alternativenauswahl vorgenommen (Henke [Board] 87 ff.).

- Viele Unternehmen lassen Planungskontinuität und Stetigkeit vermissen; stattdessen bestehen Planungslücken. Dies führt dazu, dass der Informationsstrom der Planungsträger unterbrochen wird und diese Umweltentwicklungen nur unzureichend zu interpretieren vermögen (Kreikebaum [Unternehmensplanung] 25 f.).

- Planungs- und Kontrollprozesse sind mangelhaft integriert, was zur Folge hat, dass die Teilpläne des Unternehmens (Finanz-, Beschaffungs-, Produktions-, Absatz-, Investitions- und Personalplan) nicht aufeinander abgestimmt sind. Auch wird Kontrolle vielfach als Vergleich der Ergebnisse abgeschlossener Planrealisierungen mit Zielen verstanden und damit nur ein Teil des Kontrollproblems gelöst. Insbesondere wird dadurch die Chance zum frühzeitigen „Gegensteuern" vergeben (Hahn/Oppenländer/Scholz [Entwicklungstendenzen] 981, 1004; Rüth [Planungssysteme] 404; Raymond/Barksdale [Planning] 41 ff.).

- Die Weiterentwicklung strategischer Planungssysteme wird vor allem durch personelle und organisatorische Veränderungen im Bereich des Top-Managements und der zentralen Planungsabteilung beeinflusst (Kreikebaum [Einführung] 671 ff.).

- Vielen Unternehmen gelingt es nicht, ihr Planungs- und Kontrollverhalten nach innen mit anderen Aktivitäten des gesamten Führungssystems abzustimmen und nach außen stetig an die gewandelten dynamischen Herausforderungen des Marktes anzupassen, obwohl sie über ein formalisiertes Planungs- und Kontrollsystem verfügen (Pearce/Freeman/Robinson [Link] 658 ff.; Link/Orban [Pflichtübung] 11).

Diese Schwachstellen können behoben werden, indem die Unternehmensplanung in der Form eines Planungs- und Kontrollsystems, in der Praxis manchmal Plansystem oder Berichtssystem genannt, institutionalisiert und integriert gestaltet wird. So wird die Effektivität der Planung durch eine hohe Kontrollintensität auf der einen und eine enge Verbindung von Planung und Kontrolle auf der anderen Seite merklich erhöht. Das wiederum hat positive Auswirkungen auf die Adaptivität, den Markt- und den wirtschaftlichen Erfolg des betroffenen Unternehmens (Schäffer/Willauer [Effektivität] 85).

6.3.3 Inhalt und Umfang der Kontrolle

Traditionelle Sichtweise

Die *traditionelle Sichtweise* von Kontrolle als Überprüfung der Entscheidungsergebnisse und als Instrument, mit dem *nach* der Planrealisierung die Erreichung der Planungsziele festgelegt werden kann, greift aus mehreren Gründen zu kurz.

Ex-Post-Kontrolle

Erfolgen Kontrollen erst nach der Realisierung von Plänen, also als reine *Ex-Post-Kontrollen*, so können sie ihrem Zweck, zu einer der Zielsetzung entsprechenden Realisierung von Plänen beizutragen, überhaupt nicht oder nur bedingt, nämlich erst in der nächsten Planperiode, gerecht werden. Kontrollen, die erst nach der Realisierung von Plänen erfolgen, lassen Veränderungen interner und externer Rahmenbedingungen unberücksichtigt, die sich während des Planungsprozesses ereignen. Beschränken sich Kontrollen auf derartige Ex-Post-Prüfungen, so werden geplante Handlungsprogramme zunächst vollzogen, auch wenn ihr Zielbeitrag aufgrund veränderter Gegebenheiten nicht mehr gewährleistet ist. Dieses stellt übrigens ein in der Praxis häufig vorkommendes Problem fehlerhaft gestalteter Planungs- und Kontrollsysteme dar.

Neueres Verständnis

Dem neueren Verständnis folgend sollten neben der Ergebniskontrolle daher noch die Prämissen- und die zeitlich gestufte Planfortschrittskontrolle angewandt werden (vgl. Abbildung 6-9). Die *Prämissenkontrolle* (Soll-Basis-Vergleich) untersucht die Gültigkeit der im Planungsprozess getroffenen Grundannahmen über interne und externe Entwicklungen oder Rahmenbedingungen. Diese Kontrollform erstreckt sich über den gesamten Planungsprozess von der Prämissenbildung bis zur Realisierung des Handlungsprogramms. Haben sich die Rahmenbedingungen grundlegend verändert, so muss geprüft werden, inwieweit das gewählte Handlungsprogramm noch zweckmäßig ist.

Prämissenkontrolle

Planfortschrittskontrolle

Die *Planfortschrittskontrolle* (Soll-Wird-Vergleich) erfolgt während der Realisierung des Handlungsprogramms. Die Durchführung von Planfortschrittskontrollen beruht auf der Erkenntnis, dass sich jedes umfangreiche Planungsvorhaben aus mehreren, in einer logischen Abfolge stehenden Teilaktivitäten zusammensetzt, die zum Gelingen des Gesamtvorhabens unabdingbar sind. Um Planfortschrittskontrollen durchführen zu können, müssen Zwischenziele (Meilensteine, Checkpoints) definiert werden, anhand derer der Realisierungsfortschritt beurteilt werden kann. Planfortschrittskontrollen sind insbesondere bei umfangreichen Planungen, die sich über Jahre erstrecken können, wichtig.

Ergebniskontrolle

Die *Ergebniskontrolle* (Soll-Ist-Vergleich) ist die klassische Kontrollform. Sie wird nach der Realisierung der geplanten Maßnahmen durchgeführt und stellt die abschließende Überprüfung des Zielbeitrags der eingeschlagenen und realisierten Handlungsalternativen dar.

Es hat sich bewährt, bei der Durchführung von Planfortschritts- und Ergebniskontrollen *Toleranzgrenzen* zur Verringerung des Beurteilungs- und Verwaltungsaufwands festzulegen. Liegen die Abweichungen innerhalb der Toleranzgrenzen, so kann darauf verzichtet werden, korrigierende Maßnahmen einzuleiten.

Abbildung 6-9 Kontrollformen

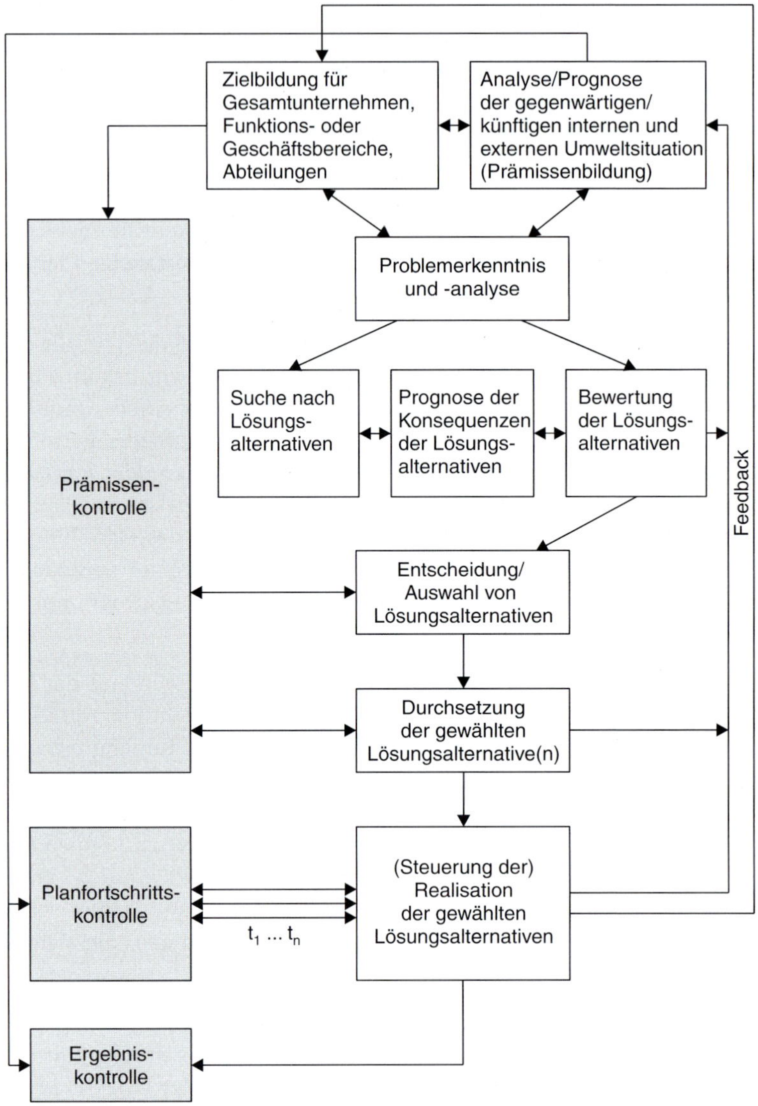

Unterscheiden sich vorgegebene Sollwerte und ermittelte Istwerte, kann eine ergänzende *Abweichungsanalyse*, und zwar für jede der drei Kontrollformen durchgeführt werden. Sie dient der Identifizierung der Ursachen für die Entstehung von Abweichungen, um möglichst genaue Ansatzpunkte zur

Korrektur des Handlungsprogramms zu gewinnen. Eine weitere Kontrollform ist mit der *Kontrolle der Planung selbst* gegeben (Pfohl/ Stölzle [Planung] 76). In diesem Zusammenhang wird die Art und Weise des Entstehens eines Plans untersucht und kritisch hinterfragt. Da hierbei insbesondere geprüft wird, ob sich die Planungsträger im Planungsprozess rational verhalten haben, ist hier auch zutreffend von einer verfahrensorientierten oder einer *Prozesskontrolle* zu sprechen.

Strategische Kontrolle

Die im operativen Bereich vorgeschlagene Prämissen-, Planfortschritts- und Ergebniskontrolle wird auch für den Bereich der *strategischen Kontrolle* empfohlen (Schreyögg/Steinmann [Kontrolle] 391 ff.; Ohland [Kontrolle]; Zettelmeyer [Management]; Hasselberg [Kontrolle]). Dabei zielt die Konstruktionslogik der strategischen Kontrolle darauf ab, das Risiko zu kompensieren, das in der hohen Selektivität strategischer Pläne angelegt ist (Steinmann [Betriebswirtschaftslehre] 14). Die *strategische Überwachung*, die der strategischen Frühaufklärung (vgl. Abschn. 5.6.1.7) gleicht und globaler Natur ist, konzentriert sich auf die Umwelt und die Ressourcensituation. Sie wird als ungerichtet bezeichnet, da hier nicht die Überprüfung von gesetzten oder bereits vorgegebenen Prämissen in Form eines konkreten Kontrollobjekts, sondern eine „flächendeckende Umschau" in der externen und internen Umwelt durchgeführt wird. Die strategische Überwachung im Unternehmen sollte daher auch nicht institutionell vorstrukturiert und standardisiert werden, indem zum Beispiel eine spezialisierte Abteilung aufgebaut wird, da hierdurch das Entfaltungspotenzial der strategischen Kontrolle eingeschränkt werden könnte. Bei der *strategischen Durchführungskontrolle* werden alle diejenigen Informationen gesammelt, die sich im Zuge der Realisierung einer Strategie ergeben und die auf Widerstände für die weitere Realisierung der gewählten Strategie hinweisen. Die *strategische Prämissenkontrolle* konzentriert sich auf die Überprüfung der Gültigkeit der im strategischen Planungsprozess gesetzten Annahmen (Steinmann/Schreyögg [Management] 246 ff.).

6.4 Aufbau- und Funktionsprinzipien integrierter Planungs- und Kontrollsysteme

In der einschlägigen Literatur hat sich das Wissen über zweckmäßige Aufbau- und Funktionsprinzipien integrierter Planungs- und Kontrollsysteme auf einem konsensfähigen Niveau verdichtet (Reihlen [Planungssysteme]). Somit kann es der Praxis als Standardempfehlung weitergegeben werden, zumal an der Formulierung dieser Prinzipien zum Teil auch Praxisvertreter aus „Planungs-Musterunternehmen" wie Siemens oder der früheren SEL mitgewirkt haben, wo diese Standards über Jahre hinweg der Bewährungskontrolle ausgesetzt waren.

Begriff

Unter einem integrierten Planungs- und Kontrollsystem ist eine geordnete und aufeinander abgestimmte Gesamtheit von verschiedenen Teilplanungen und in die Arbeitsabläufe eingebauten Kontrollen zu verstehen (vgl. hierzu Hahn/Hungenberg [PuK] 56 ff.). Planungs- und Kontrollsysteme umfassen jedoch nicht nur Teilpläne und Kontrollen, sondern auch sämtliche Planungsverfahren, Elemente und Bestandteile (Planungsträger, Sachmittel, Informationen), die in die Planungs- und Kontrolltätigkeit einbezogen sind. Kern eines Planungs- und Kontrollsystems ist die Planungs- und Kontrollrechnung, die der Quantifizierung der in Planungs- und Kontrollsystemen verarbeiteten Informationen dient.

6.4.1 Mehrstufigkeit

Mehrstufige Planungs- und Kontrollsysteme sind dadurch gekennzeichnet, dass sie in *mehrere Planungsbereiche (Teilpläne) gegliedert sind*, die über einen Gesamtplan abgestimmt werden. Dieses kann heute als der Regelfall zumindest bei Großunternehmen gelten. Dabei lassen sich zwei grundsätzliche Formen der horizontalen und vertikalen Gliederung unterscheiden:

„Differenzierung"

- Von einer *horizontalen Differenzierung* wird gesprochen, wenn die Teilpläne gleichrangig nebeneinander stehen und somit kein Plan von einem anderen dominiert wird.
- Eine *vertikale Differenzierung* liegt vor, wenn ein Über- und Unterordnungsverhältnis (Dominanzverhältnis) zwischen den Plänen gegeben ist.

... nach Funktionsbereichen

Die Zerlegung des Unternehmens in Planungsbereiche (Differenzierung) kann nach verschiedenen Prinzipien durchgeführt werden, wobei die Gliederung an Funktionsbereichen, Produktgruppen oder Konzerngesellschaften ausgerichtet sein kann. Nach wie vor ist in der Mehrzahl der Unternehmen die Mehrstufigkeit des Planungs- und Kontrollsystems an den organisatorischen *Funktionsbereichen* (vgl. Abschn. 7.2.2.1) orientiert. Dabei wird für die wichtigsten Funktionsbereiche ein eigenständiger Teilplan (zum Beispiel Beschaffungsplan, Produktionsplan, Absatzplan, Personalplan) erstellt. Eine an Funktionen orientierte Differenzierung kann in horizontaler wie auch in vertikaler Form aufgebaut sein. Besteht eine Über- und Unterordnung (vertikale Differenzierung), so dominiert heute üblicherweise der Absatzplan in Verbindung mit dem Produktionsplan.

... nach Produktgruppen

In Mehrproduktunternehmen sind mehrstufige Planungs- und Kontrollsysteme üblicherweise nach *Produktgruppen* differenziert. Ein Kraftfahrzeughersteller kann im Rahmen seines Planungs- und Kontrollsystems beispielsweise Teilpläne für die Produktgruppe LKW, für die Produktgruppe land- und forstwirtschaftliche Fahrzeuge, für die Produktgruppe PKW, bei Letztgenannter unter Umständen sogar differenziert in Kompakt-, Mittel- und Oberklasse, entwickeln. In einem nach Produktgruppen geordneten Planungs- und Kontrollsystem empfiehlt es sich, die Teilpläne aufgrund ihrer gleichrangigen Bedeutung horizontal zu differenzieren. In vielen Konzernen ist das Planungs- und Kontrollsystem nach *Konzerngesellschaften* strukturiert. Neben dem Konzerngesamtplan wird hier für jede Konzerngesellschaft ein Teilplan entwickelt. Wenn alle Konzerngesellschaften von gleichrangiger Bedeutung für den Erfolg des Gesamtunternehmens sind, ist zu empfehlen, dass die Teilpläne gleichrangig nebeneinander stehen.

... nach Konzerngesellschaften

... nach räumlichen Gesichtspunkten

Die drei oben genannten Ordnungsprinzipien führen zu einem *sachlich-horizontal differenzierten Planungs- und Kontrollsystem*, da jeweils den Aufgabeninhalt betreffende Gegebenheiten zur Ordnung herangezogen werden. Im Zuge der Internationalisierung sehen sich immer mehr Unternehmen veranlasst, das Planungs- und Kontrollsystem ihren auslandsmarktbezogenen Aktivitäten entsprechend anzupassen. Dieses ist insbesondere bei jenen international tätigen Unternehmen notwendig, die über mehrere Auslandsniederlassungen bzw. -gesellschaften verfügen. Als Problemlösung empfiehlt sich hier ein nach *räumlich-horizontalen Gesichtspunkten angelegtes Planungs- und Kontrollsystem*, das nach *Regionen* gegliedert wird. Auch ist es sinnvoll, im Planungs- und Kontrollsystem eine spezielle Planung für die Auslandseinheiten des internationalen Unternehmens ohne eine Über- und Unterordnung der (hier regional differenzierten) Teilpläne vorzusehen.

... nach zeitlichen Gesichtspunkten

In nahezu jedem Planungs- und Kontrollsystem werden nach Zeithorizonten differenzierte lang-, mittel- und kurzfristige Teilpläne entwickelt. Der Tatbestand von Teilplänen unterschiedlicher zeitlicher Reichweite wird in vielen Planungs- und Kontrollsystemen mit den Attributen „strategisch“, „taktisch“ und „operativ“ vermischt, die allerdings noch andere Bedeutungsinhalte als nur die Zeitdimension aufweisen (vgl. Abschn. 2.1.2). Es erweist sich als problematisch, wenn Teilpläne unterschiedlicher zeitlicher Reichweite gleichrangig nebeneinander stehen. Vielmehr bietet sich eine *zeitlich vertikale Differenzierung* dergestalt an, dass der jeweils längerfristige Plan zum Rahmendatum des kürzerfristigen wird.

Mischformen

Die in der Unternehmenspraxis anzutreffenden Planungs- und Kontrollsysteme stellen *Mischformen* dar, die gleichzeitig nach mehreren Gestaltungsprinzipien (zum Beispiel sachlich-horizontal/räumlich-horizontal/zeitlich-vertikal) strukturiert sind. Die Verbindung zwischen der Ausgestaltung von Planungs- und Kontrollsystemen einerseits und der Unternehmensorganisation (vgl. Kapitel 7) andererseits ist als sehr eng anzusehen, da beide Bereiche ein hohes Maß an Strukturähnlichkeit aufweisen. Dementsprechend finden sich auch im Bereich der Unternehmensorganisation häufig Misch- und Hybridtypen (vgl. Abschn. 7.2.2.3). Während bei der organisatorischen Gestaltung geeignete Formen der Arbeitsteilung sowie der Koordination gefunden werden müssen, ist im Rahmen des Aufbaus von Planungs- und Kontrollsystemen zunächst zu bestimmen, nach welchen Prinzipien die Mehrstufigkeit des Systems angelegt werden soll, und danach festzulegen, wie die gegenseitige Abstimmung der Teilpläne erfolgen kann.

6.4.2 „Integration“ und „Koordination“ als Instrumente der Planabstimmung

„Integration“

Die in Unternehmen entwickelten Teilpläne müssen in einem abgestimmten Verhältnis zueinander stehen, wenn sie Interdependenzen aufweisen, also voneinander abhängig sind. Hierbei sind zwei alternative Formen der Planabstimmung, „Integration“ und „Koordination“, möglich[1]. *„Integration“* bezieht sich auf die Abstimmung zwischen über- und untergeordneten Teilplänen (Wild [Grundlagen] 162). Szyperski und Winand ([Grundbegriffe] 115) heben den besonderen Charakter der Integration noch deutlicher hervor, wenn sie darauf hinweisen, dass ein „selbstständiger“ Plan in einem neuen Plan aufgeht und damit seine Selbstständigkeit verliert. Beispiele für eine Planintegration sind in der Praxis häufig anzutreffen; so gehen Investitionspläne in Finanzpläne sowie in Produktionspläne ein, und der Personalbedarfsplan geht in den allgemeinen Personalplan ein. Die Beispielfälle machen ein Kernproblem der Planintegration besonders deutlich, das darin besteht, dass nicht immer eine klare Ursache-Wirkungsrichtung festgelegt werden kann. *„Koordination“* betrifft die gleichgeordnete Abstimmung der Pläne untereinander. Da hier kein Plan dominiert, werden sie insgesamt in sachlicher, zeitlicher und personaler Hinsicht kompatibel gemacht.

„Koordination“

Problemfelder

Mit der Bestimmung von Ordnungsprinzipien mehrstufiger Planungs- und Kontrollsysteme wird bereits festgelegt, welche Form der Planabstimmung zum Einsatz kommen kann und welche nicht. Aus diesem Grund erfolgt die *Abstimmung vertikal differenzierter Teilpläne in der Form einer „Integration“* (des untergeordneten Teilplanes in den übergeordneten), während *horizontal differenzierte Teilplanungen auf dem Weg der „Koordination“ abgestimmt* werden.

1 Die besondere planungstechnische Begrifflichkeit wird hier im Gegensatz zur allgemeinen Verwendung der Begriffe Integration und Koordination durch Anführungszeichen symbolisiert.

Zeitliche Verkettung

Sowohl bei der „Integration" als auch bei der „Koordination" sind *typische Problemfelder* zu bewältigen (Schütte/Siedentopf/Zelewski [Koordinationsprobleme] 141 ff.). Im Rahmen der „Integration" von zeitlich-vertikal differenzierten Teilplänen ist zunächst die *zeitliche Verkettung der Teilpläne* festzulegen, wobei drei grundlegende Gestaltungsvarianten zur Verfügung stehen.

Reihung

Staffelung

Schachtelung

Bei der *Reihung* stehen der kurz-, mittel- und langfristige Plan in einer strengen zeitlichen Abfolge. Der langfristige Plan beispielsweise beinhaltet demzufolge keinerlei mittelfristigen und erst recht keinen kurzfristigen Aspekt, die Pläne überlappen sich also nicht. Die *Staffelung* ist dergestalt aufgebaut, dass die langfristige Planung keinen unmittelbaren Bezug zur kurzfristigen, wohl aber zur mittelfristigen Planung hat. Die Teilpläne überlagern sich hier also partiell. Wird die Form der *Schachtelung* angewandt, so beinhaltet der längerfristige Plan den kürzerfristigen in vollem Umfang. Im Langfristplan werden demzufolge nicht nur die in ferner Zukunft anstehenden Gestaltungsfragen, sondern auch diejenigen des unmittelbar folgenden Zeitraums berücksichtigt. Unterschiede und Gemeinsamkeiten der drei Gestaltungsformen sind in Abbildung 6-10 anhand eines dreistufigen, zeitlich-vertikal differenzierten Planungssystems veranschaulicht. Sowohl die Staffelung und in noch stärkerem Maße die Reihung führen dazu, dass die einzelnen Teilpläne vergleichsweise unabhängig voneinander geplant werden. Daher kann auch lediglich bei der Schachtelung von einer Abstimmung der Teilplanungen gesprochen werden. Ihr ist somit der Vorzug gegenüber den beiden anderen Gestaltungsvorschlägen zu geben.

Abbildung 6-10

Zeitliche Verkettung von Planungsstufen

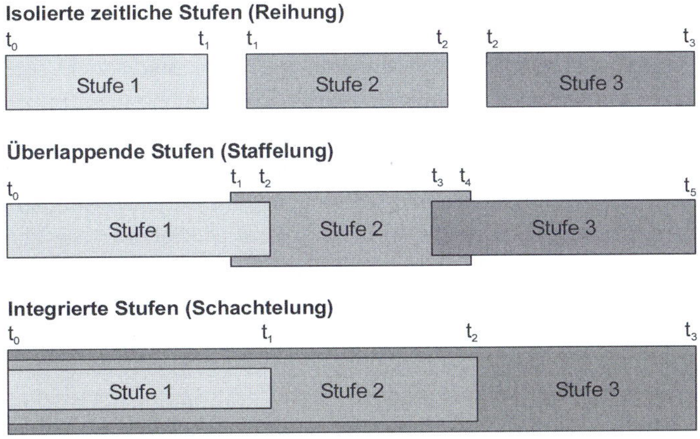

Entwicklungsfolge

Ein weiteres Entscheidungsproblem bei der *„Integration“* von vertikal differenzierten Teilplänen ist in der Strukturierung der *Entwicklungsfolge* gegeben. Diese bestimmt, in welcher Reihenfolge die Pläne unterschiedlicher zeitlicher Reichweite entwickelt werden. Hierbei können mit der induktiven und der deduktiven Entwicklungsfolge zwei entgegengesetzte Formen angewandt werden. Die *induktive Entwicklungsfolge* in Planungs- und Kontrollsystemen ist dergestalt aufgebaut, dass zunächst die kurzfristigen Pläne entwickelt, auf deren Basis anschließend die mittel- und später die langfristigen Pläne abgeleitet werden. Bei der *deduktiven Entwicklungsfolge* werden die mittel- und kurzfristigen Pläne erst erarbeitet, nachdem die langfristigen Pläne entwickelt sind. Da bei der induktiven Entwicklungsfolge zunächst die unmittelbar bevorstehenden und danach erst die übergeordneten Probleme, und zwar unter Berücksichtigung der bereits getroffenen Lösungen der kurzfristigen Pläne, in Angriff genommen werden, entspricht sie einer „Brückenbaustrategie“ (vgl. Abschn. 9.1.1). Deren Nachteile liegen in der Stückwerktechnologie, mit der sich die Planungsträger um die Chance bringen, eine in sich geschlossene Gesamtkonzeption zu entwickeln. So wenig es möglich ist, induktiv logisch zu schließen („Alle VW-Golf haben eine Kunststoffstoßstange → logischer (Fehl-)Schluss: Alle Personenkraftwagen haben eine Kunststoffstoßstange“), so wenig ist den Unternehmen daher eine induktive Planentwicklung zu empfehlen.

Induktiv

Deduktiv

Ableitungsrichtung

Mit der Festlegung der *Ableitungsrichtung* oder *Hierarchiedynamik* muss bei der *„Integration“* von vertikal differenzierenden Planungs- und Kontrollsystemen eine dritte Grundsatzentscheidung getroffen werden. Zu klären ist dabei, welche Stellen in der Unternehmenshierarchie in welchem Umfang und in welcher Reihenfolge und zu welchem Zeitpunkt an den Planungsprozessen beteiligt werden. Bei der *retrograden Planung (Top-down-Planung)* geht der Planungsprozess von den hierarchisch höchsten Stellen aus und durchläuft die Hierarchie von oben nach unten. Das Top-Management trifft hierbei Grundsatzentscheidungen, die von den hierarchisch nachgeordneten Stellen, und zwar durch jede Führungskraft für ihren Bereich, schrittweise konkretisiert werden. Hierbei stellt jeder von einer Führungskraft erstellte (Teil-)Plan eine verpflichtende Vorgabe für die ihr zu- oder untergeordneten Ebenen dar. Verschiedene Problemfelder dämpfen den Wirkungsgrad der retrograden Planung. Einerseits droht die ständige Gefahr, dass das Top-Management sozusagen im Elfenbeinturm problemferne Lösungen entwickelt; andererseits dürften bei retrogradem Vorgehen nur begrenzte Motivationseffekte zu erwarten sein. Schließlich ist die Planungsflexibilität bei retrogradem Vorgehen eingeschränkt. Ein wesentlicher Vorzug der retrograden Planung ist jedoch in der relativ einfach zu erzielenden Konsistenz des Gesamtplans zu sehen.

Top-down

Bottom-up

Bei der *progressiven Planung (Bottom-up-Planung)* treffen die unteren Hierarchieebenen definitive Entscheidungen für ihren Bereich, ohne dass sie die übergeordneten Problemfelder und Lösungsansätze kennen (müssen). Die Aufgabe der jeweils höher gestellten Führungskräfte besteht darin, diese Teilpläne zusammenzufassen, zu koordinieren und nach oben weiterzuleiten. Dieser Prozess setzt sich bis zur Hierarchiespitze hin fort. Bei der progressiven Planung sind hohe Identifikations- und Motivationswirkungen sowie ein hohes Maß an Realitätsnähe zu erwarten. Diesem Vorteil steht die Gefahr einer mangelnden Konzeptualisierung des Gesamtplans gegenüber.

Gegenstrom

Mit der Planung im *Gegenstromverfahren* wird versucht, die Vorteile der beiden Verfahren zu verbinden. Hierbei wird so vorgegangen, dass das Top-Management, möglicherweise unter Einbeziehung von Planerwartungen der unteren Ebenen (Macharzina [Planung] 869 ff.), vorläufige Oberziele oder Rahmenpläne setzt, die in der von der retrograden Planung her bekannten Weise heruntergebrochen werden. Anschließend wird jedoch ein „progressiv" angelegter Rücklauf vorgenommen, bei dem von unten herauf die Pläne schrittweise geändert, ergänzt und aggregiert werden. Dieser integrierte „Top-down-bottom-up-Prozess" kann sich mehrfach wiederholen. Schließlich trifft das Top-Management die endgültige Entscheidung über Ziele und Mittel einschließlich der Ressourcenzuweisung. Die bei Anwendung des Gegenstromverfahrens zu erwartenden Schwierigkeiten liegen vor allem im hohen Aufwand des Verfahrens. Ferner besteht das Problem der empfundenen Scheinbeteiligung und von Frustrationseffekten bei Angehörigen unterer Ebenen, wenn die von ihnen formulierten Planerwartungen im abschließend festgelegten Plan stark zu ihrem Nachteil verändert werden.

Middle-up-down (Japan)

Mit dem „Middle-up-down-Ansatz" liegt ein sehr ähnliches Konzept vor, das in Japan entwickelt wurde und auch vornehmlich dort zum Einsatz kommt. Hauptakteur dieses Planungsprozesses ist das Mittlere Management, dessen Aufgabe in der konkreten Planentwicklung im Rahmen eines vom Top-Management vorgelegten, oft nur vagen Oberziels besteht. Trotz aller Freiheiten agiert es dabei nicht völlig autonom, sondern ist zur steten Abstimmung mit den hierarchisch höher und tiefer liegenden Ebenen angehalten (Nonaka [Middle-Up-Down] 9 ff.). Der Unterschied zum Gegenstromverfahren liegt also zum einen in der zentralen Rolle des Mittleren Managements und zum anderen in der parallel nach oben und unten stattfindenden Entwicklungsfolge der Pläne. Abgesehen von der endgültigen Zielentscheidung, die beim Top-Management verbleibt, liegt die komplette Planungsverantwortung beim Mittleren Management, das zudem als Katalysator zwischen den oberen und unteren Managementebenen fungiert (Shibata [Comparison] 202 f.). Somit bestehen bei diesem Konzept im Gegensatz zum Gegenstromverfahren für das Top-Management der Vorteil der Entlastung und für die anderen Ebenen – insbesondere das Mittlere Management – hohe Motivationswirkungen. Als nachteilig für die mittlere Ebene anzusehen ist hauptsächlich die unklare Arbeitsteilung und der hohe Koordinationsbedarf.

Planabstimmung

Sukzessivplanung

Ist ein Planungs- und Kontrollsystem horizontal differenziert, müssen die gleichrangigen Pläne aufeinander abgestimmt werden. Diese auch als *„Koordination"* bezeichnete Aufgabe, kann auf sukzessivem sowie auf simultanem Wege erfolgen. Wird nach dem Prinzip der *Sukzessivplanung* verfahren, so wird zunächst ein Teilbereich ausgeplant, dessen Plan dann als Grundlage der Planentwicklung für die übrigen Bereiche dient. Über eine mehrfache Iteration wird eine Art „Gesamtoptimum" angestrebt. Wird die Sukzessivplanung angewandt, so stellt sich zunächst die Frage, welcher Teilbereich bevorzugt, das heißt als zentraler Planungsbereich angesehen werden soll.

Ausgleichsgesetz der Planung

Zur Lösung dieses Problems kann das *Ausgleichsgesetz der Planung* (Gutenberg [Betriebswirtschaftslehre I] 165) herangezogen werden. Gutenberg hat mit diesem „Gesetz" vorgeschlagen, dass kurzfristig der Engpassbereich (Minimumsektor) die Gesamtplanung dominieren soll. Ist ein Unternehmen beispielsweise auf einem ausgeprägten Käufermarkt tätig, so wäre es demnach sinnvoll, den Absatz- oder Marketingplan in den Mittelpunkt der Planungsaktivitäten zu stellen. Für die längerfristige Perspektive wird gefordert, dass die Anstrengungen auf einen Abbau des Engpassfaktors zu richten sind. Angesichts des hohen Durchdringungsgrads von EDV-Systemen in den Unternehmen eröffnet sich eine bessere Möglichkeit zur Anwendung der *Simultanplanung*. Im Gegensatz zur Sukzessivplanung werden hier alle Plangrößen gleichzeitig als variabel betrachtet, wodurch eine Abstimmung der Teilpläne erfolgen kann, die zum Gesamtoptimum führt. Hierzu wird eine Zielfunktion formuliert, die es – je nach Typ der Zielgröße – zu maximieren oder zu minimieren gilt. Eine simultane Personal- und Produktionsplanung könnte beispielsweise nach folgender Zielfunktion (Türk [Instrumente] 60 ff.) koordiniert werden:

Simultanplanung

$$K = EK\sum_{t=1}^{n} h_t + KK\sum_{t=1}^{n} f_t + FK \cdot FR\sum_{t=1}^{n-1} PB_t + LK\sum_{t=1}^{n} l_t \rightarrow \min!$$

K	=	Gesamtkosten
EK	=	Einstellungskosten/eingestellte Arbeitskraft
h_t	=	Zahl der Einzustellenden
KK	=	Entlassungskosten/entlassene Arbeitskraft
f_t	=	Zahl der zu Entlassenden
FK	=	Fluktuationskosten/fluktuierte Arbeitskraft
FR	=	Fluktuationsrate
PB_t	=	Personalbestand
LK	=	Lagerkosten/Einheit
l_t	=	Lagermenge

Obwohl sich auf dem Weg der Simultanplanung eher ein Gesamtoptimum erreichen lässt, dominiert auch heute noch in der Unternehmenspraxis die Sukzessivplanung; wohl auch deshalb, weil die Simultanplanung ein weitaus höheres Maß an kognitiver Kapazität erfordert als die eher der Versuch-Irrtum-Methode gehorchende Sukzessivplanung. Die Bewertung von Lager-, Produktions- oder Investitionskosten ist zwar vergleichsweise einfach; andererseits erscheint es jedoch höchst problematisch, den arbeitenden Menschen im Hinblick auf den von ihm zu erwartenden Wirkungsgrad oder seine Bleibenswahrscheinlichkeit abzuschätzen und quantitativ zu bewerten. Deshalb dürften Personalentscheidungen kaum mit simultanen Planungsmethoden zu fundieren sein.

6.4.3 Anpassung und Fortschreibung von Plänen

Planungs- und Kontrollsysteme werden nicht für den Einzelfall, sondern relativ dauerhaft eingerichtet. Daher müssen Grundsatzentscheidungen darüber getroffen werden, wie häufig und zu welchem Zeitpunkt die Teilpläne geprüft, überarbeitet und fortgeschrieben werden sollen. Damit ist der *Anpassungsrhythmus* des Planungs- und Kontrollsystems angesprochen; dieser kann fallweise oder laufend ausgelegt sein.

Fallweise Planung

Die *fallweise Planung* dürfte in der Unternehmensrealität eher die Ausnahme bilden. Wird diese Anpassungsform gewählt, so werden die Pläne lediglich nach Bedarf, somit also in unregelmäßigen Zeitabständen, erstellt oder aktualisiert. Anlässe zur Durchführung einer fallweisen Planung sind beispielsweise mit der Einführung eines neuen Produkts oder mit einer Großinvestition wie der Errichtung eines neuen Werkes gegeben. Ebenso ist eine fallweise Planung durchzuführen, wenn die termingerechte Erreichung einer Zielgröße unwahrscheinlich oder ausgeschlossen erscheint. Bei der fallweisen Planung wird so vorgegangen, dass die Planung für den betroffenen Bereich außerhalb des üblichen Planungsrhythmus vollzogen wird.

Laufende Planung

In Planungs- und Kontrollsystemen dominiert heute die *laufende Planung*, bei der in regelmäßigen Abständen die Pläne angepasst werden. Hierbei sind in der rollenden (gleitenden) und der revolvierenden Planung zwei Varianten gegeben. Bei der *rollenden (gleitenden) Planung* (Wild [Grundlagen] 144 f., 178 f.; Hahn/Hungenberg [PuK] 81) erfolgt eine regelmäßige Fortschreibung und Konkretisierung der Pläne um eine Planungsstufe zu einem festgelegten Zeitpunkt in der vorhergehenden Stufe (meist am Ende der Vorperiode). Hierzu wird ein längerfristiger Rahmenplan (zum Beispiel ein Fünf-Jahresplan) in einzelne Teilabschnitte (zum Beispiel Jahrespläne, Vierteljahrespläne) aufgeteilt. Der erste Teilabschnitt wird als Feinplanung detailliert ausgeplant, wohingegen die übrigen, zeitlich entfernteren Teilpläne nur grob umrissen werden. Diese Vorgehensweise wird regelmäßig (zum Beispiel jährlich) wiederholt, sodass jeder Zeitraum mehrfach – zunächst in der Form von Grobplänen und dann als Feinplan – Bestandteil der Planung ist. Die Vorgehensweise der rollenden Planung wird durch Abbildung 6-11 verdeutlicht. In dem Beispielfall wird in jedem Jahr ein vollständiger Planungszyklus durchlaufen.

Abbildung 6-11 *Planungszyklus bei rollender Planung*

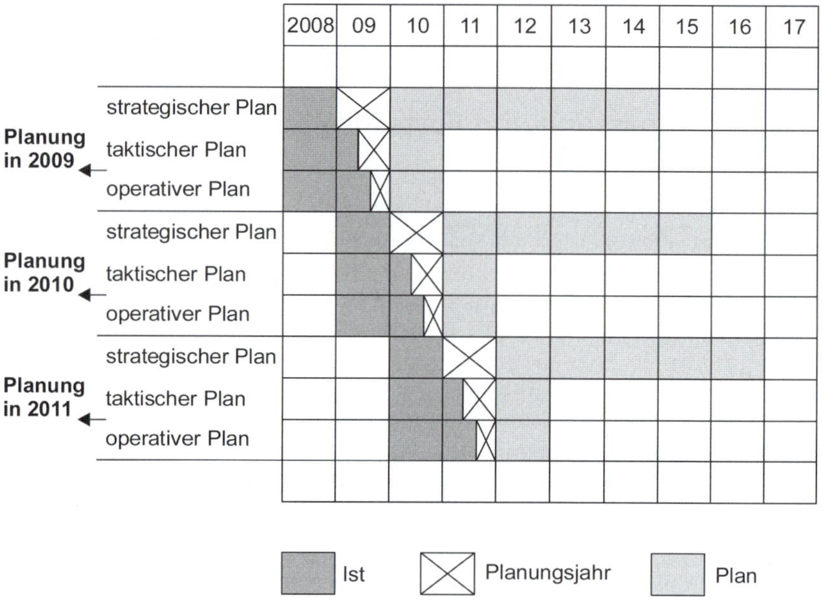

Revolvierende Planung

Wild ([Grundlagen] 178 f.) verweist darauf, dass mit der *revolvierenden Planung* eine Sonderform der rollenden Planung gegeben ist. Die revolvierende Planung zeichnet sich dadurch aus, dass die zeitliche Verkettung der Teilpläne in der Form der Schachtelung durchgeführt wird, eine deduktive Entwicklungsfolge gewählt wird, die Plananpassung streng periodisch, in festen regelmäßigen Zeitabständen erfolgt und vor allem das *Rekursionsprinzip* zum Einsatz gelangt, das bei der Planrevision auch die zeitlich vorgelagerten Planungsstufen erfasst.

6.5 Entwicklung der Controllingfunktion

Controlling als neue Denkhaltung

Die Entwicklung der Controllingfunktion und die Einrichtung von Controllereinheiten wurde in zahlreichen amerikanischen Unternehmen bereits in der ersten Hälfte des letzten Jahrhunderts vollzogen, wobei sich erste Vorläufer auch schon im 19. Jahrhundert nachweisen lassen (Weber/Bültel [Controlling] 535). Sie lassen sich anhand der dortigen industriellen Entwicklung erklären, denn einerseits hat sich – aufgrund ausgeweiteter Rechtsvorschriften im Hinblick auf eine verstärkte Publizität – der Aufgabenschwerpunkt des Rechnungswesens zunehmend auf das Gebiet der externen Rechnungslegung verlagert. Hierdurch hat sich die Struktur der durch das Rechnungswesen bereitgestellten Informationen in einer Form verändert, die der Bewältigung von unternehmensinternen Entscheidungsproblemen nicht immer entgegengekommen ist.

Andererseits haben die großen amerikanischen Unternehmen in diesem Zeitraum aufgrund weitreichender externer und interner Veränderungen mit dem Aufbau spezialisierter Planungsabteilungen oder -stäbe begonnen, wodurch neben das Rechnungswesen als Dokumentations- und Informationsversorgungssystem die Planungseinheit als ein weiteres, entscheidungsbezogenes Subsystem gestellt wurde. Diese Entwicklungen könnten überspitzt damit charakterisiert werden, dass die Informationsbeschaffung und Informationsverwertung in den Unternehmen voneinander getrennt wurden.

Keine neue Führungsfunktion

Um die sich hieraus ergebenden negativen Effekte begrenzen zu können, hat man *Controllingeinheiten als Bindeglieder und Schnittstellen zwischen Planung und Kontrolle* einerseits *sowie Rechnungswesen* andererseits ausgestaltet. Die historische Analyse zeigt also, dass das *Controlling keine neue Führungsfunktion, sondern lediglich das Ergebnis einer Umstrukturierung von Aufgabenkomplexen zwischen Rechnungswesen und Planung* darstellt. Dennoch erscheint es gerechtfertigt, *Controlling als eine neue Denkhaltung* zu begreifen, nach der eine partielle, kosten- und vergangenheitsorientierte Sichtweise durch eine ganzheitliche, ergebnis- und zukunftsorientierte Sichtweise abgelöst wird.

Theoretische Fundierung

Der Controllingfunktion fehlt es nach wie vor an einer sauberen theoretischen Fundierung; Scherm und Pietsch ([Fundierung] 27 ff.) gehen sogar soweit, ihr wissenschaftstheoretisch ein vorparadigmatisches Stadium zu zubilligen. Durch den praktischen Hintergrund des Controlling sind bisherige Forschungsbemühungen auf diesem Gebiet lediglich konzeptioneller Natur oder zu stark auf das Rechnungswesen als Teilaufgabe ausgerichtet. Zum gegenwärtigen Zeitpunkt offen bleiben die Ausarbeitung eines konsistenten Gesamtkonzeptes, die Klärung der theoretischen Grundlagen der Controllingforschung, die Identifikation eines oder mehrerer Kernbereiche der Controllingforschung sowie eine Präzisierung der Controllingfunktionen. Die Erforschung dieser und anderer Sachverhalte würde nicht nur neue Perspektiven eröffnen, sondern auch zu einer besseren Integration des Controlling in die Betriebswirtschaftslehre als wissenschaftliche Teildisziplin beitragen. Strittig ist allerdings, ob dafür eine Anknüpfung an bereits bestehende Theoriegebäude aus Teildisziplinen der Betriebswirtschaft oder ein kompletter Neuentwurf einer controllingspezifischen Theorie sinnvoller erscheint.

6.5.1 Kernbereiche des Controlling

Die heutige Rolle des Controlling und dessen Aufgabenschwerpunkte entsprechen, trotz einer deutlichen Aufblähung der dem Controlling zugeschriebenen Tätigkeitsfelder, weitgehend diesem ursprünglichen Zweck und Selbstverständnis. Hierauf deuten jedenfalls die vorliegenden Aussagen über Aufgabenfelder von Controllern hin, in denen freilich sehr verschiedenartige Anforderungsprofile herausgearbeitet werden. Trotz der Heterogenität der Befunde zeigt es sich, dass die Aufgaben des *Controlling vorwiegend auf die Planungs- und Kontrollfunktion gerichtet sind, wobei die Verknüpfung und die gegenseitige Abstimmung von Planung, Vorgabe, Kontrolle und Informationsversorgung im Mittelpunkt des Controlling steht* (Coenenberg/Baum/Günter [Controlling] 4).

Drei Kernbereiche des Controlling stehen dabei im Vordergrund (vgl. hierzu auch Horváth [Controlling] 113 ff., 343 ff.; Coenenberg/Baum/Günther [Controlling] 114 ff.):

Informationsversorgung

- Controlling dient allgemein der *Informationsversorgung* im Planungsprozess, die unter Stützung auf das Rechnungswesen als der wichtigsten internen Informationsbasis erfüllt wird. Durch Aktivitäten der Informationsbeschaffung und -aufbereitung beeinflusst das Controlling die Entscheidungsvorbereitung des Managements.

„Koordination“

- Die Notwendigkeit des Controlling wird ferner durch den erhöhten Koordinationsbedarf in Entscheidungsprozessen hervorgerufen. Die *Aufgabe der Koordination* wird dabei, wie aus Abbildung 6-12 ersichtlich ist, nicht nur auf die Planung begrenzt, sondern auf das Gesamtsystem des Unternehmens bezogen, in dem Entscheidungen dezentral getroffen werden und interdependent sind. Die Koordinationsaufgabe des Controlling betrifft vor allem die Planrealisierung. Wichtige Mittel hierzu sind die Dokumentation und Formalisierung von Plänen und die Transformation von Plan- in Vorgabegrößen (Weber/Bültel [Controlling] 536).

Controllingfunktionen

Abbildung 6-12

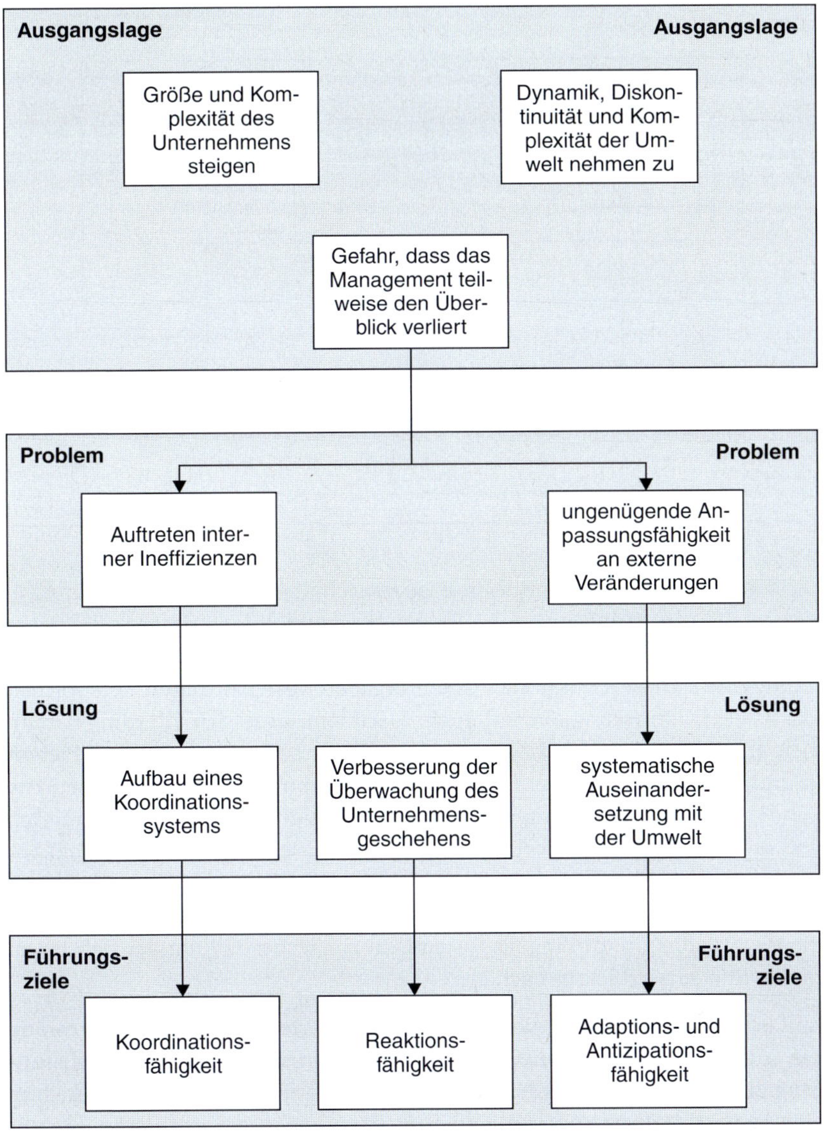

Kontrolle

- Schließlich ist dem Controlling die Aufgabe der *Kontrolle* zugewiesen (vgl. auch Abbildung 6-13).

Abbildung 6-13 *Controllingsystem*

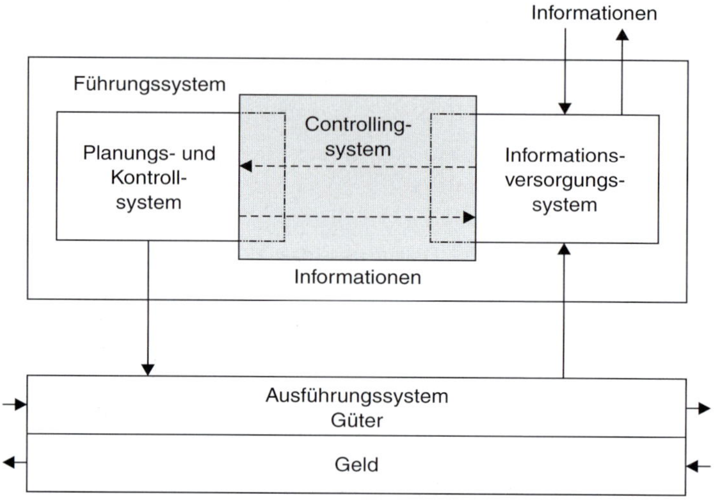

Controlling-aufgaben

Diese Kernbereiche des Controlling lassen sich über einen Katalog von Aktivitäten, wie in Abbildung 6-14 (Hahn [Konzepte] 4 f.) dargestellt, näher spezifizieren (vgl. auch Bramsemann [Controlling] 20 ff. Weber/Bültel [Controlling] 538). Diese Funktionen und Aufgaben des Controlling entsprechen klassischen Controllingkonzeptionen. Nachdem diese sich allerdings schon mehrere Jahrzehnte in der Diskussion halten, sehen Scherm und Pietsch ([Fundierung] 34 ff.) potentielle Anknüpfungspunkte für die theoretische Fundierung des Controlling vor allem im rationalitätssicherungsorientierten und dem reflexionsorientierten Controlling, die sie als neue Controllingkonzeptionen vorschlagen. Erstgenanntes Konzept bedient sich einer Mischung aus der dynamischen Theorie ökonomischer Akteure und der Rationalitätstheorie, um das Controlling als Instrument zur Sicherstellung der Führungsrationalität einsetzbar zu machen.

Klassischer Controlling-ansatz

Reflexionsorientierter Controllingansatz

Im Gegensatz dazu weist der reflexionsorientierte Ansatz dem Controlling die Aufgabe der Reflexion von Entscheidungen in der Unternehmensführung zu. Aus der hierbei getroffenen Differenzierung ergibt sich folgerichtig eine je nach Ansatz unterschiedlich ausgeprägte organisatorische Einbindung der Controllingfunktion in das Gesamtunternehmen (vgl. Abschn. 6.5.2).

Abbildung 6-14

Controllingaufgaben

Controllingaufgaben im Zusammenhang mit der Unternehmensplanung

Information/Beratung bei der Aufstellung und Verabschiedung von laufenden Teilplanungen im Rahmen der

- generellen Zielplanung
- strategischen Planung
  (Geschäftsfeldplanung, Produktentwicklungs- und Produktprogrammplanung, Potenzialplanung)
- operativen Planung
  (mittel- und kurzfristige Produktprogramm-, Funktionsbereichs- und Projektplanung);

Information/Beratung durch fallweise Übernahmen betriebswirtschaftlicher Sonderuntersuchungen (zum Beispiel Fusions- oder Stilllegungsrechnungen, Sonderkalkulationen, Lohnerhöhungsberechnungen);

Koordination der Teilplanungen mit Aufstellung der monetären und gegebenenfalls auch nicht-monetären Gesamtplanung, Schwerpunkt: Ergebnisplanung;

Durchführung von ergebnisorientierten Kontrollen

- laufende Kontrollen im Rahmen der Planungs- und Kontrollrechnung
- fallweise Kontrollen;

innerbetriebliche und außerbetriebliche Information über Ergebnislage und -entwicklung;

Entwicklung und Implementierung von ergebnisorientierten Planungs- und Kontrollsystemen (Plan- und Berichtssystemen), Verfahren und Lösungsmethoden für ergebnisorientierte Planung und Kontrolle insbesondere auch unter Einsatz der EDV.

Controllingaufgaben im Zusammenhang mit dem Rechnungswesen

internes Rechnungswesen oder kalkulatorische Ergebnisrechnung Kosten- (und Erlösrechnung mit Kostenarten- und Kostenstellenrechnung, Kostenträgerzeitrechnung/Erfolgsrechnung, Kostenträgerstückrechnung/Kalkulation);

externes Rechnungswesen oder bilanzielle Ergebnisrechnung (Geschäfts-/Finanzbuchhaltung mit Kontenführung, Bilanz- und GuV-Rechnung)

sowie gegebenenfalls

- Steuern (Erfolgssteuern, Vermögenssteuern, sonstige Steuern)
- interne Revision
- EDV (kaufmännischer Bereich)
- allgemeine Verwaltung und andere Funktionen.

6.5.2 Organisatorische Verankerung des Controlling

Bei der Organisation des Controlling stehen die Probleme der Einbindung des Controlling in die Gesamtstruktur des Unternehmens (vgl. Abschn. 7.2) sowie der internen Organisation des Controlling im Mittelpunkt (Macharzina/Wolf [Konzern-Controlling-Organisation] 395 ff.).

Hinsichtlich der Einbindung des Controlling in die Gesamtorganisation des Unternehmens muss über

- das Ausmaß der Zentralisation der Controllingaufgaben,
- die hierarchische Stellung der Controllingeinheiten,
- den Grad der Entscheidungsbeteiligung (Weisungsbefugnis) der Controllingeinheiten sowie
- die Integration der Controllingeinheiten mit anderen Funktionseinheiten, insbesondere dem Rechnungswesen

entschieden werden. Beeinflusst werden diese Entscheidungsfelder insbesondere von der Unternehmensgröße, dem Innovationsbedarf im Unternehmen, der internen und externen Komplexität des Unternehmens sowie von bestehenden Unternehmensgrundsätzen (Horváth [Aufgaben] 135).

Zentral/ dezentral

Unter den organisatorischen Gestaltungsproblemen kommt der Frage einer *zentralen* oder *dezentralen Controllingorganisation* besondere Bedeutung zu. Die Notwendigkeit eines dezentralen Controlling wird in erster Linie mit der weitgehenden Aufteilung von Unternehmen in arbeitsteilige Einheiten und insbesondere mit der internationalen Ausweitung der Geschäftstätigkeit, die zu einer erhöhten geographischen Streuung der Unternehmenseinheiten führt, begründet. Mit einem zentralen Controlling werden hingegen Synergieeffekte, beispielsweise durch die Vereinheitlichung und Abstimmung der Prozesse, angestrebt (Ziener [Controlling] 174). In objektorientiert gegliederten Unternehmen (vgl. Abschn. 7.2.2.1) empfiehlt es sich demnach, *sowohl eine zentrale Controllingabteilung als auch dezentrale Controllingeinheiten in den Sparten oder den Tochtergesellschaften* des Unternehmens aufzubauen. Das Problem der *hierarchischen Einordnung des Controlling* stellt sich sowohl bei einer zentralen als auch bei einer dezentralen Controllingorganisation. Da gerade in diversifizierten und internationalen Unternehmen dem Controller die Aufgabe der Synergiebildung und -erhaltung obliegt, erscheint eine *hochrangige Eingliederung des Controlling* angezeigt, die dem Controlling ein großes Einflusspotenzial sichert und seinem hohen Informationsbedarf gerecht wird (Bozem [Einbindung] 4 ff.). Daher ist sowohl für die Sparten oder Tochtergesellschaften wie auch für das Gesamtunternehmen die Ansiedlung des Controlling zumindest auf der zweiten Hierarchieebene, also direkt unter dem Vorstand oder der Geschäftsleitung, zu empfehlen (Hahn/

Oppenländer/Scholz [Entwicklungstendenzen] 1019). Wegen ihrer primär quantitativen Ausrichtung sollten die Controllingeinheiten den betriebswirtschaftlichen (kaufmännischen) Vorstands- oder Geschäftsleitungsressorts zugeordnet werden.

Stab/Linie

Darüber ist zu klären, ob das Controlling tendenziell als eine Organisationseinheit mit *Stabs- oder Liniencharakter* anzusehen ist. Mit dieser Frage wird das Ausmaß der Entscheidungsbefugnis des Controlling thematisiert. Angesichts der heterogenen Funktionen des Controlling können diese Fragen nicht allgemein beantwortet werden (Horváth [Aufgaben] 137 f.). So kommt dem Controlling beim Aufbau eines Planungs- und Kontrollsystems oder bei der Strategieformulierung primär eine Initiativ- und Vorschlagsfunktion zu, wobei die letztverbindliche Entscheidung beim Top-Management liegt. Weisungsbefugten Liniencharakter hat die Controllingfunktion hingegen im Hinblick auf die Koordination der Unternehmensteilpläne, die Vorgabe der Planungssystematik, die Festlegung der Rahmendaten der Planung, die Durchführung von Kontrollrechnungen oder bei Planabweichungsanalysen. Angesichts des erhöhten Koordinationsbedarfs in diversifizierten Unternehmen kommt gerade diesen laufenden Aufgaben des Controlling eine besondere Bedeutung zu, da diese die Durchsetzung der Planvorlagen entweder über die Linie oder über ein begrenztes funktionales Weisungsrecht des Controlling betreffen. *Daher empfiehlt sich die Organisation des Controlling als Zentralabteilung mit begrenzten funktionalen Weisungsbefugnissen* (Ziener [Controlling] 181).

Verknüpfung mit Funktionsbereichen

Bei der internen Organisation des Controlling stellt sich schließlich die Gestaltungsaufgabe, die Controllingfunktion *mit verwandten Funktionseinheiten* wie dem internen und externen Rechnungswesen (Berichtswesen), der (strategischen) Unternehmensplanung, der Budgetierung oder der internen Revision strukturell zu verknüpfen. Vorschläge, entsprechend dem amerikanischen Vorbild das gesamte Rechnungswesen organisatorisch in den Controllingbereich zu integrieren, werden kontrovers diskutiert (Franz [Controller-Organisation] 217 ff.). Ähnlich umstritten ist die organisatorische *Bündelung von Strategieformulierung und Controlling* (Pfohl/Zettelmeyer [Controlling] 159 ff.; Scheffler [Controlling] 2149 ff.). Von den Befürwortern integrativer Lösungsansätze wird auf die Möglichkeit einer besseren Abstimmung von Strategieformulierung und -realisierung und der damit effizienteren Koordination sowie auf die einfachere Konflikthandhabung im Unternehmen verwiesen. Als Argumente gegen eine Integration der strategischen Unternehmensplanung in das Controlling werden eine unzulängliche fachliche Qualifikation mancher Controller oder die nachteiligen Wirkungen einer Machtbündelung bei den Controllern vorgebracht (Pfohl/Zettelmeyer [Controlling] 168). Hingegen sind das *Berichtswesen und die Budgetierung als klassische Teilfunktionen des Controlling* anzusprechen, die insbesondere in Großunternehmen und unter dem Gesichtspunkt der EDV-Stützung als spezialisierte Abteilungen, die dem Controlling unterstellt sind, eingerichtet werden müssen. Hinsichtlich der *Abteilungsbildung innerhalb des Controlling* wird im Schrifttum häufig einer funktionalen Gliederung der Controllingeinheit der Vorrang gegeben, in der die Informationsversorgungs- von der Planungs- und Kontrollfunktion getrennt ist. Die funktionale Spezialisierung erscheint aber aufgrund der erheblichen Probleme funktionaler Organisationsstrukturen in diversifizierten Unternehmen (vgl. Abschn. 7.2.2.1) nicht unbedenklich. Daher haben sich Gestaltungsvarianten bewährt, die auf der *zweiten Ebene der Controllinghierarchie eine Aufteilung nach divisionalen Gesichtspunkten* vorsehen (Ziener [Controlling] 188).

Controller versus Treasurer

Im betriebswirtschaftlichen Schrifttum wird vielfach eine Arbeitsteilung zwischen Controller und Treasurer vorgeschlagen (etwa bei Hauschildt [Finanzvorstand] 169 ff.; Mayer et al. [Controlling-Konzepte] 28 ff.; Klenger [Controlling] 40). Während dem *Controller in erster Linie Planungsaufgaben* (Informationsversorgung sowie ergebnisorientierte Steuerung) zugewiesen werden, liegt der *Aufgabenschwerpunkt des Treasurers im finanzwirtschaftlichen Bereich,* wobei die Liquiditätssicherung, steuerliche Aspekte, der Bankenverkehr (Zahlungsdisposition, Geldanlage) sowie das Mahnwesen wichtige Teilaufgaben darstellen. Eine derartige Arbeitsteilung zwischen Treasurer und Controller ist der amerikanischen Praxis nachempfunden, wobei die Frage der Sinnhaftigkeit dieser Arbeitsteilung zumindest in deutschen Unternehmen bis heute nicht eindeutig geklärt zu sein scheint. So werden diese Funktionen in manchen Unternehmen nach wie vor zusammengefasst, wie das Beispiel Daimler oder Siemens zeigt.

6.5.3 Verbreitungsgrad und Bedeutung des Controlling in der Unternehmenspraxis

Empirische Untersuchungen, welche die Ausgestaltung des Controlling in der Bundesrepublik Deutschland zum Gegenstand haben, lassen folgende *Gesamteinschätzungen über den Verbreitungsgrad und die Bedeutung des Controlling* in der Unternehmenspraxis zu:

- Das Controlling ist in der Mehrzahl der Unternehmen als eigene Stelle oder eigener Bereich institutionalisiert (Hahn/Hungenberg [PuK] 104 ff.; Uebele [Verbreitungsgrad] 27 ff.);
- basierend auf einem Sample von 374 deutschen Unternehmen bestätigt Bauer einen Wirkungszusammenhang zwischen der Controllingfunktion, bzw. der Qualität der durch das Controlling zur Verfügung gestell-

ten Informationen, und dem Unternehmenserfolg (Bauer [Zusammenspiel] 279);

- die Budgeterstellung wird in der Mehrzahl der Unternehmen im Gegenstromverfahren (vgl. Abschn. 6.4.2) vorgenommen (Link/Orban [Pflichtübung] 14);
- in Budgets als zentralen Steuerungsgrößen des Controlling werden fast immer Ausgaben/Einnahmen sowie Kosten/Erlöse, nicht so häufig jedoch Mengen oder Qualitäten berücksichtigt (Dambrowski [Budgetierungssysteme] 142);
- Ansätze eines strategischen Controlling finden sich erst seit Beginn der 1980er Jahre, wobei Banken und Versicherungen durch einen unterdurchschnittlichen Verbreitungsgrad gekennzeichnet sind (Coenenberg/Günther [Stand] 460; Coenenberg/Günther [Erfolg] 40);
- anhand einer Befragung von 320 der größten westdeutschen Industrie- und Handelsunternehmen erkennt Amshoff ([Realtypen]) die Sicherung der Kontrolle und der Entscheidungsqualität als zwei wesentliche Zieltypen des Controlling in der Unternehmenspraxis;
- in Deutschland gehört zu den Aufgaben des Controllers insbesondere die Koordinationsfunktion auf allen Planungsebenen sowie die strategische Planung. Weniger relevant sind im Vergleich zu den USA sowie Frankreich finanzorientierte Aufgaben (Stoffel [Controllership]);
- besonders wichtige Ziele des Kostenmanagements sind die Kostensenkung, die Stärkung des Kostenbewusstseins, die Identifikation der Kostentreiber und die Erhöhung der Kostentransparenz. Von den neueren Instrumenten des Kostenmanagements werden bei den befragten Großunternehmen hauptsächlich das Benchmarking, das Target Costing und die Prozesskostenrechnung eingesetzt (Franz/Kajüter [Kostenmanagement] 569 ff.);
- bei Kennzahlen und Kennzahlensystemen als zentralen Controllinginstrumenten dominieren in deutschen Unternehmen die Finanzkennzahlen in ihrer Verwendungshäufigkeit und der subjektiven Bedeutung für die Führungskräfte. Entsprechend ihrer Bedeutung werden sie durchschnittlich einmal im Monat vorgelegt. Unter den Kennzahlensystemen ist wohl das am RoI orientierte System am weitesten verbreitet, wobei dieses gemäß der Einschätzung der Unternehmen in der Zukunft zu Gunsten der Balanced Scorecard (vgl. Abschn. 4.4.2) als Führungsinstrument an Bedeutung verlieren wird. Die Nutzung von Kennzahlen und Kennzahlensystemen hat derzeit allerdings mehrheitlich eher symbolischen als instrumentellen Charakter; dem entsprechend ist die

Mehrheit der Führungskräfte mit den ihnen zur Verfügung gestellten Daten auch nur bedingt zufrieden (Sandt [Führungsunterstützung] 94 ff.);

- innovative Controllinginstrumente werden hauptsächlich in Unternehmen eingesetzt, die über umfassende Prozessmanagementsysteme oder ein Controlling für bewegliche Strukturen verfügen (Horvath et al. [Unternehmenssteuerung]);
- Pellens, Tomaszewski und Weber ([Beteiligungscontrolling]) zeigen auf der Basis einer empirischen Untersuchung der DAX-100 Unternehmen, dass beim Beteiligungscontrolling ein Ruck in Richtung Shareholder Value (vgl. Abschn. 4.5.2) stattfindet. Hinsichtlich der Implementierung eines geschlossenen Wertmanagementsystems und der eines Ordnungs- und Kennzahlensystems, das die zentrale Zielsetzung auf einzelne Organisationseinheiten herunterbricht, gibt es jedoch noch Lücken;
- Eine aktuelle Auswertung von 2529 zwischen 1970 und 2003 veröffentlichten Controllingbeiträgen durch Binder und Schäffer ([Entwicklung] 603 ff.) zeigt, dass die Hauptthemen der deutschsprachigen Controllingforschung in der Planung, dem Activity Based Costing (Prozesskostenrechnung), der Investitionsrechnung, der Kalkulation, der Budgetierung sowie der Balanced Scorecard bestehen. Weiterhin zeigt sich, dass die Controllingforschung recht selten empirisch, dafür in erheblichem Maße durch Modeströmungen geprägt ist.
- Die den gleichen Veröffentlichungszeitraum betreffende Zitations- und Kozitationsanalyse von Schäffer, Binder und Gmür ([Struktur] 395 ff.) führt zu dem Befund, dass die deutschsprachigen Controllingforscher im ersten Teilzeitraum (1970-1989) hauptsächlich auf Veröffentlichungen zur Kostenrechnung und Investitionsrechnung, im zweiten Teilzeitraum (1990-2003) hingegen vorwiegend auf solche zu Controllingkonzeptionen und zur Prozesskostenrechnung Bezug genommen haben. Auch wird ersichtlich, dass die deutschsprachigen Controllingforscher ihren Veröffentlichungen vergleichsweise selten internationale Literatur zugrundelegen, was insofern verwunderlich ist, als dass Controlling im Vergleich zum externen Rechnungswesen weniger durch nationalstaatliche rechtliche Rahmenbedingungen bestimmt ist.

Kontrollfragen und Aufgaben zu Kapitel 6

1. Durch welche Merkmale ist die Planung gekennzeichnet? Welche dieser Merkmale haben einen idealtypischen, welche einen realtypischen Charakter?

2. Worin unterscheiden sich Planung und Prognose?

3. Ist die Zielbildung Teil der Unternehmensplanung? Sind die Durchsetzung und Realisierung der ausgewählten Handlungsalternativen sowie die Kontrolle der Handlungsergebnisse Bestandteile der Planung? Begründen Sie Ihre Aussagen.

4. Was soll mit dem Hinweis, dass Planung und Kontrolle Querschnittsfunktionen sind, zum Ausdruck gebracht werden?

5. Welche Funktionen erfüllt die Planung?

6. Erläutern Sie anhand eines frei gewählten Beispiels die Phasen des idealtypischen Planungsprozesses. Wird diese Phasenfolge in der Unternehmenspraxis üblicherweise eingehalten? Begründen Sie Ihre Aussagen.

7. Beschreiben und beurteilen Sie die Designs von Untersuchungen zur Überprüfung der Planungseffizienz. Welche Ergebnisse weisen diese Untersuchungen auf?

8. Erläutern Sie das traditionelle Verständnis von Kontrolle, und zeigen Sie die Mängel eines derartigen Kontrollbegriffs auf.

9. Welche Kontrollformen sollten idealerweise realisiert werden? Zeigen Sie Unterschiede zwischen diesen Kontrollformen auf.

10. Was versteht man unter strategischer Kontrolle und strategischer Überwachung?

11. Was beinhalten die Begriffe Planungs- und Kontrollsystem sowie Planungs- und Kontrollrechnung?

12. Welche Aufbau- und Funktionsprinzipien weisen integrierte Planungs- und Kontrollsysteme auf? Welche Gestaltungsoptionen sind jeweils gegeben?

13. In welcher Hinsicht unterscheiden sich „Integration“ und „Koordination“ als alternative Formen der Planabstimmung?

14. Beurteilen Sie unterschiedliche Formen der zeitlichen Verkettung von Plänen.

15. Beurteilen Sie unterschiedliche Formen der Entwicklungsfolge von Plänen.

16. Was versteht man unter Hierarchiedynamik? Welche hierarchiedynamische Gestaltungsoption sollte angesichts dynamischer Umweltentwicklungen genutzt werden? Begründen Sie Ihre Aussage.

17. Fassen Sie die Empfehlungen des Ausgleichgesetzes der Planung zusammen. Bei welcher Form der Planabstimmung findet es Anwendung?

18. Beurteilen Sie den Anwendungsnutzen einer simultanen Planabstimmung.

19. Inwiefern unterscheiden sich fallweise, laufende, rollende und revolvierende Planung?

20. Umreißen Sie den Aufgabeninhalt des Controlling, und erläutern Sie Gründe für das Aufkommen dieser „neuen" Führungsfunktion.

21. Erweitert das Controllingkonzept die Führungsfunktion Kontrolle? Begründen Sie Ihre Aussage.

22. Welche Unterschiede bestehen zwischen Controlling und Treasuring? Erläutern Sie Vor- und Nachteile alternativer Formen der organisatorischen Verankerung des Controlling.

23. Zeigen Sie anhand der Ergebnisse empirischer Untersuchungen den Verbreitungsgrad und die Bedeutung des Controlling in der Unternehmenspraxis auf.

24. Wie ist die theoretische Fundierung des Controlling einzuschätzen und welche Perspektiven lassen sich diesbezüglich absehen?

25. Interpretieren Sie die Befunde aktueller empirischer Untersuchungen zum Stand der deutschsprachigen Controllingforschung.

Literaturhinweise zu Kapitel 6

AMSHOFF, B., Controlling in deutschen Unternehmungen – *Realtypen,* Kontext und Effizienz, Wiesbaden 1993.

COENENBERG, A., BAUM, H.-G., Günther, T., Strategisches *Controlling,* 3. Aufl., Stuttgart 2004.

FRIEDL, B., *Controlling,* Stuttgart 2003.

HASSELBERG, F., Strategische *Kontrolle* im Rahmen strategischer Unternehmensführung, Frankfurt am Main et al. 1989.

HORVÁTH, P., *Controlling*, 9. Aufl., München 2003.
PFOHL, H.-C., STÖLZLE, W., *Planung* und Kontrolle, 2. Aufl., Stuttgart 1997.
STOFFEL, K., *Controllership* im internationalen Vergleich, Wiebaden 1995.
WILD, J., *Grundlagen* der Unternehmungsplanung, 4. Aufl., Opladen 1982.

7 Organisation

Fallbeispiel:

Daimler AG – Reorganisation[1]

Die ehemalige Daimler-Benz AG zündete entgegen ihrer lange Zeit sehr konservativen Modellpolitik in den 1990er Jahren ein wahres Feuerwerk an Modellneueinführungen im PKW-Bereich, das die Kunden bis heute in Atem hält. Diese mit Einführung der C-Klasse 1993 begonnene Entwicklung verfolgt mehrere Ansatzpunkte. Einerseits wurden bestehende Fahrzeugsegmente durch neue Typen aufgefächert (z. B. C-Klasse Sportcoupé, CLK-Klasse), parallel dazu erfolgte aber auch der Eintritt in bisher nicht bediente Segmente (SLK, A-Klasse, B-Klasse, Vaneo, Viana). Zudem wurde mit dem Kleinstwagen Smart ein gänzlich neues Fahrzeugsegment geschaffen. Abgesehen von einzelnen Ausnahmen ist diese Produktoffensive vom Markt sehr wohlwollend aufgenommen worden. Von 1993 bis 2007 hat sich der Umsatz im Geschäftsfeld Mercedes-Benz Personenwagen und Smart von rund 19 Milliarden Euro auf rund 52 Milliarden Euro mehr als verdoppelt. Die Entwicklung im Nutzfahrzeugbereich verlief noch dynamischer. Der Umsatz hat sich im Zeitraum von 1993 bis 2007 von rund 6 Milliarden Euro auf rund 28 Milliarden Euro nahezu verfünffacht. Der Absatz betrug in 2007 rund 1.180.000 Fahrzeuge und Daimler ist damit Weltmarktführer. In Bezug auf die Modellpolitik ist die Strategie im Nutzfahrzeugbereich mit der des PKW-Bereichs vergleichbar. Die Typenvielfalt in bestehenden Segmenten wurde erhöht und parallel dazu wurden neue Segmente für den Konzern erschlossen. Ein starkes Wachstum über Zukäufe hat dabei bereits wesentlich früher als im PKW-Bereich zu einer Mehrmarkenstrategie geführt.

Getragen vom Erfolg der Geschäftsentwicklung und in Übereinstimmung mit der verfolgten Wachstumsstrategie beschloss die außerordentliche Hauptversammlung der Daimler-Benz AG am 18. September 1998 die Fusion mit dem US-amerikanischen Automobilhersteller Chrysler zur neuen DaimlerChrysler AG mit Sitz in Stuttgart, die eine Reorganisation globaler Reichweite notwendig machte. Die im Zuge der Fusion realisierte Organisationsstruktur des Konzerns berücksichtigte in

---

1 Dank gebührt Herrn Professor Jürgen Hubbert, seinerzeit Chef der Konzernplanung der Daimler-Benz AG und Vorstandsmitglied der DaimlerChrysler AG, für die Übermittlung tieferer Einsichten in Strategien und Strukturen des Unternehmens. Professor Hubbert ist seit dem 1. Oktober 2004 im Ruhestand.

hohem Maße die bei Chrysler vorhandenen Strukturen. Nach der Integration von Chrysler und unterstützt durch das sukzessive Ausscheiden von Chrysler-Managern auf Vorstandsebene, wurde die Führung bei Chrysler und die Vertretung der Marke im Konzernvorstand deutlich gestrafft. Zu dieser Entwicklung haben natürlich auch die im Jahr 2000 bei Chrysler aufgetretenen, zum Zeitpunkt der Aktualisierung dieses Fallbeispiels weitgehend überwundenen Umsatz- und Ergebnisprobleme beigetragen. In Verbindung mit einer immer konsequenteren Fokussierung auf das Automobilgeschäft, das seit dem Jahr 2000 aufgrund der inzwischen auf 13 Prozent reduzierten Beteiligung an Mitsubishi sämtliche Triademärkte abdeckt, werden die Konzerngeschäfte über nur noch vier Geschäftsfelder geführt. Die organisatorische Entwicklung im Konzern hat sich dabei in immer kürzeren Zyklen an aktuelle Geschäftsentwicklungen angepasst; fast kann von einer kontinuierlichen Reorganisation gesprochen werden.

Strategie und Organisationsstruktur in den 1970er und 1980er Jahren

Die Strategie von Daimler-Benz in den 1970er Jahren lässt sich als stufenweise Internationalisierung im Automobilgeschäft bezeichnen. In dieser Zeit besteht das Leistungsangebot des Unternehmens nahezu ausschließlich aus hochwertigen Personenkraftwagen (PKW) und Nutzfahrzeugen (NFZ). Durch den Verkauf des Ingolstädter Auto-Union-Werks an Volkswagen verzichtet Daimler-Benz Mitte der 1960er Jahre auf den Einstieg in den Massenautomobilmarkt und konzentriert seine nicht für den Bereich der PKW benötigten Ressourcen auf den Ausbau des Nutzfahrzeuggeschäfts, um durch eine führende Stellung auf dem Weltmarkt die Position als Nobelwagenhersteller abzustützen. Gleichzeitig wird durch den Aufbau ausländischer Vertriebs- und Produktionsstätten die Internationalisierung von Daimler-Benz intensiviert. Einen Schwerpunkt der Internationalisierungsstrategie des Unternehmens bildet dabei der US-amerikanische Markt. Neben dem Absatz wurde auch die Produktion internationalisiert, wobei außer in den USA in Brasilien, Argentinien, Südafrika, Spanien, Türkei, Indonesien, Saudi-Arabien und im Iran LKW und in Südafrika PKW produziert werden. Daimler-Benz ist in dieser Phase funktional gegliedert (Abbildung 7-1). Die Ressorts „Materialwirtschaft", „Produktion" und „Vertrieb" werden auf Vorstandsebene um die Bereiche „Forschung und Entwicklung", „Personal-, Sozialwesen und Verwaltung", „Finanz- und Betriebswirtschaft" und den Bereich „Beteiligungen", dem die finanzielle Steuerung der Auslandsaktivitäten von Daimler-Benz obliegt, ergänzt. Durch die ***funktionale Strukturierung*** *wird versucht, Effizienzvorteile für das relativ homogene Leistungsprogramm zu realisieren. Eine funktionale Strukturierung wird zu dieser Zeit auch von weiteren deutschen Automobilherstellern wie BMW und VW bevorzugt.*

Die Schaffung des Ressorts „Beteiligungen" im Jahr 1982 als Konsequenz der zunehmenden Bedeutung des Auslandsengagements bedeutet daher eine Erweiterung der ansonsten rein funktionsorientierten Differenzierung. Die Unternehmensleitung besteht somit neben dem Vorstandsvorsitzenden, der selbst kein funktionales Ressort leitet, dem jedoch die Unternehmensplanung unterstellt ist, aus sieben weiteren Mitgliedern. Auch auf der zweiten Ebene wird das Funktionalprinzip durchbrochen, da das Ressort „Beteiligungen" auf dieser Ebene ***regional*** *gegliedert ist.*

Abbildung 7-1

Organisationsstruktur der Daimler-Benz AG bis 1986

VV	F&E	P	M	V	PSV	FBW	BET
Vorsitzender des Vorstandes	Produktion	Forschung und Entwicklung	Materialwirtschaft	Vertrieb	Personal-, Sozialwesen und Verwaltung	Finanz- und Betriebswirtschaft	Beteiligungen

Strategische Rahmenbedingungen der 1980er Jahre

Die Automobilhersteller werden Anfang der 1980er Jahre mit dynamischen Wettbewerbsveränderungen auf den internationalen Märkten konfrontiert, die auch wesentliche Auswirkungen auf die Unternehmensstrategie von Daimler-Benz haben. So führt insbesondere die zunehmende Globalisierung der Automobilindustrie zu einem Aufbau großvolumiger Fertigungskapazitäten. Eine kontinuierliche Auslastung der errichteten Produktionspotenziale erfordert eine intensive Bearbeitung ausländischer Märkte, was den weltweiten Wettbewerb zunehmend verschärft. Insbesondere japanische Automobilhersteller, deren Anteil an der PKW-Weltproduktion zwischen 1965 und 1980 von 4,6 Prozent auf 24 Prozent anwächst, gehen aufgrund einer starken Aufwertung des Yen und der Gefahr weiterer Einfuhrbeschränkungen dazu über, eigene Fertigungen im Ausland, vor allem in den USA und Großbritannien, zu errichten.

Die japanischen Hersteller nehmen dabei zunehmend Fahrzeuge der gehobenen Kategorie in ihr Leistungsprogramm auf, da das Marktsegment kleiner und kompakter Niedrigpreis-PKW vermehrt von Automobilproduzenten aus Schwellenländern, vor allem Südkorea, beliefert wird, die weitaus kostengünstiger produzieren können. Insbesondere der 1982 eingeführte Mercedes 190 wird mit internationaler Konkurrenz konfrontiert. Durch sich wandelnde Kundenbedürfnisse wird bei der Daimler-Benz AG der erforderliche Aufbau einer erweiterten Kompetenzbasis zusätzlich forciert. Energiekrise und Ölpreisschock sowie gewachsenes Ressourcen- und Umweltbewusstsein, aber auch gestiegene Anforderungen an die Verkehrssicherheit entwickeln sich zu „Triebkräften einer beschleunigten Produktinnovation und -diversifikation". Die notwendige Optimierung von Umweltverträglichkeit und Wirkungsgrad des Produkts Automobil machen umfassende Kenntnisse im Bereich innovativer Technologien unentbehrlich.

Als Reaktion auf die Wandlungen im Wettbewerbsumfeld ändern insbesondere die US-amerikanischen Automobilproduzenten General Motors und Chrysler ihre Unternehmensstrategie, indem sie verstärkt in zukunftsträchtige Wachstumsbereiche investieren. Die Schwerpunkte dieser strategischen Neuorientierung sind das Eindringen in die schnell wachsende Finanzbranche, die gezielte Angliederung von Know-how aus den Bereichen Elektronik, Informations- und Kommunikationstechnik sowie ein Engagement in der Luft-, Raumfahrt- und Rüstungsindustrie. Die durch die aufgezeigten Umweltveränderungen erforderlich gewordene Erweiterung der technologischen Kompetenzbasis sowie die unternehmerischen Neuorientierungen der US-amerikanischen Automobilkonzerne bewirken auch bei Daimler-Benz eine Veränderung der verfolgten Unternehmensstrategie.

Strategische Neuausrichtung in den 1980er Jahren

Die strategische Zielsetzung der Daimler-Benz AG wandelt sich Mitte der 1980er Jahre zum Leitbild eines „international tätigen Technologiekonzerns mit automobilem Schwerpunkt". In Verfolgung dieses Ziels werden umfängliche Unternehmensakquisitionen getätigt. Anfang 1985 wird der 50-Prozent-Anteil der MAN AG an der bisherigen gemeinsamen Tochtergesellschaft MTU, einem Produzenten für Antriebstechnik, übernommen. Im selben Jahr werden Mehrheitsbeteiligungen an dem Luft- und Raumfahrtunternehmen Dornier sowie dem Elektrokonzern AEG erworben. 1989 erfolgt, initiiert durch den seit 1987 wirkenden Vorstandsvorsitzenden Edzard Reuter, eine Beteiligung an dem Luft- und Raumfahrtunternehmen MBB, die bis 1990 ebenfalls in eine Mehrheitsbeteiligung überführt wird. Mit dieser Akquisitionspolitik, die deutliche Parallelen zu den US-amerikanischen Automobilunternehmen aufweist, hat sich Daimler-Benz umfassende Ressourcen in den Bereichen Elektronik und Automatisierungstechnik, Material- und Werkstofftechnik sowie Forschung und Entwicklung angegliedert. Durch eine verbreiterte Kompetenz- und Geschäftsbasis wird versucht, eine drohende „strategische Lücke" zwischen den zukünftigen Anforderungen des Marktes und den im Unternehmen vorhandenen Fähigkeitspotenzialen frühzeitig und offensiv zu verhindern. Neben der Luft- und Raumfahrt werden als neue Wachstumsfelder die Mikroelektronik und die Automatisierungstechnik sowie Bahn- und Verkehrstechnik eingeschätzt und Daimler-Benz hat sich dabei nach Aussagen von Reuter „für alle Felder vorgenommen, unter die ersten drei der Branche zu kommen".

Strategie und Organisationsstruktur von 1986 bis 1989

Aufgrund der in den 1980er Jahren getätigten Großakquisitionen verfügt der Daimler-Benz-Konzern über umfassende Ressourcen in den unterschiedlichsten Technologiegebieten. Eine Nutzung dieses Potenzials für das Gesamtunternehmen erfordert organisatorische Konzepte, um einerseits die neuen Geschäftsbereiche in die Führungsstruktur des Konzerns einzugliedern und andererseits die erworbenen Syner-

giepotenziale geschäftsfeldübergreifend verwerten zu können. Zur Verwirklichung der strategischen Zielsetzung, ein integrierter Technologiekonzern zu werden – oder in der Diktion Reuters – „durch eine gegenseitige Befruchtung möglichst vieler Geschäftsfelder innerhalb des Unternehmens einen in weiten Teilen integrierten Konzern zu schaffen", ist eine Anpassung der Unternehmensstruktur notwendig.

Die Reorganisation des Konzerns in eine Holding mit eigenständig operierenden Geschäftsbereichen wird zwar diskutiert und von Teilen des Vorstandes befürwortet, realisiert wird jedoch eine ***matrixähnliche*** *Organisationsstruktur mit rechtlich selbstständigen und unselbstständigen* ***Geschäftsbereichen*** *sowie* ***Zentralressorts*** *(Abbildung 7-2). Neben Geschäftsbereichen und Zentralressorts wird als neuartiges Strukturelement ein* ***Struktur- und Synergieausschuss*** *eingerichtet. In diesem Ausschuss sind die Vorstandsmitglieder für „Finanz- und Betriebswirtschaft", „Forschung und Technik" sowie die Leiter der fünf Geschäftsbereiche und der Leiter der Konzernplanung vertreten. Keine Ausschussmitglieder sind dagegen die Vorstände der Zentralressorts „Materialwirtschaft", „Vertrieb" und „Personal" sowie der Vorstandsvorsitzende. Die Aufgabe des Struktur- und Synergieausschusses ist es, das Zusammenwachsen des Konzerns zu fördern und konzernweite Synergiepotenziale zu erarbeiten.*

Organisationsstruktur der Daimler-Benz AG von 1986 bis 1989

Abbildung 7-2

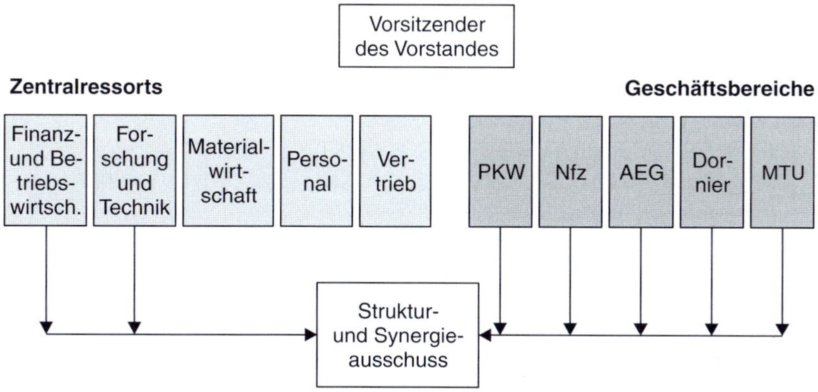

Bald stellt sich jedoch heraus, dass die realisierte Organisationsstruktur die in sie gesetzten Erwartungen nicht erfüllen kann. Die parallele Ausgestaltung von funktions- und geschäftsbereichsorientierter Differenzierung der Leitungsaufgabe führt zu erheblichen Spannungen und Reibungsverlusten. Der Zielsetzung, durch die gewählte Organisationsstruktur die Vorstandsarbeit stärker auf strategische Probleme ausrichten zu können, stehen die hervorgerufenen Friktionen und Kompetenz-

konflikte entgegen. Insgesamt führen die strukturimmanente Konfliktintensität und der hohe Abstimmungsbedarf dazu, dass der Vorteil der erreichten verbesserten Marktnähe verloren geht. Da sich die Organisationsstruktur als unpraktikabel erweist, wird erneut eine Reorganisation eingeleitet.

Strategie und Organisationsstruktur von 1989 bis 1997

Die Verfolgung der Globalisierungsstrategie und die Diversifikation des Leistungsprogramms verlangen nach einer verstärkten Marktnähe, Dezentralisation und Flexibilisierung der Organisation, um die erhöhte Umweltdynamik strukturell absorbieren zu können. Auch soll der Vorstand vom operativen Tagesgeschäft entlastet werden, damit er die strategische Weiterentwicklung des Konzerns vorantreiben kann.

Der Stammhauskonzern Daimler-Benz wird daher in einen Holding-Konzern umgestaltet. Die Reorganisation des Stammhauskonzerns Daimler-Benz, der bisher durch seine Geschäftsbereiche PKW und NFZ eigenunternehmerisch am Markt aufgetreten ist, orientiert sich an dem Modell der Management-Holding (Abbildung 7-3).

Abbildung 7-3 *Organisationsstruktur der Daimler-Benz AG 1989-1997*

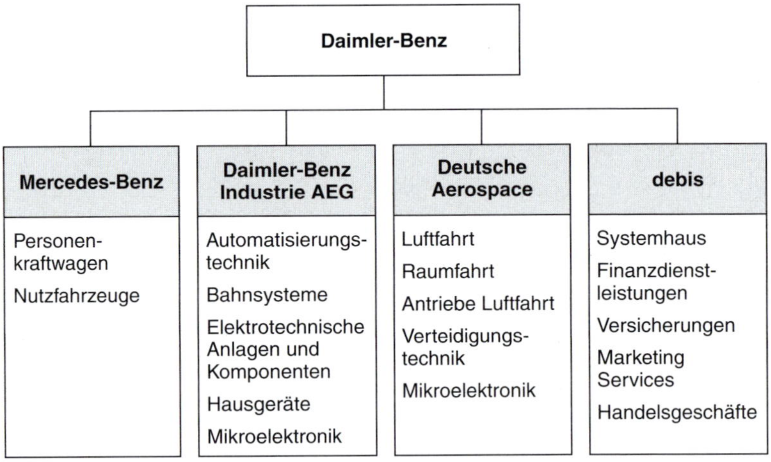

Im Vorstand der Daimler-Benz AG sind neben dem ***Vorstandsvorsitzenden*** *die* ***Unternehmensbereiche*** *AEG und Deutsche Aerospace (DASA) jeweils mit ihren Vorstandsvorsitzenden sowie der Unternehmensbereich Mercedes-Benz mit zwei Vorstandsmitgliedern vertreten, was als Ausdruck der dominanten Stellung des*

Fahrzeuggeschäfts im Konzern interpretiert werden kann und wofür auch die Besetzung der Position des stellvertretenden Vorstandsvorsitzenden der Daimler-Benz AG mit dem Vorstandsvorsitzenden der Mercedes-Benz AG spricht.

Des Weiteren bestehen Vorstandsressorts für ***„Personal", „Finanzen und Material"*** *sowie* ***„Forschung und Technik"****. Insbesondere die Verankerung des letztgenannten Ressorts auf Vorstandsebene demonstriert auch im Außenverhältnis das Selbstverständnis der Daimler-Benz AG als* ***Management****-Holding. Mitte 1990 wird der Konzern um einen vierten Unternehmensbereich, die Daimler-Benz InterServices AG (debis) erweitert, deren Vorstandsvorsitzender ebenfalls einen Sitz im Konzernvorstand innehat.*

Mit der Umstrukturierung des Unternehmens in eine Management-Holding und der damit verbundenen rechtlichen und organisatorischen Ausgliederung der Geschäftsbereiche werden neue Leistungspotenziale erschlossen. Die Dezentralisation von Entscheidungen auf die operativen Tochtergesellschaften und deren Erfolgsverantwortung sind auf eine Stärkung von Eigeninitiative und Motivation des Managements der Geschäftsbereiche gerichtet, um auf diese Weise unternehmerisches Handeln auf den unterschiedlichen Hierarchieebenen der Organisation zu implementieren. Die kopfzahlmäßige Halbierung des obersten Führungskreises der Holding-Zentrale und die Profit-Center-Orientierung der Konzerneinheiten sind Ausdruck dafür, dass diese Entwicklungsrichtung von dem seit Juni 1995 amtierenden Vorstandsvorsitzenden Jürgen Schrempp konsequent weiterverfolgt wird.

Strategie und Organisationsstruktur von 1997 bis 1999

Aufgrund erheblicher Ergebnisprobleme in einigen der neu erworbenen Geschäften und dem weitgehenden Ausbleiben der erhofften Synergien entwickelt Jürgen Schrempp bald nach seiner Amtsübernahme im Juni 1995 eine Vision für die Zukunft der Daimler-Benz AG, die die Vorstellungen seines Vorgängers vom „integrierten Technologiekonzern" geradezu umkehrt. Dem Konzept der „Wertorientierten Unternehmensführung" (vgl. Abschn. 4.5.2) folgend setzt er eine Konzentration auf die Kernaktivitäten und damit, im Falle von Fokker auch unter Hinnahme großer Verluste, eine Abspaltung der weniger rentablen Unternehmensteile durch. In einer ersten Konzentrationsphase geht Dornier an die US-amerikanische Fairchild Aircraft Inc.; AEG wird 1996 aufgelöst, wobei Teilbereiche wie TEMIC als industrielle Beteiligungen weitergeführt werden, der Bereich Bahnsysteme wird in das Joint Venture Adtranz mit ABB eingebracht und die Erkennungs- und Sortiersysteme werden an Siemens verkauft.

Eine zweite Konzentrationsphase beginnt 1999 mit einer deutlichen Reduzierung der Beteiligung am Mobilfunkanbieter Debitel (die Beteiligung wird in Stufen bis 2001 völlig aufgegeben). Aus dem Bahngeschäft zieht sich der Konzern mit dem Verkauf von Adtranz an Bombardier in 2001 vollständig zurück und das debis-Systemhaus wird in 2002 endgültig an die Telekom verkauft. Die Konsequenz, mit der die Ausrichtung auf das Kerngeschäft im Konzern betrieben wird, kann man am Verkauf der TEMIC an Continental ablesen (ein Anteil von 60 Prozent wurde in 2001 abgegeben, die verbleibenden Anteile in 2002). Obwohl die TEMIC als Hersteller von Automobil-Elektronik mit dem Konzerngeschäft eng verbunden ist, gehört dieser Bereich nicht zu den definierten Kernkompetenzfeldern und wird deshalb abgegeben. Die Einbringung der DASA in die börsennotierte EADS (European Aeronautic Defense and Space Company) bedeutet zwar noch keinen Rückzug aus diesem Geschäft, doch erfolgt die Führung über eine Beteiligung nunmehr nur noch indirekt.

Parallel zum Rückzug aus den sonstigen Geschäften wurde das Engagement im Automobilbereich erheblich ausgeweitet.

Der sukzessive Rückzug aus den unter Reuter erworbenen neuen Geschäften und die zunehmende Konzentration aufs Kerngeschäft findet seinen Niederschlag in einer bedeutenden Änderung der Organisationsstruktur. Mit der Rückführung der Bereiche Personenwagen, Nutzfahrzeuge und Fahrzeugvertrieb in die Dachorganisation der Holding wird die Vertretung des Automobilbereichs deutlich aufgewertet. Der auf diese Weise wieder entstandene ***Stammhauskonzern*** *Daimler-Benz AG dokumentiert hierdurch nicht nur nach außen seine enge Verbindung zu seinem traditionellen Geschäftsfeld, sondern verschafft sich durch den Abbau der zusätzlichen Hierarchiestufen und Stabsstellen auch im Innern einen effektiveren Durchgriff auf die Aktivitäten in seinem Kerngeschäft. Mit dieser konsequenten Kernkompetenzorientierung in der Aufbauorganisation (Abbildung 7-4 zeigt die Vorstandsressorts in Verbindung mit der Struktur des Stammhauskonzerns) sowie den Restrukturierungsprozess begleitenden Optimierungen in der Ablauforganisation erreicht der Daimler-Benz-Konzern das oben beschriebene Umsatzwachstum und Rentabilitätsniveau.*

Strategie und Organisationsstruktur von 1999 bis 2001

Doch auch die aktuelle Konzernstruktur der Daimler-Benz AG ist nur eine Zwischenstufe auf dem bewegten Entwicklungspfad des Unternehmens. Im Mai 1998 wird bekannt, dass Jürgen Schrempp und Robert Eaton von Chrysler Corp. im Laufe der letzten Monate über die Fusion der beiden Unternehmen verhandelt haben. Sie überzeugen die Öffentlichkeit und insbesondere die Aktionäre sehr schnell davon, dass der Zusammenschluss von Daimler und Chrysler nicht nur direkte ökonomische Vorteile bietet, sondern im Zuge der Globalisierung der Automobilindustrie geradezu eine Notwendigkeit darstellt.

Die Synergiepotenziale durch Zusammenlegung bzw. Koordinierung der Aktivitäten in Bereichen wie F&E und Einkauf des künftig größten deutschen Konzerns mit rund 132 Milliarden Euro Umsatz prognostizieren sie auf 1,28 Milliarden Euro in 1999 und 3,3 Milliarden Euro ab 2001.

Organisationsstruktur der Daimler-Benz AG 1997-1999

Abbildung 7-4

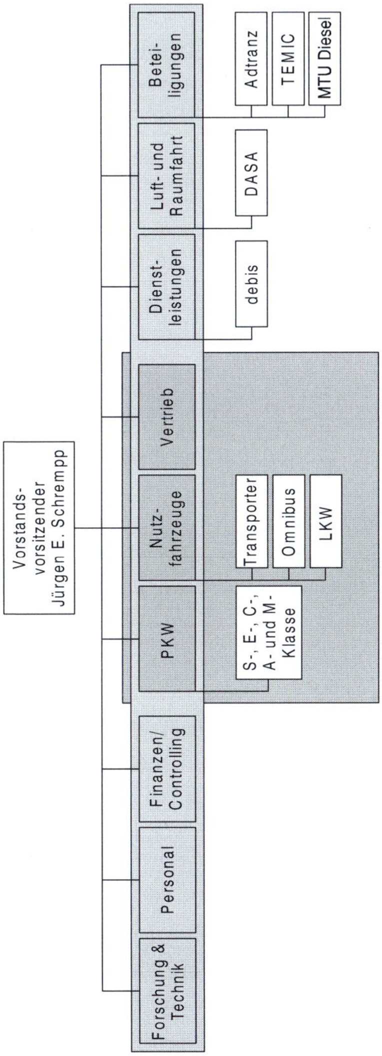

Überdies würden sich die Angebote von Daimler und Chrysler im Hinblick auf Fahrzeugtypen einerseits und bisher erschlossene regionale Märkte andererseits ergänzen. Und schließlich würde der wachsende Wettbewerbsdruck auf dem globalen Automobilmarkt Unternehmenskonzentrationen verlangen.

Im Hinblick auf die Globalisierung der Aktivitäten setzt Schrempp die unter Reuter begonnene strategische Ausrichtung konsequent fort. Während der PKW-Bereich aufgrund des Zusammenschlusses mit Chrysler dabei im Blickpunkt der Öffentlichkeit steht, wurde das Portfolio aber auch im Nutzfahrzeugbereich mit der Übernahme von unter anderem Detroit Diesel, Setra, Western Star, Orion, Thomas Built Buses und American LaFrance international ausgeweitet. Nicht zuletzt dienen auch die neuen und erweiterten Beteiligungen an Mitsubishi und Hyundai der Erschließung von fernöstlichen Nutzfahrzeugmärkten.

Unbeeindruckt von der Debatte über die nach der Fusion um ein Vielfaches steigenden Management-Gehälter im DaimlerChrysler-Konzern votieren die außerordentlichen Hauptversammlungen der Daimler-Benz AG und Chrysler Corp. fast einstimmig für den Vollzug der Fusion. Damit präsentiert sich die Organisationsstruktur der neuen DaimlerChrysler AG ab 1999 mit einer weiteren internationalen Stärkung des Kerngeschäfts Automobilbau. Es wird angekündigt, dass Schrempp und Eaton das Unternehmen zunächst gemeinsam führen werden, bis Schrempp den Vorstandsvorsitz nach drei Jahren allein bekleiden wird. Der globale Einkauf wird zum Vorstandsressort erhoben, um auf internationalen Beschaffungsmärkten geschlossen aufzutreten. Forschung und Technologie werden gebündelt. Erhalten bleibt jedoch die Trennung der Produktsparten, zumal Mercedes-Benz und die vier Chrysler-Marken Chrysler, Jeep, Dodge und Plymouth weiterhin selbstständig am Markt auftreten werden. Die ehemaligen Dienstleistungsbereiche der Daimler-Benz AG und Chrysler Corp. werden verschmolzen, die etablierten Marken bleiben aber erhalten. Die Aktivitäten in den übrigen Geschäftsbereichen werden in der bisherigen Form fortgeführt (vgl. Abbildung 7-5).

Dass auch diese Organisationsstruktur im fortlaufenden Prozess der Reorganisation nur eine vorläufige ist, zeigt die bereits ein Jahr später erfolgte Umbesetzung und Verkleinerung des Vorstandes der DaimlerChrysler AG. Diese betrifft insbesondere die seit der Fusion regional getrennt wahrgenommenen Vertriebsaufgaben. Die Fortschritte bei der Integration der beiden Konzerne scheinen nunmehr eine eher globale Ausrichtung der Automobilmarken möglich zu machen.

Strategie und Organisationsstruktur ab 2001

Das Konzept der Konzerndoppelspitze wurde mit dem Ausscheiden von Robert J. Eaton Ende März 2000 vorzeitig aufgegeben. In der Zeit danach war Jürgen E. Schrempp wieder alleiniger Vorstandsvorsitzender. Nach der Integration von Chrysler wurde das Geschäftsfeld Chrysler Group als Produktsparte (Geschäftsfeld) mit weltweiter Verantwortung analog zu den Produktsparten Mercedes-Benz Personenwagen und Nutzfahrzeuge geführt (vgl. Abbildung 7-6).

Organisationsstruktur der DaimlerChrysler AG 1999-2001

Abbildung 7-5

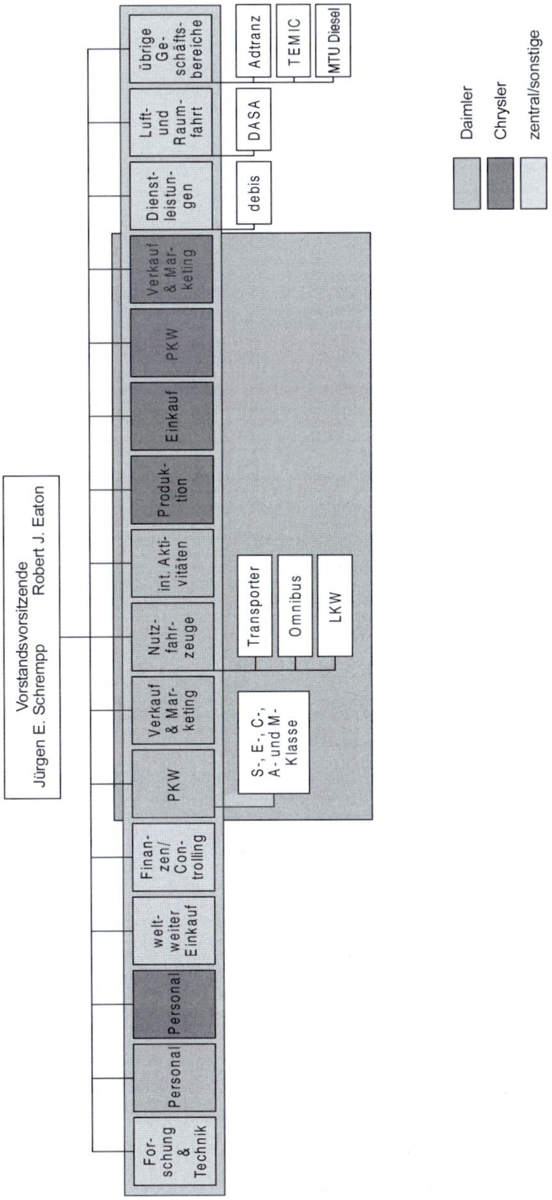

Abbildung 7-6 *Organisationsstruktur der DaimlerChrysler AG 2001-2004*

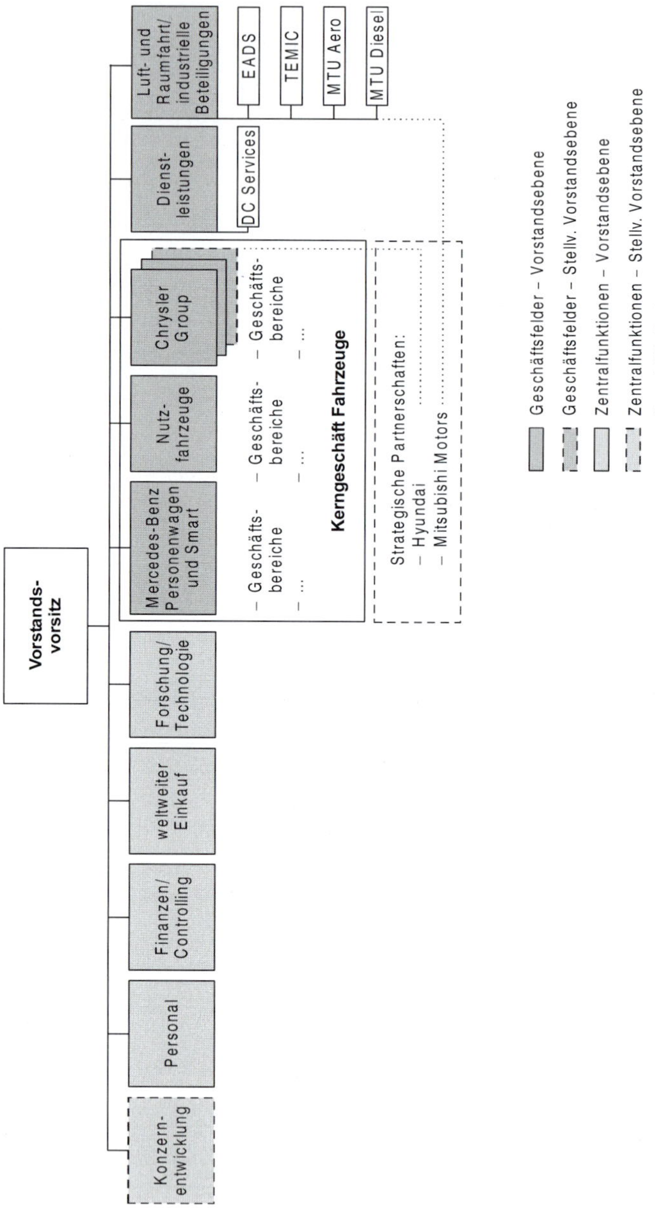

Allerdings war Chrysler mit zwei (inkl. eines stellvertretenden Vorstandsmitglieds sogar mit drei) Personen im Konzernvorstand vertreten. Inwieweit diese Lösung durch Anforderungen aufgrund der zu dieser Zeit bestehenden speziellen Turnaround-Situation bei Chrysler, durch personelle Gegebenheiten nach dem Zusammenschluss oder durch die Bedeutung und Andersartigkeit des Geschäfts in den USA motiviert war, lässt sich aus der Ex-post-Perspektive nicht eindeutig beantworten.

Zur Führung und konsequenten Steuerung des Fahrzeuggeschäfts wurde im Jahr 2000 das Executive Automotive Committee (EAC) eingerichtet. Dieses ressortübergreifende Vorstandsgremium war auch im Jahr 2005 noch das zentrale Steuerungsgremium für das weltweite Automobilgeschäft und bereitete konzernübergreifende Entscheidungen und Inititativen vor. Es wurde nach dem Ausscheiden von Professor Jürgen Hubbert vom Vorstandsvorsitzenden allein geleitet und verdeutlicht die stammhausorientierten Strukturen der damaligen DaimlerChrysler AG.

Neben den drei Fahrzeuggeschäftsfeldern wurde das Geschäftsfeld Dienstleistungen stark auf den Fahrzeugbereich ausgerichtet. Diese Entwicklung wurde durch eine veränderte Bedeutung der Finanzdienstleistungen für das Fahrzeuggeschäft ausgelöst: Von einer Unterstützungsfunktion entwickelt sich die Finanzierung zunehmend zu einem integralen Bestandteil des Produkts Automobil und seiner Wertschöpfungskette. Das Geschäftsfeld Dienstleistungen wurde aufgrund seiner Größe und Querschnittsbedeutung für die Fahrzeugbereiche zwar eigenständig geführt, war aber eng an die Fahrzeugaktivitäten gekoppelt. Dies unterstreicht die fahrzeugbezogene Stammhausorientierung der Konzernorganisation. Die ehemaligen Vorstandsbereiche „Luft- und Raumfahrt" sowie „übrige Geschäftsbereiche" wurden aufgrund des verkleinerten Portfolios an nichtautomobilen Geschäften (nach Verkauf Adtranz) und der Einbringung der DASA in die EADS zum Geschäftsfeld „Luft- und Raumfahrt & industrielle Beteiligungen" zusammengelegt. Diese organisatorische Maßnahme spiegelt den Rückbau des Portfolios an nichtautomobilen Geschäften direkt wider.

Schon zu dieser Zeit strebte die DaimlerChrysler AG für das gesamte Automobilgeschäft die Position des weltweit führenden Automobilherstellers an. Die Strategie beruhte dabei auf den vier Säulen, die auch heute noch Gültigkeit besitzen:

- *einer starken und ausgewogenen globalen Präsenz in den Märkten Europa, Amerika und Asien,*
- *eines vollständigen und hochattraktiven Markenportfolios,*
- *eines umfassenden Produktprogramms für jeden Kundenwunsch und*
- *Technologie- und Innovationsführerschaft.*

Nachdem die Sanierung des verschuldeten Konzerns Mitsubishi Motors trotz äußerst hoher finanzieller Hilfen fehl schlug, hat die DaimlerChrysler im April 2004 eine Kapitalerhöhung des japanischen Automobilherstellers sowie weitere Finanzhilfen verweigert. In der Zeit danach hat DaimlerChrysler seine ursprünglich 37 Pro-

zent umfassende Beteiligung auf 13 Prozent reduziert. Vom Mitsubishi-Konzern erworben hat man jedoch eine Beteiligung am LKW-Hersteller Fuso. Trotz des stufenweisen Rückzugs wird die Zusammenarbeit von DaimlerChrysler und Mitsubishi jedoch fortgesetzt.

Gleichwohl hat die DaimlerChrysler AG seit 2002 ihr Engagement in Asien deutlich erweitert: Im November 2002 wurde eine Kaufoption über eine 50prozentige Beteiligung an Hyndai Motor ausgeübt und im Jahre 2003 ein weitreichendes Rahmenabkommen mit dem langjährigen chinesischen Partner Beijing Automotive Industry Holding Company (BAIC) geschlossen. Seit dem Jahr 2006 werden in der Pekinger Industriezone PKW-Modelle des Typs E 240 und der C-Klasse gebaut. Bei den zahlreichen weiteren strategischen Allianzen des Konzerns steht Asien eindeutig im Vordergrund.

Am 1. Januar 2006 hat Dieter Zetsche von Jürgen Schrempp das Amt des Vorsitzenden des Vorstands der DaimlerChrysler AG übernommen und mit dem sogenannten "New Management Model" die Führungsorganisation des Konzerns neu ausgerichtet. Dabei wurden zum 1. März 2006 alle Verwaltungsfunktionen, wie etwa Finanzen und Controlling, Personal und Strategie zentralisiert und berichten seitdem, über das ganze Unternehmen hinweg, an den jeweiligen Leiter dieser Funktion.

Nachdem im Jahr 2006 die Absätze von Chrysler trotz hoher Rabatte eingebrochen waren und Chrysler einen operativen Verlust von 1,1 Milliarden Euro auswies, kündigte Dieter Zetsche im Februar 2007 an, für Chrysler "alle Optionen prüfen" zu wollen. Am 14. Mai 2007 wurde Chrysler für 5,5 Milliarden Euro an den US-Finanzinvestor Cerberus veräußert. Nachdem die Trennung zum 1. August 2007 rechtswirksam geworden ist, firmiert das Stuttgarter Unternehmen seit 1. Oktober 2007 als Daimler AG.

Die Daimler AG blieb auch nach der Trennung von Chrysler mit der Lastwagensparte Marktführer. Das Geschäftsfeld "Mercedes-Benz Cars" (Mercedes-Benz, Maybach, smart) erzielt seit Abschluss eines umfangreichen Effizienzprogramms ebenfalls wieder hohe Gewinne. Ohne Chrysler lag der Umsatz der Daimler AG im Jahr 2007 bei 99,4 Milliarden Euro, der Gewinn bei 6,6 Milliarden. Am Ende des Jahres 2007 beschäftigte das Unternehmen etwa 272.000 Mitarbeiter.

Die gegenwärtig gültige Organisationsstruktur (vgl. Abb. 7-7) – nun ohne die Chrysler Group – mit den funktional ausgerichteten Verwaltungsfunktionen einerseits und den Sparten (Mercedes-Benz Cars, Trucks, Financial Services) andererseits ähnelt einer Matrixorganisation. Gleichwohl zeigt sich, daß die Struktur nur partiell diesem Grundmodell entspricht. Erstens ist in der Primärorganisation ein Einliniensystem abgebildet, die Manager der zweiten Hierarchieebene sind nicht gleichzeitig zwei übergeordneten Einheiten unterstellt. Vielmehr berichten sie an jene Vorstände, welche die Funktionalressorts des Unternehmens verantworten und erhalten von diesen Vorständen ihre Weisungen. An den Schnittstellen zwischen

Funktionalbereichen und operativen Geschäftsbereichen entsteht dennoch eine Matrix im Sinne eines Kooperationsnetzwerks. Die Integration in die operativen Geschäftsbereiche erfolgt über Mittel der Sekundärorganisation – z. B. über die Einbindung in Geschäftsleitungsgremien, gemeinsame Zielvereinbarungs- und Personalprozesse.

Abbildung 7-7

Aktuelle Organisationsstruktur der Daimler AG

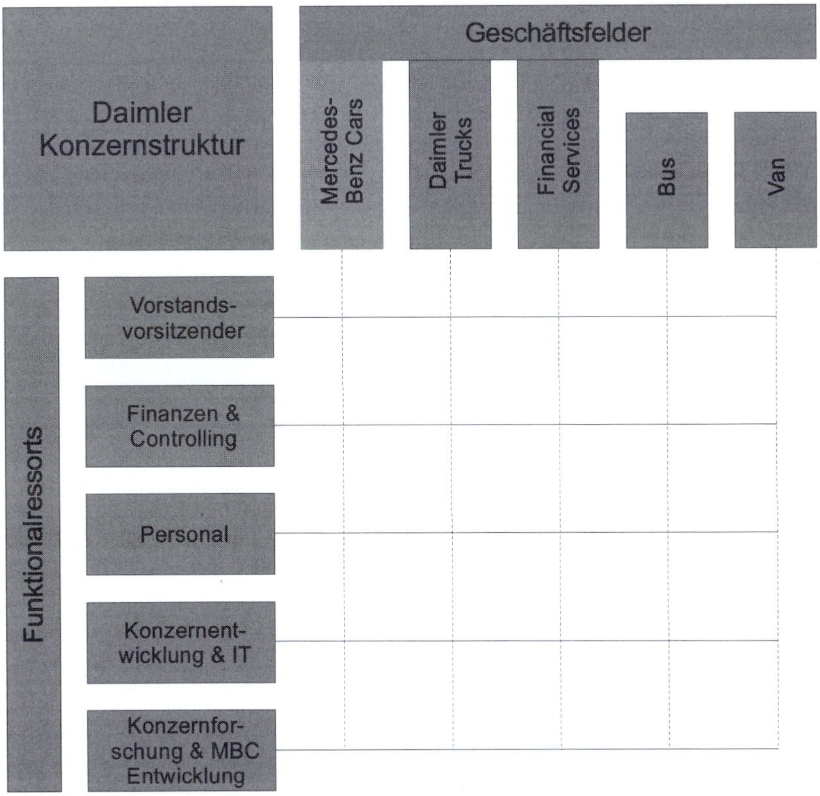

Die Asymmetrie der Daimler-Matrix resultiert zweitens daher, dass das größte Geschäftsfeld des Unternehmens – Mercedes-Benz Cars – in Personalunion vom Vorstandsvorsitzenden geführt wird, dem überdies die Konzernfunktionen Kommunikation, Recht, Compliance, Audit sowie Politik- und Außenbeziehungen unterstellt sind. Und drittens sind lediglich die zwei größten der fünf Geschäftsfelder (Mercedes-Benz Cars und Daimler Trucks) direkt im Konzernvorstand vertreten. Demgegenüber berichtet der Leiter der Sparte Financial Services an den Vorstand

Finanzen und Controlling, der Leiter der Bussparte an den Vorstand Trucks und der Leiter der Sparte Mercedes-Benz Vans an den Vorstandsvorsitzenden/Leiter Mercedes-Benz Cars. Direkt im Konzernvorstand sind außerdem noch der Leiter Konzernforschung und Mercedes-Benz Entwicklung, der Leiter Konzernentwicklung sowie der Leiter des Personalressorts vertreten. Es wird somit deutlich, dass in der Daimler-Matrix die für die Funktionalbereiche zuständigen Vorstände einen deutlichen Einfluss genießen.

Diese Lösung erscheint angesichts der Tatsache zweckmäßig, dass das Unternehmen seit der Trennung von Chrysler ein noch fokussierteres Produktprogramm aufweist. Insbesondere dürften die die Geschäftsfelder überspannenden funktionalen Linien dazu beitragen, dass das Unternehmen seine in den Teilbereichen residierenden Synergiepotenziale zielgerichtet heben kann.

Quellen

DAIMLER AG (Hrsg.), *Geschäftsbericht* 2007, Stuttgart 2008.

DAIMLER-BENZ AG (Hrsg.), *Tatsachen* und Zahlen, Stuttgart 1992 und 1994.

DAIMLER-BENZ AG (Hrsg.), *Erläuterungen* zur neuen Konzernstruktur und zur Ausgliederung des Fahrzeuggeschäfts in die Mercedes-Benz AG, Stuttgart 1989.

DAIMLER-BENZ AG (Hrsg.), *Informationen* zum Unternehmenszusammenschluss von Daimler-Benz und Chrysler, Stuttgart 1998.

DAIMLER-BENZ AG (Hrsg.), *Geschäftsbericht* 1994-1997, Stuttgart 1995-1998.

DAIMLERCHRYLSER AG (Hrsg.), *Geschäftsbericht* 2001-2006, Stuttgart – Auburn Hills 2002-2007.

DALAN, M., EIGENDORF, J., DaimlerChrysler – *Geschichte* einer gescheiterten Verbindung, in: Die Welt, Ausgabe vom 20.05.2007.

TÖPFER, A., Die *Restrukturierung* des Daimler-Benz Konzerns 1995-1997, Neuwied – Kriftel 1998.

sowie zahlreiche weitere im Internet verfügbare Zeitungs- bzw. Zeitschriftenartikel.

7.1 Konzeptionelle Grundlagen

Zusammenhang von Strategieformulierung, Controlling und Organisation

Um die vielfältigen, im Zuge der Strategieformulierung (vgl. Kapitel 5) und Planung (vgl. Kapitel 6) bestimmten Aufgaben des Wertschöpfungsprozesses erfüllen zu können, bedarf es eines geeigneten Ordnungsrahmens. Dieser besteht in der Unternehmensorganisation, die das Grundgerüst für das Zusammenwirken von Personen, Sachmitteln und Informationen im Beziehungsgefüge zwischen Unternehmen und Umwelt liefert. Die Unternehmensorganisation wird im Prozess der organisatorischen Gestaltung geschaffen, der zu einer bestimmten Konfiguration der Unternehmens-Umwelt-Interaktion führt.

Mit der Unternehmensorganisation ist ein *abstraktes Phänomen* gegeben, das sich dem Beobachter allenfalls ausschnitthaft und indirekt anhand von Materialisierungen wie Organigrammen, Stellenbeschreibungen, Ablaufplänen oder Arbeitszeitregelungen offenbart. Diese stellen lediglich Oberflächenmerkmale der Unternehmensorganisation dar, sie vermögen jedoch nicht den *vielschichtigen Gesamtkomplex* der organisatorischen Regelungen vollständig wiederzugeben.

7.1.1 Begriff, Merkmale und Abgrenzung des Organisationsbegriffs

Organisationsbegriff

In dieser Immaterialität, Abstraktheit und Vielschichtigkeit des Organisationsphänomens ist die im Schrifttum vorzufindende uninheitliche Verwendung des Organisationsbegriffs begründet. In Abbildung 7-8 ist eine Reihe historischer und aktueller Interpretationen des Organisationsbegriffes zusammengestellt, die auf die Heterogenität der Verständnisse hinweist.

Obwohl nicht sämtliche der vorgenannten Begriffsverständnisse gleichermaßen zu überzeugen vermögen, stimmen sie doch insofern überein, als in allen implizit auf die Komplexität des Systems „Unternehmen" verwiesen wird, die es durch den zielgerichteten Einsatz von Regeln zu handhaben gilt. Weiterhin zeigen die dargelegten Begriffsumschreibungen, dass mit dem instrumentellen und dem institutionellen Verständnis zwei unterschiedliche Sichtweisen des Realphänomens Organisation verwendet werden.

Instrumentelles versus institutionelles Verständnis

- Wird vom *instrumentellen*, auch als funktional bezeichneten Organisationsverständnis ausgegangen, dann wird Organisation als ein Mittel zur Erreichung der Unternehmensziele angesehen. *Das Unternehmen hat eine Organisation.* Organisation ist damit etwas Rationales; es geht vorrangig um den an Zielen ausgerichteten und vernunftgeleitet vollzogenen Entwurf von schwerpunktmäßig formalen Regelungen. Diese Aufgabe obliegt insbesondere der Unternehmensleitung oder einem durch diese beauftragten Personenkreis, den Organisatoren bzw. den Organisationsabteilungen. Die von Grochla, REFA, Robbins sowie Picot, Dietl und Franck vorgelegten Definitionsbemühungen entsprechen dieser Perspektive.
- Dem steht das *institutionelle* Organisationverständnis gegenüber. Dieses ist sozialwissenschaftlich geprägt und herrscht im anglo-amerikanischen Schrifttum vor. Nach dieser Perspektive *ist das Unternehmen eine Organisation.* Sie ist eine Institution, etwa wie die von Papst Benedikt XVI. vermittelte Heilige Katholische Kirche oder der von Karl-Heinz Rummenig-

ge geführte FC Bayern München. Fachvertreter, die den institutionellen Organisationsbegriff bevorzugen, sehen hierin weit mehr als nur eine semantische Variation. Vielmehr wollen sie mit der institutionellen Begriffsdeutung darauf hinweisen, dass sie neben ökonomischen relativ gleichrangig auch soziale Aspekte von Unternehmen in den Vordergrund ihres Erkenntnisstrebens rücken. Dabei unterstellen sie einen Interessenpluralismus sowie eine begrenzte Rationalität der in den Unternehmen wirkenden Entscheidungsträger, wie dies seitens der Vertreter des verhaltensorientierten Ansatzes angenommen wird (vgl. Abschn. 2.2.3). Organisation und Organisieren wird zu einem Politikum. Weiterhin untersuchen sie nicht nur formale, sondern vorrangig auch informale Aspekte (vgl. Abschn. 7.1.2) im Spektrum der organisatorischen Regelungen und Handlungen. Schließlich weisen sie darauf hin, dass sämtliche Unternehmensangehörige an der (Weiter-) Entwicklung organisatorischer Regelungen mitwirken. Die von Plenge sowie Kast und Rosenzweig vorgeschlagenen Definitionen sind von diesem Verständnis geprägt.

Abbildung 7-8 *Organisationsbegriffe*

Organisation

... ist eine bewusste Lebenseinheit aus bewussten Teilen.
(Plenge 1919)

... ist ein zielorientiertes, psychosoziales und technologisches System.
(Kast/Rosenzweig 1974)

... besteht aus einem System von Regeln, das die Aufgabenerfüllung der Unternehmung zielgerichtet und dauerhaft ordnet.
(Grochla 1978)

... eines Betriebs, einer Behörde usw. stellt den Ordnungsrahmen für das betriebliche Geschehen dar.
(REFA 1985)

... bezeichnet sowohl die Tätigkeit der zielorientierten Steuerung der Aktivitäten in einem sozialen System mit mehreren Mitgliedern (funktionaler Organisationsbegriff) als auch das soziale Gebilde selbst (institutionaler Organisationsbegriff).
(Laux/Liermann 1997)

... legt fest, welche Aufgaben anstehen, wer sie erledigt, wie sie gruppiert werden, wer welche Kompetenzen hat und wo die Entscheidungen fallen.
(Robbins 2001)

... ist ein Mittel zum Zweck der Lösung des Organisationsproblems.
(Picot/Dietl/Franck 2005)

Bevorzugung des instrumentellen Organisationsverständnisses

In der vorliegenden Schrift steht das instrumentelle Organisationsverständnis im Vordergrund. Dabei werden die Problemfelder der Gestaltung von organisatorischen Regelungen diskutiert, die eine bestmögliche Erreichung der Unternehmensziele gewährleisten sollen.

Koordination und Spezialisierung als Kernaufgaben

Kernaktivitäten der Organisationsgestaltung sind Spezialisierung und Koordination.

- Die *Spezialisierung* stellt eine Form der Arbeitsteilung dar, bei der die Gesamtaufgabe des Unternehmens in *unterschiedliche* Teilaufgaben gegliedert ist und die für die Aufgabenerledigung verantwortlichen Unternehmensangehörigen sich auf bestimmte dieser Teilaufgaben konzentrieren. Hauptsächlich durch Effizienzgründe motiviert machen im Unternehmen also nicht alle das Gleiche, sondern jeder macht etwas Anderes bzw. Besonderes. Spezialisierung führt zu einer Strukturbildung im Unternehmen. Die Aufgaben sind verschieden, die Aufgabenträger auch und es findet sich eine „reichhaltig gefaltete Topographie unterschiedlicher Spezialisierungsarten" (vgl. Abschn. 7.1.3).
- Demgegenüber beinhaltet *Koordination* die Abstimmung arbeitsteilig vollzogener Teilaufgaben (Wolf [Personalmanagement] 25 ff.). Das Ziel der Koordination besteht in einem harmonischen Zusammenwirken der unterschiedlichen Aufgabenträger und Unternehmensteile (vgl. zu unterschiedlichen Koordinationsinstrumenten Abschn. 7.1.3).

Zusammenhang

Zwischen Spezialisierung und Koordination besteht ein positiver Zusammenhang. Je stärker die Spezialisierung, desto höher ist der Koordinationsbedarf. Wenn beispielsweise in einem international tätigen Unternehmen mit einer Integrationsstrategie (vgl. Abschn. 13.4.1) die In- und Auslandsgesellschaften auf unterschiedliche Elemente der Wertschöpfungskette (vgl. Abschn. 5.6.1.2) spezialisiert sind, dann liegt in diesem Unternehmen ein äußerst hoher Koordinationsbedarf vor, der den Einsatz eines breiten Spektrums an Koordinationsinstrumenten (vgl. Abschn. 7.3) erfordert.

Definition Organisation

Organisation kann demnach als eine auf Spezialisierung beruhende zielgerichtete Strukturierung und Koordination von Personen, Sachmitteln und Informationen zum Zweck der Erreichung der Ziele des Unternehmens verstanden werden. Gemäß der in Abschn. 2.1.2 entfalteten Perspektive von Unternehmensführung als Unternehmens-Umwelt-Koordination bleibt weiterhin festzustellen, dass *Organisation und Organisieren an den Unternehmensgrenzen nicht halt machen, sondern sich auch auf die Regelung der unternehmensübergreifenden Wertschöpfungsaktivitäten erstrecken.* Organisatorische Gestaltung ist also nicht nur innerhalb des jeweiligen Unternehmens, sondern überdies auch im Zusammenhang mit unternehmensübergreifenden Gemeinschaftsaufgaben erforderlich, wie sie beispielsweise mit strategischen Allianzen (vgl. Abschn. 5.4.1.3 und 7.5.1) gegeben sind.

Fünf Kernmerkmale von Organisation

Ausgehend von diesen Überlegungen zeichnet sich das Phänomen „Organisation" durch fünf Kernmerkmale aus:

- Organisation führt zu einer *Strukturbildung* im Unternehmen, die sich jedoch nicht ausschließlich auf die als Organisationsstruktur bezeichnete vertikale und horizontale Gliederung des Gesamtsystems „Unternehmen", sondern auch auf die Ordnung in der prozessualen Dimension seiner Arbeitsvollzüge bezieht. Eine Struktur entsteht beispielsweise auch dann, wenn die Reihenfolge eines Fertigungsprozesses bestimmt und standardisierte Formen der Entscheidungsfindung oder Verfahren eines formalen Berichtswesens festgelegt werden.

- Beim Organisieren geht es *zunächst*, wie auch bei der Planung, vorrangig um ein *rationales, bewusstes, zweckgerichtetes Handeln*. Zwar ist nicht von der Hand zu weisen, dass in jedem Unternehmen auch eine Vielzahl an faktisch gewachsenen Beziehungen und Regelungen besteht, doch setzt ein Streben nach einer größtmöglichen Zielerreichung ein stetiges Bemühen um eine an Zielen ausgerichtete rationale Entwicklung, Überprüfung und Anpassung interaktionssteuernder Regelungen voraus.

- *Strategieformulierung und Planung* unterscheiden sich insofern grundlegend von Organisation, als sie den Entwurf zielgerichteter, stimmiger Maßnahmenbildung, Organisation dagegen die Bestimmung eines zu diesem Maßnahmenbündel passenden Ordnungsgerüsts zum Gegenstand haben. Strategieformulierung und Planung sind somit auf das Handlungssoll, Organisation auf das Strukturgerüst ausgerichtet.

- Organisation ist ähnlich wie Strategieformulierung und Planung *situationsabhängig*. Organisatorische Regelungen müssen unter Berücksichtigung der unternehmensexternen und -internen Kontextbedingungen entworfen werden (vgl. Abschn. 2.3.2). Als gestaltungsleitende Bezugspunkte kommen insbesondere die von der empirischen Organisationsforschung thematisierten (vgl. Abschn. 7.6) Kontextfaktoren sowie die Strategie des jeweiligen Unternehmens (vgl. Kapitel 5) in Betracht.

- Organisation ist aber auch *dynamisch*. *Einerseits* müssen organisatorische Regelungen immer wieder verändert werden, um den zur jeweiligen Zeit vorherrschenden strategischen und kontextuellen Herausforderungen zu genügen. Empirische Untersuchungen weisen darauf hin, dass die Praxis dieser Erkenntnis folgt. Wolf ([Strategie]) hat für den 40-Jahreszeitraum von 1955–1995 eine informationsverarbeitungstheoretisch fundierte empirische Untersuchung zum Strategie-Struktur-Zusammenhang in deutschen nationalen und internationalen Unternehmen vorgelegt. Basierend auf einer umfangreichen Datenbasis von 156 Unternehmen wurde eine differenzierte Interpretation der in deutschen Unternehmen vorhandenen Ausprägung und Veränderung von Unternehmensstrategien und hierarchischen Organisationsformen sowie den zwischen diesen bestehenden Zusammenhängen vorgenommen. Im Hinblick auf die Häufigkeit der Anpassung der Organisationsstrukturen zeigt die Untersuchung (Wolf [Strategie] 283 ff.), dass deutsche Unternehmen im Zeitraum zwischen 1955 und 1995 die Frequenz ihrer Reorganisation auf der Ebene der organisatorischen Grundstruktur (vgl. Abschn. 7.2) immer mehr gesteigert haben. Organisationsstrukturen werden also in immer kürzerer zeitlicher Folge verändert. Einzelfallbezogene Erfahrungen, zum Beispiel gewonnen in Unternehmen wie Siemens (vgl. Fallbeispiel zu Teil 2), VW oder IBM, belegen, dass größere Reorganisationsvorhaben heute in etwa zehnjährigem Abstand geschehen. Interessant ist dabei, dass in der Unternehmenspraxis Reorganisationsprozesse in aller Regel erst dann in Gang gesetzt werden, wenn anhand weitgehender Funktionsmängel die bestehende Struktur als obsolet erkannt wird. *Andererseits* ist Organisation deshalb dynamisch, weil die in Interaktion stehenden Personen, welche die organisatorischen Regeln umsetzen und mit Leben erfüllen, die sich daraus ergebende Struktur entsprechend ihren individuellen und sozialen Bedürfnissen, Attitüden und Werthaltungen fortwährend anpassen. Die „laufende Reorganisation" zwischen derartigen „Quantensprüngen" in der Entwicklung von Unternehmen ist hingegen stark durch die in ständigen Wechsel- oder Austauschbeziehungen stehenden Personen bestimmt (vgl. hierzu Macharzina [Interaktion]; Weick [Psychology]).

Organisation versus Disposition und Improvisation

Schließlich lässt sich das abstrakte Realphänomen „Organisation" nur dann hinreichend verstehen, wenn seine Besonderheit im Vergleich zu Disposition und Improvisation aufgezeigt wird. Während im Fall der Organisation die Regeln zur Aufgabenerfüllung *relativ* dauerhaft festgelegt werden, erfolgt im Fall der *Disposition* eine lediglich fallweise, auf die momentane Situation bezogene Regelung der Aufgabenerfüllung. Die *Improvisation* strebt eine vorläufige Ordnung für einen begrenzten Zeitraum an. Konzeptionell liegt sie damit zwischen der Organisation und der Disposition. Im Hinblick auf das „Mischungsverhältnis" von Organisation, Disposition und Improvisation ist das *„Substitutionsgesetz der Organisation"* (Gutenberg [Betriebswirtschaftslehre I] 239 ff.) aufgestellt worden, das empfiehlt, mit zunehmender Gleichartigkeit und Periodizität tendenziell fallweise (dispositionsmäßig) geregelte betriebliche Tatbestände durch generelle Regelungen (Organisation) zu ersetzen. Angesichts der vielschichtigen Kontextbezogenheit organisatorischer Regeln ist dieses „Gesetz" jedoch nicht mehr als eine Leerformel und eine in gestelzte akademische Sprache gekleidete Binsenweisheit.

7.1.2 Dimensionen der Organisation

Organisatorische Regelung und Strukturbildung kann sich entlang mehrerlei Dimensionen vollziehen. Diese Dimensionen präsentieren sich mehrheitlich dichotomieartig, wie die Unterscheidungen in Aufbau- und Ablauforganisation, formaler und informaler Organisation sowie statutarischer und führungsbezogener Organisation zeigen.

Aufbau- versus Ablauforganisation

- Die Unterscheidung zwischen Aufbau- und Ablauforganisation ist fast so alt wie die betriebswirtschaftliche Organisationslehre selbst. Insbesondere im regelungsfreudigen deutschsprachigen Einzugsbereich hat man an diesem Gegensatzpaar Gefallen gefunden (Kosiol [Organisation] 32). Nach dieser Sichtweise befasst sich Erstere mit der Frage, *wer* (welche Personen bzw. Aufgabenträger) *was* (welche Aufgaben) unter Einsatz *welcher Sachmittel* und *Informationen* tun soll. Hierzu muss die Gesamtaufgabe des Unternehmens aufgegliedert, nach bestimmten Kriterien zusammengefasst und Aufgabenträgern zugewiesen werden. Die Lösung dieses Problemkomplexes geschieht im Zuge der Gestaltung der *Strukturorganisation* (Aufbauorganisation, Organisationsstruktur) des Unternehmens (vgl. Abschn. 7.2). Diese beinhaltet die Aufgaben- bzw. Rollenstruktur, die hierarchische Struktur und die Kommunikationsstruktur. Dem Begriff Ablauforganisation wird die Frage zugeordnet, *in welcher zeitlichen Reihenfolge* und *an welchen Orten* die Aufgaben erledigt werden sollen. Es geht hierbei um die Festlegung der Aufgabe nach den Merkmalen Zeit und Raum. Der Gestaltungsbereich der *Ablauforganisation* wird in der arbeitsorganisatorischen, ablaufplanerischen und prozessorganisatorischen Dimension strukturiert (Gaitanides [Ablauforganisation] 3 ff.). Diese analytische Trennung zwischen Aufbau- und Ablauforganisation ist deshalb mit erheblichen Problemen behaftet, weil zwischen beiden ein vielschichtiger Wirkungszusammenhang besteht. Insbesondere erscheint angesichts jüngerer Entwicklungen wie derjenigen der prozessorientierten Reorganisation von Unternehmen (vgl. Abschn. 7.2.3.7) die vielfach geäußerte Sichtweise höchst problematisch, wonach zunächst die Aufbauorganisation festzulegen und hernach die Ablauforganisation an diese anzupassen ist.

Formale versus informale Organisation

- Das zweite Gegensatzpaar betrifft den Unterschied zwischen formaler und informaler Organisation. Als formal ist dabei die Menge jener Regeln anzusprechen, die vom Management verbindlich festgelegt und als offiziell deklariert worden sind. Derartige Regeln sind üblicherweise bewusst und rational geschaffen und in erheblichem Maße an den Zielen des Unternehmens ausgerichtet. Häufig sind sie auch schriftlich niedergelegt. In das Spektrum der formalen Organisationsregeln fallen üblicherweise Kompetenz-, Delegations-, Verantwortungs- und Grundsatzentscheidungen. Als konkrete Beispiele können die organisatorische Grundstruktur eines Unternehmens oder arbeitszeitorganisatorische Bestimmungen genannt werden. Der Begriff informale Organisation (Grün [Erscheinungen]) umfasst dagegen die Gesamtmenge der im Unternehmen faktisch gewachsenen, emergenten Regeln. Die eine soziale Struktur schaffenden Teilbereiche der informalen Organisation sind weitaus stärker als die formalen im Spannungsfeld der unterschiedlichen Ziele der Unternehmensangehörigen entstandenen. Zu denken ist etwa an in Arbeitsgruppen bestehende inoffizielle Leistungsnormen oder an den Gesamtkomplex der Unternehmenskultur (vgl. Abschn. 4.7). Bisweilen getroffene Feststellungen, wonach formale Organisationsaspekte aufgrund ihrer Rationalität nützlich, informelle aufgrund ihrer sozialen Ausrichtung und nicht selten mikropolitisch bedingten Genese nachteilig sind, erscheinen insofern problematisch, als die informellen Organisationselemente vielfach Lücken und damit Schwächen im formalen Organisationsgerüst ausfüllen und das Unternehmen hierdurch erst handlungsfähig machen.

Statutarische versus führungsbezogene Organisation

- Die Unterscheidung zwischen statutarischer und führungsbezogener Organisation wird im Schrifttum unberechtigterweise weitaus seltener behandelt als die beiden vorgenannten Gegensatzpaare. Die statutarische Dimension bezieht sich auf die rechtliche Gliederung des Unternehmens. Wenn beispielsweise die Produktsparten von Unternehmen A wie im Falle der Holdingorganisation (vgl. Abschn. 7.2.2.4) rechtlich selbstständig sind, diejenigen von Unternehmen B hingegen nicht, dann unterscheiden sich diese beiden Unternehmen im Hinblick auf die statutarische Organisation. Die führungsbezogene Organisation bezieht sich auf betriebswirtschaftliche Aspekte. Untersucht werden in diesem Fall Unterschiede oder Gemeinsamkeiten bezüglich der in Unternehmen bestehenden Anweisungs- und Berichtslinien und allgemein der dort vorhandenen Spezialisierungs- und Koordinationsformen. Obwohl auch diese beiden Organisationsdimensionen erheblich aufeinander bezogen sind, folgen sie doch unterschiedlichen Logiken und Zielsetzungen. In der vorliegenden Schrift stehen mit wenigen Ausnahmen (vgl. zum Beispiel Abschn. 7.2.2.4) die operationalen Organisationsaspekte im Vordergrund.

7.1.3 Spezialisierung und Koordination als Kernaufgaben der Organisation

Spezialisierung

Die auf dem Prinzip der Artenteilung beruhende, auch als vertikale Form der Arbeitsteilung bezeichnete *Spezialisierung* kann unterschiedlich vollzogen werden. Während sich die *umfangs*bezogene Spezialisierung durch die Zahl der Organisationseinheiten, die unterschiedliche Aufgaben erfüllen, ergibt, kennzeichnet die *Art* der Spezialisierung die inhaltlichen Merkmalsunterschiede der zu erfüllenden Aufgaben (vgl. Bühner [Organisationslehre] 103 ff.). Einerseits führt sie zu einer Einsparung von Zeit und Einsatzmengen der Produktionsfaktoren, andererseits verringert sie die Höhe der an die Unternehmensangehörigen gestellten Anforderungen. Diesen Vorzügen steht ein Bündel an Nachteilen gegenüber. In der wirtschaftlichen Dimension wird beispielsweise der Transport der Arbeitsobjekte erschwert, die Leistungsmotivation der betroffenen Unternehmensangehörigen geht zurück und der zwischen diesen bestehende Informationsfluss ist vergleichsweise komplex. In der sozialen Dimension sind eine wachsende Monotonie und Arbeitsunzufriedenheit seitens der Arbeitnehmer sowie – als mittelbare Wirkung – deren zunehmende Entfremdung von der Arbeit offensichtlich. Schließlich bewirken die durch starke Spezialisierung erkauften Skaleneffekte Flexibilitätsnachteile, die heute zu einem Umdenken in Richtung auf gemäßigte Arbeitsteilung und Verschlankung der Organisationsstruktur im sogenannten Lean Management (vgl. Abschn. 7.2.3.6) geführt haben.

Koordination

Mit der *Koordination* der auf bestimmte Teilaufgaben spezialisierten Unternehmenseinheiten ist die zweite übergeordnete Kernaufgabe der Organisation gegeben (Steven [Koordination] 965 ff.). Sie ist über den Einsatz geeigneter Koordinationsinstrumente (zum Überblick über Systematisierungen vgl. Wolf [Personalmanagement] 116) zu erbringen. Die bis heute prominenteste Typologie von Koordinationsinstrumenten geht auf Leavitt ([Change] 53 ff.) zurück. Sie ist umfassend und konzeptionell klar. Unterschieden werden zwei übergeordnete Arten von Koordinationsinstrumenten, nämlich die strukturellen und prozessualen, wobei die Letztgenannten sich wiederum aus den technokratischen und personenorientierten konstituieren.

Drei Arten von Koordinationsinstrumenten

- Als *strukturelle Koordinationsinstrumente* sind das jeweilige Leitungssystem und die organisatorische Grundstruktur des Unternehmens sowie sämtliche zwischen den Unternehmenseinheiten (zum Beispiel Funktions- oder Geschäftsbereiche) bestehenden institutionalisierten Bindeglieder bzw. "Arenen" zu bezeichnen. Das Spektrum reicht hier von abteilungsübergreifenden Arbeitsgruppen, Ausschüssen oder Komitees bis hin zu Strukturvarianten in der Form eines Matrix-, Produkt- oder Projektmanagements (vgl. Abschn. 7.4.1.1).

- Als *technokratische Koordinationsinstrumente* sind Regelungen und Festlegungen anzusprechen, die einerseits die strukturellen Koordinationsinstrumente ergänzen, andererseits jedoch unabhängig von der Existenz einzelner Unternehmensangehöriger bestehen. Die technokratischen Instrumente institutionalisieren sich autonom und die Informationsübertragung wird von einzelnen Unternehmensangehörigen bewusst abgelöst. Lediglich die Initialisierung der technokratischen Koordinationsinstrumente beruht auf bewussten persönlichen Entscheidungen der Unternehmensangehörigen. Beispiele für Instrumente dieses Typs sind die Zentralisation von Entscheidungen, Planungs-, Kontroll- und Berichtssysteme, Budget-, Lagerhaltungs- und Qualitätskontrollsysteme oder standardisierte Verfahren der Investitionsrechnung.

- Als *personenorientiert* werden jene *Koordinationsinstrumente* bezeichnet, bei denen die Unternehmensangehörigen und deren Interaktion die zentralen Mittel zur Abstimmung der arbeitsteiligen Handlungsvollzüge bilden. Zu nennen sind hier zum Beispiel eine partizipative Führung, die Qualifizierung des Personals, der Austausch bzw. die Entsendung von Managern zwischen bzw. zu anderen Unternehmensteileinheiten sowie sonstige Maßnahmen, die ein Klima des gemeinsamen Vertrauens und der Zusammenarbeit stiften.

7.1.4 Interdependenzen als zentrale Einflussgröße bei der Wahl geeigneter Spezialisierungs- und Koordinationsformen

Art und Ausmaß der Spezialisierung sowie die Wahl von Koordinationsinstrumenten sind stets unter Berücksichtigung der jeweiligen Situation festzulegen. Dabei kommt *Interdependenzen* eine herausragende Bedeutung zu. Interdependenzen sind Abhängigkeiten, die zwischen verschiedenen Unternehmensteileinheiten bzw. zwischen diesen und der Unternehmensumwelt bestehen. Sie stellen intervenierende Größen dar, die zwischen dem jeweiligen Kontext und der Organisation stehen. Die mit Abstand am weitesten verbreitete Einteilung von Interdependenzarten geht auf Thompson ([Organizations] 54 ff.) zurück. In dieser Typologie wird zwischen gepoolten, sequenziellen und reziproken Interdependenzen unterschieden.

Interdependenzbegriff

- *Gepoolte Interdependenzen* liegen vor, wenn Teileinheiten eines Unternehmens von einer gemeinsamen dritten, häufig übergeordneten Einheit abhängig sind, ohne dass zwischen den Teileinheiten direkte Beziehungen bestehen. In diesem Fall sind die Teileinheiten auf eine gemeinsame Ressourcenbasis angewiesen. Die Abhängigkeit der Teileinheiten ist einerseits in der Endlichkeit der Ressourcen der Quelleneinheit begründet. Je mehr diese einer bestimmten Teileinheit zugesteht, desto weniger kann einer anderen Teileinheit zugewiesen werden. Andererseits bestehen zwischen den Teileinheiten auch deshalb gepoolte Interdependenzen, weil ein schlechtes (gutes) Wirtschaften der einen Teileinheit den Erfolg der anderen Teileinheit schädigt (begünstigt).

Gepoolte, sequenzielle und reziproke Interdependenzen

- Im Falle *sequenzieller Interdependenzen* bestehen zwischen den Teileinheiten direkte Beziehungen dergestalt, dass eine der Teileinheiten immer in der liefernden, die andere immer in der belieferten Rolle ist. Zu denken ist etwa an das im Hinblick auf den neuen Airbus 380 XX eingerichtete Produktionssystem von Airbus Industries. Während in Hamburg die Rümpfe für das Flugzeug gefertigt werden, erfolgt in Toulouse die Innenausrüstung dieser Rümpfe. In diesem Kontext ist das Hamburger Werk in der zuliefernden, das Toulouser Werk in der belieferten Position.

- Bei Unternehmen mit *reziproken Interdependenzen* wechselt die Richtung der Liefer- und Leistungsbeziehungen zwischen den Teileinheiten. Die liefernden Teileinheiten sind zugleich auch die empfangenden und umgekehrt. Erwähnt werden soll hier die Zusammenarbeit des F&E-Bereichs und des Produktionsbereichs von Unternehmen im Kontext der Neuproduktentwicklung. Zunächst übermittelt der F&E-Bereich dem Produktionsbereich seine Vorstellungen hinsichtlich der Gestaltung und Herstellungsart des neuen Produkts, um hernach von dem Produktionsbereich darauf hingewiesen zu werden, dass sowohl das Produkt als auch der Produktionsprozess verändert werden müssen, um eine effiziente Fertigung zu ermöglichen.

Zusammenhänge und normative Aussage

Thompson hat zum Ausdruck gebracht, dass die Stärke der Interdependenzen von den gepoolten über die sequenziellen bis hin zu den reziproken zunimmt. Im Hinblick auf den Zusammenhang zwischen Spezialisierungs- und Interdependenzgrad gilt, dass mit zunehmendem Spezialisierungsgrad auch der Interdependenzgrad ansteigt. Weiterhin gilt im Hinblick auf den Interdependenz-Koordinations-Zusammenhang, dass im Falle einer Vorherrschaft gepoolter Interdependenzen der Einsatz struktureller Koordinationsinstrumente weitgehend ausreicht, während im Falle sequenzieller und reziproker Interdependenzen auch zu prozessualen Koordinationsinstrumenten gegriffen werden muss. Im letztgenannten Interdependenzfall ist sogar ein intensiver Einsatz sämtlicher Koordinationsinstrumentenarten erforderlich.

7.1.5 Organisatorische Teileinheiten

Wer organisatorische Aspekte der Unternehmensführung gestalten will, muss in der Terminologie des Organisators sattelfest sein. Hierzu gehört insbesondere die Kenntnis über den Inhalt organisatorischer Teileinheiten. Mit der Stelle, der Abteilung, der Instanz sowie dem Stab bilden vier Teileinheiten die Grundlage einer jeglichen organisatorischen Gliederung (vgl. insbesondere Bühner [Organisationslehre] 63 ff.).

- Die *Stelle* ist die organisatorische Basiseinheit. Sie entsteht durch die Zuordnung von (Teil-)Aufgaben zu einem Aufgabenträger. Sie stellt somit dessen versachlichten Aufgabenkomplex dar. Die Stelle wird üblicherweise personunabhängig definiert. Bedeutsam ist, dass Stellen inhaltlich und nicht örtlich umschrieben sind. Sie grenzen also aufgabenmäßig und nicht räumlich den Zuständigkeits- und Kompetenzbereich eines Aufgabenträgers ab. **Stelle**

- Unter einer *Abteilung* ist eine Aggregation sachlich zusammenhängender Stellen zu verstehen. Die Größe von Abteilungen ist von verschiedenen Einflussgrößen wie der Komplexität der zu bearbeitenden Aufgabe oder den Führungskapazitäten des Leitungspersonals abhängig. Mehrere Abteilungen werden üblicherweise zu Hauptabteilungen zusammengefasst und größere Abteilungen werden häufig in mehrere Arbeitsgruppen zerlegt. **Abteilung**

- Die *Instanz* stellt die Leitungseinheit einer Abteilung dar. Im Vergleich zu „normalen" Stelleninhabern verfügen die Inhaber von derartigen Leitungsstellen über besondere Rechte und Pflichten, nämlich Entscheidungs- sowie fachliche und disziplinarische Weisungsbefugnisse einerseits und Fremdverantwortung andererseits. **Instanz**

- *Stäbe* sind Leitungshilfsstellen. Sie sind den Instanzen zugeordnet und arbeiten diesen entscheidungsunterstützend zu. Ihnen obliegt die sorgfältige Vor- und Nachbearbeitung von Entscheidungen, sodass sich die Instanzen auf den eigentlichen Entscheidungsakt konzentrieren können. **Stab**

7.1.6 Ziele und Kontextfaktoren der Organisationsgestaltung

Die Gestaltung der Unternehmensorganisation findet in der weithin geteilten Grundauffassung ihren Ausgangspunkt, dass organisatorische *Instrumentalvariablen* unter Berücksichtigung der jeweiligen *Handlungssituation* zum Zweck einer bestmöglichen *Zielerreichung* einzusetzen sind. Als Gestaltungsformen kommen dabei die in den Abschnitten 7.2 bis 7.3 diskutierten strukturellen und prozessualen Organisationsformen, aber auch die im Rahmen der Allianzenorganisation (vgl. Abschn. 7.5.1) erörterten Konzepte in Betracht.

Das Spektrum der die Organisationsgestaltung leitenden Ziele ist im Schrifttum uneinheitlich bestimmt worden (Grundei [Effizienzbewertung]). Jedoch findet sich grundlegend die Unterscheidung zwischen ökonomischen und sozialen Zielen.

Ziele ökonomischer Art

- Innerhalb der *ökonomischen Ziele* spielen bei der Organisationsgestaltung Effizienzziele einerseits und Effektivitäts- und Flexibilitätsziele andererseits eine wesentliche Rolle. Erstere sind auf die Ergiebigkeit der Nutzung personeller und sachlicher Ressourcen ausgerichtet. Letztere betreffen dagegen die Innovations- bzw. Anpassungsfähigkeit des Unternehmens. Die Unterscheidung zwischen diesen beiden Zielkategorien ist im Zusammenhang mit der Organisationsgestaltung insofern nicht trivial, als zur Erreichung eines hohen Effizienzgrades üblicherweise andere organisatorische Gestaltungsformen erforderlich sind als zur Erreichung eines hohen Maßes an Innovations- und Anpassungsfähigkeit. Beispielsweise lässt sich Erstere über eine hohe, Letztere über eine geringe Spezialisierung und allgemein ein hohes Maß an „organizational slack" erreichen. Diese Dilemmasituation wurde insbesondere von March ([Exploration] 71 ff.) in seinem weithin beachteten Aufsatz über Grundaufgaben von Unternehmen und deren organisatorische Implikationen herausgestellt. Danach obliegt Unternehmen sowohl die Erforschung neuer Betätigungsfelder („exploration") als auch die systematische Verwertung der im Rahmen dieser Erforschung gewonnenen neuen Erkenntnisse („exploitation"). Die Grundproblematik besteht nun darin, dass Explorations- und Exploitationsprozesse völlig unterschiedliche organisatorische Designs verlangen, was insofern schwierig zu handhaben ist, als „exploration" und „exploitation" um die im Unternehmen endlichen, somit knappen Ressourcen streiten. Eine Paralleleinrichtung von Organisationsformen, die beide Ziele („exploration" und „exploitation") in hohem Maße begünstigen, ist somit nicht möglich.

Ziele sozialer Art

- Unter den bei der Organisationsgestaltung zu berücksichtigenden *sozialen Zielen* sind die Sicherstellung der Attraktivität von Aufgaben, ein hinreichendes Maß an mitarbeiterseitiger Autonomie und die Ermöglichung zwischenmenschlicher Beziehungen im Mitarbeiterkreis zu nennen.

Die gemeinsame Berücksichtigung von ökonomischen und sozialen Zielen im Organisationsgestaltungszusammenhang ist ebenfalls schwierig, weil auch hier gilt, dass Organisationsformen, die der einen Zielsetzung dienen, häufig im Hinblick auf die andere Zielsetzung relativ schlecht abschneiden. Aus dieser Perspektive gesehen wird Organisation somit ebenfalls zu einer abwägenden Aufgabe.

Relevante Kontextfaktoren

Auch besteht kein vollständiger Konsens hinsichtlich des Spektrums der organisationsgestaltungsrelevanten unternehmensexternen und -internen Einflussgrößen. Dies ist darin begründet, dass organisatorische Gestaltungen auf unterschiedlichen Ebenen des Unternehmens festzulegen sind, auf denen unterschiedliche Faktoren eine Rolle spielen. Im Zusammenhang mit der organisatorischen Grundstruktur des Unternehmens dürften jedoch Faktoren wie die Unternehmensgröße, der Diversifikationsgrad, die F&E-

Intensität, die wettbewerbsstrategische Grundausrichtung, der Internationalisierungsgrad und die internationale strategische Orientierung im Vordergrund stehen. Bei Top-Managern durchgeführte Umfragen zeigen, dass in der Unternehmenspraxis neben diesen objektiven Größen auch Faktoren wie die Unternehmensphilosophie, die Kundenstruktur, die Konzernabhängigkeit oder die allgemeine Entwicklungsphase des Unternehmens berücksichtigt werden.

„Differenzierung" und „Integration" als übergeordnete Teilschritte

Bei der Bestimmung des Vorgehens bei der Organisationsgestaltung wird üblicherweise davon ausgegangen, dass zunächst die Gesamtaufgabe des Unternehmens in Einzelaufgaben zu zerlegen ist und diese Einzelaufgaben hernach dann zu organisatorischen Aufgabengesamtheiten zusammenzufassen sind. Dementsprechend bilden die *„Differenzierung"* und die *„Integration"* bzw. *„Koordination"* die *übergeordneten Teilschritte der organisatorischen Gestaltung.*[1] Das Ergebnis dieser Schrittfolge ist die organisatorische Konfiguration.

Differenzierung …

Die *„Differenzierung"* wird durch *Spezialisierung* über die *Zerlegung von größeren Aufgabenkomplexen in Teilaufgaben sowie die Zuweisung der Teilaufgaben an die einzelnen Mitglieder des Unternehmens vollzogen.* Die Zerlegung von größeren Aufgabenkomplexen in Teilaufgaben geschieht nach klassischem Verständnis anhand von *fünf Kriterien* (Kosiol [Organisation] 45 ff.). Ein größerer Aufgabenkomplex kann zunächst einmal anhand des Kriteriums *Verrichtung* aufgeteilt werden. Dabei werden all jene Teilaufgaben organisatorisch zusammengefasst, die gleichartige Handlungsvollzüge erfordern. Eine verrichtungsorientierte Form der Spezialisierung liegt beispielsweise vor, wenn in einem möbelproduzierenden Unternehmen Aufgaben des Sägens, des Bohrens, des Furnierens oder des Montierens zusammengefasst werden. Ein größerer Aufgabenkomplex kann jedoch genauso anhand des Kriteriums *Objekt* zerlegt werden. Hierbei werden diejenigen Teilaufgaben organisatorisch gebündelt, die an einem bestimmten Arbeitsgegenstand bzw. -gebiet erfolgen. Eine objektorientierte Form der Spezialisierung liegt beispielsweise vor, wenn in dem möbelproduzierenden Unternehmen Aufgaben an Küchenmöbeln, Aufgaben an Wohnzimmermöbeln und Aufgaben an Schlafzimmermöbeln voneinander getrennt werden.

… nach Verrichtung

… nach Objekt

... nach Rang

Weiterhin ist es möglich, einen größeren Aufgabenkomplex nach dem Kriterium *Rang* zu zerlegen. Idealtypisch gesehen werden dabei die Entscheidungs- von den ausführenden Aufgaben getrennt und somit wird die hierarchische Gliederung des Instanzenzuges begründet.

---

1 Die organisationstechnische Begrifflichkeit wird hier im Gegensatz zur allgemeinen Verwendung der Begriffe Differenzierung, Integration und Koordination durch Anführungszeichen symbolisiert.

... nach Phase

Wird das Kriterium *Phase* angewandt, so erfolgt die Zerlegung eines größeren Aufgabenkomplexes anhand der Ausführungsschritte Planung, Durchführung und Kontrolle. Dieses Kriterium ist nicht trennscharf vom Rangmerkmal abgrenzbar und offenbart zugleich das „Unterordnungsbemühen" der klassischen betriebswirtschaftlichen Organisationslehre, indem sie Führungsphänomene wie Planung und Kontrolle als „Ausführungsphänomene" in die Organisationslehre einbezieht und so auf geschickte Weise zu verdecken versucht, dass sie selbst eigentlich nur Teilbereich der Unternehmensführungslehre ist. Andererseits ist auf der Metaebene durchaus zu konzedieren, dass auch Planungs- und Kontrollprozesse der organisatorischen Gestaltung unterliegen. Schließlich kann die Aufgabengliederung nach dem Kriterium *Zweckbeziehung* durchgeführt werden. Hierbei werden einerseits alle unmittelbar mit der Leistungserstellung und -verwertung verbundenen Aufgaben (Zweckaufgaben), andererseits alle mittelbaren, die Leistungserstellung unterstützenden Aufgaben (Verwaltungsaufgaben) zusammengefasst. In diesem Zusammenhang ist jedoch darauf hinzuweisen, dass in Unternehmen üblicherweise nicht nur ein Gliederungsprinzip zur Anwendung kommt, sondern dass vielmehr auf verschiedenen und selbst auf gleichen Hierarchieebenen unterschiedliche Formen der Arbeitsteilung bestehen. Ferner muss erkannt werden, dass im Hinblick auf die Gestaltung der *Gesamt*struktur von Unternehmen (Makrostruktur) die drei letztgenannten Gliederungskriterien von untergeordneter Bedeutung sind.

... nach Zweckbeziehung

Integration

Mit *„Integration"* bzw. *„Koordination"* werden Prozesse oder Regeln zur *zielorientierten Zusammenfassung der interdependenten Teilaufgaben eines Unternehmens* bezeichnet. Die Notwendigkeit hierzu ergibt sich aus der Spezialisierung („Integration" als Inverse der „Differenzierung"). Diese führt nämlich dazu, dass der einzelne Aufgabenträger nicht mehr alle Aktivitäten im Unternehmen vollständig überblicken kann. Da überdies die am Unternehmen teilhabenden menschlichen Aufgabenträger unterschiedliche Interessen verfolgen, trägt die Integration zur Erreichung mehrerer Ziele bei, wobei es letztendlich um die Sicherung der Bestandsziele des Unternehmens geht. Im Prozess der Zusammenfassung von Teilaufgaben zu Aufgabenkomplexen sind die Interdependenzen zwischen den zu erfüllenden Aufgaben, die kognitiven und motivationalen Merkmale der Aufgabenträger sowie die Spezifika der einzusetzenden Sachmittel zu berücksichtigen. Werden der erst- und letztgenannte Faktor in den Vordergrund gestellt, dann würde man von einer „Organisation ad rem" sprechen, bei einer Akzentuierung des letztgenannten Faktors läge eine „Organisation ad personam" vor. In der herkömmlichen Organisationslehre wird das erstgenannte Prinzip als überlegen eingestuft, weil so verhindert wird, dass Unternehmen zu stark von einzelnen Personen abhängig werden. Andererseits weiß jeder aufgeklärte Organisationswissenschaftler und -praktiker, dass eine völlige Ausblendung der relativen Stärken und Schwächen personaler Aufgabenträger eine bewusste

Organisation ad rem versus Organisation ad personam

Ignoranz der im Unternehmen bestehenden personspezifischen Potenziale bedeuten würde.

Kompetenzverteilung

Das wohl wichtigste organisatorische Integrationsinstrument ist mit der Kompetenzverteilung gegeben (Grochla [Einführung] 37 ff.). Die *Kompetenzverteilung* regelt die *Zuständigkeit der Aufgabenträger* in Form ihrer Rechte, Pflichten und Verantwortung. Dieses geschieht durch Zuweisung von Entscheidungsbefugnissen an Einzelpersonen oder mehrere Personen gemeinsam sowie über die Hierarchie hinweg (vgl. auch Abschn. 7.7).

7.2 Strukturelle Organisationsformen: Leitungssysteme und Strukturmodelle

Im Spektrum der strukturellen Organisationsformen kommen Leitungssystemen sowie Strukturmodellen die größte Bedeutung zu.

7.2.1 Leitungssysteme

Hier lassen sich mit dem *Einliniensystem*, dem *Mehrliniensystem* und dem *Stab-Linien-System* drei Grundtypen unterscheiden (vgl. zum Beispiel Kieser/Walgenbach [Organisation] 137 ff.).

Einliniensystem

Das *Einliniensystem* oder Liniensystem (vgl. Abbildung 7-9) geht auf Fayol zurück (vgl. Abschn. 2.2.1), der für die Gestaltung der Weisungsbefugnis das Prinzip der Einheit der Auftragserteilung (Unité de Commande) empfiehlt. Bei konsequenter Anwendung dieses Prinzips hat jeder Mitarbeiter lediglich einen direkten Vorgesetzten. Da umgekehrt jeder Vorgesetzte nur eine begrenzte Anzahl von direkt Untergebenen führen kann (Kontroll- oder Leitungsspanne), weisen große, nach dem Einliniensystem konfigurierte Unternehmen oft (zu) viele Hierarchieebenen auf. Die Hauptgründe für die streng hierarchische Ordnung des Einliniensystems liegen im *Vorteil* einer klaren Anweisungs- und Berichtskette entlang der vertikalen Organisationsstruktur. Weitere wesentliche Vorteile des Einliniensystems sind vor allem in der Eindeutigkeit der Kompetenzregelung (Verantwortlichkeit) sowie in guten Kontrollmöglichkeiten zu sehen. Auf dem Einliniensystem basiert die Mehrzahl der heute anzutreffenden Organisationsstrukturen der Unternehmenspraxis, die nunmehr allerdings mehrheitlich eine Abflachung und damit Reduzierung der Hierarchieebenen verfolgt.

Vorteile

Abbildung 7-9 *Einliniensystem*

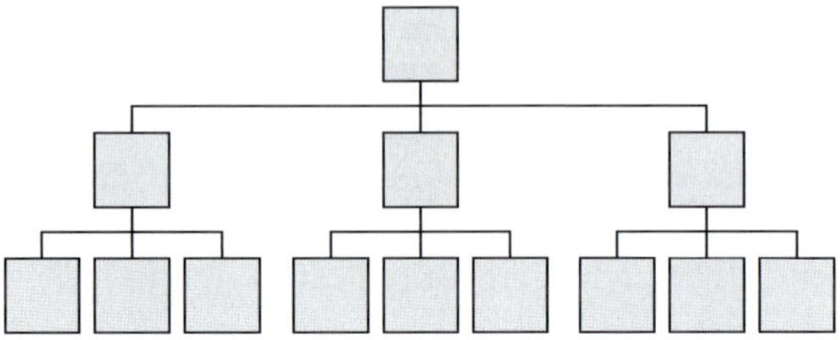

Schwächen

Dieses Bemühen gründet darin, dass das Einliniensystem auch *Schwächen* aufweist. So ergeben sich aufgrund der Vielzahl an Hierarchieebenen lange, von oben nach unten gerichtete Kommunikationswege. Dies führt zu langwierigen Entscheidungsprozessen bei der Lösung bereichsübergreifender Problemstellungen, da – zumindest im idealtypischen Modell – jegliche Kommunikation im Unternehmen über die Linie zu laufen hat. Die streng arbeitsteilige Aufgabenerfüllung fördert die Rivalität zwischen den Stelleninhabern. Durch das hohe Maß an Arbeitsteilung herrschen Routinetätigkeiten vor, die zur Monotonie führen. Durch die genaue Kompetenzabgrenzung werden Kreativität und Engagement beschnitten. Das Einliniensystem fördert eine Risikovermeidungs- und Sicherheitshaltung bei den Unternehmensangehörigen. Schließlich erweist es sich ebenso wie auch andere streng hierarchische Organisationsstrukturen bei abrupten Umweltveränderungen als dysfunktional, da die bestehende Kompetenzverteilung an vergangenen Anforderungen orientiert ist und kein flexibles, informelles, eigenverantwortliches Handeln vorsieht.

Mehrliniensystem

Eine Alternative zum Einliniensystem wurde von Taylor (vgl. Abschn. 2.2.1) entwickelt, der in seinem „Funktionsmeistersystem" zumindest für den Produktionsbereich das Prinzip der Pluralität der Auftragserteilung empfiehlt. Die organisatorische Verallgemeinerung dieses Prinzips führt zum *Mehrliniensystem,* bei dem jeder Stelleninhaber mehrere, auf bestimmte Funktionen spezialisierte Vorgesetzte hat (vgl. Abbildung 7-10). Dieser Grundtyp, bei dem die Fachkompetenz im Vordergrund steht, führt zu einer großen Anzahl von Instanzen bzw. Entscheidungseinheiten. Taylors Grundtyp findet sich heute kaum mehr in der Unternehmenspraxis, da die typimmanenten Überschneidungen von Weisungsbefugnissen zu unklaren Verhältnissen, Reibungsverlusten und Konflikten sowie zu zusätzlichem Abstimmungsaufwand dieses „organizational slack" führen. Die wieder vermehrt anzutreffenden mehrdimensionalen Strukturmodelle (vgl. Abschn. 7.2.2.2) und unternehmensinternen Netzwerkmodelle (vgl. Abschn. 7.4.1.3) könnten Taylors Idee jedoch zu einer gewissen Renaissance verhelfen, wenngleich dort auch keine formalen hierarchischen Über- und Unterordnungsverhältnisse, sondern soziale Beziehungen im Vordergrund stehen.

Abbildung 7-10

Mehrliniensystem

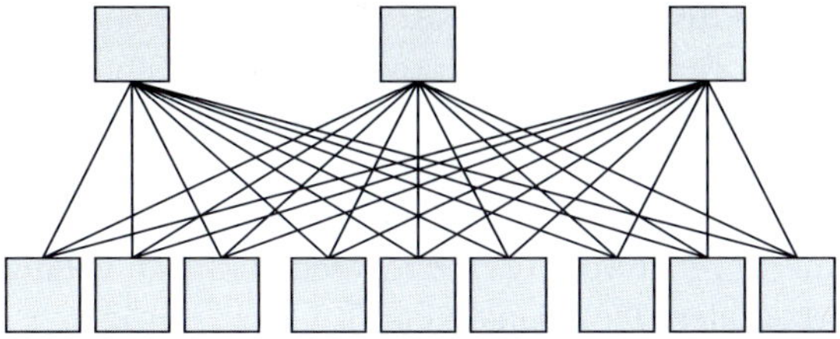

Stab-Linien-System

Das *Stab-Linien-System* baut auf dem Prinzip des Einliniensystems auf und ist daher als dessen Variante anzusprechen. Beim Stab-Linien-System wird das Einliniensystem durch Leitungshilfsstellen (Stäbe) ergänzt, da komplexe Entscheidungsprobleme umfassende spezialisierte Fachkenntnisse in Teilbereichen erfordern. Diese sind bei den Linieninstanzen, die tendenziell Universalkenntnisse und -fähigkeiten aufweisen (müssen), nicht in derselben Weise verfügbar, was eine Unterstützungs- und Beratungsfunktion durch Fachexperten bei der Entscheidungsfindung notwendig macht.

Formen der Stab-Linien-Organisation

In der Praxis sind mehrere Formen des Stab-Linien-Systems anzutreffen: (1) das Stab-Linien-System mit Führungsstab, bei dem nur die oberste Instanz (Vorstand oder Geschäftsführung) einen Stab besitzt, (2) das Stab-Linien-System mit zentraler Stabsstelle, bei dem ein der obersten Instanz zugeordneter Führungsstab die Stabsfunktion für alle nachgeordneten Instanzen übernimmt, (3) das Stab-Linien-System mit Stäben auf mehreren hierarchischen Ebenen sowie (4) das Stab-Linien-System mit Stabshierarchie, bei dem zwischen den Stäben der verschiedenen Hierarchieebenen ebenfalls ein hierarchisches Gefüge („Sekundärhierarchie") ähnlich der Controllinghierarchie besteht. Während idealtypisch für Stäbe keine Weisungsbefugnis vorgesehen ist, wird in der Praxis häufig vom Auftreten des Phänomens der „abgeleiteten Weisungsbefugnis" berichtet, bei dem Stäben im Verhältnis zu nachgelagerten Instanzen eine Art informelle Autorität zuwächst, die im Wesentlichen in der Machtquelle des Wissens und der Beeinflussungsmöglichkeit der Instanz des Stabes begründet ist. In dieser Hinsicht könnten sich in der Praxis faktische Übergänge zum Mehrliniensystem ergeben.

7.2.2 Hierarchische Strukturmodelle

Trotz intensiver Bemühungen um eine Dezentralisation von Unternehmensentscheidungen ist die Mehrzahl von Unternehmen nach wie vor strukturell hierarchisch aufgebaut. Dies ist nicht zuletzt in den Effizienzvorteilen hierarchischer Strukturmodelle begründet.

Begriff des Strukturmodells

Hierarchische Strukturmodelle (hierarchische Organisationsstrukturen) begründen eine klare vertikale Gliederung des Unternehmens. *Strukturmodelle sind Kombinationen von Formen der Spezialisierung (Aufgabenstruktur) einerseits und der Leitungssysteme (hierarchische Struktur) andererseits.* Daneben bilden sie vielfach die Grundlage für die Gestaltung der Kommunikationsstruktur im Unternehmen (vgl. Kapitel 12). Die Mehrzahl der gängigen Strukturmodelle basiert auf dem Einliniensystem.

Oben wurde darauf verwiesen, dass auf verschiedenen Hierarchieebenen eines Unternehmens unterschiedliche Formen der „Differenzierung" und „Integration" angewandt werden können. *Entscheidend für die Typisierung eines Strukturmodells ist hierbei die auf der ersten* (wenn das Leitungsorgan aus mehreren spezialisierten Mitgliedern besteht) *und zweiten Hierarchieebene angewandte Form der „Differenzierung" und „Integration".*

7.2.2.1 Eindimensionale Strukturmodelle

Als *eindimensionale Strukturmodelle sind jene zu bezeichnen, bei denen nur ein Leitungssystem* (und zwar nur einmal) *zur Anwendung gelangt*, im Unternehmen also eine klare und eindeutige Hierarchiestruktur vorhanden ist. Da in zahlreichen Unternehmen die Spezialisierung anhand der Kriterien Verrichtung und Objekt erfolgt, können neueren empirischen Befunden zufolge

- die funktionale Organisation und
- die Spartenorganisation

immer noch als die heute bedeutsamsten eindimensionalen Strukturmodelle gelten.

Funktionale Organisation

Die funktionale (funktionsorientierte) Organisationsstruktur (vgl. Abbildung 7-11) verbindet den Grundtyp des Einliniensystems mit der Differenzierung nach dem Kriterium Verrichtung. Auf der zweiten (bzw. ersten) Hierarchieebene entstehen Funktionsbereiche wie Beschaffung, Produktion, Absatz, Verwaltung. Die funktionale Organisationsstruktur ist die älteste Organisationsform, die auch heute noch, vor allem in kleinen und mittleren Unternehmen mit einem vergleichsweise homogenen Produktprogramm weit verbreitet ist. So wurde sie empirischen Befunden zufolge im Jahre 1995 von 38,5 Prozent der deutschen Unternehmen genutzt, wenngleich auch festzustellen ist, dass ihre Bedeutung zwischen 1955 und 1995 stark abgenommen hat (Wolf [Strategie] 200). Der wesentliche Vorteil der funktionalen Organisationsstruktur ist in der hier gegebenen hohen fachlichen Spezialisierung der Instanzen und Abteilungen zu sehen. Mit zunehmender Differenzierung der Produkte (Diversifikation) oder der Zielmärkte eines Unternehmens lösen sich die Vorteile der klassisch funktionalen Organisationsstruktur jedoch auf, da sich die Funktionserfüllung je nach Produkt oder Zielmarkt sehr unterschiedlich gestalten kann und so die erwünschten Spezialisierungsvorteile verloren gehen können. Daher werden in der Literatur (Welge [Unternehmungsführung II] 494) auch Modifikationen der funktionalen Organisationsstruktur diskutiert, mit denen die einseitige Verrichtungsorientierung zugunsten einer ansatzweisen Objektorientierung (vor allem Produktorientierung) abgebaut werden soll.

Abbildung 7-11

Funktionale Organisationsstruktur

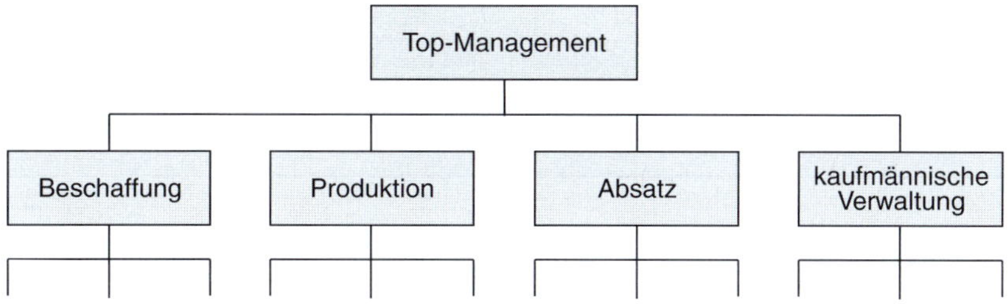

Varianten

- Bei der *Stabs-Produktorganisation* nehmen dem Top-Management zugeordnete Stäbe produktorientierte Aufgaben wahr. Die Objekt-, nämlich Produktorientierung ist aufgrund des Stabscharakters des Produktmanagements jedoch schwach ausgeprägt.
- Zu einer stärkeren Objektorientierung trägt die *produktorientierte Untergliederung eines Funktionsbereichs* bei, indem auf der dritten hierarchischen Ebene eine nach Produkten bzw. Produktgruppen angelegte Spezialisierung erfolgt. Eine derartige produktorientierte Untergliederung („produktorientierter Teilbereich") findet hauptsächlich im Marketingbereich Anwendung.

Spartenorganisation

Die Spartenorganisation (divisionale Organisation, Geschäftsbereichsorganisation) verbindet den Grundtyp des Einliniensystems mit der Differenzierung nach dem Kriterium Objekt. Letzteres kann in unterschiedlichen Produkten bzw. Produktgruppen, ebenso jedoch auch in verschiedenen Regionen bzw. Ländern bestehen. Die objektorientierte Bündelung von Geschäften hat in der Wirtschaftswelt eine lange Tradition, wie das Beispiel Lissabon zeigt. Dort finden sich seit dem Wiederaufbau im 18. Jahrhundert Textilgeschäfte vorzugsweise in der Rua Augusta, Silberwarengeschäfte in der Rua da Prata, Goldwarengeschäfte in der Rua Aurea und Banken in der Nähe des Arco Triunfal da Rua Augusta. Auf der zweiten (bzw. ersten) Hierarchieebene entstehen demnach keine Funktionsbereiche, sondern Geschäftsbereiche (Sparten, Divisions). Die Sparten handeln weitgehend autonom (Remer/Wygoda [Eigenverantwortung] 91), weisen allerdings in der Regel nicht sämtliche Funktionsbereiche auf (vgl. Abbildung 7-12).

Abbildung 7-12 *Divisionale Organisationsstruktur*

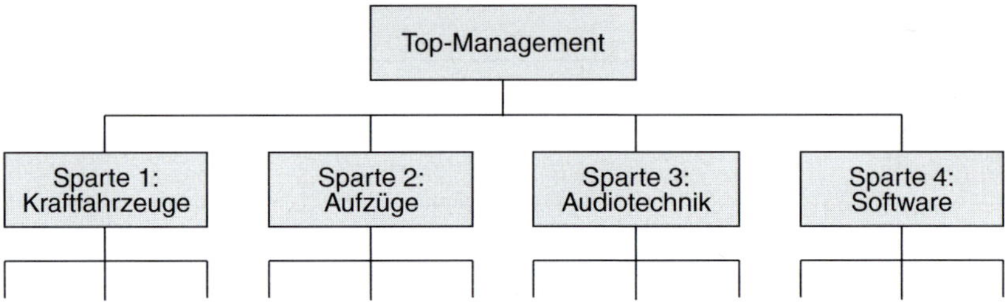

Wie oben bereits angedeutet, ist die Entstehung der Spartenorganisation in enger Verbindung mit dem Effizienzverlust der funktionalen Organisation aufgrund der zunehmenden Diversifikation und Internationalisierung der Unternehmen zu sehen. So sind bereits vor dem Zweiten Weltkrieg einige amerikanische Mischkonzerne, beispielsweise DuPont in den 1920er Jahren, zur Spartenorganisation übergegangen. Neben der erhöhten Differenzierung besteht eine weitere Ursache für die Entwicklung der Spartenorganisation im Größenwachstum des Unternehmens. Die Beibehaltung der funktionalen Struktur würde ab kritischen Größenschwellen zu kaum noch überblickbaren Funktionsbereichen und zu einem Kontrollverlust (Williamson [Discretion] 362 ff.) führen. Diese Vermutung wird auch durch empirische Befunde gestützt, nach denen kleine Unternehmen mit Spartenorganisation und große Unternehmen ohne Spartenorganisation weniger profitabel sind als kleine ohne und große mit Spartenorganisation (Poensgen/Marx [Ausgestaltung] 240). Schließlich wird die Einführung der Spartenorganisation vielfach durch Erhöhung der Umweltdynamik induziert, da Markt- und Technologiediskontinuitäten von funktionalen Strukturen schlechter aufgefangen werden. Wohl aus diesen Gründen hat die Spartenorganisation *seit den 1960er Jahren auch in der Bundesrepublik Deutschland eine starke Verbreitung gefunden*. Mitte der 1990er Jahre wiesen 24,7 Prozent der deutschen Unternehmen eine Spartenorganisation auf, wobei festzustellen ist, dass der Verbreitungsgrad der Produktspartenstruktur ungleich größer ist als derjenige der Regionalspartenstruktur (Wolf [Strategie] 200).

Delegation der Erfolgsverantwortung für ...

Im Zuge einer verstärkten Erfolgsorientierung von Unternehmen sind mehrere organisatorische Gestaltungsvarianten für die Delegation der Erfolgsverantwortung auf die zweite Hierarchieebene entwickelt worden, die vorzugsweise in Verbindung mit der Spartenorganisation zur Anwendung kommen (vgl. hierzu auch von Werder/Grundei [Center-Typen] 159 ff.):

... Kosten

- Das *Cost-Center-Konzept* zeichnet sich dadurch aus, dass das Spartenmanagement lediglich für die Einhaltung von Kostenbudgets verantwortlich ist.

...Gewinn

- Beim *Profit-Center-Konzept* hat das Management der Sparte die volle Gewinnverantwortung. Im Extremfall kann die Handlungsfreiheit soweit gehen, dass sogar das Produktprogramm vom Spartenmanagement ohne Rücksprache mit der Konzernleitung verändert werden darf.

... Investitionen

- Ähnlich weit oder unter Umständen sogar noch weiter geht das *Investment-Center-Konzept*, bei dem das Spartenmanagement auch die Verantwortung für Investitionsentscheidungen des Geschäftsbereichs übertragen erhält.

Verrechnungspreissysteme

Zu den größten gestaltungsbezogenen Herausforderungen spartengegliederter Unternehmen gehört die Bestimmung eines geeigneten *Verrechnungspreissystems.* In dessen Rahmen wird der Wert der zwischen den Sparten des Unternehmens transferierten Leistungen festgelegt (Kloock [Verrechnungspreise] 2554 f.). Verrechnungspreissysteme haben in den letzten Jahren nochmals stark an Bedeutung gewonnen, weil sie dem wünschenswerten Gedanken einer marktorientierten, unbürokratischen Steuerung von Unternehmensteilenheiten entsprechen. Die Einrichtung eines Verrechnungspreissystems schafft nämlich interne Märkte (Frost [Märkte]). Als Alternativen kommen die folgenden Arten von Verrechnungspreisen in Betracht:

Arten von Verrechnungspreisen

- Marktorientierte Verechnungspreise (z. B. Marktpreise oder modifizierte Marktpreise),
- kostenorientierte Verrechnungspreise (z. B. grenzkostenorientiert, opportunitätskostenorientiert, vollkostenorientiert), dabei jeweils mit oder ohne einer Verrechnung von Abweichungen oder
- verhandlungsorientierte Verrechnungspreise (wobei es sich hier empfiehlt, Verhandlungsbereiche und Modi der Verhandlungsführung zu bestimmen).

Auf die einzelnen Arten von Verrechnungspreisen kann an dieser Stelle nicht eingegangen werden (vgl. hierzu insbesondere Ewert/Wagenhofer [Unternehmensrechnung] 604 ff.; Friedl [Controlling] 436 ff.; Frese [Lenkung] 1 ff.).

Das Kernproblem bei der Gestaltung von Verrechnungspreissystemen besteht darin, dass zwischen den Sparten zahlreiche materielle und immaterielle Interdependenzen (vgl. Abschn. 7.1.4) bestehen, die in geldwerten Einheiten allenfalls ansatzweise zum Ausdruck gebracht werden können (Frese/Glaser [Verrechnungspreise] 2312 f.).

Kritische Würdigung

Als wesentliche *Nachteile* der Spartenorganisation sind der erhebliche Koordinationsaufwand zwischen den Geschäftsbereichen sowie der durch die Vervielfachung der Funktionsbereiche in den Sparten bedingte hohe Bedarf an qualifizierten Führungskräften zu nennen. Diesem spartenspezifischen Nachteil wird durch *Ausgliederung von Funktionen aus der Sparte und Zusammenfassung zu Zentralbereichen* Rechnung getragen. Dabei werden typische Querschnittfunktionen wie Personalwesen, Organisation, Finanzierung nicht mehr ausschließlich in den einzelnen Geschäftsbereichen vollzogen; sie sind daneben auch in der Unternehmenszentrale organisatorisch verankert und stehen den Geschäftsbereichen als Serviceeinheiten zur Verfügung. Die Zentralbereiche haben dabei vor allem die Aufgabe, Rahmenbedingungen für die jeweilige Funktionserfüllung in den Geschäftsbereichen zu setzen, um dadurch die Koordination der Geschäftsbereiche zu erleichtern (vgl. zu einem detaillierten Effizienzvergleich zwischen Sparten- und Funktionalorganisation Frese [Grundlagen] 381 ff. und 397 ff.).

7.2.2.2 Mehrdimensionale Strukturmodelle

Mehrdimensionale Organisationsstrukturen liegen vor, wenn die Unternehmensorganisation mindestens zwei übereinander gelagerte Leitungssysteme aufweist. Als wichtigste mehrdimensionale Strukturmodelle in der Praxis können die Matrix- und die so genannte Tensororganisation gelten.

Matrixorganisation

Mit der *Matrixorganisation* (vgl. Abbildung 7-13) *ist ein zweidimensionales Strukturmodell gegeben* (Thommen/Richter [Matrix-Organisation] 827). Bei ihr überlagern sich nach Verrichtungs- oder Objektkriterien aufgebaute Leitungssysteme. Das objektbezogene Leitungssystem wird häufig anhand von Produkten bzw. Produktgruppen (Matrix-Produktorganisation) oder nach Projekten für die unten dargestellte Matrix-Projektorganisation bzw. Projekt-Matrixorganisation (vgl. Abschn. 7.4.1.1) gebildet. Ebenso kann eine Matrixorganisation auch durch die Kombination eines funktionsorientierten mit einem regional orientierten Leitungssystem geschaffen werden. Allen Formen der Matrixorganisation ist gemein, dass die *Entscheidungs- und Wei-*

sungsbefugnisse zwischen den Funktionsinstanzen einerseits und den Produkt-, Projekt- bzw. Regionenmanagern (= Objektmanagern) andererseits *geteilt* werden. In der Praxis hat sich dabei herausgebildet, dass der Produkt- bzw. Regionenmanager entscheidet, was wann in Bezug auf das Produkt bzw. die Region zu tun ist, während der Funktionsleiter über das Wie und Wer der Aufgabenerfüllung einschließlich der finanziellen Ressourcenzuweisung befindet. Die Matrixstruktur bewirkt eine *Doppelunterstellung* für die jeweiligen Mitarbeiter und damit die parallele Existenz von Elementen des Einlinien- und Mehrliniensystems. Ebenso wie die Spartenorganisation haben *Matrixstrukturen ihren Ursprung im angelsächsischen Raum,* und zwar bei den amerikanischen Großprojekten der Luft- und Raumfahrt.

Matrixorganisation

Abbildung 7-13

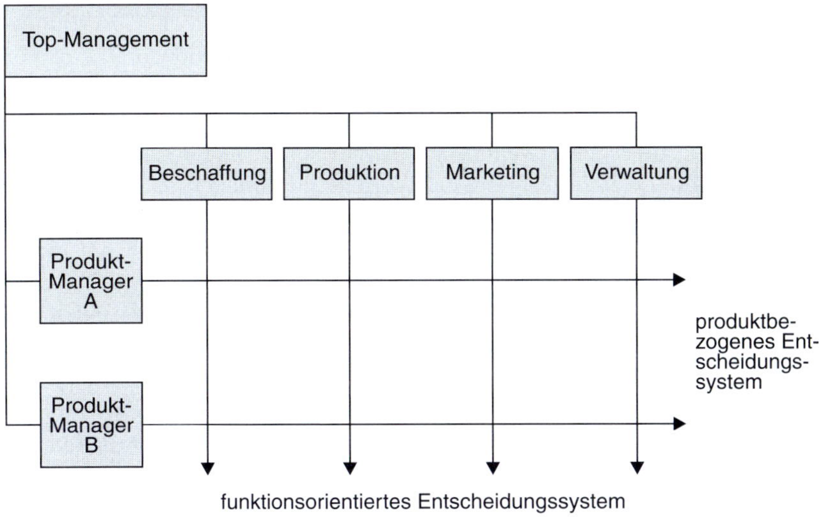

Im idealtypischen Matrixmodell wird von einer Gleichberechtigung von Funktions- und Objektmanagern ausgegangen. Die ausgewogene Berücksichtigung von Funktions- und Objektinteressen soll zu qualitativ besseren Entscheidungen führen. Diese werden insbesondere aufgrund der „produktiven" Konflikte zwischen den Funktions- und Objektmanagern erwartet. Das zentrale *Gestaltungsproblem* der Matrixorganisation besteht freilich in der Kompetenzabgrenzung zwischen den beiden Leitungsstellen. Daher fällt auch in der neueren Literatur im Gegensatz zu der anfänglichen Euphorie gegenüber mehrdimensionalen Strukturkonzepten die Beurteilung der Matrixorganisation mittlerweile eher nachteilig aus (Bühner [Strategie] 205;

Kompetenzabgrenzung als Problem

Reiss [Matrixsurrogate] 152 ff.). Kritisch fällt ferner ins Gewicht, dass der Vorteil erhöhter Flexibilität der Matrixorganisation dadurch negativ kompensiert wird, dass ein hoher Bedarf an Führungskräften besteht, die Leitungsspanne auf der obersten Hierarchieebene sehr groß ist (Führung von Funktions- und Objektmanagern), Konflikte nicht zur Verbesserung, sondern zur Verzögerung von Entscheidungsprozessen oder sogar zur Handlungsunfähigkeit führen können und der Koordinationsaufwand vergleichsweise hoch ist. Trotz dieser offensichtlichen Probleme fand sich 1995 die Matrixstruktur in 19,2 Prozent der deutschen Unternehmen (Wolf [Strategie] 200).

Tensororganisation

Die dreidimensionale Struktur, für die sich in der deutschsprachigen Literatur der Begriff der *Tensororganisation* eingebürgert hat, ist durch die Überlagerung von drei Leitungssystemen gekennzeichnet (Bleicher [Organisation] 593 ff.). In der Regel wird diese nach den Kriterien Verrichtung, Produkt bzw. Projekt und Region gegliedert (vgl. Abbildung 7-14). Die VW AG beispielsweise verwendet Marken, Funktionen und Regionen als Gliederungsmerkmale ihrer Tensororganisation. Die Tensororganisation erscheint vor allem für international tätige Unternehmen interessant, die in vergleichsweise heterogenen Märkten und Regionen operieren. Da die Tensororganisation lediglich eine graduelle Erweiterung der Matrixorganisation darstellt, gelten für sie die für Letztere festgestellten Vorteile im Hinblick auf ihr Bewältigungspotenzial angesichts höherer Dynamik in der Unternehmensumwelt; die Nachteile ihrer Handhabung dürften sich allerdings wegen der durch Hinzufügung weiterer Dimensionen erhöhten organisatorischen Dynamik verstärken, wobei insbesondere eine Verschärfung der Konflikt- und Koordinationsprobleme zu erwarten sein dürfte. Ob diese durch erhöhte Standardisierung und Formalisierung der Entscheidungs- und Ausführungsprozesse oder eher durch informelle Mechanismen gehandhabt werden können, muss ohne empirischen Aufschluss offen bleiben. Offensichtlich ist jedoch, dass knapp vier Prozent der deutschen Unternehmen eine Tensorstruktur aufweisen (Wolf [Strategie] 200).

7.2.2.3 Hybride Strukturmodelle

Im Rahmen innovativer Organisationsstrukturen werden von der Unternehmenspraxis so genannte *hybride Strukturmodelle* eingesetzt.

Hybride Strukturmodelle sind Mischformen

Hybride Strukturmodelle sind Mischformen zwischen mehreren Organisationsstrukturen (vgl. Jermakowicz [Organisationsstrukturen] 191 ff.; Kux/Rall [Wettbewerb] 82 f.). Mit dem Entwurf solcher zwitterartiger Strukturen wird die traditionelle Sichtweise erweitert, aufgrund derer ein Unternehmen nach nur einem Strukturmodell streng „durchorganisiert“ sein müsste. Die Forderung zur Einrichtung von Mischformen (vgl. Abbildung 7-15) wird von dem

Grundgedanken getragen, dass die einzelnen Teilbereiche (Abteilungen, Sparten) – vor allem diejenigen von diversifizierten Großunternehmen – in sehr unterschiedlichen Umwelten agieren und dass es daher nicht unbedingt zweckmäßig ist, die Aktivitäten der Teilbereiche von der Hierarchiespitze aus zu standardisieren und nach einem durchgängigen Prinzip zu gestalten.

Tensororganisation

Abbildung 7-14

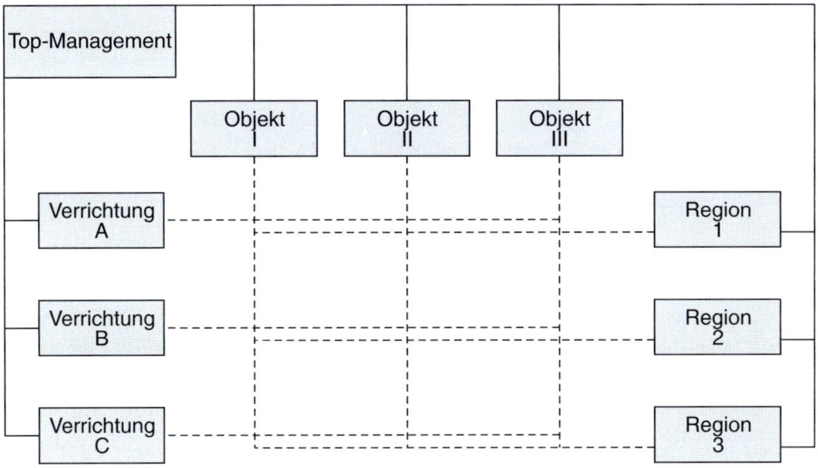

Hybride Strukturmodelle (Bartlett/Ghoshal [Arbeitsteilung] 57 f.; Kux/Rall [Wettbewerb] 82 f.) zeichnen sich dadurch aus, dass

Merkmale

- die Aufgabenabgrenzung zwischen Unternehmenszentrale und Subeinheiten unkonventionell gelöst ist. Leistungen, die von allen Subeinheiten benötigt werden, müssen nicht unbedingt in der Unternehmenszentrale erfüllt werden, sondern können auch in den Teileinheiten erstellt werden,
- leistungsfähige Koordinationsinstrumente wie Einrichtung internationaler Komitees, Verbesserung des Informationsflusses im Management, beispielsweise durch Intranet, Newsletter, häufigere persönliche Treffen vorgesehen werden,
- Initiative und Verantwortungsbewusstsein im Management durch Stärkung und Pflege der Unternehmenskultur gefördert werden.

Abbildung 7-15 *Beispiel einer hybriden Organisationsstruktur*

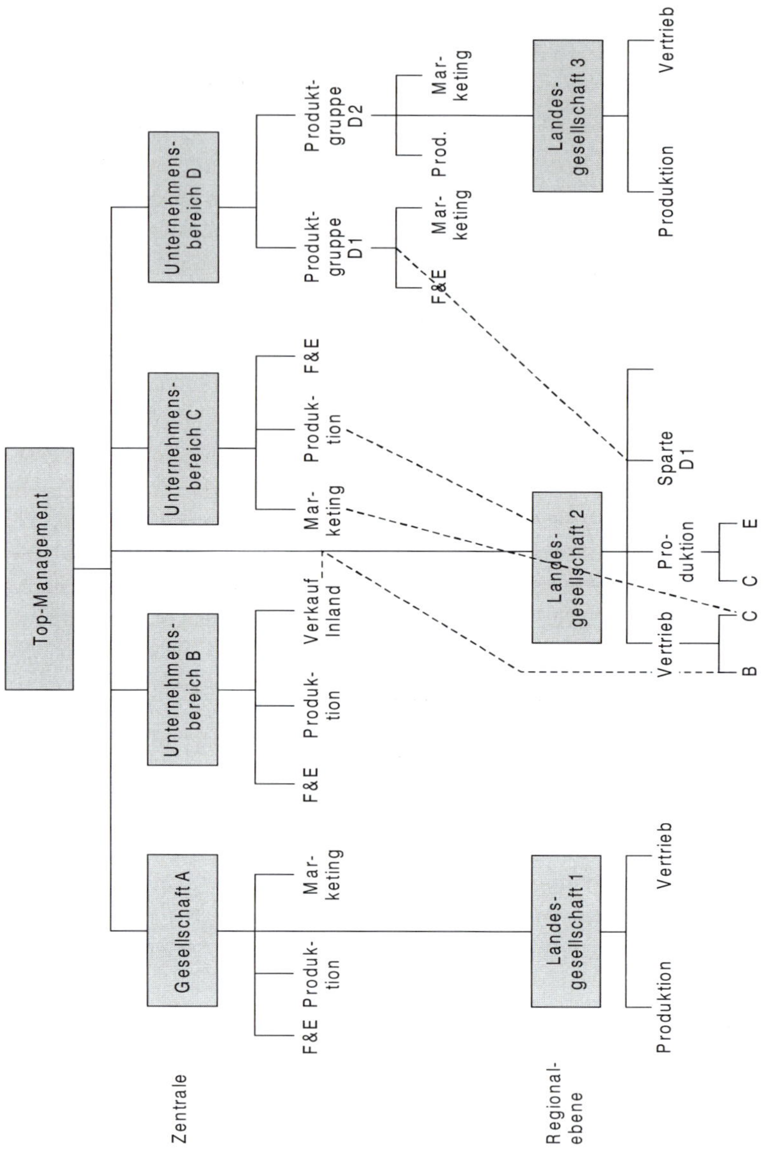

Hybride Strukturmodelle werden von deutschen Unternehmen erstaunlich häufig genutzt. 11,5 Prozent der Unternehmen sind nach diesem Prinzip organisiert (Wolf [Strategie] 200).

7.2.2.4 Holding-Konzepte als Strukturvariante der Konzernorganisation

Konzern-organisation

Aufgrund des teilweise über Akquisitionen und Zusammenschlüsse (vgl. Abschn. 10.3) erfolgenden starken Wachstums von Unternehmen, der Diversifikation des Leistungsprogramms, der zunehmenden Bedeutung der Internationalisierung der Unternehmenstätigkeit und des verstärkten Einsatzes neuer Technologien gewinnen *Holding-Konzepte* als Strukturvarianten der *Konzernorganisation* an Attraktivität. Nach aktienrechtlichem Verständnis (§ 18 AktG) ist unter einem Konzern ein unter einheitlicher Leitung stehendes Unternehmen mit mindestens zwei rechtlich selbstständigen Teilgesellschaften („Gliedbetrieben") zu verstehen (Busse von Colbe/Ordelheide [Konzernabschlüsse] 70 ff.; Mellewigt/Matiaske [Konzernführung] 614 ff.; Kasperzak [Konzern] 151 ff.). In der Unternehmenspraxis findet der Konzernbegriff jedoch auch für Zwischenformen von Verbindungen rechtlich selbstständiger Teilgesellschaften und unselbstständig operierender Unternehmens- oder Geschäftsbereiche Anwendung (Bleicher [Konzernorganisation] 1152 f.). Die Mehrdeutigkeit des Konzernbegriffs wird teilweise dadurch aufzufangen versucht, dass vom „Konzern als Rechtsform" und von der „Konzernunternehmung als Organisationsform" gesprochen wird (Theisen [Konzern] 23 und 65 ff.). Die faktische Bedeutung von Konzernen und damit auch von Holding-Konzepten ist insofern hoch, als 90 Prozent der deutschen Aktiengesellschaften und wohl mehr als die Hälfte der deutschen Personengesellschaften in Konzern- oder zumindest konzernähnlichen Verbindungen mit weiteren Gesellschaften stehen (Theisen [Konzern] 1).

Abgrenzung zur Sparten-organisation

In organisatorischer Hinsicht knüpft das Holding-Konzept an die Spartenorganisation an, da in beiden Fällen auf der zweiten Ebene der Gesamtstruktur eine *objektorientierte Gliederung* nach Produkt(gruppen) oder Regionen vorgesehen ist. Das wesentliche Unterscheidungsmerkmal zwischen dem Holding-Konzept und der Spartenorganisation besteht darin, dass *bei Ersterem die organisatorischen Subeinheiten als Teilbereichsunternehmen gesellschaftsrechtlich selbstständig* sind (Bühner [Management-Holding] 41), was im Grundmodell der Spartenorganisation nicht angelegt ist. Holding-Konzepte werden eingerichtet, um die Innovationskraft, Flexibilität und Kooperationsfähigkeit der Teilgesellschaften und damit des Gesamtunternehmens zu verbessern (Bühner [Unternehmensstruktur] 43 ff.). Dies wird deshalb erwartet, weil Holding-Unternehmen noch dezentralere Entscheidungsstrukturen aufweisen als spartengegliederte Unternehmen. Inwieweit diese Wirkungen allein aus der Umstrukturierung heraus ohne flankierende Maßnahmen wie Führungskräfteanreizsysteme erzielt werden können, ist allerdings umstritten (Ache [Management-Holding] 223 f.). Das Holding-Konzept tritt in der Unternehmenspraxis in unterschiedlichen Erscheinungsformen auf. Im Vordergrund stehen dabei die *Management-Holding* und die *Finanz-Holding*.

Management-Holding

Bei der *Management-Holding* bestehen nicht nur finanzielle, sondern auch *führungsmäßige Verbindungen* zwischen dem Management der Obergesellschaft (Holding) und demjenigen der Teilgesellschaften (Geschäftsbereiche oder Auslandsgesellschaften). Diese zum Beispiel bei der Bayer AG realisierte Organisationsform wird auch als „Holding im engeren Sinn" bezeichnet. Die führungsmäßigen Verbindungen sind dabei mehrheitlich eher locker ausgeprägt, sodass die Teilgesellschaften eine hohe Autonomie aufweisen. Die Arbeitsteilung erfolgt in der Regel dergestalt, dass das Management der Obergesellschaft die Gesamtverantwortung trägt und die übergeordneten Ziele und Strategien festlegt. In seinen Kompetenzbereich fällt daneben aber auch die unternehmensweite Kapital-, Liquiditäts- und Erfolgsplanung sowie der Kauf und Verkauf von Unternehmen oder Unternehmensteilen. Die Ziele und Strategien der Obergesellschaft bilden den Handlungsrahmen für das Management der Teilgesellschaften, das für die Bestimmung von Produktions-, Absatz- und Vertriebsstrategien, das Technologie- und Personalmanagement sowie das Tagesgeschäft zuständig ist (Bühner [Management-Holding] 42; Gomez [Trends] 168; Bresser [Strategies] 375 ff.). Zur Integration des Unternehmensverbunds stehen die in Abschn. 7.3.1 zu behandelnden prozessualen Organisationsformen zur Verfügung, die in ihrer Bedeutung jedoch hinter der Finanzhoheit, der Personalunion sowie der Vertragsgestaltung zurückstehen dürften. Das Vorliegen eines Management-Holding-Konzepts ist vielfach dadurch gekennzeichnet, dass nur vergleichsweise wenige und eher homogene Teilgesellschaften bestehen.

Finanz-Holding

Der Management-Holding steht die *Finanz-Holding* („Holding im weiteren Sinn") gegenüber, die einen losen Unternehmensverbund darstellt. Die Teilgesellschaften der Finanz-Holding werden hier als kapitalmäßige Beteiligungen oder Investitionsobjekte angesehen, wobei die Aufgabe des Managements der Obergesellschaft darin besteht, deren Beteiligungen an den Teilgesellschaften zu verwalten. Dementsprechend konzentriert sich das Management der Obergesellschaft auf die Funktionen Finanzierung und gegebenenfalls Kontrolle. Obwohl die Finanz-Holding häufig bei Minderheitsbeteiligungen anzutreffen ist, stellt dieses jedoch kein konstitutives Merkmal der Finanz-Holding dar.

In der Unternehmenspraxis finden sich zahlreiche Zwischenstufen, sodass der Übergang zwischen diesen „reinen Formen" als fließend anzusehen ist (Keller [Holdingkonzepten] 55 ff.). Häufig anzutreffen ist zudem jener Fall, in dem zwischen die Obergesellschaft und die Teilgesellschaften unabhängige Zwischengesellschaften eingebaut sind, die die Koordination von Teilgesellschaften wahrnehmen (Bleicher [Konzernorganisation] 1156 ff.). Als Beispiel hierfür können die Regionalzentralen großer internationaler Unternehmen dienen.

Erfolgsfaktoren von Holding-Konzepten

Keller ([Holdingkonzepten] 16 ff.) hat auf der Basis einer sorgfältigen Literaturdurchsicht sowie Fallanalysen Erfolgsfaktoren von Holding-Konzepten identifiziert. Diese bestehen in

- einer klaren Bestimmung und Angrenzung des Betätigungsbereichs der Holdinggesellschaften, insbesondere der Bildung funktions- und strategiefähiger Einheiten,
- einer sorgfältigen Gestaltung eines teilgesellschaftsübergreifenden Planungs-, Berichts- und Kommunikationssystems (vgl. Abschn. 6.4), insbesondere eines Verrechnungspreissystems (vgl. Abschn. 7.2.2.1),
- der Beschaffung und Entwicklung geeigneten Führungspersonals,
- dem Aufbau eines eindeutigen Leistungsbeurteilungssystems sowie
- der Sicherung der finanziellen Handlungsfähigkeit der Obergesellschaft.

Empirischer Befund

Empirischen Befunden zufolge (Wolf [Strategie]) hat die Verbreitung von *Holding-Konzepten* zwischen 1955 und 1995 deutlich zugenommen. Allerdings zeigte sich, dass sie im Untersuchungszeitraum nie eine vorherrschende Rolle gespielt haben.

Insgesamt ist hinsichtlich der Abfolge organisationaler Grundstrukturen festzustellen, dass die deutschen Unternehmen tendenziell Entwicklungsmustern gefolgt sind, wie sie überwiegend im angelsächsischen Einzugsbereich identifiziert worden sind. Die bi- und multivariate Datenauswertung führte zu dem Ergebnis, dass es verfehlt ist, wenn organisationale Grundstrukturen ausschließlich auf der Basis der Strategiefacetten „Größe" und „Diversifikationsgrad" erklärt werden. Diese spielen zwar als Prädiktoren von Organisationsstrukturen eine wichtige Rolle, daneben stehen jedoch auch noch andere, im konzeptionellen Bezugsrahmen der Untersuchung berücksichtigte Strategiefacetten mit den organisationalen Grundstrukturen im Zusammenhang (zu zahlreichen weiteren Befunden vgl. Wolf [Strategie] 414 ff.).

7.3 Prozessuale Organisationsformen und organisatorische Beschreibungsdimensionen

Mit der Entscheidung für ein bestimmtes Strukturmodell ist die Organisationsform eines Unternehmens noch nicht eindeutig festgelegt. So kann beispielsweise ein funktional gegliedertes Unternehmen einen hohen *oder* einen geringen Zentralisationsgrad von Entscheidungen aufweisen, über viele *oder* wenige Hierarchieebenen verfügen oder sich viele *oder* wenige Regeln gegeben haben, an die sich die Unternehmensangehörigen bei ihrer Entscheidungsfindung zu halten haben.

Diese verbliebenen „Unbestimmtheitsgrade der Organisation" werden durch prozessuale Koordinationsinstrumente und organisatorische Beschreibungsdimensionen geschlossen.

7.3.1 Prozessuale Organisationsformen

Die prozessualen Organisationsformen erbringen jene Abstimmungsleistung, welche die organisatorische Grundstruktur nicht bereitzustellen vermag (vgl. Abschn. 7.1.3 und 7.2). Die prozessualen Organisationsformen bedürfen jedoch auch deshalb einer Charakterisierung, weil nur so die Konzeption und Befunde der empirischen Organisationsuntersuchungen (vgl. Abschn. 7.6) hinreichend verstanden werden können. Diese Untersuchungen prüfen mehrheitlich den Zusammenhang zwischen Kontext und prozessualen Organisationsformen und nicht denjenigen zwischen Kontext und Organisationsstruktur. Zentrale Bedeutung kommt dabei den Organisationsformen Zentralisation, Delegation, Partizipation, Standardisierung, Formalisierung, Job Rotation, Selbstabstimmung und Unternehmenskultur zu (vgl. Schreyögg/von Werder [Organisation] passim).

Zentralisation

- *Zentralisation* bedeutet die Zusammenlegung merkmalsgleicher Teilaufgaben, Dezentralisation eine Trennung derselben. Im erstgenannten Fall werden die Teilaufgaben somit von einer, im letztgenannten Fall von mehreren, im Extremfall sogar vielen Aufgabenträgern übernommen. Obwohl sich die Zentralisationsfrage sowohl auf Verrichtungen, Objekte als auch Entscheidungen beziehen kann, ist im Unternehmensführungszusammenhang die Letztgenannte von besonderer Bedeutung. Der Vorteil eines hohen Zentralisationsgrads besteht vor allem in einer schnellen Entscheidungsfindung und der Erzielung konsistenter Entscheidungsergebnisse, was zu einer verbesserten Koordination innerhalb gleicher Entscheidungsangelegenheiten führt. Dem stehen als Nachteil die Gefahr der Überlastung der Zentrale, Kommunikationsprobleme zwischen Zentrale und den von den Entscheidungen betroffenen Unternehmenseinheiten sowie eine Demotivation der für die Entscheidung nicht zuständigen Einheiten gegenüber.

- *Delegation* liegt vor, wenn ein Aufgabenträger einen Teil seiner Aufgaben an einen anderen Aufgabenträger abtritt. Es werden also Zuständigkeiten übertragen. Die Delegation erfolgt üblicherweise entlang der Hierarchielinien abwärts; dabei häufig an Stäbe und Projektgruppen. Die Delegation vermag dann koordinative Wirkung zu entfalten, wenn die Aufgabe besser in den Kompetenzbereich der übernehmenden als in denjenigen der abtretenden Einheit passt und somit positive Bündelungseffekte entstehen. Ist die Delegation dagegen in dem Wunsch eines Wegdrückens unangenehmer Aufgaben begründet, dann ist sie in aller Regel dysfunktional. **Delegation**

- Im Fall der *Partizipation* entschließt sich ein Aufgabenträger, andere Aufgabenträger an der Aufgabenerledigung teilhaben zu lassen. Der Unterschied zur Delegation besteht darin, dass bei dieser eine hierarchische Differenzierung von Kompetenzen vorliegt, im Falle der Partizipation dagegen eine gemeinsame Aufgabenerledigung erfolgt. Die Partizipation geschieht ebenfalls vorwiegend hierarchieabwärts; sie resultiert in einer besseren Entscheidungsqualität und positiven Motivationseffekten, jedoch auch in langwierigeren Entscheidungsprozessen. **Partizipation**

- Unter *Standardisierung* ist eine vereinheitlichende Festlegung von Aufgabenerledigungsprozessen zu verstehen. Im Führungszusammenhang bezieht sich diese auch als Programmierung bezeichnete Vereinheitlichung vorwiegend auf Entscheidungsprozesse und deren Ergebnisse. Für sich wiederholende Entscheidungen werden Regeln gebildet, die von den Aufgabenträgern zu befolgen sind. Die Konsequenz der Standardisierung besteht in gleichförmigen, routinisierten Entscheidungsprozessen. Standardisierung führt einerseits zu Effizienz- und Gerechtigkeitsgewinnen, andererseits droht ein schematisches Vorgehen und ein allgemeiner Motivationsverlust der betroffenen Unternehmensangehörigen. **Standardisierung**

- Die *Formalisierung* fußt auf der Standardisierung; sie umschreibt eine schriftliche Niederlegung der im Standardisierungsprozess gewonnenen Regeln. Beispiele bestehen in Stellenbeschreibungen, Handbüchern sowie Datenfluss-, Netz- oder Verfahrensplänen. Die Vor- und Nachteile der Formalisierung stimmen mit denjenigen der Standardisierung tendenziell überein, sind hinsichtlich der Ausprägung jedoch noch stärker. **Formalisierung**

- Unter *Job Rotation* wird ein systematischer Wechsel der Aufgabenfelder von Unternehmensangehörigen verstanden. Die Job Rotation findet in der (Auslands-)Entsendung und dem Besuchsverkehr ihre prominentes- **Job Rotation** te Form (Mayerhofer [Assignments] 1371 ff.). Dies führt zu einer verbesserten Koordination zwischen entsendender und aufnehmender Unternehmenseinheit sowie Lerneffekten bei den jeweils betroffenen Unternehmensangehörigen. Dem stehen ein hoher Einarbeitungsaufwand und eine große Scheiternswahrscheinlichkeit gegenüber.

Selbstabstimmung

- Im Falle der *Selbstabstimmung* treten die von der Gestaltungsaufgabe betroffenen Aufgabenträger spontan, in ungeplanter Weise zusammen, um ein anstehendes Problem zu lösen. Es liegt somit eine Selbstorganisation vor, wie sie in Abschn. 2.3.5 diskutiert worden ist. Dort sind auch die relevanten Vor- und Nachteile angesprochen worden.

Unternehmenskultur

Bei Einsatz des Koordinationsinstruments *Unternehmenskultur* erfolgt keine explizite, sondern eine implizite Steuerung der Aufgabenträger. Sie sind in gleicher Weise von der Sinnhaftigkeit der das Unternehmen leitenden Werte überzeugt und handeln somit ohne ausdrückliche Fremdsteuerung konkludent. Einzelheiten finden sich in Abschn. 4.7.

7.3.2 Organisatorische Beschreibungsdimensionen

Die organisatorischen Beschreibungsdimensionen vervollständigen das Bild der Unternehmensorganisation. Im Gegensatz zu den prozessualen Organisationsformen steht bei ihnen der Koordinationsaspekt weniger im Vordergrund.

Kontrollspanne

- Die *Kontrollspanne* zeigt auf, welche Anzahl an Stellen einer Instanz direkt untergeordnet sind. Bisweilen wird sie als Leitungs- oder Subordinationsquote bezeichnet. Eine generell vorteilhafte Kontrollspanne lässt sich nicht spezifizieren, weil situative Faktoren wie die Führungsfähigkeit der Instanz, die Anleitungsbedürftigkeit der nachgelagerten Stellen oder die Komplexität der zu lösenden Aufgabe zu beachten sind. Daher weisen Unternehmen in unterschiedlichen Teilbereichen ungleiche Kontrollspannen auf.

Gliederungstiefe

- Mit *Gliederungstiefe* wird die Anzahl der Hierarchieebenen eines Unternehmens bezeichnet. Obwohl die Gliederungstiefe aufgrund ihrer Kontextabhängigkeit ebenfalls nicht generell bestimmt werden kann, lässt sich doch feststellen, dass sie mit der Kontrollspanne zusammenhängt. Je größer die Kontrollspanne, desto geringer die Gliederungstiefe. Gleichwohl haben viele Unternehmen im Zuge der Lean Management-Bewegung (vgl. Abschn. 7.4.1.6) die Anzahl ihrer Hierarchieebenen drastisch reduziert, was aufgrund des aufgezeigten Zusammenhangs zu einer nicht immer unproblematischen Erhöhung der Kontrollspanne führt.

Differenzierung

- Die Beschreibungsdimension *Differenzierung* bezeichnet den Auffächerungsgrad der Unternehmensorganisation. Die Differenzierung resultiert aus der Kontrollspanne und Gliederungstiefe. Je geringer die Kontrollspanne ist und je größer die Gliederungstiefe, desto höher ist der Differenzierungsgrad des Unternehmens. Seit Ashbys Bahn brechender Arbeit zur Kybernetik ([Introduction] 199 ff.) ist bekannt, dass der Differenzierungsgrad eines Unternehmens positiv mit der Heterogenität seiner Umwelt zusammenhängen sollte (vgl. auch Abschn. 7.6.1).

Stellenrelationen

- *Stellenrelationen* sind Kennzahlen, die das größenmäßige Verhältnis von Teilen der Unternehmensorganisation zum Ausdruck bringen. Zu denken ist etwa an das Verhältnis von Instanzen zu Ausführungsstellen oder an dasjenige von Instanzen im direkten und solchen im indirekten Leistungsbereich. Der Ausweis von Stellenrelationen dient dazu, die Proportionierung der Unternehmensorganisation näher zu beschreiben.

Konfiguration

- Der Begriff *Konfiguration* charakterisiert schließlich die Gesamtproportionierung, die Figur des Unternehmens. Stellt die Organisation beispielsweise eine gleichmäßig gestufte Normalform dar, bei der die Basis stärker besetzt ist als die Hierarchiespitze? Oder weist sie eine inverse Form auf, bei der die höheren Hierarchieebenen stärker besetzt sind als die Basis? Aufgrund der Vielschichtigkeit von Unternehmen lässt sich deren Konfiguration nicht in eine Maßzahl fassen. Zu beachten ist auch, dass der Begriff Konfiguration hier andersartig besetzt ist als im Zusammenhang mit dem Gestaltansatz (vgl. Abschn. 2.3.4).

7.4 Problemlösungs- und innovationsorientierte Strukturmodelle

Ergänzung der organisatorischen Grundstruktur

Die in Abschn. 7.2 behandelten Strukturmodelle betonen das hierarchische Element. Aufgrund der sich heute rasch wandelnden Kontextbedingungen sind die Unternehmen immer wieder vor neuartige Probleme gestellt, die mit der vorhandenen hierarchischen Organisationsstruktur nur ansatzweise zu bewältigen sind (Schneider [Organisation] 31 ff.). Man versucht daher, die Problemlösung durch spezielle Organisationsformen abzustützen, welche die auf die Erfüllung permanent vorhandener Aufgaben gerichteten Organisationsstrukturen ergänzen. Diese Organisationsformen sind weniger hierarchisch aufgebaut als die organisatorische Grundstruktur des Unternehmens.

7.4.1.1 Projektorganisation

Projekt-organisation

Das Modell der *Projektorganisation* (Projektmanagement; Task-Force-Organization) kann als ein Sammelkonzept für verschiedene Formen problemfallorientierter, *temporär angelegter Organisationsstrukturen* gelten. Dabei werden Personen aus unterschiedlichen Abteilungen und Hierarchieebenen für die gemeinsame Bearbeitung eines *Projekts, das allgemein als komplexe, neuartige, risikobeladene Aufgabenstellung von zeitlich befristeter Dauer zu definieren ist*, zusammengezogen. Der Aufgabenstellung entsprechend werden neben der offiziellen Organisationsstruktur zeitlich befristete organisatorische Projekteinheiten gebildet. Kapazitätsabhängig ist denkbar, dass Führungskräfte oder Mitarbeiter parallel unterschiedlichen Projekteinheiten angehören; andererseits können die Projektteams je nach Anforderungen unterschiedlich besetzt sein.

Idealtypisch lassen sich *drei Varianten problemlösungsbezogener Strukturmodelle* (Frese [Grundlagen] 476 ff.) unterscheiden:

- *Reine Projektorganisation* (Task-Force-Modell)
  Hier werden die Beteiligten aus ihren bisherigen Organisationseinheiten herausgenommen und in eine neue, zeitlich befristete Projektstruktur integriert. Im Projektteam können auch unternehmensexterne Personen mitarbeiten. Für diese Variante spricht, dass aufgrund der uneingeschränkten Ressourcenverfügbarkeit gute Chancen zur Erreichung der Projektziele bestehen; andererseits gestaltet sich die Wiedereingliederung der Projektmitarbeiter in die Basisorganisation vielfach problematisch.

- *Matrix-Projektorganisation*
  Die Matrix-Projektorganisation ist eine zweidimensionale Struktur, bei der ein projektbezogenes und ein verrichtungsorientiertes Leitungssystem gekoppelt sind. Die Projektmitarbeiter werden hier nicht aus ihren Funktionsbereichen herausgelöst, bezogen auf ihre Projektarbeit jedoch von einer zweiten Instanz geführt. Die bei dieser Variante bewusst institutionalisierten Konflikte (vgl. Abschn. 7.2.2.2) können zu qualitativ hochwertigen Lösungen, aber auch zu destruktiven Endlosdiskussionen führen.

- *Stabs-Projektorganisation*
  Bei dieser Variante nehmen Stäbe die Projektaufgaben wahr; da sie jedoch keine Weisungsbefugnis gegenüber der Linie besitzen, besteht ihr Aufgabenschwerpunkt in der Koordination der Projekte. Der Vorteil dieser Variante besteht in der Nähe zur Basisorganisation; gleichwohl kann die gewählte Stabslösung dazu führen, dass der Einfluss auf die Basisorganisation schwach ist.

Problemfelder der Projektorganisation bestehen vor allem in Kapazitäts-, aber auch Loyalitätskonflikten zwischen der regulären und der Sondertätigkeit. Für ein Gelingen der Projektorganisation ist erforderlich, dass die Projektmitarbeiter über ein hohes Maß an Reflexionskompetenz, sozialer Kompetenz und Generalmanagementkompetenz (Schelle [Projekte]) sowie über individuelle Selbstführungskompetenz (Haberstroh [Selbstführung]) verfügen.

7.4.1.2 Teamorganisation

Team- bzw. gruppenorientierte Strukturen werden im betriebswirtschaftlichen Schrifttum bereits seit den 1960er Jahren diskutiert. Der Gruppengedanke ist bereits bei der Projektorganisation angesprochen worden; im Gegensatz zum Projektmodell verstehen sich die nachfolgend beschriebenen Modelle als zwar *locker angelegte, zugleich aber zeitstabile Organisationsmodelle.* Das besondere Merkmal der teamorientierten Strukturen besteht darin, dass *wichtige Entscheidungen nicht von Einzelpersonen, sondern von Gruppen getroffen werden.* Die bekanntesten Formen sind mit dem Modell sich überlappender Gruppen sowie dem Colleague Model gegeben.

Modell sich überlappender Gruppen

Das *Modell sich überlappender Gruppen* (Overlapping Group Form of Organization) geht auf Likert/Likert ([Conflict] 183 ff.) zurück. Nach diesem Modell gestaltete Unternehmensbereiche bestehen aus einer Vielzahl von horizontal und vertikal ineinander greifender Gruppen. Diese überlagern sich insofern, als einzelne Personen Mitglieder mehrerer Gruppen sind; diese Personen erfüllen die Rolle so genannter Linking Pins. Eine wichtige Erfolgsbedingung des Likert'schen Modells besteht darin, dass sich die Führungskräfte der einzelnen Gruppen nicht als Führer im Sinne eines traditionellen Rollenverständnisses verstehen. Im Modell wird den Führungskräften zwar das Recht zugestanden, sich in Einzelfällen über Gruppenentscheidungen, die sie für falsch halten, hinwegzusetzen sowie bei mangelnder Konsensfähigkeit der Gruppenmitglieder Eilentscheidungen zu treffen; dem Grundsatz nach sollten jedoch Gruppenentscheidungen bevorzugt werden.

Linking Pins

Abbildung 7-16 veranschaulicht, dass im Likert'schen Modell nicht nur vertikale, sondern auch horizontale „Linking Pins" vorgesehen sind, die den Informationsfluss zwischen den Arbeitsgruppen ähnlich den schon bei Fayol vorgeschlagenen „passerelles" (vgl. Abschn. 2.2.1) verbessern sollen. Damit wird deutlich, dass die Rolle der *Linking Pins die Schlüsselgröße des gesamten Modells* ist.

Abbildung 7-16 *Modell sich überlappender Gruppen*

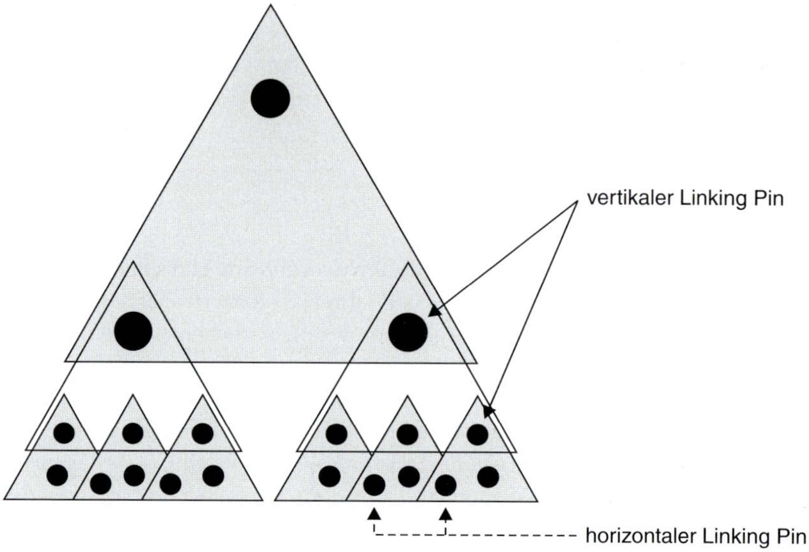

Die Ziele des Modells sich überlappender Gruppen bestehen in der Verbesserung der Kommunikationsstruktur sowie Entscheidungsqualität und -geschwindigkeit im Unternehmen sowie der Erhöhung der Arbeitszufriedenheit beim einzelnen Arbeitnehmer. Diese Ziele sind nicht nur durch eine prinzipielle Veränderung der Organisationsstruktur des Unternehmens, sondern vor allem durch eine Modifikation des Führungsstils anzustreben.

Kollegien-Modell

Das von Golembiewski ([Staff] 296 ff.) vorgeschlagene *Kollegien-Modell* (vgl. Abbildung 7-17) zielt darauf ab, die Schwächen des Stab-Linien-Systems, vor allem Konflikte zwischen fachlicher und positionaler Autorität, auszumerzen. Dazu wird die strenge Aufgabenteilung zwischen Stab (Aufgabe: Entscheidungsvor- und -nachbereitung) und Linieninstanz (Aufgabe: Entscheidung) aufgehoben, indem die Stäbe und Linieninstanzen zu so genannten *Kollegiengruppen* zusammengefasst werden. Diese setzen sich aus Leitungseinheiten (Program Units) und Unterstützungseinheiten (Sustaining Units) zusammen. Golembiewski differenziert im Rahmen seines Modellentwurfs zwischen Grundsatz- und Funktionsproblemen. Da Erstere neuartig sind und mehrere Gruppenmitglieder betreffen, sind sie stets gemeinsam und gesamtverantwortlich in der Gruppe zu lösen. Funktionsprobleme können hingegen von einzelnen Gruppenmitgliedern allein angegangen werden. Durch Zusammenfassung einer oder mehrerer Kollegien mit ihren zugeordneten Ausführungsstellen entstehen Kollegienteams. Die hierarchische

Grobstruktur des Unternehmens bleibt von den organisatorischen Gestaltungsvorschlägen des Kollegien-Modells weitgehend unberührt. Die Kritik am Kollegien-Modell setzt vor allem an der weitgehend unbegründeten, im Einzelfall sehr problematischen Trennung zwischen Grundsatz- und Führungsproblemen an.

Kollegien-Modell

Abbildung 7-17

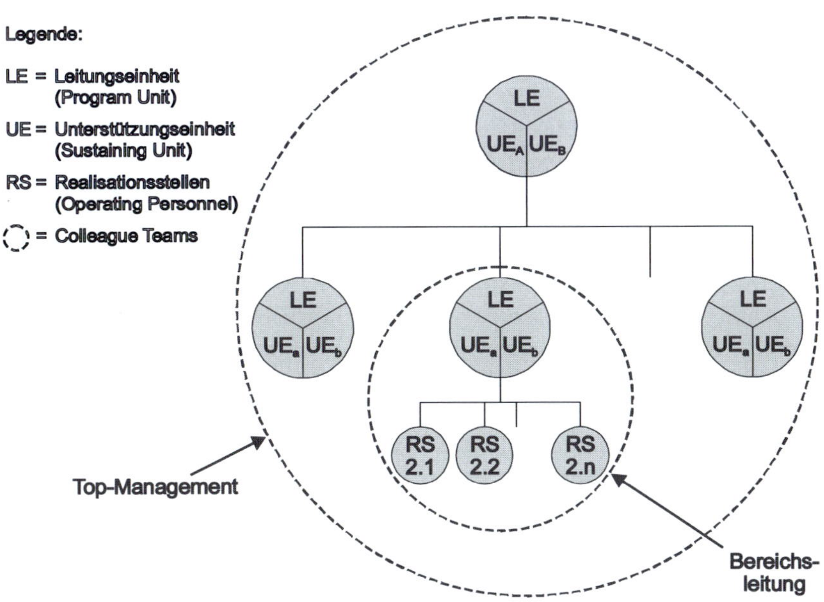

Die Teamorganisation ist in jüngster Zeit vor allem als Konzept zur Organisation der Vorstandsebene vorgeschlagen worden. Man spricht in diesem Zusammenhang von sogenannten Top-Management-Teams (Hambrick [Fragmentation] 110 ff.).

7.4.1.3 Netzwerkorganisation

Kernmerkmale traditioneller Strukturmodelle

Die traditionellen Strukturmodelle (vgl. Abschn. 7.2.2) sind hierarchisch aufgebaut. Insbesondere in Großunternehmen weisen diese Hierarchien *bis zu zehn Ebenen* auf. Weiterhin verwenden sie das Interaktionsmodell der *„Anweisung und Gefolgschaft"* als vorrangigen Abstimmungsmodus. Gerade bei dynamischen Umweltentwicklungen erscheinen diese beiden Kernmerkmale hierarchischer Strukturmodelle jedoch hinterfragenswert: Einerseits führt ein vielstufiger Organisationsaufbau zu langwierigen Entscheidungsprozessen. Andererseits bedingt die Präferenz von Anweisung und Gefolgschaft, dass der Ideenreichtum und das Motivationspotenzial nachrangiger Organisationseinheiten und -mitglieder nicht voll ausgeschöpft werden.

Interaktionsansatz als Vorläufer

Angesichts dieser Nachteile steiler Hierarchien sind bereits zu Beginn der 1970er Jahre Vorschläge für nicht-hierarchische Organisationsmodelle, so der *Interaktionsansatz der Organisation* (Macharzina [Interaktion]), gemacht worden, die sich reifebedingt – was Modell oder Zeitgeist angeht – allerdings seinerzeit nicht durchzusetzen vermochten. Seit Mitte der 1980er Jahre setzte verstärkt die Diskussion netzwerkartiger Organisationsformen ein (Tushman/Nadler [Innovation] 89). Netzwerkkonzepte sind aus den verschiedensten Lebens- und Wissensbereichen bekannt, da ihre Existenz gleichermaßen in biologischen, technischen und gesellschaftlichen Systemen vermutet wird. Im organisatorischen Sinn ist ein *Netzwerk als ein Beziehungsgefüge aus relativ selbstständigen Einheiten (Personen, Gruppen) zu bezeichnen, die durch gemeinsame Werte verbunden sind.* In Netzwerken bestehen vielfältige Beziehungen zwischen Angehörigen unterschiedlicher Unternehmenseinheiten und es liegt somit ein Interaktionsmuster vor, das sich in hierarchischen Organisationsstrukturen so nicht findet. Dort haben sich sämtliche Interaktionen entlang der vertikalen Linien zu vollziehen. Demgegenüber ersetzt im Falle der Netzwerkorganisation die Verbindung der Netzwerkmitglieder durch gemeinsame Werte das in Hierarchien dominierende System aus Anweisung und Gefolgschaft. Im Gegensatz zu den hierarchischen Strukturmodellen ist im Netzwerkmodell die Struktur somit nicht formal, sondern über soziale Beziehungen begründet.

Begriff des Netzwerks

Merkmale der Netzwerkorganisation

Netzwerkorganisationen setzen sich von hierarchischen Strukturen hauptsächlich dadurch ab, dass

- ein hohes Ausmaß an horizontalen Beziehungen zwischen den Mitgliedern bestehen (Witt/Rosenkranz [Netzwerkbildung]),
- Netzwerke locker organisierte Systeme (loosely coupled systems) sind, die aufgrund persönlicher Bindungen bestehen,
- sie eine partnerschaftliche Gruppenstruktur mit Kollegialbeziehungen von untereinander gleichrangigen Fachleuten aufweisen (Mueller [Netzwerke] 46) und
- regelmäßig für begrenzte Zeit Arbeitsgruppen gebildet werden, die sich speziellen (Projekt-)Aufgaben widmen.

Überlagerung der Organisationsstruktur

Diese Eigenschaften sind heute deshalb besonders wichtig, weil sie dazu beitragen, Umweltveränderungen schneller organisatorisch aufzufangen und diesen mit entsprechenden Lösungsansätzen zu begegnen (Voigt/Saatmann/Schorr [Netzwerk] 1071 ff.). Gleichwohl gilt, dass Netzwerke *nicht per se auf eine grundlegende Veränderung der Organisationsstruktur ausgelegt* sind, sondern auch bestehen können, indem sie die vorhandene Organisationsstruktur lediglich ergänzen oder überlagern. Im Rahmen einer formalstrukturellen Reorganisation mit dem Ziel der Einführung eines Netzwerkmodells (Tushman/Nadler [Innovation] 83; Picot [Auswirkungen] 27 f.) erscheinen zumindest folgende Umstrukturierungen vorteilhaft:

- Zunächst ist eine *Abflachung der Organisationsstrukturen* durch Herausnahme von Leitungsebenen und Ausweitung der Leitungsspannen anzustreben.
- Die *Struktur* ist insgesamt, insbesondere marktnah zu *vereinfachen.*
- Es sind Maßnahmen zur *Stärkung der Unternehmenskultur* (vgl. Abschn. 4.7) und insbesondere des zwischenmenschlichen Vertrauens (vgl. Abschn. 7.5.1) zu betreiben.
- Eine *Anknüpfung an informations- und kommunikationstechnische Lösungen* (vgl. Kapitel 12) als günstige Ausgangsbasis für den unternehmensweiten Austausch von Informationen sollte vollzogen werden.

Obwohl es wohl kaum ein Unternehmen geben dürfte, das in sämtlichen Teilbereichen netzwerkartig strukturiert ist, lassen sich in zahlreichen Unternehmen zumindest partielle Anwendungen dieses Organisationsmodells nachweisen. Zu denken ist etwa an die BASF AG, die ihren mehr als 100 In- und Auslandsgesellschaften erhebliche Mitspracherechte einräumt und mit großer Intensität Maßnahmen zur Herausbildung einer starken länderübergreifenden Unternehmenskultur einsetzt.

Kritische Würdigung

Die der Netzwerkorganisation inhärente Logik erscheint überzeugend. Ihr Anwendungserfolg wird jedoch entscheidend davon abhängen, inwieweit es durch die Anwendung geeigneter Maßnahmen gelingt, die vielfach unterschiedlichen Kulturkreisen entstammenden Unternehmensangehörigen zu einer Wertegemeinschaft zu integrieren, ohne dass ihre kulturellen Besonderheiten verlorengehen (Rohn [Arbeitsgruppen]).

7.4.1.4 Clusterorganisation und modulare Organisation

Das Konzept der Clusterorganisation wurde von Mills ([Rebirth]) entwickelt. Als Cluster wird dabei eine Gruppe von Personen begriffen, die unterschiedlichen Teilbereichen des Unternehmens entstammen und in einer semipermanenten und autonomen Basis mit dem Ziel einer größtmöglichen Kundenorientierung zusammenarbeiten (Mills [Rebirth] 29 f.).

Merkmale

Als Kernmerkmale der Clusterorganisation können gelten,

- dass Entscheidungen direkt am Ort der jeweiligen Problementstehung getroffen werden,
- innerhalb der Cluster kaum eine Hierarchie besteht und dementsprechend eine äußerst flache Struktur vorliegt,
- die clusterinterne Führungsaufgabe nach Aufgabenkompetenz rotiert,
- eine breite Teilung von Informationen auf der Basis eines Computernetzwerks besteht und
- viele Verwaltungsfunktionen eigenverantwortlich übernommen werden.

Die im Unternehmen bestehenden Cluster, welche Gebilde auf Zeit darstellen, lösen sich damit weitgehend von der herkömmlichen Managementhierarchie. Im Unternehmen bestehen bleiben lediglich Fragmente einer residualen Hierarchie.

Entstehungsursachen

Der Bedeutungsgewinn der insbesondere in Dienstleistungsunternehmen sowie forschungs- und entwicklungsintensiven Institutionen anzutreffenden Clusterorganisation rührt insbesondere aus *ökonomischen Faktoren* her. Die in der Globalisierung begründete zunehmende Instabilität vieler Märkte erfordert ein flexibles Handeln sämtlicher Teileinheiten. Ermöglicht wird der Einsatz von Clusterorganisationen durch *technologische Faktoren* wie die zunehmende Verfügbarkeit von Groupware Systems, Inter- und Intranet und Data Warehouses sowie *soziale Faktoren* wie verbesserte Fähigkeiten und Einstellungen von Arbeitnehmern, beispielsweise in der Form von so genannter „educated professionals".

In clusterorganisierten Unternehmen beschränken sich die Angehörigen des Top-Managements auf die Bestimmung des Unternehmensleitbilds und des übergeordneten Strategieentwurfs. Die außerhalb der Cluster tätigen mittleren Manager verstehen sich nicht als kontrollierende Vorgesetzte, sondern eher als Trainer oder Förderer. Weiterhin bestehen sogenannte Support Groups, welche den Clustern bei ihren Tätigkeiten beratend zur Seite stehen.

Kritische Würdigung

Obwohl das Konzept der Clusterorganisation in mancherlei Hinsicht vielversprechend erscheint, bleibt doch zu hinterfragen, ob durch die Integration von inhaltlichen und Verwaltungsaufgaben nicht auch erhebliche Reibungsverluste entstehen können. Überdies dürften durch diese Lösung Spezialisierungsvorteile verloren gehen. Weiterhin ist unklar, ob sämtliche Mitarbeiter die motivationalen und kognitiven Voraussetzungen zum Gelingen einer Clusterorganisation mitbringen. Schließlich ist zu klären, in welcher Weise das Anreizsystem des Unternehmens an die überlappenden Verantwortlichkeiten anzupassen ist.

Das Konzept der *modularen Organisation* gleicht der Clusterorganisation weitgehend. Auch hier werden die Aufgabenträger nach sachlichen Kriterien zu relativ kleinen, überschaubaren Einheiten zusammengefasst mit der Besonderheit, dass die Schnittstellen zwischen den Gesamtkomplexen noch stärker spezifiziert sind (vgl. Burr [Modularisierung] 448 ff.).

Praxisbeispiel:

Institut für Weltwirtschaft (IfW)

Das Kieler Institut für Weltwirtschaft (IfW) gehört zu den sechs führenden Wirtschaftsforschungseinrichtungen Deutschlands. Im Jahre 2004 hat Professor Dennis Snower Ph. D. das Präsidentenamt des Instituts übernommen und ein Jahr später auch die zuvor bestehende Organisationsstruktur des 1914 gegründeten Instituts grundlegend verändert. Insbesondere hat er die früher bestehenden sechs Abteilungen aufgelöst. Stattdessen wurden drei Programmblöcke mit Themenschwerpunkten eingerichtet, die für die Weltwirtschaft höchst bedeutsam sind. Im Einzelnen sind die Programmblöcke den Erkenntnisfeldern „Internationale Wirtschaft und Internationale Wirtschaftspolitik", „Strukturelle Herausforderungen für die Wirtschaftspolitik" sowie „Konjunktur, Wachstum und makroökonomische Politik" gewidmet. Im Rahmen dieser drei Programmblöcke gibt es derzeit sieben Forschungsbereiche. Sowohl auf der Ebene der Programmblöcke als auch der Forschungsbereiche ist das Konzept der Clusterorganisation realisiert.

Snower hat die Clusterorganisation vorgesehen, damit das IfW flexibler auf neue Forschungs- und Beratungsthemen reagieren kann. Während in den Abteilungen die Zuständigkeiten von vornherein festgeschrieben waren, können die IfW-Wissenschaftler nunmehr je nach Interesse und Bedarf in mehreren Forschungsbereichen flexibel tätig werden. Das verbindende Thema der Forschungsbereiche ist mit der Globalisierung der Wirtschaft vorgegeben. Durch die noch stärkere Fokussierung der Erkenntnisfelder und das integrierende übergeordnete Thema will das Institut sein Alleinstellungsmerkmal im Bereich „Internationale Wirtschaft" weiter ausbauen. Weiterhin bestehen drei Schwerpunktzentren, nämlich Wirtschaftspolitik und Medien, Gemeinschaften sowie Infrastruktur, die die Arbeiten in den drei Programmblöcken unterstützen und gleichzeitig neue Anstöße für die Forschung geben sollen.

Die Abstimmung der Cluster (Programmblöcke und Schwerpunktzentren) obliegt der Einheit Management-Koordination. Die Mitglieder dieser Einheit sind keine kontrollierenden Vorgesetzten und sie arbeiten als Team, wodurch sich ein wesentlicher Unterschied zu dem vor der Reorganisation bestehenden hierarchischen Abteilungskonzept ergibt. In der Einheit Management-Koordination gibt es keine Alleinverantwortung einzelner Personen, sondern lediglich Management-Zuständigkeiten für verschiedene Cluster.

Die Programmblöcke werden nicht direkt hierarchisch gesteuert; ihre inhaltliche Ausrichtung definiert sich über die zugehörigen Forschungsbereiche. Für jeden Programmblock existiert ein Koordinator, dessen Aufgabe unter anderem darin besteht, Forschungslücken bzw. neue Forschungsfelder zu identifizieren. Um eine gute Zusammenarbeit zwischen und innerhalb der Programmblöcke zu gewährleisten, wurde für jeden Programmblock ein externer Direktor bestellt. Darüber hinaus wurde ein umfassendes Online-Netzwerk (Virtual IfW) installiert, um den notwendigen Informationsfluss zwischen allen Clustern gewährleisten zu können.

Das Modell der Clusterorganisation ist am IfW auch insofern realisiert, als seine Wissenschaftler nicht nur in einem, sondern in durchschnittlich zwei Forschungsbereichen tätig sind, die durchaus zu unterschiedlichen Programmblöcken gehören können. Durch diese Mehrfachbeteiligung soll in systematischer Weise eine Perspektivenvielfalt der IfW-Wissenschaftler bewirkt werden, die für die Behandlung moderner wirtschaftlicher und gesellschaftlicher Fragestellungen unabdingbar ist. Weiterhin wird darauf geachtet, dass die IfW-Wissenschaftler nicht ausschließlich als Forscher, sondern auch im Bereich der Bereitstellung sogenannter „institutsöffentlicher Güter“ tätig sind. Durch die Einbindung der Mitarbeiter in die Konzeption und Umsetzung von Institutsveranstaltungen wie die jährliche Festveranstaltung zur Verleihung des weltwirtschaftlichen Preises, das 2008 erstmals stattfindende, auf Schloss Plön realisierte Global Economic Symposium oder andere Aktivitäten der Außendarstellung des Instituts soll die Beratungs- und praktische Handlungskompetenz sämtlicher Mitarbeiter weiter gesteigert werden.

Hinsichtlich der „Support Groups“ weicht die in Kiel realisierte Organisation von dem typischen Cluster-Modell insofern ab, als die Programmblöcke und Forschungsbereiche keine eigenen Support Groups haben. Der Verzicht auf diese Lösung ist darin begründet, dass das IfW keine Routineinstitution ist, bei der das Effizienzkriterium über dem Innovativitätskriterium steht. Vielmehr stellt das IfW eine „Wissensfabrik“ dar, und daher würde eine Vorhaltung von Support Groups außerhalb der Programmblöcke und Forschungsbereiche die Gefahr heraufbeschwören, dass sich Routine breit macht und das Streben nach neuartigen Lösungen behindert wird.

Weiterhin hat Snower damit begonnen, ein großes internationales Netzwerk an Wissenschaftlern aufzubauen, das über die bisherigen Forschungsverbünde hinaus-

geht. Das Institut lädt regelmäßig höchstrangige Gastprofessoren ein, von denen nicht wenige für längere Zeiträume in Kiel tätig sind.

Diese am IfW realisierte Form der Clusterorganisation ist zwischenzeitlich durch einen Austausch von Wissenschaftlern mit der Wirtschafts- und Sozialwissenschaftlichen Fakultät der Christian-Albrechts-Universität zu Kiel, der das IfW angegliedert ist, ergänzt worden. So verbringen verschiedene Professoren der Wirtschafts- und Sozialwissenschaftlichen Fakultät ein zusätzliches Forschungssemester am IfW, wobei ihre Lehrverpflichtungen während dieser Zeit von Angehörigen des IfW übernommen werden.

Es wird darauf geachtet, dass die neue Organisationsform die Fähigkeit besitzt, sich ständig an neue Herausforderungen anzupassen. Daher wurden weder die Themen der Forschungsbereiche noch diejenigen der darunter liegenden Einzelprojekte fest vorgeschrieben. Vielmehr sollen sie je nach sich abzeichnender Handlungssituation kommen und gehen. Die Themen der Programmblöcke sind hingegen eher zeitstabil; sie bilden das die erforderliche Kontinuität stiftende Grundgerüst des IfW.

Dem flexiblen Organisationsmodell entspricht schließlich auch, dass am IfW die Führungsaufgaben grundsätzlich temporär und nicht mehr auf der Basis von Lebensarbeitszeitverträgen besetzt werden und dass die Mitglieder der Einheit Management-Koordination über keine eigenen Weisungsbefugnisse in die Linie hinein verfügen, wenngleich Letzteres auch eine intensive Diskussionsbereitschaft und -fähigkeit voraussetzt. Snower ist jedoch fest davon überzeugt, dass sich diese durchaus hohe Investition in eine Diskussionskultur in der Form qualitativ besserer Forschungs- und Beratungsleistungen auszahlen wird.

Quellen

HESS, D., Kieler Institut steckt im *Totalumbau*, in: Handelsblatt, 60. Jg., 2005, Ausgabe vom 30. August 2005.

O. V., Kieler *Institut* wird grundlegend umgebaut, in: Kieler Nachrichten, o. Jg., 2005, Ausgabe vom 30. August 2005.

O. V., Kieler Institut arbeitet künftig in kleinen *Teams*, in: Hamburger Abendblatt, 58. Jg., 2005, Ausgaben vom 30. August 2005.

Gespräche mit Angehörigen des Instituts für Weltwirtschaft sowie der Wirtschafts- und Sozialwissenschaftlichen Fakultät der Christian-Albrechts-Universität zu Kiel.

7.4.1.5 Heterarchische Organisation

Im betriebswirtschaftlichen Bereich geht das Heterarchiekonzept auf Hedlund ([MNC] 9 ff.) zurück. Es wurde als Organisationsmodell für große internationale Unternehmen empfohlen, die in sehr heterogenen Gastlandsumwelten und Marktbedingungen tätig sind (vgl. Kapitel 14). Es ist durch acht Merkmale gekennzeichnet:

Merkmale

- Zuweisung von strategischen Rollen zu Unternehmensteileinheiten,
- relativ gleichmäßige Verteilung der unternehmerischen Wissensbasis über alle Unternehmensteileinheiten hinweg,
- bewusste Reservenbildung in der Form einer Duplizierung von Fähigkeiten und Informationen im Unternehmen,
- Existenz vieler Entscheidungszentren und Verteilung der Koordination auf unterschiedliche Unternehmenseinheiten,
- Koordination des Unternehmens vorwiegend auf der Basis geteilter Werthaltungen,
- Ad-hoc-Design von Managementprozessen, insbesondere flexibler Übergang zwischen Koordinationsinstrumenten,
- enge Verzahnung von Strategieformulierung und -implementierung und
- radikale Problemorientierung der Mitarbeiter.

Es zeigt sich, dass sich mehrere Merkmale der Heterarchie auch in den zuvor behandelten problemlösungs- und innovationsorientierten Organisationskonzepten finden. Am Spezifischsten dürfte noch die Idee der strategischen Rollenzuweisung, der Slackbildung sowie des Ad-hoc-Designs von Managementprozessen sein.

Kritische Würdigung

Auffällig ist, dass manche mit der Heterarchie arbeitende internationale Unternehmen von dieser wieder abgerückt sind. Dies dürfte damit zu tun haben, dass die Idee einer sporadischen Findung eines geeigneten organisatorischen Rahmens so viele Freiheitsgrade in sich birgt, dass eine zielgerichtete Führung von Unternehmen kaum mehr möglich erscheint. Aber auch die anderen Merkmale der Heterarchie erscheinen reichlich unterspezifiziert. Sie ist ein allgemeines Denkmodell – mehr nicht.

7.4.1.6 Lean Management

Seit etwa zwei Jahrzehnten wird in Wissenschaft und Praxis das Konzept des Lean Management, welches auch als Lean Production oder Lean Organization bezeichnet wird, intensiv diskutiert. In der Anfangsphase seiner

Verwendung gingen manche Einschätzungen dahin, dass es sich hierbei um ein Unternehmensführungskonzept handelt, das für die Industrie die *revolutionärste Veränderung seit der Fließbandeinführung* durch Henry Ford darstellt (Fieten [Schlagwort] 16).

MIT International Motor Vehicle Program

Mit dem Lean Management ist ein Organisationskonzept gegeben, das im Rahmen des im Jahr 1985 initiierten *MIT International Motor Vehicle Programs* (Krafcik [Triumph] 42; Womack/Jones/Roos [Machine]) systematisch erarbeitet wurde, und nicht – wie in der Literatur häufig fälschlicherweise behauptet – ein japanisches Management-System ist. In diesem vor allem von der US-amerikanischen Automobilindustrie geförderten Forschungsprogramm wurde ein Vergleich zwischen japanischen, US-amerikanischen und europäischen Automobilunternehmen vorgenommen. Dieser Vergleich führte zu einem *für die westlichen Unternehmen verheerenden Gesamtergebnis.* So fertigte Toyota auch unter Berücksichtigung unterschiedlicher Fertigungstiefen pro Arbeitnehmer etwa zehn Mal so viele Kraftfahrzeuge wie General Motors. Aus deutscher Sicht alarmierend war der Befund, dass die europäischen Automobilunternehmen hinsichtlich Produktivität noch schlechter als die US-amerikanischen abschnitten. Aber auch hinsichtlich der Produktqualität waren die japanischen Unternehmen deutlich überlegen.

Kernbefunde

Ursachenanalyse

Aufgrund der Überlegenheit der japanischen Automobilhersteller wurde in dem MIT-Forschungsprogramm der Frage nachgegangen, ob sich die japanischen und westlichen Unternehmen signifikant bezüglich ihrer Wertschöpfungsprozesse voneinander unterscheiden. Insgesamt gesehen zeigte sich, dass die Stufen der Wertschöpfungskette der japanischen Unternehmen einen höheren Integrationsgrad aufwiesen, also besser aufeinander abgestimmt waren als diejenigen der westlichen Unternehmen. Weiterhin wurde offensichtlich, dass die Fertigungstiefe der japanischen Unternehmen wesentlich geringer war als diejenige ihrer westlichen Konkurrenten.

Schlankheit als Kernidee

Da das letztgenannte Merkmal von den MIT-Forschern als besonders bedeutsam angesehen wurde, wurde es auch zur Charakterisierung des gesamten Konzepts der schlanken, abgemagerten Produktion herangezogen. Diese Begrifflichkeit wird in der vorliegenden Schrift allerdings zu „Lean Management" ausgeweitet, da sich die im Konzept vorgesehene Neugestaltung der Wertschöpfungsprozesse nicht immer auf den Produktionsbereich beschränkt, sondern auf sämtliche Wertschöpfungsstufen von der Neuproduktidee bis zum Kundendienst bezieht.

7.2.3.6.1 Merkmale des Modells

Sieben Merkmale

Im Einzelnen lässt sich das Lean Management-Konzept durch sieben Bausteine charakterisieren.

- Im Bereich des *Produktionsmanagement* wird die bereits erwähnte Verringerung der Fertigungstiefe durch ein permanentes Streben nach Qualitätsverbesserung auf der Basis des Kaizen- bzw. Null-Fehler-Prinzips empfohlen, wie es für japanische Unternehmen typisch ist (vgl. Abschn. 14.2). Weiterhin sind dezentrale Produktionssteuerungsformen wie das Kanban-Modell (vgl. Abschn. 11.1) zu bevorzugen.
- Das *Beschaffungsmanagement* sollte durch eine Just-in-time-Belieferung geprägt sein mit dem Ziel, die Lagerhaltung zu minimieren. Um die Zulieferprozesse handhabbar zu halten, empfiehlt sich der Aufbau relativ zeitstabiler hierarchischer Zulieferernetzwerke, sodass Unternehmen nur mit relativ wenigen Lieferanten direkt kooperieren (Large [Lieferantenmanagement] 1005 ff.).
- Für den *Forschungs- und Entwicklungsprozess* erscheint die Projektorganisation (vgl. Abschn. 7.4.1.1) angemessen. Weiterhin ist ein Simultaneous Engineering zu bevorzugen, bei dem die Entwicklungs-, Konstruktions-, Fertigungs-, Vertriebs- und Marketingeinheiten gleichzeitig am Produktentstehungsprozess mitwirken.
- Im Bereich des *Marketingmanagements* ist eine ausprägte Kundenorientierung sowie das Angebot differenzierter Marktleistungen zu bevorzugen.
- In *organisationsstruktureller Hinsicht* empfiehlt sich eine Abflachung der Unternehmenshierarchie, so dass der Informationsfluss verbessert und Entscheidungen beschleunigt werden.
- Die *Unternehmenskultur* (vgl. Abschn. 4.7) sollte von einer ausgeprägten Konsensorientierung geprägt sein.
- In sämtlichen Teileinheiten des Unternehmens sollten *Teamstrukturen* vorherrschen. Die Teams sollten aus fünf bis zehn Mitgliedern bestehen. In ihnen sollte ein relativ geringes Ausmaß an Arbeitsteilung bestehen und sie sollten ein hohes Maß an Entscheidungsautonomie und Qualitätsverantwortung aufweisen.

Idealerweise Kombination mit anderen Konzepten

Es ist offensichtlich, dass mit *Lean Management kein völlig neuartiges Konzept,* sondern eine eklektische Zusammenfügung (zum Teil schon lange) bestehender Konzepte wie Gruppenarbeit, Just-in-time-Produktion, kundenorientierte Fertigung, Buy-statt-Make, Gemeinkostenmanagement oder dem Aufbau interner und externer Netzwerke gegeben ist. Neben diesen zentralen Bausteinen des Lean Managements werden noch weitere „leanness" unterstützende Elemente wie Total Quality Management (vgl. Abschn. 10.5), eine am Werkstückfluss orientierte Fabrikorganisation, eine umfassende Information aller Beteiligten oder eine ergebnisorientierte Vergütung von Arbeitnehmern und Führungskräften gefordert (Kendrick [Productivity] 18 f.).

Die MIT-Forscher gehen davon aus, dass westliche Unternehmen, die nach den Handlungsempfehlungen des Lean Management verfahren, sowohl die Produktivität als auch die Produktvielfalt und -qualität sowie die Mitarbeiterzufriedenheit signifikant steigern können.

7.2.3.6.2 Kritik des Modells

Kritische Würdigung

Angesichts der Erfolge der japanischen Unternehmen auf dem Weltmarkt scheint die Überlegenheit des Lean Management-Konzepts auf der Hand zu liegen (Fallgatter [Schlankheit] 215 ff.). Gleichwohl ist eine inhaltliche Prüfung des Konzepts erforderlich, da bis heute noch nicht abschließend geklärt ist, ob die japanischen Unternehmen erfolgreich sind, weil sie Lean Management praktizieren oder ob nicht vielleicht andere, im Lean Management-Konzept unberücksichtigte Faktoren erfolgsstiftend wirken. Bei der Beurteilung des Anwendungsnutzens geht es nicht nur darum, das auf den ersten Blick schlüssige und plausible Konzept auf etwaige Unstimmigkeiten hin zu untersuchen; zu hinterfragen ist ebenso, ob das Lean Management-Konzept auch für westliche Unternehmen den kritischen Erfolgsfaktor darstellt.

Einwände

Der zentrale Nachteil dürfte dabei vor allem in der höheren Anfälligkeit der schlanken Produktionsprozesse durch Beseitigung von Puffern und Zwischenlägern liegen. Darüber hinaus ist darauf hinzuweisen, dass Lean Management, wie es in Japan praktiziert wird, mit einer gnadenlosen Leistungsüberwachung und einem daraus resultierenden scharfen Arbeitstempo einhergeht. Insofern bleibt zu hinterfragen, ob der Erfolg der japanischen Unternehmen auf dem konzeptionellen Mehrwert des Lean Managements oder auf einem rücksichtslosen Raubbau der Arbeitskraft japanischer Arbeitnehmer beruht. So wird beispielsweise ergonomischen Aspekten in japanischen Unternehmen nur wenig Bedeutung beigemessen. Was das Verhältnis von Anspruch und Wirklichkeit angeht, bleibt ferner zu bedenken, dass gerade die japanischen Automobilunternehmen durch eine unterdurchschnittliche Ausstattungsvielfalt – die Mehrzahl der japanischen Automobile wird beispielsweise in relativ wenigen Farbvariationen geliefert – auffallen und somit unter der Ambition, ein breitgefächertes Leistungsprogramm anzubieten, zurückbleiben.

Was die in westlichen Ländern vorliegenden unternehmensexternen Anwendungsbarrieren und Rahmenbedingungen für ein Lean Management angeht, muss vor allem auf das von Japan stark abweichende rechtliche und ökonomische Umfeld verwiesen werden. So haben in Deutschland die arbeitsrechtlichen und tarifpolitischen Arbeitnehmerschutzrechte ein Entwicklungsniveau erreicht, von denen gerade das japanische Rechtssystem noch weit entfernt ist. Ferner ist zu hinterfragen, ob hierzulande eine sehr starke finanzielle Verflechtung von Unternehmen unterschiedlicher Branchen, wie sie in Japan üblich ist und zur Stärkung der wirtschaftlichen Schlagkraft der beteiligten Unternehmen genutzt wird, angesichts der gegebenen ordnungspolitischen Rahmenbedingungen möglich oder überhaupt wünschenswert ist.

Unternehmensintern erfordert die Umsetzung des Lean Management-Konzepts vor allem die Bereitschaft des mittleren Managements zur Delegation von Entscheidungskompetenzen. Aus langjährigen Anwendungserfahrungen der 1960er und 1970er Jahre mit ähnlichen Konzepten wie Management-by-Objectives (vgl. Abschn. 8.1.3.1) ist jedoch bekannt, dass es zahlreichen Führungskräften nicht gerade leicht fällt, in der idealtypisch skizzierten und vom Lean Management-Konzept geforderten Form umzudenken.

7.4.1.7 Business Process Reengineering

„Sie haben die Wahl: Entweder entschließen Sie sich zu Business Process Reengineering – oder Sie können Ihr Unternehmen abmelden". Mit dieser Provokation leiten die US-amerikanischen Unternehmensberater Morris und Brandon ihre mittlerweile zum Standardwerk des Business Process Reengineering herangereifte Monographie ([Re-engineering] 15) ein. Wie Hammer und Champy (Hammer [Reengineering] 104 ff.; Hammer/Champy [Reengineering]), die mit ihren Anfang der 1990er Jahre erschienenen Publikationen als die eigentlichen Urheber des auch als Process Reengineering oder einfach nur Reengineering bezeichneten Konzepts gelten, sind sie der Auffassung, dass viele Unternehmen grundlegend reorganisiert werden müssen, um langfristig erfolgreich zu sein. Inhaltlich ist das Business Process Reengineering durch drei übergeordnete Merkmale gekennzeichnet:

Drei übergeordnete Merkmale

- Im Mittelpunkt des Konzepts steht die *Reorganisation von Unternehmen in Richtung einer verstärkten Prozessorientierung.*
- Im Vorfeld dieser Reorganisation hat eine *systematische „Durchleuchtung" sämtlicher Wertschöpfungsaktivitäten* des Unternehmens zu erfolgen.
- Die prozessorientierte Neuorganisation soll eine *radikale Veränderung* zu den bisherigen Organisationsformen darstellen (Osterloh/Frost [Kernkompetenz]).

Versprechungen

Die Urheber des Business Process Reengineering erwarten und versprechen, dass dessen Anwendung die Qualität der Arbeitsvollzüge und -ergebnisse und damit die Kundenzufriedenheit erheblich steigert sowie gleichzeitig die Durchlaufzeit und Kostensituation erheblich reduziert. Vor allem die populärwissenschaftliche Presse sowie Unternehmensberater schrecken dabei nicht zurück, 40 Prozent Umsatzsteigerung, 20 Prozent Produktivitätserhöhung, 40 Prozent Lagerbestandsverringerung, 50 Prozent Lieferfristverkürzung, 30 Prozent Personalkosteneinsparung, die Erschließung neuer Märkte in Osteuropa sowie eine Senkung der Fehlzeiten der Mitarbeiter um zwei bis vier Prozent als unmittelbare Konsequenzen des Konzepteinsatzes zu prognostizieren (Strittmatter [Kopf] 95). Die Tatsache, dass sich zahlreiche renommierte Unternehmen wie ABB, BMW, Hewlett Packard, Freudenberg, Webasto, Birkel Sonnen Bassermann, BASF oder Bosch Siemens Hausgeräte eine derartige „Fitnesskur" verordnet haben, lässt vermuten, dass die Versprechungen nicht ohne Wirkung geblieben sind. Insgesamt ermögliche das Business Process Reengineering eine bessere Integration von Anteilseigner- und Kundennutzen (Stewart [Reengineering] 34).

Neben einer geschickten Vermarktungsstrategie und der für Krisenmanagementkonzepte günstigen gesamtwirtschaftlichen Situation dürfte insbesondere das Ausmaß der dem Business Process Reengineering zugeschriebenen Einsparungs- bzw. Gewinnsteigerungspotenziale zum geradezu kometenhaften Aufstieg dieses vermeintlich revolutionären Managementmodells beigetragen haben.

7.2.3.7.1 Merkmale des Modells

Shareholder Value durch Kundenorientierung

Das Business Process Reengineering-Konzept findet in der für den US-amerikanischen Wirtschaftsliberalismus typischen Überlegung ihren Ausgangspunkt, wonach ökonomische Aktivitäten vorranging der *Steigerung des Anteilseignernutzens (Shareholder Values)* zu dienen haben, der wiederum nur auf dem Weg *starker Kundenorientierung* erreichbar ist. Von dieser Überlegung sind die *sieben Einzelmerkmale* (Hammer/Champy [Reengineering] 70 ff.; Morris/Brandon [Re-engineering] 45 ff.; Talwar [Re-engineering] 22 ff.; Hall/Rosenthal/Wade [Reengineering] 119 ff.; Reiß [Reengineering] 11 ff.) geprägt.

Sieben Einzelmerkmale

Grundlegende Hinterfragung sämtlicher Strukturen und Abläufe

- Sämtliche der im Unternehmen bestehenden *Strukturen und Abläufe* müssen während des Business Process Reengineering am Kriterium ihres Kundennutzens bzw. „strategischen Wertes" *grundlegend hinterfragt* werden. Dabei muss jeder Aktivitätsbereich, insbesondere auch die Breite und Tiefe des Leistungsprogramms sowie die Struktur der Zielmärkte des Unternehmens inhaltlich angezweifelt werden. Aktivitäten, die keinen Kundennutzen oder strategischen Wert stiften, sind im Rahmen eines konsequenten Outsourcing (vgl. Abschn. 5.4.2.3) an hierauf spezialisierte Geschäftspartner zu übertragen.

Bedingungslose Prozessorientierung

- Bei der Reorganisation der Strukturen und Abläufe muss das *Streben nach einer Prozessorientierung* im Vordergrund stehen. Ein Geschäftsprozess besteht in einer aufeinander bezogenen Abfolge von Arbeitsschritten, die direkt auf die Stiftung von Kundennutzen bezogen und für den

Erfolg des Unternehmens in hohem Maße relevant sind. Für Geschäftsprozesse ist typisch, dass sie vom Kunden aus ihren Anfang nehmen (z. B. Bestellung eines Artikels) und bei diesem auch ihren Zielpunkt finden (z. B. Auslieferung des Artikels oder After-Sales-Betreuung). Das Prozessdenken ist anzumahnen, weil viele Unternehmen Strukturen eingerichtet haben, bei denen viele Teileinheiten keinen Bezug zur Marktleistung und zu den Kunden aufweisen. Dies hat dazu geführt, dass in diesen Unternehmen die Geschäftsprozesse „quer zu den Organisationseinheiten stehen", was zu Lasten der Effektivität und Effizienz der Aufgabenerledigung geht. Bei der Bestimmung von Geschäftsprozesssen ist auf die Unterscheidung zwischen Kernprozessen und Unterstützungsprozessen zu achten. Erstere sind direkt aus der Strategie des Unternehmens abgeleitet, während Letztere den reibungslosen Ablauf der Kernprozesse gewährleisten sollen. Die Bestimmung von Geschäftsprozessen sollte an Produktgruppen oder an Kunden- und Marktsegmenten und nicht an Verrichtungen ausgerichtet werden (vgl. Abschn. 7.2.2.1). Aufzulösen sind insbesondere künstliche, oft aufgrund historischer Ereignisse entstandene hoch differenzierte Abteilungsstrukturen, wie sie in vielen Unternehmen beispielsweise in der Form einer Trennung von Werkzeugmacherei und Messgerätebau einerseits und Produktion andererseits bestehen. Auch die Trennung zwischen Produktionstätigkeit einerseits und Qualitätskontrolle sowie Wartung und Instandhaltung andererseits ist inhaltlich oft nicht begründbar und somit aufzugeben. Die Zahl der definierten Geschäftsprozesse im Allgemeinen und der Unterstützungsprozesse im Besonderen sollte so gering wie möglich gehalten werden. Auch sollte die Definition von Prozessen von der Idee geleitet werden, dass *Zeit in fast allen Branchen der wichtigste Wettbewerbsfaktor* überhaupt ist. Extrembeispiele bestehen in der Pharmaindustrie, wo Unternehmen, die Produktneuerungen zwölf Monate früher als Konkurrenten auf den Markt bringen, täglich eine halbe Million Euro Grenzgewinn erzielen (Maier [Revolution] 49). Eine geringe Zahl an Geschäftsprozessen ist auch deshalb erforderlich, um das *im Unternehmen bestehende Ausmaß an Arbeitsteilung drastisch zu senken.*

Radikaler Bruch mit der Vorwelt

- Bei der Neustrukturierung des Unternehmens sollte keine graduelle Veränderung bestehender Aufgabenzuweisungen und Arbeitsabläufe erfolgen. Vielmehr sollten sämtliche überkommenen Regeln und die ihnen zugrunde liegenden Annahmen wirtschaftlichen Handelns über Bord geworfen bzw. modifiziert werden (Hammer [Reengineering] 104 f.). Champy plädiert in diesem Zusammenhang für eine besonders revolutionäre Form der Umschichtung und schlägt vor, alte Strukturen „zeitgleich und vernetzt zu sprengen" (Carl-Sime [Quantensprünge] 86) – was immer das auch konkret heißen soll. Im Merkmal des radikalen Turnarounds offenbart sich auch der *typisch amerikanische Charakter des*

Reengineering, das für Eigenschaften wie Behutsamkeit, sukzessive Implementation oder Konsensbildung keinen Platz bietet (Reiß [Reengineering] 10).

Klare Zuständigkeiten

- Für sämtliche Geschäftsprozesse sind für sie verantwortliche Akteure zu definieren. Die Bestimmung klarer Zuständigkeiten sorgt dafür, dass die Prozesse sorgfältig bearbeitet und gepflegt werden. Die Verantwortungszuweisung kann an einzelne Personen, sogenannte „Process Owners" oder an Arbeitsgruppen („Process Teams") erfolgen. Den Prozessverantwortlichen obliegt die prozessinterne Koordination von Teilprozessen sowie die externe Abstimmung mit vor- und nachgelagerten Geschäftsprozessen. Hierzu müssen die Prozessverantwortlichen mit Kompetenzen ausgestattet werden, um sich insbesondere gegenüber den in einigen Unternehmensteilen noch bestehenden Funktionsbereichen durchsetzen zu können. Sinnvoll erscheint auch die Benennung sogenannter *„Schwergewichtsmanager"* oder *„Höchstleistungsteams"*, worunter Prozessverantwortliche zu verstehen sind, denen Innovationsaufgaben obliegen.

Konzentration auf Leistungsträger

- Bei der Neugestaltung des Unternehmens sind die *besten Mitarbeiter in den Mittelpunkt zu stellen.* Sie vereinen nämlich in sich das erforderliche Erfahrungswissen sowie die zum radikalen Turnaround notwendigen kreativen Potenziale. Die als Träger des Business Process Reengineering in Betracht kommenden Personen sind vom Top-Management im Rahmen zahlreicher Einzelgespräche sowie eines fortwährenden „Walking around" ausfindig zu machen. Im Rahmen eines derartigen intensiven Kontakts zwischen Top-Managern und Mitarbeitern ist es Ersteren möglich, die Mitarbeiter von der Sinnhaftigkeit der bevorstehenden radikalen Neugestaltung zu überzeugen und eventuell bestehende Zukunftsängste – sofern überhaupt gewollt – auszuräumen (Friedrich [Hierarchien] 376 ff.). Um das im Unternehmen vorhandene Wissens- und Kreativitätspotenzial zu nutzen, sollten sämtliche von den Mitarbeitern entwickelten kreativen Umstrukturierungsvorschläge aufgegriffen und zum Gegenstand von Team-Diskussionen gemacht werden. Auch setzt die effiziente Nutzung der Mitarbeiterpotenziale ein neues Führungsverständnis voraus, das eine stärkere Dezentralisation von Entscheidungen fördert. Entsprechend der starken Outputorientierung des Business Process Reengineering sind die Arbeitsgruppen und ihre Mitglieder zumindest teilweise auf der Basis des Gruppenerfolgs zu vergüten, wobei messbare Leistungsgrößen die Berechnungsgrundlage bilden.

Technologieorientierung

- Im Business Process Reengineering-Prozess muss der *Informations- und Kommunikationstechnologie eine völlig neuartige Rolle zugewiesen* werden. Sie hat innerhalb der Geschäftsprozesse und zwischen diesen ein wesentliches Bindeglied zu bilden. Insbesondere hat sie dafür zu sorgen, dass

Informationen gleichzeitig dezentral vor Ort und zentral in einer koordinierenden Querschnittsfunktion verfügbar sind (Venkatraman [Reconfiguration] 122 ff.). Während traditionell organisierte Unternehmen die Informations- und Kommunikationstechnologie üblicherweise als Hilfsmittel zur Implementierung von zuvor strukturierten Prozessen begreifen, obliegt der Informations- und Kommunikationstechnologie beim Business Process Reengineering die Aufgabe, die gesamte Prozessgestaltung zu unterstützen. In der Gestaltungsphase können allgemeine Modellierungstools wie Petri-Netz-Editoren sowie spezielle Geschäftsprozessplanungswerkzeuge zum Einsatz gelangen. Um die der Informations- und Kommunikationstechnologie inhärenten Potenziale bestmöglich nutzen zu können, empfiehlt sich eine simultane Entwicklung von Prozessorganisation und Informationsinfrastruktur (vgl. Abschn. 12.4).

Turnaround ist Chefsache

- Die *Initiative für die radikale Neugestaltung muss vom Top-Management ausgehen* (Hall/Rosenthal/Wade [Reengineering] 123 f.). Ihm obliegt die Aufgabe, den Leistungshunger der Mitarbeiter zu steigern und ihr Handeln auf die übergeordneten Turnaround-Ziele auszurichten. Auch wirkt es sich günstig aus, wenn sich die Top-Manager persönlich an der Suche nach kreativen Lösungen beteiligen (Hall/Rosenthal/Wade [Reengineering] 124). Des Weiteren wird Top-Managern empfohlen, bei den Mitarbeitern einen permanenten Leidensdruck zu erzeugen, um so deren Lernfähigkeit und -willigkeit zu erhalten oder zu steigern. Ähnliche Effekte dürften zu erwarten sein, wenn Top-Manager versuchen, zwischen den Teams oder Arbeitsgruppen eine Konkurrenzsituation aufzubauen und so einen internen Markt für Verbesserungen zu schaffen. Mitarbeiter, die sich im „Innenverhältnis" an Marktstrukturen und -gesetze gewöhnt haben, werden auch den unternehmensexternen Geschäftspartnern gegenüber unternehmerisch auftreten (Reiß [Reengineering] 12).

7.2.3.7.2 Kritik des Modells

Kritische Würdigung

Viele der Gestaltungprinzipen des Business Process Reengineering machen fraglos Sinn. Auch ist unbestritten, dass das Konzept dazu beigetragen hat, viele westliche Unternehmen effizienter und damit wettbewerbsfähiger zu machen. Inhaltlich gesehen ist zu betonen, dass das Konzept mit der Prozessorientierung einen Organisationsansatz aufgreift, der die Mängel verfestigter und zu stark nach innen gerichteter Strukturregelungen überwinden hilft. Auch muss das ausgeprägte Qualitätsdenken als ein lobenswertes Merkmal des Business Process Reengineering bezeichnet werden. Diesen Vorzügen stehen jedoch verschiedene Nachteile gegenüber, die den Anwendungsnutzen bisher verfügbarer Business Process Reengineering-Entwürfe einschränken (Theuvsen [Reengineering] 65 ff.). Bei der Analyse von Nachteilen ist zwischen den bei der Anwendung teilweise auftretenden Problemen und grundsätzlichen Modellmängeln zu unterscheiden.

Umsetzungsprobleme

In die Klasse der bei Business Process Reengineering-Projekten beobachteten *Probleme* sind die in der Praxis teilweise bestehende Neigung, die verfügbare Energie auf Nebenkriegsschauplätzen zu vergeuden, das Reorganisationsprogramm an ungeeigneten bzw. an solchen Geschäftsprozessen ansetzen zu lassen, bei denen es nicht möglich ist, schnell Kundenmehrwert zu schaffen, die Neugestaltung ziellos, ohne klare strategische Zielsetzung zu realisieren, den Umbau des Umbauens willen vorzunehmen, bei der Durchführung des Business Process Reengineering die Potenziale der Mitarbeiter zu missachten, das Veränderungsprojekt nicht bis zum Ende konsequent durchzuziehen, sich zu sehr auf die technische Seite des Prozesses zu konzentrieren, psychische Effekte ungenügend zu analysieren sowie der Boykott von Managern der mittleren Ebene einzureihen. Da diese Probleme durchweg konkrete Anwendungserfahrungen betreffen und durch klar lokalisierbare Ursachen bedingt sind, können sie durch ein gezieltes Management des Business Process Reengineering überwunden werden.

Grundsätzliche Kritik

Kategorischer und letztendlich auch schwerwiegender Natur sind hingegen die *grundsätzlichen Einwände* gegenüber dem Business Process Reengineering-Konzept. Verwiesen werden könnte zunächst auf die geringe Neuigkeit des Konzepts, da es von Gaitanides ([Prozessorganisation]) bereits Anfang der 1980er Jahre, freilich nicht in der einen Markterfolg versprechenden Anwendungsnähe vorgedacht worden ist. In inhaltlicher Hinsicht ist auf das oben genannte Defizit zu verweisen, wonach es den sich zu diesem Konzept bekennenden Praktikern und Unternehmensberatern bislang noch nicht gelungen ist, das Ausmaß anzustrebender Veränderungen hinreichend exakt zu umreißen. Im Regelfall sind die Abhandlungen auf die Beschreibung der anzupackenden Gestaltungsebenen beschränkt, ohne dass die Intensität erforderlicher Umwälzungen spezifiziert wird. Überdies birgt das Business Process Reengineering Risiken eines Neo-Taylorismus in sich, die dann hoch sind, wenn eine „Überdosierung von Prozessregelungen die Kräfte der Selbstorganisation behindert" (Reiß [Reengineering] 15). Des Weiteren muss man sich fragen, ob die propagierten revolutionären Umwälzungen nicht dazu beitragen, die Wert- und Moralvorstellungen sowie Denkstrukturen und Interpretationsmuster der Mitarbeiter in unbeabsichtigter Weise zu entwurzeln. Im Zuge des im Konzept vorgesehenen radikalen Turnaround könnte manches von dem zerstört werden, was über Jahre hinweg durch eine gezielte „Kulturpflege" aufgebaut wurde. Außerdem erweist sich das Business Process Reengineering als ein Sammelbecken bekannter Gestaltungsvorschläge, wie die Prozessanalyse und die Wertsteigerungsmessung belegen (Talwar [Re-engineering] 22; Strassmann [Emetic] 33). Auch erinnert die Idee des totalen Neuanfangs sehr stark an das, was bereits Anfang der

1970er Jahre im Rahmen der ZBB-Technik (vgl. Abschn. 11.1.1.1) als „Grüne-Wiese-Konzept" diskutiert wurde.

So verwundert es nicht, dass der empirische Beleg für die Nützlichkeit des Business Process Reengineering im versprochenen Umfang bislang noch nicht erbracht worden ist. Beispielsweise zeigen Studien, dass ein Drittel der durchgeführten Business Process Reengineering-Projekte ihr Ziel verfehlt. Konkret hat das Konzept bei lediglich 16 Prozent der anwendenden 600 Unternehmen zu den autorenseitig versprochenen quantensprungartigen Verbesserungen geführt und bei zwei Drittel der Unternehmen traten keine gravierenden Erfolgsverbesserungen auf (Wolf [Organisation] 535 f.).

Sicher ist jedenfalls, dass sich die mit Business Process Reengineering-Projekten erhofften Effekte dann am ehesten einstellen werden, wenn die Fitnesskur nicht als einmaliger Akt, sondern als beständig einzusetzendes Medium der Verbesserung verstanden wird. Uneinigkeit besteht im Schrifttum jedoch im Hinblick auf die Radikalität der anzustrebenden Lösungen; während US-amerikanische Unternehmensberater mehrheitlich für einen entwurzelnden Bruch mit der „Vorwelt" plädieren, dominieren hierzulande insofern moderatere Töne, als empfohlen wird, dass „das harte Vorgehen eine Balance des Lernens mit dem Fortschritt zulassen müsse" (Maier [Revolution] 50). Die zwischen diesen Auffassungen bestehende Kluft ist für den Stand der Diskussion um das Business Process Reengineering typisch. Insbesondere mangelt es noch an Konzepten, die die drei Parameter des Wandels, nämlich Breite, Tiefe und Geschwindigkeit, miteinander in Einklang bringen oder zu einem Optimum führen könnten. Einig ist man sich lediglich darin, dass es bislang keine Standardlösungen gibt und jedes Unternehmen einer individuellen Form der Neugestaltung bedarf.

Praxisbeispiel:

Kernkompetenzorientierte Prozessorganisation bei der Sauer-Danfoss Inc.[1]

Die Sauer-Danfoss Inc. ist einer der weltweit größten Hersteller und Lieferanten von mobilhydraulischen Produkten. Das Leistungsprogramm des Unternehmens umfasst hydrostatische Antriebe, Zahnradprodukte und Axialkolbenpumpen, Orbi-

1 Wir danken Herrn Dipl.-Wi.-Ing. Executive MBA Christian Maaßen, Führungskraft am Standort Neumünster der Sauer-Danfoss Inc., für die wertvolle Unterstützung bei der Abfassung des vorliegenden Praxisbeispiels.

talmotoren, Lenkungen, Ventile sowie Produkte der Mobil-Elektronik. Im Jahr 2007 hat das Unternehmen an weltweit verteilten 22 Produktionsstandorten mit rund 9.000 Mitarbeitern einen Umsatz von rund 2 Milliarden US-Dollar erzielt. Das im Gemeinschaftsbesitz der Familien Murmann, Kiel und Hamburg, sowie Clausen, Nordborg, Dänemark, befindliche Unternehmen hat seit Anfang der 1990er Jahre seine gesamten Wertschöpfungsprozesse in einer äußerst konsequenten Weise auf eine strikte Kernkompetenzorientierung umgestellt, die als vorbildlich gelten kann. Diese Orientierung ist an sämtlichen Standorten des Unternehmens mit großer Sorgfalt und Konsequenz implementiert worden. Nachfolgend sollen am Beispiel des Standortes Neumünster, an dem 800 Mitarbeiter tätig sind, die Merkmale und Funktionsprinzipien dieser konsequenten Prozess- und Kernkompetenzorientierung verdeutlicht werden. Das übergeordnete Ziel der Neuausrichtung besteht in einer Steigerung der Flexibilität der Standorte und damit der Ermöglichung kürzerer Lieferfristen unter Beibehaltung höchster Qualitätsstandards. Immer mehr Kunden von Sauer-Danfoss fordern, dass sie die georderten Produkte bereits einen Tag nach der Bestellung ausgeliefert bekommen.

Ende der 1980er Jahre war die Situation des Unternehmens insgesamt sowie des Standorts Neumünster noch weitaus schwieriger: Es wurden zwar hohe Umsätze, jedoch nur vergleichsweise geringe Erträge erzielt. Das Management zeichnete sich genauso wie weite Teile der Belegschaft durch eine geringe Veränderungsbereitschaft aus. In Neumünster waren die Konflikte zwischen der Geschäftsleitung und der IG Metall nicht unerheblich. Weiterhin wurden teure Analysen durch Unternehmensberater vorgenommen, doch verstaubten sie eher in Aktenschränken, als dass sie umgesetzt wurden. Konzepte wurden damals also durchaus entwickelt, aber nur ansatzweise implementiert.

Die Lage änderte sich, als in Neumünster Schlüsselpositionen des Managements vom internen Arbeitsmarkt mit Personen neu besetzt wurden, die der Unternehmensleitung als strategisch weitsichtig und implementierungsstark bekannt waren. In diesem Zuge wurde auch die Organisations- und Führungsstruktur des Standorts grundlegend verändert. Vor allem wurde zu dieser Zeit der Standort Neumünster zielstrebig in Richtung einer Produkt- und Prozessorientierung umgestaltet, um eine Konzentration auf die Kernfähigkeiten des Unternehmens zu ermöglichen. Bei der Implementierung des Prozessdenkens wurden zentrale Elemente des Business Process Reengineerings mit denen des Lean Managements verknüpft. Eine besondere Erwähnung verdienen folgende Gestaltungsmerkmale:

- *Konsequente Kernkompetenzorientierung: Sorgfältige Identifikation von Geschäftsprozessen, in denen das Unternehmen über Schlüsselfähigkeiten verfügt und die für das Unternehmen in erheblichem Maße wertstiftend sind, und solchen, die eher Standardaktivitäten darstellen und von unterstützender Natur sind. Es erfolgte also eine deutliche Trennung von Kern- und Supportprozessen. Während die erstgenannten Prozesse weiterhin unter eigener Regie vollzogen wurden und werden, sind die letztgenannten seither fast durchweg einem Out-*

sourcing unterzogen worden. Bei der Externalisierung unterstützender Prozesse legt Sauer-Danfoss dabei größten Wert auf die Zusammenarbeit mit hoch professionellen, verlässlichen Geschäftspartnern, mit denen langfristige Kooperationen eingegangen werden. Abbildung 7-18 zeigt, mit welchen Partnerunternehmen der Standort Neumünster bei welchen Supportprozessen zusammenarbeitet.

Abbildung 7-18 *Outsourcing-Partner der Sauer-Danfoss Inc.*

Beispielhaft seien hier die Unternehmen Kromi und MWQ herausgegriffen. Ersteres ist auf das Tool Management im Bereich zerspanender Werkzeuge spezialisiert. In den Fertigungshallen am Neumünsteraner Standort hat Kromi Automaten aufgestellt, denen die gewerblichen Sauer-Danfoss-Mitarbeiter im Bedarfsfall unter Nutzung einer Chipkarte Werkzeuge (z. B. Wendeschneidplatten, Fräsen, Bohrer) entnehmen können. Die Verrechnung der Kaufpreise der Werkzeuge erfolgt dann in aggregierter Form automatisch zwischen Kromi und Sauer-Danfoss. Für Sauer-Danfoss ergibt sich hieraus unter anderem der Vorteil einer drastischen Reduktion von Lagerbeständen. An das Unternehmen MWQ hat Sauer-Danfoss die Kalibrierung von Messwerkzeugen ausgelagert. Dies bedeutet, dass MWQ-Mitarbeiter permanent im Hause Sauer-Danfoss tätig sind, um zum Beispiel für eine regelmäßige Eichung von Messwerkzeugen zu sorgen. Hieraus resultieren erhebliche positive Effekte hinsichtlich der Qualität der Sauer-Danfoss-Produkte.

- *Ausgewogene Verbindung (1) der aus dem Business Process Reengineering stammenden Konzeptelemente der radikalen Veränderung bisheriger Strukturen und Prozesse mit (2) der dem Lean Management zuordenbaren Idee der kontinuierlicher Veränderung: Mit dieser Kombination der beiden Organisationskonzepte soll einerseits die Stetigkeit des Verbesserungsprozesses gewährleistet und andererseits einer Überlastung der Veränderungsbereitschaft der Mitarbeiter des Unternehmens vorgebeugt werden. In Abbildung 7-19 sind abgeschlossene Veränderungsprojekte verdeutlicht, wobei die dunkel unterlegten Bereiche für größere, quantensprungartige Projekte und die heller unterlegten für eher inkrementale Weiterentwicklungen stehen.*

Abgeschlossene radikale und inkrementale Veränderungsprojekte am Standort Neumünster der Sauer-Danfoss Inc.

Abbildung 7-19

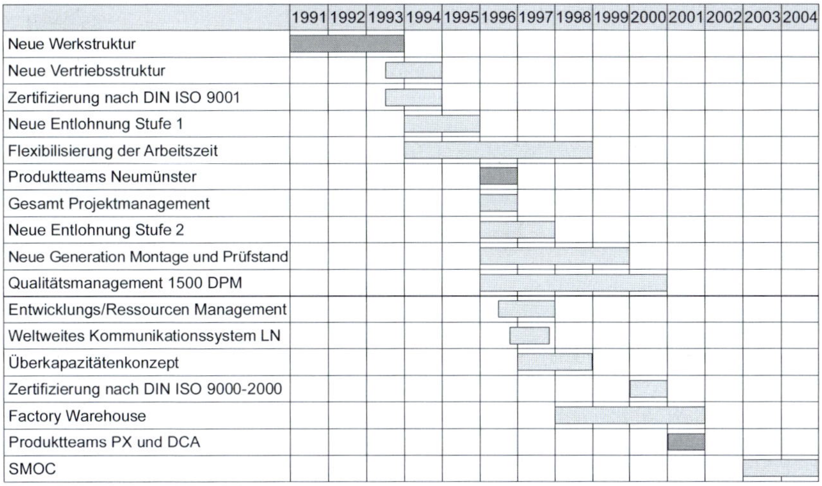

Die aktuellen, derzeit noch in Arbeit befindlichen Veränderungsprojekte sind in Abbildung 7-20 dargestellt.

- *Konsequentes Profit-Center-Denken: Ein weiteres Kernelement der erfolgten Umstrukturierungen besteht in einer durchgängig angewandten Profit-Center-Organisation, die sich in sämtlichen der in Abbildung 7-21 dargestellten Einheiten findet. So ist in Neumünster nicht nur der Geschäftsführer des Standorts mit unternehmerischer Verantwortung ausgestattet. Eine solche kommt in ähnlicher Weise auch den sieben ihm direkt zugeordneten Führungskräften zu, denen ebenfalls im eigentlichen Wortsinn Geschäftsführer-Funktionen obliegen. Im Hinblick auf wesentliche unternehmerische Aktivitäten wie Marktbeobach-*

tung, Kapazitätsplanung, Kostenmanagement und Personalverantwortung genießen sie ein hohes Maß an Entscheidungsautonomie und -verantwortung. Die neben den sieben Basiseinheiten bestehenden Functional Areas sorgen für eine matrixartige Vernetzung der produktorientierten Basiseinheiten und damit für einen verbesserten Informationsfluss zwischen diesen.

Abbildung 7-20 *Aktuelle Veränderungsprojekte des Standorts Neumünster der Sauer-Danfoss Inc.*

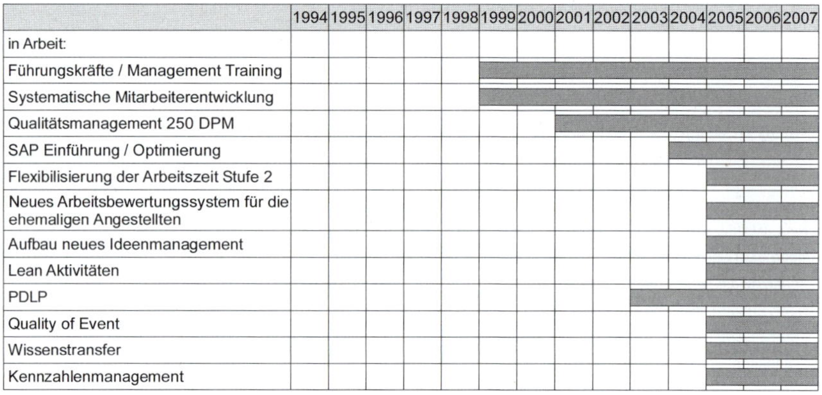

- *Autonome Produktteam-Steuerung: Ein hohes Maß an unternehmerischer Eigenständigkeit findet sich aber auch innerhalb der einzelnen Produktteams, die ebenfalls ein hohes Maß an Entscheidungs- und Handlungsautonomie genießen. Die Kompetenzen der Produktteams erstrecken sich über das Gesamtspektrum relevanter Gestaltungsfelder von der Entwicklung und Konstruktion, über das Einkaufsmarketing, die Fertigung bis hin zu Montage, Logistik und Qualitätsmanagement. Diese umfassende Kompetenzzuweisung setzt voraus, dass jedes Mitglied der Produktteams die Fähigkeit besitzt, über den eigenen Tätigkeitsbereich hinauszublicken. Damit die Teammitglieder diese Kompetenz erlangen bzw. bewahren, haben viele eine zweite Rolle zu bekleiden, die in einer über die einzelnen Produktteams hinweg reichenden Querschnittfunktion besteht. Das hohe Maß an dezentraler Unternehmenssteuerung setzt sich auch im Bereich der Produktion fort. Dort findet sich eine Systemorganisation, in deren Mittelpunkt ebenfalls Produkte und Prozesse und weniger isolierte Funktionen stehen. Es sind dort Fertigungs- und Montageinseln eingerichtet, die für den gesamten Herstellungsprozess von der Teileproduktion bis zur Fertigstellung der Endprodukte zuständig sind.*
- *Hohe Qualifikation sämtlicher Mitarbeiter: Eine erfolgreiche Handhabung der bei Sauer-Danfoss etablierten Prozessorganisation setzt eine hohe Grundqualifi-*

kation sämtlicher Mitarbeiter voraus. In Neumünster ist der Ingenieuranteil an der Gesamtbelegschaft sehr hoch. Weiterhin verfügen sämtliche Teammitarbeiter über eine Facharbeiterausbildung und teilweise auch über umfangreiche Zusatzausbildungen, insbesondere in den Gebieten Hydraulik, Pneumatik sowie hinsichtlich sozialer Kompetenzen wie der Fähigkeit zur kooperativen Gruppenarbeit. Die speziellen Inselkenntnisse werden dabei über das im Hause etablierte „Lernzeitsystem" vermittelt. Außerhalb des Produktionsbereichs besteht ein vergleichbares System, welches mit „Richtbeispielen" arbeitet. Zur Sicherstellung des erforderlichen Qualifikationsniveaus ist die sogenannte „virtuelle" Sauer-Danfoss Academy eingerichtet worden. Im Bereich des Qualifikationsmanagements kommt der Leitsatz des Unternehmens („What really matters is inside") voll zum Tragen. Die intensiven Qualifikationsbemühungen des Unternehmens sind auch ein wesentlicher Grund dafür, dass ein sehr großer Teil der vorhandenen Verbesserungsinitiativen von der Basis generiert werden.

Abbildung 7-21

Organisatorische Gliederung des Standorts Neumünster der Sauer-Danfoss Inc.

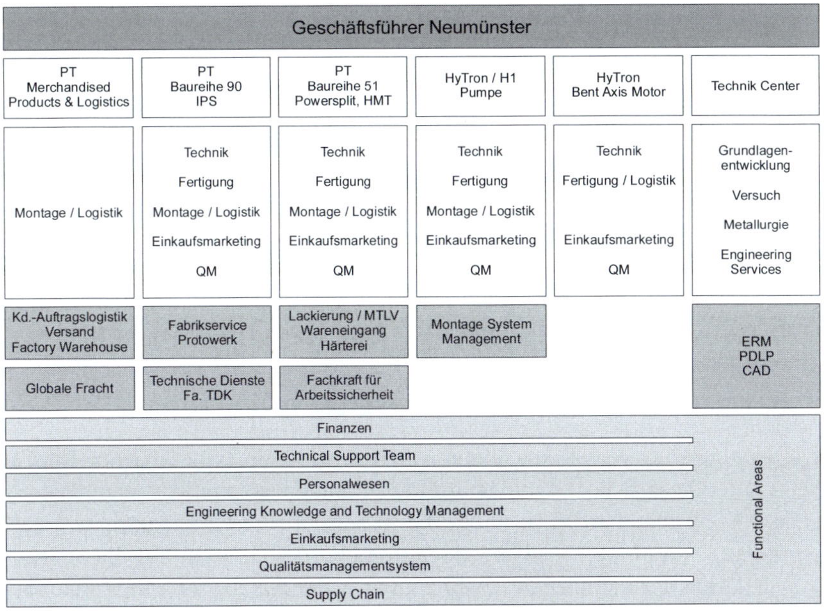

– *Drang zur Tat: Im Hause Sauer-Danfoss hat man die Denkhaltung beiseite gelegt, jede Veränderung als umfängliches akademisches Projekt zu begreifen. Auf überlange Planungsperioden wird bewusst verzichtet und stattdessen eine*

Aktionsorientierung in den Vordergrund gestellt mit dem Ziel, eine zügige Umsetzung von Veränderungsideen zu erreichen.

- *Glaube an die Kraft realistischer Ideen: Im Vordergrund steht eine Grundhaltung, dass Ideen bzw. Veränderungsvorstellungen, die auf der Basis solider Machbarkeitsanalysen entwickelt wurden, mit Nachdruck zügig zu implementieren sind. Die Unternehmensangehörigen sind sich bewusst, dass sich die Nutzenseite vieler beabsichtigter Veränderungsprojekte einer exakten A-priori-Kalkulation entzieht und Veränderungsprojekte somit immer ein gewisses Maß an Ungewissheit in sich tragen. Grundsätzlich besteht in Neumünster ein offenes, ideenfreundliches Klima, welches im Ideenmanagementsystem „Querkopf" seine Institutionalisierung gefunden hat.*
- *Konstruktive Zusammenarbeit zwischen den Sozialpartnern: Die Ende der 1980er Jahre bestehenden Konflikte zwischen dem Standortmanagement und den Arbeitnehmervertretern können heute als weitgehend überwunden gelten. Die Unternehmensleitung, die Arbeitnehmervertreter sowie alle beteiligten Führungskräfte und Mitarbeiter haben gelernt, dass sich durch ein konstruktives Miteinander die Interessen beider Parteien wesentlich besser erreichen lassen als durch eine gegenseitige Konfrontationshaltung.*

Das Gesamtbündel dieser prozessorientierten Reorganisationsmaßnahmen hat dazu geführt, dass am Standort Neumünster in den vergangenen 15 Jahren die Produktionsqualität um ungefähr 95 Prozent gesteigert werden konnte. Weiterhin hat sich während dieser Zeitspanne die Produktivität mehr als verdoppelt.

7.5 Allianzen- und virtuelle Organisation

7.5.1 Organisation strategischer Allianzen

Organisatorischer Interaktionsansatz

Die erfolgreiche Verfolgung einer Allianzenstrategie (vgl. Abschn. 5.4.1.3) setzt einen geeigneten organisatorischen Rahmen voraus. Als organisatorische Lösung bietet sich vor allem die in Abschn. 7.4.1.3 vorgestellte Netzwerkorganisation an. Diese ist jedoch in mehrerlei Hinsicht auf die Sonderkonstellation der rechtlichen Unabhängigkeit der Allianzenpartner anzupassen (Miles [Technology] 17 ff.; Lodge/Walton [Corporation] 13; Oliver/Ebers [Networking] 549 ff.; Sydow/Möllering [Produktion] 249 ff.; Hoffmann [Allianzportfolios]).

Netzwerkansatz

Im Kontext strategischer Allianzen bauen *zwei oder mehr grundsätzlich selbstständige Unternehmen langfristige Beziehungen auf* (Thorelli [Networks] 37). Sie bilden damit eine Koordinationsform zwischen marktlicher und hierarchischer Lösung. Das Grundmuster einer strategischen Allianz ist in der Abbildung 7-22 (Miles/Snow [Organizations] 65) dargestellt.

Interdependenzstruktur in einer Strategischen Allianz

Abbildung 7-22

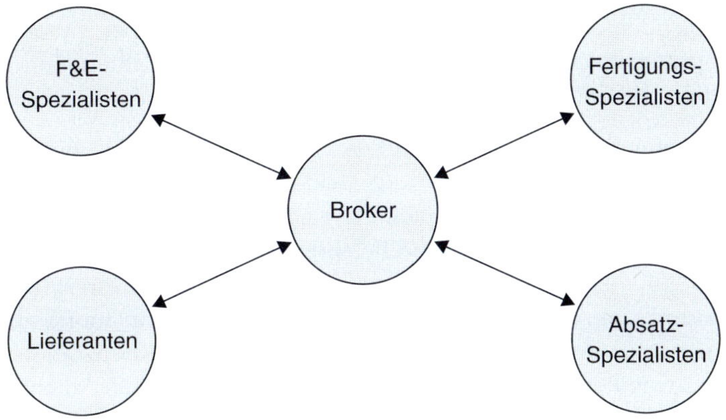

Die nachfolgenden Merkmale bestimmen die Eigenschaft einer strategischen Allianz (Miles/Snow [Organizations] 64 f.):

Merkmale

- *Arbeitsteilung zwischen den beteiligten Unternehmen*
  Die Unternehmen einer Allianz spezialisieren sich auf einzelne Prozessstufen wie F&E, Produktion, Marketing, die üblicherweise alle von einem Unternehmen selbstständig durchgeführt werden.

- *Zentrale Bedeutung von Brokern*
  Broker sind Vermittler zwischen den in der Allianz verbundenen Unternehmen. Ihre Aufgabe besteht darin, die Leistungen der spezialisierten Allianzenunternehmen aufeinander abzustimmen.

- *Aktivitätenkoordination über Marktmechanismen und Pläne*
  Hinsichtlich der Abstimmung der Hauptfunktionen der strategischen Allianz werden weniger Pläne, sondern so weit wie möglich Marktmechanismen, insbesondere der Preis, eingesetzt.

- *Netzwerkweites Informationssystem*
  Strategische Allianzen nutzen die Informations- und Kommunikationstechnologie wie zum Beispiel das breitbandige Informationsübertragungssystem der Deutschen Telekom als Abstimmungsinstrument zwischen den teilnehmenden Unternehmen.

Aus den dargelegten Merkmalen strategischer Allianzen lassen sich organisatorische Hinweise bezüglich der Selektion von Allianzenpartnern, der Bestandteile des Kooperationsvertrags, der Ausgestaltung der Kooperationsbeziehungen sowie der Pflege und Weiterentwicklung der strategischen Allianz ableiten.

Selektion von Allianzenpartner

- Bedeutsam erscheint zunächst eine *sorgfältige Selektion* von in Betracht kommenden Allianzenpartnern. Die potenziellen Partner müssen Wertschöpfungspotenziale aufweisen, über die das eigene Unternehmen nicht verfügt. Die Selektion sollte als permanente Aufgabe begriffen werden.

Inhalte des Kooperationsvertrags

- Die Bestimmung der *Inhalte des Kooperationsvertrags* ist wichtig, weil hiermit festgelegt wird, welche Aspekte der Zusammenarbeit rechtlich einklagbar sind und welche nicht. In Kooperationsverträgen werden üblicherweise die Eigentums- und Beteiligungsverhältnisse an der strategischen Allianz, die Kooperationsziele und der Modus ihrer Weiterentwicklung, die Aufgabenverteilung bei der Ressourcenplanung, die Gestaltung der Managementsysteme, die Verteilung der Kooperationsergebnisse sowie Regelungen zur Beendigung der strategischen Allianz festgeschrieben (Mellewigt [Kooperationen] 92 ff.).

Ausgestaltung der Kooperationsbeziehungen

- Im Bereich der *Ausgestaltung der Kooperationsbeziehungen* dürften vor allem ein fundamentaler Vertrauensaufbau, Einigkeit hinsichtlich der Ausgliederbarkeit bzw. Integrierbarkeit von Aktivitäten, die Einbindung aller Partner in die Führungsorganisation und den Führungsprozess, eine allgemeine Vernetzung der Beziehungen, insbesondere der Aufbau persönlicher Netzwerke, das Ausmaß der Beteiligung der Mitarbeiter an der Willensbildung, die Gewinnung von die Allianzenpartner betreffenden Insiderkenntnissen, ein kooperationsadäquates Informationsmanagement, die Entwicklung und Durchsetzung von Kooperationsregeln sowie ein ausgewogenes Anreizsystem bedeutsam sein (Fontanari [Kooperationsgestaltungsprozesse] 155; Riehle [Ziele] 581 f. und 591; Oelsnitz/Graf [Kooperationskompetenz] 83 ff.).

Pflege und Weiterentwicklung

- Die *Pflege und Weiterentwicklung der strategischen Allianz* ist insbesondere von der regelmäßigen Überwachung des Zielerreichungsgrads, der sorgfältigen Analyse (nicht) gemachter Fortschritte, Erfahrungen und Schlussfolgerungen, dem Austausch von Personal zwischen den Kooperationspartnern sowie der Identifikation neuer Kooperationsprojekte abhängig (Riehle [Ziele] 582; Börsig/Baumgarten [Grundlagen] 491 f.; Bernecker/Präuer [Risiken] 27 ff.).

Aktueller empirischer Befund

In einer aktuellen empirischen Untersuchung (Möller [Erfolg] 1051 ff.) wurde die relative Bedeutung einiger der vorgenannten Faktoren hinsichtlich des Allianzenerfolgs großzahlig getestet. Als direkt erfolgsrelevant erwiesen sich eine hohe strategische Bedeutung der Allianz für das jeweilige Unternehmen, die Entwicklung und Durchsetzung von Kooperationsregeln, das Ausmaß der Mitarbeiterpartizipation an der Willensbildung der Allianz sowie eine systematische Evaluation der Zusammenarbeit in der Allianz. In keinem direkten Erfolgszusammenhang stand der Faktor „Vertrauen", welcher in vielen Publikationen (Schumacher [Trust] 259 ff.) als hoch bedeutsam vermutet wird. Die qualitative Studie von Andal-Ancion und Yip ([Alliances]) bestätigt im Wesentlichen dieses Ergebnis.

Praxisbeispiel:

smart Hambach[1]

smart als internationaler Leistungserstellungsverbund

Die 1994 von der Daimler-Benz AG und SMH SA (Société Suisse de Microélectronique et d'Horlogerie) gegründete Micro Compact Car AG (MCC) wurde nach dem Ausstieg der SMH zunächst als Micro Compact Car smart GmbH geführt. Ab 2004 firmierte das Unternehmen als smart GmbH; 2006 wurde es als rechtlich selbständige Einheit aufgelöst und ist seither Teil der Daimler AG. Der Geschäftszweck von smart besteht in der Entwicklung, Produktion und Vermarktung von Kompaktfahrzeugen – derzeit ist es die zweite Generation des smart fortwo (mit den Modellvarianten coupé und cabrio). Etwa 750 Daimler-Mitarbeiter sind im „smart-Bereich" tätig.

Von Anfang an wurde eine Struktur der vernetzten Standorte in Deutschland und in Frankreich gewählt. Die Entwicklungseinheit sitzt in Sindelfingen und die selbstständig firmierende Produktionsstätte smart France SAS (Société par action simplifiée) befindet sich in Hambach („smartville") im französischen Lothringen. Die Wahl des Produktionsstandorts wurde insbesondere aufgrund der günstigen Verkehrsanbindung, der Bereitstellung von Venture Capital (vgl. Abschn. 10.4.4), dem Potenzial an qualifizierten, mehrsprachigen Arbeitskräften, der in Frankreich vergleichsweise hohen Arbeitszeitflexibilität sowie der dort relativ geringen Lohnkosten getroffen.

Ein besonderes Merkmal von smart besteht darin, dass die partnerschaftlich mit dem Unternehmen verbundenen Systemlieferanten ihre Produktionsstätten ebenfalls in Hambach platziert haben. Hierdurch konnte der Transportaufwand so gering wie möglich gehalten und die Materialanlieferung logistisch optimiert werden. In der Aufbauphase wurden in den integrierten Liefer- und Leistungsverbund in Hambach

---

1 Wir danken Frau Dipl.-oec. Jutta Lenhard für die Unterstützung bei der Abfassung der Erstversion des Praxisbeispiels smart Hambach.

insgesamt rund 424 Millionen Euro investiert. Davon entfielen etwa 228 Millionen Euro auf smart und 197 Millionen Euro auf die Systempartner. Größter Investor der vor Ort angesiedelten Systempartner ist die international agierende US-kanadische Unternehmensgruppe MAGNA vor Dynamit Nobel und der Eisenmann-Gruppe. Ergänzend zu diesen Investitionen vor Ort haben die Systempartner und Zulieferer weitere 153 Millionen Euro für produktionsbegleitende Maßnahmen investiert. Eine weitere Besonderheit des Fabrikparks in Hambach besteht darin, dass die von staatlicher und privater Seite aufgebrachten Mittel einem Leasingkonzept folgend ausgezahlt wurden. smart und die anderen am Leasingkonzept teilnehmenden Systempartner entrichten Leasinggebühren für die Nutzung des Industrieparks. Darüber hinaus besitzt smart die Option, die Produktionsstätte in Hambach nach einer festgelegten Laufzeit von mehreren Jahren zu übernehmen.

Systempartner-Management auf der Basis langfristiger Partnerschaften

Durch die Nutzung von Synergien aus dem Know-how und der Kreativität aller beteiligten Partner soll die Wettbewerbsfähigkeit von smart gestärkt werden. Die Verantwortung für die smart-Gesamtmontage liegt bei smart France. Diese smart-alliance genannte Struktur ist die Basis der europäischen Produktion. In dieser Allianz sind folgende Systempartner durch langfristige Verträge beteiligt:

- *MAGNA International stellt die TRIDION-Sicherheitszelle des smart, den Safety-Bodyframe her.*
- *Das Unternehmen Eisenmann Surtema betreibt ein Lackierwerk mit Pulverlackierung.*
- *VDO France S.A. zeichnet sich verantwortlich für das Cockpit-Modul und übernimmt auch dessen Einbau.*
- *KASF (Krupp Automotive Systems France) baut das Hinterachs-Antriebsmodul am Standort zusammen.*
- *Bosch baut das Frontmodul.*
- *Magna Doors Systems montiert die Türen und die Klappenmodule.*
- *Dynamit Nobel produziert die Body Panels und andere Außenverkleidungen am Standort.*

Ebenfalls fest ins Kooperationsmodell integriert, aber nicht direkt in Hambach angesiedelt, sind die Systempartner für den smart-Antrieb und das Fahrwerk. So kommen die Dreizylinder-Turbomotoren aus dem Daimler Werk in Berlin und die Achsen aus dem Daimler Werk Hamburg. Auf diese Weise werden die Varianten des smart fortwo von der smart France SAS mit insgesamt nur zehn Systemlieferanten komplettiert. Auch die Betreiber der Logistik sind in smartville angesiedelt. Das in Hambach praktizierte Partnerschaftsmodell ist eine konsequente Weiterentwicklung des konventionellen Hersteller-Zulieferer-Verhältnisses. Der Autohersteller trägt die gesamte Verantwortung, ist aber zugleich Modul-Systemintegrator, Prozessmanager und Produzent. Jeder Systempartner trägt dabei eine erhebliche Mitverantwortung. smart koordiniert gemäß des Best-Practice-Grundsatzes die Partnerintegration und internationale Vernetzung. Dieses moderne System motiviert die Partner, durch eigenen Einsatz und Ideen zum Erreichen der gemeinsamen Unternehmensziele beizutragen. Das smart-Systempartner-Management erfolgt unter zwei besonders wichtigen Aspekten. Zum einen wurden mit den Systempartnern Verträge über die gesamte Produktionslaufzeit unterzeichnet, wodurch konsequentes Single Sourcing garantiert wird. Zum anderen verfügen die Systempartner über weitreichende Sicherheiten und entwickeln eine hohe Identifikation mit dem smart-Projekt. Eine solche Systempartnerschaft verlangt von allen hohe Flexibilität. Es wurden unternehmensübergreifende Teams eingerichtet, die den gesamten Entwicklungsprozess des smart von der Konzeptphase bis zum Produktionsstart begleiten. Um diesen Prozess effizient ablaufen zu lassen, findet eine planmäßige Entwicklung und kontinuierliche Verbesserung des Produktentstehungsprozesses statt.

Arbeitsorganisation in der Strategischen Allianz

smart arbeitet mit wenigen, spezialisierten Systempartnern zusammen. Diese übernehmen teilweise Aufgaben, die normalerweise vom Automobilhersteller selbst wahrgenommen werden. Zum Beispiel werden Personalbeschaffung, Logistik und die komplette Informationsverarbeitung ausgelagert. Überdies hat das Beratungsunternehmen Accenture die komplette Informationsverarbeitung (Planung, Beschaffung und Betrieb) übernommen. Gesamtplanung, Modulintegration und Endmontage sowie das Fabrikpark- und Qualitätsmanagement bleiben in Händen von smart. Dadurch konnte das smart-Entwicklungs- und Planungsteam auf rund 250 Mitarbeiter begrenzt werden. Das Unternehmen hat ein hohes Maß an externen Partnern, wodurch die Fertigungstiefe der Eigenfertigung bei smart unter zehn Prozent liegt. Die strategisch nicht relevanten Entscheidungs- und Planungskompetenzen wurden ausgelagert, um den smart und das ihn herstellende Unternehmen extrem flexibel, ressourcenschonend und schlank zu gestalten. Weil die Anzahl der eingebundenen Systempartner in den smart-Entwicklungsprozess im Vergleich zu klassischen Automobilherstellern sehr niedrig ist, reduziert sich die Komplexität auf smart-Unternehmensebene und damit gleichzeitig das für die Schnittstellen notwendige Management. Die Steuerung der Systempartner erfolgt durch smart-Organisationseinheiten, die so genannten Entwicklungsmodule. Sie stehen unter Leitung eines Teamcoachs, dem so genannte Funktionsgremien und Bauteile-Verantwortliche zugeordnet sind, die sowohl für die Entwicklung, Funktionserprobung und Produktionsvorbereitung ihrer Bauteile als auch den zuständigen Systempartner verantwortlich sind. Dabei arbeiten auf Seiten von smart und des Systempartners spiegelbildlich eingesetzte Projektteams zusammen. Um die Systempartner im Sinne der Lean Management-Philosophie in die smart-Herstellung einzubeziehen, ist eine Prozessdisziplin mit detailliert beschriebenen Abläufen notwendig. Diese orientieren sich an den Entwicklungsphasen des smart. Sie legen fest, welche Funktionen von welchem Unternehmen verantwortlich, kooperativ oder informell wahrgenommen werden.

Das Produktionssystem smart Plus

Bei smart funktionieren die klassischen Stufen und Funktionen Produktkonzept, Marketing, Produktentwicklung, Controlling, Produktion, Montage, Logistik und Vertrieb nicht nebeneinander, sondern sie sind vielmehr Teile eines Ganzen mit funktionsübergreifenden Verflechtungen. Die Fördertechnik im smart Plus kommt mit minimalen Puffern und Rückläufen aus, wobei diejenigen Phasen, in denen kein Produktionsfortschritt erzielt wird, sehr kurz sind.

Abbildung 7-23 verdeutlicht das ineinander verzahnte Gesamtkonzept der Produktionsstätte, bei dem die Endmontage kreuzförmig wie ein großes Plus angeordnet ist. Plus wird auch interpretiert als Prozesssicherheit (P), Logistik-Orientierung (L), Unternehmenskultur (U), Schlankheit und Dynamik (S). Die Hauptmodule Karosserie oder TRIDION-Sicherheitszelle, das Cockpit mit integriertem Innenraum-Leitungssatz, die Hinterachse mit Antrieb, die das Heckmodul bilden, das Frontmodul mit Scheinwerfern und Motorkühler, die Türen und Heckklappe sowie die Kunststoff-Verkleidungselemente werden von Systempartnern in eigenen Produktionsstätten vor Ort völlig separat vorgefertigt und an exakt definierten Stationen in die Endmontage eingefädelt.

Für die vier Äste des Plus sind folgende Aufgabenbereiche vorgesehen:

- *Technische Arbeiten unter dem Fahrzeug einschließlich Integration des Antriebs,*
- *Technische Arbeiten am Fahrzeugboden,*
- *Arbeiten an der Verkleidung im Fahrzeug,*
- *Außenarbeiten am Fahrzeug.*

Die Entfernung zwischen Andockstelle und Montageband beträgt maximal zehn Meter, wobei die Teilbereiche des Bandes unabhängig voneinander sind. So können kleine Puffer vorgesehen werden, die bei Störungen den totalen Stillstand des gesamten Montagebandes verhindern. Nachdem die Systempartner in ihren Gebäuden den Rohbau und die Lackierung abgeschlossen haben, gelangt die TRIDION-Sicherheitszelle aus dem Mengen- und Sortierpuffer in das Montage-Plus auf die smart-Fördertechnik. Den ersten und vollautomatischen Montageschritt, die so genannte Verlobung, übernimmt VDO mit dem Einbau des komplett vorgefertigten Cockpits. Anschließend verlegt VDO auch den Innenraum-Leitungssatz. Danach kommt die Karosserie zur Fertigungsmontage. Da die einzelnen Äste des Montage-Plus entkoppelt sind, puffern sie Störungen im Prozessablauf mit etwa zehn Minuten ab.

Abbildung 7-23

Produktionskonzept des smart

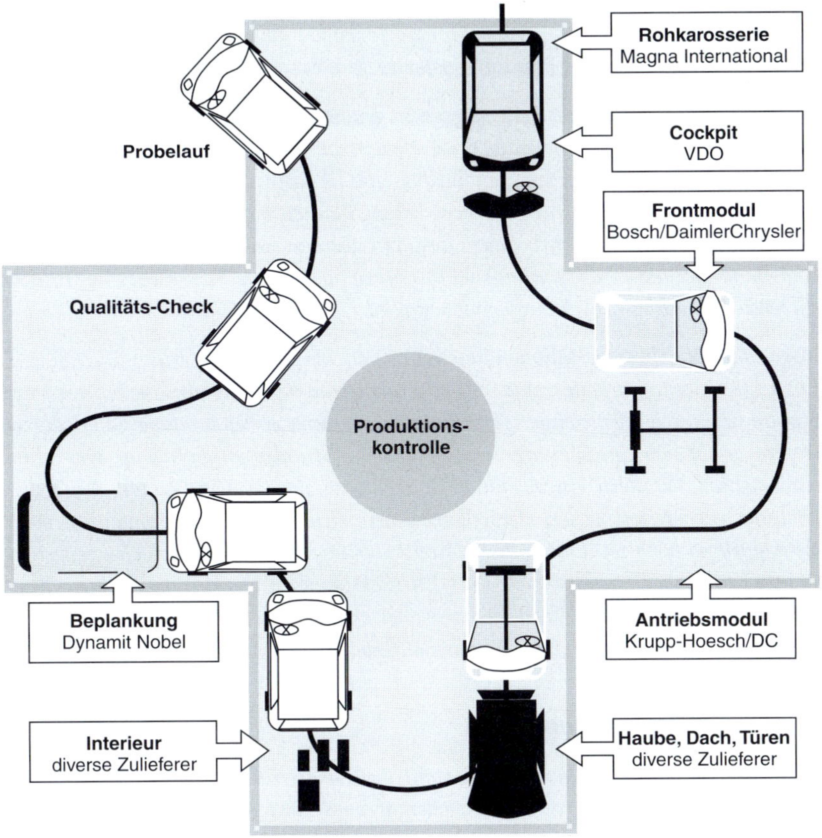

Die Zusammenführung und anschließende automatische Verschraubung der Karosserie mit dem Fahrwerk inklusive Antrieb, die so genannte Hochzeit, erfolgt im nächsten Ast. Das komplette Fahrwerk mit dem Antrieb wird vorher an einem parallel verlaufenden Band vormontiert. Diese Vormontage von fertig abgeprüften Fahrwerks- und Antriebsmodulen reduziert die Montagezeit der Fahrzeuge im Vergleich zur herkömmlichen Produktion um mehr als 10 Prozent. Die Antriebseinheit für das Heck wird wiederum komplett im gegenüberliegenden Gebäude separat vormontiert und über eine verbindende Fördertechnik an das Ringband geliefert.

Die für den Montageablauf erforderlichen Teile werden durch den Bereich Materiallogistik vom Just-in-Time anliefernden Spediteur direkt an die Linie gebracht. Es folgen die Komplettierung des Fahrwerks sowie vorbereitende Tätigkeiten für den nachfolgenden Schritt. Dieser vollzieht sich im dritten Ast, im so genannten smart-

Einrichtungshaus. Im Schmuck-Atelier werden die Sitze sowie alle Dekor-Elemente des Interieurs eingebracht. In diesen Abschnitten wird der überwiegende Teil des Materials aus den Bereitstellungsflächen direkt ans Montageband geliefert. Für pünktlichen Nachschub sorgt der Montagelogistiker mit Hilfe des ILPS-Systems (Integriertes Logistik- und Planungssystem).

Im vierten Ast werden dem Fahrzeug im so genannten Design-Shop die Türen und alle Kunststoffverkleidungen, die Body Panels, anmontiert. Hier steht der smart bereits auf eigenen Rädern und erhält über eine IR-Schnittstelle die Datensätze des Motormanagements übertragen. Nach diesem Flashen kann der SUPREX-Turbomotor (Motor mit Abgasturbolader) gestartet werden und der smart fährt alleine vom Band zur technischen Abnahme ins nebenan gelegene Fitness-Studio, in dem ein letzter Qualitäts-Check vorgenommen wird.

Insgesamt 140 Montagestationen muss ein smart bis zur Auslieferung durchlaufen. Etwa 500 Montagearbeiter sind in der Endausbaustufe tätig und haben an jeder Station im Durchschnitt etwa 1,7 Minuten Zeit, ihren Arbeitsumfang zu erledigen. Daraus ergibt sich eine Montagezeit von etwa 4,5 Stunden pro Fahrzeug. Das ist im europäischen Vergleich ein absoluter Spitzenwert, da die Montagezeit der bisher erfolgreichsten europäischen Hersteller bei vergleichbaren Montageumfängen mehr als doppelt so hoch ist. Durch die frühzeitige Integration der Entwicklungspartner konnte in Hambach bereits nach einer Entwicklungszeit von drei Jahren die Vorserienproduktion anlaufen. Insofern hat smart eine sehr kostengünstige Wertschöpfungskette zugunsten des smart-Kunden aufgebaut.

Aktuelle Entwicklungen

Smart hat in den vergangenen Jahren mit dem smart roadster, dem smart forfour sowie dem smart formore weitere Modelle auf den Markt gebracht bzw. geplant, die vom Markt jedoch nicht in der erwünschten Form angenommen wurden. Dies dürfte unter anderem in der starken Umkämpftheit der betreffenden Marktsegmente, in welche diese smart-Modelle zielten, begründet sein. Sie wurden daher wieder vom Markt genommen bzw. dort erst gar nicht eingeführt.

Derzeit laufen bei der Daimler AG Überlegungen, in der Zukunft das smart-Programm mit anderen Modellen zu erweitern. Diese Überlegungen befinden sich jedoch noch in der frühen Planungsphase und sind daher noch nicht spruchreif.

Die Vorbildlichkeit des smart-Leistungerstellungsverbunds und der in dessen Rahmen neu entwickelten unternehmensübergreifenden Koordinationsformen wird durch die versuchten Erweiterungen der Modellpalette jedoch nicht geschmälert.

7.5.2 Organisation virtueller Unternehmen

Eine noch stärkere „Verflüssigung" organisatorischer Regelungen und Strukturen wird mit dem Konzept des *virtuellen Unternehmens* angestrebt, das auch als *virtuelles Netzwerk* oder *virtuelle Organisation* bezeichnet wird (Davidow/Malone [Corporation]; Byrne [Corporation] 36 f.; Scherm/Kuszpa/Süß [Virtualisierung] 33 ff.; Lattemann/Kupke [Corporation]; Borchardt [Koordinationsinstrumente]). Die Besonderheit virtueller Unternehmen im Vergleich zu strategischen Allianzen besteht in der relativ kurzen zeitlichen Ausdehnung der Kooperation, die eher einem Spot-Market als einem herkömmlichen Unternehmen gleicht. Es wird also ein temporäres Netzwerk von unabhängigen Unternehmen – zum Beispiel Lieferanten, Kunden, Wettbewerbern – eingerichtet, die durch eine intensive Nutzung von Informations- und Kommunikationstechnologien die Geschäftsprozesse organisieren und optimieren (Hansmann/Ringle [Kooperationskonzept] 1223 f.). Virtuelle Unternehmen werden gebildet, um sich Kosten zu teilen, Fähigkeiten zu ergänzen oder Märkte gemeinsam zu erschließen. Dies geschieht dadurch, dass jedes Unternehmen seine Kernkompetenzen in das Beziehungsgeflecht einbringt. Die Virtualisierungsidee wird jedoch nicht nur im unternehmensübergreifenden Kontext, sondern auch innerhalb von Unternehmen zunehmend verwendet. Analog werden auf der *Mikroebene* jene Unternehmen als virtuell bezeichnet, welche die gängigen, *zeitkonstanten Strukturierungsformen aufgelöst haben und eine fortwährende problemorientierte Überformung der Interaktionsbeziehungen* anstreben. Ein spezifisches Merkmal externer wie interner virtueller Unternehmen beider Typen besteht darin, dass es im Interaktionsverbund üblicherweise weder ein strategisches Entscheidungszentrum noch ein Organigramm gibt, welches das komplexe und fluide Beziehungsgeflecht abbildet. Letzteres ist auch nicht möglich, da die Strukturen einem fortwährenden Wandel unterworfen und letztendlich gar nicht fassbar sind. Dieses Merkmal virtueller Unternehmen hat auch zu der dem informations- und kommunikationstechnologischen Bereich entlehnten und etwas ungewöhnlich erscheinenden Begrifflichkeit geführt. Als virtuell wird dort nämlich all das bezeichnet (zum Beispiel eine Datei), was zwar eine Funktion erfüllt, physisch jedoch gar nicht vorhanden ist. Im organisatorischen Bereich sollen demnach Scheinstrukturen geschaffen werden, die sich erfolgsstiftend auswirken. Die Protagonisten des Konzepts des virtuellen Unternehmens (Byrne [Corporation] 36 ff.; Lautenbacher/Walsh [Technologien] 28 ff.; Vogt [Unternehmen] 6 ff.; Weber/Walsh [Organisation] 24 ff.) lassen bislang allerdings nur andeutungsweise erkennen, welche „strukturellen" und prozessualen Merkmale bei den sich vorwiegend in dynamischen Branchen anzutreffenden virtuellen Unternehmen vorstellbar sind.

Abgrenzung zu strategischen Allianzen

Merkmale

- Virtuelle Unternehmen werden auf der Basis eines *opportunistischen Denkens* gebildet. Interaktionspartner arbeiten nur so lange zusammen, wie es zur Erreichung ihrer Ziele dienlich ist. Der Bestand von Unternehmen an sich wird in Frage gestellt (Picot/Reichwald [Auflösung] 547 ff.).

- In virtuellen Unternehmen herrscht ein Prozessverständnis vor. Im Mittelpunkt des Organisierens stehen *als veränderlich angenommene Vorgänge.* Da bei derartigen Prozessen Subjekt (handelnde Einheit) und Objekt (Einheit, auf die sich der Prozess bezieht) ineinander fließen, greift die traditionelle Denkstruktur mit ihrer klassischen Trennung von Subjekt und Objekt sowie Aufbau- und Ablauforganisation nicht mehr (Gerpott/Böhm [Management] 14 ff.).
- Virtuelle Unternehmen erwarten von den unternehmensexternen und -internen Akteuren (insbesondere von den Arbeitnehmern) ein *hohes Maß an Kreativität, Lernfähigkeit und Eigeninitiative*. Nur so ist es dem „strukturfreien" Interaktionsverbund möglich, Handlungsnotwendigkeiten zu erkennen und in erfolgsstiftende Maßnahmenbündel umzusetzen.
- In virtuellen Unternehmen herrscht ein Führungsstil (vgl. Abschn. 8.1.2), bei dem *nicht mehr zwischen „Oben" und „Unten" differenziert* wird. Führungskräfte verstehen sich personenorientiert als „Moderatoren", „Katalysatoren" oder „Netzverstärker".
- Virtuelle Unternehmen setzen *intensiv neue Informations- und Kommunikationstechnologien* wie Guppenentscheidungssysteme oder Expertensysteme (vgl. Kapitel 12) ein. Ihre Informationsinfrastruktur ist in der Form einer „Vollstruktur" gestaltet, bei der jede Aktionseinheit im Bedarfsfall unverzüglich mit jeder anderen kommunizieren kann.
- Virtuelle Unternehmen *beschränken ihre Aktivitäten* auf jene Tätigkeitsbereiche, die sie effizienter bewältigen können als andere Wirtschaftseinheiten (vgl. Abschn. 5.4.1.3). Ineffiziente Aktivitäten werden im Zuge eines konsequenten Outsourcing ausgelagert und Netzwerkpartnern überlassen, wobei diese Rekonfigurierung regelmäßig angepasst wird.
- Die *auf ein Mindestmaß reduzierten Planungsaufgaben* werden in arbeitsteiliger Form erfüllt. Aufgrund der Erkenntnis diskontinuierlicher Unternehmensentwicklung dominieren die zielbezogene Vorschau und weit gefasste Alternativenpläne.

Es wird ersichtlich, dass virtuelle Unternehmen schwerpunktmäßig auf problemlösungs- und innovationsorientierte Strukturmodelle (vgl. Abschn. 7.4) zurückgreifen.

Empirische Befunde

In einer empirischen Untersuchung bei Zulieferbetrieben der deutschen Automobilindustrie konnte nachgewiesen werden, dass in virtuellen Unternehmen tatsächlich Struktur und Ablauf ineinanderfließen (Macharzina/Dürrfeld [Anspruch] 26 ff.). Diese Integration bezog sich aber im

Schwerpunkt auf eine weitere Optimierung der Wertschöpfungstiefe, des Prozessmanagements sowie der übergreifenden Nutzung von eigenem und fremdem Wissen durch Einsatz moderner Informations- und Kommunikationstechniken. Damit wurde der Praxiseinsatz von Teilelementen des Konzepts virtueller Unternehmen bestätigt. Deren integrativer Einsatz und eine damit verbundene weitgehende Auflösung bestehender Unternehmensgrenzen im Sinne einer harten Trennung von Struktur und Ablauf war hingegen nicht erkennbar.

Typen

Im Hinblick auf externe *virtuelle Unternehmen* liegt eine weitere empirische Untersuchung (Albers/Wolf [Management]) vor. Dort zeigte sich, dass entscheidend für die Organisation zwischen den Partnern virtueller Unternehmen deren Kernkompetenzkonstellation ist. Drei Typen solcher Konstellationen konnten nachgewiesen werden. Beim *virtuellen Generalunternehmen* sind die Kernkompetenzen der Netzwerkpartner über unterschiedliche Stufen der Wertekette verteilt; die Netzwerkaktivitäten werden von einem Kernunternehmen koordiniert. Ein *virtuelles Verteilungsnetzwerk* kommt durch Kooperation von Partnern mit ähnlichen Kernkompetenzen zustande; Ziel ist die schnelle Kapazitätsanpassung, wobei widerstreitende Konkurrenzinteressen über eine zentrale Steuerungseinheit zum Ausgleich gebracht werden. Beim Typ des *virtuellen Unterstützungsnetzwerks* kooperieren Partner mit komplementären Kernkompetenzen. Da die Leistungsprozesse bei diesem Typ starke Interdependenzen aufweisen, ist eine intensive Koordination erforderlich, die vorzugsweise dezentral erfolgt. Diese Befunde zeigen, dass die Koordination virtueller Organisationsformen typabhängig unterschiedlich erfolgen muss (Albers/Wolf [Unternehmen] 53).

Potenzial-anforderungen

Die aktuelle Untersuchung von Schwinger und Wäscher ([Unternehmen] 390) prüft, inwieweit Unternehmen die Voraussetzungen erfüllen, um sich erfolgreich an virtuellen Unternehmensverbunden zu beteiligen. Basierend auf Perzeptionen von Führungskräften wird gezeigt, dass es in den Sampleunternehmen (mehrheitlich mittelständische Logistikunternehmen in den neuen Bundesländern) an einem hinreichenden Potenzial für die Kooperationsform virtueller Unternehmen mangelt. Die häufigsten Potenziallücken bestehen hinsichtlich der erforderlichen Ausstattung mit Informations- und Kommunikationstechnologie, der Qualifikation von Mitarbeitern und Führungskräften sowie der Kooperationserfahrung.

In der übergeordneten Dimension zeigen die vorgenannten Untersuchungen, dass virtuelle Unternehmen, deren Kooperationspartner auf der Grundlage ausgeprägter Vertrauensbeziehungen (Möllering [Vertrauen] 81 ff.; Gilbert [Vertrauen]; Kaiser/Ringlstetter [Vertrauen] 99 ff.; Weibel [Trust]) auf schriftliche Vereinbarungen verzichten, nicht allein durch eine Selbstorganisation koordiniert werden können. Vielmehr bedarf es eines zentralen Akteurs, der den interorganisationalen Leistungserstellungsprozess zumindest moderiert und damit wesentlich zum Erhalt eines lose gekoppelten Systems beiträgt. Die insbesondere im informatiknahen Schrifttum hervorgehobenen Nutzenpotenziale moderner Informations- und Kommunikationstechnologien als Schlüsselinstrumente zur Organisation virtueller Unternehmen scheinen vielfach überschätzt worden zu sein und müssen gerade in diesem Kontext kritischer betrachtet werden. Außerdem wird deutlich, dass virtuelle Unternehmen keiner völlig neuen Koordinationsinstrumente bedürfen. Erforderlich sind freilich andere Kombinationen bestehender Instrumente.

Open Source Communities

Im Bereich der Softwareentwicklung hat sich in den letzten Jahren eine besonders ausgeprägte Form virtueller Unternehmen herausgebildet, die so genannten *Open Source Communities* (Reichwald/Piller [Wertschöpfung] 95 ff.). Diese setzen sich nicht aus einzelnen Unternehmen zusammen, sondern aus den kleinstmöglichen Wirtschaftseinheiten, nämlich einzelnen Personen. „Open Source" steht für die freie Verfügbarkeit des Quellcodes einer Software. Im Gegensatz zu üblichen Programmen, die zwar erworben und dann frei genutzt, aber nicht verändert werden können, steht dem Nutzer von Open Source-Software die Möglichkeit offen, sie qualitativ zu verbessern, für eigene Zwecke anzupassen oder für andere Nutzer weiterzuentwickeln. Die Verfügbarkeit des Quellcodes nehmen Privatleute, die Freude am Programmieren finden, zum Anlass, sich in Communities zusammenzuschließen und in gemeinsamen Projekten Computer-Anwendungen zu entwickeln. Auf diese Weise sind einige weltweit genutzte Programme wie Samba für Druck- und Dateiserver oder Linux als Betriebssystem für PC entstanden. Im Falle von Linux ist es erklärtes Ziel der Community, den Quasi-Monopolisten Microsoft im Bereich seiner Windows-Betriebssysteme zu schlagen (Raymond [Bazaar]). Aber auch die freie Internet-Enzyklopädie Wikipedia, welche den traditionellen Markt für Nachschlagewerke fundamental verändert hat (vgl. Abschn. 5.4.2.2), kann als Beispiel für ein effektives Zusammenwirken einer Open Source Community gelten. Als Beweggrund für die zeitintensive, aber unentgeltliche Beteiligung an einem Open Source-Projekt kann neben solchen intrinsischen Anreizen insbesondere der Aufbau einer Reputation als fähiger Programmierer vermutet werden (Franck/Jungwirth [Open Source] 124 f.). Aber auch das von IBM und Intel im Jahre 2006 gebildete Blade-Netzwerk, an dem zwischenzeitlich mehr als 100 Unternehmen beteiligt sind, folgt dem Open-Source-Paradigma.

Organisationswissenschaftlich interessant sind virtuelle Open Source Communities insbesondere deshalb, weil sie trotz des Fehlens eines expliziten Koordinationsinstrumenteneinsatzes über längere Zeit Bestand haben und dabei mitunter sehr effizient und effektiv operieren. Explizite Regeln und Erfordernisse für eine Aufnahme in die Community bestehen nur ansatzweise; die Qualität der aktiven Mitglieder wird vorwiegend über einen Selbstselektionsprozess gewährleistet. Die Zusammenarbeit basiert auf völliger Freiwilligkeit und statt einheitlicher Organisationsziele verfolgen die Mitglieder eine Vielzahl individueller Subziele. Die Mitglieder unterwerfen sich allerdings einer Qualitätskontrolle durch Kollegen (Peers) und übergeordneten Schlüsselprüfern, die im Falle von Linux als „Leutnante" bezeichnet werden. Deren Aufgabe liegt in der Betreuung einzelner Teilprojekte. Im Fall der Linux-Community lässt sich somit eine zweistufige Hierarchie erkennen; die Sanktionsmittel gegenüber den Mitgliedern beschränken sich allerdings auf eine Verzögerung oder Verhinderung des Reputationsaufbaus. Umgekehrt können die Mitglieder der Communities ungeliebte Leutnante disziplinieren, indem sie ihnen ihre Gefolgschaft versagen und sich mit ihrem Projekt selbstständig machen. Die Zusammenarbeit in virtuellen Organisationen folgt somit primär über soziale Koordinationsmechanismen wie Ruhm, Ehre, Schmach und Vertrauen. Von deren Ausprägung hängt die Stabilität der Open Source Community ab. Es ist jedoch zu fragen, wie lange die rein immaterielle Anreizstruktur aus persönlichem Ehrgeiz und Ansehen zur Motivation der Mitglieder noch ausreichen wird, um mit den Produkten kommerzieller Software-Anbieter Schritt halten zu können (Achtenhagen/Müller/zu Knyphausen-Aufseß [Open Source] 13 ff.).

Gesamtbeurteilung

Die Vorteile des Konzepts des virtuellen Unternehmens sind zugleich seine Schwächen (Kollmann [Marktplätze]). Die präferierten weichen, informellen Koordinationsmechanismen sind nämlich tendenziell labiler als harte, formelle. In theoretischer Hinsicht ist zu bemerken, dass sich virtuelle Unternehmen eines eklektisch zusammengewürfelten Sammelbeckens von Gestaltungsempfehlungen bedienen, die teilweise schon seit langem bekannt sind, jetzt aber unter einer neuen Bezeichnung wieder auftauchen. Weiterhin sind die bisher verfügbaren Erkenntnisse über virtuelle Unternehmen noch zu unspezifisch. Wenn beispielsweise für die Ablösung straffer und zeitstabiler organisatorischer Strukturen plädiert wird, müssen Konzepte und Methoden gesucht werden, über die das Ineinandergreifen der in und zwischen Unternehmen ablaufenden Prozesse sichergestellt werden kann. Da sich diesbezügliche Aussagen in den Arbeiten über virtuelle Unternehmen bislang kaum finden, muss das „Konzept" des virtuellen Unternehmens als bislang noch zu offen bezeichnet werden.

7.6 Empirische Befunde zur Organisationsgestaltung

Untersuchungsanliegen

Zum Zusammenhang zwischen dem internen und externen Kontext und organisatorischen Gestaltungsformen sowie dem hieraus resultierenden Erfolg liegt eine Reihe empirischer Befunde vor, die sich konzeptionell auf den kontingenz- bzw. situationstheoretischen Ansatz stützen (vgl. Abschn. 2.3.2).

Zwei Gruppen von Studien

Die vorliegenden Studien der empirischen Organisationsforschung können in *zwei Gruppen* unterteilt werden. In *monokausalen(-variablen) Studien* wird der Zusammenhang zwischen *einer* (im Idealfall mittels theoriebasierten Überlegungen hergeleiteten) Kontextvariable einerseits und organisatorischen Gestaltungsformen (Organisationsmerkmalen) andererseits untersucht. Zu den wichtigsten Studien dieser Richtung zählen die Arbeiten von Burns und Stalker (Zusammenhang zwischen Umweltdynamik und Organisationsstruktur), Lawrence und Lorsch (Zusammenhang zwischen Umweltheterogenität, -dynamik und -unsicherheit und Organisationsstruktur), Blau und Schoenherr (Zusammenhang zwischen Unternehmensgröße und Organisationsstruktur) sowie Woodward (Zusammenhang zwischen Fertigungstechnologie und Organisationsstruktur, vor allem des Fertigungsbereichs).

Multikausale(-variable) Studien hingegen greifen *mehrere* (unternehmensinterne oder -externe) Kontextvariablen heraus und untersuchen deren Zusammenhang mit den thematisierten Organisationsmerkmalen. Eine idealtypisch angelegte multikausale Studie würde die Zusammenhänge zwischen sämtlichen als relevant erachteten unabhängigen und abhängigen Variablen untersuchen. Obwohl zwischenzeitlich zahlreiche multikausale Studien vorliegen, kann die Untersuchung der Aston-Gruppe um Pugh immer noch als wegweisend gelten.

Mit einer gewissen zeitlichen Verzögerung sind diese eher quantitativen Studien der empirischen Organisationsforschung um qualitative, vorwiegend auf Fallstudien beruhende Studien ergänzt worden. Aus dem Kreis der qualitativen Untersuchungen ragt diejenige von Mintzberg heraus, in deren Rahmen ganzheitlich angelegte Archetypen von Organisationsformen identifiziert worden sind. Auf diese Untersuchung wird hier ebenfalls kurz eingegangen.

7.6.1 Monokausaler Ansatz

7.6.1.1 Einfluss von Umweltdynamik

Burns und Stalker ([Management]; [Systeme] 147 ff.) gingen in ihrer Studie aus dem Jahre 1961 von der Grundannahme aus, dass die Gestaltung der Organisation mit der Dynamik der Unternehmensumwelt zusammenhängt. Die Umweltdynamik der untersuchten Unternehmen wird nicht explizit (beispielsweise anhand von Einzelmerkmalen der Umwelt oder durch die Beurteilung der Umwelt seitens der Unternehmensangehörigen) gemessen, sondern von den Forschern selbst eingeschätzt. Burns und Stalker haben ihre Untersuchungen in zwanzig britischen Unternehmen der Elektroindustrie durchgeführt.

Auf dieser Basis prüften sie die Hypothese, ob bei veränderten Marktsituationen und häufigen Neuerungen im Rahmen der technologischen Entwicklung eine adäquate Organisationsform eine andere Gestalt aufweist als bei einer relativ stabilen ökonomischen und technologischen Umwelt. Das Ergebnis zeitigt eine vermeintliche Bestätigung. *Die Organisationsformen erfolgreicher Unternehmen der Stichprobe, die in dynamischen Umwelten agierten, unterschieden sich deutlich von denjenigen erfolgreicher Unternehmen, die in stabilen, statischen Umwelten operierten.* Während in dynamischen Umwelten eher „organische" Organisationsformen anzutreffen waren, konnten „mechanistische" Organisationsformen (Bürokratien) hauptsächlich in statischen Umwelten nachgewiesen werden. Die Erscheinungsformen dieser beiden Typen von Organisationsformen sind, wie aus Abbildung 7-24 ersichtlich, durch mehrere Einzelmerkmale beschreibbar.

Organische versus mechanistische Organisation

Abbildung 7-24

Mechanistische und organische Struktur

Merkmale	Mechanistische Struktur	Organische Struktur
■ Zahl der Hierarchieebenen	viel (steile Hierarchie)	wenige (flache Hierarchie)
■ Spezialisierungsgrad	hoch	gering
■ Standardisierungsgrad	hoch	gering
■ Formalisierungsgrad	hoch	gering
■ Zentralisationsgrad	hoch	gering
■ Linienautorität	klar/vertikal	unklar/lateral
■ Koordination	durch Hierarchiespitze	durch alle Arbeitnehmer
■ Interaktion zwischen Abteilungen	selten	häufig
■ Informelle Beziehungen	geringe Bedeutung	hohe Bedeutung
■ Führungsstil	tendenziell autokratisch	tendenziell demokratisch
■ Motivationsinstrumente	primär extrinsisch	primär intrinsisch
■ Wissen	an der Hierarchiespitze	auf allen Ebenen
■ Erfolgsindikatoren	quantitativ	qualitativ
■ Kommunikation	streng vertikal	netzwerkartig

Kritische Würdigung

Obwohl die Befunde von Burns und Stalker plausibel sind, ist die Studie aus methodischer Sicht angreifbar. So stellt sich insbesondere die Frage, ob die Dynamik der Unternehmensumwelt durch subjektive Einschätzungen externer Personen valide erfasst werden kann. Ferner ist kritisch anzumerken, dass die Studie auf einer zu schmalen und zudem einseitigen Datenbasis mit nur wenigen Unternehmen aus einer einzigen Branche fußt.

7.6.1.2 Einfluss von Umweltheterogenität, -dynamik und -unsicherheit

Die Studie von Lawrence und Lorsch ([Environment] 23 ff.) aus dem Jahr 1967, die wesentlich detaillierter angelegt ist als diejenige von Burns und Stalker, untersucht den Zusammenhang zwischen Umweltheterogenität, -dynamik und -unsicherheit einerseits und Organisationsstruktur andererseits. Unternehmen werden dabei nicht als monolithische Entitäten begriffen, die in einer homogenen Umwelt agieren. Vielmehr wird davon ausgegangen, dass die einzelnen Subsysteme (Bereiche) eines Unternehmens unterschiedlichen Umweltsegmenten (Finanzbereich – Kapitalmarkt; Personalbereich – Arbeitsmarkt; Produktion – Technologieentwicklung) gegenüberstehen. Die Umwelt ist also heterogen. Von dieser Grundannahme ist der Modellentwurf der Untersuchung geprägt. Zunächst wurde geprüft, ob und in welcher Form sich diese unterschiedlichen Umweltgegebenheiten auf die organisatorischen Merkmale der einzelnen Bereiche niedergeschlagen haben; danach wurde geprüft, welche organisatorischen Regelungen sich für die einzelnen Bereiche unter Effizienzgesichtspunkten am vorteilhaftesten erwiesen. Schließlich wurde untersucht, welche Mechanismen oder Instrumente zur Integration der Bereiche angewandt wurden.

Diesem Forschungsdesign entsprechend lassen sich die empirischen Ergebnisse zu *zwei zentralen Aussagen* verdichten:

Spiegelbildthese

- Die Organisationsstrukturen der Bereiche eines Unternehmens sind von der Dynamik und Unsicherheit ihrer *spezifischen* Umwelten, gemessen an der zeitlichen Kontrollspanne, an der Klarheit der Information sowie an der Unsicherheit über kausale Beziehungen geprägt. Bereiche, die dynamischen und unsicheren Umweltsegmenten gegenüberstehen, weisen dabei weniger Hierarchieebenen auf und besitzen einen geringeren Formalisierungsgrad der Aufgabenerfüllungsprozesse (Lawrence/Lorsch [Environment] 42 ff.). *Je stärker sich die Bereichsumwelten voneinander unterscheiden, desto unterschiedlicher sind die Bereiche erfolgreicher Unternehmen* strukturiert. Diese Aussage bildet den Kern der so genannten *Differenzierungsthese* (Spiegelbildthese).

Integrationsthese

Je unterschiedlicher die Bereiche eines Unternehmens organisiert sind, desto schwieriger und aufwändiger wird deren „Integration" (Koordination) zur Erreichung gemeinsamer Ziele. Empirisch zeigte sich, dass erfolgreiche Unternehmen mit *organisatorisch gleichartigen Bereichen vergleichsweise einfache, technokratische Koordinationsinstrumente* wie hierarchische Gliederung, Pläne, Vorschriften einsetzen, während *in Unternehmen mit organisatorisch unterschiedlichen Bereichen schwerpunktmäßig abteilungsübergreifende Brückenglieder* wie Teams und Integrationsabteilungen zur Anwendung kommen (Lawrence/Lorsch [Environment] 44 ff.; 73 ff.; 218 ff.). Dieser Befund steht im Mittelpunkt der *Integrationsthese* (vgl. Abbildung 7-25).

Modell von Lawrence/Lorsch — **Abbildung 7-25**

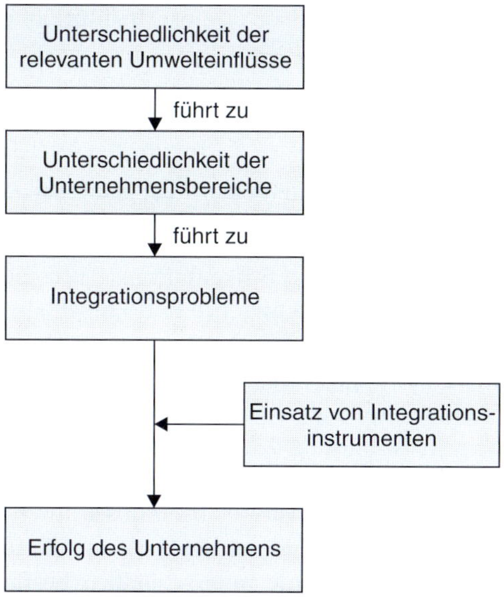

Kritische Würdigung

Der Aussagegehalt der beiden Thesen wird allerdings ebenfalls durch methodische Schwächen eingeschränkt; hierbei ist vor allem zu betonen, dass im Untersuchungsdesign letztendlich keine Konkretisierung der abhängigen und unabhängigen Variablen (Frese [Grundlagen] 351 ff.) vorgenommen wird. Auch muss gefragt werden, ob sich die Dynamik und Unsicherheit der Umwelt wirklich nur in der zeitlichen Kontrollspanne, der Klarheit der Information, den Aufgabeninhalten und dem Kenntnisstand über kausale Beziehungen niederschlägt und damit im Forschungskonzept hinreichend erfasst wird. Ferner ist die Datenbasis mit nur zehn Unternehmen der

Kunststoff-, Verpackungs- und Nahrungsmittelindustrie zu gering, um verallgemeinerungsfähige Aussagen zu ermöglichen. Auf der anderen Seite ist zu bedenken, dass die von Lawrence und Lorsch erarbeiteten Hauptbefunde in großzahligen Nachfolgeuntersuchungen bestätigt werden konnten.

7.6.1.3 Einfluss von Größe

Größe bedingt „Differenzierung“

Blau und Schoenherr ([Structure]) haben im Jahr 1971 eine Untersuchung über den Zusammenhang zwischen der Größe einer Institution und deren Organisationsstruktur vorgelegt. Diese Studie erstreckte sich allerdings nicht auf privatwirtschaftliche Unternehmen, sondern auf rund 50 amerikanische Arbeitsämter und Sozialversicherungsanstalten. Ausgangspunkt ist die These, dass durch die Größe einer Institution, gemessen an der Zahl der Mitarbeiter, deren Komplexität zunimmt. Der Grad der Komplexität, die auch als strukturelle Differenzierung (Diversity) einer Institution bezeichnet wird, resultiert dabei aus

- dem Grad der horizontalen Differenzierung, gemessen an der Zahl funktionaler Subsysteme, sowie
- dem Grad der vertikalen Differenzierung, gemessen an der Zahl der Hierarchieebenen.

Größe kann Dezentralisierung bedingen

Differenzierung wird von Blau und Schoenherr als Auffächerungsgrad eines Unternehmens und nicht wie bei Lawrence und Lorsch als Unterschiedlichkeit der Bereichsorganisation aufgefasst. Die zentrale These wird durch die empirischen Befunde bestätigt, wobei jedoch die Grenzrate der Differenzierung mit zunehmender Größe abnahm. Die weiteren Ergebnisse der Studie sind überblicksartig in Abbildung 7-26 (Grochla [Einführung] 136) zusammengefasst. Danach zeigt sich, dass die Größe einer Institution sowohl direkt (negativ) als auch indirekt (positiv) – beeinflusst durch das Ausmaß der strukturellen Komplexität und Automatisierung – den Grad der Dezentralisierung ihrer Organisationsstruktur unterschiedlich bestimmt. Hierbei ist darauf hinzuweisen, dass der direkte negative Zusammenhang zwischen Institutionengröße und Dezentralisationsgrad durch die indirekte Wirkungskette über den Automatisierungsgrad und die strukturelle Komplexität überkompensiert und damit positiv beeinflusst wird, sodass mit wachsender Größe über Automatisierung der Prozesse dezentrale Strukturen möglich werden. Diese Ergebnisse für öffentliche Verwaltungen können natürlich *nicht ohne weiteres auf den Unternehmensbereich* übertragen werden.

Befunde von Blau/Schoenherr

Abbildung 7-26

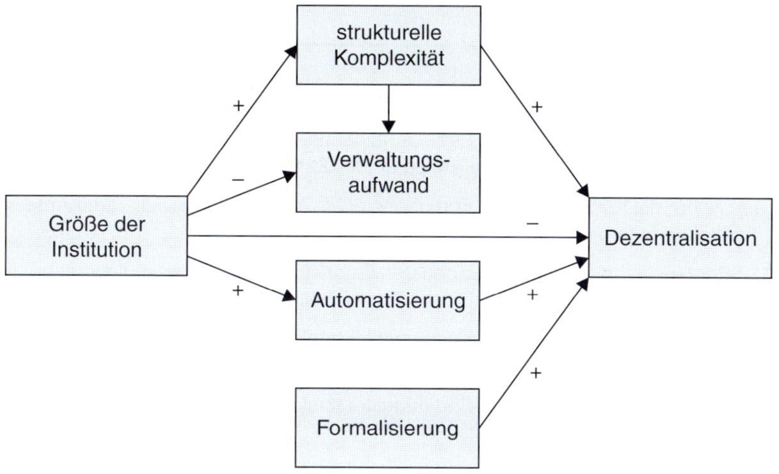

7.6.1.4 Einfluss von Fertigungstechnologie und Fertigungsorganisation

Fertigungstechnologie bedingt Fertigungsorganisation

Woodward ([Technology]; [Organization]) hat bereits in den 1950er Jahren den Zusammenhang zwischen Fertigungstechnologie und Fertigungsorganisation durch eine empirische Studie in 110 verschiedenen Branchen angehörenden Unternehmen in Großbritannien untersucht. In dieser Studie finden sich zahlreiche Einzelbefunde zu dem postulierten Zusammenhang, wobei die wichtigsten in Abbildung 7-27 zusammengefasst sind. Als zentrales Ergebnis wurde herausgestellt, dass *fertigungstechnologisch*, bezogen auf die apparative Ausgestaltung, *vergleichbare Unternehmen auch Ähnlichkeiten in ihrer Fertigungsorganisation aufweisen* (Woodward [Organization] 17 ff.).

Diese zentrale Aussage wird allerdings in der Literatur, begründet durch nachfolgende Forschungsergebnisse, kontrovers diskutiert (Frese [Grundlagen] 447 ff.; Welge [Unternehmungsführung II] 116). Auch werden nur wenige Aussagen über organisatorische Merkmale des Gesamtsystems eines Unternehmens geliefert. Hiermit befassen sich weitere Arbeiten, die nicht nur auf Wirkungen der Fertigungstechnologie, sondern auch der Informationstechnologie abstellen (Khandwalla [Output] 74 ff.; Kieser [Einflussgrößen] 171 ff. und 211 ff.). Ein weiterer Kritikpunkt ist schließlich mit der Woodward'schen Operationalisierung der Fertigungstechnologie (der so genannten „Woodward-Skala") gegeben, wobei insbesondere in Frage zu stellen ist, ob auch heute noch der Komplexitätsgrad der Fertigungsprozesse entlang der in Abbildung 7-28 dargestellten Skala variiert.

Abbildung 7-27 *Befunde von Woodward*

- Je höher die Komplexität der Fertigungstechnologie, desto höher ist der Anteil der Mitarbeiter mit Leitungsaufgaben an der Zahl der Gesamtbeschäftigten.
- Je höher die Komplexität der Fertigungstechnologie, desto höher ist der Anteil indirekter Mitarbeiter an der Zahl der Gesamtbeschäftigten.
- Betriebe, die an den beiden Enden der Technologieskala eingestuft werden, weisen einen überdurchschnittlichen Facharbeiteranteil auf.
- Je höher die Komplexität der Fertigungstechnologie, desto höher ist der Anteil der Hierarchieebenen im Fertigungsbereich.
- Je höher die Komplexität der Fertigungstechnologie, desto höher ist die Kontrollspanne des Top-Managements.
- Je höher die Komplexität der Fertigungstechnologie, desto geringer ist die Kontrollspanne des mittleren Managements.
- Betriebe, die an den beiden Enden der Technologieskala eingestuft werden, weisen im unteren Management geringere Kontrollspannen auf als die übrigen Betriebe.
- Betriebe, die an den beiden Enden der Technologieskala eingestuft werden, weisen die am stärksten ausgeprägte Trennung zwischen Stab und Linie auf.
- Betriebe, die an den beiden Enden der Technologieskala eingestuft werden, verfügen tendenziell über eine organische Organisationsform, während die übrigen eher dem mechanistischen Modell entsprechen.
- In Betrieben, die an den beiden Enden der Technologieskala eingestuft werden, herrscht die mündliche Kommunikationsform vor, während in den übrigen Betrieben vorwiegend schriftlich kommuniziert wird.

Kritische Würdigung

Anhand der Darstellung der ausgewählten monokausalen Untersuchungen ist deutlich geworden, dass jeweils nur *eine* Variable bzw. *ein* Variablenkomplex zur Erklärung organisatorischer Gestaltungsdimensionen herangezogen wird. Die Grenzen der monokausal angelegten Studien werden deutlich, wenn bedacht wird, dass *der Wirkungszusammenhang zwischen einer ausgewählten unabhängigen und einer abhängigen Variable von einer anderen, nicht im Forschungsdesign berücksichtigten Variablen beeinflusst, verstärkt oder vermindert sein könnte*. Diese Schwäche versuchen multikausale Untersuchungen zu überwinden.

Woodward-Skala

Abbildung 7-28

Komplexität der Fertigung			
gering	**Einzel- und Kleinserienfertigung**	(1)	Einzelfertigung einfacher Produkte nach Kundenaufträgen
		(2)	Einzelfertigung technisch komplexer Produkte
		(3)	Fertigung größerer Güter in Stufen
		(4)	Fertigung in kleinen Serien nach Kundenaufträgen
	Großserien- und Massenfertigung	(5)	Fertigung von Einzelteilen nach Kundenaufträgen
		(6)	Großserienfertigung nach dem Fließprinzip
		(7)	Massenfertigung
		(8)	zeitlich wechselnde Fertigung von Chemikalien in Mehrzweckanlagen
		(9)	gleich bleibende Fertigung von Flüssigkeiten oder Gasen
	Gemischte Technologien	(10)	Fertigung standardisierter Einzelteile in großen Serien
hoch		(11)	Prozessfertigung von kompakten Substanzen

7.6.2 Multikausaler Ansatz – die Aston-Studie

Konzeption

Die interdisziplinäre Forschergruppe um Pugh, Hickson, Hinings und Turner von der Aston-University in Birmingham, Großbritannien, hat einen mehrdimensionalen Bezugsrahmen konzipiert und die daraus entwickelten Hypothesen empirisch untersucht (Pugh/Hickson [Structure] 25 ff.). Abbildung 7-29 verdeutlicht den multikausalen Ansatz (Kahle [Multikausalität] 75 ff.) der Studie, die den Zusammenhang zwischen mehreren Kontextvariablen und der Organisationsform auf der Basis multipler Korrelations- und Regressionsanalysen überprüft hat.

Befund

Im Rahmen des Aston-Projekts sind vielfältige Zusammenhänge zwischen den Kontextvariablen, den Kontext- und Organisationsvariablen, den Organisationsvariablen untereinander sowie zwischen Organisations- und Erfolgsvariablen untersucht worden, wobei die Mehrzahl der hypothetisch vermuteten Abhängigkeiten jedoch nicht bestätigt werden konnte. Ein zentrales Ergebnis der Untersuchung besteht jedoch darin, dass *größere Unter-*

nehmen ein höheres Maß an Spezialisierung, Standardisierung und Formalisierung aufweisen, während parallel hierzu die Entscheidungszentralisation abnimmt, was insgesamt den Koordinationsbedarf erhöht. Weiterhin zeigte sich, dass in *Unternehmen mit einem variablen Leistungsprogramm die Linienkontrolle des Arbeitsprozesses relativ gering* ist. Schließlich weisen Unternehmen, die *Töchter eines anderen Unternehmens sind, eine relativ zentrale Entscheidungsstruktur* auf (vgl. Pugh/Hickson [Structure] 80). Gleichwohl bleibt festzustellen, dass die Befunde zu den Zusammenhängen zwischen Organisationsstruktur und Rollenerwartungen sowie zwischen Rollenerwartungen und dem Verhalten der Unternehmensangehörigen schwach und uneinheitlich waren.

Abbildung 7-29 *Design der Aston-Studie*

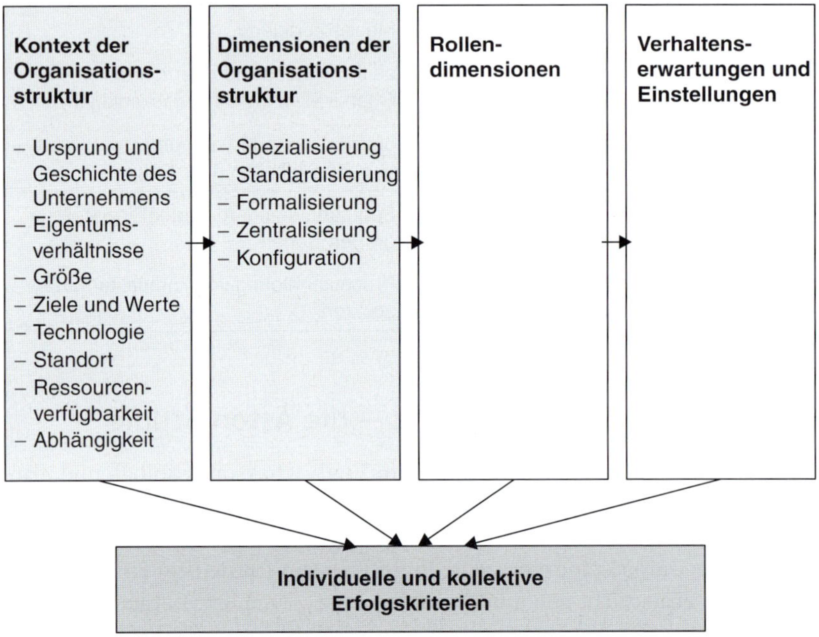

Kritische Würdigung

Die wesentlichen Vorzüge des Aston-Projekts bestehen in deren sorgfältiger Konzeptualisierung, der gleichzeitigen Arbeit mit objektiven und Perzeptions-Daten, der Prüfung, inwieweit Organisationsmerkmale Auswirkungen auf die Menschen im Unternehmen haben sowie der erstmaligen Anwendung komplexer statistischer Analysemethoden. Allerdings weist die auf den ersten Blick wegen ihres eleganten Wurfs bestechende Untersuchung durchaus erhebliche methodische Probleme auf (vgl. zu Teilproblemen der

Studie Welge [Unternehmungsführung II] 162 ff.). Daher fußen die Befunde auf unsicherem Grund.

7.6.3 Einfluss der für strategische Entscheidungen zuständigen Personen

Beim Modell der strategischen Wahl von Child ([Structure] 1 ff.) handelt es sich nicht nur um eines der wenigen Modelle, die die Person des Entscheiders als Einflussgröße organisatorischer Gestaltung explizit berücksichtigen; es hebt sich von vielen anderen Konzepten vor allem dadurch ab, dass *die realitätsferne Annahme eines unabhängigen und unbeeinflussbaren externen Handlungsrahmens organisatorischer Entscheidungen aufgegeben wird*.

Strategische Managemententscheidungen als Einflussfaktor

Dem Modell liegt die Annahme zugrunde, dass nahezu sämtliche Variablen wie die Technologie, die Unternehmensgröße, die Organisation und sogar die Konstellation der externen Umwelt, die die organisatorisch-strukturelle Entscheidungssituation beeinflussen, das Ergebnis strategischer Entscheidungen des Managements sind. Dessen Mitglieder haben dementsprechend bei der organisatorischen Gestaltung stets eine gewisse strategische Wahlfreiheit. Entscheidungsspielräume bei der Strukturgestaltung entstehen beispielsweise dadurch, dass ein Unternehmen im Rahmen seiner umweltbezogenen Strategie Kunden, Konkurrenten oder Lieferanten in seiner (Aufgaben-)Umwelt und damit das Ausmaß an Komplexität und Dynamik seiner Umwelt beeinflusst, auf die es sich dann intern mit seiner Organisationsstruktur anpasst (Welge [Unternehmungsführung II] 204).

Kritische Würdigung

Aufgrund zum Teil beträchtlicher Operationalisierungsprobleme bei vielen Variablen konnte das von Child entworfene komplexe Modell (vgl. Abbildung 7-30) jedoch bislang noch nicht in eine zu Befunden führende empirische Untersuchung umgesetzt werden.

7.6.4 Kritik der situativen Organisationsforschung

Die situativ angelegte Organisationsforschung ist wiederholt sowohl im Hinblick auf ihren konzeptionellen Ansatz wie auch bezüglich ihres methodischen Vorgehens kritisiert worden (vgl. Macharzina [Führungsforschung] 101 ff.; Schreyögg [Umwelt] 212 f.; Wolf [Organisation] 215 ff.; Ernst [Informant Bias] 1249 ff.). Die Kritik konvergiert in folgenden Vorwürfen:

Abbildung 7-30 Modell der strategischen Wahl

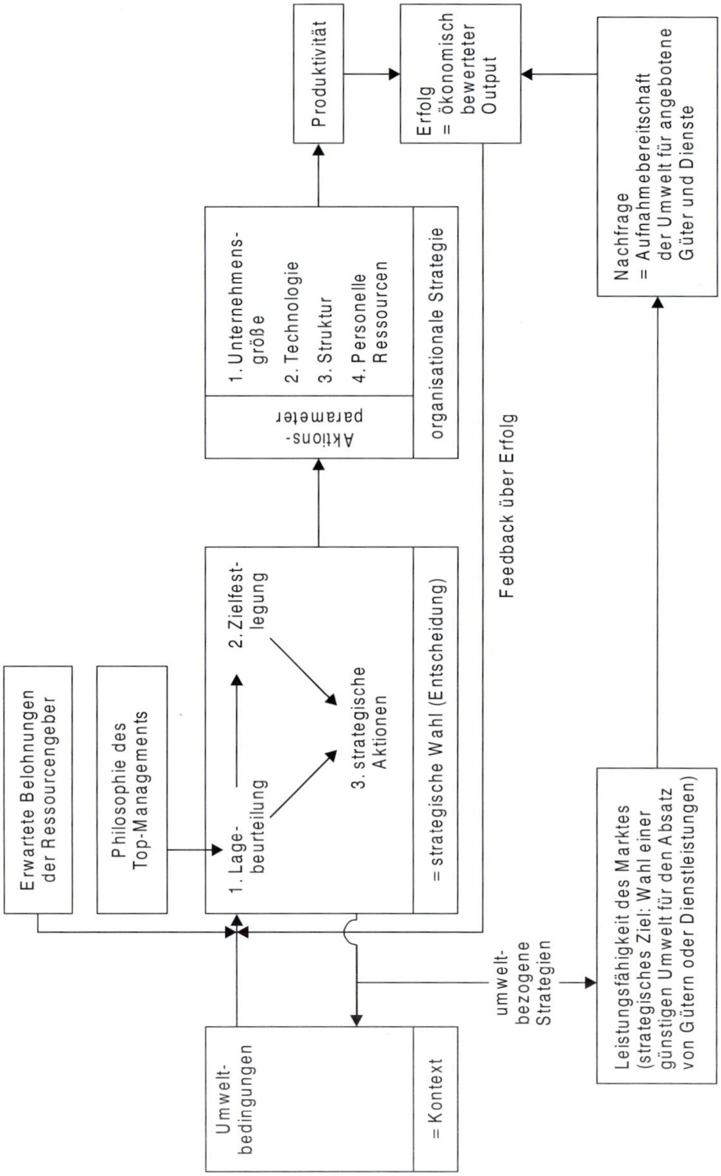

- Die Befunde der Untersuchungen sind widersprüchlich.
- Der Prüfungs- und Begründungszusammenhang der Aussagengenerierung wird zulasten des Entdeckungszusammenhangs überbetont und das statistische Instrumentarium zur theorielosen Befundgenerierung missbraucht, anstatt es zur Prüfung theoretisch fundierter Hypothesen einzusetzen.
- Mehrheitlich wird darauf verzichtet, die Entscheidungsträger, die für die Gestaltung der Organisationsstruktur verantwortlich sind, als intervenierende Variablen in das Forschungsdesign aufzunehmen.
- Die Möglichkeit, dass auch die internen *und* externen Kontextvariablen von den Entscheidungsträgern beeinflusst sind, wird außer Acht gelassen (Determinismusvorwurf).

Determinismusvorwurf

- Die Mehrzahl der Untersuchungen überprüft lediglich den Zusammenhang zwischen Kontextvariablen und der Organisationsgestaltung, nicht jedoch die Erfolgswirkungen der Organisationsgestaltung (Mellewigt [Messung] 51 ff.).
- Die Mehrzahl der Untersuchungen berücksichtigt zu wenige Kontext- und Gestaltungsvariablen. Nicht selten sind die Variablen willkürlich und nach Gesichtspunkten einfacher Erhebbarkeit ausgewählt.
- Die Untersuchungen sind nahezu durchweg als Querschnittuntersuchungen konzipiert und stellen somit lediglich eine schlaglichtartige Momentaufnahme im Strom „unternehmerischer Episoden" dar.

Bemerkenswert ist, dass Fachvertreter wie Schreyögg ([Umwelt]) oder Wolf ([Organisation]) zu einer völlig unterschiedlichen Gesamtbeurteilung der Situationstheorie kommen. Ersterer steht der Situationstheorie äußerst skeptisch gegenüber; Letzterer argumentiert, dass eine Nichtberücksichtigung des Kontext bei Organisationsentscheidungen einem Realitätsverlust gleich kommt.

Festzuhalten gilt jedenfalls, dass situative Arbeiten, welche die Existenz organisatorischer Lösungen deterministisch mit Hilfe unabhängiger Variablen zu erklären suchen, im Widerspruch zu dem diese Schrift kennzeichnenden *proaktiven und interpretativen Ansatz stehen, der einerseits den Persönlichkeitsmerkmalen der Entscheidungsträger eine hohe Bedeutung beimisst und andererseits auch davon ausgeht, dass die Handlungssituation selbst von den Entscheidungen der Entscheidungsträger geprägt wird.* Diesem Anspruch werden jene organisationstheoretischen Arbeiten eher gerecht, die den organisatorischen Entscheider explizit berücksichtigen oder den externen Kontext als gestaltbare Variablengruppe konzeptualisieren.

7.6.5 Qualitativ-empirische Organisationsforschung

Mintzberg ([Structure]) hat an der herkömmlichen empirischen Organisationsforschung kritisiert, dass sie die Organisationsformen von Unternehmen anhand von ausschnitthaften Partialvariablen wie Zentralisationsgrad oder Standardisierungsgrad abzubilden versucht und dass ihr hauptsächliches Anliegen darin besteht, einzelfallübergreifend bestehende Zusammenhänge zwischen Kontextvariablen und derartigen Partialvariablen zu identifizieren. Mit einem derartigen Vorgehen würde die Organisationsforschung jedoch der im Feld bestehenden Komplexität nicht gerecht werden.

Der vorliegenden Komplexität besser entspricht, wenn der Kontext-Organisations-Zusammenhang in der Form ganzheitlicher Gestalten abgebildet wird (vgl. Abschn. 2.3.4). Diese stellen überzufällig häufig auftretende Muster von Ausprägungen umwelt- und organisationsbezogener Variablen dar. Diese Gestalten werden als Organisationstypen bezeichnet. In Abweichung von der herkömmlichen empirischen Organisationsforschung werden diese Gestalten anhand von plastischen, „bildlicheren" Beschreibungsebenen beschrieben.

Beschreibungsebenen

- Der *operative Kern* umfasst diejenigen Mitarbeiter, deren Tätigkeit direkt auf die Erstellung der Marktleistungen bezogen ist,
- die *strategische Spitze* ist die Einheit, die die Gesamtverantwortung für das Unternehmen trägt,
- die *Mittellinie* stellt die Autoritätskette zwischen der strategischen Spitze und dem operativen Kern dar,
- die *Technostruktur* besteht aus Abteilungen, die für die Analyse, Planung und Standardisierung der Abläufe des Unternehmens (z. B. Arbeitsstudien, Rechnungswesen oder Personalentwicklung) zuständig sind und
- der *Hilfsstab* umfasst Abteilungen, die systemerhaltende Dienstleistungen für das Unternehmen erbringen. Als Beispiele können die Rechtsabteilung, die Kantine, Poststelle oder Telefonzentrale dienen.

Bezogen auf diese Beschreibungsebenen lassen sich die in Abbildung 7-31 dargestellten Organisationstypen unterscheiden. Nach Mintzberg lässt sich die Mehrzahl der in der Realität auftretenden Organisationskonfiguration diesen Organisationstypen zuordnen.

Organisationstypen

Die *Einfachstruktur* nutzt vorwiegend den Koordinationsmechanismus der persönlichen Weisung; sie findet sich insbesondere in Pionier- oder in der Krise befindlichen Unternehmen. Ihre Probleme bestehen in einer großen Abhängigkeit von einzelnen Personen und darin, dass sich das Top-Management entweder in Strategien oder Routineaufgaben verliert.

Abbildung 7-31

Typen von Organisationen

Name des Organisationstyps	Einfachstruktur	Maschinen-bürokratie	Profi-bürokratie	Spartenstruktur	Adhocratie
wichtigster Organisationsteil	strategische Führungsspitze	Technostruktur	operativer Kern	Mittellinie	Hilfsstab und operativer Kern
Organisations-merkmale					
Ausmaß der Spezialisierung	gering	hoch (vertikal und horizontal)	hoch (vor allem horizontal)	hohe horizontale Spezialisierung der Sparten, sonst gering	hoch, vor allem horizontal
Ausmaß der internen Personal-entwicklung	gering	gering	hoch	gering	sehr hoch
Ausmaß Standardisierung und Formalisierung	gering, organisch	hoch (bezogen auf Arbeitsprozesse)	gering (lediglich der Qualifikationen)	hoch (bezogen auf Arbeitsergebnisse)	gering
Gliederungskriterium bei der Abteilungs-bildung	funktional	funktional	funktional und marktorientiert	marktorientiert	funktional und marktorientiert
Größe der Abteilungen	hoch	unten hoch, sonst gering	unten hoch, sonst gering	groß auf oberster Ebene	überall gering
Planungs- und Kontrollsystem	gering	intensive Ar-beitsplanung	gering	hoch, intensive Ergebniskontrolle	gering; allenfalls Arbeitsplanung
Verbindungs-einrichtungen	gering	gering	nur in der Verwaltung hoch	gering	hoch
Ausmaß der Dezentralisation	gering	relativ gering, horizontal	hoch (horizontal und vertikal)	relativ geringe vertikale Dezentralisation	in Einzelfällen selektiv hoch
Kontrollstruktur	intensive Kontrolle durch strategische Spitze	technokratisch, vor allem durch externe Umwelt	Kontrolle durch "Professionals"	Kontrolle durch Mittellinie	Kontrolle durch Experten
Situationsmerkmale					
Alter und Größe	jung und klein	alt und groß	uneinheitlich	alt und sehr groß	vorwiegend jung
Generelle Umwelt	einfach, dynamisch, gelegentlich feindlich	einfach und stabil	komplex und stabil	heterogen, dabei jeweils einfach und stabil	komplex, dynamisch und widersprüchlich
Technische Umwelt	einfach, wenig Vorschriften	viele Vorschriften, aber nicht komplex	wenige Vorschrif-ten, wenig komplex	teilbar, sonst wie Maschinenbürokratie	sehr komplex, wenig Vorschriften

- Die *Maschinenbürokratie* stellt die Standardisierung von Arbeitsprozessen in den Mittelpunkt ihrer Koordinationsbemühungen. Sie findet sich in der Massenwarenindustrie, aber auch in Großbanken oder großen Transportunternehmen wie der Deutschen Bahn. Probleme bestehen vor allem in einer verspäteten Reaktion auf Umweltentwicklungen.

- Die *Profibürokratie* ist relativ schwach standardisiert; am ehesten geregelt ist sie noch im Bereich von Eingangsqualifikationen. Zu denken ist etwa an Wirtschaftsprüfungsgesellschaften, Krankenhäuser oder Universitäten, wo das Kernpersonal auf gleichem Niveau qualifiziert ist (Wirtschaftsprüfungs-Examen, Approbation oder Habilitation). Probleme bestehen in der Koordination zwischen dem Kern- und Hilfspersonal sowie dem Kernpersonal untereinander.

- Die *Spartenstruktur* koordiniert vor allem über eine Standardisierung der Arbeitsergebnisse. Sie findet sich vor allem in großen und diversifizierten Unternehmen (vgl. Abschn. 7.2.2.1). Dort werden auch die Probleme dieses Organisationstyps angesprochen.

- Die *Adhocratie* bedient sich vor allem der Selbstabstimmung als Koordinationsinstrument. Als Beispiele können Raumfahrtorganisationen wie die NASA oder innovationsorientierte Ingenieurbüros dienen. Probleme resultieren vor allem aus einer politischen Überfrachtung von Entscheidungsprozessen und einer unregelmäßigen Arbeitsbelastung.

Kritische Würdigung

Mintzbergs Organisationstypen sind fraglos wesentlich kreativer als viele Befunde der orthodoxen empirischen Organisationsforschung. Hinzu kommt, dass jedermann wohl schon Organisationen des einen oder anderen Typs persönlich erfahren hat. Die Typen scheinen also faktisch hoch relevant zu sein. Gleichwohl bleibt festzustellen, das eine empirische Rekonstruktion dieser Typen in großzahligen Forschungsprojekten bislang nicht gelungen ist.

7.7 Prozess der Organisationsgestaltung

Ähnlich dem Vorgehen bei der Planung der Unternehmens-Umwelt-Interaktion (vgl. Abschn. 6.2) lassen sich auch für die Gestaltung der Unternehmensorganisation Tendenzaussagen über den *Prozess des Aufbaus und der Veränderung von strukturellen und prozessualen Organisationsformen* und hierbei insbesondere darüber festhalten, welche *Arbeitsschritte* vollzogen werden sollten (vgl. Abbildung 7-32).

Der Anwendungsnutzen vorliegender Prozessmodelle der organisatorischen Gestaltung ist jedoch eingeschränkt, was an zwei Gründen liegt. *Entscheidungen über die Unternehmensorganisation sind zunächst der Natur nach innovativ*, da die zu berücksichtigenden Kontextgegebenheiten von Unternehmen zu Unternehmen unterschiedlich und daher die Erfahrungen anderer Unternehmen mit bestimmten Organisationsformen nur bedingt übertragbar sind. Zudem ist die *Aussagekraft verschiedener empirischer Untersuchungen*, die die Vorteilhaftigkeit organisatorischer Regelungen im Hinblick auf interne und externe Kontextvariablen untersuchen, *wegen konzeptioneller und methodischer Unzulänglichkeiten eingeschränkt*.

Gestaltung der Organisationsstruktur **Abbildung 7-32**

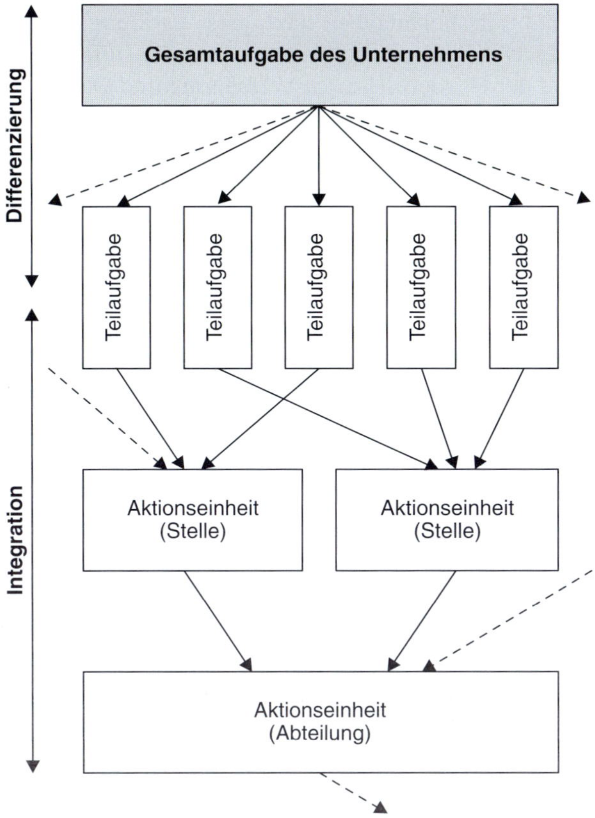

Oben ist bereits gezeigt worden, dass die beiden zentralen Dimensionen der Organisationsstruktur mit der Spezialisierung (Zerlegung von größeren Aufgabenkomplexen in Teilaufgaben) und der Koordination (Zusammenfassung und Abstimmung interdependenter Teilaufgaben) gegeben sind. *Beim Prozess der organisatorischen Gestaltung treten diese beiden Dimensionen in abgewandelter Form in den Vordergrund*; zunächst muss die Gesamtaufgabe des Unternehmens in Teilaufgaben aufgegliedert werden (*Differenzierung*), die wiederum zu Aufgabenkomplexen zusammengefasst und an die Aktionseinheiten (Stellen) übertragen werden. Diese werden anschließend zu größeren Aktionseinheiten (Abteilungen) zusammengefasst und aufeinander abgestimmt (*Integration*).

Differenzierung

In diesem Zusammenhang ist unter der *Differenzierung* ein *Verfahren zur Aufgliederung der unternehmerischen Gesamtaufgabe in analytische Teilaufgaben* zu verstehen. Die sich ergebenden Teilaufgaben werden ihrerseits weiter aufgespalten, bis sich Teilaufgaben niedrigster Ordnung (Elementaraufgaben) ergeben. Es ist bereits gezeigt worden, dass die Differenzierung insbesondere anhand der Gliederungsarten Verrichtung und Objekt durchgeführt werden kann. Die Frage nach der Gliederungstiefe ist ein Kernproblem des Organisators in der Praxis, über das Literaturempfehlungen wie „Die Grenze der Arbeitsteilung bzw. Differenzierung liegt grundsätzlich dort, wo der Aufgabenbereich *eines* Aufgabenträgers entstehen kann" (Weidner [Organisation] 35) nur sehr bedingt hinweghelfen können.

Die Methodik des Organisators bei der Differenzierung wird durch die jeweilige Organisationssituation bestimmt. Während er bei einer *Reorganisation* auf die Erfahrungen der Fachexperten der betreffenden Unternehmensbereiche zurückgreifen kann (Ist-Analyse) und die Informationsgewinnung hierbei über Interviews, Fragebögen oder Beobachtungen erfolgt, muss er bei einer *Neuorganisation* auf derartige Informationsquellen verzichten und sein Differenzierungskonzept auf der Basis von theoretischen Überlegungen und in anderen Kontexten gesammeltem Erfahrungswissen entwerfen. In der Praxis hat es sich bewährt, zur besseren Strukturierung der Teilaufgaben den *Rasterbogen* sowie das *Aufgabenstrukturbild* einzusetzen. Die Anwendung dieser beiden Organisationshilfsmittel wird in Praktikerhandbüchern (zum Beispiel Schmidt [Organisation] 131 ff.) umfassend beschrieben.

Integration

Die *Integration fasst die im Rahmen der Differenzierung gewonnenen Teilaufgaben zu Aufgabenkomplexen zusammen.* Sie ist ein mehrstufiger Prozess, da auf verschiedenen Ebenen eine Aufgabenaggregation erfolgt. So werden zunächst Teilaufgaben zu einer Stelle zusammengefasst und danach Stellen zu Gruppen, Abteilungen, Hauptabteilungen und Bereichen gebündelt. Bei der Integration können, im Gegensatz zur Differenzierung, auf einer Ebene verschiedene Gliederungsarten angewandt werden. Hierbei wird die rein an der Aufgabenstellung orientierte Betrachtungsweise, wie sie bei der Differenzierung dominiert hat, aufgehoben, da bei der Zusammenfassung von Teilaufgaben zu Aufgabenkomplexen immer auch das Leistungspotenzial (Kapazität) des Aufgabenträgers berücksichtigt werden muss. Die Integration wird demnach von den *Kriterien* des *Sachzusammenhangs der Teilaufgaben* und der *Kapazität des Aufgabenträgers* bestimmt.

Da organisatorische Regelungen relativ dauerhafter Art sind, muss bei der Integration jedoch vom *einzelnen* Aufgabenträger abstrahiert und von dem Leistungspotenzial eines durchschnittlichen Aufgabenträgers ausgegangen werden. Ein wichtiges Hilfsmittel zur Bestimmung der Kapazitäten idealtypischer Aufgabenträger stellen *Arbeitszeitstudien* wie das REFA-Verfahren, das System vorbestimmter Zeiten oder spezielle Verteilzeitstudien wie die Multimomentaufnahme dar. Im Rahmen der Integration gelangen weiterhin die *Prognose-, Kreativitäts- und Bewertungstechniken* (vgl. Abschn. 11.2) zum Einsatz. Im Anschluss an die Zusammenfassung von Teilaufgaben werden Stellen gebildet, indem die Aufgabenkomplexe an die Aufgabenträger übergeben werden.

Abschließend sei nochmals darauf hingewiesen, dass die *Trennung* zwischen Differenzierung und Integration *idealtypischer Natur* ist. In der Praxis der organisatorischen Gestaltung wird es sich nicht vermeiden lassen, dass bei der Differenzierung „integrative" Überlegungen eine Rolle spielen und dass bei der Integration „differenzierende" Elemente enthalten sind.

Kontrollfragen und Aufgaben zu Kapitel 7

1. Was versteht man unter Organisation?

2. Erklären Sie den Unterschied zwischen instrumentalem und institutionellem Organisationsverständnis.

3. Suchen Sie nach Beispielen, anhand derer sich der Unterschied zwischen Organisation, Disposition und Improvisation aufzeigen lässt.

4. Diskutieren Sie die Aussage: „Zwischen der statutarischen und führungsbezogenen Organisation besteht ein enger Zusammenhang."

5. Anhand welcher Kriterien kann die organisatorische Differenzierung im Unternehmen vorgenommen werden? Beurteilen Sie die faktische Bedeutung der Strukturierungskriterien.

6. Erläutern Sie die drei Grundtypen von Koordinationsinstrumenten.

7. Suchen Sie nach Beispielen für unterschiedliche Interdependenzarten.

8. Welche einzelnen Instrumente können zur zielgerichteten Abstimmung der interdependenten Teilaufgaben des Unternehmens eingesetzt werden?

9. Zeigen Sie die Kernmerkmale des Einlinien-, Mehrlinien- sowie des Stab-Linien-Systems auf und beurteilen sie die jeweiligen Anwendungsprobleme.

10. Beschreiben Sie die funktionale und Spartenorganisation anhand frei zu wählender Kriterien. Über welche Maßnahmen können die spezifischen Nachteile der beiden Strukturvarianten abgeschwächt werden?

11. Erläutern Sie die in der Praxis gängigen Zwischenstufen von funktionaler und Spartenorganisation.

12. In welchen Handlungssituationen sollte auf erfolgsverantwortungsorientierte Organisationsstrukturkonzepte wie das Profit-Center-Konzept zurückgegriffen werden?

13. Erarbeiten Sie die Vorteile unterschiedlicher Arten von Verrechnungspreisen. Wann würden Sie welcher Art den Vorzug geben?

14. Suchen Sie Beispiele aus der Unternehmenspraxis, in denen mehrdimensionale Organisationsstrukturkonzepte Anwendung finden.

15. Für welche Unternehmen scheint der Rückgriff auf mehrdimensionale Strukturkonzepte zweckmäßig?

16. Welche Vorteile sind von Holding-Konzepten zu erwarten? Welcher grundlegende Unterschied besteht zwischen der Management-Holding und der Finanz-Holding?

17. Erläutern Sie Erfolgsfaktoren von Holding-Konzepten.

18. Wie lassen sich die Konzepte der Struktur- und Prozessorganisation (Aufbau- und Ablauforganisation) voneinander abgrenzen?

19. Worin unterscheidet sich die Projektorganisation von der funktionalen Organisation, der Sparten- und der Matrixorganisation? Welche Varianten der Projektorganisation können dabei unterschieden werden?

20. Vergleichen Sie das Modell sich überlappender Gruppen, den Teamvermaschungsansatz sowie das Kollegien-Modell anhand frei zu wählender Kriterien. Welche Vorzüge und Nachteile sind diesen Modellen zu Eigen?

21. Was versteht man unter einer Netzwerkorganisation? Suchen Sie nach Beispielen für Unternehmen mit einer derartigen Organisation. Welche unternehmensinternen und -externen Veränderungen haben dazu geführt, dass Netzwerke zunehmend als organisatorisches Grundmodell diskutiert werden?

22. Welche Probleme weist die Clusterorganisation auf?

23. Durch welche Merkmale sind hybride Strukturmodelle gekennzeichnet?

24. Diskutieren Sie die Befunde der MIT-Studie, die zur Entwicklung des des Lean Management geführt hat.

25. Beurteilen Sie die Elemente des Lean Managements hinsichtlich ihres Neuigkeitsgrads.

26. Welche Nachteile bzw. Gefahren sind mit dem Lean Management verbunden?

27. Welche Zielsetzungen werden beim Business Process Reengineering in den Mittelpunkt der Betrachtung gestellt?

28. Erläutern Sie die Merkmale des Business Process Reengineering.

29. Welche Probleme und Mängel schränken den Anwendungsnutzen des Business Process Reengineering ein?

30. Welche Organisationsformen empfehlen sich für strategische Allianzen und für virtuelle Unternehmen?

31. Welche Typen empirischer Untersuchungen der Organisationsforschung sind zu unterscheiden? Welche Studien sind den jeweiligen Typen zuzuordnen?

32. Welches Strukturmodell bietet sich für dynamische, welches für statische Umwelten an? Lässt sich Ihre Antwort empirisch stützen?

33. Erläutern Sie den Inhalt der Differenzierungsthese sowie der Integrationsthese nach Lawrence und Lorsch.

34. Vergleichen Sie den Differenzierungsbegriff bei Lawrence und Lorsch mit demjenigen von Blau und Schoenherr.

35. Wozu dient die Woodward-Skala? Beurteilen Sie die Validität dieser Skala. Welche zentralen Befunde hat Woodward in ihrer Studie herausgefunden?

36. Erläutern Sie die zentralen Befunde der Aston-Studie.

37. Inwiefern unterscheidet sich das Modell der strategischen Wahl von den vorgenannten Arbeiten der empirischen Organisationsforschung?

38. Welche kritischen Argumente sind gegen die situative Organisationsforschung vorzubringen?

39. Suchen Sie nach Beispielen für Mintzbergs Organisationstypen.

40. Welche Hilfsmittel können zum Zweck der organisatorischen Gestaltung eingesetzt werden?

41. Zeigen Sie anhand des eingangs dargelegten Praxisbeispiels der Siemens AG die Interdependenz von Grundsätzen, Strategien, Controlling und Organisation auf.

42. Interpretieren und bewerten Sie die Umstrukturierung der Daimler-Benz AG in den 1980er Jahren aus der Sicht der Organisationslehre. Von welchem übergeordneten Modell wird sie geleitet?

43. Erscheint Ihnen das von der Siemens AG verfolgte Stammhaus- oder das von der damaligen Daimler-Benz AG zeitweise gewählte Holding-Konzept geeigneter, um mit den vorherrschenden Umweltbedingungen und Unternehmensvoraussetzungen fertig zu werden? Warum ist die damalige DaimlerChrysler AG zum Stammhaus-Konzept zurückgekehrt? Welches theoretische Gedankengut würden Sie bei der Rekonstruktion der jeweiligen in den Unternehmen diesbezüglich gefällten Grundsatzentscheidungen heranziehen?

Literaturhinweise zu Kapitel 7

BÜHNER, R., Betriebswirtschaftliche *Organisationslehre,* 10. Aufl., München – Wien 2004.

KIESER, A., WALGENBACH, P., *Organisation,* 5. Aufl., Stuttgart 2007.

PICOT, A., DIETL, H., FRANCK, E., *Organisation* – Eine ökonomische Perspektive, 4. Aufl., Stuttgart 2005.

SCHREYÖGG, G., *Organisation* – Grundlagen moderner Organisationsgestaltung, 4. Aufl., Wiesbaden 2005.

THORELLI, H. B., *Networks* Between Markets and Hierarchies, in: Strategic Management Journal, 7. Jg., Heft 1, 1986, S. 37–51.

WOLF, J., *Strategie* und Struktur 1955-1995 – Ein Kapitel in der Geschichte deutscher nationaler und internationaler Unternehmen, Wiesbaden 2000.

8 Personal- und Verhandlungsführung

Mit der Personalführung und der Verhandlungsführung ist die interpersonelle Dimension des Verhaltens und Handelns der Mitglieder des Unternehmens oder – im zweiten Fall – des Unternehmens und anderer Institutionen angesprochen. Die sich dabei vollziehenden Prozesse sind in aller Regel auf der Ebene von Individuen oder Gruppen angesiedelt. Diese Prozesse werden mit dem Ziel der Beeinflussung der jeweils anderen Interaktionspartner initiiert und gestaltet.

8.1 Personalführung

Im Rahmen der Unternehmensführung gewinnt Personalführung in zweifacher Hinsicht an Bedeutung. Einerseits wird auf Unternehmensebene durch die vom Top-Management authorisierten Führungsgrundsätze (vgl. Abschn. 4.6) das Führungsverhalten und -handeln der Manager auf nachgelagerten Hierarchieebenen normiert. Andererseits entfalten, begrenzen diese aber auch zugleich den Gestaltungsspielraum der Führung im Verhältnis zwischen Führungskraft und Mitarbeiter auf der individuellen Ebene. Bei dieser auch als Mitarbeiterführung bezeichneten unmittelbaren Interaktion zwischen Vorgesetzten und Mitarbeitern handelt es sich um einen *Prozess der zielgerichteten Beeinflussung von Personen durch Personen* (Macharzina [Führungstheorien] 22).

Begriff

Das Realphänomen Personalführung hat in der Wissenschaft seit jeher eine besondere Faszination ausgeübt, zu einer intensiven Auseinandersetzung mit dem Thema und zu einer Fülle von Beiträgen in der Literatur geführt. Dort wurden allerdings zum Teil stark voneinander abweichende Themenschwerpunkte gesetzt. So konzentriert sich eine Gruppe von Arbeiten auf Erfolg stiftende Persönlichkeitsmerkmale von Führungskräften. Eine andere beschäftigt sich mit dem Phänomen der Ausübung von Macht und der hierzu verwendeten Mittel und Instrumente. Ein weiterer Erkenntnisschwerpunkt ist der komplexeren Analyse der in Arbeitsgruppen ablaufenden sozialen Prozesse oder Interaktionen gewidmet. Schließlich finden sich Studien, die das Problem des geeigneten Führungsstils zum Gegenstand haben. Sie bilden die Grundlage einer stärker anwendungsorientierten Richtung der

Personalführungsforschung, die die Entwicklung von handlungsleitenden Personalführungsmodellen verfolgt.

Fallbeispiel:

Mitsubishi K. K.[1] – Wie machen es die anderen?

„Für den japanischen Verbraucher sind wir wie die Luft: unsichtbar, aber durchdringend bieten wir die für das Leben wichtigen Dinge an", so erklärte der ehemalige Präsident Yohei Mimura die Bedeutung der Mitsubishi-Unternehmen. Die industrielle Dezentralisierungspolitik der Alliierten nach Ende des Zweiten Weltkrieges führte dazu, dass der Mitsubishi-Konzern in eine Vielzahl unabhängiger Unternehmen zerschlagen wurde. Obgleich in den Folgejahren Wiederzusammenschlüsse früherer Mitsubishi-Unternehmen stattfanden, wurde von der Gründung einer Dachgesellschaft mit einem zentralen Management abgesehen, sodass nur noch von einer „Mitsubishi-Gruppe" ***(keiretsu)*** *gesprochen werden kann, die den Konsolidierungskriterien für international anerkannte Unternehmenseinheiten nicht genügen. Die Mitsubishi-Gruppe als Prototyp eines* ***shihon keiretsu*** *(„Kapitalgruppierung") umfasst momentan über 500 Unternehmen mit einem Produktionsprogramm von mehr als 20.000 unterschiedlichsten Produkten; ein Spektrum, das in einer volkstümlichen japanischen Bezeichnung „von Nudeln bis Weltraumsatelliten" reicht.*

Der Schwerpunkt der Geschäftstätigkeit der Mitsubishi-Gruppe liegt im Handel, wenngleich verschiedene Unternehmen wie Mitsubishi Electric K. K., Mitsubishi Motors K. K. oder Mitsubishi Heavy Industries Y. K. (Y. K. = Yugen Kaisha; entspricht etwa der GmbH) produzierend tätig sind. Im Jahre 2007 hat die Mitsubishi-Gruppe mit mehr als 210.000 Beschäftigten einen Umsatz von über 159 Milliarden US-Dollar erwirtschaftet. Zu Beginn der 1980er Jahre war der Erfolg der Mitsubishi K. K. als damals noch größtem unter den ***sogo shosha*** *(= allgemeine Handelsgesellschaft) angesichts seiner Bedeutung für die Entwicklung der japanischen Wirtschaft und des Außenhandels Beispiel für die Regierungen von Schwellenländern wie Taiwan, Korea oder Brasilien. Auch diese wollten ihre eigenen Varianten von Universalhandelshäusern etablieren in der Hoffnung, dass ihre Volkswirtschaften in ähnlicher Weise dadurch prosperieren würden. Sogar die Vereinigten Staaten waren zu jener Zeit daran interessiert herauszufinden, ob ein solches Unternehmensmodell für Amerika geeignet wäre.*

---

1 K. K. = Kabushiki Kaisha (Aktiengesellschaft). Dank gebührt Herrn Kazuaki Hikida, vormals General Manager, Personnel Department, Mitsubishi K. K., für die Übermittlung tieferer Einsichten in „sein" Unternehmen.

Der Ursprung Mitsubishis geht zurück bis ins Jahr 1870, als kurz nach der Abschaffung des Feudalsystems und der Einführung der Meiji-Reform ein früherer Diener des Tosa-Clans mit dem Namen Yataro Iwasaki ein Transportunternehmen in Osaka, dem wirtschaftlichen Zentrum Japans, errichtete. Von dieser Basis aus begann er sehr schnell zu diversifizieren, zunächst in den Schiffbau, dessen Erzeugnisse er bald exportierte, später in Metallverarbeitung, Kohle, Maschinenbau und schließlich in das Bankgeschäft. Als Ergebnis seiner aggressiven, aber auch überaus erfolgreichen Geschäftstätigkeit legte er den Grundstein für die spätere Bedeutung von Mitsubishi, was auf japanisch „drei Diamanten" heißt und als Wappen der Iwasaki-Familie später zur Gestaltung des Unternehmenslogos („the world's most famous") gereichte.

Zusammen mit Mitsui, Sumitomo und einigen anderen Universalhandelshäusern entwickelte sich Mitsubishi zu einem ***zaibatsu*** *(„Finanzclique") – einem Großkonzern also, der verschiedene große Unternehmen unterschiedlicher Branchen unter der Eigentümerkontrolle einer einzigen Familie betreibt. Nach dem Zweiten Weltkrieg wurde Mitsubishi von den Alliierten 1947 in 139 einzelne Handelsunternehmen aufgesplittet, die trotz der rechtlichen Trennung das am Clan orientierte Band der Unternehmensmitglieder über regelmäßige gegenseitige Beratung in Unternehmensangelegenheiten und durch den Austausch in sozialen Angelegenheiten zusammenhielt. Bereits im Jahr 1952 änderten jedoch die amerikanischen Besatzer ihre Politik, was dazu führte, dass sich einige frühere Mitsubishi-Handelsunternehmen wieder zu einer losen Gruppe vereint haben oder zumindest begonnen haben, den ursprünglichen Namen des Unternehmens sowie dessen Emblem wieder zu nutzen. Die führenden Familien verloren allerdings allen Einfluss und der Charakter der zaibatsu wandelte sich in industrielle Konglomerate (keiretsu) (vgl. Abschn. 7.5.1).*

Als Japans Volkswirtschaft zu vollem Wohl- und Gleichstand mit anderen Industrienationen der westlichen Welt gelangt war, nahmen Breite und Tiefe der internationalen Operationen der Mitsubishi-Gruppe zu, was zu einer Weiterentwicklung, aber auch Schwerpunktverlagerung der eingangs dargestellten Unternehmensphilosophie führte und was einer der Top-Manager, Kenji Hosaka, so sieht: „In gewissem Sinne stellen wir die ‚Software' für die japanische Wirtschaft bereit. Daher können wir es uns einfach nicht leisten, irgendwelchen eigenen Vorstellungen über deren zukünftige Entwicklung zu folgen. Ebenso wenig wäre es angemessen, wenn wir nur kurzfristige Renditen im Auge hätten. Da Japan und die Welt sich rasch entwickeln und wirtschaftliche Betätigungsgebiete sich verändern werden, müssen wir unsere Größe und Diversität nutzen, um Risiken einzugehen und (Dienst-)Leistungskapazitäten zu entwickeln, die auf diese Bedingungen abgestimmt sind. Reaktionsfähigkeit ist der Schlüssel unseres Erfolges."

Organisationsstruktur

Die Organisationsstruktur von Mitsubishi weist drei wesentliche Dimensionen auf, nämlich produkt- und regionalorientierte Geschäftseinheiten sowie zentrale Stabseinheiten (vgl. Abbildung 8-1). Obwohl Außenstehende diese Struktur als Matrixorganisation (vgl. Abschn. 7.2.2.2) bezeichnen würden, sieht sich das Unternehmen selbst als spartenorganisiert mit den sieben Geschäftsbereichen als mächtigste und bedeutendste Unternehmenseinheiten, die alle ihren Sitz in der Hauptverwaltung in Tokyo haben. Nach der anfänglichen, aus dem Jahr 1954 stammenden, bewusst straff zentralisierten Organisation wurde diese Struktur im Jahr 1968 geschaffen, um den Notwendigkeiten der unterschiedlichen Branchen und Produktbereiche besser entsprechen zu können.

Der für Japan bekannte Arbeitsplatzwechsel (Job Rotation) über Arbeitnehmer- und Managertransfer wurde früher jedoch hauptsächlich innerhalb der Unternehmensbereiche und nur in wenigen Fällen über die Unternehmensbereiche hinweg realisiert. So wird berichtet, dass im Jahr 1980 weniger als 120 spartenübergreifende Transfers auftraten, während über 1.300 Intra-Spartentransfers unter den damals über 6.300 Linien- bzw. Stabsführungskräften vonstatten gingen. Heute hingegen ist spartenübergreifendes Job Rotation durchaus üblich mit der Maßgabe, dass Human Resources dorthin versetzt werden sollen, wo sie am meisten gebraucht werden. Die organisatorische Binnengliederung der Sparten und Stäbe umfasst jeweils zwischen 5 und 15 Abteilungen.

Eine Abteilung kann wiederum in 5 bis 11 Sektionen und Teams untergliedert sein, die als grundlegende operative Einheiten die Wertschöpfungsprozesse eines Geschäfts verantworten. Eine Sektion umfasst gewöhnlich fünf bis 15 Linien- und Stabsführungskräfte, ergänzt um Sachbearbeiter und Büroangestellte. Im Prinzip ist der Sektion die Verantwortung für nur ein Produkt übertragen.

*Die Gruppe **(dozoku)** bildet jedoch die wirkliche Basiseinheit des Ganzen. In diesem Zusammenhang ist es interessant sich in Erinnerung zu rufen, dass anders als im chinesischen Kulturkreis (vgl. Kapitel Abschn. 14), wo die Familie den ausschließlichen Nucleus des sozialen Zusammenhalts und der Leistungsbereitschaft darstellt, dieses in Japan für „unser Unternehmen" **(uchi no kaisha)** gilt und die Kleingruppe die Messlatte des individuellen Verhaltens und Handelns bildet. So findet das Streben nach Exzellenz, das in das gesamte Leben zwischen Kindergarten und Pensionierung als Wettbewerb um die Spitzenposition **(„namba wan")** hineinsozialisiert wird, in Gruppen statt. Dieses bedingt, dass das synergetische Potenzial einer Gruppe weit mehr ausmacht als die Zusammenfügung ihrer Teilpotenziale.*

Mitsubishi K. K. – Organizational Structure

Abbildung 8-1

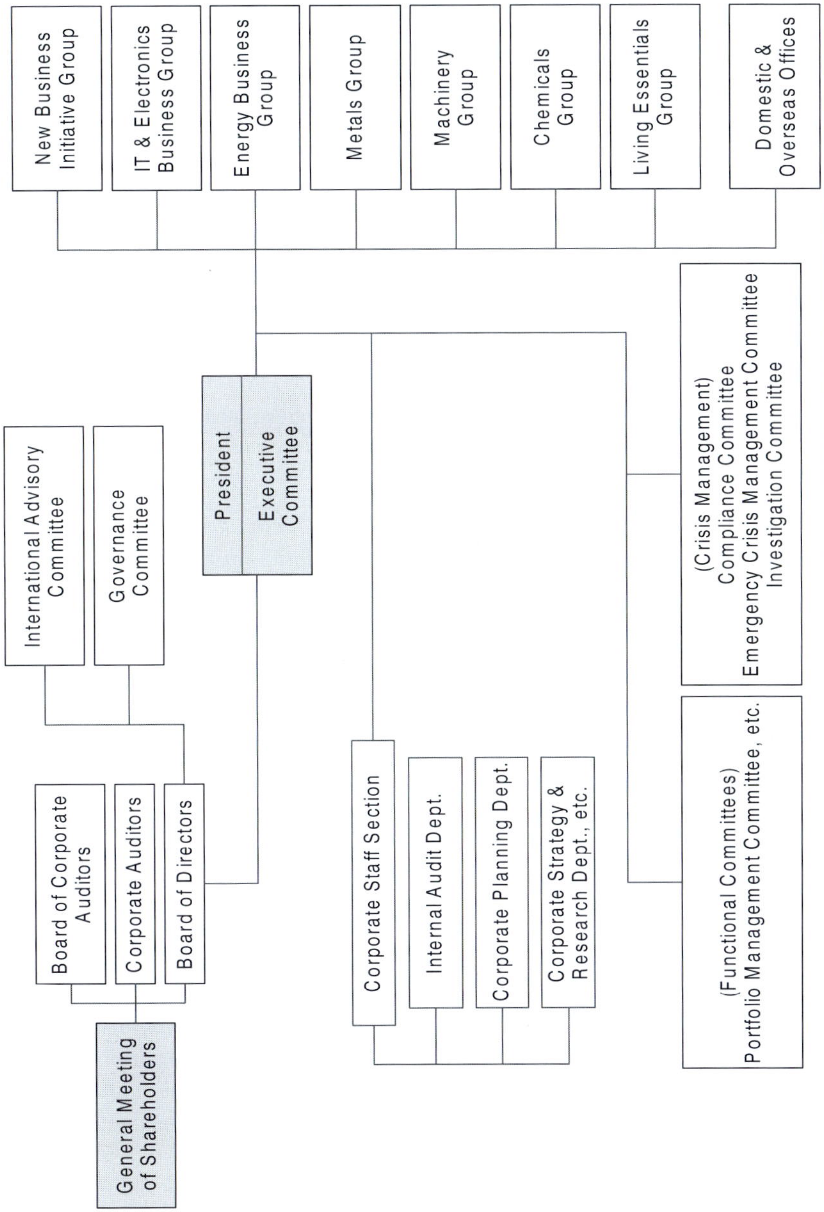

Gruppenorientierte Personalführung

So findet sich eine große Anzahl von Gruppen auf derselben Organisationsebene wie die Sektionen, wobei sie ursprünglich als Ad-hoc-Gruppen zur Entwicklung neuer Geschäfte initiiert worden waren. Wegen ihres enormen Innovationserfolgs bei der Entwicklung neuer Geschäfte wurden sie faktisch zu neuen „Sektionen", obwohl sie den Gruppentitel beibehielten. Dieses führte zu Überlegungen bei Mitsubishi, die Bezeichnung „Sektion" durch „Gruppe" zu ersetzen, mit dem Ziel, dass alle Führungskräfte ihre Gruppen als flexible Einheiten begreifen und ihre jeweilige Verantwortung nur als ein Element eines größeren, langen Karrierepfads betrachten. Gruppen bzw. Sektionen werden durch „Gruppenleiter" ***(kakaricho)*** *angeführt, wobei sie nur eine relativ allgemeine Aufgabenbeschreibung, bezogen auf das von ihnen verantwortete Produkt oder die Dienstleistung, und keine spezifizierten Stellenbeschreibungen erhalten. Vom Gruppenführer wird erwartet, dass er innerhalb der Gruppe Aufgaben und Verantwortlichkeiten flexibel verteilt, so wie es die Erfüllung einer speziellen Tätigkeit verlangt, und dabei auch danach trachtet, das volle Potenzial eines jeden Gruppenmitglieds zu entwickeln.*

*Als grundlegende Philosophie gilt, dass Personalentwicklung und Aufgabenerfüllung als komplementäre Aspekte der Führung auf diesen, aber auch allen anderen Organisationsebenen betrachtet werden. Die Abteilung überwacht, leitet an und koordiniert die an sie berichtenden Sektionen, die verwandte Produkte oder Märkte bearbeiten; daneben hat sie die Aufgabe, kohärente Strategien für diese Sektionen zu formulieren und umzusetzen. Eine Abteilung wird im Prinzip durch einen Abteilungsleiter (**kacho** = „Manager") oder Hauptabteilungsleiter (**bucho** = „General Manager") mit ein oder zwei Vertretern (**kacho dairi** bzw. **bucho dairi**) und einigen Assistenten (**fuku kacho** bzw. **fuku bucho**) geleitet. Der kacho ist in aller Regel ein Linienmann, der bucho hat unter anderem die Verantwortung für Verhandlungen in größeren Projekten, die einen strategischen Einfluss auf das Geschäft eines Produktbereichs haben. Daneben nimmt er die Rolle des Verbindungsmanns ein, und zwar horizontal zu anderen Produktabteilungen und vertikal mit dem Leiter des Unternehmensbereichs.*

Die Ausgestaltung des Verwaltungsbereichs ist normalerweise als Großraumbüro angelegt, und zwar so, dass sie enge Kontakte und Überwachung zwischen den Angehörigen einer Abteilung fördert (vgl. Abbildung 8-2). Der Schreibtisch des (Haupt-)Abteilungsleiters befindet sich in einer Ecke des Großraums, von der aus er alle Sektionen überblicken kann. Daneben hat er auch ein eigenes Büro, das allerdings typischerweise nur für vertrauliche Gespräche in Personalangelegenheiten oder mit wichtigen Kunden oder Besuchern genutzt wird. Die meiste Zeit verbringt er an seinem Schreibtisch im Großraumbüro, um die dort ablaufenden Aktivitäten zu beobachten und zur Beratung mit den Angehörigen der Abteilung zur Verfügung zu stehen.

Mitsubishi K. K. – Floorplan of the Copper Metal and Ore Department

Abbildung 8-2

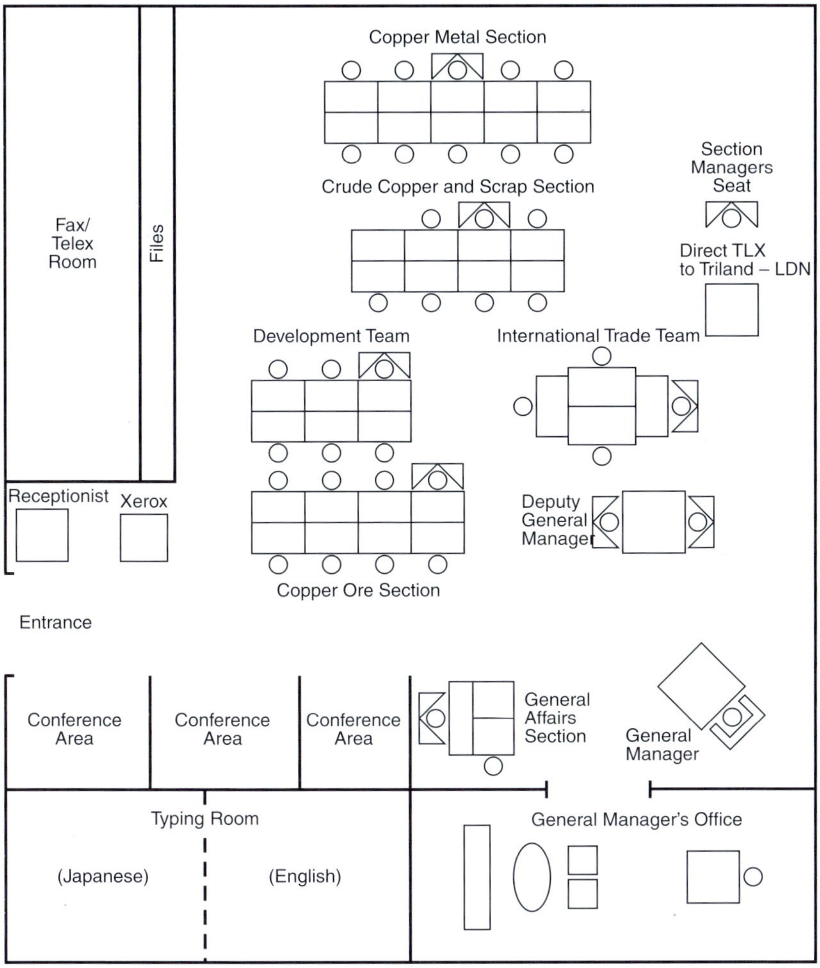

Sektionen und Gruppen sitzen normalerweise als eine Einheit zusammen, was nach außen auch dadurch deutlich wird, dass ihre Schreibtische eng aneinander gestellt sind und auf diese Weise kleine Inseln im Großraumbüro bilden. Der kakaricho (Gruppenleiter) sitzt unter seinen Sektionsangehörigen in solch physischer Nähe, dass er Konversationen mitanhören und buchstäblich die Arbeit an den Schriftstücken oder Bildschirmen visuell verfolgen kann. Zu persönlichen Konversationen oder Besuchen durch Kunden stehen Konferenzräume in jedem Abteilungsbereich zur Verfügung. Die Stabsbereiche, deren Aufgabe es ist, Richtlinien- und Verfah-

rensvorschläge für die Linien zu entwerfen, sind in analoger Weise organisiert. Jeder Unternehmensbereich unterhält seine eigene Verwaltungsabteilung, der die Aufgabe zukommt, die vom Top-Management erlassenen Richtlinien umzusetzen. Die Stellen dieser Abteilung werden normalerweise durch Führungskräfte der Linieninstanzen des Unternehmensbereichs und nicht der Stäbe besetzt, was Mitsubishis Grundhaltung der engen Verbindung und Kenntnis zu der Art eines spezifischen Geschäfts oder Geschäftsfeldes als Voraussetzung der effizienten Richtlinienverwaltung reflektiert.

Personalauswahl

So wie in den meisten größeren japanischen Unternehmen werden Mitsubishis Beschäftigte auch in der Erwartung einer lebenslangen Beschäftigung angestellt. Mit nur ganz wenigen Ausnahmen werden nur Absolventen der besten Universitäten Japans ausgewählt, was einen extrem harten Wettbewerb zwischen Unternehmen und Absolventen zur Folge hat, zumal Mitsubishi als einer der attraktivsten, wenn nicht der attraktivste Arbeitgeber Japans gilt. Mitsubishi verfolgt die Auswahlpolitik, dass nicht für spezifische Führungskräftepositionen eingestellt wird; auf der anderen Seite bewerben sich Studenten auch nicht mit Blick auf einen spezifischen Arbeitsplatz. Japanische Absolventen sind mehr an einem Unternehmen als an einer bestimmten Tätigkeit interessiert. Erst nach der feierlichen Eintrittszeremonie, die am 1. April eines jeden Jahres stattfindet, erhalten die Neueingestellten ihre Zuweisung auf eine bestimmte Stelle in einem der Unternehmensbereiche. 150 bis 200 Absolventen werden jedes Jahr eingestellt. Die Kandidaten führen ungefähr ein Jahr vor ihrer Abschlussprüfung informelle Gespräche mit verschiedenen Unternehmen und können sich erst nach dem 1. Oktober formal bei einem Unternehmen bewerben, wobei der Anstellungsvertrag erst nach dem 1. November abgeschlossen werden darf, wie es die Richtlinien des Arbeitsministeriums vorsehen.

Die Einstellungsgespräche führen Führungskräfte, die Mitsubishi schon zehn Jahre oder länger angehören. Entsprechend der Konzeption der Lebensanstellung verwendet Mitsubishi weder spezielles Wissen noch spezielle Fähigkeiten als Auswahlkriterien, sondern vielmehr Merkmale wie Energie, Vitalität, Intelligenz, Bereitschaft zur Zusammenarbeit und das Potenzial, sich als erfolgreiche Führungskraft zu entwickeln. Ebenso werden die Voraussetzungen eines guten Einpassens in die Unternehmenskultur überprüft, die bei Mitsubishi Professionalität, Kooperation, Unternehmertum und Aktionsorientierung als Profil aufweist.

Anreizsystem

Alle Neuangestellten werden zunächst auf die Position der so genannten D-Klasse (vgl. Abbildung 8-3) eingestellt und nach vier Jahren automatisch auf C-3 und wiederum vier Jahren auf C-2 befördert. Nach weiteren drei Jahren erreichen sie automatisch den Rang C-1 und somit das Ende des Automatismus in der Beförde-

rung. Die Beförderung nach B-3 wäre nach drei Jahren möglich, was allerdings nur einem geringen Prozentsatz gelingt, die Mehrheit erst nach „mindestens einigen mehreren Jahren". Daher kommen auch einige Unternehmensangehörige bei einer für die C-Klasse bindenden Pensionierung im Alter von 58 Jahren nie in die B-Klasse, die als Anerkennung ausgezeichneter Managementfähigkeiten und -erfolge zu gelten hat. Für die Positionsstufen oberhalb des B-1-Niveaus existieren Mindestaltersschranken, die eine schnelle Beförderung verhindern (Mitte 40 für B-1). Die jüngsten Direktoren sind Mitte 50. Diese dürfen sich, anders als die unteren Positionen, erst im Alter von 62 pensionieren lassen. Angehörige höherer Positionen können noch länger im Unternehmen verbleiben. Nur ein äußerst geringer Prozentsatz erreicht je den Rang eines ***sanyo*** *(„Senior General Manager"), geschweige denn eines* ***torishimariyaku bucho*** *(„Director"). Nur zwei bis vier aus der typischen Neuangestelltengruppe von 150–200 werden diesen Rang erreichen.*

Die Rangpositionen sind allerdings nur locker mit der jeweiligen Stellenbezeichnung verbunden und stimmen nicht notwendigerweise mit der organisatorischen Positionenhierarchie überein, was dem Differenzierungsprinzip des Anreizsystems entspricht. So werden nicht immer alle Manager der B-Kategorie auch Abteilungsleiter (kachos); bei Mitsubishi stehen etwa 1.500 Positionen oder Stellen für ca. 3.000 Mitglieder der B-Klasse und darüber zur Verfügung. Dieser Beförderungsstau erzeugt natürlich einen ungeheuren Druck auf die Angehörigen der höheren Hierarchiestufen, sodass die Organisationsstruktur kaum wie eine Pyramide bei westlichen Vergleichsunternehmen konfiguriert ist, sondern – wie könnte es anders sein – als „Diamant". B-Positionen und höhere betreffen mittlerweile über 50 Prozent der gesamten Führungs- und Stabskräfte des Unternehmens, in der A-(General-Manager-)Klasse sind es nur etwa 200 Personen, an der Spitze vier EVPs, ungefähr 20 Managing Directors und 20 Directors. Die Funktion des ***gicho*** *oder* ***fuku-gicho*** *wird in 90 Prozent aller Fälle und so auch bei Mitsubishi vom shacho (Vorsitzender des Vorstands) oder* ***fuku-shacho*** *(stellvertretender Vorsitzender des Vorstands) übernommen, sodass diesbezüglich eine ähnliche Praxis wie beim US-amerikanischen CEO geübt wird (vgl. Abschn. 3.5.1).*

Die zentrale Personalabteilung hat offizielle Richtlinien für die Beförderung, Rotation und Leistungsbeurteilung von Führungs- und Stabskräften erlassen, deren Umsetzung allerdings den Personalspezialisten innerhalb der Unternehmensbereiche überlassen bleibt. Dabei muss jedoch eine Grundregel eingehalten werden, wonach während der ersten 14 Jahre im Unternehmen eine Führungs- oder Stabskraft mindestens dreimal den Arbeitsplatz gewechselt haben sollte; danach wird die Rotation nach Bedarf, im Allgemeinen aber „alle paar Jahre" durchgeführt.

Abbildung 8-3 *Mitsubishi K. K. Rank System*

D Class		„Junior Staff"
C Class	grade 3 grade 2 grade 1	„Staff and Functional Manager Class"
B Class	grade 3 Section Chief (kakaricho) grade 2 Assist. Mgr. (kacho dairi) grade 1 Manager (kacho)	„Manager Class"
A Class	grade 2 Senior Mgr. (jicho) grade 1 General Mgr. (bucho)	„General Manager Class"
Senior General Manager (sanyo)		„Senior General Manager Class"
Director (torishimariyaku-bucho)		„Top Management Class" ↓
Managing Director (torishimariyaku-jomu)		
Senior Managing Director (torishimariyaku-senmu)		
Executive Vice President (daihyo torishimariyaku fuku-shacho)		
President (daihyo torishimariyaku shacho)		
Vice Chairman of the Board of Directors (fuku-gicho)		
Chairman of the Board of Directors (gicho)		

Personalführung – Wie sehen es die Manager vor Ort?

Yuji Gotoh *(bucho), Chef des Nichteisen-Metallbereichs, stellt fest: „Mein wichtigster Job ist, die Leute meines Bereichs dazu zu bringen, dass sie gut arbeiten ... Derjenige, der dieses erreicht, ist neben den selbstverständlichen fachlichen Erfordernissen für seine Aufgabe gut qualifiziert für das Top-Management. Es gibt aber nur ganz wenige offene Stellen dieser Art bei uns, und dieses ist genauso bei anderen Unternehmen. Das stellt uns vor das Problem, wie wir angesichts dieses Missverhältnisses die Motivation aufrechterhalten sollen. Der einzige Weg erscheint mir darin zu bestehen, dass wir den Mitarbeitern die Überzeugung (‚spirit') injizieren,* *dass die Bedeutung ihres Lebens in ihrer Arbeit liegt. Sie müssen stolz über die Dinge sein, die sie in ihrer Arbeit erreichen ... Deswegen investieren wir beständig in unsere Unternehmensangehörigen, um ihre Fähigkeiten weiterzuentwickeln, damit sie das gegenwärtige Geschäft bewältigen oder neue Geschäfte erzeugen. Eines der besten Mittel hierzu ist, ihnen die Verantwortung zu übertragen, eine heimische oder ausländische Niederlassung zu leiten. Dort haben sie die Möglichkeit, über Unternehmensbereichsgrenzen hinwegzusehen und General-Management-Fähigkeiten zu entwickeln."*

Yasuaki Tomori *(kacho), Abteilungsleiter: „Irgendwie muss ich mit den Mitarbeitern meiner Sektion so lange diskutieren, bis wir eine Übereinkunft dahingehend erzielen, in welche Richtung wir gehen sollen ... Ich kann den größten Teil des Tagesgeschäfts meinen Mitarbeitern überlassen. Daher glaube ich, ist es eine wichtige Rolle eines Managers – vielleicht die wichtigste –, im Auge zu haben und zu entscheiden, in welche Richtung er seine Sektion führen soll. Wir erreichen dieses über eine große Zahl an konsensbildenden Prozessen. Die Rolle meiner Vorgesetzten ist eher strategischer, abstrakter und sinngebender Natur; sie geben die generellen Richtungen vor ... Es ist meine Aufgabe, es den Mitgliedern meiner Sektion zu ermöglichen, gute Arbeit zu leisten und sich ständig zu verbessern (‚kaizen'). Das bedeutet, dass ich über alle Aspekte ihres Lebens Bescheid wissen und ihnen sehr nahe stehen muss. Ich muss sogar über ihr physisches Befinden Bescheid wissen. Daher blicke ich ihnen täglich ins Gesicht, um herauszufinden, ob sie müde wirken oder topfit sind. Man muss seine Individualität ein Stück weit opfern, um gute Beziehungen in dieser angespannten Führungssituation aufrechtzuerhalten. Die jüngere Generation scheint immer weniger gewillt, dieses Opfer zu erbringen. Hier hilft uns unsere sehr einflusswirksame Unternehmenskultur (vgl. Abschn. 4.7). Je länger die Leute bei uns sind, desto wohler fühlen sie sich in ihr ... Ich glaube, dass Japaner etwas besser in der Gruppenarbeit sind, selbst mit Leuten, die sie nicht unbedingt mögen. Dieses scheint in Europa und den Vereinigten Staaten anders zu sein. Auch haben wir ein strenges Bewusstsein von Mitsubishi als* ***‚uchi no kaisha'*** *– unser Unternehmen ... Ich verbringe sehr viel Zeit, um Informationen mit allen Mitgliedern der Sektion auszutauschen. Wir gehen zusammen Kaffee trinken oder ein Bier nach der Arbeit, um über alle möglichen Dinge zu sprechen. Natürlich sind wir alle Konkurrenten, wenn es langfristig gesehen um die Beförderung geht, aber wir schenken dem keine Beachtung bei unserem täglichen Zusammensein."*

Nishi Akira *(kakaricho), Sektionsleiter Eisenerz: „Ich führe nicht, indem ich Instruktionen an die Mitglieder meiner Sektion erteile, sogar wenn dieses Probleme für mich verursachen sollte. Ich möchte, dass jedes Mitglied seine Fähigkeiten als Manager entwickelt, indem es Initiative zeigt, wie Dinge angepackt werden sollen. Nach einer Weile sieht man, wer was wie anpackt und bewältigt. Die Art und Weise des Denkens in meiner Sektion ist dadurch gekennzeichnet, dass möglichst viele Mitarbeiter an der Entscheidung über die verschiedensten Aspekte unserer Aufgabenerfüllung teilhaben."*

Die Reaktion dreier junger Beschäftigter in der Kupfersektion, die vor zehn Monaten bei Mitsubishi eingetreten waren: ***Naoki Matumoto:*** *„Jetzt lebe ich in einer unternehmenseigenen Unterkunft für Unverheiratete. Ich esse dort zwar nicht, noch verbringe ich dort viel Zeit außer der Nachtruhe, da meine Arbeitsstunden so lang sind. Dennoch war es für mich möglich, Gleichaltrige aus vielen anderen Bereichen des Unternehmens zu treffen. Speziell unter denen, die wie ich im vergangenen April eingetreten sind, ist es leichter, Dinge zu besprechen und Erfahrungen auszutauschen."* ***Toru Ito:*** *„Nach Eintritt bei Mitsubishi hat man mir einen ‚Instrukteur' zugewiesen. Er erklärte mir Dinge und beantwortete meine Fragen. Zuerst hatte ich viel Sekretariatsarbeiten zu erledigen und Handelsdokumente zu bearbeiten. Nach und nach entwickelte ich die Fähigkeit, diese Arbeiten den Mitarbeitern des Sekretariats zu überlassen."* ***Jun Shobu:*** *„Wenn ich aufgefordert werde, etwas zu tun, erhalte ich normalerweise keine detaillierten Anweisungen. Es wird mir überlassen, die Situation zu verstehen, mich in die Fragestellung einzuarbeiten oder mir Hilfe zu holen. Ich versuche, mich täglich zu verbessern – kaizen!"*

Quellen

CENTER FOR INTERNATIONAL FINANCIAL ANALYSIS & RESEARCH (Hrsg.), Global Company *Handbook*, 2 Bände, Princeton 1992.

INTERNATIONAL INSTITUTE OF STUDIES AND TRADING (IIST) (Hrsg.), *Firmendokumentation* „Mitsubishi Corporation", Fujinomiya-Shi, Kamiide, Japan o. J.

MACHARZINA, K., *Gesprächsprotokolle* über Tiefeninterviews mit Angehörigen des Head-Office der Mitsubishi K. K., unveröffentlichtes Manuskript, Stuttgart 1988.

MITSUBISHI K. K. (Hrsg.), *Geschäftsberichte* 1987 bis 2007, Tokyo 1988 bis 2008.

O. V., Mitsubishi baut weniger *Kampfflugzeuge* und mehr Kraftwerke, in: Frankfurter Allgemeine Zeitung, 46. Jg., Ausgabe vom 24. Januar 1994, S. 14.

O. V., Mitsubishi importiert *Mercedes-Lkw*, in: Süddeutsche Zeitung, 50. Jg., Ausgabe vom 6. April 1994, S. 28.

O. V., Mitsubishi und Daimler proben den *Schulterschluss*, in: Süddeutsche Zeitung, 49. Jg., Ausgabe vom 2. Dezember 1993, S. 33.

O. V., *Mitsubishi* Corp., Tokyo, in: Handelsblatt, 48. Jg., Ausgabe vom 29. November 1993, S. 20.

SCHNEIDEWIND, D., Das japanische *Unternehmen* – Uchi no kaisha, Berlin – Heidelberg 1991.

SCHNEIDEWIND, D., Jishu Kanri – Ein japanisches *Erfolgsgeheimnis*, Wiesbaden 1994.

8.1.1 Theorien der Personalführung

Die Entwicklung der wissenschaftlichen Auseinandersetzung mit der Gestaltung der Personalführung lässt sich an vier Theorieströmungen festmachen. Diese sind mit der Eigenschaftstheorie, der Rollentheorie, der Situationstheorie sowie der Interaktionstheorie gegeben.

8.1.1.1 Eigenschaftstheorie der Personalführung

Herkunft und Denkansatz

Die *Eigenschaftstheorie* stellt dabei die älteste dieser Strömungen dar. In ihrem Grundkonzept geht sie davon aus, dass herausragende menschliche Leistungen wie der Bau der Bewässerungsanlagen an Euphrat, Tigris und Nil oder die Errichtung der „Notre Dame" letztendlich auf die koordinierende Kraft angeborener oder erworbener *Persönlichkeitseigenschaften* federführender Persönlichkeiten zurückzuführen sind. Analog hierzu werden Führung und Führungserfolg als durch persönlichkeitspsychologische und charakterologische Merkmale der Führungskraft bestimmt angesehen (Gebert/v. Rosenstiel [Organisationspsychologie]). Das *Handeln* einer Führungskraft wird lediglich als Ergebnis dieser personenspezifischen Merkmale begriffen und bildet somit nicht den Nucleus des Erkenntnisinteresses. In gleicher Weise werden die Merkmale der Geführten als eher nebensächlich angesehen. Aufgrund dieses Ansatzes wird die Eigenschaftstheorie auch als „Great Man Theory" oder „Hero Theory" bezeichnet. Ihre vielfältigen Varianten lassen sich über drei zentrale Fragen bündeln. Diese haben allerdings zu erheblichen Auseinandersetzungen geführt und sind teilweise auch heute noch nicht vollständig ausdiskutiert.

Zentrale Fragen

- Ein *erster* Streitpunkt betrifft die Frage, ob Führungserfolg stiftende Eigenschaften angeboren sind oder ob sie auch erlernt werden können. Die älteren Vertreter der Eigenschaftstheorie sind dabei von der erstgenannten Auffassung ausgegangen. Wenn heute auch die letztgenannte Sichtweise dominiert, so wäre es jedoch verfehlt, die natürliche Veranlagung zum Führen als unbedeutsam anzusehen. Beides, die ontogenetische Anlage und die sozialen Umstände der Entwicklung von Führungseigenschaften, werden wohl den Führungserfolg bestimmen (Scholz [Personalmanagement]).

- Zum Zweiten besteht Uneinigkeit darüber, ob Führungserfolg auf das Vorhandensein *einzelner* Persönlichkeitseigenschaften zurückzuführen sei („Unitary Trait-Theory") oder ob er auf einer ganz bestimmten Anordnung oder Konstellation mehrerer Merkmale beruht („Constellation of Traits-Theory"). Mit diesen Auffassungsunterschieden verbindet sich die Frage, ob und inwieweit einzelne Führungserfolg stiftende Merkmale durch andere kompensierbar sind. Insbesondere aufgrund der argumentativen Substanz des Gestaltansatzes (vgl. Abschn. 2.3.4) sollte heute wohl der letztgenannten Auffassung der Vorzug gegeben werden.

- Die *dritte* Schlüsselfrage der Eigenschaftstheorie betrifft das Ausmaß der ihr zukommenden situativen Relativierung. In den frühen Arbeiten wurde jedwede Situationsabhängigkeit bestritten. In neueren Veröffentlichungen scheint aber die Auffassung Platz zu greifen, dass die Eigenschaften von Führungskräften zu dem Handlungskontext passen müssen, wenn sie Erfolgswirkung erzeugen sollen.

Empirische Befunde

Die Fülle eigenschaftsorientierter empirischer Studien ist durch Sammelreferate geordnet worden, wobei die wichtigsten von Stogdill, Mann und Korman vorgelegt wurden. In einem ersten, sich auf 110 empirische Untersuchungen beziehenden Sammelreferat hat Stogdill ([Factors] 35 ff.) gezeigt, dass Personen in Führungspositionen den Mitgliedern ihrer Gruppe hinsichtlich der Merkmale Befähigung (zum Beispiel Intelligenz, verbale Gewandtheit, Urteilskraft), Leistung (zum Beispiel Schulleistungen, Wissen), Verantwortlichkeit (zum Beispiel Zuverlässigkeit, Initiative), Teilnahme (zum Beispiel Kooperationsbereitschaft, Anpassungsfähigkeit) und Status (zum Beispiel sozio-ökonomische Position, Popularität) überlegen sind. In einem zweiten Sammelreferat, bei dem sich Stogdill ([Handbook] 73 ff.) der „Constellation of Traits-Theory" zuwendet und auch eine gewisse Situationsabhängigkeit Erfolg stiftender Persönlichkeitsmerkmale zulässt, wurden 163 zwischen 1948 und 1970 erschienene Publikationen ausgewertet. Dabei zeigte sich, dass Führungskräfte durch Merkmale wie Verantwortungsbewusstsein, Aufgabenerfüllung, Durchhaltevermögen hinsichtlich Zielerreichung, Kreativität, Selbstvertrauen, Stressresistenz oder Beeinflussungsfähigkeit gekennzeichnet sind. Die Gegenüberstellung der beiden Sammelreferate lässt allerdings deutlich werden, dass die Befunde nur teilweise miteinander vergleichbar sind. Die Vergleichbarkeit wird insbesondere dadurch eingeschränkt, dass Studien verwertet wurden, die sich auf unterschiedliche Lebenssphären innerhalb und außerhalb der Arbeitswelt und teilweise auch auf einen für den vorliegenden Zusammenhang irrelevanten Personenkreis, nämlich Kinder, beziehen.

Eine weitere Metaanalyse wurde von Mann ([Review] 241 ff.) im Jahr 1959 vorgelegt. Basierend auf den Daten aus 280 Studien kommt er zu der Auffassung, dass Personen in Führungspositionen häufiger als Nicht-Führungskräfte durch hohe Intelligenz, Anpassungsfähigkeit und Extrovertiertheit ausgezeichnet sind. Weniger deutlich ausgeprägt war der gleichwohl ebenfalls positive Zusammenhang zwischen Dominanz, Maskulinität und Sensitivität einerseits und Führung andererseits. Schließlich waren Führungskräfte nur vergleichsweise selten durch eine konservative Grundhaltung gekennzeichnet. Manns Sammelreferat ist den beiden vorgenannten insofern überlegen, als hier nur Führungsbeziehungen untersucht wurden, bei denen die beteiligten Personen zum Untersuchungszeitpunkt mindestens zehn Jahre alt waren. Auf der anderen Seite müssen jedoch auch diese Befunde eingeschränkt werden, da die Korrelationen durchweg schwach und in der Stärke jeweils methodenabhängig unterschiedlich waren.

Schließlich konnte auch Korman ([Prediction] 295 ff.) in seinem auf Längsschnittuntersuchungen gestützten Sammelreferat über Führung in formellen Organisationen nicht zu eindeutigen Aussagen gelangen. Es zeigte sich nämlich, dass sich die Führungskräfte nicht generell und – wo festgestellt – auch nicht wesentlich von den Nichtführungskräften im Hinblick auf die untersuchten Persönlichkeitseigenschaften unterschieden.

Transformationale Führung

Trotz dieser Mängel ist die Eigenschaftstheorie Ende der 1980er Jahre, ausgelöst durch die Diskussion um die so genannte *„transformationale Führung"* (Steyrer [Charisma]; Börner/Streit [Leadership] 31 ff.) und um Frauen in Führungspositionen, wieder belebt worden. Im Ansatz der transformationalen Führung wird dem traditionellen transaktionalen Führer der neue transformationale Führer gegenübergestellt. Transaktionale Führer sehen in Anlehnung an die Anreiz-Beitragstheorie von Barnard ([Functions]) sowie March und Simon ([Organizations]) ihre Aufgabe darin, den Mitarbeitern im Gegenzug für ihre Beiträge, die sie durch ihre Arbeit leisten, entsprechende Anreize zu bieten. Sie streben damit einen Ausgleich an und bemühen sich, Arbeitsumfeld und Anreizsysteme so zu gestalten, dass ihre Mitarbeiter sich zu ordentlicher Aufgabenerfüllung motiviert und verpflichtet fühlen.

Solange klare Aufgabenziele existieren und man sich mit deren Erreichung zufrieden gibt, erscheint der Einsatz eines transaktionalen Führers durchaus sinnvoll. Sollen die Mitarbeiter aber Leistungen erbringen, die die an sie üblicherweise gestellten Erwartungen bei weitem übertreffen, stößt der Transaktionsmechanismus an seine Grenzen. Insbesondere praxisorientierte Schriften (Burns [Leadership]; Tichy/Devanna [Transformational]; mit anderer Begrifflichkeit Peters/Austin [Passion]; Bennis/Nanus [Leaders]) empfehlen hierfür statt transaktionaler Führer den Einsatz so genannter transformationaler Führer. Diese pflegen keine Austauschbeziehung mit ihren Mitarbeitern im Rahmen festgelegter Bedingungen wie deren Bedürfnissen, sondern verändern „einfach" deren Werte, Ziele und Bedürfnisse. Sie folgen ihrer eigenen Vision und begeistern ihre Gefolgschaft durch Sinnstiftung und Charisma für herausragende Spitzenleistungen (Steyrer [Führung]). Transformationale Führer besitzen also die Fähigkeit, zur Leistungssteigerung kulturelle Steuerung auf ihre Mitarbeiter auszuüben. Der Gedanke des transformationalen Führers findet aktuell auch im Rahmen von Coaching- und insbesondere Mentoringprogrammen (vgl. Abschn. 8.1.4) verstärkt Bedeutung, wenn Führungskräfte als individuelle Förderer bei der Personalentwicklung von Nachwuchskräften eingebunden werden. Ebenso mitreißend wie das Wirken transformationaler Führer sind auch die Anleitungen verfasst, mit der Führer zu transformationalen Führern werden sollen. Unterzieht man diese Schriften jedoch einer kritischen Analyse, empfehlen sie Führern schlicht den Besitz der angeblich zur transformationalen Führung erforderlichen Eigenschaften. Damit stiftet das Konzept der transformationalen Führung weder einen explikativen noch einen normativen Nutzen, der über die Aussagen der klassischen Eigenschaftstheorie wesentlich hinausgeht. In die Richtung der transformationalen Führung zielt auch das in jüngster Vergangenheit intensiv diskutierte Konzept des Superleadership (Manz/Sims [SuperLeadership]).

Frauen in Führungspositionen

In der Diskussion um weibliche Führungskräfte (Krell [Frauenförderung] 31) werden die Persönlichkeitsstereotype von Frauen und Männern einander gegenübergestellt und mit den oben referierten Führungseigenschaften verglichen. Auf den ersten Blick schienen die der damaligen Empirie durch Anlehnungsbedürftigkeit, Unsicherheit, Passivität, Intuition, Gefühlsspontaneität und Sanftmut gekennzeichneten Frauen weniger gut zur Führung geeignet zu sein als die mehrheitlich autonomen, selbstsicheren, aktiven, rationalen, unemotionalen und rauen Männer (Friedel-Howe [Ergebnisse] 4). Neuere Untersuchungen liefern differenziertere Ergebnisse. Es wird zum einen darauf hingewiesen, dass die den Frauen aufgrund ihrer weiblichen Eigenschaften vielfach abgesprochene Fähigkeit zu Führen auf Diskriminierungen durch die Leistungsbeurteilungsmethoden beruhe (Krell [Chancengleichheit]). Andere Autoren zeigen, dass sich Frauen in Führungspositionen entweder generell durch ihre Eigenschaften nicht wesentlich von Männern in Führungspositionen unterscheiden (Bischoff [Führungspositionen]) oder dass zumindest einige der als typisch weiblich geltenden Führungseigenschaften wie eine geringere Risikoaversion in das Reich der Mythen gehören (Littmann-Wernli/Schubert [Stereotypien]). Um hierzu nachhaltig tragfähige Aussagen bereitstellen zu können, bedarf es weiterer empirischer Untersuchungen über die geschlechtsspezifischen Unterschiede und Gemeinsamkeiten von Führungseigenschaften und deren Erfolgswirksamkeit (vgl. auch Festing/Hansmeyer [Perspektiven]).

Kritische Würdigung

Insgesamt gesehen müssen die Ergebnisse der wegen ihrer Einfachheit und Einsichtigkeit vor allem in Praktikerkreisen geschätzten Eigenschaftstheorie aufgrund ihrer Uneinheitlichkeit und statistischen Unzulänglichkeit als enttäuschend bezeichnet werden, was auch schließlich zur Abwendung von dieser Denkrichtung geführt hat. Problematisch ist insbesondere, dass die Eigenschaftstheorie die *Handlungs*dimension, also das zielgerichtete Verhalten von Führungskräften in der jeweiligen Situation, über welche Führung ja erst zum Ausdruck kommt, weitgehend ausblendet. Auch ist zu bemängeln, dass die Mehrzahl der eigenschaftstheoretisch angelegten empirischen Untersuchungen Merkmale von führenden Personen untersucht, ohne die Erfolgswirksamkeit dieser Eigenschaften zu berücksichtigen. Schließlich darf nicht übersehen werden, dass es sich bei den ermittelten Eigenschaften nicht nur um abstrakte, sondern oft auch um inhaltlich diffuse Begriffe handelt.

8.1.1.2 Rollentheorie der Personalführung

Herkunft und Denkansatz

Die auch als Gruppenansatz bezeichnete und durch die Sozialwissenschaften befruchtete *Rollentheorie* der Personalführung erweitert die Perspektive der Eigenschaftstheorie insofern, als sie den Schwerpunkt des Erkenntnisinteresses auf die zwischen Führungskräften und Gruppenmitgliedern ablaufenden Reiz-Reaktions-Prozesse legt. Insbesondere wird berücksichtigt, dass sich Führung erst aus dem Wechselspiel der Handlungserwartungen der Partner in der Gruppe herauskristallisiert. Der Handlungskontext wird dagegen nicht explizit in die rollentheoretische Analyse einbezogen. Die Rollentheorie wurde von ihren sozialwissenschaftlichen Vertretern wie Bales/Slater ([Differentiation] 259 ff.), Krech/Crutchfield/Ballachey ([Individual]) oder Dahrendorf ([Homo]) als deskriptives Konzept zur Analyse sozialer Phänomene geschaffen. Hier ist auch der unterschiedliche Ansatz der eher deskriptiven Rollentheorie der Personalführung und der Eigenschaftstheorie begründet, bei der letztendlich die Bereitstellung von Kriterien zur Auswahl von Führungskräften im Vordergrund steht.

Unter einer Rolle ist ein *in sich konsistentes Bündel von Verhaltenserwartungen* bezüglich der Aufgaben, Rechte und Pflichten, die an den Inhaber einer Position gerichtet sind, zu verstehen. Dadurch, dass die Erwartungen an die Position gebunden sind, werden sie implizit von der Person des Stelleninhabers unabhängig gedacht. Rollenformulierungen tragen zur Reduktion von Komplexität und damit zu Handlungstransparenz und -fähigkeit bei.

Laborexperimente

Zu den Schlüsselarbeiten der Rollentheorie sind die auf Laborexperimenten beruhenden Studien von Bales und Slater ([Differentiation] 259 ff.) zu zählen, die bereits in den 1950er Jahren ad hoc zusammengestellte Kleingruppen untersuchten und eine deutliche Tendenz zur Rollendifferenzierung und damit zur aufgabenspezifischen Arbeitsteilung festgestellt haben. Im Hinblick auf die hier besonders interessierende Führerrolle konnte ermittelt werden, dass von Führungskräften sowohl aufgabenorientiertes („Tüchtigkeit") als auch sozial orientiertes Verhalten („Beliebtheit") erwartet wird. Dieser auch als Divergenztheorem bezeichnete Befund ist insofern interessant, als mit ihm bereits die später von der Führungsstilforschung aufgedeckte und unten erörterte Dichotomie von aufgabenorientiertem und mitarbeiterorientiertem Verhalten vorskizziert wurde.

Kritische Würdigung

Aus der Sicht der Personalführung ist die für sozialwissenschaftliche Analysen durchaus nützliche Rollentheorie allerdings kritisch zu beurteilen. Die Einwände setzen dabei bereits an der Grundüberlegung der Rollentheorie an, die zwar die Beschränkung auf Persönlichkeitseigenschaften der Eigenschaftstheorie überwindet, die personenspezifischen Variablen jedoch ganz ausblendet und somit ebenfalls als einseitig kritisiert werden muss. Des Weiteren ist zu bemängeln, dass zwar viel Aufwand darauf verwendet wurde, allerlei denkbare Arten von Beziehungen zwischen Rollen und verschiedene Arten von Rollenkonflikten zu systematisieren, dass aber das Bemühen um Aufschluss über den Inhalt von Rollen hintenangestellt wurde. Eine Ausnahme im Bereich der Unternehmensführung ist mit dem Rollenkonzept Mintzbergs (vgl. Abschn. 9.2) gegeben. Die Rollenbetrachtung in der Personalführung kann schließlich dahingehend relativiert werden, dass sich Rollen in offenen Gesellschaften in immer kürzeren Zeitabständen verändern oder überformen und damit Gefahr laufen, ihren handlungsordnenden Einfluss zu verlieren.

8.1.1.3 Situationstheorie der Personalführung

Herkunft und Denkansatz

Die *Situationstheorie* der Personalführung kann als eine Konkretisierung des Situationsansatzes der Unternehmensführung angesehen werden. Den in Abschn. 2.3.2 dargestellten Überlegungen folgend wird davon ausgegangen, dass es nicht möglich ist, allgemeingültige Aussagen zur Personalführung zu formulieren, sondern dass die Vorteilhaftigkeit des Führungsverhaltens von den jeweiligen situativen Umständen bestimmt wird. Erfolgreiche Personalführung setzt daher immer eine Analyse des Handlungskontexts voraus. Bisher besteht freilich noch keine Einigkeit darüber, welche Faktoren bei der situationsorientierten Gestaltung des Führungsverhaltens zu berücksichtigen sind. Häufig wird auf ein Variablensystem Bezug genommen, das fünf Merkmalsgruppen umfasst (Aschauer [Führung] 78 f.): (1) Merkmale der Gruppenmitglieder wie Fähigkeiten, Charaktermerkmale, Ansprüche und Erwartungen, (2) das interpersonelle Klima in der Gruppe wie Gruppenzusammensetzung, formelle und informelle Verbindungen zwischen Gruppenmitgliedern, (3) Gruppennormen, hier insbesondere gruppeninterne Sanktionsmechanismen, (4) die anhand von Kriterien wie Ziel, Neuartigkeit, Strukturiertheit und Schwierigkeit operationalisierte Aufgabe der Gruppe sowie (5) gruppenexterne technische, rechtliche, ökonomische und kulturelle Einflüsse.

Normative Führungsmodelle

Neben der kontextbezogenen Sichtweise unterscheidet sich die Situationstheorie der Personalführung von der Eigenschaftstheorie aber insbesondere dadurch, dass sie nicht die Eigenschaften, sondern das Verhalten von Führungskräften analysiert. Dieser Schwerpunktsetzung folgend wurden normative Führungsmodelle entwickelt, mit denen eine anwendungsbezogene Umsetzung des Grundkonzepts der Situationstheorie angestrebt wird. Hierzu zählen vor allem das *Fiedler'sche Kontingenzmodell* (Fiedler/Chemmers

[Leadership]), das *situative Reifegradmodell*, das *entscheidungstheoretische Führungsmodell* (vgl. Abschn. 8.1.3) sowie das *werteorientierte Personalführungsmodell* (zu Letzterem vgl. Macharzina/Wolf/Döbler [Werthaltungen] 147 ff.).

Kritische Würdigung

Diese Konzepte werden dem zuvor dargelegten idealtypischen Katalog von Situationsvariablen jedoch insofern nicht gerecht, als der praktischen Handhabbarkeit wegen jeweils nur einzelne oder wenige Situationsvariablen hinsichtlich ihrer Erfolgswirkung untersucht werden. Mit diesem Hinweis ist bereits ein wesentlicher Mangel der Situationstheorie der Personalführung angesprochen, der sich jedoch auf deren Umsetzung und nicht auf den ihr zugrunde liegenden Denkansatz bezieht. Grundsätzlicher Natur ist hingegen der Einwand, dass es der Situationstheorie bislang nicht gelungen ist, Klarheit über die Struktur der zu berücksichtigenden Situationsvariablen zu schaffen. Ferner sind situationstheoretische Modelle vor allem der Determinismuskritik (vgl. Abschn. 2.3.2) ausgesetzt. Schließlich ist zu bemängeln, dass einige situationstheoretische Modelle keine empirische Fundierung aufweisen und dass die empirisch getesteten Modelle der Prüfung nur selten standgehalten haben (Gebert [Führungsstilforschung] 245 ff.).

8.1.1.4 Interaktionstheorie der Personalführung

Herkunft und Denkansatz

Die bisher dargelegten Theorieansätze gehen davon aus, dass Führen, verstanden als die Mitarbeiter beeinflussendes Verhalten, ausschließliche Aufgabe der Führungskräfte ist. Sie verkürzen mit dieser Sichtweise jedoch die faktischen Verhältnisse insofern, als sie unberücksichtigt lassen, dass auch Personen ohne formale Führungsfunktion andere im Unternehmen tätige Personen beeinflussen. Die *Interaktionstheorie* der Personalführung trägt neben ihrer Prozessorientierung insbesondere diesem Aspekt Rechnung. Sie bezieht die Eigenschaften und das Verhalten von Führungskräften und Mitarbeitern, den Handlungskontext und die zwischen Führungskräften und Mitarbeitern ablaufenden Beeinflussungsprozesse in ihre Analyse mit ein. In diesem Kontext ist auch die aktuelle Diskussion um die „Führung von unten" zu sehen (Weibler [Management]; Emmerich [Führung]).

Als soziale Interaktionen sind dabei *wechselseitige Beziehungen* zwischen zwei oder mehreren Personen zu verstehen, wobei deren Aktionen und Reaktionen abwechselnd als Ursache und als Wirkung auftreten. Im Gegensatz zur Situationstheorie wird davon ausgegangen, dass die Interaktionen zunächst „neutral" und die Einflussbeziehungen gleichwertig sind. Erst durch die unterschiedlichen Beeinflussungspotenziale in Form von Persönlichkeitsmerkmalen, Fähigkeiten und organisatorischen Macht- und Statusattributen der Beteiligten sowie durch das Ausmaß, in dem es gelingt, ihre Beeinflussungsaktionen der gegebenen Situation anzupassen, Zielvereinbarungen zu erreichen und individuellen und kollektiven Erwartungen zu entsprechen, können sich symmetrische oder asymmetrische Interaktionsstrukturen ergeben, die eine Gleich- oder Über- bzw. Unterordnung bedingen (Macharzina [Führungstheorien] 37 f.). Das von der Interaktionstheorie als komplex angenommene Wirkungsgefüge der Personalführung ist in Abbildung 8-4 veranschaulicht.

Kritische Würdigung

Der wesentliche Vorzug der Interaktionstheorie besteht darin, dass sie Erklärungsfragmente der Eigenschafts-, Rollen- und Situationstheorie in einem integrierenden und prozessorientierten Denkansatz verbindet. Vorteilhaft dürfte sich auch auswirken, dass die Gleichrangigkeit personaler und situationaler Bedingungen betont wird. Auch ist sie zur Analyse zwischenzeitlich verstärkt diskutierter Phänomene wie lateraler Kooperationen zwischen Gruppenmitgliedern (Wunderer/Weibler [Einflussstrategien] 515 ff.; Klimecki [Kooperation]) geeignet. Auf der anderen Seite dürfte wohl die angenommene Komplexität von Führungsverhältnissen dafür verantwortlich sein, dass es bislang nicht gelungen ist, über deskriptive und einzelfallbezogene Aussagen hinaus ein der Entwicklung normativer Aussagen dienliches Variablensystem zu entwickeln.

8.1.2 Führungsstilkonzepte

Begriff

Regelmäßig wiederkehrende Muster des Führungsverhaltens werden als *Führungsstile* bezeichnet. Sie sind zeitlich überdauernd und in Bezug auf bestimmte Situationen in sich konsistent. Die Analyse von Führungsstilen erweist sich nicht zuletzt deshalb als schwierig, da Führungsstile abstrakte und mehrdimensionale Konstrukte darstellen, die nur anhand mehrerer Merkmale beschrieben werden können. Zu den in diesem Zusammenhang interessierenden Beschreibungsmerkmalen von Führungsstilen sind die von einer Führungskraft wahrgenommene Bedeutung der Zielerreichung, die Art der Willensbildung, die informationellen Beziehungen in der Gruppe, die Form der Kontrolle, die Art der Sanktionierung, die Einstellung einer Führungskraft gegenüber den Mitarbeitern und das Ausmaß der von einer Führungskraft ausgehenden Fürsorge für die Mitarbeiter zu zählen (Baumgarten [Führungsstile] 27). Prinzipiell ist die Mehrzahl dieser Merkmale als mehr oder weniger unabhängig voneinander anzusehen, sodass eine größere Zahl unterschiedlicher Führungsstile denkbar ist. In der Führungsstilforschung versucht man, dem hierin begründeten Komplexitätsproblem dadurch Herr zu werden, dass idealtypisch *reine Typen von Führungsstilen* skizziert werden. In der häufig auch auf die Praxis ausgerichteten Literaturfülle haben sich über die Jahre hinweg *drei Basisstile* verfestigt.

Drei Basisstile

Interaktionstheorie der Personalführung

Abbildung 8-4

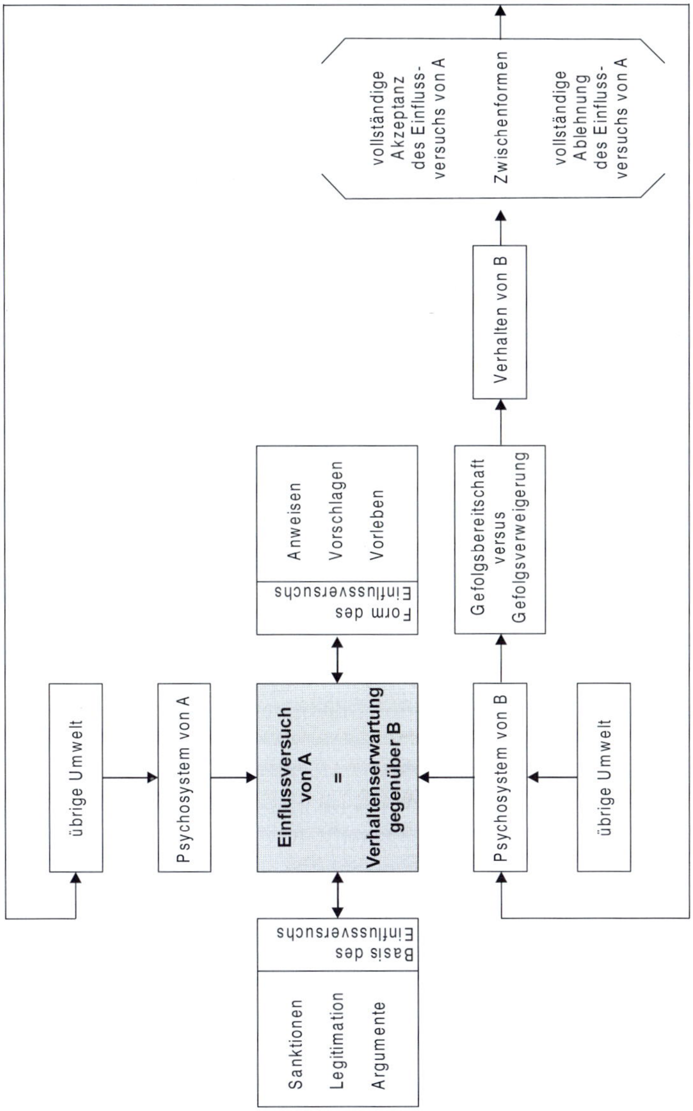

Autokratische/autoritäre Führung

■ Bei Anwendung des *autokratischen*, auch als autoritär bezeichneten Führungsstils bestimmt und lenkt die Führungskraft die Ziele und Handlungen der Individuen oder der Gruppe. Dabei werden die zu erfüllenden Aufgaben den Gruppenmitgliedern von der Führungskraft ohne nähere Erklärung zugeteilt. Autokratisch agierende Führungskräfte lassen nicht erkennen, nach welchen Maßstäben sie die Handlungen der Gruppenmitglieder bewerten. In der Gruppe herrscht eine extrem asymmetrische Informationsbeziehung insofern, als die Führungskraft Weisungen erteilt und die Gruppenmitglieder gehorchen. Autokratische Führungskräfte neigen dazu, in die Arbeitsprozesse der Gruppenmitglieder einzugreifen. In Fällen, in denen das autokratische Handlungsmuster mit einem hohen Maß an Fürsorge einhergeht, wird auch von einem patriarchalischen Führungsstil gesprochen.

Kooperative Führung

■ Der *kooperative*, auch als partizipativ oder demokratisch bezeichnete Führungsstil ist als Gegenpol zum autokratischen anzusehen. Hier werden die Gruppenmitglieder von der Führungskraft dazu ermutigt, ihre Ziele und Handlungen zum Gegenstand von Gruppendiskussionen und -entscheidungen zu machen. Bei der Bewertung der Handlungen der Gruppenmitglieder wird versucht, die zugrunde gelegten Kriterien offen zu legen. Die Informationsbeziehungen zwischen der Führungskraft und den übrigen Gruppenmitgliedern sind weitgehend ausgeglichen; es wird beraten und nicht angewiesen. Der kooperative Führungsstil ist schließlich durch das Bemühen der Führungskraft gekennzeichnet, die Ziele der Gruppenmitglieder zu fördern.

Laissez-faire

■ Beim *Laissez-faire-Führungsstil* ist das interpersonelle Beeinflussungsverhalten weitgehend reduziert, sodass die Gruppenmitglieder ein hohes Maß an Handlungsfreiheit besitzen. Die Informationsbeziehungen zwischen Führungskraft und Gruppenmitgliedern sind auf ein Mindestmaß beschränkt; lediglich bei der Artikulation von Informationswünschen werden diese befriedigt. In gleicher Weise vermeidet es die Führungskraft, das Verhalten der Gruppenmitglieder in irgendeiner Weise zu bewerten. Ob allerdings in diesem Zusammenhang überhaupt noch von Führung gesprochen werden kann, erscheint fraglich.

Die vorausgegangenen Überlegungen dürften deutlich gemacht haben, dass es wenig zweckdienlich ist, Führungsstile lediglich anhand eines Merkmals zu beschreiben, wie dieses bei dem auch heute noch vieldiskutierten Konzept von Tannenbaum und Schmidt ([Leadership-pattern] 122 ff.) geschieht, nach dem das Führungsstilspektrum ausschließlich anhand des Merkmals „Entscheidungspartizipation" zu charakterisieren ist.

Empirische Befunde

Unter den zahlreichen *empirischen Studien* der Führungsstilforschung ragen die so genannten Iowa-Studien und die Ohio-Studien heraus. Diese unterscheiden sich hinsichtlich ihres Ansatzes und ihrer Ergebnisse. Während es bei den Iowa-Experimenten lediglich darum ging, die Konsequenzen *vorgegebener* Führungsstile zu ermitteln, sollten mit den Ohio-Studien praktizierte Führungsstile empirisch ermittelt und deren Wirkungen untersucht werden.

Iowa-Studien

Die an der Iowa Elementary School durchgeführten und deshalb als *Iowa-Studien* bezeichneten Untersuchungen von Lewin, Lippitt und White ([Patterns] 296 ff.) wurden bereits gegen Ende der 1930er Jahre durchgeführt. Bei ihnen wurde davon ausgegangen, dass der autokratische und der demokratische Führungsstil als gegensätzliche Muster des Führungsverhaltens zu begreifen sind, die sich gegenseitig ausschließen. Aus diesem Grund können die Iowa-Studien auch als Grundlagenarbeit des *eindimensionalen Führungsstilkonzepts* begriffen werden. In Laborexperimenten mit zehn bis zwanzig Grundschülern als Versuchspersonen sollten die Konsequenzen des autokratischen, demokratischen und Laissez-faire-Führungsstils hinsichtlich Leistung und Zufriedenheit der Gruppenmitglieder ermittelt werden.

Die Vorgehensweise und Befunde der mit unterschiedlicher Versuchsanordnung durchgeführten Laborexperimente sind in Abbildung 8-5 veranschaulicht. Als Gesamtergebnis stellte sich heraus, dass der gewählte Führungsstil für die Atmosphäre, das Arbeitsverhalten und das Arbeitsergebnis bestimmend und *der demokratische der geeignetste unter den drei Führungsstilen ist.*

Kritische Würdigung

Die Iowa-Experimente einerseits und die häufige Bezugnahme der Führungsstilforschung auf sie andererseits sind im Schrifttum teilweise scharf kritisiert worden (Grell [Techniken]; Steinkamp [Gruppendynamik] 147 ff.). Dabei wird vor allem betont, dass es sich bei den Studien um künstliche Laborexperimente mit Schülern handelt, die mit der Handlungssituation in der Führungspraxis in Unternehmen und anderen Institutionen nichts zu tun hätten (vgl. Abbildung 8-5). Überdies wird bemängelt, dass in den Experimenten lediglich Extremtypen von Führungsstilen analysiert wurden. Auch wird gezeigt, dass die in der Folgezeit durchgeführten empirischen Überprüfungen keine durchgängige Bestätigung der Iowa-Befunde erbracht haben. Ein weiterer Schwerpunkt der Kritik ist auf das den Iowa-Experimenten zugrunde liegende eindimensionale Führungsstilkonzept mit einer Entweder-oder-Haltung gerichtet. Insbesondere die Vertreter der unten erörterten Ohio-Studien gehen nämlich davon aus, dass eine Integration von gruppenmitgliedsorientiertem und sachzielorientiertem Führungsverhalten möglich ist. Insgesamt haben jedoch trotz ihrer Mängel die Iowa-Experimente die Führungsforschung erheblich beeinflusst.

Abbildung 8-5

Laborexperimente der Iowa-Studien

	Erstes Experiment	Zweites Experiment
Testgruppe	zehn Knaben, aufgeteilt zu zwei in sich homogene, im Vergleich zueinander unterschiedliche Gruppen	zwanzig Knaben, aufgeteilt zu vier heterogen besetzte, im Vergleich zueinander aber gleichartige Gruppen mit je fünf Mitgliedern
Arbeitsaufgabe	Herstellung von Theatermasken	Herstellung von Theatermasken
Getestete Führungsstile	autokratisch demokratisch	autokratisch demokratisch (laissez-faire)
Führungsperson	in der einen Gruppe durchweg autokratische Führungspersonen; in der anderen Gruppe durchweg demokratische Führungspersonen	vier für alle drei Führungsstile ausgebildete Personen, die rochierten
Effizienzmaß	soziales Klima in der Gruppe (Spannungen)	Gruppenleistung sowie soziale Kriterien (Zufriedenheit, Spannungen, Individualität, ...)
Erhebungsinstrument	Beobachtungen durch Dritte (Experten)	Beobachtungen durch Dritte (Experten)
Befund	Spannungen waren in der autoritär geführten Gruppe wesentlich höher	höchste quantitative Gruppenleistung in der autokratisch geführten Gruppe, aber nur bei repetitiven Aufgaben bei Abwesenheit der Führungsperson erbrachte die demokratisch geführte Gruppe eine höhere Leistung höhere Individualität und Originalität bzw. Kreativität der Versuchspersonen in demokratisch geführter Gruppe soziale Kriterien wie Zufriedenheit der Gruppenmitglieder in der demokratisch geführten Gruppe besser erfüllt

Ohio-Studien

Unter der Bezeichnung *„Ohio-Studien"* werden verschiedene, in den 1950er und 1960er Jahren an der Ohio State University durchgeführte empirische Untersuchungen zusammengefasst, wobei die wichtigsten der hierüber dokumentierten Veröffentlichungen von Hemphill und Coons ([Development] 6 ff.) sowie Halpin und Winer ([Study] 39 ff.) stammen. Zur Ermittlung von Führungsstilen wurden 1.790 das Führungsverhalten beschreibende Statements zu neun Klassen gruppiert und in einen 150 Fragen aufweisenden Fragebogen umgesetzt, der das Spektrum der neun Handlungsdimensionen abdecken sollte. Dieser auf nicht unproblematische Weise entstandene Fragebogen ist als „Leader Behavior Description Questionnaire" bekannt geworden. Hemphill und Coons haben mittels dieses Instruments Mitarbeiter von 357 Führungskräften befragt und die Daten unter Anwendung der Faktorenanalyse verdichtet. Hierbei konnte das breite Spektrum an Handlungsweisen zu den drei Faktoren „Aufrechterhaltung der Mitgliedschaft", „Zielerreichung" und „Gruppeninteraktions-Erleichterung" gebündelt werden, die zumindest in diesem Datensatz weitgehend unabhängig voneinander waren. Halpin und Winer haben die Studien von Hemphill und Coons dergestalt repliziert, dass sie den LBDQ auf 130 Items verkürzt und ca. 300 Besatzungsmitglieder von Militärflugzeugen befragt haben. Auf der Basis der ebenfalls faktorenanalytischen Datenauswertung konnten die vier Dimensionen „praktische Besorgtheit", „Strukturierung", „Leistung" und „soziales Gespür" herausgearbeitet werden, von denen die beiden Erstgenannten insofern deutlich im Vordergrund stehen, als sie mehr als 80 Prozent der Varianz des Verhaltens der befragten Führungskräfte erklären konnten. Aufgrund dieses Ergebnisses wurden *diese beiden voneinander unabhängigen Faktoren als prinzipielle Verhaltensorientierungen von Führungskräften herausgestellt.* Sie werden als „Consideration" (Mitarbeiterorientierung) sowie „Initiating Structure" (Aufgabenorientierung) bezeichnet.

In einem zweiten Arbeitsschritt haben Fleishman und Harris ([Patterns] 43 ff.) die über die Beschwerde- und Fluktuationsrate operationalisierten Konsequenzen unterschiedlich stark ausgeprägter Mitarbeiter- und Aufgabenorientierung überprüft. Die Daten basieren auf einer Befragung der Mitarbeiter von 57 Werkmeistern eines Unternehmens. Es konnte ein negativer Zusammenhang zwischen der Mitarbeiterorientierung einerseits und der Beschwerde- bzw. Fluktuationsrate andererseits festgestellt werden, wobei allerdings die „Grenzrate der Beschwerde/Fluktuation" mit steigender Mitarbeiterorientierung abnahm. Aus diesem Befund kann geschlossen werden, dass *nur ein bestimmtes Maß an Mitarbeiterorientierung als effizient anzusehen* ist. Auch zeigte sich ein positiver Zusammenhang zwischen Beschwerde- und Fluktuationsrate und der Aufgabenorientierung, wobei ein Ansteigen der „Grenzrate der Beschwerde/Fluktuation" festgestellt wurde. Schließlich stellte sich in der Mitarbeiterorientierung die offenbar dominierende der beiden Führungsstilvariablen heraus. Insbesondere ist festzuhalten, dass stark mitarbeiterorientiertes Verhalten die negativen Konsequenzen stark aufgabenorientierten Verhaltens auszugleichen vermag; umgekehrt ließ sich nicht feststellen, dass schwach aufgabenorientiertes Verhalten die negativen Wirkungen nur gering ausgeprägten mitarbeiterorientierten Verhaltens zu kompensieren in der Lage ist.

Kritische Würdigung

In gleicher Weise wie die Iowa-Studien sind auch die Ohio-Studien heftig kritisiert worden (Kerr/Schriesheim [Consideration] 555 ff.). Die Einwände zielen dabei mehrheitlich auf die Methodik der empirischen Untersuchung ab, wobei die geringen und einseitigen Stichproben ebenso wie die faktorenanalytische Erzeugung der beiden prinzipiellen Führungsorientierungen in Frage gestellt werden. Auch wird kritisiert, dass bislang noch nicht geklärt sei, ob sich mitarbeiterorientiertes und aufgabenorientiertes Führungsverhalten gegenseitig ausschließen oder ob es möglich ist, beide Orientierungen gleichzeitig in starker Ausprägung zu realisieren. Für die letztgenannte, von den Ohio-Forschern vertretene Auffassung spricht allerdings, dass auch verschiedene andere Fachvertreter zu ähnlichen Ergebnissen gekommen sind.

8.1.3 Normative Konzepte der Personalführung

Im normativ-angewandten Verständnis hat die Personalführungsforschung die Aufgabe, Gestaltungsempfehlungen für das Führungsverhalten bereitzustellen. Diesem Zweck dienen normative Konzepte der Personalführung. Innerhalb der bisher vorgeschlagenen Modelle lassen sich zwei Gruppen ausmachen. Die Modelle der ersten Gruppe, unter denen insbesondere das Management-by-Objectives (MbO) und das Harzburger Modell bekannt geworden sind, legen Handlungsempfehlungen vor, die für jedwede Handlungssituation geeignet sein sollen. Nachfolgend wird lediglich das MbO erörtert, da sich das Harzburger Modell (Höhn [Führungsbrevier]) bei näherer Analyse lediglich als eine mit einer Fülle von Detailregeln gespickte, autokratische direktive Variante des MbO erweist und es aufgrund seines technokratischen Charakters in der Unternehmenspraxis trotz eines Hochs in den 1960er Jahren so gut wie keine Bedeutung mehr besitzt. Die Modelle der zweiten Gruppe basieren auf der Situationstheorie der Personalführung und stellen für unterschiedliche Handlungskonstellationen speziell zugeschnittene Handlungsempfehlungen bereit. Exemplarisch werden das situative Reifegradmodell sowie das entscheidungstheoretische Führungsmodell dargestellt.

8.1.3.1 Management-by-Objectives

MbO als „Flagship" der Mb-Familie

Mit dem Management-by-Objectives (MbO) steht das umfassendste einer ganzen Familie von Personalführungsmodellen zur Verfügung, die auch als Managementtechniken bezeichnet werden. Zu dieser Familie zählen unter anderem auch Management-by-Delegation, Management-by-Results, Management-by-Exception, Management-by-System, Management-by-Motivation, Management-by-Ideas, Management-by-Breakthrough und Management-by-Self Direction and Self Control (vgl. den Überblick bei Noll [Unternehmensführung]). Letztere stellen lediglich Teilkonzepte dar, die im MbO aufgehen. Bei dem MbO wird das Verhalten der Mitarbeiter anhand von Zielen gesteuert. Die Grundannahme des Konzepts besteht darin, dass Mitarbeiter, die über klare Ziele verfügen, zu selbstständigem Handeln bereit und fähig sind. Dementsprechend muss es die Aufgabe der Führungskräfte sein, dafür zu sorgen, dass die Mitarbeiterziele in regelmäßigem Abstand neu bestimmt oder vereinbart werden. Die Wahl der zur Zielerreichung einzusetzenden Mittel liegt im Ermessensbereich der Mitarbeiter. Das MbO ist bereits in den 1940er Jahren von Humble ([Praxis]) und Odiorne ([Management]) auf der Basis der Arbeiten von Drucker und McGregor in den USA entwickelt worden. Hierfür dürfte die wachsende Komplexität der in Unternehmen zu erledigenden Aufgaben ebenso veranlassend gewesen sein, wie die zunehmende Spezialisierung in allen Arbeitsbereichen, der immer schneller werdende Wissensumschlag oder die veränderten Werte und Einstellungen der Mitarbeiter. Eine starke Verbreitung hat das MbO dadurch erfahren, dass es von Großunternehmen wie IBM zum generell anzuwendenden Führungskonzept erklärt wurde, dem ein phasenorientiertes Prozessmodell zugrunde liegt:

MbO-Prozess

- Im ersten Schritt des MbO-Prozesses sind die *Mitarbeiterziele festzulegen*. Entsprechend dem Zustandekommen der Mitarbeiterziele sind danach zwei Varianten des MbO zu unterscheiden: Entweder werden die Mitarbeiterziele von den Führungskräften vorgegeben oder sie werden zwischen Führungskräften und Mitarbeitern ausgehandelt. Die erstgenannte, direktive Variante kann somit auch als „Management durch Zielvorgabe", die letztgenannte, partizipative hingegen als „Management durch Zielvereinbarung" bezeichnet werden. Heute besteht weitgehender Konsens darüber, dass es unter Motivationsgesichtspunkten günstiger ist, die partizipative Variante anzuwenden. Der Erfolg des MbO wird entscheidend davon abhängen, ob es gelingt, die Mitarbeiterziele präzise und durchgehend operationalisiert und möglichst konfliktfrei zu formulieren. Hierbei hat es sich als vorteilhaft erwiesen, wenn outputbezogene Marktziele, die Input-Output-Relation betreffende Effizienzziele sowie mitarbeiterorientierte soziale Ziele festgelegt werden. Bisweilen wird auch noch zwischen Routinezielen und kreativen Zielen unterschieden; dies wirft die Frage auf, ob kreative Leistungen überhaupt im Vorhinein festgelegt werden können.

- Die organisatorischen Voraussetzungen während der *Arbeitsphase* für MbO müssen so gestaltet werden, dass die Mitarbeiter über die Handlungsspielräume verfügen, um die Zielerreichung auch autonom verfolgen zu können. Auch muss ein vertikales und horizontales Informationssystem eingerichtet werden. Der Führungskraft obliegen die Beratung der Mitarbeiter, die Kontrolle der Zielerreichung, die Analyse und Diskussion von eventuell auftretenden Abweichungen sowie die Beurteilung der Mitarbeiter. Hieran wird ersichtlich, dass beim MbO eine Trennung von Führungsverantwortung und Handlungsverantwortung vorgesehen ist.

- Mit der *Leistungsbeurteilung* ist die dritte Phase des MbO-Zyklusses gegeben. Gradmesser der sich auf die abgeschlossene Periode beziehenden Leistungsbeurteilung sind die für die Periode festgelegten Ziele, sodass ein einfacher Soll-Ist-Vergleich erfolgen könnte, wenn sich nicht während der Periode die Rahmenbedingungen verändert haben, was heute allerdings schon fast zum Regelfall geworden ist. Hier wird zum Problem, dass die Grundkonzeption des MbO so gut wie keine situative Relativierung aufweist. Lediglich in Ausnahmefällen, nämlich dann, wenn eine Führungskraft erkennt, dass der Mitarbeiter die ihm gestellten Aufgaben nicht erfüllt, wird ein Wechsel im Führungsverhalten dergestalt empfohlen, dass die gewährte Handlungsautonomie zugunsten einer Ersatzvornahme aufgehoben wird. Zum Erfolg des MbO trägt bei, wenn die Leistungsbewertung durch eine Beurteilung des Mitarbeiterpotenzials ergänzt und das Ergebnis der Leistungsbewertung und der Potenzialbeurteilung im Rahmen eines Mitarbeitergesprächs dem Mitarbeiter dargelegt, begründet und zur Diskussion gestellt wird.

Eignung für mittleres Management

Der *Anwendungsschwerpunkt* des MbO liegt im Bereich des *mittleren Managements*. Zur Führung höherer Führungskräfte erscheint es weniger geeignet, da hier aufgrund der Längerfristigkeit und Komplexität der Aufgaben das Prognoseproblem zu groß ist, als dass eindeutige und Einzelpersonen zuordenbare Ziele festgelegt werden könnten. Von einer Anwendung im unteren Management ist ebenfalls abzuraten, da die dort zu erledigenden Aufgaben in der Regel stark strukturiert und repetitiver Natur sind, sodass die Gefahr besteht, den Prozess des MbO zu einem inhaltsleeren, mit entsprechenden Demotivationseffekten einhergehenden Ritual werden zu lassen.

Kritische Würdigung

Für die Mitarbeiter ist die Anwendung des MbO mit dem Vorteil verbunden, dass ihre Handlungs-, insbesondere die Entscheidungsspielräume erweitert werden. Auch sollte nicht übersehen werden, dass die Mitarbeiter *zu zielorientiertem Denken und Handeln* angeleitet werden und dass ihre eigene Situation im Unternehmen durch den MbO-Einsatz präzisiert wird. Aus der Sicht der Führungskräfte dürfte der mit MbO erzielbare *Zeitgewinn* im Vordergrund stehen. Außerdem wird von einer durch MbO ausgelösten *Leistungssteigerung* der Mitarbeiter berichtet, was allerdings noch nicht hinreichend erwiesen ist (vgl. auch Schneider [Zielvorgaben] 619 ff. und 633). Schließlich dürfte es sich positiv auswirken, dass bei einer unternehmensweiten Anwendung des MbO das Zielsystem des Unternehmens regelmäßig hinterfragt und neu festgelegt wird. Auch erscheint die Anwendung des MbO in jenen Bereichen problematisch, wo qualitative Ziele im Vordergrund stehen. Mit Blick auf die MbO-Konzeption ist zu bemängeln, dass der Umfang der Einbeziehung der Mitarbeiterziele letztendlich offen bleibt. Schließlich wird auch noch vermutet, dass das MbO lediglich ein Partizipation vortäuschendes Instrument zur Leistungssteigerung darstellt. Hiermit ist jedoch keine Kritik des MbO an sich, sondern an der Form seiner Handhabung gegeben.

Die vielfältige und langjährige Erfahrung mit dem Einsatz von MbO in der Praxis hat gezeigt, dass dort typische Fehler begangen werden. Zu diesen zählen die Neigung der Führungskräfte, direktiv Ziele zu setzen, die tendenziell zu hoch sind, und in den Autonomiebereich der Mitarbeiter hineinzuregieren. Des Weiteren wird vielfach der Fehler begangen, dass gleichartige Ziele an mehrere Mitarbeiter vergeben werden, dass das Ausmaß nebenbei zu erledigender Routineaufgaben unterschätzt, die Aufstellung von Zwischenzielen („Meilensteinen") vergessen und an den einmal festgelegten Zielen starr festgehalten wird. Bei den Mitarbeitern besteht das Problem, dass bei einer nicht dem Inhalt und Ausmaß der Zielvorgabe entsprechenden Motivationsstruktur sowie vom Einsatz der Instrumente Stellenbeschreibung und Leistungsbeurteilung negative Konsequenzen auf Einstellung und Verhalten ausgehen können (Oechsler [Personal] 387 ff.).

8.1.3.2 Situatives Reifegradmodell

Das situative Reifegradmodell (Tri Dimensional Leader Effectiveness Model oder Situational Leadership Theory) ist von den nordamerikanischen Unternehmensberatern Hersey und Blanchard (Hersey/Blanchard/Johnson [Management] 131 ff.) entwickelt worden. Von seiner Grundkonzeption her baut es auf den Forschungsergebnissen der Ohio-Schule auf, da von einer Unabhängigkeit mitarbeiterorientierter und aufgabenorientierter Führung ausgegangen wird. Aufgrund einer Dichotomisierung dieser beiden Handlungsdimensionen werden im Modell vier Führungsstile unterschieden. Der *diktierende Führungsstil* („Telling") ist durch eine geringe Mitarbeiterorientierung und eine hohe Aufgabenorientierung gekennzeichnet. Hier werden die Handlungen des Vorgesetzten von dem Wunsch nach bestmöglicher Zielerreichung dominiert, wohingegen mitarbeiterorientierte Fürsorgeüberlegun-

Anweisung

gen in den Hintergrund treten. Die bestmögliche Zielerreichung soll dadurch sichergestellt werden, dass dem Mitarbeiter genau gesagt wird, was er wie zu tun hat.

Argumentation

Der *argumentierende Führungsstil* („Selling") weist eine hohe Mitarbeiterorientierung und eine etwas geringere Aufgabenorientierung auf. In diesem Fall ist sich die Führungskraft darüber bewusst, dass die Zielerreichung nur dann möglich ist, wenn dem Mitarbeiter klar gemacht wird, warum er etwas zu tun hat. Die Aufgabenorientierung ist hier insofern etwas geringer ausgeprägt, als lediglich grobe Handlungsempfehlungen im argumentativen Dialog vermittelt werden. Im Gegensatz zum diktierenden Führungsstil versucht der Vorgesetzte, dem Mitarbeiter auch sozioemotionale Unterstützung zu bieten. Hierdurch soll erreicht werden, dass der Mitarbeiter die Aufgabenstellung nicht nur hinnimmt, sondern auch überzeugt akzeptiert.

Mitwirkung

Der *partizipierende Führungsstil* („Participating") unterscheidet sich vom vorhergehenden durch eine nochmals verminderte Aufgabenorientierung; die Mitarbeiterorientierung ist hier ebenfalls stark ausgeprägt. Vorgesetzter und Mitarbeiter entscheiden gemeinsam über die Ziele und Maßnahmen zu ihrer Erreichung.

Delegation

Beim *delegierenden Führungsstil* („Delegating") sind schließlich sowohl die Mitarbeiter- als auch die Aufgabenorientierung sehr gering ausgeprägt. Der Vorgesetzte schränkt sein Beeinflussungsverhalten insofern stark ein, als lediglich delegiert und überwacht wird. Auf Führung im klassischen Sinn wird hier also verzichtet.

Reifegrad der Mitarbeiter als Kriterium

Hersey und Blanchard gehen davon aus, dass die Wahl des Führungsstils ausschließlich von dem *Reifegrad*, erfasst über kognitive („Arbeitsreife") und motivationale („persönliche Reife") Merkmale *des jeweiligen Mitarbeiters*, bestimmt wird. Erfolgsorientierte Führungskräfte müssen sich demnach auf jeden einzelnen ihrer Mitarbeiter einstellen können. Den geringsten Reifegrad (R 1) weisen jene Mitarbeiter auf, bei denen sowohl die Arbeits- als auch die persönliche Reife gering ausgeprägt sind. Dem höchsten Reifegrad (R 4) sind hingegen jene Mitarbeiter zuzuordnen, bei denen beide Reifemerkmale voll erfüllt sind. Als eher unreif (R 2) werden diejenigen Mitarbeiter erachtet, die zwar „psychologisch", nicht jedoch fachlich reif sind. Als ziemlich reif (R 3) sind schließlich jene anzusprechen, die fachlich kompetent sind, aber an Motivationsproblemen leiden. Es wird ersichtlich, dass die *Arbeitsreife* als das *dominierende Merkmal* angesehen wird, da bei einer hohen Arbeitsreife zumindest der Reifegrad R 3 gewährleistet ist. Die Zuordnung der Führungsstile zu Reifegraden ist in Abbildung 8-6 verdeutlicht. Unreifen Mitarbeitern ist demnach genau zu sagen, was sie wie zu tun haben. Bei eher unreifen Mitarbeitern, die Verantwortung übernehmen wollen, aber noch nicht können, ist der verkaufende Führungsstil erforderlich, um das hoch ausgeprägte Motivationspotenzial nicht zu zerstören und inhaltliche Hilfestellungen zu geben. Für die ziemlich reifen Mitarbeiter erscheint ein partizipierendes Handlungsmuster zweckmäßig, da ihr Können eine Teilhabe an Entscheidungen ermöglicht und ihr Engagement durch eine Entscheidungsbeteiligung verbessert werden kann. Reifen Mitarbeitern können schließlich Aufgaben eigenverantwortlich übertragen werden; die Führung kann sich auf eine gelegentliche Kontrolle beschränken. Hersey und Blanchard vertreten die Auffassung, dass eine Abstimmung von Mitarbeiterreife und Führungsstil zu erhöhter Arbeitsleistung und Zufriedenheit bei den Mitarbeitern beiträgt. Diese normativen Aussagen und auch die Effektivitätsvermutung sind jedoch nicht empirisch, sondern ausschließlich auf der Basis von Plausibilitätsüberlegungen entwickelt worden.

Situatives Reifegradmodell

Abbildung 8-6

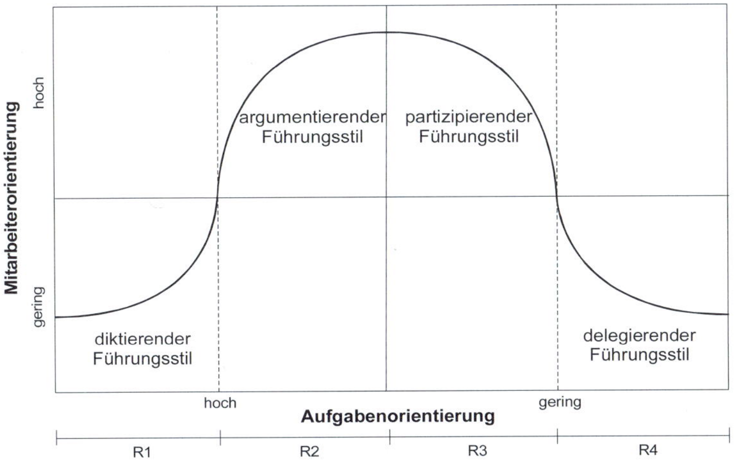

Als Unternehmensberater haben sich Hersey und Blanchard nicht auf die Modellierung von Entsprechungen von Führungsstilen und Reifegraden beschränkt, sondern darüber hinaus auch noch Instrumente entwickelt, anhand derer eine Diagnose der Mitarbeiterreife und des Führungsverhaltens und damit eine einfache Handhabung des situativen Reifegradmodells möglich ist.

Kritische Würdigung

Die praxisfreundliche Operationalisierung der Schlüsselvariablen muss als ein wesentlicher Vorzug des situativen Reifegradmodells angesehen werden. In gleicher Weise ist positiv zu werten, dass das Modell einfach und anschaulich formuliert wurde und der Führungskraft bei der Wahl des jeweiligen Führungsstils hinreichende Freiräume überlassen werden. Diesen Vorzügen stehen jedoch erhebliche konzeptionelle Mängel gegenüber. So ist zu bezweifeln, ob die Mitarbeiterreife wirklich die einzige Einflussvariable des Führungsverhaltens darstellt. Ebenso fragwürdig erscheint die von den Autoren angenommene Unabhängigkeit von persönlicher und Arbeitsreife. Schließlich wird ihnen vorgeworfen, dass die Zuordnung von Reifegraden und Führungsstilen recht willkürlich vorgenommen wurde. Der Stichhaltigkeit des letztgenannten Einwands ist auf dem empirischen Weg nachgegangen worden. Angesichts der Befunde von Blank/Weitzel/Green ([Test] 579 ff.), Vecchio ([Theory] 444 ff.) sowie Goodson/McGee/Cashman ([Leadership] 446 ff.) scheint der Einwand berechtigt zu sein. Nur vereinzelt hat sich nämlich den empirischen Befunden zufolge modellkonformes Führungsverhalten in einem überdurchschnittlichen ökonomischen und sozialen Erfolg niedergeschlagen.

8.1.3.3 Entscheidungstheoretisches Führungsmodell

Ausmaß der Entscheidungspartizipation

In dem von Vroom und Yetton ([Leadership]; Vroom [Führungsentscheidungen] 183 ff.; Vroom/Jago [Leadership]) entwickelten und in verschiedenen Varianten vorliegenden entscheidungstheoretischen Führungsmodell wird ebenfalls von einer Situationsbezogenheit des Führungsverhaltens ausgegangen. Im Modell werden dabei *fünf Führungsstile* unterschieden, die jedoch nur hinsichtlich eines Beschreibungsmerkmals von Führung, nämlich dem Ausmaß der *Entscheidungspartizipation*, voneinander abweichen. Unter dem so bezeichneten Führungsstil *A I* werden dabei autoritäre Alleinentscheidungen eines Vorgesetzten ohne vorausgehende Informationseinholung bei den Mitarbeitern zusammengefasst. Mit dem Führungsstil *A II* ist eine abgeschwächte Variante von A I gegeben, bei der der Vorgesetzte seine Alleinentscheidung erst nach Informationseinholung bei den Mitarbeitern trifft. Bei den A-Stilen beschränkt sich somit die Rolle der Mitarbeiter allenfalls auf die Zurverfügungstellung von Informationen. Demgegenüber kennzeichnet der Führungsstil *C I* jene Fälle, in denen sich der Vorgesetzte mit einem von ihm als besonders kompetent erachteten Mitarbeiter berät, die Entscheidung aber ebenfalls allein trifft. Auch *C II* ist beratender Natur, nur dass hier eine Gruppenbesprechung mit den Mitarbeitern erfolgt. Beim Führungsstil *G II* werden die Probleme nicht nur in der Gruppe besprochen, sondern auch dort gelöst. Nach gemeinsamer Entwicklung von Alternativen werden diejenigen ausgewählt, die konsensfähig sind. Hier koordiniert der Vorgesetzte lediglich den Entscheidungsprozess.

Handlungssituation

Die Handlungssituation wird im entscheidungsorientierten Führungsmodell anhand von sieben Dimensionen bzw. Problemattributen beschrieben. Jede dieser Dimensionen ist in der Form einer mit ja oder nein zu beantwortenden Frage ausgedrückt, sodass prinzipiell $2^7 = 128$ Handlungssituationen denkbar sind. Bei der Auswertung der Vroom und Yetton vorliegenden empirischen Materialien hat sich aber gezeigt, dass in der Realität lediglich 14 dieser Handlungssituationen relevant sind.

Effektivität

Die Effektivität des Führungsverhaltens wird anhand der drei Merkmale *Entscheidungsqualität, Mitarbeiterakzeptanz* und *Zeitbedarf für die Entscheidung* und damit anhand ökonomischer und sozialer Kriterien gemessen. Die effektivitätsstiftende Zuordnung von Handlungssituationen und Führungsstilen ist in Abbildung 8-7 veranschaulicht. Bei der Suche nach dem passenden Führungsstil wird dabei vom Ursprung des Entscheidungsbaums ausgegangen und ein von der Beantwortung der sieben Schlüsselfragen abhängiger Pfad beschritten. Der am Endpunkt des Pfades skizzierte Führungsstil weist eine hohe Effektivität auf. Die bisherige Darlegung des entscheidungstheoretischen Führungsmodells ist insofern verkürzend, als an den Endpunkten des Entscheidungsbaums mehrere, in Einzelfällen sogar bis zu fünf und damit alle Führungsstile zulässig sind. Welcher der Führungsstile gewählt werden sollte, ist von dem jeweils im Vordergrund stehenden Effektivitätskriterium abhängig. Wird der *Zeitbedarf* als besonders bedeutsam angesehen, dann sind die in Abbildung 8-7 *nicht eingeklammerten* Führungsstile zu wählen (Modell A). Soll hingegen primär eine größtmögliche *Mitarbeiterakzeptanz* erreicht werden, dann sind die durch *Klammerung* gekennzeichneten Führungsstile zu bevorzugen (Modell P).

Empirische Befunde

Die Arbeitsgruppe um Vroom hat das entscheidungstheoretische Führungsmodell bald nach seiner Erstveröffentlichung einer empirischen Überprüfung mit einer stattlichen Stichprobe von ca. 25.000 Führungskräften unterschiedlicher Kulturkreise unterzogen. Weitere bedeutende Modelltests wurden von Zimmer ([Validating]), Margerison/Glube ([Leadership] 45 ff.), Field/House ([Test] 362 ff.), Thomas ([Involvement] 435 ff.), Paul/Ebadi ([Leadership] 201 ff.), Ettling/Jago ([Participation] 73 ff.), Pate/Heiman ([Test] 22 ff.), Crouch/Yetton ([Leadership] 384 ff.) und von Reber/Böhnisch/Jago ([Unterschiede]) für den europäischen Raum vorgelegt, wobei die letztgenannte Arbeit insofern besonders wichtig erscheint, als sie in ihr interkulturelles Konzept auch Länder des ehemaligen Ostblocks einbezieht.

Insgesamt gesehen kann das entscheidungsorientierte Führungsmodell als ansatzweise bestätigt gelten. Allerdings muss bezweifelt werden, ob sich Führungskräfte die komplexe und wenig übersichtliche Modellstruktur einprägen oder im konkreten Anwendungsfall diese nachvollziehen werden. Ebenso fragwürdig erscheint die von Jago (Jago/Vroom [Führungsmodell] 5 ff.) vorgenommene computergestützte Modellerweiterung, mit der die Dichotomie der Problemattribute überwunden werden soll. Hierdurch konnte zwar der Komplexität der Handlungssituation eher Rechnung getragen und die Validität des Modells erhöht werden; jedoch dürfte die formelle Abstraktheit und Undurchsichtigkeit Akzeptanzprobleme bei Praktikern hervorrufen.

Abbildung 8-7 *Entscheidungsorientiertes Personalführungsmodell*

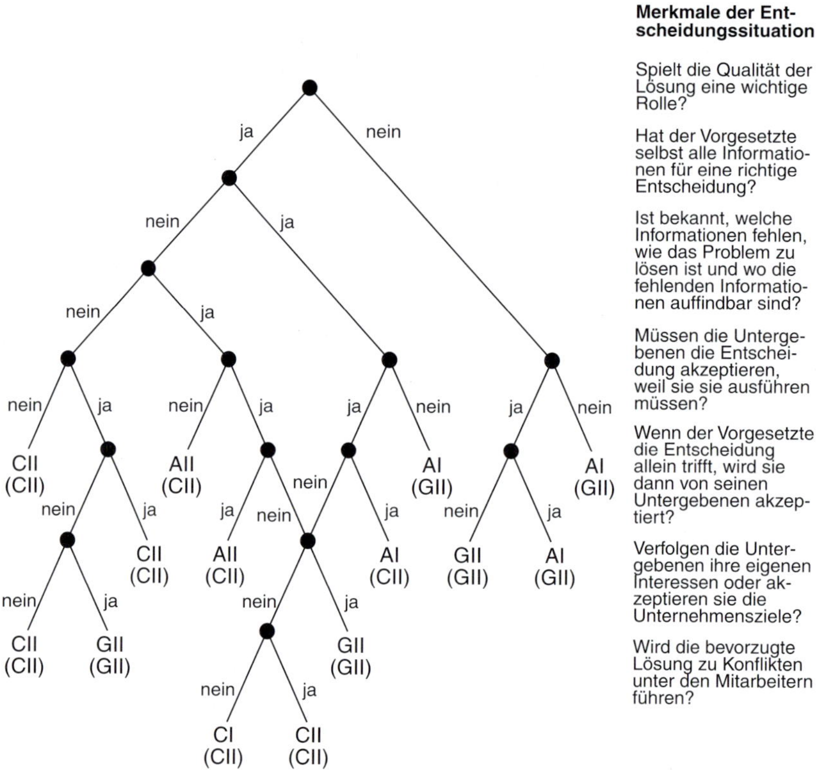

AI	AII	CI	CII	GII
autoritär Alleinentscheidung	autoritär Entscheidung nach Information durch Untergebene	beratend Entscheidung nach Einzelberatung mit Untergebenen	beratend Entscheidung nach Gruppenbesprechung	Problemlösung und Entscheidung durch die Gruppe

8.1.4 Symbolische Führung, Coaching und Empowerment

In der traditionellen Personalführungstheorie werden ausdrückliche, über Anweisungen, Ratschläge oder Sanktionen zum Ausdruck kommende Formen der Mitarbeiterbeeinflussung in den Mittelpunkt der Analyse gestellt. Seit einiger Zeit wird das Erkenntnisinteresse jedoch verstärkt auf indirekte und implizite „Medien" der Personalführung gerichtet. Es hat sich nämlich gezeigt, dass handlungsleitende Botschaften auch über *Symbole* vermittelt werden können; diese ergänzen oder substituieren die expliziten Formen von Personalführung. Dabei ist davon auszugehen, dass jede Führungskraft in der Tendenz symbolisch handelt. Ein Symbol ist etwas Dinglich-Konkretes, das etwas anderes oder mehr aussagt, als auf den ersten Blick ersichtlich wird. Symbole erweisen sich somit als sinnstiftende und -vermittelnde Medien. Sie sind im täglichen Leben weit verbreitet, wobei die Beispiele vom Straßenverkehr (Ampel, Zebrastreifen) bis in den kirchlichen Bereich (Kreuz, Wein, Hostie, prunkvolle Kleidung) hineinreichen. Symbole erfüllen insofern eine wichtige Funktion, als sie es ermöglichen, die Komplexität der realen Lebenswelt zu verringern.

Drei Arten von Symbolen

Im Hinblick auf den Problembereich der Personalführung sind *verbale, interaktionale und artifizielle Symbole* zu unterscheiden. Bei *verbalen* Symbolen ist die Botschaft in sprachlicher Form verschlüsselt, wobei sich das Spektrum von Anekdoten über Slogans, Sprachregelungen, Witze, Reden bis hin zu Spitznamen erstreckt. Unter *interaktionalen* Symbolen werden die Verfahrensregeln des gegenseitigen Umgangs wie Riten, Mythen, Gewohnheiten, Bräuche, Spiele, Taktiken oder Tabus zusammengefasst. *Artifizielle* Symbole betreffen Statussymbole, Gebäude, Logos, Druckwerke, Kontrolleinrichtungen oder Maschinen (Kasper [Organisationskultur] 47 ff.). Symbole werden nur dann eine sinnstiftende Kraft entfalten, wenn bei den Symbolsendern und -empfängern gemeinsame Formen der Symboldeutung bestehen. So gesehen kann Personalführung nicht nur in einem repetitiven Gebrauch tradierter Symbole bestehen; es muss immer auch darum gehen, dass erwünschte Deutungsmuster verfestigt und unerwünschte verwässert werden. Hieran wird ersichtlich, dass *Führung symbolisiert und symbolisierend zugleich ist* (Neuberger [Führen] 662 ff.). Von symbolisierter Führung ist zu sprechen, wenn Führung in der Form von Symbolen vermittelt wird, von symbolisierender Führung, wenn Sinn gestiftet wird. In der Praxis sind es vielfach subtile Methoden, über die die Mitarbeiter symbolisch geführt werden. Allerdings muss der derzeitige Wissensstand über Formen und Wirkungen der symbolischen Führung als noch gering angesehen werden.

Symbolisierte und symbolisierende Führung

Coaching

Das Coaching hat insbesondere im Bereich höherer Führungskräfte in jüngerer Zeit (Pietschmann/Leufen [Coaching]; Fischer-Epe/Schulz von Thun [Coaching]) eine besondere faktische Bedeutung erlangt. Es besteht in einer professionellen Beratung und Begleitung von auch als Coachees bezeichneten Führungskräften durch einen Coach. Das in erheblichem Maße mit dem Supervisions- und Mentoring-Konzept (Blickle [Mentoring]) verwandte Coaching wird durchgeführt, um Führungskräften die Ausübung ihrer komplexen Aufgaben sowie den Umgang mit unter Umständen auftretenden karrierebezogenen Verwerfungen zu erleichtern. Die durch fachlich geschulte Personen durchzuführende, stets auf einer Freiwilligkeit der Teilnahme fußende Beratung und Begleitung erfolgt dabei auf der Prozessebene; es geht bei dieser sich über längere Zeiträume erstreckenden Maßnahme also nicht um den Inhalt der von der jeweiligen Führungskraft zu bewältigenden Sachaufgaben. Erreicht werden soll ein höheres Maß an Selbstreflexion und Verantwortungsfähigkeit. Die Kernprobleme des Coaching bestehen in der Schwierigkeit, eine vernünftige Mitte zwischen dem Wunsch der Coachees nach Diskretion und dem Informationsbedürfnis des Unternehmens zu finden, der Scheu vieler Führungskräfte, Coaching in Anspruch zu nehmen sowie der in der Praxis bestehenden Unsicherheit hinsichtlich der Qualität der Coachs (Stahl/Marlinghaus [Coaching] 205).

Empowerment

Eine flächendeckendere Ausrichtung weist das Empowerment (Eccles [Empowerment] 13 ff.; Blanchard/Carlos/Randolph [Empowerment]) auf. Dieses besteht in einem Bündel von Personalführungsmaßnahmen, um das Ausmaß an Selbstbestimmung und Autonomie von Führungskräften und Mitarbeitern zu steigern. Diese sollen motivierter, innovativer, veränderungsfreudiger, selbstverantwortlicher und damit letztlich effektiver werden, so dass im Unternehmen schnellere und situationsgerechtere Entscheidungen möglich werden. Einzelmaßnahmen des Empowerments bestehen in klar definierten Zielen, Autoritätslinien und Kompetenzfeldern, einem hohen Maß an Delegation von Zuständigkeiten, einem kooperativen Führungsstil, einer sozialen Unterstützung von Mitarbeitern durch Führungskräfte, einer Teilung von Informationen sowie einem leistungsorientierten Vergütungssystem. Im Mittelpunkt der gegenüber dem an und für sich sinnvollen Empowerment vorgebrachten Kritik steht die relative Unspezifität und geringe Innovativität des Konzepts sowie die isolierte, nicht abgestimmte Durchführung von Einzelmaßnahmen (Gerum/Schäfer/Schober [Empowerment] 498 ff.).

8.1.5 Teamführung

Teamführung ist nicht gleich individualisierte Personalführung

In Abschnitt 7.4.1.2 wurde dargelegt, dass in vielen Unternehmen Teams und nicht mehr Einzelpersonen für die Aufgabenerledigung zuständig sind. Dies hat für die Personalführung erhebliche Implikationen, weil zwar die Grundlagen der Personalführung weiter fortgelten, jedoch die Beeinflussung von Mitarbeitergruppen eine andere Qualität aufweist als diejenige von einzelnen Mitarbeitern. Teamführung, die auch von Vorstands- bzw. Geschäftsleitungsvorsitzenden gegenüber ihren Organkollegen zu leisten ist, darf somit nicht mit herkömmlicher Personalführung gleichgesetzt werden. Die Teamführung stellt aber auch deshalb besondere Herausforderungen an Führungskräfte, da wie die empirische Forschung gezeigt hat, die Art und Weise der Teamführung signifikant mit dem Ausmaß der im Team bestehenden Zusammenarbeit, der Kommunikationsintensität sowie der Heftigkeit aufgaben- und personenbezogener Konflikte korreliert (Gemünden/Högl [Teamarbeit] 12ff.; Stock [Erfolgsfaktoren] 987; Grosse/Ullmann/Weyh [Führung]; Schenk-Mathes [Teams] 265 ff.).

Zwei Hauptfunktionen

Erfolgreiche Teamführung hat zwei Hauptfunktionen zu erbringen, nämlich eine *Aufgaben- und Zielerreichungsfunktion* sowie eine *Teamerhaltungs- und Kohäsionsfunktion* (Wurst/Högl [Führungsaktivitäten] 157 ff.).

Aufgaben- und Zielerreichungsfunktion

- Innerhalb der *Aufgaben- und Zielerreichungsfunktion* ist zunächst eine klare Konzipierung des Teamauftrags zu leisten. Hierzu sind projektrelevante Informationen einzuholen, zu organisieren und zu evaluieren, Handlungsanforderungen, -bedarfe und -alternativen zu identifizieren, Teamarbeitsziele zu setzen, Vorgehensweisen festzulegen, Ressourcen zu planen und Informationen zu kommunizieren.
- Weiterhin ist im Rahmen dieser Funktion die Teamarbeit zu organisieren. Hierzu müssen die Teamarbeitsstruktur aufgestellt, einzelne Teamaufgaben spezifiziert und zugewiesen, Berichtssysteme eingerichtet, Werte, Grundsätze und Methoden bestimmt, Leistungsstandards entwickelt, Anreizsysteme aufgebaut sowie Ressourcen gesichert, zugewiesen und geprüft werden.
- Schließlich gehört zur ersten Hauptfunktion, auf die zielgerichtete Zusammenarbeit im Team einzuwirken. Dies setzt voraus, dass die Teammitglieder an die Teamziele gebunden, bei ihrer Zusammenarbeit zielgerichtet koordiniert und allgemein unterstützt sowie aufkommende Konflikte gelöst werden.

Teamerhaltungs- und Kohäsionsfunktion

- Bei der Teamerhaltungs- und Kohäsionsfunktion geht es um die Schaffung, Aufrechterhaltung und langfristige Sicherung des Teamzusammenhalts. Hierzu müssen die Führungskräfte die Teammitglieder zur Teamarbeit ermutigen, Gruppenprozesse beobachten und kommentieren, eine Teamidentität schaffen, Kommunikations- und Kompromissbereitschaft signalisieren, praktische Besorgtheit zeigen und aktiv zuhören, interpersonale Beziehungen harmonisieren, Konfliktlösungen initiieren sowie auf die Einhaltung von Verhaltensregeln achten (Wurst/Högl [Führungsaktivitäten] 157 ff.).

8.1.6 Materielle Führungskräfte-Anreizsysteme

Materielle Führungskräfte-Anreizsysteme können als Teilbereich der Personalführung begriffen werden, weil sie im Fall einer leistungsabhängigen

Ausgestaltung ebenfalls eine zielgerichtete Koordination des personalen Verhaltens bewirken (Becker [Anreizsysteme]).

Bedeutungsgewinn durch Shareholder-Value-Orientierung

Diese Anreizsysteme sind in den vergangenen Jahren insbesondere aufgrund der stark gestiegenen Managergehälter sowie der erfolgten Shareholder-Orientierung vieler Unternehmen (vgl. Abschn. 4.5.2) stark in das öffentliche und betriebswirtschaftliche Interesse gerückt (Schwalbach [Motivation] 169 ff.; Hungenberg [Management] 330 ff.; Wagner [Vergütungssysteme] 26 ff.). Im Kern geht es um die Frage, in welcher Höhe, Struktur und Form Führungskräfte zu vergüten sind, damit sie ihr Handeln hinreichend an den Interessen des Unternehmens bzw. der herrschenden Anspruchsgruppen ausrichten. Zu diesem Themenbereich hat sich in den vergangenen Jahren eine umfangreiche Literatur entwickelt, die sowohl theoretische Grundlagen (Ferstl [Managervergütung] 13 ff.; Gillenkirch [Managementvergütung] 12 ff.) als auch praktische Gestaltungsaussagen beinhaltet (Eckardstein [Vergütung]; Kramarsch [Managementvergütung]).

Komponenten

Materielle Führungskräfte-Anreizsysteme beinhalten üblicherweise drei Komponenten: fixe Vergütungen, variable Vergütungen sowie vergütungsähnliche Nebenleistungen (Witt [Vergütung] 1577 ff.).

- In den Bereich der fixen Vergütungen fallen das Festgehalt, Sondervergütungen in der Form von Jahresabschlussgratifikationen, garantierte Mindesttantiemen sowie das Urlaubsgeld. Die mit Existenzsicherungsüberlegungen begründeten fixen Vergütungen sind im Führungskräftebereich durchaus umstritten.

- Als variable Vergütungen kommen Provisionen, Tantiemen und Gewinnbeteiligungen in Betracht, von denen die beiden letztgenannten in der Praxis im Vordergrund stehen. Sie werden entweder am Umsatz oder Gewinn des Unternehmens oder an dessen Kapitalmarktwert bzw. Börsenkurs ausgerichtet. Im Rahmen der kapitalmarktwert- bzw. börsenkursorientierten Vergütungen haben insbesondere sogenannte Aktienoptionspläne eine hohe faktische Relevanz erlangt. Sie verbriefen den Führungskräften das Recht, innerhalb eines bestimmten Zeitraums und nach Ablauf einer Sperrfrist Aktien des eigenen Unternehmens zu einem festgelegten Bezugspreis zu erwerben (Witt [Vergütung] 1577). Sie sollen die Führungskräfte dazu motivieren, nach einer Steigerung des Börsenkurses des eigenen Unternehmens zu streben.

- Im Bereich der vergütungsähnlichen Nebenleistungen stehen Pensionszusagen, Abfindungen, Versicherungsentgelte und Aufwandsentschädigungen, die Zurverfügungstellung von Dienstwagen, Mitgliedschaften in Clubs, Büromöblierungen und Zweitwohnungen im Vordergrund.

Empirische Befunde

Empirische Untersuchungen zeigen, dass die Vorstandsvorsitzenden der Dow Jones Euro Stoxx-50-Unternehmen im Jahr 2005 durchschnittlich etwa 6,3 Millionen Euro pro Jahr und diejenigen der Dax-30-Unternehmen etwa 3,75 Millionen Euro verdient haben (Schmidt/Schwalbach [Höhe] 115). Im Jahr 2007 verdienten die Vorstände der Dax-30-Unternehmen durchschnittlich 2,9 Millionen Euro (o. V. [Gehälter]). Wesentliche länderspezifische Besonderheiten bestehen allerdings hinsichtlich der Zusammensetzung der Vergütungen. Während in Deutschland und den Niederlanden das fixe Grundgehalt einen relativ großen Anteil ausmacht, beinhalten in Frankreich und insbesondere den USA die Führungskräfte-Vergütungen in viel stärkerem Maße (langfristige) leistungsabhängige Komponenten (Gillenkirch [Entwicklungslinien] 3).

Kritische Würdigung

In den vergangenen Jahren sind Aktienoptionspläne allerdings stark in die öffentliche Kritik geraten. Es wird argumentiert, dass sie in vielen Unternehmen schlecht strukturiert seien und die Führungskräfte einseitig auf eine Börsenkursmaximierung ausrichten würden, was zu einer künstlichen Aufblähung des Kapitalmarkts führen könne, wie sie zu Beginn dieses Jahrzehnts zu beobachten war (Arnold/Gillenkirch [Leistungsanreize] 75 f.). Gefordert wird deshalb die Ersetzung von Aktienoptionen durch Aktien als Vergütungsinstrument, eine gänzliche Abwendung vom Aktienkurs als Bemessungsgrundlage der variablen Führungskräfte-Vergütung oder – im Falle der Beibehaltung von Aktienoptionsplänen – die Festlegung weitreichender Ausübungshürden, Vergütungsobergrenzen sowie Eigeninvestments seitens der Führungskräfte (Gillenkirch [Entwicklungslinien] 6 ff.).

Praxisbeispiel:

Materielle Anreizsysteme bei der Deutschen Bank AG[1]

Mit der tief greifenden Umgestaltung des Karriere- und Vergütungssystems im außertariflichen Bereich hat die Deutsche Bank AG, die im Jahr 2007 mit 78.300 Mitarbeitern eine Bilanzsumme von 2,02 Billionen Euro erzielte, dem wachsenden Bedürfnis der Mitarbeiter nach mehr Mitgestaltung und Leistungsbezogenheit entsprochen. In einem ersten Schritt wurde 1996 das Grundgehaltssystem neu

1 Dank gebührt Herrn Professor Heinz Fischer, ehemaliger Bereichsvorstand Personal, und Frau Dr. Silvia Steffens-Duch, ehemalige Leiterin Personalmarketing und Personalforschung der Deutschen Bank AG, Frankfurt am Main, für die Bereitstellung von Informationen.

gestaltet. Für die außertariflichen Mitarbeiter wurden Verantwortungsstufen eingeführt, die an die Stelle der früheren Titelhierarchie getreten sind. Das frühere starre Gehaltsgruppensystem wurde durch vier, mit den Verantwortungsstufen verbundene, breite und überlappende Gehaltsbänder ersetzt. Dadurch wurde die Koppelung von Titel, Hierarchiestufe und Bezahlung aufgehoben. Der Einsatz der Mitarbeiter wurde flexibler und stärker leistungsorientiert. Die Abschaffung der Titel als hierarchische Stufen hat Entscheidungsprozesse deutlich verkürzt. Die Hierarchie wurde flacher. Die Delegation von Entscheidungskompetenzen im Interesse von größerer Schnelligkeit, Flexibilität und Kundenorientierung wurde deutlich gefördert.

Das Bonussystem der Deutschen Bank AG ist durch folgende Zielsetzungen geleitet:

- *Stärkung der Wettbewerbsfähigkeit durch höhere Attraktivität am Arbeitsmarkt,*
- *Möglichkeit, leistungsbedingt mehr und besser zu zahlen, ohne gleich die Fixkosten weiter in die Höhe zu treiben (Flexibilisierung und Differenzierung),*
- *verstärkte Ausrichtung aller Aktivitäten auf die geschäftspolitischen Ziele,*
- *Antrieb zum permanenten Dialog zwischen Mitarbeitern und Führungskräften und*
- *nachhaltige Effizienz- und Ergebnisverbesserungen.*

Hervorragende Leistungen müssen auch hervorragend honoriert werden. Genauso entspricht es der Leistungsgerechtigkeit, dass bei weniger guten Leistungen auch einmal – begrenzte – finanzielle Einbußen hingenommen werden müssen. Deshalb wurde in einem zweiten Schritt die variable Vergütung eingeführt, die es ermöglicht, Leistungen durch einen Bonus flexibel und angemessen zu honorieren. Durch die Koppelung des Bonus an die Führung durch Zielvereinbarung ist die Konzentration der Energien auf die für die Bank bedeutsamen Ziele – und damit die Erfüllung einer wichtigen Steuerungsfunktion – gewährleistet.

Grundlage der variablen Vergütung ist ein Zielbonus, dessen Auszahlung jedem außertariflichen Mitarbeiter im Voraus zugesagt wird, wenn er die mit ihm vereinbarten Ziele erreicht und der Geschäftsverlauf der Bank insgesamt (bezogen auf die Ergebnisplanung) den Erwartungen entspricht (vgl. Abbildung 8-8).

Je nach Verantwortungsstufe kann der Zielbonus zwischen 10 und 55, in einzelnen Bereichen auch mehr Prozent der Gesamtvergütung (Richteinkommen bei Zielerreichung) betragen. Dabei gilt der Grundsatz: Je höher die Verantwortungsstufe, desto höher der Anteil des Zielbonus an der Gesamtvergütung. Mittelfristig sollen sich die Zielboni innerhalb folgender Bandbreiten bewegen (jeweils Anteil an der Gesamtvergütung bei 100 Prozent Zielerreichung): Verantwortungsstufe 1: 40 bis 55, Verantwortungsstufe 2: 30 bis 45, Verantwortungsstufe 3: 20 bis 35, Verantwortungsstufe 4: 10 bis 25 Prozent (Orientierungsrahmen).

Abbildung 8-8

Chancen und Risiken der variablen Vergütung
(Beispiel für die Schwankungsbreite der Gesamtvergütung [Euro p. a.])

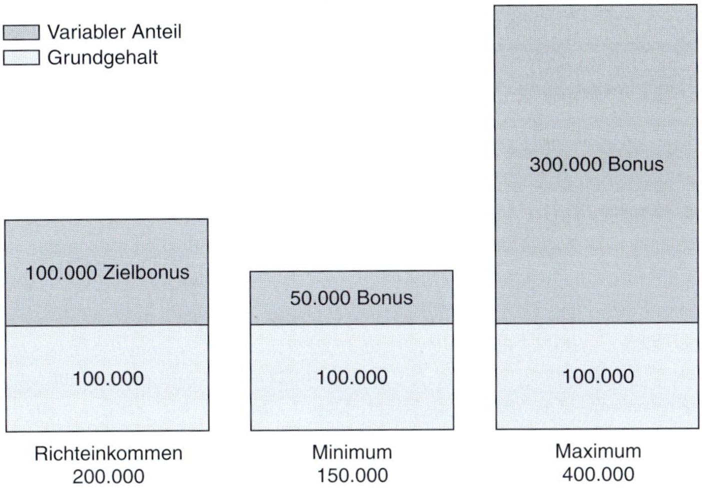

Der tatsächlich ausgezahlte Bonus nach Ablauf eines Geschäftsjahres resultiert aus dem Zusammenspiel zwischen individuellem Zielbonus, persönlichem Leistungsergebnis des Mitarbeiters (Leistungsfaktor) und dem Geschäftsverlauf auf Bereichs- und Konzernebene (Ergebnisfaktor):

Bonus = Zielbonus x Leistungsfaktor x Ergebnisfaktor

Bei guter Leistung des Mitarbeiters (gemessen am Zielerreichungsgrad der vereinbarten Ziele unter fairer Berücksichtigung der Rahmenbedingungen) und erwartetem Geschäftsverlauf auf Unternehmensbereichs- und Konzernebene (bezogen auf die Ergebnisplanung) sind der Leistungs- und Ergebnisfaktor jeweils gleich 1, sodass der tatsächliche Bonus in Höhe des Zielbonus zur Auszahlung kommt.

Bessere bzw. schlechtere Leistungen werden vom Vorgesetzten durch höhere bzw. niedrigere Festsetzung des Leistungsfaktors berücksichtigt, der zwischen 0 und 2 schwanken darf. Bei unerwartet gutem bzw. schlechtem Geschäftsverlauf kann der Vorstand den Ergebnisfaktor herauf- bzw. herabsetzen. Die Spannweite des Ergebnisfaktors ist mit 0,5 bis 1,5 begrenzt.

Ergänzend zum Ist-/Planvergleich berücksichtigt der Vorstand bei der Festlegung des Ergebnisfaktors diskretionär außergewöhnliche Situationen, Marktschwankungen, Performance der Wettbewerber, erschwerende (oder erleichternde) Rahmenbedingungen oder besondere Projektereignisse.

Mit dem Leistungsfaktor wird natürlich auch die Erreichung der finanziellen Ergebnisziele des persönlich verantworteten Bereichs einer Führungskraft erfasst. Der Ergebnisfaktor im Sinne der Spielregeln der Deutschen Bank bindet darüber hinaus das Interesse des Einzelnen in das Interesse eines größeren Ganzen ein. In diesem Sinne ist er ein „Solidaritätsfaktor", über den der Bonus des Einzelnen auch in gewissem Maß an den wirtschaftlichen Erfolg auf Bereichs- und Konzernebene gekoppelt ist. Darüber hinaus ist er aus Sicht des Vorstands ein wichtiges Instrument zur Personalkostensteuerung und zur Absicherung der Mittelbereitstellung für die Bonuszahlungen.

Durch die multiplikative Verknüpfung von Ergebnis- und Leistungsfaktor kann ein hervorragender Mitarbeiter durch hervorragende Leistungsbeiträge auch bei ungünstigem Geschäftsverlauf seinen Zielbonus erreichen oder übertreffen. Umgekehrt ist sichergestellt, dass bei gutem Geschäftsverlauf schwache Mitarbeiter nicht als „Trittbrettfahrer" einen Bonus aus einem Ergebnis erhalten, das andere erwirtschaftet haben. Zur Risikobegrenzung für den Mitarbeiter wurde ein „Floor" in Höhe von 50 Prozent des Zielbonus eingeführt. Damit kann der Mitarbeiter seinen jeweiligen Zielbonus im günstigsten Fall verdreifachen, im ungünstigsten Fall bekommt er nur die Hälfte ausgezahlt.

Das vergütungspolitische Instrumentarium wurde 1998 um einen aktienbasierten Incentive-Plan (Global Equity Plan – GEP) ergänzt (vgl. Abbildung 8-9). Der GEP ermöglicht seinen Teilnehmern, Teile ihrer Gesamtvergütung unmittelbar an die längerfristige Ertragskraft der Bank zu knüpfen und soll im Einzelnen

- *die Interessen der Führungskräfte mit den Interessen der Aktionäre in Einklang bringen,*
- *Führungskräfte anspornen, zur Steigerung des Unternehmenswertes beizutragen und sie daran beteiligen,*
- *Anreize schaffen, die Unternehmensstrategie und die Geschäftsplanung der Bank konsequent umzusetzen,*
- *Führungskräfte motivieren, auch aus gegenwärtigen Anstrengungen das Geschäft der Zukunft zu entwickeln,*
- *die Bank unterstützen, sich dem Wettbewerb der internationalen Vergütungspraxis zu stellen und auf diese Weise ihre Attraktivität für Top-Führungskräfte zu erhöhen, sie an sich zu binden und zu motivieren.*

Die Funktionsweise des GEP ist einfach: Teilnehmer zeichnen Wandelanleihen, die eigens zu diesem Zweck ausgegeben werden. Die Wandelanleihen können nach drei Jahren – in Abhängigkeit von der Performance der Bank – in Deutsche Bank-Aktien gewandelt werden. Am Plan teilnehmen können Führungskräfte der Verantwortungsstufe 2 aufwärts inklusive Vorstand sowie – unabhängig von der Verantwortungsstufe – ausgewählte Leistungsträger. Der mögliche Gewinn durch die Teilnahme am GEP hängt ab von der Performance der Bank und vom Aktienkurs (vgl. Abbildung 8-10).

Abbildung 8-9

GEP/Global Equity Plan („stock options") als Teil des Gesamtpakets

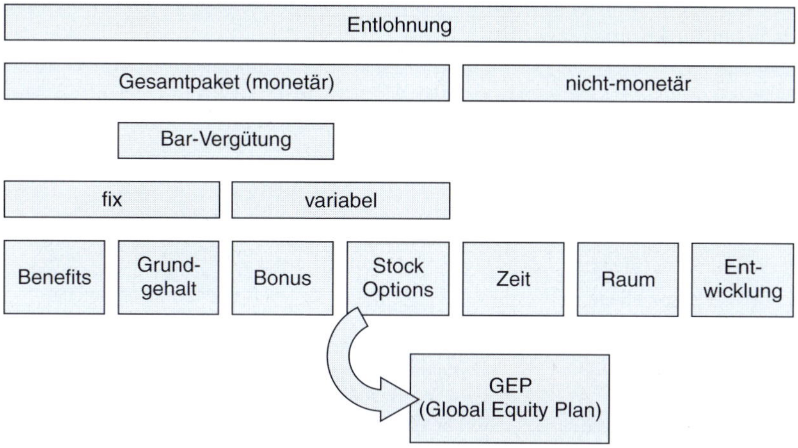

Abbildung 8-10

Szenarien potenziellen Gewinns

	Beispiel 1	Beispiel 2	Beispiel 3	Beispiel 4	Beispiel 5
Schwellenwert	8.00	8.00	8.00	8.00	8.00
Performance	7.00	8.00	9.00	10.00	(begrenzt auf 10.67)
Szenario 1					
Aktienkurs (Euro)	60	60	60	60	60
Wandlungspreis (Euro)	keine Wandlung	keine Wandlung	45	30	20
Möglicher Gewinn je 1.000 Aktien (Euro)	–	–	15.000	30.000	40.000
Szenario 2					
Aktienkurs (Euro)	75	75	75	75	75
Wandlungspreis (Euro)	keine Wandlung	keine Wandlung	56,25	37,5	25
Möglicher Gewinn je 1.000 Aktien (Euro)	–	–	18.750	37.500	50.000

Die Übersicht „Potenzieller Gewinn" zeigt, dass er beträchtlich sein kann. Zuteilung der Anzahl der Aktien erfolgt in zwei Schritten: Jeder Bereich erhält ein Kontingent. Die individuelle Zuteilung ist eine echte Führungsaufgabe und erfolgt nach den folgenden Kriterien (vgl. Abbildung 8-11):

Abbildung 8-11 Gestaltungsprinzipien des GEP

- *Individuelle Leistung und Potenzial,*
- *Einsatz für die Bank als Ganzes,*
- *Zusammenarbeit/Teamwork,*
- *Beitrag zum Geschäftsergebnis,*
- *Verhältnis zu anderen Komponenten der Vergütung,*
- *Verantwortung (soweit nicht bereits durch Berechtigungs-Level abgedeckt).*

Der Aufsichtsrat entscheidet über die Anzahl der Aktien pro Vorstandsmitglied; der Vorstand entscheidet über Aktienanzahl der einzelnen Bereichsvorstände usw.

Eine erste Statistik über die Akzeptanz des GEP liegt seit Ende 1998 vor: Der von der Hauptversammlung im Mai 1998 beschlossene „Global Equity Plan" ist zwischenzeitlich umgesetzt. Insgesamt erhielten knapp 2.300 Führungskräfte im gesamten Konzern die Möglichkeit, entsprechende Wandelschuldverschreibungen zu zeichnen. 85 Prozent haben davon auch tatsächlich Gebrauch gemacht (im Konzernführungskreis sogar 100 Prozent). Eine derart hohe konzernweite Zeichnungsquote bereits im ersten Jahr ist um so bemerkenswerter, als der GEP im Gegensatz zu den angloamerikanischen „Stock option plans" den Einsatz eigener finanzieller Mittel durch die Führungskräfte erfordert.

Seit 1997 informiert die Deutsche Bank AG etwa 2.000 Führungskräfte der oberen Verantwortungsstufen über ihre persönlichen Vergütungsdaten. Diese auf ein Jahr bezogene „Gesamtvergütungsübersicht" hat sich als echtes Marketinginstrument herausgestellt. Die Empfänger äußern sich begeistert über den Informationsgehalt. Eigentlich wird ihnen nur Bekanntes in einer individuellen Aufbereitung vor Augen geführt.

Der Gesamtvergütungsauszug enthält folgende Bestandteile:

- *Gesamtvergütung in Euro und prozentuale Aufteilung auf Vergütungselemente,*
- *Arbeitgeberbeiträge, die an die Sozialversicherung abgeführt wurden,*
- *Grundgehalt,*
- *variable Vergütung,*
- *betriebliche Altersversorgung,*
- *Dienstwagen (geschätzter Wert der Nutzung des Dienstwagens für private Zwecke),*
- *andere Leistungen: Vorteil aus Kauf von Belegschaftsaktien, Bankunfallversicherung, vermögenswirksame Leistungen.*

Neben diesen eher klassischen Vergütungsbestandteilen erhalten die Führungskräfte Informationen über Leistungen, deren Höhe vielen vor Kommunikation der Daten nicht transparent war wie:

- *Anwartschaften auf Leistungen der betrieblichen Altersversorgung,*
- *Rentenleistungen im Falle von Krankheit und Invalidität,*
- *Hinterbliebenenleistungen im Todesfall.*

Mit diesem geschilderten Zusammenspiel der Instrumente werden die vergütungspolitischen Motivationsmöglichkeiten bestmöglich genutzt. Die Fähigkeiten und das Engagement der Mitarbeiterinnen und Mitarbeiter sind angesichts des „people business" wesentlicher Erfolgsfaktor, wenn es um die Erreichung der strategischen Ziele der Deutschen Bank geht.

8.2 Verhandlungsführung

Hohe Bedeutung der Verhandlungsführung

Der Verhandlungsführung im Rahmen der Unternehmens-Umwelt-Interaktion ist bislang im Vergleich zu ihrer Bedeutung für die Unternehmensführung wenig Beachtung geschenkt worden (zu den Ausnahmen vgl. Crott/Kutschker/Lamm [Verhandlungen I und II]; Kirsch [Entscheidungsprozesse] 223 ff.; Baumbusch [Ambivalenz]; Lax/Sebenius [Negotiator]). Zwar sind Lehrbücher zur Unternehmensführung ohne die Einbindung verhaltenswissenschaftlicher Erkenntnisse heute kaum mehr denk- und auffindbar; doch beschränken sich die verhaltensorientierten Betrachtungen typischerweise nur auf die Führung von Mitarbeitern (vgl. Abschn. 8.1). Damit wird vernachlässigt, dass Unternehmensführungsentscheidungen sehr stark von Verhandlungsprozessen interner und externer Interessengruppen beeinflusst werden. Demzufolge stellen sie häufig Kompromiss- und auf eigendynamischen Prozessen beruhende Lösungen dar, die dem rationalen, interessenmonistisch ausgerichteten Denkmodell kaum entsprechen.

Folgende Erkenntnisse können aus der Praxis für die Prozesse der Entscheidungsfindung in Unternehmen gewonnen werden:

- Der *Einfluss des Top-Managements* bei den in Unternehmen ablaufenden Entscheidungsprozessen *ist begrenzt.*
- *Externe Interessengruppen* wie Kunden, Lieferanten oder Bürgerinitiativen *haben einen substanziellen Einfluss* auf Unternehmensführungsentscheidungen.
- Das Top-Management hat es mit einem *wechselnden Kreis von mitwirkenden Interessenträgern* zu tun, die im Verlauf des gesamten Entscheidungsprozesses in diesen eintreten und ihn wieder verlassen.
- Die Forderungen und Verhaltensweisen der beteiligten Interessengruppen erweisen sich vielfach als äußerst beweglich und instabil.

Unternehmensführung als externe Aushandlung

Unternehmensstrategien und andere Handlungsbereiche der Unternehmensführung werden also nicht nur im Unternehmen gestaltet, sondern implizit oder ausdrücklich unter Einbeziehung externer Gruppen „ausgehandelt" (Murray [Choice] 968; Krüger/Ebeling [Psychologik] 47 ff.).

Unternehmensführung als interne Aushandlung

Die Bedeutung der Verhandlungsführung als Funktion der Unternehmensführung lässt sich zudem dadurch erklären, dass neuere theoretische und praktische Konzepte der Unternehmensführung eine *Beteiligung hierarchisch untergeordneter Entscheidungseinheiten* an grundlegenden Entscheidungen und damit ein *höheres Maß an Entscheidungsdezentralisation* fordern (vgl. Abschn. 7.3.1). Im Gegensatz zur klassischen Unternehmensführungslehre liegt diesen Konzepten die Auffassung zugrunde, dass an dem Prozess der Entwicklung grundsätzlicher Entscheidungen *nicht ausschließlich* die Mitglieder des Top-Managements beteiligt sind. Von diesen wird zwar die letztendliche Entscheidung getroffen; in der Mehrzahl der Unternehmen ist es jedoch keineswegs so, dass zukunftsbezogenes Entscheiden im Sinne einer strikten Top-Down-Planung erfolgt (Schreyögg [Unternehmensstrategie] 153). Die zunehmende Bedeutung einer *verteilten Entscheidungsfindung* wird auch durch explorative Arbeiten gestützt, die zeigen, dass die theoretische Vorstellung von einer deduktiv angelegten Strategieformulierung in der Realität nur selten anzutreffen ist (Quinn [Strategies]; Burgeois/Brodwin [Implementation]; Mintzberg/McHugh [Adhocracy]).

Empirische Befunde

So zeigt insbesondere die Studie von Bower ([Process]), dass sich die strategische Entscheidungsfindung in den untersuchten divisionalisierten Unternehmen weniger im regelmäßig durchgeführten *Gesamtplanungsverfahren* (vgl. Abschn. 6.4) vollzog, als vielmehr von der kontinuierlich fließenden Investitionsplanung getragen wurde und damit im Besonderen *auf die Initiative hierarchisch untergeordneter Führungskräfte*, in Extremfällen sogar der fünften hierarchischen Ebene, zurückzuführen war. Selbst bei endgültigen (Final-)Entscheidungen verließ sich das Top-Management weitgehend auf die Urteile nachgeordneter Führungskräfte der dritten Ebene. Dabei waren die Chancen strategischer Projekte, Zustimmung bei übergeordneten Führungskräften zu finden, im Wesentlichen davon abhängig, welchen Beitrag sie zur Erfüllung ihrer individuellen Zielsetzungen, insbesondere der persönlichen Karriereentwicklung, erwarten ließen.

In die gleiche Richtung weist die Studie von Berg ([Planning] 79 ff.), in der der strategische Planungsprozess in divisionalisierten Großunternehmen untersucht wurde. Auch hier zeigte sich, dass Manager untergeordneter Hierarchieebenen massiv auf die *Strategieformulierung* einwirken. Dabei stützen sich die Entscheider bei der Strategieformulierung *nicht nur auf ökonomische, sondern auch auf nicht-ökonomische Kriterien* (Berg [Planning] 91 f.). Weiterhin wirkten auch in den von Berg untersuchten Unternehmen Externe erheblich auf den Strategieformulierungsprozess ein. Auch diese Untersuchung spricht somit – genau so wie die Erfahrungsberichte zahlreicher Top-Manager – für die Wichtigkeit der Verhandlungsfunktion.

Vernachlässigung in der Lehre

Ein wesentlicher Grund dafür, warum die Verhandlungsführung in Lehrbüchern zur Unternehmensführung bislang kaum thematisiert wurde, dürfte darin bestehen, dass vielfach implizit davon ausgegangen wird, dass auf Verhandlungsprozesse die Erkenntnisse der Theorie der Personalführung Anwendung finden können, zumal es sich in beiden Fällen um Beeinflussungsprozesse handelt. Trotz gewisser struktureller Parallelen dürfen Verhandlungs- und Personalführungssituationen jedoch keineswegs generell gleichgesetzt werden. Der zentrale Unterschied besteht dabei darin, dass in Verhandlungssituationen *die Beziehung* zwischen den Interaktionspartnern üblicherweise *weniger asymmetrisch* angelegt ist als bei der Personalführung, bei der aufgrund der Auftragserteilungs- und Mitarbeiterbeurteilungskompetenzen der Vorgesetzten üblicherweise ein ausgeprägtes Machtungleichgewicht zwischen den Interaktionspartnern vorliegt. Daher können personalführungstheoretische Erkenntnisse auf Verhandlungsprozesse nur eingeschränkt angewandt werden. Die wesentlichen Unterschiede zwischen der

Verhandlungs- und der Mitarbeiterführung sind in Abbildung 8-12 zusammengestellt.

Abbildung 8-12

Personalführung versus Verhandlungsführung

	Personalführung	Verhandlungsführung
Zielsetzung	Interessenausgleich, beidseitige Interessenbefriedigung	Interessenausgleich, beidseitige Interessenbefriedigung
Stellung der Interaktionspartner	Über-/Unterordnung	Gleichordnung, zumindest keine vertikale Über-/Unterordnung
Formales Abhängigkeitsverhältnis	mehrheitlich ja	vielfach nein
Handlungs- bzw. Zielerreichungsinstrumente	Führungsstile, zum Beispiel autokratisch oder demokratisch	Verhandlungsstrategien bzw. -taktiken, zum Beispiel Drohungen bzw. Versprechungen
Lösungsweg	Beeinflussung als Lösungsweg	Kompromiss als Lösungsweg
Beziehungsdauer	in der Regel auf Dauer angelegt	einmalig, wiederholt oder auf Dauer

8.2.1 Verhandlungsführung als Konfliktlösungsmethode

Konfliktlösungsmethoden

Soziale Konflikte entstehen, wenn die Verhaltensweisen oder Ziele von zwei oder mehreren Parteien (Individuen, Gruppen oder Organisationen) von diesen als unvereinbar eingeschätzt werden (Lamm [Analyse] 4; Jost [Kooperationsmanagement] 1015; Glasl [Konflikte] 629). Sobald Konflikte die eigene Zielverfolgung beeinträchtigen, versuchen die beteiligten Parteien, durch den Einsatz von Methoden der Konfliktlösung die im Unternehmen auftretenden Kontroversen beizulegen. Die sozial- und wirtschaftswissenschaftliche Forschung hat eine Vielzahl solcher Konfliktlösungsmethoden vorgeschlagen. Beispielsweise kommen nach Pruitt ([Methods] 134 ff.) bzw. Lamm ([Analyse] 12) als Konfliktlösungsmethoden die Zuhilfenahme von Drittparteien (Vermittlung, Schlichtung, Rechtsprechung), die Befolgung von Normen, das Aushandeln, der Kampf, die Verführung, das Eingehen auf Bedürfnisse sowie das kreative Konfliktlösen in Betracht.

Einseitige Interessendurchsetzung

Diese Methoden können einerseits auf die einseitige Interessendurchsetzung beispielsweise in Form von Gewaltlösungen wie Sieg oder Unterdrückung sowie friedlichen Möglichkeiten wie Verzicht einer Partei, Mehrheitsentscheidung oder Überredung, andererseits auch auf eine gegenseitige Interessenberücksichtigung durch Integration oder Kompromiss ausgelegt sein (ähnlich Bidlingmaier [Zielkonflikte] 132). Werden Konflikte friedlich zu lösen versucht, so gewinnen Verhandlungen eine besondere Bedeutung. Eine Verhandlung(ssituation) ist dadurch gekennzeichnet, dass beide Parteien glaubwürdig zu erkennen geben, dass sie den Konflikt durch interaktive Beeinflussung lösen wollen, indem sie eine Übereinkunft anstreben. Beide Parteien sind zuversichtlich, dass sie durch einen Kompromiss Nutzen gewinnen werden. Dazu muss die fordernde Partei grundsätzlich bereit sein, ihre ursprüngliche Forderung zu relativieren und die andere Partei muss Bereitschaft zeigen, von ihrem bisherigen Verhalten abzugehen und wenigstens teilweise dem Wunsch der fordernden Partei entgegenzukommen (Lamm [Analyse] 20; Klein [Verhandlungskonzepte] 1585 f.).

Gegenseitige Interessenberücksichtigung

8.2.2 Verhandlungen als Spiele

Spieltheorie

Die Spieltheorie hat wichtige entscheidungslogische Grundlagen für die *ökonomische Theorie der Verhandlungen* bereitgestellt. Sie will unter *Annahme rationalen Verhaltens* der Akteure Verhandlungsprozesse erklären und Empfehlungen geben, wie sich ein Akteur verhalten soll, wenn er in einer gegebenen Situation seinen Nutzen maximieren will (vgl. hierzu die grundlegenden Arbeiten der im Jahr 1994 mit dem Nobelpreis für Wirtschaft ausgezeichneten Wirtschaftswissenschaftler Nash ([Problem]), Harsanyi ([Model]) und Selten ([Preispolitik])). Im Einzelnen baut das Gedankengerüst der Spieltheorie auf der *Grundannahme* auf, dass jeder Spieler Präferenzen hat, die durch eine von Neumann-Morgenstern'sche Nutzenfunktion abbildbar sind dergestalt, dass

$$U = U(x_1, x_2, \ldots, x_n),$$

wobei x_i die ausgehandelten Gütermengen repräsentiert.

Prämissen der Spieltheorie

Darüber hinaus gehen einfachere spieltheoretische Modelle von *weiteren Prämissen* aus. Danach kennt jeder Spieler die Nutzenfunktion der übrigen Spieler, die Menge der möglichen Ereignisse, die sich aus den möglichen Strategien ergeben, sowie den eigenen und fremden Strategieraum. Die *Spieler verfügen soweit über vollständige Information;* sie wissen jedoch nicht, für welche der verfügbaren Strategien sich der Gegner entscheiden wird.

Überdies gelten in diesen spieltheoretischen Modellen Änderungen der eigenen Entscheidung als Reaktion auf Entscheidungen des Gegners als unzulässig.

Zweipersonen-Nichtnullsummenspiele mit Kommunikation

Die Fülle der Spielgattungen, die von der Spieltheorie analysiert werden, ist in Abbildung 8-13 systematisiert (Szyperski/Winand [Entscheidungstheorie] 114 f.). Die *in der Unternehmenspraxis dominierenden Verhandlungen* sind demnach als *Zweipersonen-Nichtnullsummenspiele mit Kommunikation* zu bezeichnen, bei denen die Verbesserung der Position eines Spielers nicht automatisch zur Verschlechterung der Position des anderen Spielers führt.

Abbildung 8-13 *Verhandlungen im spieltheoretischen Bezugsrahmen*

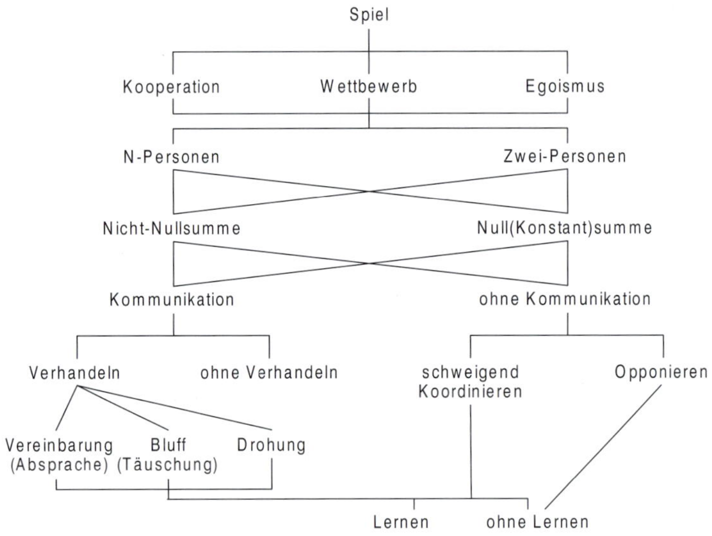

Diese Spielform entspricht der Handlungssituation bei der Unternehmensführung auch insofern, als die Spieler zumindest *partiell überlappende Interessenbereiche* haben (Szyperski/Winand [Entscheidungstheorie] 132). Die unrealistischen Annahmen einfacher Verhandlungsspiele werden hier teilweise fallen gelassen; bestehen bleiben jedoch die Bedingungen, dass eine *unwiderrufliche Strategiewahl* der Spieler erfolgt und die Folgen der Strategiekombinationen der Spieler bekannt und in einer Auszahlungsmatrix abbildbar sind. In diesem Punkt werden die Modelle der Spieltheorie der Unternehmensrealität nicht vollauf gerecht. Zur Lösung solcher Verhandlungsspiele sind beispielsweise von Shapley, Raiffa sowie den Vorgenannten Nash, Harsanyi und Selten verschiedene Lösungen angeboten worden, zu deren Kenntnisnahme wegen der hier nicht vorrangigen Bedeutung auf die einschlägige Literatur verwiesen wird (Rapoport [Theory]; Jost [Spieltheorie]). Da sämtliche spieltheoretischen Lösungen des Verhandlungsproblems jedoch auf verschiedenen Grundannahmen aufbauen wie Rationalität der Entscheidung, Existenz umfassender, kardinal definierter Nutzenfunktionen, Bekanntheit von Konsequenzen der Strategiekombinationen, bleibt der *praktische Nutzen* solcher entscheidungslogischer Lösungsversuche des Verhandlungsproblems *begrenzt*.

In neueren Ansätzen zur Erklärung der Entwicklung kooperativen Verhaltens und Handelns in und zwischen Institutionen werden Weiterentwicklungen der Spieltheorie sowie der Evolutionsbiologie (vgl. Abschn. 2.3.3) zur Untersuchung von Verhandlungsprozessen zugrunde gelegt (Axelrod [Evolution]). Ziel ist die Isolierung von Faktoren, die die Entstehung von Kooperationen begünstigen. Methodisch wurden die Aussagen über die Ergebnisse eines Computerturniers in zwei Spielrunden mit erst 200, dann unendlich vielen Zügen experimentell gestützt. Es zeigte sich, dass die Vergeltungsregel des „tit for tat" („Wie du mir, so ich dir") als zwar nicht optimale, aber immerhin robuste Regel bei Verhandlungsprozessen gelten kann. Oesterle ([Russland] 228) hat diese Erkenntnis auf die Führung von Unternehmenskooperationen – insbesondere Joint Ventures – umgesetzt und kommt im Hinblick auf opportunistisches Verhalten der Joint-Venture-Partner zu folgenden zentralen Feststellungen. Einem der Kooperation abträglichen (defektierenden) Verhalten kann entgegengewirkt werden, je konsequenter einer der Partner die Vergeltungsregel verfolgt, je länger, idealerweise auf unbestimmte Zeit, die Vereinbarungsdauer bzw. die Laufzeit der Kooperation ist und je bedeutsamer die in der Zukunft noch zu erbringenden Partnerleistungen sind. Die Anwendung dieser Strategie ist allerdings insofern problematisch, als Einschätzungen darüber, was defektierendes Verhalten ist und was nicht, zwischen den Verhandlungspartnern oft auseinandergehen.

tit for tat

8.2.3 Verhandlungssituationen

Eine weitergehende, insbesondere auf interpersonelles Verhalten bei Verhandlungen ausgerichtete Erklärung lässt der Rückgriff auf *sozialpsychologische Erkenntnisse über Verhandlungsverläufe* erwarten. Die hierzu vorliegenden Arbeiten offenbaren zwei Interessenschwerpunkte. Die *strukturorientierte Richtung* stellt darauf ab, die relevanten Elemente des Verhandlungssystems herauszuarbeiten und deren Einfluss auf den Verlauf und das Ergebnis der Verhandlungsprozesse zu erklären. Die *prozessorientierte Richtung* befasst sich mit der Untersuchung der wechselseitigen Beeinflussungsprozesse

Struktur- versus Prozess-betrachtung

zwischen den Repräsentanten der Konfliktparteien (Kutschker/Kirsch [Verhandlungen] 21 ff.). Der Versuch, diese Struktur- und Prozesskomponenten der Verhandlungskonstellation in einem *Verhandlungsmodell* zu ordnen, ist in Abbildung 8-14 dargestellt (Crott/Kutschker/Lamm [Verhandlungen I] 21).

Die Verhandlungsforschung hat eine Fülle von Einflussvariablen des Verhandlungsverlaufs erarbeitet und einer empirischen Überprüfung unterzogen (zum Überblick Crott/Kutschker/Lamm [Verhandlungen I] 29 ff.; Lamm [Analyse] 29 ff.). Daher kann das dargestellte Beziehungsgefüge allenfalls als ein Partialmodell der Verhandlungssituation betrachtet werden. Zur theoretischen Integration von Verhandlungen in die Personalführung würde sich vor allem die Interaktionstheorie (vgl. Abschn. 8.1.1.4) eignen.

Modellstruktur

Die als *unabhängige Variablen* zusammengefassten Merkmale sind als Charakteristika der *„objektiv" vorliegenden Verhandlungssituation* aufzufassen. Ihre Konstellation bestimmt den Verlauf der Verhandlung allerdings nur mittelbar. Ausschlaggebend für ihren Fortgang ist vielmehr die Art und Weise, in der diese „objektiven" Merkmale von den Verhandlungspartnern perzipiert und somit in ihre subjektive Welt übernommen werden. Daher sind im Modell als *intervenierende Variablen* die *personellen Merkmale der Verhandlungspartner* zu berücksichtigen. Empirische Befunde belegen, dass unterschiedliche Personengruppen sich durch ein verschiedenartiges Verhandlungsverhalten auszeichnen, was nicht zuletzt auf eine unterschiedliche Wahrnehmung der objektiven Verhandlungssituation zurückzuführen sein dürfte (Lamm [Analyse] 84 ff.).

Dies ist deshalb besonders bedeutsam, weil das Zusammenspiel der Aktionen der Verhandlungspartner zur Grundlage für den *Verhandlungsverlauf* und die *„objektiven" Ergebnisse der Verhandlung* wird. Ob der Konflikt durch die Verhandlung gelöst werden kann oder ob weitergehende Prozeduren notwendig sind, hängt darüber hinaus davon ab, welchen Stellenwert die *subjektiven Verhandlungsergebnisse* bei den Verhandlungspartnern haben. Verhandlungsverlauf sowie objektive und subjektive Verhandlungsergebnisse bilden die *abhängigen Variablen* des Verhandlungsmodells. Würde hier der Versuch unternommen, die Bedeutung aller im Modell aufgezeigten Variablen anhand der vorliegenden theoretischen und empirischen Arbeiten darzulegen, so würde der zur Verfügung stehende Rahmen bei weitem gesprengt (vgl. zusammenfassende Darstellungen in Crott/Kutschker/Lamm [Verhandlungen I und II]; Lamm [Analyse]). Stattdessen sind einzelne Beziehungszusammenhänge, die bereits einer empirischen Überprüfung unterzogen wurden (Crott/Kutschker/Lamm [Verhandlungen]; Lamm [Analyse]), in der Abbildung 8-15 zusammengefasst. Aus diesen Befunden lassen sich folgende *Empfehlungen für erfolgreiche Verhandlungen* ableiten:

Determinanten der Verhandlungssituation

Abbildung 8-14

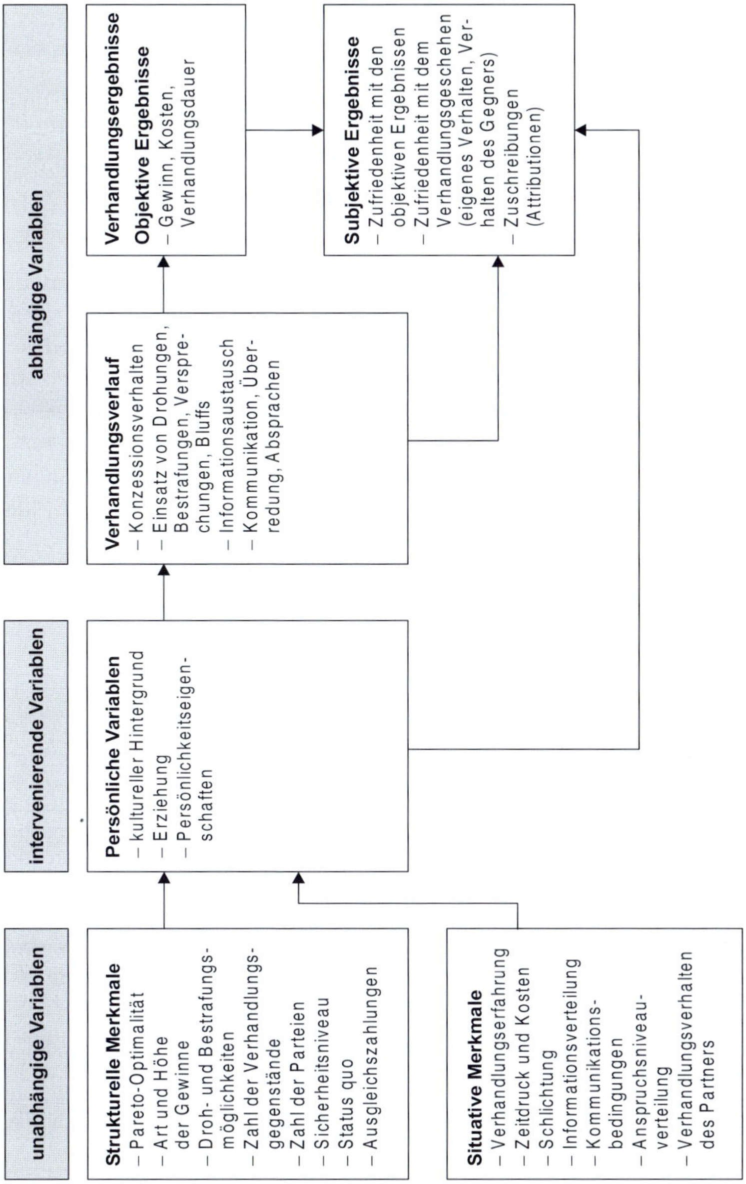

Empfehlungen für erfolgreiche Verhandlungen

- Stehen gleichzeitig mehrere Verhandlungsgegenstände zur Disposition, so empfiehlt es sich, diese deutlich (unter Umständen in schriftlich fixierter Form) voneinander abzugrenzen;
- „One-Shot-Verhandlungen", bei denen die Verhandlungspartner jeweils nur ein Angebot abgeben können, sollten vermieden werden;
- Kommunikationsmöglichkeiten, zum Beispiel durch mündliche Führung von Verhandlungen oder Einsatz moderner, auch computergestützter Konferenztechniken (vgl. Abschn. 12.3.3), sollten gesucht werden;
- Zeitdruck sollte vermieden werden.

Verhandlungsstärke

Die *Verhandlungsstärke* als Maß der Verhandlungseffizienz einer Partei wird in Verhandlungsmodellen als Ergebnis der „Verhandlungsmacht" und des „Verhandlungsgeschicks" begriffen (Schelling [Versuch]), wobei das Verhandlungsgeschick wiederum wesentlich von der Beherrschung von Verhandlungstaktiken bestimmt wird. Mit der *Verhandlungsmacht und -taktik* sind somit *zwei wichtige Einflussgrößen des Verhandlungsverlaufs* gegeben. Auf diese beiden Dimensionen wird im Folgenden gesondert eingegangen, da die Aufteilung der Verhandlungsgewinne im Wesentlichen von den Machtrelationen sowie den Verhandlungstaktiken abhängig ist.

Abbildung 8-15

Verhandlungstheoretische Befunde

Strukturelle Merkmale	
Pareto-Optimalität	Verhandlungspartner streben mehrheitlich pareto-optimale und damit solche Lösungen an, die von allen Teilnehmern getragen werden (Siegel/Fouraker 1960)
Art und Höhe der Gewinne	Bei Verhandlungen um Geldbeträge wird tendenziell aufgabenorientiert, bei Verhandlungen um Punkte (immaterielle Größen) eher personenorientiert agiert (Kelley et al. 1970)
Droh- und Bestrafungsmöglichkeiten	Das Vorhandensein von Drohmöglichkeiten erweist sich als Hindernis für die Verhandlungspartner, zu einer lohnenden Vereinbarung zu kommen (Deutsch & Krauss 1960; Gallo 1963)
Zahl der Verhandlungsgegenstände	Ist über mehrere Gegenstände zu verhandeln, so neigen Verhandlungspartner dazu, alle Gegenstände gleichzeitig zu berücksichtigen (Kelley 1960)
Zahl der Parteien	Bei mehr als zwei Parteien wird die Frage der Koalitionsbildung zu einem wichtigen Problem (Rapoport 1961)
Sicherheitsniveau	Es besteht kein signifikanter Unterschied im Lösungsverhalten von Parteien mit und ohne Sicherheitsniveau (Crott 1967)

Abbildung 8-15

Verhandlungstheoretische Befunde (Fortsetzung)

Situative Merkmale	
Verhandlungserfahrung	Vorausgegangene Verhandlungserfahrung fördert sachorientiertes Verhalten (McClintock/McNeal 1966 und 1967). Die Konzessionsneigung nimmt mit zunehmender Verhandlungserfahrung ab (Möntmann 1971)
Zeitdruck und Opportunitätskosten	Die Eingangsforderungen von Verhandlungspartnern sind bei hohem Zeitdruck geringer; Konzessionen werden jedoch nicht rascher gemacht (Pruitt/Drews 1969); hohe Opportunitätskosten steigern die Konzessionsgeschwindigkeit (Komorita/Barnes 1969)
Unvollständige Information	In Verhandlungssituationen, in denen das Verhandlungsergebnis erst nach mehreren Verhandlungsrunden angestrebt wird (kein One-Shot-Bargaining), finden die Partner auch bei unvollständiger Information pareto-optimale Lösungen (Siegel/Fouraker 1960)
Vollständige Information	Partner neigen zu einer gleichmäßigen Aufteilung der Gewinne (Siegel/Fouraker 1960)
Kommunikationsbedingungen	Die Möglichkeit, während der Verhandlung miteinander zu sprechen, reduziert die Konfliktgefahr (Deutsch/Krauss 1962) und fördert günstige Vereinbarungen (Daniels 1967); Mittel wie Täuschung oder Bluff werden häufig erfolgreich angewandt (Kelley et al. 1967)
Anspruchsniveauverteilung	Die Anspruchsniveauverteilung der Partner übt einen starken Einfluss auf die von ihnen getroffenen Vereinbarungen aus (Siegel/Fouraker 1960)
Verhalten des Partners	Die Mehrzahl der Versuchspersonen neigt dazu, überhöhten Forderungen und einer unnachgiebigen Verhandlungsführung der Gegenseite mit eigenen Konzessionen entgegenzukommen (Komorita/Brenner 1968; Chertkoff/Conley 1967)
Persönlichkeitsmerkmale	
Dogmatismus	Dogmatische Verhandlungspartner machen kleinere Gesamtkonzessionen als übrige Verhandlungsführer; sie sehen Kompromisse als Niederlagen an (Druckman 1967)
Angepasstheit	Größere Persönlichkeits-Angepasstheit ist mehrheitlich mit niedrigeren Durchschnittsforderungen verbunden (Bartos 1967)
Risikobereitschaft	In Verhandlungen mit unvollkommener Information werden von Verhandlungspartnern mit einer hohen Risikobereitschaft geringere Konzessionen gemacht (Harnett et al. 1968)
Geschlecht	In Verhandlungen zwischen Verhandlungspartnern unterschiedlichen Geschlechts stellen Männer höhere Forderungen und brechen häufiger die Verhandlungen ab (Schoeninger/Wood 1969)

8.2.3.1 Verhandlungsmacht

Machtbegriff

Das Ergebnis des Verhandlungsprozesses ist in erster Linie eine Frage der gegebenen Machtrelation (Bidlingmaier [Zielkonflikte] 156; Bacharach/Lawler [Bargaining] 343), wobei die *Verhandlungsmacht* einer Partei in Anlehnung an Max Weber ([Grundbegriffe] 89) als *ihr Vermögen* definiert wird, *die eigenen Verhandlungsziele gegenüber dem Verhandlungspartner auch gegen dessen Willen durchzusetzen*. Dabei ist es von besonderem Interesse, durch welche Faktoren die Macht der Verhandlungsparteien bestimmt wird. Diese hat Dahl ([Concept] 203) in seinem klassischen machttheoretischen Beitrag herausgearbeitet. Mit der *Machtgrundlage* einer Verhandlungspartei wird die Gesamtheit ihrer Ressourcen bezeichnet, auf die sie zur Beeinflussung des gegnerischen Verhaltens zurückgreifen kann. Klassifikationen solcher Machtgrundlagen liegen von Peabody ([Authority] 117 ff.), Presthus ([Authority] 127 ff.), Simon ([Authority] 104 ff.) und im Besonderen von French und Raven ([Bases] 155 ff.) vor. Letztere unterscheiden die *reward, coercive, expert, referent und legitimate power*. Nach deren Auffassung lässt sich die Verhandlungsmacht eines Individuums oder einer Gruppe also auf seine oder ihre Fähigkeit, belohnen oder bestrafen zu können, auf sein oder ihr hohes Maß an Sachkenntnis, auf den Umstand, dass sich der Verhandlungspartner mit ihm oder ihr identifiziert oder auf die formale Autorität des Individuums oder der Gruppe zurückführen.

Macht-grundlagen

Machtmittel

Machtgrundlagen haben einen *passiven Charakter*. Sie werden nur wirksam, wenn sie von den Verhandlungsführenden aktiviert werden. Zur Aktivierung der Machtgrundlagen dienen *Machtmittel*, die Medien darstellen, über welche die Machtbasen genutzt werden. Wenn beispielsweise der Vorstandsvorsitzende eines Automobilkonzerns von seinem F&E-Chef verlangt, kurzfristig für sämtliche Pkw-Modelle einen Aktivkohlefilter zu entwickeln und ihm dafür die Aufwertung seines Ressorts auf die Vorstandsebene in Aussicht stellt, oder wenn der Verkaufsleiter mit der Kündigung droht, falls seinen Gehaltsforderungen nicht nachgekommen wird, dann sind dies Beispiele für den Einsatz von Machtmitteln. Weitere Machtfaktoren sind der *Machtbereich* (scope of power) sowie die *Machtfülle* (amount of power) (Dahl [Concept] 203). Mit der Verfügbarkeit dieser Machtfaktoren für die einzelnen Parteien entscheidet sich schließlich im konkreten Fall, ob es sich eher um eine Personalführungs- oder Verhandlungssituation handelt. Je gleichmäßiger die Machtfaktoren verteilt sind, desto stärker empfiehlt sich die Sichtweise der Verhandlungssituation.

8.2.3.2 Verhandlungstaktiken

Begriff

Verhandlungstaktiken können als Verhaltensmaßnahmen bezeichnet werden, die während des Verhandlungsprozesses zur zielgerichteten Beeinflussung der kognitiven Struktur des Verhandlungskontrahenten zum Einsatz kommen (Engelhard [Personalpolitik] 175). Welche von ihnen den Verhandlungspartnern zur Verfügung stehen, hängt wiederum von den für sie disponiblen Machtgrundlagen ab (Kirsch [Entscheidungsprozesse] 217; Schelling [Versuch] 250 ff.; Bacharach/Lawler [Bargaining] 157 ff.). Dabei besteht die eigentliche Aufgabe der Verhandelnden darin, ihre Machtressourcen über das Medium adäquater Verhandlungstaktiken so zu nutzen, dass ihr Verhandlungsziel weitgehend erreicht wird (Bacharach/Lawler [Bargaining] 41).

Drohungen

Häufig kommen in Verhandlungen *Drohungen* zum Einsatz. Mit ihrer Anwendung deutet ein Verhandlungspartner an, dass er dann negative Sanktionen einsetzen wird, wenn der Kontrahent das gewünschte Verhalten verweigert. Die Gefahr negativer Sanktionen für den Kontrahenten geht dabei von in Aussicht gestellten Handlungen des Drohenden aus. Einen anderen Charakter haben *Warnungen*. Sie dienen dazu, alle nachteiligen Folgen aufzuzeigen, die sich – auch ohne Zutun des Warnenden – aus der Unnachgiebigkeit des Verhandlungsgegners ergäben (Bidlingmaier [Zielkonflikte] 160). Drohungen und Warnungen sind nur dann wirksame Verhandlungstaktiken, wenn die Gegenpartei die angekündigten Nachteile höher als die von ihr geforderte Konzession einschätzt. Allerdings sind auch mögliche affektive Wirkungen insbesondere von Drohungen zu berücksichtigen. Auf dem gleichen Kontinuum wie Drohungen oder Warnungen, freilich an dessen entgegengerichtetem Extrempunkt, sind *Versprechungen* einzuordnen. Wer Versprechungen abgibt, deutet an, dass er Kompensationen für den Fall gewähren wird, in dem der Verhandlungsgegner das gewünschte Verhalten zeigt (Kirsch [Entscheidungsprozesse] 218 f.). Versprechungen sind daher als bedingte Kompensationsangebote zu bezeichnen.

Warnungen

Versprechungen

Bluffen

Eine häufig verwendete Verhandlungstaktik ist auch der Bluff bzw. die Täuschung. Das Bluffen besteht im verkehrten Signalisieren; bei wirklicher Schwäche eines Verhandlungspartners wird der (falsche) Eindruck von Stärke, bei wirklicher Stärke der (falsche) Eindruck von Schwäche erweckt (Bidlingmaier [Zielkonflikte] 160). Voraussetzung zum Bluffen ist die Gewissheit, mehr Informationen über die Gegenpartei zu besitzen, als diese über den Bluffenden hat. Jedoch ist der Nutzen des Bluffs stets anhand seiner dauerhaften Wirksamkeit im Verhandlungsprozess zu beurteilen; wird er von der anderen Verhandlungspartei durchschaut, bewirkt er eher das Gegenteil (Bacharach/Lawler [Bargaining] 172). Beim Bluff handelt es sich um eine manipulative Form einer Verhandlungstaktik.

Festlegungen

Verhandlungsprozesse können sich über längere Zeiträume erstrecken, wodurch *Festlegungen* in Verhandlungen eine besondere Bedeutung erlangen. Mit einer Festlegung dokumentiert eine Verhandlungspartei ihre Zwischen- oder Endposition, an die sie sich zu binden gedenkt. Damit kann sie mehrere Ziele verfolgen:

- Sie will dokumentieren, dass dies ihr äußerstes Angebot ist,
- sie kann damit zeigen, dass sie schon erheblich von ihrer ursprünglichen Forderung heruntergegangen ist,
- sie will den Verhandlungsgegner zu einem (weiteren) Entgegenkommen anregen,
- sie versucht allgemein zur Überschaubarkeit der Verhandlungssituation beizutragen.

Festlegungen sind dann besonders wirksam, wenn sie eindeutig formuliert sind und öffentlich verkündet werden, da in diesem Fall Rücktritte nur mit der Folge eines „Gesichtsverlusts“ erfolgen können (Stevens [Strategie] 318).

Junktimtaktik

Eine gerade im Bereich der Unternehmensführung, beispielsweise bei Verhandlungen mit Tarifpartnern oder anderen Interessenvertretern der Arbeitnehmer wichtige Verhandlungstaktik ist die *Junktimtaktik* oder Taktik der Kopplungsgeschäfte. Ein Junktim liegt dann vor, wenn eine Verhandlungspartei ihre Zustimmung zu einer gegnerischen Forderung davon abhängig macht, dass die Gegenpartei ein Entgegenkommen in einem Streitfall zeigt, der überhaupt nicht im eigentlichen Verhandlungsbereich liegt.

Weitere Verhandlungstaktiken

Im Schrifttum werden neben diesen noch verschiedene andere Verhandlungstaktiken wie beispielsweise die Taktik der vollendeten Tatsachen, bei der der eigenen Verhandlungsposition entsprechende Aktivitäten vor Abschluss der Verhandlungen eingeleitet werden, die Kontrolle von Informationen (Filterung, Zurückhaltung, Überflutung), das Berufen auf angebliche Absprachen oder Traditionen, die Wahl eines günstigen Zeitpunkts, das Einschüchtern, Schmeicheln oder das Unterbrechen der Verhandlung genannt (Neuberger [Führen] 701 ff.; Kirsch [Entscheidungsprozesse] 217 ff.). Schließlich werden unter dem Begriff der Verhandlungstaktiken weitere Vorgehensweisen zur Anwendung empfohlen, die jedoch eher rezeptartige Einzelanweisungen für den Praktiker als durchgängiges Verhaltensmuster im Sinne einer Verhandlungstaktik ansprechen und daher hier nicht weiter referiert werden sollen (Tengelmann [Kunst] 95 ff.; Karrass [Verhandlungsführung] 11 ff.; Fricke [Verhandeln] 94 ff.). Zudem sollte berücksichtigt werden, dass in verschiedenen Kulturen unterschiedliche Gepflogenheiten üblich sind (vgl. Kapitel 14) und die von den Verhandlungspartnern als angemessen beurteilten Verhandlungstaktiken stark variieren können (exemplarisch Graham/Lam [Geschäfte]).

Kontrollfragen und Aufgaben zu Kapitel 8

1. Zeigen Sie Unterschiede in der Erklärung des Realphänomens Personalführung nach der Eigenschaftstheorie, der Rollentheorie, der Situationstheorie und der Interaktionstheorie auf.

2. Vergleichen Sie die zentralen Ergebnisse von eigenschaftstheoretischen Sammelreferaten. Welche Personenmerkmale treten bei Führungskräften gehäuft auf?

3. Was versteht man unter einer Rolle? Welche Mängel weist die Rollentheorie der Personalführung auf?

4. Erläutern Sie den Denkansatz der Situationstheorie der Personalführung. Welche normativen Konzepte der Personalführung lassen sich der Situationstheorie zuordnen?

5. Inwiefern erweitert die Interaktionstheorie die Sichtweise der Situationstheorie?

6. Was ist ein Führungsstil? Welche Probleme treten bei der Beschreibung von Führungsstilen auf?

7. Welche „reinen" Typen von Führungsstilen sind zu unterscheiden?

8. Vergleichen Sie die Iowa- und Ohio-Studien hinsichtlich des Forschungsdesigns, der zentralen Befunde und möglicher Kritikpunkte.

9. Was ist unter einem normativen Konzept der Personalführung zu verstehen?

10. Erläutern Sie die Grundkonzeption des Management-by-Objectives. Welche Probleme können bei der direktiven, welche bei der partizipativen Variante auftreten?

11. Für welche Zielgruppe ist das MbO geeignet? Begründen Sie Ihre Aussage.

12. Beschreiben Sie die im situativen Reifegradmodell vorgesehene Zuordnung von Reifegraden und Führungsstilen. Welche Instrumente werden zur Operationalisierung der beiden Schlüsselvariablen bereitgestellt?

13. Welches zentrale Ergebnis hat die empirische Überprüfung des situativen Reifegradmodells erbracht?

14. Vergleichen Sie das entscheidungstheoretische Führungsmodell und die situative Reifegradtheorie hinsichtlich berücksichtigter Situationsvariablen, zugrunde gelegtem Führungsstilverständnis, normativer Aussage und empirischer Bewährung.

15. Was ist unter symbolischer Führung zu verstehen? Gibt es eine Personalführung, die nicht symbolisch ist?

16. Suchen Sie nach verbalen, interaktionalen und artifiziellen Symbolen, wie sie in der Unternehmenspraxis Verwendung finden.

17. Welche Aufgabe kommt Führungskräften bei der symbolischen Führung zu?

18. Zeigen Sie die Grenzen des Konzepts der symbolischen Führung auf.

19. Erläutern Sie die Grundgedanken des Empowerments sowie des Coaching.

20. Inwiefern unterscheidet sich Teamführung von individualisierter Personalführung?

21. Erläutern Sie den Zusammenhang zwischen materiellen Führungskräfte-Anreizsystemen und Personalführung.

22. In welcher Form würden Sie Führungskräfte materiell anreizen?

23. Was versteht man unter Aktienoptionsprogrammen?

24. Warum ist es gerechtfertigt, die Verhandlungsführung als wichtiges Aufgabenfeld der Unternehmensführung zu bezeichnen?

25. Welche Gemeinsamkeiten und Unterschiede bestehen zwischen der Verhandlungsführung und der Personalführung?

26. Welche Methoden können zur Lösung von Konflikten herangezogen werden?

27. Inwieweit kann die Spieltheorie Verhandlungssituationen erklären helfen?

28. Welcher der in der Spieltheorie unterschiedenen Spielegattungen entsprechen Verhandlungen üblicherweise? Begründen Sie Ihre Aussage.

29. Durch welche Kernmerkmale sind Verhandlungssituationen gekennzeichnet?

30. Durch welche Grundlagen kann die Macht eines Verhandlungspartners begründet sein?

31. Welche Verhandlungstaktiken können prinzipiell eingesetzt werden?

32. Beurteilen Sie diese Verhandlungstaktiken anhand von Grundsätzen ethischer Unternehmensführung.

33. Worauf führen Sie den Erfolg von Mitsubishi aus der Sicht der Personalführung zurück? Vergleichen Sie das dort angewandte System mit den Personalführungsmodellen und -stilen des westlichen Einzugsbereichs.

34. Warum verwendet Mitsubishi in seinem Anreizsystem ein im Vergleich zur Organisationshierarchie abweichendes Positionssystem der Rangstufen? Welche Vorteile und Probleme hat dieses Prinzip zur Folge?

Literaturhinweise zu Kapitel 8

BAUMBUSCH, R. (Hrsg.), Verhandlungsstrategische *Ambivalenz* im Management, Frankfurt am Main – Bern 1987.

BECKER, F. G., *Anreizsysteme* für Führungskräfte – Möglichkeiten zur strategisch-orientierten Steuerung des Managements, Stuttgart 1990.

BECKER, F. G., *Grundlagen* betrieblicher Leistungsbeurteilungen – Leistungsverständnis und -prinzip, Beurteilungsproblematik und Verfahrensprobleme, 4. Aufl., Stuttgart 2003.

BÖHNISCH, W., JAGO, A. G., REBER, G., Zur interkulturellen *Validität* des Vroom/Yetton-Modells, in: Die Betriebswirtschaft, 47. Jg., Heft 1, 1987, S. 85–93.

GILLENKIRCH, R. M., *Entwicklungslinien* in der Managementvergütung, in: Betriebswirtschaftliche Forschung und Praxis, 60. Jg., Heft 1, 2008, S. 1-17.

HERSEY, P., BLANCHARD, K. H., JOHNSON, D. E., *Management* of Organizational Behavior – Leading Human Resources, 9. Aufl., Upper Saddle River 2008.

LEWICKI, R. J., SAUNDERS, D. M., MINTON, S. W., *Negotiation* – Readings, Exercises, and Cases, 4. Aufl., Boston et al. 2003.

NEUBERGER, O., *Führen* und führen lassen, 7. Aufl., Stuttgart 2008.

ROSENSTIEL, L. VON, *Grundlagen* der Organisationspsychologie – Basiswissen und Anwendungshinweise, 6. Aufl., Stuttgart 2007.

STOGDILL, R. M., Stogdill's *Handbook* of Leadership – A Survey of Theory and Research, New York – London 1981.

VROOM, V. H., JAGO, A. G., The New *Leadership* – Managing Participation in Organizations, Englewood Cliffs 1988.

WEINERT, A. B., *Organisations- und Personalpsychologie*, 5. Aufl., Weinheim 2004.

9 Funktionserfüllung in der Realität – Was tun sie in Wirklichkeit?

Kritische Hinterfragung der funktionalen Sichtweise

In Abschn. 2.2.1 wurde dargelegt, dass die Lehre von der Unternehmensführung seit Fayol von der Überlegung beherrscht wird, dass sich die Aufgabeninhalte des Top-Managements hinreichend durch Funktionen wie Zielbildung, Planung, Organisation und Kontrolle beschreiben lassen. Diese funktionale Sichtweise ist gerade in jüngerer Zeit durch Ergebnisse empirischer Arbeiten, die die *tatsächlichen Handlungen* von Führungskräften bei der Erfüllung ihrer Aufgaben untersuchen, im Hinblick auf ihren Realitätsgehalt in Zweifel gezogen worden. Die Auseinandersetzung mit empirischen Untersuchungen über die Tätigkeit von Führungskräften wird allerdings aus mehreren Gründen, insbesondere aber dadurch erschwert, dass die Studien in ihrem Objektbereich ganz erheblich differieren. Hierbei lassen sich zumindest *fünf Objektbereiche* unterscheiden (Ramme [Arbeit] 15):

Studien mit fünf Untersuchungsschwerpunkten

- Eine erste Gruppe von Studien (vor allem Luthans/Larsen [Managers] 161 ff.) knüpft an den Orientierungsrahmen der traditionellen Unternehmensführungslehre an und versucht, die Spannweite und relative Bedeutung von *Querschnittfunktionen der Unternehmensführung* wie Planung, Organisation, Kontrolle empirisch nachzuweisen.

- In einer zweiten Gruppe von Studien wird der Frage nachgegangen, welche *Unternehmensbereiche oder Ressorts* den Mitgliedern des Top-Managements typischerweise zugeordnet sind (Bruhn/Wuppermann [Position] 421 ff.; Wuppermann [Geschäftsführer]).

- Andere Arbeiten knüpfen direkt an den konkreten *Aktivitäten von Führungskräften* an. Sie untersuchen, welcher Zeitanteil für Tätigkeiten wie Telefonieren, Briefe diktieren oder an Besprechungen teilnehmen verwandt wird (Stewart [Managers]; Stewart [Choices]; Stewart [Nature] 323 ff.).

- Eine weitere Gruppe versucht, *Rollen von Führungskräften* als Erwartungshaltungen der Umwelt an Führungskräfte zu ermitteln. Die Mehrzahl dieser Untersuchungen fußt auf der Arbeit von Mintzberg ([Managerial Work]; [Nature]; [Job] 49 ff.; [Manager] 53 ff.).

- Eine letzte Gruppe befasst sich mit Fähigkeiten von bzw. *Anforderungen an (Spitzen-)Führungskräfte(n)*. Hierzu zählen in erster Linie die frühen Arbeiten von Katz ([Skills] 1 ff.; Katz [Administrator] 90 ff.).

Unter diesen Ansätzen haben die bereits länger zurückliegende Untersuchung von Katz und die jüngere Studie von Mintzberg die wohl größte Beachtung gefunden.

Entscheidungsprozesse sowie Tätigkeiten und Arbeitsabläufe

Zum Zweck der möglichst realitätsnahen Orientierung dieses Lehrbuchs wird in diesem Kapitel zu zeigen versucht, wie Unternehmensführung in der Unternehmenspraxis tatsächlich gehandhabt wird. Die Analyse realen Führungshandelns und -verhaltens erfolgt auf zwei Untersuchungsebenen. Im Anschluss an das orientierende Fallbeispiel werden zunächst drei Modelle vorgestellt, die die in der Praxis ablaufenden Entscheidungsprozesse abbilden. Daraufhin werden Befunde empirischer Studien zu typischen Tätigkeiten und zum Arbeitsablauf von Führungskräften diskutiert.

Fallbeispiel:

Hethersett Corp.

Die Geschäftsleitung der Hethersett Corp., ein produzierendes Unternehmen mittlerer Größe, fällte in ihrer ersten Sitzung des Geschäftsjahres eine Grundsatzentscheidung, wonach zur Verbesserung der Geschäftsprozesse ein neues Computersystem installiert werden sollte. Im Unternehmen wurden zuvor bereits erste Untersuchungen über diesen Gestaltungsbereich durchgeführt, worauf es die Geschäftsleitung als notwendig erachtete, zur Auswahl und Implementierung eines geeigneten Computersystems ein Beratungsunternehmen hinzuzuziehen. Zu Beginn des Entscheidungsprozesses über die Auswahl der Beratungsgesellschaft lagen keine klaren Vorstellungen vor, wie viele Unternehmen geprüft werden sollten. Zwar ließ sich die Geschäftsleitung eine Übersicht möglicher Beratungsunternehmen zusammenstellen, jedoch wurde von dem Vorsitzenden der Geschäftsleitung kurzfristig, bevor der Auswahlprozess richtig in Gang kam, eine Zusammenkunft mit Alpha, einem relativ jungen Beratungsunternehmen, die sich auf die Projektierung von EDV-Anlagen spezialisiert hatte, vereinbart. Den Ausschlag hierfür hatte wohl gegeben, dass der Vorsitzende der Geschäftsleitung zwischenzeitlich einen der Gründer von Alpha anlässlich einer Bürofachausstellung kennen gelernt hatte und von dessen EDV-Kenntnissen beeindruckt gewesen war.

Am 21. Februar diskutierten die Berater von Alpha mit verschiedenen Vertretern Hethersetts, wie die Geschäftsabwicklung verbessert werden könnte. Bis Anfang

März hatte Alpha ein mehrstufiges Programm aufgestellt, mit dem der Geschäftsablauf sowie die bisherigen Datenverarbeitungsmethoden Hethersetts geprüft und analysiert werden sollten. Alpha betonte, dass die Ziele des Programms (1) in der Abschätzung der voraussichtlichen Ersparnisse durch ein neues System sowie (2) in der Spezifizierung der Preisklasse und der Charakteristika der dazu erforderlichen Anlage lägen. Für diese Leistung wurde von Alpha ein Beratungshonorar von 500 Dollar je Manntag (10.000 Dollar pro Monat bei 20 Beratungstagen) gefordert. Die Dauer dieser Beratungsleistungen wurde mit maximal 100 Manntagen veranschlagt, sodass das Honorar keinesfalls 50.000 Dollar übersteigen würde. Reisekosten in Höhe von 11.000 Dollar müssten jedoch zusätzlich verrechnet werden. Die Geschäftsleitung von Hethersett zeigte sich anlässlich der Präsentation des Programms am 23. März von diesem Angebot beeindruckt. Sie war sich grundsätzlich darüber einig, dass Alpha beauftragt werden sollte. Man hoffte, auf diese Weise einen langwierigen Entscheidungsprozess verhindern zu können.

Trotz dieser Absicht wurde in der nächsten Sitzung der Geschäftsleitung der Vorschlag des Leiters des Controllings, der nicht Mitglied der Geschäftsleitung Hethersetts war, obwohl er schon mehrfach als potenzieller Finanzchef und somit als Leitungsorganmitglied in der Diskussion war, aufgegriffen, das Angebot weiterer Beratungsgesellschaften zu prüfen. Hierzu wurde vom Verkaufsleiter, der seit vielen Jahren der Geschäftsleitung von Hethersett angehörte, eine Liste von ungefähr zwölf möglichen Beratungsunternehmen präsentiert. Die Liste war bereits früher von einem seiner Stabsmitarbeiter zusammengestellt worden, als ein über Jahre hinweg ungelöstes Marketingproblem einer Unternehmensberatung übergeben werden sollte. Da mehrere Mitarbeiter der in fast allen Abteilungen Hethersetts gefürchteten Controllingabteilung über umfangreiche Operations-Research-Kenntnisse verfügten, war sich die Geschäftsleitung Hethersetts schnell einig, dass die Vorbereitung der Auswahlentscheidung zwischen möglichen Beratungsgesellschaften von der Controllingabteilung übernommen werden sollte. Die Geschäftsleitung hob hervor, dass zur Lösung des Entscheidungsproblems Kenntnisse des Operations Research unabdingbar seien, da mit der Auswahl einer Beratungsgesellschaft ein Entscheidungsproblem vorläge, bei dem eine Vielzahl von Kriterien zu berücksichtigen ist. Vom Verkaufsleiter wurde das Entscheidungsproblem sogar als ein dynamisches Optimierungsproblem bezeichnet. Darüber hinaus wurde die Einschaltung der Controllingabteilung auch deshalb für vorteilhaft gehalten, da sich mit ihr eine vermeintlich unvoreingenommene Abteilung mit dem Problem beschäftigte. Kurzum, man erhoffte sich eine wohlfundierte Entscheidungsvorbereitung. Auf Anregung des Vertriebsleiters, der seit jeher für seine pragmatisch-innovative Vorgehensweise bekannt war, wurde man sich weiterhin einig, dass eine „dislozierte" Entscheidungsfindung erfolgen sollte, in der die Controllingabteilung aus den eingehenden Angeboten zwei auszuwählen hatte, die der Chefcontroller in der nächsten Sitzung der Geschäftsleitung ausführlich vorstellen sollte. Wegen der geplanten unternehmensweiten Anwendung des Systems und der beträchtlichen Kosten der in Frage kommenden EDV-Anlagen kam man außerdem überein, dass die letztendliche

Entscheidung über einen Beratungsvertrag nur von der Geschäftsleitung selbst getroffen werden könne. Diese Entscheidung sollte auf jeden Fall in der nächsten ordentlichen Sitzung der Geschäftsleitung erfolgen.

Der Chefcontroller beauftragte zwar gleich am folgenden Morgen T. Colltront, einen seiner treuesten Mitarbeiter, mit der Angebotseinholung, wies diesen jedoch an, nur bei einem weiteren Unternehmen, der Beta Consult, um die Unterbreitung eines Lösungsvorschlags und Angebots nachzufragen. Beta war wesentlich bekannter, zudem größer und länger im Geschäft als Alpha, hatte sich jedoch nicht eindeutig auf EDV-Problemlösungen spezialisiert.

Zur Analyse des Problems von Hethersett unterbreitete Beta ein Beratungsprogramm. Darin wurden zwei Ziele der Beratung dargelegt: (1) Die Kosten des Rechnungswesens sollten gesenkt werden und (2) die Qualität der Informationen für die Buchhaltung und die Controllingabteilung sollten verbessert werden. Beta unterstrich in ihrem Vertragsentwurf, dass die Anschaffung eines neuen Computersystems als ***ein*** *mögliches Mittel angesehen wurde, diese Ziele zu erreichen. Der Entwurf zeigte auf, dass die Beratungskosten 14.000 Dollar im Monat nicht übersteigen würden. Die ersten Untersuchungen sollten drei bis vier Monate andauern und bis dahin sollte ein Arbeitsbericht erstellt werden. Angesichts der nahenden nächsten Geschäftsleitungssitzung veranlasste der Chefcontroller, dass M. V. Maltzahn, ein begabter, vom Chefcontroller jedoch verkannter Nachwuchscontroller, eine Übersicht erstellen sollte, in der zwischen Alpha und Beta ein Vergleich anhand verschiedener Kriterien vorgenommen wurde. Der Inhalt dieser Übersicht kann Abbildung 9-1 entnommen werden.*

Acht Tage vor der entscheidenden Geschäftsleitungssitzung hatte Maltzahn einen schon vor der Jahreswende vereinbarten Termin bei dem Vorsitzenden der Geschäftsleitung. Dieser wollte Maltzahn gerne in sein Ressort Finanzwesen holen, zumal dort zur Jahresmitte wegen einer bevorstehenden Pensionierung die Stelle eines Finanzplaners frei wurde. Im Verlauf des Gesprächs fragte der Vorsitzende der Geschäftsleitung beiläufig, ob Maltzahn wisse, welche beiden Beratungsunternehmen zur Betreuung des EDV-Projekts in die engere Wahl kommen würden. Maltzahn berichtete, dass er selbst mit dieser Angelegenheit zu tun habe und nannte Alpha und Beta als potenzielle Aspiranten für den Beratungsauftrag. Überrascht von der Gelegenheit, Informationen aus erster Hand zu bekommen, befragte der Vorsitzende Maltzahn nach dessen Einschätzung der Lage. Dieser äußerte seine Auffassung, wonach die beiden Unternehmen bezüglich der Qualität des Personals, im Hinblick auf die Kosten der Beratungsleistung sowie in Bezug auf die veranschlagte Beratungsdauer gleichwertig seien bzw. durch entsprechende Verhandlungen gleichwertig gemacht werden könnten. Jedoch war er überzeugt, dass Beta im Hinblick auf die anderen Kriterien – die Art der Leistungen, zu der sich die Unternehmen verpflichtet hatten, sowie der jederzeitigen Verfügbarkeit der Beratungsleistungen – im Vorteil sei.

Abbildung 9-1

Vergleich der beiden Beratungsunternehmen

Kriterium	Alpha	Beta
Qualität der Mitarbeiter	Hohe Qualität des EDV-Personals	Höhere Erfahrung mit wirtschaftlichen Problemstellungen
Beratungskosten	500 Dollar/Manntag (10.000 Dollar/Monat); höchstens jedoch 50.000 Dollar; zzgl. Reisekosten	Maximal 14.000 Dollar/ Monat; zzgl. Reisekosten
Leistungsumfang	Hat sich primär verpflichtet, eine Feasibility-Studie für die EDV-Anwendung durchzuführen	Will die bisherigen Methoden und die Möglichkeit des EDV-Einsatzes prüfen
Veranschlagte Zeit	Höchstens 100 Manntage; eventuell sogar in 15 Wochen	Wegen der umfangreicheren Aufgabenstellung voraussichtlich längeres Zeitbudget (im Vertragsentwurf wird von 3 bis zu 4 Monaten ausgegangen)
Verfügbarkeit	keine Bewertung möglich	
Geographische Distanz zum Berater	Hauptbüro von Alpha ist ca. 2.500 Meilen von Hethersett entfernt	Hauptbüro von Beta ist ca. 500 Meilen von Hethersett entfernt

Eine Analyse des Vergleichs zeigt jedoch, dass der einzige „objektive" Vorteil Betas in ihrer geographischen Lage bestand. Doch selbst hier war der Unterschied nicht eindeutig, da zwar höhere Reisekosten bei Alpha zu erwarten, andererseits aber bei ihr Kostenersparnisse in anderen Teilen des Beratungshonorars denkbar waren. Weiterhin wäre es möglich gewesen, über den Umfang und die Verfügbarkeit der Beratungsleistungen mit Alpha zu verhandeln. Schließlich ist einsichtig, dass der Leistungsumfang der Beratungsunternehmen ebenfalls Verhandlungssache war, zumal Alpha als junge Beratungsgesellschaft eher beeinflussbar erschien.

Auf der Kostenseite lagen die Vorteile (unter Vernachlässigung eventueller Verhandlungszugeständnisse) eindeutig bei Alpha. So war das monatliche Honorar Alphas etwa 4.000 Dollar niedriger als dasjenige von Beta. Auch ist zu bedenken, dass sich das Gesamthonorar Betas je nach der Länge der erforderlichen Beratungsdauer gestalten sollte. Die veranschlagte Zeit betrug drei bis vier Monate, was einen Preis zwischen 42.000 Dollar und 56.000 Dollar bedingt hätte. Alpha hingegen hatte ein Preismaximum von 50.000 Dollar garantiert. Unter diesen Umständen erwiesen sich genaue Preisvergleiche als schwierig. Jedoch ist herauszustellen, dass Alpha eine Gesamtpreis-Obergrenze angab, während Beta lediglich auf Monatsbasis ver-

bindlich wurde und kein Gesamtpreis-Limit zugesichert hatte. Deshalb lagen die Vorteile des Kostenvergleichs bei Alpha, wenn sich auch die Kosten in ähnlichen Regionen bewegten und die sie letztendlich beeinflussenden Umstände so verschwommen blieben, dass die Kosten nur schwer zu beurteilen waren. Auf diese Schwierigkeit der Kostenabschätzung wies Maltzahn den Vorsitzenden besonders hin. Auf die Frage des Vorsitzenden, wie man diese Schwierigkeit in den Griff bekommen könne, vertrat Maltzahn die Auffassung, dass eine Entscheidung letztendlich nur dadurch getroffen werden könne, dass weitere Kriterien berücksichtigt würden. Aus dem Stegreif schlug er einige weitere, jedoch nur bedingt einsichtige Kriterien vor, anhand derer Beta gut abschnitt. Der Vorsitzende dankte Maltzahn für die Informationen und betonte, dass er durch diese Informationen einen wesentlichen Schritt in seiner Entscheidungsfindung vorangekommen sei. Nachdem beide sich noch intensiv über Bedingungen einer eventuellen Versetzung Maltzahns unterhalten hatten, endete das Gespräch.

Da sich für Hethersett kurzfristig die Gelegenheit ergeben hatte, einen kleineren amerikanischen Konkurrenten zu übernehmen, traf sich die Geschäftsleitung bereits zwei Tage vor der nächsten ordentlichen Geschäftsleitungssitzung zu einem außerordentlichen Meeting, das bis in die Nacht hinein andauerte. Auch die ordentliche Sitzung des übernächsten Tages war ausschließlich von der Möglichkeit einer Akquisition des Konkurrenten beherrscht. Alle anderen Tagesordnungspunkte wurden vertagt, die Entscheidung über die Beratungsleistung sogar auf unbestimmte Zeit. Bei Hethersett erfuhr man durch gemeinsame Kunden, dass der Hauptkonkurrent Dom Racine zwischenzeitlich erfolgreich seine Geschäftsabwicklung auf ein neues EDV-System umgestellt hatte. Dom Racine hatte sich hierbei der Dienste einer alteingesessenen Beratungsgesellschaft bedient. Da in den Folgemonaten gehäuft Klagen von Kunden auftraten, die wiederholt trotz rechtzeitiger Begleichung ihrer Verbindlichkeiten an Hethersett von der Debitorenbuchhaltung angemahnt wurden, delegierte der Verkaufschef im Juli, während sich der Vorsitzende der Geschäftsleitung im Urlaub befand, die Entscheidungsbefugnis über die Beauftragung einer Beratungsgesellschaft an die Controllingabteilung.

Hethersett hat schließlich Beta mit der Beratung beauftragt.

9.1 Führungsentscheidungsprozesse

Aufgabe der Rationalitätsannahme

In deskriptiven Arbeiten wird darauf verwiesen, dass Unternehmensführungshandlungen als *Ergebnis politischer Prozesse* anzusehen sind. Die Handlungen sind demnach *nicht als das Ergebnis rationaler Entscheidungen*, sondern als das Resultat äußerst verwickelter, auf mehreren Ebenen ausgetragener politischer „Spiele" aufzufassen, an denen einflussreiche Personen und Gruppen aus der gesamten Unternehmenshierarchie wie auch aus der Unternehmensumwelt beteiligt sind (Schreyögg [Unternehmensstrategie] 178). Diese Sichtweise wird durch eine Reihe empirischer Studien (Wildavsky [Budgeting] 192 ff.; Pettigrew [Politics] 32 ff.; Pfeffer/Salancik [Process] 135 ff.; Murray [Choice] 960 ff.; Mazzolini [Decisions] 85 ff.) in der Denktradition der Koalitionstheorie Cyerts und Marchs (vgl. Abschn. 1.2) gestützt. Wenn sich auch wegen der Undurchsichtigkeit der Prozesse die Überlegungen der deskriptiven Entscheidungstheorie nur mühsam in eine Modellstruktur umsetzen lassen, soll nachfolgend dennoch der Versuch unternommen werden, anhand von *drei solchen Modellfragmenten* die realtypischen Entscheidungsprozesse zu erklären.

9.1.1 Durchwursteln als Entscheidungsstil

Lindblom hat mit seiner Analyse das Entscheidungs- und Planungsverhalten öffentlicher Institutionen zu erklären versucht (Lindblom [Science] 45 ff.; Braybrooke/Lindblom [Strategy] 41 ff.), wobei das von ihm entwickelte Modell erst im Nachhinein von der Betriebswirtschaftslehre zur *Beschreibung und Erklärung*, weniger zur Gestaltung *von Entscheidungsprozessen* in Unternehmen herangezogen wurde (Kirsch [Entscheidungsprozesse II] 160; Schreyögg [Unternehmensstrategie] 220 ff.). Das Modell fußt auf der Kritik des rationalen Entscheidungsverhaltens, wie sie vor allem von Herbert A. Simon vorgetragen wurde (vgl. Abschn. 2.4.1.2).

Es ist von der Auffassung getragen, dass das Handeln politischer Akteure in der *Kunst eines „Sich-Durchwurstelns"* (Lindblom [Science] 41) besteht. Eine wohlüberlegte, strategische oder auch synoptische Form des Entscheidungsverhaltens, die darauf abzielt, die langfristigen Konsequenzen bei der Gestaltung des eigenen Handelns zu berücksichtigen, ist demnach in der Praxis eher die Ausnahme als die Regel. Lindblom zufolge neigen Entscheidungsträger stattdessen dazu, nur die unmittelbar anstehenden nächsten Probleme zu lösen, aus denen sich dann wiederum Folgeprobleme ergeben werden.

Ein derartiges Handlungsmuster würde bevorzugt, obgleich die Ausprägung der ursprünglichen Problemdefinition teilweise die Entwicklung einer vollständigen Strategie zulasse (Kirsch [Entscheidungsprozesse II] 160). Da bei der beschriebenen Vorgehensweise die Entscheidungssituation schubweise in die Zukunft hineingetrieben wird, kann man von einem der Tendenz nach induktiv angelegten, *inkrementalen Verhalten* und Handeln sprechen. Ein Verständnis für den Gesamtzusammenhang („higher understanding") wird nach Lindblom von den Entscheidungsträgern weder angestrebt noch als möglich erachtet (Braybrooke/Lindblom [Strategy] 66 ff.). Dies

Inkrementales Verhalten und Handeln

bedeutet jedoch nicht, dass völlig willkürlich und zufallsabhängig agiert wird; innerhalb der kurzfristigen und subjektiven Perspektive wird sehr wohl rational gehandelt. Da die Wahl der inkrementalen Schritte aus dem Gesamtkontext heraus betrachtet nicht rational erscheint, gleichwohl aber von kurzfristigen und subjektiven Nutzenüberlegungen bestimmt wird, hat sich für das beschriebene Realphänomen der Begriff des „logischen Inkrementalismus" eingebürgert.

Kritische Würdigung

Was die übergeordnete Beurteilung des „Muddling Through" als „Entscheidungsstil" anbetrifft, so ist man sich in der Betriebswirtschaftslehre weitgehend darüber einig, dass der *Anwendungsnutzen des inkrementalen Vorgehens aus den folgenden Überlegungen eher gering zu veranschlagen* ist (vgl. hierzu Schreyögg [Unternehmensstrategie] 223 ff.). Der Inkrementalismus stellt nämlich ein Antiprinzip zur (synoptischen) Planungsanalytik dar, dem es an einer eigenständigen Logik fehlt. Angesichts diskontinuierlicher Umweltentwicklungen (vgl. Abschn. 5.7) sind Entscheidungsstile, die die Anlehnung an bisheriges Verhalten propagieren, nicht angemessen. Überdies wird das „Sich-Durchwursteln" von einem Streben nach Misserfolgsvermeidung und nicht von einer Suche nach Chancenwahrnehmung getragen. Schließlich verträgt sich die Ablehnung jedweder langfristiger Zukunftsprojektion nicht mit dem Charakter strategischer Entscheidungen, die durch ein hohes Maß an Bindungswirkung gekennzeichnet sind (vgl. Abschn. 2.1.2).

9.1.2 Unternehmensführungsentscheidungen im Mülleimer

Ausgangspunkt der Modellentwicklung

Nach den Befunden der deskriptiven empirischen Unternehmensführungsforschung (Cohen/March/Olsen [Model] 1 ff.; Mintzberg/McHugh [Adhocracy] 160 ff.) lassen sich *die in den Unternehmen ablaufenden Entscheidungsprozesse des Top-Managements weder durch das rationale Modell des Individualentscheiders noch durch sozialpsychologische Erkenntnisse der Verhandlungstheorie (vgl. Abschn. 8.2) vollständig beschreiben und erklären*. Dementsprechend geben diese Arbeiten der empirischen Managementforschung selbst die letzten Reste einer entscheidungslogischen Fundierung der Unternehmensführung auf und gehen stattdessen davon aus, dass die Entscheidungen des Top-Managements mehrheitlich auf recht undurchsichtige Weise getroffen werden. Die mehr oder weniger irrationalen Willensbildungsprozesse würden von den Entscheidungsträgern erst im Nachhinein durch *„Post-factum-Theorien"* rationalisiert (Schreyögg [Unternehmensstrategie] 202).

Merkmale realer Entscheidungen

Die Untersuchung von realen Stilen der Entscheidungsfindung oder allgemein der Problembewältigung war Gegenstand langjähriger empirischer (Fall-)Studien der Carnegie-Forschergruppe um Cohen, March und Olsen ([Model] 1 ff.; Cyert/Dill/March [Expectations] 307 ff.; March/Olsen [Choice] 10 ff.). Dabei hat sich gezeigt, dass *aufgrund dreier* vermeintlich *generalisierbarer Besonderheiten von Unternehmen* die praktizierten Formen der Problemlösung nicht mit dem Modell des Rationalentscheiders in Einklang gebracht werden können (Cohen/March/Olsen [Model] 1). Zum Ersten ist die *Präferenzsituation* im Unternehmen weitgehend ungeklärt. Die Aktionen des Unternehmens stellen nichts anderes als das Ergebnis einer Vielzahl inkonsistenter, schlecht definierter Präferenzen ihrer Mitglieder dar; deren Aktionen sind somit nicht entscheidungslogisch erschließbar. Überdies ist die *„Technologie"* des Unternehmens für dessen Mitglieder weitgehend unergründet. Damit ist gemeint, dass ihnen die meisten Vorgänge im Unternehmen nicht vollständig transparent sind und sie sich deshalb nach dem Muster einfacher Versuch-Irrtum-Prozesse verhalten. Schließlich ist das Unternehmen durch einen *wechselnden Mitgliederkreis* gekennzeichnet. Daher sind die Grenzen des Systems Unternehmen weder definiert noch stabil, weshalb auch der Kreis der Entscheidungsträger und der an den Entscheidungen Interessierten wechselt.

Instabile Präferenen

Undurchsichtige Technologie

Wechselnde Mitglieder

Die Ergebnisse von Entscheidungsprozessen sind also als Produkt eines komplexen Geflechts vielfach ineinander fließender Prozesse der Interpretation und Interaktion, der Einwirkung von „außen" sowie spontaner Aktionen zu verstehen, wobei häufig Zufälle für den Ausgang des Prozesses ausschlaggebend sind (Schreyögg [Unternehmensstrategie] 203). Da die Handlungen des Unternehmens nicht das Ergebnis eines dort vorhandenen höheren Maßes an Ordnung sind, wird das Unternehmen auch als organisierte Anarchie gekennzeichnet.

Organisierte Anarchie

In welcher Form in organisierten Anarchien Entschlüsse gefasst werden, kann anhand der obigen, auf der Basis von Materialien von Cyert, Dill und March ([Expectations] 328 ff.) aufbereiteten Fallstudie aufgezeigt werden. *Die Entscheidung Hethersetts* für die Beauftragung Betas *ist in ihrer Ganzheit offenbar weder mit einer „politischen Führungstheorie" und schon gar nicht mit der Theorie rationalen Individualentscheidungsverhaltens zu erklären. Die Entscheidungsträger haben nämlich an verschiedenen Stellen des Willensbildungsprozesses mit dem Rationalmodell gebrochen:*

- Alpha wurde zunächst bevorzugt, ohne dass andere Entscheidungsalternativen geprüft wurden.
- Das positive Urteil der Geschäftsleitung über Alpha erfolgte vor allem aus Gründen der Bequemlichkeit.

- Ohne das Auftreten einer wichtigen Veränderung innerhalb oder außerhalb des Unternehmens wurde plötzlich die Prüfung weiterer Alternativen beschlossen.
- Es wurde eine alte Liste mit potenziellen Beratungsgesellschaften herangezogen, ohne deren Problemlösungseignung zu prüfen.
- Die Controllingabteilung wurde ohne zwingenden Grund mit der Entscheidungsvorbereitung beauftragt. Ein mögliches Motiv dürfte darin bestehen, dass die Abteilung beschäftigt werden sollte.
- Die Vorauswahl der Alternativen wurde trotz der Wichtigkeit der Entscheidung delegiert.
- Der Chefcontroller ließ lediglich eine weitere Alternative zu.
- Ein neues Computersystem wurde als Konzept zur Lösung der Probleme Hethersetts in Frage gestellt, obwohl eine entsprechende Grundsatzentscheidung vorlag.
- Der Vorsitzende stützte sein Urteil auf vage, unzuverlässige Informationsquellen.
- Die Geschäftsführung vertagte die wichtige Entscheidung auf unbestimmte Zeit.
- Die Entscheidungsdelegation lief dem ursprünglichen Grundsatz zuwider.

Angesichts dieser Belege ergeben sich mehrere Fragen: Stellt der Fall Hethersett ein unrealistisches, weltfremd konstruiertes Fallbeispiel dar, das die Wirklichkeit nur unvollständig abbildet? Sind die dortigen Entscheidungen nach einem Muster höherer Ordnung abgelaufen, das nur den Autoren verborgen bzw. unerklärbar geblieben ist? Ist eine derartige Entwicklungsfolge heutzutage mit geschulten Managern nicht mehr denkbar? Offenbar können diese Fragen durchweg mit nein beantwortet werden, denn bis heute finden sich *vielerorts Erfahrungsberichte, die die Existenz derartiger Willensbildungsprozesse nachweisen* (zum Beispiel von Solman/Friedman [Gewinner]).

„Ströme" im Entscheidungsprozess

Das Garbage Can Decision Model stellt einen Versuch dar, in solchen Willensbildungsprozessen mit ihren mageren Ordnungsstrukturen zumindest noch einige Prozessmuster zu erkennen. In diesem Modell werden Entschlüsse als die Ergebnisse von *vier voneinander unabhängigen Strömen* beschrieben, die den Entscheidungsprozess wesentlich prägen (Cohen/March/Olsen [Model] 2 f.).

- Im Unternehmen fließt ständig ein *Strom von Problemen*. Diese Probleme berühren Personen innerhalb und außerhalb des Unternehmens. Demnach spielen auch Probleme des persönlichen Bereichs wie familiäre Krisen, Karriereängste, Sorgen um den Arbeitsplatz, den Status oder um die finanzielle Zukunft in das Unternehmen hinein.

Probleme

  Probleme im Fallbeispiel:
  Ausgangsproblem: Hethersetts Geschäftsprozesse sind ineffizient; Symptome: Kosten des Rechnungswesens sind zu hoch, Qualität der Informationen der Buchhaltung und des Controlling sind zu gering.

  Folgeproblem: Beschaffung eines neuen Computersystems.

  Randprobleme: Chefcontroller fühlt sich wegen seiner bislang unerfüllten Karriereabsichten vom Vorsitzenden der Geschäftsleitung fehleingeschätzt und will sich diesem gegenüber profilieren; Verkaufschef möchte seine allseitige Fachkompetenz zur Schau tragen; Maltzahn wünscht Versetzung; Geschäftsleitung wird überraschend vor die Frage gestellt, ob Hethersett den amerikanischen Konkurrenten übernehmen soll.

- Im Unternehmen fließt daneben ein *Strom von Lösungen*. Damit ist gemeint, dass das Unternehmen ständig über einen „Vorrat" an Problemlösungen verfügt, die gleichsam auf Halde, oft jedoch ohne konkreten Problembezug bereitgehalten werden. Ein neues Computersystem kann ein Beispiel für eine solche Lösung sein, die sich erst die entsprechenden Probleme suchen muss.

Lösungen

  Lösungen im Fallbeispiel:
  Liste des Verkaufsleiters mit potenziellen Beratungsunternehmen; Controllingabteilung als Reservoir kluger Köpfe für komplexe Probleme.

- Zudem können die Interessenträger des Unternehmens als ein *Strom von Teilnehmern* aufgefasst werden, da ihr Kreis wechselt, indem je nach Problemlage „neue", oft unerwartete Interessenträger Forderungen stellen bzw. Ansprüche erheben, und andere in den Hintergrund treten. Nicht selten treten im Rahmen von Unternehmensführungsentscheidungen plötzlich unternehmensexterne Interessengruppen wie zum Beispiel Bürgerinitiativen auf den Plan.

Teilnehmer

  Teilnehmer im Fallbeispiel:
  Geschäftsleitung, bestehend unter anderem aus Vorsitzendem/Finanzchef (nur zeitweise, bis Urlaub) und Verkaufsleiter; Chefcontroller; Maltzahn (indirekt, als Informationsträger).

- Darüber hinaus ist in Unternehmen ein wechselnder Bestand an Entscheidungsgelegenheiten anzutreffen; es existiert mithin ein *Strom von Entscheidungsarenen*. Beispiele für Entscheidungsgelegenheiten finden

Entscheidungsarenen

sich im täglichen Ablauf eines jeden Unternehmens. Verträge müssen unterzeichnet werden, Mitarbeiter müssen eingestellt, gefördert oder entlassen werden.

Entscheidungsarenen im Fallbeispiel:
Diverse Sitzungen der Geschäftsleitung; Diskussionsrunde am 21. Februar zwischen Alpha und Vertretern von Hethersett; Controllingabteilung (Entscheidungszentralisation beim Chefcontroller); Gespräch zwischen Vorsitzendem und Maltzahn.

Die *Unternehmensorganisation* (vgl. Kapitel 7) mit ihren Merkmalen wie Arbeitsteilung und Spezialisierung sowie der Verteilung von Informationen hat die *Funktion, die Verbindungen* zwischen den vier Strömen *herzustellen und aufrechtzuerhalten* (Wolff [Prozess] 114 ff.). Im Einzelnen hat sie zunächst die *Zugangsstruktur* und die *Entscheidungsstruktur* zu regeln:

Zugangsstruktur

- Die *Zugangsstruktur* klärt die Frage, welche Entscheidungsarenen für welche Probleme zuständig sind. Zwei Formen von Zugangsstrukturen sind denkbar: Zugang durch *Spezialisierung*, wobei für jedes Problem nur eine Entscheidungsarena zuständig ist oder jede Entscheidungsarena sich ausschließlich mit einer Sorte von Problemen beschäftigt; Zugang durch *Hierarchie*, wobei sowohl Probleme wie auch Entscheidungsarenen nach ihrer Wichtigkeit in Hierarchien geordnet sind; dabei finden wichtige Probleme einen besonders schnellen Zugang in die Entscheidungsarena.

Entscheidungsstruktur

- Mit *Entscheidungsstruktur* ist gemeint, welche Teilnehmer an welchen Entscheidungsarenen teilnehmen dürfen. Wichtige Einflussgrößen sind hierbei Funktion und Autorität.

„Energie" und deren Verteilung

Des Weiteren regelt die Unternehmensorganisation die im Unternehmen *insgesamt verfügbare Energie* und die *gegenwärtige Verteilung der Energie auf die Teilnehmer*. Durch diese Regelungen wird insbesondere die Länge der Warteschlangen von Problemen vor Entscheidungsarenen bestimmt.

Entscheidungsalternativen

Da der letztendliche Einfluss der Unternehmensorganisation auf das Zusammentreffen der vier Ströme kaum vollständig beschrieben werden kann, wird die Unternehmensorganisation des Unternehmens als eine „Black Box" aufgefasst. Weiterhin ist anzunehmen, dass die *Unternehmensorganisation* in aller Regel die Verbindungen zwischen den vier Strömen und deren willkürlichen Verlauf *nur sehr bedingt steuern und kanalisieren* kann, wie dieses in Abbildung 9-2 verdeutlicht ist (Wolff [Prozess] 114; Enderud [Faces]). Das Zusammentreffen der vier Ströme im Unternehmen ist vielmehr wesentlich von der kaum analysierbaren Gesamtsituation abhängig, weshalb die Entscheidungsergebnisse auch weitgehend als Zufallsprodukte betrachtet werden müssen.

Abbildung 9-2

Unternehmensorganisation und Garbage-Can-Entscheidungen

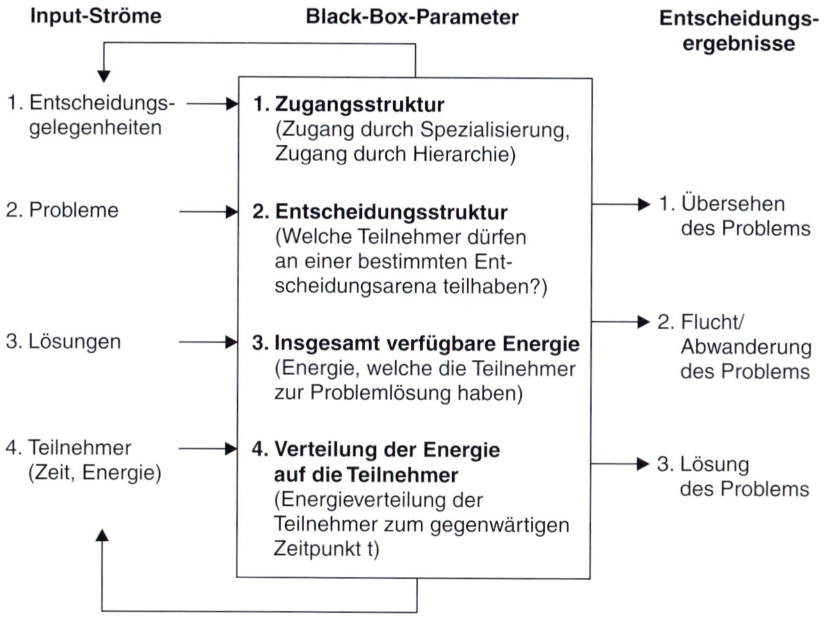

Drei verschiedene Entscheidungswege

Auf welche Weise können nun in „Mülleimer-Unternehmen" Entscheidungen getroffen werden? Im Garbage Can Decision Model werden die *drei Alternativen* Übersehen, Flucht/Abwanderung und Lösung diskutiert (Cohen/March/Olsen [People] 33):

- *Übersehen*
  Wenn eine Entscheidung fällig ist, zum Beispiel weil sich Handlungsbedarf aus zuvor getroffenen Entscheidungen ergibt und zudem genügend Energie verfügbar ist, wird sie zwar schnell, aber ohne zur Lösung des eigentlichen Problems beizutragen, gefasst.

  Entscheidungen durch Übersehen im Fallbeispiel:
  Ursprüngliches Votum der Geschäftsleitung für Alpha, mit dem mehr eine schnelle denn eine wohlfundierte Entscheidung erfolgte; Übertragung der Entscheidungsvorbereitung an die Controllingabteilung, mit der versucht wurde, durch eine Zwangsrationalisierung das Mehrdeutigkeitsproblem zu bewältigen; Entscheidung des Controllers, nur eine weitere Alternative prüfen zu lassen, durch die das eigentliche Entscheidungsproblem vorsätzlich „übersehen" wurde; Entschluss des Verkaufsleiters, die Entscheidung zu delegieren.

- *Flucht/Abwanderung*
  Hier warten die Problemfälle längere Zeit auf eine sie lösende Entscheidung; da diese nicht erfolgt, wandern sie zu erfolgversprechenderen Entscheidungsarenen ab. Wenn die lang erhoffte Entscheidung dann oft auch erfolgt, kann sie das eigentliche Problem nicht mehr lösen.

  Entscheidungen durch Flucht/Abwanderung im Fallbeispiel:
  Die Entscheidung, eine Beratungsgesellschaft auszuwählen, wandert von der Entscheidungsarena „Geschäftsleitung" an die Entscheidungsarena „Controllingabteilung" ab.

- *Durch Lösung des Problems*
  Nach einer intensiven Auseinandersetzung mit dem Problem wird dieses bewältigt.

Es kann dabei durchaus möglich sein, dass in einem Unternehmen je nach der Art des Entscheidungsproblems *verschiedene dieser Entscheidungswege* beschritten werden.

Hypothesenartige Überlegungen

Ausgehend von diesen Merkmalsbeschreibungen des Zustandekommens von Entscheidungen sind folgende *hypothesenartige Überlegungen* zu formulieren (Cohen/March/Olsen [Model] 1 ff.; Cohen/March/Olsen [People] 27 ff.; Wolff [Prozess] 118 f.):

- Probleme, Lösungen, Teilnehmer und Entscheidungsarenen treffen mit unterschiedlichen Zeit- und Energieausprägungen aufeinander.
- Die Qualität der „Lösungen" eines Problems ist eine Funktion des Timings des Zusammentreffens von Problemen, Lösungen, Teilnehmern und Entscheidungsarenen.
- Wichtige Probleme haben eine größere Wahrscheinlichkeit, in die Entscheidungsarena zu gelangen, als weniger wichtige, wobei die Bedeutung eines Problems über formale und informale organisatorische Arrangements bestimmt wird.
- Da die Wichtigkeit von Problemen das Zustandekommen von Entscheidungssituationen fördert, steigt die Aufmerksamkeit und Teilnahmebereitschaft der Unternehmensmitglieder. Durch die Partizipation vieler Teilnehmer wird jedoch eine Vielzahl von Lösungsvorschlägen erzeugt, wodurch sich die Wahrscheinlichkeit des Treffens einer Entscheidung – gleich welcher Qualität – verringert.
- Sind weniger wichtige Probleme erst einmal in eine Entscheidungsarena vorgedrungen, so wird meistens zügig eine Entscheidung – gleich welcher Qualität – herbeigeführt, da wenige Teilnehmer mit wenigen Vorschlägen partizipieren.

- Mülleimer-Entscheidungen entsprechen häufig einer Flucht oder einem Übersehen, selten einer eigentlichen Problemlösung. Dies trifft besonders für wichtige und hierarchisch hochrangige Entscheidungen zu.

Unzureichende Gerichtetheit in Entscheidungsprozessen

Das Mülleimer-Modell weicht demnach in mehreren Punkten ganz erheblich von dem präskriptiven Idealbild des Entscheidungsverhaltens ab: *Entscheidungen* des Unternehmens sind *häufig nicht das Werk von „Architekten"*, die diese von langer Hand geplant, wohlbedacht treffen. Da Problemlösungen nur in den seltensten Fällen das eigentliche Problem treffen, *fehlt den Entscheidungsprozessen das Merkmal der Gerichtetheit*. Nicht selten sind stattdessen *Zufälle* für den Ausgang der Entscheidungsprozesse verantwortlich. Die Unternehmensangehörigen stellen lediglich *im Nachhinein die zurückliegenden Ereignisfolgen* derartig *zueinander in einen Zusammenhang*, dass die Ereignisse als Ergebnisse einer rationalen Wahl *erscheinen*.

Kritische Würdigung

Das Mülleimer-Modell hat in der betriebswirtschaftlichen Diskussion ein breites Echo gefunden. Dies dürfte insbesondere an seiner verblüffenden Plausibilität, aber auch an seiner sehr allgemein gehaltenen Terminologie liegen, die ihm den Transfer von öffentlichen Einrichtungen zu privatwirtschaftlichen Unternehmen eröffnet. Bei einem Vergleich mit dem Muddling-Through-Konzept (vgl. Abschn. 9.1.1) fällt auf, dass sich beide Modelle insofern ähnlich sind, als suboptimales Entscheidungsverhalten besonders dann vermutet wird, wenn die Handlungssituation komplex und unsicher ist. Gegenüber dem Muddling-Through-Konzept weist das Mülleimer-Modell den Vorzug auf, dass das Entscheidungsverhalten der Unternehmenspraxis immerhin als Mischung aus optimalen und suboptimalen Handlungsprozessen begriffen wird und nicht nur zwei gleichermaßen suboptimale Entscheidungsstile einander gegenübergestellt werden. Auf der anderen Seite darf jedoch nicht übersehen werden, dass es auch dem Mülleimer-Modell an normativem Gehalt mangelt. Insbesondere vermisst man Hinweise, wie die im Unternehmen fließenden Ströme kanalisiert werden können. Hierzu wäre es hilfreich, die Einflüsse der Unternehmensorganisation auf das Zusammentreffen der Ströme genau zu analysieren. Die Betrachtung der Organisation als Black Box schließt die Ableitung von Gestaltungsempfehlungen aus. Auch wird dem Modell vorgehalten, dass es mit dem Konstrukt „organisierte Anarchie" lediglich den informellen Teil der Organisation beschreibt (Lutz [Coupling] 653 ff.). Was seine empirische Überprüfung angeht, liegt diese für den Bereich von Universitätsverwaltungen vor. Für privatwirtschaftliche Unternehmen ist bisher nur für den Verlagsbereich empirisch gezeigt worden, dass das Mülleimer-Modell sehr gut geeignet ist, die Entscheidungsprozesse in der Unternehmenspraxis abzubilden (Levitt/Nass [Lid] 190).

9.1.3 „Grass-Roots"-Modell der Strategieentwicklung

Ziel des Modells

Das „Grass-Roots"-Modell hat die Beschreibung, Erklärung, aber auch die Gestaltung von *Strategieformulierungsprozessen der Unternehmenspraxis* zum Gegenstand. Es ist ein empirisch-exploratives Modell, das von Mintzberg, gestützt auf die Auffassung von *Strategien als Grundmuster im Strom von Unternehmensentscheidungen und -handlungen* (vgl. Abschn. 5.1.2), über längsschnittorientierte Fallstudienanalysen entwickelt wurde. In diesen wurden *Strategieformulierungs*prozesse von Unternehmen wie die Volkswagen AG sowie als öffentliche Institutionen organisierten Filmproduktionsgesellschaften untersucht (Mintzberg [Modes] 44 ff.; [Patterns] 934 ff.; [Concept I] 11 ff.; [Strategy] 66 ff.; Mintzberg/McHugh [Adhocracy] 160 ff.).

Modellaussagen

Mintzberg fand dabei heraus, dass sich realtypische Strategieformulierungsprozesse nur unzureichend mit dem deduktiv-rationalen Schema der Strategieformulierung (vgl. Abschn. 5.6) bzw. des Planungsprozesses (vgl. Abschn. 6.2) beschreiben lassen. Insofern versteht sich sein „Grass-Roots"-Modell als *alternativer Denkansatz*, der die realtypische Strategieformulierung besser zu charakterisieren vermag (Mintzberg/McHugh [Adhocracy] 193 ff.). Die eigentümliche Modellbezeichnung wird damit begründet, dass eine weitgehende Analogie zwischen Strategieformulierung und Pflanzenwachstum in der Natur bestehe. Im Mittelpunkt des Modells stehen *sieben Grundthesen:*

Strategie als „Unkraut"

- Die Genese von Strategien in Unternehmen gleicht dem Wachstum von Unkraut im Garten. Es kann nicht davon ausgegangen werden, dass Strategien von Anbeginn an kultiviert sind, wie dies bei Tomaten im Gewächshaus der Fall ist. Ein Gewächshaus kann, wenn es benötigt wird, später darüber gebaut werden.
- Der Prozess der Strategieformulierung darf nicht überkontrolliert werden. Es ist wichtiger, Vielfalt entstehen zu lassen, als eine unnatürliche Konsistenz von Handlungsansätzen im Unternehmen zu erzwingen.
- Es gibt nicht *den* Weg der Strategieformulierung. Daher kann nicht von vornherein festgelegt werden, wie und wo Strategien entstehen. Es müssen vielmehr Freiräume geschaffen werden, in denen sich Strategien eigendynamisch entwickeln können. Wichtig ist es, dass in den Unternehmensteilen ein möglichst breites Feld kreativer Potenziale aufgebaut wird. Die günstigsten Voraussetzungen bestehen dort, wo Menschen lernfähig sind bzw. über Ressourcen zur Steigerung der Lernfähigkeit verfügen.
- Wichtig ist es, die richtige Einstellung gegenüber Strategien einzunehmen. Mit einem Wechsel der Perspektive kann eine aufkommende Strategie, die zuvor als schädlich erachtet wurde, plötzlich wertvoll und

nützlich werden. Gleiches gilt im Übrigen auch für das Unkraut. Schließlich genießen viele Europäer mit dem Salat einen Ableger des berüchtigtsten Unkrauts Amerikas, dem Löwenzahn.

- Der Prozess, über den Ideen und Vorschläge ihren Weg durch das Unternehmen antreten, sollte nicht vollständig von formellen bzw. informellen Führern dominiert werden.
- Rigorose Umwälzungen im Laufe der Entwicklung eines Unternehmens dürfen nicht als „abnormal" angesehen werden, da sie ein Mittel zur Umweltanpassung sind. Grundlegende Umwälzungen müssen vielmehr unvoreingenommen beurteilt werden. Interne und externe Einflussfaktoren bestimmen, ob ein „adhokratischer" oder ein „bürokratischer" Entwicklungspfad angemessen ist (vgl. Abschn. 7.6.5).
- Umweltvielfalt erfordert interne Vielfalt. Um eine interne Vielfalt zu ermöglichen, sollte ein Klima geschaffen werden, in dem verschiedenste Variationen von Strategien gedeihen können. Zu denken wäre an eine flexible Organisationsstruktur (vgl. Abschn. 7.4) sowie an eine kritikfördernde Unternehmenskultur (vgl. Abschn. 4.7).

Kritische Würdigung

Eine *Beurteilung* des „Grass-Roots"-Modells der Strategieformulierung lässt Stärken, aber auch Schwächen deutlich werden. Zunächst muss darauf hingewiesen werden, dass sich das Modell nicht nur durch Mintzbergs eigene Untersuchungen, sondern auch durch andere Befunde, insbesondere denen von Miller und Friesen ([Organizations]) stützen lässt, wonach die Entwicklung von Unternehmen diskontinuierlich abläuft. Indem es für die Schaffung von Voraussetzungen für Kreativität, Toleranz und Vielfalt bei der Strategieentwicklung plädiert, geht es mit dem Gedankengut der oben dargestellten Unternehmensführungsmodelle, insbesondere dem des Interpretationsansatzes, einher, nach dem Eindeutigkeit die Ausnahme und Mehrdeutigkeit die Regel sind. Trotz der empirischen Fundierung des Denkansatzes muss andererseits jedoch darauf hingewiesen werden, dass sich im „Grass-Roots"-Modell deskriptive und präskriptive Momente vermischen. So wird nicht immer deutlich, wann es sich um beschreibende und wann um normative Aussagen handelt. Hierin kann jedoch auch ein positiver Aspekt gesehen werden. Dieser besteht darin, dass anders als im Mülleimer-Modell nicht nur darauf hingewiesen wird, wie *nicht* gehandelt werden soll. Der Anwendungsnutzen des „Grass-Roots"-Modells ist jedoch vor allem deshalb eingeschränkt, weil sich im Modell einige sehr ungenau gefasste Aussagen finden. So wird beispielsweise gefordert, dass das Top-Management dann eingreifen soll, „wenn es angemessen ist". Ebenso finden sich keine näheren Hinweise, für welche Strategien letztendlich „Gewächshäuser" zu bauen sind. Insgesamt bleibt somit festzustellen, dass die *zentralen Aussagen des „Grass-Roots"-Modells auf einer sehr vagen Metaebene angesiedelt* sind.

9.2 Managerrollen

Mintzberg gehört zu den vehementesten Kritikern des Denkmodells der traditionellen Unternehmensführungslehre, das eine Differenzierung zwischen Standardfunktionen wie Zielbildung, Planung, Organisation oder Kontrolle (vgl. Kapitel 4 ff.) vorsieht. Diesem Modell billigt er nur einen geringen Erkenntniswert im Hinblick auf die Frage zu, was Manager wirklich tun. Seiner Auffassung zufolge geht die traditionelle Funktionendifferenzierung von *vier „folkloristischen" Mythen* aus, die aufgrund empirischer Befunde nicht haltbar sind (Mintzberg [Job] 50 ff.; Mintzberg [Nature] 29 ff.). Diese Befunde werden auch durch frühere, von Macharzina ([Unternehmensführung] 548) zusammengestellte Studien gestützt.

Mythen

- *Erster Mythos: Der Manager handelt als reflektierender, systematischer Planer.*
  Entgegen dieser Annahme deutet vieles darauf hin, dass die Tätigkeit von Managern durch Kürze, Vielfalt und Unstetigkeit gekennzeichnet ist und in unermüdlicher Hast vollzogen wird. So stellt Mintzberg bei Beobachtungen von Führungskräften fest, dass die Hälfte ihrer Handlungen weniger als neun Minuten dauerte und nur zehn Prozent der Handlungen eine Stunde überschritten. Von wohlüberlegter und systematischer Planung könne daher in der Realität kaum ausgegangen werden.

- *Zweiter Mythos: Der effektive Manager ist von Routineaufgaben befreit; diese delegiert er und widmet sich seinen originären Aufgaben.*
  Auch diese weitverbreitete Auffassung ist offenbar nicht haltbar. Mintzberg referiert diverse Befunde, nach denen sich selbst Führungskräfte höchster Ebenen bevorzugt Routinetätigkeiten widmen; dabei besteht offenbar eine Neigung zu Tätigkeiten, die mit sichtbarer Geschäftigkeit verbunden sind. Unter derartigen Routinehandlungen stehen die Erfüllung von Repräsentationspflichten und die Verarbeitung und Weiterleitung unbestimmter Informationen aus unternehmensexternen Quellen im Vordergrund.

- *Dritter Mythos: Der Top-Manager stützt sich auf aggregierte Informationen, die vorzugsweise von einem Management-Informationssystem bereitgestellt werden können.*
  Zahlreiche Studien der Führungsforschung legen es nahe, dieser These krass zu widersprechen. Mehrheitlich scheinen sich Führungskräfte weder auf aggregierte Informationen noch auf Management-Informationssysteme zu stützen. Vielmehr vertrauen sie in hohem Maße auf unterschiedliche Formen der verbalen Kommunikation, in erster Linie auf telefonische und persönliche Besprechungen, die dem Wunsch nach aktuellen Informationen am ehesten zu entsprechen scheinen. Insbesondere würden auch „weiche" narrative Informationen, bezogen aus

Klatsch, Gerede und Spekulation bereitwillig aufgenommen. Mintzberg ist der Ansicht, dass ein wesentlicher Grund für die Bevorzugung verbal vermittelter Informationen darin besteht, dass strategisch relevante Informationen nicht einfach von den Gehirnen der Führungskräfte in die Speicher von Computern und umgekehrt übertragbar sind.

- *Vierter Mythos: Unternehmensführung ist durch analytisches und professionalisiertes Handeln gekennzeichnet.*
  Auch dieser Mythos wird hinsichtlich seines Realitätsgehalts angezweifelt. Allenfalls vage Beschreibungen wie subjektives Urteilen und Intuition lassen sich Mintzbergs Auffassung zufolge den Handlungen der Manager zuweisen. Er gewinnt diese Einsichten aus den von Macharzina ([Unternehmensführung] 548) zusammengestellten Fremduntersuchungen sowie eigenen Erhebungen, wobei aus diesem heterogenen Informationsmaterial eine sehr bekannt gewordene *Typologie von Führungsrollen* entwickelt worden ist. Dabei wird die *Rolle als faktisches, mit einer Stelle verbundenes, aus Erwartungshaltungen hervorgegangenes Handlungsmuster verstanden, das der individuelle Stelleninhaber durch die Art und Weise, in der er seine Rolle ausfüllt, beeinflussen kann* (Mintzberg [Nature] 54). Welche Verhaltenserwartungen im Sinne eines normativen Rollenkonzepts an eine Führungskraft gerichtet werden, steht jedoch außerhalb deren Beeinflussungsmöglichkeiten. Die faktischen Handlungsmuster lassen sich, wie in Abbildung 9-3 dargestellt, zu *drei Gruppen* zusammenfassen.

9.2.1 Interpersonelle Rollen

Von Managern wird zunächst der Aufbau und die Pflege interpersoneller Beziehungen erwartet. Dieses Rollenbündel ergibt sich unmittelbar aus der formalen, hierarchisch geordneten Positionszuweisung. Es manifestiert sich in den drei Dimensionen Repräsentant, Führer und Verbindungsperson (Mintzberg [Job] 54 ff.).

Repräsentant

Das Handeln als *Repräsentant* besteht in symbolhaften, zeremoniellen Prozeduren, in deren Verlauf Pflichten erfüllt werden. Diese werden häufig über interpersonelle Kontakte wahrgenommen, bei denen jedoch die Informationssammlung und -verarbeitung sowie das Treffen von Entscheidungen nicht im Mittelpunkt stehen. Als Beispiele für Repräsentationshandlungen werden das Unterzeichnen von Dokumenten, der Empfang von Gästen oder die Teilnahme an betrieblichen Jubiläen angeführt. Hier handeln Manager als Vertreter ihres Unternehmens.

Führer

In der Rolle des *Führers* bestimmen Manager die Atmosphäre und das „Klima" der Führer-Mitarbeiter-Beziehungen. Typische Personalführungsaufgaben wie die Auswahl, Förderung oder Motivation von Mitarbeitern sammeln sich in diesem Rollensegment ebenso wie die Abstimmung individueller Bedürfnisse mit Unternehmenszielen.

Abbildung 9-3 *Managerrollen und deren Einflussgrößen*

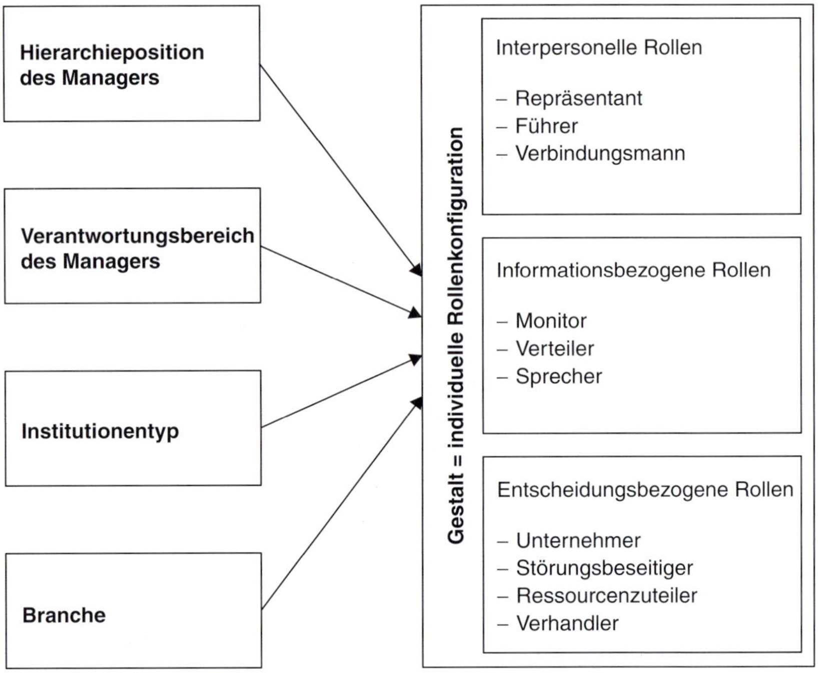

Verbindungsperson

In der Rolle der *Verbindungsperson* pflegen Manager die Beziehungen ihres Unternehmens zu unterschiedlichen externen Personen und Gruppen. Typisch für Ausprägungen dieses Teilmusters sind Kontakte mit Beratern, Mitgliedern öffentlicher Einrichtungen oder des politischen Bereichs. Diese Rolle unterscheidet sich grundlegend von der Rolle des Führers, da sie keine hierarchischen Unterstellungsverhältnisse der Beteiligten zum Gegenstand hat. Mintzberg hat auf der Basis der einbezogenen Untersuchungen ermittelt, dass die Führungskräfte ebenso viel Zeit mit unternehmensexternen Personen verbringen wie mit ihren Mitarbeitern. Externe Verbindungen von Managern fungieren als Grundlage der Öffnung des Unternehmens zu seiner Umwelt („to keep the channels open") (Mintzberg [Nature] 63).

9.2.2 Informationsbezogene Rollen

Über die Ausübung der informationsbezogenen Rollen schaffen sich Manager ein Potenzial, aus dem sie Informationen schöpfen, an das sie aber auch solche abgeben können. Sie fungieren gewissermaßen als Informationsknotenpunkte des Unternehmens (Mintzberg [Job] 55 ff.).

Monitor

In der Rolle des *Monitors* beschaffen sich Manager Informationen. Hierzu werden aus der eigenen Umgebung, insbesondere von den dort tätigen Personen, ständig Informationen abgefragt. Erst dadurch vermögen Manager die Entwicklungen innerhalb und außerhalb ihres Unternehmens oder Bereichs einzuschätzen. Durch das Zusammensetzen dieser Informationsfragmente entwickeln sie ihr individuelles Bild vom relevanten Handlungskontext. Häufig ist jedoch eine aktive Informationssuche gar nicht nötig, weil die Manager in aller Regel von ihrer Umgebung mit Informationen überschüttet werden.

Verteiler

Sobald Manager externe Informationen in ihrem Bereich verbreiten oder wenn sie interne Informationen von einem Unternehmensmitglied zum anderen übertragen, handeln sie als (Informations-)*Verteiler*. Nicht alle dabei übertragenen Informationen sind allerdings faktisch-objektiver Natur; häufig werden auch wertende Informationen weitergeleitet. Interessanterweise scheinen es in erster Linie Bewertungen und Beurteilungen, beispielsweise der Bericht über den Verlauf einer auswärtigen Verhandlung, und nicht die Fakten zu sein, die die Empfänger bei ihrer eigenen Entscheidungsfindung bevorzugen.

Sprecher

Neben der internen Informationsweitergabe streuen Manager aber auch Informationen in die Umwelt des Unternehmens oder ihres Bereichs, wobei sich nach Mintzberg grundsätzlich zwei Gruppen von Adressaten derartiger ausgewählter und zugeschnittener Informationen identifizieren lassen: die unmittelbaren Interessengruppen des Unternehmens oder des jeweiligen Bereichs (Task Environment) sowie die Öffentlichkeit (General Environment) (vgl. Abschn. 1.4). In beiden Fällen handeln Manager als *Sprecher*.

9.2.3 Entscheidungsbezogene Rollen

Die Verteilerrolle hat bereits die enge Verbindung zwischen informations- und entscheidungsorientierten Rollen der Manager erkennen lassen. Die Letzteren zugewiesene Autorität und ihre damit verbundene Verfügungsgewalt über die Ressource Information versetzen Manager in die exklusive Lage, entscheidungsbezogene Rollen auszufüllen (Mintzberg [Job] 56 ff.).

Unternehmer

In der Rolle des *Unternehmers* fungieren Manager in ihren Unternehmen oder Bereichen als Initiatoren und Gestalter des geplanten Wandels. Dieses im Kern „unternehmerische" Handeln fußt auf einem aktiven Suchen nach Gelegenheiten und Problembereichen. Hierzu gehört beispielsweise, dass Konzeptionen entwickelt und Projekte initiiert werden. Die Gestaltung von Projekten kann in vielfältiger Form von der völligen Delegation bis hin zur zentralisierten persönlichen Projektsteuerung auf Top-Managementebene erfolgen. Nach den vorliegenden Befunden überwachen Manager der obersten Leitungsebene parallel nebeneinander bis zu 50 solcher Projekte, die auf so heterogene Sachverhalte wie die Entwicklung neuer Produkte und Verfahren, auf die Verbesserung der Liquidität oder auf die Errichtung neuer Werke gerichtet sein können. Diese Parallelität unterschiedlichster Handlungsfelder führt zu dem eingangs erläuterten „Brevity-Variety-Fragmentation"-Phänomen, wonach Managertätigkeit durch kurzfristige Orientierung, Vielfältigkeit und Ausschnitthaftigkeit gekennzeichnet ist.

Störungs-beseitiger

Die Rolle des *Störungsbeseitigers* ist dadurch gekennzeichnet, dass auf Druck und Anlässe des Umfelds reagiert werden muss. Kritische Ereignisse, die unmittelbaren Handlungsbedarf erzeugen, sind typischerweise drohende Streiks, der angemeldete Konkurs eines Kunden oder die sich andeutende Möglichkeit einer feindlichen Übernahme des eigenen Unternehmens.

Ressourcen-zuteiler

Typische Führungsentscheidungen sind solche, durch die Stellen eines Unternehmens oder Bereichs mit Ressourcen wie Geld, Zeit, Material oder Informationen versorgt werden. Mintzberg bezeichnet sie als „the heart of the organization's strategy-making system", über das der Kurs des Unternehmens gesteuert wird. Dieses kann direkt, aber auch mittelbar dadurch geschehen, dass Manager ihre eigene Zeit so verteilen, dass nur derjenige, der in dieser Zeitplanung Berücksichtigung findet, unmittelbar an wichtige Informationen kommt oder seinen Ansprüchen auf materielle Ressourcen Nachdruck verschaffen kann. Zum Zweiten kann eine indirekte Allokation dadurch erfolgen, dass die vom Management geprägte Organisationsstruktur die Aufgabenzuweisung und Arbeitsinhalte der Unternehmensmitglieder festlegt und dadurch Zeit zugeteilt, aber auch die Anspruchsgrundlage anderer Ressourcen festgelegt wird. Schließlich greifen Manager indirekt in die Ressourcenverteilung ein, indem sie sich bei allen wichtigen Anlässen die Entscheidungsbefugnis vorbehalten. Eine wichtige entscheidungsbezogene Rolle von Managern ist demnach diejenige des *Ressourcengebers.*

Verhandler

In der verbleibenden vierten Ausprägung der entscheidungsbezogenen Rollen vertreten Manager aufgrund der politischen Dimension des Führungshandelns das Unternehmen in Verhandlungen. Eine derartige Rolle übernehmen Führungskräfte typischerweise bei Fusionen und Unternehmensübernahmen, beim Ankauf von Grundstücken zur Betriebserrichtung und -erweiterung oder bei Forderungen der (über-)betrieblichen Interessenvertretungen der Arbeitnehmer. In dieser ebenfalls entscheidungsbezogenen Rolle agieren Manager als *Verhandlungsführer* (vgl. Abschn. 8.2).

9.2.4 Situationsabhängigkeit von Managerrollen

Das empirische Material lässt den Schluss zu, dass Manager durchaus über das ganze Spektrum von Rollen verfügen, deren unterschiedliche Bedeutung jedoch von Kontextfaktoren bestimmt wird. Die relevanten Kontextvariablen sind in Abbildung 9-3 wiedergegeben, wobei unternehmensexterne und -interne „Umweltvariablen", die Ausrichtung und hierarchische Einordnung des jeweiligen „Verantwortungsbereichs" sowie „Personmerkmale" einzelner Manager analysiert werden. Jede Managementposition lässt sich durch eine konkrete Konfiguration, also ein spezifisches Profil der Ausprägungen der einzelnen Rollen, kennzeichnen (Mintzberg [Nature] 96), die sich zudem im Zeitablauf verändern kann (vgl. Abschn. 2.3.4). Aus der Vielzahl vermuteter Wirkungszusammenhänge scheinen vier kontextabhängige Bedeutungszuweisungen von Managerrollen besonders wesentlich zu sein (Mintzberg [Nature] 100 ff.):

Kontext-abhängige Bedeutung

- In *Großunternehmen* bilden „Repräsentant" und „Führer" die wichtigsten Rollen von Top-Managern, während in kleineren Unternehmen dieses für die Rollen „Führer", „Monitor" und „Verteiler" zutrifft.
- Im Top-Management *öffentlicher Unternehmen* dominieren die Rollen „Verbindungsmann", „Sprecher" und „Verhandlungsführer", während für das Top-Management von *Privatunternehmen* vor allem die „Unternehmerrolle" wichtig ist. In Beratungsunternehmen besitzt die Rolle „Verbindungsmann" eine herausragende Stellung.
- Mit zunehmender *hierarchischer Höhe* gewinnt die Rolle des „Repräsentanten" an Bedeutung. Auf niedrigeren Hierarchieebenen dominieren die Rollen „Störungsbeseitiger" und „Verhandlungsführer".
- Für Manager im *Fertigungsbereich* sind die Rollen „Störungsbeseitiger" und „Verhandlungsführer" von hoher Bedeutung. Bei *Marketingmanagern* dominieren die Rollen „Repräsentant", „Führer" und „Verbindungsmann". Im Hinblick auf *Stabspositionen* sind informationsbezogene Rollen, und dort vor allem „Monitor" und „Sprecher", besonders wichtig.

Kritische Würdigung

In kritischer Würdigung müssen die *Befunde Mintzbergs bei aller Plausibilität mit einer gewissen Vorsicht behandelt werden*. Zu bemängeln ist zunächst die geringe Datenbasis der eigenen Erhebung, die auf fünf Führungskräfte beschränkt ist, jedoch als „Längsschnittstudie" über mehrere Monate angelegt war. Hier stellt sich das Problem der mangelnden Generalisierbarkeit der

Aussagen. Ferner waren in den fremden und der eigenen Untersuchung(en) gemäß der weiten Fassung des amerikanischen Managerbegriffs vielfältige Typen von Führungskräften wie Vorstandsmitglieder, Werksleiter, Meister, Stabs- und Außendienstmitarbeiter, Krankenhausverwalter aus verschiedenen Staaten vertreten. Dieser Umstand führt zu dem Problem der mangelnden Vergleichbarkeit. Schließlich wird das methodische Vorgehen, insbesondere wie die empirischen Befunde in die Rollendifferenzierung eingeflossen sind, nicht offen gelegt. Die angesichts dieser erheblichen Mängel laut gewordene Kritik an der gleichwohl heuristisch anregenden Rollentypologie hat zu einer Reihe von Nachfolgeuntersuchungen Anlass gegeben.

Empirische Prüfung

In diesen Studien (Alexander [Hierarchy] 186 ff.; Lau/Pavett [Nature] 453 ff.; Shapira/Dunbar [Roles] 87 ff.; Allan [Managers] 613 ff.; Paolillo [Profiles] 91 ff.; Pavett/Lau [Work] 170 ff.; Kurke/Aldrich [Replication] 975 ff.) erfuhren Mintzbergs Aussagen nur teilweise Bestätigung. Als bestätigt gelten kann, dass die hierarchische Stellung einen substanziellen Einfluss auf Rollenprofile ausübt, wenngleich deren nähere Ausformung noch nicht hinreichend bekannt ist. Auch scheinen die Untersuchungen, in denen die funktionsspezifische Bindung der Managerrollen getestet wurde, die Vermutung zu erhärten, dass sehr wohl konkretisierbare, über die herkömmlichen Funktionszuweisungen hinausgehende Handlungsorientierungen der Führungskräfte bestehen. Schließlich wird die Grundorientierung der Aussagen Mintzbergs dahingehend gestützt, dass ausschnitthaftes und kurzfristig orientiertes Handeln als Kennzeichen der Führungstätigkeit hervorstechen und dass die grundlegende Dreiteilung der Handlungsmuster als gültig anzusehen ist. Gleichwohl bleibt trotz dieser vermeintlichen Bestätigung ein *Vorbehalt*.

Es muss nämlich die Frage gestellt werden, ob die vorliegenden Arbeiten, getragen von der Euphorie über die empirischen Befunde, nicht ein grundsätzliches Problem übersehen. Dieses betrifft den Ansatz der Untersuchungen und wird eigentlich von Mintzberg selbst empirisch durch die Feststellung bestätigt, dass formale Rollenzuweisungen im Sinne von Verhaltenserwartungen an Manager von diesen unbeeinflussbar sind, ihre Ausfüllung durch deren faktisches Handeln und Verhalten hingegen gestaltbar ist. Als formale Rollenzuweisungen lassen sich nämlich auch die standardisierten Funktionsbeschreibungen wie Zielbestimmung, Strategieformulierung, Planung, Organisation und Kontrolle, die allerdings nicht immer und unbedingt auf das alltägliche Handeln des einzelnen Managers bezogen sind, begreifen. Aus dieser Sicht muss sich Mintzberg den Vorwurf gefallen lassen, dass er lediglich einen Begriffsrahmen durch einen anderen ersetzt hat, die Inhalte jedoch unverändert geblieben sind.

Dies führt zu der *Gesamtbewertung* und zugleich *Schlussfolgerung*, dass die realtypische Synopse der empirischen Befunde sicherlich neue und auch interessante Akzente für die Untersuchung des tatsächlichen Handelns von Führungskräften gesetzt hat. Das Funktionenmodell der Unternehmensführung wurde damit jedoch nicht widerlegt. Der Pfeil aus Mintzbergs Köcher war zwar auf dieses Ziel gerichtet, hat jedoch eine andere Dimension getroffen.

9.3 Führungsfähigkeiten und -anforderungen

9.3.1 Führungsfähigkeiten

Bereits Mitte der 1950er Jahre hat Robert L. Katz in seiner heute etwas in Vergessenheit geratenen, in ihrer Grundaussage aber immer noch gültigen Arbeit ebenfalls die Fähigkeiten von Managern auf der Basis ihres tatsächlichen Handelns untersucht (Katz [Skills] 1 ff.; Katz [Administrator] 90 ff.). Diese fußt auf der Erkenntnis, dass kaum Übereinstimmung darüber herrscht, was eine gute Führungskraft (Administrator) kennzeichnet. Mit dem von ihm entwickelten *„Skill-Konzept“* soll gezeigt werden, dass *effektive Führung durch entwickelbare Eigenschaften,* die nicht von vornherein in der Persönlichkeit des Stelleninhabers verankert sein müssen, erzielt werden kann und somit lernbar ist. Skills sind hierbei *Fähigkeitspotenziale* im kognitiven Bereich von Managern.

Skill-Konzept

Katz unterscheidet als Ergebnis seiner Untersuchungen, die methodisch der oben dargestellten Arbeit Mintzbergs ähneln, mit den konzeptionellen (Conceptual Skills), den (zwischen-)menschlichen (Human Skills) und den technischen (Technical Skills) Fähigkeiten *drei Bereiche,* die grundlegende Anforderungsmerkmale des Führungshandelns darstellen.

Conceptual Skills

- *Conceptual Skills* beinhalten die Fähigkeit von Managern, eine übergeordnete Gesamtsicht des Unternehmens zu entwickeln und dieses dabei als eine Ganzheit zu begreifen. Hierzu gehört zunächst die Fähigkeit, die gegenseitigen Abhängigkeitsbeziehungen der Subsysteme des Unternehmens wahrzunehmen. Daneben zeigen sich konzeptionelle Fähigkeiten am Vermögen, die Einbindung des Unternehmens in seine Umwelt über gesellschaftliche, ökonomische, ökologische, technische und politisch-rechtliche Zwänge zu erkennen und daraus Handlungen zu entwickeln, die sich zum Vorteil des Unternehmens sowie der Umwelt auswirken. Diese Gruppe von Fähigkeiten kann durchaus als für heutige Verhältnisse noch zeitgemäß gelten.

Human Skills

- Mit *Human Skills* werden vor allem Fähigkeiten im Umgang mit anderen Mitgliedern des Unternehmens, aber auch externen Personen umschrieben. Hierzu zählen insbesondere die Fähigkeiten, Mitarbeiter zu führen sowie effektiv in einer Gruppe mitzuwirken, aber auch ethisch vertretbare Wertvorstellungen und Einfühlungsvermögen im Umgang mit anderen Menschen bei Verhandlungen mit Lieferanten, Kunden, Gewerkschaftsvertretern oder politischen Entscheidungsträgern. Solche personbezogenen Fähigkeiten werden von Führungskräften typischerweise durch Erfahrung und weitgehend unabhängig von formalisierten Trainingsmethoden erworben. Auch dieser Fähigkeitsbereich kann allein aus der Alltagskenntnis des Führungshandelns als fast selbstverständliche und zeitlich überdauernde Anforderung an Führungsqualifikation gelten.

Technical Skills

- Schließlich werden von Managern *Technical Skills* gefordert. Dieses Fähigkeitspotenzial wird vor allem im Zusammenhang mit Handlungen wirksam, die den Einsatz von Methoden und Techniken sowie die Beherrschung von Prozessen beinhalten. Hierunter fallen spezialisierte, beispielsweise branchenspezifische Kenntnisse, analytische Fähigkeiten und Gewandtheit im Instrumenteneinsatz, beispielsweise bezüglich Berichtssystemen oder Entscheidungs- sowie Analysemethoden. Es handelt sich hierbei um ein Potenzial von eher „gegenständlichen" Fähigkeiten, die keine allzu hohe Abstraktionsleistung erfordern und von vielen Managern „On-the-Job" oder durch gezielte Aus- und Weiterbildung erworben werden.

Zuordnung zur Hierarchieebene

Katz' Konzept enthält auch eine situative Komponente, durch die er die Wichtigkeit der Fähigkeitsgruppen zu der hierarchischen Position eines Managers in Beziehung setzt (Katz [Skills] 4 ff.). Die relative Wichtigkeit der drei Fähigkeitsbereiche sieht Katz von der hierarchischen Position („Level of Administration" bzw. „Level of Responsibility") abhängig. Er vertritt die in Abbildung 9-4 verdeutlichte Auffassung, dass der Bedarf an Technical Skills in höheren hierarchischen Positionen zunehmend durch das Erfordernis nach Conceptual Skills substituiert wird. Human Skills scheinen hingegen auf allen hierarchischen Stufen gleich wichtig zu sein.

Die Gegenüberstellung der Arbeiten von Mintzberg und Katz zeigt *eine gewisse strukturelle Gleichartigkeit der Befunde*, obzwar im ersten Fall Rollen und im zweiten Fähigkeitsanforderungen untersucht werden. Insbesondere weist Mintzbergs Unternehmerrolle ein ähnliches Profil wie die konzeptionellen Fähigkeiten von Katz auf. Deutliche Kongruenzen bestehen weiterhin zwischen den interpersonellen Rollen und den Fähigkeiten im Umgang mit Menschen.

Unternehmensführungsfähigkeiten

Abbildung 9-4

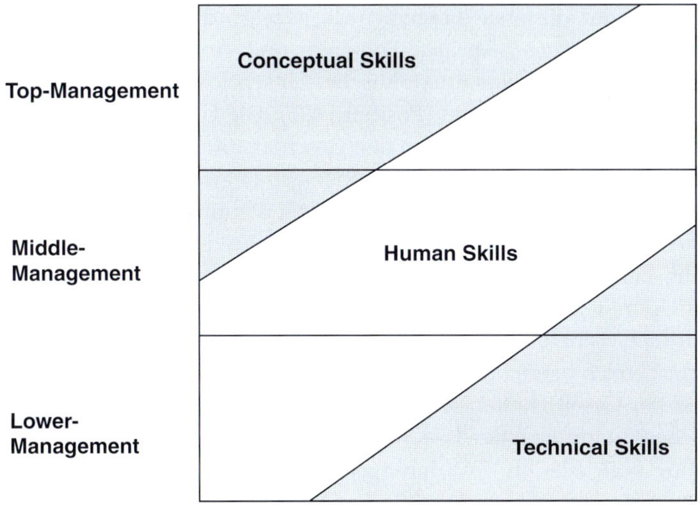

Kritische Würdigung

Was die Aussagekraft des Konzepts von Katz angeht, so ist darauf hinzuweisen, dass es der weiteren, aktuellen empirischen Erhärtung bedarf. Die Zunahme der konzeptionellen Anforderungen im mittleren und Top-Management erscheint zwar plausibel, deren substitutive Verbindung mit technischen Fähigkeiten im allgemeinsten Sinn zumindest nach heutiger Sicht eher zweifelhaft.

9.3.2 Verantwortungsbereiche und Eigenschaften von Top-Managern

Bruhn und Wuppermann haben Positionen, Aufgaben und Eigenschaften von Geschäftsführern deutscher Gesellschaften mit beschränkter Haftung empirisch untersucht (Bruhn/Wuppermann [Position] 421 ff.; Wuppermann [Geschäftsführer]). In die Studie wurden über schriftliche und mündliche Befragungen insgesamt 346 Geschäftsführer einbezogen. Die untersuchungsleitenden Fragen umfassen drei Gruppen:

- Auf welche Funktionsbereiche nehmen Geschäftsführer einen hohen Einfluss?
- Für welche Bereiche sind Geschäftsführer direkt verantwortlich?

- Welche persönlichen und fachlichen Eigenschaften sollten Geschäftsführer aufweisen?

Verantwortungsbereiche von Top-Managern

Im Hinblick auf die erste Frage wurde gezeigt, dass Geschäftsführer vor allem die Investitions-, Absatz-, Personal- und Finanzpolitik direkt beeinflussen, wohingegen einkaufspolitische Entscheidungen stärker delegiert werden (Bruhn/Wuppermann [Position] 425). Die Überprüfung des zweiten Fragenkomplexes ergab, dass von den Geschäftsführern selbst in erster Linie die Bereiche „Verwaltung/Organisation", „Strategische Planung", „Marketing/Vertrieb", „Finanzen" und „Personalwesen" unmittelbar betreut werden (Bruhn/Wuppermann [Position] 426). Dieser Befund verwundert in zweierlei Hinsicht, nämlich dass routinemäßige Verwaltungsaufgaben nach wie vor im Mittelpunkt der Geschäftsführertätigkeit stehen und dass viele, konkret jeder dritte Geschäftsführer, die strategische Planung nicht als ihren Verantwortungsbereich betrachten. Ferner erscheint interessant, dass Geschäftsführer größerer Gesellschaften tendenziell weniger Verantwortungsbereiche an sich ziehen, worin eine gewisse Bestätigung der empirischen Organisationsforschung (vgl. Abschn. 7.6) dahingehend gesehen werden kann, dass mit zunehmender Unternehmensgröße der Grad der Entscheidungsdelegation steigt.

Eigenschaften von Top-Managern

Was die für Geschäftsführer erforderlichen Eigenschaften angeht, werden auf der persönlichen Ebene vor allem ein „Denken in Zusammenhängen", „objektives Beurteilungsvermögen", „Durchsetzungsvermögen" sowie „Menschenführungsfähigkeit" genannt. Auf der fachlichen Ebene werden Kenntnisse im Marketing und Vertrieb, im Rechnungswesen, in der Bilanzierung und Finanzierung sowie im Personalwesen als wichtig erachtet, wohingegen steuerliche Kenntnisse kaum als essenziell angesehen werden (Bruhn/Wuppermann [Position] 431).

Kritische Würdigung

Insgesamt sind die an sich interessanten Befunde kritisch dahingehend zu hinterfragen, ob die erhobenen Dimensionen tatsächlich trennscharf sind; dieses gilt insbesondere im Hinblick auf eine, von den Autoren offenbar nicht erkannte, mögliche Wechselwirkung zwischen personellen Eigenschaften wie „Denken in Zusammenhängen" und „Kreatives Denken", die den Informationsgehalt der Befunde zum Teil beeinträchtigen würde.

9.3.3 Anforderungen an Top-Manager

Der von Bruhn und Wuppermann nur partiell behandelte Aspekt unabdingbarer Eigenschaften von Top-Managern steht im Mittelpunkt der Untersuchung von Bronner, Matiaske und Stein ([Anforderungen]), wenngleich auch hier ein breiteres Spektrum von Merkmalen der Führungskräftetätigkeit analysiert wurde. Als Untersuchungsmethode diente eine modifizierte Delphi-Methode (vgl. Abschn. 11.2), bei der nicht die Betroffenen selbst, sondern Experten aus Wissenschaft und Praxis (Hochschullehrer, Personalvorstände, Personalberater) befragt wurden. Erforscht wurden gegenwärtige und zukünftige Verhaltensanforderungen bezogen auf Inhalt und Veränderungstendenzen in der Führungsaufgabe, Variationen hinsichtlich der Kommunikationspartner sowie Kommunikationsformen von Top-Managern.

Führungsaufgaben

In Bezug auf die *Führungsaufgabe* wurde die gegenwärtige und künftige Bedeutung der Standard-Führungsfunktionen wie „Planen", „Organisieren" und „Kontrollieren" erhoben, die sich auch bei dieser Untersuchung als nicht faktorrein erwiesen. Die Experten sehen zunächst im „Entscheiden", gefolgt von „Motivieren" und „Planen" die wichtigsten Führungsaufgaben, erwarten jedoch eine relative Bedeutungszunahme bei jenen Aufgaben (Motivieren, Informieren, Personal auswählen und entwickeln), die auf die Humanressourcen gerichtet sind und diese dabei nicht nur als reinen Produktionsfaktor betrachten. „Kontrollieren" wird nach Auffassung der befragten Experten keinen Bedeutungszuwachs erhalten. Hinsichtlich der *Kommunikationspartner* zeigt sich, dass Mitarbeiter des eigenen Arbeitsgebiets sowie Ressortvertreter auf der gleichen Leitungsebene die wichtigsten Kommunikationspartner von Spitzenführungskräften sind. Der hohe Stellenwert beider Gruppen als Managerpartner wird sich zukünftig noch weiter stabilisieren, wenngleich auch davon auszugehen ist, dass andere Gruppen wie Betriebsrat, Unternehmensberater (Richter/Niewiem [Clients]) und Medien als Kommunikationspartner zunehmend wichtiger werden.

Kommunikationspartner

Kommunikationsmittel

Unter den von Spitzenführungskräften eingesetzten *Kommunikationsmitteln* wird der persönlichen Kommunikation der höchste Bedeutungsgrad beigemessen. Trotz steigender Bedeutung moderner Kommunikationsmittel wie Videokonferenzen und Rechnerkommunikation wird sich nach der Expertenmeinung auch in Zukunft nichts an diesem Sachverhalt ändern. Erwartungsgemäß wird die relative Bedeutung schriftlicher Kommunikationsformen zurückgehen. Die Befunde über *Verhaltensanforderungen* an Spitzenführungskräfte lassen den Schluss zu, dass jene Verhaltensmerkmale künftig wichtiger werden, die der Bewältigung dynamischer Umweltsituationen dienen. Ein deutlicher Bedeutungszuwachs wird jedenfalls bei Eigenschaften wie „Lernfähigkeit", „Teamfähigkeit" und „Kreativität" erwartet. Dimensionen wie „Durchsetzungsvermögen" oder „Berechenbarkeit" werden demgegenüber lediglich eine geringe Bedeutungszunahme erfahren.

Verhaltensanforderungen

9.3.4 Gesamtwürdigung der deskriptiven Managementforschung

Kritische Würdigung

Bei der Erörterung der Befunde empirischer Untersuchungen zum faktischen Verhalten von Managern wurde deutlich, dass sich die Studien sowohl im Hinblick auf die gewählte Methodik als auch bezüglich des konzeptionellen Ansatzes zum Teil erheblich voneinander unterscheiden. Insgesamt gesehen ist die *Aussagekraft der Befunde daher stark eingeschränkt*. In dieser Hinsicht muss als Mangel gewertet werden, dass in der Mehrzahl der Untersuchungen (zum Beispiel Mintzberg, Bruhn/Wuppermann) darauf verzichtet wird, Erfolgskriterien zur Beurteilung von Unternehmensführungshandeln zu definieren und hierauf bezogene Funktions-, Aktivitäts- und Rollenmuster von Führungskräften zu entwickeln; ferner wird in neueren Studien fast durchweg die Befragung als Untersuchungsmethode eingesetzt. Dieser methodische Ansatz ist im Hinblick auf den vorliegenden Problemzusammenhang als kritisch zu werten, da er ein hohes Maß an Selbstreflexion und Unbefangenheit bei den befragten Führungskräften oder Experten voraussetzt. Auch Postkorbmethoden erscheinen angesichts ihres Laborcharakters nur sehr bedingt zur Ermittlung erfolgsstiftenden Führungshandelns geeignet zu sein. Trotz ihres erheblichen Aufwands sollte daher langzeitorientierten Verhaltensbeobachtungen der Vorzug gegeben werden. In denjenigen Untersuchungen, die sich der Verhaltensbeobachtung über einen längeren Zeitraum hinweg bedient haben, waren die Stichproben allerdings viel zu gering, als dass ihre Ergebnisse verallgemeinerungsfähig wären.

Kontrollfragen und Aufgaben zu Kapitel 9

1. Erläutern Sie die zentralen Aussagen des „Muddling-Through"-Modells.

2. Welche Handlungsmaximen sollten eingehalten werden, damit das „Muddling-Through"-Modell subjektiven Erfolg stiftet?

3. Zeigen Sie Handlungssituationen auf, in denen das Handlungsmuster des „Muddling-Through" häufig auftritt.

4. Erläutern Sie die im Mülleimer-Modell dargelegte Beschreibung von Entscheidungsprozessen des Top-Managements.

5. In welchen Handlungssituationen sind Mülleimer-Entscheidungen wahrscheinlich?

6. Sind Ihnen Beispiele aus der Unternehmenspraxis bekannt, in denen Mülleimer-Entscheidungen getroffen wurden? Prüfen Sie solche angesichts der Modellaussagen.

7. Warum wird das Mülleimer-Modell auch als Modell der organisierten Anarchie bezeichnet?

8. Beurteilen Sie den Aussagegehalt des Mülleimer-Modells. Berücksichtigen Sie hierbei die vorliegenden empirischen Befunde.

9. Welche Kritik ist am „Grass-Roots"-Modell zu üben?

10. Erläutern Sie die Erklärungsschwerpunkte empirischer Untersuchungen über das Handeln von Managern.

11. In welcher Hinsicht kann die traditionelle Behandlung des Unternehmensführungsproblems als mythenhaft bezeichnet werden?

12. Erläutern Sie die in Mintzbergs Rollenkonzept vorgesehenen unterschiedlichen Rollentypen.

13. In welcher Hinsicht weisen die zehn von Mintzberg aufgefundenen Managerrollen eine Situationsabhängigkeit auf?

14. Vergleichen Sie die Aussagefähigkeit der Befunde empirischer Untersuchungen, die das Rollenkonzept überprüft haben.

15. Erläutern Sie die Kernaussagen des Skill-Konzepts von Katz.

16. Welche Ressorts werden empirischen Befunden zufolge von GmbH-Geschäftsführern selbst geleitet?

17. Vergleichen Sie die empirisch festgestellten Soll-Eigenschaften von GmbH-Geschäftsführern mit den Ergebnissen von Expertenbefragungen, in denen Verhaltensanforderungen an Spitzenführungskräfte erhoben wurden.

18. Suchen Sie nach Praxisbeispielen aus der Unternehmensrealität, in denen wie im Fall der Hethersett Corp. Mülleimer-Entscheidungen getroffen wurden.

Literaturhinweise zu Kapitel 9

BARRY, D., CRAMTON, C. D., CARROLL, S. J., Navigating the *Garbage* Can – How Agendas Help Managers to Cope with Job Realities, in: Academy of Management Executive, 11. Jg., Heft 2, 1997, S. 26–42.

COHEN, M. D., MARCH, J. G., OLSEN, J. P., A Garbage Can *Model* of Organizational Choice, in: Administrative Science Quarterly, 17. Jg., Heft 1, 1972, S. 1–25.

MINTZBERG, H., The *Nature* of Managerial Work, Englewood Cliffs 1980 (Nachdruck: New York 1997).

MINTZBERG, H., Mintzberg über *Management* – Führung und Organisation – Mythos und Realität, Wiesbaden 1991.

MINTZBERG, H., AHLSTRAND, B., LAMPEL, J., Strategy *Safari* – Eine Reise durch die Wildnis des strategischen Managements, Wien 1999 (Nachdruck: Heidelberg 2005).

WOLFF, R., Der *Prozess* des Organisierens, Spardorf 1982.

Teil 3

Unterstützungssysteme der Unternehmensführung

Praxisbeispiel:

TRUMPF GmbH + Co. KG

Mit einem Umsatz von rund 1,94 Milliarden Euro im Geschäftsjahr 2006/2007 (30.06.) und rund 7.300 Mitarbeitern zählt die TRUMPF Gruppe zu den führenden Unternehmen des Werkzeugmaschinenbaus und ist Weltmarktführer für industrielle Laser und Lasersysteme. Daneben verfügt TRUMPF über ein Geschäftsfeld, das Prozessstromversorgungen für Spezialanwendungen anbietet. Außerdem befasst sich das Unternehmen in der Medizintechnik mit der Ausrüstung von Operationssälen und der Intensivpflege. Der heute kleinste Bereich stellt Elektrowerkzeuge für die Blechbearbeitung her.

Die Unternehmensgruppe ist mit mehr als 50 Tochtergesellschaften und Niederlassungen in fast allen europäischen Ländern, in wichtigen Industrieländern Nord- und Südamerikas sowie in Asien vertreten. Produziert wird in Deutschland, China, Frankreich, Japan, Mexiko, Österreich, Polen, in der Schweiz, in Taiwan, Tschechien sowie in den USA. Der Auslandsanteil am Umsatz beträgt ca. 70 Prozent; es werden 40 Prozent in Europa (ohne Deutschland) sowie 30 Prozent außerhalb von Europa erzielt. Die Unternehmensgruppe erwirtschaftet heute über zwei Drittel ihres Umsatzes mit Lasern und Lasersystemen, einer Technologie, die TRUMPF seit Anfang der 1980er Jahre maßgeblich entwickelt hat.

Zielvereinbarungsprozess

TRUMPF sieht im Zielvereinbarungsprozess ein zentrales Gestaltungskonzept der Unternehmensführung. Er dient der klaren Definition von Zielen zwischen der Gruppengeschäftsführung, den Tochtergesellschaften, der jeweiligen Bereichsleitung und den Mitarbeitern in den Abteilungen. Vereinbarte Ziele bilden die Basis für eine regelmäßige Bewertung der Zielerreichung. Grundlagen des Zielvereinbarungsprozesses bei TRUMPF sind die Zielgrößen für das Gesamtunternehmen, die sich aus dem übergeordneten und langfristigen Unternehmensziel „Dauerhafter Erfolg" ableiten (vgl. Abbildung 10-1).

In den Zielvereinbarungsprozess, der ein Mal jährlich stattfindet, sind alle Gesellschaften der TRUMPFGruppe involviert. In einem ersten Schritt sammelt die Gruppengeschäftsleitung gemeinsam mit Tochtergesellschaften und Funktionsbereichen Vorschläge für die Ziele eines neuen Geschäftsjahres. Anschließend definiert die Gruppengeschäftsleitung in einer Strategiesitzung die Jahresziele der Gruppe sowie der Geschäftsbereiche. Die Geschäftsbereichsleitung leitet aus diesen Gruppen- und Geschäftsbereichszielen die Ziele für die Tochtergesellschaften sowie die Funktionsbereiche und Abteilungen ab bzw. modifiziert und ergänzt diese um spezifische Ziele.

Abbildung 10-1

Zielsystematik bei TRUMPF

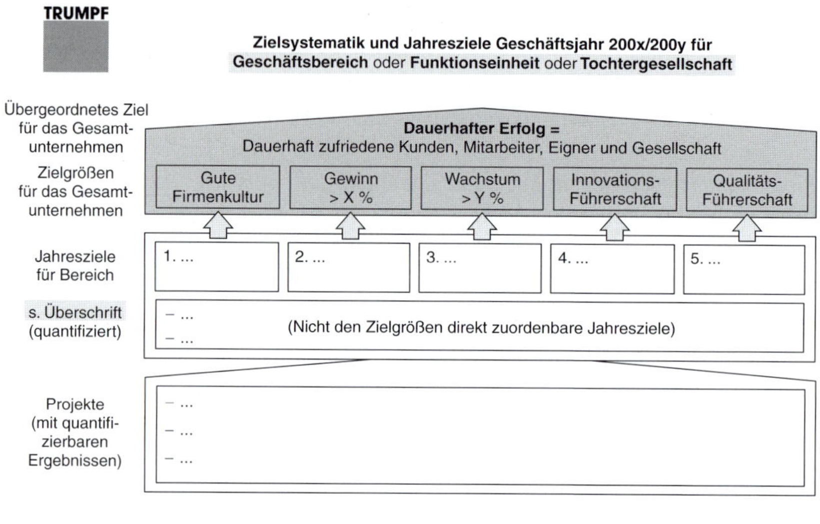

TRUMPF Jahresziele

In den Bereichen erarbeiten die Führungskräfte zu jedem Jahresziel Unterziele bzw. Maßnahmen, die durch Veränderungsprojekte (hinsichtlich Strukturen, Prozesse und Verhalten) erreicht werden können. Die freigegebene Zielsystematik dient als Basis für die Planung der Projekte des kommenden Geschäftsjahres. Im Anschluss daran stimmen die Führungskräfte diese Ziele und Projekte mit den Mitarbeitern ab und hängen die Zielsystematik in den Abteilungen aus. Im Verlauf des Geschäftsjahres wird jeweils nach Ende eines Quartals der Status der Zielerreichung ermittelt und ebenfalls in Form eines Aushangs veröffentlicht (z.B. mit Cockpitcharts).

Ist erkennbar, dass die Erreichung von Zielen in Frage steht, sind die Projektinhalte rechtzeitig zu korrigieren. Eine Zielkorrektur kann in Abstimmung mit der Geschäftsbereichsleitung erfolgen. Diese Korrektur ist dann deutlich erkennbar in der Zielsystematik zu dokumentieren und anschließend bekannt zu geben.

Flexibilisierung der Arbeitszeit

Der Maschinenbau ist eine Branche, die durch wiederkehrende konjunkturelle Schwankungen gekennzeichnet ist (vgl. Abbildung 10-2). Flexibilitätssteigernde Maßnahmen bei der Arbeitszeit sind als Teil eines effizienten antizipativen Krisen-

managements, aber auch zur Sicherung einer ausreichenden Kapazität in guten Zeiten notwendig.

Maschinenbau-Auftragseingänge 1958-2008

Abbildung 10-2

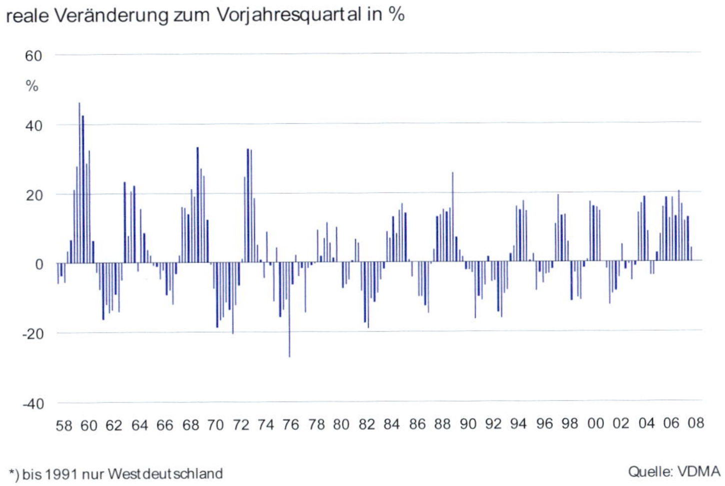

Seit 1950 konnte TRUMPF ein durchschnittliches jährliches Umsatzwachstum von 15 Prozent erwirtschaften. Dennoch führte die Krise, die Anfang der 1990er Jahre den gesamten deutschen Maschinenbau erfasste, auch bei TRUMPF zu deutlichen Umsatzrückgängen (vgl. Abbildung 10-3). Aufgrund mangelnder Arbeitszeitflexibilität hatte dies den Abbau von Arbeitsplätzen zur Folge. Um zukünftig besser auf konjunkturelle und marktbedingte Schwankungen reagieren zu können, führte das Unternehmen ein flexibles Arbeitszeitsystem ein.

Für TRUMPF Mitarbeiter gilt grundsätzlich die im Tarifvertrag der Metallindustrie vereinbarte Wochenarbeitszeit. Darüber hinaus werden pro Mitarbeiter täglich knapp 20 unbezahlte Minuten für Weiterbildungszwecke geleistet. Weitere ca. 35 Minuten fließen in ein Zeitkonto für betriebliche Altersversorgung und in ein Konto zur Berechnung der Gewinnbeteiligung. In Summe erhöht sich die Arbeistzeit um 4,5 Stunden pro Woche. Daneben kann die regelmäßige wöchentliche Arbeitszeit je nach Auftragslage zwischen 30 bis 45 Stunden schwanken. Für die von der Sollarbeitszeit abweichenden Arbeitsstunden werden weder Zuschläge bezahlt, noch wird der Lohn gekürzt. Das vertraglich vereinbarte Arbeitsentgelt bleibt also unverändert. Statt dessen werden Plus- oder Minusstunden aufgebaut und in einem Regelarbeitszeitkonto erfasst. Der Kontostand kann sich zwischen maximal +250 bzw.

-200 Stunden bewegen. Die Zeitgutschriften können in Krisenzeiten abgebaut werden, ohne dass die Beschäftigten Einkommensverluste (wie z. B. bei Kurzarbeit) hinnehmen müssen.

Abbildung 10-3 Umsatzentwicklung TRUMPF Gruppe

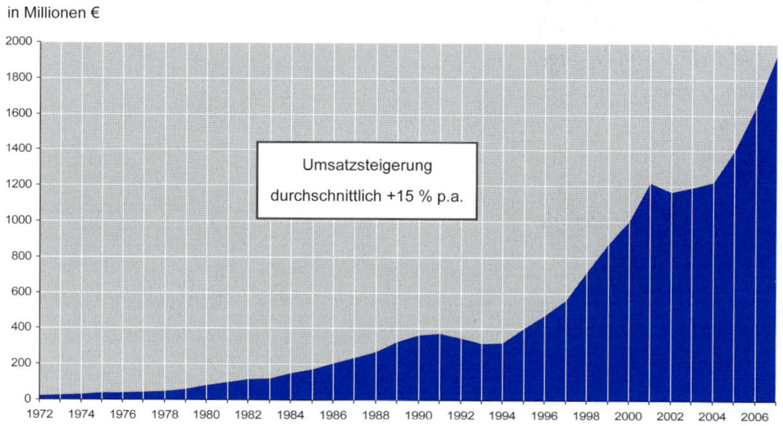

Darüber hinaus können die Mitarbeiter auf einem Mehrarbeitszeitkonto bei kurz- oder mittelfristig erhöhtem Arbeitsbedarf maximal 50 Stunden für den Freizeitausgleich ansammeln. Die Zuschläge werden ausbezahlt. Ein Gleitzeitrahmen von +20 bis -40 Stunden ermöglicht, die individuelle Arbeitszeit flexibl zu gestalten. Die Wirksamkeit der Arbeitszeitkonten zeigt sich in konjunkturellen Abschwungphasen: Ohne Kurzarbeit oder Personalabbau kann die Arbeitszeit schnell und flexibel reduziert werden. In Aufschwüngen sind die notwendigen Mitarbeiter bereits „an Bord", sodass die Kapazitäten rasch an die steigende Nachfrage angepasst werden können.

Innovationsmanagement

Um dem schnellen Wandel der Kundenanforderungen gerecht zu werden, wird jedes Jahr mindestens ein neuer Werkzeugmaschinentyp auf den Markt gebracht. Hierfür ist ein konsequentes Innovationsmanagement installiert. Neben technologischen Innovationen, für die TRUMPF immer bekannt war, wurden in den 1990er Jahren verstärkt Qualität und Kosten der Produkte in den Fokus der Entwicklung gestellt. Dafür wurde 1990 das Verfahren der integrierten Produktentwicklung eingeführt. Bis dahin war es üblich, die Entwicklung neuer Produkte fast ausschließlich in die Verantwortung der Konstrukteure zu legen. Die Spezifikationen der entwickelten Maschinen wurden nur mittelbar von den kundennahen Bereichen beeinflusst.

Heute begleitet ein Entwicklungsteam, bestehend aus einem Verantwortlichen eines jeden Funktionsbereichs (Vertrieb, Entwicklung, Qualitätssicherung, Produktion, Controlling und Einkauf) jede Neuentwicklung. Von der Spezifikation der Maschine bis zu deren endgültiger Freigabe werden alle Schritte im Team abgestimmt und durch die Verantwortlichen in ihre Bereiche getragen. Das Ergebnis sind Verbesserungen in vielerlei Hinsicht:

- *Verkürzung der Entwicklungszeiten um 30 Prozent,*
- *Reduzierung der Maschinenspezifikation; statt früher 20 werden heute nur noch 8 Maschinentypen angeboten,*
- *Reduzierung der Produktionskosten vergleichbarer Maschinen um bis zu 30 Prozent,*
- *Verringerung der Teilezahl für vergleichbare Maschinen um nahezu 60 Prozent (vgl. Abbildung 10-4),*
- *höhere Zufriedenheit der Mitarbeiter, die heute voll und ganz hinter den neuen Maschinen stehen.*

Abbildung 10-4

Verringerung von Komplexität bei der Entwicklung einer kombinierten Stanz-/Lasermaschine

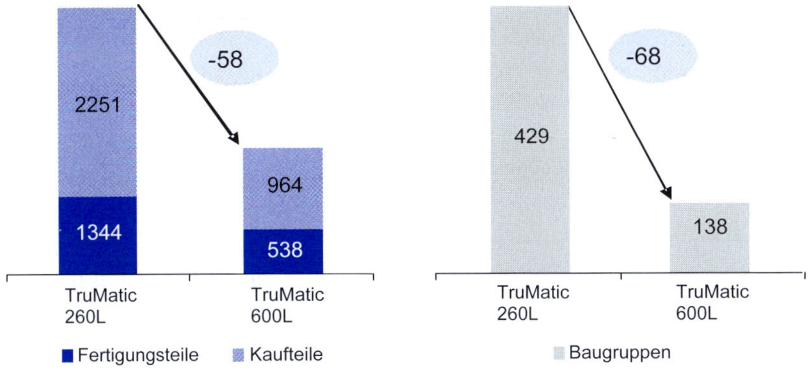

Schließlich ist diese integrierte Produktentwicklung auch die Basis dafür, dass TRUMPF den größten Teil seines Umsatzes mit „jungen" Produkten erzielt. 60 Prozent des Umsatzes im Geschäftsjahr 2006/2007 erzielte das Unternehmen mit Produkten, die jünger als drei Jahre waren. Nur 17 Prozent waren älter als sechs Jahre.

Eigenverantwortliche Produktionseinheiten

Unsteten Märkten und einem steigenden Kostendruck müssen auch die Prozesse in Fertigung und Montage Rechnung tragen. In der Produktion vollzog TRUMPF eine grundlegende Reorganisation hin zu so genannten Produktionseinheiten. Noch zu Beginn der 1990er Jahre waren die Funktionen Produktionsleitung, -planung und -steuerung im TRUMPFStammwerk Ditzingen zentralisiert. Kapazitäten wurden zentral geplant und Arbeitspläne zentral erstellt. Einkauf und Lagerhaltung wurden zentral für das gesamte Werk erbracht. Dadurch waren kurzfristige Änderungen im Produktionsplan nur mit hohem Abstimmungsaufwand durchführbar. Ein flexibles Reagieren auf Bedarfsänderungen war nur bedingt möglich. Die Bestandsführung im Zentrallager richtete sich nach dem zentralen Produktionsplan und der daraus berechneten „optimalen Bestellmenge", jedoch nicht nach dem tatsächlichen Bedarf der Produktion. Überbestände und Überproduktion an der einen Stelle bei fehlenden Teilen an anderer Stelle waren die Folge. In der Zeit hoher Auslastung bis 1990 hatte die Zentralisierung noch nicht zu gravierenden Problemen geführt. Der Zwang, die Kosten und die Durchlaufzeiten drastisch zu reduzieren, die Notwendigkeit, immer umfangreichere Computersysteme zur Beherrschung der Organisation einzusetzen und die geänderten Wertvorstellungen der Mitarbeiter gaben letztendlich Anlass zu einer grundlegenden Umorganisation.

Ausgehend von klar abgrenzbaren Endprodukten bzw. Baugruppen wurden daher im Jahr 1994 Produktionseinheiten (PE) gebildet. Diese „Fabriken in der Fabrik" (vgl. Abbildung 10-5) sind kleine überschaubare Produktionsbereiche mit 30 bis maximal 100 Mitarbeitern, die alle indirekten und direkten Funktionen der Produktion umfassen. Produktionseinheiten sind für die Produktion eines Endprodukts oder einer Baugruppe voll verantwortlich.

Abbildung 10-5 Produktionseinheiten als Fabrik in der Fabrik

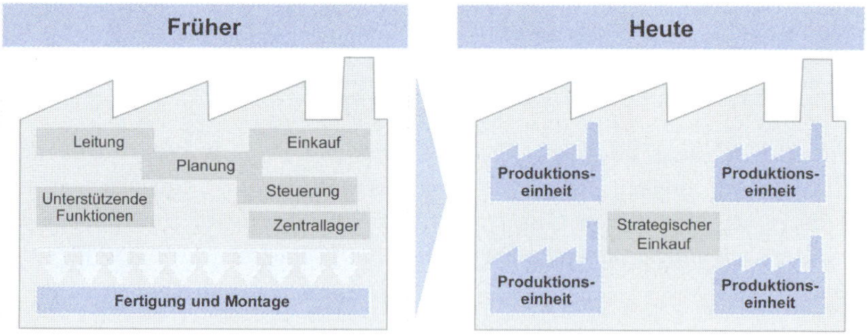

Anstatt die Fertigung nach Fertigungstechnologien in spezialisierte Werkstätten zu gliedern und darüber zentrale Planungs- und Dienstleistungsabteilungen zu platzieren, wird jetzt nach Erzeugnissen segmentiert. Die Aufteilung in Dreh-, Fräs- und Schleifwerkstätten ist nicht mehr gegeben; alle notwendigen Maschinen für die Produktion der Teile einer Baugruppe sind den jeweiligen Produktionseinheiten zugeordnet. Darüber hinaus ist das Lager für die Teile und die Montage der Baugruppe direkt der jeweiligen Produktionseinheit zugeordnet. Eine zentrale Planungsabteilung außerhalb der Produktionseinheiten gibt es nicht mehr. Selbst die Beschaffung der Teile von Zulieferern und die Sicherstellung der Qualität werden von der Produktionseinheit durch die Produktionsmitarbeiter selbst durchgeführt. Von der dezentralen Struktur verspricht sich TRUMPF folgende Vorteile:

- *Jede Produktionseinheit kann sich selbst organisieren und optimieren,*
- *die Wirkung des eigenen Handelns wird für jeden Mitarbeiter direkt erkennbar,*
- *Kompetenz und Verantwortung werden an den Ort des Geschehens verlagert,*
- *es gibt weniger Schnittstellen zwischen den produzierenden Einheiten,*
- *die Kommunikation wird einfacher und direkter,*
- *die Arbeitsinhalte der Mitarbeiter werden angereichert und*
- *der Verwaltungs- und Steuerungsaufwand wird reduziert.*

Die Produktionseinheiten stehen untereinander in Kunden-Lieferanten-Beziehungen. Produktionseinheiten, die Endprodukte fertigen, erhalten zwar wie bisher die notwendigen Stückzahlen von der Produktionsleitung. Sie selbst ermitteln jedoch aus diesen Stückzahlen ihre Bedarfe und melden sie weiter an zuliefernde Produktionseinheiten oder disponieren ihre Kaufteile in eigenen, bestandsgeführten Warenhäusern. Das zentrale Lager wurde aufgelöst. Der zentrale Einkauf der TRUMPF Gruppe übernimmt heute rein strategische Funktionen. Er bündelt die Einkaufsaktivitäten der Gruppe gegenüber den Lieferanten, handelt die grundlegenden Konditionen aus und sorgt für die Lieferantenentwicklung.

Produktivitätssteigerung durch SYNCHRO

Mit dem Arbeits- und Organisationssystem „SYNCHRO" verfolgt TRUMPF das Ziel, ständig schneller und effizienter zu werden. Dieses Ziel wird durch Methoden und Prinzipien erreicht, die während der letzten Jahrzehnte in Japan besonders stark propagiert wurden. Im Prinzip fördert SYNCHRO jedoch Fähigkeiten, die in Deutschland und speziell bei TRUMPF früher schon einmal weit entwickelt waren (vgl. Abbildung 10-6). Beispielsweise spielt inzwischen der Betriebsmittelbau wieder eine sehr wichtige Rolle. Die Fertigung kleiner Losgrößen, Fließfertigung und stark auftragsabhängige Produktionssteuerung gab es bei TRUMPF bereits früher.

Abbildung 10-6 SYNCHRO-Haus

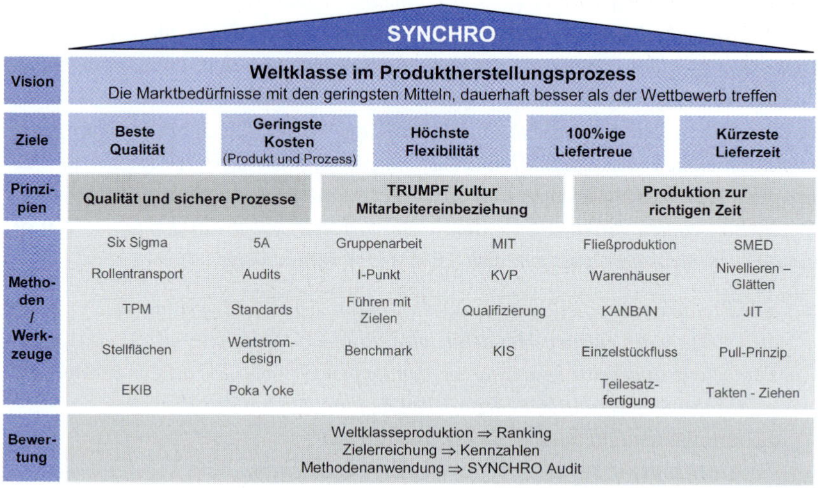

Die Umsetzung von SYNCHRO findet bei allen produzierenden Gesellschaften der Unternehmensgruppe statt. Die Führungskräfte und SYNCHRO-Spezialisten legen die Bereichsziele fest und erarbeiten in Workshops gemeinsam mit den Mitarbeitern, die SYNCHRO umsetzen sollen, die daraus resultierenden Maßnahmen. Die Bereiche können dabei auf SYNCHRO-Grundlagen (zum Beispiel Instandhaltung, Lieferantenmanagement, Qualität) zurückgreifen, die von den so genannten Grundlagenteams bei Bedarf erarbeitet werden. Der Einsatz standardisierter Betriebsmittel wird durch das Betriebsmittel-Team sichergestellt. Eine entscheidende Voraussetzung für den Erfolg des Projekts bilden die Personalthemen, die sich insbesondere mit der Schulung der Mitarbeiter, der Qualifizierung der SYNCHRO-Spezialisten und einer konstruktiven Zusammenarbeit mit dem Betriebsrat befassen. Alle Projektaktivitäten werden durch ein bereichsübergreifendes Kernteam geplant, um ein zielgerichtetes, gemeinsames Vorgehen zu gewährleisten. SYNCHRO ist kein abgeschlossenes System; es wird um andere Produktionsmethoden und Prinzipien, wie zum Beispiel die vorbeugende Instandhaltung, ergänzt. Ein weites Feld öffnet sich später in der Anwendung der SYNCHRO-Prinzipien und -Methoden in den indirekten Bereichen und bei den Zulieferern.

Ein Beispiel für die erfolgreiche Umsetzung eines SYNCHRO-Projekts besteht in der Umstellung von Standplatzmontage zur Fließmontage bei Werkzeugmaschinen (vgl. Abbildung 10-7). Traditionell werden Werkzeugmaschinen an einem festen Standplatz montiert. Auf den ersten Blick klingen die Gründe gegen den Einsatz der Fließmontage im Werkzeugmaschinenbau plausibel: zu geringe Stückzahlen, zu hohe Auftragsschwankungen, zu komplexe Montagevorgänge, zu große und schwere

Maschinen usw. Die Standplatzmontage führt jedoch bei wachsenden Stückzahlen schnell zu Problemen in der Materialbereitstellung. Da unterschiedliche Standplätze auf gleiche Lagerorte zugreifen, werden Fehlteile häufig zu spät erkannt. Hohe „Angstbestände" oder „schwarze Bestände" sind die Folge. Hinzu kommt ein unübersichtlicher Material- und Informationsfluss, der zu schwer planbaren Durchlaufzeiten und einem hohen Platzbedarf führt.

Vergleich von Standplatz- und Fließmontage — **Abbildung 10-7**

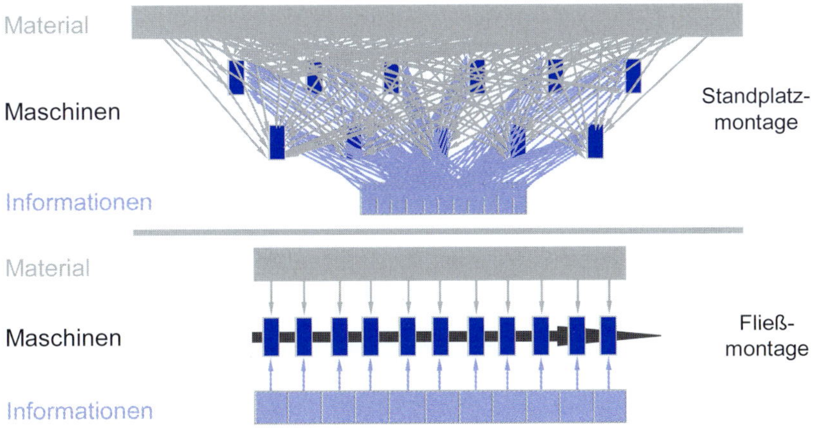

Werden einige grundlegende Probleme der Fließmontage gelöst, wie beispielsweise der Maschinentransport zwischen den Stationen, das Aufteilen von Arbeitsinhalten oder das Bestimmen eines angemessenen Takts, bietet die Fließmontage auch für Werkzeugmaschinen folgende Vorteile:

- *Jedes Teil bzw. jede Baugruppe hat einen festen Bereitstellungsplatz an der zugehörigen Station,*
- *Werkzeuge und Betriebsmittel müssen nicht mehrfach für zeitgleiche Nutzung an unterschiedlichen Standplätzen bereitstehen, sondern nur einmal an der zugehörigen Station,*
- *Material- und Informationsfluss sind übersichtlich, gerichtet und nicht vernetzt, wie es in der Standplatzmontage der Fall ist,*
- *standardisierte Montageabläufe an jeder Station ermöglichen eine hohe Prozesssicherheit und gleich bleibende Qualität und*
- *der Montagefortschritt jeder Maschine ist einfach nachzuvollziehen und richtet sich nach dem Takt der Linie. Dadurch bleiben Durchlaufzeiten stabil und Lieferzeiten werden exakt planbar.*

Welches Potenzial die Fließmontage auch im Werkzeugmaschinenbau hat, zeigt das Beispiel der TruMatic 6000, einer Maschine, die zur kombinierten Blechbearbeitung mit einem Stanzkopf und einem Laserschneidkopf ausgerüstet ist. Durch das Umstellen auf Fließmontage verkürzte sich die Durchlaufzeit um 63 Prozent; der Wert von „Ware in Arbeit" konnte um 52 Prozent gesenkt werden sowie die Flächenproduktivität um 60 Prozent und die Personalproduktivität um 25 Prozent gesteigert werden. Durch die kontinuierliche Verbesserung der Fließmontage ließen sich die Erfolge noch weiter steigern (vgl. Abbildung 10-8).

Abbildung 10-8 Erfolge der Umstellung auf Fließmontage bei der TruMatic 6000

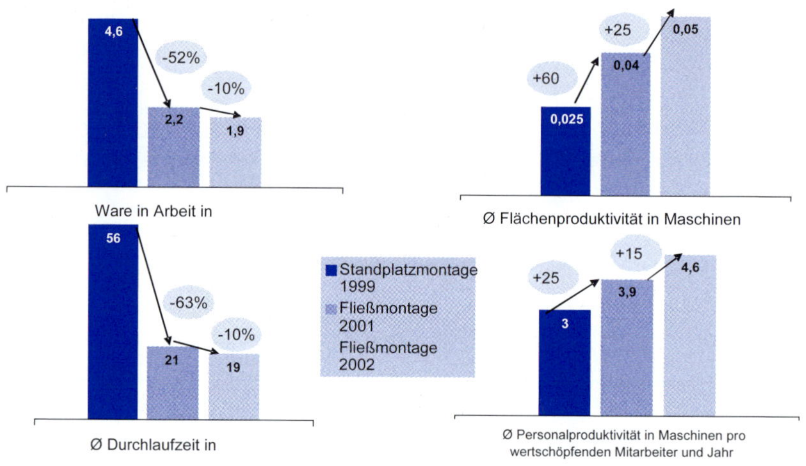

TRUMPF Dokumentmanager

In einem Unternehmen wie TRUMPF gibt es eine Vielzahl unterschiedlicher Geschäftsprozesse. Um einen reibungslosen und möglichst standardisierten Ablauf dieser Prozesse zu gewährleisten, sind Vorgaben und Regelungen klar und verständlich festzulegen. Diese Vorgaben und Regelungen gehen zurück auf technische Standards, auf Anforderungen und Wünsche der Kunden oder auf bisher gewonnene Erfahrungen. Ziel des TRUMPF Dokumentmanagers (TDM) ist es, allen Mitarbeitern die jeweils relevanten Geschäftsprozesse strukturiert zur Verfügung zu stellen, um ein einheitliches Prozessverständnis in den Bereichen der TRUMPF Gruppe herzustellen.

Wie bei einem herkömmlichen Organisationshandbuch werden innerhalb des TRUMPF Dokumentmanagers nur die organisatorischen Regelungen betrachtet (vgl. Abbildung 10-9). Technische oder produktbezogene Dokumente wie Zeichnungen, Stücklisten, Konstruktionsrichtlinien, Preislisten etc. werden in getrennten Systemen verwaltet, z.B. dem SAP- oder CAD-System. Organisatorische Regelungen können über den TRUMPF Dokumentmanager bei jeder produzierenden Gesellschaft von jedem vernetzten PC aus aufgerufen werden. Die Aktualität der Dokumente wird hierdurch automatisch gewährleistet, der Aufwand für Bereitstellung und bei Änderungen wird drastisch reduziert.

Abbildung 10-9

TRUMPF Dokumentmanager – Struktur

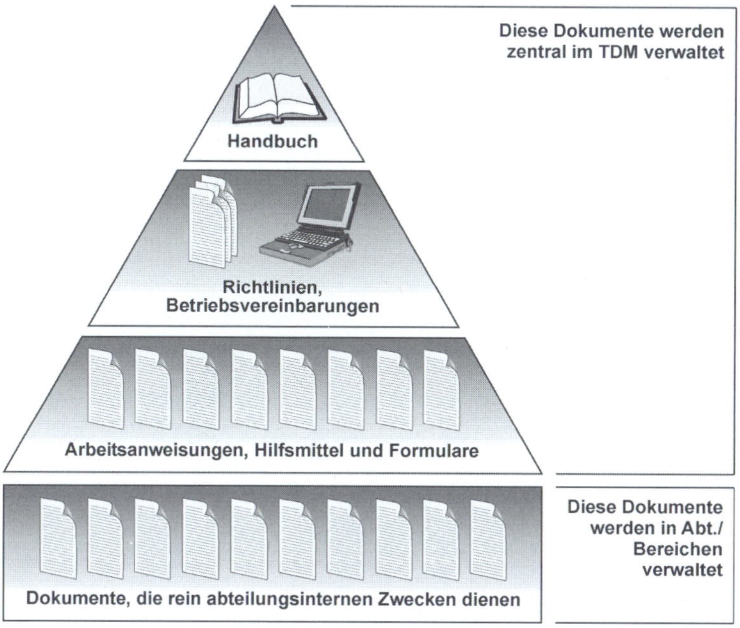

Wie die vorangegangenen Beispiele zeigen, hat TRUMPF aus allgemeinen Konzepten zur Unterstützung der Unternehmensführung für die eigenen Belange maßgeschneiderte Lösungen entwickelt. Sie tragen wesentlich zum nachhaltigen wirtschaftlichen Erfolg der TRUMPF Gruppe bei.

10 Gestaltungskonzepte der Unternehmensführung

> *„We are always three years away from failure."*
> *(Bill Gates) … Tut etwas dagegen!*

Begriff des Gestaltungskonzepts

Für den Begriff des Gestaltungskonzepts der Unternehmensführung werden andernorts Termini wie *Führungsmodell* oder *Führungssystem* synonym verwendet. Diese stellen *Rahmenkonzepte* dar, *die etwas darüber aussagen, wie Führung von und in Unternehmen vollzogen werden sollte*. Ein wesentliches *Merkmal* von Gestaltungskonzepten der Unternehmensführung besteht darin, dass sie *die funktionsbereichsbezogene Analyse zugunsten einer ganzheitlichen, bereichsübergreifenden Betrachtung des Unternehmensführungsproblems aufgeben*. Aus diesem Grund werden in ihrem Rahmen Aussagen über die Strategieformulierung, die Gestaltung der Organisationsstruktur, die Architektur von Managementsystemen oder über Managerprofile bereitgestellt. Für die Praxis liefern die Gestaltungskonzepte der Unternehmensführung durch Verfahrensregeln die Möglichkeit der *einheitlichen Handhabung von Führungsproblemen; sie bewirken eine Erhöhung der Transparenz und leisten somit insgesamt einen wesentlichen Beitrag zur Komplexitätsreduktion*. Um diesen Auftrag erfüllen zu können, sollten die Gestaltungskonzepte der Unternehmensführung die in der Abbildung 10-10 dargestellten Bestandteile enthalten (Wild [Führungslehre] 164 f.).

Abbildung 10-10

Bestandteile von Gestaltungskonzepten der Unternehmensführung

- Aussagen über Zielsetzungen, Prämissen und den Geltungsbereich
- Aussagen über allgemeine Führungsprinzipien
- Aussagen über Teilsysteme der Führung
- Aussagen über den Einsatz von Führungsinstrumenten
- Aussagen über das Anreiz- und Belohnungssystem
- Aussagen über das Personalentwicklungssystem
- Aussagen über die Gestaltung persönlicher Beziehungen und sozialer Strukturen

Dieser Katalog hat allerdings einen *idealtypischen Charakter*, dem viele der vorliegenden Gestaltungskonzepte nicht voll gerecht werden. Die Auswahl der hier vorzustellenden Unternehmensführungs-Gestaltungskonzepte erfolgt anhand der Kriterien des Problemlösungspotenzials für die Erhaltung der Wettbewerbsfähigkeit und des Unternehmensbestands sowie des Innovationsgehalts und nicht im Bemühen um Vollständigkeit (Teichert/Talaulicar [Managementkonzepte] 409 ff.). Im Einzelnen wird eingegangen auf die Konzepte des *Risk Managements,* des *Krisenmanagements,* des *M&A-Managements,* des *Innovationsmanagements,* des *Qualitätsmanagements,* des *e-Managements* (vgl. Abschn. 12.6), des *ökologieorientierten Managements* und *des Diversity Managements.*

10.1 Risk Management

An mehreren Stellen dieser Lehrbuchs wurde der *Zukunftsaspekt* des Handelns der Unternehmensführung diskutiert. Zukünftiges Handeln ist immer mit Ungewissheit verbunden; die sich eröffnenden Chancen und drohenden Gefahren lassen sich im Vorhinein niemals genau abschätzen. Das *Risk Management* bzw. Risikomanagement hat zur Aufgabe, diese Chancen und Gefahren zielgerichtet zu handhaben (vgl. insbesondere Frenkel/Hommel/Rudolf [Management]; Hölscher/Elfgen [Herausforderung]).

Die erhöhte Bedeutung des Risikomanagements spiegelt sich in weit reichenden rechtlichen Regelungen wider. Zu nennen sind in Deutschland das KonTraG, das TransPuG und Basel II sowie im US-amerikanischen Raum der Sarbanes Oxley Act (vgl. hierzu diverse Beiträge in Hutzschenreuter/Griess-Nega ([Krisenmanagement] 577 ff.)).

KonTraG

- Seit Inkrafttreten des „Gesetzes zur Kontrolle und Transparenz im Unternehmensbereich“ (KonTraG) 1998 (vgl. Abschn. 3.4.1.1) hat das Risk Management insofern erheblich an Bedeutung gewonnen, als dessen Einführung einschließlich interner Revision für Aktiengesellschaften verpflichtend ist (§ 91 Abs. 2 AktG; vgl. Abschn. 3.4.1.1). Hierdurch soll eine frühzeitige Aufdeckung bestandsgefährdender Risiken und eine rechtzeitige Einleitung von Präventivmaßnahmen ermöglicht werden (Wolf [Risikomanagement] 211). Obwohl der Gesetzgeber die inhaltliche Ausgestaltung des Risk Managements nicht genau spezifiziert, sondern an unternehmensinterne Arbeitsgruppen delegiert hat (Ettmüller [Risikomanagement] 689), stellen die Forderungen des KonTraG insofern weit mehr als eine laxe Anregung dar, als die Umsetzung des Risk Managements zum Gegenstand der Wirtschaftsprüfung erhoben wird.

- In ähnlicher Weise ist die Forderung nach einer konsequenten Umsetzung des Risk Managements in dem im Jahre 2002 in Kraft getretenen Transparenz- und Publizitätsgesetz (TransPuG) hinterlegt (vgl. Abschn. 3.4.1). *TransPuG*

- Im Jahre 2005 ist Basel II wirksam geworden. Basel II stellt ein System von Vorschriften dar, die vom Baseler Ausschuss für Bankenaufsicht entwickelt worden sind. Diese Vorschriften spezifizieren die Kreditwürdigkeitsprüfung, die Banken bei der Vergabe von Krediten an Unternehmen durchzuführen haben. Bezogen auf das Risikomanagement legt Basel II fest, dass die Kreditwürdigkeit von Unternehmen bzw. die Form der im Kreditvergabeprozess erforderlichen Kreditwürdigkeitseinstufung (Rating) davon abhängt, ob das jeweilige Unternehmen ein umfassendes Risikomanagementsystem aufweist oder nicht. *Basel II*

- Ein umfassendes Risikomanagementsystem wird auch im Rahmen des Sarbanes-Oxley Act gefordert (vgl. Abschn. 3.5.1.1). *Sarbanes-Oxley Act*

- Aber auch in dem von der Wirtschaft auf freiwilliger Basis enstandenen „German Code of Corporate Governance" (GCCG) (vgl. Abschn. 3.4.1.2) wird die Forderung nach einem umfassenden Risikomanagement erhoben. *GCCG*

Diese Forderungen stehen in krassem Widerspruch zu den Ergebnissen empirischer Untersuchungen, nach denen viele Unternehmen weit davon entfernt sind, ein systematisches Risk Management zu betreiben (Ettmüller [Risikomanagement] 690 f.). Im Zuge der Entwicklung der vorbezeichneten Rechtsnormen ist deutlich geworden, dass in vielen Unternehmen

- die Risikoanalyse unzureichend ausgeprägt ist,
- Risikoaggregationsverfahren fehlen,
- das Risikomanagement unzureichend in das Controlling integriert ist,
- sich die Risikobewältigung ausschließlich auf den Abschluss von Versicherungen beschränkt,
- managementbezogene Risiken unbeachtet bleiben und
- das Risikomanagement insgesamt zu bürokratisch organisiert ist.

Begriff

Mit dem *Begriff des Risikos* wird zunächst die *Möglichkeit der (negativen) Zielverfehlung* umschrieben (Philipp [Risikopolitik] Sp. 3454; Schorcht/Brösel [Risiko] 7 ff.). Es handelt sich dabei um eine *wirkungsbezogene Betrachtung*, wobei die mit der Risikosituation verbundene Verlustgefahr in den Vordergrund gerückt wird. Die *ursachenbezogene* Version des Risikobegriffs bezieht sich auf die *spezifische Informationslage* (Informationsstruktur) des in einer bestimmten Ungewissheitssituation befindlichen Entscheidungsträgers.

Risiko

Entscheidungslogisch lässt sich die Informationsstruktur dieser Situation in *drei Grundtypen* aufgliedern (Macharzina [Planung] 871). Von einer *Risikosituation* ist dann zu sprechen, wenn *einwertige Erwartungen* im Sinne von objektiven Wahrscheinlichkeiten über die für die Bestimmung eines Aktionsprogramms relevanten Datenkonstellationen vorliegen. Es handelt sich dabei um jene Fälle, in denen mehrere Umweltzustände eintreten können, deren Eintrittswahrscheinlichkeiten objektiv abgeschätzt werden können (objektive Eintrittswahrscheinlichkeit der Ergebnisse < 1; Summe der Eintrittswahrscheinlichkeiten der Ergebnisse = 1). Neben Risikosituationen besitzen auch jene (Ausnahme-)Fälle einwertige Erwartungen, in denen eine Handlungssituation mit *Sicherheit* eintritt (objektive Eintrittswahrscheinlichkeit = 1). Liegen keine objektiven Wahrscheinlichkeiten vor, dann muss von Entscheidungssituationen mit *mehrwertigen Erwartungen* gesprochen werden. Mehrwertig sind die Erwartungen, da die Lagebeurteilung von der Person des Entscheiders abhängt. Hier kann von *unsicheren Entscheidungssituationen* gesprochen werden, wobei wiederum zwei Fälle zu unterscheiden sind. Im ersten Fall ist der Entscheider in der Lage, das Eintreten der einen oder anderen Umweltkonstellation mit *subjektiven Wahrscheinlichkeiten* (Glaubwürdigkeiten) abzuschätzen. Die von ihm formulierten *Erwartungen sind subjektiv unsicher*. Im zweiten Fall sind ihm überhaupt keine Wahrscheinlichkeitsurteile möglich, weshalb eine Entscheidungssituation mit einer *objektiv unsicheren Erwartung* vorliegt. Diese Informationsstruktur ist in Abbildung 10-11 verdeutlicht (vgl. zu den Entscheidungsregeln beispielsweise Bamberg/Coenenberg [Entscheidungslehre] 105 ff.; Kahle [Entscheidungen]).

Sicherheit

Unsicherheit

Das dreigliedrige Risikokonzept der präskriptiven Entscheidungstheorie findet in praxisorientierten Konzepten des Risk Managements jedoch keinen nennenswerten Niederschlag. Vielmehr wird der klar eingegrenzte Risikobegriff der Entscheidungstheorie aufgegeben und eine *Risikosituation dann als gegeben angenommen, wenn das zukünftige Eintreten von Ereignissen nicht sicher determiniert und bekannt ist*, sondern wenn einfach *mehr oder weniger sichere Vorstellungen* über den Eintritt mehrerer möglicher Ereignisse und deren Folgen existieren (Philipp [Risikopolitik] Sp. 3454). Es werden mehrere Ausprägungen von Risikosituationen unterschieden, von denen hier die zwei vom Auftreten her als am wichtigsten erscheinenden *Risikodimensionen* herausgegriffen werden (Farny [Grundfragen] 19 ff.).

Einzelrisiko

Zunächst wird zwischen Einzelrisiko und Gesamtrisiko differenziert. Der Begriff des *Einzelrisikos* beschreibt eine Risikosituation, die sich aus einer konkreten, genau spezifizierbaren Entscheidungssituation ergibt. Indem sich beispielsweise ein Unternehmen für die Herstellung seiner Produkte auf der Basis von nachwachsenden Rohstoffen entscheidet, ergibt sich eine spezifische Einzelrisikosituation im Hinblick auf die Versorgungsstabilität, die Preisstabilität der Rohstoffe, mögliche Produktionsstörungen oder auf die Verderblichkeit und Absetzbarkeit der Produkte am Markt.

Entscheidungstypen des Homo-oeconomicus-Modells ***Abbildung 10-11***

	Gewissheit	**Ungewissheit**	
Entscheidungssituation	Sicherheit	Risiko einwertige Erwartungen objektive Wahrscheinlichkeiten	Unsicherheit mehrwertige Erwartungen / mehrwertige Erwartungen subjektive Wahrscheinlichkeiten / fehlende Wahrscheinlichkeiten
Entscheidungsregel	Alternative mit maximalem Erwartungswert	Bayes'sche Entscheidungsregel Bernoulli-Prinzip	Maximin-Regel Maximax-Regel Savage-Niehans-Regel Hurwicz-Regel Laplace-Regel

Gesamtrisiko

Da in die Gestaltung der Handlungsströme des Unternehmens eine ganze Fülle von einzelnen Entscheidungen eingehen, ist seine jeweilige Risikosituation kaum valide abzuschätzen. Idealtypisch kann das *Gesamtrisiko* jedoch als die Summe der Einzelrisiken der in einem Unternehmen ablaufenden Entscheidungsströme angesehen werden, wobei davon auszugehen ist, dass sich ein gewisser Risikoausgleich im Gesamtbestand der wirtschaftlichen Aktivitäten ergibt. Da letztendlich für den Unternehmenserfolg im Wesentlichen das Gesamtrisiko und weniger das Einzelrisiko von Bedeutung ist, muss dem Gesamtrisiko das besondere Interesse des Risk Managements gelten (Farny [Grundfragen] 19 f.). Diese Sichtweise wird allerdings erst in den 1980er Jahren im Schrifttum aufgegriffen (Haller [Eckpunkte] 7 ff.).

Reines Risiko

Spekulatives Risiko

Wenn bei der Gestaltung des Risk Managements auch *positive Ergebnisabweichungen* vom Plan berücksichtigt werden, dann wird die Unterscheidung zwischen *reinen* und *spekulativen* Risiken bedeutsam. Mit dem *reinen Risiko* werden Fälle beschrieben, in denen ein Schaden droht, die Risikosituation jedoch keine Erfolgschance erwarten lässt. Bei Risikosituationen, in denen der Schadensgefahr eine Gewinnchance gegenübersteht, wie beispielsweise beim allgemeinen Unternehmensrisiko, spricht man hingegen von einem *spekulativen Risiko* (Farny [Grundfragen] 20). Die Abgrenzung reiner und spekulativer Risiken wird wesentlich von der zugrunde liegenden Erwartungs-(Anspruchs-)haltung des Entscheiders beeinflusst. In der Literatur haben sich deutliche Auffassungsunterschiede bezüglich der Relevanz dieser beiden Varianten des Risikobegriffs herausgebildet, die das Verständnis des Risk Managements insgesamt betreffen. Bei Beschränkung des Risikobegriffs auf reine Risiken wird Risk Management als Teil der übergeordneten Risikopolitik des Unternehmens betrachtet, der letztlich nur versicherbare Risiken betrifft (Damary [Westeuropa] 277 ff.), die mit Werkzeugen des Kostenmanagements gehandhabt werden. Die Mehrheit der Fachvertreter hat sich heute jedoch von dieser eingeschränkten Perspektive gelöst und bezieht auch die spekulativen Risiken in das Risk Management ein, dessen Konzeption dann auf positive Effekte hinsichtlich der Ertragsdimension und Kapitalrentabilität erweitert wird (Berndt [Risk-Management] 5 ff.). Dieser Wandel der Auffassungen vom Risk Management wird in Abbildung 10-12 durch die Pfeilrichtung verdeutlicht (Seifert [Zukunft] 746 ff.). Daraus wird ersichtlich, dass sich die neueren Risk-Management-Konzeptionen nicht nur der Kategorie der spekulativen Risiken zuwenden, sondern auch zusätzlich auf eine prospektive (statt reaktive) Bewältigung dieser Risikoart abstellen.

Vergleich der Konzepte

Zieht man ferner den Vergleich zu den neueren Konzepten des Krisenmanagements und des strategischen Managements (vgl. Abschn. 5.7), so wird offenbar, *dass sich sehr weit gefasste Risk-Management-Ansätze und Krisenmanagement-Ansätze sowie die Konzeptionen des strategischen Managements stark aufeinander zubewegt haben*. Diese Gemeinsamkeit wird insbesondere an der allen drei Ansätzen gemeinsamen proaktiven Ausrichtung der Vorgehensweise deutlich.

Aus der Sicht der praktischen Problembewältigung ist es nicht sinnvoll, von vornherein bestimmte Risiken aus dem Aufgabenbereich des Risk Managements auszuschließen, wenn diese in der Realität auftreten. Vielmehr scheint es zweckdienlich, alle Risikokategorien in das Risk Management einzubeziehen (Müller [Instrumente] 71) und somit ein umfassendes Konzept zugrunde zu legen. Wegen der konzeptionellen Überschneidung zum strategischen Management, das in Abschn. 5.7 bereits ausführlich erörtert wurde, wird an dieser Stelle jedoch auf die (wiederholende) Darstellung eines

„Strategischen Risk Managements" verzichtet und *nur auf den Bereich des Risk Managements abgestellt, der die Handhabung von reinen Einzelrisiken betrifft.*

Risikoarten und Risk-Management-Konzepte — *Abbildung 10-12*

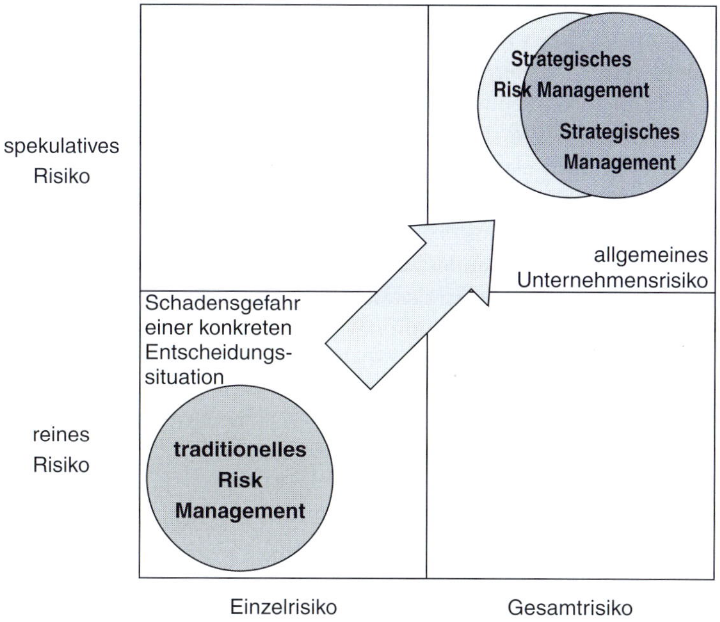

10.1.1 Risk-Management-Prozess

Erfolgreiches Risk Management erfordert eine systematische und strukturierte Vorgehensweise. In Anlehnung an die einschlägige Literatur und die gebräuchliche Phasendarstellung des Planungsprozesses (vgl. Abschn. 6.2) lässt sich der *Risk-Management-Prozess* in folgende Arbeitsschritte gliedern (Haller [Eckpunkte] 26 ff.; Baird/Thomas [Model] 234 ff.; Damary [Survey] 28 ff.):

Arbeitsschritte

- Erkennung des Risikos,
- Analyse des Risikos und seiner Ursachen,
- Bewertung des Risikos und
- Beeinflussung des Risikos durch gezielte Risk-Management-Maßnahmen.

Risikoerkennung

Das Ziel der *Risikoerkennung* ist es, aus dem sich komplex, dynamisch und diskontinuierlich darstellenden Handlungskontext mögliche Risikosituationen herauszufiltern und zu identifizieren. Damit erfolgt eine Bestimmung des Risikoraums. Im Einzelnen geht es um eine vollständige wie rasche Erfassung aller, besonders auch neuer Risiken (Weber/Weißenberger/Liekweg [Ausgestaltung] 1710 ff.). Organisatorisch kann die Aufgabe der Risikoerkennung einer spezialisierten Risk-Management-Einheit übertragen werden, die von möglichst vielen Bereichen und Mitgliedern des Unternehmens mit engem Bezug zu den potenziellen Risikoquellen unterstützt wird. Zusätzlich stehen Techniken wie die Besichtigungsanalyse durch Risikofachleute, Dokumentenanalyse, Organisationsanalyse, Mitarbeiterbefragung oder spezielle Checklisten als Hilfsmittel zur Verfügung. Letztere weisen jedoch die für dieses Instrument typische Schwäche auf, dass sie lediglich in einer Auflistung möglicher Planstörungen aus bekannten Risiken bestehen, die der Risk Manager nacheinander zu prüfen hat. Neuartige Risiken sind damit kaum zu erfassen. Im Rahmen der Risikoerkennung bieten sich auch die im Rahmen der Strategieformulierung dargelegten Instrumente zur strategisch orientierten Gegenwarts- und Zukunftsbeurteilung an (vgl. Abschn. 5.6.1).

Risikokategorien

In der Praxis wird im Rahmen der Risikoerkennung das Augenmerk vorwiegend auf folgende Risikokategorien gelegt (vgl. Coenen [Risikomanagement] 99):

- Marktrisiken, insbesondere Veränderung der Rahmenbedingungen auf Märkten sowie Wettbewerbern,
- Betriebsrisiken, hier vor allem mögliche Störungen in den Geschäftsprozessen,
- Finanzrisiken wie Risiken der Kapitalbeschaffung und -anlage, die z. B. durch Zins-, Währungs- und Preisänderungen bedingt sein können,
- allgemeine Umweltrisiken wie politisch-rechtliche oder gesellschaftliche Risiken sowie
- sonstige Risiken, z. B. Risiken aus organisatorischen Konzepten, Kommunikationsstrukturen oder höherer Gewalt.

Eine differenziertere, auf einem alternativen Kategorienraster beruhende Klassifikation von Risikoarten hat der Arbeitskreis Risikomanagement (Diederichs/Form/Reichmann [Standard] 190) vorgelegt (vgl. Abbildung 10-13).

Risikoanalyse

Der Risikoidentifikation folgt die *Risikoanalyse*, mit der die Ursachen des Risikos ermittelt werden sollen. Die Schwierigkeit dieses Schritts besteht darin, dass der vermeintliche Auslösefaktor nicht unbedingt mit einem dahinter liegenden Grund identisch zu sein braucht.

Risikofelder, Risikoarten und Einzelrisiken

Abbildung 10-13

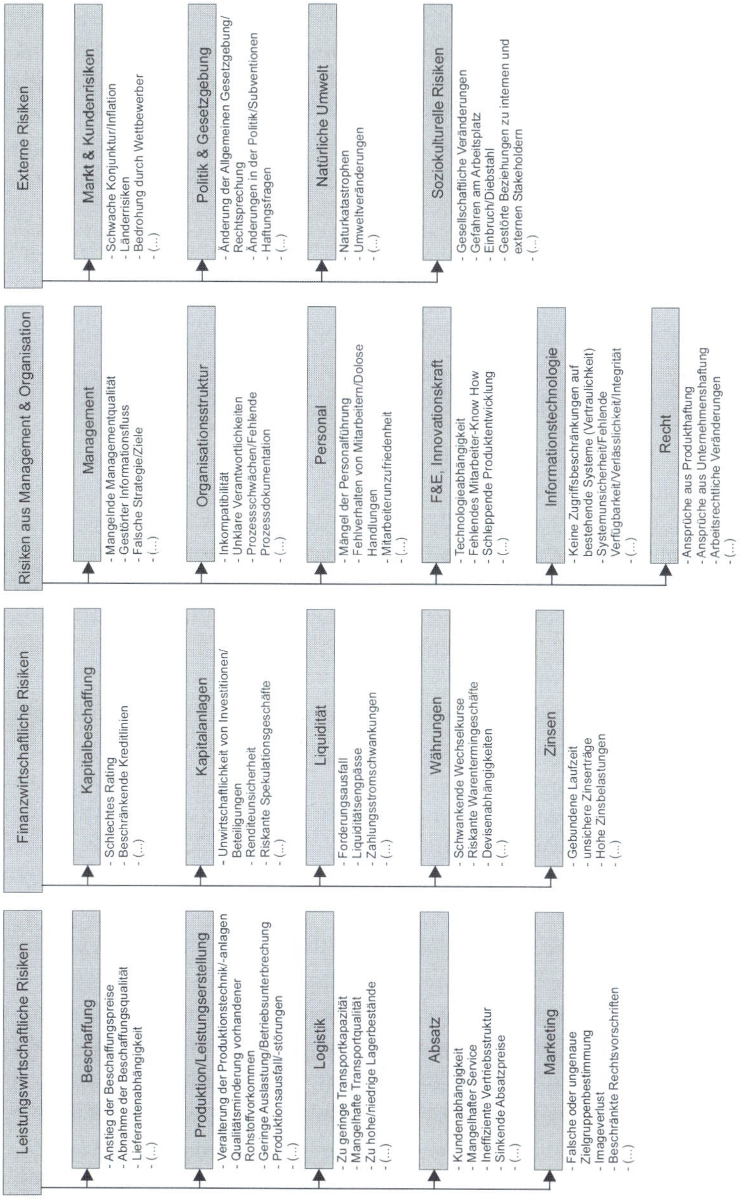

Das simple Beispiel, dass Brand durch Explosion, Blitzschlag oder Brandstiftung verursacht sein kann, mag dies verdeutlichen. Die Risikoanalyse hat deswegen nicht nur Aufklärungsfunktion, sondern ist auch mit Blick auf die spätere Wahl von Risikoinstrumenten bedeutsam, da eine fehlerhafte Ursachenanalyse auch zur Verwendung des falschen Handhabungsinstruments führen und damit die Bewältigung gefährden kann. Um diesem Mangel vorzubauen, empfiehlt sich die Stützung auf methodische Vorgehensweisen bei der Ursachenanalyse, unter denen sich in der Praxis die Methode der Fehlerbäume (vgl. Macharzina [Unternehmensführung] 600) bewährt hat.

Risikobewertung

Die Phase der *Risikobewertung* ist im Gegensatz zur Ursachenanalyse wirkungs- und damit outputorientiert. Sie dient zur Ermittlung der wirtschaftlichen Folgen der durch die Risikosituation denkbaren Ereignisse bezüglich des unternehmerischen Sicherheitsziels (Mugler [Unternehmung] 14 ff.). Die Abschätzung dieser Auswirkungen wird dabei anhand der Kriterien des zu erwartenden Schadensausmaßes sowie der Eintrittswahrscheinlichkeit eines Ereignisses vorgenommen. Die Risikobewertung erweist sich in der Praxis deshalb als besonders problematisch, da im Hinblick auf das Schadensausmaß zwischen den Extremausprägungen „Totalverlust" und „Schadensfreiheit" eine Vielzahl von Zwischenstufen denkbar und mit den jeweiligen Eintrittswahrscheinlichkeiten zu besetzen ist. Da ein solch idealtypisch sinnvolles Vorgehen das Entscheidungsproblem jedoch frühzeitig verkomplizieren würde und sich damit einer vernünftigen Bewältigung entzöge, reduziert man in der Praxis das Spektrum denkbarer Risikowirkungen bis auf ein Ausmaß, das vermeintlich trotzdem noch eine hinreichende Genauigkeit garantiert (Seifert [Ansätze] 51). Die Ermittlung der Eintrittswahrscheinlichkeiten oder Schadenshäufigkeiten wirft vergleichbare Probleme auf und wird ähnlich angegangen. Obwohl innerbetrieblich spezielle Statistiken angelegt werden können und auch teilweise auf außerbetriebliche Datensätze zurückgegriffen werden kann, verlässt man sich letztlich doch weitgehend auf subjektive Schätzungen. Dies gilt insbesondere für die Anwendung der zuvor erwähnten Fehlerbäume. Dort werden nämlich Wahrscheinlichkeitsschätzungen zugrunde gelegt, die kaum über die Qualität von Glaubwürdigkeitswerten hinausreichen.

Vorgehen in der Praxis

In der Praxis hat es sich bewährt, im Rahmen der Risikobewertung mit Schadenshöhenklassen zu arbeiten. Nicht selten wird eine vierstufige Klassifikation gewählt, wobei von einer geringen Schadenshöhe gesprochen wird, wenn der drohende Schaden aller Wahrscheinlichkeit nach nicht mehr als 20 Prozent des durchschnittlichen Betriebsergebnisses der jeweiligen Einheit ausmachen wird. Ein schwerwiegender Schaden läge dagegen vor, wenn die drohende Schadenshöhe 50 Prozent des durchschnittlichen betrieblichen Ergebnisses übersteigen wird. So spezifizierte Einzelschäden können dann in einem Risikoportfolio visualisiert werden. Vorteilhaft ist auch die Arbeit mit spezifischen Instrumenten wie der so genannten Balance Chance and Risk Card (Pedell/Schwihel [Risikomanagement] 151) oder künstlichen neuronalen Netzen sowie die Ermittlung von Kennzahlen wie Value-at-Risk (VaR) oder Cash-Flow-at-Risk (CFaR); Verfahren, die im Schrifttum diskutiert werden (Diederichs/Form/Reichmann [Standard] 92).

Beeinflussung der Risikosituation

Die eigentliche Gestaltungsaufgabe des Risk Managements setzt mit der *Beeinflussung der abgeschätzten Risikosituation durch gezielte Risk-Management-Maßnahmen* ein. Hierzu müssen sich der Risk Manager oder die Risk-Management-Einheit zunächst Klarheit über das Anforderungsniveau ihres Sicherheitsziels verschaffen. Danach gilt es, einen Überblick über das Spektrum der risikopolitischen Handlungsalternativen zu gewinnen. Daran anschließend sind geeignet erscheinende Alternativen(-kombinationen) auszuwählen, deren Realisierung zu veranlassen und die von ihnen ausgehende Wirksamkeit zu kontrollieren ist. Die Erfolgskontrolle von Risk-Management-Maßnahmen stellt sich als äußerst schwierig dar, da die durch das Risk Management intendierte Verbesserung der zukünftigen Risikosituation einerseits schwer messbar ist, andererseits die Sicherungskosten häufig sofort, in aller Regel jedoch zumindest zeitlich weit vorgelagert anfallen. Übliche Bewertungsmethoden wie Kosten-Nutzen-Kalküle scheiden daher als Beurteilungsinstrumente aus. Finden sie trotzdem Verwendung, so wird die Risk-Management-Einheit allenfalls bei einem von ihr eindeutig vermiedenen Schaden zu einer positiven Erfolgsbeurteilung kommen können (Farny [Grundfragen] 32 f.).

10.1.2 Risk-Management-Maßnahmen

Raster zur Systematisierung von Maßnahmen

Die bekannten und praktizierten Maßnahmen zur Risikobewältigung werden in der Literatur unterschiedlich systematisiert (Müller [Instrumente] 71 ff.; Farny [Grundfragen] 22 ff.). Eine zweckdienliche Zuordnung erscheint durch die Klassifikation in *Schadenverhütungsmaßnahmen* und *Schadenüberwindungsmaßnahmen* gegeben zu sein, da sie dem gewählten Risikokonzept entspricht. Erstere Maßnahmen lassen sich tendenziell als ursachenorientiert und letztere als tendenziell wirkungsbezogen bezeichnen. Die verhütenden Aktivitäten sind darauf gerichtet, die Handlungsprozesse gegen negative Umweltfaktoren abzusichern und somit „störungsfreier" ablaufen zu lassen. Die Maßnahmen zur Schadenüberwindung sind auf die Entlastung des Schadens und seiner Folgen ausgerichtet (vgl. Abbildung 10-14).

Abbildung 10-14 *Risikopolitische Alternativen*

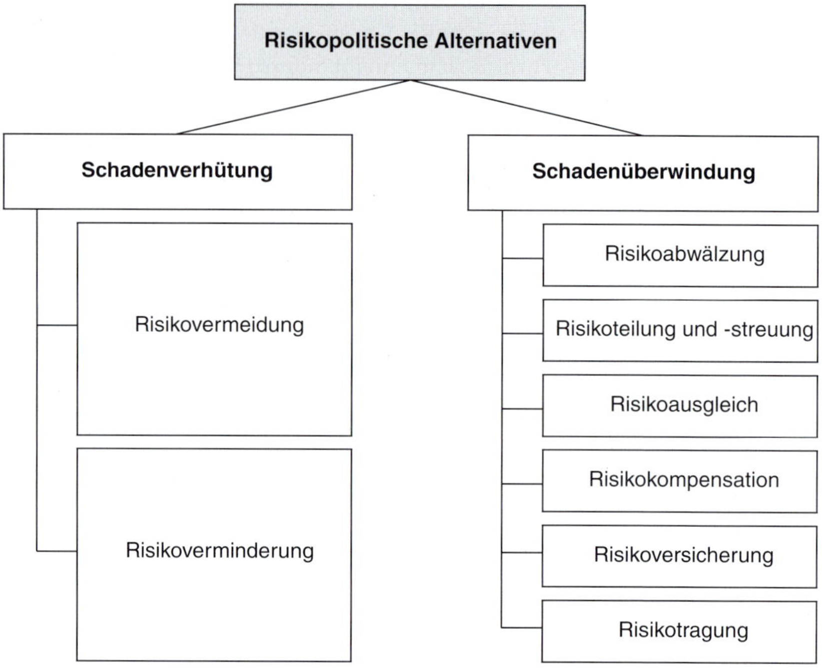

Schadenverhütung durch Risikomeidung und -verminderung

Zu den *schadenverhütenden* Maßnahmen sind die *Risikovermeidung* sowie die *Risikoverminderung* zu zählen. Der Unterschied zwischen den beiden Maßnahmen ist lediglich gradueller Art; im ersten Fall soll der Eintritt von Schäden gänzlich verhindert, im zweiten Fall soll die Wahrscheinlichkeit des Schadeneintritts lediglich auf ein erträgliches Maß gesenkt werden (Farny [Grundfragen] 26). Die praktische Bedeutung dieser präventiven Maßnahmen des Risk Managements wird an Beispielfällen deutlich. So können als Musterfälle auf unterschiedlichen Ebenen für eine unter risikovermeidenden Aspekten getroffene Entscheidung der Verzicht auf für zahlreiche deutsche Unternehmen vorteilhafte Direktinvestitionen in einigen südamerikanischen Ländern wegen des nicht auszuschließenden Risikos der Verstaatlichung oder für eine Risikoverminderung – auf ganz anderer Ebene – die freiwillige Überdimensionierung elektrischer Leitungssysteme bei Neubauten angeführt werden. In beiden Fällen wird versucht, die Wahrscheinlichkeit des Schadeneintritts zu verringern. Dagegen wird mit der in diesem Zusammenhang in der Literatur immer wieder erwähnten Sprinkleranlage eine Risikoverminderung angestrebt, indem die Höhe des Schadenausmaßes eingeschränkt werden soll.

Die *Schadenüberwindung* als wirkungsbezogene Risikohandhabung kann durch eine ganze Reihe von formalisierten Maßnahmen angestrebt werden.

Schadenüberwindung durch ...

- Eine erste Variante zur Schadenüberwindung stellt die *Risikoabwälzung* dar. Hier wird angestrebt, die Risikosituation zu entlasten, indem durch vertragliche Vereinbarungen Schäden auf Dritte, beispielsweise Kunden und Lieferanten, umgelenkt werden. Im Großanlagenbau können hierfür Garantie- und Gefahrtragungsklauseln, in denen Haftungszuständigkeiten bei späteren Ausfällen geregelt sind, als häufige Beispiele angeführt werden. Die Einsatzmöglichkeit dieser risikopolitischen Variante ist, wie fast durchweg in diesem Bereich, nicht allgemein zu beurteilen; sie wird insbesondere von der jeweiligen Stärke der Vertragspartner bestimmt.

... Risikoabwälzung

- Die *Risikoteilung* und die *Risikostreuung* dienen ebenfalls der Schadenüberwindung. Sie sind sich auf der technischen Ebene ähnlich und zielen in die gleiche Richtung, da es in beiden Fällen darum geht, eine risikobehaftete Aktivität in mehrere Teilaktivitäten zu zerlegen, um einen Totalverlust weniger wahrscheinlich zu machen. Diese Varianten beruhen letztendlich auf der Grundannahme, dass ein zwar wahrscheinlicher Teilverlust von einem Entscheidungsträger eher getragen werden kann als das Risiko eines freilich seltener eintretenden Totalverlusts. Beispiele hierfür wären die Versendung eines zu exportierenden Großrechners in mehreren voneinander getrennt verschifften Containern oder die Vermarktung eines Produkts über verschiedene Distributionskanäle.

... Risikoteilung und -streuung

- Eine diesen Alternativen ähnliche Maßnahme ist der *Risikoausgleich*. Bei dieser Variante werden voneinander relativ unabhängige Risiken unterschiedlicher Struktur zusammengefasst. Die Unabhängigkeit hat zur Folge, dass die sich gegenseitig ausgleichenden Teilrisiken lediglich zufallsbedingt gleichzeitig zu Schadensfällen führen können. Auf dem Prinzip des Risikoausgleichs beruhen die im Versicherungsbereich üblichen Maßnahmen. Die Portfoliotechniken der Strategieformulierung können als Beispiel angeführt werden, das die Bedeutung dieser Alternative des Risk Managements veranschaulicht (vgl. Abschn. 5.4.3). Als Bedingung wird dort die weitgehende Unabhängigkeit zwischen den einzelnen strategischen Geschäftseinheiten gefordert; auch zielen jegliche Diversifikationsstrategien (vgl. Abschn. 5.4.1.2) unter anderem auf diesen Effekt ab.

... Risikoausgleich

- Die Maßnahme der *Risikokompensation* kann dann eingesetzt werden, wenn der Risikoausgleichseffekt nicht durch Zufall, sondern durch bewusst zu diesem Zweck angelegte Gegenmaßnahmen herbeigeführt wird. Hier bedient man sich des Umstands, dass ein und dieselbe Umweltentwicklung zugleich für eine Aktivität des Unternehmens eine Gefahr und für eine andere Aktivität des Unternehmens eine Chance dar-

... Risikokompensation

stellen kann. Die beiden Aktivitäten haben also ein entgegengesetztes Risikoverursachungssystem und die Teilrisiken korrelieren negativ miteinander. Als Beispiel hierfür werden immer wieder Devisen- und Warentermingeschäfte angeführt, bei denen der potenzielle Verlust des Grundgeschäfts im Idealfall exakt durch den Gewinn des Gegentermingeschäfts ausgeglichen wird und umgekehrt (Karten [Aspekte] 320 f.).

... Versicherung

Selbstversicherung

Captives

Fremdversicherung

- Die *Versicherung* als Schutz vor Risikofolgen kann unternehmensintern (Selbstversicherung) oder über ein externes Versicherungsunternehmen (Fremdversicherung) erfolgen. Bei der *Selbstversicherung* wird der interne Risikoausgleich genutzt und mit dem Prinzip der Reservehaltung verknüpft (Farny [Grundfragen] 28). Dieses kann dadurch geschehen, dass in einen Fonds Prämien eingezahlt werden, die den nach versicherungstechnischen Methoden errechneten Erwartungswerten der Schäden entsprechen. Die Selbstversicherung birgt den Vorteil in sich, dass sich durch die interne Abwicklung günstigere Verwaltungskosten als beim Fremdversicherer ergeben können und zudem eine kalkulatorische Besserstellung erreicht wird, da dessen Gewinnmargen nicht anfallen. Eine hierzulande erst in jüngerer Zeit genutzte Alternative stellen die so genannten *Captives* dar; durch derartige Selbstversicherungsgesellschaften kann sich das Unternehmen den Rückversicherungsmarkt erschließen und Risiken größeren Ausmaßes selbst beherrschen (Müller [Instrumente] 75). Nach wie vor stellt jedoch die klassische *Fremdversicherung* die häufigste Form des Risk Managements in der Unternehmenspraxis dar, auch wenn längst nicht alle unternehmensbezogenen Risiken als versicherungsfähig angesehen werden.

Risikotragung durch Rücklagenbildung und Unterlassen

- Risiken können schließlich neben der Selbstversicherung auf zwei weitere Arten vom Unternehmen selbst *getragen* werden. Die Risikotragung kann einerseits in einer *Rücklagenbildung* im Hinblick auf eine konkrete, der Art nach wohlbekannte Risikosituation wie das Halten eines eisernen Bestands im Rohmateriallager für bestimmte Notsituationen bestehen, andererseits aber auch durch ein „risikopolitisches" *Unterlassen* vonstatten gehen. Ob Unterlassen allerdings als Risk-Management-Alternative aufzufassen ist, bleibt strittig (Seifert [Ansätze] 66). Zur Schadenüberwindung müssen dann jedenfalls Reserven des Unternehmens herangezogen werden, die aufgrund gesetzlicher Vorschriften oder auch freiwillig angelegt wurden.

Die obige Feststellung der Situationsgebundenheit von Auswahlentscheidungen für risikopolitische Alternativen weist darauf hin, dass sich die Frage nach einer Optimierung der Risk-Management-Funktion nicht generell beantworten lässt, denn auf Risk-Management-Entscheidungen nimmt eine Fülle von Variablen des internen und externen Handlungskontexts Einfluss. Gleichwohl gilt, dass bei der Auswahl geeigneter risikopolitischer Alternativen immer von der spezifischen Risikoart ausgegangen werden sollte. Als Ausgangspunkt der Überlegungen sollte daher stets die in Abbildung 10-13 dargestellte Klassifikation von Risikoarten gewählt werden. In Abbildung 10-15 (Diederichs/Form/Reichmann [Standard] 193) sind risikopolitische Alternativen zusammengestellt, die sich auf diese Klassifikation von Risikoarten beziehen.

10.1.3 Optimierungsprobleme

Einflussfaktoren

Die Situationsbestimmtheit der in Unternehmen *angestrengten Aktivitäten des Risk Managements* lässt sich anhand verschiedener Literaturbelege veranschaulichen (vgl. Abbildung 10-16). Anhand dieser wird deutlich, dass die Risk-Management-Funktion sowohl von unternehmensexternen Bestimmungsgrößen wie Umweltdynamik und -komplexität, die die Unsicherheit der Entscheidungsträger bestimmen, als auch von unternehmensinternen Variablen wie Unternehmensgröße, Organisationsstruktur, Fertigungstechnologie und Kapitalstruktur determiniert ist. Derzeit liegen allerdings noch zu wenige Untersuchungen vor, die empirisch gestützte Aussagen über das Ausmaß des Einflusses dieser und anderer Kontextfaktoren auf die Gestaltung und Effizienz der Risk-Management-Funktion erlauben (Braun [Risikomanagement] 71). Das Ausmaß der Erreichung des sicher wünschenswerten Ziels einer *Optimierung des Risk Managements wird dabei von drei grundlegenden Bereichen beeinflusst*:

- von der Risikohaltung der Entscheidungsträger,
- von der Angemessenheit risikopolitischer Alternativen sowie
- von der Organisationsform der Risk-Management-Aktivitäten im Unternehmen.

Determinanten der Risikoneigung

Eine Systematisierung des Einflusses der *Risikohaltung der Entscheidungsträger* lässt sich in Anlehnung an das Modell von Baird und Thomas ([Model] 236 ff.) vornehmen. In diesem sind eine Vielzahl von Einzelvariablen berücksichtigt, die die Risikobereitschaft bei strategischen Entscheidungen beeinflussen. Sie lassen sich den fünf Kategorien

- Merkmale der allgemeinen Unternehmensumwelt,
- Branchen- bzw. Geschäftsfeldmerkmale,
- Unternehmensspezifika,
- Besonderheiten der/des Entscheidungsträger(s) und
- Problemmerkmale/Problemgestalt

Abbildung 10-15 *Risikofelder, Risikoarten und risikosteuernde Maßnahmen*

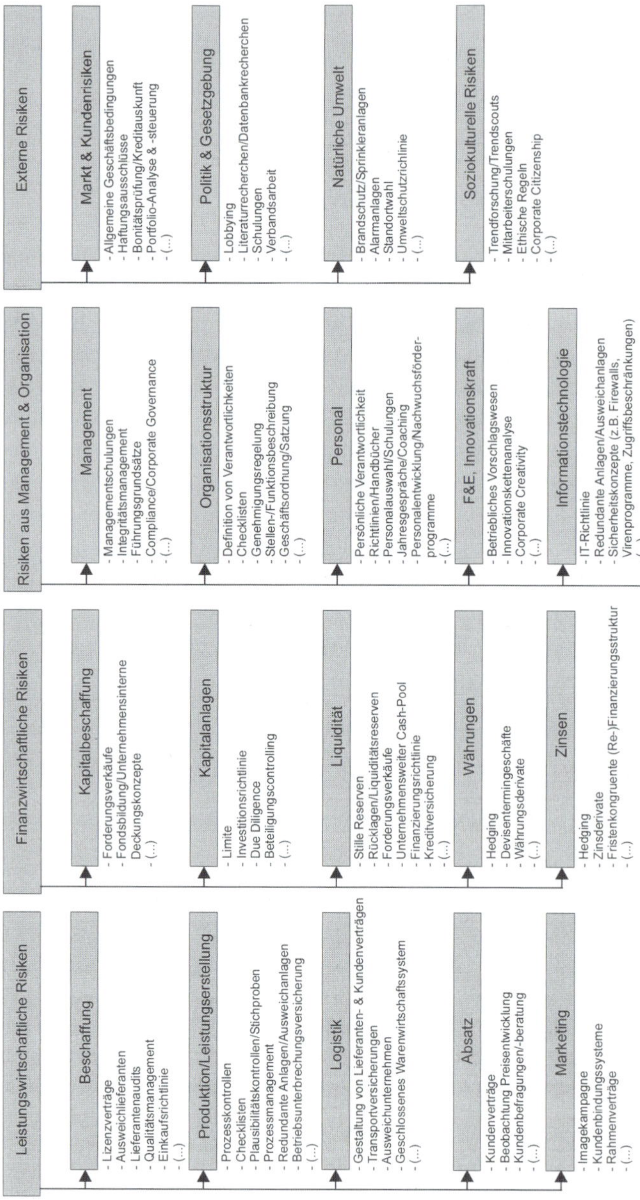

zuordnen. In Macharzina ([Unternehmensführung] 607) sind Hypothesen über die Wirkungen dieser Variablen auf die Risikobereitschaft der Entscheidungsträger zusammengestellt.

Abbildung 10-16

Bedeutung der Risk-Management-Funktion

Variable	Hypothese	Fachvertreter
Umweltdynamik und -komplexität	ausgeprägte Risk-Management-Aktivitäten in dynamisch-heterogenen Umwelten, geringe in stabil-homogenen Umwelten	O'Connell (1976)
Unternehmensgröße	mit zunehmender Unternehmensgröße steigt die Notwendigkeit zur Institutionalisierung der Risk-Management-Funktion	Braun (1984)
Organisations-struktur	die Risk-Management-Organisation hängt wesentlich von der Organisations-struktur ab	Brühwiler (1980)
Fertigungs-technologie	je gefährlicher und komplizierter die Fertigungsprozesse, desto ausgeprägter ist die Risk-Management-Funktion	Damary (1976)
Kapitalstruktur	da das Risiko des Eigenkapitalverlusts wesentlich von der Kapitalstruktur abhängt, nimmt diese auf die Risk-Management-Funktion Einfluss	Bühler/Korn/Schmidt (1998)

Auswahl von Maßnahmen

Das Risk Management besteht nicht nur in der Beschreibung von Risikosituationen und der Darstellung potenzieller geeigneter Maßnahmen, sondern auch in der *Auswahl der im Hinblick auf die Situation leistungsfähigsten Maßnahmen* unter Berücksichtigung der jeweiligen Kostenwirkungen. Die hierzu eingesetzten Techniken haben inzwischen einen gewissen Reifungsprozess durchlaufen. Als in den frühen 1980er Jahren erst wenige ausgefeilte Methoden zur Risikoanalyse entwickelt waren und es zur Durchführung komplizierter Simulationen an der nötigen Rechnerleistung fehlte, wurden Risiken überwiegend qualitativ erfasst und über ihre Handhabung „aus dem Bauch heraus" entschieden. Mit der Entwicklung neuer mathematischer Modelle sowie leistungsfähigerer Computer in den 1990er Jahren verbesserten sich die technischen Möglichkeiten; mit deren Verfügbarkeit stieg zugleich auch das Vertrauen in ein quantitativ ausgerichtetes Risikomanagement. Inzwischen ist allerdings deutlich geworden, dass zur korrekten Interpretation der mit Hilfe quantitativer Risikomodelle errechneten Ergebnisse stets ein ausgeprägtes Verständnis der Grundannahmen und Zusammenhänge erforderlich ist. Häufig trifft man zudem auf Messprobleme bei den Eingangsdaten für die mathematischen Verfahren. Den quantitativen Modellrechnungen sind daher qualitative Plausibilitätsprüfungen zur Seite zu stellen, sodass im Risikomanagement neben den etablierten Rechenmethoden heute auch wieder zunehmend das persönliche Geschäftsverständnis der Entscheidungsträger zur Anwendung kommt (Merbecks/Stegmann [Risiko] 67).

10.1.4 Risk-Management-Organisation

Ziele der organisatorischen Gestaltung

Das Gestaltungsproblem der Risk-Management-Organisation besteht darin, die aufgezeigten Elemente des Risk Managements in die Gesamtstruktur des Unternehmens auf bestmögliche Art und Weise einzubinden. Dabei ist von den Zielen und Aufgaben der Risk-Management-Organisation auszugehen (Diederichs/Form/Reichmann [Standard] 94). Im Vordergrund stehen die

- Etablierung und Aufrechterhaltung einer unternehmensweit einheitlichen Risikokultur,
- Koordination der Risikomanagement-Prozesse und die Kontrolle des Instrumentariums der Risikosteuerung,
- laufende Informationsversorgung des Managements durch eine entsprechende Risikoberichterstattung,
- Beratung und Kommunikation von Methoden zur Wahrnehmung der Aufgaben in den einzelnen Unternehmenseinheiten,
- Gestaltung, Weiterentwicklung und Anpassung aller Komponenten des Risikomanagements und
- Initialisierung risikosteuernder Maßnahmen.

Diskutiert werden dabei *zwei Alternativen* der organisatorischen Verankerung der Risk-Management-Funktion im Unternehmen (Damary [Westeuropa] 281 ff.; Haller [Eckpunkte] 36 f.; Vedpuriswar [Derisking] 68).

Integration

- Eine *Integrationslösung* liegt dann vor, wenn die Risk-Management-Aufgaben vom Linienmanagement für den jeweils eigenen Bereich übernommen werden. Für diese Gestaltungsalternative spricht, dass jede Sachentscheidung spezifische Risikokomponenten enthält und Risiko immer an der Basis lokal entsteht. Von daher bietet es sich an, dass diejenige Instanz, die in der Sache entscheidet, auch über die damit verbundene Risikohandhabung befinden sollte (Farny [Grundfragen] 33). Begründet wird diese Überlegung mit der besonderen Fachkenntnis der mit dem Problemfeld ständig vertrauten Instanzen.

Separation

- Bei der *Separationslösung* ist die Risk-Management-Funktion organisatorisch von der Linieninstanz getrennt und bei einer darauf spezialisierten Stabstelle angesiedelt. Diese Alternative wird deshalb auch als Zentralisations-, Spezialisierungs- oder Delegationskonzept bezeichnet. Die Aufgabe der Risk-Management-Abteilung besteht dabei nicht primär in der Bewältigung konkreter Risikosituationen, sondern in der Koordination der Risikobewältigung (Braun [Risikomanagement] 277 ff.). Spricht für die Integrationslösung die Vertrautheit des risikopolitischen Entscheidungsträgers mit dem Sachobjekt, so ist mit dem Separationskonzept die Erfahrung des Risk Managers aus dem ständigen Umgang mit der Risikofunktion des Unternehmens verbunden. Dieser Vorteil wird allerdings erwartungsgemäß bislang lediglich in Großunternehmen organisatorisch umgesetzt und verwirklicht (Greene [Risk] 76 f.). Diesbezüglich zeigen empirische Befunde, dass in der überwiegenden Zahl der Fälle die Risk-Management-Einheit in recht hoher hierarchischer Einbindung dem Bereich Controlling oder dem Finanzwesen zugeordnet ist (Damary [Survey]). Dort, wo es zu keiner derartigen organisatorischen Verselbstständigung des Risk Managements im Unternehmen kommt, wird dies mit der Allgegenwärtigkeit des Risikophänomens begründet (Mugler [Aufgabenabgrenzung] 13 f.).

Regelung des KonTraG

Das Gesetz zur Kontrolle und Transparenz im Unternehmensbereich (KonTraG) fordert, dass die Verantwortung für das Risikomanagementsystem beim Vorstand liegt, der mit Hilfe dieses Instruments auch im Geschäftsbericht auf bestandsgefährdende Risiken der künftigen Entwicklung hinweisen muss. Damit wird eine Separationslösung favorisiert, denn nur über die zentrale Steuerung des Systems kann sichergestellt werden, dass Risiken aus unterschiedlichen Unternehmensbereichen systematisch erfasst und ausgewertet werden.

Umsetzung in der Praxis

In vielen Großunternehmen wie der BASF AG, der Daimler AG oder der RWE AG sind die Forderungen des KonTraG bereits umgesetzt worden. Berichte von Führungskräften dieser Unternehmen (Coenen [Risikomanagement] 97 ff.; Ettmüller [Risikomanagement] 689 ff.; Wolf [Risikomanagement] 211 ff.) bzw. praxisnahen Arbeitsgruppen (Diederichs/Form/Reichmann [Standard] 189 ff.) geben wichtige Hinweise hinsichtlich Möglichkeiten dieser Umsetzung. Hierbei zeigt sich u. a., dass in den Unternehmen Projektgruppen eingerichtet wurden, denen die konzernweite Umsetzung des Risikomanagement-Konzepts obliegt. Es ist somit davon auszugehen, dass die Risikomanagement-Funktion gemäß KonTraG in den Unternehmen auch in der Form einer Integrationslösung verankert wird.

10.2 Krisenmanagement

Praxisbeispiele

Die Rezession zu Beginn der 1990er Jahre und in den ersten Jahren nach der Jahrtausendwende hat für viele deutsche Unternehmen eine schwierige wirtschaftliche Entwicklung, für manche sogar das Aus bedeutet. Als spektakuläre Fälle mussten traditionsreiche Unternehmen wie der Bauriese Philipp Holzmann, der Büroartikelhersteller Herlitz, der Medienkonzern Kirch und das Bauunternehmen Walter einen Antrag auf Eröffnung eines Insolvenzverfahrens beim jeweiligen Amtsgericht stellen. Unternehmenskrisen und -zusammenbrüche sind jedoch, wie die Zahlen der aufgetretenen Insolvenzen belegen (vgl. Abbildung 10-17), selbst in Zeiten wirtschaftlichen Aufschwungs und guter Konjunkturlagen ebenso zum Unternehmensalltagsproblem geworden, wie dieses auf der anderen Seite die Arbeitslosenproblematik darstellt. In den letzten Jahren war die Zahl der Insolvenzfälle von Unternehmen mit 29.000 in 2007 rückläufig, während die Privatinsolvenzen auf 140.000 angestiegen sind.

Abbildung 10-17 *Entwicklung von Insolvenzfällen in der Bundesrepublik Deutschland*

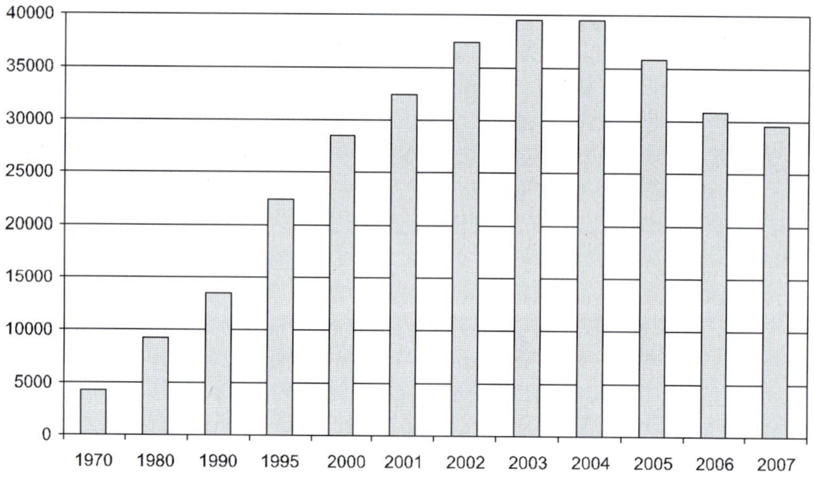

Insolvenzen als Strukturproblem

Verfolgt man die Statistiken der letzten zwei Dekaden, müssen *Insolvenzen heute als ökonomisches Strukturproblem* gewertet werden. Da die Ursachen für Unternehmenskrisen vielfältiger Natur sein können, die insbesondere auch in „schlechter Unternehmensführung" bestehen (vgl. Abschn. 10.2.2), erfordern sie *spezifische Problemlösungsprogramme*. Allgemeingültige Konzeptionen für ein Krisenmanagement sind daher nur ansatzweise verfügbar.

10.2.1 Krisenbegriff

Merkmale

Krisensituationen lassen sich allgemein über *vier Merkmale* beschreiben:

- Zum einen sind Krisen dadurch gekennzeichnet, dass die Erreichung der existenzsichernden Ziele einer Einheit gefährdet sind (*Threat*). Solche Ziele können in Unternehmen beispielsweise die Aufrechterhaltung der Zahlungsfähigkeit oder die Erwirtschaftung eines Mindestgewinns oder des vorgelagerten Erfolgspotenzials (vgl. Abschn. 5.2) sein.
- Daneben ist in Krisensituationen die Reaktionszeit (*Decision Time*) bis zum Abschluss notwendiger Entscheidungen deutlich herabgesetzt. Krisenmanagement ist durch dringliche Entscheidungen gekennzeichnet.
- Ferner werden die Mitglieder der bedrohten Einheit von den plötzlich veränderten Handlungsgegebenheiten überrascht (*Surprise).*
- Schließlich sind Krisensituationen von einer besonderen Unbestimmtheit des Gefährdungsausgangs *(Event Uncertainty)* gekennzeichnet (Witte [Unternehmenskrise] 11).

Arbeitsdefinition

In der betriebswirtschaftlichen Literatur wird der Krisenbegriff mehrheitlich für den Fall angewandt, in dem eine *Bedrohung der Existenz des gesamten Unternehmens* (Witte [Unternehmenskrise] 10) *oder dessen wesentlicher Teile* (Müller [Krisenmanagement] 33) vorliegt. Das *Bestandserhaltungskriterium* unterscheidet demnach Krisensituationen von allgemeinen Problemsituationen des Unternehmens. In dieser Sichtweise kann unter einer *Unternehmenskrise ein ungeplanter und ungewollter Prozess verstanden werden, der in der Lage ist, den Fortbestand des Unternehmens substanziell zu gefährden oder unmöglich zu machen* (Krystek [Krisenbewältigungsmanagement] 6). Um ein Konzept des Krisenmanagements entwickeln zu können, ist es zunächst erforderlich, typische Ursachen und Verlaufsformen von Unternehmenskrisen zu beschreiben.

10.2.2 Ursachen von Unternehmenskrisen

Heute liegt ein breites Spektrum an Arbeiten zu den Krisen- und Insolvenzursachen von notleidenden Unternehmen vor. Aufgrund der Tatsache, dass Krisen im Unternehmen wie in dessen Umwelt begründet sein können, wird im Schrifttum der Krisenforschung zwischen *exogenen und endogenen Krisenursachen* differenziert.

Exogene Ursachen

Endogene Ursachen

Bei der Erforschung *exogener Ursachen* wird häufig auf den Zusammenhang zwischen starken Konjunkturschwankungen und Krisenfällen verwiesen. Die exogen orientierte Krisenursachenforschung ist jedoch nicht unproblematisch, da es vielfach nicht gelingt, eine theoretisch zwingende Erklärung für die statistisch ausgewiesenen Zusammenhänge bereitzustellen. Zahlreiche Arbeiten, die *endogene Krisenursachen* analysieren, versuchen, einen kausalen Zusammenhang zwischen konstitutiven Unternehmensmerkmalen wie Branche, Rechtsform oder Unternehmensalter einerseits und der Krisenerscheinung andererseits herzustellen. Das krisenanfällige „Paradeunternehmen" ist danach offenbar eine in der Rechtsform der GmbH oder GmbH & Co. KG firmierende Baugesellschaft, die trotz eines geringen Unternehmensalters schon ca. 500 Arbeitnehmer beschäftigt. Ein derartiges Vorgehen, das konstitutive Unternehmensmerkmale mit der Krisenanfälligkeit in Verbindung bringt, weist jedoch den Nachteil auf, dass hierdurch eher Symptome als Ursachen erforscht und andere, bislang noch weitgehend unbekannte Ursachen ausgeblendet werden. Daneben kann zwischen *quantitativen* (vergleichsweise einfach messbaren Kenngrößen der Unternehmenssituation wie Unternehmensgröße, Marktanteil) und *qualitativen Krisenmerkmalen* (Verhaltensveränderungen innerhalb und außerhalb des Unternehmens) unterschieden werden (Krystek [Unternehmungskrisen] 33 ff.). Letztere sind im vorliegenden Zusammenhang bedeutsamer, da sie eher die „wahren" Ursachen von Unternehmenskrisen beinhalten. Ein Überblick über empirische Studien, die sich mit den Ursachen von Unternehmenskrisen beschäftigen, zeigt, dass diese überwiegend in konkreten Managementfehlern gegeben sind, wobei unter Berücksichtiguntg der jüngeren Krisenursachenforschung (Günther/Scheipers [Insolvenzursachen] 452 f.; Sabel/Weiser [Sterben] 298 f.; Hauschildt [Unternehmenskrisen] 8 ff.; Feldbauer-Durstmüller [Sanierungsmanagement] 130; Bundesministerium für Wirtschaft und Arbeit [Insolvenz]; Hauschildt/Grape/Schindler [Typologien] 16 ff.) insbesondere

- Fehler bei der Besetzung von Führungspositionen,
- ungenügende Berücksichtigung mittel- und langfristiger Marktentwicklungen,
- Fehler bei der Ausgestaltung des Produktprogramms,
- Fehler hinsichtlich der Expansionsgeschwindigkeit,
- Fehlentscheidungen im Hinblick auf Technologien, Rohstoffsicherung, Standortfestlegung und finanzielle Ausstattung,
- Mängel in der Gestaltung des Planungs- und Informationssystems sowie
- sonstige personalwirtschaftliche und organistorische Mängel

im Vordergrund der Führungsschwächen stehen. Hierbei ist zu beachten, dass gerade endogen verursachte Unternehmenskrisen in aller Regel aus einem *ganzen Bündel von Ursachen* herrühren, wenngleich auch zu bemerken ist, dass gerade die jüngeren Untersuchungen Anlass zur Vermutung geben, dass mit einer zu schnellen, unvorbereiteten Expansion die häufigste Krisenursache gegeben ist.

10.2.3 Gegenstand und Schwerpunkte des Krisenmanagements

Krisenmanagement beinhaltet die Planung und Steuerung von Zielen und Maßnahmen zur Abwehr und Bewältigung von Unternehmenskrisen. Dabei muss es immer darum gehen, die destruktive Wirkung der sich in unterschiedlichen Verlaufsformen manifestierenden Unternehmenskrisen (vgl. Abbildung 10-18; Krystek/Moldenhauer [Handbuch] 34) zu minimieren. Der Gestaltungsbereich des Krisenmanagements ist in den letzten Jahren mit einer Vielzahl von Schlagworten wie Turnaround-Management, Corporate Redesign, Business Process Reengineering (vgl. Abschn. 7.4.1.7), Re-Examination, Re-Invention, Re-Invigoration, Re-Organization, Re-Orientation, Re-Structuring oder Cut Red Tape (Müller-Merbach [Jahrzehnt] 51 ff.) überflutet worden, die jedoch keinen Erkenntnisschub erbracht haben.

Schlagworte der Praxis

Schwerpunkte des Krisenmanagements lassen sich in Abhängigkeit von Entwicklungsstadien der Unternehmenskrisen aufzeigen. Wie aus Abbildung 10-19 (Krystek [Krisenarten] 49 f.) ersichtlich, sind vier Entwicklungsphasen von Unternehmenskrisen unterscheidbar.

- *Phase 1: potenzielle Unternehmenskrise.* In dieser Phase ist die Unternehmenskrise noch nicht eingetreten. Mangels wahrnehmbarer Krisensymptome wird dieser Zustand von den Verantwortlichen als Normalzustand perzipiert; deshalb wird häufig keine Notwendigkeit für die an sich erforderliche *gedankliche Vorwegnahme möglicher Krisenverläufe* und entsprechende Eventualmaßnahmen gesehen. Würden diese ergriffen, könnte von einem *antizipativen Krisenmanagement* gesprochen werden.

- *Phase 2: latente Unternehmenskrise.* In dieser Phase ist die Unternehmenskrise entweder bereits verdeckt vorhanden oder sie wird mit hoher Wahrscheinlichkeit eintreten. Diesem Zustand muss mit der Erstellung von *Präventivplänen* durch Ziel- und Maßnahmenpläne strategischen und operativen Charakters entgegengewirkt werden, was namensgebend ist.

Abbildung 10-18 *Verlauf von Unternehmenskrisen*

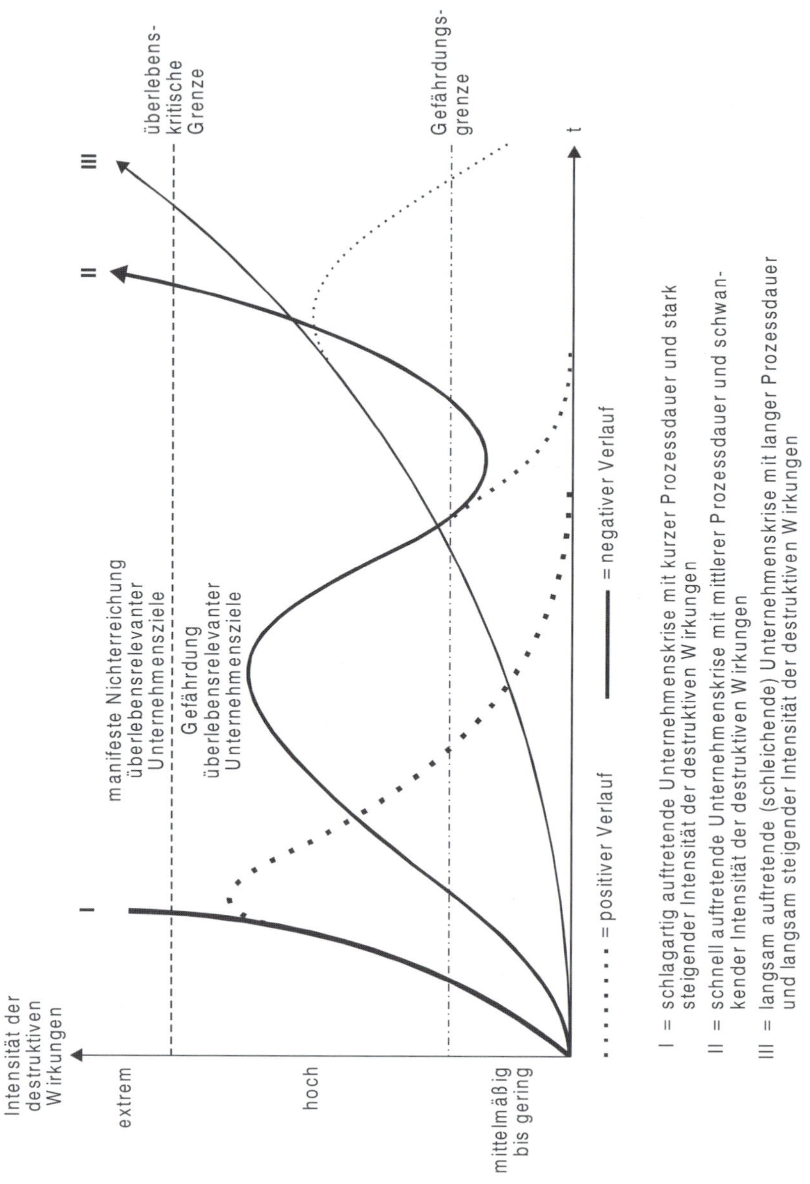

Phasen des Krisenprozesses

Abbildung 10-19

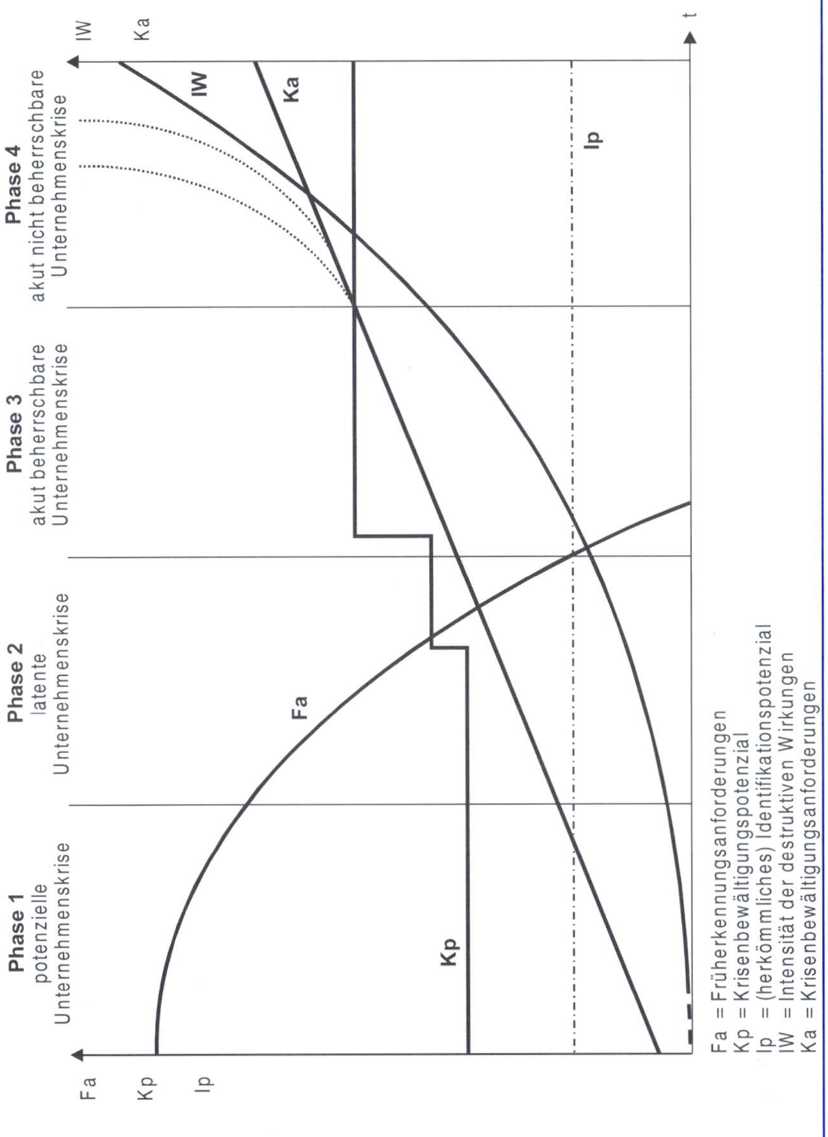

Einen *besonderen Stellenwert unter den Krisenerkennungsinstrumenten* des antizipativen wie auch des präventiven Krisenmanagements nehmen neben den bekannten Prognosetechniken und Zielgrößenvergleichen *die*

oben dargestellten Frühaufklärungssysteme (vgl. Abschn. 5.4.1.6) sowie eine kritische Überprüfung der Geschäftsfeldspreizung ein. Sie sollen die Entscheidungsträger in die Lage versetzen, genug Zeit für geeignete Krisenvermeidungsmaßnahmen zu gewinnen. Damit wird ersichtlich, dass die Konzepte und Methoden des strategischen Managements (vgl. Abschn. 5.7) in diesen beiden Phasen eine vorrangige Rolle aufweisen. Das *Kernproblem* des antizipativen und präventiven Krisenmanagements liegt in der *Wahrnehmung der Krisensituation*, weshalb hier die Bedingungsgrößen der Krisenerkennung, wie sie im nachfolgenden Abschn. 10.2.4 aufgearbeitet werden, von besonderem Interesse sind.

- *Phase 3: akut beherrschbare Unternehmenskrise.* Diese Phase ist erreicht, wenn sich die Krisenwirkungen in den betriebswirtschaftlichen Zielgrößen des Unternehmens (Umsatz, Gewinn) niederzuschlagen beginnen. Da hierdurch der Bestand des Unternehmens gefährdet wird, erhöhen sich der *Zeitdruck und Entscheidungszwang*.

  Ist dieses Krisenstadium eingetreten, sind andere, weitergehende Maßnahmen zu ergreifen, die in Abschn. 10.2.5 als Formen eines *reaktiven Krisenmanagements* aufgezeigt werden.

- *Phase 4: akut nicht beherrschbare Unternehmenskrise.* Dieses Stadium ist erreicht, wenn die zuvor ergriffenen Krisenbewältigungsmaßnahmen fehlschlagen. Überlebensrelevante Ziele des Unternehmens werden derart gefährdet, dass sich aus der Krise eine Katastrophensituation entwickelt. Da das Bewältigungspotenzial des Unternehmens zur Überwindung der Krise nicht mehr ausreicht, reagieren die Verantwortlichen im Rahmen eines *liquidativen Krisenmanagements* mit dem *Versuch, wenigstens die Katastrophenfolgen zu mildern*.

10.2.4 Krisenerkennung

Vielfach verspätete Intervention

Der Grund dafür, dass immer mehr Unternehmenskrisen in Insolvenzfällen enden und nicht mit dem nötigen Nachdruck bekämpft werden, liegt oft am Mangel an einer frühzeitigen Intervention, der wiederum in der fehlenden Erkenntnis über die Bedrohlichkeit der Situation begründet ist (Bergauer [Krisenmanagement]). Es ist zu vermuten, dass die Perzeption einer Unternehmenskrise von mehreren Einflussgrößen bestimmt wird, die die Wahrnehmung einer Krisensituation dämpfen, aber auch dramatisieren können. Auf das Problem der fehlenden oder verspäteten Reaktion wurde bereits frühzeitig hingewiesen, was zum Entwurf von *Standardmodellen der Krisenwahrnehmung* geführt hat (Hermann [Consequences] 61 f.; Billings/Milburn/Schaalman [Model] 300 ff.).

Das in Abbildung 10-20 dargestellte Modell veranschaulicht, welche Situationsvariablen Zeitpunkt und Stärke der Krisenwahrnehmung seitens der Entscheidungsträger beeinflussen. Darauf aufbauend können Anhaltspunkte über Handlungsfelder des Krisenmanagements gewonnen werden.

Krisendruck

Der von Entscheidungsträgern wahrgenommene *Krisendruck* wird von der *empfundenen Verlusthöhe*, der *Verlustwahrscheinlichkeit* und dem *empfundenen* Zeitdruck beeinflusst. Für die Höhe des wahrgenommenen Krisendrucks ist dabei nicht die objektive Höhe drohender Verluste, sondern die vom Management *subjektiv perzipierte Abweichung* zwischen Ist- und Planwerten ausschlaggebend. Wird eine Fehlentwicklung in einem Bereich erkannt, dem eine große Bedeutung für den Unternehmenserfolg zugemessen wird, dann werden der wahrgenommene Verlust und damit der Krisendruck besonders hoch eingeschätzt. So wird beispielsweise das Management eine rapide Preissteigerung einer Energiequelle dann als krisenverursachend einschätzen, wenn keine Substitutionsmöglichkeiten für diesen Energieträger bestehen. Bei den Einflussgrößen der *Verlustwahrscheinlichkeit* spielt ebenso die *subjektive Einschätzung der Entscheidungsträger* eine vorrangige Rolle. Wenig überzeugende oder einsichtige Pläne und unglaubwürdig erscheinende Informationsquellen sind nicht in der Lage, eine Krisensituation zu provozieren. Ist andererseits klar ersichtlich, warum die Zielgrößen nicht erreicht wurden, dann ist die Krisenvermutung tendenziell abgeschwächt, da in diesem Fall bereits bekannte Gegenmaßnahmen ergriffen werden können.

Der größte Einfluss auf die Krisenwahrnehmung ergibt sich jedoch daraus, welches Vertrauen die Entscheidungsträger in vorhandene oder vorgeschlagene Reaktionsalternativen haben. Stehen Lösungsvorschläge bereit, die ein Problem mit Sicherheit aus dem Weg räumen, dann wird es zu keiner Krisenvermutung kommen.

Schließlich scheint die Variable *empfundener Zeitdruck* die Krisenwahrnehmung entscheidend zu beeinflussen. Ohne Zeitdruck wird sich kein Problemfall zu einer Situation zuspitzen, die den Entscheidungsträgern ein Krisengefühl vermittelt. Dies gilt besonders dann, wenn sich eine Ausweitung negativer Folgen, die sich aus der Ausklammerung des Problems ergeben, nicht abzeichnet. Ebenso wie die Abweichung zwischen Plan- und Istwerten ist auch der empfundene Zeitdruck für die Entscheidungsträger keine absolute Größe; der Zeitdruck wird um so unangenehmer empfunden, je größer der Zeitbedarf für befriedigende Lösungen ist.

Abbildung 10-20 *Einflussfaktoren des empfundenen Krisendrucks*

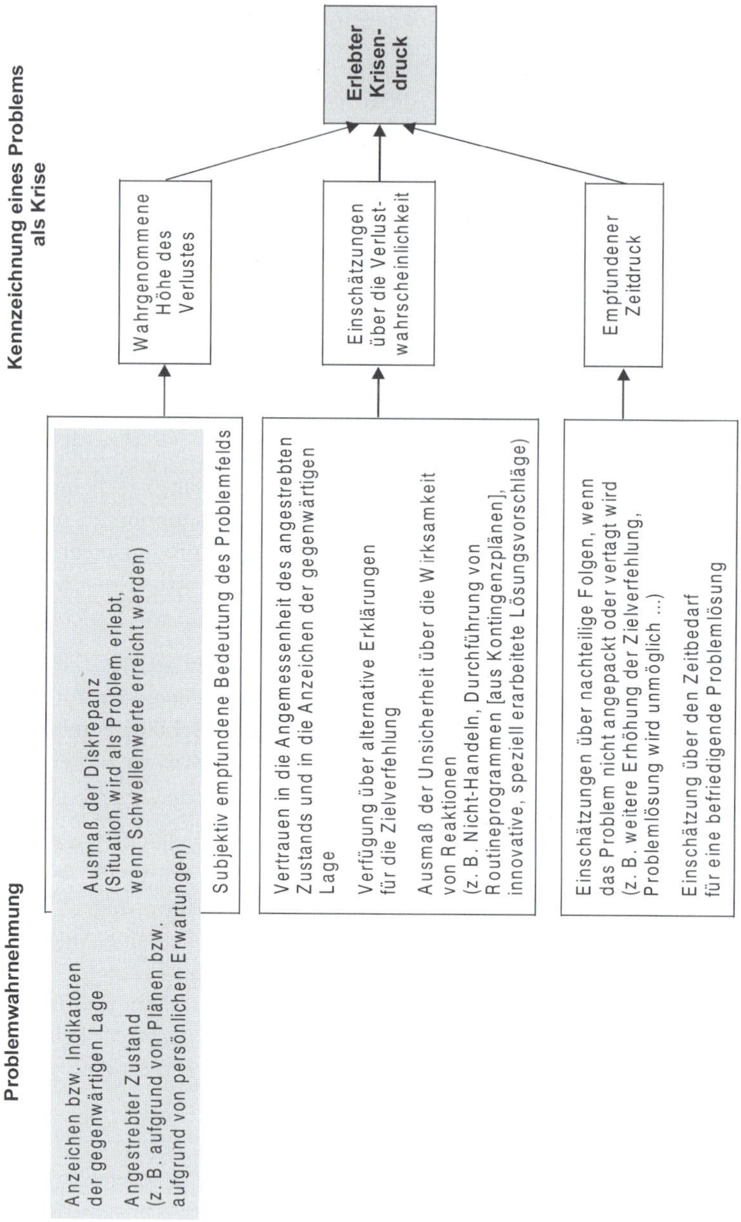

10.2.5 Reaktives Krisenmanagement

Aufgrund der *Strukturgleichheit* von proaktivem Krisenmanagement, strategischem Management und Risk Management werden die nachfolgenden Ausführungen zur Gestaltung von Maßnahmen des Krisenmanagements auf *reaktive Formen* der Krisenbewältigung konzentriert. Diese Formen sind primär auf Krisen gerichtet, die sich in der dritten, akuten, aber beherrschbaren oder der vierten, nicht mehr beherrschbaren Phase des Krisenprozesses befinden (vgl. Abbildung 10-19), und stellen hauptsächlich auf die *Bewältigungsproblematik und weniger die Identifikationsproblematik ab* (Krystek [Krisenbewältigungsmanagement] 218). Reaktives Handeln ist allerdings auch bereits in der Phase 2 des auf latente Unternehmenskrisen gerichteten strategischen Krisenmanagements erforderlich. Für sämtliche Handlungen zur Krisenbewältigung gilt der Grundsatz, dass *sich die von den Entscheidungsträgern im Einzelnen zu ergreifenden Maßnahmen daran orientieren müssen, wie weit die akute Unternehmenskrise fortgeschritten ist.* Je nachdem, auf welchen Ebenen sich die Herausforderung der Überlebensfähigkeit stellt, können diese als *Krisenreifegrade oder als Grade der Insolvenznähe* interpretiert werden (Müller [Krisenmanagement] 92 ff.; 205 ff.). In der Literatur zum Krisenmanagement werden verschiedene Maßnahmen zur Krisenbewältigung empfohlen. Da diese zudem nach recht *unterschiedlichen Ordnungsmerkmalen* gegliedert sind, werden zwei dieser Vorschläge (Krystek [Unternehmungskrisen] 213 ff.; Müller [Krisenmanagement] 57 ff.) beispielhaft und für sich genommen dargestellt.

Krisenreifegrade

10.2.5.1 Repulsives und liquidatives Krisenmanagement

Das reaktive Krisenmanagement konzentriert sich nach *Krystek* auf akut beherrschbare und akut nicht beherrschbare Unternehmenskrisen. Die Maßnahmen, die auf akut beherrschbare Unternehmenskrisen gerichtet sind, werden als Maßnahmen eines repulsiven Krisenmanagements bezeichnet, während die auf akut nicht beherrschbare Krisen gerichteten Maßnahmen einen liquidativen Charakter haben (liquidatives Krisenmanagement). Das *repulsive Krisenmanagement* hat die Aufgabe, die Sanierung des krisenbefallenen Unternehmens sicherzustellen (Krystek [Unternehmungskrisen] 219; Koch/Schmengler [Krisenmanagement] 330). Vielfach erfolgt zur Krisenbewältigung eine Kooperation mit anderen Unternehmen, wobei jedoch als Alternative auch Autonomiestrategien vorgeschlagen werden. Während im Rahmen einer *Kooperationsstrategie* die Überwindung der akuten Krise angestrebt wird, indem sich nationale oder internationale Partner in das Krisenunternehmen einkaufen oder eine Form der Allianzenbildung gewählt wird, sind Autonomiestrategien Maßnahmenbündel, mit denen eine unabhängige Bewältigung der Krise beabsichtigt wird. Durch eine Kooperationsstrategie

Kooperationsstrategie

erhofft sich das krisenbefallene Unternehmen vor allem, eine finanz-, leistungswirtschaftliche oder intellektuelle Stärkung zu erfahren. Der Preis für diese Stärkung ist allerdings hoch, da in der Praxis nicht selten eine Mehrheitsbeteiligung des neuen Partners am Unternehmen erfolgt, sodass das krisenerschütterte Unternehmen die Krise hier nur über einen erheblichen Autonomieverlust überwinden kann. Im Rahmen einer Kooperationsstrategie sind eine Reihe von Problemen zu lösen, da unter Zeitdruck für ein durch die Krise unter Umständen vergleichsweise uninteressant gewordenes Unternehmen ein potenter Partner gesucht werden muss und zudem die kartellrechtlichen Bestimmungen beachtet werden müssen.

Daher wird in der Praxis zunächst geprüft, ob eine *autonome Überwindung* der Krise möglich ist. Als vorrangiges Problem ist hier üblicherweise die Überbrückung von Liquiditätsengpässen zu lösen. *Drei prinzipielle Varianten* sind hierzu denkbar, da die Überwindung der Liquiditätsprobleme im Unternehmen selbst (zum Beispiel durch die Auflösung von Finanz- und Sachanlagen oder ganzer Unternehmensteile) sowie durch Belastung der Anteilseigner oder der Gläubiger angestrebt wird. Da die Krisenursachen in aller Regel nicht lediglich in einer finanzwirtschaftlichen Schwäche, sondern nicht zuletzt auch in Ineffizienzen oder sogar Fehlern hinsichtlich der unternehmerischen Transformationsprozesse bestehen, spielt im Rahmen der *Autonomiestrategie* eine leistungswirtschaftliche Regeneration eine wichtige Rolle. Hier hat eine Repulsivplanung zu erfolgen, mit der die Geschäftsfelder, die Organisations- und Rechtsstruktur sowie der Bedarf an Führungskräften des Unternehmens einer grundlegenden Neuplanung unterzogen werden. Umzusetzen sind die Kooperations- oder Autonomiestrategien in allen Unternehmensbereichen über die Anwendung geeigneter Sanierungsmaßnahmen, unter denen wegen der Krisenlage Instrumente der Kostenplanung, hier vor allem die Techniken des Gemeinkostenmanagements (vgl. Abschn. 11.1.1), eine besondere Bedeutung besitzen.

Autonomiestrategie

Empirischer Befund

Burr und Stephan ([Wertschöpfungsstrategien] 646 ff.) untersuchen am Beispiel der Glasfaserindustrie, welche Strategien für Unternehmen Erfolg versprechen, die zuvor einen Umsatzrückgang von 50 Prozent erleiden mussten. Es zeigt sich, dass Unternehmen, die während der Krise hohe F&E-Ausgaben getätigt und neue Geschäftsfelder aufgebaut haben, die Krise besonders gut bewältigt haben. Dagegen waren Unternehmen, die sich ausschließlich auf die Kostenreduktion konzentrierten, weniger erfolgreich.

Mit einem auf akut nicht beherrschbare Unternehmenskrisen gerichteten *liquidativen Krisenmanagement* wird die (teilweise) Auflösung des krisenbefallenen Unternehmens vorbereitet und vollzogen (Krystek [Unternehmungskrisen] 253). Die einzuschlagenden Liquidationsstrategien hängen grundlegend davon ab, ob die Liquidation freiwillig oder zwangsweise erfolgt.

Erfolgt die Beendigung des Unternehmens *freiwillig*, so stehen als wichtige Entscheidungsprobleme die Wahl zwischen einem Verkauf oder einer Auflösung des Unternehmens, die Bestimmung des Zeitpunkts des Verkaufs oder der Auflösung, die Abwicklung der Schuldentilgung, generell die Wahl der Fortführungsstrategien bis zur Liquidation sowie unter Umständen die Form der Überführung des Unternehmens in so genannte Fortführungsgesellschaften, die den weiteren Betrieb des notleidenden Unternehmens retten sollen, an. Obwohl dem Krisenmanagement im Falle einer *zwangsweisen Liquidation* (durch einen Liquidationsvergleich bzw. den Konkurs) vom Grundsatz her die Wahl zwischen Fortführung und Beendigung des Unternehmens nicht mehr offen steht, ist die Frage zu klären, ob eine die Gläubiger befriedigende Verwertung des notleidenden Unternehmens sofort erfolgen soll oder ob eine zeitweilige, der Gläubigerbefriedigung dienende Weiterführung anzustreben ist. Hierbei ist zu berücksichtigen, dass im Fall der zwangsweisen Liquidation dem Top-Management die Entscheidungskompetenz ganz oder teilweise entzogen werden kann.

Freiwillige Liquidation

Zwangsliquidation

Bei krisengeschüttelten Unternehmen droht den Gläubigern die Gefahr, dass sie ihre Leistungen überhaupt nicht oder nicht zeitpunktgerecht zurückerhalten. Der Gesetzgeber und die Rechtsprechung haben daher in verschiedenen Rechtsnormen wie im Gesellschafts-, Vertrags- und Insolvenzrecht Regelungen zum Gläubigerschutz geschaffen. Im Mittelpunkt der Diskussion um diese Regelungen steht dabei der *Insolvenzbegriff*. Insolvent ist derjenige, der zahlungsunfähig ist, der also andauernd, nicht nur vorübergehend, nicht in der Lage ist, die fälligen Zahlungsverpflichtungen zu erfüllen (§ 17 Abs. 2, S. 1 InsO). Bei Kapitalgesellschaften und solchen Personengesellschaften, bei denen der voll haftende Gesellschafter keine natürliche Person ist, wird der Insolvenztatbestand auch durch die *Überschuldung* des Unternehmens ausgelöst. Überschuldung liegt vor, wenn das Vermögen des Unternehmens dessen Verbindlichkeiten nicht mehr deckt. Die beiden Bedingungen Zahlungsunfähigkeit und Überschuldung brauchen nicht notwendigerweise gleichzeitig vorzuliegen. Das Insolvenzverfahren dient dazu, „die Gläubiger eines Schuldners gemeinschaftlich zu befriedigen, indem das Vermögen des Schuldners verwertet und verteilt oder in einem Insolvenzplan eine abweichende Regelung, insbesondere zum Erhalt des Unternehmens, getroffen wird" (§ 1 S. 1 InsO).

Insolvenz

Überschuldung

Die am 1. Januar 1999 in Kraft getretene Insolvenzordnung löste die bisherige Konkursordnung, die Vergleichsordnung und die Gesamtvollstreckungsordnung (der neuen Bundesländer) ab. Wegen der Massearmut der meisten Insolvenzen wurden Konkurs- und Vergleichsordnung als nicht ausreichend angesehen (Pape/Uhlenbruck [Insolvenzrecht] 33). Außerdem sollten die Möglichkeiten verbessert werden, rechtliche und wirtschaftliche Maßnahmen zur Rettung insolventer, aber erhaltungswürdiger Unternehmen zu ergreifen.

In Zusammenhang mit der Sicherung des Unternehmensbestands wurde es als notwendig erachtet, dass ein neues Verfahren das bisherige Vergleichsverfahren ablöst, das nach herrschender Meinung in der Vergangenheit nur selten zu einer erfolgreichen Sanierung der Not leidenden Unternehmen beigetragen hat. Die neue Insolvenzordnung ermöglicht es daher, dass der Insolvenzverwalter als das neutrale objektive Verfahrensorgan einen von den Regelungen der Insolvenzordnung abweichenden Insolvenzplan aufstellt, über den die Gläubiger abstimmen und der bei positivem Entscheid unter Überwachung des Insolvenzverwalters realisiert wird (Müssig [Wirtschaftsprivatrecht] 507). Die Sanierung von Unternehmen wurde auch dadurch mehr in den Vordergrund gerückt, dass beispielsweise Hemmnisse für die außergerichtliche Sanierung beseitigt oder eine einfache Kapitalherabsetzung bei der GmbH ermöglicht wurde.

Drohende Zahlungsunfähigkeit

Darüber hinaus wurden die Insolvenzgründe um den Tatbestand der *drohenden Zahlungsunfähigkeit* erweitert. Ein Insolvenzverfahren kann bereits dann eröffnet werden, wenn sich aus dem Finanzplan für die nächsten Monate ergibt, dass künftig fällig werdende Geldschulden nicht bezahlt werden können. Damit der Schuldner nicht durch Gläubiger unter Druck gerät, kann das Insolvenzverfahren dann jedoch nur durch den Schuldner selbst eröffnet werden (Pape/Uhlenbruck [Insolvenzrecht] 241). Für die Verfahrenseröffnung müssen im neuen Insolvenzrecht nur noch die Verfahrenskosten gedeckt sein, die jedoch auch gestundet werden können. Zudem wurden Anreize gesetzt, den Insolvenzantrag rechtzeitig zu stellen, beispielsweise durch Inaussichtstellung der Restschuldbefreiung. Des Weiteren wurden Maßnahmen gegen die Massearmut ergriffen, indem die Masseverbindlichkeiten neu strukturiert wurden, Neuerwerb von nun an mit einbezogen wird und das Anfechtungsrecht verschärft wurde. Mit der Möglichkeit zur Verbraucherinsolvenz und zur Restschuldbefreiung für natürliche Personen werden natürliche und juristische Personen nicht mehr denselben Regeln unterworfen, wie es bislang der Fall war. Damit soll den natürlichen Personen, die zu Schuldnern geworden sind, ein Neuanfang ermöglicht und zudem das Insolvenzverfahren vereinfacht werden (Bork [Insolvenzrecht] 7 f.).

10.2.5.2 Strategisches, operatives, liquiditätssicherndes und Insolvenz-Krisenmanagement

Alternatives Ordnungsraster

Ein anderes Ordnungsraster der Krisenbewältigungsmaßnahmen wird von *Müller* vorgeschlagen. Dieser kommt sehr ähnlich wie Krystek zu dem Schluss, dass sich das Vorgehen zur Krisenbewältigung nach der Ebene (Erfolgspotenzial, Erfolg oder Liquidität) der Herausforderung der Überlebensfähigkeit des Unternehmens richten müsse. Danach unterscheidet er ein *strategisches, operatives, liquiditätssicherndes Krisenmanagement sowie ein Krisenmanagement im Insolvenzfall* (Müller [Krisenmanagement] 57 ff.). In Abbildung 10-21 ist veranschaulicht, wie sich die Varianten dieser Krisenmanagementtypologie dem zuvor dargestellten Phasenschema des Krisenprozesses zuordnen lassen. Da alle vier Varianten – auch das vom Grundansatz her präventiv angelegte strategische Krisenmanagement – reaktive Züge enthalten, werden sie nachfolgend kurz erläutert.

Abbildung 10-21

Krisenmanagement und Krisenphasen

Krisen"reife" bzw. Insolvenznähe	**Phase 1** potenzielle Unternehmenskrise	**Phase 2** latente Unternehmenskrise	**Phase 3** akut beherrschbare Unternehmenskrise	**Phase 4** akut nicht beherrschbare Unternehmenskrise
	antizipatives Krisenmanagement			
		präventives Krisenmanagement		
		strategisches Krisenmanagement	strategisches Krisenmanagement	
			repulsives Krisenmanagement operatives Krisenmanagement liquiditätssicherndes Krisenmanagement	
				liquidatives Krisenmanagement Krisenmanagement im Insolvenzfall

Strategische Krise

Die *strategische Krise,* in der sich beispielsweise schon seit einigen Jahren der TUI-Konzern zu befinden scheint, ist von der Insolvenz noch am weitesten entfernt. Das Unternehmen befindet sich hier in einer latenten Unternehmenskrise oder bereits an der Schwelle zu der akut beherrschbaren Unternehmenskrise. Da jedoch in diesem Krisenstadium bereits eine *existenzielle Bedrohung des Erfolgspotenzials des Unternehmens* (vgl. Abschn. 5.2) eingetreten ist, gilt es, drei grundlegende Aktivitäten durch ein *strategisch angelegtes Krisenmanagement* einzuleiten. Diese bestehen in der Absicherung des vorhandenen Erfolgspotenzials, der Erschließung neuer, zukunftsorientierter Komponenten und einem Verzicht auf obsolete und damit nutzlos gewordene Bestandteile des Erfolgspotenzials (Müller [Krisenmanagement] 71). Mit unterschiedlicher Gewichtsverlagerung auf diese Aufgaben lassen sich die *vier* in Abbildung 10-22 dargestellten *Krisenbewältigungsstrategien* einsetzen (Müller [Krisenmanagement] 93).

Aufgabestrategien

Aufgabestrategien beinhalten das Abstoßen von Geschäftsfeldern, die die Erfolgssituation des Unternehmens gefährden. Diese Strategien sind für Produktgruppen, die im Produktlebenszyklus schon weit fortgeschritten sind, ebenso geeignet wie für schrumpfende Branchen. Diese grundlegende „Stay-or-Exit"-Entscheidung wird oft verzögert, da mit ihr häufig zwei Grundprobleme einhergehen. Zunächst müssen prinzipiell alle, auch die fest mit der Geschichte und dem Ruf des Unternehmens verbundenen Geschäftsfelder zur Disposition gestellt werden; sodann muss eine Umwidmung personeller (oft technologiescheue Mitarbeiter) und materieller Ressourcen (oft stark spezialisierte Anlagen) geprüft und vorgenommen werden. Aufgabestrategien werden gegenwärtig in der krisengeschüttelten TUI AG intensiv diskutiert. Während die meisten Aufsichtsräte für ein Festhalten an den Bereichen Touristik und Logistik plädieren, fordern einige ungeduldige Investoren radikale Einschnitte bis hin zur Aufspaltung des Unternehmens.

Abbildung 10-22

Strategien des Krisenmanagements

Strategische Grundhaltung \ Tätigkeitsbereich	Marktwechsel	Marktbehauptung
Defensive	Aufgabestrategien	Konsolidierungsstrategien
Offensive	Tätigkeitsfelderweiterungsstrategien	Verdrängungsstrategien

Konsolidierungsstrategien

Durch *Konsolidierungsstrategien* soll prinzipiell das Verbleiben auf den bisherigen Märkten sichergestellt werden, wenn auch typischerweise ein partieller Kapazitätsabbau oder eine Umorientierung auf schwer angreifbare Marktnischen erfolgt. Um bei dieser defensiven Strategie erfolgreich sein zu können, müssen möglicherweise flankierend umfangreiche Kostensenkungsprogramme (vgl. Abschn. 11.1) angewandt werden.

Verdrängungs-strategien

Verdrängungsstrategien hingegen haben die Beibehaltung oder Erweiterung der eigenen Kapazitäten auf den angestammten Geschäftsfeldern zum Ziel. Zur Durchsetzung dieses Vorhabens sollte ein aggressives Marketingkonzept, bei dem entweder ein radikaler Preiskampf oder ein konsequenter Qualitätswettbewerb zum Einsatz kommt, entwickelt werden. Mit Geschäftsfelderweiterungsstrategien, die auf Produkt- oder Markterweiterung sowie Diversifikation gerichtet sein können, versuchen krisenerschütterte Unternehmen, sich existenzsichernde Standbeine in zukunftsträchtigeren (Wachstums-)Märkten zuzulegen. Es ist bekannt, dass diese Strategien meist mit einem erheblichen Ressourcenaufwand verbunden sind (vgl. Abschn. 5.6.2.2) und der Risikogehalt dieser Alternativen hoch ist.

Operatives Krisen-management

Sind die betriebswirtschaftlichen Erfolgsziele des Unternehmens beeinträchtigt, reichen die Maßnahmen des strategischen Krisenmanagements nicht aus. Die Unternehmenskrise ist akut, aber beherrschbar. Weitergehende Maßnahmen im Bereich des *operativen Krisenmanagements* müssen ergriffen werden. Im Einzelnen geht es hier um die marktmäßige Umsetzung der jeweiligen Krisenstrategie und um die Beseitigung gravierender Leistungsdefizite im leistungswirtschaftlichen Bereich. Das operative Krisenmanagement strebt daher einen möglichst effektiven Aufgabenvollzug zur Ausschöpfung des vorhandenen Erfolgspotenzials des Unternehmens an. Deshalb stehen hier Ressourcenallokationsaufgaben, beispielsweise durch Programme zur Kostensenkung im Gemeinkostenbereich über Wertanalysen, Rationalisierungsmaßnahmen, Prozessinnovationen, sowie die Durchsetzung der Krisenbewältigungsmaßnahmen, beispielsweise durch die Information der Führungskräfte über den Zweck der Maßnahmen sowie die damit anzustrebenden Teilziele, im Vordergrund.

Liquiditäts-sicherndes Krisen-management

Das *liquiditätssichernde Krisenmanagement* ist direkt auf den *drohenden* Insolvenzfall gerichtet. Es müssen *sanierungsorientierte Notprogramme* eingeleitet werden, die die drohende Zahlungsunfähigkeit oder Überschuldung abwehren und somit wirtschaftlich notleidende Unternehmen zunächst einmal materiell wieder „gesunden" lassen. Zur Überbrückung von Zahlungsengpässen muss ein gezieltes *Cash Management* betrieben werden, das der Anlage kurzfristiger Überschüsse und der Bewältigung unerwarteter Fehlbeträge im Rahmen der Finanzmitteldisposition dient. Schwieriger gestaltet sich die Beseitigung des Überschuldungszustands des Unternehmens, der über die Standardalternativen der Zuführung neuer Finanzmittel, der Umschuldung oder der Teilliquidation angegangen werden kann.

Liquidatives Krisenmanagement

Ist der *Insolvenzfall* eingetreten, so ist es die Aufgabe des Krisenmanagements, den Fortbestand des gesamten Unternehmens oder lebensfähiger Teile auf dem Weg des Vergleichs zu sichern sowie als Formen *eines liquidativen Krisenmanagements* im Fall einer akuten nicht beherrschbaren Krise eine geordnete freiwillige Auflösung des Unternehmens vorzunehmen oder die zwangsweise Auflösung des Unternehmens auf dem Weg des Konkurses abzuwickeln. Hiermit soll eine Befriedigung der Vermögensansprüche persönlicher Gläubiger und das Sonderproblem einer bestmöglichen Aussonderung bevorrechtigter Forderungen gewährleistet werden.

10.3 M&A-Management

Fallbeispiel:

Sanofi-Aventis S.A.

Situation des neuen Unternehmens Sanofi-Aventis

Nach monatelangem Tauziehen hat das französische Unternehmen Sanofi-Synthélabo im Mai 2004 das wenige Jahre zuvor aus der Fusion zwischen dem französischen Unternehmen Rhône-Poulenc und dem deutschen Hoechst-Konzern hervorgegangene und neu firmierte Unternehmen Aventis S.A. übernommen. Im Geschäftsjahr 2007 erwirtschaftete Sanofi-Aventis mit ca. 100.000 Beschäftigten einen Umsatz von 28,4 Milliarden Euro und positioniert sich damit zu einem der weltweit größten Life-Science-Konzerne. Die künftige Zusammenarbeit kann zugleich als eine konsequente Fortführung der strategischen Neuausrichtung der beiden Partner gedeutet werden, die in Abkehr von der industriellen Chemie die Kernkompetenzen in den Tätigkeitsgebieten Gesundheit und Ernährung seit Mitte der 1990er Jahre ausbauten. Das dominierende Geschäftsfeld des Unternehmens stellen dabei die verschreibungspflichtigen Arzneimittel dar.

Chronik des Übernahmekampfes

Die Situation des im Jahr 1999 entstandenen deutsch-französischen Unternehmens Aventis (69.000 Beschäftigte) war auch Jahre danach durch Um- und Neustrukturierungen sowie durch die anhaltenden Integrationsaktivitäten gekennzeichnet. Aventis hat den bereits vor der Fusion eingeschlagenen Weg der Konsolidierung konsequent fortgesetzt und die nicht zum Kernbereich gehörenden Industriebeteiligungen vollständig (z. B. Messer Griesheim AG) oder teilweise (z. B. Wacker-Chemie) abgestoßen. Der erfolgreiche Börsenstart gab zunächst Hoffung, konnte sich jedoch mittelfristig angesichts einer Schwächephase mit einer deutlich verringerter Dynamik in der Produktpipeline nicht in einer höheren Börsenbewertung niederschlagen.

Obwohl das Unternehmen Sanofi-Synthélabo (33.000 Beschäftige) mit Erfolg versprechenden Forschungsergebnissen glänzen konnte, wurde die Selbstständigkeit des Unternehmens durch Unsicherheiten in der Aktionärsstrukur in Frage gestellt. Die beiden Hauptaktionäre, der Erdölkonzern Total und der Kosmetikhersteller L'Oréal, die durch ihre Anteile das Unternehmen jahrelang vor feindlichen Angriffen schützten, äußerten die Absicht, spätestens Ende 2004 aus dem Pharmageschäft auszusteigen und ihre Aktienpakete zu verkaufen. Getreu dem Motto „Schlucken statt geschluckt zu werden" ergriff der Vorstandsvorsitzende Jean-François Dehecq die Strategie der Vorwärtsverteidigung und reichte nach wochenlangen Spekulationen am 26. Januar 2004 ein offizielles „feindliches" Übernahmeangebot in Höhe von rund 47 Milliarden Euro für Aventis ein.

Gemessen am Umsatz war Sanofi-Synthélabo fast dreimal kleiner als Aventis, und dennoch wurden beide Unternehmen mit einer Marktkapitalisierung von je 43 Milliarden Euro an den Börsen in etwa gleich bewertet. Aventis lehnte die Übernahmeofferte umgehend ab und kündigte für den Rückkauf eigener Aktien die Veräußerung von Unternehmensanteilen im Wert von 1,5 Milliarden Euro an, um sich gegen eine mögliche Übernahme zu wappnen. Der schweizerische Pharmakonzern Novartis, der vom Aventis-Management als Abwehrstrategie im Sinne eines „Weißen Ritters" präferiert wurde (vgl. Abschn. 10.3.5), brach die Verhandlungen mit Aventis angesichts der ablehnenden Haltung der französischen Regierung ab, die weiterhin Sanofi-Synthélabo und Aventis im „nationalen Interesse" zur Zusammenarbeit drängte. Dem Einwirken des damaligen französischen Wirtschaftsministers Nicolas Sarkozy wird auch die deutlich verbesserte Offerte mit einem Kaufpreis von 55,3 Milliarden Euro und den Zugeständnissen an die Aventis-Manager, welche die Offerte von Sanofi-Synthélabo inzwischen als „freundliches Übernahmeangebot" bezeichneten, zugeschrieben.

Am 25. April 2004 nahm der Aventis-Aufsichtsrat das erhöhte Angebot, nicht zuletzt durch das klare Votum des Aventis-Großaktionärs Kuweit Petroleum Company, an, das zu 71 Prozent mit Aktien und zu 29 Prozent mit Bargeld beglichen wurde. An die Spitze des neuen Unternehmens Sanofi-Aventis rückte der ehemalige Sanofi-Chef Jean-François Dehecq. Der bisherige Aventis-Chef, für den kein Posten im neuen Sanofi-Aventis-Konzern vorgesehen war, erhielt mit Abfindungen und Prämienzahlungen von bis zu 24 Millionen Euro einen goldenen Handschlag, der insbesondere in Deutschland Erinnerungen an die Esser-Entschädigung im Mannesmann-Fall geweckt hat (vgl. Kapitel 15). Die deutsche Regierung reagierte laut Presseberichten irritiert über die „Einmischung" aus Paris. Dem ehemaligen Vorstandsvorsitzenden der Hoechst AG und einem der Gründungsväter von Aventis, Jürgen Dormann, zufolge wurde das Management von Aventis nicht nur zu einem ungünstigen Zeitpunkt überrascht, sondern litt bis zuletzt unter einer fundamenta-

len Fehleinschätzung der Situation. Am Ende des Übernahmekampfes ist es nahezu eine Fusion unter Gleichen geworden, weil Aventis-Aktionäre einen hohen Anteil am neuen Unternehmen besitzen. Der mediale Übernahmekampf verschlang im Werbebudget von Sanofi-Synthélabo 3,7 Millionen Euro (+ 7.500 Prozent) für die Anzeigenkampagnen, bei Aventis lediglich 1,3 Millionen Euro (+ 370 Prozent).

Veränderungen des Unternehmensumfelds: M&A in der Chemie- und Pharmaindustrie

Diese Neuorientierung des Sanofi-Aventis-Konzerns auf den schnell wachsenden Markt der „Life Science" ist Teil einer Entwicklung, die seit spätestens Mitte der 1990er Jahre zu einem Aufbrechen der ältesten und größten internationalen Konzerne der chemischen und pharmazeutischen Industrie führte. Das traditionelle Betätigungsfeld reicht von den Rohstoffen Öl/Gas und Petrochemie über Massenprodukte wie zahlreiche Kunststoffe und Spezialitäten bis hin zu Pflanzenschutz und Pharmaerzeugnissen. Abgesehen von wenigen Unternehmen, die weitgehend über die gesamte Chemie- und Pharmabranche integriert blieben (z. B. DuPont) zeigen die Aktivitäten in den letzten Jahren eine klare Tendenz dergestalt, dass eine verstärkte Konzentration auf das Kerngeschäft und somit auf einzelne Segmente der Wertschöpfungskette zu verzeichnen war (vgl. Abbildung 10-23). Die Zerschlagung etlicher Unternehmen in einzelne Teilbereiche hat nicht nur eine generelle Veränderung der Branchenstruktur eingeleitet, sondern auch das Spektrum der strategischen Ausrichtung auf die margenreiche, aber durchaus risikobehaftete Option der Nischenstrategie reduziert. Sanofi-Synthélabo und Aventis hatten schon frühzeitig ihre Kompetenzen in Richtung Life Science ausgebaut, um an den prognostizierten außerordentlichen Umsatz- und Gewinnzuwächsen zu partizipieren. Unter dem Begriff der Life Science werden in der Praxis insbesondere Produkte der pharmazeutischen und agrarwirtschaftlichen Chemie verstanden.

Die Wettbewerbssituation in der chemischen und pharmazeutischen Industrie wurde auch aufgrund dieser strategischen Neupositionierung vieler Akteure in den Jahren vor der Übernahme durch einen weiteren Trend maßgeblich geprägt. Insbesondere seit Ende der 1980er bzw. Anfang der 1990er Jahre kam es zu einer beachtlichen Zunahme der nationalen wie internationalen M&A-Aktivitäten, die auch zu substanziellen Veränderungen der Rangfolge der größten Pharmaunternehmen mit sich gebracht haben. So befanden sich zum Übernahmezeitpunkt unter den derzeit führenden Unternehmen der pharmazeutischen Industrie nur noch wenige Beispiele, die ihre Führungsposition nicht durch Akquisitionen oder Fusion erreicht haben (vgl. Abbildung 10-24). Trotz des rasanten externen Wachstums der internationalen Unternehmen war die Konzentration auf dem pharmazeutischen Markt allerdings noch vergleichsweise gering ausgeprägt. Die führenden 20 Unternehmen der Branche kamen auf einen Marktanteil von weniger als zwei Drittel des Gesamtmarktes; Marktführer Pfizer allein erreicht lediglich ein Zehntel.

Veränderungen der chemischen und pharmazeutischen Industrie

Abbildung 10-23

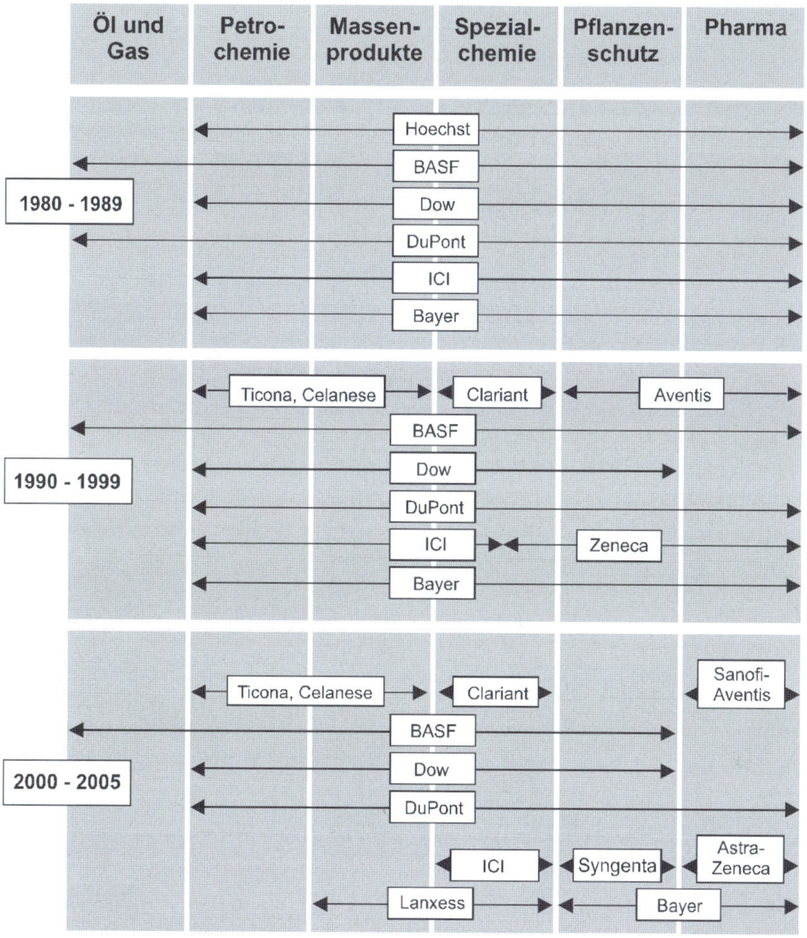

Allerdings können die in den vergangenen Jahren erfolgten Fusionen und Akquisitionen in der chemischen und pharmazeutischen Industrie durchaus als unterschiedliche Strategien der Unternehmen gedeutet werden, auf die veränderten ökonomischen Rahmenbedingungen zu reagieren. Idealtypisch lassen sich die M&A-Aktivitäten in vertikale Integrations-, Marketing- sowie Innovationsstrategien unterscheiden.

Abbildung 10-24

M&A-Aktivitäten der zehn umsatzstärksten Pharmaunternehmen mit einem Transaktionswert über 5 Milliarden US-Dollar in Vorfeld der Sanofi-Aventis-Übernahme

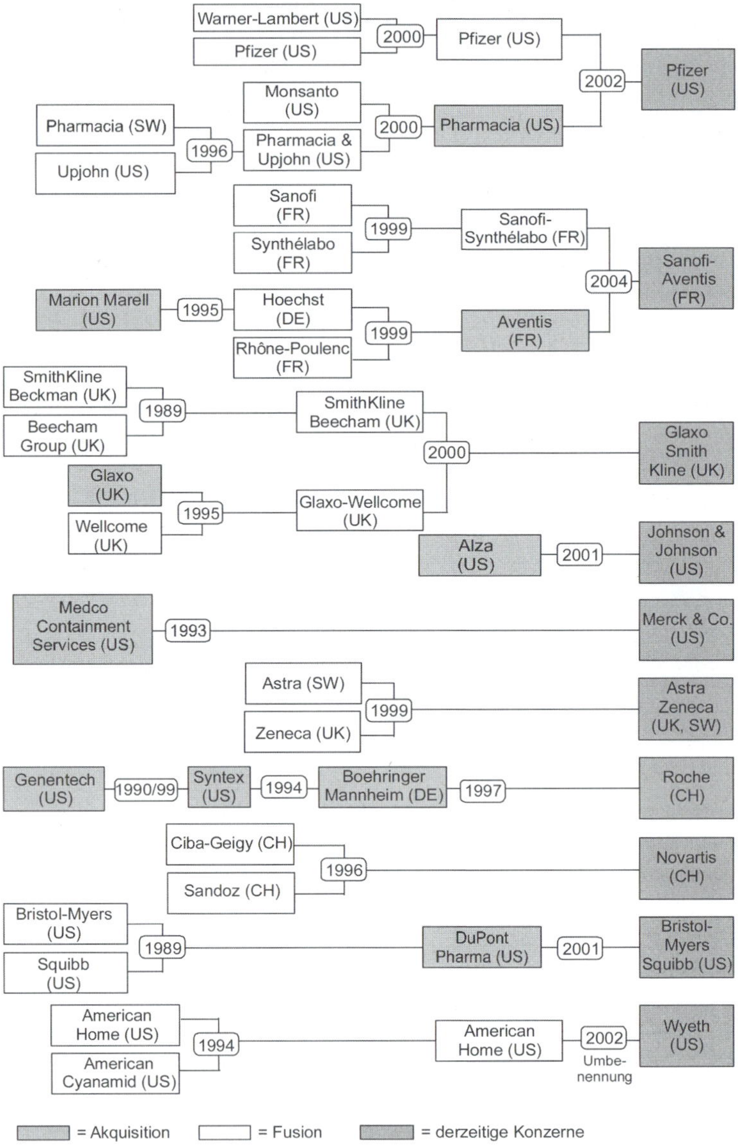

Vertikale Integrationsstrategien zielen darauf ab, die Umsätze für existierende Arzneimittel zu erhöhen, indem die Verantwortung für den Vertrieb durch die Übernahme der bisher selbstständigen Verteilerfirmen in das Unternehmen verlagert wird. Als Beispiel für dieses Motiv ist die erfolgte Übernahme der Firma Medco durch Merck anzuführen, die mit diesem Schritt einen substanziellen Ausbau der eigenen Vertriebsaktivitäten realisieren konnte. Zur so genannten marketingstrategischen Reaktion gehören jene Fusionen und Akquisitionen, mit denen zum einen in produktbezogener Perspektive eine Erweiterung des eigenen Produktportfolios um komplementäre Präparate beabsichtigt wird sowie zum anderen etablierte Verkaufsorganisationen zur Stärkung der eigenen Präsenz in den Zielmärkten angestrebt werden. Als dritter Aspekt wird auch die Nutzung von Rationalisierungspotenzialen und Synergien unter die marketingbezogene M&A-Strategie subsumiert. Bedeutende Beispiele dieser Strategie sind in der Fusion von Pfizer und von Ciba-Geigy und Sandoz zu sehen.

Im Gegensatz zu diesen Strategien, die eine eher kurzfristig ausgerichtete Erfolgswirkung anstreben, ist der innovationsorientierte Ansatz mit der langfristigen Zielformulierung verbunden, die Technologiebasis des Unternehmens zu verbreitern und durch die gezielte Zusammenführung der innovativen Potenziale die Effektivität und Effizienz der F&E-Aktivitäten zu erhöhen. Dieser Absicht ist vor dem Hintergrund eines in den letzten Jahren häufig festgestellten Innovationsdefizits in der Pharmaindustrie eine gesteigerte Aufmerksamkeit beizumessen. Die Betrachtung der Entwicklungsportfolios vieler Pharmaunternehmen, die Aufschluss über die Zahl und das Potenzial der sich in der Entwicklung befindlichen Substanzen geben, lassen für die Zukunft einen NCE(New Chemical Entity)-Gap erwarten: Das erwartete Umsatzwachstum auf dem pharmazeutischen Markt kann nach heutiger Schätzung nicht aus jenen Projekten generiert werden, die sich derzeit in den unterschiedlichen Stadien von der Produktentwicklung zum marktfähigen Medikament in den unterschiedlichen Phasen der Produktpipeline befinden.

Die Steigerung des Innovationspotenzials durch externes Wachstum soll einen substanziellen Beitrag zur Schließung dieser Lücke leisten. Als vorwiegend innovationsorientierte M&A-Vorgänge können der Erwerb von Boehringer Mannheim durch Roche eingeordnet werden. Die Unterscheidung in die drei aufgezeigten idealtypischen M&A-Strategien in der pharmazeutischen Industrie ermöglicht in der Praxis nicht in allen Fällen eine eindeutige Zuordnung eines Akquisitions- oder Fusionsvorgangs zu einer der Strategien; sie bietet jedoch für die Analyse der jeweiligen Motive eine nützliche Schablone, die auch eine Verortung der wesentlichen Ziele der Übernahme von Aventis durch Sanofi-Synthélabo ermöglicht.

Das Thema Innovation gewinnt für viele Pharmakonzerne auch in Bezug auf die bereits erfolgreich eingeführten Präparate an Brisanz, weil in den vergangenen Jahren eine neue Welle an wichtigen Patentabläufen eingesetzt hat und die Gefahr der Umsatzeinbrüche insbesondere bei sogenannten Blockbuster-Medikamenten (Umsatzvolumen von über 1 Milliarde Euro pro Jahr) stetig zunimmt. Ferner zeigt die jüngste Vergangenheit, dass das Verhalten der Hersteller von Nachahmerprodukten (Generika) durch die Zunahme an gerichtlichen Anfechtungen scheinbar sicherer Patente zusehends aggressiver wird (z. B. Blutverdünnungsmittel Plavix von Sanofi-Aventis in den USA). Obgleich das amerikanische Unternehmen Eli Lilly – stellvertretend für die gesamte Branche – mit der Bestätigung der Legitimität eines Substanzpatents eine wegweisende juristische Auseinandersetzung gewonnen hat, führt eine solche Entwicklung angesichts der teilweise existenziellen Bedrohung unweigerlich zu generellen Unsicherheiten. Tendenzen sind bereits dergestalt auszumachen, dass Pharmakonzerne selbst in das Generika-Geschäft einsteigen, um so die Forschungsleistungen auch nach Ablauf der Patente für sie nutzbar zu machen. Als Beispiel kann die 5 Milliarden Euro schwere Übernahme des deutschen Generikaherstellers Hexal durch Novartis dienen. Zusätzlich zur Konkurrenz durch Generika drängen vornehmlich amerikanische Biotechnologie-Unternehmen (wie beispielsweise Amgen und MedImmune) auf den internationalen Pharmamarkt. Obwohl dieser Markt mit einem Volumen von 35 Milliarden US-Dollar noch relativ bescheiden wirkt, wird bereits jetzt jedes vierte von der amerikanischen Zulassungsbehörde FDA freigegebene Präparat in der Biotechnologiebranche entwickelt. Der Verdrängungswettbewerb wird an Intensität zunehmen.

Ferner leidet die gesamte Branche seit dem Vermarktungsstopp des vom amerikanischen Konzern Merck & Co. jahrelang vertriebenen Schmerzmittels Vioxx (Jahresumsatz 2,5 Milliarden US-Dollar) sowie jüngst Bextra (1,3 Milliarden US-Dollar) von Pfizer unter einem allgemeinen Vertrauensverlust. Zudem wurde der preispolitische Handlungsspielraum von Seiten der Politik durch die Einführung verordneter Zwangsrabatte massiv eingeengt.

Ziele der Zusammenarbeit von Sanofi-Synthélabo und Aventis

Vor dem Hintergrund der bedeutenden Veränderungen der Wettbewerbssituation in der pharmazeutischen Industrie formulierten die Partner einen Zielkatalog, in den als wesentliche Punkte die strategische Fokussierung auf den Geschäftsbereich „Life Science", ein substanzielles Umsatzwachstum in den Kerngeschäftsfeldern, die Verbesserung der Ergebnissituation durch Synergien und Kosteneinsparungen, die Steigerung des Innovationspotenzials sowie der Ausbau der regionalen Präsenz aufgenommen wurden.

a) Fortsetzung der strategischen Fokussierung auf den Bereich „Life Science"

Im Jahr vor der Übernahme lagen die Schwerpunkte der Geschäftstätigkeit beider Unternehmen im Bereich der verschreibungspflichtigen Medikamente (Umsatzanteil 2003: Sanofi-Synthélabo 97 Prozent, Aventis 90 Prozent) und im Bereich der Impfstoffe (Sanofi-Synthélabo 3 Prozent, Aventis 9,5 Prozent). Das zentrale Element der strategischen Planungen des neuen Sanofi-Aventis-Konzerns stellt die Konzentration auf bestimmte pharmazeutische Therapiegebiete dar.

b) Wachstumsstrategie

Unternehmensgröße wird in der pharmazeutischen Industrie zunehmend zu einem Wettbewerbsfaktor per se. Aventis konnte sich bereits durch die frühzeitige Konzentration auf die pharmazeutische Sparte als eines der weltweit größten Unternehmen dieser Branche positionieren und damit auch eine vorteilhafte Ausgangsbasis für weiteres internes Wachstum schaffen. Aventis war bereits im Jahr 2003 gemessen am Umsatz (ca. 17 Milliarden Euro) in der Spitzengruppe der pharmazeutischen Industrie, im Gegensatz zu Sanofi-Synthélabo (Umsatz ca. 7 Milliarden Euro). Mit der Übernahme konnte der neue Konzern weltweit auf Rang zwei hinter Pfizer, europaweit sogar zum umsatzstärksten Pharmaunternehmen aufsteigen.

Zentrale Bedeutung für die pharmazeutische Industrie und die Formulierung einer Wachstumsstrategie hat der US-amerikanische Markt. Fast die Hälfte des weltweiten Umsatzes mit pharmazeutischen Produkten wird in Nordamerika erzielt, gefolgt von ungefähr einem Viertel in Europa und etwa 10 Prozent in Japan. China zeigt den höchsten jährlichen prozentualen Anstieg. Zudem lässt im regionalen Vergleich der Pharmaumsatz in den USA einen deutlich dynamischeren Wachstumsverlauf erkennen. Dort wird mittlerweile bis zu 20 Prozent des Pharmaumsatzes in F&E-Aktivitäten investiert. Die Stärkung der Position auf dem US-amerikanischen Lead-Market stellt für Sanofi-Aventis deshalb ein zentrales Ziel dar, zu dessen Erreichen auch die Vorteile bei der Produkteinführung und die Synergien des weltweiten Marketing- und Vertriebsnetzes genutzt werden sollen.

c) Verbesserung des Ergebnisses durch Synergien und Kosteneinsparungen

Die durch die Übernahme realisierbaren Synergien sollen bis 2009 auf eine Größenordnung von 2,2 Milliarden Euro anwachsen. Im ersten gemeinsamen Geschäftshalbjahr 2004 wurden 220 Millionen Euro des Einsparpotenzials realisiert, das nach Unternehmensaussagen im Vergleich zum Plan sogar noch um 60 Millionen Euro übertroffen werden konnte. Für das folgende Jahr ist vorgesehen, die kalkulierten Synergien und Kosteneinsparungen zu zwei Dritteln umzusetzen, um ab dem dritten Geschäftsjahr die Vorteile aus der Zusammenarbeit in vollem Umfang nutzen zu können. In der Zwischenzeit wurden durch die Schließung von 70 regionalen Verwaltungen und 4 Hauptverwaltungen ca. 4.000 Mitarbeiter abgebaut. Die mit der Übernahme zusammenhängenden Restrukturierungskosten beliefen sich in 2004 auf rund 550 Millionen Euro und 2005 auf rund 1 Milliarde Euro.

d) Innovationspotenzial

Durch zunehmende Forschungsaufwendungen, längere Entwicklungszeiten und begrenzte Amortisationszeiten aufgrund der zeitlichen Limitierung des Patentschutzes wächst der Druck auf die Unternehmen der pharmazeutischen Industrie beträchtlich. So stellt es auch für große Unternehmen eine Herausforderung dar, die zunehmenden wissenschaftlichen Anstrengungen und finanziellen Investitionen beispielsweise in der Bio- und Gentechnologie zu übernehmen. Als Erfolgsvoraussetzungen für die effiziente und effektive Durchführung der F&E-Aktivitäten formuliert Sanofi-Aventis das Erreichen einer kritischen F&E-Masse sowie den zielgenauen Einsatz der F&E-Aufwendungen, wobei durch die Zusammenführung der Forschungskapazitäten zukünftig ein breiteres Spektrum von verfahrenstechnischen oder produktbezogenen Möglichkeiten getestet werden kann.

Die Integration der Innovationspotenziale bietet die Aussicht, die Schwächen des jeweiligen Partners auszugleichen. Aventis litt nach der Bewältigung der Fusion von Rhône-Poulenc und Hoechst unter einer mehrjährigen Schwächephase in der Medikamenten-Pipeline, im Gegensatz zu Sanofi-Synthélabo. Dagegen konnte Aventis eine gut ausgebaute Infrastruktur der Vertriebswege – insbesondere auf dem wichtigen US-amerikanischen Markt – aufweisen, indem Sanofi-Synthélabo bisher auf Kooperationspartner angewiesen war. Nach einer konzerninternen Neubewertung im Jahr 2005 wurden 128 Substanzen für die weitere Forschung ausgewählt, wovon 48 in der zweiten oder dritten Phase der klinischen Überprüfung angelangt sind. Gegenwärtig besitzt das Unternehmen acht Medikamente auf Blockbuster-Niveau sowie ein potenzielles Präparat zur Entwöhnung des Rauchens und zum Abbau der Fettleibigkeit mit einem geschätzten jährlichen Umsatzvolumen von bis zu 3 Milliarden Euro. Das letztgenannte Präparat ist seit 2006 in Europa zugelassen. Im Juni 2007 hatte ein Beraterausschuss der US-Arzneimittelbehörde empfohlen, das Medikament nicht in den USA zuzulassen, was erhebliche Kurseinbußen der Sanofi-Aktie zur Folge hatte. Als Grund für die negative Empfehlung wurden Befürchtungen genannt, das Medikament könnte Selbstmordgedanken und Depressionen bewirken.

Auch zukünftig will Sanofi-Aventis auf neue Medikamente aus eigener Forschung setzen, um den drohenden Umsatzausfall durch auslaufende Patente auszugleichen. Bis 2010 will das Unternehmen bis zu 31 Zulassungsanträge für neue Präparate stellen. Insgesamt 48 Projekte befänden sich bereits in einem fortgeschrittenen Entwicklungsstadium. Synergien werden insbesondere in den Forschungsbereichen der Krebs- und Herz-Kreislauf-Erkrankungen gesehen.

Struktur des neuen Unternehmens Sanofi-Aventis S.A.

Die Zusammenführung wurde angesichts der Konzentration beider Unternehmen auf den Life-Science-Bereich im Vergleich zu anderen Übernahmen dieser Größenordnung relativ schnell umgesetzt. Dabei wurden die Konzernstrukturen von Aventis völlig aufgelöst; einzig allein die Aventis-Impfstoffsparte Pasteur durfte in ihrer Form als Konzerntochter im Geschäftsbereich Vaccines überleben (Weltmarktführer mit 25 Prozent Marktanteil). Die Konzernholding hat daneben drei weitere Bereiche erhalten. Die Forschungs- und Entwicklungsaktivitäten werden im Bereich Science & Medical Affairs gebündelt, die weltweiten Produktionsstätten im Bereich Indus-

trial Operations sowie das gesamte Pharmageschäft im Bereich Pharmaceutical Operations (vgl. Abbildung 10-25).

Geschäftsstruktur der Sanofi-Aventis S.A.

Abbildung 10-25

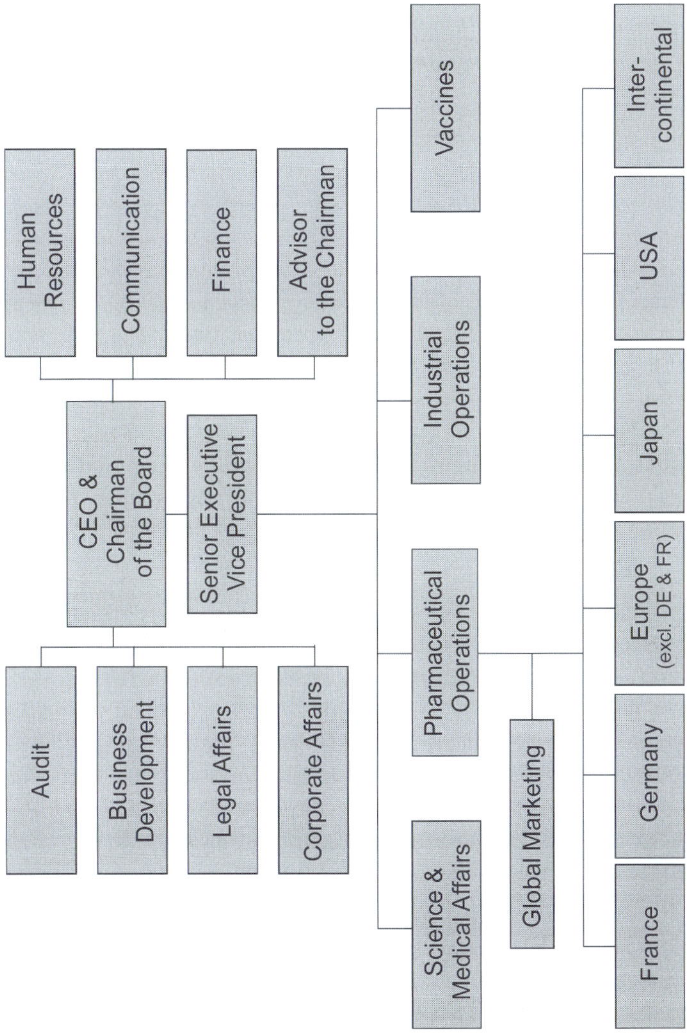

Sanofi-Aventis wird weltweit mit künftig sechs Regionalorganisationen präsent sein, die nach Angaben der Konzernleitung mit einer großen finanziellen Autono-

mie gegenüber der Zentrale ausgestattet sind. Komplettiert wird das Organigramm des neuen Unternehmens mit acht zentralen Konzerndiensten, darunter auch das Committee „Audit and evaluation of internal control", das als Kompromiss angesichts der Wahl des einstufigen Verwaltungsratsmodells zu werten ist (vgl. Abschn. 3.5). Änderungen in der Unternehmensstrategie werden ebenfalls sichtbar. Die ausschließliche Konzentration auf die Entwicklung innovativer Arzneimittel wird zugunsten eines breiteren Fundaments der Geschäftstätigkeit aufgegeben. Zukünftig wird zur Verbesserung der Kapazitätsauslastung das Generika-Geschäft unter der Marke Winthrop kräftig ausgebaut.

Der ehemalige Sanofi-Chef Jean-François Dehecq vereint die Positionen Chairman of the Board und Chief Executive Officer (CEO) in einer Person. Dem neuen Verwaltungsrat von Sanofi-Aventis gehören achtzehn weitere Mitglieder an, davon stammen zehn von Aventis. Die Schlüsselpositionen mit strategischen Entscheidungsvollmachten wurden hingegen mit Sanofi-Synthélabo-Managern besetzt, wie beispielsweise der neue stellvertretende Vorstandschef Gérard Le Fur, der in Personalunion auch weiterhin für die F&E-Aktivitäten verantwortlich zeigt. Für die knapp 11.000 Mitarbeiter an den Standorten Frankfurt am Main, Bad Soden und Berlin wurde Heinz-Werner Meier als neuer Deutschland-Chef bestellt. Die erwarteten kulturellen und führungsbezogenen Probleme manifestierten sich für die Öffentlichkeit bereits wenige Tage nach Aufnahme der Geschäftstätigkeit von Sanofi-Aventis im überraschend angekündigten Rücktritt des hochrangigen deutschen Aventis-Managers Thomas Hofstätter. Der charismatische Jean-François Dehecq scheint auch für die Abschaffung der Konzernsprache Englisch verantwortlich zu sein sowie für die ausgesprochen hierarchisch gegliederte und zentralistische Struktur des neuen Unternehmens. Insgesamt gehören dem Verwaltungsrat noch drei deutsche Manager an. Zwischenzeitlich wurden in mehr als 70 Ländern 100 Spitzenmanager neu ernannt.

Der neue Konzern hält über 95 Prozent der Aventis-Anteile und strebt in naher Zukunft nach einem erneuten Übernahmeangebot eine Zwangsabfindung der letzten Altaktionäre im Rahmen eines „Squeeze Out"-Verfahrens an. Gleiches wurde bereits mit der noch als Zwischenholding für die restlichen Industriebeteiligungen fungierenden Hoechst AG initiiert und abgesehen von einigen wenigen anhängigen Anfechtungsklagen abgeschlossen.

Trotz der Dollarschwäche und wachsender Konkurrenz durch Nachahmerprodukte verbucht Sanofi-Aventis weiter hohe Gewinne. So ist 2007 der bereinigte Überschuss um ein Prozent auf 7,11 Milliarden Euro gestiegen. Mit den eingeführten Produkten, der attraktiven Forschungspipeline und den weltweit aufgestellten Vertriebsstrukturen verfügt Sanofi-Aventis über einen gemeinsamen Hebel, mit dem es gelingen sollte, stärker zu wachsen als jeder für sich alleine hätte erreichen können.

Quellen

AVENTIS S.A. (Hrsg.), Annual *Report* 2003, Straßburg 2004.

O. V., Bayer folgt den Vorbildern *Hoechst* und ICI, in: Frankfurter Allgemeine Zeitung, 55. Jg., Ausgabe vom 29. November 2003, S. 19.

O. V., Sanofi-Aventis: Jürgen Dormann nimmt *Stellung*, in: Frankfurter Allgemeine Zeitung, 56. Jg., Ausgabe vom 27. Mai 2004, S. 14.

O. V., Sanofi-Aventis gibt sich neue *Konzernstruktur*, in: Handelsblatt, 59. Jg., Ausgabe vom 30. September 2004, S. 12.

O. V., Sanofi kommt bei der *Integration* von Aventis schnell voran, in: Frankfurter Allgemeine Zeitung, 57. Jg., Ausgabe vom 2. März 2005, S. 17.

O. V., *Pharmakonzern* Sanofi-Aventis vertraut auf eigene Forschungsstärke, in: Die Welt, Ausgabe von 18. September 2007, S. 15.

PREISSNER, A., SCHWARZER, U. Die *Wachstumspille*, in: Manager Magazin, 35. Jg., Heft 1, Ausgabe vom 17.12.2004, S. 46–54.

SANOFI-AVENTIS (Hrsg.), *Sanofi* Aventis – L´essentiel c´est la santé, http://www.sanofi-aventis.com, Zugriff am 19.07.2005.

SANOFI-SYNTHELABO S.A. (Hrsg.), Annual *Reports* 2003-2006, Paris 2004-2007.

WESTON, J. F., JOHNSON, B. A., SIU, J. A., *Mergers* and Acquisitions on the Global Chemical Industry, in: Business Economics, October 1999, S. 23–31.

Seit einigen Jahren beherrscht das Schlagwort „Mergers and Acquisitions" (M&A) als Variante des häufig überlebensnotwendigen Wachstums „von außen" die Diskussion um die Unternehmensführung. Dieses ist in einem weltweit festzustellenden, wachsenden Bedeutungsgewinn von Unternehmensfusionen und -übernahmen begründet. Jüngere Beispiele von M&A sind neben Sanofi-Aventis mit den Fusionen von Air France und KLM, Hewlett Packard und Compaq, Daimler-Benz und Chrysler, British Petroleum und Amoco, aber auch mit den Übernahmen von der HypoVereinsbank durch Unicredito, von Swiss durch Lufthansa, von Veba Öl und Aral durch British Petroleum oder von Reebok durch Adidas sowie dem spektakulären Übernahmecoup von Mannesmann durch Vodafone gegeben. Aus der informations- und kommunikationstechnologischen Branche wird sogar berichtet, dass kaum einer mehr weiß, wer zu wem gehört (Schmidhäusler [Fusionskarussel] 38).

Beispiele

Die hohe faktische Relevanz von M&A spiegelt sich in den vom Bundeskartellamt geführten Statistiken über anzeigepflichtige Unternehmenszusammenschlüsse wider. So entwickelte sich die Zahl der nach § 23 des Gesetzes gegen Wettbewerbsbeschränkungen (GWB) anzeigepflichtigen Zusammenschlüsse von 455 im Jahr 1975 über 635 im Jahr 1980, 709 im Jahr 1985, 1.548 im Jahr 1990, 1.735 im Jahr 2000, 1.687 im Jahr 2005 bis hin zu 1.829 im Jahr 2006 (Bundeskartellamt [Bericht]). Die weltweiten „deals" sind nach einem Hoch von 20.000 in 2002 vorübergehend leicht zurückgegangen, um dann

Bedeutungsgewinn

bis 2007 wieder drastisch auf eine Gesamtzahl von über 25.000 anzusteigen (KPMG [M&A-Geschäft]; o. V. [Rekord]). In jüngster Zeit haben angelsächsische Private-Equity-Gesellschaften („Hedge Funds") maßgeblich die deutschen M&A-Aktivitäten bestimmt. In den vergangenen Jahren wurde die Mehrzahl der größten deutschen Übernahmen unter Beteiligung von internationalen Finanzinvestoren abgewickelt. So ging beispielsweise die ehemalige Chemiesparte von Hoechst Celanese an Blackstone, Debitel an Permira, das Duale System Deutschland und die Kion Group an Kohlberg, Kravis, Roberts & Co. (KKR), Europcar and Eurazeo und Karstadt Quelle an Whitehall Street Fund. Die Private-Equity-Gesellschaften wurden trotz bereits ansehnlicher Restrukturierungserfolge in der Vergangenheit angesichts ihrer kurzfristigen Gewinnerzielungsabsicht von der rot-grünen Bundesregierung zwischenzeitlich auch als „Heuschrecken" verunglimpft. Seit Sommer 2007 sind die Übernahmeaktivitäten der Private-Equity-Gesellschaften stark zurückgegangen, weil die Banken ihnen kaum noch Kredite geben. Große Übernahmen fanden seither nicht mehr statt. Inwiefern die seit Mitte 2007 stärker ins Rampenlicht getretenen etwa 20 „Sovereign Wealth Funds" (Qatar Investment Authority, Abu Dhabi Investment Authority, Government of Singapore Investment Corporation, The Government Fund of Norway als bedeutsame Beispiele) dieses Szenario ändern werden, bleibt abzuwarten. Immerhin kontrollieren diese aktuell ein Vermögen von drei Billionen US-Dollar mit Wachstumsschätzungen auf 13 Billionen in 2015, was 5 Prozent des Weltvermögens entspräche, während die „Hedge Funds" es lediglich auf 1,7 Billionen US-Dollar und die „Pension Funds" es auf 4,5 Billionen US-Dollar bringen.

M&A vielfach nicht erfolgreich

Empirische Untersuchungen zeigen allerdings, dass ein Großteil der M&A die erwarteten Ziele nicht erreicht (Kutschker [Akquisition] 8; Blex/Marchal [Risiken] 85; Barney [Returns] 71 ff.). Nach dem aktuellen Sammelreferat von King et al. ([Meta-Analysis] 187 ff.) verbesserte sich die finanzielle Lage der akquirierenden Unternehmen in den drei Jahren nach der Übernahme mehrheitlich nicht, sondern verschlechterte sich sogar leicht. Ähnlich geht auch der Erfolg der akquirierten Einheit nach der Übernahme oft zurück bzw. steigt nicht in dem managerseitig erhofften Umfang an. So trennte sich beispielsweise BMW nach wenigen Jahren wieder von seinen Rover-Anteilen.

Obwohl das Misslingen auf ein Bündel von Gründen zurückzuführen ist, dürften die fehlende strategische Ausrichtung und die ungenügende Steuerung des Akquisitionsprozesses im Mittelpunkt der Ursachen für das Scheitern stehen (Gomez/Weber [Akquisitionsstrategie] 66). Insofern erscheint eine intensive Vorbereitung der M&A-Aktivitäten erforderlich.

10.3.1 Die Begriffe „Mergers" und „Acquisitions"

Die Begriffe „Mergers" und „Acquisitions" sind aus dem anglo-amerikanischen Sprachraum schon fast eingedeutscht worden. Im wirtschaftlichen Bereich findet das Wort *„Mergers"* dann Anwendung, wenn es um die Verschmelzung, Vereinigung oder den Zusammenschluss von Unternehmen geht, wobei vielfach dem Fusionsbegriff der Vorzug gegeben wird. Das wesentliche Merkmal derartiger Transaktionen besteht darin, dass zumindest eines der beteiligten Unternehmen im Fusionsprozess seine rechtliche Selbstständigkeit verliert. Es bildet auch das wesentliche Kriterium zur Unterscheidung zwischen Fusionen und jenen Formen der Zusammenarbeit von Unternehmen, die als (strategische) Allianzen bezeichnet werden (vgl. Abschn. 5.4.1.3) und in der Form von Kooperationen, Kartellen oder Joint Ventures auftreten. Zustandekommen kann eine Fusion auf dem Weg einer *Neubildung* oder über eine *Aufnahme*. Wird die auch als Kombination bezeichnete Neubildung bevorzugt, dann übertragen die beteiligten Unternehmen ihr Vermögen mit allen Rechten und Pflichten auf ein neu gegründetes Unternehmen. Als wichtige Beispiele für Neubildungen können die Zusammenschlüsse der Moët-Hennessy S. A. mit der Louis Vuitton S. A. zu LVMH S. A., der Veba AG mit der Viag AG zu E.ON AG und von HP und Compaq zu HP-Invent gelten. Im Falle der Aufnahme (Annexion) geht das Vermögen des übertragenden Unternehmens ebenfalls mit allen Rechten und Pflichten auf das übernehmende Unternehmen über. In diesem Zusammenhang ist der Hinweis bedeutsam, dass der betriebswirtschaftliche Merger- bzw. Zusammenschlussbegriff von der Terminologie des GWB insofern abweicht, als dort auch jene Fälle als Zusammenschlüsse bezeichnet werden, in denen die rechtliche Selbstständigkeit aller beteiligten Unternehmen erhalten bleibt, sofern wesentliche Vermögensteile eines Unternehmens übertragen werden.

Merger

Der Begriff *„Acquisitions"* (Akquisition) beinhaltet prinzipiell jedwede Form von Beteiligungen eines Unternehmens an einem anderen, wobei der Beteiligungsgrad von knapp über 0 bis 100 Prozent variieren kann. Im Gegensatz zu Mergers besteht bei Akquisitionen keine Notwendigkeit, dass eines der beteiligten Unternehmen seine rechtliche Selbstständigkeit verliert. Ein weiteres kennzeichnendes Merkmal von Akquisitionen ist mit der Asymmetrie der Interaktionsbeziehung zwischen den beteiligten Unternehmen gegeben. Im angelsächsischen Raum wird in diesem Zusammenhang auch häufig von *„Takeovers"* gesprochen, womit Mehrheitsbeteiligungen charakterisiert werden. Insgesamt gesehen lässt sich festhalten, dass sowohl Mergers als auch Acquisitions im Gegensatz zu anderen Formen von Zusammenschlüssen durch die hier gegebene Veränderung der Verfügungsrechte- und Herrschaftsstruktur gekennzeichnet sind.

Acquisition

Auftretensformen

M&A treten in der Unternehmenspraxis in vielfältigen Erscheinungsformen auf. Zu unterscheiden ist zunächst zwischen *horizontalen, vertikalen und konglomeraten M&A*. Von einem horizontalen M&A ist zu sprechen, wenn sich Unternehmen derselben Branche und gleicher Produktionsstufe zusammenschließen (Pausenberger [Systematik] 622). Bei der Mehrzahl der Unternehmenszusammenschlüsse handelt es sich um horizontale Varianten (2004: 1.465 der insgesamt 1.829 Fälle). Das Bundeskartellamt unterscheidet zwischen horizontalen Zusammenschlüssen mit und solchen ohne Produktausweitung. Ein horizontaler Zusammenschluss mit Produktausweitung liegt vor, wenn das akquirierende und das akquirierte Unternehmen auf benachbarten Märkten des gleichen Wirtschaftsbereichs tätig sind. Ein vertikaler Unternehmenszusammenschluss liegt vor, wenn sich Unternehmen aufeinander folgender Wertschöpfungsstufen miteinander verbinden. Derartige Zusammenschlüsse sind in der Unternehmenspraxis selten anzutreffen (2006: 75 Fälle). Dies ist jedoch insofern nicht weiter verwunderlich, als der gesamtwirtschaftliche Trend derzeit eher in die Richtung einer Reduzierung der Fertigungstiefe geht. Horizontale und vertikale Formen von Unternehmenszusammenschlüssen können auch als *verbundene Formen* bezeichnet werden. Als konglomerat oder *nicht verbunden* sind jene Formen von Zusammenschlüssen zu bezeichnen, bei denen die eine Verknüpfung eingehenden Unternehmen in keinerlei leistungswirtschaftlicher Verbindung miteinander stehen. Das Bundeskartellamt berichtet für das Jahr 2006 von 289 derartigen Fällen.

Horizontal, vertikal oder konglomerat

Mehrheits- versus Minderheitsbeteiligung

Von ebensolcher Bedeutung ist die Unterscheidung zwischen *Mehrheits- und Minderheitsbeteiligungen*, wobei der erstgenannte Begriff dann greift, wenn das übernehmende Unternehmen mehr als 50 Prozent der Eigenkapitalanteile des übernommenen Zielunternehmens erwirbt. Im Hinblick auf die Entscheidungsprozesse im übernommenen Unternehmen sind daneben noch Beteiligungen über 25 Prozent („Schachtel") insofern von Bedeutung, als bei diesem Kapitalanteil in verschiedenen Entscheidungsangelegenheiten nach Aktienrecht die Sperrminorität wirksam wird.

Portfolio- versus Direktinvestition

Mit Blick auf Zweck und Ort der Investition werden vielfach die Begriffe *„Portfolioinvestition"* und *„Direktinvestition"* einander gegenübergestellt. Von Portfolioinvestition wird dann gesprochen, wenn eine Investition zum Zweck der Kapitalanlage vorgenommen wird und das Ertragsmotiv dominiert. Derartige Investitionen sind in aller Regel durch Risikostreuungsüberlegungen begründet, wobei darauf hinzuweisen ist, dass mit dem Finanz-Holding-Konzept (vgl. Abschn. 7.2.2.4) eine geeignete Organisationsstruktur gegeben ist. Unter Direktinvestition wird üblicherweise der Kapitaleinsatz mit produktiver Absicht verstanden, wobei hier neben Ertragsmotiven auch leistungswirtschaftliche und Kontrollmotive wirksam werden (vgl. Abschn. 13.4.2). Es zeigt sich, dass die Begriffe Portfolio- und Direktinvestitionen unterschiedliche Merkmale charakterisieren und somit nicht als Gegensatzpaar aufgefasst werden dürfen, zumal auch Direktinvestitionen von Ertragsmotiven dominiert sein und somit auf der Basis von Portfolioüberlegungen vorgenommen werden können.

Freundliche Übernahme

Für die Handhabung und Beurteilung von M&A-Prozessen ist die Unterscheidung zwischen *freundlichen und feindlichen Übernahmen* (Friendly and Hostile Takeovers) bedeutsam. Entscheidend für die Beurteilung ist dabei, inwiefern sich das Management des übernommenen Unternehmens mit der Transaktion einverstanden erklärt (Huppertz [Terminologie] 644; Schwegmann/Pfaffenberger [Abwehrmaßnahmen] 562; Stoll [Aspekte] 301 ff.). Die Praxis zeigt, dass feindliche Übernahmeversuche üblicherweise durch Fremdkapital finanziert werden (Becker [Übernahmen] 219). Die Fremdfinanzierung bietet sich in diesem Falle deswegen an, weil die Beschaffung von Eigenkapital zum Beispiel im Wege einer Aktienemission erstens zu lange dauern und zweitens die Absicht frühzeitig bekannt machen würde. Ein aktuelles Beispiel für den Versuch einer feindlichen Übernahme ist mit dem Fall des niedersächsischen Regionalversorgers EWE gegeben, der sich bei dem Leipziger Gasversorger VNG einkaufen wollte. Vergleichsweise häufig sind Fälle, in denen feindliche Übernahmen von Investmentgesellschaften vorgenommen werden.

Feindliche Übernahme

Greenmailing

Das *„Greenmailing"*, dessen Begriff aus einem Wortspiel mit Bezug auf das englische „blackmailing" (erpressen) entstanden ist, kann als gesteigerte Form der feindlichen Übernahme verstanden werden. Hierbei wird dergestalt verfahren, dass eine als „Corporate Raider" bezeichnete natürliche oder juristische Person die Aktien eines Unternehmens aufkauft und dieses unter Androhung einer (destruktiven) Übernahme dazu zwingt, die Aktien zu überhöhten Preisen wieder zurückzukaufen. Das Greenmailing wird in den USA, vermehrt aber auch im europäischen Ausland als profitables Geschäft betrieben. In Deutschland sind hinterhältige Übernahmeversuche insofern von geringerer Bedeutung, als Investoren bei Überschreiten oder Unterschreiten einer Beteiligungshöhe von 5, 10, 25, 50 oder 75 Prozent das Zielunternehmen sowie die Bundesanstalt für Finanzdienstleistungsaufsicht (BaFin) unverzüglich über die Beteiligung informieren müssen, sofern es sich um eine börsennotierte Gesellschaft handelt (§ 21 WpHG, siehe auch § 20 AktG). Beim *Asset Stripping* werden ertragsschwache, aber substanzstarke Unternehmen aufgekauft, um diese auszuschlachten. Die Umschreibung des Stripping ist insofern bezeichnend, als das betroffene Unternehmen seines Vermögens (Assets) entkleidet wird. Der Gewinn des Asset-Stripping-Geschäfts wird dabei auf zweierlei Weise erzielt. Einerseits werden entbehrliche Unternehmensteile veräußert; andererseits werden auch die betriebsnotwendigen Unternehmensteile abgestoßen, und zwar an Leasinggesellschaften, von denen diese dann wieder zurückgeleast werden

Asset Stripping

können. Das Asset Stripping gleicht dem Greenmailing insofern, als es auch hier dem Akquisiteur beim Aufkauf eines Unternehmens letztendlich nicht um das Unternehmen selbst, sondern nur um den mit der Unternehmensübernahme verbundenen materiellen Nutzen geht. Asset-Stripping-Motive dürften auch bei dem Versuch des US-Investors Kerkorian, die damalige Chrysler Corporation zu übernehmen, eine gewisse Rolle gespielt haben.

MBO

Eine große Bedeutung besitzen die vielfach im Zuge der Bereinigung der Geschäftsfelder durchgeführten *Management-Buyouts* (MBO), bei denen die (Top-)Manager ihr Unternehmen oder Teile von diesem erwerben. Im letztgenannten Fall wird auch von Spin-Offs gesprochen. Bei dieser in Abschn. 10.4.5.2 näher erläuterten Variante erfolgt die Abspaltung üblicherweise aufgrund mangelnder Synergie zwischen den Unternehmensteilen (Assmann [Buy-out/Spin-off] 204 f.). In die gleiche Richtung zielt das Konzept des Corporate Restructuring, bei dem der Verkauf von Unternehmensteilen ebenfalls zum Zweck der Geschäftsbereinigung erfolgt (Enderwick [Restructuring] 44 ff.), der Begriff aber auch im übergeordneten Sinne für die (Re-)Dimensionierung des Unternehmens Verwendung findet.

LBO/LMBO

In Ermangelung ausreichenden Eigenkapitals werden MBO mehrheitlich in der Form von Leveraged Buyouts (LBO, LMBO) realisiert, bei denen die Übernahme zu einem hohen Grad fremdfinanziert wird (Kaufman/Walther [Management] 251 ff.). Hierbei wird der so genannte Leverage-Effekt genutzt, nach dem die Rendite des eingesetzten Eigenkapitals so lange gesteigert werden kann, wie die Gesamtrentabilität des Geschäfts über der Rentabilität des aufgenommenen Fremdkapitals liegt. LMBO haben vor allem in den USA durch die dort ansässigen Private-Equity-Gesellschaften eine große Bedeutung erlangt. Allerdings sollte nicht übersehen werden, dass mit LMBO eine Erhöhung des Verschuldungsgrads der Unternehmen bzw. Unternehmensteile einhergeht, was deren Handlungsfähigkeit einschränken kann. Die gleichen Konstruktionsprinzipien wie MBO weisen Employee Stock Ownership Plans (ESOP) auf, bei denen jedoch nicht nur Manager, sondern auch anderweitige Belegschaftsmitglieder am Unternehmen beteiligt sind. Wie beim MBO dominiert auch hier die fremdfinanzierte Variante, was die Bezeichnung ESOP-LBO erklärt. Als Beispiel für einen erfolgreichen ESOP kann der US-amerikanische Jeanshersteller Levi Strauss genannt werden (Schlender [Strauss] 77 ff.). In diesem Zusammenhang ist jedoch zu berücksichtigen, dass die Kapitalbeteiligung von Arbeitnehmern gerade in Deutschland eine besondere Tradition besitzt und im Zuge der M&A-Diskussion Konzepte aus dem amerikanischen Raum transferiert werden (Zetsche [ESOP] 833 ff.), die hier schon seit längerem bekannt und bewährt sind.

ESOP

Tender Offer

Die Beteiligung an einem Unternehmen kann sowohl durch den allmählichen Erwerb von Anteilen als auch auf dem Weg einer öffentlichen Übernahmeofferte erfolgen. Im letztgenannten Fall liegt ein *„Tender Offer“* vor. Dort bietet das akquirierende Unternehmen den Aktionären des Zielunternehmens an, ihre Aktien innerhalb eines bestimmten Zeitraums zu festen Bedingungen zu kaufen, wobei der Preis pro Aktie in aller Regel deutlich über der jeweiligen Börsennotierung liegt (Becker [Übernahmen] 218).

Rechtslage

Der Rechtszustand in Deutschland war lange Zeit dadurch gekennzeichnet, dass keine verbindlichen Regelungen für die Durchführung von freiwilligen Übernahmeangeboten vorlagen; lediglich ein „Übernahmekodex“ sollte im Sinne einer freiwilligen Selbstregulierung eine unternehmerische Verhaltensnormierung bewirken. In der Praxis erwies sich der rechtlich unverbindliche Kodex in der vorliegenden Formulierung als Hindernis, sodass zum Januar 2002 mit dem Wertpapiererwerbs- und Übernahmegesetz (WpÜG) erstmals eine umfassende gesetzliche Regelung für öffentliche Übernahmeangebote in Kraft getreten ist (Picot [Handbuch]). Allerdings ist ein seit Februar 1989 inzwischen mehrfach überarbeiteter Entwurf für eine EU-Richtlinie, mit der eine europaweite Vereinheitlichung der Angebotsabgabe erreicht werden sollte, nach zwölfjährigem Ringen im Europäischen Parlament zu Fall gebracht worden. Nach der Ablehnung beauftragte die EU-Kommission eine hochrangige Expertengruppe auf dem Gebiet des Gesellschaftsrechts unter dem Vorsitz von Jaap Winter, Vorschläge zur Lösung der vom Europäischen Parlament thematisierten Probleme zu erarbeiten. Bereits 2003 – nur zwei Jahre später – einigten sich die Regierungen der Mitgliedstaaten mit der Verabschiedung der Richtlinie 2004/25/EG auf einen Kompromiss für einen europaweiten Übernahmekodex, der am 14.07.2006 in deutsches Recht umgesetzt worden ist. Damit gibt es in Europa erstmals einheitliche Regeln für Unternehmensübernahmen, die jedoch nicht mehr als einen Minimalkonsens darstellen, zumal ein Nebeneinander des abwehrfeindlichen europäischen Übernahmerechts und der bereits bestehenden überwiegend restriktiven nationalen Vorschriften ausdrücklich erlaubt wird. Es ist davon auszugehen, dass angesichts der Ausrichtung des WpÜG die Abwehrmechanismen in Deutschland bestehen bleiben. Obwohl eine Harmonisierung in Teilbereichen des Übernahmerechts, wie beispielsweise die Bestimmungen zur Transparenz, Preisfindung und Abfindung von Minderheitsaktionären erreicht werden konnte, ist der Versuch eines umfassenden Abbaus von Übernahmehürden zur Belebung des Kapitalmarktes auf europäischer Ebene damit erneut auf unabsehbare Zeit gescheitert.

WpÜG

Europaweite Harmonisierung

Einen guten Überblick über die Inhalte und Ergebnisse der angloamerikanischen M&A-Forschung bieten Schmidt, Vogt und Schriber ([Ansätze) 297 ff.).

10.3.2 Theoretische Erklärungsansätze und Motive von M&A

Bislang liegen nur vergleichsweise wenige theoretische Arbeiten über M&A vor. Im Mittelpunkt steht dabei das Bemühen, den starken Bedeutungsgewinn von M&A zu erklären. Es wird damit ein Analysefokus gewählt, der für junge (Teil-)Disziplinen typisch ist. Die in die theoretische Gruppe einzureihenden Arbeiten ähneln in hohem Maße jenen Veröffentlichungen, die sich mit M&A-Motiven auseinander setzen; nur dass bei den als theoretisch ausgewiesenen Studien die M&A-Verursachungsfaktoren aus der neutralen Sicht der Wissenschaftler und nicht aus derjenigen der Entscheidungsträger selbst erarbeitet werden. Als weiterer Schwerpunkt der M&A-Theorie ist auf jene Studien zu verweisen, die Bedingungsfaktoren der Richtung von M&A (vertikal, horizontal oder konglomerat) analysieren.

In der Gruppe derjenigen Arbeiten, die den Bedeutungsgewinn von M&A erklären, lassen sich zumindest *sieben Theoriefragmente* ausmachen (Trautwein [Merger] 284 ff.), die für sich genommen jeweils nur einzelne Handlungsimpulse thematisieren und somit allenfalls in ihrer Gesamtheit eine befriedigende Erklärung für das M&A-Phänomen darstellen können.

Effizienztheorie

- Bei der *Effizienztheorie* wird davon ausgegangen, dass M&A aus rationalen Erwägungen vorgenommen werden, wobei es letztendlich um die Erzielung von finanziellen, operativen und führungsbezogenen Synergien geht. Als finanzielle Synergie wird dabei der aus der Portfoliotheorie bekannte Risikostreuungsnutzen bezeichnet, während sich operative Synergien aus der Einsparung von Doppelfunktionen ergeben. Führungsbezogene Synergien entstehen, wenn das Management des akquirierenden Unternehmens über Fähigkeiten verfügt, die Prozesse des Zielunternehmens effizienter zu gestalten. Als Baustein der Effizienztheorie könnte somit auch das in Abschn. 2.2.4.2 erörterte Transaktionskostenmodell Williamsons dienen, wobei es insbesondere zur Erklärung vertikaler M&A herangezogen werden kann. Gemäß der Struktur dieses Modells wären derartige Zusammenschlüsse dann zu erwarten, wenn sowohl die Transaktionshäufigkeit als auch die Spezifität der erforderlichen Investitionen hoch sind.

Monopoltheorie

- Rationale Überlegungen dominieren auch in der *Monopoltheorie*, da M&A als Mittel zur Erreichung einer monopolartigen Marktmacht betrachtet werden. In diesem Zusammenhang dürfte bedeutsam sein, dass monopoltheoretische Argumente nicht nur zur Erklärung horizontaler, sondern auch vertikaler und konglomerater M&A verwendet werden können. Marktmachteffekte können sich bei konglomeraten M&A beispielsweise dadurch ergeben, dass die Gewinne eines Geschäftsbereichs zur Stützung anderer eingesetzt werden.

Raider-Theorie

- Bei der *Raider-Theorie* wird das Aufkommen von M&A aus der Existenz von Greenmailing sowie Asset Stripping und damit unredlichen Überlegungen heraus erklärt. Hier wird der M&A-Gewinn zu Lasten des Nutzens der Alt-Kapitaleigner des Zielunternehmens erreicht, da deren Kapitalanteile bei Ankündigung oder Realisierung der angedrohten Veräußerung – aufgrund der generellen Unsicherheit und der Gefahr, dass der realisierbare Zerschlagungswert deutlich niedriger liegt als im Falle eines „going concern" – entweder drastisch an Wert verlieren oder diese die vom Akquisiteur (Greenmailer) erworbenen Kapitalanteile zu einem erhöhten Preis zurückkaufen müssen. In der Raider-Theorie wird somit von einem Wohlfahrtstransfer vom Zielunternehmen zum Akquisiteur ausgegangen.

Bewertungstheorie

- Bei der *Bewertungstheorie* steht die Überlegung im Vordergrund, dass Manager M&A deshalb tätigen, weil sie im Gegensatz zu anderen wirtschaftspolitischen Akteuren darüber informiert sind, dass das Zielunternehmen börsenmäßig unterzeichnet oder anderweitig unter seinem wirklichen Wert angeboten wird. Den bislang dargelegten Theorieansätzen ist gemein, dass sie M&A mit einem erwarteten Nutzengewinn der Anteilseigner des akquirierenden Unternehmens erklären (vgl. Abbildung 10-26).

Empire-Building-Theorie

- Die *Empire-Building-Theorie* unterscheidet sich davon insofern, als hier unterstellt wird, dass M&A vorgenommen werden, weil sie den Eigeninteressen des Managements dienen. Diesem geht es bei der Durchführung von M&A also darum, ein gigantisches, von ihm beherrschtes Bollwerk wirtschaftlicher Macht aufzubauen. Die Empire-Building-Theorie kann dabei als Ableger des Agenturansatzes (vgl. Abschn. 2.2.4.3) verstanden werden, da hier wie dort von einem „Moral Hazard" der Manager ausgegangen wird. Jensen, einer der Hauptvertreter des Agenturansatzes, hat für die M&A-Problematik die so genannte Free-Cashflow-Theorie entwickelt, nach der Manager aus den zuvor genannten Gründen dazu neigen, den Cashflow-Überschuss in M&A-Projekte zu investieren (Jensen [Theory] 102 ff.).

Prozesstheorie

- Eine wiederum andere Erklärungsstruktur liegt der nicht mit dem Prozessansatz (Abschn. 2.2.1) zu verwechselnden *Prozesstheorie* zugrunde, bei der das Aufkommen von M&A als Ergebnis wenig durchsichtiger Entscheidungsprozesse, wie sie in Abschn. 9.1 dargelegt sind, verstanden wird. Danach werden viele M&A aufgrund völlig unrealistischer Erwartungen des Managements vorgenommen. Die Prozesstheorie unterscheidet sich von den vorhergehenden Erklärungsansätzen dadurch, dass hier die Rationalitätsprämisse aufgegeben wird.

Abbildung 10-26 *M&A-Theorien*

Erklärung des Zustandekommens von M&A			
M&A als rationale Entscheidung	M&A dienen den Anteilseignern des akquirierenden Unternehmens	Synergiegewinn	**Effizienztheorie**
		Machtgewinn gegenüber Kunden	**Monopoltheorie**
		Wohlfahrtstransfer zwischen M&A-Partnern	**Raider-Theorie**
		M&A-Gewinn aufgrund von Informationsvorsprüngen	**Bewertungstheorie**
	M&A dienen den Managern des akquirierenden Unternehmens		**Empire-Building-Theorie**
M&A als Ergebnis undurchsichtiger Entscheidungsprozesse			**Prozesstheorie**
M&A als Ergebnis volkswirtschaftlicher Phänomene			**Wellentheorie**
Erklärung der Richtung und Form von M&A			
M&A-Richtung als Ergebnis des Ausmaßes der Eigentümerkontrolle und der spezifischen Marktbedingungen			**Marktbedingungs-Eigentümerkontrolltheorie**

Wellentheorie

- Die Vertreter der volkswirtschaftlich ausgerichteten *Wellentheorie* (Disturbance Theory) glauben einen zyklenartigen Auf- und Abschwung der Bedeutung von M&A feststellen zu können, dem sich die einzelnen Entscheidungsträger mehr oder weniger freiwillig unterwerfen. Es sind damit letztendlich Modeeffekte, die das Aufkommen von M&A auslösen.

Einer theoretischen Erklärung bedürfen auch die Richtung und Form von M&A.

Marktbedingungs-Eigentümerkontrolltheorie

- In diese Richtung zielt die von Blackburn und Lang ([Theory] 80 ff.) entwickelte *Marktbedingungs-Eigentümerkontrolltheorie.* Aufbauend auf theoretischen Überlegungen und empirischen Fremduntersuchungen werden dabei die im akquirierenden Unternehmen bestehende Herrschaftsstruktur und Kontrollsituation sowie die Restriktivität der Marktbedingungen als wesentliche Einflussfaktoren des M&A-Suchprozesses angesehen. Die Herrschaftsstruktur ist insofern bedeutsam, als das Ausmaß der Eigentümerkontrolle die Bereitschaft des Top-Managements zur Durchführung von M&A bestimmt. Mit der Dimension „Marktbedingungen" wird charakterisiert, in welchem Maße ein Markt die Bündelung der gesamten dem Unternehmen zur Verfügung stehenden materiellen und immateriellen Ressourcen erfordert. Diese werden im Modell berücksichtigt, da die Handlungsmuster des Top-Managements nicht nur von unternehmensinternen, sondern auch von -externen Faktoren beeinflusst werden. Aufbauend auf diesen Überlegungen werden die in Abbildung 10-27 (Blackburn/Lang [Theory] 81) visualisierten Verhaltenstendenzen angenommen. Managerkontrollierte Unternehmen, die auf wenig restriktiven Märkten tätig sind, weisen dem Modell zufolge keine bestimmten Akquisitionspräferenzen auf. Das „ungerichtete" Suchverhalten lässt sich dadurch erklären, dass M&A für das Top-Management ein Mittel darstellen, um sich möglichst schnell den Einmischungsversuchen der Kapitaleigner zu entziehen, wobei in diesem Fall aufgrund der fehlenden Marktzwänge jedwede Form von M&A nützlich erscheint. Daneben fördern auch Risikoüberlegungen des Top-Managements die ungerichtete Form der M&A-Suche. Eigentümerkontrollierte Unternehmen in nicht restriktiven Märkten werden hingegen zu verbundenen M&A neigen. Diese Verhaltenstendenz ist insofern plausibel, als die Top-Manager eigentümerkontrollierter Unternehmen erwiesenermaßen ihre Entscheidungen in überdurchschnittlichem Maße an periodenorientierten Gewinnzielen orientieren (Lewellen/Loderer/Rosenfeld [Mergers] 459 ff.) und daher jene Form von M&A präferieren, die in absehbarer Frist Gewinne erwarten lassen. In restriktiven Märkten operierende Unternehmen werden unabhängig von der Kontrollsituation zu verbundenen M&A neigen. Dies erscheint insofern zweckmäßig, als ein Zusammenschluss mit vor- und nachgelagerten oder Konkurrenzunternehmen zu einer Stärkung der eigenen Marktposition beiträgt, was aufgrund der schwierigen Marktgegebenheiten auch notwendig ist. Die Marktbedingungs-Eigentümerkontrolltheorie bedarf wie die anderen M&A-Theorieansätze allerdings der empirischen Fundierung, bevor ihr ein hinreichender Aussagegehalt mit allgemeingültigem Anspruch zugebilligt werden kann.

Aktueller Befund

Die aktuelle Studie von Wirtz und Becker ([Ressourcen-Fit] 26 ff.) ist von der Überlegung getragen, dass eine Erfolgsbedingung von M&A in einer Entsprechung der Ressourcen der beteiligten Unternehmen besteht. Dementsprechend wird geprüft, welche Bereiche des Ressourcen-Fits besonders bedeutsam sind. Untersucht werden im Einzelnen der Stimmigkeitsgrad im Beschaffungs-, F&E-, Leistungserstellungs- und Absatzbereich, in Supportbereichen, in den Organisationsstrukturen und Unternehmenskulturen, im Marken- bzw. Unternehmensimage sowie in den Kundenstrukturen. Basierend auf einer relativ großen Datenbasis und methodisch gut abgestützt zeigt sich, dass alle der vorgenannten Bereiche signifikant und stark mit dem Gesamtkomplex des Ressourcen-Fits zusammenhängen und dieser wiederum in einer signifikanten und starken Beziehung zum subjektiven M&A-Erfolg steht.

Abbildung 10-27 *Marktbedingungs-Eigentümerkontrolltheorie*

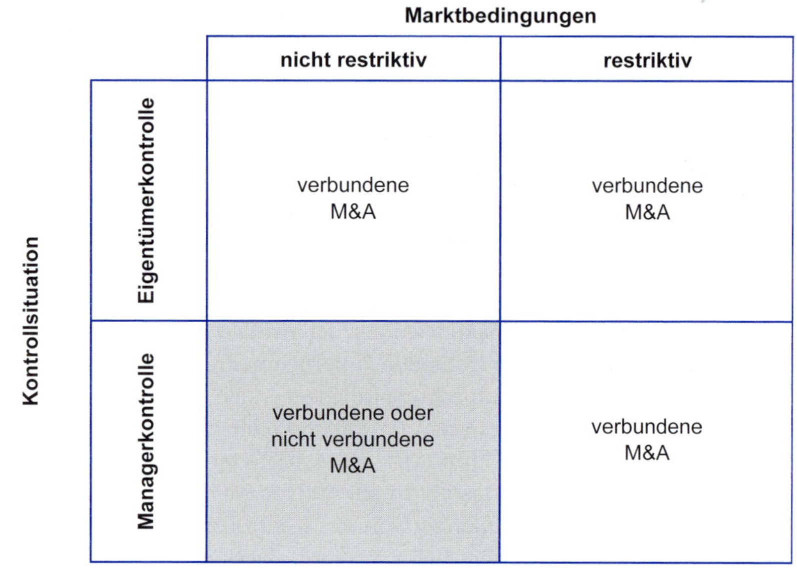

10.3.3 Bewertungs- und Finanzierungsprobleme bei M&A

Kaufpreisfindung als schwieriges Problem

Mit der auf die Findung einer Preisobergrenze abzielenden *Bewertung* von Übernahmekandidaten ist einer der schwierigsten Arbeitsschritte von M&A-Prozessen gegeben, mit dem bereits eine Vorentscheidung über das Ge- oder Misslingen der Transaktion getroffen wird. Die Tragweite der Bewertungsentscheidung zeigt sich an dem Beispiel des 1989 erfolgten Verkaufs der Hamburger Mobiliarfeuerkasse, deren Ertragswert von einer Wirtschaftsprüfungsgesellschaft mit ca. 2,5 Millionen Euro beziffert und für die im M&A-Prozess dann doch bis zu 9 Millionen Euro geboten wurden (Ruhnke [Unternehmensbewertung] 1889). Im Schrifttum besteht Einigkeit darüber, dass sich der *Wert eines Unternehmens* wie auch derjenige anderer verkäuflicher Gegenstände *letztendlich nur aus dessen Nutzwert für den oder die Kaufinteressenten ergeben kann*. Diese *funktionenorientierte* Sichtweise hat sich erst in den letzten Jahrzehnten durchgesetzt, nachdem bis in die 1960er Jahre das Ziel der Unternehmensbewertung in der Feststellung eines *objektiven*, von den individuellen Verhältnissen der Kaufinteressenten unabhängigen Wertes gesehen wurde (Stolze [Unternehmensbewertung] 112). Die auf der funktionenorientierten Sichtweise beruhende Bewertung von Übernahmekandidaten gestaltet sich insofern schwierig, als ihr Wert nur unter Berücksichtigung der Handlungssituation der Kaufinteressenten ermittelt werden kann und unter Umständen schwer abzuschätzende Synergieeffekte auftreten (Spickers [Synergiepotenzialen] 43 ff.). Letztendlich ist damit die Frage zu stellen, bis zu welchem Kaufpreis sich eine Akquisition für den jeweiligen Kaufinteressenten lohnt. Bei der Ermittlung der Preisobergrenze ist zu berücksichtigen, dass mit M&A verschiedene Nebenkosten verbunden sind (Bressmer/Moser/Sertl [Vorbereitung] 123 ff.). Diese können dadurch entstehen, dass der Übernahmekandidat in das eigene Unternehmen eingegliedert werden muss, dass Teile von diesem mit entsprechenden Folgekosten (Sozialpläne) aufgelöst und Schulden getilgt werden müssen, dass versteckte Mängel und Prozesskosten auftreten oder dass Managementkapazitäten zur Führung des Übernahmekandidaten bereitgestellt werden müssen. Ebenso müssen die bereits im Prozess der Übernahme anfallenden Nebenkosten, bestehend aus Finanzierungs-, Vermittlungs- und Beratungskosten, sowie die an die öffentliche Hand zu leistenden Abgaben berücksichtigt werden.

Isolierende Verfahren:

Entsprechend der Unterscheidung zwischen objektivem und subjektivem Unternehmenswert lässt sich die Vielzahl der zur Verfügung stehenden Bewertungsmethoden zu *isolierenden und synergetischen Verfahren* bündeln, wobei unter den Verfahren der erstgenannten Gruppe die Substanzwertmethode, die Ertragswertmethode und die Discounted-Cashflow-Methode die größte Bedeutung besitzen. Bei Anwendung der *Substanzwertmethode* werden die Aktiva des Übernahmekandidaten zu Marktpreisen bewertet, wobei der Unternehmenswert durch eine Addition der Einzelwerte bestimmt wird. Als Substanzwert wird somit jener Kapitalbetrag bezeichnet, der eingesetzt werden müsste, um das Unternehmen in der am Bewertungsstichtag bestehenden Qualität zu rekonstruieren (Fischer [Bewertung] 53). Die verfahrensmäßig relativ einfache Substanzwertmethode vermag jedoch den faktischen Wert des Unternehmens insofern nur unzureichend wiederzugeben, als sie keinerlei Aufschluss über die künftigen Erträge des Unternehmens stiftet. Die *Ertragswertmethode* bestimmt den Wert des Kaufobjekts auf der Basis der von ihm erwarteten Gewinne. Hierbei wird dergestalt vorgegangen, dass die um außerordentliche Rückflüsse bereinigten Gewinne G mit einem für langfristige Kapitalanlagen üblichen Zinssatz nach der Formel

Substanzwertmethode

Ertragswertmethode

$$W = \frac{mG \cdot 100}{i}$$

hochgerechnet werden, wobei W den Ertragswert, mG den mittleren jährlichen Zukunftsgewinn und i den Kapitalisierungszinssatz darstellen. Der erwartete Zukunftsgewinn wird dabei aus der bisherigen Gewinnsituation des Übernahmekandidaten abgeleitet. Die bei M&A-Projekten vielfach beteiligten Unternehmensberater vereinfachen diese Methode insofern, als sie branchenspezifische Erfahrungswerte zugrunde legen und als Ertragswert $3 \cdot G$, $4 \cdot G$ oder $5 \cdot G$ annehmen. Ein spezifisches Problem der Ertragswertmethode besteht in der Auswahl des der Rechnung zugrunde zu legenden Gewinns und der Bestimmung des einzusetzenden Zinssatzes. Die Ertragswertmethode vermag insbesondere deshalb nicht vollständig zu befriedigen, weil sie vergangenheitsorientiert ist und die künftige Entwicklung des zu bewertenden Unternehmens außer Acht lässt, wobei dieser Nachteil vor allem bei derzeit noch ertragsschwachen, aber zukunftsträchtigen Unternehmen gravierend sein dürfte.

Discounted-Cashflow-Methode

Wohl aus diesem Grund wird von der Bewertungspraxis immer mehr die so genannte *Discounted-Cashflow-Methode* (DCF-Methode) favorisiert. Diese basiert auf der in den USA von Rappaport [Value] entwickelten Shareholder Value bzw. Wertsteigerungsanalyse, mit der (unter EDV-Einsatz) der maximale Preis, die wichtigsten Risiken, der zukünftige Gewinn und Cashflow und die bestmögliche Finanzierung von Transaktionen ermittelt werden sollen (Weber [Beurteilung] 222). Die Besonderheit der DCF-Methode besteht darin, dass sie *dynamisch angelegt ist und Wertsteigerungsaspekte analysiert*, wobei zu erwartende Geldmittelrückflüsse, der Endwert des Unternehmens sowie nicht betriebsnotwendige Vermögensbestandteile berücksichtigt werden. Dabei werden für eine gewisse Zeitspanne, in der Regel acht bis zehn Jahre, die betrieblichen *Geldmittelrückflüsse* („Free Cash-flow") prognostiziert und auf den gegenwärtigen Zeitpunkt abgezinst. Als Free Cash-flow sind Geldmittelrückflüsse vor Abzug von Fremdkapitalzinsen, nach Ertragssteuern und nach Investitionen in das Netto-Umlaufvermögen und in das Anlagevermögen anzusetzen.

Die Höhe des Free Cash-flow kann dabei auf dem Weg einer Einnahmenüberschussrechnung bestimmt werden. Die nach Ablauf der berücksichtigten Zeitspanne anfallenden Geldmittelrückflüsse werden über eine *Endwertschätzung* eingefangen, die ebenfalls abzuzinsen ist. Es handelt sich hierbei um jene betriebsnotwendigen Aktiva, die am Ende der Zeitspanne vorhanden sein werden. Das *nicht betriebsnotwendige Vermögen* wird gesondert berechnet und ebenfalls einer Abzinsung unterzogen. Der Denkansatz der DCF-Methode ist in Abbildung 10-28 (Weber [Beurteilung] 223) veranschaulicht.

Discounted-Cashflow-Methode

Abbildung 10-28

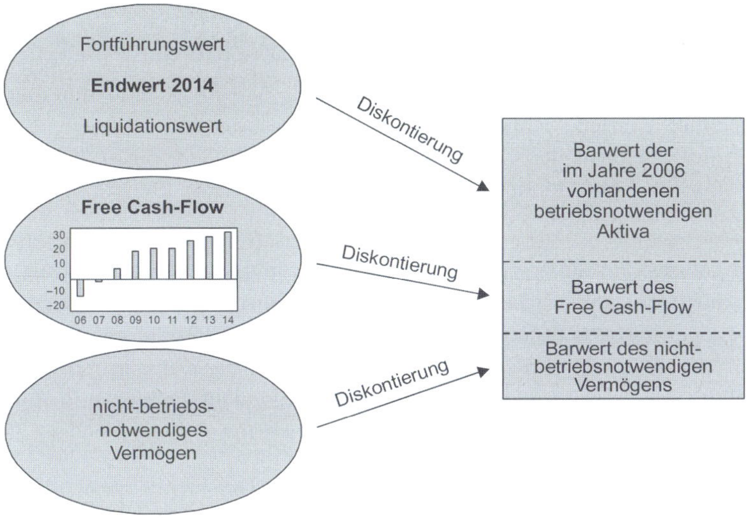

Die Genauigkeit der DCF-Methode lässt sich noch verbessern, wenn die ermittelten Barwerte des Free Cash-flow mit Eintrittswahrscheinlichkeiten gewichtet werden (Helbling [Unternehmensbewertung] 536). Obwohl die Vorteile der DCF-Methode offensichtlich sind, darf nicht übersehen werden, dass die Prognose künftiger freier Cashflows und des Unternehmensendwertes erhebliche Probleme bereiten kann.

Synergetische Verfahren:

Paketzuschlags-methode

Bruttosynergie-methode

Die bislang erörterten Bewertungsmethoden weisen den gemeinsamen Nachteil auf, dass sie die Synergiepotenziale der Akquisition unberücksichtigt lassen. Diesen Mangel versuchen die *synergetischen* Bewertungsverfahren zu beheben (Becker [Unternehmensbewertung] 33). Bei der *Paketzuschlagsmethode* wird auf den über die Ertragswert- oder DCF-Methode ermittelten Unternehmenswert ein bestimmter Prozentsatz als vermuteter Synergieeffekt zugeschlagen. Diese Methode sollte aufgrund der ihr eigenen hohen Unsicherheit jedoch nur dann angewendet werden, wenn die für anderweitige Verfahren notwendigen Daten nicht verfügbar sind. Besser geeignet erscheint die *Bruttosynergiemethode*, bei der die Akquisitionsziele in messbare Kennzahlen umgesetzt werden, die dann über einen allerdings ebenfalls nicht eindeutig bestimmbaren Hebesatz zu dem Unternehmenswert umgerechnet werden. Als zu berücksichtigende Akquisitionsziele kommen dabei Umsatzgrößen, Marktanteile, aber auch beschaffungs- und wertschöpfungsprozessbezogene Faktoren in Betracht. Ein weiterer Nachteil der Bruttosynergiemethode besteht allerdings darin, dass die jeweilige Bedeutung der Einzelziele durch ein Gewichtungsfaktorensystem zum Ausdruck gebracht werden muss.

Additive Potenzialmethode

Ähnlich angelegt ist die *additive Potenzialmethode*, bei der die vom Übernahmekandidaten zu erwartenden quantitativen und qualitativen Erfolgspotenziale in einem Punktbewertungssystem (vgl. Abschn. 11.2.3) miteinander verrechnet werden. Schließlich kann die Messung der Risikoeffekte von M&A auf der Basis des Capital-Asset-Pricing-Modells erfolgen, dessen Anwendung im Marktbereich jedoch umstritten ist (Grote [Synergiepotenzial] 261 f.).

Due Diligence

Akquisitionskandidaten sind jedoch nicht nur in finanzwirtschaftlicher, sondern auch auf steuerlicher, strategischer, technischer, ökologischer, personalbezogener sowie organisatorischer Hinsicht einer sorgfältigen Bewertung zu unterziehen. Im aktuellen Schrifttum werden diese mit größtmöglicher Sorgfalt durchzuführenden Bewertungen als Due-Diligence-Prüfungen bezeichnet (Littkemann/Holtrup/Schrader [Bewertung] 40 ff.; Blöcher/Glaum [Rolle] 308 ff.).

Eigen- und Fremdfinanzierung

Im Hinblick auf die *Finanzierung* von M&A sind *eigen- und fremdkapitalorientierte Varianten* zu unterscheiden. Bei Ersteren werden die zum M&A notwendigen Finanzmittel vom akquirierenden Unternehmen aufgebracht. Hierbei bieten sich die Varianten der Innenfinanzierung, bei der das Eigenkapital durch Gewinnthesaurierung oder durch Verflüssigung nicht-betriebsnotwendiger Aktiva im akquirierenden Unternehmen selbst gebildet wird, sowie die Außenfinanzierung an. Im zweiten Fall wird dem akquirierenden Unternehmen beispielsweise durch eine Kapitalerhöhung neues Beteiligungskapital zugeführt. Bei Fusionen findet häufig ein Aktientausch in einem bestimmten Verhältnis (beispielsweise 1:1) zwischen den sich zusammenschließenden Unternehmen statt.

Als andere Formen der Außenfinanzierung kommen die Ausgabe von Genuss- oder Partizipationsscheinen in Betracht. Da die Aufbringung größerer Kapitalmengen für nicht-börsennotierte Unternehmen mitunter schwierig ist, hat die in Abschn. 10.4.5 erörterte Venture-Capital-Finanzierung stark an Bedeutung gewonnen. Ein wesentliches Merkmal der Venture-Capital-Finanzierung ist die von Anfang an beabsichtigte zeitliche Begrenzung der Einlage, weshalb auch von einem „Eigenkapital auf Zeit" gesprochen wird. Ein positiver Nebeneffekt dieser Finanzierungsvariante besteht darin, dass das Kaufobjekt im Zuge der Anbahnung der Kapitalbeteiligung von den Finanzierungsexperten der Venture-Capital-Gesellschaft eingehend geprüft wird. M&A haben nicht zuletzt deshalb stark an Bedeutung gewonnen, weil die „Technik" der Fremdfinanzierung in den vergangenen Jahren sehr stark verbessert wurde (Otto [Übernahmen] 1389). Zur Erhöhung der Übersichtlichkeit der mittlerweile zahlreichen Fremdfinanzierungsalternativen bietet sich eine Untergliederung in traditionelle und innovative Varianten an.

Traditionelle Fremdfinanzierung

Unter den *traditionellen Fremdfinanzierungsformen* stehen dabei die Aufnahme langfristiger Bankkredite sowie die Zeichnung von Schuldverschreibungen oder Schuldscheindarlehen im Vordergrund. Um den Kreditplafond zu erhöhen, werden dabei teilweise die Aktien oder anderweitige Kapitalanteile des Akquisiteurs verpfändet. Die gleiche Wirkung wird von der Forderung nach Rangrücktrittserklärungen späterer Kreditgeber erwartet (Bär [Firmenübernahmen] 160). Trotz derartiger Kunstgriffe reichen die Kapitalbeschaffungsmöglichkeiten der traditionellen Finanzierungsformen aufgrund der zu geringen Eigenkapitalausstattung der Akquisiteure nicht immer aus. Zu denken ist insbesondere an jene Fälle, in denen ein vergleichsweise großes Unternehmen von einem wesentlich kleineren übernommen wird; so wie beispielsweise Aventis durch Sanofi-Synthélabo.

Innovative Fremdfinanzierung

Derartige Transaktionen sind lediglich unter Einsatz *innovativer Fremdfinanzierungsvarianten* zu bewältigen. Die neuen Formen unterscheiden sich von den traditionellen in erster Linie dadurch, dass das Kaufobjekt selbst und weniger der Akquisiteur zur Sicherung der Fremdkapitalbeschaffung herangezogen wird. Letztere überwiegt bei den innovativen Finanzierungsformen eindeutig, wobei es in den USA mittlerweile üblich ist, dass M&A zu 70 bis 80 Prozent, teilweise sogar bis 90 Prozent fremdfinanziert werden (Otto [Übernahmen] 1389). Ein extremes Beispiel ist mit dem 1989 vorgenommenen Aufkauf der RJR Nabisco Inc. durch die Investmentgesellschaft Kohlberg, Kravis, Roberts & Co. (KKR) gegeben, wobei Letztere mit einem Eigenkapital von 1,5 Milliarden US-Dollar den Übernahmepreis von 28,8 Milliarden US-Dollar finanziert hat. Die übrigen Finanzmittel wurden durch vergleichsweise kurzfristige Kredite US-amerikanischer, europäischer und japanischer Banken („Bridge Financing") sowie durch Schuldverschreibungen bereitgestellt.

High Leveraged Transactions

Die kurzfristigen Bankkredite sollen durch den sukzessiven Verkauf von Hochzinsanleihen, so genannten Junk Bonds, abgelöst werden (Milde [Übernahmefinanzierung] 649 f.). Die offensichtlichen Risiken derartig hoher Fremdkapitalanteile sind nur aufgrund der Wirksamkeit des oben bereits erörterten Leverage-Effekts tragbar. Die innovativen Finanzierungsformen werden deshalb auch als *High Leveraged Transactions* bezeichnet. Abgesichert werden derartige M&A nicht selten durch ein Asset Stripping. Eine nicht minder waghalsige Variante der innovativen M&A-Finanzierung ist dann gegeben, wenn die Finanzmittelbeschaffung durch die Cashflow-*Erwartungen* des Übernahmekandidaten abgesichert wird (Cash-flow-basierte Finanzierung). Dieser Weg bietet sich an, wenn weder die Ertrags- und Finanzkraft des akquirierenden Unternehmens noch die Vermögenslage des Übernahmekandidaten ausreichen, um die zur Transaktion notwendigen

Fremdmittel zu beschaffen. Es darf nicht übersehen werden, dass Leveraged Transactions aus traditioneller, bankmäßiger Sicht kritisch beurteilt werden. Dabei wird vor allem die sehr hohe Schuldenbelastung des Übernahmekandidaten gerügt (Müller [Übernahmefinanzierung] 173), die sich vor allem in Zeiten wirtschaftlicher Rezession nachteilig auswirken kann. Andererseits ist es jedoch Investmentunternehmen wie KKR gelungen, auch in Zeiten rückläufiger wirtschaftlicher Entwicklung die im Zuge der Leveraged Transactions aufgenommenen Schulden pünktlich zurückzuzahlen und eine Eigenkapitalrendite von über 30 Prozent zu erwirtschaften (Otto [Übernahmen] 1390). Auch darf nicht übersehen werden, dass Leveraged Transactions aufgrund der Abzugsfähigkeit der Fremdkapitalzinsen durch erhebliche steuerliche Vorteile gekennzeichnet sind (Lerbinger [Unternehmensakquisition] 140). Leveraged Transactions werden jedoch nur dann berechtigte Erfolgshoffnungen gestatten, wenn eine sorgfältige Prüfung des Übernahmekandidaten erfolgt, wobei vor allem stabile und zuverlässig prognostizierbare Einzahlungsüberschüsse, ein bedeutsamer Marktanteil bei komparativen Kostenvorteilen sowie eine gute Produktqualität vorhanden sein sollten. Auch wirkt sich positiv aus, wenn die Aktiva des Übernahmekandidaten nur lose miteinander verbunden und die Kapitalanteile breit gestreut sind sowie eine geringe Fremdkapitalquote besteht (Milde [Übernahmefinanzierung] 652).

Mezzanine Financing

Abschließend sei darauf hingewiesen, dass die analytische Trennung von eigen- und fremdkapitalorientierten Finanzierungsformen in der Praxis überwiegend in *Mischformen* der Eigen- und Fremdkapitalfinanzierung (*Mezzanine Financing*) aufgelöst wird. Auf diesem Wege kann den Fremdkapitalgebern die erwünschte Sicherheit geboten und zudem eine Ausnutzung der positiven Effekte der Fremdfinanzierung (steuerliche Absetzbarkeit) erreicht werden. Als flankierendes Finanzierungsinstrument kann schließlich noch die Terminierung der Kaufpreiszahlung dienen. Die Praxis hat diesbezüglich zahlreiche Varianten entwickelt, die mehrheitlich auf eine Teilung des Akquisitionsrisikos zwischen Käufer und Verkäufer hinauslaufen (Müller [Übernahmefinanzierung] 176). Häufig werden hierzu Verkäuferdarlehen oder die zeitliche Staffelung der Kaufpreiszahlung angewandt.

10.3.4 Organisatorische, personelle und kulturelle Integration bei M&A

Organisation

Bei M&A, die nicht zur Zerschlagung des Zielunternehmens vorgenommen werden, ist darüber zu entscheiden, in welchem Ausmaß und welcher Form das Zielunternehmen in die *Organisation* des Käuferunternehmens *integriert* werden soll (vgl. Fallbeispiel zu Kapitel 7). Hierzu ist eine sorgfältige Diagnose und Handhabung des organisatorischen Anpassungs- und Integrationsbedarfs erforderlich (Gerpott [Gestaltung] 464; Güttel [Intergrationsprozess]). Hinsichtlich der Geschwindigkeit der organisatorischen Integration ist eine möglichst schnelle Eingliederung des Zielunternehmens zu empfehlen, da es andernfalls beim Zielunternehmen zu unerwünschten Verselbstständigungseffekten kommen kann. Praxisbeispiele wie dasjenige des Ford-Jaguar-Takeovers zeigen allerdings, dass dieser Maßgabe nicht immer gefolgt wird. Die bei der organisatorischen Integration zu wählenden Gestaltungsalternativen werden in erster Linie von dem Ausmaß der vorhandenen und für die Zukunft erwarteten Interdependenzen von Käufer- und Zielunternehmen und damit letztendlich von der Strategie des Käuferunternehmens bestimmt. Als weitere Einflussgröße ist das Ausmaß der Übereinstimmung der bisherigen Organisationsstrukturen von Käufer- und Zielunternehmen anzusehen. Von zentraler Bedeutung dürfte auch noch die Höhe der erworbenen Kapitalanteile sein, wobei rigorose Umstrukturierungsmaßnahmen im Regelfall eine Mehrheitsbeteiligung voraussetzen. Zur organisatorischen Integration des Zielunternehmens stehen grundsätzlich die im Abschn. 7.2.2 dargelegten Strukturmodelle zur Verfügung.

Die einfachste Form besteht dabei in der Eingliederung des Zielunternehmens als eigenständige Teilgesellschaft in eine gegebenenfalls erst zu bildende Finanz- oder Management-Holding des Käuferunternehmens. Diese Lösung empfiehlt sich vor allem dann, wenn überhaupt keine oder – im Fall der Management-Holding – nur geringe Interdependenzen zwischen dem Käufer- und Zielunternehmen bestehen. Ein weiterer Vorzug dieser Alternative besteht darin, dass keine fundamentalen Veränderungen im Stellengefüge des Zielunternehmens erforderlich sind. Bei starken Interdependenzen ist allerdings von der Holding-Struktur abzuraten, da die Synergieeffekte hier auf die jeweiligen Teilgesellschaften begrenzt sind (De Noble/Gustafson/Hergert [Planning] 84). In diesem Fall sollten Strukturkonzepte wie die Matrixstruktur, die Spartenorganisation mit ausgelagerten Zentraleinheiten oder Hybridmodelle bevorzugt werden (vgl. Abschn. 7.2). Eine gelungene Integration des Käuferunternehmens drückt sich dann in Kosteneinsparungen durch Reduzierung von Overhead-Funktionen und einer zentralen Koordination des Ressourceneinsatzes aus. Von funktional gegliederten Käuferunternehmen wird häufig jene Lösung gewählt, bei der die bisher dem Top-Management des Zielunternehmens unterstellten Funktionsbereiche den entsprechenden Funktionsbereichen des Käuferunternehmens zugeordnet werden, sodass dessen Funktionalstruktur voll erhalten bleibt (Ottersbach/Kolbe [Integrationsrisiken] 142). Diese Alternative ist jedoch insofern besonders kritisch zu prüfen, als sie zu einer Unübersichtlichkeit der Funktionsbereiche und zu Motivationsverlusten bei den Funktionsbereichsleitern des Zielunternehmens führen kann. Dieser Effekt sollte insofern nicht unterschätzt werden, als empirische Studien zeigen, dass 60 Prozent der Top-Manager übernommener Unternehmen diese innerhalb von fünf Jahren verlassen (De Noble/Gustafson/Hergert [Planning] 83). Auch lässt sich mit ihr die von Umstrukturierungsmaßnahmen erwartete Entlastung des Top-Managements nur selten erreichen. Am ehesten zu vertreten ist die funktionale Lösung dann, wenn die „M&A-Partner" homogene Geschäftsfelder aufweisen. Ergänzt werden sollte die organisatorische Integration schließlich durch den Auf- oder Ausbau des unternehmerischen Berichtssystems. Hierzu sind zahlreiche technische Anpassungen im operativen Bereich vorzunehmen, wobei hauptsächlich die EDV-Infrastruktur betroffen sein dürfte. Einer zielgerichteten organisatorischen Gestaltung muss auch die Abwicklung des M&A-Prozesses selbst unterzogen werden (Müller-Stewens/Schreiber [Anbindung] 275 ff.).

Personalmanagement

Bereits in den 1960er Jahren war man sich weitgehend darüber einig, dass der Erfolg von M&A letztendlich von *personellen Faktoren* abhängt (Schoonmaker [Mergers] 39; Wirtz [Management] 320 ff.). Diese Einschätzung erscheint insofern plausibel, als M&A vielfach zu umfangreichen Freisetzungen bzw. Versetzungen von Arbeitnehmern führen. Aber auch unabhängig vom konkreten Ausmaß personeller Umstrukturierungen sind M&A für die Arbeitnehmer mit erhöhter individueller Unsicherheit verbunden (Kutschker [Akquisition] 18). Um negative Wirkungen abbauen zu können, empfiehlt sich eine größtmögliche Beteiligung der Arbeitnehmer vor und nach der formalen Transaktion, wobei sich vor allem die Bildung von Übernahme-Projektteams bestehend aus Schlüsselführungskräften von Käufer- und Zielunternehmen anbietet. Empirische Untersuchungen zeigen allerdings, dass eine breite Beteiligung von Führungskräften eher die Ausnahme als die Regel ist (Gerpott [Personalmanagement] 424). Die personelle Dimension von M&A erschöpft sich jedoch keineswegs in einer starken Beteiligung der Führungskräfte an der Übernahmeentscheidung. Vielmehr sind zahlreiche personalspezifische Angelegenheiten zu klären, in deren Mittelpunkt neben arbeitsrechtlichen Fragen die Personalplanung, das Entgeltsystem und die Personalentwicklung stehen (Wächter [Voraussetzungen] 118 ff.). Mit der *Planung des Personalbedarfs* für das Gesamtunternehmen sollte so bald wie möglich begonnen werden, um eventuell notwendige Personalfreisetzungen sozialverträglich abfedern zu können. Derartige Personalbedarfsplanungen sollten aber unter höchster Vertraulichkeitsstufe vorgenommen werden, um das Ansteigen des Kaufpreises aufgrund eines frühzeitigen Bekanntwerdens der bevorstehenden Transaktion und eine Abwanderung qualifizierter Arbeitnehmer zu vermeiden. In der Unternehmenspraxis scheint man die Vertraulichkeit fälschlicherweise dadurch gewährleisten zu wollen, dass die Personalbereiche erst vergleichsweise spät in den M&A-Prozess eingeschaltet werden (Sturges [Method] 60 ff.). Aufgrund der hohen Bedeutung tariflicher Regelungen dürfte die Gestaltung des *Entgeltsystems* vor allem bei internationalen M&A, bei denen keine oder andersartige Rechtsgrundlagen berücksichtigt werden müssen, und bei vertikalen und konglomeraten M&A, wo branchenfremde Tarifverträge wirksam werden, Probleme aufwerfen. In diesen Fällen wird es nur begrenzt möglich sein, eine aus Gerechtigkeitsüberlegungen wünschenswerte Vereinheitlichung der Arbeitsplatz- und Leistungsbewertungssysteme zu erreichen. Besonders wichtig und aufgrund des Fehlens tarifvertraglicher Bindung auch realisierbar ist hingegen eine Vereinheitlichung der Führungskräfteentgeltsysteme, da in dieser Personalgruppe vergleichsweise häufig Transfers zwischen den Unternehmensteilen vorgenommen werden. Ein besonders sensibler und schwierig zu lösender Bereich ist die Anpassung der Vorstandsbezüge bei internationalen M&A mit zum Teil extremem Gehaltsgefälle (vgl. Fallbeispiel zu Kapitel 7). Im Bereich der *Personalentwicklung* werden von M&A sehr heterogene Handlungsnotwendigkeiten verursacht. Einerseits ist eine weitgehende Standardisierung der Qualifizierungsprozesse anzustreben, um die Flexibilität des Arbeitskräfteeinsatzes im Gesamtunternehmen zu gewährleisten. Auf der anderen Seite sollten jedoch auch die aus einer Heterogenität von Personalentwicklungsmaßnahmen resultierenden Kreativitätsvorteile nicht unterschätzt werden. Auch hier wird das notwendige Ausmaß der Vereinheitlichung letztendlich von der Form des M&A bzw. den Interdependenzen von Käufer- und Zielunternehmen bestimmt. Ein besonderer Aufgabenschwerpunkt der Personalentwicklung bei M&A dürfte in der Beurteilung und Qualifizierung der Führungskräfte des Zielunternehmens bestehen, da diese als Schlüssel des M&A-Erfolgs anzusehen sind. Hierzu kann das in der Form einer zeitweiligen Versetzung in das Käuferunternehmen praktizierte Job Rotation gute Dienste leisten. Die aktuelle Studie von Schweizer und Patzelt ([Führungsstile] 277 ff.) zeigt, dass die Wahrscheinlichkeit des Verbleibens von Mitarbeitern in akquirierten Unternehmen in hohem Maße von der Wahl eines angemessenen Führungsstils abhängt. Erforderlich ist in diesem Stadium ein persönlicher, beziehungsfördernder, kontextbezogener, inspirierender, unterstützender und integrativer Führungsstil.

Bei grenzüberschreitenden M&A-Aktivitäten ist im Rahmen der Corporate Governance zusätzlich neben dem im Jahr 2004 in Kraft getretenen Regelwerk zum Statut der Europäischen Aktiengesellschaft (Societas Europaea, SE) auch auf die unterschiedlich weitreichenden Regelungen der Mitgliedstaaten zur Arbeitnehmermitbestimmung auf Betriebs- und Unternehmensebene zu achten (vgl. Abschn. 3.5).

Unternehmenskultur

Nicht minder wichtig als die Integration der Personalprogramme dürfte die *Abstimmung der Unternehmenskultur* bei M&A sein (Krystek [Unternehmenskultur] 548 ff.; Knyphausen/Schweizer [M&A-Prozess] 259 ff.). Diese Vermutung lässt sich jedenfalls aus Analysen gescheiterter Akquisitionsprozesse ableiten, die vielfach nicht aufgrund ökonomischer Defizite, sondern infolge einer mangelhaften Berücksichtigung der weichen Faktoren misslungen sind

(Reineke [Akkulturation] 9 f.). Das Problem der kulturellen Abstimmung stellt sich dabei nicht nur bei internationalen, sondern auch bei nationalen M&A, da auch Unternehmen ein und desselben kulturellen Umfelds sehr unterschiedliche „Binnenkulturen" aufweisen können (vgl. Abschn. 4.7). Vielfach sind es nämlich Änderungen bei Kleinigkeiten wie etwa die Umstellung des Telefonnetzes und des Formularwesens oder von „voice mail" auf „e-mail"-Kultur, die Widerstand bei den Arbeitnehmern und damit partielle Handlungsunfähigkeit auslösen. In diesem Zusammenhang dürfte es aber nicht immer zweckmäßig sein, wenn das Top-Management des akquirierenden Unternehmens unter allen Umständen darauf hinwirkt, dass das Zielunternehmen die eigene Kultur übernimmt. Prinzipiell stehen nämlich mit Berry ([Acculturation] 66 ff.) vier verschiedene Akkulturationsformen zur Verfügung. Die Akkulturationsform der *Integration* kann als ein Kompromiss aus den Kulturen des Akquisiteurs und des Zielunternehmens angesehen werden. Bei der *Assimilation* gibt das Zielunternehmen seine eigene Kultur auf und übernimmt die Wertvorstellungen und Verhaltensweisen des Akquisiteurs, der als Leitbild im Akkulturationsprozess dient. Die auch als *Segregation* bezeichnete *Separation* ist dadurch gekennzeichnet, dass das Zielunternehmen seine Kultur auch nach Abschluss des M&A-Prozesses weitgehend bewahrt; es findet somit nur ein minimaler Kulturaustausch statt. Beim Muster der *Dekulturation* verändert das Zielunternehmen seine Unternehmenskultur, ohne diese jedoch an die Kultur des akquirierenden Unternehmens anzupassen. Das Ausmaß und die Form der Werteangleichung wird dabei im Spannungsfeld interner und externer Kontextfaktoren bestimmt.

Malekzadeh und Nahavandi ([Mergers] 55 ff.; Nahavandi/Malekzadeh [Acculturation] 82 ff.) vertreten die Auffassung, dass dieser Prozess hauptsächlich von Merkmalen der beiden beteiligten Unternehmen abhängt. Als Merkmale des Zielunternehmens werden die Wahrnehmungen seiner Arbeitnehmer über die Attraktivität des Akquisiteurs sowie die Attraktivität der eigenen Kultur und als Merkmale des Akquisiteurs dessen M&A-Strategie sowie die Internationalität seiner Unternehmenskultur angesehen (vgl. Abbildung 10-29). Nahavandi und Malekzadeh ([Acculturation] 84 f.) gehen davon aus, dass in Fällen, in denen die Handlungssituationen der beiden Unternehmen unterschiedliche Akkulturationsmuster nahe legen, ein hohes Maß an Stress und Reibungsverlusten auftreten wird, das Kündigungen seitens der Führungskräfte und anderer Arbeitnehmer wahrscheinlich macht. Die deutsche „Fusion" (faktisch Übernahme) Siemens-Nixdorf mit sehr unterschiedlichen Kulturen der Ursprungsunternehmen kann diesbezüglich als relevantes Beispiel gelten. Insofern muss bereits im Vorfeld der Akquisitionen sichergestellt werden, dass die Merkmale des Zielunternehmens und des Akquisiteurs zueinander passen.

Akkulturation bei M&A — **Abbildung 10-29**

Merkmale des Zielunternehmens

Wahrgenommene Attraktivität des Akquisiteurs	Attraktivität der eigenen Unternehmenskultur: gering	Attraktivität der eigenen Unternehmenskultur: hoch
gering	Integration	Separation
hoch	Assimilation	Dekulturation

Merkmale des Akquisiteurs

M&A-Strategie	Internationalität der Unternehmenskultur: hoch	Internationalität der Unternehmenskultur: gering
verbunden	Integration	Assimilation
nicht verbunden	Separation	Dekulturation

10.3.5 Strategien zur Abwehr feindlicher Übernahmen

Obwohl feindliche Übernahmen in Europa und insbesondere in Deutschland bislang wesentlich seltener als in den USA anzutreffen sind (Ebenroth/ Daum [Kompetenzen] 1106), ist auch hier in der Zukunft mit einem Ansteigen derartiger Übernahmen zu rechnen. Als Beispiel für die Hartnäckigkeit feindlicher Takeover-Bids kann der derzeit noch laufende Versuch von Microsoft zur Übernahme von Yahoo gelten. Schneller zum Ziel führten dagegen die medienwirksamen Übernahmeschlachten von Aventis durch den kleineren Konkurrenten Sanofi-Synthélabo im Jahr 2004 (vgl. das Fallbeispiel zu Beginn dieses Abschnitts) sowie des Mannesmann-Konzerns durch den britischen Telekommunikationsanbieter Vodafone im Frühjahr 2000 (vgl. Kapitel 15). Auch deutsche Unternehmen stehen somit vor der Aufgabe, Strategien zur Abwehr unerwünschter Übernahmeversuche zu entwickeln, zumal feindliche Übernahmen nicht selten zum Zweck der gewinnbringenden Zerschlagung des Unternehmens oder anderweitiger Formen der Mittelabschöpfung vorgenommen werden. Das Spektrum der sich mehrheitlich auf das Grundmodell der Aktiengesellschaft beziehenden Abwehrstrategien ist beträchtlich, sodass eine Zweiteilung der Vielfalt in Strategien, die Satzungsänderungen und damit die Zustimmung der Hauptversammlung erforderlich machen, und in solche, die im Ermessensbereich des Top-Managements liegen, sinnvoll erscheint. Da die Abwehrstrategien mehrheitlich in den USA entwickelt wurden, ist zu prüfen, inwieweit sie aufgrund der unterschiedlichen Rechtssituation auch in Deutschland anwendbar sind (Weimar/Breuer [Strategien] 2309 ff.). Diese in der Praxis so bezeichneten „Strategien" haben eher Maßnahmencharakter und mit dem in Kapitel 5 entwickelten Strategieverständnis nichts gemein.

Zu den Abwehrstrategien, die – sofern überhaupt rechtlich zulässig – die Zustimmung der Hauptversammlung voraussetzen würden, zählen die Ausgabe vinkulierter Namensaktien, die Festlegung von Höchststimmrechten und „Super Majority Provisions", die zeitliche Fächerung der Amtszeiten der Aufsichtsratsmitglieder, die Kapitalerhöhung unter Ausschluss des Bezugsrechts, die Ausgabe von so genannten „Poison Pills", die „Crown-Jewel-Strategie" und die angeordnete Zwangseinziehung.

Vinkulierte Namensaktien

Mit der *Ausgabe vinkulierter Namensaktien* ist ein weit verbreitetes, im § 68 AktG vorgesehenes Verfahren zur Erhaltung der Zusammensetzung des Aktionärskreises gegeben (Wirth [Namensaktien] 617 ff.). Es bietet sich insbesondere dann an, wenn die Kapitalanteile weit gestreut und Einzelabsprachen zur Erhaltung des Anteilseignerkreises nicht möglich sind. Die Anwendbarkeit dieser Strategie ist allerdings insofern stark eingeschränkt, als eine nachträgliche Vinkulierung bereits ausgegebener Aktien der Zustimmung aller betroffenen Aktionäre bedarf (§ 180 AktG). Auch ist zu bedenken, dass mit der Vinkulierung lediglich der dingliche Übergang der Kapitalanteile, nicht jedoch wirkungsgleiche schuldrechtliche Abmachungen zwischen den Anteilseignern und unerwünschten Kaufinteressenten verhindert werden können. Derartige Abmachungen gelten zwar als nichtig, haben jedoch aufgrund von Beweisschwierigkeiten in der Praxis eine erhebliche faktische Bedeutung (Schwegmann/Pfaffenberger [Abwehrmaßnahmen] 569).

Höchststimmrechte

Eine weitere die Zustimmung der Hauptversammlung erforderlich machende Abwehrstrategie ist mit der *Festlegung von Höchststimmrechten* nach § 134 I AktG gegeben. Bei Nutzung dieser in Deutschland seit den Großeinkäufen arabischer Investoren zu Beginn der 1970er Jahre häufig genutzten Abwehrstrategie wird das Stimmrecht einzelner Aktionäre üblicherweise auf 5 bis 10 Prozent begrenzt. Der Anwendungsnutzen der Stimmrechtsbegrenzung übersteigt denjenigen der Vinkulierung insofern, als Erstere bei Zustimmung einer satzungsändernden Mehrheit auch gegen den Willen betroffener Aktionäre durchgesetzt werden kann. Eine vollständige Sicherheit bietet die Stimmrechtsbegrenzung jedoch nicht, da eine Aufteilung des Aktienbesitzes auf interessenkonform agierende „Strohleute" und die Bildung von Stimmrechtskonsortien nicht ausgeschlossen werden können. Auch sollte nicht übersehen werden, dass sich eine Stimmrechtsbegrenzung negativ auf die Fungibilität der Kapitalanteile auswirken kann (Bogenschütz [Abwehrmechanismen] 1024).

Super Majority Provisions (Mehrheitsbarrieren)

Als dritte Abwehrstrategie kommt die *Festlegung besonders hoher qualifizierter Hauptversammlungsmehrheiten* für Schlüsselentscheidungen wie die Bestellung und Abberufung von Aufsichtsratsmitgliedern oder der Abschluss von Fusionsverträgen in Betracht. Diese äußerst wirksame Abwehrstrategie wird in den USA als *„Super Majority Provisions"* bezeichnet. Es stellt sich jedoch die Frage, ob sich die geforderten 75 Prozent (§ 179 II AktG) der Anteilseigner mit dieser Abwehrstrategie einverstanden erklären werden, da diese Maßnahme unter Umständen nicht nur den fremden, sondern auch den eigenen Einfluss im Unternehmen stark beschränkt. Auch ist in Rechnung zu stellen, dass durch Super Majority Provisions die Handlungsfähigkeit des Unternehmens leiden kann.

Staffelung der Amtszeiten im Aufsichtsrat

Der Abwehr feindlicher Übernahmeversuche kann es auch dienlich sein, wenn die *Amtszeit der Aufsichtsratsmitglieder zeitlich gefächert* gestaltet wird (Ruback [Overview] 55), da es feindlich gesonnenen Käufern in diesem Falle nicht sofort möglich sein wird, das Leitungsorgan des Zielunternehmens auszutauschen und eine strategische Neuorientierung seiner Handlungsprogramme zu bewirken. Hierbei bietet sich beispielsweise eine Dreiteilung des Aufsichtsrats an, wobei die Amtszeit der ersten Gruppe zum Zeitpunkt t_0, diejenige der zweiten Gruppe zum Zeitpunkt t_{+1} und schließlich diejenige der dritten Gruppe zum Zeitpunkt t_{+2} zu laufen beginnt. Im angloamerikanischen Sprachraum wird die gestaffelte Amtszeit des Boards mit dem Schlagwort „Staggered Board" bezeichnet; dort ist es auch üblich, dass die Board-Mitglieder eine unterschiedliche Amtszeit aufweisen. Letzteres ist in Deutschland nur in eingeschränktem Maße möglich, da die Amtszeit von Aufsichtsratsmitgliedern höchstens vier Jahre betragen darf (§ 102 I AktG).

Das Modell gefächerter Aufsichtsratsamtszeiten kann für sich allein jedoch keine hinreichende Absicherung gegen feindliche Übernahmen bieten. Insofern ist es erforderlich, dass dieses Instrument in Kombination mit anderen Strategien zur Anwendung gelangt.

Kapitalerhöhung ohne Bezugsrecht

Ein wirksames Mittel zur Abwehr feindlicher Übernahmen könnte auch in einer *Kapitalerhöhung unter Ausschluss des Bezugsrechts* bestehen, wobei eine große Menge neuer Aktien bei einem Kreis befreundeter Investoren untergebracht wird. Eine derartige Kapitalerhöhung könnte prinzipiell auf dem Weg einer Kapitalerhöhung gegen Einlagen, in der Form eines genehmigten Kapitals (§ 202 AktG) sowie über Mitarbeiterabwehrfonds realisiert werden. Wegen des damit verbundenen Eingriffs in die mitgliedschaftlichen Rechte der Anteilseigner sind dieser Maßnahme nach der Rechtsprechung des Bundesgerichtshofs jedoch enge Grenzen gesetzt (Bogenschütz [Abwehrmechanismen] 1024). Die in den USA vielfach angewandten *„Poison Pills"* stellen eine besonders spitzfindige Variante bezugsrechtsselektiver Kapitalerhöhungen dar. Hierbei handelt es sich um häufig im Wege der Dividendenausschüttung an die eigenen Aktionäre ausgegebene vinkulierte und konvertierbare Wertpapiere wie Options- oder Wandelanleihen. In dem Augenblick, in dem der Aktienanteil des unerwünschten Akquisiteurs einen vorab festgelegten Prozentsatz übersteigt, erwachsen allen anderen Anteilseignern Bezugsrechte gegenüber Aktien des eigenen Unternehmens zu einem Preis, der erheblich unter dem Kurswert liegt (Schwegmann/Pfaffenberger [Abwehrmaßnahmen] 566). Die Wirksamkeit dieser Strategie hängt entscheidend davon ab, in welchem Maße die bisherigen Aktionäre ihre Bezugsrechte ausnutzen. In Deutschland ist der Einsatz von Poison Pills allerdings unzulässig, da auch er gegen den Grundsatz der Gleichbehandlung der Aktionäre verstößt.

Poison Pills

Crown-Jewel-Strategie

In den USA wird auch häufig die *„Crown-Jewel-Strategie"* verfolgt, bei der die feindlichen Übernahmeinteressenten besonders attraktiv erscheinenden Vermögensbestandteile kurzerhand an ein befreundetes Unternehmen verkauft oder verpfändet werden, um sie später wieder zurückzuerwerben. In Deutschland dürfte diese Strategie jedoch wenig praktikabel sein, da seit der so genannten „Holzmüller-Entscheidung" des BGH aus dem Jahre 1982 Klarheit darüber besteht, dass die Ausgliederung wesentlicher Unternehmensteile nicht in die Kompetenz des Vorstands nach § 76 I AktG fällt (Ebenroth/Daum [Kompetenzen] 1108). Auch die vergleichsweise restriktiven Regelungen des deutschen Steuerrechts stehen dieser Strategie im Wege.

Zwangseinziehung

Das Spektrum von durch die Hauptversammlung zustimmungspflichtigen Abwehrstrategien wird durch das Instrument der *angeordneten Zwangseinziehung* abgerundet. Nach § 237 VI AktG kann, wenn es das Interesse der Gesellschaft verlangt, als präventive Maßnahme eine Satzungsänderung verabschiedet werden, die exakte Voraussetzungen für die Einziehung bestimmter Kapitalanteile durch den Vorstand festlegt (Schwegmann/Pfaffenberger [Abwehrmaßnahmen] 567). Der Einsatz dieser rechtskonformen Abwehrstrategie ist allerdings insofern fragwürdig, als hiervon negative Wirkungen auf den Ruf und den Börsenkurs des betroffenen Unternehmens ausgehen werden, zumal die Zwangseinziehung im Handelsregister einzutragen ist.

Unter den im Ermessensbereich des Top-Managements liegenden Abwehrstrategien dürfte international gesehen dem Erwerb eigener Aktien, wechselseitigen Beteiligungen, der „Pac-Man-Abwehr" sowie der „Golden-Parachutes-Strategie" die größte faktische Relevanz zukommen. Der üblicherweise zur Pflege des Börsenkurses vorgenommene *Erwerb eigener Aktien* kann auch zur Abwehr feindlicher Übernahmeversuche instrumentalisiert werden. Diese Maßnahme entfacht unterschiedliche, theoretisch sogar konträre Wirkungen. Einerseits kann sie zu einer Erhöhung des Börsenkurses führen, die eine Beteiligung unerwünschter Anleger unattraktiv werden und zugleich auch den Erwerb eines angestrebten „Pakets" angesichts der geringeren Anzahl ausgegebener Aktien schwieriger erscheinen lässt. Andererseits trägt sie auch zu einer Veränderung der Stimmrechtsverhältnisse in der Hauptversammlung bei, stehen doch der Gesellschaft gemäß § 71 b AktG keine (Stimm-)Rechte aus eigenen Aktien zu, was dazu führen kann, dass unerwünschte Investoren strukturverändernde Beschlüsse mit einem kleineren Aktienpaket herbeiführen oder verhindern könnten. Letzteres zeigt jedoch einen theoretischen Extremfall mit geringer praktischer Relevanz auf, der aber durchaus kontraproduktiv sein könnte. Im Gegensatz zu den USA, wo der Board in nahezu unbegrenztem Maße Kapitalanteile des eigenen Unternehmens erwerben kann, sind in Deutschland dieser Strategie allerdings insofern enge Grenzen gesetzt, als sie im Falle der Abwehr eines Übernahmeangebots nur dann zulässig ist, wenn ein schwerer, unmittelbar bevorstehender Schaden nachgewiesen werden kann (§ 71 I AktG), was jedoch nur selten gelingt. Zur geringen Wirksamkeit dieser Abwehrstrategie trägt außerdem bei, dass der von der Hauptversammlung genehmigungsbedürftige Erwerb eigener Aktien auf höchstens 10 Prozent des Grundkapitals begrenzt ist.

Erwerb eigener Aktien

Zum Zweck der Abwehr feindlicher Übernahmen können auch *wechselseitige Beteiligungen* mit anderen befreundeten Unternehmen eingegangen werden. Durch derartige Beteiligungen wird potenziellen Übernahmeinteressenten der Erwerb der Kapitalanteilsmehrheit erheblich erschwert. Hierbei sind einfache, wechselseitige bzw. bilaterale Verflechtungen und ring- oder sternförmige Verflechtungen zu unterscheiden. Bei ersteren werden die rechtlichen Regelungen der §§ 19, 71 und 328 AktG wirksam, nach denen höchstens eine wechselseitige Beteiligung von 50:25 Prozent sanktionslos zulässig ist (Otto [Übernahmeversuche] 11). Mit ring- oder sternförmigen

Wechselseitige Beteiligungen

Verflechtungen können die zuvor genannten Vorschriften umgangen werden; insbesondere weisen sie den Vorteil auf, dass bereits ab vier beteiligten Partnern Konstruktionen möglich sind, bei denen der verbleibende Streubesitzanteil auf unter 50 Prozent gesenkt werden kann (Schwegmann/Pfaffenberger [Abwehrmaßnahmen] 571). Allerdings dürfte es nicht einfach sein, derartige Kapitalnetzwerke aufzubauen.

Weiterhin sollte nicht übersehen werden, dass die bei Streubesitz üblicherweise vorliegende Handlungsfreiheit des Vorstands durch solche Konstruktionen eingeschränkt wird. Ob die in den USA gebräuchliche *„Pac-Man-Abwehr"*, bei der sich das Zielunternehmen um den Erwerb von Aktien des feindlichen Interessenten bemüht, Chancen auf Erfolg bietet, muss bezweifelt werden. Hierzu sind nämlich erhebliche Finanzmittel notwendig, die den Übernahmekandidaten nur in den seltensten Fällen verfügbar sein dürften. Ebenso erscheint ungewiss, ob sich der feindliche Interessent auf das eigene Übernahmeangebot einlässt.

Pac-Man-Abwehr

In den USA wird auch häufig auf die Strategie der *„Golden Parachutes"* (Goldene Fallschirme) gesetzt, bei der sich das Top-Management kurz vor einer feindlichen Übernahme langjährige Verträge und hohe Pensionsabfindungen zusichern lässt (Wade/O'Reilly III/Chandratat [Parachutes] 587 ff.). Durch diese langfristig verpflichtenden Maßnahmen soll die Attraktivität des Zielunternehmens gesenkt werden. Derartige Verpflichtungen sind nach deutschem Recht allerdings nur insoweit möglich, wie sie nicht zu einer Beschränkung der grundsätzlichen Entscheidungsfreiheit des Aufsichtsrats beitragen. Außerdem ist zu fragen, ob sich die Anteilseigner und Aufsichtsräte auf ein derartiges Spiel einlassen werden, da sie sich hierdurch dem Vorstand ausliefern würden. Scheint eine Übernahme unvermeidlich, dann kann es nur noch darum gehen, anstatt des feindlichen Bieters einen besser gesonnenen Kaufinteressenten (*White Knight*) zu finden, der häufig in einem „freundschaftlichen" Unternehmen gegeben ist. Diese Rolle übernahm kurzfristig der Pharmakonzern Novartis beim Verhandlungspoker zwischen Aventis und Sanofi-Synthélabo (vgl. das Fallbeispiel Sanofi-Aventis sowie das Praxisbeispiel zu Beginn von Kapitel 15).

Golden Parachutes

White Knight

10.4 Innovationsmanagement

Innovationen als Triebfedern wirtschaftlicher Entwicklung

Die Bedeutung von Innovationen als Triebfedern der wirtschaftlichen Prosperität ist unbestritten, wobei diese Feststellung für hoch entwickelte Industrienationen in besonderem Maße Gültigkeit besitzen dürfte (Gerum [Innovation]; Franck [Innovationsmanagement] 58 ff.). Insbesondere wird Deutschland seine Wettbewerbsfähigkeit gegenüber kostengünstiger operierenden

Weltmarktteilnehmern nur dann halten können, wenn es gelingt, den hohen technologischen Standard der Produkte, Dienstleistungen und Verfahren weiter auszubauen (Macharzina [Wettbewerbsfähigkeit] 472). Innovationen kommt jedoch nicht nur eine hohe gesamtwirtschaftliche, sondern auch eine ebensolche branchenbezogene und einzelwirtschaftliche Bedeutung zu. Sie sind gewissermaßen konstitutiv für die Leistungskraft von Branchen und Unternehmen und bilden die Voraussetzung, um überhaupt im Wettbewerb bestehen zu können (Hesse [Controlling] 104). Aktuelle Meta-Analysen (z. B. Bausch/Roschenbusch [Innovation] 125 ff.) bestätigen diese Vermutung. Insofern sind es Innovationen und technologische Entwicklungen, die neue Branchen entstehen und wachsen und alte schrumpfen und verschwinden lassen. Während die Unternehmen bis in die 1960er Jahre die sich wenig dynamisch entwickelnden Märkte gut überblicken konnten, hat sich die Wettbewerbssituation vor allem durch die zunehmende Änderungsgeschwindigkeit und die Internationalisierung der Geschäftstätigkeit (vgl. Kapitel 13) grundlegend verändert.

Empirischer Befund

Jedes Unternehmen, das im Wettbewerb bestehen und neue Märkte erschließen will, muss also seine Wertschöpfung bewusst und systematisch erneuern. Dieses scheint von den Unternehmen mittlerweile erkannt worden zu sein. So messen empirischen Untersuchungen zufolge 90 Prozent der befragten Top-Manager Innovationen eine steigende Bedeutung für ihr Unternehmen zu (Corsten [Überlegungen] 84). Diese Einschätzungen korrespondieren mit den Ergebnissen von Untersuchungen, die den faktischen Zusammenhang zwischen realisierten Neuproduktideen und Gewinnsituation zum Gegenstand haben. Danach sind jene Unternehmen überdurchschnittlich erfolgreich, bei denen neue Produkte einen vergleichsweise hohen Anteil am Gesamtumsatz ausmachen (Widmer [Strategie]; vgl. auch das Praxisbeispiel zu Beginn von Kapitel 10). In die gleiche Richtung weisen überdies Befunde, nach denen Unternehmen mit einer hohen Innovationsneigung ein überdurchschnittliches Exportwachstum aufweisen (Schlegelmilch [Zusammenhang] 227 ff.).

10.4.1 Innovationsbegriff und -arten

Begriff

Innovation leitet sich aus dem lateinischen „innovare" ab, das „erneuern" bedeutet. Dieser etymologisch eindeutige Wortursprung wurde bei der Fassung des Innovationsbegriffs aufgefächert, was nicht zuletzt daran liegt, dass das Innovationsphänomen durch Vertreter unterschiedlicher Fachrichtungen untersucht worden ist. Schumpeter, auf den sich zahlreiche Innovationsforscher berufen, ordnet dem Innovationsbegriff all das zu, was mit der Herstellung neuer Produkte verbunden ist und zu einer „schöpferischen

Zerstörung" bisheriger Marktstrukturen beiträgt (Schumpeter [Kapitalismus] 137 f.). Aus dieser Sichtweise haben sich unterschiedliche Explikationen des Innovationsbegriffs herausgebildet, die sich allgemein zwei Gruppen zuordnen lassen.

Prozessuale Dimension

Bei Verwendung des *prozessualen Innovationsbegriffs* wird unter Innovation das Geschehen einer Erneuerung verstanden. Unter diese Verständnisrichtung fällt die Auffassung Schumpeters, aber auch diejenige Schwers, der Innovation als den gesamten organisatorischen Prozess der Entwicklung, Bewertung und Realisation von Ideen begreift (Schwer [Innovationsmanagement] 5).

Objektbezogene Dimension

Der *objektbezogene Innovationsbegriff* hebt hingegen auf den Gegenstand der Neuerung ab. Die Vertreter dieser Sichtweise verweisen häufig auf den US-amerikanischen Innovationsforscher Rogers, nach dem „innovation an idea, practice, or object that is perceived as new by an individual or other unit of adoption" (Rogers [Diffusion] 11) ist. Ähnlich versteht Barnett jeden neuen Gedanken, jedes neue Verhalten und jede neue Sache, die sich qualitativ vom Bestehenden unterscheiden, als Innovation (Barnett [Innovation] 7). Diese Grobkategorisierung vermag allerdings die Vielfalt der Erscheinungsformen des Realphänomens nicht hinreichend zu erfassen. Um den Innovationsbegriff schärfer umreißen zu können, bietet sich daher die Spezifikation seiner wesentlichen Merkmale an.

Konstitutives Merkmal

Das konstitutive Merkmal von Innovationen besteht in ihrem *Neuigkeitsgrad* (Hauschildt/Salomo [Innovationsmanagement] 3 ff.). In der betriebswirtschaftlichen Forschung hat man sich darauf verständigt, nicht nur in jenen Fällen von Innovationen zu sprechen, in denen etwas völlig Neuartiges im Sinne einer Weltneuheit herausgebracht wird, sondern bereits dann, wenn eine subjektive Neuheit aus der Sicht des analysierten Unternehmens gegeben ist. Des Weiteren wird die „Nichtalltäglichkeit" als wesentliches Merkmal von Innovationen herausgestellt. Diesbezüglich ist allerdings zu fragen, woran die Nichtalltäglichkeit gemessen werden soll. Auch ist zu berücksichtigen, dass Innovationen heute vielfach das Ergebnis institutionalisierter Forschungs- und Entwicklungsbemühungen sind und bahnbrechende Neuerungen nur selten hervorgebracht werden. Gemessen an diesem Kriterium würde die Mehrzahl industrieller Neuerungen nicht das Prädikat „Innovation" verdienen. So gesehen muss der Komplexitätsgrad einer Neuerung als unerheblich betrachtet werden (Boehme [Innovationsförderung] 12). Aus ähnlichen Überlegungen ist auch die teilweise vorgetragene Auffassung (Hesse [Controlling] 51) anzuzweifeln, ob nur dann von Innovationen zu sprechen ist, wenn es sich um stoßartige, revolutionierende Neuerungen handelt. Zwar beschäftigt sich die Innovationsforschung gegenwärtig verstärkt mit radikalen Innovationen (Hauschildt/Salomo [Innovationsmanagement] 19 ff.), doch bedürfen auch inkrementale Neuerungen einer sorgfältigen Handhabung und dürfen daher nicht dem Innovationsbegriff ferngehalten werden. Unumstritten ist hingegen, dass nur dann von Innovationen zu sprechen ist, wenn die Neuigkeit in eine *ökonomische Nutzungsanwendung oder Verwertung* überführt wird (Thomas [Finanzierung] 82).

Invention

Dieses Marktverwertungsargument dient auch der Unterscheidung von Innovation und *Invention*. Letztere beschränkt sich auf den Prozess der Wissensfindung, ohne die die umfassendere Innovation freilich nicht möglich ist. Die Unterscheidung von Invention und Innovation ist insofern bedeutsam, als das betriebswirtschaftliche Interesse im Gegensatz zum ingenieurwissenschaftlichen nicht nur auf die Verbesserung der Wissensgenerierung, sondern auch die Optimierung der Wissensverwertung gerichtet sein muss. Als ein mit Innovationen einhergehendes Merkmal wird ferner die *Unsicherheit* genannt, die sich sowohl auf die Ergebnisse, die Kosten, die erforderliche Zeit als auch die wirtschaftliche Nützlichkeit der Innovation selbst beziehen kann (Corsten [Überlegungen] 3). Ob Unsicherheit ein generelles Merkmal von Innovationen ist, muss allerdings bezweifelt werden, da sich auch Fälle finden, in denen Neuerungen vom Markt oder internen Anwendern spontan angenommen und somit risikolos verwertet werden können.

Innovationsarten:

Produktinnovation

Was die qualitative Ausprägung der *Innovationsarten* betrifft, hat sich die Unterscheidung in Produkt- und Prozessinnovationen bewährt. Von *Produktinnovationen* ist zu sprechen, wenn das Leistungsprogramm des Unternehmens zum Gegenstand der Innovation wird. Durch Produktinnovationen verändert sich das Sachziel des Unternehmens, wobei die Änderungen nicht nur die Art, sondern auch die Menge oder den Zeitpunkt der am Markt abzusetzenden Leistungen betreffen können. Im Mittelpunkt von Produktinnovationen stehen vielfach technologische Neuerungen, weshalb inhaltsgleich auch von technologischen Innovationen gesprochen wird (Zahn [Technologiemanagement] 19). Produktinnovationen sind erforderlich, da das Leistungsprogramm von Unternehmen üblicherweise veraltet und der Unternehmensbestand nur durch eine fortwährende Anpassung des Leistungsprogramms gewährleistet werden kann. Produktinnovationen können zu einer weitgehenden Neugestaltung des Wettbewerbs beitragen; beispielhaft sei diesbezüglich nur auf den Handheld Computer, den DVD-Recorder oder automatische Verkehrsleitsysteme verwiesen.

Prozessinnovation

Demgegenüber stellen *Prozessinnovationen* (Verfahrensinnovationen) Veränderungen im Prozess der Faktorkombination des Unternehmens dar (Thom [Grundlagen] 35). Das Spektrum von Prozessinnovationen ist weit und reicht von der Einführung neuer Arbeitsplatzbewertungs- und Personalbeurteilungsmethoden, der Installation eines rechnergestützten Berichtssystems zur Steuerung von Auslandsgesellschaften bis hin zum erstmaligen Rückgriff auf neue Qualitätsmessverfahren in der Fertigung. Mit Prozessinnovationen wird vielfach versucht, die Produktionsabläufe zu rationalisieren und damit Kosten zu senken. Immer häufiger dienen sie jedoch auch dem Zweck der Verbesserung der Produktqualität.

Wenn das Produkt wie bei vielen Dienstleistungen ein Prozess ist, fällt die Unterscheidung von Produkt- und Prozessinnovationen weniger leicht. Problematisch ist die Abgrenzung auch bei Produktinnovationen, die eine Prozessinnovation nach sich ziehen. So ist zu fragen, ob die wesentliche Innovation bei der bargeldlosen Zahlung in der Kreditkarte oder dem Abrechnungsverfahren besteht. Ebenso scheint bei der Einführung genormter Transportbehälter für den Güterverkehr die technische Ausführung der Container weniger bedeutsam zu sein als die Möglichkeit, Güter unterschiedlicher Art, Herkunft und Bestimmung gemeinsam transportieren und in kurzer Zeit umladen zu können.

Basisinnovation

Verbesserungsinnovation

Zu unterscheiden ist ferner zwischen Basis- und Verbesserungsinnovationen, wobei hier die Radikalität der Neuerung das Kriterium bildet. Der Begriff der *Basisinnovation* findet Anwendung, wenn Neuerungen geschaffen und umgesetzt werden, die das Wirtschaftsleben oder andere Sphären des Daseins grundlegend beeinflussen oder überformen. Beispiel für Basisinnovationen sind mit dem 1948 erfundenen Transistor, dem EDV-technischen Chip oder der fensterbasierten Computer-Bildschirmoberfläche gegeben. Demgegenüber erweitern *Verbesserungsinnovationen* das bestehende Wissen nur graduell, indem sie zur Optimierung bestehender Produkte oder Verfahren beitragen.

10.4.2 Innovationstheorien

In den Wirtschaftswissenschaften beschäftigt man sich seit etwa sechs Jahrzehnten verstärkt mit der Entwicklung von Theoriesystemen des technologischen Wandels und der Innovation. Dieses Bemühen hat ein breites Spektrum theoretischer Modelle hervorgebracht. Im Vordergrund des Erklärungsinteresses steht dabei die ökonomische Nutzung technischer Erfindungen. Hierzu kann auch die Resource Based View (vgl. Abschn. 2.2.5) gezählt werden, die für eine Anwendung im Innovationsmanagement allerdings noch weiter zu konkretisieren ist. Diese Ansätze werden durch Arbeiten der überwiegend soziologisch ausgerichteten Diffusionstheorie ergänzt, die sich mit der Verbreitung neuer Produkte und Verfahren während des gesamten Marktzyklus beschäftigt.

Im Zentrum früher Arbeiten steht die Innovationstheorie *Schumpeters*, die als bahnbrechend für die Theorie des Unternehmertums und des kapitalistischen Entwicklungsprozesses gelten kann. In ihr wird die Erarbeitung und Durchsetzung von Neuerungen als zentrale Aufgabe des Unternehmers angesehen. Innovationen vermitteln dem (Pionier-)Unternehmer Wettbewerbsvorsprünge in der Form einer Monopolstellung am Markt, die erst allmählich, durch das Aufkommen kostengünstiger produzierender Nachahmer abbröckeln. Erfolgreiche (Pionier-)Unternehmer zeichnen sich dadurch aus, dass sie zu diesem Zeitpunkt bereits wieder neue Produkte am Markt eingeführt haben. Innovationen stellen damit den eigentlichen Motor der wirtschaftlichen Entwicklung dar (Schumpeter [Kapitalismus] 136 ff.). Obwohl Schumpeters Theorie gut geeignet erscheint, die Entwicklung von Unternehmern und Volkswirtschaften zu beschreiben, vermag sie die Innovationsprozesse in Großunternehmen nur ausschnitthaft und unvollständig abzubilden. Dies liegt insbesondere daran, dass in Schumpeters Denkmodell von dem innovativen *Klein*unternehmer mit der zündenden Idee ausgegangen wird und die *ökonomischen Folgen*, nicht jedoch der Prozess des Zustandekommens von Innovationen thematisiert werden. Im Gegensatz hierzu wird von der modernen Innovationstheorie jedoch auch die Entwicklung eines Theoriesystems zur Unterstützung der Innovationsfähigkeit von Unternehmen gefordert.

Monopoltheorie

Die verschiedentlich (zum Beispiel Brockhoff [Probleme] 337 ff.) vertretene und zur Erklärung von Produktinnovationen entwickelte *Push-Pull-Theorie* (Angebotsdruck-Nachfragesog-Theorie) stellt die Frage nach dem Innovationsauslöser in den Mittelpunkt ihrer Betrachtungen. Mit der Push-Strategie („Technology-Push“) und der Pull-Strategie („Market-Pull“) sind zwei prinzipielle Induktionsalternativen gegeben. Bei der Push-Strategie werden die Innovationen vom Unternehmen, dessen F&E-Einheit oder einzelnen Forschern und Entwicklern ausgelöst, wobei sich das Unternehmen auf dem Markt erst einen Anwendungsbereich für die neue Leistungsart schaffen muss. Bei dem Konzept der Pull-Strategie werden die Innovationen von den Marktpartnern des Unternehmens initiiert. Es wird somit davon ausgegangen, dass Innovationen zur Befriedigung bestehender Bedürfnisse dienen. Empirische Untersuchungen haben gezeigt, dass die Mehrzahl erfolgreicher Innovationen als Reaktion auf die veränderten Bedürfnisse der Marktpartner anzusehen ist (Holt [Role] 250). Hieraus darf jedoch nicht geschlossen werden, dass die Pull-Strategie in der Praxis generell die größere Bedeutung besitzt. Bei differenzierter Betrachtung zeigt sich nämlich, dass Basisinnovationen mehrheitlich durch die Push-Strategie, Verbesserungsinnovationen hingegen durch die Pull-Strategie ausgelöst werden. Beispiele für bedeutende, auf dem Wege der Push-Strategie entstandene Innovationen sind mit dem Laser oder mit Videorecordern gegeben, die völlig neue Leistungsbündel darstellten und neue Märkte eröffneten (Benkenstein [Weg] 14). In glei-

Push-Pull-Theorie

cher Weise sind auch die optoelektronischen Speichermedien (CD-ROM) auf einen Technologieschub zurückzuführen. Als Beispiele für die Verbesserungen durch Pull-Strategie können bildgebende Technologien (3D) mit minimaler Strahlenbelastung in der medizinischen Diagnostik oder Ausstattungen von Automobilen (Wildemann [Produktentwicklung]) genannt werden.

Prozessmodell

Das durch empirische Fremd- und Eigenuntersuchungen gestützte prozessorientierte Modell Utterbacks ([Process] 75 ff.) versucht, Bedingungsfaktoren der Innovationsneigung und -fähigkeit von Unternehmen zu ermitteln. Die relevanten Einflussgrößen werden in Unternehmensfaktoren, Umweltfaktoren sowie die Interaktion von Unternehmen und Umwelt beschreibende Schnittstellenfaktoren aufgegliedert. Im Hinblick auf die Unternehmensumwelt wird davon ausgegangen, dass die Innovationsneigung von Unternehmen dann hoch sein wird, wenn die Akteure der Unternehmensumwelt ihre Bedürfnisse klar und präzise definieren oder artikulieren. Unter den unternehmensinternen Faktoren werden in erster Linie die Transfercharakteristiken innerhalb des Unternehmens als bedeutsam erachtet. Hierunter werden Merkmale einzelner Arbeitnehmer, von Arbeitsgruppen, der Arbeitsumgebung sowie der formalen Organisation verstanden. Es wird davon ausgegangen, dass die Innovationsneigung dann hoch ist, wenn die Transfercharakterisiken ein hohes Maß an Vielfalt („diversity") aufweisen (vgl. Abschn. 10.7). Die Merkmale der Unternehmens-Umwelt-Interaktion kennzeichnen sowohl die Übertragung von Informationen über die Bedürfnisse der Umweltakteure als auch den Austausch von Informationen über die in der Umwelt bestehenden Verfahren. Die Innovationsneigung und -fähigkeit wird dann als hoch angesehen, wenn ein reger Informationsaustausch zwischen Unternehmen und Umwelt besteht, wobei intensiven Kontakten mit Beratern, Kunden und Wettbewerbern besondere Nutzenwirkung zugeschrieben wird.

Technology Life Cycle Model

In einer späteren zusammen mit *Abernathy* veröffentlichten Arbeit hat Utterback mit dem „Technology Life Cycle Model" einen weiteren wichtigen Beitrag zur Innovationstheorie geleistet (Abernathy/Utterback [Model] 639 ff.). Bei diesem dynamischen Modell handelt es sich um eine Synthese aus Produkt- und Prozesslebenszyklusmodellen, die als hochinterdependent angesehen werden. Im Einzelnen wird davon ausgegangen, dass die Motivation und die Ausprägung von Innovationsprozessen vom *Entwicklungsstand des Unternehmens* bestimmt werden, wobei drei Stufen zu unterscheiden sind. In der *Frühphase* der Unternehmenstätigkeit sind die Unternehmensprozesse vielfach noch wenig verfestigt („entwicklungsoffenes Muster"). Innovationen werden hier häufig durch konkrete Nachfragen seitens der Abnehmer induziert. Im Hinblick auf den Inhalt der Innovationen werden in dieser Phase vielfach zahlreiche größere Veränderungen bei den Produkten vorgenommen, wohingegen Prozessinnovationen noch von untergeordneter

Bedeutung sind. In der *Übergangsphase* werden Innovationen überwiegend vom Unternehmen selbst ausgelöst. Innovationsstimulierend wirken hier vor allem die vom Top-Management und anderen Unternehmensangehörigen perzipierten Chancen, die sich aus einer Ausweitung der unternehmensinternen technischen Fähigkeiten ergeben können. In der Übergangsphase stehen häufig Prozessverbesserungen im Mittelpunkt des Innovationsverhaltens. In der *dritten Phase* sind die Innovationsspielräume aufgrund der in diesem Stadium zu erwartenden hohen Veränderungskosten stark eingeschränkt, weshalb auch von einem „fixierten Muster" gesprochen werden kann. Hier stellen Innovationen häufig unabdingbare Reaktionen auf den steigenden Kostensenkungsdruck und die Notwendigkeit zur Qualitätsverbesserung dar. Im Vordergrund stehen inkrementale Veränderungen von Produkten und Prozessen.

Produkt-Prozessfolge-Modell

Hayes und Wheelwright ([Manufacturing] 133 ff.; [Cycles] 127 ff.) haben dieses Modell weiterentwickelt. Sie konzentrieren sich auf die Frage der Interdependenzen von Produkt- und Prozessinnovationen. Es wird angenommen, dass Produkte und Produktionsprozesse einem Lebenszyklus unterworfen sind, wobei erfolgreiche Unternehmen dadurch gekennzeichnet sind, dass die Struktur der Produkte und diejenige der Produktionsprozesse aufeinander abgestimmt sind. Die Prozessfolge charakterisiert gleichzeitig auch die Entwicklungsstufe des jeweiligen Unternehmens. Abbildung 10-30 verdeutlicht diesen Sachverhalt und hebt die auf der Diagonale liegenden erfolgversprechenden Produkt-Prozess-Kombinationen hervor. In der Frühphase des Produktlebenszyklus bzw. der Unternehmensentwicklung fertigen die Unternehmen ein breites Spektrum an Produkten, die vielfach auf die Wünsche der Kunden zugeschnitten sind und so eine Art Unikatcharakter aufweisen. Als passendes Produktionsverfahren kommt hier die Werkstattfertigung in Betracht. In dieser *Frühphase* werden vom Management hauptsächlich die Fähigkeit zum schnellen Reagieren auf die besonderen Wünsche einzelner Kunden, die Einhaltung individuell ausgehandelter Liefertermine sowie einzelfallbezogen erstellter Kostenkalkulationen gefordert. In der *zweiten Entwicklungsstufe* erfolgt üblicherweise eine Spezialisierung auf ein geringeres Spektrum an Produkten und es wird bereits dazu übergegangen, einige der Produktkomponenten zu standardisieren. Dabei finden sich bereits Ansätze einer Serienfertigung, die freilich immer dann unterbrochen werden muss, wenn individuelle Lösungen nachgefragt werden.

Abbildung 10-30 Produkt-Prozess-Abstimmung

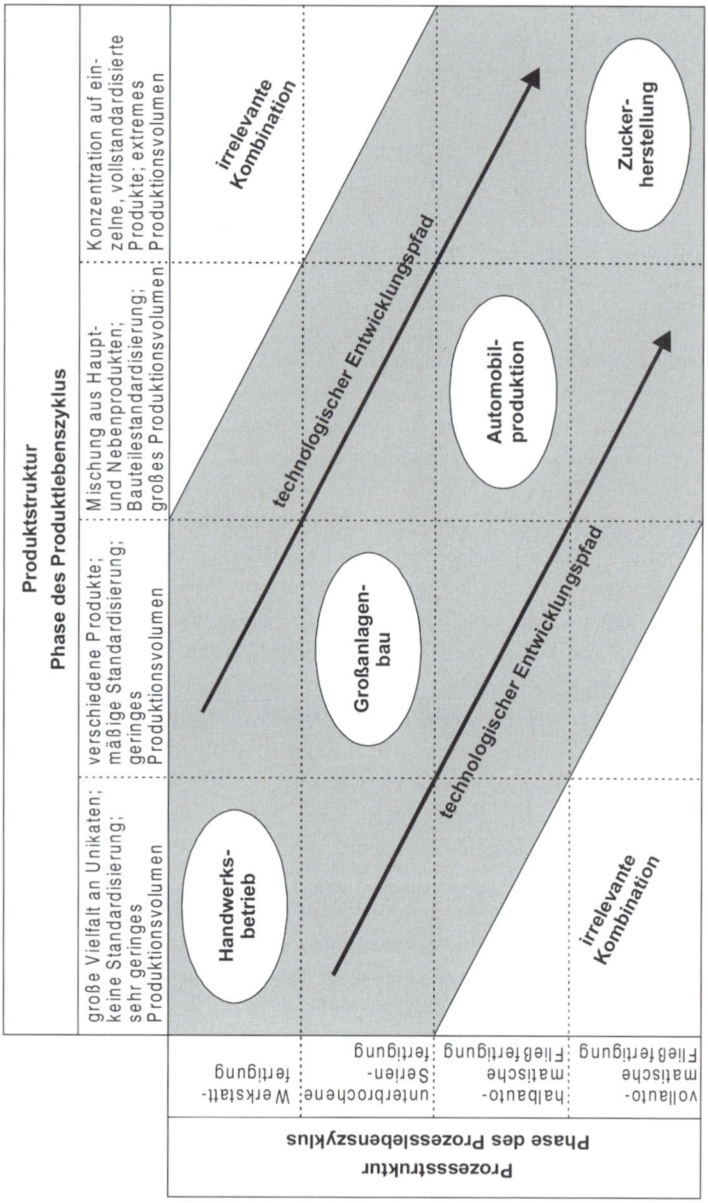

In der *dritten Entwicklungsstufe* beginnen die Unternehmen, sich mehr und mehr auf die Herstellung weniger „Schlüsselprodukte" zu konzentrieren. Die Senkung der Herstellungskosten wird auf dem Weg einer halbautomatischen Fließfertigung angestrebt. In der zweiten und dritten Phase treten die Fähigkeit zur Systematisierung der Bauteile, zur Entwicklung ausgefeilter Qualitätsstandards und Prüfmethoden sowie zur Koordination komplexer Arbeitsvollzüge als neue Managementaufgaben in den Vordergrund. In der *vierten Entwicklungsstufe* erfolgt eine Vereinheitlichung des Produktprogramms. Dies ermöglicht eine Vollautomatisierung der Fertigung, die zur Beherrschung des hier sehr hohen Kostendrucks unabdingbar ist. In dieser Phase besteht die Schlüsselaufgabe des Managements darin, eine hohe Auslastung der teuren Produktionsanlagen zu gewährleisten und die für Investitionen notwendigen aufwändigen Finanzmittel zu beschaffen (Hayes/Wheelwright [Manufacturing] 137; Hayes/Wheelwright [Cycles] 128).

Kritische Würdigung

Den Modellen von Abernathy und Utterback sowie Hayes und Wheelwright ist insofern ein hoher heuristischer Nutzen zuzubilligen, als sie verdeutlichen, dass erfolgreiche Produktinnovationen eine entsprechende Weiterentwicklung der Produktionsprozesse voraussetzen, wobei insbesondere im letztgenannten Modell klare Produkt-Prozess-Zuordnungen vorgenommen werden. Auf der anderen Seite muss jedoch berücksichtigt werden, dass das Hayes-Wheelwright-Modell auf der Basis einzelfallbezogener Beobachtungen entwickelt wurde und somit bei aller Plausibilität der idealtypischen Muster erst einer weitergehenden empirischen Prüfung bedarf, bevor es als handlungsleitend angesehen werden kann. Was den Inhalt der zeitraumbezogenen Aussagen angeht, muss man sich fragen, ob es sich bei den unterschiedlichen Produkt-Prozess-Entsprechungen wirklich um aufeinanderfolgende Phasen eines Zyklus handelt, oder ob nicht in Wirklichkeit branchenspezifische Unterschiede abgebildet werden (De Bresson/Lampel [Cycle] 170 ff.). Außerdem ist zu prüfen, inwieweit der von Hayes und Wheelwright antizipierte Entwicklungspfad bei Verfolgung von „Economies-of-Scope"-Strategien (vgl. Abschn. 5.6.2.2) noch eingehalten werden muss.

Befunde zum Innovationsmanagement

Der wissenschaftlichen Erkenntnis einer hohen Bedeutung von Innovationen steht deren unzureichende praktische Handhabung in vielen Unternehmen gegenüber. Die wichtigsten Ergebnisse der hierzu vorliegenden empirischen Untersuchungen lassen sich wie folgt zusammenfassen:

- Innovationsprozesse benötigen in US-amerikanischen und deutschen Unternehmen wesentlich mehr Zeit als in japanischen Unternehmen (Mansfield [Speed] 1158).
- Innovationsprozesse verursachen in US-amerikanischen und deutschen Unternehmen wesentlich höhere Kosten als in japanischen Unternehmen (Albach [Innovationszeitmanagement] 61).

- In zahlreichen deutschen Unternehmen werden Innovationen verhindert, weil die Einstellung und Fähigkeiten des Top-Managements hinsichtlich Neuerungen „nicht stimmen" (Eickhof [Strukturkrisenbekämpfung] 252). Wichtige, generell gegebene Innovationshemmer sind mit einer Konzentration auf kurzfristigen Markterfolg, dem Einsatz ungeeigneter Marktforschungsmethoden, der Verschleppung von Entscheidungen und dem Fehlen einer konsistenten Strategie für Produktinnovationen gegeben (Marschner [Akzeptanzprobleme] 35 ff.).

- Großunternehmen weisen zwar einen über dem Durchschnitt liegenden F&E-Aufwand auf; sie nutzen dieses Innovationspotenzial jedoch nur ungenügend. So lässt sich zeigen, dass mit steigender Unternehmensgröße die Erträge aus F&E-Aufwendungen sinken (Wicher [Unternehmungsgröße] 237). Die Größenabhängigkeit der Innovationskraft wird auch daran ersichtlich, dass epochemachende Neuerungen entgegen anderslautenden Erwartungen vielfach nicht von etablierten Großunternehmen ausgehen, die aufgrund ihrer geballten Entwicklungskraft auf vielen Gebieten als kontinuierliche Technologieführer wirken könnten (Kaplaner [Voraussetzungen] 55 ff.).

- Die fehlende Koordination zwischen dem F&E-Bereich und anderen Unternehmensbereichen wie dem Marketingbereich ist als einer der Hauptgründe für auftretende Fehler bei der Neuproduktentwicklung anzusehen (Hauschildt/Salomo [Innovationsmanagement] 148 f.; Salomo/Cratzius [Integration] 71 ff.).

- Der Bekanntheitsgrad von Innovationsfördermaßnahmen nimmt entgegen der eigentlichen Intention mit fallender Unternehmensgröße ab (VDI [Sonderprogramm] 15 ff.).

- Kleinere und mittlere Unternehmen sind dadurch gekennzeichnet, dass sie externe Neuerungen vielfach zu spät übernehmen (Corsten [Unternehmungsgröße] 227).

- Mangelhafte Innovationsprozesse sind häufig in Personal- und Organisationsproblemen verursacht (Staudt/Bock/Mühlemeyer [Informationsverhalten] 999).

Angesichts dieser empirisch belegten Mangelsituation ist die Forderung nach einem systematisch angelegten Innovationsmanagement als Schlüsselfaktor der Wettbewerbsfähigkeit zu betrachten.

10.4.3 Handhabung von Innovationen

Entsprechend der Diskrepanz zwischen der hohen gesamt- und einzelwirtschaftlichen Bedeutung von Innovationen und deren ungenügender Realisierung in der Unternehmenspraxis ist mit dem Innovationsmanagement neben der deskriptiven Ursachen- und Folgenanalyse ein zweiter Schwerpunkt der Innovationsforschung gegeben. Mit Hilfe des teilweise als „Veränderungs-Management" (Kühl/Nieder [Unternehmen] 190 ff.) bezeichneten Innovationsmanagements soll erreicht werden, dass Innovationen zielorientiert ablaufen und Problemlösungen schneller gefunden und effizienter bearbeitet werden (Geschka [Innovationsmanagement] 823). Die Aufgabe des Innovationsmanagements besteht somit letztendlich darin, die im Neuerungsprozess verborgenen Chancen wahrzunehmen und Risiken zu reduzieren. Das *Innovationsmanagement ist dabei als originäre Aufgabe des Top-Managements anzusehen.* Diese Auffassung lässt sich aus den Erkenntnissen der Push-Pull-Theorie ableiten, nach der es wenig zweckdienlich ist, wenn Innovationen *entweder* push- bzw. technologieinduziert *oder* pull- bzw. marktorientiert ablaufen. Als unzweckmäßig sind somit Lösungsvorschläge zu verwerfen, die die Innovationsfunktion vollständig dem F&E-Bereich (Push-Orientierung) oder dem Marketingbereich (Pull-Orientierung) zuordnen. Bei einer derartigen Vorgehensweise sind nämlich erhebliche Koordinationsprobleme zwischen dem F&E- und Marketingbereich zu erwarten (Benkenstein [Weg] 15), die in der Praxis den empirischen Befunden zufolge ja auch tatsächlich auftreten.

Innovationsmanagement ist Chefsache

Anhaltspunkte für die Ausgestaltung des Innovationsmanagements können auch aus den zum Technologie- und F&E-Management vorgelegten Arbeiten entnommen werden. Abbildung 10-31 verdeutlicht, dass letztere als Teilgebiete des Innovationsmanagements anzusehen sind. Das *Technologiemanagement* umfasst lediglich die beiden Wertschöpfungsstufen „Angewandte Forschung" und „Vorentwicklung", wobei sich erstere von der Grundlagenforschung durch ihre Ausrichtung auf die Lösung praktischer Probleme unterscheidet (Knoblich/Schubert [Konzeptentwicklung] 59 ff.). Als Aufgabe der „Vorentwicklung" ist die anwendungsorientierte „Ausentwicklung" von Technologien, die Prüfung ihrer Machbarkeit sowie die Definition von Produktkonzepten anzusehen. Das *F&E-Management* geht über das Technologiemanagement insofern hinaus, als ihm auch noch die Grundlagenforschung und die auf die produktbezogene Nutzung von Erkenntnissen und Erfahrungen gerichtete Entwicklung zufallen. Mit Blick auf die Zielrichtung der Aktivitäten ist darauf hinzuweisen, dass das Technologie- und das F&E-Management üblicherweise auf den Bereich der Produkte bzw. Produktionsprozesse der Fertigung ausgerichtet sind, während sich das Innovationsmanagement mit jedweder Form von Wertschöpfungsprozessen einschließlich der unterstützenden Aktivitäten in den Bereichen Personalmana-

Technologiemanagement

F&E-Management

gement, EDV-Organisation, Rechnungswesen oder Finanzierung im Unternehmen auseinandersetzt.

Abbildung 10-31 *Reichweite des Innovationsmanagements*

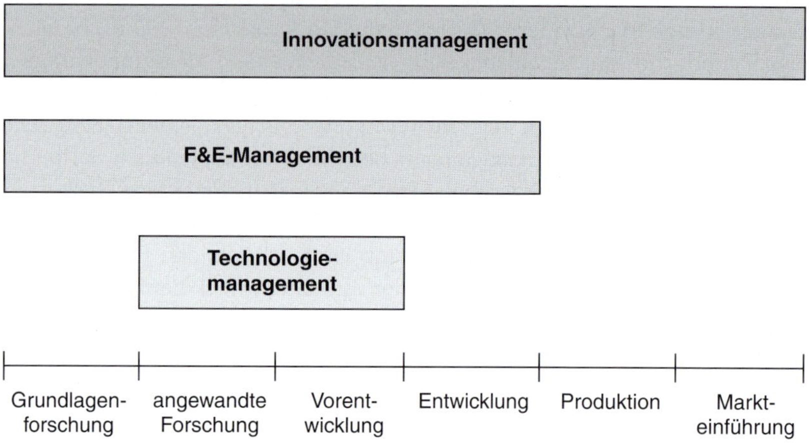

In verschiedenen Arbeiten (zum Beispiel bei Hesse [Controlling] 61 ff.; Hauschildt/Salomo [Innovationsmanagement] 304 ff.) wird dem Innovationsmanagement ein phasenbezogenes Konzept ähnlich dem in Abschn. 6.2 dargestellten Phasenschema des Planungsprozesses zugrunde gelegt. Derartige Konzepte beschreiben allerdings eher einen idealtypischen denn einen realtypischen Zustand, da – wie empirisch gezeigt – die in der Unternehmenspraxis beobachteten Innovationsprozesse nur unzureichend durch das Phasenschema abgebildet werden können. Nützlich erscheint auch eine *problemorientierte Sichtweise*, bei der gezielt nach Maßnahmen zur Verbesserung der unternehmerischen Innovationskraft gesucht wird. In Abbildung 10-32 ist ein Bezugsrahmen zur problemorientierten Strukturierung der wichtigsten Maßnahmen des Innovationsmanagements wiedergegeben, der das von Corsten ([Überlegungen] 12) vorgelegte Ordnungsraster erweitert und daher den Anwendungsnutzen noch steigern hilft. Die im Bezugsrahmen berücksichtigten Maßnahmen werden nachfolgend nur insoweit diskutiert, als sie nicht bereits an anderer Stelle behandelt wurden.

Abbildung 10-32

Gestaltungsbereiche des Innovationsmanagements

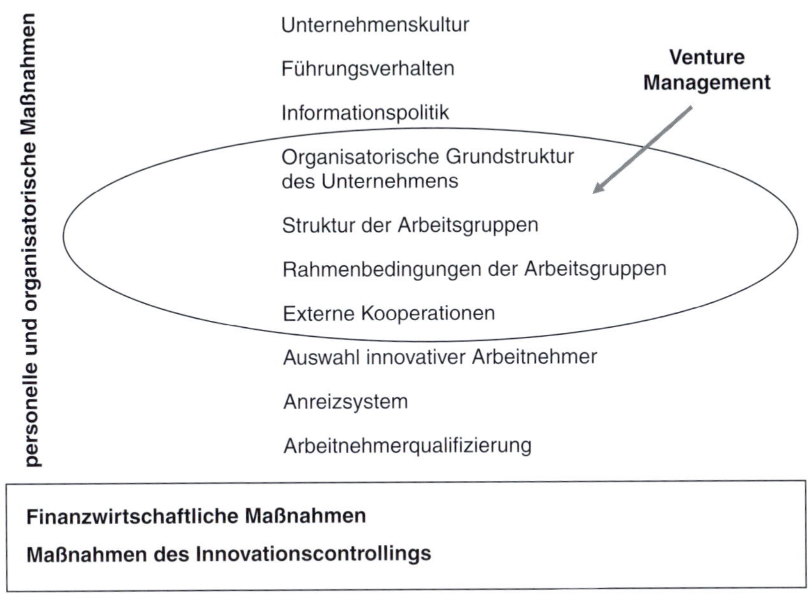

Unternehmenskultur

Die *Unternehmenskultur* (vgl. Abschn. 4.7) ist als eine wichtige Einflussgröße des Innovationsmanagements zu erachten (Trommsdorf/Reeb/Riedel [Produktinnovationsmanagement] 566 ff.; Behrends [Organisationskultur]). Dabei wird vielfach die Auffassung vertreten, dass der Schlüssel zum Innovationserfolg in einem weitgehenden Konsens der Arbeitnehmerwerte liegt. Diese Einschätzung ist jedoch insofern fragwürdig, als gerade ein gewisses Maß an kognitiver Heterogenität erforderlich ist, um kreative Prozesse in Gang zu setzen. Insofern sollte es dem Top-Management darum gehen, einen Minimalkonsens der Arbeitnehmerwerte anzustreben. In diesem Zusammenhang ist darauf hinzuweisen, dass mit der Innovationsbereitschaft ein eigenständiger Wert innerhalb der Konfiguration der in der Unternehmenskultur zusammengefassten Grundorientierungen gegeben ist.

Die Arbeitnehmer werden den Wert „Innovationsbereitschaft" jedoch nur dann verinnerlichen, wenn er nicht nur proklamiert oder über vereinzelte Initiativen signalisiert, sondern in überzeugender Form durch vorbildliches Handeln des Top-Managements vorgelebt wird. Insofern erfordert die Durchsetzung einer innovationsorientierten Unternehmenskultur eine Innovationsfreude des Top-Managements in dessen eigenen Reihen (Gussmann [Unternehmenskultur] 260). Flankierende Maßnahmen zur Verfestigung einer innovationsorientierten Unternehmenskultur können in einer angemessenen Toleranz gegenüber Fehlern sowie der Einrichtung eines Paten- oder Promotorensystems bestehen.

Führungsstil

In den Schriften zum Innovationsmanagement besteht weitgehender Konsens darüber, dass einem *Personalführungsstil* der Vorzug zu geben ist, der den Arbeitnehmern eine weitgehende Teilhabe an Entscheidungen ermöglicht. Argumentiert wird dabei vielfach mit dem Verweis auf japanische Unternehmen (vgl. Abschn. 14.2), deren Innovationskraft auf den Einsatz impliziter, indirekter und auf eine weitgehende Entscheidungsbeteiligung abzielender Führungsmethoden zurückgeführt wird. Aufbauend auf diesen Überlegungen kommt unter den in Abschn. 8.1.2 dargelegten Führungsstilen überwiegend die partizipative Lösung in Frage. Gefordert wird in diesem Zusammenhang die Einführung von Führungskonzeptionen wie dem Management-by-Objectives (vgl. Abschn. 8.1.3.1), mit der Variante, dass die an einem Arbeitsplatz zu erreichenden Ziele zwischen Vorgesetzten und Arbeitnehmern ausgehandelt werden. Ebenso wird es als notwendig erachtet, dass die Vorgesetzten ihre Kontrollfunktion weitgehend einschränken und so den Weg für ein höheres Maß an Selbstkontrolle freimachen (Schwer [Innovationsmanagement] 134). Allerdings ist zu fragen, ob diese Verhaltensempfehlungen insofern nicht zu einseitig und zu wenig differenziert angelegt sind, als sie die vielschichtigen Erkenntnisse der modernen Führungsforschung ausgeblendet lassen, die die situative Ausrichtung des Führungsverhaltens an Kontextmerkmalen wie Aufgabenstruktur, Gruppenklima, Arbeitnehmerfähigkeiten und -werten oder dem Ausmaß an Interessengegensätzen festmachen.

Informationspolitik

Dass die *Informationspolitik* des Unternehmens die Innovationsfähigkeit und -bereitschaft der Arbeitnehmer beeinflusst, liegt auf der Hand. Informationen wirken innovations*bereitschafts*fördernd, indem sie auf die Notwendigkeit von Innovationen und auf die Gewährung von Anreizen bei erfolgreichen Innovationen hinweisen sowie über die Kreativität anderer Arbeitnehmer aufklären. Der Zusammenhang zwischen Informiertheit und der Innovationsbereitschaft von Arbeitnehmern kann auch als empirisch bestätigt gelten (Reimann [Kommunikations-Systeme] 103 f.). Die Innovations*fähigkeit* wird durch Informationen insofern verbessert, als Kreativität nach herrschender Meinung eine intensive logisch-analytische Auseinandersetzung mit den anstehenden Problemen voraussetzt (vgl. Abschn. 11.2.2). Eine nachhaltige Verbesserung der Innovationsbereitschaft und -fähigkeit lässt sich aber nur dann erreichen, wenn die Informationen in einer empfängeradäquaten Sprache übermittelt werden. Eine innovationsorientierte Informationspolitik darf sich zudem nicht nur auf die Bereitstellung von Informationen durch das Top-Management beschränken. Notwendig ist vielmehr, dass den Arbeitnehmern ein möglichst einfacher Zugang zu dem innerhalb und außerhalb des Unternehmens verfügbaren Wissen ermöglicht wird (vgl.

Abschn. 12.5). Entsprechende Instrumente können in der Institutionalisierung von Abteilungen für die unternehmensinterne Bereitstellung von Informationen oder in einem unternehmensinternen und -externen Informationsaustausch durch Seminare, Symposien und Workshops bestehen. Außerdem sollte den Arbeitnehmern ein Zugang zu den ihren Arbeitsbereich betreffenden unternehmensexternen Datenbanken ermöglicht werden.

Organisation

Ein weiterer Schwerpunkt innovationsfördernder Maßnahmen betrifft den *organisatorischen Bereich* (Thom [Organisator] 253 ff.). In diese Gruppe sind verschiedenartige Maßnahmen von der Umgestaltung der Abteilungsbildung bis hin zum Einsatz von Kreativitätstechniken oder des betrieblichen Vorschlagswesens einzureihen. Aus Gründen der Übersichtlichkeit erscheint es zweckmäßig, eine Unterteilung in die Aktivitätsbereiche „Grundstruktur des Unternehmens", „Strukturierung der Arbeitsgruppen", „Gestaltung der Rahmenbedingungen der Arbeitsgruppen" sowie „Aufbau externer Kooperationen" vorzunehmen.

Grundstruktur

Die wichtigsten, auf der Ebene der *Grundstruktur des Unternehmens* wirksamen Veränderungen wurden bereits in den Abschn. 7.2 ff. im Zusammenhang mit teamorientierten und Netzwerkstrukturen erörtert. Ihnen wird ein innovationsförderndes Potenzial zugeschrieben, da sie einen geringeren Spezialisierungs-, Zentralisations- und Formalisierungsgrad als herkömmliche Strukturkonzepte aufweisen und die Kommunikationsprozesse weniger starr geregelt sind. Dabei ist jedoch zu berücksichtigen, dass die ideale Ausprägung dieser organisatorischen Kernvariablen von der Phase des Innovationsprozesses abhängt. Organisationsstrukturen mit geringer Spezialisierung, Zentralisation, Formalisierung und kommunikativer Restriktivität erscheinen dabei in der Phase der Ideengenerierung vorteilhaft, während in den Phasen der Ideenakzeptierung und -implementierung eine etwas höhere Spezialisierung, Zentralisation und Formalisierung zweckmäßig erscheint (Köhler [Möglichkeiten] 815). Unter Berücksichtigung der Tatsache, dass in der Mehrzahl der Unternehmen ständig mehrere, in unterschiedlichen Phasen befindliche Innovationsprojekte ablaufen, kann eine innovationsfördernde organisatorische Gestaltung nur auf eine Verbindung zwischen traditionellen und netzwerkartigen Strukturen oder auf Hybridkonzepte (vgl. Abschn. 7.2 ff.) hinauslaufen. Für zeitlich befristete Innovationsprojekte erscheint die Einrichtung einer Projektorganisation (vgl. Abschn. 7.4.1.1) zweckmäßig. Hingegen liegen eindeutige Befunde zu innovationsfördernden Eigenschaften der diskutierten organisatorischen Strukturkonzepte der Funktional-, Sparten- oder Matrixorganisation bislang nicht vor (Thom [Grundlagen] 331).

Strukturierung der Arbeitsgruppen

Die zweite Ebene innovationsfördernder organisatorischer Maßnahmen betrifft die *Strukturierung von Arbeitsgruppen*, wobei es hier auf der „Mikroebene" um die Zuordnung von Aufgaben und einzelnen Gruppenmitgliedern geht. Eine Verbesserung der Innovationsfähigkeit und -bereitschaft ist dabei durch die Erhöhung des Handlungsspielraums über die Erweiterung des Entscheidungs- und Kontrollspielraums sowie des Tätigkeitsspielraums zu erwarten, da die Gruppenmitglieder bei Anwendung dieser Konzepte eher in der Lage sind, Ansätze zur Verbesserung der bestehenden Arbeitsvollzüge zu erkennen und entsprechende Neuerungen zu entwickeln. An der Schnittstelle zwischen organisatorischer Strukturierung und Arbeitsgestaltung, die Motivation und organisatorisches Lernen fördern soll, kommen die Konzepte des Job Enrichment, des Job Rotation und der teilautonomen Arbeitsgruppen (Oechsler [Auswirkungen] 83 ff.) in Betracht. Letztere werden unter der Bezeichnung „selbststeuernde Arbeitsgruppen" als Strukturkonzept der Fabrik der Zukunft diskutiert (Manz/Sims [Gruppen] 1805 ff.).

Rahmenbedingungen der Arbeitsgruppen

Auf der Ebene der Arbeitsgruppen sind auch innovationsfördernde Maßnahmen wie die in Abschn. 11.2.2 dargelegten Kreativitätstechniken angesiedelt, die die *Rahmenbedingungen der Gruppenarbeit* (Becker [Gruppenarbeit] 114 ff.) betreffen.

Externe Kooperationen

Die Entwicklung von Produkt- und Prozessinnovationen ist vielfach mit hohen Kosten verbunden, deren Rückfluss aufgrund der Innovationen inhärenten Risiken und der Marktdynamik ungewiss ist. Als Ausweg bieten sich *Kooperationen zwischen den Unternehmen* an (Lichtenthaler [Organisation] 53 ff.; Koller/Langmann/Untiedt [Innovationsnetzwerken] 23 ff.), wie sie bereits in den Abschn. 5.4.1.3 und 7.5 erörtert wurden. Bei innovationsorientierten Kooperationsformen werden üblicherweise Primärkooperationen, Verwertungskooperationen sowie Beratungskooperationen unterschieden (Boehme [Innovationsförderung] 107 ff.). Bei *Primärkooperationen* handelt es sich um Formen der Zusammenarbeit zwischen Unternehmen, wobei die Kooperationspartner die Innovationen arbeitsteilig vorantreiben und keiner der Partner einen generellen Wissensvorsprung gegenüber den anderen Partnern aufweist. Bei *Verwertungskooperationen* werden die von einem der Kooperationspartner erstellten innovativen Leistungen nicht von diesem selbst, sondern von dessen Kooperationspartnern vermarktet. Eine zunehmende Bedeutung weisen schließlich *Beratungskooperationen* auf, bei denen die im Unternehmen ablaufenden Innovationsprozesse durch unternehmensexterne Berater angestoßen werden. Im neueren Schrifttum werden unter dem Schlagwort „Venture Management" weitere innovationsfördernde organisatorische Gestaltungsformen diskutiert, die die zuvor dargelegten vier Varianten „Gesamtstruktur des Unternehmens", „Strukturierung der Arbeitsgruppen", „Gestaltung der Rahmenbedingungen der Arbeitsgruppen" sowie „Aufbau externer Kooperationen" umspannen (vgl. Abschn. 10.4.5).

Personalauswahl

Die bei der Umsetzung organisatorischer Maßnahmen des Innovationsmanagements offen gebliebenen Handhabungslücken werden durch den Einsatz *personeller Instrumente* zu verringern versucht. Auf diese sei hier nur kurz eingegangen, da sie einzelfallbezogen und dem Personalmanagement zuzuordnen sind. Der Einfluss des Personalmanagements auf die Innovationsfähigkeit des Unternehmens beginnt bereits mit der *Auswahl innovativer Arbeitnehmer* („High Potentials"). Diesbezüglich ist angesichts verfügbarer Fremdbefunde davon auszugehen, dass innovative Arbeitnehmer durch bestimmte Merkmale wie kreative Vorstellungskraft, hohes Autonomiebedürfnis, Leistungsorientierung, hohe Ambiguitätstoleranz, Flexibilität, Feminität, ein ausgeprägtes positives Selbstkonzept und Bedürfnis sowie Freude an sozialem Kontakt gekennzeichnet sind (Gussmann [Unternehmenskultur] 88 ff.). Die Mehrzahl der gängigen Personalauswahlverfahren wie biografische Fragebögen, Einstellungsinterviews sowie Intelligenz- oder Leistungstests sind nur beschränkt dazu geeignet, Bewerber mit den vorgenannten Merkmalen ausfindig zu machen. Eine höhere prognostische Validität (Balderjahn [Validität] 130 ff.) dürften hingegen komplexe, aus Arbeitsproben und Testverfahren bestehende und im Rahmen eines Assessment-Centers eingesetzte Personalauswahlsysteme aufweisen. Derartige Systeme, die speziell zur Auswahl von Mitarbeitern der industriellen F&E ausgerichtet sind, liegen mittlerweile vor (Schuler et al. [Entwicklung]).

Anreizsysteme

Als wichtiges personelles Instrument zur Steigerung der Innovationsbereitschaft der Arbeitnehmer ist das *Anreizsystem* des Unternehmens anzusehen. Vom Grundsatz her muss dieses so konstruiert sein, dass innovatives Verhalten durch materielle und immaterielle Anreize belohnt wird. Um die gewährten Anreize nicht ins Leere laufen zu lassen, ist dabei erforderlich, dass diese auf die mittels Mitarbeiterbefragungen analysierte Werte- und Bedürfnisstruktur der Arbeitnehmer abgestimmt sind. Diesbezüglich ist auf die durch Fremd- und eigene Untersuchungen (Macharzina/Wolf/Döbler [Werthaltungen] 105 ff.) gestützte und interkulturell gültige Hypothese hinzuweisen, nach der von einer zunehmenden Pluralisierung der Wertemuster in westlichen und östlichen (Industrie-)Gesellschaften auszugehen ist (Macharzina/Wolf [Umbruch] 171 ff.). Aus diesem Grund ist es erforderlich, dass die traditionelle Empfehlung der Innovationsmanagementforschung, nach der immaterielle Anreize in der Phase der Ideengenerierung und materielle Anreize in derjenigen der Ideenumsetzung zu bevorzugen sind, dergestalt überformt wird, dass Anreize individuell ausgestaltet werden müssen. Den höchsten Nutzen dürften dabei Cafeteria-Systeme (Dycke/Schulte [Cafeteria-Systeme] 577 ff.) bieten, da ihre Grundkonzeption die gesellschaftlichen Individualisierungs- und Pluralisierungstendenzen widerspiegelt. Auch dürfte es sich von Vorteil erweisen, wenn jene Arbeitnehmer bei der Gewährung von Arbeitnehmerkapital- oder -gewinnanteilen bevorzugt werden, die sich durch innovative Leistungen auszeichnen.

Vorschlagswesen

Ein traditionell wichtiges Anreizinstrument des Innovationsmanagements ist schließlich mit dem betrieblichen Vorschlagswesen (Thom [Vorschlagswesen]) gegeben, wobei die Bezeichnung dieses Klassikers insofern irreführend ist, als es nicht nur im Betrieb, sondern auch auf Unternehmensebene anwendbar ist. Allgemein handelt es sich hierbei um eine Einrichtung zur Förderung, Begutachtung, Anerkennung und Verwirklichung von Verbesserungsvorschlägen der Arbeitnehmer. Der Erfolg des betrieblichen Vorschlagswesens hängt wesentlich davon ab, ob es dem Top-Management gelingt, die empirisch festgestellten (Losse/Thom [Vorschlagswesen] 73 ff.) Widerstände gegenüber dem Vorschlagswesen abzubauen. Der dritte Aufgabenschwerpunkt des innovationsorientierten Personalmanagements besteht in der *Qualifizierung der Arbeitnehmer*. Die Auswahl geeigneter Qualifizierungsmaßnahmen sollte sich dabei ebenfalls an den zuvor dargelegten Merkmalen innovativer Arbeitnehmer orientieren. Diese machen deutlich, dass mit der Wissensvermittlung nur ein Aspekt der innovationsorientierten Qualifizierungsmaßnahmen gegeben ist. Als Qualifizierungsmethoden erscheinen gruppenorientierte, interdisziplinäre (Hübner [Innovationsmanagement] 1009 ff.) Maßnahmen, bei denen die Arbeitnehmer aktiv in den Qualifizierungsprozess eingreifen, besonders geeignet, wobei die Alternativen je nach Zielgruppe von der Teilnahme an Projektgruppen, Plan- und Rollenspielen, Erfahrungsaustauschgruppen bis hin zur Einrichtung eines Junior-Vorstands reichen.

Personalentwicklung

Innovationsfinanzierung

Oben wurde bereits darauf hingewiesen, dass Innovationen aufgrund der hohen technologischen Dynamik und Komplexität mit einem erheblichen finanziellen Aufwand verbunden sind. Insofern überrascht es, dass die *finanzwirtschaftliche Dimension* in zahlreichen Grundlagen- und Übersichtswerken des Innovationsmanagements (Thom [Grundlagen]; Schwer [Innovationsmanagement]; Corsten [Überlegungen]) ausgeblendet wird. Bei der Planung der Finanzierung von Innovationen sind drei Arbeitsschritte zu unterscheiden. Zunächst geht es darum, die mit der Innovation verbundenen Kosten und damit den *Finanzbedarf* zu bestimmen. Diesem sind die *erwarteten Innovationserträge* gegenüberzustellen. Aufbauend auf dem zeitlichen Anfall von Mittelab- und -rückflüssen ist die Auswahl geeigneter *Finanzierungsquellen* zu treffen. Die Bestimmung des Finanzbedarfs gestaltet sich aus mehreren Gründen schwierig. Ein Grund hierfür besteht darin, dass sich Innovationsprojekte üblicherweise über sehr große Zeiträume erstrecken. In Großunternehmen stellt die Planung des Finanzbedarfs auch insofern keine Trivialität dar, als mehrere Innovationsprojekte parallel zueinander ablaufen und so das Problem der Zurechenbarkeit der Kosten auftritt (Thomas [Finanzierung] 86). Angesichts dieser Probleme ist es verständlich, dass man sich in der Unternehmenspraxis üblicherweise auf grobe Kostenschätzungen unter Rückgriff auf Checklisten von Kostenarten verlässt (Hesse [Controlling] 300). Zur Absicherung der Schätzergebnisse wird dabei vielfach auf das Modell des Produktentwicklungszyklus zurückgegriffen, in dem pauschale Annahmen über die in den einzelnen Entwicklungsphasen anfallenden Kosten getroffen werden. Ein Vergleich empirischer Untersuchungen zeigt allerdings, dass derartige Pauschalannahmen als äußerst fragwürdig anzusehen sind. Ähnliche Schwierigkeiten, nur in einer noch gesteigerten Ausprägungsform, treten bei der Bestimmung der Innovationserträge auf. Auch hier stehen Schätzungen im Vordergrund der angewandten Methoden, wobei eine Fundierung der Erwartungswerte über die in Abschn. 11.2.1 dargelegten Prognoseverfahren angestrebt werden sollte.

Zur *Deckung des Finanzbedarfs* stehen Mittel der staatlichen Innovationsförderung, die Aufnahme von Fremdkapital sowie Eigenkapitalquellen – hier insbesondere die Beteiligungsfinanzierung – als prinzipielle Optionen zur Verfügung (Thomas [Finanzierung] 88 ff.). Das Spektrum der staatlichen Fördermaßnahmen ist weit und reicht von Sonderabschreibungen und Zulagen für Investitionen in F&E, Kostenzuschüssen für eigenes F&E-Personal und externe Vertragsforschung, Projektförderung durch einschlägige Ministerien auf Bundes- und Länderebene, Förderung der Verbundforschung von Unternehmen und Hochschulen sowie Technologietransfereinrichtungen bis hin zur Einrichtung von Technologieparks durch die Länder und Kommunen. Der Anwendungsnutzen dieser Programme wird allerdings dadurch eingeschränkt, dass sie erst nach einem komplexen Antragsverfahren wirksam werden. Die Aufnahme von Fremdkapital ist aufgrund der Kreditsicherungspraxis der Banken in aller Regel erst dann möglich, wenn davon ausgegangen werden kann, dass die Innovationen am Markt erfolgreich umgesetzt werden können. Im Vordergrund der Innovationsfinanzierung steht somit nach wie vor die Eigenkapitalfinanzierung, wobei das Eigenkapital von innen, aus dem Wertschöpfungsprozess, aber auch über eine Kapitalzuführung von außen aufgebracht werden kann. Bei der letztgenannten Alternative findet eine Kapitalerhöhung über Finanzmittel aus dem Bereich privater Anleger oder anderer Unternehmen statt. Eine besondere Bedeutung kommt hierbei Beteiligungsgesellschaften zu, die sich auf die Innovationsfinanzierung spezialisiert haben (vgl. Abschn. 10.4.5).

Innovations-controlling

Eine zunehmend wichtige Rolle im Rahmen eines systematisch betriebenen Innovationsmanagements spielt das *Innovationscontrolling* (Brockhoff [Erfolgsbeurteilung] 643 ff.; Hauschildt [Innovationsergebnisrechnung] 1017 ff.). Dessen Aufgabe besteht in der Unterstützung des Linienmanagements durch eine zielbezogene Steuerung von Innovationsprozessen (Hauschildt [Messung] 451 ff.). Der Arbeitsschwerpunkt des Innovationscontrolling liegt dabei im Bereich der Innovationskosten- und -ertragsrechnung und damit der Wirtschaftlichkeitsrechnung, aber auch in der Überwachung der Umsetzung von Innovationen (vgl. Kapitel 6).

10.4.4 Innovationsprozesse

Innovationsbarrieren

Innovationen stoßen im Unternehmen nicht nur auf positiven Widerhall, sondern auch auf vielfältige *Widerstände* (vgl. Abschn. 5.7). Opponierende Parteien, vornehmlich im mittleren Management und auf der Meisterebene, mögen zuweilen versuchen, Innovationen durch das Vorbringen von Gegenargumenten zu verhindern. Gelingt dies nicht oder möchten die Innovationsopponenten nicht als solche erkannt werden, setzen sie Verzögerungstaktiken ein. Termine werden versäumt, Beiträge unterbleiben, zusätzliche Gutachten werden eingeholt. Wenn Innovationen grundsätzlich nicht mehr aufzuhalten sind, bleibt noch der Widerstand durch Veränderung. Der Neuigkeitsgrad der Innovation wird bei der Umsetzung so weit reduziert, dass möglichst geringe Auswirkungen für den gewohnten Ablauf entstehen (Schmeisser [Widerstände] 67).

Promotoren

Die empirische Innovationsforschung hat gezeigt, dass zur Überwindung von Innovationswiderständen eine Rollendifferenzierung innerhalb eines Gespanns von *Promotoren* der Innovation erfolgreich ist (Hauschildt/Chakrabarti [Arbeitsteilung] 384). Der Fachpromotor zeichnet sich durch ausgeprägte Sachkenntnis aus und kann die Innovation über seine funktionale Autorität vorantreiben. Der Machtpromotor hat das nötige hierarchische Potenzial, um die Innovation durchzusetzen. Der Prozesspromotor verfügt über weniger Fachwissen und Macht, dafür aber über Organisationskenntnis. Er vermittelt zwischen Fach- und Machtpromotor und wirbt gegenüber dritten mit diplomatischem Geschick für die Innovation. Die Bemühungen der Promotoren münden in einem Projektmanagement (vgl. Abschn. 7.4.1.1), das den Innovationsprozess in allen Phasen begleitet (Hauschildt/Salomo [Innovationsmanagement] 138 ff. und 249 ff.). Das Promotorenkonzept wurde mittlerweile um einen Beziehungs- und einen Prozesspromotor sowie einen Gatekeeper erweitert (Walter [Beziehungspromotor]; Gemünden/Hölzle [Promotoren]; zur Diskussion der Arbeitsteilung im Innovationsprozess Rost/Hölzle/Gemünden [Promotors] 340 ff.). Weiterhin zeigte sich, dass eine frühe Integration funktionsspezifischer Beiträge in den Innovationsprozess dessen Markterfolg positiv beeinflusst (Salomo/Cratzius [Integration] 71 ff.).

Projektmanagement

Phasenmodell

Für jede Innovation bedarf es einer *Initiative*. Die Initiative muss zunächst geweckt und dann sachgemäß gefiltert werden. Wegen der möglichen Innovationswiderstände besteht in der Filterung meist ein geringeres Problem als im Auslösen und Aufrechterhalten der Initiative; die hierzu förderlichen organisatorischen Bedingungen wurden bereits in Abschn. 10.4.3 angesprochen. Besitzt eine Initiative innovatorisches Potenzial, gilt es, sie in eine inhaltlich bestimmte und gegenüber anderen Sachverhalten abgegrenzte *Problemdefinition* zu überführen. Eine Zerlegung in Teilprobleme ist im Hinblick auf die Strukturierung der zu lösenden Aufgabe sinnvoll, darf der *Zielbil-*

dung jedoch nicht zu weit vorgreifen. Bei diesem Schritt wird das Anspruchsniveau gebildet, mit dem die Innovation verfolgt werden soll. Schwierigkeiten treten hierbei insbesondere dann auf, wenn Wechselwirkungen mit bestehenden Unternehmenszielen oder anderen Innovationszielen zu berücksichtigen sind. Sodann kann die *Suche nach Lösungsalternativen* beginnen. Dies empfiehlt sich auch dann, wenn ein Vorschlag zur Problemlösung vom Initiator der Innovation bereits mitgeliefert wurde. Von den zur Lösungsfindung entwickelten Kreativitätstechniken (vgl. Abschn. 11.2.2) wird in der Praxis am häufigsten die Methode des Brainstorming eingesetzt (Geschka/Dahlem [Kreativitätstechniken] 107 ff.).

Steuerung

Die zielgerichtete Einflussnahme auf Innovationsprozesse ist wegen der mit ihnen verbundenen Ungewissheit generell schwierig. Je weiter sich ein Innovationsprozess allerdings der *Umsetzungsphase* nähert, desto eher lässt er sich von außen steuern. So ist es bei weitgehender Delegation der Aufgabeninhalte möglich, verbindliche Vorgaben bezüglich des erwarteten *Ergebnisses*, des einzuhaltenden *Zeitrahmens* und des zur Verfügung gestellten *Budgets* zu erlassen und deren Erfüllung zu *kontrollieren*. Umfangreiche Innovationsprojekte können in sachlicher und zeitlicher Hinsicht aufgegliedert und mit entsprechenden Planungsinstrumenten in einen geordneten Ablauf gebracht werden. Hierzu eignen sich insbesondere Netzpläne (Schwarze [Netzplantechnik]).

Bei einem *Netzplan* wird das Projekt in einzelne Vorgänge zerlegt, die nach einer bestimmten Zeit jeweils zu einem definierten Ergebnis führen und einzelnen Stellen oder Stellenmehrheiten zur eigenverantwortlichen Bearbeitung übertragen werden können. Die Vorgänge sind nach ihrer sachlichen und zeitlichen Abhängigkeit zu ordnen. Dazu muss bekannt sein, inwieweit der Abschluss des einen Vorgangs eine notwendige Voraussetzung für den Beginn eines anderen Vorgangs ist, und welche Vorgänge unabhängig und parallel zueinander bearbeitet werden können. Die Folge derjenigen Vorgänge, von denen der Projektfortschritt in der betreffenden Phase abhängt, wird als kritischer Pfad bezeichnet. Aus der Summe der Bearbeitungszeiten auf dem kritischen Pfad ergibt sich die Projektdauer. Verzögerungen in einem dieser Vorgänge wirken sich unmittelbar auf den Zeitbedarf des gesamten Projekts aus; Verzögerungen bei anderen hingegen nicht. Neben der Zeitplanung erlauben Netzpläne auch eine Kapazitätsplanung, da aus ihnen die Beanspruchung der benötigten Ressourcen hervorgeht.

Innovationserfolg

Die Ergebnisse von Innovationsprozessen sind zunächst immateriell; durch Innovationen entstehen neue Konstruktionspläne oder Verfahren, Patente (Gassmann [Patentmanagement]) oder sonstige Rechte und Wettbewerbsvorteile in Gestalt von neuen Informationen oder Fähigkeiten. Der *Innovationserfolg* (Littkemann/Lehmann/Holtrup [Erfolgsmessung] 145 ff.) ist darum in erster Linie an der Erreichung technischer Ziele zu messen und zu beurteilen. Darüber hinausgehend kann versucht werden, den Erfolg von Innovationsprozessen wirtschaftlich zu bewerten. Die Probleme der Messung und Zuordnung von Erfolgswirkungen sind bei Innovationen allerdings erheblich. Weiterhin mangelt es häufig an geeigneten Referenzgrößen, um eine Innovation als wirtschaftlichen Erfolg oder Misserfolg einstufen zu können. Wenn dennoch eine Innovationsergebnisrechnung durchgeführt werden soll, gilt es dabei im Wesentlichen drei Aspekte zu beachten. Innovationsprozesse sind als Projekte anzusehen und abrechnungstechnisch als solche zu behandeln; Projekte weisen in der Regel eine sachliche, zeitliche und finanzielle Abgrenzung zu anderen Aktivitäten auf. Innovationen tragen weiterhin den Charakter von Investitionen, selbst wenn sie aus buchhalterischer Sicht in der Regel nicht aktivierbar sind. Kalkulatorisch sind dabei nicht nur materielle, sondern auch immaterielle Vermögenswerte zu berücksichtigen, die im Rahmen von Innovationsprozessen geschaffen werden.

Schließlich sollten Bemühungen dahingehend unternommen werden, im Sinne einer Erfolgsorientierung nicht nur die Kosten, sondern auch die Leistungen von Innovationsprozessen in die Berechnung einzubeziehen. Innovationen sichern den langfristigen Unternehmenserfolg. Sie ausschließlich als Kostenfaktor zu bewerten, würde dieser tragenden Rolle nicht gerecht werden.

Innovations-risiken

Trotzdem müssen sich Unternehmen der mit Innovationen verbundenen *Risiken* bewusst sein. Neben dem technischen Risiko, dass für ein Problem keine technische Lösung gefunden werden kann, und dem Zeitrisiko, dass eine Innovation nicht zur rechten Zeit am Markt eingeführt wird, besteht ein Kostenrisiko, dass in der Projektplanung nicht berücksichtigte Kosten auftreten, und ein ökonomisches Verwertungsrisiko, dass mit der Innovation nicht die gewünschten Erlöse zu erzielen sind. In vielen Branchen verschärfen sich die genannten Risiken derzeit durch verkürzte Produktlebenszyklen. Werden die Risiken antizipiert und nicht erst dann behandelt, wenn sie messbare Wirkungen verursacht haben, lassen sie sich zumindest begrenzen (Specht/Beckmann [F&E-Management] 25 ff.).

10.4.5 Venture Management

Vorläufer

Das Phänomen des Venture Managements lässt sich bis in die Mitte der 1950er Jahre zurückverfolgen. Bereits damals hatten alteingesessene, am Markt etablierte Unternehmen die Zusammenarbeit mit jungen, risikofreudigen Neugründungen gesucht, um ihre Innovationskraft durch frische Impulse von außen zu stärken (Schulte [Gründungserfolg] 203 ff.). Hanan deutet auf Gründe hin, die zu derartigen Kooperationen geführt haben: „With all our resources, talent, and money, how is it that we have failed when small companies have succeeded? Every day successful businesses are started up on a shoestring by people who couldn't even get jobs in our shipping room" (Hanan [Corporations] 139).

10.4.5.1 Konzeption des Venture Managements

Begriff

Das Venture Management stellt eine unternehmerische Aktivität dar, bei der ein gereiftes, am Markt etabliertes Unternehmen an der Gründung neuer unternehmensinterner oder -externer Einheiten, die selbstständige Unternehmen oder Unternehmensteile sein können, beteiligt ist. Die neugebildeten Einheiten übernehmen dabei vor allem innovative, risikobeladene Aufgaben; daher haben sie den Charakter von Wagniseinheiten. Das Venture Management wird schwerpunktmäßig zur Öffnung etablierter Unternehmen gegenüber neuen technologischen Entwicklungen eingesetzt (Servatius [Management] 7).

Ziele

Sämtliche Gestaltungsoptionen des Venture Managements haben die *übergeordnete Zielsetzung,* neue Entwicklungsimpulse und erweiterte Handlungsmöglichkeiten für die Zukunft zu schaffen (Nathusius [Management] 23), die hieraus resultierenden Gefahren jedoch zu begrenzen. Dieses soll durch Sach- und finanzwirtschaftliche Ziele gesichert werden. Als *Sachziele* des Venture Managements sind das Unternehmenswachstum, die Diversifikation, die Verbesserung des Vertrautheitsgrads mit technologischen Entwicklungen, aber auch Imagekorrekturen zu nennen. Die Sachziele sollen sich zumindest langfristig in der Verbesserung der finanzwirtschaftlichen Situation des Unternehmens niederschlagen. Das Venture Management verfolgt somit auch *finanzwirtschaftliche Ziele,* die in der Gewährleistung einer laufenden Rendite und einem Kapitalzuwachs durch Beteiligungen bestehen.

Herkunft

Als Ursprungsland des Venture Managements können die USA gelten, wo bereits vor dem zweiten Weltkrieg Vorläufer dieses Konzepts anzutreffen waren. Zur Managementkonzeption herangereift ist das Venture Management jedoch erst in den 1960er Jahren, als Großunternehmen wie DuPont, Johnson & Johnson, Xerox, Monsanto oder 3M Wagniseinheiten gebildet hatten. Schätzungen zufolge hatten zu jener Zeit etwa 30 Prozent der größten amerikanischen Unternehmen Wagniseinheiten aufgebaut. Mit geringem zeitlichem Verzug wurde dann dem Venture Management Interesse von seiten der Wissenschaft entgegengebracht, das angesichts der hohen Bedeutung innovativer Entwicklungen für den Unternehmenserfolg bis heute angehalten hat (vgl. zum Beispiel Nathusius [Management]; Gaitanides/Wicher [Management] 414 ff.; Servatius [Management]).

Konzept

Der konzeptionelle Ansatz des Venture Managements ist denkbar einfach; durch die Zusammenarbeit von Wirtschaftseinheiten unterschiedlicher Entwicklungsstufen sollen die spezifischen Stärken der Kooperationspartner genutzt werden, ohne jedoch deren jeweilige Schwächen auf die Partner überzuwälzen oder sogar zu potenzieren. Die Nützlichkeit dieser Vorgehensweise wird besonders deutlich, wenn die positiven und negativen Entwicklungspotenziale der Partner gegenübergestellt werden und auf ihre Kompatibilität hin untersucht werden. Solche Entwicklungspotenziale sind exemplarisch in Abbildung 10-33 (Gaitanides/Wicher [Management] 414 f.) zusammengefasst.

Abbildung 10-33

Vorteile des Venture Managements

Positive Entwicklungspotenziale des gereiften Unternehmens

- **Organisationsvorteil**
  funktionsfähige, arbeitsteilige Unternehmensorganisation
- **Erfahrungsvorteil**
  Markt-/Technologieverfahren und Geschäftskontakte
- **Ressourcenvorteil**
  materielle Ressourcenverfügbarkeit
- **Risikomischungsvorteil**
  Risikostreuung durch unterschiedliche Geschäftsaktivitäten und Projekte verschiedener Entwicklungsstadien
- **Kostenvorteil**
  Stückkostendegression bei der Großserienproduktion und Kostenvorteil im Marketing

Positive Entwicklungspotenziale des jungen Unternehmens

- **Gründervorteil**
  hohe Innovationsmotivation und Fachpromotion des Gründers bzw. Gründungsteams
- **Strukturvorteil**
  gering ausgeprägte hierarchische Strukturierung der Unternehmensorganisation und freie Kommunikationsbeziehungen in den Funktionsbereichen
- **Entscheidungsvorteil**
  flexibles Reaktionsvermögen im operativen Bereich
- **Innovationsvorteil**
  Verfügbarkeit über Innovationsideen und Konzepte ihrer Implementierung
- **Kostenvorteil**
  geringe Entwicklungskosten bei der Durchführung von Projekten und der Nutzung externen Wissens
- **Zeitvorteil**
  geringer Zeitbedarf für die Entwicklung und Erstellung von Prototypen für die Testproduktion

10.4.5.2 Gestaltungsoptionen des Venture Managements

In Wissenschaft und Praxis wird eine Vielzahl von Venture-Management-Konzeptionen diskutiert (vgl. zu einer Übersicht Gaitanides/Wicher [Management] 416). Bei diesen wird üblicherweise zwischen internen und externen, seltener zwischen unipersonalen und multipersonalen Formen des Venture Managements unterschieden (Nathusius [Management] 168 ff.). Das *interne Venture Management* bezeichnet die Fälle, in denen im Unternehmen selbst quasiautonome Unternehmensteile geschaffen werden.

Internes Venture Management

Beim *externen Venture Management* beteiligt sich hingegen ein etabliertes Unternehmen an einem neugegründeten, rechtlich und wirtschaftlich weitgehend selbstständigen Unternehmen. Da weitgehende *wirtschaftliche* Handlungsfreiheit der neugebildeten Einheiten eine notwendige Erfolgsbedingung sämtlicher interner wie externer Formen darstellt, besteht das wesentliche *Unterscheidungskriterium* zwischen internen und externen Ventures in der *rechtlichen Selbstständigkeit* der Einheiten (Nathusius [Grundansatz] 507 ff.). Die den beiden Gruppen zuzuordnenden Varianten des Venture Managements können der Abbildung 10-34 entnommen werden.

Externes Venture Management

Gestaltungsoptionen des Venture Managements

Abbildung 10-34

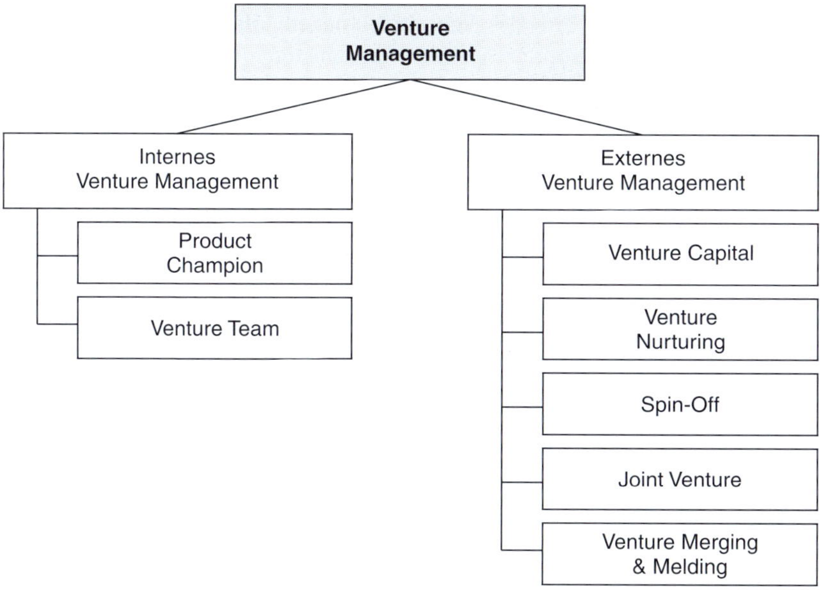

Product Champion

Eine Gestaltungsoption des *internen* Venture Managements ist mit dem *Product Champion* gegeben. Bei dieser Variante besteht die Gründungseinheit aus *einer* Person, die Angehörige des Unternehmens ist. Es handelt sich hierbei um eine besonders befähigte Person, die die Aufgabe hat und in der Lage ist, eine neue Unternehmenseinheit aufzubauen. Der Product Champion soll hierbei unter ähnlichen Bedingungen wie ein selbstständiger Gründungsunternehmer arbeiten. Daher lässt man ihn zunächst mit vergleichsweise bescheidenen Mitteln auskommen. Je nach Umsatz und Erfolg des Product Champions kann sich aus der kleinen Einheit eine eigene Abteilung oder sogar eine neue Sparte bilden. Die hinter dem Product-Champion-Konzept stehende Idee leuchtet ein: Aus der Nachbildung der Gründungssituation erfolgreicher Unternehmer sollen kreative Personen im Unternehmen dazu motiviert werden, ihre Potenziale dem Unternehmen zugänglich zu machen. Damit dieses Konzept Aussicht auf erfolgreichen Einsatz bietet, müssen jedoch mehrere Bedingungen erfüllt sein (Schon [Fear] 119; Muhairwe [Style] 92 ff.). Der Product Champion muss im Unternehmen eine gewisse Autorität besitzen; er sollte mit den formellen und informellen Beziehungsverhältnissen im Unternehmen gut vertraut sein, um mögliche unternehmensinterne Innovationswiderstände abbauen zu können, und in der Lage sein, die unterschiedlichen Interessen der Funktionsbereiche des Unternehmens in sein Handeln zu integrieren. Letztlich muss das Top-Management den Product Champion bei seinem Handeln voll unterstützen.

Venture Team

Eine weitere interne Form des Venture Managements ist das *Venture Team*. Bei dieser Gestaltungsoption werden Spezialisten unterschiedlicher Fachrichtungen innerhalb des Unternehmens zu einem Team zusammengefasst, das von einem Venture Manager geführt wird. Venture Teams werden vor allem zur Innovation marktfähiger Produkte gebildet, wobei ihr Aufgabenschwerpunkt nicht in der Produkterfindung, sondern in der Beurteilung bereits vorliegender Produktideen sowie in der Markteinführung ausgewählter Produktkonzepte liegt. Dieser Anwendungsschwerpunkt wird auch durch empirische Befunde (Vesper/Holmdahl [Management] 30) belegt, nach denen interne Venture-Management-Ansätze hauptsächlich der Verwertung von Entwicklungen, dem Aufbau eines günstigen Geschäftsklimas und im besonderen Diversifikationsbemühungen dienen.

Der Bildung von Venture Teams liegt die Überlegung zugrunde, dass Kleingruppen, die die Unternehmensfunktionen repräsentativ abbilden, innovative Entscheidungsprobleme weitaus zielstrebiger und schlagkräftiger vorstrukturieren und auch bewältigen können als der schwerfällige Gesamtapparat des Unternehmens. Deshalb ist es wichtig, dass Venture Teams derartige Probleme relativ selbstständig bearbeiten können. Je nach Aufgabenstellung können die Spezialisten ganz oder teilweise von ihren bisherigen Aufgaben freigestellt sein. Venture Teams können als Stabs- oder Fachabteilungen, aber auch als neue Sparten in die Gesamtorganisation des Unternehmens integriert werden. Beim Venture-Team-Konzept besteht eine weitgehende *organisatorische Übereinstimmung mit dem im Abschn. 7.4.1.1 dargestellten Projektmanagement* (Task-Force-Ansatz). Umgekehrt gelten für sie ähnliche Erfolgsbedingungen wie für Product Champions, denn auch hier ist es erforderlich, dass das Top-Management voll und ganz hinter den Aktivitäten der Wagniseinheit steht. Eine interne Variante des Venture Managements, die das Product-Champion- mit dem Venture-Team-Konzept verbindet, ist im Haus 3M entwickelt worden (Roberts [Growth] 140). 3M hat sich eine Profit-Center-Organisation geschaffen, in der die Leiter der Gewinnverantwortungsbereiche mit der Handlungsfreiheit von Product Champions agieren können. Da die Profit-Center-Leiter über die Ressourcen ihrer gesamten Einheit verfügen, zeigt es sich jedoch, dass das bei 3M realisierte Konzept nur in der Aufbauphase der Profit Center und selbst dort nur in bedingtem Maße der ursprünglichen Product-Champion-Idee entspricht.

Venture Capital

Eine erste Variante des *externen* Venture Managements wird als *Venture Capital* bezeichnet. Venture Capital ist eine Form der Beteiligungsfinanzierung für junge, wachstumsorientierte Unternehmen (Schmidtke [Praxis] 43), denen in erster Linie für den Zeitraum der Gründungs- und Wachstumsphase Kapital zur Verfügung gestellt wird. Das Venture Capital ist als externe Form anzusprechen, da das risikotragende Kapital der Wagniseinheit von außen zugeführt wird (Stickler [Capital] 14). Venture-Capital-Beteiligungen müssen jedoch nicht auf die Gründungs- und Wachstumsphase von Wagniseinheiten beschränkt sein. Venture Capital wird vor allem im Bereich der Informations- und Kommunikationstechnologie, aber auch in neuen Branchen wie der Gentechnologie als Finanzierungsform gewählt (Quillmann [Capital] 672). In den USA wird eine derartige Finanzierung junger, aufstrebender High-Tech-Unternehmen durch etablierte Unternehmen, aber auch durch Banken schon seit den 1950er Jahren betrieben. Bekannt geworden ist vor allem die Finanzierung von Digital Equipment durch die American Research and Development Corporation (ARD). Heute dürfte das Corporate-Venture-Capital in den USA wie auch in Europa die bedeutendste Form des externen Venture Managements sein. Der Bestand deutscher Investitionen in Wagniseinheiten betrug Ende 2007 ca. 24,5 Milliarden Euro (Bundesverband der Kapitalbeteiligungsgesellschaften [Jahrbuch]). Aus jüngerer Zeit liegen empirische Ergebnisse über Erfolg und Erfolgsfaktoren deutscher Venture-Capital-Gesellschaften vor (Schefczik [Erfolgsstrategien]). Die Renditen der untersuchten Ventures streuten zwischen -23 Prozent und 111 Prozent. Es bleiben also einige der Ventures deutlich hinter den Renditeerwartungen der Investoren von üblicherweise 15 Prozent zurück, wenngleich auch zu konzedieren ist, dass ihre mittlere Rendite bei 18,3 Prozent und damit über dem gesetzten Anspruchsniveau liegt. Als besonders bedeutend für den Erfolg der Ventures erwiesen sich eine hohe Qualifikation der

Venture Manager und eine intensive, inhaltsreiche Zusammenarbeit zwischen Venturekapitalgeber und -nehmer. Das Potenzial erfolgreicher kleiner und mittlerer Unternehmen scheint in Deutschland durch die Venture-Capital-Gesellschaften allerdings noch bei weitem nicht ausgeschöpft zu sein. Für die Finalisten des Wettbewerbs „Entrepreneur des Jahres", der von der Cap Gemini Ernst & Young Deutschland GmbH mit Unterstützung der Zeitschrift manager magazin, der Frankfurter Allgemeinen Zeitung, der Deutschen Bank AG, der Deutschen Börse AG und der SAP AG erstmals im Jahr 1996 ausgeschrieben und danach jährlich wiederholt wurde, spielt die Venture-Capital-Finanzierungsform nur eine untergeordnete Rolle. Erfolgsfaktoren wurden in einer Studie von 68 Finalisten untersucht (Ernst & Young [Grenzen]). Immer wieder gehörten Klagen aus Kreisen von Jungunternehmern, aber auch deren „Paten" zufolge ist Deutschland trotz aller Lippenbekenntnisse aus Politik und Kreditwirtschaft noch immer ein äußerst zäher Venture-Capital-Markt.

Corporate-Venture-Capital

Von einem *Corporate-Venture-Capital* wird dann gesprochen, wenn sich ein *Unternehmen des Nichtbankenbereichs* an einer Wagniseinheit beteiligt. Daneben werden in den USA, aber auch in der Bundesrepublik Wagniseinheiten durch Versicherungen, Stiftungen oder Privatpersonen finanziert (Quillmann [Capital] 670). Im amerikanischen Raum durchgeführte explorative Studien weisen darauf hin, dass Großunternehmen Corporate-Venture-Capital-Beteiligungen vor allem zu Diversifikationszwecken sowie zur besseren Verfolgung technologischer Entwicklungen vornehmen (Nathusius [Management] 207 ff.). Zur Bewertung unsicherer Investitionsvorhaben erweisen sich Realoptionsmodelle der klassischen Investitionsrechnung als deutlich überlegen (Duan/Lin/Li [Capital]).

Etablierte Unternehmen können sich sowohl direkt als auch indirekt an Wagniseinheiten beteiligen (Gaitanides/Wicher [Management] 418). Bei der *direkten* Variante gründet ein etabliertes Unternehmen eine rechtlich selbstständige Tochtergesellschaft, die idealerweise auf der Basis intensiver Marktanalysen ihr Leistungsprogramm aufbaut. Die *indirekte* Variante zeichnet sich dadurch aus, dass das etablierte Unternehmen eine Investmentgesellschaft gründet, die sich an einem oder mehreren Wagnisunternehmen beteiligt. Derartige Venture-Capital-Fonds werden zum Zweck des Risikoausgleichs gebildet. Ein Fond ist üblicherweise an acht bis zehn Wagnisunternehmen beteiligt (Stickler [Capital] 14). In Deutschland ist die indirekte Variante vorherrschend.

Typisch für das Corporate-Venture-Capital-Konzept ist, dass eine *Minderheitsbeteiligung* der Muttergesellschaft an der Wagniseinheit besteht. Unabhängig von der Höhe des Kapitalanteils finden sich in der Praxis sehr verschiedenartige Corporate-Venture-Capital-Konzepte, die hinsichtlich des Integrationsgrads zwischen Mutter- und Tochtergesellschaft variieren. Das

Spektrum reicht von der Corporate-Venture-Capital-Einheit als dispositionsmäßig eigenständiger Tochter bis hin zur Konzeption der Corporate-Venture-Capital-Einheit, die nicht nur finanziell, sondern auch über ihr Führungssystem aufs engste mit der Muttergesellschaft verbunden ist. Instrumente zur Kopplung einer Corporate-Venture-Capital-Einheit an die Muttergesellschaft können im regelmäßigen Personalaustausch wie auch im Aufbau eines einheitlichen Planungs-, Budgetierungs- und Kontrollsystems (vgl. Kapitel 6) bestehen. Hierbei ist jedoch zu fragen, ob diese Variante noch der ursprünglichen Kernidee des Venture Managements gerecht wird, wonach der Erfolg von Venture-Einheiten auf deren hohes Maß an Autonomie zurückzuführen ist.

Der ehemalige amerikanische Chemiekonzern Monsanto, aber auch die Asea Brown Boveri (ABB) können als herausragende Beispiele gezielten Corporate-Venture-Managements gelten. Monsanto hatte schon zu Beginn der 1970er Jahre, ohne auf unternehmenseigene Entwicklungsanstrengungen zu verzichten, einen Venture-Capital-Fond geschaffen, um hierdurch vor allem einen verbesserten Zugang zur Biotechnologie zu erhalten (Fischer [Pionierfirmen] 441).

Venture Nurturing

Das *Venture Nurturing* ist mit dem Corporate-Venture-Capital eng verwandt, da die Unterscheidungsmerkmale eher gradueller denn prinzipieller Art sind. Die Besonderheit des Venture Nurturing liegt darin, dass die Muttergesellschaft in der Regel mehrheitlich an den Wagniseinheiten beteiligt ist und dass die Beteiligungsunternehmen von der Muttergesellschaft besonders intensiv betreut werden. So erhält die Wagniseinheit die Möglichkeit, die Wertschöpfungspotenziale der Muttergesellschaft für die Bereiche F&E, Produktion oder Marketing in Anspruch zu nehmen. Im Mittelpunkt der Venture-Nurturing-Ziele steht die konsequente Nutzung von Synergiepotenzialen durch Vervollständigung des eigenen Leistungsprogramms. Die Dominanz der synergetischen Zielsetzung erfordert ein höheres Maß an Integration zwischen Muttergesellschaft und der Wagniseinheit. Die zuvor bereits angesprochenen Integrationsinstrumente wie der regelmäßige Personalaustausch oder einheitliche Planungs-, Budgetierungs- und Kontrollsysteme sind daher bei nahezu allen Venture-Nurturing-Aktivitäten anzutreffen. Im amerikanischen Motorola-Konzern sind Venture-Nurturing-Aktivitäten besonders intensiv ausgeprägt. Motorola ist gezielt auf der Suche nach förderungswürdigen, unternehmensexternen Einheiten, die innovative Produkt- oder Verfahrenslösungen im Umfeld der bisherigen Aktivitäten des Konzerns erarbeiten. Die Entscheidung für oder gegen ein Venture-Nurturing-Engagement wird bei Motorola von der obersten Führungsspitze übernommen.

Spin-Off

Eine weitere Form des externen Venture Managements besteht in so genannten *Spin-Offs*. Diese können als Ableger eines etablierten Unternehmens verstanden werden, da Einheiten, die zuvor als Teile des etablierten Unternehmens fungierten, von diesem abgespalten werden. Diese Einheiten, die sich zum Beispiel aus hochqualifizierten Wissenschaftlern zusammensetzen, werden von diesen dann selbstständig weitergeführt. Spin-Offs sind auch deshalb als Varianten des Venture Managements zu bezeichnen, da die Abspaltung von Unternehmensteilen vor allem aus Risikoüberlegungen vorgenommen wird. Vielfach ist das etablierte Unternehmen nach wie vor an den Leistungen des Spin-Offs interessiert und unterstützt es deshalb mit materiellen und immateriellen Ressourcen, zum Beispiel in der Form von Sacheinlagen oder Know-how. Die materielle Beteiligung des etablierten Unternehmens am Spin-Off beschränkt sich in der Regel auf eine Minderheitsbeteiligung. In der Unternehmenspraxis haben sich unterschiedliche Varianten von Spin-Offs, die gelegentlich auch als *Spin-Outs* bezeichnet werden (Hanan [Corporations] 139 ff.), herausgebildet. Von einem Spin-Off *im engeren Sinne* ist zu sprechen, wenn die Verselbstständigung einer Teileinheit eines Unternehmens erfolgt. Dabei spielt es keine Rolle, ob eine vollständige, faktisch-rechtliche Verselbstständigung der Teileinheit erfolgt. Hingegen liegt ein Spin-Off *im weiteren Sinne* vor, wenn eine Unternehmensgründung durch ehemalige Mitarbeiter von Forschungseinrichtungen erfolgt und sich Privatunternehmen an diesem neugegründeten Unternehmen beteiligen. Es zeigt sich, dass derartige Konstruktionen dem Management-Buyout (vgl. Abschn. 10.3.1) weitgehend entsprechen. Alteingesessene Unternehmen fördern die Bildung von Spin-Offs, um ein Mindestmaß an Kontrolle über die Aktivitäten der Gründungseinheit ausüben zu können und damit zu verhindern, dass die Gründungseinheit als Konkurrent auf den angestammten Märkten tätig wird. In Deutschland kann hierfür das Beispiel ICT (Integrated Circuit Testing Gesellschaft für Halbleiterprüftechnik) angeführt werden. Diese ging aus der Siemens AG hervor, die die Gründung der ICT durch ein Entwicklungsteam, das zuvor im Konzern mit der Diagnose von integrierten Schaltkreisen beschäftigt war, geduldet und sogar gefördert hat. Siemens hat hierdurch die Sicherheit erlangt, auf die Forschungsergebnisse, Patente und Lizenzen der ICT zurückgreifen zu können.

Venture Merging & Melding

In der einschlägigen Fachliteratur werden vor allem *Joint Ventures* (vgl. Abschn. 13.4.2) sowie *Venture Merging & Melding* (vgl. hierzu Roberts [Growth] 136) als weitere Varianten des externen Venture Managements bezeichnet. Auf eine Darstellung dieser beiden Kooperationsformen wird hier verzichtet, da sie nicht auf die Zusammenarbeit zwischen Einheiten eines unterschiedlichen Reifegrads beschränkt sind und daher nicht als spezifische Varianten des Venture Managements anzusprechen sind.

Gestaltungsgrundsätze

Nachfolgend finden sich einige *Gestaltungsgrundsätze* des Venture Managements, die sich unmittelbar aus den Misserfolgsursachen von Venture-Management-Aktivitäten ableiten lassen (Hill/Hlavacek [Failure] 14 ff.; Bleicher/Paul [Fund] 67 ff.; Nathusius [Chancen] 34 ff.):

- Formulierung einer Venture-Charter, in der die Funktionen, Handlungsweisen und Grenzen des Venture Managements klar definiert sind;
- Überzeugung des Top- oder Division-Managements, dass die Venture-Management-Aktivitäten zur langfristigen Unternehmenssicherung beitragen;
- Involvierung des Managements der Venture-Einheit in die Planungs- und Kontrollprozesse des Gesamtunternehmens;
- werden verschiedene Venture-Einheiten aufgebaut, so sollten sie aus Gründen der Risikobegrenzung unterschiedliche Entwicklungsstufen aufweisen;
- klare Budgetzuweisung der Venture-Einheiten;
- Aufbau direkter, unkomplizierter Kommunikationsbeziehungen zwischen Top-Management und Management der Venture-Einheit;
- Führung der Venture-Einheit durch Personen, die Führungsfähigkeit und technische produktbezogene Fähigkeiten auf sich vereinen;
- Integration/Transplantation der Venture-Einheit in die Muttergesellschaft erst dann, wenn sie deutliche Gewinne erzielt.

Diese Grundsätze haben erfahrungsbegründeten Orientierungscharakter für die Praxis nach Art einer Checkliste. Sie sind theoretisch jedoch nicht weiter hinterfragt.

10.5 Qualitätsmanagement

Fallbeispiel:

General Electric – Six-Sigma-Programm

Six Sigma ist ein integriertes Qualitätsmanagementprogramm, das bei General Electric (GE) Mitte der 1990er Jahre unter der Leitung des damaligen Präsidenten und CEO Jack Welch initiiert und konzernweit implementiert worden ist. GE, welches 2007 mit 327.000 Mitarbeitern einen Umsatz von 173 Milliarden US-

Dollar erzielte, hat das Programm insbesondere deshalb eingerichtet, weil das Unternehmen zu dieser Zeit auf dem Wege von Akquisitionen sehr stark in neue Geschäftsfelder wie z. B. Spezialfinanzierungen und IT-Dienstleistungen diversifizierte mit dem Ergebnis, dass die Qualität der von diesen neuen Geschäftsfeldern erstellten Marktleistungen nicht immer den bei GE üblichen hohen Standards entsprach.

Das Six-Sigma-Programm von GE stellt eine grundlegende Weiterentwicklung eines Programms gleichen Namens dar, das bei Motorola bereits Anfang der 1980er Jahre eingesetzt worden war. Gegenüber dem Motorola-Ansatz ist das GE-Konzept jedoch umfassender und inhaltlich stimmiger. In das Programm integriert sind insbesondere Konzeptelemente der prozessorientierten Organisationsgestaltung (vgl. Abschn. 7.4.1.7), die sich in herkömmlichen Konzepten des Qualitätsmanagements so nicht finden. Weiterhin zeichnet sich das Six-Sigma-Programm von GE durch eine strategische, unternehmensübergreifende Ausrichtung aus; auch wird es unternehmensseitig mit mehr Nachdruck und Wirkungsbreite verfolgt.

Mit Sigma wird in der Statistik das Streuungsmaß der Standardabweichung bezeichnet. Hierdurch wird in einer Häufigkeitsverteilung spezifiziert, welcher Anteil der Fälle innerhalb bzw. außerhalb einer bestimmten Verteilungsgrenze liegt. In der üblicherweise zu Grunde gelegten Gauss´schen Standardnormalverteilung liegen ca. 68 Prozent der Fälle innerhalb der Standardabweichung von 1 (Ein-Sigma-Niveau), ca. 95,5 Prozent innerhalb des Zwei-Sigma-Niveaus, ca. 99,9937 Prozent innerhalb des Vier-Sigma-Niveaus und ca. 99,9999998 Prozent innerhalb des Sechs-Sigma-Niveaus. Bezogen auf den Bereich des Qualitätsmanagements bedeutet ein Sechs-Sigma-Niveau somit, dass pro 1 Milliarde Fehlermöglichkeiten weniger als zwei Fehler auftreten dürfen. Das Six-(Sechs-)Sigma-Programm sieht nun vor, dass in sämtlichen Wertschöpfungsprozessen von Unternehmen eine Fehlerwahrscheinlichkeit von weniger als sechs Sigma vorliegen muss. Die extreme Höhe dieses Anspruchsniveaus lässt sich ermessen, wenn bedacht wird, dass in Industrieunternehmen gegenwärtig eine durchschnittliche Fehlerwahrscheinlichkeit von etwa vier Sigma üblich ist. Um zu sechs Sigma zu gelangen, müssen die Unternehmen demnach ihre Fehlerwahrscheinlichkeit um den Faktor 31686 reduzieren.

Das Six-Sigma-Programm von GE setzt sich aus acht Bausteinen zusammen.

- *Höchster Stellenwert des Six-Sigma-Programms im GE-Konzern. Das Top-Management des GE-Konzerns sieht in der Six-Sigma-Fähigkeit eine Kernkompetenz des Unternehmens, die gleichrangig neben Fähigkeiten wie ausgeprägte Dienstleistungsorientierung oder E-Business-Fähigkeit zu stellen ist. Dementsprechend ist es ein hochrangiges Unternehmensziel, im gesamten Unternehmen ein neues Qualitätsbewusstsein zu erreichen. Das Top Management von GE erwartet, dass die Leiter von Geschäftsbereichen, die Six Sigma einführen, selbst den Veränderungsprozess anstoßen und kontinuierlich fördernd begleiten. Nur so kann eine großflächige Akzeptanz des Programms gewährleistet werden.*

- *Unternehmensweit einheitliche Anwendung des Programms. Vor Einführung des Six-Sigma-Programms wurden bei GE schon unzählige Qualitätsinitiativen gestartet, die aufgrund ihrer inhaltlichen Heterogenität und inkonsequenten Umsetzung jedoch keine nachhaltige Durchschlagskraft erlangen konnten. Auch deshalb legt das Top-Management des Unternehmens höchsten Wert darauf, dass das Six-Sigma-Programm in sämtlichen Unternehmensteileinheiten konsequent angewendet wird.*
- *Umfassende Schulung von Mitarbeitern. Um einen reibungslosen Ablauf des Six-Sigma-Programms zu gewährleisten, müssen Mitarbeiter aller Hierarchieebenen an den auf Six Sigma abzielenden Qualifizierungsprogrammen teilnehmen. Hierdurch soll nicht nur die Fähigkeit hinsichtlich der Anwendung des Six-Sigma-Programms gesteigert werden; erreicht werden soll auch ein grundlegendes Umdenken in Richtung einer Fehlervermeidungskultur. Je nach Aufgabe und Qualifizierungsgrad werden den qualifizierten Mitarbeitern in Anlehnung an Kampfsportarten „Gürtel" (Green Belts, Black Belts und Master Black Belts) verliehen, die sie zur Übernahme bestimmter Aufgaben im Six-Sigma-Prozess befähigen. Zur Teilnahme an den Qualifizierungsmaßnahmen verpflichtet sind insbesondere auch die Top Manager des Unternehmens.*
- *Klare Zuweisung von Aufgaben im Six-Sigma-Prozess. Sämtliche Mitarbeiter, die in einer für den Six-Sigma-Prozess vorgesehenen Unternehmenseinheit tätig sind, müssen sich für den sogenannten Green Belt qualifizieren. Im Six-Sigma-Prozess obliegt ihnen der Einsatz von Six-Sigma-Fertigkeiten, um Projekte in ihrem jeweiligen Aufgabenbereich erfolgreich durchzuführen. Sie sind die Basiskräfte des Six-Sigma-Prozesses. Six Sigma ist damit durch eine klare Bottom-line-Orientierung geprägt. Die Träger von Black Belts sind zwei Jahre lang in Vollzeit als Six-Sigma-Experten tätig. Während dieser Zeit leiten sie Prozessverbesserungsteams und berichten an die Master Black Belts. Sie sind insbesondere dafür verantwortlich, dass sich das Team zeitnah und zielgerichtet trifft. Die Träger von Master Black Belts sind innerhalb eines Geschäftsbereichs, einer Landesgesellschaft oder einer Abteilung für Strategie, Training, Beratung, Anwendung und Ergebnisse von Six Sigma verantwortlich. Um einen nachhaltigen Erfolg zu gewährleisten, werden erfahrene Manager des engeren Führungskreises mit dieser Aufgabe betraut. Insgesamt werden zwei Prozent der Mitarbeiter für das Six Sigma Programm freigestellt.*
- *Rückgriff auf einen standardisierten Methodenapparat. Das Six-Sigma-Programm sieht die konsequente Anwendung eines Spektrums standardisierter Analysemethoden vor. Dem Neudesign von Geschäftsprozessen dient die DMADV-Methode, die sich aus den Arbeitsschritten* Design, Measure, Analyse, Design *und* Verify *zusammensetzt. Für die Identifikation von Fehlern ist die DMAIC-Methode vorgesehen, welche aus* Define, Measure, Analyze, Improve *und* Control *besteht. Die Anwendung dieser und anderer Six-Sigma-spezifischer Methoden ist verbindlich, um zu vergleichbaren Ergebnissen zu gelangen.*

- *Sorgfältiges Prozessmanagement. Sämtliche Unternehmensprozesse werden mit Hilfe der vorbezeichneten Analysemethoden untergliedert und erfasst, um kundenorientierte Kernprozesse des Unternehmens zu identifizieren. Hierzu werden beispielsweise Streuungen in der Durchlaufzeit von Auftragsabwicklungsprozessen ermittelt. Durch die angewandte Prozessorientierung soll eine ganzheitliche Optimierung, gleichzeitig jedoch ein schrittweises Vorgehen gewährleistet werden.*
- *Hohe Bedeutung von Six-Sigma-Erfahrung für den individuellen Karriereerfolg. Um einen hohen persönlichen Einsatz der Mitarbeiter für den Six-Sigma-Prozess sicherzustellen, wird bei GE dafür gesorgt, dass ein großer Teil der Mitarbeiter mit Black-Belt- und Master-Black-Belt-Qualifikationen hernach in herausragende Positionen der Unternehmenshierarchie gelangt.*
- *Anreizsysteme. Im Hause GE ist es üblich, dass Talenten, die Erfolge im Six-Sigma-Programm erzielt haben, Stock Options angeboten werden. 40 Prozent der Leistungsvergütung der Top-Manager hängen davon ab, in welchem Maße sie ihre Six-Sigma-Ziele erreichen.*

In den vergangenen Jahren hat sich das Six-Sigma-Programm weit über das Haus GE hinaus entwickelt. Es wird mittlerweile in zahlreichen anderen Unternehmen wie Danone, Lufthansa, Bosch, Deutsche Bahn, Celanese oder Boehringer Ingelheim eingesetzt. Dies hat zur Herausbildung eines unternehmensübergreifenden Marktes für Six-Sigma-Fähigkeiten geführt. Six Sigma-spezifische Qualifikationen, die in einem Unternehmen erworben wurden, können zwischenzeitlich relativ problemlos in andere Unternehmen eingebracht werden. Zu dieser Entwicklung beigetragen haben nicht zuletzt Institutionen wie die Six Sigma Academy (www.6-sigma.com) oder IsixSigma (www.isixsigma.com).

Quellen

FEHR, B., Das Geheimnis Six *Sigma*, in: Manager Magazin, 29. Jg., Heft 11, 1999, S. 277-285.

HARRY, M., SCHROEDER, R., Six *Sigma* – The Breakthrough Management Strategy Revolutionizing the World´s Corporation, New York et al. 2000.

MEIER, J., Six *Sigma* – Mythos oder operative Realität, in: Hungenberg, H., Meffert, J. (Hrsg.), Handbuch Strategisches Management, 2. Aufl., Wiesbaden 2005, S. 725-736.

TÖPFER, A. (Hrsg.), Six *Sigma* – Konzeption und Erfolgsbeispiele für praktizierte Null-Fehler-Qualität, 2. Aufl., Berlin – Heidelberg – New York.

Qualität als unternehmensweites Ziel

Im Zuge der fortschreitenden Globalisierung des Wettbewerbs ist die immer schon wichtige Güte der Produkte und Dienstleistungen zu einem entscheidenden Erfolgsfaktor der Unternehmen geworden. Diese Herausforderung stellt sich vor allem für die deutschen Unternehmen, da sie aufgrund ihres

Standorts sowie historischer Entwicklungen diverse Wettbewerbsnachteile wie unzureichende Ressourcenverfügbarkeit oder ungünstigere Kostensituation, insbesondere gegenüber ihren außereuropäischen Konkurrenten, aufweisen (Macharzina [Wettbewerbsfähigkeit] 472 ff.). Während herkömmlicherweise die Qualität als ein Problem der Ex-post-orientierten Stichprobenkontrolle erachtet wurde, ist sie heute zum unternehmensweiten Ziel, das alle Ebenen und Bereiche des Unternehmens erfasst, und somit zur Führungsphilosophie geworden.

10.5.1 Qualitätsmanagement als Aufgabenschwerpunkt der Unternehmensführung

Die besondere Bedeutung des Qualitätsmanagements als Erfolgsfaktor von Unternehmen wird von Sammelreferaten unterstrichen, in denen die Befunde der empirischen Forschung über Kaufentscheidungen von Abnehmern verdichtet wurden. Danach steht die Produktqualität im Mittelpunkt der Kaufentscheidung und rangiert in ihrer Bedeutung höher als der Kaufpreis (Szymanski/Busch [Consumer] 426). Dass für Unternehmen die Qualität ihrer Marktleistungen zukünftig noch viel wichtiger werden wird, kann aus den Ergebnissen von Verbraucherbefragungen über sich abzeichnende Kundenbedürfnisse geschlossen werden (Leonard/Sasser [Incline] 163 ff.; Takeuchi/Quelch [Quality] 139 ff.; Sloan et al. [Lifestyles] 99 ff.; Steenkamp [Quality]). Diese legen den Schluss nahe, dass *Qualität für Konsumenten auch in Zukunft das zentrale Entscheidungskriterium bei der Wahl zwischen Produkten* darstellen wird. Die Konsumenten verfügen mehrheitlich über ein feines Gespür für Qualität und Unternehmen dürften sich daher schwer tun, geringe Leistungsgüte durch intensive Produktwerbung neutralisieren oder überspielen zu wollen (Lichtenstein/Burton [Relationship] 429). In die gleiche Richtung weisen im bundesdeutschen Raum gewonnene konsumgüterbezogene Befunde, wonach ca. 50 Prozent der Verbraucher besonderen Wert auf Qualität legen und rund ein Drittel es sogar als ein sehr wichtiges Ziel betrachtet, das Bewusstsein für einwandfreie Qualität zu fördern (Raffée/Wiedmann [Bedeutung] 367).

Qualität als Entscheidungskriterium beim Kauf

Trotz dieser deutlichen Befunde ist der *Nachweis der ökonomischen Vorteilhaftigkeit von Leistungsqualität jedoch kein einfaches Unterfangen*. Dies belegt eine Untersuchung von Sabel, die zwar die in der Zuverlässigkeit und Sicherheit zum Ausdruck kommende allgemeine Produktqualität als bedeutendes Entscheidungskriterium bei Automobilkaufentscheidungen herausstellt, andererseits jedoch zeigt, dass weder die absolute Qualität noch Qualitätsdifferenzen grundlegenden Einfluss auf die Absatzmengen und Preise ausüben (Sabel [Qualitäten] 745 ff.). In eine andere Richtung weisen die aller-

Ökonomische Konsequenzen von Qualität

dings mit gewissen methodischen Problemen behafteten empirischen Befunde des PIMS-Projekts (vgl. Abschn. 5.6.3.3), wonach die relative Leistungsqualität neben dem relativen Marktanteil ein *besonders wichtiger Prädiktor der Kapitalrentabilität von Unternehmen* darstellt (Buzzell/Gale [Principles]). Die dort und anderswo (Simon [Champions] 875) festgestellte herausragende Bedeutung der Leistungsqualität für den Unternehmenserfolg ist in Abbildung 10-35 verdeutlicht (Buzzell/Gale [Programm] 94).

Abbildung 10-35 *Qualität und Marktanteil als Determinanten der Rentabilität*

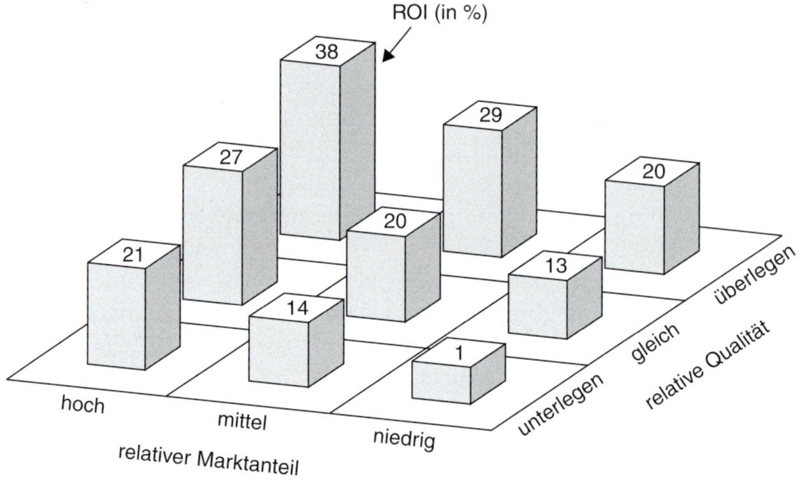

Gegenstand des Qualitätsmanagements

Angesichts der insgesamt gesehen kaum in Zweifel zu ziehenden Wichtigkeit der Qualität für den Unternehmenserfolg ist eine bewusste Gestaltung und *zielbezogene Abstimmung aller qualitätsfördernden Maßnahmen im Unternehmen notwendig*. Dies geschieht im Rahmen des *Qualitätsmanagements,* einem Gestaltungskonzept der Unternehmensführung, *das durch die kontinuierliche Verbesserung aller Wertschöpfungsstufen des Unternehmens sowie durch die Mitwirkung aller Mitarbeiter das Ziel verfolgt, die Bedürfnisse der Kunden weitgehend zu befriedigen, dabei die Kostenorientierung nicht aus dem Auge zu verlieren und schließlich die Wettbewerbsfähigkeit des Unternehmens zu verbessern* (Oess [Management] 81; Deutsche Gesellschaft für Qualität [Verpflichtung] 22; Frehr [Qualitätsverbesserung] 813).

10.5.2 Qualität – Begriff und Merkmale

Begriff

Der aus dem Lateinischen („qualitas") stammende Begriff Qualität bedeutet *„Beschaffenheit, Güte, Wert"*. Trotz dieser an sich eindeutigen Definition und der Tatsache, dass der Qualitätsbegriff in verschiedenen Normen wie der DIN-Norm 55350 determiniert ist, offenbart die Durchsicht des betriebswirtschaftlichen Schrifttums zum Qualitätsmanagement erhebliche Unterschiede hinsichtlich der Charakterisierung von „Qualität", sodass eine Verdichtung notwendig wird. Dögl unterscheidet *drei Sachinhalte* des komplexen Qualitätsbegriffs ([Qualitätsmanagement] 81). Der *verwendungsprozessorientierte Qualitätsbegriff* betrachtet die Nutzung eines Gutes als Gradmesser für Qualität. Qualität ist hier im Sinne von *„Fitness for Use"* zu verstehen. Nach diesem Qualitätsverständnis ist zum Beispiel ein Automobil dann bereits als qualitätsvoll anzusprechen, wenn es seinen Fahrer zuverlässig zum gewünschten Zielort bringt. Der *wertproduktorientierte Qualitätsbegriff* erweitert die zuvor dargelegte Sichtweise; er berücksichtigt, dass ein Produkt neben dem *Funktionswert* auch noch einen *Geltungswert* vermittelt. Dieser kann darin bestehen, dass sich das Produkt aus hochwertigen Komponenten zusammensetzt oder dass es eine gediegene, ebenmäßige Formgebung aufweist. Zu denken wäre hier beispielsweise an das Edelstahlgehäuse eines Toasters, an lederbezogene Sitze eines Kraftfahrzeugs oder an die in der extravaganten Formgebung eines Jaguar E-Type zum Ausdruck kommende Stilqualität (Leitherer [Industrie-Design] 104 ff. und 168 ff.). Hieran zeigt sich, dass die nackte Funktionserfüllung nicht im Mittelpunkt des wertproduktorientierten Qualitätsbegriffs steht.

Funktionswert

Geltungswert

Verfahrensgüte

Der *herstellungsprozessorientierte Qualitätsbegriff* beschreibt nicht das Ergebnis der unternehmerischen Aktivität, sondern die Güte der *Verfahren* zur Erstellung dieser Ergebnisse und damit die Solidität der Wertschöpfungsprozesse. Der relative Anteil von Ausschussprodukten, das Ausmaß erforderlicher Nacharbeit oder die Häufigkeit des Auftretens ungeplanter Produktionsstillstände sind Indikatoren dieses Qualitätsverständnisses. Ältere Konzeptionen des Qualitätsmanagements gehen zwar von der herstellungsprozessorientierten Sichtweise von Qualität aus, sie beschränken ihre Analyse jedoch auf die im Fertigungsbereich ablaufenden Prozesse. Moderne Konzeptionen, wie das Total Quality Management (TQM) erweitern diese Sichtweise auf sämtliche Aktivitäten des Unternehmens einschließlich des Verwaltungs- und des Führungskräftebereichs.

Mehrdimensionalität des Qualitätsbegriffs

Der Qualitätsbegriff ist also durch eine ausgeprägte Mehrdimensionalität gekennzeichnet. Wenn man die heute massiv geforderte „Umweltfreundlichkeit" von Produkten heranzieht, die vor 20 Jahren noch kaum einen Ausschlag bei der Beurteilung von Produkten oder Dienstleistungen gab, zeigt sich zudem, dass *Qualität nicht in ein statisches Konzept gefasst werden kann, sondern sich als ein veränderliches Phänomen erweist*, das vor allem von technologischen und gesellschaftlichen Faktoren (vgl. Abschn. 1.4) bestimmt wird. Darüber hinaus wird die Beurteilung der Qualität eines Produkts oder einer Dienstleistung letztendlich immer von der individuellen Wahrnehmungsfähigkeit und dem Anspruchsniveau des jeweiligen Beurteilers abhängen. Die Unterschiedlichkeit der Wahrnehmungsfähigheit und des Anspruchsniveaus dürfte letztendlich auch dafür verantwortlich sein, dass nicht immer Konsens darüber besteht, ab wann in einem bestimmten Fall von „Qualität“ zu sprechen ist.

10.5.3 Entwicklungsstufen des Qualitätsmanagements

Drei Entwicklungsstufen des Qualitätsmanagements

Das Qualitätsmanagement stellt eine noch junge Funktion der Unternehmensführung dar, zumal sich frühe Ansätze einer geschlossenen, über den Fertigungsbereich hinausgehenden Qualitätskonzeption erst Ende der 1960er Jahre nachweisen lassen (Crosby [Quality]). Trotzdem darf nicht davon ausgegangen werden, dass in den Unternehmen zuvor überhaupt kein oder nur ein rudimentäres Qualitätsbewusstsein bestand, denn in der Mehrzahl der Industrieunternehmen war auch schon in den 1960er Jahren eine Institutionalisierung des Qualitätsdenkens in Form von Qualitätskontroll- bzw. -sicherungsabteilungen anzutreffen. Diese unterscheiden sich jedoch sehr stark von dem heutigen Qualitätsmanagement, sodass von einer *historischen Entwicklung der unternehmerischen Qualitätsorientierung* mit den Etappen klassische Qualitätskontrolle, umfassende Qualitätssicherung und integriertes Qualitätsmanagement bzw. Total Quality Management gesprochen werden kann (vgl. hierzu Haist/Fromm [Qualität] 7 ff.).

Qualitätskontrolle

Die *klassische Qualitätskontrolle* dominierte bis in die frühen 1960er Jahre; sie lässt sich auf das Gedankengut des Scientific Managements (vgl. Abschn. 2.2.1) zurückführen, das unter anderem eine weitgehende Arbeitsteilung, eine Begrenzung der Mitarbeiterverantwortung sowie eine Trennung zwischen Entscheidung, Ausführung und Kontrolle vorsah. Diesem Denkansatz entspricht die klassische Qualitätskontrolle insofern, als sie eine strenge Endkontrolle der fertiggestellten Produkte und Dienstleistungen fordert. Der Qualitätsabteilung kam die Funktion einer Inspektionsabteilung zu, die Fehlverhalten seitens der Mitarbeiter aufzudecken hatte. Ein weiteres Merkmal der klassischen Qualitätskontrolle besteht darin, dass das Qualitätsdenken auf die Outputqualität begrenzt war und weder die Fertigungs-, noch die Führungs- und Verwaltungsprozesse Gegenstand der Qualitätsanalyse waren. Schließlich zeichnete sich die klassische Qualitätskontrolle durch eine „End-of-the-Pipe-Philosophie“ (EOP) aus, nach der bei Auftreten von fehlerhaften Produkten diese nach Möglichkeit nachgearbeitet, andernfalls verschrottet, nur selten jedoch die fehlerverursachenden Prozesse über Feedbacks grundlegend hinterfragt und modifiziert wurden.

Qualitätssicherung

Eine Zwischenstufe auf dem Weg zum integrierten Qualitätsmanagement wurde in den 1960er und 1970er Jahren mit der *umfassenden Qualitätssicherung* erreicht, die sich von der klassischen Qualitätskontrolle vor allem darin unterscheidet, dass die qualitätsbezogenen Aktivitäten verstärkt in den Entwicklungs- und Herstellungsprozess eingebaut wurden. Hierbei wurde bereits versucht, die Fehlerbeseitigung nicht am Ort der Entdeckung, sondern am Entstehungsort vorzunehmen, was einer Ursachenbekämpfung gleichkommt. Mit diesem Trend ging die von informations- und kommunikationstechnischen Neuerungen beschleunigte Entwicklung ausgereifter Prüf-, Mess- und Testverfahren einher, die eine systematische Ursachensuche möglich machten. Das ursachenbezogene Qualitätsdenken und die Wiederentdeckung des Menschen als Schlüsselgröße der Effizienz des Unternehmens kam im Aufbau verschiedener Kleingruppenaktivitäten wie Quality Circles, Problemlösungsgruppen oder Lernstattkonzepten zum Ausdruck. Beherrscht wurde das Qualitätsmanagement jedoch nach wie vor von Ingenieuren und Technikern, was auch dazu geführt haben mag, dass das Qualitätsdenken immer noch auf den Fertigungsbereich und damit die Primäraktivitäten der Wertschöpfung eingegrenzt wurde.

Integriertes Qualitätsmanagement

Seit Mitte der 1980er Jahre wird von Seiten der Wissenschaft ein *integriertes Konzept des Qualitätsmanagements* gefordert, dem die Praxis teilweise mit Problemen konfrontiert auch allmählich nachkommt (Witzig/Breisig [Umsetzung] 737 ff.). Das Qualitätsmanagement stellt hierbei einen wichtigen Baustein des strategischen Managements dar (vgl. Abschn. 5.7). Begründet wird die Forderung durch die Einsicht, dass es verfehlt ist anzunehmen, der überwiegende Teil der im Unternehmen auftretenden Fehler sei durch mangelndes Wissen oder Unaufmerksamkeit der ausführenden Arbeitnehmer verursacht; stattdessen müsse davon ausgegangen werden, dass die auftretenden Fehler vielfach bereits im grundlegenden Prozessdesign des Unternehmens angelegt sind. Dementsprechend wird im Zuge des integrierten Qualitätsmanagements die Qualitätsorientierung insbesondere auf die vorgelagerten Planungs- und Gestaltungsprozesse ausgerichtet.

Total Quality Management

Ein wichtiges Merkmal des integrierten Qualitätsmanagements besteht zudem darin, dass von einer Interdependenz aller Funktionen im Unternehmen ausgegangen wird, was die qualitätsorientierte Analyse sämtlicher Prozesse, insbesondere auch derjenigen außerhalb des fertigungsnahen Bereichs, erfordert. Diese unternehmensweite Ausrichtung des Qualitätsdenkens hat auch zur Bezeichnung des Konzepts als *Total Quality Management* geführt (Oess [Management]; Zink/Schildknecht [Management] 720). Auf der anderen Seite erstreckt sich die Qualitätsorientierung auch auf die Zulieferer des Unternehmens, denen bei einer Verringerung der Fertigungstiefen immer größere Bedeutung zukommt. Es zeigt sich somit, dass die Sichtweise des integrierten Qualitätsmanagements weit über die Unternehmensgrenzen hinausreicht. Ein weiteres Merkmal des integrierten Qualitätsmanagements besteht darin, dass der Fehlervermeidungs- gegenüber der Fehlernachbesserungsstrategie der Vorzug gegeben wird, da die Aktivitäten proaktiv und nicht reaktiv angelegt sind. Schließlich zeichnet sich das integrierte Qualitätsmanagement dadurch aus, dass das *Top-Management die Qualitätsgestaltung als eine in seinen Zuständigkeitsbereich fallende Aufgabe begreift, wobei Qualität zum Unternehmensziel an sich und somit zur strategischen Aufgabe avanciert.*

Dies bedeutet jedoch nicht, dass das Qualitätsmanagement von nur wenigen Unternehmensmitgliedern getragen wird (Töpfer [Management] 12 ff.). In den Prozess des Qualitätsmanagements sind vielmehr sämtliche Ebenen und Bereiche des Unternehmens einbezogen, wobei eine funktionsübergreifende Kommunikation und Kooperation erfolgt und die Selbstkontrolle gegenüber der Fremdkontrolle dominiert. Hierbei wird versucht, die Unternehmensangehörigen durch Aufklärungs- und Motivationsarbeit von der in „Acceptable Quality Levels" (AQL) zum Ausdruck kommenden Grundhaltung „Irren ist menschlich" abzubringen und zu einer „Qualitätsbesessenheit" mit dem „Null-Fehler-Ziel" (Zero Defect) bzw. zukünftig Six Sigma mit einem Akzeptanzmaß von 2 Defekten pro Milliarde (!) Fehlermöglichkeiten zu erziehen. Ein wichtiger Schritt zur Selbstkontrolle besteht überdies darin, dass qualitative Leistungskriterien in das materielle und immaterielle Anreizsystem des Unternehmens eingebaut werden. Die Entwicklung integrierter Konzeptionen des Qualitätsmanagements wurde vor allem durch Deming ([Quality]), Feigenbaum ([Control]) und Ishikawa ([Qualität] 85 ff.) geleistet. Auf diese erweiterte Sichtweise des integrierten Qualitätsmanagements konzentrieren sich die nachfolgenden Ausführungen.

Die wesentlichen Unterschiede zwischen der klassischen Qualitätskontrolle sowie der umfassenden Qualitätssicherung einerseits und dem integrativen Qualitätsmanagement andererseits sind in Abbildung 10-36 zusammengefasst (Frehr [Unternehmensweite Qualitätsverbesserung] 11).

10.5.4 Instrumente und Methoden des Qualitätsmanagements

Von der instrumentellen Seite unterscheidet sich das integrierte Qualitätsmanagement nicht grundlegend von älteren Qualitätssicherungsansätzen, wenngleich der Methodenapparat sukzessive erweitert worden ist. Operatives Qualitätsmanagement findet heute in Qualitätszirkeln, in Qualitätsaudits und einer statistischen Prozessregelung, oft erweitert in einem Computer-Aided-Quality-System, statt. Verbreitete Instrumente zur Analyse von Fehlern sind Ishikawa-Diagramme und die Pareto-Analyse (zu weiteren Instrumenten vgl. Wächter [Qualitätsmanagement] 1222 f.).

Abbildung 10-36

Entwicklungsstufen des Qualitätsmanagements

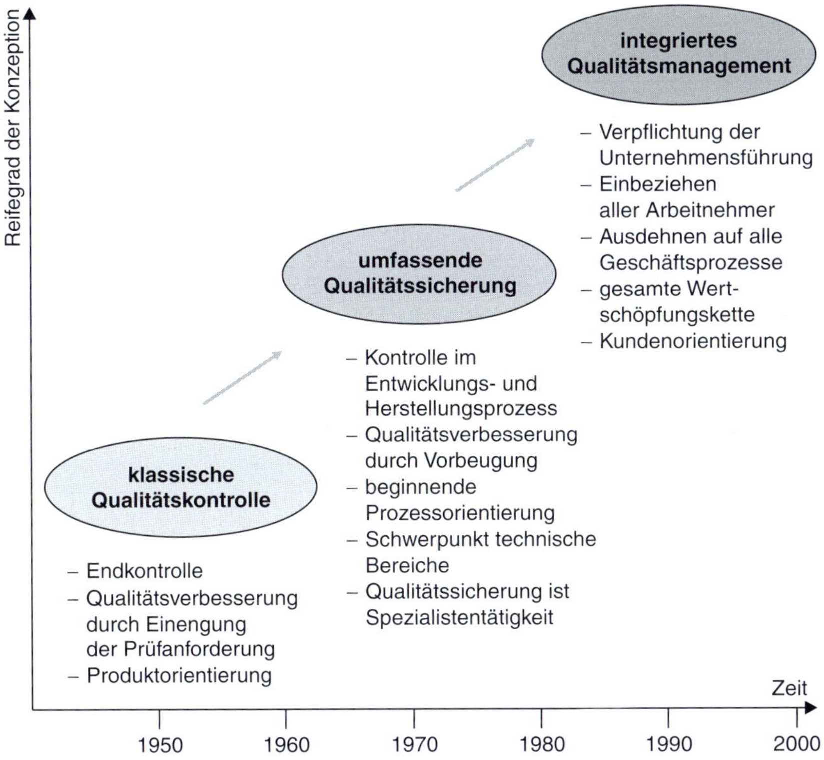

Qualitätszirkel

Qualitätszirkel spielen im Rahmen des integrierten Qualitätsmanagements eine wichtige Rolle (Staudinger [Circles] 309 ff.; Bungard/Schultz-Gambard [Qualitätszirkel] 378 ff.; Lukie [Humanisierung] 137 ff.). Hierbei handelt es sich um Gruppen von (gewerblichen) Arbeitnehmern, die sich regelmäßig (zum Beispiel wöchentlich) treffen, um Qualitätsprobleme zu erörtern, deren Ursachen nachzugehen, Lösungsansätze zu erarbeiten und Verbesserungen zu veranlassen, sofern diese in ihren Verantwortungsbereich fallen. Konstitutive Merkmale von Qualitätszirkeln sind in der Freiwilligkeit der Teilnahme, einer begrenzten Gruppengröße, der Konzentration auf arbeitsbezogene Themen, der Selbstbestimmung der Themen durch die Zirkelteilnehmer, der mehrheitlichen Zusammensetzung der Zirkel aus Vertretern betroffener Arbeitsbereiche sowie der Durchführung während der Arbeitszeit gegeben, wobei das letztgenannte Merkmal dazu beitragen soll, dass die Zirkelmitglieder von der hohen Bedeutung der Qualitätsorientierung überzeugt werden und diese nicht als lästige „Feierabendeinschränkung" betrachten. Die organisatorische Gestaltung der teilweise in Betriebsvereinbarungen kodifizierten Qualitätszirkel (Breisig [Betriebsvereinbarungen] 65 ff.) entspricht der in Abbildung 10-37 dargestellten Struktur.

Abbildung 10-37 *Qualitätszirkel-Konzeption*

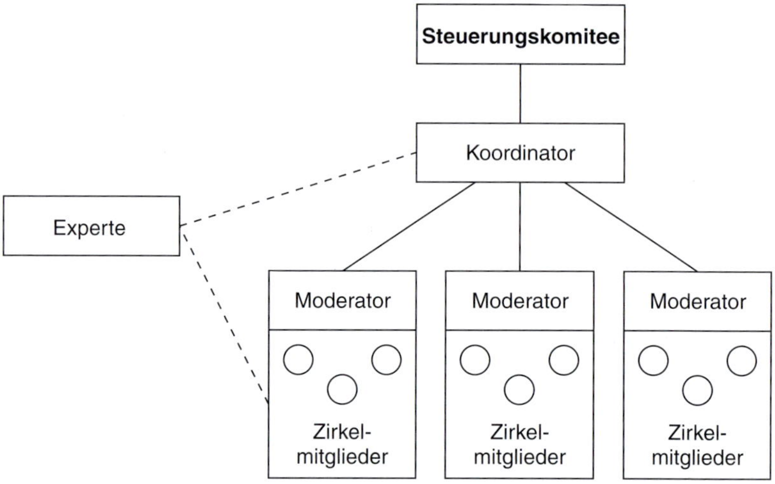

Der Moderator oder Zirkelleiter kommt üblicherweise aus der unteren Führungsebene und hat die Aufgabe, die Gruppe zusammenzustellen, partnerschaftlich zu führen und als Informationsschnittstelle zum Koordinator zu fungieren. Dessen Aufgabenschwerpunkte liegen in der ablauforganisatorischen Gestaltung der Qualitätszirkelarbeit sowie in der Vermittlungsfunktion zwischen dem Top-Management und den Qualitätszirkeln. Es bietet sich an, Koordinatoren aus dem Kreis des mittleren Managements zu bestellen. In einigen Unternehmen hat es sich eingebürgert, Qualitätszirkel durch Experten beraten zu lassen, insbesondere dann, wenn komplexe Probleme zur Lösung anstehen. Um eine Dominanz der Expertenmeinung zu vermeiden, empfiehlt es sich, jeweils nur einen Experten zu einem Qualitätszirkel hinzuzuziehen.

Lernstatt und Werkstattzirkel

Modifikationen des Qualitätszirkelmodells bestehen im Lernstattkonzept sowie in Werkstattzirkeln. Sie unterscheiden sich vom Basismodell darin, dass der Lernaspekt noch stärker im Vordergrund steht, der Teilnehmerkreis variiert oder die zu behandelnden Themen von übergeordneten Einheiten vorgegeben werden. Qualitätszirkel sowie die angesprochenen alternativen Konzepte sind in der deutschen Unternehmenspraxis weit verbreitet, wobei Unternehmen wie die Daimler AG, BMW AG, IBM GmbH, Siemens AG, Robert Bosch GmbH oder Bayer AG zu den Anwendern zählen (Niebur [Qualitätszirkel] 203). Empirische Studien, welche die Bedingungsfaktoren und Wirkungen von Qualitätszirkeln untersuchen, weisen jedoch darauf hin, dass die befragten Moderatoren und Zirkelmitglieder der Auffassung sind, dass von den Qualitätszirkeln keine wesentliche Auswirkung auf ihre eigene Tätigkeit ausgeht, wohingegen die ranghöheren Unternehmensmitglieder den Anwendungsnutzen der Qualitätszirkel höher einschätzen (Antoni [Qualitätszirkel] 186; Domsch/Kunzmann [Bewertung] 217 ff.).

Qualitätsaudit

Ein noch vergleichsweise junges Instrument des Qualitätsmanagements liegt mit dem *Qualitätsaudit* vor, das im Zusammenhang mit integrierten Qualitätsmanagementkonzeptionen vorgeschlagen wird (Büchner [Zukunftsaufgaben] 1 ff.). Es handelt sich hierbei um eine auf der Metaebene angesiedelte Qualitätsprüfung, wobei nicht nur die Qualität der Produkte und Leistungserstellungsprozesse, sondern auch die Effizienz und Effektivität des Qualitätssicherungs- bzw. -managementsystems selbst zur Überprüfung ansteht (Wagner [Qualitätsanalyse] 138 ff.). Durch Qualitätsaudits werden Schwachstellen aufgezeigt, mögliche Verbesserungsmaßnahmen deutlich und deren Wirksamkeit überwacht. Qualitätsaudits stellen fundamentale Bestandsaufnahmen dar, die nicht kontinuierlich, sondern in ein- bis zweijähriger Distanz durchgeführt werden, um zu vermeiden, dass sich das Qualitätsdenken abschleift und zum leeren Ritual degradiert wird. Hieran zeigt sich, dass das Qualitätsaudit auch als interne oder externe Revision des Qualitätsmanagements bezeichnet werden kann. Nach der Wirkungsrichtung lassen sich System-, Verfahrens- und Produktaudits unterscheiden. Bei dem *Systemaudit* wird das Qualitätssicherungs- bzw. -managementsystem als Ganzes beurteilt. *Verfahrensaudits* sollen die Wirksamkeit der in den einzelnen Wertschöpfungsstufen angewandten Prozesse sicherstellen. *Produktaudits* sind schließlich auf die Absatzleistungen des Unternehmens gerichtet. In organisatorischer Hinsicht bietet es sich an, ein Audit-Team aus Mitarbeitern des Qualitätswesens, einer Stabsstelle des Top-Managements sowie gegebenenfalls externen Beratern zu rekrutieren. Qualitätsaudits werden mittlerweile sehr häufig extern und zwar von Organisationen wie der Deutschen Gesellschaft für Qualität (DGQ) durchgeführt, die bei der Erfüllung von Ansprüchen der Euronorm ISO 9000+ dem betreffenden Unternehmen ein Qualitätszertifikat ausstellt (Griese/Läng [Software] 43 ff.; Hall [Qualitätsumgebung] 607 ff.). Allerdings muss man angesichts der eher formellen Anforderungen der

ISO 9000+ fragen, ob diese Prüfung überhaupt in der Lage ist, ein umfassendes Qualitätsmanagement zu attestieren oder ob hier nicht lediglich die Verfahrens- und Ordnungsmäßigkeit der betrieblichen Arbeitsvollzüge bewertet wird.

Computer-Aided-Quality-System

Die Informations- und Kommunikationstechnik (vgl. Kapitel 12) stellt ein zunehmend wichtiger werdendes Hilfsmittel des Qualitätsmanagements dar, zumal durch die Verlagerung seines Aufgabenschwerpunkts von der Fehlererkennung zur Fehlervorbeugung der Umfang und die Bedeutung von qualitätsbezogenen Daten angestiegen ist. Hierzu ist die Einrichtung eines *Computer-Aided-Quality-* bzw. CAQ-Systems notwendig. Dieses hat die Aufgabe, die Mitarbeiter des Unternehmens von zeitintensiven Routineaufgaben wie Prüfdatendokumentation, Erstellung von Statistiken und Qualitätsberichten zu entlasten, sodass sie sich voll und ganz auf die Gestaltung der Fehlerverhütung konzentrieren können. Um die Wirksamkeit und insbesondere Anpassungsfähigkeit des Qualitätsmanagements zu gewährleisten, ist es notwendig, das CAQ-System mit den anderen CA-Modulen des Unternehmens abzustimmen (vgl. Abschn. 12.2). Um die Informationen einerseits dort zu erfassen und zu verarbeiten, wo sie anfallen und andererseits dort bereitzustellen, wo sie benötigt werden, bietet sich der Aufbau hierarchischer Rechnernetze (Local Area Networks) mit entsprechenden Schnittstellen an. Hierbei fungiert der zentrale EDV-Bereich als „Host", der die qualitätsbezogenen Daten archiviert und aktualisiert, sodass jederzeit Auswertungen nach verschiedenen Kriterien möglich sind. Die täglichen Qualitätsleistungen werden hingegen von den jeweiligen Bereichsrechnern erfasst. Die Prozess- und operative Ebene wird von einer Vielzahl dezentraler Hard- und Softwarekonfigurationen übernommen (vgl. hierzu Ritscher [Informationssysteme] 935 ff.).

Ishikawa-Diagramme

Ishikawa-Diagramme (Ishikawa [Guide]), die in der Unternehmenspraxis auch als Fischgrät-, Tannenbaum- sowie Ursache-/Wirkungsdiagramme bezeichnet werden, sind bereits aus der Zeit der traditionellen Qualitätssicherung bekannt. Ihre Bezeichnung verdanken sie ihrem Urheber, dem japanischen Qualitätsexperten Kaoru Ishikawa, der bereits in den 1950er Jahren vorgeschlagen hat, eine systematische Differenzierung von Fehlerwirkungen und -ursachen durchzuführen, wobei er auf der Ursachenseite mit den Dimensionen „Maschine", „Material", „Methode" und „Mensch" vier Grobklassen differenzierte. Abbildung 10-38 (Zink/Schick [Circles] 82) zeigt anhand eines Beispielfalls den Grundaufbau des Ishikawa-Diagramms und verdeutlicht, dass jeder Fehler in einem mehrstufigen Prozess bis zu den letztendlichen Verursachungsfaktoren durchleuchtet wird. Der Vorzug des Ishikawa-Diagramms besteht darin, dass es die Dokumentation der aufgedeckten Ursachen von Fehlern vereinheitlicht. Die Anwendung des Instruments in der Unternehmenspraxis zeigt jedoch, dass es zu einer Routinisierung der Ursachenanalyse beitragen kann, wobei die Mehrheit der Fehler oft vorschnell auf die Dimensionen Maschine und Material zurückgeführt wird.

Ishikawa-Diagramm ***Abbildung 10-38***

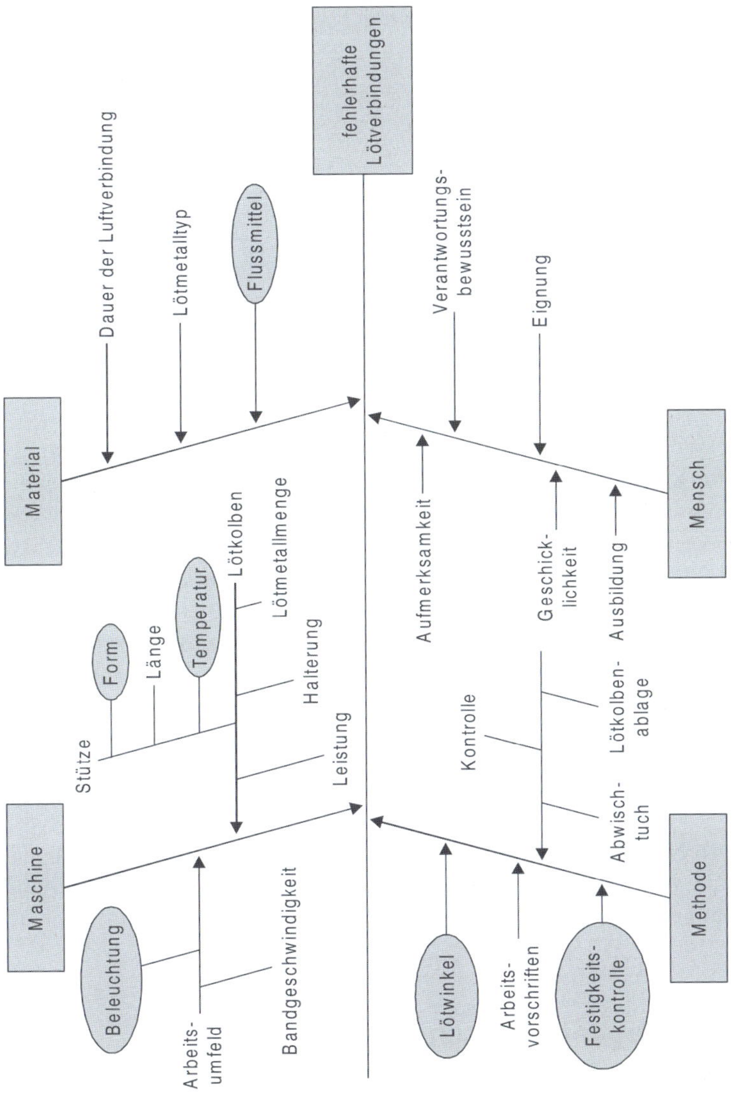

Pareto-Analyse

Eine ebenso häufig anzutreffende Methode des Qualitätsmanagements ist mit der *Pareto-Analyse* (Rischar/Titze [Qualitätszirkel] 72 ff.) gegeben. Sie geht auf den italienischen Mathematiker Vilfredo Pareto zurück, der bereits im vergangenen Jahrhundert erkannt hatte, dass 20 Prozent der Erdbewohner mehr als 80 Prozent des gesamten Vermögens besaßen. Die Pareto-Analyse dient dazu, die Vielzahl der im Rahmen des Qualitätsmanagements zu behandelnden Probleme nach ihrer Wichtigkeit zu klassifizieren. Hierzu werden in einem Diagramm die verschiedenen Fehlerarten aufgelistet und ihre jeweiligen Häufigkeiten vermerkt. Zusätzlich werden bei jeder Fehlerart die durch sie verursachten Kosten untersucht und im Diagramm abgetragen, wobei sich die jeweilige Wichtigkeit einer Fehlerart aus dem Produkt von Häufigkeit und Fehlerfolgekosten ergibt. In der Mehrheit der Anwendungen zeigt es sich, dass eine hohe Kostenbelastung von vergleichsweise wenigen Fehlern ausgeht, womit die Analogie zu der ursprünglichen Erkenntnis Paretos offensichtlich wird. Pareto-Analysen und Ishikawa-Diagramme kommen insbesondere in Verbindung mit Qualitätszirkeln zum Einsatz.

Statistische Prozesssteuerung

Mit der *statistischen Prozesssteuerung* (SPS, Statistical Process Control (SPC)) liegt eine Methode zur Fehlervermeidung in der Fertigung vor (Owen [Improvement]), die auf einer Fähigkeitsuntersuchung von Maschinen und Prozessen sowie einer anschließenden kontinuierlichen Überwachung und Regelung der Prozesse während der Fertigung beruht. Sie weist eine dreigliedrige Abfolge auf. Die Maschinenfähigkeitsuntersuchung wird vor der Inbetriebnahme einer Maschine durchgeführt, wobei eine vergleichsweise große Stichprobe von gefertigten Teilen entnommen und analysiert wird. Bei der Prozessfähigkeitsuntersuchung werden über einen längeren Zeitraum hinweg mehrere kleinere Stichproben aus dem laufenden Prozess gezogen, um systematische oder zufällige Störeinflüsse zu entdecken, wobei vor allem die systematischen Störeinflüsse durch Prozessvariationen beseitigt werden können. Mit derselben Intention werden während der gesamten Produktionszeit Stichproben aus den fertiggestellten Erzeugnissen gezogen und untersucht.

Weitere häufig in der Unternehmenspraxis anzutreffende Instrumente des Qualitätsmanagements sind Histogramme, Kontrollkarten und Streuungsdiagramme.

10.5.5 Organisatorische Verankerung des Qualitätsmanagements

Die organisatorische Verankerung des Qualitätsmanagements kann nicht unabhängig von dessen veränderten Aufgabenschwerpunkten geklärt werden. Da ein zentraler Grundsatz des integrierten Qualitätsmanagements darin besteht, dass die Verantwortung für die Qualität der Produkte, Dienstleistungen und Prozesse dem jeweiligen Linienmanagement obliegt, sollten *qualitätsrelevante Aufgaben so weit wie möglich den jeweiligen Ausführungseinheiten zugewiesen* werden (Haist/Fromm [Qualität] 20). Die wesentlichen Vorzüge einer derartigen Lösung bestehen in verkürzten Eingriffszeiten, einer Nutzung der umfassenden Kenntnisse der Linienbereiche sowie einer Erhöhung des Qualitätsbewusstseins der Mitarbeiter vor Ort.

Drei Organisationskonzepte

Unabhängig davon ist der Aufbau einer zentralen Qualitätsmanagement-Einheit notwendig, die die *Koordination der Qualitätsaufgaben* übernimmt. Für die Integration der Qualitätsmanagement-Einheit bieten sich *drei alternative Konzepte* an (Gaster [Aufbauorganisation]):

- In kleineren und mittleren Unternehmen, für die Qualität aufgrund geringerer Marktmacht ein besonders wichtiger Erfolgsfaktor ist und die nach funktionalen Kriterien strukturiert sind, ist eine Integration des Qualitätsmanagements als eigenständiger Funktionsbereich von Vorteil. Diese Gestaltungsvariante zeichnet sich dadurch aus, dass der Leiter des Qualitätsmanagements mit hohen Weisungskompetenzen ausgestattet ist.

- In der Praxis häufig anzutreffen ist die Eingliederung des Qualitätsmanagements als Stabsabteilung, die der Geschäftsleitung direkt unterstellt ist. Diese Strukturvariante hat den Vorteil, dass sie sowohl bei funktionaler als auch divisionaler Grundstruktur (vgl. Abschn. 7.2.2) anwendbar ist, wobei ihre Wirksamkeit vom Einfluss des Qualitätsstabs auf die Geschäftsleitung abhängt.

- Für komplex strukturierte Großunternehmen empfiehlt sich eine „Gespannstruktur", wobei das Qualitätsmanagement einerseits in einem Zentralbereich, andererseits aber auch in den jeweiligen Sparten verankert ist und das zentrale Qualitätsmanagement die spartenübergreifende Koordination der Qualitätsfunktion übernimmt. Hierbei bietet es sich an, das zentrale Qualitätsmanagement – sofern vorhanden – dem Zentralbereich „Technische Dienste" unterzuordnen. Probleme dieses Modells können jedoch in einer fehlenden Entscheidungskompetenz des dann auf der dritten Hierarchieebene integrierten Qualitätsbereichs liegen.

10.6 Ökologieorientiertes Management

10.6.1 Umweltverträgliches Wirtschaften als Herausforderung für die Unternehmensführung

Ökologische Fragestellungen stehen in zunehmendem Maße im Brennpunkt des öffentlichen Interesses (Macharzina [Vernunft]; Antes/Siebenhüner [Nachhaltigkeit] 97 ff.). Bei einer wachsenden Zahl von Menschen setzt sich die Erkenntnis durch, dass die natürlichen Lebensgrundlagen und damit wir selbst und unsere Zukunft durch das Festhalten an den alten Handlungsmustern gefährdet werden. Das Problem, dass der durch ökonomische Aktivitäten bedingte Naturverbrauch oftmals nicht in wünschenswertem Ausmaß in unternehmerische Entscheidungskalküle eingeht, verweist auf den Konflikt, der zwischen ökologischen Erfordernissen, gesellschaftlichen Grundwerten und ökonomischen Interessen besteht. Der Konflikt zwischen Ökonomie und Ökologie scheint daher nicht von vornherein völlig auflösbar. Allerdings bestehen durchaus Möglichkeiten, diesen Konflikt durch ein bewusst ökologieorientiertes Management zu entschärfen.

Konflikt zwischen Ökonomie und Ökologie

Um eine strukturierte Diskussion des ökologieorientierten Managements zu ermöglichen, empfiehlt es sich, zwischen verschiedenen Formen der Ökologieorientierung seitens der Unternehmen zu differenzieren. Abbildung 10-39 (Frese/Kloock [Rechnungswesen] 4 ff.) verdeutlicht, dass zwei Typen von Unternehmen zu unterscheiden sind: defensive Unternehmen, die lediglich (wenn überhaupt) staatlich geforderte Umweltschutzauflagen erfüllen, und offensive Unternehmen, die ökologische Anforderungen auch über den gesetzlichen Rahmen hinaus betreiben. Werden diese Typen danach differenziert, ob neben dem Gewinnziel auch Umweltschutzziele als Formalziele verfolgt werden, ergeben sich idealtypisch folgende Ausprägungen unternehmerischer Umweltpolitik.

Vier Typen

Unternehmen vom Typ A sehen im Umweltschutz und in externen Umweltschutzauflagen lediglich eine Restriktion der unternehmerischen Handlungsautonomie. Da davon ausgegangen wird, dass sich freiwillige Umweltschutzmaßnahmen negativ auf die Gewinnerzielung auswirken, werden diese Maßnahmen lediglich auf einem Mindestniveau erfüllt. Auch Unternehmen vom Typ B betreiben kein aktives Umweltmanagement; eine ökologische Orientierung wird lediglich aus Imagegründen vorgetäuscht. Demgegenüber verfolgen Unternehmen vom Typ C ein aktives Umweltschutzmanagement. Unternehmen dieses Typs sehen im Absatz umweltschonender Produkte, die in umweltverträglichen Produktionsverfahren erzeugt werden, eine bessere Möglichkeit zu einer Realisierung des Gewinnziels. Durch aktive Berücksichtigung ökologischer Erfordernisse wird bei diesem Typ letztlich nicht die Verwirklichung des Umweltschutzes, sondern die

Gewährleistung der Wettbewerbsfähigkeit verfolgt (Dyllick/Belz/Schneidewind [Ökologie]). Unternehmen vom Typ D sehen hingegen im Umweltschutz nicht nur ein Mittel zum Zweck der Erreichung ökonomischer Ziele; sie handeln ökologisch im Bewusstsein und in der Erkenntnis um die Notwendigkeit der Erhaltung der natürlichen Lebensgrundlagen. Umweltschutzziele haben hier den Status eines Formalziels. Umweltschutzmaßnahmen werden auch dann noch durchgeführt, wenn sich daraus negative Konsequenzen für den wirtschaftlichen Erfolg des Unternehmens ergeben.

Typen unternehmerischen Umweltmanagements

Abbildung 10-39

Ausgewiesene Formalziele betrieblicher Umweltpolitik / **Charakter der betrieblichen Umweltschutzpolitik**	**Gewinnziele**	**Gewinn- und Umweltschutzziele**
passiv	Umweltschutz gemäß externer Auflagen (Umweltschutz als exogenes Sachziel) **Typ A**	Umweltschutz als Public-Relations-Objekt (Umweltschutz als vorgetäuschtes Formalziel) **Typ B**
aktiv	Über externe Auflagen hinausgehender Umweltschutz (Umweltschutz als endogenes Sachziel) **Typ C**	Umweltschutz als zusätzliches normatives Postulat (Umweltschutz als endogenes Formalziel) **Typ D**

10.6.2 Zwei Sichtweisen zum Verhältnis von Ökonomie und Ökologie

Die Sichtweise der herkömmlichen Betriebswirtschaftslehre zum Verhältnis von Ökonomie und Ökologie unterscheidet sich erheblich von derjenigen der modernen Unternehmensführungslehre.

10.6.2.1 Umweltschutz als kostenverursachender Faktor in der herkömmlichen Betriebswirtschaftslehre

Herkömmliche Sichtweise

Ein wesentliches Kennzeichen der von Gutenberg ([Betriebswirtschaftslehre I] 457 ff.) zu einem „geschlossenen" System entwickelten betriebswirtschaftlichen Konzeption ist die Trennung zwischen jenen Merkmalen des betrieblichen Leistungsprozesses, die von der jeweiligen Wirtschaftsordnung abhängig sind, und solchen, die unabhängig von der Wirtschaftsordnung für alle Betriebe gelten (vgl. Abschn. 1.3.2). Dabei ergeben sich sowohl aus den systembezogenen Faktoren als auch aus den systemindifferenten Einflussgrößen direkte Implikationen für die Bewertung betrieblicher Umweltschutzmaßnahmen aus herkömmlicher betriebswirtschaftlicher Perspektive.

Umweltschutz als Aufwand ohne Ertrag

Die freiwillige Übernahme jener Kosten, die durch die Vermeidung oder Beseitigung von Umweltschäden entstehen, muss, sofern diese nicht zu Erlösen führen, im Rahmen des herkömmlichen betriebswirtschaftlichen Modelldenkens als Aufwand gewertet werden, dem kein entsprechender Ertrag gegenübersteht. Freiwillige, kostenverursachende Umweltschutzmaßnahmen sind daher im Rahmen des Teilsystems indifferenter Faktoren der unternehmerischen Leistungserstellung rational nur dann begründbar, wenn sie dergestalt erlöswirksam sind, dass sie die Kosten der jeweiligen Umweltschutzmaßnahmen ausgleichen oder übersteigen.

Als Ergebnis dieser kurzgefassten Analyse des herkömmlichen betriebswirtschaftlichen Ansatzes kann festgehalten werden, dass die freiwillige Übernahme der Kosten für Umweltschutzmaßnahmen, die nicht zu Umsatzsteigerungen führen, im Widerspruch zum ökonomischen und erwerbswirtschaftlichen Prinzip steht.

Im Vergleich zu jenen Problemen, die bei der Entwicklung der von Gutenberg geprägten Theorie der Unternehmung im Vordergrund des Interesses standen, ist seit geraumer Zeit eine Verschiebung der Problemlagen festzustellen; während die operative Beherrschung der Leistungserstellung und -verwertung den Analyseschwerpunkt des „traditionellen" betriebswirtschaftlichen Ansatzes bildete, sehen sich Unternehmen in zunehmendem Maße mit dem Erfordernis einer flexiblen Anpassung an sich dynamisch entwickelnde Rahmenbedingungen und deren Beeinflussung konfrontiert.

10.6.2.2 Umweltschutz als Erfolgsfaktor der strategischen Unternehmensführung

Moderne Sichtweise

Die moderne Unternehmensführungslehre ist von dem vorbezeichneten herkömmlichen Denkansatz allmählich abgerückt und erkennt, dass Unternehmen neben Gewinn- und Rentabilitätszielen im Allgemeinen auch nichtökonomische, insbesondere umweltschutzbezogene Ziele verfolgen (vgl.

Abschn. 4.5). Dies überrascht insofern nicht, als unternehmensinterne und -externe Anspruchsgruppen in zunehmendem Maße für ökologische Probleme sensibilisiert sind. Bei der Ausschöpfung ökologisch begründeter Potenziale sowie dem Bemühen um eine Vermeidung von Risiken, die mit einer Missachtung ökologischer Aspekte für die Unternehmen verbunden sind, handelt es sich somit um Führungsaufgaben, die für die langfristige Existenzsicherung der Unternehmen immer bedeutsamer werden. Umweltschutz ist somit nicht nur als Kostenfaktor, sondern darüber hinaus und vor allem Erfolgsfaktor zu werten, der im Gegensatz zur herkömmlichen Betrachtung in einer komplementären Beziehung zum Gewinnziel stehen und zur Sicherung der Wettbewerbsfähigkeit beitragen kann.

10.6.3 Risiken- und Chancenwahrnehmung

Unternehmen sind mit unterschiedlichen Entwicklungen konfrontiert, die neben globalen und krisenhaften Erscheinungen wie beispielsweise dem Treibhauseffekt, dem Ozonloch, der Eutrophierung und Verschmutzung von Gewässern oder dem Waldsterben einen direkten Bezug zu den sich im Zusammenhang mit der strategischen Führung von Unternehmen stellenden Führungsaufgaben aufweisen. Zu nennen wären in diesem Zusammenhang beispielsweise die zunehmende Verknappung der natürlichen Ressourcen, der knapper werdende Deponieraum zur Aufnahme von Abfällen und Rückständen aus Produktion und Verbrauch, eine gesteigerte Sensibilität der Bevölkerung für ökologische Probleme, ein umweltbewussteres Verhalten der Absatzmittler, eine größere Bedeutung ökologischer Werte bei den Konsumenten, verstärkte umweltpolitische Aktivitäten der Konkurrenten, ein hohes Interesse der Arbeitnehmer am Umweltschutz, eine wachsende Zahl umweltpolitischer Maßnahmen des Gesetzgebers oder eine forcierte Entwicklung im Bereich der umweltschutzbezogenen Forschung und Entwicklung. Obwohl Unternehmen von diesen Entwicklungen unterschiedlich stark betroffen sind, *lässt sich unschwer prognostizieren, dass der generelle Verzicht auf eine freiwillige Berücksichtigung ökologischer Aspekte langfristig die Wettbewerbsfähigkeit gefährden und vermeidbare Risiken heraufbeschwören wird.* Im Einzelnen kann eine solche Gefährdung in Fehlentscheidungen aufgrund nicht antizipierter Ressourcenverknappungen bzw. -verteuerungen, in Begrenzungen unternehmerischer Handlungsspielräume aufgrund gesetzgeberischer Aktivitäten, in staatlichen Auflagen, die nur über kostenintensive Umstellungen rechtzeitig erfüllt werden können, in Image- und Akzeptanzverlusten, in der Rückständigkeit der eingesetzten Technologien, in Kosten, die entstehen, da Unternehmen für Umweltversäumnisse und -delikte stärker zur Verantwortung gezogen werden oder in einer mangelnden Motivation der Arbeitnehmer begründet sein.

Erhöhte Risiken durch einen Verzicht auf eine Berücksichtigung ökologischer Aspekte

Chancen durch eine Berücksichtigung ökologischer Aspekte

Die *Chancen*, die mit aktivem Umweltschutz des Unternehmens verbunden sind, ergeben sich teilweise spiegelbildlich zu den Risiken einer nur zögerlichen, defensiven Anpassung an Umweltschutznormen. Darüber hinaus eröffnet aktiver Umweltschutz allerdings auch eine zusätzliche Dimension für die Gestaltung von Unternehmensführungsentscheidungen. So können mögliche Vorteile einer aktiven Verfolgung ökologischer Ziele in der Ausnutzung von Rationalisierungsreserven, insbesondere im Bereich der Energie-, Wasser-, Rohstoff- und Abfallkosten, der Erschließung neuer Märkte und Umsatzsegmente durch Produkt- und Prozessinnovationen, langfristigen Kosteneinsparungen durch Vorwegnahme von staatlichen Umweltauflagen bzw. durch Verfahrensinnovationen, der Senkung der Ausfall- und Krankheitskosten, der Verbesserung der Kundenbindung beispielsweise durch Einführung von Wiederverwertungsketten und -netzen, der Inanspruchnahme staatlicher Finanzierungshilfen wie Forschungs- und Entwicklungsförderung, Sonderabschreibungen, Kreditvergünstigungen für Umweltschutzinvestitionen und besseren Finanzierungsmöglichkeiten auf dem freien Kapitalmarkt (Ethikfonds, Ökobank), der Steigerung der Mitarbeitermotivation, der Signalwirkung zum notwendigen Umdenken und zur Anspruchsanpassung bei den Konsumenten oder der Aufwertung des Unternehmensimages und einem hierdurch bewirkten Vertrauensvorschuss bei Verhandlungen mit externen Anspruchsgruppen bestehen. Obwohl nicht grundsätzlich davon ausgegangen werden kann, dass durch ein ökologieorientiertes Management sämtliche Vorteile auch tatsächlich realisiert werden können, legt die Aussicht auf Nutzung dieser Chancen dennoch nahe, die klassische Annahme einer konfliktären Beziehung zwischen Umweltschutz und langfristigem ökonomischen Erfolg zu revidieren. Abbildung 10-40 (Picot [Umweltbeziehungen] 33) verdeutlicht die Beziehung zwischen langfristiger Gewinnerzielung und Umweltschutz, die einen zumindest in Teilen positiven Zusammenhang zwischen wirtschaftlichem Erfolg und der Verfolgung ökologischer Ziele erkennen lässt.

Da die Beziehung zwischen Gewinn und Umweltschutz nicht mehr, wie von der herkömmlichen Betriebswirtschaftslehre angenommen, monoton fallend ist, lässt sich durch Umweltschutzmaßnahmen der Gewinn von G_V auf G_U steigern. Umweltschutz und Gewinnerzielung stehen hier also nicht mehr zwangsläufig in einer konfligierenden Beziehung zueinander. Vielmehr ist das Ziel „Umweltschutz" teilweise insofern instrumentell für die Realisierung des Gewinnziels, als Umweltschutz im steigenden Bereich der Kurve ABC den Charakter eines endogenen Sachziels hat, falls ein Unternehmen offensiv Umweltschutzziele verfolgt; in diesem Bereich sind die aus Umweltschutzmaßnahmen resultierenden Netto-Erträge positiv. Diese Überlegung legt zudem nahe, dass Umweltschutzziele nur dann den Status eines Formalziels haben, wenn die Indifferenzkurven die Kurve ABC in ihrem fallenden Bereich tangieren. Erst hier ist von einer ethischen Orientierung des Unternehmens auszugehen (Steinmann/Oppenrieder [Unternehmensethik] 173; Pfriem [Option] 99 ff.), wie sie in Kapitel 15 diskutiert wird. Die Tatsache, dass es in der Realität jedoch kaum möglich ist, im Einzelfall zu entscheiden, ob Umweltschutz Formal- oder Sachzielcharakter hat, ergibt sich aus der Schwierigkeit, den genauen Verlauf der Kurve ABC und der jeweiligen Indifferenzkurven anzugeben. Andererseits unterstreicht das Modell die eingangs aufgestellte These, dass der Konflikt zwischen Ökonomie und Ökologie nicht vollständig aufgehoben werden kann.

Gewinnerzielung und Umweltschutz als teilweise harmonische Ziele

Abbildung 10-40

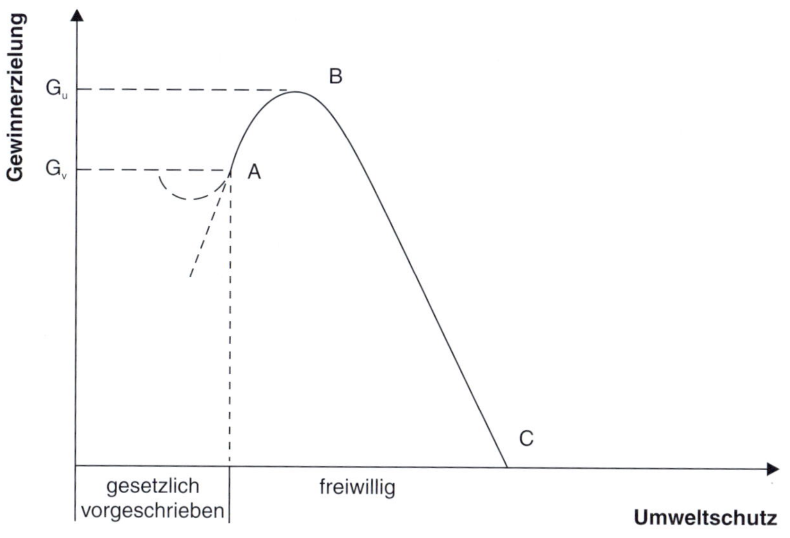

10.6.4 Strategische Gesamtkonzeption eines ökologieorientierten Managements

Es hat sich gezeigt, dass selektiv durchgeführte, nicht strategisch (vgl. zum Strategiebegriff Abschn. 5.1) angelegte Einzelmaßnahmen keine ausreichende Gewähr dafür bieten, dass die mit einem unternehmerischen Umweltschutzmanagement verbundenen Erfolgspotenziale in vollem Umfang genutzt werden können. Es erscheint daher wesentlich, dass *Unternehmen eine strategische Gesamtkonzeption entwickeln, in der ökologische Aspekte funktionsübergreifend im Rahmen einer betriebswirtschaftlichen Gesamtbetrachtung, die auch die relevanten naturwissenschaftlichen Erkenntnisse einbezieht, berücksichtigt werden* (Strebel [Umweltschutz] 4; Müller-Christ/Hülsmann [Erfolgsbegriff] 245 ff.). Erforderlich erscheint insbesondere ein proaktiver Grundansatz, eine Neuausrichtung der Unternehmenskultur, ein Streben nach Glaubwürdigkeit, die Berücksichtigung von Interdependenzen, eine zielführende Gestaltung als Querschnittfunktion sowie der Aufbau von umweltschutzbezogener Kooperationen.

Proaktiver Grundansatz

Aufgrund der Trägheit natürlicher Systeme ist davon auszugehen, dass der Zeitpunkt, in dem eine Entscheidung zu einer ökologierelevanten Maßnahme getroffen wird, und derjenige, in dem diese Maßnahme erfolgswirksam wird, verhältnismäßig weit auseinanderfallen können. Es ist somit für die Unternehmen nicht zweckmäßig, bei der Beurteilung ökologieorientierter Maßnahmen den Status quo zugrunde zu legen und lediglich eine sukzessive Anpassung an die jeweils aktuellen Erfordernisse ins Auge zu fassen. Vielmehr erscheint eine Antizipation der sich dynamisch entwickelnden Rahmenbedingungen sinnvoll. Ein derartiges Vorgehen empfiehlt sich, weil

- ein proaktives Umweltschutzmanagement dazu beitragen kann, zukünftigen Restriktionen und Konflikten in einer Art und Weise vorzubeugen, die die noch bestehenden Handlungsspielräume erhält (Corsten/Götzelmann [Aspekte] 351),
- ein frühzeitiger, freiwilliger Umweltschutz helfen kann, Wettbewerbsvorsprünge zu sichern oder zu schaffen und
- der Aufbau von Wettbewerbsvorteilen um so leichter fällt, je größer der zeitliche Vorsprung gegenüber der Konkurrenz ist (vgl. Abschn. 5.7).

Neuausrichtung der Unternehmenskultur

Die erfolgreiche Entwicklung und Implementierung integrierter Umweltschutzkonzepte bedarf einer entsprechenden Anpassung der Unternehmenskultur (vgl. Abschn. 4.7). Aufgrund ihrer großen Einwirktiefe vermag die Unternehmenskultur nämlich umweltschutzbezogenes Handeln in Unternehmen signifikant zu fördern oder behindern. Was das Verhältnis von Unternehmenskultur und ökologieorientierter Gestaltung anbelangt, ist von einer wechselseitigen Beziehung auszugehen. Diese Inderdependenz lässt sich dadurch charakterisieren, dass zwar einerseits die jeweiligen ökologiebezogenen Wertorientierungen und Grundauffassungen als richtungweisende Kraft für die Nutzung unternehmerischer Gestaltungsspielräume einen positiven Einfluss auf die Wahrnehmung und Bewertung der Möglichkeiten eines aktiven unternehmerischen Umweltschutzes ausüben, dass aber andererseits ein bewusst ökologieorientiertes Management langfristig zu einer entsprechenden Anpassung der Unternehmenskultur führt. Damit sich die Berücksichtigung der ökologischen Dimension auch im Denken, Fühlen und Handeln sämtlicher Unternehmensmitglieder niederschlägt und somit zu einem orientierungs-, motivations- und koordinationswirksamen

Bestandteil der Unternehmenskultur wird, ist es allerdings nicht ausreichend, die Liste bestehender Unternehmensgrundsätze lediglich durch eine zusätzliche, allgemein auf den Schutz der natürlichen Lebensgrundlagen bezogene Unternehmensleitlinie zu ergänzen.

Was das Vorgehen bei der ökologieorientierten Neuausrichtung der Unternehmenskultur anbelangt, so bedarf es gezielter Maßnahmen. Neben Veränderungen der formalen Organisationsstruktur, der Planungs- und Kontrollprozesse und der Personalentwicklungssysteme sind insbesondere Maßnahmen im informalen Bereich erforderlich. Von zentraler Bedeutung für eine ökologiebezogene Modifikation der Unternehmenskultur ist in diesem Zusammenhang, dass durch die Handlungen des Top-Managements, die ja immer auch Symbolcharakter haben (vgl. Abschn. 8.1.4), die dem Unternehmenshandeln zugrunde liegenden Wertgrundlagen transparent gemacht und ökologieorientierte Unternehmensgrundsätze somit auch glaubhaft vermittelt werden (Kreikebaum [Unternehmensplanung] 171).

Streben nach Glaubwürdigkeit

Ein isoliertes und vordergründiges Aufgreifen ökologischer Aspekte bedingt die Gefahr eines Reputations- und Glaubwürdigkeitsverlustes (Schwaninger [Umweltverantwortung] 90). Diese wird dadurch verstärkt, dass zwischen Produzenten und Konsumenten erhebliche Informationsasymmetrien bestehen und es mittlerweile kaum mehr ein Produktfeld gibt, in dem nicht mit dem Argument der Umweltschonung geworben wird. Da zudem seitens der Unternehmen in vielen Fällen auf eine unverzügliche Weitergabe von Warnhinweisen und Informationen bei Störungen verzichtet wird, ist eine zunehmende Sensibilisierung hinsichtlich der Frage festzustellen, inwieweit ökologische Aspekte lediglich zur Aufwertung des Unternehmens- oder Produktimages und dem Aufbau einer entsprechenden Corporate Identity vorgeschoben werden (Wiedmann [Bewusstsein] 17). Solchen Zweifeln ist langfristig nur mit einer an ethischen Prinzipien ausgerichteten (vgl. Kapitel 15) Gesamtkonzeption zu begegnen, die dem Umweltschutzgedanken und der Notwendigkeit einer faktengerechten Information über umweltrelevante Maßnahmen und Ereignisse Rechnung trägt. Andernfalls besteht die Gefahr, dass der Versuch einer Positionierung in der „Ökologienische" konterkariert wird (Schulz [Umweltinformationspolitik] 325 f.). Ein solches Streben nach Glaubwürdigkeit kann bei Verfolgung einer Gesamtkonzeption dann auch durch freiwillige Zertifizierung des Umweltmanagementsystems beispielsweise nach ISO 14000+ dokumentiert werden.

Berücksichtigung von Interdependenzen

Aufgrund der komplexen Verknüpfungen von Entscheidungen und Abläufen bestehen in Unternehmen vielfältige Interdependenzen zwischen den Unternehmensteileinheiten (vgl. Abschn. 7.1.4). Derartige Interdependenzen sind im Bereich des Umweltschutzes im Unternehmen aufgrund des bereichsübergreifenden Charakters und der mangelnden Teilbarkeit komplexer Umweltschutzentscheidungen vergleichsweise stark ausgeprägt. Einer autonomen Lösung von Teilproblemen des Umweltschutzes in den einzelnen Bereichen sind somit enge Grenzen gesetzt. Dabei bedarf die Berücksichtigung bestehender Interdependenzen nicht notwendigerweise des alleinigen Einsatzes struktureller Koordinationsinstrumente (vgl. Abschn. 7.2). Theoretische Überlegungen und empirische Ergebnisse legen es vielmehr nahe, Freiräume für personenorientierte Koordinationsinstrumente (vgl. Abschn. 7.3.1) und dabei insbesondere Selbstabstimmungs- und -organisationsprozesse aufgrund der hiermit verbundenen positiven Effekte im Hinblick auf die Entwicklung umweltbezogener Produkt- und Prozessinnovationen zu schaffen (Kreikebaum [Innovationsmanagement] 53).

Gestaltung als Querschnittsfunktion

Weiterhin ist zu berücksichtigen, dass es sich beim Umweltschutz um eine Querschnittsfunktion handelt, die sämtliche Bereiche des unternehmerischen Leistungsprozesses betrifft. Umweltschutz betrifft demnach sowohl die Funktionen und Objekte, als auch die Systeme der Unternehmen (Seidel [Unternehmensführung] 262). In Anlehnung an das Wertekettenkonzept (vgl. Abschn. 5.6.1.2) wird dieser Sachverhalt in Abbildung 10-41 (Schmid [Umweltschutz] 77) verdeutlicht.

Für eine strategische, integrierte Umweltschutzkonzeption des Unternehmens genügt es dementsprechend nicht, lediglich in einzelnen Funktionsbereichen, z. B. der Materialwirtschaft, eine Änderung der Detailstruktur anzustreben. Erforderlich ist ein integrierter Umweltschutz, der eine weitgehende Berücksichtigung ökologischer Belange in sämtlichen Funktionsbereichen und die bereichsübergreifende Koordination umweltrelevanter Entscheidungen beinhaltet. Dabei bilden die in Abbildung 10-41 beispielhaft aufgeführten Teilfunktionen ein interdependentes System.

Kooperation als strategische Alternative

Aufgrund der im ökologischen Kontext bestehenden Komplexität versprechen isolierte Lösungsansätze wenig Aussicht auf nachhaltigen Erfolg. Angemessener erscheint es, die auf eine stärkere Umweltschonung abzielenden Produkt- und Verfahrensinnovationen auf der Basis breiter angelegter Kooperationsstrategien (vgl. Abschn. 5.4.1.3 und 7.5) durchzuführen. Kooperationsstrategien bieten sich dabei insbesondere für kleine und mittlere Unternehmen an, da diese aufgrund fehlender eigener F&E-Einrichtungen sowie mangelnden Know-hows häufig nicht in der Lage sind, selbstständig und unabhängig voneinander produkt- und produktionsspezifische Umweltprobleme zu lösen (Bonus [Implikationen] 112). Aufgrund der teilweise beträchtlichen Kosten umweltschutzbezogener Forschung gehen allerdings auch größere Unternehmen in zunehmendem Maße dazu über, ihre ökologieorientierten Bemühungen im Rahmen von strategischen Allianzen zu koordinieren (vgl. Abschn. 5.4.1.3). Neben horizontalen Formen der Zusammenarbeit können auch vertikale Kooperationen mit den Vor- und Folgestufen Bestandteil einer strategischen Umweltschutzkonzeption sein (Strebel [Umweltschutz] 11 f.).

Ökologieorientierte Wertschöpfungskette

Abbildung 10-41

Unternehmensführung	– Berücksichtigung der Ökologiedimension bei der Formulierung der Unternehmensphilosophie – Entwicklung ökologieorientierter Unternehmensstrategien – Top-Management-Unterstützung bzgl. ökologiebezogener Maßnahmen – freiwillige Umweltvereinbarungen im Rahmen von Branchenabkommen – Berücksichtigung ökologischer Kriterien bei Standortentscheidungen
Forschung und Entwicklung	– Entwicklung umweltschonender Produkt- und Prozessinnovationen – ökologiebezogene Forschungskooperationen
Personal	– Mitarbeiterinformation bzgl. ökologierelevanter Aspekte der betrieblichen Leistungserstellung und -verwertung – ökologieorientierte Führungstechniken und Anreizsysteme – Umweltschutz in der betrieblichen Aus- und Weiterbildung – Selektion und Rekrutierung von Umweltschutzexperten – Analyse der relativen Umweltrelevanz von Arbeitsplätzen – ökologieorientierte Personalentwicklung strategisch wichtiger Zielgruppen
Organisation	– Einrichtung projektbezogener und permanenter organisatorischer Teileinheiten für Umweltschutz – Ernennung eines Mitglieds der Unternehmensleitung als Umweltschutzverantwortlichen – Öko-Quality-Circle – Berücksichtigung der Ökologiedimension in Organisationshandbüchern und Arbeitsplatzbeschreibungen
Marketing	– Angebot umweltfreundlicher Produkte – Öko-Sponsoring – Herausnahme umweltgefährdender Produkte aus dem Sortiment – faktengerechte Information über umweltrelevante Maßnahmen und Ereignisse – Mischkalkulation zugunsten umweltfreundlicher Produkte/umweltfreundlicher Verpackungen – ökologische Preisdifferenzierung – umweltfreundliche Verpackung
Logistik	– Einführung und Ausbau inner- und überbetrieblicher Verwertungsketten und -netze – Einsatz umweltverträglicher Transportmittel – Einrichtung einer Leitzentrale „Entsorgung und Logistik" – Minimierung der Transportvorgänge – bestandsminimierende Materialsteuerung
Controlling	– Aufbau einer ökologischen Buchhaltung – Aufstellung von Ökobilanzen – Einrichtung ökologieorientierter Frühaufklärungssysteme – Technik- und Produktfolgenabschätzung/Umweltverträglichkeitsprüfung/Umweltschutz-Audits – Koordination der ökologiebezogenen Informationsversorgung, Planung und Kontrolle – interne Revision betrieblichen Umweltschutzes
Finanzen	– Inanspruchnahme staatlicher Forschungs- und Entwicklungsförderung – Deckungsvorsorge für Störfälle – Inanspruchnahme öffentlicher Finanzhilfen für Umweltschutzmaßnahmen – Zugang zu ökologiebezogenen Finanzquellen auf dem freien Kapitalmarkt – ökologieorientierte Portfolioinvestition

Beschaffung	**Produktion**	**Vertrieb und Kundendienst**
– Verzicht auf gesundheitsgefährdende Stoffe und schwer abbaubare Schadstoffe – Substitution knapper und nicht regenerativer durch reichlich vorhandene, regenerative bzw. rezyklierte Roh-, Hilfs- und Betriebsstoffe – Beschaffung umweltschonender und rezyklierungsfähiger Betriebsmittel – Lizenzen und Patente für umweltschonende Produkte und Technologien – Kooperation mit den Lieferanten bzgl. Wiederverwertung bzw. Minimierung von Verpackungen und Abfällen, ökologischen Verbesserungen der Waren sowie der Bereitstellung ökologierelevanter Informationen	– Einsatz integrierter Fertigungstechnologien – innerbetriebliches Recycling – Einsatz energiesparender Technologien – Minimierung von Emissionen (Luftverunreinigungen, Lärm, Wärme, Strahlung etc.), Abwasser und Abfälle – Installation von Sicherheitseinrichtungen für Störfälle – Produktion qualitativ hochwertiger Produkte mit langer Lebens- und Nutzungsdauer	– Umweltberatung der Abnehmer – Erschließung umweltorientierter Absatzkanäle – Einrichtung von Retrodistributionskanälen – ökologiebezogene Verkaufsförderung

Die Einführung und der Ausbau von Verwertungsketten und -netzen bieten sich dabei in all jenen Branchen an, in denen rezyklierbare Materialien produziert oder verwendet werden können.

10.6.5 Instrumente des ökologieorientierten Managements

Der Entwurf einer tragfähigen umweltschutzorientierten strategischen Gesamtkonzeption vermag einen nachhaltigen Erfolg ökologieorientierten Managements noch nicht zu gewährleisten. Erforderlich ist eine konsequente Umsetzung dieser Gesamtkonzeption unter Verwendung geeigneter Instrumente. Im Vordergrund stehen ökologieorientierte Informationssysteme sowie Strategieformulierungsinstrumente, auf die nachfolgend eingegangen werden soll.

Ökologieorientierte Informationssysteme

Umweltschutzaspekte werden nur dann in den Entscheidungsprozessen der Unternehmensmitglieder hinreichend berücksichtigt werden, wenn Letztere regelmäßig mit Informationen versorgt werden, die aktuell und valide den „ökologischen Zustand" des Unternehmens beschreiben (Ahsen [Umwelterklärungen] 121 ff.). Erforderlich sind somit Instrumente, die geeignet sind, ökologierelevante Informationen bereitzustellen und die ökologischen Wirkungen und Risiken von Unternehmensaktivitäten abzubilden. Eine bloße Dokumentation von gefährlichen Eigenschaften jener Stoffe, die in den Leistungsprozess eingehen oder in diesem anfallen, reicht dabei jedoch nicht aus.

Ökobilanzen, ökologisches Controlling und ökologieorientierte Frühaufklärung

Erforderlich sind erweiterte Umweltinformationssysteme, die dem Management Entscheidungshilfen liefern. Zu denken wäre beispielsweise an die *Konzeption ökologieorientierter Bestandteile des Rechnungswesens*, dabei speziell an *Ökobilanzen*, an ein *ökologisches Controlling* (vgl. Kapitel 6) oder an eine *ökologieorientierte Frühaufklärung* (vgl. Abschn. 5.6.1.7). Im Rahmen der ökologieorientierten Frühaufklärung sollten die in Abbildung 10-42 (Senn [Unternehmensführung] 164 f.) aufgelisteten Beobachtungsfelder berücksichtigt werden.

Instrumente einer ökologieorientierten Strategieformulierung

Bei der ökologieorientierten Strategieformulierung ist eine Vielzahl an unternehmensinternen und -externen Kontextfaktoren zu berücksichtigen. Genau so wie im allgemeinen Konzept der Strategieformulierung vorgesehen (vgl. Kapitel 5) müssen diese internen und externen Kontextfaktoren integrativ verarbeitet werden. Hierzu bietet sich zunächst der Einsatz konventioneller Strategieformulierungsinstrumente wie die Chancen-Gefahren-Analyse oder die Portfoliotechnik an. Eine Anwendung dieser Instrumente auf den Bereich des ökologieorientierten Managements macht nur dann

Sinn, wenn bei der strategischen Analyse umweltschutzorientierte Größen in den Vordergrund gestellt werden. Da der Einsatz der Chancen-Gefahren-Analyse und der Portfoliotechnik im Bereich des ökologieorientierten Managements weitgehend derjenigen der allgemeinen Strategieformulierung folgt, soll hier auf die Abschn. 5.6.1.5 und 5.6.3 verwiesen werden. Auf die ökologieorientierte Kausalanalyse, die Markt-Umwelt-Reaktions-Matrix sowie das Ökoeffizienz-Konzept ist hier jedoch einzugehen, weil sie aus dem Bereich der allgemeinen Strategieformulierung so nicht bekannt sind.

Beobachtungsfelder ökologieorientierter Frühaufklärung

Abbildung 10-42

Beobachtungsfelder	Indikatoren
■ Zustand und Entwicklung der natürlichen Umwelt	Grenzwerte, Artenvielfalt, Krankheitsstatistiken, Zersiedelung, Ökotoxikologität von Stoffen
■ Politischer Stellenwert des Umweltschutzes	Medienberichte, Anliegen von Bürgerinitiativen, Umfrageergebnisse, Gesetzesinitiativen
■ Gesellschaftlicher Wertewandel	alternative Lebensformen, Arbeits-/Freizeitverhalten
■ Umweltschutzmaßnahmen der Konkurrenten	Umweltschutzbezogene Corporate Identity, Umweltschutz-Investitionen
■ umweltfreundliche Verfahrensinnovationen	Patententwicklung, Messeneuheiten, BMFT-geförderte Projekte
■ umweltfreundliche Produktinnovationen	geförderte Forschungsprojekte, Patente, Messeneuheiten
■ Ressourcenversorgung	Verknappungsprognosen, Rohstoffpolitik
■ Finanzierung von Umwelttechnikmaßnahmen	Steuerliche Vergünstigungen, Zinsverbilligung bei Krediten, Förderungsprogramme
■ Entsorgung	Gebührenentwicklung, Rezyklierungsmöglichkeit, Deponieknappheit, neue Energietechniken

Ökologieorientierte Kausalanalyse

Mit dem Einsatz der ökologieorientierten Kausalanalyse (Schwaninger [Umweltverantwortung] 91) sollen die Einzel- und Gesamtwirkungen ökologieorientierten Handelns spezifiziert werden. Zu diesem Zweck wird üblicherweise ein Wirkungsnetzwerk erstellt, wie es in Abbildung 10-43 beispielhaft verdeutlicht ist. Dieses Wirkungsnetzwerk enthält Hypothesen über die im ökologischen Feld bestehenden kausalen Beziehungszusammenhänge. Die relative Stärke der vermuteten Wirkungsrichtungen bedürfen einer komplexen empirischen Überprüfung, in deren Rahmen zahlreiche Parameter geschätzt werden müssen.

Abbildung 10-43 *Ökologieorientierte Kausalanalyse*

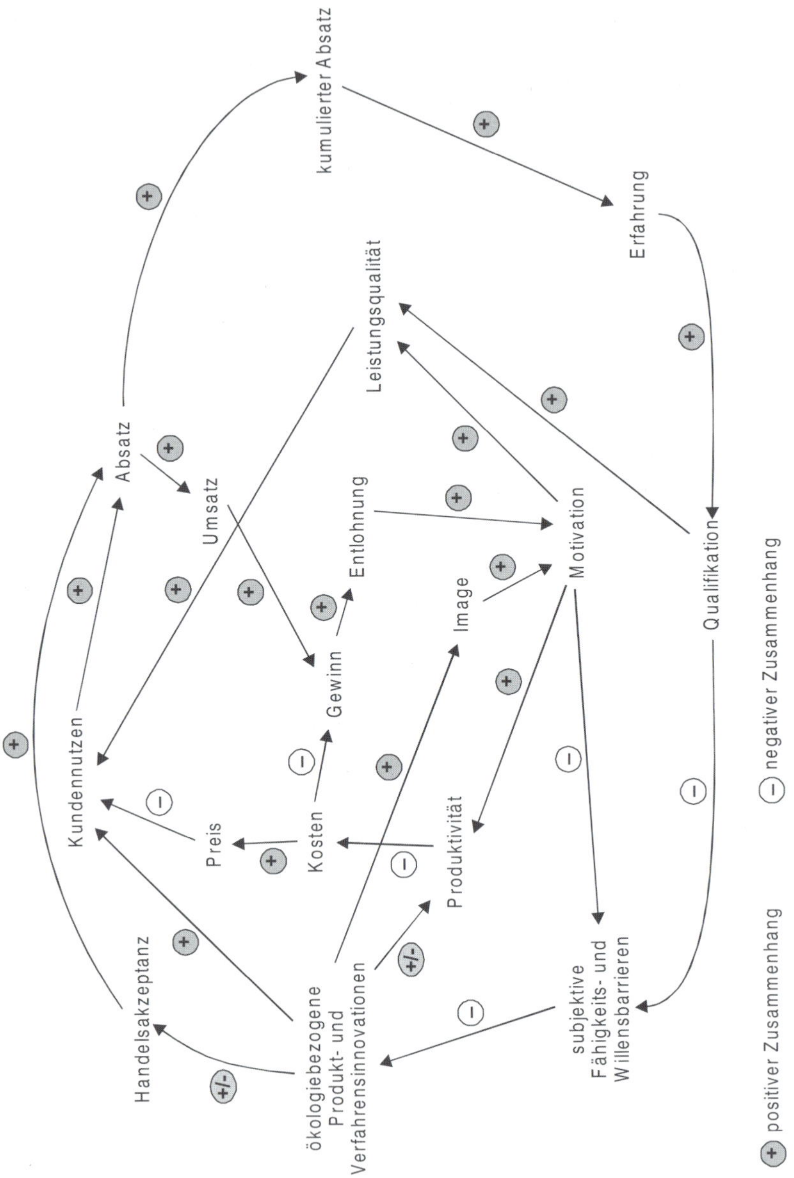

Markt-Umwelt-Reaktions-Matrix

Das Konzept der Markt-Umwelt-Reaktions-Matrix vergröbert und standardisiert das System bestehender umweltschutzorientierter Ursache-Wirkungs-Beziehungen. Betrachtet werden sollen hier insbesondere die Marktchancen, die aus einem ökologieorientierten Management resultieren können. Hierzu wird, wie in Abbildung 10-44 gezeigt, die umweltbezogene Sensibilität von Absatzmittlern und Endabnehmern entlang mehrerer Beurteilungsdimensionen abgeschätzt. Wie die Matrix verdeutlicht, ist proaktives ökologieorientiertes Handeln nicht in jedem Fall problemfrei. Die aus dem Auseinanderfallen von kollektiver und individueller Rationalität resultierende, vielfach festgestellte Diskrepanz zwischen dem theoretisch als notwendig erachteten und dem aktuellen Nachfrage- und Verwendungsverhalten (vgl. hierzu beispielsweise Gierl [Einstellungen] 7) bringt nämlich möglicherweise jene Unternehmen in ein Dilemma, die beabsichtigen, produktverteuernde oder -verändernde Innovationen mit dem Ziel einer stärkeren Umweltschonung durchzuführen.

Ökoeffizienz-Konzept

Aktuelle Konzepte versuchen die beiden vorgenannten Sichtweisen zu integrieren. Das Konzept definiert das Verhältnis des Wertes eines Produkts zu dem für seine Herstellung, Nutzung und Entsorgung erforderlichen Ressourcenaufwand.

Abbildung 10-44

Markt-Umwelt-Reaktions-Matrix

Auswirkungen von Umweltschutzmaßnahmen / Marktsensibilität für Umweltschutz	Kostenerhöhung	Minderung der Gebrauchseigenschaften	Zusatznutzen	Innovation
sensibel	+/0	+	+	+
potenziell sensibel	?	?	+	+
unsensibel	0	–	0	0/+

\+ positive Marktreaktion
0 neutrale Marktreaktion
– negative Marktreaktion
? ungewisse Marktreaktion

10.6.6 Organisatorische Verankerung der Funktion „Umweltschutz"

Bildung von Teileinheiten mit Dauerzuständigkeit für Umweltschutz

Aufgrund der Komplexität und Heterogenität der Umweltschutzfunktion und deren Querschnittcharakter bietet es sich an, *spezielle Teileinheiten zu bilden,* die in Zusammenarbeit mit den übrigen Unternehmensbereichen Umweltschutzaufgaben wahrnehmen oder diese bei der Durchführung von Umweltschutzaufgaben unterstützen (Schulz/Wicke [Organisation] 9 f.). Diese Einheiten sind dann für die ökologiebezogene Steuerung der unternehmerischen Leistungsprozesse zuständig, die im Wesentlichen Informations-, Planungs-, Koordinations-, Repräsentations-, Innovationsförderungs- und Kontrollaufgaben umfasst. Neben der Zuweisung permanenter Umweltschutzaufgaben an spezielle organisatorische Teileinheiten kann es sich im Einzelfall auch als zweckmäßig erweisen, *organisatorische Teileinheiten für zeitlich befristete Aufgaben* einzurichten. Anlässe für die Einführung einer Projektorganisation (vgl. Abschn. 7.4.1.1) können beispielsweise in der Erarbeitung von Konzepten für eine ökologiegerichtete Umstellung einzelner Funktionsbereiche oder in der Entwicklung unternehmerischer Umweltinformationssysteme bestehen (Seidel [Organisation] 338).

Bildung von Projekteinheiten

Zentrale Einheiten

Dezentrale Einheiten

Da die Umweltschutzfunktion, wie oben gezeigt, durch erhebliche externe und interne Interdependenzen gekennzeichnet ist, ergibt sich einerseits die Tendenz, Umweltschutzaufgaben in einer zentralen Einheit zusammenzufassen. Andererseits sprechen die umweltschutzbezogenen Informationsbedürfnisse der operativen Einheiten dafür, neben der Zusammenfassung von Umweltschutzaufgaben in einem Zentralbereich auch *Umweltschutzeinheiten organisatorisch zu verankern, die den Linien direkt zugeordnet sind.* Bei grenzüberschreitend tätigen oder stark diversifizierten Unternehmen verstärkt sich diese Tendenz, da aufgrund unterschiedlicher Umweltschutzgesetze und Marktgegebenheiten zusätzliche, voneinander divergierende Informations- und Repräsentationsaufgaben zu bewältigen sind. In größeren Unternehmen empfiehlt sich die Einrichtung von Umweltschutzeinheiten, die den operativen Einheiten zugeordnet sind auch deswegen, weil eine umweltschutzbezogene Kontrolle sinnvoll nur innerhalb der operativen Einheiten durchgeführt werden kann (zu weiteren Einzelheiten der Organisation der Umweltschutzfunktion vgl. Macharzina [Unternehmensführung] 991 ff.).

10.7 Diversity Management

10.7.1 Entstehung, Bedeutungsgewinn und Ursachen des Diversity Managements

Historische Entwicklung

Das Konzept des Diversity Managements hat Ende der 1990er Jahre sowohl in der Wissenschaft als auch in der Praxis eine hohe Aufmerksamkeit erlangt, die bis heute ungebrochen ist (Becker/Seidel [Management]). Der Bedeutungsgewinn ist mit sich damals anbahnenden signifikanten Veränderungen in Gesellschaft und Arbeitswelt erklärbar. Zu nennen sind insbesondere die zunehmende Heterogenität im Kreise der Mitarbeiter und Kunden sowie sonstiger Umweltbereiche von Unternehmen (Leitl [Management] 21). Dieser Heterogenitätszuwachs ist hauptsächlich in der zügig voranschreitenden Internationalisierung der Geschäftstätigkeit (vgl. Kapitel 13), der Welle von Unternehmensübernahmen und -fusionen (vgl. Abschn. 10.3) sowie der immer häufigeren Bildung strategischer Allianzen (vgl. Abschn. 5.4.1.3) begründet. Aber auch andere Trends wie der zunehmende Anteil von Frauen am Arbeitsmarkt (Wagner/Voigt [Diversity] 112) haben das gesteigerte Interesse am Diversity Management ausgelöst. Schließlich sind auch rechtliche Normen wie die Europäische Antidiskriminierungsrichtlinie (Hauke/Ivanova [Diversity-Management] 39) oder das 2006 in Kraft getretene Allgemeine Gleichbehandlungsgesetz („Antidiskriminierungsgesetz") Impulsgeber des Diversity Managements.

Anwendungsbeispiele

Empirische Untersuchungen (Ivanova/Hauke [Diversity] 12 ff.) berichten von intensiven Diversity-Management-Bemühungen, insbesondere in Unternehmen wie IBM, Hewlett-Packard, Ford, Royal Dutch Shell, Lufthansa, der Deutschen Bank und der Deutschen Telekom. Die hohe faktische Bedeutung des Diversity Managements zeigt sich auch daran, dass die Deutsche Gesellschaft für Personalführung zwischenzeitlich kostenpflichtige Diversity-Seminare anbietet, in denen Training, Mentoring sowie Gespräche mit Experten durchgeführt werden. Aber auch der Tatbestand, dass amerikanische Ratingagenturen in ihren Unternehmensanalysen Diversity-Management-Maßnahmen berücksichtigen, kann als Indiz für den starken Bedeutungsgewinn des Diversity Managements gelten. Da davon auszugehen ist, dass die Unterschiede im Kreise der Mitarbeiter und Kunden von Unternehmen in den nächsten Jahrzehnten eher größer als kleiner werden, dürfte das große Interesse am Diversity Management auch in Zukunft anhalten.

10.7.2 Begriff und Arten von Diversität

Begriff der Diversivität

Trotz aller sprachlicher Variation wird Diversität vergleichsweise einheitlich definiert (Süß/Kleiner [Diversity-Management] 521 ff.). Im personenzentrierten Kontext – und dieser ist in der vorliegenden Schrift von erheblicher Bedeutung – zeichnet sich Diversität durch zwischen Menschen bestehende Formen der Verschiedenartigkeit aus, die entlang zahlreicher, im folgenden näher zu betrachtender Beschreibungsdimensionen existieren können (Aretz/Hansen [Management] 9; Gebert [Diversity] 412; Rohn [Arbeitsgruppen]). Diversität zeigt sich in all denjenigen Dimensionen, in denen sich insbesondere Mitarbeiter und Kunden voneinander unterscheiden können (Sepehri [Wahrnehmung] 16), vor allem Alter, Geschlecht, Rasse, Hautfarbe und ethnische Zugehörigkeit, Nationalität, kulturelle Zugehörigkeit, Religion, das Vorliegen einer Behinderung, Familienstand, Bildungsniveau, Ausbildungsrichtung, die Berufserfahrung, Umfang und Befristung des Arbeitsvertrages sowie die sexuelle Orientierung der Personen (Hansen [Management] 1113; Ford [Diversity] 3 ff.; Sepehri [Wahrnehmung] 18; Ivanova/Hauke [Diversity] 12). Diese Liste ließe sich problemlos verlängern. Hansen ([Management] 1113) sowie Ivanova und Hauke ([Diversity] 12) weisen darauf hin, dass in Wissenschaft und Praxis insbesondere die Diversität hinsichtlich der Dimensionen Geschlecht und kultureller Werte die größte Beachtung gefunden haben, wohingegen Diversität hinsichtlich Behinderung, Familienstand, Religion und sexueller Orientierung weniger berücksichtigt wird. Ersteres ist insofern plausibel, als in den vergangenen Jahren in den Unternehmen entlang dieser beiden Dimensionen eine besonders starke Veränderung eingetreten ist; es werden nämlich zunehmend weibliche und Mitarbeiter aus anderen Kulturkreisen beschäftigt. Ferner handelt es sich bei diesen Dimensionen um Aspekte, an denen sich die strukturelle Vielfalt innerhalb der Mitarbeiterschaft empirisch gut festmachen lässt (Hansen [Management] 1113).

Arten von Vielfalt

10.7.3 Vorteile von Diversität sowie von Diversity Management in Unternehmen

Basisannahme

Der Boom an Diversity-Management-Literatur ist letztlich in der empirisch noch nicht abschließend bestätigten These begründet, dass allgemein eine heterogen zusammengesetzte Mitarbeiterschaft eine höhere Gesamtleistung erbringt als eine homogene. Es wird also vermutet, dass Mitarbeiter, „die den gleichen Stallgeruch haben", weniger Leistung bringen als solche, die bunt gemischt sind (Leitl [Management] 21) und dass sich der Nutzen dieser Heterogenität durch gezielte Managementeingriffe noch weiter steigern lässt. Dieser Gesamtnutzen von Diversität und Diversity Management konstituiert sich aus einer Reihe von Einzelvorteilen (Köhler-Braun [Diversity] 189; Hansen [Management] 1114; Aretz/Hansen [Management] 31 ff.; Leitl [Management] 21; o. V. [Management] 49; Sepehri [Wahrnehmung] 27; Wagner/Voigt [Diversity] 114; Jans [Diversität] 53 ff.):

Vorteilsarten

- *Verbessertes Ansehen in der Öffentlichkeit.* Unternehmen, die für ihre fürsorgliche Haltung gegenüber einzelnen Mitarbeitergruppen und Minderheiten bekannt sind, genießen eine besonders hohe Reputation.
- *Wettbewerbsvorteile beim Personalmarketing.* Unternehmen, die individuelle Fähigkeiten und Eigenschaften schätzen und fördern, sind für Arbeitnehmer besonders attraktiv. Dieser Vorteil ist in stark wachsenden und hoch technologisierten Branchen von besonders großer Bedeutung, weil dort ein intensiver Wettbewerb um qualifizierte Arbeitnehmer besteht.
- *Steigerung von Kreativität und Innovativität.* Durch ein gezieltes Diversity Management werden neue Fähigkeitspotenziale erschlossen. Die Perspektivenvielfalt nimmt zu und dies fördert die Kreativität im Unternehmen. Arbeiten Menschen mit unterschiedlichen Eigenschaften, Erfahrungen und Verhaltensweisen zusammen, dann sind die entwickelten Handlungsprogramme in aller Regel vielfältiger und ideenreicher.
- *Erhöhung der Problemlösungsqualität.* Unterschiedliche Perspektiven, eine kritischere Analyse und eine größere Heterogenität in der Entscheidungsfindung führen zu besseren und besser abgesicherten Problemlösungen.
- *Verbesserte Motivation der Mitarbeiter.* Heterogene Belegschaftsstrukturen bieten dem einzelnen Mitarbeiter viel „Erkundungspotenzial" und sie sind daher intellektuell reizvoller als homogene. Die Erlebniswelt im Unternehmen ist reichhaltiger. Wenn die unterschiedlichen Mitarbeiter durch ein gezieltes Diversity Management besser in das Unternehmen integriert sind, dann steigt insbesondere bei diesen Minderheiten die Motivation und Zufriedenheit.
- *Vermeidung von Diskriminierung.* Ein gezieltes Diversity Management hilft, eine ungerechtfertigte, nicht an Leistungsmerkmalen festmachende Benachteiligung von Unternehmensangehörigen aufzudecken und zu unterbinden.
- *Vermeidung von Konflikten im Unternehmen.* Maßnahmen des Diversity Managements sorgen dafür, dass destruktiv wirkende persönliche Konflikte an der Wurzel angepackt und somit bereits im Vorfeld gelöst werden. Dies reduziert Reibungsverluste und wirkt letztlich kostensenkend.
- *Erhöhung der allgemeinen Systemflexibilität.* Personell heterogene Unternehmen sind flexibler in ihren Regelungen und ihrem Verhalten. Sie

können daher auf Umweltveränderungen schneller reagieren als homogen bestückte Unternehmen.

- *Wettbewerbsvorteile im Rahmen des Absatzmarketing.* Die Kunden sind heutzutage vielseitiger, selbstbewusster und kritischer als früher. Werden ihre spezifischen Bedürfnisse ignoriert, dann bestehen kaum hohe Chancen auf einen nachhaltigen Erfolg am Markt. Unternehmen sind also gut beraten, wenn sie ihre Marktleistungen auf die einzelnen Kundengruppen zuschneiden.

Es wird ersichtlich, dass ein gezieltes Diversity Management sowohl aus gesellschaftlich-sozialen als auch aus ökonomischen Gründen sinnvoll ist (Köhler-Braun [Diversity] 188). In empirischen Untersuchungen (Ivanova/ Hauke [Diversity] 13) ist geprüft worden, welch relative Bedeutung diese Vorteilsdimensionen bei Unternehmen und ihren Verantwortlichen besitzen. Danach stehen das Personalmarketing-, Antidiskriminierungs- und Kreativitätsargument im Vordergrund.

Es ist zu beachten, dass diese Vorteile des Diversity Managements in aller Regel nicht sofort und umfassend wirksam werden. So scheinen sich zunächst häufig Konflikte zu mehren. Nach einiger Zeit legen sich dann jedoch die Auseinandersetzungen und der Mehrwert der Vielfalt beginnt sich auszuwirken (Köhler-Braun [Diversity] 188).

10.7.4 Gegenstandsbereich und Grundprobleme des Diversity Managements

Gegenstandsbereich des Diversity Managements

Aus Sicht dieser Vorteile personeller Heterogenität lässt sich der Gegenstandsbereich des Diversity Managements bestimmen (Süß [Einführung] 170 f.). Sein Inhalt besteht in der zielgerichteten Handhabung von Diversität im Kreise der Personen innerhalb und außerhalb von Unternehmen. Es geht darum, Maßnahmen zu entwickeln und einzusetzen, die darauf abstellen, die Unterschiedlichkeit der Personen innerhalb sowie im externen Kontext von Unternehmen zielgerichtet zur Geltung zu bringen. Es sollen also die Eigenheiten von Individuen und Gruppen als strategische Ressource genutzt werden (o. V. [Management] 48). Diese Sichtweise korrespondiert mit der weithin verwendeten Definition von Cox ([Diversity] 11), wonach „managing diversity is planning and implementing organizational systems and practices to manage people so that the potential advantages of diversity are maximized while the potential disadvantages are minimized". Aretz und Hansen ([Management] 9) sehen im Diversity Management ein strategisches Element der Unternehmensführung, das nicht nur die Installation eines Handlungsprogramms, sondern die Entwicklung einer neuen Grundhaltung bzw. eines neuen Verständnisses dahingehend beinhalten muss, wie Unternehmen funktionieren können.

Die Einführung eines Diversity-Management-Konzepts in Unternehmen stellt insofern keine Trivialität dar, als Menschen bei ansteigender personeller Diversität zunächst keine Notwendigkeit sehen, Diversity Management zu betreiben. Sepehri ([Wahrnehmung] 17 und 30 f.) spricht in diesem Zusammenhang von einer „gekrümmten Verständnis- und Erfahrungskurve". Vielfach existiert also kein Bewusstsein für die aus der vorhandenen Diversität resultierenden Probleme und Diversity Management wird dementsprechend nicht praktiziert. Weiterhin behindern die bei Menschen generell vorhandenen Ängste gegenüber Neuerungen (vgl. Abschn. 10.4.4) eine zügige Einrichtung eines Diversity Managements. Nachteilig wirkt auch der empirisch vielfach festgestellte Tatbestand, dass die Kosten des Diversity Managements sofort anfallen, wohingegen dessen Nutzen erst zeitlich verzögert und an verschiedenen Orten des Unternehmens eintritt. Ungünstig erscheint es schließlich, wenn Diversity Management ausschließlich auf der Basis eines kurzfristigen ökonomischen Kalküls und nicht aus moralischer Überzeugung betrieben wird.

10.7.5 Konzeptionelle Ansätze zum Verständnis von und Umgang mit Diversität

Da Diversity Management nicht nur ein Programm operativer Maßnahmen sein darf, sondern vielmehr auch in der Entwicklung einer neuen Grundhaltung bzw. eines neuen Verständnisses bestehen muss, ist es erforderlich, übergeordnete konzeptionelle Ansätze zum Verständnis von Diversität zu diskutieren. Unter diesen ragt derjenige von Thomas und Ely ([Differences] 80 ff.) heraus, in dem zwischen drei Perspektiven differenziert wird (vgl. hierzu auch Aretz/Hansen [Management] 16 ff.).

Identifikation und Beseititung von Diskriminierungspotenzial

- *Der Discrimination-and-Fairness-Ansatz.* Bei der Verfolgung dieses Ansatzes werden Problemfelder für mögliche Diskriminierungen identifiziert, spezifiziert und sowohl präventiv als auch kurativ einer Konfliktbewältigung unterzogen. Das Diversity Management erfolgt hier in erster Linie als Reflex auf rechtliche Rahmenbedingungen und gesellschaftliche Forderungen. Mit dem Diversity Management soll eine „Affirmative Action" bzw. „Political Correctness" erreicht werden. Die Leitidee des Diversity Managements besteht in einem Streben nach sozialer Gleichheit. Es geht darum, eine Äquivalenz der Handlungsbedingungen der Unternehmensangehörigen herzustellen. Eine wirkliche Integration von Unternehmensangehörigen mit unterschiedlichen Handlungsbedingungen erfolgt nicht. Nachteilig ist weiterhin der reaktive Charakter dieses Ansatzes, der in vielerlei Hinsicht dem Konflikt-Management gleicht, wie er in Abschn. 1.4.2 dargelegt worden ist.

Anpassung von unternehmensinterner an die -externe Demographie

- *Der Access-and-Legitimacy-Ansatz.* Hier wird Diversity Management betrieben, um die Kernkompetenzen des Unternehmens zu erweitern und dessen Marktanteile zu steigern. Das Ziel des Diversity Managements besteht darin, die unternehmensinterne Demographie weitgehend an die im marktlichen Umfeld bestehende Demographie anzupassen. Es wird angenommen, dass bei einem hohen Maß an Übereinstimmung zwischen interner und marktlicher Demographie ein größtmöglicher Unternehmenserfolg auftritt und dass die Unternehmensangehörigen dann auf der Basis dieses Fits marktkonforme Ideen entwickeln werden. Allerdings lädt dieser Ansatz zu Stereotypbildungen ein und bewirkt eine kulturelle Segmentierung des Unternehmens.

Realisierung von Multikulturalität und Akkulturation

- *Der Learning-and-Effectiveness-Ansatz.* Die Ausrichtung des Unternehmens an diesem Ansatz führt dazu, dass Diversity Management als ganzheitliches organisationales Lernen betrieben wird. Das Unternehmen strebt nach wirklicher Multikulturalität und Akkulturation. Es wird ein Kontext hergestellt, bei dem alle Unternehmensangehörigen ihre individuelle Persönlichkeit mit ihren sozialen und kulturellen Bezügen in das Unternehmen einbringen können. Pluralität herrscht vor. Es soll erreicht werden, dass alle Mitarbeiter ihre Eigenart und Eigenständigkeit nicht einer homogenisierenden Vergemeinschaftung unterwerfen. Die Diversity-Management-Bemühungen sollen ein Klima schaffen, bei dem neue Sicht- und Vorgehensweisen wertgeschätzt werden und die Fähigkeit und Bereitschaft zum Perspektivenwechsel entstehen. Dieser Ansatz ist konzeptionell am anspruchsvollsten und erfordert von den Unternehmen besondere Anstrengungen.

Es ist zu vermuten, dass der dritte Ansatz ein höheres Maß an Erfolg stiftet als die beiden erstgenannten. Sepehri ([Wahrnehmung] 21 f.) geht davon aus, dass sich die Mehrzahl der Unternehmen vom Discrimination-and-Fairness-Ansatz über den Access-and-Legitimacy-Ansatz hin zum Learning-and-Effectiveness-Ansatz weiterentwickeln werden.

10.7.6 Maßnahmen zur zielführenden Handhabung von Diversität im Unternehmen

Oben wurde gezeigt, dass eine proaktive Handhabung der in Unternehmen bestehenden Diversitität einen größeren nachhaltigen Erfolg verspricht als eine reaktive Handhabung. Wenn Unternehmen also im Bereich des Diversity Managements früher handeln als ihre Wettbewerber, werden ihre Mitarbeiter zufriedener sein und es wird sich aus dem Diversity Management ein nachhaltiger Wettbewerbsvorteil ergeben (Hauke/Ivanova [Diversity-Management] 39). Folgende Maßnahmenbereiche sollten im Rahmen des Diversity Managements gestaltet werden.

Einzelmaßnahmen des Diversity Managements

- *Diversitätsorientierte Personalauswahl und -eingliederung.* Ein erfolgreiches Diversity Management fängt bereits bei der Personalauswahl an. Unternehmen sollten die auf dem Arbeitsmarkt befindlichen Personen regelmäßig über ihre Offenheit im Hinblick auf Minderheiten informieren und in bewusster Weise Bewerber mit unterschiedlichen Eigenschaften und Verhaltensweisen in den Personalauswahlprozess einbeziehen. Weiterhin sollten im Personalauswahlprozess Personen bevorzugt werden, die ein hohes Maß an Toleranz gegenüber Menschen mit anderen Merkmalsausprägungen aufweisen. In der Phase der Personaleingliederung sollten die neu in das Unternehmen eingetretenen Mitarbeiter behutsam mit der Unternehmenskultur vertraut gemacht werden (Köhler-Braun [Diversity] 191; Wah [Diversity] 26).

- *Diversitätsorientierte Personalentwicklung.* Mit Maßnahmen einer diversitätsorientierten Personalentwicklung sollen im Unternehmen eine Sensibilisierung (Awareness) für das Thema Diversity erreicht und die hierzu erforderlichen Fähigkeiten (Skill-Building) vermittelt werden. Die Einstellungen und das Verhalten der Unternehmensangehörigen gegenüber Kollegen, die in irgendeiner Form anders sind, sollen derartig beeinflusst werden, dass diese Andersartigkeit aktiv genutzt wird (Köhler-Braun [Diversity] 189). Dabei sollte sich die diversitätsorientierte Personalentwicklung nicht nur auf die neu in das Unternehmen eingetretenen Mitarbeiter, sondern auch auf die dort bereits beschäftigten Personen und insbesondere die Führungskräfte beziehen (Ford [Diversity] 16 f.). Letztere werden nämlich als erste Ansprechpartner mit der Thematik konfrontiert und benötigen eine erhöhte Kommunikations- und Konfliktlösungskompetenz zur Führung heterogener Belegschaften. Das Spektrum der zu Personalentwicklungszwecken einsetzbaren Methoden reicht von Seminaren, Workshops und Training (Engels [Vielfalt] 7) bis hin zu Mentoring-Programmen, wie sie beispielsweise bei der Deutschen Bank genutzt werden (Klähn [Aufschreiben] 64). Günstig wirkt sich ebenfalls aus, wenn die Karriereplanung im Unternehmen so weit wie möglich objektiviert wird.

- *Organisatorische Maßnahmen.* Damit Diversität erfolgreich in die praktische Geschäftstätigkeit integriert und selbstverständlicher Teil der Unternehmenskultur werden kann, sollte die Diversity-Management-Funktion in Unternehmen organisatorisch verankert werden (Köhler-Braun [Diversity] 192). Zielführend ist etwa die Einrichtung von Organisationseinheiten in der Form von Diversity Managers oder Diversity

Councils, die sich z. B. im Hause Ford finden (Ford [Diversity] 6 f.). Möglich ist aber auch die Einrichtung von zielgruppenspezifischen Organen wie dem ebenfalls bei Ford bestehenden so genannten Women Engineering Panels bzw. Women Marketing Panel (Klähn [Aufschreiben] 64). In eine ähnliche Richtung zielen die in manchen Unternehmen bestehenden unternehmensinternen Netzwerke von Frauen oder Homosexuellen. Das Top-Management sollte selbst darüber wachen, dass derartige Stellen und Arbeitsgruppen nicht nur geschaffen werden, sondern auch in regelmäßiger Weise über Meetings ihre Tätigkeit kanalisieren. Um dem Heterogenitätsförderungsanspruch des Diversity Managements zu genügen, sollten die gebildeten Arbeitsgruppen interdisziplinär mit Mitarbeitern unterschiedlicher Hierarchieebenen besetzt sein.

- *Hochrangige Einordnung der Gesamtverantwortung für das Diversity Management.* Diese ist erforderlich, um den vielfaltstolerierenden Bemühungen einen hinreichenden Nachdruck zu verleihen. Organisatorisch anzusiedeln ist die Leitungsfunktion des Diversity Managements bei den Spitzenführungskräften des Personalbereichs. Die Umsetzung der Maßnahmen hat dann über einen gezielten Top-Down-Prozess zu erfolgen (Ivanova/Hauke [Diversity] 14).

- *Gestaltung eines diversitätsorientierten Anreizsystems.* Da Unternehmen ökonomische Institutionen sind, sollten in diversitätsorientierten Anreizsystemen materielle Anreize ihren Platz finden. Zu denken ist etwa an eine Auslobung diversitätsorientierter Preise, wie sie im Hause Ford bestehen (Ford [Diversity] 23). In diesen Gestaltungsbereich fällt auch die Austattung der vorgenannten diversitätsspezifischen Unternehmenseinheiten mit hinreichenden finanziellen Mitteln. Weiterhin ist zu prüfen, inwieweit Aktionen von im Unternehmen bestehenden Minderheiten materiell unterstützt werden können. So fördert etwa die VW-Bank an ihrem Unternehmenssitz Braunschweig den Christopher Street Day (Engels [Vielfalt] 7).

- *Anwendung spezieller Diagnose- und Gestaltungsinstrumente.* In den vergangenen Jahren sind zahlreiche diversitätsfördernde Instrumente vorgeschlagen worden. Zu nennen sind z. B. die Diversity Balanced Scorecard (Kaiser [Diversity-Strategie] 20 ff.) oder das Mobil-Zeit-Konzept (Klähn [Aufschreiben] 64). Letztendlich handelt es sich um Elemente (flexible Arbeitszeiten, Telearbeit, Kinderbetreuung etc.) so genannter Work-Life-Balance-Programme, mit denen eine bessere Vereinbarkeit von Beruf und Privatleben möglich werden soll. Ergänzt werden diese Instrumente durch Verfahren, welche die Ermittlung des Diversitätsgrads von Unternehmen ermöglichen (Wah [Diversity] 27 f.).

- *Schaffung rechtlicher Rahmenbedingungen.* Im Schrifttum wird wiederholt darauf hingewiesen, dass es günstig ist, wenn das Diversity Management durch rechtliche Normen wie z. B. Betriebsvereinbarungen abgesichert wird (Klähn [Aufschreiben] 64), die ein partnerschaftliches Verhalten am Arbeitsplatz garantieren.

- *Förderung einer diversitätsfreudigen Unternehmenskultur.* Integriert werden muss das erläuterte Maßnahmenbündel durch eine Unternehmenskultur, die jeden Unternehmensangehörigen in seiner Individualität respektiert. Das Ziel einer derartigen Kultur muss in einer „Inklusion" aller Unternehmensangehörigen bestehen. Es geht nicht um ein übermäßiges Betonen von Besonderheiten, sondern um das Streben nach einem gleichwertigen Miteinander (Rühl [Diversity] 1 f.). Eine derartige partnerschaftliche Kultur sollte idealerweise in den Unternehmensgrundsätzen (vgl. Abschn. 4.6) verankert werden. Wagner und Voigt ([Diversity] 114) spezifizieren Merkmale diversitätsfreundlicher Unternehmenskulturen.

10.7.7 Gefahren des Diversity Managements

Kritische Würdigung

Das Diversity Management ist ein reizvolles Konzept. Gleichwohl dürfen seine Nachteile und Gefahren nicht ignoriert werden. Ungünstig erscheint es insbesondere, wenn sich die für das Diversity Management verantwortlichen Personen konzeptionell verzetteln. So könnte beispielsweise kritisch hinterfragt werden, ob es wirklich Sinn macht, wenn sich Unternehmen wie die Ford AG für vergleichweise kleine Sondergruppen wie dem Bund Lesbisch-Schwuler JournalistInnen e. V. oder dem Völklinger Zirkel (Bundesverband Gay Manager) engagieren (Ford [Diversity] 9). Auch kann man sich des Eindrucks nicht erwehren, dass Autoren, die über Diversity Management schreiben, diesem Konzept eine Überfülle an Einzelmaßnahmen zuordnen, die konzeptionell allenfalls recht locker mit dem Diversity Management verbunden sind. Dem Diversity Management zugeordnet werden beispielsweise Sprachtraining, Modelle eines gleitenden Übergangs in den Ruhestand oder die Variantenbildung in der Neuproduktentwicklung. Bisweilen drängt sich der Eindruck auf, dass fast sämtliche Formen einer Individualbehandlung von Menschen als Diversity Management bezeichnet werden. Es ist also noch nicht hinreichend geklärt, welche Facetten menschlicher Unterschiedlichkeit im Rahmen des Diversity Managements berücksichtigt werden sollten. Dies bedeutet, dass dem Diversity Management ein hinreichender inhaltlicher Fokus fehlt. Angesichts des gleichzeitigen Vorliegens erheblicher Vor- und Nachteile stellt sich für Unternehmen somit das Problem, wie ein optimales Maß an Diversity bzw. Diversity Management festgestellt und herbeigeführt werden kann (Hansen [Management] 1113).

Kontrollfragen und Aufgaben zu Kapitel 10

1. Warum ist neben der Auseinandersetzung mit Funktionen der Unternehmensführung auch eine Beschäftigung mit Gestaltungskonzepten der Unternehmensführung erforderlich?

2. Erläutern Sie die Bedeutung von KonTraG, TransPuG und Basel II hinsichtlich des Risk Managements von Unternehmen.

3. Erklären Sie den in der Entscheidungstheorie vorherrschenden Risikobegriff. Was versteht man unter einem ursachen- bzw. wirkungsbezogenen Risikobegriff?

4. Inwiefern weicht der den Risk-Management-Konzeptionen zugrunde liegende Risikobegriff von dem herkömmlichen Risikoverständnis ab?

5. Zeigen Sie anhand von Beispielfällen Unterschiede zwischen Einzel- und Gesamtrisiko auf.

6. Was sind reine und spekulative Risiken? Welche Risikoarten werden von modernen Risk-Management-Konzeptionen abgedeckt?

7. Erläutern Sie den Ablauf des Risk-Management-Prozesses anhand von Praxisbeispielen.

8. Welcher prinzipielle Unterschied besteht zwischen Schadenverhütung und Schadenüberwindung?

9. Was sind Captives? Für welche Unternehmen kommen sie in Frage?

10. Wann empfiehlt sich ein „risikopolitisches" Unterlassen?

11. Durch welche Merkmale wird die Risikohaltung von Entscheidungsträgern beeinflusst?

12. Beurteilen Sie die in der Unternehmenspraxis dominierenden Formen der Risk-Management-Organisation.

13. Durch welche Merkmale sind Krisensituationen gekennzeichnet? Prüfen Sie, ob auch die Ihnen aus dem gesellschaftlichen oder privaten Bereich bekannten Krisen diesen Merkmalen entsprechen.

14. Für welche Situationen wird der Krisenbegriff in der Betriebswirtschaftslehre angewandt?

15. Durch welche Ursachen können Unternehmenskrisen ausgelöst werden? Fassen Sie die Befunde der empirischen Krisenursachenforschung zusammen.

16. Erläutern Sie die Reichweite eines umfassenden Verständnisses von Krisenmanagement.

17. Vergleichen Sie die Konzeptionen des strategischen, des Risk Managements und des Krisenmanagements bezüglich inhaltlicher Überschneidungen.

18. Welche Phasen von Unternehmenskrisen sind zu unterscheiden? Welche Formen des Krisenmanagements sind jeweils zweckmäßig?

19. Durch welche Einflussfaktoren wird nach gängigen Standardmodellen die Wahrnehmung von Unternehmenskrisen bestimmt?

20. Welche Unterschiede bestehen zwischen repulsivem und liquidativem Krisenmanagement? Welche Maßnahmen sind diesen Formen des Krisenmanagements zuzuordnen?

21. Wann ist ein Unternehmen nach betriebswirtschaftlichem Verständnis insolvent?

22. Vergleichen Sie strategisches, operatives, liquiditätssicherndes und Insolvenz-Krisenmanagement hinsichtlich ihrer Methodik und spezifischer Anwendungsprobleme.

23. Welche Formen des strategischen Krisenmanagements sind zu empfehlen?

24. Erläutern Sie die Begriffe „Mergers" und „Acquisitions".

25. Zeigen Sie anhand von aktuellen Beispielen die faktische Bedeutung des M&A-Managements auf.

26. Welche Formen von M&A lassen sich unterscheiden?

27. Anhand welches Kriteriums werden freundliche und feindliche M&A unterschieden?

28. Erläutern Sie den Wirkungsmechanismus des Leverage-Effekts.

29. In welchen Fällen ist ein „Tender Offer" als zweckmäßig anzusehen?

30. Erläutern und beurteilen Sie die gängigen theoretischen Ansätze zu M&A.

31. Welche Verfahren können zur Bestimmung des Wertes von Übernahmekandidaten eingesetzt werden? Beurteilen Sie den Anwendungsnutzen der Verfahren.

32. Beurteilen Sie die Vor- und Nachteile gängiger Formen zur Finanzierung von M&A. Was versteht man unter „Mezzanine Financing"?

33. Welche Strukturkonzepte stehen anlässlich einer Reorganisation nach einem M oder A zur Verfügung und welche Anwendungsschwerpunkte ergeben sich dabei?

34. Zeigen Sie typische personelle Integrationsprobleme bei M&A auf. Durch welche Maßnahmen kann die personelle Integration erleichtert werden?

35. Welche Formen der Unternehmenskulturabstimmung stehen bei M&A zur Verfügung? Zeigen Sie Einflussfaktoren auf, die die Wahl geeigneter Abstimmungsformen determinieren.

36. Ordnen, erläutern und beurteilen Sie gängige Strategien zur Abwehr feindlicher Übernahmeversuche.

37. Worin unterscheiden sich Innovationen von Inventionen? Ziehen Sie zur Abgrenzung die Merkmale des Innovationsbegriffs heran.

38. Welche Innovationsarten lassen sich unterscheiden?

39. Zeigen Sie den Erklärungsgegenstand der Innovationstheorien von Schumpeter, Abernathy/Utterback, Hayes/Wheelwright sowie der Push-Pull-Theorie auf und beurteilen Sie den Aussagewert dieser Theorien.

40. Zeigen Sie den Gestaltungsbereich des Innovationsmanagements auf und vergleichen Sie diesen mit demjenigen des Technologiemanagements und des F&E-Managements.

41. Warum ist ein gezieltes Innovationsmanagement erforderlich?

42. Welche innovationsstrategischen Optionen stehen prinzipiell zur Verfügung?

43. Zeigen Sie typische Gestaltungsbereiche des Innovationsmanagements auf und erläutern Sie die jeweiligen Handlungsempfehlungen.

44. Was versteht man unter Venture Management? Erläutern Sie Entwicklungstrends, die zum Bedeutungsgewinn des Venture Managements beigetragen haben.

45. Zeigen Sie die spezifischen Vorteile gereifter und junger Unternehmen auf.

46. Welche Formen sind den prinzipiellen Gestaltungsoptionen des Venture Managements zuzuordnen?

47. Was ist ein Spin-Off und welcher auch in anderen Bereichen der Unternehmensführung angestrebte Effekt wird bei Spin-Offs erhofft?

48. Welche Faktoren können zum Scheitern von Venture-Management-Aktivitäten beitragen? Erläutern Sie generelle Gestaltungsgrundsätze, die zum Gelingen des Venture Managements beitragen können.

49. Was versteht man unter einem Six-Sigma-Programm?

50. Erläutern Sie unter Rückgriff auf verschiedene Begriffsverständnisse das Konzept „Qualität". Vergleichen Sie anhand der unterschiedlichen Begriffe die Qualität eines „Lada Niva" mit derjenigen eines „Toyota Land Cruiser".

51. Zeigen Sie die Bedeutung von „Qualität" bei alternativen Wettbewerbsstrategien auf.

52. Erläutern Sie anhand eines Entwicklungsstufenkonzepts den Aufgabenschwerpunkt des Qualitätsmanagements. Charakterisieren Sie den Gestaltungsbereich des Total Quality Managements.

53. Beurteilen Sie den Anwendungsnutzen von Instrumenten und Methoden des Qualitätsmanagements.

54. Welche organisatorische Verankerung des Qualitätsmanagements würden Sie der Robert Bosch GmbH empfehlen? Begründen Sie Ihre Aussage.

55. Erläutern Sie anhand von Fallbeispielen die hohe faktische Relevanz ökologieorientierten Managements.

56. Welche Typen unternehmerischer Umweltpolitik sind zu unterscheiden?

57. Zeigen Sie den Stellenwert des Umweltschutzes in der traditionellen und in der modernen Betriebswirtschaftslehre auf.

58. Was ist unter proaktivem Umweltschutzmanagement zu verstehen?

59. Zeigen Sie anhand des Modells der Wert-(schöpfungs-)kette die funktionsbereichsübergreifende Bedeutung des ökologieorientierten Managements auf.

60. In welcher Weise sollte die Unternehmenskultur transformiert werden, um das ökologieorientierte Management zu unterstützen?

61. Welche spezifischen Probleme treten bei der Erfassung, Verarbeitung und Auswertung ökologiebezogener Informationen auf?

62. In welcher Weise können ökologische Aspekte bei der Festlegung von Unternehmenszielen und -strategien berücksichtigt werden?

63. In welcher Form kann die Funktion „Umweltschutz" in der Unternehmensorganisation verankert werden? Welcher Gestaltungsform ist der Vorzug zu geben?

64. Warum hat das Diversity Management in den vergangenen Jahren stark an Bedeutung gewonnen?

65. Was versteht man unter Diversität und entlang welcher Beschreibungsdimensionen kann sie bestehen?

66. Diskutieren Sie die Vorteile von Diversität.

67. Erläutern Sie den Gegenstandsbereich des Diversity Managements.

68. Diskutieren Sie unterschiedliche konzeptionelle Ansätze zum Verständnis von Diversität.

69. Welche Maßnahmen bieten sich zur zielführenden Handhabung von Diversität an?

70. Durch welche Gefahren ist das Diversity Management geprägt?

Literaturhinweise zu Kapitel 10

FRENKEL, M., HOMMEL, U., RUDOLF, M. (Hrsg.), Risk *Management* – Challenge and Opportunity, 2. Aufl., Berlin – Heidelberg – New York 2005.

GERDTS, J., SCHEWE, G., Post Merger *Integration*, 2. Aufl., Berlin – Heidelberg 2005.

HAUSCHILDT, J., *Unternehmenskrisen* – Herausforderungen an die Bilanzanalyse, in: Hauschildt, J., Leker, J. (Hrsg.), Krisendiagnose durch Bilanzanalyse, 2. Aufl., Köln 2000, S. 1-17.

HAUSCHILDT, J., SALOMO, S., *Innovationsmanagement*, 4. Aufl., München 2007.

HOFFJAN, A., ELTZE, C., *Beteiligungscontrolling* im Merger & Acquisition-Prozess, in: Zeitschrift für Planung, 9. Jg., Heft 2, 1998, S. 145–160.

HUTZSCHENREUTER, T., GRIESS-NEGA, T. (Hrsg.), *Krisenmanagement* – Grundlagen, Strategien, Instrumente, Wiesbaden 2006.

KRYSTEK, U., MOLDENHAUER, R., *Handbuch* Krisen- und Restrukturierungsmanagement – Generelle Konzepte, Spezialprobleme, Praxisberichte, Stuttgart 2007.

SÜß, S., Die *Einführung* von Diversity Management in deutschen Organisationen – Diskussionsbeiträge zu drei offenen Fragen, in: Zeitschrift für Personalforschung, 21. Jg., Heft 2, 2007, S. 170-175.

TÖPFER, A., MEHDORN, H., Prozess- und wertorientiertes *Qualitätsmanagement* – Wertsteigerung durch Total Quality Management im Unternehmen, 5. Auflage, Berlin et al. 2008.

11 Techniken der Unternehmensführung

Betriebswirtschaftliche Techniken als Heuristiken

Techniken sind *Hilfsmittel menschlichen Handelns* und damit Kunstfertigkeiten, mit denen die Erreichung des Handlungsziels erleichtert oder vereinfacht werden soll. Die Ausgestaltung der Techniken hängt sehr stark vom jeweiligen Bereich ab, für den sie entwickelt wurden. Verdeutlichen lässt sich die Spezifität von Techniken anhand eines Vergleichs ingenieurwissenschaftlicher und betriebswirtschaftlicher Techniken, wobei Erstere mehrheitlich ein hohes Maß an Determiniertheit aufweisen und als Algorithmen zu bezeichnen sind, während Letzteren ein eher heuristischer, die generelle Handlungsrichtung aufzeigender Charakter zu Eigen ist. Aus der Fülle der vorgeschlagenen Techniken der Unternehmensführung werden nachfolgend diejenigen dargestellt, bei denen ein praktisches Problemlösungspotenzial durch eine gewisse Verbreitung in der Praxis bereits nachgewiesen werden konnte.

11.1 Kostenmanagementtechniken

Praxisbeispiel:

ForMotion-(Plus-)Programm der Volkswagen AG

Das ForMotion-(Plus-)Programm der Volkswagen AG, die 2007 mit ca. 330.000 Mitarbeitern einen Umsatz von 109 Milliarden Euro erzielte, soll helfen, den Ertrag des Unternehmens insbesondere auf dem Wege von Kostensenkungen zu steigern. Mit dem Programm sollen aber nicht nur unternehmensweit die Kostenstrukturen bei Prozessen und Produkten nachhaltig verbessert, sondern auch die Marktchancen systematischer ausgeschöpft werden.

Das Programm wurde im März 2004 vom damaligen Vorstandsvorsitzenden Bernd Pischetsrieder nach einer zweijährigen Vorbereitungszeit ins Leben gerufen. Im Jahre 2006 wurde das ForMotion-Programm in das Nachfolgeprogramm ForMotion-Plus überführt. Das ForMotion-(Plus-)Programm umfasst sieben Analysefelder bzw. Themenkreise, in denen sämtliche Aktivitäten und Vorhaben einer systematischen Prüfung unterzogen werden.

Themenkreis 1: Produktkosten. *Das übergeordnete Ziel dieses Themenkreises besteht darin, die Produktkosten zu senken, ohne dass hierdurch die Vielfalt des Leistungsangebots und die hohen Qualitätsstandards gefährdet werden. Für das erste Jahr des ForMotion-Programms wurde das Einsparpotenzial dieses Themenkreises auf 1 Milliarde Euro veranschlagt.*

Themenkreis 2: Einmalaufwand. *Es sollen Investitionen sowie Entwicklungs- und Anlaufkosten reduziert und die Plattformstrategie zur Modulstrategie weiterentwickelt werden. Es wird ein Einsparpotenzial von 1,5 Milliarden Euro angestrebt.*

Themenkreis 3: Gemeinkosten/Prozessoptimierung. *Erhofft werden Gemeinkosteneinsparungen und eine wirtschaftlichkeitsfördernde Modifikation von Strukturen und Prozessen. Das Einsparpotenzial dieses Themenkreises beläuft sich auf 900 Millionen Euro.*

Themenkreis 4: Leistungssteigerung Vertrieb. *Es wird eine Steigerung der Vertriebsleistung angestrebt, indem das Vermiet- und Großkundengeschäft intensiviert, neue Märkte schneller erschlossen und der Kundendienst neu aufgestellt werden. In diesem Themenkreis sollen 400 Millionen Euro eingespart werden.*

Themenkreis 5: Nutzfahrzeuge. *Das Bemühen geht dahin, im Nutzfahrzeuggeschäft eine nachhaltige Wertgenerierung sicherzustellen. Angestrebt wird ein Einsparpotenzial von 200 Millionen Euro.*

Themenkreis 6: Financial Services. *Das Geschäftsfeld Finanzdienstleistungen soll auf dem Wege einer Ausdehnung der Neu- und Gebrauchtwagenfinanzierung ausgebaut und es soll das Vermiet- und Flottengeschäft mit Europcar vernetzt werden. Das Einsparpotenzial beläuft sich auf 150 Millionen Euro.*

Themenkreis 7: Vertrieb Auslandstöchter. *Im Mittelpunkt steht die nachhaltige Steigerung der Ergebnisse der Auslandstöchter auf dem Wege einer Reduzierung der Strukturkosten. Es wird ein Einsparpotenzial von 150 Millionen erwartet.*

Jeder Themenkreis wird von einem Vorstandsmitglied als Promotor begleitet, dem wiederum ein funktionsübergreifendes Projektteam zur operativen Umsetzung zugeordnet ist. Insgesamt wirken mehrere tausend Mitarbeiter direkt in den ForMotion-Projektteams mit. Die verantwortlichen Vorstandsmitglieder treffen sich mit ihren Prozessbeteiligten im monatlichen Rhythmus in Wolfsburg. Die hohe Sitzungsfrequenz soll dazu beitragen, dass Erfahrungen und Ergebnisse zügig ausgetauscht und konzernweit kommuniziert werden. Mittels Videokonferenz-Technik nehmen auch Mitarbeiter aus den weltweiten Standorten an diesen Arbeitstreffen teil. Die Gesamtverantwortung für die Erzielung der Einsparziele liegt bei den

Vorstandsmitgliedern. Die Richtlinien des ForMotion-(Plus-)Programms sehen vor, dass kein Teil des Unternehmens von dem Programm ausgenommen werden darf.

Da bei der Volkswagen AG wie auch bei anderen Automobilherstellern die Personalkosten seit jeher einen großen Anteil an den Gesamtkosten ausmachen, bilden Maßnahmen der Personalkostensenkung ein wichtiges Element im ForMotion-(Plus-) Programm. Bereits Ende des Jahres 2003 wurden mit Beschäftigten Vorverträge zum Personalabbau geschlossen. Obwohl sich Volkswagen in dem im Jahr 2004 geschlossenen Beschäftigungssicherungspakt verpflichtet hat, bis Ende 2010 auf betriebsbedingte Kündigungen zu verzichten, wurden zulässige Vereinbarungen wie Altersteilzeit, Abfindungen, Ruhestandsregelungen und Aufhebungsverträge geschlossen. So wurde bis November 2005 mit 6.300 Mitarbeitern vereinbart, dass diese in den Nachfolgejahren durch Altersteilzeit aus dem Unternehmen ausscheiden. Weitere Beschäftigte wurden in den Folgejahren mit dem gleichen Verhandlungsziel angesprochen.

Die Drohung des ehemaligen VW-Markenvorstands Wolfgang Bernhard, neue Modellreihen im Ausland zu produzieren, hat dazu geführt, dass die Betriebsräte der Standorte signifikanten Maßnahmen zur Personalkostensenkung zugestimmt haben. So wurden z. B. im Emdener Werk Einsparungen in Höhe von 80 Millionen Euro akzeptiert. Die Mitarbeiter verzichten auf einige Kurzpausen und erbringen ihre Wochenarbeitszeit von 28,8 Stunden ohne Lohnausgleich an fünf anstatt vier Tagen. Kommende Ausbildungsjahrgänge wurden aus dem Haustarifvertrag herausgelöst und bei der konzerneigenen Dienstleistungsgesellschaft Autovision eingegliedert. Am Stammsitz in Wolfsburg wurde ein neues, seit Januar 2006 gültiges Schichtmodell vereinbart. Auch hier wird an Pausen und Zuschlägen gespart. Bezahlte Pausen in der Früh- und Spätschicht sind weggefallen und freiwillige Dauernachtschichten wurden eingeführt. Die Vier-Tage-Woche blieb jedoch erhalten. Durch eine verbesserte Arbeitsorganisation und die geplanten Einschnitte konnten allein in Wolfsburg Einsparungen von 50 Millionen Euro im Jahr erreicht werden.

Ein weiterer Schwerpunkt der Kostensenkungsmaßnahmen bezieht sich auf die Lieferantenbeziehungen. Zunächst wurden sogenannte Lieferantenklausuren durchgeführt. Zu diesen Treffen wurden ausgewählte Lieferanten eingeladen, die mit Experten aus dem Volkswagen-Konzern Maßnahmen zur Kostensenkung erarbeiten. So nahmen am ersten Treffen dieser Art, das am 17. Oktober 2005 stattfand, 38 Schlüssellieferanten teil. Weiterhin wurden bei diesen einwöchigen Veranstaltungen langfristige strategische Partnerschaften mit ausgewählten Lieferanten vereinbart. Die erfolgreichen Lieferanten werden zu sogenannten „Premium-Partnern" erhoben, deren Wünsche bei zukünftigen Projektklausuren verstärkt berücksichtigt werden sollen. Die Schlüssellieferanten bilden mit übergreifenden Expertenteams aus dem Volkswagen-Konzern sogenannte Tandems. Diesen Tandems obliegt die Identifikation und Bewertung von Kostensenkungspotenzialen im jeweiligen Bereich, die dann vom Top-Management erneut evaluiert und gegebenenfalls verab-

schiedet werden. Bereits die ersten Lieferantenklausuren führten zu der Verabschiedung eines Sparpotenzials von insgesamt 60 Milliarden Euro.

Einer fortwährenden systematischen Überprüfung unterzogen wird seither auch die Wirtschaftlichkeit der volkswageneigenen Komponenten-Werke, in denen weit über 25.000 Mitarbeiter beschäftigt sind.

Trotz der geplanten Einschnitte im Zuliefer- und Komponentenbereich soll die Qualität weiter verbessert werden. Hierzu sollen insbesondere die Geschäftsprozesse in der Logistik weiter optimiert und eine noch konsequentere Nutzung von Fahrzeugmodulen erfolgen.

Durch das ForMotion-Programm konnten im Jahr 2004 1,6 Milliarden Euro und im Jahr 2005 sogar 3,5 Milliarden Euro eingespart werden. Die größten Erfolgsbeiträge leisteten dabei die Maßnahmen zur Optimierung der Gemeinkosten und Prozesse mit knapp 30 Prozent sowie die Reduzierung der Produktkosten mit mehr als 26 Prozent und des Einmalaufwands mit 22 Prozent. Die Projekte zur Leistungssteigerung der Vertriebsaktivitäten trugen mit rund 12 Prozent zum ForMotion-Erfolg bei. Im Mittelpunkt des im Jahr 2006 gestarteten ForMotion-Plus-Programms steht die Senkung der Materialkosten um mindestens 6 Milliarden Euro. Hierzu wurden sämtliche Zuliefererbeziehungen einer systematischen Überprüfung unterzogen, ohne dabei jedoch die brutalen Erpressungsmethoden anzuwenden, wie sie ein Jahrzehnt zuvor von José Ignacio López mit dem Ergebnis erheblicher Qualitätsprobleme angewandt worden waren. Überdies sollen auch der Produktions- und der Vertriebsbereich effizienter gestaltet werden. Bis zum Jahr 2010 sollen mit dem ForMotion-Plus-Programm mehr als 10 Milliarden Euro eingespart werden.

Insgesamt bleibt festzuhalten, dass die ForMotion-Programme wesentlich dazu beigetragen haben, dass die Volkswagen AG in den vergangenen Jahren einen großen Teil der marktbedingten Ergebnisverschlechterungen auffangen konnte. Weiterhin ist der Volkswagen-Vorstand davon überzeugt, dass mit den ForMotion-(Plus-) Programmen im Unternehmen ein tiefgreifender Kultur- und Bewusstseinswandel eingeleitet worden ist.

Das ForMotion-Plus-Programm soll zur Realisation eines Vorsteuergewinns von 5,1 Milliarden Euro im Jahr 2008 beitragen. Anfang Mai 2008 zeichnete sich ab, dass Volkswagen in der Tat auf ein neues Rekordjahr zusteuert. Sowohl bei Absatz, Umsatz als auch operativem Gewinn legte das Unternehmen signifikant zu, wobei zu erwarten ist, dass das vorgenannte Gewinnziel sogar noch übertroffen wird.

Quellen

JACOBS, T., *Volkswagen* – Manager und Macher, in: Focus, Ausgabe vom 07.09.2005, http://www.focus.de/finanzen/boerse/volkswagen-manager-und-macher_aid_255637. html, Zugriff am 20.05.2008.

o. V., Nach *ForMotion* – Volkswagen plant Sparprogramm, in: ManagerMagazin, Ausgabe vom 11.05.2005, http://www.manager-magazin.de/unternehmen/artikel/0,2828,355584,00.html, Zugriff am 17.04.2007.

o. V., Volkswagen steuert auf ein neues *Rekordjahr* zu, in: Die Welt, Ausgabe vom 02.05.2008, http://www.welt.de/welt_print/article1957390/Volkswagen_steuert_auf_ein_neues_Rekordjahr_zu.html, Zugriff am 20.05.2008.

Reitz, U., VW will auf die sanfte *Tour* Kosten drücken, in: Die Welt, Ausgabe vom 26.06.2005, http://www.welt.de/print-wams/article129267/VW_will_auf_die_sanfte_Tour_Kosten_druecken.html, Zugriff am 20.05.2008.

Volkswagen AG (Hrsg.), *Pressemitteilung* „Restrukturierungsprogramm für Volkswagen vorbereitet", http://www.volkswagen-media-services.com/medias_publish/ms/pressemitteilungen/2006/02/10/restrukturierungsprogramm.standard.gid-oeffentlichkeit.html, Zugriff am 30.03.2007.

Unter den für die Unternehmensführung verfügbaren Techniken (vgl. Abbildung 11-1) haben nach der in den 1960er Jahren abgeklungenen Euphorie beim Einsatz der so genannten Management-by-Techniken (vgl. Abschn. 8.1.3.1) in den 1970er Jahren aufgrund des erheblichen durch den Wettbewerb auferlegten Kostendrucks die Techniken des Kostenmanagements reges Anwendungsinteresse erfahren. Diese Entwicklung ist auf die starke Zunahme der Belastung in den Gemeinkostenbereichen der Unternehmen zurückzuführen, die eine *methodisch verbesserte Stützung des Gemeinkostenmanagements* erforderlich machte. Hinzu kam, dass mit den dort verfügbaren Standardverfahren des *Zero-Base-Budgeting* und der *Gemeinkosten-Wertanalyse* in der Praxis beachtliche Kostensenkungserfolge erzielt wurden.

11.1.1 Techniken des Gemeinkostenmanagements

Entstehungsgrund

Durch die *Expansion der Verwaltungsbereiche* der Unternehmen ist einerseits der relative Anteil der Gemeinkosten an den Gesamtkosten der Unternehmen stetig angestiegen (Jehle [Gemeinkosten-Management] 61; Wegmann [Gemeinkosten-Management] 2); dies belastet die Unternehmen andererseits aber auch indirekt, da diese Entwicklung aufgrund ihrer Eigendynamik und wegen der Schwerfälligkeit, Starrheit und des Leerlaufs der aufgeblähten Verwaltungsbereiche nicht zu einem höheren Zielbeitrag führt, sondern im Gegenteil die Flexibilität erheblich herabsetzt und letztlich den zur Überlebenssicherung notwendigen Wandel behindert oder verhindert (Huber [Wertanalyse] 3).

Abbildung 11-1 *Techniken der Unternehmensführung*

Planungs- und Kontrolltechniken						Organisationstechniken		Personenbezogene Führungstechniken	Kostenmanagementtechniken
Diagnosetechniken	**Prognosetechniken**	**Techniken der Disposition**	**nicht-optimierende Entscheidungstechniken**	**optimierende Entscheidungstechniken**	**Kontrolltechniken**	**Techniken der Strukturorganisation**	**Techniken der Prozessorganisation**		
Buchhaltung	qualitative	Netzplantechnik	Nutzwertanalyse	lineare Optimierung	Soll-Ist-Vergleiche	Rasterbogen	Entscheidungstabellen	Verhandlungstechnik	Zero Base Budgeting
Kosten- und Leistungsrechnung	quantitative - univariate - multivariate	Zielplantechnik	Entscheidungsbaummethode	dynamische Optimierung	statistische Testmethoden	Aufgabenstrukturbild	Diagrammtechnik	Präsentationstechnik	Gemeinkostenwertanalyse
Statistiken		finanzmathematische Verfahren	Sensitivitätsanalyse	nichtlineare Optimierung		Technik der Mustererkennung	Informationsflussmatrizen		Produktwertanalyse
Berichtswesen	Simulation	Methoden der Kapazitätsplanung	Kreativitätstechniken	stochastische Optimierung					
Matrizenrechnung				Expertensysteme					

Die Forderung nach Verfahren zur Effizienzsteigerung im Verwaltungsbereich erweist sich zudem seit Mitte der 1970er Jahre aufgrund der für zahlreiche Unternehmen spürbaren Verschärfung des internationalen Wettbewerbs als unumgänglich, da ein Überwälzen der erhöhten Kosten auf die Preise heute im Regelfall nicht mehr durchsetzbar ist. Grundsätzlich bieten sich *zwei Wege* an, um die Entwicklung der Gemeinkosten der Unternehmen in den Griff zu bekommen.

Zum einen kann angestrebt werden, eine *genau spezifizierte Leistung* im Unternehmen *kostengünstiger* zu erstellen. Dieses lässt sich entweder über den Einsatz neuer Verfahren, die häufig die Substitution von Produktionsfaktoren im Sinne der Ausweitung des Kapitals beinhalten, oder über eine effizientere Gestaltung bestehender Verfahren (Rationalisierungsmaßnahmen) erreichen. Derartige Methoden sind herkömmliche Bestandteile des *Gemeinkostenmanagements*. Die durch derartige Prozessverbesserungen eröffneten Einsparungspotenziale erweisen sich jedoch als begrenzt, da auch die Faktorsubstitute hohe Kosten verursachen.

Unterschiede zur traditionellen Gemeinkostenrechnung

Eine weitere, rigorosere Möglichkeit besteht darin, eine bestimmte Leistung nicht nur kostengünstiger zu erstellen, sondern darüber hinaus *die Notwendigkeit jeder Leistung gemessen an ihrem Zielbeitrag zu prüfen und somit grundsätzlich in Frage zu stellen. Auf diesem Prinzip basieren die neueren Techniken der Gemeinkostenrechnung.* Ihre Konzeptionen brechen in einigen wesentlichen Grundannahmen mit den Leitideen der traditionellen Gemeinkostenrechnung (Jehle [Gemeinkosten-Management] 63 f.):

- Die Anwendung zielorientierter Techniken des Gemeinkostenmanagements erfordert die Abkehr von der in der Kostenrechnungsliteratur häufig geäußerten Ansicht, wonach Gemeinkosten einen ausgeprägten Fixkostencharakter aufweisen würden und in der kurzfristigen Perspektive weitgehend unbeeinflussbar sind. Der *Gemeinkostenbereich wird als gestaltbarer Handlungsbereich des Unternehmens erachtet.*
- Während die traditionelle Gemeinkostenrechnung davon getragen wird, dass das gegebene Kosten-Mengengerüst im Hinblick auf die geforderte Aufgabenerfüllung grundsätzlich als angemessen anzusehen ist, untersuchen neuere Techniken den Gemeinkostenbereich systematisch nach *technischen und allokativen Ineffizienzen.*
- Traditionelle Budgetierungsverfahren sind üblicherweise an Vergangenheitswerten ausgerichtet, was faktisch dazu führt, dass bereits bestehende Aufgabenerfüllungsprozesse nicht zur Disposition gestellt werden. Neuere Verfahren des Gemeinkostenmanagements wenden sich von dieser Sichtweise ab und *überprüfen die Zweckhaftigkeit sämtlicher Gemeinkostenleistungen.* Hierdurch können unnötige Funktionen von Gemeinkostenleistungen abgebaut werden.

- Schließlich sind die neueren Verfahren des Gemeinkostenmanagements im Gegensatz zu den herkömmlichen *outputorientiert angelegt*. Erstere betrachten das Verhältnis von Faktoreinsatz und Zielbeitrag einer Verwaltungsleistung als Kriterium ihrer Effizienz, während Letztere das Ausmaß des Faktoreinsatzes als Maßstab für die Effizienz heranziehen.

11.1.1.1 Zero-Base-Budgeting

Herkunft

Das Verfahren des *Zero-Base-Budgeting (ZBB)* erfüllt die Anforderungen zielgerichteter Techniken des Gemeinkostenmanagements. Es stellt eine im öffentlichen Sektor schon länger bekannte Bewertungshilfe (Wegmann [Gemeinkosten-Management] 152) dar, die in den 1960er Jahren bei *Texas Instruments Inc./USA* zur *Gemeinkostenbudgetierung* im Privatunternehmen ausgebaut wurde. Die Methode wurde dort ab 1970 konzernweit implementiert (Wegmann [Gemeinkosten-Management] 152 f.; Horváth [ZBB] 322). Das ZBB ist ein Verfahren zur Planung der Gemeinkosten im Verwaltungsbereich. Seine Bezeichnung deutet darauf hin, dass die Gemeinkostenbestimmung hier nicht auf der Grundlage einer Fortschreibung vorausgehender Pläne erfolgt. Hingegen ist das *ZBB als ein umfassendes, analytisch strukturiertes Verfahren* entwickelt worden, das es dem Top-Management und den beauftragten Verfahrensanwendern ermöglicht, zielorientierte Allokationsentscheidungen im Gemeinkostenbereich zu treffen (Wegmann [Gemeinkosten-Management] 151).

Kerngedanke

Der Kerngedanke des Konzepts besteht in einem *ständigen Hinterfragen der Qualitäten sämtlicher Aktivitäten* der analysierten Bereiche (Meyer-Piening [Zero Base Budgeting] 3). Eine Aktivität gilt nur dann als gerechtfertigt, wenn ihre Zielwirksamkeit außer Zweifel steht.

Ziel

Die eigentliche *Zielsetzung* des ZBB liegt in einer Steigerung der Effizienz des Gesamtunternehmens (Hitschler [Verwaltungsgemeinkostenplanung] 287). Hierzu wird unter Anwendung des nachfolgend erläuterten ZBB-Prozesses geprüft, ob *Ressourcenumverteilungen* vorgenommen werden müssen. Obwohl die Anwendung des ZBB vielfach mit Kostensenkungen verbunden ist, hat das Verfahren jedoch nicht den ausschließlichen Charakter eines Kostensenkungsinstruments, da davon auszugehen ist, dass die freigesetzten Mittel in jenen Bereichen eingesetzt werden, in denen sie den größten Beitrag zur Unternehmenszielerreichung stiften. Die übergeordnete Aufgabe des ZBB liegt daher in der *Vermeidung von Fehlallokationen im Unternehmen.*

ZBB-Prozess

Der Erfolg der ZBB-Analyse hängt im Besonderen davon ab, ob alle vorgesehenen *Arbeitsschritte* ausgeführt werden. Üblicherweise wird ein neunstufiges Verfahren angewendet, wie es in Abbildung 11-2 dargestellt ist (Seibel [Zero-Base-Budgeting] 116 ff.; Meyer-Piening [Zero Base Budgeting] 7 ff.; Horváth [ZBB] 321 ff.; Wegmann [Gemeinkosten-Management] 167 ff.; Marettek [Arbeitsschritte] 258).

Zur *Verbreitung der Methode* hat sicherlich die von dem seinerzeitigen Gouverneur und späteren Präsidenten der Vereinigten Staaten Jimmy Carter initiierte Anwendung des ZBB in der Verwaltung des Bundesstaates Georgia wesentlich beigetragen. Mittlerweile findet das Instrument eine breite Anwendung in den – auch in den USA üblicherweise als konservativ geltenden – öffentlichen Verwaltungen (Lee/Shim [Objectives] 105 f.). Die überwiegende Zahl der Untersuchungen zum Einsatz des ZBB im privatwirtschaftlichen Bereich betreffen ebenfalls die USA. So wurde das Instrument bereits 1977 in 15 Prozent der umsatzstärksten Industrieunternehmen eingesetzt (Alworth [Analysis]); heute kann das Instrument als weit verbreitet gelten. Dass das ZBB auch im deutschsprachigen Raum zunehmend an Bedeutung gewonnen hat, zeigen verschiedene Erfahrungsberichte (Seibel [Zero-Base-Budgeting] 120). Heute hat nahezu jedes Großunternehmen seine ZBB-Erfahrungen.

ZBB-Prozess

Abbildung 11-2

1. Das Top-Management setzt strategische und operative Ziele, legt die verfügbaren Mittel fest und entscheidet über die ZBB-Bereiche

Entscheidungseinheiten (Decision Units) des Gemeinkostenbereichs müssen klar abgrenzbare, inhaltlich zusammengehörige Aktivitäten erfüllen; die Ziele der Entscheidungseinheiten müssen widerspruchsfrei sein; Aufbauorganisation und ZBB-Struktur müssen nicht identisch sein; Faustregel: Größe der Entscheidungseinheiten zwischen einem und zehn Mitarbeitern.

2. Die Abteilungsleiter bestimmen die Teilziele innerhalb des vorgegebenen Rahmens und teilen die ihnen übertragenen Aufgaben/Funktionen in Aktivitäts- bzw. Entscheidungseinheiten auf

Grundvoraussetzung für die nachfolgende Suche nach alternativen Verfahren ist eine präzise Zielformulierung für die Entscheidungseinheiten, deshalb Quantifizierung der Ziele; Training des zielsetzenden Abteilungsleiters ist notwendig; zweckmäßig ist die Formulierung alternativer Zielniveaus (Muss- und Kannziele).

3. Die Abteilungsleiter bestimmen unterschiedliche Leistungsniveaus für die Entscheidungseinheiten

Leistungsniveau wird hier als eindeutig definiertes Arbeitsergebnis einer Entscheidungseinheit verstanden; Kernidee des Konzepts: verschiedene, auch niedrigere Leistungsniveaus sind zu bilden; zweckmäßig: Formulierung von drei Leistungsniveaus – ein niedriges, mit dem das Muss-Ziel gerade noch erreicht wird, ein gegenwärtiges sowie ein wünschenswert höheres.

4. Die Abteilungsleiter bestimmen alternative Verfahren, die zur Erreichung der Leistungsniveaus möglich sind und ermitteln die zugehörigen Kosten

Kreativer Prozess des ZBB; Ideensammlung mit wichtigen Mitarbeitern der Abteilung (Kreativitätstechniken); Kostenschätzung der vorgeschlagenen Verfahren; das kostengünstigste Verfahren ist für jedes Leistungsniveau auszuwählen (Wirtschaftlichkeitsprinzip); Entscheidungspakete bestehen aus Beschreibungen der Verfahren, deren Vor- und Nachteile sowie Begründung bei Wegfall des Pakets.

5. Die Abteilungsleiter setzen Prioritäten, wie aus ihrer Sicht die verfügbaren Mittel eingesetzt werden sollten. Sie erstellen eine Rangordnung der Entscheidungspakete

Die Abteilungsleiter bringen die Entscheidungspakete ihrer Abteilung in eine Rangfolge nach deren Bedeutung; Ordnungskriterium ist die Unternehmenszielsetzung; angestrebt wird eine Maximierung des Grenznutzens der Entscheidungspakete; das wichtigste Entscheidungspaket an erster, das unwichtigste an letzter Stelle.

6. Die übergeordneten Hierarchieebenen fügen die ihnen jeweils zugeordneten Entscheidungspakete zusammen und verändern die Reihenfolge aus ihrer Sicht

Auch hier Rangordnung im eigenen Kompetenzbereich; bereits auf dieser Ebene ergeben sich häufig Mengenprobleme; Hilfsmittel hierzu a) stufenweise Rangordnung (Korbmethode – frühzeitige Trennung von umstrittenen Entscheidungspaketen) sowie b) Delegation der Entscheidungen über bestimmte Teile des Budgets an nachgelagerte Unternehmenseinheiten.

7. Das Top-Management fasst alle Entscheidungspakete zusammen und entscheidet über Prioritäten, Leistungsniveaus und Mitteleinsatz

Die Rangordnung auf sämtlichen Ebenen sollte in Teams erfolgen, um eine größtmögliche Objektivität der Entscheidung zu gewährleisten; auf diese Weise wird auch die endgültige Reihenfolge der Pakete festgelegt; diese ist unter Angabe der jeweiligen Kosten und des Kapitalbedarfs schriftlich festzuhalten; das Top-Management ermittelt, welche Pakete realisiert werden können (Budgetschnitt).

8. Die Budget-Abteilung erarbeitet aus den Entscheidungspaketen die Budgets als Vorgabe für künftige Entscheidungen und Maßnahmen

Zwar ist mit der Entscheidung über die Mittelzuteilung eine Ressourcenallokation erfolgt; es sind aber noch keine Kostenstellenbudgets erarbeitet worden; hier wird diese Konkretisierung vorgenommen (Zuweisung von Mitteln zu den Kostenstellen; dieser Schritt bildet die Grundlage zur Kontrolle der Durchführung der vorgesehenen Maßnahmen).

9. Das Controlling überwacht die Einhaltung des Budgets und berichtet über wesentliche Abweichungen

Aus Aufwandsgründen erfolgt die Kontrolle üblicherweise durch das vorhandene Budgetierungssystem; einige US-Unternehmen verfügen über ein auf die Entscheidungseinheiten zugeschnittenes ZBB-Controllingsystem, das das Abteilungs- und Kostenstellennetz überlagert; die Kontrolle sollte bereits während des Realisationsprozesses erfolgen.

Kritische Würdigung

Mittlerweile liegen auch vergleichsweise gesicherte Erfahrungen über den tatsächlich eingetretenen *Anwendungsnutzen* der ZBB-Technik vor. Diese deuten darauf hin, dass das ZBB trotz seiner doppelten Zielsetzung (Ressourcenumverteilung *sowie* Kostensenkung) durchaus *satte Kostensenkungspotenziale* eröffnet. Fasst man die verschiedenen Berichte zusammen, so ist davon auszugehen, dass das mittlere Senkungspotenzial *etwa 10 Prozent der ursprünglichen Gemeinkosten* beträgt (Dreyfack/Seibel [Budgeting] 165 ff.; Kellenberger [Erfahrungen] 91 ff.). Daneben wird vor allem von einer Verbesserung der Ressourcenallokation (Austin [Impact] 1) und der Qualität der Managementinformationen (Alworth [Analysis] 104) berichtet. Die Anwendung des Zero-Base-Budgeting eröffnet eine Vielzahl von *Vorteilen*, denen allerdings auch *Nachteile* gegenüberstehen (Seibel [Zero-Base-Budgeting] 119 f.; Meyer-Piening [Zero Base Budgeting] 33, 35; Horváth [ZBB] 327; Marettek [Arbeitsschritte] 262 f.; Wegmann [Gemeinkosten-Management] 198 f.; Lemke [Wertkettenanalyse] 274).

Vor- und Nachteile des ZBB

Abbildung 11-3

Vorteile	Nachteile
überflüssige Tätigkeiten sowie eine unwirtschaftliche Ressourcenverteilung werden abgebaut	hoher Zeit- und Mittelaufwand für die Durchführung der ZBB-Analyse
Wirtschaftlichkeitsstreben wird konsequent auf Bereiche übertragen, die keine unmittelbare Gewinnorientierung aufweisen	die ZBB-Analyse fördert die Aufblähung des Berichtswesens (Papierflut)
das Unternehmen wird für die oberen Führungsebenen transparenter	Implementierung des ZBB ist ein mittel- bis langfristiger Prozess; daher ist das ZBB für Krisensituationen ungeeignet
alternative Wege zur Erreichung von Zielen werden systematisch untersucht	es kann zu Frustrationen bei Bereichsleitern kommen, deren Entscheidungspakete nicht in voller Höhe realisiert wurden
Führungskräfte und Mitarbeiter werden zur konstruktiven Kritik angeregt; damit wird die Kooperationsfähigkeit erhöht	geringe Akzeptanz des ZBB-Verfahrens, da die an den Entscheidungen Beteiligten zugleich die Betroffenen sind
individuelle und organisatorische Schwächen werden aufgezeigt	
sämtliche Führungsebenen sind in den ZBB-Prozess eingebunden (Motivationswirkung)	

Wie Abbildung 11-3 veranschaulicht, überwiegen Erstere. Diese bestehen zusammengefasst darin, dass mit dem ZBB eine *konzeptionell geschlossene Methode* zur Verfügung steht, die davor bewahrt, Unwirtschaftlichkeiten in den Gemeinkostenbereichen in der Zukunft fortzuschreiben (Marettek [Arbeitsschritte] 262 f.).

11.1.1.2 Gemeinkosten-Wertanalyse

Die *Gemeinkosten-Wertanalyse (Overhead Value Analysis)* ist ein Instrument des Gemeinkostenmanagements, das zu Beginn der 1970er Jahre von dem Beratungsunternehmen *McKinsey & Co.* in den USA entwickelt und wenige Jahre später erstmalig in deutschen Unternehmen angewandt wurde (Huber [Wertanalyse] 36; Roever [Gemeinkostendruck] 249).

Kerngedanke

Die Gemeinkosten-Wertanalyse (GWA) kann als ein von internen oder externen Beratern begleitetes systematisches Interventionsprogramm bezeichnet werden, das der Kostensenkung durch den Abbau nicht zielgerechter Leistungen oder durch eine Rationalisierung der Aufgabenerfüllung im Verwaltungsbereich von Unternehmen dient (Huber [Wertanalyse] 65).

Ziel

Mit der GWA wird also die Verringerung von „unproduktiven" Kosten durch das Abwägen von Kosten und Nutzen der administrativen Dienstleistungen im Unternehmen verfolgt. Damit ist die Gemeinkosten-Wertanalyse im Gegensatz zum Zero-Base-Budgeting *unmittelbar* auf die *Senkung der Gemeinkosten* ausgerichtet (Wegmann [Gemeinkosten-Management] 126; Roever [Gemeinkostendruck] 249; Huber [Wertanalyse] 42). Dieses Ziel wird nicht über pauschale, unbegründete Budgetkürzungen, sondern über eine systematische *Beurteilung der untersuchten Einheiten* im Hinblick auf die ihnen übertragenen Aufgaben angestrebt. Es wird überprüft, ob sich die Leistungen der Einheiten in Art, Umfang und Erstellungsverfahren kostengünstiger gestalten lassen, ohne dass dabei die Funktionsfähigkeit des Unternehmens beeinträchtigt wird (Roever [Gemeinkostendruck] 249). Obwohl verschiedene Versionen der GWA propagiert werden, können doch im Hinblick auf einen *idealtypischen Ablauf* Gemeinsamkeiten festgestellt werden (vgl. Abbildung 11-4).

Verbreitung

Ähnlich wie das ZBB wird die GWA auch in vielen deutschen Unternehmen eingesetzt. So liegen Berichte vor, nach denen die Gemeinkosten-Wertanalyse bereits im Jahr 1985 in mehr als 100 deutschen Unternehmen angewendet worden ist (Roever [Gemeinkosten-Wertanalyse] 20) und schon im Jahr 1980 die aufgelaufene Summe der analysierten Gemeinkosten eine Schwelle von 5 Milliarden Euro überschritten hatte. Die hierdurch signalisierte Bedeutung ist mittlerweile noch stark angestiegen.

Anwendungsnutzen

Die Einschätzung des aus der Analyse unmittelbar hervorgehenden materiellen *Nutzens* über die Höhe des Kostensenkungspotenzials schwankt zwischen *10 Prozent und 20 Prozent des ursprünglichen Gemeinkostenvolumens* (Roever [Gemeinkosten-Wertanalyse]

21; Wegmann [Gemeinkosten-Management] 145). Dies bedeutet, dass die Senkung der Gemeinkosten faktisch immerhin eine Größenordnung von *0,5 Prozent bis 3 Prozent des Umsatzes* einnehmen wird (Kellenberger [Erfahrungen] 95).

Kritische Würdigung

Aufgrund der konzeptionellen Ähnlichkeit entsprechen die prinzipiellen *Vorzüge* der Gemeinkosten-Wertanalyse weitgehend denjenigen des Zero-Base-Budgeting. Eine besondere Stärke des Verfahrens dürfte darin liegen, dass der kreative Prozess zur Bestimmung der adäquaten Leistung einer Einheit nicht wie bei der ZBB-Analyse allein in der betroffenen Abteilung, sondern unter Einbeziehung der Leistungsempfänger, externer Fachexperten und der hierarchisch übergeordneten Führungskräfte abläuft (Wegmann [Gemeinkosten-Management] 137). Berater als Anbieter der Gemeinkosten-Wertanalyse sehen in dieser sogar die einmalige Chance zur Verbesserung der Konkurrenzlage (Roever [Gemeinkosten-Wertanalyse] 21). Diesen Vorzügen der Gemeinkosten-Wertanalyse stehen allerdings gewichtige *Problemfelder* gegenüber (Volz [Probleme] 870 ff.). So ist zunächst auf die Gefahr zu verweisen, dass die Risiken vorgenommener Einsparungen unterschätzt werden (Wegmann [Gemeinkosten-Management] 138).

Ebenso deuten viele Erfahrungsberichte darauf hin, dass ein naheliegendes Problemfeld in der Unterschätzung der eigentlichen Projektkosten sowie in den durch die Analyse verursachten Folgekosten (zum Beispiel Freisetzung von Mitarbeitern) liegen kann (Wegmann [Gemeinkosten-Management] 141; Jehle [Gemeinkosten-Management] 65). Weiterhin belegt die Durchführung von GWA-Projekten immer wieder, dass der Erfolg eindeutig von der über Aufklärungs- und Begründungsarbeit zu leistenden Motivation der Mitarbeiter abhängig zu sein scheint, die als der wichtigste Erfolgsfaktor des Gesamtprozesses überhaupt anzusehen ist. Dieses spricht dafür, dass die Gemeinkosten-Wertanalyse nur dann unternehmensweit durchgeführt werden sollte, wenn eine kurzfristige Ergebnisverbesserung akut erforderlich ist und alle anderen Kostensenkungspotenziale bereits ausgeschöpft sind (Neuman [Cuts] 125).

Gesamtbeurteilung

Der Vergleich der beiden nach dem heutigen Stand wichtigsten Gemeinkostensenkungstechniken verdeutlicht, dass die Gemeinkosten-Wertanalyse im Wesentlichen eine *Vereinfachung des Zero-Base-Budgeting* darstellt. Die ebenfalls typische einseitige Ausrichtung der GWA auf das Kostensenkungsziel ist sicherlich in engem Zusammenhang mit dem auf den Beratern lastenden Druck zu sehen, schnelle und spektakuläre Erfolge in Form von Kostensenkungen vorzuweisen. Insgesamt ist das Zero-Base-Budgeting im Hinblick auf die konzeptionelle Geschlossenheit der Gemeinkosten-Wertanalyse überlegen.

Abbildung 11-4 *Gemeinkosten-Wertanalyse*

Vorbereitungsphase	
Organisatorische Maßnahmen	Festlegung der Untersuchungseinheiten; empfehlenswert: in Anlehnung an bestehende Abteilungen, um vorhandene Verantwortlichkeiten und Kompetenzen auszunutzen; vorteilhafte Größe: ca. 20 Mitarbeiter
– Bestimmung eines GWA-Koordinators	Aufgaben: Ablaufsteuerung, Terminplanung, Schulung, Hilfestellung im Projektverlauf, Träger von Einzelfallentscheidungen
– Einrichtung eines Lenkungsausschusses	letzte Entscheidungsinstanz bei Einsparungsvorschlägen; um die Bedeutung des Projekts anzudeuten, ist er mit Mitgliedern des Top-Managements zu besetzen
– Benennung der Leiter der Untersuchungseinheiten	Leiter muss die gesamten Kosten für jede in seiner Abteilung erbrachte Leistung abschätzen; er muss deshalb mit der Abteilung vertraut sein
– Aufstellung von Hinterfragungsteams	schwierige Hauptaufgabe: Beurteilung der Qualität und Seriosität der Ideen der Untersuchungseinheiten; zeitaufwändig; deshalb in der Regel drei Vollzeitkräfte
Schulungs- und Informationsmaßnahmen	Vermittlung von Kritik- und Beurteilungsfähigkeit; Führungskräfte und Mitarbeiter ausführlich über den bevorstehenden GWA-Prozess informieren (Akzeptanzproblem)
Analysephase	
Auflistung der Leistungen und Bestimmung der Kosten	Leiter der Untersuchungseinheit hat anzugeben, welche Leistungen für wen erbracht werden und welche Kosten dadurch entstehen
Vergleich von Kosten und Nutzen und hypothetische Kostensenkung um 40 Prozent	bewusste Gegenüberstellung von Ist-Kosten und Ist-Beitrag; danach: Antizipation eines bewusst unrealistischen Kostensenkungsziels, um Suche nach Reduktionsmöglichkeiten zu intensivieren
Erarbeitung von Einsparungsvorschlägen, Überprüfung und Rangordnung	Entwicklung von Einsparungsideen in Arbeitsgruppen aus Repräsentanten liefernder und empfangender Einheiten; externe Experten können involviert werden; Überprüfung der Verträge nach Wirtschaftlichkeits- und Risikokriterien (Instrument: ABC-Analyse); oberste Führungsebene entscheidet
Aufstellung von Aktionsprogrammen für ausgewählte Vorschläge	für die akzeptierten Ideen wird ein Terminplan zur Realisierung entworfen; Verantwortlichkeiten werden bestimmt und Budgets veranlasst
Realisierungsphase	
faktische Umsetzung der Handlungsprogramme; Verwirklichung der verabschiedeten Maßnahmen hat oberste Priorität gegenüber anderen Maßnahmen; Kontrolle der Planerfüllung	

11.1.2 Techniken des Einzelkostenmanagements

11.1.2.1 Wertanalyse im Produktbereich

Die zielgerichtete Infragestellung von Leistungen, wie sie das Zero-Base-Budgeting sowie die Gemeinkosten-Wertanalyse vorsehen, ist freilich nicht nur auf den Gemeinkostenbereich beschränkt. Vielmehr wurde das wertanalytische Denken schon wesentlich früher im Bereich der Einzelkosten, insbesondere bei der Produktgestaltung entwickelt (Schröder [Wertanalyse] 151 ff.). Die dort angewandte *Produktwertanalyse* (Value Analysis), die sich trotz ihres Namens auch von Dienstleistungsunternehmen anwenden lässt, beruht im Wesentlichen auf den folgenden Überlegungen:

Grundüberlegungen

- Produkte oder Dienstleistungen lassen sich am Markt absetzen, weil sie beim Käufer einen bestimmten Nutzen stiften, der ihren letztendlichen Wert bestimmt.
- Der Wert eines Produkts oder einer Dienstleistung kann einerseits dadurch gestiftet werden, dass beim Kunden ein Gebrauchsnutzen (*Funktionswert*, zum Beispiel Transportfunktion des Automobils) erfüllt wird; andererseits kann er aber auch darin begründet sein, dass dem Kunden zusätzliche Geltung (*Geltungswert*, zum Beispiel Automobil als Prestigeobjekt) verschafft wird.
- Demnach müssen die Unternehmen bestrebt sein, diese Wertkategorien eines Produkts oder einer Dienstleistung zu bestimmen und die *Leistung auf die Werterfüllung gerichtet kostengünstig herzustellen*.

Konzeptinhalt

Die Produktwertanalyse stellt demnach ein Verfahren dar, mit dem eine kostenminimale, aber trotzdem marktgängige Marktleistung entwickelt werden kann. Im Mittelpunkt der Analyse steht die Überprüfung der zu erstellenden Leistung selbst, weniger die Gestaltung des Leistungserstellungsprozesses. Zur Handhabung des Ablaufs einer Produktwertanalyse liegen, wie Abbildung 11-5 zeigt, standardisierte Empfehlungen (DIN-EN-Norm 12973) (Schanz/Stange [Wertanalyse] 2251 ff.) vor, die in jüngster Zeit einer gewissen Modifikation unterzogen worden sind (Friedl [Wertanalyse] 1 ff.).

Aktueller Befund

Himme ([Erfolgsfaktoren]) konzeptualisert und prüft auf empirischem Wege Ursache-Wirkungs-Zusammenhänge zwischen verschiedenen sach- und personenbezogenen Faktoren des Kostenmanagements einerseits und dessen Erfolg andererseits. Es zeigt sich, dass vor allem personenbezogene Faktoren wie eine umfassende Partizipation der von den Maßnahmen Betroffenen sowie ein weitreichendes Engagement der Unternehmensleitung und der für das Kostenmanagement Verantwortlichen dessen Erfolg signifikant beeinflussen. Sachbezogene, harte Faktoren wie Planung, Durchsetzung und Kontrolle erwiesen sich dagegen als weniger bedeutsam.

Abbildung 11-5

Produktwertanalyse

Vorbereitungsphase	1	Vorbereitende Maßnahmen	– Objektauswahl – Zielsetzung – Teambildung – Ablaufplanung
Informationsphase	2	Ermittlung des Ist-Zustands	– Informationsbeschaffung – Objektbeschreibung – Funktionsbeschreibung – Ermittlung der Funktionskosten
Schöpferische Phase	3	Prüfung des Ist-Zustands	– Prüfung der Funktionserfüllung – Prüfung der Funktionskosten
Bewertungsphase	4	Ermittlung von Lösungen	– Lösungssuche
Untersuchungs- und Planungsphase	5	Prüfung des Ist-Zustands	– sachliche Durchführbarkeit – Wirtschaftlichkeit
Vorschlags- und Einführungsphase	6	Vorschlag und Verwirklichung	– Lösungsauswahl – Lösungsempfehlung – Verwirklichung

11.1.2.2 Logistik-Management durch Kanban

Dezentrale Bedarfsplanung

KAN-BAN = Karte

Das Kanban-System ist ein *Produktionssteuerungssystem*, das auf dem *Prinzip der dezentralen Bedarfsplanung* (Ellenrieder [Hol-Prinzip] 57) beruht. Es sieht vor, dass die einzelnen Produktionsstellen direkt und eigenverantwortlich bei ihren vorgelagerten Einheiten (Quellen) Material anfordern. Als Informationsträger zur Bedarfsmeldung und damit Organisationsmittel dient die so genannte *KAN-BAN* (japanisch = Karte), die dem Verfahren auch seinen Namen gegeben hat. Die Kanban-Karte (vgl. Abbildung 11-6) (Wildemann [Werkstattsteuerung] 76) enthält die wichtigsten für die Fertigung notwendigen Daten. Mit der Kanban-Karte meldet die jeweilige Stelle selbst, wann sie welches Material wohin geliefert haben will (Seidel [Produktionslogistik] 257). Hat eine Stelle eine Partie fertiggestellt, so hält sie diese als Vorprodukt für die nachgelagerte Stelle bereit (Hol-Prinzip). Das Besondere beim Kanban-System ist, dass die *gesamte Verantwortung für die Materialversorgung auf den einzelnen Arbeitnehmer* übertragen und die *Qualitätsverantwortung wieder an die ursächlich verantwortliche Stelle* und damit ebenfalls auf den einzelnen Arbeitnehmer zurückdelegiert wird, indem von den beteiligten Stellen nur jene Produkte, die den Qualitätsansprüchen genügen, für die Folgearbeitsplätze bereitgestellt werden dürfen.

Produktions-Kanban

Abbildung 11-6

Bezeichnung:	Behälterart:	Kartennummer:
Identifikations-Nr.:	Stück-Behälter:	Ausgabedatum:
Erzeugender Bereich:	Losgröße:	Verbrauchender Bereich:
Kosten-Stelle:	Produktions-Zeit:	Kosten-Stelle:
Rohmaterial-Nr:		Arbeitsplan-Nr.:
Feld für maschinell lesbare Codierung		

Einführungsgründe

Die Einführung des Kanban-Systems lässt sich durch ökonomisch-rationale und sozial-normative Argumente erklären. Da sich der Wettbewerbsdruck in vielen Branchen verschärft hat, muss eine kostenoptimale und flexible Produktion angestrebt werden. Zudem haben Fabrikationsanlagen vieler Unternehmen ein Maß an Komplexität erreicht, bei dem eine zentrale Produktionssteuerung auch unter Einsatz neuer Technologien kaum mehr möglich ist. Schließlich machen es die gesellschaftlichen Veränderungen hinsichtlich des Wertewandels erforderlich, dass auch im Bereich der Produktion direktive und zentralistisch angelegte, retrograde Führungsmethoden durch dezentral partizipative, progressive Führungsansätze abgelöst werden.

Herkunft

Erste Ansätze des Kanban reichen zurück bis in das Jahr 1947, in dem der Japaner Ohno ein Produktionssteuerungskonzept entwickelte, das die Rationalisierung der Fertigung im Sinne einer stetigen Anpassung der Ausbringungsmenge an die Bedarfsmenge zum Ziel hatte. Ohnos Konzept wurde im Laufe der Jahre weiterentwickelt und perfektioniert, wobei sich der japanische Automobilhersteller Toyota besonders engagiert hat. Kanban-Systeme werden zwischenzeitlich weltweit eingesetzt. Zu den bekanntesten Unternehmen des deutschsprachigen Raums, die das Kanban-System anwenden, sind Audi, Bizerba, Hilti, Osram, VDO und die Zahnradfabrik Friedrichshafen zu zählen (Hoffmann [Logistik] 18; Türke [Kanban] 28). Um das *übergeordnete Ziel der Verbesserung der Produktivität und Wirtschaftlichkeit in der Fertigung* erfüllen zu können, müssen *verschiedene Teilziele* realisiert werden

Ziel

(Hoffmann [Logistik] 18; Soom [Montagesteuerung] 149; Stark [Zulieferung] 19). Diese stellen ab auf

- Verkürzung der Durchlaufzeiten bei gleichzeitiger Senkung der Bestände im Produktionsbereich,
- Kostensenkung aufgrund niedriger Bestände in den Lägern,
- Reduktion oder Umverteilung des logistischen Gesamtaufwands,
- Erhöhung der Flexibilität auch für Betriebe mit reiner Lagerfertigung,
- Entwicklung einer Produktion auf Abruf (Just-in-Time-System),
- Erhaltung und Verbesserung der Produktqualität,
- Gewährleistung einer hohen Lieferbereitschaft und -pünktlichkeit.

Der wesentliche Unterschied zwischen der traditionellen, zentralen Produktionssteuerung und der Produktionssteuerung nach dem Kanban-Prinzip ist in Abbildung 11-7 (Wildemann [Logistik] 76) veranschaulicht.

Anwendungsnutzen

Schätzungen und empirische Untersuchungen zum *Anwendungsnutzen* des Kanban-Systems weisen darauf hin, dass sich seine Einführung in kürzester Zeit amortisiert. Dieser Effekt resultiert vor allem aus kürzeren Durchlaufzeiten und aus verringerten (Zwischen-)Lagerbeständen. Die Durchlaufzeiten lassen sich um ca. 40 Prozent bis 80 Prozent senken (Kiesel [Erfolgsfaktoren] 25). Die Lagerbestände können deutlich um 30 Prozent bis 80 Prozent reduziert werden (Hoffmann [Logistik] 18; Türke [Kanban] 28). Im Bereich der positiven arbeitnehmerbezogenen Auswirkungen sind im *unipersonellen Bereich* Job-Enlargement- und Job-Enrichment-Effekte zu nennen (Varnholt [Diskussion] 21). Diese resultieren aus der Selbstverantwortung der Arbeitnehmer für die Materialzufuhr. Die *interpersonellen Auswirkungen* des Kanban-Systems bestehen in einer verstärkten Integration der Arbeitnehmer, in einem erhöhten Bewusstsein über die Bedeutung der eigenen Arbeit für den Arbeitsfortschritt sowie in einer Steigerung des Verantwortungsgefühls.

Akzeptanzbarrieren

Trotz der deutlichen human-sozialen und ökonomischen Wirkungen ist die Implementierung des Kanban-Systems in der westlichen Welt jedoch auch auf *Akzeptanzbarrieren* seitens der Arbeitgeber und der Arbeitnehmer gestoßen. Von der Arbeitnehmerseite wird der Verdacht geäußert, dass beim Einsatz des Kanban-Systems die Durchlaufgeschwindigkeiten dadurch erhöht werden, dass die Leistungsanforderungen an die Arbeitnehmer an deren Leistungsgrenze herangetrieben und somit extremer Leistungsdruck erzeugt wird. Demgegenüber schätzen Führungskräfte das Kanban-System als „sabotageanfällig" ein, da es einerseits ein hohes Maß an Planungsintransparenz aufweist und andererseits nur geringe Sicherheitsbestände erfordert.

Arten der Produktionssteuerung

Abbildung 11-7

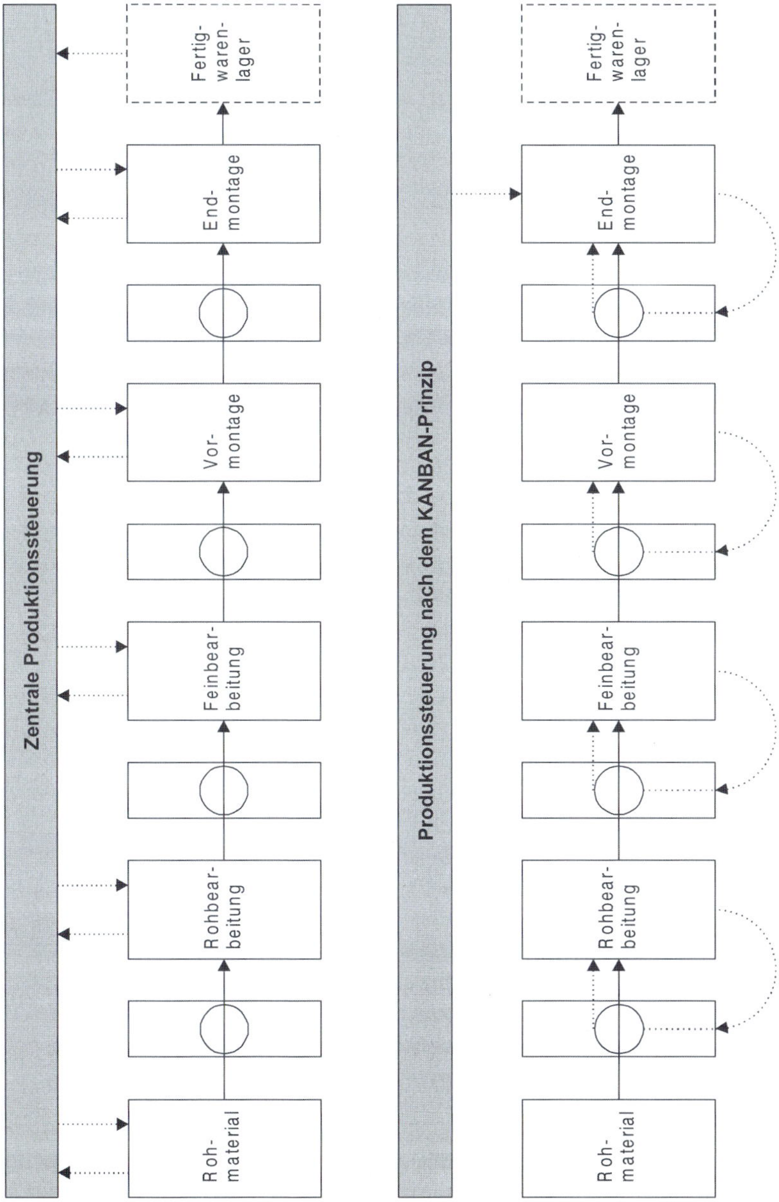

Schließlich bestehen Befürchtungen, dass das Kanban-System, wenn es als Steuerungssystem zwischen verschiedenen, vertikal zusammenarbeitenden Unternehmen genutzt wird, zu einem Autonomieverlust der Zulieferer führt, da diese ihre Leistungen auf Abruf bereitstellen müssen (Varnholt [Diskussion] 22 f.).

Nach einer Studie Wildemanns ([Logistik] 77 ff.) zeigt sich jedoch, dass die in den Akzeptanzbarrieren zum Ausdruck kommenden Probleme des Kanban-Systems überwindbar sind. Dazu müssen mehrere *Anwendungsvoraussetzungen* erfüllt sein (vgl. im Einzelnen hierzu Macharzina [Unternehmensführung] 738 f.).

Abschließend ist darauf hinzuweisen, dass das Kanban-System auch als Steuerungssystem zwischen vertikal zusammenarbeitenden Unternehmen genutzt werden kann (Brand/Schumacher [Instandhaltung] 284 ff.; Münzner [Beschaffungsstrategien] 250 ff.; o. V. [Zulieferer] 102 ff.). Nachdem die zwischenbetriebliche Kanban-Anwendung in Japan bereits seit den 1960er Jahren in der Form von Keiretsus bekannt ist (vgl. Abschn. 14.2), wird das Kanban-Verfahren seit geraumer Zeit – im Zuge des weltweiten Trends zur Verringerung der Fertigungstiefe (Benkenstein [Fertigungstiefe]) – auch in der deutschen Wirtschaft zur Produktionskoordination rechtlich unabhängiger Unternehmen genutzt. So sind zwischen den Zulieferern und Abnehmern von Branchen wie der Automobilindustrie dicht geflochtene Netzwerkverbünde aufgebaut worden. Die Entwicklung wird dabei hauptsächlich von den wirtschaftlich stärkeren Abnehmer(-konzerne)n forciert, die mit der Just-in-Time-Belieferung Risiken sowie Lagerkosten auf ihre Zulieferer abwälzen können. Für Letztere ergibt sich hieraus der ständige Zwang zur Modernisierung ihres Kommunikations-, Produktions- und Transportsystems, eine weitgehende Abhängigkeit vom Partnerunternehmen sowie eine Reduktion des eigenen Dispositionsspielraums, wobei die Zulieferer in Extremfällen bereits 5½ Stunden nach Lieferanweisung ihre Produkte zum Versand bringen müssen.

11.2 Prognose- und Planungstechniken

Prognose- und Planungstechniken bilden das *methodische Rüstzeug*, um die Planungsprozesse (vgl. Abschn. 6.2) auf eine rationale und zugleich kreative Gestaltungsgrundlage zu stellen. Sie unterstützen das Management bei der

Leistungsumfang der Techniken

- Beschreibung und Einschätzung der künftigen Veränderung des äußeren und inneren Kontexts (Prognosetechniken),

- Suche nach Handlungsalternativen (Ideenfindungs- bzw. Kreativitätstechniken),
- Bewertung von Entscheidungsalternativen (Bewertungstechniken).

Für die Strategieformulierung stehen darüber hinaus spezielle Analyse- und Entscheidungstechniken zur Verfügung, die wegen der inhaltlichen Verknüpfung zum Gesamtkonzept der Strategieformulierung bereits oben (vgl. Abschn. 5.6) dargestellt wurden.

11.2.1 Prognosetechniken

Allgemein werden *qualitative und quantitative* Prognosetechniken unterschieden. Die qualitativen Prognosetechniken sind ihrem Charakter nach heuristisch, da die Vorausschau nicht mit Hilfe „exakter" Rechenoperationen, sondern über den argumentativen Zusammenhang zwischen unabhängigen und abhängigen Variablen erfolgt und die hinter den Variablenverknüpfungen stehende „Theorie" meist unerschlossen bleibt. Quantitative Prognosetechniken hingegen dienen zur Ermittlung der Prognoseaussagen über mathematische Operationen in Form von Gleichungs- und Ungleichungssystemen.

11.2.1.1 Qualitative Prognosetechniken

Repräsentativbefragungen

Die *Repräsentativbefragung* stellt eine qualitative Prognosetechnik dar, bei der die Prognoseaussage (zum Beispiel die Entwicklung des Absatzmarktpotenzials oder die Arbeitsmarktsituation) aus Befragungen derjenigen Wirtschaftssubjekte gewonnen wird, die die Entwicklung der zu prognostizierenden Größe unmittelbar beeinflussen. Dabei wird aus ökonomischen Überlegungen heraus lediglich eine miniaturisierte Stichprobe gezogen und keine Totalerhebung durchgeführt. Ein weiteres mehrheitlich vorhandenes Merkmal von Repräsentativbefragungen besteht darin, dass nicht zukunftsbezogene, sondern gegenwartsorientierte Verhaltensabsichten der Wirtschaftssubjekte erforscht werden und ausgehend von diesen auf das künftige Verhalten der Wirtschaftssubjekte geschlossen wird. Hierbei wird üblicherweise darauf verzichtet, Angaben über explizite Ursache-Wirkungszusammenhänge abzuleiten.

Panelbefragungen

Repräsentativbefragungen kommen vor allem im Marketingbereich und dort häufig in der Form von *Panelbefragungen* zum Einsatz. Diese sind Langzeituntersuchungen, bei denen ein im Zeitablauf gleichbleibender repräsentativer Personenkreis von beispielsweise Konsumenten oder Händlern (= Panel) wiederholt über einen identischen Gegenstand befragt wird. Der

Nutzen dieser Form der Befragung liegt darin, dass wegen des Wiederholungscharakters Veränderungen wirtschaftlicher Größen mit größerer Sicherheit prognostiziert werden können als bei einer einmaligen Repräsentativbefragung.

Die Ergebnisse von Repräsentativbefragungen zu Prognosezwecken haben gezeigt, dass mit dem Instrument häufig weitaus bessere Voraussagen erzielt wurden, als sie beispielsweise aufgrund naiver, linearer Extrapolationen quantitativer Art möglich gewesen wären. Andererseits weist die Repräsentativbefragung auch Schwächen im methodischen Bereich auf, die in Antwortverweigerungen, Unerreichbarkeit von Stichprobenmitgliedern und Interviewerbias bestehen; auch ist in vielen Fällen überhaupt nicht geklärt, ob die Befragungsergebnisse das künftige Verhalten der Befragten mit hinlänglicher Sicherheit wiedergeben. Daher ist die Repräsentativbefragung kein unproblematisches Instrument der qualitativen Prognose, dessen Verfahrensaufwand zudem beträchtlich ist.

Expertenbefragung

Bei der *Expertenbefragung* als weiterem wichtigen Verfahren der qualitativen Prognose werden nicht Individuen, welche die künftige Entwicklung der wirtschaftlichen Größen direkt beeinflussen, sondern Dritte, nämlich Experten, befragt. Experten sind Personen, die über Spezialwissen verfügen und daraus fachliche Autorität zur Einschätzung zukünftiger Ereigniseintritte begründen. Dabei ist es nicht die verfügbare Menge an Informationen, die den Experten ausmacht, sondern die Güte der Informationen des Experten sowie dessen Fähigkeit, aus diesen Informationen entsprechende Schlüsse zu ziehen und in Empfehlungen umzusetzen. Da Personen, die diesen Anforderungen genügen, rar sind, werden die Mehrzahl der Expertenbefragungen lediglich wenige Personen ansprechen können. Ein wichtiger Beispielfall ist die Anwendung der Expertenbefragung zur Prognose der Einführungschancen neuer Produkte, insbesondere im Investitionsgüterbereich.

Delphi-Methode

Prinzipiell können Expertenbefragungen als *Einzel- oder Gruppenbefragungen* durchgeführt werden. Zur Gruppenbefragung sind verschiedene Varianten entwickelt worden, die vor allem sicherstellen sollen, dass die mögliche Vielfalt und Unterschiedlichkeit der Expertenauffassungen in ihrer Gesamtheit berücksichtigt werden können, am Ende des Prozesses aber ein relativ homogenes Prognoseergebnis zur Verfügung steht. Die bekannteste unter diesen ist die *Delphi-Methode*, die von der amerikanischen RAND Corporation zu Beginn der 1960er Jahre entwickelt wurde. Sie zeichnet sich durch *vier Merkmale* aus (Hansmann [Prognoseverfahren] 22):

- die Prognosen fußen auf Befragung von Experten unterschiedlicher Fachdisziplinen, um sicherzustellen, dass die Respondenten sich mit unterschiedlichen Aspekten des Prognoseproblems sorgfältig auseinandersetzen,

- die Befragung erfolgt anonym,
- die Expertenurteile werden statistisch ausgewertet,
- die Befragung erfolgt in mehreren Runden, wobei zwischen den Runden eine kontrollierte Informationsrückkoppelung stattfindet.

Die Expertenbefragung hat den Vorteil, dass die Prognoseergebnisse aufgrund des begrenzten Kreises von Befragten vergleichsweise schnell und dennoch fundiert erarbeitet werden können. Trotz dieses Vorzugs ist auch die Expertenbefragung durch ein hohes Maß an Subjektivität gekennzeichnet, zumal nicht auszuschließen ist, dass Wunschvorstellungen der Experten das Prognoseergebnis verfälschen.

Analogieschlussmethode

Die *Analogieschlussmethode* fußt auf der Annahme, dass die in einem Bereich (zum Beispiel Land, Region, Branche) bereits vollzogene Entwicklung ähnlich, jedoch zeitlich versetzt auch in anderen Bereichen eintreten wird und so entsprechende Entwicklungstendenzen vorhergesagt werden können. Diese Grundannahme beruht auf einem ganzheitlichen Weltbild, in dem isolierte Einzelentwicklungen als unwahrscheinlich, analoge Entwicklungen zwischen den ökologischen, technischen, sozial-kulturellen, politischen und ökonomischen Bereichen wohl aber als höchst wahrscheinlich und daher Vergleiche zwischen diesen als nützlich angesehen werden. Da jedoch Analogien nur insoweit zulässig sind, wie eine strukturelle Gleichartigkeit der Probleme und ein kausaler Zusammenhang vorliegen bzw. vermutet werden können, sind die Grenzen der Analogieschlussmethode schnell erreicht.

Szenariotechnik

Die *Szenariotechnik* (Brauers/Weber [Szenarioanalyse] 631 ff.) ist eine vor allem im Rahmen der Strategieformulierung angewandte Prognosetechnik, die insofern im Grenzbereich zu den quantitativen Methoden angesiedelt ist, als bei ihrem Einsatz neben qualitativen auch quantitative Schätzungen erstellt werden. Sie beruht auf der Erkenntnis, dass sich die Handlungssituation von Unternehmen erst aus dem Zusammenspiel einer Vielzahl interner und externer Umwelteinflüsse ergibt und diese sich vor allem im Hinblick auf längerfristige Prognosen nicht eindeutig voraussagen lassen.

Daher ist es zweckmäßig, durch ein so genanntes Szenario die künftige Umweltsituation in der Form von *alternativen Entwicklungen* zu beschreiben und damit einen *Prognosekorridor* aufzuzeigen, innerhalb dessen sich die künftige Umweltsituation voraussichtlich einpendeln wird. Daneben zielt die Szenariotechnik darauf ab, ein *Gesamtbild* der künftigen Handlungssituation eines Unternehmens zu entwerfen (vgl. Abschn. 2.3.4). Diese beiden Stoßrichtungen der Szenariotechnik werden dadurch erfüllt, dass für jedes zu analysierende Umweltmerkmal alternative Ausprägungen für den günstigsten und den ungünstigsten Eintrittsfall ermittelt und miteinander kombiniert werden und so die Spannweite zwischen „Best Case" und „Worst

Best Case
Worst Case

Case" (= Prognosekorridor) bestimmt wird. Die Szenariotechnik als Instrument der mittel- und langfristigen Prognose ist in jüngerer Zeit vor allem zur Prognose der Wechselwirkungen zwischen Ökologiesystem und Unternehmen eingesetzt worden (vgl. Abschn. 10.6). Der Nutzen der Szenariotechnik ergibt sich daraus, dass sie wie kaum eine andere Prognosetechnik Interdependenzen zwischen den Einflussgrößen der künftigen Umweltentwicklungen in den Vordergrund stellt. Wie bei allen qualitativen Techniken hängt jedoch die Güte der Prognose in besonderem Maße von subjektiven Einschätzungen ab, wobei die Festlegung der Einschätzungen insbesondere für einen längeren Zeithorizont äußerst schwierig ist.

11.2.1.2 Quantitative Prognosetechniken

Ökonometrische versus nicht-ökonometrische Verfahren

Bei den quantitativen Prognosetechniken lassen sich *ökonometrische und nicht-ökonometrische Verfahren* unterscheiden. Ökonometrischen Verfahren liegt in aller Regel ein *durch wirtschaftstheoretische Überlegungen begründetes und mathematisch formuliertes Erklärungsmodell* zugrunde, wohingegen nicht-ökonometrische Verfahren den Verlauf der Prognosegröße aufgrund deren bisheriger Entwicklung antizipieren. Ökonometrische Verfahren untersuchen Kausalzusammenhänge, während nicht-ökonometrische Verfahren lediglich Symptomeffekte analysieren.

11.2.1.2.1 Ökonometrische Verfahren

Die Aufgabe der *Ökonometrie* besteht darin, *funktionale Beziehungen zwischen ökonomischen Variablen zu bestimmen und damit bestehende Kausalzusammenhänge aufzuspüren.* Dies geschieht durch Einführung einer zweiten Sachgröße neben der zu prognostizierenden Größe. Die Aufgabe der Ökonometrie ist jedoch nicht leicht zu lösen, da mit querschnittorientierten statistischen Verfahren allein keine Kausalbeziehung beschrieben oder gar erklärt werden können. Hierzu ist die Stützung auf ein theoretisches Modell erforderlich. So bleibt vielfach, trotz des Einsatzes ausgefeilter regressions- und korrelationsstatistischer Analysen, das Problem, die Kausalrichtung und damit die unabhängigen und abhängigen Variablen zu bestimmen; dieses ist deswegen schwierig zu lösen, da eine gegenseitige Beeinflussung der analysierten Zeitreihen nicht immer ausgeschlossen werden kann.

Eingleichungsmodelle

Die funktionalen Beziehungen werden durch Regressionsgleichungen zum Ausdruck gebracht. Je nachdem, ob die Prognose auf der Grundlage einer oder mehrerer Einflussgrößen erfolgt, sind zunächst *Eingleichungsmodelle mit einer* und *Eingleichungsmodelle mit mehreren Variablen* (Einfachregression bzw. multiple Regression) zu unterscheiden, wobei Letztere von vorrangigem Interesse sein dürften, da eine Monokausalität in vergleichsweise wenigen ökonomischen Prognoseproblemen unterstellt werden kann. Ein Eingleichungsmodell mit mehreren Variablen weist die Grundform

$$y_t = f(x_{1t}, x_{2t}, ..., x_{it}) + u_t$$

auf, wobei y_t die zu prognostizierende Größe, x_{it} die Ausprägungen der unabhängigen Variablen im Zeitablauf sowie u_t eine Störvariable darstellen. Derartige Regressionsgleichungen können jedoch nur dann zu Prognosezwecken verwendet werden, wenn der Funktionsverlauf aus den Daten richtig spezifiziert werden kann und die (zukünftigen) Werte der unabhängigen Variablen x_{it} rechtzeitig für die Prognose, idealerweise mit einem zeitlichen Vorlauf (Lag-Modelle), ermittelt werden können (Hansmann [Prognoseverfahren] 126; Brockhoff [Prognoseverfahren] 112). Für die Schätzung der Parameter von Eingleichungsmodellen stehen verschiedene Verfahren, insbesondere die Maximum-Likelihood-Methode oder die Methode der kleinsten Quadrate, zur Verfügung (vgl. hierzu beispielsweise Brockhoff [Prognoseverfahren] 115 ff.; Hansmann [Prognoseverfahren] 128 ff.).

Mehrgleichungsmodelle

Wenn sich die abhängigen und unabhängigen Variablen des Modells gegenseitig beeinflussen, kann die Prognose nur unter Anwendung von *Mehrgleichungsmodellen* erfolgen. Beispiele für Prognoseprobleme mit einem interdependenten Satz von Einflussvariablen sind in der Unternehmenspraxis vielfach anzutreffen. So richten viele Unternehmen ihr Werbebudget nach dem Umsatz aus; andererseits ist ihr Umsatz jedoch auch von der getätigten Werbeintensität abhängig. Ein ähnlicher doppelseitiger Zusammenhang besteht auch zwischen dem Gewinn eines Unternehmens und seinen F&E-Aufwendungen. Können die dem Modell zugrunde liegenden Wirkungsbeziehungen nicht analytisch gelöst werden, müssen sie in einem Simulationsmodell formuliert und programmiert werden. Der Erfolg der Anwendung von Mehrgleichungsmodellen zu Prognosezwecken ist allerdings wie bei sämtlichen ökonometrischen Verfahren grundlegend von der Güte der Schätzung der unabhängigen, nicht durch das Modell bestimmten (exogenen) Variablen abhängig. Damit zeigt sich, dass das Prognoseproblem bei zahlreichen Anwendungen ökonometrischer Verfahren lediglich auf eine vorausgehende Stufe vorverlagert, nicht jedoch prinzipiell gelöst wird.

11.2.1.2.2 Nicht-ökonometrische Verfahren

Trendextrapolation

Die *Trendextrapolation* ist ein Verfahren zur Einschätzung zukünftiger, unabhängig von (rhythmischen) Schwankungen erwartbarer Entwicklungsrichtungen. Hierbei wird die zu prognostizierende Größe (z. B. Preise, Umsätze, Kosten) *allein* anhand des Kriteriums der Zeit ermittelt. Es wird bewusst darauf verzichtet, die unterschiedlichen, für den Verlauf der zu prognostizierenden Größe ausschlaggebenden Faktoren einzeln auszuweisen; vielmehr werden diese zu einem Ursachenkomplex zusammengefasst, der nicht näher aufgeschlüsselt wird. Dabei baut die Trendextrapolation auf der vereinfachenden Grundannahme auf, dass die in der Vergangenheit festgestellte Wirkung der Verursachungsfaktoren auch in der Zukunft gültig sein wird. Dies führt zur Entwicklung von Trends, die die allgemeine Richtung einer Zeitreihe in der Form einer arithmetischen Gleichung darstellen (Hansmann [Prognoseverfahren] 104). Bevor für eine Zeitreihe ein Trend berechnet werden kann, muss zunächst über dessen Funktionstyp, ob linear, quadratisch, exponentiell oder logistisch, entschieden werden. Abbildung 11-8 verdeutlicht die Bedeutung dieser grundsätzlichen Entscheidung. So scheinen in diesem Beispiel bis zum gegenwärtigen Zeitpunkt sowohl der lineare als auch der quadratische Trend den Verlauf der Ist-Werte gut beschreiben zu können. Es wird aber ebenso deutlich, dass die beiden Trendfunktionen im Prognosezeitraum ganz erheblich divergieren, wodurch sich je nach Funktionstyp sehr unterschiedliche Prognosewerte ergeben. Ist die Entscheidung über den Funktionstyp getroffen, so kann der Trend einer Zeitreihe entweder graphisch oder arithmetisch, beispielsweise durch Anwendung der Methode der kleinsten Quadrate, ermittelt werden.

Abbildung 11-8 *Trendextrapolation als Prognosetechnik*

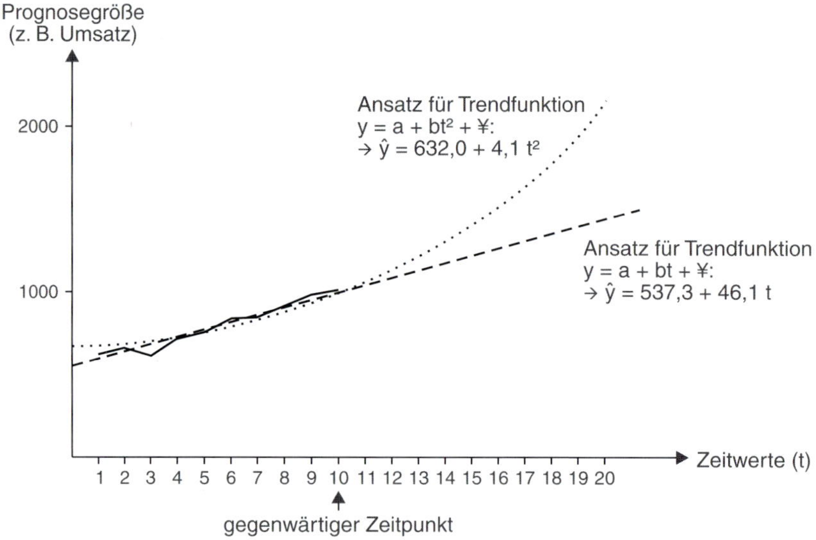

Die methodischen Kernprobleme der Trendextrapolation bestehen in der bereits angesprochenen Wahl der Trendfunktion sowie in der zeitlichen

Eingrenzung der Ist-Werte-Basis, die als Grundlage der Trendberechnung dient. Hieran zeigt sich bereits der generelle Nachteil der nicht-ökonometrischen Prognoseverfahren. Da die einzelnen Verursachungsfaktoren nicht isoliert analysiert werden, ist das Verfahren lediglich in der Lage, jene zukünftigen Entwicklungen aufzuzeigen, die aus dem bisherigen Verlauf der zu prognostizierenden Größe bereits ersichtlich waren. Daher erscheint das Verfahren zur Prognose diskontinuierlicher Entwicklungen, denen heute eine Schlüsselbedeutung insbesondere für das strategische Management (vgl. Abschn. 5.7) zukommt, nur bedingt geeignet.

Zeitreihenanalyse

Die *Zeitreihenanalyse* dient der Abschätzung von zyklischen oder periodischen Regelmäßigkeiten in Entwicklungen. Mit ihr wird versucht, die Pauschalschätzungen der Trendextrapolation zu konkretisieren und zu untersuchen, ob sich gewisse Regelmäßigkeiten im bisherigen Verlauf der Prognosegröße ergeben, die dann durch Zerlegung oder Dekomposition der Zeitreihe ausgewiesen werden können. Dazu muss zunächst eine Zeitreihe, also eine Menge von in äquidistanten Zeitpunkten erhobenen Beobachtungswerten der zu prognostizierenden Größe ermittelt werden. Der Verlauf der Zeitreihe kann dann dergestalt interpretiert werden, dass hinter bestimmten regelmäßig wiederkehrenden Schwankungen Einflussgrößen wie *Saison oder Konjunktur* vermutet werden. Der Zeitreihenanalyse kommt also die Aufgabe zu, mögliche Verursachungsfaktoren erst aus dem Verlauf der Prognosevariablen abzuleiten, wohingegen bei ökonometrischen Modellen diese a priori vorgegeben werden und die Prognose aufbauend auf theoretisch vermuteten Verursachungsfaktoren erfolgt. Die Zeitreihenanalyse könnte so gesehen als Vorstufe auf dem Weg zur Entwicklung ökonometrischer Modelle betrachtet werden. Zur Dekomposition der einzelnen Glieder von Zeitreihen werden unterschiedliche, teilweise äußerst komplexe mathematische Prozeduren angewandt (vgl. hierzu beispielsweise Hansmann [Prognoseverfahren] 46 ff.). Zeitreihenanalytische Prognosen sind besser als Trendextrapolationen zur Fundierung von Unternehmensführungsentscheidungen geeignet, da zahlreiche Entwicklungstrends von ökonomischen Größen wie Umsatz oder Arbeitslosenzahlen saisonalen und konjunkturellen Schwankungen unterliegen. Zur Ermittlung von Zeitreihen stehen verschiedene Verfahren wie das Saisonverfahren von Winters, die Spektralanalyse oder das Census-Verfahren zur Verfügung (vgl. hierzu Hansmann [Prognoseverfahren] 47 ff.; Hüttner [Prognoseverfahren] 39 ff.).

Indikatormethode

Die *Indikatormethode* steht in engem Zusammenhang mit der oben dargestellten Analogieschlussmethode, da auch hier die künftige Entwicklung einer zu prognostizierenden Größe aus einer vergleichbaren Entwicklung in einem anderen Bereich abgeleitet wird. Die Entwicklung in dem Vergleichsbereich wird hier jedoch zu einem quantitativen Ausdruck, einem Indikator zusammengefasst, der sich durch einen unter Umständen zeitlich vorgelagerten (Gleich-)Lauf zur Prognosegröße auszeichnet. Indikatoren sind jedoch keine ursächlichen Größen, sondern lediglich Zustände oder Ereignisse, die als Ausdruck bestimmter, nicht weiter erforschter Entwicklungen gelten (Hüttner [Prognoseverfahren] 235). Die Verbindung zwischen Indikator und Prognosegröße besteht daher nicht in einem Ursache-Wirkungszusammenhang, sondern vielmehr aufgrund der Gültigkeit eines „Symptomgesetzes". Die Indikatormethode hat als Prognosetechnik nur dann einen Sinn, wenn der verwendete Indikator einen zeitlichen Vorlauf zur Prognosegröße hat sowie schnell und problemlos ermittelt werden kann. Indikatoren, die im volkswirtschaftlichen Bereich verwandt werden, sind beispielsweise das Volkseinkommen oder der Investitionsindex, während Umsatzanteile in Auslandsmärkten oder Fluktuationsraten als Beispiele für betriebswirtschaftliche Indikatoren gelten können. Andererseits ist jedoch darauf hinzuweisen, dass die Aussagekraft der Indikatormethode durch deren immanente Tendenz zur monokausalen Fundierung der Prognosegrößen eingeschränkt wird.

Ersatzbedarfsanalyse

Für Unternehmen, die dauerhafte Gebrauchsgüter herstellen und vertreiben, stellt die Prognose des Ersatzbedarfs für ihre Produkte ein besonderes Problem dar (Lewandowski [Informationssysteme I] 404 ff.; Mertens [Absatzprognose] 216 f.). Hierzu ist ein spezielles Prognoseinstrumentarium entwickelt worden, das unter dem Begriff der *Ersatzbedarfsanalyse* zusammengefasst werden soll. Das Problem der Ersatzbedarfsanalyse ist besonders für jene Unternehmen von Bedeutung, deren Produkte im Lebenszyklus schon sehr weit vorangeschritten sind und deren Umsatz deshalb zum überwiegenden Teil aus Ersatzlieferungen besteht. Da die Höhe des Ersatzbedarfs von einer ganzen Reihe von Faktoren technischer Art wie Produktqualität, marktpsychologischer Art wie Status und Mode oder finanzieller Art wie Reparatur- oder Instandhaltungskosten und Preis- und Einkommensverhältnissen abhängt und diese Größen einem laufenden Wandel unterworfen sind, lassen sich aussagekräftige Ersatzbedarfsprognosen nur auf der Basis komplexer Ansätze erstellen. Generell lässt sich die Ersatzbedarfsnachfrage EB einer Periode t durch die Funktion

$$EB_t = P_t \,.\, k_t$$

zum Ausdruck bringen. Dabei können zur Bestimmung des gegenwärtigen und künftigen Bestandsniveaus des Marktes (P_t) die zuvor dargestellten Prognoseverfahren zum Einsatz kommen. Das hier im Mittelpunkt stehende Problem besteht jedoch darin, den Ersatzbedarfskoeffizienten k_t abzuschätzen. Hierzu sind eine Reihe von Modellen teilweise komplexer Natur entwickelt worden (vgl. hierzu beispielsweise Lewandowski [Informationssysteme I] 421 ff.).

11.2.1.3 Auswahl geeigneter Prognoseverfahren

Auswahlkriterien

Für die Auswahl eines geeigneten Prognoseverfahrens ist es unerlässlich, zunächst den Charakter der Prognosesituation genau zu bestimmen. Hierbei spielen der *Prognosezeitraum* (kurz-, mittel- oder langfristige Daten) und die Art der *Prognosedatenbasis* (quantitative oder qualitative Daten; eine oder mehrere erklärende Zeitreihen; Umfang der Zeitreihen; Erkennbarkeit von Zeitreihenmustern) eine wichtige Rolle. Die Praxis zeigt, dass durch diese Voraussetzungen die Einsetzbarkeit der Verfahren bereits stark reduziert wird. Zur letztendlichen Auswahl eines Verfahrens sind dann weitere Kriterien wie

- die Prognosegenauigkeit,
- die *Prognosekosten* (fixe und variable Kosten) sowie
- die Komplexität und die Benutzerfreundlichkeit des Verfahrens

heranzuziehen (Hansmann [Prognoseverfahren] 141 f.). Neben einer einzelfallbezogenen Beurteilung der Verfahren anhand eines Kriterienkatalogs kann die Verfahrenswahl durch den Einsatz *standardisierter Entscheidungsbäume* oder -tabellen (Hansmann [Prognoseverfahren] 143; Hüttner [Prognoseverfahren] 284 f.), aber auch durch Systemnutzung (Hüttner/Bednarzik [Selektion] 103 ff.) erleichtert werden (vgl. Abbildung 11-9).

Entscheidungsbaum/-tabelle

Obwohl angesichts der weitgehenden Durchdringung von elektronischen Datenverarbeitungssystemen in den Unternehmen (vgl. Kapitel 12) vielerorts eine Überlegenheit quantitativer Prognosetechniken postuliert wird, nehmen die qualitativen Prognosetechniken aufgrund der diskontinuierlichen und mehrdeutigen Umweltentwicklungen ebenfalls eine bedeutende Rolle innerhalb des Prognoseinstrumentariums vieler Unternehmen ein, zumal zahlreiche wichtige Einflussfaktoren der Unternehmensführung nicht in rechenmäßiger Form vorliegen.

Die Grenzen der quantitativen Techniken sind auch dort sehr schnell erreicht, wo zur Modellbildung weitreichende Grundannahmen über Variablenstruktur, -verlauf oder -zusammenhänge getroffen werden müssen. Auch scheinen qualitative Prognoseverfahren zunehmend höherwertige Informationen liefern zu können, da eine verbesserte Verarbeitung argumentativer Aussagen von der zügig voranschreitenden Entwicklung von Entscheidungsunterstützungssystemen (vgl. Abschn. 12.3.1) zu erhoffen ist. Wenn auch das Instrumentarium der Prognose erhebliche Hilfestellung zur Ungewissheitsreduktion zu leisten vermag, verbleibt doch zwischen Person und Kontextungewissheit ein Spannungsfeld, das aus der Mehrdeutigkeit von gedanklichen Vorwegnahmen zukünftiger Ereignisse und Entwicklungen unter Einbeziehung subjektiver Größen resultiert. So gesehen tragen auch komplexe Prognoseinstrumente nur zu einer ansatzweisen Einschränkung des Interpretationsspielraums des Top-Managements bei.

Abbildung 11-9 *Entscheidungsbaum zur Auswahl von Prognosetechniken*

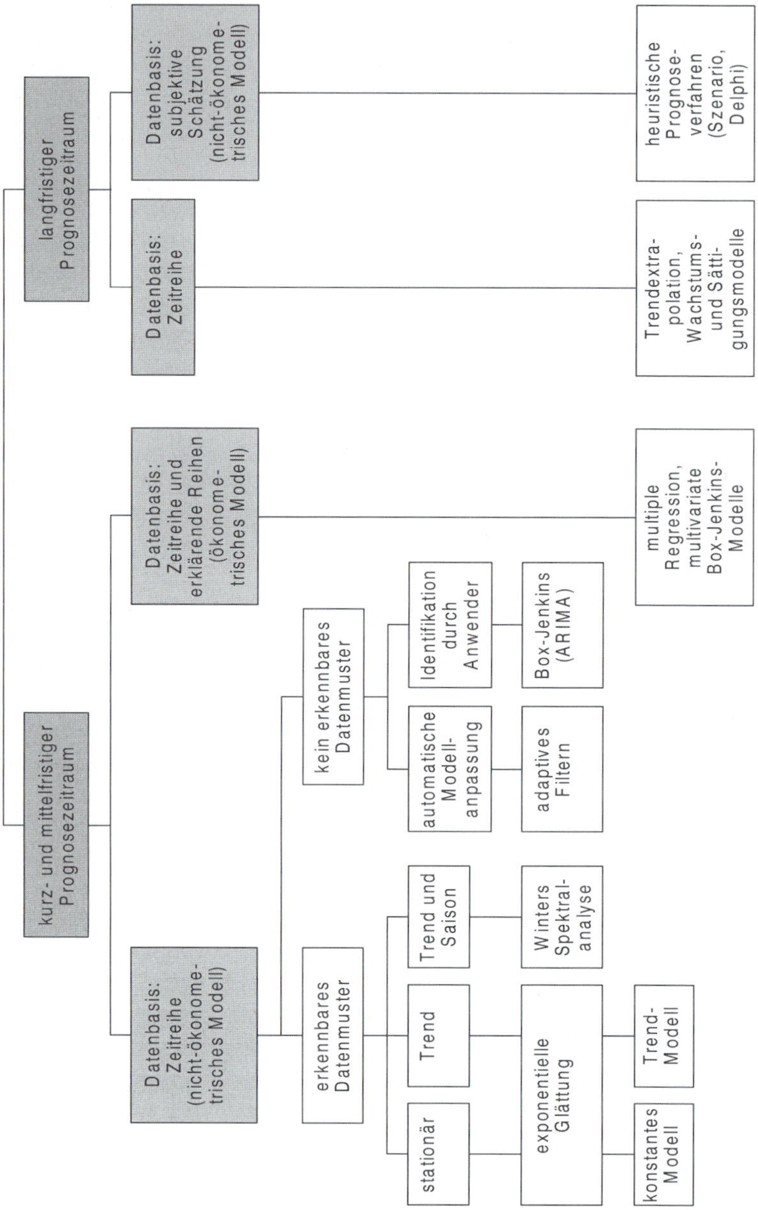

Empirischer Befund

Die aktuelle Studie von Gruber und Venter ([Kunst] 970 ff.) untersucht auf empirischem Wege den Stand der Zukunftsforschung in deutschen Großunternehmen. Es zeigt sich, dass die Unternehmen zur Langfristprognose vorwiegend qualitative Verfahren, insbesondere die Delphi-Methode und die Szenario-Technik verwenden. Weiterhin ergänzen sie die im Rahmen der Szenario-Analyse eingesetzten Extrapolationen durch sogenannte Retropolationen, bei denen die vorhergesagten zukünftigen Zustände auf die gegenwärtige Situation „zurückgespiegelt" werden. Schließlich setzen die Unternehmen sogenannte Trendscouts ein, die in weltweit führenden Märkten bzw. technologischen Zentren das aktuelle Umfeld und sich abzeichnende Entwicklungen beobachten.

11.2.2 Kreativitätstechniken zur Alternativensuche

Bedeutung

Ein wichtiger Schritt im Planungsprozess besteht darin, Handlungsalternativen zu entwickeln, mit denen die Unternehmensziele erreicht werden können. Hierbei dominieren kreative Elemente, wobei die Fähigkeit zu Innovation und Kreativität nicht nur in Zeiten stagnierender oder rückläufiger Märkte eine entscheidende Rolle im Hinblick auf die Sicherung des Unternehmenserfolgs spielt (vgl. Abschn. 10.4). Aufgrund des starken Konkurrenzdrucks und der immer kürzer werdenden Produktlebenszyklen kann die Fähigkeit zu Neuerungen als ein generelles Erfolgspotenzial von Unternehmen gelten. Angesichts dynamischer und diskontinuierlicher Umweltentwicklungen gehören in der Regel jene Wettbewerber zu den Gewinnern, die die bestehenden Probleme mit innovativen Lösungen angehen. Die Alternativensuche dürfte insbesondere auf der Ebene der Unternehmensführung einer der schwierigsten Schritte des gesamten Planungsprozesses sein, da die Gestaltungsaufgaben hier schlecht strukturiert sind und somit das Feld möglicher Handlungsalternativen nicht vollständig bekannt ist.

Begriff

Zur Erläuterung und Beurteilung der Techniken der Ideenfindung (Kreativitätstechniken) ist eine Klärung des schillernden *Kreativitätsbegriffs* notwendig. Bei der Kreativität handelt es sich um eine *kognitive, gering spezifizierte und damit universell einsetzbare Fähigkeit des Menschen,* wie sie beispielsweise auch mit der Intelligenz gegeben ist. Die Universalität von Kreativität ist insbesondere dafür verantwortlich, dass sich viele der vorliegenden Definitionen dieses Begriffs als doppelbödig und wenig trennscharf erweisen. Eine der gängigsten Definitionen bezeichnet Kreativität als „the capacity of persons to produce compositions, products or ideas of any sort which are essentially new or novel" (Drevdahl [Factors] 22). Da die wesentlichen Merkmale der Kreativität in ihrem schöpferischen Charakter und in der Neuartigkeit der Resultate bestehen, soll Kreativität *im Folgenden als ein schöpferischer*

Denkprozess verstanden werden, der neuartige, unkonventionelle Ideen hervorbringt.

Förderung der Kreativität

Zur Klärung der Frage, ob und wie Kreativität förderbar ist, erweist es sich als zweckmäßig, das „Kreativ-Sein" als Prozess im Sinne der Abfolge mehrerer Schritte zu verstehen. Anhand der Chronologie kreativer Prozesse bedeutender Persönlichkeiten wie Komponisten, Schriftsteller oder Wissenschaftler lässt sich eine typische Stufenfolge feststellen (vgl. Abbildung 11-10; Siemens [Organisationsplanung] 280). Danach wird der kreative Prozess mit einem *logischen Abschnitt* eingeleitet, in dem eine vorwiegend rationale Auseinandersetzung mit dem zu lösenden Problem erfolgt. Hinsichtlich der Kreativitätsförderung ist das Durchlaufen des logischen Abschnittes von hoher Bedeutung, um einerseits eine intensive Auseinandersetzung mit den einzelnen Facetten des Problems sowie den vorliegenden Lösungsansätzen sicherzustellen und andererseits zu gewährleisten, dass sich die Teilnehmer des kreativen Prozesses von dem Ballast eingefahrener, aber wenig nützlicher Lösungsansätze befreien. Im *zweiten Abschnitt*, der eigentlichen kreativen Phase, erfolgt eine Verinnerlichung des Problems, in der die sachrationale Ebene verlassen und das Problem auf der unbewussten Ebene intuitiv weiterverarbeitet wird. Dieser Abschnitt kann auch als Phase der Inkubation bezeichnet werden, da hier ein In-Sich-Gehen erfolgt, das dem Tempelschlaf in der Antike nicht unähnlich ist. Mehr oder weniger plötzlich wird dieser zweite Abschnitt dann beendet, wenn dem „Kreator" erleuchtende Ideen einfallen, die als so interessant eingeschätzt werden, dass eine kritische, also unter rationalen Gesichtspunkten stehende Überprüfung angemessen erscheint. Diese erfolgt schließlich im *dritten Abschnitt* des kreativen Prozesses, der Phase der Verifikation. Hier werden die brauchbaren Ideen herausgefiltert, indem die intuitiv gewonnenen Ideen anhand ökonomischer, technischer, sozialer oder anderer Kriterien beurteilt werden.

Kreativer Prozess

Inkubation

Der Ablauf des kreativen Prozesses wird in den meisten der bekannten Kreativitätstechniken nachgeahmt, wobei die Teilnehmer (Individuen oder Gruppen) in gleichsam spielerischer Form ihre Einfälle austauschen und weiterentwickeln. Damit wird deutlich, dass die Kreativitätstechniken lediglich als unterstützende, günstige Rahmenbedingungen schaffende Heuristiken aufgefasst werden dürfen, die keine Lösungsgarantie im Sinne eines Algorithmus geben können. Kreativitätstechniken wirken vielmehr in der Art eines Katalysators, mit dem das in den Teilnehmern angelegte Ideenfindungspotenzial freigesetzt, kanalisiert und damit fruchtbar gemacht wird.

Kreativer Prozess

Abbildung 11-10

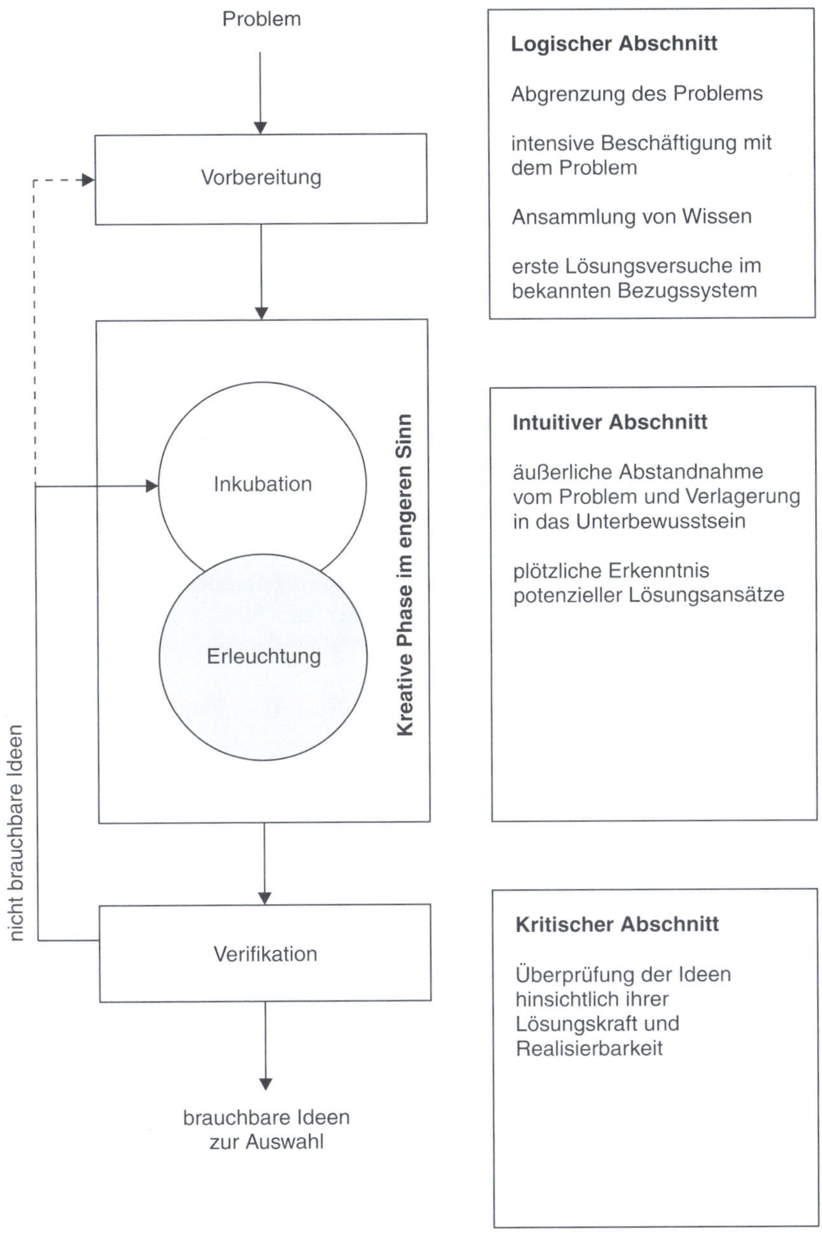

Dieses wird insbesondere dadurch gefördert, dass die negative Wirkung externer Einflussgrößen wie starre Informationskanäle, autoritäre Führungsstrukturen und die Überbetonung materieller Anreize methodenimmanent vermieden oder abgeschwächt wird. Kreativitätstechniken sind daher so angelegt, dass das kreative Potenzial von Individuen durch günstige Rahmenbedingungen erhöht und *Kreativität auf diese Weise bis zu einem bestimmten Grad erlernt werden kann.*

Techniken der Ideenfindung:

Aus den häufig praxisorientierten Schriften über Techniken der Ideenfindung (Schlicksupp [Ideenfindung]) lässt sich ein nahezu unbegrenzter Katalog an Kreativitätstechniken entnehmen, die insgesamt vier grundlegenden Gruppen zuordenbar sind. Die Brainstorming-Techniken und die Brainwriting-Techniken stützen sich auf das Prinzip der Assoziation im Sinne des Hervorbringens möglichst vieler problembezogener Ideen. Bei den verfremdenden Techniken steht die Analogiebildung im Sinne einer Suche nach ähnlichen oder vergleichbaren Strukturen und Mustern in anderen Erfahrungsbereichen im Mittelpunkt. Die systematisch-strukturierenden Techniken basieren auf der Zerlegung eines komplexen Grundproblems in seine Bestandteile, aus denen dann mittels Kombination kreative Ideen generiert werden.

Brainstorming

Bei den *Brainstorming-Techniken* zeigt sich der Grundansatz der Kreativitätstechniken besonders deutlich. Es handelt sich um *Methoden eines gemeinsamen Nachdenkens,* die sich mehrheitlich an Problemlösungs*gruppen* wenden (Gottschall [Kreativität] 80). Durch einen vergleichsweise genau geregelten Ablauf sowie ein gelassenes Sitzungsklima sollen ungünstige Situationsfaktoren ausgeblendet werden. Die wichtigste Technik dieser Gruppe ist mit dem *klassischen Brainstorming* gegeben, das die bekannteste Kreativitätstechnik überhaupt ist und zudem der gesamten Gruppe ihren Namen gibt. Das grundlegende Merkmal des auf Osborn ([Imagination]) zurückgehenden Brainstorming besteht darin, dass während der kreativen Phase der Brainstorming-Sitzung von den Teilnehmern keinerlei Kritik an Ideen anderer geübt werden darf. Es soll damit sichergestellt werden, dass jedem Teilnehmer zugebilligt wird, auch solche Einfälle zu entwickeln und zur Diskussion zu stellen, die von anderen als zu abstrakt oder vorschnell als nicht realisierbar abgetan werden könnten. Die Maxime lautet, dass möglichst viele außergewöhnliche Ideen entwickelt werden sollen, Quantität zunächst also vor Qualität steht. Das klassische Brainstorming erfolgt unter Leitung eines Moderators und ist auf vielfältige Bereiche von der Lösung technischer Probleme, der Produktauswahl bis hin zu organisatorischen Problemen anwendbar. Beim klassischen Brainstorming hat sich eine *dreistufige Abwicklung* bewährt (vgl. Abbildung 11-11), die weitgehend dem kreativen Prozess entspricht (Siemens [Organisationsplanung] 289).

Brainstorming-Ablauf

Abbildung 11-11

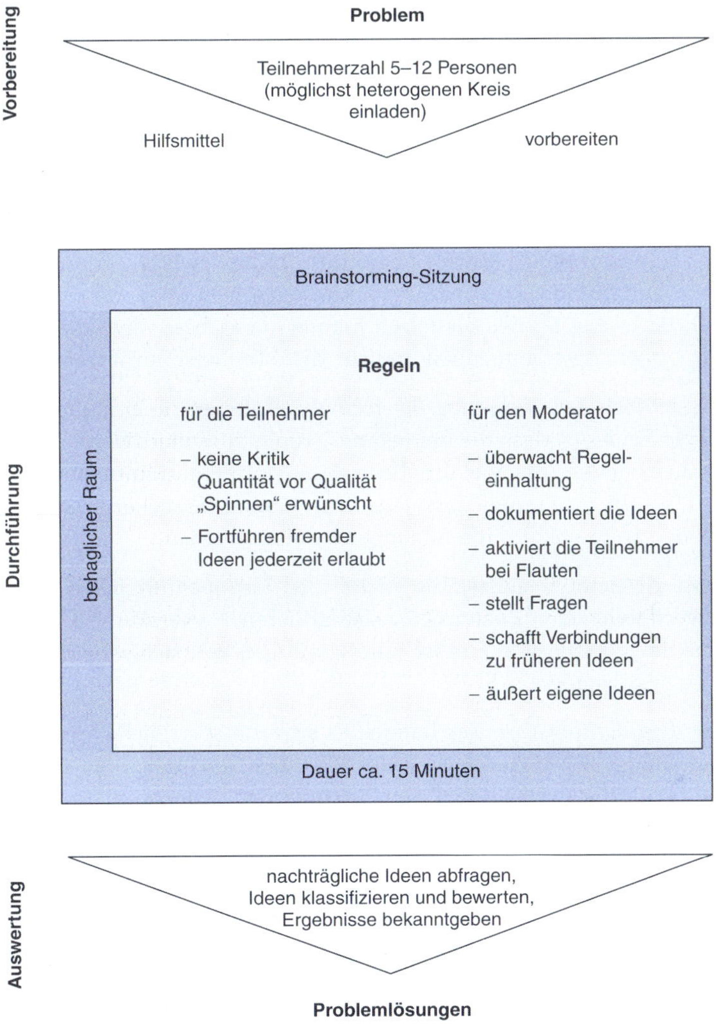

Little-Technik

In die Gruppe der Brainstorming-Techniken ist auch die so genannte *Little-Technik* einzureihen, die im Schrifttum bisweilen als didaktisches Brainstorming bezeichnet wird. Bei der Little-Technik handelt es sich um eine Abwandlung des klassischen Brainstorming. Zu Beginn der Sitzung kennt nur der Moderator die genaue Problemstellung. Dieser führt die Teilnehmer erst allmählich an das konkrete Problem heran, um sicherzustellen, dass die Teilnehmer eine möglichst breit angelegte Lösungssuche vornehmen, deren

Resultate dann später, bei Bekanntwerden der konkreten Problemgestalt, auf ihre Lösungskraft hin untersucht werden können. Die Little-Technik wurde entwickelt, da viele Brainstorming-Teilnehmer dazu neigen, ihre „kreativen" Ideen im Umfeld vertrauter Lösungsansätze zu suchen, wodurch weite Kreativitätspotenziale ungenutzt bleiben. Sie bietet somit günstige Voraussetzungen für eine besonders grundlegende Durchleuchtung des zur Lösung anstehenden Problems.

Anwendungsprobleme

Mit der Anwendung der Brainstorming-Techniken sind verschiedene häufig auftretende Probleme verbunden:

- Das Brainstorming wird als überaus einfache, leicht zu erlernende und durchzuführende Kreativitätstechnik angesehen. Diese Grundannahme stellt sich aber schnell als falsch heraus, da insbesondere die Fähigkeit zur Unvoreingenommenheit und zur Kritikfreiheit erlernt werden muss.
- Hinsichtlich der Gestaltung des formalen Rahmens unterlaufen grundlegende Fehler, sodass die Teilnehmer wenig stimuliert werden, aus sich herauszugehen. Ein vielfach beim Brainstorming anzutreffendes Problem resultiert daraus, dass Personen unterschiedlicher hierarchischer Ebenen an Brainstorming-Sitzungen beteiligt werden.
- Dem Moderator gelingt es nicht, die Gruppenmitglieder zu einer „zweckgerichteten Phantasie" zu stimulieren. Er versäumt es, adäquate Reaktionsformen wie Einsatz von Reizfragen bei nachlassendem Ideenfluss anzuwenden.

Brainwriting

Bei den *Brainwriting-Techniken* handelt es sich um schriftliche Varianten des Brainstorming, wobei durch die Schriftform sowie Anonymität die Gleichwertigkeit und gegenseitige Unterstützung der Teilnehmer im kreativen Prozess sichergestellt werden sollen. Die Vorgehensweise beruht auf Erkenntnissen der experimentellen Psychologie, die darauf hingewiesen hat, dass die menschliche Auffassungsgabe und Speicherfähigkeit im Hinblick auf Fakten und komplexe Zusammenhänge von der Art der Informationsaufnahme abhängt und dass die Kombination aus Sehen und Hören die besten Ergebnisse stiftet.

Methode 635

Die *Methode 635* stellt die bekannteste Variante der Brainwriting-Techniken dar. Hier wird die Verwandtschaft zum klassischen Brainstorming besonders deutlich, da die Teilnehmer der Sitzung ebenfalls Ideen generieren, nur dass diese nicht mündlich, sondern schriftlich geäußert werden. Der konkrete Ablauf der Anwendung der Methode 635 ist aus der Abbildung 11-12 ersichtlich (Siemens [Organisationsplanung] 293).

Methode 635

Abbildung 11-12

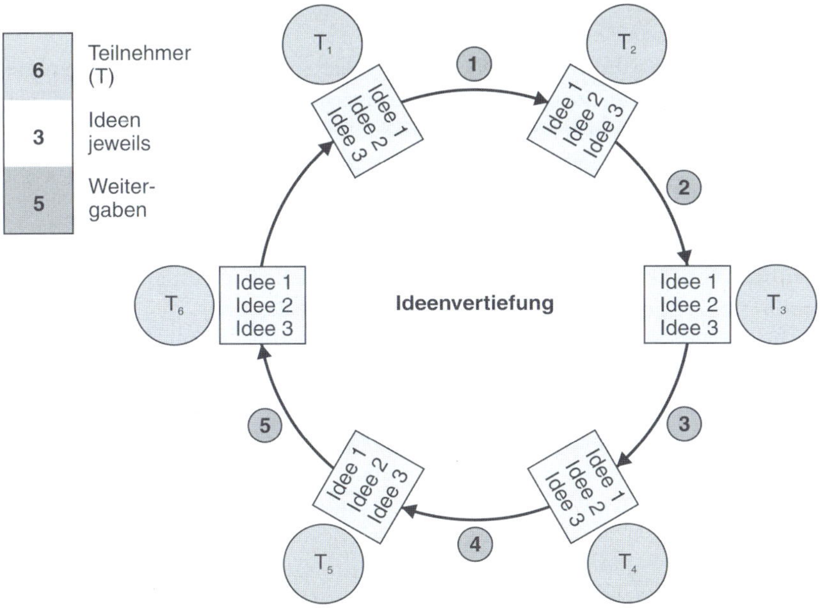

Demnach besteht die Gruppe üblicherweise aus sechs Teilnehmern, wobei jeder Teilnehmer drei Ideen zum Problemfeld auf ein Blatt Papier zu schreiben hat. Nach Ablauf eines zuvor bestimmten, üblicherweise drei bis fünf Minuten betragenden Zeitraums gibt jeder Teilnehmer seinen Bogen an ein anderes, immer gleichbleibendes Gruppenmitglied weiter. Diese zyklische Weitergabe wiederholt sich so lange, bis jeder Teilnehmer sämtliche Blätter eingesehen und ausgefüllt hat. Es wird deutlich, dass das Verfahren seinen Namen der Teilnehmerzahl, der Anzahl geforderter Ideen sowie der Häufigkeit von Weitergaben verdankt. Da die Zahl der Personen problemlos zwischen vier und acht variiert werden kann, ist es einsichtig, dass die Methode 635 prinzipiell auch als Methode 433, 827 usw. ausgeübt werden könnte. Da jeder Teilnehmer mit unterschiedlich großem Interesse und unterschiedlicher Spontaneität die produktiven Leistungen der anderen Gruppenmitglieder verfolgt, fördert das Verfahrensdesign eine gelockerte, kreative Leistungen begünstigende Atmosphäre. Eine vorteilhafte Nutzung kreativer Potenziale ist von der Anwendung der Methode 635 gerade deshalb zu erwarten, weil das Verfahren so angelegt ist, dass die kreativen Ideen auf der Basis der Ideen anderer geschöpft werden.

Ideen-Delphi

Eine weitere Variante aus der Gruppe der Brainwriting-Techniken ist mit dem *Ideen-Delphi-Verfahren* gegeben. Dessen Vorgehensweise gleicht weitgehend der Delphi-Prognose, wie sie oben beschrieben wurde. Auch hier werden 10 bis 20 Experten befragt, die jedoch anstatt fachlich fundierter Prognosen kreative Handlungsalternativen entwerfen sollen. Zudem wird ebenfalls durch zwei bis drei Iterationen eine Konvergenz der kreativen Vorschläge erzeugt, wobei in der letzten Runde die Experten aufgefordert werden, anhand eines Bewertungsschlüssels aus Umsatz- und Kostenkriterien eine kritische Beurteilung der Kollegenvorschläge vorzunehmen.

Verfremdende Techniken:

Die *verfremdenden Techniken* unterscheiden sich in ihrem Lösungsansatz recht deutlich von den vorgenannten Techniken. Ihre Bezeichnung resultiert aus ihrem konzeptionellen Aufbau, der die Transzendierung des Problems, wie es in der Phase der Inkubation erfolgt, fördern soll, indem Analogien aus Bereichen gebildet werden, die auf den ersten Blick keine Schnittstellen mit der eigentlichen Problemlösungsebene aufzuweisen scheinen. Hieran zeigt sich, dass die verfremdenden Techniken noch stärker als die Brainstorming- und Brainwriting-Techniken an der bereits erläuterten Phasenfolge des kreativen Prozesses ausgerichtet sind. Insbesondere die Methode der *Synektik* will den kreativen Phasenablauf simulieren. Seiner etymologischen Bedeutung nach steht der Terminus „Synektik" für Zusammenfügung oder auch Zusammenwirkung, wobei derartige Prozesse insbesondere auch im Rahmen der hier behandelten Kreativitätstechnik ablaufen. Es erfolgt nämlich eine schrittweise Verfremdung des Ausgangsproblems durch die Bildung von Analogien aus anderen Lebensbereichen. Der Ablauf einer synektischen Sitzung kann der Abbildung 11-13 (Siemens [Organisationsplanung] 297) entnommen werden. Mit direkten, persönlichen und symbolischen Vergleichen werden zunächst drei Arten von Analogien gebildet (Herstatt/Engel [Analogien] 32 ff.). Die durch die stufenweise Transzendenz gewonnene Fremdstruktur soll dann wieder zurück in das Lösungskonzept übernommen werden.

Synektik

Bei der Bildung *direkter Analogien* werden Probleme und Lösungen aus denjenigen Bereichen der Natur, Technik, Politik oder Gesellschaft gesucht, die eine hohe Strukturgleichheit mit dem Ausgangsproblem aufweisen. Bei technischen Problemen hat es sich bewährt, die Natur als Analogiefeld zu nutzen. Bei der Bildung *persönlicher Analogien* geht es darum, dass sich die Teilnehmer in einen aus der Vielzahl der direkten Analogien ausgewählten Gegenstand hineinversetzen und Beschreibungen abgeben, wie sie sich in der Rolle dieses Gegenstands fühlen würden. Die Bildung von persönlichen Analogien hat den Zweck, eine Verinnerlichung des Problems zu ermöglichen. Gelingt die Bildung direkter Analogien auch ungeübten Teilnehmern vergleichsweise mühelos, so erweist sich die Bildung von persönlichen Analogien als weitaus problemträchtiger, wobei sich menschliche Unsicherheit,

Scham und ein ausgeprägtes Prestigedenken vielfach als Bremser synektischen Erfolgs erweisen.

Ablaufplan einer Synektiksitzung **Abbildung 11-13**

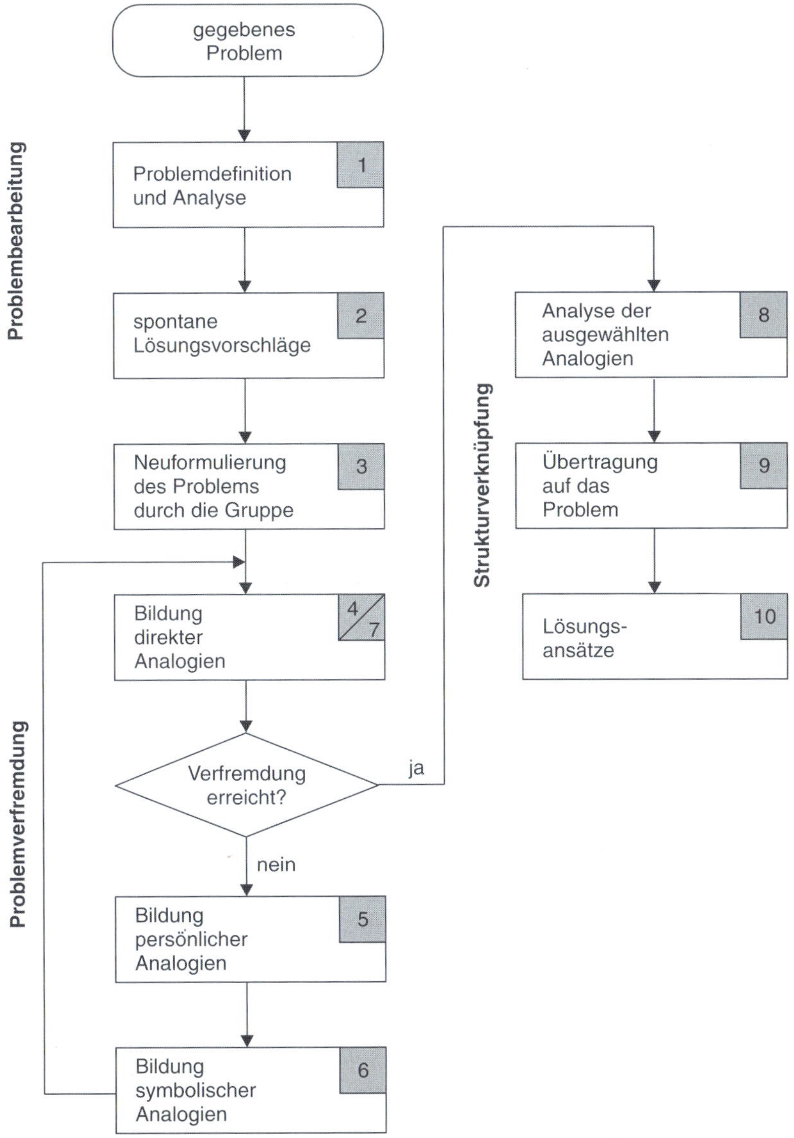

Anschließend werden *symbolische Analogien* gesucht, bei denen die Teilnehmer die in der vorigen Phase ermittelten Hauptgefühle herausgreifen und hierzu paradoxe Gegensatzpaare bilden. Dies geschieht dadurch, dass zu einem Substantiv ein widersprüchliches Adjektiv hinzugefügt wird. Die Bildung symbolischer Analogien hat den Zweck, den Problemlösungsrahmen der Teilnehmer auszuweiten. Nach der Bildung der drei Analogien haben die Teilnehmer in einem logischen Abschnitt eine Verbindung zwischen den Analogien und dem eigentlichen Problemfeld herzustellen.

Die Synektik ist eine anspruchsvolle Kreativitätstechnik, die von den Teilnehmern ein hohes Maß an menschlicher Reife erfordert. Daher verwundert es nicht, dass viele Anwendungen durch erhebliche Probleme gekennzeichnet sind. So neigen insbesondere ungeübte Teilnehmer zu dem Fehler, alle Schritte des Verfremdungsprozesses auf ihre Zweckbezogenheit und Sinnfälligkeit hin zu überprüfen und mangels geistiger Durchdringung zu bezweifeln.

Bionik

Weitaus einfacher angelegt ist die *Bionik*, die andererseits jedoch mehr als eine bloße Kreativitätstechnik ist, stellt sie doch das Studium und die Anwendung der natürlichen Gestaltungsprinzipien auf die Bedürfnisse der Menschen dar. Wird die Bionik als Kreativitätstechnik genutzt, dann wird der oben beschriebene synektische Trichter dergestalt abgekürzt, dass die Teilnehmer bereits nach der Bildung der ersten, nämlich der direkten und auf die Natur bezogenen Analogie aufgefordert werden, die Problemlösungsrelevanz der gewonnenen Ideen zu überprüfen. Angesichts neuerer Entwicklungen der Orthopädie, der Architektur, des Leichtbaus oder der Meerestechnik wird deutlich, dass die Bionik zwischenzeitlich eine nicht unbedeutende Rolle in der Praxis einnimmt.

Systematisch-strukturierende Techniken:

An einem anderen Mangel menschlichen Problemlösens setzen die *systematisch-strukturierenden Kreativitätstechniken* an. Zahlreiche Menschen neigen aufgrund ihres begrenzten Kurzzeitgedächtnisses nämlich dazu, sequenziell zu denken und bei der Lösung komplexer Probleme Partiallösungen anstatt Gesamtlösungen zu entwickeln. Ein wesentlicher Schritt hin zu besseren Problemlösungen würde daher bereits darin bestehen, die vielfältigen Problemfacetten aufzuzeigen, ohne dabei jedoch die Ganzheitlichkeit des Problems aus den Augen zu verlieren. Der der Lehre von den Strukturen oder Gestalten entlehnte *morphologische Kasten* als bekannteste systematisch-strukturierende Technik soll in diese Richtung wirken. Die von dem Schweizer Astrophysiker Zwicky entwickelte Methode baut auf der Strukturenlehre auf und zerlegt ein komplexes Problem dergestalt in mehrere Problembestandteile, dass die Funktionen herausgestellt werden, die eine Problemlösung erfüllen sollten. Für jede dieser Funktionen stehen üblicherweise mehrere Lösungsansätze bereit, von denen jedoch oft nur wenige Kombinationen bereits realisiert sind. Die Methode sieht daher eine Nutzung des Kastens als

Morphologischer Kasten

Ordnungsgerüst vor, in dem die verschiedenen (Teil-)Lösungsansätze zusammengetragen werden (vgl. Abbildung 11-14; Uebele [Praxis] 778) und so ein Totallösungssystem entwickelt wird. In einem zweiten Schritt muss geprüft werden, welche Kombinationen aus Teillösungen bereits realisiert worden sind und welche Kombinationen darüber hinaus noch realisierbar und nutzbringend wären. Es ist einsichtig, dass durch die Zerkleinerung des Problemfelds zwar die Erfassung vielfältiger Problemfacetten garantiert, andererseits jedoch nur eine begrenzte Hilfe bereitgestellt wird, wenn es darum geht, völlig neuartige, außerhalb vorhandener Denkstrukturen angelagerte Problemlösungen zu entwickeln. Diese würden ja gerade darin bestehen, weitere wichtige Funktionen zu erkennen oder hinsichtlich bekannter Funktionen noch nicht existente Lösungsansätze zu entwickeln. Daher ist der morphologische Kasten als eine Technik anzusehen, die vorwiegend in der Kombination mit den anderen Techniken eingesetzt werden sollte.

Abbildung 11-14

Morphologischer Kasten

Problembestandteile (Funktionen)	Lösungsmöglichkeiten		
Wasser kochen	Heizspirale (innen)	Heizplatte oder offene Flamme (außen)	Erhitzen durch Induktion
Kaffee filtern	Filterpapier	poröses Porzellan	Zentrifuge
Kaffee warmhalten	wärmeisolierendes Material	Wärmezufuhr	Wärmehaube
Kaffee ausschenken	Hahn	Pumpeneinrichtung	Zweitbehälter und ausgießen

Alternative 1 - - - -▶ **Alternative 2** ——▶

Verbreitung

Die Kreativitätstechniken wurden Ende der 1960er Jahre von der Praxis mit Aufgeschlossenheit und sogar Begeisterung aufgenommen (Uebele [Praxis] 780). Angesichts der dargestellten Probleme ist jedoch inzwischen eine gewisse Ernüchterung eingetreten. Gleichwohl werden Kreativitätstechniken nach wie vor in vielen Unternehmen angewandt. So belegt eine in großen Industrieunternehmen durchgeführte Studie (Köhler/Tebbe/Uebele [Einfluss]), dass 37 Prozent der untersuchten Unternehmen zumindest eine der Kreativitätstechniken anwenden, wobei das Brainstorming mit Abstand am häufigsten eingesetzt wird. Es überrascht allerdings, dass auch die methodisch aufwändige Synektik recht häufig zur Anwendung gelangt. Der Schwerpunkt ihres Einsatzes liegt im Bereich der Gewinnung von Neuproduktideen. Im Hinblick auf die Nützlichkeit der Methoden gab die überwiegende Mehrheit der Befragten der Studie an, dass die Techniken in ihren Unternehmen wichtige oder sehr wichtige Instrumente darstellen würden (Uebele [Praxis] 780). Die Ergebnisse dieser Untersuchung werden auch durch ältere Befragungen, vor allem des Battelle-Instituts gestützt, die ebenfalls auf die Dominanz der Brainstorming-Technik verweisen.

11.2.3 Bewertungstechniken

Kosten-Nutzen-Analyse

Bewertungstechniken dienen dazu, die im Planungsprozess gewonnenen Handlungsalternativen hinsichtlich ihres Aufwands und Nutzens vergleichbar zu machen. Die *Kosten-Nutzen-Analyse* (Cost-Benefit-Analysis; Nutzen-Kosten-Analyse) ist ein Instrument, mit dem insbesondere der Erfolg von Alternativen bei Investitionsentscheidungen beurteilt werden kann. Hierzu werden die zukünftigen Kosten und Erlöse eines Projektes auf den gegenwärtigen Zeitpunkt abdiskontiert. Im Ergebnis ist diejenige Alternative zu bevorzugen, die die größte Differenz zwischen den Erlösen und Kosten verspricht. Bei der Durchführung der Kosten-Nutzen-Analyse treten vielfach Probleme auf, die zunächst in der Definition und Abgrenzung von Entscheidungsprojekten bestehen. So kann der Nutzen der zur Auswahl stehenden Entscheidungsalternativen nur dann hinreichend präzise abgeschätzt werden, wenn das zu bewältigende Projekt klar umschrieben ist. Daneben stellt sich die Bewertung der Kosten der Entscheidungsalternative als schwierig dar, da die einzelnen Alternativen unterschiedliche Relationen zwischen fixen und variablen Kosten aufweisen und insbesondere Letztere schwer abzuschätzen sind. Bei der Bewertung des Nutzens einer Entscheidungsalternative ist mehrheitlich davon auszugehen, dass deren Auswirkungen quantitativer *und* qualitativer Natur sind. In diesem Zusammenhang erweist es sich vielfach als problematisch, die qualitativen Auswirkungen, zum Beispiel soziale oder auch ökologische Effekte, rechenbar und damit der Kosten-Nutzen-Analyse zugänglich zu machen. Weiterhin führen die Entscheidungsalternativen zu unterschiedlichen, kaum erfassbaren sekundären Wirkungen, wobei darauf zu verweisen ist, dass insbesondere externe Auswirkungen von Entscheidungsalternativen kaum vollständig in die Analyse einbezogen werden können. Schließlich stellt sich das Problem der Bestimmung des Zinssatzes, mit dem diskontiert werden soll, und damit die Frage nach den zu erwartenden Preisänderungen und Zinsschwankungen am Kapitalmarkt.

Break-Even-Analyse

Mit der *Break-Even-Analyse* (Break-Even-Analysis, Gewinnschwellen- oder Nutzenschwellenanalyse) ist eine weitere bekannte Bewertungstechnik gegeben, die bei der Erfolgsplanung und -kontrolle eingesetzt wird (Schweitzer/Troßmann [Break-Even-Analysen]; Kern [Break-Even-Analysis] 992 ff.; Weinwurm [Break-Even-Analysis] 302 ff.). Bei dieser Technik werden, hauptsächlich auf einen kurzen Planungszeitraum bezogen, die von der Herstellungs- oder Absatzmenge abhängenden Umsätze und Kosten verglichen und dabei ermittelt, ab welcher Beschäftigung eine kostendeckende Auslastung erreicht wird. Die in eine einfache Form der Break-Even-Analyse eingehenden Parameter sind aus Abbildung 11-15 ersichtlich. Als Break-Even-Point (auch Toter Punkt) wird dabei der Schnittpunkt zwischen Umsatz- und Kostenkurve bezeichnet, bei dem eine Beschäftigungsmenge erreicht ist, ab der Gewinne erzielt werden. Die Break-Even-Analyse fußt auf mehreren Prämissen, die bei der Anwendung der Technik berücksichtigt werden sollten (Weinwurm [Break-Even-Analysis] 305). So ist das Break-Even-Chart statischer Natur und kann nur eine begrenzte Hilfe für die Voraussage künftiger Entwicklungen darstellen. Das Break-Even-Modell unterstellt, dass sämtliche Größen (gesamte fixe Kosten, variable Stückkosten, Gewinnspanne) unverändert bleiben. Überdies schließt die isolierte Untersuchung der Produkte bzw. -gruppen eine Gesamtschau über das Produktspektrum des Unternehmens aus. Auch werden sämtliche Bestimmungsgrößen, die nicht mit der Absatzmenge in Beziehung stehen, ausgeblendet.

Break-Even-Analyse

Abbildung 11-15

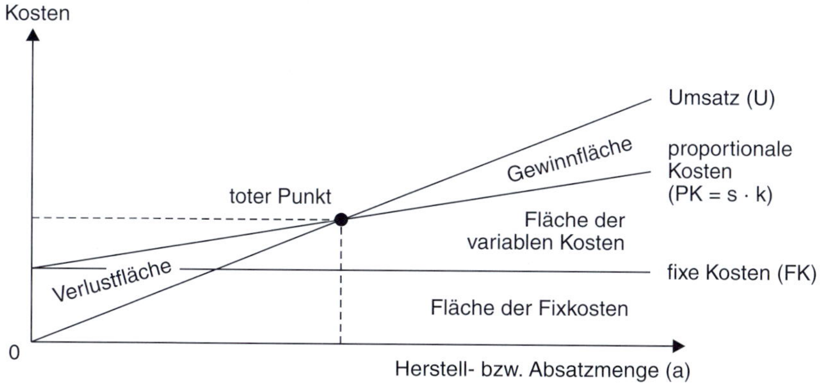

Risikoanalyse

Die *Risikoanalyse* (Müller-Merbach [Risikoanalyse] 211 ff.; Turner [Risiko-Analyse]) trägt dem Risikoaspekt von Investitions- bzw. Produkt-Markt-Entscheidungen Rechnung, der in den traditionellen Wirtschaftlichkeitsrechnungen weitgehend unberücksichtigt bleibt. Die Ausblendung des Ungewissheitsproblems in traditionellen Verfahren der Investitionsrechnung erweist sich insbesondere deshalb als schädlich, da viele Investitionen eine lange Amortisationszeit haben. Bei der Risiko-Analyse erfolgt dagegen die Alternativenbewertung unter der Annahme verschiedener, voneinander abweichender Prämissen. Jede der erfolgsbestimmenden Größen geht bei der Risiko-Analyse in mehreren Ausprägungen in die Bewertung ein. Der methodische Ansatz der Risiko-Analyse ist damit demjenigen der Szenariotechnik (vgl. Abschn. 11.2.1.1) ähnlich, da hier wie dort eine Modellrechnung unter mehreren, günstigen wie ungünstigen Annahmen erfolgt. Darüber hinaus wird bei der Risiko-Analyse die Modellrechnung noch dahingehend erweitert, dass ermittelt wird, mit welcher Wahrscheinlichkeit das Projekt überhaupt eine positive Rendite oder eine bestimmte Rendite von beispielsweise 10 oder 20 Prozent einbringt. Abbildung 11-16 (Müller-Merbach [Risikoanalyse] 214) zeigt den Ergebnisgraph einer Risiko-Analyse, bei der zwei alternative Produktideen miteinander verglichen werden. Aus der Abbildung wird deutlich, dass eine reine Mittelwertrechnung eine voreilige Entscheidung für Produkt B fördern würde, obwohl im ungünstigsten Fall bei der Realisierung dieser Produktidee ein weitaus höherer Verlust eintreten würde als beim Produkt A.

Produkt-Status-Analyse

Auch bei der *Produkt-Status-Analyse* – einen ähnlichen Ansatz hat das Produktbewertungsprofil – handelt es sich um eine Bewertungstechnik, die schwerpunktmäßig im Bereich des Produktmanagements Anwendung findet (Wild [Product] 160 ff.; Hirsch [Bewertungsprofile] 291 ff.). Ihre Aufgabe ist es, die erfolgsbestimmenden Faktoren eines Produkts oder einer Produktgruppe ständig zu beobachten und Ansatzpunkte für die Verbesserung deren Erfolgsaussichten zu finden. Der Aufbau und das Vorgehen bei der Produkt-Status-Analyse (vgl. Abbildung 11-17) sind weitgehend demjenigen bei der Erstellung eines Polaritätenprofils bei der Chancen-Gefahren-Analyse (vgl. Abschn. 5.6.1.4) ähnlich. Im Unterschied zur Chancen-Gefahren-Analyse wird hier jedoch eine produktbezogene Stärken- und Schwächenbeurteilung vorgenommen. Bei der Produkt-Status-Analyse kann auch eine Gewichtung zwischen den Kriterien erfolgen, sodass eine Rangfolge zwischen den Produktalternativen möglich wird.

Ergebnisauswertung der Risikoanalyse bei der Wahl eines neuen Produkts

Abbildung 11-16

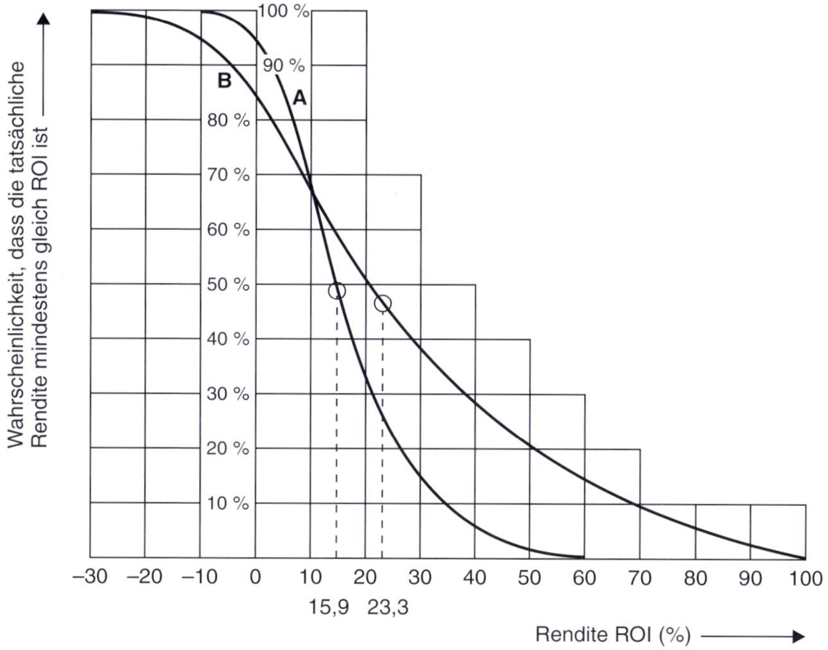

Scoring-Modell

Bei Verwendung kardinaler Nutzenwerte und Gewichtung der Kriterien entspricht die Produkt-Status-Analyse bereits einem *Scoring-Modell* oder Punktbewertungsmodell (Dean/Nishry [Scoring Models] 550 ff.; Dreyer [Scoring-Modelle] 255 ff.; Ossadnik [Strategiewahl] 159 ff.). Scoring-Modelle werden in der Unternehmensplanung (vgl. Kapitel 6) bei der internen und externen Kontextanalyse, aber auch hauptsächlich zur Beurteilung von Neuproduktideen eingesetzt. Dabei werden Kriterienkataloge und Gewichtungsschemata entwickelt, die es dem Anwender leicht machen, anhand des sich ergebenden Gesamtpunktwerts eine Entscheidungsalternative auszuwählen. Komplexere Scoring-Modelle vermögen das Bewertungsproblem in Entscheidungssituationen bei Mehrfachzielsetzungen zu lösen. Aufgrund der speziellen Entscheidungsstruktur treten bei der Anwendung von Scoring-Modellen allerdings Probleme auf:

- Es müssen Kriterien entwickelt werden, anhand derer eine Beurteilung der Entscheidungsalternativen erfolgen kann, wobei die Scoring-Modelle diesbezüglich jedoch keine Handlungshilfe geben.

Abbildung 11-17

Produkt-Status-Analyse

	Eigenes Produkt	Konkurrenzprodukte			Verbesserungs-möglichkeiten/ Vorschläge
		A	B	C	
Umsatz					
Marktanteil					
Alter					
Form					
Name					
Substanz					
Preis					
Verpackung					
Qualität					
Lieferzeit					
Konditionen					
Werbung					
Verkaufsförderung					
Service					
Funktionswert					
Image					
Zielgruppe					

- Die Durchführung von Sensitivitätsanalysen, die die Empfindlichkeit der Modelle auf Veränderungen der Zielgewichte untersuchen, erweist sich als überaus komplex.
- Bei der Lösung von Entscheidungsproblemen, bei denen mehrere Entscheidungsträger mitwirken, stellt sich das Problem der Integration abweichender Ziele. Die verschiedenen Scoring-Modelle machen sehr unterschiedliche Vorschläge bezüglich der Lösung dieses Problems.
- Auch bei interessenmonistischen Verhältnissen muss aufgrund der bisweilen gegebenen intrapersonellen Zielpluralität eine Gewichtung zwischen den Zielen erfolgen. Auch hierzu liegen vielfältige, nicht immer widerspruchsfreie Lösungsansätze vor.
- Schließlich liegen die Hauptprobleme der Scoring-Verfahren in der Einstufung der Alternativen im Hinblick auf die einzelnen Kriterien sowie in der Gewichtung der Kriterien untereinander.

Relevanzbaumverfahren

Ein ähnliches Bewertungsinstrument liegt im *Relevanzbaumverfahren* oder der *Relevanzbaumanalyse* vor (Strebel [Relevanzbaumanalyse] 34 ff.; Töpfer [Planungs- und Kontrollsysteme] 207 ff.). Auch bei dieser Bewertungstechnik werden die zur Auswahl stehenden Alternativen anhand verschiedener Kriterien auf ihre Zielwirkungen hin untersucht. Da bei der Relevanzbaumanalyse konsequent die Bedeutung eines jeden Mittels für die Realisierung der ihm übergeordneten Ziele geprüft wird, ist das Verfahren ein wirksames Instrument zur Strukturierung von Ziel-Mittel-Ketten. Die Relevanzbaumanalyse umfasst folgende Verfahrensschritte (Strebel [Relevanzbaumanalyse] 35):

- systematische Prognose wahrscheinlicher künftiger Situationen, zum Beispiel mit Hilfe der Szenariotechnik (vgl. Abschn. 11.2.1.1),
- Definition von Zielen und Mitteln einschließlich der Entwicklung einer hierarchischen Ordnung zwischen diesen,
- Bewertung der Ziele und Mittel sowie
- Auswertung des Relevanzbaums für Entscheidungen.

Die Gesamtheit der Beziehungen zwischen den Zielen und Mitteln lässt sich graphisch darstellen, wobei sich in aller Regel ein baumstrukturähnliches Gebilde (vgl. Abbildung 11-18; eine detailliertere Darstellung dieser Abbildung findet sich in Macharzina [Unternehmensführung] 767 ff.) ergibt. Ein Relevanzbaum ist ein asymmetrisches, zusammenhängendes Bezugssystem, dessen Knoten Ziele und Mittel zur Zielerfüllung für einen künftigen Zeitpunkt oder Zeitraum und dessen Kanten (Pfeile) Beziehungen zwischen solchen Zielen und Mitteln darstellen.

In den vergangenen Jahren sind mit dem Economic-Value-Added-Modell (EVA) und dem Realoptionenansatz weitere Bewertungstechniken in den Vordergrund getreten, die insbesondere im Zusammenhang mit der Strategiebewertung eingesetzt werden (vgl. Abschn. 5.6.4).

Economic-Value-Added-Modell

Mit Hilfe des von der Unternehmensberatungsgesellschaft Stern Stewart & Co. entwickelten Economic-Value-Added-Modells (EVA-Modell) soll der von einer bestimmten Alternative erwartete Residualgewinn geschätzt werden (Hungenberg [Management] 262; Nowak/Heuser [Unternehmen] 649 ff.). Dieser ist als Differenz zwischen dem operativen Ergebnis und den Kapitalkosten definiert. Das Modell sieht eine Bestimmung des EVA auf Jahresbasis vor. Hierdurch soll ermittelt werden, wie viel ökonomischer Wert durch eine Handlungsalternative in einer bestimmten Periode geschaffen oder vernichtet wird.

Abbildung 11-18 *Relevanzbaum zur Forschungs- und Entwicklungsplanung für den Kraftfahrzeugbau*

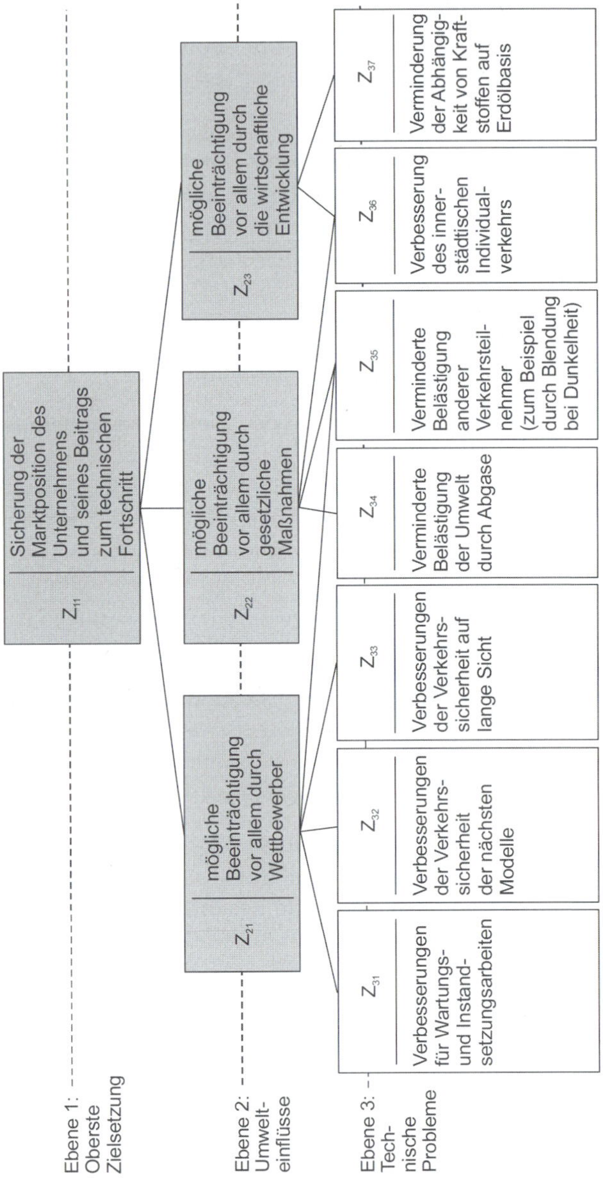

Fehler!

Die Urheber des EVA-Modells argumentieren, dass die aus der Buchhaltung bereitgestellten Daten gewisse Verzerrungen aufweisen, die einer validen Beurteilung des Wertes von Handlungsalternativen entgegenstehen würden. Daher sei eine Reihe von Korrekturen erforderlich, die im einschlägigen Schrifttum näher erläutert werden (Hungenberg [Management] 262 ff.). Bei der Beurteilung des EVA-Modells, dem übrigens das von Peschke ([Strategiebewertung] 208 ff.) entwickelte Kennzahlenmodell der Straegiebewertung weitgehend entspricht – ist zu berücksichtigen, dass eine ausschließliche Beurteilung von Alternativen an finanzwirtschaftlichen Zielgrößen erfolgt. Auch erscheint die dem Zeitgeist entsprechende periodenbezogene und daher nicht ganzheitliche Beurteilung von Handlungsalternativen nicht immer unproblematisch. Der anzusetzende Kapitalkostensatz wird dabei üblicherweise auf der Basis des Weighted-Average-Cost-of-Capital-Konzepts (WACC) (Brealey/Myers [Principles] 195 ff.) bestimmt.

Realoptionenansatz

Der Realoptionenansatz entstammt dem Bereich der Investitionsbewertung. Er versucht im Gegensatz zu herkömmlichen Techniken, künftige, dem Management offenstehende Handlungsmöglichkeiten, insbesondere die Anpassung an veränderte Umweltbedingungen, im Beurteilungsprozess zu berücksichtigen (Hommel/Scholich/Vollrath [Realoptionen]; Ballwieser [Optionspreistheorie] 184 ff.). Der Realoptionenansatz basiert auf dem Grundgedanken, eine Investitionsmöglichkeit analog zu einer Kaufoption auf dem Aktienmarkt zu interpretieren (Dixit/Pindyck [Investment] 30; Bockemühl [Realoptionstheorie]; Fisch [Aufbau]). Es wird also die in vielen Projekten enthaltene Handlungsflexibilität im Bewertungsprozess berücksichtigt (Crasselt/Tomaszewski [Realoptionen] 556 ff.; Erner/Wilkens [Realoptionen] 759). So haben beispielsweise Manager *grundsätzlich* die Möglichkeit, die Handlung aufzuschieben (= Warteoption), abzubrechen (= Abbruchoption), zu erweitern (= Erweiterungsoption) oder zur Handlung andere als die ursprünglich vorgesehenen Ressourcen zu verwenden (= Austauschoption). Für diese Optionen soll nun eine vergleichende, an finanzwirtschaftlichen Erfolgsgrößen wie dem Kapitalwert orientierte Bewertung vorgenommen werden. Pfnür und Schaefer ([Realoptionen] 248 f.) erläutern die Denkhaltung des Realoptionenansatzes anhand eines Beispiels aus dem Immobiliensektor.

Kontrollfragen und Aufgaben zu Kapitel 11

1. Zeigen Sie anhand von Fallbeispielen die Notwendigkeit eines zielgerichteten Gemeinkostenmanagements auf.

2. Worin unterscheiden sich traditionelle Formen des Gemeinkostenmanagements vom Denkansatz des ZBB und der GWA?

3. Zeigen Sie die historische Entwicklung und die Grundkonzeption des ZBB auf.

4. Erläutern Sie den Prozess des ZBB und zeigen Sie phasenspezifische Anwendungsprobleme auf. Welche generellen Vor- und Nachteile weist das ZBB auf?

5. Vergleichen Sie ZBB und GWA hinsichtlich Konzept und Methodik. Zeigen Sie Unterschiede zwischen den beiden Gemeinkostenmanagementtechniken auf.

6. Worin unterscheiden sich Funktions- und Geltungswert? Beurteilen Sie die Bedeutung der Produktwertanalyse im Hinblick auf das zunehmende Qualitätsbewusstsein der Kunden.

7. Vergleichen Sie das Konzept des Kanban-Systems mit demjenigen traditioneller Produktionssteuerungssysteme.

8. Welche ökonomischen und arbeitnehmerbezogenen Anwendungsvorteile werden von Kanban erwartet?

9. Welche Akzeptanzbarrieren können bei der Einführung des Kanban-Systems wirksam werden? Wie können diese überwunden werden? Welche Anwendungsvoraussetzungen sollten gegeben sein?

10. Zeigen Sie die grundlegenden Merkmale qualitativer und quantitativer Prognosetechniken auf.

11. Worin unterscheiden sich ökonometrische und nicht-ökonometrische Techniken der Prognose?

12. Welche spezifischen Probleme können bei der Anwendung der qualitativen und quantitativen Prognosetechniken auftreten?

13. Beurteilen Sie die Prognosetechniken anhand gängiger Auswahlkriterien.

14. Was versteht man unter Kreativität und wodurch lassen sich kreative Potenziale freimachen?

15. Erläutern Sie die realtypische Chronologie kreativer Prozesse und zeigen Sie auf, inwieweit die Kreativitätstechniken diese Prozesse nachbilden.

16. Stellen Sie spezifische Probleme der Brainstorming-Techniken, der Brainwriting-Techniken, der verfremdenden sowie der systematisch-strukturierenden Kreativitätstechniken dar.

17. Vergleichen Sie gängige Techniken der Alternativenbewertung hinsichtlich ihrer konzeptionellen und methodischen Vorgehensweise und erläutern Sie die bei ihrer Anwendung auftretenden Probleme.

Literaturhinweise zu Kapitel 11

FRIEDL, B., *Controlling*, Stuttgart 2003.

HIGGINS, J. M., WIESE, G. G., Innovationsmanagement – *Kreativitätstechniken* für den unternehmerischen Erfolg, Berlin – Heidelberg – New York 1996.

MERTENS, P., RÄSSLER, S. (Hrsg.), Prognoserechnung, 6. Aufl., Heidelberg – New York 2004.

PINDYCK, R. S., RUBINFELD, D. L., Econometric *Models* and Economic Forecasts, 4. Aufl., Boston 1998.

NÖLLKE, M., *Kreativitätstechniken*, 5. Aufl., Freiburg 2006.

WILDE, K. D., *Bewertung* von Produkt-Markt-Strategien, Berlin 1989.

WEBER, R., *Kanban*-Einführung – Das effiziente, kundenorientierte Logistik- und Steuerungskonzept für Produktionsbetriebe, 5. Aufl., Renningen 2007.

12 Informations- und Wissensmanagement

12.1 Informations- und Kommunikationstechnikorientierung in der Unternehmensführung

Experten gehen davon aus, dass sich das Unterstützungspotenzial der Informations- und Kommunikationstechnik für das Handeln des Managements *in Zukunft strukturell verändern wird*, wobei sich die *positiven Wirkungen noch verstärken* werden. Einschätzungen aus Wissenschaft und Praxis lassen sich zu vier Grundaussagen verdichten:

Einschätzungen

- Die Informations- und Kommunikationstechnik *stiftet Wettbewerbsvorteile.*
- Der Einsatz der Informations- und Kommunikationstechnik im Unternehmen *bedarf eines gezielten Informationsmanagements.*
- Die Konzeptualisierung der Informations- und Kommunikationstechnik im Unternehmen *ist eine strategische Aufgabe.*
- Der Entwicklungstrend geht vom heutigen Internet-Computing hin zu einem „Utility-Computing" mit einer always-on Internetinfrastruktur, die den Menschen bei Überlappung der Privat- und Berufssphäre umgibt und ihm zur Verfügung steht wie Strom aus der Dose, sodass jedwede Art von Anwendungen über das Internet möglich wird. Die hierzu notwendige so genannte „Cooltown"-Technologie, gestützt auf molekulares, optisches und DNA-Computing, ist bereits vorhanden und bringt die reale und die Cyberwelt zusammen. Bis zur Anwendungsreife werden allerdings noch einige Jahre vergehen (McKinney [HP-Invent]).

12.1.1 Bedeutung des Informationsmanagements

Unternehmertum und unternehmerischer Erfolg oder Misserfolg beruhen letztendlich auf der ungleichen Verteilung von Informationen in Wirtschaft und Gesellschaft (Picot [Unternehmensressource] 225 ff.). Erst mit Hilfe von Informationen gelingt es, die traditionellen Produktionsfaktoren sinnvoll zu kombinieren. Hieraus folgt, dass *Informationen den Produktionsfaktor und die*

Produktionsfaktor Information

Unternehmensressource schlechthin darstellen. Die Handhabung des Faktors „Information" erweist sich jedoch in mehrerlei Hinsicht als problembehaftet. Der letztendliche Grund hierfür ist in den besonderen, in Abbildung 12-1 zusammengestellten Merkmalen (Pietsch/Martiny/Klotz [Informationsmanagement] 23) dieses Faktors zu suchen.

Abbildung 12-1

Merkmale von Informationen

Materielles Wirtschaftsgut	Information
hohe Vervielfältigungskosten	niedrige Vervielfältigungskosten
Angleichung der Grenzkosten an die Durchschnittskosten	Grenzkosten entsprechen null
Wertverlust durch Gebrauch	Wertgewinn durch Gebrauch
individueller Besitz	vielfacher Besitz möglich
Wertverlust durch Teilung	Wertgewinn durch Teilung
Identifikations- und Schutzmöglichkeit	Probleme des Datenschutzes und der Datensicherheit
schwierige Verbreitung	einfache Verbreitung
Preis/Wert vielfach objektiv ermittelbar	Preis/Wert nur subjektiv bestimmbar
Kosten leicht identifizierbar	Kosten nur schwer identifizierbar
Preisbildungsmechanismus bekannt	Preisbildungsmechanismus weitgehend unbekannt
Bestandsbewertung möglich	Bestandsbewertung problematisch
wirtschaftswissenschaftliche Theorien und Modelle verfügbar	Theorie- und Methodendefizit

Durchdringungsgrad

Die Wettbewerbsvorteile eines Unternehmens werden, wie in Abschn. 5.6.3.3 gezeigt wurde, im Wesentlichen über sein Marktpotenzial, sein Produktionspotenzial, sein F&E-Potenzial sowie die Qualität seiner Führungskräfte und Mitarbeiter bestimmt (vgl. Abschn. 5.6.3.3). Der Durchdringungsgrad der Informationstechnik ist bei all diesen Faktoren mittlerweile recht hoch. *Gerade weil die Informations- und Kommunikationstechniken sich auf nahezu sämtliche Funktionen und Bereiche des Unternehmens erstrecken, haben sie eine grundlegende Schlüsselposition als Wettbewerbsvorteil und damit für das Erfolgspotenzial der Unternehmen.* Die Wirkungsrichtung der Informations- und Kommunikationstechniken ist von Branche zu Branche jedoch sehr unterschiedlich. Anhand der strategischen Bedeutung bestehender Informationssysteme und dem strategischen Potenzial zukünftiger Anwendungsentwicklungen lassen sich vier verschiedene Szenarien und damit Wirkungsrichtungen der Informations- und Kommunikationstechnik (vgl. Abbildung 12-2) unterscheiden (McFarlan/McKenney/Pyburn [Archipelago] 150 ff.; Zahn [Informationstechnologie] 493 ff.).

Wirkungsrichtungen der IuK-Techniken

Abbildung 12-2

		Strategisches Potenzial zukünftiger Anwendungsentwicklungen	
		gering	**hoch**
Strategische Bedeutung bestehender Informationssysteme	**hoch**	Fabrik	Waffe
	gering	Unterstützung	Durchbruch

Unterstützungssystem

- Ist die strategische Bedeutung bestehender Informationssysteme ebenso gering wie das strategische Potenzial zukünftiger Anwendungsentwicklungen, so ist die Informations- und Kommunikationstechnik als reines *Unterstützungssystem* (Support) zu charakterisieren. Der Gesamterfolg von in diesem Quadranten zu positionierenden Unternehmen – früher waren es vor allem Chemieunternehmen – hängt in relativ geringem Maße von der Informations- und Kommunikationstechnik ab, weshalb informationstechnologisch relevante Entscheidungen auch von nachgelagerten Hierarchieebenen getroffen werden können.

Durchbruch

- Ist die strategische Bedeutung bestehender Informationssysteme gering, das strategische Potenzial zukünftiger Anwendungsentwicklungen jedoch hoch, ergibt sich die Wirkungsrichtung *Durchbruch* (Turnaround). In diesem Feld können Warenhausketten mittlerer Größe angesiedelt werden. Da Unternehmen dieser Gruppe in einem stetigen Wachstum begriffen sind, nähern sie sich einer Größenschwelle, an der die intensive Nutzung der Informations- und Kommunikationstechnik überlebenswichtig und somit zum Entscheidungsproblem des Top-Managements wird.

Fabrik

- Unternehmen, die die Informations- und Kommunikationstechnik gegenwärtig als wichtiges Instrument zur Erlangung von Wettbewerbsvorteilen nutzen, für die jedoch kein weitergehendes strategisches Potenzial zukünftiger Anwendungsentwicklungen ersichtlich ist, sind im Feld *Fabrik* (Factory) zu positionieren. Zu nennen sind etwa Fluggesellschaften, die das Anwendungspotenzial der Informations- und Kommunikationstechniken schon weitgehend ausgeschöpft haben. Aufgrund des branchenweit hohen Anwendungsniveaus der Informations- und Kommunikationstechniken ist deren Wirkung als Instrument zur Differenzierung begrenzt. Die Planung der Informations- und Kommunikationstechniken ist daher im Wesentlichen an operativen Zielen orientiert, weshalb kurzfristige Kosten-Nutzen-Überlegungen vorherrschen. Die Unternehmen können allerdings auch zukünftig nicht auf den Einsatz von Informations- und Kommunikationstechniken verzichten, da sonst ein Zurückfallen im Wettbewerb drohen würde.

Strategische Waffe

- Sind beide Kriterien stark ausgeprägt, dienen die Informations- und Kommunikationstechniken als *fundamentaler Erfolgsfaktor* oder *Waffe* (Strategic) zur Zukunftssicherung. Insbesondere Unternehmen des Dienstleistungssektors wie Banken und Versicherungen, für die die Informations- und Kommunikationstechniken sowohl in der Gegenwart als auch in der Zukunft eine hohe Bedeutung haben, fallen in dieses Feld. Die laufende Weiterentwicklung der Informations- und Kommunikationssysteme ist dabei ein wichtiger Baustein der Wettbewerbsfähigkeit dieser Unternehmen. Deren informationsbezogene Aktivitäten werden daher unter intensiver Beteiligung des Top-Managements umfassend geplant. Vielfach ist sogar der Leiter des Bereichs „Informationssysteme" Mitglied der obersten Führungsebene.

12.1.2 Notwendigkeit des Informationsmanagements

In den einführenden Kapiteln wurde verdeutlicht, dass erfolgreiches Unternehmensführungshandeln angesichts zunehmend diskontinuierlicher Umweltentwicklungen den systematischen Informationsaustausch zwischen Umwelt und Unternehmen voraussetzt (vgl. Abschn. 1.4). Die Komplexität umwelt- und unternehmensbezogener Informationen ist dabei nur mit einem gezielten Informationsmanagement zu bewältigen. Dessen Aufgabe besteht in der Koordination der Aufnahme, Verdichtung, Strukturierung, Aufbereitung, Speicherung und Weiterleitung von Informationen sowie in der Gestaltung und Betreuung der hierzu notwendigen Informations- und

Bedarf

Kommunikationstechniken. Der Bedarf zur zielgerichteten Handhabung der Informationsmanagementfunktion ist darüber hinaus auch darin begründet, dass die Nutzung von EDV-Systemen trotz Preisverfalls im Hardwarebereich auch heute noch mit einem hohen Aufwand an materiellen und personellen Ressourcen insbesondere bei der Softwareentwicklung, Systempflege und Schulung verbunden ist. Andererseits begründet sich der Bedarf darin, dass die neuen Techniken für die Unternehmen sowohl Chancen als auch Risiken bedingen. Unternehmen, die es versäumen, die Entwicklungen des Hardware- und Softwaremarktes systematisch zu beobachten und sich antizipativ darauf einzustellen, droht die Gefahr, von den Entwicklungen überholt zu werden. Die Notwendigkeit eines gezielten Informationsmanagements wird durch empirische Untersuchungen bestätigt, in denen ein deutlicher Zusammenhang zwischen der Effektivität der Informationsfunktion und der Durchführung einer strukturierten und gezielten Planung der eingesetzten und einsetzbaren Informationstechnologie nachgewiesen wird (Picot [Unternehmensressource] 232).

Gegenstand

Das *Informationsmanagement, das die bedarfsgerechte Versorgung des Unternehmens mit Informationen unter organisatorischen, technischen, personellen und wirtschaftlichen Aspekten beinhaltet* (Pfeiffer [Grundlage] 18), muss die internen und externen Aktivitäten des Unternehmens auf der Grundlage der Unternehmensstrategie (vgl. Kapitel 5) einbinden. Dieses geschieht zunächst über die *Analyse des aktuellen und zukünftigen Informationsbedarfs* des Unternehmens, der aus den Unternehmenszielen und den Unternehmensstrategien einerseits und den operativen Erfordernissen andererseits abgeleitet wird. An diesem Bedarf müssen *die im Unternehmen bereits installierten informationstechnischen Systeme und Funktionen ausgerichtet* werden. Auf die Ziele und Strategien bezogen hat danach die *Sichtung, Bewertung und Auswahl der künftigen informations- und kommunikationstechnischen Konfigurationen* zu erfolgen (Manske [Informationswesen] 425; Kühn/Kruse [Planung] 457).

12.1.3 Informationsmanagement als strategische Aufgabe

Informationsmanagement ist Chefsache

Das Informationsmanagement wird vielfach (vgl. den obigen Typologisierungsrahmen) als eine *strategische Aufgabe* eingeschätzt, die das gesamte Unternehmen betrifft, als übergeordnete Führungsaufgabe nicht delegierbar ist und eine Bindungswirkung für das Unternehmen auf längere Zeit beinhaltet (vgl. Abschn. 2.1.2). Die herausragende Bedeutung der Informations- und Kommunikationstechnik wird anhand mehrerer Merkmale insbesondere im Hinblick auf die Notwendigkeit einer umfassenden, in die Zukunft reichenden Konzeptionalisierung deutlich. So umspannt das Netz der Informations- und Kommunikationstechnik das gesamte Unternehmen. Die Neuerungsgeschwindigkeit der informations- und kommunikationstechnischen Entwicklungen ist äußerst hoch, sodass die Entscheidungen über die Nutzung der Informations- und Kommunikationstechniken innovativen Charakter haben.

Somit verbindet das strategische Informationsmanagement die generellen Anforderungen der Unternehmensstrategie mit den speziellen Potenzialen der Informations- und Kommunikationstechnik über die Entwicklung von situativ angemessenen Informations- und Kommunikationsstrategien (Krcmar [Annäherungen] 177 ff.). Diese bestimmen Ausmaß und Anspruchsniveau des Technikeinsatzes und liefern die Grundlage für eine differenzierte organisatorische Gestaltung des Informationsmanagements. Die Basisentscheidungen über die Gestaltung der Informations- und Kommunikationstechniken im Unternehmen fallen in die *Verantwortung des Top-Managements*, was heute durch die Schaffung der Position eines Chief Information Officers (CIO) in vielen Unternehmen verwirklicht ist. Dieses muss die Stoßrichtung des Technikeinsatzes bestimmen und darauf aufbauend grundlegende Gestaltungsstrategien festlegen (vgl. Kapitel 5), deren Umsetzung im Unternehmen stufenweise erfolgen kann. Trotz dieses Erfordernisses *liegen konzeptionell geschlossene Ansätze zur Lösung des „strategischen Informations- und Kommunikationsproblems" bislang jedoch kaum vor.*

12.2 Realtypen der informations- und kommunikationstechnischen Nutzung

Die Informations- und Kommunikationstechniken bieten dem Top-Management ein weites, wenngleich nur schwer überblickbares Spektrum an strategischen Chancen und Herausforderungen. Zum Zweck der *Ordnung der Vielfalt informations- und kommunikationstechnischer Anwendungen* im Unternehmen kann in modifizierter Form auf einen Bezugsrahmen (Benjamin et al. [Technology] 6 ff.) zurückgegriffen werden, der ihre grundlegenden Einsatzmöglichkeiten systematisiert. Die Positionierung der Informations- und Kommunikationstechniken wird dabei von *zwei Basisentscheidungen* bestimmt gesehen:

Basisentscheidungen

- Zunächst ist zu prüfen, ob die neuen Techniken im Unternehmen derartig eingesetzt werden können, dass sich daraus *grundlegende Veränderungen in dessen Leistungsprogramm und Wertschöpfungsprozess* ergeben, die zu Wettbewerbsvorteilen führen. Diese erste Frage berührt den Kern des informationstechnischen Erfolgspotenzials insofern, als mit Informations- und Kommunikationstechniken *prinzipiell* Produkte und Verfahren entwickelt werden können, die die Geschäftsfelder des Unternehmens zum Teil revolutionär verändern.

- Ferner ist zu klären, ob das Unternehmen die Informations- und Kommunikationstechniken dazu nutzt, seine *Beziehungen zur Umwelt zu verändern* oder ob sie dazu dienen, *die internen Abläufe umzugestalten*. Ein für viele Unternehmen heute überlebensentscheidender Erfolgsfaktor ist ihre Fähigkeit, Umweltentwicklungen, zum Beispiel Spezialwünsche von Kunden, rasch zu erkennen und in individuelle Lösungen umzusetzen. Dieses Erfordernis ergibt sich insbesondere in reifen Märkten. Aufgrund des Wettbewerbdrucks wird es auf der anderen Seite notwendig, die internen Abläufe zu optimieren und die daraus resultierenden Kostenvorteile an die Kunden weiterzugeben.

Nutzungsoptionen

Je nach Ausrichtung dieser beiden Basisentscheidungen ergeben sich *vier grundlegende Typen der informations- und kommunikationstechnischen Erfolgspotenzialnutzung* (vgl. Abbildung 12-3) (Benjamin et al. [Technology] 7), die auf die relevanten Schnittstellen zwischen Informations- und Kommunikationstechniken einerseits und der Unternehmensführung andererseits verweisen. Die praktische Relevanz dieser Optionen lässt sich anhand ausgewählter Fallbeispiele belegen.

Abbildung 12-3

Optionen der informations- und kommunikationstechnischen Nutzung

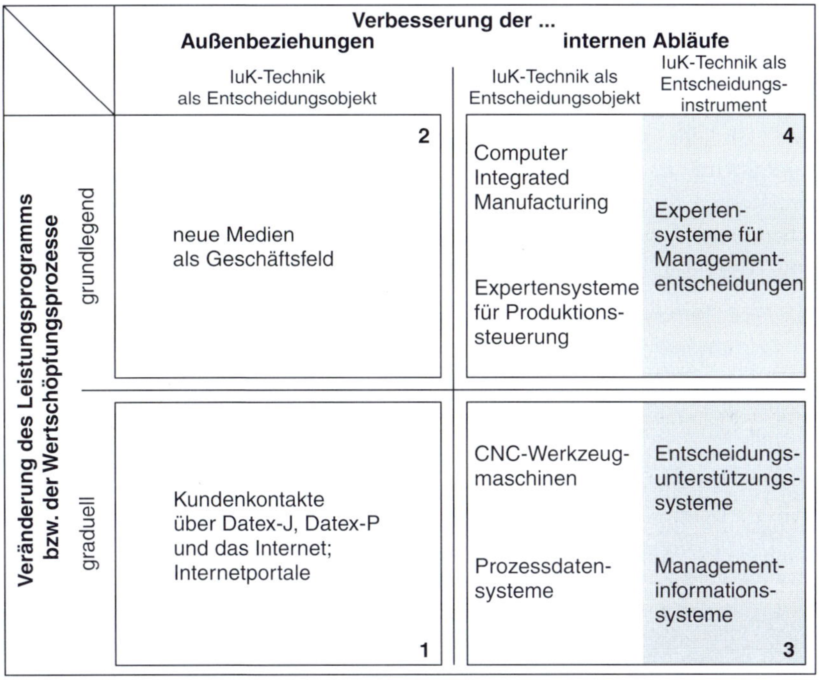

Typ 1

- *Typ 1: Verbesserung der Außenbeziehungen bei gradueller Veränderung des Leistungsprogramms*

Als Beispiel einer derartigen Nutzungsorientierung der Informations- und Kommunikationstechniken kann die Quelle AG, Fürth, stellvertretend für verschiedene andere Versandhandelsunternehmen angeführt werden. Wie sich von http://www.quelle.de aus nachvollziehen lässt, ist Quelle seit 1995 im Internet vertreten und bietet ihren Kunden die Möglichkeit, durch ihr virtuelles Kaufhaus zu bummeln oder es per Index zielstrebig zu durchschreiten, Produkte auf aussagekräftigen Bildern im jpg-Format anzusehen, sich Merkzettel mit interessanten Angeboten zu erstellen und schließlich online zu bestellen. Der „Kundeninformationsdialog" gewährt dem Kunden Einsicht über vergangene und laufende Bestellvorgänge. Zudem kann der Kunde sich per E-Mail beraten und betreuen lassen. Im Geschäftsjahr 2007 realisierte die Arcandor AG, seit 2007 Nachfolger der KarstadtQuelle AG, in ihrem Versandhandel-Geschäft „Primondo" rund 40 Prozent des Umsatzes von insgesamt 4,3 Milliarden Euro über das Internet. Für die kommenden Jahre erwartet das Unternehmen sogar, dass der Anteil des Internethandels deutlich über 50 % ansteigen wird.

Der Abschluss von Geschäften über das Internet (e-Commerce) betrifft jedoch nicht nur den Versandhandel, sondern wird noch weitere Veränderungen für die Unternehmensführung in allen Wirtschaftssektoren mit sich bringen. Es entstehen globale, hoch effiziente Märkte, auf denen für die Marktpartner, insbesondere die Kunden, sehr hohe Transparenz herrscht; eine „Umkehr" der Wirtschaft (reverse economy), in der der Kunde wirklich König wird, ist nicht auszuschließen. Virtuelle Marktplätze und Handelsplattformen für Internet-Auktionen wie ebay.com, aber auch multilaterales Business-to-Business (B2B) sind durch stetiges Wachstum gekennzeichnet (vgl. Abschn. 12.6).

Typ 2

- *Typ 2: Verbesserung der Außenbeziehungen bei grundlegender Veränderung des Leistungsprogramms*

Beispielfälle für die grundlegende Neuorientierung der Geschäftsfelder finden sich vor allem im Medienbereich. Das traditionelle Geschäftsfeld der Verleger ist zwar nach wie vor der Markt für Druckerzeugnisse; jedoch haben verschiedene Verlagshäuser, die Zeichen der Zeit erkennend, ihre Aktivitäten auf die so genannten neuen Medien ausgedehnt. Der zukünftige wachsende Wettbewerbsnachteil des traditionellen Geschäfts ist dadurch bedingt, dass die Zugriffszeit von Informationen auf Papier für heutige Anforderungen zu lang und ihr Platzbedarf für die Speicherung zu groß ist. Auch ist das Medium Druck dort im Nachteil, wo eine häufige Aktualisierung oder eine Fortschreibung oder Ergänzung durch den Benutzer notwendig oder wünschenswert ist. So hat sich beispielsweise die *Bertelsmann AG, Gütersloh*, bereits seit 1986 verstärkt auf optoelektronische Speichermedien umgestellt. Durch diese können große Datenmengen relativ kostengünstig und benutzerfreundlich gespeichert werden. Insbesondere sind die Informationen im Vergleich zu den Printmedien einfacher, schneller und genauer abrufbar. Die CD-ROM ist nicht zur eigenen Aktualisierung geeignet, jedoch ein ideales Substitut für Handbücher oder Verzeichnisse. Die Disketten werden nach dem gleichen technischen Verfahren wie die CD-

Tonträger und daher auch auf den gleichen Produktionsanlagen hergestellt. In der frühen Phase der technischen Entwicklung wurden von Bertelsmann unter anderem bereits Nachschlagewerke wie „Wer liefert was?“ oder das Schweizerische Telefonbuch optoelektronisch abgespeichert. Im Jahr 1993 präsentierte Philips die einmal bespielbare CD-R (Compact Disc – Recordable), die nur wenige Jahre später als Ergebnis zusammengelegter Forschungsbemühungen verschiedener Technologiekonzerne durch die mehrfach bespielbare CR-RW (Compact Disc – Re-Writeable) abgelöst wurde. Mit der Einführung der DVD (Digital Versatile Disc) kann eine wesentlich höhere Speicherkapazität von mittlerweile bis zu 8,5 MB verwirklicht werden.

- *Typ 3: Graduelle Verbesserung der internen Abläufe im Fertigungs- und Führungsbereich*

Typ 3

Eine der frühesten Anwendungen der EDV im Unternehmen liegt auf dem Gebiet der Prozessdatensysteme, insbesondere der Fertigungsinformationssysteme. Diese haben die Aufgabe, fortlaufend ausgewählte Schlüsselparameter wie Qualität des Fertigungsprozesses, Betriebsmittelverbrauch oder Maschinennutzungsgrade zu erheben, zu aggregieren, die so gewonnenen Ist-Daten den festgelegten Norm- oder Vergleichswerten gegenüberzustellen und Abweichungsanalysen vorzunehmen. Weiterentwickelte Prozessrechner sind zudem in der Lage, in Routinefällen bei Nichterreichung der Normwerte Eingriffe entsprechend dem kybernetischen Prinzip der Regelung selbstständig vorzunehmen. Daneben erzeugen derartige Prozessdatensysteme wichtige Grundinformationen für die Lagersteuerung, die Maschineninstandhaltung sowie die Kalkulation.

Einen ähnlichen Zweck, allerdings auf anderer Ebene, verfolgen die für die Entscheidungsunterstützung bei Führungsaufgaben ausgelegten Managementinformationssystem-(MIS-) und Entscheidungsunterstützungssystem-(Decision-Support-System-)Konzeptionen (EUS bzw. DSS). Erstere hatten unter großer Euphorie in den 1960er Jahren bereits einen ersten Aufschwung erfahren, waren allerdings noch nicht so benutzerfreundlich, dass sie sich breit durchsetzen konnten. So waren sie zwar in der Lage, große Datenmengen in kürzester Zeit zur Verfügung zu stellen; die Nutzung stieß aber auf Informationsverarbeitungsprobleme bei den Entscheidern. Mit EUS kann man hingegen nicht nur die Informationsbeschaffung, sondern die gesamte Problemlösung unterstützen.

- *Typ 4: Grundlegende Verbesserung der internen Abläufe im Fertigungs- und Führungsbereich*

Typ 4

Zu den am weitesten entwickelten Konzeptionen zur Verbesserung unternehmensinterner Strukturen und Abläufe zählt der Bereich der rechnerintegrierten Auftragsabwicklung (Computer Integrated Manufacturing – CIM). Die Neuerung der CIM-Entwicklung besteht dabei weniger – wie durch den englischsprachigen Terminus vermutbar – in gänzlich neuen Fertigungstechnologien, sondern in der aufeinander abgestimmten Integration der verschiedenen Phasen der Auftragsabwicklung, nämlich Entwicklung, Projektierung und Konstruktion – Computer Aided Design (CAD); Produktionsvorbereitung und -steuerung – Computer Aided Planning (CAP); Fertigung – Computer Aided Manufacturing (CAM); Montage – Computer Aided Assembly (CAA); Prüfung, Qualitätssicherung – Computer Aided Testing (CAT) oder Computer Aided Quality (CAQ) sowie Produktions-Planung und -Steuerung (PPS). CIM ist somit das systembildende Skelett zwischen mehreren Technologiemodulen. Der mit CIM verbundene Grundgedanke besteht in der Erreichung einer erhöhten internen Flexibilität durch Synergieeffekte. Während Unternehmen mit starren Auftragssystemen zur Sicherung ihrer Existenz auf Skaleneffekte über hohe Produktionsstückzahlen und die Strategie der Kostenführerschaft (vgl. Abschn. 5.4.2.1) angewiesen sind, bietet CIM den Unternehmen die Möglichkeit, aus ihren Flexibilisierungsvorteilen Bereichseffekte (Economies of Scope) zu erzielen, die eine prospektive Differenzierungsstrategie erlauben. Die Weiterentwicklung der CIM-Technologie in ERP-Systemen kann dem Bereich der eProduction zugerechnet werden, vgl. Abschn. 12.6.3.

Entscheidungs-syteme

Für einzelne Entscheidungsbereiche im Unternehmen haben die weit entwickelten Varianten, beispielsweise so genannte *Entscheidungssysteme*, einschneidende Veränderungen hervorgerufen dergestalt, dass sie den menschlichen Entscheidungsträger in bestimmten Standardsituationen bereits abgelöst haben. Damit reicht die Hilfestellung der Expertensysteme für Entscheidungsträger, allerdings beschränkt auf sehr enge Anwendungsprobleme mit klaren Regelungsstrukturen, deutlich über diejenigen traditioneller Managementinformationssysteme oder neuerer Entscheidungsunterstützungssysteme hinaus. Sie sind nämlich in der Lage, vergleichsweise eigenständig Lösungsvorschläge aus der von ihnen berücksichtigten Fakten- und Regelkonstellation zu generieren. Diese komfortable Unterstützung wird vermöge der Fähigkeit zum logischen Schließen erreicht (vgl. auch die Bewertung der Entscheidungsunterstützungs- und wissensbasierten Systeme in Abschn. 12.3.3).

Die Analyse der vier grundlegenden Typen offenbart, dass die Verbindung des Top-Managements zur Informations- und Kommunikationstechnologie über *zwei Schnittstellen* gesehen werden kann. Einerseits hat das Top-Management über die informations- und kommunikationstechnische Nutzung in den verschiedenen Teilbereichen des Unternehmens zu befinden (Informations- und Kommunikationstechnik *als Entscheidungsobjekt*). Andererseits setzen das Top- und das übrige Management die Informations- und Kommunikationstechniken selbst ein, um damit die eigenen Entscheidungsprozesse zu verbessern (Informations- und Kommunikationstechnik *als Entscheidungshilfe oder -instrument).*

12.3 Informationssysteme zur Entscheidungsunterstützung

12.3.1 Managementinformationssysteme und Entscheidungsunterstützungssysteme

Die Entwicklungsbemühungen der angewandten DV-Forschung zu Beginn der 1960er Jahre waren darauf gerichtet, mit *Managementinformationssystemen* (MIS) automatisierte Systeme bereitzustellen, die zur Unterstützung recht unterschiedlicher Planungs- und operativer Entscheidungen des Managements in der Lage sind. Dieser relativ offene Bestimmungsrahmen wurde von den faktisch verfügbaren Managementinformationssystemen in vielfältiger Weise ausgefüllt. So kommt einigen dieser Systeme die Aufgabe zu, eine *Unterstützung des Managements bei schlecht-strukturierten Entscheidungen* auf den mittleren und höheren Ebenen der Führungshierarchie des Unternehmens zu bieten. Weitaus bescheidener ist der Anspruch, wenn Managementinformationssysteme als *automatisierte Systeme charakterisiert werden, die Manager bei der Durchführung von klar umrissenen Routineentscheidungen* durch interne und externe Informationen *unterstützen* (Stern [Management] 143). Das Aufgabengebiet der Managementinformationssysteme ist dabei auf die Beschaffung von entscheidungsrelevanten Informationen für Führungskräfte konzentriert. Der Leistungsumfang von Managementinformationssystemen beinhaltet üblicherweise einen selektiven Zugriff auf bestehende Datenbanken durch „Ad-hoc"-Abfragen. Zahl-Managementinformationssysteme ermöglichen darüber hinaus eine Filterung, Verdichtung und Verknüpfung von Daten oder Informationen, erlauben kommunikationsunterstützende Funktionen wie Electronic Mail oder Bulletin Boards, erstellen automatisch Berichte, beinhalten Dokumentationsmöglichkeiten und offerieren ansprechende Darstellungs- und Präsentationstechniken. In Deutschland liegt zumindest bei großen Unternehmen inzwischen eine flächendeckende Verwendung von Managementinformationssystemen vor (Macharzina/Fisch [Gestaltung]). In der berücksichtigten Stichprobe gab nur eines von 27 Unternehmen an, kein MIS oder EIS (Executive Information System) zu nutzen.

MIS

EIS

Da die Funktion von Managementinformationssystemen vor allem in der *Informationsbereitstellung* besteht, bieten sie dem Management jedoch noch keine als hinreichend empfundene Arbeitsunterstützung. Diese soll über die

EUS

Entwicklung von *Entscheidungsunterstützungssystemen* (EUS) insbesondere dadurch verbessert werden, dass dem Management nicht nur bei der Informationssammlung, sondern auch bei der *Erarbeitung und Bewertung von Handlungsalternativen* auf der Grundlage der Umweltdaten eine Hilfestellung gegeben wird. Die Konzeption von Entscheidungsunterstützungssystemen fußt, wie im Übrigen auch diejenige wissensbasierter Systeme, auf den klassischen Vorarbeiten von Newell, Shaw und Simon, die in dem *General Problem Solver* das Grundmuster eines allgemeinen Problemlösungsprogramms bereitgestellt haben (Newell/Shaw/Simon [Report] 41 ff.; [Processes] 63 ff.). In einem Entscheidungsunterstützungssystem sind verschiedene computergestützte Hilfsmittel (Tools) zusammengefasst, die zur Problemlösung und Entscheidungsfindung eingesetzt werden können. Dabei wird eine *Ausrichtung auf das Handlungsfeld des Top-Managements und damit auf schlecht strukturierte Entscheidungen* angestrebt. Ein weiterer grundlegender Unterschied der Entscheidungsunterstützungssysteme zu den meisten anderen EDV-Anwendungen besteht darin, dass Entscheidungsunterstützungssysteme nicht nur auf die Verwaltung von vergangenheitsbezogenen Daten, sondern auch auf die Prognose und Planung ausgelegt sind. Komfortable Entscheidungsunterstützungssysteme enthalten fertige Modelle und Modellaufbaufunktionen für zukunftsbezogene Entscheidungen oder deren wichtige Teilaktivitäten wie Wirtschaftlichkeitsrechnungen, Sensitivitätsanalysen, Frühwarn- und Kontrollsysteme, statistische Datenanalysen und Prognoseverfahren sowie Optimierungs- und Simulationsmethoden (Vetschera [Informationssysteme] 85 ff.).

12.3.2 Künstliche Intelligenz und wissensbasierte Systeme

KI

Die Pionierarbeiten auf dem Gebiet der *Künstlichen Intelligenz* (KI) reichen bis in die unmittelbare Nachkriegszeit zurück. Als Schlüsselarbeiten haben das bereits erwähnte Konzept des einzelfallunabhängigen General Problem Solvers sowie die Studien des Briten Alan Turing zu gelten (Harmon/King [Expertensysteme] 3 f.; Mertens/Allgeyer [Intelligenz] 687). Turing empfahl bereits damals weitblickend, aber ohne entsprechende Resonanz, die grundlegenden Anweisungen an einen Computer in Form von logischen Operatoren wie „und", „oder" bzw. „nicht" aufzubauen. Die Bemühungen der Forschung zur Künstlichen Intelligenz wurden letztendlich von dem Ziel getragen, *Systeme zu entwickeln, die sich idealiter wie Menschen verhalten können* (Harmon/King [Expertensysteme] 1). Abbildung 12-4 (Waterman [Guide] 18) verdeutlicht den gegenüber traditioneller EDV erweiterten, abgestuften Leistungsumfang von Systemtypen der Künstlichen Intelligenz.

Abbildung 12-4

Systemhierarchie der Künstlichen Intelligenz

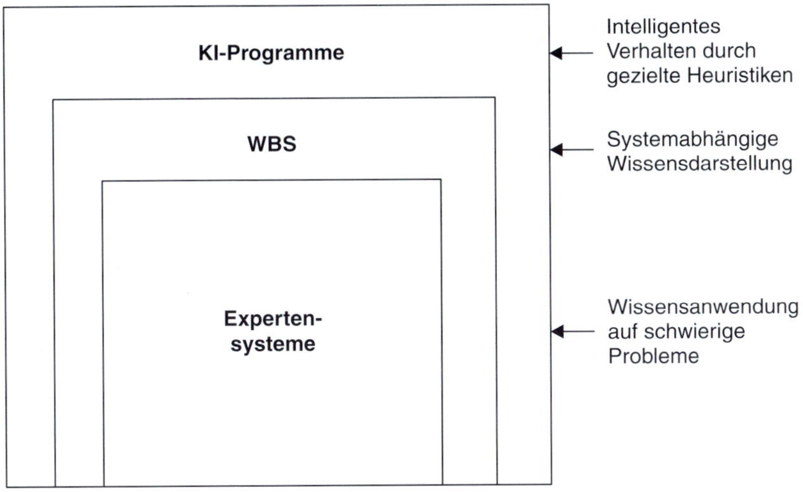

Bis heute haben sich *drei grundlegende Arbeitsgebiete* der KI-Forschung herauskristallisiert:

- Die Entwicklung *natürlich-sprachlicher Systeme,* deren Ziel es ist, die Alltagssprache lesen, sprechen und verstehen zu können.
- Die *Entwicklung intelligenter Roboter,* die auf Veränderungen in ihrer Umgebung reagieren können.
- Die *Entwicklung wissensbasierter Systeme* (Expertensysteme), die auf der Grundlage von Expertenwissen komplexe Problemsituationen bewältigen können.

WBS

Wissensbasierte Systeme (WBS) sind unterschiedlich charakterisiert worden (zum Überblick vgl. Krallmann [Wissen] 11). Edward Feigenbaum, einer der Pioniere der KI-Forschung, bezeichnet ein *wissensbasiertes System als ein intelligentes Computerprogramm, das Wissen und Inferenzverfahren benutzt, um Probleme zu lösen, die immerhin so schwierig sind, dass ihre Lösung ein beträchtliches menschliches Fachwissen erfordert* (Feigenbaum/McCorduck [Fifth Generation] 76). Das Wissen eines Expertensystems umfasst Fakten und Regeln (Heuristiken) (Harmon/King [Expertensysteme] 3 f.). Wissensbasierte Systeme unterscheiden sich von der konventionellen EDV, wie in Abbildung 12-5 dargestellt, durch mehrere Merkmale. Die grundlegende Abgrenzung zur konventionellen EDV ist dadurch gegeben, dass die *Struktur im wissensbasierten System unabhängig von den zu verarbeitenden Daten als Anwendungswissen konzipiert ist*. Die Problemlösungsvorgänge werden im wissensbasierten System durch die so genannte *Inferenzmaschine* unter Rückgriff auf die *Wissens- und Datenbank* bearbeitet, wobei jedoch eine Trennung von Inferenzmaschine und Anwendungswissen vorliegt. Diese Trennung von Inferenz- und Wissenskomponente bringt den Vorteil mit sich, dass bei einer Erweiterung der Wissensbasis nicht notwendigerweise die gesamte Programmstruktur überarbeitet werden muss. Insgesamt zielt die Entwicklung von wissensbasierten Systemen darauf ab, Expertenwissen personenunabhängig verfügbar und es einem größeren Nutzerkreis zugänglich zu machen.

Abbildung 12-5 *Abgrenzung zwischen traditioneller EDV und WBS*

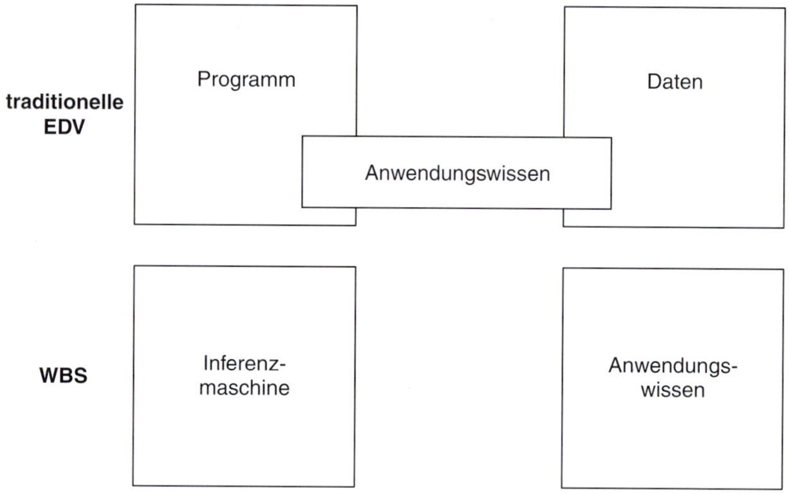

Grundstruktur

Die *Grundstruktur eines wissensbasierten Systems* besteht, wie in Abbildung 12-6 veranschaulicht, neben der Experten- und Benutzerschnittstelle in Form der Wissensakquisitionswerkzeuge und des Ein-/Ausgabesystems aus Wissensbank, Inferenzsystem und der Erklärungskomponente, die den Benutzer dabei unterstützt, den Inferenzvorgang nachzuvollziehen. Die Aufgabe des Herzstückes des Systems, der Inferenzmaschine, ist es, durch Anwendung von Regeln auf die Fakten „neues" Wissen zu erzeugen. Dieses geschieht über *Inferenzstrategien*, in denen aus einem Faktum auf ein anderes geschlossen wird, und *Steuerungsstrategien*, die der Umsetzung der Inferenzstrategien in einem automatischen Prozess dienen. Das logische Grundprinzip aller Inferenzstrategien ist der so genannte *modus ponens*, der nach dem einfachen Schema

Faktum: U exportiert P
Regel: alle Unternehmen, die P ausführen, müssen S entrichten
Folgerung: U muss S entrichten

abläuft.

Inferenz

Weit entwickelte wissensbasierte Systeme arbeiten nach dem Prinzip einer *heuristischen Inferenz*. Diese ist für die interpretationsorientierte Dimension der Unternehmensführung bedeutsam, da mit ihr *vages* und mehrwertiges *Wissen* („die *meisten* Unternehmen") abgebildet und im Inferenzprozess verarbeitet werden kann. Bei diesem Prinzip finden neben der klassischen *Bayes'schen Wahrscheinlichkeitslogik* insbesondere *Bestimmtheitsmaße* (Certainty Factors) und *unscharfe Logik* (Fuzzy Logic) Anwendung. Wesentliche Bedeutung bei der Entwicklung von wissensbasierten Systemen kommt dem *Knowledge Engineering* zu, das neben der Problemidentifizierung die Akquisition, die Repräsentation (Strukturierung und Formalisierung) des Wissens sowie im Rahmen der Konzeptualisierung auch den entscheidenden Schritt der Auswahl geeigneter Gestaltungswerkzeuge (Building Tools) umfasst.

Architektur eines wissensbasierten Systems — *Abbildung 12-6*

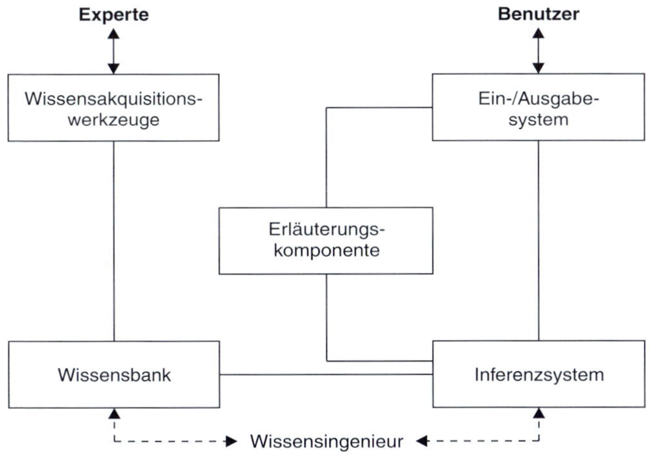

12.3.3 Probleme der Anwendung entscheidungsunterstützender und wissensbasierter Systeme bei Unternehmensführungshandlungen

Anwendungsprobleme bei EUS

Dem beschriebenen beachtlichen Leistungspotenzial *entscheidungsunterstützender Systeme* stehen jedoch auch wesentliche *Probleme* gegenüber, die den Anwendungsnutzen der Systeme bei Unternehmensführungshandlungen einschränken, was für Managementinformationssysteme besonders gravierend zutrifft:

- Zahlreiche Managementinformationssysteme basieren auf der Annahme, dass durch eine Fortschreibung vergangener Trends dem Management Entscheidungsgrundlagen geliefert werden können, die auch für veränderte Umweltbedingungen Gültigkeit haben (Wurr [Wissensverarbeitung] 1084). Verschiedene Studien weisen jedoch darauf hin, dass viele Veränderungen der Unternehmensumwelt nicht vergangenheitsverlängernd verlaufen, sondern stattdessen den Charakter von Diskontinuitäten oder Strukturbrüchen haben, bei denen extrapolierende Fortschreibungen als Informationsgrundlage versagen (Macharzina [Diskontinuitätenmanagement] 1 ff.).

- Die Anwendung von Managementinformations- und Entscheidungsunterstützungssystemen bei Unternehmensführungshandlungen erfordert, dass Führungskräfte ihre Entscheidungsprobleme beschreiben und strukturieren können (Wurr [Wissensverarbeitung] 1084). Dies ist jedoch vielfach nicht der Fall.

- Der Schwerpunkt der meisten Managementinformations- und Entscheidungsunterstützungssysteme liegt in der Prognose der Umweltsituation, der Prognose der Konsequenzen von Handlungsalternativen sowie der Bewertung der Handlungsalternativen. Im kreativen Abschnitt des Planungsprozesses, der Alternativensuche (vgl. Abschn. 6.5), ist der Unterstützungsbeitrag der Systeme jedoch gering (Zschaage [Systems] 106).

- Während der Anwendungsnutzen von Managementinformations- und Entscheidungsunterstützungssystemen bei Routineentscheidungen relativ hoch ist, ist deren *Unterstützungspotenzial bei strategischen Entscheidungen nach wie vor sehr gering*. Hierfür sind mehrere Gründe ausschlaggebend.

- Wie in Abschn. 2.4.3 gezeigt werden konnte, sind die für strategische Entscheidungen relevanten Informationen mehrdeutig, was die Interpretation der Umweltsituation erschwert. Entscheidungsunterstützungssysteme können jedoch bei der Umweltinterpretation nur in sehr begrenztem Maße Hilfestellungen bieten. Ebenso wenig wie die statistische Aufbereitung von empirisch gewonnenen Daten den Forscher von der theoretischen Erklärung der Befunde befreit, entlastet ein Managementinformations- oder Entscheidungsunterstützungssystem den Manager von der Interpretation der Handlungssituation.

- Mit zunehmender Komplexität und Mehrdeutigkeit des unternehmerischen Umfelds wird ein weiterer Mangel traditioneller Managementinformationssysteme offensichtlich. Sie konfrontieren die Entscheidungsträger mit einer für sie unüberschaubaren Fülle von Informationen, die zuvor vielfach nicht auf ihre Konsistenz überprüft wurden. Mit der Datenexplosion wird jedoch keine Informationsexplosion verursacht, sondern lediglich vorgetäuscht (Dearden [Computer] 58).

Anwendungsprobleme bei WBS

Das Leistungspotenzial *wissensbasierter Systeme*, insbesondere zur Lösung strategischer Entscheidungen, wird ebenfalls vielfach überschätzt und deren vielfältige Probleme werden unterschätzt (vgl. hierzu auch Frank [Expertensysteme] 19 ff.; Mans [Menschen] 257 ff.; Mertens [Beurteilung] 259).

- Diesbezüglich sind zunächst Probleme bei der Akquisition des Wissens (Knowledge-Engineering) zu nennen, das im System abgespeichert werden soll. Diese gründen letztlich darin, dass sich die Experten selbst über die bei ihren Problemlösungen ablaufenden Gedankenfolgen nicht voll bewusst sind (Mertens/Allgeyer [Intelligenz] 689 f.). Ein Kernproblem stellt somit die Repräsentation von unstrukturiertem und strategischem Wissen eines Managementexperten in Form geeigneter Inferenzmuster dar. Die Entwickler wissensbasierter Systeme stoßen damit an eine Grenze, die bereits Ludwig Wittgenstein umrissen hat, als er darauf verwies, dass aus einem „Wissen um die Dinge" nicht notwendigerweise ein „Berichten-Können von den Dingen" resultiert, da es sich hierbei um zwei unterschiedliche Kognitionsebenen handelt (Wittgenstein [Tractatus] 19).

- Ein weiteres Problem der betriebswirtschaftlichen Anwendung wissensbasierter Systeme stellt sich dadurch, dass fast jede strategische Entscheidung auch auf Daten beruht, die von mehreren Experten oft in völlig unterschiedlicher Weise beschrieben und beurteilt werden, ganz abgesehen von der subjektiven Prognoseunsicherheit der Experten. Daher können wissensbasierte Systeme nur unter der Zugrundelegung weitreichender Prämissen als Hilfsmittel für strategische Führungsentscheidungen eingesetzt werden (Mertens/Allgeyer [Intelligenz] 686).

- Im Hinblick auf das Prinzip der heuristischen Inferenz, bei dem für jeden Umweltzustand eine Eintrittswahrscheinlichkeit angesetzt wird, ist ein aus der psychologischen Forschung im Bereich kognitiver Unsicherheitsadaption bekannter Sachverhalt als Mangelproblem anzusprechen. Dieses besteht darin, dass Menschen ihr Vertrauen in bestimmte Annahmen nicht explizit quantifizieren (Frank [Expertensysteme] 27).

- Selbst bei einfachen betriebswirtschaftlichen Problemstellungen sind letztendlich relativ große Wissensbasen notwendig, die die Anwendung wissensbasierter Systeme für Zwecke der Unternehmensführung allein unter Mächtigkeitsaspekten als zu aufwändig erscheinen lassen.

- Ein wissensbasiertes System kann schließlich keine Umweltinformationen und damit auch keine Probleme wahrnehmen. So setzt die Anwendung der im System abgespeicherten Regeln voraus, dass dem System die Ausprägung der zugrunde liegenden Prämissen und anderweitigen Inputdaten fortwährend mitgeteilt wird. Im Interpretationsansatz der Unternehmensführung (vgl. Abschn. 2.4) zeigt sich jedoch, dass gerade die Informationsselektion ein wesentliches Element strategischen Problemlösens darstellt, da aus der Flut von Informationen die entscheidungsrelevanten herausgefiltert werden müssen (Frank [Expertensysteme] 28; Mans [Menschen] 257). Wissensbasierte Systeme können den Menschen somit allenfalls partiell als Entscheider ersetzen.

Verbreitung

Angesichts dieser vielfältigen Mängel dürfte die Bedeutung wissensbasierter Systeme zur Lösung strategischer Entscheidungsprobleme auch in absehbarer Zukunft nur zögernd zunehmen, sodass ihr Einsatzbereich vorwiegend auf der „mittleren Ebene", etwa bei der Bündelung von Kundenaufträgen, der Umwandlung von Materialbedarfsanforderungen in Bestellungen oder der Bevorratung von Außenlägern liegen dürfte (Mertens [Beurteilung] 260).

Bewertung

Zusammenfassend ist davon auszugehen, dass die Informations- und Kommunikationstechniken von ihren Entwicklern in immer stärkerem Maße auf den Bereich des Managements und dort speziell auch als Arbeitshilfe für das Top-Management ausgelegt und angeboten werden. Die Analyse des Managementhandelns zeigt jedoch, dass die sich aus diskontinuierlichen Umweltentwicklungen und mehrdeutigen Entscheidungssituationen ergebende Ungewissheit ebenso wie der die Betriebswirtschaftslehre charakterisierende chronische Mangel an Gesetzmäßigkeiten den Anwendungsnutzen der neuen Techniken als Entscheidungshilfe beschneidet. Deshalb hat die Informations- und Kommunikationstechnik *bislang auch noch nicht zu einem grundlegenden Wandel der Arbeitsstrukturen in der Unternehmensführung geführt*, obwohl in einzelnen Feldern wie der computergestützten Gruppenentscheidung (CATeam) zumindest experimentell ein solcher Wandel vorangetrieben wird (Krcmar [Team] 6 ff.). Insgesamt gesehen müssen Informations- und Kommunikationssysteme daher immer als *Manager-Unterstützungssysteme* gedacht sein. *Hardware/Software-Konfigurationen, die den Menschen ersetzen, lassen sich auch in Zukunft kaum absehen* (Tiemeyer/Zsifkovits [Information] 95 ff.).

12.4 Generelle Gestaltungsbereiche des Informationsmanagements

Aus dem breiten Spektrum von Gestaltungsbereichen des Informationsmanagements sind aus der Perspektive des Top-Managements die Fragen der Zentralisation bzw. Dezentralisation der Infrastruktur der Informationsfunktion, der organisatorischen Gestaltung des Bereichs Informationsmanagement und schließlich der Auswahl von Spezialisten für den Bereich Informationsmanagement von zentraler Bedeutung.

12.4.1 Zentralisationsgrad des Informationssystems

Distribuierungsproblem

Die Entscheidung über den Zentralisationsgrad der Infrastruktur der Informationsfunktion wird vielfach auch als *Distribuierungsproblem* bezeichnet. Zur Bewältigung dieses Problems sind von verschiedener Seite umfassende Entscheidungsmodelle entwickelt worden (vgl. Rockart/Bullen/Leventer [Centralization]; Heinrich/Roithmayr [Bestimmung] 29 ff.), in denen wichtige, den Zentralisationsgrad der Informations-Infrastruktur beeinflussende Entwicklungen wie die Reifung des Personalcomputers, die Entwicklung vernetzter Systeme oder die erhöhten informations- und kommunikationstechnischen Kenntnisse der EDV-Anwender im Unternehmen Berücksichtigung finden. Eine anspruchsvolle Variante steht im *Modell von Rockart, Bullen und Leventer* ([Centralization] 13 f.) zur Verfügung. Dort wird ein analytischer Problemlösungsmodus vorgeschlagen, der das Entscheidungsproblem im Hinblick auf *drei Einflussfaktoren* strukturiert und aufschlüsselt. Ein erster ist mit der Prozessstufe der Informationsfunktion gegeben, wobei eine individuelle Festlegung des Zentralisationsgrads von Systemaufbau und -entwicklung, Systembetrieb und Systemmanagement notwendig ist. Weiterhin sind die Charakteristika der konkreten Anwendungsaufgaben bei der Festlegung des Zentralisationsgrads zu berücksichtigen, wobei es sich empfiehlt, die Aufgaben nach inhaltlichen Kriterien („Logical Application Groups" – LAG) zusammenzufassen. Schließlich ist der Differenzierungsgrad der organisatorischen Teilsysteme des Unternehmens zu berücksichtigen.

Vorteils-Nachteils-Vergleich

Bei Rockart et al. wird die Lösung des Entscheidungsproblems anhand einer checklistenartigen Entscheidungs- bzw. Faktorentabelle entwickelt, mit der relevante Einflussfaktoren geordnet, bewertet und gewichtet werden können. Da angesichts der vielfältigen, situativ unterschiedlichen Einflussfaktoren allgemeingültige Empfehlungen für den Zentralisationsgrad der Informationsinfrastruktur nicht abgegeben werden können, ist man letztendlich auf einen *Vorteils-Nachteils-Vergleich* der zentralen oder dezentralen Infrastruktur angewiesen (Rockart/Bullen/Leventer [Centralization]). Ausgewählte Vor- und Nachteile *der beiden Typen* sind in Abbildung 12-7 wiedergegeben.

Abbildung 12-7 *Zentralisation oder Dezentralisation von Informationssystemen*

<table>
<tr><th></th><th></th><th>Zentralisiertes Informationssystem</th><th>Dezentralisiertes Informationssystem</th></tr>
<tr><td rowspan="2">Generelle Wirkungen</td><td>Vorteile</td><td>– Möglichkeit der Zusammenfassung von Unternehmensinformationen
– verbesserte Kontroll- und Steuerungsmöglichkeiten durch das Management
– Förderung der Integration von Verwaltungsfunktionen
– Verteilung der Entwicklungskosten
– vergleichsweise große Rechenkapazität der Zentraleinheit</td><td>– Möglichkeit zur Anpassung von Hardware und Software an jeweilige Problemstellungen
– höhere Anpassungsgeschwindigkeit (Flexibilität) des Systems</td></tr>
<tr><td>Nachteile</td><td>– Förderung von Akzeptanzproblemen; weitreichende Folgen bei Systemzusammenbruch
– weitreichende Konsequenzen bei Systemänderungen
– Tendenz zur Herausbildung von unnötigen Verwaltungseinheiten</td><td>– vergleichsweise aufwändiger Daten- und Softwareschutz
– mangelnde Professionalisierung der Systemerhaltung
– drohende Inkompatibilität von Hard- und Software</td></tr>
<tr><td rowspan="2">Kosteneffekte</td><td>Vorteile</td><td>– hohe Skaleneffekte (geringere Speicherkosten; bessere Systemauslastung)</td><td>– geringere Kommunikationskosten und Systemerweiterungskosten
– bessere Nutzungsmöglichkeit von Preisverfällen, die durch den technischen Fortschritt entstehen</td></tr>
<tr><td>Nachteile</td><td>– hohe Kontrollkosten
– hohe Verwaltungsgemeinkosten</td><td>– Mehrfachanfall von Softwarelizenzgebühren</td></tr>
<tr><td>Personelle Wirkungen</td><td>Vorteile</td><td>– gebündelter Einsatz von Datenverarbeitungsspezialisten
– effiziente Nutzung von Spezialqualifikationen
– vergleichsweise großer Pool von EDV-Experten
– höherer Qualifikationsstandard des Personals
– einfachere Ersetzungsmöglichkeit von Personalabgängen
– hohe Wahrscheinlichkeit von Lerneffekten</td><td>– positive Motivationseffekte bei Mitarbeitern der Fachabteilungen
– bessere Kommunikationsvoraussetzungen zwischen Informationsmanagern und Managern der Fachabteilung
– geringere Qualifikationsanforderungen</td></tr>
<tr><td rowspan="2">Technische Wirkungen</td><td>Vorteile</td><td>– mehrfache Nutzungsmöglichkeit höherwertiger Software durch EDV-Personal und Anwender
– bessere Voraussetzung zur Verarbeitung komplexer Software</td><td>– Möglichkeit zum Einsatz hochspezialisierter Software
– einfachere Realisierungsmöglichkeit von Systemanpassungen</td></tr>
<tr><td>Nachteile</td><td>– Bildung von Warteschlangen vor Hauptspeicher</td><td>– eingeschränkter Hauptspeicherplatz
– Systemkompatibilitätsprobleme</td></tr>
</table>

12.4.2 Organisatorische Gestaltung des Bereichs Informationsmanagement

Die organisatorische Gestaltung des Bereichs Informationsmanagement ist mit *zwei grundlegenden Entscheidungsfeldern* befasst. Zum einen ist zu bestimmen, wie die Funktion „Informationsverarbeitung" in die Gesamtorganisation des Unternehmens integriert werden kann. Zum anderen sind Lösungen für die Binnenorganisation der Informationsverarbeitungseinheit(en) bereitzustellen. Die Entscheidung über die *organisatorische Integration der „Informationsverarbeitung"* in die Gesamtorganisation des Unternehmens ist mit dem oben erwähnten Problem der Zentralisation der Infrastruktur eng verbunden (Ebers [Einführung] 99 ff.). Daher lassen sich auch hier keine allgemeingültigen Lösungskonzepte formulieren. Biethahn, Mucksch und Ruf ([Informationsmanagement] 147 ff.) verweisen darauf, dass *neben* dem Zentralisationsgrad der Informationsinfrastruktur die Größe, der Aufgabenumfang der Informationsverarbeitung, die Art der Entwicklungsprojekte, Merkmale der Leistungsempfänger (administrativer oder technischer Bereich) sowie der Reife- oder Integrationsgrad der Unternehmensaktivitäten wichtige Determinanten der organisatorischen Gestaltung darstellen. Die Auswahlentscheidung kristallisiert sich idealtypisch in *drei Gestaltungsmöglichkeiten* (Pfeiffer [Grundlage] 207; Österle [Rolle] 235 ff.; Biethahn/Mucksch/Ruf [Informationsmanagement] 147 ff.):

Gestaltungsmöglichkeiten

(1) Informationsverarbeitung als *selbstständige Stabsstelle*. Die zentrale Anordnung der Stabsstelle fördert zwar die einheitliche Planung der Informationsverarbeitungsaufgaben; ihr steht jedoch die Gefahr einer zu großen Problemdistanz gegenüber.

(2) Informationsverarbeitung als *selbstständige Linienabteilung auf der zweiten Hierarchieebene*. Rein formal garantiert diese organisatorische Lösung dem Informationsmanagement ein hohes Maß an Einfluss, das jedoch durch Konkurrenzprobleme mit anderen Abteilungen gemindert werden kann. Diese Strukturvariante ist in zahlreichen Unternehmen anzutreffen; es wird dabei üblicherweise die Abteilung Organisation in der Linienabteilung Informationsverarbeitung aufgelöst, da organisatorische Gestaltungsprobleme kaum mehr ohne Datenverarbeitungsunterstützung zu bewältigen sind (Pfeiffer [Grundlage] 210 f.).

(3) Informationsverarbeitung als *Teil einer Fachabteilung*, zum Beispiel als Teil des Finanz- und Rechnungswesens, der Personalabteilung oder des Controlling. Eine derartige Lösung ist in der Unternehmenspraxis vielfach dadurch entstanden, dass die Fachabteilungen um Stabs- oder Ausführungsstellen mit dem Aufgabengebiet „Informationsmanagement" ergänzt wurden. Nachteilig ist bei dieser Lösung der begrenzte Einfluss

des Informationsmanagements auf die informationsbezogene Entscheidungsfindung.

Binnenorganisation

Standardmöglichkeiten zur Gestaltung der *Binnenorganisation der Informationsverarbeitungseinheit(en)* lassen sich beispielhaft an dem in Abbildung 12-8 (Biethahn/Mucksch/Ruf [Informationsmanagement] 164) dargestellten Organigramm veranschaulichen, das eine häufig anzutreffende Strukturvariante wiedergibt.

Abbildung 12-8

Organisation der Informationsverarbeitung

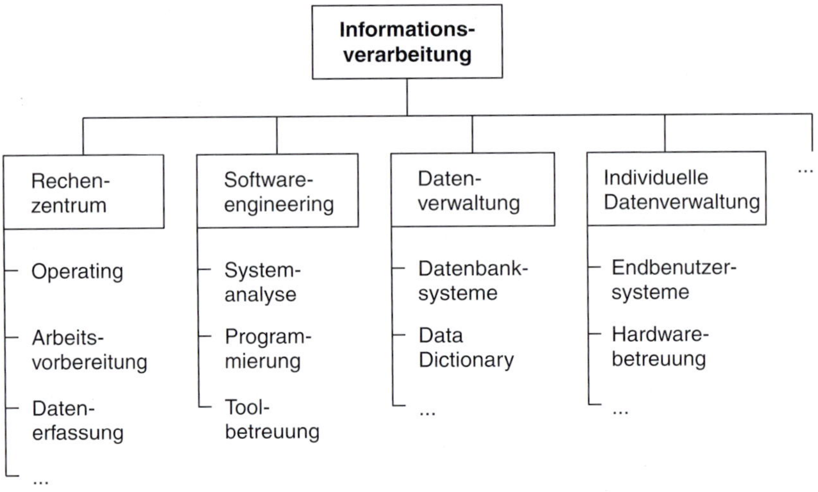

12.4.3 Personalauswahl für den Bereich Informationsmanagement

Die Auswahl des Personals für den Bereich Informationsmanagement bis hin zum Chief Information Officer (CIO), der sich häufig auf der zweiten Organisationsebene befindet, stützt sich zweckmäßigerweise auf *Anforderungsprofile*. Diese beinhalten die wesentlichen Eigenschaften des Aufgabenbereichs eines Informationsmanagers wie umfangreiche Kenntnisse in der Informatik (zum Beispiel technisches Verständnis von Hard- und Software, Systemanalyse und Telekommunikation), grundlegende Kenntnisse von betriebswirtschaftlichen oder ingenieurwissenschaftlichen Sachverhalten, ausgeprägtes Organisationsgeschick, ein hohes Maß an Anpassungsfähigkeit (Informationsmanager als „proaktiver Futurist"), weitreichende soziale Kompetenz sowie überdurchschnittliches analytisches Denkvermögen und Abstraktionsfähigkeit (Biethahn/Mucksch/Ruf [Informationsmanagement] 99 ff.; Pfeiffer [Grundlage] 240 ff.; Beyer [Effizienz] 163 ff.).

Nicht nur Informatiker

Obwohl sich dieses zunächst vom Qualifikationsprofil her anzubieten scheint, sprechen verschiedene Gründe dafür, dass der Bereich Informationsmanagement *nicht ausschließlich mit Informatikern* besetzt werden sollte. So ist das Informationsmanagement nicht nur ein Problem der Hardware-/Softwaregestaltung und -betreuung, sondern auch eines der unternehmenszielbezogenen Koordination der EDV-Aktivitäten. In deren Rahmen hat eine fortlaufende betriebswirtschaftliche Bewertung der EDV-Aktivitäten zu erfolgen. Informatiker haben ähnlich wie Ingenieure vielfach den Hang zu bedarfsentkoppelten „Optimallösungen", bei denen das Kriterium der gesamtzielbezogenen Verwertbarkeit hintangestellt wird. Bei der Implementierung von Informations- und Kommunikationssystemen ist ohne die Berücksichtigung der mitarbeiterbezogenen Verträglichkeit wie Akzeptanz der Systeme, Bildungs- und Schulungserfordernisse oder Führungsprobleme kaum Aussicht auf eine erfolgreiche Systemnutzung gegeben. Der Informationsmanager muss demnach auch ein hohes Maß an „sozialer Kompetenz" aufweisen. Schließlich ist auch bei der Personalwahl zu berücksichtigen, dass die Informations- und Kommunikationstechnik für die Unternehmensführung lediglich instrumentellen Charakter hat. Die zu lösenden Probleme stammen aus den jeweiligen Fachbereichen, weshalb der Informationsmanager eine Doppelqualifikation aufweisen sollte, idealerweise die „Bindestrich-Informatik" hin zur Betriebswirtschaft.

Hohe Bedeutung sozialer Kompetenz

12.5 Wissensmanagement

12.5.1 Aufgabengebiete und Instrumente

Unternehmen sind in Wettbewerbsumfeldern tätig, die im Zeitablauf einem Wandel unterliegen. Die Anforderungen ändern sich fortwährend; im Wettbewerb wird derjenige bestehen, der sich schneller als andere auf die geänderten Anforderungen einstellen kann. So sind Unternehmen ständig gefordert, neues Wissen zu generieren und zur Anwendung zu bringen (Burmann [Wissensmanagement] 334 ff.; Fried [Wissensmanagement]; Gronau [Wissensmanagement]; Borchardt [Wissensmanagement]; Weissenberger-Eibl [Wissensmanagement]; Helm/Meckl/Sodeik [Erfolgsfaktoren]).

Generell kann die Fähigkeit, Wissen schneller zu generieren, zu transferieren und zu nutzen als die Konkurrenz, als Wettbewerbsvorteil bezeichnet werden (Probst/Büchel [Lernen]). Da Wissen nicht nur in expliziter Form auftritt, kann es nicht vollständig in Dokumenten gespeichert und automatisch verarbeitet werden; vielmehr müssen sich Menschen, die Mitarbeiter des Unternehmens, dessen erinnern und es weiterentwickeln (Klimecki/Gmür [Personalmanagement]; Pawlowsky/Bäumer [Weiterbildung]). Es ist implizit in ihren Köpfen und in den von ihnen gestalteten organisatorischen Abläufen verankert (Kogut/Zander [Learning] 503; Weber [Prozeß] 119 ff.; Pawlowsky/Neubauer [Lernen] 1280 ff.; Lechner/Floyd [Learning]). Der Prozess der Veränderung dieser Wissensbasis, über die ein Unternehmen verfügt, kann als *organisationales Lernen* bezeichnet werden. Allerdings besteht noch keine Einigkeit darüber, auf welcher Ebene organisationales Lernen exakt stattfindet. Die Spannweite reicht von der individuellen bis zur interorganisationalen Ebene, wie globale Lernnetzwerke multinationaler Unternehmen zeigen (Macharzina/Oesterle/Brodel [Learning] 640 f.). Um organisationales von individuellem Lernen abzugrenzen, soll hier von Lernprozessen gesprochen werden, die mehr als ein Individuum betreffen. Da organisationales Lernen die Anpassung des Unternehmens an veränderte Anforderungen verbessern soll und auch Unzweckmäßiges gelernt werden kann, ist es sinnvoll, auch den Prozess des Verlernens (Unlearning) dem organisationalen Lernen zuzuordnen (Hedberg [Organizations]). Das Phänomen des organisationalen Lernens und damit das Aufgabenfeld des Wissensmanagements lässt sich in zwei Bereiche teilen, die Erzeugung von Wissen und den Transfer von Wissen.

Organisationales Lernen

12.5.1.1 Erzeugung organisationalen Wissens

Organisationales Wissen

Die Erzeugung organisationalen Wissens kann durch das Wissensmanagement *nicht direkt* beeinflusst werden, da das zu erzeugende Wissen vor seiner Entstehung inhaltlich noch nicht bekannt ist. Ideen sind per Definition nicht vorhersehbar; insbesondere ist organisationales, individuenüberschreitendes Wissen während seiner Entstehung schwer als solches zu erkennen, wenn es sich zunächst unbewusst etabliert. Es kann also kaum direkt am Wissen angesetzt werden, sondern man muss Wege suchen, die Wissensgenerierung indirekt zu lenken und zu fördern. Maßnahmen, die diesen Zweck verfolgen, betreffen in erster Linie die Organisationsstruktur, den Einsatz von Informations- und Kommunikationssystemen und die Unternehmenskultur.

Entstehung neuen Wissens

Neues Wissen entsteht durch ständigen gegenseitigen Austausch zwischen verschiedenen Wissensquellen (Hayek [Knowledge] 530). Darum hängt auch die Generierung organisationalen Wissens wesentlich davon ab, in welcher Weise die Mitarbeiter eines Unternehmens miteinander in Kontakt treten (Kieser/Hegele/Klimmer [Kommunikation]). Die Qualität und Häufigkeit dieser Interaktionsbeziehungen kann das Top-Management, wenn auch nur in begrenztem Maße, über die Organisationsstruktur des Unternehmens gestalten (vgl. Abschn. 7.2). In stark differenzierten Strukturen entwickeln die Mitarbeiter ein spezialisiertes Expertenwissen und können sich auf spezifische Teile der Unternehmensumwelt konzentrieren, aus denen sie Anregungen für neue Ideen aufnehmen. Je freier und unbürokratischer die Strukturen dabei sind, desto flexibler werden sie und desto mehr Informationen können sie absorbieren (Cohen/Levinthal [Capacity]). Umgekehrt kann nur durch starke Integration sichergestellt werden, dass die Organisationseinheiten sich gegenseitig austauschen und durch die Kombination unternehmensinternen Wissens neue Ideen entwickeln. Somit setzt organisationales Lernen eine Organisationsstruktur voraus, die sowohl der Forderung nach Spezialisierung als auch der nach Integration nachkommt. Dies kann im Falle divisional gegliederter Unternehmen durch Ausschüsse und vermaschte Teams (vgl. Abschn. 7.4) erreicht werden, die sich speziell der Generierung neuen Wissens widmen, oder durch eine Matrix-Organisation (vgl. Abschn. 7.2), die durch die „eingebauten" Interessenkonflikte zwischen den Matrixdimensionen den Austausch zwischen verschiedenen Wissensgebieten geradezu erzwingt (Gupta/Govindarajan [Coalignment]).

Einfluss der Organisation

Einsatz von IuK-Systemen

Mit dem Einsatz von Informations- und Kommunikationssystemen (Pfau [Informationsmanagement]) hat das Wissensmanagement ebenfalls eine Möglichkeit, die Generierung von organisationalem Wissen zu begünstigen. Der erste Aspekt hängt mit der Steigerung der organisatorischen Integration zusammen. Durch E-Mail, Voice Mail, Videokonferenzen und ähnliche Medien rücken die Mitarbeiter des Unternehmens gedanklich näher zusammen, sodass sich ihre Möglichkeiten zum Informationsaustausch erhöhen. Technische Hilfsmittel der Kommunikation bauen räumliche Barrieren des organisationalen Lernens ab. Beseitigen können sie diese jedoch nicht, weil direkter persönlicher Kontakt reichhaltigere und „breitbandigere" Kommunikation bietet, als dies ein Telefongespräch oder E-Mail vermögen. Sogar Ingenieure, denen sicher keine Technologieaversion nachgesagt werden kann, bevorzugen bei ihrer Informationssuche persönlichen Kontakt mit ihren Kollegen (Allen [Flow]).

Elektronische Datenbanken

Der zweite Aspekt der Förderung organisationalen Lernens durch Informations- und Kommunikationstechnologie ergibt sich aus der Verfügbarkeit von elektronischen Datenbanken. In Datenbanken kann Wissen, das im ganzen Unternehmen verteilt verfügbar ist, an zentraler Stelle mit einfachem und freiem Zugriff für die Mitarbeiter gesammelt werden. So ist es nicht mehr notwendig, dass sich „Kommunikationspartner" kennen und gezielt ansprechen, um Informationen auszutauschen. Von dieser Möglichkeit machen besonders diejenigen Unternehmen Gebrauch, deren Kapital fast ausschließlich im Wissen ihrer Mitarbeiter liegt, wie dies zum Beispiel bei Beratungsgesellschaften der Fall ist. Durch das „Knowledge Capturing" verhindern sie zudem, dass mit dem Ausscheiden ihrer Mitarbeiter auch das organisationale Wissen das Unternehmen verlässt. Jedoch stößt auch die Steigerung der organisationalen Lernfähigkeit durch Datenbanken an ihre Grenzen, sobald Wissen nicht in Datensätzen, Graphiken oder anderen Dokumenten gespeichert werden kann. Außerdem ist es erforderlich, die Datenbanken ständig zu pflegen. Eine Wissensbank, die die Mitarbeiter als Ablage für nicht mehr gebrauchtes Wissen ansehen, werden sie zur Generierung neuen Wissens nicht nutzen.

Knowledge Capturing

Unternehmenskultur

Eine Unternehmenskultur (vgl. Abschn. 4.7), die Offenheit in der Informationsweitergabe als gemeinsamen Wert verankert und Lernbereitschaft fördert, begünstigt auch die Generierung neuen organisationalen Wissens. Das wäre zum Beispiel der Fall, wenn gelegentliche Fehler als natürlicher Bestandteil eines Lernprozesses angesehen werden. Folglich empfiehlt sich für das Management organisationalen Lernens die Verbreitung einer starken, lernfreundlichen Unternehmenskultur. Dabei kommt der narrativen, vornehmlich mündlichen Weitergabe nicht-dokumentierten Wissens über Ereignisse, Methoden und Techniken zur Lösung spezieller praktischer Probleme nicht unerhebliche Bedeutung zur Förderung der „Oral Culture" neben der „Written Culture" zu.

12.5.1.2 Transfer organisationalen Wissens

Das Besondere an organisationalem gegenüber individuellem Wissen ist, dass es über das Unternehmen verstreut ist. Auch der Bedarf an organisationalem Wissen ist nicht auf eine Stelle konzentriert, sondern über das Unternehmen verteilt. Daher besteht im arbeitsteiligen sozio-technischen System Unternehmen (vgl. Abschn. 2.3.1) das Grundproblem des Transfers organisationalen Wissens darin, dass es von dem Ort, an dem es verfügbar ist, zu demjenigen Ort transferiert werden muss, an dem es benötigt wird. Im Falle expliziten Wissens ist dieses Problem vornehmlich logistischer Art und verhältnismäßig einfach lösbar. Im Falle impliziten oder narrativen Wissens ist weder bekannt, wo das Wissen genau vorhanden ist, noch ist bekannt, wie man es fassen und transportieren kann; auch ist nicht bekannt, in welcher Weise man es an anderer Stelle verankern soll.

Interpretationen der Realität

Wissen beruht auf *Interpretationen* der Wirklichkeit (vgl. Abschn. 2.4). Organisationales Lernen ist also ein Prozess, der vom sozialen Umfeld beeinflusst wird. In konstruktivistischer Sicht (vgl. Abschn. 2.4.3) entwickeln Individuen und Gruppen bestimmte kognitive Muster, aus denen sie ihre Interpretationen ableiten. Diese Muster bestehen einerseits darin, was eine soziale Einheit weiß, und andererseits darin, wie sie es weiß. Diese zwei Bereiche sind durch eine symbolische Repräsentierung des Wissens in Form der Sprache miteinander verbunden. Damit liegt der Schlüssel zum Transfer organisationalen Wissens in der Sprache, der sich die betroffenen Menschen in einem Unternehmen bedienen. Individuen und Gruppen innerhalb eines Unternehmens bedienen sich nicht durchgängig derselben Sprache (March/Simon [Organizations] 166). Aus welcher Schicht die Individuen ursprünglich stammen, welche berufliche Ausbildung sie genossen haben, an welche (Sub-)Kulturen sie sich innerhalb und außerhalb des Unternehmens angepasst haben, beeinflusst ihre Wahrnehmung und sprachliche Symbolbildung in unterschiedlicher Weise.

Sprache als Medium

Damit ergeben sich zwei unterschiedliche Ansatzpunkte für den Transfer von Wissen. Entweder muss das Wissen zum Zweck des Transfers von der einen in die andere Sprache übersetzt werden (Brannen/Liker/Fruin [Recontextualization]), oder man kann versuchen, die beiden Sprachen aneinander anzugleichen. Für den ersten Weg kommt es nicht nur darauf an, eine passende Übersetzung zu finden, sondern auch auf die Erkenntnis, dass solch eine Anpassung nötig ist. Für den internationalen Bereich zeigten eine Reihe von Fallstudien (Kenney/Florida [Transfer]; Thompson/Rehder [Gap]), konzeptionellen Arbeiten (Kilduff [Performance]) und großzahligen empirischen Studien (Newman/Nollen [Culture]), dass diese Erkenntnis in der Praxis nicht selbstverständlich ist und dass der Unternehmenserfolg entscheidend von der richtigen Anpassung von transferierten Managementkonzepten und organisatorischen Abläufen abhängt. Der zweite Weg, der in der Angleichung der Sprachen besteht, führt über die Unternehmenskultur. Eine starke Unternehmenskultur kann ein umfassendes gemeinsames Verständnis herbeiführen. Allerdings ist fraglich, ob eine zu weit gehende Angleichung der Sprachen im Interesse des Unternehmens liegen kann. Spezielle Sprachen haben sich zur Behandlung spezieller Problemstellungen entwickelt; ein unternehmensweit einheitliches Interpretationsmuster würde hingegen wertvolle Spezialisierungsvorteile wieder aufheben.

Organizational Intelligence

In den 1980er Jahren kamen verstärkt aus Japan Ideen zu einer intelligenzbezogenen Führung auf, die später vor allem unter dem Begriff der „Organizational Intelligence" (OI) diskutiert wurden (Müller-Merbach [Intelligenz] 3 ff.). Organizational Intelligence versteht sich als vielfältiges Zusammenspiel der in einem Unternehmen vorhandenen Gesamtheit aus Information, Wissen und Meinung. Informationen entstehen dabei durch zweckbezogene Filterung des von außen an das Unternehmen herangetragenen Datenmaterials. *Wissen hingegen kennzeichnet das objektive Ergebnis verstandener Information,* während Meinung durch den subjektiven Zustand des Glaubens und der Überzeugung gekennzeichnet ist. Die bewusste strategische Gestaltung dieser Komponenten bedarf eines Managements von Intelligenz, auch IWM-Management genannt. So ist es Aufgabe der Führungskräfte, aus dem verfügbaren Datenrohmaterial brauchbare Informationen zu machen, die als Stellvertreter für reale Objekte, beispielsweise Produkte, fungieren und so in großen Mengen gespeichert und verändert werden können. Weitere Führungsaufgaben bestehen darin, die Entwicklung und Mehrung von Wissen voranzutreiben, dessen Austausch und Nutzbarkeit aktiv zu gestalten sowie andere Meinungen wahrzunehmen und zu beeinflussen. Der OI-Ansatz steht in direktem Zusammenhang mit den Konzepten des organisationalen Lernens und des Informationsmanagements.

Wissen und Information

IWM

Aktuelle Erkenntnis

In der aktuellen konzeptionellen Arbeit von Güttel ([Wissenstransfer) 465 ff.) wird die Frage beantwortet, welche Mechanismen zur Übertragung welcher Wissensart geeignet sind. Während für die Übertragung *expliziten Wissens* Anreizsysteme sowie strukturelle Mechanismen in der Form von IT- und materiellen Ablage-Systemen geeignet sind, sollten bei *narrativem Wissen* Anreize und strukturelle Koordinationsmechanismen verwendet werden, um einen Erfahrungsaustausch zwischen den Wissensträgern anzuregen. Ist dieser erst einmal aktiviert, vermögen die in den Austauschforen bestehenden informellen Regeln den Wissenstransfer zu tragen. Im Hinblick auf *implizites Wissen* ist über die Gestaltung von Rahmenbedingungen die Evolution informeller Regeln und damit eine Routinisierung des Handelns der Unternehmensakteure anzustreben.

12.5.2 Wirkung auf den Unternehmenserfolg

In einer Weiterentwicklung des Ressourcenbasierten Ansatzes (vgl. Abschn. 2.2.5) gehen die Vertreter der Knowledge-based View (Grant [Theory]; Spender [Knowledge]) davon aus, dass es sich bei Wissen um die strategisch bedeutendste Ressource eines Unternehmens handelt und der Erfolg maßgeblich davon abhängt, über welches Wissen ein Unternehmen verfügt und welche Fähigkeiten es zu seiner Entwicklung und Nutzung besitzt. Zur

Analyse des Wissens wird meist auf die Unterscheidung von Wissensbeständen (Stocks) und Wissensflüssen (Flows) nach Machlup ([Knowledge] 409 ff.) zurückgegriffen, die sich auch in den beschriebenen Handlungsfeldern des Wissensmanagements widerspiegelt.

Bestand und Fluss von Wissen

Der Wissensbestand stellt eine Ansammlung von Wissenselementen dar, die im Laufe der Zeit von Wissensflüssen über unternehmensinterne und -externe Kanäle gespeist wird. Dierickx und Cool ([Accumulation]) nutzen zur Veranschaulichung des Zusammenhangs von Bestand und Fluss die Analogie eines Waschbeckens. Zu einem bestimmten Zeitpunkt lässt sich der Bestand an Wasser durch den Pegel im Becken beschreiben. Er ist das Resultat von Zuflüssen aus dem Wasserhahn und des Schwindens von Wasser durch den (undichten) Abfluss. Ähnlich verhält es sich mit Wissen, das dem Unternehmen zugeführt wird, mit der Zeit aber veraltet oder auch Wettbewerbern bekannt wird und auf diese Weise seinen Wert verliert. Der Zufluss ins Becken kann direkt gesteuert werden, der Bestand hingegen nicht. Die indirekten Einflussmöglichkeiten sind zudem dadurch begrenzt, dass der Abfluss nicht vollständig kontrolliert werden kann.

Absorptive Capacity

Der Zusammenhang zwischen Bestand und Fluss von Wissen wird auf stärker theoriegeleitete Weise im Konzept der „Absorptive Capacity" beschrieben (Cohen/Levinthal [Capacity] 129 ff.; Abbildung 12-9 in Anlehnung an Kerssens-van Drongelen/de Weerd-Nederhof/Fisscher [Knowledge] 221).

Abbildung 12-9

Absorptive Capacity

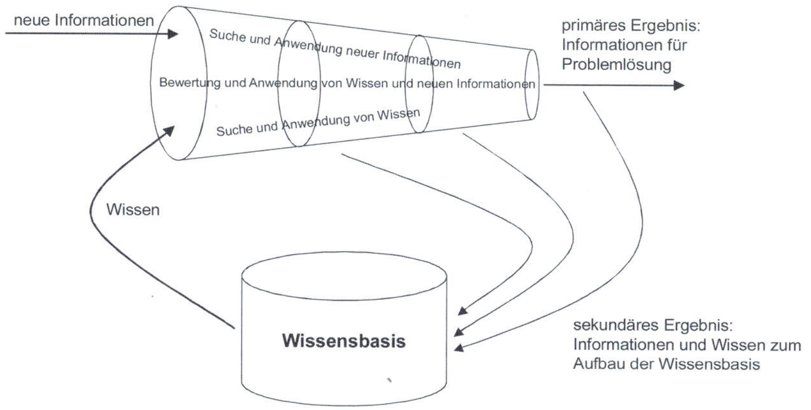

Neues Wissen entsteht durch die assoziative Verknüpfung des bestehenden Wissens aus der Wissensbasis mit neuen Informationen. Die Fähigkeit, neue Informationen auf der Grundlage bestehenden Wissens aufzufinden, zu bewerten und miteinander zu neuem Wissen zu kombinieren, das wieder der Wissensbasis zugeführt werden kann, wird als Aufnahmekapazität bezeichnet. Sie beschreibt die Möglichkeiten zur Steuerung des Zuflusses und stellt somit das Bindeglied zwischen Bestand und Fluss des Wissens dar. Eine Besonderheit der Aufnahmekapazität besteht darin, dass sie sich abhängig von der Einschlägigkeit des Vorwissens entwickelt. Solche Informationen, die zu den bereits bekannten passen, können leichter aufgenommen werden als solche, die gegenüber der bestehenden Wissensbasis neu sind. Dieses Phänomen bedingt eine Pfadabhängigkeit der Wissensentwicklung und schränkt seine Steuerbarkeit weiter ein.

Pfadabhängigkeit der Wissensentwicklung

Zusammenspiel von Stocks und Flows

Aus beiden Modellen wird deutlich, dass es für die Erfolgswirkung neben dem Bestand und Fluss von Wissen auch auf das Zusammenspiel beider ankommt. Forschungsansätze, die sich auf die Qualität des Wissens (Miller/Shamsie [Studios]; McEvily/Chakravarthy [Performance]) oder auf Wege des Zugriffs (Kale/Singh [Learning]; Anand/Khanna [Value]) beschränken, sind darum als weniger aussagekräftig anzusehen als solche, die beide Aspekte und ihre Interaktion zum Gegenstand haben. Der empirische Kenntnisstand befindet sich in diesem Bereich noch in einer frühen Phase; die Zahl der vorliegenden Studien ist begrenzt.

Learning before Doing

Learning by Doing

Pisano ([Knowledge]) betrachtet Lernprozesse in Unternehmen mit unterschiedlich ausgeprägten Wissensbasen. Er vermutet, dass Unternehmen mit ausgereiften Produktionstechnologien und gesichertem Wissen bei der Neuproduktentwicklung eher mit einer geradlinigen, geplanten Problemlösungsstrategie („Learning before Doing") arbeiten, während Unternehmen mit wenig produktionstechnischen Erfahrungen und hoher technologischer Unsicherheit mit einer experimentellen, durch mehrere Rückkopplungsschleifen gekennzeichneten Problemlösungsstrategie („Learning by Doing") vorgehen. Die genutzten Problemlösungsstrategien zeichnen sich aufgrund der Lernschleifen durch unterschiedliche Strukturen von Wissensflüssen aus. In 200 Interviews mit Mitarbeitern aus fünf Pharmazie- und sechs Biotechnologieunternehmen stellte sich heraus, dass die Wissensflüsse in der reifen Pharmaziebranche geradliniger verlaufen als in der Biotechnologiebranche, bei der die Wissensbasis noch vergleichsweise klein und unstrukturiert ist. Wenn Bestand und Fluss des Wissens sich entsprechen, erreichen Unternehmen den Befunden zufolge eine kürzere Produktentwicklungszeit.

Fachkompetenz und integrative Kompetenz

Henderson und Cockburn ([Competence]) stellen in ihrer Studie die Bedeutung zweier Arten von Kompetenz heraus. Neben einer Fachkompetenz, die unter Wettbewerbern ungleich verteilt, nicht marktfähig und schwer imitierbar ist (*Wissensbestand*), führen sie den Erfolg von Unternehmen auch auf eine integrative Kompetenz zurück. Dabei handelt es sich um die Fähigkeit, Wissen über unternehmensbezogene und fachliche Grenzen hinweg miteinander in Verbindung zu bringen (*Wissensflüsse*). Der Befund aus 110 Interviews mit Mitarbeitern aus 10 Unternehmen der Pharmazie- und Medizintechnikbranche lässt den Schluss zu, dass die integrative Kompetenz einen noch stärkeren Einfluss auf die Produktivität von Forschung und Entwicklung ausübt als die Fachkompetenz.

DeCarolis und Deeds ([Knowledge]) untersuchen die Erfolgswirkung von Wissensbeständen und -flüssen parallel zueinander. Je höher der Bestand (Zitationen von wissenschaftlichen Veröffentlichungen, Zahl der in Entwicklung befindlichen Produkte, Patente) eines Unternehmens ist und je ausgeprägter die externen Wissensflüsse in das Unternehmen sind (Standort in einer hochentwickelten Umgebung, F&E-Intensität, Zahl der strategischen Allianzen), desto höher soll der Erfolg (Marktwert beim Börsengang) sein. Das Modell wird mit einer Stichprobe von 98 Biotechnologieunternehmen getestet. Wird der Einfluss von Beständen und Flüssen getrennt untersucht, lassen sich die Hypothesen mit Ausnahme der Patentvariablen bestätigen. Bei simultaner Untersuchung aller Variablen ist der Einfluss der Wissensflüsse jedoch überwiegend insignifikant. Die vereinfachende Annahme der Unabhängigkeit von Beständen und Flüssen scheint nicht haltbar zu sein; die zuvor genannten Studien hatten diesen Zusammenhang explizit berücksichtigt. Den interviewgestützten Untersuchungen ist die Studie von DeCarolis und Deeds jedoch hinsichtlich ihres Stichprobenumfangs überlegen und unterstützt erneut die Vermutung, dass Bestände und Flüsse von Wissen eine positive Wirkung auf den Unternehmenserfolg besitzen.

Bontis, Crossan und Hulland ([Learning]) haben den Versuch unternommen, Wissensbestände und -flüsse präziser abzubilden. Für den Bestand unterscheiden sie zwischen Wissen auf den Ebenen Individuum, Gruppe und Unternehmen und erwarten einen positiven Zusammenhang mit dem Unternehmenserfolg. Sie entwickeln weiterhin ein Maß dafür, inwieweit die Wissensflüsse zwischen diesen Ebenen fehlgeleitet werden; dies soll einen negativen Einfluss auf den Erfolg haben. Der Befund aus einer Erhebung mit 480 Fragebögen von 32 Investmentfondgesellschaften bestätigt diese Vermutungen.

In einem Projekt von Al-Laham und Amburgey ([Knowledge]) wird der Einfluss der Bestände (bisher angemeldete Patente) und Flüsse (Anzahl bisheriger strategischer Allianzen) auf den Unternehmenserfolg (Patentrate) untersucht. Eine Besonderheit dieses Modells gegenüber der Arbeit von DeCarolis und Deeds besteht darin, dass der Einfluss jeweils von der Aufnahmekapazität (Breite des Forschungsgebiets) moderiert wird. Zum Test der Hypothesen wurden Längsschnittdaten von 843 Biotechnologieunternehmen eingesetzt. Darin wird ein positiver Effekt von Bestand und Fluss auf den Erfolg nachgewiesen. Der Einfluss der Aufnahmekapazität erweist sich mit der bestehenden Operationalisierung indessen als insignifikant. Nach dem Konzept von Cohen und Levinthal kommt es für die Aufnahmekapazität allerdings eher auf die Einschlägigkeit als die Breite des bisher gewonnenen Wissens an.

Bestand und Flüsse beeinflussen den Unternehmenserfolg

Aus den vorliegenden Studien kann trotz mitunter problematischer Operationalisierungen der Schluss gezogen werden, dass sich sowohl der Bestand als auch der Fluss von Wissen messbar auf den Unternehmenserfolg auswirken; in dieser Hinsicht zeigen alle Arbeiten ein konsistentes Bild. Über diese Erkenntnis hinaus wäre es wünschenswert, etwas über die Zusammenhänge von Bestand und Fluss zu erfahren. Hierzu tragen Bontis, Crossan und Hulland bereits einen differenzierten Modellansatz bei; gesicherte Aussagen lassen sich auf der bestehenden empirischen Basis jedoch nur in eingeschränktem Maße treffen.

Wie von Krogh und Grand ([Wissensmanagement] 1654 f.) beschreiben, setzen Unternehmen im Bereich des Wissensmanagements verbreitet IT-gestützte Tools wie Data Warehousing oder Yellow Pages und für das „Knowledge Enabling“ organisatorische Instrumente wie „Communities of Practice“ oder Workshops ein. Über die ökonomische Wirkung solcher Maßnahmen ist bislang noch weniger bekannt als über die Erfolgswirkung von Wissen im Allgemeinen; sie scheint ambivalent zu sein.

Faktenwissen und Prozess-Wissen

In einer der ersten umfangreichen Studien untersuchen Kyriakopoulos und de Ruyter ([Knowledge]) die Frage, warum die Erfolge, die sich Unternehmen vom Einsatz ausgefeilter Wissensmanagement-Systeme erhoffen, in einigen Fällen ausbleiben und die Sinnhaftigkeit der hohen Kosten, die beim Aufbau und Betrieb eines solchen Systems entstehen, in Frage stellen. Zur Erklärung dieses Umstands ist es nützlich, Faktenwissen („Declarative Memory“) von Prozesswissen („Procedural Memory“) zu unterscheiden. Letzteres bezieht sich auf die Routinen zur Verarbeitung von Wissen und wird durch Maßnahmen des Wissensmanagements verfestigt. Der Befund aus einer Stichprobe von 136 Produktentwicklungsprojekten in der Lebensmittelbranche ergibt für das Faktenwissen einen eindeutig positiven, für das Prozesswissen aber einen umgekehrt U-förmigen Zusammenhang mit dem Entwicklungserfolg. In Verbindung mit der zweiten Beobachtung, dass Prozesswissen den Wert interner oder externer Wissensflüsse für die Kreativität in der Produktentwicklung mindert, lässt sich dieser Befund dahingehend interpretieren, dass sich ein Wissensmanagementsystem mit zunehmender Formalisierung und Kodifizierung selbst lähmt. Festgeschriebene Routinen fördern das einfache Lernen (Single Loop Learning), blockieren aber die Fähigkeit, das Lernen unter veränderten Bedingungen neu zu realisieren (Double Loop Learning, vgl. Argyris/Schön [Learning] 17 ff.).

Die Siemens AG hat mit dem Einbau eines kontinuierlichen Verbesserungsprozesses (vgl. Abschn. 14.2.2) in das Wissensmanagementsystem einen Weg gefunden, solche negativen Effekte zu reduzieren. Das American Productivity & Quality Center (APQC) nennt auch im Jahr 2007 – wie in den Vorjahren – die Siemens AG in seiner Studie über die Most Admired Knowledge Enterprises (MAKE) unter den europäischen (MAKE Europe 2007) und weltweit (MAKE Global 2007) führenden. Weiterhin hat das APQC die Siemens AG in den Kategorien „erfolgreiche Einführung von Wissensmanagement", „Erhalten wertvollen Wissens" und „Einsatz von Wissensmanagement zur Förderung von Innovationen" als Benchmark herangezogen.

Praxisbeispiel:

Wissensmanagement bei der Siemens AG[1]

Das weltweit führende Wissensmanagement-Konzept von Siemens beruht auf den drei grundlegenden Ansätzen

- *Knowledge Quality Model,*
- *Knowledge Flow Model und*
- *Knowledge System Model.*

Im Knowledge Quality Model wird der Wert von Wissen hinsichtlich dreier Dimensionen gemessen. Die erste Dimension bezieht sich auf die Einschlägigkeit; es kann den Ansprüchen von Anfängern, Fortgeschrittenen oder auch Experten genügen. Die zweite Dimension beziffert den Verbreitungsgrad des Wissens. Wissen kann in einzelnen Personen gebunden oder über Gruppen, bereichsübergreifende Fachgemeinschaften oder ganze Organisationen verteilt sein. Die dritte Dimension gibt das Ausmaß der Kodifizierung des Wissens an. In einigen Fällen ist Wissen nur unbewusst vorhanden. In anderen Fällen ist es bewusst vorhanden, wird aber nicht klar artikuliert. Manchmal erfordert es einen persönlichen Kontakt, um das Wissen zu vermitteln. Am stärksten kodifiziert ist Wissen in objektiv nachvollziehbaren Darstellungen wie Texten, Abbildungen oder Formeln. Das Modell geht davon aus, dass die Qualität von Wissen um so höher ist, je einschlägiger, verbreiteter und kodifizierter es ist.

---

1 Wir danken Herrn Dr. Josef Hofer Alfeis, Corporate Technology, Siemens AG, für das freundlicherweise überlassene Basismaterial.

Das Knowledge Flow Model bildet die Wissensflüsse zwischen den beteiligten Akteuren bei Siemens ab, vgl. Abbildung 12-10. Rund um die Geschäftsprozesse, bei denen Managementprozesse, operative Prozesse und Unterstützungsprozesse unterschieden werden können, ist ein kurzfristig bedarfsgesteuerter Wissenskreislauf angeordnet. Die mit der Leistungserstellung betrauten Mitarbeiter richten dringende Anfragen direkt an eine Wissensplattform und erhalten von dort aus umgehend Antwort. Die Wissensplattform wird von Wissensgemeinschaften (Knowledge Communities) unterstützt.

Abbildung 12-10 *Knowledge Flow Model*

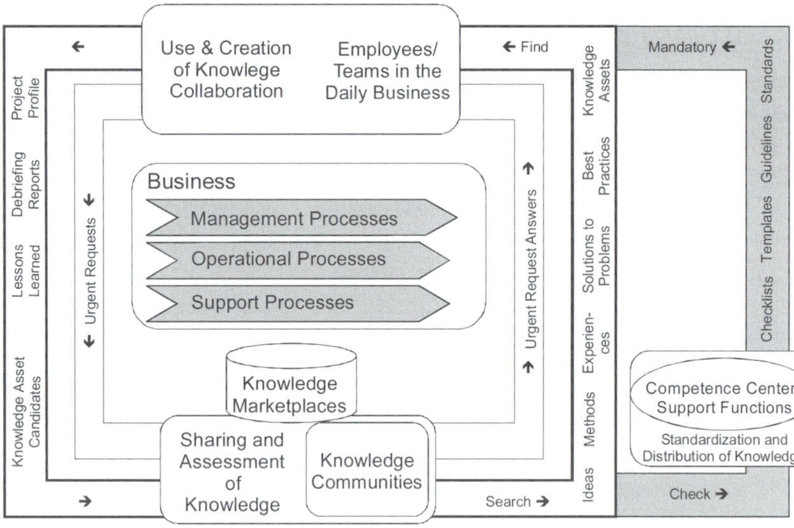

Um den inneren Kreislauf ist eine längerfristige Verbindung zwischen den Mitarbeitern und der Wissensplattform angelegt, die von beiden Seiten zeitentkoppelt gespeist und abgerufen wird. Die Mitarbeiter stellen Projektprofile, Berichte und Dokumentationen ausscheidender Kollegen und neu gewonnene Erkenntnisse bereit. Diese werden auf der Wissensplattform bewertet, zugeordnet und gespeichert, um mit dieser Grundlage neue Ideen, Methoden, Erfahrungen, Problemlösungen und Benchmarks generieren und den Mitarbeitern zur Verfügung stellen zu können. Neben den Mitarbeitern greifen auch Kompetenzzentren auf die Wissensplattform zu. Sie prüfen die bereitgestellten Informationen und erstellen aus ihnen standardisierte Checklisten, Vorlagen oder Richtlinien, deren Verwendung für die Mitarbeiter obligatorisch ist.

Mit dem Knowledge System Model wird die Architektur des sozio-technischen Wissensmanagement-Systems festgelegt, vgl. Abbildung 12-11. Im Zentrum des Modells steht das Wissen. Es ist in Beschreibungen, Prozessen und Systemen kodifiziert. Siemens hält hierfür etwa 2 Millionen elektronische Dokumente mit einem Speicherbedarf von über 1500 GB bereit. Die Wissensplattform umfasst die Hard- und Software zur Verwaltung sowie Kommunikationsverbindungen zu den Arbeitsplätzen für die Übertragung des Wissens. Neben der technischen Ausstattung werden auch wissensbezogene Dienstleistungen zu diesem Bereich gezählt. Bei Siemens sind über 85000 Nutzer an das Opentext Livelink-System angeschlossen.

Knowledge System Model

Abbildung 12-11

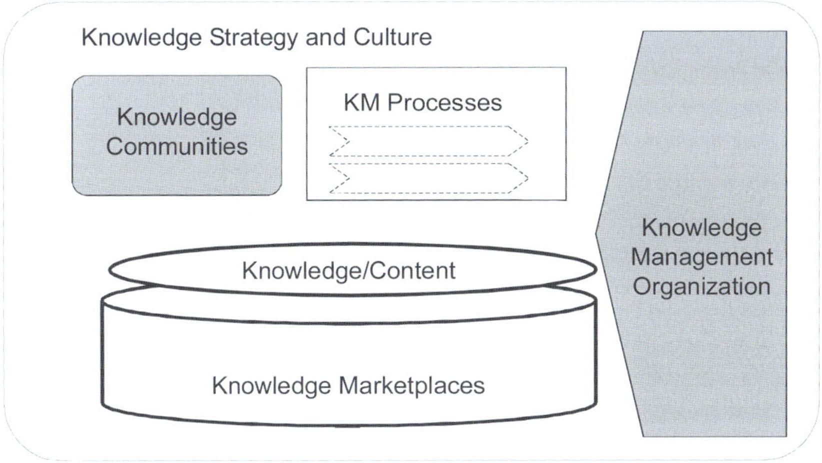

Die Wissensmanagement-Organisation umfasst alle diejenigen Personen, die mit der Initiierung, Förderung und Unterstützung von Wissensmanagement-Aktivitäten dauerhaft befasst sind. Siemens hat hierzu über 1000 Voll- und Teilzeitstellen geschaffen und etwa 20 Berater unter Vertrag genommen. Unter den Wissensmanagement-Prozessen werden alle diejenigen Abläufe zusammengefasst, die sich auf die Erzeugung und Verteilung von Wissen sowie ihre Integration in die Leistungserstellungsprozesse richten. Bei den Wissensgemeinschaften handelt es sich um Netzwerke von Wissensträgern in bestimmten Gebieten, die im Innenverhältnis regelmäßig in Kontakt stehen und über die Wissensplattform miteinander gekoppelt werden. Bei Siemens sind über 1600 „Communities of Practice" registriert. Als weitere Wissensgemeinschaften fungieren daneben Arbeitsgruppen und Abteilungen. Die genannten Systemelemente werden bei Siemens von einer ausgeprägten Wissens-

strategie und -kultur getragen. Dass Strategie und Kultur tatsächlich umgesetzt werden, zeigt der Durchsatz von Wissen im System. Die Reaktionszeit bei dringenden Anfragen ist überaus gering; zwei Drittel von ihnen werden binnen zwei Tagen beantwortet. Die bereitgestellten Dokumente werden sorgfältig geprüft und regelmäßig aktualisiert; rund 3 Prozent von ihnen sind jünger als ein Monat. Dass jeden Monat etwa 30 Prozent der Dokumente abgerufen werden, zeugt von ihrer Qualität und weist auf eine rege Nutzung hin.

Die Einführung eines Wissensmanagement-Systems wird meist einer Projektgruppe übertragen, die das System und die zugehörigen Instrumente selbstständig entwickelt und implementiert. Bei Siemens wurde die Einführung des Wissensmanagements ebenfalls zur Chefsache erklärt. Das Top-Management entwarf in gemeinsamen Workshops mit der Projektgruppe eine klare Top-down-Strategie zur Einführung des Systems. Siemens bediente sich dabei eines sechsstufigen Vorgehensmodells, das auf ein Konzept der niederländischen Beratungsgesellschaft CIBIT zurückgeht.

- *Im ersten Schritt wird eine Business Transformation in Gang gesetzt. Die Einführung des Systems betrifft nicht nur einzelne Bereiche, sondern das gesamte Unternehmen.*
- *Die Aufgabe im zweiten Schritt besteht darin, relevante Wissensgebiete wie Prozessmanagement, Simulation, Komponentenentwicklung oder Technologieberatung zu identifizieren.*
- *Im dritten Schritt werden für diese Wissensgebiete Key Performance Indicators definiert, die den Erfolg beim Kunden, den Projektfortschritt, die Mitarbeiterzufriedenheit und den Innovationsgrad neu gefundener Lösungen quantifizieren.*
- *Über diese Bewertung werden die Wissensgebiete im vierten Schritt in einem Portfolio platziert, das auf den Achsen ihre derzeitige und zukünftige Bedeutung unterscheidet. Das Portfolio gibt auf diese Weise Aufschluss über die Dringlichkeit, mit der die Wissensgebiete zu bearbeiten sind.*
- *Der fünfte Schritt beinhaltet die Erstellung eines Wissens-Cockpits, in dem der Fortschritt einzelner Organisationseinheiten hinsichtlich ihrer Wissensmanagementaktivitäten bewertet wird. Die Kriterien hierfür beziehen sich auf das Knowledge Quality Model mit den Dimensionen Einschlägigkeit, Verbreitung und Kodifizierung. Dabei werden jeweils Scoring-Werte für den Ist- und Sollzustand einander gegenübergestellt.*
- *Im sechsten Schritt wird ein detaillierter Plan für die Verbesserung des bestehenden Wissensmanagement-Systems erstellt und umgesetzt. Die angemahnten Qualitätssteigerungen werden mit Hilfe des Knowledge Flow Models spezifiziert. Beispielsweise können Einschlägigkeitsverbesserungen bei der Auswahl von Informationen durch die Kompetenzzentren, Diffusionssteigerungen bei der*

Vermittlung von Wissen in Workshops oder wirksamere Kodifizierungen bei Abschlussberichten erforderlich sein.

Siemens hat mit seiner Innovationskraft eine internationale Spitzenposition zu verteidigen. In Deutschland belegt das Unternehmen bei den Patentanmeldungen auch nach der Abspaltung von Epcos und Infineon vor dem ebenfalls sehr innovativen Unternehmen Bosch den ersten Platz. Beim Europäischen Patentamt ist Siemens hinter Philips auf Platz 2, beim US-Patentamt auf Platz 8 gelistet. Die Innovationsstärke spiegelt sich auch im Anteil des Umsatzes mit neuen Produkten wider. Während es in den 1980er Jahren noch 50 Prozent waren, erzielte Siemens im Jahr 2003 75 Prozent des Umsatzes mit Produkten, die höchstens fünf Jahre alt waren.

Siemens setzt sein Wissensmanagement-System zur weiteren Steigerung der Innovationskraft ein. Das Unternehmen geht davon aus, dass Wissensmanagement das Hervorbringen von Innovationen in vielfältiger Weise unterstützt. Neben technischen Lösungen wie Dateien mit gemeinsamem Zugriff und Suchinstrumenten für Dokumente und Ansprechpartner schaffen organisatorische Maßnahmen wie die Einrichtung von Diskussionsforen und interdisziplinären Teams günstige Rahmenbedingungen für Innovationen.

Das interne Wissensmanagement-System wird unter anderem mit den Informationsflüssen zwischen Siemens und seinen Kunden verknüpft. Abhängig vom Umfang der jeweiligen Kundengruppe – Dutzende Telekommunikationsunternehmen, Tausende medizinischer Einrichtungen, Millionen von Handy-Nutzern – ergeben sich dabei unterschiedliche Herausforderungen. Mit den Kunden stehen weltweit insgesamt 74 Serviceeinrichtungen und sieben Call Centers in Verbindung; sie haben jährlich etwa 5 Millionen Telefonanrufe, 200000 e-Mails und 27000 postalische Anfragen zu bearbeiten. Das Wissensmanagement-System übernimmt hierbei die Aufgabe, die Kommunikation zu den Kunden zu strukturieren, Fachwissen und standardisierte Verfahren für die Verarbeitung bereitzustellen und diejenigen Anregungen von Kundenseite herauszufiltern, die Innovationen in Gang setzen könnten.

Zusammen mit dem betrieblichen Vorschlagswesen bildet das Wissensmanagement die Funktion Intellectual Capital Management. Siemens prüft die Möglichkeit, das Intellectual Capital Management als Unterstützungsprozess in das Siemens Process House aufzunehmen, vgl. Abbildung 12-12. Das Intellectual Capital Management würde dabei insbesondere die Aufgabe übernehmen, das Product Life Cycle Management zu unterstützen.

Abbildung 12-12

Integration des Intellectual Capital Managements in das Siemens Process House

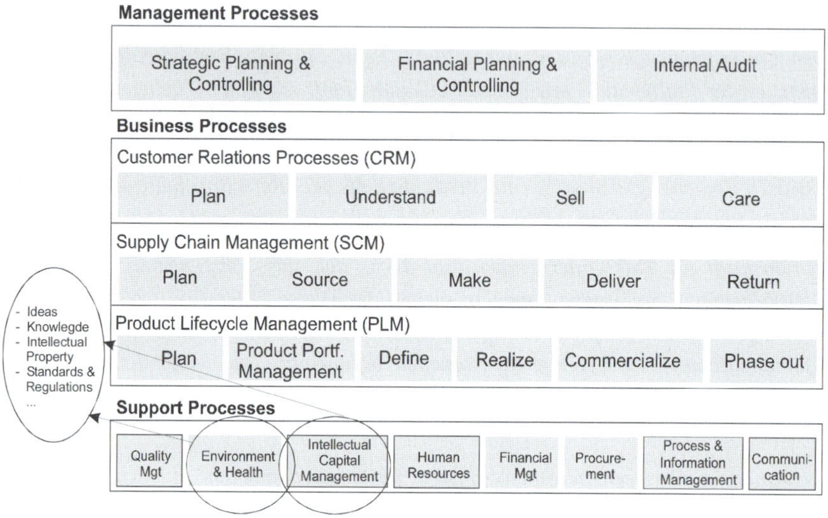

12.6 e-Management

New Economy

Im Zuge der technischen Fortentwicklung und weltweiten Verbreitung des Internets ist ein neuer Wirtschaftszweig entstanden, die so genannte „New Economy" (de la Torre/Moxon [e-Commerce] 617). Zwischen 1997 und 2000 investierten Anleger rund 400 Milliarden Euro in Unternehmen des Internetsektors – in Biotechnologieunternehmen wurde zum Vergleich mit 50 Milliarden Euro achtmal weniger investiert. An den Börsen entstand zu jener Zeit eine regelrechte Internet-Euphorie; die Aktienkurse stiegen in schwindelerregende Höhen. Als viele Unternehmen die offenbar übersteigerten Erwartungen der Aktionäre nicht erfüllen konnten, brachen die Kurse im Jahr 2000 ebenso schnell wieder ein. Seit dieser Erfahrung haben Internetunternehmen bei Investoren mit einer kritischen Grundhaltung zu rechnen. Druck geht für die Unternehmen der New Economy jedoch inzwischen nicht nur von den Kapitalmärkten, sondern auch von den Absatzmärkten aus. Entgegen der anfänglichen Angebotsvielfalt sind mittlerweile starke Konzentrationsbewegungen zu beobachten; beispielsweise werden sich von den zahlreichen

Internetzugangsanbietern voraussichtlich nur große Provider wie AOL oder T-Online langfristig behaupten können (Nonnast [Internetwirtschaft] 9). Selbst wenn das Potenzial der New Economy zum Revolutionieren der Weltwirtschaft nicht ganz so groß sein mag wie von den Analysten einst angenommen und sie die Old Economy bis auf weiteres nicht verdrängen wird, bietet das e-Business für Unternehmen jedweden Typs interessante Optionen zur effizienteren Gestaltung bestehender und zum Erschließen neuer Geschäftsfelder. Ein weltweiter Internet-Umsatz von 116 Milliarden US-Dollar im Jahr 2007 belegt, dass Unternehmen diese Herausforderung annehmen.

e-Business

Der Begriff des *e-Business* bezeichnet ganz allgemein solche Geschäftsprozesse innerhalb und außerhalb von Unternehmen, die elektronisch unterstützt werden. Dabei ist die Art der Geschäftsprozesse nicht inhaltlich festgelegt; sie können gleichermaßen Lieferanten, Kooperationspartner, Kunden oder Organisationseinheiten des Unternehmens betreffen. Der verwandte Begriff des *e-Commerce* ist hingegen enger gefasst und bezieht sich auf den Austausch von Gütern unter Marktpartnern auf elektronischem Wege. Besteht zwischen unternehmensinternen oder -externen Partnern, die über elektronisch unterstützte Geschäftsprozesse verbunden sind, ein Preisbildungsmechanismus, sind die Grenzen zwischen e-Business und e-Commerce allerdings fließend (Merz [e-Commerce] 19 f.). Hier soll e-Commerce als Spezialfall des e-Business angesehen werden, der auf den elektronischen Handel mit Gütern im engeren Sinne beschränkt ist.

e-Commerce

e-Management

Die Koordination beider Bereiche geschieht über *e-Management*, das die Handhabung von elektronischen Geschäftsmodellen und die Planung, Gestaltung und Steuerung von elektronischen Geschäftsprozessen in elektronischen Märkten zum Gegenstand hat.

12.6.1 Elektronische Märkte

Während der Markt als Ort des Austauschs von Gütern in der Antike noch räumlich eng begrenzt war (Agorá, Forum), müssen sich Anbieter und Nachfrager auf elektronischen Märkten heute nicht mehr in räumlicher Nähe zueinander befinden. Die einzige Voraussetzung für das Zusammentreffen auf dem elektronischen Markt ist die Nutzung eines gemeinsamen technischen Mediums wie das Internet, das mit der Einführung mobiler Informations- und Kommunikationstechnologien (GPRS, UMTS) nunmehr gänzlich ortsunabhängig verfügbar ist (Schmid [Elektronische Märkte] 32). Eine geographische Bestimmung und Abgrenzung elektronischer Märkte ist somit nicht möglich, wohl aber eine inhaltliche. Elektronische Märkte können hinsichtlich ihres Teilnehmerkreises, der Handelsstruktur und des Ausmaßes ihrer elektronischen Geschäftsabwicklung differenziert werden.

Teilnehmerkreis

Der *Teilnehmerkreis* elektronischer Märkte kann zunächst allein aus Unternehmen bestehen (Hermanns/Sauter [Internet-Ökonomie] 852 f.). Im Business-to-Business-(B2B-)Bereich wickeln Unternehmen ihre Geschäftsprozesse nicht mehr auf konventionellem Wege, sondern elektronisch ab. Elektronische Handelssysteme sind im B2B-Bereich nicht grundsätzlich neu; geschlossene Buchungssysteme wie AMADEUS, GALILEO und SABRE in der Reisebranche sowie das Wertpapierhandelssystem XETRA haben ihre Vorläufer in den 1970er Jahren. Neu sind im B2B-Bereich offene Systeme, die einem grundsätzlich unbeschränkten Nutzerkreis zugänglich sind. Cisco Systems erzielte bereits 1997 die Hälfte seiner Umsätze mit Netzwerkkomponenten über ein solches internetbasiertes System. Heute wird dem Unternehmen wegen großer Umsatzeinbußen beim Niedergang der New Economy nur noch ein Leben „on borrowed time" (Hamel [Thriving]) verhießen. Gleichwohl sind die Rationalisierungswirkungen des B2B-Handels beträchtlich; Cisco würde für einen Vertrieb auf konventionellem Wege rund 1.200 Mitarbeiter mehr als in der elektronischen Form benötigen.

B2B

B2C

Bei Business-to-Consumer (B2C)-Geschäften treten Unternehmen direkt mit Verbrauchern in Verbindung. Neben bereits bestehenden Versandhandelsunternehmen (Palombo [Quelle] 363 ff.) etablieren sich auf elektronischen Endkundenmärkten auch neue Anbieter wie der Online-Buchhändler amazon.com. Inzwischen ist auch das Buchen von Flügen und Urlaubsreisen oder die Abwicklung von Bankgeschäften über das Internet für viele Verbraucher selbstverständlich geworden. Im Consumer-to-Consumer (C2C)-Bereich schließlich besteht der Teilnehmerkreis ausschließlich aus privaten Haushalten. Auf Plattformen wie ebay.com haben sich weltweite Kleinanzeigenmärkte entwickelt, über die Gegenstände des täglichen Bedarfs und Sammlerstücke gehandelt werden.

Struktur elektronischer Marktplätze

Elektronische Marktplätze (Kollmann [Marktplätze]) können hinsichtlich der Anzahl von Anbietern und Nachfragern vier verschiedene *Strukturformen* aufweisen: Stores (1:1), Auktionen (1:n), Ausschreibungen (n:1) und Börsen (n:n) (Picot/Reichwald/Wigand [Grenzenlose Unternehmung] 344 ff.). Elektronische Stores (1:1) ersetzen oder ergänzen physische Verkaufsräume, in denen ein Anbieter einzelne Kunden „empfängt" und mit ihnen, gegebenenfalls nach Preisverhandlungen, individuell einen Vertrag schließt. Online-Stores erlauben es den Anbietern, ihre Kosten für Werbung und Vertrieb zu senken und ermöglichen es den Nachfragern, bequeme Preisvergleiche durchzuführen und zeitlich wie räumlich ungebunden einzukaufen. Im Falle von Auktionen (1:n) stehen mehrere Nachfrager um die Leistung eines Anbieters im Wettbewerb. Internet-Auktionen wie ricardo.ch verlaufen meist nach dem Prinzip der englischen Auktion, bei der die Nachfrager auf der Basis eines Mindestgebots des Anbieters ihre Gebote abgeben und sich davon ausgehend wechselseitig überbieten. Das höchste Gebot erhält den Zuschlag. Elektronische Ausschreibungen (n:1) funktionieren umgekehrt wie Auktionen. Ein Nachfrager formuliert seine Zahlungsbereitschaft und mehrere Anbieter konkurrieren mit sinkenden Angebotspreisen um den Vertragsabschluss mit ihm. Ausschreibungen sind im Internet weitaus seltener anzutreffen als Auktionen. Ein bekanntes Beispiel ist jedoch travelbids.com, bei der die teilnehmenden Reiseanbieter einem Kunden auf dessen Initiative hin Flüge und andere Leistungen anbieten. Bei elektronischen Börsen (n:n) treffen viele Anbieter auf viele Nachfrager. Zwischen ihnen bildet sich ein Preis, bei dem der Markt geräumt wird. Neben den bekannten Wertpapierbörsen funktionieren bereits auch einige Märkte für standardisierte Güter im B2B-Bereich nach diesem Prinzip. Auf cheop.de wird beispielsweise online mit Chemikalien gehandelt.

Elektronischer Güteraustausch

Neben dem Kreis und der Struktur von Anbietern und Nachfragern lassen sich elektronische Märkte auch danach charakterisieren, inwieweit der Güteraustausch tatsächlich elektronisch stattfindet. Vom Ausmaß der *elektronischen Unterstützung* hängt maßgeblich das Potenzial der elektronischen Geschäftsabwicklung zur Senkung von Transaktionskosten ab (Fisch/Dürrfeld/Drexler [e-Business] 245 ff.). Marktliche Transaktionen lassen sich in die Phasen Information, Vereinbarung, Abwicklung und After Sales unterteilen. In der Informationsphase nehmen die potenziellen Vertragspartner Kontakt auf und spezifizieren die Leistung. In der Vereinbarungsphase legen sie Preise und Konditionen fest. Während der Abwicklungsphase findet der eigentliche Gütertausch in Gestalt von Lieferung und Zahlung statt; die After Sales-Phase umfasst Maßnahmen zur Kundenbindung und ergänzende Dienstleistungen wie die Wartung und Pflege des Produkts.

Marktplätze für Software oder Daten lassen sich vollständig elektronisch gestalten (Abbildung 12-13). Im Internet können Produkte aufgefunden, geprüft, genutzt und bezahlt werden. Die Aktualisierung von Daten oder Programmen über das Internet ist ebenfalls leicht möglich. Bei den meisten anderen Gütern allerdings erweisen sich einzelne Phasen der Transaktion als nicht „elektronisierbar“, so dass die Abwicklung mit entsprechenden Reibungsverlusten in der Old Economy stattfinden muss (Chakrabarti/Scholnick [Frictions] 43 f.). Werden physische Güter wie etwa Bücher, CDs oder Kleidung bestellt, muss die Lieferung nach wie vor mit einem Paketdienst erfolgen. Sind unmittelbar zu erbringende Dienstleistungen wie Reisen Gegenstand des Vertrags, geraten elektronische Marktplätze ebenfalls an ihre Grenzen. Die Reise kann nicht virtualisiert und durch die Datenleitung geschickt werden, sie muss effektiv stattfinden. Ist, wie im Falle von Immobiliengeschäften, die persönliche Anwesenheit der Vertragspartner wirtschaftlich sinnvoll (Besichtigung) oder sogar rechtlich erforderlich (Besuch beim Notar), können elektronische Marktplätze nur noch die Funktion der Kontaktherstellung übernehmen und lediglich in der Informationsphase zu einer Transaktionskostensenkung beitragen. Elektronische Marktplätze eignen sich offenbar in erster Linie für elektronisch übermittelbare Güter.

Abbildung 12-13 *Unterstützung von marktlichen Transaktionen durch das Internet*

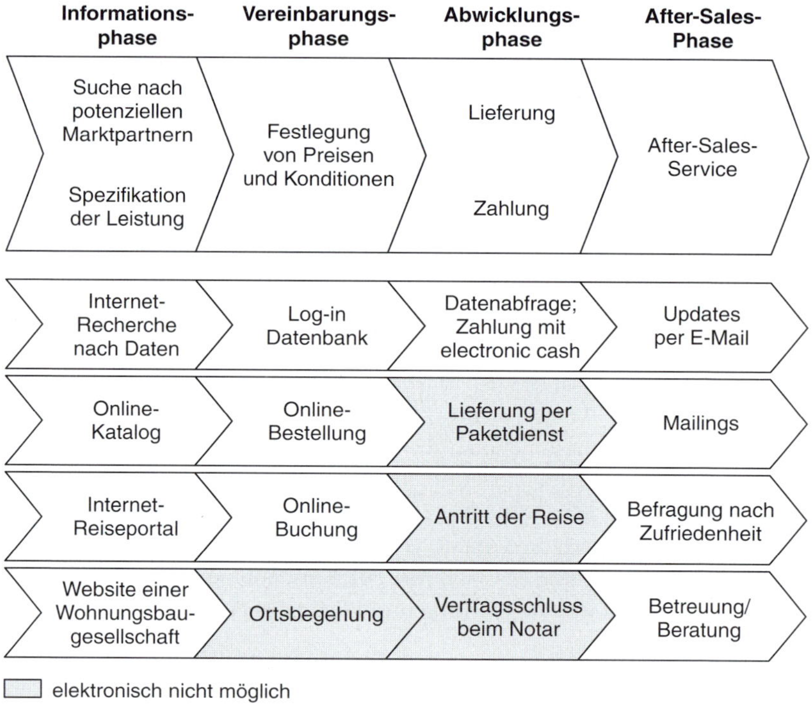

Güter, die digitalisierbar und somit elektronisch übermittelbar sind, werden als *Informationsgüter* bezeichnet. Informationsgüter können in Informationsdienstleistungen und Informationsprodukte unterteilt werden (Picot/Reichwald/Wigand [Grenzenlose Unternehmung] 352 ff.). *Informationsdienstleistungen* erhöhen den Kenntnisstand ihrer Nutzer; sie können beispielsweise in einer Auskunft per Telefon oder E-Mail bestehen. *Informationsprodukte* stiften ebenfalls einen Informationsnutzen für den Kunden, erfordern im Gegensatz zu Informationsdienstleistungen jedoch keine unmittelbare Interaktion zu ihrer Erbringung. Der Anbieter kann das Informationsprodukt von der Nutzung entkoppelt produzieren und dem Nachfrager über ein Trägermedium zur Verfügung stellen. Informationsprodukte substituieren zuneh-

Informations-produkte

mend Informationsdienstleistungen. Online-Banking ersetzt die Betreuung durch die Bankangestellten, e-Learning ergänzt den persönlichen Unterricht, Internet-Fahrpläne machen die telefonische Auskunft für Zugverbindungen überflüssig und medizinische Expertensysteme treten in Zukunft möglicherweise an die Stelle des Arztes. Bücher, Schallplatten und Filme gehören zu den klassischen, nicht unbedingt digitalen Informationsprodukten und ersetzen die Unterhaltungsdienstleistungen von Geschichtenerzählern, Musikern und Schauspielern.

Skaleneffekte

Eine ökonomische Besonderheit von Informationsprodukten liegt in den *Skaleneffekten*, die sich bei ihrer Herstellung und Bereitstellung erzielen lassen. Für die erstmalige Erstellung eines Informationsprodukts fallen hohe Kosten an, per Kopie kann jede weitere Einheit jedoch nahezu kostenlos produziert werden. Informationsprodukte sind daher meist als Massenprodukte ausgelegt. Anbieter von Informationsprodukten streben zur Fixkostendegression und Realisierung von Lernkurveneffekten noch wesentlich deutlicher nach hohen Stückzahlen als Anbieter von Sachgütern (Zerdick et al. [E-conomics] 162), denn der Marktanteil erhält beim Handel mit Informationsprodukten eine zusätzliche Bedeutung durch die ökonomischen Auswirkungen von technischen Standards.

Standards

Mit der Verwendung eines Informationsprodukts, beispielsweise dem Abspielen von Musikstücken im MP3-Format auf einem entsprechenden Gerät oder dem Arbeiten mit einer speziellen Software zur Planung, Steuerung und Dokumentation von Geschäftsprozessen, legt sich der Nutzer auf einen *technischen Standard* fest (Shapiro/Varian [Information Rules] 103 ff.). Die Kosten des Wechsels zu einem anderen System können nach dieser Entscheidung wesentlich höher sein als die Kosten für das Beibehalten des gewählten, prinzipiell teureren Systems („Lock-in" des Nutzers).

Netzwerkeffekte

Ob das System die gewünschten Vorteile erbringt, hängt allerdings nicht immer allein vom einzelnen Nutzer ab; der Nutzen von Informationsprodukten wird von direkten und indirekten *Netzwerkeffekten* beeinflusst. Beim Austausch von Daten treten direkte Netzwerkeffekte auf. Kommunikationseinrichtungen können nur dann gewinnbringend eingesetzt werden, wenn die potenziellen Kommunikationspartner über miteinander kompatible Medien verfügen (ISDN, GSM). Beim Gebrauch komplementärer Güter entstehen indirekte Netzwerkeffekte. Nur solche Produkte, die auf dem dominanten Standard basieren, sind für den Kunden letztlich von umfassendem Nutzen. So ist der Erfolg der IBM-kompatiblen PC gegenüber dem Apple Macintosh in den 1980er Jahren weniger auf die technische Überlegenheit der Hardware als vielmehr auf die bessere Verfügbarkeit von Software zurückzuführen. IBM war mit seinem PC geringfügig früher am Markt.

Die sich selbst verstärkende Wirkung (positive Rückkopplung) der Netzwerkeffekte sorgt nun für die auf den ersten Blick paradoxe Situation, dass der Preis für Güter eines dominanten technischen Standards mit wachsendem Angebot steigt. Je mehr Nutzer ein solches Informationsprodukt besitzen, desto größer wird sein Wert für die bisherigen Nutzer und desto attraktiver wird es auch für neue Nutzer. Je weniger Kunden sich für ein Informationsprodukt eines anderen Standards entscheiden, desto geringer wird dessen Nutzen im Sinne von Netzwerkeffekten. Bei der Etablierung des Standards für eine neue technische Lösung beginnt darum für die Anbieter ein unerbittlicher Kampf und Wettlauf mit der Zeit. Nur derjenige, dessen Standard sich durchsetzt, kann sich langfristig am Markt halten. Besitzt er ein exklusives Recht auf die Verwendung des Standards, wird er eine ökonomisch attraktive Monopolstellung einnehmen. Der Preis einer Penetrationsstrategie zur Sicherung der Marktstellung kann allerdings sehr hoch sein. Um gegen den Microsoft Internet Explorer bestehen zu können, hat Netscape seinen rund 30 Millionen US-Dollar teuren Internet-Browser Navigator weltweit an Millionen von Nutzern verschenkt. Ein solches Auftreten am Markt ist vermutlich nur in der New Economy denkbar, wo die Grenzkosten bei der Herstellung zusätzlicher Produkteinheiten und deren Distribution bei nahe Null liegen.

Ebenso wie die Kostenstrukturen unterscheiden sich auch die *Erlösmodelle* der New Economy sehr deutlich von denjenigen in traditionellen Wirtschaftszweigen. Direkte Erlösformen wie die kostenpflichtige Bereitstellung von Informationsprodukten treten gegenüber indirekten Erlösformen zuweilen in den Hintergrund (Zerdick et al. [E-conomics] 164 ff.). Bei indirekten Erlösformen zahlt nicht der Kunde für die von ihm in Anspruch genommene Leistung, sondern ein anderer Anbieter für die potenzielle Anbahnung eines eigenen Geschäfts mit diesem Kunden. Zunächst kann ein Anbieter seine Website mit *Werbung* für andere Anbieter versehen. Er erhält dafür ein Entgelt, das sich nach der erzielten Aufmerksamkeit bemisst. Werbebanner auf Internetseiten sind zudem fast immer mit einem Link versehen. Für den Fall, dass ein Nutzer auf das entsprechende Fenster klickt und auf die Seiten des werbenden Anbieters weitergeleitet wird, lässt sich als zweite indirekte Erlösform eine *Kommission* vereinbaren. Drittens kann ein Anbieter von der Möglichkeit Gebrauch machen, die bei der Erbringung seiner Leistung erhobenen Kundeninformationen per *Datamining* an andere Anbieter weiterzuverkaufen. Datenschutzgesetze schränken die Nutzung dieser Erlösform allerdings ein; der Kunde muss der Weitergabe persönlicher Daten für bestimmte Zwecke ausdrücklich zustimmen.

Indirekte Erlösformen

Zahlungsbereitschaft

Die Bedeutung indirekter Erlösformen ist eine Folge der von weiten Teilen der (privaten) Internetgemeinde geteilten Erwartung, dass Online-Angebote kostenlos zu sein haben. Das lässt sich am Beispiel der einst überaus erfolgreichen Musikbörse napster.com beobachten, über die Musikstücke im MP3-Format ausgetauscht wurden (Becker [File-Sharing]). Nachdem napster.com auf Drängen der Musikindustrie per Gerichtsbeschluss zur Erhebung von Gebühren verpflichtet wurde, konnte es sich gegen die Konkurrenz von kostenlosen Anbietern wie limewire.com oder emule.com nicht mehr wirksam behaupten. Die New Economy bietet daher trotz ihrer schnellen Verbreitung bislang nur für wenige Unternehmen die Möglichkeit zu einer profitablen Betätigung.

12.6.2 Elektronische Geschäftsmodelle

Typen

Im Bereich des e-Business haben Anbieter in den letzten Jahren eine Vielzahl von Geschäftsmodellen entwickelt. Die meisten von ihnen lassen sich vier Typen von Basismodellen zurechnen, die mit den Begriffen Content, Context, Connection und Commerce bezeichnet werden (Wirtz [Electronic Business] 218 ff.), vgl. Abbildung 12-14. Eine andere Taxonomie wurde von Bartelt/Lamersdorf ([Business Models] 195 ff.) entwickelt.

Content

Beim Geschäftsmodell *Content* werden für den Nutzer Inhalte durch Selektion und Systematisierung aufbereitet und auf einer gemeinsamen Plattform bereitgestellt. Im Teilbereich *Information* konzentriert sich der Anbieter meist auf ein spezielles Interessengebiet wie Politik (spiegel.de), Kultur (kunst-und-kultur.de) oder Wirtschaft (boerse.de) und präsentiert eine Auswahl von einschlägigen Beiträgen und eigenen sowie fremden Links zu verwandten Themengebieten. Die Variante *Entertainment* versorgt den Nutzer mit eher unterhaltenden als informierenden Inhalten wie Filmen (cinema.de), Spielen (gamechannel.de) oder Musik (laut.de). Die Grenzen des Entertainments zum Bereich Information sind, wie das Beispiel kicker.de im Sport zeigt, allerdings fließend. Das Modell *Education* soll den Nutzer mehr als nur informieren und unterhalten, es will ihm Wissen oder Fähigkeiten vermitteln. Virtuelle Universitäten wie die University of Phoenix (phoenix.edu) mit 150.000 Online-Studierenden und demzufolge einem bemerkenswerten Marktwert bieten eine Vielzahl von Studiengängen an. Im Bereich der Erwachsenenbildung gibt es weitgefächerte (onlinelearning.net) wie auch auf einzelne Gebiete wie Sprachen (parlo.com) spezialisierte Websites.

Abbildung 12-14 *Geschäftsmodelle im e-Business*

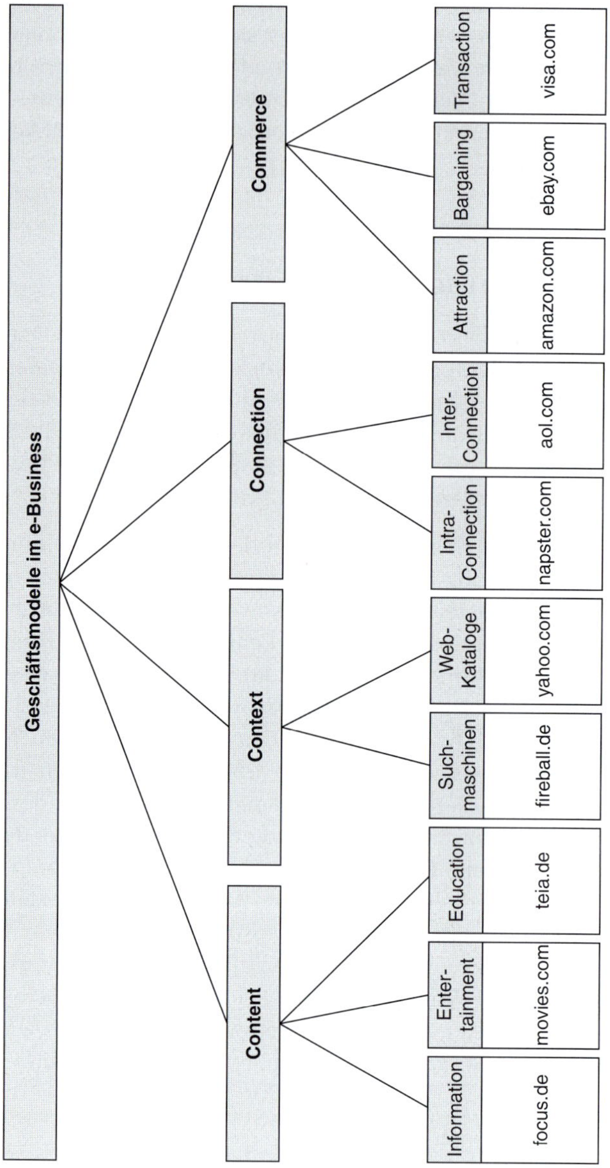

Anbieter, die das Geschäftsmodell Content verfolgen, verfügen abhängig vom Kundenkreis nur über begrenzte Möglichkeiten zur direkten Erzielung von Erlösen; hierbei ist die Zahlungsbereitschaft für Informationen unter Unternehmenskunden im B2B-Bereich wesentlich stärker ausgeprägt als unter Privatkunden im B2C-Bereich. So lassen sich kostenpflichtige Transaktionen beim Recherchieren in Unternehmensdatenbanken (hoppenstedt.de) eher durchsetzen als Gebühren für das Nachlesen von Nachrichten (handelsblatt.com), die auch über andere Medien als das Internet leicht zugänglich sind. Entertainment richtet sich fast ausschließlich an private Kunden und wird dort meist gratis angeboten. Umsatzwirksam scheint hier wie bei telefonischen Diensten nur die Verbreitung von erotischen oder pornographischen Inhalten zu sein. *Erlöse*

Bei Bildungsangeboten wie Sprachkursen ist die Kopplung von Leistung und Gegenleistung relativ leicht zu realisieren; der Kunde zahlt für jede wahrgenommene Lerneinheit. Wie das Erscheinungsbild der meisten Content-Sites erkennen lässt, liegen die Möglichkeiten zur Erlöserzielung also primär bei den indirekten Modellen. Die Informationsplattformen sind mit zahlreichen Bannern ausgestattet, die auf werbetreibende Unternehmen hinweisen. Für die Präsentation der Werbebotschaft an geeigneter Stelle und die Weiterverbindung beim Anklicken erhalten die Anbieter eine Prämie oder Kommission.

Context

Das Geschäftsmodell *Context* liefert dem Nutzer über das Internet ebenso wie das Modell Content eine Auswahl von Inhalten. Es handelt sich bei der Leistung aber nicht um selbst erstellte Inhalte, sondern um eine Unterstützung zum Auffinden von Angeboten Dritter. Bei den Context-Angeboten lassen sich Suchmaschinen und Web-Kataloge unterscheiden. *Suchmaschinen* greifen auf umfangreiche Datenbanken zu, die bei einer Anfrage zu bestimmten Suchbegriffen eine Selektion möglichst relevanter Internetseiten liefern (hotbot.com, google.com). Da die Kapazität der einzelnen Datenbanken begrenzt ist und sie darum nicht zu jedem Suchbegriff einen Treffer garantieren können, wurden Metasuchmaschinen entwickelt, die auf die Datenbestände mehrerer Suchmaschinen zugreifen (metacrawler.com). Neben den Suchmaschinen existieren strukturierte Linksammlungen, die als *Web-Kataloge* (yahoo.com, lycos.com) bezeichnet werden. Der Nutzer kann in Web-Katalogen die gewünschten Informationen nach Kategorien oder Stichwörtern suchen. Die Auswahl und Strukturierung von Context-Sites leisten für den Nutzer eine Komplexitätsreduktion, mit Hilfe derer sich der Nutzer im wachsenden Angebot des Internets zurechtfinden kann.

Suchmaschinen

Web-Kataloge

Durch ihre Orientierungs- und Navigationsfunktion eignen sich Context-Sites unmittelbar als Startseite für den Internet-Browser. Die häufige und wiederholte Nutzung solcher Seiten hat eine wichtige ökonomische Implikation; Context-Sites sind attraktive Werbeträger. Beispielsweise konnte yahoo.de im Jahr 2007 auf seinen Finanzseiten für einen Skyscraper (schmaler, hoher Werbebanner über die gesamte Fensterhöhe) 16 Euro pro 1.000 Einblendungen verlangen, bei lycos.de kosteten Skyscraper über 40 Euro. Über Mediendienste wie comscore.com oder pz-online.de können monatlich aktualisierte Statistiken über die Reichweiten elektronischer Medien eingesehen werden. Unter den originär deutschen Web-Katalogen führte in der Zeitspanne zwischen Mai 2007 und April 2008 t-online.de die Statistik mit 3.480.353.012 Visits und 31.768.516.458 Page Impressions an. Diese Zahlen zeigen, dass sich im Context-Bereich trotz schwieriger Verhältnisse bei der direkten Erlösgewinnung hohe Umsätze erzielen lassen; der Wettbewerb würde kostenpflichtigen Web-Katalogen wenig Chancen geben.

Connection

Das Geschäftsmodell *Connection* stellt dem Nutzer Möglichkeiten zum Informationsaustausch über das Internet zur Verfügung. Die Modelle der *Intra-Connection* sind Plattformen zum Peer-to-Peer (P2P)-Austausch von Meinungen oder Daten im Kreise privater Nutzer. Customer Opinion Portale wie dooyoo.de oder epinions.com leisten Unterstützung bei Konsumentscheidungen, indem sie von bisherigen Kunden Beurteilungen über eine weite Bandbreite von Gütern sammeln und diese potenziellen Käufern online bereitstellen. Die beurteilenden Konsumenten wiederum werden einer Beurteilung unterzogen, um die Glaubwürdigkeit der Urteile zu erhöhen. Intra-Connection-Modelle bringen indessen nicht nur potenzielle Käufer zusammen, sondern verbinden auch solche Nutzer, die einen marktlichen Austausch von Gütern vermeiden wollen. Geschäftsmodelle der *Inter-Connection* stellen nicht Verbindungen innerhalb des Internets, sondern einen Zugang zum Internet her. Private Nutzer können über telefonleitungsgebundene Lösungen wie ein analoges Modem, ISDN oder DSL, professionelle Nutzer über Breitbandkabel einen Internetanschluss erhalten. Unternehmen, die solche Verbindungsdienste leisten, werden Internet Service Provider genannt. Neben den großen Anbietern wie T-Online, Arcor und AOL sind auf diesem Markt zahlreiche kleinere Provider wie Freenet, Easynet oder Surfdirect aktiv, neben ihnen auch lokale Anbieter wie Tesion (Stuttgart), HanseNet (Hamburg) und Netcologne (Köln).

Inter-Connection

Intra-Connection

Intra-Connection-Anbieter sind bei der Erlösgewinnung im Wesentlichen auf indirekte Modelle angewiesen; die bestimmten Interessengebieten zuordenbaren Nutzerdaten sind auch für andere Anbieter von großem Wert. Zudem lässt sich auf den entsprechenden Internetseiten zielgruppenspezifische Werbung platzieren. Während dies bei Musiktauschbörsen und Chatrooms noch unproblematisch erscheint, könnte es die Objektivität von Customer Opinion Portalen empfindlich beeinträchtigen. Inter-Connection-Anbieter stützen sich primär auf direkte Erlösmodelle. Für die Verbindung wird meist ein Grundpreis erhoben. Die Transaktionen werden entweder pauschal für die zur Verfügung gestellte Bandbreite (Flat Rate) oder in Abhängigkeit der Nutzung berechnet; die Nutzung wird dabei über die Zeit oder die übertragene Datenmenge gemessen. Wie die Portale im Context-Bereich sind auch die routinemäßig aufgerufenen Seiten der Service Provider attraktive Werbeflächen, sodass für sie auch umfangreiche indirekte Erlösmöglichkeiten bestehen.

Commerce

Virtuelle Shopping Malls wie amazon.com oder karstadt.de (Nilsson [Malls] 376 ff.) und zahlreiche Anbieter im B2B-Bereich (Rohrbach [Fallbeispiele] 272 ff.) handeln im Geschäftsmodell *Commerce* mit standardisierten Gütern. Der Gütertausch ist weitestgehend elektronisch unterstützt; die Lieferung muss mit Ausnahme von Informationsprodukten allerdings meist auf konventionellem Wege erfolgen.

Attraction

Bargaining

Transaction

e-Cash

Das Geschäftsmodell Commerce lässt sich für spezialisierte Angebote in Anlehnung an die drei ersten der oben eingeführten Transaktionsphasen weiter in die Bereiche Attraction, Bargaining und Transaction unterteilen. Auf *Attraction* (Anbahnung von Geschäften) konzentrieren sich Anbieter wie faktor-e.de, die für werbetreibende Unternehmen die Gestaltung und Platzierung von Werbebannern übernehmen. Diesem Modell lassen sich auch Unternehmen zurechnen, die Internetportale und elektronische Kataloge für Anbieter verschiedenster Produkte erstellen, seien dies Espressomaschinen (saeco.de), Möbel (huelsta.de) oder Kraftfahrzeuge (bmw.de). Im Bereich *Bargaining* (Verhandlung von Preisen und Konditionen) sind Dienste wie letsbuyit.com und geizkragen.de tätig. Erstere koordinieren Sammelbestellungen zur Realisierung von Mengenrabatten, Letztere suchen im Internet nach den preisgünstigsten Angeboten für die vom Nutzer angefragten Produkte. Auf *Transaction* (Abwicklung) richten sich Dienste für die elektronische Zahlung (Wrona/Schuba/Zavagli [Mobile Payments] 89 ff.), beispielsweise mit paybox.net via Mobiltelefon oder mit digicash.com über *e-Cash* (elektronisches Geld), und die physische Lieferung der Produkte. Unter anderem nehmen inzwischen ups.com und dpd.de Lieferaufträge online entgegen; im Logistikbereich bestehen große Effizienzsteigerungspotenziale durch computerintegrierte Dienste (Alt/Schmid [Logistik] 89).

Erlöse

Unternehmen, die elektronischen Handel betreiben, erzielen einen Großteil ihrer Erlöse direkt aus der Handelsspanne mit den über das Internet angebotenen Produkten. Aus der Präsentation der Produkte und Weiterleitung auf die Websites der Hersteller können sie weitere Erlöse generieren. Die Daten aus den erhobenen Kundenprofilen ermöglichen in den Grenzen des Datenschutzes Erlöse aus Datamining. Reine Attraction-Angebote werden nach ihrer Dienstleistung vergütet. Solange es der Wettbewerb nicht erlaubt, von den hinter den Angeboten stehenden Unternehmen Provisionen zu verlangen, generieren Bargaining-Modelle lediglich Umsätze über die Schaltung von Werbebannern. Die Erlösmöglichkeiten bei Online-Zahlungssystemen ähneln denjenigen von Kreditkarten; die Verkäufer zahlen eine umsatzabhängige Provision. Die Lieferunternehmen schließlich realisieren Umsätze aus ihrer Transportdienstleistung, die bei kleinen Bestellungen meist von den Käufern, bei größeren von den Verkäufern getragen wird.

Bewertung

Wie ist es mit dem Erfolg der Geschäftsmodelle im e-Business bestellt? Da sich die New Economy noch im Aufbau befindet und die meisten zugehörigen Unternehmen in der Verlustzone operieren, muss der Erfolg bis auf weiteres über die Nutzung der Online-Angebote gemessen werden. ComScore Media Metrix veröffentlicht monatlich die Zahl der Unique Visitors auf den 50 am häufigsten besuchten Web-Sites (ComScore Media Metrix [Properties]); bei den Unique Visitors wird jeder Nutzer nur einmal gezählt. In Abbildung 12-15 sind diese Daten getrennt nach Geschäftsmodellen ausgewertet. Bei der Zuordnung der Internetangebote lassen sich Verzerrungen allerdings nicht vollkommen ausschließen. Es zeigt sich, dass Context-Angebote mit Abstand am häufigsten genutzt werden; dies erscheint im Hinblick auf ihre Orientierungsfunktion plausibel. Die Web-Kataloge von MSN (Microsoft) und Yahoo! führen die Rangliste vor anderen Anbietern wie Google oder Lycos an. Connection-Angebote werden am zweithäufigsten genutzt. Die Seiten der Internet Service Provider wie AOL (USA), T-Online (Deutschland), Tiscali (Italien) und Wanadoo (Frankreich) erscheinen in der Regel bei jeder Internetverbindung, die über die Telefonleitung hergestellt wird. Bemerkenswert erscheint die fast ebenso häufige Nutzung von Seiten aus dem Geschäftsmodell Commerce. Die führenden Anbieter sind X10.com, amazon.com und ebay.com. Das Abrufen von Informationen auf Content-Seiten ist offenbar weit weniger verbreitet als die Abwicklung oder zumindest Anbahnung von Geschäften. Daraus lässt sich folgern, dass das ursprünglich für den wissenschaftlichen Informationsaustausch geschaffene Internet zu einem Instrument für den kommerziellen Güteraustausch geworden ist.

12.6.3 Elektronische Geschäftsprozesse

e-Procurement

Die Internettechnologie eignet sich zur Unterstützung zahlreicher Wertschöpfungsprozesse. Unter den Hauptprozessen Beschaffung, Produktion und Marketing verspricht die elektronische Unterstützung von *Beschaffungsprozessen* (e-Procurement) Erfolgspotenziale in dreifacher Hinsicht (Nenninger/Gerst [Electronic Procurement] 286 ff.). Erstens ergeben sich Möglichkeiten zur Zeiteinsparung. Die Auswahl von Lieferanten und Bestellvorgänge können online wesentlich schneller erledigt werden; asynchrone Kommunikation erspart gegenüber dem Telefonieren das Warten auf beiderseitige Verfügbarkeit. Marktveränderungen werden sofort sichtbar, sodass auf sie schneller reagiert werden kann. Zweitens lassen sich durch e-Procurement

Kosten sparen. Die Kostensenkungen sind zum einen Folge der Zeiteinsparung; ferner sinken Logistik- und Lagerkosten. Zum anderen fallen durch die Automatisierung und Eliminierung von Medienbrüchen geringere Personalkosten an, während Portokosten gänzlich entfallen. Höhere Markttransparenz kann zu geringeren Einkaufspreisen führen. Drittens ist zu erwarten, dass die Qualität der Beschaffungsprozesse zunimmt. Leistungen können jeden Tag rund um die Uhr abgerufen werden, der Lieferstatus lässt sich vereinfacht überwachen, das Fehlerrisiko durch manuelle Dateneingabe verringert sich.

Die Global Top 50 Web-Sites nach Geschäftsmodellen — ***Abbildung 12-15***

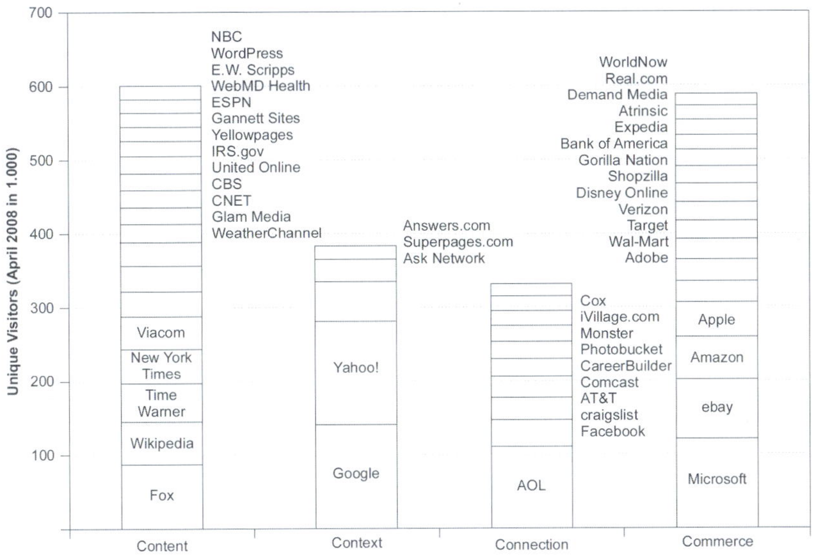

Die Wirksamkeit dieser Nutzenpotenziale ist durch den Anwendungsbereich des e-Procurement für bestimmte Güter begrenzt; elektronische Beschaffungssysteme eignen sich in erster Linie für standardisierte Teile. Standardisierte Teile werden in einer ABC-Analyse (vgl. Abschn. 11.1.1.2) meist als mengenmäßig bedeutsam und wertmäßig unbedeutend eingestuft (C-Teile). Durch e-Procurement können die Transaktionskosten für die Beschaffung von C-Teilen zwar deutlich gesenkt werden; sie liegen bei Anwendung traditioneller Methoden zuweilen über dem Warenwert. Beschaffungsprozesse für die strategisch wichtigen und teuren A- bzw. B-Güter sind jedoch weit weniger automatisierbar. Die Senkung der Beschaffungskosten bei den C-Teilen muss daher nicht immer dazu führen, dass sich der Wert der Vorleistungen in der Gesamtsicht von A-, B- und C-Gütern stärker verringert.

Strukturen

Elektronische Beschaffungsmärkte können alle oben beschriebenen Strukturen aufweisen. Stores (1:1) werden bereits seit geraumer Zeit über Electronic Data Interchange (EDI) betrieben. Frühere EDI-Systeme erforderten mit der entsprechenden Bindungswirkung eine exakte Abstimmung der Hard- und Software bei Kunden und Lieferanten, so dass sie nicht sehr verbreitet waren. Heutige Internet-EDI-Systeme sind wesentlich flexibler und erlauben eine effiziente Gestaltung von Lieferbeziehungen. Strukturen vom Typ (1:n), „Sell Site-Lösungen", werden als Lieferantenkataloge oder Auktionen realisiert. In (1:n)-Katalogen bieten Lieferanten ihre Güter zu vorläufig festen Preisen an, während sie bei Auktionen ihre Produkte meistbietend versteigern (Klein [Auctions] 631 ff.). „Buy Site-Lösungen" entsprechen dem Typ (n:1). Die Kunden stellen entweder eigene Kataloge aus den Angeboten mehrerer Lieferanten, mit denen sie längerfristige Geschäftsbeziehungen eingehen wollen, zusammen, oder sie signalisieren ihre Kaufabsicht einem unbeschränkten Kreis von potenziellen Lieferanten in Gestalt elektronischer Ausschreibungen. Neben Börsen der Struktur (n:n) sind auf Beschaffungsmärkten im B2B-Bereich auch so genannte schwarze Bretter üblich. Schwarze Bretter leisten im Gegensatz zu Börsen keinen unmittelbaren Beitrag zur Preisbildung zwischen Angebot und Nachfrage, sondern weisen lediglich auf Angebote (Auktionen) und Gesuche (Ausschreibungen) hin (Wirtz [Electronic Business] 328 ff.; Bach [Structure] 527 ff.).

Der Einsatz von e-Procurement kann anhand der bekannten Transaktionsphasen beschrieben werden. Kersten ([Einkauf] 24 ff.) legt hierzu eine empirische Bestandsaufnahme bei 28 mittleren und großen Unternehmen vor; die Ergebnisse sind in Abbildung 12-16 zusammengefasst.

Informationsphase

In der Informationsphase ist das e-Procurement traditionellen Instrumenten hinsichtlich der Effizienz weitaus überlegen. Das Internet schafft eine regional unbegrenzte Markttransparenz und bietet damit die Möglichkeit zum Auffinden der weltweit günstigsten Bezugsquellen. Erwartungsgemäß nutzen daher bereits über 70 Prozent der befragten Unternehmen das Internet zur Informationsgewinnung. Bemerkenswert erscheint im Gegensatz hierzu, dass 18 Prozent der Unternehmen eine derartige Internetnutzung noch nicht ins Auge gefasst haben. Elektronische Kataloge lassen sich für eine große Bandbreite von Produkten erstellen; entsprechend hoch ist die Nutzungsrate (46 Prozent). Neben Standardprodukten können in elektronischen Konfiguratoren auch modulare Produkte präsentiert und kalkuliert werden. Dennoch erfolgt die Produktkonfiguration bei den befragten Unternehmen vorwiegend auf traditionellem Wege. Für die Einholung von Angeboten lässt sich in der Informationsphase insgesamt eine intensive Nutzung von elektronischen Instrumenten feststellen.

Vereinbarungsphase

Besteht mit dem Lieferanten kein entsprechender Rahmenvertrag mit bereits ausgehandelten Konditionen, ist die Vereinbarungsphase mitunter von langwierigen Verhandlungen geprägt. Auch flexible elektronische Lösungen wie die Kommunikation per E-Mail können in solchen Fällen nur am Rande Unterstützung leisten. Zwar liegen für diese Phase keine detaillierten Daten vor. Die seltene Nutzung elektronischer Bestellungen gibt aber einen Hinweis darauf, dass in letztlich verbindlichen Vertragsangelegenheiten gegenwärtig noch auf den konventionellen Weg vertraut wird. Die 54 Prozent der Nennungen lassen vermuten, dass sich dies in Zukunft jedoch merklich ändern könnte.

Abbildung 12-16

Einsatz und Planung von Instrumenten des e-Business im Beschaffungsprozess deutscher Unternehmen

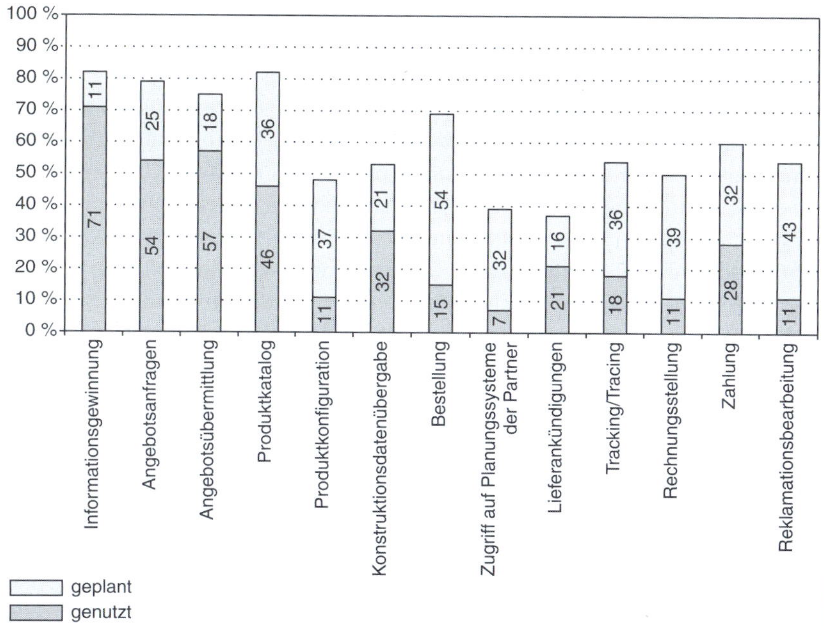

Abwicklungsphase

Die Abwicklungsphase mit ihren beiden Teilprozessen Lieferung und Zahlung kann durch Internet-Unterstützung wesentlich effizienter gestaltet werden als mit herkömmlichen Instrumenten; im Falle der Zahlung machen hiervon bereits knapp ein Drittel der Unternehmen Gebrauch. Wenn der

Lieferant ausgewählte Bereiche seines Planungssystems für den Kunden öffnet, kann dieser zudem den Bestellstatus selbstständig verfolgen (Tracking) und somit Verzögerungen verhindern helfen oder zumindest antizipieren. Bei einer Verknüpfung des e-Procurement mit den Systemen der Wareneingangs- und Rechnungsprüfung eröffnen sich zusätzliche Nutzenpotenziale wie die automatische Erstellung von Lieferantenprofilen. Die Nutzung von e-Technologien in der Abwicklungsphase ist bei den befragten Unternehmen derzeit noch verhalten, weist aber eine steigende Tendenz auf. Ähnlich verhält es sich mit der After Sales-Phase. Bisher wird die Reklamationsbearbeitung nur von 11 Prozent der Unternehmen internetgestützt durchgeführt; in wenigen Jahren werden es voraussichtlich aber über die Hälfte sein.

e-Production

Neben Beschaffungsprozessen lässt sich auch die Planung und Steuerung von *Produktionsprozessen* durch Internet-Werkzeuge unterstützen (e-Production). In Erweiterung zu den klassischen Produktionsplanungs- und Steuerungssystemen (PPS), die sich auf den Produktionsbereich konzentrieren, erfassen die neueren Enterprise-Resource-Planning-Systeme (ERP-Systeme) auch die vor- und nachgelagerten Informationsflüsse der Beschaffungs- und Absatzaktivitäten (Schneeweiß [Produktionswirtschaft] 7). ERP-Systeme erfahren durch die Internettechnologie insofern eine Fortentwicklung, als auf Produktionsdaten nunmehr von jedem und von überall aus zugegriffen werden kann (Gronau [e-Commerce] 42 ff.). Diese Möglichkeit ist in erster Linie für räumlich verteilte Geschäftsprozesse innerhalb von Unternehmen interessant. International tätige Großunternehmen erhalten hierdurch die technischen Mittel zur Koordination eines weltweiten Produktionsverbunds. Doch auch kleinere, regional tätige Unternehmen können von dieser Technologie profitieren. Ihre Außendienstmitarbeiter werden in die Lage versetzt, sich unterwegs in Echtzeit über Bedarfe, Bestände und Kapazitäten in der Produktion zu informieren, was ihre Reaktionsfähigkeit bei Verhandlungen erhöht.

ERP-Systeme

Integration von Kunden und Lieferanten

Während der unternehmensinterne Zugriff auf Produktionsdaten auch bislang durch andere als Internettechnologien möglich war, erleichtert das Internet neuerdings die Einbindung von Kunden und Lieferanten in den Produktionsprozess. Kunden können ihre Bestellung auf diese Weise ohne weitere Schnittstellen und Verzögerungen direkt in das ERP-System des Lieferanten eingeben und sowohl die Leistungserstellung als auch die Zahlungsvorgänge selbstständig überprüfen. Lieferanten können aus Produktions- und Bestandsdaten den Bedarf für kommende Lieferungen ablesen und durch diese frühe Information eine zuverlässigere Versorgung des Fertigungsprozesses mit Vorprodukten sicherstellen. Zur Realisierung einer solchen Internet Integrated Production sind allerdings noch technische und organisatorische Probleme zu lösen. Insbesondere bei mobilem Zugriff reichen die Übertragungsraten für graphisch dargestellte Informationen nicht aus, und Sicherheitsrisiken sprechen gegen eine „Fernsteuerung" von Produktionsprozessen. Vor allem aber müssen der unbefugte Zugriff auf Produktionsdaten und der Eingriff in die Produktionssteuerung von außen verhindert werden; die einerseits effizienzsteigernde Transparenz schafft auf der anderen Seite offene Flanken gegenüber opportunistischem Verhalten von Marktpartnern. Von den Nutzenpotenzialen der e-Production wird darum in der Praxis heute erst sehr vorsichtig Gebrauch gemacht (Wirtz [Electronic Business] 361 ff.).

e-Marketing

Größeren Einfluss hat das e-Business bereits auf den Bereich des *Marketing* genommen. Die Auswirkungen lassen sich nach den vier bekannten Aktionsparametern Produktpolitik, Preispolitik, Distributionspolitik und Kommunikationspolitik unterscheiden. Bei der *Produktpolitik* ist die Wirkung ambivalent. Ein elektronischer Vertrieb schränkt die Handlungsspielräume bei der Produktgestaltung einerseits ein. Da der Kunde das Produkt nur am Bildschirm betrachten kann, beschränkt sich das Spektrum handelbarer Güter im Wesentlichen auf Suchgüter (Nelson [Information] 312 f.) und hierbei insbesondere Informationsprodukte (siehe oben). Die für den Kunden schwieriger zu bewertenden Erfahrungs- und Vertrauensgüter lassen sich nur eingeschränkt über das Internet vertreiben. Das Internet begünstigt aber andererseits die Gestaltung von Gütern, die dem Bereich Mass Customization zugerechnet werden können. Bei Mass Customization wird versucht, dem Kunden ein individuell zugeschnittenes Massenprodukt zu liefern und hierdurch die Vorteile der Massenfertigung (Strategie der Kostenführerschaft) mit den Vorteilen der Einzelfertigung (Differenzierungsstrategie) zu verbinden (Piller/Schoder [Mass Customization] 1112 ff.). Auf einer allen Produkten gemeinsamen, für den Kunden weitgehend unsichtbaren Basis werden solche Eigenschaften, die der Kunde als wesentlich wahrnimmt, von Produkt zu Produkt variiert. Kommen konventionelle Vertriebswege zum Einsatz, ist Mass Customization wegen der hohen Informationskosten meist unwirtschaftlich; sie lohnt sich nur bei hochwertigen Gütern wie Autos. Mit internetgestützten Konfiguratoren lässt sich der notwendigerweise sehr intensive Kontakt zum Kunden jedoch wesentlich kostengünstiger realisieren, sodass auch geringwertige Konsumgüter kundenindividuell angeboten werden können. Über das Java Plug-in „Nike ID" kann der Interessent beispielsweise seine Sportschuhe in nahezu beliebigen Farbkombinationen selbst kreieren und bestellen. Maßgeschneiderte Hemden und individualisierte Schokoladentafeln sind ebenfalls über das Internet erhältlich. Einen Schritt weiter als Mass Customization geht die Bereitstellung elektronischer Toolkits; die Kunden erhalten hierbei einen deutlich größeren gestalterischen Freiraum (Hippel/Katz [Toolkits] 822 ff.). Statt des Versuchs, die Bedürfnisse der Kunden zunächst im Detail zu erforschen und daraufhin geeignete Produkte zu entwickeln, werden die Kunden mit Tool-

Produktpolitik

kits aktiv in den Produktentwicklungsprozess eingebunden. Ihre anderweitig sehr schwer zu ermittelnden Bedürfnisse formulieren sie dabei implizit über die selbst erstellten Entwürfe. Toolkit-Konzepte wurden in den Bereichen Software (Apache), Saucenrezepturen (Nestlé) und Körperschmuck (Swarovski/Hyve) bereits erfolgreich eingesetzt.

Preispolitik

Die *Preispolitik* muss sich bei der elektronischen Vermarktung von physischen Gütern gegenüber dem herkömmlichen Marketing nicht grundsätzlich ändern. Allerdings lässt die Kostenstruktur der im e-Business besonders bedeutsamen Informationsgüter eine kostenbasierte Preiskalkulation, wie sie bei physischen Gütern verbreitet ist, kaum zu. Da die Kosten mehrheitlich bei der erstmaligen Erstellung anfallen und jede weitere Kopie nahezu kostenlos ist, können die Gesamtkosten den einzelnen Produkteinheiten nur schwer verursachungsgerecht zugerechnet werden. Es entstehen neue Freiheitsgrade bei der Preisgestaltung, deren Ausnutzung angesichts der hohen Markttransparenz im Internet jedoch zahlreiche Gefahren mit sich bringt. Über kundengruppenabhängige Preisdifferenzierung, Grundpreise mit gestuften Tarifen oder Paketpreise für zusammenhängende Produkte kann versucht werden, die Preise nach der potenziellen Zahlungsbereitschaft des Kunden festzulegen. Wenn Güter über elektronische Ausschreibungen, Auktionen oder Börsen gehandelt werden, wird dieser Effekt gleichsam automatisch erzielt (Wirtz [Electronic Business] 432 ff.). Der Preis kann infolge der geringen Zahlungsbereitschaft von Internetnutzern allerdings auch gegen Null gehen.

Distributionspolitik

Die *Distributionspolitik* unterliegt im e-Business starken Veränderungen. In der „Old Economy" sind Zwischenhändler häufig in der Lage, die Transaktionskosten des ökonomischen Austauschs zwischen Produzenten und Abnehmern durch ihre Vermittlungsleistung zu verringern und aus dieser Differenz eine Marge zu erzielen. Elektronische Medien senken die Transaktionskosten für eine unmittelbare Kontaktaufnahme zwischen Produzenten und Abnehmern, sodass für sie ein Anreiz besteht, die bisherige kostenträchtige Vermittlung durch den Handel zu umgehen. Gemäß der Desintermediationsthese erwartet darum eine Mehrzahl deutscher Unternehmen, dass die Bedeutung traditioneller Intermediäre abnimmt (Strauß/Schoder [Electronic Commerce] 67). Für die Anbieter bedeutet dies, dass sie für den nunmehr in Eigenregie durchgeführten Vertrieb neue Konzepte entwickeln müssen, gegebenenfalls mit Unterstützung von Logistikdienstleistern wie UPS oder Hermes. Durch die Lieferung der Ware zum Besteller entsteht ein zusätzlicher Kundennutzen; zeitintensive Einkaufsfahrten entfallen. Gleichzeitig machen die Vertreter der Intermediationsthese darauf aufmerksam, dass sich Wertschöpfungsketten durch die gesunkenen Transaktionskosten in Kunden-Lieferanten-Beziehungen in kleinere Stufen aufspalten lassen. Aus der gesteigerten Anzahl von Wertschöpfungsstufen resultiert ein erhöhter

Bedarf nach Koordination, der von neuen Intermediären, so genannten Infomediären, gedeckt wird (Voigt [Desintermediation] 55). Im Gegensatz zu Händlern erwerben Infomediäre zur Vermittlung nicht das Eigentum an der Ware, sondern treten häufig nur als Makler auf. Bei der Intermediation in Distributionskanälen findet mit der Nutzung des Internets also eine qualitative, aber nicht unbedingt eine quantitative Veränderung statt. Zwischen Intermediationsthese und Desintermediationsthese muss darum kein logischer Widerspruch bestehen. Bei der Einführung von Electronic Distribution treten konventionelle und elektronische Vertriebswege zumindest vorübergehend in Konkurrenz (Zentes/Swoboda [Electronic Commerce] 692). Handelsunternehmen und herstellereigene Vertriebsorganisationen werden um ihren Bestand kämpfen und ihre langfristig aufgebauten Kontakte zu Kunden geltend machen. Die daraus entstehenden Konflikte können beispielsweise durch die Etablierung neuer Marken für den elektronischen Handel in Grenzen gehalten werden.

Kommunikationspolitik

Gegenüber den traditionellen Medien wie Rundfunk, Zeitschriften und Vertreterbesuchen treten durch das Internet neue Möglichkeiten zur Ansprache von Kunden und Öffentlichkeit hinzu, derer sich die *Kommunikationspolitik* bedienen kann. Dazu wird im ersten Schritt die zugehörige Internetadresse in eine über konventionelle Medien kommunizierte Werbebotschaft mit aufgenommen oder an anderer Stelle selbst im Internet platziert; durch Banner, E-Mails oder Werbung in Chatrooms kann eine fokussierte Ansprache der Kunden mit bestimmten Interessengebieten gelingen. Die Übermittlung der Werbebotschaft im zweiten Schritt über das Internet gehorcht anderen Regeln als bei herkömmlichen Medien. Während Letztere aus Kostengründen meist engen Restriktionen bezüglich Platz oder Sendezeit unterliegen und daher eher auf eine Erinnerung an das Produkt bzw. Unternehmen als auf umfassende Information abzielen, kann der umworbene Kunde im Internet die Geschwindigkeit und den Umfang der Werbebotschaft über das Anklicken von Hyperlinks selbst bestimmen. Darum kommt es bei der Gestaltung von Web-Sites darauf an, dem Internetnutzer durch eine logische Struktur Möglichkeiten zur überblicksartigen wie auch detaillierten Information zu geben (Liang/Chen [Design] 219 ff.). Da es sich beim Internet um ein interaktives Medium handelt, kann der Interessent darüber hinaus auf die Angebotserstellung selbst Einfluss nehmen. Über Zusatzangebote wie kostenlos herunterzuladende Spiele, Wettbewerbe oder elektronische Newsletter wird versucht, die Kundenbindung zu erhöhen (O'Connor/O'Keefe [Internet] 138 ff.). Allerdings hängt der Erfolg der Electronic Communication maßgeblich davon ab, ob es gelingt, den potenziellen Kunden zum Aufrufen der entsprechenden Internetseite zu bewegen. Dazu ist noch immer seine Mitwirkung in Form eines Mausklicks erforderlich.

Kontrollfragen und Aufgaben zu Kapitel 12

1. Vergleichen Sie anhand frei zu wählender Kriterien Informationen und materielle Wirtschaftsgüter.

2. Zeigen Sie unter Rückgriff auf Fallbeispiele die strategische Bedeutung von Informations- und Kommunikationstechniken auf und erklären Sie mögliche Wirkungsrichtungen der informations- und kommunikationstechnischen Nutzung.

3. Welche Realtypen der informations- und kommunikationstechnischen Nutzung lassen sich unterscheiden? Suchen Sie nach aktuellen Beispielen für die einzelnen Typen.

4. Zeigen Sie die Konzeption und Anwendungsschwerpunkte von herkömmlicher EDV und wissensbasierten Systemen auf.

5. Welche Probleme treten bei der Anwendung entscheidungsunterstützender und wissensbasierter Systeme bei Unternehmensführungshandlungen auf?

6. Welche Argumente sprechen für die Zentralisation, welche für die Dezentralisation der Informationsfunktion?

7. Welche Qualifikation sollten die im Bereich Informationsmanagement tätigen Mitarbeiter aufweisen?

8. Inwieweit kann organisationales Wissen einen Wettbewerbsvorteil darstellen? Welche empirischen Befunde liegen hierzu vor?

9. Nennen und bewerten Sie strukturelle, informationsbezogene und kulturelle Maßnahmen zur Erzeugung organisationalen Wissens.

10. Zeigen Sie Probleme beim Transfer von Wissen innerhalb eines Unternehmens auf und diskutieren Sie Möglichkeiten zu deren Lösung.

11. Zur Erfolgswirkung von Wissensmanagement liegen empirische Studien vor. Welche Befunde können als gesichert gelten, wo besteht weiterer Forschungsbedarf?

12. Bei der Konzeption eines Wissensmanagementsystems ist zu bedenken, dass der Informationsbedarf nicht vollständig vorhergesehen werden kann. Wie läßt sich die Bereitstellung von Informationen für die Nutzer geeignet ergänzen?

13. Erläutern Sie, wie ein Wissensmanagementsystem die Innovationskraft von Unternehmen steigern kann. Berücksichtigen Sie dabei neben technischen auch organisatorische Aspekte.

14. Grenzen Sie Informationsprodukte von Informationsdienstleistungen ab und erläutern Sie zunächst allgemein und dann am Beispiel des Online-Banking deren Bedeutung für das e-Management.

15. Nennen Sie die vier Geschäftsmodelle im e-Business und analysieren Sie deren Potenziale zur Gewinnerzielung in kurzer (1 Jahr), mittlerer (3 Jahre) und längerer (5 Jahre) Frist.

16. Untersuchen Sie die Möglichkeiten zur Unterstützung der Unternehmensfunktionen Marketing, Beschaffung und Produktion mit Internettechnologie und leiten Sie daraus generelle Kriterien der elektronischen Unterstützbarkeit von Geschäftsprozessen ab.

Literaturhinweise zu Kapitel 12

AL-LAHAM, A., Organisationales Wissensmanagement, München 2003.

ARGYRIS, C., *Wissen* in Aktion – Eine Fallstudie zur lernenden Organisation, Stuttgart 1997.

BIETHAHN, J., MUKSCH, H., RUF, W., Ganzheitliches *Informationsmanagement*, Band 1, 5. Aufl., München – Wien 2002.

HEINRICH, L. J., *Informationsmanagement* – Planung, Überwachung und Steuerung der Informationsinfrastruktur – Wirtschaftsinformatik, 6. Aufl., München – Wien 1999.

KRCMAR, H., *Informationsmanagement*, 5. Aufl., Berlin – Heidelberg – New York 2005.

KUMAR, A., Global Executive Information *Systems* – Key Issues and Trends, New York et al. 2000.

PROBST, G. J. B., BÜCHEL, B., Organisationales *Lernen*, 2. Aufl., Wiesbaden 1998.

SHAPIRO, C., VARIAN, H. R., *Information Rules* – A Strategic Guide to the Network Economy, Boston 1999.

THOME, R., *Grundzüge* der Wirtschaftsinformatik – Integration der Informationsverarbeitung in die Organisation von Unternehmen, München 2006.

ZERDICK ET AL., *E-conomics* – Strategies for the Digital Marketplace, Berlin – Heidelberg 2000.

Teil 4

Unternehmensführung im globalen Wettbewerb

13 Internationale Unternehmensführung

> *„Deutsche Firmen in fremder Hand: Die 30 größten Konzerne aus der Bundesrepublik Deutschland gehören zum ersten Mal mehrheitlich ausländischen Investoren“*
> *(Handelsblatt, 17.12.2007)*

Die vergangenen drei Jahrzehnte sind durch einen stetigen Anstieg der internationalen Verflechtung der Volkswirtschaften und der grenzüberschreitenden Geschäftstätigkeit von Unternehmen gekennzeichnet, wobei diese Entwicklung ein weltweites Phänomen darstellt, das als Globalisierung umschrieben wird (Glaum [Internationalisierung]).

Starke weltwirtschaftliche Abhängigkeit

In der Bundesrepublik Deutschland kommt dem *Außenhandel* eine besondere Bedeutung für die wirtschaftliche Entwicklung zu. Die Export- und Importquoten der Bundesrepublik des Jahres 2007 (46,7 Prozent bzw. 39,7 Prozent) liegen weit über den Quoten Japans (11,8 Prozent bzw. rund 9,7 Prozent) und denen der USA (8,4 Prozent bzw. 14,6 Prozent), wobei vor allem Letztere aufgrund eines riesigen Binnenmarktes eine geringere Abhängigkeit von der weltwirtschaftlichen Entwicklung als Japan oder Deutschland aufweisen. Die *regionale Verteilung* der deutschen Exporte des Jahres 2007, die sich insgesamt auf rund 969 Milliarden Euro beliefen, zeigt jedoch sowohl bei der gesamten Ausfuhr als auch bei den Industriegüterexporten eine starke Konzentration auf die Länder der EU (65 Prozent). Weitere wichtige Zielländer deutscher Exporte sind die USA (7,6 Prozent), die Schweiz (3,8 Prozent), die Volksrepublik China (3,1 Prozent), Russland (2,9 Prozent), die Türkei (1,6 Prozent) und Japan (1,3 Prozent) (Statistisches Bundesamt [Außenhandel] 1 ff.).

Exporte

Direktinvestitionen

Die deutsche Kapitalverflechtung mit dem Ausland war bis Ende der 1960er Jahre durch hohe ausländische *Direktinvestitionen* in der Bundesrepublik charakterisiert, während deutsche Unternehmen nur in relativ geringem Umfang im Ausland investierten. Seit Mitte der 1970er Jahre lässt sich jedoch eine kontinuierliche Zunahme deutscher Direktinvestitionen feststellen. So liegt der Bestand deutscher Direktinvestitionen im Ausland seit Beginn der 1980er Jahre über demjenigen ausländischer Direktinvestitionen in der Bundesrepublik Deutschland. Im internationalen Vergleich liegt die Bundesrepublik mit einer Bestandssumme von rund 811 Milliarden Euro an Direktinvestitionen im Ausland im Jahr 2006 (neuere Daten sind noch nicht verfügbar) hinter den USA, Großbritannien und Japan auf Platz vier. Die regionale Aufteilung deutscher Direktinvestitionen zeigt, dass wie beim Außenhandel nach wie vor eine starke Konzentration auf die Industrieländer und hierbei vor allem auf die USA (26,1 Prozent), Großbritannien (12,7 Prozent), Niederlande (5,4 Prozent), Luxemburg (5,2 Prozent), Frankreich (5,0 Milliarden Euro) und Belgien (4,1 Prozent) besteht (Deutsche Bundesbank [Bestandserhebung] 12 ff.).

Obwohl Export- und Direktinvestitionsvolumina nach wie vor als Kernindikatoren des Ausmaßes der internationalen Verflechtung der Geschäftstätigkeit gelten (zu personenbezogenen Indikatoren vgl. z. B. Schmid/Daniel [Approach]), ist festzuhalten, dass Unternehmen nicht ausschließlich in der exportorientierten und direktinvestiven Form internationalisieren. Stark an Bedeutung zugenommen haben in der vergangenen Dekade die beschaffungsseitige Internationalisierung, die Bildung grenzüberschreitender strategischer Allianzen sowie der Abschluss von Technologieverträgen, die eine kontrollierte Übertragung von Wissen ins Ausland bewirken.

Globalisierung

Die immer schneller fortschreitende *Globalisierung* sollte allerdings nicht als bloße Trendfortschreibung der Internationalisierung der Wirtschaft gesehen werden. Sie ist vielmehr ein Trendbruch und ein neuartiges Phänomen, das weite gesellschaftliche Bereiche umfasst und durch Entgrenzung, Heterarchien, hohe Faktormobilität, Legitimitätserosion, diskontinuierlichen Wandel und eine Zunahme an strategischen Optionen gekennzeichnet ist. Für die Unternehmensführung bedeutet dies Auflösung und Neudefinition von Grenzen, asymmetrische Abhängigkeiten, Ambivalenzen, unklare Verantwortlichkeiten und rasche Reaktionserfordernisse (Steger [Globalisierung] 3 ff.). Der Globalisierungsgrad von Unternehmen wird in der Literatur, den Medien und der unternehmenseigenen Berichterstattung indessen häufig überzeichnet (Macharzina/Fisch ([Globalisierung] 432 f.). Wie empirische Befunde (insbesondere Rugman ([Regional]) zeigen, sind im engeren Sinne global tätige Unternehmen bislang eine Ausnahmeerscheinung; die meisten „Multinationals" weisen noch eine starke Konzentration auf jenen Kontinent auf, in dem sie ihren Hauptsitz haben.

13.1 Grundprobleme der internationalen Unternehmensführung

Im Gegensatz zur inländischen Unternehmensführung, die ihre Aktivitäten auf ein relativ stabiles Umfeld sozio-kultureller und rechtlich-politischer Rahmenbedingungen ausrichten kann, müssen internationale Führungsentscheidungen und -handlungen auf Umweltentwicklungen abgestimmt werden, die häufig dynamischer als inlandsbezogene ablaufen und deren „Entwicklungsgeschichten" sich dem traditionellen, heimisch orientierten Manager weitgehend verschließen und damit unerklärbar bleiben (Dülfer [Internationalisierung] 55).

Angemessene Umweltwahrnehmung als Schlüsselfunktion

Nur über die intensive Analyse der in der jeweiligen Zielregion herrschenden Wahrnehmungsstrukturen (vgl. Abschn. 2.4.4) lassen sich nämlich diejenigen Fälle eines internationalen Missmanagements erklären, in denen Führungskräfte die in manchen Gastländern vorliegende geringe Bedeutung rechtlich kodifizierter Normen, den hohen Stellenwert religiös-kulturell fundierter Verhaltensimperative oder den geringen Kenntnisstand im Umgang mit technisch weit gereiften Produkten einschließlich der hieraus resultierenden Sorglosigkeit in Pflege und Wartung falsch eingeschätzt haben. So ist es beispielsweise aus der Sicht westlicher Denkschemata nahezu unfassbar, dass sich Menschen aus religiösen Gründen dem Gebrauch von Verhütungsmitteln verschließen und stattdessen einer Zwangssterilisation, wie in einigen Regionen Indiens praktiziert, aussetzen. Genauso unverständlich wird ein unerfahrener Exportmanager eines Fleischhandelsunternehmens auf Marktmisserfolge reagieren, wenn er seine Produkte in arabischen Ländern absetzen will. Einem erfahrenen, mit den Interpretationsmustern der Gastländer vertrauten Konkurrenten werden sich derartige Probleme nicht stellen, da er detaillierte Kenntnisse über deren religiöse Bräuche wie beispielsweise der Schächtung besitzt und sein Exportprogramm (Lebendvieh) hierauf ausrichten wird (Kulhavy [Marketing] 67). Diese Beispiele zeigen bereits, dass neben der Handhabung der erhöhten Komplexität des Unternehmensverbunds die vorrangige *Kernaufgabe des internationalen Managements in der Verminderung des Fremdheitsgrads von Gastland-Umwelten* (Dülfer [Internationalisierung] 55) besteht. Dementsprechend werden in theoretischen Konzeptionen zur Lehre von der internationalen Unternehmensführung seit Anbeginn *Umweltaspekte in den Vordergrund gerückt* (vgl. beispielsweise Farmer/Richman [Progress]). Diese gilt es in geordneter Weise zu untersuchen. Dülfer hat mit seinem *Schichtenmodell der Umweltdifferenzierung* (vgl. Abbildung 13-1) ein Ordnungsraster zur Analyse internationaler Umwelten entworfen, das insbesondere auch zur Lösung des mit der Umweltanalyse verbundenen Relevanzproblems beitragen soll (Dülfer [Problem] 29 ff.).

Schichtenmodell

Natürliche Gegebenheiten

Da die gesamte Umwelt des Unternehmens auf den natürlichen Elementen wie der Oberflächengestalt der Erde oder klimatische Einflüsse aufbaut, bilden die *natürlichen Gegebenheiten* die unterste Ebene des Schichtenmodells. Während diese Ebene weitgehend unabhängig von menschlichen Einflüssen ist, sind die höheren Ebenen von menschlichen Einflüssen und von der Kultur geprägt und somit „man made". Die Basis dieser Umweltdimensionen ist mit *Verfahrenskenntnissen* gegeben, da menschliches Know-how wie Sprache oder technologisches Wissen die unabdingbare Grundlage für die weiteren von der Humankultur geschaffenen Umweltbedingungen darstellt. Verfahrenskenntnisse sind deshalb als die grundlegende menschgeprägte Umweltschicht und damit als Bindeglieder zwischen natürlicher und artifizieller Unternehmensumwelt anzusprechen, da sie einerseits von der natürlichen Umwelt geprägt sind und andererseits dem Menschen als Werkzeug zur Naturveränderung zur Verfügung stehen.

Abbildung 13-1 *Schichtenmodell der Umweltdifferenzierung*

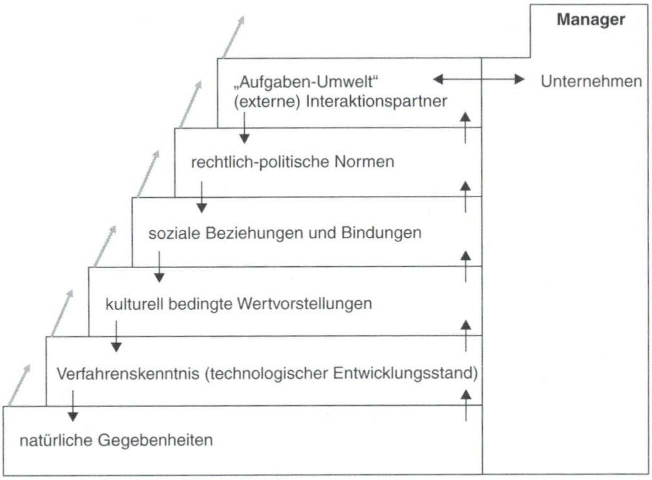

Wertvorstellungen

Da sich individuelle Normen wie religiöse Bekenntnisse, Einstellungen oder Prinzipien erst herauskristallisieren können, wenn Verfahrenskenntnisse vorliegen, sind *kulturell bedingte Wertvorstellungen* auf einer nächsthöheren Schicht anzusiedeln. Die darüber liegende Schicht *sozialer Beziehungen* ist eng mit den kulturellen Wertvorstellungen verwoben, zumal sich soziale Gruppen in aller Regel aufgrund gemeinsamer Grundansichten finden. Eine Hierarchiestufe höher sind *rechtliche Normen* einzuordnen, die zur Harmonisierung und Sicherung des Zusammenlebens geschaffen werden. Eine wirtschaftliche Umweltsphäre sieht Dülfer in seinem Modell nicht vor, da mit wirtschaftlichen Faktoren keine prinzipiell neuartigen Einflussfaktoren gegeben seien, sondern mit ihnen nur diejenigen Einflussgrößen natürlicher, kultureller und sozial bedingter Art beschrieben würden, die für das wirtschaftliche Handeln relevant sind. Diese Sichtweise ist allerdings diskussionswürdig. Wie Farmer und Richman ([Progress]) bezeichnet auch Dülfer

Rechtsnormen

die bislang dargestellten Umweltebenen als Bestandteile der *allgemeinen Umwelt* und entspricht damit der gängigen, in Abschn. 1.4 besprochenen Umweltgliederung.

Aufgabenumwelt

Von herausragender Bedeutung für die Unternehmensführung ist unter den menschgemachten Umweltfaktoren jedoch die *Aufgabenumwelt*, mit der die Eigenschaften und Verhaltensweisen der unmittelbaren Interaktionspartner des Unternehmens beschrieben werden. Die enge Kopplung der Aufgabenumwelt an die allgemeine Umwelt kommt im Modell durch eine weitere Überordnung zum Ausdruck. Diese ist insofern gerechtfertigt, als die Segmente der allgemeinen Umwelt einen substanziellen Einfluss auf die Aufgabenumwelt ausüben. Im Mittelpunkt des Modells steht der Manager als Entscheidungsträger, der nicht als Bestandteil der Umwelt, sondern als koordinierender Interaktionspartner aufgefasst wird. Trotz der Hierarchisierung im Modell betont Dülfer, dass nicht alle Umwelteinflüsse über die Interaktionspartner (Aufgabenumwelt) ablaufen, sondern auch direkt von der allgemeinen Umwelt auf das Unternehmen einwirken können. Anhand der in den Abschn. 1.4.1.2 bis 1.4.1.7 dargestellten Beispiele lässt sich diese Auffassung untermauern. Da das Schichtenmodell über eine Aufzählung möglicher relevanter Umweltfaktoren, wie sie in Abbildung 13-1 enthalten ist, hinausgeht, ist es als *wichtiges Bezugssystem* zu werten, das im Bereich der internationalen Unternehmenstätigkeit einen *praktischen Beitrag zur Umweltselektion* leisten kann. Es stellt ferner unter Annahme einer stufenmäßigen Verursachung Abhängigkeitsbeziehungen zwischen den einzelnen Umweltelementen heraus.

Begriff

Die vorangegangenen Überlegungen lassen es nützlich erscheinen, die Begriffe *„Internationales Unternehmen"* sowie *„Internationale Unternehmensführung"* nicht nur auf denjenigen Kreis von Unternehmen, die ihre Leistungserstellungsprozesse ins Ausland verlagert haben, einzugrenzen, sondern auf *sämtliche grenzüberschreitenden Formen der Geschäftstätigkeit* von der sporadischen Auslandsmarktbearbeitung bis hin zum integrierenden Management weltweit präsenter Großunternehmen zu beziehen (Macharzina/Engelhard [Management] 320 ff.). Aus diesen Gründen erscheint es auch nicht zweckmäßig, zwischen den in der Literatur häufig künstlich unterschiedenen Begriffen wie transnationales, multinationales oder globales Unternehmen zu differenzieren. Stattdessen wird für diese hier der *Sammelbegriff des internationalen Unternehmens* gebraucht und die Differenzierungen in dessen unterschiedlichen strategischen Orientierungen aufgegriffen (vgl. Abschn. 13.4.1).

13.2 Ziele internationaler Unternehmenstätigkeit

Internationalisierung als Prozess

Die Internationalisierung der Unternehmenstätigkeit kann als ein Prozess beschrieben werden, der von den Zielen des Unternehmens und Entwicklungen seiner Umwelt beeinflusst, teilweise sogar ausgelöst wird. Dementsprechend finden sich im Schrifttum zahlreiche empirische Arbeiten, die die Beweggründe internationaler Unternehmenstätigkeit erforschen. Die Systematisierung von Internationalisierungszielen kann anhand *verschiedener Kriterien* vorgenommen werden. So findet zum Beispiel die Einteilung in ökonomische und nicht-ökonomische Ziele ebenso Verwendung wie die Differenzierung von Zielen defensiven oder offensiven Ursprungs oder die Abgrenzung zwischen ressourcenorientierten, produktionsorientierten und marktorientierten Internationalisierungszielen.

Ökonomische und nicht-ökonomische Ziele

Als typisches *ökonomisches Ziel* internationaler Geschäftstätigkeit ist das Streben nach *Gewinnerzielung* zu bezeichnen, wobei durch das Auslandsgeschäft insbesondere der Ausgleich negativer Effekte inländischer Konjunkturzyklen angestrebt wird. Weitere ökonomische Ziele sind mit *sicherungs- und wachstumsorientierten Zielen* gegeben, bei denen die Kompensation eines inländischen Marktanteilsverlusts oder die Teilhabe am dynamischen Wachstum von Auslandsmärkten und damit eine Umsatzorientierung im Vordergrund steht. Wichtige *nicht-ökonomische Ziele* der Internationalisierung bestehen im Prestigestreben oder in der Verfolgung von Einfluss- und Machtbedürfnissen.

Defensive und offensive Ziele

Die Internationalisierung hat einen *defensiven* Charakter, wenn ein Unternehmen zur Stabilisierung seiner gefährdeten Marktposition die Auslandsproduktion aufnimmt oder der Konkurrenz ins Ausland folgt, um Wettbewerbsnachteile auszugleichen, wobei bezüglich des letztgenannten Falls mit Aharoni ([Process]) vielfach von einem „Band-Waggon-Effekt" gesprochen wird. *Offensive Internationalisierungsziele* verfolgen hingegen jene Unternehmen, die Wettbewerbsvorteile, zum Beispiel in Form von Technologievorsprüngen, im internationalen Vergleich nutzen wollen oder die eine Verlängerung der Lebenszyklen ihrer Produkte anstreben.

Ressourcenorientierte, produktionsorientierte und absatzorientierte Ziele

Ressourcenorientierte Internationalisierungsziele sind in der (kostengünstigen) Sicherung der Versorgung mit Rohstoffen gegeben (Arnold [Sourcing] 14 ff.). *Produktionsorientierte* Aspekte stehen im Vordergrund, wenn davon ausgegangen wird, dass die Leistungserstellungsprozesse im Ausland kostengünstiger ablaufen können. Als Beispiel für einen Bereich, in dem *absatzorientierte* Ziele dominieren, sind die Zulieferer von EDV-Herstellern zu nennen, die ihre Geschäftstätigkeit ins Ausland verlagern mussten, um ihren Hauptabnehmern zu folgen. Weitere absatzorientierte Ziele liegen mit der Umgehung von im Ausland wirksamen Handelsrestriktionen oder mit der Erhaltung und dem Ausbau bestehender Marktpositionen im Ausland vor.

Die Beispiele deuten auf die *besondere Problematik der Systematisierung von Internationalisierungszielen* hin. Die drei Kategorisierungsarten sind nämlich weder überschneidungsfrei noch ist es in zahlreichen Fällen möglich, die Ziele von Unternehmen den herausgebildeten Typen klar zuzuordnen. Die Auswertung der Befunde zahlreicher empirischer Studien zeigt, dass *absatzorientierten Zielen eine herausragende Bedeutung für die Internationalisierungsentscheidung* zukommt. In nahezu sämtlichen Untersuchungen liegen nämlich absatzorientierte Ziele an oberster Stelle der Bedeutungsskala, während insbesondere ressourcenorientierte Ziele von untergeordneter Bedeutung zu sein scheinen, wobei jedoch hier ebenso wie bei der gesamtunternehmensbezogenen Zielforschung (vgl. Abschn. 4.5) darauf hinzuweisen ist, dass die Befunde aufgrund konzeptioneller und methodischer Mängel nicht immer verallgemeinerungsfähig sind.

13.3 Theoretische Ansätze der internationalen Unternehmenstätigkeit

Entwicklung

Im Laufe der letzten 40 Jahre haben Wissenschaftler eine Fülle von Modellansätzen entworfen, die insbesondere die Aufnahme der internationalen Geschäftstätigkeit sowie die Wahl bestimmter Markteintrittsstrategien erklären sollen (Macharzina [Betriebswirtschaftslehre]; Macharzina ([Grundlagen]).

13.3.1 Frühe Theoriefragmente

Nach der Frühphase der Beschäftigung mit dem Export als wesentlicher Form der Internationalisierung (Hellauer [System]; Sonndorfer [Technik]; Oberparleiter [Exportgeschäften]) setzte eine Phase ein, in der vorwiegend volkswirtschaftliche Theoriebemühungen zur Erklärung des internationalen Handels (Kravis [Trade]; Isard [Location]), insbesondere die Theorie komparativer Kostenvorteile (Vorläufer: Ricardo [Principles]) dominieren, in denen „das Unternehmen" allerdings als Black Box behandelt wird und seine Entscheidungsträger sozusagen nicht vorkommen.

1960er Jahre

Erst in den 1960er Jahren des vorigen Jahrhunderts finden sich beginnend mit Hymer in seiner Dissertation ([Operations]) neue Anstöße, deren wesentliches Erkenntnisinteresse den Mustern internationaler Direktinvestitionen gilt, wie sie durch die Nachkriegsexpansion der amerikanischen internationalen Unternehmen in Europa und Kanada verursacht wurden. In den 1970er Jahren erfolgt dann eine zunehmend differenziertere Erklärung dieser Auftretensform der internationalen Unternehmenstätigkeit in der Betrachtung des oligopolistischen Wettbewerbs. Vernon ([Investment]), aber auch seinen Schülern Hufbauer ([Trade]) und Hirsch ([Competitiveness]) kann das Verdienst zugeschrieben werden, mit der Produkt-Lebenszyklus-Theorie die Betrachtung auf die Unternehmensebene konzentriert zu haben. Porter ([Strategy]) hingegen befördert sie wieder auf die Branchenebene, ja in seinem Diamond-Modell sogar auf die Nationenebene ([Nations]).

1970er Jahre

Die späten 1970er Jahre brachten eine erneute Reduktion des Betrachtungsfeldes mit sich. Die in jener Zeit in der Coase'schen Tradition einsetzende institutionenökonomische Perspektive (Williamson [Markets]) macht an unternehmensinternen Prozessen des Informationstransfers und der marktsubstituierenden kostengünstigeren Internalisierung von Transaktionen (vgl. Abschn. 13.3.2) als Erklärung von Entstehen und Tätigwerden der internationalen Unternehmen fest (Buckley/Casson [Future]).

1980er Jahre

Mitte der 1980er Jahre wurde schließlich die bis dahin vollzogene Entwicklung in der Betrachtung von der Ebene der internationalen Wirtschaft über die Unternehmensebene auf die Ebene der intraunternehmensbezogenen Entscheidungsprozesse (vgl. Abschn. 13.3.3) heruntergebrochen (Johanson/Vahlne [Internationalization]) und schließlich in einer Mehrebenenbetrachtung der zunehmend komplexeren Auftretensformen grenzüberschreitender Unternehmenstätigkeit im eklektischen Ansatz der internationalen Produktion Dunnings ([Theory]) wieder auf die makroökonomische Ebene hochaggregiert. Die dabei postulierte Synthetisierung betriebswirtschaftlicher und volkswirtschaftlicher Überlegungen kann allerdings nur als Verlegenheitslösung gelten (vgl. Macharzina/Engelhard [Paradigm Shift]). Gleichwohl hat Dunnings sogenanntes OLI-Paradigma (vgl. Abschn. 13.3.2) die Diskussion der letzten 20 Jahre trotz zum Teil heftiger Kritik aus theoretischer und empirischer Sicht beherrscht (Wolff [Institutionenökonomik] 107 ff.). Einen zusammenfassenden Überblick über die wichtigsten Theorien vermittelt Abbildung 13-2.

13.3.2 Eklektische Theorie der internationalen Produktion

Die *eklektische Theorie der internationalen Produktion* wurde von Dunning ([Theory] 9 ff.) entwickelt, wobei es sich um eine Synopse verschiedener, bereits bekannter Theoriefragmente wie der Standort- oder der Internalisierungstheorie handelt. Im Rahmen der Theorie – später als Paradigma bezeichnet – *wird in Abhängigkeit von unternehmensspezifischen Vorteilen erklärt, welche internationalen Markteintrittsstrategien von Unternehmen wann gewählt werden*, wobei die Wahl davon abhängt, über welche der drei nachfolgend beschriebenen Vorteilstypen des Eigentums, der Internalisierung oder des Standorts ein internationales Unternehmen verfügt.

Abbildung 13-2

Ausgewählte Internationalisierungstheorien

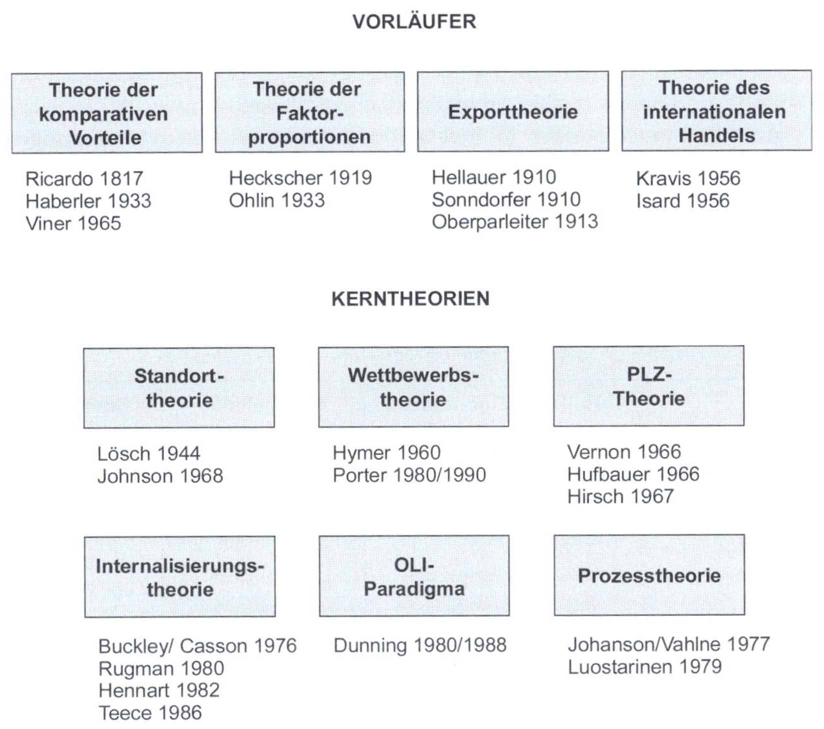

Eigentums-vorteile

- Unter *Eigentumsvorteilen* werden Vorteile verstanden, die einem Unternehmen daraus erwachsen, dass es über eine bestimmte Größe und Kapitalausstattung, über ein hohes Technologiepotenzial, über Produktmarken sowie über Management- und organisatorische Fähigkeiten verfügt. Da diese Vorteile unabhängig von einer internationalen Betätigung bestehen können, werden sie als „*generelle* Eigentumsvorteile" bezeichnet. Unter dem Begriff „*spezielle* Eigentumsvorteile" werden jene Vorteile zusammengefasst, die sich eigens aus der Internationalisierung ergeben, wobei Risikoreduzierung durch Diversifikation der Kapitalanlagen sowie Parallelproduktion, Kapitaltransfermöglichkeiten und ein besonders effizienter Ressourcenzugang zu nennen sind.

Internalisierungsvorteile

- Unter *Internalisierungsvorteilen* werden jene subsumiert, die mit einer unternehmens*internen* Durchführung von Wertschöpfungsaktivitäten verbunden sind, wobei insbesondere an eine Verringerung des Aufwands für die Informationssuche, an die Vermeidung hoher Verhandlungskosten, an die Verminderung von Vertragsrisiken, an die Reduzierung von Kontrollkosten oder an den einfacheren Schutz von Unternehmensgeheimnissen zu denken ist.

Standortvorteile

- *Vorteile,* die sich aus dem internationalen *Standort* des Unternehmens ergeben, sind in der Form einer kostengünstigen Verfügung über Rohstoffe und menschliche Arbeitskraft ebenso gegeben wie in der Nähe zum Verbraucher oder in Investitionsanreizen wie Steuermäßigungen oder Subventionen.

Die Zuordnung von Vorteilstypen und Markteintrittsstrategien ist in Abbildung 13-3 veranschaulicht.

Abbildung 13-3

Eklektische Theorie der internationalen Produktion

Vorteile / Markteintrittsstrategie	Eigentumsvorteile	Internalisierungsvorteile	Standortvorteile
Direktinvestitionen	vorhanden	vorhanden	vorhanden
Exporte	vorhanden	vorhanden	nicht vorhanden
Internationale Verträge	vorhanden	nicht vorhanden	nicht vorhanden

Grundaussage

Daraus wird ersichtlich, dass für alle drei Markteintrittsstrategien das Vorliegen von Eigentumsvorteilen eine zwar notwendige, aber nicht hinreichende Bedingung ist, wobei Unternehmen, denen lediglich Eigentumsvorteile erwachsen, ihr Auslandsgeschäft in der Form *internationaler Verträge* abwickeln werden. Während Unternehmen mit Eigentums- *und* Internalisierungsvorteilen *Exporte* bevorzugen werden, sind *ausländische Direktinvestitionen* für jene Unternehmen zu erwarten, die über sämtliche Vorteilsarten verfügen.

Kritische Würdigung

Zusammenfassend kann man das OLI-Paradigma wohl als das Modell bewerten, welches die Theoriediskussion der vergangenen zwei Dekaden am stärksten beeinflusst hat. Bis heute wird das Modell angesichts seiner Breite, Offenheit und insbesondere seiner Eigenschaft, auch sehr unterschiedliche Konstellationen von Variablen theoretisch begründen zu können, verbreitet als Ausgangspunkt für die empirische Analyse von Markteintrittsentscheidungen eingesetzt. Hervorzuheben ist insbesondere, dass Dunning im Gegensatz zu zahlreichen anderen Fachvertretern zumindest ansatzweise eine multikausale Erklärung von internationalen Markteintrittsstrategien vorgelegt hat. An anderer Stelle ist der Ansatz Gegenstand heftigster Kritik aus theoretischer wie empirischer Sicht gewesen, die sich neben der Zufälligkeit der Variablenauswahl und der Interdependenz der OLI-Variablen auf den statischen Charakter des Modells bezieht (vgl. zur detaillierten Kritik Macharzina/Engelhard [Paradigm Shift]; Kutschker/Schmid [Management]). In Erwiderung solcher Kritik hat Dunning ([Production]) eine neue Version „Mark 2“ vorgelegt, die er als „Endowment/Market Failure Paradigm“ bezeichnet und in der er die Hauptströmungen der vorliegenden Außenhandels- und Investitionstheorien zu integrieren versucht und das OLI-Konzept um drei Variablengruppen ergänzt, nämlich entscheidungsrelevante Investitionsmotive der Unternehmen, die Einbeziehung von länderspezifischen Kontextvariablen in die neoklassische Theorie der Faktorausstattung und die Theorie des Marktversagens sowie Strukturvariablen strategischer Entscheidungsfindung auf Unternehmensebene. Daneben wird die Reichweite des Modells auf alle möglichen Probleme internationaler Unternehmenstätigkeit – und nicht nur deren Formen – ausgeweitet.

Damit kann Dunnings Konzept zwar durchaus als analytischer Bezugsrahmen zur Systematisierung der ökonomischen Bestimmungsgründe internationaler Geschäftstätigkeit herangezogen werden. Da der Autor jedoch vom Modell des rationalen Akteurs ausgeht und Internationalisierungsprozesse lediglich aus dem Zusammenspiel mikro- und makroökonomischer Einflussfaktoren erklärt und verhaltens- und entscheidungsprozessbezogene Merkmale weitgehend unberücksichtigt lässt, muss die Eignung der eklektischen Theorie zur Lösung der Integrationsproblematik aus betriebswirtschaftlicher Sicht in Zweifel gezogen werden.

13.3.3 Internationalisierungsprozesstheorie

Weitere Versuche zu einer Verknüpfung der Bestimmungsfaktoren der Internationalisierung bilden entscheidungsprozessorientierte Konzepte (vgl. beispielsweise Johanson/Vahlne [Internationalization]; Olson/Wiedersheim-Paul [Pre-Export]; Luostarinen [Internationalization], die als Hauptvertreter dieser Richtung bezeichnet werden können). Gestützt auf die Kernvariablen Marktwissen und Marktbindung erklären sie den Internationalisierungsprozess eines Unternehmens als Ergebnis einer Serie inkrementaler Entscheidungen aus lernorientierter Sicht.

Establishment Chain

Die Internationalisierung erfolgt stetig über die Internationalisierungskette mit den Phasen Export, Auslandsgesellschaft Vertrieb, Auslandsgesellschaft Produktion über einen längeren Zeitraum zunächst auf verwandten Ländermärkten und später auf neuen Ländermärkten, die kulturell stärkere Unterschiede (vgl. Kapitel 14) im Vergleich zu Ersteren aufweisen (Kette der zunehmenden „psychischen Entfernung“). Je weiter Unternehmen in der Internationalisierungskette vorangeschritten sind, desto stärker ist ihre Marktbindung gemessen an übertragenen Ressourcen. Je weiter sie sich in der Kette der psychischen Entfernung entwickelt haben, desto mehr (Auslands-)Marktwissen haben sie akkumuliert (Stöttinger/Schlegelmilch [Distance] 169 ff.). Das Zusammenspiel dieser Zustandsvariablen mit den gegenwärtigen Projekten des Unternehmens und Investitionsentscheidungen über zukünftige Ressourcentransfers auf Auslandsmärkte führt zu Lernerfolgen, die den Internationalisierungsprozess (spiralförmig) erhöhen oder beschleunigen (vgl. Abbildung 13-4). Neben den ursprünglich untersuchten schwedischen Unternehmen konnten inkrementelle Internationalisierungsmuster auch bei Unternehmen aus den USA, Japan, der Türkei und Spanien (Camino/Cazorla [Entry]) nachgewiesen werden.

Psychic Distance Chain

Lernen

Kritische Würigung

Dennoch ist auch dieses Modell nicht ohne Kritik geblieben. So ist insbesondere darauf hinzuweisen, dass die Internationalisierung von Unternehmen nicht immer inkremental, sondern häufig sprunghaft verläuft (Macharzina/Engelhard ([Paradigm Shift]), vgl. hierzu Abschn. 13.3.5). Auch werden das Fehlen operationaler Definitionen der Kernvariablen und die Tatsache kritisiert, dass die Zustandsvariablen realitätsfern deterministisch konzipiert sind und der Faktor Zeit in seiner Bedeutung überhöht ist (vgl. Kutschker/Schmid [Management]). Ferner liegen empirische Befunde vor, die das Modell nicht bestätigen (vgl. beispielsweise Sullivan/Bauerschmidt [Internationalization]), was bei streng wissenschaftslogischer Betrachtung einer Falsifikation gleichkommt.

Dies hat die Autoren dazu bewogen klarzustellen, dass das ursprüngliche Modell nicht die „establishment chain“, also den inkrementalen Internationalisierungsprozess zum Gegenstand hatte, sondern nur die induktive Ausgangsüberlegung der Beobachtung eines Unternehmens war, die zu den eigentlichen Modellbetrachtungen führte. Diese betrafen den Zusammenhang zwischen Lernen und Aufbau von Marktbindung bzw. Entwicklung von Wissen und zunehmendem Investment in Auslandsmärkte. In der jüngsten Modellversion (Johanson/Vahlne [Commitment] 165 ff.) stehen wechselseitige Beziehungen zwischen Marktpartnern, Netzwerkwissen und die Entwicklung von Marktchancen im Vordergrund ihrer Überlegungen. Die Variablen Marktbindung und Marktwissen werden ersetzt durch „Beziehungsbindung“ und „Netzwerkwissen“ und die Variablen gegenwärtige Projekte und Investitionsentscheidungen durch „internationale Netzwerkeinbettung“ und „Entwicklung von Marktchancen“, die letztlich die Internationalisierung treiben. Der empirische Beleg für die neue Kausalkette steht allerdings noch aus.

Abbildung 13-4

Internationalisierungslernen

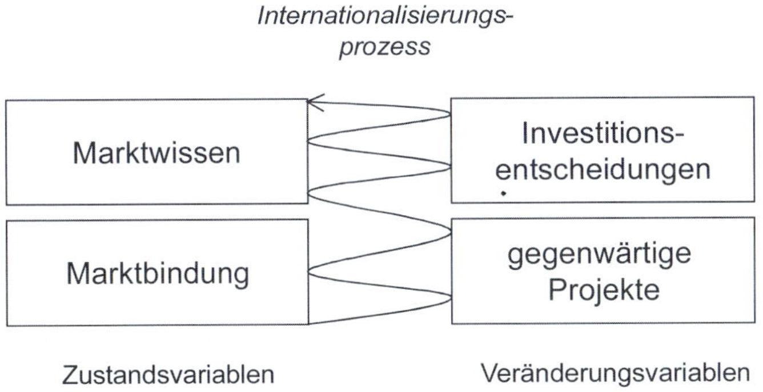

Gesamtbeurteilung

Was haben nun aber die vier Jahrzehnte intensiver Theoriebildung im Bereich der internationalen Unternehmenstätigkeit eingebracht (zu an Theorien zu richtende Mindestanforderungen vgl. Wolf [Organisation] 10 ff.)? Die Forschungsaktivitäten haben zwar einen beachtlichen Erkenntnisfortschritt bewirkt; trotzdem ist ein Mangel an konzeptioneller Integration zu beklagen. So wurden im Rahmen partialanalytischer Ansätze eine Fülle von Bestimmungsfaktoren identifiziert (Macharzina [Theorie], wo insgesamt 43 Faktoren diagnostiziert sind), die einen Einfluss auf den Internationalisierungsprozess des Unternehmens nehmen. Es fehlt jedoch weitgehend an integrativen Gesamtkonzepten, die in der Lage wären, diese Faktoren in einen systematischen Zusammenhang zu bringen. Dieses Integrationsdefizit ist Resultat einer vornehmlich isolierten Analyse von Internationalisierungsformen und-prozessen hinsichtlich der Untersuchungsebenen in der Mikro- oder Makrobetrachtung sowie der Untersuchungsziele und -methoden. In der Zukunft ist also ein theoretischer Bezugsrahmen zu entwerfen, der die Integration der bereits vorliegenden Untersuchungsergebnisse fördert. Dies bedeutet jedoch nicht, dass in den einzelnen Problembereichen kein Untersuchungsbedarf mehr vorhanden wäre. Notwendig ist vielmehr deren konzeptionelle Synthetisierung. Zum anderen gilt es, ein Konzept zu entwickeln, das die stark angestiegene Komplexität, aber auch die Dynamik von Internationalisierungsprozessen erfasst (Wrona/Breuer [Erklärung] 21 ff.).

Weiterentwicklungen

In jüngerer Zeit sind zunehmend Bemühungen zu beobachten, die aus dem Rahmen der herkömmlichen ökonomischen Theoriebildung auszubrechen versuchen. Obwohl diese noch nicht theoretisch ausgereift oder gar empirisch hinreichend bestätigt sind, bieten sie Aussicht auf Erkenntnisfortschritt zum internationalen Management und können insofern als Bausteine auf dem Weg zur Theorieentwicklung gelten; zu diesen Paradigmen („Vortheorien") zählen das Netzwerk-Paradigma und das GAINS-Paradigma. In der Tendenz richten diese Ansätze ihr Augenmerk auf große internationale Unternehmen und weniger auf kleinere oder mittlere Unternehmen.

13.3.4 Netzwerk-Paradigma

Länderübergreifende Interdependenzen als Merkmal von internationalen Unternehmen

Das Netzwerk-Paradigma entstammt der Organisationssoziologie. Von seinen Protagonisten wird ihm eine Eignung für die Analyse jener potenziellen Wettbewerbsvorteile nachgesagt, die als das Spezifikum internationaler Unternehmen anzusehen sind. Dabei handelt es sich um die Gestaltung und Nutzung materieller, informationeller und finanzieller Interdependenzen zwischen Unternehmensteilen, die in unterschiedlichen wirtschaftlichen, rechtlichen und sozio-kulturellen Umsystemen agieren. Internationale Unternehmen haben im Vergleich zu ausschließlich national tätigen Unternehmen die Möglichkeit, aus der Präsenz in mehreren Ländern Vorteile zu ziehen. Diese lassen sich – abgesehen von der Möglichkeit, Skaleneffekte zu nutzen – durch Arbitragestrategien (Ausnutzung von Länderdifferenzen) und Druckstrategien (Ausnutzung von Machtpotenzialen beispielsweise im Wege des Cross-subsidizing) realisieren. Jede dieser Optionen bedingt Interdependenzen im Gesamtunternehmensverbund. Erst die Tatsache, dass zwischen den Unternehmensteilen materielle, informationelle oder finanzielle Austauschbeziehungen bestehen, erlaubt es internationalen Unternehmen, aus der Präsenz in mehreren Ländern Verbundvorteile (Economies of Scope) zu erzielen. Aus diesem Grund sind Interdependenzen zwischen den in verschiedenen Ländern operierenden Unternehmensteilen sowohl als Spezifikum als auch als Quelle der potenziellen Wettbewerbsvorteile internationaler Unternehmen anzusehen.

Begriff

Als entwicklungsgeschichtliche Vorläufer einer derartigen, vor allem von Ghoshal und Bartlett ([Network]) vertretenen Konzeption sind dabei Vorgehensweisen zu interpretieren, die den Begriff des Netzwerks zur Charakterisierung jener grenzüberschreitend tätigen Unternehmen heranziehen, die eine transnationale Strategie (vgl. Abschn. 13.4.1) verfolgen (vgl. vor allem Bartlett [Transnational]). Ebenfalls in enger Verbindung mit einem so definierten Netzwerkbegriff steht Hedlunds Heterarchiekonzept (vgl. Abschn. 7.4.1.5); dieses beinhaltet die Vorstellung von hybriden Organisationsstrukturen (vgl. Abschn. 13.5) mit multiplen, weltweit gestreuten Entscheidungszentren, die durch unterschiedliche Interdependenzintensitäten innerhalb eines Unternehmensverbundes gekennzeichnet sind und primär durch unternehmenskulturelle Gehalte gesteuert werden (vgl. Hedlund [MNC] 21 ff.).

Die paradigmatische Verwendung des Netzwerkkonzepts durch Ghoshal und Bartlett ([Network]) verharrt nun nicht auf einer reinen, einem bestimmten Strukturtyp gewidmeten Beschreibungsebene, wie es für die naiven Netzwerkansätze noch typisch ist. Vielmehr besteht das Anliegen, mit Hilfe der mathematischen Graphentheorie unterschiedliche Typen international tätiger, als Netzwerke abgebildeter Unternehmen zu diagnostizieren und damit weitere Forschungen zu induzieren (vgl. Ghoshal/Bartlett [Network] insb. 609 ff.).

Interne Netzwerke

Charakteristisch für die Auffassung von internationalen Unternehmen als Netzwerke ist hierbei das gedachte Vorliegen von Austauschbeziehungen und -prozessen zwischen möglicherweise weltweit gestreuten Unternehmensteilen. Doz, Santos und Williamson ([Metanational]) weisen diesen Unternehmensteilen im Zeitalter der Wissensgesellschaft eine tragende Rolle bei der Technologieentwicklung und damit der Sicherung der Wettbewerbsfähigkeit zu. Um ihr Potenzial zu erschließen, müssen weltweit verstreute Kompetenzen, Technologieneuerungen und Wissen über Pioniermärkte (Beise/Gemünden [Lead Markets]) zunächst aufgefunden werden („Sensing"). Im nächsten Schritt geht es darum, die über viele Länder verstreuten Fähigkeiten für Geschäfte auf den nicht unbedingt in gleicher Weise verteilten Pioniermärkten zu nutzen („Mobilizing"). Dann kann das Augenmerk darauf gerichtet werden, die internationale Konfiguration der Wertschöpfung nach Kriterien wie Effizienz und Flexibilität zu optimieren („Operations"). Wie eine Studie von Kutschker und Schurig ([Embeddedness]) zeigt, scheinen noch nicht alle Unternehmen derartige Maßnahmen vollzogen zu haben; drei Viertel der dort untersuchten Auslandsgesellschaften waren von Netzwerken und Wissensflüssen weitgehend abgekoppelt. Auch zeigt die Arbeit von Riedl ([Globalisierung]) anhand dreier Fallstudien aus der chemisch-pharmazeutischen Industrie, dass global tätige internationale Unternehmen das in der Literatur häufig postulierte Netzwerkmodell nicht zwingend umsetzen.

Externe Netzwerke

Rugman und D'Cruz ([Flagship]) vertreten in ihrem Five Partners-Modell die Ansicht, dass internationale Unternehmen darüber hinaus in einem engen Austauschverhältnis zu den umgebenden Umsystemen stehen. Sie gehen davon aus, dass Unternehmen die Interaktion zu anderen Marktteilnehmern inzwischen nicht mehr, wie von Porter vor 25 Jahren in seiner Branchenstrukturanalyse (vgl. Abschn. 5.6.1.3) vermutet, als Bedrohung wahrnehmen, sondern inzwischen vielmehr zur Kooperation nutzen. In Reaktion auf japanische (Keiretsu) (vgl. Abschn. 14.2) und koreanische (Chaebol) (vgl. Abschn. 14.4) Netzwerkverbünde scharen auch einige westliche internationale Unternehmen wie Glaxo, Benetton oder IKEA (Flagship Firms) eine begrenzte Zahl wichtiger Zulieferer (Key Suppliers), Kunden (Key Customers), öffentlicher Einrichtungen wie Universitäten (Non-business Infrastructure) und Allianzpartner (Key Competitors) um sich. Sie nutzen deren Kompetenzen in Bereichen, in denen sie selbst unterlegen sind und bauen Fähigkeiten zur Koordination der verteilt erbrachten Leistungen auf. Hierdurch sind sie in den Kontext einer breiter angelegten Netzwerkstruktur eingebunden. Es ist demnach notwendig, das gesamte Bündel netzwerkkonstituierender Einflussgrößen in die graphentheoretische Analyse einzubeziehen.

Methodik

Wenn sich auf diese Weise unterschiedliche Dichten, Abhängigkeitsverhältnisse oder Zentralitätsmaße für internationale Unternehmen feststellen ließen, könnte es gelingen, diese gegenüber der bisher vorherrschenden Betrachtung makroorganisationaler Formen (vgl. Abschn. 13.5) mit einem verfeinerten Instrumentarium zu beschreiben. Vermeintliche Phasen der Stabilität von Strukturen könnten sich dabei als Perioden intensiver Veränderungen innerhalb gegebener Strukturen entpuppen. Zusätzlich zu dieser eher deskriptiven Ausprägung des Netzwerk-Paradigmas ist auch auf dessen potenzielle Bedeutung im Rahmen einer kausalanalytischen Betrachtung hinzuweisen. Mit der Verfeinerung des Untersuchungsinstrumentariums müsste es auch möglich sein, bislang nicht erkannte Zusammenhänge zwischen indikativ erfassten Größen wie Strategie, Makro- und Mikrostruktur sowie Aktivitäten der einzelnen Unternehmenseinheiten zu identifizieren. Damit könnte dann ein Beitrag zur Wiederbelebung der mittlerweile etwas abgeklungenen Forschungsthematik des Unternehmenserfolges geleistet werden, was Nohria und Ghoshal ([Network]) aus wertorientierter Sicht unternommen haben.

Dem steht allerdings entgegen, dass zur Realisierung derartiger Forschungsziele des Netzwerk-Paradigmas mit seinem Anspruch der vollständigen Abbildung von Beziehungen einerseits zu weit ausgelegt ist, andererseits aber zu kurz greift. So dürften die methodische Kompliziertheit und der Erhebungsaufwand zur Erfassung aller Beziehungen im Unternehmensverbund kaum in einem tolerablen Verhältnis zu den erzielbaren Erkenntnissen stehen.

Anwendung auf internationale Unternehmen

Quantitative Studien haben sich zur Analyse von Netzwerken bisher auf Teilaspekte der internationalen Unternehmenstätigkeit beschränkt und starke strukturelle Vereinfachungen vornehmen müssen, um die Modelle einer empirischen Überprüfung zugänglich zu machen. Rank ([Organisationsstrukturen]) zerlegt die formalen und informalen Strukturen von Strategiebildungsprozessen bei internationalen Unternehmen in triadische Beziehungselemente (drei Knoten und maximal drei Kanten) und kann mit diesem Modell im Rahmen seiner aufwendigen Studie nicht mehr als zwei Unternehmen untersuchen. Fisch ([Knowledge]) unterscheidet in seinem Modell zur Prognose der Verteilung von Forschungs- und Entwicklungsaktivitäten internationaler Unternehmen in jedem Land lediglich vier verschiedene Netzwerkelemente. Die von ihm vorgenommene Beschränkung auf die organisatorische Makroebene und weitere Vereinfachungen ermöglichen die Untersuchung von Strukturen, die Forschungs- und Entwicklungsstandorte in über 30 Ländern umfassen, führen aber zu Datenanforderungen, die nur von sieben Unternehmen erfüllt werden konnten. Die Komplexität von Netzwerken zwingt offenbar zu einem Forschungsdesign, das man angesichts seiner geringen Breite und Tiefe als „quantitative Fallstudie" bezeichnen muss.

Zum anderen überwindet die von Ghoshal und Bartlett vorgeschlagene Variante des Netzwerkansatzes nicht das primäre Manko der bisherigen Forschung im Bereich des internationalen Managements. Dieses besteht darin, dass ihr Beitrag zur ganzheitlichen Erfassung von Umwelt-, Strategie-, Struktur- und Verhaltensmerkmalen – wie oben dargestellt – defizitär ist. Darüber hinaus ist das von Ghoshal und Bartlett vorgestellte Instrumentarium in der Tradition klassischer Querschnittsanalysen verhaftet und damit unzulänglich. Die Diagnose von Veränderungsprozessen innerhalb von Unternehmen sowie die Feststellung diesbezüglicher Verursachungsfaktoren ist mit dem vorliegenden Instrumentarium nicht möglich und würde zu einer weiteren Komplexitätssteigerung führen.

Kritische Würdigung

Da die Organisationsforschung sich seit nunmehr etwa 30 Jahren mit dem Netzwerk-Paradigma mehr (vgl. neuerdings Wald [Netzwerkstrukturen]) oder weniger erfolgreich auseinandersetzt, ist zu befürchten, dass dieses zur Erklärung der Kernphänomene internationaler Unternehmenstätigkeit in ihrer Umfassenheit nicht hinreicht. Daneben scheinen einige theoretische und methodische Schwierigkeiten nicht überwindbar zu sein, was das Erklärungspotenzial stark beeinträchtigt. Hierzu zählen die Probleme in der Abbildung des aktuellen Verhaltens internationaler Unternehmen in Form von Matrizen oder Graphen, die Abgrenzung zwischen Unternehmen und Umwelt, die Operationalisierung der Maße wie Dichte, Erreichbarkeit, Entfernung, Hierarchie oder Zentralität, geschweige denn der „Löcher" im Netzwerk und die Definition der Ursachen für die Netzwerkentwicklung (vgl.

Aldrich/Whetten [Networks]). Angesichts dieser Mängel, ferner seiner theoretischen Unverbindlichkeit, aber auch der weitgehenden Austauschbarkeit mit der ebenfalls kritikbehafteten Systemtheorie wegen ist seine Tragfähigkeit nach wie vor in Frage zu stellen.

13.3.5 GAINS-Paradigma

Begriff

Das GAINS-Paradigma (Gestalt of International Business Strategies) versucht, signifikante Muster internationaler Unternehmen angesichts determinierender Variablenausprägungen der Umwelt und des internen Kontextes des internationalen Unternehmens zu erzeugen, um Rückschlüsse dieser „Gestalten" auf Erfolg (in finaler) und Verursachung (in kausaler Hinsicht) zu treffen. Das GAINS-Paradigma (Macharzina [Paradigm], Macharzina/Engelhard [Paradigm Shift]) ermöglicht die erforderliche ganzheitliche Betrachtung international tätiger Unternehmen, um aus einer Menge von Realphänomenen signifikante Muster des internationalen Unternehmens aufzufinden.

Konzeption

Das GAINS-Paradigma fußt auf dem in Abschn. 2.3.4 dargestellten Gestaltansatz und begreift internationale Unternehmen dementsprechend als komplexe Entitäten. Diese Entitäten bestehen aus Beziehungsgefügen von Personen, Verhaltensweisen, Informationen, technischen Anlagen, Prozeduren und kulturellen Normen, wobei zwischen diesen Elementen und der unternehmensexternen Umwelt informationelle und materielle Austauschbeziehungen, insbesondere finanzieller und ressourcenorientierter Art, bestehen. Für ein Konzept zur Genese internationaler Unternehmenstätigkeit sind dementsprechend die Interaktionen einer Vielzahl struktureller und verhaltensmäßiger Variablen von Bedeutung. Aus der Interpretation von internationalen Unternehmen als komplexe Entitäten ergibt sich, dass das gesamte Bündel relevant erachteter Bestimmungsfaktoren gleichzeitig in die Analyse einbezogen werden sollte. Evolutionstheoretische Überlegungen legen es nahe, davon auszugehen, dass nur jene Entitäten effizient und letztlich auch überlebensfähig sein werden, die einen „Fit" zwischen Umwelt-, Strategie- und Strukturvariablen herzustellen in der Lage sind (vgl. beispielsweise Hannan/Freeman [Population]). Aus diesen Gründen werden auch nicht sämtliche logisch möglichen Variablenausprägungen – zumal sie nicht unbedingt in der Realität vorkommen müssen – in die Analyse einbezogen; vielmehr werden empirisch signifikante Muster von Internationalisierungsformen und -stufen festgestellt, die als „Gestalt" oder auch Archetyp bezeichnet und bezogen auf den gesamten Wirkungszusammenhang eines internationalen Unternehmens beschrieben werden. Als Beispiel für ein solches Vorgehen seien Gestaltkonfigurationen bei der Internationalisierungsform des Exports gezeigt, vgl. Abbildung 13-5 (Macharzina/Engelhard ([Paradigm Shift] 37).

Die Tätigkeit des internationalen Unternehmens ist ein Prozess der zunehmenden Ausweitung oder der rückwärtsgerichteten Einschränkung des Auslandsengagements mit entsprechenden Konsequenzen für Strategie, Struktur und Steuerungssysteme. Nach empirischen Befunden ist davon auszugehen, dass eine Phase des relativen Stillstands, der Stabilität und der stetigen Weiterentwicklung im Sinne einer zunehmenden Ausdifferenzierung der vorhandenen Strukturen abgelöst wird von einer Phase des Übergangs, in der eine Änderung bzw. Umkehr der Entwicklungsrichtung stattfindet (vgl. Miller/Friesen [Adaption]). Auf diese folgt dann wieder eine Phase der Stabilität usw. In derartigen stabilen Phasen bleibt die Unternehmens-Umwelt-Gestalt im Wesentlichen erhalten; es erfolgen keine gravierenden Änderungen von Unternehmensstrategie, Organisationsstruktur und Systemen (vgl. Abschn. 2.3.4).

Stabile Phasen

Übergangsphasen

Es ist davon auszugehen, dass solche Phasen im Entwicklungsmuster von Unternehmen zeitlich dominieren und relativ selten von Übergangsphasen unterbrochen werden. Gestützt wird diese Annahme durch die Ergebnisse einer empirischen Studie von Miller und Friesen, in welcher eine Änderung der Entwicklungsrichtung lediglich bei 25 Prozent der untersuchten unternehmensspezifisch definierten Zeitabschnitte eines zwanzig Jahre umfassenden Erhebungszeitraums festgestellt wurde (vgl. Miller/Friesen [Adaption] 600).

Entwicklungsrichtung

Bezüglich des Wechsels der Unternehmensentwicklungsrichtung ist von der Möglichkeit horizontaler und vertikaler Richtungsänderungen auszugehen. Unternehmen können sich demnach vom Typus „nationales“ Unternehmen zum Typus „internationales“, „multinationales“ und „globales“ Unternehmen fortentwickeln, wobei innerhalb dieser denkbaren Internationalisierungsstufen wiederum verschiedene Subtypen, gemessen an unterschiedlichen Gestalten in der gleichen Entwicklungsstufe auftreten können. Das gleiche gilt für die Rückentwicklung zu einem nicht auf Auslandsmärkten tätigen Unternehmen mit entsprechender Gestalt (Desinvestition/Renationalisierung). Ein Nachweis liegt mit den von Miller und Friesen beschriebenen „Transition archetypes“ (vgl. Miller/Friesen [Archetypes] 279 ff.) vor.

Eben diese quantenhafte, diskontinuierliche Form des Entwicklungsverlaufs dürfte für Internationalisierungsprozesse im Sinne des Gestaltkonzeptes typisch sein, wie als nur ein Beispiel von vielen die Globalisierung der Daimler AG (vgl. Kapitel 7) gezeigt hat.

Abbildung 13-5

Gestaltunterschiede zwischen reaktiv- und aktiv-exportierenden Unternehmen

	Nicht-Exportierende Unternehmen	Reaktiv-exportierende Unternehmen	Aktiv-exportierende Unternehmen
Umwelt			
– Marktsättigung	–	– gesättigt	– nicht notwendigerweise gesättigt
– Umsatzentwicklung	–	– fallend	– stabil
– Staatliche Exportförderung	–	– vorhanden	– vorhanden
Organisationsmerkmale			
– Unternehmensalter	–	– älter als aktive Exporteure	– jünger als reaktive Exporteure
– Standardisierung	– hoch	– gering	– hoch
– F&E-Intensität	– keine	–	–
– Patente	–	– wenig	– viele
– Phase im PLZ	–	– Reifephase	– Einführungs- und Wachstumsphase
– Marktabdeckung im Inlandsmarkt	– lokal/regional	– national	– national
Unternehmensstrategie			
– Marketing-Strategie	–	– keine Produktanpassung	– Produktanpassung
– Strategische Planung	– nicht vorhanden	– kaum vorhanden	– umfassend
– Vermarktung	– nicht aggressiv	– wenig aggressiv	– aggressiv
– Informationsverhalten	– passiv	– unsystematisch	– systematisch
– Ausfuhrländer	–	– geringe Entfernung	– weltweit
Objektive und psychokulturelle Merkmale			
– Risikoverhalten	– vorsichtig	– vorsichtig	– realistisch
– Bedeutung von Erfolg	– wichtig	–	– mittelmäßig
– Bedeutung von Wachstum	– gering	– mittelmäßig	– hoch
– Bildung	– geringer als aktive Exporteure	–	– hoch
– Alter	– älter als aktive Exporteure	– älter als aktive Exporteure	– jünger als reaktive Exporteure
– Managementexpertise bzgl. Finanzierung	–	– mittelmäßig	– hoch
– Beurteilung der Wettbewerbsfähigkeit des Unternehmens	– gering	– mittelmäßig	– hoch

Daher wird von der Annahme ausgegangen, dass der Übergang von einer Stabilisierungsphase in eine neue Stabilisierungsphase, der horizontale oder vertikale Wechsel der Entwicklungsrichtung bzw. der Internationalisierungsstufe in aller Regel nicht schrittweise, sondern revolutionär erfolgt. Die Übergangsphasen sind durch dramatische Veränderungen in den Strategie- und Unternehmensstrukturvariablen bestimmt. Die Internationalisierung von Unternehmen in Form der Ablösung von der Gestalt eines rein auf Binnenmärkten tätigen Unternehmens kommt somit einer Revolution gleich, welche aus der Konfrontation mit den besonderen Gegebenheiten des Gastland-Kontextes (Dülfer [Internationalisierung] 60) resultiert.

Kritische Würdigung

Zusammenfassend lässt sich das GAINS-Paradigma als prozessorientierter dynamischer Kontingenzansatz bezeichnen, der Umwelt-, Struktur- und Strategiemerkmale in einer holistischen und integrativen Konzeption verbindet. GAINS gründet auf der Annahme der systemischen Natur organisationaler Realität und stützt sich methodisch auf die quantitative Längsschnittanalyse der internationalen Unternehmensentwicklung, mit der statistisch signifikante Taxonomien erzeugt werden können. Der Ansatz ist als Theorie mittlerer Reichweite und nicht als Universalmodell mit Letztgültigkeitsanspruch konzipiert. Bei kritischer Würdigung des Gestaltansatzes wird ihm „hohes Erkenntnisgewinnungspotenzial" bescheinigt, dessen Freisetzung gleichwohl der Umsetzung weiterer forschungsprogrammatischer Schritte bedarf. Wolf ([Gestaltansatz] 122 ff.) spezifiziert derartige Vorschläge.

Eine Schlüsselrolle dürfte dabei die Unterfütterung von typologisch oder taxonomisch erzeugten Gestaltkonfigurationen mit Theorien sein, unter denen der Ressourcenbasierte Ansatz (vgl. Abschn. 2.2.5) als besonders geeignet hervorgehoben wird (vgl. Miller [Configurations] 31). Kutschker ([Gestalten] 288 ff.) hat dieses zum Anlass genommen, in einer bemerkenswerten Arbeit den Gestaltansatz mit dem Ressourcenbasierten Ansatz in der Dimension der Internationalisierungsstrategien vermöge einer differenzierten Analyse unterschiedlicher Eigenschaften von Ressourcen inhaltlich anzureichern. Zugleich erweitert er den Gestaltansatz unter Rückgriff auf die Feldtheorie, um damit Merkmalsdistanzen zwischen unterschiedlichen Gestalten als „Kraft" interpretieren zu können, die den Entscheidern Handlungsmöglichkeiten und Handlungserfolg eröffnet.

Auch haben Kutschker, Bäurle und Schmid ([Internationalization]) mit ihrem „Drei-E-Konzept" eine eher managementorientierte Erweiterung der dem GAINS-Paradigma zugrunde liegenden Überlegungen vorgenommen. Sie zeigen in dieser Prozesstrilogie, dass Internationalisierung graduell wie revolutionär verlaufen kann und es demzufolge den Internationalisierungsprozess schlechthin nicht gibt. Danach wird dieser vielmehr von Evolutionen, Episoden und Epochen konstituiert (vgl. auch Eckert/Mayrhofer

[Epochs] 212 ff.), was eine differenzierte Führung auf der Mikroebene der Kernprozesse, der Mesoebene mehrstufiger Hierarchien von Teilprozessen oder der Makroebene des gesamten Unternehmens einschließlich seiner relevanten Umwelt erforderlich macht. Diese drei Gestalten der Internationalisierung sind zunächst auf der deskriptiven Ebene der Theoriebildung angesiedelt und bedürfen, wie von den Autoren auch festgestellt, noch der empirischen Bestätigung (vgl. Kutschker/Schmid [Management]) und inhaltlichen Spezifikation.

13.3.6 Theoriebezogene Entwicklungsperspektiven

Realoptionsansatz

Nicht nur jenseits ökonomischer Theorie und im interdisziplinären Feld zeigen sich Ansätze zu neuen Entwicklungen. Auch in die ökonomische Theorie des internationalen Unternehmens ist mit dem Realoptionsansatz Bewegung gekommen (Buckley/Casson [Models] 36). Der Grundgedanke des Ansatzes besteht darin, dass irreversible Investitionen unter Unsicherheit mit einem Verlustrisiko behaftet sind, das sich durch den Gebrauch zeitlicher Flexibilität begrenzen lässt (Dixit/Pindyck [Investment] 3; Willershausen/Mölls/Schild [Optionen] 315 ff.). Der Freiheit, sich nicht sofort entscheiden zu müssen und das Eintreffen weiterer Informationen abwarten zu können, kann ein Wert zugewiesen werden, der mit wachsender Unsicherheit steigt (Trigeorgis [Flexibility] 122). Bei der Bewertung von Investitionsvorhaben ist daraufhin neben dem Kapitalwert, der sich aus dem bereits investierten Kapital ergibt, ein Optionswert zu berücksichtigen, der die Flexibilität bezüglich noch zu investierenden Kapitals wiedergibt (Pindyck [Investment] 971). Der Optionswert kann den Kapitalwert um ein Vielfaches übersteigen und Investitionsentscheidungen maßgeblich beeinflussen. Einerseits werden Unternehmen rentable Investitionen unterlassen, wenn mit ihnen der Verlust der Option verbunden ist, später zu möglicherweise noch besseren Bedingungen zu investieren. Andererseits werden Unternehmen unrentable Investitionen in Kauf nehmen, wenn sie mit dem Erwerb zusätzlicher Optionen verbunden sind.

Optionswert

In den vergangenen 20 Jahren wurde eine Vielzahl quantitativer Verfahren zur Bewertung von Realoptionen entwickelt (vgl. zum Überblick Hommel/Lehmann [Bewertung]). Diese Modelle werden in der Unternehmenspraxis zwar nur selten eingesetzt, doch gibt es Hinweise darauf, dass Praktiker sich bei Investitionsentscheidungen einer Logik bedienen, die derjenigen von Realoptionsmodellen recht nahe kommt (Vollrath [Handlungsflexibilität] 355 ff.). Auch bei der Internationalisierung von Unternehmen wurde ein Vorgehen beobachtet, das mit der Realoptionstheorie im Einklang steht. Japanische Unternehmen schaffen sich durch den Erwerb kleinerer Investitionsobjekte im Ausland bewusst Optionen für den Einstieg in neue Technologiefelder und Märkte (Hurry/Miller/Bowman [Calls]). Durch die Vereinbarung von Übernahmeklauseln sichern sich US-amerikanische Unternehmen Call-Optionen in internationalen Joint Ventures (Reuer [Real]). Deutsche Investoren üben bei rückläufiger Unsicherheit im Gastland Call-Optionen für eine Vergrößerung neu gegründeter Auslandsgesellschaften aus (Fisch [Subsidiaries]). Der empirische Kenntnisstand über die Nutzung von Realoptionen bei der Internationalisierung ist jedoch noch sehr gering.

Optionen beim internationalen Markteintritt

Der konzeptionelle Beitrag von Buckley, Casson und Gulamhussen ([Internationalisation]) verdeutlicht die Anwendungspotenziale der Realoptionstheorie beim internationalen Markteintritt. Durch die Interpretation von Exporten als aufgeschobene Investitionen, von internationalen Joint Ventures mit einer Übernahmeklausel als Realoptionen und von vollbeherrschten Auslandsgesellschaften als sofortige Investitionen kann der Realoptionsansatz die Wahl der Markteintrittsformen aus der Sicht der Internalisierungstheorie beschreiben und durch seine dynamische Ausrichtung möglicherweise deutlich besser erklären. Gleichermaßen können die Phasen des Internationalisierungsprozessmodells als Investitionen mit unterschiedlichem Optionscharakter aufgefasst werden, was die Erklärung von Sprüngen im Internationalisierungsprozess ermöglicht. Eher quantitativ ausgerichtete Modelle des internationalen Markteintritts, die in eine ähnliche Richtung weisen, wurden von Hule ([Information]) sowie Pennings und Sleuwaegen ([Choice]) vorgelegt.

Optionen im multinationalen Unternehmen

In späteren Phasen der Internationalisierung rücken weitere Optionen in den Vordergrund. Sie betreffen die Flexibilität, die die Verteilung von Wertschöpfungsaktivitäten in einem internationalen Unternehmensnetzwerk eröffnet. Wenn lokale Engpässe auftreten, kann umgehend mit einer Verlagerung der Wertschöpfung an andere Orte reagiert werden. Nach dem richtungsweisenden Beitrag von Kogut und Kulatilaka ([Flexibility]) über die Flexibilität in internationalen Produktionsnetzwerken wurde die Bedeutung von Switching Options inzwischen auch in den Bereichen Logistik (Huchzermeier [Value]), Finanzdienstleistungen (Botteron/Chesney/Gibson-Asner [Investment]) und Marketing (Hadjinicola/Kumar [Options]) hervorgehoben.

Kritische Würdigung

Der Realoptionsansatz der Internationalisierung ist noch sehr jung, hat aber Potenzial im Hinblick auf eine Dynamisierung der Internationalisierungstheorie. Darum erscheint er für die zukünftige Theorieentwicklung weiter verfolgenswert. Es gilt nur darauf zu achten, dass wir unter zu starker Fokussierung auf den Ansatz nicht wieder in die Enge ausschließlich ökonomischer Perspektive geraten (Fisch ([Aufbau]).

13.4 Internationalisierungsstrategien

Internationalisierungsstrategien stellen Muster der Wahl unter potenziellen Handlungsalternativen im internationalen Umfeld dar, die Unternehmen bei der Gestaltung ihrer Beziehungen zur Umwelt sowie ihrer interner Strukturen und Prozesse offenstehen (in Erweiterung des Konzepts von Hofer/Schendel [Formulation] 16 ff.; Schmid [Internationalisierung]). Diese Handlungsmuster sind auf verschiedene Teilaspekte der Internationalisierung bezogen (Scholl [Internationalisierungsstrategien] 986 f.; Ringlstetter/Skrobarczyck [Entwicklung] 333 ff.; Engelhard/Oechsler [Management]), die auch als Dimensionen von Internationalisierungsstrategien bezeichnet werden können. Hierzu zählen

Dimensionen

- die Festlegung der *strategischen Orientierung des Unternehmens.* Diese beinhaltet die grundsätzliche Positionierung des internationalen Unternehmens, wobei die Entscheidung zwischen der Ausrichtung der Unternehmensaktivitäten am Weltmarkt und der Anpassung an die besonderen Umweltverhältnisse der einzelnen Auslandsmärkte zu treffen ist (vgl. Abschn. 13.4.1),
- die Wahl von *Strategien für die größenmäßige Entwicklung des internationalen Unternehmens,* wobei prinzipiell zwischen Wachstums-, Konsolidierungs- und Desinvestitionsstrategien zu entscheiden ist (vgl. Abschn. 5.4.1.1),
- die Formulierung von *Markteintrittsstrategien,* die alternative Formen der Geschäftsaufnahme und -ausweitung darstellen (vgl. Abschn. 13.4.2),
- die Klärung von *Kooperations- und Eigentumsstrategien,* wobei die prinzipielle Entscheidung getroffen werden muss, ob Partnerschaften eingegangen werden sollen oder eine alleinige Beherrschung des Auslandsengagements angestrebt wird (vgl. Abschn. 13.4.2 sowie 5.4.1.3),
- die Bestimmung von *Wettbewerbsstrategien,* mit denen die Art der anzustrebenden Wettbewerbsvorteile sowie das Verhalten beim Aufbau und der Verteidigung der Vorteile festgelegt werden (vgl. Abschn. 5.4.2.1),
- die Ableitung von *Funktionsbereichsstrategien,* mit denen die Anpassung der Funktionsbereiche des Unternehmens an die Bedingungen des internationalen Geschäfts vorskizziert wird (vgl. Abschn. 5.4.3),
- die Entwicklung von *Strategien des Managements der Umwelt,* die auf die Beeinflussung der Anspruchsgruppen der heimischen sowie Gastlandsumwelt abzielen und schließlich

- die Konzeptualisierung von *Strategien zur Abstimmung der internationalen Aktivitäten*, die der Steuerung der Subsysteme des internationalen Unternehmens dienen.

Da diese Dimensionen von Internationalisierungsstrategien eine hochgradige Interdependenz aufweisen und somit nicht isoliert voneinander gestaltet werden können, werden nachfolgend mit der Festlegung der *strategischen Orientierung des Unternehmens* sowie der Formulierung von *Markteintrittsstrategien* jene zwei Strategiedimensionen herausgegriffen und näher erläutert, die im Mittelpunkt bzw. am Anfang der internationalen Strategiebildung von Unternehmen stehen.

13.4.1 Strategische Orientierungen internationaler Unternehmen

Zur Festlegung der *strategischen Orientierung* internationaler Unternehmen ist eine Auseinandersetzung mit sich weltweit vollziehenden *Entwicklungstrends* notwendig. Innerhalb dieser sind Trends zu unterscheiden, die in Richtung einer Globalisierung der Unternehmensaktivitäten wirken und solche, die eine Lokalisierung der Unternehmensaktivitäten angemessen erscheinen lassen. Als Globalisierungstreiber sind zu bezeichnen:

Globalisierungstreiber

- *Der Abbau tarifärer Handelsbarrieren*. Unter diesen ist insbesondere der Abbau der Zölle zu nennen, der früher hauptsächlich durch das GATT (Allgemeines Zoll- und Handelsabkommen) gefördert wurde, das 1995 von der World Trade Organization (WTO) abgelöst wurde. Trotz einer abnehmenden Bedeutung tarifärer Handelsbarrieren aufgrund allgemein niedriger Zölle werden Zölle häufig gezielt zum Schutz gegen ausländische Wettbewerber eingesetzt, wie das Beispiel der EU mit 288 Prozent auf importiertes Gemüse oder die USA mit 30 Prozent auf einige Stahlprodukte (Backhaus/Büschken/Voeth [Marketing] 130) zeigt.
- *Die Liberalisierung der Kapitalmärkte*. In den vergangenen 20 Jahren haben die grenzüberschreitenden Geld- und Kapitaltransaktionen stark zugenommen, was zu einer deutlichen Integration der zuvor überwiegend national ausgerichteten Kapitalmärkte geführt hat. Ein wesentlicher Grund hierfür liegt darin, dass zahlreiche Länder ihre administrativen Kapitalverkehrsbeschränkungen sehr stark abgebaut haben (Köhler [Freizügigkeit] 820). Ein Beispiel stellt Japan dar, das seit 1984 allmählich seine Behinderung des Euro-Yen-Marktes aufgegeben hat und zwischenzeitlich auch privaten und ausländischen Emittenten die Ausgabe von Euro-Yen-Anleihen ermöglicht (Morschbach [Liberalisierung] 156).

- *Die zunehmende Durchsetzung international gültiger Spezifikationen und Standards.* Vor allem im Investitionsgüterbereich setzen sich in zunehmendem Maße vereinheitlichte technische Normen durch. So finden sich im Bereich des CIM erste Ansätze zu einer weltweit gültigen Normung von Schnittstellen der rechnerintegrierten Produktion (vgl. Abschn. 12.2). Die internationale Standardisierung technischer Merkmale wird dabei weniger von internationalen Organisationen wie der CEN (Europäisches Komitee für Normung) als von den großen Industrieunternehmen vorangetrieben, die von ihren Zulieferern teilweise die bedingungslose Einhaltung der von Ersteren gesetzten Spezifikationen und Standards fordern. Darüber hinaus tragen einzelne Industrieunternehmen mit überlegener Technologie dazu bei, dass ihre technischen Lösungen von den übrigen Unternehmen der Branche aufgegriffen und damit generalisiert werden. Ein Beispiel hierfür ist mit dem Betriebssystem Windows von Microsoft gegeben, das aufgrund seiner weiten Verbreitung praktisch von allen Herstellern von Anwendungssoftware als Grundlage ihrer Pakete angesehen werden muss. Ein weiteres Beispiel auf ganz anderer Ebene ist die Harmonisierung der Normen und Standards in der EU.

- *Die fortschreitende Homogenisierung der Geschmacksrichtungen bei gleichzeitiger Aufsplittung der Märkte in einzelne Käufersegmente.* Dieser Trend ist in erster Linie für die Konsumgüterindustrie von Bedeutung. Die These der zunehmenden Homogenisierung der Käuferpräferenzen wird vor allem von dem amerikanischen Wirtschaftswissenschaftler Theodore Levitt ([Globalization] 92 ff.) vertreten. Sie wird hauptsächlich damit begründet, dass (1) die Menschen durch die Verbesserung sowie weltweite Verbreitung der Informationsmedien und -technologien in einen zunehmenden Informationsaustausch treten, (2) durch die Intensivierung des Reiseverkehrs ein erweiterter Austausch zwischen den ursprünglich vergleichsweise isolierten Kulturkreisen erfolgt, (3) die sich in zahlreichen Regionen der Erde vollziehende Verbesserung der Ausbildung zu einer Erhöhung des Einkommens und damit zu einer Annäherung der Lebensstile beiträgt, (4) sich aufgrund der Steigerung des individuellen Freizeitanteils rund um den Globus ähnliche Freizeitinteressen herauskristallisieren. Es kann also nicht mehr davon ausgegangen werden, dass die einzelnen Kulturkreise der Erde unterschiedliche, leicht voneinander abzugrenzende Blöcke darstellen. Innerhalb der einzelnen Kulturkreise sind vielmehr verschiedene Subgruppen auszumachen, was einer sich über die Länder und Regionen hinweg vollziehenden kulturellen Segmentierung gleichkommt.

- *Sinkende Transportkosten* stellen einen weiteren international beobachtbaren Trend dar. Hierbei ist nicht nur an die Übermittlung physischer Güter, sondern insbesondere auch an die Übertragung von Informationen zu denken. Gerade im letztgenannten Bereich ist der weltweite Transfer wesentlich kostengünstiger geworden und lässt über viele Länder verstreute Kommunikationspartner virtuell zusammenrücken (Buckley/ Ghauri [Globalisation] 89 ff).

- *Eine weitere Tendenz besteht darin, dass Forschungs- und Entwicklungsausgaben bei verkürzten Produktlebenszyklen gestiegen sind.* In vielen Industriebereichen weisen die Produktinnovationen heute eine zunehmende technische Komplexität auf, was zur Verlängerung der Entwicklungszyklen und damit zu einer Erhöhung der F&E-Kosten insbesondere bei den Fixkosten geführt hat. Die hierdurch ausgelöste Problemlage lässt sich am Beispiel der Mikrochipentwicklung verdeutlichen. Obwohl die Entwicklung einer neuen Mikrochipgeneration mehrere Jahre in Anspruch nimmt, benötigen Unternehmen aus Südostasien kaum drei Monate, um eine solche Produktinnovation nachzubauen. Der Trend erhöhter Aufwendungen von Produktinnovationen wird durch verkürzte Marktlebenszyklen begleitet. So drängen insbesondere die japanischen Automobilhersteller in immer kürzer werdenden Intervallen mit neuen Fahrzeugen auf den Weltmarkt. Aus diesen beiden konfliktären Trends resultiert die Notwendigkeit, dass die Unternehmen im Rahmen eines High-Speed-Managements (vgl. Abschn. 5.4.2.2) ihre Produkte auf einem möglichst großen Markt anbieten.

- *Schließlich gewinnen ökonomische Vorteile der Massenproduktion (Economies of Scale) zunehmend an Bedeutung.* Bereits in Abschn. 5.6.3.2.2 wurde gezeigt, dass Betriebsgrößenerweiterungen zu ökonomischen Vorteilen in Form von Stückkostensenkungen führen. Derartige Skaleneffekte sind nicht nur auf die Fertigung beschränkt, sondern auch für Funktionsbereiche, die der Produktion vor- und nachgelagert sind, relevant. Wenn auch das Ausmaß dieses Effekts von Branche zu Branche oder von Unternehmen zu Unternehmen unterschiedlich groß ist, so wird doch deutlich, dass es für die Unternehmen notwendig ist, für ihre Produkte einen möglichst großen, internationalen Absatzmarkt zu finden. Skaleneffekte haben vor allem für Unternehmen in Branchen, in denen die Produkte ausgereift und standardisiert sind, eine hohe Bedeutung.

Diese weltweit festzustellenden Entwicklungstrends bieten den Unternehmen die *Chance*, ihre Produkte oder Dienstleistungen rund um den Globus in vereinheitlichter und standardisierter Form anzubieten, wobei die Leistungen von vornherein auf die Bedürfnisse des Weltmarktes abzustimmen sind. Die Entwicklungstrends bieten jedoch nicht nur eine Chance, sondern auch *eine Notwendigkeit zu einer weitgehenden länderübergreifenden Vereinheitlichung der Unternehmensstrategie.*

Dem Trend zur Globalisierung (Engelhard/Oechsler [Management]; Giesel/Glaum [Globalisierung]) stehen andererseits wesentliche *Vorteile und Notwendigkeiten zu einer lokalen Anpassung* gegenüber:

Lokalisierungstreiber

- *Nicht-tarifäre Handelshemmnisse substituieren Zölle und Abgaben.* Zwar wurden, wie oben bereits gezeigt, im Rahmen des GATT in den letzten vier Jahrzehnten Zölle und andere tarifäre Handelshemmnisse sukzessive abgebaut, jedoch sind von verschiedenen Staaten in demselben Maß nicht-tarifäre Handelshemmnisse als neue Formen des Protektionismus aufgebaut worden. Zu nennen sind hier in erster Linie Handelshemmnisse (1) auf der Grundlage direkt protektionistischer Gesetze in Form von Preis- und Mengenbeschränkungen, zum Beispiel Eingangsabgaben im Rahmen der EU-Agrarmarktordnung sowie Ein- und Ausfuhrkontingente bzw. -verbote, (2) auf der Grundlage indirekt protektionistischer Gesetze, zum Beispiel Verbraucherschutzvorschriften, Vorschriften für die Vergabe von Ein- und Ausfuhrlizenzen, technische Normen und Sicherheitsvorschriften, (3) in der Form von Ermessensentscheidungen und Willkürakten, (4) in der Form von Praktiken und Appellen zur Bevorzugung inländischer Produkte oder in der Form von Boykott-Aufrufen sowie (5) durch Bevorzugung inländischer Anbieter bei öffentlichen Aufträgen, wo vielfach Auflagen bestehen, nach denen ein bestimmter Prozentsatz an inländischer Wertschöpfung eines Produkts vorliegen muss (Quambusch [Handelshemmnisse] 783 ff.), (6) durch Formulierung von Local-Content-Klauseln, in denen die Erbringung eines bestimmten Teils der Wertschöpfung im Gastland zur Voraussetzung dafür gemacht wird, dass die Produkte im Land verkauft werden dürfen und (7) inländische Unternehmen oder der Staat obligatorisch Teilhaber der hierfür zu gründenden Auslandsgesellschaften werden, was einer Offenlegung der vor Ort genutzten Fertigungstechnologie gleichkommt. Dass nicht-tarifäre Handelshemmnisse gerade heute eine besondere Bedeutung haben, ergibt sich vor allem aus ihrer mangelnden Quantifizierbarkeit, die sie weitgehend von dem Abbaubegehren der WTO abschirmt.

- Trotz des generellen Trends sinkender *Transport- und Logistikkosten hemmen diese nach wie vor die Globalisierung* jener Branchen, in denen im Vergleich zum Warenwert relativ große Volumen- bzw. Gewichtseinheiten umgesetzt werden oder in denen aufgrund der begrenzten Haltbarkeit der Produkte eine aufwändige Transporttechnologie eingesetzt werden muss. Beispiele hierfür sind mit der Lebensmittel-, der Stahl- oder der Zementbranche gegeben.

- Der Globalisierung entgegen stehen weiterhin *Produktanforderungen seitens der Abnehmer, die vom globalen Produkt stark abweichen.* In einigen Branchen wie der Investitionsgüterindustrie wird eine Standardisierung der Produkte dadurch verhindert, dass die Nutzungsbedingungen der

Erzeugnisse sehr verschiedenartig sind, wobei hier nur an unterschiedliche klimatische Verhältnisse zu denken ist, die die Anwendungsbedingungen von Großanlagen beeinflussen und daher auf die betreffenden Branchen weitreichende Auswirkungen haben. Darüber hinaus weisen einige Branchen wie die Rüstungs- und Telekommunikationsindustrie eine oligopolistische Abnehmerstruktur auf, bei der die Abnehmer aufgrund ihres hohen Einflusspotenzials ihren Lieferanten genaue Produktvorgaben aufzwingen können.

- *Außerdem bestehen durch etablierte Vertriebswege nach wie vor zum Teil erhebliche Markteintrittshemmnisse,* wobei die Nahrungsmittel- oder die Verlagsindustrie Beispiele für Branchen sind, in denen der Groß- und Einzelhandel auch heute noch einen vergleichsweise großen Einfluss ausübt. Gerade im internationalen Bereich stellen darüber hinaus Handelsmittler für kleinere Anbieter ein wichtiges Medium internationaler Geschäftstätigkeit dar. Etablierte Handelsmittler erweisen sich deshalb oft als Markteintrittshemmnis, da sie nur bei Zusicherung ausreichender Gewinnmargen bereit sind, neue Produkte zu vertreiben. Ein Direktmarketing scheidet für viele Unternehmen als Alternative aus, da sie lediglich eine schmale Produktpalette besitzen.

Angesichts der einander entgegenstehenden Wirkung globalisierungsfördernder und -hemmender Entwicklungstendenzen und Faktoren hat die *Formulierung der strategischen Orientierung internationaler Unternehmen im Spannungsfeld zwischen dem hauptsächlich ökonomisch motivierten Streben nach Globalisierungsvorteilen und der jeweiligen Notwendigkeit zur lokalen Anpassung zu erfolgen.* Diesbezüglich liegt eine ganze Reihe von Typologisierungsansätzen strategischer Orientierungen vor, die im Spannungsfeld dieser Effekte entwickelt wurden. An dieser Stelle wird ein Typologisierungsansatz verwendet, der sich an den Arbeiten von Meffert ([Spannungsfeld] 689 ff.) sowie Henzler und Rall ([Aufbruch] 176 ff.) orientiert und in Abbildung 13-6 veranschaulicht wird.

Typen

- Im Matrixfeld links unten sind *internationale Branchen* positioniert. Hierzu gehören jene Branchen, bei denen für die Unternehmen keine wesentlichen Globalisierungsvorteile zu erwarten sind und zudem nur geringe Notwendigkeiten bzw. Vorteile einer ausgeprägten lokalen Anpassung bestehen. In internationalen Branchen findet sich kein homogener Weltmarkt; dieser gliedert sich vielmehr in mehrere Regionen auf, die sich bezüglich der Abnehmerseite deutlich voneinander unterscheiden. Für internationale Märkte ist eine strategische Orientierung zu empfehlen, die das auf dem Heimatmarkt erfolgreiche Produkt- bzw. Dienstleistungskonzept auf ähnliche Landesmärkte überträgt. Aufgrund der geringen Anpassungsnotwendigkeit wird auf länderspezifische Besonderheiten kaum Rücksicht genommen, sodass die Unternehmen internationaler Branchen auch eine ethnozentrische Grundhaltung aufweisen.

Abbildung 13-6 *Strategische Orientierungen internationaler Unternehmen*

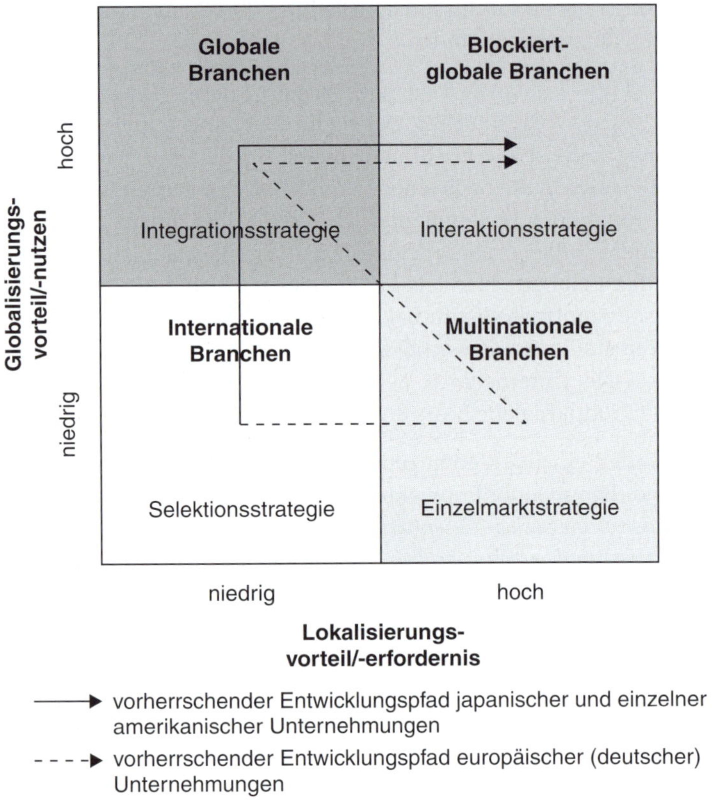

Selektions-strategie

Die Wertschöpfungsaktivitäten der Unternehmen internationaler Branchen sind dabei weitgehend auf das Heimatland konzentriert, weshalb Exporte die gängige Marktbearbeitungsform darstellen. Da diese Orientierung wie gezeigt darauf hinausläuft, das im Stammland erfolgreiche Konzept auf ausgewählte, ähnliche Märkte zu übertragen, kann von einer *Selektionsstrategie* (auch als „ethnozentrische Strategie" bezeichnet) gesprochen werden. Einen „internationalen Charakter" weisen trotz aller Liberalisierungstendenzen die Energie- und Wasserversorgungsbranche sowie die Bauindustrie auf.

- *Multinationale, auch als lokal bezeichnete Branchen* liegen vor, wenn die Globalisierungsvorteile gering, die Zwänge zu einer lokalen Anpassung hingegen hoch ausgeprägt sind, weshalb die Produkte und Dienstleistungen stark auf die unterschiedlichen Anforderungen der Absatzmärkte ausgerichtet werden müssen. Um auf die unterschiedlichen Anforderungen der Zielmärkte eingehen zu können, ist es notwendig, dass in wichtigen Absatzländern Landesorganisationen in Form von Tochter- bzw. Auslandsgesellschaften aufgebaut werden, die sich den lokalen Verhältnissen anpassen. Aufgrund des hohen Anpassungsdrucks ist es in multinationalen Branchen üblich, dass die Auslandsgesellschaften vor Ort nicht nur als reine Vertriebsgesellschaften auftreten, sondern häufig eine nahezu komplette Wertschöpfungskette aufweisen.

  Multinationale Strategie

  Aus demselben Grund sind sie mit weitgehender Entscheidungskompetenz versehen, weshalb sie wie ein autonomes Unternehmen agieren. Die Produktstandardisierung von Unternehmen multinationaler Branchen ist gering. Da die länderbezogene Individualität der Marktbearbeitung im Mittelpunkt steht, kann von einer *Einzelmarktstrategie* (auch „multinationale Strategie") gesprochen werden. Musterbeispiele von Branchen mit einem ausgeprägt multinationalen Charakter finden sich in der durch die Verderblichkeit der Produkte gekennzeichneten Nahrungsmittelindustrie sowie in der transportkostenintensiven Zement- und Basischemikalienindustrie. Als Branchen mit einer vorläufig multinationalen Struktur sind das Versicherungs- und Bankgewerbe oder auch die Möbelindustrie zu bezeichnen. Für viele westliche Unternehmen stellt die Einzelmarktstrategie nach der Selektionsstrategie die zweite Stufe des internationalen Engagements dar.

- Im linken oberen Matrixfeld der Abbildung 13-6 sind *globale Branchen* positioniert. Es handelt sich dabei um Branchen, bei denen die Märkte der einzelnen Länder eine große Ähnlichkeit aufweisen, sodass man im Grunde genommen von einem weltweit identischen Markt ausgehen kann. Für die Unternehmen bestehen gleichzeitig hohe Globalisierungsvorteile. Deshalb muss es ihr Ziel sein, nicht den Erfolg einzelner Landesmärkte, sondern den Erfolg der Geschäftstätigkeit in allen Ländern insgesamt zu optimieren. Dementsprechend sind die von den Unternehmen angebotenen Produkte oder Dienstleistungen auf den gesamten Weltmarkt und ihre Aktivitäten auf die Erzielung eines hohen Weltmarktanteils ausgerichtet. Die auf globalen Märkten tätigen Unternehmen versuchen, vereinheitlichte Produkte oder Dienstleistungen zu entwickeln, die lediglich einer geringen lokalen Anpassung bedürfen.

  Hieraus resultiert die Tendenz zur Standardisierung und weltweiten Integration der Teilaktivitäten (Mühlbacher/Beutelmeyer [Standardisierungsgrad] 245), vor allem im Hinblick auf die Fertigung und die Produktgestaltung. Im Extremfall sind die weltweit gestreuten und von der Unternehmenszentrale gesteuerten Auslandsgesellschaften bzw. Produktionsstätten des globalen Unternehmens auf die Erfüllung einzelner Wertschöpfungsstufen oder die Herstellung modularer Baugruppen spezialisiert. So können sie ausgeprägte Kostenvorteile erreichen.

Globale Strategie

Kundennahe Funktionen wie Beratung, Service, Wahl geeigneter Distributionswege oder Preisgestaltung werden hingegen, da sie relativ stark von den rechtlichen und kulturellen Gegebenheiten der Zielländer abhängen, nur grob durch zentrale Rahmenvorgaben festgelegt und damit stärker an die lokalen Gegebenheiten angepasst. Diese für globale Märkte zu empfehlende Orientierung ist als *Integrationsstrategie* (auch „globale Strategie") zu bezeichnen. Als heute bereits weitgehend globalisierte Branchen lassen sich vor allem der Flugzeugbau, die Baumaschinenindustrie, der Hardwarebereich der EDV-Branche, aber auch die Automobilindustrie ansprechen.

- Im rechten oberen Matrixfeld finden sich *blockiert-globale Branchen*. Unternehmen, die zu einer solchen Branche zählen, haben zwar hohe Globalisierungsvorteile; jedoch scheidet eine weitgehende Standardisierung der Aktivitäten aus, da zugleich ein hohes Maß an lokaler Anpassung notwendig ist. Der Zwang zur lokalen Anpassung kann sich zum einen aus der besonderen Nachfragestruktur der Branche ergeben, in der staatliche oder halbstaatliche Abnehmer mit einer vergleichsweise hohen Machtfülle ausgestattet sind, sodass sie bei ihren Lieferanten genaue Produktspezifikationen durchsetzen können. Zum anderen sind Regierungsauflagen, die ebenfalls die Produktbeschaffenheit determinieren, ein wichtiger Verursachungsfaktor. Zu denken wäre hier beispielsweise an die US-Abgasnorm, die den einst florierenden Verkauf von deutschen Dieselfahrzeugen in den USA Ende der 1980er Jahre praktisch auf Null zurückdrängte. Obwohl diese Märkte aus rein ökonomischer Sicht als global anzusehen sind, müssen sie als blockiert-global bezeichnet werden, da das ökonomische Vereinheitlichungsstreben der Unternehmen abgeblockt wird. Für blockiert-globale Märkte ist eine doppelte Strategie zu empfehlen. Einerseits müssen die Aktivitäten darauf ausgerichtet sein, die globalisierungshemmenden administrativen Faktoren abzubauen; andererseits müssen Maßnahmen ergriffen werden, die auf die bestmögliche Ausnutzung der gegebenen Situation ausgerichtet sind. Daher erfolgt wie bei der Integrationsstrategie eine weltweite Streuung des Absatzes, wobei die Produktstandardisierung jedoch geringer ist als bei globalen Branchen. Weiterhin werden Landesorganisationen aufgebaut, bei denen die Aktivitäten teilweise – nach Maßgabe der Erhaltung der Wettbewerbsfähigkeit – den lokalen Erfordernissen entsprechend angepasst sind und im Extremfall sogar der Produktionsbereich gastlandsspezifisch gestaltet sein kann, wobei angestrebt wird, die einzelnen Funktionsbereiche so weit wie möglich zu integrieren.

Blockiert-globale Strategie

Für eine unternehmensweite Standardisierung bieten sich vor allem der F&E- sowie der Finanzbereich an, bei denen Globalisierungsvorteile genutzt werden können, ohne dass lokale Anforderungen missachtet werden. Die Ausführungen zeigen, dass die hier empfohlene Orientierung, die auch als administrative Koordination bezeichnet wird, kein konsistentes Strategiemuster, sondern eher ein flexibles Aushandeln von Transaktionen unter begrenzten, konfliktären Bedingungen darstellt. Da bei diesem Vorgehen eine intensive Auseinandersetzung mit den Verhältnissen der Zielländer erfolgt, ist treffend von einer *Interaktionsstrategie* (auch „blockiert-globale Strategie") zu sprechen, die im neueren Schrifttum als transnationale Lösung (transnational solution) bezeichnet wird (Bartlett/Ghoshal [Borders]). Als blockiert-globale Branchen sind die Rüstungsindustrie, die Zulieferbranchen der Telekommunikation, aber auch die Pharmaindustrie zu nennen.

Transnationale Lösung

Trend zur Globalisierung

Obwohl einzelne Branchen wie die Zement- oder Nahrungsmittelindustrie wegen ihrer ungünstigen Volumen-Wert-Relationen von dem Globalisierungstrend allenfalls zögernd erfasst werden, ist davon auszugehen, *dass in nahezu sämtlichen Branchen ein deutlicher Trend zur Globalisierung des Geschäfts besteht* (Backhaus [Strategien] 465 ff.). Dieses ist deshalb der Fall, weil die generelle Bedeutung der oben dargestellten globalisierungshemmenden Faktoren auch zukünftig weiter zurückgehen wird. Gleichwohl zeigen sich hinsichtlich der strategischen Orientierungen deutscher und japanischer Unternehmen signifikante Unterschiede, die in von einander abweichenden Internationalisierungspfaden zum Ausdruck kommen (Meffert [Spannungsfeld] 692 f.; Holtbrügge [Pfadabhängigkeit] 378 ff.). Das internationale Engagement bedeutender deutscher Unternehmen wie Siemens, Bayer oder Bosch ist, wie in Abbildung 13-6 mit der gestrichelten Pfeilsequenz verdeutlicht, durch ein stufenweises Vorgehen gekennzeichnet. Das ursprünglich rein nationale Geschäft wurde zunächst durch Exporte der für den Heimatmarkt konzipierten Produkte erweitert (Selektionsstrategie); danach wurden sukzessiv Landesorganisationen aufgebaut, die vorwiegend den jeweiligen Gastlandsmarkt sowie die angrenzenden Regionen bedienten (Einzelmarktstrategie). Viele dieser Unternehmen stehen heute erst am Anfang einer globalen Ausrichtung ihrer Aktivitäten. Vollkommen verschieden hiervon präsentiert sich das Vorgehen *japanischer und vereinzelt auch amerikanischer Unternehmen*. Unternehmen wie Matsushita, Komatsu, Fuji, Canon, Minolta, Coca-Cola oder Caterpillar zeichnen sich dadurch aus, dass sie den allgemeinen Trend zur Globalisierung frühzeitig erkannt und ihre Aktivitäten dementsprechend ausgerichtet haben. Ihr Internationalisierungspfad entspricht daher der durchgezogenen Pfeilrichtung in Abbildung 13-6. Insbesondere die japanischen Unternehmen haben frühzeitig damit begonnen, ihre Kapazitäten auf das Weltmarktvolumen auszulegen, ihre Wertschöpfungsaktivitäten auf ihre Auslandsgesellschaften mit Teilefertigung in World-Scale-Fabriken aufzuteilen oder ihre Marktpräsenz über Franchising-Konzepte entscheidend zu verbessern.

Empirischer Befund

Wolf ([Strategie] 467) hat die Anwendungshäufigkeit der vier strategischen Orientierungen in 156 deutschen Unternehmen zwischen 1955 und 1995 untersucht. Danach hat die Selektionsstrategie stark an Bedetung verloren (Rückgang von 62 Prozent auf 41 Prozent), während die Integrationsstrategie immer wichtiger geworden ist (Anstieg von 21 Prozent auf 35 Prozent). Die Bedeutung der Einzelmarkt- und der Interaktionsstrategie blieb dagegen auf vergleichsweise geringem Niveau relativ konstant. Beide lagen stets unter 15 Prozent. Aus der übergeordneten Warte gesehen lassen diese Befunde vermuten, dass die Unternehmen wohl aus Effizienzgründen ein hohes Maß an lokaler Anpassung scheuen. Auch in dieser Untersuchung zeigte sich somit eine Tendenz zur Globalisierung.

Kritische Würdigung

Die Internationalisierungsmatrix hat sich als Analyseinstrument für strategische Orientierungen in empirischen Arbeiten vielfach bewährt (Venaik/Midgley/Devinney [Perspective] 19 ff.), zeigt sich mit seiner einfachen Struktur bei der Erfassung dynamischer Prozesse wie der Globalisierung jedoch überfordert. Ricart et al. [Strategy] rufen dazu auf, einen differenzierteren Bezugsrahmen zu entwickeln. Sie schlagen vor, statt der bisher einzigen, vornehmlich branchenbezogenen Ebene nunmehr fünf Analyseebenen zu unterscheiden. Ressourcen, Wissen oder Führung sehen sie auf der Unternehmensebene angesiedelt, Konventionen des Wettbewerbs und der Kooperation auf der Branchenebene. Unternehmen bilden mit Zulieferern, Kunden und öffentlichen Einrichtungen der Infrastruktur Gruppierungen, die sie als dritte Analyseebene ansehen. Darüber betrachten die Autoren makroökonomische Bedingungen, politische Prozesse und gesellschaftliche Entwicklungen als wesentlich für die nationale Ebene. Schließlich sehen sie internationale Kapitalflüsse, Freihandelszonen und Wirtschaftsunionen als Bestandteile der supranationalen Ebene an. Zwar lassen sich internationale Strategien anhand dieser fünf Analyseebenen anschaulich darstellen – die Autoren zeigen dies am Beispiel des finnischen Kommunikationsunternehmens Nokia – die Ausarbeitung der Zusammenhänge verschiedener Bereiche auf den Ebenen steht allerdings noch aus.

13.4.2 Internationale Markteintrittsstrategien

Begriff

Markteintrittsstrategien beinhalten die Festlegung verschiedener Formen der Geschäftsaufnahme und -ausweitung, durch die das Unternehmen seine Produkte oder Dienstleistungen auf ausländischen Märkten anbietet (Stauss [Markteintrittsstrategien] 10 ff.). Während die zuvor behandelten strategischen Orientierungen internationale Unternehmen insgesamt betreffen und ihre Gesamtpositionierung im internationalen Kontext bestimmen, sind internationale Markteintrittstrategien für die einzelnen Auslandsmärkte je besonders zu formulieren. Dies hat zur Folge, dass viele internationale Unternehmen mit verschiedenen Markteintrittsstrategien arbeiten. Die Wahl zwischen alternativen Formen des Tätigwerdens ist nicht nur beim erstmaligen Markteintritt, sondern auch während der Marktbearbeitung bei Änderung der Einflussfaktoren sowie der Unternehmensziele zu treffen, wobei die Auswahl von internen und externen Faktoren abhängt (Engelhard/Eckert [Markteintrittsverhalten] 172 ff.). Als ein nützliches Kriterium zur Ordnung der Vielzahl von Markteintrittsstrategien hat sich der Standort der Leistungserstellung erwiesen, bei dem, wie in Abbildung 13-7 verdeutlicht, prinzipiell zwischen der Leistungserstellung im Inland bzw. Heimatland und der Leistungserstellung im Ausland zu differenzieren ist.

Standort der Leistungserstellung

Markteintrittsstrategien internationaler Unternehmen — *Abbildung 13-7*

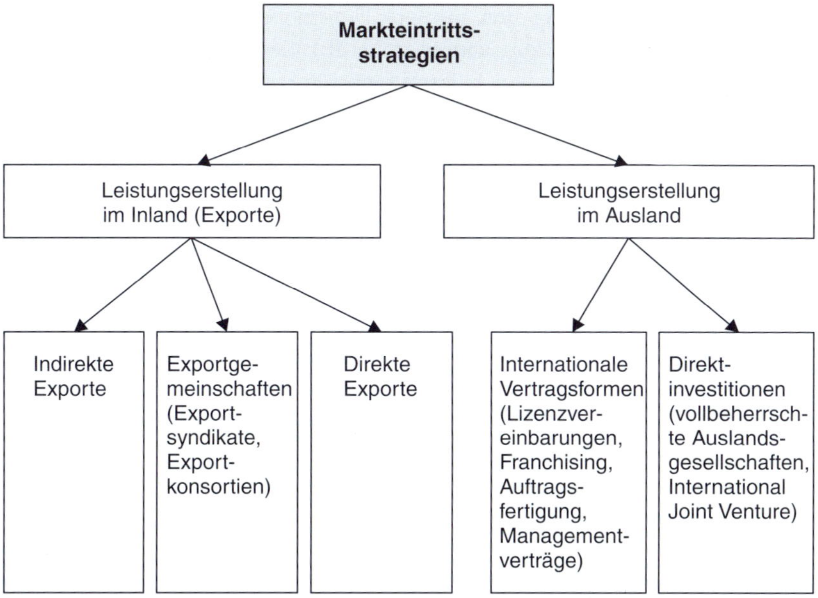

13.4.2.1 Leistungserstellung im Inland

Export

Bei einer *Leistungserstellung im Inland* werden die Produkte oder Dienstleistungen *exportiert*, wobei mit indirekten und direkten Exporten zwei alternative Vorgehensweisen zu unterscheiden sind. Exporte bieten sich zur Erschließung und Bearbeitung von Auslandsmärkten insbesondere dann an, wenn lediglich eine geringe Auslandsnachfrage besteht, wenn das Unternehmen aufgrund von F&E-Vorsprüngen eine monopolähnliche Marktposition besitzt, wenn Kapitalbeschaffungsprobleme bestehen oder wenn die politischen und rechtlichen Bedingungen des Gastlands eine Leistungserstellung im Ausland verbieten. Trotz gewisser Streuungseffekte hinsichtlich der Auslandsorientierung von Managern (Holzmüller/Kasper [Auslandsorientierung] 242 ff.) sind Exporte als Markteintrittsstrategie beliebt, da sie einerseits zu einer Minimierung der Auslandsmarkt- und -umweltrisiken beitragen und andererseits relativ geringe Kenntnisse über die Auslandsmärkte erfordern. Sie werden daher häufig als vorteilhafte Alternative für den erstmaligen Markteintritt und damit zur Gewinnung von Auslandserfahrung bezeichnet (Engelhard [Exportförderung]).

Indirekter Export

Indirekte Exporte liegen vor, wenn sich die exportierenden Unternehmen inländischer Handelsunternehmen wie Exportagenturen oder -häuser bedienen, die eine Mittlerfunktion zu den ausländischen Kunden übernehmen, womit sich die Exporte bisweilen sogar wie Inlandsgeschäfte gestalten, da das Handelsunternehmen sämtliche mit der Ausfuhr zusammenhängende Aufgaben, Kosten und Risiken übernimmt. Die Vorteile indirekter Exporte, die vor allem für kleinere und mittlere Unternehmen Bedeutung besitzen (Pleitner/Müller [Internationalisierung] 221 ff.), liegen in der Nutzung der spezifischen Erfahrungen von Exportagenturen, vor allem in deren Marktkenntnis, bereits bestehenden Kundenbeziehungen sowie Erfahrungen in der Abwicklung von Auslandsgeschäften. Die Nachteile indirekter Exporte resultieren vorwiegend aus dem mangelnden Kontakt zu Auslandsmärkten und -kunden, aus der Unmöglichkeit, eigene Internationalisierungsstrategien zu entwickeln sowie aus eingeschränkten Ansatzpunkten zur Absatzförderung der eigenen Produkte oder Dienstleistungen.

Exportgemeinschaften

Exportgemeinschaften, Exportsyndikate bzw. Exportkonsortien stellen freiwillige Zusammenschlüsse von exportinteressierten, rechtlich und wirtschaftlich selbstständigen Unternehmen mit gleichen oder sich ergänzenden Leistungsprogrammen dar. Da die Mitglieder solcher Vereinigungen in der Lage sind, eigene Kontrollen in begrenztem Umfang durchzuführen, zählen Exportgemeinschaften zu den Übergangsformen zwischen indirektem und direktem Export (Kulhavy [Marketing] 15 f.; Seidel [Erschließung] 97 ff.).

Direkter Export

Direkte Exporte sind in der Form eines Direktvertriebs an ausländische Endverbraucher, einer Einschaltung von Absatzmittlern im Ausland sowie der Einrichtung eigener Distributionsorgane, die auch als Repräsentanzbüros, Zweigniederlassungen oder Auslandsgesellschaften bezeichnet werden, möglich. Die Vorteile direkter Exporte bestehen darin, dass Marktbearbeitungsstrategien bezüglich Distributions-, Preis- und Promotionspolitik eher als bei indirekten Exporten kontrolliert werden können, dass es möglich ist, die Absatzbemühungen auf die eigenen Produkte bzw. Dienstleistungen zu konzentrieren und dass der Schutz von Handelsmarken, Patenten oder sonstigen immateriellen Eigentumsrechten besser zu gewährleisten ist (Root [Strategies] 67 f.; Root [Markets] 53 ff.). Direkte Exporte bedingen jedoch durch die Einrichtung von Exportabteilungen zusätzliche Kosten sowie einen erhöhten Bedarf an hoch qualifiziertem Personal mit exporttechnischen und -finanzierungsorientierten Kenntnissen (Frank/Moser [Projektfinanzierung] 31 ff.). Zusätzlich führt der Aufbau eigener ausländischer Vertriebsorgane durch Vornahme von Direktinvestitionen zu erhöhter Kapitalbindung und zur Steigerung auslandsspezifischer Risiken. Standortwahl oder die Suche nach ausländischen Absatzmittlern erfordern zudem aufwändige Analysen und umfangreiche Verhandlungen mit staatlichen Stellen oder potenziellen Partnern. Die von Engelhard als neues Modell vorgeschlagenen *Exportmanagementgesellschaften* könnten diesbezüglich gerade für mittelständische Unternehmen Bedeutung erlangen (Engelhard [Exportförderung] 228 ff.).

Exportmanagementgesellschaften

13.4.2.2 Leistungserstellung im Ausland

Internationale Vertragsformen

Bei einer Leistungserstellung im Ausland stehen *internationale Vertragsformen* sowie *Formen der Direktinvestition* zur Auswahl. *Internationale Vertragsformen* lassen sich als längerfristige Verbindungen zwischen international tätigen Unternehmen und einem ausländischen Partner charakterisieren, bei denen *ohne Kapitalbindung* Technologie oder sonstiges Know-how transferiert werden; dabei werden im Gegensatz zum Export keine Erzeugnisse, sondern Kenntnisse und spezifische Fertigkeiten übertragen. Die Erfahrung zeigt, dass internationale Vertragsformen zusätzliche Exportmöglichkeiten eröffnen können. Zahlreiche internationale Unternehmen kombinieren häufig Vertragsformen mit Export- oder Investitionsaktivitäten, sodass Mischformen der Auslandsmarktbearbeitung entstehen. Wichtige internationale Vertragsformen sind mit Lizenzabkommen sowie dem Franchising gegeben.

Lizenzabkommen

Lizenzvereinbarungen räumen dem Lizenznehmer das Recht ein, gewerbliche Schutzrechte des Lizenzgebers (Patente) zu nutzen, um Produkte herzustellen und zu vertreiben. Als Ausgleich werden Lizenzgebühren, andere Zahlungen oder Zahlungsäquivalente wie Gebühren für technische Unterstützung, Mieten für überlassene Anlagen oder Gewährung von Beteiligungen vereinbart. Die Vergabe von Lizenzen wird vielfach als Weiterentwicklung des Exportgeschäfts und Vorstufe der selbstständigen Auslandsproduktion angesehen, die es ermöglicht, Exporthemmnisse zu umgehen, ohne eine eigene Fertigung im Ausland aufnehmen und entsprechende Ressourcenbindungen eingehen zu müssen.

Auf einen derartigen Entwicklungspfad weisen auch die Ergebnisse empirischer Studien hin. So konnte Killing ([Acquisition] 38 ff.) zeigen, dass Lizenzverträge vor allem von Unternehmen eingegangen werden, die eine noch vergleichsweise unbekannte Technologie anbieten. Weitere Vorteile stellen die Reduzierung von politischen Risiken, die Vermeidung häufiger Produktanpassungen an ausländische Erfordernisse und die Umgehung von Investitionsbeschränkungen dar. Ein Beispiel hierfür ist mit dem japanischen Markt gegeben, der sich aufgrund rechtlicher und kultureller Gegebenheiten am ehesten noch über Lizenzvereinbarungen bearbeiten lässt (Wright [Problems] 25 ff.). Schließlich ist darauf hinzuweisen, dass verschiedene Gastlandsregierungen die Lizenzvergabe gegenüber anderen Markterschließungsformen bevorzugen, wobei insbesondere einige südamerikanische Länder bestrebt sind, die Lizenzabkommen staatlich zu überprüfen oder sogar stufenweise wieder zurückzuführen. Nachteile von Lizenzverträgen bestehen vor allem darin, dass sich verschiedene Länder den internationalen Patentschutzabkommen noch nicht angeschlossen haben, dass der Lizenzgeber nur geringen Einfluss auf die Marketingaktivitäten des Lizenznehmers ausüben kann und dass er mit seinem Know-how-Transfer zur Stärkung neuer Wettbewerber beiträgt. Trotz dieser Probleme wurden Lizenzvereinbarungen in den vergangenen Jahren in zunehmendem Maß als Markteintrittsstrategie genutzt (Lombardo/Sanders [Ventures] 4 f.).

Franchising

Das *Franchising* unterscheidet sich von den üblichen Lizenzabkommen dadurch, dass der Franchisenehmer neben dem Recht, Firmennamen, Handelsmarken und Technologie zu nutzen, auch Unterstützung bei Logistik, Organisation, Marketing und Unternehmensführung erhält. Da Produkte und Dienstleistungen, deren Erstellung hohe Kapitalinvestitionen, technische Qualifikationen oder sonstige spezifische Fähigkeiten erfordern, kaum für Franchisingabkommen geeignet sind, ist das internationale Franchising vor allem im Konsumgüterbereich anzutreffen. Bekannte Beispiele eines internationalen Franchising sind mit dem Unternehmen AVIS, das weltweit Franchisingabkommen für den Bereich der Autovermietung anbietet, sowie der Imbisskette McDonalds gegeben (Sydow [Franchisingnetzwerke] 93 ff.). In der Mehrzahl der Fälle werden die ausländischen Betriebe unter dem Namen und den festgelegten Standards des Franchisegebers geführt. Die prinzipiellen Vorteile des Franchising liegen in der Möglichkeit zur raschen, im Vergleich zu Direktinvestitionen kapitalschonenderen und damit risikoärmeren Expansion auf ausländische Märkte; seine Nachteile sind mit denjenigen von Lizenzvereinbarungen weitgehend identisch. Empirische Belege zeigen, dass Franchisingverträge nach einigen Jahren der Marktbearbeitung vielfach in Direktinvestitionen überführt werden (Root [Strategies] 123 f.).

Auftragsfertigung

Neben Lizenzvereinbarungen und Franchising-Vereinbarungen sind mit der Auftragsfertigung und Managementverträgen zwei weitere wichtige internationale Vertragsformen gegeben. Bei der *Auftragsfertigung* bezieht ein internationales Unternehmen Produkte von einem unabhängigen Produzenten eines ausländischen Zielmarktes und verkauft diese anschließend in demselben Zielmarkt oder in Drittländern. Um eine adäquate Qualität der Produkte sicherzustellen, wird die Auftragsfertigung in der Regel von Technologietransfers sowie technischer Unterstützung flankiert. *Managementverträge* haben die Veräußerung von Management-Know-how von etablierten Unternehmen an ausländische Unternehmen zum Inhalt.

Managementverträge

Internationale Direktinvestitionen

Internationale Direktinvestitionen lassen sich durch das Kriterium der Ressourcenverlagerung zur Leistungserstellung im Ausland charakterisieren, wobei der Umfang der Leistungserstellung von der Montage über die Fertigung von Einzelteilen bis zur Herstellung kompletter Produkte reichen kann. Den Motiven internationaler Unternehmenstätigkeit entsprechend stehen der verbesserte Zugang zu Rohstoffen und spezifischem Know-how (Pull [Flexibilität] 849 ff.), die kostengünstigere Auslandsproduktion sowie heutzutage vor allem die vereinfachte Bearbeitung ausländischer Absatzmärkte im Mittelpunkt der Gründe für die Vornahme ausländischer Direktinvestitionen; dabei dürften jedoch auch die Chance zur umfassenderen Ausnutzung vorhandener Wettbewerbsvorteile, geringere Transport- und Verteilungskosten, die Erhöhung von Lieferfähigkeit und Serviceleistungen sowie Imagevorteile eine nicht zu unterschätzende Rolle spielen. Aus der dieser Markteintrittsstrategie eigenen erhöhten Ressourcenbindung resultiert jedoch eine stärkere Abhängigkeit von wirtschaftlichen und politischen Risiken des Gastlands. Weitere substanzielle Nachteile von Direktinvestitionen bestehen ferner in der Notwendigkeit umfassender unternehmensinterner Anpassungen bezüglich Planungs- und Kontrollsystem und Organisationsstruktur (Abschn. 6.4 und 7.2) sowie in einem hohen Investitionsvolumen, das sich vielfach erst nach Jahren amortisiert. Als alternative Formen von ausländischen Direktinvestitionen sind *vollbeherrschte Auslandsgesellschaften* sowie partnerschaftlich angelegte *Internationale Joint Ventures* voneinander zu unterscheiden, die jeweils durch Beteiligung, Neugründung oder Übernahme errichtet werden können.

Auslandsgesellschaften im Volleigentum

Auslandsgesellschaften, die sich *vollständig im Eigentum* des internationalen Unternehmens befinden, haben sich in der Vergangenheit neben dem Export als dominierende Eintrittsstrategie erwiesen. Aufgrund der uneingeschränkten Kontrolle werden Interessenkonflikte mit Partnern bei der Durchsetzung von Internationalisierungsstrategien, insbesondere der Gestaltung der Wettbewerbsstrategien, der Liefer- und Leistungsbeziehungen zwischen Zentrale und Auslandsgesellschaft oder der Gewinnverwendung vermieden und die Übertragung spezifischer F&E-Ergebnisse erleichtert. Akquisitionen (vgl. Abschn. 10.3) lassen gegenüber Neugründungen den Vorteil verkürzter Anlaufzeiten erwarten, die sich in kürzeren Payback-Perioden niederschlagen. Empirische Ergebnisse weisen jedoch darauf hin, dass trotz der Erzielung rascher Rückflüsse die Summe der Payoff-Beträge geringer als bei anderen Eintrittsstrategien wie Exporten und neugegründeten Auslandsgesellschaften ausfiel und dass der Markteintritt in Form von Akquisitionen als risikoreich zu bewerten ist (Kitching [Winning] 124 ff.). Angesichts dieser Befunde und der Tatsache, dass umfangreiche Analyse- und Bewertungsprozesse potenzieller Akquisitionsprojekte notwendig sind, sollten vor der Übernahme ausländischer Unternehmen alle anderen Alternativen kritisch geprüft werden (zur Wirkung grenzüberschreitender Akquisitionen auf den Shareholder Value von Unternehmen vgl. Eckert/Lyszczarz [Wirkung]).

Internationale Joint Ventures: „crown jewel" in international business

Internationale Joint Ventures können als Unternehmen bezeichnet werden, bei denen sich Partner aus unterschiedlichen Ländern zur Durchführung gemeinsamer Aktivitäten auf der Basis eines Kooperationsvertrags zusammenschließen. Die Errichtung von Gemeinschaftsunternehmen mit lokalen Partnern wie Personen, Unternehmen oder staatlichen Institutionen kann durch Beteiligung am bestehenden Unternehmen des Partners, durch Neugründung oder durch gemeinsame Übernahme eines dritten Unternehmens erfolgen.

Varianten

Als Alternative der Beteiligungshöhe lassen sich Mehrheits-, Minderheits- oder 50:50-Beteiligungen (fifty-fifty Joint Ventures) unterscheiden, wobei in der Praxis eine Vielzahl von Gestaltungsvarianten Internationaler Joint Ventures anzutreffen ist (vgl. hierzu Macharzina [Venture]). Zu den wichtigsten Bestimmungsgründen der Errichtung Internationaler Joint Ventures, die in der Vergangenheit für das Engagement in Entwicklungsländern sehr stark an Bedeutung gewonnen hatten, heute aber insbesondere unter dem Schlagwort *„Strategische Allianzen"* zwischen Partnern aus Industrieländern errichtet werden, zählen die politisch-rechtlichen, wirtschaftlichen und gesellschaftlichen Verhältnisse der ausländischen Zielmärkte.

Strategische Allianzen

Strategische Allianzen (zu deren Motiven und Grenzen vgl. Abschn. 5.4.1.3) sind auf Kooperationen zwischen Wettbewerbern angelegt und konzentrieren sich vielfach auf bestimmte Regionen im Weltmarkt, wobei verschiedenartige Formen der Zusammenarbeit mit und ohne Kapitalbindung denkbar sind. Trotz der Öffnung des ehemaligen Ostblocks sind nach wie vor in einigen Ländern, insbesondere in Entwicklungsländern, Investitionsgesetze in Kraft, die andere Strategien des Markt-eintritts ausschließen oder durch staatliche Maßnahmen wie Beschränkung des Gewinntransfers oder höhere Besteuerung benachteiligen (Beamish [Countries] 13 ff.; Raveed/Renforth [Enterprise] 47 ff.). Daneben bieten Internationale Joint Ventures Vorteile hinsichtlich des Zugangs zu lokalen Kapitalmärkten, Marktkenntnissen und -erfahrungen, spezifischen Fähigkeiten sowie sonstigen Ressourcen des Partners (Contractor [Theorem] 23 ff.; Killing [Work] 120 ff.). Die Partnerschaft führt darüber hinaus zu einer Reduzierung der Ressourcenbindung und damit zur Verringerung des politischen, technischen und letztlich auch ökonomischen Risikos. Dass das immer schon relevante Risikoargument auch heute noch entscheidend für die hohe Bedeutung Internationaler Joint Ventures sein dürfte, wird daran ersichtlich, dass zahlreiche Unternehmen ihre ersten Direktinvestitionen in Zusammenarbeit mit einem lokalen Partner tätigen (Contractor [Theorem] 23 ff.).

Mit Internationalen Joint Ventures ist ein ganzes Spektrum an Führungsproblemen verbunden, die sich insbesondere aus dem Phänomen der „geteilten Macht" ergeben. Zwar lassen sich neben Eigentumsrechten auch in gewissem Umfang Kontrolleinflüsse vertraglich festlegen; unterschiedliche Zielsetzungen der Partner erhöhen jedoch das Konfliktpotenzial und führen zu Schwierigkeiten bei der Strategieumsetzung. Häufig auftretende Konfliktbereiche stellen die Zulieferpolitik, die Marketing- und Distributionspolitik, die Expansionspolitik, die Rationalisierung der Produktionsanlagen, die Festlegung der Verrechnungspreise für Lieferungen der Muttergesellschaften (Zentralen) sowie Gewinnverwendungsentscheidungen dar (Macharzina/Pohle [Konzerncontrolling]). Dass die Lösung der Probleme sehr stark von den jeweiligen Gegebenheiten, insbesondere den Eigentumsverhältnissen im Internationalen Joint Venture sowie abweichenden Verhaltensweisen der kulturell fremden Partner abhängt, ist an vielen Stellen des Schrifttums gezeigt worden (Macharzina [Venture]) 522 ff.; Lorange/Probst [Systems] 71 ff.; Oesterle [Russland]).

Pfadmodell der Markteintritts-strategien

Verschiedene Arbeiten (Hemberger [Auslandsinvestitionen] 271 ff.) weisen darauf hin, dass die Markteintrittsstrategien internationaler Unternehmen in sachlicher und zeitlicher Beziehung zueinander stehen, sodass *Pfade von Markteintrittsstrategien* identifiziert werden können. Wie aus Abbildung 13-8 ersichtlich wird, lässt sich der Weg zu einer vollbeherrschten ausländischen Produktionsgesellschaft *modellhaft* in Abhängigkeit von den Dimensionen Zeit, Risiko und Kontrolle über vier Stufen erstreckend darstellen (Root [Markets] 15 ff.).

Internationalisie-rungsstufen

- In der *Stufe 1* werden in sporadischer Weise indirekte Exporte durchgeführt, wobei lediglich schwach ausgeprägte Beziehungen zum Auslandsmarkt bestehen und die Auslandsmarktbearbeitung keinen Niederschlag in der Organisationsstruktur findet.

Abbildung 13-8 *Pfade von Markteintrittsstrategien*

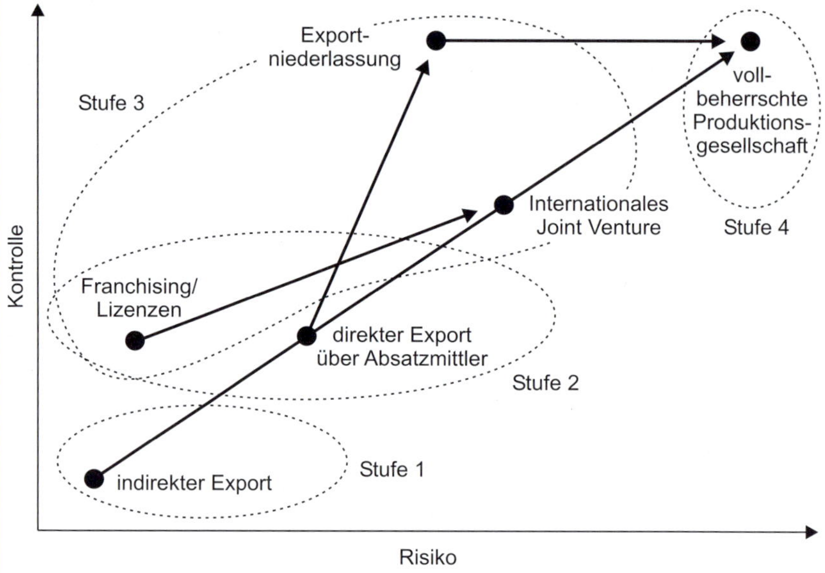

- In *Stufe 2* versucht das internationalisierende Unternehmen über direkte, aktive Exporte, die sich vielfach unter Einschaltung von Absatzmittlern im Ausland vollziehen, den ausländischen Markt zu durchdringen. Die Exporte werden üblicherweise durch Lizenz- oder Franchisingabkommen flankiert, wobei in der zweiten Stufe vielfach auch eine grundsätzliche Trennung von nationalem und internationalem Geschäft erfolgt und Letzteres von der Exportabteilung betreut wird.
- *Stufe 3* unterscheidet sich insofern von der vorhergehenden, als zur besseren Marktdurchdringung die Auslandsproduktion in der Form Internationaler Joint Ventures aufgenommen wird, wobei diese Markteintrittsstrategie durch weitere Vertragsformen ergänzt wird. In dieser Phase erfolgt eine Anpassung der Organisationsstruktur dergestalt, dass eine International Division (vgl. Abschn. 13.5.1) eingerichtet wird, die die Exportabteilung ablöst und die volle Verantwortung über alle auslandsbezogenen Geschäfte erhält. Ein weiteres substanzielles Merkmal der dritten Stufe besteht darin, dass die auf die verschiedenen Auslandsmärkte ausgerichteten Aktivitäten nur geringfügig aufeinander abgestimmt sind.
- In *Stufe 4* werden die zahlreichen Auslandsmärkte von verschiedenen, weltweit gestreuten Leistungserstellungseinheiten bedient, sodass sich

ein umfangreiches Netzwerk von Liefer-, Leistungs- und Informationsbeziehungen herauskristallisiert, in dem eine weitgehende Integration von internationalen und heimatmarktbezogenen Aktivitäten gegeben ist und die vorherrschende Stellung des Heimatmarktes verloren geht. Um die Integration von nationalem und internationalem Geschäft zu gewährleisten, wird in zahlreichen Unternehmen eine erneute Reorganisation durchgeführt, bei der eine nach regionalen bzw. produktorientierten Gesichtspunkten gegliederte integrierte Struktur (vgl. Abschn. 13.5.2) die International Division ablöst.

Die aktuelle empirische Studie von Hutzschenreuter und Voll ([Internationalisierungspfad] 814) untersucht den Zusammenhang von Internationalisierungspfad und Unternehmenserfolg. Es zeigt sich, dass das Ausmaß der pro Zeiteinheit zu überwindenden kulturellen Distanz einen Einfluss auf die Internationalisierungsgeschwindigkeit und überdies einen negativen Einfluss auf den Internationalisierungserfolg hat.

13.4.3 Rollen von Auslandsgesellschaften

Verhältnis von Mutter- und Auslandsgesellschaft

Internationale Unternehmen stellen zunehmend die traditionellen Beziehungen zwischen Muttergesellschaft und Auslandsgesellschaften in Frage. Versucht man, unter Heranziehung der Betrachtung des Zusammenhangs zwischen Internationalisierungsstrategie und Organisationsstruktur anhand der Globalisierungs-Lokalisierungs-Matrix mögliche Rollen von Auslandsgesellschaften zu analysieren, ergibt sich hierbei das Problem, dass in diesem Modell meist unternehmenseinheitliche Strukturkonzepte zugrunde gelegt werden. Dies führt insgesamt zu einer undifferenzierten Betrachtung der Auslandsgesellschaften. Es ist vielmehr erforderlich, organisatorische Konzepte zu entwickeln, die eine spezifische Betrachtung einzelner Auslandsgesellschaften verwirklichen. Denn in den meisten internationalen Unternehmen sehen sich Auslandsgesellschaften mit unterschiedlichen Fähigkeiten auch unterschiedlichen Umfeldbedingungen gegenüber, was für deren spezifische Behandlung spricht.

Rollentypologie

Die meisten Arbeiten zum Verhältnis von Unternehmenszentralen und Auslandsgesellschaften gehen von der Perspektive der Unternehmenszentrale aus. Dies gilt vor allem dann, wenn Probleme der Entscheidungszentralisation und -dezentralisation bzw. Markteintrittsstrategien erörtert werden. Allerdings findet in jüngerer Zeit ein Wechsel der Sichtweise hin zur Beschäftigung mit Rollen von Auslandsgesellschaften statt. Diese wird vornehmlich auf der Basis von Typologien vollzogen. Am weitesten verbreitet ist die Rollentypologie von Bartlett und Ghoshal ([Subsidiaries]); eine Übersicht über weitere Typologien findet sich bei Schmid/Bäurle/Kutschker ([Rollentypologien] 168 ff.).

Matrixdimensionen

Bartlett und Ghoshal unterscheiden die Dimensionen „Strategische Bedeutung des Auslandsmarktes" und „Kompetenz der Auslandsgesellschaft", aus deren Kombination sich vier mögliche Rollen von Auslandsgesellschaften ergeben (vgl. Abbildung 13-9; Bartlett/Ghoshal [Subsidiaries] 90). Der Stellenwert eines bestimmten Landesmarktes wird von dessen Bedeutung für die globale Strategie des Gesamtunternehmens beeinflusst. Diese kann in der Größe des Marktes begründet sein, aber auch darin, dass der Landesmarkt der Heimatmarkt eines Konkurrenten ist, besonders anspruchsvolle Konsumenten aufweist oder technologisch führend ist. Die in der zweiten Dimension aufgegriffenen strategischen Fähigkeiten oder Kompetenzen einer bestimmten Auslandsgesellschaft können in Funktionen wie Technologie, Produktion oder Marketing liegen (Bartlett/Ghoshal [Subsidiaries] 90).

Abbildung 13-9 *Rollen von Auslandsgesellschaften*

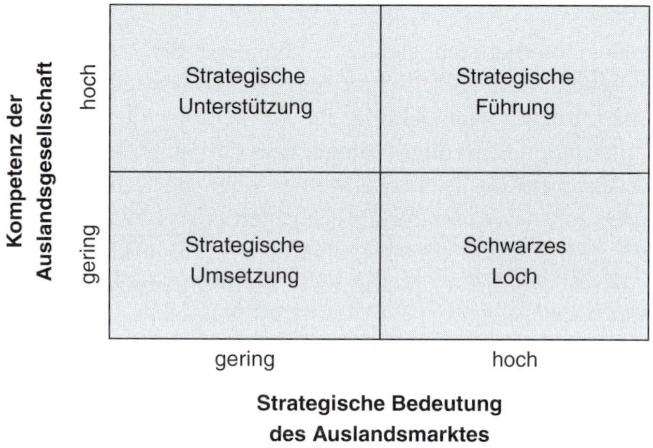

Strategische Führung

- Die Rolle der *Strategischen Führung* wird hoch kompetenten Auslandsgesellschaften, die in einem strategisch wichtigen Markt tätig sind, zugewiesen. Solche Auslandsgesellschaften fungieren als gleichwertige Partner der Muttergesellschaft bezüglich der Strategieentwicklung oder -implementierung; sie werden nicht nur als Sensor für das Aufspüren eines Wandels betrachtet, sondern führen für ihren Kompetenzbereich die Analyse von Chancen und Risiken durch und entwickeln selbstständig geeignete Gegenmaßnahmen (Bartlett/Ghoshal [Subsidiaries] 90). Auslandsgesellschaften mit hoher Kompetenz werden in der neueren Literatur als Centers of Competence oder Excellence bezeichnet. Vor allem scheint eine derartige Bündelung von Ressourcen im Bereich der F&E überlegenswert.

Strategische Unterstützung

- Die Rolle der *Strategischen Unterstützung* wird Auslandsgesellschaften zugewiesen, die zwar in einem kleinen oder strategisch unbedeutenden Markt operieren, allerdings über besondere Kompetenzen verfügen. Beispielsweise baut die Auslandsgesellschaft in einem bestimmten Bereich technologisches Know-how auf, das von der Zentrale erkannt und für das Gesamtunternehmen verfügbar gemacht wird (Bartlett/Ghoshal [Subsidiaries] 90 f.).

Strategische Umsetzung

- Die Rolle der *Strategischen Umsetzung* werden Auslandsgesellschaften übernehmen, die auf einem strategisch unbedeutenden Markt agieren und gerade so viel Kompetenz besitzen, um ihre eigenen Geschäfte aufrechtzuerhalten. Das Marktpotenzial ist begrenzt, was sich in der Behandlung durch die Konzernzentrale widerspiegelt. Da diese Auslandsgesellschaften keinen Zugang zu entscheidenden Informationen haben und nur über eine geringe Mittelausstattung verfügen, sind sie nicht in der Lage, zur strategischen Planung der Muttergesellschaft beizutragen (Bartlett/Ghoshal [Subsidiaries] 91).

Schwarzes Loch

- Die Situation des *Schwarzen Loches* wird dadurch charakterisiert, dass der Auslandsmarkt strategisch hochrelevant ist, also eine lokale Präsenz auf diesem Markt für die Aufrechterhaltung einer globalen Position unverzichtbar ist, die Auslandsgesellschaft allerdings kaum Kompetenzen für diesen Markt besitzt. Die betroffenen Auslandsgesellschaften sollten diese Rolle langfristig durch den Aufbau von Fähigkeiten und Kompetenzen beispielsweise über die Bildung von strategischen Allianzen überwinden (Bartlett/Ghoshal [Subsidiaries] 91).

Personenorientierte und technokratische Koordination

Aus dieser Rollentypologie wird ersichtlich, dass die Aufgabe der Zentrale bei Auslandsgesellschaften mit hoher Kompetenz darin liegt, Ressourcen und Handlungsfreiheiten zu gewähren. Auslandsgesellschaften mit geringen Kompetenzen erfordern eine zentrale Steuerung zur Realisierung von Erfahrungseffekten und Know-how- oder Ressourcentransfer (Macharzina/Wolf [Unternehmenskoordination] 51 ff.). Das Konzept von Bartlett und Ghoshal empfiehlt je nachdem, welche Rolle von der Auslandsgesellschaft eingenommen wird, der Muttergesellschaft einen differenzierten Einsatz der Koordinations- bzw. Steuerungsinstrumente. So werden bei der Führung von Auslandsgesellschaften mit Führungsverantwortung eher personenorientierte Koordinationsinstrumente zum Einsatz kommen, während solche Auslandsgesellschaften, die lediglich strategisch unterstützend tätig sind oder sich in einem Schwarzen Loch befinden, mit technokratischen Koordinationsinstrumenten seitens der Mutter (zum Beispiel Formalisierung) rechnen müssen (vgl. Abschn. 13.6.2).

Kritische Würdigung

Die Beschäftigung mit den Rollentypologien von Auslandsgesellschaften hat im Internationalen Management zu einem Perspektivenwechsel beigetragen. Die Differenzierung der Rollen von Auslandsgesellschaften kann als Grundlage dazu dienen, internationale Unternehmen besser zu führen. Schwächen der bisher vorliegenden Untersuchungen liegen in der mangelnden theoretischen Fundierung der Dimensionen, der bislang noch fehlenden Prozessbetrachtung und ihrem vagen empirischen Vorgehen (Schmid/Bäurle/Kutschker [Rollentypologien] 94 ff.).

13.5 Internationale Organisationsstrukturen

Generell lassen sich bei internationalen Unternehmen die gleichen Strukturierungsprinzipien wie bei national tätigen Unternehmen anwenden (vgl. Abschn. 7.2.2). In Abhängigkeit von der Art der Arbeitsteilung auf der zweiten Hierarchieebene entsteht durch die Spezialisierung nach Verrichtungen wie Beschaffung, Produktion oder Absatz die funktionale Organisation und durch Spezialisierung auf Objekte, zum Beispiel Produkte, Regionen oder Kunden, die Spartenorganisation. Im Unterschied zu national tätigen Unternehmen werden jedoch aufbauend auf den allgemeinen Zentralisationsprinzipien die konkreten Erscheinungsformen der Organisationsstruktur international tätiger Unternehmen durch den Grad der realisierten Integration des Auslandsgeschäfts in die Gesamtorganisation des Unternehmens geprägt (Welge [Management] 193; Kreikebaum/Gilbert/Reinhardt [Organisationsmanagement] 113 ff.; Macharzina [Organisationsdynamik]).

Differenzierte (segregierte) Strukturen

Idealtypisch können *zwei Gestaltungsalternativen* aufgezeigt werden (Macharzina [Internationalisierung] 4 ff.; Macharzina/Oesterle [Berücksichtigung] 203 ff.). Zum einen besteht die Möglichkeit zur *deutlichen Trennung von Inlands- und Auslandsaktivitäten,* indem das internationale Geschäft in einer rechtlich selbstständigen Gesellschaft oder in einer International Division zusammengefasst wird. Derartige Strukturen werden als *differenzierte Strukturen* bezeichnet (Schöllhammer [Structures] 348 ff.; Welge [Management] 193).

Integrierte (länderübergreifende) Strukturen

Bei der zweiten Alternative kommt es in der Zentrale zu *keiner organisatorischen Trennung in einen Inlands- und einen Auslandsbereich.* Vielmehr werden Segmente gebildet, deren Leiter sowohl für die inländischen als auch die ausländischen Gesellschaften zuständig sind. Solche Strukturen repräsentieren ein globales Unternehmenskonzept und überwinden den Gegensatz zwischen nationalem und internationalem Geschäft. Sie werden deshalb auch *integrierte Strukturen* genannt (Schöllhammer [Structures] 349; Welge [Management] 193). Daneben wird eine der integrierten Struktur zurechenbare Zwischenform praktiziert, bei der die im Wesentlichen autonom agierenden Auslandsgesellschaften direkt an das Top-Management der Zentrale berichten. Dabei handelt es sich lediglich um graduelle organisatorische Veränderungen innerhalb der Zentrale; häufig kommt dieser Organisationsform in der Regel lediglich der Charakter einer Übergangslösung zu.

13.5.1 Differenzierte Strukturen

Anwendungsschwerpunkt

Differenzierte Strukturen werden vor allem bei solchen internationalen Unternehmen angewandt, deren Auslandsengagement im Verhältnis zu bestimmten Gesamtgrößen wie Umsatz oder Mitarbeiterzahl noch relativ gering ist oder deren Produktprogramm als standardisiert oder homogen hinsichtlich der jeweiligen nationalen Anforderungen zu bezeichnen ist. Zu den differenzierten Organisationsstrukturen sind das Konzept der *Auslandsholding* sowie die *International Division* zu zählen.

Auslandsholding

Im vorliegenden Zusammenhang werden unter der Bezeichnung *Auslandsholding* all jene Strukturformen verstanden, bei denen die internationalen Aktivitäten in einer rechtlich selbstständigen Einheit zusammengefasst sind und diese an anderen rechtlich selbstständigen Unternehmen maßgeblich und dauerhaft beteiligt ist, wobei sie jedoch in den wichtigen betrieblichen Funktionen, insbesondere der Marktbearbeitung, nicht selbst, sondern ausschließlich über ihre Beteiligungsunternehmen aktiv wird. Die Typenvielfalt der in der Praxis vorfindbaren Auslandsholdings reicht von reinen *Finanzholdinggesellschaften,* die vorwiegend aus steuerlichen Gründen entstanden sind, ihre Aufgabe im Erwerb und der Verwaltung im Sinne der nahezu ausschließlich an finanziellen Aspekten orientierten Kontrolle oder Koordination der Beteiligungsgesellschaften haben (Rudolph [Finanzmanagement] 656) und somit einen vergleichsweise geringen Einfluss auf den Mitteleinsatz der Beteiligungsgesellschaften nehmen, bis hin zu *Managementholdinggesellschaften,* bei denen die Konzernleitung durch strategische Entscheidungen die geschäftspolitischen Grundsätze der Beteiligungsgesellschaften weitgehend vorbestimmt (vgl. Abschn. 7.2.2.4). Gerade im internationalen Geschäft spielen noch *Zwischenformen* eine wichtige Rolle, die zusätzlich zur finanziellen Verwaltung für die in ihren Zuständigkeitsbereich fallenden Gesellschaften noch koordinierende Funktionen operativer Art wie zentrales Cash- und Marketingmanagement oder Betreuung von Beschaffung und Vertrieb wahrnehmen (Fischer [Zentren] 1560).

International Division

Eine herkömmliche Ausgestaltungsform ist die *International Division*. Darunter ist eine gesonderte, vielfach aus der Exportabteilung hervorgegangene, in die bestehende Zentrale rechtlich integrierte Funktionseinheit zu verstehen, die speziell für die Betreuung und Abwicklung der Auslandsaktivitäten zuständig ist. Diese International Division ist neben den Funktions- oder Geschäftsbereichen auf der zweiten Hierarchieebene eingegliedert, sodass eine hybridartige Organisationsstruktur entsteht (vgl. Abschn. 7.2.2.3).

Kritische Würdigung

Die mit den genannten Formen differenzierter Strukturen verfolgte Art der Spezialisierung bietet insbesondere für in der Aufbauphase der Internationalisierung befindliche Unternehmen gegenüber integrierten Strukturen Vorteile aufgrund der Zusammenfassung des noch dürftigen internationalen Wissens und internationaler Erfahrungen in einer Abteilung. Dadurch erfolgt eine ausschließliche Konzentration auf die internationalen Tätigkeiten, wobei zudem die mit der Spezialisierung erreichten kurzen Kommunikationswege (Welge [Unternehmungen] 1370) positiv wirken. Nachteile ergeben sich vor allem aus einer Situation, die durch starke Interdependenzen zwischen rein national tätigen Einheiten und der internationalen Abteilung gekennzeichnet ist. Diese Konstellation, die für eine noch gering ausgeprägte Internationalisierung typisch sein dürfte, tritt immer dann auf, wenn die mit den internationalen Aktivitäten betraute Abteilung auf Kompetenzen der für das Stammgeschäft zuständigen Einheiten zurückgreifen muss. Dies ist beispielsweise dann der Fall, wenn die im Ausland produzierten oder dort auch nur vertriebenen Produkte im Stammland entwickelt wurden und somit das hierfür notwendige Know-how ausschließlich in den national tätigen Einheiten der Zentrale vorhanden ist. Diese neigen dabei aufgrund ihrer am nationalen Ergebnis gemessenen Leistung zur Bevorzugung nationaler und dementsprechend zur Vernachlässigung internationaler Projekte.

Konfliktpotenzial

Die aus derartigen unterschiedlichen Zielsetzungen der nationalen und der internationalen Einheiten resultierenden Konflikte (Robock/Simmonds [Business] 260; Kaufmann/Rössing [Conflict] 235 ff.), die sich beispielsweise auf unterschiedliche Kundenbedürfnisse oder die Entsprechung rechtlicher Vorschriften beziehen können, bedürfen deshalb bei dem gegebenen Zwang zur Zusammenarbeit einer besonderen koordinativen Berücksichtigung. Diese ergibt sich zum einen zwangsläufig aus dem im Zeitablauf wachsenden Verständnis der nationalen Abteilungen für internationale Belange, zum anderen ist trotz weiterer Abstimmungsmöglichkeiten wie Einrichtung gemischt besetzter Komitees, Arbeitskonferenzen oder mehr informeller Instrumente davon auszugehen, dass bei den differenzierten Strukturen ein gewisser Grundkonflikt zwischen nationalen und internationalen Bereichen bei der gegebenen Konstellation bestehen bleibt. Im Falle weitgehend autonomer Auslandsgesellschaften beschränkt sich jedoch die Aufgabe der Auslandsholding oder der internationalen Division auf reine Verwaltungstätigkeiten, sodass von entsprechenden Problemen nicht auszugehen ist. Als weitere generelle Nachteile differenzierter Strukturen ist auf die Isolierungstendenzen der separaten Einheit, die daraus resultierende Gefahr einer unterlassenen Nutzung von Synergieeffekten, den notwendigen Funktionsdualismus bei den zentralen Stäben sowie den potenziellen kulturellen Konflikt zwischen „internationalen" Managern, die im Ausland arbeiten, und lokalen Managern, die auf den nationalen Kontext bezogen tätig sind, hinzuweisen (Leontiades [Strategy] 191).

13.5.2 Integrierte Strukturen

Länderübergreifende Funktionalstruktur

Zu den integrierten Organisationsstrukturen können die länderübergreifende Funktionalstruktur, die länderübergreifende Produktspartenstruktur und die länderübergreifende Regionalspartenstruktur sowie die mehrdimensionale Matrix- und Grid-Struktur gezählt werden (Welge/Holtbrügge [Management] 155 ff.; Kreikebaum/Gilbert/Reinhardt [Organisationsmanagement] 113 ff.; Kutschker/Schmid [Management] 485 ff.; Wolf [Strategie] passim). Für diese Organisationsstrukturen ist kennzeichnend, dass die funktionalen, produktorientierten oder regionalen Berichts- und Anweisungslinien der Grundstruktur über die Landesgrenzen hinwegreichen. Bei der *länderübergreifenden Funktionalstruktur* werden die jeweiligen Auslandsaktivitäten in die entsprechenden funktionalen Bereiche eingereiht, sodass der jeweilige Funktionsbereich weltweit für die Betreuung der dezentralen Operationen in den Auslandsgesellschaften verantwortlich ist. Länderübergreifende Funktionalstrukturen sind meistens in solchen Unternehmen vorhanden, die wenig diversifiziert sind, deren internationales Engagement zwar etwas bedeutender ist, die sich trotzdem immer noch vorwiegend auf den Export beschränken, sich in einer Konsolidierungsphase sowie wettbewerblich stabilen Umwelten befinden (Robock/Simmonds [Business] 261 ff.) oder bei denen die globale Abstimmung hinsichtlich der Hauptfunktionen die kritische strategische Aufgabe ist. Bei der länderübergreifenden Funktionalstruktur ergeben sich allerdings Probleme, wenn die Auslandsgesellschaften nicht einem einzigen Funktionsbereich zugeordnet werden können, wie etwa eine Vertriebsniederlassung dem Absatzbereich oder ein Werk der Produktion. Da bei Zunahme der Diversifikation von Auslandsaktivitäten die Abstimmungsanforderungen immer schwieriger werden, die Abhängigkeit der Funktionsbereiche vom zentralen Top-Management wächst und damit dessen Belastung ansteigt, dürfte die länderübergreifende Funktionalstruktur kaum für Unternehmen geeignet sein, die räumlich und produktmäßig stark diversifiziert sind (Welge [Organisationsstrukturen] 1595 f.). Bei gegebenen Anwendungsvoraussetzungen sind die Stärken dieser Organisationsstruktur primär in der Vermeidung von Doppelarbeiten sowie in der damit zusammenhängenden Möglichkeit zu sehen, mit geringem Aufwand an Leitungspersonal eine volle Konzentration auf den weltweiten Erfolg des Unternehmens zu erreichen, ohne dass dabei, wie im Falle einer Spartenorganisation möglich, einzelne Produktlinien oder geographische Gebiete eine bevorzugte Behandlung erfahren.

Länderübergreifende Produktstruktur

Bei der *länderübergreifenden Produktspartenstruktur* erfolgt eine Spezialisierung nach leistungsprogrammbezogenen Gesichtspunkten, sodass die Auslandsaktivitäten der Verantwortlichkeit der verschiedenen Produkt- oder Dienstleistungssparten unterstehen. Die Manager der Produktsparten haben somit für sämtliche Wertschöpfungsstufen der in ihren Sparten betreuten Produkte weltweite Verantwortung. Weisen die Produktsparten zusätzlich noch eigene Gewinnverantwortung auf, handelt es sich um selbstständige *Profit Centers*. Länderübergreifende Produktspartenstrukturen sind weitaus häufiger nachzuweisen als die länderübergreifende Funktionalstruktur oder Formen differenzierter Organisationsstrukturen (Davidson/Haspeslagh [Organization] 125). Dabei wählen insbesondere jene Unternehmen, deren Leistungsprogramm im In- und Ausland stark diversifiziert ist, diese organisatorische Alternative, da hierdurch günstige strukturelle Voraussetzungen für eine weltweite Leistungskoordination gegeben sind, aufgrund der leistungsprogrammbezogenen Spezialisierung schnell und flexibel marktlichen Veränderungen entsprochen werden kann, aus globaler Sicht der Programmzersplitterung entgegengewirkt und zudem die Akkumulation von internationalen Marktkenntnissen bei den heimischen Sparten ermöglicht wird. Als nachteilig ist die Gefahr einer ungenügenden Berücksichtigung geographischer Gegebenheiten und Besonderheiten zu nennen. Problematisch kann diese Struktur ferner bei ausländischen Mehrspartentochtergesellschaften sein, da ein reines Auslandssparte-Heimatsparte-Berichtssystem die Rolle der Geschäftsleitung der Auslandstochter aushöhlt (Welge [Organisationsstrukturen] 1596 f.).

Länderübergreifende Regionalspartenstruktur

Bei Unternehmen mit relativ homogenem und standardisiertem Leistungsprogramm sowie primärer Marketingorientierung sind in einigen Fällen, hierbei vor allem bei amerikanischen international tätigen Unternehmen, *länderübergreifende Regionalspartenstrukturen* nachzuweisen. Die nach einer Erhebung des Conference Board (Duerr/Roach [Control] 78 f.) aber auch neueren empirischen Befunden (Wolf [Strategie]) in Europa und auch in Deutschland kaum angewandte Organisationsform bündelt die gesamten, das heißt sowohl nationalen als auch internationalen Aktivitäten zu regional orientierten Teilbereichen, die jeweils von Regionalmanagern geführt werden. Besonders gut geeignet ist diese Struktur für Unternehmen, deren Aktivitäten regional stark gestreut sind und deren Leistungsprogramm nur wenig diversifiziert ist. Der Markt dürfte bei Anwendung der regional orientierten Struktur generell die kritische Variable sein. Vorteile dieser Organisationsstruktur liegen gegenüber den anderen organisatorischen Konzepten vor allem in der Förderung einer weltweiten Perspektive für die Strategieentwicklung, Ressourcenallokation, Planung, Leistungsbeurteilung und Logistik sowie in der verbesserten Möglichkeit zur Nutzung marktbedingten Know-hows. Nachteilig wirken die Schwierigkeiten der insbesondere bei diversifizierten Unternehmen notwendigen Leistungsprogrammabstimmung sowie der Abstimmung von F&E-Programmen (Welge [Organisationsstrukturen] 1597).

Länderübergreifende Matrixstruktur

Vielfach sind länderübergreifende Strukturen in der Realität nicht eindimensional, sondern als mehrdimensionale *Matrixstrukturen* konzipiert, die auch als Grid-Strukturen bezeichnet werden. Hierbei ist eine Überlagerung von funktionalen und produktorientierten Elementen (Matrixorganisation) als auch eine gleichzeitige Anwendung funktionaler, produktorientierter und regionaler Weisungsbeziehungen (Tensororganisation) möglich (Welge [Management] 195). Mit dem Aufbau von länderübergreifenden Matrixstrukturen wird versucht, den bei diversifiziertem Leistungsprogramm und starker regionaler Streuung entstehenden Desintegrationseffekten entgegenzuwirken und durch den Einsatz funktionaler Zentralressorts eine globale Abstimmung des Gesamtsystems „Internationales Unternehmen" zu erreichen (Welge [Organisationsstrukturen] 1598). Neben den bislang diskutierten grundsätzlichen Konzepten sind in der Unternehmenspraxis vielfältige Kombinationen und Verknüpfungen der jeweiligen strukturellen Besonderheiten anzutreffen. Derartige Organisationsstrukturen können als *Hybrid-Strukturen*, das heißt als aus heterogenen Formen gemischte Strukturen (vgl. Abschn. 7.2.2.3), bezeichnet werden, wobei durch die Verknüpfung verschiedener struktureller Konzeptionen eine verbesserte organisatorische Entsprechung auf die unternehmensindividuellen Verhältnisse erreicht werden soll.

Hybrid-Struktur

Zunehmend gewinnen für die Erklärung vieldimensionaler Ausgestaltungsformen internationaler Organisationsstrukturen auch die oben dargestellten Netzwerkkonzepte (vgl. Abschn. 7.2.3.3) an Bedeutung (Roxin [Wettbewerbsanalyse] 237 ff.). Dabei handelt es sich jedoch weniger um eine formale Organisationsstruktur als um eine vorwiegend wertebezogene Integration des internationalen Unternehmens.

13.5.3 Abstimmung von strategischer Orientierung und internationaler Organisationsstruktur

Bereits Chandler ([Strategy]) hat mit seiner Pionierarbeit darauf hingewiesen, dass Strategie und Struktur von erfolgsorientierten Unternehmen zueinander passen müssen, wobei er die Auffassung vertrat, dass grundlegende Veränderungen der Unternehmensstrategie Reorganisationsprozesse nach sich ziehen. Diese Notwendigkeit einer Abstimmung von Strategie und Struktur besteht in internationalen Unternehmen gleichermaßen. Dementsprechend haben sich zahlreiche Untersuchungen diesem Erkenntnisfeld zugewandt. Hierbei sind zwei Gruppen zu unterscheiden:

Zwei Arten von Untersuchungen

- Die erste Gruppe von Untersuchungen konzeptualisiert und prüft den Zusammenhang zwischen *quantifizierbaren* Aspekten der Unternehmensstrategie wie Internationalisierungs- und Auslands-Diversifikationsgrad einerseits und der Organisationsstruktur andererseits. In diese größere Gruppe fallen die Arbeiten von Stopford und Wells ([Enterprise]), Franko ([Multinationals]), Egelhoff ([Enterprise]) sowie Wolf und Egelhoff ([Reexamination]).
- Die zweite Gruppe von Untersuchungen (Macharzina [Steuerung]; Wolf [Strategie]) untersucht den Zusammenhang zwischen der strategischen Orientierung (vgl. Abschn. 13.4) als qualitativen Aspekt der Strategie einerseits und der Organisationsstruktur andererseits.

Befunde der ersten Untersuchungsgruppe

Im Hinblick auf die erstgenannte Forschungsfrage haben Stopford und Wells ([Enterprise] 28 ff.) im Hinblick auf US-amerikanische Unternehmen herausgefunden, dass absatzmäßig gering internationalisierte und im Ausland gering diversifizierte Unternehmen zur International Division neigen sollten, wohingegen für stark diversifizierte, aber gering internationalisierte Unternehmen die länderübergreifende Produktspartenstruktur günstiger ist. Für stark internationalisierte, aber gering diversifizierte sehen sie die länderübergreifende Regionalspartenstruktur überlegen. Für Unternehmen mit einer hohen Ausprägung beider Strategieelemente konnten sie keine klare Empfehlung abgeben; später haben sie, freilich ohne empirische Grundlage, in die Richtung einer länderübergreifenden Matrixstruktur argumentiert. Franko ([Multinationals] 193 ff.) hat diese Zuordnung von Strategie-Struktur-Beziehungen für kontinentaleuropäische Unternehmen weitgehend bestätigen können. Egelhoff ([Enterprise] 86 ff.) fügt aufgrund des in den 1970er Jahren stark zunehmenden Trends zum Aufbau von Auslandsgesellschaften das Ausmaß der Auslandsproduktion als Strategieelement hinzu. Es kommt erneut zu einer Bestätigung der von Stopford (und Wells) entfalteten Strategie-Struktur-Fits mit der Ergänzung, dass für produktionsbezogen stark internationalisierte Unternehmen die länderübergreifende Regionalspartenstruktur günstig ist. Wolf und Egelhoff ([Reexamination] 181 ff.) erweitern das Erklärungsmodell aufgrund des zwischenzeitlich aufgekommenen Trends zur Spezialisierung von Auslandsgesellschaften und zur Internationalisierung der Forschung und Entwicklung erneut und berücksichtigen zusätzlich das Ausmaß an Leistungstransfers zwischen den In- und Auslandsgesellschaften sowie das Ausmaß der internationalen Forschung und Entwicklung. Auch hier können die „alten" Strategie-Struktur-Fits voll bestätigt werden. Die neuen Strategieelemente sind jedoch ebenfalls hoch relevant, wobei internationale Unternehmen mit hohen grenzüberschreitenden Leistungstransfers genau so mit einer länderübergreifenden Funktional- oder Produktspartenstruktur arbeiten sollten wie solche mit einer hohen F&E-Internationalisierung. Sind mehrere Strategieelemente stark ausgeprägt, dann empfiehlt sich die Matrixstruktur.

Befunde der zweiten Untersuchungsgruppe

Die das qualitative Strategieelement „strategische Orientierung" betreffenden Zuordnungen sehen wie folgt aus (Macharzina [Steuerung]; Wolf [Strategie] 462 ff.):

Selektionsstrategie

- Die *Selektionsstrategie* („ethnozentrische Strategie") zeichnet sich, wie oben gezeigt wurde (vgl. Abschn. 13.4.1), primär durch die Übernahme von im Heimatmarkt bewährten Produkten und Verfahrensweisen durch die Auslandsgesellschaften aus. Da die Wertschöpfungsaktivitäten weitgehend auf das Heimatland konzentriert sind, übernehmen die Auslandsgesellschaften, die überwiegend in zum Stammland verwandten Märkten tätig sind, primär Vertriebsaufgaben. Bezüglich der formalen Organisationsstruktur kann davon ausgegangen werden, dass aufgrund der geringen Bedeutung des Auslandsgeschäfts differenzierte Strukturen vorherrschen; wenn vereinzelt integrierte Strukturen in Form einer *länderübergreifenden Funktionalstruktur oder Produktspartenstruktur* anzutreffen sind, dann weisen sie einen geringen Grad an Komplexität auf.

Differenzierte Strukturen

Einzelmarktstrategie

- Unternehmen multinationaler Branchen mit einer *Einzelmarktstrategie* („multinationale Strategie") gewähren ihren Auslandsgesellschaften üblicherweise ein hohes Autonomieniveau. Hieraus resultiert in Verbindung mit dem eher finanzwirtschaftlichen Interesse der Zentrale eine geringe Koordinationsaktivität. Aufgrund der nicht erforderlichen unternehmensweiten Abstimmung kann davon ausgegangen werden, dass hinsichtlich der Einbindung in die formale Organisationsstruktur differenzierte Formen mit einer geringen Koordinationsintensität wie das *Konzept der Auslandsholding* oder die *International Division* vorherrschen. Hierbei dürfte aufgrund der sich in der Einzelmarktstrategie manifestierenden Interessen vor allem der reinen Finanz-Holding besondere Bedeutung zukommen.

Auslandsholding oder International Division

Integrationsstrategie

- Bei Unternehmen globaler Branchen, die die *Integrationsstrategie* („globale Strategie") bevorzugen, ist häufig eine zentralisierte Entscheidungsfindung und standardisierte Funktionserfüllung anzutreffen. Aufgrund der bei globaler Orientierung angestrebten Nutzung länder- und auslandsgesellschaftsorientierter Spezialisierungsvorteile und der daraus resultierenden Komplexitätserhöhung muss ein höherer Koordinationsaufwand als bei der Selektionsstrategie unterstellt werden. Trotzdem - oder vielleicht auch gerade deshalb sind bei diesen Unternehmen mit der

Länderübergreifende Funktional- oder Produktspartenstruktur

länderübergreifenden Funktional- oder Produktspartenstruktur die gleichen organisatorischen Lösungen anzutreffen wie bei der Verfolgung der Selektionsstrategie.

Interaktionsstrategie

Matrixstruktur oder globale Netzwerke

- Die auf blockiert-globalen Märkten realisierte *Interaktionsstrategie* („blockiert-globale Strategie") stellt einen Kompromiss zwischen globaler Rationalisierung und lokaler Anpassung dar. Den Verhältnissen blockiert-globaler Märkte dürften wohl *Matrixstrukturen* und *globale Netzwerke* am ehesten gerecht werden, durch die die Effekte der beiden gegenläufigen Trends durch eine demokratische Entscheidungsteilhabe der Auslandsgesellschaften synergiestiftend umgesetzt werden können. Die dazu erforderlichen intensiven, potenziell alle Funktionsbereiche umfassenden Informations- und Kommunikationsbeziehungen weisen auf eine Organisationsstruktur in Form integrierter Strukturen hin, die die enge Einbindung der Auslandsgesellschaften in die Zentrale gewährleisten. Die jeweilige Berücksichtigung lokaler Verhältnisse der Auslandsgesellschaften legt dabei eine nach geographischen Kriterien oder mehrdimensional angelegte Struktur nahe.

13.6 Steuerung von Auslandsgesellschaften

13.6.1 Bedarf zur strukturellen und prozessualen Koordination in internationalen Unternehmen

Koordinationsbedarf aufgrund von Interdependenzen

Oben wurde bereits darauf hingewiesen, dass sich das Top-Management eines international tätigen Unternehmens im Gegensatz zu demjenigen eines rein national tätigen einer weitaus höheren Komplexität im Unternehmensverbund gegenübersieht. Dieses Problem ist insbesondere bei jenen internationalen Unternehmen ausgeprägt, die zumindest einen Teil der Wertschöpfung ins Ausland verlagert haben und dort Auslandsgesellschaften unterhalten. Generell kann damit das internationale Unternehmen als stark arbeitsteiliges System interpretiert werden, das einen höheren Spezialisierungsgrad der Teileinheiten im Vergleich zum nationalen Unternehmen aufweist (vgl. Abschn. 7.1.3). Aus der arbeitsteiligen Aufgabenerfüllung leitet sich gleichsam als natürliches Korrelat der *systeminhärente Zwang zum Einsatz weiterer, prozessualer Koordinationsinstrumente ab, welche die durch die Organisationsstruktur erbrachte Koordinationsleistung ergänzen* (Welge [Steuerungsinstrumente] 1184), um unternehmensweit zu einer Abstimmung der Einzelaktivitäten und aufgabenbezogenen Abhängigkeiten bzw. *Interdependenzen* im Hinblick auf ein übergeordnetes Ziel zu kommen (vgl. Abschn. 7.1.3 und 7.1.4).

Koordinationsbedarf aufgrund der Zielbezogenheit

Dabei wird der Koordinationsbegriff in dieser Schrift im Sinne eines besseren Praxisverständnisses mit dem der *Steuerung* gleichgesetzt, da in der Praxis vorwiegend Letzterer Verwendung findet.

13.6.2 Instrumente zur Koordination internationaler Unternehmen

Das Spektrum der im internationalen Management eingesetzten Koordinationsinstrumente fußt auf demjenigen, das für Unternehmen per se vorgeschlagen und in Abschn. 7.1.3 diskutiert worden ist. Gleichwohl sind aufgrund der besonderen Handlungskonstellationen internationaler Unternehmen einige Anpassungen erforderlich, so dass sich das in Abbildung 13-10 (Welge [Management] 192 ff.) wiedergegebene Ordnungsraster ergibt.

Abbildung 13-10

Koordinationsinstrumente internationaler Unternehmen

Strukturelle Koordinationsinstrumente

- Organisationsstruktur der internationalen Beziehungen (siehe Abschn. 13.5)

Personenorientierte Koordinationsinstrumente

- Delegiertenentsendung
- Art der Einflussnahme auf Delegiertenselektion
- Verantwortlichkeit für internationale Personalentscheidungen
- Führungskräftetransfer
- Besuche zur Auslandsgesellschaft
- Besuche zur Zentrale

Technokratische Koordinationsinstrumente

- Eigentumsverhältnisse
- Verantwortlichkeit bei Investitionsentscheidungen
- Verantwortlichkeit bei Kreditentscheidungen
- Verantwortlichkeit bei Gewinnverwendungsentscheidungen
- Formalisierungsgrad der Planung
- Detaillierungsgrad der Planung
- Integrationsgrad der Planung
- Planungsträger
- Anzahl der am Planungsprozess beteiligten Stellen

Abschließend muss darauf hingewiesen werden, dass angesichts der Komplexität international tätiger Unternehmen keines der genannten Koordinationsinstrumente für sich genommen geeignet wäre, die auftretenden Koordinationsprobleme handhabbar zu machen. Die strukturelle, technokratische und personenorientierte Dimension der Koordination ergänzen sich somit gegenseitig.

13.6.3 Abstimmung von strategischer Orientierung und der Steuerung von Auslandsgesellschaften

Die erfolgreiche Umsetzung der strategischen Orientierung setzt nach vorherrschendem Verständnis die Wahl einer stimmigen Steuerungs-(Koordinations-)form der Auslandsgesellschaften voraus. Hierbei lassen sich je nach strategischer Orientierung in Form der Selektions-, Einzelmarkt-, Integrations- oder Interaktionsstrategie idealtypisch unterschiedliche Steuerungsmuster ableiten.

Selektionsstrategie

- Die *Selektionsstrategie* („ethnozentrische Strategie") dient primär der über die Wahrnehmung attraktiver Auslandsgeschäfte angestrebten Sicherung des inländischen Unternehmensbestands. Für diese Orientierung ist charakteristisch, dass die betreffenden Unternehmen nur begrenzte Voraussetzungen dafür aufweisen, sich im Rahmen ihrer – vorwiegend über den Export vorgenommenen – Auslandstätigkeit auf länderspezifische Besonderheiten einzustellen. Ein direktinvestives Engagement hierzu wird aufgrund der in aller Regel nur sporadisch durchgeführten und der Erzielung von „windfall profits" dienenden Auslandsgeschäfte unterdrückt. Kommt es im Rahmen einer Selektionsstrategie zur Gründung von Auslandsgesellschaften – was nicht typisch ist –, so dürften aufgrund der mit dieser Strategie verbundenen Übernahme von Stammhausprodukten und -verfahrensweisen durch die Auslandsgesellschaften materielle und informationelle Interdependenzen sequenzieller Art vorherrschen.

„Harte" und „weiche" Koordinationsinstrumente

Die Abstimmung derartiger Interdependenzen (vgl. Abschn. 7.1.4) kann einerseits durch einen Einsatz „harter" Koordinationsinstrumente wie die Zentralisation von Entscheidungen sowie die Standardisierung von Prozessen und Politikinhalten gewährleistet werden. Andererseits deutet das strategieimmanente Bestreben nach stammlandorientierten Verhaltensweisen des Auslandsmanagements auf einen relativ hohen Anteil entsandter Manager (Graf [Expatriate] 667 ff.) hin. Unterstützt werden dürfte die intendierte Sozialisation des Managements der Auslandsgesellschaften durch einen intensiven Besuchsverkehr. Bezüglich der Informations- und Kommunikationsbeziehungen erscheinen funktional differenzierende Aussagen nicht möglich. Generell kann jedoch aufgrund der engen Koordination ein intensiver Informations- und Kommunikationsfluss unterstellt werden, der vor allem Anweisungen der Zentrale an die Auslandsgesellschaften zum Inhalt haben dürfte.

Einzelmarktstrategie

- Unternehmen, die die *Einzelmarktstrategie* („multinationale Strategie") verfolgen, bestehen im Wesentlichen aus autonomen Einheiten, die lokal ausgerichtete und somit differenzierte Aufgaben wahrnehmen. Unter Zugrundelegung des Holding-Konzepts bilden diese Einheiten hierbei lediglich Elemente eines unter Risikogesichtspunkten zusammengestellten Finanzportfolios. Zwischen den einzelnen Unternehmenseinheiten bestehen somit kaum Verbindungen (Scholl [Internationalisierungsstrategien] 992). Sofern Auslandsgesellschaften überhaupt bestehen, weisen diese ein hohes Maß an Autonomie auf. Dies schlägt sich in entsprechend geringen Interdependenzen nieder.

  Geringe Koordinationsintensität

  Daraus resultiert – wiederum in Verbindung mit dem eher finanzwirtschaftlichen Interesse der Muttergesellschaft – eine geringe Koordinationsaktivität. Die Auslandsgesellschaften agieren als nahezu selbstständige Unternehmen in ihrem jeweiligen nationalen Markt. Eine umfängliche Standardisierung von Politikinhalten oder Prozessen, eine Zentralisation von Entscheidungen oder intensive Informations- und Kommunikationsprozesse wären deswegen kaum zweckmäßig. Im Hinblick auf den Transfer von Führungskräften der Zentrale und die damit einhergehende Sozialisation der Unternehmensmitglieder kann ebenfalls ein äußerst geringer Umfang vermutet werden; das Entstehen einer einheitlichen Unternehmenskultur ist somit eher unwahrscheinlich. Hinsichtlich finanzwirtschaftlicher Funktionen dürften jedoch besondere Koordinationsmaßnahmen ergriffen werden. So erfordert beispielsweise die Erstellung eines internationalen Konzernabschlusses die mit einem gewissen Maß an Standardisierung einhergehende Anwendung von Konsolidierungsgrundsätzen. Daneben setzt auch die Abwicklung des konzerninternen Zahlungsverkehrs eine für bestimmte Modalitäten übereinstimmende Handhabung voraus. Im Vergleich zu den anderen Funktionsbereichen dürfte der finanzwirtschaftliche Bereich daher durch ein höheres Maß an Entscheidungszentralisation gekennzeichnet sein. Ebenso ist anzunehmen, dass die ansonsten kaum vorhandenen Informations- und Kommunikationsbeziehungen im finanzwirtschaftlichen Bereich relativ ausgeprägt sind.

  Straffe finanzwirtschaftliche Kontrolle

Integrationsstrategie

- Die *Integrationsstrategie* („globale Strategie") ist durch eine konsequente Orientierung der Unternehmensaktivitäten am Weltmarkt und eine weltweite Nutzung von Ressourcen und Chancen gekennzeichnet. Über das Instrument der umfassenden Integration (Abstimmung im Sinne der Standardisierung) aller Aktivitäten wird die Erzielung von Skalen- und Synergieeffekten zur Erhöhung der globalen Wettbewerbsfähigkeit angestrebt. In ihrer extremen Ausprägung beinhaltet die Integrationsstrategie das Bemühen um Entwicklung standardisierter Konzepte und insgesamt umfassender Koordinationssysteme. Zudem wird im Schrifttum eine ausgeprägte Zentralisation strategischer Entscheidungskompetenzen konstatiert (Negandhi/Welge [Theory] 19 ff.).

Umfassende Koordination, vorwiegend technokratische Instrumente

Tendenziell ergeben sich damit zwar im Verhältnis zur Selektionsstrategie ähnliche Grobausprägungen der Koordinationsinstrumente. Angesichts des reziproken Charakters der Interdependenzen kann allerdings bei einer Integrationsstrategie grundsätzlich ein höherer Koordinationsbedarf als bei einer Selektionsstrategie unterstellt werden. Es bedarf eines intensiven Einsatzes von Koordinationsinstrumenten, wobei die technokratischen im Vergleich zu den personenorientierten dominieren dürften.

Interaktionsstrategie

- Die referierten Veränderungen der globalen Rahmenbedingungen haben die Entwicklung der *Interaktionsstrategie* („blockiert-globale Strategie") begünstigt, wobei die diese strategische Orientierung verfolgenden Unternehmen auch als integrierte Netzwerke oder als transnationale Unternehmen (Bartlett [Transnational] 367 ff.; Bartlett/Ghoshal [Borders] 16 ff.) bezeichnet werden. Der Kerngedanke der Interaktionsstrategie lässt sich durch das Bestreben charakterisieren, sowohl Vorteile weltweiter Integration als auch Chancen einer erzwungenen nationalen Anpassung zu realisieren. Angesichts dieser gegensätzlich wirkenden Einflussgrößen bietet sich eine duale Vorgehensweise in Form von Anpassungen und damit Autonomierechten der Auslandsgesellschaften in marktbezogenen Funktionsbereichen und Integrationsbemühungen im internen Verhältnis der Unternehmenseinheiten an (Bartlett [Transnational] 367 ff., insbesondere 381 f.; Welge [Beziehungen] 1543 ff.). Die Interdependenzen sind hoch und dabei vor allem reziprok.

„Harte" und „weiche" Koordination

Die Interaktionsstrategie lässt sich daher im Hinblick auf die Entscheidungsfindung durch eine stärkere Partizipation der Auslandsgesellschaften kennzeichnen. Die hierzu erforderlichen intensiven, potenziell alle Funktionsbereiche umfassenden Informations- und Kommunikationsbeziehungen werden am ehesten durch integrierte Organisationsstrukturen und somit durch strukturelle Koordination gewährleistet. Daneben ist aber auch ein intensiver Einsatz „weicher", personaler Mechanismen zu vermuten. Insbesondere dem unter Sozialisationsgesichtspunkten erfolgenden Transfer von Führungskräften der Zentrale in die Auslandsgesellschaften müsste ein hoher Stellenwert beigemessen werden. Das Gleiche gilt für Besuche von Angehörigen der Auslandsgesellschaften bei der Muttergesellschaft. Umgekehrt ist eine nur geringe Standardisierung von Zielen und Maßnahmen zu erwarten. Allerdings ist davon auszugehen, dass die Standardisierung in den umweltfernen Bereichen des internationalen Unternehmensverbunds wie F&E, Produktion oder Finanzen höher ist als in den umweltnahen Bereichen wie Beschaffung, Personal, Marketing und Public Relations.

Idealtypische Steuerungsmuster bei unterschiedlichen strategischen Orientierungen **Abbildung 13-11**

Steuerungsmuster bei Selektionsstrategie

Ursache des Koordinationsbedarfs	Aktivitätsniveau
Liefer- und Leistungsverflechtungen – Intensität – Art	 hoch sequenziell
Unterstützungs- und Serviceleistungen	hoch

Koordinationsinstrument	Aktivitätsniveau
Einbindung in die formale Organisationsstruktur	differenziert
Zentralisierung von Entscheidungen	hoch
Standardisierung von Politikinhalten in den Funktionsbereichen	hoch
Standardisierung von Prozessen	hoch
Managertransfer, Besuchsaktivitäten, gemeinsame Arbeitsgruppen, technisch gestützte Kommunikation	hoch

Steuerungsmuster bei Einzelmarktstrategie

Ursache des Koordinationsbedarfs	Aktivitätsniveau
Liefer- und Leistungsverflechtungen – Intensität – Art	 gering nicht relevant
Unterstützungs- und Serviceleistungen	gering

Koordinationsinstrument	Aktivitätsniveau
Einbindung in die formale Organisationsstruktur	differenziert
Zentralisierung von Entscheidungen	gering
Standardisierung von Politikinhalten in den Funktionsbereichen	gering
Standardisierung von Prozessen	gering
Managertransfer, Besuchsaktivitäten, gemeinsame Arbeitsgruppen, technisch gestützte Kommunikation	gering

Steuerungsmuster bei Interaktionsstrategie

Ursache des Koordinationsbedarfs	Aktivitätsniveau
Liefer- und Leistungsverflechtungen – Intensität – Art	 hoch reziprok
Unterstützungs- und Serviceleistungen	gering

Koordinationsinstrument	Aktivitätsniveau
Einbindung in die formale Organisationsstruktur	integriert
Zentralisierung von Entscheidungen	gering
Standardisierung von Politikinhalten in marktnahen Funktionsbereichen	gering
Standardisierung von Politikinhalten in marktfernen Funktionsbereichen	hoch
Standardisierung von Prozessen in marktnahen Funktionsbereichen	gering
Standardisierung von Prozessen in marktfernen Funktionsbereichen	hoch
Managertransfer, Besuchsaktivitäten, gemeinsame Arbeitsgruppen, technisch gestützte Kommunikation	hoch

Steuerungsmuster bei Integrationsstrategie

Ursache des Koordinationsbedarfs	Aktivitätsniveau
Liefer- und Leistungsverflechtungen – Intensität – Art	 hoch reziprok
Unterstützungs- und Serviceleistungen	hoch

Koordinationsinstrument	Aktivitätsniveau
Einbindung in die formale Organisationsstruktur	integriert
Zentralisierung von Entscheidungen	hoch
Standardisierung von Politikinhalten in den Funktionsbereichen	hoch
Standardisierung von Prozessen	hoch
Managertransfer, Besuchsaktivitäten, gemeinsame Arbeitsgruppen, technisch gestützte Kommunikation	hoch

Einen Überblick über den sich insgesamt ergebenden Zusammenhang von strategischer Orientierung und Koordinationsinstrumenen vermittelt Abbildung 13-11. Der hinterlegte Pfeil verdeutlicht die in zahlreichen Unternehmen anzutreffende Evolution von Strategie-Struktur-Steuerung-Entsprechungen.

Abbildung 13-12 *Gesamtmuster von Steuerungsinstrumenten*

	Cluster 1	Cluster 2	Cluster 3
	Interaktionsstrategie	Integrationsstrategie	
	(n = 20)	globale Rationalisierung (n = 7)	einfach global (n = 20)
Leistungsverflechtung	– Reziproke Leistungsverflechtungen	– Reziproke Leistungsverflechtungen	– Keine Leistungsverflechtungen – Sequenzielle Leistungsverflechtungen
Unterstützungs- und Serviceleistungen	– Unabhängig	– Inputabhängig	– Inputabhängig – Verwertungsabhängig
Organisationsstruktur	– Integrierte Struktur	– Integrierte Struktur	
Entscheidungsbeteiligung	– Gleichberechtigt	– Weisungsgebunden – Interne Effizienz	– Interne Effizienz
Politikstandardisierung	– Interne Integrierer	– Komplettstandardisierer	– Komplettstandardisierer
Prozessstandardisierung	– Transformationsorientierte – Technokraten	– Technokraten	– Technokraten
Personenorientierte Koordination	– Informationsorientierte	– Standortgebundene – Informationsorientierte	– Standortgebundene – Informationsorientierte

Im Rahmen eines Forschungsprojekts an der Forschungsstelle für Export- und Technologiemanagement der Universität Hohenheim (EXTEC) wurde geprüft, ob die oben dargelegten idealtypischen Steuerungsmuster den in der Unternehmenspraxis vorzufindenden entsprechen. Die Untersuchung stützt sich auf insgesamt 69 international tätige deutsche Unternehmen.

In einer Clusteranalyse konnte der Einsatz von Steuerungsinstrumenten bei der Interaktions- und Integrationsstrategie, nicht jedoch bei der Selektions- und Einzelmarktstrategie nachgewiesen werden (vgl. Abbildung 13-12). Der Einsatz von Koordinationsinstrumenten bei globaler Integrationsstrategie wurde auch letzthin von Kim, Park und Prescott ([Integration]) untersucht. Bei der 161 US-amerikanische Unternehmen umfassenden Studie stellte sich heraus, dass in verschiedenen Funktionsbereichen unterschiedliche Koordinationsinstrumente erfolgreich sind. Im Bereich der Forschung und Entwicklung erweisen sich personale und technokratische Koordination effektiver als formalisierte und zentralisierte (strukturelle), im Marketing technokratische und zentralisierte effektiver als personale und formalisierte. Im Produktionsbereich werden mit Ausnahme der Zentralisierung alle Koordinationsinstrumente mit Erfolg eingesetzt.

Kontrollfragen und Aufgaben zu Kapitel 13

1. Welche Grundprobleme treten bei der internationalen Unternehmensführung auf? Ist es gerechtfertigt, die Lehre der internationalen Unternehmensführung als Spezialdisziplin der Betriebswirtschaftslehre zu bezeichnen?

2. Welche Umweltsphären werden in dem von Dülfer zum Zweck der internationalen Analyse entwickelten Schichtenmodell unterschieden und wie hängen sie zusammen?

3. Welche Ziele verfolgen Unternehmen mit der Internationalisierung ihrer Geschäftstätigkeit?

4. Welche wesentlichen Stufen markieren die letzten 40 Jahre der Entwicklung und des Erkenntnisfortschritts der Internationalisierungstheorie?

5. Beschreiben Sie den Mechanismus der Internationalisierung nach der Internationalisierungsprozesstheorie. Zeigen Sie, welchen zusätzlichen Beitrag der Realoptionsansatz in zeitlicher Hinsicht leisten kann. Erläutern Sie, inwieweit das Netzwerkparadigma die Analyse in struktureller Hinsicht bereichern könnte und diskutieren Sie die damit verbundenen Schwierigkeiten.

6. Welche positiven Einschätzungen und welche Einwände sind gegenüber der eklektischen Theorie der internationalen Produktion zu erheben? Vermag das GAINS-Paradigma diese Einwände zu überwinden? Inwiefern kann das 3E-Konzept als nützliche Ergänzung zu GAINS gelten?

7. Erläutern Sie die Dimensionen von Internationalisierungsstrategien und zeigen Sie mögliche Interdependenzen zwischen den Dimensionen auf.

8. Welche Trends beeinflussen die Wahl der strategischen Orientierung internationaler Unternehmen?

9. Erläutern Sie Idealtypen strategischer Orientierungen. In welchen Handlungskonstellationen sollten sie gewählt werden?

10. Welches sind die wesentlichen Charakteristiken und Wirkmuster der Globalisierung? Lässt sich, und wenn ja wie lässt sich Globalisierung messen?

11. Was ist unter einer Markteintrittsstrategie zu verstehen?

12. Worin besteht der Unterschied zwischen direkten und indirekten Exporten?

13. Was versteht man unter Franchising? Wann bietet es sich an? Zeigen Sie aktuelle Beispiele des Franchising auf. Welche spezifischen Risiken für Franchisegeber und -nehmer sind mit dem Franchising verbunden?

14. Durch welche Merkmale lassen sich strategische Allianzen charakterisieren und warum haben strategische Allianzen zwischen internationalen Unternehmen stark an Bedeutung gewonnen?

15. Zeigen Sie spezifische Probleme des Joint-Venture-Managements auf. Warum ist das Koordinationsproblem von zentraler Bedeutung bei Internationalen Joint Ventures?

16. Welche Markteintrittsstrategien sind wann zweckmäßig?

17. Welche Reihenfolge von Markteintrittsstrategien wird in den gängigen Pfadmodellen beschrieben? Zeigen Sie die an derartigen Pfadmodellen geübte Kritik auf.

18. Nach welchen Grundmerkmalen unterscheiden sich differenzierte und integrierte Organisationsstrukturen internationaler Unternehmen?

19. Bei welchen Handlungsbedingungen bietet sich das Konzept der International Division an?

20. Erläutern Sie die Befunde der auf internationale Unternehmen bezogenen Strategie-Struktur-Forschung.

21. Welche Strukturkonzepte sollten bei welchen strategischen Orientierungen gewählt werden? Begründen Sie Ihre Aussage.

22. Prüfen Sie anhand der in Geschäftsberichten und anderweitigen Unternehmensdokumenten veröffentlichten Informationen, ob grenzüberschreitend tätige Großunternehmen wie die Robert Bosch GmbH oder die E.ON AG eine geeignete Organisationsstruktur aufweisen.

23. Erklären Sie die Notwendigkeit zur Steuerung von Auslandsgesellschaften.

24. Erläutern Sie idealtypische Entsprechungen zwischen der strategischen Orientierung und dem Steuerungsmuster internationaler Unternehmen und zeigen Sie auf, inwieweit diese Muster in der empirischen Forschung nachgewiesen werden konnten.

Literaturhinweise zu Kapitel 13

DÜLFER, E., JÖSTINGMEIER, B., Internationales *Management* in unterschiedlichen Kulturbereichen, 7. Aufl., München – Wien 2008.

ENGELHARD, J., OECHSLER, W. A. (Hrsg.), Internationales *Management,* Festschrift zum 60. Geburtstag von Klaus Macharzina, Wiesbaden 1999.

HOLTBRÜGGE, D. (Hrsg.), *Management* multinationaler Unternehmen, Festschrift zum 60. Geburtstag von Martin K. Welge, Heidelberg 2003.

KREIKEBAUM, H., GILBERT, D. U., REINHARDT, G. O., *Organisationsmanagement* internationaler Unternehmen – Grundlagen und moderne Netzwerkstrukturen, 2. Aufl., Wiesbaden 2002.

KUTSCHKER, M., SCHMID, S., Internationales *Management,* 6. Aufl., München – Wien 2008.

MACHARZINA, K., *Theorie* der internationalen Unternehmenstätigkeit, in: Lück, W., Trommsdorf, V. (Hrsg.), Internationalisierung der Unternehmung als Problem der Betriebswirtschaftslehre, Berlin 1982, S. 111–143.

MACHARZINA, K., ENGELHARD, J., *Paradigm Shift* in International Business Research – From Partist and Eclectic Approaches to the GAINS Paradigm, in: Macharzina, K. (Hrsg.), Frontiers of International Business Research, Management International Review, 31. Jg., Special Issue, 1991, S. 23–43.

MACHARZINA, K., *Organisationsdynamik* der internationalen Unternehmung, in: Hoffmann, W. M. (Hrsg.), Gestaltung der Organisationsdynamik – Konfiguration und Evolution, Festschrift für Oskar Grün, Stuttgart 2003, S. 143-164.

MACHARZINA, K., *Steuerung* von Auslandsgesellschaften bei Internationalisierungsstrategien, in: Haller, M. et al. (Hrsg.), Globalisierung der Wirtschaft – Einwirkungen auf die Betriebswirtschaftslehre, Bern – Stuttgart 1993, S. 77–110.

MACHARZINA, K., OESTERLE, M.-J. (Hrsg.), *Handbuch* Internationales Management, 2. Aufl., Wiesbaden 2002.

PERLITZ, M., Internationales *Management,* 4. Aufl., Stuttgart – Jena 2000.

ROOT, F. R., Entry Strategies for International *Markets,* Lexington 1987.

STEGER, U. (Hrsg.), Wirkmuster der *Globalisierung*, Ladenburg 1998.

WELGE, M. K., HOLTBRÜGGE, D., Internationales *Management,* 4. Aufl., Stuttgart 2006.

WOLF, J., *Strategie* und Struktur 1955–1995 – Ein Kapitel in der Geschichte deutscher nationaler und internationaler Unternehmen, Wiesbaden 2000.

WOLF , J., EGELHOFF, W. G., A *Reexamination* and Extension of International Strategy-Structure Theory, in: Strategic Management Journal, 23. Jg., Heft 2, 2002, S. 181-189.

14 Interkulturelle Unternehmensführung

Bedeutungsgewinn

Während noch vor drei Jahrzehnten fast alle der weltweit größten und erfolgreichsten Unternehmen in den USA, Europa oder Japan ihren Hauptsitz hatten, hat sich dieses Bild seither grundlegen gewandelt. So finden sich 2007 auf der Fortune-500-Rangliste der weltweit größten Unternehmen 24 chinesische, 14 koreanische, 6 indische, 6 taiwanesische, 5 mexikanische, 5 brasilianische und 4 russische Unternehmen, die teilweise sogar größere Wachstumsraten aufweisen als die Mehrzahl der aus den traditionellen Wirtschaftsnationen stammenden Unternehmen. Da die in den Herkunftsländern der Aufsteigerunternehmen vorherrschenden Managementstile teilweise erheblich von den in den westlichen Ländern üblichen abweichen, erscheint eine Analyse dieses „fremden" Verhaltens mit Blick auf deren mögliche Übertragbarkeit und Nutzung von Transfervorteilen sinnvoll (Macharzina/Oesterle/Wolf [Analyse] 137 ff.; Holzmüller/Sinkovics [Materialism] 103 ff.). Aus der Perspektive des deutschsprachigen Raums ist eine Untersuchung kulturspezifischer Managementstile aber auch deshalb erforderlich, weil in den vergangenen Jahren immer mehr deutsche, österreichische und schweizerische Unternehmen den Umfang ihres Auslandsgeschäfts erheblich gesteigert und überdies direktinvestive Internationalisierungsformen bevorzugt haben (vgl. Kapitel 13), die ein hohes Maß an Vertrautheit mit den Managementstilen des jeweiligen Gastlandes erfordern.

So hat sich seit Beginn der 1970er Jahre, bedingt durch den japanischen Erfolg auf den internationalen Märkten, das Interesse verstärkt auf japanische Konzepte der Unternehmensführung gerichtet; im westlichen Einzugsbereich wurden hingegen angesichts des damaligen Rückgangs der wirtschaftlichen Erfolge in den USA immer wieder Stimmen nach einer Überprüfung insbesondere der amerikanischen Unternehmensführung[1] laut. Eine ähnliche Bewegung zeichnete sich, allerdings in weit weniger spektakulärer Form, im deutschsprachigen Raum ab; dort wurde im Bemühen um Produktivitätsverbesserung die Untersuchung der japanischen, auf größtmögliche Konsenserzielung ausgerichteten Unternehmensführung auf einen möglichen Einsatz in deutschen Unternehmen verfolgt. Die globalen Antipoden blieben jedoch – trotz einer zunehmenden Auseinandersetzung mit euro-

1 Wenn im Folgenden von der „amerikanischen Unternehmensführung" gesprochen wird, dann ist damit die US-amerikanische Ausprägung gemeint.

päischen Unternehmensführungsstilen (Macharzina/Wolf/Oesterle [Strengths]; Tscheulin/Davoine [Führungskräfte] 443 ff.) – die Unternehmensführung nach dem amerikanischen (A) und dem japanischen Modell (J).

Kernfrage

Die dabei diskutierte Kernfrage dreht sich um die Möglichkeit und Nützlichkeit der wechselseitigen Übertragung der Modelle, wobei in der jüngeren Vergangenheit im Gegensatz zur amerikanischen Herausforderung der 1960er Jahre weniger der Transfer des Modells A als vielmehr derjenige des Modells J diskutiert wurde. Der sich mittlerweile abzeichnende wissenschaftliche Konsens scheint allerdings nur eine begrenzte Möglichkeit der Übertragung von Unternehmensführungskonzeptionen, -stilen und -techniken in andere Kulturkreise zu sehen. Zu diskutierten sind darüber hinaus weitere kulturspezifische Managementmodelle wie das Modell K (Korea), das Modell C (China), das Modell R (Russland), das Modell N (nordeuropäische Länder) oder das Modell I (Arabische Länder), weil aus diesen Kulturkreisen am globalen Wettbewerb erfolgreich teilnehmende Unternehmen herstammen oder diese Länder zukünftig als wichtige Zielregionen von Direktinvestitionen in Betracht kommen.

14.1 Modell A: USA

In den vergangenen Dekaden sind im US-amerikanischen Einzugsbereich wiederholt Unternehmensführungsmodelle entwickelt worden, die für die dortige Form des Managements typisch sind. Unter diesen haben insbesondere das Spitzenleistungs- sowie das in Abschnitt 7.4.1.7 dargelegte Business-Process-Reengineering-Modell einen hohen Bekanntheitsgrad erlangt, die in einem zeitlichen Abstand von etwa zehn Jahren entworfen wurden. In den vergangenen Jahren sind jedoch weitere Studien über US-amerikanisches Management vorlegt worden, so dass es nunmehr möglich ist, über dieses ein präziseres Bild zu entwerfen.

14.1.1 Modell A1: Spitzenleistungen

In Search of Excellence

Die amerikanischen Unternehmensberater *Peters und Waterman* haben zu Beginn der 1980er Jahre versucht, *Gründe für einen lang anhaltenden Unternehmenserfolg* empirisch zu ermitteln (Peters/Waterman [Search]). Dazu sollten die Führungspraktiken erfolgreicher amerikanischer und deutscher Unternehmen erforscht werden. Wegen des geringen Interesses aufseiten deutscher Unternehmen musste die Studie allerdings auf erfolgreiche amerikanische Unternehmen beschränkt werden. Daher kann der aus der Untersuchung hervorgegangene Management-Bestseller „In Search of Excellence" als ein *Spiegelbild erfolgreicher amerikanischer Unternehmensführung* gelten, was häufig übersehen bzw. mit der japanischen verwechselt wird. Als exzellent wurden dabei nur solche Unternehmen eingestuft, die

- sich durch eine anhaltende Innovationskraft und eine große Beweglichkeit bei Marktveränderungen auszeichneten und
- in den 20 Jahren zwischen 1961 und 1980 bei mindestens vier von sechs die finanzielle Unternehmenssituation charakterisierenden Kriterien wie Gewinn oder RoI die gesetzten Anforderungen erfüllten (Peters/Waterman [Search] 19 ff.).

„Weiche" und „harte" Erfolgsfaktoren

Diesen Anforderungen genügten 43 amerikanische Unternehmen, zu denen damals – heute sähe es etwas anders aus – IBM, Hewlett Packard, 3 M, Texas Instruments, Digital Equipment, Wang Labs, Procter & Gamble, Johnson & Johnson sowie Kodak gehörten. Nicht in die Kategorie der erfolgreichen Unternehmen eingeordnet werden konnten 19 Unternehmen, unter ihnen General Motors sowie Exxon, die die Rangliste der Fortune 500 seit langem anführen. In der Kenntnis einer anderen Studie von Pascale und Athos (vgl. Abschn. 14.2) kommen Peters und Waterman in weitgehender Übereinstimmung mit diesen zu dem Ergebnis, dass die erfolgreichen amerikanischen Unternehmen in ihrer Führung so genannten „weichen" Gestaltungsfaktoren im Gegensatz zu den „harten" herkömmlichen betriebswirtschaftlichen Instrumenten einen höheren Stellenwert beimessen, als es die erfolglosen tun. Peters und Waterman konkretisieren diesen Befund dahingehend, dass sie *insgesamt acht Merkmale* herausarbeiten, in denen sich die erfolgreichen Unternehmen von *den weniger erfolgreichen unterscheiden*. Auf diese führen sie dann auch den unterschiedlichen Erfolg zurück.

14.1.1.1 Merkmale des Modells

Aktionsorientierung

Erfolgreiche amerikanische Unternehmen zeichnen sich durch eine rasche Umsetzung von Neuerungen und Veränderungen aus. Eine wichtige Rolle nimmt hierbei ihr umfassendes Kommunikationssystem ein. Für diese Unternehmen ist typisch, dass neuartige Aufgaben in aktionsorientierte Teile zerlegt und von Teams bewältigt werden (Peters/Waterman [Search] 119 ff.).

Kundenorientierung

Die erfolgreichen amerikanischen Unternehmen haben das Bestreben, ihren Kunden Produkte guter Qualität anzubieten. Zur Kundenorientierung gehört für sie insbesondere ein gut ausgebautes Servicenetz. Durch den permanenten Kundenkontakt sehen sie sich in der Lage, auf deren Wünsche individuell einzugehen. Ihre Handlungsmaxime lautet „Man muss nur zuhören; der Kunde sagt, was er will" (Peters/Waterman [Search] 156 ff.).

Kleine autonome Einheiten

Die erfolgreichen amerikanischen Unternehmen haben ihre Gesamtaufgabe auf kleine und operative Leistungseinheiten aufgeteilt. Ihre Leistungserstellungsprozesse sind daher überschaubar, was wiederum das unternehmerische Denken beim einzelnen Mitarbeiter fördert. Die erhöhte Reife der Mitarbeiter erlaubt es, nachgelagerten Einheiten ein vergleichsweise hohes Maß an Entscheidungsfreiheit zu übertragen. Die Einheiten stehen in einem Wettbewerbsverhältnis zueinander, was ihre Innovationsfähigkeit fördert. Hierdurch kann es zwar vorkommen, dass ein Problem mehrfach bearbeitet wird. Die Mehrfachbearbeitung von Problemen fördert jedoch die Innovationskraft der Unternehmen (Peters/Waterman [Search] 200 ff.).

Leistungsfähigkeit der Mitarbeiter

Im Top-Management erfolgreicher amerikanischer Unternehmen dominiert die Einstellung, dass die Mitarbeiter das wertvollste Kapital des Unternehmens sind, das es zu respektieren gilt. Dieses Vertrauensverhältnis bildet die Grundlage der Mitarbeiterführung. Insbesondere an der Verbesserung von Arbeitsabläufen und Produkten werden die Mitarbeiter beteiligt (Peters/Waterman [Search] 235 ff.).

Wertesystem

Die Mitarbeiter erfolgreicher amerikanischer Unternehmen haben ein klares Wertesystem, das von dem Top-Management behutsam gepflegt wird und das die Grundlage für die Formulierung der Unternehmensstrategien bildet. In den Wertesystemen dominieren qualitative Dimensionen wie Kundenzufriedenheit oder Fairness. Wichtige Segmente dieses Wertesystems sind ein gesundes Maß an Selbstvertrauen im Hinblick auf die eigene Leistungsfähigkeit, das Bewusstsein um die Wichtigkeit aller Mitarbeiter, das Vertrauen auf die Vorteile informeller Kommunikationsstrukturen, aber auch der Glaube an die hohe Bedeutung von Wachstum und Gewinn (Peters/Waterman [Search] 279 ff.).

Know-how

Die erfolgreichen amerikanischen Unternehmen bewegen sich auf Geschäftsfeldern, auf denen das eigene Know-how voll und ganz zum Tragen kommt. Es besteht eine klare Geschäftsfelddomäne bzw. ein Kerngeschäft. Die Handlungsmaxime, die Aktivitäten an den eigenen Stärken auszurichten, bestimmt die Produkt-Markt-Strategie und insbesondere die Akquisitionsstrategie (Peters/Waterman [Search] 292 ff.).

Einfache Organisationsstruktur

Die erfolgreichen amerikanischen Unternehmen haben eine vom Grundaufbau her einfache, vergleichsweise flache Organisationsstruktur, vorzugsweise in eindimensionaler produktorientierter oder funktionaler Form. Die Organisationsstruktur ist flexibel angelegt, wobei flexibilitätshemmende bürokratische Tendenzen bereits im Ansatz bekämpft werden. Erfolgreiche Unternehmen haben das formelle Berichtswesen auf das Notwendigste beschränkt; sämtliche Managementsysteme sind klar und einfach aufgebaut. Eine wesentliche Informationsfunktion übernimmt das informelle Kommunikationssystem des Unternehmens. Für die Zukunft wird eine Hybridform (vgl. Abschn. 7.2.2.3) aus den traditionellen Strukturformen empfohlen (Peters/Waterman [Search] 306 ff.).

Führung zugleich locker und fest

Erfolgreichen amerikanischen Unternehmen gelingt es, eine weitgehend zentrale Führung mit einem Maximum an individuellem Freiraum für die Mitarbeiter in Einklang zu bringen. Dies wird insbesondere durch einen weitgehenden Wertekonsens zwischen den Mitarbeitern möglich. Daher werden auch auf den unteren Hierarchieebenen große Autonomiebereiche eingeräumt (Peters/Waterman [Search] 318 ff.).

Im Ergebnis liegt nach den Befunden der Schlüssel zum Erfolg (amerikanischer Unternehmen) in einer radikalen Dezentralisierung, die durch eine weitestgehende Delegation von Entscheidungsaufgaben an die untereinander im Wettbewerb stehenden, überschaubaren Leistungseinheiten des Unternehmens zum Ausdruck kommt (Frese [Unternehmungen] 604; Krüger [Peters]).

14.1.1.2 Kritik des Modells

Kritische Würdigung

Die Aussagen von Peters und Waterman sind von betriebswirtschaftlichen Fachvertretern, aber auch von Top-Managern recht unterschiedlich beurteilt worden. Zunächst seien aus der Vielzahl der kritischen Einwände die wichtigsten herausgegriffen (vgl. auch Frese [Unternehmungen] 605 f.; Wächter [Kritik] 609 ff.):

Einwände

- *Die Untersuchung hat methodische Schwächen.* Zwar wurden mit zwölf der Unternehmen, die das Prädikat „Exzellenz“ knapp verfehlt hatten, Interviews durchgeführt; diese Kontrollgruppe ist jedoch viel zu klein und unterscheidet sich zu wenig im Hinblick auf ihre Effizienz von den erfolgreichen Unternehmen.
- Viele Aussagen sind vage und oberflächlich, journalistisch überhöht und apodiktisch.
- Zwar werden tief greifende Veränderungen, die heute die Unternehmen und Gesellschaft kennzeichnen, thematisiert; sie werden *jedoch nicht im Hinblick auf die dahinter stehenden Sinnfragen von Individuen und Existenzbedingungen von Großunternehmen* (beispielsweise Stellung von Ökonomie und Ökologie) aufgearbeitet.
- Durch die simplifizierende Verdichtung der differenzierten Befunde und die unbotmäßige Verallgemeinerung in acht Prinzipien erfolgreicher Unternehmensführung bleibt für *die notwendige kontextabhängige Relativierung der Unternehmensführung so gut wie kein Raum.*

Andererseits ist jedoch darauf hinzuweisen, dass gerade der apodiktische Charakter der handfesten und zahlenmäßig überschaubaren Aussagen ein wichtiger Faktor sein dürfte, der Peters und Waterman einen außergewöhnlichen Markterfolg bescherte. Viele Praktiker dürsten nach solchen und verabscheuen wissenschaftlich aufbereitete Veröffentlichungen. Zum Erfolg beigetragen haben dürfte aber auch, dass die Befunde vielen Lesern ebenso plausibel erscheinen, wie sie mit ihren Grundwerten in Harmonie stehen.

Von Praktikern wie Wissenschaftlern werden jedoch auch positive Bewertungen geäußert, wonach

Positive Aspekte

- *Forschungsdefizite der Fachwissenschaften,* insbesondere die Grenzen eines kritisch-rationalen Wissenschaftsprogramms, *aufgezeigt* würden (Wächter [Kritik] 608),
- ferner wirtschaftliche Akteure *durch die Darlegung in sich schlüssiger und erfolgreich erprobter Elemente* unternehmerischen Handelns *inspiriert* würden (Sparberg [Praxiserfahrungen] 607).

Der Nutzen des Modells dürfte demnach insbesondere darin zu suchen sein, dass *Praxis wie Wissenschaft mit provozierenden Thesen konfrontiert werden, die zu weiteren Überlegungen Anlass bieten.* Weniger ist hingegen zu erwarten, dass sich durch die hemdsärmeligen Ratschläge Spitzenleistungen hoch komplexer Unternehmen sicherstellen lassen.

Weiterhin bleibt abschließend festzuhalten, dass sich das Spitzenleistungsmodell auf das Management von erfolgreichen US-amerikanischen Unternehmen und nicht auf dasjenige US-amerikanischer Unternehmen per se bezieht. Es darf also nicht als Realbild des US-amerikanischen Managements verstanden werden.

14.1.2 Modell A2: Realbild des US-amerikanischen Managements

In den vergangenen Jahren ist eine größere Zahl an Untersuchungen vorgelegt worden, die sich um die Erarbeitung eines wirklichkeitsgerechten Abbilds der in US-amerikanischen Unternehmen typischen Managementstile bemühen.

Unternehmensziele

- *Unternehmensziele.* Wie bereits in Kapitel 4 dargelegt, sind US-amerikanische Unternehmen in überdurchschnittlichem Maße durch eine Shareholder-Value-Orientierung geprägt, bei der sämtliche Unternehmenshandlungen in hohem Maße auf die Kapitaleignerinteressen ausgerichtet werden (Blasius [Unternehmensführung] 116). Letztlich liegt der gesamten Unternehmensführung die Annahme zu Grunde, dass die Börse und die Kapitaleigner am besten wissen, was für Unternehmen gut ist. Diese Einschätzung wird durch empirische Untersuchungen fundiert: So sind nach der Studie von Yoshimori ([Company] 34 f.) 89,2 % der befragten US-amerikanischen Top-Manager bereit, Mitarbeiter zu entlassen, um die Dividendenausschüttung sicherzustellen. Da amerikanische Kapitaleigner im Hinblick auf ihre Investitionen relativ wenig Geduld haben, dominiert in den Unternehmen eine kurzfristige Gewinnorientierung in der Form eines „profits now!". Vlasic und Stertz ([Ride] 328 f.) verdeutlichen diese Kurzfristigkeit der ökonomischen Zielorientierung der Unternehmen im Hinblick auf die damalige Daimler-Chrysler-Fusion (vgl. das Fallbeispiel zu Kapitel 7): „American corporations kept a close watch on earnings estimates conjured up on Wall Street and discreetly let analysts know if the companies would hit their targets. Nothing tanked a stock like an earnings shortfall, particularly a surprise disappointment. The Street focused solely on the quarterly results, nothing else. ... The German system was vastly different. Companies and stockholders focused on full-year results (Vlasic/Stertz [Ride] 328 f.).

Strategien

- *Strategieinhalt und -entwurf.* Die US-amerikanischen Unternehmen waren die ersten, die sich in systematischer Weise des Instruments der Leistungsprogrammdiversifikation bedient haben. Später waren sie auch im Bereich der Kernkompetenzorientierung zeitlich früher aktiv als ihre Wettbewerber aus anderen Kulturkreisen. Es ist zu vermuten, das diese Aktionsmuster insbesondere in der relativ geringen Unsicherheitsvermeidung der amerikanischen Kultur, die ein experimentierendes Verhalten in neuen Aktionsfelder duldet, sowie zusätzlich in deren starkem Individualismus begründet ist (Macharzina/Oesterle/Wolf [Analyse] 150). Nämliches gilt für die Outsourcingwelle, die ebenfalls in den USA ihren Ursprung gefunden hat. Cappelli ([Change] 6) und andere weisen darauf hin, dass in den USA das Outsourcing von Wertschöpfungskettengliedern besonders intensiv betrieben wird. Häufiger als anderswo findet man eine Ausgliederung ganzer Unternehmensfunktionen (Cappelli [Change] 6). Schließlich ist bekannt, dass US-amerikanische Manager in einem hohen Maße von einer Machbarkeit der Welt ausgehen, die es durch ein proaktives Management zu gestalten gilt (Lawrence [Management] 61 ff.).

Organisation

- *Organisation.* In den Organisationscharakteristika US-amerikanischer Unternehmen spiegelt sich der in den USA vorherrschende Glaube an die Wirksamkeit des Marktes wider. Während die in US-amerikanischen Unternehmen frühzeitig vollzogene Divisionalisierung der Organisationsstruktur zwischenzeitlich auch von vielen Unternehmen anderer Kulturkreise übernommen wurde und somit diesbezüglich kein wesentlicher Unterschied mehr besteht, weisen die US-amerikanischen Unternehmen im Hinblick auf andere Organisationsmerkmale auch heute noch nennenswerte Besonderheiten auf. Während sie bis in die 1980er Jahre überdurchschnittlich viele Hierarchieebenen und einen hohen Zentralisationsgrad strategischer Entscheidungskompetenzen aufwiesen (Cappelli [Change] 19), ist dieses Muster insbesondere im Zuge der Diversifikationswelle dergestalt modifiziert worden, dass die Anzahl mittlerer, mit umfangreicher strategischer Verantwortung versehener Manager stark ausgeweitet wurde. In US-amerikanischen Unternehmen verfügen relativ viele mittlere Manager über geschäftsführerartige Funktionen und es findet sich eine Flut von „Vice Presidents". Aufgrund dieser Aufblähung des mittleren Managements fallen US-amerikanische Unternehmen durch relativ große Kontrollspannen in höheren und relativ geringe in unteren Hierarchieebenen auf. Vor dem Hintergrund dieser Entwicklung der Ausweitung des mittleren Managements ist auch die ebenfalls aus den USA stammende Empowerment-Bewegung zu verstehen (vgl. Abschn. 8.1.4).

Trotz dieser Veränderungen und bestehender Entwicklungstendenzen in Richtung einer Teamorganisation existiert auch noch in vielen US-amerikanischen Unternehmen ein *relativ* hohes, in der Tradition Taylors stehendes Maß an Arbeitsteilung, welches die Anwendung einer Hire-and-Fire-Personalpolitik gestattet (Osterman [Prosperity] 94). Typisch ist weiterhin, dass seit den 1990er Jahren der organisationsstrukturelle Wandel amerikanischer Unternehmen hauptsächlich durch den Druck des Kapitalmarkts ausgelöst ist (Kalleberg/Marsden [Organizations] 5). Reorganisiert wird vor allem, um kurzfristig den Wert des Unternehmens zu steigern. Als Beispiel hierfür kann das in den USA äußerst konsequent vollzogene Downsizing mittlerer Managementebenen gelten (McKinley/Zhao/Rust [Downsizing]; Weller/Kabst [Downsizing]), das Personalreduktion sowohl im direkten als auch im indirekten Wertschöpfungsbereich zum Inhalt hat.

Kommunikation, Entscheidung, Kontrolle

- *Kommunikations-, Entscheidungs- und Kontrollstruktur.* Weitaus weniger als in deutschen Unternehmen folgen in US-amerikanischen Unternehmen die Kommunikationsstrukturen der formalen Hierarchiestruktur. Insbesondere ist es in den USA durchaus üblich, dass die nachgelagerten Mitarbeiter in geschäftlichen Angelegenheiten direkt mit hierarchisch viel höher stehenden Führungskräften kommunizieren (Appelbaum/Berg [Systems] 129 f.). Dieser Trend korrespondiert mit der in den USA vergleichsweise intensiven Nutzung von Formen der Projekt- und Teamorganisation (vgl. Abschn. 7.4.1.2). Gleichwohl sind in US-amerikanischen Unternehmen die Entscheidungsprozesse trotz der informationellen Direktverkopplung von Führungskräften relativ stark hierarchisch strukturiert. So ist üblicherweise die Letztverantwortung für Entscheidungen eindeutig den Inhabern der zuständigen Stellen zugeordnet (Aoki [Structure] 972). Auch heute noch sind US-amerikanische Unternehmen relativ stark von klaren „Kommandoketten" geprägt. Bekannt ist weiterhin, dass US-amerikanische Unternehmen vorwiegend auf vertikale Kontrollstrukturen setzen. Im Vergleich hierzu wird in japanischen Unternehmen eher die horizontale Kontrolle durch hierarchisch gleichrangige Unternehmensangehörige bevorzugt (Kagono et al. [Management] 39). Schließlich bleibt festzustellen, dass in US-amerikanischen Unternehmen ein relativ hoher Institutionalisierungsgrad von Regeln besteht (Blasius [Unternehmensführung] 121), was unter anderem mit der expliziten Natur der amerikanischen Kultur erklärbar ist. Allerdings besteht in den Unternehmen eine latente Bereitschaft, sich über die gefassten Regeln hinwegzusetzen (Stahl/Langeloh/Kühlmann [USA] 87). Dies mag mit dem Umstand begründbar sein, dass die Amerikaner Flexibilität generell hoch schätzen.

Unternehmensbeziehungen

- *Strukturen in zwischenbetrieblichen Beziehungen.* Stärker als z. B. in japanischen Unternehmen sind die Beziehungen von Unternehmen mit ihren Zulieferern von den die Leistungen abnehmenden Unternehmen dominiert (Cole [Fads] 106). Es wird zwar häufig von Zuliefernetzwerken gesprochen, doch stellen diese vielfach keine Netzwerke im eigentlichen Sinn dar, weil die direkten Beziehungen der Lieferanten untereinander schwach ausgeprägt sind.

Personalführung und soziale Beziehungen

- *Personalführung und interpersonelle Beziehungen.* Da die USA das Land mit dem höchsten Individualismusgrad sind, wird in US-amerikanischen Unternehmen ein delegierender Führungsstil bevorzugt, welcher den Mitarbeitern relativ viel Freiraum bietet. Die Mitarbeiter werden vergleichsweise intensiv an den Entscheidungsprozessen der Führungskräfte beteiligt (Elenkov [Concepts] 140). Auffällig ist weiterhin das relativ häufige Antreffen von charismatisch-transformationalen Führungskräften (vgl. Abschn. 8.1.1.1), die Visionen, Optimismus und Veränderungswillen symbolisieren (LeMont Schmidt [Wirtschaftskultur] 67). Bemerkenswert ist auch, dass in der durch Pragmatismus geprägten US-amerikanischen Gesellschaft Intellektualität und Vornehmheit relativ wenig als Voraussetzungen für Führungserfolg geschätzt werden (Lewis [Cultures] 78). Zwar finden in US-amerikanischen Unternehmen relativ viele Gruppendiskussionen statt und die Führungskräfte und Mitarbeiter interagieren dort intensiv miteinander (Lewis [Cultures] 79), doch bestehen zwischen Vorgesetzten und Mitarbeitern nur relativ lose persönliche Beziehungen. Finden sich derartige Beziehungen aber doch, dann nützen diese dem jeweiligen Mitarbeiter relativ wenig hinsichtlich seines beruflichen Fortkommens (Lincoln/Kalleberg [Culture] 86 ff.).

Personalmanagement

- *Personalmanagement.* Aufgrund der in den USA nur sehr rudimentär ausgeprägten Arbeitnehmer-Mitbestimmungsrechte sowie der von einem niedrigen Niveau aus in den letzten Jahren sogar noch geringer gewordenen Bedeutung von Gewerkschaften haben die Personalabteilungen in US-amerikanischen Unternehmen einen relativ geringen Stellenwert. US-amerikanische Unternehmen investieren relativ wenig in den Bereich „Humanressourcen" (Kochan/Osterman [Gains] 113). Dies gilt insbesondere für das Ausmaß unternehmensinterner Personalentwicklung. Es herrscht eine Sichtweise vor, dass die Entwicklung von Humanressourcen vorwiegend die Aufgabe selbstständiger, am freien Markt agierender Institutionen ist (Kochan/Osterman [Gains] 37 ff.). Dementsprechend ist die Unternehmensspezifität des individuellen Humankapitals geringer als in Deutschland oder Japan und dies vermag wiederum mitzuerklären, warum in US-amerikanischen Unternehmen die Beschäftigungsdauer von Arbeitnehmern immer noch deutlich unter dem internationalen Durchschnitt liegt. Auffällig ist weiterhin, dass in den USA Führungskräfte häufiger als anderswo Spezialistenkarrieren einschlagen. Sie sind auf ein Gestaltungsfeld und nicht auf ihr Unternehmen spezialisiert.

Anreizsysteme

- *Anreizsysteme.* In US-amerikanischen Unternehmen wird in vergleichsweise starkem Maße mit ökonomischen Anreizen gearbeitet. Deren Höhe wird vorwiegend aus der Höhe der geleisteten Arbeit abgeleitet (Blasius [Unternehmensführung] 125). Leistungserwartungs- und treuebezogene Vergütungskomponenten sind eher unwichtig. Im Führungskräftebereich kommen sehr häufig Stock Option Plans (vgl. Abschn. 8.1.6) zum Einsatz. Diese werden ebenfalls als Ausdruck einer wünschenswerten Pay-for-Performance-Kultur interpretiert, die über den häufigen Einsatz von Mitarbeiterbeteiligungsprogrammen auch im Nicht-Führungskräftebereich ihre Materialisierung findet.

Anhand dieser kurzen Synopse der Befunde aktueller Untersuchungen wird deutlich, dass sich diese zwar nicht in jedem Punkt von den Ergebnissen des Spitzenleistungsmodells unterscheiden, aber doch auf vielfältige Ergänzungsbedarfe hinweisen.

14.2 Modell J: Japan

Ausgangspunkt der japanspezifischen Modelle ist die Erkenntnis, dass die *Produktivität japanischer Unternehmen gegenüber der amerikanischen Konkurrenz merklich angestiegen* ist, dass aber die Erfolge japanischer Unternehmen weniger auf einzelnen Techniken wie beispielsweise dem Kanbankonzept (vgl.

Abschn. 11.1.2.2) beruhen, sondern im Wesentlichen *auf die besonderen Fähigkeiten und Kenntnisse japanischer Top-Manager zurückzuführen seien, deren Handeln sich von der in westlichen Unternehmen praktizierten Führungsform wesentlich unterscheidet* (Pascale/Athos [Art] 21).

Abkehr vom US-Führungsideal

Amerikanischen Top-Managern wird hingegen eine begrenzte Sichtweise vorgeworfen (Pascale/Athos [Art] 21), die eine mangelnde Anpassungsfähigkeit an veränderte Umweltbedingungen verursache. Daher wird eine *Abkehr vom amerikanischen Führungsideal* gefordert, das durch Härte, Individualität und Dominanz gekennzeichnet ist. Ähnlich der Theory Z (vgl. Abschn. 14.2.3) wird eine *Orientierung an der japanischen Art der Unternehmensführung vorgeschlagen.* Eine „totale Japanisierung" in Form eines blinden Transfers japanischer Werte zur Überwindung amerikanischer Führungsdefizite wird allerdings abgelehnt (Pascale/Athos [Art] 21 und 27).

Japan-Orientierung

14.2.1 Modell J1: 7-S-Management

Die nachfolgend zu diskutierende Konzeption des 7-S-Managements wurde von Pascale und Athos in Zusammenarbeit mit dem Beratungsunternehmen McKinsey & Co. entwickelt. Im Gegensatz zur Theory Z wird hier die Art japanischer Unternehmensführung anhand eines *Einzelfalles,* nämlich des Elektrokonzerns Matsushita (2008 umfirmiert in Panasonic), aufgezeigt, dessen Führungskonzeption unbewiesen als beispielhaft für die japanische Führung von Großunternehmen bezeichnet wird. Die Besonderheiten der Konzeption werden über einen *Vergleich auf sieben Ebenen* – den 7 S – als wesentliche Unterscheidungsmerkmale eines erfolgreichen japanischen Unternehmens (Matsushita) mit einem typischen, aber etwas weniger erfolgreichen amerikanischen Unternehmen, nämlich ITT, herausgearbeitet (Pascale/Athos [Art] 80 ff.).

14.2.1.1 Merkmale des Modells

Praxisbeispiel:

Matsushita K. K. versus ITT Corp.

Die Grundmerkmale der Konzeption fußen auf den 7-S-Variablen.

„Harte Variablen"

1. *Strategy/Strategie*
   Die Strategie bezieht sich auf die Aktionsplanung eines Unternehmens, nach der

die Allokation der knappen Ressourcen erfolgt, um angestrebte künftige Zustände zu erreichen (vgl. Kapitel 5).

2. *Structure/Struktur*
   Die Variable Struktur erläutert die Art und Weise, wie ein Unternehmen organisiert ist. Kriterien zur Beschreibung sind zum Beispiel der Grad der Funktionalisierung und das Ausmaß der Dezentralisation (vgl. Kapitel 7).

3. *Systems/Systeme*
   Mit dieser Dimension werden die vom Top-Management angewandten Verfahren und Techniken erfasst. Sie regeln zum Beispiel die Art des Informationsflusses im Unternehmen, die Form des Berichtswesens und den Einsatz von Planungs- und Kontrollverfahren zur Steuerung der Prozesse (vgl. Abschn. 6.4 sowie Kapitel 12).

Befund

Bei diesen drei Variablen finden sich offenbar kaum Unterschiede in der Ausprägung zwischen dem japanischen und dem amerikanischen Beispielunternehmen. Sie werden als harte Elemente bezeichnet, da es sich hierbei um strukturell-technokratische Führungsmechanismen handelt und das Top-Management einen hohen Einfluss auf die Ausprägung dieser Variablen ausüben kann. Die folgenden vier Variablen werden hingegen als weiche Elemente angesprochen, da es sich bei ihnen um verhaltensorientierte Faktoren mit einer subtileren Wirkungsweise handelt, die nicht so leicht gehandhabt werden können. Bei dem amerikanischen Unternehmen standen die harten Elemente im Mittelpunkt des Unternehmensführungskonzepts, während das japanische Modell sich daneben in besonderem Maße auf die weichen Faktoren stützte, nämlich

„Weiche Variablen"

4. *Staff/Personal*
   Diese Variable beschreibt die demographischen Charakteristiken der Mitarbeiter (zum Beispiel Ingenieurtypen, Verkäufertypen, MBAs oder Aufteilung hinsichtlich der Altersstruktur).
   Bei ***Matsushita*** *(Umsatz 2006: 77,2 Milliarden US-Dollar; Mitarbeiter 2006: 328.645) ist der Erfolg des Unternehmens vorwiegend durch die besonders großen Anstrengungen der Mitarbeiter bestimmt. In der Personalentwicklung des Unternehmens hat der Leistungsgedanke oberste Priorität; er wird nur in den seltensten Fällen dem Senioritätsprinzip untergeordnet. Dies äußert sich unter anderem in der intensiv durchgeführten Aus- und Weiterbildung der Mitarbeiter. Ein Schwerpunkt der Personalpolitik ist der permanente Arbeitsplatzwechsel zwischen den einzelnen Unternehmensbereichen (Pascale/Athos [Art] 52 ff.).*
   Hingegen wird die langfristige Personalentwicklung und Integration von Mitarbeitern bei der ***ITT*** *(Umsatz 2007: 9,0 Milliarden US-Dollar; Mitarbeiter 2007: 39.700) durch kurzfristig veranlasste Einstellungen solcher Mitarbeiter ersetzt, deren Kenntnisse zu einem bestimmten Zeitpunkt benötigt werden. Mitarbeiter werden als zu verschleißende Produktionsfaktoren erachtet.*

5. *Skills/Fertigkeiten und Fähigkeiten*
   Skills beschreiben sowohl die besonderen Fertigkeiten und Fähigkeiten der ein-

zelnen Mitarbeiter als auch des Unternehmens an sich. Die Fähigkeiten und Fertigkeiten der Mitarbeiter und des Unternehmens ergeben sich als Nebenprodukte aus der Art und Weise, wie die Teile der Organisation zusammenarbeiten. Bei ***Matsushita*** *werden menschliche Kriterien mit harten Fakten verbunden, um hieraus die notwendige Anpassungsfähigkeit und Vitalität bei Umweltentwicklungen abzuleiten. Die Mitarbeiter sind Generalisten und Spezialisten zugleich (Pascale/Athos [Art] 57).*

Da im westlichen Beispielunternehmen ***ITT*** *hingegen ein hohes Maß an Arbeitsteilung besteht, sind auch die Qualifizierungsprogramme hautpsächlich auf eine Verbesserung des Wissens auf einem vergleichsweise schmalen Fachgebiet ausgerichtet. Aus diesem Grund ist die Mehrzahl der Mitarbeiter als Spezialisten und nicht als Generalisten anzusprechen.*

6. *Style/Führungsstil*
   Unter der Variablen Führungsstil werden Verhaltensmuster und Verhaltensweisen der Top-Manager zur Erreichung der Unternehmensziele sowie der kulturelle Stil des Gesamtunternehmens zusammengefasst (vgl. Abschn. 8.1.2).
   Der Führungsstil des Hauses ***Matsushita*** *wurde deutlich von der Person des Unternehmengründers Konosuke Matsushita geprägt, wobei der persönliche Einfluss des Unternehmenschefs auf die Unternehmensführung insbesondere in wirtschaftlichen Krisensituationen stark intensiviert wurde. Auch der Nachfolger Yoichi Morishita übte eine ähnliche Funktion aus. Der persönliche Kontakt zu den Leitern der Divisions ist dabei ein wichtiges Führungsinstrument. Besonderes Merkmal des Führungsstils aller Hierarchieebenen ist die Offenlegung und Diskussion bestehender Konflikte. Ein weiteres Merkmal des bei Matsushita praktizierten Führungsstils besteht in einer bewussten Integration gegensätzlicher Elemente wie zentraler und dezentraler Entscheidungsfindung. Insgesamt vermittelt er den Eindruck einer Grundhaltung der situativen Anpassung an gegebene Problemstellungen (Pascale/Athos [Art] 46 ff.).*
   Hingegen lässt sich der Führungsstil der ***ITT*** *durch die Attribute „Aufmerksamkeit", „Pragmatik", „Besessenheit", „Pflichtgefühl" oder „Dominanz" beschreiben, aus denen die Konzeption der Führung über „harte Fakten" deutlich wird. Er wurde weitgehend durch den ehemaligen Chef der ITT, Harold Geneen, geprägt.*

7. *Superordinate Goals/Unternehmensphilosophie*
   Die Superordinate Goals enthalten die wichtigsten geistigen Überzeugungen und die gemeinsamen Grundwerte der Unternehmensangehörigen. Sie beziehen sich auf den übergeordneten Zweck der Tätigkeit des Unternehmens und seiner Mitglieder (vgl. Abschn. 4.6 f.).

Abbildung 14-1 7-S-Management (Matsushita)

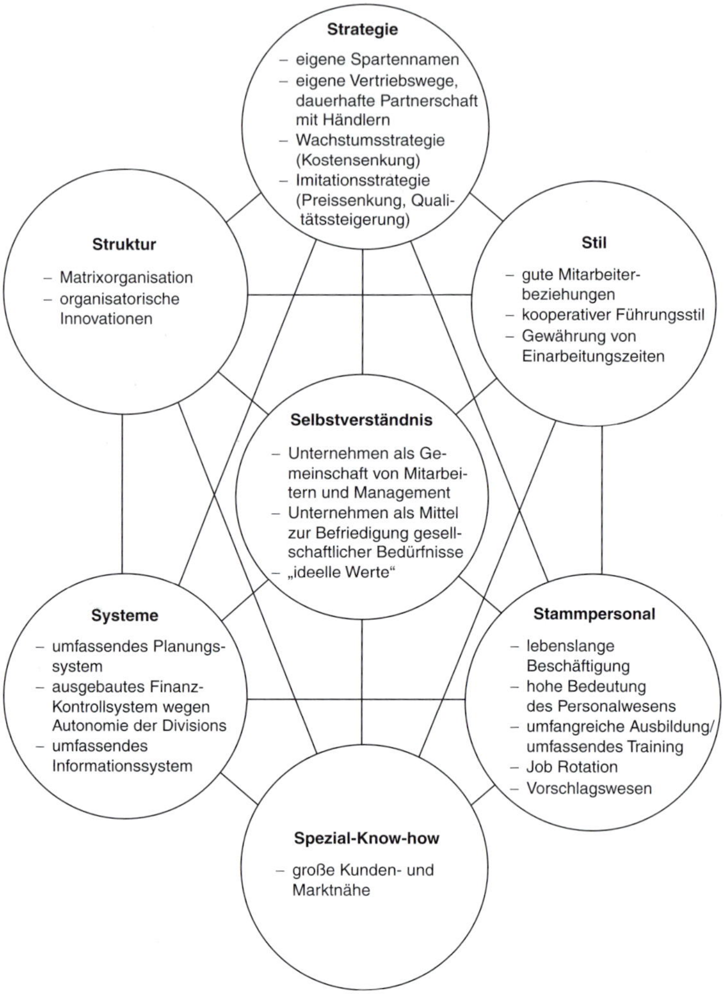

*Die Unternehmensführungskonzeption **Matsushitas** beruht auf einer Unternehmensphilosophie, in der die gegenseitige Abhängigkeit, aber auch die Verantwortung des Unternehmens für die Gesellschaft betont werden. Durch die Formulierung der Wertvorstellungen soll auch die Identifikation der Mitarbeiter mit dem Unternehmen erhöht werden. Neuen Mitarbeitern werden diese Werte des Unternehmens systematisch mittels Firmenlied und -uniform eingeschärft. Aus dieser Philosophie werden die konkreten Zielvorgaben abgeleitet. Ein Ab-*

weichen einzelner Mitarbeiter von der Unternehmensphilosophie kann unter Umständen deren Entlassung zur Folge haben (Pascale/Athos [Art] 51 ff.).
Die Führung des amerikanischen Unternehmens ***ITT*** *wird hingegen als weit weniger auf übergeordnete Werte hin ausgerichtet dargestellt.*

Die japanischen Ausprägungen der sieben Variablenbereiche sind in Abbildung 14-1 zusammengefasst. Nach Pascale und Athos ist jeder Variablenbereich, insbesondere aber deren gegenseitige Abstimmung aufeinander und das Unternehmen insgesamt, als bedeutend für den langfristigen Unternehmenserfolg anzusehen (Pascale/Athos [Art] 202, 206).

Ganzheitliche Abstimmung als Erfolgsfaktor

Die Lösung von Unternehmensführungsproblemen und die Sicherung des Unternehmenserfolgs werden daher nicht in der Einführung einer Vielzahl neuer Verfahren gesehen, sondern im Erreichen eines solchen Fit zwischen sämtlichen Elementen der 7-S-Konzeption. Diese Abstimmung der Variablenbereiche scheint in japanischen und einigen erfolgreichen amerikanischen Unternehmen besonders gut gelungen. Der Erfolg jener Unternehmen, die den so genannten „weichen" Elementen eine ähnliche Bedeutung beimessen wie den „harten" Elementen, zeigt, dass die von der Mehrzahl der amerikanischen Unternehmen bisher unterschätzten Elemente einer weitaus größeren Berücksichtigung bedürfen, als dies in der Vergangenheit der Fall war.

14.2.1.2 Kritik des Modells

Kritische Würdigung

Zunächst ist positiv zu werten, dass die Begrifflichkeit des 7-S-Rahmens transparenter und für die Überprüfung der Hypothesen besser geeignet erscheint als andere Ansätze, insbesondere der unten diskutierten Theory Z (vgl. Abschn. 14.2.3). Darüber hinaus weist das Modell einen weiteren, viel gewichtigeren Vorzug gegenüber dem nachfolgend behandelten Konzept Ouchis auf, da in der 7-S-Konzeption keine enge Betrachtung mitarbeiterbezogener Aspekte, sondern eine *umfassendere Analyse der Unternehmensführung* unter Einbeziehung harter und weiterer weicher Variablen erfolgt.

Einwände

Der Konzeption muss allerdings angelastet werden, dass der ihr zugrunde liegende *Erfolgsbegriff nicht genau präzisiert* wird. Dieser wird lediglich vage durch eine Anzahl von Variablen wie Umsatzsteigerung, Eroberung großer Marktanteile oder wachsende Produktivität umschrieben. Daneben bleiben *wesentliche Einflussfaktoren* wie Unterschiede in der historischen Entwicklung oder die von Kulturkreis zu Kulturkreis differierende Macht der am Unternehmen beteiligten Interessengruppen *ausgeblendet.* Überdies ist eine Verallgemeinerung der Aussagen wegen der Einzelfallstudienfundierung der Untersuchung nicht möglich. Dieser Mangel kann auch dadurch nicht geheilt werden, dass in die Erstellung der Konzeption eine nicht repräsentative empirische Vorstudie über mehrere Unternehmen einging. Unbelegt ist auch die postulierte *Kausalität zwischen den „weichen" Faktoren und dem Unternehmenserfolg*. So wäre durchaus denkbar, dass sich der unterschiedliche Erfolg der beiden analysierten Unternehmen durch andere, im Modell nicht berücksichtigte Variablen begründen lässt. Schließlich bleibt unbefriedigend, dass das *7-S-Konzept nur einen Bezugsrahmen und kein inhaltlich konkretisiertes und abgestimmtes Unternehmensführungsmodell darstellt.*

14.2.2 Modell J2: Kaizen

14.2.2.1 Merkmale des Modells

Einordnung

Kaizen wird von Masaaki Imai als wichtigstes japanisches Management-Konzept gewertet. Seit der Veröffentlichung seines gleichnamigen Werkes im Jahr 1986 wurde seinen Empfehlungen in vielen Unternehmen weltweit große Aufmerksamkeit zuteil, auch wenn die ursprüngliche Begrifflichkeit des Kaizen in der Mehrzahl der Fallanwendungen eines solchen Systems eine unternehmensspezifische Umbenennung oder eine Integration in andere Management-Konzepte wie beispielsweise Total Quality Management (TQM) oder Kontinuierlicher Verbesserungsprozess (KVP) erfahren hat (Schwager [Weg]). Die methodischen Wurzeln der Kaizen-Bewegung finden sich allerdings nicht allein in Japan, sondern sind auch auf die – aufgrund der damaligen Qualitätsprobleme der japanischen Industrie erbetene – Beratertätigkeit des Amerikaners W. E. Deming in Japan Anfang der 1950er Jahre zurückzuführen (vgl. Abschn. 10.5).

Begriff

Der Begriff Kaizen weist mit seinen beiden Elementen KAI (Ändern) und ZEN (Güte) und der direkten Übersetzung im Sinne von „Verbesserung" auf die Kernaussage des Konzepts hin. Im Mittelpunkt steht die kontinuierliche und inkrementelle Verbesserung aller Wertschöpfungsaktivitäten unter Einbeziehung sämtlicher Mitarbeiter (Imai [Schlüssel]).

Merkmale

Die konkrete inhaltliche Auseinandersetzung mit der Kaizen-Strategie ist mit der Erkenntnis verbunden, dass sich dahinter weniger ein festgelegtes Set verschiedener qualitätsorientierter Teilkonzepte verbirgt als vielmehr die Etablierung einer Unternehmenskultur (Volk [Wunder]), in der das Vorhandensein von Problemen eingestanden werden darf und zugleich die Lösung dieser Probleme mit vereinten Kräften angegangen wird. Diese Vorgehensweise wird auf ein ganzes Bündel von Zielvorstellungen und Maßnahmen hin formuliert, in deren Mittelpunkt die konsequente Ausrichtung auf die Kunden, die Verbesserung von Qualität und Produktionsplanung, allgemeine Kostensenkung, Steigerung der Produktivität sowie die abteilungsübergreifende Zusammenarbeit und eine prozessorientierte Perspektive des Unternehmens stehen.

Alles unter einem Dach

Aus dem Verständnis von Kaizen als philosphisch-ideologischem Überbau der Unternehmensführung folgt, dass viele für Japan typische Managementkonzepte und -praktiken wie TQC, Gruppenarbeit, Vorschlagswesen oder Qualitätszirkel (vgl. Abschn. 10.5) als Bestandteile des Kaizen zu verstehen sind (Imai [Schlüssel] 24). Qualitätssicherungs- und Qualitätskontrollaktivitäten werden darin als Werkzeuge angesehen (Imai [Schlüssel] 34 f.). Innerhalb des TQM stellt die Bildung von Qualitätszirkeln die organistorische Basis zur Qualitätsverbesserung dar. In Japan werden die Aktivitäten der Qualitätszirkel insbesondere unter dem Aspekt der Weiterbildung der Mitarbeiter gesehen und können in erster Linie als Orte des Lernens verstanden werden. Verschiedene Autoren verweisen im Gegenzug darauf, dass hierzulande Qualitätszirkel primär als ergebnisorientierte Problemlösungsgruppen gesehen werden (Malorny [TQM] 250 ff.).

Vorschlagswesen

Die Verbreitung und Ausgestaltung des Vorschlagswesens in japanischen Unternehmen ist ein weiterer beispielhafter Beleg für die Umsetzung des Kaizen-Gedankens. Zum einen werden in Japan im Vergleich zu anderen führenden Industrienationen wie den USA und Deutschland Vorschlagssysteme von weitaus mehr Unternehmen praktiziert. Zum anderen gehen in Japan pro Mitarbeiter über ein Jahr verteilt eine Vielzahl von Verbesserungsvorschlägen ein, wohingegen in westlichen Unternehmen eine deutliche Zurückhaltung zu vermerken ist und im Durchschnitt nur 10 bis 15 Prozent der Belegschaft einen Vorschlag unterbreiten. Auch die länderspezifischen Umsetzungsquoten der eingegangenen Vorschläge weisen deutliche Unterschiede auf und erreichen in Japan eine Größenordnung von knapp 90 Prozent; der durchschnittliche Anteil verwirklichter Vorschläge liegt in westlichen Unternehmen nur bei 30 bis 40 Prozent. Am deutlichsten tritt der verschiedenartige Charakter des Vorschlagswesens bei der Höhe des im Durchschnitt erreichten Einsparungseffekts je umgesetztem Vorschlag hervor, der laut Untersuchungen im Vergleich mit Japan in den USA um den Faktor 55 und in Deutschland um den Faktor 18 höher ausfällt. Es zeigt sich somit, dass es sich bei Kaizen um ein mitarbeiterorientiertes Konzept handelt, das im Bewusstsein aller Unternehmensangehörigen zu verankern ist (Jung [Konzept] 360). Im Kaizen-Konzept werden dafür allen Mitarbeitern vom Manager bis zum Arbeiter bestimmte Aufgaben innerhalb der Verbesserungsaktivitäten übertragen. In diesem gelebten und systematisch genutzten Wir-Gefühl sehen viele Autoren die eigentliche Erfolgsgrundlage des Konzepts (Volk [Wunder]; Jung [Konzept]).

Anspruch

Kaizen erhebt den Anspruch eines Management-Modells, das im Erkennen der Notwendigkeit einer nie endenden Verbesserung in der japanischen Mentalität verwurzelt ist und das Bemühen der Mitarbeiter an sich anerkennt (Imai [Schlüssel] 24). Es steht nach Imai damit im Gegensatz zu der für die westliche Welt typischen „Um-Zu-Haltung", die sich überwiegend am Leistungsergebnis der Mitarbeiter orientiert. In der Gegenüberstellung sieht Imai die charakteristischen Merkmale des Kaizen-Konzepts als langfristig andauernde Erhaltungs- und Verbesserungsmaßnahmen, die sich auf den jeweiligen Stand der Technik stützen und diesen in kleinen Schritten von Fehlern und Ineffizienzen befreien.

14.2.2.2 Kritik des Modells

Kritische Würdigung

Zu einer stichhaltigen Kritik am Modell „Kaizen" fehlt es an inhaltlichen Angriffspunkten, denn gegen das Bestreben, etwas in Zukunft immer ein bisschen besser machen zu wollen als bisher, ist in keinerlei Hinsicht etwas einzuwenden. Dennoch ist es fraglich, ob Kaizen tatsächlich der Anspruch eines eigenen Management-Konzepts zugesprochen werden kann; es beinhaltet nämlich gegenüber TQM kaum neuartige Aussagen, die über den reinen Verbesserungsgedanken hinausgingen.

14.2.3 Modell J3: Theory Z

Nachfolgend wird mit der von William Ouchi entwickelten Theory Z ein Unternehmensführungsmodell diskutiert, das mit Blick auf das japanische Management erarbeitet wurde. Es handelt sich dabei um eine Modellkonzeption, in der ausdrücklich davon ausgegangen wird, dass die *Gestaltungsempfehlungen unabhängig vom kulturellen Umfeld, in dem Unternehmen operieren,* eingesetzt werden können und Erfolg stiften.

Anspruch

Ouchis Konzept ([Theory]) stellt eine *normative Theorie* dar mit dem Anspruch aufzuzeigen, wie Mitarbeiter zur Produktivitätssteigerung motiviert werden sollen (Sullivan [Critique] 132). Ausgangspunkt ist die Annahme, dass die japanische Form der Unternehmensführung in dieser Hinsicht erfolgreicher ist als die amerikanische (Ouchi [Theory] 4). Da für Ouchi eine *hohe Produktivität in erster Linie das Ergebnis einer ausgeprägten Mitarbeiterorientierung* ist, gelangt er zu der Einsicht, dass in der *informalen, prozessorientierten und nicht in der formalen Organisation* der Schlüssel zum Unternehmenserfolg liegen müsse. Deshalb werden zunächst typische Ausprägungsformen der informalen Organisation beschrieben, wie sie in japanischen und in amerikanischen Unternehmen vorliegen (Ouchi [Theory] 17 ff.). Die Darstellung der beiden Organisationsformen – der Organisationsbegriff wird von Ouchi im erweiterten, über das strukturelle Verständnis hinausgehenden Sinn verwendet – erfolgt auch hier anhand von *sieben* – allerdings anderen – *grundlegenden Merkmalen.*

14.2.3.1 Merkmale der Organisationsform vom Typ J

Beschäftigungssystem

In einem beträchtlichen Teil der japanischen Unternehmen ist das Prinzip einer lebenslangen Beschäftigung realisiert. Es wird als das wichtigste Element der japanischen Unternehmensführung angesehen. Dieses Prinzip gestattet eine flexible Anpassung des Arbeitsgebiets an veränderte Marktsituationen; es ist gekoppelt mit einer teilweise erfolgsabhängigen Entlohnung, sodass das wirtschaftliche Risiko partiell auf die Mitarbeiter verlagert ist, was die Arbeitsmotivation erhöht.

Leistungsbewertung und Laufbahnentwicklung

Die Laufbahnentwicklung (Grund [Arbeitsplatzwechsel]) in den japanischen Unternehmen ist auf Stetigkeit ausgerichtet. Berufliche Veränderungen im Sinne einer finanziell oder sozial höherwertigen Position ergeben sich ebenso wie eine Leistungsbeurteilung erst nach mehrjähriger Unternehmenszugehörigkeit der Mitarbeiter.

Aus- und Weiterbildung

In japanischen Unternehmen sollen die Mitarbeiter einen hohen Wissensstand über die unternehmensinternen Abläufe und damit Einsatzflexibilität durch einen ständigen Wechsel der Aufgaben und der Bereiche innerhalb des Unternehmens gewinnen (lebenslanges Job Rotation). Die Laufbahnplanung in japanischen Unternehmen ist somit unternehmensorientiert und nicht berufsfeldspezifisch.

Steuerungsmechanismen

Die in japanischen Unternehmen eingesetzten Steuerungsmechanismen sind derart subtil sowie implizit angelegt und damit internalisiert, dass sie für außenstehende Beobachter oftmals nicht erkennbar sind. *Zentrales Steuerungs- und Kontrollinstrument bildet der breite Konsens über Wertvorstellungen, Unternehmensziele und basale Vorgehensweisen zur Zielerreichung.* Somit kann auf eine personenorientierte Grundlage der Koordination zurückgegriffen werden, die die Entscheidungsfindung erleichtert.

Entscheidungsfindung

Bei wichtigen Entscheidungen sind in japanischen Unternehmen all jene Personen am Entscheidungsprozess beteiligt, die vom Ergebnis der Entscheidung betroffen sind. Bekanntheit hat der zur Entscheidungsfindung eingesetzte *Ringi-Prozess* erlangt, durch den über ein Bottom-up/Top-down-Umlaufverfahren der Entscheidungsunterlagen (Ringi-Akte) für wichtige, auch strategische Entscheidungen ein Konsens aller Führungsebenen hergestellt werden soll (vgl. Abschn. 6.4.2).

Verantwortlichkeit

Die Delegation der Verantwortung erfolgt in Japan nicht an Einzelpersonen, die eine oder wenige Aufgaben wahrnehmen, sondern an Gruppen, die die Verantwortung für den ihnen übertragenen Aufgabenbereich gemeinsam tragen.

Beziehungssystem der Unternehmensangehörigen

In weit stärkerem Maße als in westlichen Unternehmen ist in Japan der Übergang zwischen Beruf und Unternehmen einerseits sowie Privatsphäre und Familie andererseits fließend. Die Mitarbeiter sind durch Beruf *und* Freizeitaktivitäten in ihr Unternehmen integriert. Dadurch werden gegenseitiges Vertrauen, Identität der Ziele und Offenheit der Mitarbeiter gefördert. Dieser zwischenmenschliche Zusammenhalt reicht in Japan vielfach über die Grenzen des jeweiligen Unternehmens hinaus, ist er doch auch ein wichtiger Steuerungsmechanismus, welcher den Zusammenhalt zwischen den an Keiretsus (Unternehmensgruppen) beteiligten Unternehmen sicherstellt.

14.2.3.2 Merkmale der Organisationsform vom Typ A

Über den zweiten modellhaften Typ – die Organisationsform vom Typ A – sollen *Merkmale vieler amerikanischer Unternehmen* dargestellt werden. Diese Einschätzungen (Ouchi [Theory] 57 ff.) sind in Abbildung 14-2 zusammengefasst.

14.2.3.3 Merkmale der Organisationsform vom Typ Z

Als Ergebnis der Konfrontation der beiden Typen von Organisationen wird im Hinblick auf die damit verbundene Produktivitätsentwicklung ein *grundlegender Wandel der amerikanischen, ja der westlichen Unternehmensführung* überhaupt gefordert. Da die prinzipiell als Idealtypus angesehene Organisationsform vom Typ J, durch kulturelle und traditionelle Besonderheiten bedingt, nicht übertragbar ist, wird in der Organisationsform vom Typ Z *ein dritter Weg propagiert.* Dieser Typ wird als universell – also nicht nur auf bestimmte Länder und Kulturbereiche anwendbar (Sullivan [Critique] 132) – erachtet, da er die Vorteile der beiden Modelle A und J in sich vereine.

Clanmodell als Orientierung

Zentraler Einflussfaktor zur Erzielung einer höheren Produktivität ist die Motivation der Mitarbeiter. Die explizite formale Kontrolle, wie sie in hierarchisch strukturierten Unternehmen durch das Top-Management erfolgt, wird als für die Motivation der Mitarbeiter ungeeignet angesehen. Stattdessen wird in der Z-Organisation eine *Selbstkontrolle der Mitarbeiter* angestrebt, die eine Steigerung des Pflichtgefühls, der Loyalität und der Motivation zur Folge haben soll. Den Königsweg der Verhaltensbeeinflussung in der Z-Organisation bildet die Veränderung der Unternehmenskultur im Hinblick auf die verhaltenssteuernden sozialen Mechanismen (Ouchi [Theory] 71 ff.). Aus den prinzipiellen Alternativen an *Koordinationsformen Hierarchie, Markt und Clan* wird für den Letzteren plädiert, da offenbar weder Systeme der hierarchischen Kontrolle noch des Marktpreises als Koordinationsmechanismus dazu geeignet sind, die durch die Z-Organisation angestrebte Homogenität, Stabilität und Kollektivität von Basiswerten zu bewirken. *Der*

Clan bildet auch den Kern der japanischen Unternehmensphilosophie. *Clans sind auf Vertrauen beruhende Vereinigungen von Personen, die mit ökonomischen oder außerökonomischen Aufgaben beschäftigt sind, wobei sich die Personen durch vielschichtige Verbindungen einander zugehörig fühlen* (Ouchi [Theory] 83). Da im Clan für die Mitglieder das Gefühl, kontrolliert zu werden, entfällt, erfreuen sie sich eines vergleichsweise großen Autonomiegrads. Obwohl ein zentrales Element der Z-Kultur, nämlich das Anreizsystem (Incentives) in seiner Wirkungsweise mit demjenigen des Modells J identisch ist, will der Schöpfer des Z-Modells dieses *keinesfalls als eine Kopie der japanischen Unternehmensführung* verstanden wissen (Ouchi [Theory] 71 ff.; 119 ff.):

Abbildung 14-2

Merkmale amerikanischer Unternehmen

Kriterium	Ausprägung
Beschäftigungssystem	kurze Verweildauer der Mitarbeiter am Arbeitsplatz und im Unternehmen, die vor allem durch Resignation begründet ist
Leistungsbewertung und berufliche Entwicklung	schnelle Aneignung von Managementtechniken durch intensive Förderung junger Führungskräfte; diese versagen jedoch oft aufgrund mangelnder Erfahrung im Umgang mit Mitarbeitern
Aus- und Weiterbildung	Ausbildung sowie Karriereplanung sind auf ein hohes Maß an Arbeitsteilung zugeschnitten; vielfach Monotonie am Arbeitsplatz, da Job Rotation unüblich ist
Steuerungsmechanismen	formal festgelegtes, explizites Kontroll- und Steuerungssystem, Befehl und Gehorsam sind vielfach als Interaktionsmuster zwischen Vorgesetzten und Mitarbeitern anzutreffen
Entscheidungsfindung	Dominanz von Individualentscheidungen; vielfach unzureichende Abstimmung der Entscheidungen
Verantwortlichkeit	Einzelpersonen tragen Verantwortung für die von ihnen getroffenen Entscheidungen
Beziehungssystem der Unternehmensangehörigen	Unternehmensmitglieder haben unterschiedliche Fähigkeiten, Talente und Werte; sie sind einander fremd; kein Wertekonsens

Beschäftigungssystem

Amerikanische Unternehmen, die die Z-Organisation bereits realisiert haben, tendieren zu einer Langzeitbeschäftigung ihrer Mitarbeiter. In vielen ist sogar eine formal nicht festgelegte Beschäftigung auf Lebenszeit, vergleichbar dem Modell J, festzustellen. Drohende Entlassungen in Krisenzeiten können durch eine gleichmäßige Verteilung der Belastungen zwischen den

Interessengruppen (zum Beispiel Dividendenkürzungen für Aktionäre oder kürzere Wochenarbeitszeit der Mitarbeiter) vermieden werden.

Leistungsbewertung und Laufbahnentwicklung

Berufliche Förderung und Aufstieg im Z-Modell lassen sich nach der Zeitdauer zwischen der Langzeitorientierung im Organisationsmodell J und der kurzfristigen Orientierung im Modell A einordnen. Zwischen den Unternehmensbereichen sollte zur Vermeidung eines Konkurrenzdenkens die berufliche Förderung langsam und gleichmäßig für alle Mitarbeiter erfolgen. Um auch bei jungen aufstrebenden Mitarbeitern Zustimmung zu dieser Vorgehensweise zu finden, wird ein System nicht-monetärer Anreize, wie die unterstützende, instruierende und damit Sicherheit bietende Beteiligung von Vorgesetzten an Projekten, vorgeschlagen. Die Ermittlung der Leistungsträger einer Gruppe wird durch langfristig erkennbare Ergebnisse möglich, sodass eine periodenorientierte Leistungsbewertung im herkömmlichen Sinn überflüssig wird.

Aus- und Weiterbildung

Ein kontinuierlicher Aufstieg in der Unternehmenshierarchie ohne Wechsel des Aufgabenfelds führt bei den Mitarbeitern zu Desinteresse und mangelndem Engagement. Daher ist im Gegensatz zum Organisationsmodell A die Realisierung eines Systems anzustreben, das für die Mitarbeiter nach mehreren Jahren einen Wechsel des Tätigkeitsfelds vorsieht und eine breitere Ausbildung ermöglicht; gleichwohl wird wegen der bisherigen Spezialisierung und des gelernten Ressortdenkens der Mitarbeiter zunächst mit Widerständen bei den Mitarbeitern gerechnet.

Steuerungsmechanismen

Auch hier wird ein Kompromiss zwischen den beiden Extremtypen empfohlen, in den sowohl Bestandteile des Typs A wie formal festgelegte, explizite Kontrollsysteme, moderne Informationssysteme, Kostenrechnungsverfahren, als auch solche des Typs J wie informale Kontrollmechanismen, informale Kommunikationsstrukturen, nicht-hierarchische Kontrollmechanismen der Selbststeuerung eingehen. Der Schwerpunkt sollte aber auf dem Einsatz informaler Steuerungsinstrumente liegen.

Entscheidungsfindung

Der Prozess der Entscheidungsfindung wird als partizipativ und demokratisch bezeichnet. Er beruht wie im japanischen Vorbild auf dem Konsens der von der Entscheidung betroffenen Mitarbeiter.

Verantwortlichkeit

Im Gegensatz zur japanischen Unternehmensführung liegt die Verantwortung für die Entscheidungen nicht bei der Gruppe als Einheit; vielmehr verteilt sie sich auf die Gruppenmitglieder gemäß der ihnen zugewiesenen Teilaufgaben. Über diese duale Struktur soll dem Selbstbewusstsein der westlichen, dem A-Typ entstammenden Mitarbeiter Rechnung getragen werden. Voraussetzung dieser Konstruktion aus kollektiver Entscheidungsfindung und individueller Verantwortlichkeit ist allerdings ein gegenseitiges Vertrauensverhältnis der Gruppenmitglieder.

Ein wesentliches durch die Z-Organisation angestrebtes Ziel besteht in der Schaffung und Pflege zwischenmenschlicher Beziehungen zwischen den Unternehmensangehörigen. Diese Beziehungen beruhen auf einer Atmosphäre der Gleichberechtigung und gegenseitigen Anerkennung; unabhängig davon, welche Aufgaben und Positionen die Personen innerhalb des Unternehmens wahrnehmen. So sollen die Entfremdung der Unternehmensangehörigen sowie autoritäre Verhaltensweisen der Manager im Besonderen vermieden werden.

Beziehungssystem der Unternehmensangehörigen

14.2.3.4 Kritik der Theory Z

Kritische Würdigung

Die *Beurteilung der Aussagen der Theory Z fällt in der Literatur sehr unterschiedlich* aus. So findet sich einerseits uneingeschränkte Zustimmung, in der der Beispielcharakter dieser Aussagen auch für die deutsche Unternehmensführung hervorgehoben wird (Rüssmann [Konflikt] 38). Andererseits stößt das Konzept auch auf krasse Ablehnung, in der die Theory Z lediglich auf ein zugkräftiges Schlagwort reduziert (Dederra [Schlusspunkt] 382), als bloßer Unfug qualifiziert oder als eine „gefährliche" Lehre (Bruce-Briggs [Propheten] 184) bezeichnet wird.

Unter den mannigfaltigen Argumenten gegen die Theory Z seien ebenfalls nur die wichtigsten herausgegriffen, die den Aussagenwert der Theorie eingeschränkt sehen.

Einwände

- Danach bleibt *unspezifiziert, welcher Managementbegriff* zugrunde liegt. Offenbar sieht der Autor den Kern der Unternehmensführung, ähnlich dem Konzept des Harzburger Führungsmodells oder der MbO-Konzeption (vgl. Abschn. 8.1.3.1), auf die Personalführung konzentriert.
- Daher bleiben *alle anderen Bestandteile erfolgreicher Unternehmensführung* sowie die Wirkung externer Rahmenbedingungen und die daraus resultierende Notwendigkeit zu kontextorientierter Strategie- und Strukturgestaltung, *ausgeblendet*.
- Die *Zielgrößen des Z-Modells* – Erfolg, Effizienz, Effektivität oder Produktivität – *werden inhaltlich nicht bestimmt*. Vermutlich sollen dabei auch nicht-finanzielle Größen einbezogen sein.
- Die *Wahrnehmungen japanischer Unternehmensführungsgepflogenheiten bleiben unbelegt*. So besteht angesichts mittlerweile bekannter Tendenzen der Abweichung vom Prinzip der lebenslangen Beschäftigung ebenso wie von der partizipativen Entscheidungsfindung ein berechtigter Zweifel am Japantypischen des Modells; insbesondere auch dann, wenn man berücksichtigt, dass beispielsweise den Mitarbeitern japanischer Automobilunternehmen lange Zeit zugemutet wurde, zwar sichere Fahrzeuge

für die Auslandsmärkte, aber weniger solide konstruierte Varianten (kein Seitenaufprallschutz) für den Heimatmarkt und somit für sich selbst zu produzieren.

- Als grundsätzliche Kritik wird angemahnt, *dass die Kausalität zwischen den Prinzipien des Personalmanagements und den Zielvariablen nicht als gesichert gelten kann.* Die Studie Ouchis reiht sich damit unter jene ein, die den Erfolg eines zugrunde gelegten Unternehmensführungskonzepts ohne nähere Prüfung postulieren.
- Die *Methode der Implementierung* der Theory Z in westliche Kulturkreise ist vom Autor offenbar selbst *noch nicht richtig durchdacht.* Vielmehr bescheidet er sich mit einer äußerst vagen Beschreibung des Transferprozesses unter Verweis auf dessen Langzeitcharakter.

Kulturtransfer?

In beiden Untersuchungen, sowohl in der Theory Z als auch im 7-S-Konzept, wird eine über den Transfer von Unternehmensführungs-Know-how hinausgehende Forderung gestellt, nämlich die Veränderung der amerikanischen, die westliche Hemisphäre vertretenden Kultur. Die Grenze zwischen der in beiden Untersuchungen strikt abgelehnten „Japanisierung" und der Übertragung von Unternehmensführungs-Know-how wird dadurch fließend. *So sollten beide Untersuchungen lediglich in dem Lichte bewertet werden, dass sie Wege aufzeigen, die zu einem besseren Verständnis der japanischen Art der Unternehmensführung beitragen können.* Die Schlussfolgerung von Einzelfällen auf eine Gesamtheit „japanisches Managements" *bedarf hingegen schärferer Theoriebildung* und der Stützung auf empirisch repräsentative Befunde.

14.2.4 Aktuelle Entwicklungen

Jüngste Veränderungen im japanischen System

Dennoch lassen sich jüngst neue Entwicklungstendenzen im japanischen Personalmanagement beobachten, die einer Veränderung allgemeiner Umweltbedingungen, etwa der auffallend niedrigen wirtschaftlichen Wachstumsrate in Japan nach der Asienkrise und der Tendenz hin zum weltweiten Megawettbewerb, sowie veränderten Mitarbeiterbedürfnissen Rechnung tragen sollen (Kono [New Trends]). So bewegten sich viele japanische Unternehmen von den in den vorigen Abschnitten erläuterten Managementprinzipien weg, indem sie die Flexibilisierung des Beschäftigungssystems, das Spezialistentum und die Kreativität und Lernbereitschaft der Mitarbeiter mit Hilfe der folgenden Techniken förderten:

Beschäftigungssystem

Das Prinzip der Beschäftigung auf Lebenszeit wird stark modifiziert durch die Einführung von Modellen der Arbeitszeitflexibilisierung, beispielsweise der frühzeitigen Pensionierung, Zeitarbeits- und Personalleasingverträgen. So setzt Matsushita neuerdings einen zeitlich gestaffelten, altersabhängigen

Pensionierungsplan ein, der den Mitarbeitern zwischen dem 50. und dem 65. Lebensjahr in regelmäßigen Abständen die Möglichkeit eröffnet, sich bei entsprechenden Ausgleichszahlungen frühzeitig pensionieren zu lassen, weiterzubilden, unternehmensintern zu einfacheren Tätigkeiten versetzen zu lassen, oder das Unternehmen zu wechseln.

Leistungsbewertung und Laufbahnentwicklung

Das Bewertungssystem erfährt eine grundlegende Veränderung dahingehend, dass man von der bisher üblichen subjektiven individuellen Leistungsbewertung abkommt und nun verstärkt auf konzeptionelle und innovative Fähigkeiten sowie eine objektivere Beurteilung mit anschließendem Feedback Wert legt. Bei Toyota geht das Entwickeln und Implementieren neuer Aufgaben zu 50 Prozent in die Leistungsbewertung der Manager mit ein. Die Evaluation erfolgt anhand eines Zielformulierungsbogens, der neben Unternehmenszielen und -politik auch künftige Laufbahnerwartungen und Sonderaufgaben als Bewertungskriterien berücksichtigt. Um die Objektivität der Erhebungen zu garantieren, laufen die Beurteilungen in kleinen Gruppen abteilungsübergreifend ab, die abschließende Mitarbeiterbewertung erfolgt ausschließlich innerhalb derselben Hierarchiestufe. Ein ausführliches Feedback gegenüber den Mitarbeitern komplettiert das angestrebte allumfassende Konzept des „organisationalen Lernens".

Aus- und Weiterbildung

Die beschleunigte technologische Entwicklung zwingt die japanischen Unternehmen zunehmend dazu, vom Generalisten zum Spezialisten zu werden. Berufseinsteiger bei Toyota etwa bekommen zunächst eine einjährige Allgemeinausbildung und können sich danach für eine funktionsbereichsorientierte und spezialisierende Laufbahn bewerben. Der Personalleiter des Stammhauses entscheidet dann in der Regel über den weiteren Werdegang der jeweiligen Nachwuchskraft anhand deren Bewerbung, akademischer Ausbildung und den Bedürfnissen des Gesamtunternehmens. Den Mitarbeitern ist es zudem möglich, zwischen den Bereichen – auch international – zu wechseln, da das Gehalt bereichsunabhängig nach dem Rang in der Unternehmenshierarchie ausgezahlt wird. Beförderungen zur nächst höheren Hierarchiestufe erfolgen grundsätzlich nur nach einer Leistungsbewertung. Dieses System trägt vor allem dem Bedürfnis der Selbstverwirklichung Rechnung, indem die Mitarbeiter dazu motiviert werden, ihre Karriere ein Stück weit selbst in die Hand zu nehmen.

Steuerungsmechanismen

Durch die seit geraumer Zeit anhaltenden gedämpften Wirtschaftsprognosen erweist sich das bisherige japanische Entlohnungssystem aus den Zeiten des steten Wachstums, das durch die Betonung der Gleichheit, die Bezahlung nach Dauer des Anstellungsverhältnisses und regelmäßiger geringfügiger Gehaltserhöhungen die Leistungsbereitschaft der Mitarbeiter zu erhöhen suchte, als anpassungsbedürftig. Die bereits erwähnten veränderten Bedürfnisse und Anforderungen an die Mitarbeiter machen daher eine stärkere Gehaltsdifferenzierung erforderlich. Das Jahresgehalt eines Mitarbeiters oberhalb der Abteilungsleiterebene setzt sich beispielsweise bei Sony heute zu 70 Prozent aus dem Grundgehalt und zu 30 Prozent aus einer leistungsabhängigen Entlohnung zusammen. Das Grundgehalt wird jährlich auf Basis der jüngsten Leistungsbeurteilung erhöht, während der Anteil der leistungsabhängigen Vergütung jeweils zur Hälfte vom Ergebnis der gesamten Produktsparte und der Leistung der einzelnen Mitarbeiter mitbestimmt wird. Die Differenzierung der Gehälter erfolgt nun nicht mehr innerhalb derselben Altersgruppe, sondern innerhalb desselben Ranges in der Unternehmenshierarchie.

Konvergenz der Systemtypen?

Die Punkte Entscheidungsfindung, Verantwortlichkeit und Beziehungssystem aus Abschn. 14.3.1.1 bleiben von diesen Trends weitgehend unangetastet. Die hier skizzierten Entwicklungen im japanischen Personalmanagement finden momentan vor allem in den japanischen Großunternehmen weite Verbreitung. Sie sollten nicht als Übergangsmodell zur Organisationsform des Typs A, sondern als zusätzliche Förderung der Selbstkontrolle und -verwirklichung der Mitarbeiter, wie in Modell Z angestrebt, verstanden werden.

14.3 Modell K: Korea

Die rasche Aufwärtsentwicklung der Volkswirtschaft der Republik Korea (Südkorea) und die positive Akzeptanz koreanischer Erzeugnisse auf den Weltmärkten haben dazu geführt, dass das Führungsverhalten koreanischer Unternehmen Interesse zu finden beginnt, wobei insbesondere der Vergleich zum japanischen im Vordergrund steht (Lee/Yoo [K-Type]; Park [Führungsverhalten]; Lie [Management] 113 ff.). Dabei wird die *koreanische Unternehmensführung nicht ausdrücklich als nachahmenswerter Idealtyp der Unternehmensführung verstanden* (Lee/Yoo [K-Type] 74 f.).

14.3.1 Merkmale des Modells

Das Modell K lässt sich durch *neun Faktoren* charakterisieren (Lee/Yoo [K-Type] 74 ff.):

„Management-by-Family"

- Bereits im ersten Faktor zeigt sich eine Besonderheit des koreanischen Managements. Es kann als *„Management-by-Family"* bezeichnet werden, da die Mehrzahl der Unternehmen auch nach dem Ausscheiden der Gründergeneration – und in dieser Phase befinden sich momentan viele koreanische Unternehmen – als Personengesellschaften von den Nachfahren weitergeführt werden. Damit bleiben die Hierarchiestrukturen und die Loyalität der Familie für das Unternehmen erhalten. Da in der mittelständischen Wirtschaft die meisten Unternehmensangehörigen aus dem gleichen Ort stammen oder sogar dieselbe Schule besucht haben, fördert dies die Herausbildung einer Clan-Konzeption der Unternehmensführung.

- Die koreanische Unternehmensführung zeichnet sich jedoch durch ein *hohes Maß an Entscheidungszentralisation* aus. Ansätze einer gemeinsamen Entscheidungsfindung, wie sie aus Japan bekannt sind, fehlen. Aufgrund der konfuzianischen Arbeitsethik, in der die Bevormundung und Unterwerfung, aber auch die Loyalität gegenüber Älteren eine wichtige Rolle spielen, akzeptieren die Mitarbeiter weitgehend die Entscheidungen übergeordneten Hierarchieebenen.

Entscheidungszentralisation

- Das Prinzip der *lebenslangen Beschäftigung* findet sich in Korea in einer abgewandelten Form. Die Mitarbeiter besitzen einerseits zwar eine weitgehende Beschäftigungsgarantie, andererseits wechseln viele qualifizierte Mitarbeiter das Unternehmen freiwillig, um eine bessere Position zu erreichen. Damit ist die *Mobilität der Koreaner im Vergleich zu den Japanern hoch* (vgl. auch Lie [Management] 116).

Beschäftigungsgarantie

- Die koreanische Unternehmensführung ist auf die *strenge, selbstlose Arbeitshaltung der Mitarbeiter* aufgebaut. Auch darin kommt das konfuzianische Erbe und die damit verbundene Tradition zum Tragen, in der Fleiß, Bildung und Loyalität zentrale Ideale darstellen und die bis heute in vielerlei Hinsicht das Leben in der koreanischen Gesellschaft steuern.

Arbeitshaltung

- Der in Korea vorherrschende *Personalführungsstil* kann als *autoritär-patriarchalisch* bezeichnet werden. Das Unternehmen wird als Ausweitung der Familie gesehen, was zur Verlängerung der dort geltenden Prinzipien führt. Eine enge Bindung zwischen Vorgesetzten und Mitarbeitern, wie sie im japanischen Modell gleichsam einer Vater-Sohn-Beziehung vorliegt, ist in den koreanischen Unternehmen kaum gegeben und weibliche Führungskräfte sind praktisch überhaupt nicht anzutreffen.

Führungsstil

- Die Säulen des koreanischen Entgeltsystems sind eine *Kombination von Leistungsbeurteilung und Senioritätsprinzip.* Damit kommt der Leistungsorientierung in koreanischen Entgeltsystemen ein vergleichsweise höherer Stellenwert zu als in den traditionellen japanischen Modellen. In diese Richtung weisen auch empirische Untersuchungen, nach denen Ausbildungsniveau und Leistungsergebnisse die zentralen Grundlagen der koreanischen Entgeltfindung darstellen (Lie [Management] 116).

Entgeltsystem

Abbildung 14-3 *Management in Korea, Amerika und Japan*

Kriterium	Korea	USA	Japan
Angestellten-gruppen	Führungskräfte, Basisbelegschaft, befristete Angestellte	Basisbelegschaft, viele befristete Arbeitsverträge	Führungskräfte, Basisbelegschaft, kaum befristete Angestellte
Einstellungs-kriterium	Dokumentenanalysen, schriftliche Einstellungstests (vor allem Sprachen)	Dokumentenanalysen, Einstellungsinterviews	vor allem Einstellungsinterviews
Bevorzugter Bewerberkreis	sowohl College Recruitment als auch Bewerber mit Berufserfahrung	Bewerber mit Berufserfahrung werden bevorzugt	sowohl College Recruitment als auch Bewerber mit Berufserfahrung
Arbeits-einsatz	neu eingestellte Spitzenkräfte werden nach einer kurzen Einarbeitungszeit in Schlüsselpositionen eingesetzt	rein bedarfsorientierter Arbeitseinsatz	neu eingestellte Mitarbeiter werden zunächst sowohl im Innen- als auch im Außendienst eingesetzt
Job Rotation	Ad-hoc-Durchführung	geringe Bedeutung, da Spezialistentum	regelmäßig, um Generalisten zu entwickeln
Leistungs-beurteilung	unregelmäßig, vergangenheitsbezogen	regelmäßig, gegenwartsbezogen	laufende potenzialbezogene Beurteilung
Beförderung	nach Dienstalter, Beziehungen sehr wichtig	leistungsorientiert	Kombination aus Leistung und Dienstalter
Entlohnungs-grundlagen	Bildungsniveau und Dienstalter	Bildungsniveau und Leistung	Bildungsniveau, Dienstalter, Gruppenleistung
Anreiz-systeme	regelmäßige Gratifikationen (an Feiertagen)	auf Leistung basierend	auf Leistung basierend
Sozial-leistungen	Nein	ja	ja
Aus- und Weiterbildung	einheitliche Verfahren für alle Mitarbeitergruppen (On-the-Job-Training und Vorträge), teilweise keine	Einsatz des Training-on-the-Job zur technischen und kaufmännischen Weiterbildung; Rückgriff auf uni-	On-the-Job-Training, insbesondere Job Rotation, informelle Lerngruppen

	bildungsbedarfsorientierte Anwendung	versitäre Bildungseinrichtungen	
Kriterien bei Personalabbau	weniger wichtige Mitarbeiter zuerst	vorrangig Zeitangestellte aus weniger wichtigen Abteilungen	ausschließlich auf Zeitangestellte konzentriert
Pensionierung, Ruhestandsregelung	55. Lebensjahr (keine flexible Altersgrenze), pauschale, von Arbeitnehmern angesparte Altersrente	keine Altersgrenze	zwischen dem 55. und 60. Lebensjahr (flexible Gestaltung möglich)
Arbeitsbeziehungen	unterordnungsorientiert, keine Streiks, Gewerkschaften sind unbedeutend	vertragsorientiert, Streiks werden als letztes Druckmittel eingesetzt	Wa-Prinzip (Harmonie und Einheit als höchste Ziele) dominiert; vereinzelt Streiks
Stellenbeschreibungen	in systematischer Form kaum vorhanden	detaillierte Stellenbeschreibungen sind weit verbreitet	Beschreibung lediglich auf Gruppenebene
Struktur	Funktionalstruktur; einzelner Mitarbeiter hat hohe Bedeutung	objektorientierte Strukturen	Kombination aus verrichtungs- und objektorientierten Strukturen
Entscheidungsstil	Top-down	Top-down	Gegenstromverfahren

Konfliktlösung

- Konflikte zwischen Gruppen werden in Korea rigoros durch *bürokratische Kontrollmechanismen der Führungsspitze* in Schach gehalten. Dazu bestehen dezidierte Verhaltensregeln.

Bürokratische Strukturen

- Das hohe Maß an Entscheidungszentralisation und Formalisierung lassen erkennen, dass die koreanischen *Unternehmen von der organisatorischen Grundstruktur her mechanistisch-bürokratisch* angelegt sind (vgl. Abschn. 7.6.1.1). Gleichwohl ist die Aufgabenspezialisierung und Arbeitsteilung geringer ausgeprägt als im rein bürokratischen Modell.

Einmischung in die Politik

- Die *Zusammenarbeit der Unternehmen mit der koreanischen Regierung* ist der in Japan üblichen sehr ähnlich. Das Beziehungsverhältnis besteht darin, dass die Regierung politische Leitlinien entwirft, an die sich die Unternehmen halten, wofür sie verschiedene Vergünstigungen erhalten und unter dem Schutz der Regierung stehen. Eine Zentralverwaltungswirtschaft besteht deshalb jedoch nicht.

Schwerpunkt auf Personalführung

Damit wird offensichtlich, dass die Besonderheiten der koreanischen Unternehmensführung vor allem im Bereich der Personalführung liegen. In Abbildung 14-3 (Shin [Structures] 331 ff.; Yoo/Lee [Chaebols] 107) sind weitere Spezifika des Managements koreanischer Unternehmen im Vergleich zu amerikanischen und japanischen Unternehmen herausgestellt. Trotz dieser Unterschiede könnte es gut sein, dass im nächsten Jahrzehnt vor allem die koreanische und die japanische Unternehmensführung konvergieren werden (Lie [Management] 117; Capoglu/Geyikdagi [Comment] 93).

14.3.2 Kritik des Modells

Einwände

Bei der Beurteilung des K-Modells muss zunächst darauf verwiesen werden, dass in den ihm zugrundeliegenden Veröffentlichungen *keinerlei Maßgrößen der Unternehmensführungserfolgs sichtbar* werden, an denen die gegenwärtige und zukünftige Zweckmäßigkeit des Modells und dessen Wirkungszusammenhang mit dem koreanischen wirtschaftlichen Aufstieg überprüft werden könnten. Genauso gut kann die Entwicklung der koreanischen Volkswirtschaft mit dem günstigen Lohnniveau, den dort üblichen langen Wochenarbeitszeiten, einer radikalen Ausbeutung und Unterdrückung der Arbeitnehmer, wie sie teilweise berichtet werden, oder durch die Unterstützung überbetrieblicher Einrichtungen wie den General Trading Companies (GTC) oder der koreanischen Regierung erklärt werden.

Nutzen

Der primäre Nutzen des K-Typ-Managements kann demnach nur darin liegen, dass eine in der Geschichte des Landes begründete *Momentaufnahme des Führungsverhaltens in fremden Kulturen* entwickelt wird. Da dieses Gegenwartsszenario ein Dokument subjektiver Eindrücke darstellt, bedarf es der intersubjektiven Überprüfung. Erste empirische Arbeiten scheinen allerdings zu belegen, dass das Modell K sowohl im Hinblick auf seine Grundannahmen der traditionellen Familien- und Autoritätsbindung sowie im Hinblick auf die Aspekte des autoritären und patriarchalischen Führungsstils zutrifft (Park [Führungsverhalten] 89, 145, 153).

Kulturgebundenheit

Was eine *Übertragbarkeit* des koreanischen Führungsverhaltens in westliche Kulturkreise angeht, wäre allerdings, abgesehen davon, ob diese sich überhaupt empfehlen würde, *aus vielerlei Gründen Vorsicht geboten*. In weitaus stärkerem Maße als bei der japanischen Unternehmensführung ist das Modell K von der dienenden Grundhaltung des Konfuzianismus durchdrungen. Partizipative Elemente, wie sie vom 7-S-Management oder der Theory J bekannt sind, finden sich im koreanischen Modell so gut wie nicht. Die unterwürfige Grundhaltung der Koreaner ist jedoch nicht nur das Ergebnis einer religiösen weltanschaulichen Lehre, sondern auch deren Verstärkung und Stabilisierung während der 600jährigen Monarchie ebenso wie während der japanischen Kolonialherrschaft, wo stets hierarchisch-autoritäre Machtstrukturen vorlagen (Machetzki/Pohl [Korea] 13 f.).

In diesem autoritären Charakter des Modells K dürfte, wenn dieses überhaupt angestrebt werden sollte, *das eigentliche Hindernis für einen möglichen Transfer auf westliche Kulturkreise liegen.* Eine Angleichung zwischen diesen Systemtypen käme zunächst höchstens bei westlich-koreanisch-gemischten Managementteams, beispielsweise in Joint Ventures, in Betracht. Die Wertekategorien der westlichen Industriegesellschaften dürften mit koreanischen Unternehmensführungsprinzipien ebenso unverträglich sein wie die rechtlichen Rahmenbedingungen die Annahme des Modells ausschließen. Neben diesem Bündel kultureller Hemmnisse dürften zudem die unterschiedlichen Eigentums- und Leitungsstrukturen westlicher Unternehmen im Vergleich zu den im Modell zugrunde gelegten Verhältnissen einer Übertragung entgegenstehen.

14.4 Modell C: China

Die Bedeutung *Chinas als Wirtschaftsmacht und als Zielmarkt* der eigenen Erzeugnisse sowie als vorteilhafter Produktionsstandort ist nach anfänglichem Zögern heute in voller Breite erkannt worden. Allein in der Volksrepublik China lebt rund ein Fünftel der Erdbevölkerung und die taiwanesischen Unternehmen behaupten sich mit wachsendem Erfolg auf technologisch anspruchsvollen Märkten wie dem EDV-Markt. Als unbefriedigend muss insbesondere der Stand des Wissens über die in China vorherrschenden Unternehmens- bzw. Betriebsführungskonzepte sowie -methoden bezeichnet werden (Frese/Laßmann [China]). Dies dürfte vor allem daran liegen, dass in westlichen Ländern fälschlicherweise eine Auffassung dominiert, nach der mit Chinesen, Japanern oder Koreanern sehr ähnliche Völker gegeben sind, die sich auch hinsichtlich ihrer Managementpraktiken kaum voneinander unterscheiden. In gleicher Weise dürfte aber auch die Fremdheit und Verschlossenheit der chinesischen Kultur zum geringen Kenntnisstand über das chinesische Management beigetragen haben. Schließlich darf auch nicht übersehen werden, dass es eine durchgängige Form der chinesischen Unternehmensführung nicht gibt (Epner [Employees] 24 ff.). Die führungsbezogene Vielfalt Chinas hat eine Forschergruppe um Adler erfahren, die bei ihrer Befragung von 103 Führungskräften aus der Volksrepublik China zu keinem einheitlichen Ergebnis kommen konnte. Die Einstellungen und Verhaltensweisen der chinesischen Führungskräfte scheinen breit zu streuen; wobei insbesondere deren Alter einen stark verhaltenswirksamen Einfluss ausüben dürfte (Adler/Campbell/Laurent [Search] 61 ff.). Aufgrund dieser Einschrän-

Kein durchgängiges Modell

kung sollen nachfolgend nur wenige Merkmale des chinesischen Managements dargelegt werden, die als vergleichsweise gesichert und verallgemeinerungsfähig angesehen werden können, wobei die *Volksrepublik China im Mittelpunkt der Analyse* steht. Wie auch beim koreanisch, russisch oder arabisch geprägten Modell geht es dabei weniger darum, einen Idealtyp des Managements zu beschreiben. Im Vordergrund steht vielmehr der Versuch, bei westlichen Managern Verständnis für ungewohnte Handlungsmuster zu wecken.

Merkmale

Bei der Erörterung des chinesischen Managements sind die politischen und kulturellen Rahmenbedingungen des Reichs der Mitte zu berücksichtigen. Insbesondere darf nicht übersehen werden, dass China seit 1949 sozialistisch-totalitär regiert und die überwiegende Mehrzahl der Betriebe durch die Entscheidungen von Regierung und anderen öffentlichen Institutionen gesteuert werden. Diesbezüglich scheint sich jedoch ein Wandel hin zu einer Lockerung der staatlichen Restriktionen abzuzeichnen (Zhuang/Whitehill [China] 58 ff.), der von weitreichenden wirtschaftlichen Reformen („tizhi-gaige") begleitet wird (Herrmann-Pillath [tizhi-gaige] 1 f.). Unter Berücksichtigung dieser Entwicklungen lässt sich das dominierende Muster der chinesischen Unternehmensführung durch *sechs Merkmale* kennzeichnen:

Ziele und Strategien

- Ziele und Strategien werden in China – entsprechend der totalitären Staatsdoktrin – außerhalb des Betriebs festgelegt. Diese Feststellung entspricht den Ergebnissen empirischer Untersuchungen, wonach in China sowohl Top- und Middle-Manager als auch Meister und Nicht-Führungskräfte einen geringeren Einfluss auf unternehmenspolitische Entscheidungen ausüben als Vergleichspersonen in japanischen und europäischen Unternehmen (Laaksonen [Management] 298). Für die chinesischen Manager ist daher mit der *Erfüllung der Planziele die oberste Handlungsmaxime* gegeben. In China herrscht also die Orientierung zur Zielerreichung und Planerfüllung statt zur erfolgreichen Betätigung auf dem Markt vor (Weihrich [Practices] 3). Dabei stehen quantitativ-mengenorientierte Produktions- und Leistungsziele im Vordergrund, während Sozialziele von nur geringer Bedeutung sind (Hoffmann [Unternehmenskultur] 96). Allerdings hat sich in der letzten Zeit insofern ein Wandel vollzogen, als die Manager chinesischer Betriebe zunehmend für die in ihrem Bereich erzielten Gewinne und Verluste verantwortlich gemacht werden (Warner [Resources] 353).

Struktur

- Auch die Organisationsstruktur der chinesischen Betriebe ist von dem hohen Grad an Einmischung seitens der staatlichen Institutionen geprägt. Mehrheitlich wird die *Basisstruktur durch eine von Parteiangehörigen besetzte Sekundärstruktur überlagert,* wie es auch in anderen Ländern des ehemaligen Ostblocks in der Form der so genannten „Seilschaften" üblich war. Dabei sind es die Instanzen der politisch verpflichteten Sekundärstruktur, die wichtige Entscheidungen treffen.

Führungsstil, Entscheidungsprozesse und Anreizsysteme

- Der in chinesischen Betrieben übliche Führungsstil weicht von dem japanischen in gravierender Weise ab. Zwar sind auch in China zahlreiche Personen an der Vorbereitung von Entscheidungen beteiligt, doch werden wichtige Entscheidungen durch Mitglieder der Führungsspitze getroffen (Weihrich [Practices] 3; Laaksonen [Management] 311). Demzufolge zeichnen sich die chinesischen Betriebe durch schwerfällige bürokratische Entscheidungsprozesse aus, bei denen die entscheidungsrelevanten Informationen von den nachgelagerten Einheiten gesammelt und über mehrere Hierarchieebenen hinweg an die letztlich entscheidende Instanz weitergereicht werden. Die *Dominanz des Bürokratiemodells* (Warner [Resources] 365) lässt sich zurückverfolgen bis in die gesellschaftlichen Strukturen zur Zeit der frühen Dynastien, in denen es keine starke Mittelschicht gab, deren Angehörige als Repräsentanten eines öffentlichen politischen Willens hätten zur Verfügung stehen können (Sandner [Untersuchung] 44). Der bürokratische Aufbau der chinesischen Betriebe findet auch im Anreizsystem seine Entsprechung. Es dominieren nämlich Formen der Leistungsentlohnung, die am quantitativen Output und nicht an kreativen Beiträgen des Individuums orientiert sind.

Verhandlungsführung

- Verhandlungen unter und mit chinesischen Geschäftspartnern erweisen sich üblicherweise als langwierig und mühsam. Bei größeren Projekten ziehen sie sich oft über mehrere Wochen, Monate oder sogar Jahre hin. Besonders lang andauernde Verhandlungsprozesse finden sich dabei vor allem in der Volksrepublik China, wo das Wirtschaftssystem nur ein geringes Maß an Entscheidungsdezentralisation gestattet. Dort ist es üblich, dass die Verhandlungspartner mehrfach bei den nächsthöheren Instanzen rückfragen müssen. Auch ist es nicht außergewöhnlich, dass die Verhandlungsparteien durch eine große Anzahl von Personen vertreten werden. Dabei beschränkt sich die Aufgabe der Mehrzahl der Delegationsmitglieder auf eine ungemein detaillierte Protokollierung des Gesprächsverlaufs. Chinesen halten ein vergleichsweise *starres Verhandlungsritual* insofern ein, als sie zunächst über technische Aspekte des Verhandlungsgegenstands und erst danach über dessen ökonomische Dimensionen verhandeln (Jin-sheng [Geschäfte] 188 f.). Häufig wird die personelle Zusammensetzung der Verhandlungsparteien zwischen den Verhandlungsrunden stark verändert, wobei in Extremfällen sogar von einem Tag auf den andern mit einer völlig neuen Besetzung angetreten wird (Sandner [Untersuchung] 14; Shenkar [Problems] 88).

Personalmanagement

- Im Bereich des Personalmanagements tritt der Einfluss der konfuzianischen Lehre besonders deutlich zutage. Diese macht auch die nahezu feudal anmutende Einstellung der Arbeitnehmer zu ihrem Betrieb und

Arbeitsverhältnis erklärbar (Holton [Management] 125). So stellen auch heute noch Bescheidenheit und Selbstbeherrschung die zentralen Wertekategorien der chinesischen Arbeitnehmer dar. Wie in Japan ist es auch in China üblich, dass die Arbeitnehmer nach der Schule in einen bestimmten Betrieb eintreten und dort bis zu ihrer Pensionierung tätig sind (Weihrich [Practices] 3). Daneben wird die Handhabung des Personalmanagements aber auch durch den immer noch recht geringen Bildungsstand der Bevölkerung geprägt, der die Knappheit an Führungskräften mit Hochschulausbildung begründet (Holton [Management] 123). So dürften wohl die Bescheidenheit wie auch das relativ geringe Bildungsniveau der chinesischen Arbeitnehmer dazu beigetragen haben, dass das Personalmanagement chinesischer Betriebe instrumentell nur schwach abgestützt ist. Dabei dominiert eine personalverwaltende Grundhaltung; modernes, viele Teilfunktionen beinhaltendes Personalmanagement findet sich hingegen kaum. Bis Ende der 1970er Jahre war den Betrieben nicht einmal das Recht zur selbstständigen Einstellung und Entlassung von Arbeitnehmern zugestanden worden (Hau-Siu Chow/Shenkar [Practices] 41). Daher verwundert es nicht, dass chinesische Personalmanager den größten Teil ihrer Arbeitszeit mit nicht-personalbezogenen Handlungen verbringen (Hau-Siu Chow/Shenkar [Practices] 42).

Unternehmenskultur

- Im Unterschied zu Japan wird in China der dem öffentlichen Leben („kung") zugeordnete Arbeitsbereich von dem Privatbereich („szu") strikt getrennt. Diese Trennung repräsentiert dabei einen tiefgreifenden psychologischen Konflikt zwischen den privaten Interessen des Individuums und den öffentlichen Bedürfnissen seiner Bezugsgruppe (Sandner [Untersuchung] 43 f.). Dementsprechend lassen sich auch in den chinesischen Betrieben keine homogenen Wertemuster, wie sie vor allem von den Arbeitnehmern japanischer Unternehmen her bekannt sind, nachweisen. Anders als beim dort bekannten Clan der Arbeitsgruppe bildet in China die *Familie den Kern der Bezugsorientierung.* Entgegen ihrer Intention dürfte auch die Kulturrevolution mit ihrer öffentlichen Anprangerung und Denunziation intellektueller Gesellschaftsmitglieder dazu beigetragen haben, dass sich ein Großteil der Arbeitnehmer in den Privatbereich zurückgezogen hat und der Betriebsgemeinschaft wenig Interesse entgegenbringt.

14.5 Modell R: Russland

Wenn in den vergangenen Jahren das Interesse an Stilen des russischen Managements stark zugenommen ist, dann ist dies weniger in dessen Vorbildlichkeit, als in der Tatsache begründet, dass eine erfolgreiche Betätigung westlicher Unternehmen in diesem Land eine Kenntnis der dortigen betriebswirtschaftlichen Gepflogenheiten voraussetzt. Obwohl die Transformationsprozesse der aus den vormaligen Staatsbetrieben hervorgegangenen Unternehmen keineswegs homogen abliefen, lässt sich in Russland doch ein gewisses Tendenzmuster an Managementstilen ausmachen. Hervorzuhebende Besonderheiten des russischen Managements manifestieren sich auf den Beschreibungsebenen Corporate Governance, Organisationsstruktur, Personalführung, inner- und überbetriebliche Netzwerke, Personalmanagement sowie Wissensmanagement und Organisationales Lernen.

Corporate Governance

- *Corporate Governance.* Nach wie vor sind unternehmensverfassungsrechtliche Regelungen in Russland recht rudimentär ausgeprägt. Es finden sich immer noch relativ viele Fälle, in denen die Rechte von Anteilseignern, insbesondere von Minderheitsaktionären, verletzt oder nicht hinreichend durch Gesetze geschützt werden (Doh et al. [Corruption] 114 ff.). Um diesem Missstand zu begegnen und das Vertrauen ausländischer Investoren zu gewinnen, wurde 2002 von der Federal Securities Commission ein Code of Corporate Conduct herausgegeben (McCarthy/Puffer [Governance] 398 f.) (vgl. Abschn. 3.4). Eine eigentümerstrukturbezogene Besonderheit russischer Unternehmen besteht darin, dass die Gruppe der ehemaligen Manager und Angestellten von Staatsbetrieben immer noch einen relativ großen Teil der Kapitalanteile von Unternehmen halten (Judge/Naoumova [Governance] 308 f.). Mehrheitlich hat diese bisweilen als Oligarchen bezeichnete Personengruppe ihre Kapitalanteile im Zuge der in den 1990er Jahren erfolgten Voucherprivatisierung erlangt und nicht selten zur Befriedigung von Individualinteressen missbraucht. Was die Organgliederung russischer Unternehmen anbelangt, so kann festgestellt werden, dass sich in russischen Aktiengesellschaften ein ausführendes Organ (Exekutivrat) und ein kontrollierendes Organ (Direktorenrat) finden (Delegation der Deutschen Wirtschaft in der Russischen Föderation [Aktiengesellschaft]). Da die Zuständigkeiten der Mitglieder dieser Organe jedoch nicht so klar getrennt sind wie in Deutschland, nimmt die russische Unternehmensverfassung eine Mittelstellung zwischen dem Vereinigungs- und dem Trennungsmodell ein.

Organisationsstruktur

- *Organisationsstruktur.* Auffällig ist, dass sich in vielen russischen Unternehmen heute spartenorientierte sowie Holdingsstrukturen finden (vgl. Abschn. 7.2). Für die Bevorzugung dieser Strukturen dürften vor allem zwei Gründe ausschlaggebend sein: Einerseits bewirkt die häufig anzutreffende Zusammenarbeit mit westlichen Unternehmen eine Orientierung der russischen Unternehmen am westlichen Vorbild; andererseits erscheinen Sparten- und Matrixstrukturen besonders gut geeignet, um in dem hoch dynamischen Marktumfeld, wie es in Russland derzeit anzutreffen ist, bestehen zu können (Puffer/McCarthy/Naumov [Experiment] 177 und 194).

Personalführung

- *Personalführung.* In den Staatsbetrieben der ehemaligen Sowjetunion herrschte ein autoritär-patriarchischer Führungsstil vor (vgl. Abschn. 8.1.4), bei dem von den Mitarbeitern eine bedingungslose Unterwerfung gefordert wurde (Oesterle [Russland] passim; Thomas/Stumpf [Aspekte] 84). Basierend auf diesem Ausgangspunkt ist seit der Wende eine uneinheitliche Entwicklung des in russischen Unternehmen vorherrschenden Führungsverhaltensmusters festzustellen. Insbesondere der durch den Transformationsprozess ausgelöste Wertewandel hat zu einer Fülle parallel existierender, von der jeweiligen Führungskraft vielfach selbst experimentell ausgeloteter Führungsstile beigetragen. Trotzdem zeichnen sich gewisse Dominanzmuster ab: Während die Mehrzahl der bereits in der Sowjetunion Leitungsfunktionen ausübenden Personen ein autoritäres Führungsverhalten fortlebt (Chirikova [Directors] 29 ff.), tendieren nicht wenige der jüngeren Führungskräfte zu charismatischen und transformationalen Führungsformen, wie sie insbesondere von vielen ihrer US-amerikanischen Kollegen realisiert werden (Ardichvili/Kuchinke [Styles] 101 und 113). Diese jüngeren Führungskräfte zeichnen sich durch ein hohes Maß an Sendungsbewusstsein aus und sie bemühen sich, den Mitarbeitern ihre eigenen Werte „einzuimpfen". Eine Re-Analyse der Daten der kulturvergleichenden Globe-Studie (Grachev/Bobina [Leadership] 67 ff.) führte zu dem hierzu passenden Befund, dass russische Führungskräfte davon ausgehen, dass eine charismatische und teamorientierte Führung zielführend ist. Selbstaufopferung, Bescheidenheit und eine humane Orientierung werden hingegen als wenig hilfreich erachtet.

Netzwerkbildung

- *Inner- und überbetriebliche Netzwerke.* Überzufällig häufig anzutreffen sind in russischen Unternehmen überdies persönliche Netzwerke zwischen Führungskräften (vgl. Abschn. 7.4), wie sie bereits zu Zeiten der Sowjetunion in der Form inner- und überbetrieblicher Seilschaften existent waren. Russische Führungskräfte verlassen sich eher auf ihre Beziehungen als auf Verträge (Alexashin/Blenkinsopp [Changes] 427 ff.). Informelle Netzwerke bilden einerseits eine Plattform der Sicherheit und langfristigen Zusammenarbeit in einer unsicheren Wirtschaftswelt, andererseits verhindern sie durch ihre Geschlossenheit die Öffnung des Marktes und damit die Entwicklung der Volkswirtschaft. In der überbetrieblichen Dimension ist typisch, dass Top-Manager vielfach sehr eng mit einer Gruppe ihnen vertrauter Personen zusammenarbeiten. Diese mitunter als „Council of Boyars" bezeichnete Personengruppe unterstützt die Top-Manager aus dem Hintergrund heraus und berät sie hinsichtlich wichtiger strategischer Entscheidungen (Kets de Vries et al. [Leaders] 21).

Personal-
management

- *Personalmanagement.* Auch im Bereich des Personalmanagements haben russische Unternehmen einen großen Nachholbedarf, weil diese Funktion in der Staatswirtschaft sträflich vernachlässigt worden war. Besonders drastische Veränderungen wurden in den vergangenen Jahren in den Teilbereichen der Personalauswahl sowie Mitarbeitervergütung vorgenommen. Eingerichtet wurden Systeme, die sich stärker an der individuellen Leistung ausrichten und eine Förderung der Mitarbeitermotivation zum Ziel haben (Elenkov [Concepts] 144 f.). Vorzufinden sind zwischenzeitlich auch Gewinn- und Kapitalbeteiligungsmodelle.

Wissens-
management

- *Wissensmanagement und Organisationales Lernen.* Die Mitarbeiter der ehemaligen russischen Staatsbetriebe sind in Richtung einer großen Autoritätsfixierung und Hierarchieorientierung sozialisiert worden (vgl. Kapitel 12). Überdies wurde ihnen eine negative Einstellung gegenüber dem Begehen von Fehlern anerzogen (Michailova/Husted [Firms] 67 ff.), was sich heute ebenfalls als Lernbarriere herausstellt. Viele russische Unternehmen versuchen daher, den hieraus resultierenden ineffektiven Informations- und Wissensaustausch durch den gezielten Einsatz von Varianten der Team- und Projektorganisation (vgl. Abschn. 7.2.3) zu verbessern. Elenkov ([Concepts] 148) weist darauf hin, dass der Teamgedanke durchaus im Einklang mit der in Russland vorherrschenden kollektivistischen Grundhaltung steht.

Diese Einzelbefunde bestätigen die eingangs geäußerte Vermutung, dass das gegenwärtige russische Managementmodell nicht als Idealtyp, sondern als zu berücksichtigender Realtyp zu gelten hat.

14.6 Modell N: Nordische Länder

Obwohl in den skandinavischen Ländern Schweden, Norwegen und Dänemark sowie in Finnland eine Bandbreite des Managements besteht, ist es doch möglich, einen inhaltlichen „Mainstream" des dort vorherrschenden Unternehmensführungshandelns zu bestimmen. Auch die Führungskräfte dieser nordischen Länder selbst gehen davon aus, dass die von ihnen praktizierte Form des Managements etwas Besonderes darstellt (Lindell/Arvonen [Style] 79). Die Besonderheit manifestiert sich entlang von neun Dimensionen.

Unternehmens-
ziele

- *Unternehmensziele.* Studien (Tixier [Adjustments] 15 und 20) zeigen, dass nordische Unternehmen ihrem Verhalten klare Ziele und Ergebniserwartungen zu Grunde legen (vgl. Kapitel 4). Es herrscht ein hohes Maß an Rationalität vor, bei dem zielgerichtet nach Rendite- und Erfolgsverbesserungen, durchaus auch mit einem kurzfristigen Fokus (Macharzina/Oesterle/Wolf [Analyse] 147), gestrebt wird. Das Effektivitätsziel wird vergleichsweise häufig über das Effizienzziel gestellt (Czarniawska-Joerges [Management]). Mit Blick auf den Prozess der Zielbildung fällt auf, dass sich in den nordischen Unternehmen eine vergleichsweise konsequente Einbindung unterschiedlicher Interessengruppen in den Zielbildungsprozess des Unternehmens findet (Byrkjeflot [Model] 32).

Strategie

- *Unternehmensstrategie.* Die nordischen Unternehmen spezialisieren ihre Geschäfte sehr häufig in hohem Maße (Macharzina/Oesterle/Wolf [Analyse] 148 f.). Unternehmen wie Moeller-Maersk, Carlsberg, Statoil oder Sandvik konzentrieren sich auf eine relativ schmale Produktpalette (vgl. Abschn 5.4.1.2). Charakteristisch ist überdies eine Positionierung im Wettbewerb anhand von Parametern wie Qualität, Service und Marktnähe, was insbesondere für Kone, SKF, Electrolux, Volvo, Saab oder Atlas Copco gilt (Macharzina/Oesterle/Wolf [Analyse] 149). Auch ist eine überdurchschnittliche Serviceorientierung vorhanden (Poulsen [virksomhed]; Zemke [Management] 46). Überdies sind relativ viele der nordischen Unternehmen im High-Tech-Bereich tätig und sie haben sehr frühzeitig in hohem Maße zu internationalisieren begonnen. So zeigt bspw. der World Investment Report 2007, dass Dänemark den elfthöchsten, Schweden den zwölfthöchsten, Finnland den zwanzighöchsten und Norwegen den siebenundzwanzighöchsten Transnationalitätsindex aller hoch entwickelten Volkswirtschaften aufweist (UNCTAD [Report]). Bevorzugt wird eine blockiert globale Strategie (vgl. Abschn. 13.4.1), bei der konsequent nach länderübergreifenden Rationalisierungsvorteilen als auch nach einer starken Berücksichtigung lokaler Marktbedingungen gestrebt wird.

Aufgabenzuweisung

- *Organisation: Aufgabenzuweisung.* Typisch ist zunächst ein hoher Dezentralisationsgrad von Entscheidungen (vgl. Abschn. 7.3.1). So sind bspw. die Leiter der Geschäftsbereiche divisional strukturierter Unternehmen mit relativ viel Verantwortung in strategischen Belangen ausgestattet und die Mitarbeiter von Fertigungsteileinheiten gestalten den Herstellungsprozess wesentlich mit (Haganäes/Hales [Models] 23 f.). Czarniawska-Joerges [Management] 18) zeigt, dass in vielen nordischen Unternehmen nicht nur Entscheidungskompetenzen, sondern auch die dort vorhandenen Fähigkeitspotenziale dezentralisiert sind. Diese dezentrale Struktur schlägt sich in den Konfigurationsmerkmalen der Organisation nordischer Unternehmen nieder: Einerseits sind, wie im Fall der ABB, die Unternehmenszentralen relativ klein; andererseits finden sich im Verhältnis zur Unternehmensgröße nur sehr wenige Hierarchieebenen (Tixier [Adjustments] 10).

Macharzina, Oesterle und Wolf ([Analyse] 157 f.) sowie Czarniawska-Joerges ([Management]) zeigen, dass viele nordische Unternehmen

Netzwerke integrierter Geschäftseinheiten darstellen oder sich häufig der Matrixstruktur bedienen (vgl. Abschn. 7.2 ff.). Diese Befunde passen zu Vahsens ([Europa] 47) Forschungsergebnis, wonach in den nordischen Ländern Projektarbeit üblicher ist als in vielen anderen Ländern, sowie zur Beobachtung Lindkvists ([Search] 34), dass die Organisation der nordischen Unternehmen mehr in Richtung Systeme und Prozesse orientiert ist. Aber auch Hedberg, Nyström und Starbucks ([Seesaws]) klassischer Artikel „camping on seasaws", in dem ausgehend von Skandinavien eine Zelt- gegenüber einer Palastorganisation favorisiert wird, harmoniert mit diesem Befund.

Koordination

- *Organisation: Koordination.* Die Empirie zeigt, dass nordische Unternehmen technokratische Koordinationsinstrumente wie Standardisierung, Formalisierung oder spezifisch gefasste Stellenbeschreibungen meiden (Hedlund/Aman [Relationships] ; Axelsson et al. [Style] 67 ff.; Smith et al. [Search] 497 f.). Das durch den geringen Einsatz derartiger Koordinationsinstrumente entstandene Abstimmungsvakuum wird durch eine besonders intensive Verwendung personenorientierter Koordinationsinstrumente ausgeglichen (vgl. Abschn. 7.3.1). Zu finden ist vor allem ein sehr häufiger Transfer von Führungskräften in der Form von Job Rotations und Auslandsentsendungen, ein intensiver Besuchsverkehr sowie informelle, d. h. situativ und ad hoc gestaltete Formen der abteilungsübergreifenden Kommunikation. Insgesamt besteht somit in nordischen Unternehmen eine Tendenz zu lockeren Koordinationsformen, bei denen weniger Strukturen und Systeme als vielmehr die Faktoren „Mensch" und „Prozesse" im Vordergrund stehen.

Führungsstil und Kontrolle

- *Führungsstil und Kontrollverhalten.* Es gilt als empirischer Tatbestand, dass die nordischen Führungskräfte relativ viele Entscheidungen an ihre Mitarbeiter delegieren (vgl. Abschn. 8.1.2). Freilich werden den Mitarbeitern gegenüber lediglich die groben Eckdaten dessen spezifiziert, was getan werden muss. Den Mitarbeitern wird somit relativ viel Raum für individuelle Initiativen geboten (Tixier [Adjustments] 22). Insbesondere zeigen sich kaum Tendenzen in Richtung einer detaillierten Zeiteinteilung (Schleinstein [Europa] 61). Die Mitarbeiter werden ohne wesentliche Rücksichtnahme auf ihre hierarchische Stellung in die Entscheidungsprozesse der Führungskräfte einbezogen (Suutari [Variation] 700; Vahsen [Europa] 48). Die nordischen Führungskräfte sehen in der Entscheidungsfindung einen kollaborativen Prozess, bei dem Debatte und Konsens im Vordergrund stehen. Generell sind die Statusunterschiede zwischen Führungskräften und Mitarbeitern gering: Üblicherweise stehen die Bürotüren der Führungskräfte offen, die Bürogrößen und -ausstattungen sind identisch und an den Bürotüren finden sich keine Schilder, die auf die hierarchische Stellung der jeweiligen Person hindeuten könnten (Opitz [Probleme] 17 f.; Schleinstein [Europa] 61).

Nach Brodbeck und Kollegen ([Variation] 1 ff.) legen nordische Führungskräfte großen Wert auf eine hohe Integrität. Auch ist der Führungsstil der nordischen Manager wenig autoritär (Vahsen [Europa] 48) und wenig aufgabenorientiert (Lindell/Arvonen [Style] 73 ff.), dafür um so mehr coachend (Zander [Licence]), inspirierend (House et al. [Leadership]), charismatisch (Byrkeflot [Model] 31) und transformational (Hetland/Sandahl [Leadership] 162). Im Hinblick auf das Kontrollverhalten der nordischen Führungskräfte wurde festgestellt, dass diese ihre Mitarbeiter weniger detailliert überwachen (Lindell/Arvonen [Style]). Auch begreifen die nordischen Führungskräfte Kontrolle in erster Linie als Ergebniskontrolle und nicht als Verhaltenskontrolle (Tixier [Adjustments] 22). Relativ wenig ausgeprägt ist bei nordischen Führungskräften die Artikulation von Kritik gegenüber den Mitarbeitern, wenn diese Fehler machen (Suutari [Variation] 700).

Kommunikation

- *Kommunikationsverhalten.* Kommunikation wird in den nordischen Unternehmen als das zentrale Management-Tool begriffen (Tixier [Adjustments] 10 und 24). So verwundert es nicht, dass Lindell und Arvonen ([Style] 76) ermittelt haben, dass in nordischen Unternehmen vergleichsweise viele Beratungen bzw. Konferenzen stattfinden. Auch konnte empirisch gezeigt werden, dass vorwiegend ein expliziter Kommunikationsstil bevorzugt wird (Hestflatt [Styles]), wie er für „low-context-cultures" üblich ist. In den Unternehmen dominiert eine offene Form der Kommunikation (Schramm-Nielsen/Lawrence/Sivesind [Management]). Trotz dieser Tendenz zum gesprochenen Wort sind die nordischen Manager reserviert, leise, kontrolliert und zurückhaltend. Sie lieben die Introspektion und Selbstanalyse und halten Emotionen weitgehend zurück. Sie gelten als sehr humanistisch; sie haben einen großen Respekt vor dem Mitmenschen und deshalb kritisieren sie ihn wenig öffentlich (Tixier [Adjustments] 23). Ein zu direktes Vorgehen und eine Demonstration von Willensstärke gelten als persönliches Machtgehabe und werden negativ bewertet (Vahsen [Europa] 48). Persönliche Interaktionen sind wenig förmlich; so ist bspw. bekannt, dass der CEO von Electrolux häufig persönlich ans Telefon ging, wenn in seinem Sekretariat ein Anruf einging (Hestflatt [Styles] 9 f.).

Konflikthandhabung

- *Konflikte und deren Handhabung.* Nordische Manager vermeiden Konflikte. Sie begreifen sie tendenziell als unfruchtbar. Daher wird die Bedeutung und Intensität von Konflikten zu minimieren versucht. So ist man üblicherweise bestrebt, Konflikte durch intensive Dialoge zu verhindern. Gelingt dies nicht, dann wird über den Bereich der Unvereinbarkeit geschwiegen. Auch werden Worte sehr sorgfältig gewählt, um nicht zu verletzen. Insgesamt gelten die nordischen Manager als wenig konfrontationsorientiert (Hestflatt [Styles] 13). Vahsen ([Europa] 48) zeigt, dass Konflikte in nordischen Unternehmen nur selten direkt ausgetragen werden. Man begnügt sich mit Andeutungen. Deutsche Führungskräfte hingegen suchen viel mehr die offene Auseinandersetzung. Basierend auf derartigen Befunden und eigenen Forschungsergebnissen kommt Schramm-Nielsen ([Dimensions]) zu dem Gesamtergebnis, dass der nordische Konfliktlösungsstil viel Gemeinsamkeit mit demjenigen der Chinesen und Japaner hat.

Personalmanagement

- *Personalmanagement.* Für das Personalmanagement der nordischen Unternehmen ist charakteristisch, dass alle Mitarbeiter als gleich wichtig für den Unternehmenserfolg angesehen werden, was durch den in diesen Ländern herrschenden hohen Bildungsstand gerechtfertigt erscheint. „Trust", „Care", and „Concern" sind die Schlüsselwerte des nordischen Personalmanagements (Lindkvist [Search]). Aufgrund der zentralen Funktion des Faktors „Personal" genießt das Personalmanagement in den nordischen Ländern einen hohen Stellenwert, wobei dies insbesondere für die Teilfunktion der Personalentwicklung gilt (Hestflatt [Styles]). Hoch qualifizierte Mitarbeiter gelten als die Grundvoraussetzung dafür, dass das in den nordischen Ländern realisierte hohe Maß an Delegation von Autorität hierarchieabwärts funktionieren kann. Was die Chancenverteilung auf unterschiedliche Geschlechter anbelangt, so zeigte Lindkvist ([Search] 27), dass sich in nordischen Unternehmen überdurchschnittlich viele Frauen in Top-Management-Positionen finden. Opitz ([Probleme] 13 ff.) fand heraus, dass in den nordischen Ländern die Karrierepfade nicht so geschlossen sind wie in Deutschland. Und Vahsen ([Europa] 49) berichtet, dass sich Skandinavier und Deutsche hinsichtlich ihrer ganzen Grundeinstellung zur Berufstätigkeit wesentlich voneinander unterscheiden: Während Deutsche ihre Berufstätigkeit als zentral für ihr Leben ansehen und ihre Identität durch ihre Arbeit und ihr Unternehmen erlangen, nimmt die Berufstätigkeit für die Nordeuropäer nicht diese fundamentale Position ein.

Anreizsysteme

- *Anreizsysteme.* Materiellen Anreizen (vgl. Abschn. 8.1.4) kommt in den nordischen Ländern eine vergleichsweise geringe Bedeutung zu. Dort, wo sie existieren, finden sich relativ häufig Qualifikations- und Prämienlohn- sowie gruppenorientierte Vergütungssysteme (Lindkvist [Search] 45). Überdies ist der Referenzpunkt der Lohn- und Gehaltsbestimmung mehrheitlich ein anderer: Die materiellen Anreize werden weniger stark an der Erreichung finanzieller und damit um so mehr an der Erreichung qualitativer Ziele festgemacht.

Insgesamt fällt auf, dass in nordischen Unternehmen ein vergleichsweise demokratisches und egalitäres Führungssystem vorherrscht. Bisweilen wird dieses nordische Management als ein dritter Weg zwischen dem amerikanischen Kapitalismus und dem überkommenen sowjetischen Kommunismus (Byrkjeflot [Model] 31) begriffen.

14.7 Modell I: Arabische Länder

Merkmale

Angesichts der neuerdings beobachtbaren, beachtenswerten Wiederbelebung und Ausbreitung des Islam muss auch der in den arabischen Ländern praktizierte Unternehmensführungsstil interessieren. Gleichwohl belegen neuere Studien (Ajami/Khambata [Decisions]; Cunningham [Management]), dass der arabischen Unternehmensführung ein hohes Maß an Ineffektivität, Starrheit und Korruption sowie Unfähigkeit und Unwilligkeit zu Delegation und Partizipation (Cunningham [Management] 1 ff.) bescheinigt werden muss. Trotz der Vielfalt der Befunde lassen sich anhand des zuvor verwendeten Bezugsrahmens einige Spezifika der arabischen Unternehmensführung zusammenfassen, die *sehr stark vom religiösen Einfluss des Islam geprägt* (Ajami/Khambata [Decisions]) als Modell I bezeichnet werden sollen.

Strategie

- Will man die Strategieformulierung arabischer Unternehmen verstehen, so muss man den kulturellen Hintergrund der arabischen Welt berücksichtigen. Dort herrscht auch heute noch ein fatalistisches Weltbild vor, nach dem die Zukunft als weitgehend unvorhersehbar angenommen wird. Die Kapitaleigner der Unternehmen verfolgen und kontrollieren die Entscheidungen des Top-Managements mit ungewöhnlicher Strenge. Auch ist der Regierungseinfluss auf unternehmerische Entscheidungen in der arabischen Welt besonders stark. Deshalb verwundert es nicht, dass die Strategien vieler arabischer Unternehmen *kaum zukunftsorientierte Züge* aufweisen, sondern auf eine Bewahrung des Status quo ausgerichtet sind.

Struktur

- In zahlreichen arabischen Unternehmen besteht auch heute noch eine strenge hierarchische Struktur. Die Beharrungskraft bürokratischer Organisationsformen lässt sich dadurch erklären, dass arabische Manager die Entscheidungsfindung als ihre exklusive Aufgabe ansehen, die von den nachgelagerten Einheiten zu befolgen und auszuführen ist. In der arabischen Unternehmensführung dominiert daher auch heute noch ein ausgeprägtes Top-down-Bewusstsein. Dadurch eventuell verursachte Motivationsprobleme sind aufgrund der konservativen Werthaltungen der Araber kaum zu befürchten.

Systeme

- Die ausgeprägte Top-down-Haltung arabischer Unternehmen resultiert aus dem Selbstverständnis arabischer Manager. Ein selbstverantwortliches und treuhänderisch agierendes Top-Management gibt es kaum. Vielmehr erhält das Top-Management üblicherweise von den Kapitaleignern klare Zielvorgaben. Das Top-Management konkretisiert diese Vorgaben und gibt sie an die niedrigeren Hierarchieebenen weiter. Dabei herrscht bis heute in den arabischen Unternehmen die mündliche Form der Informationsübertragung vor. Da schriftliche Dokumente weitgehend fehlen, ist der Informationsverfälschung Tür und Tor geöffnet.

Personalmanagement

- Die Personalpolitik arabischer Unternehmen weist teilweise Parallelen zu derjenigen japanischer Unternehmen auf. Bei der Einstellung von Mitarbeitern spielen in der islamischen Welt vor allem die Persönlichkeit des Bewerbers und insbesondere der Ruf seiner Familie eine herausragende Rolle. Auch bei der Gehaltsfindung und der Laufbahnplanung werden persönliche Faktoren wie die Folgsamkeit des Mitarbeiters und wiederum der Ruf seiner Familie, die lediglich subjektiv beurteilt werden können, nach wie vor höher bewertet als die faktisch erbrachte Leistung. Von daher erklärt sich, dass Mitarbeiter, die eine gleichwertige Arbeit verrichten, zum Teil deutliche Gehaltsunterschiede aufweisen. Auch in den arabischen Ländern ist die Beschäftigungsdauer der Mitarbeiter vergleichsweise hoch, was auf deren hohe Treue gegenüber ihrem Unternehmen zurückzuführen sein dürfte.

Fertigkeiten und Fähigkeiten

- In durchaus vergleichbarer Weise zu den japanischen Unternehmen verdanken die erfolgreichen arabischen Unternehmen ihre Wettbewerbsvorteile der Loyalität ihrer Mitarbeiter, obwohl sich, wie gezeigt, eine kollektive Entscheidungsfindung in den arabischen Unternehmen kaum findet. Der religiöse Hintergrund trägt dazu bei, dass die vom Top-Management gesetzten Verhältnisse von den Arbeitnehmern akzeptiert werden. Neben ihrer Loyalität weisen die arabischen Arbeitnehmer – wie die japanischen und koreanischen – ein besonderes Geschick beim Kopieren erfolgreicher Verfahren, Techniken und Produkte auf.

Führungsstil und Führungsverhalten

- In der arabischen Welt werden Führungsaufgaben nicht nur von unternehmensinternen, sondern auch von -externen Personen wahrgenommen. So werden vielfach auch Inhaber öffentlicher Ämter wie Bürgermeister oder ähnliche Amtsträger als Integrationspersonen eingeschaltet, wenn es darum geht, Interessenkonflikte zwischen dem Unternehmen und einzelnen Individuen beizulegen. Für den Außenstehenden scheinen die Führungskräfte der arabischen Welt einen ungewöhnlich langen Arbeitstag zu haben, der bis spät in die Nacht hineinreicht. Dieser Eindruck bedeutet jedoch nicht, dass sie die ganze Zeit für ihr Unternehmen aktiv sind. Da persönliche und familiäre Angelegenheiten vielfach wichtiger als geschäftliche Probleme eingestuft werden, werden diese während der Arbeitszeit erledigt.

Unternehmensphilosophie

- Da in arabischen Ländern die Familie und weniger das arbeitgebende Unternehmen im Vordergrund der Interessen der Mitarbeiter steht, herrscht in arabischen Unternehmen nicht das clanartige Gruppendenken, wie es von japanischen Unternehmen bekannt ist. Ein Sich-Einordnen und Sich-Aufgeben in einer Gruppe bis hin zu völliger Anonymität ist den arabischen Arbeitnehmern weitgehend fremd. Daher findet auch das starke Wachstum einzelner erdölproduzierender Unternehmen bislang keine Entsprechung in einer homogenen Unternehmenskultur.

14.8 Ansätze und Probleme bei der Erforschung interkultureller Unternehmensführungsphänomene

Wie im nationalen bildet auch im interkulturellen Kontext die Auswahl eines dem jeweiligen Untersuchungsanliegen entsprechenden Ansatzes eine Basisentscheidung, durch die die Art des konzeptionellen Zugangs und damit letztendlich all das vorselektiert wird, was im Untersuchungsprozess gesehen werden kann oder auch nicht. Eine Analyse der verfügbaren Untersuchungen der interkulturellen Managementforschung lässt einen Dissens der Fachvertreter bei der Wahl einer adäquaten Forschungskonzeption erkennen. Insbesondere weichen die vorliegenden theoretischen und empirischen Arbeiten hinsichtlich des thematisierten Kulturaspekts und der Grundannahmen, aber auch in der Art und Weise, wie mit Unterschieden und Gemeinsamkeiten umgegangen wird, stark voneinander ab. Vier Gruppen von Arbeiten und damit auch Ansätzen lassen sich ausmachen.

Engstirniger Ansatz

- Am häufigsten anzutreffen sind Arbeiten mit einer *engstirniger („parochialen")* Ausrichtung, bei denen die Angehörigen eines bestimmten Landes ausschließlich über dessen eigene kulturelle Spezifika berichten. Dieses Vorgehen findet sich vor allem bei US-amerikanischen Fachvertretern und ist nicht zuletzt im großen Volumen des US-Marktes, aber auch in den oft geringen Fremdsprachenkenntnissen amerikanischer Wissenschaftler, in Eigenschaften des US-amerikanischen Veröffentlichungssystems sowie in strukturellen Merkmalen der dortigen wissenschaftlichen Dachverbände begründet. Auf die Gegebenheiten anderer Kulturkreise wird nicht eingegangen; implizit wird stattdessen eine universelle, zumindest jedoch eine auf die industrialisierten Länder bezogene Übertragbarkeit der ermittelten Sachverhalte unterstellt. Auch zeichnen sich die diesem Ansatz zuordenbaren Arbeiten dadurch aus, dass von einer

Zeitstabilität kultureller Wertvorstellungen ausgegangen wird. Angesichts der Ergebnisse der zahlreichen in Entwicklungs- und entwickelten Ländern durchgeführten empirischen Untersuchungen müssen beide Annahmen jedoch als verkürzend bezeichnet werden. Wenn der „parochiale" Ansatz dennoch vorherrscht, dann dürfte dies neben den vorgenannten Faktoren mit dem Bemühen nach Komplexitätsbegrenzung, aber auch damit zu erklären sein, dass sämtliche Beteiligte – sowohl die Manager als auch die Wissenschaftler – selbst Angehörige einer bestimmten Kultur sind.

Ethnozentrischer Ansatz

- Die dem *ethnozentrischen* Ansatz zuordenbaren Arbeiten stehen in der Häufigkeitsrangfolge auf Platz zwei; sie sind dadurch gekennzeichnet, dass das im Hinblick auf den heimischen Kulturkreis entwickelte und dort auch angewandte Forschungsdesign nachträglich auch noch in anderen Kulturkreisen zur Anwendung gebracht wird. Die zentrale Frage lautet: Kann das im Heimatland nützliche theoretische Erklärungsmodell auch die kulturellen Eigenschaften fremder Regionen und Länder verstehen helfen? Dem „parochialen" Vorgehen ist der ethnozentrische Ansatz dahingehend überlegen, dass die Universalität des zu testenden Modells in Frage gestellt wird; nachteilig dürfte sich jedoch auswirken, dass im Prozess der Erkenntnisgewinnung letztendlich doch die heimischen Bedingungen favorisiert werden. Auch ist zu bemängeln, dass eine Bestätigung des Modells in einem zweiten Kulturkreis häufig bereits als Beleg für dessen Universalität gewertet wird.

Polyzentrischer Ansatz

- Bei *polyzentrischen* Arbeiten werden die in einem bestimmten Land üblichen Gepflogenheiten oder Handhabungsformen aus dessen spezifischen kulturellen Bedingungen heraus erklärt. Abweichend von den vorgenannten Ausrichtungen wird kulturelle Gleichartigkeit weder angenommen noch gesucht; das Bemühen ist sogar daraufhin ausgerichtet, kulturelle Einzigartigkeiten aufzudecken. Polyzentrische Puristen lehnen die interkulturelle Vergleichsforschung strikt ab, da die einzelnen Kulturen als so weit voneinander abweichend angesehen werden, dass eine Gegenüberstellung ohnehin als nur bruchstückhaft und wenig repräsentativ erachtet wird. Als typische Erscheinungsformen der induktiv angelegten polyzentrischen Forschungsrichtung sind Länderberichte anzusprechen, die vielfach in Kooperation mit Wissenschaftlern des Ziellandes erstellt werden. Nachteile des polyzentrischen Ansatzes bestehen darin, dass oft ein eklektisches, willkürlichen Auswahlkriterien folgendes Aneinanderreihen einzelner Sachverhalte stattfindet.

Komparativer Ansatz

- Demgegenüber zielen die der Richtung des *komparativen* Ansatzes zuordenbaren Arbeiten von Anbeginn darauf ab, Gleichartigkeiten oder Unterschiede zwischen zwei oder mehr Kulturkreisen herauszuarbeiten. Hier geht es um die Frage, in welcher Hinsicht sich Kultur A von Kultur

B unterscheidet und wo sie sich gleichen. Den vorgenannten Forschungsrichtungen ist die komparative aufgrund ihrer kulturellen Unvoreingenommenheit voraus; die Existenz einer dominanten oder sogar überlegenen Kultur wird grundsätzlich bestritten. Daher dürfte es diese Ausrichtung sein, die noch am ehesten in der Lage ist, Erkenntnisse darüber zu gewinnen, welche Aspekte der Unternehmensführungslehre nun wirklich universal anwendbar sind. Kulturorientierte Forschungsarbeiten, die den Ansprüchen des komparativen Ansatzes genügen, sind bislang allerdings in der Minderzahl.

Geozentrischer Ansatz

Die vier vorgenannten Ansätze werden gelegentlich noch um den *geozentrischen* und den *synergistischen* ergänzt (vgl. Kumar [Managementforschung] 391), wobei insbesondere im Hinblick auf den geozentrischen Ansatz zu fragen ist, ob es sich wirklich um eine eigenständige Theoriekonzeption der interkulturellen Managementforschung handelt. Dessen Besonderheiten liegen nämlich darin, dass vorrangig nach interkulturellen Ähnlichkeiten und weniger nach Unterschieden gesucht wird, was einer Variante des komparativen Ansatzes nahekommt. Ein eigenständigeres Profil ist dagegen dem *synergistischen Ansatz* zu Eigen, da hier die bestehenden Kulturunterschiede als Potenziale zur Herausbildung neuer Formen des Managements angenommen und dementsprechend die Interaktionen von Menschen unterschiedlicher Kulturzugehörigkeit thematisiert werden.

Synergistischer Ansatz

Methodische Aspekte

Aber auch in methodischer Hinsicht unterscheiden sich die vorliegenden Untersuchungen beträchtlich, wobei hier ebenfalls häufig ein zu unbefriedigenden Ergebnissen führender Weg eingeschlagen wird. Die Erfahrung zeigt, dass methodische Defizite mit Mängeln bei der Bestimmung eines geeigneten Ansatzes verbunden sind. Danach scheint sich die defizitäre Lage allmählich zu bessern, wenngleich die fünf Krisenherde der Kulturforschung noch nicht überwunden sind. So leiden zahlreiche kulturorientierte Forschungsarbeiten an einer zu starken methodischen Vereinfachung, wobei sich die Schlichtheit sowohl auf den „One-Shot-Querschnittcharakter", auf die willkürliche Wahl des Untersuchungszeitpunkts, auf den Verzicht einer interdisziplinären Zusammenarbeit, aber auch auf die Negation der in verschiedenen Kulturen ungleichen funktionalen Zusammenhänge im Untersuchungsplan bezieht. Aufgrund der Auftretenshäufigkeit dieser Mängel kann man unschwer in die Klage „Schrebergartenmentalität" (v. Keller [Management] 606) einstimmen. Daneben werden in zahlreichen kulturorientierten Untersuchungen die mit der Stichprobenbildung verbundenen Probleme relativ leichtfertig gehandhabt. So wird die Auswahl der einbezogenen Kulturkreise vielfach von situativen Umständen oder Gelegenheiten des Forschers („Safari-Forschung"), nicht jedoch von inhaltlich relevanten Kriterien abhängig gemacht. Auch muss die Zweckmäßigkeit der mehrheitlich bevorzugten Zwei-Länder-Vergleiche kritisch hinterfragt werden, da in diesem

„Krisenherde" der Kulturforschung

Falle die Wirkungen von Einflussgrößen, die in beiden Teilsamples gleichermaßen vorhanden sind oder nicht, verdeckt bleiben müssen. Viel zu selten wird auch die Frage der Stichprobenrepräsentativität und diejenige der gegenseitigen Unabhängigkeit der Teil-, das heißt Länderstichproben aufgeworfen.

Erhebungsmethoden und Umgang mit Daten

Im Mittelpunkt der instrumentellen Probleme kulturorientierter Forschung dürften hingegen mangelnde Sprachkenntnisse stehen, zumal sich soziale Phänomene nicht in sämtlichen Sprachen gleichermaßen differenziert ausdrücken lassen. Die hiervon ausgehenden Unsicherheiten lassen sich dadurch eindämmen, dass parallel zueinander mehrere Erhebungsmethoden eingesetzt werden. Ebenso ist kritisch zu prüfen, ob die herausgearbeiteten Variablen und die verwendeten Skalen in sämtlichen erforschten Kulturkreisen gleichartig interpretiert werden. Nicht selten wird nämlich unberechtigterweise von einer semantischen und funktionalen Äquivalenz des Erhebungsinstrumentariums ausgegangen, die in der Realität nicht gegeben ist. Auch sind Ergebnisverfälschungen zu erwarten, wenn bei der Datenerhebung keine äquivalenten Methoden angewandt werden. Das Streben nach gleichartigen Datenerhebungsbedingungen setzt jedoch nicht unbedingt eine Vollstandardisierung der Erhebungsmethodik voraus. Eine solche kann sich dort nachteilig auswirken, wo die Befragten der einzelnen Kulturkreise ein unterschiedliches Maß an Zurückhaltung gegenüber empirischen Testverfahren auszeichnet. Überdies dürfte auch zu Ergebnisverzerrungen beitragen, wenn – wie beispielsweise im Falle der bekannten Studie von Haire, Ghiselli und Porter ([Thinking] 185 ff.) – den Interviewpartnern sehr breit ansetzende Fragen vorgelegt werden. Auch muss die Datenerhebung dann als invalide bezeichnet werden, wenn zwischen den Erhebungen in den einzelnen Kulturkreisen zu viel Zeit verstreicht. Die Datenauswertung wird vielfach von Vergleichsproblemen beherrscht, die bei der Gegenüberstellung quantitativer und qualitativer Untersuchungsergebnisse auftreten. Des Weiteren muss die Vorherrschaft bivariater Auswertungsstrategien, die keinerlei Anhaltspunkte über den relativen Erklärungsbeitrag einzelner Wirkfaktoren vermitteln können, als Mangel praktizierter Kulturforschung bezeichnet werden.

Ausblendung von „Vorwissen"

Schließlich krankt die auf Länderebene ansetzende kulturorientierte Managementforschung daran, dass nur wenige verfügbare Untersuchungen (zum Überblick vgl. von Keller [Management] 647 ff.; Ronen [Management] 157 ff.) an die Konzeptionen und Befunde von Vorgängerstudien anbinden und ein nach gleichen oder zumindest ähnlichen Gesichtspunkten gestaltetes Untersuchungssystem zur Anwendung bringen. Stattdessen werden vielerorts konzeptionell völlig isoliert stehende Fragen gestellt und Methodiken erprobt, die mit der „wissenschaftlichen Vorwelt" wenig oder sogar überhaupt nichts zu tun haben. Erschwerend kommt noch hinzu, dass immer wieder neue Kombinationen von Ländern oder Kulturkreisen untersucht werden; auch dann, wenn der bereits bearbeitete Kulturkreis noch nicht hinreichend erforscht worden ist. Da Befundbestätigungen und -widerlegungen somit kaum möglich sind, kann es nicht verwundern, dass in der kulturorientierten Managementforschung bislang nur spärliche Erkenntnisse vorliegen. Zusammenfassend muss die Vielzahl konzeptioneller und methodischer Unzulänglichkeiten als Indiz dafür angesehen werden, dass die kulturorientierte Managementforschung sich noch in einem äußerst „juvenilen" Zustand befindet.

Kontrollfragen und Aufgaben zu Kapitel 14

1. Erläutern Sie das Forschungsdesign und die Ergebnisse der Studie, die zu dem Bestseller „In Search of Excellence" geführt hat.

2. Welche Kritik ist am Modell A zu üben?

3. Zeigen Sie anhand einer Beschreibung des 7-S-Modells Unterschiede zwischen US-amerikanischer und japanischer Unternehmensführung auf und beurteilen Sie die Aussagekraft des von Pascale und Athos vorgelegten Modells.

4. Vergleichen Sie zwei deutsche Großunternehmen Ihrer Wahl anhand des 7-S-Rahmens.

5. Worin unterscheiden sich die von Ouchi differenzierten Organisationsformen vom Typ A und Typ J? Inwiefern weicht der Typ Z vom Typ J ab? Beurteilen Sie Ouchis Empfehlungen.

6. Skizzieren Sie das Modell der koreanischen Unternehmensführung.

7. Inwiefern weichen die koreanische sowie die chinesische Unternehmensführung von der japanischen ab?

8. Können die koreanische und die deutsche Art der Unternehmensführung einander angeglichen bzw. angenähert werden? Begründen Sie Ihre Aussage.

9. Diskutieren Sie die Kernmerkmale des Modells R und prüfen Sie, inwieweit diese gegenwärtig einem Wandel unterliegen.

10. Welche Elemente des Modells N können als vorbildlich im Sinne einer „guten Unternehmensführung" dienen?

11. Vergleichen Sie die Kernaussagen des Modells I mit denjenigen des Modells J.

12. Sehen Sie Parallelen zwischen den hier vorgestellten Modellen und dem Fallbeispiel „Automobilindustrie" in Abschn. 2.4? Wo gleichen und wo unterscheiden sie sich? Nehmen Sie zu den Managementformen kritisch Stellung.

13. „In Deutschland herrscht gegenüber Japan absolute Arroganz, Ignoranz und tiefste Provinzialität." (Folker Streib, Präsident der Deutschen IHK in Tokyo, 1993). Kommentieren Sie diese Feststellung anhand der Aussagen in diesem Kapitel. Was würden Sie deutschen Unternehmen angesichts der Formel der Japaner empfehlen, die da heißt: „Mitwissen, mitdenken, mitverantworten, mitentscheiden lassen!"?

14. Welche konzeptionellen Ansätze finden sich in der interkulturellen Managementforschung?

15. Zeigen Sie Probleme auf, die den Aussagewert der interkulturellen Managementforschung einschränken.

Literaturhinweise zu Kapitel 14

DÜLFER, E., JÖSTINGMEIER, B., Internationales *Management* in unterschiedlichen Kulturbereichen, 7. Aufl., München – Wien 2008.

IMAI, M., Kaizen – Der *Schlüssel* zum Erfolg der Japaner im Wettbewerb, 7. Aufl., München 1996.

MACHARZINA, K., Interkulturelle *Perspektiven* einer management- und führungsorientierten Betriebswirtschaftslehre, in: Wunderer, R. (Hrsg.), Betriebswirtschaftslehre als Management- und Führungslehre, 3. Aufl., Stuttgart 1995, S. 265–283.

MÜLLER, S., GELBRICH, K., Interkulturelles *Marketing*, München 2004.

NEGANDHI, A. R., WELGE, M. K., Beyond *Theory* Z – Global Rationalisation Strategies of American, German and Japanese Multinational Companies, Greenwich 1984.

OUCHI, W. G., *Theory* Z – How American Business Can Meet the Japanese Challenge, Reading 1981.

PETERS, T. J., WATERMAN, R. U. JR., In *Search* of Excellence, New York et al. 1982.

Teil 5

Unternehmensführung und gesellschaftliche Verantwortung

Praxisbeispiel:

Übernahme der Communicatio AG durch die Ringabell PLC

Chronik der Übernahme der Communicatio AG durch die Ringabell PLC

Mitte November 2000 unterbreitete der damalige Chef des britischen Telekommunikationsunternehmens Ringabell PLC, Anthony Birkshaw, dem Vorstand der Communicatio AG ein Angebot zur Übernahme des deutschen Wettbewerbers. Birkshaw bot 36,2 Ringabell-Aktien für eine Communicatio-Aktie. Communicatios damaliger Vorstandsvorsitzender Peter Comedo lehnt dieses Angebot als völlig unangemessen ab. Wenige Tage später erhöht Ringabell sein Angebot auf 44,9 eigene je Communicatio-Aktie, was einem Angebotswert von 212 Milliarden DM entsprach. Notfalls werde man eine feindliche Übernahme von Communicatio anstreben. Wenige Tage vor Weihnachten vereinbart Comedo mit dem Communicatio-Aufsichtsrat, dass seine Vergütung im Falle einer feindlichen Übernahme für die restliche vierjährige Laufzeit seines Vertrages in Höhe von 26 Millionen DM fällig werde. Einen Tag später unterbreitet Ringabell ein öffentliches feindliches Angebot zur Übernahme von Communicatio.

Im Januar 2001 nahm der Vorstand von Communicatio Kontakt mit den Unternehmen Access und Operandi auf mit dem Ziel, durch eine Kooperation mit diesen Unternehmen dem Übernahmeangriff Ringabells zu entgehen. Außerdem wurde in zahlreichen Zeitungen und Zeitschriften eine Anzeigenkampagne gegen die Übernahme gestartet, in der vor einer hierdurch induzierten Verlangsamung des Unternehmenswachstums gewarnt wird.

Nach dreimonatigem Übernahmekampf um Communicatio gab dessen Vorstand Anfang Februar 2001 – für die Öffentlichkeit vergleichsweise überraschend – bekannt, dass man nun eine freundliche Fusion mit Ringabell anstrebe. Für jede Communicatio-Aktie wurde ein Tauschverhältnis von ca. 51 Ringabell-Aktien vereinbart, was einem Übernahmepreis von über 263 Milliarden DM entsprach. Communicatio sei mit 49,9 Prozent an dem neu entstehenden Unternehmen beteiligt. Einen Tag später stimmte Communicatios Aufsichtsratsausschuss der Fusionsabsicht Comedos zu und bewilligte Sonderzuwendungen an Comedo, den Aufsichtsratsvorsitzenden Johannes Lorenzen sowie weitere vier Vorstandsmitglieder. Im August 2002 beschloss die letzte Hauptversammlung der Communicatio AG die Umfirmierung des Unternehmens in „Ringabell AG" und dessen Unterwerfung unter einen Gewinnabführungs- und Beherrschungsvertrag zugunsten von Ringabell Deutschland GmbH.

Einige Monate später wurde bekannt, dass Comedo von Pedro Evangelista, einem Top-Manager der in Brasilien ansässigen, einen großen Teil der Communicatio-Aktien haltenden Fondsgesellschaft Brasil Pensao, Anfang Februar 2001 bedrängt wurde, einer Übernahme durch Ringabell zuzustimmen. Weiterhin habe Comedo von seinem Unternehmen bzw. von Brasil Pensao eine Anerkennungsprämie in Höhe von 28 Millionen DM erhalten. Überdies wurden ihm vom Aufsichtsrat die oben erwähnten 26 Millionen DM zugebilligt, weil sein Vorstandsvertrag aufgrund der anstehenden Übernahme vorzeitig aufgelöst worden sei.

Von einem Kleinaktionär wurde Comedo umgehend wegen Untreue angezeigt, doch stellte die Neustädter Staatsanwaltschaft das Verfahren bald darauf wieder ein, weil kein hinreichender Anfangsverdacht bestehe. Im März 2002 rollte die Neustädter Staatsanwaltschaft das Verfahren jedoch wieder auf mit dem Verdacht auf Beihilfe zur Untreue seitens Comedos sowie weiterer Führungskräfte. 16 Top-Manager Communicatios hätten ebenfalls im Zuge der Übernahme weitere 56 Millionen DM an Prämien erhalten. Insgesamt seien Prämienzahlungen in Höhe von 140 Millionen DM an ehemalige Communicatio-Manager geflossen. Überdies wurde in der Öffentlichkeit der Verdacht laut, dass Ringabell bei Comedo mit der Zahlung sehr hoher Geldsummen dessen Einverständnis „erkauft“ habe.

Im August desselben Jahres wurden die Ermittlungen auf Johannes Lorenzen, Martin Brenner, den damaligen Chef der zuständigen Gewerkschaft, sowie Hansbert Mühlenberg, Vorstandsvorsitzender des Kredithauses Nord, ausgeweitet mit der Begründung, dass sie im Aufsichtsrat bzw. Aufsichtsratsausschuss der Communicatio federführend die hohen Auszahlungen an Comedo betrieben hätten. Dies stelle eine Untreue gegenüber dem Unternehmen dar. Im August 2002 wandte sich Brenner an die Mitglieder seiner Gewerkschaft und beteuerte, dass weder er noch die anderen Arbeitnehmervertreter im Communicatio-Aufsichtsrat die Sonderzahlungen an Comedo hätten verhindern können.

Nachdem die Staatsanwaltschaft im Februar 2004 Anklage gegen sechs ehemalige Vorstands- und Aufsichtsratsmitglieder der Communicatio AG erhoben hatte, wurde im Januar 2005 gegen sie vor dem Neustädter Landgericht der Prozess eröffnet, der im Juli desselben Jahres mit einem Freispruch endete. Alle Beteiligten hätten bezüglich der Anerkennungsprämien strafrechtlich schuldlos gehandelt. Der Untreuevorwurf sei deshalb nicht haltbar, weil die Angeklagten durch Juristen und Wirtschaftsprüfer beraten worden seien. Die Angeklagten hätten einen „unvermeidbaren Verbotsirrtum“ begangen. Gleichwohl stellte das Gericht fest, dass die an Comedo gegangenen Zahlungen nicht im Unternehmensinteresse gewesen seien. In der Öffentlichkeit wurde daher von einem Freispruch zweiter Klasse gesprochen. Im April 2006 reichte die Bundesanwaltschaft Revision ein. Ende 2006 hob der Bundesgerichtshof die Freisprüche der Vorinstanz auf und ordnete eine Neuauflage des Verfahrens an.

Die zweite Hauptverhandlung vor dem Landgericht Neustadt begann im Oktober 2007. Nachdem sich das Verfahren über nahezu ein Jahr hingezogen hatte, erklärte sich die Staatsanwaltschaft Ende November 2007 für viele überraschend bereit, der Einstellung des Verfahrens zuzustimmen. Die Staatsanwaltschaft begründete ihre Zustimmung zur Verfahrenseinstellung unter anderem damit, dass Ringabell als Mehrheitsaktionär sich mit den geleisteten Zahlungen einverstanden erklärt hatte sowie mit der voraussichtlich langen Dauer des Gerichtsverfahrens. Den Angeklagten sei kein hohes Ausmaß an Schuld nachzuweisen. Überdies sei eine Einstellung des Gerichtsverfahrens geboten, weil kein öffentliches Interesse an einer weiteren Verfolgung bestehe. Auch seien die Angeklagten in dem nun seit Jahren dauernden Verfahren ohnehin schon überdurchschnittlich belastet worden. Schließlich betonte der vorsitzende Richter, dass die Einstellung derartiger Verfahren in Deutschland nichts außergewöhnliches sei; hierzulande würden jährlich tausende Gerichtsverfahren gegen Geldbußen eingestellt. Die sechs Angeklagten mussten eine Geldbuße von insgesamt 5,5 Millionen Euro leisten. Im Einzelnen mussten Mühlenberg 3,1 Millionen Euro, Comedo 1,4 Millionen Euro, Lorenzen 1 Million Euro und Brenner 58.000 Euro bezahlen. Sie gelten als nicht rechtskräftig verurteilt und als nicht vorbestraft. Comedo durfte seine damals erhaltenen Zuwendungen behalten.

Ethische Bewertung der Handlungen der Communicatio-Manager im Rahmen des Übernahmeprozesses

Obwohl Juristen mehrheitlich davon ausgehen, dass die in den beiden Communicatio-Prozessen gefällten Urteile rechtlich einwandfrei sind, gehen die Meinungen bis zum heutigen Tage weit auseinander, ob das Verhalten der beteiligten Top-Manager des Hauses Communicatio als moralisch verwerflich einzustufen ist oder nicht.

Viele Außenstehende halten das Verhalten Comedos, der Aufsichtsratsmitglieder sowie der anderen beteiligten Akteure als ***moralisch verwerflich****, weil*

- *die Prämienzahlungen vom Aufsichtsrat in einer Nacht- und Nebelaktion ohne rechtliche Grundlage beschlossen worden seien,*
- *Pedro Evangelista, Top-Manager von Brasil Pensao, in das entscheidende Vier-Augen-Gespräch zwischen Comedo und Birkshaw hineingeplatzt sei, um Comedo die Anerkennungsprämie anzubieten,*
- *die Zustimmung der Communicatio-Manager zur freundlichen Übernahme von Communicatio durch Ringabell der alleinige Grund für die Zahlung der Prämien gewesen sei,*
- *die Zahlungen an Comedo sowie die beschuldigten Aufsichtsratsmitglieder nicht im Interesse des Unternehmens Communicatio gewesen seien und damit ein Verstoß gegen die Vermögensbetreuungspflicht vorläge,*

- *die an Comedo und andere geleisteten Zahlungen „unanständig hoch und für keinen Arbeitnehmer mehr nachvollziehbar" gewesen seien,*
- *die Zahlung von Anerkennungsprämien und Pensionsabfindungen Communicatio und dessen Aktionären geschadet hätte,*
- *die erfolgten Zahlungen keine Prämien für geleistete, sondern solche für nicht geleistete Arbeit gewesen seien,*
- *insbesondere Lorenzen als Aufsichtsratsvorsitzender gar keinen Abwehrkampf gegen die Ringabell-Übernahme geführt, sondern diesen lediglich mitverfolgt habe,*
- *Martin Brenner sich bei der Entscheidung im Aufsichtsrat bzw. dem Aufsichtsratsausschuss über die Auszahlung der Prämien an Comedo der Stimme enthalten und nicht dagegen gestimmt habe,*
- *Johannes Lorenzen in seiner Rolle als Aufsichtsratsvorsitzender und Mitglied des Aufsichtsratspräsidiums selbst über seine Prämie abgestimmt habe,*
- *Wirtschaftsprüfer schon frühzeitig im Entscheidungsprozess Bedenken gegen die geplanten Prämienzahlungen geäußert, die Aufsichtsratsmitglieder aber trotz dieser Bedenken diese beschlossen hätten und*
- *die von den Angeklagten im abschließenden Vergleich insgesamt verlangte Geldbuße von 5,5 Millionen Euro im Vergleich zu deren Vermögenssituation so niedrig sei, dass diese nur in geringem Maße negativ betroffen seien.*

Von einigen anderen Personen wird das Verhalten der beteiligten Akteure jedoch als ***moralisch akzeptabel*** *erachtet, weil*

- *es keinen gekauften Sinneswandel bei den für die Annahme des Übernahmeangebots zuständigen Entscheidungsträgern gegeben habe,*
- *Brasil Pensao den Communicatio-Managern erst dann Prämien angeboten habe, als sich Communicatio und Ringabell bereits über die Übernahme einig gewesen seien,*
- *Ringabell Comedo und anderen Communicatio-Managern keine Geldzahlungen für den Fall ihrer Zustimmung zur Communicatio-Übernahme angeboten habe,*
- *das Unternehmen Communicatio während der Jahre, in denen die beschuldigten Personen Leitungsverantwortung getragen hätten, überaus erfolgreich gewesen sei und die Millionenprämien somit „eine außergewöhnliche Anerkennung für eine außergewöhnliche Leistung" Comedos gewesen seien,*
- *viele Communicatio-Aktionäre aufgrund des geschickten Agierens des Communicatio-Vorstands im Verlauf des Übernahmeprozesses so viel Geld verdient hätten, dass es nur gerecht erschien, dass die Aktionäre dem Communicatio-Management ihre Anerkennung zeigen. So sei der Börsenwert Communicatios*

während des Übernahmekampfes um mehr als 140 Millarden DM und der Wert der Brasil-Pensao-Aktien um über 15 Milliarden DM gestiegen. Comedo rechnete während des Prozesses vor, dass er nicht einmal 0,1 Prozent dieser Wertsteigerung an Prämie erhalten habe, was ungewöhnlich wenig sei,

- *„kein einziger Aktionär durch die Anerkennungsprämien auch nur einen einzigen Cent verloren habe",*
- *nachträgliche Zahlungen durchaus zulässige Vergütungsformen von Top-Managern seien und*
- *Abfindungssummen dieser Höhe im internationalen Kontext üblich seien.*

Nach Abschluss des Übernahmeprozesses wurde die Restgruppe der Communicatio-Aktionäre im Juni 2003 mittels eines Squeeze-out aus dem Kreise der Anteilseigner des Communicatio-Rechtsnachfolgers Ringabell AG hinausgedrängt. Sämtliche Aktien dieses Unternehmens wurden fortan durch Ringabell Deutschland GmbH gehalten und die Aktien der Ringabell AG wurden nicht mehr an der Börse gehandelt. Im Frühjahr 2004 hat sich Brasil Pensao von ihren Aktien der Ringabell AG getrennt.

Nachdem sich der Kurswert der Aktien des Mutterunternehmens, der Ringabell PLC, während der Zeit des Prozesses der Communicatio-Übernahme praktisch verdoppelt hatte, ging dieser in der Nachfolgezeit relativ schnell wieder auf ein Niveau zurück, welches noch niedriger war als dasjenige, das zu Beginn des Übernahmeprozesses bestand. Auch für die Anteilseigner der Ringabell PLC führte die Übernahmeschlacht somit nur zu einem vorübergehenden Kursgewinn.

Quellen

Anregungen gewonnen aus Berichten veröffentlicht in diversen Tageszeitungen.

15 Unternehmensethik[1]

> *"Es gibt Dinge, die sind zwar legal, jedoch nicht legitim, und man tut sie deshalb nicht."*

Der übergeordnete Leitsatz des vorliegenden Lehrbuchs lautet „Unternehmensführung verantwortet das Ganze". Im abschließenden Kapitel wird die Verantwortung der Unternehmensführung in ihrer ethischen Dimension beleuchtet. Eine unternehmensethische Fundierung der Handlungen der Unternehmensführung ist erforderlich, weil die in Kapitel 3 dargelegten rechtlichen Regelungen der Unternehmensverfassung und Corporate Governance die Handlungen der Unternehmensführung lediglich in grundsätzlicher Weise normieren können und das Top-Management somit noch weitere übergeordnete Orientierungsmaßstäbe benötigt, anhand derer eine Beurteilung der Vertretbarkeit von Handlungsalternativen möglich wird.

Verantwortungsaspekt der Unternehmensführung

15.1 Begriffliche Grundlagen: Moral, Recht, Ethik sowie Unternehmensethik

Die Diskussion unternehmensethischer Fragestellungen setzt eine inhaltliche Bestimmung der in ihrem Kontext stehenden Begriffe „Moral", „Ethik" und „Recht" voraus.

Moral

- Die *Moral* stellt den für die Daseinsweise der Menschen konstitutiven normativen Grundrahmen für das Verhalten gegenüber den Mitmenschen, der Natur und sich selber dar (Höffe [Moral] 204). Sie umfasst den Bestand der in einem bestimmten Einzugsbereich wie beispielsweise einem Kulturkreis oder Unternehmen faktisch herrschenden Normen (Steinmann/Löhr [Grundlagen] 7). Diese bestehen sowohl in den persönlichen als auch in den ihnen äußerlich vorgegebenen Haltungen, Wertmaßstäben, Überzeugungen, Sinnvorstellungen und Tugenden der einzelnen Akteure (Göbel [Unternehmensethik] 10). Die Moral drückt sich

1 Wir danken den Herren Kollegen Professor Dr. Dr. h.c. mult. Horst Steinmann, Universität Erlangen-Nürnberg, und Professor Dr. Andreas Scherer, Universität Zürich, für die wertvollen Kommentare zu einer früheren Version dieses Kapitels.

dadurch aus, dass ein bestimmtes Verhalten als sittlich „gut" oder „schlecht" beurteilt wird (Leisinger [Unternehmensethik] 13).

Recht

- Das *Recht* beinhaltet jenen Teil der in dem jeweiligen Einzugsbereich herrschenden Normen, die formalisiert und rechtlich einklagbar sind. Aufgrund der Einklagbarkeit handelt es sich beim Recht um Zwangsnormen. Zwischen vielen moralischen und rechtlichen Normen besteht keine Deckungsgleichheit. So weist einerseits ein großer Anteil der rechtlichen Normen keinerlei moralischen Gehalt auf (z. B. das Rechtsfahrgebot) und andererseits bestehen in allen Kulturen viele moralischen Normen, die weder zum einklagbaren Recht geworden sind oder Chancen haben, irgendwann einmal ein solches zu werden. Im Idealfall müssten eigentlich jene moralischen Normen eine rechtliche Kodifikation erfahren, bei der trotz ihrer Sinnhaftigkeit oder Angemessenheit die Gefahr einer Missachtung groß ist.

Ethik

- Mit der *Ethik* ist die Lehre von der Moral gegeben. Sie beinhaltet ein methodisch diszipliniertes Nachdenken und die theoretische Reflexion über die in einem bestimmten Einzugsbereich faktisch herrschenden Moralen (Steinmann/Löhr [Grundlagen] 7), in dessen Mittelpunkt insbesondere die Rechtfertigung von Normen steht. Es geht also um das kritische Hinterfragen der herrschenden Moral (Friske/Bartsch/Schmeisser [Unternehmensethik] 13). Dieses Nachdenken über und Rechtfertigen von Normen hat letztlich zum Ziel, im Sinne einer Kantschen regulativen Idee zu einer Verbesserung bestehender Moralvorstellungen beizutragen (Steinmann/Löhr [Grundlagen] 9).

  Innerhalb der Ethik sind mit der deskriptiven Ethik und der normativen Ethik zwei Erkenntnisgebiete zu unterscheiden. Ersteres untersucht, welche Moralvorstellungen in einem bestimmten Einzugsbereich faktisch bestehen; Letzteres will die richtigen sittlichen Sollensaussagen herleiten (Kreikebaum [Grundlagen] 10 f.; Göbel [Unternehmensethik] 13) bzw. die prozessualen Voraussetzungen für inhaltliche Lösungen schaffen.

Unternehmensethik

- Die *Unternehmensethik* stellt jenen Bereich der Betriebswirtschaftslehre dar, der sich mit den Zielen, Werten, Normen und übergeordneten Folgen des Wirtschaftens von Unternehmen beschäftigt (Friske/Bartsch/Schmeisser [Unternehmensethik] 17). Sie thematisiert insbesondere das Verhältnis von Moral und Gewinn in der Unternehmensführung und befasst sich mit der Frage, wie moralische Normen und Ideale unter den Bedingungen der modernen Wirtschaft von den Unternehmen zur Geltung gebracht werden können (Homann/Blome-Drees [Unternehmensethik] 117). Unternehmensethik stellt eine moralische Pflicht des Managements dar; sie ist nicht nur ein löbliches Tun, das der diskretionären Pflicht des Managements unterliegt (Steinmann [Betriebswirtschaftslehre] 6). In den Analysebereich der Unternehmensethik fallen dabei insbesondere jene moralisch fragwürdigen Handlungen der Unternehmensführung, für die das Recht keine Normen bereithält. Die Unternehmensethik unterscheidet sich von der Wirtschaftsethik dadurch, dass Erstere sich auf einzelwirtschaftliche Aspekte bezieht, während Letztere sich auf die Gestaltung der Rahmenbedingungen ethischen Wirtschaftens sowie die Moral von Individuen als Akteure in einer Gesamtwirtschaft bezieht. Die Wirtschaftsethik ist also eher in der Volkswirtschaftslehre, die Unternehmensethik in der Betriebswirtschaftslehre angesiedelt, obwohl beide inhaltlich eng zusammengehören.

Corporate Social Responsibility

Es fällt auf, dass seit einiger Zeit sowohl im Schrifttum als auch in der Unternehmenspraxis gehäuft der Begriff „Corporate Social Responsibility" verwendet wird. Die Europäische Union ([Grünbuch] 366) versteht hierunter „ein Konzept, das den Unternehmen als Grundlage dient, auf freiwilliger Basis soziale Belange und Umweltbelange in ihre Tätigkeit und in die Wechselbeziehung mit den Stakeholdern zu integrieren". Aus dieser Begriffsumschreibung könnte herausgelesen werden, dass Corporate Social Responsibility eher auf die Einstellungen und das faktische Verhalten von Unternehmen abhebt, wohingegen der Begriff „Unternehmensethik" stärker auf die wissenschaftliche Behandlung des Problems bezogen ist. Diese Trennung wird jedoch im Schrifttum nicht durchgehalten, und teilweise wird Corporate Social Responsibility auch als übergeordneter Dachbegriff verwendet, welcher die Begriffe „Unternehmensethik", „Wirtschaft und Gesellschaft" sowie „Anspruchsgruppentheorie" umspannt (Scherer/Palazzo [Conception] 1096). Aufgrund des hohen Maßes an Deckungsgleichheit zwischen den beiden Termini soll im Folgenden auf eine begriffliche Trennung verzichtet werden (vgl. auch Hansen/Schrader [Responsibility] 373 ff.).

15.2 Notwendigkeit einer ethischen Analyse und Fundierung von Unternehmensführungshandlungen

Über viele Jahrzehnte hinweg war umstritten, ob es einer unternehmens- bzw. wirtschaftsethischen Analyse ökonomischer Handlungen bedarf. Auch heute bestehen hinsichtlich dieser Frage – wie der in der Zeitschrift für Betriebswirtschaft erfolgte langwierige Disput zwischen Albach ([Unternehmensethik] 809 ff.; [Erwiderung] 195 ff.) einerseits sowie Thielemann und Weibler ([Unternehmensethik] 179 ff.; [Unternehmensführung] 207 ff.) andererseits zeigt (vgl. zu diesem Disput auch Trautnitz [Gewinnprinzip] 147 ff.) – trotz einer tendenziellen Bejahung durchaus noch unterschiedliche Auffassungen. Mehrheitlich wird die Notwendigkeit der Unternehmensethik als betriebswirtschaftliche Teildisziplin jedoch nicht mehr bestritten, vielmehr wird um die Frage gerungen, *wie* Unternehmensethik in Theorie und Praxis betrieben werden soll.

„Der Markt hütet die Moral"

So finden sich auch heute noch viele in der Tradition der Institutionenökonomik denkende Wirtschaftswissenschaftler, die davon überzeugt sind, dass eine reine Etablierung marktwirtschaftlicher Regeln ausreiche, um dafür zu sorgen, dass die Wirtschaft dem Gemeinwohlprinzip dient. Nach dieser unter anderem von Albach in den vorgenannten Beiträgen vertretenen Auffassung bewirke der Wettbewerb die materiell höchste Leistung und erziele somit auch das größtmögliche Resultat zugunsten des Gemeinwohls (Leisinger [Unternehmensethik] 35). Die „unsichtbare" Hand des Marktes würde ökonomisch suboptimale Lösungen eliminieren und zu einer Steigerung der insgesamt zur Verfügung stehenden Wertmenge führen. Wenn trotzdem negative externe Effekte auftreten würden, dann sollten diese durch den Staat beseitigt werden (Sundaram/Inkpen [Theory] 370 f.).

Diese Argumentation erscheint aus mehrerlei Gründen fragwürdig. So hat beispielsweise schon Adam Smith, auf den sich die Vertreter dieser Begründung der Nichtnotwendigkeit einer Unternehmens- bzw. Wirtschaftsethik fast durchweg berufen, zwar im Eigennutz eine zentrale Triebkraft wirtschaftlichen Fortschritts gesehen, aber auch immer wieder davor gewarnt, diesen als alleiniges Grundmotiv ökonomischen Handelns zu begreifen. Nach Smith war die schon zu seiner Zeit häufige Kritik an der freien Marktwirtschaft in der „eigennützigen Sophisterei" vieler Kaufleute begründet (Kraft [Erkenntnis] 107 ff.). Weiterhin bewirken die im Mittelpunkt des marktwirtschaftlichen Systems stehenden Verträge, dass diejenigen Marktteilnehmer, die bei Vertragsschluss bzw. während der Vertragslaufzeit über eine bessere Ressourcenausstattung verfügen, im Falle eventueller Vertragsstreitigkeiten in aller Regel ein höheres Potenzial zur Durchsetzung ihrer Interessen aufweisen als jene, die über weniger Mittel verfügen. Besteht zwischen Vertragspartnern also erst einmal ein strukturelles Ungleichgewicht, dann entsteht – wie auch im einleitenden Fall offensichtlich – die Tendenz, dieses zu verstetigen. In diesem Praxisbeispiel konnten die Beklagten das Verfahren so lange geschickt hinziehen lassen, bis das öffentliche Interesse geschwunden war.

Weiterhin ist zu bedenken, dass das „Fehlerkorrektur- und Konfliktbefriedungspotenzial des Marktes" von Natur aus allenfalls längerfristig seine Regulierungskraft entfaltet. So ist nicht abschließend belegt, dass sich die Finanzierungsbedingungen börsennotierter Unternehmen, die nachhaltig moralisch verwerflich handeln, am Kapitalmarkt allmählich verschlechtern, weil im Falle des Bekanntwerdens ihres Vergehens im Zeitablauf immer mehr Investoren anderweitige Anlagemöglichkeiten ihres Kapitals suchen.

Jedenfalls finden solide durchgeführte Metaanalysen (Margolis/Walsh [Misery]) nicht durchweg einen stabilen Zusammenhang zwischen dem sozialen und finanzwirtschaftlichen Erfolg von Unternehmen. Der Fall des Unternehmens Nike, welches früher Turnschuhe durch Kinderarbeit fertigen ließ und mit fragwürdigen Zulieferern kooperierte, kann hierfür als Beispiel gelten. Reaktionen des Kapitalmarkts auf ethisch gutes oder verwerfliches Handeln treten also – wenn überhaupt – erst mit einer sehr großen zeitlichen Verzögerung ein und können somit ein „moralisches Vergehen" der jeweiligen Akteure nicht prompt verhindern. Ähnlich erweisen sich die Reaktionen von Kunden auf moralisch fragwürdiges Verhalten der sie beliefernden Unternehmen vielfach als äußerst träge und gering in der Intensität. Zwar hat der Shell-Brent-Spar-Fall dazu geführt, dass Shells Absatz von Kraftstoff teilweise um 50 % zurückgegangen ist, doch werden Aufrufe zum Boykott moralisch fragwürdig handelnder Unternehmen von Konsumenten vielfach nur ansatzweise befolgt.

„Das Recht hütet die Moral"

Eine andere Begründungsform wird gesucht, wenn argumentiert wird, dass eine ethische Fundierung von Unternehmensführungshandlungen deshalb nicht erforderlich sei, weil das gesatzte und gesprochene Recht eine hinreichende Funktion als Treuhänder moralischer Werte erfülle (Leisinger [Unternehmensethik] 35 f.). Nach dieser Sichtweise sei Unternehmens- und Wirtschaftsethik deshalb entbehrlich, weil unethisch bzw. ethisch fragwürdig handelnde Wirtschaftssubjekte juristisch ohnehin zur Rechenschaft gezogen würden.

Auch diese Argumentation vermag jedoch die Forderung nach Unternehmens- und Wirtschaftsethik nicht zu entkräften. So ist erstens mit Jellinek (zitiert nach Nell-Breuning [Wirtschaftsethik] 39) zu bedenken, dass der Staat mit Gesetzen nichts erzeugen kann, was ausschließlich der menschlichen Innerlichkeit angehört. Er kann äußerliches Verhalten regulieren, aber keine moralische Gesinnung herbeiführen. Zweitens vermag das Recht immer nur die Grundlinien und groben Strukturen des Verhaltens wirtschaftlicher Akteure zu bestimmen. Das Recht wird stets nur ein ethisches Minimum definieren können (Leisinger [Unternehmensethik] 43). Drittens weist das Recht tendenziell eher eine reaktive Natur auf; es kann erfolgtes Vergehen ahnden, aber es ist nicht in der Lage, im Vorhinein alle nur erdenklichen Formen des Fehlverhaltens zu verhindern. Auch das obige Praxisbeispiel zeigt, wie schwer es der Justiz fällt, bei der Beurteilung „neuartiger" Verhaltensweisen wirtschaftlicher Akteure eine angemessene Beurteilung zu finden.

Weiterhin ist argumentiert worden, dass auf *Unternehmens*ethik verzichtet werden könne, weil Moralfragen auf der Ebene der Wirtschaftsordnung, also der gesamtwirtschaftlichen Ebene, ihren „systematischen Ort" hätten (Homann [Faktizität] 35). Diese Sichtweise ist aus mehreren Gründen zu hinterfragen. So dürfte unbestritten sein, dass die Herausbildung und der Inhalt ethischer Normen in erheblichem Maße von Charakteristika der „Unternehmensarchitektur" wie der Organisationsstruktur, der Unternehmenskultur oder vorherrschenden Führungsstilen bestimmt wird; die Innenwelt von Unternehmens also, die aus gutem Grunde nicht einer weitgehenden staatlichen Regulierung unterzogen werden sollten. Weiterhin erscheint diese Sichtweise nicht tragfähig, weil insbesondere die großen international tätigen Unternehmen über eine Beteiligung an sogenannten „Global Public Policy Networks" sich an der Formation normativer globaler Ordnungen beteiligen (erläuternde Informationen zu derartigen Netzwerken finden sich in Steinmann [Globalisierung] 79 ff.).

Ausblendung von ethischen Fragen in der ökonomischen Theorie

Steinmann ([Betriebswirtschaftslehre] 1 und 15 ff.) weist auf einen weiteren Grund für die Unentbehrlichkeit der Unternehmensethik hin. Er legt dar, wie die betriebswirtschaftliche Theorie in den vergangenen Jahrzehnten immer mehr in den Bann der Institutionenökonomie und insbesondere des Agenturansatzes (vgl. Abschn. 2.2.4) geraten ist, die ihrem Theorieentwurf in einer apodiktischen Weise das Menschenbild des nach Eigennutz strebenden Akteurs zu Grunde legen. Er zeigt, dass dies insofern zu einer problematischen „Engführung" der Disziplin und des allgemeinen Denkens geführt hat, als die dominante Vermittung dieser Theorieannahmen und -ableitungen in der betriebswirtschaftlichen Ausbildung dazu geführt habe, dass ein immer größerer Teil der Manager immer weniger davor zurückschreckt, ethische Aspekte aus ihrem Entscheidungskalkül auszublenden. Es sei also zu Prozessen einer self-fulfilling prophecy gekommen (Ferraro/Pfeffer/Sutton [Language] 8 ff.) (eine brilliante Kritik an der ökonomischen Theorie bietet Kersting [Kritik]).

Erheblicher gesellschaftlicher Einfluss von Unternehmen

Weiterhin kann die Notwendigkeit von Unternehmensethik mit dem schlichten Hinweis begründet werden, dass viele Unternehmen in den vergangenen Jahren aufgrund ihrer zugenommenen Größe und Internationalität ein Ausmaß an gesellschaftlichem Einfluss gewonnen haben, der früher nicht existent war (Crane/Matten [Ethics] 9 ff.). Aufgrund dieser großen Prägekraft sind im Falle eines moralischen Vergehens von Managern umfangreiche Kollateralschäden möglich, die früher angesichts der Dominanz kleinteiligerer Wirtschaftsstrukturen weitaus weniger wahrscheinlich waren.

Ethik steigert Reputation

Und schließlich ist auf empirische Untersuchungen zu verweisen, die besagen, dass Unternehmen mit der Übernahme gesellschaftlicher Verantwortung eine Möglichkeit besitzen, ihre Reputation zu erhöhen. Gleichwohl ist dieser Effekt bei unterschiedlichen Anspruchsgruppen ungleich (Eberl/Schwaiger [Aufbau] 418 ff. und 433 f.).

Angesichts der Tragkraft der vorgenannten Argumente dürfte unbestritten sein, dass Unternehmensethik als Teilgebiet der Betriebswirtschafts- und Unternehmensführungslehre unverzichtbar ist (vgl. auch Löhr [Unternehmensethik]; Haase [Wirtschaftsethik] 41 ff.).

Fazit: Unternehmensführung benötigt Ethik!

Insgesamt lässt sich festhalten, dass unternehmensethisches Handeln durch *vier Merkmale* gekennzeichnet ist:

Begründbarkeit (Vernunftethik)

- Ethisches Handeln zeichnet sich dadurch aus, dass es *begründbar ist.* Wer seine Handlungen ethisch fundiert, kann diese erklären; er weiß also, warum er sich so und nicht anders verhält. Ethisches Handeln in Unternehmen ist demnach nicht das Ergebnis bloßer Willkür, faktisch fortgeführter Traditionen oder übermenschlicher Autoritäten; Unternehmensethik ist eine Vernunftethik (Steinmann/Löhr [Grundfragen] 11).

Ganzheitliche Betrachtung

- Ethisches Handeln basiert auf der Grundannahme, dass *Handlungen nicht ausschließlich anhand ökonomischer Dimensionen zu beurteilen sind* (Myritz [Friedenssicherung] 8 ff.). An anderer Stelle wurde bereits darauf hingewiesen, dass wir in einer zunehmend „vernetzten Welt" leben, in der sich jede Handlung durch ein breites Spektrum an (ökologischen, sozialen, technischen, rechtlichen und natürlich auch ökonomischen) Wirkungen auszeichnet. Diese Entwicklung gerät dabei zunehmend in Widerspruch zu dem nach wie vor die Naturwissenschaften dominierenden kartesianischen Grundprinzip, wonach je eine Ursache immer nur je *eine* Wirkung haben kann (Reuter [Macht] 355). Dies bedeutet jedoch nicht, dass rationale Prinzipien in ökonomischen Prozessen von transzendenten Philosophien überlagert werden sollen. Notwendig ist gleichwohl eine Unternehmensethik, die den Blick vom Partikularistischen zum Ganzen wendet.

Breite Interessenberücksichtigung

- Ethisches Handeln *berücksichtigt die Interessen aller* unmittelbar oder mittelbar von den Handlungen und Handlungsfolgen *Betroffenen.* Jede Handlung in Unternehmen ist dadurch gekennzeichnet, dass ihre Wirkungen sowohl das handelnde Individuum als auch Dritte (intern: Kollegen, Vorgesetzte, Mitarbeiter; extern: Kunden, Lieferanten, „die Öffentlichkeit") betreffen. Ethisch begründete Handlungen orientieren sich nicht nur an individuellen, sondern auch an sozialen Vorzüglichkeitskriterien (Herms [Sinn] 75).

Langfristiger Wirkungsbezug

- Ethisches Handeln ist mit einem zeitbezogenen „Aufblenden" verbunden: Es beruht nämlich auf der Erkenntnis, dass *nicht nur die kurzfristigen, sondern auch die langfristigen Wirkungen* von Handlungen in deren Beurteilung mit einzubeziehen sind. Die Unternehmensethik ist daher mit einem in Periodenerfolgen verbundenen Denken unvereinbar. Die im Zeitablauf kumulierten Gesamtwirkungen von Handlungen bilden die Grundlage ihrer Vorzugswürdigkeit.

15.3 Historische Entwicklung der unternehmensethischen Diskussion

Forderungen nach einer Berücksichtigung ethischer und normativer Argumente bei der Bestimmung von Unternehmensführungshandlungen haben insbesondere in der deutschsprachigen Betriebswirtschaftslehre (z. B. Nicklisch [Genius] 991 f.) eine lange Tradition. Insoweit ist deutschsprachige Betriebswirtschaftslehre – trotz weniger in den USA zu findenden frühen Forderungen wie beispielsweise derjenigen von Donham, einem ehemaligen Dean der Harvard Business School in den 1920er Jahren – der angloamerikanischen voraus, die sich erst in den 1960er Jahren diesem Thema zugewandt hat.

Davoser Wirtschaftsgipfel

Auch in der Unternehmensführungspraxis werden ethische Fragen schon seit längerem diskutiert. Zu nennen ist insbesondere der seit den 1970er Jahren jährlich durchgeführte Davoser Wirtschaftsgipfel, in dessen Rahmen bereits damals vor dem Hintergrund zunehmender Kritik an der Konzentration wirtschaftlicher Macht sowie steigender Umweltbelastungen durch Wirtschaftsunternehmen das sogenannte *Davoser Manifest* abgefasst worden ist. Dieses enthält programmatische Aussagen zu einem ethischen Wohlverhalten des Top-Managements. Insbesondere die in der Folgezeit immer wieder auftretenden problematischen Handlungen von Großunternehmen (z. B. Nestlés Babynahrungsskandal, Shells Brent-Spar-Absichten sowie Nikes strittige Produktionsbedingungen) haben dazu geführt, dass unternehmensethische Bemühungen eine zunehmende Institutionalisierung erfahren haben. Weiterhin hat auch die zunehmende Deregulierung der Wirtschaft im Zuge der Globalisierung, die zu einer relativen Entmachtung der Nationalstaaten geführt hat, dazu beigetragen, dass sich internationale Organisationen um die Entwicklung formaler Leitlinien zur Absicherung von Unternehmensethik bemüht haben. Als wichtige Stationen dieser Entwicklung sind insbesondere zu nennen

Grundsatzerklärung der ILO

- die dreigliedrige Grundsatzerklärung der International Labour Organization (ILO) über multinationale Unternehmen aus dem Jahre 1977, die regelmäßig aktualisiert wird und 59 Regeln zu den Themen Beschäftigung, Arbeits- und Lebensbedingungen sowie Arbeitsbeziehungen enthält,

Global Reporting Initiative

- die von der Coalition of Environmentally Responsible Economies (CERES) im Jahre 1997 ins Leben gerufene Global Reporting Initiative, welche Unternehmen Regeln an die Hand gibt, nach denen sie eine Nachhaltigkeitsberichterstattung betreiben sollen,

Global Compact

- der 1999 zwischen den Vereinten Nationen und Unternehmen geschlossene Global Compact, welcher eine Übereinkunft darstellt, in dem sich Unternehmen zur Einhaltung sozialer und ökologischer Mindeststandards verpflichten sowie

Grünbuch der EU

- das 2001 von der EU herausgegebene Grünbuch hinsichtlich „Europäischer Rahmenbedingungen für die soziale Verantwortung der Unternehmen" (Heidbrink [Responsibility]).

Kritische Würdigung

Diese unternehmensübergreifenden, standardisierten Ethikinitiativen sind allerdings nicht unumstritten, weil sie vorwiegend auf den Prozess und nicht auf den Inhalt von Ethik bezogen und überdies recht vage geblieben sind.

Global Corporate Citizenship Initiative

Aber auch der Davoser Wirtschaftsgipfel hat sich im Zeitablauf inhaltlich und formal weiterentwickelt. Seit einigen Jahren wird er als sogenanntes „World Economic Forum" veranstaltet. Ihm ist das „Global Institute for Partnership and Governance" angegliedert, welches die sogenannte „Global Corporate Citizenship Initiative (GCCI)" begründet hat. Das World Economic Forum ist eine unabhängige internationale und gemeinnützige Organisation mit Sitz in Genf, die sich der Verbesserung weltweiter wirtschaftlicher Zusammenarbeit verschrieben hat. Die GCCI fördert Partnerschaften ihrer Mitglieder zu Unternehmen, Regierungen, internationalen Organisationen und Nichtregierungsorganisationen auf den Gebieten der Innovation, Sozialverantwortung und Führung (vgl. auch Matten/Crane [Citizenship] 641 ff.). Die GCCI enthält konkrete Handlungsempfehlungen für das Eingehen von Partnerschaften und deren erfolgreiche Gestaltung. Allerdings ist das World Economic Forum nicht unumstritten, weil mancher Konferenzteilnehmer alljährlich Ende Januar mit seinem 500-PS-Flitzer schwungvoll zum Jahrestreffen nach Davos braust, einigen Keynote Speeches von Größen wie Henry Kissinger, Helmut Kohl, Tony Blair oder Muhammad Yunus folgt, um dann bereits nach einem Tag einige Kilometer weiter zu fahren, weil ja schließlich „der Berg ruft" (v. Haacke/Behrens [Schall und Rauch] 36 ff.).

15.4 Begründungsform ethischen Handelns

Insbesondere dann, wenn (Unternehmens-)Ethik normativ verstanden wird, ist die Frage zu klären, woran die moralische Vertretbarkeit von Handlungen zu beurteilen ist bzw. wie der Prozess auszusehen hat, der zu moralisch vertretbaren Handlungen führt. Mit der Gesinnungsethik, der deontologischen Ethik, der teleologischen Ethik, der Diskursethik sowie der Theorie der Gerechtigkeit stehen dabei fünf Begründungsformen im Vordergrund.

Gesinnungsethik

■ Gemäß der *Gesinnungsethik* handelt der moralisch, der Gutes will und seinem Gewissen folgt. Als Bezugsmaßstab dient das innere Wollen der jeweiligen Person, ihre Motivation und innere Disposition. Was gut ist, erkennt die praktische Vernunft in der Gestalt des Gewissens (Göbel [Unternehmensethik] 16).

Deontologische Ethik

■ Bei der *deontologischen Ethik* werden die Handlungen aus einem als richtig angenommenen Grundsatz (einem Prinzip, einer Regel) ausgewählt (Kreikebaum [Grundlagen] 12). Folglich wird eine Handlung dann als ethisch akzeptabel eingestuft werden, wenn der ihr zugrunde liegende Grundsatz als „gut" einzustufen ist. Als Beispiele für Grundsätze, anhand derer eine Beurteilung von Handlungen möglich wird, können die zehn Gebote der Bibel oder der Kantsche Kategorische Imperativ dienen. Der deontologischen Ethik sind auch religiöse Ansätze der Ethik zuzuordnen, wie sie insbesondere von Kreikebaum ([Grundlagen] 93 ff.) diskutiert werden, weil in deren Mittelpunkt ebenfalls dem Individuum extern vorgegebene Grundsätze stehen. Für die deontologische Ethik ist typisch, dass die Folgen der zu beurteilenden Handlung nicht als Kriterium für die Beurteilung ihrer Moralität herangezogen werden.

Teleologische Ethik

■ Dies geschieht dann, wenn eine *teleologische Ethik* bevorzugt wird. Bei dieser auch als Verantwortungsethik bezeichneten Form werden die Konsequenzen, die Ergebnisse der Handlungen als Beurteilungsmaßstab herangezogen. Man spricht daher auch von einer Folgenethik. Um die Konsequenzen oder Ergebnisse von Handlungen beurteilen zu können, bedarf es eines Wertmaßstabs, der entweder in demjenigen des jeweils Handelnden selbst oder in dem Wertmaßstab der Allgemeinheit bestehen kann. Der letztgenannten Kategorie entspricht der *Utiliarismus*, nach dem eine Handlung moralisch ist, wenn sie dem Wohlergehen aller Betroffenen dient (Höffe [Moral] 205).

Utiliarismus

Theorie der Gerechtigkeit

■ Weiterhin liefert auch die von Rawls ([Theory]) entwickelte *Theorie der Gerechtigkeit* Anhaltspunkte für die Bestimmung ethisch vertretbaren Handelns. In dieser vertragstheoretischen Konzeption betrachtet Rawls neben Würde und Humanität insbesondere Fairness als übergeordneten Maßstab der Gerechtigkeit von Handlungen. Um Gerechtigkeit sicherzustellen, ist die Einhaltung von drei Prinzipien erforderlich. Erstens das Prinzip der größtmöglichen gleichen Freiheit, welches die Balance zwischen dem Freiraum des Einen und der Einschränkung des Anderen auf einem möglichst hohen Niveau fordert. Zweitens das Differenzprinzip, welches besagt, dass eventuell bestehende Ungleichheiten zwischen unterschiedlich Begünstigten dem am wenigsten Begünstigten den höchstmöglichen Vorteil verschaffen müssen. Und drittens das Prinzip der fairen Chancengleichheit, wonach bestehende Ungleichheiten die Möglichkeiten zu eröffnen haben, die mit einer gleichmäßig fairen Chance verbunden sind (vgl. Kreikebaum [Grundlagen] 79 f.).

Kritische Würdigung

Jede dieser Begründungsformen ist mit spezifischen Problemen behaftet. So lassen sich im Hinblick auf die Gesinnungsethik leicht viele Beispiele finden, wo eine gut gemeinte Handlung insgesamt zu negativen Konsequenzen geführt hat. Bei der deontologischen Ethik stellt sich das Problem, den richtigen Pflichtenkatalog zu finden. Ein Vergleich der in Bibel und Koran enthaltenen Verhaltensregeln zeigt dies. Ein Rückgriff auf die teleologische Ethik erfordert eine zumindest wahrscheinliche Vorhersage der Konsequenzen der zu beurteilenden Handlung, was in aller Regel nicht möglich ist. Außerdem lässt sich üblicherweise nicht eindeutig klären, wie groß der Kreis der Individuen ist, deren Nutzenbilanz als Beurteilungsmaßstab heranzuziehen ist. Die Theorie der Gerechtigkeit ist insofern fragwürdig als zu bezweifeln ist, dass sich Gerechtigkeit auf der Basis eines einzelnen Verteilungskriteriums („Fairness") herstellen lässt (Walzer [Sphären] 11 f.).

Für die bisher behandelten Begründungsformen ist charakteristisch, dass sie sich auf die Subjektivität des Individuums beziehen. Der *einzelne* Mensch beurteilt also, ob die in Betracht kommende Handlung als moralisch vertretbar einzustufen ist oder nicht. Die Diskursethik als weitere Begründungsform weicht hiervon insofern erheblich ab, als bei ihr argumentiert wird, dass moralisch vertretbares Handeln in Prozessen der Interaktion zwischen Individuen zu definieren ist.

Diskursethik

- Die insbesondere von Habermas ([Diskursethik]) und Apel ([Diskurs]) entwickelte *Diskursethik* sieht den verständigungsorientierten, durch Unvoreingenommenheit geprägten Dialog zwischen Individuen, welcher als Diskurs bezeichnet wird, als Mittel zur Findung ethisch vertretbarer Handlungen. Im Verlauf des Diskurses verständigen sich die Individuen auf Handlungsnormen, denen sie sich unterwerfen wollen. Wichtige Merkmale der bisweilen auch als kommunikative Ethik bezeichneten Diskursethik sind somit, dass im Moralfindungsprozess dem Gebrauch von Sprache als sozialem Ausgleichsmedium eine entscheidende Rolle zugebilligt und die Wahrheitsfindung weniger auf faktische Evidenz, sondern vielmehr auf den Konsens vernünftiger Diskursteilnehmer gegründet wird (Schulz [Grundprobleme] 244). Im Vergleich zur Habermasschen Grundkonzeption der Diskursethik akzentuiert die von Lorenzen ([Fundierungsprobleme]) entwickelte Variante stärker das interpretativ-konstruktivistische Element im Prozess der Findung ethisch vertretbarer Normen.

Kritische Würdigung

Gegenüber der Diskursethik lässt sich einwenden, dass sie keine materiell-inhaltliche Aussagen hinsichtlich ethisch vertretbaren Handelns anbietet, sondern sich voll und ganz auf eine praktikable Beschreibung des Prozesses bis hin zur Findung derartiger materiell-inhaltlicher Aussagen konzentriert. Dieser Kritik begegnen Diskursethiker freilich mit dem Hinweis, dass es kaum möglich sein dürfte, den Inhalt von Moralaussagen so zu bestimmen, dass sie Aussicht auf eine universelle Akzeptanz haben, weil stets eine historische Gebundenheit normativer Aussagen besteht.

Unter den fünf Begründungsformen ethisch vertretbaren Handelns ist in jüngerer Zeit verstärkt auf die Diskursethik zurückgegriffen worden. Dies gilt insbesondere für die unternehmensethischen Konzeptionen von Steinmann und seinen Schülern (z. B. Steinmann/Löhr [Grundlagen] 67 ff.; Scherer/Palazzo [Conception] 1103 ff.) sowie Ulrich ([Wirtschaftsethik]), welche trotz der Existenz verschiedener Alternativkonzepte (z. B. Homanns Moralökonomik (Homann [Rolle] 215 ff.) oder Küppers analytische Unternehmensethik ([Unternehmensethik] 145 ff.)) die größte Beachtung erfahren.

- *Steinmann* ([Betriebswirtschaftslehre] 2) argumentiert, dass es die Aufgabe der Unternehmensethik sei, die im Unternehmen bestehenden Teilrationalitäten einschließlich der ökonomischen Rationalität zu umhüllen. Das übergeordnete Ziel jeglicher unternehmensethischer Bemühungen bestehe in einer friedlichen Lösung gesellschaftlicher Konflikte, die durch die Unternehmensstrategie verursacht sind. Um diese Aufgabe bewältigen zu können, müsse auf kommunikative Vernunft gesetzt werden. Vernunft könne dabei nicht abstrakt formuliert werden. Vielmehr hätten die in Unternehmen tätigen Entscheider stets aus ihrer konkreten Lebenssituation heraus immer wieder aufs Neue angemessene Urteile zu fällen und Orientierungen für ihr Handeln zu finden. Unternehmensethik sei stets auf den historischen Kontext angewiesen (Steinmann [Betriebswirtschaftslehre] 9 und 11). Als Medium zur Findung angemessener Urteile und Orientierungen wird auch hier der unvoreingenommene, nicht-persuasive, zwanglose und durch Sachverstand geprägte Diskurs erachtet (Steinmann/Löhr [Grundlagen] 69), wie er in der Idee der Republik zu finden ist, weshalb Steinmanns Konzeptentwurf auch als republikanische Unternehmensethik bezeichnet wird.

- Die Konzeption von *Scherer und Palazzo* ([Conception]) nimmt Steinmanns republikanische Unternehmensethik als Ausgangspunkt. Stärker berücksichtigt wird hier jedoch die aktuelle Entwicklung, dass Unternehmen und zivilgesellschaftliche Akteure wie Nichtregierungsorganisationen (NGOs) im Zuge der Globalisierung der Wirtschaft zunehmend in kooperative Prozesse der Normenentwicklung eingebunden sind und dadurch die traditionell liberale Vorstellung der Trennung von Staat und Gesellschaft unterlaufen wird. Hierauf ausgerichtet sei eine neue Theorie der „global governance“ zu entwerfen. Zu deren Entwicklung wird auf Habermas' Konzept der deliberativen Demokratie zurückgegriffen, die politische Prozesse innerhalb und außerhalb staatlicher Institutionen analysiert und dabei nicht allein auf ethische Diskurse als Koordinationsmedium abstellt. Insbesondere wird auch in der ökonomischen Verhandlung ein zentraler Koordinationsmechanismus gesehen. Im Mittelpunkt des Koordinationsprozesses stehen nicht individuelle, sondern kollektive Akteure der Zivilgesellschaft. Im Vergleich zum ursprünglichen Diskursmodell ist das von Scherer und Palazzo vorgeschlagene weniger am Idealmodell als an der Wirklichkeit gesellschaftlicher Diskurse ausgerichtet (zu den einzelnen Modifikationen des Konzeptentwurfs vgl. Scherer/Palazzo ([Conception] 1107).

Kritische Würdigung

Eine diskussionwürdige Kritik der republikanischen Ethik sowie deren Weiterentwicklung durch Scherer und Palazzo leisten Trautnitz und Engelhard ([Globalität] 12 ff.). Bezogen auf den Erkenntnisbereich internationaler Unternehmen weisen sie auf den moralisch fragwürdigen Status des „Friedenspostulats" hin und fragen an, ob sich die Forderung der republikanischen Unternehmensethik, „dem Frieden zu dienen", an prinzipiell alle Menschen oder nur an die Vertreter der eigenen Kultur richtet. Ungeklärt sei beispielsweise, ob Vertreter westlicher Kulturkreise aktiv und einseitig von der Taliban fordern dürfen, sich an der friedlichen Konfliktlösung zu beteiligen.

- Das von Peter *Ulrich* ([Wirtschaftsethik]) entworfene Konzept der „Integrativen Wirtschaftsethik" fußt ebenfalls auf der diskursethischen Grundlage. Ulrich plädiert für die Entwicklung einer sozialökonomischen Rationalität, bei der die ökonomische Rationalität und die ethische Verantwortung von Anfang an integriert werden. Beide sollen bereits im Basisbereich versöhnt werden. Die Ökonomie soll sich wieder auf ihren ursprünglichen Auftrag der Lebensdienlichkeit besinnen. Arbeitsteiliges Wirtschaften sei eine gesellschaftliche Veranstaltung zur Befriedigung menschlicher Bedürfnisse der Lebenserhaltung und Lebensqualität (Ulrich [Wirtschaftsethik] 11). Es gehe nicht darum, die Ökonomie moralisierend zu begrenzen, sondern um eine philosophisch-moralische Erweiterung der ökonomischen Rationalität (zu Einzelheiten vgl. Ulrich [Wirtschaftsethik] 124 ff.).

15.5 Ansatzpunkte zur Gestaltung ethisch verantwortlicher Unternehmensführung in der Praxis

Im Folgenden soll aufgezeigt werden, wie sich ethisch verantwortliche Unternehmensführung in der Praxis umsetzen lässt. Es wird gezeigt, dass ein großer Teil der Funktionsfelder der Unternehmensführung einer inhaltlichen Ausrichtung bedarf, wobei diese Anpassungen sowohl auf der übergeordneten als auch auf der konkreten Ebene zu vollziehen sind. Bei der inhaltlichen Ausgestaltung ethisch angemessener Unternehmensführung kann nachfolgend auf vorausgehende Abschnitte dieses Lehrbuchs verwiesen werden, weil dort bereits Gestaltungsformen vorgeschlagen wurden, die auch im Hinblick auf ethische Unternehmensführung als nützlich gelten können.

Compliance vs. Integrity

In der übergeordneten Dimension stehen Unternehmen zwei Ansätze zur Verbesserung der ethischen Orientierung des Handelns ihrer Mitarbeiter zur Verfügung. Einerseits der Compliance-Ansatz, in dessen Mittelpunkt die Aufstellung einer enumerativen Liste an Regeln steht, die mitarbeiterseitig zu befolgen sind und die zu einer Sanktionierung im Nichtbefolgungsfall führen. Andererseits der Integrity-Ansatz, bei dem durch intensive, im ganzen Unternehmen erfolgenden Entwicklungs- und Argumentationsprozesse ein Zustand hergestellt werden soll, bei dem die Mitarbeiter nicht bloß die Menge bestehender Regeln befolgen, sondern selbständig, intrinsisch motiviert, innovativ und kontinuierlich auf eine Verbesserung des Ausmaßes ethischen Handelns in ihrem Unternehmen hinwirken. Der Letztgenannte Ansatz ist vorzuziehen, weil er nachhaltigere Effekte erzeugt und vorgefertigte Regeln niemals alle erdenklichen Formen ethisch fragwürdigen Handelns abdecken können.

15.5.1 Übergeordnete Ansatzpunkte zur Gewährleistung ethisch verantwortlicher Unternehmensführung

Untersuchung vorliegenden Fehlverhaltens

Die praktische Umsetzung ethisch orientierter Unternehmensführung beginnt zweckmäßigerweise mit einer soliden Prüfung, ob im jeweiligen Unternehmen Fälle moralischen Fehlverhaltens vorliegen und worin diese begründet sind. Im Hinblick auf die letztgenannte Frage konnte gezeigt werden, dass Systemzwänge, Barrieren der Organisationsstruktur, Barrieren der Organisationskultur und Grundmuster der bei Managern herrschenden Moral als prinzipielle Erklärungen in Betracht kommen (Steinmann/Löhr [Grundlagen] 26 ff.). Auf diese Ursachenbereiche müssen die Gestaltungsmaßnahmen ausgerichtet sein.

Sorgfältige Analyse und Bewertung von Anspruchsgruppen

Ein weiterer übergeordneter Ansatzpunkt ethikorientierter Unternehmensführung besteht in einer sorgfältigen Analyse und Bewertung der Interessen der am Unternehmen legitimierten Anspruchsgruppen (Stakeholder). Diesbezüglich wurden bereits in Abschn. 1.4.2, 5.6.1 und 5.6.2 in Betracht kommende Instrumente vorgestellt. Wie in Abschn. 1.4.2 dargelegt, sollten bei dieser Analyse auch die Interessen der am Unternehmen lediglich mittelbar beteiligten Gruppen berücksichtigt werden. Die ethikgerichtete Analyse sollte dabei in drei Stufen erfolgen, bei der zunächst mögliche Anspruchsgruppen identifiziert, dann deren Anliegen erfasst und prognostiziert sowie schließlich einer Bewertung unterzogen werden (Göbel [Unternehmensethik] 113).

Konflikt-identifikation und -bewertung

Basierend auf dieser intern und extern ausgerichteten Umschau muss es in einem nächsten Schritt darum gehen, ethisch relevante Konflikte zu identifizieren und zu bewerten. Kreikebaum ([Grundlagen] 220 ff.) schlägt hierzu die Erarbeitung von Kriterienkatalogen vor, die zeitliche, sachliche, organisationale, personelle und kulturelle Kriterien sowie unterschiedliche Konfliktformen enthalten.

15.5.2 Ethikgerechte Gestaltung der Bereiche der Unternehmensführung

Eine ethisch nachhaltige Ausrichtung von Unternehmen erfordert, dass sämtliche Gestaltungsbereiche der Unternehmensführung einbezogen werden. Basierend auf den Grundannahmen des Gestaltansatzes (vgl. Abschn. 2.3.4) ist zu vermuten, dass durch eine flächendeckend abgestimmte Umsetzung ethikgerechter Unternehmensführung der größte Erfolg erzielbar ist. Neben Strategie, Organisation und Controlling betrifft dies auch das Management der Humanressourcen.

15.5.2.1 Die ethische Dimension des Strategie-, Organisations- und Controllingentwurfs

Strategieinhalt

Es dürfte kaum möglich sein, jede der in Abschn. 5.4 behandelten Strategietypen generell nach ihrem „Ethikgehalt" zu qualifizieren. Gleichwohl unterscheiden sich einige Strategietypen durchaus hinsichtlich ihres ethischen Gehalts. Zu denken ist beispielsweise an die Typologie der generischen Wettbewerbsstrategien „Kostenführerschaft", „Differenzierung" und „Nische" (vgl. Abschn. 5.4.2.1). Diesbezüglich ist *tendeziell* davon auszugehen, dass Unternehmen mit Differenzierungs- und Nischenstrategien stärker als solche mit Kostenführerschaftsstrategien auf die spezifische Bedürfnislage der einzelnen Kunden ausgerichtet sind und überdies mehr das qualitative Element der Marktleistung in den Vordergrund stellen. Auch besteht die Tendenz, dass Differenzierer und Nischenanbieter Umweltaspekte stärker berücksichtigen (können) als Kostenführer. Daher dürften die erstgenannten Wettbewerbsstrategien eher mit dem Anspruch ethisch orientierter Unternehmensführung in Einklang zu bringen sein. Schrumpfungsstrategien scheinen aus Arbeitnehmersicht ethisch zunächst problematisch, doch stellt sich die Frage der Konsequenzen, wenn das Management es versäumt, rechtzeitig gebotene Schrumpfungsstrategien in die Wege zu leiten. In ähnlicher Weise ist es kaum möglich, andere Strategietypen wie etwa Diversifikations- und Kernkompetenzstrategien, Allianzenstrategien oder Markteintrittsgeschwindigkeitsstrategien eindeutig ethisch bewerten zu wollen. Festzuhalten bleibt freilich, dass ethisch verantwortlich agierende Unternehmen bei der Gestaltung ihrer Produkte und Prozesse in hohem Maße die Erfordernisse der natürlichen Umwelt (vgl. Abschn. 10.6) berücksichtigen werden.

Strategieprozess

Spezifische Aussagen sind hingegen bezüglich eines ethikgerechten *Prozesses* der Strategieformulierung möglich. Für einen ethisch angemessenen Strategieformulierungsprozess ist zunächst typisch, dass die gewählten Strategien in der konkreten Situation mit einer langfristigen Zielstrategie der konsensualen Moral vermittelt werden (Apel [Diskurs] 67). Ein derartiger Prozess zeichnet sich dadurch aus, dass ihm eine fundamentale Entscheidung für die Übernahme von Verantwortung gegenüber den Stakeholdern vorgeschaltet ist (Göbel [Unternehmensethik] 151). Weiterhin nutzt er die frühzeitige Einschaltung vieler Mitarbeiter in den Strategieformulierungsprozess. Was die Beobachtung und Prognose der Umwelt im Strategieformulierungsprozess angeht, so ist mit Steinmann ([Betriebswirtschaftslehre] 14) eine strategische Überwachung zu fordern (vgl. Abschn. 6.3.3), bei der ein organisationsweiter, dezentral angelegter und alle Mitarbeiter einbeziehender Prozess der Informationsgewinnung und -verarbeitung zu realisieren ist, der den gesamten Prozess der Strategieformulierung begleitet.

Schließlich lassen sich auch für die einzelnen Funktionsbereiche des Unternehmens ethisch ausgerichtete Strategien spezifizieren, wie sie beispielsweise von Göbel ([Unternehmensethik] 155 f.) oder Küpper ([Unternehmensethik] 262 ff.) formuliert worden sind.

Organisation

Im Hinblick auf die ethikgerechte Unternehmensorganisation sind vielfältige Gestaltungsvorschläge unterbreitet worden. Diese betreffen einerseits die Frage der institutionellen Verankerung der Ethikfunktion im Organisationsaufbau und andererseits die Anpassungen der gesamten Unternehmensorganisation zur Ermöglichung eines ethisch vertretbaren Agierens sämtlicher Unternehmensangehörigen.

Institutionelle Verankerung der Ethikfunktion im Unternehmen

Im Hinblick auf die Frage der institutionellen Verankerung der Ethikfunktion im Unternehmen kommt die Einrichtung von neuen Stellen mit speziell auf Ethikfragen ausgerichteten Aufgaben wie Ombudsleuten, Beschwerdestellen, Ethikbeauftragten, Public Interest Directors, Compliance-Vorständen oder Ethikdirektoren sowie die Bildung von Kommissionen mit einem expliziten Ethikauftrag in Betracht (Göbel [Unternehmensethik] 237 ff.]). Diesen Einheiten obliegt es, den Prozess der ethischen Ausrichtung des Unternehmens anzustoßen, zu steuern, zu überwachen sowie auftretende Ethikkonflikte zu lösen. Einerseits dürfte die Einrichtung derartiger Unternehmenseinheiten zu einer Sensibilisierung des Unternehmens für die Ethikdimension beitragen, doch besteht andererseits die nicht zu unterschätzende Gefahr einer Abkapselung der ethischen Argumentation in den Mikrokosmen dieser Einheiten. Als Form einer institutionellen Verankerung der Ethikfunktion kann auch die Einrichtung einer Ethik-Hotline (Friske/Bartsch/Schmeisser [Unternehmensethik] 87) gelten.

Anpassung des allgemeinen Organisationsaufbaus

Die ethikgerechte Umgestaltung des allgemeinen Organisationsaufbaus von Unternehmen sollte von der Überlegung geleitet sein, dass die Berücksichtigung ethischer Argumente im Top-Management einen intensiven Informationsfluss zwischen sämtlichen Teileinheiten des Unternehmens erfordert. Notwendig sind somit Organisationsformen, die durch eine hohe Informationsverarbeitungskapazität gekennzeichnet sind. Bezogen auf die in Abschn. 7.2.2 dargelegten Strukturmodelle erscheinen mehrdimensionale Strukturen günstig, weil sie für einen hohen Informationsdurchsatz zwischen Funktionsbereichen oder Sparten sorgen. Im Hinblick auf die Differenzierung der Organisation empfiehlt sich zunächst eine Verringerung des bestehenden Spezialisierungsgrads (vgl. Abschn. 7.1.3). Dies erscheint deshalb geboten, weil ein hohes Maß an Spezialisierung zu Lasten der Gesamtsicht der einzelnen Organisationsmitglieder geht. Erforderlich erscheint aber auch eine Abflachung des Hierarchieaufbaus (vgl. Abschn. 7.2.3.6), da diese ebenfalls den reibungslosen Fluss reichhaltiger Informationen begünstigt. Vorzuschlagen sind aber auch punktuelle Maßnahmen wie der Aufbau von sogenannten Ethikinseln, worunter informelle unternehmensinterne Kommunikationsnetzwerke verstanden werden, die ethische Konflikte in der Form eines dialogischen Diskussionsprozesses zu bewältigen versuchen (Kreikebaum [Grundlagen] 278). In ihrer Logik entsprechen Ethikinseln dem Clan-Modell, wie es insbesondere von der japanischen Unternehmensführung her bekannt ist (vgl. Abschn. 14.2). Zusammenfassend können somit jene Organisationsformen als ethisch angemessener bezeichnet werden, die der organischen Organisationsstruktur (vgl. Abschn. 7.5.1.1) Burns-Stalkerscher Prägung entsprechen.

Controlling

Die Einrichtung eines Ethik-Controllings ist nützlich, um die Verstetigung einmal erarbeiteter und implementierter Ethikmaßnahmen im Unternehmen zu gewährleisten. Diesbezüglich empfiehlt sich zunächst die Etablierung des Ethik-Controllings nach dem Muster von Qualitätszirkeln (vgl. Abschn. 10.5.4). Danach sollte Ethik-Controlling teamstrukturartig direkt vor Ort von den jeweils unmittelbar Betroffenen im Sinne einer Selbstkontrolle vollzogen werden. Eine einseitige Ausrichtung auf externe Controlling-Systeme, welche die Unternehmensangehörigen im Sinne einer Fremdkontrolle überwachen, dürfte insbesondere hinsichtlich zu befürchtender Demotivationseffekte problematisch sein. Gleichwohl sollte auf Ethik-Audits nicht gänzlich verzichtet werden, in deren Rahmen Berichte, Statistiken, Ethikkennzahlen sowie auf die qualitative Seite der Unternehmensführung ausgerichtete Bilanzen erstellt werden (Noll [Unternehmensethik] passim). Derartige Dokumente können insbesondere gegenüber den Anspruchsgruppen als wichtige Legitimationsinstrumente eingesetzt werden (zu weiteren Instrumenten des Ethik-Controllings vgl. Küpper [Unternehmensethik] 242 ff. und 274 ff.). Andererseits zeigen aktuelle Studien, dass eine „Überinstitutionalisierung" formalisierter Ethikprogramme insbesondere in innovativen Entscheidungssituationen zu einer Schwächung der moralischen Urteilskraft der Mitarbeiter führen kann (Stansbury/Barry [Programs] 239 ff.).

15.5.2.2 Die ethische Dimension des Managements der Humanressourcen

Menschen sind Träger von Moral, und daher versteht es sich fast von selbst, dass humanressourcenorientierte Aspekte der Unternehmensführung einen Schwerpunkt des Ethikmanagements bilden.

Personalführung

Ausgehend von der Erkenntnis, dass Führungskräften in jedem Unternehmen eine besondere Vorbildfunktion zukommt (Ulrich/Thielemann [Denkmuster]), ist zunächst der Bereich der Personalführung (vgl. Abschn. 8.1) angesprochen. Eine erfolgreiche Umsetzung ethikorientierter Unternehmensführung erfordert intensive Diskussionsprozesse innerhalb der Unternehmenseinheiten. Diese haben sich sowohl auf die Bestimmung von Zielen als auch entsprechende Maßnahmen zu beziehen. Unter den in Abschn. 8.1.2 angesprochenen Führungsstilen sind daher kooperative Formen zu empfehlen. Autokratische Führung ist dagegen nicht geeignet, weil keine hinreichende Einbindung ethikorientierter Mitarbeitervorschläge in den Entscheidungsprozess erfolgt und somit ausbalancierte Lösungen zwischen unterschiedlichen Interessenlagen unwahrscheinlich werden lassen.

Unternehmens- und Führungsgrundsätze

Personalführung als Querschnittsfunktion auf sämtlichen Ebenen und in allen Bereichen erfordert die Einbindung von ethischen Leitgedanken in die formalisierten und veröffentlichten Grundsätze des Unternehmens (vgl. Abschn. 4.6). Angesprochen sind dabei sowohl der Bereich der Führungsgrundsätze als auch derjenige der allgemeineren Unternehmensgrundsätze (Engelhard [Verhaltenskodizes] 2155 ff.). Das einschlägige Schrifttum (Kreikebaum [Grundlagen] 244 ff.; Leisinger [Unternehmensethik] 115 ff.; Crane/Matten [Ethics] 175 ff.) hält konkrete Vorschläge über die Art der Integration ethischer Maxime in derartige nach innen und außen gerichtete Grundsätze bereit. Als Beispiel für derartige Grundsätze können die Antikorruptionsregeln („Business Conduct Guidelines") dienen, die Siemens als

Reaktion auf die Schmiergeldaffäre erlassen hat, die sich in diesem Unternehmen in der Zeit vor dem Jahr 2007 ereignet hat.

Auswahl, Training und Vergütung von Mitarbeitern

Eine Unterstützungsfunktion kommt entsprechenden Maßnahmen der Personalabteilung zu wie die Nutzung ethikfundierter Kriterien bei der Personalauswahl sowie die Durchführung von Ethiktrainings (Leisinger [Unternehmensethik] 141 ff.). Letztere stellen Instrumente zur Entwicklung der moralischen Urteilskraft (Steinmann/Löhr [Grundlagen] 136 ff.) dar. Aber auch in das gesamte (materielle) Anreizsystem des Unternehmens sind Beurteilungskriterien einzubinden, die das Ausmaß ethisch vertretbaren Handelns widerspiegeln (Küpper [Unternehmensethik] 239 ff.). Die Erfahrung zeigt, dass in der Unternehmenswirklichkeit gerade die materiellen Anreizsysteme bislang noch zu wenig auf ethische Aspekte des Handelns ausgerichtet sind. Oft werden die Mitarbeiter zu ethischem Handeln aufgefordert, die Anreizsysteme steuern die Mitarbeiter jedoch in eine andere Richtung.

Unternehmensethik geht jeden an!

Unternehmensethik bringt jedoch nicht nur für die Führungskräfte, sondern auch für die Mitarbeiter Herausforderungen im Hinblick auf ein Arbeitsethos, dem eine Drückebergerei und ein „consumption-on-the-job" fremd sind (Göbel [Unternehmensethik] 177).

Unternehmenskultur

Schließlich kann Unternehmensethik nur dann ihre volle Wirkungskraft entfalten, wenn sie im „Wertebestand" des Unternehmens fest verankert ist. Sie muss von *allen* Unternehmensangehörigen mitgetragen werden und somit Teil der Unternehmenskultur (vgl. Abschn. 4.8) geworden sein. Gerade weil die Weiterentwicklung kultureller Werte einen langwierigen allumfassenden Prozess darstellt, sind es die Führungskräfte, allen voran die Top-Manager des Unternehmens, die mit der Wahl ihres Sprachspiels, ihres Umgangs mit dinglichen Symbolen und vor allem mit ihrem Handeln einen hohen Einfluss auf den Geist und den Stil des jeweiligen Unternehmens ausüben.

Kontrollfragen und Aufgaben zu Kapitel 15

1. Beurteilen Sie die Handlungen der Akteure des Communicatio-Ringabell-Falls aus der unternehmensethischen Perspektive.

2. Lassen sich in der Unternehmenspraxis Fälle nachweisen, welche dem Communicatio-Ringabell-Fall entsprechen? Arbeiten Sie die von Ihnen gefundenen Fallbeispiele aus.

3. Das einleitende Praxisbeispiel stellt dar, wie in Unternehmen moralisch fragwürdiges Verhalten zu Gunsten von Individuen erfolgen kann. Suchen Sie nach Praxisbeispielen, in denen ein fragwürdiges Verhalten von Unternehmensangehörigen zu Gunsten ihres Unternehmens erfolgt.

4. Erläutern Sie die Begriffe Moral, Recht, Ethik, Unternehmensethik sowie Corporate Social Responsibility.

5. Laden Sie sich aus dem Internet den von PwC herausgegebenen „Global Economic Crime Survey“ herunter und gehen Sie der Frage nach, ob die darin erwähnten wirtschaftskriminellen Vergehen in den Gegenstandsbereich der Unternehmensethik fallen.

6. Begründen Sie die Notwendigkeit von Unternehmensethik. Setzen Sie sich insbesondere mit Argumentationen auseinander, welche die Notwendigkeit von Unternehmensethik ablehnen.

7. Erläutern Sie wichtige Stationen der Institutionalisierung von Unternehmensethik. Besorgen Sie sich Dokumente, die hierüber Aussagen enthalten und diskutieren Sie mit Kommilitonen deren Inhalt.

8. Diskutieren Sie unterschiedliche Begründungsformen ethischen Handelns und prüfen Sie deren Ergiebigkeit.

9. Ein Mitarbeiter hat Büromaterialien seines Unternehmens zu privaten Zwecken verwendet und er ist sehr häufig längere Zeit von seinem Arbeitsplatz entfernt, um mit Kollegen anderer Abteilungen „ein Schwätzchen“ zu halten. Beurteilen Sie die Moralität dieses Verhaltens vor dem Hintergrund der zehn Gebote der Bibel sowie der teleologischen Ethik.

10. Was versteht man unter einer republikanischen Unternehmensethik?

11. Die republikanische Unternehmensethik sieht das Ziel jeglicher unternehmensethischer Bemühungen in einer friedlichen Lösung gesellschaftlicher Konflikte, die durch die Unternehmensstrategie verursacht sind. Diskutieren Sie, ob diese Basisforderung im internationalen Management zu Konflikten führen und ob sie auch in diesem Bereich durchgesetzt werden kann.

12. Diskutieren Sie unterschiedliche Strategien und Maßnahmen zur Umsetzung von Unternehmensethik in der Praxis. Wo finden die Strategien und Maßnahmen ihre Grenzen?

13. Diskutieren das Verhältnis zwischen Shareholder-Value-Orientierung und Ethikorientierung der Unternehmensführung.

14. Vergleichen Sie die Corporate-Citizenship-Konzepte von Matten und Crane ([Citizenship]) sowie Schrader ([Citizenship]).

Literaturhinweise zu Kapitel 15

CRANE, A., MATTEN, D., Business *Ethics* – Managing Corporate Citizenship and Sustainability in the Age of Globalization, 2. Aufl., Oxford 2007.

GÖBEL, E., *Unternehmensethik*, Stuttgart 2006.

KERSTING, W., *Kritik* am Ökonomismus, Arbeitspapier des Philosophischen Seminars der Christian-Albrechts-Universität zu Kiel, Kiel 2008.

KREIKEBAUM, H., *Grundlagen* der Unternehmensethik, Stuttgart 1996.

SCHERER, A., PATZER, M. (Hrsg.), Betriebswirtschaftslehre und *Unternehmensethik*, Wiesbaden 2008, S. 145-167.

SCHERER, A. G., PALAZZO, G., Toward a Political *Conception* of Corporate Responsibility – Business and Society seen from a Habermasian Perspective, in: Academy of Management Review, 32. Jg., Heft 4, 2007, S. 1096-1120.

STEINMANN, H., *Begründungsprobleme* einer Unternehmensethik, insbesondere das Anfangsproblem, in: Die Unternehmung, 58. Jg., Heft 2, 2004, S. 105-122.

Abschließende Fragen

1. Was gefällt oder missfällt Ihnen an diesem Lehrbuch?

2. Ist der Text für Sie verständlich?

3. Was würden Sie verbessern?

4. Welche weiteren Anregungen können Sie geben?

Bitte schreiben Sie an die folgende Adresse:

Prof. Dr. Joachim Wolf

Lehrstuhl für Organisation
Universität zu Kiel
Westring 425

24098 Kiel

E-Mail: unternehmensfuehrung@bwl.uni-kiel.de

Die besten Anregungen werden im Vorwort der folgenden Auflage namentlich erwähnt.

Vielen herzlichen Dank für Ihre Hilfe.

Literaturverzeichnis

A

Abernathy, W. J., Utterback, J. M., A Dynamic *Model* of Process and Product Innovation, in: Omega, 3. Jg., Heft 6, 1975, S. 639-656.

Ache, H., *Management-Holding* und Innovationsfähigkeit, in: Die Betriebswirtschaft, 47. Jg., Heft 2, 1987, S. 223-225.

Achleitner, P. M., Sozio-politische *Strategien* multinationaler Unternehmungen, Bern – Stuttgart 1985.

Achtenhagen, L., Müller, J., Knyphausen-Aufsess, D. zu, Das *Open Source* Dilemma – Open Source-Software-Entwicklung zwischen organisatorischer Optimierung und notwendiger Kommerzialisierung, Vortrag, Workshop der Kommission Organisation des Verbandes der Hochschullehrer für Betriebswirtschaft e. V., Lüneburg, 28. Februar 2003.

Ackermann, K. F., *Risikomanagement* im Personalbereich – Reaktionen auf die Anforderungen des KonTraG, Wiesbaden 1999.

Adler, N. J., Campbell, N., Laurent, A., In *Search* of Appropriate Methodology – From Outside the People's Republic of China Looking In, in: Journal of International Business Studies, 20. Jg., Heft 1, 1989, S. 61-74.

Aeberhard, K., Strategische *Analyse*, Bern – Berlin – Frankfurt/Main 1996.

Aharoni, Y., The Foreign Direct Investment *Process*, Boston 1966.

Ahsen, A. v., Empirische Analysen der Berichtspraxis in *Umwelterklärungen* – Kritischer Vergleich zentraler Ergebnisse, in: Zeitschrift für Betriebswirtschaft, 71. Jg., Heft 2, 2001, S. 121-141.

Ajami, R., Khambata, D., Middle Eastern and Japanese Management *Decisions*, Arbeitspapier, Ohio State University 1986.

Albach, H., Betriebswirtschaftslehre ohne *Unternehmensethik*, in: Zeitschrift für Betriebswirtschaft, 75. Jg., Heft 9, 2005, S. 809-831.

Albach, H., Betriebswirtschaftslehre ohne Unternehmensethik – Eine *Erwiderung*, in: Zeitschrift für Betriebswirtschaft, 77. Jg., Heft 2, 2005, S. 195-206.

Albach, H., *Innovationszeitmanagement*, in: Schüler, W. (Hrsg.), Aspekte des Innovationsmanagements, Wiesbaden 1991, S. 43-69.

Albach, H., Strategische Allianzen, Strategische *Gruppen*, Strategische Familien, in: Zeitschrift für Betriebswirtschaft, 62. Jg., Heft 6, 1992, S. 663-670.

Albach, H., Zur *Theorie* des wachsenden Unternehmens, in: Krelle, W. (Hrsg.), Theorien des einzelwirtschaftlichen und gesamtwirtschaftlichen Wachstums, Berlin 1965, S. 9-97.

Albers, S., Hildebrandt, L., Methodische *Probleme* bei der Erfolgsfaktorenforschung – Messfehler, formative versus reflektive Indikatoren und die Wahl des Strukturgleichungs-Modells, Arbeitspapier des Lehrstuhls für Innovation, Neue Medien und Marketing der Christian-Albrechts-Universität zu Kiel, Kiel 2005.

Albers, S., Wolf, J., *Management* Virtueller Unternehmen, Wiesbaden 2003.

Alchian, A. A., Demsetz, H., *Production*, Information Costs and Economic Organisation, in: American Economic Review, 62. Jg., Heft 4, 1972, S. 777-795.

Aldrich, H., Organizations and *Environments*, Englewood Cliffs 1979.

ALDRICH, H.E., WHETTEN, D. A., Organization-Sets, Action-Sets, and *Networks* – Making the Most of Simplicity, in: Nystrom, P. C., Starbuck, W. H. (Hrsg.), Handbook of Organizational Design, London 1981, S. 385-408.

ALEWELL, D., Martin, S., *Transaktionskostenansatz* und Personalwirtschaftslehre – Analyse zentraler Problemfelder und Präsentation von Lösungsansätzen, in: Zeitschrift FÜR MANAGEMENT, 1. JG., HEFT 3, 2006, S. 282-302.

ALEXANDER, L. D., The Effect Level in the *Hierarchy* and Functional Area Have on the Extend Mintzberg's Roles Are Required by Managerial Jobs, in: Academy of Management Proceedings, 39. Jg., 1979, S. 186-189.

ALEXASHIN, Y., BLENKINSOPP, J., Changes in Russian Managerial Values – A Test of the Convergence Hypothesis, in: International Journal of Human Resource Management, 16. Jg., Heft 3, 2005, S. 427-444.

AL-LAHAM, A., Organisationales *Wissensmanagement*, München 2003.

AL-LAHAM, A., *Strategieprozesse* in deutschen Unternehmungen – Verlauf, Struktur und Effizienz, Wiesbaden 1997.

AL-LAHAM, A., AMBURGEY, T., The Dynamics of *Knowledge* Stocks and Knowledge Flows – Examining the Consequences of Knowledge Exploration and Exploitation, in: Industrial and Corporate Change, 18. Jg., 2009 (im Druck).

ALLAN, P., *Managers* at Work, in: Academy of Management Journal, 24. Jg., Heft 3, 1981, S. 613-619.

ALLEN, L., Managing the *Flow* of Technology, Cambridge 1977.

ALT, R., SCHMID, B., *Logistik* und Electronic Commerce – Perspektiven durch zwei sich wechselseitig ergänzende Konzepte, in: Zeitschrift für Betriebswirtschaft, 70. Jg., Heft 1, 2000, S. 75-99.

ALWORTH, C. H., An *Analysis* of the Use and Usefulness of Zero-Base Budgeting in the Fortune Five-Hundred Industrial Corporations and the Fifty State Governments in the U.S. Through 1978, Dissertation, Mississippi State University 1979.

AMSHOFF, B., Controlling in deutschen Unternehmungen – *Realtypen*, Kontext und Effizienz, Wiesbaden 1993.

ANAND, B. T., KHANNA, T., Do Firms Learn How to Create *Value*? – The Case of Alliances, in: Strategic Management Journal, 21. Jg., Heft 3, 2000, S. 295-315.

ANDAL-ANCION, A., YIP, G. S., Strategic *Alliances* with Peers and Competitors, Arbeitspapier der London Business School, London 2007.

ANDRES, C., THEISEN, E., Eine empirische Untersuchung der individualisierten Veröffentlichung der *Vorstandsvergütung*, in: Die Betriebswirtschaft, 67. Jg., Heft 2, 2007, S. 167-178.

ANSOFF, H. I., Corporate *Strategy*, New York et al. 1965.

ANSOFF, H. I., *Management-Strategie*, München 1966.

ANSOFF, H. I., Managing Discontinuous Strategic *Change*, in: Ansoff, H. I., Bosman, H., Storm, P. M. (Hrsg.), Understanding and Managing Strategic Change, Amsterdam – New York – Oxford 1982, S. 5-31.

ANSOFF, H. I., Managing *Surprise* and Discontinuity, in: Zeitschrift für betriebswirtschaftliche Forschung, 28. Jg., Heft 3, 1976, S. 129-152.

ANSOFF, H. I., *Methoden* zur Verwirklichung strategischer Änderungen in der Unternehmung, in: Jacob, H. (Hrsg.), Schriften zur Unternehmensführung, Band 29, Wiesbaden 1982, S. 69-87.

ANSOFF, H. I., Strategic *Management*, London – Basingstoke 1980.

ANSOFF, H. I., DECLERCK, R. P., HAYES, R. L., From Strategic *Planning* to Strategic Management, London et al. 1976.

ANSOFF, H. I., HAYES, R. L., *Introduction*, in: Ansoff, H. I., Declerck, R. P., Hayes, R. L. (Hrsg.), From Strategic Planning to Strategic Management, London et al. 1976, S. 1-12.

ANTES, R., SIEBENHÜNER, B., Trendwende zur *Nachhaltigkeit*? – Eine Sammelrezension neuerer Studien zu ökologisch-verträglichem Verhalten, in: Die Betriebswirtschaft, 61. Jg., Heft 1, 2001, S. 97-120.

ANTHONY, W. P., *Management*, Reading 1981.

ANTONI, C. H., *Qualitätszirkel* als Modell partizipativer Gruppenarbeit – Analysen der Möglichkeiten und Grenzen aus der Sicht Betroffener, Bern – Stuttgart – Toronto 1990.

AOKI, M., Horizontal vs. Vertical Information *Structure* of the Firm, in: American Economic Review, 76. Jg., Heft 5, 1986, S. 971-983.

APEL, K.-O. (Hrsg.), *Diskurs* und Verantwortung – Das Problem des Übergangs zur postkonventionellen Moral, Frankfurt/Main 1988.

APPELBAUM, E., BERG, P., High-Performance Work *Systems* – Giving Workers a Stake, in: Blair, M. M., Kochan, T. A. (Hrsg.), The New Relationship – Human Capital in the American Corporation, Washington 2000, S. 102-137.

ARDICHVILI, A., KUCHINKE, P. K., Leadership *Styles* and Cultural Values among Managers and Subordinates – A Comparative Study of Four Countries of the Former Soviet Union, Germany, and the US, in: Human Resource Development International, 5. Jg., Heft 1, 2002, S. 99-117.

ARETZ, H.-J., HANSEN, K., Erfolgreiches *Management* von Diversity – Die multikulturelle Organisation als Strategie zur Verbesserung einer nachhaltigen Wettbewerbsfähigkeit, in: Zeitschrift für Personalforschung, 17. Jg., Heft 1, 2003, S. 9-36.

ARGYRIS, C., *Wissen* in Aktion – Eine Fallstudie zur lernenden Organisation, Stuttgart 1997.

ARGYRIS, C., SCHÖN, D. A., Organizational *Learning* – A Theory of Action Perspective, Reading et al. 1978.

ARNOLD, A., Die *Steuerung* des Vorstandshandelns – Eine rechtsökonomische Untersuchung der Prinzipal-Agent-Problematik in Publikumsgesellschaften, München 2007.

ARNOLD, M. C., GILLENKIRCH, R. M., *Leistungsanreize* durch Aktien und Optionen? – Eine Diskussion des State of the Art, in: Zeitschrift für Betriebswirtschaft, 77. Jg., Heft 1, 2007, S. 75-99.

ARNOLD, U., Global *Sourcing* – An Indispensable Element in Worldwide Competition, in: Management International Review, 29. Jg., Heft 4, 1989, S. 14-28.

ASCHAUER, E., *Führung* – Eine soziologische Analyse anhand kleiner Gruppen, Stuttgart 1970.

ASHBY, W. R., An *Introduction* to Cybernetics, London 1956.

ASSMANN, H.-T., *Buy-out/Spin-off* – Führungskräfte übernehmen ihre Firma oder Abteilung, in: Personal, 40. Jg., Heft 5, 1988, S. 204-205.

AURICH, B., *Managementkontrolle* nach Enron – Fortentwicklung der Managementkontrolle durch Aufsichtsrat und Board in börsennotierten Aktiengesellschaften in Deutschland und in den USA, Baden-Baden 2006.

AURICH, W., SCHRÖDER, H.-U., *Unternehmensplanung* im Konjunkturverlauf, 2. Aufl., München 1977.

AUSTIN, J. T., VANCOUVER, J. B., *Goal* Constructs in Psychology – Structure, Process, and Content, in: Psychological Bulletin, 120. Jg., Heft 3, 1996, S. 338-375.

AUSTIN, L. A., Zero-Base Budgeting – Organizational *Impact* and Effects, New York 1977.

AVENTIS S. A. (Hrsg.), Annual *Report* 2003, Straßburg 2004.

AXELROD, R., The *Evolution* of Cooperation, New York 1984.

AXELSSON, R. ET AL., Decision *Style* in British and Swedish Organizations – A Comparative Examination of Strategic Decision Making, in: British Journal of Management, 2. Jg., Heft 2, 1991, S. 67-79.

B

BACH, N., *Structure* follows Strategy – Grundweisheit auch im E-Business?, in: Dangelmeier, W., Emmrich, A., Kaschula, D. (Hrsg.), Modelle im E-Business, Paderborn 2002, S. 527-545.

BACHARACH, S. B., LAWLER, E. J., *Bargaining* – Power, Tactics and Outcomes, San Francisco et al. 1981.

BACKES-GELLNER, U., Personnel *Economics* – An Economic Approach to Human Resource Management, in: Management Revue, 15. Jg., Heft 2, 2004, S. 215-227.

BACKHAUS, K., *Strategien* auf sich verändernden Weltmärkten – Chancen und Risiken, in: Die Betriebswirtschaft, 49. Jg., Heft 4, 1989, S. 465-482.

BACKHAUS, K., BÜSCHKEN, J., VOETH, M., Internationales *Marketing*, 5. Aufl., Stuttgart 2003.

BACKHAUS, K., MEYER, M., Strategische *Allianzen* und strategische Netzwerke, in: Wirtschaftswissenschaftliches Studium, 22. Jg., Heft 7, 1993, S. 330-334.

BÄR, T., *Firmenübernahmen* – Deren Finanzierung und finanzielle Abwehr, in: Siegwart, H. (Hrsg.), Mergers & Acquisitions, Basel – Stuttgart 1990, S. 155-166.

BAETGE, J. ET AL., *Unternehmenskultur* und Unternehmenserfolg – Stand der empirischen Forschung und Konsequenzen für die Entwicklung eines Messkonzepts, in: Journal für Betriebswirtschaft, 57. Jg., Heft 2, 2007, S. 183-219.

BAIN, J., *Barriers* to New Competition, Cambridge 1956.

BAIN & COMPANY (Hrsg.), Management *Tools* 2005 – An Executive Guide, Boston 2005.

BAIRD, I. S., THOMAS, H., Toward a Contingency *Model* of Strategic Risk Taking, in: Academy of Management Review, 10. Jg., Heft 2, 1985, S. 230-243.

BALDERJAHN, I., *Validität* – Konzept und Methoden, in: Wirschaftswissenschaftliches Studium, 32. Jg., Heft 3, 2003, S. 130-135.

BALDUS, R. D., Süd-Korea als *Schwellenland*, in: Internationales Asienforum, 12. Jg., Heft 2/3, 1981, S. 205-222.

BALES, R. F., SLATER, P. E., Role *Differentiation* in Small Decision-making Groups, in: Parsons, T., Bales, R. F. (Hrsg.), Family, Socialization and Interaction Process, New York – London 1955, S. 259-306.

BALLWIESER, W., Unternehmensbewertung und *Optionspreistheorie*, in: Die Betriebswirtschaft, 62. Jg., Heft 2, 2002, S. 184-201.

BAMBERG, G., COENENBERG, A., Betriebswirtschaftliche *Entscheidungslehre*, 10. Aufl., München 2000.

BAMBERGER, I., Developing Competitive *Advantage* in Small and Medium Size Firms, in: Long Range Planning, 22. Jg., Heft 5, 1989, S. 80-88.

BAMBERGER, I., WRONA, T., Der *Ressourcenansatz* und seine Bedeutung für die Strategische Unternehmensführung, in: Zeitschrift für betriebswirtschaftliche Forschung, 48. Jg., Heft 2, 1996, S. 130-153.

BAMBERGER, I., WRONA, T., Strategische *Unternehmensführung*, München 2004.

BARNARD, C. I., The *Functions* of the Executive, Cambridge 1938.

BARNETT, E. M., *Innovation* – The Basis of Cultural Change, New York – Toronto – London 1953.

BARNEY, J. B., Firm *Resources* and Sustained Competitive Advantage, in: Journal of Management, 17. Jg., Heft 1, 1991, S. 99-120.

BARNEY, J. B., Gaining and Sustaining Competitive *Advantage*, 2. Aufl., New York et al. 1997.

BARNEY, J. B., *Returns* to Bidding Firms in Mergers and Acquisitions – Reconsidering the Relatedness Hypothesis, in: Strategic Management Journal, 9. Jg., Special Issue, 1988, S. 71-78.

BARNEY, J. B., HOSKISSON, R. E., Strategic *Groups* – Untested Assertions and Research Proposals, in: Managerial and Decision Economics, 11. Jg., Heft 3, 1990, S. 198-208.

BARRETT, J. H., Individuelle *Ziele* und Organisationsziele, in: Wöhler, K. (Hrsg.), Organisationsanalyse, Stuttgart 1978, S. 68-82.

BARRY, D., CRAMTON, C. D., CAROLL, S. J., Navigating the *Garbage* Can – How Agencies Help Managers to Cope with Job Realities, in: Academy of Management Executive, 11. Jg., Heft 2, 1997, S. 26-42.

BARTELT, A., LAMERSDORF, W., A Multi-criteria Taxonomy of *Business Models* in Electronic Commerce, in: Fiege, L., Mühl, G., Wilhelm, U. (Hrsg.), Electronic Commerce, Berlin – Heidelberg 2001, S. 193-205.

BARTLETT, C. A., Building and Managing the *Transnational* – The New Organizational Challenge, in: Porter, M. E. (Hrsg.), Competition in Global Industries, Boston 1986, S. 367-401.

BARTLETT, C. A., GHOSHAL, S., *Arbeitsteilung* bei der Globalisierung, in: Harvardmanager, 9. Jg., Heft 2, 1987, S. 49-59.

BARTLETT, C. A., GHOSHAL, S., Managing Across *Borders* – The Transnational Solution, 2. Aufl., Boston 1999.

BARTLETT, C. A., GHOSHAL, S., Tap Your *Subsidiaries* for Global Reach, in: Harvard Business Review, 64. Jg., Heft 6, 1986, S. 87-94.

BASSEN, A. ET AL., Deutscher Corporate Governance *Kodex* und Unternehmenserfolg, in : Die Betriebswirtschaft, 66. Jg., Heft4, 2006, S. 375-401.

BAUER, H. H., FISCHER, M., Die empirische *Typologisierung* von Produktlebenszyklen und ihre Erklärung durch die Markteintrittsreihenfolge, in: Zeitschrift für Betriebswirtschaft, 70. Jg., Heft 9, 2000, S. 937-958.

BAUER, M., Unternehmenserfolg durch das *Zusammenspiel* von Manager und Controller, in: Weber, J., Kunz, J., (Hrsg.), Empirische Controllingforschung – Begründung – Beispiele – Ergebnisse, Wiesbaden 2003, S. 247-288.

BAUM, J. A., KORN, H. J., *Dynamics* of Dyadic Competitive Interaction, in: Strategic Management Journal, 20. Jg., Heft 3, 1999, S. 251-278.

BAUMBUSCH, R., Verhandlungsstrategische *Ambivalenz* im Management, Frankfurt/Main – Bern 1987.

BAUMGARTEN, R., *Führungsstile* und Führungstechniken, Berlin – New York 1977.

BAUMS, T. (Hrsg.), *Bericht* der Regierungskommission Corporate Governance, Köln 2001.

BAUSCH, A., ROSCHENBUSCH, N., *Innovation* und Unternehmenserfolg – Eine metaanalytische Untersuchung, in: Die Unternehmung, 60. Jg., Heft 2, 2006, S. 125-140.

BEA, F. X., Kritische Untersuchungen über den Geltungsbereich des Prinzips der Gewinnmaximierung, Berlin 1968.

BEAMISH, P. W., The Characteristics of Joint Ventures in Developing *Countries*, in: Columbia Journal of World Business, 20. Jg., Heft 3, 1985, S. 13-19.

BECKER, F. G., *Anreizsysteme* für Führungskräfte – Möglichkeiten zur strategisch-orientierten Steuerung des Managements, Stuttgart 1990.

BECKER, F. G., Motivierung zur *Gruppenarbeit* – Anreizsysteme in Fertigungsinseln, in: Fortschrittliche Betriebsführung/Industrial Engineering, 43. Jg., Heft 3, 1994, S. 114-117.

BECKER, F., FALLGATTER, M., Strategische *Unternehmensführung* – Eine Einführung, 2. Aufl., Berlin 2005.

BECKER, G., Shareholder Value Analysis als *Instrument* der strategischen Planung, in: Das Wirtschaftsstudium, 24. Jg., Heft 2, 1995, S. 122-124.

BECKER, G., *Unternehmensbewertung* zur Unterstützung der Akquisitionsplanung, in: Das Wirtschaftsstudium, 21. Jg., Heft 1, 1992, S. 32-33.

BECKER, H. P., Feindliche *Übernahmen* – Wesen, Ziele und Gefahren, in: Wirtschaftswissenschaftliches Studium, 19. Jg., Heft 5, 1990, S. 218-222.

BECKER, J., *Marketing-Konzeption*, 7. Aufl., München 2001.

BECKER, J. U., *File-Sharing* in Peer-to-Peer-Netzwerken – Ökonomische Analyse des Nutzerverhaltens, Wiesbaden 2004.

BECKER, M., SCHWERTNER, A., *Gestaltung* der Personal- und Führungskräfteentwicklung – empirische Erhebung, State of the Art und Entwicklungstendenzen, München 2002.

BECKER, M., SEIDEL, A. (Hrsg.), Diversity *Management* – Unternehmens- und Personalpolitik der Vielfalt, Stuttgart 2006.

BEHRENDS, T., *Organisationskultur* und Innovativität – Eine kulturtheoretische Analyse des Zusammenhangs zwischen sozialer Handlungsgrammatik und innovativem Organisationsverhalten, München – Mering 2001.

BEISE, M., GEMÜNDEN, H. G., *Lead Markets* – A New Framework for the International Diffusion of Innovation, in: Management International Review, 44. Jg., Special Issue 3, 2004, S. 83-102.

BENDIXEN, P., Über die *Machbarkeit* der Unternehmenskultur – Über die Verantwortbarkeit des Machens, in: Die Betriebswirtschaft, 49. Jg., Heft 2, 1989, S. 199-214.

BENJAMIN, R. I. ET AL., Information *Technology* – A Strategic Opportunity, in: Sloan Management Review, 25. Jg., Heft 3, 1984, S. 3-10.

BENKENSTEIN, M., Der goldene *Weg* zum neuen Produkt, in: Harvardmanager, 10. Jg., Heft 2, 1988, S. 14-18.

BENKENSTEIN, M., Die Reduktion der *Fertigungstiefe* als betriebswirtschaftliches Entscheidungsproblem – Ein Beitrag zur Planung vertikaler Unternehmensstrategien unter besonderer Berücksichtigung der Quasi-Integration, Unveröffentlichte Habilitationsschrift, Universität Münster 1992.

BENKHOFF, B., Identifikation und *Loyalität*, in: Gaugler, E., Oechsler, W. A., Weber, W. (Hrsg.), Handwörterbuch des Personalwesens, Stuttgart 2004, Sp. 897-905.

BENNIS, W., NANUS, B., *Leaders*, New York 1985.

BERG, N., *Public Affairs* Management – Ergebnisse einer empirischen Untersuchung in Multinationalen Unternehmungen, Wiesbaden 2003.

BERG, N., Strategic *Planning* in Conglomerate Companies, in: Harvard Business Review, 43. Jg., Heft 3, 1965, S. 79-92.

BERGAUER, A., Erfolgreiches *Krisenmanagement* in der Unternehmung, Berlin 2001.

BERGER, P. L., LUCKMANN, T. L., Die gesellschaftliche *Konstruktion* der Wirklichkeit – Eine Theorie der Wissenssoziologie, 17. Aufl., Frankfurt/Main 2000.

BERGER, U., BERNHARD-MEHLICH, I., Die Verhaltenswissenschaftliche *Entscheidungstheorie*, in: Kieser, A. (Hrsg.), Organisationstheorien, 3. Aufl., Stuttgart – Berlin – Köln 1999, S. 133-168.

BERLE, A. A., MEANS, G. C., The Modern *Corporation* and Private Property, New York 1932.

BERLINER INITIATIVKREIS GERMAN CODE OF CORPORATE GOVERNANCE (Hrsg.), *German Code* of Corporate Governance, Berlin 2000.

BERNDT, R., *Risk-Management* im Rahmen des Internationalen Marketing, in: Marketing, 13. Jg., Heft 1, 1991, S. 5-10.

BERNECKER, T., PRÄUER, A., *Risiken* und Risikomanagement in Zuliefernetzwerken, in: Die Unternehmung, 60. Jg., Heft 1, 2006, S. 27-43.

BERRAR, C., Die Entwicklung der Corporate *Governance* in Deutschland im internationalen Vergleich, Baden-Baden 2001.

BERRY, J. W., *Acculturation* – A Comparative Analysis of Alternative Forms, in: Samuda, R. J., Woods, S. L. (Hrsg.), Perspectives in Immigrant and Minority Education, Lanham 1983, S. 66-77.

BERTALANFFY, L. V., The *History* and Status of General Systems Theory, in: Academy of Management Journal, 15. Jg., Heft 4, 1972, S. 407-426.

BEYER, H.-T., Personalmanagement und technologische *Effizienz* – Neue Technik bleibt erfolglos ohne die komplementäre soziale Innovation, in: Der Arbeitgeber, 44. Jg., Heft 5, 1992, S. 163-168.

BIDLINGMAIER, J., *Zielkonflikte* und Zielkompromisse im unternehmerischen Entscheidungsprozess, Wiesbaden 1968.

BIETHAHN, J., MUCKSCH, H., RUF, W., Ganzheitliches *Informationsmanagement*, Band 1, 5. Aufl., München – Wien 2002.

BILLINGS, R. S., MILBURN, T. W., SCHAALMAN, M. L., A *Model* of Crisis Perception, in: Administrative Science Quarterly, 25. Jg., Heft 6, 1980, S. 300-316.

BINDER, C., SCHÄFFER, U., Die *Entwicklung* des Controllings von 1970 bis 2003 im Spiegel von Publikationen in deutschsprachigen Zeitschriften, in: Die Betriebswirtschaft, 65. Jg., Heft 6, 2005, S. 603-626.

BINGGELI, U., POMPEO, L., Hyped *Hopes* for Europe's Low-cost Airlines, in: McKinsey Quarterly, o. Jg., Heft 4, 2002, S. 87-97.

BISCHOFF, S., Männer und Frauen in *Führungspositionen* der Wirtschaft in Deutschland – Neuer Blick auf einen alten Streit, Köln 1999.

BLACKBURN, V., LANG, J. R., Toward a Market/Ownership Constrained *Theory* of Merger Behavior, in: Journal of Management, 15. Jg., Heft 1, 1989, S. 77-88.

BLANCHARD, K., CARLOS, J. P., RANDOLPH, A., Management durch *Empowerment*, Reinbek 2003.

BLANK, W., WEITZEL, J. R., GREEN, S. G., A *Test* of the Situational Leadership Theory, in: Personnel Psychology, 43. Jg., Heft 3, 1990, S. 579-597.

BLASIUS, H., Porsche – Toyota – General Electric – Gute *Unternehmensführung* in Deutschland, Japan und den USA, Zürich 2007.

BLAU, P. M., SCHOENHERR, R. A., The *Structure* of Organizations, New York – London 1971.

BLEICHER, K., *Kodifizierung* und Kommunikation unternehmungspolitischer Konzepte in Leitbildern, in: Die Unternehmung, 46. Jg., Heft 2, 1992, S. 59-78.

BLEICHER, K., *Konzernorganisation*, in: Frese, E. (Hrsg.), Handwörterbuch der Organisation, 3. Aufl., Stuttgart 1992, Sp. 1151-1164.

BLEICHER, K., *Organisation* – Strategien, Strukturen, Kulturen, 2. Aufl., Wiesbaden 1991.

BLEICHER, K. LEBERL, D., PAUL, H., Unternehmungsverfassung und *Spitzenorganisation* – Führung und Überwachung von Aktiengesellschaften im internationalen Vergleich, Wiesbaden 1989.

BLEICHER, K., PAUL, H., Das amerikanische Board-Modell im *Vergleich* zur deutschen Vorstands-Aufsichtsratsverfassung, in: Die Betriebswirtschaft, 46. Jg., Heft 3, 1986, S. 263-288.

BLEICHER, K., PAUL, H., The External Corporate Venture Capital *Fund*, in: Long Range Planning, 20. Jg., Heft 6, 1987, S. 64-70.

BLEX, W., MARCHAL, G., *Risiken* im Akquisitionsprozess – Ein Überblick, in: Betriebswirtschaftliche Forschung und Praxis, 42. Jg., Heft 2, 1990, S. 85-103.

BLICKLE, G., *Mentoring* als Karrierechance und Konzept der Personalentwicklung?, in: Personalführung, 35. Jg., Heft 9, 2002, S. 66-72.

BLÖCHER, A., GLAUM, M., Die *Rolle* der Unternehmenskultur bei Akquisitionen und die Möglichkeiten und Grenzen einer Cultural Due Diligence, in: Die Betriebswirtschaft, 65. Jg., Heft 3, 2005, S. 295-317.

BMW AG (Hrsg.), *Geschäftsberichte* 2006 und 2007, München 2007 und 2008.

BOCKEMÜHL, M., *Realoptionstheorie* und die Bewertung von Produktinnovationen, Wiesbaden 2001.

BOEHME, J., *Innovationsförderung* durch Kooperation, Berlin 1986.

BÖRNER, C. J., *Porter* und der „Resource-based View", in: Das Wirtschaftsstudium, 29. Jg., Heft 5, 2000, S. 689-693.

BÖRNER, S., STREIT, C. V., Transformational *Leadership* and Group Climate – Empirical Results from German Symphony Orchestras, Journal of Leadership and Organizational Studies, 12. Jg., Heft 3, 2005, S. 31-41.

BÖRSIG, C., BAUMGARTEN, C., *Grundlagen* des internationalen Kooperationsmanagements, in: Macharzina, K., Oesterle, M.-J. (Hrsg.), Handbuch Internationales Management, 2. Aufl., Wiesbaden 2002, S. 475-496.

BÖSSMANN, E., *Unternehmungen*, Märkte, Transaktionskosten – Die Koordination ökonomischer Aktivitäten, in: Wirtschaftswissenschaftliches Studium, 12. Jg., Heft 3, 1983, S. 105-111.

BOGENSCHÜTZ, E., *Abwehrmechanismen* bei unfreundlichen Übernahmeversuchen, in: Zeitschrift für das gesamte Kreditwesen, 43. Jg., Heft 20, 1990, S. 1024-1025.

BONTIS, N., CROSSAN, M. M., HULLAND, J., Managing an Organizational *Learning* System by Aligning Stocks and Flows, in: Journal of Management Studies, 39. Jg., Heft 4, 2002, S. 437-469.

BONUS, H., Wettbewerbspolitische *Implikationen* umweltpolitischer Instrumente, in: Gutzler, H. (Hrsg.), Umweltpolitik und Wettbewerb, Baden-Baden 1981, S. 103-121.

BOOZ, ALLEN & HAMILTON (Hrsg.), Deutsche *Unternehmen* stehen bei F&E-Ausgaben auf der Bremse, in: Innovations-Report – Forum für Wissenschaft, Industrie und Wirtschaft, Ausgabe vom 16.10.2007, http://www.innovations-report.de/html/berichte/studien/ bericht-92947.html, Zugriff am 01.02.2008.

BORCHARDT, A., *Koordinationsinstrumente* in virtuellen Unternehmen – Eine empirische Untersuchung anhand lose gekoppelter Systeme, Wiesbaden 2006.

BORCHARDT, M. (Hrsg.), *Wissensmanagement* in wissensintensiven Dienstleistungen, Lohmar 2004.

BORK, R., Einführung in das *Insolvenzrecht*, 3. Aufl., Tübingen 2002.

BOTTERON, P., CHESNEY, M., GIBSON-ASNER, R., Analyzing Firms' Strategic *Investment* in a Real Options Framework, in: Journal of International Financial Markets, Institutions & Money, 13. Jg., Heft 5, 2003, S. 451-480.

BOUNCKEN, R. B., Dem *Kern* des Erfolgs auf der Spur? – State of the Art zur Identifikation von Kernkompetenzen, in: Zeitschrift für Betriebswirtschaft, 70. Jg., Heft 7/8, 2000, S. 865-884.

BOUNCKEN, R. B., Organisationale *Metakompetenzen* – Theorie, Wirkungszusammen-hänge, Ausprägungsformen und Identifikation, Wiesbaden 2003.

BOURDIEU, P., Ökonomisches *Kapital*, kulturelles Kapital, soziales Kapital, in: Kreckel, R. (Hrsg.), Soziale Ungleichheiten, Göttingen 1983, S. 183-198.

BOURGEOIS, L. J. III, BRODWIN, D. R., Strategic *Implementation*, in: Strategic Management Journal, 26. Jg., Heft 1, 1984, S. 241-264.

BOWER, J. L., Managing the Resource Allocation *Process*, Boston 1970.

BOWER, J. L., CHRISTENSEN, C. M., Disruptive *Technologies* – Catching the Waves, in: Harvard Business Review, 73. Jg., Heft 1, 1995, S. 43-53.

BOZEM, K., Organisatorische *Einbindung* des Controlling, in: Praxis des Rechnungswesens, Loseblattsammlung, Heft 6, Gruppe 13, Stand Dezember 1990, S. 1-31.

BRAMSEMANN, R., Handbuch *Controlling*, 3. Aufl., Wiesbaden 1993.

BRAND, D., Der *Transaktionskostenansatz* in der betriebswirtschaftlichen Organisationstheorie, Frankfurt/Main et al. 1990.

BRAND, S., SCHUMACHER, W., Just-in-Time-Produktion verlangt integrierte *Instandhaltung* und Qualitätssicherung, in: Management Zeitschrift io, 57. Jg., Heft 6, 1988, S. 284-286.

BRANDENBURGER, A. M., NALEBUFF, B. J., *Co-opetition* – A Revolutionary Mindset that Combines Competition and Cooperation, New York et al. 1996.

BRANNEN, M. Y., LIKER, J. K., FRUIN, M., *Recontextualization* and Factory-to-factory Transfer from Japan to the U.S. – The Case of NSK, Vortrag, AIB Annual Meeting, Monterrey/Mexiko 1997.

BRAUERS, J., WEBER, M., *Szenarioanalyse* als Hilfsmittel der strategischen Planung, in: Zeitschrift für Betriebswirtschaft, 56. Jg., Heft 7, 1986, S. 631-652.

BRAUN, H., *Risikomanagement* – Eine spezifische Controllingaufgabe, Darmstadt 1984.

BRAYBROOKE, D., LINDBLOM, C. E., A *Strategy* of Decision, New York – London 1963.

BREALEY, R. A., MYERS, S. C., *Principles* of Corporate Finance, 6. Aufl., New York 2000.

BREISIG, T., *Betriebsvereinbarungen* zu Qualitätszirkeln – Eine Inhaltsanalyse, in: Die Betriebswirtschaft, 51. Jg., Heft 1, 1991, S. 65-78.

BREISIG, T., *Taylorismus*, in: Blanke, T., Breisig, T. (Hrsg.), Wirtschaftswissen für den Betriebsrat, Kissing 2005 (ohne Paginierung, da auf CD-ROM veröffentlicht).

BRESSER, R. K. F., Matching Collective and Competitive *Strategies*, in: Strategic Management Journal, 9. Jg., Heft 4, 1988, S. 375-385.

BRESSER, R. K. F., Strategische *Management*theorie, Berlin 2001.

BRESSMER, C., MOSER, A., SERTL, W., *Vorbereitung* und Abwicklung der Übernahme von Unternehmen, Stuttgart et al. 1989.

BROCKHOFF, K., *Planung* und Prognose in deutschen Großunternehmen, in: Der Betrieb, 27. Jg., Heft 18, 1974, S. 838-841.

BROCKHOFF, K., *Probleme* marktorientierter Forschungs- und Entwicklungspolitik, in: Mazanec, J., Schuch, F. (Hrsg.), Marktorientierte Unternehmensführung, Wien 1983, S. 337-374.

BROCKHOFF, K., *Prognoseverfahren* für die Unternehmensplanung, Wiesbaden 1977.

BROCKHOFF, K., Zur *Erfolgsbeurteilung* von Forschungs- und Entwicklungsprojekten, in: Zeitschrift für Betriebswirtschaft, 63. Jg., Heft 7, 1993, S. 643-662.

BRODBECK, F. et al., Cultural *Variation* of Leadership Prototypes Across 22 European Countries, Journal of Occupational and Organisational Psychology, 73. Jg., Heft 1, 2000, S. 1-29.

BRONNER, R., *Pathologies* in Decision-Making – Causes, Forms, and Handling, in: Management International Review, 43. Jg., Heft 1, 2003, S. 85-101.

BRONNER, R., MATIASKE, W., STEIN, F. A., *Anforderungen* an Spitzenführungskräfte, Schriften aus dem Arbeitskreis betriebswirtschaftliche Verhaltensforschung, Paderborn 1990.

BRONNER, R., MELLEWIGT, T., Entstehen und Scheitern Strategischer *Allianzen* in der Telekommunikationsbranche, in: Zeitschrift für betriebswirtschaftliche Forschung, 53. Jg., Heft 11, 2001, S. 728-751.

BRUCE-BRIGGS, B., Falsche *Propheten*, in: Manager Magazin, 12. Jg., Heft 10, 1982, S. 184-188.

BRÜDERL, J., PREISENDÖRFER, P., ZIEGLER, R., Der *Erfolg* neugegründeter Betriebe, Berlin 1997.

BRÜNING, R., Strategische *Kooperationen*, in: Das Wirtschaftsstudium, 35. Jg., Heft 4, 2006, S. 456-460.

BRUHN, M., *Sponsoring* – Systematische Planung und integrativer Einsatz, Wiesbaden 2003.

BRUHN, M., WUPPERMANN, M., *Position* und Aufgaben der Geschäftsführer, in: Die Betriebswirtschaft, 48. Jg., Heft 4, 1988, S. 421-434.

BRUNNER, J. ET AL., Value-Based *Performance Management* – Wertsteigernde Unternehmensführung – Strategien – Instrumente – Praxisbeispiele, Wiesbaden 1999.

BÜCHNER, U., *Zukunftsaufgaben* – Qualitätsförderung und -revision, in: Bläsing, J. P. (Hrsg.), GFMT Praxishandbuch Qualitätssicherung, Loseblattsammlung, Band 5, Baustein A2, München, Stand 1991, S. 1-50.

BUCKLEY, P. J., CASSON, M. C., *Models* of the Multinational Enterprise, in: Journal of International Business Studies, 29. Jg., Heft 1, 1998, S. 21-44.

BUCKLEY, P. J., CASSON, M. C., The *Future* of the Multinational Enterprise, 2. Aufl., London 1992.

BUCKLEY, P. J., CASSON, M., GULAMHUSSEN, M. A., *Internationalisation* – Real Options, Knowledge Management and the Uppsala Approach, in: Havila, V., Forsgren, M., Hakansson, H. (Hrsg.), Critical Perspectives on Internationalisation, Amsterdam 2002, S. 229-261.

BUCKLEY, P. J., GHAURI, P. N., *Globalisation*, Economic Geography and the Strategy of Multinational Enterprises, in: Journal of International Business Studies, 35. Jg., Heft 2, 2004, S. 81-98.

BÜHLER, W., KORN, O., SCHMIDT, A., *Ermittlung* von Eigenkapitalanforderungen mit „Internen Modellen" – Eine empirische Studie zur Messung von Zins-, Währungs- und Optionsrisiken mit Value-at-Risk-Ansätzen, in: Die Betriebswirtschaft, 58. Jg., Heft 1, 1998, S. 64-85.

BÜHNER, R., Betriebswirtschaftliche *Organisationslehre*, 9. Aufl., München – Wien 1999.

BÜHNER, R., Kapitalmarktorientierte *Unternehmenssteuerung* – Aktionärsorientierte Unternehmensführung, in: Das Wirtschaftsstudium, 25. Jg., Heft 7, 1996, S. 334-338.

BÜHNER, R., Kapitalmarktorientierte Unternehmenssteuerung – Grundideen und *Varianten* des Shareholder Value, in: Das Wirtschaftsstudium, 25. Jg., Heft 8, 1996, S. 392-396.

BÜHNER, R., *Management-Holding*, in: Die Betriebswirtschaft, 47. Jg., Heft 1, 1987, S. 40-49.

BÜHNER, R., Management-Holding – *Unternehmensstruktur* der Zukunft, 2. Aufl., Landsberg 1992.

BÜHNER, R., Portfolio-Risikoanalyse der *Unternehmensdiversifikation* von Industrieaktiengesellschaften, in: Zeitschrift für Betriebswirtschaft, 53. Jg., Heft 11, 1983, S. 1023-1041.

BÜHNER, R., *Strategie* und Organisation, 2. Aufl., Wiesbaden 1993.

BÜHNER, R., Wertorientiertes *Controlling* im Spannungsfeld zwischen Effizienz und Legitimität, in: Macharzina, K., Neubürger, H.-J. (Hrsg.), Wertorientierte Unternehmensführung – Strategien, Strukturen, Controlling, Stuttgart 2002, S. 233-246.

BÜHNER, R., STILLER, P., TUSCHKE, A., *Legitimität* und Innovation – Einführung wertorientierten Managements in Deutschland, in: Zeitschrift für betriebswirtschaftliche Forschung, 56. Jg., Heft 12, 2004, S. 715-736.

BÜHNER, R., WEINBERGER, H.-J., *Cash-Flow* und Shareholder Value, in: Betriebswirtschaftliche Forschung und Praxis, 43. Jg., Heft 3, 1991, S. 187-208.

BUNDESKARTELLAMT (Hrsg.), *Bericht* des Bundeskartellamtes über seine Tätigkeit in den Jahren 2005/2006 sowie über die Lage und Entwicklung auf seinem Aufgabengebiet, in: Verhandlungen des Deutschen Bundestages, Drucksache 16/5710 vom 15.06.2007, Berlin 2007.

BUNDESMINISTERIUM FÜR WIRTSCHAFT UND ARBEIT (Hrsg.), *Insolvenz* bewältigen – Zweite Chance nutzen, http://www.bmwa.bund.de, Zugriff am 22.08.2007.

BUNDESVERBAND DER KAPITALBETEILIGUNGSGESELLSCHAFTEN (Hrsg.), *Jahrbuch* 2001, 2004 und 2007, Berlin 2002, 2005 und 2008.

BUNGARD, W., SCHULTZ-GAMBARD, J., *Qualitätszirkel* und das psychologische Kontrollkonzept, in: Wirtschaftswissenschaftliches Studium, 18. Jg., Heft 8, 1989, S. 378-384.

BURGMAIER, S. ET AL., *Grenze* fliessend, in: Wirtschaftswoche, 58 Jg., Heft 9, 2004, S. 92-95.

BURMANN, C., *Wissensmanagement* als Determinante des Unternehmenswertes, in: Zeitschrift für Organisation, 71. Jg., Heft 6, 2002, S. 334-341.

BURNS, J. M., *Leadership*, New York et al. 1978.

BURNS, T., STALKER, G. M., Mechanistische und organische *Systeme* des Managements, in: Mayntz, R. (Hrsg.), Bürokratische Organisation, 2. Aufl., Köln – Berlin 1971, S. 147-154.

BURNS, T., STALKER, G. M., The *Management* of Innovation, London 1961.

BURR, W., *Innovationen* in Organisationen, Stuttgart 2004.

BURR, W., *Modularisierung* als Prinzip der Ressourcenorganisation – Aus der Sicht der ökonomischen Theorie, in: Die Betriebswirtschaft, 64. Jg., Heft 4, 2004, S. 448-470.

BURR, W., *Service* Engineering bei technischen Dienstleistungen – Eine ökonomische Analyse der Modularisierung, Leistungstiefengestaltung und Systembündelung, Wiesbaden 2002.

BURR, W., STEPHAN, M., *Wertschöpfungsstrategien* in einer schrumpfenden Industrie – Das Beispiel der Glasfasernetzausrüsterbranche, in: Zeitschrift für betriebswirtschaftliche Forschung, 59. Jg., Heft 5, 2007, S. 646-672.

BURR, W. ET AL., *Unternehmensführung* – Strategien der Gestaltung und des Wachstums von Unternehmen, München 2005.

BUSSE V. COLBE, W., ORDELHEIDE, D., *Konzernabschlüsse*, 7. Aufl., Wiesbaden 1999.

BUZZELL, R. D., GALE, B. T., Das PIMS-*Programm*, Wiesbaden 1989.

BUZZELL, R. D., GALE, B. T., The PIMS *Principles* – Linking Strategy to Performance, New York 1987.

BYRKJEFLOT, H., The Nordic *Model* of Democracy and Management, in: Byrkjeflot, H. et al. (Hrsg.), The Democratic Challenge to Capitalism – Management and Democracy in the Nordic Countries, Copenhagen 2001, S. 19-50.

BYRNE, J. A., The Virtual *Corporation*, in: Business Week, o. Jg., Heft 5, 1993, S. 36-41.

C

CALINGO, L. M. R., Achieving *Excellence* in Strategic Planning Systems, in: Advanced Management Journal, 54. Jg., Heft 2, 1989, S. 21-23.

CAMACHO, A., PERSKY, J. J., The Internal Organization of Complex *Teams*, in: Journal of Economic Behavior and Organization, 9. Jg., Heft 4, 1988, S. 367-380.

CAMINO, D., CAZORLA, L., Foreign Market *Entry* Decisions by Small and Medium-sized Enterprises – An Evolutionary Approach, in: International Journal of Management, 15. Jg., Heft 1, 1998, S. 123-130.

CAMP, R. C., *Benchmarking* – The Search for Industry Best Practices That Lead to Superior Performance, White Plains 1989.

CANALS, J., How to Think about Corporate *Growth*, in: European Management Journal, 19. Jg., Heft 6, 2001, S. 587-598.

CAPOGLU, G., GEYIKDAGI, Y. M., Is Korean Management Just Like Japanese Management? – A *Comment*, in: Management International Review, 31. Jg., Heft 1, 1991, S. 92-93.

CAPPALLO, S., Die strukturationstheoretische *Analyse* von Branchen – Möglichkeiten und Grenzen dargestellt am Beispiel der deutschen Strombranche, Wiesbaden 2005.

CAPPELLI, P., *Change* at Work, New York 1997.

CARL-SIME, C., *Quantensprünge* sind angesagt, in: Top Business, o. Jg., Heft 11, 1994, S. 86-89.

CENTER FOR INTERNATIONAL FINANCIAL ANALYSIS & RESEARCH (Hrsg.), Global Company *Handbook*, 2 Bände, Princeton 1992.

CHAHED, Y., KAUB, M., MÜLLER, H.-E., *Konzernsteuerung* börsennotierter Aktiengesellschaften in Deutschland, Düsseldorf 2004.

CHAKRABARTI, R., SCHOLNICK, B., *Frictions* in International E-Commerce, in: Management International Review, 43. Jg., Special Issue 1, 2003, S. 31-49.

CHANDLER, A. D., *Strategy* and Structure – Chapters in the History of the US-American Enterprise, Cambridge 1962.

CHANDLER, A. D., The *Functions* of HQ Unit in the Multibusiness Firm, in: Strategic Management Journal, 12. Jg., Special Issue, 1991, S. 31-50.

CHILD, J., Organizational *Structure*, Environment and Performance, in: Sociology, 6. Jg., Heft 1, 1972, S. 1-22.

CHIRIKOVA, A. E., Russian *Directors* in Search of a Strategy, in: Problems of Economic Transition, 44. Jg., Heft 8, 2001, S. 29-46.

CHMIELEWICZ, K., *Grundstrukturen* der Unternehmensverfassung, in: Gaugler, E., Meissner, H.-G., Thom, N. (Hrsg.), Zukunftsperspektiven der anwendungsorientierten Betriebswirtschaftslehre, Stuttgart 1986, S. 3-21.

CHMIELEWICZ, K., *Harmonisierung* der europäischen Unternehmensverfassung aus betriebswirtschaftstheoretischer Sicht, in: Zeitschrift für betriebswirtschaftliche Forschung, 43. Jg., Sonderheft 29, 1991, S. 15-59.

CHMIELEWICZ, K., *Unternehmensverfassung*, Gremien der, in: Grochla, E. (Hrsg.), Handwörterbuch der Organisation, 2. Aufl., Stuttgart 1980, Sp. 2272-2282.

CICHON, W., *Globalisierung* als strategisches Problem, München 1988.

CLAUSSEN, C. P., Wie ändert das KonTraG das *Aktiengesetz*, in: Der Betrieb, 51. Jg., Heft 4, 1998, S. 177-186.

CLEMENT, M., LITFIN, T., VANINI, S., Ist die *Pionierrolle* ein Wettbewerbsvorteil? – Eine kritische Analyse der empirischen Forschungsergebnisse, in: Zeitschrift für Betriebswirtschaft, 68. Jg., Heft 2, 1998, S. 205-226.

COASE, R. H., The Nature of the *Firm*, in: Economica, 4. Jg., Heft 4, 1937, S. 386-405.

COENEN, M., *Risikomanagement* und Risiko-Controlling im RWE-Konzern, in: Controlling, 16. Jg., Heft 2, 2004, S. 97-102.

COENENBERG, A. G., *Jahresabschluss* und Jahresabschlussanalyse, 17. Aufl., Landsberg 2000.

COENENBERG, A. G., BAUM, H.-G., GÜNTHER, T., Strategisches *Controlling*, 3. Aufl., Stuttgart 2004.

COENENBERG, A. G., GÜNTHER, T., Der *Stand* des Strategischen Controlling in der Bundesrepublik Deutschland, in: Die Betriebswirtschaft, 50. Jg., Heft 4, 1990, S. 459-470.

COENENBERG, A. G., GÜNTHER, T., *Erfolg* durch strategisches Controlling?, in: Horváth, P., Gassert, H., Solaro, D. (Hrsg.), Controlling-Konzeptionen für die Zukunft, Stuttgart 1991, S. 29-45.

COHEN, M. D., MARCH, J. G., OLSEN, J. P., A Garbage Can *Model* of Organizational Choice, in: Administrative Science Quarterly, 17. Jg., Heft 1, 1972, S. 1-25.

COHEN, M. D., MARCH, J. G., OLSEN, J. P., *People*, Problems, Solutions and the Ambiguity of Relevance, in: March, J. G., Olsen, J. P. (Hrsg.), Ambiguity and Choice in Organizations, 2. Aufl., Bergen 1979, S. 24-37.

COHEN, W. M., LEVINTHAL, D. A., Absorptive *Capacity* – A New Perspective on Learning and Innovation, in: Administrative Science Quarterly, 35. Jg., Heft 1, 1990, S. 128-152.

COLE, R. E., Managing Quality *Fads* – How American Business Learned to Play the Quality Game, Oxford 1999.

COLEMAN, J. S., Social *Capital* in the Creation of Human Capital, in: American Journal of Sociology, 94. Jg., Supplement, 1988, S. S95-S120.

COMMONS, J. R, *Comment* by Professor Commons, in: American Economic Review, 22. Jg., 1932, S. 264-268.

COMMONS, J. R, Institutional *Economics*, in: American Economic Review, 21. Jg., 1931, S. 648-657.

COMMONS, J. R., The Legal *Foundations* of Capitalism, New York 1924.

COMSCORE MEDIA METRIX (Hrsg.), Top 50 Web and Digital Media *Properties*, http://www.comscore.com/press/release.asp?press2229, Zugriff am 04.05.2008.

CONTRACTOR, F. J., A Generalized *Theorem* for Joint-venture and Licensing Negotiations, in: Journal of International Business Studies, 16. Jg., Heft 2, 1985, S. 23-50.

COPELAND, T., KOLLER, T., MURRIN, J., *Valuation*, Measuring and Managing the Value of Companies, 3. Aufl., New York 2000.

CORSTEN, H., Die *Unternehmungsgröße* als Determinante der Innovationsaktivitäten, in: Wirtschaftswissenschaftliches Studium, 13. Jg., Heft 5, 1984, S. 224-228.

CORSTEN, H., *Überlegungen* zu einem Innovationsmanagement – Organisationale und personale Aspekte, in: Corsten, H. (Hrsg.), Die Gestaltung von Innovationsprozessen, Berlin 1989, S. 1-56.

CORSTEN, H., *Zielbildung* als interaktiver Prozess, in: Das Wirtschaftsstudium, 19. Jg., Heft 6, 1988, S. 337-343.

CORSTEN, H., GÖTZELMANN, F., Ökologische *Aspekte* des betrieblichen Leistungsprozesses, in: Das Wirtschaftsstudium, 18. Jg., Heft 6, 1989, S. 350-355 und Heft 7, S. 409-414.

COX, T. H., Cultural *Diversity* in Organizations, San Francisco 1993.

CRANE, A., MATTEN, D., Business *Ethics* – Managing Corporate Citizenship and Sustainability in the Age of Globalization, 2. Aufl., Oxford University Press 2007.

CRASSELT, N., GASSEN, J., *Spieltheorie* – Ein Lösungsansatz für betriebswirtschaftliche Probleme mit interdependenten Akteuren, in: Wirtschaftswissenschaftliches Studium, 33. Jg., Heft 11, 2004, S. 634-639.

CRASSELT, N., TOMASZEWSKI, C., *Realoptionen* – Eine neue Methode der Investitionsrechnung, in: Wirtschaftswissenschaftliches Studium, 28. Jg., Heft 10, 1999, S. 556-559.

CROSBY, P. B., *Quality* is Free, New York 1979.

CROTT, H., KUTSCHKER, M., LAMM, H., *Verhandlungen*, 2 Bände, Stuttgart et al. 1977.

CROUCH, A., YETTON, P., Manager Behavior, *Leadership* Style, and Subordinate Performance – An Empirical Extension of the Vroom-Yetton Conflict Rule, in: Organizational Behavior & Human Decision Processes, 39. Jg., Heft 3, 1987, S. 384-396.

CUNNINGHAM, R. B., Arab *Management*, Arbeitspapier, University of Tennessee 1989.

CYERT, R. M., DILL, W. R., MARCH, J. G., The Role of *Expectations* in Business Decision Making, in: Administrative Science Quarterly, 3. Jg., Heft 3, 1958, S. 307-340.

CYERT, R. M., MARCH, J. G., A Behavioral *Theory* of the Firm, Englewood Cliffs 1963.

CZARNIAWSKA-JOERGES, B., Swedish *Management*, in: International Studies of Management and Organization, 23. Jg., Heft 1, 1993, S. 13-27.

D

D'AVENI, R., *Hypercompetition*, New York 1994.

DAFT, R. L., STEERS, R. M., *Organizations* – A Micro/Macro Approach, Glenview 1986.

DAFT, R. L., WEICK, K. E., Toward a *Model* of Organizations as Interpretation Systems, in: Academy of Management Review, 9. Jg., Heft 2, 1984, S. 284-295.

DAHL, R. A., The *Concept* of Power, in: Behavioral Science, 2. Jg., Heft 1, 1957, S. 201-215.

DAHRENDORF, R., *Homo* Sociologicus, 15. Aufl., Köln – Opladen 1977.

DAIMLER AG (Hrsg.), *Geschäftsbericht* 2007, Stuttgart 2008.

DAIMLER-BENZ AG (Hrsg.), *Erläuterungen* zur neuen Konzernstruktur und zur Ausgliederung des Fahrzeuggeschäfts in die Mercedes-Benz AG, Stuttgart 1989.

DAIMLER-BENZ AG (Hrsg.), *Geschäftsberichte* 1994-1997, Stuttgart 1995-1998.

DAIMLER-BENZ AG (Hrsg.), *Informationen* zum Unternehmenszusammenschluss von Daimler-Benz und Chrysler, Stuttgart 1998.

DAIMLER-BENZ AG (Hrsg.), *Tatsachen* und Zahlen, Stuttgart 1992 und 1994.

DAIMLERCHRYLSER AG (Hrsg.), *Geschäftsbericht* 2001-2006, Stuttgart – Auburn Hills 2002-2007.

DALAN, M., EIGENDORF, J., DaimlerChrysler – *Geschichte* einer gescheiterten Verbindung, in: Die Welt, Ausgabe vom 20.05.2007.

DAMARY, R., A *Survey* of the Practice of Risk Management in West European Companies, in: The Geneva Papers on Risk Management, 1. Jg., Heft 2, 1976, S. 27-55.

DAMARY, R., Das Risk Management in *Westeuropa*, in: Betriebswirtschaftliche Forschung und Praxis, 30. Jg., Heft 4, 1978, S. 277-294.

DAMBROWSKI, J., *Budgetierungssysteme* in der deutschen Unternehmenspraxis, Darmstadt 1986.

DAVID, F. R., *Concepts* of Strategic Management, 5. Aufl., Columbus et al. 1995.

DAVIDOW, W. H., MALONE, M. S., The Virtual *Corporation*, New York 1992.

DAVIDSON, W. H., HASPESLAGH, P., Shaping a Global Product *Organization*, in: Harvard Business Review, 60. Jg., Heft 4, 1982, S. 125-132.

DAVIS, J. H., SCHOORMAN, F. D., DONALDSON, L., Toward a *Stewardship* Theory of Management, in: Academy of Management Review, 22. Jg., Heft 1, 1997, S. 20-47.

DE ALESSI, L., Private *Property* and Dispersion of Ownership in Large Corporations, in: Journal of Finance, 28. Jg., Heft 4, 1973, S. 839-851.

DE BRESSON, C., LAMPEL, J., Beyond Life *Cycle* – Organizational and Technological Design, in: Journal of International Product Innovation Management, 2. Jg., Heft 3, 1985, S. 170-195.

DE CAROLIS, D. M., DEEDS, D. L., The Impact of Stocks and Flows of Organizational *Knowledge* on Firm Performance – An Empirical Investigation of the Biotechnology Industry, in: Strategic Management Journal, 20. Jg., Heft 10, 1999, S. 953-968.

DE LA TORRE, J., MOXON, R. W., *e-Commerce* and Global Business – The Impact of the Information and Communication Technology Revolution on the Conduct of International Business, in: Journal of International Business Studies, 32. Jg., Heft 4, 2001, S. 617-639.

DE MAN, A.-P., DUYSTERS, G., Alliance *Tools* and Techniques – The State of Affairs, Arbeitspapier der Technischen Universität Eindhoven, Eindhoven 2002.

DE MAN, A.-P., DUYSTERS, G., The *State* of Alliance Management – The Effect of Alliance Management Tools and Processes on Alliance Success, Arbeitspapier präsentiert auf dem ASAP Summit Chicago, 11.-13. März 2002.

DE NOBLE, A. F., GUSTAFSON, L. T., HERGERT, M., *Planning* for Post-merger Integration – Eight Lessons for Merger Success, in: Long Range Planning, 21. Jg., Heft 4, 1988, S. 82-85.

DEAL, T. E., KENNEDY, A. A., Corporate *Cultures*, Reading 1982.

DEAN, B. V., NISHRY, M. J., *Scoring Models* and Profitability Models for Evaluating and Selecting Engineering Projects, in: Operations Research, 13. Jg., Heft 4, 1965, S. 550-569.

DEARDEN, J., Will the *Computer* Change the Job of Top Management, in: Sloan Management Review, 24. Jg., Heft 1, 1983, S. 57-60.

DEDERRA, E., „Theorie Z" – *Schlusspunkt* oder Ausflucht?, in: Fortschrittliche Betriebsführung/Industrial Engineering, 31. Jg., Heft 5, 1982, S. 374-383.

DELEGATION DER DEUTSCHEN WIRTSCHAFT IN DER RUSSISCHEN FÖDERATION (Hrsg.), Die *Aktiengesellschaft* (AG), Moskau 2003.

DEMING, W. E., *Quality*, Productivity and Competitive Position, Cambridge 1982.

DEMISE, N. (Hrsg.), Corporate *Governance* in Japan – From the Viewpoints of Management, Accounting, and the Market, Tokyo et al. 2006.

DESHPANDE, R., WEBSTER, F. E. JR., Organizational *Culture* and Marketing – Defining the Research Agenda, in: Journal of Marketing, 53. Jg., Heft 1, 1989, S. 3-15.

DEUTSCHE BUNDESBANK (Hrsg.), *Geschäftsbericht* 2007, Frankfurt/Main 2008.

DEUTSCHE BUNDESBANK (Hrsg.), *Bestandserhebung* über Direktinvestitionen, April 2008, Statistische Sonderveröffentlichung 10, Frankfurt/Main 2008.

DEUTSCHE GESELLSCHAFT FÜR PERSONALFÜHRUNG (Hrsg.), Die personalpolitischen *Konsequenzen* des neuen Betriebsverfassungsgesetzes, 2. Aufl., Neuwied – Berlin 1973.

DEUTSCHE GESELLSCHAFT FÜR QUALITÄT (Hrsg.), TQM – Eine unternehmensweite *Verpflichtung*, Berlin 1990.

DIEDERICHS, M., FORM, S., REICHMANN, T., *Standard* zum Risikomanagement – Arbeitskreis Risikomanagement, in: Controlling, 16. Jg., Heft 4/5, 2004, S. 189-198.

DIERICKX, I., COOL, K., Asset Stock *Accumulation* and Sustainability of Competitive Advantage, in: Management Science, 35. Jg., Heft 12, 1989, S. 1504-1513.

DIERKES, M., ROSENSTIEL, L. V., STEGER, U., *Unternehmenskultur* in Theorie und Praxis – Konzepte aus Ökonomie, Psychologie und Ethnologie, Frankfurt/Main 1993.

DIETL, H., ROYER, S., Indirekte *Netzwerkeffekte* und Wertschöpfungsorganisation – Eine Untersuchung der zugrundeliegenden Effizienz- und Strategiedeterminanten am Beispiel der Videospielbranche, in: Zeitschrift für Betriebswirtschaft, 73. Jg., Heft 4, 2003, S. 407-429.

DILGER, A., Was lehrt die Prinzipal-Agenten-*Theorie* für die Anreizgestaltung in Hochschulen?, in: Zeitschrift für Personalforschung, 15. Jg., Heft 2, 2001, S. 132-148.

DILL, P., HÜGLER, G., *Unternehmenskultur* und Führung betriebswirtschaftlicher Organisationen – Ansatzpunkte für ein kulturbewusstes Management, in: Heinen, E. (Hrsg.), Unternehmenskultur – Perspektiven für Wissenschaft und Praxis, München – Wien 1987, S. 141-209.

DIMAGGIO, P. J., POWELL, W. W., The Iron *Cage* Revisited – Institutional Isomorphism and Collective Rationality in Organizational Fields, in: Powell, W. W., DiMaggio, P. J.

(Hrsg.), The New Institutionalism in Organizational Analysis, Chicago – London 1991, S. 63-82.

DIMITRIADIS, S. ET AL., Das neue *Betriebsverfassungsgesetz*, in: Zeitschrift für Betriebsverfassungsrecht, ZBVR Spezial, o. Jg., Heft 9, 2001, S. 170-212.

DIXIT, A. K., PINDYCK, R. S., *Investment* under Uncertainty, Princeton – Chichester 1994.

DÖGL, R., Strategisches *Qualitätsmanagement* im Industriebetrieb, Göttingen 1986.

DÖRNER, D., Was bringt das *Gesetz* zur Kontrolle und Transparenz im Unternehmensbereich?, http://www.ey.com/global/download.nsf/Germany/Was_bringt_das_Gesetz_zur_Kontrolle_und_Transparenz_im_Unternehmensbereich/$file/kontrag.pdf Zugriff am 11.02.2008.

DOH, J. P. ET AL., Coping with *Corruption* in Foreign Markets, in: Academy of Management Executive, 17. Jg., Heft 3, 2003, S. 114-127.

DOMSCH, M., KUNZMANN, E. M., *Bewertung* der Arbeit von Kleingruppen in der Produktion, in: Die Betriebswirtschaft, 52. Jg., Heft 2, 1992, S. 217-234.

DOROW, W., BLAZEJEWSKI, S., *Entwicklung* der Betriebswirtschaftslehre seit der Gründung der ersten Handelshochschulen – Rezension zweier fachhistorischer Sammelwerke, in: Die Betriebswirtschaft 66. Jg., 2006, Heft 2, S.198-218.

DOWLING, M., *Unternehmensstrategien*, in: Schreyögg, G., Werder, A. v. (Hrsg.), Handwörterbuch Unternehmensführung und Organisation, 4. Aufl., Stuttgart 2004, Sp. 1549-1556.

DOWLING, M., LECHNER, C., Kooperative *Wettbewerbsbeziehungen* – Theoretische Ansätze und Managementstrategien, in: Die Betriebswirtschaft, 58. Jg., Heft 1, 1998, S. 86-102.

DOZ, Y., SANTOS, J., WILLIAMSON, P., From Global to *Metanational* – How Companies Win in the Knowledge Economy, Boston 2001.

DREVDAHL, J. E., *Factors* of Importance for Creativity, in: Journal of Clinical Psychology, 12. Jg., Heft 12, 1956, S. 21-26.

DREYER, A., *Scoring-Modelle* bei Mehrfachzielsetzung, in: Zeitschrift für Betriebswirtschaft, 44. Jg., Heft 4, 1974, S. 255-274.

DREYFACK, R. S., SEIBEL, J., Zero-Base *Budgeting*, 2. Aufl., Zürich 1978.

DRUCKER, P. F., *Practice* of Management, New York 1954.

DUAN, C.-W., LIN, W. T., LEE, C. F., Sequential *Capital* Budgeting as Real Options – The Case of the New DRAM Chipmaker in Taiwan, in: Review of Pacific Basin Financial Markets and Policies, 6. Jg., Heft 1, 2003, S. 87-112.

DUERR, M. G., ROACH, J. M., Organization and *Control* of International Operations, Conference Board Report Nr. 597, New York 1973.

DÜLFER, E., *Internationalisierung* der Unternehmung – Gradueller oder prinzipieller Wandel?, in: Lück, W., Trommsdorff, V. (Hrsg.), Internationalisierung der Unternehmung als Problem der Betriebswirtschaftslehre, Berlin 1982, S. 47-72.

DÜLFER, E., Zum *Problem* der Umweltberücksichtigung im „Internationalen Management", in: Pausenberger, E. (Hrsg.), Internationales Management, Stuttgart 1981, S. 1-44.

DÜLFER, E., JÖSTINGMEIER, B., Internationales *Management* in unterschiedlichen Kulturbereichen, 7. Aufl., München – Wien 2008.

DUNNING, J. H., Explaining International *Production*, London 1988.

DUNNING, J. H., Toward an Eclectic *Theory* of International Production – Some Empirical Tests, in: Journal of International Business Studies, 11. Jg., Heft 1, 1980, S. 9-31.

DUNST, K. H., Portfolio-*Management*, 2. Aufl., Berlin – New York 1982.

DUSCHEK, S., SYDOW, J., Ressourcenorientierte *Ansätze* des strategischen Managements, in: Wirtschaftswissenschaftliches Studium, 31. Jg., Heft 8, 2002, S. 426-431.

DUYSTERS, G., DE MAN, A.-P., WILDEMAN, L., A *Network* Approach to Alliance Management, in: European Management Journal, 17. Jg., Heft 2, 1999, S. 182-187.

DYCKE, A., SCHULTE, C., *Cafeteria-Systeme*, in: Die Betriebswirtschaft, 46. Jg., Heft 5, 1986, S. 577-589.

DYLLICK, T., Management der *Umweltbeziehungen*, in: Die Unternehmung, 42. Jg., Heft 3, 1988, S. 190-205.

DYLLICK, T., BELZ, F., SCHNEIDEWIND, U., *Ökologie* und Wettbewerbsfähigkeit, München et al. 1997.

E

EBENROTH, C. T., DAUM, T., Die *Kompetenzen* des Vorstands einer Aktiengesellschaft bei der Durchführung und Abwehr unkoordinierter Übernahmen, Teil I und Teil II, in: Der Betrieb, 44. Jg., 1991, Heft 21, S. 1105-1111 und Heft 22, S. 1157-1161.

EBERL, M., SCHWAIGER, M., Segmentspezifischer *Aufbau* von Unternehmensreputation durch Übernahme gesellschaftlicher Verantwortung, in: Die Betriebswirtschaft, 66. Jg., Heft 4, 2006, S. 418-440.

EBERS, M., Die *Einführung* innovativer Informationssysteme, in: Zeitschrift Führung und Organisation, 60. Jg., Heft 2, 1991, S. 99-106.

EBERS, M., GOTSCH, W., Institutionenökonomische *Theorien* der Organisation, in: Kieser, A. (Hrsg.), Organisationstheorien, 3. Aufl., Stuttgart – Berlin – Köln 1999, S. 199-251.

EBERS, M., JARILLO, J. C., Preface – The *Construction*, Forms, and Consequences of Industry Networks, in: International Studies of Management and Organization, 27. Jg., Heft 4, 1997, S. 3-21.

ECCLES, T., The Descriptive Allure of *Empowerment*, in: Long Range Planning, 26. Jg., Heft 6, 1993, S. 13-21.

ECHEVARRIA, S. G., Einfluss der *Unternehmenskultur* auf die Leistungsbereitschaft der Mitarbeiter, in: Lattmann, C., Probst, G., Tapernoux, F. (Hrsg.), Die Förderung der Leistungsbereitschaft des Mitarbeiters als Aufgabe der Unternehmensführung, Würzburg 1992, S. 169-189.

ECKARDSTEIN, D. v. (Hrsg.), Handbuch Variable *Vergütung* für Führungskräfte, München 2001.

ECKERT, S., LYSZCZARZ, K., Zur *Wirkung* grenzüberschreitender Akquisitionen auf den Shareholder Value des akquirierenden Unternehmens, Arbeitspapier IHI Zittau, Zittau 2008.

ECKERT, S., MAYRHOFER, U., Identifying and Explaining *Epochs* of Internationalization – A Case Study, in: European Management Review, 2. Jg., Heft 3, 2005, S. 212-223.

EGELHOFF, W. G., Organizing the Multinational *Enterprise* – An Information-processing Approach, Cambridge 1988.

EHRMANN, T., *Transaktionskostenökonomie*, Märkte und Institutionen – Überlegungen und Anwendungsbeispiele, in: Zeitschrift für Wirtschaftspolitik, 38. Jg., Heft 2, 1989, S. 23-43.

EICKHOF, N., *Strukturkrisenbekämpfung* durch Innovation und Kooperation, Tübingen 1982.

EIGLER, J., *Transaktionskosten* als Steuerungsinstrument für die Personalwirtschaft, Frankfurt/Main 1996.

EISELE, F., WALTER, A., Motive für den *Rückzug* von der Börse – Ergebnisse eine Befragung deutscher Going Private-Unternehmen, in: Zeitschrift für betriebswirtschaftliche Forschung, 58. Jg., Heft 8, 2006, S. 807-833.

EISENFÜHR, F., WEBER, M., Rationales *Entscheiden*, 4. Aufl., Berlin – Heidelberg 2002.

EISENHARDT, K. M., MARTIN, J. A., Dynamic *Capabilities* – What Are They?, in: Strategic Management Journal, 21. Jg., Heft 10/11, 2000, S. 1105-1121.

ELENKOV, D. S., Can American Management *Concepts* Work in Russia? – A Cross-cultural Comparative Study, in: California Management Review, 40. Jg., Heft 4, 1998, S. 133-156.

ELLENRIEDER, J., Das *Hol-Prinzip* von Kanban wird mitverfolgt, in: Beschaffung aktuell, o. Jg., Heft 6, 1986, S. 56-57.

ELSCHEN, R., *Agency-Theory*, in: Die Betriebswirtschaft, 48. Jg., Heft 2, 1988, S. 248-250.

EMERY, F. E., TRIST, E. L., The Causal *Texture* of Organizational Environments, in: Human Relations, 18. Jg., Heft 1, 1965, S. 21-32.

EMMERICH, A., *Führung* von unten – Konzept, Kontext und Prozess, Wiesbaden 2001.

ENDERUD, H., Four *Faces* of Leadership in an Academic Organization, Dissertation, Universität Kopenhagen, Kopenhagen 1977.

ENDERWICK, P., Multinational Corporate *Restructuring* and International Competitiveness, in: California Management Review, 32. Jg., Heft 1, 1989, S. 44-58.

ENGELHARD, J., Entwicklungsorientierte *Personalpolitik*, Wiesbaden 1984.

ENGELHARD, J., *Exportförderung* – Exportentscheidungsprozesse und Exporterfolg, Wiesbaden 1992.

ENGELHARD, J., *Verhaltenskodizes*, in: Macharzina, K., Welge, M. K. (Hrsg.), Handwörterbuch Export und Internationale Unternehmung, Stuttgart 1989, Sp. 2155-2168.

ENGELHARD, J., DÄHN, M., Internationales *Management*, in: Die Betriebswirtschaft, 54. Jg., Heft 2, 1994, S. 247-266.

ENGELHARD, J., ECKERT, S., *Markteintrittsverhalten* deutscher Unternehmen in Osteuropa, in: Der Markt, 32. Jg., Heft 4, 1993, S. 172-188.

ENGELHARD, J., OECHSLER, W. A. (Hrsg.), Internationales *Management* – Auswirkungen globaler Veränderungen auf Wettbewerb, Unternehmensstrategie und Märkte, Wiesbaden 1999.

ENGELHARD, J., SCHWIMBERSKY, S., Europäisierung des Gesellschaftsrechts und *Arbeitnehmermitbestimmung* – Das Ende der deutschen Unternehmensmitbestimmung?, Arbeitspapier zum Vortrag im Rahmen der Jahrestagung 2005 der Wissenschaftlichen Kommission Internationales Management, Bremen 2005.

ENGELS, V., *Vielfalt* statt Einfalt, in: Die Tageszeitung, 25. Jg., 2004, Ausgabe vom 25./26. September 2004.

EPNER, P., Managing Chinese *Employees*, in: China Business Review, 18. Jg., Heft 4, 1991, S. 24-30.

ERLEI, M., *Institutionen*, Märkte und Marktphasen – Allgemeine Transaktionskostentheorie unter spezieller Berücksichtigung der Entwicklungsphasen von Märkten, Tübingen 1998.

ERNER, C., WILKENS, S., *Realoptionen*, in: Das Wirtschaftsstudium, 33. Jg., Heft 8, 2004, S. 759.

ERNST, H., Unternehmenskultur und *Innovationserfolg* – Eine empirische Analyse, in: Zeitschrift für betriebswirtschaftliche Forschung, 55. Jg., Heft 2, 2003, S. 23-44.

ERNST, H., Ursachen eines *Informant Bias* und dessen Auswirkung auf die Validität empirischer betriebswirtschaftlicher Forschung, in: Zeitschrift für Betriebswirtschaft, 73. Jg., Heft 12, 2003, S. 1249-1275.

ERNST & YOUNG (Hrsg.), *Grenzen* überwinden – Erfolgreich durch Internationalisierung, Frankfurt/Main 2005.

ESCHENBACH, R., ESCHENBACH, S., KUNESCH, H., Strategische *Konzepte*, Stuttgart 2003.

ESSER, W. M., Die *Wertkette* als Instrument der strategischen Analyse, in: Riekhof, H.-C. (Hrsg.), Strategieentwicklung, Stuttgart 1989, S. 191-211.

ETTLING, J. T., JAGO, A. G., *Participation* under Conditions of Conflict – More on the Validity of the Vroom-Yetton Model, in: Journal of Management Studies, 25. Jg., Heft 1, 1988, S. 73-83.

ETTMÜLLER, K., *Risikomanagement* in der BASF-Gruppe – Rechtliche Grundlagen, praktische Ausgestaltung und Prüfung, in: Controlling, 15. Jg., Heft 12, 2003, S. 689-697.

EUROPÄISCHE UNION (Hrsg.), *Grünbuch* der Kommission „Europäische Rahmenbedingungen für die Soziale Verantwortung der Unternehmen", Brüssel 2001.

EWERT, R., WAGENHOFER, A., Interne *Unternehmensrechnung*, 6. Aufl., Berlin et al. 2005.

F

FAIX, A., KUPP, M., Die *Operationalisierung* von Kernkompetenzen, Arbeitspapier des Seminars für Allgemeine Betriebswirtschaftslehre, Marktforschung und Marketing der Universität zu Köln, Köln 2000.

FALLGATTER, M., Grenzen der *Schlankheit* – Lean Management braucht Organizational Slack, in: Zeitschrift Führung und Organisation, 64. Jg., Heft 4, 1995, S. 215-220.

FARMER, R. N., RICHMAN, B. N., Comparative Management and Economic *Progress*, 2. Aufl., Bloomington 1970.

FARNY, D., *Grundfragen* des Risk Management, in: Goetzke, W., Sieben, G. (Hrsg.), Risk Management, Gebera Schriften, Band 5, Köln 1979, S. 11-37.

FAYOL, H., *Administration* Industrielle et Générale, Paris 1916.

FEHR, B., Das Geheimnis *Six Sigma*, in: Manager Magazin, 29. Jg., Heft 11, 1999, S. 277-285.

FEIGENBAUM, A. V., Total Quality *Control*, 3. Aufl., New York et al. 1991.

FEIGENBAUM, E. A., MCCORDUCK, P., The *Fifth Generation*, Reading 1985.

FELDBAUER-DURSTMÜLLER, B., *Sanierungsmanagement* – Die Bewältigung von Unternehmenskrisen durch Unternehmenssanierung, in: Zeitschrift Führung und Organisation, 72. Jg., Heft 3, 2003, S. 128-132.

FERRARO, F., PFEFFER, J., SUTTON, R. I., Economics *Language* and Assumptions – How Theories can become Self-Fulfilling, in: Academy of Management Review, 30. Jg., Heft 1, 2005, S. 8-24.

FERSTL, J., *Managervergütung* und Shareholder Value – Konzeption einer wertorientierten Vergütung für das Top-Management, Wiesbaden 2000.

FESTING, M., HANSMEYER, M. C., *Perspektiven* und Karrierehindernisse von weiblichen Führungskräften, in: Personal, 55. Jg., Heft 11, 2003, S. 22-25.

FIEDLER, F. E., CHEMMERS, M. M., Improving *Leadership* Effectiveness, 2. Aufl., New York 1984.

FIEDLER, M., *Expertise* und Offenheit, Tübingen 2004.

FIELD, R. H. G., HOUSE, R. J., A *Test* of the Vroom-Yetton Model Using Manager and Subordinate Reports, in: Journal of Applied Psychology, 75. Jg., Heft 3, 1990, S. 362-366.

FIETEN, R., *Schlagwort* oder neue Konzeption?, in: Beschaffung aktuell, o. Jg., Heft 9, 1991, S. 16-17.

FINANCIAL REPORTING COUNCIL (Hrsg.), *Combined Code* of Corporate Governance – Department of Trade and Industry, London 2003.

FISCH, J. H., *Aufbau* neuer Auslandsgesellschaften als Erwerb und Ausübung von Realoptionen – Panelstudie deutscher Direktinvestitionsobjekte in den OECD 23-Ländern, Habilitationsschrift, Universität Hohenheim, Stuttgart 2005.

FISCH, J. H., Establishing Foreign *Subsidiaries* as Investments under Uncertainty, in: Proceedings of 30th EIBA Annual Conference, Ljubljana, 05.-08.12.2004.

FISCH, J. H., Structure Follows *Knowledge* – Internationale Verteilung der Forschung und Entwicklung in multinationalen Unternehmen, Wiesbaden 2001.

FISCH, J. H., DÜRRFELD, H., DREXLER, G., *e-Business* als Akzelerator der Internationalisierung von KMU, in: Meyer, J.-A. (Hrsg.), New Economy in kleinen und mittleren Unternehmen, München 2002, S. 241-257.

FISCHER, B., Venture Capital aus Großunternehmen für junge *Pionierfirmen*, in: Management Zeitschrift io, 57. Jg., Heft 10, 1988, S. 438-442.

FISCHER, H., *Bewertung* beim Unternehmens- und Beteiligungskauf, in: Hölters, W. (Hrsg.), Handbuch des Unternehmens- und Beteiligungskaufs, 5. Aufl., Köln 2002, S. 41-67.

FISCHER, L., Off-Shore-*Zentren*, in: Macharzina, K., Welge, M. K. (Hrsg.), Handwörterbuch Export und Internationale Unternehmung, Stuttgart 1989, Sp. 1553-1563.

FISCHER, M., *Timing* der Markteinführung von Innovationen, in: Albers, S., Gassmann, O. (Hrsg.), Handbuch Technologie- und Innovationsmanagement, Wiesbaden 2005, S. 397-414.

FISCHER, M., HIMME, A., ALBERS, S., *Pionier*, Früher Folger oder Später Folger – Welche Strategie verspricht den größten Erfolg?, in: Zeitschrift für Betriebswirtschaft, 77. Jg., Heft 5, 2007, S. 539-573.

FISCHER, T. M., WENZEL, J., Publizität von *Werttreibern* im Value Reporting, in: Controlling, 16. Jg., Heft 6, 2004, S. 305-314.

FISCHER-EPE, M., SCHULZ VON THUN, F., *Coaching* – Miteinander Ziele erreichen, Rowohlt 2004.

FLEISHMAN, E. A., HARRIS, E., *Patterns* of Leadership Behavior Related to Employee Grievances and Turnover, in: Personnel Psychology, 15. Jg., Heft 1, 1962, S. 43-56.

FLIASTER, A., Cross-hierarchical *Interconnectivity* – Forms, Mechanisms and Transformation of Leadership Culture, in: Knowledge Management Research & Practice, 2. Jg., Heft 1, 2004, S. 48-57.

FOCKENBROCK, D., Aufsichtsräte fürchten ihre *Entmachtung*, in: Handelsblatt, 60. Jg., Ausgabe vom Mittwoch, 13.04.2005, S. 13.

FÖHR, S., Ökonomische *Analyse* der internen Organisation, Wiesbaden 1991.

FOLLETT, M. P., Dynamic *Administration*, New York 1941.

FONTANARI, M., *Kooperationsgestaltungsprozesse* in Theorie und Praxis, Berlin 1996.

FORD AG (Hrsg.), *Diversity* – Diversity as Strength, Köln 2002.

FRANCK, E., Beiträge der Neuen Institutionenökonomik zum *Innovationsmanagement* – Von der Ausgestaltung der Intellectual Property Rights zur Aneignung von Innovationserträgen, in: Zeitschrift für betriebswirtschaftliche Forschung, 54. Jg., Sonderheft, 2006, S. 58-85.

FRANCK, E., JUNGWIRTH, C., Das *Open Source*-Phänomen jenseits des Gift Society-Mythos, in: Das Wirtschaftsstudium, 31. Jg., Heft 3, 2002, S. 124-129.

FRANK, H., MOSER, R., Internationale *Projektfinanzierung*, in: Journal für Betriebswirtschaft, 37. Jg., Heft 1, 1987, S. 31-49.

FRANK, U., *Expertensysteme* – Ein erfolgversprechender Ansatz zur Automatisierung dispositiver Tätigkeiten, in: Die Betriebswirtschaft, 49. Jg., Heft 1, 1989, S. 19-36.

FRANKE, N., *Realtheorie* des Marketing – Gestalt und Erkenntnis, Tübingen 2002.

FRANKO, L. G., The European *Multinationals* – A Renewed Challenge to American and British Big Business, Stamford 1973.

FRANZ, K.-P., *Controller-Organisation*, in: Controller Magazin, 12. Jg., Heft 5, 1987, S. 217-219.

FRANZ, K.-P., KAJÜTER, P., *Kostenmanagement* in Deutschland, in: Franz, K.-P., Kajüter, P. (Hrsg.), Kostenmanagement, Stuttgart 1997, S. 481-502.

FRANZ, W., Mitbestimmung – *Freiwillig*, in: Handelsblatt, 59. Jg., Ausgabe vom Dienstag, 18.05.2004, S. 11.

FREHR, H.-U., *Unternehmensweite Qualitätsverbesserung*, in: Bläsing, J. P. (Hrsg.), GFMT Praxishandbuch Qualitätssicherung, Loseblattsammlung, Band 4, Baustein A2, München, Stand 1991, S. 1-48.

FREHR, H.-U., Unternehmensweite *Qualitätsverbesserung*, in: Masing, W. (Hrsg.), Handbuch Qualitätsmanagement, 4. Aufl., München 1999, S. 797-814.

FREILING, J., RECKENFELDERBÄUMER, M., *Markt* und Unternehmung – Eine marktorientierte Einführung in die Betriebswirtschaftslehre, 2. Aufl., Wiesbaden 2007.

FRENCH, J. R. P. JR., RAVEN, B., The *Bases* of Social Power, in: Cartwright, D. (Hrsg.), Studies in Social Power, Ann Arbor 1959, S. 150-167.

FRENKEL, M., HOMMEL, U., RUDOLF, M. (Hrsg.), Risk *Management* – Challenge and Opportunity, 2. Aufl., Berlin – Heidelberg – New York 2005.

FRESE, E., Ausgleichsgesetz der Planung und Pretiale *Lenkung*, in: Zeitschrift für betriebswirtschaftliche Forschung, 52. Jg., Sonderheft, 2000, S. 1-37.

FRESE, E., Exzellente *Unternehmungen* – Konfuse Theorien, in: Die Betriebswirtschaft, 45. Jg., Heft 5, 1985, S. 604-606.

FRESE, E., *Grundlagen* der Organisation, 8. Aufl., Wiesbaden 2000.

FRESE, E., *Unternehmungsführung*, Landsberg 1987.

FRESE, E., GLASER, H., *Verrechnungspreise*, in: Grochla, E. (Hrsg.), Handwörterbuch der Organisation, 2. Aufl., Stuttgart 1980, Sp. 2311-2326.

FRESE, E., KLOOCK, J., Internes *Rechnungswesen* und Organisation aus der Sicht des Umweltschutzes, in: Betriebswirtschaftliche Forschung und Praxis, 41. Jg., Heft 1, 1989, S. 1-29.

FRESE, E., LASSMANN, G. (Hrsg.), *China* als Markt- und Kooperationspartner, Zeitschrift für betriebswirtschaftliche Forschung, 39. Jg., Sonderheft 22, 1987.

FRICK, B., Betriebliche *Mitbestimmung*, in: Schreyögg, G., Werder, A. v. (Hrsg.), Handwörterbuch Unternehmensführung und Organisation, 4. Aufl., Stuttgart 2004, Sp. 870-879.

FRICKE, W., Erfolgreich *Verhandeln*, 3. Aufl., Köln 1995.

FRIED, A., *Wissensmanagement* aus konstruktivistischer Perspektive – Die doppelte Dualität von Wissen in Organisationen, Frankfurt/Main 2003.

FRIEDEL-HOWE, H., *Ergebnisse* und offene Fragen der geschlechtsvergleichenden Führungsforschung, in: Zeitschrift für Arbeits- und Organisationspsychologie, 34. Jg., Heft 1, 1990, S. 3-16.

FRIEDL, B., *Controlling*, Stuttgart 2003.

FRIEDL, B., *Wertanalyse* nach DIN EN 12973 als Instrument des produktorientierten Kostenmanagements, Arbeitspapier des Instituts für Betriebswirtschaftslehre der Christian-Albrechts-Universität zu Kiel, Kiel 2007.

FRIEDRICH, A., Flache *Hierarchien* – Was geschieht mit den Führungskräften?, in: Personal, 46. Jg., Heft 8, 1994, S. 376-378.

FRISKE, C., BARTSCH, E., SCHMEISSER, W., Einführung in die *Unternehmensethik* – Erste theoretische, normative und praktische Aspekte, München – Mering 2005.

FRITZ, W. ET AL., Unternehmensziele und strategische *Unternehmensführung*, in: Die Betriebswirtschaft, 48. Jg., Heft 5, 1988, S. 567-586.

FROST, J., *Märkte* in Unternehmen – Theorien der Firma und organisatorische Steuerung, Wiesbaden 2005.

FURUBOTN, E. G., PEJOVICH, S., Property *Rights* and Economic Theory, in: Journal of Economic Literature, 10. Jg., Heft 4, 1972, S. 1137-1162.

G

GABELE, E., *Unternehmensgrundsätze*, in: Zeitschrift für Organisation, 50. Jg., Heft 5, 1981, S. 245-252.

GABELE, E., Unternehmens- und *Führungsgrundsätze*, in: Die Unternehmung, 36. Jg., Heft 3, 1982, S. 185-202.

GÄLWEILER, A., *Unternehmensplanung* – Grundlagen und Praxis, 2. Aufl., Frankfurt/Main – New York 1986.

GAFFINEN, P. Z., HOLLIGER, R., Supply *Management* bei ABB, in: Thexis, 15. Jg., Heft 1, 1994, S. 29-37.

GAITANIDES, M., *Ablauforganisation*, in: Frese, E. (Hrsg.), Handwörterbuch der Organisation, 3. Aufl., Stuttgart 1992, Sp. 2-18.

GAITANIDES, M., *Management* von Geschäftsprozessen, München 2006.

GAITANIDES, M., *Prozessorganisation*, München 1983 (2. Aufl., 2007).

GAITANIDES, M., WICHER, H., Venture *Management*, in: Die Betriebswirtschaft, 45. Jg., Heft 4, 1985, S. 414-426.

GALBRAITH, J. R., Competing with Flexible Lateral *Organizations*, 2. Aufl., Englewood Cliffs 1993.

GALBRAITH, J. R., KAZANJIAN, R., Strategy *Implementation*, 2. Aufl., St. Paul 1986.

GANNON, M. J., *Management*, 2. Aufl., Boston 1982.

GASSMANN, O., *Patentmanagement* – Innovationen erfolgreich nutzen und schützen, Berlin et al. 2006.

GASTER, D., *Aufbauorganisation* der Qualitätssicherung, 2. Aufl., Berlin 1995.

GEBERT, D., Durch *Diversity* zu mehr Teaminnovativität? – Ein vorläufiges Resümee der empirischen Forschung sowie Konsequenzen für das Diversity Management, in: Die Betriebswirtschaft, 64. Jg., Heft 4, 2004, S. 412-430.

GEBERT, D., *Führungsstilforschung* – Ein Vorschlag zur Neuorientierung, in: Zeitschrift für Personalforschung, 6. Jg., Heft 3, 1992, S. 245-259.

GEBERT, D., ROSENSTIEL, L. V. (Hrsg.), *Organisationspsychologie*, 5. Aufl., Stuttgart et al. 2002.

GELB, B. D. ET AL., Strategic Planning for the *Under-Dog*, in: Business Horizons, 25. Jg., Heft 6, 1982, S. 8-11.

GEMÜNDEN, H. G., Echte *Führungsentscheidungen* – Empirische Beobachtungen zu Gutenbergs Idealtypologie, in: Die Betriebswirtschaft, 43. Jg., Heft 1, 1983, S. 49-64.

GEMÜNDEN, H. G., HÖGL, M., *Teamarbeit* in innovativen Projekten – Eine kritische Bestandsaufnahme der empirischen Forschung, in: Högl, M., Gemünden, H. G. (Hrsg.), Management von Teams – Theoretische Konzepte und empirische Befunde, 3. Aufl., Wiesbaden 2005, S. 1-31.

GEMÜNDEN, H. G., HÖLZLE, K., Schlüsselpersonen der Innovation – Champions und *Promotoren*, in: Albers, S., Gassmann, O. (Hrsg.), Handbuch Technologie- und Innovationsmanagement, Wiesbaden 2005, S. 457-474.

GERPOTT, T. J., *Bewertung* von Personalabbauprogrammen aus Aktionärssicht – Eine Bestandaufnahme der empirischen Ereignisstudien-Forschung, in: Journal für Betriebswirtschaft, 57. Jg., Heft 1, 2007, S. 3-35.

GERPOTT, T. J., Organisatorische und personalbezogene *Gestaltung* der Integration von Unternehmensakquisitionen, in: Wurl, H.-J. (Hrsg.), Industrielles Beteiligungscontrolling, Stuttgart 2003, S. 461-480.

GERPOTT, T. J., Strategieadäquates *Personalmanagement* bei der Integration von internationalen Akquisitionen, in: Betriebswirtschaftliche Forschung und Praxis, 42. Jg., Heft 5, 1990, S. 414-432.

GERPOTT, T. J., *Wettbewerbsstrategien*, in: Schreyögg, G., Werder, A. v. (Hrsg.), Handwörterbuch Unternehmensführung und Organisation, 4. Aufl., Stuttgart 2004, Sp. 1624-1632.

GERPOTT, T. J., BÖHM, S., Strategisches *Management* in virtuellen Unternehmen, in: Zeitschrift für Betriebswirtschaft, 70. Jg., Ergänzungsheft 2, 2000, S. 13-34.

GERUM, E., Corporate Governance, internationaler *Vergleich*, in: Schreyögg, G., Werder, A. v. (Hrsg.), Handwörterbuch Unternehmensführung und Organisation, 4. Aufl., Stuttgart 2004, Sp. 171-178.

GERUM, E., Das deutsche Corporate *Governance-System* – Eine empirische Untersuchung, Stuttgart 2007.

GERUM, E. (Hrsg.), *Innovation* in der Betriebswirtschaftslehre, Bericht über die Tagung der Kommission Wissenschaftstheorie, Wiesbaden 1998.

GERUM, E., SCHÄFER, I., SCHOBER, H., *Empowerment* – Viel Lärm um nichts?, in: Wirtschaftswissenschaftliches Studium, 25. Jg., Heft 10, 1996, S. 498-502.

GERUM, E., STEINMANN, H., FEES, W., Der mitbestimmte *Aufsichtsrat* – Eine empirische Untersuchung, Stuttgart 1988.

GESCHKA, H., *Innovationsmanagement*, in: Management-Enzyklopädie, 2. Aufl., Band 4, Landsberg 1984, S. 823-837.

GESCHKA, H., DAHLEM, S., *Kreativitätstechniken* und Unternehmenserfolg, in: technologie & management, 45. Jg., Heft 3, 1996, S. 106-110.

GHOSHAL, S., BARTLETT, C. A., The Multinational Corporation as an Interorganizational *Network*, in: Academy of Management Review, 15. Jg., Heft 4, 1990, S. 603-625.

GIBB, C. A., *Leadership*, in: Lindzey, G., Aronson, E. (Hrsg.), The Handbook of Social Psychology, Band 4, Reading 1969, S. 205-282.

GIERL, H., Ökologische *Einstellungen* und Kaufverhalten im Widerspruch, in: Markenartikel, 49. Jg., Heft 1, 1987, S. 2-8.

GIESEL, F., GLAUM, M. (Hrsg.), *Globalisierung*, München 1999.

GILBERT, D. U., *Vertrauen* in strategischen Unternehmensnetzwerken – Ein strukturationstheoretischer Ansatz, Wiesbaden 2003.

GILLENKIRCH, R. M., *Entwicklungslinien* in der Managementvergütung, in: Betriebswirtschaftliche Forschung und Praxis, 60. Jg., Heft 1, 2008, S. 1-17.

GILLENKIRCH, R. M., Gewinn- und aktienkursorientierte *Managementvergütung*, Wiesbaden 2004.

GILLENKIRCH, R. M., *Principal-Agent-Theorie* und empirische Ergebnisse zur Erfolgsabhängigkeit der Managerentlohnung, in: Wirtschaftswissenschaftliches Studium, 29. Jg., Heft 6, 2000, S. 347-349.

GIMENO, J., WOO, C. Y., Multimarket *Contact*, Economies of Scope, and Firm Performance, in: Academy of Management Journal, 43. Jg., Heft 1, 1999, S. 239-259.

GIRGENSOHN, T., Unternehmenspolitische *Entscheidungen*, Frankfurt/Main et al. 1979.

GLADWIN, T. N., WALTER, I., *Multinationals* under Fire, New York 1980.

GLASL, F., Konflikte – Ein Handbuch für Führungskräfte, Beraterinnen und Berater, 6. Aufl., Bern – Stuttgart 1999.

GLAUM, M., *Internationalisierung* und Unternehmenserfolg – Eine Diskussion theoretischer Erklärungsansätze und empirischer Untersuchungen zur Erfolgswirkung der Internationalisierung von Unternehmungen, Wiesbaden 1996.

GLAUM, M., THOMASCHEWSKI, D., WEBER, S., *Auswirkungen* des Sarbanes-Oxley Acts auf deutsche Unternehmen – Kosten, Nutzen, Folgen für US-Börsennotierungen, Frankfurt/Main 2006.

GNADE, A. ET AL., Betriebsverfassung. *Basiskommentar* mit Wahlordnung, 10. Aufl., Frankfurt 2002.

GÖBEL, E., Asymmetrical *Information*, in: Beckert, J., Zafirovski, M. (Hrsg.), International Encyclopedia of Economic Sociology, Oxford 2006, S. 13-14.

GÖBEL, E., *Unternehmensethik*, Stuttgart 2006.

GOLDHAR, J. D., JELINEK, M., Plans for Economies of *Scope*, in: Harvard Business Review, 61. Jg., Heft 4, 1983, S. 141-148.

GOLEMBIEWSKI, R. T., A New „*Staff*" Model, in: Golembiewski, R. T., Gibson, F. K. (Hrsg.), Managerial Behavior and Organizational Demands, 2. Aufl., Chicago 1978, S. 295-315.

GOMEZ, P., Neue *Trends* in der Konzernorganisation, in: Zeitschrift Führung und Organisation, 61. Jg., Heft 3, 1992, S. 166-172.

GOMEZ, P., *Stakeholder* Value-orientierte Unternehmensführung – Das Konzept des Performance Management?, in: Hinterhuber, H. H. et al. (Hrsg.), Das neue Strategische Management? Perspektiven und Elemente einer zeitgemässen Unternehmensführung, Wiesbaden 2005, S. 425-446.

GOMEZ, P., WEBER, B., *Akquisitionsstrategie* – Die Führung des Übernahmeprozesses, in: Die Unternehmung, 43. Jg., Heft 2, 1989, S. 66-77.

GOMI, N. ET AL., Berichte zu *Experteninterviews*, Tokyo 2004.

GOMPERS, P. A., ISHII, J L., METRICK, A., Corporate Governance and *Equity Prices*, National Bureau of Economic Research, Working Paper No. 8449, Washington 2001.

GOODSON, J. R., MCGEE, G. W., CASHMAN, J. F., Situational *Leadership* Theory – A Test of Leadership Prescriptions, in: Group and Organization Studies, 14. Jg., Heft 4, 1989, S. 446-461.

GOTTSCHALL, D., *Kreativität* – Die Phantasie ordnet das Chaos, in: Management Wissen, 14. Jg., Heft 11, 1985, S. 77-90.

GRACHEV, M. V., BOBINA, M. A., Russian Organizational *Leadership* – Lessons from the Globe Study, in : International Journal of Leadership Studies, 1. Jg., Heft 2, 2006, S. 67-79.

GRAF, A., *Expatriate* Selection – An Empirical Study Identifying Significant Skill Profiles, in: Thunderbird International Business Review, 46. Jg., Heft 6, 2004, S. 667-685.

GRAHAM, J. L., LAM, N. M., *Geschäfte* mit Chinesen, in: Harvard Business Manager, 26. Jg., Heft 1, 2004, S. 41-55.

GRANOVETTER, M., Economic *Action* and Social Structure – The Problem of Embeddedness, in: American Journal of Sociology, 91. Jg., Heft 3, 1985, S. 1420-1443.

GRANOVETTER, M., Ökonomische *Institutionen* als soziale Konstruktionen – Ein Analyserahmen, in: Bögenhold, D. (Hrsg.), Moderne amerikanische Soziologie, Stuttgart 2000, S. 199-217.

GRANT, R. M., Contemporary Strategy *Analysis*, 3. Aufl., Malden – Oxford 1998.

GRANT, R. M., Toward a Knowledge-based *Theory* of the Firm, in: Strategic Management Journal, 17. Jg., Winter Special Issue, 1996, S. 109-122.

GRAUMANN, C.-F., Nicht-sinnliche *Bedingungen* des Wahrnehmens, in: Metzger, W., Erke, H. (Hrsg.), Handbuch der Psychologie, Band 1, 2. Aufl., Göttingen 1974, S. 1031-1096.

GREENE, M. R., *Risk* and Insurance, 7. Aufl., Cincinnati et al. 1988.

GRELL, J., *Techniken* des Lehrerverhaltens, Weinheim – Basel 2001.

GRIESE, J., LÄNG, A., Wettbewerbsfähigere *Software* dank Qualitätssicherung nach ISO 9000?, in: Management-Zeitschrift io, 63. Jg., Heft 3, 1994, S. 43-46.

GROCHLA, E., *Betrieb*, Betriebswirtschaft und Unternehmung, in: Wittmann, W., Kern, W., Köhler, W. (Hrsg.), Handwörterbuch der Betriebwirtschaft, 5. Aufl., Stuttgart 1993, S. 379-390.

GROCHLA, E., *Einführung* in die Organisationstheorie, 2. Aufl., Stuttgart 1991.

GRONAU, N., *e-Commerce*-Funktionen in PPS- bzw. ERP-Systemen, in: Zeitschrift für Betriebswirtschaft, 71. Jg., Ergänzungsheft 3, 2001, S. 39-51.

GRONAU, N. (Hrsg.), *Wissensmanagement* – Systeme, Anwendungen, Technologien, Berlin 2003.

GROSSE, D., ULLMANN, R., WEYH, E., Die *Führung* innovativer Teams unter Berücksichtigung rechtlicher und psychologischer Aspekte, Arbeitspapier des Lehrstuhls für ABWL, insb. F&E- und Projektmanagement, Universität Freiberg, Freiberg 2006.

GROTE, B., *Ausnutzung* von Synergiepotentialen durch verschiedene Koordinationsformen ökonomischer Aktivitäten, Frankfurt/Main et al. 1990.

GROTE, B., Zur Messung von *Synergiepotential* und Synergieeffekten, in: Wirtschaftswissenschaftliches Studium, 20. Jg., Heft 5, 1991, S. 261-263.

GRUBER, M., VENTER, C., „Die *Kunst*, die Zukunft zu erfinden" – Theoretische Erkenntnisse und empirische Befunde zum Einsatz des Corporate Foresight in deutschen Großunternehmen, in: Zeitschrift für betriebswirtschaftliche Forschung, 58. Jg., Heft 7, 2006, S. 958-984.

GRÜN, O., Informale *Erscheinungen* in der Betriebsorganisation, Berlin 1966.

GRUND, C., Der zwischenbetriebliche *Arbeitsplatzwechsel* – Determinanten, Konsequenzen und empirische Befunde für die Bundesrepublik Deutschland, München – Mering 2001.

GRUNDEI, J., *Effizienzbewertung* von Organisationsstrukturen – Integrationsverhalten wissenschaftlicher Erkenntnisse am Beispiel der Marktforschung, Wiesbaden 1999.

GÜTTEL, W. H., Die Identifikation strategischer immaterieller Vermögenswerte im Post-Merger-*Integrationsprozess* – Ressourcen- und Wissensmanagement bei Mergers and Acquisitions, München – Mering 2003.

GÜTTEL, W. H., *Wissenstransfer* in Organisationen – Koordinationsmechanismen und Anreizsysteme als Gestaltungsparameter, in: Zeitschrift für betriebswirtschaftliche Forschung, 59. Jg., Heft 6, 2007, S. 465-486.

GULICK, L., *Notes* on the Theory of Organization, in: Gulick, L., Urwick, L. (Hrsg.), Papers on the Science of Administration, New York 1937, S. 1-45.

GÜNTHER, T., SCHEIPERS, T., *Insolvenzursachen* – Zum Stand der empirischen Ursachenforschung, in: Deutsches Steuerrecht, 31. Jg., Heft 12, 1993, S. 447-453.

GUPTA, A. K., GOVINDARAJAN, V., *Coalignment* between Knowledge Flow Patterns and Strategic Systems and Processes within MNCs, in: Lorange, P. et al. (Hrsg.), Implementing Strategic Processes – Change, Learning, and Cooperation, Cambridge 1993, S. 329-346.

GUSSMANN, B., Innovationsfördernde *Unternehmenskultur* – Die Steigerung der Innovationsbereitschaft als Aufgabe der Organisationsentwicklung, Berlin 1988.

GUTENBERG, E., *Funktionswandel* des Aufsichtsrats, in: Zeitschrift für Betriebswirtschaft, 40. Jg., Ergänzungsheft 1, 1970, S. 1-10.

GUTENBERG, E., Grundlagen der *Betriebswirtschaftslehre*, Band 1: Die Produktion, 24. Aufl., Heidelberg 1983.

H

HAACKE, B. V., BEHRENS, B., *Schall und Rauch*, in: Wirtschaftswoche, 59. Jg., Heft 5, 2005, S. 36-42.

HAASE, M., *Wirtschaftsethik* und Betriebswirtschaftslehre – Zur Integration der Perspektiven aus wissensorientierter Sicht, in: Ebers, U. (Hrsg.), Wirtschaftsethische Perspektiven VIII, Berlin 2006, S. 41-65.

HABERMAS, J., Erläuterungen zur *Diskursethik*, 3. Aufl., Frankfurt/Main 2001.

HABERSTROH, M., Individuelle *Selbstführung* in Projektteams, Wiesbaden 2007.

HACHMEISTER, D., Gestaltung von *Wertbeitragskennzahlen* in der Theorie der Unternehmensrechnung, in: Franck, E., Arnoldussen, L., Jungwirth, C. (Hrsg.), Marktwertorientierte Unternehmensführung – Anreiz- und Kommunikationsaspekte, in: Zeitschrift für betriebswirtschaftliche Forschung, 55. Jg., Ergänzungsheft 50, 2003, S. 97-119.

HADJINICOLA, G. C., KUMAR, K. R., Modeling Manufacturing and Marketing *Options* in International Operations, in: International Journal of Production Economics, 75. Jg., Heft 3, 2002, S. 287-304.

HAGANÄES, K., HALES, L., Scandinavian *Models* of Employee Participation, in: SAM Advanced Management Journal, 83. Jg., Heft 1, 1983, S. 21-30.

HAHN, D., *Konzepte* und Beispiele zur Organisation des Controlling in der Industrie, in: Zeitschrift für Organisation, 48. Jg., Heft 1, 1979, S. 4-24.

HAHN, D., HUNGENBERG, H., *PuK* – Wertorientierte Controllingkonzepte, Planung und Kontrolle, Planungs- und Kontrollsysteme, Planungs- und Kontrollrechnung, 6. Aufl., Wiesbaden 2001.

HAHN, D., OPPENLÄNDER, K. H., SCHOLZ, L., Stand und *Entwicklungstendenzen* der strategischen Unternehmensplanung in der Bundesrepublik Deutschland, in: Hahn, D., Taylor, B. (Hrsg.), Strategische Unternehmungsplanung – Strategische Unternehmungsführung, 8. Aufl., Heidelberg 1999, S. 971-1021.

HAIRE, M., GHISELLI, E. E., PORTER, L. W., Managerial *Thinking* – An International Study, New York – London – Sydney 1966.

HAIST, F., FROMM, H., *Qualität* im Unternehmen, 2. Aufl., Wien 1991.

HALBACH, G. ET AL., *Übersicht* über das Arbeitsrecht, 8. Aufl., Bonn 2000.

HALL, G., ROSENTHAL, J., WADE, J., How to Make *Reengineering* Really Work, in: Harvard Business Review, 71. Jg., Heft 6, 1993, S. 119-131.

HALL, P. S., Eine *Qualitätsumgebung* für ISO 9000, in: QZ – Zeitschrift für industrielle Qualitätssicherung, 39. Jg., Heft 11, 1993, S. 607-610.

HALLER, A., DIETRICH, R., Freiwillige *Unternehmensberichterstattung* in den USA – Ergebnisse des Business Reporting Research Project des FASB, in: Kapitalmarktorientierte Rechnungslegung, 1. Jg., Heft 5, 2001, S. 206-211.

HALLER, M., Risiko-Management – *Eckpunkte* eines integrierten Konzepts, in: Jacob, H., (Hrsg.), Schriften zur Unternehmensführung, Band 33, Wiesbaden 1986, S. 7-43.

HALPIN, A. W., WINER, J., A Factorial *Study* of the Leader Behavior Descriptions, in: Stogdill, R. M., Coons, A. E. (Hrsg.), Leader Behavior – Its Description and Measurement, Columbus 1957, S. 39-51.

HAMBRICK, D. C., *Fragmentation* and the Other Problems CEOs have with their Top Management Teams, in: California Management Review, 37. Jg., Heft 3, 1995, S. 110-127.

HAMEL, G., Strategy as *Revolution*, in: Harvard Business Review, 74. Jg., Heft 4, 1996, S. 69-82.

HAMEL, G., *Thriving* in a Post Industrial World, Vortrag, the World's Reigning Strategy Gurus Conference, Monterey, 7. Juli 2003.

HAMEL, G., PRAHALAD, C. K., Competing for the *Future*, Boston 1994.

HAMMER, M., *Reengineering* Work – Don't Automate, Obliterate, in: Harvard Business Review, 68. Jg., Heft 4, 1990, S. 104-112.

HAMMER, M., CHAMPY, J., *Reengineering* the Corporation, 2. Aufl., London 2001.

HAMMER, R. M., *Unternehmungsplanung*, 7. Aufl., München – Wien 1998.

HAMPDEN-TURNER, C., TROMPENAARS, F., The Seven *Cultures* of Capitalism, New York 1993.

HANAN, M., Venture *Corporations* – Think Small to Stay Strong, in: Harvard Business Review, 54. Jg., Heft 3, 1976, S. 139-148.

HANNAN, M. T., FREEMAN, J., The *Population* Ecology of Organizations, in: American Journal of Sociology, 82. Jg., Heft 5, 1977, S. 929-965.

HANNON, J. M., The Nexus between Human Resource Management and Competitive *Intelligence* – An International Perspective, in: Management International Review, 37. Jg., Special Issue, 1997, S. 65-84.

HANSEN, K., Diversity *Management*, in: Das Wirtschaftsstudium, 30. Jg., Heft 8/9, 2001, S. 1113-1114.

HANSEN, U., SCHRADER, U., Corporate Social *Responsibility* als aktuelles Thema der Betriebswirtschaftslehre, in: Die Betriebswirtschaft, 65. Jg., Heft 4, 2005, S. 373-395.

HANSMANN, K.-W., Kurzlehrbuch *Prognoseverfahren*, Wiesbaden 1983.

HANSMANN, K.-W., RINGLE, M., Das *Kooperationskonzept* des virtuellen Unternehmens, in: Das Wirtschaftsstudium, 3. Jg., Heft 10, 2004, S. 1222-1230.

HAPPEL, M. A., Wertorientiertes *Controlling* in der Praxis – Eine empirische Überprüfung, Dissertation, Universität zu Köln, Köln 2001.

HARMON, P., KING, D., *Expertensysteme* in der Praxis, 3. Aufl., München – Wien 1989.

HARRIGAN, K. R., *Strategies* for Declining Businesses, Lexington – Toronto 1980.

HARRY, M., SCHROEDER, R., Six *Sigma* – The Breakthrough Management Strategy Revolutionizing the World´s Corporation, New York et al. 2000.

HARSANYI, J. C., A Simplified Bargaining *Model* for n-Person Cooperative Games, in: International Economic Review, 4. Jg., Heft 2, 1963, S. 194-220.

HASPESLAGH, P., NODA, T., BOULOS, F., *Wertmanagement* – über die Zahlen hinaus, in: Harvard Business Manager, 24. Jg., Heft 1, 2002, S. 46-59.

HASSE, R., KRÜCKEN, G., *Neo-Institutionalismus*, Bielefeld 1999.

HASSELBERG, F., Strategische *Kontrolle* im Rahmen strategischer Unternehmensführung, Frankfurt/Main et al. 1989.

HAUKE, C., IVANOVA, F., *Diversity-Management* erfolgreich betreiben, in: Arbeitgeber, 57. Jg., Heft 4, 2005, S. 39.

HAUSCHILDT, J., Die *Innovationsergebnisrechnung* – Instrument des F & E-Controlling, in: Betriebs-Berater, 49. Jg., Heft 15, 1994, S. 1017-1020.

HAUSCHILDT, J., *Entscheidungsziele* – Zielbildung in innovativen Entscheidungsprozessen, Tübingen 1977.

HAUSCHILDT, J., *Finanzvorstand*, Treasurer, Controller, in: Zeitschrift für Organisation, 41. Jg., Heft 4, 1972, S. 167-174.

HAUSCHILDT, J., *Unternehmenskrisen* – Herausforderungen an die Bilanzanalyse, in: Hauschildt, J., Leker, J. (Hrsg.), Krisendiagnose durch Bilanzanalyse, 2. Aufl., Köln 2000, S. 1-17.

HAUSCHILDT, J., Zur *Messung* des Innovationserfolges, in: Zeitschrift für Betriebswirtschaft, 61. Jg., Heft 4, 1991, S. 451-476.

HAUSCHILDT, J., CHAKRABARTI, A., *Arbeitsteilung* im Innovationsmanagement – Forschungsergebnisse, Kriterien und Modelle, in: Zeitschrift Führung und Organisation, 57. Jg., Heft 6, 1988, S. 378-388.

HAUSCHILDT, J., GRAPE, C., SCHINDLER, M., *Typologien* von Unternehmenskrisen im Wandel, in: Die Betriebswirtschaft, 66. Jg., Heft 1, 2006, S. 7-25.

HAUSCHILDT, J., SALOMO, S., *Innovationsmanagement*, 4. Aufl., München 2007.

HAU-SIU CHOW, I., SHENKAR, O., HR *Practices* in the People's Republic of China, in: Personnel, 66. Jg., Heft 12, 1990, S. 41-47.

HAUSSMANN, H., Vor- und *Nachteile* der Kooperation gegenüber anderen Internationalisierungsformen, in: Macharzina, K., Oesterle, M.-J. (Hrsg.), Handbuch Internationales Management, Wiesbaden 1997, S. 459-474.

HAX, A. C., MAJLUF, N. S., Strategisches *Management*, Frankfurt/Main – New York 1991.

HAX, A. C., MAJLUF, N. S., The Strategy *Concept* and Process, 2. Aufl., Englewood Cliffs 1996.

HAYEK, F. A., The Use of *Knowledge* in Society, in: American Economic Review, 35 Jg., 1945, S. 519-530.

HAYES, R. H., WHEELWRIGHT, S. C., Link *Manufacturing* Process and Product Life Cycle, in: Harvard Business Review, 57. Jg., Heft 1, 1979, S. 13-140.

HAYES, R. H., WHEELWRIGHT, S. C., The Dynamics of Process-Product Life *Cycles*, in: Harvard Business Review, 57. Jg., Heft 2, 1979, S. 127-136.

HEDBERG, B., How *Organizations* Learn and Unlearn, in: Nystrom, P. C., Starbuck, W. H. (Hrsg.), Handbook of Organizational Design, Band 1: Adapting Organizations to Their Environments, Oxford 1981, S. 3-27.

HEDBERG, B. L. T., NYSTROM, P. C., STARBUCK, W. H., Camping on *Seesaws* – Prescription for a Self-Designing Organization, in: Administrative Science Quarterly, 21. Jg., Heft 1, 1976, S. 41-65.

HEDLUND, G., The Hypermodern *MNC* – A Heterarchy?, in: Human Resource Management, 25. Jg., Heft 1, 1986, S. 9-35.

HEDLUND G., AMAN P., Managing *Relationships* with Foreign Subsidiaries, Vastervik 1984.

HEIDBRINK, L., Corporate Social *Responsbility* – Grundlagen, Probleme, Perspektiven, Manuskript eines Vortrags gehalten am 09.01.2008 an der Christian-Albrechts-Universität zu Kiel, Kiel 2008.

HEINEN, E., Grundlagen betriebswirtschaftlicher *Entscheidungen* – Das Zielsystem der Unternehmung, 3. Aufl., Wiesbaden 1976.

HEINRICH, L. J., ROITHMAYR, F., Die *Bestimmung* des optimalen Distribuierungsgrades von Informationssystemen, in: Handbuch der modernen Datenverarbeitung, 22. Jg., Heft 121, 1985, S. 29-45.

HELBLING, C., *Unternehmensbewertung* auf der Basis von Einnahmen, Ausschüttungen, Cash-Flows oder Gewinnen, in: Der Schweizer Treuhänder, 64. Jg., Heft 11, 1990, S. 533-538.

HELLAUER, J., *System* der Welthandelslehre – Ein Lehr- und Handbuch des internationalen Handels, Band 1: Allgemeine Welthandelslehre, 1. Teil, Berlin 1910.

HELM, R., MECKL, R., SODEIK, N., Systematisierung der *Erfolgsfaktoren* von Wissensmanagement auf Basis der bisherigen empirischen Forschung, in: Zeitschrift für Betriebswirtschaft, 77. Jg., Heft 2, 2007, S. 211-241.

HEMBERGER, H., Direkte *Auslandsinvestitionen*, Frankfurt/Main – Zürich 1974.

HEMPHILL, J. K., *Dimensions* of Executive Positions, Research Monograph No. 89, Columbus 1960.

HEMPHILL, J. K., COONS, A. E., *Development* of the Leader Behavior Description Questionnaire, in: Stogdill, R. M., Coons, A. E. (Hrsg.), Leader Behavior – Its Description and Measurement, Columbus 1957, S. 6-38.

HENDERSON, R., COCKBURN, I., Measuring *Competence*? – Exploring Firm Effects in Pharmaceutical Research, in: Strategic Management Journal, 15. Jg., Heft 8, 1994, S. 63-85.

HENDRY, J., Beyond Self-Interest – *Agency* Theory and the Board in a Satisficing World, in: British Journal of Management, 16. Jg., Special Issue, 2005, S. 55-63.

HENKE, J. W. JR., Involving the *Board* of Directors in Strategic Planning, in: Journal of Business Strategy, 7. Jg., Heft 2, 1986, S. 87-95.

HENSELEK, H. F., *Konfigurationseigenschaft* als strategische Ressource – Konfigurationsmanagement als Metakompetenz, in: Hammann, P., Freiling, J. (Hrsg.), Die Ressourcen- und Kompetenzperspektive des Strategischen Managements, Wiesbaden 2000, S. 465-489.

HENZLER, H., RALL, W., *Aufbruch* in den Weltmarkt, in: Manager Magazin, 15. Jg., 1985, Heft 9, S. 176-190, Heft 10, S. 254-262, Heft 11, S. 167-174.

HERMANN, C., Some *Consequences* of Crisis which Limit the Viability of Organizations, in: Administrative Science Quarterly, 8. Jg., Heft 1, 1963, S. 61-82.

HERMANNS, A., SAUTER, M., Die neuen Herausforderungen der *Internet-Ökonomie* – Chancen und Risiken des Electronic Commerce, in: Das Wirtschaftsstudium, 28. Jg., Heft 6, 1999, S. 850-856.

HERMS, E., Der religiöse *Sinn* der Moral, in: Steinmann, H., Löhr, A. (Hrsg.), Unternehmensethik, Stuttgart 1989, S. 59-92.

HERRMANN-PILLATH, C., Perestrojka und *tizhi-gaige* – Komparative Betrachtungen zur „radikalen Umgestaltung" der wirtschaftlichen Lenkung in der UdSSR und in der VR China, Teil I, Köln 1989.

HERSEY, P., BLANCHARD, K. H., JOHNSON, D. E., *Management* of Organizational Behavior – Leading Human Resources, 9. Aufl., Upper Saddle River 2008.

HERSTATT, C., ENGEL, D., Mit *Analogien* neue Produkte entwickeln, in: Harvard Business Manager, 27. Jg., Heft 6, 2006, S. 32-43.

HERZBERG, F., *Work* and the Nature of Man, 4. Aufl., Cleveland – New York 1974.

HESS, D., Kieler Institut steckt im *Totalumbau*, in: Handelsblatt, 60. Jg., 2005, Ausgabe vom 30. August 2005.

HESSE, U., Technologie-*Controlling*, Frankfurt/Main et al. 1990.

HESTFLATT, A., Management *Styles* in Norway and China, Manuskript der NTNU (Norges Teknisk-Naturvitenskapelige Universitet), Trondheim 2005, http://www.ivt.ntnu.no/ipd/forskning/artikler/2005/artikkel_Management_Styles_Norway_China_AnneHestflat t.pdf, Zugriff am 09.10.2006.

HETLAND, H., SANDAL, G.M., Transformational *Leadership* in Norway – Outcomes and Personality Correlates, in: European Journal of Work and Organizational Psychology, 12. Jg., Heft 2, 2003, S. 147-170.

HEUSKEL, D., Wettbewerb jenseits von *Industriegrenzen*, Frankfurt/Main 1999.

HIGGINS, J. M., WIESE, G. G., Innovationsmanagement – *Kreativitätstechniken* für den unternehmerischen Erfolg, Berlin – Heidelberg – New York 1996.

HIGGS, D., *Review* of the Role and Effectiveness of Non-Executive Directors, Department of Trade and Industry, HMSO, London 2003.

HILDEBRANDT, L., ANNACKER, D., *Panelanalysen* zur Kontrolle „unbeobachtbarer" Einflussgrößen in der Erfolgsfaktorenforschung, in: Zeitschrift für Betriebswirtschaft, 66. Jg., Heft 11, 1996, S. 1409-1426.

HILL, R. M., HLAVACEK, J. D., Learning from *Failure*, in: California Management Review, 19. Jg., Heft 4, 1977, S. 5-16.

HIMME, A., *Erfolgsfaktoren* des Kostenmanagements und von Markteintrittsentscheidungen, Dissertation Universität zu Kiel, Kiel 2008.

HIMMELMANN, G., Arbeitsorientierte *Arbeitslehre*, Opladen 1977.

HINTERHUBER, H. H., Strategische *Unternehmungsführung*, Band 1, 6. Aufl., Stuttgart 1996.

HINTERHUBER, H. H. ET AL., Die strategische *Führung* der diversifizierten Unternehmung – Wie schafft die Zentrale Werte?, in: Zeitschrift für Betriebswirtschaft, 70. Jg., Heft 12, 2000, S. 1351-1370.

HIPPEL, E. V., KATZ, R., Shifting Innovation to Users via *Toolkits*, in: Management Science, 48. Jg., Heft 7, 2002, S. 821-834.

HIRSCH, S., Location of Industry and International *Competitiveness*, Dissertation, Oxford University, Oxford 1967.

HIRSCH, V., *Bewertungsprofile* bei der Planung neuer Produkte, in: Zeitschrift für betriebswirtschaftliche Forschung, 20. Jg., Heft 4, 1968, S. 291-303.

HIRSCHMAN, A. O., *Exit*, Voice, Loyalty – Responses to Decline in Firms, Organizations, and States, Cambridge 1970.

HIRTE, H., Die Europäische *Aktiengesellschaft*, in: Neue Zeitschrift für Gesellschaftsrecht, 5. Jg., Heft 1, 2002, S. 1-10.

HITSCHLER, W., *Verwaltungsgemeinkostenplanung* mit Zero-Base Budgeting (ZBB), in: Kostenrechnungspraxis, o. Jg., Heft 5, 1990, S. 287-293.

HÖFFE, O., *Moral*, in: Höffe, O. (Hrsg.), Lexikon der Ethik, 5. Aufl., München 1997, S. 204-206.

HÖGL, M., GEMÜNDEN, H. G. (Hrsg.), Management von *Teams* – Theoretische Konzepte und empirische Befunde, 3. Aufl., Wiesbaden 2005.

HOFER, C. W., SCHENDEL, D., Strategy *Formulation* – Analytical Concepts, St. Paul et al. 1978.

HOFFJAN, A., Competitive *Intelligence*, in: Zeitschrift für Planung und Unternehmenssteuerung, 15. Jg., Heft 2, 2004, S. 109-114.

HOFFJAN, A., ELTZE, C., *Beteiligungscontrolling* im Merger & Acquisition-Prozess, in: Zeitschrift für Planung, 9. Jg., Heft 2, 1998, S. 195-160.

HOFFMANN, F., *Unternehmenskultur* in Amerika und Deutschland, in: Harvardmanager, 9. Jg., Heft 4, 1987, S. 91-97.

HOFFMANN, F., Unternehmungs- und *Führungsgrundsätze*, in: Zeitschrift für betriebswirtschaftliche Forschung, 41. Jg., Heft 3, 1989, S. 167-185.

HOFFMANN, H.-P., Materialflussorientierte *Logistik* nach Kanban-Prinzipien, in: Beschaffung aktuell, o. Jg., Heft 7, 1984, S. 18.

HOFFMANN, W. H., *Allianz*, strategische, in: Schreyögg, G., Werder, A. v. (Hrsg.), Handwörterbuch Unternehmensführung und Organisation, 4. Aufl., Stuttgart 2004, Sp. 11-20.

HOFFMANN, W. H., Management von *Allianzportfolios* – Strategien für ein erfolgreiches Unternehmensnetzwerk, Stuttgart 2001.

HOFFMANN, W. H., *Strategies* for Managing a Portfolio of Alliances, in: Strategic Management Journal, 28. Jg., Heft 8, 2007, S. 827-856.

HOFSTEDE, G., Culture's *Consequences* – International Differences in Work-related Values, Beverly Hills – London 1980.

HÖHN, R., *Führungsbrevier* der Wirtschaft, 12. Aufl., Bad Harzburg 1986.

HÖLSCHER, R., ELFGEN, R. (Hrsg.), *Herausforderung* Risikomanagement – Identifikation, Bewertung und Steuerung industrieller Risiken, Wiesbaden 2002.

HOLT, K., The *Role* of the User in Innovation, in: Technovation, 7. Jg., Heft 3, 1988, S. 249-258.

HOLTBRÜGGE, D. (Hrsg.), *Management* multinationaler Unternehmen, Festschrift zum 60. Geburtstag von Martin K. Welge, Heidelberg 2003.

HOLTBRÜGGE, D., *Pfadabhängigkeit* des Internationalisierungsprozesses? Ein empirischer Test der Lerntheorie der Internationalisierung von Johanson/Vahlne in Unternehmungen der deutschen Automobilindustrie, in: Zeitschrift für Management, 1. Jg., Heft 4, 2006, S. 378-404.

HOLTON, R. H., Human Resource *Management* Practice in China – A Future Perspective, in: Management International Review, 30. Jg., Special Issue, 1990, S. 121-136.

HOLZMÜLLER, H. H., KASPER, H., Die *Auslandsorientierung* österreichischer Manager im internationalen Vergleich – Ergebnisse einer empirischen Studie, in: Zeitschrift für betriebswirtschaftliche Forschung, 42. Jg., Heft 3, 1990, S. 242-262.

HOLZMÜLLER, H., SINKOVICS, R., National Differences in *Materialism* – Using Alternative Research Strategies to Explore the Construct, in: Journal of International Consumer Marketing, 13. Jg., Heft 2, 2001, S. 103-134.

HOMANN, K., Die *Rolle* ökonomischer Überlegungen in der Grundlegung der Ethik, in: Hesse, H. (Hrsg.), Wirtschaftswissenschaft und Ethik, Berlin 1988, S. 215-240.

HOMANN, K., *Faktizität* und Geltung – Beiträge zur Diskurstheorie des Rechts und des demokratischen Rechtsstaates, Frankfurt/Main 1998.

HOMANN, K., BLOME-DREES, F., Wirtschafts- und *Unternehmensethik*, Göttingen 1992.

HOMBURG, C., *Strategieformulierung* mit Hilfe von SPACE, in: Zeitschrift für Planung, 1. Jg., Heft 1, 1990, S. 51-67.

HOMBURG, C., KROHMER, H., Die *Fliegenpatsche* als Instrument des wissenschaftlichen Dialogs, Arbeitspapier des Instituts für Marktorientierte Unternehmensführung, Universität Mannheim 2004.

HOMBURG, C., SÜTTERLIN, S., Strategische *Gruppen* – Ein Survey, in: Zeitschrift für Betriebswirtschaft, 62. Jg., Heft 6, 1992, S. 635-662.

HOMMEL, U., GLAUM, M., THOMASCHEWSKI, D., *Wachstumsstrategien* internationaler Unternehmungen – 10 Thesen, in: Zeitschrift für betriebswirtschaftliche Forschung, 55. Jg., Heft 12, 2003, S. 823–846.

HOMMEL, U., LEHMANN, H., Die *Bewertung* von Investitionsprojekten mit dem Realoptionsansatz – Ein Methodenüberblick, in: Hommel, U., Scholich, M., Vollrath, R. (Hrsg.), Realoptionen in der Unternehmenspraxis – Wert schaffen durch Flexibilität, Berlin – Heidelberg 2001, S. 113-129.

HOMMEL, U., SCHOLICH, M., VOLLRATH, R. (Hrsg.), *Realoptionen* in der Unternehmenspraxis, Berlin – Heidelberg 2001.

HOMMELHOFF, P., Die OECD-Principles on *Corporate Governance* – Ihre Chancen und Risiken aus dem Blickwinkel der deutschen Corporate Governance-Bewegung, in: Zeitschrift für Unternehmens- und Gesellschaftsrecht, o. Jg., Heft 2, 2001, S. 238-267.

HOMMELHOFF, P., MATTHEUS, D., Corporate Governance nach dem *KonTraG*, in: Die Aktiengesellschaft, 43. Jg., Heft 6, 1998, S. 249-259.

HOPT, K. J., Europäisches Gesellschaftsrecht – *Krise und neue Anläufe*, in: Zeitschrift für Wirtschaftsrecht, o. Jg., Heft 3, 1998, S. 96-106.

HOPT, K. J., Gemeinsame Grundsätze der Corporate Governance in *Europa*?, in: Zeitschrift für Unternehmens- und Gesellschaftsrecht, o. Jg., Heft 6, 2000, S. 779-818.

HORVÁTH, P., *Aufgaben* und Stellung des Controllers, in: Betriebswirtschaftliche Forschung und Praxis, 30. Jg., Heft 2, 1978, S. 129-141.

HORVÁTH, P., *Controlling*, 9. Aufl., München 2003.

HORVÁTH, P., Einsatzmöglichkeiten des *ZBB* als Krisenbewältigungsinstrument, in: Bratschitsch, R., Schnellinger, W., (Hrsg.), Unternehmenskrisen, Stuttgart 1981, S. 319-333.

HORVÁTH, P., HERTER, R. N., *Benchmarking* – Vergleich mit den Besten der Besten, in: Controlling, 4. Jg., Heft 1, 1992, S. 4-11.

HORVÁTH, P. ET AL., Neue Instrumente der *Unternehmenssteuerung* in der deutschen Unternehmenspraxis – Bericht über die Stuttgarter Studie, in: Egger, A., Grün, O., Moser, R. (Hrsg.), Managementinstrumente und -konzepte, Entstehung, Verbreitung und Bedeutung für die Betriebswirtschaftslehre, Stuttgart 1999, o. S.

HOUSE, R. J. ET AL., *Leadership* and Organizations – A 62 Nation GLOBE Study, Thousand Oaks 2003.

HUBER, R., Gemeinkosten-*Wertanalyse*, 2. Aufl., Bern – Stuttgart 1987.

HÜBNER, H., Technologie- und *Innovationsmanagement* unter Berücksichtigung der Technikwirkung, in: Zeitschrift für Betriebswirtschaft, 62. Jg., Heft 9, 1992, S. 1009-1028.

HUCHZERMEIER, A., The Real Option *Value* of Operational and Managerial Flexibility in Global Supply Chain Networks, in: Frenkel, M., Hommel, U., Rudolf, M. (Hrsg.), Risk Management – Challenge and Opportunity, Berlin – Heidelberg 2002, S. 181-201.

HUFBAUER, G. C., Synthetic Materials and the Theory of International *Trade*, London 1966.

HULE, R., *Information*, Risk and Timing of Foreign Direct Investment – A Real Options Perspective, in: Chen, J.-R. (Hrsg.), Foreign Direct Investment, New York – London 2000, S. 75-95.

HULL, C. L., A Behavior *System* – An Introduction to Behavior Theory Concerning the Individual Organism, New Haven 1952.

HUMBLE, J., *Praxis* des Management by Objectives, München 1972.

HUNGENBERG, H., Strategische *Allianzen* in der Telekommunikationsbranche, in: Zeitschrift für betriebswirtschaftliche Forschung, 50. Jg., Heft 5, 1998, S. 479-498.

HUNGENBERG, H., Strategisches *Management* in Unternehmen – Ziele, Prozesse, Verfahren, 3. Aufl., Wiesbaden 2004.

HUNGENBERG, H., WULF, T., *Grundlagen* der Unternehmensführung, Berlin et al. 2004.

HUPPERTZ, P., *Terminologie* des Takeover-Spiels, in: Der Volks- und Betriebswirt, o. Jg., Heft 4, 1989, S. 643-647.

HURRY, D., MILLER, A. T., BOWMAN, E. H., *Calls* on High-technology – Japanese Exploration of Venture Capital Investments in the United States, in: Strategic Management Journal, 13. Jg., Heft 2, 1992, S. 85-101.

HÜTTNER, M., *Prognoseverfahren* und ihre Anwendung, Berlin – New York 1986.

HÜTTNER, M., BEDNARZIK, U., *Selektion* und Kombination von Prognoseverfahren – Das System Autoprog, in: Jahrbuch der Absatz- und Verbrauchsforschung, 36. Jg., Heft 1, 1990, S. 103-115.

HUTZSCHENREUTER, T., *Wachstumsstrategien* – Einsatz von Managementkapazitäten zur Wertsteigerung, 2. Aufl., Wiesbaden 2006.

HUTZSCHENREUTER, T., GRIESS-NEGA, T. (Hrsg.), *Krisenmanagement* – Grundlagen, Strategien, Instrumente, Wiesbaden 2006.

HUTZSCHENREUTER, T., VOLL, J., *Internationalisierungspfad* und Unternehmenserfolg – Implikationen kultureller Distanz in der Internationalisierung, in: Zeitschrift für betriebswirtschaftliche Forschung, 59. Jg., Heft 7, 2007, S. 814-846.

HYMER, S. H., The International *Operations* of National Firms – A Study of Direct Foreign Investment, Dissertation, Massachussetts Institute of Technology, Cambridge 1960.

I

IMAI, M., Kaizen – Der *Schlüssel* zum Erfolg der Japaner im Wettbewerb, 7. Aufl., München 1996.

INGLEHART, R., The Silent *Revolution*, Princeton 1977.

INGLEHART, R., WELZEL, C., *Modernization*, Cultural Change and Democracy – The Human Development Sequence, New York – Cambridge 2005.

INSTITUT DER DEUTSCHEN WIRTSCHAFT (Hrsg.), Deutschland in *Zahlen* 2007, Köln 2007.

INTERNATIONAL INSTITUTE OF STUDIES AND TRAINING (IIST) (Hrsg.), *Firmendokumentation* „Mitsubishi Corporation", Fujinomiya-Shi, Kamiide, Japan o. J.

IOMA (Hrsg.), *Performance Reporting* – Majority of Companies Need to Fix Their Balanced Scorecards, in: IOMA's (Institute of Management & Administration, Inc.) Report on Financial Analysis, Planning & Reporting, 4. Jg., Heft 11, 2004, S. 4-5.

ISARD, W., *Location* and Space-Economy – A General Theory Relating to Industrial Location, Market Areas, Land Use, Trade, and Urban Structure, Cambridge 1956.

ISENMANN, R., *Natur* als Vorbild – Plädoyer für ein differenziertes und erweitertes Verständnis der Natur in der Ökonomie, Marburg 2003.

ISHIKAWA, K., *Guide* to Quality Control, 2. Aufl., Tokyo 1994.

ISHIKAWA, K., *Qualität* und Qualitätsmanagement in Japan, in: Probst, G. J. B. (Hrsg.), Qualitätsmanagement – Ein Erfolgspotential, Bern 1983, S. 85-93.

ISS INTERNATIONAL SHAREHOLDER SERVICES (Hrsg.), *Corporate Governance* – From Compliance Obligation to Business Imperative, Rockville 2006.

IVANOVA, F., HAUKE, C., Managing *Diversity* – Ergebnisse einer repräsentativen Unternehmensbefragung, in: Personal, 55. Jg., Heft 7, 2003, S. 12-15.

J

JACOBS, T., *Volkswagen* – Manager und Macher, in: Focus, Ausgabe vom 07.09.2005, http://www.focus.de/finanzen/boerse/volkswagen-manager-und-macher_aid_2556 37. html, Zugriff am 20.05.2008.

JAGO, A. G., VROOM, V. H., Vom Vroom/Yetton- zum Vroom/Jago-*Führungsmodell* – Neue Überlegungen zur Partizipation in Organisationen, in: Die Betriebswirtschaft, 49. Jg., Heft 1, 1989, S. 5-17.

JAHNS, C., Präskriptives und deskriptives strategisches *Management*, in: Wirtschaftswissenschaftliches Studium, 30. Jg., Heft 11, 2001, S. 593-598.

JANS, M., *Diversität* als Ressource? Ergebnisse und Erkenntnisse der Organisationsdemografieforschung, in: Martin, A. (Hrsg.), Personal als Ressource, München – Mering, S. 53-78.

JANSEN, A., *Desinvestitionen*, Bern – New York 1986.

JANSEN, H., Neoklassische *Theorie* und Betriebswirtschaftslehre, in: Wirtschaftswissenschaftliches Studium, 33. Jg., Heft 7, 2004, S. 406-411.

JEHLE, E., *Gemeinkosten-Management*, in: Die Unternehmung, 36. Jg., Heft 1, 1982, S. 59-76.

JENNER, T., Hybride Wettbewerbsstrategien in der Deutschen *Industrie* – Bedeutung, Determinanten und Konsequenzen für die Marktbearbeitung – Ergebnisse einer empirischen Untersuchung, in: Die Betriebswirtschaft, 60. Jg., Heft 1, 2000, S. 7-22.

JENNER, T., *Strategieforschung* zwischen Content und Process, in: Das Wirtschaftsstudium, 32. Jg., Heft 3, 2003, S. 341-346.

JENNER, T., Zur *Verwendung* des Kontingenzansatzes in der betriebswirtschaftlichen Forschung, in: Das Wirtschaftsstudium, 30. Jg., Heft 1, 2001, S. 79-84.

JENSEN, M. C., The Free Cash Flow *Theory* of Takeovers – A Financial Perspective on Mergers & Acquisitions and the Economy, in: Brown, L. E., Rosengren, E. S. (Hrsg.), The Merger Boom, Boston 1988, S. 102-143.

JENSEN, M. C., MECKLING, W. H., *Theory* of the Firm – Managerial Behavior, Agency Costs and Ownership Structure, in: Journal of Financial Economics, 3. Jg., Heft 3, 1976, S. 305-360.

JERMAKOWICZ, W., *Organisationsstrukturen* produktiver, adaptiver und kreativer Organisationen, in: Zeitschrift für Organisation, 49. Jg., Heft 4, 1980, S. 191-200.

JIN-SHENG, L., *Geschäfte* in China, Hamburg 1989.

JOHANSON, J., VAHLNE, J.-E., *Commitment* and Opportunity Development in the Internationalization Process – A Note on the Uppsala Internationalization Process Model, in: Management International Review, 46. Jg., Heft 2, 2006, S. 165-178.

JOHANSON, J., VAHLNE, J.-E., The *Internationalization* Process of the Firm – A Model of Knowledge Development and Increasing Foreign Market Commitments, in: Journal of International Business Studies, 8. Jg., Heft 1, 1977, S. 23-32.

JOHNSON, G., SCHOLES, K., WHITTINGTON, R., Exploring Corporate *Strategy* – Text and Cases, 8. Aufl., Harlow 2005.

JÖRG, P., LODERER, C., ROTH, L., Shareholder Value *Maximization* – What Managers Say and What They Do, in: Die Betriebswirtschaft, 64. Jg., Heft 3, 2004, S. 357-378.

JÖRGES-SÜß, K., SÜß, S., Neo-institutionalistische *Ansätze* in der Organisationstheorie, in: Das Wirtschaftsstudium, 33. Jg., Heft 3, 2004, S. 316-318.

JOHNSON, G., SCHOLES, K., WHITTINGTON, R., Exploring Corporate *Strategy* – Text and Cases, Harlow 2005.

JOST, P.-J. (Hrsg.), Die *Spieltheorie* in der Betriebswirtschaftslehre, Stuttgart 2001.

JOST, P.-J., Konflikt- und *Kooperationsmanagement*, in: Gaugler, E., Weber, W., Oechsler, W. A. (Hrsg.), Handwörterbuch des Personalwesens, 3. Aufl., Stuttgart 2004, Sp. 1014-1025.

JÜCH, C., STOBBE, A., *Blogs* – Ein neues Zaubermittel der Unternehmenskommunikation, in: Deutsche Bank Research (Hrsg.), Economics, Ausgabe vom 22. August 2005, Nr. 53, http://www.dbresearch.com/PROD/DBR_INTERNET_EN-PROD/PROD0000000000190744.pdf, Zugriff am 01.02.2008.

JUDGE, W., NAOUMOVA, I., Corporate *Governance* in Russia – What Model Will it Follow?, in: Corporate Governance, 12. Jg., Heft 3, 2004, S. 302-313.

JUNG, H. F., Kaizen – Ein *Konzept* des mitarbeiterorientierten Managements, in: Personal, 45. Jg., Heft 8, 1993, S. 359-363.

JUNGBAUER-GANS, M., Einleitende *Betrachtungen* zum Begriff „Sozialkapital", in: Gehmacher, E. (Hrsg.), Sozialkapital – Neue Zugänge zu gesellschaftlichen Kräften, Wien 2006.

JUNGBAUER-GANS, M., Schwindet das soziale *Kapital*?, in: Soziale Welt, 53. Jg., Heft 2, 2002, S. 189-207.

JUPITER MEDIA METRIX (Hrsg.), *Global* Top 50 Web and Digital Media Properties, http://www.jmm.com/xp/jmm/press/globalTop50WebProperties.xml, Zugriff am 13.03. 2002.

K

KAAS, K. P., FISCHER, M., Der *Transaktionskostenansatz*, in: Das Wirtschaftsstudium, 22. Jg., Heft 8/9, 1993, S. 686-693.

KAGONO, T. ET AL., Strategic versus Evolutionary *Management* – A U.S.-Japan Comparison of the Strategy and Organisation, New York 1985.

KAHLE, E., Betriebliche *Entscheidungen*, München 2001.

KAHLE, E., *Multikausalität* in der Entscheidungstheorie, in: Lehner, M., Wilms, F. E. P. (Hrsg.), Problemsituationen als Gefüge von Wirkungen, Berlin 2001, S. 75-102.

KAHLE, E., *Unternehmensführung* und Unternehmenskultur, in: Zeitschrift für Betriebswirtschaft, 58. Jg., Heft 11, 1988, S. 1228-1241.

KAISER, E., Von der *Diversity-Strategie* zur Rendite – Mit der Balanced Scorecard, in: Personal Manager, o. Jg., Heft 4, 2004, S. 8-10.

KAISER, S., RINGLSTETTER, M., *Vertrauen* – Erfolgsfaktor für wissensintensive Dienstleistungsunternehmen, in: Götz, K. (Hrsg.), Vertrauen in Organisationen, München 2006, S. 99-112.

KALE, P., SINGH, P., *Learning* and Protection of Proprietary Assets in Strategic Alliances – Building Relational Capital, in: Strategic Management Journal, 21. Jg., Heft 3, 2000, S. 217-238.

KALLEBERG, A. L., MARSDEN, P. V., *Organizations* in America – Analyzing their Structures and Human Resource Practices, Thousand Oaks 1996.

KAPLAN, R. S., NORTON, D. P., The Balanced *Scorecard* – Measures that Drive Performance, in: Harvard Business Review, 70. Jg., Heft 2, 1992, S. 71-79.

KAPLAN, R. S., NORTON, D. P., Transforming the Balanced Scorecard from Performance Measurement to *Strategic Management* – Part II, in: Accounting Horizons, 15. Jg., Heft 2, 2001, S. 147-160.

KAPLAN, R. S., NORTON, D. P., Using the Balanced Scorecard as a Strategic Management *System*, in: Harvard Business Review, 74. Jg., Heft 1, 1996, S. 75-85.

KAPLANER, K., Betriebliche *Voraussetzungen* erfolgreicher Produktinnovationen, München 1987.

KAPPLER, E., Zielsetzungs- und *Zieldurchsetzungsplanung* in Betriebswirtschaften, in: Ulrich, H. (Hrsg.), Unternehmensplanung, Wiesbaden 1975, S. 82-102.

KARLÖF, B., ÖSTBLOM, S., Das *Benchmarking-Konzept* – Wegweiser zu Spitzenleistungen in Qualität und Produktivität, München 1994.

KARRASS, C. L., *Verhandlungsführung* von A bis Z, Heidelberg 1980.

KARTEN, W., *Aspekte* des Risk Managements, in: Betriebswirtschaftliche Forschung und Praxis, 30. Jg., Heft 4, 1978, S. 308-323.

KASPER, H., Die *Handhabung* des Neuen in organisierten Sozialsystemen, Berlin et al. 1990.

KASPER, H., *Organisationskultur*, Wien 1987.

KASPERZAK, R., Der *Konzern* – Eine Organisationsform zwischen Unternehmen und Markt, in: Wirtschaftswissenschaftliches Studium, 29. Jg., Heft 3, 2000, S. 151-157.

KAST, F. E., ROSENZWEIG, J. E., *Organization* and Management, 4. Aufl., New York 1985.

KATZ, D., KAHN, R. L., The Social Psychology of *Organizations*, 2. Aufl., New York 1978.

KATZ, R. L., *Skills* of an Effective Administrator, in: Harvard Business Review, 33. Jg., Heft 1, 1955, S. 1-10.

KATZ, R. L., Skills of an Effective *Administrator*, in: Harvard Business Review, 52. Jg., Heft 5, 1974, S. 90-102.

KAUFMAN, R. F., WALTHER, C. H., *Management* Sponsored LBO's – Considerations for Valuation, in: Management International Review, 32. Jg., Heft 3, 1992, S. 251-263.

KAUFMANN, L., RÖSSING, S., Managing *Conflict* of Interests between Headquarters and their Subsidiaries Regarding Technology Transfer to Emerging Markets – A Framework, in: Journal of World Business, 40. Jg., Heft 3, 2005, S. 235-253.

KELLENBERGER, R., *Erfahrungen* mit der Gemeinkosten-Wertanalyse, in: Der Schweizer Treuhänder, 58. Jg., Heft 3, 1984, S. 91-95.

KELLER, E. V., *Management* in fremden Kulturen – Ziele, Ergebnisse und methodische Probleme der kulturvergleichenden Managementforschung, Bern – Stuttgart 1982.

KELLER, T., Unternehmungsführung mit *Holdingkonzepten*, 2. Aufl., Köln 1993.

KENDRICK, J. J., *Productivity* Pays at Nucor, in: Quality, 27. Jg., Heft 2, 1988, S. 18-20.

KENNEY, M., FLORIDA, R., Beyond Mass Production – The Japanese Lean System and Its *Transfer* to the US, Oxford 1993.

KERIN, R. A., VARADARAJAN, P. R., PETERSON, R. A., First-Mover *Advantage* – A Synthesis, Conceptual Framework, and Research Propositions, in: Journal of Marketing, 56. Jg., Heft 4, 1992, S. 33-52.

KERN, W., *Break-Even-Analysis*, in: Grochla, E., Wittmann, W. (Hrsg.), Handwörterbuch der Betriebswirtschaft, 4. Aufl., Stuttgart 1976, Sp. 992-998.

KERR, S., SCHRIESHEIM, C., *Consideration*, Initiating Structure, and Organizational Criteria – An Update of Kormans 1966 Review, in: Personnel Psychology, 27. Jg., Heft 4, 1974, S. 555-568.

KERSSENS-VAN DRONGELEN, I. C., DE WEERD-NEDERHOF, P. C., FISSCHER, O. A. M., Describing the Issues of *Knowledge* Management in R&D – Towards a Communication and Analysis Tool, in: R&D Management, 26. Jg., 1996, S. 213-230.

KERSTEN, W., Geschäftsmodelle und Perspektiven des industriellen *Einkaufs* im Electronic Business, in: Zeitschrift für Betriebswirtschaft, 71. Jg., Ergänzungsheft 3, 2001, S. 21-37.

KERSTING, W., *Kritik* am Ökonomismus, Arbeitspapier des Philosophischen Seminars der Christian-Albrechts-Universität zu Kiel, Kiel 2008.

KETS DE VRIES, M. ET AL., The New Global Russian Business *Leaders* – Lessons from a Decade of Transition, Arbeitspapier des Institut Européen d´Administration des Affaires (INSEAD), Fontainebleau 2004.

KHANDWALLA, P. N., Mass *Output* Orientation of Operations Technology and Organizational Structure, in: Administrative Science Quarterly, 19. Jg., Heft 1, 1974, S. 74-97.

KIESEL, J., Japanische *Erfolgsfaktoren* des Kanban-Systems, in: Beschaffung aktuell, o. Jg., Heft 3, 1984, S. 25-26.

KIESER, A., *Anleitung* zum kritischen Umgang mit Organisationstheorien, in: Kieser, A. (Hrsg.), Organisationstheorien, 4. Aufl., Stuttgart – Berlin – Köln 2001, S. 1-35.

KIESER, A., *Darwin* und die Folgen für die Organisationstheorie – Darstellung und Kritik des Population Ecology-Ansatzes, in: Die Betriebswirtschaft, 48. Jg., Heft 5, 1988, S. 603-620.

KIESER, A., *Einflussgrößen* der Unternehmungsorganisation – Der Stand der empirischen Forschung und Ergebnisse einer eigenen Erhebung, Habilitationsschrift, Universität zu Köln, Köln 1973.

KIESER, A., Evolutorische *Ansätze* in der Organisationstheorie – Eine kritische Bestandsaufnahme, in: Zeitschrift für Betriebswirtschaft, 72. Jg., Ergänzungsheft 2, 2002, S. 67-74.

KIESER, A., Fremdorganisation, *Selbstorganisation* und evolutionäres Management, in: Zeitschrift für betriebswirtschaftliche Forschung, 46. Jg., Heft 4, 1994, S. 199-228.

KIESER, A., *Werte* und Mythen in der strategischen Planung, in: Das Wirtschaftsstudium, 14. Jg., Heft 8/9, 1985, S. 427-432.

KIESER, A., HEGELE, C., KLIMMER, M., *Kommunikation* im organisatorischen Wandel, Stuttgart 1998.

KIESER, A., WALGENBACH, P., *Organisation*, 5. Aufl., Stuttgart 2007.

KIKUZAWA, K., Bericht zum *Experteninterview*, Tokyo 2004.

KILDUFF, M., *Performance* and Interaction Routines in Multinational Corporations, Journal of International Business Studies, 23. Jg., Heft 1, 1992, S. 133-145.

KILLING, J. P., How to Make a Global Joint Venture *Work*, in: Harvard Business Review, 60. Jg., Heft 3, 1982, S. 120-126.

KILLING, J. P., Technology *Acquisition* – Licence Agreement or Joint Venture, in: Columbia Journal of World Business, 15. Jg., Heft 3, 1980, S. 38-46.

KIM, K., PARK, J.-H., PRESCOTT, J. E., The Global *Integration* of Business Functions – A Study of Multinational Businesses in Integrated Industries, in: Journal of International Business Studies, 34. Jg., Heft 4, 2003, S. 327-344.

KIM, K. H., ROUSH, F. W., *Team* Theory, Chichester 1987.

KIM, W. C., MAUBORGNE, R., Creating New Market *Space*, in: Harvard Business Review, 77. Jg., Heft 1, 1999, S. 83-93.

KING, D. R. ET AL., *Meta-Analysis* of Post-Acquisition Performance – Indication of Unidentified Moderators, in: Strategic Management Journal, 25. Jg., Heft 2, 2004, S. 187-200.

KIRCHHOFF, K. R., PIWINGER, M., Praxishandbuch *Investor Relations* – Das Standardwerk der Finanzkommunikation, Wiesbaden 2005.

KIRSCH, W., Die *Handhabung* von Entscheidungsproblemen, 5. Aufl., München 1998.

KIRSCH, W., Einführung in die Theorie der *Entscheidungsprozesse*, 3 Bände, 2. Aufl., Wiesbaden 1977.

KIRSCH, W., MAAßEN, H. (Hrsg.), *Managementsysteme* – Planung und Kontrolle, 2. Aufl., München 1990.

KIRSCH, W., ROVENTA, P., TRUX, W., Wider den *Haarschneideautomaten*, in: Kirsch, W., Roventa, P. (Hrsg.), Bausteine eines strategischen Managements, Berlin – New York 1983, S. 17-41.

KIRSCH, W., SCHOLL, W., PAUL, G., *Mitbestimmung* in der Unternehmenspraxis, München 1984.

KITCHING, J., *Winning* and Losing with European Acquisitions, in: Harvard Business Review, 52. Jg., Heft 2, 1974, S. 124-136.

KLAGES, H., *Wertorientierungen* im Wandel, 2. Aufl., Frankfurt/Main – New York 1985.

KLÄHN, A., *Aufschreiben*, was sich gehört, www.acquisa.de, Zugriff am 12.07.2005, S. 62-64.

KLEIN, H. W., *Verhandlungskonzepte*, in: Gaugler, E., Weber, W., Oechsler, W. A. (Hrsg.), Handwörterbuch des Personalwesens, 3. Aufl., Stuttgart 2004, Sp. 1581-1587.

KLEIN, S., The Emergence of *Auctions* on the World Wide Web, in: Shaw, M., Blanning, R., Strader, T., Whinston, A. (Hrsg.), Handbook on Electronic Commerce, Berlin – Heidelberg 2000, S. 627-645.

KLEINALTENKAMP, M., Outpacing *Strategies*, in: Die Betriebswirtschaft, 49. Jg., Heft 5, S. 1989, 651-652.

KLENGER, F., Operatives *Controlling*, 5. Aufl., München 2000.

KLIMECKI, R. G., Laterale *Kooperation*, Bern – Stuttgart 1985.

KLIMECKI, R. G., GMÜR, M., Evolutionstheoretische *Ansätze* des Personalmanagements, in: Gaugler, E., Oechsler, W. A., Weber, W. (Hrsg.), Handwörterbuch des Personalwesens, Stuttgart 2004, Sp. 742-750.

KLIMECKI, R. G., GMÜR, M. *Personalmanagement*, Stuttgart 2001.

KLOOCK, J., *Verrechnungspreise*, in: Frese, E. (Hrsg.), Handwörterbuch der Organisation, 3. Aufl., Stuttgart 1992, Sp. 2554-2572.

KLOYER, M., *Opportunismus* und Institutionen in vertikalen Innovationskooperationen, in: Schauenberg, B., Schreyögg, G., Sydow, J. (Hrsg.), Managementforschung, Band 15: Institutionenökonomik als Managementlehre?, Wiesbaden 2005, S. 283-326.

KLUCKHOHN, C., KELLY, W., Das *Konzept* der Kultur, in: König, R., Schmalfuss, A. (Hrsg.), Kulturanthropologie, Düsseldorf 1972, S. 68-90.

KLUCKHOHN, C. ET AL., *Values* and Value-orientation in the Theory of Action, in: Parsons, T., Shills, E. (Hrsg.), Toward a General Theory of Action, Cambridge 1951, S. 388-433.

KNOBLICH, H., SCHUBERT, B., *Konzeptentwicklung* im Rahmen des Produktinnovationsprozesses, in: Zeitschrift für Planung, 3. Jg., Heft 1, 1992, S. 59-72.

KNYPHAUSEN, D. Z., *Unternehmungen* als evolutionsfähige Systeme, München 1988.

KNYPHAUSEN, D. Z., „Why are *Firms* different?", in: Die Betriebswirtschaft, 53. Jg., Heft 6, 1993, S. 771-792.

KNYPHAUSEN, D. Z., SCHWEIZER, L., Bedeutung der Unternehmenskultur im *M&A-Prozess*, in: Borowicz, F., Mittermair, K. (Hrsg.), Strategisches Management von Mergers & Acquisitions, Wiesbaden 2006, S. 259-278.

KOCH, L., SCHMENGLER, K., *Krisenmanagement* in jungen Unternehmen, in: Das Wirtschaftsstudium, 35. Jg., Heft 3, 2006, S. 330-331.

KOCHAN, T., OSTERMAN, P., The Mutual *Gains* Enterprise – Forging a Winning Partnership among Labour, Management, and Government, Boston 1994.

KÖSTLER, R., WERNER, F., SE zwischen *Eiszeit* und Europa, in: Die Mitbestimmung, o. Jg., Heft 12, 2007, S. 48-51.

KOGUT, B., KULATILAKA, N., Operating *Flexibility*, Global Manufacturing and the Option Value of a Multinational Network, in: Management Science, 40. Jg., Heft 1, 1994, S. 123-139.

KOGUT, B., ZANDER, U., What Firms Do? Coordination, Identity, and *Learning*, in: Organization Science, 7. Jg., Heft 5, 1996, S. 502-518.

KÖHLER, C., Zunehmende *Freizügigkeit* des internationalen Kapitalverkehrs, in: Zeitschrift für das gesamte Kreditwesen, 40. Jg., Heft 18, 1987, S. 820-823.

KÖHLER, R., *Möglichkeiten* zur Förderung der Produktinnovation in mittelständischen Unternehmen, in: Zeitschrift für Betriebswirtschaft, 58. Jg., Heft 8, 1988, S. 812-827.

KÖHLER, R., KÜPPER, H.-U., PFINGSTEN, A., *Betriebswirtschaftslehre*, in: Köhler, R., Küpper, H.-U., Pfingsten, A. (Hrsg.), Handwörterbuch der Betriebswirtschaft, 6. Aufl., Stuttgart 2007, Sp. 134-160.

KÖHLER, R., TEBBE, K., UEBELE, H., Der *Einfluss* objektorientierter Organisationsformen auf die Gestaltung absatzpolitischer Entscheidungsprozesse, Köln 1983.

KÖHLER-BRAUN, K., Durch *Diversity* zu neuen Anforderungen an das Management, in: Zeitschrift Führung und Organisation, 68. Jg., Heft 4, 1999, S. 188-193.

KOLB, G., Die Evolutorische *Wirtschaftstheorie*, in: Das Wirtschaftsstudium, 32. Jg., Heft 5, 2003, S. 631-634.

KOLLER, H., LANGMANN, C., UNTIEDT, H. M., Management von *Innovationsnetzwerken*, in: Industrie Management, 22. Jg., Heft 3, 2006, S. 23-28.

KOLLMANN, T., Virtuelle *Marktplätze* – Grundlagen, Management, Fallstudie, München 2001.

KOLLMAR, A., NIEMEIER, D., Der Weg zum richtigen Benchmarking-Partner – Unter den *Besten* wählen, in: Gablers Magazin, o. Jg., Heft 5, 1994, S. 31-35.

KOMMISSION DER EUROPÄISCHEN GEMEINSCHAFTEN (Hrsg.), Umsetzung des Finanzmarkt-rahmens – *Aktionsplan*, Mitteilungen vom 11. Mai 1999, KOM (1999) 232 endgültig.

KONO, T., Long Range Planning of Japanese *Corporations*, Berlin – New York 1992.

KONO, T., Long Range *Planning* of Japanese Corporations, unveröffentlichtes Manuskript, Gakushuin University, Tokyo 1986.

KONO, T., *New Trends* in Human Resource Management of Japanese Corporations, in: Proceedings of the ANZAM/IFSAM VIth World Congress – Management in a Global Context – Prospects for the 21st Century (CD-Rom), Gold Coast, 10.–13. Juli 2002.

KOONTZ, H., The Management Theory *Jungle*, in: Matteson, M. T., Invancevich, J. M. (Hrsg.), Management Classics, Santa Monica 1977, S. 19-33.

KORFF, E., *Leiten* und Führen, 2. Aufl., Heidelberg 1971.

KORMAN, A. K., The *Prediction* of Managerial Performance – A Review, in: Personnel Psychology, 21. Jg., Heft 3, 1968, S. 295-322.

KORTZFLEISCH, G. V., ZAHN, E., *Wachstum* II, betriebswirtschaftliche Probleme, in: Albers, W. (Hrsg.), Handwörterbuch der Wirtschaftswissenschaft, Band 8, Stuttgart et al., S. 432-448.

KOSIOL, E., *Einführung* in die Betriebswirtschaftslehre, Wiesbaden 1968.

KOSIOL, E., *Organisation* der Unternehmung, 2. Aufl., Wiesbaden 1976.

KOTABE, M. ET AL., The Perceived *Veracity* of PIMS Strategy Principles in Japan – An Empirical Inquiry, in: Journal of Marketing, 55. Jg., Heft 1, 1991, S. 26-41.

KOYAMA, A., Bericht zum *Experteninterview*, Tokyo 2004.

KPMG (Hrsg.), *M&A-Geschäft* zieht weltweit an – Aber: Deutschland fällt weiter zurück, Pressemitteilung vom 12.12.2004, Berlin 2004.

KPMG (Hrsg.), *Survey* – Corporate Governance in Europe, o. O. 2002.

KRÄKEL, M., Managerial versus Entrepreneurial Firms – The Benefits of Separating *Ownership* and Control, in: Schmalenbach Business Review, 56. Jg., Heft 1, 2004, S. 2-19.

KRÄKEL, M., *Organisation* und Management, 2. Aufl., Tübingen 2004.

KRAFCIK, J. F., *Triumph* of the Lean Production System, in: Sloan Management Review, 30. Jg., Heft 1, 1988, S. 41-52.

KRAFT, A., KREUTZ, P., *Gesellschaftsrecht*, 11. Aufl., Frankfurt/Main 2000.

KRAFT, V., Die Grundlagen der *Erkenntnis* und der Moral – Erfahrung und Denken, Berlin 1968.

KRALLMANN, H., *Wissen* – Eine neue Management Ressource, in: Forschung aktuell, 2. Jg., Heft 7, 1985, S. 11-13.

KRAMARSCH, M. H., Aktienbasierte *Managementvergütung*, 2. Aufl., Stuttgart 2004.

KRAUSE, S., Demographischer *Wandel* als Herausforderung für Unternehmensführung, Produkte und Märkte am Beispiel der BMW Group, in: Zeitschrift für betriebswirtschaftliche Forschung, 58. Jg., Heft 7/8, 2006, S. 667-674.

KRAVIS, I. B., 'Availability' and other Influences on the Commodity Composition of *Trade*, in: Journal of Political Economy, 64. Jg., Heft 2, 1956, S. 143-155.

KRAWITZ, N., Anhang und *Lagebericht* nach IFRS – Prinzipien, Anforderungen, Strukturierung, München 2005.

KRCMAR, H., *Annäherungen* an Informationsmanagement – Managementdisziplin und/oder Technologiedisziplin?, in: Staehle, W. H., Sydow, J. (Hrsg.), Managementforschung, Band 1, Wiesbaden 1991 S. 163-203.

KRCMAR, H., Computer Aided *Team* – Ein Überblick, in: Information Management, 7. Jg., Heft 1, 1992, S. 6-9.

KRECH, D., CRUTCHFIELD, R., BALLACHEY, E. L., *Individual* and Society, New York 1962.

KREIKEBAUM, H., Die *Einführung* strategischer Planungssysteme in der Praxis, in: Zeitschrift für Betriebswirtschaft, 62. Jg., Heft 6, 1992, S. 671-684.

KREIKEBAUM, H., *Grundlagen* der Unternehmensethik, Stuttgart 1996.

KREIKEBAUM, H., *Innovationsmanagement* bei aktivem Umweltschutz, in: Kreikebaum, H. (Hrsg.), Integrierter Umweltschutz, 2. Aufl., Wiesbaden 1992, S. 45-55.

KREIKEBAUM, H., Strategische *Unternehmensplanung*, 6. Aufl., Stuttgart et al. 1997.

KREIKEBAUM, H., GILBERT, D. U., REINHARDT, G. O., *Organisationsmanagement* internationaler Unternehmen – Grundlagen und moderne Netzwerkstrukturen, 2. Aufl., Wiesbaden 2002.

KRELL, G., *Chancengleichheit* und Fairness in der Leistungsbeurteilung, in: Personalführung, 34. Jg., Heft 11, 2001, S. 38-43.

KRELL, G., *Frauenförderung* darf kein Zufall sein, in: Personalwirtschaft, o. Jg., Heft 4, 1992, S. 31.

KRICSFALUSSY, A., *Unternehmensziele* – Die Etablierung neuartiger Zielkategorien, in: Zeitschrift Führung und Organisation, 77. Jg., Heft 1, 2008, S. 33-41.

KROEBER, A. L., KLUCKHOHN, C., *Culture* – A Critical Review of Concepts and Definitions, Cambridge 1952.

KROGH, G. VAN, GRAND, S., *Wissensmanagement*, in: Schreyögg, G., Werder, A. v. (Hrsg.), Handwörterbuch Unternehmensführung und Organisation, 4. Aufl., Stuttgart 2004, Sp. 1647-1656.

KRUBASIK, E. G., *Technologie* – Strategische Waffe, in: Wirtschaftswoche, 36. Jg., Heft 25, 1982, S. 28-35.

KRÜGER, W., Hier irrten *Peters* und Waterman, in: Harvardmanager, 11. Jg., Heft 1, 1989, S. 13-22.

KRÜGER, W., EBELING, F., *Psychologik* – Topmanager müssen lernen, politisch zu handeln, in: Harvardmanager, 13. Jg., Heft 2, 1991, S. 47-56.

KRYSTEK, U., *Krisenarten* und Krisenursachen, in: Hutzschenreuter, T., Griess-Nega, T. (Hrsg.), Krisenmanagement – Grundlagen, Strategien, Instrumente, Wiesbaden 2006, S. 41-66.

KRYSTEK, U., *Krisenbewältigungsmanagement* und Unternehmensplanung, Wiesbaden 1981.

KRYSTEK, U., *Unternehmenskultur* und Akquisition, in: Zeitschrift für Betriebswirtschaft, 62. Jg., Heft 5, 1992, S. 539-566.

KRYSTEK, U., *Unternehmungskrisen*, Wiesbaden 1987.

KRYSTEK, U., MOLDENHAUER, R., *Handbuch* Krisen- und Restrukturierungsmanagement – Generelle Konzepte, Spezialprobleme, Praxisberichte, Stuttgart 2007.

KUBICEK, H., *Unternehmungsziele*, Zielkonflikte und Zielbildungsprozesse, in: Wirtschaftswissenschaftliches Studium, 10. Jg., Heft 10, 1981, S. 458-466.

KUBICEK, H., THOM, N., *Umsystem*, betriebliches, in: Grochla, E., Wittmann, W. (Hrsg.), Handwörterbuch der Betriebswirtschaft, 4. Aufl., Stuttgart 1976, Sp. 3977-4017.

KÜHL, D., NIEDER, P., Warum brauchen *Unternehmen* ein Veränderungs-Management?, in: Betriebswirtschaftliche Forschung und Praxis, 46. Jg., Heft 3, 1994, S. 190-209.

KÜHN, R., KRUSE, H. F., Strategische *Planung* im EDV-Bereich, in: Zeitschrift Führung und Organisation, 54. Jg., Heft 8, 1985, S. 455-462.

KÜPPER, H.-U., *Unternehmensethik* – Hintergründe, Konzepte, Anwendungsbereiche, Stuttgart 2006.

KÜPPER, H.-U., *Verantwortung* in der Wirtschaftswissenschaft, in: Zeitschrift für betriebswirtschaftliche Forschung, 40. Jg., Heft 4, 1988, S. 318-339.

KUHLMANN, T., *Coaching* – Persönliche Beratung bei strukturellen Veränderungen und Führungskräfteförderung, in: Personalführung, o. Jg., Heft 6, 1989, S. 592-597.

KUHN, J., Der *Global Player* im Automobilbau, in: Zeitschrift für Betriebswirtschaft, 68. Jg., Heft 9, 1998, S. 937-957.

KUHN, L., *Kompaktautos* – Doppelter Boden, in: Wirtschaftswoche, 51. Jg., Heft 27, 1997, S. 72-73.

KULHAVY, E., Internationales *Marketing*, 5. Aufl., Linz 1993.

KUMAR, A., Global Executive Information *Systems* – Key Issues and Trends, New York et al. 2000.

KUMAR, B. N., Interkulturelle *Managementforschung* – Ein Überblick über Ansätze und Probleme, in: Wirtschaftswissenschaftliches Studium, 17. Jg., Heft 8, 1988, S. 389-394.

KUNZE, C. W., Competitive *Intelligence* – Ein ressourcenorientierter Ansatz strategischer Frühaufklärung, Aachen 2000.

KUPSCH, P., *Unternehmungsziele*, Stuttgart – New York 1979.

KURKE, L. B., ALDRICH, H. E., Mintzberg Was Right – A *Replication* and Extension of the Nature of Managerial Work, in: Management Science, 29. Jg., Heft 8, 1983, S. 975-984.

KUTSCHKER, M., *Akquisition*, internationale, in: Macharzina, K., Welge, M. K. (Hrsg.), Handwörterbuch Export und Internationale Unternehmung, Stuttgart 1989, Sp. 1-22.

KUTSCHKER, M., *Gestalten* oder nicht gestalten? – Eine feldtheoretische Ergänzung des Gestaltansatzes, in: Engelhard, J., Oechsler, W. A. (Hrsg.), Internationales Management – Auswirkungen globaler Veränderungen auf Wettbewerb, Unternehmensstrategie und Märkte, Wiesbaden 1999, S. 279-316.

KUTSCHKER, M., BÄURLE, I., SCHMID, S., International Evolution, International Episodes, and International Epochs – Implications for Managing *Internationalization*, in: Management International Review, 37. Jg., Special Issue 2, 1997, S. 103-125.

KUTSCHKER, M., KIRSCH, W., *Verhandlungen* in multiorganisationalen Entscheidungsprozessen, München 1978.

KUTSCHKER, M., SCHMID, S., Internationales *Management*, 6. Aufl., München – Wien 2008.

KUTSCHKER, M., SCHURIG, A., *Embeddedness* of Subsidiaries in Internal and External Networks – A Prerequisite for Technological Change, in: Havila, V., Forsgren, M., Hakansson, H. (Hrsg.), Critical Perspectives on Internationalisation, Oxford 2002, S. 107-132.

KUX, B., RALL, W., Marketing im globalen *Wettbewerb*, in: Welge, M. K. (Hrsg.), Globales Management, Stuttgart 1990, S. 73-84.

KYRIAKOPOULOS, K., DE RUYTER, K., *Knowledge* Stocks and Information Flows in New Product Development, Journal of Management Studies, 41. Jg., Heft 8, 2004, S. 1469-1499.

L

LAAKSONEN, O., *Management* in China During and After Mao in Enterprises, Government, and Party, Berlin – New York 1988.

LAMM, H., *Analyse* des Verhandelns, Stuttgart 1975.

LANGE, B., *Portfolio-Methoden* in der strategischen Unternehmensplanung, Dissertation, Universität Hannover, Hannover 1981.

LANGERFELDT, M., *Spieltheorie*, in: Das Wirtschaftsstudium, 30. Jg., Heft 12, 2001, S. 1619-1621.

LANGERFELDT, M., *Transaktionskostentheorie*, in: Das Wirtschaftsstudium, 31. Jg., Heft 5, 2002, S. 653-655.

LARGE, R., Interpersonelle Kommunikation und erfolgreiches *Lieferantenmanagement* – Analyse des externen Kommunikationsverhaltens von Beschaffungsmanagern auf Basis eines Strukturgleichungsmodells, in: Zeitschrift für Betriebswirtschaft, 76. Jg., Heft 10, 2006, S. 1005-1034.

LATTEMANN, C., KUPKE, S., The Strategic Virtual *Corporation*, in: International Journal of Web Based Communities, 3. Jg., Heft 1, 2007, S. 4-15.

LAU, A. W., PAVETT, C. M., The *Nature* of Managerial Work, in: Group and Organization Studies, 5. Jg., Heft 5, 1980, S. 453-466.

LAUTENBACHER, S., WALSH, I., Neue *Technologien* für virtuelle Organisationen, in: Gablers Magazin, o. Jg., Heft 6/7, 1994, S. 28-30.

LAUX, H., *Organisationstheorie*, entscheidungslogisch orientierte, in: Frese, E. (Hrsg.), Handwörterbuch der Organisation, 3. Aufl., Stuttgart 1992, Sp. 1733-1745.

LAUX, H., LIERMANN, F., Grundlagen der *Organisation* – Die Steuerung von Entscheidungen als Grundproblem der Betriebswirtschaftslehre, 4. Aufl., Berlin et al. 1997.

LAUX, H., SCHENK-MATHES, H. Y., Erfolgsorientierte *Belohnungssysteme* mit und ohne Verlustbeteiligung, in: Zeitschrift für betriebswirtschaftliche Forschung, 44. Jg., Heft 5, 1992, S. 395-425.

LAWRENCE, P., *Management* in the USA, London et al. 1996.

LAWRENCE, P. R., LORSCH, J. W., Organization and *Environment*, Boston 1967.

LAX, D. A., SEBENIUS, S. K., The Manager as *Negotiator*, New York 1987.

LEAVITT, H. J., Applied Organizational *Change* in Industry – Structural, Technical and Human Approaches, in: Cooper, W. W., Leavitt, H. J., Shelly II, M. W. (Hrsg.), New Perspectives in Organization Research, New York 1964, S. 53-71.

LECHNER, C., FLOYD, S., Searching, Processing, Codifying and Practicing – Key *Learning* Activities in Exploratory Initiatives, in: Long Range Planning, 40. Jg., Heft 1, 2007, S. 9-29.

LEE, S. M., SHIM, J. P., Zero-Base Budgeting – Dealing with Conflicting *Objectives*, in: Long Range Planning, 17. Jg., Heft 5, 1984, S. 103-110.

LEE, S. M., YOO, S., The *K-Type* Management, in: Management International Review, 27. Jg., Heft 4, 1987, S. 68-77.

LEHMANN, E., FABEL, O., Adverse *Selection* and Market Substitution by Electronic Trade, in: International Journal of the Economics of Business, 9. Jg., Heft 2, 2002, S. 175-193.

LEHNER, J. M., Shifts of *Reference Points* For Framing Of Strategic Decisions And Changing Risk-Return Associations, in: Management Science, 46. Jg., Heft 1, 2000, S. 63-76.

LEIPOLD, H., *Theorie* der Property Rights – Forschungsziele und Anwendungsbereiche, in: Wirtschaftswissenschaftliches Studium, 7. Jg., Heft 11, 1978, S. 518-525.

LEISINGER, K. M., *Unternehmensethik* – Globale Verantwortung und modernes Management, München 1997.

LEITHERER, E., *Industrie-Design*, Teil I und Teil II, in: Das Wirtschaftsstudium, 19. Jg., Heft 2, 1990, S. 104-107 und Heft 3, S. 168-170.

LEITL, M., Diversity *Management*?, in: Harvard Business Manager, 25. Jg., Heft 12, 2003, S. 21.

LEKER, J., Die Neuausrichtung der *Unternehmensstrategie*, Tübingen 2000.

LEMKE, H.-J., Mit *Wertkettenanalyse* und Zero-Base-Budgeting zum marktorientierten Unternehmen, in: Kostenrechnungspraxis, o. Jg., Heft 5, 1992, S. 271-274.

LEMONT SCHMIDT, P., Die amerikanische und die deutsche *Wirtschaftskultur* im Vergleich, 4. Aufl., Göttingen 2002.

LEONARD, F. S., SASSER, W. E., The *Incline* of Quality, in: Harvard Business Review, 60. Jg., Heft 5, 1982, S. 163-171.

LEONTIADES, J. C., Multinational Corporate *Strategy*, Lexington – Toronto 1985.

LEONTIADES, M., *Management* Policy, Strategy and Plans, Boston – Toronto 1982.

LERBINGER, P., *Unternehmensakquisition* durch Leveraged Buy Out, in: Die Bank, 26. Jg., Heft 3, 1986, S. 133-142.

LEVITT, B., NASS, C., The *Lid* of the Garbage Can – Institutional Constraints on Decision Making in the Technical Core of College-Text Publishers, in: Administrative Science Quarterly, 34. Jg., Heft 2, 1989, S. 190-207.

LEVITT, T., The *Globalization* of Markets, in: Harvard Business Review, 61. Jg., Heft 3, 1983, S. 92-102.

LEWANDOWSKI, R., Prognose- und *Informationssysteme* und ihre Anwendung, 2 Bände, Berlin – New York 1980.

LEWELLEN, W., LODERER, C., ROSENFELD, A., *Mergers*, Executive Risk Reduction, and Stockholder Wealth, in: Journal of Financial and Quantitative Analysis, 24. Jg., Heft 4, 1989, S. 459-472.

LEWIN, K., LIPPITT, R., WHITE, R. K., *Patterns* of Aggressive Behavior in Experimentally Created „Social Climates", in: Browne, C. C., Cohn, T. S. (Hrsg.), The Study of Leadership, Danville 1958, S. 296-303.

LEWIS, R., When *Cultures* Collide – Managing Successfully Across Cultures, 2. Aufl., London – Naperville 2000.

LEWIS, T. G., *Steigerung* des Unternehmenswertes – Total-Value-Management, 2. Aufl., Landsberg/Lech 1995.

LIANG, T. P., CHEN, N.-S., *Design* of Electronic Stores, in: Shaw, M., Blanning, R., Strader, T., Whinston, A. (Hrsg.), Handbook on Electronic Commerce, Berlin – Heidelberg 2000, S. 215-232.

LICHTENSTEIN, D. R., BURTON, S., The *Relationship* Between Perceived and Objective Price-Quality, in: Journal of Marketing Research, 26. Jg., Heft 4, 1989, S. 429-443.

LICHTENTHALER, U., *Organisation* internationaler Multi-F&E-Kooperations-Prozesse – Bedeutung einer Kooperationsabteilung, in: Die Unternehmung, 58. Jg., Heft 1, 2004, S. 53-74.

LIE, J., Is Korean *Management* Just Like Japanese Management?, in: Management International Review, 30. Jg., Heft 2, 1990, S. 113-118.

LIEBERMAN, M. B., First-Mover (Dis)Advantages – *Retrospective* and Link with the Resource-based View, in: Strategic Management Journal, 19. Jg., Heft 12, 1998, S. 1111-1125.

LIEBERMAN, M. B., MONTGOMERY, D. B., First-Mover *Advantages*, in: Strategic Management Journal, 9. Jg., Special Issue, 1988, S. 41-58.

LIKERT, R., LIKERT, J. G., New Ways of Managing *Conflict*, New York et al. 1976.

LINCOLN, J. R., KALLEBERG, A. L., *Culture*, Control, and Commitment – A Study of Work Organization and Work Attitudes in the United States and Japan, New York 1990.

LINDBLOM, C. E., The *Science* of „Muddling-Through", in: Ansoff, H. I. (Hrsg.), Business Strategy, Harmondsworth 1969, S. 41-60.

LINDELL, M., ARVONEN, J., The Nordic Management *Style* in a European Context, in: Internatonal Studies of Management and Organization, 26. Jg., Heft 3, 1997, S. 73-92.

LINDKVIST, L., A Passionate *Search* for Nordic Management, Kopenhagen 1991.

LINK, C., ORBAN, C., Unternehmensplanung – Wertschöpfung oder *Pflichtübung*? Ergebnisse einer Befragung unter den umsatzstärksten deutschen Unternehmen, in: Kostenrechnungspraxis, 46. Jg., Heft 1, 2002, S. 11-17.

LITTKEMANN, J., HOLTRUP, M., SCHRADER, C., Besonderheiten der *Bewertung* hochinnovativer Unternehmen im Rahmen des Akquisitionscontrollings, in: Zeitschrift für Controlling und Management, 49. Jg., Sonderheft 3, 2005, S. 40-57.

LITTKEMANN, J., LEHMANN, U., HOLTRUP, M., *Erfolgsmessung* und -bewertung von Innovationsprojekten – Typische Probleme und mögliche Lösungsansätze, in: Unternehmensbewertung + Management, o. Jg., Heft 5, 2005, S. 145-150.

LITTMANN-WERNLI, S., SCHUBERT, R., *Stereotypien* und die „Gläserne Decke" in Unternehmen, in: Wirtschaftspsychologie, 4. Jg., Heft 1, 2002, S. 22-28.

LODGE, G., WALTON, R., The American *Corporation* and Its New Relationships, in: California Management Review, 31. Jg., Heft 3, 1989, S. 9-24.

LÖHR, A., *Unternehmensethik* und Betriebswirtschaftslehre – Untersuchungen zur theoretischen Stützung der Unternehmenspraxis, Stuttgart 1991.

LÖSCHER, P., Neue *Konzernstruktur* für Siemens, Pressegespräch, München, 29. November 2007.

LOHSTÖTER, H., *Planung* des einzelwirtschaftlichen Wachstums unter Beachtung der Unternehmenssicherung, Frankfurt/Main – Zürich 1978.

LOMBARDO, G. A., SANDERS, T. B., International Joint *Ventures* – A Literature Review, Arbeitspapier der University of Maine 1989.

LORANGE, P., PROBST, G. J. B., Joint Ventures as Self-organizing *Systems*, in: Columbia Journal of World Business, 22. Jg., Heft 2, 1987, S. 71-77.

LORENZEN, P., Philosophische *Fundierungsprobleme* einer Wirtschafts- und Unternehmensethik, in: Steinmann, H., Löhr, A. (Hrsg.), Unternehmensethik, Stuttgart 1989, S. 25-57.

LOSSE, K. H., THOM, N., Das betriebliche *Vorschlagswesen* als Innovationsinstrument, 2. Aufl., Frankfurt/Main 1980.

LUBATKIN, M., CHATTERJEE, S., Extending Modern Portfolio *Theory* into the Domain of Corporate Diversification – Does it Apply?, in: Academy of Management Journal, 37. Jg., Heft 1, 1994, S. 109-136.

LUCE, R. D., RAIFFA, H., *Games* and Decisions, New York 1957.

LÜDEKE, H. ET AL., Zum Umgang mit *Tautologien* in der Managementforschung – Eine Analyse des Ressourcenbasierten Ansatzes, in: Die Betriebswirtschaft, 66. Jg., Heft 5, 2006, S. 561-584.

LUKIE, M., *Humanisierung* der Arbeit durch Qualitätszirkel, in: Zeitschrift für Arbeitswissenschaft, 42. Jg., Heft 3, 1988, S. 137-141.

LUOSTARINEN, R., *Internationalization* of the Firm, Helsinki 1979.

LUTHANS, F., *Introduction* to Management, New York 1976.

LUTHANS, F., LARSEN, J. K., How *Managers* Really Communicate, in: Human Relations, 39. Jg., Heft 2, 1986, S. 161-178.

LUTTER, M., Das Europäische *Unternehmensrecht* im 21. Jahrhundert, in: Zeitschrift für Unternehmens- und Gesellschaftsrecht, Heft 1, 2000, S. 1-18.

LUTTER, M., Vergleichende Corporate *Governance* – Die deutsche Sicht, in: Zeitschrift für Unternehmens- und Gesellschaftsrecht, 30. Jg., Heft 2, 2001, S. 224-237.

LUTZ, F. W., Tightening Up Loose *Coupling* in Organizations of Higher Education, in: Administrative Science Quarterly, 27. Jg., Heft 4, 1982, S. 653-669.

M

MACHARZINA, K., *Bedeutung* und Notwendigkeit des Diskontinuitätenmanagements bei internationaler Unternehmenstätigkeit, in: Macharzina, K. (Hrsg.), Diskontinuitätenmanagement, Berlin 1984, S. 1-18.

MACHARZINA, K., Die *Wettbewerbsfähigkeit* der Bundesrepublik Deutschland im internationalen Vergleich, in: Betriebswirtschaftliche Forschung und Praxis, 41. Jg., Heft 5, 1989, S. 472-488.

MACHARZINA, K. (Hrsg.), *Diskontinuitätenmanagement*, Berlin 1984.

MACHARZINA, K., Flexible *Planung* auf der Basis aggregierter Parameterschätzungen, in: Zeitschrift für Betriebswirtschaft, 46. Jg., Heft 12, 1976, S. 869-884.

MACHARZINA, K., *Führungsmodelle*, in: Grochla, E. (Hrsg.), Handwörterbuch der Organisation, 2. Aufl., Stuttgart 1980, Sp. 744-756.

MACHARZINA, K., *Führungstheorien* und Führungssysteme, in: Macharzina, K., Oechsler, W. A. (Hrsg.), Personalmanagement, Band I, Wiesbaden 1977, S. 19-54.

MACHARZINA, K., *Grundlagen*, in: Breuer, W., Günther, U. (Hrsg.), Internationales Management, Wiesbaden 2003, S. 11-53.

MACHARZINA, K., *Informationspolitik*, Wiesbaden 1990.

MACHARZINA, K., *Interaktion* und Organisation, Dissertation, Ludwig-Maximilians-Universität München, München 1970.

MACHARZINA, K., Internationale *Betriebswirtschaftslehre*, in: Macharzina, K., Welge, M. K. (Hrsg.), Handwörterbuch Export und Internationale Unternehmung, Stuttgart 1989, Sp. 903-914.

MACHARZINA, K., *Internationalisierung* und Organisation, in: Zeitschrift Führung und Organisation, 61. Jg., Heft 1, 1992, S. 4-11.

MACHARZINA, K., Joint *Venture*, in: Dülfer, E. (Hrsg.), International Handbook of Cooperative Organizations, Göttingen 1994, S. 522-527.

MACHARZINA, K., Leistungsmotivation in der *Krise*?, in: IBM-Nachrichten, 40. Jg., Heft 303, 1990, S. 7-15.

MACHARZINA, K., Management im Spannungsfeld zwischen ökonomischer Rationalität und ökologischer *Vernunft*, Arbeitsbericht der Forschungsstelle für Export- und Technologiemanagement, Universität Hohenheim, Stuttgart 1991.

MACHARZINA, K., Neuere Entwicklungen in der *Führungsforschung*, in: Zeitschrift für Organisation, 46. Jg., 1977, Heft 1, S. 7-15, und Heft 2, S. 101-108.

MACHARZINA, K., *Organisationsdynamik* der internationalen Unternehmung, in: Hoffmann, W. M. (Hrsg.), Gestaltung der Organisationsdynamik – Konfiguration und Evolution, Stuttgart 2003, S. 143-164.

MACHARZINA, K., *Paradigm* Shift in International Business Theory – Overcoming Partist and Eclectic Approaches, in: Proceedings of the Academy of International Business, 30. AIB Conference 1989, Singapore 1989, o. S.

MACHARZINA, K., *Reduktion* von Ungewissheit und Komplexität durch Prognose und Planung, in: Management International Review, 15. Jg., Heft 6, 1975, S. 29-42.

MACHARZINA, K., *Steuerung* von Auslandsgesellschaften bei Internationalisierungsstrategien, in: Haller, M. et al. (Hrsg.), Globalisierung der Wirtschaft – Einwirkungen auf die Betriebswirtschaftslehre, Bern – Stuttgart 1993, S. 77-110.

MACHARZINA, K., Strategic Planning *Systems*, in: Choi, F. D. S. (Hrsg.), Handbook of International Accounting, New York et al. 1991, S. 25/1-25/18.

MACHARZINA, K., Strategische *Fehlentscheidungen* in der internationalen Unternehmung als Folge von Informationspathologien, in: Macharzina, K. (Hrsg.), Diskontinuitätenmanagement, Berlin 1984, S. 77-140.

MACHARZINA, K., *Theorie* der internationalen Unternehmenstätigkeit – Kritik und Ansätze einer integrativen Modellbildung, in: Lück, W., Trommsdorff, V. (Hrsg.), Internationalisierung der Unternehmung als Problem der Betriebswirtschaftslehre, Berlin 1982, S. 111-146.

MACHARZINA, K., *Unternehmensführung* – Das internationale Managementwissen – Konzepte, Methoden, Praxis, 4. Aufl., Wiesbaden 2003.

MACHARZINA, K., DEDLER, K., Ökonomische *Analyse* der internen Informationspolitik der Unternehmung, Betriebswirtschaftliche Beiträge Nr. 21, Universität Hohenheim, Stuttgart 1986.

MACHARZINA, K., DÜRRFELD, H. J., *Anspruch* und Wirklichkeit virtueller Unternehmen – Eine betriebswirtschaftliche Analyse, in: Matiaske, W., Mellewigt, T., Stein, F. A. (Hrsg.), Empirische Organisations- und Entscheidungsforschung – Ansätze, Befunde, Methoden, Heidelberg 2000, S. 26-52.

MACHARZINA, K., ENGELHARD, J., Internationales *Management*, in: Die Betriebswirtschaft, 47. Jg., Heft 3, 1987, S. 319-344.

MACHARZINA, K., ENGELHARD, J., *Internationalisierung* der Unternehmenstätigkeit, Vorüberlegungen zur Konzeption eines Forschungsprogramms, Betriebswirtschaftliche Beiträge Nr. 16, Universität Hohenheim, Stuttgart 1984.

MACHARZINA, K., ENGELHARD, J., *Paradigm Shift* in International Business Research – From Partist and Eclectic Approaches to the GAINS Paradigm, in: Management International Review, 31. Jg., Special Issue, 1991, S. 23-43.

MACHARZINA, K., FISCH, J. H., *Gestaltung* von Executive Information Systems bei Internationalisierungsstrategien, in: Möller, H. P., Schmidt, F. (Hrsg.), Rechnungswesen als Instrument für Führungsentscheidungen, Stuttgart 1998, S. 31-52.

MACHARZINA, K., FISCH, J. H., Unternehmenswertsteigerung durch *Globalisierung* aus kapitalmarktorientierter Sicht, in: Gramlich, D., Hinz, H. (Hrsg.), Kapitalmarkt, Unternehmen und Information – Wertanalyse und Wertsteuerung von Unternehmen auf finanziellen Märkten, Wiesbaden 2005, S. 429-448.

MACHARZINA, K., NEUBÜRGER, H.-J. (Hrsg.), Wertorientierte *Unternehmensführung* – Strategien, Strukturen, Controlling, Stuttgart 2002.

MACHARZINA, K., OESTERLE, M.-J., Internationalisierung und Organisation unter besonderer *Berücksichtigung* europäischer Entwicklungen, in: Scholz, C., Zentes, J. (Hrsg.), Strategisches Euro-Management, Band I, Stuttgart 1995, S. 203-225.

MACHARZINA, K., OESTERLE, M.-J., BRODEL, D., *Learning* in Multinationals, in: Dierkes, M. et al. (Hrsg.), Handbook of Organizational Learning and Knowledge, Oxford 2001, S. 631-656.

MACHARZINA, K., OESTERLE, M.-J., WOLF, J., Europäische Managementstile – Eine kulturorientierte *Analyse*, in: Berger, R., Steger, U. (Hrsg.), Auf dem Weg zur Europäischen Unternehmensführung – Ein Lesebuch für Manager und Europäer, München 1998, S. 137-164.

MACHARZINA, K., POHLE, K., *Konzerncontrolling*, in: Horváth, P., Reichmann, T. (Hrsg.), Vahlens Großes Controllinglexikon, 2. Aufl., München 2003, S. 394-395.

MACHARZINA, K., WOLF, J. (Hrsg.), *Handbuch* Internationales Führungskräfte-Management, Stuttgart et al. 1996.

MACHARZINA, K., WOLF, J., Die Slowakei im gesellschaftlichen und wirtschaftlichen *Umbruch*, in: Südosteuropa, 43. Jg., Heft 3/4, 1994, S. 151-179.

MACHARZINA, K., WOLF, J., Internationales Führungskräfte-Management und strategische *Unternehmenskoordination* – Kritische Reflexion über ein ungeklärtes Beziehungssystem, in: Macharzina, K., Wolf, J. (Hrsg.), Handbuch Internationales Führungskräfte-Management, Stuttgart et al. 1996, S. 29-63.

MACHARZINA, K., WOLF, J., *Konzern-Controlling-Organisation*, in: Horváth, P., Reichmann, T. (Hrsg.), Vahlens Großes Controllinglexikon, München 1993, S. 356-358.

MACHARZINA, K., WOLF, J., *Wertetypen* in den neuen Bundesländern – Ausprägungen, Kontextbezogenheit, ökonomische Relevanz, in: Zeitschrift für Betriebswirtschaft, 64. Jg., Heft 10, 1994, S. 1241-1260.

MACHARZINA, K., WOLF, J., DÖBLER, T., *Werthaltungen* in den neuen Bundesländern – Strategien für das Personalmanagement, Wiesbaden 1993.

MACHARZINA, K., WOLF, J., OESTERLE, M.-J., *Strengths* and Weaknesses of European Management Styles – An International Comparison, Positionspapier für den ersten Workshop der Roland Berger & Partner Stiftung für Europäische Unternehmensführung, Stuttgart 1994.

MACHETZKI, R., POHL, M., *Korea*, Stuttgart – Wien 1988.

MACHLUP, F., Stocks and Flows of *Knowledge*, in: Kyklos, 32. Jg., Heft 1/2, 1979, S. 400-411.

MAHONEY, J. T., PANDIAN, J. R., The Resource-based *View* within the Conversation of Strategic Management, in: Strategic Management Journal, 13. Jg., Heft 5, 1992, S. 363-380.

MAIER, F., Reengineering – *Revolution* der Prozesse, in: Top-Business, o. Jg., Heft 12, 1993, S. 46-54.

MALEKZADEH, A. R., NAHAVANDI, A., Making *Mergers* Work by Managing Cultures, in: Journal of Business Strategy, 11. Jg., Heft 3, 1990, S. 55-57.

MALIK, F., Evolutionäres *Management*, in: Die Unternehmung, 36. Jg., Heft 2, 1982, S. 91-106.

MALIK, F., *Strategie* des Managements komplexer Systeme, 6. Aufl., Bern – Stuttgart 2000.

MALIK, F., Systemisches Management, Evolution, *Selbstorganisation*, 2. Aufl., Bern – Stuttgart 2000.

MALORNY, C., *TQM* umsetzen – Weltklasse neu definieren, Leistungsoffensive einleiten, business excellence erreichen, 2. Aufl., Stuttgart 1999.

MANDL, H., EULER, H. A., *Begriffsbestimmungen*, in: Euler, H. A., Mandl, H. (Hrsg.), Emotionspsychologie, München – Wien – Baltimore 1983, S. 5-11.

MANN, R. D., A *Review* of the Relationships between Personality and Performance in Small Groups, in: Psychological Bulletin, 56. Jg., Heft 3, 1959, S. 241-270.

MANS, D., Von Managern und *Menschen*, in: Die Betriebswirtschaft, 49. Jg., Heft 2, 1989, S. 257-259.

MANSFIELD, E., The *Speed* and Cost of Industrial Innovation in Japan and the United States – External vs. Internal Technology, in: Management Science, 34. Jg., Heft 10, 1988, S. 1157-1168.

MANSKE, E., Auch das *Informationswesen* muss man langfristig planen, in: Management Zeitschrift io, 54. Jg., Heft 10, 1985, S. 425-427.

MANZ, C. C., SIMS, H. P. JR., Selbststeuernde *Gruppen*, Führung in, in: Kieser, A., Reber, G., Wunderer, R. (Hrsg.), Handwörterbuch der Führung, 2. Aufl, Stuttgart 1995, Sp. 1805-1823.

MANZ, C. C., SIMS, H. P. JR, The New *SuperLeadership*, San Francisco 2002.

MARCH, J. G., *Exploration* and Exploitation in Organizational Learning, in: Organization Science, 2. Jg., Heft 1, 1991, S. 71-87.

MARCH, J. G., OLSEN, J. P. (Hrsg.), *Ambiguity* and Choice in Organizations, 2. Aufl., Bergen 1979.

MARCH, J. G., OLSEN, J. P., Organizational *Choice* under Ambiguity, in: March, J. G., Olsen, J. P. (Hrsg.), Ambiguity and Choice in Organizations, 2. Aufl., Bergen 1979, S. 10-23.

MARCH, J. G., SIMON, H. A., *Organizations*, New York et al. 1958.

MARETTEK, A., *Arbeitsschritte* zur Durchführung der Zero-Base-Budgeting-Analyse, in: Wirtschaftswissenschaftliches Studium, 11. Jg., Heft 6, 1982, S. 257-263.

MARGERISON, C., GLUBE, R., *Leadership* Decision Making – An Empirical Test of the Vroom/Yetton Model, in: Journal of Management Studies, 16. Jg., Heft 1, 1979, S. 45-55.

MARGOLIS, J. D., WALSH, J. P., *Misery* Loves Companies – Rethinking Social Initiatives by Business, in: Administrative Science Quarterly, 48. Jg., Heft 2, 2003, S. 268-305.

MARGULIS, M. S., PEKÁR JR, P., The Next *Wave* of Alliance Formations – Forging Successful Partnerships with Emerging and Middle Market Companies, in: Houlihan Lokey Howard Zukin (HLHZ) (Hrsg.), Investment Banking Services, Los Angeles et al. 2000.

MARKOWITZ, H. M., Portfolio *Selection*, New York 1959.

MARR, R. (Hrsg.), Mitarbeiterorientierte *Unternehmenskultur* – Herausforderungen für das Personalmanagement der 90er Jahre, Berlin et al. 1990.

MARSCHAK, J., RADNER, R., Economic *Theory* of Teams, New Haven 1972.

MARSCHNER, H., Diffusions- und *Akzeptanzprobleme* von Innovationen im Handel, in: Marketing, 8. Jg., Heft 1, 1986, S. 35-40.

MARTIN, A., Eskalierendes *Commitment*, Schriften aus dem Institut für Mittelstandsforschung der Universität Lüneburg, Lüneburg 2005.

MARTIN, J., Can Organizational *Culture* Be Managed?, in: Frost, P. J. et al. (Hrsg.), Organizational Culture, Beverly Hills – London – New Delhi 1985, S. 95-98.

MARTIN, J., SIEHL, C., Organizational *Culture* and Counterculture – An Uneasy Symbiosis, in: Organizational Dynamics, 12. Jg., Heft 2, 1983, S. 52-64.

MARTINEZ, J. I., JARILLO, J. C., The *Evolution* of Research on Coordination Mechanisms in Multinational Corporations, in: Journal of International Business Studies, 20. Jg., Heft 3, 1989, S. 489-514.

MASLOW, A. H., A *Theory* of Human Motivation, in: Steers, R. M., Porter, L. W. (Hrsg.), Motivation and Work Behavior, 5. Aufl., Lexington 1991, S. 34-93.

MATIASKE, W., Soziales *Kapital* in sozioökonomischer Perspektive, in: Moldaschl, M. (Hrsg.), Immaterielle Ressourcen – Nachhaltigkeit von Unternehmensführung und Arbeit, Band 1, München – Mering 2005, S. 69-94.

MATIASKE, W., MELLEWIGT, T., *Motive*, Erfolge und Risiken des Outsourcings – Befunde und Defizite der empirischen Outsourcing-Forschung, in: Zeitschrift für Betriebswirtschaft, 72. Jg., Heft 6, 2002, S. 641-659.

MATTEN, D., CRANE, A., Corporate *Citizenship* – Toward an Extended Theoretical Conceptualization, in: Academy of Management Review, 30. Jg., Heft 1, 2005, S. 166-179.

MATURANA, H. R., VARELA, F. J., *Autopoiesis* and Cognition, Dordrecht 1972.

MAUL, S., LANFERMANN, G., EGGENHOFER, E., *Aktionsplan* der Europäischen Kommission zur Reform des Europäischen Gesellschaftsrechts, in: Der Betriebs-Berater, 58. Jg., Heft 25, 2003, S. 1289-1295.

MAURER, I., EBERS, M., Dynamics of Social *Capital* and Their Performance Implications – Lessons from Biotechnology Start-ups, in: Administrative Science Quarterly, 51. Jg., Heft 2, 2006, S. 262-292.

MAYER, E. (Hrsg.), *Controlling-Konzepte* im internationalen Vergleich, Freiburg 1986.

MAYERHOFER, H. ET AL., Flexpatriate *Assignments* – A Neglected Issue in Global Staffing, in: International Journal of Human Resource Management, 15. Jg., Heft 8, 2005, S. 1371-1389.

MAYRHOFER, W., Social Systems *Theory* as Theoretical Framework for Human Resource Management – Benediction or Curse? in: Management Revue, 15. Jg., Heft 2, 2004, S. 178-191.

MAZZOLINI, R., How Strategic *Decisions* Are Made, in: Long Range Planning, 14. Jg., Heft 3, 1981, S. 85-96.

MCCARTHY, D., PUFFER, S., Corporate *Governance* in Russia – Towards a European, US, or Russian Model, in: McCarthy, D., Puffer, S., Shekshnia, S. (Hrsg.), Corporate Governance in Russia, Cheltenham – Northampton 2004, S. 394-413.

MCCASKEY, M. B., The Executive *Challenge*, Boston et al. 1982.

MCEVILY, S. K., CHAKRAVARTHY, B., The Persistence of Knowledge-based Advantage – An Empirical Test for Product *Performance* and Technological Knowledge, in: Strategic Management Journal, 23. Jg., Heft 4, 2002, S. 285-307.

MCFARLAN, W. F., MCKENNEY, J. L., PYBURN, P., The Information *Archipelago*, in: Harvard Business Review, 61. Jg., Heft 1, 1983, S. 145-156.

MCKELVEY, B., Organizational *Systematics*, Taxonomy, Evolution, Classification, Berkeley 1982.

MCKINLEY, W., SANCHEZ, C. M., SCHICK, A. G., Organizational *Downsizing* – Constraining, Cloning, and Learning, in: Academy of Management Executive, 9. Jg., Heft 3, 1995, S. 42-42.

MCKINLEY, W., ZHAO, J., RUST, K. G., A Sociocognitive Interpretation of Organizational *Downsizing*, in: Academy of Management Review, 25. Jg., Heft 1, 2000, S. 227-243.

MCKINNEY, W., *HP-Invent* – Leader in IT Solutions, Vortrag bei HP, Cupertino, 15. Juli 2002.

MCKINSEY & COMPANY (Hrsg.), Global *Investor Opinion* Survey – Key Findings, http://www.mckinsey.com/clientservice/organizationleadership/service/corpgovernance/pdf/GlobalInvestorOpinionSurvey2002.pdf, Zugriff am 19.07.2005.

MCNAIR, C. J., *Benchmarking* – Adding Distinctive Value to Every Aspect of Your Business, New York 1992.

MCNAMARA, R. S., The *Essence* of Security, New York 1968.

MECKL, R., KUBITSCHEK, C., *Organisation* von Unternehmensnetzwerken – Eine verfügungsrechtstheoretische Analyse, in: Zeitschrift für Betriebswirtschaft, 70. Jg., Heft 3, 2000, S. 289-307.

MEFFERT, H., Marketing im *Spannungsfeld* von weltweitem Wettbewerb und nationalen Bedürfnissen, in: Zeitschrift für Betriebswirtschaft, 56. Jg., Heft 8, 1986, S. 689-712.

MEIER, J., Six *Sigma* – Mythos oder operative Realität, in: Hungenberg, H., Meffert, J. (Hrsg.), Handbuch Strategisches Management, 2. Aufl., Wiesbaden 2005, S. 725-736.

MEINHÖVEL, H., Grundlagen der *Prinzipal-Agent-Theorie*, in: Wirtschaftswissenschaftliches Studium, 33. Jg., Heft 8, 2004, S. 470-475.

MEIREN, T., *Herausforderungen* schnell wachsender Unternehmen, in: Projektträger im DLR, „Arbeitsgestaltung und Dienstleistungen" (Hrsg.), Kompetenz für die Zukunft – Ergebnisse zu den vordringlichen Fördermaßnahmen, Bonn 2003, S. 48-51.

MELLEWIGT, T., Management von strategischen *Kooperationen* – Eine ressourcenorientierte Untersuchung in der Telekommunikationsbranche, Wiesbaden 2003.

MELLEWIGT, T., DECKER, C., *Messung* des Organisationserfolgs, in: Werder, A. v., Stöber, H., Grundei, J. (Hrsg.), Organisations-Controlling, Wiesbaden 2006, S. 51-82.

MELLEWIGT, T., MATIASKE, W., Strategische *Konzernführung* – Stand der empirischen betriebswirtschaftlichen Forschung, in: Zeitschrift für Betriebswirtschaft, 70. Jg., Heft 5, 2000, S. 611-631.

MENZIES, C. (Hrsg.), *Sarbanes-Oxley* und Corporate Compliance – Nachhaltigkeit, Optimierung, Integration, Stuttgart 2006.

MERBECKS, A., STEGMANN, U., Unternehmen *Risiko*, in: McK Wissen, 1. Jg., Heft 2, 2002, S. 60-67.

MERKENS, H., Branchentypische und firmenspezifische *Wertvorstellungen* in Unternehmenskulturen, in: Dürr, W. et al. (Hrsg.), Wertvorstellungen in Unternehmenskulturen, Baltmannsweiler 1989, S. 9-31.

MERTENS, P., Für eine realistische *Beurteilung* betrieblicher Expertensysteme, in: Die Betriebswirtschaft, 49. Jg., Heft 2, 1989, S. 259-262.

MERTENS, P., Mittel- und langfristige *Absatzprognose* auf der Basis von Sättigungsmodellen, in: Mertens, P. (Hrsg.), Prognoserechnung, 5. Aufl., Würzburg – Wien 1994, S. 189-224.

MERTENS, P., ALLGEYER, K., Künstliche *Intelligenz* in der Betriebswirtschaft, in: Zeitschrift für Betriebswirtschaft, 53. Jg., Heft 7, 1983, S. 686-709.

MERTENS, P., RÄSSLER, S. (Hrsg.), Prognoserechnung, 6. Aufl., Heidelberg – New York 2004.

MERZ, M., *e-Commerce* und e-Business, 2. Aufl., Heidelberg 2002.

MEYER, A., Dynamische *Anpassung* an die sich wandelnde Wirtschaftswelt, in: Management Zeitschrift io, 63. Jg., Heft 2, 1994, S. 43-47.

MEYER, J. W., ROWAN, B., Institutionalized *Organizations* – Formal Structure as Myth and Ceremony, in: American Journal of Sociology, 83. Jg., Heft 2, 1977, S. 340-365.

MEYER, M., *Prinzipale*, Agenten und ökonomische Methode – Von einseitiger Steuerung zu wechselseitiger Abstimmung, Tübingen 2004.

MEYER-PIENING, A., *Zero Base Budgeting* als Planungs- und Führungsinstrument, in: Potthoff, E. (Hrsg.), RKW-Handbuch Führungstechnik und Organisation, Loseblattsammlung, Gruppe 2072, 1991, S. 1-36.

MICHAELI, R., Competitive *Intelligence* – Strategische Wettbewerbsvorteile erzielen durch systematische Konkurrenz-, Markt und Technologieanalysen, Berlin – Heidelberg 2006.

MICHAILOVA, S., HUSTED, K., Knowledge-sharing Hostility in Russian *Firms*, in: California Management Review, 45. Jg., Heft 3, 2003, S. 59-77.

MILBURN, M. A., *Sources* of Bias in the Prediction of Future Events, in: Organizational Behavior and Human Performance, 21. Jg., Heft 1, 1978, S. 17-26.

MILDE, H., *Übernahmefinanzierung* und LBO-Transaktionen, in: Zeitschrift für Betriebswirtschaft, 60. Jg., Heft 7, 1990, S. 647-664.

MILES, R. E., Adapting to *Technology* and Competition, in: California Management Review, 32. Jg., Heft 2, 1989, S. 9-28.

MILES, R. E., SNOW, C. C., Organizational *Strategy*, Structure and Process, New York et al. 1978.

MILES, R. E., SNOW, C. C., *Organizations* – New Concepts for New Forms, in: California Management Review, 28. Jg., Heft 3, 1986, S. 62-73.

MILES, R. H., Managing the Corporate Social *Environment*, Englewood Cliffs 1987.

MILLER, D., Notes on the Study of *Configurations*, in: Management International Review, 39. Jg., Special Issue 2, 1999, S. 27-39.

MILLER, D., FRIESEN, P. H., *Archetypes* of Organizational Transition, in: Administrative Science Quarterly, 25. Jg., Heft 2, 1980, S. 268-299.

MILLER, D., FRIESEN, P. H., Momentum und Revolution in Organizational *Adaptation*, in: Academy of Management Journal, 23. Jg., Heft 4, 1980, S. 591-614.

MILLER, D., FRIESEN, P. H., *Organizations* – A Quantum View, Englewood Cliffs 1984.

MILLER, D., SHAMSIE, J., The Resource-based View of the Firm in two Environments – The Hollywood Film *Studios* from 1936 to 1965, in: Academy of Management Journal, 39. Jg., Heft 3, 1996, S. 519-544.

MILLER, G. A., GALANTER, E., PRIBRAM, K. H., *Strategien* des Handelns – Pläne und Strukturen des Verhaltens, 2. Aufl., Stuttgart 1991.

MILLS, D. Q., *Rebirth* of the Corporation, New York 1991.

MINTZBERG, H., Crafting *Strategy*, in: Harvard Business Review, 65. Jg., Heft 4, 1987, S. 66-75.

MINTZBERG, H., Five *Ps* for Strategy, in: Mintzberg, H. et al. (Hrsg.), The Strategy Process – Concepts, Contexts, Cases, 4. Aufl., New Jersey 2003, S. 3-9.

MINTZBERG, H., *Patterns* in Strategy Formation, in: Management Science, 24. Jg., Heft 9, 1978, S. 934-948.

MINTZBERG, H., *Planning* on the Left Side and Managing on the Right, in: Harvard Business Review, 54. Jg., Heft 4, 1976, S. 49-58.

MINTZBERG, H., Strategy Formation – Schools of *Thought*, in: Frederickson, J. E. (Hrsg.), Perspectives on Strategic Management, London 1990, S. 105-235.

MINTZBERG, H., Strategy-Making in Three *Modes*, in: California Management Review, 16. Jg., Heft 2, 1973, S. 44-53.

MINTZBERG, H., *Structure* in Fives – Designing Effective Organizations, Englewood Cliffs 1993.

MINTZBERG, H., The Managers *Job* – Folklore and Fact, in: Harvard Business Review, 53. Jg., Heft 4, 1975, S. 49-61.

MINTZBERG, H., The *Nature* of Managerial Work, New York et al. 1980 (Nachdruck: New York 1997).

MINTZBERG, H., The Strategy *Concept* I – Five Ps for Strategy, in: California Management Review, 30. Jg., Heft 1, 1988, S. 11-24.

MINTZBERG, H., MCHUGH, A., Strategy Formation in an *Adhocracy*, in: Administrative Science Quarterly, 30. Jg., Heft 2, 1985, S. 160-197.

MINTZBERG, H., AHLSTRAND, B., LAMPEL, J., Strategy *Safari* – Eine Reise durch die Wildnis des strategischen Managements, Wien 1999 (Nachdruck: Heidelberg 2005).

MIROW, M., Globalisierung der *Wertschöpfung*, in: Krystek, U., Zur, E. (Hrsg.), Handbuch Internationalisierung – Globalisierung: Eine Herausforderung für die Unternehmensführung, Berlin 2001, S. 107-124.

MITSUBISHI K. K. (Hrsg.), *Geschäftsberichte* 1987 bis 2004, Tokyo 1988 bis 2005.

MOLDASCHL, M. (Hrsg.), Immaterielle *Ressourcen*, München – Mering 2005.

MOLDASCHL, M., *Kompetenzvermögen* und Untergangsfähigkeit – Zur Kritik und Revision der Theorie Strategischen Managements, in: Freiling, J., Gemünden, H. G. (Hrsg.), Dynamische Theorien der Kompetenzentstehung und Kompetenzverwertung im strategischen Kontext, München – Mering 2007, S. 3-48.

MÖLLER, K., Unternehmensnetzwerke und *Erfolg* – Eine empirische Analyse von Einfluss- und Gestaltungsfaktoren, in: Zeitschrift für betriebswirtschaftliche Forschung, 58. Jg., Heft 8, 2006, S. 1051-1076.

MÖLLERING, G., Hinein ins *Vertrauen*!? Eine konstruktive Kritik zum betriebswirtschaftlichen Vertrauensverständnis, in: Zeitschrift Führung + Organisation, 71. Jg., Heft 2, 2002, S. 81-88.

MORGAN, G., Riding the Waves of *Change*, London 1988.

MORRIS, D., BRANDON, J., *Re-engineering* Your Business, New York et al. 1993.
MORSCHBACH, M., Die *Liberalisierung* der japanischen Finanzmärkte, in: Zeitschrift für das gesamte Kreditwesen, 40. Jg., Heft 4, 1987, S. 154-157.
MORSCHETT, D., Formen von *Kooperationen*, Allianzen und Netzwerken, in: Zentes, J., Swoboda, B., Morschett, D. (Hrsg.), Kooperationen, Allianzen und Netzwerke – Grundlagen, Ansätze, Perspektiven, 2. Aufl., Wiesbaden 2005, S. 377-403.
MROß, M., Die *Theorie* des Unternehmens – Ansätze und Entwicklungen, in: Das Wirtschaftsstudium, 31. Jg., Heft 11, 2002, S. 1405-1410.
MUELLER, R. K., Betriebliche *Netzwerke*, Freiburg 1988.
MUGLER, J., Risk Management – *Aufgabenabgrenzung* und Ausblick auf Forschungsnotwendigkeiten, in: Journal für Betriebswirtschaft, 28. Jg., Heft 1, 1978, S. 2-14.
MUGLER, J., Risk Management in der *Unternehmung*, Wien 1979.
MUHAIRWE, W. T., New *Style* Joint Venture, München 1988.
MÜHLBACHER, H., BEUTELMEYER, W., *Standardisierungsgrad* der Marketingpolitik transnationaler Unternehmungen, in: Die Unternehmung, 38. Jg., Heft 3, 1984, S. 245-257.
MÜLLER(-STEWENS), G., Strategische *Suchfeldanalyse*, 2. Aufl., Wiesbaden 1990.
MÜLLER, H., *Übernahmefinanzierung*, in: Siegwart, H. (Hrsg.), Mergers & Acquisitions, Basel – Stuttgart 1990, S. 167-178.
MÜLLER, R., *Krisenmanagement* in der Unternehmung, 2. Aufl., Frankfurt/Main – Bern – New York 1986.
MÜLLER, W., *Instrumente* des Risk Managements, in: Goetzke, W., Sieben, G. (Hrsg.), Risk Management, Gebera Schriften, Band 5, Köln 1979, S. 69-81.
MÜLLER, W., *Kontrolle*, Organisation der, in: Grochla, E. (Hrsg.), Handwörterbuch der Organisation, 2. Aufl., Stuttgart 1980, Sp. 1082-1091.
MÜLLER, W. R., *Ziele* von Organisationen, in: Die Unternehmung, 31. Jg., Heft 1, 1977, S. 1-19.
MÜLLER-CHRIST, G., HÜLSMANN, M., *Erfolgsbegriff* eines nachhaltigen Managements, in: Linne, E., Schwarz, M. (Hrsg.), Handbuch nachhaltige Entwicklung – Wie ist nachhaltiges Wirtschaften machbar?, Opladen 2003, S. 245-256.
MÜLLER-GOLCHERT, W., Negative *Spannungen* im Betrieb – Zerstörung von Motivation durch Emotion, in: Brauwelt, 130. Jg., Heft 14, 1990, S. 531-532.
MÜLLER-MERBACH, H., Die *Intelligenz* der Unternehmung – Management von Information, Wissen und Meinung, in: technologie & management, 44. Jg., Heft 1, 1995, S. 3-8.
MÜLLER-MERBACH, H., *Jahrzehnt* des Wandels? – Aktivitäten des Turnaround-Managements, in: Technologie & Management, 43. Jg., Heft 2, 1994, S. 51-54.
MÜLLER-MERBACH, H., *Risikoanalyse*, in: Management-Enzyklopädie, 2. Aufl., Band 8, Landsberg 1984, S. 211-217.
MÜLLER-MERBACH, H., Vier *Arten* von Systemansätzen, dargestellt in Lehrgesprächen, in: Zeitschrift für Betriebswirtschaft, 62. Jg., Heft 8, 1992, S. 853-876.
MÜLLER-STEWENS, G., LECHNER, C., Strategisches *Management*, 3. Aufl., Stuttgart 2005.
MÜLLER-STEWENS, G., SCHREIBER, K., Zur organisatorischen *Anbindung* des Akquisitionsprozesses im Käuferunternehmen, in: Die Unternehmung, 47. Jg., Heft 4, 1993, S. 275-292.
MULTISEARCH (Hrsg.), Billig-Airlines im *Höhenflug*? Erste Image-Studie über Low Cost-Airlines in Deutschland, http://www.presseportal.de/print.htx?nr=540978, Zugriff am 22.05.2005.
MÜNZNER, H., *Beschaffungsstrategien* in einem Großunternehmen, in: Zeitschrift für betriebswirtschaftliche Forschung, 37. Jg., Heft 3, 1985, S. 250-256.
MURATA, K., *Corporate Governance* Code, Bericht Hitotsubashi University, Tokyo 2005.
MURDOCK, B. B., Human *Memory*, New York 1971.
MURRAY, E. A. JR., Strategic Choice as a Negotiated Outcome, in: Management Science, 24. Jg., Heft 9, 1978, S. 960-972.
MÜSSIG, P., *Wirtschaftsprivatrecht*, 5. Aufl., Heidelberg 2002.

MYRITZ, R., Unternehmensziel – Gesellschaftliche *Friedenssicherung* – Interview mit dem Max-Weber-Preisträger Dr. Albert Löhr, in: Unternehmen + Gesellschaft, 26. Jg., Heft 4, 1992, S. 8-18.

N

NAGENGAST, J., *Outsourcing* von Dienstleistungen industrieller Unternehmen – Eine theoretische und empirische Analyse, Hamburg 1997.

NAHAVANDI, A., MALEKZADEH, A. R., *Acculturation* in Mergers and Acquisitions, in: Academy of Management Review, 13. Jg., Heft 1, 1988, S. 79-90.

NALEBUFF, B., BRANDENBURGER, A., *Coopetition* – Kooperativ konkurrieren – Mit der Spieltheorie zum Unternehmenserfolg, Frankfurt/Main – New York 1996.

NASH, J., *Equilibrium* Points in N-Person Games, in: Proceedings of the National Academy of Sciences, 36. Jg., Heft 1, 1950, S. 48-49.

NASH, J. F., The Bargaining *Problem*, in: Econometrica, 18. Jg., Heft 2, 1950, S. 155-162.

NATHUSIUS, K., *Grundansatz* und Formen des Venture Managements, in: Zeitschrift für betriebswirtschaftliche Forschung, 31. Jg., Heft 7, 1979, S. 507-526.

NATHUSIUS, K., Venture *Management*, Berlin 1979.

NATIONAL ASSOCIATION OF CORPORATE DIRECTORS (Hrsg.), Public Company *Survey*, Washington 2007.

NEGANDHI, A. R., WELGE, M. K., Beyond *Theory* Z – Global Rationalisation Strategies of American, German and Japanese Multinational Companies, Greenwich 1984.

NELL-BREUNING, O. v., *Wirtschaftsethik*, in: Lenk, H., Maring, M. (Hrsg.), Wirtschaft und Ethik, Stuttgart 1992, S. 31-44.

NELSON, P., *Information* and Consumer Behavior, in: Journal of Political Economy, 78. Jg., Heft 2, 1970, S. 311-329.

NELSON, R., WINTER, S., An Evolutionary *Theory* of Economic Change, Cambridge 1982.

NENNINGER, M., GERST, M. H., Wettbewerbsvorteile durch *Electronic Procurement* – Strategien, Konzeption und Realisierung, in: Management-Handbuch Electronic Commerce, München 1999, S. 283-295.

NEUBAUER, W., *Organisationskultur*, Stuttgart 2003.

NEUBERGER, O., *Führen* und führen lassen, 7. Aufl., Stuttgart 2008.

NEUBERGER, O., *Führungsverhalten* und Führungserfolg, Berlin 1976.

NEUBÜRGER, H.-J., SEN, M., *Wertorientierte* Unternehmens- und Geschäftsführung im Siemens Konzern, in: Hahn, D., Hungenberg, H. (Hrsg.), PuK – Wertorientierte Controllingkonzepte, 6. Aufl., Wiesbaden 2001, S. 1035-1102.

NEUMANN, J. L., Make Overhead *Cuts* that Last, in: Harvard Business Review, 53. Jg., Heft 3, 1975, S. 116-126.

NEUMANN, J. V., MORGENSTERN, O., *Spieltheorie* und wirtschaftliches Verhalten, Würzburg 1961.

NEWBERT, S. L., Empirical *Research* on the Resource-based View of the Firm – An Assessment and Suggestions for Future Research, in: Strategic Management Journal, 28. Jg., Heft 2, 2007, S. 121-146.

NEWELL, A., SHAW, J. C., SIMON, H. A., *Report* on a General Problem-Solving Program, in: Luce, R. D., Bush, R. R., Galanter, E. (Hrsg.), Readings in Mathematical Psychology, Band 2, New York – London – Sydney 1965, S. 41-57.

NEWELL, A., SHAW, J. C., SIMON, H. A., The *Processes* of Creative Thinking, in: Gruber, H. E., Terell, G., Wertheimer, M. (Hrsg.), Contemporary Approaches to Creative Thinking, New York 1962, S. 63-119.

NEWMAN, K. L., NOLLEN, S. D., *Culture* and Congruence – The Fit between Management Practices and National Culture, in: Journal of International Business Studies, 27. Jg., Heft 4, 1996, S. 753-779.

NICKLISCH, H., Der *Genius* des Kaufmanns, in: Rohwaldt, K. (Hrsg.), Maier-Rothschildt Kaufmannspraxis, Berlin 1923, S. 991-992.

NICOLAI, A. T., THOMAS, T. W., De-Diversification *Activities* of German Corporations from 1988 to 2002 – Perspectives from Agency and Management Fashion Theory, in: Schmalenbach Business Review, 58. Jg., Heft 1, 2006, S. 56-80.

NICOLAI, A., KIESER, A., Trotz eklatanter *Erfolglosigkeit* – Die Erfolgsfaktorenforschung weiter auf Erfolgskurs, in: Die Betriebswirtschaft, 62. Jg., Heft 6, 2002, S. 579-596.

NIEBUR, R., *Qualitätszirkel* in den Unternehmen, in: Die Mitbestimmung, 29. Jg., Heft 5, 1983, S. 201-205.

NIENERZA, M., Unternehmerische *Mitbestimmung* in grenzüberschreitenden Konzernen, Dissertation, Universität zu Köln, Köln 2005.

NIENHÜSER, W., *Macht*, in: Martin, A. (Hrsg.), Organizational Behavior – Verhalten in Organisationen, Stuttgart 2003, S. 139-172.

NIGH, D. N., COCHRAN, P. L., Issues *Management* and the Multinational Enterprise, in: Management International Review, 27. Jg., Heft 1, 1987, S. 4-12.

NILSSON, R., Einsatz und Potential von Internet-Shopping *Malls* – Das Beispiel my-world, in: Hermanns, A., Sauter, M. (Hrsg.), Management-Handbuch Electronic Commerce, München 1999, S. 371-385.

NOHRIA, N., GHOSHAL, S., The Differentiated *Network* – Organizing Multinational Corporations for Value Creation, San Francisco 1997.

NOJIRI, H., Fuzzy *Team* Decision Problems in a Sales Organization, in: European Journal of Operational Research, 8. Jg., Heft 3, 1981, S. 256-263.

NOLL, B., Wirtschafts- und *Unternehmensethik* in der Marktwirtschaft, Stuttgart et al. 2002.

NOLL, J., *Unternehmensführung* durch Management-by-Methoden, in: Das Wirtschaftsstudium, 32. Jg., Heft 7, 2003, S. 898-902.

NÖLLKE, M., *Kreativitätstechniken*, 5. Aufl., Freiburg 2006.

NONAKA, I., Toward *Middle-Up-Down* Management – Accelerating Information Creation, in: Sloan Management Review, 29. Jg., Heft 3, 1988, S. 9-18.

NONNAST, T., Die *Internetwirtschaft* kann den Kapitalschock bewältigen, in: Handelsblatt, 56. Jg., Ausgabe vom 20.08.2001, S. 9.

NOWAK, E., HEUSER, M., Economic Value Added bei deutschen *Unternehmen*, Teil 1 und Teil 2, in: Das Wirtschaftsstudium, 34. Jg., Heft 5 und Heft 6, 2005, S. 649-654 und S. 783-787.

O

O. V., Bayer folgt den Vorbildern *Hoechst* und ICI, in: Frankfurter Allgemeine Zeitung, 55. Jg., Ausgabe vom 29. November 2003, S. 19.

O. V., Bei Fusionen und Übernahmen wird neuer *Rekord* erwartet, in: Die Welt, Ausgabe vom 13.02.2007, S. 12.

O. V., Bei Ryanair zählt jeder *Penny*, http://www.netzeitung.de/wirtschaft/unternehmen/335146.html, Zugriff am 22.05.2005.

O. V., Die neun großen *Billigflieger* in Deutschland, Spiegel Online, 20. Januar 2005. http://www.spiegel.de/reise/aktuell/0,1518,337715,00.html, Zugriff am 22. 05.2005.

O. V., Die *Zulieferer* müssen sich auf harte Zeiten einstellen, in: Impulse, o. Jg., Heft 9, 1985, S. 102-111.

O. V., Diversity *Management* – Es lebe der Unterschied!, in: Direkt Marketing, 37. Jg., Heft 2, 2001, S. 48-49.

O. V., Kein Service-*Höhenflug* bei Billig-Airlines, Die Welt, http://www.welt.de/wirtschaft/article1494772, Zugriff am 01.04.2008.

O. V., Kieler Institut arbeitet künftig in kleinen *Teams*, in: Hamburger Abendblatt, 58. Jg., 2005, Ausgabe vom 30. August 2005.

o. V., Kieler *Institut* wird grundlegend umgebaut, in: Kieler Nachrichten, o. Jg., 2005, Ausgabe vom 30. August 2005.

o. V., *Lego* gliedert Produktion aus, Tagesanzeiger online, http://www.tagesanzeiger.ch/dyn/news/wirtschaft/637318.html, Zugriff am 21.06.2008.

o. V., Mitsubishi baut weniger *Kampfflugzeuge* und mehr Kraftwerke, in: Frankfurter Allgemeine Zeitung, 46. Jg., Ausgabe vom 24. Januar 1994, S. 14.

o. V., *Mitsubishi* Corp., Tokyo, in: Handelsblatt, 48. Jg., Ausgabe vom 29. November 1993, S. 20.

o. V., Mitsubishi importiert *Mercedes-Lkw*, in: Süddeutsche Zeitung, 50. Jg., Ausgabe vom 6. April 1994, S. 28.

o. V., Mitsubishi und Daimler proben den *Schulterschluss*, in: Süddeutsche Zeitung, 49. Jg., Ausgabe vom 2. Dezember 1993, S. 33.

o. V., Nach *ForMotion* – Volkswagen plant Sparprogramm, in: ManagerMagazin, Ausgabe vom 11.05.2005, http://www.manager-magazin.de/unternehmen/artikel/0,2828,355584,00.html, Zugriff am 17.04.2007.

o. V., *Pharmakonzern* Sanofi-Aventis vertraut auf eigene Forschungsstärke, in: Die Welt, Ausgabe von 18. September 2007, S. 15.

o. V., Ryanair will langfristig alle *Tickets* verschenken, http://www.netzeitung.de/reise/296735.html, Zugriff am 22.05.2005.

o. V., Ryanair wird *Opfer* des eigenen Erfolgs, Die Welt, Ausgabe vom 06.06.2007, S. 13.

o. V., Sanofi kommt bei der *Integration* von Aventis schnell voran, in: Frankfurter Allgemeine Zeitung, 57. Jg., Ausgabe vom 2. März 2005, S. 17.

o. V., Sanofi-Aventis gibt sich neue *Konzernstruktur*, in: Handelsblatt, 59. Jg., Ausgabe vom 30. September 2004, S. 12.

o. V., Sanofi-Aventis – Jürgen Dormann nimmt *Stellung*, in: Frankfurter Allgemeine Zeitung, 56. Jg., Ausgabe vom 27. Mai 2004, S. 14.

o. V., Volkswagen steuert auf ein neues *Rekordjahr* zu, in: Die Welt, Ausgabe vom 02.05.2008, http://www.welt.de/welt_print/article1957390/Volkswagen_steuert_auf_ein_neues_Rekordjahr_zu.html, Zugriff am 20.05.2008.

o. V., *Wünsche* werden wahr, in: ASU/BSU News, 11. Jg., Heft 5, 1994, S. 4-6.

O'Connor, G. C., O'Keefe, R., The *Internet* as a New Marketplace – Implications for Consumer Behavior and Marketing Management, in: Shaw, M. et al. (Hrsg.), Handbook on Electronic Commerce, Berlin – Heidelberg 2000, S. 123-146.

Oberg, W., Cross-cultural *Perspectives* on Management Principles, in: Academy of Management Journal, 6. Jg., Heft 2, 1963, S. 141-152.

Oberparleiter, K., Die Durchführung von *Exportgeschäften*, Wien 1913.

Odiorne, G. S., *Management* by Objectives, New York 1967.

OECD (Hrsg.), Grundsätze der *Corporate Governance* – Neufassung, http://www.oecd.org/dataoecd/57/19/32159487.pdf, Zugriff am 19.07.2005.

OECD (Hrsg.), OECD-Grundsätze der Corporate Governance – *Neufassung* 2004, Paris 2004.

Oechsler, W. A., *Auswirkungen* neuer Formen der Arbeitsorganisation, in: Zeitschrift für Organisation, 48. Jg., Heft 2, 1979, S. 83-88.

Oechsler, W. A., *Konfliktmanagement*, Wiesbaden 1979.

Oechsler, W. A., *Personal* und Arbeit – Einführung in die Personalwirtschaft, 7. Aufl., München – Wien 2000.

Oechsler, W. A., Schönfeld, T., Unternehmerische *Entscheidungsfreiheit* versus betriebliche Mitbestimmung, in: Die Betriebswirtschaft, 47. Jg., Heft 4, 1987, S. 414-425.

Oelsnitz, D. v. d., Industrial *Organization* und Strategische Gruppen, in: Das Wirtschaftsstudium, 29. Jg., Heft 10, 2000, S. 1310-1320.

Oelsnitz, D. v. d., *Unternehmensstrategie* zwischen Planung und Überraschung, in: Das Wirtschaftsstudium, 36. Jg., Heft 5,2007, S. 679-683.

OELSNITZ, D. V. D., GRAF, A., Inhalt und Aufbau interorganisationaler *Kooperationskompetenz* – Eine Konstruktbestimmung, in: Schreyögg, G., Conrad, P. (Hrsg.), Managementforschung, Band 16: Management von Kompetenz, Wiesbaden 2006, S. 83-120.

OESER, E., *Evolution* und Management, in: Bauer, L., Matis, H. (Hrsg.), Evolution – Organisation – Management, Berlin 1989, S. 7-23.

OESS, A., Total Quality *Management*, 3. Aufl., Wiesbaden 1993.

OESTERLE, M.-J., *Entscheidungsfindung* im Vorstand großer deutscher Aktiengesellschaften, in: Zeitschrift Führung und Organisation, 72. Jg., Heft 4, 2003, S. 199-208.

OESTERLE, M.-J., *Führungswechsel* im Top-Management – Grundlagen, Wirkungen, Gestaltungsoptionen, Wiesbaden 1999.

OESTERLE, M.-J., Joint Ventures in *Russland* – Bedingungen, Probleme, Erfolgsfaktoren, Wiesbaden 1993.

OESTERLE, M.-J., KRAUSE, D., *Leitungsorganisation* des Vorstands in deutschen Aktiengesellschaften, in: Wirtschaftswissenschaftliches Studium, 33. Jg., Heft 5, 2004, S. 272-277.

ÖZGENC, K., Mini-*Jobber* mit Traumgehalt, in: Focus-online, http://www.focus.de/ finanzen/news/oezgenc_oekonomie/bernd-pischetsrieder_aid_138328.html, Zugriff am 11.02. 2007.

OHLAND, L. R., Strategische *Kontrolle*, Frankfurt/Main et al. 1988.

OLIVER, A. L., EBERS, M., *Networking* Network Studies – An Analysis of Conceptual Configurations in the Study of Inter-organizational Relationships, in: Organization Studies, 19. Jg., Heft 4, 1998, S. 549-583.

OLSON, H. C., WIEDERSHEIM-PAUL, F., Factors Affecting the *Pre-Export* Behavior of Non Exporting Firms, in: Ghertman, M., Leontiades, J. (Hrsg.), European Research in International Business, Amsterdam – New York – Oxford 1978, S. 283-306.

OPITZ, S., *Probleme* der interkulturellen Kommunikation zwischen Skandinaviern und Deutschen, in: Opitz, S. (Hrsg.), Interkulturelle Kompetenz Skandinavien – Deutschland – Ein Handbuch für Fach- und Führungskräfte, Düsseldorf 1997, S. 13-23.

OSBORN, A. F., Applied *Imagination*, New York 1953.

OSSADNIK, W., *Strategiewahl* mittels AHP, in: Die Unternehmung, 48. Jg., Heft 3, 1994, S. 159-169.

ÖSTERLE, H., Die *Rolle* des Managements in der Informatik, in: Wirtschaftswissenschaftliches Studium, 16. Jg., Heft 5, 1987, S. 235-241.

OSTERLOH, M., FROST, J., Prozessmanagement als *Kernkompetenz*, 2. Aufl., Wiesbaden 1998.

OSTERMAN, P., Securing *Prosperity* – The American Labor Market – How it has Changed and How to do About it, Princeton 1999.

OTTERSBACH, D., KOLBE, C., *Integrationsrisiken* bei Unternehmensakquisitionen, in: Betriebswirtschaftliche Forschung und Praxis, 42. Jg., Heft 2, 1990, S. 140-150.

OTTO, H.-J., Fremdfinanzierte *Übernahmen* – Gesellschafts- und steuerrechtliche Kriterien des Leveraged Buy-Out, in: Der Betrieb, 42. Jg., Heft 27/28, 1989, S. 1389-1396.

OTTO, H.-J., *Übernahmeversuche* bei Aktiengesellschaften und Strategien der Abwehr, in: Der Betrieb, 41. Jg., Heft 29, 1988, S. 1-12.

OUCHI, W. G., *Theory* Z – How American Business Can Meet the Japanese Challenge, Reading 1981.

OWEN, M., SPC and Continuous *Improvement*, Berlin et al. 1989.

OWEN, W. V., Modern *Management*, its Nature and Functions, New York 1958.

P

PALICH, L. E., CARDINAL, L. B., MILLER, C. C., *Curvilinearity* in the Diversification-Performance-Linkage – An Examination of Over Three Decades of Research, in: Strategic Management Journal, 21. Jg., Heft 2, 2000, S. 155-174.

PALOMBO, P., Chancen und Risiken des elektronischen Versandhandels – Das Beispiel *Quelle*, in: Hermanns, A., Sauter, M. (Hrsg.), Management-Handbuch Electronic Commerce, München 1999, S. 361-369.

PAOLILLO, J. G., Role *Profiles* for Managers at Different Hierarchical Levels, in: Academy of Management Proceedings, 41. Jg., 1981, S. 91-94.

PAPE, G., UHLENBRUCK, W., *Insolvenzrecht*, München 2002.

PARK, T. H., *Führungsverhalten* in unterschiedlichen Kulturen, Dissertation, Universität Mannheim 1983.

PASCALE, R. T., ATHOS, A. G., The *Art* of Japanese Management, New York 1981.

PATE, L. E., HEIMAN, D. C., A *Test* of the Vroom-Yetton Decision Model in Seven Field Settings, in: Personnel Review, 16. Jg., Heft 2, 1987, S. 22-26.

PAUL, R. J., EBADI, Y. M., *Leadership* Decision Making in a Service Organization – A Field Test of the Vroom-Yetton Model, in: Journal of Occupational Psychology, 62. Jg., Heft 3, 1989, S. 201-211.

PAUSENBERGER, E., Zur *Systematik* von Unternehmenszusammenschlüssen, in: Das Wirtschaftsstudium, 18. Jg., Heft 11, 1989, S. 621-626.

PAVETT, C. M., LAU, A. W., Managerial *Work* – The Influence of Hierarchical Level and Functional Speciality, in: Academy of Management Journal, 26. Jg., Heft 1, 1983, S. 170-177.

PAWLOWSKY, P., BÄUMER, J., Betriebliche *Weiterbildung*, München 1996.

PAWLOWSKY, P., NEUBAUER, K., Organisationales *Lernen*, in: Gaugler, E., Oechsler, W. A., Weber, W. (Hrsg.), Handwörterbuch des Personalwesens, 3. Aufl., Stuttgart 2004, Sp. 1280-1294.

PEABODY, R. L., Organizational *Authority*, New York 1964.

PEARCE, J. A. II, ROBINSON, R. B. JR., Strategic *Management*, Formulation, Implementation, and Control, 6. Aufl., Homewood 1997.

PEARCE, J. A. II, FREEMAN, E. B., ROBINSON, R. B. JR., The Tenuous *Link* Between Formal Strategic Planning and Financial Performance, in: Academy of Management Review, 12. Jg., Heft 4, 1987, S. 658-675.

PEDELL, B., SCHWIHEL, A., Integriertes Strategie- und *Risikomanagement* mit der Balanced Scorecard – Dargestellt am Beispiel eines Energieversorgungsunternehmens, in: Controlling, 16. Jg., Heft 3, 2004, S. 149-156.

PEKÁR, P. JR., MARGULIS, M. S., Equity *Alliances* Take Centre Stage, in: Business Strategy Review, 14. Jg., Heft 2, 2003, S. 50-62.

PELLENS, B., TOMASZEWSKI, C., WEBER, N., *Beteiligungscontrolling* in Deutschland – Eine empirische Untersuchung der Dax 100 Unternehmen, Arbeitsbericht Nr. 85, Universität Bochum, Bochum 2000.

PENNINGS, E., SLEUWAEGEN, L., The *Choice* and Timing of Foreign Direct Investment under Uncertainty, in: Economic Modelling, 21. Jg., Heft 6, 2004, S. 1101-1116.

PENNINGS, J. M., BARKEMA, H., DOUMA, S., Organizational *Learning* and Diversification, in: Academy of Management Journal, 37. Jg., Heft 3, 1994, S. 608-640.

PENROSE, E. T., The *Theory* of the Growth of the Firm, Oxford 1959.

PERLITZ, M., Internationales *Management*, 4. Aufl., Stuttgart – Jena 2000.

PERRIDON, L., Die *„Doctrine"* Henri Fayols und ihr Einfluss auf die moderne Managementwissenschaft, in: Die Betriebswirtschaft, 46. Jg., Heft 1, 1986, S. 29-44.

PESCHKE, M. A., Strategische Ziele im *Value Management*, in: Welge, M. K., Al-Laham, A., Kajüter, P. (Hrsg.), Praxis des strategischen Managements – Konzepte, Erfahrungen, Perspektiven, Wiesbaden 2000, S. 95-112.

PESCHKE, M. A., Wertorientierte *Strategiebewertung*, Wiesbaden 1997.

PETERAF, M. A., The *Cornerstones* of Competitive Advantage – A Resource-Based View, in: Strategic Management Journal, 14. Jg., Heft 3, 1993, S. 179-191.

PETERS, T. J., AUSTIN, N. K., A *Passion* for Excellence – The Leadership Difference, New York 1985.

PETERS, T. J., WATERMAN, R. U. JR., In *Search* of Excellence, New York et al. 1982.

PETTIGREW, A. M., The *Politics* of Organizational Decision Making, London 1973.

PFÄHLER, W., WIESE, H., *Unternehmensstrategien* im Wettbewerb – Eine spieltheoretische Analyse, Berlin et al. 1998.

PFAU, W., Betriebliches *Informationsmanagement* – Flexibilisierung der Informationsinfrastruktur, Wiesbaden 1997.

PFEFFER, J., SALANCIK, G. R., Organizational Decision Making as a Political *Process*, in: Administrative Science Quarterly, 19. Jg., Heft 2, 1974, S. 135-152.

PFEIFFER, P., Technologische *Grundlage* – Strategie und Organisation des Informationsmanagements, Berlin – New York 1990.

PFEIFFER, W., BISCHOFF, D., *Produktlebenszyklus* – Instrument jeder strategischen Produktplanung, in: Steinmann, H. (Hrsg.), Planung und Kontrolle, München 1981, S. 133-165.

PFITZER, N., OSER, P. (Hrsg.), Deutscher Corporate Governance *Kodex* – Ein Handbuch für Entscheidungsträger, Stuttgart 2003.

PFNÜR, A., SCHÄFER, C., *Realoptionen* als Instrument des Investitionscontrollings, in: Wirtschaftswissenschaftliches Studium, 30. Jg., Heft 5, 2001, S. 243-247.

PFOHL, H.-C., STÖLZLE, W., *Planung* und Kontrolle, 2. Aufl., Stuttgart 1997.

PFOHL, H.-C., ZETTELMEYER, B., Strategisches *Controlling*?, in: Zeitschrift für Betriebswirtschaft, 57. Jg., Heft 2, 1987, S. 145-175.

PFRIEM, R., Evolution von Unternehmen als Lernen von *Entwicklungsfähigkeit*, Schriftenreihe des Lehrstuhls für Allgemeine Betriebswirtschaftslehre, Unternehmensführung und Betriebliche Umweltpolitik, Universität Oldenburg, Oldenburg 1999.

PFRIEM, R., *Option* für das Forschungsprogramm, eine ökologisch orientierte Betriebswirtschaftslehre auszuarbeiten, in: Pfriem, R. (Hrsg.), Ökologische Unternehmenspolitik, Frankfurt/Main – New York 1986, S. 98-106.

PHILIPP, F., Risiko und *Risikopolitik*, in: Grochla, E., Wittmann, W. (Hrsg.), Handwörterbuch der Betriebswirtschaft, 4. Aufl., Stuttgart 1976, Sp. 3453-3460.

PICOT, A., *Auswirkungen* des sozialen Umfelds auf die Unternehmensführung, in: Potthoff, E. (Hrsg.), RKW-Handbuch Führungstechnik und Organisation, Loseblattsammlung, Stand Januar 1991, Gruppe 1272, S. 1-29.

PICOT, A., Betriebswirtschaftliche *Umweltbeziehungen* und Umweltinformation, Berlin 1977.

PICOT, A., Der *Beitrag* der Theorie der Verfügungsrechte zur ökonomischen Analyse von Unternehmungsverfassungen, in: Bohr, K. et al. (Hrsg.), Unternehmungsverfassung als Problem der Betriebswirtschaftslehre, Berlin 1981, S. 153-197.

PICOT, A., Die Planung der *Unternehmensressource* „Information", Frankfurt/Main 1988.

PICOT, A., Ökonomische Theorien der Organisation – Ein *Überblick* über neuere Ansätze und deren betriebswirtschaftliches Anwendungspotential, in: Ordelheide, D., Rudolph, B., Büsselmann, E. (Hrsg.), Betriebswirtschaftslehre und ökonomische Theorie, Stuttgart 1991, S. 143-170.

PICOT, A., DIETL, H., *Transaktionskostentheorie*, in: Wirtschaftswissenschaftliches Studium, 19. Jg., Heft 4, 1990, S. 178-184.

PICOT, A., DIETL, H., FRANCK, E., *Organisation* – Eine ökonomische Perspektive, 4. Aufl., Stuttgart 2005.

PICOT, A., FIEDLER, M., *Institutionen* und Wandel, in: Die Betriebswirtschaft, 62. Jg., Heft 3, 2002, S. 242-259.

PICOT, A., REICHWALD, R., *Auflösung* der Unternehmung? – Vom Einfluss der IuK-Technik auf Organisationsstrukturen und Kooperationsformen, in: Zeitschrift für Betriebswirtschaft, 64. Jg., Heft 5, 1994, S. 547-570.

PICOT, A., REICHWALD, R., WIGAND, R. T., Die *grenzenlose Unternehmung* – Information, Organisation und Management, 4. Aufl., Wiesbaden 2001.

PICOT, G. (Hrsg.), *Handbuch* Mergers & Acquisitions – Planung, Durchführung, Integration, 3. Aufl., Stuttgart 2005.

PIESKE, R., Am *Klassenbesten* orientieren – Quelle für Wettbewerbsvorteile, in: Absatzwirtschaft, 35. Jg., Sonderheft, 1992, S. 149-158.

PIETSCH, G., Institutionenökonomik jenseits des *Opportunismus* – Forschungsprogramm statt Utopie, in: Schauenberg, B., Schreyögg, G., Sydow, J. (Hrsg.), Managementforschung, Band 15: Institutionenökonomik als Managementlehre?, Wiesbaden 2005, S. 1-44.

PIETSCH, T., MARTINY, L., KLOTZ, M., Strategisches *Informationsmanagement*, 3. Aufl., München 1998.

PIETSCHMANN, B. P., LEUFEN, D., *Coaching* in deutschen Unternehmen, in: Personal, 55. Jg., Heft 10, 2003, S. 38-40.

PILLER, F., SCHODER, D., *Mass Customization* und Electronic Commerce, in: Zeitschrift für Betriebswirtschaft, 69. Jg., Heft 10, 1999, S. 1111-1136.

PINCHOT, G. III, *Intrapreneuring* – Why You Don't Have to Leave the Corporation to Become an Entrepreneur, New York et al. 1985.

PINDYCK, R. S., Irreversible *Investment*, Capacity Choice and the Value of the Firm, in: American Economic Review, 78. Jg., Heft 5, 1988, S. 969-985.

PINDYCK, R. S., RUBINFELD, D.L., Econometric *Models* and Economic Forecasts, 4. Aufl., Boston 1998.

PISANO, G., *Knowledge*, Integration, and the Locus of Learning – An Empirical Analysis of Process Development, in: Strategic Management Journal, 15. Jg., Heft 8, 1994, S. 85-100.

PLEITNER, H. J., MÜLLER, B., Die *Internationalisierung* schweizerischer Klein- und Mittelunternehmen im Hinblick auf die europäische Wirtschaftsintegration, in: Internationales Gewerbearchiv, 38. Jg., Heft 4, 1990, S. 221-235.

POECH, A., *Erfolgsfaktor* Unternehmenskultur – Eine empirische Analyse zur Diagnose kultureller Einflussfaktoren auf betriebliche Prozesse, Dissertation, Ludwig-Maximilians-Universität München, München 2002.

POENSGEN, O. H., MARX, M., Die *Ausgestaltung* der Geschäftsbereichsorganisation in der Praxis, in: Zeitschrift für Betriebswirtschaft, 52. Jg., Heft 3, 1982, S. 238-249.

PORTER, M. E., Competitive *Advantage*, New York – London 1985.

PORTER, M. E., Competitive *Strategy*, New York – London 1980.

PORTER, M. E., The Competitive Advantage of *Nations*, London – Basingstoke 1990.

PORTER, M. E., Towards a Dynamic *Theory* of Strategy, in: Strategic Management Journal, 12. Jg., Special Issue, 1991, S. 95-117.

POST, J. E. ET AL., The *Public Affairs* Function in American Corporations, in: Long Range Planning, 15. Jg., Heft 2, 1982, S. 12-21.

POULSEN, P., Dem samstemte *virksomhed*, Kopenhagen 1987.

PRAHALAD, C. K., HAMEL, G., Nur *Kernkompetenzen* sichern das Überleben, in: Harvard Business Manager, 13. Jg., Heft 2, 1991, S. 66-78.

PREISSNER, A., SCHWARZER, U., Die *Wachstumspille*, in: Manager Magazin, 35. Jg., Heft 1, 2004, S. 46-54.

PRESTHUS, R. V., *Authority* in Organizations, in: Mailick, S., van Ness, E. H. (Hrsg.), Concepts and Issues in Administrative Behavior, Englewood Cliffs 1962, S. 122-136.

PROBST, G. J. B., *Selbst-Organisation* – Ordnungsprozesse in sozialen Systemen aus ganzheitlicher Sicht, Berlin – Hamburg 1987.

PROBST, G. J. B., BÜCHEL, B., Organisationales *Lernen*, 2. Aufl., Wiesbaden 1998.

PROFF, H., Beitrag der Theorie der *Kompetenzentwicklung* zur Erklärung des kompetenzgestützten Wettbewerbskampfs in der Automobilindustrie, in: Burmann, C., Freiling, J., Hülsmann, M. (Hrsg.), Strategisches Kompetenz-Management, Wiesbaden 2006, S. 67-95.

PROFF, H., PROFF, H. V., Möglichkeiten und Grenzen hybrider *Strategien* – Dargestellt am Beispiel der deutschen Automobilindustrie, in: Die Betriebswirtschaft, 57. Jg., Heft 6, 1997, S. 796-809.

PRUITT, D. G., *Methods* for Resolving Differences of Interest – A Theoretical Analysis, in: Journal of Social Issues, 28. Jg., Heft 1, 1972, S. 134-154.

PUFFER, S., MCCARTHY, D., NAUMOV, A., The Russian Capitalist *Experiment* – From State-owned Organizations to Entrepreneurs, Cheltenham – Northampton 2000.

PUGH, D. S., HICKSON, D. J., Organizational *Structure* in its Context – The Aston Programme I, Westmead et al. 1976.

PULL, K., Der Einfluss personalpolitischer *Flexibilität* auf die Standortwahl Multinationaler Unternehmen – Eine empirische Analyse, in: Zeitschrift für Betriebswirtschaft, 73. Jg., Heft 8, 2003, S. 849-873.

PUTNAM, L. L., The Interpretive *Perspective* – An Alternative to Functionalism, in: Putnam, L. L., Pacanowsky, M. E. (Hrsg.), An Interpretive Approach, Beverly Hills – London – New Delhi 1983, S. 31-54.

Q

QUAMBUSCH, L., *Handelshemmnisse*, nicht-tarifäre, in: Macharzina, K., Welge, M. K. (Hrsg.), Handwörterbuch Export und Internationale Unternehmung, Stuttgart 1989, Sp. 782-799.

QUILLMANN, W., Venture *Capital* in den USA und Deutschland, in: Die Bank, 27. Jg., Heft 2, 1987, S. 669-673.

QUINN, J. B., *Strategies* for Chance – Logical Incrementalism, Homewood 1980.

R

RADTKE, M., *Handbuch* der Budgetierung, Landsberg 1989.

RAFFÉE, H., FRITZ, W., Die *Führungskonzeption* erfolgreicher und weniger erfolgreicher Industrieunternehmen im Vergleich, in: Zeitschrift für Betriebswirtschaft, 61. Jg., Heft 11, 1991, S. 1211-1226.

RAFFÉE, H., FRITZ, W., *Dimensionen* und Konsistenz der Führungskonzeptionen von Industrieunternehmen, in: Zeitschrift für betriebswirtschaftliche Forschung, 44. Jg., Heft 4, 1992, S. 303-322.

RAFFÉE, H., WIEDMANN, K.-P., Die künftige *Bedeutung* der Produktqualität unter Einfluss ökologischer Gesichtspunkte, in: Lisson, A. (Hrsg.), Qualität, Berlin et al. 1987, S. 349-378.

RAMME, I., Die *Arbeit* von Führungskräften – Konzepte und empirische Ergebnisse, Bergisch-Gladbach – Köln 1989.

RANK, O. N., Formale und informelle *Organisationsstrukturen* – Eine Netzwerkanalyse des strategischen Planungs- und Entscheidungsprozesses multinationaler Unternehmen, Wiesbaden 2003.

RANK, O. N., Interdependenzen in den Governance-*Strukturen* deutscher Großunternehmen, in: Zeitschrift für Betriebswirtschaft, 75. Jg., Heft 1, 2005, S. 15-41.

RAPOPORT, A., Two-Person Game *Theory*, Ann Arbor 1966.

RAPPAPORT, A., Creating Shareholder *Value*, New York 1986.

RASCHE, C., WOLFRUM, B., Ressourcenorientierte *Unternehmensführung*, in: Die Betriebswirtschaft, 54. Jg., Heft 4, 1994, S. 501-516.

RAUPACH, A., (Hrsg.), *Verrechnungspreissysteme* multinationaler Unternehmen, Herne – Berlin 1999.

RAVEED, S. R., RENFORTH, W., State *Enterprise* – Multinational Company Joint Ventures, in: Management International Review, 23. Jg., Heft 1, 1983, S. 47-57.

RAYMOND, E. S., The Cathedral and the *Bazaar*, http://tuxedo.org/~esr/writings/cathedral-bazaar/, Zugriff am 08.05.2002.

RAYMOND, M. A., BARKSDALE, H. C., Corporate Strategic *Planning* and Corporate Marketing – Toward an Interface?, in: Business Horizons, 32. Jg., Heft 5, 1989, S. 41-48.

RAWLS, J., A *Theory* of Justice, Oxford et al. 1971.

REBER, G., BÖHNISCH, W., JAGO, A., Interkulturelle *Unterschiede* im Führungsverhalten, in: Haller, M. et al. (Hrsg.), Globalisierung der Wirtschaft – Einwirkungen auf die Betriebswirtschaftslehre, Bern 1993, S. 217-242.

REED, R. O., BUCHMAN, T., WOBBEKIND, R., 2002 *Sarbanes-Oxley Act* – Privately-held Companies Implementation Issues, in: Journal of Applied Research, 22. Jg., Heft 3, S. 25-32.

REGIERUNGSKOMMISSION DEUTSCHER CORPORATE GOVERNANCE KODEX (Hrsg.), Deutscher Corporate Governance-*Kodex*, http://www.corporate-governance-code.de/ger/kodex/index.html, Zugriff am 04.02.2008.

REICHERT, J., BRANDES, S. M., *Mitbestimmung* der Arbeitnehmer in der SE – Gestaltungsfreiheit und Bestandsschutz, in: Zeitschrift für Unternehmens- und Gesellschaftsrecht, 32. Jg., Heft 5/6, 2003, S. 767-799.

REICHWALD, R., PILLER, F., Interaktive *Wertschöpfung* – Open Innovation, Individualisierung und neue Formen der Arbeitsteilung, Wiesbaden 2006.

REIHLEN, M., Entwicklungsfähige *Planungssysteme* – Grundlagen, Konzepte und Anwendungen zur Bewältigung von Innovationsproblemen, Gabler 1997.

REIMANN, H., *Kommunikations-Systeme* – Umrisse einer Soziologie der Vermittlungs- und Mitteilungsprozesse, 2. Aufl., Tübingen 1974.

REINEKE, R.-D., *Akkulturation* von Auslandsakquisitionen – Eine Untersuchung zur unternehmenskulturellen Anpassung, Wiesbaden 1989.

REISS, M., *Matrixsurrogate*, in: Zeitschrift Führung und Organisation, 63. Jg., Heft 3, 1994, S. 152-156.

REISS, M., *Reengineering* – Radikale Revolution oder realistische Reform, in: Horváth, P. (Hrsg.), Kunden und Prozesse im Fokus – Controlling und Reengineering, Stuttgart 1994, S. 9-26.

REITSPERGER, W. D. ET AL., Product *Quality* and Cost Leadership – Compatible Strategies?, in: Reitsperger, W. D., Daniel, S. J. (Hrsg.), Strategic Quality Management, Management International Review, 33. Jg., Special Issue, 1993, S. 7-21.

REITZ, U., VW will auf die sanfte *Tour* Kosten drücken, in: Die Welt, Ausgabe vom 26.06.2005, http://www.welt.de/print-wams/article129267/VW_will_auf_die_sanfte_Tour_ Kosten_druecken.html, Zugriff am 20.05.2008.

REMER, A., WYGODA, S., *Eigenverantwortung* als Ziel der Organisationsgestaltung, in: Koch, S., Kaschube, J., Fisch, R. (Hrsg.), Eigenverantwortung und Organisation, Göttingen et al. 2003, S. 91-105.

REUER, J., How *Real* Are Real Options? The Case of International Joint Ventures, in: Hitt, M. et al. (Hrsg.), Creating Value – Winners in the New Business Environment, Oxford 2002, S. 61-84.

REUTER, E., Über *Macht* und Ohnmacht des Geistes, in: Steinmann, H., Löhr, A. (Hrsg.), Unternehmensethik, Stuttgart 1989, S. 351-363.

RICARDO, D., On the *Principles* of Political Economy and Taxation, London 1817.

RICART, J. ET AL., New Frontiers in International *Strategy*, in: Journal of International Business Studies, 35. Jg., Heft 3, 2004, S. 175-200.

RICHTER, A., NIEWIEM, S., The Relationship between *Clients* and Management Consultants – An Empirical Analysis, in: Academy of Management Best Paper Proceedings, Washington 2006, S. MC: C1-C6.

RICHTER, R., Institutionenökonomische *Aspekte* der Theorie der Unternehmung, in: Ordelheide, D., Rudolph, B., Büsselmann, E. (Hrsg.), Betriebswirtschaftslehre und ökonomische Theorie, Stuttgart 1991, S. 395-429.

RICHTER, R., *Sichtweise* und Fragestellungen der neuen Institutionenökonomik, in: Zeitschrift für Wirtschafts- und Sozialwissenschaften, 110. Jg., Heft 4, 1990, S. 571-591.

RIDDER, H.-G., HOON, C., MCCANDLESS, A., The Theoretical *Contribution* of Case Study Research to the Field of Strategy and Management, in: Ketchen, D. J., Bergh, D. D. (Hrsg.), Research Methodology in Strategy and Management, Band 5 (im Druck).

RIEDER, I., *Unternehmenskultur* – Erfolgsfaktor im Bankbetrieb, Wien 1988.

RIEDL, C., Organisatorischer Wandel und *Globalisierung*, Berlin – Heidelberg 1999.

RIEHLE, W., *Ziele*, Formen und Erfolgsmerkmale strategischer Allianzen, in: Macharzina, K., Oesterle, M.-J. (Hrsg.), Handbuch Internationales Management, Wiesbaden 1997, 2. Aufl., S. 579-605.

RIEKHOF, H.-C., *Unternehmensverfassungen* und Theorie der Verfügungsrechte – Methodische Probleme, theoretische Perspektiven und exemplarische Fallstudien, Wiesbaden 1984.

RIES, A., Wie man den *Unternehmenswert* nachhaltig steigert – Über die Ausrichtung integrativer Steuerungssysteme an der Wertschöpfung, in: New Management, 71. Jg., Heft 6, 2002, S. 16-24.

RINGLEB, H.-M. ET AL., *Kommentar* zum Deutschen Corporate Governance Kodex – Kodex Kommentar, 2. Aufl., München 2005.

RINGLSTETTER, M., SKROBARCZYCK, P., Die *Entwicklung* internationaler Strategien – Ein integrierter Bezugsrahmen, in: Zeitschrift für Betriebswirtschaft, 64. Jg., Heft 3, 1994, S. 333-357.

RISCHAR, K., TITZE, C., *Qualitätszirkel* – Effektive Problemlösung durch Gruppen im Betrieb, 4. Aufl., Ehingen 1998.

RITSCHER, W., Rechnerunterstützte *Informationssysteme* in der Qualitätssicherung, in: Masing, W. (Hrsg.), Handbuch Qualitätsmanagement, 4. Aufl., München 1999, S. 935-958.

ROBBINS, S. P., *Organisation* der Unternehmung, 9. Aufl., München 2001.

ROBERTS, B. E., New Venture for Corporate *Growth*, in: Harvard Business Review, 58. Jg., Heft 4, 1980, S. 134-142.

ROBERTS, J., MCNULTY, T., STILES, P., Beyond Agency Conceptions of the Work of the Non-Executive Director – Creating Accountability in the Boardroom, in: Corley, K. G. (Hrsg.), The Higgs Report – Implications for our Understanding of Corporate Governance and the *Non-Executive* Director, in: British Journal of Management, Vol. 16, Special Issue, 2005, S. 5-26.

ROBOCK, S. H., SIMMONDS, K., International *Business* and Multinational Enterprise, 4. Aufl., Boston 1989.

ROCKART, J., BULLEN, C. V., LEVENTER, J. S., *Centralization* vs. Decentralization of Information Systems, Cambridge 1977.

ROETHLISBERGER, F. J., DICKSON, W., *Management* and the Worker, Boston 1934.

ROEVER, M., Gemeinkosten-Wertanalyse – Erfolgreiche Antwort auf den wachsenden *Gemeinkostendruck*, in: Zeitschrift für Organisation, 51. Jg., Heft 5/6, 1982, S. 249-253.

ROEVER, M., *Gemeinkosten-Wertanalyse*, in: Kostenrechnungspraxis, o. Jg., Heft 1, 1985, S. 19-22.

ROGERS, E. M., *Diffusion* of Innovations, 4. Aufl., New York – London 1995.

ROHN, A. S., Multikulturelle *Arbeitsgruppen* – Erklärungsgrößen und Gestaltungsformen, Wiesbaden 2006.

ROHRBACH, P., Electronic Commerce im Business-to-Business-Bereich – Herausforderungen, Konzeption und *Fallbeispiele*, in: Hermanns, A., Sauter, M. (Hrsg.), Management-Handbuch Electronic Commerce, München 1999, S. 271-282.

RONEN, S., Comparative and Multinational *Management*, New York et al. 1986.

ROOT, F. R., Entry Strategies for International *Markets*, Lexington 1987.

ROOT, F. R., Foreign Market Entry *Strategies*, New York 1982.

ROPELLA, W., *Synergie* als strategisches Ziel der Unternehmung, Berlin – New York 1989.

ROSENSTIEL, L. V., *Grundlagen* der Organisationspsychologie – Basiswissen und Anwendungshinweise, 6. Aufl., Stuttgart 2007.

ROST, K., HÖLZLE, K., GEMÜNDEN, H.-G., *Promotors* or Champions? – Pros and Cons of Rule Specialization for Economic Process, in: Schmalenbach Business Review, 59. Jg., Heft 4, 2007, S. 340-363.

ROVENTA, P., Portfolio-*Analyse* und Strategisches Management, 2. Aufl., München 1981.

ROWE, A. J. ET AL., Strategic *Management* – A Methodological Approach, 4. Aufl., Reading et al. 1994.

ROXIN, J., Internationale *Wettbewerbsanalyse* und Wettbewerbsstrategie, Wiesbaden 1992.

ROYER, S., Successful Horizontal Alliances between *Competitors* – Evidence from the Automobile Industry, in: International Journal of Human Resources Development and Management, 2. Jg., Heft 3/4, 2002, S. 445-462.

RUBACK, R. S., An *Overview* of Takeover Defenses, in: Auerbach, A. J. (Hrsg.), Mergers & Acquisitions, Chicago – London 1988, S. 49-67.

RUDOLPH, B., *Finanzmanagement*, internationales, in: Macharzina, K., Welge, M. K. (Hrsg.), Handwörterbuch Export und Internationale Unternehmung, Stuttgart 1989, Sp. 651-664.

RUGMAN, A. M., The *Regional* Multinationals, Cambridge 2005.

RUGMAN, A. M., D'CRUZ, J. R., Multinationals as *Flagship* Firms – Regional Business Networks, Oxford – New York 2000.

RUGMAN, A. M., VERBEKE, A., A Perspective on Regional and *Global* Strategies of Multinational Enterprises, in: Journal of International Business Studies, 35. Jg., Heft 1, 2004, S. 3-18.

RÜHL, M., Managing *Diversity* – Mit Vielfalt zum Unternehmenserfolg?, in: DGfP Kundenmagazin, o. Jg., o. Heftnummer, 2003, S. 9-10.

RÜHLI, E., Die Resource-based *View* of Strategy, in: Gomez, P., Hahn, D., Müller-Stewens, G. (Hrsg.), Unternehmerischer Wandel – Konzepte zur organisatorischen Erneuerung, Wiesbaden 1994, S. 32-57.

RÜHLI, E., Unternehmungsführung und *Unternehmungspolitik*, Band 1 und 2, 3. Aufl., Bern – Stuttgart 1996.

RÜHLI, E., SCHMIDT, S., *Strategieprozessforschung*, in: Zeitschrift für Betriebswirtschaft, 71. Jg., Heft 5, 2001, S. 531-550.

RUHNKE, K., *Unternehmensbewertung* – Ermittlung der Preisobergrenzen bei strategisch motivierten Akquisitionen, in: Der Betrieb, 44. Jg., Heft 37, 1991, S. 1889-1894.

RUHWEDEL, F., SCHULTZE, W., Konzeption des Value Reporting und Beitrag zur *Konvergenz* im Rechnungswesen, in: Controlling, 16. Jg., Heft 8/9, 2004, S. 489-495.

RUHWEDEL, F., SCHULTZE, W., *Value Reporting* – Theoretische Konzeption und Umsetzung bei den DAX 100-Unternehmen, in: Zeitschrift für betriebswirtschaftliche Forschung, 54. Jg., Heft 11, 2002, S. 602-632.

RUMELT, R. P., How Much Does *Industry* Matter?, in: Strategic Management Journal, 12. Jg., Heft 3, 1991, S. 167-185.

RUMELT, R. P., *Strategy*, Structure, and Economic Performance, Boston 1974.

RÜSSMANN, K.-H., Konsens statt *Konflikt*, in: Manager Magazin, 11. Jg., Heft 8, 1981, S. 36-41.

RÜTH, D., *Planungssysteme* der Industrie – Einflussgrößen und Gestaltungsparameter, Wiesbaden 1989.

RUSSELL REYNOLDS ASSOCIATES (Hrsg.), *Board* Member Survey, New York 2006.

RUSSELL REYNOLDS ASSOCIATES (Hrsg.), *Governance* for Good or Ill – European Chairmen Report, London 2006.

RYANAIR (Hrsg.), *History* of Ryanair, http://www.ryanair.com/site/EN/about.php, Zugriff am 22.05.2005.

RYANAIR (Hrsg.), *Strategy*, http://www.ryanair.com/site/about/invest/docs/Strategy.pdf, Zugriff am 22.05.2005.

S

SABEL, H., *Qualitäten*, Preise und Mengen, in: Zeitschrift für Betriebswirtschaft, 60. Jg., Heft 8, 1990, S. 745-772.

SABEL, H., WEISER, C., Zum *Sterben* von Unternehmen, in: Zeitschrift für Betriebswirtschaft, 64. Jg., Heft 3, 1994, S. 297-312.

SACHS, S., Die Rolle der Unternehmung in ihrer Interaktion mit der *Gesellschaft*, Bern 2000.

SADOWSKI, D., HOFFMANN, F., LÖCHER, H.-G., Empirische *Budgetforschung* – Ansätze, Beispiele und ökonomische Defizite, in: Wirtschaftswissenschaftliches Studium, 17. Jg., Heft 1, 1988, S. 7-11.

SADOWSKI, D., PULL, K., *Recht* als Ressource, in: Ott, C., Schäfer, H. (Hrsg.), Effiziente Verhaltenssteuerung und Kooperation im Zivilrecht, Berlin 1997, S. 50-74.

SALOMO, S., *Wechsel* der Spitzenführungskraft und Unternehmenserfolg, Berlin 2001.

SALOMO, S., CRATZIUS, M., *Integration* von Marketing und Fertigung als Erfolgsfaktoren der Neuproduktentwicklung – Die moderierende Wirkung des Innovationsgrads, in: Zeitschrift für Betriebswirtschaft, 75. Jg., Heft 1, 2005, S. 71-95.

SALONEN, A. ET AL., The Impact of *Globalization* on Firm Generic Competitive Strategy, Arbeitspapier präsentiert auf der Jahrestagung des UK-Chapters der Academy of International Business, 13.-14. April 2007, London 2007.

SALZBERGER, W., *Board* of Directors, in: Schreyögg, G., Werder, A. v. (Hrsg.), Handwörterbuch Unternehmensführung und Organisation, 4. Aufl., Stuttgart 2004, Sp. 99-105.

SANCHEZ, R., HEENE, A.,THOMAS, H., *Introduction* – Towards the Theory and Practice of Competence-Based Competition, in: Dynamics of Competence-based Competition – Theory and Practice in the New Strategic Management, Oxford 1996, S. 1-35.

SANDIG, C., *Betriebswirtschaftspolitik*, 2. Aufl., Stuttgart 1966.

SANDNER, R., *Untersuchung* zur Wirkung handlungssteuernder Kulturstandards in der Interaktion zwischen Deutschen und Chinesen, Regensburg 1989.

SANDT, J., Erfolgreiche Gestaltung der *Führungsunterstützung* durch Kennzahlen, in: Weber, J., Kunz, J., (Hrsg.), Empirische Controllingforschung – Begründung, Beispiele, Ergebnisse, Wiesbaden 2003, S. 93-127.

SANOFI-AVENTIS (Hrsg.), *Sanofi* Aventis – L´essentiel c´est la santé, http://www.sanofi-aventis.com, Zugriff am 19.07.2005.

SANOFI-SYNTHÉLABO S.A. (Hrsg.), Annual *Reports* 2003-2006, Paris 2004-2007.

SCHÄFFER, U., BINDER, C., GMÜR, M., *Struktur* und Entwicklung der Controllingforschung – Eine Zitations- und Kozitationsanalyse von Controllingbeiträgen in deutschsprachigen wissenschaftlichen Zeitschriften, in: Zeitschrift für Betriebswirtschaft, 76. Jg., Heft 4, 2006, S. 395-440.

SCHÄFFER, U., WILLAUER, B., Kontrolle, *Effektivität* der Planung und Erfolg von Geschäftseinheiten – Ergebnisse einer empirischen Erhebung, in: Zeitschrift für Planung, 13. Jg., Heft 1, 2002, S. 73-97.

SCHANZ, G., Der verhaltenstheoretische *Ansatz* in der Betriebswirtschaftslehre, in: Wirtschaftswissenschaftliches Studium, 19. Jg., Heft 5, 1990, S. 229-234.

SCHANZ, G., STANGE, J., *Wertanalyse*, in: Kern, W. (Hrsg.), Handwörterbuch der Produktionswirtschaft, 2. Aufl., Stuttgart 1996, Sp. 2251-2261.

SCHEFCZIK, M., *Erfolgsstrategien* deutscher Venture-Capital-Gesellschaften – Eine Analyse der Investitionsaktivitäten und des Beteiligungsmanagements von Venture-Capital-Gesellschaften, Vortrag bei der 60. Wissenschaftlichen Jahrestagung des Verbandes der Hochschullehrer für Betriebswirtschaft e. V., Wien 1998.

SCHEFFLER, H. E., *Controlling* auf Konzernebene, in: Jacob, H. (Hrsg.), Controlling und Finanzplanung als Führungsinstrumente, Schriften zur Unternehmensführung, Band 27, Wiesbaden 1980, S. 19-32.

SCHEIN, E. H., Coming to a New *Awareness* of Organizational Culture, in: Sloan Management Review, 25. Jg., Heft 2, 1984, S. 3-16.

SCHEIN, E. H., Organizational *Culture* and Leadership – A Dynamic View, San Francisco – Washington – London 1985.

SCHELLE, H., *Projekte* zum Erfolg führen – Projektmanagement systematisch und kompakt, 5. Aufl., München 2007.

SCHELLING, T. C., *Versuch* über das Aushandeln, in: Bühl, W. L. (Hrsg.), Konflikt und Konfliktstrategie, 2. Aufl., München 1973, S. 235-263.

SCHENK-MATHES, H., Trittbrettfahren in *Teams* – Theorie und experimentelle Ergebnisse, in: Gillenkirch, R. et al. (Hrsg.), Wertorientierte Unternehmenssteuerung, Berlin et al. 2004, S. 265-294.

SCHERER, A. G., *Kritik* der Organisation oder Organisation der Kritik? Wissenschaftstheoretische Bemerkungen zum kritischen Umgang mit Organisationstheorien, in: Kieser, A. (Hrsg.), Organisationstheorien, 3. Aufl., Stuttgart – Berlin – Köln 1999, S. 1-37.

SCHERER, A. G., PALAZZO, G., Toward a Political *Conception* of Corporate Responsibility – Business and Society Seen From a Habermasian Perspective, in: Academy of Management Review, 32. Jg., Heft 4, 2007, S. 1096-1120.

SCHERER, A. G., PATZER, M. (Hrsg.), Betriebswirtschaftslehre und *Unternehmensethik*, Wiesbaden 2008, S. 145-167.

SCHERM, E., KUSZPA, M., SÜß, S., *Virtualisierung* – Erfolgspotenziale, Grenzen und Praxiserfahrungen, in: Industrie Management, 21 Jg., Heft 1, 2005, S. 33-36.

SCHERM, E., PIETSCH, G., Die theoretische *Fundierung* des Controlling – Kann das Controlling von der Organisationstheorie lernen?, in: Weber, J., Hirsch, B. (Hrsg.), Zur Zukunft der Controllingforschung – Empirie, Schnittstellen und Umsetzung in der Lehre, Wiesbaden 2003, S. 27-62.

SCHEUCH, F., Corporate *Identity* – Schlagwort oder strategisches Konzept?, in: Der Markt, 26. Jg., Heft 2, 1987, S. 33-36.

SCHEWE, G., *Unternehmensverfassung*. Corporate Governance im Spannungsfeld von Leitung, Kontrolle und Interessenvertretung, Berlin – Heidelberg 2005.

SCHINDEWOLF, H. M., Organisches *Wachstum* internationaler Unternehmen – Eine empirische Exploration, Lohmar – Köln 2004.

SCHIRMER, F., *Reorganisationsmanagement* – Interessenkonflikte, Koalitionen des Wandels und Reorganisationserfolg, Wiesbaden 2000.

SCHLEGELMILCH, B., Der *Zusammenhang* zwischen Innovationsneigung und Exportleistung, in: Zeitschrift für betriebswirtschaftliche Forschung, 40. Jg., Heft 3, 1988, S. 227-242.

SCHLEINSTEIN, A., Managementstile in *Europa* – Ein interkultureller Vergleich, Düsseldorf 2004.

SCHLENDER, B. R., How Levi *Strauss* Did an LBO Right, in: Fortune, 121. Jg., Heft 10, 1990, S. 77-79.

SCHLICKSUPP, H., Kreative *Ideenfindung* in der Unternehmung – Methoden und Modelle, Berlin – New York 1977.

SCHLOTE, S., KOWALEWSKY, R., Flexible *Fabrik* – Mit japanischen Produktionsmethoden hoffen Deutschlands Autobauer zur fernöstlichen Konkurrenz aufschließen zu können, in: Wirtschaftswoche, 45. Jg., Heft 38, 1991, S. 52-64.

SCHMALENSEE, R., „Do *Markets* Differ Much?“, in: American Economic Review, 75. Jg., Heft 3, 1985, S. 341-351.

SCHMEISSER, W., Erfinder und Innovation – *Widerstände* im Inventionsprozess, unter besonderer Berücksichtigung der Stellung und Bedeutung von Erfindern im Innovationsprozess, Dissertation, Universität Duisburg, Duisburg 1984.

SCHMID, B. F., *Elektronische Märkte* – Merkmale, Organisation und Potentiale, in: Hermanns, A., Sauter, M. (Hrsg.), Management-Handbuch Electronic Commerce, München 1999, S. 31-48.

SCHMID, B. F., LYCZEK, B., *Unternehmenskommunikation* – Kommunikationsmanagement aus der Sicht der Unternehmensführung, Wiesbaden 2006.

SCHMID, S. (Hrsg.), Strategien der *Internationalisierung* – Fallstudien und Fallbeispiele, München – Wien 2006.

SCHMID, S., BÄURLE, I., KUTSCHKER, M., Tochtergesellschaften in international tätigen Unternehmungen – Ein „State-of-the-Art" unterschiedlicher *Rollentypologien*, Diskussionsbeiträge der Wirtschaftswissenschaftlichen Fakultät Ingolstadt, Nr. 104, Katholische Universität Eichstätt, Ingolstadt 1998.

SCHMID, S., DANIEL, S., Measuring Board Internationalization – Towards a More Holistic *Approach*, Arbeitspapier der ESCP-EAP, Berlin 2006.

SCHMID, U., *Umweltschutz* – Eine strategische Herausforderung für das Management, Frankfurt/Main et al. 1989.

SCHMIDHÄUSLER, F. J., *Fusionskarussel* ohne Ende, in: Der Erfolg, 40. Jg., Heft 9, 1991, S. 38-40.

SCHMIDT, G., *Organisation*, Methode und Technik, 4. Aufl., Gießen 1981.

SCHMIDT, R., SCHWALBACH, J., Zu *Höhe* und Dynamik der Vorstandsvergütung in Deutschland, in: Zeitschrift für Betriebswirtschaft, 77. Jg., Special Issue 1, 2007, S. 111-121.

SCHMIDT, S. L., VOGT, P., SCHRIBER, S., *Ansätze* und Ergebnisse anglo-amerikanischer M&A-Forschung, in: Journal für Betriebswirtschaft, 55. Jg., Heft 4, 2005, S. 297-319.

SCHMIDTKE, A., *Praxis* des Venture Capital-Geschäftes, Landsberg 1985.

SCHNEEWEISS, C., Einführung in die *Produktionswirtschaft*, 7. Aufl., Berlin – Heidelberg 1999.

SCHNEIDER, D., Die *Unhaltbarkeit* des Transaktionskostenansatzes für die „Markt oder Unternehmung"-Diskussion, in: Zeitschrift für Betriebswirtschaft, 55. Jg., Heft 12, 1985, S. 1237-1254.

SCHNEIDER, D., *Investition*, Finanzierung und Besteuerung, 7. Aufl., Opladen 1992.

SCHNEIDER, D. J. G., WÜHRER, G. A., *Unternehmenskultur* und CI-Strategie, in: Journal für Betriebswirtschaft, 41. Jg., Heft 4, 1991, S. 138-154.

SCHNEIDER, M., *Zielvorgaben* und Organisationskultur, in: Die Betriebswirtschaft, 67. Jg., Heft 6, 2007, S. 619-637.

SCHNEIDER, U., Komplexitätsfähige *Organisation* – Führen auf der Metaebene, in: Gablers Magazin, o. Jg., Heft 6/7, 1994, S. 31-34.

SCHNEIDER, U., Das Management der *Ignoranz* – Nichtwissen als Erfolgsfaktor, Wiesbaden 2006.

SCHNEIDER, U. H., Kapitalmarktorientierte Corporate Governance-*Grundsätze*, in: Der Betrieb, 53. Jg., Heft 48, 2000, S. 2413-2417.

SCHNEIDEWIND, D., Das japanische *Unternehmen* – Uchi no kaisha, Berlin – Heidelberg – New York 1991.

SCHNEIDEWIND, D., Jishu Kanri – Ein japanisches *Erfolgsgeheimnis*, Wiesbaden 1994.

SCHNYDER, A. B., Unternehmenskultur und Corporate *Identity*, in: Zeitschrift Führung und Organisation, 60. Jg., Heft 4, 1991, S. 260-266.

SCHNYDER, F., *Netzverstärker*, in: Der Organisator, 76. Jg., Heft 3, 1994, S. 6-7.

SCHOEFFLER, S., BUZZELL, R. D., HEANY, D. F., *Impact* of Strategic Planning on Profit Performance, in: Harvard Business Review, 52. Jg., Heft 2, 1974, S. 137-145.

SCHOLL, R. F., *Internationalisierungsstrategien*, in: Macharzina, K., Welge, M. K. (Hrsg.), Handwörterbuch Export und Internationale Unternehmung, Stuttgart 1989, Sp. 983-1001.

SCHÖLLHAMMER, H., Organizational *Structures* of Multinational Corporations, in: Academy of Management Journal, 14. Jg., Heft 3, 1971, S. 345-365.

SCHOLZ, C., *Organisationskultur* – Zwischen Schein und Wirklichkeit, in: Zeitschrift für betriebswirtschaftliche Forschung, 40. Jg., Heft 3, 1988, S. 243-272.

SCHOLZ, C., *Personalmanagement* – Informationsorientierte und verhaltenstheoretische Grundlagen, 5. Aufl., München 2000.

SCHON, A. D., The *Fear* of Innovation, in: Allison, D. (Hrsg.), The R+D Game, Cambridge 1969, S. 119-134.

SCHOONMAKER, A., Why *Mergers* Don't Jell, in: The Critical Human Elements, 46. Jg., Heft 5, 1969, S. 39-48.

SCHORCHT, H., BRÖSEL, G., *Risiko*, Risikomanagement und Risikocontrolling im Lichte des Ertragsmanagements, in: Keuper, F., Roesing, D., Schomann, M. (Hrsg.), Integriertes Risiko- und Ertragsmanagement – Kunden- und Unternehmenswert zwischen Risiko und Ertrag, Wiesbaden 205, S. 3-33.

SCHOTT, E., *Markt* und Geschäftsbeziehung beim Outsourcing – Eine marketingorientierte Analyse für die Informationsverarbeitung, Wiesbaden 1997.

SCHRADER, U., Corporate *Citizenship* – Die Unternehmung als guter Bürger?, Berlin 2003.

SCHRAMM-KLEIN, H., Wettbewerb und Kooperation in regionalen *Branchenclustern*, in: Zentes, J., Swoboda, B., Morschett, D. (Hrsg.), Kooperationen, Allianzen und Netzwerke – Grundlagen, Ansätze, Perspektiven, 2. Aufl., Wiesbaden 2005, S. 531-556.

SCHRAMM-NIELSEN, J., Cultural *Dimensions* of Decision Making – Denmark and France Compared, in: Journal of Managerial Psychology, 16. Jg., Heft 6, 2001, S. 404-423.

SCHRAMM-NIELSEN, J., LAWRENCE, P., SIVESIND, K. H., *Management* in Scandinavia – Culture, Context, Change, Cheltenham 2004.

SCHREYÖGG, G., *Managerkontrolle* als Problem der Unternehmensverfassung, in: Kießler, D., Kittner, M., Nagel, B. (Hrsg.), Unternehmensverfassung, Recht und Betriebswirtschaftslehre, Köln 1983, S. 153-166.

SCHREYÖGG, G., *Organisation* – Grundlagen moderner Organisationsgestaltung, 4. Aufl., Wiesbaden 2005.

SCHREYÖGG, G., *Umwelt*, Technologie und Organisationsstruktur, 2. Aufl., Bern – Stuttgart 1995.

SCHREYÖGG, G., *Unternehmenskultur* und Innovation, in: Personal, 41. Jg., Heft 9, 1989, S. 370-373.

SCHREYÖGG, G., *Unternehmensstrategie* – Grundfragen einer Theorie strategischer Unternehmensführung, Berlin – New York 1984.

SCHREYÖGG, G., Zum *Verhältnis* von Planung und Kontrolle, in: Wirtschaftswissenschaftliches Studium, 23. Jg., Heft 7, 1994, S. 345-352.

SCHREYÖGG, G., KLIESCH, M., Zur *Dynamisierung* Organisationaler Kompetenzen – „Dynamic Capabilities“ als Lösungsansatz?, in: Zeitschrift für betriebswirtschaftliche Forschung, 58. Jg., Heft 6, 2006, S. 455-476.

SCHREYÖGG, G., OECHSLER, W. A., WÄCHTER, H., *Managing* in a European Context – Human Resources, Corporate Culture, Industrial Relations – Text and Cases, Wiesbaden 1995.

SCHREYÖGG, G., STEINMANN, H., Strategische *Kontrolle*, in: Zeitschrift für betriebswirtschaftliche Forschung, 37. Jg., Heft 5, 1985, S. 391-410.

SCHREYÖGG, G., SYDOW, J. (Hrsg.), *Emotionen* und Management, Band 11 von Managementforschung, Wiesbaden 2001.

SCHREYÖGG, G., WERDER, A. V. (Hrsg.), Handwörterbuch Unternehmensführung und *Organisation*, 4. Aufl., Stuttgart 2005.

SCHREYÖGG, J., *Pfadabhängigkeit* der Entscheidungsprozesse am Beispiel des deutschen Gesundheitswesens, in: Wirtschaftswissenschaftliches Studium, 33. Jg., Heft 6, 2004, S. 359-363.

SCHRÖDER, H.-H., *Wertanalyse* als Instrument optimierender Produktgestaltung, in: Corsten, H. (Hrsg.), Handbuch Produktionsmanagement – Strategie, Führung, Technologie, Schnittstellen, Wiesbaden 1994, S. 1994, S. 151-169.

SCHRÖDER, H.-H., SCHIFFER, G., Strategische *Frühinformationssysteme* – Nutzen und Erfolgsvoraussetzungen, 2 Teile, in: Das Wirtschaftsstudium, 30. Jg., Heft 11/12, 2001, S. 1506-1511 und S. 1640-1644.

SCHÜTTE, R., SIEDENTOPF, J., ZELEWSKI, S., *Koordinationsprobleme* in Produktionsplanungs- und -steuerungskonzepten, in: Corsten, H., Friedl, B. (Hrsg.), Einführung in das Produktionscontrolling, München 1999, S. 141-187.

SCHULER, H. ET AL., *Entwicklung* eines eignungsdiagnostischen Personalauswahlsystems für Wissenschaftler und Ingenieure im Bereich industrieller Forschung und Entwicklung, Abschlussbericht zum Forschungsprojekt, Universität Hohenheim, Stuttgart 1991.

SCHÜLER, W., *Organisationstheorie*, Mathematische Ansätze der, in: Frese, E. (Hrsg.), Handwörterbuch der Organisation, 3. Aufl., Stuttgart 1992, Sp. 1806-1817.

SCHULTE, R., Was ist „*Gründungserfolg*"? – Überlegungen zur Operationalisierung eines folkloristischen Begriffs, in: Merz, J., Wagner, J. (Hrsg.), Perspektiven der Mittelstandsforschung – Ökonomische Analysen zu Selbstständigkeit, Freien Berufen und KMU, Münster 2004, S. 203-228.

SCHULZ, W., *Grundprobleme* der Ethik, 2. Aufl., Stuttgart 1993.

SCHULZ, W., Offensive *Umweltinformationspolitik* der Betriebe, in: Pieroth, E., Wicke, L. (Hrsg.), Chancen der Betriebe durch Umweltschutz, Freiburg 1988, S. 306-332.

SCHULZ, W., WICKE, L., *Organisation* des Umweltschutzes im Betrieb, in: Potthoff, E. (Hrsg.), RKW-Handbuch Führungstechnik und Organisation, Loseblattsammlung, Gruppe 6142, 1991, S. 1-80.

SCHUMACHER, C., *Trust* – A Source of Success in Strategic Alliances?, in: Schmalenbach Business Review, 58. Jg., Heft 3, 2006, S. 259-278.

SCHUMPETER, J. A., *Kapitalismus*, Sozialismus und Demokratie, 7. Aufl., Bern 1993.

SCHWAGER, M., KaiZen – Der sanfte *Weg* des Reengineering, Freiburg – Berlin – München 1997.

SCHWALBACH, J., *Motivation*, Kompensation und Performance, in: Bühler, W., Siegert, T. (Hrsg.), Unternehmenssteuerung und Anreizsysteme, Stuttgart 1999, S. 169-183.

SCHWANINGER, M., *Umweltverantwortung* – Manager sind herausgefordert, in: Management Zeitschrift io, 59. Jg., Heft 1, 1990, S. 89-94.

SCHWARZE, J., Projektmanagement mit *Netzplantechnik*, 8. Aufl., Berlin 2001.

SCHWEGMANN, V., PFAFFENBERGER, W. C., *Abwehrmaßnahmen* der Verwaltung gegen feindliche Übernahmeangebote, in: Die Betriebswirtschaft, 51. Jg., Heft 5, 1991, S. 561-580.

SCHWEITZER, M., TROßMANN, E., *Break-Even-Analysen* – Methodik und Einsatz, 2. Aufl., Berlin 1998.

SCHWEIZER, L., PATZELT, H., *Führungsstile* und der Verbleib von Mitarbeitern in der Post-Akquisitions-Integrationsphase, in: Zeitschrift für betriebswirtschaftliche Forschung, 60. Jg., Heft 3, 2008, S. 277-297.

SCHWER, D., Zum *Innovationsmanagement* – Betriebsgrößenbezogene Innovationsstrategien, Krefeld 1985.

SCHWINGER, D., WÄSCHER, G., Reif für das virtuelle *Unternehmen*, in: Zeitschrift für betriebswirtschaftliche Forschung, 58. Jg., Heft 3, 2006, S. 390-424.

SCOTT, W. R., The *Adolescence* of Institutional Theory, in: Administrative Science Quarterly, 32. Jg., Heft 4, 1987, S. 493-511.

SECORD, D. F., BACKMAN, C. W., Social *Psychology*, New York et al. 1964.

SEGLER, T., Die *Evolution* von Organisationen, Frankfurt/Main et al. 1985.

SEIBEL, J., *Zero-Base-Budgeting*, in: Kostenrechnungspraxis, o. Jg., Heft 3, 1980, S. 115-120.

SEIBERT, U., Das Gesetz zur Kontrolle und Transparenz im *Unternehmensbereich* (KonTraG) – Die aktienrechtlichen Regelungen im Überblick, in: Dörner, D. et al. (Hrsg.), Reform des Aktienrechts, der Rechnungslegung und der Prüfung. KonTraG – Corporate Governance – TransPuG, 2. Aufl., Stuttgart 2003, S. 239-262.

SEIDEL, E., Betriebliche *Führungsformen*, Stuttgart 1979.

SEIDEL, E., Ökologisch orientierte *Unternehmensführung* als betriebliche Kultur- und Strukturinnovation, in: Seidel, E., Wagner, D. (Hrsg.), Organisation – Evolutionäre Interdependenzen von Kultur und Struktur der Unternehmung, Wiesbaden 1989, S. 261-279.

SEIDEL, E., Zur *Organisation* des betrieblichen Umweltschutzes, in: Zeitschrift Führung und Organisation, 59. Jg., Heft 5, 1990, S. 334-341.

SEIDEL, H., *Erschließung* von Auslandsmärkten – Auswahlkriterien, Handlungsalternativen, Entscheidungshilfen, Berlin 1977.

SEIDEL, N., *Produktionslogistik* – Heute und morgen, in: Management Zeitschrift io, 54. Jg., 1985, Heft 5, S. 256-260 und Heft 6, S. 312-316.

SEIDENSTICKER, F.-J., Wege zu nachhaltig profitablem *Wachstum* – Vom empirischen Erfolgsmuster zur individuellen Unternehmensstrategie, in: Die Unternehmung, 59. Jg., Heft 4, 2005, S. 319-333.

SEIDL, D., Social *Systems*, in: Clegg, S., Bailey, J. R. (Hrsg.), International Encyclopedia of Organization Studies, Thousand Oaks 2008 (im Druck).

SEIFERT, W. G., Risk Management – Die *Zukunft* hat noch kaum begonnen, in: Versicherungswirtschaft, 36. Jg., Heft 11, 1981, S. 746-759.

SEIFERT, W. G., Risk Management im Lichte einiger *Ansätze* der Entscheidungs- und Organisationstheorie, Frankfurt/Main 1980.

SEIWERT, L. J., Mitbestimmung und *Zielsystem* der Unternehmung, Göttingen 1979.

SELTEN, R., *Preispolitik* der Mehrproduktunternehmung in der statischen Theorie, Berlin – Heidelberg – New York 1970.

SEMLER, J., *Leitung* und Überwachung der Aktiengesellschaft – Die Leitungsaufgabe des Vorstands und die Überwachungsaufgabe des Aufsichtsrats, 2. Aufl., Köln 1996.

SEMMEL, M., Die *Unternehmung* aus evolutionstheoretischer Sicht, Bern – Stuttgart 1984.

SENN, J. F., Ökologie-orientierte *Unternehmensführung*, Frankfurt/Main et al. 1986.

SEPEHRI, P., *Wahrnehmung* von Diversity in international tätigen Unternehmen – Verständnis, Erscheinungsformen und ökonomische Relevanz, http://www.unipotsdam.de/db/orgapers/website/download/Managing_Diversity_Konferrenz/sepehri.pdf, Zugriff am 10.04.2005.

SERVATIUS, H.-G., Evolutionäre *Führung* in chaotischen Umfeldern, in: Zeitschrift Führung und Organisation, 63. Jg., Heft 3, 1994, S. 157-164.

SERVATIUS, H.-G., New Venture *Management* – Erfolgreiche Lösung von Innovationsproblemen für Technologieunternehmen, Wiesbaden 1988.

SHAPIRA, Z., DUNBAR, R. L. M., Testing Mintzberg's Managerial *Roles* Classification Using an In-Basket Simulation, in: Journal of Applied Psychology, 65. Jg., Heft 1, 1980, S. 87-95.

SHAPIRO, C., VARIAN, H. R., *Information Rules* – A Strategic Guide to the Network Economy, Boston 1999.

SHARPE, W. F., SHARPE, W., *Portfolio* Theory and Capital Markets, New York et al. 1999.

SHENKAR, O., International Joint Ventures' *Problems* in China – Risks and Remedies, in: Long Range Planning, 23. Jg., Heft 3, 1990, S. 82-90.

SHETTY, Y. K., New *Look* at Corporate Goals, in: California Management Review, 22. Jg., Heft 2, 1979, S. 71-79.

SHIBATA, H., A *Comparison* of American and Japanese Work Practices – Skill Formation, Communications, and Conflict Resolution, in: Industrial Relations, 38. Jg., Heft 2, 1999, S. 192-214.

SHIMIZU, Y., Bericht zum *Experteninterview*, Yokohama 2004.

SHIN, Y., *Structures* and Problems of Korean Enterprises, Seoul 1985.

SHORT, J. C. ET AL., *Firm*, Strategic Group, and Industry Influences on Performance, in: Strategic Management Journal, 28. Jg., Heft 2, 2007, S. 147-167.

SIEMENS AG (Hrsg.), *Geschäftsbericht* 1969, 1993, 1998, 2000-2007, München 1969, 1993, 1998, 2000-2007.

SIEMENS AG (Hrsg.), Siemens benennt CEOs der *Divisionen* und CFOs der Sektoren, München, 7. Dezember 2007.

SIEMENS AG (Hrsg.), Siemens gliedert operatives *Geschäft* in drei Sektoren mit insgesamt 15 Divisionen, München, 28. November 2007.

SIEMENS AG (Hrsg.), *Organisationsplanung*, 8. Aufl., Berlin – München 1992.

SIMON, D., Schwache *Signale*, Wien 1986.

SIMON, H., „Hidden *Champions*" – Speerspitze der deutschen Wirtschaft, in: Zeitschrift für Betriebswirtschaft, 60. Jg., Heft 9, 1990, S. 875-890.

SIMON, H. A., Administrative *Behavior*, 4. Aufl., New York – London 1997.

SIMON, H. A., *Authority*, in: Arensberg, C. M. et al. (Hrsg.), Research in Industrial Human Relations, New York 1957, S. 103-118.

SJURTS, I., *Outsourcing* und Insourcing, in: Schreyögg, G., Werder, A. v. (Hrsg.), Handwörterbuch Unternehmensführung und Organisation, 4. Aufl., Stuttgart 2004, Sp. 1108-1114.

SLOAN, A. E. ET AL., Changing Consumer *Lifestyles*, in: Food Technology, 38. Jg., Heft 11, 1984, S. 99-103.

SMIRCICH, L., *Implications* for Management Theory, in: Putnam, L. L. (Hrsg.), Communication and Organizations – An Interpretive Approach, Beverly Hills – London – New Delhi 1983, S. 221-241.

SMITH, P. B. ET AL., In *Search* of Nordic Management Styles, in: Scandinavian Journal of Management, 19. Jg., Heft 3, 2003, S. 491-507.

SÖLLNER, A., Opportunistic *Behavior* in Asymmetrical Relationships, in: Gemünden, H. G., Ritter, T., Walter, A. (Hrsg.), Relationships and Networks in International Markets, New York et al. 1998, S. 228-247.

SOLMAN, P., FRIEDMAN, T., *Gewinner*, Verlierer, Überlebende, Landsberg 1986.

SONNDORFER, R., Die *Technik* des Welthandels, Band 1, 4. Aufl., Wien – Leipzig 1910.

SOOM, E., Kurzfristige *Montagesteuerung* nach dem Kanban-Prinzip, in: Zeitschrift für wirtschaftliche Fertigung, 79. Jg., Heft 4, 1984, S. 149-152.

SORG, S., *Informationspathologien* und Erkenntnisfortschritt in Organisationen, München 1982.

SPARBERG, L. F. W., Exzellente Unternehmen – *Praxiserfahrungen*, in: Die Betriebswirtschaft, 45. Jg., Heft 5, 1985, S. 606-608.

SPECHT, G., BECKMANN, C., *F&E-Management*, Stuttgart 1996.

SPECKBACHER, G., RUHNER, R., Wertorientierte *Performancemaße* und -anreizsysteme, Wien 2002.

SPENDER, J.-C., Making *Knowledge* the Basis of a Dynamic Theory of the Firm, in: Strategic Management Journal, 17. Jg., Winter Special Issue, 1996, S. 45-62.

SPICKERS, J., Management von *Synergiepotentialen*, in: Marktforschung und Management, 38. Jg., Heft 2, 1994, S. 43-47.

SPIEKER, W., STROHAUER, H., 30 *Jahre* Management gegen die Montan-Mitbestimmung, Köln 1982.

SPREMANN, K., *Agent* and Principal, in: Bamberg, G., Spremann, K. (Hrsg.), Agency Theory, Information, and Incentives, Berlin 1987, S. 3-38.

STAEHLE, W., *Management*, 8. Aufl., München 1999.

STAHL, G. K., LANGELOH, C., KÜHLMANN, T., Geschäftlich in den *USA* – Ein interkulturelles Trainingshandbuch, Wien – Frankfurt 1999.

STAHL, G. K., MARLINGHAUS, R., *Coaching* von Führungskräften – Anlässe, Methoden, Erfolg, in: Zeitschrift Führung und Organisation, 69. Jg., Heft 4, 2000, S. 199-207.

STANSBURY, J., BARRY, B., Ethics *Programs* and the Paradox of Control, in: Business Ethics, 17. Jg., Heft 2, 2007, S. 239-261.

STARBUCK, W. H., Organizational *Growth* and Development, in: March, J. G. (Hrsg.), Handbook of Organizations, Chicago 1965, S. 451-533.

STARK, H., Kanban-orientierte *Zulieferung*, in: Beschaffung aktuell, o. Jg., Heft 3, 1984, S. 19.

STATISTISCHES BUNDESAMT (Hrsg.), *Außenhandel* – Rangfolge der Handelspartner im Außenhandel der Bundesrepublik Deutschland, Wiesbaden 2008.

STATISTISCHES BUNDESAMT (Hrsg.), Statistisches *Jahrbuch* 2004-2007 für die Bundesrepublik Deutschland, Stuttgart – Mainz 2005-2008.

STAUDINGER, R., Quality *Circles* als Teilelement flexibler Organisationsformen, in: Personal, 40. Jg., Heft 8, 1988, S. 309-312.

STAUDT, E., BOCK, J., MÜHLEMEYER, P., *Informationsverhalten* von innovationsaktiven kleinen und mittleren Unternehmen, in: Zeitschrift für Betriebswirtschaft, 62. Jg., Heft 9, 1992, S. 989-1008.

STAUSS, B., *Markteintrittsstrategien* im internationalen Dienstleistungsmarketing, in: Thexis, 15. Jg., Heft 3, 1994, S. 10-17.

STEENKAMP, J.-B. E. M., Product *Quality*, Assen 1989.

STEGER, T., Individuelle Legitimität und Legitimation im *Transformationsprozess*, München – Mering 2000.

STEGER, U. (Hrsg.), Wirkmuster der *Globalisierung* – Nichts geht mehr, aber alles geht, Bericht des Ladenburger Kollegs „Globallisierung verstehen und gestalten", Ladenburg 1998.

STEINKAMP, H., *Gruppendynamik* und Demokratisierung, München 1973.

STEINLE, C., EGGERS, B., Strategic *Planning* for Insurance Companies, in: Management International Review, 34. Jg., Heft 2, 1994, S. 149-164.

STEINLE, C., SCHIELE, H., When do Industries *Cluster*? – A Proposal on How to Assess an Industry's Propensity to Concentrate at a Single Region or Nation, in: Research Policy, 31. Jg., Heft 6, 2002, S. 849-858.

STEINMANN, H., *Begründungsprobleme* einer Unternehmensethik, insbesondere das Anfangsproblem, in: Die Unternehmung, 58. Jg., Heft 2, 2004, S. 105-122.

STEINMANN, H., *Betriebswirtschaftslehre* mit Unternehmensethik, Manuskript eines Gastvortrags gehalten am 24.04.2008 an der Christian-Albrechts-Universität zu Kiel, Kiel 2008.

STEINMANN, H., Das *Großunternehmen* im Interessenkonflikt, Stuttgart 1969.

STEINMANN, H., Unternehmensethik und *Globalisierung* – Das politische Element in der Multinationalen Unternehmung, in: Hermann, H., Voigt, K.-I. (Hrsg.), Globalisierung und Ethik, Heidelberg 2005, S. 79-101.

STEINMANN, H., GERUM, E., Zur *Reform* der Unternehmensverfassung, Nürnberg 1982.

STEINMANN, H., LÖHR, A., Einleitung – *Grundfragen* und Problembestände einer Unternehmensethik, in: Steinmann, H., Löhr, A. (Hrsg.), Unternehmensethik, 2. Aufl., Stuttgart 1992, S. 3-21.

STEINMANN, H., LÖHR, A., *Grundlagen* der Unternehmensethik, Stuttgart 1992.

STEINMANN, H., OPPENRIEDER B., Brauchen wir eine *Unternehmensethik*?, in: Die Betriebswirtschaft, 45. Jg., Heft 2, 1985, S. 170-183.

STEINMANN, H., SCHREYÖGG, G., *Management*, 6. Aufl., Wiesbaden 2005.

STEINMANN, H., SCHREYÖGG, G., DÜTTHORN, C., Managerkontrolle in deutschen Großunternehmen – 1972 und 1979 im *Vergleich*, in: Zeitschrift für Betriebswirtschaft, 53. Jg., Heft 1, 1983, S. 4-25.

STEPHAN, M., Technologische *Diversifikation* von Unternehmen – Ressourcentheoretische Untersuchung der Determinanten, Wiesbaden 2003.

STERN, H. A., A *Management* Information System, in: Grochla, E., Szyperski, N. (Hrsg.), Management-Informationssysteme, Wiesbaden 1971, S. 133-144.

STEVEN, M., Die *Koordination* im Unternehmen, in: Das Wirtschaftsstudium, 30. Jg., Heft 7, 2001, S. 965-970.

STEVENS, C. M., *Strategie* und Tarifverhandlungen, in: Külp, B., Schreiber, W. (Hrsg.), Arbeitsökonomik, Köln 1972, S. 308-323.

STEWART, R., *Choices* for the Managers, Englewood Cliffs 1982.

STEWART, R., *Managers* and their Jobs, London 1967.

STEWART, R., The *Nature* of Management?, in: Journal of Management Studies, 21. Jg., Heft 3, 1984, S. 323-330.

STEWART, T. A., *Reengineering* – The Hot New Managing Tool, in: Fortune, 128. Jg., Heft 4, 1993, S. 32-37.

STEYRER, J., *Charisma* in Organisationen – Sozial-kognitive und psychodynamisch-interaktive Aspekte von Führung, Frankfurt/Main 1995.

STEYRER, J., Charismatische *Führung*, in: Schreyögg, G., Werder, A. v. (Hrsg.), Handwörterbuch Unternehmensführung und Organisation, 4. Aufl., Stuttgart 2004, Sp. 131-137.

STEYRER, J., Transformationale *Führung*, in: Die Unternehmung, 45. Jg., Heft 5, 1991, S. 334-348.

STICKLER, R., Venture *Capital*, in: Der Markt, 80. Jg., Heft 1, 1987, S. 14-17.

STOCK, R., *Erfolgsfaktoren* von Teams – Eine Analyse direkter und indirekter Effekte, in: Zeitschrift für Betriebswirtschaft, 75. Jg., Heft 10, 2005, S. 971-1004.

STÖTTINGER, B., SCHLEGELMILCH, B. B., Psychic *Distance* – A Concept Past its Due Date?, in: International Marketing Review, 17. Jg., Heft 2, 2000, S. 169-173.

STOFFEL, K., *Controllership* im internationalen Vergleich, Wiebaden 1995.

STOGDILL, R. M., Personal *Factors* Associated with Leadership – A Survey of the Literature, in: Journal of Psychology, 25. Jg., Heft 1, 1948, S. 35-71.

STOGDILL, R. M., Stogdill's *Handbook* of Leadership – A Survey of Theory and Research, New York – London 1981.

STOLL, J., Rechtliche *Aspekte* von „feindlichen" Übernahmen von Aktiengesellschaften, in: Betriebs-Berater, 44. Jg., Heft 5, 1989, S. 301-304.

STOLZE, G., Enteignungsentschädigung und *Unternehmensbewertung* – Eine Analyse auf der Basis funktionenspezifischer Bewertungstheorie, Bergisch Gladbach – Köln 1986.

STONE, M., WOODCOCK, N., WILSON, M., Managing the Change from Marketing Planning to Customer *Relationship* Management, in: Long Range Planning, 29. Jg., Heft 5, 1996, S. 675-683.

STONER, J. A., *Management*, 2. Aufl., Englewood Cliffs 1982.

STOPFORD, J. M., WELLS, L. T. JR., Managing the Multinational *Enterprise*, New York 1972.

STÖRIG, H. J., Kleine Weltgeschichte der *Philosophie*, 22. Aufl., Frankfurt/Main 2002.

STRASSMANN, P. A., Re-engineering – An *Emetic* in a Perfume Bottle?, in: Computerworld, 27. Jg., Heft 33, 1993, S. 33.

STRAUSS, R. E., SCHODER, D., *Electronic Commerce* – Herausforderungen aus Sicht der Unternehmen, in: Hermanns, A., Sauter, M. (Hrsg.), Management-Handbuch Electronic Commerce, München 1999, S. 61-74.

STREBEL, H., Integrierter *Umweltschutz* – Merkmale, Voraussetzungen, Chancen, in: Kreikebaum, H. (Hrsg.), Integrierter Umweltschutz, Wiesbaden 1990, S. 3-16.

STREBEL, H., *Relevanzbaumanalyse* als Prognoseinstrument, in: Betriebswirtschaftliche Forschung und Praxis, 26. Jg., Heft 1, 1974, S. 34-52.

STREBEL, H., *Zielsysteme* und Zielforschung, in: Die Betriebswirtschaft, 41. Jg., Heft 3, 1981, S. 457-475.

STREECK, W., KLUGE, N. (Hrsg.), *Mitbestimmung* in Deutschland – Tradition und Effizienz, Frankfurt/Main 1999.

STREITZ, M., *Klingt blöd* – machen wir!, http://www.spiegel.de/jahreschronik/0,1518,331413.html, Zugriff am 22.05.2005.

STREITZ, M., Wie *Ryanair* zum Flugzeug-Dealer wurde, http://www.spiegel.de/wirtschaft/0,1518,347777,00.html, Zugriff am 22.05.2005.

STRENGER, C., Corporate Governance und *Wertorientierung*, in: Macharzina, K., Neubürger, H.-J. (Hrsg.), Wertorientierte Unternehmensführung – Strategien, Strukturen, Controlling, Stuttgart 2002, S. 117-127.

STRITTMATTER, F. J., „Ich habe meine Firma auf den *Kopf* gestellt", in: Impulse, o. Jg., Heft 6, 1994, S. 94-105.

STRÜVEN, P., Das Portfolio – *Grundgedanken*, Leistungsfähigkeit, in: Agplan Handbuch zur Unternehmensplanung, Loseblattsammlung, Gruppe 4832, Stand Dezember 1989, S. 1-17.

STURGES, J. S., A *Method* for Merger Madness, in: Personnel Journal, 68. Jg., Heft 3, 1989, S. 60-69.

SÜß, S., Die *Einführung* von Diversity Management in deutschen Organisationen – Diskussionsbeiträge zu drei offenen Fragen, in: Zeitschrift für Personalforschung, 21. Jg., Heft 2, 2007, S. 170-175.

SÜß, S., KLEINER, M., *Diversity-Management* in Deutschland - Mehr als eine Mode?, in: Die Betriebswirtschaft, 66 Jg., Heft 5, 2006, S. 521-541.

SULLIVAN, D., BAUERSCHMIDT, A., Incremental *Internationalization* – A Test of Johanson and Vahlne's Thesis, in: Management International Review, 30. Jg., Heft 1, 1990, S. 19-30.

SULLIVAN, J. J., A *Critique* of Theory Z, in: Academy of Management Review, 8. Jg., Heft 1, 1983, S. 132-142.

SUNDARAM, A. K., INKPEN, A. C., Stakeholder *Theory* and "The Corporate Objective Revisited, in: Organization Science, 15. Jg., Heft 3, 2004, S. 370-371.

SUUTARI, V., *Variation* in the Average Leadership Behavior of Managers Across Countries – Finnish Expatriates' Experiences from Germany, Sweden, France, and Great Britain, in: The International Journal of Human Resource Management, 7. Jg., Heft 3, 1996, S. 677-707.

SYDOW, J., *Franchisingnetzwerke* – Ökonomische Analyse einer Organisationsform der Dienstleistungsproduktion und -distribution, in: Zeitschrift für Betriebswirtschaft, 64. Jg., Heft 1, 1994, S. 93-113.

SYDOW, J., MÖLLERING, G., *Produktion* in Netzwerken – Make, Buy & Cooperate, München 2004.

SZYMANSKI, D. M., BUSCH, P. S., Identifying the Generics Prone *Consumer* – A Meta-Analysis, in: Journal of Marketing Research, 24. Jg., Heft 4, 1987, S. 425-431.

SZYPERSKI, N., WINAND, U., *Entscheidungstheorie* – Eine Einführung unter besonderer Berücksichtigung spieltheoretischer Konzepte, Stuttgart 1974.

SZYPERSKI, N., WINAND, U., *Grundbegriffe* der Unternehmensplanung, Stuttgart 1980.

T

TAKAHASHI, Y., Bericht zum *Experteninterview*, Tokyo 2004.

TAKEUCHI, H., QUELCH, J. A., *Quality* is More than Making a Good Product, in: Harvard Business Review, 61. Jg., Heft 4, 1983, S. 139-145.

TALWAR, R., Business *Re-engineering* – A Strategy-driven Approach, in: Long Range Planning, 26. Jg., Heft 6, 1993, S. 22-40.

TANNENBAUM, R. J., SCHMIDT, W. H., How to Choose a *Leadership-pattern*, in: Litterer, J. A. (Hrsg.), Leadership and Organization, New York – London – Sydney 1963, S. 122-130.

TAYLOR, F. W., The *Principles* of Scientific Management, New York 1911.

TEECE, D. J., PISANO, G., SHUEN, A., Dynamic *Capabilities* and Strategic Management, in: Strategic Management Journal, 18. Jg., Heft 7, 1997, S. 509-533.

TEICHERT, T., TALAULICAR, T., *Managementkonzepte* im betriebswirtschaftlichen Diskurs – Eine bibliometrische Klassifizierung, in: Die Betriebswirtschaft, 62. Jg., Heft 4, 2002, S. 409-426.

TENGELMANN, C., Die *Kunst* des Verhandelns, Heidelberg 1972.

TERBERGER, E., Neo-institutionalistische *Ansätze* – Entstehung und Wandel, Anspruch und Wirklichkeit, Wiesbaden 1994.

THEISEN, M. R., Der *Konzern* – Betriebswirtschaftliche und rechtliche Grundlagen der Konzernunternehmung, 2. Aufl., Stuttgart 2000.

THEISEN, M. R., Die *Rechtsprechung* zum Mitbestimmungsgesetz 1976 – Eine dritte Zwischenbilanz, in: Die Aktiengesellschaft, 38. Jg., Heft 2, 1993, S. 49-67.

THEISEN, M. R., Die *Überwachung* der Unternehmungsführung – Betriebswirtschaftliche Ansätze zur Entwicklung erster Grundsätze ordnungsgemäßer Überwachung, Stuttgart 1987.

THEISEN, M. R., WENZ, M. (Hrsg.), Die *Europäische Aktiengesellschaft* – Recht, Steuern und Betriebswirtschaft der Societas Europaea (SE), Stuttgart 2002.

THEUVSEN, L., Business *Reengineering* – Möglichkeiten und Grenzen einer prozeßorientierten Organisationsgestaltung, in: Zeitschrift für betriebswirtschaftliche Forschung, 48. Jg., Heft 1, 1996, S. 65-82.

THEUVSEN, L., Kernkompetenzorientierte *Unternehmensführung*, in: Das Wirtschaftsstudium, 30. Jg., Heft 12, 2001, 1644-1650.

THIELEMANN, U., WEIBLER, J., Betriebswirtschaftslehre ohne *Unternehmensethik*? Vom Scheitern einer Ethik ohne Moral, in: Zeitschrift für Betriebswirtschaft, 77. Jg., Heft 2, 2007, S. 179-194.

THIELEMANN, U., WEIBLER, J., Integre *Unternehmensführung* – Antwort auf die Replik von Horst Albach, in: Zeitschrift für Betriebswirtschaft, 77. Jg., Heft 2, 2007, S. 207-210.

THOLEY, P., *Gestaltpsychologie*, in: Asanger, R., Wenninger, G. (Hrsg.), Handwörterbuch der Psychologie, 6. Aufl., Weinheim 1999, S. 249-255.

THOM, N., Betriebliches *Vorschlagswesen* – Ein Instrument der Betriebsführung und des Verbesserungsmanagements, 5. Aufl., Bern et al. 1996.

THOM, N., Der *Organisator* als Innovator – Perspektiven für zukunftsorientierte Organisationsgestalter, in: Die Unternehmung, 46. Jg., Heft 4, 1992, S. 253-266.

THOM, N., *Grundlagen* des betrieblichen Innovationsmanagements, 2. Aufl., Königstein 1980.

THOMAS, A., STUMPF, S., *Aspekte* interkulturellen Führungsverhaltens, in: Bergemann, N., Sourisseaux, A. (Hrsg.), Interkulturelles Management, 3. Aufl., Berlin 2003, S. 69-107.

THOMAS, D. A., ELY, R. J., Making *Differences* Matter – A New Paradigm for Managing Diversity, in: Harvard Business Review, 74. Jg., Heft 5, 1996, S. 79-90.

THOMAS, H., Die *Finanzierung* von Innovationen und die Bedeutung von Beteiligungsgesellschaften, in: Corsten, H. (Hrsg.), Die Gestaltung von Innovationsprozessen, Berlin 1989, S. 82-102.

THOMAS, J. C., Public *Involvement* in Public Management – Adapting and Testing a Borrowed Theory, in: Public Administration Review, 50. Jg., Heft 4, 1990, S. 435-445.

THOMAS, P. S., Environment *Analysis* for Corporate Planning, in: Business Horizons, 17. Jg., Heft 5, 1974, S. 27-28.

THOME, R., *Grundzüge* der Wirtschaftsinformatik – Integration der Informationsverarbeitung in die Organisation von Unternehmen, München 2006.

THOMÉE, F., Das *Boardsystem* – Eine Alternative zum Aufsichtsrat?, in: Zeitschrift für Organisation, 43. Jg., Heft 4, 1974, S. 185-191.

THOMMEN, J.-P., RICHTER, A., *Matrix-Organisation*, in: Schreyögg, G., Werder, A. v. (Hrsg.), Handwörterbuch Unternehmensführung und Organisation, 4. Aufl., Stuttgart 2004, Sp. 827-836.

THOMPSON, J. D., *Organizations* in Action – Social Science Bases of Administrative Theory, New York et al. 1967.

THOMPSON, J. K., REHDER, R. R., The *Gap* between the Vision and the Reality – The Case of Nissan UK, in: Journal of General Management, 21. Jg., Heft 3, 1996, S. 74-92.

THORELLI, H. B., *Networks* Between Markets and Hierarchies, in: Strategic Management Journal, 7. Jg., Heft 1, 1986, S. 37-51.

TICHY, N. M., DEVANNA, M. A., The *Transformational* Leader, New York 1986.

TIEMEYER, E., ZSIFKOVITS, H. E., *Information* als Führungsmittel – Executive Information Systems – Konzeption, Technologie, Produkte, Einführung, München 1995.

TIROLE, J., *Industrieökonomik*, München 1995.

TIXIER, M., Cultural *Adjustments* Required by Expatriate Managers Working in the Nordic Countries, in: International Journal of Manpower, 17. Jg., Heft 6/7, 1996, S. 19-42.

TOBIN, J., Liquidity *Preference* as Behavior Toward Risk, in: Review of Economic Studies, 25. Jg., Heft 1, 1958, S. 65-85.

TÖDTMANN, C., Leichte *Übung*, in: Wirtschaftswoche, 47. Jg., Heft 35, 1993, S. 42-45.

TOLMAN, E. C., Cognitive *Maps* in Rats and Men, in: Psychological Review, 55. Jg., Heft 4, 1948, S. 189-208.

TÖPFER, A., Die *Restrukturierung* des Daimler-Benz Konzerns 1995-1997, Neuwied – Kriftel 1998.

TÖPFER, A., *Planungs- und Kontrollsysteme* industrieller Unternehmen, Berlin 1976.

TÖPFER, A. (Hrsg.), Six *Sigma* – Konzeption und Erfolgsbeispiele für praktizierte Null-Fehler-Qualität, 2. Aufl., Berlin – Heidelberg – New York 2004.

TÖPFER, A., Total Quality *Management* – Der Schlüssel zum Erfolg, in: Personalwirtschaft, o. Jg., Heft 8, 1992, S. 12-18.

TÖPFER, A., Umwelt- und *Benutzerfreundlichkeit* von Produkten als strategische Unternehmensziele, in: Marketing ZFP, 7. Jg., Heft 4, 1985, S. 241-251.

TÖPFER, A., MEHDORN, H., Prozess- und wertorientiertes *Qualitätsmanagement* – Wertsteigerung durch Total Quality Management im Unternehmen, 5. Aufl., Berlin et al. 2008.

TORNOW, W. W., PINTO, P. R., The *Development* of a Managerial Job Taxonomy, in: Journal of Applied Psychology, 61. Jg., Heft 4, 1976, S. 410-418.

TOSHIBA K. K. (Hrsg.), *Geschäftsberichte* 1988 bis 2006, Tokyo 1989 bis 2007.

TOWNE, H. R., The *Engineer* as an Economist, in: Transactions of the American Society of Mechanical Engineers, 7. Jg., 1885/86, S. 428-432.

TRAUTNITZ, G., *Gewinnprinzip* oder "moralische" Unternehmensführung – Das Recht als die vergessene Kategorie der Unternehmensethik, in: Scherer, A., Patzer, M. (Hrsg.), Betriebswirtschaftslehre und Unternehmensethik, Wiesbaden 2008, S. 145-167.

TRAUTNITZ, G., ENGELHARD, J., *Globalität* und Normativität – Zur systematischen Bedeutung normativer Fragen für die Disziplin „Internationales Management", in: Oesterle, M.-J., Schmid, S. (Hrsg.), Internationales Management als Wissenschaft, Stuttgart 2008 (im Druck).

TRAUTWEIN, F., *Merger* Motives and Merger Prescriptions, in: Strategic Management Journal, 11. Jg., Heft 4, 1990, S. 283-295.

TRICKER, R. I., International Corporate *Governance* – Text, Readings, and Cases, New York 1994.

TRIGEORGIS, L., Real Options – Managerial *Flexibility* and Strategy in Resource Allocation, Cambridge – London 1996.

TROMMSDORFF, V., REEB, M., RIEDEL, F., *Produktinnovationsmanagement*, in: Wirtschaftswissenschaftliches Studium, 20. Jg., Heft 11, 1991, S. 566-572.

TRUX, W., KIRSCH, W., Strategisches *Management* oder die Möglichkeit einer „wissenschaftlichen" Unternehmensführung, in: Die Betriebswirtschaft, 39. Jg., Heft 2, 1979, S. 215-235.

TRUX, W., MÜLLER, G., KIRSCH, W., Das Management strategischer *Programme*, 2 Halbbände, 3. Aufl., München 1989.

TSCHEULIN, D., DAVOINE, E., Zeitmanagement deutscher und französischer *Führungskräfte* – Ergebnisse einer empirischen Untersuchung, in: Die Betriebswirtschaft, 59. Jg., Heft 4, 1999, S. 443-445.

TUCKER, F. G., ZIVIAN, S. M., CAMP, R. C., How to Measure Yourself Against the *Best*, in: Harvard Business Review, 65. Jg., Heft 1, 1987, S. 8-10.

TÜRCK, R., Die Grenzen des Unternehmens – Zur Gestaltung der *Leistungstiefe* mittels Integration, Kooperation und Desintegration, in: Wagner, G. R. (Hrsg.), Unternehmungsführung, Ethik und Umwelt, Wiesbaden 1999, S. 340-371.

TÜRK, K., *Instrumente* betrieblicher Personalwirtschaft, Neuwied 1978.

TÜRKE, D., *Kanban* – Utopisch oder machbar?, in: Beschaffung aktuell, o. Jg., Heft 3, 1984, S. 28-29.

TURNER, B. E., Die *Risiko-Analyse* als Entscheidungshilfe bei der betrieblichen Anwendung klassischer preistheoretischer Modelle, Frankfurt/Main 1972.

TUSHMAN, M., NADLER, D., Organizing for *Innovation*, in: California Management Review, 26. Jg., Heft 3, 1986, S. 74-92.

U

UEBELE, H., *Verbreitungsgrad* und Entwicklungsstand des Controlling in deutschen Industrieunternehmen, Köln 1981.

UEBELE, H., Zur *Praxis* der Kreativitätstechniken, in: Die Betriebswirtschaft, 48. Jg., Heft 6, 1988, S. 777-785.

ULRICH, H., Die *Bedeutung* der Management-Philosophie für die Unternehmungsführung, in: Ulrich, H. (Hrsg.), Management-Philosophie für die Zukunft, Bern – Stuttgart 1981, S. 11-23.

ULRICH, H., Die *Unternehmung* als produktives soziales System, 2. Aufl., Bern – Stuttgart 1970.

ULRICH, H., *Management*, Bern – Stuttgart 1984.

ULRICH, H., Management-Philosophie in einer sich wandelnden *Gesellschaft*, in: Hahn, D. (Hrsg.), Führungsprobleme industrieller Unternehmungen, Berlin 1980, S. 3-17.

ULRICH, H., *Unternehmungspolitik*, 3. Aufl., Bern – Stuttgart 1990.

ULRICH, H., KRIEG, W., St.-Galler-Management-*Modell*, 3. Aufl., Bern 1974.

ULRICH, P., Integrative *Wirtschaftsethik* – Grundlagen einer lebensdienlichen Ökonomie, 4. Aufl., Bern 2008.

ULRICH, P., THIELEMANN, U., Unternehmensethische *Denkmuster* von Führungskräften, in: Die Betriebswirtschaft, 53. Jg., Heft 5, 1993, S. 663-682.

UNCTAD (Hrsg.), World Investment *Report* 2007 – FDI from Developing and Transition Economies –Implications for Development, Genf 2007.

UTTAL, B., FIERMAN, J., The Corporate *Culture* Vultures, in: Fortune, 108. Jg., Heft 8, 1983, S. 66-72.

UTTERBACK, J. M., The *Process* of Technological Innovation Within the Firm, in: Academy of Management Journal, 14. Jg., Heft 1, 1971, S. 75-88.

V

VAHSEN, G., Nein zu *Europa*, ja zu Norwegen – Der Norweger – Naiver Individualist und Weltbürger, in: Opitz, S. (Hrsg.), Interkulturelle Kompetenz Skandinavien – Deutschland – Ein Handbuch für Fach- und Führungskräfte, Düsseldorf 1997, S. 37-53.

VAN DE VEN, A. H., *Suggestions* for Studying Strategy Process – A Research Note, in: Strategic Management Journal, 13. Jg., Special Issue, 1992, S. 169-188.

VARNHOLT, N. T., Die *Diskussion* um Kanban, in: Beschaffung aktuell, o. Jg., Heft 3, 1984, S. 20-24.

VDI (Hrsg.), *Sonderprogramm* „Anwendung der Mikroelektronik" des Bundesministers für Forschung und Technologie, Berlin 1983.

VECCHIO, P. R., Situational Leadership *Theory* – An Examination of a Prescriptive Theory, in: Journal of Applied Psychology, 72. Jg., Heft 3, 1987, S. 444-451.

VEDPURISWAR, A. V., *Derisking* Risk Management, in: Indian Management, 44. Jg., Heft 4, 2005, S. 66-73.

VENAIK, S., MIDGLEY, D. F., DEVINNEY, T. M., A New *Perspective* on the Integration-responsiveness Pressures Confronting Multinational Firms, in: Management International Review, 44. Jg., Special Issue 1, 2004, S. 15-48.

VENKATRAMAN, N., IT-Induced Business *Reconfiguration*, in: Scott Morton, M. S. (Hrsg.), The Corporation of the 1990s, New York – Oxford 1991, S. 122-158.

VENKATRAMAN, N., PRESCOTT, J. F., Environment-Strategy *Coalignment*, in: Strategic Management Journal, 11. Jg., Heft 1, 1990, S. 1-23.

VENOHR, B., *„Marktgesetze"* und strategische Unternehmensführung – Eine kritische Analyse des PIMS-Programms, Wiesbaden 1988.

VERNON, R., International *Investment* and Investment Trade in the Product Cycle, in: Quarterly Journal of Economics, 80. Jg., Heft 2, 1966, S. 190-207.

VERORDNUNG (*EG*) Nr. 2157/2001 des Rates vom 8.10.2001 über das Statut der Europäischen Gesellschaft (SE).

VESPER, K. H., HOLMDAHL, T. G., Venture *Management*, in: The International Journal of Research Management, 16. Jg., Heft 1, 1973, S. 30-32.

VETSCHERA, R., *Informationssysteme* der Unternehmensführung, Berlin 1995.

VLASIC, B., STERTZ, B. A., Taken for a *Ride* – How Daimler-Benz Drove off with Chrysler, New York 2000.

VOGT, G. G., Das virtuelle *Unternehmen*, in: Der Organisator, 76. Jg., Heft 1/2, 1994, S. 6-9.

VOIGT, K.-I., *Desintermediation* im B2B-Bereich – Perspektiven aus Sicht der Produzenten, in: Zeitschrift für Betriebswirtschaft, 71. Jg., Ergänzungsheft 3, 2001, S. 53-72.

VOIGT, K.-I., SAATMANN, M., SCHORR, S., Flexibilität im *Netzwerk* – Dargestellt am Beispiel der Automobilindustrie, in: Hausladen, I. (Hrsg.), Management am Puls der Zeit – Strategien, Konzepte und Methoden, München 2007, S. 1071-1090.

VOIGT, S., Strategische *Allianzen* – Modisches Schlagwort oder Antwort auf globale Herausforderungen?, in: Wirtschaftswissenschaftliches Studium, 22. Jg., Heft 5, 1993, S. 246-249.

VOLCK, S., Die *Wertkette* im prozessorientierten Controlling, Wiesbaden 1997.

VOLK, H., Kaizen – Nicht *Wunder* oder Geheimwaffe, nur viel Gemeinsamkeit, in: Management Zeitschrift io, 62. Jg., Heft 2, 1993, S. 78-79.

VOLKSWAGEN AG (Hrsg.), *Pressemitteilung* „Restrukturierungsprogramm für Volkswagen vorbereitet", http://www.volkswagen-media-services.com/medias_publish/ms/pressemitteilungen/2006/02/10/restrukturierungsprogramm.standard.gid-oeffentlichkeit.html, Zugriff am 30.03.2007.

VOLLRATH, R., Die Berücksichtigung von *Handlungsflexibilität* bei Investitionsentscheidungen – Eine empirische Untersuchung, in: Hommel, U., Scholich, M., Baecker, P. (Hrsg.), Reale Optionen – Konzepte, Praxis und Perspektiven strategischer Unternehmensfinanzierung, Berlin – Heidelberg 2003, S. 342-373.

VOLZ, J., Praktische *Probleme* des Zero-Base-Budgeting (Gemeinkostenwertanalyse), in: Zeitschrift für Betriebswirtschaft, 57. Jg., Heft 9, 1987, S. 870-881.

VROOM, V. H., *Führungsentscheidungen* in Organisationen, in: Die Betriebswirtschaft, 41. Jg., Heft 2, 1981, S. 183-193.

VROOM, V. H., *Work* and Motivation, New York 1964.

VROOM, V. H., JAGO, A. G., The New *Leadership* – Managing Participation in Organizations, Englewood Cliffs 1988.

VROOM, V. H., YETTON, P. W., *Leadership* and Decision-Making, Pittsburgh 1976.

W

WÄCHTER, H., Personalwirtschaftliche *Voraussetzungen* und Folgen von Unternehmenszusammenschlüssen, in: Betriebswirtschaftliche Forschung und Praxis, 42. Jg., Heft 2, 1990, S. 114-128.

WÄCHTER, H., *Qualitätsmanagement*, in: Schreyögg, G., Werder, A. v. (Hrsg.), Handwörterbuch Unternehmensführung und Organisation, 4. Aufl., Stuttgart 2005, Sp. 1219-1226.

WÄCHTER, H., Zur *Kritik* an Peters und Waterman, in: Die Betriebswirtschaft, 45. Jg., Heft 5, 1985, S. 608-609.

WADE, J., O'REILLY III, C. A., CHANDRATAT, I., Golden *Parachutes* – CEOs and the Exercise of Social Influence, in: Administrative Science Quarterly, 35. Jg., Heft 4, 1990, S. 587-603.

WAGNER, D., Flexible und individuelle Gestaltung des *Vergütungssystems* für Fach- und Führungskräfte, in: Personal, 11. Jg., Heft 5, 2005, S. 26-29.

WAGNER, D., *Personalvorstände* (Arbeitsdirektoren) in mitbestimmten Unternehmen – Human Resource-Management als Top-Management-Aufgabe, in: Die Betriebswirtschaft, 53. Jg., Heft 5, 1993, S. 647-662.

WAGNER, D., VOIGT, B., Managing *Diversity* und internationale Unternehmensführung, in: Wirtschaftswissenschaftliches Studium, 32. Jg., Heft 2, 2003, S. 112-115.

WAGNER, H., *Qualitätsanalyse*, in: QZ – Zeitschrift für industrielle Qualitätssicherung, 36. Jg., Heft 3, 1990, S. 138-145.

WAH, L., *Diversity* – A Competitive Weapon, in: Management Review, 88. Jg., Heft 7, 1999, S. 24-30.

WAKERLY, R. G., *PIMS* – A Tool for Developing Competitive Strategy, in: Long Range Planning, 17. Jg., Heft 3, 1984, S. 92-97.

WALD, A., *Netzwerkstrukturen* und -effekte in Organisationen – Eine Netzwerkanalyse in internationalen Unternehmen, Wiesbaden 2003.

WALGENBACH, P., Die normgerechte *Organisation* – Eine Studie über die Entstehung, Verbreitung und Nutzung der DIN EN ISO 9000er Normenreihe, Stuttgart 2000.

WALGENBACH, P., Institutionalistische *Ansätze* in der Organisationstheorie, in: Kieser, A. (Hrsg.), Organisationstheorien, 3. Aufl., Stuttgart – Berlin – Köln 1999, S. 319-353.

WALGENBACH, P., BECK, N., *Effizienz* und Anpassung – Das Erklärungspotenzial der neoinstitutionalistischen Organisationstheorie am Beispiel ISO 9000, in: Die Betriebswirtschaft, 63. Jg., Heft 5, 2003, S. 497-515.

WALLIS, J. J., NORTH, D. C., *Measuring* the Transaction Sector in the American Economy, 1870-1970, in: Engerman, S. L., Gallman, R. E. (Hrsg.), Long-Term Factors in American Economic Growth, Band 51, Chicago – London 1988, S. 95-161.

WALSER, J., Dumping-Flüge – Neue *Luftnummern*, http://sueddeutsche-de/reise/artikel/432/30402/, Zugriff am 22.05.2005.

WALTER, A., Der *Beziehungspromotor* – Ein personaler Gestaltungsansatz für erfolgreiches Relationship-Marketing, Wiesbaden 1998.

WALTERS, M., Auf dem *Weg* zu konsequenter Markt- und Kundenorientierung bei Mercedes-Benz – Vom Mercedes 190 zur C-Klasse, in: Bruhn, M., Meffert, H., Wehrle, F. (Hrsg.), Marktorientierte Unternehmensführung im Umbruch – Effizienz und Flexibilität als Herausforderungen für das Marketing, Stuttgart 1994, S. 161-178.

WALZER, M., *Sphären* der Gerechtigkeit – Ein Plädoyer für Pluralität und Gleichheit, Frankfurt/Main 1992.

WANZENBÖCK, H., Überleben und *Wachstum* junger Unternehmen, Wien – New York 1998.

WARNER, M., Managing Human *Resources* in China – An Empirical Study, in: Organization Studies, 7. Jg., Heft 4, 1986, S. 353-366.

WATERMAN, D. A., A *Guide* to Expert Systems, Reading et al. 1985.

WEBER, B., *Beurteilung* von Akquisitionen auf der Grundlage des Shareholder Value, in: Betriebswirtschaftliche Forschung und Praxis, 43. Jg., Heft 3, 1991, S. 221-232.

WEBER, C., Die Rolle der Zeit im *Prozeß* Organisationalen Lernens, in: Zeitschrift für Betriebswirtschaft, 71. Jg., Ergänzungsheft 1, 2001, S. 119-140.

WEBER, G. F., WALSH, I., Die virtuelle *Organisation*, in: Gablers Magazin, o. Jg., Heft 6/7, 1994, S. 24-27.

WEBER, J., BÜLTEL, D., *Controlling* – Ein eigenständiges Aufgabenfeld in den Unternehmen der Bundesrepublik Deutschland, in: Die Betriebswirtschaft, 52. Jg., Heft 4, 1992, S. 535-546.

WEBER, J., WEIẞENBERGER, B. E., LIEKWEG, A., *Ausgestaltung* eines unternehmerischen Chancen- und Risikomanagements nach dem KonTraG, in: Deutsches Steuerrecht, 37. Jg., Heft 41, 1999, S. 1710-1716.

WEBER, M., Soziologische *Grundbegriffe*, 6. Aufl., Tübingen 1984.

WEBER, M., Wirtschaft und *Gesellschaft* – Grundriss der verstehenden Soziologie, Band 1 und 2, 5. Aufl., Tübingen 1980.

WEBER, R., *Kanban*-Einführung – Das effiziente, kundenorientierte Logistik- und Steuerungskonzept für Produktionsbetriebe, 5. Aufl., Renningen 2007.

WEBER, W., MAYRHOFER, W., *Organisationskultur* – Zum Umgang mit einem vieldiskutierten Konzept in Wissenschaft und Praxis, in: Die Betriebswirtschaft, 48. Jg., Heft 5, 1988, S. 555-566.

WEGMANN, M., *Gemeinkosten-Management*, München 1982.

WEIBEL, A., Control, *Trust* and Trustworthiness, in: R. Lang (Hrsg.), Tagungsband der Jahrestagung der Kommission Organisation 2006, Chemnitz 2007.

WEIBLER, J., *Management* – Führung von unten, in: Marktforschung & Management, o. Jg., Heft 1, 1998, S. 31-32.

WEIBLER, J., DEEG, J., Und noch einmal – *Darwin* und die Folgen für die Organisationstheorie, in: Die Betriebswirtschaft, 59. Jg., Heft 3, 1999, S. 297-315.

WEIBLER, J., KÜPERS, W., *Emotionen* in Organisationen, Stuttgart – Berlin – Köln 2005.

WEICK, K. E., The Social *Psychology* of Organizing, Reading 1969.

WEIDAUER, R., WETZEL, A., *Kombinate* erfolgreich leiten, Berlin-Ost 1981.

WEIDNER, W., *Organisation* in der Unternehmung, 6. Aufl., München et al. 1998.

WEIHRICH, H., Management *Practices* in the United States, Japan, and the People's Republic of China, in: Industrial Management, 32. Jg., Heft 2, 1990, S. 3-7.

WEIMAR, R., BREUER, J. H., International verwendete *Strategien* der Abwehr feindlicher Übernahmeversuche im Spiegel des deutschen Aktienrechts, in: Betriebs-Berater, 46. Jg., Heft 33, 1991, S. 2309-2321.

WEINERT, A. B., *Organisations- und Personalpsychologie*, 5. Aufl., Weinheim 2004.

WEINWURM, E. H., *Break-Even-Analysis*, in: Kosiol, E. (Hrsg.), Handwörterbuch des Rechnungswesens, 2. Aufl., Stuttgart 1981, Sp. 302-307.

WEISSENBERGER-EIBL, M., *Wissensmanagement* in Unternehmensnetzwerken, 2. Aufl., Kassel 2006.

WEISSER, J., *Planung* – Zur Klärung wichtiger Begriffe, in: Wild, J. (Hrsg.), Unternehmungsplanung, Reader + Abstracts, 2. Aufl., Opladen 1981, S. 22-37.

WELGE, M. K., *Ansätze* zu einer Theorie der internationalen Desinvestition, in: Wacker, W. H., Haussmann, H., Kumar, B. N. (Hrsg.), Internationale Unternehmensführung, Berlin 1981, S. 143-156.

WELGE, M. K., Koordinations- und *Steuerungsinstrumente*, in: Macharzina, K., Welge, M. K. (Hrsg.), Handwörterbuch Export und Internationale Unternehmung, Stuttgart 1989, Sp. 1182-1191.

WELGE, M. K., *Management* in deutschen multinationalen Unternehmungen, Stuttgart 1980.

WELGE, M. K., Multinationale *Unternehmungen*, Organisation der, in: Grochla, E. (Hrsg.), Handwörterbuch der Organisation, 2. Aufl., Stuttgart 1980, Sp. 1365-1378.

WELGE, M. K., Mutter-Tochter-*Beziehungen*, in: Macharzina, K., Welge, M. K. (Hrsg.), Handwörterbuch Export und Internationale Unternehmung, Stuttgart 1989, Sp. 1537-1552.

WELGE, M. K., *Organisationsstrukturen*, Differenzierte und integrierte, in: Macharzina, K., Welge, M. K. (Hrsg.), Handwörterbuch Export und Internationale Unternehmung, Stuttgart 1989, Sp. 1590-1602.

WELGE, M. K., *Unternehmungsführung*, Band 1: Planung, Stuttgart 1985.

WELGE, M. K., *Unternehmungsführung*, Band 2: Organisation, Stuttgart 1987.

WELGE, M. K., AL-LAHAM, A., *Planung* – Strategien, Prozesse, Maßnahmen, Wiesbaden 1992.

WELGE, M. K., AL-LAHAM, A., Strategisches *Management* – Grundlagen, Prozess, Implementierung, 5. Aufl., Wiesbaden 2008.

WELGE, M. K., HOLTBRÜGGE, D., Internationales *Management*, 4. Aufl., Stuttgart 2006.

WELLER, I., KABST, R., *Determinanten* des Downsizings – Eine empirische Analyse mit den Daten des „Cranfield Project on International HRM", in: Die Betriebswirtschaft, 67. Jg., Heft 2, 2007 , S. 299-318.

WERDER, A. V., Der Deutsche Corporate Governance Kodex – *Grundlagen* und Einzelbestimmungen, in: Der Betrieb, 55. Jg., Heft 16, 2002, S. 801-810.

WERDER, A. V., Die *Führungsorganisation* der GmbH – Grundtypen und Konsequenzen, in: Die Betriebswirtschaft, 47. Jg., Heft 2, 1987, S. 151-164.

WERDER, A. V., Ökonomische *Grundfragen* der Corporate Governance, in: Hommelhoff, P., Hopt, K. J., Werder, A. v. (Hrsg.), Handbuch Corporate Governance – Leitung und Überwachung börsennotierter Unternehmen in der Rechts- und Wirtschaftspraxis, Stuttgart 2003, S. 3-27.

WERDER, A. V., *Organisation* und Recht – Zum rechtlichen Datenkranz organisatorischer Gestaltungsmaßnahmen, in: Zeitschrift Führung und Organisation, 57. Jg., Heft 2, 1988, S. 104-110.

WERDER, A. V., GRUNDEI, J., *Center-Typen* in der Unternehmenspraxis – Ergebnisse einer empirischen Erhebung, in: Werder, A. v., Stöber, H. (Hrsg.), Center-Organisation – Gestaltungskonzepte, Strukturentwicklung und Anwendungsbeispiele, Stuttgart 2004, S. 159-178.

WERDER, A. V., TALAULICAR, T., Der Deutsche Corporate Governance Kodex – *Konzeption* und Konsequenzprognosen, in: Zeitschrift für betriebswirtschaftliche Forschung, 55. Jg., Sonderheft 50, 2003, S. 15-36.

WERDER, A. V., TALAULICAR, T., Kodex *Report 2006* – Die Akzeptanz der Empfehlungen und Anregungen des Deutschen Corporate Governance Kodex, in: Der Betrieb, 59. Jg., Heft 16, 2006, S. 849-855.

WERDER, A. V., TALAULICAR, T., Kodex *Report 2007* – Die Akzeptanz der Empfehlungen und Anregungen des Deutschen Corporate Governance Kodex, in: Der Betrieb, 60. Jg., Heft 16, 2007, S. 869-875.

WERNERFELT, B., A Resource-based *View* of the Firm, in: Strategic Management Journal, 5. Jg., Heft 2, 1984, S. 171-180.

WESTERLUND, G., SJÖSTRAND, S.-E., *Organisationsmythen*, Stuttgart 1981.

WESTERMANN, A., *Unternehmenskommunikation* im Internet, Berlin 2004.

WESTERMANN, H., §§ 128, 135 AktG – *Vollmachtstimmrecht*, in: Dörner, D., Menold, D., Pfitzer, N. (Hrsg.), Reform des Aktienrechts, der Rechnungslegung und Prüfung, Stuttgart, 1999, S. 253-273.

WESTON, J. F., JOHNSON, B. A., SIU, J. A., *Mergers* and Acquisitions on the Global Chemical Industry, in: Business Economics, October 1999, S. 23-31.

WHEELEN, T. L., HUNGER, J. D., Strategic *Management*, 7. Aufl., New York et al. 2000.

WICHER, H., *Unternehmungsgröße* und Innovationsverhalten, in: Das Wirtschaftsstudium, 15. Jg., Heft 5, 1986, S. 237-242.

WIDMER, H., *Strategie* ist lernbar, in: Bilanz, o. Jg., Heft 12, 1978, o. S.

WIEDMANN, K.-P., Ökologisches *Bewusstsein* und unternehmerisches Marketing – Einige ausgewählte Befunde und Gestaltungsperspektiven, Arbeitspapier Nr. 28 des Instituts für Marketing, Universität Mannheim, Mannheim 1984.

WIEGRÄBE, W., BORGWARDT, J., *Sprecherausschüsse* der Leitenden Angestellten, in: Die Betriebswirtschaft, 50. Jg., Heft 1, 1990, S. 5-25.

WIENER, N., *Cybernetics*, New York 1948.

WIESNER, P. M., Aktuelle *Entwicklungen* im Europäischen Unternehmensrecht, in: Betriebs-Berater, 56. Jg., Beilage 8 zu Heft 44, 2001, S. 2-24.

WILD, J., Betriebwirtschaftliche *Führungslehre* und Führungsmodelle, in: Wild, J. (Hrsg.), Unternehmungsführung, Berlin 1974, S. 141-179.

WILD, J., *Grundlagen* der Unternehmungsplanung, 4. Aufl., Opladen 1982.

WILD, J., *Product* Management, 2. Aufl., München 1973.

WILDAVSKY, A., *Budgeting* as a Political Process, in: Sills, D. L. (Hrsg.), The International Encyclopedia of Social Sciences, New York 1968, S. 192-199.

WILDE, K. D., *Bewertung* von Produkt-Markt-Strategien, Berlin 1989.

WILDEMANN, H., Flexible *Werkstattsteuerung* durch Integration von Kanban-Prinzipien, 2. Aufl., München 1989.

WILDEMANN, H., Kundenorientierte *Produktentwicklung* in der Automobilindustrie, in: Schwarz, E. J. (Hrsg.), Nachhaltiges Innovationsmanagement, Wiesbaden 2004, S. 382-408.

WILDEMANN, H., Materialflussorientierte *Logistik*, in: Zeitschrift für Betriebswirtschaft, 54. Jg., Ergänzungsheft 2, 1984, S. 71-90.

WILENSKY, H. L., Organizational *Intelligence*, New York – London 1967.

WILKENS, U., MENZEL, D., PAWLOWSKY, P., Inside the *Black-box* – Analysing the Generation of Core Competencies and Dynamic Capabilities by Exploring Collective Minds – An Organisational Learning Perspective, in: Management Revue, 15. Jg., Special Issue, 2004, S. 8-26.

WILKINS, A., OUCHI, W. G., Efficient *Cultures* – Exploring the Relationship between Culture and Organizational Performance, in: Administrative Science Quarterly, 28. Jg., Heft 3, 1983, S. 468-481.

WILLERSHAUSEN, T., MÖLLS, S. H., SCHILD, K.-H., Unsicherheit und der Wert realer Optionen, in: Zeitschrift für betriebswirtschaftliche Forschung, 59. Jg., Heft 3, 2007, S. 314-332.

WILLIAMS, K., Is Your Planning a *Continuous* Process?, in: Strategic Finance, 84. Jg., Heft 1, 2002, S. 17-18.

WILLIAMSON, O. E., Managerial *Discretion*, Organizational Form, and the Multi-division Hypothesis, in: Marris, R., Wood, A. (Hrsg.), The Corporate Economy, London 1972, S. 343-386.

WILLIAMSON, O. E., *Markets* and Hierarchies – Analysis and Antitrust Implications, New York 1975.

WILLIAMSON, O. E., The Economic *Institutions* of Capitalism, New York 1987.

WILLKE, H., *Systemtheorie*, 4. Aufl., Stuttgart 1993.

WIRTH, G., Vinkulierte *Namensaktien* – Ermessen des Vorstands bei der Zustimmung zur Übertragung – Ein Instrument zur Abwehr feindlicher Übernahmen?, in: Der Betrieb, 45. Jg., Heft 12, 1992, S. 617-621.

WIRTZ, B. W., *Electronic Business*, 2. Aufl., Wiesbaden 2001.

WIRTZ, B. W., Mergers & Acquisitions *Management* – Strategie und Organisation von Unternehmenszusammenschlüssen, Wiesbaden 2003.

WIRTZ, B. W., BECKER, D., Der *Ressourcen-Fit* bei M&A-Transaktionen – Wann passen Käufer und Verkäufer zusammen?, in: Die Betriebswirtschaft, 66. Jg., Heft 1, 2006, S. 26-53.

WITT, P., Corporate Governance-Systeme im *Wettbewerb*, Wiesbaden 2003.

WITT, P., *Vergütung* von Führungskräften, in: Schreyögg, G., Werder, A. v. (Hrsg.), Handwörterbuch Unternehmensführung und Organisation, 4. Aufl., Stuttgart 2004, Sp. 1573-1581.

WITT, P., ROSENKRANZ, S., *Netzwerkbildung* und Gründungserfolg, in: Zeitschrift für Betriebswirtschaft, 72. Jg., Ergänzungsheft 5, 2002, S. 85-106.

WITTE, E., Die *Unternehmenskrise*, in: Bratschitsch, R., Schnellinger, W., (Hrsg.), Unternehmenskrisen, Stuttgart 1981, S. 7-24.

WITTE, E., Die *Verfassung* des Unternehmens als Gegenstand betriebswirtschaftlicher Forschung, in: Die Betriebswirtschaft, 38. Jg., Heft 3, 1978, S. 331-340.

WITTE, E., *Phasen-Theorem* und Organisation komplexer Entscheidungsverläufe, in: Zeitschrift für betriebswirtschaftliche Forschung, 20. Jg., Heft 10, 1968, S. 625-647.

WITTGENSTEIN, L., *Tractatus* Logico-philosophicus – Tagebücher 1914-1916, Frankfurt/Main 1970.

WITZIG, T., BREISIG, T., *Umsetzung* aktueller Konzepte des Qualitätsmanagements – Erkenntnisse aus einer Fallstudie, in: Zeitschrift für Betriebswirtschaft, 64. Jg., Heft 6, 1994, S. 737-764.

WÖHE, G., *Einführung* in die allgemeine Betriebswirtschaftslehre, 19. Aufl., München 1996.

WOLF, J., Der *Gestaltansatz* in der Management- und Organisationslehre, Wiesbaden 2000.

WOLF, J., Internationales *Personalmanagement* – Kontext, Koordination, Erfolg, Wiesbaden 1994.

WOLF, J., *Organisation*, Management, Unternehmensführung – Theorien und Kritik, 3. Aufl., Wiesbaden 2008.

WOLF, J., *Selbstorganisationstheorie* – Denkstruktur und Erklärungswert bei betriebswirtschaftlichen Fragestellungen, in: Zeitschrift für Wirtschafts- und Sozialwissenschaften, 117. Jg., Heft 4, 1997, S. 623-662.

WOLF, J., *Strategie* und Struktur 1955-1995 – Ein Kapitel der Geschichte deutscher nationaler und internationaler Unternehmen, Wiesbaden 2000.

WOLF, J., EGELHOFF, W. G., A *Reexamination* and Extension of International Strategy-Structure Theory, in: Strategic Management Journal, 23. Jg., Heft 2, 2002, S. 181-189.

WOLF, K., *Risikomanagement* gemäß den Anforderungen des KonTraG bei DaimlerChrysler, in: Controlling, 16. Jg., Heft 4/5, 2004, S. 211-216.

WOLFF, B., Internationales Management aus der Perspektive der Neuen *Institutionenökonomik*, in: Schauenberg, B., Schreyögg, G., Sydow, J. (Hrsg.), Managementforschung 15: Institutionenökonomik als Managementlehre?, Wiesbaden 2005, S. 107-143.

WOLFF, R., Der *Prozess* des Organisierens, Spardorf 1982.

WOMACK, J. P., JONES, D. T., ROOS, D., The *Machine* that Changed the World, New York et al. 1990.

WOO, C. Y., COOPER, A. C., *Strategies* for Effective Low Share Business, in: Strategic Management Journal, 2. Jg., Heft 3, 1981, S. 301-318.

WOODWARD, J., Industrial *Organization* – Theory and Practice, 2. Aufl., Oxford 1980.

WOODWARD, J., Management and *Technology*, London 1958.

WOYWODE, M., *Determinanten* des Wachstums und Scheiterns von Unternehmen – Eine lerntheoretische Erklärung der Unternehmensentwicklung und ihre empirische Überprüfung, in: Zeitschrift für Betriebswirtschaft, 74. Jg., Heft 10, 2004, S. 1-38.

WRIGHT, R. W., Joint Venture *Problems* in Japan, in: Columbia Journal of World Business, 14. Jg., Heft 1, 1979, S. 25-31.

WRONA, K., SCHUBA, M., ZAVAGLI, G., *Mobile Payments* – State of the Art and Open Problems, in: Fiege, L., Mühl, G., Wilhelm, U. (Hrsg.), Electronic Commerce, Berlin – Heidelberg 2001, S. 88-100.

WRONA, T., BREUER, M., Die Initialinternationalisierung und ihre Konsequenzen für die *Erklärung* von Internationalisierungsprozessen, in: Moser, R., Ausländische Direktinvestitionen – Neuere Entwicklungen, Entscheidungsinstrumente und führungsrelevante Folgen, Wiesbaden 2008, S. 21-37.

WÜHRER, G. A., Internationale Allianz- und *Kooperationsfähigkeit* österreichischer Unternehmen – Beiträge zum Gestaltansatz als Beschreibungs- und Erklärungskonzept, Habilitationsschrift, Universität Klagenfurt 1993.

WUNDERER, R., WEIBLER, J., Vertikale und laterale *Einflussstrategien* – Zur Replikation und Kritik des „Profiles of Organizational Influence Strategies (POIS)" und seiner konzeptionellen Weiterführung, in: Zeitschrift für Personalforschung, 6. Jg., Heft 4, 1992, S. 515-536.

WUPPERMANN, M., *Geschäftsführer* in Deutschland, Frankfurt/Main – New York 1989.

WURR, P. R., Löst die *Wissensverarbeitung* das MIS-Problem?, in: Office Management, 34. Jg., Heft 11, 1986, S. 1084-1088.

WURST, K., HÖGL, M., *Führungsaktivitäten* in Teams – Ein theoretischer Ansatz zur Konzeptualisierung, in: Gemünden, H. G., Högl, M. (Hrsg.), Management von Teams – Theoretische Konzepte und empirische Befunde, 2. Aufl., Wiesbaden 2001, S. 157-185.

Y

YOO, S., LEE, S. M., Management Style and Practice of Korean *Chaebols*, in: California Management Review, 24. Jg., Heft 4, 1987, S. 95-110.

YOSHIMORI, M., Whose *Company* is it? The Concept of the Corporation in Japan and the West, in: Long Range Planning, 28. Jg., Heft 4, 1995, S. 33-44.

Z

ZAHN, E., *Diskontinuitätentheorie*, in: Macharzina, K. (Hrsg.), Diskontinuitätenmanagement, Berlin 1984, S. 19-75.

ZAHN, E., *Informationstechnologie* als Wettbewerbsfaktor, in: Wirtschaftsinformatik, 32. Jg., Heft 6, 1990, S. 493-502.

ZAHN, E., Innovations- und *Technologiemanagement*, in: Zahn, E. (Hrsg.), Technologie- und Innovationsmanagement, Berlin 1986, S. 9-48.

ZAHN, E., SOEHNLE, K., *Auswirkungen* des Outsourcing von Dienstleistungen in der Region Stuttgart, Stuttgart 1996.

ZANDER, L., The *Licence* to Lead – A 18-country Study of the Relationship between Employees' Preferences Regarding Interpersonal Leadership and National Culture, Stockholm 1997.

ZELEWSKI, S., Relativer Fortschritt von *Theorien* – Ein strukturalistisches Rahmenkonzept zur Beurteilung der Fortschrittlichkeit wirtschaftswissenschaftlicher Theorien, in: Zelewski, S., Akca, N. (Hrsg.), Fortschritt in den Wirtschaftswissenschaften – Wissenschaftstheoretische Grundlagen und exemplarische Anwendungen, Wiesbaden 2006, S. 217-336.

ZEMKE, R., Scandinavian *Management* – A Look at our Future, in: Management Today, 77. Jg., Heft 7, 1988, S. 44-47.

ZENTES, J., SWOBODA, B., Auswirkungen des *Electronic Commerce* auf den Handel, in: Die Betriebswirtschaft, 60. Jg., Heft 6, 2000, S. 687-706.

ZENTRALVERBAND DER ELEKTROTECHNIK- UND ELEKTRONIKINDUSTRIE (Hrsg.), *Kennzahlensysteme* – Ein Instrument zur Unternehmenssteuerung, 3. Aufl., Frankfurt/Main 1989.

ZERDICK, A. ET AL., *E-conomics* – Strategies for the Digital Marketplace, Berlin – Heidelberg 2000.

ZETSCHE, A. G., *ESOP* – Ein steuerbegünstigtes Finanzierungs- und Mitarbeiter-Beteiligungsmodell aus den USA, in: Zeitschrift für Betriebswirtschaft, 61. Jg., Heft 8, 1991, S. 833-842.

ZETTELMEYER, B., Strategisches *Management* und strategische Kontrolle, Darmstadt 1984.

ZHUANG, S. C., WHITEHILL, A. M., Will *China* Adopt Western Management Practices?, in: Business Horizons, 32. Jg., Heft 2, 1989, S. 58-64.

ZIENER, M., *Controlling* in multinationalen Unternehmen, Landsberg 1985.

ZIMMER, R. J., *Validating* the Vroom-Yetton Normative Model of Leader Behavior in Field Sales Force Management and Measuring the Training Effects of TELOS on the Leader Behavior of District Managers, Dissertation, Virginia State University, Virginia 1978.

ZIMMERMANN, J., SCHÜTTE, J., *Intangibles*, in: Das Wirtschaftsstudium, 33. Jg., Heft 3, 2004, S. 315.

ZIMMERMANN, J., SCHÜTTE, J., *Value Reporting*, in: Das Wirtschaftsstudium, 33. Jg., Heft 1, 2004, S. 55.

ZINK, K. J., SCHICK, G., Quality *Circles* – Qualitätsförderung durch Mitarbeitermotivation, 2. Aufl., München – Wien 1987.

ZINK, K. J., SCHILDKNECHT, R., Total Quality *Management* – Bausteine einer umfassenden Qualitätsförderung, in: QZ – Zeitschrift für industrielle Qualitätssicherung, 37. Jg., Heft 12, 1992, S. 720-724.

ZSCHAAGE, K.-J., Decision Support *Systems*, in: Office Management, 32. Jg., Heft 2, 1984, S. 106-109.

ZUCKER, L. G., Institutional *Theories* of Organizations, in: Annual Review of Sociology, 13. Jg., Heft 3, 1987, S. 443-464.

Stichwortverzeichnis

C

D

E

V

W

Z

5

7

S VM 444

TRUMPF
259459